U0185083

数论史研究

——第2卷，丢番图分析

Research on the History of Number Theory—Volume II,Diophantine Analysis

● [美] 伦纳德·尤金·迪克森(Leonard Eugene Dickson) 著

● 李明君 莫利 张佳 译

哈爾濱工業大學出版社

HARBIN INSTITUTE OF TECHNOLOGY PRESS

内 容 简 介

美国著名数论学家、数学史学伦纳德·尤金·迪克森在芝加哥大学任教多年，并以他对数论和群论的许多贡献而闻名，该书是他在数论史研究方面前无古人，后无来者的经典之作.

本书是此系列的第2卷，全书共分26章，主要叙述了多边形数、棱锥数和有形数、线性丢番图方程的同余式、分拆、有理直角三角形、三角形、四边形与四面体、两个平方数的和、三个平方数的和、四个平方数的和、n个平方数的和等相关知识，同时也叙述了这些理论在数学的不同分支中的应用.

本书写法简明易懂，叙述详细，适合大学师生、数论专家及数学爱好者参考使用.

图书在版编目(CIP)数据

数论史研究. 第2卷，丢番图分析/(美)伦纳德·尤金·迪克森(Leonard Eugene Dickson)著；李明君，莫利，张佳译. —哈尔滨：哈尔滨工业大学出版社，2021.10

ISBN 978-7-5603-9686-6

Ⅰ.①数… Ⅱ.①伦… ②李… ③莫… ④张… Ⅲ.①数论—数学史—研究—世界 Ⅳ.①O156-091

中国版本图书馆CIP数据核字(2021)第191572号

策划编辑　刘培杰　张永芹
责任编辑　聂兆慈　李　烨　李兰静
封面设计　孙茵艾
出版发行　哈尔滨工业大学出版社
社　　址　哈尔滨市南岗区复华四道街10号　邮编150006
传　　真　0451-86414749
网　　址　http://hitpress.hit.edu.cn
印　　刷　辽宁新华印务有限公司
开　　本　787 mm×1 092 mm　1/16　印张74　字数1487千字
版　　次　2021年10月第1版　2021年10月第1次印刷
书　　号　ISBN 978-7-5603-9686-6
定　　价　298.00元

⊙ 前言

Diophantus(公元 250 年) 分析是在公元 3 世纪时以希腊数学家 Diophantus 的名字命名的,他曾在他的《算术》中提出了许多不定方程问题. 举个例子,他曾想求出三个有理数,其中任意两个有理数的乘积再加上第三个有理数是平方数.

译者注 存在无穷多个这样的整数,也存在无穷多个这样的有理分数,现举出一组整数解$(x,y,z)=(97,241,339)$以及一组有理分数解$(x,y,z)=\left(\frac{17}{23},\frac{33}{23},\frac{35}{23}\right)$. 若已知一组有理数解$(x,y,z)=\left(\frac{\alpha}{\delta},\frac{\beta}{\delta},\frac{\gamma}{\delta}\right)$,可以通过变换得到另外三组解$\left(\frac{\alpha}{\gamma},\frac{\beta}{\gamma},\frac{\delta}{\gamma}\right)$,$\left(\frac{\alpha}{\beta},\frac{\gamma}{\beta},\frac{\delta}{\beta}\right)$,$\left(\frac{\beta}{\alpha},\frac{\gamma}{\alpha},\frac{\delta}{\alpha}\right)$.

此外,他曾想求出直角三角形的边、面积、周长为平方数或是立方数的某些组合. 虽然他的问题通常会有无穷多的解,而他就满足于(找到) 单个有理数的数值解. 之后许多撰写人要求这些解在整数中(或是自然数中),致使“Diophantus 分析” 这个词也被用在这个改变了的意义上. 在齐次方程的情况下,这两种解是一致的,但是在(某些) 与此不同的情况下,寻找所有整数解比寻找所有有理数解还要困难. 在他的第一次数论课程中,一位学生对有关代表解析几何中一个圆锥曲线的方程的复杂理论感到惊讶不已,但要挑出那些圆锥曲线上坐标为有理数的点是相当困难的,并且这远困难于挑出那些坐标为整数的点.

译者注 Diophantus 时期有坐标吗？

我们的主题不仅在关于算术与几何的作品中有它的身影，在代数中依旧能找到它的踪迹. 大数学家 Euler 著名的《代数学入门》(*Elements of Algebra*) 就有很大的篇幅去研究它. 它的一些话题，如数的分拆理论，同样也属于分析. 虽然这个领域的大部分问题可能以无须技巧性的简单语言开篇，但对于它们的研究往往促进了许多高等数学的分支.

参考：(美) 莫里斯 · 克莱因(Morris Kline) 著. 古今数学思想：第 3 册[M]. 上海：上海科学技术出版社，2014：105.

沿用本丛书第 1 卷的计划，在接下来的章节中我们将继续用非技术性的语言讲述那些主要的"里程碑".

三角形数(1,3,6,…) 这一概念可以追溯到 Phthagoras 所在的时期，他用可摆成三角形石子堆的底部的石子来表示这样的数. 而如石子堆那样的数被称为四面体数. 按照同样的方式，我们可以定义 m 边多边形数(m 边形数) 和一个对应的棱锥数. 关于这些数的简单定理出现于 Smyrna 的 Theon(约公元 100 年) 写的希腊算术和 Nicomachus(约公元 100 年) 写的希腊算术中.

译者注 Smyrna 的 Theon 区别于 Alexandria 的 Theon.

参考：梁宗巨著. 世界数学通史 (上册)[M]. 沈阳：辽宁教育出版社，2001.

Diophantus 也著有一本专门的小册子来研究这些数.

译者注 《论多边形数》(*On Polygonal Numbers*).

参考：(美) 霍华德 · 伊夫斯著. 数学史概论：第 6 版[M]. 大连：大连理工大学出版社，2009.

它们在两个世纪后才被罗马和印度的作家们所接受. 这个话题中最重要的定理始于 Fermat：任何一个正整数要么是三角形数，要么是两个抑或是三个三角形数之和. 任何一个正整数要么是平方数(正方形数)，要么是两个、三个抑或是四个平方数之和. 任何一个正整数要么是五边形数，要么是两个、三个、四个抑或是五个五边形数之和. 依此类推其他多边形数的情况. 贯穿了他半个世纪的数学活动，大 Euler(区别于 Euler 之子小 Euler) 从事于多边形数这一项目并解决了许多关于它们的问题，但也仅是证明了上面 Fermat 的定理中平方数的情形，并注意到在这个定理中三角形数的情形等价于每一个形如 $8n+3$ 的正整数是三个平方数的和这一事实.

译者注 实际上，Euler 起初没有解决平方数的情形，但留下的部分结果随后被 Lagrange 运用，Lagrange 于 1770 年证明了平方数的情形. 1773 年，双目失明的 Euler 给出了另一种证明方法.

参考:吴振奎,吴旻,吴彬编. 品数学[M]. 北京:清华大学出版社,2010.

每一个形如 $8n+3$ 的正整数是三个(奇)完全平方数之和,这一事实还可以表示为:不是形如 $8n+7$ 以及 $4n$ 的正整数都可以表示为三个平方数之和. Legendre 于 1798 年用一个复杂的方式证明了这一结论,更清晰明了的证明是由 Gauss 利用三元二次型理论的方法于 1801 年给出的. Gauss 展示了如何去寻求一个数 N 为三个三角形数之和的方法,利用的方法是二元二次型的行列式为 $-8N-3$ 的(等价)类数.

参考:沈永欢著. 高斯数学王者 科学巨人[M]. 哈尔滨:哈尔滨工业大学出版社,2015.

Cauchy 于 1813—1815 年第一次给出 Fermat 多边形数定理关于每一个数是 m 个 m 边形数之和(除了 4 这个数以外其他数均可取到 0 或是 1).

Legendre 随即化简了这一证明,并提出当 m 是奇数或是偶数时,每一个充分大的数是四个 m 边形数之和,或是三个 m 边形数之和.

译者注 Legendre 多边形数定理:若 $s\geqslant 5$ 是奇数,则每一个不小于 $28(s-2)^3$ 的整数是四个 s 边形数的和;若 $s\geqslant 6$ 是偶数,则每一个不小于 $7(s-2)^3$ 的整数是五个 s 边形数的和,其中会有一个数是 0 或是 1.

1892 年,T. Pepin 给出了 Cauchy 结论的另一个证明. 1873 年,S. Réalis 证明了每一个正整数是四个五边形数或是四个六边形数之和并将其推广至负数来讨论. 1895—1896 年,Maillet 证明了超过某一关于奇素数 α 和奇素数 β 的函数的每一个整数(的绝对值)都是四个形如 $\frac{1}{2}(\alpha x^2+\beta x)$ 的数之和;还有,如果 $\varphi(x)=a_0x^5+\cdots+a_5$,系数 $a_i(i=1,\cdots,5)$ 为给定有理数,对于每一个整数 x,都是足够大的正数和整数,那么有一个超过 a_i 的固定函数的整数都是至多 V 个正数 $\varphi(x)$ 和有限数量的单位之和,其中 $V=6,12,96$ 或 192,根据 $\varphi=2,3,4,5$ 而定.

根据 1818 年他关于椭圆函数论文里的公式,Legendre 推出(自然)数 N 表示为四个三角形数的方法数等于 $2N+1$ 的因子数之和,并找到数 N 表示为八个三角形数的方法数. 1918 年 Ramanujan 获得了任意一个(自然)数表示为 $2s$ 个三角形数之和的表示方法数的表达式.

1772 年,J. A. Euler(L. Euler 之子)提出每一个(自然)数都可以写成至多 12 个三角形数的平方之和,并声称每一个自然数都可表示为“有形数”之和的

形式

$$1, n+a, \frac{(n+1)(n+2a)}{1 \cdot 2}, \frac{(n+1)(n+2)(n+3a)}{1 \cdot 2 \cdot 3}, \cdots$$

且至少需要 $a+2n-2$ 项"有形数".

译者注 例如,当 $a=1$ 时,项数 $s=3$ 时,任意一个正整数可以由三个三角形数之和表示,如二维且 $a=1$ 时,$\frac{(n+1)(n+2a)}{1 \cdot 2}$ 表示三角形数 $\frac{(n+1)(n+2)}{1 \cdot 2}$.

此处为 Dickson 笔误:

在第一章,Dickson 将"广义有形数"误写为

$$a \cdot \frac{n(n+1)\cdots(n+k-1)}{1 \cdot 2 \cdot \cdots \cdot k} + (1-a) \cdot \frac{n(n-1)\cdots(x+k-2)}{1 \cdot 2 \cdot \cdots \cdot (k-1)}$$

从而利用错误的式子推出了

$$\frac{(n+1)(n+2)\cdots(n+k-1)(n+ka)}{1 \cdot 2 \cdot 3 \cdot \cdots \cdot k}$$

即

$$\frac{n(n+1)(n+2)\cdots(n+k-1)}{1 \cdot 2 \cdot 3 \cdot \cdots \cdot k} + a \cdot \frac{(n+1)(n+2)\cdots(n+k-1)}{1 \cdot 2 \cdot 3 \cdot \cdots \cdot (k-1)}$$

实际上,应改为(正确的形式应该如下)

$$a \cdot \frac{n(n+1)\cdots(n+k-1)}{1 \cdot 2 \cdot \cdots \cdot k} + (1-a) \cdot \frac{n(n+1)\cdots(x+k-2)}{1 \cdot 2 \cdot \cdots \cdot (k-1)}$$

即

$$a \cdot \frac{n(n+1)\cdots(n+k-1)}{1 \cdot 2 \cdot \cdots \cdot k} - a \cdot \frac{n(n+1)\cdots(x+k-2) \cdot k}{1 \cdot 2 \cdot \cdots \cdot (k-1) \cdot k} + \frac{n(n+1)\cdots(x+k-2)}{1 \cdot 2 \cdot \cdots \cdot (k-1)}$$

$$a \cdot \frac{(n-1)n(n+1)\cdots(n+k-2)}{1 \cdot 2 \cdot \cdots \cdot k} + \frac{n(n+1)\cdots(n+k-2)}{1 \cdot 2 \cdot \cdots \cdot (k-1)}$$

$$\vdots$$

大约在同一时期,N. Beguelin 曾一度断言,至多需要 $a+2n-2$ 项. 1851 年,Pollock 声称每一个(自然)数都可以表示为四面体数之和、八面体数之和、立方体数之和、二十面体数之和、十二面体数之和、三角形数的平方数之和以及其他情况,分别所需的项数为 5,7,9,13,21,11 等. 在 1852—1863 年,Liouville 证明了只有形如 $\Delta+\Delta'+c\Delta''(c=1,2,4,5)$ 和 $\Delta+2\Delta'+d\Delta''(d=2,3,4)$ 的线性组合的三个三角形数之和可以表示所有(自然)数.

第二章，以关于7世纪印度的Brahmagupta[1]给出求解不定方程 $ax+by=c$ 的方法的记述来开篇.他的解法是基于 a 和 b 的互除式，就像在Euclid算法[2]中寻求最大公因数一样.本质相同的解法是于1612年被欧洲的Bachet de Méziriac发现的，他用一个方便的记号表达式(有理数) $\frac{a}{b}$ 展成的连分数，这一展式于1740年被英格兰的Saunderson及1767年被法国的Lagrange发现.

译者注 Bachet，法国数学家，将《算术》引入西欧，将其译成拉丁文并加以注释.前面提到的Fermat多边形定理，就是Fermat在阅读他编的译本时写在页边的.

参考:单墫.数学名题词典[M].南京:江苏教育出版社，2002.

当 a 和 b 为素数时，方程可解性的最简洁的证明是Euler于1760年给出的.他注意到 $c-ax(x=0,1,\cdots,b-1)$ 除以 b 时，可以得到某个顺序下 b 不同的余数 $0,1,\cdots,b-1$，当余数为零便可导出解.因为这一潜藏在Euler关于Fermat小定理的推广 $a^{\beta}\equiv 1(\bmod b)$(其中 $\beta=\varphi(b)$)的优美证明中的同一个原理，于是这便成为一个解决方程的更简洁的步骤.至于那个原理便是:同余式 $ax\equiv c(\bmod b)$ 的两边都乘上 $a^{\beta-1}$.

译者注 $\beta=\varphi(b)$，β 是 b 的Euler φ 函数，小于 b 的正整数中与 b 互质的数的数目.所得出的解为 $x\equiv c\cdot a^{\beta-1}(\bmod b)$.

这一步骤由Bine，Libri和Cauchy完善.另外，毫无疑问我们可以运用广义Wilson定理:小于 b 且与 b 互素的正整数之积是模 b 余 ± 1 的同余类.

译者注 Gauss在《算术探索》中证明了这个Wilson定理的推广.

1905年，Lerch用一个涉及取整函数之和的式子表达了 $ax\equiv 1(\bmod b)$ 的解.

参考:吴文俊.世界著名科学家传记 数学家[M].北京:科学出版社，1994.

在孙子所在时期(约为1世纪)的中国算术中，出现过关于求一个数分别除以3，5，7，余数分别是2，3，2的问题，相应地，并附有一个法则去推出答案: $23+3\cdot 5\cdot 7n$.

译者注 《孙子算经》.

同样的问题与答案23出现在公元100年Nicomachus的希腊算术中.由

---

① 译者注:原文写成Brahmegupta.

② 译者注:中国称之为辗转相除法.

Beveridge,Euler和Gauss给出,这一法则本质上如下:为求出一个(正整)数x,分别除以$m_1,m_2,\cdots$,余数分别为$r_1,r_2,\cdots$,相应的$m_1,m_2,\cdots$两两互素,先求出使得$\alpha_i \equiv 1(\bmod m_i)$或$\alpha_i \equiv 0(\bmod m/m_i)$成立的$\alpha_1,\alpha_2,\cdots$,其中$m=m_1m_2\cdots$,因此$x=\alpha_1 r_1+\alpha_2 r_2+\cdots$便是答案.

参考:王渝生. 中国算学史[M]. 北京:人民出版社,2006.

在7世纪,中国高僧一行(xíng)拓展了$m_1,m_2,\cdots$为任意整数情况下的这一法则:先把$m_1,m_2,\cdots$的最小公倍数表示为乘积$m=\mu_1\mu_2\cdots$,其中因子μ_1,$\mu_2,\cdots$两两互素(因子之中有可能有单位一)且使得μ_i整除m_i,先求出使得$\alpha_i \equiv 1(\bmod \mu_i)$或$\alpha_i \equiv 0(\bmod \frac{m}{\mu_i})$成立的$\alpha_1,\alpha_2,\cdots$,因此$x=\alpha_1 r_1+\alpha_2 r_2+\cdots$便是答案.

印度的Brahmagupta和Bháskara① 求出了除以6,5,4,3,余数分别是5,4,3,2的数的正确答案是59. Leonardo Pisano于1202年将此问题添加了一个所求数是7的倍数的条件.

译者注 他就是人们所熟知的Fibonacci,添加条件问题的最小正整数解为119.

他还处理过Ibn al-Haytham(约在公元1000年提出)的问题:找一个7的倍数,使其除以2,3,4,5或6余数均为1,这一问题在之后的许多书中都出现过.

译者注 原文写为Ibn al-Haitam,他的问题的最小正整数解为301.

中国剩余问题这一话题可以应用于历法问题中. 例如,为了求出"儒略周期"下的某一年份x,其中给定"太阳周期"下的年数为r_1,"太阴周期"下的年数为r_2,"罗马小纪"下的年数为r_3. 我们可以找到一个数使其被28,19,15除后余数分别为r_1,r_2,r_3,其中28表示经过一个"太阳周期"需要28年,19表示经过一个"太阴周期"需要19年,15表示经过一个"罗马小纪"需要15年.

求出不定方程$ax+by=c$的正整数解的数目,其中a,b,c为正整数. 这个问题曾被Paoli于1780年研究过,并被Hermite于1855—1858年研究过,等等. 之前的余数问题和含有这样方程的方程组是同一类问题.

方程组形如$x+y+z=m,ax+by+cz=n$,其中a,b,c,m,n为正整数且

① 译者注:原文写为Brahmegupta和Bháscara,这里的Bháskara(1114—1185)区别于Bháskara(600—680).

未知数取正整数值,分别出现在6世纪的中国手稿和10世纪的阿拉伯手稿中,许多早期的关于代数与算术的印刷书中,以及Leonardo Pisano的著作中.通常的解法是以消去一个未知数开始的,这样的方法被称作"盲人法则",或称为"年轻姑娘法则".

译者注 "年轻姑娘法则"这一名称的缘由:因为在当时许多书中都出现"小酒馆问题",例如:有20人,其中分别是男士、妇女和年轻姑娘,他们一共消费了18塔勒(德国15—19世纪的银币),其中每位男士都花费3塔勒,每位妇女都花费2塔勒,平均每位年轻姑娘花费半塔勒(多人喝一杯),请问畅饮派对上有多少年轻姑娘?

这一问题可以转化为 $x+y+z=20$①,$3x+2y+\frac{1}{2}z=18$②,第二个方程两边同时乘以2得 $6x+4y+z=36$③,就可化为上面叙述的不定方程组问题了.方法是用式③减式①消去 z 得不定方程 $5x+3y=16$,之后就好求了,即把最不能喝的年轻姑娘去掉,求出男士和妇女的人数,最后再代入求出年轻姑娘的人数.

这一术语之后被应用于任意数里的具有正整数余数的未知数的线性方程组中.关于一般的线性方程组和同余方程组的那些最重要的论文出于Heger(1858年),Henry John Stephen Smith(1858年、1861年、1871年),Weber(1872年、1896年),Kronecker(1886年),Steinitz(1896年).

第二章以一系列的现代理论①结束.如果 ω 为无理数,那么存在无穷多对整数 x,y 使得 $y-\omega x$ 在数值上小于 $\sqrt{5}x$ 的倒数.

译者注 此命题即为Diophantus逼近中的Hurwitz定理,其中不等式可以改写为 $\left|\omega-\frac{y}{x}\right|<\frac{1}{\sqrt{5}x^2}$.

还有Minkowski定理(代数数论中最重要的定理):如果关于 $x_1,x_2,\cdots,x_n$ 的实系数线性齐次函数 $f_1,f_2,\cdots,f_n$ 的系数行列式为单位一,我们总可以给 $x_1,x_2,\cdots,x_n$ 分配不全为零的整数值,使得每一个 f_i 取不超过单位一的正数.

译者注 该定理是Minkowski定理的一个特例.

第三章讨论"分拆",其在对称函数(如"对称多项式")和代数不变量中有着重要的应用.第一个研究分拆问题的是Euler,他曾讨论过两个问题:将一个

---

① 译者注:当时的现代理论.

数 n(例如数字 6) 分为 m 个(如 2 个) 不同的部分(如:6=5+1=4+2) 的方法数以及将一个数 n(例如数字 6) 分为 m 个(如 3 个) 相同或不同的部分(6=3+3 也算上) 的方法数. 这两个方法数分别对应 x^n 在$\frac{x^{m(m+1)/2}}{D}$ 展开式中的系数与在$\frac{x^m}{D}$ 展开式中的系数,都展开为 x 的幂级数,其中

$$D=(1-x)(1-x^2)\cdots(1-x^m)$$

译者注 数字 $n=6$,拆分的部分数 $m=2$,$\frac{x^{m(m+1)/2}}{D}=\frac{x^3}{(1-x)(1-x^2)}=x^3+x^4+2x^5+2x^6+3x^7+O(x^8)$ 的幂级数中 x^6 的系数为不允许所分拆部分相同的分拆数:2. $\frac{x^m}{D}=\frac{x^2}{(1-x)(1-x^2)}=x^2+x^3+2x^4+2x^5+3x^6+3x^7+O(x^8)$ 的幂级数中 x^6 的系数为允许所分拆部分相同的分拆数:3.

像这样用于枚举出一个特定类型的分拆的函数被称作生成函数①. 在他的《无穷分析引论》中有更具吸引力的阐述,Euler 注意到$\frac{1}{D}$ 这一生成函数所给出数字 n 的分拆数,分拆每一部分时都小于或等于 m,其中所分拆部分不需要不相同(也就是说允许出现相同). 对于 $n=5$,$m=3$,这些分拆是 3+2,3+1+1,2+2+1,2+1+1+1,1+1+1+1+1.

译者注 当 $n=5$,$m=3$ 时

$$\begin{aligned}\frac{1}{D}&=\frac{1}{(1-x)(1-x^2)(1-x^3)}\\&=1+x+2x^2+3x^3+4x^4+5x^5+7x^6+8x^7+O(x^8)\end{aligned}$$

的幂级数中 x^5 的系数为 5.

相似地,$\prod_{j=1}^{\infty}(1-x^j)$ 的倒数是关于数字 n 的分拆数没有限制的生成函数,即上例中的 5 和 4+1 也要被算上. 此外,数字 n 拆为 m 份或更少份且所分拆的部分小于或等于 t 的分拆数是

$$\frac{(1-x^{t+1})(1-x^{t+2})\cdots(1-x^{t+m})}{D}$$

在幂级数展开式中 x^n 的系数,其中 D 是上面那个乘积. Euler 凭经验讲述了一个重要的事实

① 译者注:有时也叫作母函数.

$$\prod_{k=1}^{\infty}(1-x^k)=\sum_{n=-\infty}^{+\infty}(-1)^n x^{\frac{3n^2\pm n}{2}}$$

这一式子已经被许多数学家证明了，尤其是1829年Jacobi在《椭圆函数基本新理论》中发表的证明，他给出了椭圆函数理论在分拆问题上的重要应用. 它同样也被Legendre于1830年注意到了，这个公式暗示着每一个非(广义) 五边形数$\frac{3n^2\pm n}{2}$一定可以分拆为偶数个不同的整数，同样一定也可以分拆为奇数个不同的整数，且两者分拆数相等. 而(广义) 五边形数$\frac{3n^2\pm n}{2}$被分拆为奇数个不同整数的分拆数比分拆为偶数个整数的分拆数多$(-1)^n$. 1846年，Jacobi把这一结论推广为分拆为任意给定的不同元素.

译者注 如非(广义) 五边形数6，$6=5+1=4+2=3+2+1$，两者相等. 如(广义) 五边形数$5=\frac{3\cdot 2^2-2}{2}$，$5=4+1=3+2$，分拆为奇数个不同的整数的分拆数比分拆为偶数个不同的整数的分拆数少1；又如(广义) 五边形数$7=\frac{3\cdot 2^2+2}{2}$，$7=6+1=5+2=4+3=4+2+1$，分拆为奇数个不同的整数的分拆数比分拆为偶数个不同的整数的分拆数少1；又如(广义) 五边形数

$$12=\frac{3\cdot 3^2-3}{2}$$

$$\begin{aligned}12&=11+1=10+2=9+3=8+4=7+5\\&=9+2+1=8+3+1=7+4+1=7+3+2\\&=6+5+1=6+4+2=5+4+3\\&=6+3+2+1=5+4+2+1\end{aligned}$$

分拆为奇数个不同的整数的分拆数比分拆为偶数个不同的整数的分拆分多1.

参考：布鲁迪. 组合数学[M]. 北京：机械工业出版社，2012.

1853年，Ferrers给出了Ferrers图，它建立起同一个数的不同分拆之间的互反性. 分拆3+3+2+1被表示为四行点，其中每行点数分别为3，3，2，1，使此图中左侧的点在同一竖列，并一列一列地读此图，我们可以得到划分4+3+2.

1857年，Sylvester陈述了一个数分拆为给定的正整数$a_1,a_2,\cdots,a_r$且允许重复的分拆数为$\sum W_q$，其中被称为“波”的W_q是$\frac{1}{t}$的系数按照如下表达式在t的幂次由低到高展开后得到的

$$\sum \rho^{-n} \mathrm{e}^{nt} \prod_{j=1}^{r} (1-\rho^{a_j} \mathrm{e}^{-a_j t})^{-1}$$

其中$\sum \rho^{-n} \mathrm{e}^{nt} \prod_{j=1}^{r} (1-\rho^{a_j} \mathrm{e}^{-a_j t})^{-1}$是对所有$q$次本原单位根求和.

译者注 如想求9用1,2,3分拆的分拆数(等价于$1 \cdot x+2 \cdot y+3 \cdot z=9$的非负整数解),步骤如下

$$\sum \rho^{-n} \mathrm{e}^{nt} \prod_{j=1}^{r} (1-\rho^{a_j} \mathrm{e}^{-a_j t})^{-1}=\sum \frac{\rho^{-n} \mathrm{e}^{nt}}{\prod_{j=1}^{r}(1-\rho^{a_j} \mathrm{e}^{-a_j t})}$$

当$q=1$时,一次本原单位根$\rho_{1,1}=1$,则W_1为

$$\frac{\mathrm{e}^{9t}}{(1-\mathrm{e}^{-t})(1-\mathrm{e}^{-2t})(1-\mathrm{e}^{-3t})}=\frac{1}{6t^3}+\frac{2}{t^2}+\frac{857}{72t}+\frac{281}{6}+\frac{197\ 329}{1\ 440}t+O(x^2)$$

级数展开式$\frac{1}{t}$的系数为$\frac{857}{72}$.

当$q=2$时,二次本原单位根$\rho_{2,1}=-1$(二次本原单位根只有一个,二次单位根有两个),则W_2为

$$\frac{-\mathrm{e}^{9t}}{(1+\mathrm{e}^{-t})(1-\mathrm{e}^{-2t})(1+\mathrm{e}^{-3t})}=-\frac{1}{8t}-\frac{3}{2}-\frac{847}{96}t+$$

$O(x^2)$级数展开式$\frac{1}{t}$的系数为$-\frac{1}{8}$

当$q=3$时,三次本原单位根$\rho_{3,1}=\frac{-1+\sqrt{3}\mathrm{i}}{2}$,$\rho_{3,2}=\frac{-1-\sqrt{3}\mathrm{i}}{2}$(三次本原单位根只有两个,三次单位根有三个),则$W_3$为

$$\frac{\omega^{-9}\mathrm{e}^{9t}}{(1-\omega \mathrm{e}^{-t})(1-\omega^2 \mathrm{e}^{-2t})(1-\omega^3 \mathrm{e}^{-3t})}+\frac{\omega^{-9}\mathrm{e}^{9t}}{(1-\omega^2 \mathrm{e}^{-t})(1-\omega^4 \mathrm{e}^{-2t})(1-\omega^6 \mathrm{e}^{-3t})}$$
$$=\frac{2}{9t}+\frac{8}{3}+\frac{283}{18}t+O(x^2)$$

级数展开式$\frac{1}{t}$的系数为$\frac{2}{9}$,于是分拆数$\sum W_q=W_1+W_2+W_3=\frac{857}{72}-\frac{1}{8}+\frac{2}{9}=12$.

不久后,Battaglini,Brioschi,Roberts和Trudi均给出了这一命题的证明. Sylvester于1882年发表了他的方法. Cayley写了几篇关于这一理论及其应用的论文.

参考:约安·詹姆斯. 数学巨匠:从欧拉到冯·诺伊曼[M]. 上海:上海科技教育出版社,2016.

在 1882—1884 年间，Sylvester 和他的学生在 Johns Hopkins 大学发表了许多篇关于分拆的论文，尤其是关于分拆的图形表示，借助此工具且不用借助分析学也可以富有建设性地导出主要的定理.

从 1886 年关于完全分拆（又叫完备分拆）的论文开始，MacMahon 少校在分拆理论和组合分析中的更一般化的主题领域做出了数不胜数的贡献. 这两个领域在他 1915—1916 年发表的两篇论文中到达巅峰.

参考：曹汝成. 组合数学[M]. 广州：华南理工大学出版社，2012.

参考：柯召，魏万迪. 组合论（上册）[M]. 北京：科学出版社，1981.

译者注 当时的巅峰——Percy Alexander MacMahon 原来是军人，退役后从事数学研究.

1893 年 Vahlen 证明了，一个正整数 s 分拆为不同的正整数之和，每一种分拆之中这些不同的正整数模 3 的绝对最小剩余之和为一个固定的数 h，分拆为偶数个部分的分拆数与分拆为奇数个部分的分拆数相同，当且仅当正整数 s 为五边形数 $\frac{3h^2-h}{2}$ 时不成立. 当正整数 s 为五边形数 $\frac{3h^2-h}{2}$ 时，若 h 为偶数，则在之前所叙述的那类中分拆为偶数个部分的分拆数会比分拆为奇数个部分的分拆数多 1；若 h 为奇数，则在之前所叙述的那类中分拆为奇数个部分的分拆数会比分拆为偶数个部分的分拆数多 1.

参考：胡作玄，邓明立. 20 世纪数学思想[M]. 济南：山东教育出版社，1999.

译者注 即使正整数 s 为五边形数，在之前叙述的那类中分拆为奇数个不同整数的分拆数也可以等于分拆为偶数个不同整数的分拆数. 只有正整数 s 为五边形数 $\frac{3h^2-h}{2}$ 时，才不成立.

如非（广义）五边形数 6，$6=5+1=4+2=3+2+1$，有

$$6\equiv 0 \pmod 3$$
$$5\equiv -1 \pmod 3;1\equiv 1 \pmod 3$$
$$4\equiv 1 \pmod 3;2\equiv -1 \pmod 3$$
$$3\equiv 0 \pmod 3;2\equiv -1 \pmod 3;1\equiv 1 \pmod 3$$

则

$$R(6)=0$$
$$R(5)+R(1)=-1+1=0$$
$$R(4)+R(2)=1+(-1)=0$$
$$R(3)+R(2)+R(1)=0+(-1)+1=0$$

就只有 $\sum R(n_i)=h=0$ 类 $\{6=6,6=5+1,6=4+2,6=3+2+1\}$，这一类

中分拆为奇数个不同整数的分拆数等于分拆为偶数个不同整数的分拆数.

如(广义)五边形数 $5=\frac{3\cdot 2^2-2}{2}$, $5=4+1=3+2$,有

$$5\equiv -1(\bmod 3)$$
$$4\equiv 1(\bmod 3);1\equiv 1(\bmod 3)$$
$$3\equiv 0(\bmod 3);2\equiv -1(\bmod 3)$$

则

$$R(5)=-1$$
$$R(4)+R(1)=1+1=2$$
$$R(3)+R(2)=0+(-1)=-1$$

有 $\sum R(n_i)=h=-1$ 类 $\{5=5,5=3+2\}$ 和 $\sum R(n_i)=2$ 类 $\{5=4+1\}$. 在 $\sum R(n_i)=-1$ 类中,分拆为奇数个不同整数的分拆数等于分拆为偶数个不同整数的分拆数;在 $\sum R(n_i)=2$ 类中,此时 $s=5=\frac{3\cdot 2^2-2}{2}=\frac{3h^2-h}{2}$,分拆为偶数个不同整数的分拆数比分拆为奇数个不同整数的分拆数多1.

又如(广义)五边形数 $7=\frac{3\cdot 2^2+2}{2}$, $7=6+1=5+2=4+3=4+2+1$,有

$$7\equiv 1(\bmod 3)$$
$$6\equiv 0(\bmod 3);1\equiv 1(\bmod 3)$$
$$5\equiv -1(\bmod 3);2\equiv -1(\bmod 3)$$
$$4\equiv 1(\bmod 3);3\equiv 0(\bmod 3)$$
$$4\equiv 1(\bmod 3);2\equiv -1(\bmod 3);1\equiv 1(\bmod 3)$$

则

$$R(7)=1$$
$$R(6)+R(1)=0+1=1$$
$$R(5)+R(2)=-1+(-1)=-2$$
$$R(4)+R(3)=1+0=1$$
$$R(4)+R(2)+R(1)=1+(-1)+1=1$$

有 $\sum R(n_i)=h=1$ 类 $\{7=7,7=6+1,7=4+3,7=4+2+1\}$ 和 $\sum R(n_i)=-2$ 类 $\{7=5+2\}$. 在 $\sum R(n_i)=h=1$ 类中,分拆为奇数个不同整数的分拆数等于分拆为偶数个不同整数的分拆数;在 $\sum R(n_i)=-2$ 类中,此时 $s=7=\frac{3\cdot(-2)^2-(-2)}{2}=\frac{3h^2-h}{2}$,分拆为偶数个不同整数的分拆数比分拆为奇数个不同整数的分拆数多1.

又如(广义)五边形数

$$12=\frac{3\cdot 3^2-3}{2}$$

$$\begin{aligned}12&=11+1=10+2=9+3=8+4=7+5\\&=9+2+1=8+3+1=7+4+1\\&=7+3+2=6+5+1=6+4+2=5+4+3\\&=6+3+2+1=5+4+2+1\end{aligned}$$

有

$$12\equiv 0\pmod 3$$

$$11\equiv -1\pmod 3;1\equiv 1\pmod 3$$

$$10\equiv 1\pmod 3;2\equiv -1\pmod 3$$

$$9\equiv 0\pmod 3;3\equiv 0\pmod 3$$

$$8\equiv -1\pmod 3;4\equiv 1\pmod 3$$

$$7\equiv 1\pmod 3;5\equiv -1\pmod 3$$

$$9\equiv 0\pmod 3;2\equiv -1\pmod 3;1\equiv 1\pmod 3$$

$$8\equiv -1\pmod 3;3\equiv 0\pmod 3;1\equiv 1\pmod 3$$

$$7\equiv 1\pmod 3;4\equiv 1\pmod 3;1\equiv 1\pmod 3$$

$$7\equiv 1\pmod 3;3\equiv 0\pmod 3;2\equiv -1\pmod 3$$

$$6\equiv 0\pmod 3;5\equiv -1\pmod 3;1\equiv 1\pmod 3$$

$$6\equiv 0\pmod 3;4\equiv 1\pmod 3;2\equiv -1\pmod 3$$

$$5\equiv -1\pmod 3;4\equiv 1\pmod 3;3\equiv 0\pmod 3$$

$$6\equiv 0\pmod 3;3\equiv 0\pmod 3;2\equiv -1\pmod 3;1\equiv 1\pmod 3$$

$$5\equiv -1\pmod 3;4\equiv 1\pmod 3;2\equiv -1\pmod 3;1\equiv 1\pmod 3$$

则

$$R(12)=0$$

$$R(11)+R(1)=-1+1=0$$

$$R(10)+R(2)=1+(-1)=0$$

$$R(9)+R(3)=0+0=0$$

$$R(8)+R(4)=-1+1=0$$

$$R(7)+R(5)=1+(-1)=0$$

$$R(9)+R(2)+R(1)=0+(-1)+1=0$$

$$R(8)+R(3)+R(1)=(-1)+0+1=0$$

$$R(7)+R(4)+R(1)=1+1+1=3$$

$$R(7)+R(3)+R(2)=1+0+(-1)=0$$

$$R(6)+R(5)+R(1)=0+(-1)+1=0$$

$$R(6)+R(4)+R(2)=0+1+(-1)=0$$
$$R(5)+R(4)+R(3)=(-1)+1+0=0$$
$$R(6)+R(3)+R(2)+R(1)=0+0+(-1)+1=0$$
$$R(5)+R(4)+R(2)+R(1)=-1+1+0+0=0$$

有 $\sum R(n_i)=h=0$ 类 $12=11+1,12=10+2,12=9+3,12=8+4,12=7+5,12=9+2+1,12=8+3+1,12=7+3+2,12=6+5+1,12=6+4+2,12=5+4+3,12=6+3+2+1,12=5+4+2+1$ 和 $\sum R(n_i)=3$ 类 $\{12=7+4+1\}$. 在 $\sum R(n_i)=h=0$ 类中，分拆为奇数个不同整数的分拆数等于分拆为偶数个不同整数的分拆数；在 $\sum R(n_i)=3$ 类中，此时 $s=12=\frac{3\cdot 3^2-3}{2}=\frac{3h^2-h}{2}$，分拆为奇数个不同整数的分拆数比分拆为偶数个不同整数的分拆数多 1.

Vahlen 证明的定理实际上暗含着上文提及的 Legendre 推论. Sterneck 于 1897 年和 1900 年也得到了类似的定理.

还应当提及的是 Glaisher 于 1875—1876 年发表的论文，Csorba 于 1914 年发表的论文以及 Hardy 和 Ramanujan 于 1917—1918 年共同获得的渐近公式.

第四章讲述的是关于有理直角三角形丰富而又历史悠久的文献，有理直角三角形这一话题是后面章节中各式各样问题的源头. Diophantus 知道如果直角三角形的边用有理数表示，与 $2mn$，m^2-n^2，m^2+n^2 成比例，则称该直角三角形有"数 m 与数 n 形成的边". Pythagoras 和 Plato 给出了特殊的情形. 在许多曾被 Diophantus, Vieta, Bachet, Girard, Fermat, Frenicle, De Billy, Ozanam, Euler 等数学家讨论过的关于有理直角三角形的问题当中，有如下问题：求 n $(n\geqslant 3)$ 个等面积的有理直角三角形；求两个面积比值给定的有理直角三角形；求一个给定面积的有理直角三角形；求一个其面积加上一个给定数后为平方数的有理直角三角形；求一个其面积加上某个函数（且函数是关于边的）后变为平方数的有理直角三角形；求一个每一条直角边（数值上，面积单位为相应长度单位的平方）超过面积的部分为平方数的有理直角三角形；求一个直角边相差 1 或是相差一个给定数的有理直角三角形；求一个直角边之和给定的有理直角三角形；求一个有理角平分线长的有理直角三角形.

译者注 在 Carrol 去世四周前，他还在日记中写道："一直在思考一个很吸引人的问题，凌晨四点才睡下. 求三个面积相等的有理直角三角形. 我找到了两个，即(20,21,29) 和(12,35,37)，但未能找出第三个." 他构造了一个童话世界，却终生生活在数学世界里. 在等面积的整边直角三角形中，当一个面积恰好对应着两个直角三角形时，最小解正如 Carrol 找到的，而且那两个都是本原直角三角形.当一个面积恰好对应着三个直角三角形时,最小解为(15,112,113),(24,70,74),(40,42,58).当一个面积恰好对应着三个直角三角形且均为本原时,最小解为(4 485,5 852,7 373),(3 059,8 580,9 109),(1 380,19 019,19 069).

第五章处理了有理三角形(边和面积均为有理数的三角形)、有理四边形(边、面积和对角线均为有理数的四边形).通过两个公共直角边并排的有理直角三角形,我们可以获得一个有理三角形.在1773—1782年期间,Euler写出了关于三角形的边与中线均为有理数的四篇论文.而1621年Bachet只满足于一条中线与一条角平分线为有理数(的有理三角形).印度的Brahmagupta和Bháskara通过四个成对的公共直角边并排的直角三角形使得每一个直角有公共顶点且无重叠部分,展示了如何生成一个有理四边形.1848年,Kummer展示了如何得到所有的有理四边形.Euler给出了使得每条边、对角线以及面积均为有理数且有一个半径为1的内切圆的n边形结构,另外的160篇论文并未提及,并以关于有理棱锥、有理三面角和球面三角形的论文结束本章.

第六章至第九章处理的是关于2,3,4,n个完全平方数之和所表示的有趣的著作.Diophantus知道如何用两种方法把"可表示为两个平方数之和的两个数之积"表示为两个数的平方和,即

$$(a^2+b^2)(c^2+d^2)=(ac\pm bd)^2+(ad\mp bc)^2$$

他知道没有形如$4n-1$且可表示为两个平方数之和的数.而Girard于1625年和Fermat在几年后都认识到一个数可以表示为两个平方数之和当且仅当它除以最大平方数因子后所得之数为形如$4n+1$的素数的乘积或是两倍形如$4n+1$的素数的乘积.

参考:杜德利,周仲良.基础数论[M].哈尔滨工业大学出版社,2011.

Fermat知道如何去确定一个给定适当形式的数表示为两个平方数之和的方法数.他认为他能够通过无穷递降法证明每一个形如$4n+1$的素数是两个平方数之和.换句话说,(他的思路是)如果某个形如$4n+1$的素数不是两个平方数之和,那么证明存在一个更小且具有相同性质的素数,然后依此类推,直到$n=5$,从而推出矛盾.

译者注 但后人一直未找到他是怎么具体用"无穷递降法"证明的细节.其中形如$4n+1$的素数也被称为Pythagorean数.

参考:吴文俊.世界著名数学家传记[M].北京:科学出版社,1995.

Euler花了七年的时间绞尽脑汁地处理这个定理,并在1749年给出了完整的证明.他还于1773年和1783年发表了更简洁的证明.与此同时,1771—1775年Lagrange也给出了几个证明.一个正整数表示为两个平方数之和的方法数的表达式于1789年由Legendre给出,并于1901年由Gauss给出;而一个更简洁的表达式于1829年由Lagrange通过椭圆函数的无穷级数推出,并于1834年

给出了算术上的证明，而 Dirichlet 在 1840 年给出了算术上的证明. 在 Gauss 去世后才发表的一篇论文中，Gauss 留下了一个关于圆 $x^2+y^2\leqslant A$ 内整数集数目的公式，换句话说就是(公式可求出) 一个给定圆周上及圆周内部整数格点的数目；同样的主题于 1844 年被 Eisenstein 研究过，于 1853 年被 Suhle 研究过，于 1857 年被 Cayley 研究过，于 1881 年被 Ahlborn 研究过，于 1884 年和 1887 年被 Hermite 研究过；而(这一主题相关的) 渐近公式于 1906 年被 Sierpinski 证明，于 1912—1913 年被 Landau 证明，于 1915—1919 年被 Hardy 证明，于 1917 年被 Szilysen 证明.

Diophantus 实际上曾提出没有可表示为三个平方数之和且形如 $8m+7$ 的正整数，这一事实被 Descartes 毫不费力地验证了. Fermat 曾有效地给出了完整的判断准则去判断一个数可以表示为三个平方数之和当且仅当它不是形如 $4^n(8m+7)$ 的正整数. Euler 花费了多年的时间来努力证明这一定理却徒劳无获，而与之不同的是 Lagrange 却得到所有情形的证明. 1798 年，Legendre 利用关于 t^2+cu^2 的平方因子的定理给出了一个复杂的证明. 1801 年，Gauss 发表了一个证明，其给出了将数 n 表示为三个平方数之和的方法数，依据的是行列式为 $-n$ 的适当本原二元二次型的主亏格类数. 其他这样的表达式于 1840 年被 Dirichlet 用他发现的二元二次型类数公式得出；于 1860 年被 Kronecker 用椭圆函数的级数得到，以及于 1883 年用有两对相合变量双线性型的类数得到；1850 年，Dirichlet 用简化的三元二次型给出了 Fermat 判别准则的一个简洁的证明. 许多学者都讨论过 $x^2+y^2+z^2=n^2$ 的解；1907 年，A. Hurwitz 给出了一个简洁的求该解数目的表达式. 1908 年，Landau 研究了三个整数的平方和小于或等于 x 的整数组的个数问题，而他于 1912 年，Sierpinski 则于 1909 年都发现了 u,v,w 满足 $u^2+v^2+w^2\leqslant x$ 的整数集合数目的渐近公式.

在三个关于 Diophantus 利用四个平方数之和的问题中，Diophantus 分别以两种方法将 5，13，30 表示为四个有理平方数之和. 虽然在那三个问题之后的问题中提到了一个数表示为两个或三个平方数之和的必要条件，但并未提及任何关于一个数是四个平方数之和的条件. 因此 Bachet 和 Fermat 将每一个正整数是四个平方整数之和这一美妙定理归功于 Diophantus. 1621 年，Bachet 将这一定理在整数范围内验证到了 325. 1625 年，Girard 声称这个定理是正确的. 1638 年，Descartes 把这一定理当作一个未被证明的事实. Fermat 声称他有一个无穷递降法的证明.

这个定理引起 Euler 超过四十年的密切关注，这可以从他与 Goldbach 的通信中看出. 他徒劳地把这个问题转化成了一个等价的但同样难以解决的问题. 直到他开始研究这一定理的二十年之后，才在 1751 年发表了一些与它相关的重要事实，其中包含了一个将“可表示为四个平方数之和的两个数之积” 表示为“四个数的平方和”的公式. 1772 年 Lagrange 第一个发表了证明,他承认自己得益于 Euler 论文中的观点. 第二年(1773 年),Euler 发表了一个简洁的证明,极大地简化了 Lagrange 的证明,而且这个证明迄今为止不能再被完善了.

译者注 实际上是 1770 年,迄今为止指的是 1920 年.

1801 年,Gauss 注意到这一定理自然而然地遵从于任意一个模 8 余 1,2,5 或 6 的(正整)数都是三个平方(整)数之和. 然而后者并没有像前者那样得到简明而初等的证明. 1853—1854 年,Hermite给出了两种证明,一种是通过四元二次型理论,另一种是利用有两对共轭复变量的复整系数 Hermite 型.

1828—1829 年,Jacobi 对比同一个椭圆函数的两个无穷级数得出:若 p 为奇数且$\sigma(p)$ 表示 p 的因子之和,则 $2^{\alpha}p$ 表示四个平方数之和的数目为 $8\sigma(p)$ 或 $24\sigma(p)$,取决于 $\alpha=0$ 或 $\alpha>0$,其中每一个整数解的符号及排列顺序都考虑在内.

译者注 如 $12=2^2\times3$,方程 $x_1^2+x_2^2+x_3^2+x_4^2=12$ 有 $8(1+2+3+6)=96$ 组整数解,这 96 组解为 $(x_1,x_2,x_3,x_4)=(0,\pm2,\pm2,\pm2)$,$(\pm1,\pm1,\pm1,\pm3)$ 以及它们的不同次序的置换.

如 $13=1\times13$,方程 $x_1^2+x_2^2+x_3^2+x_4^2=12$ 有 $8(1+13)=112$ 组整数解,这 112 组解为 $(x_1,x_2,x_3,x_4)=(0,0,\pm2,\pm3)$,$(\pm1,\pm2,\pm2,\pm2)$ 以及它们的不同次序的置换.

用类似的方式,他和 Legendre 几乎同时证明了四个正奇数的平方和为 $4p$ 有 $\sigma(p)$ 组解①.

参考:(美) 波利亚(C. Polya) 著. 数学与猜想:数学中的归纳和类比(第一卷)[M]. 李心灿,王月爽,李志尧,译. 北京:科学出版社,2001.

关于四个平方和为 $4p$ 的正奇数组解数目的定理,1834 年 Jacobi 给出了一个算术上的证明,而证明于 1856 年被 Dirichlet 简化,1883 年和 1890 年T. Pepin 也给出了证明. 关于四个平方和为 $2^{\alpha}p$ 的整数组解数目的定理,初等证明于 1889 年被 Vahlen 给出,于 1893 年被 Stern 给出,于 1894 年被 Gegenbauer 给出,于 1914 年被 L. Aubry 给出,而在 1915 年 Mordell 利用 θ 函数给出了一个证明.

1813 年,Cauchy 证明了任意一个奇数 k 是这样四个平方数之和,这四个平方数的算术平方根之和为介于$\sqrt{3k-2}-1$ 与$\sqrt{4k}$ 之间的奇数.

译者注 这个命题不是充要的,而是充分的. 如当奇数 $k=13$ 时

$$13=0^2+0^2+2^2+3^2=1^2+2^2+2^2+2^2$$

---

① 译者注:这里的 p 为奇数.

$$2+3\notin\left[\sqrt{3\times13-2}-1,\sqrt{4\times13}\right]$$

而

$$1+2+2+2\in\left[\sqrt{3\times13-2}-1,\sqrt{4\times13}\right]$$

如当奇数 $k=75$ 时

$$\begin{aligned}75&=0^2+1^2+5^2+7^2=0^2+5^2+5^2+5^2\\&=1^2+1^2+3^2+8^2=1^2+3^2+4^2+7^2\\&=3^2+4^2+5^2+5^2\end{aligned}$$

$$0+1+5+7\notin\left[\sqrt{3\times75-2}-1,\sqrt{4\times75}\right]$$
$$1+1+3+8\notin\left[\sqrt{3\times75-2}-1,\sqrt{4\times75}\right]$$

而

$$0+5+5+5\in\left[\sqrt{3\times75-2}-1,\sqrt{4\times75}\right]$$
$$1+3+4+7\in\left[\sqrt{3\times75-2}-1,\sqrt{4\times75}\right]$$
$$3+4+5+5\in\left[\sqrt{3\times75-2}-1,\sqrt{4\times75}\right]$$

换句话说,就是对任意一个奇数 k,总是存在四个数,其和为介于$\sqrt{3k-2}-1$ 与$\sqrt{4k}$ 之间的奇数,其平方和为奇数 k.

1873 年,Réalis还证明了每一个数 $N=4n+2$ 是这样四个平方数之和,这四个平方数的算术平方根之和为 $0,2,4,\cdots,2\mu$ 之中的一个,其中 μ^2 为小于 N 的最大平方数. 还需要提及的是 Torelli 的论文,Glaisher 的论文,以及 Petr 的论文.

长篇幅的第八章中许多论文表明同余方程 $ax^2+by^2+cz^2\equiv0\pmod p$ 存在解,其中 a,b,c 不可被素数 p 整除,同时一些论文还确定了解集的数目. 相应的 n 个未知数的问题会在第十章讨论.

第九章给出了关于表示为 n 个平方数之和的资料与更多初等论文的记述,那些论文给出了平方数与关于其和为平方数的 n 个平方数之间的关系. 领会到 Jacobi的暗示,Eisenstein在1847年提出:"每一个奇数表示为八个平方数之和的方法数等于它的因子的立方和的16倍",这个定理可以一般化为六个平方数与十个平方数的情形.

译者注 如 $13=1\times13$,方程 $x_1^2+x_2^2+x_3^2+x_4^2+x_5^2+x_6^2+x_7^2+x_8^2=13$ 有 $16(1^3+13^3)=35\ 168$ 组整数解,这 35 168 组解为

$$\begin{aligned}&(x_1,x_2,x_3,x_4,x_5,x_6,x_7,x_8)\\=&(0,0,0,0,0,0,\pm2,\pm3),(0,0,0,0,\pm1,\pm2,\pm2,\pm2),\\&(0,0,0,\pm1,\pm1,\pm1,\pm1,\pm3),\\&(0,\pm1,\pm1,\pm1,\pm1,\pm1,\pm2,\pm2)\end{aligned}$$

以及它们的不同次序的置换.

他给出公式而未附加证明，该公式将“数 m 表示为五个和七个平方数之和的方法数”表达成模 m 二次剩余特征的 Legendre－Jacobi 符号之和. 1860—1865 年，Liouville 提出了关于表示为十个和十二个平方数的各种公式，他明显是从椭圆函数的级数推导出的这些公式，Bell 于 1919 年用同样的方法证明了这些公式，并进行了推广. 而 Humbert 和 Petr 均于 1907 年用 θ 函数证明了这些公式.

1867 年，H. J. S. Smith 开始推广表示为五个和七个平方数的结果. 一位不为人知的委员会成员曾向巴黎科学院建议举办 1882 年的数学科学大奖赛的题目为“表示为五个平方数的方法数”.

Smith 和 Minkowski（当时才 18 岁）都获得了大赛的全额奖金. 他们都发现了利用 n 元二次型理论来求出表示为五个平方数的方法数. 关于这最后一个话题的更深入的论文，其中有的出于 Stieltjes，Hermite，T. Pepin 和 Hurwitz 之手，还提到了 Gegenbauer 的论文，有的出于 Boulyguine 之手，还有关于表示为 n 个平方数的出于 Mordell，Hardy，Ramanujan 之手.

第十一章与第十章最后的话题紧密相关，给出了发表于 1858—1865 年的十八篇 Liouville 系列文章的概要，他陈述了许多这样的等式（显然是从椭圆函数展开式中发现的），等式两边都是相当一般的算术函数的求和，其中求和的变量涉及其和数给定的两个（或多个）数的因子.

本章最后引用了一些论文，有的给出了所有公式的证明，除了第六篇论文，还证明了一些相关的定理.

第十二章给出了关于 $ax^2+bx+c=y^2$ 的 300 多篇论文的记述. Diophantus 在他至少四十个问题中得出过这样一个方程. Diophantus 满足于理性的解决方案，他展示了当 a 或 c 为平方数时如何求解，当 $b=0$ 时便是一组著名的方程. 引人注目的是印度的 Brahmagupta 于 7 世纪给出了一种试探性的方法在整数范围内求解 $ax^2+c=y^2$，这远比在有理数范围内求解困难得多. 在 12 世纪，他的方法被印度的 Bháskara 解释得更为清晰. 比这早得更多的是希腊人已经给出了平方根的近似值，可以把它理解为当 $a=2$ 和 $a=3$ 时，满足 $ax^2+1=y^2$ 的解. 此外，著名的 Archimedes 群牛问题是强加九个条件给八个未知数的问题，根据最终的分析推导出了一个方程 $ax^2+1=y^2$，其中 $a=4\ 729\ 494$，并且已经在现代被解决了.

译者注 当时的现代.

这样的一个方程 $x^2-Ay^2=1$ 已经以 John Pell 的名字命名为 Pell 方程很久了，导致这一混淆是由 Euler 一手造成的，它应该以 Fermat 的名字来命名更为恰当；Fermat 在 1657 年陈述道：如果 A 是任意一个非平方数的整数，那么它有无穷多组整数解. 他在 1659 年声称有一个用无穷递降法的证明. 他把它作为一个挑战的问题推荐给了英国数学家Lord Brouncker和John Wallis. Wallis最终发现了一种试探性的求解方法而没有给出存在无穷多组解的证明. 这个定理实际上是Dirichlet定理的唯一一个特例，该定理是关于任何代数域或其他域上单位元存在性的定理. Fermat 在 1657 年的那个定理在二元二次型理论中有着重大的意义. 此外，求最一般的二元二次方程的有理解的问题可以轻而易举地化简为求 $x^2-Ay^2=B$ 的有理解，而它的所有有理解又可以由 $x^2-Ay^2=1$ 的有理解中的一个得出.

1765 年，Euler 利用 $\sqrt{A}$ 的连分式以一种更简便的形式展现了归功于 Brounker 和 Wallis 求解 Pell 方程的方法，并且发现了各种各样重要的事实. 但是，这些过程总是能在正整数范围推出一个解，他并没有给出证明. 这个解存在性的基础性事实第一次被证明是由 Lagrange 于一年或是两年后做出的. 在 1769 和 1770 年期间，Lagrange 出版了他的古典回忆录，其中给出了一种求解 $x^2-Ay^2=B$ 所有整数解的直接方法，同样也给出了关于求解一类 n 次方程的直接方法，利用的是将其实根展成连分数.

在关于 Pell 方程更加深入的丰富文献中，最值得注意的论文是出于 Legendre，Gauss，Dirichlet，Jacobi 和 Perott 之手；最小正解的极限于1851年被 Chebyshev 得出，也于 1913—1918 年间被 Remak，Perron，Schmitz 和 Schur 得出. 那些有用的表格已经由 Euler，Legendre，Degen，Tenner，Koenig，Arndt，Cayley，Stern，Seeling，Roberts，Bickmore，Cunningham 和 Whitford 给出.

第十三章处理更进一步的单个二次方程，其中包括 $axy+bx+cy+d=0$，$x^2-y^2=g$，$ax^2+bxy+cy^2=dz^2$，$ax^2+bxy+cy^2=d$，关于 x,y 最一般的二次方程以及它的齐次式 $aX^2+bY^2+cZ^2+dXY+eXZ+fYZ=0$.

译者注 记述的是关于 X,Y,Z 为二次的齐次式，因此这里应该是本书作者笔误，应改为：关于 x,y 的最一般的二次方程以及齐次式 $aX^2+bY^2+cZ^2+dXY+eXZ+fYZ=0$.

关于最一般的二元二次方程整数解的判别准则是由 H. J. S. Smith 提出的，Meyer 证明了该判别定理为奇数行列式的情形，而在已知一个解的情况下 Desboves 给出了完全解. 上文曾提到 Lagrange 求解 $x^2-Ay^2=B$ 的方法，Legendre 于 1785 年用这个方法证明了一个重要的定理：若整数 a,b,c 两两没有公因数且每一个既不为零也不可被平方数整除，则 $ax^2+by^2+cz^2=0$ 有不全为零的整数解当且仅当 $-bc$，$-ac$，$-ab$ 分别是 a,b,c 的二次剩余，并且还需 a,b,c 不为同一符号. Gauss 利用三元二次型给出了 Dirichlet 以及 Goldscheider 作出推广的一个证明. Meyer 给出 $f=0$ 有整数解的判别准则，其中 f 为任意一个四元二次型，附上了 $ax^2+by^2+cz^2+du^2=0$ 情形下简单的判别准则，并指出 $ax^2+by^2+cz^2+du^2=0$ 当有第五项 ev^2 时，如果系数均为奇数且不为同一符号,则方程一定有不全为零的整数解. Minkowski 证明了(Meyer 所指出有五项时):零可以被有理地表示为每一个含五个或是更多变量的不定二次型,并在含四个或是更少变量时给出了不变量的判别准则.

第十四章记述了许多关于平方数成等差数列或等比数列的初等论文.一个简单而又一般的关于成等差数列的三个平方数的公式被 Vieta,Fermat,Frenicle 所知晓,而成等差数列的四个不同的平方数却并不存在.

第十五章以选自《丢番图》(*Diophantus*)的问题开篇,其中一个问题是求解未知数的值,它们的几个线性函数等于平方数.

译者注 《丢番图》是《亚历山大的丢番图:希腊代数史研究》(*Diophantus of Alexandria*: *A Study in the History of Greek Algebra*)的简称,第一版由 Thomas L. Heath 于 1885 年出版,第二版于 1910 年出版.

这样的问题曾被 Brahmagupta 于 7 世纪研究过,并于 1591 年被 Vieta 研究过,还在 17 世纪被 Bachet,Fermat,Prestet,Ozanam 及其他数学家研究过.其中研究最频繁的问题之一是求解三个数使得它们中任意两个数的和以及差均为平方数;它曾于 1674 年被 Petrus 研究过,于 1676 年被 Leibniz 研究过,于 1682 年被 Rolle 研究过,于 1775 年被 Landen 研究过,被 Euler 在他的代数以及其他地方都研究过,同样也被之后的许多数学家研究过.

第十六章会带来同余数的内容,这是一则始于 Diophantus 的长篇故事.如果 x 和 k 是有理数且使得 x^2+k 和 x^2-k 都是有理平方数,则 k 称作一个同余数. Diophantus 知道 $x^2+y^2=z^2$ 隐含着 $z^2\pm 2xy=(x\pm y)^2$,$2xy$ 是一个同余数.这个话题是 10 世纪两本阿拉伯手稿上的主要题材. Leonardo Pisano 在他的《平方数书》(*Liber Quadratorum*)(1125 年)中,利用技巧详尽地讨论了这个主题,其中的技巧是反复运用每一个整平方数从一开始都是奇数之和这一事实.特别地,他陈述没有同余数会是一个平方数,却未完整地证明.这也暗示了有理直角三角形的面积永远不会是平方数以及两个四次方之差不是一个平方数,这些结果有着历史性的特殊意义.虽然 Leonardo 的著作中的一部分吸收了 Luca Paciuolo,Ghallgai,Feliciano 和 Tartaglia 的算术,但是原稿似乎遗失了,Cossali 费力地尝试去重现它但却并未成功.原稿并于 1854 年被找到并被 Prince Boncompagni 于 1862 年出版(*Scritti di Leonardo Pisano*,Ⅱ).

后来关于同余数的最重要的文章是由 Euler,Genocchi,Woepcke,Collins,Lucas 所写的.

与之相关的一致型问题是求出使 x^2+my^2 和 x^2+ny^2 均为平方数的 m 和 n.这一问题被上一段所提及的相同的作者研究过,尤其是 Euler,在他的回忆录中几番出现.这一章剩下的问题和第十七章关于含有两个二次函数或方程的特殊方程组问题都没有在这里提及.刚刚的言论同样也适用于第十八章,讨论三个或多个二次函数的情形.

第十九章以求三个整数 x,y,z 使得 x^2+y^2,y^2+z^2,z^2+x^2 均为平方数的历史开篇. 解涉及"任意参数",但在特殊的假设条件下未被获得. 解曾被 Saunderson(他于婴儿时期失明) 发现并记在了他在 1740 年的代数作品中;Euler 发现了解并记在了他在 1770 年的代数作品中. 这个问题等价于求一个有着有理棱与有理面对角线的长方体. 如果强加上更进一步的限制,让体对角线为有理数,我们就能得到一个最近已经有人着手处理但并未解决的难题.

译者注 最近指 1920 年,截至 2019 年也没有找到一个完全立方体,当然也没有人证明其不存在.

求出 n 个平方数使得任意 $n-1$ 个数的和为平方数这一问题曾被 Euler 详尽地讨论过当 $n=4$ 时的情形,并被 Gill 利用三角函数讨论了 n 为任意的情形. 求出三个平方数使得任意两个之和超过第三个数,且超过部分为平方数这一问题被 Euler 去世后才发表的一篇论文中用四种特殊方法处理过,同样也被 Legendre 以及其他数学家处理过,使得关于 x,y 的二次型、关于 x,z 的二次型、关于 y,z 的二次型同时为平方数这一问题已在过去的一百年引起极大的关注. 从 Diophantus 开始,关于求 n 个数使得任意两个的乘积加上一个给定的数为平方数的问题有丰富的早期文献.

Euler 发展了一个有趣的方法使得几个函数同时为平方数. 他选出了一个适合的辅助函数 f 使得 $f=0$ 的解能够被轻易地找到. 对任意的解集,无论函数 P 是什么,P^2-f 显然是一个平方数. 许多更深入的问题出现在这一长篇幅的章节中,并以有理正交置换的描述结束这一章.

第二十章将会用代数数历史的一个相当有趣的例子来说明. Fermat 声称他有一个关于 25 是唯一一个加上 2 变成立方数的整平方数的证明. Euler 在 1770 年尝试着去证明,假定 $x^2+2=t^3$ 隐含着每一个因子 $x\pm\sqrt{-2}$ 是数 $p\pm q\sqrt{-2}$ 的立方,其中 p,q 为整数,虽然他知道同样的假设在当 2 被其他数替代的时候并不有效. 第一个例子中他的假设成立的依据是素数(在二次数域 $Q(\sqrt{-2})$ 上) 分解为 $p+q\sqrt{-2}$ 是唯一的以及 ± 1 是 $p+q\sqrt{-2}$ 的唯一分解单位. 取而代之可以用代数数来加以阐释,正如 T. Pepin 所做的那样,我们可以来运用二元二次型的类理论.

第二十一章中给出了关于三次 Diophantus 方程的约为 500 篇论文的记述. 将两个给定有理立方数之差表示为两个正有理立方数之和的方法由 Diophantus 在他的《衍论》(*Porisms*)(一部已经失传的著作) 中给出.

参考:(美) 霍华德·伊夫斯著. 数学史概论,原书第 6 版[M]. 哈尔滨:哈尔滨工业大学出版社,2009.

为了求出解,Vieta 在 1591 年运用的公式是行之有效的,仅当比给定立方数更大的立方数超过给定立方数的部分为两个更小的立方数之和时. 同样 Bachet 也解决了这一问题,但他仅解决了一种情形,而 Girard 与 Fermat 展示了如何依次利用 Vieta 的三个公式来解决其余情形,即把两个有理立方数之和表示为另外一组这样的和. 最后,这个问题由 Fermat 推荐给了英国数学家 Brouncker 和 John Wallis,而他们俩都仅给出由已知解乘以常数推出的解. 这个问题一般的整数解首次被解决是由 Euler 于 1756—1757 年做出的. 他的解在 1841 年被 Binet 表示为更简洁的形式,也被 Hermite 利用相应三次曲面上的直纹线推出(这一方法被 Brunel 延伸到某个 n 次方程上. 本书还记述了日本数学家在 1826—1845 年期间关于这一主题的文章. 求三个相等的和,其中每个和都由两个立方数相加而成,这一问题还引出了求四个整数使得任意两个之和是立方数的问题.

还有许多最近几十年里不太重要的论文,给出了以一个平方数来表示三个、五个或更多个立方数之和的关系. 使一个二元三次型等于一个立方数的问题曾被 Fermat 和 Euler 用初等方法讨论过,最近被 von Sz. Nagy 用双有理变换讨论过,被 Haentzschel 用协变量讨论过.

译者注 当时是 20 世纪初期.

为了使得二元三次型等于一个平方数,Fermat 和 Euler 让它等于一个线性函数的平方或二次函数的平方,Lagrange 则利用了代数数的范数,而 Mordell 则利用了不变量理论.

因为每一个有理数是三个有理立方数的和,所以确定一个为两个有理立方数之和的有理数是一个有趣的问题,或是如果我们更喜欢的话,确定当 $x^3+y^3=Az^3$ 在整数范围内可解时的整数 A. 本书给出了关于这一主题的五十篇论文的记述. Euler 证明了,如果 $A=1$ 和 $A=4$,那么这个问题是不可能存在有理数解的,如果 $A=2$,那么 $x=\pm y$. Legendre 弄错了他所陈述的命题"如果 $A=6$,那么它不可能存在有理数解". 1856 年,Sylvester 陈述道:若 $A=p,2p,4p^2$ 或 $A=4q,q^2,2q^2$,则它不可能存在有理数解,其中 p,q 分别是形如 $18l+5$ 和形如 $18l+11$ 的素数. 1870 年,T. Pepin 证明了这些以及一些相似的结果. 1879 年,Sylvester 利用类似的事实也证了出来. 我们能陈述出任意一个被提出且不超过 100 的数是否是两个有理立方数的和.

有 42 篇论文是关于求在等差数列中数的问题,其中这些数的立方和为一个平方数.

若 $F(x,y,z)=0$ 是一个有理系数的齐次三次方程且若点 P 为曲线 $F=0$ 上有有理点(即有理坐标的点),点 P 的切线交该曲线于一个新的有理点,称为 P 的切向.

译者注 这里把 $F(x,y,z)=0$ 看作一族平面三次曲线.

相似地，割线通过两个有理点，交它于第三个有理点. 令人奇怪的是，分析学上等价的这些事实于 1826 年被 Cauchy 在没有几何背景的条件下得出了. Levi 在 1906—1909 年定义了一个不带二重点的三次曲线上的有理点的构型，它是所有的有理点的集合，它可以通过求集合中一个点的切线和求连接集合中两个点的割线交曲线于第三个交点的操作来导出.

1917 年，A. Hurwitz 称这样一个点集为一个完备集，并得出了三次曲线上有理点数目的定理. Mordell 利用了 F 的不变量.

求 n 个有理数使得它们和的立方数加上或减去这些数中任意一个都为立方数的问题被 Diophantus 以及他作品的评注者讨论过 $n=3$ 的情形，被 Ludolph van Ceulen 在他的关于圆的著作中讨论过，还被 van Schooten，J. Pell 和其他数学家讨论过，其中最简洁的答案是由 Hart 得出的.

第二十二章用了很长的篇幅来记述 400 篇关于四次 Diophantus 方程的论文. Fermat 关于他的(发给其他数学家向他们挑战的) 挑战定理：没有面积为有理平方数的有理直角三角形的证明是特别有趣的，因为它详细地说明了他的无穷递降法；他的证明表明两个四次方之差绝不会是一个平方数. Leibniz 留下了一篇关于一种证法的手稿.

Fermat 断言：两条直角边之和以及斜边都是平方数的最小有理直角三角形，其边是有十三位的数.

译者注 为了避免产生误解，特地将“斜边以及两条直角边之和都是平方数”改为“两条直角边之和以及斜边都是平方数”.

这个问题等价于求两个数，其和为平方数，其平方和为四次方数. 这个问题被 Leibniz 提出并以这种形式表示，也被 Euler 几番讨论，被 Lagrange 于 1777 年十分详尽地讨论过，Lagrange 发现解决几个形如 $ax^4+by^4=cz^2$ 的方程是很有必要的. 本书总结了关于刚提到的方程的丰富文献；一些被运用的方法同样适用于方程中出现的 dx^2y^2 项.

犹如一般的次数高于四的方程不能被根式表示一样，在 Diophantus 分析中几乎所有的已经被找到解的问题最终都可以化简为“使一个次数不大于四的给定二元型 f 等于一个平方数或更高次的多次方数”的问题. 在求解使得一个特殊类型的四次方函数 $f(x)$ 等于一个平方数的方法之中，Fermat 的方法是相当易于理解的；Euler 的方法是将 f 简化为 P^2+QR，其中 P,Q,R 是关于 x 的二次函数，使得方程 $f=(P+Qy)^2$ 变为关于 x 和 y 为二次的方程；Mordell 以及 Haentzschel 使用的是不变量的方法. Euler 的方法类似于他在椭圆积分的乘法问题中用过的方法；Jacobi 运用 Abel 定理注意到了一个推广.

Euler 在以几种方法解决了 $A^4+B^4=C^4+D^4$ 之后声称是不可能求出三个四次方数之和等于一个四次方数的，而他相信四个四次方数之和等于一个四次方数是可能的.但是他的研究是不完整的,并没有导出例子.第一个(四个四次方数的)例子:$30^4+120^4+272^4+315^4=353^4$ 是于1991年被Norrie发现的.

译者注 Euler等幂和猜想是说:不定方程 $x_1^n+x_2^n+\cdots+x_{n-1}^n=x_n^n$ 没有正整数解;其中 $n=3$ 时,即Fermat大定理中 $n=3$ 时的情况,Euler在1770年证明了 $x_1^3+x_2^3=x_3^3$ 没有正整数解;对于Euler等幂和猜想中 $n=5$ 的情况,在1966年被L. J. Lander和T. R. Parkin找到了第一个反例,成功推翻了大数学家Euler的猜想.可惜的是本书作者已经去世了,未能知晓此事,但是Lander与Parkin所写的论文可以称得上是历史上最短的数学论文之一,其中唯一的参考文献就是本书!

另外,对于Euler等幂和猜想中 $n=4$ 的情况,由哈佛大学的Noam Elkies利用椭圆曲线理论在1987发现了这一情况下的第一个反例,1988年Roger Frye运用Elkies的方法利用计算机运行了约100个小时找到了 $x_1^4+x_2^4+x_3^4=x_4^4$ 的最小解,并在1988年发表了一篇名为《关于 $A^4+B^4+C^4=D^4$》的论文.

在同一时期许多作者也给出了五个或更多个四次方数之和为一个四次方数的例子以及(两组数)四次方和相等的情形.

第二十三章介绍了次数大于四的方程,这是本卷中比其他任何章节更重要的章节,因为在它所记述的论文中提供了攻克Diophantus方程的一般方法.Lagrange展示了如何利用连分数去解 $f=c$,其中 f 为任意常数的二次型.Runge和Maillet得出了 $f(x,y)=0$ 有无穷多对整数解的存在条件,其中 f 是一个整系数不可约多项式.Thue证明了一个有用的定理:如果 $U(x,y)$ 是一个次数大于二的整系数不可约齐次多项式,c 是一个常数,则 $U(x,y)=c$ 仅有有限对整数解.Maillet给出一个关于非齐次的 $U(x,y)$ 的推广.

Hilbert和Hurwitz在1890—1891年共同完成的论文中证明了任意整系数齐次方程表示着一条亏格为零的曲线能够通过双有理变换变为线性或是二次方程.Poincaré在1901年证明了同样的定理并发现当曲线的亏格为一时,可以通过双有理变换变为一个 p 阶曲线.

定义在这一点的乘积是很实用的

$$F(x,y,\cdots,z)\equiv\prod(x+\alpha y+\cdots+\alpha^{n-1}z)$$

这个乘积遍历任意一个(给定的)n 次整系数不可约多项式的所有根,它为由 α 确定的代数数域中一般数 $x+\alpha y+\cdots+\alpha^{n-1}z$ 的范数.Dirichlet注意到 $F=1$ 有无穷多个整数解,除了所在的域是虚二次数域.如果这个域是实的,而且若 F 能够取到一个给定值,则有无穷多组 $x,\cdots,z$ 使得它能求得那个给定值.同样Poincaré也讨论了这个问题 $F=g$.Lagrange所证明的实际上是一个乘积的范数等于因子范数的乘积,因此解决了 $F(X,Y,\cdots,Z)=V^m$,其中 $V=F(x,y,\cdots,z)$.这种方法在用来求解各种类型方程的特解时具有相当大的作用.特殊情形

$x^3+ny^3+n^2z^3-3nxyz$ 同样也是另一类方程的特殊情形，而这一类方程的一般情形由 Maillet 从递推级数理论中获得. A. Hurwitz 为关于方程 $x_1^2+x_2^2+\cdots+x_n^2=xx_1x_2\cdots x_n$ 的正整数解的完整讨论提供了一个彻底性的模型，这样的模型可以被撰写关于 Diophantus 方程的作者所借鉴与效仿，而他们中有太多人似乎满足于他们问题的一个特解.

第二十四章研究了具有相同幂和的整数集合. 例如，a,b,c 和 $a+b+c$ 这四个数具有与 $a+b,a+c,b+c$ 这三个数相同的和以及平方和. 在关于这一话题的七十篇论文中，仅有五篇是在 1878 年之前的. 本书指出了这一问题与一类原来曾用于简便计算对数的快速收敛级数的联系，在这个级数中我们想要求出两个关于 x 的多项式仅常数项不同且有特定的整数作为它们的根.

第二十五章提供了数论中一个典型的范例，它使得经验定理被发现的容易程度以及得到一个完整数学证明的困难性形成鲜明的对比. 基于数值实验，Waring 在 1770 年宣布一个经验定理："每一个正整数是至多 9 个正立方数之和，是至多 19 个四次方数之和，并且一般来说是有限数量的 m 次方数之和." 这个事实第一次被证出是出自 Hilbert 之手，虽然他的研究没有确定出数量 N_m 的精确值. 大约在 1772 年，J. A. Euler(大欧拉的长子) 声称 $N_m \geqslant v+2^m-2$，其中 v 是满足 $v<\frac{3}{2}^m$ 的最大整数. 在 1859 年来临之前，Liouville 证明了 $N_4 \leqslant 53$，利用的是等价于如下的一个恒等式

$$6\left(x_1^2+x_2^2+x_3^2+x_4^2\right)^2=\sum_6\left(x_1+x_2\right)^4+\sum_6\left(x_1-x_2\right)^4$$

以及这样事实：每一个正整数 n 都可以表示为 $x_1^2+x_2^2+x_3^2+x_4^2$ 的形式，以致 $6n^2$ 是 12 个四次方数之和. 但是任意一个正整数都是这六个形式 $6p,6p+1,\cdots,6p+5$ 中的一种，其中 $p=n_1^2+n_2^2+n_3^2+n_4^2$，因此 $6p$ 是 4×12 个四次方数之和. 因为 $1,2,\cdots,5$ 是最多 5 个 1 之和，每一个 1 是四次方数，我们有 $N_4\leqslant 4\times 12+5$.

译者注　参考《数论导引》第 21 章第一节.

因为 $p=n_1^2+n_2^2+n_3^2+n_4^2$，则 $6p=6(n_1^2+n_2^2+n_3^2+n_4^2)=6n_1^2+6n_2^2+6n_3^2+6n_4^2$；又因为 $6n_1^2,6n_2^2,6n_3^2,6n_4^2$ 都分别是 12 个四次方数之和，所以 $6p$ 是 4×12 个四次方数之和.

1895 年，Maillet 首先证明出 N_3 是有限的，实际上 $N_3\leqslant 21$. 随后，那些撰写人成功地证明了 $N_3=9$. 在 Hilbert 关于 N_m 是有限数的证明中，他利用了一个五重积分，而在此之后的那些撰写人给出了代数的证明. 不久前，Hardy 和 Littlewood 运用解析数论给出了一个证明并表明 $N_m\leqslant(m-2)2^{m-1}+5$，它能给出这样的事实：立方数 $N_3\leqslant 9$，四次方数 $N_4\leqslant 21$，五次方数 $N_5\leqslant 53$，等等.

译者注　相对于 1920 年的不久前.

更早些的论文给出了初等证明:每一个有理数是三个有理立方数之和以及是四个正有理立方数之和.

最后一章用了很长的篇幅来记述超过 300 篇关于 Fermat 最后定理的论文,更一般的三元方程 $ax^r + by^s = cz^t$ 以及相同形式的同余式的论文,其中 Fermat 最后定理所陈述的是不可能将一个高于二次的次方数分为两个同次数的次方数. 在信件以及对他的《丢番图》(*Diophantus*) 副本的评注中,Fermat 宣布了许多数论中的有趣发现,通常都会附上这样的表态,说他有一个证明. 所有的事实(那些有趣的发现) 都已经被证明,除了上面说的 Fermat 最后定理,而他声称他已经发现了一种美妙的证法.

译者注　Fermat 把这个定理写在了《丢番图》(*Diophantus*) 副本的书页上,还附注了一句话:我已经找到了这个定理美妙的证明方法,但这书中的空白太小了,无法写出来. 然而后人在 Fermat 的书信集和书稿中都没有发现这个定理的证明.

如果他的证明中有一个疏漏,那疏漏也肯定不会是那些在过去的十年中为了争取一笔巨额现金大奖的数千次努力中所犯的愚蠢错误之一.

译者注　1908 年哥廷根科学院的 Paul Wolfskell 教授以十万马克奖励任何一个证明或推翻 Fermat 最后定理的人.

Fermat 把指数为 3 和 4 的情形作为一个具有挑战性的问题推荐给了他那个时代的数学家. 一般情形对后来三个世纪的数学家们而言仍旧是一个具有挑战性的问题. 在过去的一个世纪里,各大科研机构不时会为证明这一问题而颁发各种奖项. 这个定理的"尊严"被 1908 年的一笔巨大奖赏所伤害. 因为只有印刷的校样才可以与之竞争,所以迄今为止的收益都归印刷商;在这段历史中,没有人提及由最后(提到的) 这一奖项所引起的虚假的证明.

Fermat 最后定理对于它本身而言没有什么特别的意义,一旦发表了一个完整的证明,它将会丢失因其定理本身而引起的关注. 但是,这个定理在数学史上已经取得了重要的地位,因为它已经提供出了灵感,促使 Kummer 发明了他的理想数,用它开辟了代数数论的一般理论,代数数论是现代数学最重要的分支之一.

尽管 Gauss 在 1832 年证明了算术基本定理对复数(如数 $5+7\sqrt{-1}$) 也同样成立并且巧妙地运用它们研究四次剩余,但关于代数数的这一定理实际上是在 1847 年发现的. 因为直到那时数学界才明确地意识到"复整数 $a_0 + a_1 r + \cdots + a_{n-1} r^{n-1}$"(其中系数 $a_0, a_1, \cdots, a_{n-1}$ 为常整数,r 为一个 n 次单位虚根) 不能一般地唯一分解为"复素数",(两个由同次的单位虚根构成的)"复整数"没有最大公因子,因此没有遵循算术基本定理.

译者注　实际上,任意两个由同次的单位虚根构成的"复整数"未必有最大公因子.

这一富有历史性的真相通过 Lamé 的努力而大白于天下，他试图证明：如果 n 是奇素数，$x^n + y^n = z^n$ 不能被那样的“复整数”所满足.

译者注　因为 $x^n + y^n = z^n (n \geqslant 3)$ 如果没有整数解，那么 $x^{mn} + y^{mn} = z^{mn}$ 也没有整数解，所以只需要讨论 p 为奇素数时，$x^p + y^p = z^p$ 没有整数解.

Lamé 的思路：因为 $x^n + y^n = (x+y)(x+yr)(x+yr^2)\cdots(x+yr^{n-1}) = z^n$，所以数 $x^n + y^n$ 有两种“复素数”分解，与分解的唯一性矛盾，从而 $x^n + y^n = z^n$ 没有正整数解.

其他同样性质的错误也被 Wantzel 所犯，以及被 Cauchy 这样伟大的数学家所犯. 令人奇怪的是，Kummer 在一封约 1843 年与 Dirichlet 的通信中也犯了这个错误：假设分解是唯一的，致使他的关于 Fermat 最后定理的起初证明是不完整的. 但是 Kummer 并没有因为仅仅承认代数数不遵循代数基本定理这个事实而止步不前，他通过引入理想元成功地修复了那些定理，让处于混乱中的定理重焕光彩是过去一个世纪的主要科学成就.

虽然代数数理论的出现成了一个强有力的工具，尤其适用于攻克 Fermat 最后定理，但它还是没有促成一个完整的证明. 大量的事实已经被得出，利用的是各种各样更为初等的方法. 在定理被证明之前，试图衡量任何特定事实或方法的重要性显然是不明智的. 因此，这里将不再对第二十六章这一长篇章的内容做进一步的分析，这一章本身就是 Fermat 最后定理的浓缩史.

本书作为一部资料书不仅是为了那些勤奋的专业数学家，也是为了那些寻觅“科学女王”无穷魅力的大量业余爱好者而写的. “科学女王”的统治始于几个世纪以前，而且已经不间断地持续到了现在.

不幸的是，追随 Diophantus 的习惯，许多研究这一主题的作者已经满足于他们的问题的一个特解，其中特解是通过做出各种假设来简化分析而得出的. 要是仅仅给出这样一份论文里的最后公式而没有指出限制性假设，这样的记述是没有用处的. 取而代之，这里给出了证明的基本步骤的总结，并按照这个计划进行编写，尤其是在一般大型图书馆中找不到论文的情况下. 这些只给出被攻克问题特解的论文至少具有表明问题并非不可能的价值(即能表明问题有解). 此外，对许多这类论文的考察表明，存在一些经常反复出现的辅助 Diophantus 问题(如使一个四次函数等于一个平方数)，如果能解决这些问题就能处理更多的问题，因此建议对特别有用的主题进行彻底的研究. 由于已经存在了太多篇关于仅给出特解的 Diophantus 分析论文，希望研究本课题的所有热爱者如果不能完全解决它，今后先别发表，直到他们获得关于所攻克的问题的一般定理为止. 只有这样，这一主题才能保持其恰当的地位以列于其他刚健的数学分支旁边.

起初计划给这部作品命名为"数论专题史研究",但在一位著名历史学家的建议下,"专题"这个词被省略了.令人难以置信的是,大量的材料并不是按主题排列的.再者,传统历史认为每个事实都理所当然是通过早期事实的一系列自然演绎所发现,并且要花费相当大的空间来试图追溯这一顺序.但是,有经验的研究人员知道,至少许多重要结果的萌芽是通过突如其来而神秘的直觉发现的,也许是潜意识心理努力的结果,即使这些直觉后来也必须经受以质疑、批判来理清的过程.人们普遍想要的是对事实的充分而准确的陈述,而不是历史学家对这些事实的个人解释.历史学家在历史背景下留下的更完整的东西,或读者对历史学家的个性了解的越少,这样的历史就越好.在写下这样一部历史之前,他必须对所有的事实进行比传统历史更透彻的探索.在历史学家理想的自我贬抑的观点下,是什么促使本书作者在过去九年的大部分时间里中断自己的研究来撰写这段历史?因为这符合他的信念,即每个人都应该有志于在一生中的某个时间从事一些严肃、有用的工作,对于这些工作,除了从中得到满足之外,极可能没有任何回报.当然,下面提到的与作者合作的八位数学家也有权从他们的工作中得到同样的满足.

通过在美国和欧洲的各种图书馆查阅各种资料的来源以及收集资料,因此第1卷的前言部分,同样也适用于本卷,特别是皇家学会科学论文目录第一卷,1908年的主题索引中与Diophantus分析有关的那些参考文献不仅用于编写手稿,而且在校样上也进行了核对.对Diophantus分析的引用遵循通常的编号,因此没有遵循Heath的第二版中的编号.

第十一章至第二十六章的记述已由原始文件所核查,以备它们都能在芝加哥找到.作者对第二十一章至第二十四章中所记述的计算进行了核校,查明了原始论文中的各种错误.此外,研究本章主题的权威机构仔细地阅读了本书这四章中的记述:由P. A. Mac Mahon少校审查关于分拆的第三章,由E. B. Escott审查关于等幂和的整数集合的第二十四章,由A. J. Kempner审查关于Waring问题的第二十五章,由H. S. Vandiver审查关于Fermat最后定理的第二十六章.

特别希望第三章、第二十一章至第二十六章具有高度的准确性和叙述的清晰度,因为它们是最常被查阅的章节.同样第十一章也被Kempner仔细阅读,多亏了他,各种瑕疵和错误才得以被清除.此外,R. D. Carmichael,A. Cunningham,E. B. Escott,A. Gérardin,E. Maillet阅读了整卷校样,他们各自都撰写了大量有关Diophantus方程的作品,并对这部作品提出了非常有价值的建议.对这八位专家来说,他们如此慷慨地花费他们的时间来完善这卷书,不仅要感谢作者,还要感谢每一位为Diophantus分析献身的奉献者,这些奉献者有可能从这段历史中收获益处或乐趣.

Minna J. Schick 审阅了前十一章的校样，并与原稿做了比较，为此，芝加哥大学的行政部门体贴地减轻了她在数学研究会有关的工作. Louise M. Swain 刚刚在芝加哥大学完成了一年的数学研究生学习，她审阅了后十五章的校样，校对了整卷书中的许多相互参照的文献，并用长条校样核对了分页校样，分别对各种类型的错误进行了核查.

译者注 长条校样，又称"毛条校样". 先按照版面设计的宽度、行距排成长条供校对用的校样. 不进行拼版，不加上页码，以便改动. 大多数用于报刊、辞书和征求意见稿.

参考：汪少林，杭丹. 书的知识手册[M]. 南昌：百花洲文艺出版社，1990.

译者注 分页校样，以普通书页形式印出的供校对用的校样.

作者有极大的责任去培养这些有才华的年轻女性，她们对本书做了许多改进，这要归功于她们的机敏. 除了所有这些人的帮助之外，作者还花费了十五个月中的大部分时间用于处理校样，把它们与原始注释对比、核对计算，把记述报告和读者建议与原始论文进行比较、补充近期论文的记述、重复地审阅手稿，通过相互参照文献仔细检查了所有所述结果需要引用别处的记叙，并检查校样中的每一处改动.

L. E. DICKSON
1920 年 4 月

⊙目录

第二十二章　四次方程　// 855

第二十三章　n 次方程　// 942

多边形数、棱锥数和有形数

第一章

三角形数形如1,1+2,1+2+3,…,而平方数形如1,1+3,1+3+5,…,由等差数列中的连续项相加而成(图1.1).其中这些项被称作“gnomons”(磬折形数),其几何学上的起源可以追溯到Pythagoras[①](公元前570—公元前501年).

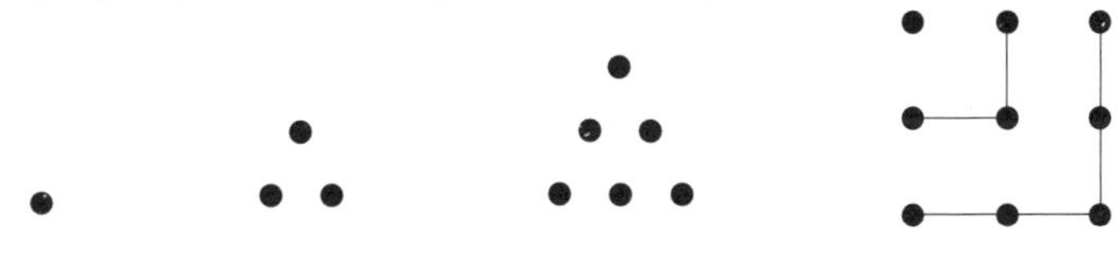

图1.1

译者注 “gnomon”这个词在巴比伦人那里的原意可能是指日晷上面的直杆,用它的阴影来指示时刻.在Pythagoras时代,“gnomon”指木匠用的方尺.这个方尺与平方数的折线形状相似.

如果这些磬折形数是以4,7,10,…(其公差为3)相加的,其得数1,5,12,22,…是五边形数.如果磬折形数的公差是$m-2$,我们便得到m角形数即含m边的多角形数(图1.2)(译者注:即多边形数).

① F. Hoefer, Histoire des mathématiques, Paris, ed. 2, 1879, ed. 5, 1902, 96-121; W. W. R. Ball, Math. Gazette, 8, 1915, 5-12; M. Cantor, Geschichte Math., 1, ed. 3, 1907, 160-163, 252.

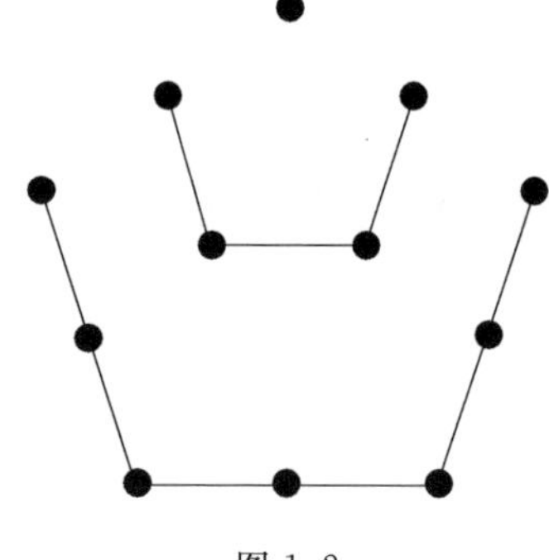

图 1.2

在 Archimedes(公元前 3 世纪) 的群牛问题中,要求八个未知数中的两个之和为一个三角形数(参看本书第十二章).

Speusippus①,Plato 的外甥,曾提到多边形数和棱锥数中:1 是点,2 是线,3 是三角形,4 是四面体,且这些数中的每一个数是它同类里的第一个,同时 $1+2+3+4=10$.

大约公元前 175 年,Hypsicles 给出了多边形数的定义后,该定义被 Diophantus 引用于他的《多边形数》.

译者注 其实 Diophantus 写的作品叫《论多边形数》(*On Polygonal Numbers*).

“如果有尽可能多的数字,我们从 1 开始,以相同的公差递增,那么当公差为 1 时,所有项的和是一个三角形数;为 2 时是一个正方形数;为 3 时是五角形数.角的个数以比公差大 2 的数命名,以项中包含 1 的数目来命名边长.”

因此,给定以 1 为首项、$m-2$ 为公差的等差数列,其 r 项和为第 r 项 m 边形数 p_m^r②.

Smyrna③ 的 Theon(约公元 100 年或 130 年) 所著《算术》包含 32 章.其书第 15 章,第 41 页,平方数由

$$1+3=4,1+3+5=9$$

等得出.第 19 章,第 47 页,三角形数被定义为 $1,1+2,1+2+3,\cdots$.第 20 章,第 52 页,平方数和之前一样得出并且五边形数由 $1,4,7,10,\cdots$ 相加而得出.第 26 和 27 章,第 62 ~ 64 页,五边形数和六边形数由点阵形成的正五边形以及六边

① Theologumena arithmeticae, ed. by F. Ast, Leipzig, 1817, 61, 62. For a French transl. and notes, see P. Tannery, Pour l'histoire de la science Hellène, Paris, 1887, 386-390(374).

② Denoted by $P_r^{(m)}$ in Encyc. Sc. Math., I, 1_1, p. 30.

③ Theonis Smyrnaei Platonici, Latin transl. by Ismael Bullialdi, 1644. Cf. Expositio rerum mathematicarum ad legendum Platonem utilium, ed., E. Hiller, pp. 31-40.

形所演示. 第28章, 第65页, 给出定理说两个相继的三角形数之和为平方数. 第30章, 第66页, 棱锥数被定义为

$$P_m^r = p_m^1 + p_m^2 + \cdots + p_m^r$$

译者注 Theon of Smyrna.

Smyrna 的 Theon 区别于 Alexandria 的 Theon.

Nicomachus[①](约公元100年) 给出了与 Smyrna 的 Theon 同样的定义与结果(图1.3), 并且给出它们的时间可能稍早于他. Nicomachus 的书中第12章所给出相继三角形数的定理为

$$\frac{(r-1)r}{2} + \frac{r(r+1)}{2} = r^2$$

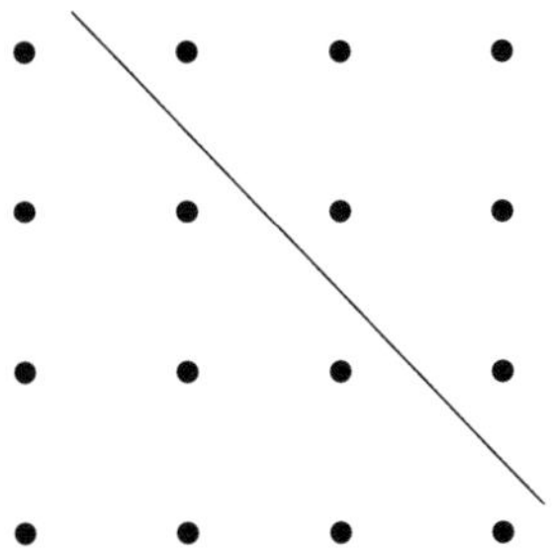

图 1.3

同样也有相应的定理, 如第 r 个平方数与第 $(r-1)$ 个三角形数之和是第 r 个五边形数, 犹如一个五边形是由三角形并入一个正方形而得到的. 他给出了推广(除符号外)

$$p_m^r + p_3^{r-1} = p_{m+1}^r$$

这些定理通过表1.1加以说明:

表 1.1

三角形数	1	3	6	10	15	21	28	36	45	55
平方数	1	4	9	16	25	36	49	64	81	100
五边形数	1	5	12	22	35	51	70	92	117	145
六边形数	1	6	15	28	45	66	91	120	153	190
七边形数	1	7	18	34	55	81	112	148	189	235

① Introductio arithmetica(ed., Hoche), 2, 1866, Book 2, Chs. 8-20. Cf. G. H. F. Nesselmann, Algebra der Griechen, 1842, 202.

每个多边形数等于表 1.1 中在其正上方的多边形数与比其边小 1 的三角形数(即它前一列的三角形数)之和;例如,七边形数 148 是六边形数 120 与三角形数 28 的和.

每一竖列都是一个等差数列,其公差是前一列中的三角形数.

第十三章(Nicomachus 的书中)谈到就像多边形数是通过简单的等差数列求和而产生的,同样地通过对多边形数求和,可以得到类似的数,名称为:棱锥数(译者注:有的地方给这类数的总称命名为金字塔数,但由于人们印象中的金字塔是四棱锥,为了避免混淆,故以棱锥数称之),三角形数组成三角形金字塔数(三棱锥数)、金字塔数以平方数为底座等,底座是最大的多边形数.

Plutarch①,一位与 Nicomachus 同时期的人,给出了一个定理,如果我们将一个三角形数乘以 8 再加上 1,我们可以得到一个平方数

$$8\cdot\frac{r(r+1)}{2}+1=(2r+1)^2$$

这个定理也是由 Iamblichus②(约公元 283—330 年)给出的,他对多边形和棱锥数进行了详细的讨论.

Diophantus③(约公元 250 年)推广了这个定理,并用一种烦琐的几何方法证明了它

$$8(m-2)p_m^r+(m-4)^2=[(m-2)(2r-1)+2]^2 \tag{1}$$

并把这个结果称为 p 的新定义,也等价于 Hypsicles 的定义. Diophantus 给出了一个法则去求解 r,等价于解出(1)中的 r,以及求 p 的法则等价于

$$p_m^r=\frac{[(m-2)(2r-1)+2]^2-(m-4)^2}{8(m-2)} \tag{2}$$

但没有给出等价而更简洁的表达式

$$p_m^r=\frac{1}{2}r[2+(m-2)(r-1)] \tag{3}$$

事实上,从(2)开始,他进行了长时间的几何讨论,以求出一个给定的数字可以表为多边形数的方法数,但在未完成的部分中戛然而止,在终止之前也几

① Platonicae quaestion., Ⅱ, 1003.

② In Nicomachi Geraseni arith. introd., ed., S. Tennulius, 1668, 127.

③ Polygonal Numbers. Greek text by P. Tannery, 1893, 1895. Engl. transl. by T. L. Heath, Cambridge, 1885, 1910; German transl. by F. T. Poselger, 1810, J. O. L. Schulz, 1882, and G. Wertheim, 1890; French transl. by G. Massoutié, Paris, 1911. Cf. Nesselmann, Algebra der Griechen, 1842, 462-476; M. Cantor, Geschichte Math., ed. 3, I, 485-487.

乎没有取得什么进展. G. Wertheim① 以相同的几何形式给出了一个冗长的延续,最终推导出几何上等价于(3),并指出我们可以轻而易举地从(3) 找到给定数字 p 表为多边形数的方式:将 $2p$ 表示为一个乘积,其两个因子都大于1. 在这些所有可行的方式中,称较小的因子为 r;较大的因子减去 2,求出差值是否可被 $r-1$ 整除;如果可以,商则是 $m-2$,p 是 p_m^r. 由于 $m-2$ 等于$\frac{2(p-r)}{r(r-1)}$,而后者必须是大于或等于 1 的整数,因此

$$r \leqslant \frac{1}{2}(\sqrt{8p+1}-1)$$

例如,如果 $p=36$,则 $r \leqslant 8$. 由于 r 整除 $2p=72$,我们有 $r=2,4,8,3,6$,其中 $r=4$ 会被排除在外. 我们便得到

$$36=p_{36}^2=p_{13}^3=p_4^6=p_3^8$$

在 Roman Codex Arcerianus②(公元 450 年?) 出现了某一公式的大量特例,这一非同凡响的公式是关于棱锥数的

$$P_m^r=\frac{r+1}{6}(2p_m^r+r)$$

书中给出

$$p_5^r=\frac{1}{2}(3r^2+r),p_6^r=\frac{1}{2}(4r^2+2r)$$

其中这两个式子中间的加号应该改为减号. M. Cantor③ 提出了如下有可能(成功) 的推导. 通过分解式(2) 的分子,我们可以得到

$$p_m^r=\frac{m-2}{2}r^2-\frac{m-4}{2}r$$

$$P_m^r=\frac{m-2}{2}(1^2+2^2+\cdots+r^2)-\frac{m-4}{2}(1+2+\cdots+r)$$

正如 Archimedes(出生于公元前 287 年锡拉库扎) 所知,有

$$1+2+\cdots+r=\frac{r(r+1)}{2},1^2+2^2+\cdots+r^2=\frac{r(r+1)(2r+1)}{6}$$

因此

$$P_m^r=\frac{r+1}{6}\left[\frac{2(m-2)}{2}r^2-\frac{2(m-4)}{2}r+r\right]=\frac{r+1}{6}(2p_m^r+r)$$

---

① Zeitschrift für Math. Physik, Hist. Lit. Abt. 1897,121-126. Reproduced by T. L. Heath, Diophantus, ed. 2,1910,256, where doubt is expressed as to the validity of the restoration in view of the ease with which the geometric equivalent of (3) can be derived geometrically from that of (2).

② Cf. M. Cantor, Die Römischen Agrimensoren, Leipzig, 1875, 95-127.

③ Die Römischen Agrimensoren, 1875, 122; Geschichte der Math., 1, ed. 2, 519; ed. 3, 588. Cf. H. G. Zeuthen, Bibliotheca Mathematia, (3), 5, 1904, 103.

印度的 Aryabhatta①(公元 476 年) 给出了公式

$$1+3+6+\cdots+\frac{r(r+1)}{2}=\frac{r(r+1)(r+2)}{6}=\frac{(r+1)^3-(r+1)}{6}$$

去计算三角形堆(即垒成三棱锥形状的一堆球) 中球的个数,因此第 r 个三棱锥数 P_3^r 的阶数为 3,也称其为四面体数. 他那一时代的印度人也知道② $P_4^r=P_3^r+P_3^{r-1}$,依据这一式子得

$$6P_4^r=r(r+1)(2r+1)$$

上述关于多边形数和棱锥数的一般化公式是由 Gerbert③(教皇 Sylvester 二世) 于公元 983 年收集的.

Yang Hui④ 在他 1261 年出版的《算法》中给出了公式

$$1+(1+2)+(1+2+3)+\cdots+(1+2+\cdots+n)=\frac{n(n+1)(n+2)}{6}$$

$$1^2+2^2+\cdots+n^2=\frac{1}{3}n\left(n+\frac{1}{2}\right)(n+1)$$

用于对三角形数以及平方数求和.

译者注 更确切地说,两个公式出自 Yang Hui 的《详解九章算法》(图 1.4).

1303 年,Chu Shih-chieh⑤ 将二项式系数列成三角形的形式,一直列到 8 次方的系数. 11 世纪末阿拉伯人就知道了⑥这个算术三角. 这种三角形也被 Petrus Apianus⑦ 出版过.

---

① French transl. by L. Rodet, Jour. Asiatique, 13, 1879; Leçons de calcul d'Aryabhatta, p. 13, p. 35.

② E. Lucas, La Nature(Revue des Sciences), 14, 1886, Ⅱ, 282-286: L'Arithmétique en Batons dans l'Inde au temps de Clovis.

③ Geometrie, Chs. 55-65.

④ Y. Mikami, Abh. Geschichte Math. Wiss., 1912(30): 85.

⑤ Ibid., 90. Cf. K. L. Biernatzki, Jour. für Math., 52, 1856, 87; Stifel.

⑥ M. Cantor, Geschichte der Math., 1, ed. 1907(3): 687.

⑦ Ein newe... Kauffmans Rechnung..., Ingolstadt, 1527, title page. The latter was reproduced by D. E. Smith, Rara Arith., 1908, 156, who remarked that he knew of no earlier publication of this Pascal triangle.

译者注

算术三角形的起源

人们常把数的三角形与数学家帕斯卡的名字结合起来，成了众所周知的帕斯卡三角形．帕斯卡最早是在他的书《论算术三角形》中写到它的(约 1653 年)．但这个数的三角形在帕斯卡之前很久就已经为人们所认识．在中国数学家杨辉和朱世杰的著作(《四元玉鉴》)中就包含了算术三角形与出现在算术三角形中的数列的求和两种．

Eyn Newe
Vnnd wolgegründte
vnderweysung aller Kauffmanß Rech-
nung in dreyen Büchern/mit schönen Re
geln vñ fragstucken begriffen. Sunder-
lich was fortl vnnd behendigkait in der
Welsche Practica vñ Tolletn gebraucht
wirdt/des gleychen fürmalß weder in
Teützscher noch in Welscher sprach nie
gedrückt. durch Petrum Apianū
von Leysnick/d Astronomei
zu Ingolstat Ordina-
riū/verfertiget.

1527 年出版的 P·阿皮安的书《Rechnung》的内封页．

在《四元玉鉴》(1303 年)的开卷中，有一张算术三角形的说明，标题为“古法七乘方图”，显示了二项展开式八次方的系数．朱世杰提到，算术三角形是一种求二项式第八次方和较低次方的古老方法．这种古老的方法见于另一本中国的数学著作，该书

图 1.4

在这本历史书第一卷，第一章中所提及的许多早期的算术(有些有更完整的标题)给出了多边形数的定义和简单的性质；例如 Boethius[①], G. Valla[②], Martinus[③], Cardan[④],J. de Muris[⑤],Willichius[⑥], Michael Stifel[⑦]，他们都给出了一个数字表(二项式系数的)；Faber Stapulensis[⑧] 和 F. Maurolycus[⑨] 给出了

$$p_5^r = 3p_3^r + r, p_6^r = 3p_3^{r-1} + r^2$$

$$P_3^n + P_3^{n-1} = P_4^n, P_5^n = P_3^n + 2P_3^{n-1}, P_6^n = P_5^n + P_3^{n-1}$$

译者注

$$p_5^r = 3p_3^r + r$$

而 Maurolycus 还讨论了二阶多边形数或中心多边形数(五边形数变成 1,6,16,31,51,76,…,在第二种多边形数中算上了各个节点和中心),还有中心棱锥数(五棱锥数变成1,7,23,54,105,…). I. Unicornus[⑩] 和 G. Henischiib[⑪] 也做了同样的工作.

Johann Benzius[⑫] 为这些数以及有形数写出了二十章的作品.

J. Rudolff von Graffenried[⑬] 指出

$$(p_3^r)^2 - (p_3^{r-1})^2 = r^3, (p_3^r)^2 + (p_3^{r-1})^2 = p_3^{r^2}$$

当 $r=6$ 时,最后那个数 $p_3^{r^2}$ 取得 666.

C. G. Bachet[⑭] 为 Diophantus 的《论多边形数》写了两本书的补编. 他的定理(将其用公式表示)中最重要的几个如下:

Ⅰ, 10. $p_m^{k+r} = p_m^k + p_m^r + kr(m-2), p_m^r = p_3^r + (m-3)p_3^{r-1}$.

Ⅱ, 18. $p_m^r + p_m^{2r} + \cdots + p_m^{nr} = p_m^r p_3^n + r^2(m-2)(p_3^1 + p_3^2 + \cdots + p_3^{n-1})$.

Ⅱ, 21. $3(p_m^r + p_m^{2r} + \cdots + p_m^{nr}) = p_m^r p_3^n + (n+1)p_m^m$.

---

① Arithmetica boetij,1488,etc. ,Lib. 2,Caps. 7-17.

② De expetendis et fvgiendis rebvs opvs,Aldus,1501,Lib. Ⅲ.

③ Ars Arithmetica,1513,1514;Arithmetica,1519,15-18.

④ Practica Arith. ,1537,etc.

⑤ Arith. Speculativae,1538,53-62.

⑥ I. Vvillichii Reselliani,Arith, libri tres,1540,95-111.

⑦ Arith. Integra,1544. See references 16-18,50-52.

⑧ Stapulensis,Jacobi Fabri,Arith. Boëthi epitome,1553,54-65.

⑨ Arith. libri dvo,1575,6-8,14-21. Historical remarks on same by M. Fontana,Memorie dell' Istituto Nazionale Ital. ,Mat. ,2,Pt. 1,1808,275-296.

⑩ De l'Arithmetica Vniversale,1598,67-70.

⑪ Arith. Perfecta et Demonstrata[1605],1609,133.

⑫ Manuductio ad Nvmervm Geometricvm,Kempten,1621.

⑬ Arith. Logistica Popularis,1618,238,627.

⑭ Diophantii Alex. Arith. ,1621.

Ⅱ，25. $1^3+2^3+\cdots+n^3=\left[\frac{n(n+1)}{2}\right]^2=(p_3^n)^2$.

Ⅱ，28. $n^3+6p_3^n+1=(n+1)^3$.

Ⅱ，31，32. $k^3+(2k)^3+\cdots+(nk)^3=k^3(p_3^n)^2=k(k+2k+\cdots+nk)^2$.

译者注　C. G. Bachet 第二卷书中的第 27 条与 Nicomachus(其书第 21 章)的公式有着联系

$$1=1^3, 3+5=2^3, 7+9+11=3^3, 13+15+17+19=4^3, \cdots$$

上面的公式 Ⅱ，25 可由这一公式累加而推导出(同样也出现在《罗马法典》(*Roman Codex Arcerianus*)[①] 中). Fermat 通过引入"colonne"来推广这个命题:在等差数列 $1, 1+(m-2), 1+2(m-2), \cdots$,到 m 边形数,第一项 1 归为第一列,下两项之和减去 $m-4$ 倍的首个三角形数 1 得到 $2m$ 归为第二列,第四、第五以及第六项之和减去 $m-4$ 倍的第二个三角形数 3 得到 $9m-9$ 归为第三列;相似地,第四列是 $8(3m-4)$,并且第 r 列为

$$r^2+r^2(r-1)\left(\frac{m-2}{2}\right)$$

它可以推导出(同样也被 Editor Tannery 注意到)第 r 列为第 r 个 m 边形数与 r 之积,并当 $m=4$ 时乘积为 r^3. 这个项列不是由 Fermat 创造的,就像 Tannery 也想出了,但是[②] Maurolycus 率先使用.

译者注　"colonne"在法语中有下列的含义:

J. Remmelin[③] 指出,666(参见 Faulhaber[①])是一个三角形数,三角形数的根为 36,同时也是一个平方数,其根为 6,而 6 是以 2 为基的一个普洛尼克数(pronic number)(形如 n^2+n),基 2 也是一个普洛尼克数.

译者注　三角形数 p_3^r 的根为 r,即第几个三角形数.

稍后我们将引用 C. G. Bachet 的经验定理,即任何整数都是四个平方数的和,提出于《关于 Diophantus》第四卷 31 条(à propos of Diophantus Ⅳ, 31).

为此,Fermat[④] 发表了著名的评论:"我是第一个发现这一非常优美而完全一般化定理的人,定理即每个数字要么是三角形数,要么是 2 个或是 3 个三角形数的和;每个数字要么是一个平方数,要么是 2 个、3 个或是 4 个平方数的和;要么是一个五边形数,要么是 2 个、3 个、4 个或是 5 个五边形数的和;依此类推

---

① Oeuvres, I, 341.

② Wertheim, Zeitschr. Math. Phys., 43, 1898, Hist.-Lit. Abt., 41-42.

③ Johanne Lvdovico Remmelino, Structura Tabularvm qvadratarvm, 1627, Preface. The book treats magic squares at length.

④ Oeuvres, I, 305; French transl., Ⅲ, 252. E. Brassinne, Précis des Oeuvres Math. de P. Fermat, Mém. Acad. Imp. Sc. Toulouse, (4), 3, 1853, 82.

以至无穷，关于是否是六边形数、七边形数或任何多边形数的问题，我不能在这里给出证明，因为这取决于数不尽而深奥的数字奥秘；因为我打算把整本书都献给这一主题，并在算术这一部分，在以前所知境界之上做出惊人的进展.”

然而这样一本书并没有被出版. Fermat① 在1636年9月寄给 Mersenne 的信里陈述了这个定理（还向 St. Croix 提出过这个定理）；1654年9月25日寄给 Pascal② 以及1658年6月19日寄给 Digby.

然而，在1638年7月27日 Descartes③ 写给 Mersenne 的一封信中将这一定理归功于 St. Croix.

Descartes④ 给出了 Plutarch 定理（即 $8\Delta_r+1=(2r+1)^2$）的代数证明. 我们将频繁地将第 r 个三角形数 $\frac{r(r+1)}{2}$ 记作 Δ_r 或 $\Delta(r)$，任意的三角形数记作 Δ 或 Δ'. 任意的平方数记作 $\square$，两个、三个以及四个平方数（之和）分别记作 $\boxed{2}$，$\boxed{3}$ 以及 $\boxed{4}$.

第 r 个 n 阶有形数（译者补：中国古代已将其称作垛积数）就是二项式系数

$$f_n^r=\binom{r+n-1}{n}=\frac{(r+n-1)(r+n-2)\cdots r}{1\cdot 2\cdot \cdots \cdot n}$$

因此 f_2^r 是第 r 个三角形数 p_3^r，而 f_3^r 是第 r 个四面体数 P_3^r. Fermat⑤ 在 Diophantus 的《论多边形数》中的一条评论里，陈述了一条定理，用现在的记号即

$$rf_n^{r+1}=(n+1)f_{n+1}^r$$

并且称 f_4^r 为第 r 个三角－三角形数(triangulo-triangular number).

在1638年4月 St. Croix 提出了这样的问题：

“Trouver un trigone [triangular number] qui, plus un trigone tétragone, fasse un tétragone [square] et de rechef, et que de la somme des côtés des tétragones résulte le premier des trigones et de la multiplication d'elle par son milieu le second. J'ai donné 15 et 120. J'attends que quelqu'un y satisfasse par d'autres nombres ou qu'il montre que la chose est impossible.”

---

① Oeuvres, Ⅱ, 1894, 65; Ⅲ, 287.

② Oeuvres de Fermat, Ⅱ, 313, 404; Ⅲ, 315.

③ Oeuvres de Descartes, Ⅱ, 1898, 256, 277-278(editors' comments); Ⅹ, 297(statement of the theorem in a posthumous MS.).

④ Oeuvres, Ⅹ, 298(posth. MS.).

⑤ Oeuvres, Ⅰ, 341; French transl., Ⅲ, 273. Also, Ⅱ, 70, 84-85; French transl., Ⅲ, 291-292; letters to Mersenne, Sept., 1636, and to Roberval, Nov. 4, 1636.

没有例子的这个问题是在 1636 年由 Fermat(参见 Oeuvres,II,63) 提出的,他也没有解决该问题.

Descartes① 把三角四边形数理解为一个三角形数的平方数 Δ^2,并证明了有且仅有两个三角形数 15, 120 是唯一的解(译者补:$\begin{cases}15+1^2=4^2\\120+1^2=11^2\end{cases}$),如果该问题为需要两个三角形数使得其中任何一个加上同一个 Δ^2,其和为一个平方数;如果允许其中一个在加过同样的 Δ^2 后再加上一个新的待求三角形数 Δ'^2,这两个三角形数可以是 45 和 1 035,因为

$$45+6^2=9^2, 1\ 035+6^2+15^2=36^2, 36+9=45, 45\cdot\frac{46}{2}=1\ 035$$

St. Croix 没有认同 Descartes 的解答的有效性,而很可能认为三角四边形数为一个数,既是三角形数又是平方数(如 1,36). 然后该问题为求出两个形如 $\frac{n(n+1)}{2}$ 的数,使得如果既是三角形数又是平方数的某数分别加上待求的两个数,则结果都是平方数. 此外,这些平方数的平方根之和必须等于第一个待求的三角形数,并且必须是用于形成第二个三角形数的第一个因子(即三角形数 $\frac{r(r+1)}{2}$ 中的 r). (译者补:例如上面的 45 与 1 035) 如果像 Descartes 预想的那样,要使添加到三角形数中的数字是相同的,那么唯一的解为 15 和 120(参看 Gérardin 的文章).

Fermat② 向 Frenicle 提出一个问题:一个给定的数表为多边形数的方法数. 但他们都没有给出解答.

John Wallis③ 由三角形数的通项公式求和得到以三角形数为基的棱锥数(即三棱锥数),还导出了三棱锥数对 $r=1,2,\cdots,l$ 的和(被称为三角 － 三棱锥数),以及再对 $l=1,2,\cdots$ 的和(被称为三棱锥 － 三棱锥数). 这些被发现的值就是有形数 $f_2^r, f_3^r, f_4^r, f_5^r$ 的展开形式,以致于他的工作相当于验证了

$$f_{n+1}^r=f_n^1+f_n^2+\cdots+f_n^r$$

Frans van Schooten④ 引用了 Bachet(在关于多边形数补编) 的三条法则,证明了一条.

关于和为立方体的某些六边形参看 Frenicle 的书⑤的第二十一章.

---

① Oeuvres, Ⅱ, 1898, 158-165, letter from Descartes to Mersenne, June 3, 1638.

② Oeuvres, Ⅱ, 225, 230, 435, June and Aug., 1641, Aug., 1659.

③ Arithmetica Infinitorvm, Oxford, 1656.

④ Exercitationum Math., 1657, Lib. V, 442-445.

⑤ Platonicae quaestion., Ⅱ, 1003.

Fermat[①] 提出，Brouncker 和 Wallis 提出，证明关于这个命题(他自己也能证明)：除了 1 以外没有三角形数，它是一个四次方数.

Diophantus，Ⅳ，44，想要三个数，如果依次乘以它们的和，就会得到一个三角形数、一个平方数和一个立方数. 令它们的和为 x^2，则这些数为$\frac{\alpha(\alpha+1)}{2x^2}$，$\frac{\beta^2}{x^2}$，$\frac{\gamma^3}{x^2}$. 因此

$$\Delta_\alpha+\beta^2+\gamma^3=x^4$$

取 $\beta=x^2-1$，则 $\Delta_\alpha=2x^2-\gamma^3-1$，但

$$8\Delta_\alpha+1=(2\alpha+1)^2=16x^2-8\gamma^3-7=(4x-\delta)^2$$

如果 $x=\frac{8\gamma^3+\delta^2+7}{8\delta}$，取 $\gamma=2$，$\delta=1$；那么 $x=9$ 并且想要的数为

$$\frac{153}{81},\frac{6\ 400}{81},\frac{8}{81}$$

Bachet 通过试验使自己深信 δ 必须统一才能使得 $\alpha=\frac{8\gamma^3+7-\delta^2-2\delta}{4\delta}$ 为整数.

Fermat 评论道"Bachet 的结论是不严格的. 实际上，假设 γ 是形如 $3n+1$ 的任何数，即比方说 $\gamma=7$. 为了使得

$$2x^2-7^3-1=\Delta$$

那么就会有 $16x^2-8\cdot 7^3-7=\square$，我们可以使后一个式子是 $4x-3$ 的平方(当 $x=115$，$\delta=3$ 时). 没有什么能阻止我们推广这种方法，把 3 替换为任何奇数并选择适当的 γ."

G. Loria[②] 指出：如果我们用 x 替换 x^2，则解会变得明显；这个问题不要求数字之和是平方数.

Bachet 提出问题：求出五个数，如果依次乘以它们的和，就会得到一个三角形数 Δ、一个平方数、一个立方数、一个五边形数和一个四次方数. 它们的和应为 x^4. 令平方数为 $(x^2-1)^2$，立方数为 8，五边形数为 5 以及四次方数为 1，则三角形数 $\Delta=2x^2-15$，因此

$$8\Delta+1=16x^2-119=\square$$

也就是 $(4x-1)^2$，因此 $x=15$.

René F. de Sluse[③](1622—1685) 记三角形数为 q，平方数为 b^2，立方数为

① Oeuvres，Ⅲ，317，letter to Digby，June，1658.

② Le scienze esatte nell'antica Grecia，Libro V，138.

③ Renati Francisci Slusii，Mesolabum，...，accessit pars altera de analysi et miscellanea，Leodii Eburonum，1668，175.

z^3. 则 $q+b^2+z^3=\square=(b+n)^2$,其中

$$b=\frac{q+z^3-n^2}{2n}$$

因此我们可以给 q,z^3,n 赋予任意值并求出 b. 同样地,对于 Bachet 的推广,我们可以将任何值赋予除平方数 b^2 以外的所有五个乘积(译者补:五个乘积代指待求的三角形数 Δ、平方数、立方数、五边形数和四次方数),并求出 b.

A. Gérardin[①] 指出了带有三个数 $\frac{x^2+1}{2},\theta^2,x$ 且 $\alpha=x^2,\beta=x\theta,\gamma=x$ 的 Diophantus 方程的最简解为

$$\frac{1}{2}(x^2+1)+\theta^2+x=x^2$$

设 $x=2H+1$,则 $\theta^2-2H^2=-1$,其解为 $(H,\theta)=(1,1),(5,7),(29,41)$,等等,这三个数为 5,1,3;61,49,11;1 741,1 681,59.

René. F. de Sluse[②] 给出这样的表

0	1	1	1	1	1
1	2	3	4	5	
1	3	6	10		
1	4	10			
1	5				
1					

其中对角线上的数(例如 1,3,3,1) 为二项式系数,第三列为三角形数,第四列为以三角形为基底的棱锥数,第五列为二阶的三角 - 棱锥数.

译者注 第五列的几何意象为一个四维单纯形.

B. Pascal[③] 给出了相同的表格,并指出表格中任何数字都是前一列中数字的总和(译者补:即 $10=1+2+3+4=1+3+6$),因此表中任何数字也是其正上方数字与左边数字的和(译者补:即 $10=1+3+6$,而 10 上方的 $4=1+3$,故 $10=4+6$). 他指出 $n(n+1)\cdots(n+k-1)$ 被 $k!$ 整除,其商便是有形数.

G. W. Leibniz[④] 给出了由上述表格的对角线(如 1,2,1) 组成的表格.

J. Ozanam[⑤] 发现了几对[⑥]三角形数 15 和 21,780 和 990,1 747 515 和

---

① Sphinx-Oedipe, 6, 1911, 42.

② MS. 10248 du fonds latin, Bibliothèque Nationale de Paris, f. 187.

③ Traité du triangle arith., Paris, 1665(written 1654); Oeuvres, Ⅲ, 1908, 466-467.

④ Leibniz Math. Schriften, ed., C. I. Gerhardt, Ⅶ, 101.

⑤ Recreations math. et phys., 1, 1696, 20; new eds., 1723, etc.

⑥ Others are 171 and 105, 3 741 and 2 145. Gérardin gave a general discussion in Sphinx Oedipe, 1914, 113.

2 185 095,其和以及差均为三角形数.它们的边分别为 5 和 6,39 和 44,1 869 和 2 090.英文译文是由 C. Hutton 给出的,在其书中 p.40-47 和 p.60,其书 1803 年写于伦敦.

Pierre Rémond de Montmort① 引述了式(1)的一个特例,其中式(1)归功于 Diophantus.

F. C. Mayer② 定义了"广义有形"数

$$a\cdot\frac{x(x+1)\cdots(x+n-1)}{1\cdot 2\cdot\cdots\cdot n}+(1-a)\cdot\frac{x(x-1)\cdots(x+n-2)}{1\cdot 2\cdot\cdots\cdot(n-1)}$$

译者注 利用组合数 $\binom{n}{r}$,上式可以写为 $a\binom{x+n-1}{n}+(1-a)\binom{x+n-2}{n-1}$.

广义有形数公式应为 $a\cdot\frac{x(x+1)\cdots(x+n-1)}{1\cdot 2\cdot\cdots\cdot n}+(1-a)\cdot\frac{x(x+1)\cdots(x+n-2)}{1\cdot 2\cdot\cdots\cdot(n-1)}$.

理由:

书中原文给出的广义有形数公式为 $a\cdot\frac{x(x+1)\cdots(x+n-1)}{1\cdot 2\cdot\cdots\cdot n}+(1-a)\cdot\frac{x(x-1)\cdot\cdots\cdot(x+n-2)}{1\cdot 2\cdot\cdots\cdot(n-1)}$.

利用组合数 $\binom{n}{r}$,上式可以写为 $a\binom{x+n-1}{n}+(1-a)n\binom{x+n-2}{n}$,$(a+2)$ 边形数的公式为 $a\cdot\frac{x(x-1)}{2}+x$.

而原文广义有形数公式里的 $n=2$ 时得到的 $(a+2)$ 边形数的公式为 $a\cdot\frac{x(3-x)}{2}+x(x-1)$.

可以看出,明显两式不等价!若改为 $a\binom{x+n-1}{n}+(1-a)\binom{x+n-2}{n-1}$,我们可以检验 $n=3$ 时改后公式导出的"棱锥数公式" $a\cdot\frac{x(x-1)(x+1)}{6}+\frac{x(x+1)}{2}$.

"$(a+2)$-棱锥数"的公式为 $a\cdot\frac{x^3}{6}+\frac{x^2}{2}-(a-3)\cdot\frac{x}{6}$,两式等价.

---

① Mém. Acad. Roy. Sc.,1701. Essai d'analyse sur les Jeux de Hazards,1708;ed. 2,1713,17.

② Maiero,Comm. Acad. Petrop.,3,ad annum 1728[1726],52.

书中原文的错误如下（图 1.5）：

in which the numbers (like 1, 3, 3, 1) in a diagonal are binomial coefficients, those in the third column are triangular numbers, those in the fourth column are pyramidal numbers with triangular base, those in the fifth are triangular pyramids of the second order.

B. Pascal[51] gave the same table and noted that any number in it is the sum of the numbers in the preceding column and hence (p. 504) is the sum of the number above it and that immediately to its left. He noted (p. 533) that $n(n+1)\cdots(n+k-1)$ is divisible by $k!$, the quotient being a figurate number.

G. W. Leibniz[52] gave a table formed by the diagonals (as 1, 2, 1) of the above table.

J. Ozanam[53] found pairs* of triangular numbers 15 and 21, 780 and 990, 1747515 and 2185095, whose sum and difference are triangular. Their sides are 5 and 6, 39 and 44, 1869 and 2090. Polygonal numbers are treated in the English translation by C. Hutton, London, 1803, pp. 40–47, p. 60.

Pierre Rémond de Montmort[54] cited special cases of (1), due to Diophantus.

F. C. Mayer[55] defined "generalized figurate" numbers

$$a\frac{x(x+1)\cdots(x+n-1)}{1\cdot2\cdots n}+(1-a)\frac{x(x-1)\cdots(x+n-2)}{1\cdot2\cdots(n-1)},$$

[49] Sphinx-Oedipe, 6, 1911, 42.

[50] MS. 10248 du fonds latin, Bibliothèque Nationale de Paris, f. 187.

[51] Traité du triangle arith., Paris, 1665 (written 1654); Oeuvres, III, 1908, 466–7.

[52] Leibniz Math. Schriften, ed., C. I. Gerhardt, VII, 101.

* Others are 171 and 105, 3741 and 2145. Gérardin gave a general discussion in Sphinx-Oedipe, 1914, 113.

[53] Recreations math. et phys., 1, 1696, 20; new eds., 1723, etc.

[54] Mém. Acad. Roy. Sc., 1701. Essai d'Analyse sur les Jeux de Hazards, 1708; ed. 2, 1713, 17.

[55] Maiero, Comm. Acad. Petrop., 3, ad annum 1728 [1726], 52.

10 HISTORY OF THE THEORY OF NUMBERS. [CHAP. I

which for $n=2,3,4$ include the polygonal numbers and the pyramidal numbers of the first and second kind, the number of sides being $a+2$.

L. Euler[56] investigated polygonal numbers which are also squares. The problem is a special case of that to make a quadratic function a square. The triangular numbers equal to squares are those with sides 0, 1, 8, 49, 288, 1681, 9800, $\cdots$ and equal the squares of 0, 1, 6, 35, 204, 1189, 6930, $\cdots$. The xth polygonal number with l sides is $\{(l-2)x^2-(l-4)x\}/2$. To make it a square, set $2(l-2)p^2+1=q^2$. Then the product of the polygonal number by 4 is the square of 0, $(l-4)p$, $2(l-4)pq$, $\cdots$ if

$$(4)\qquad x=0,\quad \frac{-(l-4)}{2(l-2)}(q-1),\quad \frac{-(l-4)}{l-2}(q^2-1),\quad \cdots.$$

图 1.5

当 $n=2,3,4$ 时，上式分别为多边形数、第一类与第二类棱锥数，边数为 $a+2$.

L. Euler[①] 研究了多边形数也是平方数的问题. 这个问题是使一个二次函数为平方数的一个特例. 若三角形数等于一个平方数,则三角形数的边为 0, 1, 8, 49, 288, 1 681, 9 800,…,所等于的平方数是 0, 1, 6, 35, 204, 1 189, 6 930,… 的平方数. 第 x 个含有 l 条边的多边形数为

$$\frac{(l-2)x^2-(l-4)x}{2}$$

为了使它为平方数,设 $2(l-2)p^2+1=q^2$,则这样的多边形数(三角形数)乘以 4 分别是 $0,(l-4)p,2(l-4)pq,\cdots$ 的平方数,其中

$$x=0,\frac{-(l-4)}{2(l-2)}(q-1),\frac{-(l-4)}{l-2}(q^2-1),\cdots \tag{4}$$

L. Euler 给出了根据两个解导出任意解 x 的一个定律. 它仍要求表达式(4)为整数. 当 $l=5$ 时(即五边形数是平方数的情形),则 q 取 1, 5, 49,…,于是 p 取 0, 2, 20,….(p 与 q 的取值源于解 Pell 方程 $6p^2+1=q^2$)当 $q=49$ 时表达式(4)中第一个分式 $\frac{1-q}{6}$[②] 是一个整数,其中 $x=-8$. 但是 L. Euler 以前说过,当 $l>4$ 时,(译者补:为了保证 x 为正值)q 将会取负数. 当 $q=-5$ 时,$x=1$ 并且所求五边形数为 1.

当 $l=5$ 时,式(4)中第一个分式为 $\frac{1-q}{6}$,化简 $x=\frac{1-q}{6}$ 为 $q=1-6x$,又由之前所设,$2(l-2)p^2+1=q^2$ 可得 $6p^2+1=q^2$,将 $q=1-6x$ 代入可得 $p^2=-2x+6x^2$,令 $p=2P$,则有 $P^2=\frac{3x^2-x}{2}$,则又变为我们所陈述的那个问题"□=? "该不定方程的解 $(P,x)=(1,1),(99,81),\cdots$.

L. Euler[③] 证明了 Fermat 的定理,即除单位数以外,没有任何三角形数是立方数(因为 $x^6\pm y^6$ 不是一个平方数),并且没有三角形数 $\frac{x(x+1)}{2}>1$ 是四次方数.

译者注 没有理解"除单位数以外,没有任何三角形数是立方数"为何会与"$x^6\pm y^6$ 不是一个平方数"有关系.

如果 $\Delta=\frac{x(x+1)}{2}$ 是一个四次方数,则根据 x 是偶数或奇数,$\frac{x}{2}$ 或 $\frac{x+1}{2}$ 必

---

① Comm. Acad. Petrop. ,6,1732-1733,175;Comm. Arith. Coll. ,I,9. Cf. Euler.

② Thus $q=1-6x$ so that $6p^2+1=q^2$ becomes $p^2=-2x+6x^2$. Hence $p=2P$, $P^2=\frac{3x^2-x}{2}$,and we have returned to the problem from which we started.

③ Comm. Acad. Petrop. ,1738(10):125;Comm. Arith. Coll. ,Ⅰ,30,34. Proof republished by E. Waring,Medit. Algebr. ,ed. 1782(3):373.

须等于四次方数 m^4. 因此 $2m^4 \pm 1 = n^4$，但是他刚刚证明了 $2n^4 \pm 2 = \square$ 仅当 $n=1$，其中 $m=0(2m^4+1=n^4)$ 或 $1(2m^4-1=n^4)$ 时，$x=0$ 或 1.

Abbé Deidier① 给出了多边形数及其所导出的中心多边形数的最简单性质：形如 0，1，3，6，10，… 的三角形数（从 0 开始的）分别与 3，4，5 相乘再加 1，我们便得到中心三角形数、中心平方数、中心五边形数.

我们现在引用 L. Euler 和 Goldbach 关于多边形数探讨的信件②，留着以供之后用于注释，这些注释主要是关于平方和的. 1730 年 6 月 25 日，L. Euler 指出当 $x=\frac{32}{49}$ 时，$\frac{x^2+x}{2}=\left(\frac{6}{7}\right)^4$，但是宣称这些也不能反驳 Fermat 关于没有（非平凡整数）三角形数是四次方数的断言. 1730 年 8 月 10 日（于他们的信件集第 36 页），L. Euler 指出如果

$$a=(3+2\sqrt{2})^n, b=(3-2\sqrt{2})^n$$

那么 $\frac{a-b}{4\sqrt{2}}$ 的平方是一个边长为 $\frac{a+b-2}{4}$ 的三角形数（明显的，因为 $ab=1$）. Goldbach 于 1742 年 4 月 12 日给出 $4mn-m-n^a \neq \Delta$. L. Euler 于 1742 年 5 月 8 日谈到 $4mn-m-n$ 不是一个七边形数. 1742 年 6 月 7 日，Goldbach 推断每一个（自然）数是 $2\Delta \pm \square$，而错误地推导出每一个数为三个三角形数之和（译者补：这个结论改为每一个自然数是说三个三角形数之和便是正确的）.

译者注　不知道 Goldbach 与 L. Euler 的命题是不是都是在 1742 年 6 月 7 日提出的.

L. Euler 于 1742 年 6 月 30 日指出，每一个（自然）数是形如 y^2+y-x^2 的（即 $2\Delta_y - x^2$）. 1748 年 4 月 6 日，Goldbach 陈述每一个（自然）数都能表示为八种形式（此处只列部分）的任何一种

$$\square+2\square'+\Delta,\ \square+2\square'+2\Delta,\ \square+\square'+2\Delta, 2\square+\Delta+2\Delta', \cdots$$

1748 年 6 月 25 日，L. Euler 给出了恒等式

$$\frac{a^2+a}{2}+\frac{b^2+b}{2}=e^2+2\left(\frac{d^2+d}{2}\right)$$

其中 $a=d+e, b=d-e$.

因此（Fermat 的三角形数定理），每一个 n 是三个三角形数 Δ 之和，说明

$$n=\square+2\Delta+\Delta'$$

L. Euler 表示相信每一个形如 $4n+1$ 的（自然）数是三个平方数之和 3，而来自于 $n=\square+\square'+2\Delta$（译者补：$4n+1=4\square+4\square'+8\Delta+1=\square''+\square'''+$

① Suite de l'arithmétique des géomètres, Paris, 1739, 352-365.

② Correspondance Mathématique et Physique (ed., P. H. Fuss), St. Pétersbourg, 1, 1843.

$\square''''$). 将 n 替换为 $2n$，我们看出每一个 $n=\square+\square'+\Delta$.

译者注 这个命题应该允许三角形数或平方数为零，因为不定方程 $n=x^2+y^2+\frac{z(z+1)}{2}$，当 $n=1,2,4,7,10,22$ 时没有正整数解 (x,y,z). 有 $n=\square+\square'+2\Delta$（即 $n=a^2+b^2+c(c+1)$），将 n 替换为 $2n$ 时，则有 $n=\square+\square'+\Delta''$（即 $n=x^2+y^2+\frac{z(z+1)}{2}$），于是要求 $a^2+b^2=2(x^2+y^2)$，因为 $a^2+b^2=2(x^2+y^2)$，可以推导出 $a^2+b^2\equiv 0(\bmod 2)$，故 a 与 b 同奇偶，于是令 $x=\frac{a+b}{2}$，$y=\frac{a-b}{2}$ 就可以得到 $a^2+b^2=2(x^2+y^2)$.

L. Euler 给出了十四个这样的公式. 1750 年 6 月 9 日，任何数 n 是三个三角形数之和，L. Euler 指出一个关于该定理的代数讨论对其并没有帮助，因为如果 n 是分数，则该定理不成立（不像关于四个平方数之和 [3] 的定理，n 为有理数时依旧成立）.

译者注 每一个自然数都可以表示为三个三角形数之和，每一个自然数都可以表示为四个平方数之和（Lagrange 四平方和定理），每一个有理数都可以表示为四个有理数的平方和.

1752 年 12 月 16 日，L. Euler 称其为事实，但是没有证明，每一个形如 $8n+1$ 或 $8n+3$ 的（自然）数也是形如 x^2+2y^2 的数，其中若 $n\neq\square+\Delta$，则 $8n+1\neq$ 素数，并且若 $n\neq 2\Delta+\Delta'$，则 $8n+3\neq$ 素数.

1753 年 4 月 3 日，L. Euler 探讨了（Fermat 的）那个问题：求出一个（自然）数 z，使其是一个多边形数且表为多边形数的方法数给定. 令 n 是多边形数的边数，x 是它的（多边形数）根，则

$$2z=(n-2)x^2-(n-4)x, n=2-\frac{2z}{x}+\frac{2(z-1)}{x-1}$$

译者注 多边形数 p_m^r 的根为 r，例如三角形数 $\frac{r(r+1)}{2}$ 的根为 r，平方数 r^2 的根为 r.

因此 $2z$ 必须被 x 整除，$2z-2$ 必须被 $x-1$ 整除. 因此，我们希望两个数其差为 2，它们有因子相差 1. 例如，450 与 448 有那样的因子 3 与 2，5 与 4，9 与 8，15 与 14. 因此 $z=225$ 是一个平方数、8 边形数、24 边形数以及 76 边形数.

L. Euler① 指出：如果 $4n+1$ 是两个平方数之和，则 $8n+2$ 是两个奇平方数

① Novi Comm. Acad. Petrop.，4，1752-1753(1749)，3-40，§ 34；Comm. Arith. Coll.，Ⅰ，164.

$(2x+1)^2$，$(2y+1)^2$ 之和，其中还会有 $n=\Delta_x+\Delta_y$. S. Réalis① 指出，反过来关于 n 的表达式，其表明

$$4n+1=(x+y+1)^2+(x-y)^2$$

在本书第三章，引用了 L. Euler 的五边形数定理 $\prod(1-x^k)=\sum(-1)^j x^p$（缩写公式），其中 $p=\frac{3j^2\pm j}{2}$ 是一个五边形数，还引用了其他数学家与 N 的分拆相关的定理，他们是 Legendre，Vahlen 和 von Sterneck，其中那些 N 为五边形数或三角形数，其在定理中起到了独特的作用.

G. W. Kraft② 与 A. G. Kastner③ 证明了

$$\frac{2^{4m+1}-2^{2m}-1}{9}=\frac{(2N)(2N+1)}{2}=\Delta$$

因为 $\frac{2^{2m}-1}{3}$ 是一个整数 N.

M. Gallimard④ 得出“中心多边形数”可以通过形如 0，1，3，6，10，… 的三角形数（从 0 开始的）每一项分别与所求多边形的角的个数 n 相乘再加 1 得到（Abbé Deidier 也发现过此结论）. 给定一个中心多边形数，他探讨了这样一个问题：其边长给定求其角数，或是其角数给定求其边长.

L. Euler⑤ 证明了某数不为一个平方数与一个三角形数之和，其为合数；某数不为 $\Delta+2\Delta'$ 的形式，其为合数.

译者注 命题有些问题. 比如 $x^2+\frac{y(y+1)}{2}=13$ 就没有整数解. $\frac{x(x+1)}{2}+y(y+1)=11$ 也没有整数解.

Nicolas Engelhard⑥ 探讨了 Plutarch 关于三角形数的问题.

Elie de Joncourt⑦ 给出了一张 N 直到 20 000 的三角形数 $\frac{N(N+1)}{2}$ 的表，并演示了如何使用该表来测试一个小于 1 亿的数是否是平方数，以及如何近似

---

① Nouv. Ann. Math.，(3)，4，1885，367-368；Oeuvres de Fermat，Ⅳ，218-220.

② Novi Comm. Acad. Petrop.，3，ad annum 1750 et 1751，112.

③ Comm. Soc. Sc. Gottingensis，1751(1)：198. Cf. T. Pepin，Atti Accad. Nuovi Lincei，32，1878-1879，298.

④ L'Algèbre ou la Science du Calcul litteral，Paris，1751(2)：131-143.

⑤ Novi Comm. Acad. Petrop.，6，1756-1757[1754]，185；Comm. Arith. Coll.，Ⅰ，192.

⑥ Verhandel. Hollandse Maatschappy Weetenschappe te Harlem，3 Deel，1757，223-230；4 Deel，1758，21(correction to p. 224).

⑦ De Natura et Praeclaro Usu Simplicissimae Speciei Numerorum Trigonalium，Hagae Comitum，1762，267 pp.

地选取出平方根.

L. Euler① 指出：如果 $N-ab=\Delta_p+\Delta_q+\Delta_r$ 且 $p-q=a-b$，则 $N=\Delta_{p+b}+\Delta_{p-a}+\Delta_r$.

译者注　记 $p-q=a-b=m$，可以验证

$$\Delta_{p+b}+\Delta_{p-a}=ab+\Delta_p+\Delta_q$$

$$\Delta_{p+a-m}+\Delta_{p-a}=a(a-m)+\Delta_p+\Delta_{p-m}$$

N. Fuss 也给出了一个不完整的论据(译者补:递推的思路)来表明如果每一个整数($<N$)都是三个三角形数之和，则 N 也是三个三角形数之和. 令 $N-p=\Delta_a+\Delta_b+\Delta_c$ 且

$$p=(b-a)n+n^2$$

(其为一个约束)，则 $N=\Delta_{a-n}+\Delta_{b+n}+\Delta_c$. 他也对将 N 表示为 m 个 m 边形数之和的问题做了类似的不完整讨论，即给定每一个整数($<N$)都是那样的多边形数之和. 他指出 $9n+5,8;49n+5,19,26,33,40,47;81n+47,74$；等等. 都不能表为两个三角形数之和. 因此 $49n+19=\Delta_a+\Delta_b$ 将表明 $(2a+1)^2+(2b+1)^2=8(49n+19)+2$，然而等式右边的因子 7 不是两个平方数之和的除数. L. Euler 指出：如果 $px(y+1)=2qz$，$qy(x+1)=p(z+1)$，则满足 $\Delta_x\Delta_y=\Delta_z$；如果 $[(2q^2-p^2)x+2q^2]y=p^2x+2pq$，则 z 的结果值相等. L. Euler 指出

$$9\Delta_a+1=\Delta_{3a+1},49\Delta_a+6=\Delta_{7a+3}$$

$$25\Delta_a+3=\Delta_{5a+2},81\Delta_a+10=\Delta_{9a+4}$$

J. A. Euler(欧拉的儿子)② 指出：每一个(自然)数都可以表示成项为 1^2，3^2，6^2，10^2，15^2，… 的数之和且至少需要 12 项(可以允许表示某些自然数时项取零).

译者注　该处的"至少"指的是：若每一个数都表示为形如 $\left[\frac{n(n+1)}{2}\right]^2$ 的数之和，则所需的项数至少是 12 项，虽然有的数不需要 12 项加起来就可以得到，但是有的数只能由 12 项加起来才能得到.

为了将每一个自然数表为有形数的和

$$1,\frac{n+a}{1},\frac{(n+1)(n+2a)}{1\cdot 2},\frac{(n+1)(n+2)(n+3a)}{1\cdot 2\cdot 3},$$

$$\frac{(n+1)(n+2)(n+3)(n+4a)}{1\cdot 2\cdot 3\cdot 4},\cdots$$

译者注　上面的有形数公式有问题，应改为

---

① Opera postuma, 1862(1): 190(about 1767).

② Ibid., pp. 203-204, about 1772.

$$1, a\cdot\frac{n-1}{1}, a\cdot\frac{(n-1)n}{1\cdot 2}+\frac{n}{1}, a\cdot\frac{(n-1)n(n+1)}{1\cdot 2\cdot 3}+\frac{n(n+1)}{1\cdot 2},$$

$$a\cdot\frac{(n-1)n(n+1)(n+2)}{1\cdot 2\cdot 3\cdot 4}+\frac{n(n+1)(n+2)}{1\cdot 2\cdot 3},\cdots,$$

$$a\cdot\frac{(n-1)n(n+1)\cdots(n+k-2)}{1\cdot 2\cdot\cdots\cdot k}+\frac{n(n+1)\cdots(n+k-2)}{1\cdot 2\cdot\cdots\cdot(k-1)}$$

且和至少需要 $a+2k-2$ 项(其中 k 为几何维数)有形数.

L. Euler[①] 谈到Fermat的定理,即每一个(正)整数是 m 个 m 边形数之和,如果我们能够证明每一个整数都出现在 $1+x+x^m+x^{3m-3}+\cdots$ 的 m 次幂展开式的指数位,其指数为 m 边形数.

Fermat 的定理说明每一个整数是三个三角形数之和将导出

$$\frac{1}{(1-z)(1-xz)(1-x^2z)(1-x^3z)\cdots}=1+Pz+Qz^2+Rz^3+\cdots$$

所有(正)整数出现在 R 序列的指数中.

L. Euler[②] 发现了三角形数同时也是五边形数的平方数. 如果 $\Delta_z=x^2$,则 $y^2=8x^2+1$ 且 $y=2z+1$. 如果 $\frac{3z^2-z}{2}=x^2$,则 $y^2=24x^2+1$ 且 $y=6z-1$. 如果 $\frac{3q^2-q}{2}=\Delta_p$,则 $(6q-1)^2=3x^2-2$ 且 $x=2p+1$. 通过他的一般处理方法来处理推导后的部分,得到了上面三个方程 $y^2=ax^2+b$ 的特解(参看本书第七章).

L. Euler[③] 承认自己没有证明 Fermat 的论断:每一个数都是三个或少于三个三角形数的和. 并注意到只有整数才能成立,因为 $\frac{1}{2},\frac{3}{2},\frac{5}{2},\frac{7}{2}$ 等数中的任何一个都不能分解为三个三角形数. 比如下面的方程就无有理数解 x,y,z

$$\frac{1}{2}=\frac{x^2+x}{2}+\frac{y^2+y}{2}+\frac{z^2+z}{2}$$

Nicolas Beguelin[④] 试图证明 Fermat 的定理,即每一个整数是 s 个 s 边形数之和. 对于 $s=d+2$,则多边形数的前几项为 $0,1,A=d+2,B=3d+3,C=6d+4,D=10d+5,\cdots$ 是一个二阶差分为 d 的数列. 令 t 为项数,故 $t>0$,它用来产生一个给定和 e. 对于 $1<e<A$,显然 $t\leqslant A-1$;对于 $e=A+\varepsilon$,其中 $1\leqslant$

① Novi Comm. Acad. Petrop., 14, Ⅰ, 1769, 168; Comm. Arith. Coll., Ⅰ, 399-400.

② Algebra, 2, 1770, §§88-91; French transl., 2, 1774, pp. 105-109 (Vol. Ⅰ, Ch. Ⅴ, pp. 341-354, for definitions of polygonal numbers). Opera omnia, (1), Ⅰ, 373-375, 159-164.

③ Acta Eruditorum, Lips., 1773, 193; Acta Acad. Petrop., Ⅰ, 2, 1775 (1772), 48; Comm. Arith. Coll., Ⅰ, 548.

④ Nouv. Mém. Acad. Sc. Berlin, année 1772, 1774, 387-413.

$\varepsilon \leqslant A-1$，则有 $t \leqslant A$；对于 $e=2A+\varepsilon$，其中 $0 \leqslant \varepsilon \leqslant d-2$，则有 $t \leqslant d$. 接下来，令 $B<e<C$. 对于 $e=B+\varepsilon$，其中 $1 \leqslant \varepsilon \leqslant A-1$，则 $t \leqslant A$；对于 $e=B+A+\varepsilon$，其中 $0 \leqslant \varepsilon \leqslant A-2$，则 $t \leqslant A$；对于这一“悬而未定的情形”$e=B+A+A-1$，我们将 B 替换为与之相等的 $2A+d-1$，则有 $e=4A+d-2$，$t=d+2$；最后，对于 $e=B+2A+\varepsilon$，其中 $0 \leqslant \varepsilon \leqslant d-4$，则 $t \leqslant d-1$. 经过 Nicolas Beguelin 的展开讨论，我们准备承认如果 e 在 1 到 A，A 到 B，B 到 C 三个区间任意一个中，则 e 是 $d+2$ 项或是更少项的 $1,A,B$ 之和.

他讨论了四个及更多个区间，同时会有数目迅速增加的“悬而未定的情形”出现，对于这些情形，利用多边形数之间的线性关系，并且在每一种情形中都发现 $t \leqslant d+2$. 但是他最后承认此方法不能推导出 Fermat 的一般化定理.

Nicolas Beguelin 未作证明便声称了一个错误的推广，任何一个（自然）数都可以用不超过 t 项的广义多边形数之和来表示（其中 $t=d+2k-2$（原文有误，此处更正为 $t=d+2k-2$）），那些项形如下面的数列

$$1,n+d,\frac{(n+d)(n+2d)}{2},\frac{(n+1)(n+2)(n+3d)}{1\cdot 2\cdot 3},\cdots$$

译者注　上面的有形数公式有问题，应改为

$$1,d\cdot\frac{n-1}{1},d\cdot\frac{(n-1)n}{1\cdot 2}+\frac{n}{1},d\cdot\frac{(n-1)n(n+1)}{1\cdot 2\cdot 3}+\frac{n(n+1)}{1\cdot 2},\cdots,$$

$$d\cdot\frac{(n-1)n(n+1)\cdots(n+k-2)}{1\cdot 2\cdot\cdots\cdot k}+\frac{n(n+1)\cdots(n+k-2)}{1\cdot 2\cdot\cdots\cdot(k-1)}$$

这个数列的 k 阶（原文有误，此处更正为 k 阶）差分是一个常数，其等于 d. 对于 $k=2$ 时，我们得到刚刚所考虑的多边形数（即 $d+2$ 边形数）的情形；对于 $k=3$ 时，我们得到了棱锥数 P_{d+2}^{n}，$n=1,2,3,\cdots$（此处原文为 P_{d+2}^{r}，为了不引起误解，更正为 P_{d+2}^{n} 阶）；对于 $k=4$，$d=1$ 时，我们得到数列 $1,5,15,35,70,\cdots$ 并在此情形下根据上面（未证明）的“定理”（译者补：是错误的命题，故打上双引号）给出 $t=d+2k-2=1+2\cdot 4-2=7$，而显然需要 8 项来得到它们之和 64（因为 4 项必须是单位 1）. 因此，Nicolas Beguelin 自相矛盾于其对 Fermat 的定理在棱锥数以及有形数方面所做的推广.

译者注　不定方程 $x+5y+15z+35w=64$ 的正整数解为 $\{x=4,y=2,z=1,w=1\}$，$\{x=9,y=1,z=1,w=1\}$.

可以发现项数最少为 8，而不为 7！

L. Euler① 有可能忽视了最后那句论述，因为他声称这一未经证明的推广应获予极大的关注. 他拓展了 Nicolas Beguelin 试探性过程的序列 $1,A,B,\cdots$.

---

① Opusc. Anal.，1，1783(1773)，296；Comm. Arith. Coll.，Ⅱ，27.

我们必须使用 $A+n-2$ 个被加数 $1,A$ 来得出 $nA-1$,因此如果

$$nA-1\leqslant B<(n-1)A-1$$

我们需要 $A+n-2$ 个被加数 $1,A$ 来生成所有这样的数 $1,2,3,\cdots,B$,则

$$A-1+\frac{B-2A+1}{A}<A+n-2\leqslant A-1+\frac{B-A+1}{A}$$

设 $\{x\}$ 为大于 x 的最小整数,记 t_1 为生成数 $1,2,3,\cdots,B$ 所需 $1,A$ 的项数.因此

$$t_1=A-1+\left\{\frac{B-2A+1}{A}\right\}$$

同时引入被加数 B,让 b 为最小正整数使得 $B+b$ 需要 t_1+1 个被加数 $1,A$,B. 若 $C<B+b$,我们仅需要 t_1 项被加数来生成那些小于或等于 C 的(自然)数.但是如果 $C\geqslant B+b$,则令

$$(m+1)B+b\geqslant C>mB+b$$

为了由项 $1,A,B$ 生成那些小于或等于 C 的(自然)数,我们需要

$$t_1+m=t_1+\left\{\frac{C-B+b}{B}\right\}\equiv t_2$$

个被加数.接下来引入被加数 C,并令 c 为最小正整数使得 $C+c$ 需要 t_2+1 个被加数 $1,A,B,C$. 为了生成那些小于或等于 D 的(自然)数,我们需要

$$t_2+\left\{\frac{D-C-c}{D}\right\}\equiv t_3$$

个被加数,依此类推.在无穷级数 $1,A,B,C,D,\cdots$ 的情况下,这个过程为被加数项数 t 提供了一个下限. L. Euler 表明,对于 k 阶(原文有误,此处更正为 k 阶)差分为常数的数列,Beguelin 的法则往往是错误的,但他未曾这样处理过多边形数和棱锥数序列 $1,d\cdot(n-1),\cdots$(原文有误,已做更正).

Nicolas Beguelin① 做了一个幼稚而不合逻辑的尝试来证明每个(自然)数都是三个三角形数之和.他承认了每个自然数是三个三角形数之和这一定理,Nicolas Beguelin② 推导出 Bachet 的定理,即每个整数都是四个平方数之和$\boxed{4}$,因为 $n=\sum\frac{a^2+a}{2}$ 暗示着

$$8n+3=\sum(2a+1)^2\tag{5}$$

$8n+3$ 加 1 得到 $8n+4$,是四个平方数之和$\boxed{4}$. 但众所周知,$\boxed{4}$的一半或双倍仍是$\boxed{4}$,因此 $2n+1$ 以及 $2n+1$ 与任意 2 次方数之积都是$\boxed{4}$. 由于 Lagrange 于

① Nouv. Mém. Acad. Berlin,année 1773,1775,203-215.

② Nouv. Mém. Acad. Berlin,année 1774,1776,313-369.

1770年已经独立给出了 Bachet 定理的证明,接下来 Nicolas Beguelin 再次尝试,但彻底失败了,而 Lagrange 所给的证明是为了由此推出这一结果:每一个(自然)数都是三个三角形数之和.他给出了等价的公式

$$q=\frac{a^2+a}{2}+\frac{b^2+b}{2},4q+1=(a-b)^2+(a+b+1)^2$$

他在没有充分论证的情况下得出结论,即每个数字都是一个三角形数与两个平方数的和,同时也是 $\Delta+2\Delta'+2\Delta''$;更进一步,每一个整数 $\equiv 1,2,3,5,6 \pmod 8$ 都是三个平方数之和[3],后来是由 Legendre 在其书第七章证明的.一个恰当的例子足以说明 N. Beguelin 缺乏洞察力,这一例子正是由他的终篇定理①所提供的:如果任意一个 $4n+1$ 型的(自然)数是三个平方数(每个都不为0)之和,则它是一个合数(但是 $17=9+4+4$ 却是一个素数).

奇怪的是,他认为他已经验证了所有小于200的数,但他的表暗示他所认为的数只能用唯一的方式表示为平方和.关于这个命题,他所基于的是这一"证据":每一个 $4n+1$ 型素数都是两个平方数之和[2].

L. Euler② 注意到了式(5)的结果.

L. Euler③ 注意到$\frac{1}{2}$不是三个(有理)分数型三角形数$\frac{x^2+x}{2}$之和,是由于7不是三个奇平方数$(2x+1)^2$之和.但是每一个数 N 是四个(有理)分数型五边形数$\frac{3x^2-x}{2}$之和,是由于

$$24N+4=\sum a^2=\sum(6x-1)^2,x=\frac{a+1}{6},\cdots$$

译者注 通过上式得到 $N=\frac{x(3x-1)}{2}+\frac{y(3y-1)}{2}+\frac{z(3z-1)}{2}+\frac{z(3z-1)}{2}$ 相当容易,化简变形就可以得到.

为了证明这一定理:每一个(自然)数是三个整三角形数 Δ 之和,其中这一定理足以说明如下表达式的展开式中 x^k 项的系数非零

$$(1+x+x^3+x^6+\cdots+x^\Delta+\cdots)^3$$

类似地,对于平方数、五边形数等都有此性质.令含 π 条边的多边形数为0,$\alpha=1,\beta=\pi,\gamma=3\pi-3,\cdots$,并记$[n]$为在$(1+x^\alpha+x^\beta+\cdots)^\pi$的展开式中 x^n 的

---

① One error is that if the sum of three Δ's, each $\neq 0$, is of the form $3v+2$, then v is not divisible by 3, assumed to follow from the *converse* in §50. But $45+10+1\equiv 2 \pmod 9$

② Acta Acad. Petrop., 4, Ⅱ, 1780[1775], 38; Comm. Arith. Coll., Ⅱ, 37. Euler of Ch. Ⅷ.

③ Opusc. Anal., 2, 1785(1774), 3; Comm. Arith. Coll., Ⅱ, p. 92.

系数. L. Euler 利用对数微分法证明了递推公式

$$n[n]=\sum_{j=\alpha,\beta,\cdots}\{\pi j-(n-j)\}[n-j]$$

F. W. Marpurg① 讨论了多边形数,给出了公式的特例,即 Diophantus 的公式(1)、棱锥数与中心多边形数,中心多边形数也就是(上一项比下一项)不仅按角的数目来说多 1,而是 n 条边上的分割点也多 1,那 n 条边围绕着公共中点. 同样还有多面体数,第 r 个六面体数(即正方体数)、八面体数、十二面体数、二十面体数为

$$r^3,\frac{r}{3}(2r^2+1),\frac{r}{2}(9r^2-9r+2),\frac{r}{2}(5r^2-5r+2)$$

L. Euler② 证明三角形数$\frac{x^2+x}{2}$为平方数 y^2 当且仅当

$$x=\frac{\alpha+\beta-2}{4},y=\frac{\alpha-\beta}{4\sqrt{2}},\alpha=(3+2\sqrt{2})^n,\alpha=(3-2\sqrt{2})^n$$

当 $n=0,1,2$ 时,我们可以得到 $x=0,1,8;y=0,1,6$. 我们有递推公式

$$x_n=6x_{n-1}-x_{n-2}+2,y_n=6y_{n-1}-y_{n-2}$$

单位数大于$\frac{y^2+y}{2}$的某些平方数 x^2 可以用

$$x=\frac{(2\sqrt{2}+1)\alpha+(2\sqrt{2}-1)\beta}{4\sqrt{2}},\quad y=\frac{(2\sqrt{2}+1)\alpha-(2\sqrt{2}-1)\beta}{4}-\frac{1}{2}$$

表示.

当 $n=0$ 时,则 $x=1,y=0$;当 $n=1$ 时,则 $x=4,y=5$. 递推公式为

$$x_n=6x_{n-1}-x_{n-2},y_n=6y_{n-1}-y_{n-2}+2$$

第二组序列的解还可以利用这些公式当 n 取负数时来得出. 因此 $x_{-1}=2$, $y_{-1}=-3$; $x_{-2}=11$, $y_{-2}=-16$. 因此这里的三角形数 Δ_{-m} 等于 Δ_{m-1}(译者补:即$\frac{(-m)(-m+1)}{2}=\frac{(m-1)m}{2}$),我们替换 $y=-m$ 为 $m-1$ 便得到几组解 2,2;11,15;依此类推.

为了求出这样的三角形数的三倍也是一个三角形数,L. Eulcr 证明了 $3(x^2+x)=y^2+y$ 仅有解

$$x=\frac{r+s}{4\sqrt{3}}-\frac{1}{2},r=(3\sqrt{3}+5)\cdot(2+\sqrt{3})^n$$

$$y=\frac{r-s}{4}-\frac{1}{2},s=(3\sqrt{3}-5)\cdot(2-\sqrt{3})^n$$

---

① Anfangsgründe des Progressional Calculs, Berlin, 1774, Book 2.

② Mém. Acad. St. Pétersbourg, 4, 1811[1778], 3; Comm. Arith. Coll., Ⅱ, 267-269.

其中 $n=0,\pm 1,\pm 2,\cdots$. 例子有 $x=1,y=2;x=5,y=9$.

1792 年在《妇女日报》(*Ladies' Diary*) 上曾提出了一个有奖问题，即求出 $n(n>1)$，使得 $1^2+2^2+\cdots+n^2=\square$ 成立. 该等式左边的和为 $\frac{n(n+1)(2n+1)}{6}$. T. Leybourn① 取 $2n+1=z^2$，其中要使 $\frac{z^4-1}{24}$ 为平方数 y^2，因此有 $z^4=24y^2+1=\square=(xy-1)^2$. 于是 $y=\frac{2x}{x^2-24}>0,x=5$ 或 $x=6$. 由于 $x=6$ 是被排除的，则 $n=24$. C. Brady 取 $n=6r^2$，则条件变为 $(6r^2+1)(12r^2+1)=\square$，于是 $(9r^2+1)^2-(3r^2)^2=\square$，使得 $9r^2+1$ 与 $3r^2$ 分别等于一个直角三角形的斜边与直角边. 因此另一条直角边为 $9r^2-1$，其中 $r=2,n=24$.

A. M. Legendre② 证明了 Fermat 的定理，即没有三角形数 $\frac{x(x+1)}{2}$(除了单位数以外) 是一个四次方数或是一个立方数. 这两个问题中的第一个问题，x 或 $x+1$ 形如 $2m^4$，其中要么 $1=n^4-2m^4$，然而与 $1+2m^4\neq\square$ 相矛盾，要么 $1=2m^4-n^4$，即

$$m^8-n^4=m^8-2m^4+1=(m^4-1)^2$$

然而与 $p^4-n^4\neq\square$ 相矛盾，除非 $m=1=x$. 在第二个问题中，$x+1$ 与 x 中的一个为立方数而另一个为二倍的立方数，则有 $n^3\pm 1=2m^3$，而当 $n\neq 1$ 时，这式是不可能(有解) 的.

C. F. Gauss③ 利用三元二次型理论证明了每一个形如 $n=8M+3$ 的(自然) 数是三个奇平方数的和，以便通过式(5)，M 是三个三角形数之和. M 作这样的分解的方法数以一定的方式取决于 $n=8M+3$ 的素因子以及行列式为 $-n$ 的二元二次型等价类数.

G. S. Klugel④ 记述了有形数、多边形数、多面体数以及一阶棱锥数 P_m^r，而二阶的棱锥数为 $P_m^1+\cdots+P_m^r$，诸如此类.

John Gough⑤ 试图证明 Fermat 的定理，即每一个(自然) 数为 m 个 m 边形数之和. P. Barlow⑥ 指出 Gough 的前三个命题是正确的，但并没有用在他对

---

① Ladies' Diary, 1793, p. 45, Quest. 953. T. Leybourn's Math. Quest. proposed in the Ladies' Diary, 3, 1817, 256-257. Cf. Lucas, papers 130-138.

② Théorie des nombres, 1798, 406, 409; ed. 2, 1808, 345, 348; ed. 3, Ⅱ, 1830, arts. 329, 335; pp. 7, 11. German transl. by Maser, 1893, Ⅱ, 8, 13.

③ Disquis. Arith., 1801, art. 293; Werke, Ⅰ, 1863-348; German transl. by Maser, 1889, p. 334.

④ Math. Wörterbuch, 1805(2): 245-253; 1880(3): 825-828, 931.

⑤ Jour. Nat. Phil., Chem., Arts(ed., Nicholson), 1808(20): 161.

⑥ Ibid., 1808(21): 118-121.

Fermat 定理的缺陷证明中,而很多点都没有被证明,例如命题 4 的推论 2:每一个(自然)数是有限个多边形数的和. 至于 Gough 的答复,Barlow[①] 声称 Gough 的辩护是基于一些未被证明的理由. 至于 Gough 的修订版[②],Barlow 指出这一论点是正确的,而对结尾的 12 行之内而言却是微不足道的;这一证明对小于或等于 $3m$ 的(自然)数是有效的,而对大于 $3m$ 的(自然)数就不成立了.

E. Barruel[③] 注意到 1,2,3,… 求和得到三角形数 1,3,6,…,再求和得到三棱锥数 1,4,10,20,…,依此类推. 形成这样的和式,我们得到了一般化的三角形数与三棱锥数,它们分别是 $\frac{n(n+1)}{2}$,$\frac{n(n+1)(n+2)}{6}$,依此类推. 应用该方法证明了可以由前面的系数导出二项式系数的一般规律.

F. T. Poselger[④] 给出了这些数的各种各样的性质,其中这些数源于 Smyrna 的 Theon 的文章,并给出了多边形数与有形数的代数表达式,还对一般化阶的等差数列做了讨论.

P. Barlow[⑤] 指出:若 N 是五个五边形数 $\frac{3u^2-u}{2}$ 之和,且 M 为六个六边形数 $2x^2-x$ 之和,则

$$24N+5=\sum_{i=1}^{5}(6u_i-1)^2, 8M+6=\sum_{i=1}^{6}(4x_i-1)^2$$

更一般化,若 P 是一个含 $\alpha+2$ 条边的多边形数,Fermat 的定理等价于

$$8\alpha P+(\alpha+2)(\alpha-2)^2=\sum_{i=1}^{\alpha+2}(2\alpha x_i-\alpha+2)^2$$

但他错误地说道:"没有大于 1 的三角形数为五边形数."

J. Struve[⑥] 讨论了有形数(二项式系数).

J. D. Gergonne[⑦] 指出每一个 n 元 m 次齐次多项式 $(x_1+x_2+\cdots+x_n)^m$ 所含的项数为 $\frac{(m+n-1)!}{m!(n-1)!}$. 若将 $\frac{(m+n)!}{m!n!}$ 记为 (m,n),则有 $(m,n)=(m-1,n)+(m,n-1)$.

译者注 n 元 m 次齐次多项式 $(x_1+x_2+\cdots+x_n)^m$ 的项数为 $\frac{(m+n-1)!}{m!(n-1)!}=C_{m+n-1}^{n-1}$.

---

① Jour. Nat. Phil. Chem., Arts(ed., Nicholson), 1809(22):33-35.

② New Series of the Math. Repository(ed., T. Leybourn), 1814(3), Ⅱ, 1-7.

③ Correspondance sur l'Ecole Imp. Polytechnique, Paris, 2, 1809-1813, 220-227.

④ Diophantus über die Polygonzahlen uebersetzt, mit Zusätzen, Leipzig, 1810.

⑤ Theory of Numbers, 1811, 219. Minor applications in papers 17-19 of Ch. Ⅸ.

⑥ Über die gewöhnlichen fig. Zahlen, Progr. Altona, 1812.

⑦ Annales de Math. (ed., Gergonne), 4, 1813-1814, 115-122.

书中原文的错误如图 1.6：

In general, if P is a polygonal number of $\alpha+2$ sides, Fermat's[38] theorem is equivalent to

$$8\alpha P+(\alpha+2)(\alpha-2)^2=\sum_{i=1}^{\alpha+2}(2\alpha x_i-\alpha+2)^2.$$

He erred[100, 107] (p. 258) in saying that no triangular number > 1 is pentagonal.

J. Struve[91] discussed figurate numbers (binomial coefficients).

J. D. Gergonne[92] noted that the number of terms of a polynomial of degree m in n unknowns is $(m+n)!\div(m!n!)$. If the latter be designated (m, n), then $(m, n)=(m-1, n)+(m, n-1)$.

A. Cauchy[93] gave the first proof of Fermat's theorem that every number is a sum of m m-gonal numbers. The proof shows that all but four of the m-gons may be taken to be 0 or 1. The auxiliary theorems on sums of four squares will be quoted in Ch. VIII. In the simplified proof by Legendre,[94] the case $m=3$ is not presupposed, as was done by Cauchy. Moreover, Legendre proved (p. 22) in effect that every integer $>28(m-2)^3$ is a sum of four m-gonal numbers if m is odd; while, for m even, every integer $>7(m-2)^3$ is a sum of five m-gonal numbers one of which is 0 or 1.

[87] New Series of the Math. Repository (ed., T. Leybourn), 3, 1814, II, 1-7.
[88] Correspondance sur l'Ecole Imp. Polytechnique, Paris, 2, 1809-13, 220-7.
[89] Diophantus über die Polygonzahlen uebersetzt, mit Zusätzen, Leipzig, 1810.
[90] Theory of Numbers, 1811, 219. Minor applications in papers 17-19 of Ch. IX.
[91] Über die gewöhnlichen fig. Zahlen, Progr. Altona, 1812.
[92] Annales de Math. (ed., Gergonne), 4, 1813-4, 115-122.
[93] Mém. Sc. Math. et Phys. de l'Institut de France, (1), 14, 1813-15, 177-220; same in Exercices de Math., Paris, 1, 1826, 265-296. Reprinted in Oeuvres de Cauchy, (2), VI, 320-353. J. des Mines, 38, 1815, 395. Report by Cauchy, Bull. Sc. par Soc. Philomatique de Paris, (3), 2, 1815, 196-7.
[94] Théorie des nombres, 1st supplement, 1816, to the 2d edition, 1808, 13-27; 3d ed., 1830, I, 218; II, 340; German transl. by Maser, II, 332.

图 1.6

A. Cauchy① 给出了 Fermat 定理的第一个证明，定理为：每一个（自然）数是 m 个 m 边形数之和. 他的证明表明除了 4 个 m 边形数之外，其余的所有 m 边形数都可以被认为是 0 或 1. 其中辅助定理为四平方和定理，将在第八章引入. 在 Legendre 的简化证明②中，情况 $m=3$ 并不是预先假定的，就像 Cauchy 所做出的（证明）一样. 此外，Legendre 有效地证明了若 m 为奇数，则每一个大于 $28(m-2)^3$ 的整数是四个 m 边形数之和；若 m 为偶数，则每一个大于 $7(m-2)^3$ 的整数是五个 m 边形数之和，其中有一个为 0 或 1.

译者注 若 m 为大于或等于 5 的奇数，则每一个大于 $28(m-2)^3$ 的整数

① Mém. Sc. Math. et Phys. de l'Institut de France, (1), 14, 1813-1815, 177-220; same in Exercices de Math., Paris, 1826(1): 265-296. Reprinted in Oeuvres de Cauchy, (2), Ⅵ, 320-353. J. des Mines, 1815(38): 395. Report by Cauchy, Bull. Sc. par Soc. Philomatique de Paris, (3), 2, 1815, 196-197.

② Théorie des nombres, 1st supplement, 1816, to the 2d edition, 1808, 13-27; 3d ed., 1830, Ⅰ, 218; Ⅱ, 340; German transl. by Maser, Ⅱ, 332.

是四个 m 边形数之和；若 m 为大于或等于 6 的偶数，则每一个大于 $7(m-2)^3$ 的整数是五个 m 边形数之和，其中有一个为 0 或 1.

Cauchy① 记第 x 个 $m+2$ 阶多边形数（译者补：即 $m+2$ 边形数）为

$$\bar{x}^m=\frac{x(x-1)}{2}m+x$$

并证明了若 $A,B,\cdots,F$ 为整数，都不能被奇素数 p 整除，则存在整数 $x_1,\cdots,x_n$（译者补：其中 $1\leqslant n\leqslant 5$）使得

$$A\bar{x}_1^m+B\bar{x}_2^m+\cdots+E\bar{x}_n^m+F\equiv 0(\bmod p)$$

当 m 为偶数时 $n=m$，当 m 为奇数时 $n=2m$. $m=2$ 的情形表明下面的同余方程存在整数解

$$Ax_1^2+Bx_2^2+C\equiv 0(\bmod p)$$

L. M. P. Coste② 表明使两个整数型一元函数等于给定阶数的多边形数的问题能够化简为使两个函数等于平方数的问题. 令

$$P(Z)=\frac{pZ^2+qZ}{2},f_1=Az^2+A'z+P(a),f_2=Bz^2+B'z+P(b)$$

则为了使 f_1,f_2 等于 $P(Z)$，在各自的情况下取 $Z=\alpha z+a$ 且 $Z=\beta z+b$. 我们得出一个关于 α 的二次方程与一个关于 β 的二次方程，每一个都对 z 为线性的. 求解 α 与 β 时，我们需要根号下的量为平方数，也就是，$8pf_1+q^2=\square$，$8pf_2+q^2=\square$. 接下来，如果 f_1,f_2 都为 $2a^2px^2+Az+A'$ 的形式，则利用 $Z=2az+\alpha$. 若一个特解是已知的，我们能够使得两个二次函数等于 $P(Z)$.

几个解答者③轻而易举地发现了其和与差均为三角形数的两个五边形数 $P_x=\frac{3x^2-x}{2}$ 与 $P_y=\frac{3y^2-y}{2}$，通过求解这样一个问题

$$8(P_x\pm P_y)+1=\square$$

Legendre 从下述公式得出了结论

$$(1+q+q^3+q^6+q^{10}+\cdots)^4=\frac{1}{1-q}+\frac{3q}{1-q^3}+\frac{5q^2}{1-q^5}+\cdots \qquad (6)$$

每一个整数表为四个三角形数之和的方法数为 $\sigma(2N+1)$，其中 $\sigma(k)$ 为 k 的因子之和. 他给出了一个恒等式来表示把（自然）数 N 表为八个三角形数之和的方法数. Cauchy④ 给出了式(6)；Bouniakowsky 认为这是 Jacobi 的作品.

---

① Jour. de l'Ecold Polyt. ,Cah. 16,Vol. 9,1813,116-123;Oeuvres,(2):Ⅰ,59-63.

② Annales de Math. (ed. ,Gergonne),10,1819-1820,101-122.

③ The Gentleman's Math. Companion,London,5,No. 1827(30):558-559.

④ Comptes Rendus Paris,1843(7):572;Oeuvres,(1),Ⅷ,64.

一些人①发现了某些大于1的数同时为三角形数、五边形数和六边形数.令

$$\frac{1}{2}m(m+1)=\frac{1}{2}(3n^2-n)=2p^2-p$$

则 $m=2p-1$, $n=\frac{1+R}{6}$,其中 $R^2=48p^2-24p+1$.因此当 $4a^2-3b^2=1$ 时 p 为整数.利用 $\sqrt{3}$ 的连分数,我们得到 $(2a,b)=(2,1),(26,15),(362,209),(5\ 042,2\ 911),\cdots$,那么 $p=1,143,27\ 693,\cdots$,便得出答案

$$1,40\ 755,1\ 533\ 776\ 801,\cdots$$

J. Whithley② 发现了一对五边形数,它们的和与差均为五边形数.使其成立的条件为

$$24p+1=x^2,24q+1=y^2,24(p+q)+1=z^2,24(p-q)+1=v^2$$

因此 $z^2=x^2+y^2-1$, $v^2=x^2-y^2+1$.令 $x^2=n^2+m^2$, $y=2nm+1$,则 $z=n+m$, $v=n-m$.取 $n=r^2-s^2$, $m=2rs$,那么 $x=r^2+s^2$.依然有条件,其为

$$4rs(r^2-s^2)+1=\square=y^2$$

也就是说,若 $r=\frac{1}{2}(\varphi^5-\varphi)$, $s=\frac{1}{2}(\varphi^5-3\varphi)$ 便可使其成立,而 r 与 s 可以利用 $(r,s)=(3,2),(6,1),(8,5),(13,2),(13,8),(19,14)$ 导出比反复试验所得的数更大的数(但是,满足那四个方程的 $p=7,57,330,\cdots$ 不是五边形数)(译者补:例如 $p=7,q=5,x=13,y=11,z=17,v=7$,其中 $p=7$ 就不是五边形数,是广义五边形数).

译者注 原文为37,此处更正为57,因为37既不满足 $24p+1=x^2$,也不是一个五边形数.

在本书第七章,C. G. J. Jacobi 于1829年给出了下述结果

$$\left\{\sum_{m=-\infty}^{+\infty}(-1)^m x^{\frac{3m^2+m}{2}}\right\}^3=\sum_{n=0}^{+\infty}(-1)^n(2n+1)x^{\frac{n^2+n}{2}}$$

等式左边的 x 指数位置为一个可为负数的五边形数 m,等式右边的 x 指数位置为三角形数.多边形数偶然出现于Jacobi1848年的论文中.

J. Huntington③ 给定一个 n 位数的五边形数 $P=\frac{r(3r-1)}{2}$,求另一个也为 n 位数的(自然)数 p 使得将 p 拼接在 P 前面,得数为一个五边形数.令 x 为所得五边形数的根,则 $10^n p+P=\frac{x(3x-1)}{2}$.取 $p=x-r$,我们得到

① Ladies' Diary,1828,36-37,Quest. 1468.

② Ladies' Diary,1829,39-40,Quest. 1489.

③ Ladies' Diary,1832,36-37,Quest. 1530.

$$x=\frac{1}{2}(2\cdot 10^n+1)-r$$

例如,令 $r=1$,则 $n=1,x=6,p=5$ 以及所拼接成的数 51 为五边形数.

A. Cauchy① 将三角形数与三棱锥数定义为某些二项式系数.

J. Baines② 发现其和与其差为六边形数的两个平方数. 取

$$8(x^2-y^2)+1=\{2(x+y)\pm 1\}^2$$

其中 $x=3y\pm 1$. 则

$$8(x^2+y^2)+1=80y^2\pm 48y+9=(ny\pm 3)^2$$

由此确定了 y.

A. Bernerie③ 给出了一个三角形数表.

A. Casinelli④ 指出了一个三角形数满足如下三个形式之一

$$\frac{9m^2+3m}{2}=\Delta_{m-1}+2\Delta_{2m}$$

$$\frac{9m^2+9m+2}{2}=\Delta_m+\Delta_{2m}+\Delta_{2m+1}$$

$$\frac{9m^2+15m+6}{2}=\Delta_{m+1}+2\Delta_{2m+1}$$

每一个三角形数也是四个三角形数之和,因此也是任意个三角形数之和.

译者注　允许有零项的三角形数.

利用第一个与第二个形式相加以及第二个式子与第三个式子相加,我们得到

$$(3m+1)^2=m^2+(2m+1)^2+2\Delta_{2m}$$

$$(3m+2)^2=(m+1)^2+2\Delta_{2m+1}+(2m+1)^2$$

同样也有 $(3m+3)^2=(m+1)^2+2(2m+2)^2$,因此每一个平方数是三个平方数之和或是两个平方数与两个三角形数之和. 更进一步,每一个三角形数 Δ 是一个平方数与两个相等的三角形数之和. 接着,有性质

$$\Delta_m+\Delta_n+mn=\Delta_{m+n},\Delta_m+\Delta_n+(m+1)(n+1)=\Delta_{m+n+1}$$

并且对三个或更多个三角形数有类似的结论. 同样还有 $\Delta_m+\Delta_n-m(n+1)=\Delta_{n-m}$.

C. Gill⑤ 发现了某类既是 m 边形数又是 n 边形数的(自然)数,并推广为

$$T=ax^2-a'x=by^2-b'y$$

---

① Résumés Analyt. ,Turin,1833(1):5.

② The Gentleman's Diary,or Math. Repository,London,1835,33,Quest. 1320.

③ Nouv. table des triangulaires,Bordeaux,1835.

④ Novi Comm. Acad. Sc. Inst. Bononiensis,1836(2):415-434.

⑤ Math. Miscellany,Flushing,N. Y. ,1836(1):220-225.

其中 a,a',b,b' 为无公因子的给定整数. 取

$$ax-a'=\frac{yp}{q},x=\frac{(by-b')q}{p}$$

便有

$$x=\frac{q(b'p+a'bq)}{N},y=\frac{q(a'p+b'aq)}{N},-N=p^2-abq^2$$

令 p',q' 为不定方程 $-N=p^2-abq^2$ 的特解,使得

$$A=\frac{a'p'+ab'q'}{N},B=\frac{b'p'+ba'q'}{N}$$

为整数. 再取 $p=p't+abq'u,q=q't+p'u$,则有

$$p^2-abq^2=-NF$$

其中 $F=t^2-abu^2$,有 $x=\frac{q(Bt+Abu)}{F},y=\frac{q(At+Bau)}{F}$. 源自 $F=1$ 的初始解 $t_0=1,u_0=0$,我们照常得到解

$$t_i=2t_1t_{i-1}-t_{i-2},u_i=2t_1u_{i-1}-u_{i-2}$$

因此,就仅剩下去求方程 $p^2-abq^2=-N$ 的解 p' 与 q'. 虽然 p',q' 其中之一可以利用 $\sqrt{ab}$ 的连分数,但我们最初的问题只要指出在 $a-a'=b-b'$ 的情形下的解 $p'=a-a',q'=1$ 就足够了;则 $N=ab'+ba'-a'b',A=B=1$. 首先,若 m 与 n 同为奇数,我们可以取

$$a=m-2,a'=m-4,b=n-2,b'=n-4$$

上述式子没有公因子,则 $a-a'=b-b'=2$, 那么对于 $P_i=\frac{1}{2}T_i$ 有

$$P_0=1,P_i=2t_4P_{i-1}-P_{i-2}+(2d-1)(t_4-1)$$

$$d=\frac{(m+n-4)(mn-2m-2n+8)}{16(m-2)(n-2)}$$

而若 m 与 n 同为偶数,我们可以取

$$a=\frac{1}{2}m-1,a'=\frac{1}{2}m-2,b=\frac{1}{2}n-1,b'=\frac{1}{2}n-2$$

则 $a-a'=b-b'=1$,对于 $P_i=T_i$ 满足同样的递推公式. 还有

$$P_1=\frac{1}{2}(t_4+1)+d(t_4-1)+\frac{1}{e}mnu_4$$

其中,前一情形中 $e=8$,而现在这一情形中 $e=16$. 例如 1,210,40 755 既是三角形数又是五边形数($P_i=194P_{i-1}-P_{i-2}+16$).

译者注　还有一种情况:m 与 n 一个为奇数一个为偶数,其实结论仍然成立.

C. Gill[①] 发现了 n 边形数的和与差仍是 n 边形数的（自然）数，比如 $P_x+P_y=P_z,P_x-P_y=P_v$，其中 $P_x=(n-2)x^2-(n-4)x$. 作为此问题的一个推广，取 $P_x=mx^2-m'x$，其中 m 与 m' 互素. 若

$$z-y=\frac{b}{a}(mx-m'),m(z+y)-m'=\frac{a}{b}x$$

则第一个条件可被满足.

分别解这些线性方程中的每一个方程，并使得结果 x 相等. 我们的第二个条件可以同样处理，并且比较 x 和 y 的两组值. 但是结果的解并不能得出"方便的数字". 另一种方法是假设 $x=aw-h,y=bw,z=cw-h$，其中

$$a^2+b^2=c^2,2mh(c-a)=m'(a+b-c)$$

于是我们的第一个条件被满足了. 因此取

$$a=2kl,b=k^2-l^2,c=k^2+l^2,l=mh,k=mh+m'$$

我们的第二个初始条件现在变为

$$4m^2(d^2-2m'^4)w^2-4m(2mh+m')dw+(2mh+m')^2=(2mv-m')^2$$

其中 $d=a-m'^2$. 取等式右边项里的 $2mv-m'=\frac{2wt}{u}+2mh+m'$. 我们得出 w，进而合理地得到 v. 如果 $m'=0$，通过选取分母 $t^2-(d^2-2m'^4)m^2u^2$，我们能得出整数解.

许多人[②]发现了这样的两个平方数 x^2,y^2 使得 $x^2\pm y^2$ 均为五边形数. 令 $24(x^2-y^2)+1=\{4(x+y)\pm1\}^2$，其中 $x=5y\mp1$. 则通过

$$24(x^2+y^2)+1=624y^2\mp240y+25=\left(5-\frac{yr}{s}\right)^2$$

可确定 y. 同样地再来一次，为了求出五边形数 p,q 使得其和与差均为平方数 x^2,y^2，取 $12(x^2-y^2)+1=\{3(x+y)\pm1\}^2$，便有 $12(x^2+y^2)+1=\left(7-\frac{yr}{s}\right)^2$，其中 $x=7y\pm2$.

O. Terquem[③] 证明了没有大于 1 的三角形数是四次方数.

多边形数与有形数作为数列和的一般定义被 F. Stegmann[④]，George

① Math. Miscellany，Flushing，N. Y.，1836(1)：225-230.

② The Lady's and Gentleman's Diary，London，1842，41-43，Quest. 1677.

③ Nouv. Ann. Math.，1846(5)：70-78.

④ Archiv Math. Phys.，1844(5)：82-89.

Peacock[①], A. Transon[②], H. F. Th. Ludwig[③], Albert Dilling[④] 以及 V. A. Lebesgue[⑤] 不断重复.

译者注 Victor-Amédée Lebesgue 区别于发现 Lebesgue 积分的 Lebesgue.

F. Pollock[⑥] 陈述每一个整数可以用不超过 10 个奇平方数之和来表示,也可以用不超过 11 个 $3n+1$ 项的三角形数 1,10,28,55,… 来表示,而每一个数表示为四面体数之和、八面体数之和、立方数之和、二十面体数之和、十二面体数之和、三角形数的平方之和分别需要 5,7,9,13,21,11 项. Legendre 已经证明了形如 $8n+3$ 的数是三个奇平方数之和,其中每一个奇平方数为 $8\Delta+1$ 型的. Pollock 所给出的推广为:若 F_x 为第 x 个有形数,那么 $8F_x+3$ 是包含 3 个或 $3+8$ 个,……,或 $3+8n$ 个数的一列数之和,此列数的通项为 $8F_y+1$.

V. Bouniakowsky[⑦] 利用本系列书第一卷第十章的"这段历史"中的式(1)与式(9),证明了每一个奇五边形数要么可以表为另一个五边形数与一个平方数之和,要么可以表为另一个五边形数与一个平方数的 2 倍之和. 每一个不为三角形数的奇平方数要么可以表为一个三角形数的 2 倍与一平方数之和,要么可以表为一个三角形数的 2 倍与一个平方数的 2 倍之和. 类似地有

$$(1,2)a^2=\Delta_\lambda+(1,2)u^2, \Delta_\lambda=\Delta_\mu+(1,2)u^2$$

其中因式(1,2) 表示 1 个或 2 个.

F. Pollock[⑧] 未经证明就宣称每一个介于两个相继三角形数之间的整数均可以表为特定的四个三角形数之和,其中这四个三角形数的基数之和为常数.

译者注 此命题是错误的! 因为反例如下:

21 与 28 为两个相继的三角形数,两数之间的整数 22 可以表为

$$\begin{aligned}22&=\frac{1\cdot(1+1)}{2}+\frac{1\cdot(1+1)}{2}+\frac{4\cdot(4+1)}{2}+\frac{4\cdot(4+1)}{2}\\&=\frac{1\cdot(1+1)}{2}+\frac{2\cdot(2+1)}{2}+\frac{2\cdot(2+1)}{2}+\frac{5\cdot(5+1)}{2}\Rightarrow\begin{cases}10=1+1+4+4\\10=1+2+2+5\\11=2+2+3+4\end{cases}\\&=\frac{2\cdot(2+1)}{2}+\frac{2\cdot(2+1)}{2}+\frac{3\cdot(3+1)}{2}+\frac{4\cdot(4+1)}{2}\end{aligned}$$

两数之间的整数 23 可以表为

---

① Encyclopaedia Metropolitana, London, 1845(1): 422.

② Nouv. Ann. Math., 1850(9): 257-259.

③ Ueber fig. Zahlen u. arith. Reihen, Progr. Chemnitz, Leipzig, 1853.

④ Die Progressionen, fig. u. polyg. Z., Progr. Muehlhausen, 1855.

⑤ Exercices d'analyse numérique, 1859, 17-20.

⑥ Proc. Roy. Soc. London, 1851(5): 922-924. Cf. Euler, Beguelin.

⑦ Mém. Acad. Sc. St. Pétersbourg, (6), 5, 1853, 303-322.

⑧ Phil. Trans. Roy. Soc. London, 1854(144): 311.

$$23=\frac{1\cdot(1+1)}{2}+\frac{1\cdot(1+1)}{2}+\frac{3\cdot(3+1)}{2}+\frac{5\cdot(5+1)}{2}$$
$$=\frac{1\cdot(1+1)}{2}+\frac{3\cdot(3+1)}{2}+\frac{3\cdot(3+1)}{2}+\frac{4\cdot(4+1)}{2}\Rightarrow\begin{cases}10=1+1+3+5\\11=1+3+3+4\end{cases}$$

两数之间的整数 24 可以表为

$$24=\frac{1\cdot(1+1)}{2}+\frac{1\cdot(1+1)}{2}+\frac{1\cdot(1+1)}{2}+\frac{6\cdot(6+1)}{2}$$
$$=\frac{1\cdot(1+1)}{2}+\frac{2\cdot(2+1)}{2}+\frac{4\cdot(4+1)}{2}+\frac{4\cdot(4+1)}{2}$$
$$=\frac{2\cdot(2+1)}{2}+\frac{2\cdot(2+1)}{2}+\frac{2\cdot(2+1)}{2}+\frac{5\cdot(5+1)}{2}$$
$$=\frac{3\cdot(3+1)}{2}+\frac{3\cdot(3+1)}{2}+\frac{3\cdot(3+1)}{2}+\frac{3\cdot(3+1)}{2}\Rightarrow\begin{cases}9=1+1+1+6\\11=1+2+4+4\\11=2+2+2+5\\12=3+3+3+3\end{cases}$$

两数之间的整数 25 可以表为

$$25=\frac{1\cdot(1+1)}{2}+\frac{2\cdot(2+1)}{2}+\frac{3\cdot(3+1)}{2}+\frac{5\cdot(5+1)}{2}$$
$$=\frac{2\cdot(2+1)}{2}+\frac{3\cdot(3+1)}{2}+\frac{3\cdot(3+1)}{2}+\frac{4\cdot(4+1)}{2}\Rightarrow\begin{cases}11=1+2+3+5\\12=2+3+3+4\end{cases}$$

两数之间的整数 26 可以表为

$$26=\frac{1\cdot(1+1)}{2}+\frac{1\cdot(1+1)}{2}+\frac{2\cdot(2+1)}{2}+\frac{6\cdot(6+1)}{2}$$
$$=\frac{2\cdot(2+1)}{2}+\frac{2\cdot(2+1)}{2}+\frac{4\cdot(4+1)}{2}+\frac{4\cdot(4+1)}{2}\Rightarrow\begin{cases}10=1+1+2+6\\12=2+2+4+4\end{cases}$$

两数之间的整数 27 可以表为

$$27=\frac{1\cdot(1+1)}{2}+\frac{1\cdot(1+1)}{2}+\frac{4\cdot(4+1)}{2}+\frac{5\cdot(5+1)}{2}$$
$$=\frac{1\cdot(1+1)}{2}+\frac{3\cdot(3+1)}{2}+\frac{4\cdot(4+1)}{2}+\frac{4\cdot(4+1)}{2}$$
$$=\frac{2\cdot(2+1)}{2}+\frac{2\cdot(2+1)}{2}+\frac{3\cdot(3+1)}{2}+\frac{5\cdot(5+1)}{2}\Rightarrow\begin{cases}11=1+1+4+5\\12=1+3+4+4\\12=2+2+3+5\end{cases}$$

J. B. Sturm① 给出关系式

$$(2n+1)^2+(4\Delta_n)^2=(4\Delta_n+1)^2$$
$$(2n+1)^2(2m+1)^2+(4\Delta_n-4\Delta_m)^2=(4\Delta_m+4\Delta_n+1)^2$$

V. A. Lebesgue② 在 Wallis 的启发下对上面定理中的关系式给出了两个证明.

① Archiv Math. Phys. ,1859(33):92-93.

② Introduction à la théorie des nombres,Paris,1862,17-20(26-28).

J. Liouville① 轻而易举地证明了用 $a\Delta+b\Delta'+c\Delta''$ 的形式表示所有整数，其中 Δ 代表三角形数，而 a,b,c 为正整数，只有形如 $\Delta+\Delta'+c\Delta''(c=1,2,4,5)$ 和 $\Delta+2\Delta'+d\Delta''(d=2,3,4)$ 的线性组合的三个三角形数之和可以表出所有的(自然)数. 相反地，这七种形式中的每一种都可表出所有的(自然)数这一逆命题可以利用 Legendre 的定理证明，其中 Legendre 的定理为每一个整数 $\equiv 1,2,3,5,6 \pmod 8$ 都是三个平方数之和[3]. 式 $\Delta+\Delta'+c\Delta''(c=1,2,4,5)$ 中，$c=1$ 的情形曾被 Gauss 所讨论. 接着，由

$$2(2n+1)=4u^2+(2t+1)^2+(2z+1)^2$$

$$8n+4=(2u+2t+1)^2+(2t-2u+1)^2+2(2z+1)^2$$

$$n=\Delta_{u+t}+\Delta_{t-u}+2\Delta_z$$

可以证明 $c=2$ 的情形，接着，由

$$8n+6=(2x+1)^2+(2y+1)^2+4(2z+1)^2$$

$$n=\Delta_x+\Delta_y+4\Delta_z$$

$$\begin{aligned}8n+5&=(2x+1)^2+4(2s+1)^2+16t^2\\&=(2x+1)^2+2(2s+1+2t)^2+2(2s+1-2t)^2\end{aligned}$$

$$n=\Delta_x+2\Delta_{s+t}+2\Delta_{s-t}$$

可以证明 $c=4$ 与 $d=2$ 的情形，接着，就像 Gauss 曾演示的一样，有

$$8n+7=\square+\square'+2\square''=(2x+1)^2+4(2z+1)^2+2(2y+1)^2$$

$$n=\Delta_x+2\Delta_y+4\Delta_z$$

而其余情形 $c=5$ 与 $d=3$ 的证明会更长.

J. Plana② 将式(6)左边写为 ξ^4. 通过展开式(6)右边为 q 的幂级数并检查前面几项验证了下述表达式

$$\xi^4=1+\sum_{n=1}^{\infty}q^n\sigma(2n+1)$$

其中 $\sigma(k)$ 为 k 的因子之和. 因此任何一个整数 n 表为四个三角形数之和有 $\sigma(2n+1)$ 种方法. 将 q 的一个幂级数记为 ξ^3，乘以 ξ 之后与上面 ξ^4 的幂级数进行比较；我们便可得到 ξ^3 展成幂级数后其系数的递推公式. 他未经证明地宣称每一个 q 的幂次项系数均非零，由此得出结论：每一个整数是三个三角形数之和.

F. Pollock③ 对数值小的数验证了每一个(自然)数都可以表示成 $s-s'$ 的形式，其中 s 与 s' 都是两个三角形数之和，又 s 这样的数总是一个平方数与一个

① Jour. de Math.,(2),7,1862,407;8,1863,73.

② Mém. Acad. Turin,(2),20,1863,147.

③ Proc. Roy. Soc. London,1864(13):542-545.

三角形数的 2 倍之和. 因此这个定理便是:这样的形式

$$a^2+a+b^2-(m^2+m+n^2) \tag{7}$$

可以表示任何一个(自然)数. 取 p^2-c^2-c+q 为所要表示的数,则有

$$a^2+a+b^2+c^2+c=m^2+m+n^2+p^2+q$$

上式两边同时乘 2 并加 1,可得 $A=M+2q$,其中

$$A=2a^2+2a+1+2b^2+2c^2+2c, M=2m^2+2m+1+2n^2+2p^2$$

由于 q 是任意的,于是有结论:任意一个奇数要么能表为 A 的形式,要么能表为 M 的形式. 而 M 还是四个平方数之和.

再来一次,用式(7) 表示 $p^2-\frac{1}{2}(c^2+c)+q$,像前面一样,下式

$$2a^2+2a+1+2b^2+c^2+c$$

可以表示任意一个奇数 $2n+1$. 而 a^2+a+b^2 是两个三角形数之和,因此 n 是三个三角形数之和.

本书第八章中 Pollock 提出定理称:每一个形如 $4n+2$ 的(自然) 数为四个平方数之和暗含着每一个整数是四个三角形数 Δ 之和.

J. Liouville① 曾考虑将任意一个(自然) 数分拆为十个三角形数之和.

S. Bills② 通过设 $y=a-\frac{xr}{s}$ 并合理地求出 x 来解决 $\Delta_x+\Delta_y=\Delta_z$.

由 E. Lionnet 提出,而 V. A. Lebesgue 与 S. Réalis③ 都给出证明的命题如下:每一个整数是一个平方数与两个三角形数之和,同时也是两个平方数与一个三角形数之和.

Hochheim④ 给出了多边形数与多面体数之间的线性关系.

S. Réalis⑤ 证明了每一个整数是四个形如 $\frac{3z^2\pm z}{2}$ 的数之和,同样也是四个形如 $2z^2\pm z$ 的数之和,其中 $\frac{3z^2\pm z}{2}$ 与 $2z^2\pm z$ 分别为拓展自变量可取负数的五边形数与六边形数. 利用如下定理:任意奇数 ω 是四个平方数之和,选择合适的符号,那么四个平方数对应四个根,始终可以使得该四个根之和仅为 1 或 3;任意奇数 ω 的 2 倍 2ω(即任意偶数) 是四个平方数之和,选择合适的符号,那么四个平方数对应四个根,始终可以使得该四个根之和为 0. 于是更进一步地,对于每一个被 h 整除的奇数或是每一个其 2 倍可被 h 整除的奇数,它们都是四个自

① Comptes Rendus Paris, 1866(62):771.

② Math. Quest. Educ. Times, 1966(6):18.

③ Nouv. Ann. Math., (2), 11, 1872, 95-96, 516-519; (2), 12, 1873, 217.

④ Archiv Math. Phys., 1873(55):189-192.

⑤ Nouv. Ann. Math., (2), 12, 1873, 212; Nouv. Corresp. Math., 1878(4):27-30.

变量可取负数的 $h+2$ 边形数之和.

E. Lucas① 陈述道:$1^2+2^2+\cdots+n^2$ 是一个平方数当且仅当 $n=24$ 时(不考虑平凡解 $n=1$) 成立,并且从一开始的相继平方数之和永远不会是立方数或是五次方数. 也提到:一个(大于1的) 三角形数永远不会是立方数、四次方数或是五次方数. 没有三棱锥数是立方数或是五次方数,三棱锥数不为平方数除了下面两个例外

$$\frac{2\cdot 3\cdot 4}{1\cdot 2\cdot 3}=2^2,\frac{48\cdot 49\cdot 50}{1\cdot 2\cdot 3}=140^2$$

因此除了上面两个以及以平方数为基的堆垒 $\frac{24\cdot(24+1)\cdot(2\cdot 24+1)}{6}=70^2$,没有任何一堆以三角形数或平方数为基的炮弹堆所包含炮弹数目等于立方数或五次方数.

Lucas② 提出并不完备地证明了将(四棱锥数) $\frac{x(x+1)(2x+1)}{6}$ 数目的炮弹堆垒成堆,其基是以 x 为边长的平方数. 此数目为平方数只有当 $n=24$ 或当 $n=1$ 时成立.

T. Pepin③ 指出 Lucas 对刚刚那一结果的证明中,有一个情形所导出的方程为 $9r^4-12f^2r^2-4f^4=R^2$,而 Lucas 没有讨论当 f,R 可以被 3 整除时的情形. T. Pepin 发现了这一情形下有无穷多(整数) 解. G. N. Watson④ 指出了那一情形下的一个解 $r=5,f=3,R=51$,并应用椭圆函数证明了 Lucas 的定理⑤.

Lucas⑥ 提出炮弹以平方数基座还是三角形数基座来堆垒成堆,其总数终究不为一个立方数或是五次方数. Moret-Blanc⑦ 给出了一个证明.

译者注 此问题也叫"炮弹堆垒问题",《四川大学学报》曾于 1985 年刊出一个初等证明.

Moret-Blanc⑧ 指出四面体数 $\frac{n(n+1)(n+2)}{6}$ 为平方数的条件为 $n=1,2,$

---

① Recherches sur l'analyse indéterminée, Moulins, 1873, 90; extracted from Bulletin de la société d'émulation Dept. de I'Allier, Sc. Bell. Let., 1973(12): 530.

② Nouv. Ann. Math., (2), 14, 1875, 240; (2), 16, 1877, 429-432. The proof by Moret-Blanc, (2), 15, 1876, 46-48, is incomplete(as noted p. 528).

③ Atti Accad. Pont. Nuovi Lincei, 32, 1878-1879, 292-298.

④ Proc. London Math. Soc., Record of Meeting, March, 1918(14).

⑤ Messenger of Math., 1918(48): 1-22.

⑥ Nouv. Ann. Math., (2), 15, 1876, 144(Nouv. Corresp. Math., 2, 1876, 64; 3, 1877, 247-248, 433, and p. 166 for incomplete proof by H. Brocard).

⑦ Ibid., (2), 20, 1881, 330-332.

⑧ Ibid., (2), 15, 1876, 46.

48. Lucas 也提到只有那几个情形下它为一个平方数，A. Meyl① 证明了这一事实.

E. Fauquembergue② 与 N. Alliston③ 证明了若 $n>24$，则 $1^2+2^2+\cdots+n^2\neq\square$.

还有一些与之相似的定理，那些定理中有关于几个相继整数的平方和、有关于前 n 个奇数的平方和.

W. Göring④ 利用无穷级数证明了 $2\Delta+6\Delta'+1$ 总能被表为 a^2+3b^2 的形式.

J. W. L. Glaisher⑤ 指出：若一个奇数可以表为一个偶平方数与两个三角形数之和，则相应地也可以表为一个奇平方数与两个三角形数之和，因为

$$m^2+\frac{p(p+1)}{2}+\frac{q(q+1)}{2}$$

$$=\left(\frac{p-q}{2}\right)^2+\sum\frac{1}{2}\left(\pm m+\frac{p+q}{2}\right)\left(\pm m+\frac{p+q}{2}+1\right)$$

其中 p,q 同为奇数或者同为偶数，而 p,q 为一个奇数、一个偶数，会有一个类似的恒等式.

译者注 为了避免歧义，故做这样的描述！

J. W. L. Glaisher⑥ 指出每一个三角形数都是三个五边形数之和.

D. Marchand⑦ 指出如下关系式

$$p_5^r=p_3^{r-1}+r^2,p_6^r=2p_3^{r-1}+r^2,p_5^1+p_5^2+\cdots+p_5^r=rp_3^r$$

D. Marchand⑧ 还给出了下述的恒等式

$$\Delta(3y+1)=\Delta(y)+(2y+1)^2$$

$$(x+1)^5-x^5=\Delta(y)+\Delta(3y+1)=2\Delta(y)+(2y+1)^2$$

其中 $y=x^2+x$，并且讨论了成为平方数的三角形数.

E. Lucas⑨ 提出一个问题：何时 $\dfrac{\Delta_1^2+\cdots+\Delta_n^2}{\Delta_1+\cdots+\Delta_n}$ 为一个平方数.

---

① Ibid.，(2)，17，1878，464-467.

② L'intermédiaire des math.，1897(4)：71.

③ Math. Quest. Educ. Times，1916(29)：82-83(for $n<10^{21}$ by J. M. Child，1914(26)：72-73；for $n<10^{12}$) by G. Heppel，1881(34)：106-107.

④ Math. Annalen，1874(7)：386.

⑤ Phil. Mag.，London，(5)，1，1876.

⑥ Messenger Math.，1876(5)：164-165.

⑦ Les Mondes，1877(42)：164-170.

⑧ La Science des nombres，1877.

⑨ Nouv. Corresp. Math.，1877(3)：433.

S. Réalis①, E. Catalan 以及其他人研究了同时为平方数与三角形数的（自然）数. 由 S. Réalis 提出，而 E. Cesaro② 给出证明的命题如下：每一个奇数的三倍再平方是两个互素于3的三角形数之差，$[3(2n+1)]^2=\Delta(9n+4)-\Delta(3n+1)$. D. Marchand 给出的推广为每一个奇数的平方为两个互素的三角形数之差（这两个三角形数分别有着长为 $3x+1$ 与 x 的边）

$$(2n+1)^2=\Delta(3x+1)-\Delta(x)$$

C. Henry③ 证明了一个关于任意一个奇数与任意一个（自然）数的乘积同之前类似的结论.

S. Réalis④ 陈述了一个定理：每一个整数 n 为三个三角形数之和暗示着 n 是四个三角形数之和，这四个三角形数之中有两个为相继的三角形数，并且这四个三角形数有两个数是相等的.

E. Lucas⑤ 列出了 A 的值，其中 A 使得不定方程 $xy(x+y)=Az^3$ 没有元素互异的非零有理数解. 取 $y=1$ 以及 $y=x+1$，我们分别可以得到有关三角形数以及 $x(x+1)(2x+1)$ 型数的定理.

Lucas 提出而 Moret-Blanc⑥ 证明了当 $k=2,3,6$ 时不定方程 $1^2+2^2+\cdots+x^2=ky^2$ 与 $\Delta_1^2+\Delta_2^2+\cdots+\Delta_x^2=ky^2$ 是不可能（有整数解）的.

S. Roberts⑦ 利用 $y^2-2z^2=1$ 证明了成为平方数的三角形数是

$$\left\{\frac{(1+\sqrt{2})^{2m}-(1-\sqrt{2})^{2m}}{4\sqrt{2}}\right\}^2$$

J. Neuberg 提出而 E. Cesaro⑧ 证明了 $n+1$ 个从第 $2n$ 个三角形数开始的相继整数的平方和等于其后续的 n 个相继整数的平方和，并且这两个平方和都可以被 $1^2+2^2+\cdots+n^2$ 整除

$$\begin{aligned}&\sum_{k=0}^{n}\left[\frac{2n(2n+1)}{2}+k\right]^2\\=&\sum_{k=n+1}^{2n}\left[\frac{2n(2n+1)}{2}+k\right]^2\\=&\frac{1}{6}n(n+1)(2n+1)(12n^2+12n+1)\end{aligned}$$

---

① Ibid., 4, 1878, 167; 5, 1879, 285-287; Math. Quest. Educ. Times, 1879(30): 37.

② Nouv. Corresp. Math., 1878(4): 156.

③ Ibid., (2), 19, 1880, 517.

④ Ibid., (2), 17, 1878, 381.

⑤ Nouv. Ann. Math., (2), 17, 1878, 513.

⑥ Ibid., 527; (2), 18, 1879, 470-474.

⑦ Math. Quest. Educ. Times, 1879(30): 37.

⑧ Nouv. Corresp. Math., 1880(6): 232.

（译者补）

E. Lionnet[①] 指出数字 1 是唯一一个由两个相继整数的平方和形成的三角形数；10 是唯一一个由两个相继奇数的平方和形成的三角形数；当三角形数 Δ 是两个相继整数的乘积并且两个相继整数中较小的那个是某一个三角形数的 2 倍时，则 $4\Delta+1$（以及其平方根都）是两个相继整数的平方和.

Moret-Blanc[②] 证明了上述 Lionnet 所提出的定理.

E. Cesaro[③] 指出没有三角形数以 2,4,7,9 结尾.

S. Réalis[④] 指出

$$\Delta(5p+1)=\Delta(4p+1)+\Delta(3p),\Delta(5p+3)=\Delta(4p+2)+\Delta(3p+2)$$

$$\Delta(k+\alpha)=\Delta(k)+\Delta(2\alpha p+\alpha),k=2\alpha p^2+(2\alpha+1)p$$

E. Lionnet[⑤] 指出 0,1,6 是仅有的三角形数，其平方也是三角形数. 他还提出了一些之后由 E. Cesaro 证明的问题：两个都非零的相继平方数之间至少有一个三角形数，至多有两个三角形数；两个相继的三角形数之间至多有一个平方数；若恰好有两个三角形数介于 $(a+1)^2$ 与 $(a+2)^2$ 之间，其中 $a>0$，那么只有一个三角形数 Δ 介于 a^2 与 $(a+1)^2$ 之间，并且只有一个三角形数 Δ 介于 $(a+2)^2$ 与 $(a+3)^2$ 之间.

译者注 Lionnet 表示任何正整数都可以写成一个平方数与两个三角形数之和.

E. Cesaro[⑥] 记 $\nabla(n)$ 为前 $2n$ 个三角形数中与 n 互素的数目. 令 $\Psi(n)$ 为乘积 $1\cdot2,2\cdot3,3\cdot4,\cdots,n(n+1)$ 中与 n 互素的数目. 由此，若 v 为 n 的最大奇因子，则

$$\frac{\nabla(n)}{n}=\frac{\Psi(n)}{n}+\frac{\Psi(v)}{v},\frac{\Psi(n)}{n}=\frac{\nabla(n)}{n}-\frac{1}{2}\cdot\frac{\nabla(v)}{v}$$

$\nabla(n)$ 的平均值是 $\Psi(n)$ 的平均值的 3 倍. 他发现了随意取出两个三角形数，它们互素的概率为

$$\frac{3}{4}\left(1-\frac{4}{3^2}\right)\left(1-\frac{4}{5^2}\right)\left(1-\frac{4}{7^2}\right)\left(1-\frac{4}{11^2}\right)\cdots$$

E. Cesaro[⑦] 提出而由 E. Fauquembergue[⑧] 证明的结论如下：5 和 17 是仅

① Nouv. Ann. Math., (2), 20, 1881, 514.

② Ibid., (3), 1, 1882, 357.

③ Mathesis, 1884(4): 70.

④ Jour. de math. spéc., 1884, 6.

⑤ Nouv. Ann. Math., (3), 1, 1882, 336. Proof by H. Brocard, (3), 15, 1896, 93-96.

⑥ Ibid., (3), 2, 1883, 432(misprints); 1886(5): 209-213.

⑦ Annali di Mat., (2), 14, 1886-1887, 150-153.

⑧ Mathesis, 6, 1886, 23; 7, 1887, 257-259.

有的整数可以使得其立方减去 13 等于某个三角形数的四倍.

G. de Rocquigny① 指出:若 $k=\dfrac{a^2+b^2+a+b}{2}$,则

$$\Delta_k=\Delta_{k-1}+\Delta_a+\Delta_b,(a^2+1)^2=1+\Delta(a^2+a)+\Delta(a^2-a)$$

S. Réalis② 利用了已知的事实:若 p 是 $8q+1$ 型素数的乘积,则 $2x^2+y^2=p$ 有整数解.于是

$$3(8q+1)=2(2a+1)^2+(2b+1)^2$$

使得 $3q=2\Delta+\Delta'$.

S. Realis③ 给出了各式各样的和式如下

$$\Delta_1+\Delta_3+\Delta_5+\cdots+\Delta_{2n-1}=\frac{1}{6}n(n+1)(4n-1)$$

$$\Delta_2+\Delta_4+\Delta_6+\cdots+\Delta_{2n}=\frac{1}{6}n(n+1)(4n+5)$$

$$\Delta_3+\Delta_6+\Delta_9+\cdots+\Delta_{3n}=\frac{3}{2}n(n+1)^2$$

E. Cesaro④ 指出不定方程 $\dfrac{n^5-1}{4}=\Delta_p+\Delta_q(n\neq 5)$ 暗示着 $2p+1$ 与 $2q+1$ 均为合数.

S. Tebay 以及其他人⑤发现最小的某类五边形数 $\dfrac{1}{2}(5x^2-3x)$ 可以由 $x=24(19a-9)$ 所给出,该类五边形数加上一个平方数 a^2 等于一个平方数.

C. A. Laisant⑥ 将第 a 个 $(\alpha+2)$ 边形数 $p_{\alpha+2}^a$ 写为 a_α,并给出

$$(a+b)_\alpha=a_\alpha+b_\alpha+\alpha ab,(a+\cdots+l)_\alpha=\sum a_\alpha+\alpha\sum ab$$

E. Cesaro⑦ 指出小于 $2n(n+1)$ 的三角形数 Δ 与 n 互素的数目为 $k=n\prod\left(1-\dfrac{2}{p}\right)$ 或 $2k$,取前一个值还是后一个值分别根据 n 为奇数还是偶数而定,其中 p 取遍 n 的所有奇素数因子.

E. Catalan⑧ 证明了每一个大于 1 的三角形数是六个五边形数之和. 因

① Mathesis.,1886(6):224.

② Nouv. Ann. Math.,(3),5,1886,113.

③ Jour. de math. spéc.,1888,94.

④ Mathesis,1888(8):75.

⑤ Math. Quest. Educ. Times,1889(50):84-85.

⑥ Bull. Soc. Philomathique de Paris,(8),3,1890-1891,29-30.

⑦ Mathesis,(2),1,1891,95-96.

⑧ Assoc. franç. av. sc.,1891,Ⅱ,201-202.

为[1]$6(2n+1)^2=(6x\mp1)^2+(6y\mp1)^2+4(6z\mp1)^2$，其中

$$\frac{n(n+1)}{2}=\frac{3x^2\mp x}{2}+\frac{3y^2\mp y}{2}+4\left(\frac{3z^2\mp z}{2}\right)$$

(但是等式左边的分母 2 应当被禁止，Legendre 已经证明出了更多更一般的定理.)

译者注 没有理解为什么应当被禁止.

E. Lucas[2] 收集整理的主要是代数的结果，是关于三角形数以及有形数的.

E. Catalan[3] 指出：每一个非五边形数的三角形数，可由少于七个六边形数之和表示.

T. Pepin[4] 给出了一个关于 Fermat 定理的 Cauchy 公式的证明，即每一个整数 A 是 $m+2$ 个 $m+2$ 边形数 $\frac{1}{2}m(x^2-x)+x$ 之和，其中指定 $m-2$ 为 0 或 1. 我们将证明

$$A=\frac{1}{2}m(a-b)+b+r$$

其中 $a=\alpha^2+\cdots+\delta^2$，$b=\alpha+\cdots+\delta$，$0\leqslant r\leqslant m-2$，于是 $a\equiv b(\bmod 2)$. 由于 r 可以取 0 与 1，我们可以取 b 为奇数，于是

$$4a-b^2=8l+3=x^2+y^2+z^2$$

不妨设 $x>y>z>0$. 确定 $\alpha,\cdots,\delta$，使得

$$\alpha+\beta-\gamma-\delta=x,\alpha-\beta-\gamma+\delta=\pm z$$

$$\alpha-\beta+\gamma-\delta=y,\alpha+\beta+\gamma+\delta=b$$

则 $a=\sum\alpha^2=\alpha^2+\cdots+\delta^2$ 已满足. 若 $B>110$，当 $A=mB+c$ 时，条件 $b^2<4a$ 被满足，其中 $0<c\leqslant m$. 因此这个定理对所有的(自然)数 $A>110m$ 都是成立的. 而对所有小于或等于 $120m+16$ 的(自然)数也分别作了验证

$$p_q^n=\frac{s-1}{2}p_3^n+(q-s)p_3^{n-1}+\frac{s-3}{2}p_3^{n-2}-\frac{s-3}{2}\quad(s\text{ 为奇数})$$

$$p_q^n=\frac{s-2}{2}p_3^n+(q-s)p_3^{n-1}+\frac{s-2}{2}p_3^{n-2}+n-\frac{s-2}{2}\quad(s\text{ 为偶数})$$

同样地

$$p_3^n=n^2-(n-1)^2+(n-2)^2-\cdots\pm1$$

$$p_q^n=2p_3^n+\{q-(2s-1)\}p_3^{n-1}+p_3^{n-2}-1$$

---

① Recherches sur quelques prod. indéf., Mém. Acad. Roy. Belgique, 1873(40): 61-191, formula.

② Théorie des nombres, 1891, 52-62, 83.

③ Jour. de math. spéc., 1892, No. 353.

④ Atti Accad. Pont. Nuovi Lincei, 46, 1892-1893, 119-131.

E. Catalan[1][2] 给出某个公式的一个较短的证明，此公式与 Bachet 的公式相同.

G. de Rocquigny[3] 指出：若 $a+b+c=\alpha+\beta+\gamma=0$，则

$$P=(\Delta_a+\Delta_b+\Delta_c)(\Delta_\alpha+\Delta_\beta+\Delta_\gamma),P=(\Delta_n+\Delta_{n+1})(\Delta_p+\Delta_{p+2})$$

$$P=6n^4,P=6n^4+1,P=6n^4+2n^2+1,\cdots$$

是三个三角形数之和，其中 $n^2+(2n-1)^2+(2n+1)^2$ 是两个三角形数之和.

$2n+1$ 个相继的三角形数之和等于这 $2n+1$ 个数正中间的数与 $2n+1$ 之积再加上 $1^2+2^2+\cdots+n^2$.（译者补：

$$\sum_{k=0}^{2n}\frac{(x+k)(x+k+1)}{2}$$

$$=\frac{(x+n)(x+n+1)}{2}(2n+1)+\sum_{k=1}^{n}k^2$$

$$=\frac{1}{6}(1+2n)(4n+4n^2+3x+6nx+3x^2)$$ ）

他想求解

$$\Delta_1+\Delta_2+\cdots+\Delta_n=\Delta$$

E. Barbette[4] 指出前 n 个三角形数的 k 次方和 T_k 符号上等于 $\frac{S^k(S+1)^k}{2^k}$，其中展开之后，S^t 被替换为 S_t，S_t 为数列 $1,\cdots,n$ 的 t 次方和. T_1，T_2，T_3 是 n 的函数，也是 S 的函数. 这说明了 $T_k^x=T_r^y$ 暗示着 $x=y,k=r$.

A. Boutin[5] 指出：若 p 不为一个平方数，则 $\Delta_x=p\Delta_y$ 有无穷多个解. 令 $2x=k-1,2y=z-1$，则 $k^2-pz^2=1-p$. 令 $k=\alpha+p\beta,z=\beta+\alpha$. 因此，如果 p 不为一个平方数，那么 $\alpha^2-p\beta^2=1$ 有无穷多个解. 若 $p=m^2$，这一问题仅有有限个解. 而当 $m=3,4,5,7,8,9,11,12,13,15,16,17$ 时，原方程是没有整数解的. 若 $m=4\lambda+2$，则 $x=4\lambda^2+4\lambda$ 与 $y=\lambda$ 是一组解.

几位作者[6]解决了 $\Delta_x+\Delta_y=2\Delta_z$，例如

$$(2x+1)^2+(2y+1)^2=2(2s+1)^2$$

参看本书第十四章.

为了证明 de Rocquigny 的第一部分的陈述，H. W. Curjel[7] 取

---

① Giornale di Mat.，1893(31)：173-178. His P_n^q is our p_q^n.

② Ibid.，p. 227.

③ Mathesis，(2)，4，1894，123 171，211；(2)，5，1895，23，150，211-212. C. Curjel.

④ Mathesis，(2)，5，1895，111-112.

⑤ Jour. de math. élém.，(4)，4，1895，179-180.

⑥ Math. Quest. Educ. Times，1895(63)：40.

⑦ Ibid.，33-34. Other proofs，(2)，20，1911，78-79.

$$a=y-z,b=z-x,c=x-y,\alpha=\eta-\zeta,\beta=\zeta-\xi,\gamma=\xi-\eta$$
$$X=x\xi+z\eta+y\zeta,Y=z\xi+y\eta+x\zeta,Z=y\xi+x\eta+z\zeta$$

并得到

$$P=\Delta(Y-Z)+\Delta(Z-X)+\Delta(X-Y)$$

E. Maillet① 证明了下述 Fermat 关于多边形数定理的推广：如果 α 与 β 是互素的奇数，$\alpha>0$，每一个整数 A 超过某一个界限（α，β 的函数）之后，则是四个形如 $\frac{\alpha x^2+\beta x}{2}$ 的数之和. 我们可以指定 A 的一个下限，这样这个分解就可以以任意指定的分解方式而进行分解. 如果 $\frac{\alpha}{2}$ 是奇数，且 A，$\frac{\beta}{2}$ 其中之一是奇数，另一个是偶数，则类似的定理成立，前提是 $\frac{\alpha}{2}$ 和 $\frac{\beta}{2}$ 是互素的；同理还有如果 $\frac{\alpha}{2}$ 是偶数，$\frac{\beta}{2}$ 和 A 都是奇数的情形. 他证明了三个复杂的定理，证明了每一个对 6 取一定的留数是形如 $\frac{\alpha x^2+\beta x}{2}$ 的最多 $\delta<59$（或 $\delta<53$）个数的和. 后来，E. Maillet② 证明了如果系数 a 为有理数的 $\varphi(x)=a_0x^5+\cdots+a_5$ 对每一个 $x\geqslant\mu$ 都是一个正整数，对每个整数超过一个依赖于系数 a 的固定界限，那么每一个整数可以由不超过 v 个正数 $\varphi(x)$ 与有限个 1 之和表示，其中根据 $\varphi(x)$ 的次数为 2，3，4，5 分别有 $v=6,12,96,192$. 每一个大于或等于 19 272 的整数是可以由不超过 12 个三棱锥数 $\frac{x^3-x}{6}$ 表示的.

一些作者③发现了满足条件的序列中的前六项整数 n，这几个整数使得作者 $\frac{n(n+1)}{2}$ 为一个平方数. 又有几位作者④证明了两个相继的三角平方数的平方根之差为一个勾股数，并且此数的平方是两个相继的整数的平方和.

译者注 三角平方数序列：$1^2,6^2,35^2,204^2,1\ 189^2,\cdots$，则有 $1\ 189-204=985$，$985^2=696^2+697^2$.

A. Boutin⑤ 将 $x^2=\Delta_y+1$ 化简为 $p^2-2q^2=-1$，利用的是变量代换 $2x=3q\mp p$，$y=\frac{k-1}{2}$，$k=3p\mp 2q$.

---

① Bull. Soc. Math. de France，1895(23)：40-49.

② Jour. de Math.，(5)，2，1896，363-380.

③ Amer. Math. Monthly，1896(3)：81-82；Math. Quest. Educ. Times，65，1896，53；69，1898，51.

④ Amer. Math. Monthly，1897(4)：187-189.

⑤ Mathesis，(2)，6，1896，28-29.

G. de Rocquigny① 指出恒等式

$$(5n\pm 1)^2=\frac{n(n\mp 1)}{2}+\frac{(7n\pm 1)(7n\pm 2)}{2}$$

$$\{\Delta(a^2+a-1)+\Delta(a^2-a-1)\}\{\Delta(b^2+b-1)+\Delta(b^2-b-1)\}$$
$$=\Delta(a^2b^2+ab-1)+\Delta(a^2b^2-ab-1)$$

$$\{\Delta(7a+1)+\Delta(a-1)\}\{\Delta(7b+1)+\Delta(b-1)\}$$
$$=\Delta(7c+1)+\Delta(c-1)$$
$$c=5ab+a+b$$

并将 n^6, $n+n^2+n^3+n^4$, $n^3+n^4+n^5+n^6$ 和 $n+n^2+n^3+n^4+n^5+n^6$ 表为三个三角形数之和,诸如此类.

A. Boutin② 解决了 $\Delta_{x-1}+\Delta_n=y^2$,利用的是变量代换 $x=an-b$, $y=\alpha n-\beta$. 则

$$a^2+1=2\alpha^2, b^2+b=2\beta^2, 4\alpha\beta+1^2=a(2b+1)$$

求解这些利用的是递推公式.

A. Berger③ 证明了许多涉及第 r 个 m 边形数的关系式与不等式. 其中式(3) 设为新的记号 $P(m,r)$. 若 $|x|<1$,则

$$\sum_{r=1}^{\infty}P(a,r)x^r=\frac{x+(a-3)x^2}{(1-x)^3}, \sum_{r=1}^{\infty}P(a,-r)x^r=\frac{x^2+(a-3)x}{(1-x)^3}$$

他计算了 $\sum\frac{1}{P(a,r)}$,其中 r 取遍所有整数使得 $P(a,r)$ 全为正,但每一个只取一次. 若 $a\geqslant 3$,则 $|x|<1$, $\varepsilon=\pm 1$

$$\prod_{r=1}^{\infty}(1-x^{(a-2)r})(1+\varepsilon x^{(a-2)r-a+3})(1+\varepsilon x^{(a-2)r-1})=\sum_{r=-\infty}^{+\infty}\varepsilon^r x^{P(a,r)}$$

特殊情况的组合为

$$\prod_{r=1}^{\infty}(1-x^r)^{(-1)^r}=\sum_{r=-\infty}^{+\infty}x^{P(6,r)}, \prod_{r=1}^{\infty}(1-x^r)=\sum_{r=-\infty}^{+\infty}(-1)^r x^{P(5,r)}$$

令 $\sigma(k)$ 为 k 的因子之和,以及 $\psi(k)$ 为 k 的奇数因子之和减去偶数因子之和. 则

$$\log\sum_{r=-\infty}^{+\infty}(-1)^r x^{P(5,r)}=-\sum_{k=1}^{\infty}\frac{\sigma(k)x^k}{k}, \log\sum_{r=0}^{+\infty}x^{P(3,r)}=\sum_{k=1}^{\infty}\frac{\psi(k)x^k}{k}$$

他研究了正整数 k 的第 a 阶多边形因子数 $\varphi(a,k)$;每一个整数平均有两个三角形因子,$\frac{\pi^2}{6}$ 个平方因子,等等.

---

① Mathesis,(2),7,1897,217-221.

② Ibid.,269-270.

③ Nova Acta Soc. Sc. Upsaliensis,(3),17,1898,No,3.

A. Goulard 与 A. Emmerich① 发现了两个相继的整数,其中一个是平方数,另一个是三角形数. 在 $x^2-\frac{1}{2}y(y+1)=\pm 1$ 中,设 $2x=z$,$2y+1=t$,于是 $2z^2-t^2=7$ 或 $2z^2-t^2=9$,便可化简为 Pell 方程 $u^2-2v^2=-1$ 或 $u^2-2v^2=+1$,并求解.

P. Bachmann② 给出了 Cauchy 对 Fermat 多边形数定理的证明的一个极好的阐释,他还将定理修改为:每一个整数是 m 个 m 边形数之和,这 m 个 m 边形数除了四个以外其他要么是 0 要么是 1.

R. W. D. Christie③ 指出两个这样类型的公式

$$\sum_{i=1}^{4}\Delta(a_i+n)=\sum_{i=1}^{4}\Delta(\sigma-a_i+n),\sigma=\frac{1}{2}\sum_{i=1}^{4}a_i$$

J. W. West④ 指出:若 $\Delta_a=6\Delta_b+1$,则 Δ_a 不为平方数.

R. W. D. Christie⑤ 证明了若 p_r^m 为第 m 个 r 边形数,则

$$(2n)^2(r-2)p_r^m+\frac{1}{3}(4n^3-n)y^2=(x-y)^2+(x-3y)^2+(x-5y)^2+\cdots$$

$$x=2mn(r-2),y=r-4$$

(译者补) $(2n)^2(r-2)p_r^m+\frac{1}{3}(4n^3-n)y^2=\sum_{k=1}^{n}[x-(2k-1)y]^2$

W. A. Whitworth⑥ 与 A. Cunningham 指出:若 $N=\Delta_m+\Delta_n$,则 $4N+1=(m+n+1)^2+(m-n)^2$;相反地,若 $4N+1$ 没有素因子 $4k-1$,则它是两个平方数之和并且 N 是两个三角形数之和.

Crofton⑦ 指出

$$9\Delta_k+1=\Delta(3k+1),4\Delta_k+4\Delta_l+1=(k-l)^2+(k+l+1)^2$$

R. W. D. Christie 利用 $\Delta_m+\Delta_{m+1}=(m+1)^2$ 得出了

$$\begin{aligned}\Delta_n+A^2+B^2+\cdots&=\Delta_n+(\Delta_{n+1}+\Delta_{n+2})+\cdots+(\Delta_{2n-2}+\Delta_{2n-1})\\&=(\Delta_n+\Delta_{n+1})+(\Delta_{n+2}+\Delta_{n+3})+\cdots+\Delta_{2n-1}\\&=\Delta_{2n-1}+\alpha^2+\beta^2+\cdots\end{aligned}$$

① Mathesis,(2),8,1898,52-54. Cf. Tits.

② Die Arith. der Quadratischen Formen,1898(1):154-162.

③ Math. Quest. Educ. Times,1898(68):84.

④ Ibid.,1898(69):114.

⑤ Ibid.,1899(70):119.

⑥ Ibid.,1899(71):33.

⑦ Ibid.,69.

W. A. Whitworth 给出了一些法则去求解 $\Delta=\square$ 或 $\Delta=2\Delta'$，这一法则取决于$\sqrt{2}$ 的连分数的收敛性，等价于用已知的法则来求解 $u^2-2v^2=\pm 1$.

E. Lemoine 令一个(自然)数分解为它的某些最大三角形数，并记 m 为 N 的指标 $N=A_1+\cdots+A_m$，其中 A_1 是最大的三角形数 $\Delta\leqslant N$，A_2 是最大的三角形数 $\Delta\leqslant N-A_1$，A_3 是最大的三角形数 $\Delta\leqslant N-A_1-A_2$，依此类推. 如果 Y_m 是指标为 m 的最小整数，那么

$$Y_m=\frac{1}{2}Y_{m-1}(Y_{m-1}+3),2^{m-1}Y_m=(Y_1+3)(Y_2+3)\cdots(Y_{m-1}+3)$$

E. Grigorief① 讨论了 Fermat 的定理中的每一个数是三个三角形数之和.

L. Kronecker② 给出了多边形数的简史.

J. J. Barniville③ 计算了涉及有形数的级数，例如

$$1^3+\frac{1^3+3^3}{2}+\frac{1^3+3^3+6^3}{2^2}+\frac{1^3+3^3+6^3+10^3}{2^3}+\cdots=6\ 544$$

译者注

书中原文的错误如下(图 1.7)：

CHAP. I]   POLYGONAL, PYRAMIDAL AND FIGURATE NUMBERS.   33

E. Grigorief[196] discussed Fermat's theorem that every number is a sum of three Δ's.

L. Kronecker[199] gave a brief history of polygonal numbers.

J. J. Barniville[200] evaluated series involving figurate numbers, such as
$1^3+(1^3+3^3)2^{-1}+(1^3+3^3+6^3)2^{-2}+(1^3+3^3+6^3+10^3)2^{-3}+\cdots=6416.$

A. Cunningham[201] noted that $\Delta_x^2+\Delta_z^2=2\Delta_y^2$ if $\Delta_x=\xi\Delta_z$, $\Delta_y=\eta\Delta_z$, where $(\xi,\eta)=(1,1),(7,5),(41,29),(239,169)$, etc.

Cunningham and Christie[202] solved $\mu\Delta_x=\nu\Delta_y$, which is equivalent to $\mu(2x+1)^2-\nu(2y+1)^2=\mu-\nu$, by use of a solution of $\xi^2-\mu\nu\eta^2=1$.

R. W. D. Christie[203] argued that no Δ is a cube >1.

A. Cunningham[204] noted that $\Delta_a\Delta_x=\Delta_a\Delta_y$ is equivalent to

$$\Delta_a(X^2-1)=\Delta_a(Y^2-1),$$

图 1.7

① Kazan Izv. fiz. mat. obsc. (= Bull. Math. Phys. Soc. Kasan), 11, 1901, No. 2, 64-69(in Russian).

② Vorlesungen über Zahlentheorie, 1901, 17-22.

③ Math. Quest. Educ. Times, 1901(74): 80.

$$\sum_{k=1}^{\infty}\frac{\sum_{i=1}^{k}\left[\frac{i(i+1)}{2}\right]^{3}}{2^{k-1}}=6\ 544$$

（译者补）

A. Cunningham① 指出:若 $\Delta_x=\xi\Delta_z,\Delta_x=\eta\Delta_y$,则 $\Delta_x^2+\Delta_z^2=2\Delta_y^2$,其中$(\xi,\eta)=(1,1),(7,5),(41,29),(239,169)$,诸如此类.

A. Cunningham② 与 R. W. D. Christie 利用 $\xi^2-\mu\nu\eta^2=1$ 的解解决了 $\mu\Delta_x=\nu\Delta_y$,其等价于 $\mu(2x+1)^2-\nu(2y+1)^2=\mu-\nu$.

R. W. D. Christie③ 论证了没有三角形数 Δ 为大于 1 的立方数.

A. Cunningham 指出 $\Delta_a\Delta_x=\Delta_a\Delta_y$ 等价于

$$\Delta_a(X^2-1)=\Delta_a(Y^2-1)$$

其解可由不定方程 $\xi^2-\Delta_a\Delta_a\eta^2=1$ 的最小解推导出.

R. W. D. Christie 指出 $N=\Delta_{2a}+\Delta_{2b}+\Delta_{2c}$ 暗示着如下公式

$$2N+1=(a+b+c+1)^2+(a-b-c)^2+(a+b-c)^2+(a-b+c)^2$$

以及一些相似的公式,其中某些 $2a,2b,2c$ 被替换为奇数.

A. Cunningham 指出:若 $x=\frac{2}{3}(10^n-1)$,则 $\Delta_x=\underbrace{2\cdots2}_{n}\underbrace{1\cdots1}_{n}$(其中 n 个 2,n 个 1).

E. B. Escott 指出:在少于 30 位数中,55,66,666 是仅有的三角形数,由单个重复的数字组成.

F. Hromadko 指出:若 $\Delta_1,\Delta_2,\cdots,\Delta_n$ 为任意相继的三角形数 Δ,则

$$\Delta_n^2-\Delta_1^2=(\Delta_2-\Delta_1)^3+(\Delta_3-\Delta_2)^3+\cdots+(\Delta_n-\Delta_{n-1})^3$$

L. von Schrutka 证明了,若 $l\equiv p_m^a \pmod k$,则

$$\left(\frac{m}{2}-1\right)l+\left(\frac{m}{4}-1\right)^2\equiv\left\{\left(\frac{m}{2}-1\right)a+\left(\frac{m}{4}-1\right)\right\}^2 \pmod k$$

并且相反地,若$\frac{m}{2}-1$ 与 k 互素,则 k 被称作是正则的. 多边形数剩余问题于是简化为二次剩余.

J. Blaikie 指出:若 $3y^2-x^2=2$,其中 $x=6m-1,y=2n+1$,则三角形数 $\frac{1}{2}n(n+1)$ 是五边形数$\frac{1}{2}m(3m-1)$. 从 Pell 方程 $p^2-3q^2=1$ 的解中,我们可以得出之前不定方程的解 $x=123q\pm71p,y=41p\pm71q$.

① Math. Quest. Educ. Times,1901,65-66.

② Ibid. ,87-88.

③ Ibid. ,1901(75):36.

有人①称每一个 n 次方数是 n 个三角形数 Δ 之和，例如

$$3^4=55+15+10+1$$

$$5^5=2\ 850+210+45+10+10=3\ 003+105+10+6+1$$

G. Nicolosi② 给出了 M. Cantor 的结果的初等证明

$$\frac{1}{2}(x+y)(x+y+1)+y=a$$

有且只有一组整数解. 求解 y 时，我们可以看出 $8x+8a+9$ 必须为一个平方数 u^2. 因此 x 为整数当且仅当 $u^2-1=8\theta$，其中 $\theta=\frac{t(t+1)}{2}$.

C. Burali-Forti③ 指出如下关系式

$$p_m^n-p_r^n=(m-r)p_3^{n-1},p_m^n+p_m^r=p_m^{n+r}-nr(m-2)$$

$$mp_m^n-np_n^m=\frac{1}{2}mn(m-n)$$

A. Cunningham④ 给出一个方法将一个整数表为三个三角形数之和.

P. Bachmann⑤ 给出一个关于多边形数与有形数的介绍.

T. Hayashi⑥ 证明$\frac{\alpha(\alpha+\beta)(\alpha+2\beta)}{6}$的四倍不为立方数，因此三棱锥数不为立方数. 利用的是 $x^3+y^3=3z^3$ 没有整数解.

E. Barbette⑦ 对相继的多个 n 边形数的 p 次方求和，发现了一些 n 边形数的 p 次方和等于另一个 n 边形数的 p 次方，还发现了在 $n\leqslant 6$ 情形下的两个 n 边形数之和为另一个 n 边形数，并且给出了前 5 000 个三角形数.

H. Brocard⑧ 解出了 $10\Delta_x+\Delta_y=z^2$ 的 x，并使得根式有理化.

L. Aubry⑨ 指出：若 $(x-1)(x+2)=2y^2$，其中 $2x+1=3u,y=3v$，则 $\Delta_{x-1}\Delta_x\Delta_{x+1}=\square$，于是 $u^2-8v^2=1$. 便可得到解 $u=1,3,17,\cdots$，以及 $u_n=6u_{n-1}-u_{n-2}$.

A. Gerardin⑩ 收集整理了最近关于三角形数与五边形数的问题.

---

① Sphinx-Oedipe，1906-1907，31，46.

② Il Pitagora，Palermo，15，1908-1909，15-17. In Suppl. al Periodico di Mat.，1908，fasc. 5-6，there is a proof by triangular numbers.

③ Ibid.，16，1909-1910，135-136.

④ Math. Quest. Educ. Times，(2)，15，1909，44-45.

⑤ Niedere Zahlentheorie，1910(2)：1-14.

⑥ Nouv. Ann. Math.，(4)，10，1910，83.

⑦ Les sommes de p-ièmes puissances distinctes égales à une p-ième puissance，Liège，1910，154 pp. Extract by Barbette.

⑧ Sphinx-Oedipe，1911(6)：29-30.

⑨ Ibid.，187-188. Problem of Lionnet，Nouv. Ann. Math.，(3)，2，1883，310.

⑩ Sphinx-Oedipe，1911，40-43，57-58，81-86，113-121，129-132.

译者注 指的是此书第一次出版的“最近”.

他指出

$$3^{2n}x=\Delta_a-\Delta_b,a=3^nx+\frac{3^n-1}{2},b=3^nx-\frac{3^n+1}{2}$$

当 $x=y^2$ 时,将 a,b 变为 c,d,则

$$\Delta(c)+\Delta(d)=\Delta(d-3^ny)+\Delta(d+3^ny)$$

他探讨了各种类型的(自然)数分解为三个三角形数之和.

多边形数与有形数的常规定义被 L. Tenca① 与 E. A. Englar② 所重复.

L. Tits③ 解出了 Emmerich 不定方程的 y,使得根式有理化并对于两种情形都导出了 $t^2-8u^2=1$.

E. Barbette④ 给出了许多数值的例子,多个 n 边形数之和为一个 n 边形数.

L. von Schrutka⑤ 发现:若 $\frac{T}{2}$ 不等于 3 或 5,则 $\frac{1}{2}\left\{\left(\frac{1}{2}T\right)^2+U^2\right\}$ 不能只以一种方法表为两个形如 $\frac{T(x^2+x)}{2}+Ux$ 的数之和. 在第一种情形中它表明,若 p 是一个素数 $\equiv 5(\bmod 12)$,则 $\frac{p-2}{3}$ 有且仅有一种方式表示为两个 8 边形数 $3x^2-2x$ 之和. 他还给出了一个类似的关于 12 边形数 $5x^2-4x$ 的定理以及一个关于 $5x^2-2x$ 的定理.

A. Gerardin⑥ 通过 $n=\frac{xp}{q}$ 解出 $n^2+2^\theta n=\Delta_x$ 的 x. 他将 $\Delta_x\Delta_y=\Delta_{z^2+z}$ 化简为 $2\Delta_x+1=\Delta_y$,并指出了 $\Delta_x=10,45$, $\Delta_y=21,91$.

L. Bastien⑦ 指出 $x^4-y^4-\Delta$,若 $z=x^2+y^2$ 并且 $x^2-3y^2=1$,或者若 $z=\frac{x^2+y^2}{\lambda}$,$z+1=2\lambda(x^2-y^2)$ 或者 $z+1$ 与 z 互换,则

$$(2\lambda^2-1)x^2-(2\lambda^2+1)y^2=\pm\lambda$$

G. Metrod⑧ 指出:若 $(u-v)(u+v+1)=2x^3$,则 $\Delta_u-\Delta_v=x^3$,其中 $2x^3$ 要被表示为两个不同的因子之积,一个因子为奇数,另一个因子为偶数.

---

① Il Boll. di Mat. Sc. Fis. Nat.,12,1910-1911,No. 1,p. 16,No. 3,p. 24.

② Trans. St. Louis Acad. Sc.,1911(20):37-57.

③ Mathesis,(4),1,1911,74-75.

④ L'enseignement math.,1912(14):19-30. Cf. Barbette.

⑤ Monatshefte Math. Phys.,1912(23):267-273.

⑥ Sphinx-Oedipe,8,1913,110,121-122(1907-1908,173;1911,75).

⑦ Ibid.,156,172-173.

⑧ Ibid.,174.

F. Mariares[1] 指出数列 $1,2,\cdots,n$ 之和为$\frac{n(n+1)}{2}$,因为这个和可以堆叠成一个 n 乘 $n+1$ 的矩形. 再接着

$$\underbrace{1+3}+\underbrace{6+10}+\cdots+\frac{n(n+1)}{2}=2^2+4^2+\cdots+\left(2\cdot\frac{n}{2}\right)^2$$

或

$$1+\underbrace{3+6}+\underbrace{10+15}+\cdots+\frac{n(n+1)}{2}=1^2+3^2+\cdots+\left(2\cdot\frac{n+1}{2}-1\right)^2$$

根据 n 为奇数或是偶数而定. 因此

$$\Delta_1+\Delta_2+\cdots+\Delta_{n-1}+\Delta_1+\Delta_2+\cdots+\Delta_n=\sum_{k=1}^{n}k^2$$

文献[2]中讨论了同时为三角形数与五边形数的(自然)数.

S. Minetola[3] 给出了"Tartaglia 三角形"中数的组合性定义.

N. Alliston[4] 与 J. M. Child 证明了没有三角形数是大于 1 的四次方数.

一位匿名的作者[5]证明了若一个数 $4n+1$ 是两个平方数之和 2,则它是两个三角形数$\frac{c(c+1)}{2}$与$\frac{d(d+1)}{2}$之和,其中 d 可以取负值,则 c 与 d 有相同的奇偶性.

G. Metrod[6] 陈述:若 p_q^n 是第 n 个 q 边形数,p_q^n 与 p_q^{n+1} 的最大公约数为奇数,则此最大公约数等于 $n+1$ 与 $q-3$ 的最大公约数;若 p_q^n 与 p_q^{n+1} 的最大公约数为偶数,则此最大公约数等于$\frac{n+1}{2}$与 $q-3$ 的最大公约数. 若 p_q^n 与 p_{q+1}^n 的最大公约数等于 n 或$\frac{n}{2}$,则取决于 n 为偶数还是奇数.

A. Gerardin[7] 指出:当 $x\leqslant 9$ 时,$2\Delta_x-1$ 为素数. 他[8]给出了一个关于不定方程 $\Delta_x\cdot\Delta_y=\Delta_z^2$ 的序列并附有递推关系 $z_{n+1}=6z_n-z_{n-1}+2,z_0=3,z_1=20$. 他还给出了不定方程 $\Delta_a+\Delta_b=2\Delta_d^2+e^2$ 的通解,它的一个特解曾被 L. Euler[9] 指出,以及所指出的例子为 $a=2s+1,b=4s,d=3s,e=s+1;a=6s+2,b=$

---

① Revista Soc. Mat. Española, 2, 1913, 333-335.

② Mathesis, (4), 3, 1913, 20-22, 80-81. Cf. Euler.

③ Boll. di Matematica, Roma, 1913(12): 214-222.

④ Math. Quest. Educ. Times, 1914(25): 83-85.

⑤ Nouv. Ann. Math., (4), 14, 1914, 16-18.

⑥ Sphinx-Oedipe, 1914(9): 5.

⑦ Ibid., p. 41.

⑧ Ibid., p. 75, p. 146.

⑨ Ibid., p. 129.

$4s-1, d=5s+1, e=s-1$.

E. Bahier[①] 发现了多组处于等差数列中的三个 n 边形数：$p_m^\lambda + p_m^\nu = 2p_m^\mu$. 对每一个 p 都乘上 $8(m-2)$ 并加上 $(m-4)^2$. 利用Diophantus的关系式(1)，我们可以得到

$$P_\lambda^2 + P_\nu^2 = 2P_\mu^2, P_\lambda \equiv (m-2)(2\lambda-1)+2$$

因此，由本书第十四章

$$P_\lambda = \pm(x^2-2xy-y^2), P_\mu = x^2+y^2, P_\nu = x^2+2xy-y^2$$

利用上面不定方程定义的 P_λ，则 λ,μ,ν 由 x,y,m 所确定. 条件 λ,μ,ν 为正整数将被详尽地讨论.

S. Ramanujan[②] 获得了将一个(自然)数表为 $2s$ 个三角形数的表达式.

A. Boutin[③](1,1894,91;2,1895,31) 指出数列 $0,1,6,35,\cdots,u_n,\cdots$(其中 $u_n=6u_{n-1}-u_{n-2}$) 的每一项的平方为三角形数，并陈述此数列中的三角形(即在 u_{24} 以内有 0,1,6) 数是仅有的可使其平方为三角形数的三角形数. 他还给出了不定方程 $x^2+\Delta_x=\square$ 的所有解 $x=8,800,\cdots$，并陈述 $y^3\pm1=\Delta_x$ 仅有有限个解，不定方程 $y^3+1=\Delta_x$ 有解 $(x,y)=(1,0),(7,3),(7,3),(126,20)$；而不定方程 $y^3-1=\Delta_x$ 有解 $(x,y)=(0,1),(90,16)$. E. Fauquembergue给出了这个三次不定方程错误的解，在此之后给出了正确的解. P. F. Teilhet 验证了除了 0，1,6 以外，在 660 位数以内没有三角形数其平方仍是三角形数.

对 $y^3\pm1=\Delta_x$ 的解进行了分类.

G. de Rocquigny 指出除了 1 与 6 以外的三角形数都是三个非零三角形数之和，因为

$$\Delta(3p-1)=2\Delta(2p-1)+\Delta(p), \Delta(3p)=2\Delta(2p)+\Delta(p-1)$$

$$\Delta(3p+1)=\Delta(2p)+\Delta(2p+1)+\Delta(p)$$

E. Fauquembergue 指出不定方程 $\Delta_x+\Delta_y=z^2$ 等价于不定方程 $(2x+1)^2+(2y+1)^2=(2z+1)^2+(2z-1)^2$，其中利用L. Euler双平方和乘积公式便可得到解：若 $bc+ad=ac-bd+2$，则 $2x+1=ac+bd, 2y+1=bc-ad$. A. Palmstrom 指出这个问题等价于

$$(x+y)(x-y+1)=2(z+y)(z-y)$$

译者注 L. Euler 双平方和乘积公式也叫 Brahmagupta-Fibonacci 恒等式

$$(a^2+b^2)(c^2+d^2)=(ac+bd)^2+(bc-ad)^2$$

---

① Recherche... Triangles Rectangles en Nombres Entiers, 1916, 217-233.

② Trans. Cambridge Phil. Soc., 1918(22): 269-272.

③ Jour. de math. élém., (4), 4, 1895, 222. Cf. Lionnet.

$$=(ac-bd)^2+(bc+ad)^2$$

E. B. Escott 指出 $\Delta_x+\Delta_y=z^5$ 等价于 $(2x+1)^2+(2y+1)^2=2(4z^5+1)$(这个方程有解)的一个充分必要条件是 $4z^5+1$ 的每一个素因子为 $4n+1$ 型;并给出解 $z=1,4,6,9,12,16$.

任意(整)数是三个广义五边形数 $\frac{3x^2\pm x}{2}$ 之和,因为不定方程

$$24N+3=\sum_{3}(6x\pm 1)^2$$

是可解的.前 n 个三角形数之和 $\frac{n(n+1)(n+2)}{6}$(即四面体数)为一个三角形数,那么 $n=1,3,8,20,34$,但是当 $n<316$ 没有更多的 n 满足要求,前 n 个三角形数之和 $\frac{n(n+1)(n+2)}{6}$(即四面体数)为一个平方数,那么 $n=1,2,48$,但是当 $n<10^{12}$ 时,没有更多的 n 满足要求.前 n 个平方数之和 $\frac{n(n+1)(2n+1)}{6}$(即四棱锥数)为一个平方数,那么 $n=1,5,6,85$.

P. Tannery 与 C. Berdelle 给出了代数的证明以及几何的证明,除了 6 边形数以外,每一个 p 边形数都可以表为 $p-2$ 个大于零的三角形数 $\Delta>0$ 之和.

素数 $6n+1=3p^2+q^2$ 是三个大于零的三角形数 $\Delta>0$ 之和.因为素数 $8n+1$ 等于 $8m^2+(2p+1)^2$,则此素数等于 $\Delta_{2m}+\square+P$,其中 $P=m(6m-1)$ 为一个五边形数.

G. de Rocquigny 提出了许多如下类型的定理:每一个六次方数是一个平方数加上立方数加上三角形数所得之和,其中三角形数也可以换为六边形数.每一个大于 7 的(自然)数是三个三角形数加上三个平方数且各项均非零所得之和. A. Gerardin 讨论了这些定理.

G. Picou 指出不定方程 $a^2-\frac{b(b+1)}{2}=2^{2n}$ 的特解为

$$a=2^{n+1}+2^n+1,b=2^{n+2}+1$$

或

$$a=2^{n+1}+2^n-1,b=2^{n+2}-2$$

H. Brocard 指出不定方程 $a^2-\frac{b(b+1)}{2}=2^{2n}$ 的特解为

$$a=\frac{9\cdot 2^n-2}{7},b=\frac{8\cdot(2n-1)}{7}$$

P. F. Teilhet 给出了一个某种程度上的一般化讨论.

关系式 $6\Delta+1\neq$ 非零立方数.

P. Jolivald 给出一个有误的证明,写到 1 是唯一的(自然)数同时为三角形

数、平方数以及六边形数. 正如 M. Rignaux 所指出的一样,每一个六边形数 $r(2r-1)$ 都是三角形数 $\Delta(2r)$,于是原命题变为同为平方数的六边形数 $r(2r-1)=y^2$,于是 $8y^2+1=\square$,这个不定方程的解我们是已知的.

三个相继三角形数之积为平方数.

H. B. Mathieu 给出一些恒等式来表明任何不为 1 且不为 3 的倍数的平方数都是一个三角形数与一个平方数之和,其中每一项都不为零.

A. Arnadeau 将他未出版的三角形数字表的手稿存放在法国研究所图书馆.

A. Gerardin 给出不定方程 $x^4+y^4+z^4=\frac{2T^2}{t^2}$ 的解,其中 T 和 t 均为三角形数. 他还引用了 N. Fuss 于其书所指出的形如 $9x+5$ 与 $9x+8$ 的线性形式都不是两个三角形数之和.

表达式

$$(x+1)^3+(x+2)^3+\cdots+(x+m)^3=\Delta_{x+m}^2-\Delta_x^2$$

L. Aubry 指出 $\Delta_x^2-\Delta_y^2=z^3$ 的解为 $x,y=\frac{8m^4\pm12m^3-4m^2-1}{3}$. A. S. Monteiro 通过一个事实得出解,这一事实便是任意数量的相继整数的立方和为两个三角形数 Δ 的平方差.

R. Niewiadomski① 给出了大量多边形数之间的代数恒等式,还将 $n^k,n^3+1,n^3+(n+1)^3$,诸如此类的数表为多边形数.

U. Alemtejano 给出若 $4m+1$ 为两个平方数之和,则 m 是两个三角形数之和,反之也成立,因为

$$4(\Delta_n+\Delta_a)+1=(n+a+1)^2+(n-a)^2$$

另外,9 是仅有的满足 $4\Delta_n+5=4(\Delta_n+1)+1$ 的素数的平方,并且它不是两个(非零)平方数之和. 此外,有 $\Delta_{2n+a}+\Delta_{a-1}-n=n^2+(n+a)^2$,此式由 L. Aubry 证明. Alemtejano 给出

$$\{4(\Delta_n+\Delta_a)+1\}^2=(2a+1)^2(2n+1)^2+\{4(\Delta_n-\Delta_a)\}^2$$

几位作者证明了每一个平方数都可以以无穷多种方法表为 $\Delta_u-2\Delta_v$ 的形式.

A. Gérardin 考虑了可同时表为形如 $\frac{(x+1)(x+2)\cdots(x+p)}{p!}$ 的数,其中 $p=2,3,\cdots$. 他还考虑了将数表为 $x^2+y^2+z^2+w$,其中 w 是多边形数.

A. Meyl 问题是求四面体数为平方数,可以简化为求不定方程 $N^3-N=6n^2$,这被 L. Aubry 不完备地讨论过.

A. Boutin 错误地证明了没有同时为三角形数、六边形数以及平方数的(自

① Also in Wiadomsci Mat. ,Warsaw,1913(17):91-98.

然）数.

译者注　存在同时为三角形数、六边形数以及平方数的（自然）数.实际上就是同时为六边形数与平方数的自然数

$$a(n)=34*a(n-1)-a(n-2),\ a(0)=-1,\ a(1)=1$$

第二章 线性 Diophantus 方程和同余式 $ax+by=c$ 的解

印度的 Aryabhatta[①](5 世纪或更早) 已经知道求解一次不定方程的一般方法. 他的专著(主要是关于天文学) 的原件已经遗失了. 这种求解方法由 Brahmagupta 所概述,但没有清晰的细节,而后由 Bháskara 做出了介绍.

Brahmagupta[②](生于公元 598 年) 给出了以下规则来求解一个常数"粉碎机".

译者注 "库塔卡"(Kuttaka,梵文原意为"粉碎")"pulverizer".

原文写为 Brahmegupta 和 Bháscara, 这里的 Bháskara (1114—1185) 区别于 Bháskara(600—680).

(先考虑不定方程 $ax-1=by$ 的解,其中 a 是给定的正整数,并称其为乘数;b 是给定的正整数,并称其为除数.) 从给定的乘数和除数中,去掉它们的最大公约数(由辗转相除法求出的),由此对约简后的乘数和除数进行辗转相除,直到得到余数 1,把商按顺序写下来. 将(最后的) 余数 1 乘以选定的整数 v,使乘积减去 1(如果得到奇数个商,则乘积加上 1) 可被产生余数 1 的除数恰好除尽. 在上面列出的商之后的位置, 放置选定的整

① Algebra, with arithmetic and mensuration, from the Sanscrit of Brahmagupta and Bháskara, translated by H. T. Colebrooke, London, 1817, p. x.

② Brahme-sphut'a-sidd'hánta, Ch. 18(Cuttaca = algebra), § § 11-14. Colebrooke, pp. 330-331.

数，然后放置刚刚获得的商．将倒数第二项与其前一项（倒数第三项）的乘积加上最后一项，依此类推．

被约化的除数除尽后求出的数或其余数，为常数“粉碎机”．

译者注 有一些细节Dickson没有阐述清楚，我们通过如下两个例子来加以说明．

比如不定方程$53x-1=11y$，如果在辗转相除法中以11为除数，53为被除数，可得

$$53=4\cdot 11+9$$

从而商序列为4，1，4．但是需要指出的是，不定方程中的“除数”与辗转相除过程中的“除数”不一致（这是Dickson没有指出的）．实际上，进行辗转相除时，以b为被除数，a为除数，0可以作为第一个商，即

$$11=0\cdot 53+11$$

$$53=4\cdot 11+9$$

$$11=1\cdot 9+2$$

$$9=4\cdot 2+1$$

因此商的数目是偶数个，待选整数v满足$1\cdot v-1=2\cdot w$，从1开始由小到大选取正整数（这是Dickson没有指出的），则选定的正整数$v=1$，刚得出的商$w=0$，则新序列为

$$\boxed{0\quad 4\quad 1\quad 4}\qquad \boxed{1\quad 0}$$

接着，倒数第二项与倒数第三项的乘积加上最后一项替代原倒数第三项，原倒数第二项保留，删去原最后一项．依此类推，有如下序列（将其竖排）

0	0	0	0	5
4	4	4	24	24
1	1	5	5	
4	4	4		
1	1			
0				

因此有$53\cdot 5-1=11\cdot 24$．

又比如不定方程$11x-1=53y$，进行辗转相除，有

$$53=4\cdot 11+9$$

$$11=1\cdot 9+2$$

$$9=4\cdot 2+1$$

因此商的数目是奇数个，待选整数v满足$1\cdot v+1=2\cdot w$，从1开始由小到大选取正整数，则选定的正整数$v=1$，刚得出的商$w=1$，则新序列为

$$\boxed{4\quad 1\quad 4}\qquad \boxed{1\quad 1}$$

接着,倒数第二项与倒数第三项的乘积加上最后一项替代原倒数第三项,原倒数第二项保留,删去原最后一项.依此类推,有如下序列(将其竖排)

$$\begin{array}{cccc} 4 & 4 & 4 & 29 \\ 1 & 1 & 6 & 6 \\ 4 & 5 & 5 & \\ 1 & 1 & & \\ 1 & & & \end{array}$$

因此有 $11\cdot 29-1=53\cdot 6$.

本段注释参考《数学史通论(第2版)》,(美)Victor J. Katz 著;李文林等译.

因此,如果3和1 096是约简后的乘数和除数,那么商是365.将余数1乘以选定的正整数 $v_{\text{false}}=2$,然后加1.将和除以3,得到商1.因此(商的)序列为365,2,1,所以"粉碎机"是 $1+2\cdot 365=731$(我们有 $3\cdot 731-1=2\cdot 1\ 096$).

译者注 此处 v 的确定方法是不正确的,得出正确答案纯属巧合.以下将给出正确应用"库塔卡"的求解过程.不定方程 $3x-1=1\ 096y$,进行辗转相除,有

$$1\ 096=365\cdot 3+1$$
$$3=2\cdot 1+1$$

因此商的数目是偶数个,待选整数 v 满足 $1\cdot v-1=1\cdot w$,从1开始由小到大选取正整数,则选定的正整数 $v=1$,刚得出的商 $w=0$,则新序列为

$$\boxed{365\quad 2}\quad \boxed{1\quad 0}$$

接着,倒数第二项与倒数第三项的乘积加上最后一项替代原倒数第三项,原倒数第二项保留,删去原最后一项.依此类推,有如下序列(将其竖排)

$$\begin{array}{ccc} 365 & 365 & 731 \\ 2 & 2 & 2 \\ 1 & 1 & \\ 0 & & \end{array}$$

因此有 $3\cdot 731-1=1\ 096\cdot 2$.

此外,让约简后的被除数(乘数)和除数分别为137和60,而增量或称增加的数量为10.

译者注 大约在公元628年,Brahmagupta 用梵文写的《Brahma 历算书》(*Brahma Sphut'a Sidd'hánta*)成书.1817年,H. T. Colebrooke 的《Brahmagupta 与 Bháskara 梵文著作中的代数,以及算术与测量》(*Algebra with Arithmetic & Mensuration from the Sanscrit of Brahmagupta and Bháskara*)(简称《代算》)首次出版.在《代算》中主要分为两大篇,第一篇为 *Bháskara* 篇,第二篇为 Brahmagupta 篇.在第二篇中,将《Brahma 历算书》部分

章节的内容(第十二章与第十八章)译为英文.

通过137和60的辗转相除式,我们得到商0,2,3,1,1和最后两个余数8和1.由于增广现在是正的,商的数目是奇数,并且$1\cdot 9-1$可以被8整除,所以我们选择9作为所选的数字.常数"粉碎机"如前所述.其乘积除以60得到所需的乘数10;$10\cdot 137+10=60\cdot 23$.

译者注 此处v的确定方法是不正确的,而且$1\cdot 9-1=8\cdot w$得出的商$w=1$,将其添到商序列中,再从后往前运算是得不出正确答案的.以下将给出正确应用"库塔卡"的求解过程.不定方程$137x+10=60y$,注意到这不是形如$ax-1=by$的标准形式,是形如$ax-c=by$的标准形式.先将其改写为$137x-(-10)=60y$,进行辗转相除,有

$$60=0\cdot 137+60$$
$$137=2\cdot 60+17$$
$$60=3\cdot 17+9$$
$$17=1\cdot 9+8$$
$$9=1\cdot 8+1$$

因此商的数目是奇数个,待选整数v满足$1\cdot v+c=r_{\text{pen}}\cdot w$,即$1\cdot v+(-10)=8\cdot w$,从1开始由小到大选取正整数,则选定的正整数$v=18$,刚得出的商$w=1$,则新序列为

0 2 3 1 1		18 1

接着,倒数第二项与倒数第三项的乘积加上最后一项替代原倒数第三项,原倒数第二项保留,删去原最后一项.依此类推,有如下序列(将其竖排)

0

2

3

1

1

18

1

因此有$137\cdot 130+10=60\cdot 297$.为了得出更小的解,可以将130模60,得到的余数也是解,即$130=2\cdot 60+10$,有$137\cdot 10+10=60\cdot 23$.

在天文时令上出现了各种各样的问题,可导出两个或更多变量的线性方程,特殊值被任意分配给除两个变量以外的所有变量.其中一个方程式为$6y-136c=266$;没有细节,令常数"粉碎机"为2,并且乘数$4=c$,商给出$y=135$.

Mahāvīrācārya[①](生于公元850年)给出了一个过程,此过程虽不要求最初的除式继续到余数为1为止,但本质上是应归于Brahmagupta. 为了求解 x 使得 $31x-3$ 可以被73整除,利用

$$31=0\cdot 73+31$$

$$\begin{matrix} 2 & & 2 & & 1 & & 4 \\ 73=2\cdot 31+11, & & 31=2\cdot 11+9, & & 11=1\cdot 9+2, & & 9=4\cdot 2+1 \end{matrix}$$

(译者注)

最后一个余数1以奇数序处于余数序列中. 选定数 $a=5$ 使得 $a\cdot 1-3$ 可以被最后一个除数2整除,则商为1. 利用5,1与最先得到的商2,2,1,4,我们可以从后往前推得

$$\begin{matrix} & 2 & & 2 & & 1 & & 4 & 5 & 1 \\ 172= & 2\cdot 73+26, & 73= & 2\cdot 26+21, & 26= & 1\cdot 21+5, & 21= & 4\cdot 5+1 & & \end{matrix}$$

于是得到了一个较大的正整数解 $x=172$,则最小正整数解为 $x_0=26=172-2\cdot 73$.

第二个例子中,求解 x 使得 $63x+7$ 可以被23整除. 有

$$63=2\cdot 23+17,23=1\cdot 17+6,17=2\cdot 6+5$$

$$6=1\cdot 5+1,5=4\cdot 1+1$$

这个除式多作一步的目的是使得最后一个余数以奇数序处于余数序列中. 这里有 $a=1$ 使得 $a\cdot 1+7$ 被最后一个除数1整除. 丢弃掉第一个商,我们得到商1,2,1,4,1,8,则得到51,38,13,12. 因为 $51=2\cdot 23+5$,所以(最小正整数)解为5.

Bháskara Acharya[②](生于公元1114年)给出了求解"粉碎机"乘数的详细方法"库塔卡"(Kuttaka)(原文给出的英文名为"Cuttaca"). 使得如果一个给定的被除数乘以这个数,再加上一个给定的加数,这个和就可以被一个给定的除数整除.

首先,我们利用最大公约数简化被除数、除数以及加数. 若被除数与除数的最大公约数不可整除加数,则该问题无整数解.

---

① Ganita-Sara-Sangraha; described by P. V. S. Aiyar, Jour. Indian Math. Club, 1910(2):216-218.

② Lílávatí(Arithmetic), Ch. 12, §§248-266, Colebrooke, pp. 112-122. [It is nearly word for word the same as Ch. Ⅱ of Bháscara's Víja-gańita(Algebra), §§53-74, Colebrooke, pp. 156-169; Bija Ganita or the Algebra of the Hindus, transl. into English by E. Strachey of the Persian transl. of 1634 by Ata Alla Rasheedee of Bháskara Acharya, London, 1813, Ch. Ⅴ of Introduction, pp. 29-36. Lilawati or a Treatise on Arith. & Geom. by Bháskara Acharya, transl. from the original Sanskrit by John Taylor, Bombay, 1816, Part Ⅲ, Sect. Ⅰ, p. 111; the Persian transl. in 1587 by Fyzi omitted the chapters on indeterminate problems. Lilawati was the name of Bháskara's daughter.]

其次，对约化除数与除数进行辗转相除直到余数得 1 为止. 将商按顺序(横着)写下来，在它们后面写加数，再之后写 0. 将最后一项加上倒数第二项与倒数第三项的乘积，丢弃掉最后一项并重复此操作直到只剩下两个数. 这两个数中，对第一个数用约化被除数削减，所得余数为待求的商. 这两个数中，对第二个数用约化乘数削减，所得余数为待求乘数.

例子：(译者注：$17x+5=15y$) 如图 2.1 所示，被除数 17，除数 15，加数 5. 利用辗转相除法可以得到商 1,7，于是序列为 1,7,5,0. 因为 $0+7\cdot5=35$，所得新序列为 1,35,5，最后序列变为 40,35，第一个数 40 用被除数 17 削减，第二个数 35 用 15 削减，分别得到余数 6,5 就是待求的商与乘数($17\cdot5+5=15\cdot6$).

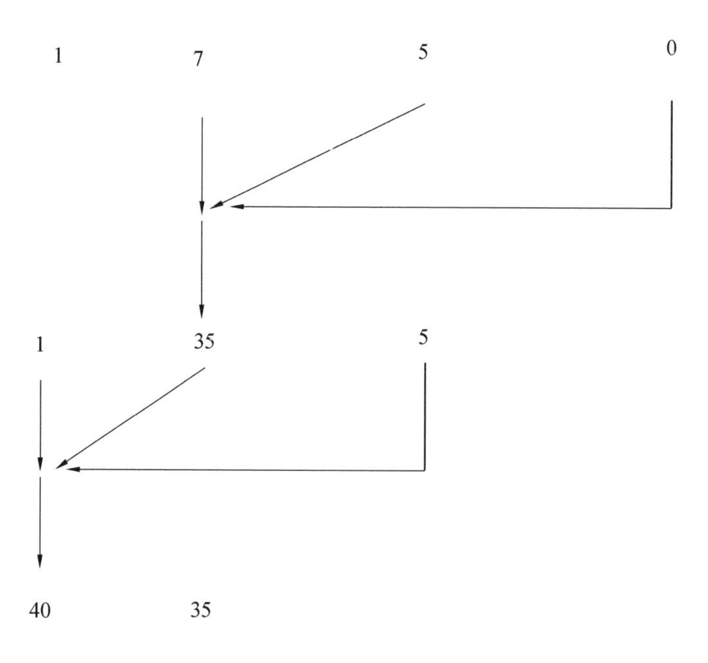

图 2.1

商的数目为奇数的情形：上述规则得出的数字必须从其各自的削减数中减去，以得到真正的商和乘数. (译者注：$10x+9=63y$) 被除数 10，除数 63，加数 9. 利用辗转相除法可以得到商 0,6,3，于是序列为 0,6,3,9,0(接下来的序列为 0,6,27,9，再接着的序列为 0,171,27，又有 $27=2\cdot10+7$，$171=2\cdot63+45$). 所得的余数 7 与 45 并不是待求的结果，还需要用被除数与除数来减去，$10-7=3$ 是待求的商，而 $63-45=18$ 是待求的乘数(检验 $10\cdot18+9=3\cdot63$).

关于“常数粉碎机”,我们可以由先处理的相关问题来解决第一个例子,先处理的相关问题为:(译者注:$17x+1=15y$)被除数 17,除数 15,加数 1. $y=8$ 是待求的商,而 $x=7$ 是待求的乘数,可以由加数为 5 的情形推导出来. 当加数为 5 时,削减得到商 $y=6$ 与乘数 $x=5$.

对于“联合粉碎机”,如果有一个给定除数和多个乘数,则将后一个除数之和作为被除数,剩余数之和作为除数,然后继续进行. 因此,为了求解一个数与 5 的乘积模 63 的余数为 7,与 10 的乘积模 63 的余数为 14,将被除数改为 5+10,除数为 63,减数为 7+14;约化后的被除数为 5,除数为 21,减数为 7;并且待求的乘数为 14(图 2.2).

(165)

and divided by sixty-three, a remainder of fourteen? Declare the number.[1]

Here the sum of the multipliers is made the dividend, and the sum of the residues, a subtractive quantity; and the statement is as follows :—

dividend 15
divisor 63. Subtractive 21. Or reduced to least terms :—

dividend 5
divisor 21. Subtractive 7.

Proceeding as before,[2] the multiplier is found 14.

[In this example we have two simultaneous equations involving three unknown quantities. Let y=quantity required. Then we have evidently, $5y=63m+7$, $10y=63n+14$, where m and n are certain positive integers. Put $m+n=x$; thus, $63x-15y=-21$, whence y can be found by §256, and the reason for the rule in §265 is obvious.]

[1] [See *Goládhyáya*, XIII, 13—15.—Ed.]

[2] The quotient as it comes out in this operation is not to be taken: but it is to be separately sought with the several original multipliers applied to this quantity and divided by the divisor as given.—Gan.

图 2.2

译者注

$$\begin{cases}5x=63y+7\\10x=63z+14\end{cases}\Rightarrow x_0=14$$

Bháskara[1] 给出了求解二元或更多元线性方程组的准则. 如果存在 k 个方程,则消除 $k-1$ 个未知数,然后按如下过程求解单个结果方程. 把任意的特殊值赋给除两个未知数之外的所有未知数. 在结果方程中的两个未知数,一个用另一个解,然后用"粉碎机"将其表示为整数.

例如,有两位身价一样的富人,其中一位拥有 5 颗红宝石,8 颗蓝宝石,7 颗珍珠以及 90 枚硬币;另一位富人拥有 7 颗红宝石,9 颗蓝宝石,6 颗珍珠以及 62 枚硬币,试求每类珠宝可兑换多少枚硬币. 因此

$$5y+8c+7n+90=7y+9c+6n+62, y=\frac{-c+n+28}{2}$$

取 $n=1$,并利用"粉碎机"的方法去求解 c,于是有 $y=\frac{-c+29}{2}$ 应为整数,我们得到

$$c=1+2p, y=14-p$$

其中 p 是任意的. 对于 $p=0,1$,我们得出 $(y,c,n)=(14,1,1),(13,3,1)$.

再来一题,求出三个数,这三个数分别与 5,7,9 相乘,所得乘积被 20 除,余数分别为公差为 1 的等差数列,并且余数分别与商相等. 令三个待求的数为 c, n, p,余数分别为 y, $y+1$, $y+2$.

因此

$$5c-20y=y, y=\frac{5c}{21}$$

$$7n-20(y+1)=y+1, y=\frac{7n-21}{21}$$

$$9p-20(y+2)=y+2, y=\frac{9p-42}{21}$$

利用前两个 y 的值,得到 $c=\frac{7n-21}{5}$. 利用后两个 y 的值,得到

$$n=\frac{9p-21}{7}$$

利用"粉碎机"我们可以得到 $n=9l+6$, $p=7l+7$,则 $c=\frac{63l+21}{5}$,再利用"粉碎机"得到 $c=63h+42$, $l=5h+3$. 因此 $n=45h+33$, $p=35h+28$, $y=15h+10$. 因为商等于余数,余数不能超过除数,我们只能取 $h=0$.

求两个数,除了 6 与 8 以外,哪两个数分别除 5 与 6 得到的余数分别为 1 与 2. 两数之差除 3 余 2,两数之和除 9 余 5,两数之积除 7 余 6. 除了最后一个条件以外的条件都可以给出 $45p+6$ 与 $54p+8$ 形式的数. 因为乘积是二次的,所以

[1] Vija-gańita(Algebra), §§153-156;Colebrooke, pp. 227-232.

取$p=1$(临时地).用7的倍数削减乘积,我们得到$3p+2$,其必须等于$7l+6$.利用"粉碎机",$p=7h+6$,并且第二个数为$378h+332$.第一个数的加数($45p$)乘上$7h$是现在加数,于是第一个数为$315h+51$.

哪个数分别乘上9与7,所得乘积分别除30所得余数之和加上商之和为26?答案为27.

哪个数乘上23,所得乘积分别除60与80所得余数之和为100?取40与60为余数,我们可以得到形如$240h+20$的数,取30与70为余数,我们可以得到形如$240h+90$的数,诸如此类.

Bachet de Méziriac① 指出:若A,B为任意互素的整数,我们可以求出最小正整数乘以A等于B乘以另一个正整数加上给定的整数J(例如不定方程$Ax=By+J$).

证明在1624年所出版本的第18~24页中给出.这足以解决$Ax=By+1$类型的不定方程.Bachet使用了18个量的记号,因此很难记住它们之间的关系,从而很难真正了解它的正确过程.因此,我们将用清晰明了的形式来展示例子$A=67,B=60$的过程.从较大的数A中尽可能多次减去较小的数字B,得出正余数C.如果$C=1$,则A本身是A的待求倍数(一倍),其比B的倍数大1.接下来,让$C>1$,并尽可能多次从B中减去C,继续操作直到余数取到1

$$67=1\cdot 60+7,60=8\cdot 7+4,7=1\cdot 4+3,4=1\cdot 3+1 \tag{1}$$

由最后一个等式我们可以推导出

$$3\cdot 3=2\cdot 4+1 \tag{2}$$

利用的法则是若$a=mb+1$(这里为$4=1\cdot 3+1$),则$ab+1-a$(这里为$4\cdot 3+1-4=9=3\cdot 3$)是b的最小的倍数,满足比a的倍数大1.将式(1)的第三个等式两端乘以3,再用式(2)消去项$3\cdot 3$,我们可以得到

$$3\cdot 7=5\cdot 4+1 \tag{3}$$

将式(1)的第二个等式两端乘以5,再用式(3)消去项$5\cdot 4$,我们可以得到

$$43\cdot 7=5\cdot 60+1 \tag{4}$$

最后,将式(1)的第一个等式两端乘以43,再用式(4)消去项$43\cdot 7$,我们可以得到

$$43\cdot 67=48\cdot 60+1 \tag{5}$$

于是(不定方程$67X=60Y+1$)最小的整数解X为43并且相应的最小的整数解Y为48.

---

① Clavde Gaspar Bachet, Problemes Plaisans et Delectables, Qui se font par les Nombres, ed. 1, Lyon, 1612, Prob. 5; ed. 2, Lyon, 1624; ed. 3, Paris, 1874, 227-233; ed. 4, 1879; ed. 5, 1884; abridged ed., 1905. See Lagrange.

Bachet 的第一步导出式(1) 的过程为用 Euclid 算法(即辗转相除法) 求解 A 与 B 的最大公约数. 他的第二步是分别消去式(1) 中后三个等式里含 3,4,7 的项. 以一种特殊的方式,不引入负数量.

John Kersey① 讨论了 Bachet 的问题 18 与 21,但"没有遵循 Bachet 沉闷而晦涩的求解方法". 为了求解 $9a+6=7b$,开始给 6 依次加上 9 的倍数形成序列 15,24,33,42,…;接着得到类似 7 的倍数的序列 7,14,21,28,35,42,…;于是公共数 42 便产生了 $a=4,b=6$. 还有一个方法,我们将其用于求解 $49a+6=13b$,求出刚刚超过 $49+6=55$ 的 13 的倍数(即 65),将 49 除 13,于是有 $49=3\cdot 13+10$,因为 $55=5\cdot 13-10$,发现余数刚好差一个符号,我们将两式相加得到 104,则$a=2,b=8$. 如果一个余数只是另一个余数的除数,我们首先将其中一个方程加倍. 这两种情况都不是情形 $121a+5=93b$,则 $121+5=2\cdot 93-60$,$121=93+28$,接着寻找 c 与 d 使得 $93c+60=28d$. 在利用之前的过程解出 c 与 d 之后,我们可以推导出 a 与 b 就像前面不定方程 $49a+6=13b$ 所述的那样.

译者注

$$121+5=2\cdot 93-60$$

$$121d=93d+28d$$

$$121(d+1)+5=93(d+2)-60+28d$$

$$121(d+1)+5=93(c+d+2)-93c-60+28d$$

$$\begin{cases}93c+60=28d\\121(d+1)+5=93(c+d+2)\end{cases}$$

在一个新类型的问题中,常数项的系数较小时,如 $71a+3=173b$. 取 $2\cdot 71$ 并加上 3 使得其和 $2\cdot 71+3=145<173$. 因为 $145=173-28$,求解 $173A+1=71B$,得到 $A=16,B=39$. 将 $173\cdot 16+1=71\cdot 39$ 乘上 28 再在等式两端减去$145=173-28$,整理得

$$173(16\cdot 28+1)=71\cdot 39\cdot 28+145$$

于是

$$b=16\cdot 28+1=449,a=39\cdot 28+2=1\ 094$$

Michel Rolle②(1652—1719) 给出了一个法则去求整数解,他所应用的法则如下. 对于不定方程 $12z=221h+512$,用较小的系数 12 来除较大的系数 221,得到最大的整数商 18. 设 $z=18h+p$,我们便得到 $12p=5h+512$. 利用同样的方法(用 5 来除 12),再设 $h=2p+s$,得到 $2p=5s+512$. 利用同样的方法有

① The Elements of Algebra, London, Ⅰ, 1673, 301.

② Traité d'Algebre; ou Principes generaux pour resoudre les questions de mathématique, Paris, 1690, Bk. 1. Ch. 7("eviter les fractions") pp. 60-78.

$p=2s+m$，则 $2m=s+512$，现在我们得到唯一的系数.从下面的式子中消去 s 与 p

$$s=2m-512, p=2s+m, h=2p+s, z=18h+p$$

我们得到待求解

$$z=221m-47\ 104, h=12m-2\ 560$$

但是对于不定方程 $111x-301y=222$ 而言，由 $301=3\cdot111-32$ 开始会比由 $301=2\cdot111+79$ 开始更简单一些.

Thomas Fantet de Lagny① 给出了求解不定方程的一个"新方法"的例子.为了使得 $m=\frac{19n-3}{28}$ 为整数，$28n-(19n-3)$ 的二倍为 $18n+6$，从 $19n-3$ 中减去 $18n+6$ 的二倍，于是 $n-9$ 可被 28 整除，因此 $n=9+28f$，其中 f 为任意整数.之后，他②给出了如下的法则去求解 $y=\frac{ax+q}{p}$，其中 a 与 p 互素，并且(不妨设)$a<p, q<p$，从 p 中尽可能地取 a 的倍数，余数记为 r，从 a 中尽可能地取 r 的倍数，余数记为 t，依此类推，直到余数取到 1. 对 p 与 q 作同样的除式(辗转相除式)，并考虑正负号.根据最后的余数是 $-s$ 还是 $+s$，我们可以得出是 $x=s$ 还是 $x=p-s$.

L. Euler③ 给出了一个求整数 m 的过程，使得 $\frac{ma+v}{b}$ 为整数，其中 $v>0$. 设 $a=\alpha b+c$，则 $A=\frac{mc+v}{b}$ 必为整数，因此 $m=\frac{Ab-v}{c}$. 首先，若 v 可被 c 整除，则取 $A=0$ 就可得出一个解.其次，若 v 不可被 c 整除，则设 $b=\beta c+d$. 若 $\frac{Ad-v}{c}$ 为整数，则有 m 为整数.因此，我们设 $c=\gamma d+e$，依此类推. L. Euler 指出，求解 a,b 的最大公约数的过程是持续不断的，直到我们得到一个整除 v 的余数.他的求解 $ma+v=nb$ 的公式等价于

$$n=av\left(\frac{1}{ab}-\frac{1}{bc}+\frac{1}{cd}-\frac{1}{de}+\cdots\right), m=-bv\left(\frac{1}{bc}-\frac{1}{cd}+\frac{1}{de}-\cdots\right)$$

其中这个求和的序列是持续不断的，直到我们得到一个整除 v 的余数.对于 a 与 b 互素的情形，这样的结果已经被 C. Moriconi④ 得到.

---

① Nouveaux Elemens d'Arithmetique et d'Algebre, ou Introduction aux Mathematiques, Paris, 1697, 426-435.

② Analyse générale; ou méthodes nouvelles pour résoudre les problèmes de tous les Genres & de tous les Degrez à l'infini, Paris, 1733, 612 pp. Same in Mém. Acad. Roy. des Sciences, 11, 1666-1699[1733], année 1720, p. 178.

③ Comm. Acad. Petrop., 7, 1734-1735, 46-66; Comm. Arith. Coll., I, 11-20.

④ Periodico di Mat., 2, 1887: 33-40. Cf. C. Spelta, Giornali di Mat., 33, 1895, 125.

N. Saunderson[①](他于婴儿时期失明)给出了一种方法求解 $ax-by=c$,其中 c 是 a 与 b 的最大公约数.令 $a=270,b=112$,于是这里的 $c=2$. 利用下述等式与连续商

$$1\cdot a-0\cdot b=270;5\cdot a-12\cdot b=6,3$$

$$0\cdot a-1\cdot b=-112,2;17\cdot a-41\cdot b=-2,2$$

$$1\cdot a-2\cdot b=46,2;39\cdot a-94\cdot b=2$$

$$2\cdot a-5\cdot b=-20,2$$

用第二个等式的项的绝对值 112 来除第一个等式的项 270,得出了商 2.于是用第二个等式的二倍加到第一个等式上,我们就得到第三个等式.同样的道理,用 46 来除 112 得出商 2;第三个等式的二倍加到第二个等式上,我们就得到第四个等式,依此类推.但当用 2 来除 6 时,我们用商 2 而不是精确商 3,因为由商 3 导出的等式 $56a-135b=0$ 的常数项为 0.

我们的第六个与第七个等式都可以解决原问题.其他的解法可以由第六个与第七个等式之外的等式加上一倍或是多倍的 $56a-135b=0$ 而推导出.

这一过程必须持续进行,因为常数项的形成与 Euclid 算法求解 a 与 b 的最大公约数的过程等同.每对等式的系数形成分式

$$\frac{0}{1},\frac{1}{0},\frac{2}{1},\frac{5}{2},\frac{12}{5},\frac{41}{17},\frac{94}{39}$$

它们交替地小于或大于 $\frac{a}{b}$ 并收敛于 $\frac{a}{b}$;如果 f 和 F 是集合中的两个相继的分数,则 $\frac{a}{b}$ 位于它们之间,与 F 的差小于与 f 的差.另外,还有 $\frac{a}{b}$ 比分母小于 F 的任何分数更接近 F. 这种近似分数的方法归功于 Cotes,据说比 Wallis 和 Huygens[②] 的方法更简单.

L. Euler[③] 证明了若 n 与 d 互素,当除以 n 时,$a+kd(k=0,1,\cdots,n-1)$ 给出 n 个不同的余数,以至于余数是 $0,1,\cdots,n-1$. 因为有一个余数是 0,所以 $a+xd=yn$ 是有整数解的.

W. Emerson[④] 使用 de Lagny 的第一个方法去求解 $ax=by+c$. 令 b 和 c 分别除 a 以得到余数 d 和余数 f. 从最接近某倍的 y 中减去 $\frac{dy+f}{a}$ 的某个倍数.

---

① The Elements of Algebra, Cambridge, 1, 1740, 275-288. The solution of the first problem was reproduced by de la Bottiere, Mém. de Math. et Phys., présentés... divers savans, 4, 1763, 33-41. Cf. Lagrange.

② Mém. Acad. Berlin, 23, année 1767, 1769, § 7; Oeuvres, 2, 1868, 386-388.

③ Novi Comm. Acad. Petrop., 8, 1760-1761, 74; Comm. Arith. Coll., Ⅰ, 275.

④ A Treatise of Algebra, London, 1764, p. 215; same paging in 1808 ed.

由此产生的"删节"分数或其某个倍数将从最接近某倍的 y 中减去,依此类推.直到 y 的系数为1.因此从 y 中减去 $x=\frac{14y-11}{19}$,再将所得之差乘以4,从 y 中减去后取正(译者注:将假分数化为真分数),我们得到 $\frac{y+6}{19}$ 应为一个整数 p,于是得到解 $y=19p-6$.同样的法则与同样的例子还由 John Bonnycastle①所给出.

J. L. Lagrange想要求解满足 $pq_1-p_1q=\pm1$ 的整数 p_1 与 q_1,其中 p,q 是互素的,约简 $\frac{p}{q}$ 为一个连分数.同样还被 Chr. Huygen 于1703年所指出,我们可以得出一个收敛于 $\frac{p}{q}$ 的分数序列,它们交替地小于或大于 $\frac{p}{q}$.因此,取 p_1 等于分子,q_1 等于分母作为前面收敛的 $\frac{p}{q}$.则 $pq_1-p_1q=+1$ 或 $pq_1-p_1q=-1$ 根据 $\frac{p_1}{q_1}<\frac{p}{q}$ 还是 $\frac{p_1}{q_1}>\frac{p}{q}$ 而定.为了应用于 $py-qx=r$,其中 p,q 可以假定为互素,将等式 $pq_1-p_1q=\pm1$ 两端同时乘上 $\pm r$ 并与 $py-qx=r$ 作差,于是

$$x=mp\pm rp_1,y=mq\pm rq_1$$

J. L. Lagrange②证明了正如 L. Euler 所得出的结论,若 b 与 c 是互素的,一定存在整数解 y 与 z 使得 $by-cz=a$.接着,若 $y=p,z=q$ 是不定方程的一组解,则每一组解可由 $y=p+mc,z=q+mb$ 所给出.若 $a=a'd,c=c'd$,其中 a' 与 c' 是互素的,则特解 p 可以被 d 整除,记 $p=p'd$.就像在初始定理的证明中,我们可以找到 m 使得 $p'+mc'$ 被 a' 整除.因此我们总可以求得一个 y 值是 a 的倍数 ar,则 z 是 a' 的倍数 $a's$ 以及 $br-c's=1$.从不定方程 $br-c's=1$ 的一组解 r,s 中,我们可以得到 $y=ra+mc,z=sa'+mb$.

J. L. Lagrange 指出他自己的方法"本质上与 Bachet 的方法相同,其他数学家提出的所有方法也是如此."为了解决 $39x-56y=11$,运用

$$56=1\cdot39+17,39=2\cdot17+5,17=3\cdot5+2,5=2\cdot2+1,2=2\cdot1$$

通过利用商1,2,3,2,2,我们得到一个收敛序列

$$\frac{1}{1},\frac{3}{2},\frac{10}{7},\frac{23}{16},\frac{56}{39}$$

因此 $x=23\cdot11+56m,y=16\cdot11+39m$.

① Introduction to Algebra,ed. 6,1803,London,133.

② Mém. Acad. Berlin,24,année 1768,1770,184-187;Oeuvres,Ⅱ,659.

L. Euler① 采用始终除以较小系数的方法，本质上遵循的是 Rolle 的方法. 对于 $5x=7y+3$，有

$$x=y+\frac{2y+3}{5}$$

上式分子必须是 5 的倍数，因此 $2y+3=5z$，则

$$y=2z+\frac{z-3}{2},z-3=2u$$

于是 $y=5u+6,x=7u+9$. 他演示的过程等价于求解 5 与 7 的最大公约数

$$7=1\cdot 5+2,x=1\cdot y+z$$

$$5=2\cdot 2+1,y=2\cdot z+u$$

$$2=2\cdot 1+0,z=2\cdot u+3$$

Jean Bernoulli② 应用 Lagrange 的方法求最小(正)整数 u 以给出不定方程 $A=Bt-Cu$ 的解，其中 B,C 互素，并在特殊情况下 $A=\frac{1}{2}C,\frac{1}{2}C+1,\frac{1}{2}(C\pm 1)$. 例如，若 C 是偶数并且 $A=\frac{C}{2}$，则 $u=\frac{B-1}{2},t=\frac{C}{2}$. 若 C 是奇数并且 $A=\frac{1}{2}\cdot(C+1)$，则 $u=\frac{1}{2}(B+s-1),t=\frac{1}{2}(C+r)$，其中 $Br-Cs=1,\frac{r}{s}$ 是在连分数 $\frac{B}{C}$ 前的一个收敛序列.

J. L. Lagrange③ 使用 N. Saunderson 的方法并指出这个过程相当于把 $\frac{b}{a}$ 转换成连分数. 他给了一个更受欢迎的解释.

C. F. Gauss④ 利用如下记号

$$B=[\alpha,\beta]=\beta\alpha+1,C=[\alpha,\beta,\gamma]=\gamma B+\alpha,D=[\alpha,\beta,\gamma,\delta]=\delta C+B,\cdots$$

a 与 b 为互素的正整数且 $a\geqslant b$，应用求 a 与 b 的最大公约数的过程，令 $a=\alpha b+c,b=\beta c+d,c=\gamma d+e,\cdots,m=\mu n+1$，于是有

$$a=[n,\mu,\cdots,\gamma,\beta,\alpha],b=[n,\mu,\cdots,\gamma,\beta]$$

取 $x=[\mu,\cdots,\gamma,\beta],y=[\mu,\cdots,\gamma,\beta,\alpha]$. 若 k 为 $\alpha,\beta,\gamma,\cdots,\mu,n$ 中的项数，则有 $ax=by+(-1)^k$.

---

① Algebra, 2, 1770; §§4-23; French transl., Lyon, 2, 1774, pp. 5-29; Opera Omnia, (1), I, 326-339.

② Nouv. Mém. Acad. Roy. Berlin, année 1772, 1774, 283-285.

③ Jour. de l'école polyt., cah. 5, 1798, 93-114; Oeuvres, Ⅶ, 291-313.

④ Disq. Arith., 1801, §27; Werke, Ⅰ, 1863, 20; German transl., Maser, 1889, 12-13.

Pilatte① 解决了 $a_1x+ax_1=b$,其中 a_1 与 a 互素,$a>a_1$,应用求最大公约数的过程有

$$a=a_1q_1+a_2,a_1=a_2q_2+a_3,\cdots,a_{n-1}=q_n$$

用其值替换 a,我们得到 $x=x_2-q_1x_1$,其中 $x_2=\frac{b-a_2x_1}{a_1}$ 必须为整数,因此有 $a_1x_2+a_2x_1=b$. 同前面的等式一样的过程,我们便得到

$$a_3x_2+a_2x_3=b,\cdots,1\cdot x_{n-1}+a_{n-1}x_n=b$$

消去 $x_{n-1},x_{n-2},\cdots$,我们得到 $x=\pm\alpha b\mp ax_n$,其中 α 是一个由此过程确定的整数.

P. Nicholson② 用他的例子很好地说明了一种方法

$$y=\frac{500-11x}{35}=14-\frac{11x-r}{35},r=10$$

用 $11x-r$ 除 35 得出余数 $2x+3r$,用 $2x+3r$ 除 $11x-r$ 来得出余数 $x-16r$,其中 x 的系数变为 1. 余数 20 就是最小的正整数 x,由 $16r$ 除以 35 而得来. 但是在下述例子中

$$y=\frac{200-5x}{11}=18-\frac{5x-r}{11},r=2$$

我们得出的余数 $x+2r$ 中间的符号为加号,因此 $11-2r=7$ 为最小的正整数 x.

G. Libri③ 给出了 $ax+b=cy$ 的最小正整数解 x,其中 a 与 c 是互素的,且

$$\frac{c-1}{2}+\frac{1}{2}\sum_{u=1}^{c-1}\frac{\sin\left\{2u\left(b-\frac{a}{2}\right)\frac{\pi}{c}\right\}}{\sin\frac{ua\pi}{c}}$$

处于 $0\leqslant x<c$ 的整数解 x 的数目为

$$\frac{1}{c}\sum_{x=0}^{c-1}\sum_{u=0}^{c-1}\cos\frac{2u(ax+b)\pi}{c}$$

A. L. Crelle④ 在证明了不定方程 $a_2x_1=a_1x_2+k$ 的整数解的存在性之后,其中 a_1 与 a_2 互素,并解出它,通过设

$$a_1=p_1a_2+a_3,a_2=p_2a_3+a_4,\cdots$$
$$x_1=p_1x_2+x_3,x_2=p_2x_3+x_4,\cdots$$

---

① Annales de Math. (ed. ,Gergonne),2,1811-1812,230-237. Cf. E. Catalan,Nouv. Ann. Math. ,3,1844,97-101.

② The Gentleman's Math. Companion,London,4,No. 22,1819,849-860.

③ Mém. présentés pars divers savants à l'acad. roy. sc. de l'Institut de France,5,1833,32-37(read 1825);extr. in Annales de Math. ,ed. ,Gergonne,16,1825-1826,297-307;Jour. für Math. ,9,1832,172. Cf. A. Genocchi,Nouv. Corresp. Math. ,4,1878,319-323.

④ Abh. Akad. Wiss. Berlin(Math.),1836,1-53.

同样是通过将等式左边修改为全用 a_1 和 x_1 表示.他还给出了三种或更多种这样的方法.第六种方法使用了 $a=\alpha_1\beta_1$ 的一个素因子 α_1 以及 α_1 的原根 π_1. 存在一个整数 ε_1 使得 $a_2\pi_1^{\varepsilon_1}=z_1\alpha_1\pm 1$. 将这个被提出的等式乘上 $\pi_1^{\varepsilon_1}$,因此 $z_1x_1=\beta_1\pi_1^{\varepsilon_1}x_2+x_3$,其中 $x_3=\frac{k\pi_1^{\varepsilon_1}\mp x_1}{\alpha_1}$ 是一个整数,于是它导出了 $x_1=\mp(\alpha_1x_3-k\pi_1^{\varepsilon_1})$. 这里的 x_3 必须满足 $a_2x_3=\mp\beta_1x_2+z_1k$,此式可以像初始问题一样被讨论.

Crelle 考虑 $ay=bx+1$, 其中 a 与 b 互素且均大于1,若 x_0,y_0 是最小整数解,则通解为 $x_\mu=\mu a+x_0$,$y_\mu=\mu b+y_0$($\mu=0,\pm 1,\pm 2,\cdots$). 若 $y_0<\frac{b}{2}$

$$\frac{y_0}{x_0},\frac{y_{-1}}{x_{-1}},\frac{y_1}{x_1},\frac{y_{-2}}{x_{-2}},\frac{y_2}{x_2},\cdots$$

上述序列的分子以 $b-2y_0$ 和 $2y_0$ 交替着增加,并且分母以 $a-2x_0$ 和 $2x_0$ 交替着增加,这些分数中没有一个与 $\frac{a}{b}$ 的差别会大于下一个分数. 关于只包含正下标或负下标的分数序列,也有类似的定理. 若 $\frac{y_\mu}{x_\mu}-\frac{b}{a}=k>0$,$\frac{v}{u}-\frac{b}{a}=\lambda>0$,其中 $|v|<|y_{\mu+1}|$,$|u|<|x_{\mu+1}|$,则 $\lambda>k$. 若 $\lambda<0$,他发现了 $\lambda>k$ 而 μ 给定的情形下分数 $\frac{v}{u}$ 的数目.

J. P. M. Binet① 讨论了 $ax-Ay=1$, $A>a$,通过一个求解 A 与 a 的最大公约数的过程,其中总是 A 做被除数. 用 $a,a_1,a_2,\cdots$ 来除 A,令 $p,p_1,p_2,\cdots$ 为商而 $-a_1,-a_2,-a_3,\cdots$ 为余数,则

$$app_1\cdots p_{i-1}=a_i+A(1+p_{i-1}+p_{i-1}p_{i-2}+\cdots+p_{i-1}\cdots p_2p_1) \qquad (6)$$

令 a_n 是余数为0时的因子. 因为 a_n 整除 A,若它整除 a,则它是 A 与 a 的最大公约数. 但是若它不整除 a,过程就像上面的 a 与 a_n 并命余数为 $-b_1$,$-b_2,\cdots,-b_{n'}$,最后相应的余数为0. 则 $a_n,b_{n'},c_{n''},\cdots$ 形成一个迅速递增的序列并且它们之中将会有 ± 1. 若 $a_n=\pm 1$,则式(6) 对于 $i=n$ 给出一个形如 $aP=\pm 1+AP_1$ 的关系式.

E. Midy② 使用 L. Euler 的结果通过反复试验来求解 $by-cz=a$.

---

① Comptes Redus Paris,13,1841,349-353;Jour. de Math. ,6,1841:449-494.

② Nouv. Ann. Math. ,4,1845,146;C. A. W. Berkhan,Lehrbuch der Unbest. Analytik,Halle,1,1855,144;A. D. Wheeler,Math. Monthly(ed. ,Runkle),2,1860,23,55,402-406;L. H. Bie,Nyt Tidsskrift for Mat. ,Kjobenhavn, (4),2,1878,164;J. P. Gram,*ibid*. ,3,B,1892,57,73;E. W. Grebe,Archiv Math. Phys. ,14,1850,333-335.

J. A. Grunert[①]通过求解b与a的最大公约数的过程,解决了$bx-ay=1$,其中总是a做除数,被除数则是b与上一个余数之和. 这一个过程应归于Poinsot,Jour. de Math.,10,1845,48.

V. Bouniakowsky[②]想要通过带有任意系数的不定方程$a'x+b'y=h'$解决不定方程$ax+by=k$. 设$D=ab'-ba'$,$p=\frac{b'}{D}$,$q=\frac{h'}{D}$,$r=\frac{a'}{D}$,则$x=kp-bq$,$y=aq-kr$,使得$ap-br=1$.

A. L. Crelle[③]给出4 000多对不定方程$a_1x_2=a_2x_1+1$的正整数解$x_1<a_1$,$x_2<a_2$,对于$a_1\leqslant 120$,$0<a_2<a_1$,且a_2与a_1互素,还指出了简化该表的计算方法.

V. Bouniakowsky[④]用分部积分法求不定积分

$$\int (ax+b)^{m-1}(a'x+b')^{n-1}\mathrm{d}x$$

来得出一个恒等式以给出不定方程$b^mX-b'^nY=1$的一个解,其中$x=a'$,$y=a$是不定方程$bx-b'y=1$的一个特解. 对于$m=n=2$,这个恒等式为

$$(3a^2a'b-a^3b')b'^2-(3aa'^2b'-a'^3b)b^2=(a'b-ab')^3$$

H. J. S. Smith[⑤]汇报了一种最新的求解$ax=1+Py$的方法. 联结原点与点(a,P). 没有格点(即具有整数坐标)位于该线段上,但在它(直线$ax=Py$)的每一边,都各有一个(落于原不定方程变换后的两条直线$ay=\pm 1+Px$上的)整点比其他点更靠近它(直线$ax=Py$). 令(ξ_1,η_1)和(ξ_2,η_2)就是两个点,$\frac{\xi_1}{\eta_1}<\frac{\xi_2}{\eta_2}$,则$\xi$与$\eta$分别是不定方程$a\eta_1=1+P\xi_1$与$a\eta_2=1+P\xi_2$的最小正整数解.

G. L. Dirichlet[⑥]通过连分数求解$ax-by=1$,使用的算法应归于L. Euler[⑦].

C. G. Reuschle[⑧]发现不定方程$ax+by=c$的特解,通过的是将其与$\alpha x+\beta y=m$联立,其中m是一个任意的整数,同时α与β是使得$a\beta-b\alpha=\pm 1$成立

---

① Archiv Math. Phys.,7,1846,162.

② Bull. Acad. Sc. St. Pétersbourg,6,1848,199.

③ Bericht Akad. Wiss. Berlin,1850,141-145;Jour. für Math.,1851(42):299-313.

④ Bull. Cl. Phys.-Math. Acad. Sc. St. Pétersbourg,11,1853,65.

⑤ Report British Assoc. for 1859,228-267,§8;Coll. Math. Papers,Ⅰ,43.

⑥ Zahlentheorie,§§23-24,1863;ed. 2,1871;ed. 3,1879;ed. 4,1894.

⑦ Comm. Acad. Petrop.,7,1734-1735,46 (Euler). Novi Comm. Acad. Petrop.,11,1765:28;see Euler,Ch. Ⅻ. Cf. Gauss.

⑧ Zeitschrift Math. Phys.,19,1874,272. Same by J. Slavik,Casopis,Prag,14,1885,137;V. Schäwen,Zeitschrift Math. Naturw. Unterricht,9,1878,107[194,367].

而确定的整数.

J. J. Sylvester① 指出:如果 p 和 q 是互素的,那么 p 和 q 的倍数加在一起既不是 p 或 q 的倍数,也不能使得 p 和 q 的倍数之和的正整数的数目 $\frac{1}{2}(p-1)(q-1)$ 小于 pq.

H. Brocard② 通过约化过程解决了 $ax+by=1$. 只需求模 $a-b$ 的余数,就可以得到与给定方程一致的方程 $x+y=f$. 因此,若 $b=563\ 036$,$a=b+7$,则

$$a\equiv b\equiv 5(\bmod 7),3\cdot 5\equiv 1(\bmod 7)$$

那么给定的方程就可以联立 $x+y=3$ 以得到整数解 x,y. 一个表给出了连续的 $x+y$ 的值,其中 $a-b=1,2,\cdots,100$.

C. A. Laisant③ 构造了横坐标为 $1,2,\cdots,p$ 而纵坐标为 $r,2r,\cdots,pr$ 模 p 的余数小于 p 的点(r 与 p 互素). 由这些点定义的格点导出 $rx-pz=a$ 的直接解,因为格点的每个点都有坐标 x,y,其中 $y=rx-pz$.

W. F. Schuler④ 做出了一本关于线性 Diophantus 方程的 374 道问题的习题集并做出一本节选自 Bachet 的德文译本.

E. W. Davis⑤ 使用整数坐标的点去求解 $ay-bx=k$.

P. Bachmann⑥ 给出了 Euclid 求最大公约数的算法、连分数和相关问题的扩展说明.

A. Pleskot⑦ 讨论了 $13x+23y=c$,某种程度上就像 Rolle 所得到的一样

$$c=13(x+2y)-3y=3(4x+7y)+x+2y$$

$$4x+7y=t,x+2y=c-3t,x=-7c+23t,y=4c-13t$$

J. Kraus⑧ 解决了 $\alpha x-\alpha' y=c$,其中 $\alpha'-\alpha=k$ 比 α 与 c 都大,他所用的方法是 $\alpha r_\lambda-r_{\lambda+1}=ka_\lambda,0<r_\lambda<k,0\leqslant a_\lambda<\alpha,\lambda=1,2,\cdots$,因此将 $\frac{r_\lambda}{k}$ 表示为一个以 α 为基,$a_\lambda,a_{\lambda+1},\cdots$ 为位数的 α 进制数.

P. A. MacMahon⑨ 证明了若连分数 $\frac{\lambda}{\mu}$ 有一个由连系数的倒数形成的序

---

① Math. Quest. Educ. Times,41,1884,21.

② Mém. Acad. Sc. Lettres Montpellier,Sec. Sc.,11,1885-1886,139-234. See p. 153.

③ Assoc. franç. av. sc.,16,Ⅱ,1887,218-235.

④ Lehrbuch der unbestimmten Gl. 1 Grades,Stuttgart,1,1891,176 pp.(Kleyers Encykl.).

⑤ Amer. Jour. Math.,15,1893,84.

⑥ Niedere Zahlentheorie,1,1902,99-153.

⑦ Zeit. Math. Naturw. Unterricht,36,1905,403[33,1902,47].

⑧ Archiv Math. Phys.,9,1905,204.

⑨ Quar. Jour. Math.,36,1905,80-93.

列 $a_1, a_2, \cdots, a_i, \cdots, a_2, a_1$，其中有 $2i-1$ 个数，则当 $\lambda > \mu$ 时，$\lambda x = \mu y + z$ 的基础(基本)解为 $(x_j, y_j, y_{\sigma+1-j})$，$j = 1, 2, \cdots, \sigma$，其中 $\sigma = 1 + a_1 + a_3 + a_5 + \cdots + a_5 + a_3 + a_1$，最中间的项没有出现两次；而当 $\lambda < \mu$ 时，$\lambda x = \mu y + z$ 的基础(基本)解为 $(x_j, y_j, y_{\sigma-j})$ 和 $(x_\sigma, y_\sigma, 0)$，$j = 1, 2, \cdots, \sigma - 1$，其中 $\sigma = 1 + a_2 + a_4 + \cdots + a_4 + a_2 + 1$. 当节的个数为偶数时，基本解同时依赖于中间收敛到 $\frac{\lambda}{\mu}$ 的升集和降集. 他①已经证明了基本解总是 (x_j, y_j, z_j)，$j = 1, 2, \cdots, \sigma$，其中 $\frac{y_j}{x_j}$ 递增的中间渐近值为 $\frac{\lambda}{\mu}$.

译者注

已知连分数 $[a_0; a_1, a_2, \cdots, a_{n+1}, a_{n+2}] = a_0 + \cfrac{1}{a_1 + \cfrac{1}{a_2 + \cfrac{1}{\ddots + \cfrac{1}{a_{n+1} + \cfrac{1}{a_{n+2}}}}}}$，若将连分数表示为形式 $[a_0; a_1, a_2, \cdots, a_{n+1}, a_{n+2}] = \frac{a_{n+2} p_{n+1} + p_n}{a_{n+2} q_{n+1} + q_n}$，则有递推表达式 $\begin{cases} p_{n+2} = a_{n+2} \cdot p_{n+1} + p_n \\ q_{n+2} = a_{n+2} \cdot q_{n+1} + q_n \end{cases}$，记 $\begin{cases} p_{n,r} = r \cdot p_{n+1} + p_n \\ q_{n,r} = r \cdot q_{n+1} + q_n \end{cases}$，如果 $r = 0$，则 $\begin{cases} p_{n,0} = p_n \\ q_{n,0} = q_n \end{cases}$；如果 $r = a_{n+2}$，则 $\begin{cases} p_{n,r} = p_{n+2} \\ q_{n,r} = q_{n+2} \end{cases}$，称分数 $\frac{p_{n,r}}{q_{n,r}} = \frac{r \cdot p_{n+1} + p_n}{r \cdot q_{n+1} + q_n}$(其中限定 $1 \leqslant r \leqslant a_{n+2} - 1$) 为连分数的中间渐近值，也称其为某个连分数的中间分数.

A. Aubry② 绘制了有整数坐标 $0 \leqslant x < n$，$0 \leqslant y < n$ 的点，同样也绘制了直线 $y = x$，$y = ax$，$y = bx$，$\cdots$，其中 $1, a, b, \cdots$ 为小于 n 且与 n 互素的整数. 于是我们可以读取出整数 $\equiv \frac{y}{x} \pmod n$，于是就解决了 $ax - nz = g$.

N. P. Bertelsen③ 解决了 $bx - cy = \pm z$，$1 \leqslant y < b$，$0 \leqslant x \leqslant c$，$1 \leqslant z < b$，使用的方法是利用收敛于 $\frac{b_r}{c_r}$ 的连分数 $(a_0, a_1, \cdots, a_n)$，则 y 是关于 $b_r + kb_{r+1}$ $(k = 1, 2, \cdots, a_{r+2} - 1)$ 的具有正整数系数的线性函数，并且 x 是关于 $c_r + kc_{r+1}$ $(k = 1, 2, \cdots, a_{r+2} - 1)$ 的同一个线性函数.

---

① Trans. Cambridge Phil. Soc., 19, 1901, Ⅰ.

② L'enseignement math., 13, 1911, 187-203. Cf. G. Arnoux, Arith. Graphique, 1894, 1906.

③ Nyt Tidsskrift for Mat., B, 24, 1913, 33-53.

1　没有新颖内容的论文

Abbé Bossut, Cours de Math., II, 1773; ed. 3, I, 1781, 418 (g. c. d.).

P. Paobi, Elementi d'algebra, Pisa, 1794, I, 159 (Rolle's method).

J. C. L. Hellwig, Anfangsgründe unbest. Analytik, Braunschweig, 1803, 1-80.

S. F. Lacroix, Complément des Elémens d'Algèbre, ed. 3, 1804, 273-279; ed. 4, 1817, 287-292(g. c. d. and continued fractions).

F. Pezzi, Memorie di Mat. e Fis. Soc. Ital. Sc, Modena, 11, 1804, 410-425(cont. fr.).

J. G. Garnier, Analyse Algébrique, Paris, ed. 2, 1814, 58-65 (cont. fr.).

L. Casterman, Annales Acad. Leodiensis, Liège, 1819-1820 (cont. fr.).

P. N. C. Egen, Handbuch der Allgemcinen Arith., Berlin, 1819-1820; ed. 2, 1833-1834; ed. 3, II, 1849, 431.

M. W. Grebel, Ueber die unbest. Gl. 1 Gr., Progr. Glogau, 1827 (cont. fr.).

A. J. Chevillard, Nouv. Ann. Math., 2, 1843, 471-473 (cont. fr.).

F. Heime, Arith. Untersuchungen, Progr. Berlin, 1850 (Euler).

T. Dieu, Nouv. Ann. Math., 9, 1850, 67 (g. c. d.).

H. Scheffler, Unbestim. Analytik, Hanover, 1854 (cont. fr.).

F. Thaarup, Nyt Tidsskrift for Mat., A, I, 1 (g. c. d.).

V. A. Lebesgue, Exerciccs d'analyse numérique, Paris, 1859, 48-54.

Lebesgue, Introduction à la théorie des nombres, 1862, 39-47 (g. c. d.).

J. J. Nejedli, Euler's Auflösungs-Methode unbest. Gl. 1 Gr., Progr. Laibach, 1863.

J. A. Temme, Bemerkungen ... unbest. Gl., Progr. Mümster, 1865 (Euler).

B. I. Clasen, Ann, de l'école norm, sup., 4, 1867, 347 (g. c. d.).

O. Porcelli, Giornale di Mat., 10, 1872, 37-46 (cont. fr.).

J. Knirr, Auflösung der unbest. Gl., Progr. Wien, 1873 (Euler).

C. de Comberousse, Algèbre supérieure, I, 1887, 161-173 (g. c. d., cont. fr.).

L. Matthiessen, Kommentar zur Sammlung ... Aufgaben ... E.

Heis, ed. 4,1902, 98-99; 1897,221.

H. Schubert, Niedere Analysis, I, 1902, 116-126 (cont. fr.); ed. 2, 1908.

G. Calvitti, Suppl. al, Periodico di Mat. , 1905 (Euler).

M. Morale, *ibid.* , 1909; Periodico di Mat. , 25, 1910, 182-183 (cont, fr.).

A. Bindoni, Il Boll, di Matematica, 11, 1912,151-153 (Euler).

E. Cahen, Théorie des nombres, I, 1914, 90-108 (also graphic).

A. Sartori, Il Boll, di matematiche e sc. fis. , 18, 1916, 2-10.

(译者注:il boll.)

2 没有可供报告的论文

Bertrand, Analyse indéterminée du premier degré.

L. Casterman, Petitur ut aequationes indet. 1 Gr. , Grand, 1823.

C. L. A. Kunze, Einfache u. leichte Methode die unbest, Gl. des 1 Grads mit 2 unbekannten Z. aufzulösen, Progr. Weimar, Eisenach, 1851.

W. Korn (Dorn?), Die Lehre von den unbest. Gl. des 1 u. 2 Grades mit 2 veränderlichen Grössen,Progr. Innsbruck, 1856.

(译者注:原书作者也不确定是 Korn 还是 Dorn.)

J. Hermes, Gl. 1 u. 2 Grades schematisch aufgelöet, Leipzig, 1862.

G. Elowson, Om indet. Eqvationer af 1 Graden, Progr. Lulea, 1865.

K. Weihrauch, Beitrag zur Lehre unbest, GL. 1 Gr. , Arensberg, 1866.

H. Dembschick, Unbest. Gl. 1 u. 2 Grades, Progr. Straubing, 1876.

Ferrent, Jour de math. elém. , (2), 3, 1884, 121, 155, 169, 193, 217, 241.

E. Sanczer, New method for indeter. first degree (Polish), Cracow, 1887.

G. M. Testi, Sulla ricerca di una soluzione di una equazione di primo grado a due incognite,Livorno, 1902, 4 pp.

E. Ducci, Le mie lezioni di analisi indeterminata di primo grado... , Bologna, 1903.

S. Soschino, Suppl. al Periodico di Mat. , 12, 1908-1909,20-22.

R. Guatteri, *ibid.* , 52-53; 13, 1909-1910, 76-79 (both on Euler).

G. Bernardi, Nuovo metodo di risoluzione dell'equazione $ax + by = c$ in numeri interi e positivi ..., Bologna, 1913, 27 pp.

L. Carlini, Il Boll. di Matematica, 12, 1913, 128-136.

F. Palatini, *ibid.*, 284.

L. Struiste, Die linearen diophant. Gl., Progr., Innsbruck, 1913.

3 不借助 Fermat 小定理求解 $ax \equiv b(\bmod m)$

C. F. Gauss[①] 指出 $ax \equiv b(\bmod m)$ 是可解的当且仅当 b 可以被 a 与 m 的最大公因数 d 整除(其中 $a=de$ 和 $m=df$). 令 $b=dk$,则 x 是所提到同余式的根当且仅当 $ex \equiv k(\bmod f)$(同时约去了最大公因数),同时 x 是同余方程 $ex \equiv k(\bmod f)$ 在模 f 下的唯一根. 对于合数模 mn 而言,下一个方法通常更可取.

译者注 书中原文的错误如下(图 2.3):

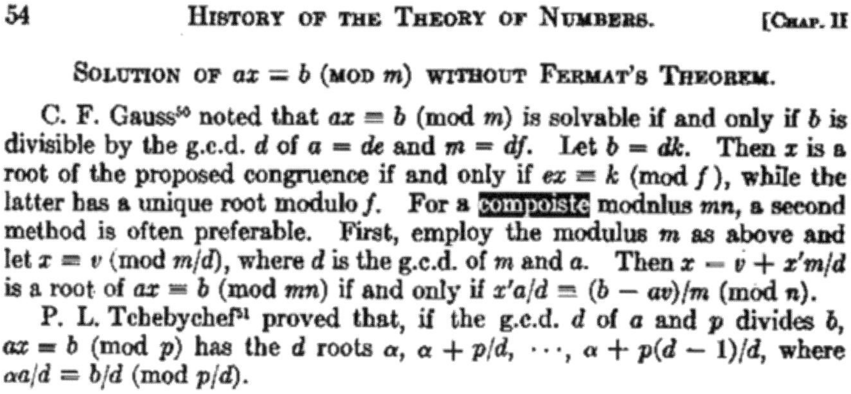

54 HISTORY OF THE THEORY OF NUMBERS. [CHAP. II

SOLUTION OF $ax \equiv b$ (MOD m) WITHOUT FERMAT'S THEOREM.

C. F. Gauss[50] noted that $ax \equiv b$ (mod m) is solvable if and only if b is divisible by the g.c.d. d of $a = de$ and $m = df$. Let $b = dk$. Then x is a root of the proposed congruence if and only if $ex \equiv k$ (mod f), while the latter has a unique root modulo f. For a compoiste modnlus mn, a second method is often preferable. First, employ the modulus m as above and let $x \equiv v$ (mod m/d), where d is the g.c.d. of m and a. Then $x = v + x'm/d$ is a root of $ax \equiv b$ (mod mn) if and only if $x'a/d \equiv (b - av)/m$ (mod n).

P. L. Tchebychef[51] proved that, if the g.c.d. d of a and p divides b, $ax \equiv b$ (mod p) has the d roots $\alpha, \alpha + p/d, \cdots, \alpha + p(d-1)/d$, where $\alpha a/d \equiv b/d$ (mod p/d).

图 2.3

首先,应用上述的模 m 并构造 $x \equiv v\left(\bmod \dfrac{m}{d}\right)$,其中 d 是 a 与 m 的最大公因数,则 $x=v+\dfrac{x'm}{d}$ 是同余方程 $ax \equiv b(\bmod mn)$ 的一个根当且仅当

$$\frac{x'a}{d} \equiv \frac{b-av}{m}(\bmod n)$$

P. L. Tchebychef[②] 证明了若 a 与 p 的最大公因数 d 整除 b,同余方程

① Disq. arith., 1801, Arts. 29, 30; Werke, I, 1863, 20-23; Maser's German transl., 13-15.

② Theorie der Congruenzen, in Russian, 1849; in German, 1889, § 16, pp. 58-63.

$ax \equiv b \pmod p$ 有根 $\alpha, \alpha+\frac{p}{d}, \cdots, \alpha+\frac{p(d-1)}{d}$,其中

$$\frac{\alpha a}{d} \equiv \frac{b}{d}\left(\bmod \frac{p}{d}\right)$$

C. Sardi 考虑了同余方程 $a_1 x \equiv b \pmod p$,其中 p 是素数且不被 a_1 整除,以及 $b<p$. 用 a_1 来除 p,记 a_2 为余数,而记 $\left[\frac{p}{a_1}\right]$ 为商,其中 $[n]$ 表示小于或等于 n 的最大整数. 同余方程乘以 $\left[\frac{p}{a_1}\right]$,通过化简变形我们得到

$$a_2 x \equiv -b\left[\frac{p}{a_1}\right] \pmod p$$

记 a_3 为 p 除以 a_2 的余数,从而递减数列为 $a_1, a_2, a_3, \cdots$ 到 $a_s=1$ 为止,则

$$x \equiv (-1)^{s+1} b\left[\frac{p}{a_1}\right]\left[\frac{p}{a_2}\right] \cdots\left[\frac{p}{a_{s-1}}\right] \pmod p$$

C. Ladd① 表明:若 a 与 $M=M_1 M_2 \cdots M_s$ 互素且 z_i 由同余方程 $a z_i+1 \equiv 0 \pmod{M_i}$ 所确定,于是 $ax+b \equiv 0 \pmod M$ 的根是

$$x \equiv b\left(\sum z_i+a \sum z_i z_j+a^2 \sum z_i z_j z_k+\cdots\right)$$

译者注 为了避免混淆,故换了 $M=M_1 M_2 \cdots M_s$ 的下标.

L. Kronecker② 简化了 $ax \equiv b \pmod m$ 的求解,其中 a 与 $m=\prod p_i^{r_i}$ 互素,简化为一个素数的次幂 $(m=p^r)$ 情形下的求解,则一个根可被表示为以 p 为基的形式

$$\xi=\xi_0+\xi_1 p+\cdots+\xi_{r-1} p^{r-1}$$

其中每一个 ξ_i 是一个取自 $0,1,\cdots,p-1$ 的一个整数. 首先,求出同余方程 $a\xi_0 \equiv b \pmod p$ 的根 ξ_0,接着从 $a \cdot (\xi_0+\xi_1 p) \equiv b \pmod{p^2}$ 中找出 ξ_1,于是 $a\xi_1 \equiv \frac{b-a\xi_0}{p} \pmod p$,依此类推. 另外,若 N 是连分数 $\frac{a}{m}$ 中紧接着最后收敛值的分母,则有 $x \equiv \pm bN \pmod m$.

M. Lerch③ 表明:若 p 是一个素数,则有

$$\frac{1}{a} \equiv a-12 \sum_{v=1}^{p-1} v\left[\frac{av}{p}\right] \pmod p$$

其中 $[t]$ 表示小于或等于 t 的最大整数,因此解决了 $ax-py=1$ 的问题. 若 m 是一个与 $\varphi(m)$ 互素的奇数,则有

---

① Math. Quest. Educ. Times, 30, 1879, 41-42.

② Vorlesungen über Zahlentheorie, 1, 1901, 108-120.

③ Math. Annalen, 60, 1905, 483.

$$\frac{1}{a} \equiv a - \frac{12}{P(m)} \sum b \left[\frac{ab}{m}\right] (\bmod m)$$

其中和式里的 b 取遍所有小于 m 且与 m 互素的正整数，以及 $P(m) = (1-p) \cdot (1-p') \cdots$ 和 $p, p', \cdots$ 为 m 的标准素数分解中不同的素因子.

E. Busche① 以图形方式获得同余方程 $ax \equiv b (\bmod m)$ 的解的数目，包括那些被称作不恰当或是超定的解，该方法②是当 a, b 有大于 1 的公因数时引入的. 由于一般(恰当)解可能被限制于整数 $0, 1, \cdots, m-1$ 之中，因此我们随意用数字来指定大于或等于 m 的不恰当的解. 比如一个最简单的情形像 $3z \equiv b (\bmod 15)$，其中 3 和 $\frac{15}{3}$ 是互素的，若 $b=0$ 便定义了一个由 15 指定的不恰当的解，若 $b=j(j=1,2,3,4)$ 便定义了一个由 $15+j$ 指定的不恰当的解，$b=5$ 便定义了一个由 15 指定的不恰当的解，若 $b=5+j(j=1,2,3,4)$ 便定义了一个由 $15+j$ 指定的不恰当解，依此类推.

4 利用 Fermat 小定理和 Wilson 定理求解 $ax \equiv b(\bmod m)$

J. P. M. Binet③ 指出：若 a 是一个素数且不整除 b，$bx - ay = 1$ 有解 $x = b^{a-2}$，相应的 y 也为整数. 若 $p, p', \cdots$ 为 a 的标准素数分解中相同或是不同的素因子，表达式

$$bx = 1 - (1 - b^{p-1})(1 - b^{p'-1}) \cdots$$

可给出一个整数 x，导出一个整数 y，使得 x, y 满足同一个方程. 同样的方法还被 G. Libri④ 独立发现.

A. Cauchy⑤ 以如下形式表达了 Binet 的方法

$$n = a^{\alpha} b^{\beta} \cdots, \quad (1 - k^{a-1})^{\alpha} (1 - k^{b-1})^{\beta} \cdots = 1 - kK$$

则对于与 n 互素的 k，$1 - kK$ 可以被 n 整除，以便同余方程 $kx \equiv h (\bmod n)$ 有解 $x \equiv hK (\bmod n)$.

---

① Mitt. Math. Gesell. Hamburg, 4, 1908, 355-380.

② Imaginary by Gauss, Disq. Arith., Art. 31; G. Arnoux, Arithmétique graphique, 2, 1906, 20. Both excluded such solutions.

③ Jour. de l'école polyt., cah. 20, 1831, 292[read 1827]; communicated to the Société Philomatique before 1827.

④ Mémoires de Math. et de Phys., Florence, 1829, 65-67. Cf. Libri of Ch. XXIII.

⑤ Exercices de Math., 1829, 231- ; Oeuvres, (2), IX, 296.

V. Bouniakowsky[①] 证明了,若 a,b 为互素的两个整数,则不定方程 $ax \mp by = c$ 有整数解(其中 $\varphi(b)$ 为 b 的 L. Euler φ 函数)

$$x = ca^{\varphi(b)-1}, y = \pm \frac{c}{b}(a^{\varphi(b)} - 1)$$

G. de Paoli[②] 给出形如上式的解,并且当 b 可被 4 整除时将 $\varphi(b)$ 替换为 $\frac{\varphi(b)}{2}$. 为了求解 a,b,c,e 没有公因子时的不定方程 $ax - by - cz = e$,令 $a = dA$, $b = dB$,其中 d 是 a 与 b 的最大公因数,则 $e + cz$ 必定要是 d 的倍数 du,两个不定方程 $Ax - By = u, du - cz = e$ 每一个都可以由 Fermat 小定理解出,对于 n 个变量也是相似的.

A. L. Crelle[③] 指出同余方程 $ax \equiv 1 \pmod m$ 有解 $x = a^{\varphi(m)-1}$.

A. Cauchy[④] 独立地得出了 Bouniakowsky 的结果.

J. P. M. Binet[⑤] 运用 Wilson 定理去求解当 p 为素数时的不定方程 $ax = 1 + py$. 我们可以取 $0 < a < p$,则 $x = -\frac{(p-1)!}{a}$. 无论 p 是素数还是合数,我们都可以进行如下操作. 用 a 来除 p 并记商为 q 以及余数为 a_1,再用 a_1 来除 p 并记商为 q_1 以及余数为 a_2,依此类推,直到余数 $a_n = 1$ 被取到,则

$$aqq_1 \cdots q_{n-1} + (-1)^{n+1} = pM, x = (-1)^n qq_1 \cdots q_{n-1}$$

V. Bouniakowsky[⑥] 运用 $(p,n) = p(p-1)\cdots(p-n+1)$,则当 $b < p$ 时有

$$(p+b,p) = (p,p) + \binom{p}{1}(p,p-1)(b,1) + \binom{p}{2}(p,p-2)(b,2) + \cdots + \binom{p}{b}(p,p-b)(b,b)$$

上式用 (p,p) 来除并记 $a = p + b$,我们可以得到 $aE = 1 + pK$,其中当 p 是素数时 E 与 K 都是整数[⑦]. 因此我们就解决了 p 是素数的不定方程 $ax = 1 + py$. 为了求解

$$Mx - Ny = 1, N = p^{\lambda}q^{\mu}r^{\nu}\cdots$$

---

① Mém. Acad. Sc. St. Pétersbourg (Math. Phys.),(6),1,1831,143-144[read Apr. 1,1829].

② Opuscoli Mat. e Fis. di Diversi Autori,Milano,1,1832:269. He stated that the paper was written in 1830 without knowledge of that by Binet.

③ Abh. Akad. Wiss. Berlin(Math.),1836,52.

④ Comptes Rendus Paris 12,1841,813;Oeuvres,(1),Ⅵ,113. Exercices d'Analyse et de Physique Math.,2,1841,1;Oeuvres,(2),Ⅻ. See Vol. Ⅰ,p. 187,of this History. Cf. report by J. A. Grunert, Archiv Math. Phys.,3,1843,203.

⑤ Comptes Rendus Paris,13,1841,210-213.

⑥ Mém. Acad. Sc. St. Pétersbourg(Math. Phys.),(6),3,1844,287.

⑦ $E = (p+b-1)! \div (p!\ b!)$ is an integer by Catalan,p. 265 of Vol. Ⅰ of this History.

其中 p,q,r 是不同的素数,命 $\alpha_1,\beta_1,\cdots$,使得

$$M\alpha_1-p\beta_1=1,M\alpha_2-q\beta_2=1,M\alpha_3-r\beta_3=1,\cdots$$

分别对 $M\alpha_1-1,M\alpha_2-1,M\alpha_3-1$ 对应地取 λ,μ,ν 次幂,则

$$M\cdot e_1+(-1)^{\lambda}=p^{\lambda}\beta_1^{\lambda},M\cdot e_2+(-1)^{\mu}=q^{\mu}\beta_2^{\mu},\cdots$$

其中上述的 e_1, e_2,… 与下述的 A 均为整数.通过累乘有

$$MA+(-1)^{\lambda+\mu+\nu+\cdots}=NB,B=\beta_1^{\lambda}\beta_2^{\mu}\cdots$$

根据 $\lambda+\mu+\nu+\cdots$ 是奇数还是偶数,确定 $y=B$ 还是 $y=-B$.

L. Poinsot[1] 指出不定方程 $Lx-My=1$ 在 $L^m\equiv 1(\bmod M)$ 时有解 $x=L^{m-1}$,例如,当 $m\equiv\varphi(M)$ 时,他还从正多边形的角度表达了这一方法.如此,对于不定方程 $12x-7y=1$,取正七边形的七个顶点 $P_1,P_2,\cdots,P_7$,开始取第一个点,接着取往后数五个点,即第六个点(5 是由 12-7 而来)(译者注:再往后数五个点,依此类推);我们得到 $P_1P_6P_4P_2P_7P_5P_3$. 由于 P_2 是点序列中的第三个点,我们有 $x=3$.我们可再从方程中得出 y 或是利用 12 个点.

J. G. Zehfuss[2] 给出 Cauchy 的那条公式并指出若 $\mu=\alpha^m\beta^n\cdots$,且 A 不可被素数 α 整除,B 不可被素数 β 整除,依此类推,则有

$$\left(\frac{A\mu}{\alpha^m}\right)^{(\alpha-1)\alpha^{m-1}}+\left(\frac{B\mu}{\beta^n}\right)^{(\beta-1)\beta^{n-1}}+\cdots\equiv 1(\bmod \mu)$$

对于 $A=B=\cdots=a$,令上述等式左边为 k,则 $ax\equiv b(\bmod \mu)$ 有根 $\frac{kb}{a}$,其中

$$A=\left(1+a\frac{(\alpha-1)!}{a_\alpha}\right)^m\equiv 0(\bmod \alpha^m)$$

$$B=\left(1+a\frac{(\beta-1)!}{a_\beta}\right)^2\equiv 0(\bmod \beta^2)$$

$$\vdots$$

而 a_α 是 a 模 α 的最小正剩余,a_β 同理,由 Wilson 定理可知 $a_\alpha+(\alpha-1)!\ a$ 可被素数 α 整除.

M. F. Daniëls[3] 指出:若 $\rho_1\rho_2\cdots\rho_n\equiv\pm 1(\bmod k)$,由推广的 Wilson 定理可知 $\rho_i x\equiv 1(\bmod k)$ 有根 $\pm\rho_1\rho_2\cdots\rho_{i-1}\rho_{i+1}\cdots\rho_n$. 更进一步,若 $k=p^\nu q^\mu\cdots$ 且 $ac_1\equiv 1(\bmod p)$,$ac_2\equiv 1(\bmod q)$,…,则同余方程 $ax\equiv 1(\bmod k)$ 有根

$$x=\frac{1-(1-ac_1)^\nu(1-ac_2)^\mu\cdots}{a}$$

---

① Jour. de Math.,(1),10,1845,55-59.

② Diss. (Heidelberg),Darmstadt,1857;Archiv Math. Phys.,32,1859,422.

③ Lineaire Congruenties,Diss.,Amsterdam,1890,114,90.

J. Perott[①] 指出:若 a 与 u 互素且 a 是模 u 的指数 t,则同余方程 $ax \equiv 1 \pmod u$ 有唯一解 $x \equiv a^{t-1} \pmod u$. 他承认这一结果被 Cauchy 捷足先登了.

5 中国剩余问题

Sun-Tsu[②] 在一部成书约在公元 1 世纪的中文数学著作《孙子算经》(算术学)中以晦涩的诗句形式给出一条被称作"大衍"(大概括)法则,用该法则可以确定出分别模 3,5,7 对应余数为 2,3,2 的整数(译者注:该问题在《孙子算经》中被称作"物不知其数").

译者注 有资料显示《孙子算经》的作者其实不是春秋时期的孙武,成书时间也不是在公元 1 世纪,本书作者 Dickson 应该没有意识到这一点. 另外,清代学者张敦仁在《求一算术》中提出大衍求一术源自《孙子算经》物不知数,后世学者,多从其说. 事实上,大衍求一术是南宋数学家秦九韶发明的求解中国剩余定理的历史算法(不是中国剩余定理的现代算法).

他确定出辅助数 70,21,15,这几个辅助数分别满足下列条件:70 是 $5 \cdot 7$ 的倍数且模 3 余 1;21 是 $3 \cdot 7$ 的倍数且模 5 余 1;15 是 $3 \cdot 5$ 的倍数且模 7 余 1. 则余数的加权和 $2 \cdot 70 + 3 \cdot 21 + 2 \cdot 15 = 233$ 就是一个解. 再抛弃掉 $3 \cdot 5 \cdot 7$ 的倍数我们就可以得到最小的答案 $23 = 233 - 2 \cdot (3 \cdot 5 \cdot 7)$. 这一法则在欧洲变得声名远扬是通过 19 世纪英国传教士 Alexander Wylie[③] 所著的一篇论文《中国科学扎记》(*Jottings on the Science of the Chinese arithmetic*),K. L. Biernatzki[④] 将该文的一部分译为德语,由于 Biernatzki 的错误翻译,这导致了 M. Cantor[⑤] 批判了法则的有效性. L. Matthiessen[⑥] 便为这一法则辩护(译者注:他找出了 Biernatzki 对该文的许多误译),并指出了这一法则与 C. F. Guass[⑦] 的论述是一致的.

---

① Bull. des Sc. Math. ,(2),17, Ⅰ ,1893,73-74.

② Y. Mikami,Abh. Geschichte Math. Wiss. ,30,1912,32.

③ North China Herald,1852;Shanghai Almanac for 1853. Cf. remark by G. Vacca,Bibliotheca Math. ,(3),2,1901,143;H. Cordier,Jour. Asiatic Soc. ,(2),19,1887,358.

④ Jour. für Math. ,52,1856,59-94. French transl. by O. Terquem,Nouv. Ann. Math. ,(2),1,1862(Bull. Bibl. Hist.),35-44;2,1863,529-540;and by J. Bertrand,Journal des Savants,1869. Cf. Matthiessen.

⑤ Zeitschrift Math. Phys. ,3,1858,336;not repeated in his Geschichte der Math. ,ed. 2, Ⅰ ,643. H. Hankel,Geschichte d. Math. in Alterthum u. Mittelalter,1874,erred in identifying the Chinese rule with the Indian cuttaca.

⑥ Zeitschrift Math. Phys. ,19,1874,270-271;Zeitschrift Math. Naturw. Unterricht,7,1876,80.

⑦ Disq. Arith. ,art. 36;Werke, Ⅰ ,26. Cf. Euler.

译者注　Moritz Cantor 是一位德国数学史家，区别于创立了现代集合论的 Georg Cantor.

高斯的论述如下：若 $m=m_1m_2m_3\cdots$，其中 $m_1,m_2,m_3,\cdots$ 为两两互素的正整数且有

$$\alpha_i\equiv 0(\bmod \frac{m}{m_i}),\alpha_i\equiv 1(\bmod m_i)\quad(i=1,2,3,\cdots)$$

则 $x=\alpha_1r_1+\alpha_2r_2+\cdots$ 是如下同余方程组的解

$$x\equiv r_1(\bmod m_1),x\equiv r_2(\bmod m_2),\cdots$$

当要处理固定 $m_1,m_2,m_3,\cdots$ 变动 $r_1,r_2,r_3,\cdots$ 的几个问题时，这一方法非常的便利.

Nicomachus①(约公元 100 年) 给出了与"物不知其数"一模一样的问题以及答案 23.

Brahmagupta②(生于公元 598 年) 给出了一个法则，当应用其到一个例子中时会变得更清晰，

译者注　原文写为 Brahmegupta，现多用 Brahmagupta 作为婆罗笈摩多的英文名.

例子如下：求一个整数，被 30 除余 29 而被 4 除余 3. 首先，用 4 来除 30，我们得到余数 2，接着用 2 来除 4，我们得到余数 0 以及商数 2，然后用余数 2 来除题干中两个余数之差 $3-29=-26$，得到商 -13，再用商数 2 与随意的一个非零整数相乘(这里取整数 7) 所得乘积加上商数 -13，从而得到 1. 最后，$1\cdot 30+29=59$ 就是待求的整数了.

译者注　注意分清是余数 2 还是商数 2.

根据这一问题(的求解方法) 便可形成求解"流行"问题的双阶段求解方案，这道"流行问题"为：求一整数使得分别模 6,5,4,3 对应余数分别为 5,4,3,2. 这道"流行"问题的正确答案为 59.

一行高僧③(约 717 年) 在书《大衍历书》给出了推广.

译者注　《大衍历书》确实是由"一行高僧"所撰写，本书作者 Dickson 是受 Mattison 的过失所误导；实际上，主要是秦九韶在其《大衍求一术》中做出推

---

① Pythagorei introd. arith. libri duo, rec. R. Hoche, Leipzig, 1866, Supplement, prob. V.

② Brahme-sphut'a-sidd'hánta, Ch. 18(Cuttaca = algebra), §§3-6, Colebrooke, pp. 325-326.

③ L. Matthiessen, Comptes Rendus Paris, 92, 1881, 291; Jour. für Math., 91, 1881, 254-261; Zeitschr. Math. Phys., 26, 1881, Hist.-Lit. Abt., 33-37(correction of Biernatzki).

广.

他推广了模 m_i 为不互素情况下的这一法则:先把 $m_1, m_2, \cdots$ 的最小公倍数表示为乘积 $m=\mu_1\mu_2\cdots$,其中因子 $\mu_1, \mu_2, \cdots$ 两两互素(因子之中有可能有单位 1)且使得 μ_i 整除 m_i,因此,若

$$\alpha_i \equiv 1 (\bmod \mu_i), \alpha_i \equiv 0\left(\bmod \frac{m}{\mu_i}\right) \quad (i=1,2,\cdots,k)$$

那么 $x=\alpha_1 r_1+\alpha_2 r_2+\cdots$ 便是同余方程组的一个解.其他解可通过代换 m 的倍数得出.一行高僧(实为秦九韶)提议求出某项工程已完成工程单元的数目.设该项工程有 x 个工程单元,同样的工程若由四组工匠来完成,由 2 人为一组的工匠施工若干(整数)天之后剩下 1 个单元;由 3 人为一组的工匠施工若干(整数)天之后剩下 2 个单元;由 6 人为一组的工匠施工若干(整数)天之后剩下 5 个单元;由 12 人为一组的工匠施工若干(整数)天之后剩下 5 个单元.记 $m_1=2$, $m_2=3, m_3=6, m_4=12$ 的最小公倍数为 $m=12$,取 $\mu_1=\mu_2=1, \mu_3=3, \mu_4=4$,我们得出 $\alpha_1=\alpha_2=12, \alpha_3=4, \alpha_4=9$,及

$$\begin{aligned} x &= \alpha_1 r_1+\alpha_2 r_2+\alpha_3 r_3+\alpha_4 r_4 \\ &= 12 \cdot 1+12 \cdot 2+4 \cdot 5+9 \cdot 5 \\ &= 101 \equiv 17 (\bmod 12) \end{aligned}$$

(译者注:因为 12 人为一组的工匠施工有剩余所以取 17.)对于 $x=17$,题目待求的已完成部分为 $8 \cdot 2+5 \cdot 3+2 \cdot 6+1 \cdot 12=55$ 个工程单元.我们也可以取

$$\mu_1=1, \mu_2=3, \mu_3=1, \mu_4=4$$

我们得出 $\alpha_1=12, \alpha_2=4, \alpha_3=12, \alpha_4=9$,及

$$x=\sum_{i=1}^{4} \alpha_i r_i=125 \equiv 17 (\bmod 12)$$

这类同余方程组问题的可解条件就是 r_i-r_j 可以被 m_i 与 m_j 的最大公因数整除.

Ibn al-Haytham①(约公元 1000 年)给出了两种方法去求解某个数,该数被 7 整除,而被 2,3,4,5,6 除其所得余数均为 1.第一个方法是 $1+2 \cdot 3 \cdot 4 \cdot 5 \cdot 6=721$. 第二种方法给出了一系列的解例如 301,实际上就是

① Arabic MS. in Indian Office, London. Cf. E. Wiedemann, Sitzungsber. Phys. Medic. Soc. Erlangen, 24, 1892, 83.

$\frac{3}{4}(6+2n\cdot 7)\cdot 20+1$,其中整数 n 使得 $6+2n\cdot 7$ 是 4 的倍数.

译者注 原文将海什木的英文名写为 Ibn al-Haitam. 阿拉伯数学家.

Bháskara[①](生于公元 1114 年) 也讨论了求整数使得分别模 6,5,4,3 对应余数分别为 5,4,3,2. 利用前两个条件,满足条件的整数 $k=6c+5=5n+4$. 利用"粉碎机(pulverizer)",整值 $c=\frac{5n-1}{6}$ 为 $c=5p+4$,该数 $k=6c+5=30p+29$ 又必须等于 $4l+3$. 因此 $p=\frac{4l-26}{30}$,再次利用"粉碎机(pulverizer)" 可将其转化为 $p=2h+1$,从而

$$30p+29=60h+59$$

因此 $k=60h+59$ 就是答案.

同样地,求整数使得分别模 5,3,2 对应余数分别为 3,2,1,同时对应商数分别模 5,3,2 对应余数也分别为 3,2,1. 记这些商数为 $2c+1,3n+2,5l+3$,则 $k=4c+3=9n+8=25l+18$. 对等式 $4c+3=9n+8$ 应用"粉碎机(pulverizer)"我们得出 $c=9p+8$,数 $k=36p+35$ 又必须等于 $25l+18$. 于是 $p=25h+3$ 以及答案 $k=900h+143$.

Leonardo Pisano[②] 讨论了求一个数 N 能被 7 整除,使其模 2,3,4,5 或 6 余数均为 1,利用两条件中的后一个条件有,N 比某个 60 的倍数大 1,但是 60 模 7 余 4,于是想构造一个模 7 余 6 的数,因此分别将 60 乘 2,3,… 直到我们取到了 60×5 时有模 7 余 6. 因此 $N=60\times 5+1=301$,我们还可以加上一个倍数 $420=60\cdot 7$. 同样地,25 201 是 11 的倍数,其模 2,3,…,10 余数均为 1.

为了求解一个 7 的倍数,并且其分别模 2,3,4,5,6 对应余数分别为 1,2,3,4,5,我们取一个 60 的倍数使其减去 1 可以被 7 是整除,这一结果为 $2\cdot 60-1=119$. 同样地,为了求解一个 11 的倍数,并且其分别模 2,3,…,10 对应余数分别为 1,2,…,9,我们用 2,3,…,10 的最小公倍数 $2\ 520=2^3\cdot 3^2\cdot 5\cdot 7$ 减 1 得到 2 519,同时它刚好是 11 的倍数,所以它就是答案.

他[③]运用实际上为"大衍"的法则,直接说出某人心里想的某个不超过 105

---

① Vîja-gańita(algebra), § 160, Colebrooke, pp. 235-257.

② Liber Abbaci(1202, revised 1228), pub. by B. Boncompagni, Rome, 1, 1857.

③ M. Curtze, Zeitschrift Math. Phys., 41, 1896, Hist. Lit. Abt., 81-82, remarked that if Leonardo had found the rule independently, he would have so stated and would have given a proof.

的数.前提是先要将心里想的数分别模3,5,7所得余数告诉他.(比如对应余数分别为2,3,5)我们可以得出

$$2\cdot 70+3\cdot 21+4\cdot 15=263,263-2\cdot 105=53=\text{答案}$$

相似地,对于不超过315的数,只需要给出分别模5,7,9所得余数就可以求出待求数,对应余数分别乘以126,225,280再求和,最后减去315的一个倍数就是答案了.

Ch'in Chiu-shao①给出了一个方法,适用于求一个数使其分别模 m_1, $m_2,\cdots,m_n$ 对应余数分别为 $r_1,r_2,\cdots,r_n$ 的问题,其中模数两两互素.

令 M 为 $M_k=\frac{m_1\cdots m_n}{m_k}$ 中任意一个,同时也令 $m=m_k$,并寻求出 ρ 使得 $M\rho\equiv 1(\bmod m)$.我们可以用 M 模 m 的剩余 R 来替换 M,用余数 R 来除 m,得到的商为 Q_1 且正余数(不可取零)为 $r_1\leqslant R$,用余数 r_1 来除 R,得到的商为 Q_2 且正余数为 $r_2\leqslant r_1$,用余数 r_2 来除 r_1,得到的商为 Q_3 且正余数为 $r_3\leqslant r_2$,直到最后取到余数 $r_i=1$.

令

$$A_1=Q_1,A_2=A_1Q_2+1,A_3=A_2Q_3+A_1,A_4=A_3Q_4+A_2,\cdots$$
$$\rho_i=A_i$$

以及

$$x=r_1M_1\rho_1+r_2M_2\rho_2+\cdots+r_nM_n\rho_n$$

一部15世纪的德国抄本②证明了一个更一般的法则对应着中国的"大衍"法则.

译者注 该抄本也被称作"慕尼黑抄本"(图2.4).

十五世纪的慕尼黑抄本(约1450)

在斐波那契之后,欧洲关于剩余问题直到引起人们注意的时候一向没有什么研究,于十五、十六世纪,主要是在德国,再度引起了人们的关注. 1870年,在慕尼黑由杰哈德(Gerhardt)出版了国立图书馆所保存的这抄本的一部分;1895年由柯蒂兹(Curtze)出版了另一部分(问题268—272);最近由沃格勒(Vogel)出版了全部原著.

这部原著似乎是被许多作者编写过,但少部分是出自弗特(Frater Fredericus)之手.

图2.4

① Nine Sections of Math.(about 1247). Cf. Mikami, pp. 65-69.

② M. Curtze, Abh. Geschichte der Math., 7, 1895, 65-67.

Regiomontanus[①](1436—1476) 曾在一封信件中提出求一个数的问题，该数分别模 10，13，17 对应余数分别为 3，11，15，这有可能是他[②]在意大利时熟知了 Leonordo Pisano 的作品.

译者注 Johannes Müller(1436—1476)，拉丁文名为 Regiomontanus，德国天文学家.

Elia Misrachi[③] 再现了 Leonordo Pisano 的内容并对相似的问题给出了答案.

Michael Stifel[④] 也给出一个正确的结果，当 x 分别模 a，$a+1$ 对应余数分别为 r，s，则有整数 $(a+1)r+a^2s$ 模 $a(a+1)$ 余数为 x.

译者注 Michael Stifel gave the correct result that if x has the remainders r and s when divided by a and $a+1$, respectively, then x has a remainder $(a+l)r+a^2s$ when divided by $a(a+1)$.

原文错误的给出：则有 x 模 $a(a+1)$ 余数为 $(a+1)r+a^2s$.

另外《大衍术与欧洲的不定分析》也指出了这个错误.

Pin Kue[⑤] 在 1593 年讨论了由《孙子算经》给出的问题.

译者注 程大位(1533—1606)，明代商人、珠算发明家. 字汝思，号宾渠，汉族，南直隶徽州府休宁县率口(今黄山市屯溪)人(图 2.5，图 2.6).

1593 年程大位在《算法统宗》一书中将这个问题的解法总结成如下的口诀：

三人同行七十稀，五树梅花廿一枝.

七子团圆半个月，除百零五使得知.

意思是说：将三个余数 2，3，2 分别乘上前三句话后面的 3 个数 70，21，15，相加得出 $2\cdot70+3\cdot21+2\cdot15=233$，最后一句话是说从此数任意减去 105 的倍数都是解. 即解为 $x\equiv233 \pmod{105}$.

图 2.5

① C. T. de Murr, Memorabilia Bibl. publ. Norimbergensium et Universitatis Altdorfinae, Pars Ⅰ, 1786, p. 99.

② Cantor, Geschichte der Math., ed. 1, Ⅱ, 263.

③ G. Wertheim, Die Arithmetik des E. Misrachi, 1893, ed. 2, 1896, 60-61.

④ Arithmetica integra, 1544, Book Ⅰ, fol. 38v. Die Coss Christoffs Rudolffs, Die Schönen Exempeln der Coss Durch Michael Stifel Gebessert, Königsperg, 1553, 1571.

⑤ Swan fa tong tsong, Ch. 5, p. 29, MS. in Bibl. Nat. Paris; abstact by E. Biot, Jour. Asiatique, (3), 7, 1839, 193-218.

18. Ch'êng Ta-wei 程大位

The *Suan-fa t'ung-tsung* (Systematic treatise on arithmetic) appeared in 1593 and was written by Ch'êng Ta-wei, whose literary name was Pin-ch'ü 賓渠.[105] Biot (3) did a detailed description of the contents, in which he included the Sun Tzŭ problem,[106] giving only the following information: "This is a case of things of which we do not know the number. Three questions. (These questions are of this form: someone asks for a number such that, when it is divided by 3, there is a remainder of 2; by 5, a remainder of 3; by 7, a remainder of 2.)" Ch'êng's work contains nothing that goes beyond the mathematical works of the Sung and Yüan; at the end of it there is a list of mathematical works, most of which are no longer extant.[107] There is also a useful glossary of the terminology used in the work.[108] The *ta-yen* method is called "Han Hsin's method."[109] The Sun Tzŭ problem is stated thus: "Things with unknown number." The Sun Tzŭ stanza (also called *Han Hsin tien ping* 韓信點兵)[110] says:

"Three septuagenarians in the same family is exceptional

[104] For further information on Chou Shu-hsüeh, see Needham (1), vol. 3, p. 51, p. 105, and p. 143.

[105] I used the edition prepared by Mei Ku-ch'êng (1680–1763), ch. 4, p. 7a. Dickson (1), vol. 2, p. 60 mentions only the name Pin Kue, relying on Biot (3), p. 193.

[106] This seems to be the oldest statement of the Sun Tzŭ problem in Europe (1839), but it seems that the problem drew no attention before Wylie (1852).

[107] Ch'in Chiu-shao is not mentioned.

[108] Vol. 1, pp. 2–3.

[109] Ch. 5, p. 21b and following pages. For a biography of the author, see Hummel (1), p. 117. For further information on the work as a whole, there are Li Yen (17'), p. 61 and pp. 82 ff; Ch'ien Pao-tsung (4'), pp. 8 f; Juan Yüan (1'), ch. 31, p. 19b; Smith (1), vol. 1, p. 352 and vol. 2, pp. 114 ff; Mikami (1), pp. 110 f; Wylie (2), p. 118.

[110] Needham (1), vol. 3, note *d*. "Han Hsin's method" refers to Han Hsin, who was a famous Han general.

图 2.6

那道求 7 的倍数，并且其分别模 2,3,4,5,6 余数均为 1 的问题也曾被① Casper Ens 以及 Daniel Schwenter② 讨论过.

---

① Thaumaturgus Math., Munich, 1636, 70-71.

② Deliciae Physico-Math. oder Math.-u. Phil. Erquickstunden, Nürnberg, 1, 1636, 41.

Frans van Schooten① 讨论了求一个7的倍数,并且其分别模2,3,5余数均为1的问题.他利用了 $30k+1$,其中当 $k=3$ 时所求数可以被7是整除.他所给出的实际上就是"大衍"法则,但却将其归功于 Nicolaus Huberti,它(法则)可导出几个倍数 $3\cdot5\cdot7=105,2\cdot5\cdot7=105,3(2\cdot3\cdot7)=126$ 对应着模2,3,5余数均为1.

W. Beveridge② 处理了这个问题,求出最小数 P,使其分别模 A,B 对应余数分别为 K,L,其中 A,B 互素.令 D 为 B 的最小倍数使得模 A 余1,令 C 为 A 的最小倍数使得模 B 余1,则 $P=DK+CL$,正如(他的)一篇两页的证明所示一样.

求出最小数 P,使其分别模 A,B,C 对应余数分别为 K,L,Z,其中 A,B,C 互素.先求出 AB 的最小倍数 F 使其模 M 余1,求出 AM 的最小倍数 N 使其模 B 余1,求出 BM 的最小倍数 Q 使其模 A 余1,则 $P=KF+LN+ZQ$.

这正是 L. Euler 和 Gauss 后来给出的法则.

J. Wallis③ 给出了儒略周期问题的经验解.

译者注 儒略周期是天文学家计算时间的一种计数周期.

T. F. de Lagny 处理了求儒略周期下的某一年份 x,其中"太阳周期"下的年数为13,"太阴周期"下的年数为10,"罗马小纪"下的年数为7(译者注:已知"太阳周期"为28年,"太阴周期"为19年,"罗马小纪"为15年),因此就有 x 分别模28,19,15对应余数分别为13,10,7.从 $x=28m+13=19n+10$ 中,他发现 $n=9+28f$,其中 f 为整数.因此 $x=19n+10=181+532f$.由于 $x-7$ 要被15整除,至少也要 $f=3$.

L. Euler④ 处理了求一个整数 z 使其分别模 a,b 对应余数分别为 p,q,其中 $a>b$.因此 $z=ma+p=nb+q$.他解出了方程 $ma+p=nb+q$ 利用的是求 a 与 b 最大公因数的过程,直到这样的余数 $c,d,e,\cdots$ 中出现一个可以被 $v=p-q$ 整除的.他由此推出了结果

$$x=q+abv\left(\frac{1}{ab}-\frac{1}{bc}+\frac{1}{cd}-\frac{1}{de}+\cdots\right)$$

---

① Exerciationum math. libri quinque, Lugd. Batav., 1657, 407-410.

② Institutionum Chronologicarum libri Ⅱ. Unà cum totidem Arithmetices Chronologicae Libellis. Per Guilielm Beveregium, Londini, 1669, lib. Ⅱ, pp. 253-256.

③ Opera, 2, 1693, 451-455. Cf. Hutton.

④ Comm. Acad. Petrop., 7, 1734-1735, 46-66; Comm. Arith. Coll., Ⅰ, 11-20.

其中这个序列是一直延续到出现一个余数被 $v=p-q$ 整除为止. 在那篇文章的最后,L. Euler 给出了一个法则,现一般将其归功于 Gauss.

为了求解一个数使其分别模 a,b,c,d,e 对应余数分别为 p,q,r,s,t,其中模数两两互素,则答案是 $Ap+Bq+Cr+Ds+Et+Mabcde$,其中

$$A\equiv 0(\bmod bcde),A\equiv 1(\bmod a)$$
$$B\equiv 0(\bmod acde),B\equiv 1(\bmod b)$$
$$\vdots$$
$$E\equiv 0(\bmod abcd),E\equiv 1(\bmod e)$$

C. von Clausberg[①] 求出了一个 7 的倍数且模 15 余 10 (105).

C. von Clausberg[②] 处理了求一个数使其分别模 a,b 对应余数分别为 d,e,其中 $a>b$. 令 l 为 a 与 b 的最大公因数,显然 l 必须整除 $d-e$. 令其满足这一条件并确定 A 与 B 使得 $Aa-Bb=-l$. 所求出的方程两边乘上 $\frac{d-e}{l}$,变形则有

$$Aa\cdot\frac{d-e}{l}+d=Bb\cdot\frac{d-e}{l}+e$$

于是它就是一个答案. 其他的答案可以由它加上 M 的倍数,M 为 a 与 b 的最小公倍数. 接下来,令一个数其分别模 a,b,c 对应余数分别为 d,e,f. 利用第一问求出数 g 分别模 a,b 对应余数分别为 d,e,再求出数 h 分别模 M,c 对应余数分别为 g,f,就可以得出一个答案 h,而其他答案由它加上 M_1 的倍数得出,M_1 为 a,b,c 的最小公倍数.

A. G. Kästner[③],Lüdecke[④] 和 C. Hutton[⑤] 都处理了儒略周期问题.

求基督教纪元下的某一年份 x,其中"太阳周期"下的年数为 18,"太阴周期"下的年数为 8,"罗马小纪"下的年数为 10(译者注:具体年数同上);C. Hutton 指出公元元年在"太阳周期"下的年数为 9,"太阴周期"下的年数为 1,"罗马小纪"下的年数为 3. 因此 $x+9,x+1,x+3$ 对应着模 28,19,15 对应余数分别为 18,8,10. 于是 $x=7\ 980p+1\ 717$.

这一法则[⑥]应用在了 J. Keill 的天文学讲义上.

---

① Demonstrative Rechnenkunst,1732,§1366,§1493.

② The Elements of Algebra,Cambridge,1,1740,316-329. Reproduced by de la Botiere,Mém. de math. phys. ,présentés... divers savans,4,1763,41-65.

③ Angewandte Math. in der Chronologie.

④ Archiv der Math. (ed. ,Hindenburg),2,1745,206.

⑤ The Diarian Repository,or Math. Register,by a Society of Mathematicians,London,1774,306;The Diarian Miscellany,extracted from Ladies' Diary,London,2,1775,33-34;Leybourn's Math. Quest. proposed in Ladies' Diary,1,1817,232-233.

⑥ Ladies' Diary,1735,33-34,Quest. 175.

$$\begin{cases}4\,845 \equiv 0 \pmod{19 \cdot 15} \\ 4\,845 \equiv 1 \pmod{28}\end{cases},\begin{cases}4\,200 \equiv 0 \pmod{28 \cdot 15} \\ 4\,200 \equiv 1 \pmod{19}\end{cases},\begin{cases}6\,916 \equiv 0 \pmod{28 \cdot 19} \\ 6\,916 \equiv 1 \pmod{15}\end{cases}$$

（译者注）

将 $18 \cdot 4\,845 + 8 \cdot 4\,200 + 10 \cdot 6\,916$ 模 7 980，所得余数 6 430 就是儒略历下的年数，减去 4 713 就是上面所求的 1 717 了，其中 4 713 为儒略历下的耶稣诞生年数.

A. Thacker[①] 证明了上述法则，像 Hutton 一样开始的证明.

最小的满足如下条件的数[②]为 $60-1$，该数分别模 2，3，4，5，6 对应余数分别为 1，2，3，4，5.

R. Robinson[③] 求出来一个数，该数分别模 20，19，…，3，2 对应余数分别为 19，18，…，2，1. 由于 $x=2a+1=3b+2=\cdots=20A+19$，由 $2a+1=3b+2$ 得到 $b=2m-1$，$a=3m-1$，然后利用 $x=4c+3=6m-1$，依此类推. 于是有 $x=232\,792\,560B-1$，最小的这类数由 $B=1$ 给定.

J. L. Lagrange[④] 确定出 n，它分别模 $M_1, M_1, M_2, \cdots$，对应余数分别为 N，$N_1, N_2, \cdots$. P 为 $M, M_1, M_2, \cdots$ 的最小公倍数，Q 为 $M, M_2, M_3, \cdots$（忽略 M_1）的最小公倍数，Q_1 为 $M, M_1, M_3, \cdots$（忽略 M_2）的最小公倍数，依此类推，则寻求出整数 $\mu, v, \mu_1, v_1, \cdots$，使得

$$\mu Q - vM_1 = N_1 - N, \mu_1 Q_1 - v_1 M_2 = N_2 - N_1, \mu_2 Q_2 - v_2 M_3 = N_3 - N_2, \cdots$$

则 $n=\lambda P + N + \mu Q + \mu_1 Q_1 + \mu_2 Q_2 + \cdots$，其中 λ 为任意整数. 上述方程组中第一个 $\mu Q - vM_1 = N_1 - N$，当 Q 与 M_1 互素时有无穷多组解，但相反的无解情形中 Q 与 M_1 的最大公因数不整除 $N_1 - N$.

J. L. Lagrange[⑤] 指出一个使得 $Mt+N, M_1u+N_1, M_2x+N_2, \cdots$ 全相等的问题. 由前两式相等得到 t 的通式 $t=Ar+M_1m$，其中 $A=N_1-N$，r 可确定而 m 任意. 而下一步就是求解

$$M(Ar+M_1m)+N=M_2x+N_2$$

解出 m 与 x，依此类推.

K. F. Hindenburg[⑥] 给出了一种“循环周期”的方法去求解此类问题. 例

---

① A Miscellany of Math. Problems, Birmingham, 1, 1743, 167-168.

② Ladies' Diary, 1749, 21, Quest. 296; Diarian Repository... by a Society of Mathematicians, London, 1774, 501-502; C. Hutton's Diarian Miscellany, 2, 1775, 264-265; Leybourn's Math. Quest. L. D., 2, 1817, 2.

③ The Gentleman's Diary, or Math. Repository, 1748; A. Davis' ed., London, 1, 1814, 154-155.

④ Mém. Acad. Roy. Sc. Berlin, 23, année 1767(1769); Oeuvres, Ⅱ, 519-520.

⑤ Mém. Acad. Roy. Sc. Berlin, 24, année 1768(1770), 222; Oeuvres, Ⅱ, 698.

⑥ Leipziger Magazin reine u. angewandte Math., 1786: 281-324; extr. by Lorentz, Lehrbegriff der Math., ed. 2, Ⅰ, 406-442, and by C. A. W. Berkhan, Lehrbuch der Unbestimmten Analytik, Halle, 1, 1855, 124-144.

如,一个数其分别模 $\alpha=2,\beta=3$ 对应余数分别为 1,2,以列的形式将数 1,2,…,α 重复 β 次书写下来. 相似地,以列的形式将数 1,2,…,β 重复 α 次书写下来. 给定的余数出现在了第五行,因此 $x=5$.

$$\begin{matrix} 1 & 1 \\ \underline{2} & 2 \\ 1 & \underline{3} \\ \underline{2} & 1 \\ 1 & 2 \\ 2 & 3 \end{matrix}$$

C. F. Gauss[①] 为了求一个数 z 使其分别模 a,b 对应余数分别为 A,B,求解 $z=Ax+a\equiv b(\bmod B)$,得出 $x\equiv v\left(\bmod \dfrac{B}{\delta}\right)$,其中 δ 为 A 与 B 的最大公因数. 因此 $z\equiv Av+a(\bmod M)$ 是该问题的完全解,其中 $M=\dfrac{AB}{\delta}$ 为 A 与 B 的最小公倍数. 若我们加上条件 $z\equiv c(\bmod C)$,我们得到完全解为

$$z\equiv Mw+Av+a(\bmod M')$$

其中 $M'=\dfrac{ABC}{\delta\varepsilon}$ 是 A,B,C 的最小公倍数,同时 ε 为 M 与 C 的最大公因数.

我们可以用 $z\equiv a(\bmod A')$,$z\equiv a(\bmod A'')$,… 替换 $z\equiv a(\bmod A)$,其中 $A'A''=A$ 并且 A',A'',… 为不同素数的幂. 相似地,令 $B=B'B''\cdots$. 假使 $B'=p^r$,$A'=p^s$,$r\geqslant s$,该问题无解除非 $b\equiv a(\bmod A')$,若满足条件 $z\equiv a(\bmod A')$ 就可被去掉. 用这种方法我们导出了一个等价的同余方程组,其中模数两两互素,过程如上或是参见 Gauss 的作品(归功于 L. Euler).

A. D. Wheeler[②] 指出了最小的且满足如下条件的整数 k,该数分别模 d,d',… 对应余数分别为 r,r',…. 该数是由如下步骤而发现的,将 $\dfrac{x-r}{d}$,$\dfrac{x-r'}{d'}$,… 简化为含公分母的等价分数并对新分子进行 $x-k$ 的线性组合并使得 x 系数为 1.

(译者注:比如 $\begin{cases} k\equiv 3(\bmod 7) \\ k\equiv 6(\bmod 8) \\ k\equiv 5(\bmod 11)\end{cases}$; $\dfrac{x-3}{7},\ \dfrac{x-6}{8},\ \dfrac{x-5}{11}\Leftrightarrow \dfrac{88x-264}{616}$,

① Disq. Arith. ,1801,arts. 32-35;Werke, Ⅰ ,1863,23-26;Maser's German transl. ,15-18.

② The Math. Monthly(ed. ,Runkle),New York,2,1860,410.

$\dfrac{77x-462}{616},\dfrac{56x-280}{616};\begin{cases}A=88x-264\\B=77x-462\\C=56x-280\end{cases}\Rightarrow\begin{cases}P=A-B=11x-198\\Q=B-C=21x-182\end{cases}\Rightarrow 2P-Q=$ $x+578;x+578\equiv x-38\pmod{616}$,于是 38 就是答案.)

A. D. Wheeler[①] 讨论了现代形式的中国剩余定理.

M. F. Daniël 指出若 $a,b,\cdots$ 为互素的整数,则同余方程组 $x\equiv A\pmod a\equiv B\pmod b\equiv\cdots$ 有解

$$x\equiv\left(\frac{k}{a}\right)^{\phi(a)}A+\left(\frac{k}{b}\right)^{\phi(b)}B+\cdots\pmod k$$

其中 $k=ab\cdots$.

T. S. DStieltjes[②] 指出同余式 $x\equiv\alpha\pmod A,x\equiv\beta\pmod B,\cdots,x\equiv\lambda\pmod L$ 有一个公共解当且仅当 $\alpha-\beta,\alpha-\gamma,\beta-\gamma,\cdots$ 分别被 $(A,B),(A,C),(B,C),\cdots$ 整除,其中 (A,B) 为 A 与 B 的最大公因数,依此类推. $A,B,\cdots,L$ 不两两互素的情形可以被化为两两互素的情形,方法是写出模数的最小公倍数形如 $M=A'B'\cdots L'$,其中 $A',B',\cdots,L'$ 两两互素且分别整除 $A,B,\cdots,L$,则最初同余式的解也满足 $x\equiv\alpha\pmod{A'},x\equiv\beta\pmod{B'},\cdots,x\equiv\lambda\pmod{L'}$,于是 $x\equiv a\pmod M$,反过来最后一个 x 满足最初同余式,前提是当它们可解.

H. J. Woodall[③] 求出分别模 3,5,7,11,13 所得余数的问题.

J. Cullen[④] 给出一个图解法去求解 $x\equiv\alpha\pmod P,\cdots,x\equiv\lambda\pmod L$,当 $P,\cdots,L$ 非常大时很有效.

G. Arnoux[⑤] 含蓄地给出这一定理,若 $m_1,m_2,\cdots,m_n$ 两两互素,$M=m_1m_2\cdots m_n,\mu_i=\dfrac{M}{m_i}$,并且当 $a_1,a_2,\cdots,a_m$ 是使得对 $i=1,2,\cdots,n$ 都有 $a_i\mu_i\equiv r\pmod{m_i}$ 成立的整数,则有 $\alpha_1\mu_1+\alpha_2\mu_2+\cdots+\alpha_n\mu_n\equiv r\pmod M$. 证明由 C. A. Laisant,以及 T. Hayashi[⑥] 所给出.

① Zeitschr. Math. Naturw. Unterricht,10,1879,106-110;13,1882,187-190.

② Annales Fac. Sc. Toulouse,4,1890,final paper,pp. 31-32.

③ Math. Quest. Educ. Times,73,1900,67.

④ Proc. London Math. Soc.,34,1901-1902,323-334;(2),2,1905,138-141.

⑤ Arith. Graphique,Paris,1906,29-31.

⑥ L'enseignement math.,10,1908,220-225;12,1910,141-142.

6 关于这个问题的论文

G. S. Klügel, Math. Wörterbuch, 3, 1808, 792-800.

J. C. Schäfer, Die Wunder derRcchenkunst, Weimar, 1831, 1842, Prob. 60.

H, Kaiser, Archiv Math. Phys., 25, 1855, 76.

G. Dostor, *ibid.*, 63, 1879, 224.

V. A. Lebesgue. Exercices d'analyse numérique, Paris, 1859, 54-58.

Szenic, Von der Kongruenz der Zahlen. Progr. Schrimm, 1873.

A. Domingues, Les Mondes (Revue Hebdom. des Sciences et Arts), Paris, 55, 1881,62.

G. de Rocquigny, *ibid.*, 54, 1881, 304.

D, Marchand, *ibid.*, 54, 1881, 437.

7 $ax+by=n$ 正整数解的数目 ω，其中 a,b 为两个互素的正整数

P. Paoli[①] 指出若 $ax+by=n$ 有整数解，a,b 的公因数必须整除 n 并且等式每一项都可以移除它. 都令 a,b 为互素的正整数(直至下一个声明). 现记 β 为最小的正整数使得 $n-\alpha\beta$ 被 b 整除，则每一个解可给出如下

$$x=\beta+bm, y=\frac{n-\alpha\beta}{b}-am$$

m 的值取 $0,1,\cdots,E$ 可保证 x,y 为正，其中 E 表示小于 $\frac{n-\alpha\beta}{ab}$ 的最大整数. 因此有 $\omega=E+1$ 组正整数解 $\{x,y\}$.

P. Barlow[②] 利用正整数 p,q 使得 $aq-bp=+1$，则不定方程 $ax+by=n$ 的所有解给出如下

$$x=nq-mb, y=ma-np$$

---

① Opuscula analytica, Liburni, 1780, 114. In one place in the text and in his example, he erroneously took β between $-\frac{b}{2}$ and $\frac{b}{2}$, instead of positive.

② Theory of Numbers, London, 1811, 324.

令$[t]$表示不大于t的最大整数,则

$$\omega=\left[\frac{nq}{b}\right]-\left[\frac{np}{a}\right]$$

或者$\omega=\left[\frac{nq}{b}\right]-\left[\frac{np}{a}\right]-1$,其中当$\frac{nq}{b}$为整数时取减1的情形.实际上,$m$必须小于$\frac{nq}{b}$并大于$\frac{np}{a}$才能保证$x,y$为正.

Libri将ω表示为三角函数之和的形式.

C. Hermite① 利用整数

$$n'=a\left[\frac{n}{a}\right]+b\left[\frac{n}{b}\right]-n,n''=a\left[\frac{n'}{a}\right]+b\left[\frac{n'}{b}\right]-n',\cdots$$

则不定方程$ax+by=n$的每一个正整数解可以给出如下

$$x=\left[\frac{n}{a}\right]-\left[\frac{n'}{a}\right]+\left[\frac{n''}{a}\right]-\cdots+(-1)^{i-1}\left[\frac{n^{(i-1)}}{a}\right]+(-1)^{i}b\xi$$

$$y=\left[\frac{n}{b}\right]-\left[\frac{n'}{b}\right]+\left[\frac{n''}{b}\right]-\cdots+(-1)^{i-1}\left[\frac{n^{(i-1)}}{b}\right]+(-1)^{i}a\eta$$

其中ξ,η取$\omega+1$组不小于0的整数值,这些值满足$\xi+\eta=\omega$并且ω使得$n^{(i)}=\omega ab$.因此若τ为$\frac{n}{ab}$的最大整数且有$n=\tau ab+v$,则当新不定方程$ax+by=v$有正整数解时$\omega=\tau$,当新不定方程$ax+by=v$无正整数解时$\omega=\tau+1$.

M. A. Stern② 给出了Barlow的结果.

A. D. Wheeler③ 指出若不定方程$ax+by=c$有最小正整数解$x=v$,则它还有正整数解$x=v+b$,依此类推.因此当$c>nab$时至少有n个正整数解.上述不定方程有n个正整数解时,c最小可取到$(n-1)ab+a+b$,最大可取到$(n+1)ab$.若$c=nab$时,有确切的$n-1$个正整数解.若$c=nab+ax'+by'$时,至少有$n+1$个正整数解,其中x',y'正整数.

J. J. Sylvester④ 陈述了两个定理,定理关于的是对于$r=0,1,\cdots,n$不定方程$ax+by=r$的正整数解的数目

$$(n;a,b)=\frac{1}{2}k(kab+a+b+2n'-1)+(n';a,b)$$

前提是k和n'都必须为正整数且满足

$$n+1=kab+n'$$

---

① Quar. Jour. Math.,1,1855-1857,370-373;Nouv. Ann. Math.,17,1858,127-130. Oeuvres,I,440. Cf. Crocci.

② Jour. für Math.,55,1858,210.

③ The Math. Monthly(ed.,Runkle),New York,2,1860,56,193-194.

④ Comptes Rendus Paris,50,1860,367;Coll. Math. Papers,II,176.

$$(v;a,b)=(v';a',b')+\left(v'-\left[\frac{a'v}{a}\right]\right)\cdot\left[\frac{av'-va'+1}{a'}\right]$$

$$v<ab,v'=\left[\frac{b'v}{b}\right]$$

其中 a' 与 b' 为使得 $ab'-ba'=1$ 成立的正整数,且 $a'<a,a'<b$.

E. Catalan[1] 运用了已知结论,即如下不定方程

$$ax+by=n$$

的解为 $x=\alpha-b\theta,y=\beta+a\theta$,其中 α,β 为一组正整数解.令 a,b,n 为正整数,则上述不定方程的正整数解满足 $\theta<\frac{\alpha}{b}$ 与 $\theta>-\frac{\beta}{a}$,这同 $\theta<\frac{a\alpha}{ab}$ 与 $\theta>\frac{a\alpha-n}{ab}$ 是等价的.因此 $\omega=\left[\frac{n}{ab}\right]$ 或 $\omega=\left[\frac{n}{ab}+1\right]$.记 n 满足 $n=abq+n',0\leqslant n'<ab$,他证明了当不定方程 $ax'+by'=n'$ 有一个正整数解时,不定方程 $ax+by=n$ 有 $q+1$ 个正整数解;当不定方程 $ax'+by'=n'$ 无正整数解时,不定方程 $ax+by=n$ 有 q 个正整数解.

C. de Polignac[2] 谈论了不定方程 $ax+by=n$ 可以由图解法解决,利用的是初始矩形具有底 a 和高度 b 的格点.他得出结论,记 $\tau=\left[\frac{n}{ab}\right]$,当 n 模 ab 所得余数小于 $b\beta$ 时有 $\omega=\tau$,其中 β 为最小的正值 y,而相反的条件下有 $\omega=\tau+1$.

E. Catalan[3] 提出而由 E. Cesaro 证明,如果我们计算下列几个不定方程不小于 0 的整数解的数目 $x+2y=n-1,2x+3y=n-3,3x+4y=n-5,\cdots$,则这类解的总数目等于 $n+2$ 减去其所含因子个数.

译者注 通过翻阅电子资料发现原文举了 $n=10$(偶数)的例子,即 $x+2y=9$ 有五个非负整数解,$2x+3y=7$ 有一个非负整数解,$3x+4y=5$ 以及之后的没有非负整数解,总共这类解的数目为六,恰好等于 $n+2-\theta(n+2)=12-6=6$,其中 $n+2=12$ 确实有六个因子,分别为:1,2,3,4,6,12.

$n=15$(奇数)也可以验证这一命题.$x+2y=14$ 有八个非负整数解,$2x+3y=12$ 有三个非负整数解,$3x+4y=10$ 有一个非负整数解,$4x+5y=8$ 有一个非负整数解,$5x+6y=6$ 有一个非负整数解,$6x+7y=4,7x+8y=2$ 没有非负整数解,$8x+9y=0$ 有一个非负整数解,总共这类解的数目为十五,确确实实

---

① Mélanges Math.,1868,21-23;Mém. Soc. Sc. Liège,(2),12,1885,23(Mélanges Math. Ⅰ). Mathesis,10,1890,220-222.

② Bull. Math. Soc. France,6,1877-1878,158. E. M. Laquière,*ibid*.,7,1878-1879,89,simplified Polignac's work. A resumé of both is given by S. Günther,Zeitschr. Math. Naturw. Unterricht,13,1882,98-101.

③ Nouv. Ann. Math.(3),1,1882,528;(3),2,1883,380-382.

等于 $n+2-\theta(n+2)=17-2=15$.

不定方程 $px+(p+1)y=n-(2p-1)$ 有

$$\left[\frac{n+1}{p}\right]-\left[\frac{n+1}{p+1}\right]+\varepsilon$$

个不小于 0 的整数解，其中 $p+1$ 是 $n+2$ 的因子时，$\varepsilon=1$；否则 $\varepsilon=0$.

E. Cesaro 提出而由 J. Gillet[①] 证明了，如果我们计算下列几个不定方程不小于 0 的整数解的数目 $x+4y=3n-1, 4x+9y=5n-4, 9x+16y=7n-9, \cdots$，则这类解的总数目等于 n.

E. Catalan 提出而由 E. Cesàro 以及 H. Schoentjes 证明，如果我们计算下列 $n+1$ 个不定方程不小于 0 的整数解的数目 $x+2y=n, 2x+3y=n-1, \cdots, (n+1)x+(n+2)y=0$，则这类解的总数目等于 $n+1$.

Cesàro 证明了上述定理所含不定方程中的 n 替换为 $n-1$ 后，即 $p(x+y+1)+y=n$ 有确切的非负整数解数目 $N_p=\left[\frac{n}{p}\right]-\left[\frac{n}{p+1}\right]$，同样也有

$$N_p+N_{p+1}+\cdots+N_n=\left[\frac{n}{p}\right]$$

同时有 $N_1+N_3+N_5+\cdots$ 等于 $1,2,\cdots,n$ 的奇因子数数目减去偶因子数数目. 计算下列 n 个不定方程不小于 0 的整数解的数目 $x+2y=2(n-1), 2x+3y=2(n-2), \cdots, nx+(n+1)y=0$，则这类解的总数目等于 $2n+1$ 的非因子数数目. 作为一个推广，这些不定方程 $px+(p+1)y=k(n-p)$，其中 $p=1,2,\cdots,n$，有

$$M=M_1+\cdots+M_n$$

个不小于 0 的整数解，其中 $M_p=\left[\frac{kn}{p}\right]-\left[\frac{kn+k-1}{p+1}\right]$ 是对应单个不定方程这类解的数目. 比如 $k=3$，M 等于 $3n+1$ 型与 $3n+2$ 型因子数数目之和.（前面的结果是 1888 年 Lerch 给出的公式的特殊情况，参看 Gegenbauer 的文献，本系列第一卷英文原版第 265 页的这段历史.）作为 Catalan 提出的那个定理的推广，下述这些不定方程不小于 0 的整数解的总数目为 n.

$$(1+jk)x+(1+\overline{j+1}k)y=k(n-j-1) \quad (j=0,1,\cdots)$$

给出不定方程 $ax+by=n$ 的一组整数解 $x=-\alpha, y=\beta$，则其 $\geqslant 0$ 的整数解数目为 $\left[\frac{\beta}{\alpha}\right]-\left[\frac{\alpha-1}{b}\right]$.

考虑一组正整数 $u_1, u_2, \cdots$ 其每一项都与后一项互素. 令 $v_1, v_2, \cdots$ 为整数

---

① Mathesis, 2, 1882, 208; 5, 1885, 59-60.

并由下述表达式确定出一系列的 w 满足

$$w_p = v_p u_{p+1} - (1 + v_{p+1}) u_p$$

若 w_r 是第一个出现的负数项,则下述这些不定方程不小于 0 的整数解总数目为 $\left[\frac{v_1}{u_1}\right] - \left[\frac{v_r}{u_r}\right]$,且

$$u_p x + u_{p+1} y = w_p \quad (p = 1, 2, \cdots, r-1)$$

是由于其对应单个不定方程这类解的数目为 $\left[\frac{v_p}{u_p}\right] - \left[\frac{v_{p+1}}{u_{p+1}}\right]$. 假使 $v_p = n, u_p = p^2$,得到 Cesàro 提出的那个结果.

Cesàro 引用一封来自 Hermite 的信件里的结果

$$\left[\frac{n-b}{a}\right] + \left[\frac{n-2b}{a}\right] + \left[\frac{n-3b}{a}\right] + \cdots = \left[\frac{n-a}{b}\right] + \left[\frac{n-2a}{b}\right] + \left[\frac{n-3a}{b}\right] + \cdots$$

上述等式两边都是 $ax + by \leqslant n$ 正整数解数目 μ. 从此后文都令 a, b 为互素的整数(直至下一个声明). 则不定方程 $ax + by = n$ 满足不小于 0 的整数解数目为 $N_n = \left[\frac{n}{ab}\right] + r$,其中 $r = 0$ 或 $r = 1$. Cesàro 指出当 n 模 ab 所得余数 R 形如 $\rho a + \sigma b$ 时 $r = 1$,其中 ρ, σ 是不小于 0 的整数;否则 $r = 0$(参看 Catalan 的文献). 这个定理可以表达为 $N_n - N_R = \left[\frac{n}{ab}\right]$ 并可以由两种方法证明,其中一种是一个几何化的过程而是由 Lucas 告诉他的:先给定一个点在直线 $ax + by = n$ 上并有着不小于 0 的整值坐标,很容易找出所有这样的点. 如果 M 是具有最大横坐标的点,我们从 M 的横坐标中减去 b,然后从 M 的纵坐标中加上 a,得到第二个点 M'. 同样,我们得到一个新的点,依此类推.

Cesàro 提出而由 N. Goffart① 证明了,下列几个不定方程满足不小于 0 的整数解的总数目等于 n

$$x + 4y = 3(n-1), 4x + 9y = 5(n-2), 9x + 16y = 7(n-3), \cdots$$

J. Gillet② 陈述下述不定方程满足不小于 0 的整数解的数目总和等于 n.

$$p^m x + (p+1)^m y = ((p+1)^m - p^m)n - p^m \quad (p = 1, \cdots, n)$$

这是 Cesàro 及 Catalan 所提出定理的推广.

E. Lucas③ 证明了 Catalan 的结果并添上了评述 n' 的值取 $\frac{1}{2}(a-1)(b-1)$

---

① Nouv. Ann. Math. ,(3),3,1884,399,539-540.

② Mathesis,6,1886,32.

③ Mathesis,10,1890,129-132;Théorie des nombres,1891,479-484;Jour. de math. spéc. ,1886, 20-22.

时，不定方程 $ax+by=n'$ 没有大于或等于 0 的整数解. 在对于 $\frac{a}{b}$ 的连分数中，令 $\frac{\alpha}{\beta}$ 为第 $n-1$ 级渐近值在 $\frac{a}{b}$ 之前. 则记 r 为 n'，我们便有不定方程 $ax+by=r$ 的(特) 解(可写为) $x_0=(-1)^n r\beta, y_0=-(-1)^n r\alpha$. 由 $x=x_0+bt, y=y_0-at$ 可给出通解.

对于 $t=\frac{s}{a^2+b^2}$ 可使得 $x=x_0+bt$ 与 $y=y_0-at$ 的平方和最小，其中 $s=(-1)^{n-1}(a\alpha+b\beta)r$. 当 s 模 a^2+b^2 时，令 ρ_1 为最小的正余数并且 $-\rho_2$ 为最大的负余数，则这几组最小的解可由下述等式给出

$$kx_1=ar-b\rho_1, ky_1=br+a\rho_1, kx_2=ar+b\rho_2, ky_2=br-a\rho_2$$

这些最小解仅在一组中有未知数都为不小于 0 的整数. 因此 $ax+by=r$ 是不小于 0 整数可解的当且仅当 $ar-b\rho_1$ 和 $br-a\rho_2$ 非负.

E. Catalan① 用一个例子表明了上述 Lucas 的方法需要很长的运算. 他指出，若记 $\omega(n)$ 为不定方程 $px+qy=n$ 的不小于 0 的整数解，则有

$$1+2\omega(1)+2^2\omega(2)+\cdots+2^{pq-p-q}\omega(pq-p-q)=\frac{2^{pq}-1}{(2^p-1)(2^q-1)}$$

A. S. Werebrusow② 指出 $\omega=\frac{n-b\beta-a\alpha}{ab}$，若 β 是最小的正值 y，且 α 是最大的负值 x.

L. Salkin③ 利用 Catalan 所讨论的来表明当 $d\leqslant d'$ 时 $\omega=q$ 而当 $d>d'$ 时 $\omega=q+1$，其中 $-l$ 与 m 是一组解，$d=\frac{l}{b}-\left[\frac{l}{b}\right], d'=\frac{m}{a}-\left[\frac{m}{a}\right]$.

V. Bernardi④ 利用 $k-b, k-a$ 对应着模 a, b 的余数 r'_1, r''_1 与商 q'_1, q''_1 会求出不定方程 $ax+by=k$ 的正整数解，因此

$$ax_1+by_1=k_1, k_1=k-1-b-r'_1-r''_1$$

相似地，$ax_2+by_2=k_2,\cdots,ax_m+by_m=k_m=k_{m-1}-a-b-r'_m-r''_m$，其中 $k_{m-1}-b, k_{m-1}-a$ 为对应着模 a, b 的余数 r'_m, r''_m 与商 q'_1, q''_1. 用这种方法我们可以求出值为 u 的 m 使得(情形一) 上述的两个除式之一所得的余数(只有一种可能) 为 0，该除式为除数 a 和除数 b 中较小者对应的除式，(情形二) 或者使得另一个除式所得的余数(有两种可能) 为 0 或被较小的系数整除. 则 k_u 可以被 a, b 中较大者或是较小者整除，分别对应上述两种情形. 若 k_u 被 a 整除，含有

---

① Mathesis, 10, 1890, 197-199.

② Spaczinski's Bote Math., Odessa, 1901, Nos. 298, 299.

③ Mathesis, (3), 2, 1902, 107-109.

④ Atti società italiana per il progresso delle scienze, 2, 1908, 317-318.

k_u 的正整数解为

$$x_u=\frac{k_u}{a}-nb, y_u=na \quad (n=0,1,\cdots,\left[\frac{k_u}{ab}\right])$$

则所给出的不定方程全部正整数解为

$$x=(-1)^u x_u+q'_1-q'_2+\cdots+(-1)^{u-1}q'_u$$
$$y=(-1)^u y_u+q''_1-q''_2+\cdots+(-1)^{u-1}q''_u$$

参看 Hermite 的文献.

L. Crocchi[①] 指出 Hermite 的公式不能只给出整数解. 于是,若 $n<a$,$n<b$ 时,它们给出 $x=\pm b\xi$,$y=\pm b\eta$,$\xi+\eta=\pm\frac{n}{ab}$,这就导出 $ax+by=n$ 的分数解. 因此 Crocchi 改造了 Hermite 的公式使得导出公式仅给出正整数解,设

$$n=\left[\frac{n}{a}\right]a+r=\left[\frac{n}{b}\right]b+s, n'=n-r-s, n'=\left[\frac{n'}{a}\right]a+r',\cdots$$

则

$$\frac{s}{a}=\left[\frac{n}{a}\right]-\frac{n'}{a}=\left[\frac{n}{a}\right]-\left[\frac{n'}{a}\right]-\frac{r'}{a}, \left[\frac{n'}{a}\right]=\left[\frac{n}{a}\right]-\left[\frac{s}{a}\right]_+$$

其中 $\left[\frac{s}{a}\right]_+$ 是商由 s 除以 a 向上取整得到的,相似地

$$\left[\frac{n''}{a}\right]=\left[\frac{n}{a}\right]-\left[\frac{s}{a}\right]_+-\left[\frac{s'}{a}\right]_+$$

用交替的符号累加起来,我们得到,对于偶数 m 有

$$x=\left[\frac{n}{a}\right]-\left\{\left[\frac{s'}{a}\right]_++\left[\frac{s'''}{a}\right]_++\cdots+\left[\frac{s^{(m)}}{a}\right]_+\right\}$$
$$y=\left[\frac{n}{b}\right]-\left\{\left[\frac{r'}{b}\right]_++\left[\frac{r'''}{b}\right]_++\cdots+\left[\frac{r^{(m)}}{b}\right]_+\right\}$$

并且,对于奇数 m 有

$$x=\left[\frac{n}{a}\right]+\left[\frac{s''}{a}\right]_++\cdots+\left[\frac{s^{(m-1)}}{a}\right]_+$$
$$y=\left[\frac{r}{b}\right]+\left[\frac{r''}{b}\right]_++\cdots+\left[\frac{r^{(m-1)}}{b}\right]_+$$

则 $x=x'+(-1)^{m+1}b\xi$,$y=y'+(-1)^{m+1}a\eta$,$\varepsilon+\eta=\frac{n^{(m)}}{ab}$.

L. Crochi[②] 指出,若在 Hermite 的过程中我们已经得出被除数 $n^{(p)}=aQ+rp=bQ'+r'_p$,则 $n^{(p+1)}=n^{(p)}-r_p-r'_p$,例如,考虑 $5x+11y=488$(表 2.1).

---

① Il Boll. di Matematica Gior. Sc.-Didat.,7,1908,229-236.

② Il Pitagora,Palermo,15,1908-1909,29-33.

表 2.1

被除数	余数		商数	
	除以 5	除以 11	除以 5	除以 11
488	3	4	97	44
481	1	8	96	43
472	2	10	94	42
460	0	9	92	41
451	1	0	90	41
450	0	10	90	40
440	0	0	88	40

现 $481=488-3-4$,依此类推,因此

$$x'=97-96+94-92+90-90+88=91$$

$$y'=1+1+1+40=43$$

$$x=91-11m$$

$$y=43-5n$$

$$m+n=\frac{440}{5\cdot 11}=8$$

为了更快捷地求解 x',用第三列的第二、第四、第六个元素并设

$$I_2=1+\left[\frac{8}{5}\right]=2,I_6=\left[\frac{10}{5}\right]=2$$

$$I_2=1+\left[\frac{9}{5}\right]=2,x'=97-I_2-I_4-I_6=91$$

相似地,由第二列,有 $y'=44-1-0-0=43$,但是若操作的数量为偶数,我们将利用 I_1,I_3,I_5.

L. Rassicod①,V. A. Lebesgue②,G. Chrystal③,L. Aubry④,E. Cesàro⑤ 都用已知的方法计算过 ω.

G. B. Mathews⑥ 证明了,若 $\psi(n)$ 为不定方程 $x+y=n$ 且满足$3x\geqslant 4y$,$2x\leqslant 7y$ 正整数解的数目,则

$$\sum\psi(n)x^n=\frac{(1+x^3+\cdots+x^{13})}{(1-x^7)(1-x^9)}$$

对于这类 n 替换为两个未知数的问题,参看本书第三章.

---

① Nouv. Ann. Math. ,17,1858,126-127.

② Exercices d'analyse numérique,1859,52-53.

③ Algebra,2,1889,445-449;ed. 2,vol. 2,1900,473-476.

④ L'enseignement math. ,9,1907,302.

⑤ Mém. Soc. Roy. Sc. de Liège,(3),9,1912,No. 13.

⑥ Math. Quest. and Solutions,6,118,62-64.

8 三元线性方程

T. F. de Lagny 处理了 $py=ax+z$ 通过给 z 所赋上 a,b 最大公因数相继的倍数值. Paoli 以及 Mac Mahon 所给出的方法也如上.

几位作者①求出了如下不定方程的 12 组正整数解

$$10x+11y+12z=200$$

L. Euler② 处理了 $Aa+Bb+Cc=0$. 例如

$$49a+59b+75c=0$$

模 49 并令 $a+b+c=d$. 因此可得余式 $10b+26b+49d=0$. 再模 10 并继续如上过程. 我们最终得到所有的整数解

$$a=-8e-7f,b=13e+2f,c=3f-5e$$

P. Paoi③ 解决了 $5x+8y+7z=50$ 是通过如下相继的替换

$$x+y=t,5t+3y+7z=50$$

$$y+t=t',3t'+2t+7z=50$$

$$t+t'=t'',2t''+t'+7z=50$$

由于有一个系数是单位的,解就显然了.

A. Cauchy④ 证明了不定方程 $ax+by+cz=0$ 的每一个解可给出如下

$$x=bw-cv,y=cu-aw,z=av-bu$$

前提是 a,b,c 的最大公因数为 1.

V. Bouniakowsky⑤ 证明了 Cauchy 的结果通过求解如下三个方程

$$ax+by+cz=0,a'x+b'y+c'z=h',a''x+b''y+c''z=h''$$

所联立的两个方程的系数任意,则

$$x=bw-cv$$

另外两个依此类推,其中 $u=\dfrac{a'h''-a''h'}{\Delta}$,另外两个依此类推,$\Delta$ 是一个三阶行列式.

---

① The Gentleman's Diary,or Math. Repository,1743;Davis'ed. ,London,1,1814,45-47.

② Opus. anal. ,2,1785[1775],91;Comm. Arith. Coll. ,Ⅱ,99.

③ Elementi d'Algebra di Pietro Paoli,Pisa,1,1794,162.

④ Exercices de math. ,1,1826,234. Oeuvres de Cauchy, (2),6,1887,287. Extr. by J. A. Grunert in Archiv Math. Phys. ,7,1846,305-308.

⑤ Bull. Acad. Sc. St. Pétersbourg,6,1848,196-199.

V. A. Lebesgue① 指出若 a,b,c 的最大公因数为 1,不定方程

$$ax+by+cz=d \tag{1}$$

的全部解可给出

$$x=d\alpha\delta+c\alpha u+\frac{vb}{D},y=d\beta\delta+c\beta u-\frac{va}{D},x=d\gamma-Du$$

其中 u,v 任意,而 $a\alpha+b\beta=D$,D 为 a,b 的最大公因数,并且 $D\delta+c\gamma=1$.

H. J. S. Smith② 陈述若 a,b,c 与 a',b',c' 是不定方程 $Ax+By+Cz=0$ 的两组解,其中 A,B,C 最大公因数为 1,则完全解为

$$x=at+a'u,y=bt+b'u,z=ct+c'u$$

当且仅当下述各式没有(大于 1 的)公因数

$$bc'-b'c,ca'-ac',ab'-a'b$$

A. D. Wheeler③ 处理了式(1)是通过给 z 取 1,2,… 直到它取得一个值使 $ax_1+by_1=d-cz<a+b$ 是无正整数解的.通过化简这种方法,他求出了正整数解的数量.

L. H. Bie④ 表示出了式(1)的通解依据 $d-pc$ 模 b 的余数.

C. de Comberousse⑤ 运用了 a,b 的最大公因数 δ.令 δ 与 c 的最大公因数被 d 整除,则 $d-cz=\delta\theta$ 有无穷组解 z,θ.对于每一个 θ,$\frac{xa}{\delta}+\frac{yb}{\delta}=\theta$ 有无穷组解.若 α,β,γ 是式(1)的一组解,则每一个解可给出

$$x=\alpha-b\theta+c\theta',y=\beta+a\theta+c\theta'',x=\gamma-a\theta'-c\theta'' \quad (\theta,\theta',\theta''\text{任意})$$

A. Pleskot⑥ 用连分数处理了式(1).

当各类有关代数的书⑦中式(1)的解都涉及了三个参数的时候,由 G. M. Testi⑧ 给出的解仅涉及两个参数.令 a,b 的最大公因数 δ 与 c 互素.则

$$\frac{a}{\delta}x+\frac{b}{\delta}y=t,\delta t+cz=d$$

上述第二个式子有通解 $t_0-c\varphi,z_0+\delta\varphi$,其中 t_0,z_0 是其一组解.上述第一个式子的全部解可给出为 $x=x_0t-\frac{\theta b}{\delta},y=y_0t+\frac{\theta a}{\delta}$,其中 x_0,y_0 是如下方程的一组解

---

① Exercices d'analyse numérique,Paris,1859,60.

② British Assoc. Report,1860,Ⅱ,6;Coll. Math. Papers,Ⅰ,365-366.

③ The Math. Monthly(ed.,Runkle),New York,2,1860,407-410.

④ Tidsskrift for Mat.,2,1878,168-178.

⑤ Algèbre supérieure,1,1887,179-183.

⑥ Casopis,Prag,22,1893,71.

⑦ Cf. J. Bertrand,Traité élém. d'algèbre,1850;transl. by E. Betti,Florence,1862,285.

⑧ Periodico di Mat.,13,1898,177.

$$\frac{a}{\delta}x+\frac{b}{\delta}y=1$$

因此式(1) 有解 $\alpha=x_0t_0,\beta=y_0t_0,\gamma=z_0$ 并且也有

$$x=\alpha-cx_0\varphi-\frac{\theta b}{\delta}$$

$$y=\beta-cy_0\varphi-\frac{\theta a}{\delta}$$

$$z=\gamma+\delta\varphi$$

上述所给出的是不定方程(1) 的所有解,其中 φ,θ 可以取正整数、负整数和零.一个类似的结果曾由 F. Giudice① 给出.

H. Rouss② 以图形展示了如何求解不定方程(1) 满足某些约束的 x,y,z,例如全为正.

9　n 元($n>3$) 线性方程

Brahmagupta 与 Bháskara(求解该类问题时) 将值赋给了除两个未知数外的所有数.

T. Moss③ 列表展示了如下不定方程的 412 组正整数解(译者注:该不定方程一共就有 412 组正整数解)

$$17v+21x+27y+36z=1\ 000$$

C. F. Gauss④ 指出,若常数项是未知数系数的最大公因数 g 的倍数,那么 g 为那些系数的线性函数,并且方程在整数(域) 上是可解的.

V. Bouniakowsky 想解出不定方程 $ax+by+cz+du=0$ 需通过与其联立的三条方程 $a'x+b'y+c'z+d'u=h'$,另外两个依此类推,并求解这个方程组.所给出方程的通解因此是

$$x=dp-cq+br,z=dr'-bq'+aq$$

$$y=-dp'+cq'-ar,u=-cr'+bp'-ap$$

其中 p,q,r,p',q',r' 任意.他给出了五个未知数情形的类似结果,并概述了 n 个未知数情形的法则. V. Schäwen⑤ 给出了同样的方法.

① Giornale di Mat. ,36,1898,227.

② Korresp. Bl. f. d. höheren Schulen Württembergs,Stuttgart,9,1912,481-484.

③ Ladies' Diary,1774,35-36,Quest. 658;T. Leybourn's Math. Quest. L. D. ,2,1817,374-376.

④ Disquisitiones Arith. ,1801,art. 40;Werke,Ⅰ,32.

⑤ Zeitschr. Math. Naturw. Unterricht,9,1878,111-118.

B. Jaufroid[1] 假定下述不定方程的 $a,\cdots,m$ 没有(大于1的)公因数

$$ax+by+cz+\cdots+mu+n=0 \quad (1)$$

译者注 每一小节的式(1)所对应的式子不一样.

首先,令 a,b 是互素的.则

$$aA+bA_1+c=0,\cdots,aL+bL_1+m=0,aM+bM_1+n=0$$

对于 $A,A_1,\cdots$ 有上式可解,以便式(1)可被下式满足

$$x=Az+Bv+\cdots+Lu+M-bt$$

$$y=A_1z+B_1v+\cdots+L_1u+M_1-at$$

其次,令 δ 为 a,b 的最大公因数并令 δ 与 c 互素,设 $a=a_1\delta,b=b_1\delta$ 与

$$a_1x+b_1y=p \quad (2)$$

则式(1)变成了 $\delta p+cz+\cdots+mu+n=0$,并且可被下式满足

$$z=B_2v+\cdots+L_2u+M_2-\delta t,p=B_2v+\cdots+L_2u+M_2-ct$$

对于这些值,式(2)变成了 $a_1x+b_1y-B_3z-\cdots=0$,因此第一种情形下我们依据 $v,\cdots,u,t,t'$ 得出解 x,y,z.应用类似的方法当 a,b,c 的最大公因数与 d 互素,依此类推.

V. A. Lebesgue[2] 指出 a,b 互素时,我们可以设 $a\alpha+b\beta=1$,则式(1)的通解为

$$x=Q\alpha+bw,y=Qb-aw,Q=-n-cz-\cdots-mu$$

但若系数中没有互素的两个系数,接下来求不定方程

$$a_1x_1+a_2x_2+\cdots+a_5x_5=a_6$$

设 $\Delta_1=a_1$,并对于 $i=2,3,\cdots,5$ 令 Δ_i 为 $a_1,a_2,\cdots,a_i$ 的最大公因数.移除 a_6 的必带因子 Δ_5,使得现在 $\Delta_5=1$.确定整数 α_i,β_i 使得 $\Delta_i\beta_i+a_{i+1}\alpha_{i+1}=\Delta_{i+1}$ $(i=1,2,\cdots,4)$.解出每一个 $\Delta_{i-1}y_{i-1}+a_ix_i=\Delta_iy_i(i=2,3,4)$ 方程,其中 $x_1=y_1$ 且$\Delta_4y_4+a_5x_5=a_6$,因此

$$y_{i-1}=\beta_{i-1}y_i+\frac{z_ia_i}{\Delta_i},y_4=\beta_4a_6+a_5z_5$$

$$x_i=\alpha_iy_i+\frac{z_i\Delta_{i-1}}{\Delta_i},x_5=\alpha_5a_6-\Delta_4z_5$$

对于 $i=2,3,4$.消去 y,我们依据参数 $z_1,z_2,\cdots,z_5$ 得到 $x_1,x_2,\cdots,x_5$.

E. Betti 给出了一个未带证明的公式,用于求解不定方程 $a_1x_1+\cdots+a_nx_n=a$ 的整数解,其中 $a_1,\cdots,a_n$ 没有(大于1的)公因数,并且 $\alpha_1,\alpha_2,\cdots,\alpha_n$ 是下述方程组的一组特解

$$x_1=\alpha_1+a_2\theta_2+a_3\theta_3+\cdots+a_{n-1}\theta_{n-1}+a_n\theta_n$$

---

① Nouv. Ann. Math., 11, 1852, 158.

② Exercices d'analyse numérique, 1859, 58.

$$x_2=\alpha_2-a_1\theta_2+a_3\theta'_3+\cdots+a_{n-1}\theta'_{n-1}+a_n\theta'_n$$
$$x_3=\alpha_3-a_1\theta_3-a_2\theta'_3+\cdots+a_{n-1}\theta''_{n-1}+a_n\theta''_n$$
$$\vdots$$
$$x_{n-1}=\alpha_{n-1}-a_1\theta_{n-1}-a_2\theta'_{n-1}-\cdots-a_{n-2}\theta_{n-1}^{(n-3)}+a_n\theta_n^{(n-2)}$$
$$x_n=\alpha_n-a_1\theta_n-a_2\theta'_n-\cdots-a_{n-2}\theta_n^{(n-3)}+a_{n-1}\theta_n^{(n-2)}$$

其中$\frac{n(n-1)}{2}$个 $\theta_j^{(i)}$ 是任意的. F. Giudice 证明每一个解的形式都是如此并给出了一种方法(基于二元方程),此方法依据 $n-1$ 个参数得出通解.

C. G. J. Jacobi① 用几种方法处理了下述不定方程

$$\alpha_1x_1+\alpha_2x_2+\cdots+\alpha_nx_n=fu$$

其中 f 是 $\alpha_1,\alpha_2,\cdots,\alpha_n$ 的最大公因数,令$[a,b]$ 为 a,b 的最大公因数. 可由下述方程组的一个解轻易地导出全部解

$$\alpha_1x_1+\alpha_2x_2=f_2y_2, f_2=[\alpha_1,\alpha_2]$$
$$f_2y_2+\alpha_3x_3=f_3y_3, f_3=[f_2,\alpha_3]$$
$$f_3x_3+\alpha_4x_4=f_4y_4, f_4=[f_3,\alpha_4]$$

补充道,由于 $f_n=f$ 我们得到给定方程. 他的第二个方法是由处理相反顺序的这些方程而组成的,这些方程就是分别将每个等式两端同时除以 f_i 而来的. 他指出 L. Euler 的方法也适用于 $Aa+Bb+Cc=u$.

K. Weihrauch② 记 $E[M:N]$ 为用 N 来除 M 所得的整数部分,记 $R[M:N]$ 为所得的余数. 因此(若 $A_1\neq 0$)

$$A_1x_1+A_2x_2+\cdots+A_nx_n=A \tag{3}$$

给出

$$x_1=E[A:A_1]-x_2E[A_2:A_1]-\cdots-x_nE[A_n:A_1]+t_1$$
$$t_1=\frac{1}{A_1}\{R[A:A_1]-x_2R[A_2:A_1]-\cdots-x_nR[A_n:A_1]\}$$

类似地处理上式,我们得到 x_2. 最后,我们得到 x_{n-1} 与 x_n 的关系,x_{n-1} 与 x_n 的解涉及一个新的参数 t_{n-1}. 因此

$$x_i=M_i+a_{i1}t_1+\cdots+a_{in-1}t_{n-1}\quad(i=1,\cdots,n) \tag{4}$$

其中 $M_1,M_2,\cdots,M_n$ 是式(3) 的一组解,并且

$$A_1x_{1j}+A_2x_{2j}+\cdots+A_nx_{nj}=0\quad(j=1,2,\cdots,n-1)$$

则式(4) 将给出式(3) 全部解的条件是

① Jour. für Math. ,69,1868,1-28;Werke,Ⅵ,355-384(431).

② Untersuchungen über eine Gl. 1 Gr. ,Diss. Dorpat,1869. Zeitschrift Math. Phys. ,19,1874,53.

$$\frac{1}{A_1}|a_{ij}|=\pm 1 \quad (i=2,3,\cdots,n;j=1,2,\cdots,n-1)$$

其中$|a_{ij}|$表示$(n-1)$行的行列式.

T. J. Stieltjes① 将$a_1x_1+a_2x_2+\cdots+a_{n+1}x_{n+1}=u$(多次)化简为一个一元方程.若$\lambda=(a_1,a_2)$为$a_1,a_2$的最大公因数,我们求出互素整数$\alpha,\gamma$使得$a_1\alpha+a_2\gamma=\lambda$.取$\beta=-\frac{a_2}{\lambda},\delta=\frac{a_1}{\lambda}$,我们有$\alpha\delta-\beta\gamma=1$.设

$$x_1=\alpha x'_1+\beta x'_2,x_2=\gamma x'_1+\delta x'_2$$

则最初的方程等价于

$$(a_1,a_2)x_1'+a_3x_3+\cdots+a_{n+1}x_{n+1}=u$$

类似地,我们可以用$(a_1,a_2,a_3)x''_1$替换新得出式子的前两项,依此类推,最后得到$dx_1^{(n)}=u$,其中$d=(a_1,a_2,\cdots,a_{n+1})$是$a_1,a_2,\cdots,a_{n+1}$的最大公因数.给出$x'_2,x'_3,\cdots,x'_{n+1}$所有组整数值,我们得出最初方程的全部解的前提是它为可解的,即u被d整除.n个独立的解组是基本解组的前提是$n+1$个n行的行列式是1.

W. F. Meyer② 解决了式(3)是利用递推级数,该级数由简化并扩展C. G. J. Jacobi③ 广义连分数算法得到的.

R. Ayza④ 处理$ax+by+cz+du+\cdots=k$是利用

$$ax+by=k_1,cz+du=k_2,\cdots,k_1=k-k_2-k_3-\cdots$$

其中$k_2,k_3,\cdots$是任意的.对于含$m+n$个未知数的m个线性方程相继消元给出一个方程含$m+n$个未知数,一个方程含$m+n-1$个未知数,$\cdots$,一个方程含$n+1$个未知数,而这些的求解如上所示.

A. P. Ochitowitsch⑤ 处理了$\sum a_iy_i=0$.若a_p与a_q互素

$$y_p=za_q+ry'_p,y_q=-za_p+ry'_q,a_py'_p+a_qy_q'+1=0$$

其中对于$i\neq p,q$有$r=\sum a_iy_i$.对于$a_1=p_1^{m_1}p_2^{m_2}\cdots p_n^{m_n}$,其中$p_1,p_2,\cdots,p_n$为不同的素数,不定方程$1+a_1x_1+a_2x_2=0$的一组解为

$$x_1=-\left(\frac{1+a_2z_1}{p_1}\right)^{m_1}\left(\frac{1+a_2p_1z_2}{p_2}\right)^{m_2}\cdots\left(\frac{1+a_2p_1z_2\cdots p_{n-1}z_n}{p_n}\right)^{m_n}$$

其中$z_1,z_2,\cdots,z_n$是被选定的,使得所示的分数为整数.

---

① Annales Fac. Sc. Toulouse,4,1890,final paper,pp. 38-47.

② Verhand. des ersten Intern. Math.-Kongresses,1897,Leipzig,1898,168-181.

③ Jour. für Math.,69,1868,29-64;Werke,Ⅵ,385-426.

④ Archivo de Matematicas,Madrid,2,1897,21-25.

⑤ Text on linear equations,Kasan,1900.

E. B. Elliott[①] 回想起一个事实,一个 n 元线性 Diophantus 方程的所有正整数解组是有限数目"朴素"解组(基本解组)$(\alpha_1,\alpha_1,\cdots,\alpha_n),\cdots,(\omega_1,\omega_2,\cdots,\omega_n)$ 的线性组合,那些"朴素"解组的线性组合总是一组解,是由于"朴素"解组通常被合冲模联系起来.例如,三个不定方程 $3x=2y+z$ 的"朴素"解组(103),(230),(111) 被合冲模(103)+(230)=3(111) 联系起来,使得

$$x=t_1+2t_2+t_3,y=0t_1+3t_2+t_3,z=3t_1+0t_2+t_3$$

给出重复的解,除非我们把 t_3 值限制在 0,1,2.从这个意义上说,他获得的公式给出一个 n 元方程的每一个解一次且仅一次,利用的是生成函数.

G. Bonfantini[②] 指出若 $a,\cdots,l,k$ 没有(大于 1 的)公因子,不定方程 $ax+by+\cdots+lu=k$ 有整数解当且仅当 $a,\cdots,l$ 没有(大于 1 的)公因子.

几位作者[③]求出了如下不定方程的所有的正整数解(译者注:有 13 组这样的解)

$$13k+21l+29m+37n=300$$

P. B. Villagrasa[④] 处理过式(3).

D. N. Lehmer[⑤] 证明了含 $A=1$ 的式(3)被一个公因数所满足,该公因数为行列式值为 1 的某个行列式最后一行元素公因数,行列式的那些元素为公因数为一的任意整数.式(3)的通解便被导出.

由于求解不定方程 $n=ax+by+\cdots$ 的正整数解问题与分拆 n 为 $a,b,\cdots$ 异曲同工,应当参考本书第三章,尤其是关于解数目的定理.

10 线性方程组

Chang Ch'iu-chien[⑥](在公元 6 世纪)处理了一个问题等价于

$$x+y+z=100,5x+3y+\frac{1}{3}z=100$$

并给出了答案(4,18,78),(8,11,81),(12,4,84).

译者注 该问题为著名的"百鸡问题".

《张邱建算经》第三十八问:"今有鸡翁一,值钱五;鸡母一,值钱三;鸡雏三,值钱一.凡百钱,买鸡百只.问,鸡翁、鸡母、鸡雏各几何?

---

① Quar. Jour. Math., 34, 1903, 348-377.

② Il Boll. di Matematica, Gior. Sc. Didattico, 3, 1904, 45-47.

③ Math. Quest. Educ. Times, 7, 1905, 21-22.

④ Revista de la Sociedad Mat. Española, 3, 1914, 149-156.

⑤ Proc. Nat. Acad. Sc., 5, 1919, 111-114; Amer. Math. Monthly, 26, 1919, 365-366.

⑥ Suan-ching(Arith.). Cf. Mikami, 43-44.

答曰：鸡翁四，鸡母十八，鸡雏七十八.

又答曰：鸡翁八，鸡母十一，鸡雏八十一.

又答曰：鸡翁十二，鸡母四，鸡雏八十四.

Mahavira①(约在公元850年)处理了下式的特殊情形

$$x+y+z+w=n,ax+by+cz+dw=p$$

Shodja B. Aslam②(约在公元900年)，他是一位以Abū Kamil之名为人所知的阿拉伯人，求出不定方程组

$$x+y+z=100,5x+\frac{y}{20}+z=100$$

于是

$$y=4x+\frac{4}{19}x,x=19;x+y+z=100=\frac{1}{3}x+\frac{1}{2}x+2z$$

有 $x=60-\frac{9}{10}y,y=10m,m=1,2,\cdots,6$.

译者注　根据资料显示他应为处在伊斯兰黄金时代的埃及人.

参考《世界数学通史 上册》梁宗巨等著.

$$x+y+z+u=100,4x+\frac{1}{10}y+\frac{1}{2}z+u=100$$

从而有 $x=\frac{3}{10}y+\frac{1}{6}z$，上述方程组就有98组(正整数)解(Abū Kamil漏记了两组，他认为有96组). 当该方程组中的后一个方程改为 $4x+\frac{1}{2}y+\frac{1}{3}z+u=100$ 时，有304组解. 而下述不定方程组却没有(正整数)解

$$x+y+z=100=3x+\frac{1}{20}y+\frac{1}{3}z$$

下述不定方程组有2 676组(正整数)解

$$x+y+z+u+v=100,2x+\frac{1}{2}y+\frac{1}{3}z+\frac{1}{4}u+v=100$$

Alhacan Alkarkhi③(在公元11世纪或12世纪)处理了下述不定方程组

$$\frac{1}{2}x+w=\frac{1}{2}s,\frac{2}{3}y+w=\frac{1}{3}s,\frac{5}{6}z+w=\frac{1}{6}s$$

$$s\equiv x+y+z,w\equiv\frac{1}{3}\left(\frac{x}{2}+\frac{y}{3}+\frac{z}{6}\right)$$

---

① Ganita-Sara-Sangraha. Cf. D. E. Smith, Bibliotheca Math., (3), 9, 1909, 106-110.

② H. Suter, Bibliotheca Math., (3), 11, 1911, 110-120, gave a German transl. of a MS. copy of about 1211-1218 A. D.

③ Extrait du Fakhrî, French transl. by F. Woepcke, Paris, 1853, 90, 95-100.

通过取 $z=1$，有 $x=33,y=13$. 他处理了 Diophantus，Ⅰ,24-28，同 Diophantus 得出的一样，是通过赋给一个未知数一值使不定问题被确定下来.

Leonardo Pisano① 在 1228 年讨论了各类线性方程组，第一个被讨论的就是去掉最后一个条件的 Alkarkhi 的那道方程组

$$x+y+z=t,\frac{t}{2}=\frac{x}{2}+u,\frac{t}{3}=\frac{2y}{3}+u,\frac{t}{6}=\frac{5z}{6}+u$$

用 u 来表示 x,y,z,t. 由于 $7t=47u$，他取 $u=7$，从而有 $t=47,x=33$，$y=13,z=1$. 他的下一个不定问题②为

$$t+x_1=2(x_2+x_3),t+x_3=4(x_4+x_1)$$
$$t+x_2=3(x_3+x_4),t+x_4=5(x_1+x_2)$$

由于若 x_1,x_2 同为正时该问题是无解的，故换 x_1 为 $-x_1$. 现在变换后的方程有 $x_2=4x_1$. 取 $x_2=4$，从而有 $x_1=x_3=1,x_4=4,t=11$.

对于③不定方程 $x+y+z=30,\frac{1}{3}x+\frac{1}{2}y+2z=30$，我们有 $y+10z=120$，$y+z<30,z\geqslant 9$. 而之中的 $z=10$ 情形是无(正整数)解的. 对于 $z=11$，我们得出 $y=10,x=9$. 将常数项 30 换成 29 或 15，也可以用同样的方法来处理.

最后④，考虑不定方程组

$$x+y+z+t=24,\frac{x}{5}+\frac{y}{3}+2z+3t=24$$

因此 $2y+27z+42t=288,y+z+t<20$. 因此 z 为偶数且小于 10. 而其中 $z=6$，$z=8$ 的情形是无(正整数)解的. 因此仅有两组(正整数)解

$$z=2,t=5,y=12,x=5;z=4,t=4,y=6,x=10$$

Regiomontanus(1436—1476) 在一封信中提出一个如下求整数解的问题

$$x+y+z=240,97x+56y+3z=16\ 047$$

J. von Speyer 给出了(唯一的一组正整数)解 114,87,39.

Estienne de la Roche⑤ 处理了下述不定方程组的(正)整数解

$$x+y+z=a,mx+ny+pz=b$$

---

① Scritti di L. Pisano,2,1862,234-236. Cf. A. Genocchi,Annali di Sc. Mat. e Fis.,6,1855,169;O. Terquem,ibid.,7,1856,119-136;Nouv. Ann. Math.,Bull. Bibl. Hist.,14,1855,173-179;15,1856,1-11,42-71.

② Scritt,Ⅱ,238-239(De quatuor hominibus et bursa). Genocchi,172-174. Three misprints in the account by Terquem.

③ Scritti,Ⅱ,247-248(de auibus emendis). Genocchi,218-222. For analogous problems,see Liber Abbaci,Scritti,1,1857,165-166.

④ Scritti,Ⅱ,249(Item passeres). Genocchi,222-224.

⑤ Larismetique & Geometrie,Lyon,1520,fol. 28;1538. Cf. L. Rodet,Bull. Math. Soc. France,7,1879,171[162].

他的法则(应用于情形 $a=b=60, m=3, n=2, p=\frac{1}{2}$)细节如下.记 p 为 m, n, p 中最小的.从第二个方程中减去第一个方程与 p 的乘积,我们得出

$$(m-p)x+(n-p)y=b-ap \quad \left(\frac{5}{2}x+\frac{3}{2}y=30\right)$$

为了避免分数,等式两端同时乘 2.于是 $5x+3y=60$.虽然 $x=\frac{60}{5}=12$ 给出了一个整数解,但是相应的 y 是 0 就要将其排除.而接下来更小的 11 与 10 的 x 值会导出分数 y,而 $x=9$ 给出 $y=5$(从而 $z=46$).对于 $x=1,2,\cdots$,产生一个整值 y 的最小正整数 x 是 $x=3$,从而有 $y=15, z=42$(译者注:该问题一共有三个正整数解).这样的问题有可能无(整数)解,正如情形 $a=b=20, m=5, n=2, p=\frac{1}{2}$ 所示,从而有 $9x+3y=20$(即可知道).

Luca Paciuolo[1] 处理了下述不定方程组的解

$$p+c+\pi+a=100, \frac{1}{2}p+\frac{1}{3}c+\pi+3a=100$$

译者注 此处的 π 非圆周率,而是方程组的一个未知数.

给出了单组解 $p=8, c=51, \pi=22, a=19$.许多的(其他)解是被 P. A. Cataldi[2] 求出的.(该不定方程组共有 226 组正整数解)

Christoff Rudolff[3] 陈述了下面的问题.为了求出男士、妇女和年轻姑娘的人数,他们一伙有 20 人,若一共消费了 20 芬尼(现已废止的德国货币),其中每位男士都花费 3 芬尼,每位妇女都花费 2 芬尼,平均每位年轻姑娘花费半芬尼(多人喝一杯).答案给出为 1 名男士、5 名妇女、14 名年轻姑娘.(不定方程组 $x+y+z=20, 3x+2y+\frac{1}{2}z=20$ 在正整数中仅有的一组解 $x=1, y=5, z=14$.)该解据说是由被称为"盲人方法"或"年轻姑娘方法"的法则求出的.

译者注 德国数学家 Christoff Rudolff 区别于荷兰数学家 Ludolph van Ceulen.

C. G. Bachet de Méziriac[4] 解出了下述不定方程组的(正)整数解

$$x+y+z=41, 4x+3y+\frac{1}{3}z=40$$

---

① Summa de Arithmetica, 1523, fol. 105; [Suma..., Venice, 1494]; same solution by N. Tartaglia, General Trattato di Nvmeri..., Ⅰ, 1556.

② Regola della Quantita o Cosa di Casa, Bologna, 1618, 16-28.

③ Künstliche Rechnung, 1526; Nürnberg, 1534, f. nvij a and b; Nürnberg, 1553 and Vienna, 1557, f. Rvii a and b.

④ Diophantus Alex. Arith., 1621, 261-266; comment on Dioph., Ⅳ, 41.

第二个等式乘以 3 减去第一个,他得出 $11x+8y=79$. 由于 $y=9+\frac{7}{8}-\left(1+\frac{3}{8}\right)x$,而 x 必须为值 $1,2,\cdots,7$ 中的一个. 依据 x 得出 $8z$ 的值,则有 $1+3x$ 必须被 8 整除. 因此 $x=5$,这样就有 $y=3,z=33$. 他处理了 Rudolff[③] 的问题和一个类似的方程组并发现了下述不定方程组的 81 组正整数解

$$x+y+z+w=100,3x+y+\frac{1}{2}z+\frac{1}{7}w=100$$

J. W. Lauremberg[①] 通过例子描述并阐明了被称作"盲人方法"或"年轻姑娘方法"[②] 的法则. 这样的法则是为了求解线性不定方程,这些线性不定方程指的是阿拉伯人所涉及的(尽管印度人已经知晓了).

René－François de Sluse[③](1622—1685) 处理了这样的问题,将一个给定的数 b 分为三个部分,每个部分分别与 z,g,n 相乘再求和,其和为 p. 命第一部分与第二部分分别为 a 与 e,则

$$za+ge+n(b-a-e)=p,a=\frac{p-nb+ne-ge}{z-n}$$

取 $p=b=20,z=4,g=\frac{1}{2},n=\frac{1}{4}$,则 $a=\frac{60-e}{15}$.

Johann Prätorius[④] 解决了下面的问题. Anna 从市场带回了 10 个鸡蛋,Barbara 带回 30 个,Christina 带回 50 个. 她们都以相同的单价卖各自的一部分鸡蛋并且将剩下的部分再以另一个相同的单价卖出. 他们卖鸡蛋的总收入都相等,请问他们第一次定的价格与第二次定的价格各是多少? 答案给出的是第一次他们以每枚十字币(kreuzer)(现已废止的德国货币)7 个鸡蛋的单价卖,A 卖了 7 个鸡蛋,B 卖了 28 个鸡蛋,C 卖了 49 个鸡蛋;剩下的部分以每个鸡蛋 3 枚十字币的单价卖. 因此,卖鸡蛋的收入分别为 $1+9,4+6,7+3$ 枚十字币.

下述方程组[⑤]有 11 组正整数解

$$x+y+z=56,32x+20y+16z=22\cdot 56$$

---

① Arithmetica, Sorae, Denmark, 1643, 132-133. Cf. H. G. Zeuthen, l'intermédiaire des math., 3, 1896, 152-153.

② According to O. Terquem, Nouv. Ann. Math., 18, 1859, Bull. Bibl., 1-2, the term problem of the virgins arose from the 45 arithmetical Greek epigrams, Bachet, pp. 349-370, and J. C. Heibronner, Historia Math. Universae, 1742, 845. Cf. Sylvester of Ch. Ⅲ.

③ MS. No. 10248 du fonds latin, Bibliothèque Nationale de Paris, f. 194, "De problematibus arith. indefinites," Prob. 2.

④ Abentheuerlicher Glückstopf, 1669, 440. Cf. Kästner.

⑤ Ladies' Diary, 1709-1710, Quest. 8; C. Hutton's Diarian Miscellany, 1, 1775, 52-53; T. Leybourn's Math. Quest. L. D., 1, 1817, 5.

T. F. de Lagny 处理了 Diophantus，Ⅱ，18①，求出三个数，其中将初始的第一个数的$\frac{1}{5}$与 6 给到已给出过数的第二个数上，将初始的第二个数的$\frac{1}{6}$与 7 给到已给出过数的第三个数上，将初始的第三个数的$\frac{1}{7}$与 8 给到已给出过数的第一个数上，使得经过给出数与收到数这些操作后所得的结果相等. 为了避免分数，记初始的三个数为 $5x,6y,7z$，则初始的第一个数 $5x$ 给出 $x+6$ 且收到 $z+8$ 变为 $4x+z+2$，因此

$$4x+z+2=5y+x-1=6z+y-1$$

依次消去 z 与 y，我们得到

$$y=\frac{19x+18}{26},z=\frac{17x+12}{26}$$

他们的差$\frac{2x+6}{26}=\frac{x+3}{13}$必须是一个整数. 该差乘以 8，再用 z 将其减去，那么 $x-36$ 要被 26 整除也就是 $x-10$ 要被 26 整除. 由于 $2(x-10)$ 被 26 整除时 $2x+6$ 也被 26 整除，它们的差为 26，因此这个问题是有正整数解的(可以看出 $x=10$ 时 $2x+6=26$). 我们可以取 $x=10+26k$ 并且有无穷多组整数解. 他运用同样的方法去处理任意这样的一次“双等式”，这样的等式可以被约简为

$$y=\frac{\pm ax\pm q}{p},z=\frac{\pm bx\pm d}{p}$$

其原理是由消元法得到 $x\pm c$.

N. Saunderson 以及 A. Thacker② 用一种寻常的方法处理未知数 x,y,z 的两个方程.

L. Euler③[194] 讨论了“盲人法则”，给出

$$p+q+r=30,3p+2q+r=50$$

消去 r，故 $2p+q=20$，因此 p 可取任意小于或等于 10 的正整数值. 一般地，对于

$$x+y+z=a,fx+gy+hz=b,f\geqslant g\geqslant h \tag{1}$$

$$b\leqslant f\cdot(x+y+z)=fa,b\geqslant h\cdot(x+y+z)=ha$$

其中 b 必须不能太靠近这些界限值 fa,ha. 通过消去 z 我们得到 $\alpha x+\beta y=c$，其中 α,β 为正数. 也处理了一个类似的一对四元方程构成的方程组，还有下述方程组

---

① Diophantus used $5x,6x,7x$ and got $x=\frac{18}{7}$. G. Wertheim, in his edition of Diophantus, 1890, proceeded as had de Lagny.

② A Miscellany of Math. Problems, Birmingham, 1, 1743, 161-169.

③ Algebra, Ⅱ, 1770, Cap. 2, §§24-30; 1774, pp. 30-41; Opera omnia, ser. 1, 1, 1911, 339-344.

$$3x+5y+7z=560, 9x+25y+49z=2\ 920$$

E. Bézout① 解决了不定方程组 $x+y+z=41, 24x+19y+10z=741$,是通过消去 x 并表示出 $5y+14z=243$ 的整数解为 $z=5u-3, y=57-14u$.

Abbé Bossut② 通过消去 x 解决了

$$x+y+z=22, 24x+12y+6z=36$$

A. G. Kästner③ 处理了 Prätorius 的问题以及它的推广:三位农民分别有 a,b,c 个鸡蛋,其中 a,b,c 为不同的正整数.他们都以每个鸡蛋 m 单位的价格分别卖了 x,y,z 个鸡蛋并且剩余的鸡蛋都以 n 单位的价格卖出.他们每人卖鸡蛋的总收入都相等.求出 $x,y,z,\frac{m}{n}$.我们有

$$mx+n\cdot(a-x)=my+n\cdot(b-y)=mz+n\cdot(c-z)$$

其中 $x, a-x, \cdots$ 都是正整数.我们得到

$$\frac{m}{n}=\frac{b-a}{x-y}+1=\frac{c-b}{y-z}+1, z=\frac{(b-c)x+(c-a)y}{b-a}$$

给 x 赋相继的值并解出 y,z 的方程.

A. G. Kästner④ 讨论了"盲人法则",由式(1)

$$y=\frac{b-ah-(f-h)x}{g-h}$$

故

$$x\leqslant\frac{b-ah}{f-h}$$

同样的,$x\geqslant\frac{b-ag}{f-h}$,这样我们就有 x 的界限值了.

J. D. Gergonne⑤ 考虑了 n 个 m 元($m>n$)整系数方程

$$a_{i1}x_1+a_{i2}x_2+\cdots+a_{im}x_m=k_i\quad(i=1,\cdots,n)$$

且先验地陈述了

$$x_j=T_j+A_j\alpha+B_j\beta+\cdots$$

其中 $\alpha,\beta,\cdots$ 至少共 $m-n$ 个参数.用这些表达式在给定的方程中替换那些 x_j 并使 α 相应的系数相等,β 相应的系数相等,依此类推.所得条件中有些表明 $T_1, T_2, \cdots$ 是给定方程的一组解,剩余的条件表明 $A_j, B_j, \cdots$ 是下述方程的一组解

---

① Cours de Math., 2, 1770, 94-96.

② Cours de Math., Ⅱ, 1773; ed. 3, Ⅰ, Paris, 1781, 414.

③ Leipziger Magazin für reine u. angew. Math., 1788, 215-227.

④ Math. Anfangsgründe, Ⅰ, 2(Fortsetzung der Rechenkunst, ed. 2, 1801, 530).

⑤ Annales de Math. (ed., Gergonne), 3, 1812-1813, 147-158.

$$a_{i1}x_1+a_{i2}x_2+\cdots+a_{im}x_m=0\quad(i=1,\cdots,n)$$

并且这些解由矩阵(a_{ij})确定.同样的讨论也由.J. G. Garnier① 给出过,他还评述行列式的使用有助于 $A_j,B_j,\cdots$ 的确定.

J. Struve② 将式(1)的解简化为二元方程.

V. Bouniakowsky③ 讨论了一个或多个不定方程,主要是线性型的.

G. Bianchi④ 处理了三个 x,y,z,u 的线性方程,求解是通过 x,y,z 作为 u 线性函数的行列式并通过检验确定可以给 u 的正整数值(若有),从而使 x,y,z 的表达式变为整数.

Berkhan⑤ 指出若式(1)有正整数解,那么 x 处在公差为 $g-h$ 的等差数列上.

I. Heger⑥ 考虑一个整系数齐次方程组

$$k_{i1}x_1+\cdots+k_{im+n}x_{m+n}=0\quad(i=1,\cdots,n)\tag{2}$$

令 x_{11} 为所有可行整数解集中 x_1 的数值最小值不等于 0,并令 $x_{11},\cdots,x_{1m+n}$ 为这样的一个集合.它们与 ξ_1 的乘积给出一组解.那么唯一的可能就是 x_1 是 x_{11} 的倍数.在式(2)中设

$$x_1=x_{11}\xi_1,x_i=x_{1i}\xi_1+x_i{}'\quad(i=2,\cdots,m+n)$$

则

$$k_{i2}x'_2+\cdots+k_{im+n}x'_{m+n}=0\quad(i=1,\cdots,n)$$

正如之前一样,$x'_2=x_{22}\xi_2$,其中 x_{22} 为所有整数解集中 x'_2 的数值最小值不等于 0.令 $x_{21},\cdots,x_{2m+n}$ 为这样的一个集合.继续用这种方式,我们得到

$$x_1=x_{11}\xi_1$$

$$x_2=x_{12}\xi_1+x_{22}\xi_2$$

$$x_3=x_{13}\xi_1+x_{23}\xi_2+x_{33}\xi_3$$

$$\vdots$$

$$x_m=x_{1m}\xi_1+x_{2m}\xi_2+\cdots+x_{mm}\xi_m$$

若式(2)中 $x_{m+1},\cdots,x_{m+n}$ 的系数行列式不为零,那么那些变量是 $x_1,\cdots,x_m$ 明确的线性函数,因此

$$x_{m+j}=x_{1m+j}\xi_1+\cdots+x_{mm+j}\xi_m\quad(j=1,\cdots,n)$$

---

① Cours d'Analyse Algébrique,ed. 2,Paris,1814,67-79.

② Erläuterung einer Regel für unbest. Aufgaben...,Altona,1819.

③ Bull. phys. math. acad. sc. St. Pétersbourg,6,1848,196.

④ Memorie di Mat. e Fis. Soc. Italiana Sc.,Modena,24,Ⅱ,1850,280-289.

⑤ Lehrbuch der Unbest. Analytik,Halle,Ⅰ,1855,46-53.

⑥ Denkschriften Akad. Wiss. Wien(Math. Nat.),14,Ⅱ,1858,1-122. Extract in Sitzungsber. Akad. Wiss. Wien(Math.),21,1856,550-560.

其中 x_{im+j} 可以取整数. 给 $\xi_1,\cdots,\xi_m$ 赋上任意的整数,我们得出式(2)的全部解.

对于 n 个 m 元非齐次方程,$n<m$,令所有系数矩阵的 n 阶行列式 D 有最大公因数 f,考虑某一列为常数项的行列式 K,并令全部 D 与全部 K 的最大公因数为 F. 当且仅当 $f=F$ 时,存在整数解,同时 $\frac{f}{F}$ 是所有组分数解的最小公分母.

V. A. Lebegue[①] 想从线性方程组中选出(若可能)两个方程 $ax_1=F(x_2,\cdots,x_n)$ 和 $a'x_1=F_1(x_2,\cdots,x_n)$,使得 a 与 a' 是互素的. 确定 r,s,p,q,使得 $ar-a's=1,ap-a'q=0$,则有 $x_1=rF-sF_1,pF-qF_1=0$,从而方程组可以约简为前面那两个与仅含 $x_2,\cdots,x_n$ 的那些方程. 为了求解不定方程组 $ax+by=cz,a'x+b'y=c't$,其中 a,b,c 的最大公因数为 1. 我们可以设 $z=Du$,其中 $D=a\alpha+b\beta$ 为 a,b 的最大公因数. 因此 $x=c\alpha u+\frac{bv}{D},y=c\beta u-\frac{av}{D}$,则第二个方程变为 $Au+Bv=c't$,其可以同第一个方程那样处理. 给定 m 个 $m+n$ 元线性方程,其一个 m 行的子式 D 不为零,我们得到 $Dx_i=f_i(y_1,\cdots,y_n)(i=1,\cdots,m)$. 还需要解同余方程 $f_i\equiv 0(\bmod D)$,可以用线性方程的方法来处理.

H. J. S. Smith[②] 证明了如果未知数的数目超过线性无关方程的数目为 m,我们可以指定 m 组整数解(称为方程的基本解组)使得由它们构成的矩阵的行列式不允许有大于 1 的公约数. 方程组的每一组整数解都可以用基本解组的整数倍线性表示. 利用这个概念可以证明 Heger 定理:线性方程组在整数中是可解的或不可解的是根据系数矩阵(子)行列式的最大公因数是否等于增广矩阵(子)行列式的最大公因数,其中增广矩阵是通过附加由常数项组成的列而获得的. 利用重要的初等因子.

H. Weber[③] 考虑下述整系数方程组

$$h_i=m_1\sigma_{1i}+\cdots+m_p\sigma_{pi}+\lambda_i\quad(i=1,\cdots,p)$$

该整系数也是行列式 δ 的元素 σ_{ji}. 若 $\delta\neq 0$ 我们得出每一组整数 $h_1,\cdots,h_p$ 和每组的次数 δ^{p-1},如果我们把所有可能的整数组合取为 $m_1,\cdots,m_p$,让 $\lambda_1,\cdots,\lambda_p$ 独立地遍历一组模 δ 的完全剩余系. 若 $\delta=0$,我们可以对那些 m 应用一个行列式为 ± 1 的(线性)替换使得矩阵 (σ_{ji}) 转化为一个右侧有几列 0 的矩阵,则通过一个行列式为 ± 1 关于 $h_1,\cdots,h_p$ 的线性替换,我们得到一个矩阵,除了左上角的 q 行子式之外都有 0.

---

① Exercices d'analyse numérique,Paris,1859,66-75.

② Phil. Trans. London,151,1861,293-326;abstr. in Proc. Roy. Soc.,11,1861,87-89. Coll. Math. Papers,Ⅰ,367-409.

③ Jour. für Math.,74,1872,81.

E. d'Ovidio① 用代数的方法处理了一个由 $n-r$ 个独立线性齐次方程构成的 n 元方程组，以及它与第二个此类方程组具有相同 ∞^r 解的条件.

G. Frobenius② 证明了 I. Heger 的定理的下列推广：多个非齐次线性方程联立的方程组具有整数解当且仅当秩 l 并且未知数系数矩阵的 l 行行列式的最大公因数与增广矩阵 l 行行列式的最大公因数相同，其中增广矩阵通过附加由常数项构成的列而获得的. 其次，m 个独立的 n 元 $(n>m)$ 线性齐次方程的整数解集构成了一个基本解组，当且仅当由 m 个独立的线性齐次方程构成的 $n-m$ 行行列式没有公约数. 他讨论了两组 m 个 n 元线性型线性变换下的等价性，其中线性变换满足行列式为 ± 1. Ch. Méray③ 考虑 m 个 n 元 $(n>m)$ 线性型的一个方程组

$$\varphi_i = a_i x + b_i y + \cdots + j_i v \quad (i=1,2,\cdots,m) \tag{3}$$

将 $(\varphi_1 \quad \cdots \quad \varphi_m)$ 左乘下述矩阵

$$\begin{pmatrix} \lambda_1 & \mu_1 & \cdots & \omega_1 \\ \vdots & \vdots & & \vdots \\ \lambda_m & \mu_m & \cdots & \omega_m \end{pmatrix} \tag{4}$$

定义为构成下述 m 个线性型方程组的操作

$$\psi_1 = \lambda_1\varphi_1 + \lambda_2\varphi_2 + \cdots + \lambda_m\varphi_m, \cdots, \psi_m = \omega_1\varphi_1 + \omega_2\varphi_2 + \cdots + \omega_m\varphi_m$$

如果将刚得到的这个方程组再乘以那个矩阵，我们就得到一个方程组，它可以由式(4)乘以两个矩阵的乘积得到(结合律). 给定一个具有 m 个整系数线性型(4)的方程组，其系数矩阵的 m 行行列式不全为零且具有最大公因数 d，我们可以指定一个行列式为 $\frac{1}{d}$ 且元素有理的矩阵，以及具有整系数的 n 元线性代换，其行列式为单位的，这样，经过矩阵相乘和替换变换，我们得到了一个由 $\pm x_1, \pm x_2, \cdots, \pm x_1$ 型构成的方程组，则方程组 $\varphi_i = k_i (i=1,\cdots,m)$ 具有整数解当且仅当最大公因数 d 整除替换后的所有 m 行行列式，其中这些 φ 系数的 m 行行列式有一个数 d 作为最大公因数，用这些 k 替换任意列的元素可从前面行列式中获得的所有 m 行行列式. 当方程组有整数解 $\xi, \cdots, \psi$，全部整数解不重复的给出如下

$$x = \xi + x_1\theta_1 + \cdots + x_{n-m}\varphi_{n-m}, \cdots, v = \psi + v_1\theta_1 + v_2\theta_2 + \cdots + v_{n-m}\theta_{n-m}$$

其中这些 θ 为任意整数并且 θ 的系数满足方程组 $\varphi_i = 0 (i=1,\cdots,m)$.

---

① Atti R. Accad. Sc. Torino, 12, 1876-1877, 334-350.

② Jour. für Math., 86, 1878, 171-173. Cf. Kronecker.

③ Annales sc. de l'école normale sup., (2), 12, 1883, 89-104; Comptes Rendus Paris, 94, 1882, 1167.

A. Caylay[①] 为了求解未知数为 $A,B,\cdots$ 的一个线性齐次方程组，我们先使尽可能多的未知数（比如说 $A,\cdots,E$）为零，使得存在一个带有 $F\neq 0$ 的解，我们可以取 $F=1$ 就会有一个解"以 $F=1$ 为首"．接着，在最初的方程中设 $F=0$ 并使尽可能多的前面的未知数（比如说 A,B,C）为零使得存在一个带有 $D\neq 0$ 的解，我们可以取 $D=1$ 就会有一个解以 $D=1$ 为首且 $F=0$．第三步可以导出一个解 $A=1,D=F=0$．则我们有方程组的三个标准解．

E. de Jonquières[②] 讨论了由 Cremona 变换（译者注：一类双有理变换）而产生的那些方程

$$\sum_{i=1}^{n-1} i\alpha_i=3(n-1),\sum_{i=1}^{n-1} i^2\alpha_i=n^2-1$$

G. Chrystal[③] 证明了若 x',y',z' 为下述方程组的一组特解

$$ax+by+cz=d,a'x+b'y+c'z=d'$$

若记行列式 (bc')，(ca')，(ab') 的最大公因数为 ε，同时 u 为任意整数，则方程组全部（整数解）解给出如下

$$x=x'+(bc')u/\varepsilon,y=y'+(ca')u/\varepsilon,z=z'+(ab')u/\varepsilon$$

译者注 上述的行列式记法是一种简记，即 $(bc')=\begin{vmatrix} b & b' \\ c & c' \end{vmatrix}$，其余依此类推．

T. J. Stieltjes[④] 给出了一个 H. J. S. Smith 所得结果的阐释．

L. Kronecker[⑤] 通过归纳法给出了那个定理的一个简单证明，那个应归于 Smith 的定理为每一个 n 行整数元素的方阵都可以通过初等变换（行或列的交换，一行或一列的符号同时改变，一行或一列加在另一行或另一列上）约简为某个矩阵，其中对角线外的每个元素都是零，而对角线上的每个元素都不为 0，且都为正的，还有对角线上前一个元素是下面元素的因子（整数矩阵的 Smith 标准型）．矩阵仅有单个这样的简化型（唯一性）．

P. Bachmann[⑥] 给出一份关于线性方程组理论、方程理论和同余式理论的详细记录．对于一个扼要的记录，见《纯粹数学与应用数学科学百科全书》第一宗第三卷第 76－89．

---

① Quar. Jour. Math., 19, 1883, 38-40; Coll. Math. Papers, Ⅻ, 19-21.

② Giornale di Mat., 24, 1886, 1; Comptes Rendus Paris, 101, 1885, 720, 857, 921. * Pamphlet, Mode de solution d'une question d'analyse indéterminée... théorie des transformations de Cremona. Paris, 1885.

③ Algebra, 2, 1889, 449; ed. 2, vol. 2, 1900, 477-478.

④ Annales Fac. Sc. Toulouse, 4, 1890, final paper, pp. 49-103.

⑤ Jour. für Math., 107, 1891, 135-136.

⑥ Arith. der Quadratischen Formen, 1898, 288-370.

J. H. Grace和A. Young[①]给出了一个简单的证明,即具有整系数的线性齐次方程的任何方程组在整数(域)上仅含有限个大于或等于0的不可约解,如果一个解不是两个较小整数解之和,则称为不可约解.

J. König[②]从模线性方程组的角度,对系数为给定变量多项式的线性方程组和同余组进行了处理.

A. Châtelet[③]简要总结了结果,尤其是Heger的结果.

E. Cahen[④]对线性方程组、同余方程组以及线性形式方程组进行了扩展处理.

M. d'Ocagne[⑤]解决了不定方程组 $x+y+z+t=n, 5x+2y+z+\frac{1}{2}t=n$,为的是求出用共 n 枚面值为 $5,2,1,\frac{1}{2}$ 法郎的硬币付 n 法郎的方法数.对于类似的问题,参见第三章的Schubert以及d'Ocagne的结果.

11　一元或二元线性同余方程

Th. Schönemann[⑥]考虑下述方程解的组数 Q

$$a_1\xi_1+\cdots+a_m\xi_m\equiv 0 \pmod p$$

其中方程的 $\xi_1,\cdots,\xi_m$ 不同,并且理解为通过将相等元素置换得到的解算作一个单独的解,并且 p 是素数.令 μ 与 a 中的相等,v 与 a 中的也相等,等等.如果

$$a_1+\cdots+a\not\equiv 0 \pmod p), m\leqslant p$$

$$Q=\frac{(p-1)(p-2)\cdots(p-m+1)}{\mu!\ \nu!\ \cdots}$$

但是如果 $a_1+\cdots+a_m\equiv 0 \pmod p$,而更少的 a 中的和不能被 p 整除

$$Q=\frac{(m-1)!\ (p-1)(-1)^{m-1}}{\mu!\ \nu!\ \cdots}+\frac{(p-1)(p-2)\cdots(p-m+1)}{\mu!\ \nu!\ \cdots}$$

V. A. Lebesgue[⑦]通过他的结果发现了下述结论,其中他的结果在本系列丛书第一卷第十章的"这段历史"中提到过.若 ρ 是素数 p 的一个原根,那么有下

① Algebra of Invariants,1903,102-107.

② Einleitung... Algebraischen Gröszen,Leipzig,1903,347-460.

③ Leçons sur la théorie des nombres,1913,55-58.

④ Théorie des nombres,1,1914,110-185,204-262,289,299-315,383-387,405-406.

⑤ L'enseignement math.,18,1916,45-47. Cf. Amer. Math. Monthly,26,1919,215-218.

⑥ Jour. für Math.,19,1839,292.

⑦ Jour. de Math.,(2),4,1859,366.

列两个同余方程

$\rho^b x_1+\rho^c x_2+\cdots+\rho^i x_k\equiv 0 \pmod p$，$\rho^a+\rho^b x_1+\rho^c x_2+\cdots+\rho^i x_k\equiv 0 \pmod p$

在 $F[p]$ 上各有 p^{k-1} 组大于或等于 0 的整数解，而相应有如下组大于 0 的整数解

$$\frac{1}{p}(p-1)\{(p-1)^{k-1}-(-1)^{k-1}\},\frac{1}{p}\{(p-1)^k-(-1)^k\}$$

M. A. Stern[①] 证明了，若 p 是一个奇素数，任意一个整数能在模奇素数 p 下用选自数集 $1,2,\cdots,p-1$ 不同的数表示，有确切的 $P=\frac{2^{p-1}-1}{p}$ 种表示方法. 例如 $3\equiv 1+2\equiv 1+3+4 \pmod 5$，$P=\frac{2^{p-1}-1}{p}=\frac{16-1}{5}=3$. 若限制为偶数个被加数，我们发现（在模奇素数 p 下）零可以有 $\frac{1}{2}(P+p-2)$ 种表示方法，而 $1,2,\cdots,p-1$ 均有 $\frac{1}{2}(P-1)$ 种表示方法. 我们将会在二次剩余的章节记述他的结果，其中选自的数集为 $1,2,\cdots,\frac{p-1}{2}$.

E. Lucas[②] 指出，若 a 与 n 互素，点 (x,y) 落在（由相等的平行四边形组成的）格点上，其中 $x=0,1,\cdots,n$ 且 y 是 ax 模 n 的剩余，并且被称作形成一个缎纹(satin)n_a. 这些缎纹以图形化的方法导出了同余方程 $mx+ny\equiv 0 \pmod p$ 的所有解.

L. Gegenbauer[③] 给出了 Lebesgue 结果的一个直接证明. 令同余方程 $a_1x_1+\cdots+a_kx_k+b\equiv 0 \pmod p$（译者注：在 $F[p]$ 上）成立的解的组数为 S'_k 或 S_k，b 被 p 整除为 S'_k 而 b 不被 p 整除为 S_k，其中每一个 a 都不被 p 整除. 令 N 为（译者注：在 $F[p]$ 上）所有解的总数. 由于 a_kx_k+b 的范围是 x_k 在模 p 下的完全剩余系，N 为那 p 个同余方程 $a_1x_1+\cdots+a_{k-1}x_{k-1}+c\equiv 0 \pmod p$ 解的组数之和，其中 $c=0,1,\cdots,p-1$；当那些同余式（译者注：在 $F[p]$ 上）满足元素与 p 互素解的组数等于那些性质相同的 $p-1$ 个同余方程 $a_1x_1+\cdots+a_{k-1}x_{k-1}+c'\equiv 0 \pmod p$ 解的组数之和时，其中

$$c'=0,1,\cdots,b-1,b+1,p-1(c'\neq b)$$

---

① Jour. für Math., 61, 1863, 66.

② Application de l'arith. à la construction de l'armure des satins réguliers, Paris, 1868. Principii fondamentali della geometria dei tessuti, l'Ingegnere Civile, Turin, 1880; French transl. in Assoc. franç. av. sc., 40, 1911, 72-87. See S. Günther, Zeitschr. Math. Naturw. Unterricht, 13, 1882, 93-110; A. Aubry, l'enseignement math., 13, 1911, 187-203; Lucas of Ch. Ⅵ.

③ Sitzungsber. Akad. Wiss. Wien(Math.), 99, IIa, 1890, 793-794.

因此

$$N=p^{k-1}, S'_k=(p-1)S_{k-1}, S_k=S'_{k-1}+(p-2)S_{k-1}$$

K. Zsigmondy[1] 证明了，根据 α 是否被素数 p 整除，同余方程 $k_0+k_1+\cdots+k_{p-1}\equiv\alpha(\bmod p)$ 有 $\psi(p-1)-1$ 或 $\psi(p-1)$ 组解，其中每个 k_i 都与 p 互素，$\psi(n)$ 为使得模素数 p 的 n 次同余方程无整数根的数目. 同余方程组

$$k_0+k_1+\cdots+k_{p-1}\equiv 0, k_1+2k_2+\cdots+(p-1)k_{p-1}\equiv\alpha(\bmod p)$$

有 $\psi(p-2)$ 或 $\psi(p-2)+p-1$ 组满足与 p 互素的解，当 $\alpha\equiv 0(\bmod p)$ 和 $\alpha\equiv 0(\bmod p)$ 时为 $\psi(p-2)$ 或 $\psi(p-2)+p-1$.

R. D. von Sterneck[2] 求出了模 M 下与 n 同余的加法组合的方法数，其中 i 个被加数都与 M 不同余，例如 $(n)_i$

$$n\equiv x_1+x_2+\cdots+x_i(\bmod M)\quad(0\leqslant x_1<x_2<\cdots<x_i<M)$$

令 $(n)_i^0$ 为相应的数其中每个被加数都不被 M 整除，使得 $0<x_1<x_2<\cdots<x_i<M$. 定义 $f(n,d)$，若 d 中有任何一个素因子其指数比在 n 中相应的那个素因子的指数至少大 2，那么 $f(n,d)$ 为零；而当出现在 d 中的素因子 $p_1,\cdots,p_j$，其指数比在 n 中相应素因子指数大一，并且 d 中剩下的素因子相应在 n 中的指数至少要与 d 中的相等(换句话说，这些剩下的素因子在 n 中的指数可以大过 d 中的)，令

$$f(n,d)=\frac{(-1)^j\varphi(d)}{(p_1-1)\cdots(p_j-1)}$$

其中 $\varphi(d)$ 为 L. Euler 函数；最后，若 d 中没有素因子其指数比 d 中的大，令 $f(n,d)=\varphi(d)$，以便 n 被 d 整除，则

$$(n)_i=\frac{(-1)^i}{M}\sum f(n,d)\ (-1)^{\frac{i}{d}}\begin{pmatrix}\frac{M}{d}\\ \frac{i}{d}\end{pmatrix}$$

$$(n)_i^0=\frac{(-1)^i}{M}\sum f(n,d)\ (-1)^{\left[\frac{i}{d}\right]}\begin{pmatrix}\frac{M}{d}-1\\ \left[\frac{i}{d}\right]\end{pmatrix}$$

其中对 M 的所有因子求和，$\binom{k}{j}$ 为二项式系数且若 j 非整数时其为零. 利用第二

---

① Monatshefte Math. Phys., 8, 1897, 40-41.

② Sitzungsber. Akad. Wiss. Wien(Math.), 111, IIa, 1902, 1567-1601. By simpler methods, and removal of the restriction on the modulus M, ibid., 113, IIa, 1904, 326-340.

个公式 $f(n,M)$ 等于两个表法数之差,两个表法数分别是表 n 为奇数个不整除 M 的被加数之和的方法数以及表 n 为偶数个不整除 M 的被加数之和的方法数.

Von Sterneck[①] 证明表法数 $[n]_i$,将 n 表为 i 个元素之和模 M 下的剩余,i 个元素选自 $0,1,\cdots,M-1$ 且允许重复,表法数为

$$[n]_i=\frac{1}{M}\sum f(n,d)\begin{pmatrix}\frac{M+i}{d-1}\\ \frac{i}{d}\end{pmatrix}$$

其中对 M 的所有因子求和. 若选自的数为 $e_1,\cdots,e_\nu$ 都与 M 不同余,则

$$i[n]_i=\sum_{\lambda=1}^{i}\sum_{e=e_1}^{e_\nu}[n-\lambda e]_{i-\lambda},\quad i(n)_i=\sum_{\lambda=1}^{i}(-1)^{\lambda-1}\sum_{e}(n-\lambda e)_{i-\lambda}$$

Von Sterneck 确定出了对于一个素数幂模的 $(n)_i$ 与 $[n]_i$.

O. E. Glenn[②] 求出了同余方程 $\lambda+\mu+\nu+\xi\equiv 0(\bmod p-1)$ 以及 $\lambda+\mu+\nu\equiv 0(\bmod p-1)$ 解的组数,其中解不考虑 $\lambda,\mu,\cdots$ 的顺序且 p 是素数.

D. N. Lehmer 证明了同余方程 $a_1x_1+\cdots+a_nx_n+a_{n+1}\equiv 0(\bmod m)$(译者注:在 $F[p]$ 上)要么有 $m^{n-1}\delta$ 组解,要么无(整数)解,$a_1,\cdots,a_n,m$ 的最大公因数 δ 整除 a_{n+1} 时有解,不整除时无解.

L. Aubry[③] 指出若 A 与 N 互素且若 $\frac{B}{\sqrt{N}}$ 不是整数,同余方程 $Ax\equiv By(\bmod N)$ 在不等于 0 且数值上小于 $\sqrt{N}$ 的整数中有解.

12 线性同余方程组

A. M. Legendre[④] 处理了这样的问题,求一个整数 x,当 a 与 b 互素,a' 与 b' 互素,使得如下各式

$$\frac{ax-c}{b},\frac{a'x-c}{b'},\cdots$$

全为整数. 第一个条件给出了 $x=m+bz$,则第二个条件需要 $a'bz+a'm-c'$ 被 b' 整除,而若 b 与 b' 的最大公因数 θ 不是 $a'm-c'$ 的一个因子则原方程无解;但

① Sitzungsber. Akad. Wiss. Wien(Math.),114,IIa,1905,711-730.

② Amer. Math. Monthly,13,1906,59-60,112-114.

③ Mathesis,(4),3,1913,33-35.

④ Théorie des nombres,1798,33;ed. 2,1805,25;ed. 3,1830,Ⅰ,29;Maser,Ⅰ,p. 29.

若 θ 是一个这样的因子，通解为 $z=n+\frac{z'b'}{\theta}$ 的形式，因此 $x=m'+B'z$，其中 B' 为 b 与 b' 的最小公倍数. 类似地，第三个分式为整数若 $x=M+Bz$，其中 B 为 b，b'，b'' 的最小公倍数.

M. Fekete① 处理了一般的一元线性同余方程组.

C. F. Gauss② 详尽地讨论了 n 个 n 元线性同余式的解. 他（文章中）的第二个（且更典型）例子是

$$3x+5y+z\equiv 4 \pmod{12}$$
$$2x+3y+2z\equiv 7 \pmod{12}$$
$$5x+y+3z\equiv 6 \pmod{12}$$

他先寻求没有公因数整数③ ξ,ξ',ξ''，使得它们与 y 系数（还有 z 的系数）乘积之与零同余

$$5\xi+3\xi'+\xi''\equiv 0 \pmod{12},\xi+2\xi'+3\xi''\equiv 0 \pmod{12}$$

因此 $\xi=1,\xi'=-2,\xi''=1$. 对应乘上最初的三个同余式并累加起来，我们得到 $4x\equiv -4 \pmod{12}$. 类似地，对应乘数为 $1,1,-1$ 会给出 $7y\equiv 5 \pmod{12}$，而对应乘数为 $-13,22,-1$ 会给出 $28z\equiv 96 \pmod{12}$. 因此 $x=2+3t,y=11$（或 $y=11+12r$），$z=3u$. 现在给出如下与所提出的同余式等价的三个

$$19+3t+u\equiv 0 \pmod 4$$
$$10+2t+2u\equiv 0 \pmod 4$$
$$5+5t+3u\equiv 0 \pmod 4$$

成立当且仅当 $u\equiv t+1 \pmod 4$. 因此

$$(x,y,z)\equiv(2,11,3),(5,11,6),(8,11,9),(11,11,0) \pmod{12}$$

H. J. S. Smith④ 指出 Gauss 留下的理论是不完美的. 在下式

$$A_{i1}x_1+\cdots+A_{in}x_n=A_{in+1} \pmod M \quad (i=1,\cdots,n) \tag{1}$$

中记行列式 $|A_{ij}|$ 为 D. 若 D 与 M 互素，有却只有一组解. 接下来，令 D 与 $M=p_1^{m_1}p_2^{m_2}\cdots$ 不互素，其中这些 p 为不同的素数. 一个可解的必要条件是对于每一个模数 $p_i^{m_i}$ 都有解. 反过来，若对于每一个模数 $p_i^{m_i}$ 都有 P_i 组解，对于模数 M 有 $P_1P_2\cdots$ 组解. 因此，对于模数 p^m 考虑式(1)，并记 I_r 为 p 最高次幂的指数，该 p 的次幂能整除 D 的所有 r 行子式. 则若 $I_n-I_{n-1}\leqslant m$，同余式若可解就有 p^{I_n} 组解. 但若 $I_n-I_{n-1}>m$，我们可以赋予一个值 r 使得

---

① Math. és Phys. Lapok, Budapest, 17, 1908, 328-349.

② Disq. Arith., Art. 37; Werke, I, 27-30.

③ F. J. Studnička, Sitzungsberichte, Akad. Wiss., Prag, 1875, 114, noted that they are proportional to the signed minors of the coefficients of the first column in the determinant of the coefficients.

④ Report British Assoc. for 1859, 228-267; Coll. Mathh. Papers, I, 43-45.

$$I_{r+1}-I_r>m\geqslant I_r-I_{r-1}$$

则解(若有)的组数为 p^k,其中

$$k=I_r+(n-r)m$$

Smith将式(1)的行列式$|A_{ij}|$写为∇_n,将它的初余子式的最大公因数写为∇_{n-1},∇_1为行列式各元素 A_{ij} 的最大公因数并且设$\nabla_0=1$. 令 $D_n,D_{n-1},\cdots,D_0$ 为相应增广矩阵子式的最大公因数. 令 δ_i 以及 d_i 分别记M 与$\frac{\nabla_i}{\nabla_{i-1}}$ 的最大公因数以及 M 与$\frac{D_i}{D_{i-1}}$ 的最大公因数. 设 $d=d_1\cdots d_n$ 与$\delta=\delta_1\cdots\delta_n$,则该同余方程组(1)可解当且仅当 $d=\delta$. 当条件被满足时解中不同余的组数为 d. 还有类似的定理,其中未知数的数量要么多于,要么少于同余式的数量.

Smith[①] 利用M的一个素因子p 以及p 的最高次幂的指数μ,a_s,α_s,其中那些 p 的最高次幂分别整除M,D_s,∇_s,证明了他先前的定理,该定理可以换作如下表述:对于模数 p^μ,同余方程组(1) 可解当且仅当 $a_\sigma=\alpha_\sigma$,其中 $a_\sigma-a_{\sigma-1}$ 是序列a_n-a_{n-1},$a_{n-1}-a_{n-2}$,$\cdots$ 满足小于 μ 的第一项,当条件被满足时解中不同余的组数为 p^k,其中 $k=a_\sigma+(n-\sigma)\mu$.

G. Frobenius 证明了同余方程组(1) 有 M^{n-1} 组互不同余的解,前提是 A 的l 行行列式与M 没有(大于一的) 公因数且若所有系数的增广矩阵的$l+1$行行列式被 M 整除,其中 l 为未知数系数矩阵$\mathbf{A}$ 的秩. 若增广矩阵的秩为 $l+1$ 且其 $l+1$ 行行列式的最大公因数为 d',同时$\mathbf{A}$ 的秩为 l 且其 l 行行列式的最大公因数为 d. 同余方程组没有解的前提是模数 M 不是$\frac{d'}{d}$ 的一个因子. 齐次同余方程组 $A_{i1}x_1+\cdots+A_{in}x_n=0(\mathrm{mod}\ M)$ 互不同余组解的数目等于 $s_1s_2\cdots s_n$,其中s_λ 为M 与矩阵(A_{ij}) 的第 λ 个初级因子的最大公因数.

Frobenius 证明了线性齐次 n 元模M 同余方程组有一个由 $n-s$ 组解构成的基本解组,而没有组数更少的,前提是$s+1$ 阶行列式与M有一个(大于一的)公因子而 s 阶行列式与M 却没有. 他研究了模 M 线性同余式的等价性与秩.

F. Jorcke[②] 没有新颖性地处理了线性同余方程组.

D. de Gyergyószentmiklos[③] 考虑了如下同余方程组

$$\sum_{j=1}^{n}a_{\rho j}x_j\equiv u_\rho(\mathrm{mod}\ m)\quad(\rho=1,2,\cdots,n)$$

令 $D=|a_{\rho j}|$ 且 V_k 为行列式,该行列式由那些 u 作列放到D 的k 列而导出.

---

① Proc. London Math. Soc., 4, 1871-1873, 241-249; Coll. Math. Papers, Ⅱ, 71-80.

② Ueber Zahlenkongruenzen und einige Anwendungen derselben, Progr. Fraustadt, 1878.

③ Comptes Rendus Paris, 88, 1879, 1311.

令δ为m与D的最大公因数.若任意一个V_k都不被δ整除,则同余方程组无解.接着,令每一个V_k都被δ整除,则$Dx_k\equiv V_k(\bmod m)$唯一确定$x_k\equiv\alpha_k(\bmod \frac{m}{\delta})$.设$x_k=\alpha_k+\frac{t_k m}{\delta}$在最初的同余方程组中,因此

$$(a_{\rho 1}t_1+\cdots+a_{\rho n}t_n)\frac{m}{\delta}\equiv u_\rho-a_{\rho 1}\alpha_1-\cdots-a_{\rho n}t_n(\bmod m)$$

$$a_{\rho 1}t_1+\cdots+a_{\rho n}t_n\equiv w_\rho(\bmod \delta)$$

对于后面这个方程,模数δ整除行列式D.因此,若一些$n-\nu$阶子式不被δ整除,同时所有更高阶子式都被δ整除,则解涉及的任意参数有确切的ν个并且有δ^ν组解.

L. Kronecker① 由他的模方程组理论导出了如下定理,对于一个素数p,该方程组的通解

$$\sum_{k=1}^{r}V_{ik}X_k\equiv 0(\bmod p)\quad(k=1,\cdots,t)$$

涉及$\tau-r$个独立的参数前提是$t\tau$个V_{ik}构成的矩阵在模p下秩为r.

K. Hensel② 考虑一个由m个n元线性齐次同余式构成的同余方程组,其中系数以及模数P要么是整数,要么是一元有理整函数(即一元多项式函数).我们可以替换原方程组为一个等价的方程组,其模数整除P,于是最终可获得模数为一.

译者注 有些文献习惯于称"多项式"为"有理整函数".由于"有理函数"通常被认为是"有理的分式函数"于是就用"有理整函数"称"多项式".另外,若"有理函数"为"整函数"那么其为"多项式函数".

E. Busche③ 证明了n个n元线性齐次同余式构成的同余方程组解的组数等于模数的前提是模数整除方程组的行列式.这一定理等价于如下表述:若$a-b$是一个整数写为$a\sim b$,若行列式不等于0其元素a_{ij}为整数,互不等价解$x_1,\cdots,x_n$的组数为行列式的绝对值$|a_{ij}|$.

G. B. Mathews④ 指出模数分别为$m_1,\cdots,m_n$的n个线性同余式构成的同余方程组可以被约简为一个相同模数m($m_1,\cdots,m_n$的最小公倍数)的方程组,通过分别乘上$\frac{m}{m_1},\cdots,\frac{m}{m_n}$.对于一个公共模数$m$的情形方法是分别推出一个等价的方程组涉及$n,n-1,\cdots,1$个未知数.细节仅由该例子给出

---

① Jour. für Math.,99,1888,344;Werke,3,Ⅰ,167. Cf. papers 24-26,p. 226,and 43,p. 232 of Vol. Ⅰ of this History.

② Jour. für Math.,107,1891,241.

③ Mitt. Math. Gesell. Hamburg,3,1891,3-7.

④ Theory of Numbers,1892,13-14.

$$ax+by+cz\equiv d(\bmod m)$$
$$a'x+b'y+c'z\equiv d'(\bmod m)$$
$$a''x+b''y+c''z\equiv d''(\bmod m)$$

令 θ 为 a,a',a'' 的最大公因数，并令 $\theta=pa+qa'+ra''$. 上述三个同余式分别对应地乘上 p,q,r 再累加起来，我们得到一个同余式 $\theta x+\beta y+\gamma z\equiv\delta(\bmod m)$. 若 p 与 m 互素，我们得到一个等价的方程组通过刚得到的那个同余方程代替方程组中的第一个，则利用 $\theta x+\beta y+\gamma z\equiv\delta(\bmod m)$ 可以消去第二个以及第三个同余式中的 x.

L. Gegenbauer 表示线性同余方程组

$$\sum_{k=0}^{p-2}b_{k+\rho}y_k\equiv 0(\bmod p)\quad(\rho=0,1,\cdots,p-2)$$

有线性无关解的组数如同余方程

$$\sum_{k=0}^{p-2}b_kx^k\equiv 0(\bmod p)$$

模 p 的不同根一样多. 这样的线性同余方程组已经被 W. Burnside① 讨论过.

E. Steinitz② 陈述道所有关于线性同余方程的定理都可以简单地由这一定理得到：给定 k 个 n 元模 m 线性同余方程，系数而成的 k 组集合形成一个 Dedekind Modul 的基. 若 $e_1,\cdots,e_n$ 是该模的不变量(若其秩 r 是小于 n 的则 e 的后 $n-r$ 个是0)且若 $[e_i,m]$ 是 e_i,m 的最大公因数，则所有解组的总和表示一个具有不变量的模.

$$\frac{m}{[e_n,m]},\cdots,\frac{m}{[e_1,m]}$$

这样的论述已经被 Bachmann, J. König 以及 Cahcn 所引用. Zsigmondy 求出了两个特殊同余式构成方程组解的组数.

H. Weber③ 对这些同余式的条件做了一个直接的检验

$$a_{1j}y_1+a_{2j}y_2+\cdots+a_{\rho j}y_\rho\equiv 0(\bmod p^\pi)\quad(j=1,\cdots,\mu)\tag{2}$$

需要每一个 y_i 都被 p^π 整除，其中 p 是一个素数. 这假设了不是每一个 a_{ij} 都被 p 整除(否则可以通过取 y_i 为 $p^{\pi-1}$ 的任意倍数而得到一个解). 我们可以假设 $\Delta=|a_{ij}|_{i,j=1,2,\cdots,\tau}$ 不被 p 整除，同时矩阵 (a_{ij}) 的每一个 $\tau+1$ 行行列式被 p 整除. 记 Δ 的代数余子式为 Δ_{kh}，并设

$$D_{ks}=\Delta_{k1}a_{s1}+\Delta_{k2}a_{s2}+\cdots+\Delta_{k\tau}a_{s\tau}$$

因此当 $k=s$ 时 $D_{ks}=\Delta$；当 $s\leqslant\tau,s\neq k$ 时 $D_{ks}=0$；而当 $s>\tau$ 时 D_{ks} 是 τ 行行

① Messenger Math., 24, 1894, 51.

② Jahresbericht d. Deutschen Math.-Verein., 5, 1896[1901], 87.

③ Lehrbuch der Algebra, 2, 1896, 87-88; ed. 2, 1899, 94. Cf. Smith.

列式. 对式(2) 的前 τ 同余式应用 Cramer 法则,我们得出

$$\Delta y_j + D_{j,\tau+1} y_{\tau+1} + \cdots + D_{j\rho} y_\rho \equiv 0 \pmod{p^\pi} \quad (j=1,\cdots,\tau) \tag{3}$$

因此

$$\Delta(a_{1\tau} y_1 + \cdots + a_{\rho\tau} y_\rho) \equiv A_{\tau+1,\tau} y_{\tau+1} + \cdots + A_{\rho\tau} y_\rho \pmod{p^\pi}$$

其中

$$A_{s\tau} = \Delta a_{s\tau} - \sum_{k=1}^{\tau} a_{k\tau} D_{ks}$$

等于(a_{ij})的一个$\tau+1$行行列式且被 p 整除. 因此,若 $\tau<\rho$ 时,式(2) 成立的前提是 $y_{\tau+1},\cdots,y_\rho$ 都被 $p^{\pi-1}$ 整除. 因此必有 $\tau=\rho$ 使得式(2) 满足每一个 y_i 都被 p^π 整除. 这一条件也是充分的, 由于式(3) 则可约简为 $\Delta y_1 \equiv 0 \pmod{p^\pi},\cdots,\Delta y_\rho \equiv 0 \pmod{p^\pi}$ 于是 $y_1,\cdots,y_\rho$ 都被 p^π 整除.

F. Riesz① 陈述,若 α_{ik} 与 β_i 都是实数(注意这里是实数),这些同余方程

$$\sum_{k=1}^{n} \alpha_{ik} x_k \equiv \beta_i \pmod 1 \quad (j=1,\cdots,\mu) \tag{4}$$

在整数(域)上可解当且仅当 $\sum_{k=1}^{n} \alpha_{ik} x_k \equiv 0 \pmod 1$ 在不全为 0 的整数中不可解,其中这些 β 是任意的,有着一个想求得的近似值.

U. Scarpis② 证明了由 n 个 n 元线性齐次同余式构成的同余方程组有不都被模数 M 整除的解当且仅当系数的行列式 Δ 与 M 不互素. 这一问题像往常一样可以被约简为 $M=p^m$ 的情形,其中 p 是一个素数. 令 Δ 的有些 ρ 行子式与 p 互素,而所有 k 阶子式($k\geqslant\rho+1$) 都被 p 整除. 令 p^e 为 p 所能整除 Δ 以及所有 k 阶子式($k\geqslant\rho+1$) 的最高次幂,则那些同余式之中的 ρ 个是线性无关的. 我们可以假设 $|a_{ij}|$ 与 p 互素,其中 $i,j=1,\cdots,\rho$,则那些同余式之中后 $n-\rho$ 个可以被替换为含 $x_{\rho+1},\cdots,x_n$ 的同余式,其中每一个的系数都整除 p^e. 若 $m=1$,最初的那些同余式之中不会多过 ρ 个线性无关;$x_1,\cdots,x_\rho$ 的值由 $x_{\rho+1},\cdots,x_n$ 来唯一确定,其中 $x_{\rho+1},\cdots,x_n$ 是任意的,使得有 $p^{n-\rho}$ 组解.

13　线性型及其逼近

J. L. Lagrange③ 指出,若 a 是一个给定的正实数,我们可以求出互素的正

---

① Comptes Rendus Paris,139,1904,459-462.

② Periodico di Mat.,23,1908,49-61.

③ Additions to Euler's Algebra,2,1774,445;Oeuvres,Ⅶ,45-57.

整数 p,q 使得对于 $r<p,s<q$ 有 $p-aq$ 上小于 $r-as$,这是通过取 $\frac{p}{q}$ 作为 a 且满足所有项均为正的连分数其任意主渐近分数.

Lagrange 确定出一个有着给定的分子或分母的分数 $\frac{m}{a}$,使其尽可能地接近给定分数 $\frac{A}{B}<1$,其中 A,B 是互素的. 例如,m 被给定,用 B 来除 Am 所得商作为 a. 若 $\mp C$ 是数值上小于 $\frac{1}{2}B$ 的余数,则 $Ba-Am=\pm C,\frac{B}{A}=\frac{m}{a}\pm\frac{C}{Aa}$. 又以 $\frac{C}{A}$ 开始,类似地,确定出 $\frac{n}{b}$,其 n 是给定的,通过利用 C 来除 An 所得商 b 和余数 $\mp D$,因此 $\frac{C}{A}=\frac{n}{b}\pm\frac{D}{Ab}$. 类似地 $\frac{D}{A}=\frac{p}{c}\pm\frac{E}{Ac}$. 由此可见 $m\leqslant a,n\leqslant b,p\leqslant c,\cdots$ 并且那些 $A,B,C,D,\cdots$ 形成一组最终递减到 0 的序列

$$\frac{B}{A}=\frac{m}{a}\pm\frac{n}{ab}\pm\frac{p}{abc}\pm\cdots$$

在分母 $a,b,c,\cdots$ 被给定且均相等的情形中,我们已经将 $\frac{B}{A}$ 表示为基 a(的形式). 最后,假定 m 和 a 都不是给定的,而这将被求出来的会使得 $m<B,m<A$ 且 $\frac{m}{a}$ 尽可能地接近 $\frac{A}{B}$,因此必定 $C=\pm1$,则 m 与 a 可由 Euclid 算法求出. N. Saunderson 已经处理了分数逼近并引用了更早的(文章)作者.

C. G. J. Jacobi① 证明了不全为 0 的整值可以赋给 x,y,z 使得 $ax+a'y+a''z$ 与 $bx+b'y+b''z$ 小于任何指定的数.

G. L. Dirichlet② 陈述在连分数理论中(人们)已经有很长时间的认知了,若 α 是无理数,存在无穷多对整数 x,y 满足 $x-\alpha y$ 在数值上小于 $\frac{1}{y}$. 他证明了如下推广:若 $\alpha_1,\cdots,\alpha_m$,使得

$$f=x_0+\alpha_1x_1+\cdots+\alpha_mx_m$$

没有一组不全为 0 的整数 $x_0,\cdots,x_m$ 使其等于 0,则存在无穷组整数 $x_0,\cdots,x_m$ 且 $x_1,\cdots,x_m$ 不全为 0,使得 f 数值上小于 $\frac{1}{s^m}$,其中 s 是 $x_1,\cdots,x_m$ 中的最大者. 对于多个线性型也是类似的. 例如,若 $\alpha=\alpha_1x_1+\cdots+\alpha_mx_m$ 与 $\beta=\beta_1x_1+\cdots+\beta_mx_m$ 同时等于 0 仅当 $x_1,\cdots,x_m$ 全为 0,则存在无穷组不全为 0

---

① Jour. für Math.,13,1835,55;Werke,Ⅱ,29-31.

② Sitzungsber. Akad. Wiss. Berlin,1842,93;Werke,Ⅰ,635-638.

的整数$x_1,\cdots,x_m$使得$|\alpha|<\frac{A}{s^a}$，$|\beta|<\frac{B}{s^{m-2-a}}$，其中$A$与$B$为依赖$\alpha_i$，$\beta_i$的常数，同时$a$为0到$m-2$之间的任意常数.

译者注 原文错误的给出：$|\alpha|<\frac{A}{s^l}$.（1999年的版本与2005年的版本都有该印刷错误）

Ch. Hermite[①]评述道，若A与B是给定的无理数，我们能轻易地求出线性关系式$Aa+Bb+c=0$（如果存在），其中a,b,c为整数. 实际上，$\alpha=mA-m'$与$\beta=mB-m''$可以变得随心所欲的小（通过选取整数m,m',m''）. 由于$a\alpha+b\beta=-am'-bm''-cm$为一个整数，它在不约简为0的情况下不能小于1. 因此，为了求出m,m',m''，我们只有转化$\frac{\beta}{\alpha}$为一个连分数来得出渴望得到的关系.

Hermite利用二元二次型的极小值证明了，若a,Δ为实数，则存在整数m，n使得

$$(m-an)^2+\frac{n^2}{\Delta^2}<\frac{1}{\Delta}\sqrt{\frac{4}{3}}$$

于是$|m-an|<\frac{1}{n\sqrt{3}}$. 令$m',n'$为对应着$\Delta'=\Delta+\delta$的整数，其中$\delta$是一个无穷小量，则$mn'-nm'=\pm 1$.

P. L. Tchebychef[②]证明了，若a为无理数且b给定，则存在无穷多组整数x,y使得$y-ax-b$数值上小于$\frac{2}{|x|}$.

Hermit[③]证明了，在切比雪夫多项式的结果中，我们可以将$\frac{2}{|x|}$替换为$\frac{1}{\{2|x|\}}$而实际上可以换为$\frac{\sqrt{\frac{2}{27}}}{|x|}$.

L. Kronecker[④]处理了这样的问题，求整数w,w'使得$aw+a'w'$取一个值尽可能地接近ξ，其中a,a',ξ为给定实数. 一般地，考虑p个实系数方程的方程组

① Jour. für Math.，40，1850，261；Oeuvres，Ⅰ，101.

② Zapiski Acad. nauk St. Pétersbourg，10，1866，Suppl. No. 4，p. 50；Oeuvres，1，1899，679.

③ Jour. für Math.，88，1879，10-15；Ouevres，Ⅲ，513-519.

④ Monatsber. Akad. Wiss. Berlin，1884，1179-1193，1271-1299；Werke，Ⅲ，47-109. Cf. ibid.，1071-1080；Comptes Rendus Paris，96，1883，93-98，148-152，216-221；99，1884，765-771，Werke，$Ⅲ_1$，1-44，for application to algebraic units.

$$a_{i1}w_1+\cdots+a_{iq}w_q=\xi_i\quad(i=1,\cdots,p)$$

令 r 为其左端线性无关的方程的数量,从而 r 是如下长方形矩阵的普通(绝对)秩

$$(a_{ik})\quad(i=1,\cdots,p;k=1,\cdots,q)$$

若 R 是最小的数,通过对任意系数的行进行线性替换,该矩阵可以被转化为一个矩阵,其除 r 行以外的所有行都只包含零元素,除 R 行以外的所有行都只包含整数元素,那么称该矩阵是相对秩(有理秩)为 R 的矩阵.我们所讨论方程的整数逼近解用不同形式表示的充要条件:那些 ξ 中有 r 个可以被赋予任意值,而 ξ 中有 $r-R$ 个的选择仅受某些有理性条件的限制,而剩余的 $p-r$ 个是根据先前的 r 个 ξ 唯一确定的.

A. Hurwitz① 证明了若 ω 为无理数,则有无穷多对 x,y 满足 $\left|\frac{y}{x}-w\right|<\frac{1}{\sqrt{5}x^2}$.同样地,若无理数 ω 不等价于 $\frac{1+\sqrt{5}}{2}$,则 $\left|\frac{y}{x}-w\right|<\frac{1}{\{\sqrt{8}x^2\}}$.

H. Minkowski② 利用格点等其他几何概念发现了基本定理,若 $f_1,\cdots,f_n$ 为 $x_1,\cdots,x_n$ 的实系数齐次线性函数且它们的行列式 Δ 非零,我们可以将不全为零的整数赋给 $x_1,\cdots,x_n$ 使得对于 $i=1,\cdots,n$ 有 $|f_i|\leqslant\sqrt[n]{|\Delta|}$.若 $a_1,\cdots,a_{n-1}$ 为实数,我们可以找到没有公因数的整数 $x_1,\cdots,x_n$ 且 $x_n>0$ 使得③

$$\left|\frac{x_j}{x_n}-a_j\right|<\frac{1}{kx_n{}^k},k=\frac{n}{n-1}\quad(j=1,\cdots,n-1)$$

对于 $n>1$,考虑 n 个 $x_1,\cdots,x_n$ 的线性型 $f_1,\cdots,f_n$,其行列式 $\Delta\neq0$,使得线性型中的 r 个具有实系数且 $s=\frac{n-r}{2}$ 个具有共轭虚系数,再令 p 为大于或等于 1 的任意实系数,则不全为零的整数可以赋给 $x_1,\cdots,x_n$ 使得

$$\frac{1}{n}\sum_{j=1}^{n}|f_j|^p<\left\{\left(\frac{2}{\pi}\right)^s\frac{n^{-n/p}\Gamma(1+n/p)\,|\Delta|}{\{\Gamma(1+1/p)\}^r2^{-2s/p}\{\Gamma(1+2/p)\}^s}\right\}^{p/n}$$

除了 $p=1,s=0,n=2$ 之外,其中的不等式两端是可以相等的,这里记 Γ 为常用伽马函数.他得出了 Lagrange 的关于 $x-ay$ 极小值的结果.

---

① Math. Annalen,39,1891,279. This and papers cited on p. 158 of Vol. Ⅰ of this History give approximations by use of Farey series.

② Geometrie der Zahlen,1896,104-123. Extracts in Math. Papers Chicago Congress,1896,201-207;French transl.,Nouv. Ann. Math.,(3),15,1896,393-403.

③ Also in Comptes Rendus Paris,112,1891,209;Werke,Ⅰ,261-263.

A. Hurwitz① 给出 Minkowski 的定理的一个优美的分析证明并给出了这样的事实，即那个不等式的符号可以在 n 个关系式中的 $n-1$ 个里取定.

Ch. Hermite 评述道 Euclid 最大公因数算法的过程导出了使用一系列的分数$\frac{m}{n}$逼近一个分数，这一误差将会小于$\frac{h}{n^2}$. 他对 Ch. Hermit② 的方法作了一点小小的修改.

H. Minkowski③ 证明了，若 $\xi=\alpha x+\beta y$ 与 $\eta=\gamma x+\delta y$ 有满足行列式 $\alpha\delta-\beta\gamma=1$ 的实系数且若 ξ_0,η_0 是任意给定的实数，则存在整数 x,y 有 $|(\xi-\xi_0)(\eta-\eta_0)|\leqslant\frac{1}{4}$. 特别地，如果 a 为无理数，b 不是整数，那么就有整数 x,y 其中 $|(y-ax-b)(x-c)|<\frac{1}{4}$. 在 $c=0$ 情形下，我们得到一个比 Hermite 所得结果更好的逼近，是由于$\frac{1}{4}<\sqrt{\frac{2}{27}}$.

E. Cahen④ 讨论了一个线性方程组整数上的逼近解.

E. Borel⑤ 证明了若 a,b,M 为任意给定的实数，可以将数值上小于 M 的整数赋给 x,y,z 使得

$$|ax+by+z|<\frac{\theta}{M}\sqrt{a^2+b^2+1}$$

其中 θ 与 a,b,M 是无关的(但没有求出来). 同样地，可以求出区间 (A_n,B_n) 使得 A_n,B_n 是随着 n 无限递增的且使得若 α 为任意介于 0 和 1 之间的无理数，存在整数 p_n,q_n，有

$$\left|\frac{p_n}{q_n}-\alpha\right|<\frac{1}{q_n{}^2\sqrt{5}},A_n<q_n<B_n$$

---

① Göttingen Nachrichten, 1897, 139. French transl., Nouv. Ann. Math., (3), 17, 1898, 64-74. Cf. P. Bachmann, Allgemeine Arith. d. Zahlenkörper, 1905, 335-341; G. Humbert, Annales de la Fac. Sc. Toulouse, (3), 3, 1911, 8-12.

② Le Matematiche pure ed applicate, Città di Castello, 1, 1901, 1-2; Werke, Ⅳ, 552-553.

③ Math. Annalen, 54, 1901, 91-124, see pp. 108, 116 (Ges. Abhandl., Ⅰ, 320); French transl., Ann. de l'école normale sup., (3), 13, 1896, 45. For an account of Minkowski's investigations, see Verhandl. des dritten intern. Math. Congresses Heidelberg, 1905, 164. Proof by J. Uspenskij, Applications of continuous parameters in the theory of numbers, St. Petersburg, 1910; cf. Jahrb. Fortschritte Math., 1910, 252.

④ Bull. Soc. Math. France, 30, 1902, 234-242. He also made additions to the subject in his article in the Encyclopédie des Sc. Math., 1906, tome Ⅰ, vol. Ⅲ, 89-97.

⑤ Jour. de Math., (5), 9, 1903, 329-375; Comptes Rendus Paris, 163, 1916, 596-598. Leçons sur la théorie de la croissance, 1910, 143-154. Cf. A. Denjoy, Bull. Soc. Math. de France, 39, 1911, 175-222.

无理数 α 三个相继的渐近分数至少有一个满足上述两组不等式的第一个(参看 Hurwitz 的结果).

Minkowski① 证明了若 a 为实数,我们可以选定 x,y 使得 $\left|\frac{x}{y}-a\right|<\frac{1}{y^2}$ 并推导出不定方程 $sx-ry=1$ 解的存在性,其中 s,r 是互素的整数. 他给出了他自己定理的一个的新证明,该定理关于 n 个实线性型,该证法是由 D. Hilbert② 提出的. 他讨论了 $|\xi|^p+|\eta|^p$ 的最小值所能达到的最大值,其中 ξ 与 η 是实线性型. 他处理了三个线性型 ξ,η,ζ 的等价性并给出了关于它们之和或之积所得值的定理.

B. Levi③ 证明了 Minkowski 的定理,并对于极端的情形即没有不全为 0 的整数使得每一个 $|f_i|<1$,证明了这样的结果至少有一个 f_i 具有整系数.

S. Kakeya④ 证明这个定理,若 $a_1,\cdots,a_n$ 是实数就存在整数 $x_1,\cdots,x_n,z$ 使得 $x_1-a_1z,\cdots,x_n-a_nz$ 在数值上是可以随心所欲小的. 他证明了这些线性型能无限接近任意实数. 他⑤给出了对任何线性函数的推广.

R. Remark⑥ 在算术上证明了 Minkowski 的第一定理.

J. Wellstein 给出了 Minkowski 初始定理一个算术上的新证明,定理和关于实数和虚数线性型的.

H. F. Blichfeldt 证明了一个结果以 Minkowski 的记号变为

$$|f_1|+\cdots+|f_n|\leqslant\sqrt{\frac{2n}{\pi}}\left\{\Gamma\left(1+\frac{n+2}{2}\right)\right\}^{1/n}|\Delta|^{1/n}$$

对于值小的 n,该界限是大于 Minkowski 的,但对于值大的 n 该界限是更小的. 给定正整数 $\alpha_1,\cdots,\alpha_{n-1}$ 和任意正数 $b<\frac{1}{2}$,我们可以求出整数 $X_1,\cdots,X_{n-1},Z$ 使得 $n-1$ 与 $\left|\frac{X_i}{Z}-\alpha_i\right|$ 的差小于或等于 $2b$

$$\frac{\gamma}{Z^{\frac{n}{n-1}}}=\frac{(n-1)Z^{-\frac{n}{n-1}}}{n\left\{1+\left(\frac{n-2}{n}\right)^{n+2}\right\}^{\frac{1}{n-1}}}$$

除了 $n=2$ 的情形,该逼近都比 Hermite,Kronecker,Minkowski 所获得的

---

① Diophantische Approximationen, Leipzig, 1907, 1-19, 28.

② Cf. J. Sommer, Vorlesungen über Zahlentheorie, 1907, 65-72; French transl. by A. Lévy, 1911.

③ Rendiconti Circolo Mat. Palermo, 31, 1911, 318-340.

④ Science Reports Tôhoku University, 2, 1913, 33-54.

⑤ Tôhoku Math. Jor., 4, 1913-1914, 120-131.

⑥ Jour. für Math., 142, 1913, 278-282.

更接近.

G. H. Hardy同J. E. Littlewood① 证明若$\theta_1,\cdots,\theta_m$为无理数且之间没有这样的线性关系式相关联,其系数为不全是0的整数,且若$\alpha_{11},\cdots,\alpha_{km}$是任意使得$0\leqslant\alpha_{ij}<1$的数则存在一正整数序列$n_1,n_2,\cdots$使得随着$r$的增加,对于$l=1,\cdots,k;p=1,\cdots,m$有$n_r^l\theta_p$的小数部分接近$\alpha_{lp}$($k=1$的情形应归于Kronecker).给定$\lambda$,因此存在$k,m,\lambda$的一个函数$\Phi$以及那些$\theta$与$\alpha$使得对于有些$n<\Phi$有$n_r^l\theta_p$的小数部分$(n^l\theta_p)$与$\alpha_{lp}$之差数值上小于$\frac{1}{\lambda}$.当那些$\theta$给定时,可以不依赖于那些$\alpha$而求出一个$\Phi$.当所有的$\alpha$都为0,可以不依赖于那些$\theta$而求出一个$\Phi$.在最后的这一情形中,$\Phi$的上界后来由H. T. J. Norton② 给出. H. Weyl③ 想要更进一步通过表明数$(n^l\theta_p)$遍及在km维空间中的单位立方$0\leqslant x_{lp}\leqslant 1$是服从"均匀分布"的(也就是说,如果我们将$km$坐标为$x_{lp}=(n^l\theta_p)$的点与$n$相关联,并用$n_v$表示位于体积为$V$立方体指定部分内的前$n$型点的数量(不是所有点都在指定区域内部的),则当$n\to\infty$时$n_v\sim nV$).

Hardy同Littlewood也考虑了同样的问题,当n^l被一个极限无穷大的任意递增序列λ_n所代替时,得到了相同的结果,但除了一组测度为0的θ值. R. H. Fowler④ 建立了当λ_n以指数$e^{n\delta}$ $(\delta>0)$速度增长时,有着误差上界的均匀分布. Weyl将均匀分布定理推广到所有按容许规则性且同$(\log n)^{2+\delta}$ $(\delta>0)$速度增长情况.这些问题与这一序列$\sum\limits_{\tau=0}^{N}\exp(2\pi i\lambda_n)$的性态问题密切相关,其中$N\to\infty$,这些已经被Hardy与Littlewood⑤ 以及Weyl细致地考虑过了.

G. Giraud⑥ 证明存在x的整值与y的整值有

$$|x_i-a_{i1}y_1-\cdots-a_{ip}y_p-A_i|<\varepsilon \quad (i=1,\cdots,p)$$

无论ε是什么,当且仅当所有$m_1X_1+\cdots+m_nX_n$都取整值,其中$X_1,\cdots,X_n$依次由p组值$a_{1j},\cdots,a_{nj}$ $(j=1,\cdots,p)$来替换,同样也都取整值,其中$X_1,\cdots,X_n$替换为$A_1,\cdots,A_n$.

S. L. van Oss⑦ 证明行列式为1的n个关于$x_1,\cdots,x_n$实线性函数对于整数的x有极小值的前提是至少一个线性型有整系数而系数无公因子.该命题

① Acta Math.,37,1914,155-191;Proc. Fifth Internat. Congress Math.,1,1912,223-229.

② Proc. London Math. Soc.,(2),16,1917,294-300.

③ Göttingen Nachrichten,1914,234-244;Math. Annalen,77,1916,313-352.

④ Proc. London Math. Soc.,(2),14,1915,189-206.

⑤ Acta Math.,37,1914,155-238;Proc. Nat. Acad. Sc.,2,1916,583-586;3,1917,84-88.

⑥ Soc. Math. France,Comptes Rendus des Séances,1914,29-32.

⑦ Handelingen XVde Nederlandsch Natuur-en Geneeskundig Congres,1915,192-193.

$n=3$ 的情形已经被 Minkowski 证明了.

W. E. H. Berwick① 给出了一种方法来求一对整数 $x,y(0\leqslant y<N)$,这对整数给出 $f=ax+by+c$ 的最小值,其中 a,b,c 为非零实数. 因此他找到了有着整数坐标的点且处于 $y=0,y=N$ 的条带内,最接近直线 $f=0$.

A. Brown② 指出,为了求出分母不超过给定整数且最逼近给定数的分数,Lagrange 的理论给出了最接近且不足的分数和最接近且超额的分数,但没有决定它们哪一个在绝对值上是最接近给定的数. 这里(其文章)给出了一个简单的方法来决定这两个分数.

A. J. Kempner③ 指出任意有着无理斜率的直线,其任意一侧都有无穷多个整数坐标的点比任何指定距离更接近它.

Humbert④ 开发了 Hermite 用来逼近近一个无理数 ω 的方法. 表明了,它与连分数法差别很小,求出了给定分数在趋向 ω 的 Hermite 分数序列中的充要条件. 主要的条件是由 E. Cahen⑤ 推广的.

Humbert 给出了那些定理的简单的证明,定理出自 Hurwitz.

M. Fujiwara⑥ 补充了 Hurwitz 的第二定理因为 Borel 已经补充了第一个.

J. H. Grace 证明了若 $\frac{3}{2}\leqslant k\leqslant 2$ 且若 $\frac{x}{y}$ 和 $\frac{x'}{y'}$ 为对无理数 θ 的两个连续的有理逼近,使得

$$\left|\frac{x}{y}-\theta\right|<\frac{1}{ky^2}$$

则 $xy'-x'y=\pm 1$(Hermite 的 $k=\sqrt{3}$,Minkowski 的 $k=2$). 他证明了 Minkowski 最后那一结果是不可改进的,也就是说,如果 $k<\frac{1}{4}$,则可以选定 a 和 b,使得不存在无穷多整数有 $|y-ax-b|<\frac{k}{|x|}$.

---

① Messenger Math.,45,1916,154-160.

② Trans. Phil. Soc. South Africa,5,1916,653-657.

③ Annals of Math.,19,1917,127.

④ Comptes Rendus Paris,161,1915,717-721;162,1916,67;Jour. de Math.,(7),2,1916,79-103.

⑤ Comptes Rendus Paris,162,1916,779-782.

⑥ Proc. London Math. Soc.,(2),17,1919,247-258.

分拆

第三章

G. W. Leibniz[①] 曾问 John Bernoulli，是否研究过把一个给定的数分成两部分、三部分或更多部分的方法数，并认为这个问题似乎很难但很重要. Leibniz[②] 用分拆数这一术语来表示给定整数可以用较小的整数的和来表示的方法数，如 $3,2+1,1+1+1$，并指出其与给定次数的对称函数数目的联系，如 $\sum a^3$，$\sum a^2b$，$\sum abc$.

译者注 根据 Dickson 脚注的文献确定是 John Bernoulli.

L. Euler[③] 求出了 $A=\sum a, B=\sum a^2, C=\sum a^3, \cdots$，以及

$$\alpha=\sum a, \beta=\sum ab, \gamma=\sum abc, \cdots$$

$$\begin{aligned}
&\mathfrak{A}=\sum a\\
&\mathfrak{B}=a^2+ab+b^2+ac+\cdots\\
&\mathfrak{C}=a^3+a^2b+ab^2+b^2+a^2c+abc+\cdots\\
&\mathfrak{D}=a^4+a^3b+\cdots+abcd+\cdots\\
&\vdots
\end{aligned}$$

之间的关系.

译者注 $\mathfrak{A},\mathfrak{B},\mathfrak{C},\mathfrak{D}$ 为哥特体的大写拉丁字母 A,B,C,D. 我们有

---

① Math. Schriften(ed. ,Gerhardt),3 Ⅱ,1856,601;letter to Joh. Bernoulli,1669.

② MS. dated Sept. 2,1674. Cf. D. Mahnke,Bibliotheca Math. ,(3),13,1912-1913,37.

③ "Observ. anal. de Combinationibus."Comm. Acad. Petrop. ,13,ad annum 1741-1743,1751,64-93.

$$P \equiv \sum \frac{az}{1-az} = Az + Bz^2 + Cz^3 + \cdots$$

$$Q \equiv \frac{z\mathrm{d}R}{R\mathrm{d}z} = z\sum \frac{a}{1+az} = Az - Bz^2 + Cz^3 + \cdots$$

$$R \equiv \prod (1+az) = 1 + \alpha z + \beta z^2 + \gamma z^3 + \cdots$$

$$\frac{z\mathrm{d}R}{\mathrm{d}z} \equiv \alpha z + 2\beta z^2 + 3\gamma z^3 + \cdots = RQ$$

译者注 英文版的微分算子没有直立，为了避免与字母 d 混淆，将微分算子直立.

因此

$$A = \alpha, \alpha A - B = 2\beta, \beta A - \alpha B + C = 3\gamma, \cdots$$

接下来，展开 $(1+az)^{-1}$，我们得到

$$T \equiv \frac{1}{R} = 1 - \mathfrak{A}z + \mathfrak{B}z^2 - \mathfrak{C}z^3 + \cdots$$

$$\mathfrak{A} - \alpha = 0$$

$$\mathfrak{B} - \alpha\mathfrak{A} + \beta = 0, \cdots$$

现在取 $a = n, b = n^2, c = n^3, \cdots$. 则

$$A = \frac{n}{1-n}, B = \frac{n^2}{1-n^2}, \cdots$$

因此

$$P \equiv \frac{nz}{1-nz} + \frac{n^2 z}{1-n^2 z} + \cdots = \frac{nz}{1-n} + \frac{n^2 z}{1-n^2} + \cdots$$

$$R \equiv (1+nz)(1+n^2 z)\cdots = 1 + \alpha z + \beta z^2 + \cdots$$

$$\alpha = n + n^2 + n^3 + \cdots$$

而 β 为 $n, n^2, \cdots$（互不相同的两个）两两乘积之和，γ 为 $n, n^2, \cdots$（互不相同的三个）三三乘积之和，其他的依此类推，因此

$$\beta = n^3 + n^4 + 2n^5 + 2n^6 + 3n^7 + \cdots$$

$$\gamma = n^6 + n^7 + 2n^8 + 3n^9 + \cdots$$

译者注 为了便于理解，故换了表述方法.

在 $\beta, \gamma, \cdots$ 中 n^s 的系数是将 s 表示为两个、三个、$\cdots$ 不同部分的和的方法数. 这就解决了此问题（由 Ph. Naudé 向 Euler 提出的）：求出一个数是一个给定数目的不同部分之和的方法数.

译者注 此处 Ph. Naudé 是 Philippe Naudé le Jeune（1684－1745），他于 1740 年给 Euler 写信询问 50 写为七个不同数字之和有多少种写法，答案为 522 种. 区别于其父亲 Philippe Naudé l'Ancien（1654－1729）.

利用上面 $\alpha, \beta, \cdots, A, B, \cdots$ 之间的关系，我们得到

$$\alpha=\frac{n}{1-n}=A$$

$$\beta=\frac{n\cdot n^2}{(1-n)(1-n^2)}=AB$$

$$\gamma=\frac{n\cdot n^2\cdot n^3}{(1-n)(1-n^2)(1-n^3)}=ABC,\cdots$$

为了由数学归纳法给出这些结果的一个证明,记对于 z 属于 **R** 的 nz. 我们得到 $(1+n^2z)(1+n^3z)\cdots=1+\alpha nz+\beta n^2z^2+\cdots$. 它与 $1+nz$ 的乘积给出 $R=1+\alpha z+\cdots$. 因此我们得到了先前 $\alpha,\beta,\gamma,\cdots$ 的值. 令 $m_i^{(\mu)}$ 为数 m 由 μ_i 个不同的整数部分之和表示的方法数,其中标记 i(表示不相等,取自该拉丁词的第一个字母) 可以被省去,当那些部分不需要相异时. 这里 $m_i^{(\mu)}$ 为下式中 n^m 的系数

$$\frac{n^{\mu(\mu+1)/2}}{(1-n)(1-n^2)\cdots(1-n^\mu)}$$

(也是) 级数 $\alpha,\beta,\gamma,\cdots$ 中第 μ 个级数的和. 将分式的分子替换为 $n^{\mu(\mu-1)/2}$(有一处变为了减号),我们得到其通项为 $m_i{}^{(\mu)}n^{m-\mu}$ 的级数,或者如果我们愿意的话,通项可以写成 $(m+\mu)_i{}^{(\mu)}n^m$. 用替换过分子后的分式减去未作替换的分式,我们得到

$$\frac{n^{\mu(\mu-1)/2}}{(1-n)(1-n^2)\cdots(1-n^{\mu-1})}$$

此级数的通项为 $m_i{}^{(\mu-1)}n^m$. 因此,移项变形有

$$(m+\mu)_i^{(\mu)}=m_i^{(\mu)}+m_i^{(\mu-1)} \tag{1}$$

这提供了一个递推公式. 由于在(形式) 级数 $\frac{1}{(1-n)\cdots(1-n^\mu)}$ 中 n^s 的系数是数 m 由 $1,\cdots,\mu$ 数目的部分之和表示的方法数,其中分成几部分的数量没有被规定出来(译者补:没有规定为分成几份,但是限定了不能超过 μ 份),且所分部分是可以相等的. $m_i{}^{(\mu)}$(不仅有之前所提及那类分拆数的意义) 还可以是数 $m-\frac{\mu(\mu-1)}{2}$ 由 $1,\cdots,\mu$ 份部分之和表示的方法数.

译者注 如 $m=7,\mu=3$; $7=6+1=5+2=4+3=5+1+1=4+2+1=3+3+1=3+2+2$,数 7 由 $1,\cdots,3$ 份部分之和表示的方法数为 8,刚好与级数 $\frac{1}{(1-n)(1-n^2)(1-n^3)}$ 中 n^7 的系数相等

$$\frac{1}{(1-n)(1-n^2)(1-n^3)}=1+n+2n^2+3n^3+4n^4+5n^5+7n^6+8n^7+O(n^7)$$

由 Ph. Naudé 提出的第二个问题是求出 $m^{(\mu)}$(注意这里没有 i 标记),即数 m 表为 μ 数目的相同或不同部分之和的方法数. 为了处理它,设

$$\frac{1}{(1-nz)(1-n^2z)\cdots}=1+\mathfrak{A}z+\mathfrak{B}z^2+\cdots$$

用 nz 来代替 z,我们得到

$$(1-nz)(1+\mathfrak{A}z+\mathfrak{B}z^2+\cdots)=1+\mathfrak{A}nz+\mathfrak{B}n^2z^2+\cdots$$

$$\mathfrak{A}=\frac{n}{1-n},\mathfrak{B}=\frac{\mathfrak{A}n}{1-n^2}=\frac{n^2}{(1-n)(1-n^2)},\mathfrak{C}=\frac{\mathfrak{B}n}{1-n^3},\cdots$$

因此 $\alpha=\mathfrak{A},\beta=n\mathfrak{B},\gamma=n^3\mathfrak{C},\delta=n^6\mathfrak{D},\cdots$,其中 $1,3,6,\cdots$ 为相继的三角形数. 从上述级数 $\alpha,\beta,\gamma,\cdots$,我们看出

$$m^{(\mu)}=\left\{m+\frac{\mu(\mu-1)}{2}\right\}_i^{(\mu)},m_i^{(\mu)}=\left\{m-\frac{\mu(\mu-1)}{2}\right\}^{(\mu)}$$

因此 $m^{(\mu)}$ 还可以是数 $m-\mu$ 由取自 $1,\cdots,\mu$ 中的数相加得到的方法数. 对应于前面的递推式,$m^{(\mu)}$ 的递推公式得到

$$m^{(\mu)}=(m-\mu)^{(\mu)}+(m-1)^{(\mu-1)} \tag{2}$$

Euler 表示,他没能证明如下事实

$$p(x)=\prod_{k=1}^{\infty}(1-x^k)=1-x-x^2+x^5+x^7-\cdots+(-1)^nx^{(3n^2\pm n)/2}+\cdots \tag{3}$$

且上述乘积的倒数为 $1+x+2x^2+3x^3+5x^4+\cdots$,其 x^s 的系数就是数 s 由相同或不同部分之和表示的方法数(不限定所分数量). 至于式(3),参看本丛书第 1 卷第十章 Euler.

1742 年 9 月 10 日,Euler① 在一封给 Niklaus I Bernoulli 的信件中,陈述了先前的那个关于分拆事实. 他对第二个问题的答复以如下形式给出:$m^{(\mu)}$ 为 $\frac{n^\mu}{(1-n)(1-n^2)\cdots(1-n^\mu)}$ 展开式中 n^m 的系数.

Euler② 给出了式(3) 以及 $p(x)=1-P_1+P_2-P_3+\cdots$(参看 Euler 的著作③).

P. R. Boscovich④ 给出了一种方法求出一个给定数 n 分为大于 0 整数的所有分拆. 在一条线上写出 n 个 1,用 2 替代最后两个 1,然后再用 2 替代两个 1,依此类推. 接着写出 $n-3$ 个 1 与一个 3;用 2 替代两个 1,依此类推. 而后写出 $n-6$ 个 1 与两个 3;用 2 替代两个 1,依此类推. 因此 5 的分拆为

11111, 1112, 122, 113, 23, 14, 5

---

① Opera postuma, 1, 1862; Corresp. Math. Phys. (ed., Fuss), 2, 1843, 691-700.

② Letter to d'Alembert, Dec. 30, 1747; Bull. Bibl. Storia Sc. Mat., 19, 1886, 143.

③ Introduction in analysin infinitorum, Lausanne, 1, 1748, Cap. 16, 253-275. Germann transl. by J. A. C. Michelsen, Berlin, 1788-1790. French transl. by J. B. Labey, Paris, 1, 1835, 234-256.

④ Giornale de'Letterati, Rome, 1747. Extract by Trudi, pp. 8-10.

在一篇文章中，他应用分拆去求解一个级数的任意次幂，此级数含 x. 在他的第三篇文章中，他演示了如何列出 n 分为小于或等于 m 个部分的分拆，靠的是在引入 $m+1$ 部分之前停止(该算法中)上述过程. 他也对所分部分为任意指定数的情形应用了此法则. 他处理了这一问题，即求出所有的分解法，将一个给定的整数 n 分解为指定数目 m 份，其部分可以相等，也可以不等. 但是 K. F. Hindenburg[①] 的解答远比他的更加简单且直接. Boscovich 试图求出一个分拆数的公式，但徒劳无获. 他在其他地方[②]也给出了他的法则.

Hindenburg[③] 要得出 8 的分拆是通过对 7 那些分拆附上 1 再补充如下的分拆而得到

$$2222,\quad 224,\quad 233,\quad 26,\quad 35,\quad 44,\quad 8$$

Euler[④] 指出：在展开式

$$(1+x^{\alpha}z)(1+x^{\beta}z)(1+x^{\gamma}z)\cdots$$

中 $x^n z^m$ 的系数是 n 由 m 项相异加数之和表示的方法数，且加数取自这些数 α，β，γ，$\cdots$. 级数展开式

$$(1-x^{\alpha}z)^{-1}(1-x^{\beta}z)^{-1}(1-x^{\gamma}z)^{-1}\cdots$$

中 $x^n z^m$ 的系数是 n 由 m 项加数之和表示的方法数，且加数取自这些数 α，β，γ，$\cdots$，即允许重复. 特别地，表达式

$$\prod_{j=1}^{\infty}(1-x^j)^{-1}=1+x+2x^2+3x^3+5x^4+7x^5+\cdots$$

中 x^n 的系数是将 n 的分拆数. 若该乘积 j(的连乘积上限)仅扩展到 $j=m$，x^n 的系数是将 n 分成小于或等于 m 份的分拆数. 在下述表达式中

$$Z=\prod_{j=1}^{\infty}(1+x^j z)=1+P_1 z+P_2 z^2+\cdots$$

用 xz 替换 z，使得 Z 变成了 $\dfrac{Z}{1+xz}$. 因此

$$(1+xz)(1+P_1 xz+P_2 x^2 z^2+\cdots)=Z$$

通过对比系数，我们得到

$$P_m=\frac{x^{m(m+1)/2}}{(1-x)(1-x^2)\cdots(1-x^m)}$$

---

① Exposition by C. Kramp, Élémens d'Arith. Universells, 1808, § 339. Quoted by Trudi.

② Archiv der Math. (ed., Hindenburg), 4, 1747, 402.

③ Ibid., 392, and Erste Samml. Combinatorisch-Analyt. Abhand., 1796, 183. Quoted from G. S. Klügel's Math. Wörterbuch, 1, 1803, 456-460(508-511, for references).

④ Introduction in analysin infinitorum, Lausanne, 1, 1748, Cap. 16, 253-275. German transl. by J. A. C. Michelsen, Berlin, 1788-1790. French transl. by J. B. Labey, Paris, 1, 1835, 234-256.

因此将 n 分成小于或等于 m 份的分拆数等于$\frac{n+m(m+1)}{2}$由 m 项相异部分之和表示的方法数.应用同样的过程到 $\prod(1-x^j z)^{-1}$,我们得到级数

$$1+\frac{xz}{1-x}+\frac{x^2z^2}{(1-x)(1-x^2)}+\frac{x^3z^3}{(1-x)(1-x^2)(1-x^3)}+\cdots$$

因此将 n 分成小于或等于 m 份的分拆数等于 $n+m$ 由 m 项部分之和表示的方法数,每个部分可以不必互异.

若(n,m)为 n 分成小于或等于 m 份的分拆数,则

$$(n,m)=(n,m-1)+(n-m,m)$$

利用该递推公式,Euler 计算出了一张(n,m)值的表,其中 $n\leqslant 69,m\leqslant 11$.乘积

$$P=\prod_{j=1}^{\infty}(1-x^j)$$

和

$$Q=\prod_{j=1}^{\infty}(1+x^j)$$

相乘为 $\prod(1-x^{2j})$,它的全部因子均出现在 P 中.因此,有如下表达式(对于 $|x|<1$ 的情况由 Kronecker① 证明,并确保绝对收敛)

$$Q=\frac{PQ}{P}=\frac{1}{(1-x)(1-x^3)(1-x^5)\cdots} \tag{4}$$

使得将 n 分成互异整数的分拆数等于将 n 分成奇数的分拆数,每个部分可以不必互异.

在式(3)中用 x^2 替换 x.由于

$$\prod(1-x^{2k})=PQ$$

$$Q=(1-x^2-x^4+x^{10}+x^{14}-\cdots)\frac{1}{P}$$

$$\frac{1}{P}=1+x+2x^2+3x^3+5x^4+\cdots$$

因此,通过乘法运算,得

$$Q=1+x+x^2+2x^3+2x^4+3x^5+4x^6+\cdots$$

因此在此级数中 x^s 的系数给出了 s 分为不同部分的分拆数.由于

$$(1+x)(1+x^2)(1+x^4)\cdots=1+x+x^2+x^3+\cdots$$

$$(x^{-1}+1+x)(x^{-3}+1+x^3)(x^{-9}+1+x^9)\cdots$$

① Vorlesungen über Zahlentheorie,1,1901,50-56.

$$=1+x+x^2+x^3+\cdots+x^{-1}+x^{-2}+x^{-3}+\cdots$$

可知每一个整数都可以通过等比序列 1,2,4,8,16,… 中不同项之间相加而得或是通过序列 $\pm 1, \pm 3, \pm 3^2, \cdots$ 中不同项之间相加而得.这两个事实中后一个被列 Leonardo Pisano①,Michael Stifel②,Frans van Schooten③ 所知晓,Schooten 还给出了一张表,将每一个小于或等于 127 的整数用 1,2,4,… 表示(译者补:本质为二进制表示),并将每一个小于或等于 121 的整数用 $\pm 1, \pm 3, \pm 9, \cdots$ 表示.

Euler④ 本质上再现了他先前的论述.他总结出,若 $P(n)$ 或 $n^{(\infty)}$ 记为 n 的所有分拆数,则

$$P(n)=P(n-1)+P(n-2)-P(n-5)-P(n-7)+P(n-12)+\cdots$$

其中上式右端 n 减去的数就是式(3)的指数(另外系数也与式(3)一致).他的 $n^{(m)}$ 值表(即 n 分成小于或等于 m 份的分拆数的表)在该文中拓展为 $n \leqslant 59$,$m \leqslant 20$,还包括了 $m=\infty$.他再次证明了每一个整数都能等于数列 1,2,4,8,… 中不同项之和.

Euler⑤ 指出将 N 分成 n 份且每部分都小于或等于 m 的分拆数 (N,n,m) 为 $(x+x^2+\cdots+x^m)^n$ 的展开式中 x^N 的系数.设

$$(1+x+\cdots+x^{m-1})^n=1+A_n x+B_n x^2+\cdots \tag{5}$$

将等式每端的对数导数化为一个公分母,并在分子展开式中使 x 的同幂系数相等.由此得到的线性关系依次决定了 $A_n, B_n, \cdots$,因此

$$\begin{aligned}\lambda \cdot (n+\lambda,n,m)=&(n+\lambda-1)\cdot(n+\lambda-1,n,m)-\\&(mn+m-\lambda)\cdot(n+\lambda-m,n,m)+\\&(mn-n+m+1-\lambda)\cdot(n+\lambda-m-1,n,m)\end{aligned}$$

同样,通过对比式(5)中由 $n+1$ 替换 n 而来的相应关系,求得

$$(N+1,n+1,m)=(N,n+1,m)+(N,n,m)-(N-m,n,m)$$

最后,通过 $(1-x^m)^n$ 与 $(1-x)^{-n}$ 由二项式定理展开

$$\begin{aligned}(n+\lambda,n,m)=&\binom{n+\lambda-1}{\lambda}-\binom{n}{1}\binom{n+\lambda-m-1}{\lambda-m}+\\&\binom{n}{2}\binom{n+\lambda-2m-1}{\lambda-2m}-\binom{n}{3}\binom{n+\lambda-3m-1}{\lambda-3m}+\cdots\end{aligned}$$

---

① Scritti L. Pisano, Ⅰ, Liber abbaci, 1202 (revised about 1228), Rome, 1857, 297.

② Die Coss Christoffs Rudolffs... durch Michael Stifel gebessert..., 1553.

③ Exercitationum Math., 1657, 410-419.

④ Novi Comm. Acad. Petrop., 3, ad annum 1750 et 1751, 1753, 125 (summary, pp. 15-18); Comm. Arith. Coll., Ⅰ, 73-101.

⑤ Novi Comm. Acad. Petrop., 14, Ⅰ, 1769, 168; Comm. Arith. Coll., Ⅰ, 391-400.

Euler所作出的对于$m=6$的证明,除第三个公式外,都涉及不完全归纳.通过计算下式展开式中x^N的系数

$$(x+\cdots+x^6)(x+\cdots+x^8)(x+\cdots+x^{12})=\frac{x^3-x^9-\cdots-x^{29}}{(1-x)^2}$$

Euler求得将一个$N\leqslant 26$分为三个部分的分拆数,其中的一部分小于或等于6,一部分小于或等于8,一部分小于或等于12.

至于以原始法则而闻名的问题(Sywester[①]),方程组

$$ap+bq+\cdots=n,\alpha p+\beta q+\cdots=\nu$$

(译者注:最后一个是希腊字母niu.)的整数解是$p,q,\cdots$,每一个大于或等于0的组的数量都是下式展开式中$x^n y^\nu$的系数(不定的)

$$(1-x^a y^\alpha)^{-1}(1-x^b y^\beta)^{-1}\cdots$$

K. F. Hindenburg[②] 给出了一种不同于Boscovich列出n的全部分拆的方法.对于$n=5$,此方法以如下顺序列出

5, 14, 23, 113, 122, 1112, 11111

Hindenburg[③] 给出了列出所有将n分成m份分拆的一个方法.最初的分拆包含$m-1$个1与元素$n-m+1$.为了从已给定的一个中得出新的分拆,从右向左查后面元素,并在第一个这样的元素f处停止,f至少比最后一个元素少2个单位(在1234有$f=2$).在不改变f左边的任何元素的情况下,用$f+1$来代替f,以及f右边的除了最后一个元素外的每一个元素,在最后一个元素的位置写上这样的数字,这个数字与所有其他新元素相加得到的总和为n.运用这样的过程来不断地进行分拆,直到我们取得一个其中没有任何部分会比最后的部分至少少2个单位的分拆.

情形$n=10,m=4$

1117	1234
1127	1333
1135	2224
1144	2233
1225	

P. Paoli[④] 指出:n可以按$\binom{n-1}{m-1}$种方法被分成m个正整数,其中不同排

① Phil. Mag.,(4),16,1858,371-376;Coll. Math. Papers,Ⅱ,113-117.

② Methodus nova et facilis serierum infinitarum exhibendi dignitates,Leipsae,1778. Infinitinomii dignitatum historia,leges,ac formulae,Gottingae,1779,73-79(166,tables of partitions). A less interesting method is given in a Progr.,1795.

③ Exposition by C. Kramp,Élémens d'Arith. Universelle,1808,§339. Quoted by Trudi.

④ Opuscula analytica,Liburni,1780,Opuse. Ⅱ(Meditationes Arith.),§1.

列方式要分别算上. 将 n 分成 m 个大于 0 部分(不同排列不计入)的分拆数为 $\varphi(1)+\varphi(m+1)+\varphi(2m+1)+\cdots$,其中 $\varphi(j)$ 为 $n-j$ 分成 $m-1$ 个部分的分拆数. 将 n 分成 m 个相异部分的分拆数为 $\lambda(m)+\lambda(2m)+\lambda(3m)+\cdots$,其中 $\lambda(j)$ 为 $n-j$ 分成 $m-1$ 个相异部分的分拆数. n 分成 m 个相异部分的分拆与 $n-\frac{m(m-1)}{2}$ 分成 m 个相同或相异部分的分拆有着同样的数量. 令 ψ,φ,ω 分别为 $2n-1,2n,2n+1$,对应着分成 $2m-1,2m,2m+1$ 个奇数的方法数;令 $\psi[r],\varphi[r],\omega[r]$ 为当 n 替换为 $n-r$ 时相对应的数. 则

$$\varphi=\psi[1]+\psi[2m+1]+\psi[4m+1]+\psi[6m+1]+\cdots$$

$$\omega=\varphi+\varphi[2m+1]+\varphi[4m+2]+\varphi[6m+3]+\cdots$$

如果我们又强加一个条件使奇数是互异的,我们有

$$\varphi=\psi(2m)+\psi(4m)+\cdots$$

$$\omega=\varphi(2m)+\varphi(4m+1)+\varphi(6m+2)+\cdots$$

将 $2n$ 分成 m 个偶数的分拆数为 $\varphi(1)+\varphi(m+1)+\varphi(2m+1)+\cdots$,其中 $\varphi(r)$ 为将 $2(n-r)$ 分成 $m-1$ 个偶数的分拆数. 将 n 分成 m 个部分的分拆数就是将 $2n$ 分成 m 个偶数的分拆数. 将 n 分成 m 个相异部分的分拆数就是将 pn 分成 m 个互异 p 倍数的分拆数. 将 n 分成小于或等于 m 个部分的分拆数 $P(n,m)$ 就是 $\sum P(n-j,m-1)$,其中对 $j=0,m,2m,\cdots$ 求和. 将 n 分成 m 个部分的分拆数等于 $P(n-m,m)$. 如果记 φ, ω 分别是 $(m-1)a+rb$, $ma+rb$ 对应的表示为来自数列 $a,a+b,a+2b,\cdots$ 中的 m, $m-1$ 项之和的方法数,那么 $\omega=\varphi+\varphi(2m)+\varphi(2m)+\cdots$,其中 $\varphi(j)$ 是由 φ 通过替换 r 为 $r-j$ 而导出的. 类似地,当只使用数列中不同的项时,若 φ 为 n 由选自 $a,a+b,\cdots,a+(m-1)b$ 中的数之和表示的方法数,则

$$\omega=\varphi+\varphi[a+mb]+\varphi[2(a+mb)]+\cdots$$

最后讨论了将 n 表示为任意给定数列项之和的方法数. 他在下一篇文章中给出了一个更拓展的论述.

Paoli① 处理了变系数线性差分方程

$$Z(y,x)=A_xZ(y-1,x)+B_xZ(y-2,x)+\cdots+X_xZ(y-x,x)+\cdots+$$
$$A'_xZ(y,x-1)+B'_xZ(y-1,x-1)+\cdots+X'_xZ(y-x,x-1)+\cdots$$

其中 $A_x,B_x,\cdots$ 为 x 的给定函数, y 是 x 的一个函数. 令整数为

$$Z(y,x)=ma^y\,\nabla\alpha_x+nb^y\,\nabla\beta_x+\cdots,\nabla\alpha_x\equiv\alpha_1\alpha_2\cdots\alpha_x$$

其中 $m,a,n,b,\cdots$ 是常数. $a^y\,\nabla\alpha_x$ 是一个整数的条件为

① Memorie di mat. e fis. società Italiana, 2, 1784, 787-845.

$$\alpha_x=\frac{A'_x+B'_x a^{-1}+\cdots+X'_x a^{-x}+\cdots}{1-A_x a^{-1}-B_x a^{-2}-\cdots-X_x a^{-x}-\cdots}$$

因此我们得到$\nabla\alpha_x$;令它的展开式为

$$\nabla\alpha_x=A+A'a^{-1}+A''a^{-2}+\cdots$$

对其对数取微分,把 x 看作常数并把 a 看作变量.因此

$$-\frac{a^2\mathrm{d}\nabla\alpha_x}{\nabla\alpha_x\cdot\mathrm{d}a}=\frac{A'+2A''a^{-1}+\cdots}{A+A'a^{-1}+\cdots}=r+r'a^{-1}+r''a^{-2}+\cdots$$

其中 $r^{(m)}$ 为分母根的$(m+1)$次幂之和所超过分子根的$(m+1)$次幂之和的部分,分子分母来自关于 a^{-1} 的分式函数,该函数给出了$\nabla\alpha_x$.因此

$$A'=Ar,2A''=A'r+Ar',3A'''=A''r+A'r'+Ar'',\cdots$$

其给出了作为 $r,r',\cdots$ 的函数$\frac{A'}{A},\frac{A''}{A},\cdots$.因此,显然地

$$Z(y,x)=A\varphi(y)+A'\varphi(y-1)+A''\varphi(y-2)+\cdots$$
$$\varphi(y)\equiv ma^y+nb^y+\cdots$$

考虑将 y 表示为 x 个相等或不等正整数之和的方法数(y,x).那些某部分为1的分拆提供了$(y-1,x-1)$种方法将 $y-1$ 表示为 $x-1$ 个部分之和;同时当每个部分超过1时,从每个部分减去1后,有$(y-x,x)$种方法将 $y-x$ 表示为 x 个部分之和.因此

$$(y,x)=(y-x,x)+(y-1,x-1)$$

若 $\alpha_x=a^{-x}\alpha_x+a^{-1}$,就会有整数$(y,x)=a^y\nabla\alpha_x$,因此

$$\nabla\alpha_x=\frac{a^{-x}}{(1-a^{-1})(1-a^{-2})\cdots(1-a^{-x})}$$

$a=1,a^2=1,\cdots,a^x=1$ 的根的 m 次幂之和就是那些数之和$\delta(m)$,那些数是在数 $m,\frac{m}{2},\frac{m}{3},\cdots,\frac{m}{m}$ 中为整数且小于或等于 x 的数.因此

$$r^{(m)}=\delta(m+1),A'=\delta(1),A''=\frac{1}{2}\{\delta(2)+\delta^2(1)\},\cdots$$

$$A^{(m)}=\frac{\delta(m)}{m}+\frac{\delta(1)\delta(m-1)}{m}+\frac{1}{2}\{\delta(2)+\delta^2(1)\}\frac{\delta(m-2)}{m}+$$
$$\left\{\frac{\delta(3)}{3}+\frac{\delta(1)\delta(2)}{3}+\left(\frac{\delta(2)}{2}+\frac{\delta^2(1)}{2}\right)\frac{\delta(1)}{3}\right\}\frac{\delta(m-3)}{m}+\cdots$$

$$\nabla\alpha_x=a^{-x}+A'a^{-x-1}+A''a^{-x-2}+\cdots$$

$$(y,x)=\varphi(y-x)+A'\varphi(y-x-1)+A''\varphi(y-x-2)+\cdots$$

取 $x=1$.则 $A'=A''=\cdots=1,(y,1)=\varphi(y-1)+\varphi(y-2)+\cdots$,替换 y 为 $y-1$.因此$(y-1,1)=\varphi(y-2)+\varphi(y-3)+\cdots$.故$(y,1)-(y-1,1)=\varphi(y-1)$.由问题的本质,可根据 $y>0$ 有$(y,1)=1$,或是根据 $y\leqslant 0$ 有$(y,1)=0$.因此根据 $z=0$ 有 $\varphi(z)=1$,或是根据 $z\neq 0$ 有 $\varphi(z)=0$.于是(y,x)化简成

单个项 $A^{(y-x)}$，使得

$$(y,x)=\frac{\delta(y-x)}{y-x}+\frac{\delta(1)\delta(y-x-1)}{y-x}+\frac{1}{2}\{\delta(2)+\delta^2(1)\}\frac{\delta(y-x-2)}{y-x}+\cdots$$

接下来，为了求出将 y 表为 x 个相异正整数之和的方法数 (y,x)，我们有 $(y,x)=(y-x,x)+(y-x,x-1)$. 现在 $\alpha_x=\frac{a^{-x}}{1-a^{-x}}$. 这里的 $r^{(m)}$，$\delta(m)$，$A^{(m)}$ 同先前的问题一样，但

$$\nabla\alpha_x=a^{-z}+A'a^{-z-1}+\cdots$$
$$(y,x)=\varphi(y-z)+A'\varphi(y-z-1)+\cdots$$
$$z\equiv\frac{x(x+1)}{2}$$

同样，若 $y=0$，则 $\varphi(y)=1$；若 $y\neq 0$，则 $\varphi(y)=0$. 因此 (y,x) 是由 $A^{(m)}$ 通过替换 m 为 $y-\frac{x(x+1)}{2}$ 而导出的. 因此将 y 表示为 x 个相异正整数之和的方法数同将 $y-\frac{x(x-1)}{2}$ 表示为 x 个相同或不同正整数之和的方法数相同.

对于将 y 表示为 x 个相同或相异正奇数之和的方法数 (y,x)，陈述有 $(y,x)=(y-2x,x)+(y-1,x-1)$.

此处 $\alpha_x=\frac{a^{-1}}{1-a^{-2x}}$，$(y,x)=\varphi(y-x)+A'\varphi(y-x-2)+\cdots$，还有 $\varphi(y)=0$，除了当 $y=0$ 时，$\varphi(1)=1$. 因此 (y,x) 由 $A^{(m)}$ 取 $m=\frac{y-x}{2}$ 而得出，其中 y 和 z 必须同为偶数或同为奇数. 若分 y 为 x 个相异的正奇数，$(y,x)=(y-2x,x)+(y-2x+1,x-1)$，且 (y,x) 由 $A^{(m)}$ 取 $m=\frac{y-x^2}{2}$ 而得出. 因此将 y 表示为 x 个相异正奇数之和的方法数与将 $y-x(x-1)$ 表示为 x 个相同或不同正奇数之和的方法数一样多.

将 y 表示为选自 $z_1,z_1,\cdots,z_x$ 中的数之和的方法数 (y,x) 就是不定方程 $y=pz_1+\cdots+tz_x$ 的解 $p,\cdots,t$ 的组数. 依次取 $t=0,1,\cdots$，我们得到

$$(y,x)=(y,x-1)+(y-z_x,x-1)+$$
$$(y-2z_x,x-1)+(y-3z_x,x-1)+\cdots$$

替换 y 为 $y-z_x$ 并(用上式将替换后的)减去. 因此 $(y,x)=(y-z_x,x)+(y,x-1)$. 此处 $\alpha_x=\frac{1}{1-a^{-z_x}}$，数 $m,\frac{m}{2},\frac{m}{3},\cdots,\frac{m}{m}$ 的和记作 $\delta(m)$，它们都是小于或等于 $2x$ 的整数，对于 $A^{(m)}$ 的公式与第一个问题一样. 由于 $A^{(z_1)}$ 是第一个非零的 A，我们有

$$(y,1)=\varphi(y)+\varphi(y-z_1)+\varphi(y-2z_1)+\cdots$$

$$(y,1)-(y-z_1,1)=\varphi(y)$$

因此有 $\varphi(0)=1, y\neq 0$,以及 $\varphi(y)=0$. 故(y,x)由 $A^{(y)}$ 给出. 特别地,若 $z_x=x$,我们有将 y 表示为小于或等于正整数之和的方法数. 因此由第一个问题,将 y 表示为 x 个正整数之和的方法数与将 $y-x$ 表示为小于或等于 x 正整数之和的方法数一样. 对于 $z_x=n(2x-1)$,(y,x)由 $A^{(y/n)}$ 给出,其中我们只保留整数、奇数且小于或等于 $2x-1$ 的项来生成 $\delta(m)$.

对于将 y 表示为选自 $z_1,z_1,\cdots,z_x$ 中不同项之和的方法数(y,x),有$(y,x)=(y,x-1)+(y-z_x,x-1)$. 令 $\gamma(m)$ 是数 $m,-\frac{m}{2},\frac{m}{3},-\frac{m}{4},\cdots,\pm\frac{m}{m}$ 中小于或等于 z_x 的整数的 z 的数之和. 则这里的 $A^{(m)}$ 由第一问中将 δ 替换为 γ 的 $A^{(m)}$ 导出,同时(y,x)由 $A^{(y)}$ 给出. 令 $z_x=2^{x-1}$,并令 x 无限递增,即无穷数列 $1,2,4,8,\cdots$. 则 $\gamma(m)=2^m-2^{m-1}-\cdots-1=1$,$(y,x)=1$,这样每一个整数都只有单一的方法表示为 $1,2,4,8,\cdots$ 中的项的和(L. Pisano①).

对于将 y 表示为在 $m,m+n,m+2n,\cdots$ 中 x 个项之和的方法数或 x 个相异项之和的方法数(y,x),都有$(y,x)=(y-nx,x)+(z,x-1)$,其中 $z=y-m$ 或 $z=y-nx+n-m$. 则(y,x)相应的由对于 $n\mu=y-mx$ 或 $n\mu=y-mx-\frac{nx(x-1)}{2}$ 的 $A^{(\mu)}$ 给出. 因此将 y 表示为数列中 x 个相异项之和的方法数与将 $y-\frac{nx(x-1)}{2}$ 表示为 x 个相同或相异项之和的方法数一样.

最后,为了将如下的统一型式子

$$[y,x]=A_x[y-m\varphi(x),x]+B_x[y-\psi(x),x-1]$$

化简成统一型式子$(y,x)=A_x(y-\varphi(x),x)+B_x(y-f(x),x-1)$,代换$[y,x]=\left(\frac{y-F(x)}{m},x\right)$到两式中的前一个,并与后一个对比结果. 成立的条件是 $F(x)-F(x-1)=\psi(x)-mf(x)$,于是对于一个独立于 x 的常数 c,有

$$F(x)=\sum\{\psi(x+1)-mf(x+1)\}+c$$

因此,在我们的第二个问题中,$[y,x]=[y-x,x]+[y-x,x-1]$,而在关于 $z_1,\cdots,z_x$ 且 $z_x=x$ 的第一问(比原来的第一问多了限制)中,有

$$(y,x)=(y-x,x)+(y,x-1)$$

因此 $F(x)=\sum(x+1-0)=\frac{x(x+1)}{2}+c$,且 $c=0$,于是(译者注:Dickson十分喜欢隐藏求和的角标,此处是对 $0+1,1+1,\cdots,x-1+1$ 求和.)

---

① Seritti L. Pisano, Ⅰ, Liber abbaco, 1202(revised about 1228), Rome, 1857, 297.

$$[y,x]=\left(y-\frac{x(x+1)}{2},x\right)$$

使得将 y 表示为 x 个相异部分之和的方法数与将 $y-\frac{x(x+1)}{2}$ 表示为小于或等于 x 正整数之和的方法数一样. 同样,对于我们第一个问题的方程(略),以及我们第三个问题的如下方程

$$[y,x]=[y-2x,x]+[y,x-1]$$

我们有 $F(x)=-x$, $[y,x]=\left(\frac{y+x}{2},x\right)$,使得将 y 表示为 x 个正奇数之和的方法数与将 $\frac{(y+x)}{2}$ 表示为正奇数或正偶数之和的方法数一样. 最终,对于第一个与最后一个问题, $F(x)=(m-n)x$,使得将 y 表示为在 $m,m+n,m+2n,\cdots$ 中 x 个项之和的方法数与将 $\frac{y-(m-n)x}{n}$ 表示为 x 个正整数之和的方法数一样.

G. F. Malfatti[①] 得出了一个递推级数的通项,其递推尺度有一个重根.

译者注 在收敛域内对递推级数求和可以得到分式,若如下递推级数

$$A+Bx+Cx^2+Dx^3+Ex^4+Fx^5+\cdots$$

有三阶的递推关系(其他阶的情况类似)

$$D=\alpha C+\beta B+\gamma A$$
$$E=\alpha D+\beta C+\gamma B$$
$$F=\alpha E+\beta D+\gamma C$$

则求和所得分式的分母为

$$1-\alpha x-\beta x^2-\gamma x^3$$

De Moivre 称 α,β,γ 为该递推级数的递推尺度. 参考 Euler 的《无穷分析引论》.

在(Malfatti 的文献)附录中,他处理了分拆成 $1,2,\cdots$ 中 x 个相异项的分拆数,其中 $1,2,\cdots$ 是扩展到无穷(就像 Paoli 的一样),或者是到一个给定的数 p. 取前者下的情形,他演示了如下序列的任意一条如何化到下一条的.

$x=1$:	1	1	1	1	1	1	1	1	1	…
$x=2$:	1	1	2	2	3	3	4	4	5	…
$x=3$:	1	1	2	3	4	5	7	8	10	…

这里 $x=2$ 的每个元素分别给出了将 $3,4,5,\cdots$ 分为两个相异部分的分拆数,如 $3=1+2$ 分为两个相异部分的分拆数为1;还是所附示意图中各列中1的总和,

① Memorie di mat. e fis. società Italiana, 3, 1786, 571-663.

其示意图中的 1 按两个两个的排列

$$\begin{array}{cccccc} 11 & 11 & 11 & 11 & \cdots \\ & 11 & 11 & 11 & \cdots \\ & & 11 & 11 & \cdots \\ & & & 11 & \cdots \end{array}$$

对 $x=2$ 的这些数应用同样的过程，三个三个的取它们

$$\begin{array}{cccc} 112 & 233 & 445 & \cdots \\ & 112 & 233 & \cdots \\ & & 112 & \cdots \end{array}$$

对列求和，我们得出将 6,7,8,⋯ 分为三个相异部分的分拆数，如 $6=1+2+3$ 分为三个相异部分的分拆数为 1. 四个四个的取它们，我们可以类似地得到 $x=4$ 的序列. 这一性质表明了

$$(t,x)=(t-x,x)+(t,x-1)$$

其中 (t,x) 为关于 x 的级数的第 t 项.

为了化出分拆成 $1,2,\cdots,p$ 中 x 个相异项的分拆数，我们必须删除 $p+2$ 的分拆 $(p+1)+1$ 以及 $p+3$ 的两个分拆 $(p+1)+2,(p+2)+1$，依此类推. 因此"第一减性序列"中的那些项为

$$\begin{array}{lccccccc} x=1: & 1 & 1 & 1 & 1 & 1 & 1 & \cdots \\ x=2: & 1 & 2 & 3 & 4 & 5 & 6 & \cdots \\ x=3: & 1 & 2 & 4 & 6 & 9 & 12 & \cdots \end{array}$$

任何一行都是由前一行形成的，如同在前一个问题中一样. 因此 $(t,x+1)=(t-x,x+1)+(t,x)$.

译者注

$$\begin{array}{ccccc} 1 & 1 & 1 & 1 & \cdots \\ & 1 & 1 & 1 & \cdots \\ & & 1 & 1 & \cdots \\ & & & 1 & \cdots \end{array}$$

对 $x=2$ 的这些数应用同样的过程，两个两个取它们

$$\begin{array}{ccccc} 12 & 34 & 46 & 78 & \cdots \\ & 12 & 34 & 56 & \cdots \\ & & 12 & 34 & \cdots \\ & & & 12 & \cdots \end{array}$$

对列求和，我们可以类似地得到 $x=3$ 的序列.

没有理解为什么称其为"第一减性序列".

但是对于 $x=2$，我们将 $2p+2$ 分拆并计每个分拆数为 $p+1$. 因此我们必须

更正我们的减性数列,是通过运用这“第一加性序列”

$$x=2:\quad 1\quad 1\quad 2\quad 2\quad 3\quad 3\quad \cdots$$
$$x=3:\quad 1\quad 2\quad 4\quad 6\quad 9\quad 12\quad \cdots$$
$$\vdots$$

推导出$(t,x+2)=(t-x,x+2)+(t,x+1)$. 则我们又有一个减性序列,依此类推.这些差分方程的一般式为

$$(t,x+\lambda)=(t-x,x+\lambda)+(t,x+\lambda-1)$$

若$\alpha_{j+\lambda}=\dfrac{1}{1-a^{-j}}$,它会有解 $a^t\prod$,其中$\prod=\prod\limits_{j=1}^{j=x}\alpha_{j+\lambda}$. 因此$\prod=\dfrac{1}{D}$,$D=(1-a^{-1})(1-a^{-2})\cdots(1-a^{-x})$. 若

$$\frac{1}{D}=1+A'a^{-1}+A''a^{-2}+\cdots$$

(译者注:由于常微分方程的通积分可以称作通解,Dickson 就借用通积分的说法于常差分方程,故也称其为通解.)我们(同 Paoli 一样)求出 $A'=r$,$2A''=A'r+r'$,…,其中 $r^{(m)}$ 是 $D=0$ 的根的$(m+1)$次幂和.通解是$(t,x+\lambda)=\varphi(t)+A'\varphi(t-1)+A''\varphi(t-2)+\cdots$. 对于$\lambda=0$,我们令 $x=1$(参考 Paoli 的著作)求出了$(t,x)=A^{(t-1)}$. 对于一般的λ,用 $n_\lambda^{(i)}$ 来代替$A^{(i)}$. 在通解中取 $x=1$,我们看出$(t,1+\lambda)-(t-1,1+\lambda)=\varphi(t)$,这所表示的就是 Paoli 情形里的 $A^{(t-1)}$. 因此 $\varphi(t)=n_\lambda^{(t-1)}$,且

$$(t,x+\lambda)=n_\lambda^{(t-1)}+A'n_\lambda^{(t-2)}+A''n_\lambda^{(t-3)}+\cdots+A^{(t-x)}$$

他给出了对于 $x\leqslant 4$ 的下列结果

$$(t,2)=\frac{1}{4}\{2t+1-(-1)^t\}$$

$$(t,3)=\frac{6t^2+24t+17}{72}-\frac{(-1)^t}{8}+\frac{\alpha^{t-1}+\alpha_1{}^{t-1}}{9}$$

$$(t,4)=\frac{2t^3+24t^2+81t+68}{288}-\frac{(t+4)(-1)^t}{32}-\frac{\alpha^{t+1}+\alpha_1{}^{t+1}}{27}-\frac{2(\alpha^t+\alpha_1{}^t)}{27}-\frac{\beta^{t-1}+\beta_1{}^{t-1}}{16}$$

其中α与α_1为单位元的虚数立方根,且$\beta=\mathrm{i}$,$\beta_1=-\mathrm{i}$. 他也给出了第一减性序列的通项

$$(t',2)=t'=t-p+1$$

$$(t',3)=\frac{1}{8}\{2t'^2+4t'+1-(-1)^{t'}\},\quad t'=t-p+2$$

$$(t',4)=\frac{4t'^3+30t'^2+60t'+25}{144}-\frac{(-1)^{t'}}{16}-\frac{\alpha^{t'+1}+\alpha_1{}^{t'+1}}{27}-\frac{2(\alpha^{t'}+\alpha_1{}^{t'})}{27}$$

$$t'=t-p+3$$

在早期文章中,Paoli 给出了$(t,5)$以及加性与减性序列的通项;这些以及其他各类所给出的结果出现在他早期的两篇论文 *Prodromo dell' Enciclopedia Italiana* 以及(更详尽地)*Antologia Romana*, 11, 1784 中.

V. Brunacci① 再现了 Paoli② 第一个问题的论述.

S. Vince③ 由归纳法证明了每一个正整数是 1,2,4,8,… 中相异项之和. 对于直到 $s=1+2+\cdots+2^{n-1}=2^n-1$ 的数,如果命题成立,那么直到 $s+2^n$ 中剩下的数都成立. 对于 $\pm 1, \pm 3, \pm 9, \cdots$ 的证明会更长.

S. E. Lacroix④ 再现了 Euler⑤ 的部分讨论.

(Frégier)⑥ 证明了 a^m 等于等差数列中 a 个项之和,数列的首项为 1,公差为

$$2+2a+\cdots+2a^{m-2}$$

参考 Volpicelli⑦,Lemoine⑧,Mansion⑨ 以及 Candido 的著作⑩.

C. G. J. Jacobi⑪ 给出了椭圆函数公式在分拆理论中的基本应用. 他证明了恒等关系式

$$\begin{aligned}&1+q\cdot(v+v^{-1})+q^4(v^2+v^{-2})+q^9(v^3+v^{-3})+\cdots\\=&(1-q^2)(1-q^4)(1-q^6)\cdots\times(1+qv)(1+q^3v)(1+q^5v)\cdots\times\\&(1+qv^{-1})(1+q^3v^{-1})(1+q^5v^{-1})\cdots\end{aligned}$$

其中 $|q|<1$,另一个恒等关系式可由把上式中的 v 改写为 qv^2 并乘上 $q^{1/4}v$ 而导出,即

$$\begin{aligned}&q^{1/4}(v+v^{-1})+q^{9/4}(v^3+v^{-3})+q^{25/4}(v^5+v^{-5})+\cdots\\=&(1-q^2)(1-q^4)(1-q^6)\cdots\times q^{1/4}(v+v^{-1})\times\\&(1+q^2v^2)(1+q^4v^2)(1+q^6v^2)\cdots\times(1+q^2v^{-2})(1+q^4v^{-2})(1+q^6v^{-2})\cdots\end{aligned}$$

---

① Corso di Matematica Sublime, Firenze, 1, 1804; §§ 108-109, pp. 237-248. Cf. Compeudiumdel Calc. Subl., 1811, § 114.

② Memorie di mat e fis. società Italiana, 2, 1784, 787-845.

③ Trans. Roy. Irish Acad., 12, 1815, 34-38. Euler.

④ Traité du Calcul Diff. Int., 3, 1819, 461-466.

⑤ Introductio in analyin infinitorum, Lausanne, 1, 1748, Cap. 16, 253-275. German transl. by J. A. C. Michelsen, Berlin, 1788-1790. French transl. by J. B. Labey, Paris, 1, 1835, 234-256.

⑥ Annales de math(ed., Gergonne), 9, 1818-1819, 211-212.

⑦ Atti Accad. Pont. Nuovi Lincei, 6, 1852-1853, 104-119. Frégier.

⑧ Nouv. Ann. Math., (2), 9, 1870, 368-369; de Montferier, Jour. de math. élém., 1877, 253.

⑨ Messenger Math., 5, 1876, 90. Cf. Frégier.

⑩ Suppl. al Periodico di Mat., 17, 1914, 116-117.

⑪ Fundamenta Nova Theoriae Func. Ellip., 1829, 182-184. Werke, Ⅰ, 234-236. Cf. Jacobi, See the excellent report by H. J. S. Smith, Report British Assoc. for 1865, 322-375; Coll. Math. Papers, Ⅰ, 289-294, 316-317.

译者注　上面第一个关于 q 与 v 的恒等式也可以简写为

$$\prod_{n=1}^{+\infty}(1-q^{2n})(1+q^{2n-1}v)(1+q^{2n-1}v^{-1})=\sum_{m=-\infty}^{+\infty}q^{m^2}v^m$$

$$=1+\sum_{m=1}^{+\infty}q^{m^2}(v^m+v^{-m})$$

它被称作"Jacobi 三重积恒等式". 该恒等式有许多的变形,其中一个较为常见的为

$$\prod_{n=1}^{+\infty}(1-p^n)(1+p^{n-1}u)(1+p^nu^{-1})=\sum_{m=-\infty}^{+\infty}p^{\frac{m(m-1)}{2}}u^m$$

$$=1+\sum_{m=1}^{+\infty}p^{\frac{m(m-1)}{2}}u^m+\sum_{m=1}^{+\infty}p^{\frac{m(m+1)}{2}}u^{-m}$$

另外,上面变换后的恒等式可以简写为

$$q^{1/4}(v+v^{-1})\prod_{n=1}^{+\infty}(1-q^{2n})(1+q^{2n}v^2)(1+q^{2n}v^{-2})$$

$$=\sum_{m=-\infty}^{+\infty}q^{m^2+m+1/4}v^{2m+1}=\sum_{m=-\infty}^{+\infty}q^{(2m+1)^2/4}v^{2m+1}$$

$$=q^{1/4}(v+v^{-1})+\sum_{m=1}^{+\infty}q^{(2m+1)^2/4}v^{2m+1}+\sum_{m=2}^{+\infty}q^{(2m-1)^2/4}v^{-(2m-1)}$$

$$=q^{1/4}(v+v^{-1})+\sum_{m=1}^{+\infty}q^{(2m+1)^2/4}v^{2m+1}+\sum_{m=1}^{+\infty}q^{(2m+1)^2/4}v^{-(2m+1)}$$

$$=q^{1/4}(v+v^{-1})+\sum_{m=1}^{+\infty}q^{(2m+1)^2/4}(v^{2m-1}+v^{-(2m-1)})$$

$$=\sum_{m=1}^{+\infty}q^{(2m-1)^2/4}(v^{2m-1}+v^{-(2m-1)})$$

Jacobi 由此通过四个 θ 函数起到的媒介作用推断出在分拆理论中下列关系式是相当重要的

$$\sqrt{\frac{2K}{\pi}}=\sum_{m=-\infty}^{+\infty}q^{m^2}=\prod_{m=1}^{+\infty}(1-q^{2m})(1+q^{2m-1})^2$$

$$\sqrt{\frac{2\kappa'K}{\pi}}=\sum_{m=-\infty}^{+\infty}(-1)^mq^{m^2}=\prod_{m=1}^{+\infty}(1-q^{2m})(1-q^{2m-1})^2$$

$$\sqrt{\frac{2\kappa K}{\pi}}=\sum_{m=-\infty}^{+\infty}q^{(2m+1)^2/4}=2q^{1/4}\prod_{m=1}^{+\infty}(1-q^{2m})(1+q^{2m})^2$$

$$\sqrt{\frac{2\kappa\kappa'K}{\pi}}=\frac{\pi}{2K}\sum_{m=-\infty}^{+\infty}(-1)^m(2m+1)q^{(2m+1)^2/4}=\frac{\pi}{K}q^{1/4}\prod_{m=1}^{+\infty}(1-q^{2m})^3$$

对于这些函数的幂级数展开,如 q 的幂级数,见第六章至第九章中的平方和. 如果在上面第一个恒等关系式中我们依次把 v 改写为 $+z$ 与 $-z$,并把结果相乘,那么我们得出

$$\sum_{m=-\infty}^{+\infty}\sum_{n=-\infty}^{+\infty}(-1)^m q^{m^2+n^2}z^{m+n}=\sum_{m=-\infty}^{+\infty}\sum_{n=-\infty}^{+\infty}(-1)^{m+n}q^{2(m^2+n^2)}z^{2m}$$

译者注 Dickson 习惯于省略求和的上下标，为了方便理解，已由译者添上.

A. M. Legendre① 指出 Euler 的公式(3)中暗含着将每一个非$\frac{3n^2\pm n}{2}$型(非广义五边形数)的整数分拆为相异的偶数个整数与分拆为相异的奇数个整数的方法数相同；而$\frac{3n^2\pm n}{2}$型整数被分拆为奇数个不同整数的分拆数比分拆为偶数个不同整数的分拆数多1或者少1，根据n为偶数前者比后者多1，根据n为奇数前者比后者少1. 这一结论由 Euler② 提出.

C. J. Brianchon③ 指出：$(a_1+a_2+\cdots+a_n)^m$ 展开式中通项的文字部分(即字母部分)是 $a_1^{\alpha_1}\cdots a_x^{\alpha_x}$ 型的，其中 $\alpha_1+\cdots+\alpha_x=m,x\leqslant m,x\leqslant n$. 因此许多级数的项形成了多少类 x 就有多少个值，且一类中项形成了多少组就有多少组分拆使 m 分拆成 x 个 α_i. 鉴于 Euler④ 的表，我们知道了每一类中的组数.

译者注 多项式的文字(literal)就是多项式的未定元. 由于西方人用字母符号作为文字，多项式中出现的符号也被称作文字. 每个单项式都是由系数部分(coefficient part)与文字部分(literal part)构成的.

E. Catalan⑤ 证明了 $x_1+\cdots+x_n=m$ 有$\binom{n+m-1}{m}$组(带序的)大于或等于0的解.

O. Rodrigues⑥ 指出含n个字母的置换数目为$Z_{n,i}$，使每一个置换有i个逆序数，这样数目$Z_{n,i}$为不定方程$x_0+\cdots+x_{n-1}-i$满足条件下解的组数，其中x_k仅取值$0,1,\cdots,k$，且每个置换的x_k值都是由x_{k+1}产生的逆序数. 因此$Z_{n,i}$为下述展开式中t^i的系数

$$(1+t)(1+t+t^2)\cdots(1+t+\cdots+t^{n-1})=(1-t)^{-n}P$$

其中 $P=(1-t)(1-t^2)\cdots(1-t^n)$. 令 $E_{n,i}$ 为 P 的展开式中 t^i 的系数. 因此

$$E_{n,i}=E_{n-1,i}-E_{n-1,i-n},\ E_{n,i}=E_{i,i}$$

---

① Théorie des nombres,ed. 3,1830,Ⅱ,128-133.

② Novi comm. Acad. Petrop.,3,ad annum 1750 et 1751,1753,125(summary,pp. 15-18); Comm. Arith. Coll.,Ⅰ. 73-101.

③ Jour. de l'école polyt.,tome 15,cah. 25,1837,166.

④ Introductio in analysin infinitorum,Lausanne,1,1748,Cap. 16,253-275. German transl. by J. A. C. Michelsen,Berlin,1788-1790. French transl. by J. B. Labey,Paris,1,1835,234-256.

⑤ Jour. de Math.,3,1838,111-112.

⑥ Jour. de Math.,4,1839,236-240.

且

$$Z_{n,i}=E_{n,i}+\binom{n}{1}E_{n,i-1}+\cdots+\binom{n+i-1}{i}E_{n,0}$$
$$=\binom{n+i-1}{i}+\binom{n+i-2}{i-1}E_{1,1}+\cdots+E_{i,i}$$

这里的 $E_{n,i}$ 等于某类分为偶数数量的分拆数超过某类分为奇数数量分拆数的部分，其中前一类是将 i 分为偶数数量的相异整数，且整数小于 $n+1$，后一类是将 i 分为奇数数量的相异整数，且整数也小于 $n+1$.

M. A. Stern① 用 ${}_nC_q$（以及 ${}_nC'_q$）来表示和为 n，有 q 个类（即同时有 q 个）且无重复（以及有重复）组合的数目，意味着将 n 分成 q 个不同部分（以及相等或相异部分）的数目. 显然 ${}_nC'_2=\left[\frac{n}{2}\right]$. 因此利用式(2)，我们得到

$${}_nC'_3=\left[\frac{n-1}{2}\right]+\left[\frac{n-4}{2}\right]+\left[\frac{n-7}{2}\right]+\cdots$$

$${}_nC'_q=\sum_{k_{q-3}=0}^{\frac{n-1}{q}}\sum_{k_{q-4}=0}^{\frac{n-1}{q-1}}\cdots\sum_{k_1=0}^{\frac{n-1}{3}}\sum_{k=0}^{\frac{n-1}{3}}\left[\frac{1}{2}\{n-(3k+1)-(4k_1+1)-\cdots-(qk_{q-3}+1)\}\right]$$

由于 ${}_nC_q={}_mC'_q$ 其中 $m=n-\frac{q(q-1)}{2}$，我们由式(1) 得到

$${}_nC_2=\left[\frac{n-1}{2}\right]$$

$${}_nC_3=\left[\frac{n-4}{2}\right]+\left[\frac{n-7}{2}\right]+\left[\frac{n-10}{2}\right]+\cdots$$

同样

$${}_nC'_3=\frac{1}{2}\left\{n\left[\frac{n}{3}\right]-\frac{3}{2}\left[\frac{n}{3}\right]^2+\frac{1}{2}\left[\frac{n}{3}\right]-\left[\frac{n+2}{6}\right]+\left[\frac{n+1}{6}\right]-\left[\frac{n}{6}\right]\right\}$$

若 $C(n)$ 是将 n 分拆成不同部分的所有分拆的数目，则

$$\sum_{y=0}^{2n}(-1)^zC\left(n-\frac{y}{2}\right)=\begin{cases}(-1)^r\\0\end{cases}\quad(y\equiv 3z^2\pm z)$$

其中若 n 是 $3r^2\pm r$ 型，则等于 $(-1)^r$；若 n 不是 $3r^2\pm r$ 型，则等于 0. 这是由下式展开而来的

$$\frac{1-x^2}{1-x}\cdot\frac{1-x^4}{1-x^2}\cdot\frac{1-x^6}{1-x^3}\cdots$$

还有

---

① Jour. für Math., 21, 1840, 91-97, 177-179. Further results were quoted under Stern of Ch. X in Vol. I this History.

$$\sum_{y=0}^{n}(-1)^{z}C(n-y)=\begin{cases}1\\0\end{cases}\quad(y\equiv 3z^{2}\pm z)$$

其中若 n 是$\frac{z(z+1)}{2}$型,则等于 1;若 n 不是$\frac{z(z+1)}{2}$型,则等于 0.

A. De Morgan① 考虑了 x 的可以由 y 与那些小于或等于 y 的数相加而成的方法数 $u_{x,y}$(译者补:也就是说此和中加数必有一个 y). 将 y 加到每一个 $x-y$ 的这样的组分上,我们看出

$$u_{x,y}=u_{x-y,1}+u_{x-y,2}+\cdots+u_{x-y,y}$$

在这个方程中减去将 x 和 y 都减小 1 得到的方程,我们得到

$$u_{x,y}-u_{x-1,y-1}=u_{x-y,y}\tag{6}$$

视 y 为固定的,且第二个 u 为给定函数,我们有一个 y 阶差分方程,其通解形如

$$u_{x,y}=A_{y-1}+A_{a_2}P_2+\cdots+A_{a_y}P_y$$

其中 A_{a_2} 是有理整函数(即多项式函数),其次数 a_2 为在这些$\frac{n-y}{y}$数中最大的整数. 同时 P_n 是一个周期为 n 的循环函数. 特别地

$$u_{x,2}=\frac{x}{2}-\frac{1}{4}+\frac{1}{4}(-1)^{x}$$

$$u_{x,3}=\frac{1}{72}\{6x^{2}-7-9(-1)^{x}+8(\beta^{x}+\gamma^{x})\}$$

$$u_{x,4}=\frac{1}{864}\{6x^{3}+18x^{2}-27x-39+27(x+1)(-1)^{x}+32(\beta^{x-1}+\gamma^{x-1}-\beta^{x}-\gamma^{x})+54\mathrm{i}^{x}+54(-\mathrm{i}^{x})\}$$

其中 β,γ 是虚单位立方根,且 $\mathrm{i}=\sqrt{-1}$,因此

$$12u_{x,3}=\begin{cases}x^{2}, & x\equiv 0\pmod 6\\ x^{2}-1, & x\equiv 1\pmod 6\\ x^{2}-4, & x\equiv 2\pmod 6\\ x^{2}+3, & x\equiv 3\pmod 6\\ x^{2}-4, & x\equiv 4\pmod 6\\ x^{2}-1, & x\equiv 5\pmod 6\end{cases}$$

类似地,$u_{x,4}$ 有 12 个形式取决于 x 模 12 的余数. 其次,$u_{x,3}$ 是最接近$\frac{x^{2}}{12}$的整数(译者补:$u_{x,3}=\mathrm{round}\left(\frac{x^{2}}{12}\right)$),以及根据 x 为偶数,$u_{x,4}$ 为最接近$\frac{x^{3}+3x^{2}}{144}$的整数;或根据 x 为奇数,$u_{x,4}$ 为最接近$\frac{x^{3}+3x^{2}-9x}{144}$的整数.

---

① Cambridge Math. Jour. ,4,1843,87-90.

A. Cauchy① 证明了式(3) 以及 Euler② 的其他公式,还证明了涉及有限数量因子的一个相关公式

$$P(x)=\prod_{j=0}^{n-1}(1+t^jx)$$
$$=1+\frac{1-t^n}{1-t}x+\frac{(1-t^n)(t-t^n)}{(1-t)(1-t^2)}x^2+\frac{(1-t^n)(t-t^n)(t^2-t^n)}{(1-t)(1-t^2)(1-t^3)}x^3+\cdots$$

$$\frac{1}{P(-x)}=1+\frac{1-t^n}{1-t}x+\frac{(1-t^n)(1-t^{n+1})}{(1-t)(1-t^2)}x^2+\frac{(1-t^n)(1-t^{n+1})(1-t^{n+2})}{(1-t)(1-t^2)(1-t^3)}x^3+\cdots$$

Jacobi③ 表示,若在他的第一个公式④中我们替换 q 为 q^m,并设 $v=\mp q^m$,则我们得到

$$(1\pm q^{n-m})(1\pm q^{n+m})(1-q^{2n})\times(1\pm q^{3n-m})(1\pm q^{3n+m})(1-q^{4n})\cdots$$
$$\equiv\prod_{t=1}^{+\infty}(1\pm q^{2tn-n-m})(1\pm q^{2tn-n+m})(1-q^{2tn})=\sum_{i=-\infty}^{+\infty}(\pm 1)^i q^{ni^2+mi}$$

对于 $m=\frac{1}{2},n=\frac{3}{2}$,那些 $\mp$ 与 $\pm$ 都按处于下方的取就变成了 Euler 的公式(3).虽然他⑤给出了关于它(即式(3))的两个简单证明,但 Jacobi 在要点上重述了 Euler 的证明,而(不一样的是)做了一个推广.他给出了 Legendre⑥ 推论的一个证明,并证明了下面的推广.令 $(P,\alpha,\beta,\cdots)$ 是将某类分为偶数数量的分拆数超过将某类分为奇数数量分拆数的部分,其中前一类是将 P 分为偶数数量的相异给定元素 $\alpha,\beta,\cdots$,后一类是将 P 分为奇数数量的相异给定元素 $\alpha,\beta,\cdots$.则

$$(P,\alpha,\beta,\gamma,\cdots)=(P,\beta,\gamma,\cdots)-(P-\alpha,\beta,\gamma,\cdots)$$

令 $a,a_1,a_2,\cdots$ 形成任意一个等差数列,且 $b_0,b_1,b_2,\cdots$ 为一个公差为 $-a$ 的等差数列,设

$$c_i=b_{i+1}-a_{i+1},d_i=c_{i+1}-a_{i+1},\cdots$$

则

$$L\equiv(b_0,a)+(b_1,a,a_1)+(b_2,a,a_1,a_2)+\cdots+(b_{m-1},a,a_1,\cdots a_{m-1})$$
$$=\Delta-(b_m,a_1,\cdots a_{m-1})+(c_{m-1},a_2,\cdots a_{m-2})-(d_{m-2},a_3,\cdots a_{m-2})+\cdots$$

---

① Comptes Rendus Paris,17,1843,523;Oeuvres,(1),Ⅷ,42-50.

② "Observ. anal. de combinationibus,"Comm. Acad. Petrop.,13,ad annum 1741-1743,1751,64-93.

③ Jour. für Math.,32,1846,164-175;Werke,6,1891,303-317;Opuscula Math.,1,1846,345-356. Cf. Sylvester,Goldschmidt.

④ Fundamenta Nova Theoriae Func. Ellip.,1829,182-184. Werke,Ⅰ,234-236. Cf. Jacobi. See the excellent report by H. J. S. Smith,Report British Assoc. for 1865,322-375;Coll. Math. Papers,Ⅰ,1289-1294,316-317.

⑤ Ibid..

⑥ Théorie des nombres,ed. 3,1830,Ⅱ,128-133.

$$\Delta \equiv [b_0]-[c_0]-[c_1]+[d_1]+[d_2]-[e_2]-\cdots$$

如果 b_0 与 a 为正数且 $ma>b_0$,那么除了当 b_1 等于 $s_{i-1}+2s_i$ 或 $2s_{i-1}+s_i$ 时 L 等于 $(-1)^i$ 情况下之外,L 都为零,其中

$$s_i=a_1+a_2+\cdots+a_i$$

Jacobi[①] 指出 Euler[②] 以 $\frac{f(q^2)}{f(q)}$ 形式表示出了 $P\equiv(1+q)(1+q^2)(1+q^3)\cdots$,其中 $f(x)$ 由式(3)给出.Jacobi用6种方式将 P 表示为两个无穷乘积的商,并将这两个中的每一个扩展成无穷级数;紧挨着最后一个的案例为

$$\frac{(1+q)(1+q^2)(1-q^3)(1+q^4)(1+q^5)(1-q^6)\cdots}{(1-q^3)^2(1-q^6)(1-q^9)^2(1-q^{12})(1-q^{15})^2(1-q^{18})\cdots}=\frac{\sum_{i=-\infty}^{+\infty} q^{(3i^2+i)/2}}{\sum_{i=-\infty}^{+\infty}(-1)^i q^{3i^2}}$$

(译者注:Dickson 习惯于省略求和的上下标,为了方便理解已由译者添上了.)

以 $\sum_{j=1}^{+\infty} C_j q^j$(幂级数)形式表示出该式,我们总结出,其中 C_i 是将 i 分拆成任意相异整数的分拆数,或者是将 i 分拆成相等或相异奇数的分拆数

$$C_i=2\{C_{i-3}-C_{i-12}+C_{i-27}-C_{i-48}+C_{i-75}-\cdots\}+\delta$$

其中 $\delta=1$,根据 x 为 $\frac{3n^2\pm n}{2}$ 型(广义五边形数);或者 $\delta=0$,根据 x 不为 $\frac{3n^2\pm n}{2}$ 型. 他给出 P^2 与 P^3 的展开式.仅有那些被 $m=a^2b$ 除后余数为1的 m 边形数,其边长数(译者补:即第几个 m 边形数)被 ab 除后余数才为1,其中 a^2 为整除 m 的最大平方数.

H. Warburton[③] 考虑将 N 分拆成 p 个部分,且每一部分都大于或等于 η 的分拆数,并证明

$$[N,p,\eta]-[N,p,\eta+1]=[N-\eta,p-1,\eta]$$

$$[N+p,p,1]=\sum_{z=0}^{p}[N,z,1],\quad [N,p,\eta]=\sum_{z=0}^{p}[N-p\eta,z,1]$$

$$[N,p,1]=[N-1,p-1,1]+[N-p-1,p-1,1]+[N-2p-1,p-1,1]+\cdots$$

将上式的最后一个一直加到 $\left[\frac{N}{p}\right]$.他应用这些公式去构造一个分拆的表,还证

① Jour. für Math.,37,1848,67-73,233;Werke,2,1882,226-233,267;Opuscula Math.,2,1851,73-80,113.

② Introduction in analysin infinitorum,Lausanne,1,1748,Cap. 16,253-275. German transl. by J. A. C. Michelsen,Berlin,1788-1790. French transl. by J. B. Labey,Paris,1,1835,234-256.

③ Trans. Cambridge Phil. Soc.,8,1849,471-492.

明了将 x 分拆成 3 部分的分拆数为 $3t^2, 3t^2 \pm t, 3t^2 \pm 2t, 3t^2 + 3t + 1$，根据 $x = 6t$，分拆数为 $3t^2$；根据 $x = 6t \pm 1$，分拆数为 $3t^2 \pm t$；根据 $x = 6t \pm 2$，分拆数为 $3t^2 \pm 2t$；根据 $x = 6t + 3$，分拆数为 $3t^2 + 3t + 1$（与 De Morgan 的那种分拆的结果一致）.

J. F. W. Herschel① 回想起他②较早以前的记号 $s_x = s^{-1} \sum \alpha^x$，其中 α 遍及 s 次单位根，这样根据 x 被 s 整除有 $s_x = 1$，或者根据 x 不被 s 整除有 $s_x = 0$. 则随着 x 从零开始一个一个地增加，$A_x s_x + B_x s_{x-1} + \cdots + N_x s_{x-s+1}$ 将会在相继的值中循环，当 x 被 s 整除其为 A_x，当 $x-1$ 被 s 整除其为 B_x，依此类推. 若 A_x，诸如此类的都是常数，函数被称为周期的. 他把 x 分为 s 个部分，且把每部分都大于 0 的分拆数 (x,s) 写成 ${}^s\prod(x)$，由下式开始

$$(x, s-1) = \varphi(x) + Q_x$$

其中 $\varphi(x)$ 为无周期的部分，Q_x 是周期函数或循环函数，并应用 H. Warburton 引用的最终公式，他得出

$$(x,s) = A + Z$$
$$A = \varphi(x-1) + \varphi(x-s-1) + \cdots$$
$$Z = Q_{x-1} + Q_{x-s-1} + \cdots$$

后两个的每一个都扩展到第 $\left[\frac{x}{s}\right]$ 项. 那么 A 可被精确地表示为在 $\Delta^m 0^n$ 的项中 z^n 在 $z=0$ 处的 m 阶差分. 同时 Z 可被表示出来依据这些数以及上面的循环函数 s_x. 他推导出对于 (x,s)，$s = 2,3,4,5$ 的显式表达式，如

$$(x,2) = \frac{1}{2}\{x - 2_{x-1}\}$$

$$(x,3) = \frac{1}{12}\{x^2 - 6_{x-1} - 4 \cdot 6_{x-2} + 3 \cdot 6_{x-3} - 4 \cdot 6_{x-4} - 6_{x-5}\}$$

其中，含 $(x,4)$ 的表达式在内的，都与 De Morgan③ 所得的结果一致，尽管后者（De Morgan）没有要求处理分拆为 s 个部分.（译者注：有趣之处在于以不同方式分拆所得到的分拆数结果一致.）尽管 Herschel 的方法费时费力，但它在一定程度上预测了 Cayley④ 所做的更简单的方法.

J. J. Sylvester⑤ 引用了 Euler 的定理，即不管是分拆份数小于或等于 m，还是所拆成的每一部分小于或等于 m（译者补：每个分拆至少要有某部分等于

① Phil. Trans. Roy. Soc. London, 140, Ⅱ, 185, 399-422.

② From his paper on circulating functions, ibid., 108, 1818, 144-168.

③ Cambridge Math. Jour., 4, 1843, 87-90.

④ Phil. Trans. Roy. Soc. London, 146, 1856, 127-140; Coll. Math. Papers, Ⅱ, 235-249.

⑤ Phil. Mag., (4), 5, 1853, 199-202; Coll. Math. Papers, Ⅰ, 595-598.

m）得出的分拆数都是相等的，还指出了，如果当限制数 m 换为 $m-1$ 时我们再应用此定理，那么由减法得出以下推论．将 n 分拆为 m 个部分的分拆数等于将 n 分拆成若干部分的分拆数，其中该若干部分中某个部分其值为 m，其他部分小于或等于 m．Sylvester 把这一推论归功于 N. M. Ferrers，Ferrers 告知了以下证明给他．取出任意一个，比如组 A 由 3，3，2，1 构成，写成

$$\begin{matrix}1, & 1, & 1\\1, & 1, & 1\\1, & 1 & \\1 & & \end{matrix}$$

按列阅读，我们得到由 4，3，2 构成的组 B．（译者补：这两个分拆互为共轭分拆．）类似地，每一个可分为四份的组 A 就能产生组 B，其中 4 是一部分，且每部分都小于或等于 4；反过来，每个组 B 能生成一个组 A．Euler 定理能通过同样的图表来证明．类似地，将 n 分拆为 m 个或是更多个部分的分拆数等于将 n 分拆后所拆成的部分中最大者大于或等于 m 的分拆数．总结起来就是，若我们将 i 分拆成若干部分，使得此若干部分中最大者不超过 m（或最大者不小于 m），则这样得到的方法数与将 i 同时分割为另外若干部分的方法数相同，其中另外若干部分的份数绝不会超过 m（或绝不少于 m）．

译者注　If we partition each of i numbers into parts so that the sum of the greatest parts shall not exceed (or be less than) m, the number of ways this can be done is the same as the number of ways these i numbers can be simultaneously partitioned so that the total number of parts shall never exceed (or never be less than) m.

原文中"the sum of the greatest parts"错了，应该改为"the greatest parts"就可以了．

P. Volpicelli① 将自然数 $n, n+1, \cdots$ 排列在一个有着 $k+1$ 行，且每行有 $h+1$ 个数的矩形中，而隔一行颠倒一次顺序．例如

$$\begin{matrix}18 & 19 & 20\\23 & 22 & 21\\24 & 25 & 26\end{matrix}$$

按列相继的求和为 65，66，67（其公差为一）并且当行数为奇数时总是如此；（译者注：原文写成当列数为奇数时总是如此，应该改为当行数为奇数时总是如此．）但，如果 $k+1$ 是偶数，每列的数之和为常数，是

① Atti Accad. Pont. Nuovi Lincei, 6, 1852-1853(1855), 631; 10, 1856-1857, 43-51, 122-131; Annali di sc. mat. e fis., 8, 1857, 22-27.

$$a=\frac{\{2n+h(k+1)+k\}(k+1)}{2}$$

并且我们有对于 a 的特殊分拆. 给定 a，为了求出整数解 n,h,k，我们指出 $h=\frac{\gamma}{\delta}$，其中 $\delta=(k+1)^2$，同时 γ 与 $\frac{(2a)^2}{\delta}$ 都为整数. 因此寻求 $(2a)^2$ 的因子，且 $(2a)^2$ 为平方数 δ；对于每一个这样的 δ，我们有 k 便能寻求出 n，因为 $\frac{\gamma}{\delta}$ 是一个整数 h.

P. Volpicelli① 将 n^k 表示为成等差数列的数之和.

P. Bonialli② 处理过分拆.

T. P. Kirkman③ 证明了将 N 分拆为 p 个部分且每部分小于或等于 a 的分拆数等于将 $N-a,N-p-a,N-2p-a$ 都分拆为 $p-1$ 个部分且每部分大于或等于 0 的那些分拆数之和. $a=1$ 的情形就是 Warburton④ 的最后那个公式. 他(Kirkman) 给出了一个解析表达式，该表达式是将 x 分拆为 k 个部分且每部分大于 0 的分拆数 (x,k)，其依据循环子 s_x，其中若 $\frac{e}{s}$ 为一个正整数时循环子为 1，若为分数或是负整数时为零. 对于 $k\leqslant 5$，他的结果与 Herschel⑤ 的一致，但是这是由更基本的方法得出的. Kirkman⑥ 更正了他自己的 $(x,6)$ 的表达式，并求出了 $(x,7)$ 的表达式. 他⑦还求出了 (r^2-r+1,r).

Sywester⑧ 称由给定的整加数 $a_1,\cdots,a_r$ 而生成数 n 的方法数为 n 关于 $a_1,\cdots,a_r$ 的额度 Q(Quotity). 因此 Q 是下述不定方程大于或等于 0 的整数解的组数

$$a_1x_1+\cdots+a_rx_r=n$$

他表示有 $Q=A+U$，其中周期成分 U(依赖于单位根) 未被讨论，而非周期成分 A 是展开式

$$\mathrm{e}^{nt}(1-\mathrm{e}^{-a_1t})^{-1}\cdots(1-\mathrm{e}^{-a_rt})^{-1}$$

中 $\frac{1}{t}$ 的系数. A 的其他公式已经给出. 但所有这些公式都是临时的，在他的下一

---

① Atti Accad. Pont. Nuovi Lincei, 6, 1852-1853, 104-119. Frégier.

② Formole algebriche esprimenti il numero delle partizioni di qualunque intero. Progr., Clusone, 1885.

③ Mem. Lit. Phil. Soc. Manchester, (2), 12, 1855, 129-145.

④ Trans. Cambridge Phil. Soc., 8, 1849, 471-492.

⑤ Phil. Trans. Roy. Soc. London, 140, Ⅱ, 1850, 399-422.

⑥ Mem. Lit. Phil. Soc. Manchester, (2), 14, 1857, 137-149.

⑦ Proc. and Papers Lancashire and Cheshire Hist. Soc. Liverpool, 9, 1857, 127.

⑧ Quar. Jour. Math., 1, 1855(1857), 81-84; Coll. Math. Papers, Ⅱ, 86-89.

篇论文中被其他更快速有效的计算公式所取代.

Sywester[1] 表示 $Q=\sum W_q$,其中 W_q 被称为一个"波(wave)",其为如下表达式[2]按照 t 的幂次由低到高展开后其中 $\frac{1}{t}$ 的系数

$$\sum \rho^{-n} e^{nt} \prod_{j=1}^{r} (1-\rho^{a_j} e^{-a_j t})^{-1}$$

其中 $\sum \rho^{-n} e^{nt} \prod_{j=1}^{r} (1-\rho^{a_j} e^{-a_j t})^{-1}$ 的求和是对所有 q 次本原单位根.因此除了 q 可被一个或多个 a_i 整除的情况之外,其他的都是 $W_q=0$. 因此 W_1 就是他先前的 A. 取这些 a_i 为 $1,\cdots,6$,Sylvester 计算出 $W_1,\cdots,W_6$ 起初是依据 $\sum q^k$,而最后是依据 Herschel[3] 的循环函数,得出了与 A. Cayley[4] 一致的结果.

但是直到 1882 年 Sylvester 才完整地解释了[5]他的定理.

Cayley[6] 运用了类似于 Sylvester 的 Q 来表示将 q 分拆成这些元素 $a,b,\cdots$ 的分拆数,允许重复.正如所知,它是 $\prod(1-x^a)^{-1}$ 展开式中 x^q 的系数.通过将该乘积分解为部分分式,可以看出

$$P(a,b,\cdots)q=Aq^{k-1}+Bq^{k-2}+\cdots+Lq+M+\sum q^r(A_0,A_1,\cdots,A_{l-1})\mathrm{prc}l_q$$

其中 k 是元素 $a,b,\cdots$ 的数量,l 是一个或多个元素的因子且大于 1,该求和式对每一个这样的因子都从 $r=0$ 到 $r=x-1$ 求和,此 x 是这些元素 $a,b,\cdots$ 中含 l 作为一个因子的数目,还有

$$(A_0,A_1,\cdots,A_{l-1})\mathrm{prc}l_q=A_0a_q+A_1a_{q-1}+\cdots+A_{a-1}a_{q-a+1}$$

是"周期 a 的素循环子",其中根据 q 可被 a 整除有 $a_q=1$,根据 q 不可被 a 整除有 $a_q=0$,并且这些 $A_0,A_1,\cdots,A_{l-1}$ 满足

$$A_i+A_{l+i}+\cdots+A_{(\lambda-1)l+i}=0 \quad (i=0,1,\cdots,l-1;\lambda=\frac{a}{l})$$

译者注 本书英文版中 Dickson 将"素循环"符号记为斜体的 *prc*,为了将其与字母进行区分,故将其改为正体.另外,通过翻阅资料,了解到 Cayley 与我

---

① Quar. Jour. Math., 1, 1855(1857), 141-152; Coll. Math. Papers, Ⅱ, 90-99. An Italian transl. of an extract appeared in Annali di sc. mat. e fis., 8, 1857, 12-21.

② Sylvester's first factor ρ^n has been changed to ρ^{-n} to accord with Battaglini, Brioschi, 49 Roberts, and Trudi.

③ From his paper on circulating functions, Phil. Trans. Roy. Soc. London, 108, 1818, 144-168.

④ Phil. Trans. Roy. Soc. London, 146, 1856, 127-140; Coll. Math. Papers, Ⅱ, 235-249.

⑤ Amer. Jour. Math., 5, 1882, 119-136(Excursus on rational fractions and partitions). Johns Hopkins Univ. Circ., 2, 1883, 22(for the first theorem). Coll. Math. Papers, Ⅲ, 605-622, 658-660.

⑥ Phil. Trans. Roy. Soc. London, 146, 1856, 127-140; Coll. Math. Papers, Ⅱ, 235-249.

们一样是用正体 prc 记此符号.

Cayley 演示了如何计算出 $A_0, A_1, \cdots, A_{l-1}$ 和非循环成分的系数 $A, \cdots, L, M$. 接着，他计算出将 q 分拆成 m 项这些元素 $0,1,\cdots,k$ 的分拆数 $P(0,1,\cdots,k)^m q$，且允许重复，众所周知这是 $(1-z)^{-1}(1-xz)^{-1}\cdots(1-x^k z)^{-1}$ 展开式中 $x^q z^m$ 的系数.

（那篇文章）最后，Cayley 证明了 $\frac{\varphi(x)}{f(x)}$ 型分式的非循环成分就是下式展开式中 $\frac{1}{t}$ 的系数

$$\frac{1}{1-xe^t}\cdot\frac{\varphi(e^{-t})}{f(e^{-t})}$$

Cayley① 后来对于 $\varphi(x)\equiv 1$ 考虑了他的上式，得出了一个公式，其等价于 Sylvester 定理，并应用它去求解 $P(1,2,\cdots,6)q$.

Cayley② 指出 $P(0,1,\cdots,m)^\theta q - P(0,\cdots,m)^\theta(q-1)$ 是一个 m 阶二元代数型的 q 阶 θ 次反合冲协变量数目. 因此它是一个对给定函数展开的展开式中 x^θ 的系数. 他用 Arbogast 的导数法③计算了协变量的文字部分.

F. Brioschi④ 用 Euler 所述指出：将 s 分拆为 r 部分，且每部分都小于或等于 n 的分拆数 C_s 是下式展开式中 $x^s z^r$ 的系数

$$Z=(1-z)^{-1}(1-xz)^{-1}\cdots(1-x^n z)^{-1}$$

现假设 $Z=\sum_{r=0}^{+\infty}\psi(x)z^r$，其中

$$\psi(x)=\frac{(1-x^{n+1})(1-x^{n+2})\cdots(1-x^{n+r})}{(1-x)(1-x^2)\cdots(1-x^r)}\equiv\frac{f(x)}{\varphi(x)}$$

译者注　Dickson 习惯于省略求和的上下标，为了方便理解已由译者添上了.

由于 $\psi(x)$ 不因互换 n 与 r 而改变，C_s 等于将 s 分拆为 n 部分，且每部分小于或等于 r 的分拆数. 令 $\alpha_1, \alpha_2, \cdots$ 为 $f(x)=0$ 的根；令 $\beta_1, \beta_2, \cdots$ 为 $\varphi(x)=0$ 的根，并设

$$s_m=\sum\frac{1}{\beta_1^m}-\sum\frac{1}{\alpha_1^m}$$

$$\psi(x)=1+C_1x+C_2x^2+\cdots$$

---

① Phil. Trans. R. Soc. London, 148, Ⅰ, 1858, 47-52; Coll. Math. Papers, Ⅱ, 506-512.

② Phil. Trans. R. Soc. London, 146, 1856, 101-126; Coll. Math. Papers, Ⅱ, 250-281. Cf. F. Brioschi, Annali dii Mat., 2, 1859, 265-277.

③ Calcul des dérivations, Strasburg, 1800. See papers 46, 102, 198.

④ Annali di sc. mat. e fis., 7, 1856, 303-312. Reproduced by Faà di Bruno.

则

$$\frac{\psi'(x)}{\psi(x)}=s_1+s_2x+\cdots$$

$$C_1=s_1,2C_2=C_1s_1+s_2,\cdots,pC_p=C_{p-1}s_1+\cdots+C_1s_{p-1}+s_p \tag{7}$$

因此

$$p!\cdot C_p=\begin{vmatrix} s_1 & -1 & 0 & \cdots & 0 \\ s_2 & s_1 & -2 & \cdots & 0 \\ s_3 & s_2 & s_1 & \cdots & 0 \\ \vdots & \vdots & \vdots & \ddots & \vdots \\ s_p & s_{p-1} & s_{p-2} & \cdots & s_1 \end{vmatrix}$$

设 $\varepsilon\left(\frac{h}{k}\right)$ 根据 h 不被 k 整除得 0,根据 h 被 k 整除得 k. 因此

$$s_m=1+\varepsilon\left(\frac{m}{2}\right)+\varepsilon\left(\frac{m}{3}\right)+\cdots+\varepsilon\left(\frac{m}{r}\right)-\varepsilon\left(\frac{m}{n+1}\right)-\varepsilon\left(\frac{m}{n+2}\right)-\cdots-\varepsilon\left(\frac{m}{n+r}\right)$$

G. Battaglini① 由特例($a_1=1,\cdots,a_r=1$)验证了 Sylvester 关于波 W_q 的公式,其中 $(1-x)^{-r}$ 展开式中 x^n 的系数等于 $e^{nt}(1-e^{-nt})^{-1}$ 展开式中 $\frac{1}{t}$ 的系数. 为了计算此波,我们需要 S 的值

$$S=\sum\frac{F_a}{F_b}x_i^{-n},F_a=\sum_\mu A_\mu x_i^\mu,F_b=\sum_\nu B_\nu x_i^\nu$$

其中 S 里的求和是对所有 k 次虚单位根 x_i. 我们能求得这些 c 使得

$$\frac{F_a}{F_b}=c_0+c_1x_i+\cdots+c_{k-1}x_i^{k-1}$$

由于对 $j\leqslant k-1$ 有虚单位根之和 $\sum x_i^j=-1$,我们看出 S 为 $\gamma_0,\gamma_1,\cdots,\gamma_{k-1}$,分别根据 $n\equiv 0,1,\cdots,k-1 \pmod k$,其中 $\gamma_j=kc_j-c_0-c_1-\cdots-c_{k-1}$,且 $\sum_{j=0}^{k-1}\gamma_j=0$. 因此我们得出 Cayley② 的素循环子($k_q$ 为先前的 a_q)

$$S=\gamma_0k_n+\gamma_1k_{n-1}+\cdots+\gamma_{k-1}k_{n-k+1}$$

译者注 Dickson 习惯于省略求和的上下标,为了方便理解已由译者添上了.

F. Brioschi③ 利用 Cauchy 的留数理论证明了 Sylvester④ 定理. 他指出:若

---

① Memorie della R, Accad, Sc, Napoli, 2, 1855-1857, 353-363.

② Phil. Trans. Roy. Soc. London, 146, 1856, 127-140; Coll. Math. Papers, Ⅱ, 235-249.

③ Annali di sc. mat. e fis., 8, 1857, 5-12.

④ Quar. Jour. Math., 1, 1855(1857), 141-152; Coll. Math. Papers, Ⅱ, 90-99. An Italian transl. of an extract appeared in Annali di sc. mat. e fis., 8, 1857, 12-21.

$a_1,\cdots,a_r$ 全为素数,则

$$W_m=\frac{1}{m}\sum_{s=1}^{l} y_s{}^{-n}\prod_{i=1}^{r-1}(1-y_s{}^{\beta_i})^{-1} \text{ 或 } W_m=0$$

根据 m 为这些 a 中的一个取上式的前者,根据 m 不为这些 a 中的一个取上式的后者. 这里 $y_1,\cdots,y_l$ 是单位元的第 m 次原始根,并且 $\beta_1,\beta_2,\cdots$ 是这些 a 中不被 m 整除的那些.(它)应用于 $2x_1+3x_2+5x_3=n$ 非负整数解组数的问题.

Cayley① 写出了$(p_1{}^{n_1}\cdots p_r{}^{n_r})$来表示这样的分拆,将 n 分拆为 n_1 个组分 p_1,n_2 个组分 p_2,依此类推,其中 $p_1>p_2>\cdots$. 它与如下对 n 的分拆共轭

$$(n_1+\cdots+n_r)^{p_r}(n_1+\cdots+n_{r-1})^{p_{r-1}-p_r}\cdots(n_1+n_2)^{p_2-p_3}n_1{}^{p_1-p_2}$$

例如$(6\ 3^2\ 2^2)$与$(5^2\ 3\ 1^3)$是一对共轭分拆. 给定 $x^m-a_1x^{m-1}+\cdots\pm a_m=0$ 具有根 x_i,属于分拆$(p_1\cdots p_m)$的对称函数是 $\sum x_1^{p_1}\cdots x_m^{p_m}$. $a_1^ta_2^s\cdots a_m^p$ 的一部分(因式)是如下对称函数

$$\sum x_1^{p+q+\cdots+t}x_2^{p+\cdots+s}\cdots x_m^p$$

译者注 这里的求和表示轮换和,取遍所有排列,比如

$$\sum x_1^2x_2^3x_3^5=x_1^2x_2^3x_3^5+x_1^5x_2^2x_3^3+x_1^3x_2^5x_3^2+x_1^2x_2^5x_3^3+x_1^3x_2^2x_3^5+x_1^5x_2^3x_3^2$$

其属于分拆$(p+\cdots+t,\cdots,p)$,此分拆共轭于$(m^p\cdots 2^s1^t)$. 因此属于分拆$(3\ 1^3)$的 $a_1^3a_3$,包含了系数为 1 的对称函数,该对称函数属于前一个分拆的共轭分拆$(4\ 1^2)$,还包含了其他系数的对称函数,这些对称函数分别属于这些分拆$(3\ 2\ 1)$,(2^3),$(3\ 1^3)$,$(2^2\ 1^2)$,$(2\ 1^4)$,(1^6),而不属于分拆(3^2).

Sywester② 表示由正整数 $a_1,\cdots,a_i$ 相加(允许重复)可构成 n 的方法数,其中正整数 $a_1,\cdots,a_i$ 两两互素,此方法数与下式相差一个依赖于 n 模 $a_1a_2\cdots a_i$ 所得余数的周期量

$$Q_n=\frac{1}{a_1\cdots a_i}\left\{\binom{n+i-1}{i-1}+\frac{1}{2}\binom{n+i-1}{i-2}S_1+\frac{1}{4}\binom{n+i-1}{i-3}S_2+\cdots+\frac{1}{2^{i-1}}S_{i-1}\right\}$$

其中 $S_1,\cdots,S_{i-1}$ 分别为下式展开式中 $x,\cdots,x^{i-1}$ 的系数

$$(x+a_1-1)(x+a_2-1)\cdots(x+a_i-1)$$

对于(所等价的)不定方程,其系数向量若如$(a_1,\cdots)=(1,2,3)$或$(a_1,\cdots)=(1,3,4)$,则余周期量位于$\frac{1}{2}$和$-\frac{1}{2}$之间,于是分拆数就是最接近 Q_n 的整数.

① Phil. Trans. Roy. Soc. London, 147, 1857, 489-499; Coll. Math. Papers, Ⅱ, 417-439. Reviewed by E. Betti, Annali di mat., 1, 1858, 323-326.

② Quar. Jour. Math., 1, 1857, 198-199.

Cayley[①] 证明两种分拆数相等,即分为 x 个部分的分拆数,使得第一部分是1,并且没有一部分大于前一部分的两倍,等于将 $2^{x-1}-1$ 分成组分取自 $1,1',2,4,\cdots,2^{x-1}$ 的分拆数.

Cylvester[②] 给出了一个显式表达式来表示 $\sum x^{\alpha}y^{\beta}\cdots w^{\lambda}$,它对不定方程 $ax+by+\cdots+lw=n$ 的 N 组(正)整数解求和,其中 $a,\cdots,l$ 为正整数.在 $\alpha=\beta=\cdots=\lambda=0$ 的情形下会给出组数.令 $\Theta(Ft)$ 表示 Ft 按照 t 的幂次由低到高展开后 $\frac{1}{t}$ 的系数.令 m 为 $a,\cdots,l$ 的最大公因数.则他[③]先前的定理可以表示为如下形式

$$N=\sum\Theta\left\{\frac{\Lambda(-n)}{(1-\Lambda a)\cdots(1-\Lambda l)}\right\}$$

它对所有 m 次本原单位根 ρ 求和.其中 $\Lambda p=\rho e^{-pt}$,则例如

$$\sum x^{i}=\sum\Theta\left\{\frac{\Lambda(a)(1+\Lambda a)\cdots(i-1+\Lambda a)\Lambda(-n)}{(1-\Lambda a)^{i+1}(1-\Lambda b)\cdots(1-\Lambda l)}\right\}$$

Cylvester[④] 引述了 Euler[⑤] 对 Virgins 问题的变换,并指出问题的一般形式是求出方法数[⑥],即一组给定的数 $l_1,\cdots,l_r$(r 个部分数)能够同时由 $a_1,\cdots,a_r$;$b_1,\cdots,b_r$;$\cdots$ 的相应的元素构成.这个复合分拆问题可以归结为依赖于简单的分拆问题.省略细节,他陈述了以下定理:给定 r 个 n 元整系数线性方程,使得每个未知数的系数没有公共因子,并且使得可以从 r 个方程中同时消除的变量不超过 $r-1$ 个,则正整数解组数的确定可以归结为类似于 n 个 $n-1$ 元导出组的确定.

Euler 不定方程满足以下条件

$$ax+\cdots+lw=m,x+\cdots+w=\mu$$

其中 $a,\cdots,l$ 不相同.Sylvester 始终没有发表出一篇关于刚刚所略述的定理的明确论述,也没有发表过他晦涩难懂的推广.但见下列文章.

Cayley[⑦] 称 $(a,\alpha)+(b,\beta)+\cdots$ 为 (m,μ) 的一个双分拆的前提是

$$a+b+\cdots=m,\alpha+\beta+\cdots=\mu$$

其中 $\frac{a}{\alpha},\frac{b}{\beta},\cdots$ 是互异的既约分数,并且 $\alpha,\beta,\cdots$ 的每一个都小于 $\mu+2$(侧面表

① Phil. Mag.,(4),13,1857,245-248;Coll. Math. Papers,Ⅲ,247-249.

② Phil. Mag.,(4),16,1858,369-371;Coll. Math. Papers,Ⅱ,110-112.

③ Quar. Jour. Math.,1,1855(1857),141-152;Coll. Math. Papers,Ⅱ,90-99. An Italian transl. of an extract appeared in Annali di sc. mat. e fis.,8,1857,12-21.

④ Phil. Mag.,(4),16,1858,371-376;Coll. Math. Papers,Ⅱ,113-117.

⑤ Novi Comm. Acad. Petrip.,14,1,1769,168;Comm. Arith. Coll.,Ⅰ,391-400.

⑥ Number of sets of integral solutions $\geqslant 0$ of $a_ix+b_iy+\cdots=l_i(i=1,\cdots,r)$.

⑦ Phil. Mag.,(4),20,1860,337-341;Coll. Math. Papers,Ⅳ,166-170.

明可以取负值），这样分拆的数目为

$$D(\alpha m - a\mu;\alpha b - a\beta,\alpha c - a\gamma,\cdots) + D(\beta m - b\mu;\beta a - b\alpha,\beta c - b\gamma,\cdots) + \cdots$$

其中方程组的确解数(denumerant)[①] $D(m;a,b,\cdots)$ 是下式展开式中 x^m 的系数

$$(1-x^a)^{-1}(1-x^b)^{-1}\cdots$$

它指出 Sylvester 显然是依次从两个不定方程 $ax + by + \cdots = m$, $\alpha x + \beta y + \cdots = \mu$ 中消去 r 个未知数的每一个，得出 r 个形式如下的方程

$$(\alpha b - a\beta)y + (\alpha c - a\gamma)z + \cdots = \alpha m - a\mu$$

从这些方程中可以推导出上面的公式.

E. Mortara[②] 处理了分为三个互异元素的分拆.

Sylvester[③] 在 1850 年发表了七篇关于分拆的讲义.

G. Bellavitis[④] 证明了不定方程组 $\alpha_0 + \alpha_1 + \cdots + \alpha_n = p, \alpha_1 + 2\alpha_2 + \cdots + n\alpha_n = \mu$ 的那些大于或等于 0 的整数解的组数 $[\mu,n,p]$ 等于不定方程组 $\beta_0 + \beta_1 + \cdots + \beta_p = n, \beta_1 + 2\beta_2 + \cdots + p\beta_p = \mu$ 的那些大于或等于 0 的整数解的组数 $[\mu,p,n]$. 因为前一对方程的每一组解包含着一个分拆，即将 μ 分拆成 α_n 个 n, $\cdots$, α_1 个 1，其中 p 是份数的总和. 为了这样一个分拆，其相当于为下述分拆的共轭

$$(\alpha_n + \alpha_{n-1} + \cdots + \alpha_1) + (\alpha_n + \cdots + \alpha_2) + \cdots + (\alpha_n + \alpha_{n-1}) + \alpha_n = \mu$$

上式给出了一个将 μ 分拆为 n 个部分，且每部分都小于或等于 p 的分拆. 这些部分作为 p 个 β_p, $\cdots$, 1 个 β_1 出现在第二对方程中. 同样

$$[\mu,n,p] = [\mu,n-1,p] + [\mu-n,n,p-1]$$
$$[\mu,n,p] = [np-\mu,n,p]$$

将 N 分拆成 p 个出自 $c, c+d, \cdots, c+nd$ 之中的部分，也有 $[\mu,n,p]$ 种分拆，其中 $\mu = \dfrac{N-cp}{d}$，是因为如果每个部分减少 c，所剩部分被 d 整除，我们得到的这些部分 $0,1,\cdots$，其和就是 μ.（它）应用于半不变量.

由 L. Oettinger[⑤] 提出，而由 J. Derbès 证明，$(k-1)^v k^{r-v}$ 是这样 r 个整数之积的最大值，这 r 个整数是由 $N = rk - v$ 所分拆成的 r 个相同或相异的整数，

---

① Amer. Jour. Math., 5, 1882, 119-136 (Excursus on rational fractios and partitions). Johns Hopkins Univ. Circ., 2, 1883, 22 (for the first theorem). Coll. Math. Papers, Ⅲ, 605-622; 658-660.

② Le partizioni di un numero in 3 parti differenti, Parma, 1858.

③ Outlines of the lectures were printed privately in 1859 and republished in Proc. London Math. Soc., 28, 1897, 33-96; Coll. Mate. Papers, Ⅱ, 119-175.

④ Annali di mat., 2, 1859, 137-147.

⑤ Nonv. Ann. Math., 18, 1859, 442; 19, 1860, 117-118.

其中(N 与 r 给定后)v 最小的正整数使得 k 是整数.

Sylvester① 指出 Bellavitis② 的第一个定理将 p 为无穷大约简为 Euler 分拆定理,即分拆 μ 为每部分小于或等于 n(译者补:每个分拆至少要某部分等于 n)的分拆数等于分拆 μ 为 n 份或是更少份的分拆数. Bellavitis③ 的第一个定理能用 N. M. Ferrers④ 的方法直观地证明,定理可以被表述如下:一些互异的组合由 $a_0,\cdots,a_n$ 所构成,且被包括在 $(a_0+a_1x+\cdots+a_nx^n)^p$ 展开后 x^μ 的系数中,另一些互异的组合由 $b_0,\cdots,b_p$ 所构成,且被包括在 $(b_0+b_1x+\cdots+b_px^p)^n$ 展开后 x^μ 的系数中. 前者互异组合的数目与后者互异组合的数目一样多.

S. Roberts⑤ 证明了 Sylvester⑥ 所给出的波的公式.

Sylvester⑦ 指出:若记 $\prod n=n!$,则

$$\sum \frac{1}{\prod \alpha \cdot a^{\alpha} \cdot \prod \beta \cdot b^{\beta} \cdots}=1$$

其中上式的求和是取遍 n 的所有分拆表示,比如 n 分拆成 α 个 a,β 个 b,诸如此类.

译者补 例如

$$\frac{1}{1!\cdot 5^1}+\frac{1}{(1!\cdot 4^1)(1!\cdot 1^1)}+\frac{1}{(1!\cdot 3^1)(1!\cdot 2^1)}+\frac{1}{(1!\cdot 3^1)(2!\cdot 1^2)}+\frac{1}{(2!\cdot 2^2)(1!\cdot 1^1)}+\frac{1}{(1!\cdot 2^1)(3!\cdot 1^1)}+\frac{1}{5!\cdot 1^1}=1$$

E. Fergola⑧ 证明了类似的结果

$$\sum \frac{\prod n}{\prod 1^{\alpha_1}\cdot \prod 2^{\alpha_2}\cdots \prod n^{\alpha_n}\cdot \prod \alpha_1 \cdots \prod \alpha_n}=\frac{\Delta^{\alpha}0^n}{\prod \alpha}$$

---

① Phil. Mag. (4), 18, 1859, 283-284, under pseud. Lanavicensis.

② Annali di mat., 2, 1859, 137-147.

③ Ibid..

④ Phil. Mag., (4), 5, 1853, 199-202, Coll. Math. Papers, Ⅰ, 595-598.

⑤ Quar. Jour. Math., 4, 1861, 155-158.

⑥ Quar. Jour. Math, 1, 1855(1857), 141-152; Coll. Math. Papers, Ⅱ, 90-99. An Italian transl. of an extract appeared in Annali di sc. mat. e fis., 8, 1857, 12-21.

⑦ Comptes Rendus Paris, 53, 1861, 644; Phil. Mag., 22, 1861, 378; Coll. Math. Papers, Ⅱ, 245, 290.

⑧ Rendiconto dell'Accad. Sc. Fis. e Mat., Napoli, 2, 1863, 262-268.

上式的求和是对所有满足下述不定方程组的非负整数

$$\alpha_1+\cdots+\alpha_n=\alpha, \alpha_1+2\alpha_2+\cdots+n\alpha_n=n$$

(译者注:Dickson英文版中的意思是不定方程组的正整数,通过查阅hathitrust网站的电子文献,发现是Fergola的原文表述容易让人产生误导,已由译者改为"非负整数解"(该式本质是"部分Bell多项式"的性质).)其中$\Delta^\alpha 0^n$表示x^n在$x=0$处的α阶差分.他还计算出由先前的加数乘上$\prod(\alpha-1)\cdot y^\alpha$或$\prod(\alpha-1)\cdot y^\alpha$后所得的和式.(译者补:乘上积式后,求和对所有满足不定方程$\alpha_1+2\alpha_2+\cdots+n\alpha_n=n$的非负整数,则有$n$固定,$\alpha$变动.)

Fergola[①]表示不定方程

$$a_1x_1+\cdots+a_nx_n=n$$

的非负整数解组数为$\frac{\Delta}{n!}$,(译者注:译者发现$a_1x_1+\cdots+a_nx_n=n$的系数必须互异解的组数公式才成立.比如$x_1+x_2+2x_3=3$与$x_1+2x_2+2x_3=3$的非负整数解组数就不能由此公式得出.另外,$2x_1+3x_2+4x_3=3$与$3x_1+4x_2+5x_3=3$的非负整数解组数可由此公式得出.)其中Δ为如下$n-1$阶行列式

$$\Delta=\begin{vmatrix}\sigma_1\sigma_{n-1}+\sigma_n & -\sigma_1 & -\sigma_2 & -\sigma_3 & \cdots & -\sigma_{n-3} & -\sigma_{n-2}\\ \sigma_1\sigma_{n-2}+\sigma_{n-1} & n-1 & -\sigma_1 & -\sigma_2 & \cdots & -\sigma_{n-4} & -\sigma_{n-3}\\ \sigma_1\sigma_{n-3}+\sigma_{n-2} & 0 & n-2 & -\sigma_1 & \cdots & -\sigma_{n-5} & -\sigma_{n-4}\\ \sigma_1\sigma_{n-4}+\sigma_{n-3} & 0 & 0 & n-3 & \cdots & -\sigma_{n-6} & -\sigma_{n-5}\\ \vdots & \vdots & \vdots & \vdots & \ddots & \vdots & \vdots\\ \sigma_1\sigma_2+\sigma_3 & 0 & 0 & 0 & \cdots & 3 & -\sigma_1\\ \sigma_1\sigma_1+\sigma_2 & 0 & 0 & 0 & \cdots & 0 & 2\end{vmatrix}$$

同时σ_r是这些因子之和,为r的因子且出现于正整数$a_1,a_2,\cdots$中.当$a_i=i(i=1,\cdots,n)$时,σ_r化成r的所有因子之和$\sigma(r)$.若我们再改变Δ中第一列第二部分的符号,并且改变主对角线上方每个σ前的符号,我们得出其值等于$(-1)^kn!$或零,其中n为$\frac{k(3k\pm1)}{2}$(即广义五边形数)时值为$(-1)^kn!$,而n不为此形式时得零.

C. Sardi[②]证明了刚刚的定理(变换后的行列式).

---

① Giornale di Mat.,1,1863,63-64.

② Ibid,3,1865,94-99,377-380.

N. Trudi① 证明了 Sylvester 的公式 $\sum W_q$ 关于将 n 分成组分取自 $\alpha,\cdots,\lambda$ 的分拆数 $P(\alpha,\cdots,\lambda)$. 他也表明了 $W_q=\sum F(\rho)$，它对所有 q 次本原单位根 ρ 求和，其中 $F(\rho)$ 是展开式

$$-(\rho+t)^{-n-1}\{1-(\rho+t)^{\alpha}\}^{-1}\cdots\{1-(\rho+t)^{\lambda}\}^{-1}$$

中 $\frac{1}{t}$ 的系数. 令 $a_1,\cdots,a_r$ 分别是 $\alpha,\cdots,\lambda$ 中那些被 $\alpha,\cdots,\lambda$ 整除的数，且剩下的数为 $b_1,\cdots,b_s$，再令下式(求积分别对那些 a 或那些 b)

$$\frac{e^{nt}}{\prod(1-e^{-at})\prod(1-\rho^b e^{-bt})}=\frac{1+A_1t+A_2t^2+\cdots}{t^r a_1\cdots a_r\prod(1-\rho^b)}$$

把左边的分母写成其对数的指数，然后展开指数. 此法则可以确定出那些 A. 从上式右边展开式中 $\frac{1}{t}$ 的系数我们可以看出分拆数 $P_n=\sum V_{r,q}$，它对各类元素 $\alpha,\cdots,\lambda$ 的各类因子 q 求和，其中

$$V_{r,q}=\frac{1}{a_1\cdots a_r}\sum\frac{A_{r-1}\rho^{-n}}{(1-\rho^{b_1})\cdots(1-\rho^{b_s})}$$

上式对所有 q 次本原单位根 ρ 求和. 在 $m=1,m=2,r=1$ 这三种情况下给出了简化. 他把下述结果列成了表格

$$P_n(1,3,6,8),P_n(1,2,3,6,8,10),P_n(1,2,\cdots,q),P_n(2,3,\cdots,q),q\leqslant 8$$

Cayley② 记 P_i 为将 n 分为 i 部分(且部分中的每个一都是组合单元)的分拆数，证明了

$$1+P_2+1\cdot 2P_3-\cdots\pm(n-1)!\ P_n=0$$

这里将 n(个组合单元)化成形如 $n=a\alpha+b\beta+\cdots$ 分拆的分拆数为

$$\frac{n!}{a!\ b!\ \cdots(\alpha!\ )^a(\beta!\ )^b\cdots}$$

该式乘上 $(-1)^{p-1}(p-1)!$，并对 $p=\alpha+\beta+\cdots$ 的解集求和；我们就得到了最初的那个定理.

译者注　例如 4 个组合单元 i_1,i_2,i_3,i_4 分成形如 $4=1\cdot 1+3\cdot 1$ 的分拆数为 $\frac{4!}{1!\ 1!\ (1!\ )^1(3!\ )^1}=4$.

四种情形分别为：$\{i_1\}\{i_2i_3i_4\},\{i_2\}\{i_1i_3i_4\},\{i_3\}\{i_1i_2i_4\},\{i_4\}\{i_1i_2i_3\}$，其他的情形可列成表 3.1：

① Atti Accad. Sc. Fis. e Mat. Napoli, 2, 1865, No. 23, 50 pp.

② Math. Quest. Educ. Times, 7, 1867, 87-88; Coll. Math. Papers, Ⅶ, 576-578.

表 3.1

份数	整数分拆类型	元组分拆类型	计数
$p=4$	$4=1\cdot(4)$ $=\underbrace{1+1+1+1}_{(4)}$	$\{i_1\}\{i_2\}\{i_3\}\{i_4\}$	$\frac{4!}{4!\ (1!)^4}=1$
$p=3$	$4=1\cdot(2)+2\cdot(1)$ $=\underbrace{1+1}_{(2)}+\underbrace{2}_{(1)}$	{}{}{},{}{}{}, {}{}{},{}{}{}, {}{}{},{}{}{},	$\frac{4!}{1!\ 2!\ (2!)^1(1!)^2}=6$
$p=2$	$4=1\cdot(1)+3\cdot(1)$ $=\underbrace{1}_{(1)}+\underbrace{3}_{(1)}$ $4=2\cdot(2)$ $=\underbrace{2+2}_{(2)}$	$\{i_1\}\{i_2i_3i_4\}$, $\{i_2\}\{i_1i_3i_4\}$, $\{i_2\}\{i_1i_3i_4\}$, $\{i_4\}\{i_1i_2i_3\}$, $\{i_1i_2\}\{i_3i_4\}$, $\{i_1i_3\}\{i_2i_4\}$, $\{i_1i_4\}\{i_2i_3\}$	$\frac{4!}{1!\ 1!\ (1!)^1(3!)^1}=4$ $\frac{4!}{2!\ (2!)^2}=3$
$p=1$	$4=4\cdot(1)$ $=\underbrace{4}_{(1)}$	$\{i_1i_2i_3i_4\}$	$\frac{4!}{1!\ (4!)^1}=1$

$$1-P_2+1\cdot 2P_3-\cdots\pm(n-1)!\ P_n$$
$$=1-(4+3)+1\cdot 2(6)-1\cdot 2\cdot 3\cdot(1)=0$$

故验证了 Cayley 的定理.

A. Vachette[①] 提出:整数 n^2,n^2-1,n^2-4,n^2+3 中有一个会被 12 整除,且其商为不定方程 $x+y+z=n$ 的那些大于 0 的整数解的组数(De Morgan[②]).

L. Bignon[③] 指出:(上述四类)分别在情形 $n=6n'$,$n=6n'\pm1$,$n=6n'\pm2$,$n=6n'+3$ 中被 12 整除. 对于 $n=6n'$,例如,他把这么多组解再分类成 $\frac{n}{3}$ 组,每组的 $y-x$ 型数在常数 $1,\cdots,\frac{n}{2}$ 中取,并展示了每组的解.

译者注 (较大的改动了 Dickson 的表述,英文版的表述有误.)

---

① Nouv. Ann. Math.,(2),6,1867,478.

② Cambridge Math. Jour.,4,1843,87-90.

③ Nouv. Ann. Math.,(2),8,1869,415-417.

第一组	第二组	…	第$\frac{n}{3}-1$组	第$\frac{n}{3}$组
$1,1,n-2$	$2,2,n-4$	…	$\frac{n}{3}-1,\frac{n}{3}-1,\frac{n}{3}+2$	$\frac{n}{3},\frac{n}{3},\frac{n}{3}$
$1,2,n-3$	$2,3,n-5$	…	$\frac{n}{3}-1,\frac{n}{3},\frac{n}{3}+1$	
$1,3,n-4$	$2,4,n-6$	…		
⋮	⋮	…		
⋮	$2,\frac{n}{2}-2,\frac{n}{2}$	…		
$1,\frac{n}{2}-2,\frac{n}{2}+1$	$2,\frac{n}{2}-1,\frac{n}{2}-1$			
$1,\frac{n}{2}-1,\frac{n}{2}$				

E. Catalan①指出 $x_1+\cdots+x_n=s$ 有 $\binom{s-1}{n-1}$ 组正整数解. 这是由每个 x 减去 1,并应用他②之前的结果得到的.

他还③令 (n,q) 是将 n 分拆为 q 个相异部分的分拆数,$[n,q]$ 将 n 分拆为 q 个相同或相异部分的分拆数. 给出了 Euler 所述定理的证明

$$(n,q)=(n-q,q-1)+(n-q,q),(n,q)=\left[n-\frac{q(q-1)}{2},q\right]$$

$$[n,q]=\sum_{i=1}^{q}[n-q,i],(n,q)=\sum_{i=1}^{p-1}(n-iq,q-1),p\equiv\left[\frac{n+1}{q}\right]$$

并把上述第一式写为[],这里 $n\geqslant 2q$.

在不定方程 $x_1+\cdots+x_q=n,x_1\leqslant x_2\leqslant\cdots\leqslant x_q$ 中,取 $x_1=a\leqslant\left[\frac{n}{q}\right]$,且设 $x_i=y_i+a-1(i=2,\cdots,q)$. 则

$$y_2+\cdots+y_q=n-1-(a-1)q$$

对于 y 都大于 0,因此④

$$[n,q]=\sum_{\alpha=1}^{n}[n-1-(\alpha-1)q,q-1],\alpha=\left[\frac{n}{q}\right]$$

① Mélanges Math. ,1868,16;Mém. Soc. Roy. Sc. Liège,(2),12,1885,No. 2,19.

② Jour. de Math. ,3,1838,111-112.

③ Mélanges Math. ,1868,62-65;Mém. Liège,56-58.

④ Ibid. 305-312;Mém. Liège,264-271. Nouv. Ann. Math. ,(2),8,1869,407.

取 $q=3$,他推导出了 De Morgan① 与 Vachette② 的结果.

C. Hermite③ 表示同时满足表达式

$$x+y+z=N, x\leqslant y+z, y\leqslant x+z, z\leqslant x+y$$

的正整数解的组数为 $\frac{N^2-1}{8}$ 或 $\frac{(N+2)(N+4)}{8}$,根据 N 是奇数时,组数为 $\frac{N^2-1}{8}$;根据 N 是偶数时,组数为 $\frac{(N+2)(N+4)}{8}$. 一位匿名的作者陈述了将上述不定方程推广成 $x_1+\cdots+x_m=N$,其他条件变成任取一个变元都不超过其他变元之和,这样的正整数解为 $\{N\}-m\left\{\frac{N-j}{2}\right\}$,其中 $\{i\}=\binom{m+i-1}{i}$,并且根据 N 为奇数取 $j=1$,根据 N 为偶数取 $j=2$.(译者注:原文献刊载的推广有问题.)

译者注 可能 Dickson 摘录时未做检验,直接将该结果写了下来,正确的结果如下:

在任取一个变元都不超过其他变元之和条件下,不定方程 $x_1+\cdots+x_m=N$(其中 $m>2$) 的正整数解的组数 $S(m,N)$ 为

$$S(m,N)=\begin{cases}\binom{N-1}{N-m}-m\cdot\left\{\begin{matrix}\frac{N-1}{2}\\ \frac{N-2+1}{2}\end{matrix}\right\} & (N\equiv 1(\bmod 2))\\ \binom{N-1}{N-m}-m\cdot\left\{\begin{matrix}\frac{N-2}{2}\\ \frac{N-2m}{2}\end{matrix}\right\} & (N\equiv 0(\bmod 2))\end{cases}$$

K. Weihrauch④ 讨论了下述不定方程正整数解的数目 $f_n(A)$

$$a_1x_1+\cdots+a_nx_n=A$$

(译者注:英文版中 Dickson 写的是不定方程解的数目,通过翻阅 archive. org 上的电子文献查到的.)其中这些 a 为正整数,设

$$P=a_1a_2\cdots a_n, S_i=a_1^i+a_2^i+\cdots+a_n^i, A=pP+m$$

其中 m 是 $1,\cdots,P$. 则(译者补:下述表达式简化后未出现分数时)有

$$f_2(A)=p+f_2(m), f_3(A)=\frac{p^2P}{2}+p\left(m-\frac{S_1}{2}\right)+f_3(m)$$

---

① Cambridge Math. Jour. ,4,1843,87-90.

② Nouv. Ann. Math. ,(2),6,1867,478.

③ Nouv. Ann. Math. ,(2),7,1868,335. Solution by V. Schlegel,(2),8,1869,91-93.

④ Untersuchungen Gl. 1 Gr. ,Diss. Dorpat,1869,25-43. Zeitschrift Math. Phys. ,20,1875,97,112,314;ibid. ,22,1877,234($n=4$);32,1887,1-21.

$$f_4(A)=\frac{p^3P^2}{6}+\frac{p^2P}{2}\left(m-\frac{S_1}{2}\right)+\frac{p}{2}\left\{\left(m-\frac{S_1}{2}\right)^2-\frac{S_2}{12}\right\}+f_4(m)$$

$$f_n(A)=f_n(m)+\sum_{r=0}^{n-2}P^{n-r-2}\frac{p^{n-r-1}}{(n-r-1)!}\sum_{q=0}^{\varepsilon}(-1)^qR^{r-2q}\frac{D_{2q}}{(n-2q)!}$$

上述式子中的最后一个只陈述了而未给出证明，其中 $\varepsilon\leqslant\frac{r}{2}$，$R=m-\frac{S_1}{2}$，且

$$D_{2s}=\sum_{\alpha,\beta,\cdots}\frac{c_2^{\alpha}}{\alpha!}\frac{c_4^{\beta}}{\beta!}\frac{c_6^{\gamma}}{\gamma!}\cdots\quad(2\alpha+2\beta+2\gamma+\cdots=2\gamma)$$

$$c_{2r}=\frac{S_{2r}B_{2r-1}}{2r(2r)!}\quad\left(B_1=\frac{1}{6},B_3=\frac{1}{30},B_5=\frac{1}{42},\cdots\right)$$

这些 B_{2r-1} 是 Bernouilli 数. 参见 Meissel 的著作①以及 Daniëls 的著作②.

E. Meissel③ 处理了值非常大的数所具有的分拆.

E. Lemoine④ 指出正整数 n 的每一个幂 n^{μ} 都等于 n^k 个相继且取自 1,3,5,7,… 中的项之和，其中 $\mu\geqslant 2k$. 参看. Frégier 的著作⑤.

G. B. Marsano⑥ 的文章的附表 1 是 Euler 由将 n 分拆为 m 份所得分拆而列出表格的一个扩展版，推广成 $n\leqslant 103$，$m\leqslant 102$. 附表 2 给出了下述各式展开式中直到 x^{53} 的系数

$$S,\frac{S}{1-x},\frac{S}{(1-x)(1-x^2)},\cdots,\frac{S}{(1-x)\cdots(1-x^{35})},S\equiv\prod_{j=1}^{+\infty}(1-x^j)^{-1}$$

(译者注：原文误写成 $S\equiv\prod_{j=0}^{+\infty}(1-x^j)^{-1}$，已由译者修改.) 并且多给出了上述前 10 个函数展开式中直到 x^{107} 的系数. 对应于 $\frac{S}{1-x}$ 的结果给出了将一个数分拆成出自 $1,1',2,3,\cdots$ 之中部分的分拆数，对应于 $\frac{S}{(1-x)(1-x^2)}$ 那些是分拆成出自 $1,1',2,2',3,\cdots$ 之中.

---

① Über die Anzahl der Darstellungen einer gegebenen Zahl A durch die Form $A=\sum p_nx_n$, in welcher die p gegebene, unter sich verschiedene Primzahlen sind, Progr. Kiel, 1886. His f_{n-1} has been changed to f_n to conform to Weihrauch's notation.

② Lineaire Congruenties, Diss., Amsterdam, 1890, 120-135.

③ Notiz über die Anzahl aller Zerlegungen sehr grosser ganzer positiver Zahlen in Summen ganzer positiver Zahlen, Progr., Iserlohn, 1870.

④ Nouv. Ann. Math., (2), 9, 1870, 368-369; de Montferrier, Jour. de math. élém., 1877, 253.

⑤ Annales de math(ed., Gergonne), 9, 1818-1819, 211-212.

⑥ Sulla legge delle derivate generali delle funzioni di funzioni e sulla teoria delle forme di partizione de'numeri interi, Genova, 1870, 281 pp. Described by A. Cayley, Report British Assoc. for 1875(1876), 322-324; Coll Math. Papers, Ⅸ, 481-483.

G. Silldorf[①] 考虑将 s 分解成 k 个大于或等于 0 加数的数目 $f(s,k)$，以及 $f_r(s,k)$，其中 r 是最小的加数. 在前者中，0 出现在第一个位置 $f(s,k-1)$ 次，1 出现 $f(s-1,k-1)$ 次，依此类推. 而 $f(s,k)=f_r(s+rk,k)$. 于是

$$f(s,k)=f(s,k-1)+f(s-k,k-1)+\cdots+f(s-rk,k-1)+\cdots$$

因此根据 s 为偶数 $f(s,2)=\frac{1}{2}(s+2)$，根据 s 为奇数 $f(s,2)=\frac{1}{2}(s+1)$

$$f(s,3)=\frac{s^2+6s+12}{12}, s\equiv 0 \pmod 6$$

还有类似的结果 $s\equiv 1,\cdots,5 \pmod 6$. 令 $F(s,k)$ 为含 k 个元素且元素无重复的组合个数，其中元素之和为 s. 则

$$F(s,k)=F(s-k,k-1)+\cdots+F(s-rk,k-1)+\cdots$$

$$F(s,k)=f\left(s-\frac{(k+1)k}{2},k\right)$$

(Euler 的著作[②] § 315). 分拆成每部分都小于或等于 m 的分拆与分拆为 m 或更少部分的分拆的数量一样多. 将 s 表为那些小于或等于 m 数之和的方法数是

$$2^{s-1}-(s-m-1)_0(s-m+1)2^{s-m-2}+(s-m-1)_1\frac{s-2m+2}{2}2^{s-2m-3}-$$

$$(s-m-1)_2\frac{s-3m+3}{3}2^{s-3m-4}+\cdots$$

F. Gambardella[③] 指出 $ax+by+cz=m$ 有

$$\frac{1}{2}q(2m+a+b+c-abcq)+s+k$$

组非负整数解，其中 a,b,c 为正整数，且两两互素，还有 $m>0, m=c\gamma+\lambda, \gamma+1=qab+r$（译者补：$m<abc$ 时，q 取零，非负整数解组数只剩 $s+k$）. 这里的 s 为 $\lambda,\lambda+c,\cdots,\lambda+(r-1)c$ 分别被 ab 除所得商数之和，而 $\rho_1,\rho_2,\cdots,\rho_r$ 分别为对应的余数；同时 k 是这些不定方程 $ax+by=\rho_\alpha$ 在非负整数中有解的方程数.

译者注　英文版中写的是整数解，以由译者完善.

T. P. Kirkman[④] 计算 $5\cdot 1=1\cdot 5=1\cdot 3+2\cdot 1=\cdots$ 作为 5 的分拆，计算出 $(2e_1)^{m_1}(2e_2)^{m_2}\cdots m_1!\ m_2!\ \cdots$ 的倒数和，对所有这样 R 的分拆 $m_1e_1+m_2e_2+\cdots$ 求和.

Sylvester[⑤] 指出 n 的所有分拆的一个列表可以由下式检验

---

① Nouv. Ann. Math.,(2),7,1868,335. Solution by V. Schlegel,(2),8,1869,91-93.

② Introduction in analysin infinitorum, Lausanne, 1, 1748, Cap. 16, 253-275. German transl. by J. A. C. Michelsen, Berlin, 1788-1790. French transl. by J. B. Labey, Paris, 1, 1835, 234-256.

③ Ueber die Zerlegung ganzer Zahlen in Summanden, Progr. Salzwedel, 1870, 17 pp.

④ Math. Quest. Educ. Times, 15, 1871, 60-63; 16, 1872, 74-75.

⑤ Eeport British Assoc., 41, 1871(1872), 23-25; Coll. Math. Papers, Ⅱ, 701-703.

$$\sum(1-x+xy-xyz+\cdots)=0$$

上式是对所有 n 的分拆求和,其中任意一组分拆中 x 为1的数目,y 为2的数目,依此类推.

Von Wasserschleben① 用四个数之和表示 $60k$,每一个是素数或者是两个相同或相异素数之积,这些是对于 $k=1,\cdots,16$ 所做的.

L. Jelinek② 处理了一类分拆.

V. Bouniakowsky③ 解决了分拆问题.

J. W. L. Glaisher④ 考虑取自这些元素 $a,\cdots,q$ 的数相加而得 x 的方法数 $P(a,\cdots,q)x$,其中加数允许重复,并证明了

$$P(1,3,5,\cdots)(2x)=1+P(1,2)(x-1)+P(1,2,3,4)(x-2)+\cdots+P(1,2,\cdots,2x-2)1$$

$$P(1,3,5,\cdots)(2x+1)=2+P(1,2,3)(x-1)+P(1,2,\cdots,5)(x-2)+\cdots+P(1,2,\cdots,2x-1)1$$

$$P(1,3,5,\cdots)x=P(1,2)(x-1)+P(1,2,3,4)(x-1-2-3)+\cdots$$

Glaisher⑤ 由 L. F. A. Arbogast⑥ 的法则生成出如下 a^4 的各阶形式导数

$$a^4;\quad a^3b;\quad a^3c,a^2b^2;\quad a^3d,a^2bc,ab^3;\quad \cdots$$

(译者补:即

$$f^4;\quad f^3f';\quad f^3f'',f^2f'^2;\quad f^3f''',f^2f'f'',ff'^3;\quad \cdots)$$

忽略系数.每一项对应着4的一个分拆.因此,若 $a=1,b=2,\cdots$,将5分拆成4份,且每部分大于0,a^3b 对应于此分拆条件下仅有的一种分拆1 1 1 2.一般地,从 a^n 的形式导数中我们可以看出 a^n 的 x 阶形式导数的项数等于将 x 分为 n 个部分且部分可包括零的分拆数,也等于将 $x+n$ 分拆为 n 个部分,且每部分大于0的分拆数,最后还等于 $P(1,\cdots,n)x$.

Glaisher⑦ 给出了公式来检验分拆的列表.下述求和遍历一个给定数 n 的所有分拆,且 n 的分拆数为 N,同时任意一组分拆中 x 为1的数目,y 为2的数目,依此类推

$$\sum(1+x+xy+xyz+\cdots)=\sum 2^r$$

① Archiv Math. Phys. ,54,1872,411-418.

② Die Würfelzahlen u. die Zerlegung einer Zahl in ganzen Z. ,deren Summe gegeben ist,Progr. Wiener Neustadt,1874.

③ Memoirs Imp. Acad. Sc. ,St. Petersburg,18,1871,20;25,1875(Suppl.),No. 1(In Russian).

④ Phil. Mag. ,(4),49,1875,307-311.

⑤ Report British Assoc. for 1874(1875),Sect. ,11-15;Comptes Rendus Paris,80,1875,255-258.

⑥ Calcul des dérivations,strasburg,1800. See papers 46,102,198.

⑦ Proc. Roy. Soc. London,24,1875-1876,250-259.

$$\sum (x-2xy+3xyz-\cdots)=\tau(n)$$

$$\sum (1-2y+3yz-4yzw+\cdots)=\tau(n+1)-\tau(n)$$

$$\sum (x-1-(x-2)y+(x-3)yz-\cdots)=N-1$$

其中 r 是在一个分拆中不同元素的数目,并且 $\tau(n)$ 是 n 因子的数目.

译者注　下述内容 Dickson 未提及,但需要注意的是,上述最后一式中每组分拆中大于0的 x 才计入 $x-1$,而 $x=0$ 的不计入;每组分拆中大于1的 x 才计入 $x-2$,而 $x=1$ 的不计入;依此类推.

例如:5 的分拆如下

$$\underbrace{5}_{\#1}=\underbrace{4+1}_{\#2}=\underbrace{3+2}_{\#3}=\underbrace{3+1+1}_{\#4}=\underbrace{2+2+1}_{\#5}$$

$$=\underbrace{2+1+1+1}_{\#6}=\underbrace{1+1+1+1+1}_{\#7}$$

相应的 x 为

$$x_{\#1}=0,x_{\#2}=1,x_{\#3}=0,x_{\#4}=2,x_{\#5}=1,x_{\#6}=3,x_{\#7}=5$$

所计入的 $x-1$

$$x_{\#2}-1=0,x_{\#4}-1=1,x_{\#5}-1=0,x_{\#6}-1=2,x_{\#7}-1=4$$

所计入的 $x-2$

$$x_{\#4}-2=0,x_{\#6}-2=1,x_{\#7}-2=3$$

故

$$\sum (x-1)=1+2+4=7$$

$$\sum (x-2)y=0\cdot 0+1\cdot 1+3\cdot 0=1$$

以及后续的为零;于是

$$\sum (x-1-(x-2)y+(x-3)yz-\cdots)$$

$$=\sum (x-1)-\sum (x-2)y=6=N-1$$

若 $Q(a,b,\cdots)n$ 是这样的分拆下的分拆数,即分拆 n 成无重复的组分,且组分取自 $a,b,\cdots$,而 $S(1,\cdots,r)n$ 是另一样分拆下的分拆数,即分拆 n 成组分取自 $1,\cdots,r$ 之中,且除 $1,\cdots,r$ 中最大者之外的所有元素在每个分拆中至少出现一次

$$2Q(1,2,\cdots)n=1+S(1,2)n+S(1,2,3)n+\cdots$$

$Q(1,3,5,\cdots)n-Q(1,3,5\cdots)(n-4)$

$$-Q(1,3,5\cdots)(n-8)+Q(1,3,5,\cdots)(n-20)+\cdots=\begin{cases}1\\0\end{cases}$$

(译者补:上述第二式左边的通项为 $(-1)^m Q(1,3,5,\cdots)(n-6m^2\pm 2m)$.)根据

n 为三角形数上述第二式取 1，根据 n 非三角形数上述第二式取 0. 将 n 分拆为偶数个整数的分拆数比分拆为奇数个整数的分拆数多 $(-1)^n Q(1,3,5,\cdots)n$. α 个 1，β 个 3，γ 个 5，依此类推，这样的一个分拆能转化为 $\pi=\alpha+3\beta+5\gamma+\cdots$，表 $\alpha,\beta,\cdots$ 为二进制的形式 $\alpha=2^a+2^{a'}+\cdots,\beta=2^b+2^{b'}+\cdots$.（化成以 2^a，$2^{a'},\cdots,3\cdot 2^b,3\cdot 2^{b'},\cdots$ 为每部分的新形式）在新形式下 π 的每个分拆中没有两个部分是相同的. 因此一个组分全为奇数的分拆都可以转化为一个组分互异的分拆，且反之亦然.

P. Mansion[①] 指出一个整数 n 的 k 次幂是相继（那些最接近 n^{k-1} 的）奇数之和，如 $3^4=25+27+29$.

Glaisher[②] 陈述，若 C_m 是将 N 表为 m 个三角形数（有序）和的方法数，且 A 是 N 的那些因子的倒数和，那些因子关于 N 的共轭是奇数；B 是 N 的剩下因子的倒数和，则

$$C_1-\frac{1}{2}C_2+\frac{1}{3}C_3-\cdots\pm\frac{1}{N}C_N=A-B$$

（译者注：英文版上式的 B 印成了 C.）因子 n_1 关于 N 的共轭 $\overline{n_1}$ 就是 N 除以因子 n_1 得出的商数 q_1.

Glaisher[③] 指出，若 $P(x)$ 是这样分拆下的分拆数，即分拆 x 成组分取自 1，2，…，且组分允许重复，而 $Q(x)$ 是另一样分拆下的分拆数，即分拆 x 成组分取自 1，3，5，7，…，且组分不允许重复，则 $Q(x)=\sum P\left(\frac{x-t}{4}\right)$，该式是对小于 x 且使得 $t\equiv x \pmod 4$ 的三角形数 t 求和.

Glaisher[④] 利用了归于 Jacobi 的恒等式，该恒等式出自 Jacobi 的文献[⑤]第 185 页，Glaisher 用该恒等式表明了

$$P(x)+2P(x-1)+2P(x-4)+2P(x-9)+\cdots$$
$$=Q(x)+Q(x-1)+Q(x-3)+\cdots+Q\left(x-\frac{1}{2}n(n+1)\right)+\cdots$$

其中 $P(x)$ 是这样的分拆下的分拆数，即分拆 x 成无重复的偶数元素，并且 $Q(x)$ 是另一样分拆下的分拆数，即分拆 x 成无重复的奇数元素.（译者补：上述等式左边除了第一个系数以外其他系数都是 2.）

---

① Messenger Math., 5, 1876, 90. Cf. Frégier.

② Ibid., 91.

③ Messenger Math., 1876, 164-165.

④ Math. Quest. Educ. Times, 24, 1876, 91.

⑤ Fundamenta Nova Theoriae Func. Ellip., 1829, 182-184. Werke, Ⅰ, 234-236. Cf. Jacobi. See the excellent report by H. J. S. Smith, Report British Assoc. for 1865, 322-375; Coll. Math. Papers, Ⅰ, 289-294, 316-317.

Cayley[①] 以 u_n 来表示将 n 分拆成没有小于 2 的部分，且分拆含顺序的分拆数. 则 $u_2 = u_3 = 1, u_n = u_{n-1} + u_{n-2}$.

E. Laguerre[②] 以 Euler 的结果陈述出不定方程 $ax + by + \cdots = N$ 的正整数解的组数 $T(N)$ 就是下式展开式中 ξ^n 的系数

$$F(\xi) = \frac{1}{(1-\xi^a)(1-\xi^b)\cdots}$$

分解上式为部分分式，并命分解的结果为 $\Phi(\xi) + \phi(\xi)$，其中 $\Phi(\xi)$ 是那些简单分式之和，那些分式的分母都是高于 $F(\xi)$ 分母第一个因子 $(1-\xi)$ 的次幂. 令 $\theta(N)$ 表示 $\Phi(\xi)$ 展开式中 ξ^n 的系数. 则

$$T(N) = \theta(N)$$

伴有着一个独立于 N. 例如，若 $ax + by = N$，并且 a, b 互素，则 $\theta(N) = \dfrac{N+1}{ab}$，使得近似地有 $T(N) = \dfrac{N}{ab}$(Paoli[③])，该误差小于 1. 对于

$$ax + by + cz = N$$

其正整数解的组数近似为 $T(N) = \dfrac{N(N+a+b+c)}{2abc}$.

F. Faà di Bruno[④] 对 Brioschi[⑤] 的工作成果做了说明，并指出他(Brioschi)的线性方程式(7)与牛顿恒等式有着相同的形式前提是改变式(7)中 s_i 的符号. 因此，依据华林公式，有

$$C_p = \sum \frac{1}{\lambda_1 ! \ \cdots \lambda_p !}\left(\frac{s_1}{1}\right)^{\lambda_1} \cdots \left(\frac{s_p}{p}\right)^{\lambda_p}$$

上式是对不定方程 $\lambda_1 + 2\lambda_2 + \cdots + p\lambda_p = p$ 所有的非负整数解求和. 在此文献 §12 的最后，Faà di Bruno 给出了 C_p 的其他表达式. 他[⑥]后来还把上述公式转化为

$$\begin{aligned} p! \ C_p &= [x^p]\left(\delta + \frac{s_1}{1}x + \frac{s_2}{2}x^2 + \cdots + \frac{s_p}{p}x^p\right)^p \\ &= [x^p]\left\{\delta + \log \frac{(1-x^{n+1})\cdots(1-x^{n+r})}{(1-x)\cdots(1-x^r)}\right\}^p \end{aligned}$$

---

① Messenger of Math., 5, 1876, 188; Coll. math. Papers, Ⅹ, 16.

② Bull. Math. Soc. France, 5, 1876-1877, 76-78; Oeuvres, 1, 1898, 218-220.

③ Opuscula analytica, Liburni, 1780, 114. In one place in thetext and in his example, he erroneously took β between $-\frac{b}{2}$ and $\frac{b}{2}$, instead of positive.

④ Théorie des formes binaires, 1876, 157; German transl. by T. Walter, 1881, 127.

⑤ Annali di sc. mat. e fis., 7, 1856, 303-312. Reproduced by Faà di Bruno.

⑥ Comptes Rendus Paris, 86, 1878, 1189, 1259; Jour. für Math., 85, 1878, 317-326; Math. Annalen, 14, 1879, 241-247; Quar. Jour. Math., 15, 1878, 272-274.

其中$[x^p]\tau$表示在τ中x^p的系数，同时，展开后还需要将δ^i替换为$i!$.类似地，对于不定方程$a_1x_1+\cdots+a_nx_n=p$的正整数解的组数W_p，有

$$p!\ W_p=[x^p]\{\delta-\log(1-x^{a_1})\cdots(1-x^{a_n})\}^p$$

它比* Sylvester[①]的公式应用起来容易得多. Faà di Bruno陈述了有两个变量时的推广

$$[x^py^p]\Psi(x,y)=\frac{1}{p!\ q!}[x^py^p]\{\delta+(\delta+\log\psi)^p\}^q$$

F. Franklin[②]证明了，将n分拆后，在含有元素1不多过一个的所有分拆中(能分成两类)，(其中一类)把每一个只含一个元素1的分拆计数算作1，(其中另一类)把每一个不含元素1的分拆计数算作分拆中不同元素出现的个数.这些计数之和得出了$n-1$的分拆数.应用于原子之间键的分布.

Cayley[③]指出含6个字母的元组拆成子组含3个字母的分拆，如$abc\cdot def$各子组内共包含6双字母ab,ac,bc,de,df,ef，而拆成子组含2个字母的分拆，如$ab\cdot cd\cdot ef$各子组内共包含3双字母.因此若α个子组含3个字母的分拆与β个子组含2个字母的分拆一共有15双字母，其中字母双数的计数算且仅算一次(即不重复计数)，则$6\alpha+3\beta=15$.如$\alpha=1,\beta=3$的解提供了分拆问题的一个答案，对于$\alpha=0,\beta=5$类似.

译者补

$\alpha=0,\beta=5$	$\alpha=1,\beta=3$
$ab\cdot cd\cdot ef$	$abc\cdot def$
$ac\cdot be\cdot df$	$ad\cdot bf\cdot ce$
$ad\cdot bf\cdot ce$	$ae\cdot bd\cdot cf$
$ae\cdot bd\cdot cf$	$af\cdot bc\cdot de$
$af\cdot bc\cdot de$	

类似地可对于15个或30个字母进行分拆.

Sylvester[④]考虑$e=(w;i,j)$个分拆，其是将w分拆成j份且每组分取自$0,1,\cdots,i$之中，元素按照非增顺序排，如3,2,2(并记以上分拆条件为K).无须分别计算e与$f=(w-1;i,j)$，我们就能得到$e-f=E-F$，而是通过算出分拆数E与分拆数F，其中E是这样的分拆下的分拆数，即分拆w满足分拆条件K

* Sylvester's first factor ρ^n has been changed to ρ^{-n} to accord with Battaglini, Brioschi, 49 Roberts, and Trudi.

① Quar. Jour. Math., 1, 1855(1857), 141-152; Coll. Math. Papers, Ⅱ, 90-99. An Italian transl. of an extract appeared in Annali di sc. mat. e fis., 8, 1857, 12-21.

② Amer. Jour. Math., 1, 1878, 365-368.

③ Messenger Math., 7, 1878, 187-188; Coll. Math. Papers, Ⅺ, 61-62.

④ Messenger Math., 8, 1879, 1-8; Coll. Math. Papers, Ⅲ, 241-248.

之外还满足在上述顺序下前两组分相等;F 是另一样分拆下的分拆数,即分拆 $w-1$ 满足分拆条件 K 之外还满足每组分都有 i. 还有下式

$$e-f=-(w-i-1;i,j-1)+\sum_{q=0}^{i}(w-2q;q,j-2)$$

Franklin[①] 证明 Sylvester 的此法则是通过转化每一个分拆为一个分拆包含 i 个取自 $0,1,\cdots,j$ 之中的数. 则 $e-f=\varepsilon-\phi$, 其中 ε 是这样的分拆下的分拆数,即分拆 w 满足分拆条件 K 之外还满足每组分不包含元素 1;ϕ 是这样的分拆下的分拆数,即分拆 $w-1$ 满足分拆条件 K 之外还满足每组分不包含元素 0;

N. Trudi[②] 叙述了分拆的早期历史,在齐权函数上有广泛的应用,并最后将含 n 个字母的元组枚举为含 p 个字母的 α 个元组、含 q 个字母的 β 个元组,依此类推,其中每个分拆所得元组排在第一的字母是互异的,每组中排在第二以及之后的字母都重复着排第一的.

译者注 齐权的定义可以参考《高等代数学通论》第 285 页.

术语名参考:波赫耳 著 余介石 译. 高等代数学通论(第四版)[M]. 1950.

Dickson 此处的表述很容易让人混淆,故更改之.

C. M. Puima[③] 处理了以下问题:从装有 B 个带标记球的罐中取出三个,其中球分别被标记着 $1,\cdots,B$,将这三个球上写着的数相加;求出所得之和小于或等于 C 的出现次数(在遍历所有组合下). 求不定方程 $\phi+\psi+\chi=H$ 的正整数解满足 $0<\phi<\psi<\chi\leqslant B$ 的组数 S_H. 首先,令 $C<B+4$. 则 $\begin{cases}\phi+\psi+\chi\leqslant C\\0<\phi<\psi<\chi\end{cases}$ 的每一组正整数解都满足 $0<\phi<\psi<\chi\leqslant B$(即组分超不过 B). 在六组情形 $H=6h+j(j=0,\cdots,5)$ 中,若令 $H=6h+4$,并设 $\psi-\phi=x$, $\chi-\phi=y$. 则 $x+y=6h-3\phi+4, 0<x<y$. 若 ϕ 为偶数,则有 $\phi=2\alpha$,显然有 $3h-3\alpha+1$ 组解 x,y 并且 h 是能给出解时最大的 α. 因此该子情形下有

$$\sum_{\alpha=1}^{h}(3h-3\phi+1)=\frac{h(3h-1)}{2}$$

组解 ϕ,ψ,χ. 对于 ϕ 为奇数,我们得到 $\frac{3h(h+1)}{2}$ 组解. 加起来,我们得到 $S_{6h+4}=h(3h+1)$,则 $T_C=\sum_{H=6}^{C}S_H$ 通过处理六种情形可被求出;例如 $T_{6c}=$

① Amer. Jour. Math., 2, 1879, 187-188.

② Atti R. Accad. Sc. Fis. Mat. Napoli, 8, 1879, No. 1, 88 pp.

③ Giornale di Mat., 17, 1879, 360-372.

$\frac{c(12c^2-15c+5)}{2}$. 最终也处理了 $C \geqslant B+4$ 的情形.

P. Boschi① 处理了分拆成 s 份且组分取自 $1,\cdots,n$ 之中的分拆. 令

$$S_{1,r}=x^r+x^{r+1}+\cdots+x^n$$
$$S_{2,r}=x^rS_{1,r+1}+x^{r+1}S_{1,r+2}+\cdots+x^{n-1}S_{1,n}$$
$$S_{3,r}=x^rS_{2,r+1}+x^{r+1}S_{2,r+2}+\cdots+x^{n-2}S_{2,n-1}$$
$$\vdots$$

展开再合并 $S_{u,r}$ 的同类项;x^P 的系数就是将 P 表示为这些互异数之和的方法数,这些互异数取自 $r,r+1,\cdots,n$ 中. 由数学归纳法证明了

$$S_{u,r}=x^{(2r+u-1)u/2}T_{u,r}$$
$$T_{u,r}\equiv\frac{(1-x^{n-r+1})(1-x^{n-r})\cdots(1-x^{n-r-u+2})}{(1-x)(1-x^2)\cdots(1-x^u)}$$

因此在 $S_{u,1}=x^{(u+1)u/2}T_{u,1}$ 的展开式中 x^P 的系数就是将 P 表示为 $1,\cdots,n$ 中不同项之和的方法数. 对于 $u=2$

$$T_{2,1}=A_0+A_1x+\cdots+A_{2n-4}x^{2n-4}$$

其中 A_s 是将 $s+3$ 表示为 $1,\cdots,n$ 之中两个数之和的方法数. 则 $A_r=A_{2n-r-4}$

$$A_r=\frac{1}{4}\{2r+3+(-1)^r\}\quad(2\leqslant r\leqslant n-2)$$
$$A_r=n-2+r+\frac{1}{4}\{2r+3+(-1)^r\}\quad(n-2\leqslant r\leqslant 2n-4)$$

令 U_r 是整数对的数目,这些整数对取自 $1,\cdots,n$,且整数对之和小于或等于 r. 则

$$U_r=\sum_{s=0}^{r-3}A_s$$
$$U_r=\frac{1}{4}\left\{r(r-2)+\frac{1}{2}[1-(-1)^r]\right\}\quad(3\leqslant r\leqslant n+1)$$
$$U_r=\frac{1}{2}n(n-1)-U_{2n-r+1}\quad(n+1<r\leqslant 2n-1)$$

对于 $u=3,u=4$ 有类似的应用.

Glaisher② 指出,若 $P(r)$ 表示在这样分拆下的分拆数,即分拆 u 成组分取自 $1,\cdots,n$ 中,并且每一个分拆中有确切的 r 份还含有顺序,之中也无重复. 则

$$P(r+k)+P(r+n+k)+P(r+2n+k)+\cdots=n^{r-1}\quad(k=0,1,\cdots,n-1)$$

---

① Memorie Accad. Sc. Ist. Bologna, 1, 1880, 555-571.

② Messenger Math., 9, 1880, 47-48.

E. A. A. David① 指出 Arbogast② 的求导法则可给出

$$\frac{a_1^n}{n!}+\frac{a_1^{n-2}a_2}{(n-2)!}+\frac{a_1^{n-3}a_3}{(n-3)!}+\frac{a_1^{n-4}(a_4+a_2^2/2)}{(n-4)!}+$$
$$\frac{a_1^{n-5}(a_2a_3+a_5)}{(n-4)!}+\cdots=\sum\frac{a_1^{p_1}}{p_1!}\frac{a_1^{p_2}}{p_2!}\cdots$$

上式右边是对不定方程

$$p_1+2p_2+3p_3+\cdots=n$$

的所有正整数解求和,而该不定方程的解可以由上面求和表达式左边每项的指数给出.

Cayley③ 列出分拆这些数 1,…,18 的所有分拆,其中每一个分拆中 1,2,…被指定为 $a,b,\cdots$,这样就给出了二元代数型的任意协变量其系数的文字项.

G. B. Marsano④ 处理了这样元组的组数,元素出自 $1,\cdots,m$,且含 2 个数或 3 个数使得组内数之和小于或等于 C. 更简单而更一般的结果由 Gigli⑤ 给出.

Franklin⑥ 证明了 Euler 公式(3). 公式等号左边展开式中 x^w 的系数显然是甲类分拆数超过乙类分拆数的部分,且值为 E,其中甲类分拆数即分拆 w 成偶数个互异部分的分拆数,乙类分拆数即分拆 w 成奇数个互异部分的分拆数. 为了求出 E,把一个大于或等于 a 的数写成 $\{a\}$,并令每一个分拆的组分(互异)按递增的顺序排,考虑分拆成 r 份的一个分拆,它的第一组分是 1;删掉这个 1 并加到最后一个组分上,我们得到分拆成 $r-1$ 份的一个分拆,第一组分变成 $\{2\}$,末尾便没有两个相继的整数,反过来亦然.(刚刚的变换使它们一一对应)这些分拆分为两类,不会影响到待求的 E,两类分拆中的一类是奇数序而一类是偶数序. 于是我们只需要考虑由 $\{2\}$ 开头而以两个相继整数结尾的分拆. 考虑拆成 r 份,其第一组分是 2 的任意一个分拆;删掉开头的 2 并把它分成一加到最后两个组分上,我们得到分拆成 $r-1$ 份的一个分拆,第一组分变成 $\{3\}$,末尾便没有三个相继的整数. 对这些分拆我们暂且按下不表. 一般地,考虑由 $\{n\}$ 开头而以 n 个相继整数结尾的分拆. 若第一项为 n,抹去它并在最后的 n 个数字上各加 1,除了分拆的份数 $r\leqslant n$ 之外都能进行这样操作的,(译者补:当份数 $r=n$ 时,由于以 n 开头以 n 个相继整数结尾.) 于是

---

① Comptes rendus Paris,90. 1880,1344-1346;91,1880,621-622;Jour. de Math., (3),8,1882, 61-72.

② Calcul des dérivations,Strasburg. 1800. See papers 46,102,198.

③ Amer. Jour. Math.,4,1881,248-255;Coll. Math. Papers,Ⅺ,357-364.

④ Giornale di Mat.,19,1881,156-170;20,1882,249-270.

⑤ Rendiconti Circ. Mat. Palermo,16,1902,280-285.

⑥ Comptes Rendus Paris,92,1881,448-450. Cf. Sylvester,11-13.

$$w=(n+0)+(n+1)+\cdots+(n+n-1)=\frac{n(3n-1)}{2}$$

若第一项为$n+1$，并且最后$n+1$项不为相继整数(而最后n项为相继整数)，最后n项各约去1，并置n于第一组分$n+1$之前，除了分拆的份数$r=n$之外都能进行这样操作的，(译者补：当份数$r=n$时，由于以$n+1$开头以n个相继整数结尾.) 于是$w=(n+1+0)+(n+1+1)+\cdots+(n+1+n-1)=\frac{n(3n+1)}{2}$. (除了单独列出来的这两种情形之外，要么可以把开头放至最后几个，要么可以将最后几个一放回开头.) 因此除了$w=\frac{n(3n\pm 1)}{2}$之外，都可以使得奇数序的与偶数序的分拆一一对应，即$E=0$，而$w=\frac{n(3n\pm 1)}{2}$情形下$E=(-1)^n$，便有单个分为n份的分拆剩下. 为了阐释这个证明，并附着示意图，参看E. Netto, *Lehrbuch der Combinatorik*, 1901, 165-167.

译者注　由于英文版中的表述太模糊且漏掉了太多信息，故此段改动较大. 其中$E=(-1)^n$，而不是$E=1$.

A. Capelli①考虑一个矩阵(α_{ij})，它由n^2个大于或等于0的整数构成，这些整数使得每行每列的和总是m

$$\alpha_{i1}+\alpha_{i2}+\cdots+\alpha_{in}=\alpha_{1j}+\alpha_{2j}+\cdots+\alpha_{nj}=m$$

这些矩阵的数量等于线性无关型的数量，它们由导出n组变量齐次每组变量为m次的一般型导出，这是通过$\sum \frac{\eta_i \partial}{\partial \xi_i}$算子导出的，其中$\xi$与$\eta$是$n$组中的两个.

几位作者②发现了将34表为四个互异正整数之和的方法数.

Sylvester③对他④以前只略述过的理论作了阐述. 利用Cauchy的术语"留数"来表示一个函数以x幂次由低到高展开后其中$\frac{1}{x}$的系数，他考虑了任何真有理函数$F(x)$，这样有理函数的分子次数就比分母次数低. 则我们可以写成

$$F(x)=\sum_{\lambda\geqslant 1}\sum_{\nu=1}^{j}\frac{c_{\lambda,\mu}}{(a_\mu-x)^\lambda}+\sum_\lambda \frac{\gamma_\lambda}{x^\lambda}$$

$\sum_{\nu=1}^{j} F(a_\nu e^x)$的留数可以容易地看为$F(x)$的常数项. 因此若$x^{-n}f(x)$是真有理

① Giornale di Mat., 19, 1881, 87-115.

② Giornale di Mat., 19, 1881, 87-115.

③ Amer. Jour. Math., 5, 1882, 119-136 (Excursus on rational fractions and partitions). Johns Hopkins Univ. Circ, 2, 1883, 22 (for the first theorem). Coll. Math. Papers, Ⅲ, 605-622; 658-660.

④ Quar. Jour. Math., 1, 1855 (1857), 141-152; Coll. Math. Papers, Ⅱ, 90-99. An Italian transl. of an extract appeared in Annali di sc. mat. e fis., 8, 1857, 12-21.

函数,有理函数 $f(x)f(x)$ 展开式中 x^n 的系数就是 $\sum r^{-n}e^{nx}f(re^{-x})$ 的留数,该式对每一个使 $f(x)$ 为无穷且 $r\neq 0$ 的 r 值求和(如 $F(x)$ 中的那些 a)."不定方程 $ax+\cdots+lt=n$ 的确解数"被记为

$$\frac{n}{a,b,\cdots,l}$$

是该不定方程的整数解,且解都大于或等于 0(即非负整数解)的组数,还等于下式展开式中 x^n 的系数

$$F(x)=(1-x^a)^{-1}\cdots(1-x^l)^{-1}$$

令 $\delta_1=1,\delta_2,\cdots,\delta_\mu$ 为整数且整除这些数 $a,\cdots,l$ 中的一个或多个.正整数解的个数因此等于 $\sum_{i=1}^{\mu}W_i$,其中波 W_i 是下式的留数

$$\sum r_q{}^{-n}e^{nx}F(r_qe^{-x})=\sum r_q{}^{n}e^{nx}F(r_q{}^{-1}e^{-x})$$

上式对每一个 δ_i 次单位根 r_q(或是他们的倒数)求和.现做重要的替换 $\nu=n+\frac{a+\cdots+l}{2}$.则

$$W_i=\text{Res}\frac{\sum r_q{}^{\nu}e^{\nu x}}{\prod(r_q{}^{a/2}e^{ax/2}-r_q{}^{-(a/2)}e^{-(ax/2)})}$$

乘积遍历对应位置在 $a,\cdots,l$ 中的类似项.展开和式为幂级数,我们看出每个波以及由此而来的确解数是这样的乘积之和,乘积由每个含 ν 多项式各乘以一个量 $c\sum(r^{\nu+\delta}\pm r^{\nu-\delta})$ 而得到,其中 δ 是 $\varphi(i)$ 的二分之一而 $\varphi(i)$ 是小于 i 且与 i 互素的整数数目(由于当 ν 改变符号时 W_i 变成 $\pm W_i$).给确界数的每一项一个待定系数,如

$$\frac{n}{1,2,3}=A\nu^2+B+(-1)^\nu C+D\sum(r^{\nu+1}+r^{\nu-1}),r^2+r+1=0$$

写下 $s=a+\cdots+l$(该例子中 $s=6$).上式表明了当 s 为偶数且 ν 取 0 到 $\frac{1}{2}s-1$ 之间的数时确解数均为零,当 s 为奇数且 ν 取 $\frac{1}{2}$ 到 $\frac{1}{2}s-1$ 之间数时确解数均为零.这个事实用来唯一地确定待定系数的比值.例如,在上面的例子中 $\nu=0,1,2$ 那么

$$B+C-2D=0,A+B-C+D=0,4A+B+C+D=0$$

于是 $A=6\sigma,B=-7\sigma,C=-9\sigma,D=-8\sigma$.对于 $\nu=3$,$9A+B-C-2D$ 的值是

1. 因此 $\sigma=\frac{1}{72}$. 由 $\nu=n+3$,所得结果与 De Morgan[①] 所给出的一致. 元素为 1,2,3,4 的情形类似地讨论. 波 W_1 被仔细地讨论了. 应用于下述不等式正整数解的组数问题

$$a_1x_1+\cdots+a_ix_i<\mu a_1\cdots a_i$$

其中 $a_1,\cdots,a_i$ 两两互素. 对于 $i=2,\mu=1$, 正整数解的组数为 $\frac{a_1a_2-a_1-a_2+1}{2}$.

译者注 翻阅资料发现 Sylvester 算出了正确的结果,但是文章中某个步骤却将 $\frac{(p-1)(q-1)}{2}$ 错误地写成了 $\frac{pq-p-q-1}{2}$ 了,于是 Dickson 未经验证就收录进这本书中. 现已由译者更正.

Sylvester[②] 指出组分按升序排列 n 的不定分拆与 $0,\cdots,n$ 序列之间存在一一对应关系,使得每个项不大于其前项和后项之间的平均值.

若 a 和 b 是不可通约的,则可以找到整数 x 与 y,使得 $ax+by+c$ 是无限小的. 如果不可能求出整数 λ,μ,ν 使得

$$\lambda(b\gamma-c\alpha)+\mu(c\alpha-a\gamma)+\nu(a\gamma-b\alpha)=0$$

那么 $ax+by+cz+d$ 与 $\alpha x+\beta y+\gamma z+\delta$ 可同时通过选择整数 x,y,z 使两式任意小. 参看第二章的 Jacobi[③].

O. H. Mitchell[④] 将其写成 $(w;i,j)$ 来表示分拆 w 为 j 份或更少份每组分小于或等于 i 的分拆数. 令 $\varphi_j(w)$ 是小于或等于 $\frac{(j-1)w}{j}$ 的最大整数,则

$$(w;i,j)=\sum_{x=w-i}^{\varphi_j(w)}(x;w-x,j-1)$$

通过不断地应用该公式,j 可以被约简为 1,因此

$$(w;i,j)=\sum_{x_1=w-i}^{\varphi_j(w)}\sum_{x_2=2x_1-w_1}^{\varphi_{j-1}(x_1)}\sum_{x_3=2x_2-i}^{\varphi_{j-2}(x_2)}\cdots\sum_{x_{j-1}=2x_{j-2}-x_{j-2}}^{\varphi_2(x_{j-2})}\qquad(8)$$

其中最后一个和式 $\sum(8)$ 表示 $1+\varphi_2(x_{j-2})-(2x_{j-2}-x_{j-3})$,也就是同求和指标遍历的数量一样多,比如 $\sum_{i=m}^{n}(8)=n-m+1$. 还给出了与和式中后两个符号

① Cambridge Math. Jour. ,4,1843,87-90.

② Johns Hopkins Univ. Cire. ,1,1882,179-180;Coll. Math. Papers,Ⅲ,634-639. First theorem also in Math. Quest. Educ. Times,37,1882,101-102.

③ Jour. für Math. ,13,1835,55;Werke,Ⅱ,29-31.

④ Hohns Hopkins Univ. Cire. ,1,1882,210.

（上式最内层两个和式）等价的长表达式. 文中称该式能为 Sylvester[1] 所给出的最后一个结果提供一个证明.

G. S. Ely[2] 指出了 Euler[3] 的分拆数表

	0	1	2	3	4	5	6
1	1	1	1	1	1	1	1
2	1	1	2	2	3	3	4
3	1	1	2	3	4	5	7

可以利用列而不是行来构造：为得到第 j 列的 i 个元素，将第 j 列的第 $(i-1)$ 个元素加上第 $(j-i)$ 列的 i 个元素. Euler 指出分拆数 $(w;w,j)$ 由第 w 列的 j 个行给出，其中 $(w;w,j)$ 是将 w 分拆为 j 份或更少份的分拆数. 当 i 与 j 的较大者大于或等于 $\frac{w-4}{2}$ 时，将 w 分为 j 份每组分小于或等于 i 的分拆数能利用如下法则从表中求出：由于 $(w;i,j)=(w;j,i)$，令 $i\geqslant j$. 则为了得到 $(w;i,j)$，从 $(w;w,j)$ 的列表值中减去第 $(j-1)$ 行中前 $(w-i)$ 元素的和，并根据 i 的不同取值加上不同数，根据 $i\geqslant\frac{w-2}{2}$ 加上 0；根据 $i=\frac{w-3}{2}$ 加上 1；根据 $i=\frac{w-4}{2}$ 加上 2. 接下来，（有解）表达式 $(w;i,j)$ 的数目为

$$N=\frac{w^2-2w+t}{2}-\sum_{n=2}^{\infty}\left[\frac{w-n^2-n-1}{n+1}\right]$$

（译者注：不是所有的 $(w;i,j)$ 都有解，比如 $(6;2,2)$，因此使该表达式有解的数目如上，其中[ ]表示类取整函数，括号内为正数时向下取整，括号内非正数时都取零.）其中 w 为偶数时 $t=6$，w 为奇数时 $t=5$. 令 w 为偶数时 $s=24$，w 为奇数时 $s=27$. 则

$$\sum_{w=1}^{n}N=\frac{2n^3-3n^2+28n-s}{12}-\frac{1}{2}\sum_{i=3}^{+\infty}\left\{ia_i(a_i-1)+2a_i\left(n-i\left[\frac{n-1}{i}\right]\right)\right\}$$

$$a_i\equiv\left[\frac{n-i^2+i-1}{i}\right]$$

W. F. Durfee[4] 定义一个自反或被称为自共轭的分拆，使得若按一的数表来展示（元素 n 代表一行的 n 个单元），列的总和将复制原始分拆. 因此 4 3 2 1 是 10 的共轭分拆. 显然每一个这样的表都包含一个有 q^2 个单元的中心方形（图 3.1 中为 4），其中根据分拆数是偶数时 q 为偶数，根据分拆数是奇数时 q 为奇

① Messenger Math.，8，1879，1-8；Coll. Math. Papers，Ⅲ，241-248.

② Johns Hopkins Univ. Circ.，1，1882，211(in full).

③ Novi Comm. Acad. Petrop.，3，ad annum 1750 et 1751，1753，125(summary，pp. 15-18)；Comm. Arith. Coll.，1，73-101.

④ Johns Hopkins，Univ. Circ.，2，Dec.，1882，23(in full).

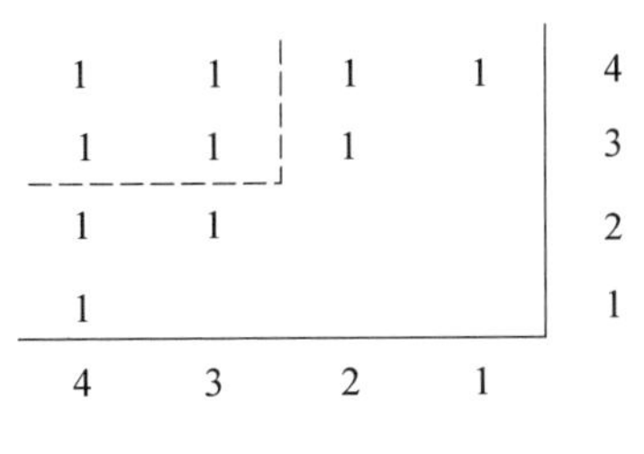

图 3.1

数,是因为 $n-q^2$ 个在方形外部的单元有一半在方形右侧有一半在方形下侧.在对右侧$\frac{n-q^2}{2}$ 单元的任何重排下,分拆保持自共轭,前提是下侧的单元是(与之)对称排列.这样重排的数目$\left\{\frac{n-q^2}{2};q\right\}$就是将$\frac{n-q^2}{2}$ 个单元分拆成 q 个或更少部分的分拆数.图 3.1 中我们可以替换方形右侧含三个点的两行,替换为含三个点的单行并导出对于 10 仅剩的另一个自共轭分拆.一般地,n 的自共轭分拆数为$\sum\left\{\frac{n-q^2}{2};q\right\}$,该式对 $q<\sqrt{n}$ 的全部奇数或全部偶数求和,根据 n 为奇数对那些奇数求,根据 n 为偶数对那些偶数求.

Sylvester① 指出 Durfee② 的定理可以表示为如下形式:n(也可以是对称分拆图中的 n)的自共轭分拆数是下式展开式中 x^n 的系数

$$1+\cdots+\frac{x^{i^2}}{(1-x^2)(1-x^4)\cdots(1-x^{2i})}+\cdots=(1+x)(1+x^3)(1+x^5)\cdots$$

因此该分拆数也是分拆成奇数且不含重复的分拆数.他还给出了 Franklin③ 对式(3)证明的改进版.

Sylvester④ 证明了 Brioschi⑤ 的公式 $Z=\sum_{r=0}^{+\infty}\psi(x)z^r$.

Sylvester⑥ 利用二进制的 Euler 定理证明了将 n 分拆成奇数的分拆数等于分拆成互异部分的分拆数(Glaisher⑦ 以及式(4)).在图解法中,他称 Ferrers⑧

① Johns Hopkins Univ. Cire. ,2,1882-3,23-24,42-44;Coll Math. Papers,Ⅲ,661-671.

② Johns Hopkins,Univ. Circ. ,2,Dec. ,1882,23(in full).

③ Comptes Rendus Paris,92,1881,448-450. Cf. Sylvester,11-13.

④ Johns Hopkins Univ. Circ. ,2,1883,46;Coll. Math. Papers,Ⅲ,677-679;Amer. Jour. Math. ,5,1882,271-272;Coll. Math. Papers,Ⅳ,21-23.

⑤ Annali di sc. mat. e fis. ,7,1856,303-312. Reproduced by Faà di Bruno.

⑥ Johns Hopkins Univ. Circ. ,70-71;Coll. Math. Papers,Ⅲ,680-686. Cf. Coll. Math. Papers,Ⅳ,13-18.

⑦ Proc. Roy. Soc. London,24,1875-1876,250-259.

⑧ Phil. Mag. ,(4),5,1853,199-202;Coll. Math. Papers,Ⅰ,595-598.

的方法为颠倒,而 Durfee[①] 的方法为掉尾.

Franklin[②] 指出,分拆 w 为 i 份或更少份小于或等于 j 的分拆数 $(w;i,j)$,并且是式 $P=(1-a)(1-ax)\cdots(1-ax^i)$ 倒数展开式中 a^ix^w 的系数,由此,a^j 的系数在 P 倒数以 a 幂次由低到高展开式中变成了生成函数 F,其中 x^w 的系数为 $(w;i,j)$. 为了直接地得出它,指出分拆 w 为 i 份或更少份且至少有一份大于 j(比方说为 $j+k$)的分拆数等于分拆 $w-(j+k)$ 为 $i-1$ 份或更少份的分拆数. 指出分拆 w 为 i 份或更少份且至少有两份大于 j(比方说为 $j+k,j+k'$)的分拆数等于分拆 $w-(j+k)-(j+k')$ 为 $i-2$ 份或更少份的分拆数,依此类推. 因此

$$F=\frac{1}{(1-x)(1-x^2)\cdots(1-x^i)}-\frac{x^{j+1}+x^{j+2}+\cdots}{(1-x)\cdots(1-x^{i-1})}+$$

$$\frac{x^{j+1}(x^{j+2}+x^{j+3}+\cdots)+x^{j+2}(x^{j+3}+\cdots)+\cdots}{(1-x)\cdots(1-x^{i-2})}-$$

$$\frac{x^{j+1}x^{j+2}(x^{j+3}+\cdots)+x^{j+2}x^{j+3}(x^{j+4}+\cdots)+\cdots}{(1-x)\cdots(1-x^{i-3})}+\cdots$$

$$=\frac{1}{(1-x)\cdots(1-x^i)}\Big\{1-(1-x^i)\sum\nolimits_1(x^{j+1},x^{j+2},\cdots)+$$

$$(1-x^{i-1})(1-x^i)\sum\nolimits_2(x^{j+1},\cdots)-\cdots\Big\}$$

其中 $\sum_m(x^{j+1},\cdots)$ 是 $x^{j+1},x^{j+2},\cdots$(无穷多个)的 m 元组合之和. 利用数学归纳法

$$(1-x^i)\cdots(1-x^{i-m+1})\sum\nolimits_m(x^{j+1},\cdots)=\sum\nolimits_m(x^{j+1},\cdots,x^{j+i})$$

因此

$$F=\frac{(1-x^{j+1})(1-x^{j+2})\cdots(1-x^{j+i})}{(1-x)(1-x^2)\cdots(1-x^i)}$$

Euler 定理(即分拆成奇数的分拆数同分拆成相异组分的分拆数一样多)被建设性地证明和推广了. 由不可被 k 整除且不限组分种类数的组分以及可被 k 整除的 m 种不同组分(每个组分不限制重复)相加形成 w 的方法数,等于另一种相加形成 w 的方法数,在另一种相加中,出现次数小于 k 次这样的组分其种类数不限定,出现的次数大于或等于 k 次这样的组分其种类数限定为 m. 虽然如下论证是一般而言的,但只对 $k=10$ 做出了证明. 首先令 $m=0$. 考虑任何仅由不可被 10 整除的组分构成的分拆,并让任何这样的组分 λ 出现的次数用十进制表示法书写,比方说 $\cdots cba$;则若把 $\cdots cba$ 倍 λ 代替为 a 倍的 λ,b 倍的 10λ,c 倍

① Johns Hopkins Univ. Circ. ,2,Dec. ,1882,23(in full).

② Ibid. ,72(in full).

的 100λ,…,我们得到一个分拆,其中没有一个出现 10 次的组分(还都小于 10),对应关系为 1 对 1,因此证明了定理当 $m=0$ 时成立.接下来,若同非十倍的组分一起,我们再引入 m 种不同(类)的组分,每个组分都可以被 10 整除,同时在另一个集合的相应分拆中引入同样新组分的10倍,每一个被10除,第二组的分拆将包含出现 10 次或 10 次以上的 m 种组分,同时也不会妨碍到 1 对 1 的对应关系.

译者注 由于原文描述的特别模糊,故做改动.

举个例子,$w=7,k=2$ 时的情形.

先列出 7 的所有分拆

$$\begin{aligned}\underline{7}&=\underline{6+1}=\underline{5+2}=\underline{5+1+1}=\underline{4+3}=\underline{4+2+1}\\&=\underline{4+1+1+1}=\underline{3+3+1}=\underline{3+2+2}=\underline{3+2+1+1}\\&=\underline{3+1+1+1+1}=\underline{2+2+2+1}=\underline{2+2+1+1+1}\\&=\underline{2+1+1+1+1+1}=\underline{1+1+1+1+1+1+1}\end{aligned}$$

由于 $w=7,k=2$,可被 2 整除的组分其种类数为 m,根据 m 的不同将 7 的所有分拆列入表 3.2:

表 3.2

	分拆	分拆数 $P(w;k,m)$	意义
$m=0$	$\underline{7}=\underline{5+1+1}$ $=\underline{3+3+1}$ $=\underline{3+1+1+1+1}$ $=\underline{1+1+1+1+1+1+1}$	$P(7;2,0)=5$	7 的分拆中,组分全是奇数的分拆有 5 种.
$m=1$	$\underline{6+1}=\underline{5+2}=\underline{4+3}$ $=\underline{4+1+1+1}$ $=\underline{3+2+2}$ $=\underline{3+2+1+1}$ $=\underline{2+2+2+1}$ $=\underline{2+2+1+1+1}$ $=\underline{2+1+1+1+1+1}$	$P(7;2,1)=9$	7 的分拆中,组分含且仅含一类偶数的分拆 9 种.
$m=2$	$\underline{4+2+1}$	$P(7;2,2)=1$	7 的分拆中,组分含且仅含两类偶数的分拆 1 种.

由于 $w=7,k=2$,重复组分其种类数为 m,根据 m 的不同将 7 的所有分拆列入表 3.3:

表 3.3

	分拆	分拆数 $Q(w;k,m)$	意义
$m=0$	$7=\underline{6+1}=\underline{5+2}$ $=\underline{4+3}=\underline{4+2+1}$	$Q(7;2,0)=5$	7 的分拆中,组分全是互异的分拆有 5 种.
$m=1$	$\underline{5+1+1}=\underline{4+1+1+1}$ $=\underline{3+3+1}$ $=\underline{3+2+2}$ $=\underline{3+2+1+1}$ $=\underline{3+1+1+1+1}$ $=\underline{2+2+2+1}$ $=\underline{2+1+1+1+1+1}$ $=\underline{1+1+1+1+1+1+1}$	$Q(7;2,1)=9$	7 的分拆中,组分含且仅含一类重复组分的分拆 9 种.
$m=2$	$\underline{2+2+1+1+1}$	$Q(7;2,2)=1$	7 的分拆中,组分含且仅含两类重复组分的分拆 1 种.

Cayley① 评述道 Franklin② 的理论不仅仅是把这些分拆成对分组这样而已.(对于互异分拆)除了存在这两种分拆分类准则 $E\tilde{+}O$,即拆成偶数份或拆成奇数份之外,还可以建立一种新的分类准则 $\mathrm{I}\tilde{+}\mathrm{D}$,即分为可增项的与可减项的.因此有四格型分类 EI,OI,ED,OD. 举例说,若 $N=10$,排成表 3.4:

表 3.4

EI:$8+2$, $7+3$, $6+4$	OI:10, $5+3+2$
ED:$9+1$, $4+3+2+1$	OD:$7+2+1$, $6+3+1$, $5+4+1$

其中 EI 与 OD 按表中顺序相互配对(译者补:即 EI 中的分拆可以通过增项变成 OD 中的分拆,反之亦然),并且类似地有 OI 与 ED. 当然对于这些例外的数(广义五边形数)1,2,5,7,12,…,则恰有一个分拆既不是 I 也不是 D,根据多出来的分拆是 O,就有乘积展开式中对应的系数为 -1,根据多出来的分拆是 E,就有乘积展开式中对应的系数为 $+1$.

译者注 表 3.4 将 10 的所有互异分拆(恰巧也是十种)分成了四类.这里提到的 I 与 D 指的是 Franklin 变形中的"可增项"与"可减项".

将互异分拆的组分按递增顺序排列,把最后若干个相继整数减去一并放回

---

① Johns Hopkins Univ. Circ.,86(in full).

② Comptes Rendus Paris,92,1881,448-450. Cf. Sylvester,11-13.

开头.

"可增项"的分拆为可以进行上述操作的分拆,"可减项"的分拆为可以进行相反操作的分拆.

Sylvester① 称如果一个分拆的组分按照数位级书写,用在一条水平线上的 p 个点(结点)表示每一个组分 p,并指出共轭分拆可以通过计列上的结点数来得出(Ferrers②),那么这个分拆是正则化的.这给出了归于 Franklin 的一种方法,用以构造这些分拆,而它是要从分拆 n 为 j 份(组分可包括零)的不定分拆中消除的那些,为使得出分拆 n 为 j 份每份小于或等于 i 的限定分拆,由此而得出枚举该限定分拆的生成函数;还有他对生成函数的构造性证明,生成函数是关于分拆成在份数和数位级上受限制重复或未重复组分的.Sylvester 给出了他自己对分拆的构造,构造将 n 分拆成 j 份,且组分取自 $1,\cdots,n$ 中的分拆运用的是 j 阶方阵 $\boldsymbol{M}_1$,其中方阵的对角元素都是 $i+1$,对角线下方的元素全为一而对角线上方的元素全为零.对于 $1\leqslant q\leqslant j$,令 $\boldsymbol{M}_q$ 为 $\binom{j}{q}\times j$ 矩阵,其 $\binom{j}{q}$ 行是通过将 $\boldsymbol{M}_1$ 其行中对应项按"q 行 q 行"相加而得出的.(译者补:比如 $\boldsymbol{M}_2$ 是通过将 $\boldsymbol{M}_1$ 其行中对应项按"两行两行"相加而得出的).记 $\boldsymbol{M}_q$ 的第 r 行为行向量 (r,q) 并记此行元素之和为数 $[r,q]$.对每个正则化的分拆即分拆 $n-[r,q]$ 为 j 份大于或等于 0 的组分,项对项地加上 (r,q).把 n 分拆为 j 份的分拆,都可从 $\boldsymbol{M}_q$ 对所有的 r 值中得出,称为构成系 P_q.若 P 为分拆 n 为 j 份的所有分拆,则分拆 n 为 j 份且每组分小于或等于 i 的分拆完全系为下式

$$S=P-P_1+P_2-\cdots+(-1)^jP_j$$

其中减号表示取消掉,并且系统可能涉及重复分拆以及非正则化分拆.仍然需要证明 n 的一个这样的分拆出现在 P_q 中 $\binom{\mu}{q}$ 次,并由此而出现在 S 中 $(1-1)^\mu$(也就是零)次,其中这样的分拆满足分拆中互异组分大于 i 的种类数为 μ;这后来被 M. Jenkins③ 所证明.因此将 n 分拆为 j 份,且每组分小于或等于 i 的分拆数是下式展开式中 x^n 的系数

$$\frac{(1-x^{i+1})(1-x^{i+2})\cdots(1-x^{i+j})}{(1-x)(1-x^2)\cdots(1-x^j)}$$

任意整数 N 能够被表示为(Sylvester 文章的第 15 页)相继整数之和的方

---

① A Constructive Theory of Partitions..., Amer. Jour. Math., 5, 1882, 251-330; 6, 1884, 334-336(for ist oferrata noted by M. Jenkins). Coll. Math. Papers, Ⅳ, 1-83(with the errata noted by Jenkins corrected in the text), to which the page citations refer.

② Phil. Mag., (4), 5, 1853, 199-202; Coll. Math. Papers, Ⅰ, 595-598.

③ A Constructive Theory of Partitions..., Amer. Jour. Math., 6, 1884, 331-333.

法数同 N 的奇因子个数一样多. Sylvester[①] 也在其他地方处理了此问题,参看 Barbette[②],Agronomov[③],Mason[④].

Sylvester 随后讨论的主题是:生成函数、分拆为奇数与分拆为互异部分的分拆数之间的联系[⑤],以及将连乘积变成级数图形化的转化. 然后他指出,若在 Jacobi[⑥] 的公式中按其下方取正负号,并取 $n=\frac{1}{2}, m=\frac{1}{2}+\varepsilon$,其中 ε 为无穷小,我们得到一个结果

$$\{(1-q)(1-q^2)(1-q^3)\cdots\}^3=1-3q+5q^3-\cdots+(-1)^n(2n+1)q^{n(n+1)/2}+\cdots$$

此归于 Jacobi[⑦] 的结果出现在本丛书第 1 卷第十章. Sylvester 以一个等价形式写出 Jacobi 的初始公式,用的是设 $n-m=a, n+m=b$ 并以三种元素排列的观点详尽地讨论了(于其文以及其他地方[⑧]) 新公式. 他指出:Euler 公式(3) 是下式 $a=-1$ 的特殊情形

$$(1+ax)(1+ax^2)(1+ax^3)\cdots=1+\frac{1+ax}{1-x}xa+\cdots+\frac{(1+ax)\cdots(1+ax^{j-1})}{(1-x)\cdots(1-x^{j-1})}\cdot\frac{1+ax^{2j}}{1-x^j}x^{(3j^2-j)/2}a^j+\cdots$$

该式也由 Sylvester[⑨] 在其他地方给出,被 Cauchy[⑩] 证明.

Chr. Zeller[⑪] 陈述了 Euler[⑫] 对 $P(n)$ 的递推关系以及依据 $P(j), j<n$ 表示出了 n 的因子数 $\sigma(n)$.(参阅本丛书第 1 卷.)

---

① Comptes rendus Paris,96,1883,674-675;Coll. Math. Papers,Ⅳ,92. Math. Quest. Educ. Times,39,1883,122;48,1888,48-49.

② Les sommes de p-ièmes puissances distinctes égales à une p-ième puissance,Liège,1910,12-19.

③ Math. Unterr. 2,1912,70-72(Russian).

④ Amer. Math. Monthly,19,1912,46-50. Cf. Sylvester.

⑤ Comptes Rendus Paris,96,1883,1110-1112;Coll. Math. Papers,Ⅳ,95-96.

⑥ Jour. für Math.,32,1846,164-175;Werke,6,1891,303-317;Opuscula Math.,1,1846,345-356. Cf. Sylvester,Coldschmidt.

⑦ Vorlesurngen über Zahlentheorie,1,1901,50-56.

⑧ Comptes Rendus Paris,96,1883,1276-1280;Coll. Math. Papers,Ⅳ,97-100.

⑨ Comptes Rendus Paris,96,1883. 674,743-5;Coll. Math. Papers,Ⅳ,91,93-94.

⑩ Amer. Jour. Math,6,1884,63-64;Coll. Math. Papers,Ⅻ,217-219.

⑪ Acta Math.,4,1884,415-416.

⑫ Novi Comm. Acad. Petrop.,3,ad annum 1750 et 1751,1753,125(summary,pp. 15-18);Comm. Arith. Coll.,Ⅰ,73-101.

E. Cesàro① 指出 $a_1x_1+\cdots+a_kx_k=n$ 平均有 $\dfrac{n^{k-1}}{a_1\cdots a_k\cdot(k-1)!}$ 组正整数解.

J. W. L. Glasisher② 对于 Euler 定理(即分为奇数的分拆数同分为无重复组分的分拆数一样多)指出:可以由下述事实在 $r=2$ 情形下推导出,这一事实为将 n 分拆后至少有一组分重复出现了 r 次的分拆数等于将 n 分拆后每一组分是 r 或者是 r 倍数的分拆数. 在证明中,一个重复的项被它(自身)以 r 为基的表达式替换 Glasisher③. 若 $P(n)$ 是分拆 n 的总数,而 $P(n)$ 是将 n 分拆成没有组分重复出现超过 r 次的分拆数

$$P(n)-P(n-r)-P(n-2r)+P(n-5r)+P(n-7r)-\cdots=Q_{r-1}(n)$$

$$Q_r(n)-Q_r(n-1)-Q_r(n-2)+Q_r(n-5)+Q_r(n-7)-\cdots=\begin{cases}0\\(-1)m\end{cases}$$

其中系数是两负两正交替出现的,所涉及的 1,2,5,7,… 按广义五边形数来延续,根据 n 是非 $\dfrac{m(3m\pm1)(r+1)}{2}$ 型数,上述第二式取零,根据 n 是 $\dfrac{m(3m\pm1)(r+1)}{2}$ 型数,上述第二式取 $(-1)^m$,并且

$$P(0)=Q_r(0)=1$$

译者注 本书英文版将取值条件写反了,如图 3.2 所示.

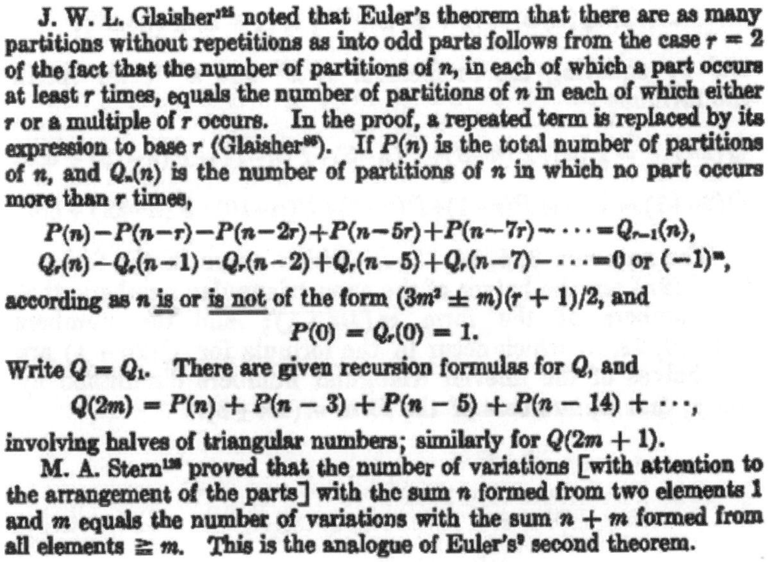

J. W. L. Glaisher[125] noted that Euler's theorem that there are as many partitions without repetitions as into odd parts follows from the case $r=2$ of the fact that the number of partitions of n, in each of which a part occurs at least r times, equals the number of partitions of n in each of which either r or a multiple of r occurs. In the proof, a repeated term is replaced by its expression to base r (Glaisher[86]). If $P(n)$ is the total number of partitions of n, and $Q_r(n)$ is the number of partitions of n in which no part occurs more than r times,

$$P(n)-P(n-r)-P(n-2r)+P(n-5r)+P(n-7r)-\cdots=Q_{r-1}(n),$$
$$Q_r(n)-Q_r(n-1)-Q_r(n-2)+Q_r(n-5)+Q_r(n-7)-\cdots=0 \text{ or } (-1)^m,$$

according as n is or is not of the form $(3m^2\pm m)(r+1)/2$, and

$$P(0)=Q_r(0)=1.$$

Write $Q=Q_1$. There are given recursion formulas for Q, and

$$Q(2m)=P(n)+P(n-3)+P(n-5)+P(n-14)+\cdots,$$

involving halves of triangular numbers; similarly for $Q(2m+1)$.

M. A. Stern[126] proved that the number of variations [with attention to the arrangement of the parts] with the sum n formed from two elements 1 and m equals the number of variations with the sum $n+m$ formed from all elements $\geqq m$. This is the analogue of Euler's[9] second theorem.

图 3.2

① Mém. Soc. R. Sc. de Liège,(2),10,1883,No. 6,229.

② Messenger Math.,12,1883,158-170.

③ Proc. Roy. Soc. London,24,1875-1876,250-259.

而 Glasisher 的论文中是正确的，如图 3.3 所示.

then

$$P(n)-P(n-r)-P(n-2r)+P(n-5r)+P(n-7r)-\&c.=Q_{r-1}(n),$$

$$Q_r(n)-Q_r(n-1)-Q_r(n-2)+Q_r(n-5)+Q_r(n-7)-\&c.=0 \text{ or } (-1)^m,$$

according as n is not or is of the form $\frac{1}{2}(r+1)(3m^2\pm m)$.

As before, it is supposed that $Q_r(p)=1$ if $p=0$, and $=0$ if p is negative; also by the definition of $Q_r(p)$, we have $Q_1(p)=Q(p)$. In the first formula r must be greater than unity.

图 3.3

简写 $Q=Q_1$，这给出了 Q 的递推公式，以及

$$Q(2n)=P(n)+P(n-3)+P(n-5)+P(n-14)+\cdots$$

所涉及的 0,3,5,14,… 按偶三角形数的一半来延续；类似地有 $Q(2n+1)$.

译者注 本书英文版将 $Q(2n)=\cdots$ 错写为 $Q(2m)=\cdots$，如图 3.4 所示.

MR. GLAISHER, THEOREM IN PARTITIONS. 167

whence, from (1),

$$1+\Sigma_1^\infty Q(n)x^n=\{1+\Sigma_1^\infty x^{\frac{1}{2}n(n+1)}\}\times\{1+\Sigma_1^\infty P(n)x^{2n}\},$$

and by equating the coefficients of x^{2m} and x^{2m+1}, we obtain the formulæ

$$Q(2n)\quad=P(n)+P(n-3)+P(n-5)+P(n-14)+P(n-18)+\&c.,$$

$$Q(2n+1)=P(n)+P(n-1)+P(n-7)+P(n-10)+P(n-22)+\&c.$$

The numbers 3, 5, 14, 18, ... which occur in the formula for $Q(2n)$ are the halves of the even triangular numbers, that is, numbers of the form $m(4m\pm1)$; and the numbers 1, 7, 10, 22, ... which occur in the formula for $Q(2n+1)$ are the halves of the uneven triangular numbers diminished by unity, that is, numbers of the form $m(4m\pm3)$.

图 3.4

M. A. Stern① 证明了表 n 为两类指定元素即 1 与 m 之和(关注组分的排

① Jour. für Math. ,95,1883,102-104.

列)的方法数等于表 $n+m$ 为值大于或等于 m 的整数之和的方法数. 这是 Euler[①] 第二定理的类似定理.

G. S. Ely[②] 指出 $n+1$ 的分拆可以由 n 的分拆推导出,是通过对 n 分拆的每一组分依次加 1 或是添入新的组分 1 而得出的. 因此每一个将 n 分拆成 v 个互异组分的分拆都能得到 $v+1$ 个分拆 $n+1$ 的分拆. 若 n 的分拆总数与 $n+1$ 的分拆总数奇偶性相反,那么对于所有大于1的 n 都有 $n+1$ 的自共轭分拆数就会比 n 的自共轭分拆数多一个.

整数 n	1	2	3	4	5	6	7	8	9	10	11	12	13	14	15
分拆总数	1	2	3	5	7	11	15	22	30	42	56	77	101	135	176
自共轭分拆数	1	0	1	1	1	1	1	2	2	2	2	3	3	3	4

Cayky[③] 所写出的一篇关于分拆数的文章被编入了大英百科全书. P. A. MacMahon[④] 所写出的一篇关于组合分析的文章也被编入了大英百科全书.

G. S. Ely[⑤] 若对每一个 i 都有 $a_i\geqslant b_i\geqslant\cdots\geqslant e_i$(译者补:注意不一定是 a 到 e 六个字母),则称一个复合分拆为正则的

$$a_1a_2\cdots a_\alpha \mid b_1b_2\cdots b_\beta \mid \cdots \mid e_1e_2\cdots e_\varepsilon$$

图示可由点阵列来得出,其中处于一平面上的点阵列来表示每一复合份额,然后按顺序叠合这些平面来得出图示. 因此任意一个复合分拆可以按六种方式来读(按正视图、左视图、俯视图搭配上按行、按列这样六种). 若记号 $(w;n;i,j)$ 为 w 的这样正则复合分拆数,其中复合份额数小于或等于 n,且每个复合份额被分拆为 i 个或更少个单元且每个单元小于或等于 j,那么这一记号的值不随着 n,i,j 在记号中的六种排列而改变.

G. Chrystal[⑥] 给出了一个递推公式,该公式可用于机械地生成分拆数 ${}_nP_r$ 的双元表,${}_nP_r$ 是将 r 分拆为组分取自 $2,3,\cdots,n$ 中的分拆数. 由于

$$\begin{aligned}\frac{1}{(1-x^2)(1-x^3)\cdots(1-x^n)} &= \prod_{i=1}^{\infty}(1+x^i+x^{2i}+\cdots)\\ &=1+{}_nP_1x+\cdots+{}_nP_rx^r+\cdots\end{aligned}$$

将 n 改为 $n+1$,我们看到

$$(1-x^{n+1})(1+{}_{n+1}P_1x+\cdots+{}_{n+1}P_rx^r+\cdots)=1+{}_nP_1x+\cdots$$

① Introduction in analysin infinitorum, Lausanne, 1, 1748, Cap. 16, 253-275. German transl. by J. A. C. Michelsen, Berlin, 1788-1790. French transl. by J. B. Labey, Paris, 1, 1835, 234-256.

② Johns Hopkins Univ. Circ., 3, 1884, 76-77.

③ Ed. 9, 17, 1884, 614; ed. 11, 19, 1911, 865. Coll. Math. Papers, Ⅺ, 589-591.

④ Ed. 11, 6, 1911, 752-758; ed. 9, Supplement, 3(= ed. 10, vol. 27), 1902, 152-159.

⑤ Amer. Jour. Math., 6, 1884, 382-384.

⑥ Proc. Edinburgh Math. Soc., 2, 1884, 49-50.

于是

$$ {}_{n+1}P_s = {}_nP_s \quad (s=1,\cdots,n) $$

$$ {}_{n+1}P_{n+1} = {}_nP_{n+1} + 1 $$

$$ {}_{n+1}P_{n+r} = {}_nP_{n+r} + {}_nP_{n-r+1} \quad (r \geqslant 2) $$

他指出.(Tait)① 也于不久前(1887 年,所指当时)传达出了类似的结果.

Sylvester 和 W. J. C. Sharp② 证明了如下对偶定理,若 v 是将 n 表示为 i 个互异正整数之和的方法数,若 v_j 是将 n 表示为 i 个互异正整数(且正整数小于或等于 j)之和的方法数,则

$$ \sum_{n=\frac{i(i+1)}{2}}^{s} v_j x^n = (1-x^j)(1-x^{j-1})\cdots(1-x^{j-i+1}) \sum_{n=0}^{+\infty} v x^n $$

$$ s = \sum_{k=0}^{i-1}(j-k) $$

(译者补:根据 v_j 的定义,显然等式左边是有限项,注意 v 与 v_j 都是 n 的函数.)

译者注 Dickson 习惯于省略求和的上下标,为了方便理解已由译者添上了.其中 Sylvester 的原文也犯了错误,有限项和式中系数应为 v_j,而不是 1,于是 Dickson 未经验证就收录进这本书中.现已由译者更正.

M. Jenkins③ 算出了将 n 分拆为份数不超过 3 的分拆数.

Cayley④ 运用无幺分拆(所分成的组分都大于 1),并给出了 $(\dot{2})$,$(\dot{2})(\dot{3}),\cdots,(\dot{2})(\dot{3})\cdots(\dot{6})$ 倒数展开式中的系数直到 x^{100}. 其中 $(1-x^2)$ 简写为 $(\dot{2})$;$(1-x^2)(1-x^3)$ 简写为 $(\dot{2})(\dot{3})$,依此类推.应用于半不变量.

M. Jenkins⑤ 给出了一种在不用实际构造图(参看 Sylvester⑥)的情况下检查分拆图弯折的方法,并讨论了两个正则图的逐行按序相加.

J. B. Pomey⑦ 写出 A_n^m 来表示有多少组只取 0 或 1 的 λ_i,其满足不定方程 $\lambda_1 + 2\lambda_1 + \cdots + m\lambda_m = n$. 则

$$ f(x) \equiv (1+x)(1+x^2)\cdots(1+x^m) = \sum_{i=0}^{\mu} A_i^m x^i, \mu = \frac{m(m+1)}{2} $$

---

① Trans. Roy. Soc. Edinburgh, 32, 1887, 340-342.

② Math. Quest. Educ. Times, 41, 1884, 66-67.

③ Ibid., 107.

④ Amer. Jour. Math., 7, 1885, 57-58; Coll. Math. Papers, Ⅻ, 273-274.

⑤ Amer. Jour. Math., 7, 1885, 74-81.

⑥ A Constructive Theory of Partitions…, Amer. Jour. Math., 5, 1882, 251-330; 6, 1884, 334-336 (for list of errata noted by M. Jenkins). Coll. Math. Papers, Ⅳ, 1-83 (with the errata noted by Jenkins corrected in the text), to which the page citations refer.

⑦ Nouv. Ann. Math., (3), 4, 1885, 408-417.

很容易得出如下结论

$$A_n^m = A_{\mu-n}^m, A_n^m = A_n^{m-1} + A_{n-m}^{m-1}, \sum_{i=0}^{\mu} iA_i^m = 2^{m-1}\mu, \sum_{i=0}^{\mu} A_i^m = 2^{m-1}$$

$$\frac{1}{f(x)} = \sum_{i=0}^{+\infty} C_i^m x^i, C_i^m = \sum (-1)^{\lambda_1+\lambda_2+\cdots+\lambda_m}$$

上述最后一式对不定方程 $\lambda_1 + 2\lambda_1 + \cdots + m\lambda_m = i$（其中 λ_i 取 0 或 1）的所有非负整数解求和. 因此，C_i^m 就是分拆为偶数份的分拆数超过分拆为奇数份分拆数的部分（超过的部分并非都是正值）. 也有

$$\sum_{j=0}^{i} C_j^m A_{i-j}^m = 0, C_i^m + \sum_{j=1}^{n} C_{i-j}^j = 0$$

译者注　本书英文版写成正整数解，此处应当为非负整数解，现已更正.

D. Bancroft[①] 考虑分拆数 $(w;i,j)$，即分拆 w 为 j 份，且每组分小于或等于 i 的分拆数. 则

$$(w;i,j) = (w-j;i-1,j) + (w;i,j-1)$$

取 $j = w-k$，并对 $k = 0,\cdots,k$ 求和，我们得到

$$(w;i,w) = (w;i,w-k-1) + \sum_{x=0}^{k} (x;i-1,w-x)$$

因此，若 $k \leqslant \frac{w}{2}$，$(w;i,w-k-1)$ 能以 $r_j = (r;r,j)$ 来表示（比如 $2_j = (2;2,j)$）.

若 $k = \frac{1}{2}w + a$，其中 w 为偶数且 $0 < a \leqslant \frac{w+4}{6}$，则有

$$\left(w;i,\frac{1}{2}w-a-1\right) = w_i - \sum_{x=0}^{k} xx_{i-1} + a(0_{i-2} + 1_{i-2}) + (a-1)(2_{i-2} + 3_{i-2}) + \cdots + 1\cdot(2a-2)_{i-2} + 1\cdot(2a-1)_{i-2}$$

该公式与一个类似的公式都包含着. Ely[②] 的法则.

Catalan[③] 指出，若 (N,p) 是将 N 分拆为 p 个互异部分的分拆数，且 $\tau(k)$ 是 k 的因子数目，则有

$$(N,1) - 2(N,2) + 3(N,3) - \cdots$$
$$= \tau(N) - \tau(N-1) - \tau(N-2) + \tau(N-5) + \tau(N-7) - \cdots$$

其中等式右边除第一项外系数都是两负两正交替出现，所涉及的 1,2,5,7,… 按广义五边形数来延续.

---

① Johns Hopkins Univ. Circ., 5, 1886, 64.

② Johns Hopkins Univ. Circ., 211 in(full).

③ Assoc. franç. av. sc., 15, 1886, Ⅰ, 86.

E. Meissel[①] 给出了 $n=3,4,5$ 的 Weihrauch[②] 的公式，并指出综合这些情况能给出

$$f_n(pP+m)-f_n(m)=\frac{1}{P}\cdot\frac{\partial f_{n+1}(pP+m)}{\partial p}$$

上式成立的前提是忽略等式右边求导后的最后一项(即次数最低的那一项).

MacMahon[③] 称一个分拆是完备的，前提是它包含每个较(被分整数其值而言)低整数的分拆有且仅有一个. 称一个分拆是次完备的，前提是当每一个部分取正或取负(不是两个都取，是二选一)，让组分构成较低整数有且仅有一种方法. 因此，$3+1$ 是完备分拆是因为 $1=1,2=3-1,3=3,4=3+1$. 下述 $\varphi_{u,1}$ 的任意分解式

$$\varphi_{u,1}=\varphi_{l,\lambda}\varphi_{m,\mu}\cdots,\varphi_{p,q}\equiv 1+x^q+x^{2q}+\cdots+x^{pq}$$

可以推导出 u 的完备分拆 $(\lambda^l\mu^m\cdots)$；则

$$u+1=(l+1)(m+1)\cdots,u+1=(l+1)\lambda,\lambda=(m+1)\mu,\cdots$$

若干个涉及 u 完备分拆数目的公式被给了出来. 对于次完备分拆，利用

$$\psi_{p,q}=x^{-pq}-x^{-(p-1)q}+x^{2q}+\cdots+x^{-q}+1+x^q+\cdots+x^{pq}$$

来替代 φ，并用 $2u+1$ 的因子来替代 $u+1$ 的因子.

Catanlan[④] 指出

$$\log(1+x+x^2+\cdots)=-\log(1-x)=x+\frac{x^2}{2}+\frac{x^3}{3}+\cdots$$

$$1+x+x^2+\cdots=e^x e^{x^2/2}e^{x^3/3}\cdots$$

展开每一个指数 $e^{x^k/k}$，我们得到 Jacobi 的结果(出自于 *Jour. für Math.*, 22, 1841, 372-374)(该结果与 Sylvester[⑤] 等价)

$$\sum\frac{1}{2^b3^c4^d\cdots\Gamma(a+1)\Gamma(b+1)\Gamma(c+1)\cdots}=1$$

其中求和遍历下述不定方程的所有大于或等于 0 整数解

$$a+2b+3c+\cdots=n$$

译者注 *Jour. für Math.* 为 *Journal für die reine und angewandte*

---

① Über die Anzahl der Darstellungen einer gegebenen Zahl A durch die Form $A=\sum p_nx_n$, in welcher die p gegebene, unter sich verschiedene Primzahlen sind, Progr. Kiel, 1886. His f_{n-1} has been changed to f_n to conform to Weihrauch's notation.

② Untersuchungen Gl. 1 Gr., Diss. Dorpat, 1869, 25-43. Zeitschrift Math. Phys., 20, 1875, 97, 112, 314; ibid., 22, 1877, 234($n=4$); 32, 1887, 1-21.

③ Quar. Jour. Math., 21, 1886, 367-373.

④ Mém. Soc. Roy. Sc. de Liège, (2), 13, 1886, 314-318(= Mélanges Math. Ⅱ).

⑤ Comptes Rendus Paris, 53, 1861, 644; Phil. Mag., 22, 1861, 378; Coll. Math. Papers, Ⅱ, 245, 290.

Mathematik(《纯粹数学与应用数学杂志》)的缩写.

由于分母等于 $1\cdot 2\cdot 3\cdots a\cdot 2\cdot 4\cdot 6\cdots 2b\cdot 3\cdot 6\cdot 9\cdots 3c\cdots$,我们看出若 n 以所有方式被分拆成 $\alpha,\beta,\gamma,\cdots$,这些 $\alpha,\beta,\gamma,\cdots$ 分别属于公差为 $1,2,3,\cdots$ 的序列,则分式 $\frac{1}{\alpha\beta\gamma\cdots}$ 之和为 1.

由 W. J. C. Sharp 提出,由 H. W. Lloyd Tanner① 证明,若 P_n 为将 n 分拆成无重复组分的分拆数而 Q_n 为将 n 分拆成允许重复组分的分拆数,则有

$$Q_n=P_n+P_{n-2}Q_1+P_{n-4}Q_2+\cdots$$

以及两个类似的关系式.这还列出了一个由 Sylvester 编写的未解决问题的清单,其中包含了关于分拆的②.

P. G. Tait③ 考虑了有关 n 阶纽结的分拆,那些是将 $2n$ 分拆成无组分大于 n 且无组分小于 2 的分拆.(依次)移除最大组分后,剩下的数字构成分拆其分拆数分别为 $p_n^n,p_{n+1}^{n-1},\cdots,p_{2n-2}^2$,其中 p_s^r 是将 s 分拆成无组分大于 r 且无组分小于 2 的分拆的分拆数.若 $r>s$,则 $p_s^r=p_s^s$. 若 $r<s$,则上面的论证表明有

$$p_s^r=p_{s-r}^r+p_{s-r-1}^{r-1}+\cdots+p_{s-2}^2$$

还附了一张对于 $r\leqslant 17,s\leqslant 32$ 的 p_s^r 值表.

E. Pascal④ 利用 n 个随 x 递增而递增的数值函数 $f_i(x)$. 两个相继整数以 x_1 为首,令其 f_1 的两个值之差是 1.若 $x_{k-1}<x_k$ 并且

$$f_k(x+1)-f_k(x)>f_{k-1}(x),f_{k-1}(x_{k-1})<f_k(x_k+1)-f_k(x_k)$$

则任意非负整数表为形如 $f_1(x_1)+\cdots+f_n(x_n)$ 的形式有且仅有一种方式.作为推论,每一个非负整数 N 都可以用这有且只有一种的方式表示为由 n 个递减二项式系数所加之和

$$N=(x_1)_1+(x_2)_2+\cdots+(x_n)_n,x_k<x_{k+1}$$

比如:$0=\binom{2}{3}+\binom{1}{2}+\binom{0}{1},1=\binom{3}{3}+\binom{1}{2}+\binom{0}{1},2=\binom{3}{3}+\binom{2}{2}+\binom{0}{1},\cdots$.

还可以表示为由 n 个递增二项式系数所加之和

$$N=[2]_{x_1}+[3]_{x_2}+\cdots+[n+1]_{x_n},x_k<x_{k+1}$$

E. Sadun⑤ 考虑下述这对不定方程的那些大于或等于 0 的整数解的组数 $s(n,r)$,其中 $r\leqslant n$,

$$\lambda_1+\lambda_2+\cdots+\lambda_n=r,\lambda_1+2\lambda_2+\cdots+n\lambda_n=n$$

① Math. Quest. Educ. Times,45,1886,123.

② Math. Quest. Educ. Times,45,1886,133-137. One is proved by Sharp,47,1887,139-140.

③ Trans. Roy. Soc. Edinburgh,32,1887,340-342.

④ Giornale di Mat.,25,1887,45-49.

⑤ Annali di Mat.,(2),15,1887-1888,209-221.

设 $S(n)=s(n,1)+\cdots+s(n,n)$. 若 $r\geqslant\left[\frac{n}{2}\right]$(向下取整),$S(n-r)=s(n,r)$. 对于 $r\leqslant n$,这对不定方程方程非负整数解的组数同下述不定方程满足 $\alpha_r>0$ 的非负整数解的组数一样多

$$\alpha_1+2\alpha_2+\cdots+r\alpha_r=n$$

还可以是同下述多个不定方程的非负整数解的组数总和一样多

$$\alpha_1+2\alpha_2+\cdots+(r-1)\alpha_{r-1}=n-tr,\quad \left(t=1,2,\cdots,\left[\frac{n}{r}\right]\right)$$

因此我们可以计算出 $s(n,r)$. 对于 $r=1$,(前一种)不定方程变成 $\alpha_1=n,\alpha_1>0$,于是 $s(n,1)=1$. 对于 $r=2$,多个不定方程为

$$\alpha_1=n-2,\alpha_1=n-4,\cdots,\alpha_1=n-\left[\frac{n}{2}\right]\cdot 2$$

于是 $s(n,2)=\left[\frac{n}{2}\right]$. 文章末尾,他将 $s(n,r)$ 等同于一个有关 n 阶线性微分方程的函数.

MacMahon① 运用对称函数并把其作为他研究分拆和其他组合问题的工具. 他考虑了由 $(pqr\cdots)$,$p+q+r+\cdots=n$ 明确规定的 n 个对象,意思是 p 个对象为一类,q 个对象为另一类,依此类推. 组合分析的一般问题是,在各种所施加的条件下,列举 n 个对象在 m 个包裹中的分布,被明确规定为

$$(p_1q_1r_1\cdots),\ p_1+q_1+r_1+\cdots=m$$

当包裹中对象的排列是无关紧要的情形,以及当包裹中对象的排列是必不可少的情形,其解受对称函数间恒等式的影响. 为导出 n 拆分为 m 部分的特殊情况,若允许在一个包裹中放置多个对象,则考虑 n 个同类对象 (n) 在同类包裹 (m) 中的分布. 在多份额数的划分中,我们将对象 $(pqr\cdots)$ 分为包裹 (m).

G. Platner② 求出了对于 $r\leqslant 6$ 的两类方法数 $\varphi(r,n)$,$\psi(r,n)$,即由取自 $1,2,3,\cdots$ 中的 r 项求和构成 n 的方法数 $\varphi(r,n)$ 以及由取自 $1,2,3,\cdots$ 中的 r 项求和构成小于或等于 n 的方法数 $\psi(r,n)$. 对于 $r=2$,结果对应着分别为 $q+x-1,q^2+(x-1)q$,其中 $n=2q+x,x<2$. 在第二篇论文中,他以 n 的函数来表示他的结果. 例如,对应于和 n 的组数为 $\frac{n-k}{2}$,根据 n 为偶数有 $k=2$,根据 n 为奇数有 $k=1$;对应于和小于或等于 n 的组数为 $\frac{n^2-2n+l}{4}$,根据 n 为偶数有 $l=0$,根据 n 为奇数有 $k=1$. 对于 $r=3,4,5,6$ 的公式涉及一个参数,其列出的值分

---

① Proc. London Math. Soc., 19, 1887-1888, 220-256. Cf. 28, 1896-1897, 9-10.

② Rendiconti R. Ist. Lombardo di Sc. Let., (2), 21, 1888, 690-695, 702-708.

别为 n 模 6,12,60,60 的最小正余数.证明了下式

$$f(r,n+r)=f(r,n)+f(r-1,n),f=\varphi \text{ 或 } f=\psi$$

(φ 的所有结果涵盖了归于 Morgan[①],Herschel[②],Kirkman[③] 等人的成果;同时 ψ 的所有结果可以轻而易举地从 φ 的所有结果导出.)

Schubert[④] 指出 $10m$ 芬尼可以由 1,2,5 与 10 面值的芬尼币按照 $1+10m_1+19m_2+10m_3$ 的方式来形成,其中 $m_i=\binom{m}{i}$,并处理了类似的问题.

G. Chrystal[⑤] 收集了关于分拆的定理,并引入了各种符号.

Bellens 和 Verniory 一起[⑥]求出了不定方程 $x+y+z=n+2$ 这样正整数解的组数,x,y,z 要求选自 $1,\cdots,n$ 之中,是通过将对应于固定 x 的解分组,并分离 $n\equiv 0,\cdots,5 \pmod 6$ 的情况.

M. F. Daniel[⑦] 以另一种方式得出了 Weihrauch[⑧] 的结果.

MacMahon[⑨] 枚举出了完备分拆与次完备分拆.例如,若 a 为一个素数,则 $a^{\alpha}-1$ 有 $2^{\alpha}-1$ 个完备分拆.若 $a,b,\cdots$ 均为素数,则 $(a^{\alpha}b^{\beta}\cdots)-1$ 有着与多份额数 $(\alpha,\beta,\cdots)$ 所具有的构成方式(即关注顺序的分拆)一样多的完备分拆.

S. Tebay[⑩] 求出了方法数,即将一个数 s 表示为 i 个互异的整数,同时还要求每部分小于或等于 q.

L. Goldschmidt[⑪] 对 Jacobi[⑫] 定理给出了一个初等的证明,该定理关于 $(P,\alpha,\beta,\cdots)$,整数 $(P,\alpha,\beta,\cdots)$ 表示将 P 分拆为偶数份且组分取自 $\alpha,\beta,\cdots$ 之中的分拆数超过将 P 分拆为奇数份且组分取自 $\alpha,\beta,\cdots$ 之中的分拆数,并表明

$$(P,1,2,\cdots,m-1)=(P,1,2,\cdots)+(P-m,2,3\cdots)+(P-2m,3,4\cdots)+\cdots$$

他对 Euler 公式(3) 的证明本质上等同于 Franklin[⑬] 的证明.

---

① Cambridge Math. Jour. ,4,1843,87-90.

② Phil. Trans. Roy. Soc. London,140,Ⅱ,1850,399-422.

③ Mem. Lit. Phil. Soc. Manchester,(2),12,1855,129-145.

④ Mitt. Math. Gesell. Hamburg,1,1889,269 Cf. d'Ocagne of Ch. Ⅱ.

⑤ Algebra,2,1889,527-537;ed. 2,vol. 2,1900,555-565.

⑥ Mathesis,9,1889,125-127.

⑦ Lineaire Congruenties,Diss. ,Amsterdam,1890,120-135.

⑧ Untersuchungen Gl. 1 Gr. ,Diss. Dorpat,1869,25-43. Zeitschrift Math. Phys. ,20,1875,97,112,314;ibid. ,22,1877,234($n=4$);32,1887,1-21.

⑨ Messenger Math. ,20,1891,103-119. Cf. MacMahon.

⑩ Math. Quest. Educ. Times,56,1892,34-37.

⑪ Zeitschrift Math. Phys. ,38,1893,121-128;Progr. d. höheren Handelsschule,Gotha,1892.

⑫ Jour. für Math. ,32,1846,164-175;Werke,6,1891,303-317;Opuscula math. ,1,1846,345-356. Cf. Sylvester,Goldschmidt.

⑬ Comptes Rendus Paris,92,1881,448-450. Cf. Sylvester,11711-11713.

J. Zuchristian① 利用 Euler 对分拆数 n_k（即分拆 n 成 k 份的分拆数）的递推公式，证明出 n_3 最接近$\frac{(n+3)^2}{12}$，同时

$$n_4=\left[\frac{(n+1)^3}{144}\right]-\left[\frac{n+1}{12}\right] \text{或} n_4=\left[\frac{(n+2)^3}{144}\right]-\left[\frac{(n+2)^2}{48}\right]+\eta$$

根据 n 模 12 的余数为奇数取前者，根据 n 模 12 的余数为偶数 k 取后者，并且若 $k\neq 8$ 时，$\eta=0$，若 $k=8$ 时，$\eta=1$.

K. Th. Vahlen② 用 $N(s=\sum a_i)$ 来表示分拆 $s=\sum a_i$ 的数目. 考虑一个分拆 $s=\sum e_i a_i$ 其中 ν 个元素 a_i 是互异的. 若我们在这些（互异的）a 中选出 λ 个，记为 $\bar{a}_1,\cdots,\bar{a}_\lambda$，则分拆可以写成

$$s=\sum_{i=1}^{\lambda}\bar{a}_i+\sum k_i a_i \tag{9}$$

考虑所有可能的分拆(9). 将 λ 为偶数时相应分拆数超过 λ 为奇数时相应分拆数的部分记作

$$N\left(s=\sum_{i=1}^{\lambda}\bar{a}_i+\sum k_i a_i;(-1)^\lambda\right)$$

并证明了其为零. 只要对于由任何一个 $s=\sum e_i a_i$ 产生的分拆(9)，证明这一点成立就足够了. 从刚刚的 $s=\sum e_i a_i$ 中，对于每一个 λ 我们得到有 $\binom{\nu}{\lambda}$ 组分拆(9)，是因为 λ 能取到值 $0,1,\cdots,\nu$

$$N=1-\binom{\nu}{1}+\binom{\nu}{2}-\cdots+(-1)^\nu\binom{\nu}{\nu}=(1-1)^\nu=0$$

他证明了一些类似的公式. 接着，由椭圆函数理论，我们有

$$\prod_{n=1}^{+\infty}(1-x^{3n-2}z)(1-x^{3n-1}z^{-1})(1-x^{3n})=\sum_{h=-\infty}^{+\infty}(-z)^h x^{(3h-1)h/2}$$

若用 $R(n)$ 表示 n 模 3 的绝对最小剩余，此式可以被写成

$$\prod_{n=1}^{+\infty}(1-x^n z^{R(n)})=\sum_{h=-\infty}^{+\infty}(-z)^h x^{(3h-1)h/2}$$

因此，对于 $\sum R(n_i)=h$，$N\left(s=\sum_{i=1}^{k}n_i;(-1)^k\right)$ 都等于 0，除非当 $s=\frac{(3h-1)h}{2}$ 时，它等于 $(-1)^h$. 或者，换句话说，在那些将 s 分拆成互异正加数的分拆中，其中加数模 3 的绝对最小剩余之和等于给定的正数或负数 h，则偶数份的分拆与

① Monatshefte Math. Phys., 4, 1893, 185-189. Cf. Glösel.

② Jour. für Math., 112, 1893, 1-36. Cf. von Schrutka.

奇数份的分拆一样多,除了 s 是五边形数$\frac{(3h-1)h}{2}$的情况下才不一样多,根据 h 是偶数便存在一个额外的偶数份分拆,或根据 h 是奇数便存在一个额外的奇数份分拆. 还给出了一个纯粹的算术证明. 若我们对 h 的每一个允许值运用该定理,并把结果加起来,我们得到 Legendre① 的结果

$$N\left(s=\sum_{i=1}^{\lambda}a_i;(-1)^{\lambda}\right)=N\left(s=\frac{(3k-1)k}{2};(-1)^{k}\right)$$

这些定理被扩展到 m 边形数的情形.

T. P. Kirkman② 取出所有分拆 x 为 k 份,且每份大于或等于 0 的分拆,如对于 $x=5,k=3$,有 0 0 5,1 1 3, 2 2 1, 0 1 4, 0 2 3, 用来形成它们的排列记号 $3a^2b+2abc$,算出他们的排列 $3\cdot 3+2\cdot 6=21=\binom{7}{2}$ 并陈述出结果总是 $\binom{x+k-1}{k-1}$. 文中提出一个问题,关于将 r 边的多边形(沿不相交的 $k-1$ 条对角线) 分拆为 k 个部分,之后此问题得到了处理;参看 Cayley③.

P. Bachmann④ 给出了一个对 Euler 所得成果的说明.

MacMahon⑤ 考虑构成方式,即分拆中组分的排列是必不可少的情形. 将 n 分为 p 份且每组分均大于 0 的构成方式数是二项式系数$\binom{n-1}{p-1}$. n 的构成方式总数为$\sum_{k=1}^{n}\binom{n-1}{k-1}=2^{n-1}$. 若组分均小于或等于 s,将 n 分为 p 份且每组分均大于 0 的构成方式数是$(x+x^2+\cdots+x^s)^p$ 的展开式中 x^n 的系数. 一个多份额数 $p_1p_2\cdots$ 明确规定了 $p_1+p_2+\cdots$ 个数字(或事物),一种类下的 p_1,又一种类下的 p_2,依此类推. 多份额数的构成方式数就是 $p_1+p_2+\cdots$ 个数字分在 r 个包中的分布数,也是$(h_1+h_2+\cdots)^r$ 展开式中 $\alpha\ p_{11}\alpha_2^{p_2}\cdots$ 的系数,其中 h_s 是 α_1, α_2,… 的 s 次齐次积之和. 给出了 7 在构成方式(2,1,4) 下的示意图,是通过在已由结点分成 7 等分的线段 AB 上放置点 P,Q,使得从 A 到 B 依次进行逐点移动,相继地经过 2,1,4 段而给出的. 通过将结点放置在 $q+1$ 个同类 p 点图中的适当点上,并在用一组等距平行线连接相应点,得到了二份额数 pq 的组合方式

① Théorie des nombres, ed. 3, 1830, Ⅱ, 128-133.

② Mem. and Proc. Manchester Lit. Phil. Soc., (4), 7, 1893, 211-213. Math. Quest. Educ. Times, 60, 1894, 98-102.

③ Proc. London Math. Soc., 22, 1891, 237-262; Coll. Math. Papers, XⅢ, 93-113.

④ Zahlentheorie, 2, 1894, Ch. 2, 13-45.

⑤ Phil. Trans. Roy. Soc. London for 1893, 184, A, 1894, 835-901.

图. 令 A 和 B 是所得总平行四边形的对角顶点.（图见 MacMahon 的文献①，即图 3.5.）从 A 到 B 依次进行，每个步骤包括移动一定数量的平行于 AK 的段，然后（沿着）一定数量平行于 BK 的段移动. 后续步骤由节点标记，结点定义出组合方式图. 一个不可或缺结点（关键结点）是走向从 KB 方向变为 AK 方向的地

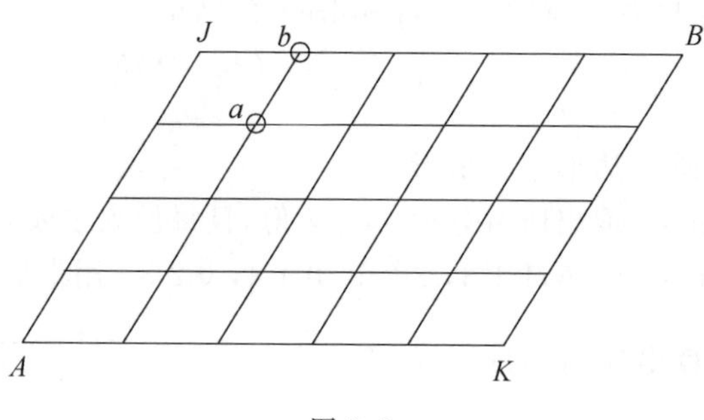

图 3.5

方. 具有确切 s 个关键结点的不同路线的数量为 $\binom{p}{s}\binom{q}{s}$. 而每条路线还代表着 $2^{p+q-s+1}$ 个构成方式. 对于三份额数，我们需要三个维度（来考虑）. 求出了多份额数所有组合方式数的生成函数；之后他②③又处理了该话题.

K. Zsigmondy④ 把 m 分拆成不同的组分，每个组分或者是 1，或者是处于前 s 素数中的素数，或者是这些素数的互异乘积. 例如组分可以是 $1,2,3,5,2\cdot 3,7,2\cdot 5,11$. 如果所得分拆有偶数份，那么考虑甲项数超过乙项数的超额值 E，甲项中含奇数个素因子，乙项中含偶数个素因子，其中 1 被特别规定在乙项中. 因此对于 $11=2\cdot 3+5$，有 $E=1-1=0$；对于 $11=2\cdot 5+1$，有 $E=0-2=-2$；对于 $11=5+3+2+1$，有 $E=3-1=2$. 但若所得分拆有奇数份，则考虑乙项数超过甲项数的超额值 E. 因此对于 $11=2\cdot 3+3+2$，$11=7+3+1$，$11=11$，都有 $E=-1$. 整数 11 在如此分拆下的六个分拆的 E 之和 $\sum_{11}$ 为 $0-2+2-1-1-1=-3$. 接下来，$\sigma_{11}=3-3=0$，其中将 11 以如此规则分拆，σ_{11} 为偶数份分拆数超过奇数份分拆数的部分. 他证明，若 $m>1$，有 $\sum_m+\sigma_{m-1}=\begin{cases}1\\0\end{cases}$，根据 m 是第 $(s+1)$ 个素数 p，其取 1，或根据 m 是小于 p 的，其取 0. 例如 $p=13$（第六个素数，则 $s=5$），$m=11$，我们有 $\sum_{11}=-3$，$\sigma_{11-1}=3$，是因为 10

---

① Phil. Trans. Roy. Soc. London, for 1896, 187, A, 1897, 619-673. Memoir Ⅰ on Partitions.

② Phil. Trans. Roy. Soc. London for 1894, 185, A, 111-160.

③ Phil. Trans. Roy. Soc. London, 207, A, 1908, 65-134. Abstract, Proc. Roy. Soc., 78, 1907, 459-460.

④ Monatshefte Math. Phys., 5, 1894, 123-128.

照此分成奇数份的分拆为 $2\cdot5,7+2+1,2\cdot3+3+1$ 与 $5+3+2$，而 $7+3$ 是 10 照此分拆，唯独的偶数份分拆.

W. J. C. Sharp 陈述，而由 H. J. Woodall① 证明，若 P_n 为将 n 分拆成无重复组分的分拆数，而 Q_n 为将 n 分拆成奇数且无重复的分拆数，则有 $P_n=Q_n+Q_{n-2}P_1+Q_{n-4}P_2+\cdots$，并且当 P_n 和 Q_n 分别表示上述分拆数而都允许重复时，同样的公式成立.（都允许重复时的命题等价于先前的命题②，是因为分拆成奇数的分拆数同分拆成相异组分的分拆数一样多.）

L. Eamonson③ 表示出了 $2n$ 分拆成两个素数的分拆数 $P(2n)$，用在不同 k 值下小于或等于 k 的奇素数的数目 $\mathrm{nop}(k)$ 来表示出此分拆数，其中特别规定 1 也算作素数且是奇素数.

译者注 $S_n=\mathrm{nop}(1)\mathrm{nop}(2n-1)+\mathrm{nop}(3)\mathrm{nop}(2n-3)+\cdots+\mathrm{nop}(2n-1)\mathrm{nop}(1)$

$$P(2n)=\frac{1}{2}(S_n-2S_{n-1}+S_{n-2}+1)$$

L. J. Rogers④ 建立了许多重要的恒等式（包括下述两式）

$$1+\frac{q}{1-q}+\frac{q^4}{(1-q)(1-q^2)}+\frac{q^9}{(1-q)(1-q^2)(1-q^3)}+\cdots$$
$$=\frac{1}{(1-q)\prod_{n=1}^{+\infty}(1-q^{5n-1})(1-q^{5n+1})}$$

$$1+\frac{q^2}{1-q}+\frac{q^6}{(1-q)(1-q^2)}+\frac{q^{12}}{(1-q)(1-q^2)(1-q^3)}+\cdots$$
$$=\frac{1}{(1-q^2)\prod_{n=1}^{+\infty}(1-q^{5n-2})(1-q^{5n+2})}$$

其中上述两式等号左边分子的指数分别为 n^2 与 $n\cdot(n+1)$.

G. Brunel⑤ 考虑了各含 n 点的两组点，使得从每组的每一点发出（有且仅有）两条连线，将其与（同组中）这两点连在一起或是一组中一点与另一组中一个点联结起来. 每一个这样的构型可以被看作是分别有着 $2k_1,\cdots,2k_n$ 边的多边形（允许两边形）并置的结果，其中

$$k_1+\cdots+k_r=n$$

① Math. Quest. Educ. Times, 60, 1894, 41.

② Math. Quest. Educ. Times, 45, 1886, 123.

③ Math. Quest. Educ. Times, 63, 1895, 116-117.

④ Proc. London Math. Soc., (1), 25, 1894, 328-329, formulas (1), (2). Cf. papers 226-228.

⑤ Procés-verbaux des séances soc. des sc. phys. nat. de Bordeaux, 1894-1895, 24-27.

如果每个集合的点在置换之后，连线在两组中按同样的顺序排列，那么将两个构型视作相同的. 对于与 n 和 r 相关的构型数 $h_{n,r}$，有

$$h_{n,r}=h_{n-1,r-1}+h_{n-r,r}$$

J. Hermes① 指出：将 m 分为 k 份且每组分均大于或等于 p 的构成方式数（如 Machnahon②）是二项式系数 $\binom{m+k-1-k\rho}{k-1}$. m 的构成方式总数（即有序分拆数）为 2^{m-1}. 其中每一个都定义着 Gauss 括号 $[\alpha,\cdots,\rho]$ 的元素，Gauss 括号出现在连分数中（Gauss③）. 他给出了第 $m-1$ 组的 2^{m-2} 个 Farey 数，每组都会出现两次（参看本丛书第 1 卷）

第(2－1) 组 1

第(3－1) 组 1　2

第(4－1) 组 1　2　3　3

第(5－1) 组 1　2　3　3　4　5　5　4

第(6－1) 组 1　2　3　3　4　5　5　4　5　7　8　7　7　8　7　5

J. Hermes④ 推广了 Euler⑤ 关于分拆数的公式. s,t,n 是大于或等于 0 的整数，令 $E_{s,t}(n)=E_{t,s}(n)$ 为这样的整数，使得 $E_{s,t}(0)=1$，使得当 $n>0$ 有 $E_{0,0}(n)=1$，并且使得

$$E_{s,t}(n)=E_{s,t}(n-t)+E_{s,t-1}(n)$$

对于 $t=0$，$E_{s,0}(n)$ 是分拆 $n+s$ 为 s 个正组分的分拆数. 证明了几个递归公式，其中包括

$$E_{s,t}(n)=\sum_{h=0}^{s}E_{s-h,t}(n-s+h)$$

$$\sum_{k=0}^{d-1}E_{s-1,t}(x-ks)=E_{s,t}(x)-E_{s,t}(x-ds)$$

将 $n+x-1$ 分拆成 $x-1$ 项，且都选自 $1,\cdots,s+1$ 中的分拆数为

$$A_{s,x}(n)=\sum_{h=0}^{s}(-1)^h E_{s-h,h}\left(n-h\cdot\left(x+\frac{h-1}{2}\right)\right)=A_{x-1,s+1}(n)$$

如果没有 $n>sx-s$，那么该和式为零. 还给出了 $A_{s,x}(n)$ 的一些性质.

---

① Math. Annalen, 45, 1894, 370-380.

② Phil. Trans. Roy. Soc. London for 1893, 184, A, 1894, 835-901.

③ Jour. de l'ecole nolyt., tome 15, cah. 25, 1837, 166.

④ Math. Annalen, 47, 1896, 281-297.

⑤ Introduction in analysin infinitorum, Lausanne, 1, 1748, Cap. 16, 253-275. German transl. by J. A. C. Michelsen, Berlin, 1788-1790. French transl. by J. B. Labey, Paris, 1, 1835, 234-256.

A. Thorin① 找出了使得不定方程组$\begin{cases}a_1x_1+\cdots+a_nx_n=b\\ x_1+\cdots+x_n=k\end{cases}$的正整数解的组数达到一个极大值的 k.

"Rotciv②" 对于 $n=3$ 情形,处理了刚刚的问题. 取最大的整数 X_2 满足 $X_2\leqslant\frac{b-a_1-a_3}{a_2}$. 在这对方程的前一个中,替换 x_2 为 X_2. 则如果 $a_1x_1+a_3x_3=b-a_2X_2$ 有整数解 X_1,X_3,那么待求的 k 为 $X_1+X_2+X_3$.

M. Kuschniriuk③ 证明了若 $\Gamma_h(m)$ 是将 m 分拆为 h 份且每组分大于 0 的分拆数,则

$$\sum_{\lambda=0}^{h-1}(-1)^{\lambda}\binom{h-1}{\lambda}\Gamma_h(m-\lambda H)=\frac{H^{h-1}}{h!}$$

R. D. von Sterneck④ 考虑这样的方法数$\{n\}$,由取自 $a_1,a_2,\cdots$ 中的数相加,并且使用a_1最多k_1次,使用a_2最多k_2次,依此类推,它就是如此得到数n的方法数. 这些表法中元素中 a_i 至少出现一次的数目为

$$\sum_{\lambda\geqslant 0}\{n-(\lambda k_i'+1)a_i\}-\sum_{\lambda\geqslant 1}\{n-\lambda k_i'a_i\}$$

其中 $k'_i=k_i+1$. 该式可以被用于证明如下命题. 将 n 表示为奇数个互异加数之和的方法数为奇数,当且仅当以下两种情形,先将 $24n+1$ 标准素数分解,在第一种情形中分解后素因子的指数只有一个为奇数,且指数还是 $4t+1$ 的形式;在第二种情形中分解后素因子的指数没有一个为奇数,且满足 $p_i\equiv 1,5,7,11 \pmod{24}$ 的素因子其指数之和的一半要为奇数. 他也分别求出了如下表法数为奇数的条件,将 n 分别表示为 3 的(或 5 的,或 7 的) 奇数倍个互异加数之和. 最后,他从 Vahlen⑤ 的一般性定理中得出了类似的结论.

A. R. Forsyth⑥ 展开了下述乘积的倒数

$$(1-ax)\left(1-\frac{x}{a}\right)\cdot(1-abx^2)\left(1-\frac{x^2}{ab}\right)\cdot(1-abcx^3)\left(1-\frac{x^3}{abc}\right)\cdots$$

此乘积有 n 对因式,舍弃掉符号 $a,b,\cdots$ 带有负指数的每一项,再在幸存的项中替换 $a,b,\cdots$ 为 1,并且证明(与在 MacMahon 私下通信中的猜想一致) 变换后所得级数是下述乘积的倒数

$$(1-x)(1-x^2)^2(1-x^3)^2\cdots(1-x^n)^2(1-x^{n+1})$$

---

① Líntermédiaire des math. ,1,1894,181-182.

② Líntermédiaire des math. ,3,1896,249-250.

③ Progr. ,Mähr.-Trübau. 1895. Quoted from Netto. 128-130.

④ Sitzungsber. Akad. Wiss. Wien(Math.),105,Ⅱa,1896,875-899.

⑤ Jour. für Math. ,112,1893,1-36. Cf. von Schrutka.

⑥ Proc. London Math. Soc. ,27,1895-1896,18-35.

他还给出了当每对因子换成 $r+1$ 个因子时的类似定理.

G. B. Mathews[①] 证明表明了多份额数的分拆问题可按照无穷多种方法约简为普通分拆问题. 例如,下述不定方程组每组大于或等于 0 的整数解

$$ax+by+cz+dw=m, a'x+b'y+c'z+d'w=m'$$

都是如下不定方程的整数解

$$(\lambda a+\mu a')x+\cdots+(\lambda d+\mu d')w=\lambda m+\mu m'$$

反过来,若 λ 与 μ 适当地选取正整数,则后者每一组大于或等于 0 的整数解都是那对不定方程的整数解.

K. Glösel[②] 考虑将 σ 表示为 r 个互异正整数之和的方法数 $C_r(\sigma)$,并在 $r=2,3$ 的情形对 Morgan[③] 的公式给出了一个新的证明,以及在 $r=4$ 的情形给出了比 J. Zuchristian[④] 所得公式更简单的表达式. 若 $\{\alpha\}$ 是最接近 α 的整数,则

$$C_4(2k+1)=\left\{\frac{2k(k-3)^2}{36}\right\}, C_4(2k)=\left\{\frac{(2k-3)(k-3)^2}{36}\right\}$$

这可以被结合起来

$$C_4(\sigma)=\left\{\left[\frac{\sigma-6}{2}\right]^2\left(3\left[\frac{\sigma-1}{2}\right]-\left[\frac{\sigma}{2}\right]\right)\Big/36\right\}$$

他简化了复杂的表达式 $C_5(\sigma)$.

MacMahon[⑤] 给出了一篇关于组合分析和分拆的记述. 他暗示了一种枚举多份额数的方法.

MacMahon[⑥] 指出一个分拆 $(p_1\cdots p_5)$ 有着这些"分隔" $(p_1p_2)(p_3p_4)(p_5)$, $(p_1p_2p_3)(p_4p_5)$,依此类推,任一圆括号中的数字被视作一个带有这些组分的分拆. 记 $(p_1^{\pi_1}p_2^{\pi_2}\cdots)$ 为一个分拆,其中 π_1 显示组分 p_1 重复的数量(其他类似),很容易证明 $(p_1^{\pi_1}p_2^{\pi_2}\cdots)$ 的分隔数等同于多份额数 $\overline{\pi_1\pi_2\cdots}$ 的分拆数. Sylvester 对分拆的图像表示法不能简单地推广到多份额分拆中. 但是 m 份额分拆与 $(m+1)$ 份额构成之间存在着对应关系. 例如,令 $m=1$,并考虑二份额数 $\overline{76}$ 的图. 每个构成都(对应)有一条穿过格点的路线(正如 MacMahon[⑦]),a,b,c 就是所示图中一条线路的关键结点.(图 3.6 中)主构成就是 $(\overline{41}\ \overline{12}\ \overline{11}\ \overline{12})$,是因为 4,1 为由 A 指向 a 的坐标,1,2 为由 a 指向 b 的坐标,再由 b 指向 c,最后由 c

---

① Proc. London Math. Soc., 28, 1896-1897, 486-490.

② Monatshefte Math. Phys., 7, 1896, 133-141.

③ Cambridge Math. Jour., 4, 1843, 87-90.

④ Monatshefte Math. Phys., 4, 1893, 185-189. Cf. Glösel.

⑤ Proc. London Math. Soc., 28, 1896-1897, 5-32.

⑥ Proc. London Math. Soc., 28, 1896-1897, 5-32.

⑦ Phil. Trans. Roy. Soc. London for 1893, 184, A, 1894, 835-901.

指向 B. 图 3.6 中右下方的 $Ca\cdots cDK$ 形成了一张表示分拆($3\ 2^2\ 1$)的 Sylvester 正则化图;对于结点上方也类似地.

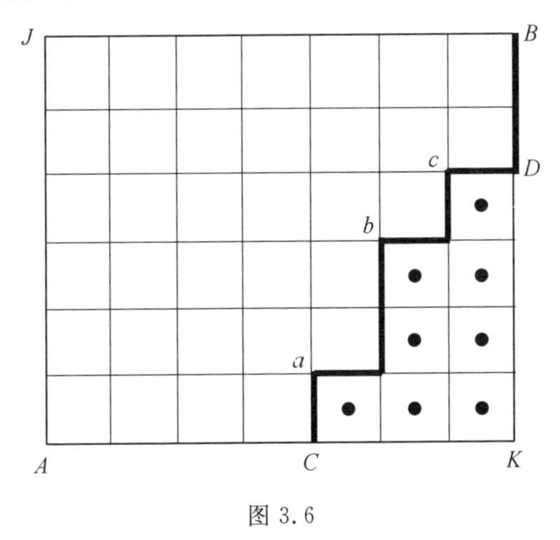

图 3.6

同样,我们可以考虑 Sylvester 的图 $\begin{smallmatrix}\bullet\bullet\bullet\bullet\\ \bullet\bullet\end{smallmatrix}$,不是作为分拆(4 2)的表示,而是作为多份额数 $\overline{4,2}$ 的表示. 则考虑多份额数 $\overline{4+3,2+1}$ 的分拆($\overline{42},\overline{31}$). 在刚才 $\overline{4,2}$ 的点阵图上方放置 $\overline{3,1}$,我们便得出了多份额数的三维分拆图. 这样的图可以按六种方式来读.(*Ely* 的文章介绍过). 在论文的最后,对那些分拆的生成函数进行了猜想,那些分拆的三维图在高度、宽度和长度上受限制.

译者注 英文版原文写的是(3 2),译者已将其改为(4 2).

R. D. von Sterneck① 证明了 Legendre② 的定理,并且用一种简单的方法由它导出 Vahlen③ 的推广. 他还证明了,当 k 不是三角形数,如果我们将 k 表示为整数的总和,使得同类组分在同一表示中不超过 3 次,那么在包含 ρ 类互异组分且(同类重复)少于 3 次的表示中,偶数份同奇数份一样多. 当 $\frac{1}{3}(n-h)$ 不是三角形数,在 n 以这样的互异加数表示中,加数模 3 的绝对最小剩余之和满足 $\equiv h \pmod 3$,并且加数中出现 ρ 对,每对是 $3m-1,3m,3m+1$ 的三个数中的两个,则偶数份同奇数份一样多. 与前两个定理相对应的是,对于三角形数有更复杂的定理.

译者注 文中的 ρ 是由 k 来确定的,Dickson 漏掉了 $\frac{\rho^2+\rho}{2}\leqslant k<$

① Sitzungsber. Akad. Wiss. Wien(Math.),106,Ⅱa,1897,115-122.

② Théorie des nombres,ed. 3,1830,Ⅱ,128-133.

③ Jour. für Math.,112,1893,1-36. Cf. von Schrutka.

$\dfrac{(\rho+1)^2+(\rho+1)}{2}$.

比如 $k=13$(非三角形数),那么就必须有 $\rho=4$,则偶数份的此类分拆数为

$$\begin{aligned}&\underline{7+3+2+1}\\=&\underline{6+4+2+1}\\=&\underline{5+4+3+1}\\=&\underline{4+3+2+2+1+1}\end{aligned}$$

奇数份的此类分拆数为

$$\begin{aligned}&\underline{6+3+2+1+1}\\=&\underline{5+4+2+1+1}\\=&\underline{5+3+2+2+1}\\=&\underline{4+3+3+2+1}\end{aligned}$$

英文版中 Dickson 将奇数份写为奇数组分之和.

J. Franel① 陈述了,若 a,b,c 为两两互素的正整数,并且 n 也是一个正整数

$$ax+by+cz=n \tag{10}$$

上述不定方程近似有$\dfrac{n(n+a+b+c)}{2abc}$组大于或等于 0 的整数解.对于每一个 n,此公式给出的值与真实值差的绝对值都小于一个固定的数,如果我们忽略相差绝对值的量,那么它与真实值相等.

E. Barbette② 在 a,b,c 为正整数,而只是 a 与 b 互素的情形下考虑式(10).若 α,β 为不定方程 $ax+by=1$ 的特解(一正一负),则

$$x=\alpha(n-cz)+b\theta,\quad y=\beta(n-cz)-a\theta$$

为式(10)的解.令 k 与 h 分别为 n 与 c 整除 ab 所得的商(译者补:可看出不是普适情形,要求 n 必须要整除 ab 且 c 必须要整除 ab 下述公式才成立);则式(10)正整数解的组数 ω 为

$$\frac{1}{2}[2k-(q+1)h-2]q$$

其中 q 是小于或等于$\dfrac{n}{c}$的最大整数.若 n 被 b 整除,且 c 被 ab 整除,设 $H=\dfrac{c}{ab}$,并命 K 为小于或等于$\dfrac{n}{ab}$的最大整数;则

$$\omega=\frac{1}{2}[2K-(q+1)H]q$$

---

① Líntermédiaire des math.,5,1898,54.

② Mathesis,(3),5,1905,125-127.

MacMahon① 求出了按如下要求将 n 表示为下述 8 个正整数之和的方法数

$$\begin{matrix} n_1 & n_2 & n_3 & n_4 \\ m_1 & m_2 & m_3 & m_4 \end{matrix}$$

要求有若两个解中一个可以通过交换两行或交换四列导出另一个，那么认定这两个解等价. 他还解决了当列数任意情形下的该二份额分拆问题.

H. Wolff② 计算出了将 n 分拆为以数值大小排 μ 个正整数 x_i 的分拆数 $F_\mu(n)$，$0 < x_0 \leqslant x_1 \leqslant x_2 \leqslant \cdots \leqslant x_{\mu-1}$，并证明了此分拆数满足如下等式

$$F_\mu(n) = \sum \frac{\varphi(n)}{f!\ \xi^f g!\ \eta^g \cdots} \quad (\mu = f\xi + g\eta + \cdots)$$

其中该和式遍历所有形如 $\mu = f\xi + g\eta + \cdots$ 的分解，其中对于每一类分解而言，$\frac{\varphi(n)}{f!\ \xi^f g!\ \eta^g \cdots}$ 是这样的分拆数，即分拆 n 为 f 组，且每组中有 ξ 个重复相继组分，之后 g 组每组中有 η 个重复相继组分，依此类推. 比如将 58 分拆为 μ 小块(当 $\mu = 13$)，μ 按照

$$\mu = f \cdot \xi + g \cdot \eta + h \cdot \zeta$$
$$13 = 4 \cdot 1 + 3 \cdot 2 + 1 \cdot 3$$

分解. 比如

$$58 = \underbrace{\underset{(1)}{6} + \underset{(1)}{7} + \underset{(1)}{8} + \underset{(1)}{9}}_{(4)} + \underbrace{\underbrace{1+1}_{(2)} + \underbrace{2+2}_{(2)} + \underbrace{5+5}_{(2)}}_{(3)} + \underbrace{\underbrace{4+4+4}_{(3)}}_{(1)}$$

实际上 $\sum \varphi(n)$ 是所有满足 $x_0 + x_1 + \cdots + x_{\mu-1} = n$ 在不加上述不等式约束下正整数解的组数.

译者注　本书英文版中，原问题要求的是正整数解，举出的例子还带零，此外 Dickson 表述错了 $\varphi(n)$ 的含义. 故该段后半部分未按原文翻译.

根据 n 可以被 λ 整除，显然有 n 分解为 λ 个相等整数的方法数是 1，否则为零，于是 n 分解为 λ 个相等整数的方法数有表达式

$$\rho(n, \lambda) = \frac{1}{\lambda}\left\{-R\left(\frac{n}{\lambda}\right) + R\left(\frac{n-1}{\lambda}\right) + 1\right\}$$

其中 $R\left(\frac{n}{\lambda}\right)$ 表示 n 模 λ 最小正余数. 若 λ 是 $\xi, \eta, \cdots$ 的最大公因数为 λ，则上面的 $\varphi(n)$ 等于一个乘积，即 $\rho(n, \lambda)$ 与 $\varphi\left(\frac{n}{\lambda}\right)$ 的乘积，整数 n 形如 $n = \frac{f\xi}{\lambda} + \frac{g\eta}{\lambda} + \cdots$ 的有序分拆数为 $\varphi\left(\frac{n}{\lambda}\right)$. 同样，整数 n 形如 $n = f\xi + g\eta$ 的分解方法数为

① Bull. Soc. Math. France, 26, 1898, 57-64; M. d'Ocagne, p. 16, for $n = 3, 4$.

② Über die Anzahl der Zerlegungen einer ganzen Zahl in Summanden, Diss., Halle, 1899.

$\rho(n,\eta)+\left[\frac{n\xi'}{\xi}\right]-\left[\frac{n\eta'}{\eta}\right]$,其中 ξ 与 η 互素且满足 $\xi\eta'-\eta\xi'=\mp 1$. 文中求出了 φ 的递推公式,并以 n 的显式函数计算出对于 $\mu\leqslant 6$ 的 $F_\mu(n)$. 利用 Bernoullian 函数,将 $F_\mu(n)$ 表为一个多项式,其系数都是 $F_{\mu-1}(n)$ 系数的线性函数.

G. Csorba① 对分拆理论做了一个补充.

MacMahon② 推广了分拆成 $\alpha_1,\alpha_2,\cdots$ 组分的概念,是通过将条件 $\alpha_1\geqslant\alpha_2\geqslant\cdots$ 替换为如下条件

$$A_1^{(i)}\alpha_1+A_2^{(i)}\alpha_2+\cdots+A_s^{(i)}\alpha_s\geqslant 0\quad(i=1,\cdots,r)$$

其中至少有一个 A 为正. 对于这些条件下的 $j=1,\cdots,m$,存在有限数目的基本解 $(\alpha_1{}^{(j)},\alpha_2{}^{(j)},\cdots,\alpha_s{}^{(j)})$, 使得对于 $i=1,\cdots,s$ 每一个解形如 $\alpha_i=\lambda_1\alpha_i{}^{(1)}+\cdots+\lambda_m\alpha_i{}^{(m)}$,其中这些 λ 均为正整数.

MacMahon③ 处理了对三维图计数的生成函数,其中三维图或者是具有 xy 对称性(其中每一层结点在二维上是对称)的,或者是具有 xyz 对称性(通过各种轴旋转获得的六种形式是相同)的.

MacMahon④ 为了对构成进行计数,定义了一个法则,便会求出一个算子与一个函数使得算子作用在函数上的结果可给出构成方式数. 因此,将算子 $\left(\frac{\mathrm{d}}{\mathrm{d}x}\right)^n$ 作用在 x^n 上我们得到互异字母的排列数 $n!$.

译者注 原文的微分算子没有直立,为了避免与字母 d 混淆,将微分算子直立.

同样,令 $d_1=\frac{\mathrm{d}}{\mathrm{d}a_1}+\frac{a_1\mathrm{d}}{\mathrm{d}a_2}+\frac{a_2\mathrm{d}}{\mathrm{d}a_3}+\cdots$,其中这些 a 是 $\alpha_1,\alpha_1,\cdots$ 的初等对称函数. 在泰勒定理中使用符号乘法,写下 $D_s=\frac{\mathrm{d}_1{}^s}{s!}$. 则将算子 $D_{\pi_1}\cdots D_{\pi_n}$ 作用在 $(\alpha_1+\cdots+\alpha_n)^n$ 上我们得到 $\alpha_1{}^{\pi_1}\cdots\alpha_n{}^{\pi_n}$ 的排列数,其中 $\sum_{i=1}^{n}\pi_i=n$. 文章最后,若我们将 $D_3D_2{}^2D_1$ 应用到对称函数 $(1^4)(1^3)(1)$,其中分拆记号里的 (1^s) 表示 $a_s=\sum\alpha_1\cdots\alpha_s$,我们得到分拆的 Sylvester-Ferrers 图,如果按行读它得到的是分拆 $(3\ 2^2\ 1)$ 对应的图,按列读它得到的是 $(3\ 2^2\ 1)$ 的共轭分拆 $(4\ 3\ 1)$ 对应的图. 该方法成功地解决了拉丁方在其最一般方面的问题. 参看 Hammond 的文

---

① Math. és termés értesitö(Hungarian Acad. Sc.),17,1899,189.

② Phil. Trans. Roy. Soc. London,192,A,1899,351-401. Memoir Ⅱ on Partitions.

③ Trans. Cambridge Phil. Soc.,17,1899,149-170.

④ Trans. Cambridge Phil. Soc.,16,1898,262;Phil. Trans. Roy. Soc. London,194,A,1900,361.

献[1].

R. D. von Sterneck[2] 为了将 Vahler[3] 的工作结果从模 3 扩展至模 5,考虑将 n 表示为偶数个加数之和的方法数超过将 n 表示为奇数个加数之和的方法数的部分 $\{n\}^h$,其中加数互异且模 5 的绝对最小剩余$(-2,-1,0,1,2)$之和为 h. 他证明了递推公式

$$\{k\}^h=\{k-2h+3\}^{3-h},\{k\}^h=-\{k-5h+15\}^{h-5}$$

通过不断地应用上述第二式,我们得到

$$\{k\}^h=(-1)^\tau\left\{k-5\tau\left(h-\frac{5\tau+1}{2}\right)\right\}^{h-5\tau}$$

因此它的值依赖于对 $j=0,\pm1,\pm2$ 的某个 $\{l\}^j$. 由 Lagrange 的定理,$k\neq\frac{3t^2\pm t}{2}$ 有 $\sum\{k\}^h=0$,而 $k=\frac{3t^2\pm t}{2}$ 有 $\sum\{k\}^h=(-1)^t$. 其中 h 的范围是遍历所有 $\equiv k(\bmod 5)$ 的整数. 该式给出了对 $j=0,\pm1,\pm2$ 关于 $\{k\}^j$ 的一个递推公式. 因此我们能计算出任意的 $\{k\}^h$.

M. d'Ocagne[4] 求出了用 s 枚法国银币(面值有 $5,2,1,\frac{1}{2},\frac{1}{5}$ 法郎)形成 n 法郎的方法数,还求出了当最小面值硬币数固定时的该数目.

R. D. von Sterneck[5] 对分解 n 的方式数目给出了一个初等的推导,此分解为将 n 分解为六个或更少个相等或不相等的整数加数,分类出了 29 种$(29=1+2+3+5+7+11)$,比如 $n=\alpha+\alpha+\beta+\beta$,常常都会有各式各样的子情形. 因此这个结果需要许多公式来表达.

E. Netto[6] 运用八个符号来表示各类的组合及其变种(如这些情形),有着一个规定的和,此和是在给定的数中一次取 k 个而得,有重复或无重复. 在 Netto 的文献[3] 的第六章,他给出了一个对 Euler 所得成果的说明以及被 Sylvester 命为波的理论,并举例说明了 Sylvester 的这一理论. 在第七章中,指出两个分拆(被拆数为 n)之间所存在的任意关系都可以导出一个恒等式,其存在于两个无穷级数之间.

A. S. Werebrusow[7] 指出:若 $a,b,\cdots,k,l$ 是正整数,且若 $\{n\}$ 是下述不定方程的正整数解的组数

① Proc. London Math. Soc. ,13,1882,79;14,1883,199.

② Sitzungsber. Akad. Wiss. Wien(Math.),109,Ⅱa,1900,28-43.

③ Jour,für Math. ,112,1893,1-36. Cf. von. Schrutka.

④ Bull. Soc. Math. France,28,1900,157-168.

⑤ Archiv Math. Phys. ,(3),1901,195-216.

⑥ Lehrbuch der Conbinatorik,1901.

⑦ Spaczinski's Bote,Odessa,1901,Nos. 298-299,pp. 224-229,250-254.

$$f \equiv ax + by + \cdots + kt = n$$

则不定方程 $f + lu = m$ 的正整数解的组数为 $\{m - l\} + \{m - 2l\} + \{m - 3l\} + \cdots$.

D. Gigli① 考虑从 $1,\cdots,m$ 中取 n 个数和为 s 的组合数 N_s. 定和 s 最小为 $L = \frac{n \cdot (n+1)}{2}$，而最大为 $G = mn - \frac{n \cdot (n-1)}{2}$. 由数学归纳法表明 N_L，N_{L+1}，$\cdots$，N_G 是下式展开式中 x 各幂次项的系数

$$(m,n) = \frac{(1-x^m)(1-x^{m-1})\cdots(1-x^{m-n+1})}{(1-x)(1-x^2)\cdots(1-x^n)}$$

Gauss② 在未提及分拆的情况下已经处理过该函数并指出

$$(m,n) = (m,m-n), \quad (m,\mu+1) = \sum_{i=\mu}^{m-1} x^{i-\mu}(i,\mu)$$

D. Gigli 列出了在 $m = 10$，$n = 2,3,\cdots$ 这些情形下的 N 值表，并证明出

$$(m,n) = \sum_{p=1}^{m-n+1} x^{n\cdot(p-1)}(m-p,n-1)$$

T. Muir③ 指出有 $C_{n-kr+k,r}$ 种甲类组合方式，甲类组合即 n 个元素的(定序)组合一次取出 r 个，条件是这 r 个中没有一个元素 w 满足元素 w 后继 k 个元素的任何一个与原始组中一样.(举个例子：$n = 8$，$r = 3$，$k = 2$，原始组为定序的 12345678，如果着重号标记的位置表示取出的 3 个，甲类组合有四种

①12345678；②123456878；③12345678；④12345678

刚好是 $C_{8-2\cdot3+2,3} = \binom{8-6+2}{3} = \binom{4}{3} = 4$ 种.)指出有 $C_{s,r}$ 种乙类组合方式，其中 $s = \frac{n + kr - r}{k}$，乙类组合即 n 个元素的(定序)组合一次去掉 $n - r$ 个，条件这些去掉的元素刚好形成了 $\frac{n-r}{k}$ 组 k 元相继.(举个例子：$n = 7$，$r = 3$，$k = 2$，原始组为定序的 1234567，如果下划线标记的位置表示去掉的 2 组 2 元后继，乙类组合有 10 种

① 12 34567；② 123 4567；③ 1234 567；④ 12345 67；⑤1 23 4567

⑥1 234 567；⑦1 2345 67；⑧12 34 567；⑨12 345 67；⑩123 45 67

刚好是 $C_{(7+2\cdot3-3)/2,3} = \binom{\frac{7+6-3}{2}}{3} = \binom{5}{3} = 10$ 种.)

---

① Rendiconti Circ. Mat. Palermo, 16, 1902, 280-285.

② Rendiconti Circ. Mat. Palermo, 16, 1902, 280-285.

③ Proc. Roy. Soc. Edinburgh, 24, 1901-1903, 102-104.

E. Landau[①](区别于 Landau)讨论了由给定 n 个字母其文字对换所生成的最大秩. 它也就是将 n 分解为正整数且形如 $a_1+a_2+\cdots+a_v$ 使得 $a_1,a_2,\cdots,a_v$ 的最小公倍数最大. 参看 Landau 的文献[②].

E. Netto[③] 求出了循环分解的数目,是通过在圆圈上排列 $\binom{n-1}{\rho-1}$ 种分解,该类分解是将 n 分解为 ρ 份且关注顺序. 该子命题即 Catalan[④] 的命题.

L. Brusotti[⑤] 证明了 Catalan[⑥] 的结果.

F. H. Jackson[⑦] 写出 P^x 来表示 $p_1{}^{x_1}\cdots p_m{}^{x_m}$,并写出 $[P^xz]^n$ 来表示

$$\lim_{k\to\infty}\frac{(1+P^{x+(n-1)l}z)(1+P^{x+(n-2)l}z)\cdots(1+P^{x+(n-k)l}z)}{(1+P^{x-l}z)(1+P^{x-2l}z)\cdots(1+P^{x-kl}z)}$$

译者注 本书英文版将 $[P^xz]^n$ 误写为 $[p^xz]^n$.

它通过消去可约简为 $(1+P^xz)(1+P^{x+l}z)\cdots(1+P^{x+(n-1)l}z)$,其中 n 为正整数. 被证出(结论中)最简的通项公式为

$$[P^xz]^n=1+\sum_{r=1}^{+\infty}P^{rx+(r-1)rl/2}\frac{(P^{nl}-1)(P^{(n-1)l}-1)\cdots(P^{(n-r+1)l}-1)}{(P^l-1)(P^{2l}-1)\cdots(P^{rl}-1)}z^r$$

译者注 本书英文版又犯了同上的错误.

Dickson 习惯于省略求和的上下标,为了方便理解已由译者添上了.

该式涵盖了 Euler[⑧] 公式以及 Cauchy[⑨] 公式,它们均作为该式的特殊情形.

A. S. Werebrusow[⑩] 给出了递推公式用于表示不定方程 $a_1x_1+\cdots+a_nx_n=A$ 的正整数解的组数,其中不定方程那些系数 a 为正整数且没有公因数. 然后他考虑了至少有一个 $x\leqslant 0$ 情形下非负整数解的组数.

MacMahon[⑪] 处理了一个"广义魔方阵",其包含 n^2 个整数(零与重复都是允许的),这些整数排列在一个方阵中使得行、列、对角线都包含同一个整数的

---

① Archiv Math. Phys., (3), 5, 1903, 92-103.

② Handbuch…Verteilung der Primzahlen, 1, 1909, 222-229. Cf. Landau.

③ Archiv Math. Phys., 185-196.

④ Mélanges Math., 1868, 16; Mém. Soc. Roy. Sc. Liège, (2), 12, 1885, No. 2, 19.

⑤ Periodico di Mat., 17, 1903, 191-192.

⑥ Jour. de Math., 3, 1838, 111-112.

⑦ Proc. London Math. Soc., (2), 1, 1903-1904, 63-88.

⑧ "Observ. anal. de combinationibus," Comm. Acad Petrop., 13. ad annum 1741-1743, 1751. Introduction in analysin infinitorum, Lausanne, 1, 1748, Cap. 16, 253-275. German transl. by J. A. C. Michelsen, Berlin, 1788-1790. French transl. by J. B. Labey, Paris, 1, 1835, 234-256. 9

⑨ Comptes Rendus Paris, 17, 1843, 523; Oeuvres, (1), Ⅷ, 42-50.

⑩ Matem. Sbornik (Math. Soc. Moscow), 24, 1904, 662-688.

⑪ Phil. Trans. Roy. Soc. London, 205, A, 1906, 37-59. Memoir Ⅲ on Partitions. Abstract in Proc. Roy. Soc., 74, 1905, 318.

不同分拆(而寻常魔方阵的n^2个整数为$1,2,\cdots,n^2$). 这种处理方法适用于由线性齐次 Diophantus 方程或不等式定义的所有整数排列,使得两个解的对应元素之和给出一个解.(参看 MacMahon 的文献①.)

O. Meissner② 指出,为了分解n为正整数加数使其乘积为最大,加数必须相等或是至多差一个1,且尽可能多的包含3(实数情形的话就是包含尽可能多接近 e 的数).

G. Meissner③ 写出c_n来表示不定方程$a_1x_1+\cdots+a_mx_m=n$那些大于或等于0正整数解的组数,且用$\sigma(j)$表示系数$a_1,\cdots,a_m$中能被j整除的那些系数相加所得之和. 并证明递推公式

$$\sigma(1)c_{i-1}+\sigma(2)c_{i-2}+\cdots+\sigma(i)c_0=c_i,c_0=1$$

取$i=1,\cdots,n$,我们得出$n!\cdot c_n$是一个n阶行列式,若每一个系数$a_i=1$,则$\sigma(i)=m$,且c_n是从$m+n-1$个物品中一次取n个的组合数,该命题即 Catalan④ 的命题.

S. Minetola⑤ 写出$R_{m,n}$来表示这类分隔的方法数,即分m个不同的物体为n组,其中$n\leqslant m$的方法数. 例如,$R_{4,2}=7$,这些分隔为$a_1—a_2a_3a_4,\cdots,a_4—a_1a_2a_3,a_1a_2—a_3a_4,a_1a_3—a_2a_4,a_1a_4—a_2a_3$,我们有

$$R_{m,n}=nR_{m-1,n}+R_{m-1,n-1}$$

$$R_{m,2}=1+2+2^2+\cdots+2^{m-2}$$

$$\binom{n}{k}R_{m,n}=\binom{m}{m-k}R_{m-k,n-k}R_{k,k}+$$

$$\binom{m}{m-k-1}R_{m-k-1,n-k}R_{k+1,k}+\cdots+\binom{m}{n-k}R_{m-k,n-k}R_{m-n+k,k}$$

对于$k=1$,其变成

$$R_{m,n}=\frac{1}{n}\left\{\binom{m}{m-1}R_{m-1,n-1}+\binom{m}{m-2}R_{m-2,n-1}+\cdots+\binom{m}{n-1}R_{m-1,n-1}\right\}$$

将m个同类的物体分为n组的方法数$\overline{R}_{m,n}$就是分拆m为n份且每个组分大于0的分拆数. 令$k=m-n$. 则

---

① Phil. Trans. Roy. Soc. London,192,A,1899,351-401. Memoir Ⅱ on Partitions.

② Math. Naturw. Blätter,4,1907,85.

③ Periodico di Mat. 23,1908,173-176.

④ Jour. de Math. ,3,1838,111-112.

⑤ Giornale di Mat. ,45,1907,333-366;47,1909,173-200. Corrections, generalizations and simplifications in Ⅱ Boll. di Matematica Gior. Sc. -Didat. ,Rome,11,1912,34-50, with errata corrected pp. 121-122.

$$\bar{R}_{m,n}=\sum_{j=1}^{n}\bar{R}_{k,j}\quad(k\geqslant n)$$

$$\bar{R}_{m,n}=\sum_{j=1}^{k}\bar{R}_{k,j}\quad(k<n)$$

m 的全部分拆同将 $2m$ 分拆为 m 份的分拆一样多. 求出了此类分隔数 N 的递推公式, 此类分隔即分 m 个物体为 n 组的分隔, m 形如 $m=l+\alpha_1+\cdots+\alpha_h$, 其中 l 个物体是互不相同的, 而一类相同物体(比 1 个) 多重复了 α_1 个, 最后一类相同物体(比 1 个) 多重复了 α_h 个. 因此若待分物体为 a,a,a,b,b,c,d, 则 $l=4$, $\alpha_1=2,\alpha_2=1$. 一个整数它是 m 个素因子的乘积且因子不必互异, 那么有 N 种分解方法将其分解为 n 个正整数因子.

Minetola[①] 利用 $(2n+1)(2n'+1)=2k+1$ 等, 证明了如果 $2k+1$ 被分解为 h 个素数的乘积, 那么如下 $h-1$ 个不定方程

$$2nn'+\sum n=k,2^2nn'_1n''_1+2\sum n_1n'_1+\sum n_1=k,\cdots$$

分别允许有 $R_{h,2},R_{h,3},\cdots$ 组正整数解. ($R_{m,n}$ 同他之前所定义的.)

MacMahon[②] 利用一个排列 3,1 | 4 | 5,2 的例子演示了将前五个正整数分隔成每隔层所含数按照递减序的排列; 每隔层相继有 2,1,2 个整数, 其为 5 的一个构成. 他求出了该类排列的方式数 $N(a,b,\cdots)$, 该类排列即按(隔层内) 递减的规格(后简称递减规格)(对应于例子中的 2,1,2) 排列 $1,\cdots,n$, 且这 n 个数的排列有着一个给定的"n 构成"$(a,b,\cdots)$. 他证明了

$$\binom{n}{a_1+\cdots+a_s}N(a_1\cdots a_s)N(a_{s+1}\cdots a_{s+t})$$
$$=N(a_1\cdots a_{s+t})+N(a_1\cdots a_{s+t},a_s+a_{s+1},a_{s+2}\cdots a_{s+t})$$

以及类似的公式.

译者注　其中 $N(a,b,\cdots)$ 有时候简写为 $N(ab\cdots)$.

他也求出了另一类排列, 即按递减规格排列 $1,\cdots,n$, 且递减规格有着一个给定份数 m. 他处理了类似的问题, 被排数字不全互异, 以及包中元素的问题. 有着 m 份递减规格的字母元组 $\alpha_1^{p_1}\cdots\alpha_k^{p_k}$, 其排列数是下式倒数展开式中 $\lambda^{m-1}\alpha_1^{p_1}\cdots\alpha_k^{p_k}$ 的系数

$$1-\sum\alpha_1+(1-\lambda)\sum\alpha_1\alpha_2-(1-\lambda^2)\sum\alpha_1\alpha_2\alpha_3+\cdots$$

他[③]在这里继续着他对生成函数的研究.

---

① Giornale di Mat., 47, 1909, 305-320.

② Phil. Trans. Roy. Soc. London, 207, A, 1908, 65-134. Abstract, Proc. Roy. Soc., 78, 1907, 459-460.

③ Phil. Trans. Roy. Soc. London for 1893, 184, A, 1894, 835-901.

MacMahon① 应用他“分拆数第二回忆录”② 的内容求出了投票问题的概率,在有 m 个选票投 P,且有 n 个选票投 Q 的那些投票顺序中使得 P 得票数高于 Q 得票数的概率. 对于 n 个候选人的情形也是类似的.

译者注 本书英文版以及原文,候选人的数目记为 n,注意与票数相区别.

由一个普通分拆的任意 Ferrers 图开始,并放置组分在

$$\begin{array}{cccc} \cdot & \cdot & \cdot & \cdot \\ \cdot & \cdot & \cdot & \cdot \\ \cdot & \cdot & & \\ \cdot & & & \end{array}$$

结点上,使得在一行上所放数自西向东读是递减序,并且在一列上所放数自北向南读也是递减序. 我们得出一个 19 的二维分拆如下

$$\begin{array}{cccc} 3 & 2 & 2 & 2 \\ 2 & 1 & 1 & 1 \\ 2 & 1 & & \\ 2 & & & \end{array}$$

Landau③ 在分拆 n 成正组分 $n=a_1+\cdots+a_\rho$ 的所有分拆中考虑组分 $a_1,\cdots,a_\rho$ 的最小公倍数的最大值 $f(n)$. 因此对于 $n=5=4+1=2+3=\cdots$, $f(5)=6$,他证明了

$$\lim_{x\to\infty}\frac{\log f(x)}{\sqrt{x\log x}}=1$$

R. W. D. Christie④ 指出:若 $1\leqslant M\leqslant 5$,则 $6N+M$ 有

$$v=(3N+M)(N+1)$$

个份数小于或等于 3 的分拆,并且若 $M=0$,它有 $v+1$ 个此类分拆.

J. W. L. Glaisher⑤ 处理了各式各样的分拆问题,是通过求解利用 Arbogast⑥ 的求导法则构造的多个有限差分方程而得出的. 大写字母 $A,B,C,\cdots$ 代表任何数位递增的不同数字,而希腊字母代表任何不同的数字. 整数 8 仅有一种形如 A^2BC 的分拆,其为 1,1,2,4;仅有一种形如 AB^2C 的分拆,其为 1,2,2,3;而这两个都是形如 $\alpha^2\beta\gamma$ 的分拆. 记 $P_n(i,j,k,\cdots;A^pB^q\cdots)x$ 为按如下分拆的分拆数,将 x 分拆成 $i,j,k,\cdots$ 这些元素,每一个分拆包含着 n 份,且都是

① Phil. Trans,. Roy. Soc. London,209,A,1909,153-175. Memoir Ⅳ on Partitions.

② Phil. Trans,. Roy. Soc. London,192,A,1899,351-401. Memoir Ⅱ on Partitions.

③ Handbuch... Verteilung der Primzahlen,1,1999,222-229. Cf. Landau.

④ math. Quest. Educ. Times,(2),16,1909,104.

⑤ Quar. Jour. Math.,40,1909,57-143.

⑥ Calcul des dérivations,Strasburg,1800. See papewrs 46,102,198.

$A^pB^q\cdots$ 的形式. 当元素换成 0,1,2,…,该分拆数 P 就变为 a^n 的 x 阶导数(即 $\frac{d^x}{dt^x}(a^n(t))$)中那样形式的项数 $G_n(x,A^pB^q\cdots)$;对于 $n=2,3,4$ 的情形时,它的值以及所有可能生成的项被列成一张表,并通过简单的加法,我们导出

$$P_n(0,1,2,\cdots;\alpha^p\beta^q\cdots)x=G_n(x,\alpha^p\beta^q\cdots)$$

后者在 $n\leqslant 7$ 下被计算出来;同样地,$G_n(x)=P(1,2,\cdots,n)x$(等式右边不限制份数),并在 $n\leqslant 9$ 下算出 $P_n(1,2,\cdots)$,以及在 $n\leqslant 7$ 下算出 $P_n(1,2,\cdots;\alpha^p\beta^q\cdots)x$. 证明了对于所有形如 $\alpha^p\beta^q\cdots$ 都有 $G_n(x,\alpha^p\beta^q\cdots)$ 的最后一个循环子是相同的,而因此,只需计算 α^n 形式的即可,具体情况作了详细的处理.

Glaisher① 证明了 Sylvester 命其为波的定理,发展了周期 3,4,5,6 波的公式,并处理了非周期项.

Glaisher② 用 $P_n(1,2,\cdots,n)x$ 表示将 x 分拆成 $1,\cdots,n$ 且允许重复的分拆数. 指出他的 $P_n(1,2,\cdots,n)x$ 公式可以极大地简化的前提是当以 $\xi=x+\frac{1}{4}n(n+1)$ 表示来代替以 x 来表示,又给出了对于 $n\leqslant 9$ 简化后的公式,并且还对于 $n=2,5,6,9$ 以 $X=2\xi$ 来表示那些分拆数. 他证明

$$(-1)^{n-1}P(1,\cdots,n)(-x)=P(1,\cdots,n)\left\{x-\frac{1}{2}n(n+1)\right\}=Q_n(1,2,\cdots)x$$

其中 $Q_n(1,2,\cdots)x$ 是将 x 分拆成 1,2,…,而组分无数值限制,且分拆确切地包含 n 份,并且无重复组分的分拆数. 他证明了如果在 ξ 型公式中出现的循环子中,元素的顺序颠倒,除了循环符号之外,原始循环子将被复制. 文章的最后,他给出了每个波 $W_m(1,2,\cdots,mh+r)$ 的主导循环子.

E. Barbette③ 指出:确切地有 $2(2^{x-2}-1)$ 种方法将 $x+\alpha$ 分拆为互异组分,且之中最大者为 x,其中

$$\alpha=S_x-R,1\leqslant R\leqslant\frac{1}{2}x(x-1)-1,S_x\equiv 1+2+\cdots+x$$

实际上,如此分拆 $x+\alpha$ 的分拆对应于将 α 分拆成互异组分且每个组分小于 x 的分拆. 接着,为了求出所有将 N 分拆为互异组分的分拆,令 x 为最小的整数使 $S_x\geqslant N$,并将 $S_x,S_{x+1},\cdots,S_{N-1}$ 转化为互异数之和,且之中最大者为 N 还使得其他组分分别小于 $x,x+1,\cdots,N-1$. 删除所产生等式其等号两边的共同部分. 文章最后,求出了所有组其和为 N 的相继整数(比如 $8+9=N$),沿着方阵

① Quar. Jour. Math.,40,1909,275-348.

② Quar. Jour. Math.,41,1910,94-112.

③ Les sommes de p-ièmes puissances distinctes égales à une p-ième puissance,Liège,1910,12-19.

的对角线写下 1,2,3,…;在对角线元素如 x 上方写下 x 加 x 前项 $x-1$ 之和,即 $2x-1$,再在和的上方写下它加上 $x-2$ 之和,即 $3x-3$,依此类推,直到 1 被加上为止.参看 Sylvester①.

P. Bachmann② 对有关分拆的文献做了详尽的叙述.他加插了一个他与"J. Schur"所通信的定理:若 S 是不被 r 整除的任意组正整数,并且 R 是组整数,其整数由 S 中整数与 $1,r,r^2,\cdots$ 所乘而得出,那么任意正整数被分拆成甲类组分同分拆成乙类组分有一样多的分拆,其中甲类组分为相同或相异选自 S 中的组分,乙类组分选自 R 中组分,且至多出现 $r-1$ 次.$r=2$ 的情形给出了 Euler③ 定理,即任意整数分拆成相同或相异奇数同分拆成相异数有着一样多的分拆.

译者注 相对有趣的是,俄罗斯数学家 Schur 以 Issai Schur 和 Jssai Schur 的名义出版作品,Jssai Schur 尤其出现在 *Für die Reine und Angewandte Mathematik* 杂志上.这往往会导致了一些混淆.

R. D. von Sterneck④ 证明了 De Morgan⑤ 的结果,即分拆 n 为三份的分拆数是最接近 $\frac{n^2}{12}$ 的整数,利用的是三个坐标轴,每两个坐标轴都形成一个小于 60° 的夹角,并通过坐标平面计算出三角形内部或三角形边上的格点数,该三角形由坐标平面与平面 $x+y+z=n$ 相截而得.类似地使用四维空间来表明分拆 n 为四份的分拆数是最接近 $\frac{n^3+3n^2-4}{144}$ 的整数.

N. Agronomov⑥ 指出将 $N=2^\alpha p_1^{\alpha_1}\cdots p_k^{\alpha_k}$ 表示为相继正整数之和的方法数为 $(\alpha_1+1)\cdots(\alpha_k+1)$(Sylvester⑦).

MacMahon⑧ 指出他的平面分拆三维图准许不仅有 1 种,3 种或 6 种读法,还有准许有正好 2 种读法的前提是它的权重大于或等于 13.令每一个组分小于或等于 l,且能够放置于 m 行 n 列二维格点图的结点上.生成函数以 x^w 的系数给出权重为 w,且 w 可以用六种方式表示的分拆数,按它们中一种表示的是

---

① Comptes rendus Paris,96,1883,674-675;Coll. Math. Papers,Ⅳ,92. Math. Quest. Educ. Times,39,1883,122;48,1888,48-49.

② Niedere Zahlentheorie,2,1901,102-283.

③ Introduction in analysin infinitorum,Lausanne,1,1748,Cap. 16,253-275. German transl. by J. A. C. Michelsen,Berlin,1788-1790. French transl. by J. B. Labey,Paris,1,1835,234-256.

④ Rendiconti Cirec. Mat. Palermo,32,1911,88-94.

⑤ Cambridge Math. Jour.,4,1843,87-90.

⑥ math. Unterr. 2. 1912,70-72(Russian).

⑦ Comptes rendus Paris,96,1883,674-675;Coll. Math. Papers,Ⅳ,92,Math. Quest. Educ. Times,39,1883,122;48,1888,48-49.

⑧ Phil. Trans. Roy. Soc. London,211,A,1912,75-110. Memoir Ⅴ on Partitions.

$$\prod_{s=1}^{n}\frac{(l+s)(l+s+1)\cdots(l+m+s-1)}{(s)(1+s)\cdots(m+s-1)},(t)\equiv 1-x^{t}$$

以及其他五种可以通过置换 l,m,n 而导出.一个一般性的证明被第一次给出.生成函数的理论,尤其对于 $l=\infty$ 在此文中被进一步地发展以及在他的下一篇论文①中.

T. E. Mason② 将整数表示为 $2^{\alpha}p_1^{\alpha_1}\cdots p_r^{\alpha_r}$,其中 $p_1,\cdots,p_r$ 是互异的奇素数,他证明了将 $2^{\alpha}p_1^{\alpha_1}\cdots p_r^{\alpha_r}$ 表示为相继整数,其不必为正的方法数为 $2(\alpha_1+1)\cdots(\alpha_r+1)$.刚好有一半的表法中表成项为偶数份,刚好有一半的表法中表成项全为正整数(Sylvester③).

W. J. Greenstreet④ 证明了不定方程 $x+2y+3z=6n$ 有着 $3n^2+3n+1$ 组大于或等于 0 的整数解.

MacMahon⑤ 表明可依靠他⑥的分布理论和单量系的对称函数来计算多份额数的分拆.

译者注 单量系的对称函数形如

$$(1+\alpha_1x)(1+\alpha_2x)\cdots=1+a_1x+a_2x^2+\cdots$$
$$=1+\sum_{1\leqslant i_1<i_2<\cdots<i_{n-1}\leqslant n}\alpha_{i_1}\alpha_{i_2}\cdots\alpha_{i_{n-1}}x+\sum_{1\leqslant i_1<i_2<\cdots<i_{n-2}\leqslant n}\alpha_{i_1}\alpha_{i_2}\cdots\alpha_{i_{n-2}}x^2\cdots$$

可以从上式看出,初等对称多项式蕴含在系数当中.

双量系的对称函数形如

$$(1+\alpha_1x+\beta_1y)(1+\alpha_2x+\beta_2y)\cdots$$
$$=1+a_{10}x+a_{01}y+a_{20}x^2+a_{11}xy+a_{02}y^2+\cdots$$

A. J. Kempner⑦ 证明了若 $1,c_1,c_2,\cdots$ 形成一组(无限)递增的正整数使得每一个正整数都是它们中 k 个或更少个之和,则幂级数 $1+c_1x+c_2x^2+\cdots$ 收敛圆域的半径为一.令每一个正整数为至多 k 项且取自给定数组 $a_1,a_2,\cdots$ 之中的数之和;令 α_1,β_1 是整数,使得 $0<\alpha_i\leqslant R$,$|\beta_i|\leqslant S$,其中 R 与 S 为给定正整数;则每一个正整数都是少于 $R!(2kS+k+1)$ 项且取自给定数组 $1,\alpha_1a_1+\beta_2,\alpha_2a_2+\beta_2,\cdots$ 之中的数之和.文章的最后,任意一个正整数 n 是四个平方数之和,还有 $x^2=1+3+5+\cdots+(2x-1)$ 这两个已知的定理暗示着 $n=u_1\cdot 1+$

① Phil. Trans. Roy. Soc. London, 345-373. Memoir Ⅵ on Partitons.

② Amer. Math. Monthly, 19, 1912, 46-50. Cf. Sylvester.

③ Comptes rendus Paris, 96, 1883, 674-5; Coll. Math. Papers, Ⅳ, 92. Math. Quest. Educ. Times, 39, 1883, 122; 48, 1888, 48-49.

④ Amer. Math. Monthly, 50-51.

⑤ Trans. Cambridge Phil. Soc., 22, 1912, 1-13.

⑥ Proc. London Math. Soc., 19, 1887-1888, 220-256. Cf. 28, 1896-1897, 9-10.

⑦ Über das Waringsche Problem..., Diss. Göttingen, 1912.

$u_2 \cdot 3 + u_3 \cdot 5 + \cdots$ 在使得 $4 \geqslant u_1 \geqslant u_2 \geqslant u_3 \geqslant \cdots \geqslant 0$ 的整数上有解.还有指出了一个推广.

S. Minetola[①]研究了这样分隔的方法数 $R(t;\alpha_1,\cdots,\alpha_p;n)$,将由 $m=t+\alpha_1+\cdots+\alpha_p$ 所示构成的 m 个物体分隔成 n 组,其中有 t 类不重复(即只出现一次),其中有 p 类重复的数(即出现次数大于 1),分别重复 $\alpha_1,\cdots,\alpha_p$ 次.(注意此处的定义与他在之前[②]的定义不同,比方说若待分物体为 a,b,c,c,c,d,d,则 $t=2,\alpha_1=3,\alpha_2=2$.)在求出了对 R 的递推公式之后,他证明了些定理,定理关于当 m 与 n 变化而 $m-n$ 维持不变时 R 所取得的最大值.文章的最后,他研究了 $R(1;m;n)$,使得一类物体被单个的取,而另一类重复 m 次,这些物体被分隔为 n 组的分隔数就是下式展开式中 x^{m+1} 的系数

$$\frac{x^n}{(1-x)^2(1-x^2)(1-x^3)\cdots(1-x^{n-1})}$$

它的递推公式是 $R(1;m;n)=R(1;m-1;n-1)+R(1;m-n+1;n)$.

译者注 比如 $n=3$,$\frac{x^3}{(1-x)^2(1-x^2)}=x^3+2x^4+4x^5+6x^6+9x^7+12x^8+\cdots$(表 3.5).

表 3.5

	$R(1;m;3)x^{m+1}$	$\underbrace{ab\cdots b}_{m}$ 的分隔(隔层间无顺序)	分隔数 $R(1;m;3)$
$m=2$	x^3	$a\mid b\mid b$	1
$m=3$	$2x^4$	$a\mid b\mid bb, ab\mid b\mid b$	2
$m=4$	$4x^5$	$a\mid b\mid bbb, a\mid bb\mid bb$ $ab\mid b\mid bb, abb\mid b\mid b$	4

G. Scorza[③]计算出了某些由乘积的倒数相加而得的和式,每一个和都遍历任意一个给定正整数的所有分拆.

Candido[④]指出 a^m 是相继奇数之和.对于 $m=3$ 情形,该命题也被J. W. N. le Heux[⑤]证明了.参看 Frégier 的文献[⑥].

---

① Periodico di Mat.,29,1913,67-82.

② Ciornale di Mat.,45,1907,333-366;47,1909,173-200. Corrections,generalizations and simplifications in Ⅱ Boll. di Matematica Gior. Sc.-Didat.,Rome,11,1912,34-50,with errate corrected pp. 121-122.

③ Rendiconti Circolo Mat. Palermo. 36,1913,163-170.

④ Suppl. al Periodico d Mat.,17,1914,116-117.

⑤ Wiskundig Tijdschrift,12,1915-1916,97-98.

⑥ Annales de math(ed,Gergonne),9,1818-1819,211-212.

G. Csorba① 陈述了他所关心的所有分拆问题都能够约简为一个单分拆问题. 对于单分拆问题，也就是寻求如下方法数的问题，整数 A 由取自 $a_1,\cdots,a_n$ 中允许重复的数相加而得. Cayley② 已经将该分拆数表为如下的形式

$$c_0(A)+Ac_1(A)+A^2c_2(A)+\cdots+A^{n-1}c_{n-1}(A)$$

其中 $c_i(A)$ 是 A 的一个周期函数；但本质上证明了这种表达的存在性. Csorba 对 $c_i(A)$ 给出了一个涉及 Bernoullian 数的显式公式(极其复杂)，该公式也涉及 d，其中 d 为除了 $a_{i_1},\cdots,a_{i_m}$ 以外的那些 a 的最大公因数，该还涉及一个和式，其求和遍历同余方程 $\sum_{\varepsilon=1}^{n}a_{i_\varepsilon}\xi_\varepsilon\equiv A\pmod d$ 的所有非负整数解 ξ_ε.

Csorba③ 处理了多份额分拆.

MacMahon④ 已把分拆理论作为组合分析的一个分支做了扩展说明. 其书(MacMahon《组合分析》) 第一卷的一小部分以及几乎整个第二卷所采用的理论都或多或少地与整数的分拆有关. 这个理论是从一个新的分拆定义的角度来研究的. 一个分拆被定义成一组正整数 $\alpha_1,\alpha_2,\cdots,\alpha_n$，且其和为 n 使得 $\alpha_1\geqslant\alpha_2\geqslant\cdots\geqslant\alpha_n$. 线性 Diophantus 不等式的引入导出了一个合冲理论，进而决定了代数不变量理论中由不同阶的合冲所连接的基态形式. 通过考虑一个或多个与若干线性关系相关的一般线性不等式，从而做一个推广. 这些理论被归为“分拆分析”⑤. 关于整数的简单划分，这一思想的产物奠定了比直观生成函数更深的基础，而直观生成函数被 Euler 和他的后继者们作为出发点. 在二维方向上有一个扩展，在该方向上，组分被放置在任何维度的棋盘的隔间里，一个分拆被定义为整数的分布，如此在棋盘的每一行和每一列中，组分大小的降序排布是显而易见的. 对于完全或不完全格或棋盘的情形，已经得到了该问题的完全枚举解. 该解依赖于格置换和关联格函数的思想. 一个聚字母集 $a_1^{\alpha_1}a_2^{\alpha_2}\cdots a_s^{\alpha_s}$ 被称作一个聚格集的前提是(表示) 重复的指数满足 $\alpha_1\geqslant\alpha_2\geqslant\cdots\geqslant\alpha_n$ 条件；并且在该聚格集中一个置换是一个格置换的前提是置换的前 k 个字母(k 是小于 s 的任意数) 构成一个聚字母集的置换. 虽然这些置换已被枚举出，但导出的格函数理论还不完善. 在其书(MacMahon《组合分析》) 中，只有当组分被放置在单个立方体的角点上时，这样的三维分拆理论才是完备的. 研究了多份额数分拆

---

① Math. Annalen, 75, 1914, 545-568.

② Phil. Trans. Roy. Soc. London, 146, 1856, 127-140; Coll. Math. Papers, Ⅱ, 235-249.

③ Math. és termés értesitö (Hungarian Acad. Sc.), 32, 1914, 565-601.

④ Combinatory Analysis, Cambridge, Ⅰ, 1915; Ⅱ 1916.

⑤ Scritti L. Pisano, Ⅰ, Liber abbaci, 1202 (revised about 1228), Rome, 1857, 297.

的计数问题，主要利用 J. Hammond[①] 的微分算子来研究(MacMahon[②]). 在其第一卷中考虑了不涉及组分序列的分拆枚举问题.

L. von Schrutka[③] 对进一步发展 Vahlen 的[④]结果所采用的方法做了详细的说明.

R. Goormaghtigh[⑤] 指出，若 N 是刚好介于 $v+1$ 与 n 之间的相继整数，则 $2N=(n-v)(n+v+1)$，并且 (n,v) 配的数目就是 N 所含大于 1 的奇因子的个数.

G. H. Hardy 与 S. Ramanujan[⑥] 一同证明了分拆数 $p(n)$ 的对数渐近于 $\pi\sqrt{\frac{2n}{3}}$，并且分拆为互异正整数的分拆数 $p(n)$ 对数渐近于 $\pi\sqrt{\frac{n}{3}}$. 他们[⑦]发展了一个通用的方法用于讨论这些以及组合分析的类似问题，是利用复变函数理论的方法. 该方法在一定范围内适用于研究以单位圆为自然边界且以幂级数系数形式出现的所有数值函数. 在此特定的问题中，它导出的结果有

$$p(n)=\frac{1}{2\pi\sqrt{2}}\frac{\mathrm{d}}{\mathrm{d}n}\frac{\mathrm{e}^{\pi\sqrt{2(n-1/24)/3}}}{\sqrt{n-1/24}}+O(\mathrm{e}^{k\sqrt{n}}),k<\frac{\pi}{\sqrt{6}}$$

以及更精确的结果，在更精确的结果中一些近似函数的和出现在等式右边.

由此得到级数的八项[*]可给出仅有 0.004 误差的 $p(200)\approx$ 3 972 999 029 388.004，而 200 的分拆数 $p(200)=$ 3 972 999 029 388 是由 MacMahon 直接计算确证过的结果. 这里 $O(g(t))$ 表示一个函数，对于所有足够大的 t 值，其被 $g(t)$ 除而得商于固定的有限值下在数值上保持不变. 在论文的末尾，出现了一个由 MacMahon 计算出的分拆数 $p(n)$ 表，其中列出了 $n\leqslant 200$ 的分拆数 $p(n)$.

译者注 本书英文版中 Dickson 误以为是六项，实际上是利用了级数的前八项所计算出来的. 原论文在计算 $p(200)$ 前也计算了 $p(100)$，计算 $p(100)$ 时确确实实只用了级数的前六项. 导致这样的错误的原因很有可能是 Dickson 想当然地以为他们所用的项数前后一致.

此外，更有趣的是 Hardy 与 Ramanujan 的论文在 $p(200)$ 时也犯了错误，所以按原论文中的方法求 $p(200)$ 的正确近似值应该为

---

① Proc. London Math. Soc., 13, 1882, 79; 14, 1883, 119.

② Trans. Cambridge Phil. Soc., 16, 1898, 262; Phil. Trans. Roy. Soc. London, 194, A, 1900, 361.

③ Jour. für Math., 146, 1915-1916, 245-254. Sitzungsber. Akad. wiss. Wien(Math.), 126, Ⅱa, 1917, 1081-1163.

④ Jour. für Math., 112, 1893, 1-36. Cf. von Schrutka.

⑤ Líntermédiaire des math., 24, 1917, 95.

⑥ Proc. London Math. Soc., (2), 16, 1917, 131.

⑦ Comptes Rendus Paris, 164, 1917, 35-38. Proc. London Math. Soc., (2), 17, 1918, 75-115.

3 972 999 029 387.975,且有着0.025 的误差(表 3.6).

表 3.6

$A_1=1$	$A_2=\cos(n\pi)$
$A_3=2\cos\left(\frac{2}{3}n\pi-\frac{1}{18}\pi\right)$	$A_4=2\cos\left(\frac{1}{2}n\pi-\frac{1}{8}\pi\right)$
$A_5=2\cos\left(\frac{2}{5}n\pi-\frac{1}{5}\pi\right)+2\cos\left(\frac{4}{5}n\pi\right)$	$A_6=2\cos\left(\frac{1}{3}n\pi-\frac{5}{18}\pi\right)$
$A_7=2\cos\left(\frac{2}{7}n\pi-\frac{5}{14}\pi\right)+2\cos\left(\frac{4}{7}n\pi-\frac{1}{14}\pi\right)+2\cos\left(\frac{6}{7}n\pi+\frac{1}{14}\pi\right)$	
$A_8=2\cos\left(\frac{1}{4}n\pi-\frac{7}{16}\pi\right)+2\cos\left(\frac{3}{4}n\pi-\frac{1}{16}\pi\right)$	

表 3.6 根据原论文最后所附的 A_q 表所列,又由于

$$\phi_q=\frac{\sqrt{q}}{2\pi\sqrt{2}}\frac{\mathrm{d}}{\mathrm{d}n}\frac{\mathrm{e}^{(\pi/q)\sqrt{2(n-1/24)/3}}}{\sqrt{n-1/24}}$$

先计算当 $n=200$ 时前两项的具体数值

$$A_1\phi_1(200)=\left\{\frac{1}{2\pi\sqrt{2}}\frac{\mathrm{d}}{\mathrm{d}n}\frac{\mathrm{e}^{\pi}\sqrt{2(n-1/24)/3}}{\sqrt{n-1/24}}\right\}\Bigg|_{n=200}\approx 3\ 972\ 998\ 993\ 185.896$$

$$A_2\phi_2(200)=\left\{(-1)^n\cdot\frac{1}{2\pi}\frac{\mathrm{d}}{\mathrm{d}n}\frac{\mathrm{e}^{\pi/2}\sqrt{2(n-1/24)/3}}{\sqrt{n-1/24}}\right\}\Bigg|_{n=200}\approx 36\ 282.978$$

再计算其他六项的具体值

$$A_3\phi_3(200)\approx-87.584,A_4\phi_4(200)\approx 5.147,A_5\phi_5(200)\approx 1.424$$

$$A_6\phi_6(200)\approx 0.071,A_7\phi_7(200)=0,A_8\phi_8(200)\approx 0.044$$

从而将在此法下求 $p(200)$ 的正确近似值所列算式与原论文所求近似值所列算式作比较

3 972 998 993 185.896	3 972 998 993 185.896
+ 36 282.978	+ 36 282.978
− 87.584	− 87.[555]
+ 5.147	+ 5.147
+ 1.424	+ 1.424
+ 0.071	+ 0.071
+ 0	+ 0
+ 0.044	+ 0.[043]
3 972 999 029 387.975	3 972 999 029 388.004

不是译者最先发现该问题的,而很有可能是Herbert S. Wilf最先发现的,参考其著作*Lectures on Integer Partitions*(《整数分拆讲义》).

G. H. Hardy编写的*Collected Papers of Srinivasa Ramanujan*上所收录论文的截图如图3.7所示.

284 ***Asymptotic Formulæ in Combinatory Analysis***

so that the error after six terms is only ·004. We then proceeded to calculate p (200), and found

$$
\begin{array}{r}
3,\ 972,\ 998,\ 993,\ 185{\cdot}896 \\
+36,\ 282{\cdot}978 \\
-87{\cdot}555 \\
+\ 5{\cdot}147 \\
+\ 1{\cdot}424 \\
+\ 0{\cdot}071 \\
+\ 0{\cdot}000^{*} \\
+\ 0{\cdot}043 \\
\hline
3,\ 972,\ 999,\ 029,\ 388{\cdot}004,
\end{array}
$$

and Major MacMahon's subsequent calculations shewed that p (200) is, in fact,

3, 972, 999, 029, 388.

These results suggest very forcibly that it is possible to obtain a formula for p (n), which not only exhibits its order of magnitude and structure, but may be used to calculate its *exact* value for any value of n. That this is in fact so is shewn by the following theorem.

图3.7

MacMahon[①] 证明了,若 $p_1, \cdots, p_t$ 是按数值递减排的整数,且$(m_1 \cdots m_s)$与$(p_1 \cdots p_t)$共轭,那么将类别规格为(n)的n个物体分布到类别规格为$(m_1 \cdots m_s)$的若干个盒子中,所得出的方法数就是下式展开式中x^n的系数

$$\frac{1}{(1-x)^{p_1}(1-x^2)^{p_2}\cdots(1-x^t)^{p_t}}$$

译者注 类别规格就是将物体的不同类分隔开再将同类别的数目依次写下来.

比如一堆物体(或盒子)$\underbrace{A_1\cdots A_1}_{m_1}\ \underbrace{A_2\cdots A_2}_{m_2}\ \underbrace{A_s\cdots A_s}_{m_s}$,其类别规格记为$m_1 m_2 \cdots m_s$.

再具体一点,比如说一堆物体$\underbrace{AAA}_{3}\ \underbrace{BB}_{2}\ \underbrace{CC}_{2}\ \underbrace{D}_{1}$,其类别规格记为3221.因为上面命题中规定了$(p_1 \cdots p_t)$是递减排列的,所以类别规格是非增排列的.

① Proc. London Math. Soc.,(2),16,1918,352-354.

上面的命题举例说明如下：当 $n=4$，由 $(p_1\cdots p_t)=(32)$ 可得 $(m_1\cdots m_s)=(221)$. 则 $n=4$

$$\frac{1}{(1-x)^3(1-x^2)^2}=1+3x+8x^2+16x^3+30x^4+\cdots$$

从而类别规格为(4) 的 4 个物体分布到类别规格为(221) 的若干个箱子中，即 $\alpha\alpha\alpha\alpha$ 这 4 个物体分布到类别规格为 $AABBC$ 类型的若干个盒子中，如下

4	3+1	2+2	2+1+1	1+1+1+1	
$\underline{\alpha\alpha\alpha\alpha}_A$	$\underline{\alpha\alpha\alpha}_A\ \underline{\alpha}_A$	$\underline{\alpha\alpha}_A\ \underline{\alpha\alpha}_A$	$\underline{\alpha\alpha}_A\underline{\alpha}_A\underline{\alpha}_B$	$\underline{\alpha\alpha}_C\underline{\alpha}_A\underline{\alpha}_A$	$\underline{\alpha}_A\underline{\alpha}_A\underline{\alpha}_B\underline{\alpha}_B$
$\underline{\alpha\alpha\alpha\alpha}_B$	$\underline{\alpha\alpha\alpha}_A\ \underline{\alpha}_B$	$\underline{\alpha\alpha}_A\ \underline{\alpha\alpha}_B$	$\underline{\alpha\alpha}_A\underline{\alpha}_A\underline{\alpha}_C$	$\underline{\alpha\alpha}_C\underline{\alpha}_A\underline{\alpha}_B$	$\underline{\alpha}_A\underline{\alpha}_A\underline{\alpha}_B\underline{\alpha}_C$
$\underline{\alpha\alpha\alpha\alpha}_C$	$\underline{\alpha\alpha\alpha}_A\ \underline{\alpha}_C$	$\underline{\alpha\alpha}_A\ \underline{\alpha\alpha}_C$	$\underline{\alpha\alpha}_A\underline{\alpha}_B\underline{\alpha}_B$	$\underline{\alpha\alpha}_C\underline{\alpha}_B\underline{\alpha}_B$	$\underline{\alpha}_A\underline{\alpha}_B\underline{\alpha}_B\underline{\alpha}_C$
	$\underline{\alpha\alpha\alpha}_B\ \underline{\alpha}_A$	$\underline{\alpha\alpha}_B\ \underline{\alpha\alpha}_B$	$\underline{\alpha\alpha}_A\underline{\alpha}_A\underline{\alpha}_B\underline{\alpha}_C$		
	$\underline{\alpha\alpha\alpha}_B\ \underline{\alpha}_B$	$\underline{\alpha\alpha}_B\ \underline{\alpha\alpha}_C$	$\underline{\alpha\alpha}_B\underline{\alpha}_A\underline{\alpha}_A$		
	$\underline{\alpha\alpha\alpha}_B\ \underline{\alpha}_C$		$\underline{\alpha\alpha}_B\underline{\alpha}_A\underline{\alpha}_B$		
	$\underline{\alpha\alpha\alpha}_C\ \underline{\alpha}_A$		$\underline{\alpha\alpha}_B\underline{\alpha}_A\underline{\alpha}_C$		
	$\underline{\alpha\alpha\alpha}_C\ \underline{\alpha}_B$		$\underline{\alpha\alpha}_B\underline{\alpha}_B\underline{\alpha}_C$		
3	8	5	11	3	

而 x^4 项的系数为 30，刚好等于 $3+8+5+11+3$.

MacMahon① 建立了由可含 n 类不同字母且含 m 个同等集所导出的组合与 n 阶广义魔方阵的(1,1) 对应关系，其中广义魔方阵任意行或列中的数字的和为 m(MacMahon②).

Ramanujan③ 证明了，若 $p(n)$ 是分拆 n 的分拆数，则有

$$p(5m+4)\equiv 0\ (\bmod 5),\quad p(7m+5)\equiv 0\ (\bmod 7)$$

$$p(35m+19)\equiv 0\ (\bmod 35),\quad p(25m+24)\equiv 0\ (\bmod 25)$$

$$p(49m+47)\equiv 0\ (\bmod 49)$$

$$p(4)+p(9)x+p(14)x^2+\cdots=5\frac{\{(1-x^5)(1-x^{10})(1-x^{15})\cdots\}^5}{\{(1-x)(1-x^2)(1-x^3)\cdots\}^6}$$

$$p(5)+p(12)x+p(19)x^2+\cdots=7\frac{\{(1-x^7)(1-x^{14})(1-x^{21})\cdots\}^3}{\{(1-x)(1-x^2)(1-x^3)\cdots\}^4}+49x\frac{\{(1-x^7)(1-x^{14})(1-x^{21})\cdots\}^7}{\{(1-x)(1-x^2)(1-x^3)\cdots\}^8}$$

上述最后两式暗示着前两个同余定理.

---

① Proc. London Math. Soc.,(2),17,1918,25-41.

② Phil. Trans. Roy. Soc. London,205,A,1906,37-59. Memoir Ⅲ on Partitions. Abstract in Proc. Roy. Soc.,74,1905,318.

③ Proc. Cambridge Phil. Soc.,19,1919,207-210.

H. B. C. Darling[1] 给出了 Ramanujan[2] 同余定理中前两式的初等证明.

L. J. Rogers[3] 对他自己的[4]两个恒等式给出了一个新的证明. Schur[5] 也对这两个式子给出了两个证明. 最终,Rogers[6] 与 Ramanujan[7] 一同写了一篇论文,对于这两式子,每个式子都给出了一个证明,并且比前面那些证明简单得多.

MacMahon[8] 解决了多份额分拆的问题.

A. Tanturri[9] 给出了几个分拆数的表达式,这几个分拆数分别是将 n 分拆为 2 个互异组分的分拆数、3 个互异组分的分拆数、4 个互异组分的分拆数以及 5 个互异组分的分拆数,并给出了递推公式. 他[10]研究了将 n 分拆成 2 幂次数的分拆数 D_n,以及将 n 分拆成 2 幂次数且最大幂次数为 2^p 的分拆数 $D(2^p,n)$. 所得的第一个函数可由第二个计算出来. 在这两篇论文的第二篇中,出现了第二个函数的递推公式,并有按二项式系数来表示 $D(2^p,n$ 以及 $D(2^p,2^pk+2^{p-1})$ 的表达式.

关于不定方程 $ax+by=n$ 的正整数解的组数,参看第二章. Cesàro 给出了涉及不定方程正整数解组数的关系式.

von Sterneck 曾使用过这样的分拆将整数分拆成由前 s 个素数形成的元素.

---

① Proc. Cambridge Phil. Soc. ,pp. 217-218.

② Proc. Cambridge Phil. Soc. ,19,1919,207-210.

③ Proc. London Math. Soc. (2),16,1917,315-317.

④ Proc. London Math. Soc. ,(1),25,1894,328-329,formulas(1),(2). Cf. papers 226-228.

⑤ Situngsber. Akad. Wiss. Berlin(Math.),1917,302-321.

⑥ Proc. Cambridge Phil. Soc. ,19,1919,211-216.

⑦ Proc. Cambridge Phil. Soc. ,19,1919,211-216.

⑧ Phil. Trans. Roy. Soc. London,217,A,1916-1917,81-113. Memoir Ⅶ on Partitions.

⑨ Atti R. Accad. Sc. Torino,52,1916-1917,902-918. In Peano's symbolism,with a translation of most of the results.

⑩ Atti R. Accad. Sc Torino,Dec. 1,1918. Continued in Atti R. Accad. Lincei,Rendiconti,27,Ⅱ,1918,399-403. In Peano's symbolism with partial translation.

有理直角三角形在整数中求解 $x^2+y^2=z^2$ 的方法

第四章

根据 Proclus[①],Pythagoras 用 $x=2\alpha+1$ 代表短直角边,用 $y=2\alpha^2+2\alpha$ 代表长直角边,那么斜边就能用 $z=y+1$ 来代表. Plato 取 $z-y$ 为 2(代替 1)并得出[②] $x=2\alpha, y=\alpha^2-1, z=\alpha^2+1$.

大约在公元前 5 世纪,Baudhâyana 与 Apastamba[③] 独立地[④]得到满足 Pythagoras 法则的解(3,4,5),(5,12,13),(7,24,25),和满足 Plato 法则的解(8,15,17),(12,35,37).

英文版原文在"独立地"后面标记了问号,表示对印度人独立发现这些解的怀疑.

译者注 不过还是有许多证据显示,早在 Pythagoras 之前,就已经有许多古文明发现被西方命名为毕氏定理的几何定理,也有学者认为印度的《绳法经》(*Sulbasutras*)是比希腊人更早记录这个定理的书籍.《绳法经》是印度最早的数学文献,共七

① Proclus Diadochus, primum Euclidis elem. libr. comm. (5th cent.), ed. by G. Friedlein, Leipzig, 1873, 428. Eléments d'Euclide avec les Comm. de Proclus, 1533, 111; Latin trans. by F. Barocius, 1560, 269. M. Cantor, Geschichte Math., ed. 3, 1, 1907, 185-187, 224. G. J. Allman, Greek Geometry from Thales to Euclid, 1889, 34.

② Cited by Heron of Alexamdria, Geometrie, p. 57; Boethius(6th cent.), Geometrie, lib. 2.

③ Sulbasūtra, publ. by A. Bürk with German transl., Zeitschrift der deutschen morgenländischen Gesell., 55, 1901, 327-391, 543-591.

④ Bürk. H. G. Zeuthen, Bibliotheea Math., (3), 5, 1904, 105-107. M. Cantor, Geschichte Math., ed. 3, 1, 1907, 636-645; 96 for $3^2+4^2=5^2$ in Egypt.

本,先后由三人编撰:Hindus Baudhayana(公元前 7 世纪至公元前 6 世纪)、Apastamba(公元前 5 世纪至公元前 4 世纪)和 Kātyāyana(公元前 4 世纪至公元前 3 世纪).

Euclid① 给出了一组解

$$\alpha\beta\gamma,\frac{1}{2}\alpha(\beta^2-\gamma^2),\frac{1}{2}\alpha(\beta^2+\gamma^2)$$

以及(Ⅱ,5;Ⅹ,30)相关集合

$$\sqrt{mn},\frac{1}{2}(m-n),\frac{1}{2}(m+n)$$

Marcus Junius Nipsus② 至少比 Diophantus 早一个世纪,给出了寻找带整数边且已知一个直角边的直角三角形的两个法则. 他用代数来表示他的法则,作为 $z^2-y^2=x^2$ 的解

$$z=\frac{1}{2}(x^2+1),y=\frac{1}{2}(x^2-1),\text{当 } x \text{ 为奇数}$$

$$z=\frac{1}{4}x^2+1,y=\frac{1}{4}x^2-1,\text{当 } x \text{ 为偶数}$$

这两行公式分别等价于 Pythagoras 的法则以及 Plato 的法则.

Diophantus③ 取一个给定值(实际上取的是 4)赋予 z 并且 z^2-x^2 应该为一个形如 $(mx-z)^2$ 的平方数. 则

$$x=\frac{2mz}{m^2+1},y=mx-z=\left(\frac{m^2-1}{m^2+1}\right)z$$

这里的 m 是任意有理数;用 $\frac{m}{n}$ 来替换 m,并取 $z=m^2+n^2$,我们得到

$$x=2mn,y=m^2-n^2,z=m^2+n^2 \tag{1}$$

Diophantus(Ⅲ,22 等)提到的直角三角形是有着这样的边,这些边按上述那样由两个数 m,n 所形成.

Brahmagupta④(生于公元 598 年)明确地给出了上述解(1).

---

① Elementa,Ⅹ,28,29,lemma 1;Opera,ed. by J. L. Heiberg,3,1886,80. M. Cantor, Geschichte Math.,ed. 3,Ⅰ,1907,270-271,482.

② Cf. J. B. Biot,Jour,des Savants,1849,250-251;Comptes Rendus Paris,28,1849,576-581(Sphinx-Oedipe,4,1909,47-48). M. Cantor,Die römischen Agrim... Feldmess.,1875,103,112,165. C. Henry,Bull. Bibl. Storia Sc. Mat. Fis.,20,1887,401-402.

③ Artih.,Ⅱ,8;Opera,ed. by P. Tannery,1,1893,90;T. L. Heath,1910,145.

④ Brahme-Sphut'a-sidd'hánta,Algebra with Arithmetic and mensuration,from the Sanskrit of Brahmegupta and Bháscara,transl. by H. T. Colebrooke,London,1817,306-307,363-372.

一份(公布于) 公元 972 年的佚名阿拉伯文手稿①表述了,在每一个本原直角三角形(即,整数边互素) 中,边都由解(1) 所给出. 解(1) 给出一个本原直角三角形的必要条件就是 m,n 互素且 $m+n$ 为奇数. 本原直角三角形的斜边($z=m^2+n^2$) 是两个平方数之和并且要么是 $12k+1$ 型要么是 $12k+5$ 型,尽管不是所有符合这两型的数都是两个平方数之和. 而65^2 可以按两种方式表示为两个数的平方和:$63^2+16^2=33^2+56^2$.

译者注 本原直角三角形的斜边要么是 $12k+1$ 型要么是 $12k+5$ 型,而非本原直角三角形的斜边不一定是符合这两型的数. 符合 $12k+1$ 型的数 133 不是两个平方数之和;符合 $12k+5$ 型的数 77 不是两个平方数之和. 65^2 其实可以按四种方式表示为两个数的平方和

$$25^2+60^2=39^2+52^2=63^2+16^2=33^2+56^2$$

只不过前两种不是本原勾股数. 本书英文版用"是" 来表述,故更正为"可以按".

为了求出给定斜边 h 的直角三角形,我们需要一种快速的方法来求出两整数其平方和等于 h^2. 若 h^2 的最后一位(即个位数)d 为 1,那么两个平方数有两种结尾形式,分别以 5 与 6 结尾或是分别以 0 与 1 结尾. 若 $d=3$,那么两个平方数只有一种结尾形式,分别以 4 与 9 结尾. 若 $d=5$,那么两个平方数有三种结尾形式,分别以 0 与 5 结尾、分别以 1 与 4 结尾或分别以 6 与 9 结尾. 若 $d=7$,那么两个平方数只有一种结尾形式,分别以 1 与 6 结尾. 若 $d=9$,那么两个平方数有两种结尾形式,分别以 0 与 9 结尾或分别以 4 与 5 结尾. 若 d 为偶数有着类似的法则.

译者注 英文原文 h^2 误写为 h,已由译者更正.

阿拉伯人 Arab Ben Alhocain②(于公元 10 世纪) 对(1) 给出了一个几何上的证明,并指出若直角三角形其斜边为偶数,那么两条直角边也都是偶数. 此法则等价于Pythagoras所给出的;且给出了关于由几个某种相继数形成三角形的假定理.

Alkarkj③(于公元 10 世纪末) 通过设 $y=x+1$ 与 $z=2x-1$ 导出不定方程 $x^2+y^2=z^2$ 的一个解(3,4,5).

Bháskara④(生于公元 1114 年) 给出了解(1) 并运用它,就像 Brahmagupta

---

① French transl. by F. Woepcke, Atti Accad. Pont. Nuovi Lincei, 14, 1860-1861, 213-227, 241-269(M. Cantor, Geschichte Math., ed. 3, 1, 1907, 751-752).

② Ibid, 14, 301-24, 343-356.

③ Extrait du Fakhrî, French transl. by F. Woepcke, Paris, 1853, 89.

④ Colebrooke,[8] pp. 61-63. John Taylor's transl. of Brahme...,[8] Bombay, 1816, p. 71.

一样，当一条直角边给定为 m 时来求出第二条直角边 $\frac{\frac{m^2}{n}-n}{2}$ 与斜边 $\frac{\frac{m^2}{n}+n}{2}$.

译者注　英文原文写为 Bhaśсara.

给定斜边 h，直角边[①]分别为 $l=\frac{2hb}{b^2+1}$ 与 $lb-h$，或者直角边分别为 $h-q$ 与 bq，其中 $q=\frac{2h}{b^2+1}$. 为了求出面积等于斜边的直角三角形(统一成单位面积与单位长度并在数值上相等)，于是取 $3x,4x,5x$ 作为边.

Leonardo Pisano[②] 利用如下这个事实来求出其和 n 个连续奇数之和 $1+3+\cdots+(2n-1)$ 为 n^2 这一事实寻找两个数的平方. 首先，若一平方数 a^2 为奇数，就取另一平方数 $1+3+\cdots+(a^2-2)$；它们的和 $1+3+\cdots+(a^2-2)+a^2$ 为平方数. 若一个平方数为偶数，比如 36，从他自身的一半中加上或减去 1，得到两个相继的奇数，比如 17 与 19；则 $1+3+\cdots+15=64$ 且

$$64+36=(1+3+\cdots+15)+(17+19)=10^2$$

(这些与 Pythagoras 和 Plato 的法则相一致.)Leonardo Pisano[③] 得出不定方程 $x^2+y^2=a^2$ 的有理数解，其通过一种完全不同于 Diophantus 的方法；由已知有理直角三角形 $\alpha^2+\beta^2=\gamma^2$ 开始，他取 $x=\frac{a\alpha}{\gamma},y=\frac{a\beta}{\gamma}$.

F. Vieta[④] 使用了 Leonardo Pisano 的方法，将其引用于最后，还使用了 Diophantus 的方法.

M. Stifel[⑤] 称 $a\cdot b$ 为一个径型数(diametral number)，其前提是 $a^2+b^2=c^2$，并且错误地指出 $a\cdot b$ 为径型数的充要条件是当且仅当 $\frac{a}{b}$ 属于如下序列之一：$1\frac{1}{3},2\frac{2}{5},3\frac{3}{7},\cdots$ 与 $1\frac{7}{8},2\frac{11}{12},3\frac{15}{16},\cdots$. 因此实际上为 $a:b=2n\cdot(n+1):(2n+1)$ 或 $a:b=(4n^2+8n+3):4(n+1)$(错误原因参看 Meyer 的书[⑥]，

---

① Same in Ladies' Diary，1745，14，Quest. 254；T. Leybourn's Math. Quest. Ladies' Diary，1，1817，366-367；C. Hutton's Diarian Miscellany，2，1775，200.

② Liber quadratorum L. Pisano，1225，in Tre Scritti inediti，1854，56-66，70-75；Scritti L. Pisano，2，1862，253-254. Cf. A. Genocchi，Annali Sc. Mat. Fis.，6，1855，234-235；P. Volpicelli，Atti Accad. Pont. Nuovi Lincei，6，1852-1853，82-83；P. Cossali，Origine，Trasporto in Italia... Algebra，1，1797，97-102，118-119.

③ Liber Abbaci，Ch. 15(Scritti L. Pisano，Rome，1，1857).

④ Franciscus Vieta，Zetetica，1591，Ⅳ，1；Opera Math.，1646，62.

⑤ Arith. Integra，Nürnberg，1544，f. 14v-f. 15v. Copied by loseppo Vnicorno. Del'Arith. Universale，Venetia，1598，62.

⑥ Zeitschrift Math. Naturw. Unterricht，43，1912，281-287.

这分别与 Pythagoras 或 Plato 所得不定方程 $a^2+b^2=c^2$ 的解相一致. 这些径型数与 Theon[①] 所定义的不同.

写于 18 世纪上半叶, Matsunago[②] 的日文手稿中给出了(1) 的三个证明.

T. Fantet de Lagny[③] 在(1) 中用 $d+n$ 替换 m, 并得出

$$x=2n\cdot(d+n),y=d\cdot(d+2n),z=x+d^2=y+2n^2$$

取 $d=1$, 我们得出 Pythagoras 的法则, 或取 $n=1$ 我们得出 Plato 的法则.

C. A. Koerbero[④] 证明了任意有理直角三角形的边与(1) 中数成正比.

L. Euler[⑤] 用 $b+\frac{an}{m}$ 表示斜边 c. 由 $a^2+b^2=c^2$, 有 $b:a=(m^2-n^2):2mn$. 因此当 $m>n>0$ 时, a,b,c 与(1) 中数成正比.

L. Euler[⑥] 指出 $x+\frac{1}{x}$ 与 $y+\frac{1}{y}$ 的平方和是一个平方数的前提是

$$y=\frac{px-1}{x+p},(x+p)^2(px-1)^2+x^2(p^2+1)^2=\square$$

若 $(p^2-1)x=4p$, 则上述后式成立.

译者注 记号 $\square$ 的含义参看 Oeurrex, Ⅹ, 298(posth. MS.). J. P. Grüson[⑦] 指出 $n+1$ 与 n 可以生成一个(Pythagoras 型) 直角三角形, 其长直角边 $y=2n\cdot(n+1)$ 以及斜边 $y+1$ 又可以生成一个新的直角三角形, 新三角形短直角边为平方数 $(2y+1=(2n+1)^2)$.

L. Poinsot[⑧] 指出不定方程 $z^2-y^2=x^2$ 的每组整数解按 $z=\frac{p+q}{2}$, $y=\frac{p-q}{2}$ 来给出(即 $p=z+y,q=z-y$), 那么其中 x^2 被表示为任意两个整数 p, q 之积且满足以下条件, 这两个整数要么都是互素奇数, 要么都是偶数且两偶数没有大于 2 的公因子.

---

① Cited by Heron of Alexandria, Geometrie, p. 57; Boethius(6th cent.), Geometrie, lib. 2.

② Y. Mikami, Abh. Gesch. Math. Wiss., 30, 1912, 229. Report by K. Yanagihara, Tôhoku Math. Jour., 6, 1914-1915, 120-123; continued, 9, 1916, 80-87(by use of progressions).

③ Liber quadratorum L. Pisano, 1225, in Tre Scritti inediti, 1854, 56-66, 70-75; Scritti L. Pisano, 2, 1862, 253-254. Cf. A. Genocchi, Annali Sc. Mat. Fis., 6, 1855, 234-235; P. Volpicelli, Atti Accad. Pont. Nuovi Lincei, 6, 1852-1853, 82-83; P. Cossali, Origine, Trasporto in Italia... Algebra, 1, 1797, 97-102, 118-119.

④ Nova trianguli rectanguli analysis, Halae Magd., 1738, 8.

⑤ Comm. Acad. Petrop., 10, 1738, 125; Comm. Arith., 1, 1849, 24.

⑥ Opusc. anal., 1, 1783, 329; Comm. Arith., Ⅱ, 46.

⑦ Enthüllte Zaubereyen u. Geheimnisse der Arith., Berlin, 1796, 104-106.

⑧ Comptes Rendus Paris, 28, 1849, 581-583; also p. 579 by J. B. Biot.

P. Volpicelli[①] 指出由 $z=a^2+b^2=\alpha^2+\beta^2$ 可导出

$$x=\pm(a\alpha\mp b\beta),y=\pm(a\beta\pm b\alpha)$$

是不定方程 $x^2+y^2=z^2$ 的解并且错误地声称了它们给出了所有解,而公式(1)没有. 至于J. Liouville[②] 所评述的,对于 z 给定的情形,不定方程 $x^2+y^2=z^2$ 有互素解 (x,y)(即 (x,y) 满足 $\gcd(x,y)=1$) 当且仅当 z 是 $4n+1$ 型素数的乘积,而当 $z=5\cdot 13\cdot 17$ 时,整数解 $x=1\ 020,y=425$ 不是互素解,但存在互素解.

P. Volpicelli[③] 将不定方程 $x^2+y^2=z^2$ 在特殊情形下正整数解区分成 k 类,其中 $z=h_1\cdots h_k,h_j=a_j^2+b_j^2$(译者补:其中 h_j 为 $4n+1$ 型素数且这些 h_j 均互异). 第一类解有 k 个,它们分别为 $q(a_j^2-b_j^2),2qa_jb_j$,其中 $q=\frac{z}{h_j}$. 第二类解有 $k(k-1)$ 个,它们分别为

$$q\{(a_i^2-b_i^2)(a_j^2-b_j^2)\pm 4a_ia_jb_ib_j\},q\{2(a_ia_j\pm b_ib_j)(a_jb_i\mp a_ib_j)\}$$

其中 $q=\frac{z}{h_ih_j}$(注意不同类时 q 所指不相同),在上述花括号中的量 x_2,y_2 会使得 $x_2^2+y_2^2=h_i^2h_j^2$ 成立. 由下式

$$x_3^2+y_3^2=(x_2^2+y_2^2)\{(a_t^2-b_t^2)^2+(2a_tb_t)^2\}=h_i^2h_j^2h_t^2$$

我们得出了第二类的 $2^{3-1}\binom{k}{3}$ 组解 qx_2,qy_2,其中 $q=\frac{z}{h_ih_jh_t}$. 因此正整数解的总组数为

$$\sum_{s=1}^{k}\frac{2^{s-1}k(k-1)\cdots(k-s+1)}{1\cdot 2\cdot\cdots\cdot s}=\frac{1}{2}(3^k-1)$$

译者注 本书英文版原文省略了许多条件,已由译者补充.

Volpicelli[④] 指出不定方程 $x^2+y^2=z^2$ 的所有正整数解依赖于不定方程 $x^2+y^2=z_j^2(j=1,\cdots,k)$ 的整数解,其中 $z_1,\cdots,z_k=z$ 分别是对 z 一次取1,2,…,k 个"可行" 因子相乘而得出的. 对于 $z^2=(a^2+b^2)^k$ 的情形,一个正整数解为

$$x=a^k-\binom{k}{2}a^{k-2}b^2+\binom{k}{4}a^{k-4}b^4-\cdots,y=\binom{k}{1}a^{k-1}b-\binom{k}{3}a^{k-3}b^3+\cdots$$

若 $(a+\mathrm{i}b)^k=A+\mathrm{i}B$,则 $(a^2+b^2)^k=A^2+B^2$,可验证该式用不到虚数单位 $\mathrm{i}=\sqrt{-1}$. 还有若 $k=4h$ 时,a^2-b^2 是 B 的因子,而当 $k=4h+2$ 时,a^2-b^2 是 A 的因子.

---

① Giornale Arcadico di Sc. Let. ed Arti,Rome,119,1849-1850,27. Annali di Sc. Mat. Fis.,1,1850,159-166,369,443.

② Comptes Rendus Paris,28,1849,687.

③ Atti Accad. Pont. Nuovi Lincei,4,1850-1851,124-140,346-377,508-510.

④ Ibid.,5,1851-1852,315-352;Comptes Rendus Paris,36,1853,443-445. Extract in Annali di Sc. Mat. Fis.,3,1852,130-133;4,1853,286-297.

译者注 此命题曾被改编为“1976年苏联大学生数学竞赛预赛题(师范类)”.

“可行”因子被定义为μp,其中$\mu=\mu_1\cdots\mu_m$且$\mu_s\equiv 3 \pmod 4$而p为$4n+1$型素数.

比如:不定方程$x^2+y^2=1\ 365^2$所依赖的两个不定方程可以是$x^2+y^2=((3\cdot 7)\cdot 5)^2$与$x^2+y^2=13^2$,也可以是另外两个$x^2+y^2=(3\cdot 5)^2$与$x^2+y^2=(7\cdot 13)^2$.

C. A. W. Berkhan①参考几个证明给出了十九种方法求两个正整数,使其平方和为平方数.

E. de Jonquières②讨论了Volpicelli的话题.

A. J. F. Meyl③指出,根据E. de Jonquières④的一个论据,不定方程

$$(x+3)^2+(x+4)^2=[(y+1)^2+(y+2)^2]^2$$

只有解$x+3=3$或$x+3=-4$,然而$x+3=0$与$x+3=-1$也是解.

C. de Polignac⑤使用矩形格点来证明(1)可以给出不定方程$x^2+y^2=z^2$的所有整数解.(其中m与n不必互素且$m+n$不必为奇数)

C. M. Piuma⑥引用了一个已知的结果即不定方程$x^2+y^2=z^2$所有互素的整数解可由如下形式给出

$$x=mn, y=\frac{m^2-n^2}{2}, z=\frac{m^2+n^2}{2}$$

其中m与n为互素的奇数,并证明了其逆命题即这三个表达式是两两互素的,是通过借助同余式表明之中没有两个可以被素数的相同次幂整除.

D. S. Hart⑦证明对于$n\leqslant 4$,若z是n个素数的乘积且这些素数还是两平方数之和“$\boxed{2}$”,则z表示为一个$\boxed{2}$型数有$\frac{3^n-1}{2}$种方法(E. de Jonquières⑧).

L. E. Dickson⑨得出与(1)等价的一个解,$r+s,r+t,r+s+t$,其中$r^2=$

① Die merkwürdigen Eigenschaften der Pythag. Zahlen, Eisleben, 1853.

② Nouv. Ann. Math., (2), 17, 1878, 241-247, 289. Cf. papers 26-31 of Ch. XⅦ.

③ Comm. Acad. Petrop., 10, 1738, 125; Comm. Arith., 1, 1849, 24.

④ Bull. Math. Soc. France, 6, 1877-1878, 162.

⑤ Giornale di Mat., 19, 1881, 311-315.

⑥ Math. quest. Educ. Times, 39, 1883, 47-48.

⑦ Atti Accad. Pont. Nuovi Lincei, 4, 1850-1851, 124-140, 346-377, 508-510.

⑧ Amer. Math. Monthly, 1, 1894, 8.

⑨ Atti Accad. Pont. Nuovi Lincei, 50, 1897, 103.

$2st$ 为平方数. 同样的法则后来分别由 P. G. Egidi①,D. Gambioli②,A. Bottari③,以及 H. Schotten④ 给出.

Graeber⑤ 指出若直角三角形内接圆的切点将斜边 z 划分成两线段 k 与 m,同时直角边 y 划分为相应长 n 与 m,则

$$(k+m)^2=(m+n)^2+(n+k)^2, k=\frac{n^2+mn}{m-n}$$

因此 x,y,z 与(1) 成正比. 如果边为整数则由一个长篇幅的证明表明它就是 (1) 的解.

L. Kronecker 证明不定方程 $x^2+y^2=z^2$ 所有正整数解可按如下形式无重复地给出

$$x=2pqt, y=(p^2-q^2)t, z=(p^2+q^2)t \quad (p>q>0, t>0)$$

其中 p,q 互素且不同为奇数. 每一个正整数解可以被有且仅有一次地得出的原因是圆 $\xi^2+\eta^2=1$ 的亏格为零,它的所有点可以由 $\tau=\tan\left(\frac{\omega}{2}\right)$ 合理地表示出来

$$\xi=\cos\omega=\frac{1-\tau^2}{1+\tau^2}, \eta=\sin\omega=\frac{2\tau}{1+\tau^2}$$

A. Bottari⑥ 证明了不定方程 $x^2+y^2=z^2$ 所有整数解都可由 $x=u+w$, $y=v+w$, $z=u+v+w$ 给出,其中 $u=p^2k$, $v=2^{s-1}q^2k$, $w=2^spqk$,而 p,q 为互素的奇数. 因此面积 xy 不可能是一个平方数.

P. Cattaneo⑦ 对 Bottari 的定理给出了一个简单的证明.

P. Reutzel⑧ 指出,若 $a>2$,则我们可以求解不定方程 $c^2-b^2=a^2$. 设 $c=b+v$. 则 $b=\frac{a^2-v^2}{2v}$ 是整数的前提是 $v=1$ 且 a 为奇数或 $v=2$ 且 a 为偶数. 我们可以取 a 的任意因子$\frac{a}{n}$; 则 $b=\frac{(n^2-1)v}{2}$, $c=\frac{(n^2+1)v}{2}$.

J. Gediking⑨ 指出,对于不定方程 $x^2-y^2=z^2$ 的互素解,我们可以取任意形如$(2n+1)^2$ 或 $2n^2$ 形式的数作为 $x-y$ 的值,而不能取其他. 则相应地有 $x+y=(2m+1)^2$ 或 $x+y=2m^2$,并伴着这两种情形有,前者 $2m+1$ 与$2n+1$ 互素,

---

① Pewriodico di Mat., 16, 1901, 151-155.

② Periodico di Mat., 23, 1908, 104-110. Cf. Dickson.

③ Zeitschrift Math. Naturw. Unterricht, 47, 1916, 181-182.

④ Archiv Math. Phys., (2), 17, 1900, 36.

⑤ Vorlesungen über Zahlentheorie, 1, 1901, 31-35.

⑥ Periodico di Mat., 23, 1908, 104-110. Cf. Dickson.

⑦ Ibid., 218.

⑧ Zeitschrift Vermessungswesen d. Deutschen Geometervereins, Stuttgart, 38, 1909, 208-211.

⑨ Vriend der Wickunde, 25, 1910, 86-96.

或后者 m 与 n 互素.(会被忽视的是,我们可能只限于这两个情形中的一个) 所有小于1 000的互素解被给出. J. C. Milborn错误地说这种方法不能给出所有的互素解. T. Boelen 指出若允许有公因子的解,则我们可取 z 为大于 2 的任意数.

译者注 本书英文版表述省略了一些定语,已由译者补充.

C. J. von der Burg① 对解(1) 给出了一个不完备的证明.

Fitting② 讨论了不定方程 $x^2+y^2=z^2$ 的互素解,其通过设 $z=x+a$,于是 $y^2=a\cdot(2x+a)$. 不失一般性,我们可以将 a 分别取为奇平方数 1,9,25,…,并使 $2x+a$ 其值分别等于相继奇数平方,如下:

(Ⅰ) $a=1$:

(α) $2x+1=9$;(β)$2x+1=25$;(γ)$2x+1=49$;(δ)$2x+1=81$;…

(Ⅱ) $a=9$:

(α) $2x+9=25$;(β)$2x+9=49$;(γ)$2x+9=81$;(δ)$2x+1=121$;…

W. Kluge③ 指出如下形式可以满足不定方程 $x^2+y^2=z^2$

$$x^2=d\cdot\xi,\quad d<x,\quad y=\frac{\xi-d}{2},\quad z=\frac{\xi+d}{2}$$

并给出了递推公式来计算特殊情形下(译者补:直角边差为定值) 相继的正整数解.

E. Meyer④ 指出 Stifel⑤ 所得径型数的公式不能给出全部径型数;例如不能给出 33・56,而他本应该利用下述关系式

$$a:b=(m^2-n^2):2mn$$

他对比了已知的几种求解不定方程 $x^2+y^2=z^2$ 的方法.

P. Lambert⑥ 利用复数 $a+bi$ 解出了不定方程 $x^2+y^2=z^2$.

N. Gennimatás⑦ 通过设 $2a=c+d$ 便可解出不定方程 $x^2+y^2=z^2$,其中 cd 为一个平方数 x^2,于是 $y=a-d$.

* E. Haentzschel⑧ 指出由一个有理直角三角形出发,我们可以导出无穷

---

① Vriend der Wickunde.,26,1911,188-191.

② Líntermédiaire des math.,18,1911,87-90(233-234).

③ Verhandlungen der Versamm. deutscher Philologen u. Schulmänner,Leipzig,51,1911,137. Unterrichtsblätter Math. Naturwiss.,Berlin,19,1913,11.

④ Zeitschrift Math. Naturw. Unterricht,43,1912,281-287.

⑤ Arith. Integra,Nürnberg,1544,f. 14v-f. 15v. Copied by loseppo Vnicorno. De'Arith. Universale, Venetia,1598,62.

⑥ Nouv. Ann. Math.,(4),12,1912,408-421.

⑦ Zeitschr. Math. Naturw. Unterricht,44,1913,14-15.

⑧ Blätter für d. Fortbildung d. Lehrers u. Leherin,Berlin,6,1913,395-396.

多个,所利用的是 $\sin(n\alpha)$ 与 $\cos(n\alpha)$ 的公式. 从两个直角三角形且其斜边为 $4n+1$ 型素数开始,我们可以导出无穷多个,所利用的是正弦以及余弦的加法定理. 利用这些定理,我们可以按顺序地安排这些固有解(proper solution).

P. Quintili① 将不定方程 $x^2+y^2=z^2$ 的解(1) 归功于 F. Klein.

A. E. Jones② 讨论了其三边均为 x^2-1 型的(有理) 直角三角形. 比如

$$(10^2-1)^2+(13^2-1)^2=(14^2-1)^2$$

$$\left(\frac{49^2}{4^2}-1\right)^2+(28^2-1)^2=\left(\frac{113^2}{4^2}-1\right)^2$$

C. A. Laisant③ 指出若 M,N,P,Q 为处于斐波那契数列中的相继四项,那么三个数 $M\cdot Q,2N\cdot P,N^2+P^2$ 可以形成直角三角形的三边,也就是 $P=M+N,Q=N+P$.

参考资料

[1] G. Oughtred, Opuscula Math., Oxonii, 1677, 130-138.

[2] A. Thacker, A Miscellany of Math. Problems, Birmingham, 1, 1743, 171-178 [Proof of (1)].

[3] Anonymous, Ladies' Diary, 1752, 39, Quest, 344 (Proof of (1)).

[4] A. D. Wheeler, Amer. Jour. Arts. Sc. (ed., Silliman), 20, 1831, 295 (Plato's rule).

[5] J. A. Grunert, Klügel's Math. Wörterbuch, 5, 1831, 1141-1143 (Euler[20]).

[6] C. M. Ingleby and S. Bills, Math. Quest. Educ. Times, 6, 1866, 39-40 (Proof of (1)).

[7] M. A. Gruber, Amer. Math. Monthly, 4, 1897, 106-108.

[8] H. Schubert, Niedere Analysis, 1, 1902, 159-162 (Proof of (1)).

[9] F. Thaarup, Nyt Tidsskrift for Mat., 15, A, 1904, 33 (Proof of (1)).

[10] A. Aubry, Mathesis, 5, 1905, 6-13 (historical).

[11] A. Holm, Math. Quest. Educ. Times, (2), 9, 1906, 92; 10, 1906, 56 (Proof of (1)).

① Il Boll. Mat. Sc. Fis. Nat., 16, 1915, 69-71.

② Math. Quest. and Solutions(contin. of Math. Quest. Educ. Times), 2, 1916, 18.

③ Comptes Rendus des Sc. Soc. Math. France, 1917, 18-19.

[12] V. Varali-Thevenet, Rivista Fis. Mat. Sc. Nat., 8, I, 1906, 422-423.
[13] C. Botto, Giornale di Mat., 46, 1908, 297-298 [Poinsot[23]].
[14] P. Richert, Unterrichtsblättler Math., 14, 1908, 55-57, 87.
[15] C. Botto, Suppl. al Periodico di Mat., 12, 1908—1909, 68-74.
[16] T. S. Rao, Jour. Indian Math. Club, Madras, 1,1909, 130-134.
[17] School Sc. and Math., 10, 1910, 683; 11, 1911, 293-294; 13,1913, 320-322.

1　一个直角三角形总有边可被 3,4 或 5 整除

Frenicle de Bessy①(卒于 1675 年)指出,若整数边直角三角形的最大公因数为一个平方数或为一个平方数的 2 倍(阅读后文可发现该条件可以放开),那么边能表示为(1)的形式,并且三条边中必有一条可被 5 整除,两条直角边中必有一条被 4 整除,两条直角边中还必有一条被 3 整除.若边均互素,两直角边之和以及两直角边之差均满足 $8k\pm1$ 的形式.若边均互素,斜边均满足 $6k\pm1$ 的形式.

P. Lenthéric② 指出(1)中的乘积 xyz 一定能被 60 整除,是因为 $mn\cdot(m^2-n^2)$ 能被 6 整除以及在 $m,n,m\pm n$ 都不被 5 整除的条件下有 m^2+n^2 可被 5 整除.F. Paulet 补充评述道,若在 m 与 n 都不被 5 整除的条件下,m^4-n^4 可以被 5 整除,是因为该条件下要么是 $m^4=10k+1$,要么是 $m^4=10k+6$.

L. Poinsot③ 得出结论,似乎是新的,若 x,y,z 是不定方程 $x^2+y^2=z^2$ 的互素解,则 3 是 x 或 y 的因子,4 是 x 或 y 的因子,以及 5 是 x,y 或 z 的因子.该命题被 E. R. Grenoble④ 通过考虑模 3,4 或 5 的剩余而证明,也被 J. Binet 利用 Fermat 定理证明.J. Liouville 评述 $x,y,x+y$ 或 $x-y$ 中某个可被 7 整除.Bourdat⑤ 陈述道,他已经于 1839 年求出了这些事实并补充道,若不定方程为 $x^2+y^2=z^4$,那么 5 是 x,y 或 z 的因子,同样地还有 7 与 24,若不定方程为 x^2+

① Traité des triangles rectangles en nombres, I ,Paris,1676, § § 24-25,pp. 59-61. Reprinted with,part Ⅱ in 1677 at end of Problèmes d'Architecture de Blondel. Both parts in Mém. Acad. R. Sc. Paris,5,1666-1699;éd. Paris,1729,pp. 146-147. C. Henry,Bull. Bibl. Storia Sc. Mat. Fis.,12,1879, 691-692,gave a list of Frenicle's writings;cf. Nouv. Ann. Math.,8,1849,364-365.

② Annales de Math. (ed.,Gergonne),20,1829-1830,376-382;21,1830-1831,96-98. Cf. Jour. für Math.,5,1830,386;Jour. de math. élém. spéc.,1880,261.

③ Comptes Rendus Paris,28,1849,581-583;also p. 579 by J. B. Biot.

④ Comptes Rendus Paris,28,1849,665-666.

⑤ Bull. de l'acad. Delphinale,Grenoble,3,1850,37-43.

$y^2=z^8$,那么三个数中某个有因子 $2^4\cdot3\cdot7$.

A. Vermehren[①] 证明了(1) 中的乘积 xyz 一定能被 60 整除.

A. Léry[②] 指出在不定方程 $a^2+b^2=c^2$ 中,若 7 与 a,b,c 互素,那么 7 整除 $a+b$ 或 $a-b$;若 11 与 a,b,c 互素,那么 11 整除 $5a\pm b$ 或 $5b\pm a$ 这四者中的一个.

2　一条边给定的直角三角形的数目

前文已经给出了那些论文的记述,那些论文分别由 Volpicelli[③],Hart,de Jonquières 给出.

F. Gauss[④] 指出每个只由 k 个互异 $4n+1$ 素因子构成的斜边都有

$$\left[\frac{k}{1}\right]+2\left[\frac{k}{2}\right]+2^2\left[\frac{k}{3}\right]+\cdots+2^{k-1}\left[\frac{k}{k}\right]$$

对不同直角边,其中$[x]$是小于或等于 x 的最大整数.有 2^{k-1} 对直角边是互质的.

译者注　同前文的注释一样,本书英文版原文省略了一些条件,已由译者补充.其中本书英文版将记号$\left[\frac{k}{i}\right]$理解为小于或等于$\frac{k}{i}$ 的最大整数.实际上$\left[\frac{k}{i}\right]$是一个整体的记号,它等价于二项式系数$\binom{k}{i}$,Dickson 理解错了.于是上述两命题中分别等价于 Volpicelli 的两个命题.

若斜边为 65,直角边可以是 25 和 60;16 和 63;33 和 56 或 39 和 52,而互素的两对是 16 和 63;33 和 56.

D. N. Lehmer[⑤] 证明了此类直角三角形的数目 N 渐近于$\frac{n}{2\pi}$,此类直角三角形边没有公因子,且其斜边小于或等于 n. 但是,若其他条件不变而将斜边小于或等于 n 换成三条边之和小于或等于 n,那么 N 渐近于$\frac{n\cdot(\log 2)}{\pi^2}$.

---

① Die Pythagoräischen Zahlen,Progr. Domschule,Güstrow,1863.

② Bull. de math. élém. ,15,1909-1910,277.

③ Atti Accad. Pont. Nuovi Lincei,4,1850-1851,124-140,346-377,508-510.

④ Über die Pythag. Zahlen,Progr. Bunzlau,1894,p. 15.

⑤ Amer. Jour. Math. ,22,1900,327-328.

译者注 斜边小于或等于100的本原勾股三角形有16个，周长小于或等于100的本原勾股三角形有7个.

而$\frac{100}{2\pi}\approx 15.915$，$100\cdot\frac{\log 2}{\pi^2}\approx 7.023$.

O. Meissner① 陈述道，带着一条$x=2^m p_1^{m_1}\cdots p_n^{m_n}$型（不同角标的$p$是互异素数）直角边的直角三角形其数目$P$为

$$P=P_2+\frac{\overline{m-1}}{\left[1+\frac{1}{m}\right]}(2P_2+1), P_2\equiv\frac{1}{2}\left\{\prod_{v=1}^{n}(2m_v+1)-1\right\}$$

其中m可以取自然数$0,1,\cdots$，从而$\frac{m-1}{\left[1+\frac{1}{m}\right]}$实际上被定义为$\begin{cases}m-1 & (m\geqslant 2)\\ 0 & (m<2)\end{cases}$，因此$P$的表达式可以改写为$P=\begin{cases}P_2+(m-1)(2P_2+1) & (m\geqslant 2)\\ P_2 & (m<2)\end{cases}$. 同理有$P+1$组非负整数解$z,y$使得不定方程$z^2-y^2=x^2$（给定$x$）成立.

译者注 本书英文版写成正整数解，此处应当为非负整数解，现已更正.

还有一个有趣的结论，带着$z=2^\gamma p_1{}^{\alpha_1}\cdots p_s{}^{\alpha_s}q_1{}^{\beta_1}\cdots q_t{}^{\beta_t}$型（不同角标的$p$是$4n+1$型互异素数，不同角标的$q$是$4n+3$型互异素数）斜边的直角三角形其数目$Q$为

$$Q=\frac{1}{2}\left\{\prod_{i=1}^{s}(2\alpha_i+1)-1\right\}$$

上式形式恰巧与Meissner命题中P_2的形式一致，而当$z=2^\gamma(p_1\cdots p_s)q_1^{\beta_1}\cdots q_t^{\beta_t}$时，就可以退化为Volpicelli的定理.

E. Bahier② 指出若$A,B,\cdots,P$是互异的奇素数，则带着一条$x=A^\alpha B^\beta\cdots P^\pi$型直角边的直角三角形其数目$P$为

$$\sum\alpha+2\sum\alpha\beta+2^2\sum\alpha\beta\gamma+\cdots 2^{k-1}(\alpha\beta\gamma\cdots\pi)$$

（译者补：上述$\sum$是对指数$\alpha,\cdots,\pi$的轮换和）若特别规定$A=2$，我们只需要将上述结果中的α替换为$\alpha-1$.

---

① Archiv Math. Phys.，(3)，8，1904，181.

② Recherche Méthodique et Propriétés des Triangles Rectangles en Nombres Entiers，Paris，1916，21.

3　等面积的直角三角形

Diophantus,V,8 待求三个等面积的有理直角三角形.若 a,b,c 满足不定方程 $ab+a^2+b^2=c^2$(120° 有理边三角形),与 V,7 中类似,那么由 $(c,a),(c,b),(c,a+b)$ 形成的直角三角形有相等的面积 $abc(a+b)$.所选例子取的是 $a=3$,$b=5$,$c=7$.

译者注　形成的方法是分别将 $(c,a),(c,b),(c,a+b)$ 看作(1)中的 (m,n),则(7,3)有(42,40,58);(7,5)有(70,24,74);(8,7)有(112,15,113),它们三个有相等的面积 840.后文还用到了这样的表述,请读者注意.

F. Vieta,Zetetica,Ⅳ,11 以一般形式给出了解答.Fermat① 指出若 z 为有理直角三角形的斜边,而 b,d 分别为直角边 $(b>d)$,那么由 $(z^2,2bd)$ 形成直角三角形再将其边都除以 $2(b^2-d^2)z$,经过这两步形成的新直角三角形有着未作变化时的面积.从新直角三角形又可以类似地推导出第三个,依此类推.除了符号不同外,这个方法与"构造"异曲同工,该"构造"出自于由 Frenicle's Traité② 所著《论直角三角形的数字性质》(*Traité des Triangles Rectangles en Nombres*)的第二部分(但比 Fermat 的文章晚出版);该过程已经被 A. Cunningham③ 所总结.

Fermat④ 陈述他可以给出五个面积相等的直角三角形,并且有一种方法可以找到任意多个这样的三角形,而 Diophantus,V,8 以及 Vieta,Zeteti(a,Ⅳ,1) 只能给出三个.

J. de Billy⑤ 指出若 $\frac{3}{2}(x+4)r^2=6$,则带着 $3r$ 型与 $(x+4)r$ 型直角边的直角三角形有着同(3,4,5)一样的面积.因此 $9+(x+4)^2$ 必须为平方数.该情形中

$$x=-\frac{6\ 725\ 600}{2\ 405\ 601},x+4=\frac{1\ 702^2}{1\ 551^2},9+(x+4)^2=\frac{7\ 776\ 485^2}{2\ 405\ 601^2},r=\frac{1\ 551}{851}$$

John Kersey⑥ 为了推导出具有相同面积的有理直角三角形,讨论问题,且

① Oeuvres,Ⅲ,254-255;S. Fermat's Diophanti Alex. Arith.,1670,220.

② Comptes Rendus des Sc. Soc. Math. France,1917,18-19.

③ Math. Quest. Educ. Times,72,1900,31-32.

④ Oeuvres,Ⅱ,263,letter to Mersenne,Sept. 1,1643. He had asked(p. 259)for four.

⑤ Inventum Novum,Ⅰ,§38,Oeuvres de Fermat,Ⅲ,348. In his Diophantus Geometra,Paris,1660,108,121,de Billy treated the problems of Diophantus Ⅴ,8,Ⅵ,3.

⑥ The Elements of Algebra,London,Books 3 and 4,1674,94,124-142.

给出关于面积的许多问题.

L. Euler① 讨论了不定方程

$$pr\cdot(p^2-r^2)=qs\cdot(q^2-s^2)$$

指出 $p=11,r=-35,q=-23,s=33$. 因此,由(11,35),(23,33)所形成的直角三角形有相等的面积.

L. Euler② 指出若我们取 $q=p$,则不定方程化为 $p^2=r^2+rs+s^2$,我们得到

$$2r+s=\sqrt{4p^2-3s^2}=2p-\frac{sf}{g}$$

当$\frac{p}{s}=\frac{f^2+3g^2}{4fg}$时,取 $p=f^2+3g^2,s=4fg$. 因此值 $x=f^2+3fg,y=4fg$ 或 $y=3g^2-f^2\pm 2fg$ 分别按边 $2xy,x^2-y^2,x^2+y^2$ 能给出三个有理直角三角形并有着相同的面积$xy\cdot(x^2-y^2)$.

Grüson③ 以及 Young④ 都讨论了三个等面积有理直角三角形的确定.

J. Collins⑤ 运用了三个带着如下形式直角边的直角三角形

$$v^2-x^2,2vx;v^2-y^2,2vy;z^2-v^2,2vz$$

若 $v^2=x^2+xy+y^2$,前两对所确定的三角形(下简称为第几对)是等面积的. 设 $v=x-t$,则 $x=\frac{t^2-y^2}{y+2t}$. 若 $v^2=x^2-xz+z^2$,第一对与第三对有相等的面积. 设 $v=x-s$,则 $x=\frac{s^2-z^2}{2s-z}$. 为了让 x 的值相等,取 $t=m+n,y=m-n$, $s=p+q,z=p-q$. 则$\frac{mn}{3m+n}=\frac{pq}{3p+q}$依据 p,q,n 确定出 m.

J. Cunliffe⑥ 处理了求解 k 个等面积有理直角三角形的问题. 对于$k=3$ 的情形,令三个值 $m^2\pm n^2,2mn$ 为一个三角形的三边. 在下述不定方程中

$$mn\cdot(m^2-n^2)=pq\cdot(p^2-q^2)$$

设 $p=m+r,q=n-r$, 并且求解关于 r 的二次方程. 因此 $4r=\pm\sqrt{R}-3(m-n)$,其中 $R=m^2+14mn+n^2$,设

$$R=(m+n+s)^2$$

则可确定出 m 为有理数. 因此我们可以得到两个新的有理直角三角形. 对于任

① Nova Acta Acad. Petrop., 13, 1795(1778), 45; Comm. Arith., Ⅱ, 285.

② Opera postuma, 1, 1862, 250-252(about 1781).

③ Enthüllte Zaubereyen u. Geheimnisse der Arith., Berlin, 1796, 104-106.

④ Mathesis, (3), 6, 1906, 113.

⑤ The Gentleman's Math. Companion, 2, No. 11, 1808, 123.

⑥ New Series of the Math. Repository(ed., Th. Leybourn), 3, Ⅱ, 1814, 60.

意 k，令 a,b 为一个直角三角形的两条直角边而 h 为斜边；另一个与之有相同面积的直角三角形其三边为

$$\frac{2abh}{2b^2-h^2},\frac{2b^2-h^2}{2h},\frac{h^4+4b^2h^2-4b^4}{2(2b^2-h^2)h}$$

由此，我们得出第三个，依此类推. 为了求出任意数量个满足条件的有理平方数 $h^2,h'^2,\cdots$ 以及一整数 N，使得当 N 被这些平方数加上或减去而产生的有理数都是平方数，利用的是等面积的三角形并取 $h^2=a^2+b^2,h'^2=a'^2+b'^2,\cdots$，以及 $N=2ab=2a'b'=\cdots$.

原论文先举出了与 Diophantus 一样的例子

$$(a,b,h)=(42,40,58);(a',b',h')=(24,70,74);(a'',b'',h'')=(15,112,113)$$

于是 $N=2ab=2a'b'=2a''b''=3\ 360$，从而

$$\begin{cases}h^2+N=\alpha^2\\h^2-N=\beta^2\end{cases};\quad\begin{cases}h'^2+N=\alpha'^2\\h'^2-N=\beta'^2\end{cases};\quad\begin{cases}h''^2+N=\alpha''^2\\h''^2-N=\beta''^2\end{cases}$$

也就是

$$\begin{cases}58^2+3\ 360=82^2\\58^2-3\ 360=2^2\end{cases};\quad\begin{cases}74^2+3\ 360=94^2\\74^2-3\ 360=46^2\end{cases};\quad\begin{cases}113^2+3\ 360=127^2\\113^2-3\ 360=97^2\end{cases}$$

它们还可以衍生出更多，比如第一组进行变换 $w=\frac{\alpha^4+\beta^4}{4\alpha\beta h}$，其他同理，从而

$$\begin{cases}w^2+N=\gamma^2\\w^2-N=\delta^2\end{cases};\begin{cases}w'^2+N=\gamma'^2\\w'^2-N=\delta'^2\end{cases};\begin{cases}w''^2+N=\gamma''^2\\w''^2-N=\delta''^2\end{cases}$$

也就是

$$\begin{cases}\frac{1\ 412\ 881^2}{1\ 189^2}+3\ 360=\frac{1414\ 561^2}{1\ 189^2}\\\frac{1\ 412\ 881^2}{1\ 189^2}-3\ 360=\frac{1\ 411\ 199^2}{1\ 189^2}\end{cases};\quad\begin{cases}\frac{2\ 579\ 761^2}{39\ 997^2}+3\ 360=\frac{3\ 468\ 481^2}{39\ 997^2}\\\frac{2\ 579\ 761^2}{39\ 997^2}-3\ 360=\frac{1\ 131\ 359^2}{39\ 997^2}\end{cases};$$

$$\begin{cases}\frac{174\ 336\ 961^2}{2\ 784\ 094^2}+3\ 360=\frac{237\ 565\ 441^2}{2\ 784\ 094^2}\\\frac{174\ 336\ 961^2}{2\ 784\ 094^2}-3\ 360=\frac{65\ 950\ 081^2}{2\ 784\ 094^2}\end{cases}$$

Hart① 重述了 Diophantus，Ⅴ，8.

A. Martin② 利用了 J. Collins③ 的那 3 个三角形，总结出条件可约简为 $x=z-y,v^2=z^2-yz+y^2$，并且若 $y=m^2-n^2,z=2mn+m^2,v=m^2+mn+n^2$

① Math. Visitor，2，1882，17-18.

② Math. Quest. Educ. Times，48，1888，118-119.

③ The Gentleman's Math. Companion，2，No. 11，1808，123.

时成立.

C. E. Hillyer① 指出三个等面积的直角三角形可以由下述代数式来形成

(k^2+kl+l^2,k^2-l^2);$(k^2+kl+l^2,2kl+l^2)$;(k^2+2kl,k^2+kl+l^2)

C. Tweedie② 为了求出面积为 A 的全部有理直角三角形(译者补:虽然是无穷多个,但此处的含义是此法理论上能遍历所有的解),便讨论了 $\alpha^2+\beta^2=\gamma^2,2\alpha\beta=A$,于是 $x_1^2+y_1^2=1$, $\gamma^2x_1y_1=2A$. 因此

$$x_1=\frac{2m}{1+m^2},y_1=\frac{1-m^2}{1+m^2},2\gamma^2m\cdot(1-m^2)=2A\cdot(1+m^2)^2$$

记 $x=m,y=\frac{1+m^2}{\gamma}$. 由此我们寻找下述曲线的有理点即可

$$x\cdot(1-x^2)=Ay^2 \tag{2}$$

为了应用 Cauchy 的切线法, 由任意三边为 $\alpha,\beta,\gamma(\alpha<\beta<\gamma)$ 的直角三角形开始并导出相应的有理点 (x,y). 此点的切线交三次曲线于一个新的有理点,该有理点对应于直角边为 $\frac{2\alpha\beta\gamma}{\alpha^2-\beta^2},\frac{\alpha^2-\beta^2}{2\gamma}$ 的一个新的直角三角形,由它我们又得到第三个直角三角形. 该问题同样也可以通过 Cauchy 第二方法(已经交三次曲线两点的直线所交第三点确定出第三个) 来处理.

E. Bahier③ 处理了该问题.

4 面积之比给定的两直角三角形

Diophantus, V ,24,望求出三个平方数 x_1^2,x_2^2,x_3^2 使得在 $i=1,2,3$ 情形下 $x_1^2x_2^2x_3^2+x_i^2$ 都是平方数. 若求出使得 $p_1p_2p_3=s^2b_1b_2b_3$ 的三个直角三角形 (p_i,b_i,h_i),一组解将会为 $x_i=\frac{sb_i}{p_i}$,因为

$$x_1x_2x_3=s,s^2+x_i^2=s^2\left(1+\frac{b_i^2}{p_i^2}\right)=\left(\frac{sh_i}{p_i^2}\right)^2$$

译者注 剑桥大学出版社出版了两个版本,Dickson 是根据 1885 年出版的编号,1910 年出版的版本中该题编为第 21 题. 之后的同理.

参考:Diophantus Of Alexandria: A Study In The History Of Greek

① Math. Quest. Educ. Times,72,1900,30.

② Proc. Edinb. Math. Soc.,24,1905-1906,7-19. He quoted from "Life and Letters of Lewis Carroll," p. 343, that the triangles (20,21,29) and (12,35,37) are equal, but failed to find three.

③ Recherche Méthodique et Propriétés des Triangles Rectangles en Nombres Entiers, Paris, 1916,21.

Algebra, Sir Thomas L. Heath.

Diophantus 取(3,4,5)为第一个三角形,并指正很容易就可以找到两个这样的直角三角形,使得其中一个的两直角边之积是另一个两直角边之积的2倍(或3倍),比如(40,198,202)与(11,60,61),又比如(9,40,41)与(8,15,17). C. G. Bachet① 选取一个随意的直角三角形(p_1,b_1,h_1)以及由此而来的两个直角三角形,后两个分别由(b_1,h_1)与(p_1,h_1)来形成,得出 $s=\frac{p_1}{2h_1}$. Fermat② 给出了一般法则来求出两个面积之比为固定比值$\frac{r}{s}$的直角三角形,其中 $r>s$,即由($2r\pm s$,$r\mp s$)与($2s\pm r$,$r\mp s$)形成的三角形,接着一对由($2r$,$2r-s$)与($4r+s$,$4r-2s$)来形成,最后一对由($r+4s$,$2r-4s$)与($6s$,$r-2s$)来形成. 因此为了求出三个直角三角形且它们的面积正比于给定数 r,s,t 并且使得 $r+t=4s$,$r>t$,就分别由($r+4s$,$2r-4s$),($6s$,$r-2s$),($4s+t$,$4s-2t$)来形成. 分别由(49,2),(47,2),(48,1)来形成三个直角三角形其面积依次为$S_1=469\ 812$,$S_2=414\ 540$,$S_3=221\ 088$,将这三个面积的值作为边构成一个直角三角形(即$S_1^2=S_2^2+S_3^2$).

L. Euler③ 求出十种形式下的直角三角形对,每对直角三角形分别有着面积 $A=pq(p^2-q^2)$ 与 $B=rs(r^2-s^2)$ 且之间存在一个给定的比例 $a:b$. 他使 r 与 s 的值等于 p,$2q$,q,$2q$,$p\pm q$ 中的两个(故在不细分的情况下有十种形式). 例如,$r=p$,$s=p-q$ 情形给出了$(p+q):(2p-q)=a:b$,于是 $p:q=(a+b):(2a-b)$;取定 $r=p=a+b$,我们得到 $q=2a-b$,$s=2b-a$. 他给出了几种方法使$\frac{A}{B}$为平方数.

A. Holm④ 指出问题可导出一条有着两个给定有理点的三次曲线,于是这条弦确定出了第三点.

5 其他仅涉及面积的问题

一份佚名的希腊文手稿,日期介于 Euclid 与 Diophantus 之间,其求出了面积为5的有理直角三角形各边,是通过寻找满足条件的乘积,该乘积由面积数

---

① Diophanti Alex. Arith.... Commentariis... Avctore C. G. Bacheto,162,333.

② Oeuvres,Ⅰ,319;French transl.,Ⅲ,259,Cf.,Ⅱ,224-226.

③ Opera postuma,1,1862,224-227(about 1773).

④ Proc. Edinburgh Math. Soc.,22,1903-1904,48.

与一平方数所乘，所找到的是 5 与 36 之积（被 6 整除），条件是该乘积要为一个直角三角形的面积，找到的直角三角形三边为（9，40，41），并将其按比例 1∶6 缩小 —— 这也表明其知晓了这个事实即整边直角三角形的面积是 6 的倍数.

Diophantus，Ⅵ，3，待求一个直角三角形其面积加上一个给定数产生一个平方数. 取 $g=5$ 并用 (hx,px,bx) 表示直角三角形；我们将选定一个 x 使得 $\frac{1}{2}pbx^2+5=n^2x^2$. 令 (h,p,b) 由 $(m,\frac{1}{m})$ 形成并取 $n=m+2\cdot\frac{5}{m}$. 则 $\frac{1}{2}pb=m^2-\frac{1}{m^2}$. 当 n^2 减去 $\frac{1}{2}pb$ 时，所得之差为一平方数的 5 倍. 由此 $100m^2+505=\square$，命其等于 $(10m+5)^2$. 因此 $m=\frac{24}{5}$，$n=\frac{413}{60}$，$x=\frac{24}{53}$. F. Vieta（Zetetica，Ⅴ，9）取 $g=r^2+s^2$，由 $((r+s)^2,(r-s)^2)$ 形成直角三角形，并将其边除以 $2(r+s)(r-s)^2$；现在面积为 $2rs\cdot\frac{r^2+s^2}{(r-s)^2}$，此面积加上 g 可得 $\frac{r^2+s^2}{r-s}$ 的平方. Bachet① 说明了 g 未必为两个平方数之和，并且在 $g=6$ 时解决了此问题（6 含有模 4 余 3 的因子且次数不为偶数，故 6 不是两个平方数之和）. Fermat（Oeuvres，Ⅲ，265）指出了 F. Vieta 对 g 假设（而该假设实际上不必要）的可能来源. 令直角三角形由 (ax^2,a) 形成；其面积 $x^2a^4(x^4-1)$ 加上 $5z^2$ 会得到一个平方数. 由于 5 是两个平方数之和，故我们可以确定出 y 使得 $5y^2-1=\square$. 通过令 $z=a^2xy$，面积与 $5z^2$ 之和 $a^4x^2(x^4-1+5y^2)$ 含公因式 x^4-1+5y^2（可以看出对于 a 而言只需要 a^2 为整数即可），取 $y=x+1$；则能“轻而易举地”使 x^4-1+5y^2 为平方数. 而 F. Vieta 并没有观察出当 x^4-1 被换成 $1-x^4$ 时该问题可以被解决，因为我们可以解决 $gy^2+1=\square$. Fermat 求出了直角三角形 $(\frac{9}{3},\frac{40}{3},\frac{41}{3})$，其面积 20 加上 5 可得平方数 5^2.

译者注 虽然不定方程 $x^4-1+5(x+1)^2=k^2$ 无正整数解，但有负整数解以及有理数解. 比如 $(x,y)=(-3,-2)$，从而 $x^4-1+5y^2=10^2$，则

$$x^2a^4(x^4-1)+5z^2=x^2a^4(x^4-1)+x^2a^4(5y^2)$$
$$a^4x^2(x^4-1+5y^2)=30^2a^4$$

于是，取 $a=\frac{1}{\sqrt{6}}$ 就可以得到直角三角形 $(\frac{9}{3},\frac{40}{3},\frac{41}{3})$.

有理三角形面积绝不会是一个平方数也绝不会是一平方数的 2 倍. 其中该定理由 Bachet 给出，而 F. Vieta 就关于求给定面积的直角三角形问题做出了评

① Diophanti Alex. Arith.... Commentariis... Avctore C. G. Bacheto，1621，333.

论.

Fermat① 指出三边为(2 896 804,7 216 803,7 776 485)的直角三角形其面积为形如 $6u^2$ 的形式;同样地对于直角三角形(3,4,5)亦然. E. Lucas② 得出了这些直角三角形,还得出了三边为(49,1 200,1 201)的直角三角形,且其面积为 $6\cdot 70^2$. E. Lucas 指出有理三角形面积绝不会是一个平方数,也绝不会是一平方数的 2 倍,3 倍,4 倍.

Gillot 应 Descartes③ 的要求解决了 Fermat 的一个问题,此问题为求出三个直角三角形使其面积两两之和构成直角三角形的三边. 求出来的直角三角形为

$$\left(\frac{24}{5},\frac{35}{12},\frac{337}{60}\right),\left(\frac{8}{3},\frac{21}{2},\frac{65}{6}\right),\left(12,\frac{7}{2},\frac{25}{2}\right)$$

它们的面积依次为 7,14,21,这三个数两两之和构成直角三角形(21,28,35)的三边. Gillot 还给出了一组面积依次是 15,30,45 的以及另外 7 组.

6 涉及面积与其他元素的多种问题

在一份早期的希腊文手稿中,出现了这样一个问题,求出两直角边为 a,b 且斜边为 c 的直角三角形使得其面积 T 与周长 $2s$ 之和为给定整数 A. 对于在 $A=8\cdot 35,A=6\cdot 45,A=5\cdot 20,A=5\cdot 18$ 这几个情形下给出的解,如果我们引入内切圆半径 r 那么这些解会变得清晰明了,于是 $T=rs=\frac{ab}{2},r+s=a+b$, $c=s-r$. 将 A 分成两个因子 $s,r+2$ 使得 $(r+s)^2-8rs$ 为完全平方数 n^2. 则 $2a=r+s+n,2b=r+s-n$. 参看 E. Bahier 的书④.

Diophantus,Ⅵ,6-9 讲了下述四种直角三角形,其面积增加(或减少)一条直角边(或两直角边之和)应为给定数 g(译者补:条件两两搭配,共四种情形). 为解决前两个问题("增一条直角边"与"减一条直角边"),Fermat 由 $(g,1)$ 形成直角三角形,当为增的情形时每条边除以 $g+1$,为减的情形时每条边除以 $g-1$;他还阐明了求两类有理直角三角形的问题,使得面积减去一条直角边(或减

① Oeuvres,Ⅲ,256,348;comment on Diophantus Ⅴ,8 and Inventum Novum,Ⅰ,§38,Cf. A. Genocchi,Annali Sc. Mat. Fis.,6,1855,319-320.

② Bull. Bibl. Storia Sc. Mat.,10,1877,290.

③ Oeuvres,Ⅱ,179;letter from Descartes to Mersenne,June 29,1638. Cf. Oeuvres de Fermat,Ⅳ,1912,56.

④ Recherche Méthodique et Propriétés des Triangles Rectangles en Nombres Entiers,Paris,1916,21-27.

去两条直角边之和）是一个给定的整数. 参看 E. Bahier① 的著作(170 ～ 192 页).

Diophantus，Ⅵ，10[11]，求出一个直角三角形其面积增加(或减去) 一个和等于 4，该和由斜边与一条直角边所加而得. Fermat 希望得到由斜边与一条直角边所加之和被面积减去后为 4；该题的答案 $\left(\frac{17}{3},\frac{15}{3},\frac{8}{3}\right)$ 在 Inventum Novum，Ⅲ，33(Oeuvres de Fermat，Ⅲ，389) 中给出. Bachet 求出一个直角三角形其面积增加(或减少) 其斜边得数为整数 4.

Diophantus，Ⅵ，13 介绍了关于这样的直角三角形 (px, bx, hx)，其面积增加其任一条直角边都是平方数. 令 $A = pb/2$. 由 $Ax^2 + bx = m^2x^2$，则 $x = \frac{b}{m^2 - A}$. 则要使 $Ax^2 + px = \square$ 成立就需要

$$pbm^2 + Ab \cdot (b - p) = \square$$

就像 Ⅵ，12 一样，我们可以选定 (p, b, h) 相似于(3，4，5) 使得长直角边 b，两直角边差 $b - p$ 以及 $p + A$ 均为平方数，命 $b - p = m^2$. 前面的条件因此都会被满足. 而 Fermat 的方法(Oeuvres，Ⅲ，267) 产生了无穷多个不相似于(3，4，5) 的直角三角形.

Diophantus，Ⅵ，15[17] 给出一个直角三角形 $(8x, 15x, 17x)$，让其面积所减去的(或所增加的) 要么是一条斜边要么是某条直角边，使这两者所得差(或所得和) 均为平方数. 而 Fermat② 待求的是这样的直角三角形，要么从一条斜边减去面积，要么从某条直角边减去面积，使这两者所得差均为平方数.

Diophantus，Ⅵ，19[20]，待求的是这样的直角三角形，其面积与斜边之和为平方数(立方数)，并且其周长为立方数(平方数).

Diophantus，Ⅵ，20[21]，待求的是这样的直角三角形，其面积与某一条直角边之和为平方数(立方数)，并且其周长为立方数(平方数). 利用 Pythagoras③ 的法则给出直角三角形，之后每条边都除以 $\alpha + 1$. 周长 $4\alpha + 2$ 将会变为一个立方数. 通过其他的条件，使 $2\alpha + 1 = \square$. 而 8 是一个整数，且既是立方数又是平方数的 2 倍. 因此 $\alpha = \frac{3}{2}$.

译者注　英文版原文错误地写成 8 是仅有的一个整数既是立方数又是平

① Recherche Méthodique et Propriétés des Triangles Rectangles en Nombres Entiers, Paris, 1916, 21-27.

② His solution is in Inventum Novum, Ⅰ, 26, 40; Oeuvres, Ⅲ, 341, 349.

③ Proclus Diadochus, primum Euclidis elem. libr, comm. (5th cent.), ed. by G. Friedlein, Leipzig, 1873, 428. Eléments d'Euclide avec les Comm. de Proclus, 1533, 111; Latin trans. by F. Barocius, 1560, 269. M. Cantor, Geschichte Math., ed 3, 1, 1907, 185-7, 224. G. J. Allman, Greek Geometry from Thales to Euclid, 1889, 34.

方数 2 倍.实际上满足既是立方数又是平方数 2 倍这样条件的整数还有 $8^3=256$，$18^3=5\ 832$ 等.于是有理直角三角形 $\left(\frac{512}{257},255,65\ \frac{537}{257}\right)$ 也是满足题目要求的解.

Diophantus，Ⅵ，23[24]① 有关于这样的直角三角形，其面积与周长之和为立方数(平方数)，并且周长为平方数(立方数).利用 Plato② 的法则给出直角三角形，则在 $\alpha=\frac{2}{m^2-2}$ 情形下周长 $p=2\alpha^2+2\alpha$ 为平方数.则 $\alpha\cdot(\alpha^2-1)+p$ 以及由此而来并在 $2<m^2<4$ 情形下的 $2m$ 都将为立方数，即 $m=\frac{27}{16}$ 的情形.

Bháskara③ 求出了面积等于斜边的直角三角形(统一成单位面积与单位长度并在数值上相等).

Bachet，he Diophantus 第六版书的最后，他补充了 22 道题.前 13 道，我们给定了一个周长，或斜边或一个有理直角三角形的面积，并寻找某个指定函数的最大值或最小值.第 14 至第 18 道，我们寻找这样的三条边，给定直角边之和或周长 p 或同时给定 p 与面积 A，又或者同时给定 p 和边的乘积.第 19 道，使 p 以及 $p\pm A$ 三者同时为平方数.第 21 至第 22 道，我们给定 p 或 A，以及由直角顶点到斜边的垂线.

J. de Billy④ 求出了这样的直角三角形，其某一条直角边，两直角边之和以及每条直角边与面积 2 倍的差，均为平方数.若 x 与 $y=1-x$ 为两条直角边，条件就是 y 与 x^2+y^2 都为平方数，$x=\frac{40}{49}$ 时条件成立.如果我们用代数的方法来认真阐述此问题，并再把代表直角边的字母理解为斜边，我们会得到一个新问题，该问题被 A. Cunningham⑤ 解决.

Fermat⑥ 向 St. Martin 提出了这样一个问题，它们的面积已知且两个直角三角形对应的两个长直角边相差 1.

Fermat⑦ 指出，若在直角三角形(205 769，190 281，78 320)中，我们用面

---

① For Ⅵ，24，see T. L. Heath，Diophantus，1885，236-237；1910，244-245；P. Mansion，Mathesis，(4)，4，1914，145-149.

② Proclus Diadochus，primum Euclidis elem. libr. comm. (5th cent.)，ed. by G. Friedlein，Leipzig，1873，428. Eléments d'Euclide avec les Comm. de Proclus，1533，111；Latin trans. by F. Barocius，1560，269. M. Cantor，Geschichte Math.，ed. 3，Ⅰ，1907，185-187，224. G. J. Allman，Greek Geometry from Thales to Euclid，1889，34.

③ Colebrooke，[8] pp. 61-63. John Taylor's transl. of Brahme...，Bombay，1816，p. 71.

④ Inventum Novum，Ⅰ，§52；Oeuvres de Fermat，Ⅲ，359.

⑤ Math. Quest. and Solutions，3，1917，79-80.

⑥ Oeuvres，Ⅱ，252，letter to Mersenne，Feb. 16，1643.

⑦ Oeuvres，Ⅱ，263(260，3°)，letter to Mersenne，Sept，1，1643.

积加上两直角边和的平方,我们能得到一个平方数.

Frenide① 给出了刚刚 Fermat 的结果而未做评论;还给出了直角三角形(17,144,145)的斜边加面积是平方数;同时在面积与短直角边之和为平方数的整边直角三角形中,前三个分别是(3,4,5),(16,30,34),(105,208,233).

J. de Billy② 讨论了大量的有理直角三角形问题.在前 44 个问题中,在某些边上加上或减去规定的面积倍数,得到平方数.接下来的五道题涉及了周长.问题 58,斜边和某一条直角边之和再加上给定的面积倍数后应为一个立方数,相比而言问题 55 至问题 67 都与它类似.在问题 68 中,直角三角形($30\cdot 2^{3n}$,$18\cdot 2^{3n}$,$24\cdot 2^{3n}$)的面积可形成一个公比为 2^6 的等比数列,相比而言问题 69 至问题 73 都与它类似.其书第二章的 120 道题目虽然没有涉及面积,但使边的某个函数为平方数或是立方数.

J. Ozanam③ 求出了这样的直角三角形,其三边均为比值,分子依次为 2264592,18325825 以及 18465217,分母均为 20590417,其每条边超过面积 2 倍的部分都是平方数.该问题以晦涩的诗句形式并且作为问题 133 被提出在 1728 年的《女士日记》(数学杂志)上;一个改进后的无趣问题于 1729 年被解决了.

C. Wildbore④ 取 x 与 $1-x$ 为两条直角边,它们超过面积 2 倍的部分分别为 x^2 与 $(1-x)^2$.使斜边 h 等于 $v\cdot(1-x)+x$,我们得到 $x=\frac{1-v^2}{1+2v-v^2}$.条件 $h-(x-x^2)=\square$ 变成 $1+4v^3-v^4=\square$.首先取 $v=\frac{b}{a}$,$b=d-3$,$a=d+5$;则 $4(d^4+4d^3+6d^2+260d+1)=\square$,当 $d=\frac{4\ 223}{66}$ 时 $\square=(2d^2-260d-2)^2$,它产生了 Ozanam 的答案.v 的下一个值为 $\frac{491\ 050}{555\ 466}$,由此得 $x=\frac{8\ 426\ 546\ 832}{76\ 616\ 941\ 657}$,另外他还取

$$1+4v^3-v^4=(1+nv^2)^2$$

为了解 v,利用根式得

$$2(1-n)(2+n+n^2)=\square=4r^2(1-n)^2$$

为了解 n,我们可以看出 $4r^4+12r^2-7=\square$.取 $r=\frac{a}{b}$,$a=d+1$,$b=d-1$,并

---

① Method pour trouver la solution des problèmes par les exclusions, Ouvrages de Math., Paris, 1693; Mém. Acad. R. Sc. Paris, 5, 1666-1699(1676), éd. 1729, 56.

② Diophanti Redivivi, Lvgdvni, 1670, Pars Prior, pp. 1-302.

③ Nouveaux élémens d'algebre, 1702, 604.

④ Ladies' Diary, 1772, 40-41, Quest. 638; T. Leybourn's Math. Quest. From Ladies' diary, 2, 1817, 342-345; C. Hutton's Diarian Miscellany, 3, 1775, 356-357.

让 d 的四次式等于此数$\left(3+\frac{22d}{3}-\frac{43d^2}{27}\right)$的平方；因此 $d=\frac{202\ 752}{179\ 200}$，给出了最后结果. 还有一个更长的类似讨论，所导出新的 r 值，$r=\frac{50\ 929}{46\ 200}$，其产生的一个答案所涉及含十个数位的整数.

译者注 原文献是正确的，而本书英文版却将$\left(3+\frac{22d}{3}-\frac{431d^2}{27}\right)$错写为$\left(3+\frac{22d}{3}-\frac{43d^2}{27}\right)$.

T. Leybourn[1] 取$\frac{x}{x+y}$与$\frac{y}{x+y}$为直角边，是由于这两式的每一个与面积 2 倍的差均为平方数. 取 $x=m^2-n^2$，$y=2mn$. 则当 $m^4+4mn^3-n^4=\square$ 时，斜边与面积 2 倍的差为平方数. 取 $m=1+v$，$n=4$，且 v 的四次方等于 $v^2-130v+1$ 的平方；于是 $v=\frac{4\ 223}{66}$. 或者取 $m=v+5$，$n=v-3$，v 的四次式等于 $2v^2-236v-2$ 的平方；于是 $v=\frac{7\ 619}{176}$.

Malézieux[2] 提出寻找两个直角三角形，满足周长的和或差是平方数；面积的差为平方数；两个三角形最短边的差等于第一个三角形两个最长边的差或第二个三角形的两个最长边的差，且差为立方数；第一个三角形长直角边与第二个的短直角边的差为平方数；第一个三角形最短边与第二个的中间边呈平方数.

L. Euler[3] 讨论了 Fermat 在他的 Diophantus，Ⅵ，14 空白处提出的问题：求出一个直角三角形使得每条直角边与面积的差为平方数. L. Euler 以$\frac{2x}{z}$，$\frac{y}{z}$来表示直角边，其中 $x=ab$，$y=a^2-b^2$. 两条直角边分别减去面积$\frac{xy}{z^2}$. 因此 $2xz-xy$ 与 $yz-xy$ 都为平方数. 令它们的乘积为该数$\left(xy-\frac{yzp}{q}\right)$的平方；因此

$$z-x=\frac{x^2y\cdot(p-q)^2}{k}, 2z-y=\frac{x\cdot(2qx-py)^2}{k}, k=2q^2x^2-p^2xy$$

只剩下把 k 变成平方数，命为 r^2x^2. 因此 $x:y=p^2:(2q^2-r^2)$. 用 z 取定比例因子，我们可以设 $x=p^2$，$y=2q^2-r^2$. 则 $z=p^2+\frac{(p-q)^2(2p^2-r^2)}{r^2}$. 条件

① Math. Quest. from Ladies' Diary，1，1817，173-175.

② Éléments de Geométrie de M. le Duc de Bourgeogne，par de Malézieux，1722. Solved by E. Fauquembergus，Sphinx-oedipe，2，1907-1908，15-16.

③ Novi Comm. Acad. Petrop.，2，1749，49；Comm. Arith.，Ⅰ，62.

$4x^2+y^2=\square$ 将变为 $E\equiv 4p^4+(2p^2-r^2)^2=\square$，特解可以通过设 $\sqrt{E}=2p^2\mp r^2$，$\sqrt{E}=2p^2\pm 2q^2$ 或 $\sqrt{E}=r^2+2q^2\pm 2p^2$ 来得出. 回到 L. Euler 其书第 20 小节(实际是题目编号)来求一般情形，L. Euler 将 $k=r^2x^2$ 表示为

$$ab\cdot(a^2-b^2)=\frac{a^2b^2}{p^2}(2q^2-r^2)=2t^2-u^2$$

素数 2，$8m\pm 1$ 和一平方数的乘积(该乘积的几何意义是面积的 2 倍)一定可表示为 $2t^2-u^2$ 的形式，并且仅有这样的乘积. 此外，若该乘积由两个整数相乘而得并且这两个整数最大公因数为 1 或 2，该乘积除了一定可表示为 $2t^2-u^2$ 的形式，它的那两个因子都可表示为该形式. 反过来，当为该情形($2t^2-u^2$ 型整数是那样的乘积)，最初的问题就可以轻易地求出来. L. Euler 将所有小于 200 的容许值 a 以及所有小于 200 的容许值 b 列成表格，并给出了 p,q,r,z 的公式.

为了找到面积与斜边平方的和为平方数的直角三角形，J. Whitley[①] 写出不定方程 $rs(r^2-s^2)+(r^2+s^2)^2=a^2$ 还取 $r=t-8s$，则有 $a=t^2-mts+61s^2$，其中 $m=\frac{1\ 889}{122}$，并求出 $t=\frac{3\ 839s}{488}$，从而 $r=-\frac{65s}{488}$. J. Whitley 对刚刚的不定方程取 $a=r^2+s^2+\frac{1}{2}rs$ 并求出 $r=-8s$，而它不能给出正值解. 因此设 $r=t-8s$.

"Calculator"[②] 求出了三个等周长而面积成等差数列的直角三角形. 每个面积都正比于内切圆半径 r；对于半径分别为 $2amn$，$a(m^2\pm n^2)$，$r=an(m-n)$. 经过一个长时间的计算，所有三角形的边都有 8 位数字

(18 601 944，13 951 458，23 252 430)，(18 559 223，13 999 464，23 247 145)，(18 515 584，14 048 388，23 241 860)

W. Wright[③] 通过取 $m^2\pm n^2$，$2mn$ 为边长，求出一个直角三角形其周长为平方数而面积为平方数. 令周长为 q^2m^2，于是 $m=\frac{2n}{q^2-2}$. 则当下式成立时面积为立方数

$$8n-2n(q^2-2)^2=s^2$$

该式能给出"Epsilon"取 $(m^2\pm n^2)p$，$2mnp$ 为三边长. 周长为平方数的前提是 $p=2m\cdot(m+n)$，面积为立方数的前提是 $4n\cdot(m-n)$，于是要么 n 为立方数而 $m-n$ 为平方数二倍，要么是它俩反过来.

为了求出一个直角三角形其三边和等于面积(统一成单位面积与单位长度并在数值上相等)，许多解答者都指出 $2s^2+2rs=rs(r^2-s^2)$ 暗示着 $-2=$

---

① The Gentleman's Math. Companion, 2, No. 10, 1807, 69.

② The Gentleman's Math. Companion, 4, No. 22, 1819, 861-864. Cf. Perkins.

③ Ibid., 5, No. 28, 1825, 371-373.

r^2-rs. 该二次方程的根 r 涉及根式 $\sqrt{s^2-8}$，使其等于 $s-x$，会给出 $s=\frac{8+x^2}{2x}$，对于整数解而言，我们有 $x<s$，于是 $x=4,s=3,r=2$ 或 $r=1$，并且仅有的整边直角三角形为(13,5,12)，(10,8,6).

J. Baines[①] 为求出两个直角三角形使得它们在底边、垂边、斜边、周长以及内切圆直径上所相差的部分全都是平方数，并且面积之差为立方数. 取 $25m^2-n^2$，$10mn$，$25m^2+n^2$ 分别为其中一个直角三角形的底边、垂边与斜边，而 $9m^2-n^2$，$6mn$，$25m^2+n^2$ 分别为另一个直角三角形的底边、垂边与斜边，这样只需要使 $4mn$ 与 $A=32m^2+4mn$ 为平方数并使 $B=98m^3n-2mn^3$ 为立方数. 取 $mn=a^2$，则若 $8a^2+n^2=\square=\left(\frac{2ar}{s}+n\right)^2$ 有 $A=\square$. 取 $r=s=1$，于是 $n=a=m$，若 $a=\frac{b^3}{96}$，则 $B=96a^4$ 为立方数. G. Heald 取 $(10x^2,24x^2,26x^2)$ 与 $(6x^2,8x^2,10x^2)$ 除最后一个条件外，其他条件都一致地被满足. 若 $x=\frac{p^3}{12}$ 的面积差 $96x^2$ 为立方数.

J. Davey[②] 求出了一个直角三角形，其周长为平方数 p^2 使得立方数 p^3 等于其面积. 取 pr,ps,pt 分别为三边. 则 $r=p-s-t$，$s=\frac{2p}{t}$，以及 $r^2=s^2+t^2$，这三式给出了 $p=\frac{2t(t-2)}{t-4}$.

许多作者[③]求出了这样的直角三角形的两直角边 a,b 与斜边 c，使得 $a,c+b,c-b$ 均为立方整数，命其为 p^3,m^3,n^3. 则 $c^2-b^2=a^2$ 可给出 $mn=p^2$.

G. R. Perkins[④] 指出直角三角形(40,30,50)，(45,24,51)，(48,20,52)有相等的周长并且面积 600,540,480 成等差数列.

V. J. Knisely 也求出了结果，其结果与 G. R. Perkins 所得的一样，而 Knisely 是通过取下述式子作为边

$$
\begin{array}{ccc}
(p^2+2pq)a & (2pq+2q^2)a & (p^2+2pq+2q^2)a \\
(p^2-p^2)b & 2pqb & (p^2+q^2)b \\
(p^2-4q^2)c & 4pqc & (p^2+4q^2)c
\end{array}
$$

条件约简为

---

① Ladies' Diary, 1830, 37, Quest. 1500.

② The Lady's and Gentleman's Diary, London, 1841, 58 (Quest. 1416 of Gentleman's Diary, 1840).

③ Ibid., 1845, 51-52, Quest. 1722.

④ The Analyst, Des Moines, 1, 1874, 151-154. Cf. Calculator.

$$(p+2q)a=pb,(p+q)a=pc,2(p-q)b=pa+2pc-4qc$$

将前两个条件给出的 b,c 值代入第三个条件中，我们得到 $p=4q$，于是 $b=\frac{6a}{4},c=\frac{5a}{4}$. 对于 $q=1,p=a=4,c=5,b=6$，我们得出刚提及的结果. A. B. Evans 给出了一个很长的讨论，据说可以给出完备解；但是他的数值例子涉及非常大的数字.

Lucas 提出而由 Moret-Blanc① 解决了这两个问题，求出一个直角三角形使其斜边的平方增加或减少该三角形面积(或面积的 2 倍) 为一个平方数.

Lucas② 表明，递降法可以完全解决刚刚两个问题中的第二个(面积的 2 倍).

C. de Comberousse③ 讨论了那些其面积等于周长的有理直角三角形(统一成单位面积与单位长度并在数值上相等). 将 $x^2+y^2=z^2$ 与下述表达式之间的 z 消去

$$x+y+z=\frac{xy}{2}$$

我们得到 $y=4+\frac{8}{x-4}$. 因此$(x-4)$是 8 的因子，并且仅有的整边直角三角形为(13,5,12)，(10,8,6). (译者补：而有理边情形时有无穷多个，现只举三个例子，如

$$\left(\frac{60}{13},17,\frac{229}{13}\right),\left(\frac{36}{7},11,\frac{85}{7}\right),\left(\frac{24}{5},14,\frac{74}{5}\right)$$

译者注　英文版原文没有说清楚是有理边的情形还是整数边时的情形，已由译者补充.

A. Holm④ 讨论了一个问题，该问题包括了 Diophantus，Ⅵ，第 6－11 题的那些情形，还包括了 Bachet 与 Fermat 的补充. 该问题为：求出一个有理直角三角形使得其面积的给定倍与三边相应的给定倍这四项之和为一个给定数. 取 $\frac{x^2\pm1}{y}$ 与 $\frac{2x}{y}$ 为边，条件即

$$a\cdot\frac{x\cdot(x^2-1)}{y^2}+b\cdot\frac{x^2+1}{y^2}+c\cdot\frac{x^2-1}{y^2}+d\cdot\frac{2x}{y^2}=e$$

对于 y，(上式同乘 y^2) 该二次型的判别式是一个四次函数 $Q(x)$，该四次函

① Nouv. Ann. Math.，(2)，14，1875，510；(2)，20，1881，155-160.

② Bull. Bibl. Storia Sc. Mat.，10，1877，291-293.

③ Algèbre supérieure，1，1887，190-191.

④ Proc. Edinburgh Math. Soc.，22，1903-1904，45-48；Math. Quest. Educ. Times，(2)，10，1906，47-48.

数中 x^4 的系数和常数项是平方数.有许多已知的方法使 $Q(x)$ 为平方数.

7　直角边之差为 1 的直角三角形

Girard① 给出了十四个满足本节标题这样的直角三角形,其中它们的短直角边分别为

3,20,119,696,4 059,23 660,137 903,803 760,…,31 509 019 100

由一个形如 $(x, x+1, z)$ 的直角三角形出发,其直角边为相继的正整数,Fermat② 导出第二个直角三角形 $(X, X+1, Z)$,其中

$$X = 2z + 3x + 1, Z = 3z + 4x + 2$$

例如,我们有边组序列(3,4,5),(20,21,29),(119,120,169),…. 在该序列表示的三角形中(从直角三角形(20,21,29)起)每隔一个可给出一个新问题的解,新问题为求出一个直角三角形其最短边分别被其余边减去均为平方数.他之后指出新问题这样的三角形是由 $(r^2 + s^2, 2s(r - s))$ 按之前方式来形成的.

Fermat③ 指出第六个如标题的三角形(23 660,23 661,33 461).由第一个这样的三角形(3,4,5)开始,我们想得到第二个的三边,可以先取三边之和的 2 倍(即 24),再分别进行如下三种操作:减去第一个的长(短)直角边得到第二个的短(长)直角边;加上第一个的斜边得到第二个的斜边.

J. Ozanam④ 给出了前六个如标题的三角形.如果其中有一个是由 (m, n) 按之前方式⑤来形成的,其中 $m > n$,那么下一个是由 $(m, 2m + n)$ 按之前方式来形成的.在 J. E. Montucla 的版本第一卷(1790 年出版)第 48 页中写着,如标题的三角形可由序列 1,2,5,12,29,70,…,k 中任意的相继项 (m, n) 按之前方式来形成,其中 k 使得两数 $2k^2 \pm 1$ 之一为平方数.同样的法则还由 Grüson⑥ 给出.

C. Hutton⑦ 指出,若 $\frac{p_r}{q_r}$ 是 $\sqrt{2}$ 的 r 级渐近分数,则 $p_r p_{r+1}$ 与 $2q_r q_{r+1}$ 是两个

---

① L'arith. de Simon Stevin…par A. Girard,1625,629;Oeuvres,1634,158,col. 1.

② Oeuvres,Ⅱ,224-225. Reproduced in Sphinx-Oedipe,7,1912,103-104.

③ Oeuvres,Ⅱ,258;letter to St. Martin,May 31,1643;reproduced,Sphinx-Oedipe,7,1912,104.

④ Recreations Math.,1,1723;1724;1735,51;etc.(first ed.,1696).

⑤ Artih.,Ⅱ,8;Opera,ed. by P. Tannery,1,1893,90;T. L. Heath,1910,145.

⑥ Enthüllte Zaubereyen u. Geheimnisse der Arith.,Berlin,1796,104-106.

⑦ English transl. of Ozanam's Recreations,1,1814,46.

相继的正整数,它们的平方和为$(q_{2r+r})^2$.

Du Hays① 给出了直角边之差为1(或为7)的直角三角形.

L. Brown② 给出了前六个与第十一个如标题的直角三角形.

G. H. Hopkins 与 M. Jenkins③ 都将问题约简为 $x^2-2y^2=\pm 1$,并给出了正整数解的递推公式. A. B. Evans 利用$\sqrt{2}$ 的连分数解决此问题.

Judge Scott④ 给出了前八个与第十一个如标题的直角三角形.

A. Martin⑤ 用$\frac{1}{2}(x\pm 1)$ 作为两条直角边,于是 $x^2-2y^2=-1$,并且$\sqrt{2}$ 的奇数阶渐近分数便为$\frac{x_n}{y_n}$. 因此有 $x_n=6x_{n-1}-x_{n-2}$ 以及同样对于 y_n 的递推式,还有

$$2x_n=(1+\sqrt{2})^{2n+1}+(1-\sqrt{2})^{2n+1},2\sqrt{2}y_n=(1+\sqrt{2})^{2n+1}-(1-\sqrt{2})^{2n+1}$$

并求出了第十八个如标题的直角三角形.

T. T. Wilkinson 陈述而由 J. Wolstenholme⑥ 证明了一个法则,此法则等价于一个求不定方程 $x^2-2y^2=1$ 正整数解的递推公式.

D. S. Hart⑦ 取 x 与 $x+1$ 作为两条直角边,则

$$2x^2+2x+1=\square=\left(\frac{xp}{q}-1\right)^2$$

给出了 $x=\frac{2pq+2q^2}{d}$,其中 $d=p^2-2q^2$. 他利用 Pell 方程的理论使$d=\pm 1$.

A. Martin⑧ 给出了第 n 个如标题的直角三角形,其中 $n=80$ 以及$n=100$.

P. Bachmann⑨ 证明了在满足 $z>0$ 的同时 x 与 y 为相继的正整数,在此条件下,不定方程 $x^2+y^2=z^2$ 只要有正整数解,都可以由下式给出

$$x+y+z\sqrt{2}=(1+\sqrt{2})(3+2\sqrt{2})^k,k=0,1,2,\cdots$$

几位作者⑩得出了前六个三角形.

---

① Jour. de Math. ,7,1842,331.

② Math. Monthly(ed. ,Runkle),Cambridge,Mass. ,2,1860,394.

③ Math. Quest. Educ. Times,12,1869,104-106.

④ Of commensurable right-angled triangles... ,Bucyrus,Ohio,1871,23 pp.

⑤ Math. Quest. Educ. Times,14,1871,39-91;16,1872,107;19,1873,89;20,1874,21,42-44.

⑥ Ibid. ,20,1874,97-99.

⑦ Ibid. ,63-64.

⑧ The Analyst,Des Moines,3,1876,47-50;Math. Visitor,1,1879,56,122(erroneous values for $n=5,6$ occur on pp. 55-56).

⑨ Zahlentheorie,1,1892,194-196;Niedere Z. ,2,1910,436.

⑩ Amer. Math. Monthly,4,1897,24-28.

R. W. D. Christie① 指出了不定方程 $x^2+(x+1)^2=y^2$ 的正整数解为

$$x=2_0+2_1+\cdots+2_{2r-1}, y=2_{2r}$$

其中 2_r 表示所有的对角元均为2的 r 阶简单连分行列式(Simple Continuant).此命题由 T. Muir② 通过引用 Fermat③ 的法则,从而证明出.

译者注 R. W. D. Christie 的命题在《数学公报》(*The Mathematical Gazette*)上刊载的表述与此处有所不同,此处沿用了 T. Muir 的表述. R. W. D. Christie 陈述 $\frac{p_n}{q_n}$ 为不定方程 $p^2-2q^2=\pm 1$ 的第 n 个偶数阶渐近分数,也就是 $\sqrt{2}$ 的第 n 个偶数阶渐近分数,那么 $x^2+(x+1)^2=y^2$ 的正整数解由 $\left(\sum_{n=1}^{s} p_n\right)^2+\left(1+\sum_{n=1}^{s} p_n\right)^2=(p_{2s}+q_{2s})^2=(q_{2s+1})^2$ 给出.另外,此处的连分行列式具体形式如下

$$2_0=1;2_1=2;2_2=\begin{vmatrix} 2 & 1 \\ -1 & 2 \end{vmatrix}$$

$$2_3=\begin{vmatrix} 2 & 1 & 0 \\ -1 & 2 & 1 \\ 0 & -1 & 2 \end{vmatrix};2_4=\begin{vmatrix} 2 & 1 & 0 & 0 \\ -1 & 2 & 1 & 0 \\ 0 & -1 & 2 & 1 \\ 0 & 0 & -1 & 2 \end{vmatrix}; \cdots$$

A. Martin④ 指出各种方法.前三种方法都是基于不定方程 $2k^2\pm 1=\square$ 的正整数解(J. Ozanam⑤,C. Hutton⑥,P. Bachmann⑦).使用 Fermat 的方法计算出了前四十个如标题的直角三角形,并将其制为一张表.

A. Lévy⑧ 也求出了它们,当(1)中的两个正整数连续时.显然 $z-y=2n^2\neq 1$.接着,$z-x=(m-n)^2$,其可以等于1,当 $m=n+1$ 时其等于1.最后,$y-x=\pm 1$ 时 $(m-n)^2-2n^2=\pm 1$.将 $(1-\sqrt{2})^p$ 写成 $a-b\sqrt{2}$ 的形式,则 a,b 为不定方程 $a^2-2b^2=(-1)^p$ 的正整数解并且据文章称 $u^2-2v^2=\pm 1$ 的所有解都可以由 p 的全部整数值来得到.或者我们还可以利用本书第十二章 G. Fontené 给出的递推公式计算刚刚那个含 u,v 的不定方程正整数解.我们得到(3,4,5),(21,20,29),(119,120,169),(697,696,985),(4 060,

① Math. Gazette,1,1896-1900,394.

② Proc. Roy. Soc. Edinburgh,23,1899-1901,264-267.

③ Oeuvres,11,224-225. Reproduced in Sphinx-Oedipe,7,1912,103-104.

④ Math. Magazine,2,1910,301-324.

⑤ Recreations Math.,1,1723;1724;1735,51;etc.(first ed.,1696).

⑥ English transl. of Ozanam's Kecreations,1,1814,46.

⑦ Zahlentheorie,1,1892,194-196;Niedere Z.,2,1910,436.

⑧ Bull. de math. élémentaires,15,1909-1910,165-166.

4 059,5 741).

G. A. Osborne[①]讨论了本节标题的问题.参看本书第九章的Barisien[②].几位作者使用了不定方程$x^2-2y^2=-1$来讨论,F. Nicita[③]运用递推级数来讨论.

8 直角边之差(记为d)或直角边之和给定的直角三角形

Frenicle[④]陈述每一个整数都是直角边之差,并且有着无穷多种方法使该差等于每个给定整数,每一个形如$8n+1$的素数或者这类素数之积都可以是本原直角三角形直角边之差,并且有无穷多个本原直角三角形满足要求.

译者注 英文版原文所陈述的为"是",然而实际上应为"可以是".

为了求出所有$d=7$的直角三角形,可以从一个由(3,2)按之前形式所形成的直角三角形(5,12,13)开始,下一个由$(3,2\cdot 3+2)$按之前形式来形成,依此类推.又求出另一系列的直角三角形,它们从(8,15,17)开始的,(8,15,17)由(4,1)按之前形式所形成.他还讨论了两直角边之和给定的直角三角形.

Fermat[⑤]指出对于(5,12,13)与(8,15,17)有$d=7$,从这两个出发,依旧可以根据他的法则[⑥]得到所有的.

Frenicle[⑦]检验了斜边小于100的16个本原直角三角形并发现$d=1,7,7^2,17,23,31,41$每一个都是形如$8k\pm 1$的自然数.由(m,n)以及$(m,2m+n)$按之前形式所形成的两个直角三角形有着相同的直角边之差[⑧].

T. T. Wilkinson[⑨]会从不定方程$a^2+b^2=c^2$的一个解出发,来形成$\alpha=a+c$, $\beta=b+c$, $\gamma=a+b+c$,重复该过程,我们可以得出

---

① Amer. Math. Monthly,21,1914,148-150.

② Ladies' Diary,1828,34,Quest. 1465.

③ Periodico di Math. ,32,1917,200-210.

④ Oeuvres de Fermat,Ⅱ,235-236,238-241,letter to Fermat,Sept. 6,1641.

⑤ Oeuvres,Ⅱ,258-259;letter to St. Martin,May 31,1643.

⑥ Oeuvres,Ⅱ,258;letter to St. Martin,May 31,1643;reproduced,Sphinx-Oedipe,7,1912,104.

⑦ Method pour trouver la solution des problèmes par les exclusions,Ouvrages de Math. ,Paris,1693;Mém. Acad. R. Sc. Paris,5,1666-1699(1676),éd. 1729,56.

⑧ Oeuvres de Fermat,Ⅱ,235-237.

⑨ Math. quest. Educ. Times,20,1874,20,100. G. H. Hopkins,p. 22. On the proof sheets,E. B. Escott noted that"this process can be applied to other triangles than right-angled triangles. Under this transformation,c^2-2ab ad well as $a-b$ is invariant. Cf. Dickson."

$$a' = \alpha + \gamma = 2a + b + 2c, b' = \beta + \gamma = a + 2b + 2c$$
$$c' = \alpha + \beta + \gamma = 2a + 2b + 3c$$

此为新三角形的三边，并满足 $a' - b' = a - b$. H. S. Monck 试图证明下面这一命题而未成功，若我们以 $(3n, 4n, 5n)$ 开始并重复地应用上述过程，那么我们得出的直角三角形有相等的直角边之差. J. W. L. Glaisher 指出他的证明是不充分的. 正确的证明由 S. Tebay 以及 P. Mansion[①] 分别给出.

T. Pepin[②] 考虑 Fermat 提到的一个问题(在《Fermat 文集》第二卷第 231 页)，求出直角边之和给定为 A 时直角三角形的数目. 为了满足随之而来的条件 $x^2 - 2y^2 = A$，我们可以应用二次型的理论并表明，若 $A = a^{\alpha} \cdots c^{\gamma}$，其中 $a, \cdots, c$ 均为 $8l \pm 1$ 型素数，那么直角边之和为 A 的直角三角形总数是 $\frac{1}{2}\{(2\alpha + 1) \cdots (2\gamma + 1) - 1\}$.

译者注 本书英文版原文写的是本原直角三角形，但实际上并非本原直角三角形. 比如 $A = 7 \cdot 17 = 119$，有四个直角三角形 (20, 99, 101)，(35, 84, 91)，(39, 80, 89)，(51, 68, 85) 满足对应的两直角边之和均为 119. 其中有两个是非本原的.

J. H. Drummond 与 M. A. Gruber[③] 都求出了当 d 给定时的正整数解. 几位作者[④]处理了 $d = 7$ 的情形.

E. Bahier[⑤] 用递推级数法详细地处理了该问题.

9 两直角三角形其直角边之差相等且一个三角形中较大的直角边等于另一个三角形斜边

Frenicle[⑥] 向 J. Wallis 提出了一个问题. J. Wallis(于 1661 年 8 月) 取有公共边的两个 Rt$\triangle BAC$ 与 Rt$\triangle BCE$，它们的斜边分别是 $BC = 5 + x$ 与 BE. 取 $BA = 5 - x$，则若 $5x$ 是平方数的话，则 $BC^2 - BA^2 = 20x$ 也是. 取 $5 = ba^2$，$x =$

---

① Mathesis, (3), 6, 1906, 113.

② Mem. Pont. Accad. Nuovi Lincei, 8, 1892, 84-108; extract, Oeuvres de Fermat, 4, 1912, 205-207; cf. 253.

③ Amer. Math. Monthly, 9, 1902, 230, 292-293.

④ Math. Quest. Educ. Times, (2), 7, 1905, 88-89.

⑤ Recherche Méthodique et Propriétés des Triangles Rectangles en Nombres Entiers, Paris, 1916, 21.

⑥ Cf. C. Henry, Bull. Bibl. Storia Sc. Mat. Fis., 12, 1879, 695; 13, 1880, 446; 17, 1884, 351-352.

be^2. 则

$$BC = ba^2 + be^2, BA = ba^2 - be^2, AC = 2bae$$

在线段 AB 上截取 $AD = AC$,在线段 BC 上截取 $B\delta = BD$,由于

$$BC - CE = AB - AC = BD$$

再通过假设,有 $CE = \delta C = 2be^2 + 2bae$. 因此

$$BE^2 = BC^2 + CE^2 = b^2 f, f = a^4 + 5e^4 + 6a^2e^2 + 8ae^3$$

它仍然为一个平方数,而J. Wallis怀疑其不可能. Frenicle(于1661年12月)取 $a=2, e=4$, 于是 $f=52^2$(而我们渴望的是 $a > e$). Fermat① 由 $(N+1, 2)$ 按之前形式来形成第一个直角三角形. 则第二个直角三角形的直角边分别为 $N^2 + 2N + 5$ 与 $4N + 12$;依据它们的平方和,有

$$N^4 + 4N^3 + 30N^2 + 116N + 169 = \square = \left(13 + \frac{58}{13}N - N^2\right)^2$$

其表明了结果. 因此 $N = -\frac{1\ 525}{546}$. 因此我们用由(979,2・546)按之前[7]形式来形成的直角三角形作为第一个. 所得出的两个直角三角形为

(2 150 905,2 138 136,234 023),(2 165 017,2 150 905,246 792)

(斜边,短直角边,长直角边), (斜边,短直角边,长直角边)

如果我们用直角边之和代替题干中的直角边之差,我们会得出一对更简洁的正整数解(1 517,1 508,165)与(1 525,1 517,156).

T. Pepin② 指出最初的问题等价于

$$x^2 + y^2 = z^2, u^2 + v^2 = x^2, u - v = x - y > 0 \tag{3}$$

我们有 $u = a^2 - e^2, v = 2ae$; $x = a^2 + e^2$. 根据 u 为奇数,则 $y = 2e(a+e)$;根据 u 为偶数,则 $y = 2a(a-e)$. 则(3) 的第一个条件将变为

$$z^2 = a^4 + 5e^4 + 6a^2e^2 + 8ae^3 \text{ 或 } z^2 = 5a^4 + e^4 + 6a^2e^2 - 8ae^3$$

根据小直角三角形的长直角边为奇数取前一个条件,或为偶数取后一个条件. 因为几何上需要 $a > e$,这会与 Frenicle 的解 $a=2$, $e=4$ 相违背. 但是我们可以通过取 $x = d\cdot(m^2 - n^2)$, $y = 2dmn$, $z = d\cdot(m^2 + n^2)$,其中若 x, y 互素会有 $d=1$, 若 x, y 都是偶数并同时 m, n 互素且之一为偶数会有 $d=2$. 则 $2dmn = 2e(a+e)$,其可由下述代换完全解决

---

① Inventum Novum of de Billy, in S. Fermat's Diophanti Alex. Arith., 1670, 34-35. Oeuvres de Fermat, 3, 1896, 393-394; 4, 1912, 132.

② Atti Accad. Pont. Nuovi Lincei, 33, 1879-1880, 284-289; extract in Oeuvres de Fermat, 4, 1912, 219-220.

$$m=\alpha\beta, n=hk, \text{而 } e=\beta k, a+e=\alpha h, \text{或 } e=\alpha h, a+e=\beta k \tag{4}$$

根据 $d=1$ 取前一对$(e,a+e)$，或 $d=2$ 取后一对$(e,a+e)$. 其中 α,β,h,k 两两互素，前三个为奇数而 k 为偶数. 不论 $d=1$ 还是 $d=2$，都会由

$$d\cdot(m^2-n^2)=a^2+e^2$$

给出

$$k^2(h^2+2\beta^2)-2\alpha\beta hk+\alpha^2(h^2-\beta^2)=0 \tag{5}$$

在 $d=1$ 的情形下解出 $\frac{k}{\alpha}$，另一种情形下解出 $\frac{h}{\beta}$，并要使根式为有理数，我们分别可得 $2\beta^4-h^4=\square$，$\alpha^4-2k^4=\square$，利用本书第二十二章中 Lagrange① 的方法，这两式已经可以被完全地解决了，使得我们可以知道在一个给定的限制下的所有解. 则(4) 给出了问题的解，问题指前文中由 Frenicle 提出的. 我们还可以通过另一个方法解出式(5)，此方法等价于本书第二十二章中 L. Euler 的方法②. 设 $\frac{h}{\beta}=\xi$，$\frac{k}{\alpha}=\eta$，则

$$(\xi^2+2)\eta^2-2\xi\eta+\xi^2-1=0$$

命 ξ,ξ' 是对应着同一个 η 的两个根，以及 η,η' 是对应着同一个 ξ 的两个根. 因此

$$\eta+\eta'=\frac{2\xi}{\xi^2+2}, \xi+\xi'=\frac{2\eta}{\eta^2+1}$$

因此所有的解由本原解 $\eta=0,\xi=1$ 来导出

$$\xi_0=1,\ \eta_0=\frac{2}{3};\quad \xi_1=-\frac{1}{13},\ \eta_1=-\frac{84}{113};\quad \xi_2=-\frac{1\ 343}{1\ 525},\ \cdots$$

译者注 生成上面 ξ_i,η_i 的过程如下，其中方框的位置为所求

---

① Comptes Rendus Paris, 28, 1849, 665-666.

② P. Tannery, Bull. Math. Soc. France, 14, 1885-1886, 41-45 (reproduced in Sphinx-Oedipe, 4, 1909, 185-187), concludes that Fermat was aided by chance in obtaining his solution, which is not general and contains an error of sign. S. Roberts, Assoc. franç. av. sc., 15, Ⅱ, 1886, 43-49, discussed the problem. Both papers are reprinted in Oeuvres de Fermat, 4, 1912, 168-180. This problem of Fermat's has been treated by A. Holm and A. Cunningham, Math. Quest. Educ. Times, (2), 11, 1907, 27-29; special cases by K. J. Sanjána and Cunningham, ibid., (2), 13, 1908, 24-26; E. Fauquembergue, Íintermédiaire des math., 24, 1917, 30-31; cf. 25, 1918, 130-131.

Oeuvres, Ⅱ, 225, letter to Frenicle, June 15, 1641, Cf. Ⅱ, 229, 232.

Oeuvres, Ⅱ, 250, letter to Mersenne, Jan. 27, 1643.

$$X_0=1 \quad Y_0=0 \quad \xrightarrow[Y_0+y_0=\frac{2X_0}{X_0^2+2}]{X_0+x_0=\frac{2Y_0}{Y_0^2+1}} \quad x_0=-1 \quad \boxed{y_0=\frac{2}{3}}$$

$$X_1=1 \quad Y_1=\frac{2}{3} \quad \xrightarrow[Y_1+y_1=\frac{2X_1}{X_1^2+2}]{X_1+x_1=\frac{2Y_1}{Y_1^2+1}} \quad \boxed{x_1=-\frac{1}{13}} \quad y_1=0$$

$$X_2=-\frac{1}{13} \quad Y_2=\frac{2}{3} \quad \xrightarrow[Y_2+y_2=\frac{2X_2}{X_2^2+2}]{X_2+x_2=\frac{2Y_2}{Y_2^2+1}} \quad x_2=1 \quad \boxed{y_2=-\frac{84}{113}}$$

$$X_3=-\frac{1}{13} \quad Y_3=-\frac{84}{113} \quad \xrightarrow[Y_3+y_3=\frac{2X_3}{X_3^2+2}]{X_3+x_3=\frac{2Y_3}{Y_3^2+1}} \quad \boxed{x_3=-\frac{1343}{1525}} \quad y_3=\frac{2}{3}$$

第二组 ξ_i,η_i 提供了(3)的最小正整数解

$$x=2\ 150\ 905,y=246\ 792,z=2\ 165\ 017,u=2\ 138\ 136,v=234\ 023$$

M. Martone① 通过取 $x=2ab,y=a^2-b^2,z=a^2+b^2$ 来满足(3)的第一个方程. 由其给出第三个方程的平方,我们得到 $x^2-2uv=z^2-2xy$. 因此我们就获得了以 a,b 表示出 uv 以及 $u-v$. 因此

$$2v=a^2-2ab-b^2\pm r,r^2\equiv 8a^2b^2-(2ab-a^2+b^2)^2$$

取 $a=5b$, 我们得到 $r^2=4b^4$,以及 $(v,u)=(6b^2,-8b^2)$ 或 $(v,u)=(8b^2,-6b^2)$.

10 涉及边而不涉及面积的各种问题

若三个直角三角形 (p_i,b_i,h_i) 使得 $h_1h_2h_3=t^2b_1b_2b_3$,刚刚 Diophantus 问题的一个解为 $x_i=\frac{tb_i}{h_i}$. 他取(3,4,5)为第一个直角三角形且 $b_3=4$. 然后由面积比为 5∶1 的两个直角三角形(13,5,12)与(5,3,4)出发,我们可以又求出两个直角三角形满足前一个的斜边与一条底边之积 h_2b_2 是后一个 h_3b_3 的五倍. 确切说来②,他知道如何由一个直角三角形 (α,β,γ) 推导一个新直角三角形 (a,b,c),其满足 $ac=\frac{\beta\gamma}{2}$,其中 α 与 a 都是斜边. 他取 $a=\frac{\alpha}{2},b=\frac{\beta^2-\gamma^2}{2\alpha},c=\frac{\beta\gamma}{\alpha}$. 因此他由(13,5,12)与(5,3,4)推导出两个新直角三角形 $\left(\frac{13}{2},\frac{119}{26},\frac{60}{13}\right)$ 与

① Sopra un problema di analisi indeterminata, Catanzaro, 1887.

② Restoration of the obscure text by J. O. L. Schulz, "Diophantus," 1822, 546-561.

$\left(\frac{5}{2},\frac{7}{10},\frac{12}{5}\right)$，斜边与后直角边之积分别为$\left(\frac{13}{2}\right)\left(\frac{60}{13}\right)=30$与$\left(\frac{5}{2}\right)\left(\frac{12}{5}\right)=5$.（译者补：从而上面 Diophantus 问题就可以由这三个直角三角形$(p_i,b_i,h_i)=(3,4,5)$，$\left(\frac{119}{26},\frac{60}{13},\frac{13}{2}\right)$，$\left(\frac{7}{10},\frac{7}{10},\frac{5}{2}\right)$以及$t=\frac{65}{48}$导出，即$(x_1,x_2,x_3)=\left(\frac{13}{12},\frac{25}{26},\frac{13}{10}\right)$）. Fermat① 给出了两个这样的直角三角形即底斜积同为 5 ∶ 1. 这两个直角三角形共六条边，有一条是 10 位数其余是 11 位数.

译者注 $p\to$ perpendicular（即垂边），$b\to$ base（为底边），$h\to$ hypotenuse（为斜边）. 于是(p_i,b_i,h_i)就是（垂边$_i$，底边$_i$，斜边$_i$）. 底斜积即指一个直角三角形中底边与斜边的乘积.

Fermat② 为了求出两个直角三角形(p,b,h)，(p',b',h')，其有$p-b=b'-h'$且$b-h=p'-b'$，取三个平方数r^2,s^2,t^2构成等差数列并由$(r+s,s)$或由$(s+t,s)$都按之前形式来形成两个直角三角形（便可得到要求的那两个）. 取$r=1,s=5,t=7$，我们得到满足条件的两个直角三角形(11,60,61)与(119,120,169). 我们还可以取$r=7,s=13,t=17$来得到满足条件的两个直角三角形.

Saint-Martin 提问有多少个满足下述条件的直角三角形. 直角三角形（较大的）两边之差为1 803 601 800，并且最小边分别与另外两边相差一个平方数. Fermat③ 回复说恰有 243 个.

译者注 实际上，该问题可以简化为有多少对平方数其差为 1 803 601 800 记直角三角形(a,b,c)三边为$a<b<c$，则$c-b=1\,803\,601\,800$，$b-a=x^2$，$c-a=y^2$，则

$$c-b=y^2-x^2=1\,803\,601\,800$$

有定理指出，一个正整数为两个非零平方数之差当且仅当下面两种情形：第一种情形是正整数为奇数；第二种情形是正整数被 4 整除. 这两种情形（其他取零）对应的正整数解组数为

① P. Tannery, Bull. Math. Soc. France, 14, 1885-1886, 41-45 (reproduced in Sphinx-Oedipe, 4, 1909, 185-187), concludes that Fermat was aided by chance in obtaining his solution, which is not general and contains an error of sign. S. Roberts, Assoc. franç. av. sc., 15, Ⅱ, 1886, 43-49, discussed the problem. Both papers are reprinted in Oeuvres de Fermat, 4, 1912, 168-180. This problem of Fermat's has been treated by A. Holm and A. Cunningham, Math. Quest. Educ. Times, (2), 11, 1907, 27-29; special cases by K. J. Sanjána and Cunningham, ibid., (2), 13, 1908, 24-26; E. Fauquembergue, lintermédiaire des math., 24, 1917, 30-31; cf. 25, 1918, 130-131.

② Oeuvres, Ⅱ, 225, letter to Frenicle, June 15, 1641, Cf. Ⅱ, 229, 232.

③ Oeuvres, Ⅱ, 250, letter to Mersenne, Jan. 27, 1643.

$$s(n)=\begin{cases}\text{ceiling}\left(\dfrac{d(n)-1}{2}\right) & n\equiv 1(\bmod 2)\\ \text{ceiling}\left(\dfrac{d(n/4)-1}{2}\right) & n\equiv 0(\bmod 4)\end{cases}$$

其中 ceiling(*)表示向上取整,$d(n)$ 表示正整数 n 所含因子的个数. 所以 $s(1\ 803\ 601\ 800)=243$.

Fermat① 希望求出两个直角三角形,使得其中一个三角形其斜边与其短直角边的乘积同另一个三角形相应的乘积成给定比例.

在本书第二十二章的 $2x^4-y^4=\square$ 问题下,讨论了如下的直角三角形. 其斜边为平方数并且同时满足下列条件之一:直角边之和为平方数或者短直角边与其他边都相差一个平方数.

Fermat② 给出直角三角形(156,1 517,1 525)来答复 Fienicle 的问题,即求出一个直角三角形其直角边之差的平方比短直角边平方 2 倍多一个平方数 A. Aubry③ 利用递降法得出了无穷多个正整数解.

Fienicle④ 指出如果一整边直角三角形其斜边与周长都是平方数,那么周长(在十进制下)至少有 13 个数位.

译者注 然而不幸的是,不存在这样的整边直角三角形. 详细内容可以参考艾伦·麦克劳德的论文 *Two Extreme Diophantine Problems Concerning the Perimeter of Pythagorean Triangles*,这篇论文指出如果将周长换成半周长就存在这样的整边直角三角形,并且在该条件下最小的整边直角三角形其三边有一边是 13 位整数而另外两边都是 14 位整数.

J. Ozanam⑤ 给出了一个法则来求出一类直角三角形,其斜边比长直角边大 1. 由这两条直角边的长度$(2\alpha+1,2\alpha^2+2\alpha)$可以按之前形式来形成一个新三角形其斜边为平方数. 他还求出了一类直角三角形,其斜边与底边均为三角形数且垂边为立方数.

W. Wright⑥ 求出了一类有理直角三角形,其周长加上任意一边的平方均为一个平方数. 令三边分别为 ax,bx,cx,其中 $a^2+b^2=c^2$,则可按通常的方法将 x^2+px,x^2+qx,x^2+rx 都变为平方数,其中 $p=\frac{s}{a^2},q=\frac{s}{b^2},r=\frac{s}{c^2},s=$

① Oeuvres, Ⅱ, 252, letter to Mersenne, Feb. 16, 1643.

② Oeuvres, Ⅱ, 265, letter to Carcavi, 1644.

③ L'intermédiaire des math., 20, 1913, 141-144.

④ Methode pour trouver la solution des problèmes par les exclusions, Ouvrges de Math., Paris, 1693; Mém. Acad. R. Sc. Paris, 5, 1666-1699(1676), éd. 1729, 56.

⑤ Recreations Math., 1, 1723, 52-55.

⑥ The Gentleman's Math. Companion, London, 5, No. 24, 1821, 59-60.

$a+b+c$. 他以及其他作者①都给出了一个相似的论述,来求出一类有理直角三角形其任意一边的平方比未平方时大一个平方数.

几位作者②求出了一类直角三角形,要求其周长为平方数,还要求其任意一边的平方加上其余边得平方数,还要求其任意一边加上其余边之和的平方为平方数.若它三边之和为$\frac{1}{4}$,则这七个条件都能被满足.取$f\cdot(p^2\mp q^2),2f\cdot pq$为三边,使其和等于$\frac{1}{4}$,便可得到$f$.

R. Tucker与S. Bills③以及其他作者都求出了一类有理直角三角形,其有平方数的周长以及立方数的内切圆半径(或将立方数与平方数反过来).令$(p^2\pm q^2)\cdot x,2pqx$为三边,则周长$2p(p+q)x=\square=r^2$,且题中半径$2q(p-q)x$为立方数,命为$\frac{r^3}{s^3}$.由这两式的x值我们能得到以p,q,s表示的r.

A. B. Evans④求出了一类整边直角三角形,其中三边为整数a,b,c,内切圆半径为整数d,以及内接正方形的边长为整数s,该正方形有两顶点落在斜边上,另两点分别落在直角边上,还要使得$d+s$为平方数.取三边为解(1)中三边并都乘上uv,则此正方形边长$s=\frac{abc}{ab+c^2}$会等于一个关于m,n的分式函数乘上uv,取该分式分母作为u.由于$d=a+b-c=2n(m-n)uv$,条件$d+s=\square$会化为$Av=\square$的形式,并且若$v=A$,则等式就会成立.

译者注 原文献给出的例子三边错误地写成了$(a,b,c)=(14\ 974,19\ 832,24\ 790)$,实际上,这里的$a$应该等于14 874.

S. Tebay⑤指出有无穷多对整边直角三角形同时满足如下条件,这一对直角三角形有相等的斜边并且在各自直角三角形中其斜边减去一条直角边所得数为平方数,同时其斜边减去另一条直角边为平方数2倍.比如(65,63,16)与(65,56,33).

G. de Longchamps⑥陈述而由Svechnikoff证明了不定方程$x^2=y^2+z^2$有无穷多个满足$x+y$为四次方数的正整数解.

几位作者⑦求出了那些底边为105的整边直角三角形.还有几位作者求出了多对整边直角三角形,每对整边直角三角形有相等的底边并且该相等的底边

① The Gentleman's Math. Companion,London,5,No. 27,1824,312-316.

② Ibid.,5,No,25,1822,157-159.

③ Math. Quest. Educ. Times,19,1873,82.

④ Ibid.,21,1874,103-104.

⑤ Math. Quest. Educ. Times,55,1891,99-101.

⑥ Jour. de math. élém.,1892,282.

⑦ Math. Quest. Educ. Times,55,1891,99-101.

恰是两条不同垂边的比例中项.

为求出任意数目等周长且非相似的整边直角三角形，R. W. D. Christie[①]用适当的公因子乘上特殊三角形（来解决），而 A. Cunningham 运用解(1)并求解不定方程

$$m\cdot(m+n)=\text{const}$$

其中 const 为 constant 的缩写，用来代表常数.

译者注 原文献表述的是“整边直角三角形”，而本书英文版用的是“有理直角三角形”. 虽然本书英文版的表述没有错误，但是容易让人产生误解.

A. Gérardin[②]指出，为了求出两个有相等平方和的直角三角形，其中平方和为斜边与一条直角边的平方和，我们必须求解不定方程

$$(x^2+y^2)^2+(2xy)^2=(\alpha^2+\beta^2)^2+(2\alpha\beta)^2$$

并且给出了一个参数解，其中 x,y,α,β 都是关于两个参数的齐次函数.

译者注 A. Gérardin 在《斯芬克斯－俄狄浦斯》第 12 卷第 187 页（另外，本书英文版给出的卷数有误，页数无误）给出了如下参数解

$$\begin{cases}x=3m^7+7m^6n+3m^5n^2+19m^4n^3-15m^3n^4+37m^2n^5+9mn^6+n^7\\y=m^7-9m^6n+37m^5n^2+15m^4n^3+19m^3n^4-3m^2n^5+7mn^6-3n^7\\\alpha=m^7+9m^6n+37m^5n^2-15m^4n^3+19m^3n^4+3m^2n^5+7mn^6+3n^7\\\beta=3m^7-7m^6n+3m^5n^2-19m^4n^3-15m^3n^4-37m^2n^5+9mn^6-n^7\end{cases}$$

并给出了那组最小的非平凡正整数解 $x=1,y=267,\alpha=99,\beta=217$. 此外，设 $u=\frac{x+y}{2},v=\frac{y-x}{2},\gamma=\frac{\alpha+\beta}{2},\delta=\frac{\beta-\alpha}{2}$，则它们满足 L. Euler 曾研究过的一类四次不定方程 $u^4+v^4=\gamma^4+\delta^4$，在该例子中 $u=134,v=133,\gamma=158,\delta=59$.

R. Janculescu[③]指出如下问题可以导出不定方程 $\frac{1}{x^2}+\frac{1}{y^2}=\frac{1}{z^2}$，求出一类整边直角三角形其斜边上的高也是整数.（因为直角三角形 $\triangle ABC$ 斜边 BC 上的高为 AD，则有 $\frac{1}{AB^2}+\frac{1}{AC^2}=\frac{1}{AD^2}$）. 因此直角三角形三边 (x,y,t) 满足 $x^2+y^2=t^2$，令 d 为三边的最大公因数，即 $x=d\alpha,y=d\beta,z=d\gamma$，则斜边上高的长度为 $z=\frac{d\alpha\beta}{\gamma}$，结果就是 d 必须是 γ 的倍数. 如直角三角形三边 $(x,y,t)=(15,20,25)$，则 $z=12$.

---

① Math. Quest. Educ. Times, (2), 14, 1908, 19-21.

② Sphinx-Oedipe, 5, 1910, 187.

③ Mathesis, (4), 3, 1913, 119-120.

E. Turrière[①] 讨论了特殊边的直角三角形，每条边都可由相加项数不多于2的平方数相加表示出. 如 $9=3^2$，$40=2^2+6^2$，$41=4^2+5^2$.

E. Bahier[②] 研究了给定周长的直角三角形.

11 带有理角平分线长的直角三角形

设角平分线长为 $5N$，(以该角为端点的)高为 $4N$，使底边长(且靠近直角边)的一段为 $3N$，另一段为 $3-3N$. 然后(按比例，即内角平分线定理)斜边为 $4-4N$，并且它的平方还等于 $(4N)^2+3^2$，我们得到 $N=\frac{7}{32}$. 把我们所得数都乘以 32. 则三边长是 28，96，100，平分线长是 35.

对于前面的题目，Bachet[③] 在他的评论文章中指出，没有一个有理直角三角形具有直角的有理平分线长.

J. Kersey[④] 取有理边的直角三角形

$$\overline{AC}=p\cdot(p^2+b^2),\overline{AB}=p\cdot(p^2-b^2),\overline{BC}=p\cdot(2bp)$$

角 A 的角平分线 AD 将底边 BC 分成两段

$$\overline{CD}=b\cdot(p^2+b^2),\overline{BD}=b\cdot(p^2-b^2)$$

这两段与 $\overline{AC}$ 和 $\overline{AB}$ 成比例. 由于 $\overline{AB}:\overline{BD}=p:b$，我们有

$$\overline{AD}=h\cdot(p^2-b^2)$$

其前提为 h,p,b 依次是任何有理直角三角形的斜边长、垂边长、底边长.

几位作者[⑤]都求出了一类整边直角三角形，其一锐角的角平分线长是整数.

译者注 本书英文版表述的是有理直角三角形，但原论文表述的是整边直角三角形.

E. Turrière[⑥] 求出了一类有理直角三角形，其有一锐角的内角平分线长与外角平分线长都是有理数. 比如直角三角形三边长是 7，24，25，大锐角的内角平分线长是 $\frac{35}{4}$，大锐角的外角平分线长是 $\frac{35}{3}$.

---

① L'enseignement math.，19，1917，247-252.

② Recherche Méthodique et Propriétés des Triangles Rectangles en Nombres Entiers，Paris，1916，21-27.

③ Diophanti Alex. Arith.... Commentariis... Avctore C. G. Bacheto，1621，333.

④ Ther Elements of Algebra，London，Books 3 and 4，1674，94，124-142.

⑤ Amer. Math. Monthly，7，1900，83-85.

⑥ L'enseignement math.，18，1916，407-408.

12 整数边直角三角形一览表

这些一览表通常是根据斜边 h 或面积 A 的大小排列的.

一份(公布于)公元 972 年的佚名阿拉伯文手稿给出了一个简短的表格.

J. Kersey,《代数基础》(*Elements of Algebra*),第3册与第4册合订本,于1674 年出版,第 8 页,斜边长 $h \leqslant 265$.(译者补:仅给出 32 个本原直角三角形,斜边长 $h \leqslant 265$ 的本原直角三角形一共 42 个)

J. C. Schulze,《对数表和三角表的辑录》(该书德文名称为 *Sammlung logarithmifcherund trigonometrifcher Tafeln*),第二卷,于 1778 年在柏林出版,第 308 页给出了多个 $\tan\frac{\omega}{2}=\frac{m}{n}$ 的小数数值,其中表中所含 199 对互素整数 m,n 都小于或等于 25 且 $m<n$,而且(由 m,n 按之前形成的)直角三角形有 ω 弧度的锐角.

译者注 本书英文版错误写成200对,实际上满足不等式与互素关系的整数只有 199 对.

A. Aida[①](1747—1817) 列出了 292 个斜边长 $h<2\ 000$ 的本原直角三角形.(译者补:斜边长 $h<2\ 000$ 的本原直角三角形一共 319 个)

Le père Saorgio,《都灵皇家科学院回忆录》(该期刊法文名称为 *Mémoires de l'Académie Royale des Sciences de Turin*),第 6 卷,辑录年份 1792－1800,出版于 1801 年,第 239 ～ 252 页,引用了舒尔兹的本原直角三角形表.

C. A. Bretschneider,《数学物理档案》(该期刊德文名称为 *Archiv der Mathematik und Physik*),第 1 卷,于 1841 年出版,第 96 页,斜边长 $h \leqslant 1201$.(译者补:仅给出 131 个本原直角三角形,斜边长 $h \leqslant 1201$ 的本原直角三角形一共 192 个).

Du Hays,《纯数学与应用数学杂志》(该杂志法文名称为 *Archiv der Mathematik und Physik*),第 7 卷,于 1842 年出版,第 325 ～ 337 页,给出了四个表,每个表有 32 个条目,它们阐明了如此有条有理地列出本原直角三角形的制表法,其中运用了解(1) 与互素且 $m>n$ 的 m,n. 首先,给 m 赋上值 2,3,… 再给 n 赋上的值($<m$) 并且与 m 互素,这样 m,n 中的一个是偶数. 第二,取 1,3,5,… 作为奇边长直角边,并将其因子分为两个因子 $m \pm n$. 第三,按偶边长 $2mn$

① Y. Mikami,Abh. Gesch. Math. Wiss.,30,1912,229. Report by K. Yanagihara,Tôhoku Math. Jour.,6,1914-1915,120-123;continued,9,1916,80-87(by use of progressions).

直角边开始填表.第四,取这两个的平方和作为斜边长.

A. Weigand,《纯数学与应用数学中三角学课题的辑录》(该书德文名称为 *Sammlung trigonometrischer Aufgaben aus der reinen und angewandten Mathematik*),出版于 1852 年,之中有 131 个直角三角形与它们的角度.

D. W. Hoyt,《数学月刊》(Runkle 主编),第 2 卷,于 1860 年在马萨诸塞州剑桥市出版,第 264 ~ 265 页,斜边长 $h < 100$.(共给出 16 个本原直角三角形)

译者注 该刊总共就持续了三年,但每年出版商与出版地却都有所不同,第一卷在美国马萨诸塞州剑桥和英国伦敦一同出版;第二卷在美国纽约和英国伦敦一同出版;这三个地方一同出版了第三卷.因此,第二卷的出版地应该是 Dickson 记错了.

E. Sang,《爱丁堡皇家学会会刊》(*Transactions of the Royal Society of Edinburgh*),第 23 卷,1864 年出版,第三部分,第 757 页,斜边长 $h \leqslant 1\ 105$.

译者注 斜边长 $h \leqslant 1\ 105$ 的本原直角三角形一共 177 个,该表中漏了最后两个(576,943,1 105) 与(744,817,1 105).

S. Tebay,《测法基础》(*Elements of Mensuration*),于 1868 年出版,第 111 ~ 112 页,给出了一个按面积排列的不完整表,原表给出的最大面积 $A = 863\ 550$ 是错的,应该为 $A = 934\ 800$.该表之后由 G. B. Halsted 重印在《测量几何学》(*Metrical Geometry*)(但是上述错误依旧保留着),于 1881 年出版,第 141 ~ 149 页.

H. Rath,《数学物理档案》,第 56 卷,于 1874 年出版,第 188 ~ 224 页,使用公式(归于 Lagny)① 形成一个复式表,并由 Berkhan② 指出了表中的一个错误.

W. A. Whitworth,《利物浦文学与哲学会会报》(*Proceedings of the Literary and Philosophical Society of Liverpool*),第 29 卷,于 1875 年出版,第 237 页,斜边 $h < 2\ 500$.

W. A. Whitworth 与 G. H. Hopkins 在同篇文章中分别给出了解答,他们的解答在《数学问题及其解答 —— 来自"教育时报"》(*Mathematical questions with their solutions. From the "Educational Times"*) 第 31 卷,于 1879 年出版,第 67 ~ 70 页;D. S. Hart 的解答在《数学访客》(*The Mathematical visitor*) 第 1 卷,于 1880 年出版,第 99 ~ 100 页,它们的解答中均给出了 40 个有着如下斜边的直角三角形

---

① Liber quadratorum L. Pisano,1225,in Tre Scritti inediti,1854,56-66,70-75;Scritti L. Pisano,2,1862,253-254. Cf. A. Genocchi,Annali Sc. Mat. Fis.,6,1855,234-235;P. Volpicelli,Atti Accad. Pont. Nuovi Lincei,6,1852-1853,82-83;P. Cossali,Origine,Trasporto in Italia... Algebra,1,1797,97-102,118-119.

② Die methode digen Eigenschaften der Pythag. Zahlen,Eisleben,1853.

$$h=5\cdot 13\cdot 17\cdot 29$$

N. Fitz,《数学杂志:初等数学期刊》(*The Mathematical Magazine: A Journal of Elementary Mathematics*),第一卷,于1884年出版,第163页,本原直角三角形其斜边 $h<500$.

译者注 原论文给出的也是一个不完整的列表,斜边长 $h<500$ 的本原直角三角形一共80个,该表中漏了(20,21,29)与(68,285,293).

G. B. Airy,《自然》(*Nature*),第33卷,第858期,于1886年出版,第532页,斜边长 $h<100$.

译者注 G. B. Airy 是英格兰数学家与天文学家,G. B. Airy 函数的命名者.实际上,原论文表中 h 除了小于100的16个本原直角三角形,还给出两个本原直角三角形(15,112,113)与(17,144,145).

A. Tiebe,《数学与自然科学教学期刊》(该刊德文名称为 *Zeitschr fur mathematischen und naturwissenschaftlichen unterricht*)第18卷,于1887年出版,第178页,第420页,通过设 $h=x+y$ 来求解 $a^2+x^2=h^2$,于是 $2x=\frac{a^2}{y}-y$,这样就只需要选 $a^2(a>2)$ 的因子使得这个差为偶数即可.于是,他构造了一个表,其中斜边 $h<100$.

H. Lieber 与 F. Von Lühmann 一同编写《三角学课题》(该书德文书名为 *Trigonometrische Aufgaben*)第3版,于1889年在柏林出版,第287~289页给出了131个本原直角三角形,其中斜边长 $h<999$.(译者补:斜边长 $h<999$ 的本原直角三角形一共158个)

P. G. Egidi,《???》(该刊意大利文名称为 *Atti dell' Accademia pontificia dé Nuovi Lincei*)第50卷,于1897年出版,第126~127页,斜边长 $h\leqslant 320$.

译者注 原论文给出的也是一个不完整的列表,斜边长 $h\leqslant 320$ 的整边直角三角形一共224个,该表中漏了(207,224,305).

J. Sachs,《数学教学用表之巴登大公中学年度报告科学补编》(该书德文名称为 *Tafeln zum mathematischen Unterricht. Wissenschaftliche Beilage zum Jahresbericht des GrossherzoglichesGymnasiums Baden - Baden*)于1905年出版,给出了三种表格,第一种表格给出满足斜边长 $h<2\ 000$ 的直角三角形;第二种表格给出满足 $2\ 000<h<5\ 000$ 而且 h 是 $4n+1$ 型素数乘积的直角三角形;第三种给出满足一条直角边 <500 的直角三角形.

译者注 实际上,第一种表中 h 一直取到 $h=2\ 002$.

J. Gediking① 斜边长 $h < 1\ 000$.(共给出 158 个本原直角三角形)

A. Martin,《数学杂志:初等数学期刊》第二卷,于 1910 年出版,第 301 ~ 324 页(前言,写于 1904 年,第 297 ~ 300 页)将 $p^2 \pm q^2, 2pq$ 与面积 $A = pq(p^2 - q^2)$ 的数值制成表格,其中 $p \leqslant 65$ 以及 $q < p$,还有 q 与 p 互素以及 q 为偶数而 p 为奇数;(另一张)表中遗漏了 $p=33, q=22$ 以及 $p=35, p=14$ 等,我们有 862 个直角三角形,其中有 443 个 $A \leqslant 934\ 800$(此数为 Halsted 一览表中 178 个三角形面积的最大者).还有一张列出了三角形三边 $p^2 \pm q^2, 2pq$ 的一览表,之中既有 $p = q + 1 \leqslant 157$ 又有 $p \leqslant 312$ 与 $q = 1$,于是斜边 h 超过一条直角边的值分别为 1 与 2(前者差为 1,后者差为 2).

译者注 本书英文版将 Halsted 一览表误写为 Toebe 一览表,误认为是 Toebe 的一览表,Toebe 的一览表一共给出了 171 个直角三角形,而 Halsted 一览表一共给出了 178 个直角三角形.

P. Barbarin,《数学家们的中介》(该刊法文名称为 *L'Intermédiaire des Mathématiciens*) 第 18 卷,于 1911 年出版,第 117 ~ 120 页,给出了 35 对本原直角三角形,每一对有着相同的斜边长而斜边长 $h < 1\ 000$. 阿尔特马斯・马丁在同一期刊的后一卷,即第 19 卷,与 1912 年出版,第 41 页与 134 页,指出前者遗漏了一对,并指出当 $1\ 000 < h < 2\ 000$ 时有 41 对.

译者注 满足 $h < 1\ 000$ 且有着相同的斜边长的直角三角形实际上一共有 36 对,前者原论文漏了(37,684,685) 与(156,667,685) 这样一对.后者的原论文也有误,当 $1\ 000 < h < 2\ 000$ 时有 42 对.如果算上如下以四个为一组的两组,就一共有 44 组.

(47,1 104,1 105)　　(427,1 836,1 885)
(264,1 073,1 105)　　(516,1 813,1 885)
(576,943,1 105),　　(924,1 643,1 885)
(744,817,1 105)　　(1 003,1 596,1 885)

A. Martin,《第五届国际数学家大会论文集》(*Proceedings of the fifth International congress of mathematicians*) 第二卷,于 1912 年出版,第 40 ~ 58 页,所述页的最后两页给出了斜边长 $h < 3\ 000$ 的本原直角三角形,在第 42 页与第 52 页都指出爱德华・桑所制表遗漏的两个. A. Martin 列出了许多直角三角形组,比如以 $k(k \leqslant 15)$ 个直角三角形为一组且斜边长为相继的整数的直角三角形组,还有两类以三个直角三角形为一组的直角三角形组,其斜边构成整边直角三角形或是整边非规则 Heron 三角形. 后两类各举两例如下:

① Vriend der Wiskunde,25,1910,86-96.

21	72	75
60	80	100
35	120	125

40	96	104
72	135	153
57	175	185

5	12	13
24	32	40
27	36	45

15	36	39
9	40	41
14	48	50

由 n 个不同的 $4m+1$ 型素数构成一个乘积，该乘积最多可以是$\frac{3^n-1}{2}$种不同的直角三角形的斜边，这些直角三角形中有 2^{n-1} 种是本原的.

W. Könnemann，《有理数解的课题》(该书德文名称为 *Rationale Lösungen Aufgaben*)，于1915年在柏林出版，斜边长 $h<1\ 000$.(负面的评论，《数学与自然科学教学期刊》第46卷，于1915年出版，第390页)

译者注 W. Könnemann 的一览表给出了159个直角三角形，但是斜边长 $h<1\ 000$ 的本原直角三角形一共158个，他多给出了一个非本原直角三角形(625,600,175)，这个问题在负面评论文章中指出了.

E. Bahier① 其书第 255 ～ 259 页，将带有直角边长 ≤ 300 的本原直角三角形列成表格.

① Recherche Méthodique et Propriétés des Triangles Rectangles en Nombres Entiers，Paris，1916，21-27.

带有有理边的三角形、四边形与四面体

第五章

1　有理三角形或称 Heron 三角形

亚历山大港的 Heron 给出了著名的三角形面积公式，该公式依据三角形的三边求三角形面积，并指出当三角形的边为 13,14,15 时，面积为 84. 同时带有有理边与有理面积的三角形被称为有理三角形或被称为 Heron 三角形.

Brahmagupta①(生于公元 598 年) 指出，若 a,b,c 是任意有理数，则

$$\frac{1}{2}\left(\frac{a^2}{b}+b\right),\frac{1}{2}\left(\frac{a^2}{c}+c\right),\frac{1}{2}\left(\frac{a^2}{b}-b\right)+\frac{1}{2}\left(\frac{a^2}{c}-c\right)$$

可以是一个斜三角形的三边(它②的三条高和三角形面积 $S=\frac{a(b+c)(a^2-bc)}{4bc}$ 都是有理的，并且它是由带有同一条直角边(长为 a) 的两个直角三角形并列而成的).

译者注　如果三角形的三边长度都是有理值，称三角形三边是有理的，或称三角形为有理边三角形. 类似地，三条高的长

---

① Brahme-Sphut'a-Sidd'hánta, Ch. 12, Sec. 4, § 34 Algebra with Arith. and Mensuration, from the Sanscrit of Brahmagupta and Bháskara, transl. by H. T. Colebrooke, London, 1807, 306.

② E. E. Kummer, Jour. für Math., 37, 1848, 1.

度都是有理值,称三角形三条高是有理的.类似地,还有三角形三个角的角平分线是有理的,诸如此类. S. Curtius① 提出了如下的问题:三名弓箭手 A,B 和 C 站在与一只鹦鹉相同(平面)距离的位置上,B 离 C 有 66 英尺(1 英尺 ≈ 0.31 米),B 离 A 有 50 英尺,A 离 C 有 106 英尺.如果鹦鹉(仅竖直)飞离地面 156 英尺,弓箭手向鹦鹉射箭的距离有多远?他指出,他们各站在一个三角形的顶点上,这个三角形的外接圆的半径是 65 英尺,而鹦鹉所在的中心上方 156 英尺.由于 $65^2+156^2=169^2$,每个弓箭手距离起飞后的鹦鹉 169 英尺.据文中所述,很难解释为什么半径是整数.参见 Gauss 的文献②(该三角形是有理的是因为它的面积是 $2^3\cdot 3\cdot 5\cdot 11=1\ 320$.有理三角形的外接圆半径必有理).

关于 Diophantus,Ⅵ,18,C. G. Bachet③ 在他的评论中,处理了几个问题,其中第二个是求一个带有有理边和有理高的三角形(就是 Heron 三角形)如图 5.1,取一个 Rt$\triangle ADC$ 其三边分别为 10,8,6,他求 $BD=N$ 使得 N^2+8^2 为一个有理数(AB 长)的平方.首先,假设 $\angle BAC$ 是锐角,这样一来 $DC:AD<AD:BD$,我们必须要有不等式 $6N<64$ 成立,于是 $N<\frac{32}{3}$.令 N^2+8^2 为 $8-xN$ 的平方,则

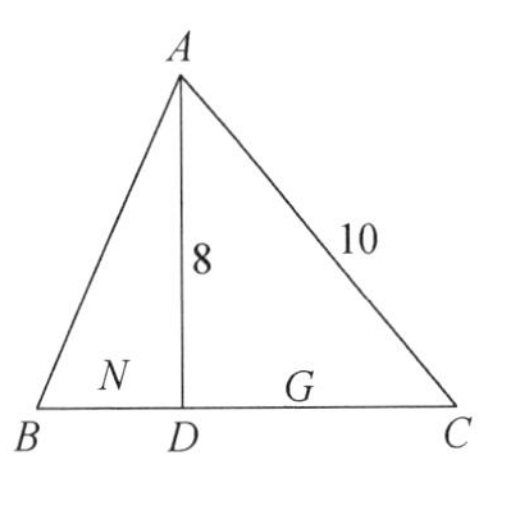

图 5.1

$$\frac{16x}{x^2-1}=N<\frac{32}{3},x=\frac{x^2-1}{16}N<\frac{2}{3}(x^2-1),3x+2<3x^2$$

于是 $x>2$.取 $x=5$,我们有

$$N^2+8^2=(8-5N)^2;N=\frac{10}{3}$$

且三边长为 $10,9\frac{1}{3}$(底边长),$8\frac{2}{3}$,而底边上的高为 8.

如果 $\triangle BAC$ 是斜三角形,$N>\frac{32}{3}$(此时为钝角三角形).他取

$$N^2+8^2=\left(8-\frac{3}{2}N\right)^2;N=\frac{96}{5}$$

如下,Bachet 的第二种求解方法更为重要,是由于它通过将带有同一条直

① Tractatus geometricus...,Amsterdam,1617. Quoted by A. G. Kästner, Geschichte der Math.,Ⅲ,294.

② Briefwechsel zwischen C. F. Gauss and H. C. Schumacher(ed.,C. A. F. Peters),Altona,5,1863,375;letter of Cct. 21,1847. Quoted in Archiv Math. Phys.,44,1865,504-506.

③ Diophanti Alex. Arithmeticorum...Commentariis...Avctore C. G. Bacheto,1621,416. Diophanti Alex. Arithmeticorum,cum Commentariis C. G. Bacheti & Observationibus D. P. de Fermat(ed.,S. Fermat),Tolosae,1670,315.

角边 AD 的两个有理直角三角形并列来构成而求出的. 取任意的(有理)数为刚刚的直角边,如12. 找出两个平方数使得两者中每一个与12^2的和都是平方数:$35^2+12^2=37^2$,$16^2+12^2=20^2$. 因此通过并列,我们得到一个有理三角形其三边长分别为 37,20,51 = 35 + 16,而最长边上的高为 12. 利用 $9^2+12^2=15^2$ 或 $5^2+12^2=13^2$ 与第一个关系式联立,我们可以得到有理三角形(37,15,35 + 9)或(37,13,35 + 5).

F. Vieta①② 先从一个给定的直角三角形开始,其两条直角边长为 B,D,斜边长为 Z,再由 $F+D$,B 形成一个直角三角形,因此新直角三角形具有高 $A=2B(F+D)$,并将其各边乘以 D,将给定三角形各边边乘以 A. 将两个所得三角形按所带的同一条高(长 $A\cdot D$) 并列起来,我们得出一个有理三角形有着边长 AZ,$D\cdot(F+D)^2+B^2D$,$D\cdot(F+D)^2-B^2D+BA$,$F<Z$ 时其公共顶点的角为锐角,$F>Z$ 时其公共顶点的角为钝角.

Frans van Schooten③ 也利用了两个直角三角形并置.

Matsunago④ 的日文手稿写于18世纪上半叶,其中从任意两个带有整边的直角三角形开始,将每一个三角形的各边乘以另一个三角形的斜边,然后将这些三角形并置. 将边长在 1 000 以下的所得斜三角形制成表格. 移除公因子,他得到了一张本原三角形一览表. 他引用的如下结果来自于 Kurushima(卒于1757 年),若

$$n_3:d_3=d_1d_2-n_1n_2:n_1d_2+n_2d_1$$

则

$$n_1(n_2d_3+n_3d_2),n_2(n_3d_1+n_1d_3),n_3(n_1d_2+n_2d_1)$$

是有理面积三角形的三边.

Nakane Genkei⑤ 在 1722 年考虑三角形其边是连续的整数,使得从(最长边所对) 顶点到最长边上的垂线是有理的. 用(a_j,b_j,c_j),$j=1,2,3,4$ 来指代整数解(3,4,5),(13,14,15),(51,52,53) 与(193,194,195),则有

$$a_{z+1}=4a_z+2-a_{z-1}$$

以及与之类似而关于 b 和 c 的递推公式(如 $b_{z+1}=4b_z-b_{z-1}$,$c_{z+1}=4c_z-2-c_{z-1}$). 但是,他是否把归纳补完整了并未得知.

---

① Ad Logisticem Speciosam Notae Priores, Prop. 55, Opera Math., 1646. French transl. by F. Ritter, Bull. Bibl. Storia Sc. Mat., 1, 1868, 274-275.

② Comm. Arith. Coll., Ⅱ, 1849, 648, posthumous fragment. Same in Opera postuma, 1, 1862, 101.

③ Exercitationum Math., Lugd. Batav., 1657, 426-432.

④ Y. Mikami, Abh. Gesch. Math. Wiss., 30, 1912, 230-231.

⑤ D. E. Smith and Y. Mikami, A History of Japanese Mathematics. Chicago, 1914, 168.

Euler[①] 指出在任意一个带有有理边长 a,b,c 与有理面积的三角形中,都有

$$a:b:c=\frac{(ps\pm qr)(pr\mp qs)}{pqrs}:\frac{p^2+q^2}{pq}:\frac{r^2+s^2}{rs} \quad (1)$$

并且若三边中每两个为一对,每一对都成特定的比例,该比例由 $\frac{\alpha^2+\beta^2}{\alpha\beta}$ 型数所构成,是由于有

$$a:b=\frac{r^2+s^2}{rs}:\frac{x^2+y^2}{xy}$$

为什么它成立呢？是因为如果设 $x=ps\pm qr,y=pr\mp qs$,于是有

$$x^2+y^2=(p^2+q^2)(r^2+s^2)$$

代入 $\frac{x^2+y^2}{xy}$ 可知

$$a:b=\frac{r^2+s^2}{rs}:\frac{(p^2+q^2)(r^2+s^2)}{(ps\pm qr)(pr\mp qs)}=\frac{(ps\pm qr)(pr\mp qs)}{pqrs}:\frac{p^2+q^2}{pq}$$

但是,Euler 的论文里所包含其对式 (1) 推导的部分却丢失了.很可能他采用了 Bachet 的方法,把两个直角三角形并列起来,所用的那些三角形分别有边长

$$2,\frac{p^2+q^2}{pq},\frac{p^2-q^2}{pq};2,\frac{r^2+s^2}{rs},\frac{r^2-s^2}{rs}$$

且(公共高为2)得出 (1),至于那些"∓"与"±",组成三角形不重叠则按处于上方的符号取,组成三角形有重叠则按处于下方的符号取.

译者注 其实所有的 Heron 三角形都可以通过按公共边 $2pq=2rs$ 来并置两个有理直角三角形而得到.假设第一个有理直角三角形的两条直角边为 $(2pq,p^2-q^2)$,第二个有理直角三角形的两条直角边为 $(2rs,r^2-s^2)$.我们已经知道 $2pq=2rs$ 的情形,只需要证明另外两种情形可以化为这种情形.对于 $2pq=r^2-s^2$,所用的那些三角形分别有边长

$$1,\frac{p^2+q^2}{2pq},\frac{p^2-q^2}{2pq};\frac{2rs}{r^2-s^2},\frac{r^2+s^2}{r^2-s^2},1$$

设 $r+s=u,r-s=v$,所用的那些三角形分别有边长

$$1,\frac{p^2+q^2}{2pq},\frac{p^2-q^2}{2pq};\frac{u^2-v^2}{2uv},\frac{u^2+v^2}{2uv},1$$

对于 $p^2-q^2=r^2-s^2$ 同理.另外

$$(ps\pm qr)^2+(pr\mp qs)^2=(p^2+q^2)(r^2+s^2)$$

被称为 Brahmagupta-Fibonaci 恒等式.

J. Cunliffe[②] 并置两个直角三角形,其公共边之长为 $2rs=2mn$,并且它们

① Comm. Arith. Coll., Ⅱ, 1849, 648, posthumous fragment. Same in Opera postuma, 1, 1862, 101.

② The Gentleman's Math. Companion, London, 3, No. 15, 1812, 398.

斜边长分别为 r^2+s^2, m^2+n^2.

J. Davey① 求出三个整边、整面积的三角形且有着相等的周长，它们的面积按 $a:b:c$ 成比例(其中 $a=2, b=7, c=15$). 令这三个三角形 $\triangle AFB, \triangle BFC, \triangle CFD$ 有共线的底边与公共的高 FE. 取

$$AF=\frac{r^2+1}{2r}\cdot v, BF=\frac{s^2+1}{2s}\cdot v, CF=\frac{t^2+1}{2t}\cdot v,$$

$$DF=\frac{u^2+1}{2u}\cdot v, EF=v$$

则 $AE=\frac{(r^2-1)v}{2r}$,依此类推. 由它们周长相等，得

$$\frac{s^2-1}{s}=r-\frac{1}{t}, \frac{t^2-1}{t}=s-\frac{1}{u}$$

则底边与 a,b,c 成正比这一条件能约简为 $\frac{ar^2+b}{r}=\frac{at^2+b}{t}$,于是 $r=\frac{b}{at}$(由于 $r\neq t$,舍去相等的),还约简出 $u=\frac{c}{bs}$. 在含 r,u,s,t 的四个关系式之间消去 r, u, s,我们得到

$$t^4-(d^2+de+2)t^2+de+1=0, d=\frac{c-b}{c}, e=\frac{b-a}{a}$$

对于 $a=2, b=7, c=15$,我们得到有理根 $t=\frac{5}{3}$. 取 $v=420$,我们有 $AF=541, BF=525, CF=476, DF=421, AB=26, BC=91, CD=195$,周长 $L=1\ 092$.

为了求出一整边、整面积的三角形使得顶点 A,B,C 到内切圆圆心的距离都为整数,C. Gill② 做了一个计算,(虽然没有如下这么陈述) 实际上该计算包括了求三个整边直角三角形 AOF, BOF, COE(图 5.2) 使得 $OF=OE=OD=r$ 是内接圆的半径,但忽略了它们在顶点 O 的角度之和(三个锐角之和) 应为两个直角(即平角) 的条件. 若 $AF=m, BF=n, CE=s$,该条件就是 $mns=r^2(m+n+s)$. 因此,他的解法是失败的.

A. Cook③ 给出了下面的求解方法. 作 OR 垂直于 AO 交 AB 于 R(任何有理直角三角形的三边长都正比于 $r^2\pm a^2, 2ra$). 因此,我们可以取

$$AF=\frac{r^2-a^2}{2a}, AO=\frac{r^2+a^2}{2a}, BF=\frac{r^2-b^2}{2b}$$

---

① Ladies' Diary, 1821, 36-37, Quest. 1364.

② Ladies' Diary, 1824, 43, Quest. 1416.

③ Ladies' Diary, 1825, 34-35.

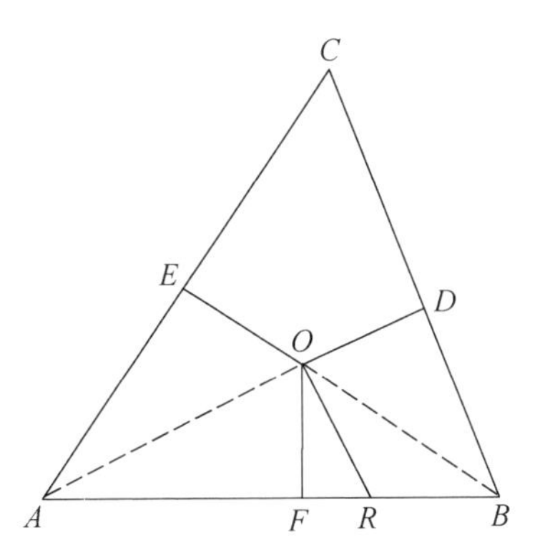

图 5.2

$$BO=\frac{r^2+b^2}{2b}, OF=r$$

由相似三角形,有

$$AF:OF::FO:FR::AO:RO$$

$$FR=\frac{2ar^2}{r^2-a^2}, RO=\frac{(r^2+a^2)r}{r^2-a^2}$$

译者注 上述公式中,前者等价于$\frac{AF}{OF}=\frac{OF}{FR}=\frac{AO}{RO}$,本书英文版原文将这两行式子写在一起,下同.

因此,我们有 $RB=BF-FR$. 又由于$\angle BOR$与$\angle OBC$相等,标有同样字母的三角形是相似的.因此

$$BR:BO::RO:OC::BO:BC$$

$$OC=\frac{(r^2+a^2)(r^2+b^2)r}{d}, BC=\frac{(r^2+b^2)^2(r^2-a^2)}{2bd}$$

其中 $d=(r^2-a^2)(r^2-b^2)-4abr^2$. 因此

$$DC=BC-BD=\frac{2r^2\{(r^2-a^2)b+(r^2-b^2)a\}}{d}$$

我们可以赋任意值给 a,b 并且赋任意既超过 a 又超过 b 的值给 r. 对于 $a=16$,$b=18$,$r=72$,我们得到 $AF=154$,$AO=170$,$BF=135$,$BO=153$,$OC=120$,$CD=96$,$AB=289$,$AC=250$,$BC=231$.

几位作者①(如下仅举三例)运用 Heron 公式

$$\Delta^2=(B+S+s)(B+S-s)(B-S+s)(-B+S+s)$$

来求三边长分别为 $2B$,$2S$,$2s$ 的三角形面积Δ之平方.在这些作者中,T. Baker

① The Gentleman's Math. Companion,London,5,No. 27,1824,289-292. Report in changed notations in Math. Mag. ,2,1898,224-225.

写出 x,y,z 作为 Δ^2 如上所示的后三个因子,则 $\Delta^2=xyz(x+y+z)$. 令 $\Delta^2=(axz)^2$,我们可以有理地得到 x.

译者注 本书英文版将 $\Delta^2=(axz)^2$ 误写为 $\Delta=(axz)^2$.

"A. B. L."(笔名) 取 $B=x-y,S=x,s=x+y$,则 $3x^2-12y^2=\square$,于是有 $u^2-3v^2=1$(设 $\square=(3z)^2$,再设 $x=ny$,化简后有 $(ny)^2-(2y)^2=3z^2$,从而 $u=\frac{n}{2},v=\frac{z}{2y}$).

C. Holt 让 Δ^2 如前所示的后三个因子为 $4p^2q^2,(q^2+r^2-p^2)^2,4p^2r^2$,由它们相加有 $B+S+s=(q^2+r^2+p^2)^2$. J. Anderson 让那四个因子的乘积等于 s^2x^2. 因此

$$\{B^2-(S^2+s^2)\}^2=s^2(4S^2-x^2)=s^2(2S-y)^2$$

有上式所示. 因此,我们(用后一个等式) 得到了 S,再接着得到 B^2.

C. Gill① 求出三边长分别为 x,y,z 的三角形且其特定的四条直径长为整平方数,它的内切圆直径为 r^2 而三个旁切圆直径分别为 R^2,R_1^2,R_2^2(注意区分,都是直径).(由面积公式可以推导出 $R^2=\frac{r^2(x+y+z)}{y+z-x},R_1^2=\frac{r^2(x+y+z)}{x+z-y}$, $R_2^2=\frac{r^2(x+y+z)}{x+y-z}$) 故取

$$x+y+z=a^2,y+z-x=b^2,x+z-y=c^2,x+y-z=d^2$$

而由线性相关性有

$$x+y+z=a^2=\frac{1}{2}(3a^2-b^2-c^2-d^2)$$

由后一个等式,令其满足条件 $a^2=b^2+c^2+d^2$. 我们得到

$$x=\frac{a^2-b^2}{2},\quad y=\frac{a^2-c^2}{2},\quad z=\frac{a^2-d^2}{2}$$

(以上的推导正是基于) 我们所知的 $4\Delta=r^2a^2=R^2b^2=R_1{}^2c^2=R_2{}^2d^2$(关于这四条直径的面积公式).

C. L. A. Kunze② 由两个直角三角形(3,4,5),(5,12,13) 推导出了八个有理三角形,是通过以适当的比例缩小边,使其中一条边的任选一条边与另一个的任选一条边相等,然后并置产生三角形,可以重叠,也可以不重叠. Schlömilch③ 指出我们可以从任意两个有理直角三角形开始.

---

① The Gentleman's Math. Companion, London, 5, No. 29, 1826, 509-512.

② Lehrbuch der Geometrie, Jena, 1842, 205.

③ Zeitschr. Math. Naturw. Unterricht, 24, 1893, 401-409.

Gauss①,他的注意力被 H. C. Schumacher 引导到 Curtius② 的问题上，Gauss 陈述出每个该类三角形的三边长是如下形式的，该类三角形使得每一边和外接圆的半径 r 都是整数

$$4abfg(a^2+b^2), \pm 4ab(f+g)(a^2f-b^2g), 4ab(a^2f^2+b^2g^2)$$

其中 a,b,f,g 是正整数，而同时 $r=(a^2+b^2)(a^2f^2+b^2g^2)$. 通过取 $a=g=1$, $b=2$, $f=10$, 再删除公因子 8，我们得出 Curtius 的得数. 许多作者③推导出 Gauss 得到的公式.

E. W. Grebe④ 将 46 个有理三角形列成表格，展示每个三角形的 12 个有理值，它们分别是高线段被其他高截得的线段长(6 个)，以及边被高截得的线段长(6 个).

Grebe⑤ 给出了一张 496 个(二项式系数 $\binom{32}{2}=496$) 有理三角形的表格，该表还展示了面积、周长、高和外接圆直径. 他从 32 个边比例小的有理直角三角形(4,3,5),…,(195,28,197)(若按斜边长的大小排序，这些刚好是前 32 个本原直角三角形) 开始，取遍这些三角形中的每一对，并乘以它们边的因子，以得到较大直角边相等的两个直角三角形. 将一对所得直角三角形并置，他便可构造出一个有理的锐角三角形.

为了求一类整边三角形其面积与周长是相等的(统一成单位面积与单位长度并在数值上相等). B. Yates⑥ 所设与 L. Euler 的(1) 相一致，取三边为 $\frac{pq(r^2+s^2)}{n}, \frac{rs(p^2+q^2)}{n}, \frac{(ps+qr)(pr-qs)}{n}$. 三者中最后者乘以 $\frac{pqrs}{n}$ 就是其面积. 让面积等于周长 $\frac{2pr(ps+qr)}{n}$, 我们得到 $qs(pr-qs)=2n$.

当 $n=1,2,8$ 时，整数解都被求了出来. 许多解决者使用长 l,m,n 的线段，其中边长 a,b,c，那些线段是边在半径为 r 内接圆接触点顺次被分割而成的. 因此 $l+m=a$, $l+n=b$, $m+n=c$. 若 s 为半周长，则 $s=l+m+n$, $\Delta=rs=2s=a+b+c$，于是 $r=2$. 但 $\Delta^2=r^2s^2=slmn$，因此 $4(l+m+n)=lmn$. 最短边之长要超过 $2r=4$. 因此，我们可以取 $l+m=5,6,\cdots$ 再求出整数解.

---

① Briefwechsel zwischen C. F. Gauss and H. C, Schumacher(ed., C. A. F. Peters), Altona, 5, 1863, 375; letter of Oct. 21, 1847. Quoted in Archiv Math. Phys., 44, 1865, 504-506.

② Tractatus geometricus..., Amsterdam, 1617. Quoted by A. G. Kästner, Geschichte der Math., Ⅲ, 294.

③ Archiv Math. Phys., 45, 1866, 220-231.

④ Eine Gruppe von Aufgaben über das geradlinige Dreieck, Proge., Marburg, 1856.

⑤ Zusammenstellung von Stücken rationaler ebener Dreiecke, Halle, 1864, 248 pp.

⑥ The Lady's and Gentleman's Diary, London, 1865, 49-50, Quest. 2019.

许多作者[①]证明出若三角形的三边长与面积均为整数，则面积可以被 6 整除. 取三边长为(1) 中右侧各式与 $pqrs$ 的乘积，则面积表达式是 $pqrs(ps+qr)(pr-qs)$.

S. Tebay[②] 将 237 个有理三角形制成表格，根据其面积的大小排列，面积最大者为 46410(参看 Martin 的文献[③]).

译者注 这 237 个三角形几乎都是整边本原非规则 Heron 三角形. 非规则 Heron 三角形指既不是直角(Heron) 三角形，也不是等腰 Heron 三角形的 Heron 三角形. 但是 Tebay 给出的 237 个中有 1 个误给为整边直角三角形，还有 5 个不是 Heron 三角形.

J. Wolstenholme[④] 求出一类有理三角形，其三边长与面积成等差数列(统一成单位面积与单位长度并在数值上成等差数列). 取 $a-b,a,a+b$ 为三边长，$a+2b$ 作为面积，则

$$2b=\frac{a(3a^2-16)}{16+3a^2}$$

W. Ligowski[⑤] 求出一类有理三角形，其三边长分别为 a,b,c，面积 F，外接圆半径 r 与内切圆半径 ρ 全是有理数. 他假定 $s-a=\rho x, s-b=\rho y, s-c=\rho z$，其中 s 是半周长，便可轻易地证明三边长 a,b,c 正比于

$$a_0=x(y^2+1), b_0=y(x^2+1), c_0=(x+y)(xy-1)$$

于是

$$\rho_0=xy-1, r=\frac{1}{4}(x^2+1)(y^2+1), F_0=xy(x+y)(xy-1)$$

W. Šimerka 给出几种求有理三角形的方法以及一张 173 个有理三角形的一览表，该表还展示面积、半角正切值和顶点的坐标. 他还证明了它们的周长总是偶数.

译者注 三边长均不超过 100 的本原 Heron 三角形有 173 个，他所给出的正是这 173 个. 这些三角形按最短边长度由小到大的顺序排，其中最短边相同时按次短边长度由小到大的顺序排. 另外，如果我们要对无穷多个本原 Heron 三角形排序，不能按最短边长度排序，原因参看 Martin 的文献[⑥].

---

① The Lady's and Gentleman's Diary, London, 1866, 61, Quest. 2044.

② Elements of Mensuration, London and Cambridge, 1868, 113-115. Table reprinted by G. B. Halsted, Metrical Geometry, 1881, 167-170.

③ Math. Magazine, 2, 1904, 275-284.

④ Math. Quest. Educ. Times, 13, 1870, 89-90. Same by D. S. Hart, 20, 1874, 56.

⑤ Archiv Math. Phys., 46, 1866, 503-504.

⑥ Zeitschrift Math. Naturw. Unterricht, 47, 1916, 513-530.

H. Rath① 运用三边确定出的线段,它们长分别为 α,β,γ,由边与内接圆切点所确定.则三边长分别为 $\alpha+\beta,\alpha+\gamma,\beta+\gamma$ 以及面积的平方为 $\alpha\beta\gamma(\alpha+\beta+\gamma)$.四者中最后者为一有理平方数只有在 $\alpha=dj^2,\beta=\delta B,\gamma=\delta C$ 的情况下出现,其中 B 与 C 为任意两个互素正整数,k 与 j 也是,同时 $\frac{d}{\delta}$ 是如下分式的值

$$\frac{BC(B+C)}{k^2-BCj^2}$$

当将其约为最简分式时而得出的.所得的每一组有理数 α,β,γ 定义出一有理三角形,任意两边之和大于第三边的条件会被显然地满足.他文章最后的表格展示了互素整数边,三角形的面积是某些边的倍数,这些边与其他边被分别列出.他给出九个有理三角形其各边构成等差数列,此处公差以角标给出

$$(3,4,5)_1,(13,14,15)_1,(15,26,37)_{11},(75,86,97)_{11}$$
$$(25,38,51)_{13},(61,74,87)_{13},(15,28,41)_{13}$$
$$(39,62,85)_{23},(85,122,159)_{37}$$

译者注 本书英文版没有给出上述最后两个.

D. S. Hart② 将含公共直角边 $2pr$ 的两个直角三角形并置,这两个三角形更长的直角边分别为 $r(p^2-1),p(r^2-1)$,就得出(有理三角形三边)

$$(p+r)(pr-1),r(p^2+1),p(r^2+1)$$

也就是(1) 按处于下方的符号取且 $q=s=1$ 时的情形.最后一个假定并不限制结果的普遍性.

D. S. Hart 指出若 $3w^2-12=\square$,三边长分别为 $w-1,w,w+1$ 的三角形其面积有理.他得出 $w=\frac{n}{d},d=x^2-3y^2$ 并取 $d=1$,其通解集是已知的.

A. B. Evans 求出一个三角形使其三边长 a,b,c 与三个 Malfatti 圆)半径

$$x=\frac{1}{2}r(1+\tan\frac{A}{4})(1+\tan\frac{B}{4})/(1+\tan\frac{C}{4})$$

$$y=\frac{1}{2}r(1+\tan\frac{A}{4})(1+\tan\frac{C}{4})/(1+\tan\frac{B}{4})$$

$$z=\frac{1}{2}r(1+\tan\frac{B}{4})(1+\tan\frac{C}{4})/(1+\tan\frac{A}{4})$$

以及内切圆半径 r 全为有理数.取 $\cot\frac{A}{2}=\frac{m}{n},\cot\frac{B}{2}=\frac{p}{q},m^2+n^2=\square$,$p^2+q^2=\square$,则 $\tan\frac{A}{4}$ 诸如此类都是有理的.A. Martin 取 $\cot\frac{C}{4}=3,\cot\frac{B}{4}=$

① Archiv Math. Phys.,56,1874,188-224. See the compact exposition by P. Bachmann, Niedere Zahlentheorie,2,1910,440-441. Cf. Kommerell of Ch. ⅩⅫ.

② Math. Quest. Educ. Times,23,1875,108.

4,则 x,y,z,a,b,c 与 r 的比值都将已知.

H. S. Monck 展示如何由一个两边之差为一的整边三角形再推导出一个.

J. L. McKenzie 求出一类三角形,其面积与三边为整数,半周长为平方数,某两边有一个给定的公差.

D. S. Hart 讨论三边中有两边差为一的有理三角形.

R. Hoppe① 讨论一类三角形,其三边长为 $n-r,n,n+r$,其面积 Δ 有理. 从而 $\Delta=\frac{3}{4}mn$,其中 $3m^2=n^2-4r^2$. 因此 n 为偶数,$n=2p$,且 $m=2q$,于是 $p^2-3q^2=r^2$. 首先,令 $r=1$. 若 p_k,q_k 是一对整数解,则 p_{k+1},q_{k+1} 也是

$$p_{k+1}=2p_k+3q_k,q_{k+1}=p_k+2q_k$$

进一步,有 $p_{k+1}-4p_k+p_{k-1}=0$,类似地,有 $q_{k+1}-4q_k+q_{k-1}=0$,因此

$$s_k\equiv p_{k+1}-(2+\sqrt{3})p_k=\frac{p_k-(2+\sqrt{3})p_{k-1}}{2+\sqrt{3}}\equiv\frac{s_{k-1}}{2+\sqrt{3}}$$

$$s_k(2+\sqrt{3})^k=s_0$$

对于 $k=0,1,\cdots$,表达式 n,Δ 的所得值分别为

$$n=(2+\sqrt{3})^k+(2-\sqrt{3})^k,\Delta=\frac{\sqrt{3}}{4}\left[(2+\sqrt{3})^{2k}-(2-\sqrt{3})^{2k}\right]$$

还证明了不再有更多解.

接着,令 r 是未定的,则 $p:r=(3\lambda^2+\mu^2):(3\lambda^2-\mu^2)$,其中 λ 与 μ 是互素的整数. 从而三边长为

$$3(\lambda^2+\mu^2),2(3\lambda^2+\mu^2),9\lambda^2+\mu^2$$

W. A. Whitworth② 指出高度为 12,三边为 13,14,15 的三角形是唯一一个使得高和三边长(三边长相继)为(四个)相继整数的三角形(也只有这种顺序).

G. Heppel 指出有 220 个三角形其整数的三边长都不超过 100 且有整数面积,但是表格中把(39,41,50)计了两遍. 他仅列出 55 个三边长均为整数且三者公因子是一的有理非规则三角形.

译者注 三边长均不超过 100 的整边 Heron 三角形不止 220 个,一共有 321 个. 321 个整边 Heron 三角形包括 173 个本原的与 148 个非本原的. Heppel 计少的主要原因是他漏计了许多整边本原 Heron 三角形. 他将整边本原 Heron 三角形分为三类,在三边长均不超过 100 的前提下,他认为整边本原直角三角

① Archiv Math. Phys., 64, 1879, 441.

② Nath. Quest. Educ. Times, 36, 1881, 42.

形有 16 个,整边本原等腰三角形有 23 个,整边本原非规则 Heron 三角形有 56 个. Dickson 指出他最后一类多算了一个,但最后一类正确的个数为 134,这三类加起来一共 173 个,如此就与 Šimerka 所给出的数目一致. 此外,整边本原非规则 Heron 三角形三边长不一定两两互素,但是三边长公因子是一,比如(7,15,20).

Worpitzky① 给出一个等价于(1) 的公式而未附证明.

R. Müller 考虑有理三角形,其三边长分别为相继的整数 $x-1,x,x+1$. 由于面积要为有理的,有 $x^2-4=3y^2$,于是 $x=2u,y=2v,u^2-3v^2=1$. 因此,该类三角形为(3,4,5),(13,14,15),等等.

A. Martin② 指出三边长分别为 $2m^2+1,2m^2+2,4m^2+1$ 的三角形其面积有理.

T. Pepin③ 给出一个关于有理三角形的历史注记.

O. Schlömilch④ 给出了与 Hart⑤ 一样的方法与结果.

C. A. Roberts⑥ 指出,若 u 是一个平方数且 w 是一个平方数的二倍,则三边长分别为 $u+w,u+2w,2u+w$ 的三角形其面积为 $(u+w)\sqrt{2uw}$,并列出许多三边长均小于 500 的三角形. 三角形是特殊的,因为一条边长等于其余两条边长之和的三分之一.

S. Robins⑦ 将一类三角形制成表格,三角形其底边给定且其余两边之差给定;对于给定的 n,他还将另一类三角形做成表格,三角形三边长分别为 x,$x+n,2x-n$.

H. F. Blichfeldt⑧ 利用求面积的 Heron 公式推导(1).

S. Robins⑨ 求出三边是相继整数的有理三角形,他通过将 $x-2$ 和 $x+2$ 作为底边的两分段而求出的,该底边(底边长为相继数的中位数) 被底边上的垂线所分. 该高为 $(3x^2-3)^{\frac{1}{2}}$,可以通过求$\sqrt{3}$ 连分数的渐近分数来选取 x 的值使得高是有理的.

---

① Zeitschr. Math. Naturw. Unterricht,17,1886,256.

② Math. Magazine,2,1890,6.

③ Mem. Accad. Pont. Nuovi Lincei,8,1892,85.

④ Zeitschr. math. Naturw. Unterricht,24,1893,401-409.

⑤ Math. Quest. Educ. Times,23,1875,108.

⑥ Math. Magazine,2,1893,136.

⑦ Amer. Math. Monthly,1,1894,13-14,402-403(for base 9).

⑧ Annals of Math. ,11,1896-1897,57-60.

⑨ Amer. Math. Monthly,5,1898,150-152.

A. Martin① 以各种方式并置两个直角三角形以得出有理三角形. 对于三边长分别为 x,y,z 的三角形,可用 Heron 公式求其面积 Δ,由 Heron 公式有

$$\frac{1}{16}(z^2-x^2-y^2)^2=\frac{1}{4}x^2y^2-\Delta^2=\left(\frac{1}{2}xy-\frac{p}{q}\cdot\Delta\right)^2,\Delta=\frac{pqxy}{p^2+q^2}$$

则

$$z^2=x^2+y^2\pm\frac{2(p^2-q^2)xy}{p^2+q^2}=\left(\frac{r}{s}\cdot y-x\right)^2$$

由后两个等式确定出$\frac{x}{y}$. 取 x 为所得分式的分子,我们有

$$x=(p^2+q^2)(r^2-s^2),y=2rs(p^2+q^2)\pm2s^2(p^2-q^2)$$
$$z=(p^2+q^2)(r^2+s^2)\pm2rs(p^2-q^2)$$

他利用 Pell 方程 $gq^2-p^2=\pm1$ 详细地讨论了某两边相差一个给定整数的有理三角形.

T. H. Safford② 并置面积分别为 30 与 54 的三角形(5,12,13)与(9,12,15)来得出面积为 84 的 Heron 三角形(13,14,15),同样也可以得出面积为 24=54-30 的三角形(4,13,15). 他列出 37 个有理非直角三角形.

译者注 本书英文版 Dickson 误写为"他列出 37 个有理直角三角形". 原论文作者给出了两张表,表一确实列出直角三角形,但是表一列出的是 18 个整边本原直角三角形,而表二列出的是 37 个整边非直角 Heron 三角形. 此外,在表二中原论文作者将(43,61,68)误写为(23,61,68).

D. N. Lehmer③ 利用三个角正弦与余弦的有理性以及有理三角形的充要条件推导出结果(1).

带相继三整数边的有理三角形被他们④求出来过.

W. A. Whitworth 与 D. Biddle⑤ 都证明了有且仅有五个整边三角形面积等于周长(统一成单位面积与单位长度并在数值上相等):(5,12,13),(6,8,10),(6,25,29),(7,15,20),(9,10,17).

A. Martin⑥ 通过两个有理直角三角形的并置来形成有理三角形. 他将 168 个满足面积不大于 46 410 且未被 Tebay⑦ 给出的有理三角形制成表格.

---

① Math. Magazine,2,1898,221-236.

② Trans. Wisconsin Acad. Sc.,12,1898-1899,505-508.

③ Annals of Math.,(2),1,1899-1900,97-102.

④ Amer. Math. Monthly,10,1903,172-173.

⑤ Math. Quest. Educ. Times,5,1904,54-56,62-63.

⑥ Math. Magazine,2,1904,275-284.

⑦ Elements of Mensuration,London and Cambridge,1868,113-115. Table reprinted by G. B. Halsted,Metrical Geometry,1881,167-170.

H. Schubert① 考虑了带整边 a,b,c 与整面积 J 的 Heron 三角形. 若 α,β,γ 为角度,那么 $f=\tan\frac{\alpha}{2}$ 以及由此而来的 $\sin\alpha$ 与 $\cos\alpha$ 必定为有理的(这样的一个角 α 被称作一个 Heron 角). 设 $f=\frac{n}{m}$,其中 n 与 m 为互素整数,则

$$\sin\alpha=\frac{2mn}{m^2+n^2},\sin\beta=\frac{2pq}{p^2+q^2},\sin\gamma=\frac{2(mq+np)(mp-nq)}{(m^2+n^2)(p^2+q^2)}$$

因此 $\tan\frac{\gamma}{2}=\cot\frac{\alpha+\beta}{2}$. 由正弦定理 $a=2r\sin\alpha$ 等,可得

$$4r=(m^2+n^2)(p^2+q^2)$$

因此

$$a=mn(p^2+q^2),b=pq(m^2+n^2),c=(mq+np)(mp-nq),J=mnpqc$$

J. Sachs② 给出四张本原有理三角形的一览表,第一张由一些满足高小于 100 的整边三角形构成;第二张由一些高为 100,…,500 的整边锐角三角形构成;第三张根据最短边之长将一些整边三角形由小到大排列且最短边之长小于 100,第四张根据最长边之长将一些整边三角形由小到大排列且最长边之长小于 100. 后两张表格便于并置形成有理四边形、有理五边形等.

T. Harmuth③ 考虑三边长为 $a,a+d,a+2d$ 的有理三角形. 若满足 $(a+3d)(a-d)=3y^2$,其面积为有理的. 因此,将 $3y^2$ 以每一种方式分解成两个模 4 同余的因子.

E. N. Barisien④ 指出,若 $2p$ 为周长,在如下条件下面积是一个整数

$$p=(\alpha n+1)(\beta n+1);p-b=\lambda n(\gamma n+1)$$

$$p-a=(\alpha n+1)(\gamma n+1);p-c=\mu n(\beta n+1)$$

且 $\lambda\mu=k^2$. 若 $4\gamma+\beta=5\alpha,\beta-\gamma=5$,则条件 $p=\Sigma(p-a)$ 可被满足. 若在 $p-b$ 与 $p-c$ 中我们分别将 λn 与 μn 替换为 $\delta n+1$,则面积为整数以及条件 $p=\Sigma(p-a)$ 能给出 $\delta n+1$ 的值,若 $\beta+\gamma=2\alpha$,则所给出的值为整数,因此 B 为直角. A. Gérardin 指出我们可以设 $p=(\alpha n+t)(\beta n+t)$ 等,并取 $\beta+\gamma=2\alpha,\beta-\gamma=2\rho,t=(\rho-\delta)n$.

L. Aubry 指出若 $\left(\frac{x}{2}\right)^2-3y^2=1$,那么三边长分别为 $x-1,x,x+1$ 的整边三角形有整数面积,也就是

① Die Ganzzahligkeit in der algebraischen Geometrie, Leipzig, 1905, 1-16. Festgabe 48 Versammlung d. Philologen u. Schulmänner zu Hamburg, 1905, 1-23.

② Tafeln zum Math. Unterricht, Progr. 794, Baden-Baden, Leipzig, 1908.

③ Unterrichtsblätter für Math. u. Naturwiss., 15, 1909, 105-106.

④ Sphinx-Oedipe, 5, 1910, 57-59.

$$x = 2, 4, 14, \cdots, x_n = 4x_{n-1} - x_{n-2}$$

译者注　$x=2$ 时三边不构成三角形,但面积可以算作整数.

任意有整边与整面积的三角形其面积[①]是 6 的倍数.

B. Hecht[②] 讨论三边长都是整数的三角形,而且其面积与四个半径都是整数.四个半径分别是一个内切圆半径与三个旁切圆半径.

A. Martin[③] 证明在任意本原有理三角形中必有两边长都为奇数,在任意本原有理三角形中最短边之长一定大于 2;在任意本原有理三角形中两短边长度之和减去最长边长度一定不等于一;任意本原有理三角形的面积都是 6 的倍数.每一个大于 2 的整数可以是无穷多个本原有理三角形的最短边之长.

译者注　有理三角形是边长与面积均有理的三角形,本原有理三角形一定是整边三角形且面积为整数,但整边三角形不一定是有理三角形,虽然整数边长是有理边长.其实称有理三角形为 Heron 三角形能避免误解.

E. N. Barisien[④] 指出三边长分别为 7,15,20 的三角形有均等于 42 的面积与周长(统一成单位面积与单位长度).三边长乘上 10,我们得到一个有三条整数高的三角形.

H. Böttcher[⑤] 给出了带有 $60°$ 或 $120°$ 角的有理边三角形.

译者注　此类三角形其面积一定不是有理数.本书英文版将其写为有理三角形.

Barisien[⑥] 给出求一类整边三角形三边长的复杂公式,该三角形高、面积、外接圆半径、4 个三切圆半径以及 12 条线段均为整数,其中 12 条线段有 6 条是三边被垂足分割而成,另外 6 条是三条高被垂心分割而成.

译者注　三切圆指与三角形三边所在直线同时有三个切点的圆,即一个内切圆与三个旁切圆.

在带有整数边、整数面积与一条整数高的若干个(非规则)三角形中[⑦],似乎(面积)最小三角形其三边长分别为 4,13,15,面积为 24 且一条高(在长为 4 的边上)为 12.

译者注　原论文中有一处将 4,13,15 错误地写成了 4,13,14 了,于是

---

① Math. Quest. Educ. Times, 21, 1912, 17-8. See paper 18 above.

② Ueber rationale Dreiecke, Wiss. Beil. z. Jahresber. Städt Realschule in Königsberg, 1912, 7 pp.

③ School Science and Math., 13, 1913, 323-326.

④ Mathesis, (4), 3, 1913, 14, 67.

⑤ Unterrichtsblätter für Math. u. Naturwiss., 19, 1913, 132-133.

⑥ Sphinx-Oedipe, 8, 1913, 182-183; 9, 1914, 74-75, 91, 94. Assoc. franç. av. sc., 43, 1914, 48-57. Mathesis, (4), 4, 1914, 114-116 for 7 examples.

⑦ L'intermédiaire des math., 21, 1914, 76, 143, 186-188; 22, 1915, 119-120.

Dickson 未经验证就收录进这本书中.现已由译者更正.虽然在带有整数边、整数面积与一条整数高的若干个非规则三角形中,三角形(4,13,15)确实是面积最小的,但是它的整数高却不是最小的,比如三角形(9,10,17)的整数高为8.此处的非规则三角形指既不是直角三角形,也不是等腰三角形的三角形.

A. Martin① 为 Heppel 的一览表补充了61个(整边本原)非规则有理三角形.

译者注 Martin 也在那篇论文中承认不确定三边长均不超过100的整边 Heron 三角形的数目.他的确没有补全.在满足该边长限制的前提下,整边 Heron 三角形有321个,本原的有173个.

N. Gennimatas② 证明任意一个有理三角形相似于一个三边长分别为 x^2+y^2,$(1+y^2)x$,$(1+x)(y^2-x)$ 的三角形,其中 $(1+x)(y^2-x)$ 记为 c.反过来,若 x,y,y^2-x 均为正数,前一句所述的三个数作为一个三角形的三边长,其面积为 cxy.

E. Turrière③ 指出几种方法来求 Heron 三角形.有无穷多种三边长成等差数列的 Heron 三角形使得没有两个是相似的.他还研究了一类 Heron 三角形其半周长 p 与三边半周差 $p-a$,$p-b$,$p-c$ 都是有理平方数,还研究了关于圆外切四边形的类似问题.他求出了一类 Heron 三角形使得某两条边的平方和为平方数,即求不定方程

$$\left(\frac{1+x^2}{x}\right)^2+\left(\frac{1+y^2}{y}\right)^2=\square$$

F. R. Scherrer④ 利用复整数 $a+b\mathrm{i}$ 理论来得出原始 Heron 三角形的顶点坐标、外接圆圆心坐标、内接圆圆心坐标、旁切圆圆心坐标和 Feuerbach 圆的中心坐标、高线交点坐标等.

M. Rignaux⑤ 陈述了 Schubert 的最后几条公式.

E. T. Bell 陈述而由 W. Hoover⑥ 不完备地证明了若

$$u_0=2,u_1=4,\cdots,u_{n+2}=4u_{n+1}-u_n$$

则 u_n-1,u_n,u_n+1 为一个整数面积三角形的相继边长,并且所有这样的三角形都可由此方法给出.

---

① Math. Quest. Educ. Times,25,1914,76-78.

② L'enseignement math.,16,1914,48-53.

③ L'enseignement math.,18,1916,95-110.

④ Zeitschrift Math. Naturw. Unterricht,47,1916,513-530.

⑤ L'intermédiaire des math.,24,1917,86.

⑥ Amer. Math. Monthly,24,1917,295,471,Cf. Hoppe.

2　有理三角形对

Frans van Schooten 求出两个等腰有理三角形，两者周长相等且两者面积相等. 将每个三角形分成两半，分别由(a,b)和(k,d)各形成一个直角三角形. 由周长相等可得

$$2(a^2+b^2)+2(2ab)=2(k^2+d^2)+2(2kd),a+b=k+d$$

设$k=a+x,d=b-x$. 面积相等要求

$$2x^2+3(a-b)x+a^2-4ab+b^2=0,x=\frac{1}{4}(r+3b-3a)$$

其中$r^2=a^2+b^2+14ab$. 再(引入c)设$r=a+b+c$. 因此

$$a=\frac{c^2+2bc}{12b-2c}$$

此通解涉及参数b,c. 对于$b=1,c=3$，我们得到$a=\frac{5}{2},x=\frac{1}{2}$. 三边长都乘上4. 我们得出直角三角形(20,21,29)和(12,35,37). 它们的二倍形有周长98与面积420(前者以长为21的直角边为对称轴，后者以长为35的直角边为对称轴).

J. H. Rahn① 用了8页的篇幅来讨论这个问题，而J. Pell则用了62页. 如上的解法是由Schooten第一个给出的，其想法归功于Descartes.

几位作者②给出直截了当的解法来求Schooten的问题.

J. Cunliffe③ 处理了这样的问题，求两个带有有理高和边的三角形，使得两者周长相等并且两者面积相等(他给出的例子(120,149,221)，(85,200,205)). 他求出一类圆内接五边形，所有由边与对角线构成的三角形其边与面积都是有理的.

译者注　2001年Mohammed Aassila证明了存在无穷多对周长对应相等且面积对应相等的一对整边Heron三角形. 实际上，周长对应相等且面积对应相等的整边Heron三角形不仅存在以两个为一对的形式，甚至存在三个为一组，四个为一组等情形. 比如

$$\text{Area}(24,37,37)=\text{Area}(25,34,39)=\text{Area}(29,29,40)=420$$

---

① Algebra, Zürich, 1659. Engl. transl. by T. Brancker, augmented by D. P., London, 1668, 131-192.

② The Gentleman's Math. Companion, London, 5, No. 26, 1823, 183-185.

③ New Series of the Math. Repository (ed., Th. Leybourn), 2, 1809, Ⅱ, 54-57.

$$\sum(24,37,37)=\sum(25,34,39)=\sum(29,29,40)=98$$

$$\text{Area}(286,841,875)=\text{Area}(308,793,901)=\text{Area}(377,701,924)$$
$$=\text{Area}(521,546,935)=120\ 120$$

$$\sum(286,841,875)=\sum(308,793,901)=\sum(377,701,924)$$
$$=\sum(521,546,935)=2\ 002$$

2004 年 Ronald van Luijk 证明了存在以任意数量为一组的情形.

将 Cunliffe 给出的五边形 $ABCDE$ 放到平面直角坐标系中,有

$$A(0,0),B(575,48),C(715,0)$$

$$D\left(\frac{189\ 805}{169},-\frac{214\ 200}{169}\right),E\left(-\frac{2\ 805\ 920}{5\ 329},-\frac{4\ 867\ 200}{5\ 329}\right)$$

圆心为 $P\left(\frac{715}{2},-\frac{19\ 549}{24}\right)$,半径为$\frac{21\ 349}{24}$.

3 边与中线全有理的三角形

L. Euler[①] 记三边长分别为 $2a,2b,2c$ 且中线长分别为 f,g,h,则有

$$2b^2+2c^2-a^2=f^2,\cdots$$
$$2g^2+2h^2-f^2=9a^2,\cdots$$

因此,若取 $2f,2g,2h$ 为三角形三边长,它的中线长为 $3a,3b,3c$. 写下 $\sigma=a+b+c$,则

$$(b-c)^2+\sigma\cdot(b+c-a)=f^2,(a-c)^2+\sigma\cdot(a+c-b)=g^2$$

设 $f=b-c+\sigma p,g=a-c+\sigma q$,则

$$b+c-a=2(b-c)p+\sigma p^2,a+c-b=2(a-c)q+\sigma q^2$$

求解出每个式子中的 c(包括 σ 中的),再加上 $a+b$,我们就有两个关于 σ 的表达式. 让这两个值相等,我们得到 $a:b$ 的比值 $a':b'$,Euler 取 $a'=a$ 并得到

$$a=1+q-p^2-2pq-p^2q+2pq^2,b=1+p-q^2-2pq-pq^2+2p^2q$$

则$\frac{\sigma}{2}=1+p+q-3pq$,这样 c 已知,由此也有 f,g.

译者注 有意思的是,Euler 的原文有一处写错了 b,从而$\frac{\sigma}{2}$ 也错了,而 Dickson 在本书英文版中给出了正确的结果.

接下来

---

① Novi Comm. Acad. Petrop., 18, 1773, 171; Comm. Arith. Coll., 1, 1849, 507-515.

$$h^2=(a-b)^2+\sigma\cdot(a+b-c)=A^2q^4+2Bq^3+Cq^2+2Dq+E^2$$

其中

$$A=1+3p$$

$$B=-(1-11p+9p^2+9p^3)$$

$$C=-3(1+2p-2p^2+6p^3-3p^4)$$

$$D=(1+p)(2-11p+8p^2+3p^3)$$

$$E=(2-p)(1+p)$$

我们可以通过设如下表达式得出有理数解

$$h=Aq^2+\frac{B}{A}q\pm E$$

或

$$h=Aq^2\pm\frac{D}{E}q\pm E$$

Euler 考察了最简单的情形 $p=\pm 2$($p=0$ 或 $p=\pm 1$ 的情形会被排除掉). 对于 $p=-2$,我们有 $A=-5,B=13,C=321,D=-32,E=-4$(按处于下方的符号),取 h 的第二个表达式,我们有

$$h'=-5q^2-8q+4,q=\frac{11}{2},h=-h'=\frac{765}{4}$$

译者注 本书英文版直接写成 $h=\frac{765}{4}$,实际上是取其相反数.

将 $a,b,\cdots$ 的所得值乘上 $\frac{4}{3}$,我们得到

$$a_1=158,b_1=127,c_1=131,f_1=204,g_1=261,h_1=255$$

由于 $\frac{2}{3}f,\frac{2}{3}g,\frac{2}{3}h$ 为三边长的三角形其中线长为 a,b,c,就像在前面所述的那样,我们得到一组新解 $a_2=\frac{1}{3}f_1$, $b_2=\frac{1}{3}g_1$, $c_2=\frac{1}{3}h_1$

$$a_2=68,b_2=87,c_2=85,f_2=158,g_2=127,h_2=131$$

Euler 在 1778 年的论文①处理过这样的三角形,其顶点与重心的距离是有理的,且三边是有理的. 我们有 $g^2-h^2=3(c^2-b^2)$. Euler 取

$$g+h=3pq,g-h=rs,c+b=pr,c-b=qs$$

译者注 该题与前一题等价,三边长仍是 $2a,2b,2c$ 且中线长仍是 f,g,h,但 p,q 与前一题含义不同. 后文也会出现相同的情况,请读者注意区分.

由

---

① Nova Acta, Petrop., 12, 1794, 101; Comm. Arith., Ⅱ, 294-301.

$$g^2+h^2=4a^2+b^2+c^2, f^2=2c^2+2b^2-a^2$$

在设 $p=x+y, s=x-y$ 的情况下,我们得到

$$\frac{a^2}{p^2}=x^2+y^2+2Mxy, \frac{f^2}{r^2}=x^2+y^2+2Nxy$$

$$M=\frac{5q^2-r^2}{4q^2}, N=\frac{5r^2-9q^2}{4r^2}$$

取 $\frac{a}{q}=x+ty, \frac{f}{r}=x+uy$,则

$$\frac{x}{y}=\frac{1-t^2}{2(t-M)}=\frac{1-u^2}{2(u-N)}$$

若我们按下述等式取,所有条件都可被满足

$$u=-t=\frac{N-M}{2}, \frac{x}{y}=\frac{(M-N)^2-4}{4(M+N)}$$

由于 $M+N\neq 0$,情形 $r=q$ 与情形 $r=3q$ 都被排除掉. 对于 $q=1, r=2$,则 $M=\frac{1}{4}$, $N=\frac{11}{16}$, $\frac{x}{y}=-\frac{65}{64}$,令 $x=65, y=-64$,代入 $\frac{a^2}{p^2}=x^2+y^2+2Mxy$,解 a 并舍去负根,得 $a_3=79, p=x+y=1, s=x-y=129, c_3+b_3=qs=129, c_3-b_3=pr=2$,则

$$c_3=\frac{131}{2}, \quad b_3=\frac{127}{2}$$

我们得出先前给出的解 $a_0=2a_3, b_0=2b_3, c_0=2c_3$.

译者注 Euler 的原文设 $c+b=pr, c+b=qs$,这会使得 c 为负数,但是可以证明这样的负数结果取相反数就是正确结果. 本书英文版没有在意这一点.

对于 $q=2, r=1$,我们得到

$$a_4=404, b_4=377, c_4=619, f_4=3\cdot 314, g_4=3\cdot 325, h_4=3\cdot 159$$

Euler 在 1779 年的论文[①]与前面的没有实质性的不同.

Euler 在 1782 年的论文[②]避免了先前对解的一般性所作的限制. 更改符号以符合他以前的记法,我们可以设

$$h+g=\frac{3\alpha}{\beta}(b-c), h-g=\frac{\beta}{\alpha}(b+c)$$

由

$$(h+g)^2+(h-g)^2=2h^2+2g^2=8a^2+(b+c)^2+(b-c)^2$$

我们得到

$$8a^2=\frac{9\alpha^2-\beta^2}{\beta^2}\cdot(b-c)^2+\frac{\beta^2-\alpha^2}{\alpha^2}\cdot(b+c)^2$$

---

① Mém. Acad. Petrop., 2, 1807, 10; Comm. Arith., Ⅱ, 362-365.

② Mém. Acad. Petrop., 7, 1820, 3; Comm. Arith., Ⅱ, 488-491.

则 $f^2=(b+c)^2+(b-c)^2-a^2$ 给出一个类似上式来求 f^2 的公式.写下 $b+c=\alpha(\gamma+\delta)$,$b-c=\beta(\gamma-\delta)$,$P=\frac{\beta^2-5\alpha^2}{4\alpha^2}$,$Q=\frac{9\alpha^2-5\beta^2}{4\beta^2}$,则

$$\frac{a^2}{\alpha^2}=\gamma^2+\delta^2+2P\gamma\delta,\frac{f^2}{\beta^2}=\gamma^2+\delta^2+2Q\gamma\delta \tag{1}$$

取 $\gamma=4(P+Q)$,$\delta=(P-Q)^2-4$.则(1)分别是下述表达式的平方

$$(P-Q)(3P+Q)-4,(Q-P)(3Q+P)-4$$

设 $PQ+1=n(P+Q)$,$\delta=(P+Q)^2-4PQ-4=(P+Q)(P+Q-4n)$,我们可以抛弃掉 γ 与 δ 的公因子,因此以相同的比例改变 α 和 β(以保证(1)中的 a^2 与 f^2 不变),再设 $\gamma=4$,$\delta=P+Q-4n$,(1)中的第一个表达式是下式的平方

$$\begin{aligned}(P-Q)(P+Q+2P)-4&=(P-Q)(P+Q)+2P(P+Q)-4PQ-4\\&=(P+Q)(3P-Q-4n)\end{aligned}$$

其可以被 $P+Q$ 整除.因此,代入变更后的 α 和 β,有

$$\frac{a}{\alpha}=3P-Q-4n,\frac{f}{\beta}=3Q-P-4n$$

由上面求 P,Q 的表达式与 $PQ+1=n(P+Q)$,我们可以轻易地得到 $n=-\frac{5}{4}$.设

$$C=16\alpha^2\beta^2,D=(9\alpha^2+\beta^2)(\alpha^2+\beta^2),F=2(9\alpha^4-\beta^4)$$

则 $\gamma=4$,$\delta=\frac{D}{4\alpha^2\beta^2}$.删掉 a,$b\pm c$,f,$g\pm h$ 的公因式 $4\alpha^2\beta^2$,我们得到

$$a=\alpha(D-F),b+c=\alpha(C+D),b-c=\beta(C-D)$$

$$f=\beta(D+F),g+h=3\alpha(C-D),h-g=\beta(C+D)$$

Euler① 指出:若满足如下条件,$2a^2+2b^2-c^2$ 为平方数

$$a=(m+n)p-(m-n)q,b=(m-n)p+(m+n)q,c=2mp-2nq$$

把其余两个中线长平方表达式(即 $2a^2+2c^2-b^2$ 与 $2b^2+2c^2-c^2$)的乘积变成平方数就足够了

$$2a^2+2c^2-b^2=(3m+n)^2p^2-2(3m-n)(m+3n)pq+(3n-m)^2q^2$$

$$2b^2+2c^2-c^2=(3m-n)^2p^2-2(3n-m)(n+3m)pq+(3n+m)^2q^2$$

我们得出一个关于 p,q 的齐四次型 $A^2p^4+Bp^3q+Cp^2q^2+Dpq^3+E^2q^4$,其中

$$A=9m^2-n^2,B=-8mn(27m^2+13n^2)$$

$$E=9n^2-m^2,D=-8mn(27n^2+13m^2)$$

$$C=-6(3m^4-94m^2n^2+3n^4)$$

① Math. Quest. Educ. Times, 48, 1888, 118-119.

一组特殊的 p,q 值使它(四次型)成为一个平方数,这组值被求出如下

$$p=(m^2+n^2)(9m^2-n^2),q=2mn(9m^2+n^2)$$

Euler 推导出他的两组解以及另外三组解(下述第一组与第三组中线对偶)

207, 328, 145;881, 640, 569;463, 142, 529

译者注 三边长均不超过 1 000 且三条中线均有理的本原整边三角形一共有 16 个.

在该边长限制下,其中有 7 对互为中线对偶三角形

(68,85,87)↔(127,131,158),(113,243,290)↔(244,367,523)

(142,463,529)↔(145,207,328),(159,314,325)↔(377,404,619)

(208,659,683)↔(233,255,442),(277,446,477)↔(569,640,881)

(327,386,409)↔(587,632,725)

剩下的两个分别为(466,491,807) 与(581,774,907),其对偶三角形某边长超过 1 000.

为了使 $\alpha=2x^2+2y^2-z^2,\beta=2x^2+2z^2-y^2,\gamma=2y^2+2z^2-x^2$ 均为平方数,Atticus①(笔名) 取 $x=5n-4m,y=2m,z=2m+n$,则 $\alpha=(7n-6m)^2$,再由 $\gamma=48mn-23n^2=p^2$ 确定出 $m=\dfrac{p^2+23n^2}{48n}$ 代入 β. 同样地,有

$$64n^2\beta=p^4-50p^2n^2+1\ 649n^4=\square$$

若 $p=n$,上式成立,于是 $m=\dfrac{n}{2}$.

J. Cunliffe② 根据非常特殊的假设处理了这个问题,得到了三边的半长为 807, 466,491. 后来,他又做了一个非常特殊的处理,得到的三边长分别为 884,510,466 和三中线长为 208,659,683.

N. Fuss③ 再现了 Euler 在 1782 年的论文中的解答,他将 α 替换为 $r-s$,将 β 替换为 $r+s$,将 γ 替换为 p,诸如此类.

J. Cunliffe④ 写出 $x=|AC|,y=|BC|,z=|AB|$ 作为三边长,并把 $|BE|$, $|AF|$, $|CD|$ 作为中线长. 取 $z=x+y-d$,则

$$\begin{aligned}4|AF|^2&=2(|AB|^2+|AC|^2)-|BC|^2\\&=4x^2+4xy+y^2-4(x+y)d+2d^2\end{aligned}$$

让它等于 $(2x+y-m)^2$, 并且让关于 $4|BE|^2$ 的类似表达式等于

① The Gentleman's Math. Compaion, London, 2, No. 9, 1806, 17.

② New Series of the Math. Repository(ed., Leybourn), London, 1, 1806, Ⅱ, 44.

③ Mém. Acad. Sc. St. Petersburg, 4, 1813, 247-252.

④ The Gentleman's Math. Companion, London, 5, No. 27, 1824, 349-353. Extract in I'intermédiaire des math., 5, 1898, 10-11.

$(x+2y-n)^2$. 求解两个所得线性方程,导出以 d,m,n 表示的 x 和 y. 剔除公分母,因此有

$$x=2d^2(2n-m)+2d(m^2-n^2)-mn(2m-n)$$
$$y=2d^2(2m-n)-2d(n^2-m^2)+mn(m-2n)$$
$$z=2d^2(m+n)-6mnd+mn(m+n)$$

则 $4|CD|^2=2(x^2+y^2)-z^2$ 变为一个关于 d 的四次型,对于如下的 d,该四次型为一个平方数

$$d=\frac{3(m+n)(m-n)^2(2m^2-5mn+2n^2)}{10(m-n)^4-mn(m^2+n^2)}$$

C. Gill① 给出了一组解,在这组解中三边长正比于由两个角 A,B 正弦和余弦构成的表达式,这两个角 A,B 满足的条件是 $\tan\frac{A}{2}$ 等于由 $\sin B$ 和 $\cos B$ 构成的四个复杂函数中的一个,所给出的数值例子中有一组(例子三)与 1773 年 Euler 论文②的第一组例子相同.

E. W. Grebe③ 以为该问题是一个新问题(即不知道 Euler 等人的工作). 我们更改符号以符合 Euler 的记法,我们看出 $2b^2+2c^2-a^2=f^2$ 暗示着

$$(b+c+f)(b+c-f)=(a+b-c)(a-b+c)$$

由上式与涉及 g 的类似公式,我们得到

$$b+c+f=m(a+b-c),b+c-f=\frac{1}{m}(a-b+c)$$

$$c+a+g=p(b+c-a),c+a-g=\frac{1}{p}(b-c+a)$$

其中 m 与 p 是未知数. 上述四个关系式以 m 与 p 有理函数的形式确定着 a,b,c,f,g 的比例. 然后通过选取由 m 有理地表示的 p,可以把 $2a^2+2b^2-c^2$(等于 h^2)化为一个有理平方数,则三边长与中线长都是 m 的五次函数.

$$\begin{cases}a=9m^5+117m^4+62m^3-54m^2+25m+1\\ b=45m^5+54m^4-104m^3-42m^2-21m+4\\ c=36m^5+99m^4+122m^3-24m^2-14m+5\\ f=81m^5+135m^4-54m^3+98m^2+37m-9\\ g=27m^5+252m^4+180m^3-70m^2+m-6\\ h=54m^5+63m^4-54m^3-172m^2+16m-3\end{cases}$$

---

① Application of the angular analysis to the solution of indeterminate problems of the second degree, New York, 1848, 50-52. Results quoted in lìntermédiaire des math., 5, 1898, 10. Cf. A. Martin, Math. Quest. Educ. Times, 25, 1876, 96-97; E. Turrière, l'enseignement math., 19, 1917, 267-272.

② Novi Comm. Acad. Petrop., 18, 1773, 171; Comm. Arith. Coll., 1, 1849, 507-515.

③ Archiv Math. Phys., 17, 1851, 463-474.

C. L. A. Kunze① 实质上给出了 1782 年 Euler② 论文中的解.

J. W. Tesch③ 给出 Cunliffe 的解.

E. Haentzschel④ 和 Schubert⑤ 都处理过该问题. 参看本章收录的论文⑥.

带着有理边长 a,b,c 的三角形其三中线长正比于三边当且仅当 $a^2+c^2=2b^2$;这样的三角形被称为自中线的. 有关该方程的许多论文都记述在第十四章中.

译者注 已知三边长为正有理数 a,b,c,由该不定方程可以判断出 b 介于 a 与 c 之间,不妨设 $a<c$,有 $a<b<c$,若记三边长为 m_a,m_b,m_c,则

$$m_a=\frac{1}{2}\sqrt{2b^2+2c^2-a^2},m_b=\frac{1}{2}\sqrt{2a^2+2c^2-b^2},m_c=\frac{1}{2}\sqrt{2a^2+2b^2-c^2}$$

那么由 $m_a>m_b>m_c$ 可知 $a:b:c=m_c:m_b:m_a$,并且 $\frac{m_c}{a}=\frac{m_b}{b}=\frac{m_c}{a}=\frac{\sqrt{3}}{2}$,因此它的中线长必为无理数.

4 中位线和边都是有理数的三角形及边和对角线都是有理数的平行四边形

Bachet⑦ 的第四个问题,被添加在他关于 Diophantus, Ⅵ, 18 的评论中,是待求出一个有理三角形使其带一条有理中线. 首先,令中线 AD 所起的角 A 为锐角. 令线段 BC 表示中点为 D 的边. 取任意满足如下条件的整数,该数为两个平方数之和,如 $13=2^2+3^2$,再取 $|DC|=2$, $|AD|=3$,则由于两个平方数之和的二倍必为两个平方数之和,可得 $|AB|^2+|AC|^2=2|AD|^2+2|DC|^2=2\cdot 13=5^2+1^2$. 但是 5 和 1 不能是边 AB, AC 的长度. 因此,我们通过 Diophantus, Ⅱ, 10 来将 5^2+1^2 分成另外两个平方数的和,方法也就是利用待定式 $(5-N)^2+(1+2N)^2$,于是 $N=\frac{6}{5}$, $|AB|=\frac{19}{5}$, $|AC|=\frac{17}{5}$. 全部都乘上 5,我们得到最终结果 $|AB|=19$, $|AC|=17$, $|BC|=20$, $|AD|=15$.

---

① Ueber einige Aufgaben aus der Dioph. Analysis, Progr. Weimar, 1862, 9.

② Mém. Acad. Petrop., 7, 1820, 3; Comm. Arith., Ⅱ, 488-491.

③ L'intermédiaire des math., 3, 1896, 237. Repeated, 20, 1913, 219.

④ Jahresber. d. Deutschen Math. — Vereinigung, 25, 1916, 333-351.

⑤ Auslese Unterrichts-u. Vorlesungspraxis, Leipzig, 2, 1905, 68-92; same in Schubert, 38-50.

⑥ Věst. opytn. Fiziki(Spaczinski's Bote), Odessa, No. 355, 145-157(Russian).

⑦ Diophanti Alex. Arithmeticorum... Commentariis... Avctore C. G. Bacheto, 1621, 416. Diophanti Alex. Arithmeticorum, cum Commentariis C. G. Bacheti & Observationibus D. P. de Fermat(ed., S. Fermat), Tolosae, 1670, 315.

若角 A 为钝角，取 $|DC|=3$，$|AD|=2$. 我们得到同前面最终结果一样的 $|AB|$，$|AC|$ 值，而不一样的是 $|BC|=30$，$|AD|=10$（以代替印错在 Bachet 评论中的 12).

译者注 Bachet 如果想求的是有理边三角形的话，这两个结果都正确. 但如果想求 Heron 三角形的话，这如上两个结果都不满足面积有理. 但是这类三角形确实存在，如锐角 Heron 三角形(25,34,39) 与钝角 Heron 三角形(33,41,58).

T. F. de Lagny[①] 证明了，在任意平行四边形中，两条对角线的平方和等于四条边的平方和，并指出例子 $9^2+13^2=2(5^2+10^2)$，$17^2+31^2=2(15^2+20^2)$. 为了在整数中求不定方程 $x^2+y^2=2(a^2+b^2)$，对于 $b=a$，我们取 $y=2A-\frac{xB}{C}$，于是 $x=\frac{4ABC}{B^2+C^2}$，$a=b=A$，其中 B 可以不等于 A. 接下来是下一种情形，如下不定方程的特解可由 $x=B$，$y=B+2A$ 给出

$$x^2+y^2=2[a^2+(a+b)^2]$$

为了求出通解，设 $C=2A+B$，$x=C+z$，$y=B-\frac{zD}{E}$，则

$$z=\frac{2E(BD-CE)}{D^2+E^2}$$

有 $a=A$，$b=B$.

译者注 相比本书英文版，为了区分两者的不同，字母记号与符号有所改动.

B. A. Gould[②] 求出带有理边长 a，b 与有理对角线长 x，y 的平行四边形. 条件为 $x^2+y^2=2(a^2+b^2)$. 设 $a+b=s$，$a-b=t$，于是 $x^2+y^2=s^2+t^2$. 若 $f^2=d^2+e^2$，一组解为 $fx=ds+et$，$fy=es-dt$. Wm. Lenhart 命相邻两边之长为 $a\pm a'$，两条对角线之长为 $2b$，$2b'$，于是 $a^2-b^2=a'^2-b'^2$，若有下述表达式则不定方程可被满足

$$a,b=nn'\pm mm';b',a'=nm'\pm mn'$$

J. Maurin[③] 给出了 Gould 的解.

E. Hénet 指出：在三角形中，若三边长为 $x=\rho v+u$，$y=\rho u-v$，$z=u+v-\rho(u-v)$，其中 $u>v$，$\rho>1$，中线 m_z 是有理的，$2m_z=\rho(u+v)-(u-v)$. 若满足下述条件，中线 m_y 也是有理的

$$u:v=(\mu-2)(4\rho-\mu):(\mu-4)(2\rho+\mu),4<\mu<3+\rho$$

---

① Auslese Unterrichts-u. Vorlesungspraxis, Leipzig, 2, 1905, 68-92; same in Schubert, 38-50.

② Cambridge Miscellany, 1, 1843, 14.

③ L'intermédiaire des math., 3, 1896, 210.

M. A. Gruber① 通过设 $b=a+p, c=2a+q$ 来求解不定方程 $2(a^2+b^2)=c^2+d^2$，于是 $a=\dfrac{\frac{d^2}{2}-p^2+\frac{q^2}{2}}{p-q}$ 要有理地满足方程，他又设 $d'=2p-q+t$ 代入 a 作为新的 a'，从而得出答案 (a', b', c', d'). W. F. King 与 Gould② 一同进行求解.

H. Schubert③ 讨论这类三角形，其三边长 a, b, c 有理，且带一条或多条有理中线. 所对边长为 a 的其长被定为 t_a. 由于

$$(2t_a)^2-(b-c)^2=(b+c)^2-a^2=4s(s-a), s=\frac{1}{2}(a+b+c)$$

t_a 的有理性也暗含着 x 的，其中

$$\pm t_a-\frac{1}{2}(b-c)=sx, \pm t_a+\frac{1}{2}(b-c)=\frac{s-a}{x}$$

相减，代换 sx 为 $(s-a)x+(s-b)x+(s-c)x$，并代换 $c-b$ 为 $s-b-(s-c)$. 因此

$$\frac{s-a}{x}+\frac{s-b}{x+1}+\frac{s-c}{x-1}=0$$

由于 $s-a$ 等要为正，故有 $-1<x<1$. 类似地，t_b 的有理性也暗含着 y 的，有 $-1<y<1$

$$\frac{s-b}{y}+\frac{s-c}{y+1}+\frac{s-a}{y-1}=0$$

这两个方程可以确定出三个分子之间的比例. 我们可以设

$$s-a=(x+2y+1)x(1-y)=A$$
$$s-b=(2x+y-1)(x+1)y=B$$
$$s-c=(x-y+1)(1-x)(1+y)=C$$

另外，$s=A+B+C=3xy+x-y+1$. 因此，对任意真分数 x, y，我们可得 a, b, c 以及下述中线长的有理值

$$\pm t_a=sx+\frac{s-a}{x}, \quad \pm t_b=sy+\frac{s-b}{y}$$

对于 $x=\frac{1}{2}, y=\frac{1}{3}$，我们求出 $a=17, b=27, c=16, 2t_a=41, 2t_b=19$.

若 t_c 也要为有理数，我们必须让下述不定方程有一个满足 $-1<y<1$ 的解

---

① Amer. Math. Monthly, 3, 1896, 219-221.

② Cambridge Miscellany, 1, 1843, 14.

③ Auslese Unterrichts-u. Vorlesungspraxis, Leipzig, 2, 1905, 68-92; same in Schubert, 38-50.

$$\frac{s-c}{z}+\frac{s-a}{z+1}+\frac{s-b}{z-1}=0$$

代换 $s-a,s-b,s-c$ 为它们(关于 x,y) 的值 A,B,C. 我们得出一条 x,y, z 之间的关系式 $R=0$,其左端关于 x,y,z 的每个多项式都是二次的. 现在下述一对方程将两端对应相加即为关系式 $R=0$

$$\frac{3yx(1-y)}{1+z}-\frac{B}{1-z}=0,\frac{(x-y+1)x(1-y)}{1+z}+\frac{C}{z}=0$$

它们消去 z 可得

$$y=\frac{7-4x-2x^2}{10x-5}$$

他还给出了另外八对方程,使每一对的两端对应相加为 $R=0$,这些方程使得消去 z 得到一个关于 x 或 y 的线性因子. 对于三条有理中线的问题,此方法缺乏一般性和 Euler[①] 方法的简易性.

5 带一条有理中线的 Heron 三角形、Heron 平行四边形

H. Schubert[②] 定义 Heron 平行四边形是使得各边、各对角线、面积皆有理的平行四边形. 在平行四边形中,命角 α,β 分别是一条对角线与其同侧两条边相交所成的角,其中与对角线夹角 α 的边其长为 a,夹角 β 的边其长为 b;以及角 θ 为两条对角线所成的夹角且该角对着边 b,则

$$a:b=\sin(\theta+\beta):\sin(\theta-\alpha),a\sin\alpha=b\sin\beta$$

上述第二式由一条对角线上等长两段所在(同侧)三角形面积相等可得(由正弦定理也可得),因此

$$2\cot\theta=\cot\alpha-\cot\beta$$

面积也要有理,我们可以设

$$\tan\left(\frac{1}{2}\alpha\right)=\frac{n}{m},\tan\left(\frac{1}{2}\beta\right)=\frac{q}{p},\tan\left(\frac{1}{2}\theta\right)=\frac{y}{x}$$

其中 m,n 为互素整数,p,q 同理,x,y 同理. 因此

$$2\cdot\frac{x^2-y^2}{2xy}=\frac{m^2-n^2}{2mn}-\frac{p^2-q^2}{2pq}$$

$$2(x^2-y^2)mnpq=xy(mp+nq)(mq-np)$$

---

① Comm. Arith. Coll., Ⅱ, 1849, 648, posthumous fragment. Same in Opera postuma, 1, 1862, 101.

② Auslese Unterrichts-u. Vorlesungspraxis, Leipzig, 2, 1905, 36-45. Unterrichtsblätter Math. u. Naturw., 6, 1900, 70-71. Schubert, 21-26.

得出错误结论①,仅有的(本原)整数解为下述二者之一

$$(x,y)=(mq,np),(x,y)=(mp,nq)$$

因此,人们仍然怀疑他的另一个结论,即没有一个 Heron 三角形有一条以上的有理中线.

译者注 Schubert 关于多有理中线 Heron 三角形的结论是错的,比如面积最小且带两条有理中线的整边 Heron 三角形为(26,51,73). 值得注意的是,R. H. Buchholz 作为论文第一作者证明了带两条有理中线的 Heron 三角形有无穷多组,具体证明参看 *An Infinite Set of Heron Triangles with Two Rational Medians*,《美国数学月刊》第104卷,第2期,于1997年出版,第107~115页. 在2019年出版的论文 *Heron triangles with three rational medians* 中,Buchholz 作为论文第一作者证明不存在三条中线全有理的 Heron 三角形.

R. Güntsche② 考虑这类三角形,其三边长 a,b,c 有理,且面积 I 与一条中线 CF 都有理. 若 s 为半周长且 ρ 为内切圆半径,有

$$\cot\left(\frac{1}{2}A\right)=\frac{s(s-a)}{I},s\rho=I$$

这样 $\frac{1}{2}A,\frac{1}{2}B,\frac{1}{2}C$ 的余切值 α,β,γ 都必为有理数. 同样 $\alpha+\beta+\gamma=\alpha\beta\gamma$ 也有理. 上述两式消去 I 化简可得 $s-a=\rho\alpha,s-b=\rho\beta,s-c=\rho\gamma$,三式相加取得

$$3s-(a+b+c)=s=\rho(\alpha+\beta+\gamma)=\rho\alpha\beta\gamma=\frac{\rho\alpha\beta(\alpha+\beta)}{\alpha\beta-1}$$

取定 $\rho=\frac{\alpha\beta-1}{\alpha\beta}$,我们有

$$s=\alpha+\beta,a=\beta+\frac{1}{\beta},b=\alpha+\frac{1}{\alpha},c=s-\frac{1}{\alpha}-\frac{1}{\beta}=I$$

令 F 为边 AB 的中点且 $\nu=\cot\left(\frac{1}{2}\angle CFB\right)$. 在 $\triangle CAB$ 中用 $\alpha=\cot\left(\frac{1}{2}A\right)$ 与 $\beta=\cot\left(\frac{1}{2}B\right)$ 可表示出 $c=\alpha-\frac{1}{\alpha}+\beta-\frac{1}{\beta}$,那么由 $\triangle CAF$ 与 $\triangle CFB$,我们可以得出 $\frac{c}{2}$ 的两个值

① 先给出反例,对于 $m=2,n=1,p=-2,q=1$,满足互素条件只有两组解,一组为 $x=2,y=1$,另一组 $x=-1,y=2$,都不是提及的二者之一. 另外,对于 $(x,y)=(mq,np)$ 情形,Schubert 也犯错了. 将文中的不定方程两端去掉公因式 $mq-np$,给出 $(m-2n)p=(2m-n)q$,因此 $2m-n=lp,m-2n=lq$,其中 $l=1$ 或 $l=3$(m,n 互素). Schubert 错误地将 $l=3$ 排除在外,比如例子 $m=5,n=1,p=3,q=1$ 可验证 $l=3$ 正确;但这并不影响 $\tan\frac{\alpha}{2}$ 与 $\tan\frac{\beta}{2}$ 之间的关系式.

② Archiv Math. Phys. ,46,1866,503-504.

$$\frac{c}{2}=\alpha-\frac{1}{\alpha}+\frac{1}{\nu}-\nu=\nu-\frac{1}{\nu}+\beta-\frac{1}{\beta} \tag{1}$$

即$\frac{\alpha^2-1}{2\alpha}-\frac{\beta^2-1}{2\beta}=\frac{\nu^2-1}{\nu}$，为了确保对称性，设$\beta'=\frac{1}{\beta}$. 我们得出

$$2\nu^2\beta'\alpha-\nu(\beta'^2\alpha+\beta'\alpha^2-\beta'-\alpha)-2\beta'\alpha=0 \tag{2}$$

以ν,α,β'中的每一个为主元，都是二次的. 取α作为参数，我们可以通过本书第二十二章的 Euler 方法来处理关于ν,β'的不定方程. 但是属于β'的第二个ν值是属于β'的第一个ν值的倒数的相反数，即$\nu_2=-\frac{1}{v_1}$，这样一来相应的角度就会增加π. 为了得出一个实质上的新解，在应用 L. Euler 的步骤之前引入变量$\xi=\nu\beta'$，对于如下更一般的方程也有类似的评述

$$px^2y+qxy^2+rxy+hqx+hpy=0 \tag{3}$$

该方程包括 Kummer① 处理过的情况. 为了化简 L. Euler 的步骤，设

$$\theta(\xi)=\frac{q\xi+ph}{p\xi+qh},X_i=\frac{h}{x_i},Y_i=\frac{h}{y_i}$$

从由初始解伴$x=x_0,y=y_0$，我们形成

$$x_1=y_0\theta_1,y_1=X_0\theta_1,\theta_1\equiv\theta(x_0y_0)$$
$$x_2=y_1\theta_2,y_2=X_1\theta_2,\theta_2\equiv\theta(x_1y_1)$$
$$\vdots$$

则x_i,y_i是(3)的一对新解伴. 类似地，我们可以从$x=x_0,y=Y_0$开始，对于式(2)有

$$h=-1,p=2\alpha,q=-\alpha,r=1-\alpha^2,\theta(\xi)=-\frac{\xi+2}{2\xi+1}$$

因此，由初始解伴ν_0,β'_0，我们可以得到$\nu_1=\beta'_0\theta(\nu_0\beta'_0),\beta'_1=-\nu_0^{-1}\theta(\nu_0\beta'_0)$.

由这组平凡解$\alpha=p,\nu_0=1,\beta'_0=\frac{1}{p}$作为初始解伴，我们得到

$$\alpha=p,\nu_1=\frac{-(2p+1)}{p(p+2)},\beta'_1=\frac{2p+1}{p+2}$$

由这组解我们又可以得出一组新的解；依此类推. 我们可以替换ν_1为$-\frac{1}{\nu_1}$，是因为(1)能保持不变；我们得出解

$$\alpha=p,\nu=\frac{p(p+2)}{2p+1},\beta=\frac{p+2}{2p+1},a=b\{(p+2)^2+(2p+1)^2\}$$
$$b=(p+2)(2p+1)(p^2+1),c=2(p^2-1)(p^2+p+1)$$
$$CF=p^2(p+2)^2+(2p+1)^2,I=\frac{1}{2}p(p^2-1)(p+2)(2p+1)(p^2+p+1)$$

① Jour. für Math. ,37,1848,1-20.

E. Haentzschel[①] 重复了 Güntsche 的推导，但是设$\nu=\cot\left(\frac{1}{2}\angle AEC\right)$ 与 Güntsche 所设不同，从而对应在式(1) 的不定方程中 α 与β 的位置是调换的，即 $\frac{\beta^2-1}{2\beta}-\frac{\alpha^2-1}{2\alpha}=\frac{\nu^2-1}{\nu}$. 为了对称性用它的倒数来代替作为新的 α. 因此

$$\frac{\beta^2-1}{2\beta}-\frac{\left(\frac{1}{\alpha}\right)^2-1}{2\left(\frac{1}{\alpha}\right)}=\frac{\nu^2-1}{\nu}\Rightarrow\frac{\alpha^2-1}{2\alpha}+\frac{\beta^2-1}{2\beta}=\frac{\nu^2-1}{\nu}$$

通过求解新方程的 ν，若有如下条件成立所得出的 ν 值为有理的

$$\{\beta^2\alpha+\beta(\alpha^2-1)-\alpha\}^2+(4\beta\alpha)^2=\square$$

利用 Weierstrass 椭圆 $\mathscr{P}$函数处理这个关于β的四次型. 由此产生了各种特殊类型的 Heron 平行四边形.

译者注 其中字母 $\mathscr{P}$ 为手写体大写字母 P，一般专用于指代 Weierstrass 椭圆函数.

6 带一条或多条有理角平分线的有理边三角形

Bachet[②] 给出一个长篇的构造与讨论而导出的一个特殊的锐角三角形，该锐角三角形三边长分别为 20，20，5(底边与腰的比值为 1 ∶ 4) 且底角的角平分线长为 6；还有一个斜三角形，该三角形三边长分别为 80，125，164 且有一条长度为 60 的角平分线，该角平分线与最长边相交的(上述每一个三角形的面积都是无理的).

J. Kersey[③] 讨论这类斜三角形，其带着有理的三边、有理面积，并且要么带着一条有理角平分线，要么带着一条有理中线.

N. Fuss[④] 研究这类三角形，其带着有理边长 a,b,c，有理角平分线长 α,β,γ 以及有理面积σ. 三条高便是有理的. 设

$$b+c-a=2f,a+c-b=2g,a+b-c=2h$$

则

$$a+b+c=2(f+g+h),\sigma^2=(f+g+h)fgh$$

他取 $f=pq,g=qr,h=pr$，若有下式成立则 σ 为有理的

---

① Sitzungsber. Berlin Math. Gesell. 13, 1913-1914, 80-89.

② Diophanti Alex. Arith..., 1621, 419-421. Ed. by S. Fermat, 1670, 317-319.

③ The Elements of Algebra, London, Books 3 and 4, 1674, 144-148.

④ Mém. Acad. Sc. St. Petérsbourg, 4, 1813, 240-247.

$$pq + pr + qr = s^2$$

其中 s 是有理的. 由于 $a = g + h, b = f + h, c = f + g$,我们得到

$$\alpha = \frac{\sqrt{bc(b+c+a)(b+c-a)}}{b+c} = \frac{2pqs}{pq+s^2}\sqrt{(p+r)(q+r)}$$

上述等式最后一个根号下的量等于 $r^2 + s^2$,因此它要为一个平方数. 类似地,$p^2 + s^2$ 与 $q^2 + s^2$ 都要为平方数. 设 $p = ls, q = ms, r = ns$,则 $1 + l^2, 1 + m^2, 1 + n^2$ 都要为平方数,还要有 $lm + ln + mn = 1$.

若下述表达式成立,这些条件都会被满足

$$l = \frac{P^2 - Q^2}{2PQ}, m = \frac{R^2 - S^2}{2RS}, n = \frac{1 - lm}{l + m}$$

例如,令 $P = R = 2, Q = S = 1$,则 $l = m = \frac{3}{4}, n = \frac{7}{24}$. 取 $s = 1$ 并将 a, α 等都乘上 32. 我们得到等腰三角形的各长度量

$$a = 14, b = c = 25, \alpha = 24, \beta = \gamma = \frac{560}{39}$$

J. Cunliffe① 指出有着如下形式三边长的三角形

$$mn(m^2 - n^2)(r^2 + s^2)^2, rs(r^2 - s^2)(m^2 + n^2)^2$$
$$\{mn(r^2 - s^2) - rs(m^2 - n^2)\}\{(r^2 - s^2)(m^2 - n^2) + 4rsmn\}$$

带着有理面积与三条有理角平分线. 后出版的一篇论文中,他得出一个三边长分别为 39,150,175 的三角形,他误认为此三角形能通过取带有公共直角边 $2mn$ 的三个直角三角形$(m_i^2 + n_i^2, m_i^2 - n_i^2, 2m_in_i), i = 1,2,3$ 来拼接成,并且每个直角三角形要用两次(一共六个直角三角形),其中$(m_1, n_1) = (12,1)$;$(m_2, n_2) = (6,2)$;$(m_3, n_3) = (4,3)$.

译者注 参看 Gill 的配图,在 $\triangle ABC$ 中,记内切圆圆 I 在边 AB 上的切点为 F,在边 BC 上的切点为 D,在边 AC 上的切点为 E,因此有 $\angle AIF + \angle BID + \angle CIE = 180°$. 实际上,以 Cunliffe 的方法所生成的六个直角三角形可以拼接起来,但是不一定能使刚提及的三个锐角之和为平角,故拼接成的图形不一定是三角形.

只有在满足下述连等式时,三锐角之和才会等于180°,才能拼接成三角形. 他例子中的$(m_i, n_i), i = 1,2,3$ 就不满足下式,所以它们无法拼接成三角形,如图 5.3 所示.

$$\frac{(m_1^2 - n_1^2)(m_2^2 - n_2^2)(m_3^2 - n_3^2)}{m_1^2 - n_1^2 + m_2^2 - n_2^2 + m_3^2 - n_3^2} = (2m_1n_1)^2 = (2m_2n_2)^2 = (2m_3n_3)^2$$

另外,三角形(39,150,175) 的面积是无理的,但是碰巧有一条有理角平分

① New Series of the Math. Repository, London, 3, Pt. 2, 1814, 13-15.

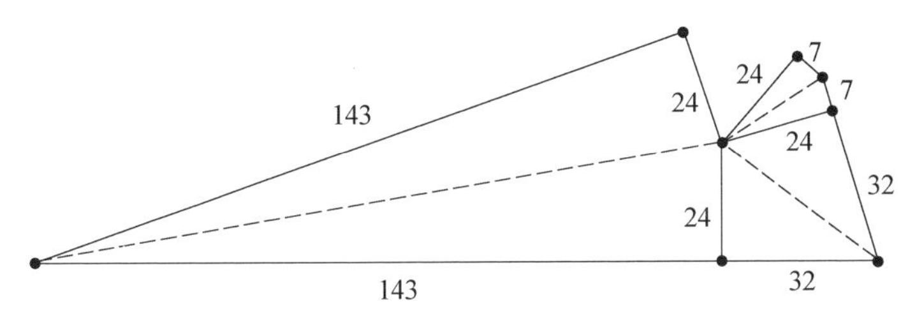

图 5.3

线,称其碰巧是因为用这种方法得出的,三角形有时候三条角平分线均为无理的. Cunliffe 的文章没有将所给例子绘为图形,但本书英文版将所给例子绘为错误的图形,故略去. Dickson 在前文中指出过此类错误,并称 Gill 的解法是失败的. 但是却在这里犯了同样的错误.

Cunliffe① 求出一类有理三角形,其三边、三条高、三条角平分线均为有理的,并且其外接圆半径也有理(其实 Heron 三角形外接圆半径必有理,这是因为 $R=\frac{abc}{4S}$). 令三边的垂直平分线分别为 mD, nE, pF 并且依次交外接圆于 D, E, F(图 5.4). 设 $a=|AD|=|DB|$, $b=|AE|=|EC|$, $c=|BF|=|FC|$. 则

$$|mD|=\frac{a^2}{d},\quad |nE|=\frac{b^2}{d},\quad |pF|=\frac{c^2}{d}$$

$$|mA|=\frac{a}{d}\sqrt{d^2-a^2},\ |nC|=\frac{b}{d}\sqrt{d^2-b^2},\ |pC|=\frac{c}{d}\sqrt{d^2-c^2}$$

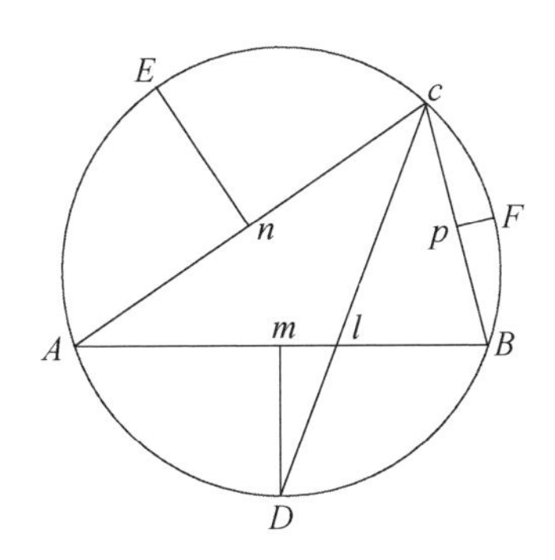

图 5.4

因为弦 AD, BF, CE 所对的圆弧之和为半圆,它们的作用是形成一个以直径为最长边的内接四边形. 在新产生的圆内接四边形 $MPQN$ 中,有 $a=|MP|$, $c=|PQ|$, $b=|QN|$, $d=|MN|$. 因此

$$|NP|^2=d^2-a^2,\ |MQ|^2=d^2-b^2$$

① The Gentleman's Math. Companion, London, 5, No. 27, 1824, 344-349.

以及

$$|MP||NQ|+|MN||PQ|=|NP||MQ|, cd=\sqrt{d^2-a^2}\cdot\sqrt{d^2-b^2}-ab$$

(已知 d 有理)因此若$\sqrt{d^2-a^2}$与$\sqrt{d^2-b^2}$都为有理的,则 c 为有理的,同样 a 与 b 也会.由圆内接四边形 $ABCD$,可得

$$|AB||CD|=|DB||AC|+|AD||BC|$$

又由于$|AB|=2|mA|$,$|AC|=2|nC|$,$|BC|=2|pC|$,$a=|AD|=|DB|$可知$|CD|$有理.$\angle ACB$ 的角平分线交 AB 于点 l,从而$|Dl|=\frac{|DB|^2}{|DC|}$是有理的.还有一种解法是运用半径为 r 且圆心为 S 的内切圆.三角形顶点 A,B,C 到内切圆圆 S 的切线长依次为 a,b,c 并且内切圆圆 S 在边 AB 的切点为 T,则$|AS|^2=|AT|^2+|ST|^2=a^2+r^2$.为了满足它为整数的条件,取$a=\frac{2mnr}{m^2-n^2}$.类似地,要满足$|BS|^2=b^2+r^2$,取$b=\frac{2pqr}{p^2-q^2}$.若有 $a^2+r^2=\square$,$b^2+r^2=\square'$,可以利用 $abc=r^2(a+b+c)$ 证明$|CS|^2=c^2+r^2$是有理平方数

$$abc=r^2(a+b+c)\Rightarrow c=\frac{(a+b)r^2}{ab-r^2}$$

$$\begin{aligned}c^2+r^2&=\frac{(a+b)^2r^4}{(ab-r^2)^2}+r^2\\&=r^2\cdot\frac{r^2(a+b)^2+(ab-r^2)^2}{(ab-r^2)^2}\\&=r^2\cdot\frac{(a^2+r^2)(b^2+r^2)}{(ab-r^2)^2}\end{aligned}$$

W. Wright 与 C. Gill(在同一个解答中)运用一个等腰三角形来求解,该等腰三角形等长的腰为 CA,CB,高为 CD,底角的角平分线 AP,BQ 交点为 O.设 $x=|AD|$,$|AC|+x=a$ 等于半周长,则

$$|CD|=\sqrt{a^2-2ax}$$

若 $x=\frac{1}{2}a(1-p^2)$,那么上式会为有理值 ap,则

$$|OD|=\frac{|AD||CD|}{|AD|+|AC|}=\frac{1}{2}ap(1-p^2), |AO|=\frac{1}{2}a(1-p^2)\sqrt{1+p^2}$$

从某个(由角平分线定理得到的)比例来推,$|CP|$是有理的,而同时$|AP|$涉及$\sqrt{1+p^2}$.因此,如果 $1+p^2=\square=(1-pq)^2$,该问题就被解决了,也就是说 $p=\frac{2q}{q^2-1}$.文中仅取 $q=3,4,5,7$,我们得出四个周长相等的等腰三角形并且带着有理三边、有理面积与有理角平分线(其中若 q 只取整数,可以取除 $0,\pm1,\pm2$ 之外的所有整数).

S. Jones① 求出一类三角形,其三边长 x,y,z 以及三个角的角平分线长都是有理的。令 nx,ny 是由角平方线分边所得两段的长度,其中被分边的长度为 z. 同理长度为 y 的边有 mx,mz. 因此 $y=\frac{(1+n)mx}{1-mn}$,$z=\frac{(1+m)nx}{1-mn}$. 边长分别为 x,y 的两边所夹角记为(x,y),角(x,y) 平分线长度的平方为 $xy(1-n^2)$,若满足$(1-n)m(1-mn)=\square=m^2n^2$,则 $xy(1-n^2)$ 为平方数,也就是说 $m=\frac{1-n}{n}$. 则 $y=\frac{(1-n^2)x}{n^2}$, $z=\frac{x}{n}$. 若 $2n^2-n$ 与 $2n^2+n$ 都为平方数,则(x,z) 与(y,z) 的平分线均为有理的. 在刚提及的两式中,让前者等于 p^2n^2,我们得到n. 若满足 $4-p^2=\square=(2-pq)^2$,则 $2n^2+n=\square$,由 $4-p^2=(2-pq)^2$ 可确定出 p. W. Rutherford 命三边长为 a,b,c;$\angle A$ 平分线的长度平方等于 $\frac{4bcs(s-a)}{(b+c)^2}$,其中 $s=\frac{a+b+c}{2}$ 为半周长. 因此 $bcs(s-a)=\square$. 类似地,有 $abs(s-c)=\square'$,$acs(s-b)=\square''$. 因此 $s(s-a)(s-b)(s-c)=\square'''$,可知面积是有理的. Rutherford 要解决的问题是求出三边以及三条角平分线均有理的三角形,因此该问题也就是 Cunliffe② 处理过的问题,Rutherford 就引用了他的结果.(Cunliffe 于 Rutherford 之前解决的问题是求出三边以及三条角平分线均有理的 Heron 三角形. 因为这些长度几何量有理可以推导出面积有理,所以两问题等价)

译者注 William Rutherford(1798—1871) 是一位英国数学家 ,以其在 1841 年计算 208 位数学常数 π 而著名. 后来发现仅计算出的前 152 位数字是正确的,但依然打破了当时的纪录. Ernest Rutherford(1871—1937),新西兰物理学家,享誉世界的原子核物理学之父. 他们并没有亲属关系,请读者加以区分.

J. Davey③ 求出一类三角形,其三边长、角平分线 CD 的长度、中线 CE 的长度、线段 AE 的长度以及 DE 的长度全为整数. 取

$$|AC|=(m+1)p,|BC|=(m-1)p,|AD|=(m+1)q,|BD|=(m-1)q$$

则

$$|AE|=mq,|DE|=q,|CD|^2=(m^2-1)(p^2-q^2)$$

取

$$|CD|=(m^2-1)(p-q)$$

于是 $p=\frac{m^2q}{m^2-2}$,则

① The Gentleman's Diary,or Math. Repository,London,1840,33-35,Quest. 1400.

② The Gentleman's Math. Companion,London,5,No. 27,1824,344-349.

③ The Lady's and Gentleman's Diary,London,1842,69. He noted that J. Holroyd's solution, 1841,57-58,ieads only to degenerate triangles whose base equals the difference of the other sides.

$$|CE|^2=(m^2+1)p^2-m^2q^2=\left(\frac{mq}{m^2-2}\right)^2(5m^2-4)$$

因此将 $5m^2-4$ 取为 $\frac{5(m-1)r}{s}-1$ 的平方，从而有理地得出 m.

Feldhoff① 处理过 31 个关于三角形的问题，那些三角形某些量（面积、周长、边长）是有理的，或是相等的，又或是为平方数的. 在通过两个有理直角三角形并置形成的三角形中，若形如 x^2+1 的两个表达式为平方数则这类三角形三个角的角平分线是有理的.

注 （由于先前的注释指出，所有的 Heron 三角形都可以通过按公共边 $2rs=2mn$ 来并置两个有理直角三角形而得到）若公共边记为 $2rs=2mn$，使得合成的三角形有边长 $b=m^2+n^2, c=r^2+s^2, a=(m^2-n^2)+(r^2-s^2)$，则

$$b+c+a=2(r^2+m^2),\quad b+c-a=2(s^2+n^2)$$

因此代入角平分线长 α 的表达式，根号下的部分是四个两数平方和的乘积，而由此会等于两数平方和，记为 D. 在角平分线长 β 的表达式中，根号下的部分是

$$E=ac(a+c+b)(a+c-b)=4a(r^2+s^2)(r^2+m^2)(r^2-n^2)$$

只在 a 用 $\frac{mn}{r}$ 代换 s，我们得到 $a=(r^2-n^2)\left(1+\frac{m^2}{r^2}\right)$. 因此 E 也是两数平方和. 又由于并置而成的三角形面积有理，故 $\alpha\beta\gamma$ 也有理. 若 α,β 有理可推出 γ. 这样 D,E 都可以分别写为

$$D=(x_D^2+1)D_0^2, E=(x_E^2+1)E_0^2$$

所以形如 x^2+1 的两个表达式为平方数，则这类三角形三个角的角平分线是有理的.

Wropitzky② 陈述，若有理三角形的三边满足比例(1)且三条角平分线是有理的，那么 $p=\mu^2-\nu^2, q=2\mu\nu, r=\rho^2-\sigma^2, s=2\rho\sigma$.

D. Biddle③ 求出了一个特殊的斜三角形，其三边长、面积均为整数，过某一顶点作高并且其长度为整数，过该顶点作角平分线并且其长度也为整数. 利用的是有一条公共直角边的三个直角三角形.

译者注 给出的 $\triangle ABC$ 为钝角三角形，$\angle ABC$ 为钝角，点 A 为指定顶点，高 AD 交 BC 的延长线于 D，点 A 处的角平分线 AE 交 BC 于 E. 其中三边长分别为 $|AB|=500$，$|BC|=448$，$|AC|=780$；高 $|AD|=468$，角平分线长 $|AE|=585$.

R. Chartres 以及其他作者都求出三边长的整数值与某角平分线之长 g 的

① Einige Sätze über das Rationale Dreieck, Progr., Osnabrück, 1860.

② Zeitschr. Math. Naturw. Unterricht, 17, 1886, 256.

③ Math. Quset. Educ. times, 57, 1892, 32.

整数值,其中该角平分线平分最大角,使得周长等于 mg.

译者注 原文章还要求三边长成等差数列.

P. Dolgušin① 给出了满足问题部分条件的例子而没有给出通解,他想求出使得面积、三条角平分线、三条中线等全为有理数的所有三角形.

译者注 本书英文版用“etc.”(译为“等”)省略了“四个三切圆半径”.三角形三个旁切切圆属于三切圆,旁切圆半径分别为 $r_a=\frac{2S}{b+c-a}$, $r_b=\frac{2S}{a+c-b}$, $r_c=\frac{2S}{a+b-c}$. 由面积与旁切圆半径均有理可知 $p_1=b+c-a$, $p_2=a+c-b$, $p_3=a+b-c$ 有理,即三边都是有理的.根据 Buchholz 的论文,不存在三条中线全有理的 Heron 三角形,因此 Dolgušin 的三角形不存在.

Schubert 考虑一类 Heron 三角形 $\triangle ABC$,其中 $\angle A$ 的角平分线长 w_a 是有理的.由于它将此三角形分为两个 Heron 三角形,我们仅需要取 $\frac{A}{2}$ 与 B 为 Heron 角即可,比如

$$\sin\frac{A}{2}=\frac{2uv}{u^2+v^2},\cos\frac{A}{2}=\frac{u^2-v^2}{u^2+v^2},\sin B=\frac{2pq}{p^2+q^2},\cos B=\frac{p^2-q^2}{p^2+q^2}$$

因此 $\sin A$ 与 $\cos A$ 都有理,如此一来在他用于求 Heron 三角形三边长的公式中,我们仅需要取 $m=u^2-v^2$, $n=2uv$. 为了让 w_a 与 w_b 都有理(因而 w_c 也会有理),取 $\frac{A}{2}$ 与 $\frac{B}{2}$ 同时为 Heron 角.他考虑一类 Heron 三角形,同时有一条有理角平分线与一条有理中线.

译者注 他所给的角平分线与中线不是从同一顶点出发的,其中有理中线长记为 t_c,有理角平分线长记为 w_a,并举出两个例子

$$(a,b,c,t_c,w_a)=(10\ 950,3\ 211,12\ 971,\frac{9\ 601}{2},\frac{38\ 446\ 044}{8\ 091})$$

$$(a,b,c,t_c,w_a)=(1\ 326,1\ 375,259,\frac{2\ 689}{2},\frac{284\ 900}{817})$$

在三边长均不超过 1 000 的本原非等腰 Heron 三角形中,若三角形存在一条有理角平分线与有理中线从同一顶点出发,则仅有如下四个例子满足

$$(a,b,c,t_a,w_a)=(91,289,250,174,\frac{4\ 641}{38})$$

$$(a,b,c,t_a,w_a)=(91,289,348,125,\frac{6\ 188}{95})$$

$$(a,b,c,t_a,w_a)=(561,323,466,394,\frac{9\ 405}{26})$$

① Věst. opytn. Fiziki(Spaczinski's Bote), Odessa, 1903, No. 355, 145-157(Russian).

$$(a,b,c,t_a,w_a)=(561,323,788,233,\frac{2\ 508}{13})$$

一位匿名的作者①给出了三个很大的整数，它们分别为一个特殊三角形的三边，该三角形有整数值的面积、全为整数值的内角平分线长、全为整数值的外角平分线长、12 条整数值长度的线段. 这 12 条线段中，有 6 条是由内角平分线与对边相截而成，另外 6 条是由外角平分线与对边延长线相截而成. 他还给出了一个特殊三角形，该三角形有整数值的三边长、整数值的面积，从该三角形的某一个顶点作高、内角平分线、外角平分线交于对边或是对边延长线上而形成三条线段，这三者长度均为整数值，并且这两条平分线截对边可形成四条线段，这四条线段的长度也都为整数值. 之后，M. Rignaux 觉得自己有可能给出了后一个问题的最小整数解.

译者注 在前一个整边三角形 $\triangle ABC$ 中，$\angle BAC$ 的内角平分线交对边 BC 于点 A_1，同理可得点 B_1，点 C_1. $\angle BAC$ 的外角平分线交对边 BC 的延长线于点 A_2，同理可得点 B_2，点 C_2. 故内角平分线长分别记为 $|AA_1|$，$|BB_1|$，$|CC_1|$，内外角平分线长分别记为 $|AA_2|$，$|BB_2|$，$|CC_2|$. 因此 12 条线段的长度分别记为

$|BA_1|$，$|CA_1|$，$|AB_1|$，$|CB_1|$，$|AC_1|$，$|BC_1|$ （由内角平分线产生）

$|BA_2|$，$|CA_2|$，$|AB_2|$，$|CB_2|$，$|AC_2|$，$|BC_2|$ （由外角平分线产生）

在后一个整边三角形 $\triangle ABC$ 中，四条线段的长度分别记为

$$|BA_1|,|CA_1|,|BA_2|,|CA_2|$$

这位匿名作者所给出的两个整边三角形都可以通过将本原 Heron 三角形 (84，125，169) 分别乘上相应的倍数而得到. 需要特别指出的是，Rignaux 的“最小整数解”为(165，252，375)，但是还有且仅有三个更小的结果，其中两个是非直角本原 Heron 三角形(168，221，325)，(39，308，325)，另一个是直角非本原 Heron 三角形(12·7，12·24，12·25). 原论文中 Rignaux 在自己的结果下写的是"C'est probablement la solution la plus simple."(这可能是最简单的解)，但是本书英文版直接说成：M. Rignaux 给出了后一个问题的最小整数解.

E. Turrière② 考虑一类三角形，该三角形带着有理的三边长 a,b,c 以及有理角平分线长 d，该角平分线平分内角 A. 因此

$$y^2=nx^2+1,y=\frac{b+c}{a},x=\frac{b+c}{a}\cdot d,n=\frac{1}{bc}$$

该 Pell 方程的有理数解为

① L'intermédiaire des math.，23，1916，51-52，73.

② L'enseignement math.，18，1916，397-407.

$$y=\frac{t^2+n}{t^2-n}, x=\frac{2t}{t^2-n}$$

因此想求出的三角形可以通过给 b,c 赋上有理值并取 $a=\frac{(bc-t^2)(b+c)}{q}$，$d=\frac{2bct}{q}$，$q=bc+t^2$ 来得出. 在一个 Heron 三角形中，角 A 的角平分线为有理的当且仅当 $\tan(\frac{1}{4}A)$ 有理. 每一个三条角平分线均有理的 Heron 三角形是另一个 Heron 三角形的垂足三角形.

译者注 三角形所在平面内一点向三角形三边作垂线，所得三个垂足形成的三角形为广义垂足三角形. 若作垂线的点为三角形的垂心，所形成的三角形为狭义垂足三角形，也叫正交三角形. Turrière 所说的垂足三角形是狭义垂足三角形. 若 $\triangle ABC$ 的正交三角形是 $\triangle DEF$（垂足按字母位置对应），则 $\triangle DEF$ 的旁心三角形是 $\triangle ABC$. 因此，他的命题可以换一种表述形式. 若 Heron 三角形 $\triangle DEF$ 的三条角平分线均有理，则它的旁心三角形 $\triangle ABC$ 也是 Heron 三角形. 记各边长分别为 $|BC|=a$，$|AC|=b$，$|AB|=c$，$|EF|=d$，$|DF|=e$，$|DE|=f$，则

$$\begin{cases} a=\dfrac{2d\sqrt{ef}}{\sqrt{(d-e+f)(d+e-f)}}=\dfrac{d(e+f)t_d}{2S_{\triangle DEF}} \\ b=\dfrac{2e\sqrt{df}}{\sqrt{(e-d+f)(e+d-f)}}=\dfrac{e(d+f)t_e}{2S_{\triangle DEF}}, S_{\triangle ABC}=\dfrac{(d+e+f)def}{4S_{\triangle DEF}} \\ c=\dfrac{2f\sqrt{de}}{\sqrt{(f-d+e)(f+d-e)}}=\dfrac{f(d+e)t_f}{2S_{\triangle DEF}} \end{cases}$$

其中 t_d 为 $\angle EDF$ 的角平分线之长，其余依此类推. 若 $\triangle DEF$ 三条角平分线有理，而且它的三边长有理，由前文可知 $S_{\triangle DEF}$ 有理，从而 $\triangle ABC$ 三边长有理且 $S_{\triangle ABC}$ 也有理.

O. Schulz① 处理了带着三条有理角平分线的有理三角形.

7 角之间具有线性关系的有理边三角形

K. Schwering② 讨论了一类整边三角形，它的某个角是另一个角的二倍.

---

① Ueber Tetraeder mit rationalen Masszahlen der Kantenlängen und des Volumens, Halle, 1914, 292, pp. Cf. Haentzsche.

② Ladies' Diary, 1824, 43, Quest. 1416.

译者注 长为a,b的边所对角分别记为α,β，若$\alpha=2\beta$，则该问题可化简为求不定方程$a^2=b^2+bc$在满足$a+b>c,a+c>b,b+c>a$条件下的正整数解. 比如$(a,b,c)=(6,4,5),(12,9,7),(15,9,16)$等.

J. Heinrichs① 推广了上述问题，取三个角度之间的关系式为$\alpha=n\beta+\gamma$. 设$B=\dfrac{\beta}{2}$，则

$$a:b:c=\cos[(n-1)B]:\cos[(n+1)B]:2\sqrt{1-\cos^2 B}$$

可以利用以$\cos B$表示的$\cos(kB)$展开式来求解或者用下式来求

$$2\cos(kB)=(x+\sqrt{x^2-1})^k+(x-\sqrt{x^2-1})^k, x=\cos B$$

K. Schwering② 取任意的线性关系作为三个角度之间的关系.

8 五花八门的结果之关于面积不必有理的三角形

A. Girard③ 指出长分别为$z=B^2+BD+D^2,x=2BD+D^2,y=2BD+B^2$的三边能构成某个角为$60°$的三角形（也就是三边长满足不定方程$z^2=x^2-xy+y^2$），而且取$z,x_1=B^2-D^2,y$的三边长一样也是可行的. 同样地，长分别为$z,x,x_1$的三边能构成某个角为$120°$的三角形（也就是三边长满足不定方程$z^2=x^2+xx_1+x_1^2$）.

译者注 关于不定方程$z^2=x^2-xy+y^2$，若考虑其整数本原解，上文提及的两组解都不完备，两者生成解集的并集才是完备解集. 若考虑其正整数本原解，将上文提及的两组解带上绝对值，新得出的两组解都是本原正整数解，而且都是完备的. 因此它们之间可以相互转化

$$\begin{cases}x=|2mn+n^2|\\y=|2mn+m^2|\\z=|m^2+mn+n^2|\end{cases}\underset{\begin{cases}p=m+n\\q=-m\end{cases}}{\overset{\begin{cases}m=-q\\n=p+q\end{cases}}{\leftrightarrows}}\begin{cases}x=|p^2-q^2|\\y=|2pq+p^2|\\z=|p^2+pq+q^2|\end{cases}$$

如果点P在整边$\triangle ABC$内部，且点P是向各边张角为等角的点，则为了求出整边$\triangle ABC$三边长a,b,c使得距离$x=|AP|,y=|BP|,z=|CP|$都能用整数表示，我们有

$$c^2=x^2+xy+y^2, b^2=x^2+xz+z^2, a^2=y^2+yz+z^2$$

---

① Zeitschr. Math. Naturwiss. Unterricht, 42, 1911, 148-153.

② Archiv Math. Phys, (3), 21, 1913, 129-136.

③ L' Arith. de S. Stevin... par A. Girard, Leide, 1625, 676; Les Oeuvres math. de S. Stevin, par A. Girard, 1634, 169.

许多解答者①取 $c=x+y-m,b=x+z-n$ 代入上述三者的前两者并得出两个 x 值,再由两个 x 值相等可以得到 $z=\frac{hy-mn}{y-k}$,其中

$$h=\frac{n(4m-n)}{2(m-n)},k=\frac{m(m-4n)}{2(m-n)}$$

所以 h,k 是已知的,则

$$(y-k)^2a^2=y^4+\eta=\left(y^2+\frac{h-2k}{2}y+mn\right)^2$$

可以有理地确定出 y,即 $y=\frac{4mn(h-k)}{h^2-4mn}$. 其中

$$\eta=(h-2k)y^3+(h^2-hk+k^2-mn)y^2-mn(2h-k)y+m^2n^2$$

译者注 Robert Maffett 给出了满足条件的本原整边三角形,三边长分别为 $|AB|=76\ 265$, $|AC|=64\ 161$, $|BC|=41\ 021$. 另外,若三角形是满足条件且最小的本原整边三角形,则三边长分别为 $|AB|=2\ 045$, $|AC|=1\ 744$, $|BC|=1\ 051$.

Berton 陈述而由 J. de Virieu② 证明了如下命题:若三边长没有公因子 2 而且其和为奇数,那么三角形的面积是无理的(即本原 Heron 三角形三边长一定是由两个奇数与一个偶数组成).

W. S. B. Woolhouse③ 证明了如下命题:若从一个三元组列表中随机抽取一个三元组(即三个正整数),其中三元组列表中的每个三元组里都有三个正整数且都不大于 n;又若 p_n 表示被抽取的三个整数能构成三角形三边长的概率,则当 n 为偶数时, p_n, p_{n+1}, p_{n+2} 成等差数列. 他还求出了如下两种随机事件的概率. 三个不同的人各说出一个不大于 n 的正整数,其中这三个正整数能正比于某实三角形的三边长;一个人说出三个不大于 n 的正整数,其中这三个正整数能正比于某实三角形的三边长.

译者注 关于抽取三元组问题,原论文分别讨论了两类情况,并且在两类情况下都求出了 p_n 的公式,它们都满足分段等差的条件.

第一类情况,允许每一个三元组中有重复的正整数. 所求概率为

$$p_n=\begin{cases}\frac{(2n+1)(n+3)}{4n(n+2)} & (n=1,3,\cdots)\\ \frac{2n+5}{4(n+1)} & (n=2,4,\cdots)\end{cases}$$

第二类情况,不允许任何一个三元组中有重复的正整数. 所求概率为

---

① The lady's and Gentleman's Diary, London, 1844, 50-51, Quest. 1705.

② Nouv. Ann. Math., (2), 3, 1864, 168-170.

③ Math. Quest. Educ. Times, 9, 1868, 63-65, 19-22.

$$p_n=\begin{cases}\dfrac{(2n-1)(n-3)}{4n(n-2)} & (n=3,5,\cdots)\\ \dfrac{2n-5}{4(n-1)} & (n=4,6,\cdots)\end{cases}$$

关于说数问题，当三个不同的人说数时，所求概率为 $p_n=\frac{1}{2}\left(1+\frac{1}{n^2}\right)$；

当一个人说数时，与抽取三元组问题的第一类情况等价所求概率为

$$p_n=\frac{1}{2}\left(1+\frac{3(n+1)}{2n^2+4n+1+(-1)^n}\right)$$

S. Bill 自认为求出了一类整边三角形的最小三边长 $|BC|$，$|CA|$，$|AB|$，该三角形中，OA，OB，OC 两两夹角相等且 $x=|OA|$，$y=|OB|$，$z=|OC|$ 都为整数①. 首先，若 x,y,z 满足如下关系式，则有 $|AB|^2=x^2+xy+y^2=\square$，$|AC|^2=x^2+xz+z^2=\square$

$$y=\frac{p^2-1}{2p+1}x, z=\frac{q^2-1}{2q+1}x$$

取 $q=2$. 若 $25p^4+30p^3+p^2+6p+19=\square$，则 $|BC|^2=y^2+yz+z^2=\square$. 若 $p=\frac{9}{4}$，则 $25p^4+30p^3+p^2+6p+19=\square$ 成立，因此 $x=440$，$y=325$，$z=264$.

译者注　原论文中，Samuel Bill 求出了满足条件的非本原整边三角形，三边长分别为 $|BC|=511$，$|CA|=616$，$|AB|=665$. 文末评论中，D. S. Hart 给出了更小的情形但也是非本原的，$|BC|=511$，$|CA|=455$，$|AB|=399$，Hart 相信自己给出的是满足条件时最小的整边三角形. 实际上，Hart 的陈述是正确的，Bill 的结果是满足条件时第二小的整边三角形. 本书英文版中，将 Bill 的结果误以为是最小的. 此处是以三边长最大者的大小为指标评价三角形大小的.

H. S. Monck 对如下问题做了非常特殊的讨论，求最小的整边三角形使得三边长成等差数列，并且三条高成调和数列，还要求三条高为整数(其实三边长成等差数列自然而然有三条高成调和数列). 这类三角形的三边长会对应为另一类三角形的三边长的一半，另一类三角形满足面积可被它的每一条边整除. A. B. Evans② 指出高 p_i 分别随着三边长 a,b,c 呈反比变化，于是条件可化为 $a+c=2b$. 令 $x=\cot(\frac{1}{2}A)$，$y=\cot(\frac{1}{2}B)$. 因此 $2y=x+\frac{x+y}{xy-1}$，该式可有理地给出 y. 因此，若 r 为内切圆半径

① The Lady's and Gentleman's Diary, London, 1844, 50-51, Quest. 1705.

② Math. Quest. Educ. Times, 22, 1875, 54.

$$\begin{cases}a=r\cot(\frac{1}{2}B)+r\cot(\frac{1}{2}C)\\b=r\cot(\frac{1}{2}A)+r\cot(\frac{1}{2}C)\\c=r\cot(\frac{1}{2}A)+r\cot(\frac{1}{2}B)\end{cases}$$

$$\begin{cases}p_1=\frac{(a+b+c)r}{a}\\p_2=\frac{(a+b+c)r}{b}\\p_3=\frac{(a+b+c)r}{c}\end{cases}$$

Evans 与 A. Martin 都求出了一类有理三角形,该有理三角形带有整数边并且各顶点到内切圆圆心 O 的距离均为整数,其中利用了 $OA=r\csc(\frac{1}{2}A)$.

译者注 Evans 举出的例子为(500,616,676),其为非本原三角形.而 Martin 举出的例子为(231,250,289),其为本原三角形,而且是满足条件时最小的本原三角形.

M. Weill 陈述而由 E. Cesáro① 证明了如下命题,三角形(4,5,6)是仅有的整边三角形使其三边为相继的整数且某两个角的角度之比为整数.

K. Schwering② 指出若三边是有理的,则三个角 α,β,γ 的正弦之比是有理的.将值赋给 $\tan\frac{\alpha}{2}$ 和 $\tan\frac{\beta}{2}$,其比值是有理的,我们便有 $\tan\frac{\gamma}{2}$,由此便有 $a\pm b\pm c$ 的比值,因此有 a,b,c 的比值.他讨论了在给定有理边长 a 的等边三角形内求出一个点 O 的问题,使得点 O 到顶点的距离都是有理的.

译者注 Andrew Bremner 与 Richard Guy 在 1988 年美国数学月刊上合作发表了一篇论文 *A Dozen Difficult Diophantine Dilemma*,论文中提及 Arnfried Kemnitz 给出了该问题的不定方程及其二元参数解

$$a^4+x^4+y^4+z^4=x^2y^2+y^2z^2+z^2x^2+a^2(x^2+y^2+z^2)$$

$$\begin{cases}x=(u^2+v^2)(5u^2+8uv+5v^2)\\y=7u^4+16u^3v+10uv^3+3v^4\\z=7u^4+16u^3v+10uv^3+3v^4\\a=8(u-v)(u+v)(u^2+uv+v^2)\end{cases}$$

其中 $x=|OA|,y=|OB|,z=|OC|,a=|AB|=|AC|=|BC|$. 并且给出了

① Mathesis, 9, 1889, 142-143. Also proof by Weill, Nouv. Ann. Math., (4), 14, 1914, 526-527.

② Geom. Aufgaben mit rationalen Lösungen, Progr. Düren, 1898.

最小的整数解

$$(a,x,y,z)=(112,57,65,73)$$

Züge① 给出不定方程 $z^2=x^2+y^2-2xy\cos\alpha$ 的通解，其中 $\cos\alpha$ 是有理的（但是这个话题没什么意思，是由于我们能通过给三边赋任何有理值，使得 $x+y>z$ 等，得出有理边长分别为 x,y,z 的三角形）.

译者注　估计 Dickson 误认为是 $\cos\alpha$ 也是待定的，但原论文中将 $\cos\alpha$ 给定为 $\cos\alpha=\frac{p}{q}$. 再将 q^2-p^2 分解为两个因子 σ_1,σ_2，即 $q^2-p^2=\sigma_1\sigma_2$. 从而该不定方程的通解为

$$\begin{cases}z=\sigma_1 m^2+\sigma_2 n^2\\x=\sigma_1 m^2-\sigma_2 n^2\pm 2mnp\\y=2mnq\end{cases}$$

A. B. Evans② 指出，若 $|BC|=399$，$|AC|=455$，$|AB|=511$，$|CO|=195$，$|BO|=264$，$|AO|=325$，联结点 O 到 $\triangle ABC$ 各顶点的线成等角③.

几位作者④给出了某一个角是60°的整边三角形.

A. Martin⑤ 讨论了刚刚的问题.

R. A. Johnson 给出了在满足如下条件时任意三角形的整数三边表达式，该三角形某一角的余弦为已给定的有理值.

几位作者⑥给出了一类三角形对，每对三角形都是整边三角形且有一条公共底边和高相等.

译者注　原论文先给出三对满足条件且不同族的三角形，而且都是 Heron 三角形，列表 5.1 如下

表 5.1

(a_1,b_1,c)	(a_2,b_2,c)	h
(25,74,77)	(40,51,77)	24
(60,109,91)	(61,100,91)	60
(408,507,549)	(424,485,549)	360

还指出在一般情况下一对该类三角形能产生另外两对该类三角形.

如图所示（图 5.5），(25,74,77) 与 (40,51,77) 可以产生 (25,40,25) 与 (51,

① Archiv Math. Phys.,(2),17,1900,354.

② Math. Quest. Educ. Times,72,1900,77.

③ The lady's and Gentleman's Diary,London,1844,50-51,Quest. 1705.

④ Zeitschrift Math. Naturw. Unterricht,45,1914,184-185.

⑤ Amer. Math. Monthly,21,1914,98-99. Cf. Neuberg of Ch.XIII.

⑥ Math. Quest. Educ. Times,27,1915,91-92.

74,25) 以及(25,51,38) 与(40,74,38),这三对构成一族. 另外,非 Heron 三角形也可以满足条件,比如(17,38,35) 与(22,27,35) 有相同的底边与相等的高.

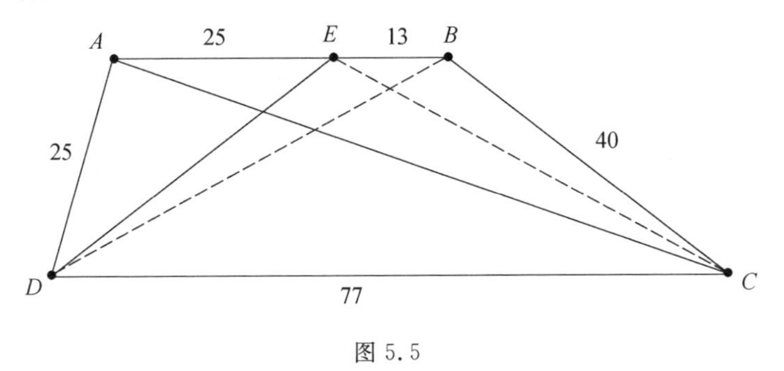

图 5.5

E. Turrière[①] 求出了一类点,这些点到给定有理边三角形三个顶点的距离全为有理的.

N. Alliston[②] 给出了特殊的整边三角形和一些点,这些点与给出的整边三角形顶点的距离为整数.

9 有理四边形

有理四边形是指四边长度、两对角线长度以及面积都可以用有理数表示的四边形.

Brahmagupta[③] 陈述道"两个直角三角形的直角边之长与斜边长相乘,可(作为长度) 给出一个有理四边形的四条边."(具体相乘过程同 Bháskara)

译者注 大约在公元 628 年,Brahmagupta 用梵文写的《婆罗摩历算书》(Brahma Sphut'a Sidd'hánta) 成书. 上文的第 38 小节指《婆罗摩历算书》第十二章第四节第 38 小节. 1817 年,H. T. Colebrooke 的《婆罗摩笈多与婆什迦罗梵文著作中的代数,以及算术与测量》(*Algebra with Arithmetic & Mensuration from the Sanscrit of Brahmagupta and Bháskara*)(简称《代算》) 首次出版. 在《代算》主要分为两大篇,第一篇为 Bháskara 篇,第二篇为 Brahmagupta 篇. 在第二篇中,Colebrooke 将《婆罗摩历算书》部分章节的内容(第十二章与第十八章) 译为英文,上文的第 38 小节也出现在 1817 版《代算》的

---

① Mathesis, 9, 1889, 142-143. Also proof by Weill, Nouv. Ann. Math., (4), 14, 1914, 526-527.

② Math. Quest. and Solutions, 5, 1918, 37.

③ Brahme-Sphut'a-Sidd'hánta, Ch. 12, Sec. 4, § 34 Algebra with Arith. and Mensuration, from the Sanscrit of Brahmagupta and Bháscara, transl. by H. T. Colebrooke, London, 1807, 306.

第 307 页 Brahmagupta 篇第十二章第四节.

Bháskara[1](生于公元 1114 年) 从两个直角三角形(3,4,5) 开始来说明有理四边形的构造. 将第一个直角三角形的两直角边之长分别乘上第二个直角三角形的斜边长,我们就得到四边形某两条对边的长度;将第二个直角三角形的两直角边之长分别乘上第一个直角三角形的斜边长,我们就得到四边形的剩下两对边的长度. 其一对角线长度是第一个直角三角形直角边与第二个直角三角形直角边的按序积之和 $3 \cdot 5 + 4 \cdot 12 = 63$. 另一对角线长度为(逆序积之和)$3 \cdot 12 + 4 \cdot 5 = 56$(所得四边形如图 5.6 所示).

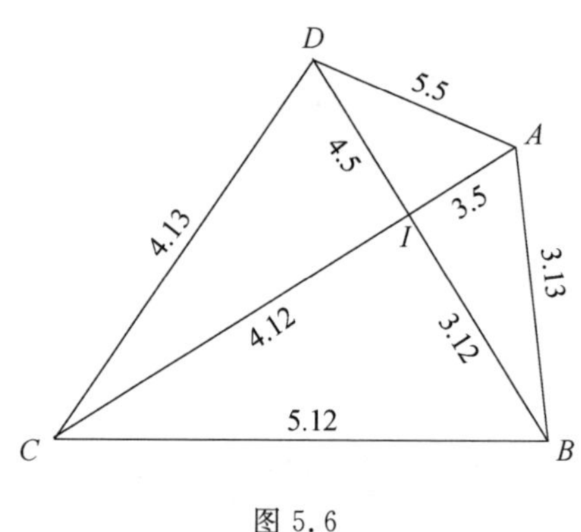

图 5.6

译者注 原文写为 Bháscara.

上文内容出现在《莉拉沃蒂》第六章第 191 ~ 192 小节.

正如注释者 Gańésa(于 1545 年) 所指出的一样,该四边形是由四个直角三角形并置而成,这四个直角三角形是通过将每个给定三角形的边长乘以另一个三角形的垂线长或底边长而得到的.(先给定两个直角三角形 $\triangle LMN$,$\triangle RST$,假定它们的垂边长分别为 $|LM|=3$,$|RS|=5$,它们的底边长分别为 $|MN|=4$,$|ST|=12$,将 $\triangle LMN$ 三边乘以 $\triangle RST$ 的垂边长得到图中的 $\triangle AID$,将 $\triangle LMN$ 三边乘以 $\triangle RST$ 的底边长得到图中的 $\triangle BIC$,剩下的 $\triangle AIB$ 与 $\triangle DIC$ 同理.)

译者注 大约在 1150 年,Bháskara 的《莉拉沃蒂》(*Líllávatí*) 成书. 14 世纪,多位作者为《莉拉沃蒂》撰写了梵文注释书. Gańésa 的《菩提注疏》(*Buddhivilásiní*) 于 1545 年成书. Mahídhara 的《莉拉沃蒂注解》(*Líllávatívivarana*) 于 1587 年成书. 19 世纪,出现了《莉拉沃蒂》的印刷版英译本. Colebrooke 的《代算》中包含了《莉拉沃蒂》的英译版,而且将 Gańésa 等注释者的注释译为英文并附于其中.

---

[1] Lílávatí, § 191-192; Colebrooke, pp. 80-83.

Bháskara 指出，若我们以新序列 25，39，52，60 的顺序取数作为四边形顺次相邻边的长度，并将一条长为 56 的对角线保持不变，则另一对角线之长为两个给定三角形的斜边长之积 65（保留短对角线的情形）.

如图 5.7 所示，显然 $\triangle A'BC$ 与 $\triangle A'DC$ 是直角三角形，所以

$$|A'C|^2 = |A'B|^2 + |BC|^2 = (5\cdot 5)^2 + (5\cdot 12)^2 = (5\cdot 13)^2$$

$$|A'C|^2 = |A'D|^2 + |DC|^2 = (3\cdot 13)^2 + (4\cdot 13)^2 = (5\cdot 13)^2$$

将长为 63 的对角线保持不变，另一对角线之长也是斜边长之积. 他还指出四边长顺次为 40，51，68，75，对角线长分别为 77，85 的四边形有大小为 3 234 的面积.（在保留短对角线情形下，由对角线垂直的构形变换得到，其中给定的两个直角三角形为（3，4，5），（8，15，17）.）

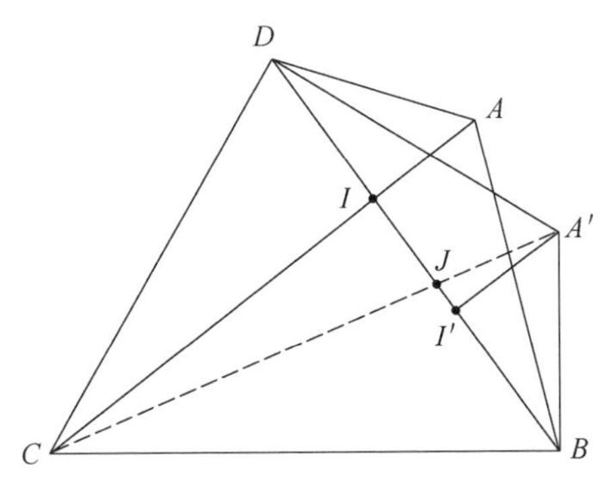

图 5.7

M. Chasles① 明确了 Brahmagupta 定理的真正意义. 令 a,b,c,d,e 为整数，例如 3，4，5，12，13，其满足 $a^2+b^2=c^2$，$c^2+d^2=e^2$. 构造四边形 $ABCD$，其有着相互垂直的对角线 AC，BD 且交于 I，还有

$$|AI| = ac,\ |CI| = bd,\ |BI| = ad,\ |DI| = bc$$

则

$$|AB| = ae,\ |BC| = cd,\ |CD| = be,\ |AD| = c^2$$

因此这些边都是有理的并且由于 $|AI|\cdot|CI| = |BI|\cdot|DI|$ 可得四边形内接于一个圆（相交弦定理的逆定理）；该四边形外接圆的直径为 ce，该四边形的面积为

$$\frac{1}{2}(ac+bd)(bc+ad)$$

译者注 若四边形内接于一个圆，即圆外接于四边形，则四边形被称作圆

---

① Aperçu historique, Bruxelles, 1837, Note 12, p. 440; ed. 2, Paris, 1875; ed. 3, Paris, 1889, p. 421. Cf. O. Terquem, Nouv. ann. Math., 5, 1846, 636; H. G. Zeuthen, Bibliotheca Math., (3), 5, 1904, 108.

内接四边形(简称内接四边形),而圆被称作四边形的外接圆.其中,该四边形的直径为 ce,《数学年鉴》(*Nouvelles Annales de Mathématiques*) 的文章将直径误写为$\frac{ce}{2}$,本书英文版也将直径误写为$\frac{ce}{2}$.

从圆的一个内接四边形开始,我们可以通过排列边得到关于该圆的另外两个内接四边形(每个内接四边形中,两条对角线可以不垂直.每次变换需要保留一条对角线不变,无论是保留哪条对角线,变换后的四边形相比变换前,新产生的对角线都是等长的,记新对角线为变换前四边形的辅助对角线).三个内接四边形等面积,面积为对角线三者长度乘积除以外接圆直径的二倍.(此命题由 A. Girard 提出;Grebe 在 1831 版的《几何手册》(*Manuel de Géométrie*) 第 435 页给出了证明;《几何手册》的编者为 Olry Terquem.)

译者注 对角线三者分别是内接四边形本身的两对角线与辅助对角线.《数学年鉴》的文章中此处没有写错,但本书英文版误写成每一个的面积都是对角线三者长度乘积除以外接圆面积的二倍(图 5.8).

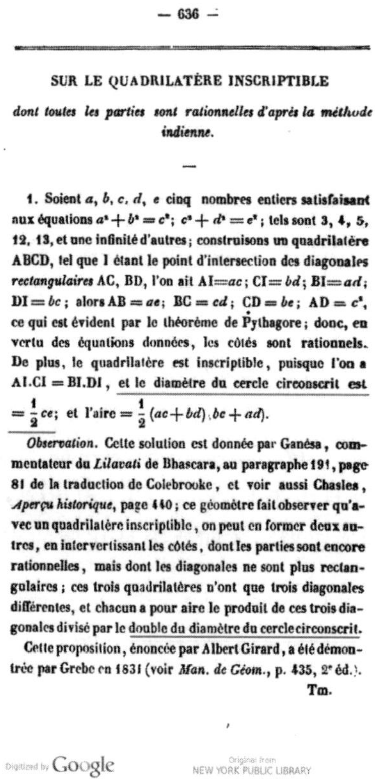

— 636 —

SUR LE QUADRILATÈRE INSCRIPTIBLE

dont toutes les parties sont rationnelles d'après la méthode indienne.

1. Soient a, b, c, d, e cinq nombres entiers satisfaisant aux équations $a^2+b^2=c^2$; $c^2+d^2=e^2$; tels sont 3, 4, 5, 12, 13, et une infinité d'autres; construisons un quadrilatère ABCD, tel que I étant le point d'intersection des diagonales *rectangulaires* AC, BD, l'on ait $\mathrm{AI}=ac$; $\mathrm{CI}=bd$; $\mathrm{BI}=ad$; $\mathrm{DI}=bc$; alors $\mathrm{AB}=ae$; $\mathrm{BC}=cd$; $\mathrm{CD}=be$; $\mathrm{AD}=c^2$, ce qui est évident par le théorème de Pythagore; donc, en vertu des équations données, les côtés sont rationnels. De plus, le quadrilatère est inscriptible, puisque l'on a $\mathrm{AI.CI}=\mathrm{BI.DI}$, et le diamètre du cercle circonscrit est $=\frac{1}{2}ce$; et l'aire $=\frac{1}{2}(ac+bd)(bc+ad)$.

Observation. Cette solution est donnée par Ganésa, commentateur du *Lilavati* de Bhascara, au paragraphe 191, page 81 de la traduction de Colebrooke, et voir aussi Chasles, *Aperçu historique*, page 440; ce géomètre fait observer qu'avec un quadrilatère inscriptible, on peut en former deux autres, en intervertissant les côtés, dont les parties sont encore rationnelles, mais dont les diagonales ne sont plus rectangulaires; ces trois quadrilatères n'ont que trois diagonales différentes, et chacun a pour aire le produit de ces trois diagonales divisé par le double du diamètre du cercle circonscrit.

Cette proposition, énoncée par Albert Girard, a été démontrée par Grebe en 1831 (voir *Man. de Géom.*, p. 435, 2e éd.).

Tm.

图 5.8

L. N. M. Carnot[①] 指出，四边形两条对角线交得四条线段，这四段的长度可以根据四边长与对角线长表出.

译者注 在原论文中，四边形 $ABDC$ 两条对角线的交点记为 H，四边长分别记为 $|AB|=m$，$|AC|=n$，$|BD|=p$，$|DC|=q$，对角线长记为 $|AD|=r$，$|BC|=s$，则有

$$|BH|=\frac{s(m^2+r^2-p^2)(m^2+q^2-n^2-p^2)-2sr^2(m^2+s^2-n^2)}{(m^2+q^2-n^2-p^2)^2-(2sr)^2}$$

剩下的 $|AH|$，$|CH|$，$|DH|$ 类似.

E. E. Kummer 指出，Chasles 揭开了 Brahmagupta 晦涩论断的神秘面纱，Brahmagupta 论断晦涩的原因是没有注意到像 Chasles 一样的表述方法；并且 Kummer 以如下的形式表达 Brahmagupta 定理. 若圆内接四边形四条边（顺次相邻）有如下长度值

$$(a^2+b^2)(c^2-d^2),(a^2-b^2)(c^2+d^2),2cd(a^2+b^2),2ab(c^2+d^2)$$

其中 a,b,c,d 都是有理的，则两条（相互垂直的）对角线、由对角线交得的四条线段、四边形面积与外接圆直径全是有理的.

译者注 本书英文版误将 $(a^2-b^2)(c^2+d^2)$ 写为 $(a_2-b^2)(c^2+d^2)$.

Kummer 展示了如何得出全部有理四边形. 如图 5.9，令四边形 $ABCD$ 带有有理边与有理对角线，则对角线交得线段的长度 $\alpha,\beta,\gamma,\delta$ 都是有理的. 通过等式

$$b^2=a^2+AC^2-2a\cdot AC\cos u$$

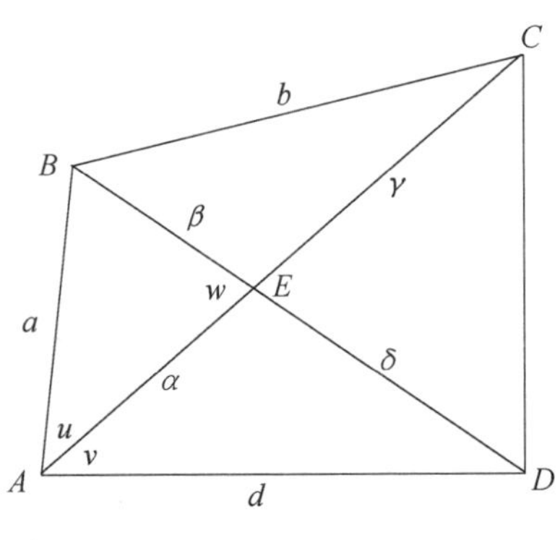

图 5.9

可知 $\cos u$ 是有理的；同理 $\cos v$，$\cos(u+v)$. 因此（由和角公式可知）$\sin u\sin v$ 是有理的；同样 $\sin^2 u$ 也是有理的，因此知 $\frac{\sin u}{\sin v}$ 有理，而

① Géométrie de position, Paris, 1803, 391-393.

$$\frac{a}{\beta}=\frac{\sin w}{\sin u},\frac{d}{\delta}=\frac{\sin w}{\sin v},\frac{a}{\delta}=\frac{a}{d}\cdot\frac{\sin u}{\sin v}$$

因此$\frac{\beta}{\delta}$,$1+\frac{\beta}{\delta}=\frac{BD}{\delta}$,$\beta$与$\delta$是有理的.类似地,$\alpha$与$\gamma$也是有理的.接下来,记$c=\cos w$(注意$c$不是长度量),根据下式可知$c$是有理的

$$a^2=\alpha^2+\beta^2-2\alpha\beta c \tag{1}$$

设$c=\frac{m}{n}$,其中m,n是互素.不失一般性,我们可以假设a,α,β都是没有公因子的整数.两种类似情况会导出相仿的结果,为了处理两者之一,令n为奇数,则n必须整除$\alpha\beta$. 因此$\alpha=r\alpha_1,\beta=s\beta_1,n=rs$

$$a^2=r^2{\alpha_1}^2+s^2{\beta_1}^2-2m\alpha_1\beta_1 \tag{2}$$

现在α_1,β_1是互素的,这是由于如果有公因子则一定可以整除a(可与a,α,β没有公因子的假设矛盾).我们可以取β_1为奇数.将式(2)乘以r^2而得出等式可以按如下的形式给出

$$F_1F_2=(n^2-m^2)\beta_1^2,\quad F_1=ar+r^2\alpha_1-m\beta_1,\quad F_2=ar-r^2\alpha_1+m\beta_1$$

若F_1与F_2都被β_1的一个素因子p整除,则$2r^2\alpha_1$与$r\alpha_1$都会被p整除,通过式(2)同理可知a也会被p整除,而先前假设a,α,β没有公因子.因此

$$F_1=fy^2,F_2=gz^2,yz=\beta_1,fg=n^2-m^2$$

$$\frac{F_1-F_2}{\beta_1}=\frac{2r^2\alpha_1}{\beta_1}-2m=\frac{fy}{z}-\frac{gz}{y}$$

将后一个方程等号两边都除以n并设$\xi=\frac{fy}{nz}$. 因此

$$\frac{2\alpha}{\beta}=2c+\xi-\frac{1}{\xi}+\frac{c^2}{\xi},\frac{\alpha}{\beta}=\frac{(\xi+c)^2-1}{2\xi}$$

又由于

$$\frac{a}{\beta}=\frac{\xi^2-c^2+1}{2\xi}$$

上式是将$\frac{\alpha}{\beta}$代入式(1)而得到的

因此ξ的有理性是$\triangle AEB$三边比值有理的充分必要条件.

译者注 本书英文版给出的是设$\xi=\frac{fy}{nz}$可得出$\frac{\alpha}{\beta}=\frac{(\xi+c)^2-1}{2\xi}$. 因此$\xi$的有理性是$\triangle AEB$三边比值有理的必要条件(要使得$a:\alpha:\beta$有理,必须要先使得$\frac{\alpha}{\beta}$有理).它也是充分条件,是由于

$$\frac{a}{\beta}=\frac{\xi^2-c^2+1}{2\xi}$$

其实ξ为无理数时,可以使得$\frac{\alpha}{\beta}$或者$\frac{a}{\beta}$有理,但是只有在ξ为有理数时才能使

得$\frac{\alpha}{\beta}$与$\frac{a}{\beta}$同时有理.

对于在点E处角度为w或$\pi-w$的剩余三个三角形,有类似的公式.取β为单位长度,我们有

$$\alpha=\frac{(\xi+c)^2-1}{2\xi},\quad \gamma=\frac{(\eta-c)^2-1}{2\eta} \tag{3}$$

$$\frac{\delta}{\alpha}=\frac{(x-c)^2-1}{2x},\quad \frac{\delta}{\gamma}=\frac{(y+c)^2-1}{2y} \tag{4}$$

其中ξ,η,x,y都是有理数.通过上下相乘,我们可以得到δ的两个值.因此,我们有如下条件

$$\frac{(\xi+c)^2-1}{2\xi}\cdot\frac{(x-c)^2-1}{2x}=\frac{(\eta-c)^2-1}{2\eta}\cdot\frac{(y+c)^2-1}{2y} \tag{5}$$

因此,对于式(5)满足$|c|<1$的任何一组解,我们都能得出由有理对角线与有理边构成的四边形

$$|AB|=\frac{\xi^2+t}{2\xi},|BC|=\frac{\eta^2+t}{2\eta},|CD|=\gamma\cdot\left(\frac{y^2+t}{2y}\right),|DA|=\alpha\cdot\left(\frac{x^2+t}{2x}\right) \tag{6}$$

其中$t=1-c^2$,而α,γ由式(3)给出.

还要令四边形的面积$\frac{1}{2}(\alpha\beta+\beta\gamma+\gamma\delta+\delta\alpha)\sin w$为有理的,由此$\sin w$要是有理的.不定方程$\sin^2 w+c^2=1$的(本原)有理解为

$$\sin w=\frac{2\lambda}{\lambda^2+1},c=\frac{\lambda^2-1}{\lambda^2+1}$$

因此,为了得出全部有理四边形,我们只有去求式(5)的解,其中c形如$\frac{\lambda^2-1}{\lambda^2+1}$.

此时式(5)是关于y的二次方程,其判别式必须为一个平方数

$$\{\alpha x^2-2c(\alpha+\gamma)x-\alpha t\}^2+4t\gamma^2x^2=z^2 \tag{7}$$

因此,我们可以通过如下过程得出所有的有理四边形:给ξ,η,λ赋任意有理值并设

$$c=\frac{\lambda^2-1}{\lambda^2+1},\quad t=1-c^2$$

确定出式(7)的全部有理数解x,z,则式(5)可以确定出y的两个有理值,并且式(3)(4)(5)以有理数给出对角线交得线段和四边的长度.

W. Ligowski① 与 J. Cunliffe② 分别给出了特殊的圆内接有理四边形.

① Archiv Math. Phys., 47, 1867, 113-116.

② New Series of Math. Repository(ed., T. Leybourn), 2, 1809, Ⅰ, 74-75, 225-226.

D. S. Hart[①] 渴望求出一类内接四边形使得四边长 a,b,c,d 与对角线长 x,y 都为整数. 因此 $xy=ac+bd$, $x:y=(bc+ad):(ab+cd)$, 使得(等式右边)三个和式的乘积为平方数, 也就是 $abc+\frac{(a^2+b^2+c^2)d}{2}$ 的平方, 其可确定出

$$d=\frac{(a^2-b^2+c^2)^2-4a^2c^2}{4abc}$$

A. B. Evans 取四边长为 $|AB|=x$, $|BC|=mx$, $|CD|=nx$, $|AD|=px$, 众所周知

$$|AC|^2=(mp+n)\alpha x^2, |BD|^2=\frac{(mp+n)x^2}{\alpha}, \alpha=\frac{p+mn}{m+pn}$$

上述最后一式可有理地给出 p. 令

$$\alpha=a^2, n=q^2, mp+n=\left\{q+\frac{my}{a^2q^2-1}\right\}$$

最后一式有理地给出 m. Hart 求出了一类梯形, 其四边长、对角线长、面积和平行边之间的垂线长都为整数.

译者注 在给出的梯形例子中, 上底长为 $|CD|=250$, 下底长为 $|AB|=608$, 两腰长分别为 $|AC|=520$, $|BD|=554$, 对角线长分别为 $|AD|=630$, $|BC|=696$, 高为 $|CE|=504$, 梯形面积为 $S_{ABDC}=216216$.

G. Darboux[②] 基于如下两个方程建立了一个几何理论

$$at_1+bt_2+ct_3+dt_4=0, \frac{a}{t_1}+\frac{b}{t_2}+\frac{c}{t_3}+\frac{d}{t_4}=0$$

其中 a,b,c,d 为四边长, 以及 $t_j=e^{i\omega_j}$, 且 ω_j 为平面内任意一条直线与第 j 边的夹角. 将这些 t 视为齐次坐标, 我们便有一条平面三次曲线.

O. Schlömich[③] 从两个直角三角形 $T_\alpha=(1-\alpha^2, 2\alpha, 1+\alpha^2)$, T_β 开始, 按比例缩小它们的边以得出一条公共直角边, 并将它们并置以得出一个三边长分别为 $(1+\alpha^2)\beta$, $(\alpha+\beta)(1-\alpha\beta)$, $(1+\beta^2)\alpha$ 的三角形. 类似地, 处理两个这样的斜三角形, 我们得出一个四边长分别为 $(1+\alpha^2)\beta$, $(1+\beta^2)\alpha$, $(1+\gamma^2)\delta\varepsilon$, $(1+\delta^2)\gamma\varepsilon$ 的四边形, 其中

$$\varepsilon=\frac{(\alpha+\beta)(1-\alpha\beta)}{(\gamma+\delta)(1-\gamma\delta)}$$

若 $\alpha,\beta,\gamma,\delta$ 为有理的, 则四条边、对角线、面积均为有理的.

S. Robins[④] 列出一类(圆内接) 有理四边形, 其面积等于四边长乘积的平

---

① Math. Quest. Educ. Times, 20, 1874, 64-65.

② Bull. Sc. Math. Astr., (2), 3, Ⅰ, 1879, 109-128; Comptes Rendus Paris, 88, 1879, 1183, 1252.

③ Zeitschr. Math. Naturw. Unterricht, 24, 1893, 401-409.

④ Amer. Math. Monthly, 5, 1898, 181-182.

方根. 他是用$\sqrt{a^2+1}$的渐近分数求出的.

译者注 比如 $a=4$ 时，$\sqrt{a^2+1}=\sqrt{17}$，其渐近分数序列为 $4,\frac{33}{8},\frac{268}{65},\frac{2177}{528},\cdots$，可以从中取两个分数，假设取$\frac{33}{8},\frac{2177}{528}$，则四边长分别为

$$\alpha=33^2,\beta=17\cdot 8^2,\gamma=17\cdot 528^2,\delta=2177^2$$

四边形的半周长为 $p=\frac{\alpha+\beta+\gamma+\delta}{2}=4\ 740\ 417$. 该内接四边形的面积为

$$\sqrt{(p-\alpha)(p-\beta)(p-\gamma)(p-\delta)}=5\ 158\ 758\ 528=\sqrt{\alpha\beta\gamma\delta}$$

可以看出内接四边形各边的相邻顺序不影响其面积.

H. Schubert① 考虑圆半径为 r 的圆内接四边形. 令 $\alpha_1,\alpha_2,\alpha_3,\alpha_4$ 为四边所对弧的弧度，则四边的长度分别为 $2r\sin\alpha_i$，对角线长分别为

$$e=2r\sin(\alpha_1+\alpha_2),f=2r\sin(\alpha_2+\alpha_3)$$

面积为$\frac{1}{2}ef\sin(\alpha_1+\alpha_3)$. 在$\frac{1}{2}\alpha_1,\frac{1}{2}\alpha_2,\frac{1}{2}\alpha_3$ 的正切值为有理数，而且一条边或半径 r 有理这样非常特殊的情形下，四条边、两条对角线、面积均是有理的.

A. Gérardin② 将两个具有共同斜边的直角三角形并置，得出一个四边形，其边具有 Kummer 从 Brahmagupta 处引述的值；Gérardin 还得出了一个四边形.

译者注 若考虑将两个有公共斜边的整边直角三角形叠放于斜边同一侧，可构造有理四边形，其中直角顶点的连线长度为整数. 设并置所得四边形 $ABCD$ 的 AB 为公共斜边，于是可分为如下四种情况

$$\begin{cases}|AB|=(a^2+b^2)(c^2+d^2)\\|BC|=2ab(c^2+d^2)\\|CD|=((a-b)c\pm(a+b)d)((a-b)d\mp(a+b)c)\\|DA|=2cd(a^2+b^2)\end{cases}$$

$$\begin{cases}|AB|=(a^2+b^2)(c^2+d^2)\\|BC|=2ab(c^2+d^2)\\|CD|=2(ad\pm bc)(bd\mp ac)\\|DA|=(a^2+b^2)(c^2-d^2)\end{cases}$$

① Auslese Unterrichts-u. Vorlesungspraxis, Leipzig, 2, 1905, 68-92; same in Schubert, 38-50.

② Sphinx-Oedipe, 6, 1911, 187.

$$\begin{cases}|AB|=(a^2+b^2)(c^2+d^2)\\|BC|=(a^2-b^2)(c^2+d^2)\\|CD|=((a\pm b)d-(a\mp b)c)((a\mp b)d+(a\pm b)c)\\|DA|=(a^2+b^2)(c^2-d^2)\end{cases}$$

$$\begin{cases}|AB|=(a^2+b^2)(c^2+d^2)\\|BC|=2ab(c^2+d^2)\\|CD|=2(bc\pm ad)(bd\mp ac)\\|DA|=(a^2+b^2)(c^2-d^2)\end{cases}$$

E. N. Barisien① 指出一个圆内接四边形,其四边长分别为 $|AB|=75$, $|BC|=68$, $|CD|=40$, $|DA|=51$,对角线交得线段的长度分别为 $|AI|=45$, $|BI|=60$, $|CI|=32$, $|DI|=24$,外接圆半径为 85.

F. Neiss② 处理了有理三角形与有理四边形.

I. Newton③ 处理过如下的问题,求出一个圆的直径 $x=|DA|$,给定的四边形 $ABCD$ 内接于该圆且最长边为直径,其中三条相邻边的长度 $|AB|=a$, $|BC|=b$, $|CA|=c$ 给定. 我们能得出方程 $x^3-(a^2+b^2+c^2)x-2abc=0$. E. Haentzschel 与 E. Lampe④ 分别通过 Kummer⑤ 的方法求出了这类四边形.

译者注 实际上,这样的四边形是三边给定时面积最大的四边形.

E. Haentzschel⑥ 处理过对角线相互垂直的四边形,他是通过在 Kummer 求解过程中设 $c=0$, $t=1-c^2=1$ 来处理的. 条件(7)此时为 $\alpha^2(x^2+1)^2+4\gamma^2x^2=z^2$;求解有理数解的方法得到了发展. 取 $\xi=\eta$,则 $y=x$, $|AB|=|BC|$, $|CD|=|AD|$,能得出一个显然的特解,以及由两个全等有理三角形并置而给出的四边形. 接着,取 $x=\eta=\frac{c}{d}$, $y=\xi=\frac{a}{b}$,我们就得到了 Kummer 引述 Brahmagupta 的四边形. 能利用 Weierstrass 椭圆 $\mathscr{P}$ 函数来得出更一般的解.

Haentzschel 指出,一类四边形带有有理边、有理对角线、有理面积且内切圆半径与外切圆半径均有理,确定出满足如上条件的四边形取决于如下不定方程的有理解

---

① Mathesis, (4), 3, 1913, 263. He noted (p. 14) the quardrilateral with successive sides 15, 20, 24, 7, diagonals 20, 25, and area 234.

② Rationale Dreiecke, Vierecke..., Diss., Leipzig, 1914.

③ Arithmetica universalis, Amsterdam, 1, 1761, Ⅳ, Ch. 1, 140-150.

④ Zeitschrift Math. Naturw. Unterricht, 46, 1915, 190-194; 49, 1918, 139-144, 144-145.

⑤ Jour. für Math., 37, 1848, 1-20.

⑥ Sitzungsber. Berlin Math. Geselkl., 14, 1915, 23-31.

$$(\mu^2+1)(\nu^2+1)\{(\mu^2+1)(\nu^2+1)+4\mu\nu\}=\square$$

利用 Weierstrass 椭圆 $\mathscr{P}$ 函数,他求出了两族无穷组有理数解(取正号为一族,取负号为另一族,一族中的一组有理参数解可以导出属于这族的无穷多组有理参数解),其中包括了由 O. Schulz[①] 给出的特解. Ankum 的方法可以由一个有理四边形推导出一个有理四面体,此处对求出的四边形应用了该方法.

E. N. Barisien[②] 指出有着如下边长并且对角线垂直的圆内接四边形

$$|AB|=1\ 625, |BC|=2\ 535, |CD|=3\ 900, |DA|=3\ 380$$

译者注 根据定差幂线定理,可知四边长给定且对角线垂直的四边形有无数个. 而四边长给定(相邻关系也给定)且对角线垂直的圆内接四边形唯一确定. 记

$$|AB|=a, |BC|=b, |CD|=c, |DA|=d$$

外接圆半径可以由四边长给出

$$R=\sqrt{\frac{(ab+cd)(ac+bd)(ad+bc)}{(b+c+d-a)(a+c+d-b)(a+b+d-c)(a+b+c-d)}}$$

该例子中 $R=\frac{4\ 225}{2}$.

本书英文版叙述四边形时,漏了"圆内接".

其对角线交点为 I,点 I 依次向边 AB,BC,CD,DA 作投影而依次得到点 E,F,G,H. 点 I 依次向边 EF,FG,GH,HE 作投影而依次得到点 K,L,M,N. 有 12 个点与 I 的距离为整数,四边形四条边被点 E,F,G,H 所分得的 8 条线段都有整数长度,边 EF,FG,GH,HE 被点 K,L,M,N 所分得的 8 条线段都有整数长度.

E. Turrière[③] 给出关于一类圆内接四边形的已知结果,其中四边形带有有理边与有理对角线.

W. F. Beard 陈述而由 G. N. Watson[④] 证明,若两个圆的圆心分别为 O, O' 且半径分别为 R 与 R',并使得存在四边形能内接于第一个圆而外切于第二个圆,则 $R,R',c=|OO'|$ 最小的整数值分别为 35,24,5,同时还给出了通解,通解满足如下不定方程

$$(R^2-c^2)^2=\{R'(R+c)\}^2+\{R'(R-c)\}^2$$

译者注 当 $R=35,r=24,c=5$ 时,根据 Penselet 闭合定理有无穷多个满

---

① Ueber Tetraeder mit rationalen Masszahlen der Kantenlängen und des Volumens, Halle, 1914, 292 pp. Cf. Haentzschel.

② L'intermédiaire des math., 23, 1916, 195-196.

③ L'enseignement math., 18, 1916, 408-410.

④ Math. Quest. and Solutions, 4, 1917, 31-32.

足条件的双心四边形. 但是这种情形下只有一个整边双心四边形(42,56,56,42),其关于两圆连心线对称. 两半径有理且四边长不等的最小整边双心四边形为(21,85,204,140),其中内切圆半径为$\frac{476}{15}$,外接圆半径为$\frac{221}{2}$,但圆心距不是有理的.

关于有理四边形,可参看 Turrière①,L. Euler② 以及 Schwering③; 还可以参看本书第十五章的 Euler④,本书第二十三章的 Berton⑤.

10 有理内接多边形

L. Euler⑥ 给出了一个构造,用来求出一个边数为任意正整数 n 的多边形,该多边形内接于中心为 O 的单位圆,使得多边形的全部边、全部对角线以及面积都有理. 运用 $n-1$ 个任意大小(但 $A+B+\cdots<\frac{\pi}{2}$) 的角 $2A,2B,2C,\cdots$ 并取第 n 个角满足正弦值等于 $n-1$ 个角之和的正弦值,余弦值等于 $n-1$ 个角之和的余弦值的相反数. 取弧度 arc $AB=2A$,arc $BC=2B$,arc $CD=2C$,依此类推. 因此边 AB 的长度为 $2\sin A$,边 BC 的长度为 $2\sin B$,边 CD 的长度为 $2\sin C$,依此类推. 对角线 AC 的长度为 $2\sin(A+B)$,依此类推. 为了让所有正弦与余弦有理,取 $\sin A=\frac{2ab}{a^2+b^2}$,诸如此类. 由于 $\triangle AOB$ 的面积为 $\sin A\cos A$,故面积也是有理的. 他给出了一组复杂的表达式用于作为内接四边形的有理四边与有理对角线,但是不能使得面积一定有理.

译者注 记圆内接四边形 $ABCD$ 的四边长按相邻顺序依次为 $a=|AB|$,$b=|BC|$,$c=|CD|$,$d=|DA|$,再记对角线长分别为 $x=|BD|$,$y=|AC|$. 圆内接四边形对角线长满足

$$\begin{cases} x=\sqrt{\dfrac{(ac+bd)(ab+cd)}{ad+bc}} \\ y=\sqrt{\dfrac{(ac+bd)(ad+bc)}{ab+cd}} \end{cases}$$

① L'enseignement math.,18,1916,95-110.

② Opera postuma,1,1862,229(about 1781).

③ Jour. für Math.,115,301-307.

④ Zeitschr. Math. Naturw. Unterricht,17,1886,256.

⑤ Unterrichtsblätter für Math. u. Naturwiss.,15,1909,105-106.

⑥ Opera postuma,1,1862,229(about 1781).

在 *Leonhardi Euleri Opera postuma mathematica et physica*(L. Euler 生前撰写而未发表的作品，后简称《欧拉遗作》) 第 229 页，Euler 给出

$$\begin{cases} a = fgh(q^2 - p^2) \\ b = g\{(fp + gq)^2 - h^2q^2\} \\ c = 2fghpq + h(f^2 + g^2 - h^2)q^2 \\ d = f\{(gp + fq)^2 - h^2q^2\} \end{cases}$$

$$\begin{cases} x = f\{fg(p^2 + q^2) + (f^2 + g^2 - h^2)pq\} \\ y = g\{fg(p^2 + q^2) + (f^2 + g^2 - h^2)pq\} \end{cases}$$

上述表达式可使得 $(ab + cd)(ac + bd)(ad + bc)$ 为平方数，但不一定能使得内接四边形面积平方 S^2 的表达式 $(b+c+d-a)(a+c+d-b)(a+b+d-c)(a+b+c-d)/4$ 为平方数. 若以 f, g, h 为长度的三条边可构成 Heron 三角形，则可使得 S^2 为平方数.

值得注意的是，《欧拉遗作》中将 b 与 d 的表达式写错了，已由译者更正. 或许 Dickson 不确定《欧拉遗作》中表达式的正确性故没有写于此书中.

H. Schubert 考虑相邻边长依次为 $a_1, a_2, \cdots, a_n$ 的圆内接多边形. 令 $2\alpha_i$ 为长为 a_i 的边所对弧相应的弧度. 令 $n-1$ 个 α_i 为 Heron 角(由此而来 n 个 α_i 都是 Heron 角). 令

$$\tan\left(\frac{1}{2}\alpha_i\right) = \frac{q_i}{p_i}, 4r = \prod_{i=1}^{n}(p_i^2 + q_i^2)$$

使得 r 为外接圆半径，则边长 $a_i = 2R\sin \alpha_i$ 都是有理的，同样地，所有对角线也都有理，这是由于任意对角线长与 $2R$ 的比值是某几个 α 之和的正弦. 面积 $\frac{\{\sin(2\alpha_1) + \cdots + \sin(2\alpha_n)\} r^2}{2}$ 也是有理的.

J. Cunliffe① 求出了有理内接五边形.

11 有理棱锥与有理三面角

有理棱锥是使得各边与体积皆有理的棱锥.

R. Hoppe② 考虑了有理三面角(各面角与各二面角的正余弦值皆有理). 令 a, b, c 分别为三个面角的半角正切值，则二面角 (b, c) 的余弦值为

---

① New Series of the Math. Repository(ed., Th. Leybourn), 2, 1809, Ⅱ, 54-57.

② Archiv Math. u. Phys, 61, 1877, 86-98.

$$M=\frac{\frac{1-a^2}{1+a^2}-\frac{1-b^2}{1+b^2}\cdot\frac{1-c^2}{1+c^2}}{\frac{2b}{1+b^2}\cdot\frac{2c}{1+c^2}}=\frac{b^2+c^2-a^2(1+b^2c^2)}{2bc(1+a^2)}$$

译者注 虽然二面角(b,c)的记法不符合现在的规范，但不影响所列方程. 在三面角$SABC$中，二面角$B-SA-C$角度θ_{B-SA-C}的余弦值与三个面角的正余弦有如下关系

$$\cos\theta_{B-SA-C}=\frac{\cos\angle BSC-\cos\angle ASC\cos\angle BSA}{\sin\angle ASC\sin\angle BSA}$$

上式也被称为三面角的余弦定理.

将M加上1所得分式的分子含因式D与A，将M减去1所得分式的分子含因式B与C，其中

$$D=a+b+c-abc, A=-a+b+c+abc$$
$$B=a-b+c+abc, C=a+b-c+abc$$

因此$s=\sin(b,c)=\frac{\sqrt{ABCD}}{2bc(1+a^2)}$. 若$f,g,h$分别为三个二面角的半角正切值，则

$$s=\frac{2f}{1+f^2}, \frac{(1+b^2)(1+h^2)}{bh}=\frac{(1+c^2)(1+g^2)}{cg}$$

以及类似的等式. 若举出上述右侧不定方程的8组有理数解(实际上有无穷多组)，我们可以得出32个不同的有理三面角，这是由于替换b为它的倒数，依此类推.

译者注 (b,h,c,g)是该四元不定方程的一组有理数解，则

$$\left(\frac{1}{b},h,c,\frac{1}{g}\right),\left(b,\frac{1}{h},\frac{1}{c},g\right),\left(\frac{1}{b},\frac{1}{h},\frac{1}{c},\frac{1}{g}\right)$$

都是该不定方程的有理数解.

为了得出一个有理四面体，我们可以取两个具有公共二面角的有理三面角，并满足棱汇交的条件(按照先前的符号，$bb'<1, cc'<1, f=f'$). 虽然四面体现在有一个有理体积，但它还要使第六边有理. 条件就是$b_1^2+b_2^2+c_1^2+c_2^2-2-2b_1b_2c_1c_2-2m$为平方数，其中

$$b_1=\frac{1+bb'}{1-bb'}, b_2=\frac{b-b'}{b+b'}, c_1=\frac{1+cc'}{1-cc'}, c_2=\frac{c-c'}{c+c'}$$

$$m=\frac{16bcb'c'(1-f^2)}{(1-bb')(1-cc')(b+b')(c+c')(1+f^2)}$$

译者注 他将所夹二面角为$B-AA'-C$的两个三角形$\triangle ABA'$与$\triangle ACA'$沿AA'拼接，从而构造出四面体. 其中

$$b=\tan(\angle BAA'/2), b'=\tan(\angle BA'A/2)$$
$$c=\tan(\angle CAA'/2), c'=\tan(\angle CA'A/2)$$

则四面体 $A'-ABC$ 的体积为

$$V_{A'-ABC}=\frac{|A'A||A'B||A'C|}{6}\cdot\sin\angle BA'A\cdot\sin\angle CA'A\cdot\sin\theta_{B-A'A-C}$$

$$=\frac{2S_{\triangle A'AB}S_{\triangle A'AC}}{3|A'A|}\cdot\sin\theta_{B-A'A-C}$$

由于两个有理三面角的每个面角都是 Heron 角，只要使 $|A'A|$ 有理，那么构造出来的四面体体积必有理.

K. Schwering① 利用公式 $(6V)^2=f^2g^2h^2F$ 来讨论有理四面体，其中

$$F=(1-\cos^2\alpha)(1-\cos^2\beta)-(\cos\gamma-\cos\alpha\cos\beta)^2$$

f,g,h 分别为三条棱边的长度，这三条棱边交于顶点 D，且 α,β,γ 分别为顶点 D 处三个面角的角度，而 a,b,c 分别为四面体底面三边边长. 首要问题是给余弦取合适的有理值，使 F 为有理数的平方. 又因为 $F+\square=(1-\cos^2\alpha)\cdot(1-\cos^2\beta)$，故 $(1-\cos^2\alpha)(1-\cos^2\beta)$ 要为两个平方数之和. 给出 $1-\cos^2\alpha$ 的分数形式，其分母为完全平方数，则它的分子就是两个整数平方和的因子，由此可知分子本身就是两个整数平方和. 因此 $1-\cos^2\alpha$ 是两个有理平方数的和，对于 $(1-\cos^2\beta)$ 同理. 考虑整平方数等于三个整数的平方和，例如

$$(m^2+n^2+p^2+q^2)^2=(m^2+n^2-p^2-q^2)^2+(2mp+2nq)^2+(2mq-2np)^2$$

若

$$Q^2=M^2+N^2+P^2,\quad Q_1^2=M_1^2+N_1^2+P_1^2$$

我们取

$$\cos\alpha=\frac{M}{Q},\cos\beta=\frac{M_1}{Q_1},\cos\gamma=\frac{MM_1-NP_1+PN_1}{QQ_1}$$

并求得 F 为 $\frac{NN_1+PP_1}{QQ_1}$.

接下来的问题是求出如下不定方程组的有理数解

$$a^2=g^2+h^2-2gh\cos\alpha,b^2=h^2+f^2-2hf\cos\beta,c^2=f^2+g^2-2fg\cos\gamma$$

其中余弦值为上面给定的有理数. 设

$$a=\lambda g+h,b=\mu f+h,c=\nu g+f$$

则

$$g\cdot(1-\lambda^2)=2h\cdot(\lambda+\cos\alpha),f\cdot(1-\mu^2)=2h\cdot(\lambda+\cos\beta)$$

$$g\cdot(1-\nu^2)=2f\cdot(\nu+\cos\gamma)$$

因此 $\frac{g}{f}$ 有如下的值

① Jour. für Math. ,115,1895,301-307.

$$q=\frac{1-\mu^2}{1-\lambda^2}\cdot\frac{\lambda+\cos\alpha}{\mu+\cos\beta}=\frac{2(\nu+\cos\gamma)}{1-\nu^2}$$

若 $\cos\alpha=\cos\beta=\cos\gamma=0$，我们便有一个直角四面体并且问题简化为本书第十九章 L. Euler 处理过的问题，求出三个平方数使得两两之和为平方数. 用 L. Euler 的过程能将一般问题推导出

$$-\lambda=\frac{p^2(1+\cos\gamma)+2p\cdot(\cos\alpha+\cos\beta)+1-\cos\gamma+2\cos\alpha\cos\beta}{4(p+\cos\beta)}$$

过程中假定 $\mu=\frac{\lambda p+1}{p+\lambda}$.

例如，令 $M=N=0,P=Q=3,M_1=P_1=2,N_1=-1,Q_1=3$. 则

$$\cos\alpha=0,\cos\beta=\frac{2}{3},\cos\gamma=-\frac{1}{3},-\lambda=\frac{p^2+2p+2}{6p+4}$$

因此 f,g,h 分别正比于

$$(6p+4)(p^2-2p-4)(5p^2+2p-2),6(6p+4)(p^2-1)(p^2+2p+2)$$
$$3(p^2-1)(p^2-4p-2)(p^2+8p+6)$$

对于 $p=0$，我们移除公因子 4，我们得到 $f=8,g=-12,h=9,a=15,b=-7,c=12,V=96$，再将它们的符号取为正. 对于 $p=-2$，我们得到 $f=112$，$g=72,h=135,a=153,b=103,c=152,V=120\ 960$.

为了得出一个有理四边形，设 $\beta+\gamma=\alpha$（顶点在三角形外部）或 $\beta+\gamma=2\pi-\alpha$（顶点在三角形内部）. 例如，对于 $\cos\alpha=\cos\beta=\cos\gamma=-\frac{1}{2}$，我们有

$$f=(7p^2-4)(p^2-4)(2p-1),g=8(p^2-1)(p^2+2)(2p-1)$$
$$h=p(p^2-1)(p+4)(p^2-12p+8)$$

因此，对于 $p=-\frac{1}{2}$，我们可得有理边四边形 $ABCD$，其中

$$|AB|=133,|BC|=192,|CD|=168$$
$$|DA|=127,|AC|=283,|BD|=120$$

译者注　将 $p=-\frac{1}{2}$ 代入，可得

$$f_0=-\frac{135}{8},g_0=27,h_0=\frac{1197}{64}$$

同时乘 $\left(\frac{8}{3}\right)^2$，可得 $f_1=-120,g_1=192,h_1=133$. 全取正并记为 $f_2=120$，$g_2=192,h_2=133$，可以发现

$$a^2=g_2^2+h_2^2+g_2h_2,b^2=h_2^2+f_2^22-h_2f_2,c^2=f_2^2+g_2^2-f_2g_2$$

此时的 $\cos\alpha=-\frac{1}{2},\cos\beta=\cos\gamma=\frac{1}{2}$，因此长分别为 f,g,h 的三条棱交汇于三角形外部. 初始时可以设 $\beta+\gamma=\alpha$ 或 $\beta+\gamma=2\pi-\alpha$，但是要得出有理边

凸四边形,则必须使得最后结果满足$\beta+\gamma=\alpha$,否则交汇点在三角形内部,所构成的有理四边形是凹四边形.

另外,原论文作者在求解过程中,长分别为f,g,h的三条棱交于顶点D,而在所给结果中,长分别为f,g,h的三条棱交于顶点B,请读者注意!

用该方法求有理四边形的过程中,如果设$\cos\alpha=\cos\beta=\cos\gamma=-\frac{1}{2}$并整理结果而得出四边形,此四边形面积必无理.因此,所举出的例子不是有理四边形,而是对角线有理的有理边四边形.但利用此法可以求得有理四边形,只需要将待求角设为 Heron 角即可.

译者注 本书英文版将$|AB|=133$误写为$|AB|=138$.

通过取$\lambda=\mu$,我们能得出一组较为简单的待定解

$$\frac{\lambda+\cos\alpha}{\lambda+\cos\beta}=\frac{2(\nu+\cos\gamma)}{1-\nu^2}$$

因此,对于$\cos\alpha=-\frac{3}{7}$,$\cos\beta=0$,$\cos\gamma=\frac{2}{7}$,$\nu=-2$,我们有$\lambda=-3$以及$f=6$,$g=7$,$h=8$,$a=9$,$b=10$,$c=11$,$V=48$(非常巧妙的一组解).对于$\cos\alpha=\cos\gamma=\frac{1}{2}$,$\cos\beta=-\frac{1}{2}$,$\nu=2$,我们得到有理边四边形

$$|AB|=48,|BC|=57,|CD|=73$$
$$|DA|=80,|AC|=63,|BD|=112$$

译者注 取$\lambda=\mu$,再有理地确定出$\cos\alpha$,$\cos\beta$,$\cos y$与ν.将它们代入如下方程,再联立求解

$$a^2=g^2+h^2-2gh\cos\alpha,b^2=h^2+f^2-2hf\cos\beta,c^2=f^2+g^2-2fg\cos\gamma$$
$$a=\lambda g+h,b=\mu f+h,c=\nu g+f$$

便可不需要设p而得到结果.在该有理边四边形的例子中,$f=|AB|=48$,$g=|DA|=80$,$h=|AC|=63$,长分别为f,g,h的三条棱交于顶点A.

H. Schubert 运用了有理内接多边形(来构造有理棱锥),该多边形内接于圆心为C、半径为r的圆.过圆心C作垂直于圆所在平面的垂线段并且线段长为h,使得在直角边h和r的直角三角形中h所对的角为 Heron 角μ.因此,我们可得一个有理棱锥.例如,若底面三角形三边长分别为13,14,15,可取$\cos\mu=\frac{65}{97}$,$\sin\mu=\frac{72}{97}$;则棱锥高为$h=9$,侧棱长为$\frac{97}{8}$,并且体积为252.

Schubert① 讨论了有理弧边的球面三角形,有理弧边的球面三角形也就是

① Auslese... Unterrichts-und Vorlesungspraxis,3,1906,202-250.

满足每条弧边半弧度正切值与各角半角正切值皆有理的球面三角形.

译者注 原论文中球面三角形所在球面为单位球面,而且球面三角形的弧边是球面大圆的一部分.在球面三角形中,若角 α 所对弧边的弧度为 a(弧度制),同理有 β 对应 b,以及 γ 对应 c,则有下式和另外两个类似的等式成立

$$\cos\alpha=\frac{\cos a-\cos b\cos c}{\sin b\sin c}$$

若记

$$\tan\frac{\alpha}{2}=\xi,\tan\frac{\beta}{2}=\eta,\tan\frac{\gamma}{2}=\zeta$$

$$\tan\frac{a}{2}=x,\tan\frac{b}{2}=y,\tan\frac{c}{2}=z$$

则有理弧边三角形需要满足如下关系式

$$\xi^2=\frac{(xyz+x+z-y)(xyz+x+y-z)}{(x+y+z-xyz)(xyz+y+z-x)}$$

$$\eta^2=\frac{(xyz+y+z-x)(xyz+x+y-z)}{(x+y+z-xyz)(xyz+x+z-y)}$$

$$\zeta^2=\frac{(xyz+y+z-x)(xyz+x+z-y)}{(x+y+z-xyz)(xyz+x+y-z)}$$

R. Güntsche① 利用 F. Bessell 得出关于面角与二面角的关系式,并化简有理四面体问题为一个 Diophantus 方程,该 Diophantus 方程关于 q 为二次的且关于 r 也是二次的,方程系数涉及一个任意参数 p. 本书第二十二章的 Euler 过程被用来求此方程的有理参数解,其中 p 是 q 与 r(仅有)的有理参数,使得六条棱的棱长、四个面的面积、体积都能用 p 有理地表示.

译者注 当有理四面体的每个面也都有理时,称该四面体为完美四面体,或称其为 Heron 四面体. 1992 年,R. H. Buchholz 证明最长棱最小的完美四面体 $A-BCD$ 四边为

$$|AB|=51,|AC|=52,|AD|=84$$

$$|CD|=80,|BD|=117,|BC|=53$$

在四面体 $O-ABC$ 中,记二面角 $B-OA-C$ 的角度为 α,二面角 $A-OB-C$ 的角度为 β,二面角 $A-OC-B$ 的角度为 γ,它们的半角正切分别记为

$$\tan\frac{\alpha}{2}=\xi,\tan\frac{\beta}{2}=\eta,\tan\frac{\gamma}{2}=\zeta$$

面角 $\angle BOC$ 的角度记为 a,面角 $\angle AOC$ 的角度记为 b,面角 $\angle AOB$ 的角度记为 c,它们的半角余切分别记为

① Sitzungsber. Berlin Math. Gesell., 6, 1907, 2-16.

$$\cot\frac{a}{2}=u,\cot\frac{b}{2}=v,\cot\frac{c}{2}=w$$

原论文给出的是面角与二面角的关系式为

$$\xi^2=\frac{(uv+vw-uw+1)(uw+vw-uv+1)}{(uv+uw+vw-1)(uw+uv-vw+1)}$$

以及

$$\frac{\frac{\xi^2+1}{\xi}}{\frac{u^2+1}{u}}=\frac{\frac{\eta^2+1}{\eta}}{\frac{v^2+1}{v}}=\frac{\frac{\zeta^2+1}{\zeta}}{\frac{w^2+1}{w}}$$

译者注 本书英文版将其写为面角与三面角的关系式.

Güntsche[①] 考虑棱长、各面面积与体积全有理且四面全等的四面体. 他将此问题化简为对如下不定方程的求解

$$\psi\theta(\psi\theta+\psi+\theta-1)(\psi\theta-\psi-\theta-1)=h^2$$

但没有在一般情形下解决它. 而是求出了七类涉及任意参数的特殊解[②]. Hoppe 四面体(构造类型)是此处考虑的所有类型.

译者注 四面全等的四面体都是等对棱四面体. 不妨设每个面的三角形为 $\triangle ABC$, Güntsche 设 $\angle\frac{1}{2}A,\angle\frac{1}{2}B,\angle\frac{1}{2}C$ 的余切值分别为 α,β,γ, 则有 $\alpha+\beta+\gamma=\alpha\beta\gamma$. 由于等对棱四面体体积有理, 可得 $(\alpha^2-1)(\beta^2-1)(\gamma^2-1)=h_0^2$. 又设 $\frac{1}{2}\left(\frac{\pi}{2}-A\right),\frac{1}{2}\left(\frac{\pi}{2}-B\right),\frac{1}{2}\left(\frac{\pi}{2}-C\right)$ 的余切值分别为 φ,ψ,θ, 显然有 $\alpha=\frac{\varphi+1}{\varphi-1},\beta=\frac{\psi+1}{\psi-1},\gamma=\frac{\theta+1}{\theta-1}$, 再代入 $\alpha+\beta+\gamma-\alpha\beta\gamma=0$ 可得 $\varphi=\frac{\theta\psi+\theta+\psi-1}{\theta\psi-\theta-\psi-1}$. 要使得 $(\alpha^2-1)(\beta^2-1)(\gamma^2-1)={h_0}^2$ 成立, 只需要 $\varphi\theta\psi={h_1}^2$, 故只需要 $\psi\theta(\psi\theta+\psi+\theta-1)(\psi\theta-\psi-\theta-1)=h^2$ 成立即可.

除了给出参数解, 还列表展示部分例子, 其中包括最小的有理等对棱四面体

$$|AB|=|CD|=203,|AC|=|BD|=195,|AD|=|BC|=148$$
$$S=13\ 650,V=611\ 520$$

E. Haentzschel[③] 将 Güntsche 的(双)三次函数写为如下的形式

$$\psi^3\cdot(\theta^3-\theta)-4\psi^2\theta^2-\psi\cdot(\theta^3-\theta)$$

① Sitzungsber. Berlin Math. Gesell., 6, 1907, 38-53.

② He gave two such sets in Archiv Math. Phys., (3), 11, 1907, 371.

③ Sitzungsber. Berlin Math. Gesell., 12, 1913, 101-108. Continued, 17, 1918, 37-39.

并利用如下替换将它化简为 Weierstrass 规范型 $4\prod_{i=1}^{3}(s-e_i)$

$$\psi=\frac{4\left(s-\frac{\theta^2}{3}\right)}{\theta^3-\theta}$$

得出 $e_1=-\frac{\theta^2}{3}, e_2=-\frac{\theta^3}{4}+\frac{\theta^2}{6}-\frac{\theta}{4}, e_3=+\frac{\theta^3}{4}+\frac{\theta^2}{6}+\frac{\theta}{4}$. 利用 Weierstrass 椭圆 $\mathscr{P}$ 函数,他解决了不定方程 $\prod_{i=1}^{3}(s-e_i)=v^2$. 详尽地处理了 $\theta=\frac{7}{3}$ 的情形.

O. Schulz① 处理了有理四面体.

① Ueber Tetraeder mit rationalen Masszahlen der Kantenlängen und des Volumens, Halle, 1914, 292 pp. Cf. Haentzschel.

两个平方数的和

第六章

Diophantus，Ⅱ，10，把一个给定的数 $13=2^2+3^2$（它是两个平方数的和）分成另外两个平方数的和，$(z+2)^2+(mz-3)^2$，取 $m=2$，由此 $z=\frac{8}{5}$，在 Diophantus，Ⅲ，22 中，Diophantus 需要四个 x_i 使得 8 个表达式 $E=(\sum x_i)^2 \pm x_i$ 中的每个都是一个平方数. 在任意直角三角形 (p,b,h) 中，$h^2 \pm 2pb=\square$.（若 $h^2=p_i^2+b_i^2 (i=1,\cdots,4)$，取 $x_i=2p_ib_ix^2$，$\sum x_i=hx$，则 $E=x^2(h^2\pm 2p_ib_i)=\square$.）因此，我们寻求四个直角三角形，使它们具有相等的斜边. 我们因此必须找到一个可以用四种方式表示为两个数的平方和的平方数. 取直角三角形 (3,4,5) 和 (5,12,13)；用一个三角形的斜边去乘以另一个三角形的每一边. 我们得到具有相等斜边的三角形 (39,52,65) 和 (25,60,65). 65 可以用两种方式表示成两个平方数的和：$65=4^2+7^2=1^2+8^2$，因为 65 是 13 和 5 的积，每个都是两个平方数的和. 现在形成①直角三角形 (33,56,65) 源于 7,4 和 (16,63,65) 源于 8,1. 我们现在有 4 个具有相等斜边的直角三角形.（若我们对直角三角形 $(a^2-b^2, 2ab, a^2+b^2)$，$(c^2-d^2, 2cd, c^2+d^2)$ 进行对应的过程，通过乘法得到具有斜边②

$$(a^2+b^2)(c^2+d^2)=(ac+bd)^2+(ad\mp bc)^2 \qquad (1)$$

的两个三角形. 由 $ac+bd$ 和 $ad\mp bc$ 形成的直角三角形给出了

① See Ch. Ⅳ, Diophantus.

② For a like composition of factors a^2-eb^2, see Euler of Ch. Ⅻ.

具有相同斜边的两个新三角形，前提是$\frac{c}{d}$与$\frac{a}{b}$，$\frac{b}{a}$，$\frac{a \pm b}{a \mp b}$不同.）

Diophantus，Ⅴ，12，探讨了分割单位元为两部分，使得若把一个给定数 a 加到每一部分，则这些和是(有理的）平方数.这一问题等价于把 $2a+1$ 表示成两个平方数的和的问题.人们指出 a 一定不是奇数(因此没有数 $4n-1$ 是两个平方数的和).不幸地，必要条件的第2部分的论题是不显著的.C.G.J. Jacobi[①] 改进了它，指出 $2a+1$ 一定没有 $4n-1$ 型因子；P.Tannery 和 T.L. Heath 在他们的 Diophantus 的版本中，写明了素因子；但他们都没有准确的改正这个准则.

Diophantus，Ⅵ，15，指出15不是两个(有理的）平方数的和.

Mohammed Ben Alhocain[②]，10世纪的阿拉伯人，给出了等于两个平方数的和的数的表，由把每个平方数加到它自身和加到较大平方数形成.他错误地指出，若一个偶数是两个平方数的和，则它们中的一个是单位元.

Leonardo Pisano[③] 在他1225年所著的《平方数之书》中证明了式(1)，且应用它求解了 $x^2+y^2=a^2+b^2$，给出了 $c^2+d^2=e^2$ 的一个解

$$x=\frac{ac+bd}{e}$$

$$y=\frac{ad-bc}{e}$$

Lucas Paciuolo 和 Cardan 在他们的算术论著中重新生成了这个解，但没有证明.

F.Vieta[④] 注意到 $X^2=F^2+G^2$，$Z^2=B^2+D^2$ 蕴含着

$$(XZ)^2=(BG \pm DF)^2+(BF \mp DG)^2 \tag{1'}$$

若 B 和 D 是两个相似直角三角形的斜边，M，N 和$\frac{MD}{B}$，$\frac{ND}{B}$是成对的直角边，则具有直角边 $\frac{BM \pm DN}{B}$ 和 $\frac{BN \mp DM}{B}$ 的第3个直角三角形有斜边 $\sqrt{B^2+D^2}$.在特殊情形 $F=B$，$G=D$ 中，式(1′)变成 $(X^2)^2=(2BD)^2+(B^2-$

① Berichte Akad. Wiss. Berlin，1847，265-278；werke，7，1891，332-344(report below). Same by H. Hankel，Zur Geschichte der Math.，1874，169.

② Cf. F. Woepcke，Atti Accad. Pont. Nuovi Lincei，14，1860-1861，306-309.

③ Tre Scritti inediti，1854，66-70，74-75；Scritti L. Pisano，2，1862，256. Review by O. Terquem，Annali Sc. Mat. Fis.，7，1856，138；Nouv. Ann. Math.，15，1856，Bull. Bibl. Hist.，61. Cf. Woepcke，Jour. de Math.，20，1855，57；A. Genocchi，Annali Sc. Mat. Fis.，6，1855，241-244；M. Chasles，Jour. de Math.，2，1837，42-49，who gave a geometrical proof.

④ Ad Logisticem Speciosam Notae Priores，Props. 46-48；Opera Math.，1646，34. French transl. by F. Ritter，Bull. Bibl. Storia Sc. Mat.，1，1868，267-269.

$D^2)^2$;具有边 $2BD, D^2-B^2, X^2$ 的直角三角形被称为二倍角三角形.应用后者和已给的三角形(B,D,X)以及同样的法则,我们得到三倍角三角形$(3BD^2-B^3, D^3-3B^2D, X^3)$,等等.(等价于 De Moivre 的公式对于 $\cos a, \sin a$ 项中的 $\cos na, \sin na$.)

Vieta[①] 为了将 $Z^2=B^2+D^2$ 表示成两个新平方数的和,使用第 2 个直角三角形(F,G,X)来得到式$(1')$,由此(Cf. L. Pisano[②])

$$Z^2=\left(\frac{BG\pm DF}{X}\right)^2+\left(\frac{BF\mp DG}{X}\right)^2$$

他注意到 Diophantus,Ⅱ,10 的方法在于用 $A+B, \frac{SA}{R}-D$ 表示需要的平方数的边.因此

$$A=\frac{2SRD-2R^2B}{S^2+R^2}$$

$$A+B=\frac{2SRD+B(S^2-R^2)}{S^2+R^2}$$

因此,从(B,D,Z)和三角形$(2SR, S^2-R^2, S^2+R^2)$中,由 S,R 构成,通过式$(1')$构造第 3 个三角形,并且按比例 R^2+S^2 减少边.

G. Xylander[③] 在他对于 Diophantus,Ⅴ,12 的评论中错误地指出 a 必须为一个素数的 2 倍.

C. G. Bachet[④] 指出 10 是一个素数的 2 倍,然而 $2\cdot 10+1=21$ 既不是一个平方数,也不是两个整平方数的和,并且他表示他相信 21 不是两个有理平方数的和.然而 Diophantus 似乎推断出了偶数 a 的 2 倍,加上单位元,应该是一个素数,这将排除使 $2\cdot 22+1=45=36+9,\cdots$ 的数 22,58,62,然而 45,117 不是素数.他探讨了把任意数(例如 2)分成两部分,使得若把一个给定的数(例如 4)加到每部分,则和是平方数——因此 10 被表示成两个平方数(每个大于 4)的和.

Fermat 的[⑤]评论是:"真条件(也就是,它是一般的且排除所有不能接受的数)是给定的数 a 一定不是奇数,且 $2a+1$(当被作为它的因子的最大平方数整除时)一定不会被素数 $4n-1$ 整除."

---

① Zetetica,1591,Ⅳ,2,3;Opers Math.,1646,62-63.

② Tre Scritti inediti,1854,66-70,74-75;Scritti L. Pisano,2,1862,256. Review by O. Terquem, Annali Sc. Mat. Fis.,7,1856,138;Nouv. Ann. Math.,15,1856,Bull. Bibl. Hist.,61. Cf. Woepcke,Jour. de Math.,20,1855,57;A. Genocchi,Annali Sc. Mat. Fis.,6,1855,241-244;M. Chasles,Jour. de Math.,2,1837,42-49,who gave a geometrical proof.

③ Diophanti Alex. Rerum Arith. Libri sex,Basel,1575,129,1.9.

④ Diophanti Alex. Arith.,1621,301-304.

⑤ Oeuvres,Ⅲ,256.

A. Girard① 已确定可表示为两个整平方数的和的数：每个平方数，每个素数 $4n+1$，形成这样数的积，前述的数中一个的 2 倍.

Bachet② 在他的 Diophantus，Ⅲ，22 的评论中发现了 5 525 分别是 55 和 50，62 和 41，70 和 25，71 和 22，73 和 14，74 和 7 的平方和. 还有 $1\ 073=32^2+7^2=28^2+17^2$ 有 4 种形式的平方和. 因此 $5\ 525\cdot 1\ 073$ 有 24 种形式的平方和，所有的均被给出. 他在他的 Porisms，Ⅲ，7 中阐述并证明了式(1).

Fermat③ 就 Bachet 的前述评论做出了评论：

(Ⅰ) 每个 $4n+1$ 型素数分别以一种方式形成直角三角形的斜边，以两种方式形成它的平方，以 3 种方式形成它的 3 次方，以 4 种方式形成它的 4 次方，如此至无限.

(Ⅱ) 同样的素数[$4n+1$]，它的平方以一种方式等于两个平方数的和，3 次方和 4 次方以两种方式等于两个平方数的和，5 次和 6 次方以 3 种方式等于两个平方数的和，……

(Ⅲ) 若一个素数(它是两个平方数的和) 被另一个素数(也是两个平方的和) 乘，则它们的积将以两种不同的方式等于两个平方数的和；若第 1 个素数被第 2 个素数的平方乘，则积将以 3 种不同的方式等于两个平方数的和；若第 1 个素数被第 2 个素数的 3 次方乘，则积将以 4 种不同的方式等于两个平方数的和；……

(Ⅳ) 现在容易确定一个给定数 w 以多少种方式等于一个直角三角形的斜边. 对于数 $p^a q^b r^c s$(其中 p,q,r 是 $4n+1$ 型素数，而 s 是一个平方数) 没有如下的素因子

$$w=2c(2ab+a+b)+2ab+a+b+c$$

在这里和(Ⅴ) 中，Fermat 应用了数值.

(Ⅴ) 为了找到一个数等于一个以多种方式指定的数 w 中一个斜边，取 $2w+1$ 的素因子，从每个中减去 1，且取余数的一半作为任意素数 $4n+1$ 的指数.(因为由(Ⅳ) 得

$$2w+1=(2a+1)(2b+1)(2c+1)\cdots)$$

当 $w=7$ 时，$15=(2+1)(2\cdot 2+1)$ 和 pq^2 回答了这个问题.

(Ⅵ) 为了找到一个数等于一个以多种方式任意指定的数 w 中的两个平方

① L'arith. de Simon Stevin…annotations par A. Girard, Leide, 1625, 622; Oeuvres Math. de Simon Stevin par Albert Girard, 1634, p. 156, col. 1, note on Diophantus Ⅴ, 12. Cf. G. Vacca, Bibliotheca Math., (3), 2, 1901, 358-359. Cf. G. Maupin, Opinionset Curiosités touchant la Mathématique, Paris, 2, 1902, 158-325.

② Diophanti Alex. Arith., 1621, 301-304.

③ Oeuvres, Ⅰ 293; Ⅲ, 243-246. Diophanti Alex. Arith., ed., S. Fermat, 1670, 127.

数的和. 当 $w=10$ 时,令 $2w=2\cdot 2\cdot 5$. 从每个素因子中减去 1,我们得到 1,1,4. 取 $4n+1$ 型的 3 个素数,例如,3,13,17. 寻找到的数等于这些中的两个与第 3 个的 4 次幂的乘积.

(Ⅶ) 相反,为了找到一个给定数,例如 325,以多少种方式等于两个平方数的和,考虑它的 $4n+1$ 型的素因子. 因为 $325=5^2\cdot 13$,我们取 $\frac{1}{2}\{2\cdot 1+2+1+1\}=3$. 则 325 以 3 种方式等于两个平方数的和. 对于 3 个指数 a,b,c,若 $k=(a+1)(b+1)(c+1)$ 是偶数,则方法数等于 $\frac{k}{2}$,但若 k 是奇数,则方法数是 $\frac{k-1}{2}$.

(Ⅷ) 要找到一个整数等于直角三角形任意指定数 w 的斜边,且它若加上一个给定数 a,则变成一个平方数. 这个问题是困难的. 若 $w=a=2$,则 2 023 和 3 362 满足条件,同样也是数的一个无穷大.

没有数 $4n-1$ 是平方数或两个有理平方数的和这一结论于 1638 年 3 月 22 日被传达给 Descartes,像已被 Fermat 所证明的. Descartes① 通过观察到一个平方数是 $4k$ 或 $8k+1$ 型的,证明了其中整数平方数的情形.

Fermat② 阐明了他已证明了一个数既不是一个平方数也不是两个平方数的和,整数的或分数的,若用最大平方除以它的商包括一个素因子 $4n-1$;若 x 和 y 是相对素数,则 x^2+y^2 不能被素数 $4n-1$ 整除.

Fermat(Oeuvres,Ⅱ,213) 在 1640 年 12 月 25 日给 Mersenne 的一封信中阐明了(Ⅰ),(Ⅱ),(Ⅳ),(Ⅴ) 所包含的内容. Frenicle 在 1641 年 9 月 6 日给 Fermat 的一封信中指出了找寻(Ⅵ) 中最小数的问题. T. Pepin③ 注意到这个问题和(Ⅳ) 都是被二次型理论所回答的.

Fermat④ 称每个素数 $4n+1$ 都是两个平方数的和的定理(此后作为 Girard 定理被引入) 为直角三角形的基本定理. 他⑤阐明了他有一个不可否认的证法. 在别处他⑥阐明了他的证法是应用无限倾斜法:"若一个素数 $4n+1$ 不是两个平方数的和,存在一个具有同样性质的较小素数,则第三个仍更小,……,直到达到数字 5," 因此产生矛盾. 他发现把这个方法应用于一个肯定问题比应用于

① Oeuvres de Descartes,Ⅱ,92,letter to Mersenne,March 31,1638. Cf. p. 195.

② Oeuvres,Ⅱ,203-204;letter to Roberval,Aug.,1640.

③ Memorie Accad. Pont. Nuovi Lincei,8,1892,84-108;Oeuvres de Fermat,4,1912,205-207.

④ Oeuvres,Ⅱ,221;letter to Frenicle,June 15,1641.

⑤ Oeuvres,Ⅱ,313,403;Ⅲ,315;letters to Pascal,Sept. 25,1654,and to Digby,June 19,1658.

⑥ Oeuvres,Ⅱ,432;letter to Carcavi,communicated to Huygens,Aug. 14,1659.

一些否定定理难得多(参看 Fermat[①],etc.);对于前者,“方法已被一些新原理所补充”.

Frenicle[②] 从数表推出,若 $p_1, p_2, \cdots$ 是不同的素数,则每个素数都是直角三角形的斜边(一个充分必要条件是这素数是 $4k+1$ 型的),数 $N=p_1^{e_1}\cdots p_n^{e_n}$ 恰好是 2^{n-1} 个本原直角三角形(即有互素直角边)的斜边.他确认这一问题减少了在给定数 N 能被表示成两个互素因子的方法数的问题.非本原三角形能从斜边是 N 的因子的本原三角形中得到.Fermat 的法则(Ⅳ)被给出.问题(Ⅶ)被讨论.

John Kersey[③],探讨 Diophantus,Ⅱ,10 的方程

$$x^2+y^2=d^2+b^2$$

令 $x=ra+b, y=sa-d$.因此 $a=2\dfrac{sd-rb}{s^2+r^2}$,使得 x,y 成立.他也探讨了限定 x,y 于给定极限的问题(Bachet[④],304).

Claude Jaquemet[⑤],在 1690 年 1 月 26 日的一封信中,证明了一个不是平方数的整数,它不整除两个平方数(不整除彼此的平方)的和,不是两个平方数、整数或分数的和.Jaquemet 或 N. Malebranche 的一份手稿也证明了整除两个互素平方数的和的数是它自己两个平方数的和;但后来 Euler[⑥] 的证明要简单得多.参看 Bháskara[⑦],§88,第 12 章.

日本学者 Matsunago[⑧] 在 18 世纪上半叶通过令 $\dfrac{k}{2}=r^2+R$,求解方程 $x^2+y^2=k$,其中 r^2 是包含在 k 中的最大平方数,且形成等式

$$a_1=2r-1, a_2=a_1-2, a_3=a_2-2, \cdots$$

$$b_1=2r+1, b_2=b_1+2, b_3=b_2+2, \cdots$$

从 $2R$ 中连续地减掉 $b_1, b_2, \cdots$.当差是负数时,加上相应的 a_i.若余数 0 被达到,且 a', b' 是最后使用的值,一个解是

$$x=\frac{1}{2}(a'+1)$$

---

① Cf. F. Woepcke, Atti Accad. Pont. Nuovi Lincei, 14, 1860-1861, 306-309.

② Mém. Acad. Roy. Sc., 5, 1666-1699, éd. Paris, 1729, 22-34, 156-163.

③ The Elements of Algebra, London, Book 3, 1674, 9-17, 20-23.

④ Diophanti Alex. Arith., 1621, 301-304.

⑤ Bull. Bibl. Storia Sc. Mat. e Fis., 12, 1879, 890-894, 644; 13, 1880, 444.

⑥ Corresp. Math. Phys. (ed., Fuss), 416-419; letter to Goldbach, May 6, 1747. Novi Comm. Acad. Petrop., 4, 1752-1753(1749), 3-40; Comm. Arith., Ⅰ, 155-173.

⑦ Tractatus de numerorum, §§564-567; Comm. Arith., Ⅲ, 572. Same in Opera Postuma, 1, 1862, 72.

⑧ Y. Mikami, Abh. Geschichte Math. Wiss., 30, 1912, 233.

$$y=\frac{1}{2}(b'-1)$$

他指出 $x^2+y^2=z^3$ 的解集由

$$x=(m^2-3n^2)m$$

$$y=(3m^2-n^2)n$$

$$z=m^2+n^2$$

给出

Euler① 证明了，若 a,b 均不能被素数 $p=4n-1$ 整除，则 a^2+b^2 不能被 p 整除. 因为 $a^{4n-2}-b^{4n-2}$ 不能被 p 整除，因此 $a^{4n-2}+b^{4n-2}$ 不能被 p 整除；由此后者的因子 a^2+b^2 不能被 p 整除.

Euler② 阐明了若 $4m+1$ 是合成的，则它或者不是两个平方数的和 ②，或者以多于一种方式等于两个平方数的和 ②；若 ab 和 a 均为 ②，则 b 是一个 ②. 他阐明他有一个严格的证法. 他于 1745 年 2 月 16 日阐明了还没有证明两个互素整数的平方和没有除了一个 ② 以外的因子，也没有证明每个素数 $4n+1$ 是一个 ②，独特地.

Chr. Goldbach③ 证明了 Fermat 的声明，一个素数 $4k-1$ 不能分成两个互素的平方数的和. 令 a^2 是 $(4n-1)m-1$ 型的最小平方数. 设 $v=4n-1$. 则

$$v(m-2a+v)-1=(a-v)^2$$

使得 $a^2\leqslant(a-v)^2$，由此 $v\geqslant 2a$. 类似地

$$\{4(n-a+m)-1\}m-1=(a-2m)^2$$

$$a^2\leqslant(a-2m)^2, m\geqslant a$$

因此 $a^2+1=vm\geqslant 2am\geqslant 2a^2$，$a=0$ 或 1，这些值导致矛盾.

Euler④ 证出了引理：两个互素平方数和的每个因子都是它自己的两个平方数的和.

它首先表明，若 $p=c^2+d^2$ 是素数，且 $pq=a^2+b^2$，则 q 是一个 ②. 因为 $c^2(a^2+b^2)-a^2(c^2+d^2)$ 能被 p 整除，因子 $bc\pm ad$ 中的一个是 mp 型的. 令

---

① correspondence Math. Phys. (ed., Fuss), 1, 1843, 117; letter to Goldbach, March 6, 1742. Novi Comm. Acad. Petrop, 1, 1747-1748, 20; Comm. Arith., Ⅰ, 53, § 16. French transl. in Nouv. Ann. Math., 12, 1853, 46.

② Corresp. Math. Phys. (ed., Fuss), 1, 1843, 134, letter to Goldbach, June 30, 1742.

③ Corresp. Math. Phys. (ed., Fuss), 1, 1843, 255, letter to Euler, Sept. 28, 1743. Euler, p. 258, expressed surprise at the simplicity of the proof.

④ Ibid., 416-419; letter to Goldbach, May 6, 1747. Novi Comm. Acad. Petrop., 4, 1752-1753(1749), 3-40; Comm. Arith., Ⅰ, 155-173.

$b=mc+x, a=\pm md+y$. 则 $cx\pm dy=0$. 但 $(c,d)=1$. 因此[1] $x=nd, y=\mp nc$. 故

$$pq=(m^2+n^2)(c^2+d^2)$$
$$q=m^2+n^2$$

下面由式(1)得,若素数 $p_1,\cdots,p_k$ 和积 $p_1\cdots p_k q$ 均为 ②,则 q 是一个 ②. 因此,若 pq,而不是 q,是一个 ②,则 p 有一个素因子不为 ②.

令 p 整除 a^2+b^2,其中 $(a,b)=1$,而 p 不是一个 ②. 设 $a=mp\pm c, b=np\pm d, 0\leqslant c\leqslant \frac{1}{2}p, 0\leqslant d\leqslant \frac{1}{2}p$. 则

$$c^2+d^2=pq\leqslant \frac{1}{2}p^2$$

因此 q 有素因子 $r\leqslant \frac{1}{2}p$,它不是一个 ②. 如前,c^2+d^2 的因子 r 整除和$e^2+f^2\leqslant \frac{1}{2}r^2$,且 e^2+f^2 有一个素因子小于或等于$\frac{1}{2}r$不是一个 ②. 以这种方式进行下去我们最终达到矛盾:两个足够小平方数的和有所有它的两个平方数的素因子和.

Euler 给出了 Girard 定理,即每个素数 $p=4n+1$ 是一个 ② 的一个"尝试证法". 若 a,b 均不能被 p 整除,则 $a^{4n}-b^{4n}$ 能被 p 整除. 若 p 整除因子 $a^{2n}+b^{2n}$,一个 ②,则 p 是一个 ②. 它仍表明对于 a,b 的某些对值来说,$a^{2n}-b^{2n}$ 不能被 p 整除(后来被 Euler[2] 证明).

因为 $p=a^2+b^2$ 暗含 $2p=(a+b)^2+(a-b)^2$,且相反 $2p=a^2+b^2$ 暗含 $p=\alpha^2+\beta^2$,其中 $\alpha=\frac{a+b}{2}, \beta=\frac{a-b}{2}$ 是整数,有 p 的表达式和 $2p$ 的表达式一样多,等于两个平方数的和(包括一个平方数是 0 的情形).

从 Girard 定理和式(1)可推断出任意数是一个 ②,若它有型 $2^j a^2 b$,其中 b 的每个素因子是 $4k+1$ 型的.

Euler[3] 后来成功公布了在他的前述文章[4]中他不能证明的要点. 若 $1,2^{2n},3^{2n},\cdots,(4n)^{2n}$ 的第一序列的差 $(a+1)^{2n}-a^{2n}$ 均能被 p 整除,则它的 $2n$ 序列的

---

① In the letter. it is concluded from $bc\pm ad=m(c^2+d^2)$ that $md\mp a$ is divisible by c; Thus $\mp a=cn-dm, b=cm+dn$.

② Corresp. Math. Phys. (ed. ,Fuss),1,1843,493;letter to Goldbach,April 12,1749. Novi comm. Acad. Petrop. ,5,1754-1755(1751),3;Comm. Arith. , Ⅰ ,210.

③ Ibid.

④ Corresp. Math. Phys. (ed. ,Fuss). ,416-419;letter to Goldbach,May 6,1747. Novi Comm. Acad. Petrop. ,4,1752-1753(1749),3-40;Comm. Arith. , Ⅰ ,155-173.

差将被 p 整除,另外它们等于$(2n)!$. 这一要点也能通过 Euler[①] 准则的二次剩余法被证明;然而,Euler 通过作差的方法证明了这一准则. 在前述[②]文章(§70)中,Euler注意到,当一个平方数被一个素数 $4n-1$ 除时的余数的负数不是一个平方的余数,由此,若 a,b 均不被 $4n-1$ 整除,则 a^2+b^2 不被 $4n-1$ 整除. 因为$4k+1$ 型素数的积是那种形式,由此可见,$4n-1$ 无论是素数还是复合数,都不是两个互素平方数的因子.

Lagrange[③] 证明了,若一个 $\boxed{2}$ 整除一个 $\boxed{2}$,则商是一个 $\boxed{2}$.

Euler[④] 通过用$(a+bi)(c+di)$ 的共轭乘其自身证明了式(1).

Euler[⑤] 给出了引理[⑥]的一个更好的证法. 令 N 整除 P^2+Q^2,其中$(P,Q)=1$. 设

$$P=fN\pm p,Q=gN\pm q,0\leqslant p\leqslant\frac{1}{2}N,0\leqslant q\leqslant\frac{1}{2}N$$

则 $p^2+q^2=Nn$,其中 $n\leqslant\frac{1}{2}N$. 令

$$p=\alpha n+a,q=\beta n+b$$

其中 a,b 是小于或等于$\frac{1}{2}n$ 的数. 令 $A=a\alpha+b\beta$. 则

$$Nn=n^2(\alpha^2+\beta^2)+2nA+a^2+b^2$$

因此,$a^2+b^2=nn'$,$n'\leqslant\frac{1}{2}n$. 故 $N=n(\alpha^2+\beta^2)+2A+n'$. 由(1)

$$nn'(\alpha^2+\beta^2)=(a^2+b^2)(\alpha^2+\beta^2)=A^2+B^2$$

$$B=a\beta-b\alpha$$

因此 $Nn'=(n'+A)^2+B^2$. 就像从 $Nn=p^2+q^2$ 推出这个,因此由它我们得到 $Nn''=\boxed{2}$,$n''\leqslant\frac{1}{2}n'$,等等,最后 $N\cdot 1=\boxed{2}$.

---

① Novi Comm. Acad. Petrop.,7,1758-1759(1755),49,seq.,§78;Comm. Arith.,Ⅰ,273.

② Corresp. Math. Phys.(ed.,Fuss),1,1843,493;letter to Goldbach,April 12,1749. Novi comm. Acad. Petrop.,5,1754-1755(1751),3;Comm. Arith.,Ⅰ,210.

③ L'arith. de Simon Stevin…annotations par A. Girard,Leide,1625,622;Oeuvres Math. de Simon Stevin par Albert Girard,1634,p. 156,col. 1,note on Diophantus Ⅴ,12. Cf. G. Vacca,Bibliotheca Math.,(3),2,1901,358-359. Cf. G. Maupin,Opinionset Curiosités touchant la Mathématique,Paris,2,1902,158-325.

④ Algebra,St. Petersburg,2,1770,§§168-172. French transl.,Lyon,2,1774,pp. 201-208. Opera Omnia,(1),Ⅰ,417-420.

⑤ Acta Eruditorum Lips.,1773,193;Acta Acad. Petrop.,Ⅰ,2,1780(1772),48;Comm. Artih.,Ⅰ,540. Proof reproduced by Weber-Wellstein,Encyklopädie der Elem. Math.,Ⅰ(Alg. und Analysis),1903,244-250.

⑥ Corresp. Math. Phys.(ed.,Fuss),416-419;letter to Goldbach,May 6,1747. Novi Comm. Acad. Petrop.,4,1752-1753(1749),3-40;Comm. Arith.,Ⅰ,155-173.

C. G. J. Jacobi[1] 重复了这个证法并阐明了，而它不包括不被 Diophantus 知道的任何事情，对于后来实际上具有的证法的假定没有基础.

Euler[2] 给出了 Girard 定理的第 2 个证法. 因为 -1 是每个素数 $p=4n+1$ 的一个二次剩余，存在余数为 -1 的一个平方数 b^2，使 p 整除 $1+b^2$. 因为，应用引理，p 是一个 $\boxed{2}$.

在一份作者去世后发现的手稿中，Euler[3] 证明了上述引理的第一步，令 $P=p^2+q^2$ 能被 $A=a^2+b^2$ 整除，其中 $(a,b)=1$. 因为 $(A,a)=1$，$(A,b)=1$，我们可以令 $p=mA\pm fa$，$q=nA\pm gb$. 因此 $f^2a^2+g^2b^2$ 能被 A 整除. 推论 $g=f$ 中的错误通过 $p=17$，$q=6$，$a=7$，$b=4$ 的情形在一个边缘注记中已被指出. 然而，$(g^2-f^2)b^2$，且因此 g^2-f^2 能被 A 整除. 若我们假定 A 是素数，我们看到 $g\pm f$ 能被 A 整除，使 $q=vA\pm fb$. 因此

$$\frac{P}{A}=(f\pm ma\pm vb^2)+(\pm va\mp mb^2)$$

因此在引理中第一步的 Euler 证法是正确的，若 A 是素数. 他通过设 $p=ma-nb$，$q=na+mb+s$ 给出了另一种证法. 那么

$$P=A(m^2+n^2)+sk$$

$$k=2(na+mb)+s$$

因为 A 是素数，或者 $s=tA$ 或者 $k=-tA$. 在其中任一种情形下

$$\frac{P}{A}=(m+bt)^2+(n+at)^2$$

J. L. Lagrange[4] 从 Wilson 定理推断出素数 $4n+1$ 整除 $(1\cdot 2\cdot \cdots \cdot 2n)^2+1$ 这一事实. 他[5]证明了与推广问题：找到能被表示成 $Bt^2+Ctu+Du^2$ 的数的因子型有关的引理. 他[6]从一个 $4n+1$ 型素数 p 整除 $x^{2n}+1$，其中 x 的 $2n$ 个整数值在数值上小于 $\frac{1}{2}p$（它作为 $x^{p-1}-1$ 的一个因子）这个事实推断出了 Girard 定理.

Beguelin[7] 在他的尝试中没能证出 Girard 定理.

---

① Berichte Akad. Wiss. Berlin, 1847, 265-278; Werke, 7, 1891, 332-344 (report below). Same by H. Hankel. Zur Geschichte der Math., 1874, 169.

② Opusc. anal., 1, 1783 (1772), p. 64 seq., § 36; Comm. Arith., Ⅰ, 483.

③ Tractatus de numerorum, §§ 564-567; Comm. Arith., Ⅱ, 572. Same in Opera Postuma, 1, 1862, 72.

④ Nouv. Mém. Acad. Berlin, année 1771 (1773), 125; Oeuvres, Ⅲ, 431.

⑤ Ibid., année 1773, 275; Oeuvres, Ⅲ, 707.

⑥ Idid., année 1775, 351; Oeuvres, Ⅲ, 789-790.

⑦ Nouv. Ann. Math., 13, 1854, 158-170.

P. S. Laplace① 基于 Lagrange② 评论了每个素数 $4n+1$ 将是一个 $\boxed{2}$,若证出它整除一个 $\boxed{2}$. 但 $4n+1$ 整除 $(a^{2n}+1)(a^{2n}-1)$,且对于每个 a 来说不是最后因子,因为

$$(2n)! =\{(2n+1)^{2n}-1\}-2n\{(2n)^{2n}-1\}+\cdots$$

对 $x=1$ 时的 $x^{2n}-1$ 的差的 $2n$ 次幂应用公式(Euler③).

J. Leslie④ 通过设

$$x+a=(b-y)m$$

$$x-a=\frac{b+y}{m}$$

求解了 $x^2+y^2=a^2+b^2$.

C. F. Kausler⑤ 试探性地给出了把一个已知数 A 表示成 2,3 或 4 个平方数和的数值方法.

令 $A=4C+1=(2P)^2+(2Q+1)^2$. 则

$$C=P^2+Q(Q+1)$$

若 $C=2D+1$,则

$$P=2T+1$$

$$D-\frac{1}{2}Q(Q+1)=2T(T+1)$$

因此,我们依次从 D 中减去普洛尼克数 $Q(Q+1)$ 的一半,给出一个表(延伸到 $Q=225$),且注意到是否任意余数等于一个普洛尼克数的 2 倍. 若 $C=2D$,则 $P=2T$,且我们应用 $D-\frac{1}{2}Q(Q+1)=2T^2$.

数 $A=4B+2$ 只能等于两个奇平方数的和,由此

$$B=P(P+1)+Q(Q+1)$$

因此,$B=2C$. 设 $P=Q+R$. 解关于 Q 的二次方程,我们有 $4C^2+1-R^2$ 一定是一个平方数. 问题因此归纳为找到具有和 $4C^2+1$ 的两个平方数,在第一种情形中已探讨过.

用来把 A 表示为一个 $\boxed{3}$ 或 $\boxed{4}$ 的那些方法不比从 A 中依次减去平方数,或两个平方数的和的一个相似的方法好,且这些方法确定余数是否是一个 $\boxed{2}$.

---

① Théorie abrégée des nombres premiers,1776,p. 24.

② Nouv. Mém. Acad. Berlin. ,année 1773,275;Oeuvres,Ⅲ,707.

③ Corresp. Math. Phys. (ed. ,Fuss),1,1843,493;letter to Goldbach,April 12,1749. Novi comm. Acad. Petrop. ,5,1754-1755(1751),3;Comm. Arith. ,Ⅰ,210.

④ Trans. Roy. Soc. Edinburgh,2,1790,193.

⑤ Nova Acta Acad. Petrop. ,11,ad annum 1793(1798),Histoire,125-156.

Kausler[①]扩展了他的普洛尼克数表到 $Q=1\ 000$，并给出了它们的一半和 $\frac{1}{4}$，还像前述文章中一样应用了它们. 已知 $A=a^2+b^2$，为了求解 $x^2+y^2=A$，设 $x=a+2m\alpha, y=2n\alpha-b$. 那么

$$\alpha=\frac{nb-ma}{m^2+n^2}$$

将是整数. 令 $(m,n)=1$. 则 $b=\alpha n+\beta m$，其中

$$\beta=\frac{\alpha m+a}{n}$$

是整数. 后者给出

$$n=pa+\mu\alpha$$
$$m=qa+\mu\beta$$

其中 $\frac{p}{q}$ 收敛于 $\frac{\alpha}{\beta}$. 则前者给出 α,β,p,q,μ 间的一个关系，这还没被解决过.

C. F. Gauss[②] 应用二元二次型理论以一种单独的方式证明了每个素数 $4n+1$ 是一个 ②. 在一个附注中他考虑了 $M=2^{\mu}Sa^{\alpha}b^{\beta}\cdots$，其中 $a,b,\cdots$ 是 $4n+1$ 型的相异素数，且 S 是 M 的所有素因子 $4n+3$ 的积. 若 S 不是一个平方数，则 M 不是一个 ②. 这表明，若 S 是一个平方数，则有

$$k=\frac{1}{2}(\alpha+1)(\beta+1)\cdots$$

分解 M 成为两个平方数的和，当指数 $\alpha,\beta,\cdots$ 中的一个是奇数时；但若 $\alpha,\beta,\cdots$ 都是偶数，则 $k+\frac{1}{2}$. 这里的平方数(不是它们的根) 能被计算出.

A. M. Legendre[③] 已给出了最后结果.

Legendre[④] 将 $\sqrt{p}$ 展成具有

商	a	α	β	$\cdots$	μ	μ	$\cdots$	β	α	$2a$	$\cdots$
渐近分数	$\frac{1}{0}$	$\frac{a}{1}$		$\cdots$	$\frac{m_0}{n_0}$	$\frac{m}{n}$	$\cdots$		$\frac{f_0}{g_0}$	$\frac{f}{g}$	$\cdots$

的连分数，其中 $f^2-pg^2=-1$. 然后，他利用相应于 μ,μ 的收敛

$$\frac{f}{g}=\frac{m\left(\frac{n}{n_0}\right)+m_0}{n\left(\frac{n}{n_0}\right)+n_0}$$

---

① Nova Acta Acad. Petrop., 14, ad annos 1797-8(1805), 232-267.

② Disquisitiones Arith., 1801, Art. 182; Werke, Ⅰ, 1863, 159-163.

③ Théorie des nombres, 1798, p. 293; ed. 3, 1830, Ⅰ, 314(transl. by Maser, Ⅰ, 309).

④ Théorie des nombres, ed. 2, 1808, 59-60; ed. 3, 1830, Ⅰ, 70-71. (Maser, Ⅰ, 71-73). Cf. Dirichlet, § 83, long footnote. Cf. Euler(end), of Ch. Ⅻ.

$$f=mn+m_0n_0$$

$$g=n^2+n_0^2$$

替换这些值为 $f^2-pg^2=-(mn_0-m_0n)^2$,我们得到

$$m^2-pn^2=-(m_0^2-pn_0^2)$$

但若$\frac{\sqrt{p}+I_0}{D_0}$和$\frac{\sqrt{p}+I}{D}$是相应于$\frac{m_0}{n_0}$,$\frac{m}{n}$的完全商,则

$$m^2-pn^2=(mn_0-m_0n)D$$

$$m_0^2-pn_0^2=-(mn_0-m_0n)D_0$$

因此 $D_0=D$,使得 $DD_0+I^2=p$ 给出 $p=D^2+I^2$.

Legendre① 阐明了两个互素平方数的和的每个因子是两个互素平方数的和. P. Volpicelli② 注意到后者不需要互素,因为 $d=2\ 197=39^2+26^2$ 是 $13d=119^2+120^2$ 的一个因子(但也有 $d=9^2+46^2$).

P. Barlow③ 阐明了一个数 $4n+1$ 是素数,若它只以一种方式是一个 ②.(他应该已说了互素的平方数;$45=36+9$ 以单一的一种方式等于一个 ②. 对于正确定理的 Euler 证法见本丛书第 1 卷.)

A. Cauchy④ 通过取两个复数的积的范数得到式(1).

C. F. Gauss⑤ 阐明了,若素数 $p=4k+1$ 被表示成形式 e^2+f^2,e 为奇数,f 为偶数,则 $\pm e$ 和 $\pm f$ 分别等于$\frac{\frac{1}{2}r}{k\,!}$和$\frac{1}{2}r^2$的最小剩余(即在$-\frac{p}{2}$和$+\frac{p}{2}$之间)模 p,其中

$$r=(k+1)(k+2)\cdots(2k)$$

$\pm e$ 的余数是正还是负取决于 e 的实际值是 $4m+1$ 型还是 $4m+3$ 型的. 但对于 $\pm f$ 的符号没有已知的推广准则(参见 Goldscheider⑥).

Gauss⑦ 注意到使 $x^2+y^2\leqslant A$ 的整数 x,y 的集和数是

$$4q^2+1+4[\sqrt{A}]+8\sum_{j=q+1}^{r}[\sqrt{A-j^2}]$$

① Théorie des nombres,1798,190;ed. 2,1808,175;ed. 3,1830,Ⅰ,203(Maser,Ⅰ,204).

② Annali di Sc. Mat. Fis. ,4,1853,296.

③ Theory of Numbers,London,1811,p. 205.

④ Cours d'analyse de l'école polyt. ,1,1821,181.

⑤ Gött. gelehrte Anz. ,1,1825;Comm. soc. sc. Gott. recent. ,6,1828;Werke,Ⅱ,1863,168,90-91. Cf. Bachmann, Kreisteilung,Ch. Ⅹ.

⑥ Das Reziprozitätsgesetz der achten Potenzreste,Progr. Berlin,1889,26-29.

⑦ Posth. MS. ,Werke,Ⅱ,1863,269-275,292;Gauss-Maser,Höhere Arith. ,1889,656-661. Cf. Eisenstein,Hermite.

$$=1+4\left\{[A]-\left[\frac{A}{3}\right]+\left[\frac{A}{5}\right]-\left[\frac{A}{7}\right]+\cdots\right\}$$

其中 $q=\left[\sqrt{\frac{A}{2}}\right]$，$r=q+[\sqrt{A}]$，且$[t]$记为小于或等于 t 的最大整数. 记 $f(A)$ 为用 x^2+y^2 表示 A 的表达法数，当 A 是 $4n+1$ 型素数时，$f(A)=8$，而当 $A=2^{\mu}Sa^{\alpha}b^{\beta}\cdots$（如 Gauss[①] 中的）时

$$f(A)=4(\alpha+1)(\beta+1)\cdots$$

或 0，它取决于 S 是否为一个平方数. $f(A)$ 的平均数为 π. 设

$$f'(m)=f(m)+f(3m)$$

$f'(m)$ 的平均数为$\frac{4\pi}{3}$. 设

$$f''(m)=f'(5m)-f'(m)$$

$f''(m)$ 的平均数为$\frac{16\pi}{15}$. 继续进行，我们向平均数 4 靠近并发现

$$4=\pi\cdot\frac{4}{3}\cdot\frac{4}{5}\cdot\frac{8}{7}\cdot\frac{12}{11}\cdots$$

其分母为连续奇素数 p，且分子为 $p\pm1$.

C. G. J. Jacobi[②] 在 1828 年 9 月 9 日给 Legendre 的一封信中阐明了涉及表示成一个 ② 的数的定理遵从

$$\begin{aligned}&(1+2q+2q^4+2q^9+\cdots)^2\\&=1+\frac{4q}{1-q}-\frac{4q^3}{1-q^3}+\frac{4q^5}{1-q^5}-\cdots\\&=1+\frac{4q}{1-q}-\frac{4q^3}{1+q^2}-\frac{4q^6}{1-q^3}+\frac{4q^{10}}{1+q^4}+\cdots\end{aligned}$$

A. Genocchi[③] 注意到推论，即若 $x^2+y^2=n$ 有 N_1（0 或 2）个 x 和 y 为 0 的解集，和 N_2 个其他解集，则 N_1+2N_2 等于 n 的 $4m+1$ 型因子数量超出 n 的 $4m+3$ 型因子数量的超出量的 2 倍.

Jacobi[④] 给出了公式

$$\begin{aligned}\frac{2kK}{\pi}&=\frac{4q^{\frac{1}{2}}}{1-q}-\frac{4q^{\frac{3}{2}}}{1-q^3}+\frac{4q^{\frac{5}{2}}}{1-q^5}+\cdots\\&=4\sum\psi(n)q^{\frac{m^2n}{2}}\end{aligned}$$

---

① disquisitiones Arith.，1801，Art. 182；Werke，Ⅰ，1863，159-163.

② Jour. für Math.，80，1875，241；Werke，Ⅰ，424.

③ Nouv. Ann. Math.，13，1854，158-170.

④ Fundamenta Nova Func. Ellip.，1829，106(31)，107，103(5)，184(7)；Werke，Ⅰ，162(31)，163，159(5)，235(7). Cf. Jacobi of Ch. Ⅲ.

其中m,n取遍使m的所有素因子$\equiv 3 \pmod 4$,n的所有素因子$\equiv 1 \pmod 4$的所有奇整数,而$\psi(n)$为n的因子数量,因此等于m^2n的$4k+1$型因子数量超出m^2n的$4k+3$型因子数量的超出量

$$\left(\frac{2kK}{\pi}\right)^{\frac{1}{2}}=2q^{\frac{1}{4}}+2q^{\frac{9}{4}}+2q^{\frac{25}{4}}+\cdots$$

把后面的级数的平方与前面的式子比较,有$2m^2n$表示为两个奇平方数的和的表达法数等于m^2n的$4k+1$型因子数量超出其$4k+3$型因子数量的超出量.

Jacobi① 证明了

$$\frac{2K}{\pi}=1+4\sum_{x=1}^{\infty}A^{(x)}q^{(x)}$$

$$\left(\frac{2K}{\pi}\right)^{\frac{1}{2}}=\sum_{n=-\infty}^{+\infty}q^{n^2}$$

其中$A^{(x)}$是x的$4m+1$型因子数量超出其$4m+3$型因子数量的超出量.尽管没被Jacobi明确地阐述出,它遵从x作为一个 ② 的表达法数是$4A^{(x)}$(参见Dirichlet②).涉及两个平方数偶性或奇性的明显的推论被J. W. L. Glaisher③所记录.

Jacobi④ 给出了他的⑤第一个定理的算数证明:若p是奇数,则$y^2+z^2=2p$的正整数解集的数量等于p的$4m+1$型因子数量超出其$4m+3$型因子数量的超出量E.令

$$p=\alpha^{A}\cdots\rho^{R}\alpha'^{A'}\cdots\sigma'^{S'}$$

其中$\alpha,\cdots,\rho$是$4m+1$型素数,且$\alpha',\cdots,\sigma'$是$4m+3$型素数.p的因子是积

$$(1+\alpha+\cdots+\alpha^{A})\cdots(1+\rho+\cdots+\rho^{R})(1+\alpha'+\cdots+\alpha'^{A'})\cdots$$

中的项.令

$$\alpha=\cdots=\rho=1$$

$$\alpha'=\cdots=\sigma'=-1$$

则一个$4m+1$型因子可被$+1$代替,一个$4m+3$型因子可被-1代替.因此,这个积可被E代替.故

$$E=(1+A)\cdots(1+R)\left\{\frac{1+(-1)^{A'}}{2}\right\}\cdots\left\{\frac{1+(-1)^{S'}}{2}\right\}$$

① Fund. Nova Func. Ellip. ,107,184(6);Werke,Ⅰ,162-163,235(6).

② Jour. für Math. ,21,1840,3;Werke,Ⅰ,463. Zahlentheorie,§ 91.

③ Quar. Jour. Math. ,38,1907,7.

④ Jour. für Math. ,12,1834,167-169;Werke,Ⅵ,245-247.

⑤ Fundamenta Nova Func. Ellip. ,1829,106(31),107,103(5),184(7);Werke,Ⅰ,162(31),163,159(5),235(7). Cf. Jacobi of Ch. Ⅲ.

因此 $E=0$,除非 $A',\cdots,S'$ 均为偶数.若后者都为偶数,则 E 为 $n=\alpha^A\cdots\rho^R$ 的因子数量,同时 $p=nQ^2$,其中 Q 的每个素因子都是 $4m+3$ 型的.现在 $2p$ 不是一个 ②,除非 p 是 nQ^2 型的.$2nQ^2=y^2+z^2$ 需要 y,z 均能被 Q 整除,此时 $2n=w^2+x^2$ 的正解集数等于 n 的因子数(n 的所有因子都是 $4m+1$ 型的).

A. D. Wheeler① 给出了关于 ② 的不重要的或已知的结果.

G. L. Dirichlet② 得到了(作为二次型推论的一个特例)Jacobi③ 的结果,即若 n 是正奇数,则 $x^2+y^2=n$ 的解集数量等于 n 的 $4k+1$ 型因子数量超出其 $4k+3$ 型因子数量的超出量的 4 倍.

A. Cauchy④ 证明了 Gauss⑤ 的结果,即若 $p=x^2+y^2$,则

$$x\equiv-\frac{1}{2}\frac{(2w)!}{(w!)^2}\pmod p$$

$$w=\frac{p-1}{4}$$

Cauchy⑥ 证明了

$$(1+2t+2t^4+2t^9+\cdots)^2=(1+2t^2+2t^8+\cdots)^2+4t(1+t^4+t^{12}+t^{24}+\cdots)^2$$

型的恒等式.

G. Eisenstein⑦ 给出了

$$p=4n+1=A^2+B^2$$

和

$$p=3n+1=A^2-AB+B^2$$

中的 A,B 的值,其中 p 是素数.他⑧阐明了一个以原点为中心,以 $\sqrt{m}$ 为半径的圆的圆周上和其内部的格点数是

$$1+4\left\{[m]-\left[\frac{m}{3}\right]+\left[\frac{m}{5}\right]-\left[\frac{m}{7}\right]+\cdots\right\}$$

C. G. J. Jacobi⑨ 给出了将每个素数 $4n+1\leqslant 11\ 981$ 表示成一个 ② 的表达

---

① Amer. Jour. Sc. and Arts(ed., B. Silliman), 25, 1834, 87.

② Jour. für Math., 21, 1840, 3; Werke, I 463. Zahlentheorie, § 91.

③ Fund. Nova Func. Ellip., 107, 184(6); Werke, I 162-163, 235(6).

④ Mém. Ac. Sc. Paris, 17, 1840, 726; Oeuvres, (1), 3, 1911, 414.

⑤ Gött. gelehrte Anz., 1, 1825; Comm. soc. sc. Gott. recent., 6, 1828; Werke, II, 1863, 168, 90-91. Cf. Bachmann, Kreisteilung, Ch. X.

⑥ Comptes Rendus Paris, 17, 1843, 523, 567; Oeuvres, (1), VIII, 50, 54.

⑦ Jour. für Math., 27, 1844, 274.

⑧ Ibid., 28, 1844, 248. Cf. Gauss, Suhle and Cayley Proved also by H. Ahlborn, Ueber Berechnung von Summen von grössten Ganzen auf geometrischem Wege, Progr. Hamburg, 1881, 18.

⑨ Jour. für Math., 30, 1846, 174-176; Werke, VI, 265-267. Errata, Mess. Math., 34, 1904, 132.

法.

Jacobi① 在 1847 年指出，在文章 Diophantus，Ⅴ，12 中的一个无关紧要的改变给出了一个结果，即若一个数不具有一个平方因子为 ②，则它本身和它的因子不是 $4n-1$ 型的，并表示他相信 Diophantus 有一个证法，尽管他没能给出，因为证法的所有要点都在希腊数学中，并且是他们方法的实质. 从这一点看，Jacobi 证明了，若一个已知奇数 N 是两个整数 b 和 c（没有公因子 $4n-1$）的平方和，则 N 的每个素因子 p 是 $4k+1$ 型的. 当 $(b,c)=1$ 时，证法表明 p 和因此 N 的每个因子是两个有理平方数的和. 每个因子是两个整平方数的和的这一事实是被一个可能不被 Diophantus 所知的论证建立的，并且对于他的断言来说是不必要的.

F. Arndt② 像 Legendre③ 一样将连分数应用于一个素数的情形，证明了一个素数 $4n+1$ 的 h 次幂以 2^{h-1} 种方式等于一个 ②.

J. B. Kulik④ 给出了每个小于或等于 10 529 的素数作为一个 ② 的表示法.

V. A. Lebesgue⑤ 注意到，若我们设

$$2x=p+q+r-s$$
$$2y=p+q-r+s$$
$$2z=p-q+r-s$$
$$2t=p-q-r-s$$

则 $x^2+y^2=z^2+t^2$ 将变成 $pq=rs$.

C. Hermite⑥ 将 $\frac{a}{p}$ 展开成一个连分数，其中 $a^2\equiv -1 \pmod p$，并应用两个连续渐近分数 $\frac{m}{n}, \frac{m'}{n'}$，使 $n<\sqrt{p}, n'>\sqrt{p}$. 则

$$\frac{a}{p}=\frac{m}{n}+\frac{\varepsilon}{nn'}, \varepsilon<1$$

$$(na-mp)^2=\frac{\varepsilon^2 p^2}{n'^2}<p$$

因为 $(na-mp)^2+n^2$ 是 p 的倍数，且小于 $2p$，它等于 p.

---

① Berichte Akad. Wiss. Berlin, 1847, 265-278; werke, 7, 1891, 332-344 (report below). Same by H. Hankel, Zur Geschichte der Mat., 1874, 169.

② Jour. für Math., 31, 1846, 343-358; extract of Diss., Sundiae, 1845. Arndt, Ch. Ⅻ.

③ Disquisitiones Arith., 1801, Art. 182; Werke, Ⅰ, 1863, 159-163.

④ Tafeln der Quadrat-und Kubik-Zahlen aller Zahlen bis Hundert Tausend..., Leipzig, 1848, Table 2.

⑤ Nouv. Ann. Math., 7, 1848, 37.

⑥ Jour. de Math., 13, 1848, 15; Oeuvres, Ⅰ, 264; Nouv. Ann. Math., 12, 1853, 45; Société philomatique de Paris, 1848, 13-14.

J. A. Serret① 应用 $q^2 \equiv -1 \pmod p$，$q < p$，并将 $\frac{p}{q}$ 展成一个连分数，使得商数为偶数（如果有必要，用 $Q-1+1$ 替换最后的商 Q）. 在商的级数中，与极值等距的项是相等的. 令 $\frac{m}{n}$ 为包含级数的前半部分商的渐近分数，且 $\frac{m_0}{n_0}$ 是前述的渐近分数，则商为级数的后半部分的连分数有值 $\frac{m}{m_0}$. 若 w 是公共的中间商，则渐近分数遵从 $\frac{m}{n}$ 等于

$$\frac{mw+m_0}{nw+n_0}$$

用 $\frac{m}{m_0}$ 替换 w，我们得到整个连分数. 因此

$$\frac{p}{q}=\frac{m^2+m_0^2}{mn+m_0n_0}$$

$$p=m^2+m_0^2$$

L. Wantzel② 指出了复整数的应用为一个 [2] 的每个素因子都是一个 [2] 提供了最简单的证法. 他证明了没有复素数 $a+bi$ 在一个不整除一个因子的情况下整除积（归于 Gauss）.

P. Volpicelli③ 记录道，若

$$z=a_j^2+b_j^2 \quad (j=1,\cdots,m)$$

则式(1) 表明 z^2 以 $m(m-1)$ 种方式等于两个平方数的和，不必互异. 若 $z=m^2+n^2=p^2+q^2$，则

$$z=(a_1^2+b_1^2)(a_2^2+b_2^2)$$

$$a_1a_2=\frac{m+p}{2}$$

$$b_1b_2=\frac{p-m}{2}$$

$$a_2b_1=\frac{n+q}{2}$$

$$a_1b_2=\frac{n-q}{2}$$

为了表明一个有素因子 $p=4n+3$ 的数不是两个互素平方数的和，令 $a^2=pq-$

---

① Algèbre Supér.，ed. 1，1849，331；Jour. de math.，(1)，13，1848，12-14；Nouv. Ann. Math.，12，1853，12；Société philomatique de Paris，1848，12-13.

② Société philomatique de Paris，1848，19-22.

③ Raccolta di Lettere…Fis，ed Mat. (Palomba)，Roma，5，1849，263，313，392，402.

b^2 为方幂 $2n+1$，由此 $s=a^{p-1}+b^{p-1}$ 为 p 的倍数，另外由 Fermat 定理有 $s\equiv 2 \pmod p$. 在尝试证明每个素的 $p=4n+1$ 是一个 ⊡ 的过程中，他应用了不被 p 和一个偶数整除的互素的整数 x,y. 由 Fermat 定理，有 $x^{4n}-y^{4n}=pQ$. 因为每个奇数能被表示成两个平方数的差，他声称我们能满足 $x^{2n}-y^{2n}=Q$，由此 $p=(x^n)^2+(y^n)^2$. 由式(1) 得，k 个 $4n+1$ 型互异素数的积以 2^{k-1} 种方式等于两个平方数的和，且只能以那么多种方式. 几个例子阐明了通过应用 $\sqrt{A}$ 的连分数把 A 表示成一个 ⊡ 的方法. 一个 ⊡ 的第 n 次幂根据 n 的奇偶性以 $\frac{n}{2}$ 或 $\frac{n+1}{2}$ 种方式等于一个 ⊡.

Volpicelli[①] 考虑了当 z 的每个素因子是一个 ⊡ 时，表示 z 为一个 ⊡ 的方法数 v. 当 z 为 k 个相异素数的一个积时，$v=2^{k-1}$. 当这 k 个素数中的两个恰好有指数 m,m'，他的 3 个公式能被组合成单独的一个

$$v=2^{k-3+\mu+\mu'}$$

其中根据 m 的奇偶性 $\mu=\frac{m}{2}$ 或 $\frac{m+1}{2}$，对于 μ' 的取值也类似. 当两个平方数的根被给出双重符号时，这个数是 $4v$.

Volpicelli[②] 考虑了关于把 $P=a^{\alpha}b^{\beta}\cdots$ 表示成一个 ⊡ 的方法数 v 的 Gauss[③] 定理，其中 $a,b,\cdots$ 是 $4n+1$ 型的相异素数. 令

$$N=(\alpha+1)(\beta+1)\cdots$$

为 P 的因子数. 令 N' 为把 P 表示成 2 个因子 A,B 的积的方法数. 则根据 $\alpha,\beta,\cdots$ 是否均为偶数有 $N'=\frac{N+1}{2}$ 或 $\frac{N}{2}$. 若 P 为两个大于 1 的相异因子(每个能表示成一个 ⊡) 的积，则积定理式(1) 生成表示 P 为 ⊡ 的两个表示法，并且反之也成立. 因此，若 P 不是一个平方数，则 $v=N'=\frac{N}{2}$. 若 P 是一个平方数，则

$$v-1=N'-2$$

$$v=\frac{N-1}{2}$$

另外，Gauss 给出了 $v=\frac{N+1}{2}$.(它仅仅是关于是否包含 $P=P+0$ 的一个问题，参看 Genocchi[④]). P 是一个素数的方幂或相异素数积的方幂这一特殊情形被

---

① Giornale Arcadico di Sc., Let. ed Arti, Roma, 119, 1849-1850, 20-26; Annali di Sc. Mat. e Fis., 1, 1850, 156.

② Atti Accad. Pont. Nuovi Lincei, 4, 1850-1851, 22-31. Same by Volpicelli.

③ Disquisitiones Arith., 1801, Art. 182; Werke, Ⅰ, 1863, 159-163.

④ Nouv. Ann. Math., 13, 1854, 158-170.

探讨.直到1854年,他一直坚持在Gauss公式中有一个印刷错误.

V. A. Lebesgue① 应用复数证明了若 $y\neq 0, m>1$,则 $y^2+1\neq x^m$.

G. Bellavitis② 指出方程 $x^2+y^2=5\cdot 13\cdot 17$ 的每个解由

$$x+yi=(2\pm i)(3\pm 2i)(4\pm i)$$

给出.若每个 c_i 是素数 $4k+1$,则

$$x^2+y^2=c_1^{m_1}c_2^{m_2}\cdots$$

依据 $y=0$ 给出无解或一个解,有 $k=\frac{1}{2}(m_1+1)(m_2+1)\cdots$ 或 $k-\frac{1}{2}$ 个本质不同的解集.

E. Prouhet③ 证明了 Gauss④ 公式.

通过注意到方程

$$x^2+y^2=(a^2+b^2)^m(a_1^2+b_1^2)^{m_1}\cdots$$

的每个解由展开式

$$x+yi=(a+bi)^n(a-bi)^{m-n}(a_1+b_1i)^{n_1}(a_1-b_1i)^{m_1-n_1}\cdots$$

给出,其中 $n=0,1,\cdots,m; n_1=0,1,\cdots,m_1;\cdots$,D. Chelini⑤ 给出了Gauss公式的一个"简练证法".

A. Genocchi⑥ 注意到 Chelini⑦ 没有证出得到的所有解都是不同的,也没有证出没有其他解存在.

V. Bouniakowsky⑧ 通过应用他的公式(10),Ch. Ⅹ,Vol. Ⅰ,涉及到因子和证明了每个素数 $8k+5$ 是一个 [2].

H. Suhle⑨ 注意到Jacobi⑩ 定理暗含着推论方程 $x^2+y^2=p$ 的正解 x,y 的数量等于 p 的 $4m+1$ 型因子数超出其 $4m+3$ 型因子数的超出量.他证明了Eisenstein⑪ 的结果.

C. Hermite⑫ 注意到,为了表示成一个 [2],一个数 A 使 $\alpha^2\equiv -1 \pmod A$ 是

---

① Nouv. Ann. Math., 9, 1850, 178-181.

② Annali di Sc. Mat. e Fis., 1, 1850, 422-425.

③ Comptes Rendus Paris, 33, 1851, 225-226.

④ Disquisitiones Arith., 1801, Art. 182; Werke, Ⅰ, 1863, 159-163.

⑤ Annali di Sc. Mat. e Fis. 3, 1852, 126-129.

⑥ Nouv. Ann. Math., 12, 1853, 235-236.

⑦ Annali di Sc. Mat. e Fis., 3, 1852, 126-129.

⑧ Mém. Ac. Sc. St. Pétersbourg, (6), 5, 1853, 303.

⑨ De quorundam theoriae numerorum theorematum applicatione, Berlin, 1853, 18, 26.

⑩ Fund. Nova Func. Ellip., 107, 184(6); Werke, Ⅰ, 162-163, 235(6).

⑪ Jour. für Math., 28, 1844, 248. Cf. Gauss, Suhle and Cayley Proved also by H. Ahlborn, Ueber Berechnung von Summen von grössten Ganzen auf geometrischem Wege, Progr. Hamburg, 1881, 18.

⑫ Jour. für Math., 47, 1854, 345; Oeuvres, Ⅰ 237.

可解的,足以考虑形式

$$Ax^2+2\alpha xy+A^{-1}(\alpha^2+1)y^2$$

它可化简为 X^2+Y^2.

A. Genocchi① 用 u^2+v^2 考虑了 n 的表达法数. 由 Euler②(结尾)的评论,它足以取 n 为奇数. 令 t 为 u,v 的最大公约数. 若 n 有素因子 $p=4m+3$,则令 $n=p^{\pi}n'$,$t=p^{\rho}t'$,其中 n',t' 均与 p 互素. 因为 p 不能整除一个 ②,$\pi=2\rho$,所以 n 的所有素因子 $4m+3$ 的积是一个整除 u^2 和 v^2 的平方数. 它因此探讨的是 n 的每个素因子是 $4m+1$ 型的这一情形. 对于一个这样的 n,令 $n=p^{\pi}n'$,p 是一个不整除 n' 的素数. 则

$$(u+\mathrm{i}v)(u-\mathrm{i}v)=(q+\mathrm{i}r)^{\pi}(q-\mathrm{i}r)^{\pi}n'$$

$$q^2+r^2=p$$

下面的 $q\pm \mathrm{i}r$ 是复素数,且这样的素数的分解是唯一的. 因此

$$u+\mathrm{i}v=\mathrm{i}^t(q+\mathrm{i}r)^h(q-\mathrm{i}r)^k(u'+\mathrm{i}v')$$

其中最终因子整除 n'. 乘以它的共轭,我们得到 $n=p^{h+k}(u'^2+v'^2)$. 因此

$$h+k=\pi$$

$$n'=u'^2+v'^2$$

$u+\mathrm{i}v$ 与 i^{-t} 的乘法至多互换 u^2 和 v^2. 因此,u,v 的有效解由

$$u+\mathrm{i}v=(q+\mathrm{i}r)^h(q-\mathrm{i}r)^{\pi-h}(u'+\mathrm{i}v')\quad(h=0,1,\cdots,\pi)$$

给出. 其中 u',v' 取遍方程 $u'^2+v'^2=n'$ 的 N' 个解. 若我们改变 v' 的符号,且用 $\pi-h$ 替换 h,则我们得到 $u-\mathrm{i}v$. 若 π 是偶数,且 n' 是一个平方数 u'^2,则表达法 $n=(p^{\frac{\pi}{2}}u')^2$ 被排除. 因此,将 n 表示成 ② 的表达法的数量等于 $\frac{1}{2}(\pi+1)N'$,除非 π 是偶数且 n 是一个平方数,且这时表达法的数量等于 $\frac{1}{2}\{(\pi+1)N'-1\}$. 根据 N' 的偶或奇来判定 n' 的表达法的数量等于 $\frac{1}{2}N'$ 还是 $\frac{1}{2}(N'-1)$. 因此通过归纳我们得到 Gauss③ 的结果,即若 $a,b,\cdots$ 是 $4m+1$ 型互异素数,则根据 n 是或不是平方数来判定 $n=a^{\alpha}b^{\beta}\cdots$ 表示成一个 ② 的表达法的数量是 $\frac{1}{2}N$ 还是 $\frac{1}{2}(N-1)$,其中 $N=(\alpha+1)(\beta+1)\cdots$. 若我们也计入 $n+0$ 的情形,第 2 个将等

① Nouv. Ann. Math.,13,1854,158-170.

② Corresp. Math. Phys. (ed. Fuss),416-419;letter to Goldbach,May 6,1747. Novi Comm. Acad. Petrop.,4,1752-1753(1749),3-40;Comm. Arith.,Ⅰ,155-173.

③ Disquisitiones Arith.,1801,Art. 182;Werke,Ⅰ,1863,159-163.

于$\frac{1}{2}(N+1)$. 因此,Volpicelli[①] 的"修正"是不必要的.

P. Volpicelli[②] 取消了他对于 Gauss[③] 和 Legendre[④] 部分的一个错误的声明,但给出了将M表示成一个 [2] 的表达法的数量$k-\frac{1}{2}$,其中μ和$\alpha,\beta,\cdots$均为偶数,即M本身是一个平方数. 就 Euler 的评论而言,被 Genocchi[⑤] 引用,即若一个整数与它的 2 倍均表示成一个 [2],则有它们的表示法的数量相同,Volpicelli 指出$p=4\ 225$,只有 4 种表示法(排除$p=65^2+0$),而$2p$有 5 种表示法.

A. Genocchi[⑥] 通过注意到 0 被当作整数计算回答了后者的异议. 他评论道:被Volpicelli(M作为一个平方数)所记录的"新"情形已被 Fermat 探讨过了,Fermat 讨论了一个数等于直角三角形的斜边的方法数.

A. Cayley[⑦] 注意到,当$D=-1$时,Dirichlet[⑧] 的一个公式变为

$$(1+2q^4+2q^{16}+2q^{36}+\cdots)(q+q^9+q^{25}+\cdots$$
$$=\frac{q}{1-q^2}-\frac{q^3}{1-q^6}+\frac{q^5}{1-q^{10}}-\frac{q^7}{1-q^{14}}+\cdots$$

H. J. S. Smith[⑨] 与 Gauss[⑩] 一致,用$[q_1\cdots q_n]$表示普通分数的分子等于连分数

$$q_1+\frac{1}{q_2}+\frac{1}{q_3}+\cdots+\frac{1}{q_n}$$

并应用了 Euler[⑪] 的关系

$$[q_1q_2\cdots q_{i-1}q_i]=[q_iq_{i-1}\cdots q_2q_1] \qquad (2)$$

$$[q_1\cdots q_n]=[q_1\cdots q_i][q_{i+1}\cdots q_n]+[q_1\cdots q_{i-1}][q_{i+2}\cdots q_n] \qquad (3)$$

---

① Nouv. Ann. Math. ,9,1850,305-308;Annali di Sc. Mat. e Fis. ,1,1850,527-531;2,1851,61-64.

② Annali di Sc. Mat. e Fis. ,5,1854,176-186;Jour. für Math. ,49,1855,119-122.

③ Disquisitiones Arith. ,1801,Art. 182;Werke,Ⅰ,1863,159-163.

④ Théorie des nombres,1798,p. 293;ed. 3,1830,Ⅰ,314(transl. by Maser,Ⅰ,309).

⑤ Nouv. Ann. Math. ,13,1854,158-170.

⑥ Annali di Sc. Mat. e Fis. ,5,1854,491-498.

⑦ Cambridge and Dublin Math. Jour. ,9,1854,163-165.

⑧ Jour. für Math. ,21,1840,3;Werke,Ⅰ,463. Zahlentheorie,§ 91.

⑨ Jour. für Math. ,50,1855,91-92;Coll. Papers,Ⅰ,33-34. Reproduced by Borel and Drach,Introduction à la chéorie des nombres,1895,109-112;Chrystal,Algebra,ed. 1,Ⅱ,1889,471;ed. 2,Ⅱ,499.

⑩ Corresp. Math. Phys. (ed. Fuss),416-419;letter to Goldbach,May 6,1747. Novi Comm. Acad. Petrop. ,4,1752-1753(1749),3-40;Comm. Arith. ,Ⅰ,155-173.

⑪ Nouv. Ann. Math. ,12,1853,235-236.

对于已知的整数 p，令 $\mu_1,\cdots,\mu_s$ 表示小于 $\frac{1}{2}p$ 且与 p 互素的整数. 在连分数 $\frac{p}{\mu_k}$ 中，$[q_1\cdots q_n]$ 等于现在的 p. 在式(2) 的观点中，$[q_n\cdots q_1]$ 源于某个 $\frac{p}{\mu_{k'}}$. 令 p 为一个素数 $4\lambda+1$，使得 $s=2\lambda$. 因此，有某个 $\mu_k\neq 1$ 与 $\mu_{k'}$ 一致，且因此有一个商 $q_1,\cdots,q_n$ 的集合从末尾对称. 若 n 是奇的，$n=2i-1\geqslant 3$，由式(3) 得

$$p=[q_1\cdots q_{i-1}q_iq_{i-1}\cdots q_1]$$

有因子 $[q_1\cdots q_{i-1}]$. 因此 $n=2i$，且

$$p=[q_1\cdots q_iq_i\cdots q_1]=[q_1\cdots q_i]^2+[q_1\cdots q_{i-1}]^2$$

C. G. Reuschle[①] 将每个素数 $4n+1\leqslant 12\ 377$ 表示成两个平方数的和，且对于达到 24 917 的那些素数，其中 10 是一个二次剩余.

A. Cayley[②] 根据 $\frac{n}{k}$ 是否为整数写出了 $E'\left(\frac{n}{k}\right)=1$ 还是 0，且证明了若当 $\alpha\neq\beta$ 时 $n=\alpha^2+\beta^2$ 被记录了两次，则整数 n 表示成一个 ② 的方法数等于

$$v=E'(n)-E'\left(\frac{n}{3}\right)+E'\left(\frac{n}{5}\right)-E'\left(\frac{n}{7}\right)+\cdots$$

因此 v 等于以原点为中心，以 $\sqrt{n}$ 为半径的圆的 $\frac{1}{4}$ 的格点数. Eisenstein[③] 公式容易遵循.

J. Liouville[④] 阐述了公式

$$\sum(-1)^{\frac{s-1}{2}}\left[\frac{n}{s}\right]=\sum[\sqrt{n-\theta^2}]$$

总结为 $s=1,3,5,\cdots,\theta=0,1,2,\cdots,[\sqrt{n}]$，且暗含着它与两个平方数的和相联系. L. Goldschmidt[⑤] 按几何级数证明了它，并表明右边的部分等于圆 $r^2+\theta^2=n$ 的 $\frac{1}{4}$ 的格点数.

F. Unferdinger[⑥] 通过应用复数和范数证明了两个平方数的 n 个和的积能被以 2^{n-1} 种方式表示成一个 ②，这是显然的.

---

① Math. Abh., Neue Zahlenth. Tabellen, Progr. Stuttgart, 1856. Errata by Cunningham, Mess. Math., 34, 1904-1905, 133-135.

② Quar. Jour. Math., 1, 1857, 186-191.

③ Jour. für Math., 28, 1844, 248. Cf. Gauss, Suhle and Cayley Proved also by H. Ahlborn, Ueber Berechnung von Summen von grössten Ganzen auf geometrischem Wege, Progr. Hamburg, 1881, 18.

④ Jour. de Math., (2), 5, 1860, 287-288.

⑤ Beiträge zur Theorie der quad. Formen, Diss. Göttingen, Sondershausen, 1881.

⑥ Archiv Math. Phys., 34, 1860, 83-100.

S. Kaminsky[①] 证明了若 p 是一个素数 $4n+3$，则 $x^2+y^2=pz^2$ 不可能是整数.

F. Woepcke[②] 通过从 p, p^n, p^{n+1} 到 p^{n+2} 的归纳法证明了一个素数 $4m+1$ 的任意次幂仅能以一种方式表示成两个互素的平方数的和. 证法表明 p^λ 分解成一个 ② 的所有分解法(原始的或非原始的) 的数量为 $\frac{\lambda+1}{2}$，其中 p 是奇数，当 $p=2$ 时其数目为 $\frac{\lambda}{2}$. 因此遵从 Gauss[③] 公式. 还有，当每个 p_i 都是 $4m+1$ 型时，$p_1^{a_1}\cdots p_v^{a_v}$ 的原始分解的数量等于 2^{v-1}.

J. Plana[④] 应用 Jacobi[⑤] 公式证明了 Gauss[⑥] 的关于将 $N=2^\mu S^2 p^\alpha p'^\beta\cdots$ 表示成 a^2+b^2 的方法数的结果，其中 $p, p', \cdots$ 为素数 $4k+1$. 为了不麻烦地找到 a, b，用连分数将 P, P' 表示为 ②，并应用式(1) 和

$$(P^2+Q^2)^t=G^2+H^2$$

$$G=P^t-\binom{t}{2}P^{t-2}Q^2+\binom{t}{4}P^{t-4}Q^4-\cdots$$

$$H=tP^{t-1}Q-\binom{t}{3}P^{t-3}Q^3+\binom{t}{5}P^{t-5}Q^5-\cdots$$

G. L. Dirichlet[⑦] 应用二元二次型理论证明了：若 m 为 μ 的素数 $4h+1$ 的方幂的积，则 $x^2+y^2=m$ 的互素解 x, y 的集合的数量等于 $2^{\mu+2}$. 所有解集的数量等于它的 $4h+1$ 型因子数量超出它的 $4h+3$ 型因子数量的超出量的 4 倍.

A. Vermehren[⑧] 为了将 z^3 表示为两个平方数的和，令 $z=u+v$；则

$$z^3=u^2(u+3v)+v^2(3u+v)$$

他取 $u+3v=4n^2, 3u+v=4m^2$.

F. Unferdinger[⑨] 记录了 $(a\pm bi)^m$ 的展形式的积为 $(a^2+b^2)^m=A^2+B^2$，其中 A, B 是已知多项式. 他[⑩]已经指出两个平方数的 n 个和的积 P 显然能以 2^{n-1} 种方式表示成一个 ②. 因此，对于 P^m 也有同样的结果.

---

① Nouv. Ann. Math., (1), 20, 1861, 97-99.

② Atti Accad. Pont. Nuovi Lincei, 14, 1860-1861, 311-315.

③ Disquisitiones Arith., 1801, Art. 182; Werke, Ⅰ, 1863, 159-163.

④ Mem. Accad. Turin, (2), 20, 1863, 123-126.

⑤ Jour. für Math., 30, 1875, 241; Werke, Ⅰ, 424.

⑥ Disquisitiones Arith., 1801, Art. 182; Werke, Ⅰ, 1863, 159-163.

⑦ Zahlentheorie, § 68, 1863; ed. 2, 1871; ed. 3, 1879; ed. 4, 1894.

⑧ Die Pythagoräischen Zahlen, Progr. Domschule, Güstrow, 1863.

⑨ Archiv Math. Phys., 49, 1869, 116-117.

⑩ Archiv Math. Phys., 34, 1860, 83-100.

G. C. Gerono① 证明了两个互素平方数的和的每个因子是两个互素平方数的和.

V. Eugenio② 证明了下面的引理③. 令 M 整除 P^2+Q^2,其中 $(P,Q)=1$,且称 $\frac{P'}{Q'}$ 为贴近于连分数 $\frac{P}{Q}$ 的最后渐近分数. 则 $PQ'-P'Q=\pm 1$. 由式(1) 得,M 整除 $(PP'+QQ')^2+1$. 因此,M 整除 N^2+1,其中 $N<M$ 为整数. 用商的一个偶数将 $\frac{M}{N}$ 表示为一个连分数

$$a+\frac{1}{a_1}+\cdots\frac{1}{a_{n-1}}$$

其中 $n=2s$. 令

$$\frac{M_1}{N_1},\cdots,\frac{M_n}{N_n}\equiv\frac{M}{N}$$

为连续的渐近分数. 则

$$M_{i+1}=M_i a_i+M_{i-1}$$

$$N_{i+1}=N_i a_i+N_{i-1}$$

$$MN_{n-1}-NM_{n-1}=(-1)^n \tag{4}$$

$$\frac{M}{M_{n-1}}=a_{n-1}+\frac{1}{a_{n-2}}+\cdots+\frac{1}{a_1}\frac{1}{+\ a} \tag{5}$$

现在 $N^2+1=MN'$. 因此由式(4),有

$$M(N'-N_{n-1})=N(N-M_{n-1})$$

因此 M 整除 $N-M_{n-1}<M$. 因此 $M_{n-1}=N$. 故式(5) 等于 $\frac{M}{N}$,且 $a=a_{n-1},\cdots$. 因此

$$\frac{M}{N}=a+\frac{1}{a_1}+\cdots+\frac{1}{a_{s-1}}+\frac{1}{a_{s-1}}+\cdots+\frac{1}{a_1}+\frac{1}{a}$$

$$=\frac{M_s}{N_s}+\frac{1}{\frac{M_s}{M_{s-1}}}$$

但 $M_{s-1}=N_s$. 因此

$$\frac{M}{N}=\frac{M_s^2+N_s^2}{M_sN_s}$$

$$M=M_s^2+N_s^2$$

① Nouv. Ann. Math. ,(2),8,1869,454-456,559.

② Giornale di Mat. ,8,1870,162-165.

③ Corresp. Math. Phys. (ed. Fuss),416-419;letter to Goldbach,May 6,1747. Novi Comm. Acad. Petrop. ,4,1752-1753(1749),3-40;Comm. Arith. ,Ⅰ,155-173.

P. Seeling[1] 证明了若 A 是一个素数 $4m+1$，则 $\sqrt{A}$ 的连分数的周期有奇数个项. 因此 A 是一个 $\boxed{2}$.

J. Petersen[2] 重新给出了两个互素的平方数的和的每个因子是一个 $\boxed{2}$ 的 Euler[3] 证法. 然后由 Wilson 定理，得每个素的 $4n+1$ 是一个 $\boxed{2}$. 他证明了 Gauss[4] 的对于方程 $x^2+y^2=A$ 的解的数量的结果.

L. Lorenz[5] 证明了

$$\sum_{m,n=-\infty}^{+\infty} q^{m^2+n^2}=1+4\sum_{m=0}^{\infty}\sum_{n=1}^{\infty}\{q^{(4m+1)n}-q^{(4m+3)n}\}$$

由此，若 a_N 是 N 的 $4m+1$ 型因子数，b_N 是 N 的 $4m+3$ 型因子数，则 $m^2+n^2=N$.

P. Bachmann[6] 应用单位根理论证明了每个素数的 $p=4n+1$ 是两个平方数的和，计算平方数，并证明 Gauss[7] 的结果.

J. W. L. Glaisher[8] 将删除数表

$$\begin{array}{rrrrrrc}
1 & 2 & 3 & 4 & 5 & 6 & \cdots \\
-3 & -6 & -9 & -12 & -15 & -18 & \cdots \\
5 & 10 & 15 & 20 & 25 & 30 & \cdots \\
-7 & -14 & -21 & -28 & -35 & -42 & \cdots \\
9 & 18 & 27 & 36 & 45 & 54 & \cdots \\
\vdots & \vdots & \vdots & \vdots & \vdots & \vdots & \cdots
\end{array}$$

中的每个负数. 每个剩下正数 $1,2,4,5,8,9,10,\cdots$ 是一个 $\boxed{2}$，且每个 $\boxed{2}$ 出现在最终的集合中. 证法应用了 Jacobi[9] 公式. 他给出了一个类似的图表来得到表示成两个奇平方数的和的数.

R. Hoppe[10] 证明了每个素的 $p=4n+1$ 是一个 $\boxed{2}$. 当 $x=1,\cdots,2n$ 时，$r=x^2$

---

① Archiv Math. Phys.，52，1871，40-49.

② Tidsskrift for Math.，(3)，1，1871，80-84.

③ Corresp. Math. Phys. (ed. Fuss)，416-419；letter to Goldbach，May 6，1747. Novi Comm. Acad. Petrop.，4，1752-1753(1749)，3-40；Comm. Arith.，Ⅰ，155-173.

④ Disquisitiones Arith.，1801，Art. 182；Werke，Ⅰ，1863，159-163.

⑤ Archiv Math. Phys.，97.

⑥ Die Lehre von der Kreistheilung，1872，122-137，235.

⑦ Gött. gelehrte Anz.，1，1825；Comm. soc. sc. Gott. recent.，6，1828；Werke，Ⅱ，1863，168，90-91. Cf. Bachmann，Kreisteilung，Ch. Ⅹ.

⑧ Math. Quest. Educ. Times，20，1873，87；British Assoc. Report，46，1873，10-12(Trans. Sect.).

⑨ Jour. für Math.，30，1875，241；Werke，Ⅰ，424.

⑩ Archiv Math. Phys.，56，1874，223.

的值不同余模 p. 但 $r^{2n}\equiv 1$ 仅有 $2n$ 个根, 且 $-r$ 是一个根. 因此对于相应于整数 y 来说的每个 x 使 $y^2\equiv -r$. 因此 $x^2+y^2=pq$. 若 p_1 是 q 的一个因子, 则我们得到 $x_1^2+y_1^2=p_1q_1$. 因为 $q_i(i=1,\cdots,k)$ 递减, 我们最终得到 $q_k=1$, 因此 $x_k^2+y_k^2=p_k$. q_{k-1} 的剩余因子为 ②, 因此 q_{k-1} 是一个 ②. 那么

$$p_{k-1}=\frac{\boxed{2}}{q_{k-1}}=\boxed{2}$$

等等. 最后 p 是一个 ②.

F. L. E. Chavannes[①] 考虑了一个整数 N. 它的素因子是互异的, 且每个都是 $4e+1$ 型的, 且因此是一个 ②. 故 $N=\prod(\alpha^2+\beta^2)$. 设

$$N_1=(\alpha^2+\beta^2)(\gamma^2+\delta^2)$$
$$N_2=N_1(\varepsilon^2+\zeta^2)$$
$$\vdots$$

由此 $N_1=x_1^2+y_1^2$, 其中

$$x_1=\alpha\gamma\pm\beta\delta$$
$$y_1=\beta\gamma\mp\alpha\delta$$

类似的, 每对 x_1, y_1 生成方程

$$N_2=x_2^2+y_2^2=(x_1^2+y_1^2)(\varepsilon^2+\zeta^2)$$

的两个解集 x_2, y_2. 那么 $N_3=x_3^2+y_3^2$ 有 8 个解集, …… 它证明了若 p 和 p' 是素数 $4e-1$, 则 p, p' 或 pp' 中没有一个是 ②.

V. Schlegel[②] 指出: 数 $(8\lambda+7)4^{\mu}$ 是仅存的不少于 4 个平方数的和的数字; 数 $(4\lambda+3)2^{\mu}$ 和这种形式的两个互素的数的积是仅存的不少于 3 个平方数的和的数字. 这些能表示成一个 ② 的数是 $s\cdot 2^{\mu}$, 其中

$$s=4(\lambda^2+v^2+v)+1$$

以 n 种方式表示成一个 ② 的数为 2^{μ} 乘以 n 个因子 s 的积.

T. Muir[③] 应用 Lagrange 定理注意到, 若有 $\sqrt{A}$ 的连分数中部分分母的周期有奇数个项, 则任意整数 A 是 x^2+y^2 型的. Muir[④] 给出了关于 x 和 y 的公式. 因为, 对于这样一个整数的一般表达式为 $A=R^2+S$

$$R=\frac{1}{2}K(a_1a_2\cdots a_2a_1)M+\frac{1}{2}K(a_1a_2\cdots a_2)K(a_2a_3\cdots a_3a_2)$$

$$S=K(a_1a_2\cdots a_2)M+K(a_2\cdots a_2)^2$$

---

① Bull. Soc. Vaudoise des Sc. Naturelles, Lausanne, 13, 1874-1875, 477-509.

② Zeitschrift Math. Phys., 21, 1876, 79-80.

③ Proc. London Math. Soc., 8, 1876-1877, 215-219. The Expression of a Quadratic Surd as a Continued Fraction, Glasgow, 1874, § 51. Euler of Ch. Ⅻ wrote (a,b) for $K(a,b)$.

④ Proc. Roy. Soc. Edinb., 1873-1874, 234.

其中 $a_1a_2\cdots a_na_n\cdots a_2a_1$ 为周期，而 K 是一个畸夹行列式. 例如

$$K(a_1a_2a_3a_4)=\begin{vmatrix} a_1 & 1 & 0 & 0 \\ -1 & a_2 & 1 & 0 \\ 0 & -1 & a_3 & 1 \\ 0 & 0 & -1 & a_4 \end{vmatrix}$$

那么 $A=x^2+y^2$

$$2x=\{K(a_1\cdots a_n)^2-K(a_1\cdots a_{n-1})^2\}M+K(a_1\cdots a_n)K(a_2\cdots a_n)^3-K(a_1\cdots a_{n-1})K(a_2\cdots a_{n-1})^3+(-1)^n3K(a_2\cdots a_{n-1})K(a_2\cdots a_n)$$

$$y=\{K(a_1\cdots a_n)K(a_1\cdots a_{n-1})\}M+K(a_1\cdots a_n)K(a_2\cdots a_{n-1})^3+K(a_1\cdots a_{n-1})K(a_2\cdots a_n)^3$$

当 $M=K(a_1\cdots a_2)$ 时，$A=x^2+y^2$ 也是 3 个平方数的和.

E. Lucas① 给出了方程 $u^2+v^2=y^4$ 的完全解，并指出同样的过程也适用于 $u^2+v^2=y^{2^n}$.

S. Roberts② 导出一个奇的正整数 D 分解成两个平方数和的所有分解，不包括平方因子，使 $t^2-Du^2=-1$ 在整数域上可解，通过展成一个连分数$\sqrt{\frac{N}{M}}$，其中 M,N 是 D 的余因子且 $M<\sqrt{D}$. 当 D 为奇数时，我们取 $M<\sqrt{\frac{D}{2}}$.

G. H. Halphen③ 考虑了使$\frac{x}{d}$ 是奇数的正整数 x 的正因子 d 的和 $s(x)$. 那么

$$\frac{1}{2}s(x)=s(x-1)-s(x-4)+s(x-9)-\cdots\pm s(x-n^2)+\cdots$$

级数是连续的，只要 $x-n^2$ 是正的；若 x 是一个平方数，用$\frac{x}{2}$ 替换 $s(0)$. 这个证明是应用级数

$$Q\equiv(1-q)(1-q^2)(1-q^3)\cdots$$
$$=(1+q)(1+q^2)\cdots(1-2q+2q^4-2q^9+\cdots)$$

来证明的. 因此，若 x 不是一个平方数，且没有 $x-n^2$ 是一个平方数，则 $s(x)$ 为 4 的倍数. 故当 x 不是一个平方数或一个 ② 时，$s(x)$ 是 4 的倍数. 若 x 也是一个素数，则其形式为 $4m-1$ 型，因为 $s(x)=x+1$. 因此，不为 ② 的每个素数都是

---

① Bull. Bibl. Storia Sc. Mat. Fis., 10, 1877, 243. Cf. J. Bertrand, Traité élém. d'algèbre, Paris, 1850, 244; 1851, 224. Cf. Lucas of Ch. XXII.

② Proc. London Math. Soc., 9, 1877-1878, 187-196.

③ Bull. Soc. Math. France, 6, 1877-1878, 119-120, 179-180.

$4m-1$ 型的,因此每个素的 $4m+1$ 是一个 ②.

S. Réalis① 证明了每个素数 $4n+1$ 都是 x^2+y^2 除以 x^2 和 y^2 的公因子所得的商,其中

$$x=\alpha^2+\beta^2-\gamma^2$$
$$y=(\gamma-\alpha)^2+(\gamma-\beta)^2-\gamma^2$$

对于后者的值的和

$$u=\alpha^2+(\alpha-\gamma)^2-(\alpha-\beta)^2$$
$$v=\beta^2+(\beta-\gamma)^2-(\beta-\alpha)^2$$

我们有恒等的 $x^2+y^2=u^2+v^2$,且它们提供了所有解.

E. Lucas② 通过由点 (x,y) 组成的"缎子"n_a 证明了每个素数 $4k+1$ 都是一个 ②,其中 $x=0,1,\cdots,n$ 使得 y 为 ax 模 n 的余数,这里 $(a,n)=1$,且 $a<n$. 因为与 y-轴平行的每个平行线仅包含缎子的一个点,$\alpha x\equiv 1 \pmod n$ 有唯一的一个解. 若 $f^2+1\equiv 0$ 是可解的,则 $y\equiv fx$ 给出 $fy\equiv f^2x\equiv -x$,且缎子 n_f 由通过一个直角的循环不变且是一个平方缎子. 若 n 是一个素数 $p=4k+1$,我们能将 $2,3,\cdots,p-2$ 分为像 $a,\alpha,p-a,p-\alpha$ 这样 4 个数的 $\frac{p-5}{4}$ 个集合,其中 $a\alpha\equiv 1 \pmod p$,且一个集合 $p,p-f$,使得 $f(p-f)\equiv 1$,由此 $f^2+1\equiv 0$ 是可解的. 因此 p 整除两个平方数的和. 因为由平方数形成的缎子有 p 作为一边,p 是两个平方数的和.

T. Harmuth③ 证明了每个素数 $p=4n+1$ 整除两个互素平方数的和. 令 g 是 p 的一个奇的原根,且设 $g^\lambda\equiv 2 \pmod p$. 则

$$g^{2e}+2^2\equiv 0 \pmod p$$
$$e=\lambda+\frac{p-1}{4}$$

S. Günther④ 应用格点证明了式(1). 没有 3 个格点是正规三角形的顶点. Lucass 给出的几何证明表明

$$x^2+y^2=u^2+v^2=2(ux+vy)$$

没有有理解. 若 a^2 是一个 ②,则 a 是一个 ②.

对于象棋中的置马路径问题,我们有方程组

$$(x_i-x_{i+1})^2+(y_i-y_{i+1})^2=5 \quad (i=1,2,\cdots,n^2-1)$$

---

① Nouv. Ann. Math.,(2),18,1879,500-504.

② L'Ingegnere Civile,Turin,1880;French transl.,Assoc. franç.,40,1911,72-87. Cf. A. Aubry, l'enseignement math.,13,1911,200;Sphinx-Oedipe,numéro spécial,Jan.,1912,10-13.

③ Archiv Math. Phys.,66,1881,327-328.

④ Zeitschrift Math. Naturw. Unterricht,13,1882,94-98,102.

和，若路径是封闭的，也有

$$(x_{n^2}-x_1)^2+(y_{n^2}-y_1)^2=5$$

若路径是对称的，有更多条件. 他给出了这一主题的历史.

N. V. Bougaief① 应用椭圆函数将一个数分解成平方数(与 Jacobi 的②基础新理论有关).

E. Fauquembergue③ 注意到一个不等于 1 的立方数不可能是两个连续整数的平方和.

E. Cesàro④ 考虑了函数 $\psi(n)=\sum f(a)$，其中 a 取遍使 $n-a^2$ 为一个平方数的所有正整数. 那么

$$\sum_{j=1}^{n}\psi(j)=\sum_{j=1}^{\mu}r_j f(j)$$

$$r_j=[\sqrt{n-j^2}]$$

$$\mu=[\sqrt{n}]$$

当 $f(x)=1$ 时，$\psi(n)$ 是方程 $x^2+y^2=n$ 的正整数解数；则 $\sum\psi(j)=\frac{n\pi}{4}$，由此分解一个数为两个平方数和的方法数在均值上等于 $\frac{\pi}{4}$.

T. J. Stieltjes⑤ 指出：若 $f(n)$ 是方程 $x^2+y^2=n$ 的解集数，且若 μ 是小于或等于 $\sqrt{n}$ 的最大奇整数，则

$$f(2\cdot 1)+f(2\cdot 5)+\cdots+f(2\cdot n)$$
$$=8\sum_{t=0}(-1)^t\left[\frac{n-(2t+1)^2}{4(2t+1)}\right]+4\cos^2\frac{(\mu-1)\pi}{4}$$
$$n\equiv 1(\bmod 4)$$

$$f(1)+f(9)+f(17)+\cdots+f(n)$$
$$=8\sum_{t=0}(-1)^t\left[\frac{n-(2t+1)^2}{8(2t+1)}\right]+4\cos^2\frac{(\mu-1)\pi}{4}$$
$$n\equiv 1(\bmod 8)$$

$$f(5)+f(13)+f(21)+\cdots+f(n)$$
$$=8\sum(-1)^t\left[\frac{n-(2t+1)(2t+5)}{8(2t+1)}\right]+\sin^2\frac{k\pi}{2}$$

---

① Math. Soc. Moscow, 11, 1883, 200-312, 415-456, 515-602; 12, 1885, 1-21.

② Fundamenta Nova Func. Ellip., 1829, 106(31), 107, 103(5), 184(7); Werke, Ⅰ, 162(31), 163, 159(5), 235(7). Cf. Jacobi of Ch. Ⅲ.

③ Nouv. Ann. Math., (3), 2, 1883, 430.

④ Mém. Soc. Roy. Sc. de Liège, (2), 10, 1883, No. 6, pp. 192-194, 224.

⑤ Comptes Rendus Paris, 97, 1883, 889-891.

$$n \equiv 5 (\bmod 8)$$

其中,在最后,$k = \left[\frac{1}{2}(\sqrt{n+4} - 1)\right]$. 若 $\phi(x)$ 是 x 的奇因子的和,则

$$\phi(1) + \phi(5) + \cdots + \phi(4n+1)$$
$$\phi(1) + \phi(3) + \cdots + \phi(2n-1)$$
$$\phi(1) + \phi(2) + \cdots + \phi(n)$$

被表示成最大整数的和.

T. Pepin① 证明了,若 m 是一个奇数,不是一个平方数,则

$$m\sigma(m) = 2\sum_{n}\{2 + (-1)^{m-n}\}(5n^2 - m)X(m - n^2)$$

其中 $X(k)$ 是 k 的奇因子和,且 $\sigma(k)$ 是 k 的所有因子和. 令 m 为一个素的$4l+1$. 因此

$$1 \equiv \sum(20\mu^2 - m)\sigma(m - 4\mu^2)(\bmod 2)$$

因此在差中 $m - 4\mu^2$ 出现平方的一个奇数,使得 m 是一个 $\boxed{2}$.

E. Catalan② 表示 $s = x^{4n+2} + y^{4n+2}$ 为两个多项式的平方的和,并以两种方式将 s^2 表示为这样的一个和. 通过应用

$$(x \pm \mathrm{i}y)(x^2 \pm \mathrm{i}y^2)\cdots(x^{2n-1} \pm \mathrm{i}y^{2n-1}) = P + \mathrm{i}Q$$

我们得到将$(x^2 + y^2)(x^4 + y^4)\cdots(x^{2n} + y^{2n})$ 表示成一个 $\boxed{2}$ 的 2^{n-1} 个分解.

Catalan③ 注意到,若 $a + b = \boxed{2}$,且 $n = 2^P$,则

$$a^{n-1} + a^{n-2}b + \cdots + b^{n-1} = \boxed{2}$$

C. Hermite④ 指出:若 $f(n)$ 是方程 $x^2 + y^2 = n$ 的解集数,则

$$f(2) + f(6) + \cdots + f(4n+2)$$
$$= 4\left\{E_1\left(\frac{2n+1}{2}\right) + E_1\left(\frac{2n+2}{6}\right) + \cdots + E_1\left(\frac{4n+1}{4n+2}\right)\right\}$$

其中 $E_1(x) = [x + \frac{1}{2}] - [x] = [2x] - 2[x]$ 是被 Gauss 使用过的函数.

Hermite⑤ 应用椭圆函数的表达式证明了

$$s \equiv f(1) + f(2) + \cdots + f(C)$$
$$= 4\sum(-1)^{\frac{a-1}{2}}\left[\frac{C}{a}\right]$$

① Atti Accad. Pont. Nuovi Lincei, 37, 1883-1884, 41.

② Atti Accad. Pont. Nuovi Lincei, 37, 1883-1884, 80.

③ Mathesis, 4, 1884, 70.

④ Amer. Jour. Math., 6, 1884, 173-174.

⑤ Bull. Ac. Sc. St. Pétersbourg, 29, 1884, 343-347(Oeuvres, Ⅳ, 159-163); reprinted, Acta Math., 5, 1884-1885, 320.

$$t \equiv f(2)+f(10)+\cdots+f(8C+2)$$
$$=4\sum(-1)^{c-1}\left[\frac{2C+c}{2c-1}\right]$$

对 $a=1,3,5,\cdots;c=1,2,3,\cdots$ 做了总结. 他指出

$$\frac{1}{4}s=\left[\frac{C}{1}\right]-\left[\frac{C}{3}\right]+\cdots-(-1)^n\left[\frac{C}{2n-1}\right]+E_1\left[\frac{C+1}{4}\right]+$$
$$E_1\left(\frac{C+2}{8}\right)+\cdots+E_1\left(\frac{C+n}{4n}\right)-n\sin^2\frac{n\pi}{2}$$

其中 $n=\left[\frac{\sqrt{8C+1}+1}{4}\right]$. 还有, 当 $n=\left[\frac{\sqrt{4C+1}+1}{2}\right]$时

$$t=8\left\{\left[\frac{C}{1}\right]-\left[\frac{C-1\cdot 2}{3}\right]+\left[\frac{C-2\cdot 3}{5}\right]-\cdots-\right.$$
$$\left.(-1)^n\left[\frac{C-n^2+n}{2n-1}\right]\right\}+4\sin^2\frac{n\pi}{2}$$

他证明了 Gauss① 对于 s 的结论;还有 J. Liouville② 的结果

$$t=4\sum\left[\frac{1}{2}(\sqrt{4n+2-a^2}+1)\right]$$

L. Gegenbauer③ 从二次型的推广定理中归纳出任意数 r(奇数或一个奇数的 2 倍) 被表示成两个平方数的和的方法数等于其分解成两个互素因子(r 的那些因子,它们仅有 $4s+1$ 型的素因子和一个平方数作为余因子) 的方法数. 用 x^2+y^2 表示 r 的那些因子(余因子是一个偶数个素数的积) 的表示法的数量超过余下因子的表示法的数量,超出量为这些因子的余平方因子中 $4s+1$ 型因子超出 $4s-1$ 型因子的数量.

T. Pepin④ 引用了 Dirichlet 定理,即将一个奇数 n 表示成 x^2+y^2 的表示法的数量是 4ρ,其中

$$\rho=\sum_{\frac{i}{n}}\left(\frac{-1}{i}\right)$$

是 Legendre-Jacobi 符号的一个和. 容易得出 $2n$ 的表达法数等于 4ρ,且分解法的数量等于 ρ. 因为 ρ 是 $4l+1$ 型因子数量超出 $4l+3$ 型因子数量的超出量,我们有 Jacobi⑤ 定理,即 $2n$ 的分解法的数量等于那个超出量. 同样,$2^a n=x^2+y^2$

① Posth. MS., Werke, Ⅱ, 1863, 269-275, 292; Gauss-Maser, Höhere Arith., 1889, 65-661. Cf. Eisenstein, Hermite.

② Jour. de Math., (2), 5, 1860, 287-288.

③ Sitzungsber. Akad. Wiss. Wien(Math.), 90, Ⅱ, 1884, 438.

④ Atti Accad. Nuovi Lincei, 38, 1884-1885, 166.

⑤ Jour. für Math., 12, 1834, 167-169; Werke, Ⅵ, 245-247.

有 4ρ 个解.

S. Réalis① 注意到若 p 是一个素数或 $4q+1$ 型素数的积,则方程 $x^2+y^2=p$ 的所有整数解能从恒等式

$$(a+b+1)^2+(a-b)^2=4\left(\frac{a^2+a}{2}+\frac{b^2+b}{3}\right)+1$$

中通过给定 a 与 b 这样整数值,使第 2 项取值 p. 因此,问题归纳为表示 q 为两个三角形数的和. 若 p 是奇数或一个奇数的 2 倍,且若 $p=x^2+y^2$,其中 $(x,y)=1$,则

$$x,y=p-\left(\frac{m^2-m}{2}+\frac{n^2\mp n}{2}\right)$$

J. W. Bock② 使用了由 $1^2,2^2,\cdots,(2n)^2$ 中的两个构成的 $n(2n-1)$ 对数. 从任意对 x_1^2,y_1^2(其和不被素数 $p=4n+1$ 整除),我们得到 $2n$ 个非同余的和 $v^2x_1^2+v^2y_1^2,v=1,\cdots,2n$. 若 $x_2^2+y_2^2$ 不同余于这些和中的一个,也不同余于 0,则它生成 $2n$ 个新和 $v^2x_2^2+v^2y_2^2$;等等. 但 $2n$ 不整除 $n(2n-1)$. 因此存在一个和 $s=A^2+B^2$ 能被 p 整除,$0<A<\frac{1}{2}p,0<B<\frac{1}{2}p$. 在尝试证明若 S 能被素数 $q=a^2+b^2$ 整除,则商为两个平方数的和的过程中,商被取为 c^2+d^2,c 和 d 不被假定为整的. 由式(1) 得,$q(c^2+d^2)$ 是 x^2+y^2 型的. 从 $s=x^2+y^2$,错误地推断出 $A=x$ 或 y,$B=y$ 或 x.

R. Lipschitz③ 注意到使 $x_1^2+x_2^2=y_1^2+y_2^2$(即自守的) 到行列式单位元的所有实置换由用 $\lambda_0-\mathrm{i}\lambda_{12}$ 乘以

$$(\lambda_0+\mathrm{i}\lambda_{12})(x_1+\mathrm{i}x_2)=(\lambda_0-\mathrm{i}\lambda_{12})(y_1+\mathrm{i}y_2)$$

给出,且等于实项和虚项,且反之也成立. 特别地,$x_1^2+x_2^2$ 的所有有理自同构由取 λ_0 和 λ_{12} 为互素整数而得到. 为了表明每个素的 $p=4r+1$ 是一个 ②,应用 $w^2+1\equiv 0\pmod p$ 的一个解,并设 $\xi_1=w\xi_2$,其中 ξ_2 是不被 p 整除的任意整数. 我们取互素的整数 ρ_0,ρ_{21} 使得 $\tau\rho_0$ 和 $\tau\rho_{21}$ 在数值上小于 $\frac{p}{2}$,且分别同余模 p 于 ξ_1 和 ξ_2. 取 $\rho_{12}=-\rho_{21}$. 则

$$\tau^2(\rho_0^2+\rho_{12}^2)<\frac{1}{2}p^2$$

且能被 p 整除. 因此

① Nouv. Ann. Math., (3), 4, 1885, 367-369; Oeuvres de Fermat, Ⅳ, 218-220.

② Mitt. Math. Gesell. Hamburg, 1, 1885, 101-104.

③ Untersuchungen über die Summen von Quadraten, Bonn, 1886, 147 pp. French transl. by J. Molk, Jour. de Math., (4), 2, 1886, 373-439. Summary in Bull. des Sc. Math. Astr., (2), 10, Ⅰ, 1886, 163-183.

$$\rho_0^2+\rho_{12}^2=pt$$

其中$t<\frac{p}{2}$.确定ϕ_0和ϕ_{12}在数值上小于$\frac{t}{2}$,且分别同余模t于ρ_0和ρ_{12},则$\phi_0^2+\phi_{12}^2=tt'$,其中$t'\leqslant\frac{t}{2}$.那么

$$(\phi_0-\mathrm{i}\phi_{12})(\rho_0+\mathrm{i}\rho_{12})=\tau' t(\rho'_0+\mathrm{i}\rho'_{12})$$

其中$(\rho'_0,\rho'_{12})=1$.因此

$$\rho'_0,\rho'_{12}=pk$$

$$k=\frac{t'}{\tau'^2}\leqslant\frac{t}{2}$$

重复这个过程,我们最终得到$\lambda_0=\rho_0^{(s)}$,$\lambda_{12}=\rho_{12}^{(s)}$,使得$\lambda_0^2+\lambda_{12}^2=p$,且

$$\lambda_0\xi_1-\lambda_{12}\xi_2\equiv 0$$

$$\lambda_{12}\xi_1+\lambda_0\xi_2\equiv 0(\bmod p) \tag{6}$$

类似地,我们能找到具有互素坐标λ_0,λ_{12}的复整数,它的范数是p的任意次幂p^γ,且满足式(6)模p^γ.若$m=p^\gamma q^\delta\cdots$,其中素数$p,q\equiv 1(\bmod 4)$,或若$m$等于这样的积的2倍,对每个$p^\gamma$应用前述的讨论并取产生的复整数的积.通过应用方程

$$\xi_1^2+\xi_2^2\equiv 0(\bmod p^\gamma)$$

的所有解集,我们得到将m表示成②的每个完整的表示法,且每个有且仅有一次.

C. Hermite① 应用椭圆函数证明了,若$M=4n+1$,则

$$S=f(1)+f(5)+f(9)+\cdots+f(M)$$

$$=4\sum(-1)^{\frac{m-1}{2}}+8\sum(-1)^{\frac{m-1}{2}}\left[\frac{M-m^2}{4m}\right]$$

总结为$m=1,3,5,\cdots$,其中$f(n)$为表示n为一个②的表示法的数量.S的渐近值等于$\frac{1}{2}M\pi$.

A. Berger② 给出了定理:若n是一个正奇整数,则方程$x^2+y^2=n$的所有解集数等于

$$4\sum(-1)^{\frac{\delta-1}{2}}$$

其中δ取遍n的所有正因子.然而Dirichlet的证明是应用超越分析法,Berger仅用互素解集的已知数目(Dirichlet③).

---

① Jour. fürr Math.,99,1886,324-328;Oeuvres,Ⅳ,209-214. Cf. Gegenbauer.

② Acta Math.,9,1886-1887,301-307.

③ Zahlentheorie,§68,1863;ed. 2,1871;ed. 3,1879;ed. 4,1894.

Berger[1] 证明了若 n 是正整数,则 $x^2+y^2=n$ 的整数 x,y 的集合的数量为 $4\sum\sin\frac{\delta\pi}{2}$(Berger[2]).

C. Hermite[3] 证明了 Gauss[4] 公式中 $x^2+y^2\leqslant A$ 的整数 x,y 的集合的数量.

E. Catalan[5] 注意到,若 $x^2+y^2+z^2$ 是一个平方数,则

$$\{(x^2+z^2)p-(y^2+z^2)q\}^2+4x^2y^2pq=\boxed{2}$$

若 $B^2-AC=-m^2$,则 $(Ca-Ac)^2-4(Bc-Cb)(Ab-Ba)=\boxed{2}$.

J. W. L. Glaisher[6] 记 $4G(n)$ 为将 n 表示成 $(6r)^2+(6s+1)^2$ 的表示法的数量超出其表示成 $(6r+2)^2+(6s+3)^2$ 的表示法的数量的超出量,规定 $n\equiv 1(\bmod 12)$,由此将 n 表示成一个 $\boxed{2}$ 的表示法的数量是这两种类型中的一个. 若 p,q 是互素的数 $12k+1$,则 $G(pr)=G(p)G(r)$. 他求出了 $G(a^a)$ 的值,a 是素数. n 表示成 $\boxed{2}$ 的表示法的数量为 $4E(n)$,其中 $E(n)$ 为 n 的 $4k+1$ 型因子的数量超出其 $4k+3$ 型因子的数量的超出量. 在 $E(n)$ 和 $G(n)$ 之间有记录的简单关系. 由椭圆函数表明,将 $4n+1$ 表示成一个偶和一个奇的平方数的和的表达法的数量等于 $4E(4n+1)$;将 $8n+2$ 表示成两个奇平方数的和的表达法的数量等于 $4E(4n+1)$. 因此若

$$n\equiv 1(\bmod 4)$$

则将 n 和 $2n$ 表示成 $\boxed{2}$ 有相同数量的表示法. 然后有,$E(36n+9)=E(4n+1)$. 一个数分解成两个平方数(都为 $(12n+1)^2$ 型或 $(12n+5)^2$ 型,或为这两种型各取一个)的和的合成函数的数能被表示成函数 E 和 G 中的项. 对于表示法也同样应用这个概要开始的形式. 令 m 为奇数,a 为偶数,b 为不被 3 整除的奇数,$c\equiv 1,d\equiv 5(\bmod 12)$,则 G 中的项的表示法的数量用

$$3a^2+b^2$$

$$3a^2+c^2$$

$$3a^2+d^2$$

$$3m^2+c^2 \text{ 或 } 3m^2+d^2$$

表示,且等于 n 的因子 $\equiv 1(\bmod 3)$ 的数量超出其 $\equiv 2(\bmod 3)$ 的数量的超出量 $H_{(n)}$.

---

① Öfversigt af Kongl. Vetenskaps-Akad. Förhandl., 44, 1887, 153-158.

② Acta Math., 9, 1886-1887, 301-307.

③ Amer. Jour. Math., 9, 1887, 381-388; Oeuvres, Ⅳ, 241-250.

④ Posth. MS., Werke, Ⅱ, 1863, 269-275, 292; Gauss-Maser, Höhere Arith., 1889, 65-661. Cf. Eisenstein, Hermite.

⑤ Mathesis, 7, 1887, 120, 144.

⑥ Proc. London Math. Soc., 21, 1889-1890, 182-215.

F. Goldscheider[①] 讨论了 f 的符号,这无法被 Gauss[②] 确定.

L. Gegenbauer[③] 注意到 Hermite[④] 公式是一个集合,该集合遵循任意函数 $f(x)$ 的值之和的一般公式,当 y 取遍 $k=4n+1$ 或 $4n+3$ 的所有小于或等于 $\sqrt{k}$ 的因子的值时.

E. Lucas[⑤] 应用连分数给出了两个互素平方数的和的每个因子是一个 ②的两个证法.

K. Th. Vahlen[⑥] 从分割理论中推断出,若 g^2+u^2 和 $(-g)^2+u^2$ 被当作不同的方法,则每个奇整数以 E 种方式等于一个 ②,E 是 $4m+1$ 型因子的数量超出 $4m+3$ 型因子的数量的超出量.他注意到这一事实等价于在 Euler[⑦] 的一个评论中的Jacobi[⑧] 定理(结尾).因为每个整数 N 是 2 的一个偶次幂乘以一个奇整数或一个奇整数的 2 倍所得的积,所以方程 $x^2+y^2=N$ 的大于或等于 0 的解集数等于 E. 他给出了本原表示法数作为一个 ② 的求和公式.

在奇素数 p 的一个表达式 $a^2+b^2+c^2+d^2$ 中,我们通过交换 $a,\cdots,d$ 或改变它们的符号得到 32 种表示法的一个倍数,除了 2 种为 0 的情形,因子为 $12\cdot 4$. 但有 p 的 $8\sigma(p)$ 种表示法.因此,若 $p=a^2+b^2$ 有 N 个解集 $b>a>0$,则有

$$8\sigma(p)\equiv 48N(\bmod 32)$$

对于 $p=4n+1$

$$\sigma(p)=2(2n+1)$$

且 N 为奇数.

A. Matrot[⑨] 注意到,若 $p=2h+1$ 是素数,a 不被 p 整除,则由 Fermat 定理

$$a^h\equiv\pm 1(\bmod p)$$

若加号对于每个 a 成立,则

$$s_h=1^h+\cdots+(p-1)^h\equiv p-1(\bmod p)$$

另外,如归纳法所表明的,当 $q<p-1$ 时

$$s_q\equiv 0(\bmod p)$$

---

① Das Reziprozitätsgesetz der achten Potenzreste, Progr. Berlin, 1889, 26-29.

② Gött. gelehrte Anz., 1, 1825; Comm. soc. sc. Gott. recent., 6, 1828; Werke, II, 1863, 168, 90-91. Cf. Bachmann, Kreisteilung, Ch. X.

③ Sitzungsber. Akad. Wiss. Wien(Math.), 99, II a, 1890, 387-403.

④ Jour. fürr Math., 99, 1886, 324-328; Oeuvres, IV, 209-214. Cf. Gegenbauer.

⑤ Théorie des nombres, 1891, 454-456.

⑥ Jour. für Math., 112, 1893, 25-32.

⑦ Corresp. Math. Phys. (ed. Fuss), 416-419; letter to Goldbach, May 6, 1747. Novi Comm. Acad. Petrop., 4, 1752-1753(1749), 3-40; Comm. Arith., I, 155-173.

⑧ Jour. für Math., 12, 1834, 167-169; Werke, VI, 245-247.

⑨ Jour. de math. élém., (4), 2, 1893, 73.

因此,存在一个 a 使得 $a^h \equiv -1$. 令 $h=2k$,因此 p 整除一个 ②,这里 p 是一个 ②,遵从于他的 1891 年发表的关于 ④ 的文章.

E. Catalan[①] 重复了 Eugenio[②] 的证法.

H. Weber[③] 通过应用 n 个单位根的每 f 项的 4 个周期,证明了每个素的 $n=4f+1$ 是一个 ②.

C. Störmer[④] 证明了若 $|x|>1$ 且 n 有一个奇因子大于1,则 $1+x^2 \neq 2y^n$.

一些人[⑤]探讨了 $x^2+(x+1)^2=y^4$,由此,若

$$t=2x+1$$
$$u=y^2$$

则 $t^2-2u^2=-1$.

Störmer[⑥] 应用了关于 Pell 方程的一个定理(Störmer[⑦]) 来寻找方程

$$1+x^2=kA_1^{z_1}\cdots A_n^{z_n}$$

在正整数集上的完全解,其中 $k,A_1,\cdots,A_n$ 是给定的正整数. 特别地,有一个新证法来证明当 $x>1,y>1,n$ 是一个奇素数时,$1+x^2=y^n$ 或 $2y^n$ 是不可能的.

M. A. Gruber[⑧] 给出了关于 $4n+1=$ ② 的一个表和一些恒等式.

几位学者[⑨]讨论了当 p 是素数时

$$x^2+p^2=y^3$$

G. de Longchamps[⑩] 注意到若 $\frac{N}{\lambda}-1$ 是一个平方数或 ②,则 N^4 为一个 ② 或 ③,因为

$$N^4 \equiv 16\lambda(N-\lambda)(N-2\lambda)^2+(N^2-8\lambda N+8\lambda^2)^2$$

R. Hoppe[⑪] 应用了 Girard 定理来证明一个数是否为一个 ②,依据它对于一个奇次幂没有 $4n-1$ 型素因子还是至少有一个这样的素幂因子.

J. H. McDonald[⑫] 给出了 Jacobi[⑬] 对于一个奇的正数表示成一个 ② 的表

---

① Mém. Acad. Roy. Belgique,52,1893-1894,17.

② Giornale di Mat.,8,1870,162-165.

③ Lehrbuch der Algebra,Ⅰ,1895,583-585;ed. 2,Ⅰ,1898,632-634.

④ L'intermédiaire des math.,3,1896,171;5,1898,94 for $n=2^m$.

⑤ Ibid.,4,1897,212-215.

⑥ Videnskabs-Selskabets Skrifter,Christiania,1897,No. 2.

⑦ Videnskabs-Selskabets Skrifter,Christiania,1897,No. 2,48 pp. Cf. Störmer.

⑧ Amer. Math. Monthly,5,1898,240-243.

⑨ L'intermédiaire des math.,5,1898,157-159;16,1909,177.

⑩ Ibid.,7,1900,65. Misprint of $2N-\lambda$ for $N-2\lambda$.

⑪ Archiv Math. Phys.,(2),17,1900,128,333.

⑫ Proc. and Trans. Roy. Soc. Canada,(2),6,1900,Sec. Ⅲ,77-78.

⑬ Fund. Nova Func. Ellip.,107,184(6);Werke,Ⅰ,162-163,235(6).

示法的数量的结果的直接证法.

C. A, Laisant[1] 注意到$\frac{a^{4n+2}+1}{a^2+1}$总是等于一个 $\boxed{2}$.

H. Schubert[2] 注意到,若在方程 $x^2+y^2=u^2+z^2$ 中未知量没有公因子,或者所有 4 个未知量都是奇数,或者在一项中一个数是奇数一个是偶数. 在第一种情形中

$$\frac{1}{2}(x+z)\cdot\frac{1}{2}(x-z)=\frac{1}{2}(u+y)\cdot\frac{1}{2}(u-y)$$

由此我们必须以两种方式分解一个任意数 g,使其总是一种具有偶因子且另一种具有奇因子. 在第二种情形中,g 必是两个偶因子的积,并且也是一个偶因子与一个奇因子的积.

R. E. Moritz[3] 证明了不为平方数的每个有理数都能被以无穷种方式表示成两个平方数的两个和或两个差的商,并为每个这样的小于 100 的数给出一个这样的表达式.

A. Palmström[4] 注意到 $x^3=y^2+z^2$ 暗含着 $x=a^2+b^2$,由此

$$y=a^3+ab^2 \text{ 或 } a^3-3ab^2$$

(给出了$(y,z)=1$). P. F. Teilhet[5] 得到了所有解.

A. Thue[6] 证明了一个 $\boxed{2}$ 的素因子是一个 $\boxed{2}$.

一些人[7]发现了三个连续整数,每个都是一个 $\boxed{2}$,包括

$$(2n)^2+(2n)^2$$

$$8n^2+1$$

$$(2n-1)^2+(2n+1)^2$$

给出了第二个是一个 $\boxed{2}$,即 n 是三角形的,$n=\frac{m^2+m}{2}$.

L. E. Dickson[8] 证明了两个互素平方数的和的所有因子是两个平方数的和,他是通过应用定理若$(a,b)=1$,a^2+b^2 的每个素因子都是 $4n+1$ 型的和定理每个素的 $4n+1$ 都是两个互素整数的平方和给予证明的.

---

① Nouv. Ann. Math., (4), 1, 1901, 239-240.

② Niedere Anal., 1, 1902, 167-171; ed. 2, 1908.

③ Ueber Continuanten..., Diss. Strassburg, Göttingen, 1902. Cf. Moritz of Ch. IX.

④ L'intermédiaire des math., 8, 1901, 302.

⑤ Ibid., 10, 1903, 210-211.

⑥ Oversigt D. Viden. Selsk. Förh., Kristiania, 1902, No. 7.

⑦ Math. Quest. Educ. Times, (2), 3, 1903, 41-43.

⑧ Amer. Math. Monthly, 10, 1903, 23.

G. Fontené[①] 证明了 Gauss 定理，通过展示若 $A,B,\cdots$ 是素数 $4h+1$，则在 $A^{\alpha}B^{\beta}\cdots$ 分解成两个因子的积和分解成两个平方数的和之间有一个(1,1)对应，这给我们提供了确定和为 A 或 B 等的两个平方的阶的方法.

A. Cunningham[②] 将每个素数 $4n+1<100\ 000$ 表示成了一个 ⊡.

P. Pasternak[③] 证明了方程 $x^2+y^2=v^2+w^2$ 的所有解为

$$x=mw+np$$
$$v=mw-np$$
$$y=nw-mp$$
$$w=nw+mp$$

由此

$$x^2+y^2=(m^2+n^2)(w^2+p^2)$$

因此至多能以一种方式被表示成一个 ⊡ 的每个整数本身是两个平方数的两个和的积. 据说迄今为止从遵从上述的已知的定理中没有素数 $4n+1$ 能以至多一种方式表示成一个 ⊡.

A. Gérardin[④] 讨论了

$$(10x+m)^2+(10y+p)^2=100a$$
$$a=b^2+d^2,m<10,p<10$$

的解. 因为 $m^2+p^2=20h$，我们有

$$m=2,p=4 \text{ 或 } 6$$
$$m=4 \text{ 或 } 6,p=8$$

这些情形被依次探讨. 为了求解方程 $x^2+y^2=a^2+b^2$，设

$$x=a+mh$$
$$b=y+h$$
$$m(x+a)=b+y$$

则

$$h=\frac{2(y-am)}{m^2-1}$$

且一般的解据说是

$$(am^2-2my+a)^2+y^2(m^2-1)^2$$
$$=a^2(m^2-1)^2+(ym^2-2am+y)^2$$

① Nouv. Ann. Math. ,(4),3,1903,108-115.

② Quadratic Partitions,London,1904. Errata,Mess. Math. ,34,1904-1905,132.

③ Zeitschr. Math. Naturw. Unterricht,37,1906,33-35.

④ Sphinx-Oedipe,1906-1907,112-119.

W. Sierpinski[①] 给出了一个长的证明,若 $A(x)$ 为使 $u^2+v^2\leqslant x$ 的整数对 u,v 的数量,则

$$A(x)=\pi x+O(x^{\frac{1}{3}})$$

其中 O 为 Landau[②] 中的定义,π 是常量.

E. Jacobsthal[③] 证明了,若素数

$$p\equiv 1(\bmod 4)$$

$$p=a^2+b^2$$

其中,在 Legendre 符号项中

$$a=\frac{1}{2}\phi(r)$$

$$b=\frac{1}{2}\phi(n)$$

$$\phi(\mathrm{e})=\sum_{m=1}^{p}\left(\frac{m}{p}\right)\left(\frac{m^2+\mathrm{e}}{p}\right)$$

其中 r 是 p 的任意二次剩余(例如 -1),n 是其任意非剩余. 又 $a\equiv\frac{p-3}{2}(\bmod 8)$. 证法被公式给出,等价于 Gauss[④] 的,对于 a,b 模 p 的余数.

求解 $a^2+b^2=2c^n$ 的恒等式[⑤]已被给出.

W. Sierpinski[⑥] 估计了类似于

$$\sum_{n=1}^{x}\tau(n^2),\sum\tau^2(n),\sum\tau_8(n)$$

的和,其中 $\tau(n)$ 和 $\tau_8(n)$ 记作 n 分解成 2 个平方数和 8 个平方数的分解法的数量.

E. N. Barisien[⑦] 表示 2^n 为两个 ☐ 的一个比率.

J. Sommer[⑧] 应用理想表明每个素数 $4n+1$ 是一个 ☐.

---

① Prace mat.-fiz., Warsaw, 17, 1906, 77-118(Polish). See papers 179, 180, 189, 198-203.

② Göttingen Nachrichten, 1912, 1-28; Sitzungsber. Akad. Wiss. Wien(Math.), 121, 1912, Ⅱa, 2298-2328.

③ Anwendungen einer Formel aus der Theorie der quadratischen Reste, Diss. Berlin, 1906, 13; Jour. für Math., 132, 1907, 238-245.

④ Proc. and Trans. Roy. Soc. Canada, (2), 6, 1900, Sec. Ⅲ, 77-78.

⑤ L'intermédiaire des math., 13, 1906, 62, 184; 14, 1907, 72.

⑥ Prace mat.-fiz., Warsaw, 18, 1907, 1-60(Polish). Reviewed in Jahrb. Fortschritte Math., 38, 319-321; Bull. des Sc. Math., (2), 37, Ⅱ, 1913, 30-31.

⑦ Bull. Sc. Math. Élém., 12, 1907, 262-266.

⑧ Vorlesungen über Zahlentheorie, 1907, 112, 123-124. French transl. (of revised text) by A. Lévy, 1911, 105, 117-119.

L. Aubry① 引用了已知结果.

G. Bisconcini② 证明了 n 是一个 ②,当且仅当 n 不包含一个素数 $4k-1$ 的奇次幂,并推断出了将 p^r 表示成 ② 的所有分解法,给出了素数 $p=4k+1$. 他③证明了,若 p_i 是一个素数 $4k+1$,则 $p_1^{a_1}\cdots p_m^{a_m}$ 有 2^{m-1} 个正常分解分解成 ②;也证明了 Gauss④ 定理. 他探讨了将分数分解成 $x^2\pm y^2$ 的分解.

F. Ferrari⑤ 通过应用 $z=r+si$ 发现了方程 $x^2+y^2=z^n$ 的已知解.

H. Brocard⑥ 注意到当 $k=2$ 时方程 $n^2+(n+1)^2=m^k$ 有解,但当 $k=3$ 时无解.

E. Landau⑦ 考虑了小于或等于 x 的正整数的数量 $B(x)$,它是 ②,且给出了一个长证明

$$\lim_{x=\infty}\frac{B(x)\cdot\sqrt{\log x}}{x}=\frac{1}{\sqrt{2}}\sqrt{\prod\left(1-\frac{1}{r^2}\right)^{-1}}$$

其中 r 取遍 $4m+3$ 型的所有素数.

E. Landau⑧ 应用二元二次型表明一个数为 ②,当且仅当对于一个奇次方幂它没有素因子 $4m+3$.

E. N. Barisien⑨ 应用外摆线来导出恒等式

$$(8t^3-6t^2-6t+3)^2+4(1-t^2)(1+3t-4t^2)^2=13-12t$$

由此 $12-13t$ 是一个 ②,若 $t=\frac{1-\theta^2}{1+\theta^2}$.

M. Kaba 和 L. E. Dickson⑩ 应用特殊的 ζ 函数推断出

$$\sqrt{\frac{2K}{\pi}}=1+2q+2q^4+\cdots$$

$$\frac{2K}{\pi}=1+4\left(\frac{q}{1-q}-\frac{q^3}{1-q^3}+\cdots\right)$$

因此,对于一个有奇次幂素因子 $4m+3$ 的数没有将其表示成 ② 的表示法,且当这样的一个因子有偶次方幂时,其没有正常表示. 若 $P=p_1^{\pi_1}\cdots p_s^{\pi_s}$,其中 $p_1,\cdots,$

---

① L'enseignement math. ,9,1907,421.

② Periodico di Mat. ,22,1907,270-285.

③ Ibid. ,23,1908,9-23.

④ Disquisitiones Arith. ,1801,Art. 182;Werke, Ⅰ ,1863,159-163.

⑤ Periodico di Mat. ,25,1909-1910,59-66;Supplem. al Period. di Mat. ,12,1908-1909,132-134.

⑥ L'intermédiaire des math. ,15,1908,18-19.

⑦ Archiv Math. Phys. ,(3),13,1908,305-312.

⑧ Handbuch... Verteilung der Primzahlen,1,1909,549-550.

⑨ Assoc. franç. av. sc. ,38,1909,101-107.

⑩ Amer. Math. Monthly,16,1909,85-87.

p_s 为整除 e 的所有 $4m+3$ 型相异素数，且若 $\pi_1,\cdots,\pi_s$ 均为偶数，e 与 $\frac{e}{P}$ 有相同数量的非正常表示；e 的每个表示是 $(P^{\frac{1}{2}}x)^2+(P^{\frac{1}{2}}y)^2$ 型的. 因此，问题归纳为在 e 的每个素因子是 $4m+1$ 型中的情形. 则将 e 表示成 ② 的表示法的数量为 $(\pi_1+1)\cdots(\pi_n+1)$.

P. Bachmann[1] 详述了 Lagrange[2] 和 Vahlen[3] 的工作.

Welsch[4] 阐述了方程 $u^2+x^2=y^2+z^2$ 的一般解为

$$2x=ab+cd$$

$$2y=ac+bd$$

$$2z=ab-cd$$

$$2u=ac-bd$$

其中 a,d 为偶数，或 b,c 为偶数，或这 4 个数都是奇数.

L. Aubry[5] 证明了若 k 不是 2 的方幂，则 $x^2+(x+1)^2\neq m^k$.

A. Deltour[6] 应用了畸夹行列式(Muir[7]) 证明一个素数 $4h+1$ 只以一种方式等于一个 ②.

Marchand[8] 提出了复整数 $a+b\mathrm{i}$ 用来找到一些素数 $4n+1$ 的积表示成一个 ② 的所有分解法的这个已知的应用.

Paulmier[9] 给出了当 A 取 5 个特值时，方程 $x^2+y^2=A^3$ 的解.

几位作者[10]发现了使 $x+1$ 和 x^2+2 为两个平方数和的 x.

J. K. Heydon[11] 注意到，若 $a,b,\cdots$ 为相异素数，则

$$a^{2p-1}b^{2q-1}\cdots=\boxed{2}$$

以 $2^{p+q+\cdots-1}$ 或 0 种方式.

P. Lambert[12] 应用了复整数 $a+b\mathrm{i}$. 他给出了 ② 的一个因子为一个 ② 的两种证法.

---

① Niedere Zahlentheorie, 2, 1910, 304-319(477).

② Ibid., année 1773, 275; Oeuvres, Ⅲ, 707.

③ Jour. für Math., 112, 1893, 25-32.

④ L'intermédiaire des math., 17, 1910, 96, 118, 205.

⑤ Ibid., 18, 1911, 8-9; errata, 113; Sphinx-Oedipe, numéro spécial, March, 1914, 15-16; errata, 39.

⑥ Nouv. Ann. Math., (4), 11, 1911, 116.

⑦ Proc. Roy. Soc. Edinb., 1873-1874, 234.

⑧ L'intermédiaire des math., 18, 1911, 228-232.

⑨ Ibid., 19, 1912, 151.

⑩ Ibid., 55-57, 257.

⑪ Math. Quest. Educ. Times, (2), 21, 1912, 98-99.

⑫ Nouv. Ann. Math., (4)12, 1912, 408-421.

E. Landau①证明了,若 $A(x)$ 为使 $u^2+v^2\leqslant x$ 的整数对 u,v 的数量,则对于每个 $\varepsilon>0$,有

$$A(x)=\pi x+O(x^{\frac{1}{3}+\varepsilon})$$

这里 $f(x)=O(g(x))$ 的意思是:一个函数使得存在两个数 ξ,A 满足当 $x\geqslant\xi$ 时 $|f(x)|<Ag(x)$. 尽管这个结果不像Sierpinki②的那么鲜明,但证法要简捷得多.

Landau③给出了 Sierpinski④定理的一个新证法.

R. Bricard⑤给出了每个素数 $p=4n+1$ 为一个 ② 的一个基本证法. 应用Willson定理,有

$$m^2+1\equiv 0(\mathrm{mod}\ p)\quad (m=\left[\frac{p-1}{2}\right]!\ )$$

记 x_i 为 mi 模 p 的最小剩余. 考虑 $p-1$ 个点 $M_i=(x_i,i)$. 这些点中能被 p 整除的任意两点间距离 M_iM_j 的平方中的最小者小于 $2p$,当 $p>32$ 时,这个最小者等于 p. 一个类似的证法表明每个素数 $8q\pm1$ 是 x^2-2y^2 型的.

F. Ferrari⑥注意到,能以 2^n 种不同的方式分解成两个不为零的互素平方数和的最小数等于(由式(1)发现)前 $n+1$ 个 $4k+1$ 型素数的积. 对于这个最小者 $x=p_i^2+q_i^2(i=1,\cdots,2^n)$,设 $y_i=p_i^2-q_i^2,z_i=2p_iq_i$;则 $x^2=y_i^2+z_i^2$ 是能以 2^n 种方式分解成一个 ② 的最小平方数. 为了找到能以 2^p 种方式分解成一个 ② 的最小的 $p+1$ 次幂,应用 $P=b_i^2+c_i^2(i=1,\cdots 2^p)$,由此 $\prod(b_i^2+c_i^2)=P^{p+1}$ 有 2^p 种分解法.

A. Aubry⑦注意到式(1),通过求到 DC 的垂线 BE 和 OJ,能够从Brahmagupta(第五章)的内接四边形 $ABCD$ 中导出,这个四边的对角线交于 O,且交角为直角.

E. Haentzschel⑧记录了他⑨在第二十一章中从依据 x 或 y 为变量以两种方式适用于方程 $x^2+y^2=z^3$ 的一个解来推断出方程 $ax^3+\cdots+d=y^3$ 的一个

① Göttingen Nachrichten,1912,691-692. Giornale di Mat. ,51,1913,73-81.

② Prace mat. -fiz. ,Warsaw,17,1906,77-118(Polish). See papers 179,180,189,198-203.

③ Annali di Mat. , (3),20,1913,1-28;Sitzungsber. Akad. Wiss. Wien(Math.),121,1912,Ⅱa,2298-2328.

④ Prace mat. -fiz. ,Warsaw,17,1906,77-118(Polish). See papers 179,180,189,198-203.

⑤ Nouv. Ann. Math. ,(4),13,1913,558-562.

⑥ Periodico di Mat. ,28,1913,71-78.

⑦ Sphinx-Oedipe,numéro spécial,June,1913,23-24.

⑧ Sitzungsber. Berlin Math. Gesell. ,13,1914,92-96.

⑨ Diophanti Alex. Rerum Arith. Libri sex,Basel,1575,129,1. 9.

新解的方法.他引用了 A. Fleck[1] 的解

$$(a^2c+2abd-b^2c)+(b^2d+2abc-a^2d)^2=(a^2+b^2)^3$$

$$a^2+b^2=c^2+d^2$$

它包括 Euler[2] 的原始解

$$(a^3-3ab^2)^2+(3a^2b-b^3)^2=(a^2+b^2)^3$$

Hesse[3] 给出了方程 $x^2+y^2=z^n$ 的一般解.

几位学者[4]发现了方程 $x^2+y^2=z^4$ 的解.

J. G. Van der Corput[5] 探讨了两个平方数的和.

G. H. Hardy[6] 记 $r(n)$ 和 $R(n)$ 分别为

$$\mu^2+v^2=n$$

和

$$\mu^2+v^2\leqslant n$$

的整数解,且令 $R(x)=\pi x+P(x)$.他证明了使不等式

$$P(x)>Kx^{\frac{1}{4}}$$

$$P(x)<-Kx^{\frac{1}{4}}$$

满足 x 的值超过所有极限的正常数 K 的存在性.因此在 Sierpinski[7] 的结果 $P(x)=O(x^{\frac{1}{3}})$ 中,其中 O 如 Landau[8] 所定义的,指数$\frac{1}{3}$不能被一个小于$\frac{1}{4}$的数代替.他给出了 Bessel 函数项中 $P(x)$ 的一个明确的分析表示.

Hardy[9] 证明了,对于每个正 ε 来说,$P(x)$ 在均值 $O(x^{\frac{1}{4}+\varepsilon})$ 上,即

$$\frac{1}{x}\int_1^x |P(\tau)|\,\mathrm{d}\tau=O(x^{\frac{1}{4}+\varepsilon})$$

G. Bonfantini[10] 证明了,若数 n(非素数)为一个 $\boxed{2}$,它或者等于几个因子(每个是一个 $\boxed{2}$)的积,或者等于这样的一个积乘以一个平方数,这个平方数为和等于 n 的给定平方数的公因子.相反,若 m 是两个平方数的几个和的积,且若

---

① Vossische Zeitung zu Berlin, June 1, 1913.

② Diophanti Alex. Rerum Arith. Libri sex, Basel, 1575, 129, 1. 9.

③ Unterrichtsblätter für Math. u. Naturwiss., 20, 1914, 16. Haentzschel, p. 55, discussed Hesse's paper.

④ Amer. Math. Monthly, 21, 1914, 199-201.

⑤ Nieuw Archief voor Wiskunde, 11, 1914-1915, 61.

⑥ Quar. Jour. Math., 46, 1915, 263-283; Proc. London Math. Soc., (2), 15, 1916, 15-16.

⑦ Prace mat.-fiz., Warsaw, 17, 1906, 77-118(Polish). See papers 179, 180, 189, 198-203.

⑧ Göttingen Nachrichten, 1912, 691-692. Giornale di Mat., 51, 1913, 73-81.

⑨ Proc. London Math. Soc., (2), 15, 1916, 192-213.

⑩ Suppl. al Periodico di Mat., 18, 1915, 81-86. By use of Bonfantini of Ch. XIII.

m 不是 2 的一个偶次幂,则 m 是一个 ②.

G. Koenigs 和 L. Bastien① 讨论了将 $(a^2+b^2)^5$ 分解为一个 ② 的方法的数量.

A. Gérardin② 注意到 $t^2-2hu^2=1$ 暗含着

$$\{(h-1)t\}^2+\{(h-1)^2u^2-1\}^2=1+\{(h-1)^2u^2+h-1\}^2$$

通过每个 $4n+1$ 型素数是数 t^2+1 的一个因子这一事实,R. D. Carmichael③ 应用 Fermat 的无穷递减法证明了这样的一个素数是一个 ②.

A. L. Bartelds④ 给出了 Girard 定理的一个基本证法.

T. Hayashi⑤ 证明了若 $y\neq 0$,则 $y^2+1\neq z^3$.

M. Weill⑥ 注意到两个平方数的 p 个和之积以 2^{p-1} 种不同的方式等于两个平方数的一个和.

M. Chalaux⑦ 应用若一个素数是一个 ②,且整除两个互素平方数的一个和,则商为两个互素平方数的一个和的这一事实,证明了 Girard 定理.

E. Landau⑧ 通过 Pfeiffer 方法的一个新简化证明了他的⑨前述定理,然后,他⑩考虑了使 $A(x)=\pi x+O(x^\alpha)$ 成立的常量的下极限 α,并证明了 $\alpha\geqslant\frac{1}{4}$. 后来,他⑪证明了关于在特定区域中的格点数的一个定理,它是他的⑫上面文章中应用的主要定理的一个推论.

K. Szilysen⑬ 经验地阐述了使 $x^2+y^2\leqslant N$ 的整数对的数量的一个渐近公式,这一公式也被 Lipschitz 证明过.

M. Rignaux⑭ 在《小于 10 000 的 3 908 个可分解数分解成一个 ② 的分解法》的手稿中宣布了一个表.

---

① L'intermédiaire des math.,22,1915,253-254;23,1916,34-35.

② Ibid.,22,1915,57.

③ Diophantine Analysis,1915,39-40.

④ Wiskundig Tijdschrift,12,1915-1916,159-166.

⑤ Nouv. Ann. Math.,(4),16,1916,150.

⑥ Nouv. Ann. Math.,(4),16,1916,311-314.

⑦ Ibid.,(4),17,1917,305-308.

⑧ Göttingen Nachrichten,1915,148-160.

⑨ Göttingen Nachrichten,1912,691-692. Giornale di Mat.,51,1913,73-81.

⑩ Ibid.,161-171.

⑪ Ibid.,209-244;1917,96-101. Cf. Revue semestrielle,27,Ⅰ,1918,16,18.

⑫ Göttingen Nachrichten,1912,691-692. Giornale di Mat.,51,1913,73-81.

⑬ Math. és termés. értesitö(Hungarian Acad. Sc.),35,1917,54-56.

⑭ L'intermédiare des math.,25,1918,143;26,1919,54-55.

G. H. Hardy[①] 从 Hardy[②] 的从前的文章的定理中应用两种不同的方法简单地推断出了 Landau[③] 定理.若[④] $a_1,\cdots,a_m$ 为 $4k+1$ 型素数,方程 $x^2+y^2=(a_1a_2\cdots a_m)^n$ 有 $(4n+1)^m$ 个解集,其中的 2^{m+2} 个中 x,y 是互素的.

对于方程 $x^2+(4y)^2=n$ 的解集数,见 Nasimoff[⑤] 的第 13 章.对于 $x^2+y^2=(m^2+n^2)z^2$ 的解集数,见第十三章,且那里给出了参照条目.对于 $1+x^2=2y^4$ 的解集数,见 Euler[⑥] 的第 14 章和 Cunningham[⑦] 的第 20 章.在第十七章中,给出了记录两个连续平方数的一个数和它的平方的两个和;参看 Meyl[⑧].对于 $x^2+n^2\neq y^3$ 的解集数,见 Pepin[⑨] 和 Hayashi[⑩].对于 $x+y=\square,x^2+y^2=z^4$,见第二十二章.对于包括 $x^2+y^2=z^3$ 的方程系统,见第二十一章.两个平方数的相等和出现在第七章、第十三章、第十五章、第十八章、第十九章、第二十二章、第二十四章.本丛书第 1 卷中引入了 Euler[⑪⑫] 和 Gauss[⑬] 的文章,包含素数表和数 x^2+y^2 的因子;Lucas[⑭] 和 Catalan[⑮] 的文章,关于等于 ② 的特殊数,Liouville[⑯] 的文章和各种文章,关于以两种方式分解成 ② 的分解数.

---

① Proc. London Math. Soc.,(2),18,1919,201-204.

② Proc. London Math. Soc.,(2),15,1916,192-213.

③ Göttingen Nachrichten,1912,691-692. Giornale di Mat.,51,1913,73-81.

④ Amer. Math. Monthly,26,1919,367-368.

⑤ Nouv. Ann. Math.,9,1850,178-181.

⑥ Diophanti Alex. Arith.,1621,301-304.

⑦ Jour. für Math.,50,1855,91-92;Coll. Papers,Ⅰ,33-34. Reproduced by Borel and Drach, Introduction àla chéorie des nombres,1895,109-112;Chrystal,Algebra,ed. 1,Ⅱ,1889,471;ed. 2,Ⅱ,499.

⑧ Tractatus de numerorum,§§564-567;Comm. Arith.,Ⅲ,572. Same in Opera Postuma,1,1862,72.

⑨ Oeuvres,Ⅰ,293;Ⅲ,243-246. Diophanti Alex. Arith.,ed.,S. Fermat,1670,127.

⑩ Jour. de Math.,13,1848,15;Oeuvres,Ⅰ,264;Nouv. Ann. Math.,12,1853,45;Société philomatique de Paris,1848,13-14.

⑪ Tre Scritti inediti,1854,66-70,74-75;Scritti L. Pisano,2,1862,256. Review by 0. Terquem, Annali Sc. Mat. Fis.,7,1856,138;Nouv. Ann. Math.,15,1856,Bull. Bibl. Hist.,61. Cf. Woepcke,Jour. de Math.,20,1855,57;A. Genocchi,Annali Sc. Mat. Fis.,6,1855,241-244;M. Chasles,Jour. de Math.,2,1837,42-49,who gave a geometrical proof.

⑫ Diophanti Alex. Arith.,1621,301-304.

⑬ Memorie Accad. Pont. Nuovi Lincei,8,1892,84-108;Oeuvres de Fermat,4,1912,205-207.

⑭ Mém. Ac. Sc. Paris,17,1840,726;Oeuvres,(1),3,1911,414.

⑮ Jour. de Math.,13,1848,15;Oeuvres,Ⅰ,264;Nouv. Ann. Math.,12,1853,45;Société philomatique de Paris,1848,13-14.

⑯ Acta Eruditorum Lips.,1773,193;Acta Acad. Petrop.,Ⅰ,2,1780(1772),48;Comm. Artih.,Ⅰ,540. Proof reproduced by Weber-Wellstein,Encyklopädie der Elem. Math.,Ⅰ(Alg. und Analysis),1903,244-250.

第七章 三个平方数的和

Diophantus，Ⅴ，14 涉及了将单位元分解成 3 部分，使得同一个给定数 a 加到每个部分的和将是平方数. 这个问题等价于确定 3 个平方数(每个大于 a)，它的和是 $3a+1$. Diophantus 推出 a 必不是 $8l+2$ 型的.

C. G. Bachet① 指出这个条件是不充分的，并给出作为一个充分条件 a 必不是 $8k+2$ 或 $32k+9$ 型的，声明他已试验了数 $a<325$. 他也把 5 分成 3 部分，使得每部分增加 3，得到一个平方数；因为

$$3\cdot 3+5=1+2^2+3^2$$

他取平方数的边为 $1+7N,2+N,3-5N$，由此 $N=\frac{4}{25}$.

Fermat② 评论道：Bachet 条件不能排除

$$a=37,149,\cdots$$

且他本人给出了正确的充分条件，即 a 一定不是下列形式之一

$$8k+2$$
$$4\cdot 8k+2\cdot 4+1$$
$$4^2\cdot 8k+2\cdot 4^2+4+1$$
$$4^3\cdot 8k+2\cdot 4^3+4^2+4+1$$
$$\vdots$$

(因此，a 一定不等于

① Diophanti Alex. Arith.，1621，310-313.

② Oeuvres，Ⅰ，314-315；French transl.，Ⅲ，257-258.

$$4^n \cdot 8k + 2 \cdot 4^n + \frac{(4^n - 1)}{3} = \frac{[(24k+7)4^n - 1]}{3}$$

故 $3a+1$ 一定不是 $(24k+7)4^n$ 型的，且因此不是 $(8m+7)4^n$ 型的，因为若 $3a+1$ 是 $(8m+7)4^n$ 型的，则 m 是 3 的倍数.）

Regiomontanus①(Johannes Müller,1436—1476) 在一封信中提出了求解下列方程组的问题

$$x+y+z=116$$

$$x^2+y^2+z^2=4\ 624=68^2$$

Fermat② 指出没有整数 $8k+7$ 是 3 个有理平方数的和. Descartes③ 通过注意到一个平方数是 $4k$ 或 $8k+1$ 型之一，对于整平方数证明了这个.

Fermat④ 探讨了找到两个数，它们中的每一个(还有它们的和) 仅由 3 个平方数组成(不是由 1 个或 2 个平方数组成) 这一问题. 他取任意这样的数，例如 11，并用和为平方数的两个平方数(例如，9 和 16) 去乘它. 问题于 1638 年 4 月由 Sainte-Croix 向 Descartes 提出，带有例证 3，11. 在他的回复中，Descartes⑤ 给出了 a^2+2, b^2+2(a,b 均为奇数)；他⑥解释到每个需要的数和它们的和应该以一种且仅以一种方式等于 3 个平方数的和，并给出 9 个例子，包括

$$22=9+9+4$$

$$35=25+9+1$$

$$57=49+4+4$$

但 Sainet-Croix 希望得到每个等于 3 个平方数的和，而不是 4 个平方数的和.

Fermat⑦ 声称任意素数 $8n-1$ 的 2 倍等于 3 个平方数的和；他想要 Brouncker 和 Wallis 寻求一个证法. 对于 Fermat 的声明和 Lagrange 的证法：任意素数 $8h+1$ 或 $8h+3$ 能且仅能以一种方式表示成一个平方数与一个平方数 2 倍的和，参考文献将在二元二次型的主题下给出.

日本学者 Matsunago⑧ 在 18 世纪前半叶通过随意取 x 和 y 解出了方程 $x^2+y^2+z^2=u^2$，表示 x^2+y^2 为两个因子的积，且使后面的等于 $u-z$ 和 $u+z$. 他注意到方程 $x^2+y^2+z^2=u^4$ 有解

---

① C. T. de Murr, Memorabilia Bibl., 1, 1786, 145.

② Oeuvres, Ⅱ, 66; Ⅲ, 287; letter to Mersenne, Sept. or Oct., 1636. The latter communicated it to Descartes.

③ Oeuvres, Ⅱ, 92; letter from Descartes to Mersenne, March 31, 1638. See also p. 195.

④ Oeuvres, Ⅱ, 29, 57; letters to Mersenne, July 15 and Sept. 2, 1636.

⑤ Oeuvres, Ⅱ, 167, letter to Mersenne, June 3, 1638; Oeuvres de Fermat, 4, 1912, 57.

⑥ Oeuvres de Descartes, Ⅱ, 180-182.

⑦ Oeuvres, Ⅱ, 405; Ⅲ, 318; letter to K. Digby, June, 1658.

⑧ Y. Mikami, Abh. Geschichte Math. Wiss., 30, 1912, 233.

$$x=m^4-n^4$$
$$y=4m^2n^2$$
$$z=2(m^2-n^2)mn$$
$$u=m^2+n^2$$

L. Euler① 注意到,如果 Fermat 定理每个数 x 是三个三角形数$\frac{a^2+a}{2}$ 为真,那么每个数 $8x+3$ 是三个平方数$(2a+1)^2$ 的和.

Euler② 注意到,为了证明了一个素数 $8m+3$ 是 $2a^2+b^2$ 型的,需要一个定理(他没有给出证法):若整数 n 不是两个整平方数的和,则没有整数 np^2 是两个整平方数的和;若 n 不是三个整平方数的和,则它不是三个分数平方数的和.

1747 年 5 月 6 日,Euler 写到他已证实小的整数 m 总是存在一个三角形数 $\Delta=\frac{x^2+x}{2}$ 使得 $4(m-\Delta)+1$ 为素数.若这是真的,设 $n=m-\Delta$,则 $4n+1$ 是一个 ②,$2(4n+1)$ 也是一个 ②.设 $a=2x+1$,则 $n=m-\Delta$ 给出

$$8m+1=8n+a^2$$

因此,$8m+3=2(4n+1)+a^2$ 是一个 ③.Euler 和 Chr. Goldbach 讨论了将 $8m+3$ 表示为 ② 的问题,但没有结果.1748 年 6 月 25 日,Euler 表示他相信任意数 $4n+1$ 或 $4n+2$ 是一个 ③.后者将给出

$$4n+2=(2a)^2+(2b+1)^2+(2c+1)^2$$
$$2n+1=2a^2+(2e)^2+(2d+1)^2$$

其中 $b=d+e$,$c=d-e$,由此任意奇数是 $2x^2+y^2+z^2$ 型的.

1750 年 3 月 24 日,Goldbach 给出恒等式

$$\beta^2+\gamma^2+(3\delta-\beta-\gamma)^2\equiv(2\delta-\beta)^2+(2\delta-\gamma)^2+(\delta-\beta-\gamma)^2$$

1750 年 6 月 9 日,Euler 首次对上述恒等式做了下列表示:

当 $a+b+c=3m$ 时

$$a^2+b^2+c^2=(2m-a)^2+(2m-b)^2+(2m-c)^2$$

当 $a+b+2c=3m$ 时

$$a^2+b^2+c^2=(m-a)^2+(m-b)^2+(2m-c)^2$$

当 $a+2b+2c=9m$ 时

$$a^2+b^2+c^2=(2m-a)^2+(4m-b)^2+(4m-c)^2$$

并给出对于 ④ 的五个更多的这样的公式和类似的一些公式.

Euler③ 证实了若 $m\leqslant 187$ 且 m 是 $8N+3$ 型的,则 m 等于一个奇平方数与

① Corresp. Math. Phys. (ed., Fuss), 1, 1843, 45; letter to Goldbach, Oct. 17, 1730.

② Ibid., 263; Oct. 15, 1743.

③ Acta Acad. Petrop., 4, Ⅱ, 1780(1775), 38; Comm. Arith., Ⅱ, 138.

一个素数 $4n+1$ 的 2 倍的和.因为

$$4n+1=a^2+b^2$$
$$2(4n+1)=(a+b)^2+(a-b)^2$$

则问题中的 m 是 $\boxed{3}$.

J. L. Lagrange[①] 评论道:素数 $8n-1$ 是 $24n-1$ 型或 $24n+7$ 型的.因为他已证明任意 $24n+7$ 型的素数都是 y^2+6z^2 型的,它的 2 倍等于

$$(y+2z)^2+(y-2z)^2+(2z)^2$$

他补充说,他没看到对于素数 $24n-1$ 余下情形的 Fermat[②] 主张的一个证法.

J. A. Euler[③] 应用 $(a^2-1)^2+4a^2=(a^2+1)^2$,其中 $a=p,q$,来证明恒等式

$$(p^2+1)^2(q^2+1)^2=(q^2-1)^2(p^2+1)^2+4q^2(p^2-1)^2+(4pq)^2$$

A. M. Legendre[④] 评论道:不仅对于素数,对于所有奇数 Fermat[⑤] 的断言为真,并指出每个数或者它的 2 倍是一个 $\boxed{3}$.他的证法[⑥]基于关于 t^2+cu^2 平方因子的经验主义定理.他被引导到经验主义定理,即若 c 是素数 $8m-3$ 或 $8m+1$,c 分解成 3 个平方数(忽略根的符号和阶数)和的分解法的数量等于 $4n+1$ 型(或 $4n-1$ 型)的递减平方因子的数量;然而对于一个素数 $c=8m+3$,它等于递减平方因子的数量.

P. Cossali[⑦] 注意到 $n,n+1,n(n+1)$ 的平方和等于 n^2+n+1 的平方.这个结论已被归于[⑧] Diophantus,他在 Diophantus,Ⅲ,5 中记录道 $2^2+3^2+6^2=\square$.

Legendre[⑨] 证明了(Beguelin[⑩] 的声明)每个正整数,不是 $8n+7$ 或 $4n$ 型的,是 3 个没有公因子的平方数的和;证法是通过 t^2+cu^2 的互反二次因子定理得到的.在 $2(2a+1)=x^2+y^2+z^2$ 中,平方数中的两个必定是奇数,且第 3 个是偶数.因此我们可以设

$$x=p+q$$

---

① Nouv. Mém. Acad. Roy. Berlin, année 1775, 356-357; Oeuvres, Ⅲ, 795. In the quotation from Fermat, sum of a square and a double square should read sum of three squares.

② Oeuvres, Ⅱ, 405; Ⅲ, 318; letter to K. Digby, June, 1658.

③ Acta Acad. Petrop., 3, 1779, 40-8. L. Euler's Comm. Arith., Ⅱ, 463.

④ Hist. et Mém. Acad. Roy. Sc. Paris, 1785, 514-515.

⑤ Oeuvres, Ⅱ, 405; Ⅲ, 318; letter to K. digby, June, 1658.

⑥ Incomplete. Cf. A. Genocchi, Atti Accad. Sc. Torino, 15, 1879-1880, 803; Gauss.

⑦ Origine, Trasporto in Italia... Algebra, 1, 1797, 97.

⑧ L'intermédiaire des math., 17, 1910, 278; Sphinx-Oedipe, 1907-1908, 27.

⑨ Théorie des nombres, 1798, 398-399 (stated p. 202); ed. 2, 1808, 336-339 (p. 186); ed. 3, Ⅰ, 1830, 393-395 (German transl. by Maser, Ⅰ, 1893, 386-388).

⑩ Mém. Acad. Roy. Belgique, 52, 1893-1894, 21.

$$y=p-q$$
$$z=2r$$

并得到 $2a+1=p^2+q^2+2r^2$. 又因为任意整数是 $2^{2n}(2a+1)$ 或者 $2^{2n}\cdot 2(2a+1)$ 型的,且后者等于一个 ③;因此,任意整数或者它的 2 倍是一个 ③. 两个 ③ 的积不生成一个 ③,因为 $(1+1+1)(16+4+1)$ 不是一个 ③.

C. F. Gauss[①] 确定了正常表示 x,y,z 的数量 $\phi(m)$,不具有一个整数 m 表示成一个 ③ 的公因子(且看成与 y,x,z 不同和与 $-x,y,z$ 不同;等等). 令 h 为行列式 $-m$ 的真本原二元二次型在主亏格中的类数,令 μ 为 m 的相异素因子数,则

$$\phi(m)=3\cdot 2^{\mu+2}h, m\equiv 1,2,5,6 \pmod 8$$
$$\phi(m)=2^{\mu+2}h, m\equiv 3 \pmod 8$$

特别地,我们有 Legendre[②] 定理. 但 $x,y,z;-x,y,z;y,x,z;\cdots$ 的平方数给出了将 m 分解为 ③ 的同样的分解. m 的分解结果中的数与由 Legendre[③] 通过(不完全是)归纳法导出的 m 为素数的情形相一致.

A. Cauchy[④] 记录道(作为 Legendre 定理[⑤]的推论)若 a 是任意整数,4^a 是 4 整除 a 的最高次幂,则 a 是一个 ③,当且仅当 $\frac{a}{4^a}$ 不是 $8n+7$ 型的.

J. R. Young[⑥] 通过取 $w=x+p$ 和理性地找到 x,或通过设 $y^2=2xz$,求解了方程

$$x^2+y^2+z^2=w^2$$

那么若 w 已知,取 $y=pz$,由此发现 z 为 p 中的项. 为找到调和数列中平方和是平方数的 3 个数,取 $\frac{1}{x\pm y},\frac{1}{x}$ 为这 3 个数;条件 $3x^4+y^4=\square$ 满足当 $x=2$ 时,$y=1$.

C. Gill[⑦] 记录道 $2mn(k^2+l^2)$,$2kl(m^2-n^2)$ 和 $(k^2-l^2)(m^2-n^2)$ 的平方和等于 $(k^2+l^2)(m^2+n^2)$ 的平方.

---

① Disq. Arith. ,1801,Art. 291;Werke,Ⅰ,1863,343;German transl. by H. Maser,pp. 329-333. Cf. H. J. S. Smith,British Assoc. Report,1865;Coll. Math. Papers,Ⅰ,324.

② Théorie des nombres,1798,398-399(stated p. 202);ed. 2,1808,336-339(p. 186);ed. 3,Ⅰ,1830,393-395(German transl. by Maser,Ⅰ,1893,386-388).

③ Hist. et Mém. Acad. Roy. Sc. Paris,1785,514-515.

④ Mém. Sc. Math. Phys. de I'Institut de France,(1),14,1813-1815,177;Oeuvres,(2),Ⅵ,323.

⑤ Théorie des nombres,1798,398-399(stated p. 202);ed. 2,1808,336-339(p. 186);ed. 3,Ⅰ,1830,393-395(German transl. by Maser,Ⅰ,1893,386-388).

⑥ Algebra,1816;S. Ward's Amer. ed. ,1832,326-327.

⑦ The Gentleman's Math. Companion,London,5,No. 29,1826,364.

C. G. J. Jacobi① 应用椭圆函数证明了

$$\left\{\sum_{m=-\infty}^{+\infty}(-1)^m x^{\frac{3m^2+m}{2}}\right\}^3=\sum_{n=0}^{\infty}(-1)^n(2n+1)x^{\frac{n^2+n}{2}} \tag{1}$$

这一结果也出现在 Gauss 去世后出版的一些文章中.

Jacobi② 给出了式(1) 的一个初等证法.用 x^{24} 替换 x,并用 x^3 乘以得到的方程;我们有

$$\left\{\sum_{m=-\infty}^{+\infty}(-1)^m x^{(6m+1)^2}\right\}^3=\sum_b(-1)^{\frac{b-1}{2}}bx^{3b^2}\quad (b\text{ 是奇数},b>0) \tag{2}$$

当 m 为正时,设 $a=6m+1$;当 m 为负时,设 $a=-6m-1$;因此

$$\left(\sum_a \pm x^{a^2}\right)^3=\sum_b(-1)^{\frac{b-1}{2}}bx^{3b^2}$$

其中 a,b 取遍使 a 不被 3 整除的所有奇整数.若 $a=12k\pm1$,则式中左边项取"+";若 $a=12k\pm5$,则其取"—".展开式中给出了下面的定理:若一个数 $24k+3$ 不是 $3b^2$ 型的,以所有可能的方式表示成3个平方数 $(6m\pm1)^2$ 的和,计算 3 个互异平方数每种情形中的两个,则其中 1 个或 3 个 m 是偶数的分解法的数量,等于其中的1个或3个 m 是奇数的分解法的数量.但对于 $3b^2$ 第1个数超过第2个数,当且仅当 $b\equiv1(\mathrm{mod}\ 4)$,超出量总是 $\left[\frac{b}{3}\right]$.

若 N 为任意奇整数,式(2) 表明若 $N>1$,则

$$3N^2=(6m+1)^2+(6m_1+1)^2+(6m_2+1)^2$$

以多于一种方式存在,因此平方数不必全都相等.故

$$N^2=n^2+2n_1^2+6n_2^2$$
$$n=2(m+m_1+m_2)+1$$
$$n_1=2m-m_1-m_2$$
$$n_2=m_1-m_2$$

其中 n_1,n_2 不全为0.若必要的话,改变 n 的符号,我们可以假定 $N-n$ 能被 4 整除.令 N 为素数.那么 $\frac{N-n}{4}$ 与 $\frac{N+n}{2}$ 是互素的,且每个整除 $n_1^2+3n_2^2$,由此每个都是后者的形式

$$\frac{1}{2}(N+n)=\alpha^2+3\gamma^2$$

$$\frac{1}{4}(N-n)=\beta^2+3\delta^2$$

---

① Fund. nova func. ellip. ,1829, § 66(7);Werke, Ⅰ ,p. 237(7).

② Jour. für Math. ,21,1840,13-32;Werke,Ⅵ,281-302. French transl. ,Jour. de Math. ,7,1842,85-109.

因此,每个素数能被表示为

$$\alpha^2+2\beta^2+3\gamma^2+6\delta^2$$

的形式.因为两个这样表达式的积等于同种形式,每个数都能被表示成那种形式.

G. L. Dirichlet① 评论道:通过应用他的对于二元二次型类数 h 的公式,人们能给出将 m 表示成一个 3(Gauss②) 的正常表示数 $\phi(m)$ 的一个新的表达式.根据 G. Eisenstein③,结果是

$$\phi(m)=24\sum_{s=1}^{\left[\frac{m}{4}\right]}\left(\frac{s}{m}\right),m\equiv 1(\bmod 4)$$

$$\phi(m)=8\sum_{s=1}^{\left[\frac{m}{2}\right]}\left(\frac{s}{m}\right),m\equiv 3(\bmod 4)$$

其中 $\left(\frac{s}{m}\right)$ 是 Jacobi 符号,且若 s,m 有一个公因子,则为 0.

T. Weddle④ 注意到,若 (a,p,z),(b,q,z') 和 (c,r,z'') 为椭球的共轭半轴系统的端点,则

$$(a^2+b^2+c^2)(p^2+q^2+r^2)=(aq-bp)^2+(ar-cp)^2+(br-cq)^2$$

J. R. Young⑤ 注意到在第八章中的 Euler 公式(1)中取 $d=s=0$,$ap+bq+cr=0$ 得到最终公式.但若取 $d=s=0$,$\frac{a}{p}=\frac{b}{q}$,我们得到

$$(a^2+b^2+c^2)(p^2+q^2+r^2)=(ap+bq+cr)^2+(ar-cp)^2+(br-cq)^2$$

G. L. Dirichlet⑥ 给出了 Legendre⑦ 定理的一个漂亮证法.令 a 为非 $4n$,$8n+7$ 型正整数.它足以表明存在首系数为 a 的行列式 $+1$ 的一个正三元二次型 F.确切地,这样一个形式等价于 $x^2+y^2+z^2$,使得后者能通过行列式单位元的一个置换被变换为 F;因此 a 为置换系数(没有公因子)的 3 个平方数的和.现在三元形式

$$ax^2+by^2+cz^2+2a'yz+2xz\quad(\Delta=bc-a'^2)$$

---

① Jour. für Math.,21,1840,155;Werke,1,1889,496.

② Disq. Arith.,1801,Art. 291;Werke,Ⅰ,1863,343;German transl. by H. Maser,pp. 329-333. Cf. H. J. S. Smith,British Assoc. Report,1865;Coll. Math. Papers,Ⅰ,324.

③ Jour. für Math.,35,1847,368. Cf. T. Pepin,Atti Accad. Pont. Nuovi Lincei,37,1883-1884,44.

④ Cambridge and Dublin Math. Jour.,2,1847,13-19.

⑤ Trans. Irish Acad.,21,Ⅱ,1848,330.

⑥ Jour. für Math.,40,1850,228-232;Werke,2,1897,91. French transl. by J. Houël,Jour. de Math.,(2),4,1859,233.

⑦ Théorie des nombres,1798,398-399(stated p. 202);ed. 2,1808,336-339(p. 186);ed. 3,Ⅰ,1830,393-395(German transl. by Maser,Ⅰ,1893,386-388).

有行列式$+1$，若$b=a\Delta-1$. 若$\Delta>0$，此形式为正. 这足以表明Δ的一个正值能被发现使$-\Delta$为b的一个二次剩余，因此c和a'可以被确定满足$a'^2-bc=-\Delta$. 当$a=4k+2$时，我们取Δ为奇数. 则$b\equiv 1 \pmod 4$. 我们寻找一个适合的素数b. 因为，对于Jacobi符号，有

$$\left(\frac{-1}{\Delta}\right)=\left(\frac{b}{\Delta}\right)=\left(\frac{\Delta}{b}\right)=\left(\frac{-\Delta}{b}\right)=+1$$

Δ一定是$4t+1$型的，由此$b=4at+a-1$. 后者是代数级数的一般项，包括素数. 当$a=8k+1$时，我们取$\Delta=8t+3$，并寻找一个素数p使得$2p=b$. 因为$2p=a\Delta-1$，$p\equiv 1 \pmod 4$，故

$$1=\left(\frac{-2}{\Delta}\right)=\left(\frac{p}{\Delta}\right)=\left(\frac{\Delta}{p}\right)=\left(\frac{-\Delta}{p}\right)=\left(\frac{-\Delta}{b}\right)$$

在级数$p=4at+\frac{1}{2}(3a-1)$中存在一个素数，当$a=8k+3$，$\Delta=8t+1$和$a=8k+5$，$\Delta=8t+3$时，有类似的结果.

H. Burhenne① 注意到，若

$$s=m^2+n^2+p^2$$

和

$$x=2ml-as$$
$$y=2nl-bs$$
$$z=2pl-cs$$
$$l=am+bn+cp$$

则$x^2+y^2+z^2=(a^2+b^2+c^2)s^2$.

H. Faure② 注意到没有数$m^2(8x+7)$为一个 $\boxed{3}$.

V. A. Lebesgue③ 证明了每个奇数p是$x^2+y^2+2z^2$型的，其中x,y,z为不具有公因子的整数. 这方法归于Dirichlet④. 它遵从

$$2p=(x+y)^2+(x-y)^2+(2z)^2$$

J. Liouville⑤ 用$\psi(\mu)$定义了方程

$$x^2+y^2+z^2=\mu$$

的整数解集数. 设$n=2^\alpha m$，m为奇，$\alpha>0$. 令w为小于或等于$\sqrt{n}$的最大整数. 则

---

① Archiv Math. Phys., 20, 1853, 466-468.

② Nouv. Ann. Math., 12, 1853, 336.

③ Jour. de Math., (2), 2, 1857, 149-152.

④ Jour. für Math., 40, 1850, 228-232; Werke, 2, 1897, 91. French transl. by J. Joüel, Jour. de Math., (2), 4, 1859, 233.

⑤ Jour. de Math., (2), 5, 1860, 141-142.

$$\sum (As^4 + Bs^2 + C)\psi(n - s^2) = (3An^2 + 6Bn + 24C)\sigma(m)$$
$$(s = 0, \pm 1, \cdots, \pm w)$$

其中 $\sigma(m)$ 为 m 的因子和.

L. Kronecker① 通过应用椭圆函数级数证明了将 n 表示成一个 ③ 的表示法的数量为 $24F(n) - 12G(n)$，其中 $G(n)$ 是行列式 $-n$ 的二元二次型的类数，$F(n)$ 是行列式 $-n$ 的这种形式的类的数量，其中两个外系数中至少有一个是奇数. 这一结论给出了 Gauss② 定理，因为 $G(n) = F(n)$，若 $n \equiv 1$ 或 $2 \pmod 4$；$G(n) = 2F(n)$，若 $n \equiv 7 \pmod 8$；$3G(n) = 4F(n) + t$，若 $n \equiv 3 \pmod 8$，其中若 n 为一个奇平方数的 3 倍，则 $t = 2$，其余情形 $t = 0$.

J. Liouville③ 注意到，若 $m \equiv 3 \pmod 8$，则方程 $m = i^2 + i_1^2 + i_2^2$，其中 i, i_1, i_2 均为正奇数的解的数量为

$$\rho\left(\frac{m - 1^2}{2}\right) + \rho\left(\frac{m - 3^2}{2}\right) + \cdots$$
$$= \rho'(m) + 2\rho'(m - 4 \cdot 1^2) + 2\rho'(m - 4 \cdot 2^2) + \cdots$$

其中 $\rho'(n)$ 为 n 的小于$\sqrt{n}$ 的 $4\mu + 1$ 型因子的数量超出其 $4\mu + 3$ 型因子的数量的超出量，而 $\rho(n)$ 为 n 的所有因子的相对应超出量.

V. A. Lebesgue④ 阐述了方程 $t^2 = x^2 + y^2 + z^2$ 的所有解由

$$t = G(e^2A + f^2C)$$
$$x = G(e^2A + f^2C)$$
$$y^2 + z^2 = 4e^2f^2G^2AC$$

给出，其中

$$G = g^2 + h^2$$
$$A = a^2 + b^2$$
$$C = c^2 + d^2$$

在恒等式

$$t^2 - x^2 = y^2 + z^2$$

中，令 $g = 1, h = 0$，并用 $\alpha, \beta, \gamma, \delta$ 替换 ae, be, cf, df，我们得到

$$(\alpha^2 + \beta^2 + \gamma^2 + \delta^2)^2 = (\alpha^2 + \beta^2 - \gamma^2 - \delta^2)^2 + 4(\alpha\gamma + \beta\delta)^2 + 4(\alpha\delta - \beta\gamma)^2 \quad (3)$$

---

① Jour. für Math., 57, 1860, 253. French transl., Jour. de Math., (2), 5, 1860, 297. Cf. Mordell. For $n \equiv 3 \pmod 8$, C. Hermite, Jour. de Math., (2), 7, 1862, 38; Comptes Rendus Paris, 53, 1861, 214; Oeuvres, Ⅱ, 109.

② Disq. Arith., 1801, Art. 291; Werke, Ⅰ, 1863, 343; German transl. by H. Maser, pp. 329-333. Cf. H. J. S. Smith, British Assoc. Report, 1865; Coll. Math. Papers, Ⅰ, 324.

③ Jour. de Math., (2), 7, 1862, 43-44. Cf. Liouville of Ch. Ⅺ.

④ Comptes Rendus Paris, 66, 1868, 396-398.

第八章的Euler公式(1)的一个特例[1]. 因为每个整数 n 为一个 $\boxed{4}$, n^2 为三个平方数的和(大体上,每个都不为0).

A. Genocchi[2] 证明了Fermat的声明,即任意素数 $8k-1$ 的2倍为一个 $\boxed{3}$.

J. Liouville[3] 指出,若 $m\equiv 1 \pmod 4$,且 F 是任意函数

$$\sum(-1)^{s+\frac{i^2-1}{8}}F(w)=\sum(-1)^{s_1}F(w_1)$$

对于所有分解 $i^2+w^2+16s^2=m=i_1^2+w_1^2+8s_1^2$ 总结,其中 i 和 i_1 是正奇数,而 w 和 w_1 是偶数. G. Zolotaref[4] 应用椭圆函数给出了一个证法.

E. Catalan[5] 注意到,在

$$(6x\pm1)^2+(6y\pm1)^2+(6z\pm1)^2=3(2n+1)^2$$

中, $x+y+z$ 的偶值的数量超出其奇值的数量的超出量为 $(2n+1)(-1)^n$. 将 $3(2n+1)^2$ 分解为一个 $\boxed{3}$ 至少有 $\left[\frac{2n+1}{6}\right]$ 种分解法. 一个奇平方数的6倍[6]为三个平方数的和,其中的两个是 $(6\mu\pm1)^2$ 型的,且第三个是 $4(6k\pm1)^2$. 在方程

$$4x^2+4y^2+(2z+1)^2=(2n+1)^2$$

中, x 的偶值的数量超出其奇值的数量的超出量为 $\frac{(2n+1)(-1)^n-1}{4}$. 若素数 p 不为 $\boxed{2}$,则 p^2 为 $\boxed{3}$.

Catalan阐述,且V. A. Lebesgue[7] 证明了一个 $\boxed{3}$ 的平方仍是一个 $\boxed{3}$,因为式(3)对于 $\delta=0$ 变成了

$$(\alpha^2+\beta^2+\gamma^2)^2=(\alpha^2+\beta^2-\gamma^2)^2+(2\alpha\gamma)^2+(2\beta\gamma)^2 \tag{4}$$

这个公式被Euler[8] 所应用.

J. Neuberg[9] 也给出了式(4).

Catalan[10] 给出了恒等式

$$\begin{aligned}&(a^2+b^2+c^2+ab+bc+ac)^2\\&=(a+c)^2(a+b)^2+(b+c)^2(a+b)^2+(c^2+ac+bc-ab)^2\end{aligned}$$

并通过记法的改变推断出了

---

① Also given in Bellacchi's Algebra, 1, 1869, 105.

② Annali di Mat., (2), 2, 1868-1869, 256.

③ Jour. de Math., (2), 15, 1870, 133-136.

④ Bull. Acad. Sc. St. Pétersbourg, 16, 1870-1871, 85-87.

⑤ Recherches sur quelques Produits indéfinis, Mém. Acad. Roy. Belgique, 40, 1873, 61-191; extract in Nouv. Ann. Math., (2)13, 1874, 518-523.

⑥ Repeated by Catalan, Nouv. Ann. Math., (2), 14, 1875, 428.

⑦ Nouv. Ann. Math., (2), 13, 1874, 64, 111.

⑧ Archiv Math. Phys., (3), 24, 1916, 87-89.

⑨ Nouv. Corresp. Math., 1, 1874-1875, 195-196.

⑩ Ibid., 153; 2, 1876, 117.

$$(f^2+2g^2+h^2)^2=(f^2-h^2)^2+\{2g(f+h)\}^2+(2fh-2g^2)^2$$
$$=\{2g(f+h)\}^2+\{2g(f-h)\}^2+(f^2-2g^2+h^2)^2$$

Catalan① 经验地阐述了不被 5 整除的任意奇平方数的 3 倍是除 2 和 3 外的三个素数的平方和.

G. H. Halphen② 通过他的③递归公式 x 的因子和 $s(x)$ 的余因子是奇数证明了每个素数 $8m+3$ 是一个 ③. 令 x 不为平方数,② 或 ③;则没有一个变元 $x-n^2$ 为 ②,使得 $s(x)$ 能被 8 整除. 仍令 x 为一个素数,使得 $s(x)=x+1$. 因此,不为 ② 或 ③ 的一个素数是 $8m-1$ 型的.

U. Dainelli④ 通过积分法导出了 Catalan⑤ 公式的 $c=0$ 的情形

$$(a^2+ab+b^2)^2=(ab)^2+\{a(a+b)\}^2+\{b(a+b)\}^2$$

S. Réalis⑥ 注意到,若

$$k=A^2+B^2+C^2$$
$$z=\alpha^2+\beta^2+\gamma^2$$
$$z_1=A(\beta^2+\gamma^2-\alpha^2)-2\alpha(B\beta+C\gamma)$$
$$z_2=B(\alpha^2-\beta^2+\gamma^2)-2\beta(C\gamma+A\alpha)$$
$$z_3=C(\alpha^2+\beta^2-\gamma^2)-2\gamma(A\alpha+B\beta)$$

则 $kz^2=z_1^2+z_2^2+z_3^2$. 将 $A=1,B=C=0$ 的情形表示一个 ③ 的平方是一个 ③. 将$A=\gamma,B=\beta,C=\alpha$ 的情形表示一个 ③ 的 3 次方为一个 ③.

H. S. Monck⑦ 注意到,若 a,b,c 为一个长方体的整数边,且对角线 d 为整数,则 $a^2+b^2+c^2=d^2$,且另外有边 $a+b+d,a+c+d,b+c+d$ 和对角线 $a+b+c+2d$. 由

$$a=1,b=-2,c=2,d=3$$

我们得到新的边 2,3,6 和对角线 7.

S. Réalis⑧ 给出了一个复杂的恒等式

$$x^2+y^2+z^2=t^2+u^2+v^2$$
$$x=\alpha^2+\beta^2+\gamma^2-\delta^2-\varepsilon^2$$
$$\vdots$$

① Nouv. Corresp. Math. ,3,1877,29.

② Bull. Soc. Math. France,6,1877-1878,180.

③ Math. Quest. Educ. Times,(2),21,1912,23.

④ Giornale di Mat. ,15,1877,378.

⑤ Ibid. ,153;2,1876,117.

⑥ Nouv. Corresp. Math. ,4,1878,325. Cf. Malfatti of Ch. Ⅷ.

⑦ Math. Quest. Educ. Times,29,1878,74.

⑧ Nouv. Ann. Math. ,(2),18,1879,505-506.

据说给出了方程的所有解. 他给出了一个类似的恒等式，据说给出了 $\boxed{4}=\boxed{4}$ 的所有解. 补充若 N 没有平方因子，且是 $4p+1,4p+2,8p+3$ 型中的一个，则 N 为一个 $\boxed{3}$ 这个定理，他指出 N 为 $x^2+y^2+z^2$ 与 x^2,y^2,z^2 公因子的商，其中 x,y,z 为上面已知的.

F. Pisani① 讨论了 $u^2+(u+1)^2=(x-1)^2+x^2+(x+1)^2$，由此 $(2u+1)^2=6x^2+3$. 因此 $2u+1=3y,2x^2-xy^2=-1$. 一个无穷解被发现来自连分数 $\sqrt{\frac{3}{2}}$.

S. Réalis② 将一个 $\boxed{2}$ 表示为

$$2(\alpha^2-\beta^2-\gamma^2+\delta^2)+2\alpha(2\beta+3\gamma+4\delta)$$

的 3 个平方数的和和两个类似的表示法. 他给出了将 $9P^n$ 和 $18P^n$ 表示为 $\boxed{3}$ 的表示法，其中 $P=a^2+b^2$.

E. Catalan 指出，且 Réalis③ 证明了 3 的每个方幂是同 3 互素的 3 个平方数的和. Réalis 表示 $n^2(x^2+y^2+z^2)$ 为一个 $\boxed{3}$，其中 $n=a^2+ab+b^2$.

Catalan④ 证明了，若 $a\equiv b(\bmod 3)$，a^2+b^2 为 3 个不为零的平方数的和；又若 $a\equiv b(\bmod x+y)$ 且 $2xy=\square$. 也有 3 的每个方幂是 3 个与 3 互素的平方数的和. 他⑤证明了 a^2+ab+b^2 的每个偶次幂为一个 $\boxed{3}$，且给出了特殊恒等式 $\boxed{3}\cdot\boxed{3}=\boxed{3}$.

O. Schier⑥ 通过令 $y=x+\beta,z=x+\gamma,u=x+\delta$，并取 $\beta+\gamma=\delta$ 求解了方程

$$x^2+y^2+z^2=u^2$$

那么

$$2x^2=\delta^2-\beta^2-\gamma^2$$
$$x^2=\beta\gamma=(y-x)(z-x)$$

由此 $x=\frac{yz}{y+z}$. 用 $y+z$ 乘这些值，我们得到 Dainelli⑦ 的恒等式.

J. Neuberg⑧ 注意到，当

---

① Nouv. Ann. Math., (2), 19, 1880, 524-526. Same in Zeitschr. Math. Naturw. Unterricht, 12, 1881, 268. Cf. Lionnet of Ch. XII.

② Ibid., (2), 20, 1881, 335-336.

③ Mathesis, 1, 1881, 73, 87.

④ Atti Accad. Pont. Nuovi Lincei, 34, 1880-1881, 63-64, 135-136.

⑤ Ibid., 35, 1881-1882, 103-114. Extract in sphinx-Oedipe, 5, 1910, 54-55.

⑥ Sitzungsber. Akad. Wiss. Wien(Math.), 82, II, 1881, 890-891.

⑦ Giornale di Mat., 15, 1877, 378.

⑧ Mathesis, 2, 1882, 116; (4), 4, 1914, 116-117.

$$\frac{x}{a}=\frac{y}{b}=\frac{z}{c}=k^2+3$$

$$X=a(k^2-1)+2b(k+1)-2c(k-1)$$

时，$x^2+y^2+z^2=X^2+y^2+Z^2$，Y 与 Z 由循环排列 a,b,c 从 X 中导出.

S. Réalis① 给出了涉及 5 个参数的表达式满足

$$X^2+Y^2+Z^2=k(x^2+y^2+z^2)$$

其中 $k=7,19,67$，且从一个已知参数中推断解的公式.

L. Kronecker② 应用具有两对同步变量的二次型类数来找到将任意整数表示成一个 3 的方法的数量，与 Gauss③ 一致.

E. Catalan④ 指出 $x^2+y^2=u^2+v^2+w^2$ 的所有解不重复地由

$$u=x+\alpha$$

$$v=y-\beta$$

$$x=sp+\beta\theta$$

$$y=sq+\alpha\theta$$

给出，其中 $2s=\alpha^2+\beta^2+w^2$，且 α,β 为互素整数，而 $\beta q-\alpha p=1$. 若 $r,s=\pm a+\sqrt{a^2+b^2}$，且 $n>1$，则⑤

$$\frac{r^{2n-1}+s^{2n-1}}{r+s}$$

为一个 2 和 3. 因此，对于 x,y 是大于 1 的互素整数 $x^{4n}-x^{4n-2}y^2+\cdots+y^{4n}$ 同样为真.

G. C. Gerono⑥ 注意到，若 N^2 是两个连续整数的平方和，则 N 为 3 个整数（其中 2 个是连续的）的平方和，例如 $29^2=20^2+21^2$，$29=2^2+3^2+4^2$.

Catalan⑦ 注意到，一个 3 每个方幂等于一个 3，因为

$$(x^2+y^2+z^2)^3$$
$$=y^2(3z^2-x^2-y^2)^2+x^2(3z^2-x^2-y^2)^2+z^2(z^2-3x^2-3y^2)^2$$

为了求解方程

$$x^2+y^2=u^2+v^2+w^2$$

设 $u=x+\alpha$，$v=y-\beta$. 那么 $\beta y-\alpha x=s$，其中

---

① Mathesis, 2, 1882, 64-67.

② Abh. Akad. Berlin(Math.), 2, 1883, 52; Werke, 2, 1897, 483.

③ Disq. Arith., 1801, Art. 291; Werke, Ⅰ, 1863, 343; German transl. by H. Maser, pp. 329-333. Cf. H. J. S. Smith, British Assoc. Report, 1865; Coll. Math. Papers, Ⅰ, 324.

④ Assoc. franç. av. sc., 12, 1883, 98-101.

⑤ Also stated Nouv. Ann. Math., (3), 3, 1884, 342; Mathesis, 6, 1886, 65, 113.

⑥ Nouv. Ann. Math., (3), 2, 1883, 329.

⑦ Atti Accad. Pont. Nuovi Lincei, 37, 1883-1884, 54-56.

$$s=\frac{1}{2}(\alpha^2+\beta^2+w^2)$$

取 α,β 互素，且 w 使 s 为整数. 当 $\beta q-\alpha p=1$ 时，所有解由 $x=sp+\beta\theta, y=sq+\alpha\theta$ 不重复地给出. (Catalan①)

Catalan 指出，且 E. Fauquem bergue② 证明了，除非 $x=1$ 或 $4a^2+1$，$(a^2+1)x^2=y^2+1$ 暗含着 x 为一个 $\boxed{3}$，因为方程 $y^2-Ax^2=-1$ 的所有解(若任意)由 $\sqrt{A}$ 的连分数的偶数排的收敛项给出. 后来由 $2\alpha+1,\alpha-1,\alpha+1$ 和 $2\alpha^2+1,\beta^2-1,2\alpha^2-\beta^2+1,2\alpha\beta$ 证明了 $x^2+y^2=u^2+v^2+1$ 是满足的.

J. W. L. Glaisher③ 证明了，若用

$$(2p+1)^2+(4r)^2+(4s)^2$$
$$(2p+1)^2+(4r+2)^2+(4s+2)^2$$

表示 $8n+1$ 的表示法的数量分别为 R_1,R_2，则 $R_1=R_2$，除非 $8n+1$ 是一个平方数，然而若 $8n+1=t^2$，则

$$R_1-R_2=6t(-1)^{\frac{t-1}{2}}$$

Catalan④ 注意到，$\delta=0$ 的式(3) 不能给出方程 $u^2=x^2+y^2+z^2$ 的所有解，例如对于 $u=27$ 没有给出. 但所有原始解(u,x,y,z 无公因子) 据说由式(3) 给出. 有几个恒等式给出 $(x^2+y^2+z^2)^2=\boxed{3}$ 的一个(但不是全部) 无穷解.

A. Desboves⑤ 注意到，在

$$X^2+Y^2+Z^2=U^2$$

的整数中，完全解由恒等式

$$[2(p^2+q^2-s^2]^2+\{2[(p-s)^2-q^2+p(q-s)]\}^2+$$
$$[(q-s)^2-p^2+4q(p-s)]^2=\{3[(p-s)^2+q^2]+2s(p-q)\}^2$$

给出.

Catalan⑥ 注意到，若 $x^2+y^2+z^2=1, xx'+yy'+zz'=0$，则

$$(x'^2+y'^2+z'^2)\{(yz''-zy'')^2+(zx''-xz'')^2+(xy''-yx'')^2\}$$
$$=(x'x''+y'y''+z'z'')^2+\{(yz''-zy'')x'+(zx''-xz'')y'+$$
$$(xy''-yx'')z'\}^2$$

Catalan⑦ 探讨了 $u^2=x^2+y^2+z^2$. 因为一个素数 $4\mu+1$ 是 y^2+z^2 型的，

---

① Assoc. franç. av. sc. ,12,1883,98-101.

② Nouv. Ann. Math. ,(3),3,1884,538. Cf. Catalan of Ch. Ⅻ.

③ Quar. Jour. Math. ,20,1885,94.

④ Bull. Acad. Roy. Belgique,(3),9,1885,531.

⑤ Nouv. Ann. Math. ,(3),5,1886,232.

⑥ Mém. Soc. Roy. Sc. Liège,(2),13,1886,34-39(Mélanges Math. Ⅲ).

⑦ Ibid. ,(2),15,1888,73-75,211,259(Mélanges Math. Ⅲ,1885,120).

一个解由

$$u=2\mu+1$$
$$x=2\mu$$

给出.我们可以设

$$u+x=\alpha^2+\beta^2$$
$$u-x=\gamma^2+\delta^2$$

并得到一个解生成恒等式(3).

C. Hermite① 列出了将一个整数表示成二元二次型类数的项中的三个和五个平方数的表示法的数量.

J. W. L. Glaisher② 认为当 $n\equiv 3(\bmod 4)$,a,b,c 为相异奇数时,n 的成分 $a^2+b^2+c^2,a^2+b^2+b^2,a^2+a^2+a^2$ 是三个平方数的和,并从它们中形成了各自的量 $8a\alpha+8b\beta+8c\gamma,4a\alpha+8b\beta,4a\alpha$,其中 $\alpha=(-1)^{\frac{a-1}{2}},\cdots,\gamma=(-1)^{\frac{c-1}{2}}$.这些量因此由 n 的等价表达式

$$\sigma(n)-2\sigma(n-4)+2\sigma(n-16)-2\sigma(n-36)+\cdots$$

的所有组合导出,其中 $\sigma(k)$ 是 k 的因子和.若我们对各自组合 $a^2+b^2+c^2,a^2+b^2+0,a^2+b^2+b^2,a^2+0+0$ 应用量 $8a\alpha,4a\alpha,4a\alpha,a\alpha$,这个结果对于 $n\equiv 1(\bmod 4)$ 也成立,其中 a 是奇数,b 和 c 是偶数,它们互不相同,且不等于0.将 n 表示为3个平方数和的表示法的数量被以几种方式表示成涉及将 k 表示成两个平方数和的表示法的数量的一个级数.

E. Catalan③ 注意到,若

$$x'x''+\cdots=1$$
$$x=x'-x''\sum x'^2$$
$$\vdots$$

则

$$3\{(a+2b-1)^2+(b+2a-1)^2+(a-b)^2\}$$
$$=(3a-1)^2+(3b-1)^2+(3a+3b-2)^2$$
$$(x^2+y^2+z^2)(x'^2+y'^2+z'^2)=\sum_{(3)}(yz''-zy'')^2$$

De Rocquigny④ 通过应用

$$(a^2+\lambda b^2)(a_1^2+\lambda b_1^2)=(aa_1+\lambda bb_1)^2+\lambda(ab_1-a_1b)^2$$

---

① Jour. für Math. ,100,1887,60,63;Oeuvres,Ⅳ,233,237.

② Messenger Math. ,21,1891-1892,122-130.

③ Assoc. franç. av. sc. ,1891,Ⅱ,195-197.

④ Mathesis,(2),2,1892,136.

$$\lambda = c^2 + d^2$$

得到了 [3]·[3]=[3] 的一个解.

Catalan[①] 取第八章的 Euler 的式(1) 中的第四个变量为 0,得到

$$P \equiv (x^2 + y^2 + z^2)(x_1^2 + y_1^2 + z_1^2)$$
$$= (xx_1 + yy_1 + zz_1)^2 + (xy_1 - yx_1)^2 + (yz_1 - zy_1)^2 + (zx_1 - xz_1)^2$$

取 $x : x_1 = y : y_1$(Young[②]),我们得到 $P =$ [3];但这个条件对于

$$(9 + 4 + 1)(1 + 1 + 1) = 25 + 16 + 1$$

是不必要的.

K. Th. Vahlen[③] 从一些分解定理中推断出了式(1). 恒等式

$$\alpha^2 + 2\beta^2 + 3\gamma^2 + 6\delta^2 = \alpha^2 + (\beta + \gamma + \delta)^2 + (-\beta + \gamma + \delta)^2 + (\gamma - 2\delta)^2$$

和 Jacobi 的[④]最终结果表明每个数为一个 [4].

Catalan[⑤] 证明了若 p 不是 [2],则 p^2 是 [3]. 因为,若 $p = a^2 + b^2 + c^2$,则

$$p^2 = (a^2 + b^2 - c^2)^2 + (2ac)^2 + (2bc)^2$$

若 $p = a^2 + b^2 + c^2 + d^2$,则

$$p^2 = (a^2 + b^2 - c^2 - d^2)^2 + 4(a^2 + b^2)(c^2 + d^2)$$

Catalan[⑥] 注意到每个大于 1 的奇平方数是两个或三个平方数的和.

P. Bachmann[⑦] 考虑了将 s 分解成 3 个相异平方数 $\alpha^2 + \alpha_1^2 + \alpha_2^2$ 的数目 A,其中 $\alpha, \alpha_1, \alpha_2$ 中的 1(或 3) 个是 $12k \pm 1$ 型的,且余下的是 $12k \pm 7$ 型的;使其逆为真的分解成 3 个互异平方数的分解的数量 A';分解 $s = \alpha^2 + 2\alpha_1^2$ 的分解的数量 B,其中 α, α_1 为互异的,且 α 是 $12k \pm 1$ 型的;和这样的分解的数量 B',其中 $\alpha = 12k \pm 7$. 他证明了

$$2A + B = 2A' + B' + D'$$

其中 $D = 0$ 或 $\dfrac{(-1)^i(2i + 1) - j}{3}$,根据 s 是否为 $3(2i + 1)^2$ 型的,且 j 是 $(-1)^i(2i + 1)$ 的绝对最小剩余模 3.

Bachmann[⑧] 给出了 [3] 的定理的一个阐述.

---

① Mathesis,(2),3,1893,105-106.

② Trans. Irish Acad.,21,Ⅱ,1848,330.

③ Jour. für Math.,112,1893,23.

④ Jour. für Math.,21,1840,13-32;Werke,Ⅵ 281-302. French transl.,Jour. de Math.,7,1842,85-109.

⑤ Mém. Acad. Roy. Belgique,52,1893-1894,21.

⑥ Mathesis,(2),4,1894,27,52-53.

⑦ Die Analytische Zahlentheorie,1894,37-39.

⑧ Arith. der Quadrat. Formen,1898,139-162,600;Niedere Zahlentheorie,2,1910,320-323.

J. F. d'Avillez① 应用 Catalan② 公式来表示平方数 1,3,6,11,17,25,34,45,… 为 ③.

我们可以用7种方式③将1 521表示为一个 ③. 许多恒等式给出等于3个平方数的和已被记录④.

M. A. Gruber⑤ 把 $3^{2n}=$ ③,其中 $n\leqslant 6$ 的解制成了表格.

R. D. Von Sterneck⑥ 给出了式(1) 的一个基本证法.

H. Schubert⑦ 探讨了方程 $x^2+y^2+z^2=u^2$,其中 x,y,z 没有公因子. 它们不都是奇数,像从它们剩余模4所看到的. 因此,我们可以假设 x 和 y 均为偶数,z 和 u 均为奇数. 因此,$\left(\frac{x}{2}\right)^2+\left(\frac{y}{2}\right)^2$ 将被分解成 $\frac{1}{2}(u+z)$,$\frac{1}{2}(u-z)$,它们是通过试验得到的.

P. Whitworth⑧ 把每个为3个平方数(每个大于0)的和且小于或等于64的整数制成表格. R. W. D. Christie 记录了等于三个平方数和的那些情形.

E. Grigorief⑨ 注意到(通过式(3)),若

$$2x=p^2-q^2+r^2-s^2$$

$$y=pq+rs$$

$$2z=p^2+q^2+r^2+s^2$$

$$ps-rq=1$$

当 $p+q+r+s$ 为偶数时,$x^2+y^2+1=z^2$. Escott 列举了 z 的小于500的34个值.

F. Hromádko⑩ 注意到,对于

$$x=n(n+1)$$

有 $n^2+(n+1)^2+x^2=(x+1)^2$,而对于 $z=x+a-b$,$(a-b)x=ab$,有 $a^2+b^2+x^2=z^2$.

Haag⑪ 表明,不为 $(8n-1)p^2$ 型的每个数等于一个 ③.

---

① Jornal de Sc. Math. Phys. e Nat. ,(2),5,1897-1898,90-92.

② Nouv. Corresp. Math. ,153;2,1876,117.

③ Amer. Math. Monthly,5,1898,214.

④ Ibid. ,6,1899,17-20.

⑤ Ibid. ,8,1901,49-50.

⑥ Sitzungsber. Akad. Wiss. Wien(Math.),109,Ⅱa,1900,28-43.

⑦ Niedere Analysis,1,1902,165-166.

⑧ Math. Quest. Educ. Times,(2),1,1902,94-95.

⑨ L'intermédiaire des math. ,10,1903,245.

⑩ Zeitschr. Math. Naturw. Unterricht. ,34,1903,258;35,1904,305.

⑪ Ibid. ,35,1904,57.

H. B. Mathieu① 记录了恒等式

$$(\alpha^2+\beta^2+\gamma^2)[a^2\gamma^2+b^2\gamma^2+(a\alpha+b\beta)^2]$$
$$=[a\alpha\beta+b(\beta^2+\gamma^2)]^2+[a(\alpha^2+\gamma^2)+b\alpha\beta]^2+(\alpha\beta\gamma-b\alpha\gamma)^2$$

G. Humbert② 给出了一些关于将 $M+P\rho$ 分解为这样的三个复整数的平方数的和的定理,其中 $\rho=\frac{1+\sqrt{5}}{2}$.

A. Hurwitz③ 注意到,若 $n=2^{\mu}mq_1^{\alpha_1}q_2^{\alpha_2}\cdots$,其中 $q_1,q_2,\cdots$ 为素数 $4k+3$,m 为素数 $4k+1$ 的方幂的一个积,则

$$n^2=x^2+y^2+z^2$$

有

$$6m\prod\left(q_i^{\alpha_i}+2\,\frac{q_i^{\alpha_i}-1}{q_i-1}\right)$$

个解.除 $n^2=2^{2\mu},5^2\cdot 2^{2\mu}$ 外,其余解均不等于 0,因为 $n^2=x^2+y^2$ 有 $4\sigma(n^2)$ 个解.

A. S. Werebrusow④ 表示一个 ③ 为一个 ③ 的 3 次幂,但出错了.

G. Bisconcini⑤ 给出了式(4) 的解的一个表.

E. Landau⑥ 考虑了小于或等于 x 的整数为 ③ 的数目 $C(x)$.因为一个正整数为一个 ③,当且仅当它不是

$$f=4^a(8b+7),a\geqslant 0,b\geqslant 0$$

型的 f 之一的整数小于或等于 x 的数量为 $[x]-C[x]$.因为有 $\left[\frac{x+1}{8}\right]$ 个整数 $8b+7\leqslant x$

$$[x]=C(x)=\sum_{j=0}^{\infty}\left[\frac{1+\frac{x}{4^j}}{8}\right]$$

$$\lim_{x=\infty}\frac{C(x)}{x}=\frac{5}{6}$$

A. Gérardin⑦ 注意到

$$(mx-ny)^2+(nx+2my)^2=(mx+ny)^2+(nx)^2+(2my)^2$$

---

① L'intermédiaire des math. ,11,1904,273. Taking $\alpha=\beta=\gamma=1$ and replacing b by $b+a$, we get the identity on p. 163.

② Comptes Rendus Paris,142,1906,537.

③ L'intermédiaire des math. ,14,1907,107.

④ Ibid. ,15,1908,275-276;cf. 16,1909,135,256.

⑤ Periodico di Mat. ,22,1907,28-32.

⑥ Archiv Math. Phys. ,(3),13,1908,305.

⑦ Assoc. franç. ,38,1909,143-145.

$$(x-1)^2+x^2+(x+1)^2=1+t^2, t^2=3x^2+1$$

关于$(x,t)=(0,1),(1,2),(4,7),(15,26),(56,97)\cdots$

$$(12m\pm 2)^2+1=(8m\pm 2)^2+(8m\pm 1)^2+(4m)^2$$

被归功于 Lucas.

W. Sierpinski① 注意到,若 k 以 $\tau_3(k)$ 种方式等于一个 ③,则

$$S(x)\equiv \sum \frac{1}{l^2+m^2+n^2}=\sum_{k=1}^{[x]}\frac{\tau_3(k)}{k}$$

$$\lim_{n=\infty}\{S(x)-4\pi\sqrt{x}\}=常数$$

其中 $0<l^2+m^2+n^2\leqslant x$. 整数 l,m,n 的集合的数量满足不等式为 $\frac{4}{3}\pi x^{\frac{3}{2}}+O(x^{\frac{5}{6}})$,其中 O 如第六章中的 Landau② 所述.

E. Landau③ 证明了不为 $4^a(8m+7)$ 型的每个正整数等于一个 ③,应用对于 $x^2+y^2+z^2$ 的判别单位元的每个正三元二次型的等价性.

K. J. Sanjana④ 发现了系统方程

$$x^2=y^2+z^2+u^2$$

$$x+y+z+u=100$$

的解. 令 $x=a+b, y=a-b$. 则

$$z^2+u^2=4ab$$

$$2a=100-z-u$$

因此

$$(z+b)^2+(u+b)^2=2b^2+200b$$

他取 $u+b=z-b$,由此 $z^2=100b$,取 $b=1,4,9,\cdots$,他发现了解 42,40,10,8 和 38,30,20,12. 解 39,34,14,13 被 N. B. Pendse 所记录.

H. B. Mathieu⑤ 阐述了 ③ = ③ 的一般解为

$$lA\pm rB\pm pD$$

$$pA+qB\mp lD$$

$$rA\mp lB-qD$$

① Spraw. Towarz. Nauk(Proc. Sc. Soc. Warsaw),2,1909,117-119.

② Göttingen Nachrichten,1912,691-692.

③ Handbuch... Verteilung der Primzahlen,1,1909,545-505.

④ Jour. Indian Math. Club,2,1910,202.

⑤ L'intermédiaire des math.,17,1910,288. On pp. 72,166,it is shown that his earlier solution,16,1909,220,is not general.

Welsch[①] 给出了

$$l \pm mv$$
$$n \mp pv$$
$$lm - np \mp v$$

作为一般解.

A. Gérardin[②] 给出了恒等式

$$(7a^2+7b^2-12ab)^2=(6a^2+6b^2-14ab)^2+(3a^2-3b^2)^2+(2a^2-2b^2)^2$$

L. Aubry[③] 记录了等于 3 个相异平方数的和的每个素数的一个无穷大的存在性. 每个素数 $p=12n+5>17$ 给出一个解. 我们有 $p=a^2+b^2$,其中 a 和 b 都与 3 互素,因此我们能得到

$$a+b\equiv 0(\bmod 3)$$
$$a^2+b^2=\left(\frac{2a-b}{3}\right)^2+\left(\frac{2a+2b}{3}\right)^2+\left(\frac{2b-a}{3}\right)^2$$

其中,若 $p>17$,则这 3 个平方数是不同的.

L. Aubry[④] 证明了不是一个 $\boxed{3}$ 的平方分解成一个 $\boxed{3}$ 的所有分解都能由式 (4) 给出. x^2+y^2 或 x^2+2y^2 表示成一个 $\boxed{3}$ 的一些表达式在前面已给出.

H. C. Pocklington[⑤] 注意到,若

$$N=4m+1 \text{ 或 } 4m+2$$

则有二次特征 -1 的行列式 $-N$ 有恰当的本原形式;然而若 $N=8m+3$,则有二次特征 -2 的行列式 $-N$ 有非恰当的本原形式. 变换这样的一个形式为(b,f,c),其中$(b,N)=1$. 对于 g 求解 $bg^2\equiv -1(\bmod N)$,并令 $bg^2+1=aN$. 则

$$N=(a,b,c,f,g,0)(bc-f^2,fg,-bg)$$

是利用由一个单位元行列式确定的三元二次型表示 N 的表示法. 用常用方法归纳它,我们得到 $N=\boxed{3}$.

R. F. Davis[⑥] 注意到,若

$$p+q+r=1$$
$$\frac{1}{p}+\frac{1}{q}+\frac{1}{r}=0$$

则

---

① L'intermédiaire des math. ,18,1911,62. Gleizes,21,1914,156-157,stated that we may need to give fractional values to l,m,n,p,v.

② Ibid. ,17,1910,278;Sphinx-Oedipe,1907-1908,27.

③ Sphinx-Oedipe,6,1911,25-26. Proposed bv F. Proth,Nouv. Corresp. Math. ,4,1878,95.

④ L'intermédiaire des math. ,18,1911,236. Cf. M. Rignaux,24,1917,35-36.

⑤ Proc. Cambr. Phil. Soc. ,16,1911,19.

⑥ Math. Quest. Educ. Times,(2),21,1912,23.

$$a^2+b^2+c^2=(pa+qb+rc)^2+(qa+rb+pc)^2+(ra+pb+qc)^2$$

E. Landau① 证明了使 $u^2+v^2+w^2\leqslant x$ 的整数 u,v,w 的解集的数量为 $\frac{4}{3}\pi x^{\frac{3}{2}}+O(x^{\frac{3}{4}+\varepsilon})$，其中 $\varepsilon>0$. 对给定判别式的肯定形式的类数进行了应用.

L. Aubry② 证明了 $pA^2=B^2+C^2+D^2$ 暗含了 p 是 3 个平方数的和；对于四个平方数也类似.

E. N. Barisien③ 记录了式(3) 的各种特殊情形.

G. Mühle④ 求解了 $x^2+y^2+z^2=g^2$，其中 g 已知；也求解了 $x^2+y^2=g^2$ 和 $x^2+y^2=z^2+w^2$.

G. Humbert⑤ 应用一个涉及 ζ 函数的恒等式，证明了若 $f(x)$ 是 x 的任意偶函数，则

$$\sum f(t)=\sum(-1)^{\frac{d-1}{2}}f(d+2h)$$

其中 t 取遍出现在将已知数 $8M+3$ 分解成 $t^2+t_1^2+t_2^2$ 的分解式中，每个 t 都是大于 0 的奇整数，然而在第 2 项中和遍及分解式

$$8M+3=4h^2+dd_1\quad(d_1>d>0)$$

$f=1$ 的情形应归功于 Hermite⑥. 他给出了一个类似的结果和

$$\sum f(t)=2\sum(d_1+d-4h)f(d+2h)$$

$$4N+3=t^2+t_1^2+t_2^2+4l^2+4l_1^2=4h^2+dd_1\quad(t,t_1,t_2\text{ 为奇数})$$

W. C. Eells⑦ 为了求解 $x^2+y^2+z^2=a^2$，取

$$x=2MN$$

$$y=M^2-N^2$$

$$a=m^2+n^2$$

并以任意一个顺序给出 M^2+N^2，z 的值 m^2-n^2，$2mn$. 他把根据 a 的大小排列的 125 个解集制成了表.

A. Gérardin 和 E. Miot⑧ 给出了许多恒等式 $x^2+y^2=u^2+v^2+w^2$.

L. Aubry⑨ 通过应用关于数 x^2+my^2 的因子的定理，给出了不为

---

① Göttingen Nachr. ,1912,693,764-769. Cf. Sierpinski.

② Sphinx-Oedipe,7,1912,81.

③ Ibid. ,8,1913,142,175.

④ Ein Beitrag zur Lehre von den pythagoreischen Zahlen,Progr. ,Wollstein,1913.

⑤ Comptes Rendus Paris,158,1914,220-226;errata,380. Cf. 157,1913,1361-1362.

⑥ Jour. für Math. ,100,1887,60,63;Oeuvres,Ⅳ,233,237.

⑦ Amer. Math. Monthly,21,1914,269-273.

⑧ L'intermédiaire des math. ,21,1914,190-192.

⑨ Sphinx-Oedipe,muméro spécial,Jan. ,1914,1-24.

$4^r(8n+7)$ 型的每个数都等于一个 [3] 的一个很长但基本的证法.

L. J. Mordell[①] 通过应用 ζ 函数证明了 Kronecker[②] 定理.

A. S. Werebrusow[③] 注意到,找到 3 个平方数的 2 个相等和的问题显然等价于 $mm'+nn'+pp'=0$,它的一般解被规定为

$$m=a\beta-b\alpha$$
$$n=a\gamma-c\alpha$$
$$p=a\delta-d\alpha$$
$$m'=c\delta-d\gamma$$
$$n'=d\beta-b\delta$$
$$p'=b\gamma-c\beta$$

他给出了据说能完全求解 $x^2+y^2=u^2+v^2+w^2$ 的长公式.

E. Bahier[④] 发现了方程 $a^2+b^2+c^2=d^2$ 的解,其中 $a+b=d,d=c+1$,$d^2=c^2+r^2$,或 a 和 b 都是给定的数. 他讨论了使 d^2 为 3 个不为 0 的平方数的和的数 d 的性质.

E. Turrière[⑤] 按几何级数导出了式(4),并指出了由方程 $x_1^2+\cdots+x_n^2=R^2$ 给出的一个解.

W. de Tannenberg[⑥] 发现了带有变量 θ 的 $2n$ 次幂的实多项式满足

$$x^2+y^2+z^2=P^2$$

其中 P 是给定的带有 θ 的 $2n$ 次幂多项式,任意实的 θ 不为 0. 因此,设

$$P=(a_1^2-t_1^2)\cdots(a_n^2-t_n^2),t_p=\mathrm{i}(\theta+b_p)$$

对于任意参数 $\alpha_0,\cdots,\alpha_n$,用

$$u_p=(a_pu_{p-1}+t_pv_{p-1})\mathrm{e}^{\mathrm{i}\alpha_p}$$
$$v_p=(a_pv_{p-1}+t_pu_{p-1})\mathrm{e}^{-\mathrm{i}\alpha_p}$$
$$(p=1,\cdots,n)$$

定义两个集合,$u_0=\mathrm{e}^{\mathrm{i}\alpha_0},v_0=\mathrm{e}^{-\mathrm{i}\alpha_0}$. 当 $t_1,\cdots,t_n$ 被改变符号时,将 u,v 变为 u',v'. 通过

$$P-z=2u_nv'_n$$
$$P+z=2v_nu'_n$$

---

① Mess. Math. ,45,1915,78.

② Jour. für Math. ,57,1860,253. French transl. ,Jour. de Math. ,(2),5,1860,297. Cf. Mordell. For $n\equiv 3 \pmod 8$ C. Hermite, Jour. de Math. ,(2),7,1862,38; Comptes Rendus Paris,53,1861,214; Oeuvres,Ⅱ,109.

③ L'intermédiaire des math. ,23,1916,12-13,17-18.

④ Recherche... Triangles Rectangles en Nombres Entiers,1916,234-254.

⑤ L'enseignement math. ,18,1918,90-95.

⑥ Comptes Rendus Paris,165,1917,783-784.

$$x + \mathrm{i}y = 2u_n u'_n$$
$$x - \mathrm{i}y = 2v_n v'_n$$

定义 x,y,z,它们是相容的,因为 $u_n v'_n + v_n u'_n = P$. 取 $t_p = \mathrm{i}(\theta + b_p)$.

对于 3 个平方数的两个等价和,见第八章. 由 Cesàro① 得,将 n 表示成一个 $\boxed{3}$ 有 $\frac{1}{4}\pi n^{\frac{1}{2}}$ 种表示法. 对于一个 $\boxed{3}$ 等于 $2v^2$, v^2 或 v^4,见第十三章,第十五章,第二十二章. 对于不为 $\boxed{3}$ 的数,见第八章. 对于涉及 $\boxed{3} = \square$ 的系统方程,见第七章,第九章,第十九章,第二十一章,第二十二章. 关于涉及 $\boxed{3} = u^3$ 或 u^5 的系统,见第二十章,第二十一章.

① Mém. Soc. Roy. Sc. de Liege,(2),10,1883,No. 6,pp. 199-200.

四个平方数的和

第八章

Diophantus，Ⅳ，31(32)，描述了 4 个数 x_i 使得它们的平方和被加上(减去)一些数的和等于一个给定的数 n. 他取 $n=12$ $(n=4)$. 因为 $x^2\pm x+\frac{1}{4}$ 是一个平方数，$\sum x_i^2\pm\sum x_i+1$ 是 4 个平方数的和，这里 13(5). 因此我们不得不将 13(5) 分解成 4 个平方数，从它们的每个边中减去 $\frac{1}{2}$(或加上 $\frac{1}{2}$) 得到所需平方数的边. 因为

$$13=4+9=\frac{64}{25}+\frac{36}{25}+\frac{144}{25}+\frac{81}{25}$$

$$\left(5=\frac{9}{25}+\frac{16}{25}+\frac{64}{25}+\frac{36}{25}\right)$$

所以所需平方数的边为

$$\frac{11}{10},\frac{7}{10},\frac{19}{10},\frac{13}{10}$$

$$\left(\frac{11}{10},\frac{13}{10},\frac{21}{10},\frac{17}{10}\right)$$

G. Xylander① 记录道：若我们取 1 430 代替第 2 个问题中的 4，我们得到解 $6^2,11^2,21^2,30^2$.

C. G. Bachet② 评论道：Diophantus 显然地呈现在此处和第 5 卷中，即任意数或者是一个平方数或者是 2，3 或 4 个平方数的

① Diophanti Alexandrini Rerum Arith.，...，G. Xylandro，Basileae，1575，104.

② Diophanti Alex. Arith.，1621，241-242.

和(Bachet 定理),并添加到他本人已对达到 325 的所有数证实了这个命题.且将得到一个证法;他给出了达到 120 的每个数表示成 4 个或更少平方数的分解法.他提及了 Diophantus,Ⅳ,31 对于找到 k 个数使得它们的平方和加上这些数的和等于一个已知数 n 的推论.因此 $n+\frac{k}{4}$ 是 k 个平方数的和.Bachet 指出若 $k\geqslant 4$,则没有条件.

Fermat,在他的评论中指出,他有一个关于每个数是 4 个平方数和的证法.在别处阐述这个定理的过程中,Fermat[①] 评论道:Diophantus 似乎已经知道了这个定理.

把这个问题相关方面的知识归因于 Diophantus 是因为事实上在 Ⅳ,31,32 和 Ⅴ,17 中的 3 种情形里,他没有说明一个数表示为 4 个平方数的条件,而是提及了这个主题,但他给出了表示成 2 个或 3 个平方数的必要条件.

Diophantus,Ⅴ,17,寻找分解一个已知数为 4 部分使这些部分的任意 3 个的和是一个平方数.因此,这 4 部分和的 3 倍等于 4 个平方数的和.令这个已知数为 10.那么 30 将被分解成 4 个平方数(每个小于 10),因为

$$30=16+9+4+1$$

我们取 9 和 4 为这些平方数中的两个且分解 17 为两个平方数每个小于 $10\left(\frac{1\ 016}{349}\text{ 和}\frac{1\ 019}{349}\text{ 的平方}\right)$.若我们从 4 个结果中的平方数里的每个减去 10,我们得到需要的部分 1,6,….在 Ⅴ,16 中,数 10 被分解成 3 个这样的部分.对于分解成 n 个部分的一个推论,见 Kausler 的书[②].

Regiomontanus[③](J. Müller) 在一封信中提出了找到 4 个平方数的和是一个平方数,和 20 个平方数的和是一个大于 300 000 的平方数的问题.

Jakob von Speyer[④] 给出了

$$1+2^2+4^2+10^2=11^2$$
$$2^2+4^2+7^2+10^2=13^2$$

A. Girard[⑤] 在对于 Diophantus,Ⅴ,15 的评论中,指出有数,例如 7,15,23,

---

① Oeuvres,Ⅱ,65;Ⅲ,287;letter to Mersenne,Sept. or Oct.,1636;to be proposed for solution to Sainte-Croix. Mersenne communicated it to Descartes,March 22,1638. The latter ascribed the theorem to St. Croix(Oeuvres de Descartes,Ⅱ,256). Fermat,Oeuvres,Ⅱ,403-404;Ⅲ,315,letter to Digby,June,1658,proposed that Brouncker and Wallis seek a proof of the theorem.

② Phil. Trans. Roy. Soc. London,149,1859,49-59.

③ C. T. de Murr,Memorabilia Bibl.,1,1786,160,201.

④ Ibid.,168.

⑤ L'arith. de Simon Stevin... annotations par A. Girard,Leide,1625,p. 626;Oeuvres math. de S. Stevin par A. Girard,1634,p. 157.

28,31,39 不是 3 个平方数的和,但任意整数是 4 个平方数的和.

R. Descartes① 宣布了定理("他判断它的证明如此困难以至于他不敢保证能找到它"):超过 41 的能分解成 3 个平方数和的任意数也能被表示成 4 个平方数的和,仅排除 6 或 14 与 $4,4^2,4^3,\cdots$ 的乘积.没有其他的数不是由 4 个平方数组成,除了 $2\cdot 4^n$,它不是一个平方数,也不由 3 个或 4 个平方数组成,但只是 2 个.

Fermat② 指出他在寻找新原理的过程中有许多困难,需要应用他的无穷下降法来说明每个数是一个平方数还是 2,3 或 4 个平方数的和;但阐述了他最终证明了若一个已知数不具有这个性质,则将存在一个更小的数不具有这个性质.

L. Euler③ 承认他不能证明 Bachet 定理:每个整数是一个 $\boxed{4}$,也不能给出一个推广法则来表示 n^2+7 为一个 $\boxed{4}$. 1730 年 10 月 17 日,他记录道,若 Fermat 定理:每个整数 x 是 3 个三角形数 $\frac{a^2+a}{2}$ 的和为真,则 $8x+3$ 是 3 个平方数 $(2a+1)^2$ 的和.因此 $8x+4$ 和 $8x+7$ 是 $\boxed{4}$,因为

$$m^2(8x+4)=k^2(2x+1)$$

它仍然只证明了 $4x+2$ 是一个 $\boxed{4}$. 1743 年 10 月 15 日,Euler 记录道,若 np^2 是一个 $\boxed{4}$,则 n 是 4 个整平方数的和.因此,若有 $8m+3$ 是一个 $\boxed{3}$,$8m+4$,$2m+1$ 是一个 $\boxed{4}$,使得每个整数是一个 $\boxed{4}$. 1747 年 5 月 6 日,他指出 Bachet 定理依赖于没有证明的事实:每个数 $4m+2$ 是两个数 $4x+1$ 和 $4y+1$ 的和,也没有一个因子 $4p-1$(且因此每个是一个 $\boxed{2}$).因为,有 $2(4m+2)$ 是一个 $\boxed{4}$ 且因此 $2m+1$ 是一个 $\boxed{4}$. 1748 年 5 月 4 日,他给出了一个基本公式

$$\begin{cases}(a^2+b^2+c^2+d^2)(p^2+q^2+r^2+s^2)=x^2+y^2+z^2+v^2\\ x=ap+bq+cr+ds\\ y=aq-bp\pm cs\mp dr\\ z=ar\mp bs-cp\pm dq\\ v=as\pm br\mp cq-dp\end{cases}\tag{1}$$

并指出 Bachet 定理将成立,若

$$1+x+x^4+x^9+x^{16}+\cdots$$

的 4 次幂包括 x^n 具有一个系数不为 0. 1749 年 4 月 12 日,他指出他有一个对于

① Oeuvres,2,1898,256,337-338,letters to Mersenne,July 27 and Aug. 23,1638. The limit 33 given in the first letter was changed to 41 in the second.

② Oeuvres,Ⅱ,433,letter to Carcavi,communicated Aug. 14,1659,to Huygens.

③ Corresp. Math. et Phys. (ed.,P. H. Fuss),St. Petersburg,1,1843,24,30,35;letters to Goldbach,June 4,June 25,Aug. 30,1730.

若 p 是任意素数，则存在 4 个整数 $a,\cdots,d$，每个都不能被 p 整除，使得 $a^2+\cdots+d^2$ 能被 p 整除的证法. 设

$$a=\alpha p \pm x,\cdots,d=\delta p \pm v$$

其中

$$0 \leqslant x \leqslant \frac{1}{2}p,\cdots,0 \leqslant v \leqslant \frac{1}{2}p$$

由此,$x^2+\cdots+v^2$ 能被 p 整除. 若 p 是奇的,$x<\frac{1}{2}p$,……,使得$x^2+\cdots+v^2<p^2$. 为了证明每个素数是一个 $\boxed{4}$,假设存在一个最小素数 p 不是一个 $\boxed{4}$. 但

$$x^2+\cdots+v^2=pq,q<p$$

L. Euler 相信(但不能证明),若

$$pq=\boxed{4},p \neq \boxed{4}$$

则 $q \neq \boxed{4}$. 承认这个事实,我们能从假设的最小的 p 中得到矛盾. 因此每个素数是一个 $\boxed{4}$ 且因此由(1) 有每个整数是一个 $\boxed{4}$.

在这点上左侧的仍处于怀疑中,即 $pq=\boxed{4}$ 且 $q=\boxed{4}$ 暗含着 $p=\boxed{4}$,Euler 在 1749 年 7 月 26 日证明了,若[①] $m \leqslant 7$,$mA=\boxed{4}$ 和 $m=\boxed{4}$ 暗含着 $A=\boxed{4}$. 设

$$m=a^2+b^2+c^2+d^2$$

$$mA=(f+mp)^2+(g+mq)^2+(h+mr)^2+(k+ms)^2$$

(其中,$f,\cdots,k$ 在数值上不大于$\frac{m}{2}$). 那么 $f^2+\cdots+k^2$ 能被 m 整除,商被证实是一个 $\boxed{4}$

$$f^2+g^2+h^2+k^2=m(X^2+Y^2+Z^2+V^2)$$

和(与(1) 相一致,但不是(1) 的推论)

$$f=aX+bY+cZ+dV$$

$$g=bX-aY-dZ+cV$$

$$h=cX+dY-aZ-bV$$

$$k=dX-cY+bZ-aV$$

$$\begin{aligned}A&=X^2+Y^2+Z^2+V^2+2(fp+gq+hr+ks)+m(p^2+q^2+r^2+s^2)\\&=(x+X)^2+(y-Y)^2+(z-Z)^2+(v-V)^2\end{aligned}$$

其中 $x,\cdots,v$ 具有上面的符号,由(1) 给出. 此外,他给出了 6 月 16 日的 Goldbach 断言:4 个奇平方数的和 s 能被表示成 4 个偶平方数的和的一个证法. 因为

① For the general case Euler admitted in 1751 that he had no proof.

$$\frac{1}{2}(2p+1)^2+\frac{1}{2}(2q+1)^2=(p+q+1)^2+(p-q)^2$$

$$\frac{s}{2}=(a+b+1)^2+(a-b)^2+(c+d+1)^2+(c-d)^2$$

后者的和涉及两个偶的和，两个奇的平方数. 因为 $s=8m+4$，因此

$$\frac{s}{2}=(2p+1)^2+(2q+1)^2+4r^2+4s^2$$

$$\frac{s}{4}=(p+q+1)^2+(p-q)^2+(r+s)^2+(r-s)^2$$

作为一个推论，$2A=\boxed{4}$ 暗含着 $A=\boxed{4}$.

1750 年 3 月 24 日，Goldbach 已经阐述了在和为 $2m-1$ 的 4 个平方数与和为 $2m+1$ 的 4 个平方数的集合之间有一个确定的关系，因为由 $8m+3=\boxed{3}$ 导出. 1750 年 6 月 9 日，Euler 对此进行了如下解释：从

$$8m-5=a^2+b^2+c^2$$

(其中 a,b,c 为奇数) 有

$$4m-2=\left(\frac{1+a}{2}\right)^2+\left(\frac{a-1}{2}\right)^2+\left(\frac{b-c}{2}\right)^2+\left(\frac{b+c}{2}\right)^2$$

其中这些平方数中的两个是偶的. 设

$$2p=\frac{a+1}{2}$$

$$2q=\frac{b+c}{2}$$

则

$$4m-2=(2p)^2+(2q)^2+r^2+s^2$$

$$2m-1=(p+q)^2+(p-q)^2+\left(\frac{r+s}{2}\right)^2+\left(\frac{r-s}{2}\right)^2$$

$$=\sum\left(\frac{a\pm b\pm c\pm 1}{2}\right)^2$$

其中 2 或 4 个符号为"+". 从 $8m+4=9+a^2+b^2+c^2$，有

$$4m+2=\left(\frac{a+3}{2}\right)^2+\left(\frac{a-3}{2}\right)^2+\left(\frac{b+c}{2}\right)^2+\left(\frac{b-c}{2}\right)^2$$

$$2m+1=\sum\left(\frac{a\pm b\pm c\pm 3}{2}\right)^2$$

其中的 2 个或 4 个符号为"+". 因此，从 $8m-5=\boxed{3}$，有

$$2m-1=p^2+q^2+r^2+s^2$$

$$2m+1=(p+1)^2+(q+1)^2+(r-1)^2+(s-1)^2$$

因此 $r+s-p-q=1$ 且我们能表示任意奇数为根的代数和为单位元的 4 个平方数的和. L. Euler 指出他已证明了任意有理数是 4 个有理平方数的和. 他没有

证明对于整平方数的这个定理.

Goldbach 记录道：$\alpha,\beta,\gamma,\alpha+\beta+\gamma+2\delta$，和 $\alpha+\beta+\delta,\alpha+\gamma+\delta,\beta+\gamma+\delta$，$\delta$，和 $\alpha+\delta,\beta+\delta,\gamma+\delta,\alpha+\beta+\gamma+\delta$ 有相同的平方和.

Euler 在 1751 年 7 月 3 日讨论了使

$$s=\alpha^2+\beta^2+\gamma^2+\delta^2+e$$

为一个 $\boxed{4}$ 的问题. 称根为

$$\alpha-kx$$

$$\beta-mx$$

$$\gamma-nx$$

$$\delta+x$$

则

$$\delta=A-\frac{1}{2}Bx+\frac{e}{2x}$$

$$A\equiv k\alpha+m\beta+n\gamma$$

$$B\equiv k^2+m^2+n^2+1$$

分解 $e\cdot B$ 为两个因子 a,b，它们都是奇的或都是偶的. 那么，对于

$$x=\frac{e}{a}$$

$$\delta=A+\frac{a-b}{2}$$

取 k,m,n 为任意数且确定 $a-b$，或相反地，$e=8$ 的情形被 Goldbach 和 L. Euler 部分地探讨了. 具有根为 0 的和的一个 $\boxed{4}$ 是一个 $\boxed{3}$，因为

$$a^2+b^2+c^2+(a+b+c)^2=(a+b)^2+(a+c)^2+(b+c)^2$$

Goldbach 记录道

$$8n+4=a^2+b^2+c^2+d^2$$

$$a+b+c+d=2$$

Euler 在 1751 年 9 月 4 日从

$$8n+3=\boxed{3}=(a+b-1)^2+(a+c-1)^2+(b+c-1)^2$$

中推断了这个结论.

L. Euler① 公布了一些关于 Bachet 定理的结果. 他证明了：

定理 1　存在整数 a,b 使 $1+a^2+b^2$ 能被一个已知素数 p 整除. 因为，若 -1 是 p 的一个二次剩余，存在一个整数 a 使得 $1+a^2$ 能被 p 整除. 下面，令 -1 是一个非剩余且假设定理是错误的. 则 $1+1-2=0$ 表明 -2 是一个非剩余且因

---

① Novi Comm. Acad. Petrop., 5, 1754-1755(1751), 3; Comm. Arith., Ⅰ, 230-233.

此 $+2$ 是一个剩余；则 $1+2-3=0$ 表明 -3 是一个非剩余且因此 $+3$ 是一个剩余；并用这种方法 $1,2,\cdots,p-1$ 都将是剩余.

若

$$A=a^2+\cdots+d^2$$
$$P=p^2+\cdots$$

则由(1)得

$$\frac{A}{p}=\frac{AP}{p^2}=(\frac{x}{p})^2+\cdots$$

使得 $\frac{A}{P}$ 是 4 个有理平方数的和. L. Euler 承认他不能证明，若 A 能被 P 整除，则 $\frac{A}{P}$ 是 4 个整平方数的和. 若这个被证明了，则 Bachet 定理也将被证实. 但容易证明每个整数是 4 个有理平方数的一个和. 因为，若 p 是不为这样和的最小素数，则存在(定理 1)一个整数 $A=a^2+b^2+c^2$ 能被 p 整除，其中，$a,b,c<\frac{p}{2}$. 则 $\frac{A}{p}<\frac{3}{4}p$，但可见 $\frac{A}{p}$ 是 4 个有理平方数的和.

J. L. Lagrange① 给出了 Bachet 定理的第 1 个证法且承认在 L. Euler 的前述文章中他对于理想的推导步骤如下：

(i) 若 $p^2+q^2=t\rho$ 且 $r^2+s^2=u\rho$，其中 p,q,r,s 没有公因子，则 t 和 u 为两个平方数的和.

因为，称 M 为 $p=Mp_1$ 和 $q=Mq_1$ 的最大公约数；N 为 $r=Nr_1$ 和 $s=Ns_1$ 的最大公约数，则 $(M,N)=1$. 称 μ 为 M^2 和 $\rho=\mu\rho_1$ 的最大公约数. 因为

$$M^2(p_1^2+q_1^2)=t\mu\rho_1 \tag{2}$$

ρ_1 整除两个互素平方数的和 $p_1^2+q_1^2$. 由第六章的 Euler② 定理，商为两个平方数的和 c^2+d^2. 设 $\mu=v^2\mu_1$，其中 μ_1 没有平方因子. 则 M 能被 $v\mu_1$，$M=kv\mu_1$ 整除. 现在有 $N^2(r_1^2+s_1^2)=u\mu\rho_1$. 因为 μ 整除 M^2，它与 N^2 互素且因此整除 $r_1^2+s_1^2$. 像前面一样，$\mu_1=e^2+f^2$. 则由(2)得

$$t=\frac{(c^2+d^2)M^2}{\mu}=(c^2+d^2)K^2\mu_1$$
$$=K^2(ec+fd)^2+K^2(ed-fc)^2$$

---

① Nouv. Mém. Acad. Roy. Sc. de Berlin, année 1770, Berlin, 1772, 123-133; Oeuvres, 3, 1869, 189-201. Cf. G. Wertheim's Diophantus, pp. 324-330.

② Werke, Ⅰ, 423-424; Jour. für Math., 80, 1875, 241-2; Bull. des sc. math. astr., 9, 1875, 67-69; letter, Sept. 9, 1828, Jacobi to Legendre. Jacobi, Fundamenta Nova Funct. Ellipt., Konigsberg, 1829, p. 188, p. 106(34), p. 184(6); Werke, Ⅰ, 239. Cf. J. Tannery and J. Molk, Elém. théorie fonct. ell., 4, 1902, 260-263; J. W. L. Glaisher, Quar. Jour. Math., 38, 1907, 8; papers 51-52, 81, 88, 110-111.

(ii) 若 $\gamma^2+\delta^2$ 能被 m^2+n^2 整除,商 t 是两个平方数的和.

令 l 为 $\gamma=lp,\delta=lq,m=l\gamma,n=ls$ 的最大公约数,则 p^2+q^2 整除 $r^2+s^2=\rho$. 因此,由(i) 得 $t=\frac{p^2+q^2}{\rho}$ 是两个平方数的和.

(iii) 若 $P=p^2+q^2+r^2+s^2$ 能被素数 $A>\sqrt{P}$ 整除,则 A 是 4 个平方数的和.

设 $P=Aa$,则 $a<A$. p,q,r,s 的一个公因子 $d<A$,使得 d^2 整除 a 且可以从 $a,p^2,\cdots,s^2$ 中被删除. 因此令 $d=1$.

令 ρ 为 $a=b\rho$ 和 $p^2+q^2=t\rho$ 的最大公约数,则 $\frac{r^2+s^2}{\rho}$ 是一个整数 u. 由(i),有

$$t=m^2+n^2$$
$$u=h^2+l^2$$

因此

$$tu=x^2+y^2$$
$$x=mh+nl$$
$$y=ml-nh$$

从 $P=Aa$ 有

$$Ab=t+u$$
$$Abt=t^2+x^2+y^2$$

因为 $(b,t)=1$,存在整数 $\alpha,\cdots,\delta$ 使

$$x=\alpha t+\gamma b$$
$$y=\beta t+\delta b$$
$$|\alpha|<\frac{1}{2}b$$
$$|\beta|<\frac{1}{2}b$$

$$Abt=kt^2+2\alpha\gamma tb+2\beta\delta tb+(\gamma^2+\delta^2)b^2$$
$$k\equiv 1+\alpha^2+\beta^2 \tag{3}$$

因此 kt^2 能被 b 整除,因此 $k=a_1b$,其中 $a_1<\frac{b}{2}+\frac{1}{b}$,则

$$At=a_1t^2+2\alpha\gamma t+2\beta\delta t+(\gamma^2+\delta^2)b$$
$$a_1At=(a_1t+\alpha\gamma+\beta\delta)^2+\gamma^2(a_1b-\alpha^2)+\delta^2(a_1b-\beta^2)-2\alpha\beta\gamma\delta$$

用 $1+\alpha^2+\beta^2$ 替换 a_1b,我们得到

$$a_1At=(a_1t+\alpha\gamma+\beta\delta)^2+(\beta\gamma-\alpha\delta)^2+\gamma^2+\delta^2$$

由(3) 得,$\gamma^2+\delta^2$ 能被 $t=m^2+n^2$ 整除. 由最后的方程和(ii),得

$$\gamma^2+\delta^2=t(p_1^2+q_1^2)$$
$$(a_1t+\alpha\gamma+\beta\delta)^2+(\beta\gamma-\alpha\delta)^2=t(r_1^2+s_1^2)$$
$$a_1A=p_1^2+q_1^2+r_1^2+s_1^2$$

若 $a=b\rho>1, a_1<\frac{b}{2}+\frac{1}{b}<a$. 类似地，若 $a_1>1$，a_2A 是4个平方数的和，其中 $a_2<a_1$，…… 但每个 $a_i\geqslant 1$. 因此一个特定的 $a_k=1$，和 $a_kA=A$ 是4个平方数的和.

(iv) 任意整除4个或更少平方数和的素数没有公因子是它自身4个或更少平方数的和.

若素数 A 整除 $p^2+q^2+r^2+s^2$，则它整除用 $\pm(p-mA)$ 替换 p 得到的和，其中 m 使 $0\leqslant|p-mA|<\frac{1}{2}A,\cdots$. 4个新平方数的和小于 A^2 且能被 A 整除. 则甚至当4个平方数中的一些为0时，(iii) 能被应用.

(v) 若 B 和 C 为不被奇素数 A 整除的整数，则存在整数 p 和 q 使得 p^2-Bq^2-C 能被 A 整除.

假设不存在整数 q 使得 $b=Bq^2+C$ 能被 A 整除(否则我们可以取 $p=0$). 因为

$$P=p^{A-3}+bp^{A-5}+b^2p^{A-7}+\cdots+b^{\frac{A-3}{2}}$$
$$(p^2-b)P=p^{A-1}-1-(b^{\frac{A-1}{2}}-1)$$

用 $Q=b^{\frac{A-1}{2}}+1$ 乘以最后的方程. 若 p 和 q 能被选取使 pPQ 不能被 A 整除，则 p^2-b 将被 A 整除，像应用 Fermat 定理所表示的. 对于常数 q 和 $p=1,\cdots,A-2$，令 P 变成 $P_1,\cdots,P_{A-2}$. 则由差分理论，有

$$P_1-(A-3)P_2+\frac{1}{2}(A-3)(A-4)P_3-\cdots+P_{A-2}=(A-3)!$$

因此至少有一个 P_i 不被 A 整除. 设

$$m=\frac{1}{2}(A-1)$$

则

$$Q=q^2R+C^m+1$$
$$R=B^mq^{A-3}+mB^{m-1}q^{A-5}C+\cdots+mBC^{m-1}$$

若 C^m+1 不被 A 整除，它满足 $q=0$. 在相反的情形中，我们注意到若对于 $q=i$，R 变成 R_i，则

$$R_1-(A-3)R_2+\frac{1}{2}(A-3)(A-4)R_3-\cdots+R_{A-2}=(A-3)!\ B^m$$

使得至少有一个 R_i 不被 A 整除. 因此由(iv) 得每个素数是一个 $\boxed{4}$.

(vi) 每个正整数是4个或更少平方数的和.

这由 L. Euler 关系(1) 导出. Lagrange 补充了推论

$$
\begin{aligned}
&(p^2 - Bq^2 - Cr^2 + BCs^2)(p_1^2 - Bq_1^2 - Cr_1^2 + BCs_1^2) \\
&= \{pp_1 + Bqq_1 \pm C(rr_1 + Bss_1)\}^2 - B\{pq_1 + qp_1 \pm C(rs_1 + \\
&\quad sr_1)\}^2 - C\{pr_1 - Bqs_1 \pm rp_1 \mp Bsq_1\}^2 + \\
&\quad BC\{qr_1 - ps_1 \pm sp_1 \mp rq_1\}^2
\end{aligned}
\tag{4}
$$

L. Euler① 的证法比 Lagrange 的证法简单很多. 它表明若 N 整除 $P=p^2+q^2+r^2+s^2$,但不是所有的数 $p,\cdots,s$,则 N 是 4 个平方数的和. 设 $P=Nn$,确定 $a,b,c,d\leqslant\frac{1}{2}n$,使得

$$
\begin{aligned}
p &= a + n\alpha \\
q &= b + n\beta \\
r &= c + n\gamma \\
s &= d + n\delta
\end{aligned}
$$

设 $\sigma=a^2+b^2+c^2+d^2$. 则 $\sigma\leqslant n^2$. 我们容易处理 $\sigma=n^2$ 的情形.(若 n 是奇的,$a,\cdots,d$ 可以被选择在数值上小于$\frac{n}{2}$,由此 $\sigma<n^2$. 若 n 是偶的,我们有 $\sigma<n^2$ 除非 $a,\cdots,d$ 在数值上等于$\frac{n}{2}$,由此 $p\pm q$ 和 $r\pm s$ 能被 n 整除且是偶的. 但 $Nn=P=\sum p^2$,由此

$$
\frac{1}{2}nN=\left(\frac{p+q}{2}\right)^2+\left(\frac{p-q}{2}\right)^2+\left(\frac{r+s}{2}\right)^2+\left(\frac{r-s}{2}\right)^2 \tag{5}
$$

可以被应用在 N 的初始倍数 P). 因此令 $\sigma<n^2$,则

$$
\begin{aligned}
Nn &= \sigma + 2nA + n^2 t \\
A &\equiv a\alpha + b\beta + c\gamma + d\delta \\
t &\equiv \alpha^2 + \beta^2 + \gamma^2 + \delta^2
\end{aligned}
$$

因此 σ 能被 n 整除. 设 $\sigma=nn'$,使得 $n'<n$. 由(1) 得

$$
\sigma t = A^2 + B^2 + C^2 + D^2
$$

用 n' 乘以 $N=n'+2A+nt$,则

$$
Nn' = (n'+A)^2 + B^2 + C^2 + D^2
$$

用同样的方法,$Nn''(n''<n')$ 是 4 个平方数的和,等等;最终 $N\cdot 1$ 是 4 个平方数的和.

他证明了,若 N 为一个不整除已知数 λ,μ,v 的素数,我们能找到不被 N 整

---

① Acta Erudit. Lips., 1773, 193; Acta Acad. Petrop., 1, Ⅱ, 1775[1772], 48; Comm. Arith., Ⅰ, 543-544. Euler's Opera postuma, 1, 1862, 198-201. He first repeated Lagrange's proof and his proof of Theorem Ⅰ.

除的整数 x,y,z 使得 $s=\lambda x^2+\mu y^2+vz^2$ 能被 N 整除. 因为 $(\lambda,N)=1$,我们能确定整数 m 和 n 使得 $\lambda m\equiv-\mu,\lambda n\equiv-v(\bmod N)$,则 $s\equiv0$ 等价于

$$a\equiv mb+nc(\bmod N)$$

其中 a,b,c 为二次剩余. 若后者是不可能的,则 $mb+n$ 对于 $\frac{N-1}{2}$ 个余数 b 中的每个是一个非剩余且因此给出所有的非剩余. 那么若 d 为任意余数,bd 是一个余数 e,使得 $me+dn$ 必为非剩余. 这比非剩余 $me+n$ 多 $n(d-1)=w$. 对于 $d\neq1,(w,N)=1$. 因此,若 α 是任意非剩余,$\alpha+w$ 是一个非剩余. 但 $\alpha,\alpha+w,\cdots,\alpha+(N-1)w$ 在某种次序上同余于 $0,1,\cdots,N-1$ 且因此不都是非剩余.

L. Euler① 给出了他的前述证法的一个微小的修改. 我们可以假设 p,q,r,s 在 $Nn=p^2+q^2+r^2+s^2$ 中是数值上小于 $\frac{1}{2}N$ 的,其中 N 是一个素数. 则 $n<N$ 且我们能找到 $a,\alpha,\cdots,d,\delta$,使

$$p=Na+n\alpha$$
$$q=Nb+n\beta$$
$$r=Nc+n\gamma$$
$$s=Nd+n\delta$$

其中 a,b,c,d 在数值上小于 $\frac{1}{2}n$. 那么

$$Nn=N^2\sigma+2NnA+n^2t$$

使 $\sigma=nn',n'<n$. 用 $\frac{n'}{n}$ 乘之,我们得到

$$Nn'=(Nn'+A)^2+B^2+C^2+D^2$$

L. Euler② 记录道

$$a^2+b^2+c^2=4(x^2+3y^2)=\boxed{4}$$

对于

$$a=2m(ps+qr)+2n(3qs-pr)$$
$$b,c=m\{(3q\pm p)s+(q\mp p)r\}+n\{3(q\mp p)s-(3q\pm p)r\}$$

L. Euler③ 评论道:两个 $4n+1$ 型素数的和是一个 $\boxed{4}$,因为每个是一个 $\boxed{2}$,并证实了每个数 $4k+2\leqslant110$ 是两个 $4n+1$ 型素数的和.

A. M. Legendre④ 评论道:Fermat 论断:每个素数 $8n-1$ 是 $p^2+q^2+2r^2$ 型

① Opera postuma,1,1862,197-198(about 1773).

② Novi Comm. Acad. Petrop.,18,1773,171;Comm. Arith.,Ⅰ,515.

③ Acta Acad. Petrop.,4,Ⅱ,1780(1775),38;Comm. Arith.,Ⅱ,134-139.

④ Mém. Acad. Roy. Sc. Paris,1785,514 Cf. Pollock;also Euler,Lebesgue of Ch. Ⅶ.

的一个证法将完成每个数是一个 4 的证法.因为任意素数 $8n-3$ 是 p^2+q^2 型的,任意素数 $8n+3$ 是 p^2+2q^2 型的,任意素数 $8n+1$ 是最后两种形式的联立.

Legendre① 重新给出了 L. Euler 的②证法,应用由 Lagrange 给出的定理 1 的推论代替定理 1.

C. F. Gauss③ 从已知数 $4n+2$ 中减去任意比它小的平方数,从 $4n+1$ 中减去一个偶平方数,从 $4n+3$ 中减去一个奇平方数.余下的数 $\equiv 1,2,5$ 或 $6 \pmod 8$,且因此是 3 个平方数的和.故这个已知数是一个 4 个平方数的和.最终,4 的一个倍数是 $4^n N$ 型的,其中 N 是前述 3 种类型中的一个.

Gauss④ 记录道:定理 1,即 4 个平方数的两个和的积是一个 4,被

$$(Nl+Nm)(N\lambda+N\mu)=N(l\lambda+m\mu)+N(l\mu'-m\lambda')$$

以最简方式表示,其中 N 记为范数且 $l,m,\lambda,\mu,\lambda',\mu'$ 是复数,λ,λ' 和 μ,μ' 是共轭虚数,他记录道(Cf. Glaisher⑤,Hermite⑥)

$$\begin{aligned}&(1+2y+2y^4+2y^9+\cdots)^4\\&=(1-2y+2y^4-\cdots)^4+(2y^{\frac{1}{4}}+2y^{\frac{9}{4}}+\cdots)^4\end{aligned} \tag{6}$$

他记录道(Cf. Legendre⑦,Jacobi⑧,和 Genocchi⑨)

$$\begin{aligned}&(1+2y+2y^4+2y^9+\cdots)^4\\&=1+8\left(\frac{y}{1-y}+\frac{2y^2}{1+y^3}+\frac{3y^3}{1-y^3}+\cdots\right)\end{aligned} \tag{7}$$

$$\begin{aligned}&(q+q^9+q^{25}+q^{49}+\cdots)^4\\&=\frac{q^4}{1-q^8}+\frac{3q^{12}}{1-q^{24}}+\frac{5q^{20}}{1-q^{40}}+\cdots\end{aligned} \tag{8}$$

---

① Essai sur la théorie des nombres,Paris,1798,198;ed. 2,1808,182;ed. 3,1830,Ⅰ,211-216,Nos. 151-154(Maser,Ⅰ,pp. 212-216).

② Acta Erudit. Lips.,1773,193;Acta Acad. Petrop.,1,Ⅱ,1775[1772],48;Comm. Arith.,Ⅰ,543-544. Euler's Opera postuma,1,1862,198-201. He first repeated Lagrange's proof and his proof of Theorem Ⅰ.

③ Disq. Arith.,1801,art. 293;Werke,Ⅰ,1863,348.

④ Posth. MS.,Werke,3,1876,383-384.

⑤ Phil. Mag. London,(4),47,1874,443;(5),1,1876,44-47.

⑥ Cours,Fac. Sc. Paris,1882;1883,175;ed. 4,1891,242.

⑦ Traité des fonctions elliptiques,3,1828,133. Stated in Legendre's Théorie des nombres,ed. 3,I,1830,216,No. 154(Maser,Ⅰ,217);not in eds. 1,2. Cf. Bouniakowsky,Vol. Ⅰ,p. 283. Cf. Jacobi.

⑧ Werke,I,423-424;Jour. für Math.,80,1875,241-242;Bull. des sc. math. astr.,9,1875,67-69;letter,Sept. 9,1828,Jacobi to Legendre. Jacobi,Fundamenta Nova Funct. Ellipt.,Konigsberg,1829,p. 188,p. 106(34),p. 184(6);Werke,I,239. Cf. J. Tannery and J. Molk,Elém. théorie fonct. ell.,4,1902,260-263;J. W. L. Glaisher,Quar. Jour. Math.,38,1907,8;papers 51-52,81,88,110-111.

⑨ Nouv. Ann. Math.,13,1854,169.

Gauss① 记录道：一个素数 p 的倍数分解成 $a^2+b^2+c^2+d^2$ 的每个分解相应于 $x^2+y^2+z^2\equiv 0 \pmod p$ 的一个解，与

$$a^2+b^2$$
$$ac+bd$$
$$ad-bc$$

或互换 b 和 c 或 b 和 d 得到的集合成比例. 当 $p\equiv 3 \pmod 4$ 时，$1+x^2+y^2\equiv 0 \pmod p$ 的解与 $1+(x+\mathrm{i}y)^{p+1}\equiv 0$ 的解相一致. 从 $x+\mathrm{i}y$ 的一个值，我们应用

$$\frac{(x+\mathrm{i}y)(u+\mathrm{i})}{u-\mathrm{i}},u=0,1,\cdots,p-1$$

得到所有值. 当 $p\equiv 1 \pmod 4$ 时，$p=a^2+b^2$；则 $\frac{b(u+\mathrm{i})}{\{a(u-\mathrm{i})\}}$ 给出 $x+\mathrm{i}y$ 的所有值. 若我们排除 u 的值 $\frac{a}{b}$ 和 $\frac{b}{a}$.

G. F. Malfatti② 没有像他所允诺的证明每个整数是一个 4. 在对 50 个小数证实这个之后，他考虑了方程

$$Kn^2=p^2+q^2$$

其中 K 是一个已知整数. 若我们承认 K 必为 2 这一论断，则方程显然有具有 $n=1$ 的解. 取 $K=a^2+b^2$，通过设

$$\frac{an-q}{g}=\frac{p-bn}{f}$$
$$g(an+q)=f(p+bn)$$

他发现解的一个无穷大，其中 f,g 任意. 若我们取

$$n=f^2+g^2$$
$$q=(f^2-g^2)a+2fgb$$

通过消除 p 得到的方程被满足. 下面，在 $Kn^2=p^2+q^2+r^2$ 中，我们可以限定 K 是奇数或是一个奇数的 2 倍，和 n 是奇的，说此方程不具有充足的证法是不可能的除非 K 是一个 3. 当 $K=a^2+b^2+c^2$ 时，方程变成

$$Hh(an+r)=Ff(q+bn)+Gg(p+cn)$$

$$H=\frac{an-r}{h}$$

$$F=\frac{q-bn}{f}$$

---

① Posth. paper, Werke, 8, 1900, 3.

② Memorie di Mat. e Fis. Soc. Italiana. Sc., Modena, (1), 12, pt. 1, 1805, 296-317.

$$G=\frac{p-cn}{g}$$

它满足 $H=F=G$,且关于 n,r 的线性方程通过排除 p,q 需要 $n=f^2+g^2+h^2$ 而得到,由此

$$p=(f^2-g^2+h^2)c+2gha-2fgb$$
$$q=(-f^2+g^2+h^2)b+2fha-2fgc$$
$$r=(f^2+g^2-h^2)a+2fhb+2ghc$$

(对于这些,$n^2(a^2+b^2+c^2)=p^2+q^2+r^2$,关于 f,g,h,a,b,c 恒等.)这是相应于4或5个平方数问题的类似讨论.若Malfatti已证明了他的声明:K 必是平方数的类似数的和,他可能已经从Euler的[①]每个整数是4个有理平方数的和这一结论中推断出了Bachet定理.

P. Barlow[②] 给出了一个"简化的Legendre[③] 证法".来显示任意素数 A 整除 [4] 的一个和,他详细地证明了 $x^2+w^2-1=mA$ 是可解的(显然由 $x=1$, $w=0$!)并阐述到一个类似的证法表明 $y^2+z^2+1=nA$ 是可解的.这个证法可能意味着对于后者也成立.若 $p\equiv y^2 \pmod A$,或者 $-(p+1)$ 是一个二次剩余($\equiv z^2$)且结论成立,或者它是一个非剩余且因此 $p+1$ 是一个剩余,因为 -1 是一个非剩余(否则我们的方程对于 $y=0$ 成立).但 $p,p+1,p+2,\cdots$ 不都是余数.这一证法因此只是稍微修改了Euler[④] 的证法.

A. Cauchy 在1813年对关于3个三角数,4个平方数,5个正方形,…… 的Fermat定理的证法在第一章中被考虑了.在这里根据他的证法余下的部分提及了关于平方数和的定理,尤其因为上面从Euler和Goldbach的对应中引入了特殊情形.若

$$k=t^2+u^2+v^2+w^2$$
$$s=t+u+v+w \tag{9}$$

则

$$4k-s^2=(t+u-v-w)^2+(t-u+v-w)^2+(t-u-v+w)^2 \tag{10}$$

但若 4^α 是4整除 a 的最高次幂,则 a 是一个 [3] 当且仅当 $\frac{a}{4^\alpha}$ 不是 $8n+7$ 型

---

① Novi Comm. Acad. Petrop., 5, 1754-1755(1751), 3; Comm. Arith., Ⅰ, 230-233.

② New Series of Math. Repository(ed., Leybourn), 2, 1809, Ⅱ, 70; Theory of Numbers, London, 1811, 212.

③ Essai sur la théorie des nombres, Paris, 1798, 198; ed. 2, 1808, 182; ed. 3, 1830, Ⅰ, 211-216, Nos. 151-154(Maser, Ⅰ, pp. 212-216).

④ Acta Erudit. Lips., 1773, 193; Acta Acad. Petrop., 1, Ⅱ, 1775[1772], 48; Comm. Arith., Ⅰ, 543-544. Euler's Opera postuma, 1, 1862, 198-201. He first repeated Lagrange's proof and his proof of Theorem Ⅰ.

的.若 k 是偶数,(10) 中的 3 个和是偶的,因此 $k-\frac{s^2}{4}$ 是一个 ③.由(9) 得,$k\equiv s \pmod 2$.Cauchy 证明了,若 k 是偶的,则(9) 的充分条件是 s 是偶的且位于 $\sqrt{3k-1}$ 和 $\sqrt{4k}$ 之间,$k-\frac{s^2}{4}\neq 4^a(8n+7)$.除 $s>\sqrt{3k-1}$ 外,上面看到的这些都是必要条件.当 k 是奇数时,(9) 的充分条件是 s 是奇数且位于 $\sqrt{3k-2}-1$ 和 $\sqrt{4k}$ 之间;对任意 k 存在这样一个 s.就前者的情形而言,他证明了对于任意 k 存在一个整数位于 $\sqrt{3k}$ 和 $\sqrt{4k}$ 之间且同余于 k 模 2 除了 $k=1,5,9,11,17,19,29,41,2,6,8,14,22,24,34$ 外.

Cauchy① 记录道:若 p 是素数且 α,β 是使 $\alpha+\beta+1\leqslant p$ 的整数,且若 A 取遍 $\alpha+1$ 个不同的值(模 p),B 取遍 $\beta+1$ 个值,则 $A+B$ 至少取 $\alpha+\beta+1$ 个不同的值(模 p).因为 A 和 B 不被 p 整除,Ax^2 和 By^2+C 每个取 $\frac{p+1}{2}$ 个不同的值(模 p),当 p 是一个大于 2 的素数时.因此 Ax^2+By^2+C 取所有的 p 个不同的值(模 p),并因此取 0.第一章的 Cf. Cauchy②.

Cauchy③ 记录道:((1) 中 $d=s=0$ 的情形)

$$\begin{aligned}&(a^2+b^2+c^2)(p^2+q^2+r^2)\\&=(ap+bq+cr)^2+(aq-bp)^2+(ar-cp)^2+(br-cq)^2\end{aligned}$$

和一个类似的具有 n 个平方数的公式代替 3(见第九章的 Cauchy④).

A. M. Legendre⑤ 给出了(8) 且推断了每个 $8n+4$ 型的数能以 $\sigma(2n+1)$ 种方式表示成 4 个奇平方数的和.其中 $\sigma(k)$ 是 k 的因子和.它据说很容易地遵从每个整数是一个 ④.

C. G. J. Jacobi⑥ 通过对比公式

$$\sqrt{\frac{2K}{\pi}}=1+2q+2q^4+2q^9+\cdots=\sum_{n=-\infty}^{+\infty}q^{n^2}$$

$$\left(\frac{2K}{\pi}\right)^2=1+8\left\{\frac{q}{1-q}+\frac{2q^2}{1+q^2}+\frac{3q^3}{1-q^3}+\cdots\right\}$$

---

① Jour. de I'école polyt., vol. 9(cah. 16), 1813, 104-116; Oeuvres, (2), Ⅰ, 39-63.

② Amer. Math. Monthly, 11, 1904, 175; 18, 1911, 43-44, 118.

③ Cours d'analyse de I'école polyt., 1, 1821, 457.

④ Nouv. Ann. Math., (2), 14, 1875, 90-91.

⑤ Traité des fonctions elliptiques, 3, 1828, 133. Stated in Legendre's Théorie des nombres, ed. 3, I, 1830, 216, No. 154(Maser, Ⅰ, 217); not in eds. 1, 2. Cf. Bouniakowsky, Vol. Ⅰ, p. 283. Cf. Jacobi.

⑥ Werke, Ⅰ, 423-424; Jour. für Math., 80, 1875, 241-242; Bull. des sc. math. astr., 9, 1875, 67-69; letter, Sept. 9, 1828, Jacobi to Legendre. Jacobi, Fundamenta Nova Funct. Ellipt., Konigsberg, 1829, p. 188, p. 106(34), p. 184(6); Werke, Ⅰ, 239. Cf. J. Tannery and J. Molk, Elém. théorie fonct. ell., 4, 1902, 260-263; J. W. L. Glaisher, Quar. Jour. Math., 38, 1907, 8; papers 51-52, 81, 88, 110-111.

$$=1+8\sum\sigma(p)(q^p+3q^{2p}+3q^{4p}+3q^{8p}+\cdots)$$

包括(7),证明了 Bachet 定理,其中 p 取遍正的奇数,且 $\sigma(p)$ 记为 p 的因子和. 与此同时,我们得到定理:$2^\alpha p$ 表示成 4 个平方数的表示法①数为 $8\sigma(p)$ 或 $24\sigma(p)$,依据 $\alpha=0$ 或 $\alpha>0$.

Jacobi② 比较了公式③

$$\left(\frac{2kK}{\pi}\right)^2=16\sum\sigma(p)q^p$$

$$\sqrt{\frac{2kK}{\pi}}=2q^{\frac{1}{4}}+2q^{\frac{9}{4}}+2q^{\frac{25}{4}}+\cdots$$

其中 p 取遍奇的正数,并推断了对于平方和为 $4p$ 的 4 个正奇数有 $\sigma(p)$ 个集合.

V. Bouniakowsky④ 证明了,若 A,B,C 是不被素数 p 整除的整数,则我们能给出 x,y 的整数值使得 Ax^2+By^2-C 能被 p 整除. 他首次发现了 x 和 y 能是 p 的倍数的条件;然后记录道:若 x,y 都不能为 p 的一个倍数,则同余能被写成

$$\rho^M+\rho^N-1\equiv(\bmod\ p)$$

其中 ρ 为 p 的一个原根,M,N 为奇数. 后者的同余能被求解. 否则这个定理能通过乘法从 Lagrange 的情形 $A=1$ 导出.

若 N 为任意奇整数或一个奇整数的 2 倍,而 A,B,C 为与 N 互素的整数,则方程

$$Ax^2+By^2-C\equiv 0(\bmod\ N)$$

是可解的.

给定两个代数级数,它的首项 α,β 是任意的且公差 A,B 不能被素数 p 整除,我们能选择 n 和 n' 使得前 n 项、次 n' 项和任意已知整数 E 的总和能被 p 整除

$$\frac{1}{2}\{2\alpha+(n-1)A\}n+\frac{1}{2}\{2\beta+(n'-1)B\}n'+E\equiv 0(\bmod\ p)$$

因为,这能被归纳为上面的同余式.

F. Minding⑤ 记录道:整数 u 和 v 能被选择使得 u^2-Bv^2-C 能被素数 p 整除,若 B,C 都不能被 p 整除. 事实上,对于 $v=0,1,\cdots,\frac{p-1}{2}$,函数 Bv^2+C 取

---

① Quar. Jour. Math. ,20,1885,80-167.

② Jour. für Math. ,3,1828,191;Werke, Ⅰ 247. Cf. Liouville[1] and Deltour of Ch. Ⅺ.

③ Fundamenta Nova Funct. Ellipt. ,1829,106(35),184(7);Werke, Ⅰ ,162,235.

④ Mém. Acad. Sc. St. Pétersbourg(Math.),(6),1,1831,565-581.

⑤ Anfangsgründe der höheren Arith. ,Berlin,1832,191-193.

$\frac{p+1}{2}$个不同的值模 p,且最小者必定同余于 u^2 的$\frac{p+1}{2}$个值中的一个,因为否则将会有 $p+1$ 个剩余模 p.因此我们能选取 u 和 v 比$\frac{p}{2}$小使得 u^2+v^2+1 能被 p 整除.p 是一个 ④ 的证法由 Euler① 给出.

G. Libri② 证明了若 a,b 不能被素数 n 整除,方程

$$x^2+ay^2+b\equiv 0(\bmod n)$$

有 $n\pm 1$ 个小于 n 的解集.他首次表示了解集数为涉及单位根的和的 2 倍.

C. G. J. Jacobi③ 给出了他④的关于方程

$$w^2+x^2+y^2+z^2=4p \tag{11}$$

的正奇数解 $w,\cdots,z$ 的集合数 μ 的定理的一个代数证法,其中 p 是一个给定的正奇数.相同数的两个不同排列被计为不同的解.对于这样一个集合,有

$$w^2+x^2=2p'$$
$$y^2+z^2=2p''$$
$$p'+p''=2p$$

其中 p' 和 p'' 是奇的.相反,这些方程暗含着(11).因此

$$\mu=\sum_{p',p''}N(2p'=w^2+x^2)\cdot N(2p''=y^2+z^2)$$
$$p'+p''=2p;p',p''\text{是奇数}$$

其中 $N(2p'=w^2+x^2)$ 记为方程 $2p'=w^2+x^2$ 的正解 w,x 的个数.后者数是

$$N(p'=a\alpha)-N(p'=a\alpha')$$

其中 α 取遍 p' 的 $4m+1$ 型因子,α' 取遍 p 的 $4m+3$ 型因子.令 β 和 β' 分别取遍 p'' 的 $4m+1$ 和 $4m+3$ 型因子.则

$$N(2p''=y^2+z^2)=N(p''=b\beta)-N(p''=b\beta')$$

设 $N(u)=N(2p=u)$.则

$$\sum N(p'=a\alpha)\cdot N(p''=b\beta)=N(a\alpha+b\beta),\cdots$$
$$\mu=N(a\alpha+b\beta)+N(a\alpha'+b\beta')-2N(a\alpha+b\beta')$$

除非 $\alpha=\beta,\alpha'=\beta'$,若项被重复,我们可以设

$$\beta=\alpha+4A$$
$$\beta'=\alpha'+4A,A>0$$

---

① Acta Erudit. Lips.,1773,193;Acta Acad. Petrop.,1,Ⅱ,1775[1772],48;Comm. Arith.,Ⅰ,543-544. Euler's Opera postuma,1,1862,198-201. He first repeated Lagrange's proof and his[8] proof of Theorem Ⅰ.

② Jour. für Math.,9,1832,182. See Libri of Ch. ⅩⅩⅢ.

③ Jour. für Math.,12,1834,167-172;Werke,6,1891,245-251.

④ Jour. für Math.,3,1828,191;Werke,Ⅰ 247. Cf. Liouville and Deltour of Ch. Ⅺ.

因此

$$\mu=N[\alpha(a+b)]+N[\alpha'(a+b)]-2N[a\alpha+b\beta']+2N[\alpha(a+b)+4bA]+2N[\alpha'(a+b)+4bA]$$

令 c 取遍 α 和 α'. 则

$$\mu=N[c(a+b)]+2N[c(a+b)+4bA]-2N(a\alpha+b\beta')$$

在第 2 项中,设

$$c=d+4AB, d<4A, B\geqslant 0$$

现在 $a+b$ 可以表示任意偶数 $2C$, $b+B(a+b)$ 能表示任意奇数 e. 因此

$$\mu=N[c(a+b)]+2N(2Cd+4Ae)-2N(a\alpha+b\beta')$$

因为 $\alpha+\beta'\equiv 0 \pmod 4$, $a\neq b$. 因此

$$2N(a\alpha+b\beta')=N(a\alpha+b\beta')+N(a\beta'+b\alpha)$$

的第 2 项是带有 $b>a$ 的类似和的 2 倍. 设

$$b=a+2G$$

$$\alpha+\beta'=4A$$

则

$$N(a\alpha+b\beta')=N(2\beta'G+4Aa)+N(2\alpha G+4Aa)=N(2dG+4Aa)$$

其中 $d<4A$, 因此 $\mu=N[c(a+b)]$. 其中 c 取遍 p 的所有因子. 若 $p=cf$, 则方程 $2p=c(a+b)$ 变成 $2f=a+b$, 其有 f 个奇的解, 但 $\dfrac{\sum p}{c}$ 是 p 的因子和, 因此 $\mu=\sigma(p)$.

T. Schönemann① 应用符号 $\cos n$, $\sin n$ 于方程

$$x^2+y^2\equiv 1 \pmod p$$

的一对解. 若 $\cos m$, $\sin m$ 记为第 2 对解, 则 $\cos(n+m)$, $\sin(n+m)$ 的展式出现了第 3 对解. 那么, 对于一个整数 α, 有

$$(\cos n+\mathrm{i}\sin n)^\alpha\equiv\cos\alpha n+\mathrm{i}\sin\alpha n \pmod p$$

若 p 是素数, 则

$$\cos pn\equiv\cos n$$

$$\sin pn\equiv(-1)^{\frac{p-1}{2}}\sin n \pmod p$$

因此, 若 $p=4k\pm 1$, 有

$$\cos(p\mp 1)n\equiv 1$$

若 $1-a^2$ 是 p 的一个二次剩余, 则整数 a 被放在"类 A"中, 否则它被放在

① Jour. für Math., 19, 1839, 93-100.

"类 B"中.已经证明若 $\cos n$ 属于类 A 且 α 是使 $\cos \alpha n \equiv 1 \pmod p$ 的最小整数,则当 $p=4k\pm 1$ 时 α 是 $p\mp 1$ 的一个因子,那么 $\cos n$ 被看作属于数 α.存在 $\phi(p\pm 1)$"本原的"余弦属于 $p\pm 1$.对于 $p=4n+1$,$\cos n$ 是本原的,因此方程 $x^2+y^2\equiv 1 \pmod p$ 的所有实数解由当 $t=1,2,\cdots,p-1$ 时的 $\cos tn$,$\sin tn$ 给出;一致的情形被发现.结果是对于任意素数 $8m+1$,$8m+3$ 或 $8m+5$,本质上有 m 个不同的解集,使得 $0^2+1^2\equiv 1$ 被排除.同样的想法应用于确定 2,3,5 的二次特征.

G. Eisenstein① 指出(但没证明):一个奇整数 m 表示成一个 $\boxed{4}$ 的表示法数为 $8\sigma(m)$(Jacobi②),还指出若 $m=a^{\alpha}b^{\beta}\cdots$,其中 $a,b,\cdots$ 是相异素数,正常表示法数是

$$8m\left(1+\frac{1}{a}\right)\left(1+\frac{1}{b}\right)\cdots$$

P. L. Tchebychef③ 证明了 $x^2-Ay^2-B\equiv 0 \pmod p$ 是可解的若 A 不能被素数 p 整除.证法只需 $p>2$ 和 Ay^2+B 从不被 p 整除,由此

$$(Ay^2+B)^{\frac{p-1}{2}}+1\equiv 0 \pmod p$$

这个同余式的次数 $p-1$ 不被 y 的所有值 $0,1,\cdots,p-1$ 所满足,因此对于它们中的一个 Ay^2+B 是 p 的一个二次剩余.

F. Pollock④ 注意到若任意奇平方数 $16n^2\pm 8n+1$ 被增加 3,和是 $3(4n^2\pm 4n+1)+(4n^2\mp 4n+1)$,且因此是 4 个奇平方数的和.又被增加 8,新和被分解成 4 个奇平方数,对于每个额外的 8 有一个类似的结果.他指出每个数 $8k+4$ 以这种方式被达到.因为每个数 $8k+4$ 是一个 $\boxed{4}$,由此得 Bachet 定理成立.

C. Hermite⑤ 指出,若 A 是一个奇数或一个奇数的 2 倍,则

$$\alpha^2+\beta^2+1\equiv 0 \pmod A \tag{12}$$

有整数解.首先,令

$$A\equiv \varepsilon \pmod 4, \varepsilon=\pm 1$$

具有一般项,$4Az+2\varepsilon A-1$ 的代数级数被 Dirichlet 定理的素数的一个无穷大所包含,且因此两个平方数的和 $\alpha^2+\beta^2\equiv 1 \pmod 4$.其次,令 $A\equiv 2 \pmod 4$,我

---

① Jour. für Math.,35,1847,133;Math. Abhandlungen,1847,193. In Jour. de Math.,17,1852,477,the first result is said to follow from a property of ternary quadratic forms.

② Werke,Ⅰ,423-424;Jour. für Math.,80,1875,241-242;Bull. des sc. math. astr.,9,1875,67-69;letter,Sept. 9,1828,Jacobi to Legendre. Jacobi,Fundamenta Nova Funct. Ellipt.,Konigsberg,1829,p. 188,p. 106(34),p. 184(6);Werke,Ⅰ,239. Cf. J. Tannery and J. Molk,Elém. théorie fonct. ell.,4,1902,260-263;J. W. L. Glaisher,Quar. Jour. Math.,38,1907,8;papers 51-52,81,88,110-111.

③ Theorie der Congruenzen,in Russian,1849;in German,1889,207-209.

④ Proc. Roy. Soc. London,6,1851,132-133.

⑤ Comptes Rendus Paris,37,1853,133-134;Oeuvres,Ⅰ,288-289.

们应用类似的级数 $2Az+A-1$.

对于(12) 的整数解 α,β,确切的形式

$$f=(Ax+\alpha z+\beta u)^2+(Ay-\beta z+\alpha u)^2+z^2+u^2$$

有像不变量 Δ 的数值 A^4(作为 4 个线性函数行列式 A^2 的平方与 Δ 对于 4 个平方数和值 1 的积)且因此对于变量 $x,\cdots,u$ 的整数值它的最小值小于 $\left(\frac{4}{3}\right)^{\frac{3}{2}}\Delta^{\frac{1}{4}}<2A$. 因为 f 只表示 A 的倍数,这个最小值是 A 自身. 因此 A 能被 f 所表示且因此是 4 个平方数的和.

Hermite① 重复了前述的证法并给出了下面的结果. 形式

$$\frac{1}{A}f=A(x^2+y^2)+2\alpha(zx+yu)+2\beta(xu-zy)+$$

$$\frac{1}{A}(\alpha^2+\beta^2+1)(z^2+u^2)$$

有整系数,且 $\Delta=1$. 因此它等价于

$$X^2+Y^2+Z^2+U^2$$

单独地归纳具有 $\Delta=1$ 的确切二次型. 因此在 $x,\cdots,u$ 的这 4 个线性函数 $X,\cdots,U$ 中,x 或 y 的系数的平方和等于 A.

对于 M 为一个奇整数,Hermite 型

$$MV\overline{V}+(\alpha+\beta\mathrm{i})V\overline{U}+(\alpha-\beta\mathrm{i})\overline{V}U+\frac{1}{M}(\alpha^2+\beta^2+1)U\overline{U}$$

具有复整系数,对于不变量 Δ 有值 -1,且因此等价于 $v\overline{v}-u\overline{u}$,单独地归纳具有 $\Delta=-1$ 的形式. 应用

$$v=aV+bU$$

$$u=cV+dU$$

$$ad-bc=1$$

将后者变成前者,$a,\cdots,d$ 是复整数. 因此任意奇整数是 4 个平方数的和,其中的 2 个平方数的和与余下的两个平方数的和互素②.

通过应用 $v\overline{v}+u\overline{u}$ 来考虑 M 的正常和非正常表达式,他得到了关于 $M=\prod p_i$ 表示成 4 个平方数和的表示法数的 Jacobi 公式 $8\prod(p_i+1)$,其中 M 不被一个素数的平方整除.

F. Pollock③ 证明了 Cauchy 定理(1813 年),那任意奇数 $2p+1$ 是 4 个平方

---

① Jour. für Math. ,47,1854,343-345,364-368;Oeuvres, Ⅰ,234-237,258-263.

② E. Picard,the editor of Hermite's Oeuvres,1,p. 259,noted that when a and c are relatively prime,$a\overline{a}$ and $c\overline{c}$ are not necessarily so;but that the theorem in the text is probably true.

③ Phil. Trans. Roy. Soc. London,144,1854,311-319.

数的和,这些平方数的根的代数和是从 1 到极大值的任意指定的奇数. 因为,p 是 3 个或更少三角形数的和. 若 $p=\frac{q^2+q}{2}$,则无论 $q=2n$ 或者 $2n-1$,我们都有

$$2p+1=4n^2\pm 2n+1$$

它是 $n,-n,\mp n,\pm(n\pm 1)$ 的平方数的和. 若

$$p=\frac{q^2+q}{2}+\frac{r^2+r}{2}$$

则 p 是 a^2+a+b^2 型的,且 $2p+1$ 是 $a+1,-a,b,-b$ 的平方数的和. 若 p 是 3 个三角形数的和,则

$$p=a^2+a+b^2+\frac{1}{2}(m^2+m)$$

$$2p+1=2(a^2+a+b^2)+4n^2\pm 2n+1$$

后者是 $b\mp n,-b\mp n,-a\pm n,a\pm n+1$ 的平方数的和. 在每种情形中,这 4 个根的单数和是单位元.

A. Genocchi[①]"回忆"公式(7)和(8)并记录道:第 2 个暗含着 $4n$ 表示成 $\boxed{4}$ 的表示法数为 $\sigma(n)$,其中 n 是奇数,且第 1 个暗含着

$$N_1+2N_2+4N_3+8N_4=4(D_1+D_2-D_4)$$

其中 D_1 是 n 的奇因子和,D_2(或 D_4)是 n 的具有 $\frac{n}{d}$ 为奇(或偶)的偶因子 d 的和,而 $N_1,\cdots,N_4$ 是具有 3,2,1,0 个未知数 0 的方程 $x_1^2+\cdots+x_4^2=n$ 的解数. 对于另一个类似的公式见第九章的 Cesàro[②].

A. Desboves[③]经验地指出任意一个奇整数的 2 倍是两个素数 $4n+1$ 的和. 这样的一个素数是一个 $\boxed{2}$. 因此每个整数是一个 $\boxed{4}$.

C. A. W. Berkhan[④]分解小于 360 的整数为 4 个有理或整的平方数,且若可能的话分解成 2 个或 3 个平方数.

G. L. Dirichlet[⑤]给出了 Jacobi 的[⑥]证法的一个简化形式. 根据 $p'=a'q'$ 的一个因子 a' 有 $4m+1$ 型还是 $4m+3$ 型,设 $\delta'=+1$ 或 -1. 则方程 $2p'=w^2+x^2$ 的正解数是 $\sum\delta'$. 因此每对 p',p'' 供应式(11)的 $\sum\delta'\cdot\sum\delta''=\sum\eta$ 个解,其中 $\eta=+1$ 或 -1 取决于 $a'-a''$ 能否被 4 整除. 因此 $\mu=\sum\eta$,也通过变化 p',

---

① Nouv. Ann. Math. ,13,1854,169.

② Jour. für Math. ,12,1834,167-172;Werke,6,1891,245-251.

③ Nouv. Ann. Math. ,14,1855,293-295.

④ Lehrbuch der Unbestimmten Analytik,Halle,2,1856,286.

⑤ Jour. de Math. ,(2),1,1856,210-214;Werke,2,1897,201-208.

⑥ Jour. für Math. ,12,1834,167-172;Werke,6,1891,245-251.

p''得到,因此对于方程

$$a'q'+a''q''=2p \tag{13}$$

的奇解 a',a'' 的每个集合存在一项 η. 令 η' 是当 $a'=a''$ 时得到的一项,η'' 是当 $a'>a''$ 时得到的一项. 则

$$\mu=\sum\eta'+2\sum\eta''$$

从(13) 的奇解的一个集合中,我们得到新的奇解

$$A'=q''(x+1)+q'(x+2)$$

$$A''=q''x+q'(x+1)$$

$$Q'=-a'x+a''(x+1)=a''-(a'-a'')x$$

$$Q''=a'(x+1)-a''(x+2)=(a'-a'')(x+1)-a''$$

令 $a'>a''$,为了使 Q' 和 Q'' 为正,$(a'-a'')x$ 必定是 $a'-a''$ 的最小倍数,比 a'' 小. 则 x 是唯一确定的且 $A'>A''>0$. 若我们重复这一步骤,以 A',Q',A'',Q'' 开始,我们仅得到初始的集合 a',q',a'',q'',因为前述的方程在用 A' 互换 a',Q' 互换 q',…… 之后成立. 因为

$$a'-a''=Q'+Q''$$

两个这样的解集给出 n'' 的值在符号上不同. 的确在偶数 $a'-a''$ 和 $q'+q''$ 中只有一个能被 4 整除,因为 $a'\equiv\pm a'',q'\equiv\mp q''\pmod 4$ 否定(13),因此 $\sum\eta''=0$. 故 $\mu=\sum\eta'$,其中每个 $\eta'=+1$,使得 $\mu=N[a'(q'+q'')]=\sigma(p)$,如上所述.

J. J. Sylvester① 使用引理得,若

$$3M=p^2+q^2+r^2+s^2$$

则 M 是 4 个平方数的和. 我们可以假定 p 能被 3 整除,通过对 q,r,s 的符号的常规选择,取 $q\equiv r\equiv s\pmod 3$. 则 M 是整数

$$\frac{1}{3}(q+r+s)$$

$$\frac{1}{3}(p+r-s)$$

$$\frac{1}{3}(p-q+s)$$

$$\frac{1}{3}(p+q-r)$$

的平方数.

当 $N\equiv 1\pmod 4$ 时,x 的函数 $3^{2x+1}N-2$ 不是有理分解且没有常数因子;它被假定用一些整数 x 来表示一个素数 T. 因为 $T\equiv 1\pmod 4$,T 为两个平方

① Quar. Jour. Math. ,1,1857,196-197;Coll. Math. Papers,2,1908,101-102.

数的和. 因此 $T+2=3^{2x+1}N$ 是 4 个平方数的和. 由引理得对于 N 同样为真.

当 $N\equiv 3(\bmod 4)$ 时，$3^{2x}N-2$ 被类似地使用. 当 N 是偶数时，应用 3^xN-1，它满足探讨 $N\equiv 2(\bmod 4)$，因为定理若对于 N 为真则对于 $4N$ 为真.

J. Liouville① 考虑了所有素因子 $\equiv 1(\bmod 4)$ 的一个整数 m. 以及如何将 $4m$ 表示为 $(u^2+v^2)(u_1^2+v_1^2)$ 的形式，其中 $u,\cdots v_1$ 是奇的且为正，称两个这样的分解恒等当且仅当 $u=u',\cdots,v_1=v'_1$. 记第 1 个因子 u^2+v^2 为 $2a$. 它指出 $\sum a$ 等于 $16m$ 分解为 4 个正的奇平方数的两个和的积的分解数. 后者的数超过 $\sum a$，若 m 有一个素因子 $\equiv 3(\bmod 4)$.

J. Liouville② 考虑了一个已知偶整数 n 表示成 4 个平方数的和 $s_i^2+t_i^2+u_i^2+v_i^2$ 的 N 个表示法，其中 $s_i,\cdots,v_i$ 可以是正的、负的或 0，且两个表示法是不同的，除非 $s_1=s_2,\cdots,v_1=v_2$. 对于第 1 个平方数 s_i^2，我们有

$$\sum_{i=1}^{N} s_i^{\mu}=0\quad(\mu\text{ 奇数})$$

$$\sum_{i=1}^{N} s_i^2=\frac{n}{4}N$$

$$\sum_{i=1}^{N} s_i^4=\frac{n^2}{8}N$$

第 2 个遵从于 $nN=\sum s_i^2+\cdots+\sum v_i^2$ 和 $\sum s_i^2=\sum t_i^2$，等等. 对于 n 的小值第 3 个被证实(被 Stern③ 证明了). 通过它和 $n^2N=\sum(s_i^2+\cdots+v_i^2)^2$，我们得到

$$\sum_{i=1}^{N} s_i^2t_i^2=\frac{n^2N}{24}$$

J. G. Zehfuss④ 记录了恒等式

$$\begin{aligned}&(2a)^2+(2b)^2+(2c)^2+(2d)^2\\=&(a+b+c\pm d)^2+(a+b-c\mp d)^2+\\&(a-b+c\mp d)^2+(a-b-c\pm d)^2\end{aligned}$$

F. Pollock⑤ 指出任意奇数是 4 个平方数的和，其中两个平方数的根相差从 0 到最大值的任意指定数 d. 当 $d=0$ 时，我们应用 $a^2+b^2+2c^2$(Legendre, Théorie des nombres, Ⅰ, 186; Ⅱ, 398). 下面，令 $d=1$. 因为 $4n+1$ 是 3 个平方

① Jour. de Math., (2), 2, 1857, 351-352.

② Ibid., (2), 3, 1858, 357-360.

③ Jour. für Math., 105, 1889, 251-262.

④ Archiv Math. Phys., 30, 1858, 466.

⑤ Phil. Trans. Roy. Soc. London, 149, 1859, 49-59.

数的和,只有 1 个是奇的

$$4n+1=(2a)^2+(2b)^2+(2c+1)^2$$

$$2n+1=(a+b)^2+(a-b)^2+c^2+(c+1)^2$$

其中 d 是常规的通过带有一般项 $2n^2+1$ 的一个特殊代数级数被讨论.

C. Souillart① 通过用具有 p,q,r,s 作为第一行的与下面行列式类似的行列式乘以

$$(a^2+b^2+c^2+d^2)^2=\begin{vmatrix} a & b & c & d \\ -b & a & -d & c \\ -c & d & a & -b \\ -d & -c & b & a \end{vmatrix}$$

证明了 Euler 公式(1).

F. Pollock② 指出每个奇数是 $a+p+1,a-p,a+q,a-q$ 的平方和,其中的两个和比余下的两个和多单位元.

J. Liouville③ 证明了用 $x^2+y^2+z^2+4t^2$ 表示一个奇数 m 的表示法数为 $\{4+2(-1)^{\frac{m-1}{2}}\}\sigma(m)$;表示 $2m$ 的表示法数为 $12\sigma(m)$;表示 $4m$ 的表示法数为 $8\sigma(m)$;表示 $2^\alpha m\ (\alpha\geqslant 3)$ 的表示法数为 $24\sigma(m)$. 他也发现了用这些形式的正常表示法数. 他④把 $2^\alpha m$ 表示成 $x^2+ay^2+bz^2+16t^2$ 的表示法数表示为

$$(a,b)=(4,4),(16,16),(4,16),(1,16),(1,4),(1,1)$$

是 $\sigma(m)$ 和 $\sum(-1)^{\frac{i-1}{2}}i$ 中的项,总结到奇整数 i 使 $m=i^2+4s^2$. 从 Jacobi 的⑤结论,他⑥还导出了用 $x^2+y^2+9z^2+9t^2$ 表示的表示法数.

J. Liouville⑦ 考虑了一个奇整数 m 和分解

$$4m=i^2+i_1^2+i_2^2+i_3^2$$

$$2m=r^2+r_1^2+4s^2+4s_1^2$$

其中 i,i_1,i_2,i_3,r,r_1 是正奇整数,并指出

$$\sum(-1)^{\frac{ii_1-1}{2}}ii_1=(-1)^{\frac{m-1}{2}}\sum(-1)^{\frac{rr_1-1}{2}}rr_1$$

① Nouv. Ann. Math. ,19,1860,321.

② Phil. Trans. Roy. Soc. London,151,1861,409-421.

③ Jour. de Math. ,(2),6,1861,440-448,Cf. Liouville of Ch. Ⅺ.

④ Ibid. ,(2),7,1862,73-76,77-80,105-108,117-120,157-160,165-168.

⑤ Werke, Ⅰ ,4234;Jour. für Math. ,80,1875,241-242;Bull. des sc. math. astr. ,9,1875,67-69;letter,Sept. 9,1828,Jacobi to Legendre. Jacobi,Fundamenta Nova Funct. Ellipt. ,Konigsberg,1829,p. 188,p. 106(34),p. 184(6);Werke, Ⅰ ,239. Cf. J. Tannery and J. Molk,Elém. théorie fonct. ell. ,4,1902,260-263;J. W. L. Glaisher,Quar. Jour. Math. ,38,1907,8;papers 51-52,81,88,110-111.

⑥ Ibid. ,(2),10,1865,14-24.

⑦ Jour. de Math. ,(2),8,1863,431-432.

J. Plana① 证明了 Jacobi② 公式

$$(1+2q+2q^4+2q^9+\cdots)^4=1+8\sum\sigma(p)(q^p+3q^{2p}+3q^{4p}+\cdots)$$

H. J. S. Smith③ 讨论了Jacobi的④定理，即一个奇数 m 表示成一个 ④ 的表示法数是 $8\sigma(m)$；$4m$ 表示成 4 个奇平方数和的表示法数为 $16\sigma(m)$.

F. Pollock⑤ 指出在一个已知奇数表示成 ④ 的某个表达式中根的代数和等于不超过最大值的任意指定的奇数；根的某两个的差将等于不超过最大值的任意数. 但这在这一章被明确地证明了，涉及数值声明，即任意数 n 是 4 个三角数的和，因为 Bachet 定理给出

$$4n+2=(2a+1)^2+(2b+1)^2+(2c)^2+(2d)^2$$

$$n=(a^2+a+c^2)+(b^2+b+d^2)$$

V. Bouniakowsky⑥ 应用已知结论：一个素数 $p=4n+1$ 的二次剩余可以被配对使得一对的和为 p，且对于二次非剩余也同样，得到像

$$10^2+11^2=2^2+3^2+8^2+12^2$$

$$6^2+7^2=1^2+2^2+4^2+8^2\quad(p=17)$$

$$13^3=1^3+5^3+7^3+12^3$$

$$13^3+14^3=1^3+3^3+17^3$$

这样的关系(第 1 个形式 $2^2+3^2=13, 8^2+12^2\equiv-1+1\pmod{13}$).

F. Unferdinger⑦ 记 $\sum a^2=a^2+b^2+c^2+d^2$ 且以 48^{n-1} 种方式用代数方法表示 $\sum a^2\cdot\sum a_1^2\cdot\cdots\cdot\sum a_{n-1}^2$ 为一个 ④，一般不同.

E. Lionnet 指出且 V. A. Lebesgue⑧ 证明了每个奇数是 4 个平方数的和，其中两个是连续的. 因为，$4n+1$ 是一个 ③，必然地 $4q^2+4r^2+(2s+1)^2$ 也同

---

① Mem. Accad. Turin, (2), 20, 1863, 130.

② Werke, I, 423-424; Jour. für Math., 80, 1875, 241-242; Bull. des sc. math. astr., 9, 1875, 67-69; letter, Sept. 9, 1828, Jacobi to Legendre. Jacobi, Fundamenta Nova Funct. Ellipt., Konigsberg, 1829, p. 188, p. 106(34), p. 184(6); Werke, I, 239. Cf. J. Tannery and J. Molk, Elém. théorie fonct. ell., 4, 1902, 260-263; J. W. L. Glaisher, Quar. Jour. Math., 38, 1907, 8; papers 51-52, 81, 88, 110-111.

③ British Assoc. Report, 1865, 337; Coll. Math. Papers, I, 307.

④ Werke, I, 423-424; Jour. für Math., 80, 1875, 241-242; Bull. des sc. math. astr., 9, 1875, 67-69; letter, Sept. 9, 1828, Jacobi to Legendre. Jacobi, Fundamenta Nova Funct. Ellipt., Konigsberg, 1829, p. 188, p. 106(34), p. 184(6); Werke, I, 239. Cf. J. Tannery and J. Molk, Elém. théorie fonct. ell., 4, 1902, 260-263; J. W. L. Glaisher, Quar. Jour. Math., 38, 1907, 8; papers 51-52, 81, 88, 110-111. Jour. für Math., 3, 1828, 191; Werke, I 247. Cf. Liouville and Deltour of Ch. XI.

⑤ Proc. Roy. Soc. London, 15, 1867, 115-127; 16, 1868, 251-254; abstract of Phil. Trans., 158, I868, 627-642. His "proof" of Bachet's theorem is given in Ch. 1.

⑥ Bull. Acad. Sc. St. Pétersbourg, 13, 1869, 25-31.

⑦ Sitzungsber. Akad. Wiss. Wien(Math.), 59 II, 1869, 455-464.

⑧ Nouv. Ann. Math., (2), 11, 1872, 516-519; same by Réalis.

样,由此

$$2n+1=(q+r)^2+(q-r)^2+s^2+(s+1)^2$$

J. W. L. Glaisher① 注意到,应用一个 Jacobi 建立的恒等式

$$48\alpha+24\alpha_2+12\alpha_{22}+8\alpha_3+2\alpha_4+24\beta+12\beta_2+4\beta_3+6\gamma+3\gamma_2+\delta$$

若 N 是奇的,等于 $\sigma(N)$,若 N 是偶的则等于 $3\sigma(N)$,其中 $\alpha,\alpha_2,\alpha_{22},\alpha_3,\alpha_4$ 是 N 表示成 4 个平方数的和. 当这 4 个平方数分别全不等、两个相等、两对相等、3 个相等、4 个相等时方法数,而 β,β_2 或 β_3 是 N 表示成 3 个平方数的和当这 3 个平方数分别全不等、2 个或 3 个相等时的方法数,γ,γ_2,δ 是对于 2 个平方数和 1 个平方数的类似数.

S. Réalis② 应用

$$8n+3=(2a-1)^2+(2b-1)^2+(2c-1)^2$$

来说明 $2n+1$ 是

$$\frac{1}{2}\{k\pm(a-b+c)\}$$

$$\frac{1}{2}\{k\pm(a+b-c)\}$$

$$\frac{1}{2}\{k\pm(-a+b+c)\}$$

$$\frac{1}{2}\{k\mp(a+b+c-2)\}$$

的平方和,上述 4 个数的和是单位元,其中,若 $s=a+b+c$ 是偶的,上面的符号被选取且 $k=0$,而若 s 是奇的,下面的符号被选取且 $k=1$,更一般地,每个奇数 N 是 4 个平方数的一个和,它的根的代数和小于或等于 $2\sqrt{N}$ 的任意奇数. 任意数 $N=4n+2$ 是一个和 $a^2+b^2+c^2+k^2$,其中 k^2 是任意选取的小于 N 的平方数;因为根据 k 的奇偶性,$N-k^2$ 是 $4p+2$ 型或 $4p+1$ 型的且因此是一个 ③.

又(Zehfuss③)

$$N=\alpha^2+\beta^2+\gamma^2+\delta^2$$

$$2\alpha=a+b+c+k$$

$$2\beta=-a+b-c+k$$

$$2\gamma=-a-b+c+k$$

$$2\delta=a-b-c+k$$

$$\alpha+\beta+\gamma+\delta=2k$$

① British Assoc. Report,46,1873,11(Trans. Sect.).

② Nouv. Ann. Math.,(2),12,1873,212-223.

③ Archiv Math. Phys.,30,1858,466.

因此每个数 $N=4n+2$ 是 4 个平方数的和，这些平方数根的代数和是数 0，2，4，…，2μ 中任意指定的一个，其中 μ^2 是小于 N 的最小平方数. 每个数 $N=4n+1$（或 $4n+3$）是 4 个平方数的和，这 4 个平方数中的一个任意取且小于 N 的偶（或奇）平方数.

Glaisher[①] 展示了(6) 的 Gauss 的证法并指出，若 N 是奇的，$4N$ 表示成 4 个奇平方数和的表示法数等于 N 表示成 4 个或更少平方数和的表示法数的 2 倍，给出了(6) 的一个代数证法.

E. Catalan[②] 把恒等式

$$(a^2+b^2+c^2+bc+ca+ab)^2=(a+b+c)^2(a^2+b^2+c^2)+(bc+ca+ab)^2$$

归于 J. Neuberg. 因此，通过记法的变换，有

$$(f^2+2g^2+h^2)^2=(f^2-g^2)^2+(f+g)^2(g+h)^2+(f+g)^2(g-h)^2+(h^2-2fg+g^2)^2$$

因为每个奇数是 $f^2+2g^2+h^2$ 型的，每个奇平方数是 4 个平方数的和.

S. Réalis[③] 应用(1) 说明，对任意整数 p 有

$$p^2=P^2+Q^2+R^2+S^2$$
$$2p+P+Q+R+S=\square$$

并且我们能发现 4 个整数，它们的代数和为 p，它们的平方和为 p^2.

Catalan[④] 给出了恒等式

$$\begin{aligned}&\sum a^2\sum(b\gamma-c\beta)^2\sum f^2\\=&(\sum af\sum a\alpha-\sum\alpha f\sum a^2)^2+\\&\{a\sum f(b\gamma-c\beta)+(b\gamma-c\beta)\sum af\}^2+\\&\{b\sum f(b\gamma-c\beta)+(c\alpha-a\gamma)\sum af\}^2+\\&\{c\sum f(b\gamma-c\beta)+(a\beta-b\alpha)\sum af\}^2\end{aligned}$$

表示 3 个 $\boxed{3}$ 的一个积为一个 $\boxed{4}$.

Réalis[⑤] 注意到，对于每个奇整数 p，有

$$p=P+Q+R+S$$
$$p^2=P^2+Q^2+R^2+S^2$$

---

① Phil. Mag. London，(4)，47，1874，443；(5)，1，1876，44-47.

② Nouv. Corresp. Math.，1，1874-1875，154-155.

③ Nouv. Ann. Math.，(2)，14，1875，90-91.

④ Nouv. Corresp. Math.，4，1878，333，foot-note.

⑤ Nouv. Ann. Math.，(2)，17，1878，45.

$P,\cdots,S$ 中的 3 个的代数和是一个平方数.因为

$$\begin{aligned}p&=x^2+y^2+2z^2\\&=(x+z)(x-z)+(x+z)(z+y)+\\&\quad(x+z)(z-y)+(y^2+z^2-2xz)\end{aligned}$$

又,若 $p=4n+1,4n+2$ 或 $8n+3$,我们能使

$$P+Q+R+3S=\square$$

因为

$$p=\boxed{3}=(x^2-yz)+(y^2-xz)+(z^2-xy)+(xy+xz+yz)$$

G. Torelli① 通过 Jacobi 的②定理证明了结论(Ⅰ),即若 $2n-1$ 不被 3 整除且 p,q 分别是方程

$$2x^2+y^2+z^2=36(2n-1)$$

$$x^2+y^2+z^2+t^2=36(2n-1)$$

的不都能被 3 整除的不同奇整数解集数,则有 $p+2q$ 等于 $2n-1$ 的所有因子的和 $\sigma(2n-1)$.

(Ⅱ)当用 $4\cdot 3^{h+2}(2m-1)$ 替换第 2 项时,则

$$p+2q=3^h\sigma(2m-1)$$

(Ⅲ)若 k 是一个素数 $12\lambda-1$,且 $2n-1$ 不被 k 整除,而 p,q 分别是方程

$$2x^2+y^2+z^2=4k^\kappa(2n-1)$$

$$x^2+y^2+z^2+t^2=4k^\kappa(2n-1)$$

的不都被 k 整除的相异奇整数解集数,则

$$p+q=k^{\kappa-1}\lambda\sigma(2n-1)$$

(Ⅳ)若 $M=a^\alpha b^\beta\cdots$,其中 $a,b,\cdots$ 是相异奇素数,$4M$ 以 $M\left(1+\frac{1}{a}\right)\left(1+\frac{1}{b}\right)\cdots$ 种方式等于不具有公因子的 4 个奇平方数的和.

(Ⅴ)若 r_1,p_1,p_2 为方程

$$x^2+y^2+z^2+t^2=2(2n-1)$$

$$x^2+y^2+z^2+t^2=2n-1$$

$$2x^2+y^2+z^2=2n-1$$

的相异非零整数解集数,则 $r_1=3p_1+p_2$.

(Ⅵ)若 $x^2+y^2+z^2+t^2=4(2n-1)$ 有 s_1 个不同的奇整数解集且 $x^2+y^2+z^2=2n-1$ 有 p_4 个不同的非 0 解集,则 $s_1=2p_1+p_4$.

① Giornale di Mat., 16, 1878, 152-167.

② Jour. für Math., 3, 1828, 191; Werke, Ⅰ 247. Cf. Liouville[1] and Deltour of Ch. Ⅺ.

（Ⅶ）若$\sum_4$记作$x^2+y^2+z^2+t^2$，则$\sum_4=2^\kappa(2n-1)$的解集数按照$\sum_4=2n-1$和$\sum_3=2n-1$的解集数中的项和当2或3个变量相等时的解集数被表示.

E. Fergola[①]用限定$2n-1$不是一个平方数已经阐述了前述的定理（Ⅴ）和（Ⅰ）.

E. Catalan[②]记录道：$2p=a+b+c$暗含着

$$p^2+(p-a)^2+(p-b)^2+(p-c)^2=a^2+b^2+c^2$$

并给出了关于a,b,c的各种恒等式，它们表示3个平方数的和的平方为一个④.

J. J. Sylvester[③]证明了任意素数p是x^2+y^2+1的一个因子.假定相反.则$p\neq 4i+1$因为p不整除x^2+1.令ρ是单位元的任意p次原根且设$R=\sum\rho^{x^2}$，总结二次剩余$x^2<p$.令R'与R循环共轭，将R^2展成ρ的方幂和.因为

$$\rho\neq 4i+1$$

$$x^2+y^2\neq p$$

且没有ρ的p次幂能出现在R^2的展式中.因为，由假设，$2x^2$和x^2+y^2都不$\equiv -1(\bmod p)$，没有这样的方幂ρ^{p-1}能出现在R^2中，而它属于R'.因此没有R'中的项出现在R^2中.因为在R^2中属于相同周期的ρ的每个方幂必出现几次一个类似的数，我们有

$$R^2=\frac{R(\rho-1)}{2}$$

然而$R\neq 0$或$\frac{(p-1)}{2}$.

通过连分数从这个定理可以得到Bachet定理.

H. J. S. Smith[④]应用连分数指出了Bachet定理的一个证法.

C. Hermite[⑤]通过椭圆函数证明了(6)且推断出任意奇整数n分解成4个平方数的分解法数等于$4n$分解成4个平方数（它的根是奇的和正的）和的分解法数的8倍.

J. W. L. Glaisher[⑥]考虑了$4N$表示4个奇平方数和的分解法数$\sigma(N)$，在每个这样的分解中，取第1个平方数（例如）的平方根，依据定是$4m\pm 1$型的给出

---

① Giornale di Mat.，10，1872，54.

② Nouv. Corresp. Math.，5，1879，92-93.

③ Amer. Jour. Math.，3，1880，390-392；Coll. Math. Papers，3，1909，446-448.

④ Coll. Math. in memoviam D. Chelini，Milan，1881，117；Coll. Math. Papers，Ⅱ，309.

⑤ Cours，Fac. Sc. Paris，1882；1883，175；ed. 4，1891，242.

⑥ Quar. Jour. Math.，19，1883，212-215；36，1905，342-343.

它的符号“±”,且形成这些平方根的代数和.然后,考虑 $2N$ 分解成 2 个奇平方数的分解,在每个这样的分解中,取两个平方数的平方根的积,像前面一样确定符号,且形成积的代数和 B.那么,像应用无穷级数和积所说明的,$A=B$.

E. Catalan① 记录道

$$x^{4n}+y^{4n}=\left(\frac{x^{2n+2}\pm y^{2n+2}}{x^2+y^2}\right)^2+2\left(xy\cdot\frac{x^{2n}\mp y^{2n}}{x^2+y^2}\right)^2+\left(x^2y^2\cdot\frac{x^{2n-2}\pm y^{2n-2}}{x^2+y^2}\right)^2$$

T. Pepin② 完全给出了 m 表示为 4 的表示法数是 $8\{2+(-1)^m\}X(m)$ 的代数证法,其中 $X(m)$ 是 m 的奇因子和.这一证法与 Jacobi③ 和 Dirichlet④ 的相似. Pepin⑤ 给出了 Dirichlet 证法的一个详述并注意到这个定理是 Liouville 的一个特殊情形;他证明了 Jacobi⑥ 的那些定理.

M. Weill⑦ 注意到 Jacobi 从椭圆函数的公式 $k^2+k'^2=1$ 中推断出了结论:若 N 是奇的,$4N$ 表示成 4 个奇平方数和的表示法数为 N 表示成 4 的表示法数的 2 倍,并通过 Zehfuss⑧ 的恒等式给出了一个直接证法,应用一个类似的恒等式,Weill 证明了若 N 是不被 3 整除的任意整数,且若 N 和 $3N$ 只容许分解为非 0 的 4 个相异平方数,则 $3N$ 表示为一个 4 的分解法数是 N 的那些分解法数的 2 倍.

G. Frattini⑨ 证明了,使

$$x^2-Dy^2\equiv\lambda\pmod p$$

的平方数的对数为 $\frac{1}{2}\left\{p-\left(\frac{D}{p}\right)\right\}$,其中 $\left(\frac{D}{p}\right)$ 是涉及素数 p 的二次特征 D.对于 $p>3$ 时解的存在性给出了一个优美的证法,归于 Bianchi.若 λ 是一个剩余,取 $y=0$.若 λ 是一个非剩余,它说明,当 α 取遍 $\frac{p-1}{2}$ 个剩余时,$\alpha-\lambda$ 不总是一个剩

① Nouv. Ann. Math. ,(3),3,1884,347.

② Atti Accad. Pont. Nuovi Lincei,37,1883-1884,12-20.

③ Jour. für Math. ,12,1834,167-172;Werke,6,1891,245-251.

④ Jour. de Math. ,(2),1,1856,210-214;Werke,2,1897,201-208.

⑤ Ibid. ,38,1884-5,140-145.

⑥ Werke,Ⅰ,423-424;Jour. für Math. ,80,1875,241-242;Bull. des sc. math. astr. ,9,1875,67-69;letter, Sept. 9,1828,Jacobi to Legendre. Jacobi,Fundamenta Nova Funct. Ellipt. ,Konigsberg,1829,p. 188,p. 106(34), p. 184(6);Werke,Ⅰ,239. Cf. J. Tannery and J. Molk,Elém. théorie fonct. ell. ,4,1902,260-263;J. W. L. Glaisher, Quar. Jour. Math. ,38,1907,8;papers 51-52,81,88,110-111.

⑦ Comptes Rendus Paris,99,1884,859-861;Bull. Soc. Math. France,13,1884-1885,28-34.

⑧ Archiv Math. Phys. ,30,1858,466.

⑨ Rendiconti Reale Accad. Lincei,(4),1,1885,136-139.

余也不总是一个非剩余. 因为若 $e=\frac{p-1}{2}$ 且 $x^e\equiv 1$ 的每个根满足 $(x-\lambda)^e\equiv\pm 1$.

J. W. L. Glaisher① 应用了 N 分解为平方数和的分解项当我们不考虑其中平方数的放置顺序和根的符号时,合成当考虑平方数的顺序但不考虑根的符号时;表示当平方数的顺序和根的符号均考虑时. 对于奇数 N,$\chi(N)$ 记作出现在 $2N$ 分解成两个平方数的各种分解中不同平方数的平方根的和,根据它的数值是 $4n+1$ 型还是 $4n+3$ 型来确定每个根的符号是"+"还是"−". 一个等价定义为 $\chi(N)$ 是范数 $N=a^2+b^2$ 的所有主要复数 $a+b\mathrm{i}$ 的和. 两个奇平方数被说成是同类的当且仅当它们都是 $(8n\pm 1)^2$ 型的或 $(8n\pm 3)^2$ 型的. 下面的定理被应用无穷级数证明了. 若 $N=4n+1$ 且若 H_1(或 H_2)记作 $4N$ 分解成相同类的(或不相同类的)4 个奇平方数的和的合成数,则

$$H_1-\frac{1}{3}H_2=\chi(N)$$

像所知道的,$H_1+H_2=\sigma(N)$. 若 $N=4n+1$ 且若 $4N$ 分解成 4 个奇平方数的分解中两个平方数是相等的,P 是具有 $(8n\pm 1)^2$ 型的余下两个平方数的数且 Q 是使它们是 $(8m\pm 3)^2$ 型的数,则 $P=Q$ 当 N 不是一个平方数时,而

$$P-Q=\frac{1}{2}\left\{\left(\frac{-1}{\nu}\right)\nu+\left(\frac{2}{\nu}\right)\right\},N=\nu^2$$

记 S 为 $(2p+1)^2+(2q+1)^2$;$8n+2$ 表示为

$$S+(4r)^2+(4s)^2 \text{ 或 } S+(4r+2)^2+(4s+2)^2$$

的表示法数分别为

$$12\{\sigma(4n+1)+\chi(4n+1)\}$$
$$12\{\sigma(4n+1)-\chi(4n+1)\}$$

然而 $8n+6=S+(4r)^2+(4s+2)^2$ 有 $12\sigma(4n+3)$ 种表示法.

令 $E(N)$ 记作 N 的 $4n+1$ 型因子数超出它的 $4n+3$ 型因子数的超出量;则 $E(N)$ 为范数 N 的本原数. 若 $n\equiv 1 \pmod 4$,则

$$\begin{aligned}\chi(n)=&E(1)E(2n-1)-E(5)E(2n-5)+\\&E(9)E(2n-9)-\cdots+E(2n-1)E(1)\end{aligned}$$

$$\begin{aligned}\sigma(2m+1)=&E(1)E(4m+1)+E(5)E(4m-3)+\\&E(9)E(4m-7)+\cdots+E(4m+1)E(1)\end{aligned}$$

称 $E_2(n)$ 为 n 的 $4m+1$ 型因子的平方和超出其 $4m+3$ 型因子平方和的超出量;$\lambda(n)$ 为范数 n 的本原数平方和. 给出了许多公式用来求 $\chi,\sigma,E,E_2,\lambda$ 的值,它的

① Quar. Jour. Math.,20,1885,80-167.

值被制成了表格用来论证 $n \leqslant 100$,也引用更长的表.

R. Lipschitz① 发现了方程

$$\xi_1^2+\xi_2^2+\xi_3^2 \equiv 0 \pmod{p^\gamma}$$

的解集数,其中 p 是素数,并应用这一结论来找到所有具有给定范数的整的四元数且因此找到 $m=\boxed{4}$ 的解. 他讨论了 $x_1^2+x_2^2+x_3^2$ 的实的有理数.

S. Réalis② 从 $pq=\alpha^2+\cdots+\delta^2$ 中推断出了用 $\alpha,\cdots,\delta$ 中的项表示 p 和 q 的分式的 3 个集合和一些新参数,但承认了他不能利用它们证明 Bachet 定理.

A. Puchta③ 重复了 Gauss 的④ Euler 公式(1) 的引出. 为了说明(1),应用由 5 个四面体约束的 4 维正则体且它有 5 个等距点 P_i 作为顶点. 存在一点 O 使得 $OP_1,\cdots,OP_4$ 是垂直的线,而 O 与 $P_1,\cdots,P_4$ 中任意 3 个的连线均垂直. 我们可以取 O 为具有坐标 $x_1=\frac{a_1+a_2+a_3+a_4}{2}\cdots$ 的点并得到恒等式

$$\sum a_i^2 \cdot \sum x_i^2=\sum \pi_i^2$$

其中

$$\begin{aligned}\pi_1=&\frac{1}{2}(-a_1+a_2+a_3+a_4)x_1+\\&\frac{1}{2}(-a_1-a_2+a_3-a_4)x_2+\cdots\end{aligned}$$

等等. 通过排列 a_i 或变换符号,我们得到 96 个公式(1).

E. Catalan⑤ 对每个素数是一个 $\boxed{4}$ 的 Legendre⑥ 证法做了一个无效的评论. Catalan 评论道:若 N 和 A 为 4 个整平方数的和,则它们的商 $\frac{N}{A}$ 是分数平方数的一个和,这被 Euler⑦ 所知. Catalan 证明了每个整数以无穷种方式等于 4 个分数平方数的和且阐述了每个数 $8n+4$ 是 4 个奇平方数的一个和,其中两个平方数相等.

① Untersuchungen über die Summen von Quadraten,Bonn,1886. French transl. by J. Molk, Jour. de Math. ,(4),2,1886,393-439.

② Jour. de math. élém. ,(2),10,1886,89-91.

③ Sitzungsber. Akad. Wiss. Wien(Math.),96 Ⅱ ,1887,110.

④ Posth. MS. ,Werke,3,1876,383-384.

⑤ Mém. Soc. Roy. Sc. de Liège,(2),15,1888,160(Mélanges Math. ,Ⅲ).

⑥ Essai sur la théorie des nombres,Paris,1798,198;ed. 2,1808,182;ed. 3,1830,Ⅰ,211-216, Nos. 151-4(Maser,Ⅰ,pp. 212-216.

⑦ Novi Comm. Acad. Petrop. ,5,1754-1755(1751),3;Comm. Arith. ,Ⅰ,230-233.

M. A. Stern① 给出了 Jacobi② 定理的一个基本证法. 令 m 是奇数. $2m$ 表示为 4 的表示法数是 m 的 3 倍,因为 $m=p^2+q^2+r^2+s^2$ 暗含着

$$
\begin{aligned}
2m &= \sum (p\pm q)^2+\sum (r\pm s)^2 \\
&= \sum (p\pm r)^2+\sum (q\pm s)^2 \\
&= \sum (p\pm s)^2+\sum (q\pm r)^2
\end{aligned}
$$

相反地,若 $2m=\alpha^2+\beta^2+\gamma^2+\delta^2$,这些平方数中的两个是偶的,两个是奇的. 因此

$$m=\left(\frac{\alpha+\beta}{2}\right)^2+\left(\frac{\alpha-\beta}{2}\right)^2+\left(\frac{\gamma+\delta}{2}\right)^2+\left(\frac{\gamma-\delta}{2}\right)^2$$

重复这一方法,我们得到(Cf. Zehfuss③)

$$
\begin{aligned}
4m &= (2p)^2+(2q)^2+(2r)^2+(2s)^2 \\
4m &= (p+q+r\pm s)^2+(p+q-r\mp s)^2+ \\
&\quad (p-q+r\mp s)^2+(p-q-r\pm s)^2 \qquad (14)
\end{aligned}
$$

相反地,$4m=\sum\alpha^2$ 暗含着

$$2m=\{\frac{1}{2}(\alpha+\beta)\}^2+\cdots$$

因此,当 $4m$ 和 $2m$ 分别表示为 4 时,它们的表示法数相同,也即是说,若 $2^{\alpha}m$ 和 $2^{\alpha+1}m$ 有相同的表示法数,则 $2^t m(t\geqslant\alpha)$ 表示为 4 有 V 种表示法. 若 $m=4k+1$,p,q,r,s 中的 3 个数是偶的且第 4 个数是奇的,因此(14) 中的平方数均是奇的. 若 $m=4k+3$,则 p,q,r,s 中的 3 个是奇的且一个是偶的,且前述结论成立. 由 Jacobi④ 定理,$4m$ 表示成 4 个偶平方数有 $8\sigma(m)$ 种表示法,因此总共有 $24\sigma(m)$ 种表示法. 这一结论对于 $pqrs=0$ 也成立.

T. Pepin⑤ 通过在涉及 t 的倍数的正弦和的一个公式中取 $t=\frac{\pi}{2}$ 证明了 Jacobi⑥ 定理:若 m 是奇的,则 $4m$ 分解成具有正根的 4 个奇平方数的分解法数为 $\sigma(m)$. 用 $x^2+y^2+4z^2+4t^2$ 表示 $2m$ 的表示法数为 $4\sigma(m)$. 用 x^2+y^2+

---

① Jour. für Math., 105, 1889, 251-262.

② Werke, I, 423-424; Jour. für Math., 80, 1875, 241-242; Bull. des sc. math. astr., 9, 1875, 67-69; letter, Sept. 9, 1828, Jacobi to Legendre. Jacobi, Fundamenta Nova Funct. Ellipt., Konigsberg, 1829, p. 188, p. 106(34), p. 184(6); Werke, I, 239. Cf. J. Tannery and J. Molk, Elém. théorie fonct. ell., 4, 1902, 260-263; J. W. L. Glaisher, Quar. Jour. Math., 38, 1907, 8; papers 51-52, 81, 88, 110-111.

③ Archiv Math. Phys., 30, 1858, 466.

④ Jour. für Math., 12, 1834, 167-172; Werke, 6, 1891, 245-251.

⑤ Jour. de Math., (4), 6, 1890, 19-20.

⑥ Jour. für Math., 3, 1828, 191; Werke, I 247. Cf. Liouville and Deltour of Ch. XI.

z^2+t^2 或$x^2+y^2+z^2+4t^2$.($x+y\equiv 1 \pmod 2$) 表示 $2m$ 的表示法数分别为 $16\sigma(m)$ 或 $8\sigma(m)$. 他以

$$x^2+(2^\alpha y)^2+(2^\beta z)^2+(2^\gamma w)^2$$

的形式给出了关于 $2^k m$ 表示法的各种定理.)

E. Catalan① 注意到,若 $k=2a^2+3$,则 k 是一个 $\boxed{4}$ 和 k^2 是一个 $\boxed{3}$.

A. Matrot② 实质上重复了 Euler③ 的证法,要不是注意到定理每个素数 p 划分成 2 或 3 个平方数的和. 令 $p=2h+1$,考虑数对 $j,2h-j(j=1,\cdots,h-1)$. 若一些对中的两项 α,α_1 是 p 的二次剩余,$\alpha\equiv A^2,\alpha_1\equiv A_1^2$,则 $A^2+A_1^2+1\equiv 0 \pmod p$. 但,如果没有数对构成两个二次剩余,则包括在数对中的剩余不大于$h-1$. 因此,$h,2h$ 中的一个(不在一个数对中) 是一个二次剩余(这里 h 是这样的数). 若 $h\equiv A^2$,则 $A^2+A^2+1\equiv 0 \pmod p$. 若 $2h\equiv A^2$,则 $A^2+1\equiv 0 \pmod p$.

E. Humbert④ 证明了若 p 是奇数且不等于 3,9,则在$\frac{1}{2}(p+1),\frac{1}{2}(p+3),\cdots,p-1$ 中至少有一个是平方数. 因此若一个素数 $p>3$ 的绝对最小二次剩余被以数值上的升序排列,则这些级数包括负项. 因此,若 $p=4n+3$,则存在一个正余数 α 被余数 $-\alpha-1$ 所跟随. 那么 $\alpha\equiv x^2,-\alpha-1\equiv y^2,x^2+y^2+1\equiv 0 \pmod p$.

R. F. Davis⑤ 注意到,若 $s=a+b+c+d$ 是偶的,则 $a^2+b^2+c^2+d^2$ 通过 Zehfuss⑥ 的恒等式(能被 4 整除) 能表示成 4 个新平方数的和. 若 s 是奇的,加 m^2 到每一项则变换成一个 $\boxed{4}$. R. W. D. Christie 应用各种公式表示一个 $\boxed{3}$ 为一个 $\boxed{3}$ 在适当地选择 4 个平方数中的 3 个之后.

A. Matrot⑦ 注意到,若 $p=2h+1$ 是素数,我们分别能找到两个连续整数 α 和 $\alpha+1$ 满足

$$x^h\equiv 1 \pmod p \text{ 和 } x^h\equiv -1 \pmod p$$

---

① Assoc. franç. av. sc. ,20,1891,Ⅱ,198.

② Assoc. franç. av. sc. (Limognes),19,1890,Ⅱ,79-81[20,1891,Ⅱ,185-191 for historical remarks on the proofs by Lagrange and Euler];Jour. de math. élém. , (3),5,1891,169-174;pamphlet,Paris,Nony,1891. Reproduced by E. Humbert,Arithmétique,Paris,1893,284,and by G. Wertheim,Zeit. Math. Naturw. Unterricht, 22,1891,422-423.

③ Acta Erudit. Lips. ,1773,193;Acta Acad. Petrop. ,1,Ⅱ,1775[1772],48;Comm. Arith. ,,Ⅰ, 543-544. Euler's Opera postuma,1,1862,198-201. He first repeated Lagrange's proof and his proof of Theorem Ⅰ.

④ Bull. des Sc. Math. ,(2),15,Ⅰ,1891,51-52.

⑤ Math. Quest. Educ. Times,57,1892,120-122.

⑥ Archiv Math. Phys. ,30,1858,466.

⑦ Jour. de math. élém. ,(4),2,1893,73-76.

因为,否则 $1,2,\cdots,p-1$ 将全满足第 1 个式子. 因此

$$\alpha^{h+1}+(\alpha+1)^{h+1}+1\equiv\alpha-(\alpha+1)+1\equiv 0(\bmod p)$$

当 $p\equiv 3(\bmod 4)$ 时,$h+1$ 是偶的,且 p 整除一个 3. 他对于每个素数 $p\equiv 1(\bmod 4)$ 整除一个 2 的证法在那一话题下被引述.

K. Th. Vahlen① 本质上给出了与 Stern② 一样的论证. 他对于 Bachet 定理的证法在 Ch. Ⅷ③ 中被给出.

E. Catalan④ 给出了 Bachet 定理的 Legendre 的⑤证法. Euler⑥ 给出了经验定理:一个整数不是 4 个分数平方数的和除非它是 4 个整平方数的和. 据说这是错误的,因为每个整数以无穷种方式等于 4 个分数平方数的和.

F. J. Studnička⑦ 注意到 Euler 的(1) 包括 Cauchy⑧ 的公式并推断出了类似的公式表示 3 个平方数的 3 个和的积为一个 4.

L. Gegenbauer⑨ 证明了 Jacobi 定理的新表示法. 一个奇数 n 表示为一个 4 的表示法数等于具有小于或等于 n 的数的 n 的各种最大公约数的因子数的 8 倍;也等于 n 的每个因子的因子数与不超过余因子且同它互素的整数的数目的积的和的 8 倍. 一个奇数 n 表示为一个 4 的恰当的表示法数等于具有小于或等于 n 的整数的 n 的各种最大公约数的分解(分解成两个互素因子) 数的 8 倍;也等于 n 的每个因子分解成两个互素因子的分解法数与不超过余因子且同它互素的整数数目的积的和的 8 倍.

B. Sollertinski⑩ 注意(Catalan⑪) 到一个 3 是一个 4

$$a^2+b^2+c^2=\left(\frac{am}{p}\right)^2+\left(\frac{an}{p}\right)^2+\left(\frac{bm\pm cn}{p}\right)^2+\left(\frac{bn\mp cm}{p}\right)^2$$

$$p^2=m^2+n^2$$

E. N. Barisien⑫ 注意到 s^5 为一个 4,若 $s=x^2+y^2$,因为

$$s^2=(x^2-y^2)^2+4x^2y^2$$

---

① Jour. für Math. ,112,1893,29.

② Jour. für Math. ,105,1889,251-262.

③ Comptes Rendus Paris,99,1884,859-861;Bull. Soc. Math. France,13,1884-1885,28-34.

④ Mém. Acad. Roy. Sc. Belgique,52,1893-1894,22-28.

⑤ Essai sur la théorie des nombres,Paris,1798,198;ed. 2,1808,182;ed. 3,1830,Ⅰ,211-216, Nos. 151-154(Maser,Ⅰ,pp. 212-216).

⑥ Novi Comm. Acad. Petrop. ,5,1754-1755(1751),3;Comm. Arith. ,Ⅰ,230-233.

⑦ Prag Sitzungsber. (Math. Naturw.),1894,ⅩⅤ.

⑧ Cours d'analyse de I'école polyt. ,1,1821,457.

⑨ Sitzungsber. Akad. Wiss. Wien(Math.),103,Ⅱa,1894,121.

⑩ El Progreso Matemático,4,1894,237.

⑪ Nouv. Corresp. Math. ,5,1879,92-93.

⑫ Le matematiche pure ed applicate,1,1901,182-183.

$$s^3=(3xy^2-x^3)^2+(3x^2y-y^3)^2$$

（我们可以推断出 s^5 是一个 [2]，不仅仅是一个 [4]）

G. Wertheim① 像 Matrot② 一样证明了每个素数 p 整除一个 [3]，也是通过寻找级数 $1,2,\cdots,p-1$ 中一个余数伴随一个余数，或一个二次非剩余伴随一个余数来证明的.

L. E. Dickson③ 展示了方程

$$x^2+y^2\equiv 1(\bmod p) \text{ 和 } x^2+y^2\equiv 0(\bmod 5^4)$$

的所有解.

K. Petr④ 应用 Gauss(Werke，Ⅲ，476) 概述的 ζ 函数的方法证明了两个公式. 从它们导出关系式分别用

$$x^2+y^2+9z^2+9u^2$$
$$x^2+y^2+z^2+9u^2$$
$$x^2+9y^2+9z^2+9u^2$$

给出 N 的表示法数 $\varphi(N)$，$\psi(N)$，$\psi'(N)$. 令 $\chi(N)$ 为对于 4 个平方数的已知数. 则

$$\varphi(N)=\frac{1}{6}\left\{\chi(N)+16\sum(-1)^{\left[\frac{3x+y}{6}\right]}x\right\},N\not\equiv 0(\bmod 3)$$

概括了方程 $3x^2+y^2=4N$ 的所有正的奇的解. 当 N 能被 3 的一个奇次幂整除时，$\varphi(N)=0$；若 N 能被 3 的一个偶次幂整除，$\varphi(N)=\chi\left(\frac{N}{9}\right)$. 又

$$\psi(N)+3\psi'(N)-3\varphi(N)=\begin{cases}0, N\not\equiv 0(\bmod 3)\\ \chi\left(\frac{N}{3}\right), N\equiv 0(\bmod 3)\end{cases}$$

现在 N 的第 3 种表示形式仅当 N 是 9 的一个二次剩余 0，1，4，7 时成立. 但在这些情形中，N 的第 1 种表示形式仅当 x 或 y 能被 3 整除时成立. 因此 $\psi'(N)$ 为 0 除了在下列情形中

$$\psi'(N)=\frac{1}{2}\varphi(N)\text{，如果 } N\equiv 1,4,7(\bmod 9)$$

$$\psi'(N)=\chi\left(\frac{N}{9}\right)\text{，如果 } N\equiv 0$$

---

① Anfangsgründe der Zahlenlehre, Braunschweig, 1902, 396.

② Assoc. franç. av. sc. (Limognes), 19, 1890, Ⅱ, 79-81[20, 1891, Ⅱ, 185-191 for historical remarks on the proofs by Lagrange and Euler]; Jour. de math. élém., (3), 5, 1891, 169-174; pamphlet, Paris, Nony, 1891. Reproduced by E. Humbert, Arithmétique, Paris, 1893, 284, and by G. Wertheim, Zeit. Math. Naturw. Unterricht, 22, 1891, 422-423.

③ Amer. Math. Monthly, 11, 1904, 175; 18, 1911, 43-44, 118.

④ Prag Sitzungsber. (Math. Naturw.), 1904, No. 37, 6.

因此 ψ' 并也由此 ψ 是以被确定.

R. D. Von Sterneck① 给出了每个素数 p 整除 2 或 3 个平方数(它们均不被 p 整除)的和的一个基本证法. 令 R_j 记为 p 的一个二次剩余, N_j 记为 p 的一个二次非剩余. 若 -1 是 p 的一个余数,则一个和 $1+s^2$ 能被 p 整除. 若 -1 是 p 的一个非剩余,则存在两个余数它们的和是一个非剩余. 因为,若非如此, j 个余数的和是一个剩余;尤其, $jR\equiv R_j \pmod p$,当 j 是非剩余时,其为错误的. 从

$$R+R_1\equiv N$$
$$-N\equiv R_2 \pmod p$$

有 $R+R_1+R_2\equiv 0 \pmod p$.

B. Bolzano② 证明了使

$$t^2-Bu^2-C\equiv 0 \pmod p$$

成立的整数 p 的存在性, B 和 C 不能被素数 p 整除(Lagrange③). 当 $t=0,1,\cdots,\frac{1}{2}(p-1)$ 时,它的平方 t^2 取 $\frac{1}{2}(p+1)$ 个不同余模 p 的值. 当 $u=0,1,\cdots,\frac{1}{2}(p-1)$ 时, Bu^2+C 取 $\frac{1}{2}(p+1)$ 个不同余值. 因此,前者的值至少有一个同余于后者值中的一个,因为否则将有 $p+1$ 个不同余模 p 的值.

J. W. L. Glaisher④ 注意到 $4m$ 分解成 4 个奇平方数的所有分解 $\alpha^2+\beta^2+\gamma^2+\delta^2$ 能通过变换(cf. Stern⑤)

$$\alpha=a\pm b+c+d$$
$$\beta=a\mp b-c+d$$
$$\gamma=a\mp b+c-d$$
$$\delta=a\pm b-c-d$$

从奇数 m 的分解式 $a^2+b^2+c^2+d^2$ 中导出. m 的一个分解产生了 $4m$ 直至 m 的表示法数的 2 倍且 $4m$ 的每个分解能通过这样的一个变换从 m 的一个分解中导出. 因此 m 表示为一个 ④ 的表示法数是 $4m$ 表示为 4 个奇平方数和的合成数的 8 倍. 后面他⑥对函数 $\lambda(m)$(Glaisher⑦) 和相关函数 $P(m)$, $Q(m)$, $\Omega(m)$ 做

① Monatshefte Math. Phys., 15, 1904, 235-238.

② Ibid., 237-238(*posthumous paper*).

③ Nouv. Mém. Acad. Roy. Sc. de Berlin, année 1770, Berlin, 1772, 123-133; Oeuvres, 3, 1869, 189-201. Cf. G. Wertheim's Diophantus, pp. 324-330.

④ Quar. Jour. Math., 36, 1905, 305-358. Extracts by P. Bachmann, Niedere Zahlentheorie, Ⅱ, 287-292, 319.

⑤ Jour. für Math., 105, 1889, 251-262.

⑥ Ibid., 37, 1906, 36-48.

⑦ Quar. Jour. Math., 20, 1885, 80-167.

了进一步的研究,定义了 $4m$ 表示成 4 个奇平方数和的每个合成中前 2,3,4 个平方数的根(取 $4n+1$ 形式的)的积的和,$\lambda(m)$ 为在各种组合中第 1 个平方数的根的和.

Glaisher① 应用椭圆函数公式找出一个数表示为 4 个平方数和的表示法数,其中 r 是偶的,因为 $r=0,1,2,3,4$.

A. Martin② 注意到,若 $t=2p^2+2q^2-n^2$,则 $t+4np,t-4np,t+4nq,t-4nq$ 的平方数的和等于 $4p^2+4q^2+2n^2$ 的平方. 又(第九章的 Aida③)

$$(p^2+q^2+r^2-s^2)^2+(2ps)^2+(2qs)^2+(2rs)^2=(p^2+q^2+r^2+s^2)^2$$

P. Bachmann④ 对 Glaisher⑤,Dirichlet⑥ 和 Stern⑦ 的文章进行了阐述.

L. Aubry⑧ 证明了每个整数 N 为一个 ④. 它显然足够探讨 N 是奇数或一个奇数 2 倍的情形. 它首先说明了 N 整除一个特定式 X^2+Y^2+1,其中我们可以取 $X\leqslant\frac{N}{2},Y\leqslant\frac{N}{2}$. 因此考虑由

$$X_i^2+Y_i^2+1=N_iN_{i+1}$$

$$X_i\leqslant\frac{N_i}{2}$$

$$Y_i\leqslant\frac{N_i}{2}$$

定义的数 $N_1,N_2,\cdots,N_i$ 形成一个正整数的递增级数. 因此一个特定的 N_n 为单位元,则 $N_{n-1}=X_{n-1}^2+Y_{n-1}^2+1$. 但若

$$X^2+Y^2+1=DE$$

$$E=p^2+q^2+r^2+s^2$$

$$-pX+rY+s=aE$$

$$sX+qY+p=cE$$

$$qX-sY+r=dE$$

$$rX+pY-q=bE$$

则 $D=a^2+b^2+c^2+d^2$. 当 $p=1,r=0,s=X_{n-1},q=Y_{n-1},X=X_{n-2},Y=Y_{n-2}$ 时,应用这个定理,由此 $D=N_{n-2},E=N_{n-1}$,我们看到 N_{n-2} 是一个 ④. 由同样的定

① Ibid. ,38,1907,8-9.

② Amer. Math. Monthly,16,1909,19-20.

③ Phil. Mag. London,(4),47,1874,443;(5),1,1876,44-47.

④ Niedere Zahlentheorie,2,1910,286,323,348-358.

⑤ Quar. Jour. Math. ,19,1883,212-215;36,1905,342-343.

⑥ Jour. de Math. ,(2),1,1856,210-214;Werke,2,1897,201-208.

⑦ Jour. für Math. ,105,1889,251-262.

⑧ Assoc. franç. ,40,1911,Ⅰ,61-66.

理，通过归纳我们看到每个 N_i 是一个 [4]. 因此 $N=N_1$ 为一个 [4].（对于 a，…，d 可以取整数没有详细的证明且因此分解式不仅仅分解成 4 个有理平方数.）

E. Dubouis① 证明了 Descartes② 证明为真. 不为大于 0 的 4 个平方数和的数是

$$1,3,5,9,11,17,29,41$$

和 $4^n\lambda(\lambda=2,6,14),n\geqslant 0$.

S. A. Corey③ 应用具有公共顶点 4 个五角形且一个五角形中的 4 个连续边平行于其他五角形的相应边，给出了(1) 的向量解释.

C. van E. Tengbergen④ 证明了方程

$$x^2+y^2+z^2\equiv 0(\bmod p)$$

有 $\frac{(p-1)(p-k)}{48}$ 个小于 $\frac{p}{2}$ 的解集，其中相应于 $p=8v-1,8v-3,8v+3,8v+1$，有 $k=-1,5,11,17$.

E. Landau⑤ 证明了

$$u^2+v^2+w^2+y^2\leqslant x$$

的整数解集数为 $\frac{1}{2}\pi^2x^2+O(x^{1+\varepsilon})$，其中 $\varepsilon>0$ 且 O 如 Landau，Ch. Ⅵ 中所述.

G. Métrod⑥ 求解出了 $x^2+(x+y)^2+(x+2y)^2+(x+3y)^2=z^2$ 中的 x；若 $z^2-5y^2=u^2$ 根是有理的且因此若 $z=a^2+5b^2,y=2ab,u=a^2-5b^2$.

L. Aubry⑦ 展示了如何找到 $a^2+b^2+c^2+d^2=N$ 的所有解，首先当 $a^2+b^2,ac+bd$ 和 N 没有公因子时，且其次当它们的最大公约数为 m 时，但 a，…，d 没有公因子. 结合许多情形，他得到了 Jacobi⑧ 的总解数定理，定理为：若

$$N=2^\alpha p_1^\beta\cdots p_i^\lambda,\alpha\leqslant 2$$

则 a，…，d 无公因子的解数为

$$8h(p_1+1)\cdots(p_i+1)p_1^{\beta-1}\cdots p_i^{\lambda-1}$$

其中若 $\alpha=0,h=1$；若 $\alpha=1,h=3$；若 $\alpha=2,h=2$. 他展示了如何找到 x^2+y^2+

---

① L'intermédiaire des math.，18，1911，55-56，224-225.

② Rendiconti Reale Accad. Lincei，(4)，1，1885，136-139.

③ Amer. Math. Monthly，18，1911，183.

④ Wiskundige Opgaven，Amsterdam，11，1913，244-247.

⑤ Göttingen Nachrichten，1912，765-766.

⑥ Sphinx-Oedipe，8，1913，129-130.

⑦ Ibid.，*numéro spécial*，*March*，1914，1-14；*errata*，39.

⑧ Werke，Ⅰ，423-424；Jour. für Math.，80，1875，241-242；Bull. des sc. math. astr.，9，1875，67-69；letter，Sept. 9，1828，Jacobi to Legendre. Jacobi，Fundamenta Nova Funct. Ellipt.，Konigsberg，1829，p. 188，p. 106(34)，p. 184(6)；Werke，Ⅰ，239. Cf. J. Tannery and J. Molk，Elém. théorie fonct. ell.，4，1902，260-263；J. W. L. Glaisher，Quar. Jour. Math.，38，1907，8；papers 51-52，81，88，110-111.

$1\equiv 0(\bmod p)$ 的 $4n$ 个解集，其中 p 是一个素数 $4n\pm 1$，还有对于任意合成模的解.

L. J. Mordell[1] 应用 ζ 函数证明了方程

$$x^2+y^2+z^2+t^2=m$$

的解数为 $8\{\sum b-\sum(-1)^c c\}$，其中 b 和 c 取遍余因子分别是奇的和偶的的 m 的那些因子(等价于 Jacobi 的[2]结论).

Mordell[3] 证明了 Glaisher[4] 猜想，即从那些 $4m_1$ 和 $4m_2$ 中导出 $4m_1m_2$ 表示为一个 $\boxed{4}$ 的所有表示法.

A. S. Werebrusow[5] 给出 $\boxed{4}=\boxed{4}$ 的一般解.

L. E. Dickson[6] 给出了 Euler 的[7]公式(1) 的证明历史，和它的解释与推广到 8 个平方数.

对于 Pellet 的证法，即 $Ax^2+By^2+C\equiv 0(\bmod p)$ 是可解的，见后文.

① Mess. Math., 45, 1915, 78.

② Werke, I, 423-424; Jour. für Math., 80, 1875, 241-242; Bull. des sc. math. astr., 9, 1875, 67-69; letter, Sept. 9, 1828, Jacobi to Legendre. Jacobi, Fundamenta Nova Funct. Ellipt., Konigsberg, 1829, p. 188, p. 106(34), p. 184(6); Werke, I, 239. Cf. J. Tannery and J. Molk, Elém. théorie fonct. ell., 4, 1902, 260-263; J. W. L. Glaisher, Quar. Jour. Math., 38, 1907, 8; papers 51-52, 81, 88, 110-111.

③ Ibid., 47, 1918, 142-144.

④ Ibid., 37, 1906, 36-48.

⑤ L'intermédiaire des math., 25, 1918, 50-51; extr. from Math. Soc. Moscow.

⑥ Annals of Math., (2), 20, 1919, 155-171, 297.

⑦ Corresp. Math. et Phys. (ed., P. H. Fuss), St. Petersburg, 1, 1843, 24, 30, 35; letters to Goldbach, June 4, June 25, Aug. 30, 1730.

n 个平方数的和

第九章

1　表示成5个或更多个平方数的和

C. G. J. Jacobi① 评论道：对于$\left(\frac{2K}{\pi}\right)^{\frac{1}{2}}$ 的两个级数的 6 和 8 次幂的比较将生成一些代数定理.

G. Eisenstein② 指出他已经得到了 Jacobi 的关于表示成 6 或 8 个平方数和的数的表示法③的这些定理的纯代数证法，也阐述了下面一些推论：

$4r+1$ 表示为6个平方数和的表示法数是 $12s$，$4r+3$ 表示为 6 个平方数和的表示法数为 $-20s$，其中 $s=\sum(d_1^2-d_3^2)$，d_1 取遍给定数的 $4k+1$ 型因子，d_3 取遍其 $4k+3$ 型因子.

一个奇数表示成 8 个平方数和的表示法数为它的因子的立方和的 16 倍.

---

① Fundamenta Nova Func. Ellip., 1829, p. 188; Werke, 1, 1881, 239. Cf. H. J. S. Smith, Coll. Math. Papers, 1, 1894, 306-311, Cf. Jacobi of Ch. Ⅲ.

② Jour. für Math., 35, 1847, 135; Math. Abh., Berlin, 1847, 195.

③ One representation yields a new one if the roots of the squares are permuted or changed in sign, while a composition is unaltered.

他指出对于 $4r+1$，定理 $4r+3$ 表示成 10 个平方数和的表示法数为 $12\sum(d_3^4-d_1^4)$，没有类似的情况.

Eisenstein① 指出，若 m 是一个大于 1 的奇数无平方因子，则 m 表示成 5 个平方数的表示法数 $\psi(m)$，依据 $m\equiv 1,3,5,7 \pmod 8$ 为 $-80s$，-80σ，$-112s$，80σ，其中

$$s=\sum\left(\frac{\mu}{m}\right)\mu$$

$$\sigma=\sum(-1)^{\mu}\left(\frac{\mu}{m}\right)\mu, \mu=1,2,\cdots,\frac{m-1}{2}$$

符号是 Jacobi 给出的. 对于证法见 Smith② 和 Minkowski③.

Eisenstein④ 指出方程 $x_1^2+\cdots+x_7^2=m$ 的解数为

$$-16\cdot 37\sum\left(\frac{\mu}{m}\right)\mu^2, \mu<\frac{m}{2}, \text{若 } m\equiv 7 \pmod 8$$

$$8\cdot 35\left\{\frac{1}{3}m^2\sum\left(\frac{\mu}{m}\right)-2\sum\left(\frac{\mu}{m}\right)\mu^2\right\}, \mu<\frac{m}{2}, \text{若 } m\equiv 3 \pmod 8$$

$$28\sum(-1)^{\frac{\mu-1}{2}}\left(\frac{\mu}{m}\right)\mu(2m-\mu), \mu \text{ 奇的且小于 } m, \text{若 } m\equiv 1 \pmod 4$$

其中 m 无平方因子.

V. A. Lebesgue⑤ 讨论了一个素数 p 或它的 2 倍分解成 m 个平方数的分解，其中 m 是 $p-1$ 的一个大于 2 的因子. 应用与 p 的一个原根相关的根指数，用 m 整除 $s=1,2,\cdots,p-2$ 时的 $s(s+1)$ 的根指数且令 $a_0,a_1,\cdots,a_{m-1}$ 为分别具有余数 $0,1,\cdots,m-1$ 的根指数的数目，记 $a_{m+t}=a_t$. 当 m 为奇数时

$$\sum_{i=0}^{m-1}a_i^2-p=\sum a_ia_{i+1}=\sum a_ia_{i+2}=\cdots=\sum a_ia_{i+m-1}$$

$$2p=\sum_{i=0}^{m-1}(a_i-a_{i+k})^2$$

其中 $k=1,\cdots,m-1$. 当 m 为偶数时，$\sum a_ia_{i+j}=\sum a_ia_{i+k}$. 若 $j-k$ 是偶的，和

$$2p=\sum_{i=0}^{m-1}(a_i-a_{i+2k})^2, \frac{1}{2}m>k>0$$

① Jour. für Math., 35, 1847, 368.

② Proc. Roy. Soc. London, 16, 1867, 207; Coll. Math. Papers, 1, 1, 1894, 521.
Mém. Savans Etr. Paris Ac. Sc., (2), 29, 1887, No. 1; Coll. Math. Papers, 2, 1894, 623-680; cf. p. 677.

③ Mém. présentés àl'Acad. Sc. Inst. France, (2), 29, 1884, No. 2. Gesamm. Abh., Ⅰ, 1911, 118-119, 133-134.

④ Jour. für Math., 39, 1850, 180-182.

⑤ Comptes Rendus Paris, 39, 1854, 593-595.

Legesgue[①] 证明了他的前述结果.

Lebesgue[②] 注意到指数表生成整数 a_j 使得

$$p=f(\rho)f(\rho^{-1})$$
$$f(\rho)=a_0+a_1\rho+\cdots+a_{m-1}\rho^{m-1}$$
$$\rho^m=1$$

其中 p 是一个素的 $mw+1, m>2$. 设

$$\{f(\rho)\}^k=A_0+A_1\rho+\cdots+A_{m-1}\rho^{m-1}=F(\rho)$$

则 $p^k=F(\rho)F(\rho^{-1})$. 因此若在 $2p$ 分解成 m 个平方数的一个和的分解中我们替换 a_i 为 A_i,则得到 $2p^k$ 的一个分解.

J. Liouville[③] 指出一个奇数 m 的 2 倍表示成 12 个平方数和的表示法数为 $264\sum d^5$,其中 d 取遍 m 的因子. 恰当的表示法数为 $264Z_5(m)$,其中

$$Z_n(m)=\{a^{n\alpha}+a^{n(\alpha-1)}\}\cdots\{c^{n\gamma}+c^{n(\gamma-1)}\}, m=a^\alpha b^\beta\cdots c^\gamma$$

$a,\cdots,c$ 为相异素数. 若 D^2 取遍 m 的平方因子,则

$$\sum_D Z_n\left(\frac{m}{D^2}\right)=\sum_d d^n$$

Liouville[④] 指出 $2^\alpha m\ (\alpha>0)$ 表示成 12 个平方数和的表示法数为

$$\frac{24}{31}(21+2^{5\alpha+1}\cdot 5)\sum d^5$$

概括了 m 的因子 d. 由 Humbert[⑤] 给出了证法.

Liouville[⑥] 用 $N(n,p,q)$ 定义了 n 分解成 p 个平方数的分解法数,这些平方数中的前 q 个的根被取为正奇数,而后 $p-q$ 个平方数是偶数且它们的根取为正数或负数或 0;用 $N(n,p)$ 将 n 表示为 p 个平方数和的表示法数. 它被阐述为

$$N(2m,12)=264\{N(2m,12,2)+224N(2m,12,6)+256N(2m,12,10)\}(m\text{ 奇数})\qquad(1)$$

令 m 为奇数,d 为 m 的任意因子,$\delta=\frac{m}{d}$,并设

$$\zeta_\mu(m)=\sum d^\mu$$
$$\rho_\mu(m)=\sum(-1)^{\frac{\delta-1}{2}}d^\mu$$

下面的公式被阐述

---

① Jour. de Math. ,19,1854,298;(2),2,1857,152.

② Ibid. ,19,1854,334-336;*Comptes Rendus Paris*,39,1854,1069-1071.

③ Jour. de Math. ,(2),5,1860,143-146.

④ Ibid. ,(2),9,1864,296-298.

⑤ Comptes Rendus Paris,144,1907,874-878.

⑥ Ibid. ,(2),6,1861,233-238. *Proof by Bell.*

$$\zeta_{2v-1}(m)=\sum_{s=0}^{v-1}A_sN(2m,4v,4s+2)$$

$$A_0=1,A_{v-1}=16^{v-1},A_{v-s-1}=16^{v-2s-1}A_s$$

$v=1,v=2$ 的情形的相应定理被 Jacobi[①] 所证明. 对于 $v=3$,由(1) 得 $N(2m,12)=264\zeta_5(m)$. 它被阐述为

$$N(m,12)=8\zeta_5(m)-16m^2\zeta_1(m)+16\sum s^4$$

$$=24\zeta_5(m)-2^{12}N(4m,12,12)$$

其中 $\sum s^4$ 是在 m 表示为 4 个平方数 $s^2+s_1^2+s_2^2+s_3^2$ 的和的各种表示法中的前几项的平方和.

这就是说

$$\rho_{2v}(m)=\sum_{s=0}^{v}B_sN(2m,4v+2,4s+2)$$

$$B_0=1,B_v=0,v>0$$

B_s 不依赖于 m,但依赖于 v

$$\rho_0(m)=N(2m,2,2)$$

$$\rho_4(m)=N(2m,10,2)+64N(2m,10,6)$$

当 $m\equiv 3(\bmod 4)$ 时,从后者中有 $N(2m,10)=12\cdot 17\rho_4(m)$. 对于这样一个 m,Eisenstein[②] 已给出了

$$N(m,10)=12\rho_4(m)$$

Liouville[③] 记录了不依赖于 m 和 α,但依赖于 v 的数 $a_0=1,a_1,\cdots,a_{v-1}=16^{v-1},b_0=1,b_1,\cdots,b_{v-1}$ 的数的存在性,使得,对于每个奇整数 m 和每个整数 $\alpha\geqslant 0$,有

$$2^{(2v+1)\alpha}\zeta_{2v+1}(m)=\sum_{s=0}^{v-1}a_sN(2^{\alpha+2}m,4v+4,4s+4)$$

$$2^{2\alpha v}\rho_{2v}(m)=\sum_{s=0}^{v-1}b_sN(2^{\alpha+2}m,4v+2,4s+4)$$

这些结果和在他的[④]前述文章中的那些结果也成立,若 N 被 M 替换,其中 $M(n,p,q)$ 为方程

$$n=i_1^2+\cdots+i_q^2+w_1^2+\cdots+w_{p-q}^2$$

---

① Fundamenta Nova Func. Ellip. ,1829,p. 188;Werke,1,1881,239. Cf. H. J. S. Smith,Coll. Math. Papers,1,1894,306-311. Cf. Jacobi of Ch. Ⅲ.

② Jour. für Math. ,35,1847,135;Math. Abh. ,Berlin,1847,195.

③ Jour. de Math. ,(2),6,1861,369-376.

④ Ibid. ,(2),6,1861,233-238. *Proof by Bell.*

的解数(i_q 为正奇数,w_{p-q} 为偶数),其中 $i_1,\cdots,w_{p-q}$ 没有公因子,和若用

$$Z_\mu(m)=\prod\{P^{r\mu}+P^{r-1\mu}\}$$

$$R_\mu(m)=\prod\{P^{r\mu}+(-1)^{\frac{P-1}{2}}P^{(r-1)\mu}\}$$

$$Z_\mu(1)=R_\mu(1)=1, m=\prod P^r$$

替换 ζ_μ,ρ_μ,其中 P 取遍 m 的相异素因子.

Liouville① 注意到,若 m 为奇,$2^{\alpha+2}m$ 用 $Q=x^2+4(y^2+z^2+t^2+u^2+v^2)$ 表示的表示法数显然等于 $2^\alpha m$ 表示为 6 个平方数和的表示法数 $4\{4^{\alpha+1}-(-1)^{\frac{m-1}{2}}\}\rho_2(m)$(Jacobi②). 用 Q 表示 $n\equiv1\pmod 4$ 的表示法数为

$$\rho_2(n)+2\sum i^2-n\rho_0(n)$$

概括为使 $n=i^2+4s^2$ 的奇整数 i. 对于类似于 Q 的形式的相应的结论被发现,然而其中仅系数 4,3,2 或 1 为 4,且对于 $x^2+4(y^2+z^2+t^2+u^2)+16v^2$ 也如此.

Liouville③ 阐述了 $n=2^\alpha m$(m 为奇) 表示成 10 个平方数和的表示法数为

$$\frac{4}{5}\{16^{\alpha+1}+(-1)^{\frac{m-1}{2}}\}\lambda+\frac{8}{5}n^2\mu-\frac{64}{5}\upsilon$$

其中 λ 是 $\sum(d_1^4-d_3^4)$ 的正值,其中 d_1 取遍 n 的 $4l+1$ 型因子,d_3 取遍 n 的 $4l+3$ 型因子(对于 m 和 n 来说 λ 是同一个值),而 μ 是 $n=s^2+s'^2$ 的整数解,可以是正数、负数或零,υ 是所有解的积 $s^2s'^2$ 的和.

当 $m\equiv3\pmod 4$,$\mu=\upsilon=0$ 且公式变成 Eisenstein④ 的 $\alpha=0$ 的情形和 Liouville⑤ 的 $\alpha=1$ 的情形. 在那一章的记法中,$\lambda=\rho_4(m)$. 因此

$$N(2^\alpha m,10)=\frac{4}{5}\{16^{\alpha+1}+(-1)^{\frac{m-1}{2}}\}\rho_4(m)+\frac{16}{5}\sum_{s,s'}(s^4-3s^2s'^2)$$

$$s^2+s'^2=n$$

当 α 被替换成 $\alpha+1$ 时,后者的和乘以 -4. 因此

$$N(2^{\alpha+1}m,10)+4N(2^\alpha m,10)=\{16^{\alpha+2}+4(-1)^{\frac{m-1}{2}}\}\rho_4(m)$$

值 $N_4=N(2^{\alpha+2}m,10,4)$ 和 $N_8=N(2^{\alpha+2}m,10,8)$ 由

$$2^{4\alpha}\rho_4(m)=N_4+4N_8$$

$$4(-1)^{\frac{m-1}{2}}\rho_4(m)=5N(2^\alpha m,10)-96N_4+256N_8$$

---

① Jour. de Math.,(2)10,1865,65-70,71-72,77-80,151-154,161-168,203-208.

② Fundamenta Nova Func. Ellip.,1829,p. 188;Werke,1,1881,239. Cf. H. J. S. Smith,Coll. Math. Papers,1,1894,306-311. Cf. Jacobi of Ch. Ⅲ⑨

③ Comptes Rendus Paris,60,1865,1257;Jour. de Math.,(2),11,1866,1-8.

④ Jour. für Math.,35,1847,135;Math. Abh.,Berlin,1847,195.

⑤ Ibid.,(2),6,1861,233-238. *Proof by Bell.*

$$N_4-16N_8=\frac{1}{2}\sum(s^4-3s^2s'^2),s^2+s'^2=2^{\alpha}m$$

导出.

H. J. S. Smith① 指出他文章中的原理使人们可以通过一致收敛性推断出Jacobi的一些定理、Eisenstein的一些定理,并且近代许多人应用Liouville的4个平方数的和的表示法数和其他简单二次型;也指出Jacobi② 的关于6和8个平方数的定理. 在Eisenstein的观点中,评论道:存在含有 $n\leqslant 8$ 个变量的判别式单位元的二次型的一个单独的类,但若 $n>8$ 总是多于1类,当 $n>8$ 时,涉及 n 个平方数和的表示法的级数定理中断了. 余下 $n=5,7$ 的情形. Smith给出了一个一般性理论的描述,它基于 $4^{\alpha}w^2\delta$ 分别表示成5和7个平方数和的原始表示法数 N_5 和 N_7 的一些公式,其中 w 是奇的且 δ 无平方因子

$$N_5=5\cdot 2^{3\alpha}w^3\ \frac{\eta}{\delta}F_5\prod\left[1-\left(\frac{\delta}{q}\right)\frac{1}{q^2}\right]$$

这里像 N_7 中一样,积遍布整除 w 但不整除 δ 的每个素数,而 F_5 定义如下:当 $\delta\equiv 1(\bmod 4)$ 时

$$F_5=\sum_{s=1}^{\delta}\left(\frac{s}{\delta}\right)s(s-\delta)$$

当 $\delta\equiv 1(\bmod 8)$ 时,$\eta=12$;当 $\delta\equiv 5(\bmod 8)$ 时,依据 $\alpha=0$ 或 $\alpha>0$ 有 $\eta=28$ 或 20;而③,若 $\delta=1$,$\eta\prod$ 被2替换. 若 $\delta\not\equiv 1(\bmod 4)$,则

$$F_5=\sum_{s=1}^{4\delta}\left(\frac{\delta}{s}\right)s(s-4\delta)$$

其中,依据 $\alpha=0$ 或 $\alpha<0$ 有 $\eta=1$ 或 $\frac{1}{2}$. 然后

$$N_7=7\cdot 2_{5\alpha}w^5\ \frac{\eta}{\delta}F_7\prod\left[1-\left(\frac{-\delta}{q}\right)\frac{1}{q^3}\right]$$

当 $\delta\equiv 3(\bmod 4)$ 时,有

$$F_7=\sum_{s=1}^{\delta}\left(\frac{s}{\delta}\right)s(s-\delta)(2s-\delta)$$

其中,若 $\alpha=0,\Delta\equiv 3(\bmod 8)$,有 $\eta=30$;若 $\alpha=0,\Delta\equiv 7(\bmod 8)$,有 $\eta=\frac{74}{3}$;若 $\alpha>0$,有 $\eta=\frac{140}{3}$. 当 $\delta\not\equiv 3(\bmod 4)$ 时

---

① Proc. Roy. Soc. London, 16, 1867, 207; Coll. Math. Papers, 1, 1894, 521.

② Fundamenta Nova Func. Ellip., 1829, p. 188; Werke, 1, 1881, 239. Cf. H. J. S. Smith, Coll. Math. Papers, 1, 1894, 306-311. Cf. Jacobi of Ch. Ⅲ.

③ The $\eta\sum$ here used was replaced by $\eta\prod$ in his later paper giving proofs.

$$F_7 = \sum_{s=1}^{4\delta} \left(\frac{-\delta}{s}\right) s(s-2\delta)(s-4\delta)$$

其中,依据 $\alpha=0$ 或 $\alpha>0$,有 $\eta=\frac{1}{3}$ 或 $\frac{5}{12}$.

J. Liouville① 指出,若 m 是 $8k+7$ 型的,则

$$\sum_i (m-7i^2)\rho_2\left(\frac{m-i^2}{2}\right)=0$$

$$\rho_2(n)=\sum(-1)^{\frac{d-1}{2}}\left(\frac{n}{d}\right)^2$$

其中 i 取遍小于 $\sqrt{m}$ 的正奇整数,d 取遍奇数 n 的因子.

E. Catalan② 通过椭圆函数得到了结论:具有奇整数 $i_1,\cdots,i_8$ 的方程 $i_1^2+\cdots+i_8^2=8n$ 的解数为 n 的因子的立方和.

J. W. L. Glaisher③ 指出了,若 R_m 是 N 表示为 m 个平方数(这些平方数的根的符号引起了他的注意)的和的表示法数,且若 P 是 N 的奇因子倒数和,则

$$R_1-\frac{1}{2}R_2+\frac{1}{3}R_3-\cdots\pm\frac{1}{N}R_N=(-1)^{N-1}2P$$

C. Sardi④ 指出 $40m+63$ 形式的数可分解成 7 个平方数,这些平方数以位数 9 结尾. 参考 Santomauro 的结论⑤.

G. Torelli⑥ 注意到前述结果遵从于 Fermat 定理,即每个数是 m 个 m — 多边形数的和它也暗含着 $200m+14\ 283$ 是 27 个平方数的和,这些平方数以 29 结尾,其中 23 等于 529 或 729.

E. Santomauro⑦ 证明了每个整数 $40m+9k$ 等于 k 个平方数的和,这些平方数以位数 9 结尾(若 $k>1$,由于 $m=2$ 时它是错的,故 $k=1$). 参考 Sardi 的结论⑧.

E. Lemoine⑨ 称 $N=a_1^2+\cdots+a_n^2$ 为 N 分解为最大平方数的一个分解,且若 a_1^2 是小于或等于 N 的最大平方数,a_2^2 是小于或等于 $N-a_1^2$ 的最大平方数,……,则 n 为 N 的指数. 令 y_n 为指数 n 的最小数. 当 n 为偶数时,y_n 以 67 结尾;当 n 是奇数时,y_n 以 23 结尾. 还有

---

① Jour. de Math.,(2),14,1869,302-304.

② Recherches sur quelques produits indéfinis,Mém. Ac. Roy. Belgique,40,1873,61-191. Résumé in Nouv. Ann. Math.,(2),13,1874,518-523. Cf. Berdellé.

③ Mess. Math.,5,1876. 91.

④ Giornale di Mat.,7,1869,115.

⑤ Un teorema d'analisi,1879,8 pp.

⑥ Ibid.,16,1878,167.

⑦ Un teorema d'analisi,1879,8 pp.

⑧ Giornale di Mat.,7,1869,115.

⑨ Comptes Rendus Paris,95,1882,719-722.

$$y_{p+1}=\left(\frac{y_p+3}{2}\right)^2-2, p\geqq 3$$

M. d'Ocagne① 经验推论，若 $m\geqslant 3$，y_m 的最后 $\left[\frac{m-1}{2}\right]$ 位是相同的且在相同的顺序中 y_{m+2} 也如此. Lemoine 又评论道：仅有的最终平方数是

$$R^2, R^2+1, R^2+1+1, R^2+1+1+1$$
$$R^2+2^2, R^2+2^2+2^2$$
$$R^2+2^2+1, R^2+2^2+1+1$$
$$R^2+2^2+1+1+1$$

其中 $R>2$.

T. J. Stieltjes② 注意到，在第 8 章的 Jacobi③ 的观点中，$N\equiv 5 \pmod 8$ 表示成 5 个正奇平方数和的分解法数是

$$\sum_j \sigma\left\{\frac{N-(2j-1)^2}{4}\right\}=f(N)+2f(N-8\cdot 1^2)+2f(N-8\cdot 2^2)+\cdots$$

其中 $\sigma(n)$ 为 n 的因子和，$4f(m)=-\sum(-1)^{\frac{d^2-1}{8}}d$，对 m 的因子 d 作和.

C. Hermite④ 应用椭圆函数证明了 $N\equiv 5 \pmod 8$ 表示成 5 个正奇平方数和的分解法数是

$$\frac{1}{2}\chi(N)+\chi(N-2^2)+\chi(N-4^2)+\chi(N-6^2)+\cdots$$

$$\chi(n)\equiv\sum\frac{3d+d'}{4}$$

对所有因式分数 $n=dd'$ 作和，$d'>3d$.

Stieltjes⑤ 注意到方程

$$n=x_1^2+\cdots+x_5^2$$

解的总数 $F(n)$，当 n 为偶数时 $F(n)=24A(n)+16B(n)$，当 n 是奇数时 $F(n)=8A(n)+48B(n)$，其中

$$A(n)=X(n)+2X(n-4)+2X(n-16)+2X(n-36)+\cdots$$
$$B(n)=X(n-1)+X(n-9)+X(n-25)+\cdots$$

$X(n)$ 为 n 的奇因子和. 他用 $B(n)$ 中的项表示了 $A(n)$，$B(4n)$，且因此用 $F(n)$ 中的项表示了 $F(4n)$. 他为每个奇素数 $p<100$ 证实了

---

① L'intermédiaire des math., 1, 1894, 232.

② Comptes Rendus Paris, 97, 1883, 981.

③ Atti Accad. Pont. Nuovi Lincei, 37, 1883-1884, 9-48.

④ Ibid., 982.

⑤ Ibid., 1545.

$$F(p^2)=10(p^3-p+1)$$

且当 $p=3,5,7$ 时，有

$$F(p^4)=10\{p(p^2-1)(p^3+1)+1\}$$

T. Pepin① 表示了 m 表示成 $N(m,4)$ 中项的 5 个平方数和的表示法数 $N(m,5)$，以显然的方式考虑了 $m-x^2$ 表示为一个 ④. 应用椭圆函数他求出了 N_1-N_2 的值，其中 N_1（或 N_2）为 m 表示成 5 个平方数和的表示法数，其中第 1 个平方数是偶（或奇）；也有 $P-Q$，其中 P（或 Q）为 m 表示成 5 个平方数和的表示法数，其中前 2 个平方数是偶（或奇）的；他也证明了

$$N'(m)-N''(m)=2(-1)^m\left(\sum b-\sum a\right)$$

其中 a 取遍 m 的因子 $8l\pm1$，b 取遍 m 的因子 $8l\pm3$，而 N'（或 N''）为具有 x^2 为偶（或奇）的方程 $m=x^2+y^2+z^2+2t^2$ 的解数. 当 $m=8l\pm1$ 时，$N'=2N''$. 他注意到递推公式

$$\begin{aligned} mN(m,5)&=2\sum_{n=1}^{\sqrt{m}}(6n^2-m)N(m-n^2,5)\\ &=10\sum n^2N(m-n^2,4) \end{aligned}$$

他证明了对于任意奇素数 p 涉及 $F(p^2)$，$F(p^4)$ 的 Stieltjes② 的声明.

E. Cesàro③ 指出 n 分解成 p 个平方数和的分解法数为 $Cn^{\frac{p}{2}-1}$，其中

$$C=\frac{1}{2(p-2)(p-4)(p-6)\cdots}\cdot\left(\frac{\pi}{2}\right)^{\left[\frac{p}{2}\right]}$$

当 $p=3$ 时，$C=\frac{\pi}{4}$；当 $p=4$ 时，$C=\frac{\pi^2}{16}$.

A. Hurwitz④ 证明和推广了涉及 $F(p^2)$ 和 $F(p^4)$ 的 Stieltjes⑤ 猜想的结果. 若 $m=2^kp^\alpha q^\beta\cdots$，其中 $2,p,q$ 是相异素数，m^2 分解成 5 个平方数的分解法数为

$$F(m^2)=K[p,\alpha][q,\beta]\cdots$$

$$K=10\cdot\frac{2^{3k+3}-1}{2^3-1}$$

$$[p,\alpha]\equiv\frac{p^{3\alpha+3}-p^{3\alpha+1}+p-1}{p^3-1}$$

为了证明，设 $m=2^kn$. 则由 Stieltjes 公式，对于所有使 $a+b=2n$ 的正奇整

---

① Atti Accad. Pont. Nuovi Lincei, 37, 1883-1884, 9-48.

② Ibid., 1545.

③ Mém. Soc. Roy. Sc. de Liège, (2), 10, 1883, No. 6, pp. 199-200.

④ Comptes Rendus Paris, 98, 1884, 504-507.

⑤ Ibid., 1545.

数解 a,b,有 $F(m^2)$ 为这个和的 K 倍

$$\sum X(a,b) \equiv X(n^2) + 2X(n^2 - 2^2) + 2X(n^2 - 4^2) + \cdots$$

但若 $\gamma,\delta,\varepsilon,\cdots$ 是整除 a 和 b 的奇素数,则有

$$X(a,b) = X(a)X(b) - \sum \gamma X\left(\frac{a}{\gamma}\right)X\left(\frac{b}{\gamma}\right) + \sum \gamma\delta X\left(\frac{a}{\gamma\delta}\right)X\left(\frac{b}{\gamma\delta}\right) - \cdots$$

$$\sum X(a,b) = \sum_{a_1,b_1} X(a_1)X(b_1) - \sum p \sum_{a_p,b_p} X(a_p)X(b_p) + \sum pq \sum_{a_{pq},b_{pq}} X(a_{pq})X(b_{pq}) - \cdots$$

其中关于 a_t,b_t 的总和展成和为$\frac{2n}{t}$ 的所有正奇整数 a_t,b_t. 应用已知公式,有

$$X(1)X(2n-1) + X(3)X(2n-3) + X(5)X(2n-5) + \cdots + X(2n-1)X(1) = \zeta_3(n)$$

即,奇数 n 的因子的立方和,我们得到

$$\Sigma X(a,b) = [\zeta_3(p^\alpha) - p\zeta_3(p^{\alpha-1})][\zeta_3(q^\beta - q\zeta_3(q^{\beta-1})]\cdots$$

并因此等于对于 $F(m^2)$ 想要得到的公式中的$[p,\alpha][q,\beta]\cdots$. Stieltjes 的部分公式遵从于本章 Liouville① 的那些公式.

T. J. Stieltjes② 记 $F_7(n)$ 为 n 分解成 7 个平方数的分解法数并指出 $\frac{F_7(4^k m)}{F_7(m)}$ 等于

$$f(k) = \begin{cases} \dfrac{40 \cdot 32^k - 9}{31}, m \equiv 1,2 \pmod 4 \\ \dfrac{32^{k+1} - 1}{31}, m \equiv 3 \pmod 8 \\ \dfrac{28f(k) + 9}{37}, m \equiv 7 \pmod 8 \end{cases}$$

H. Minkowski③ 证明了 $8n+5$ 形式的数为 5 个奇平方数的和. d 表示为 5 个平方数(不都是奇数)和的正常表示法数为

$$\frac{40}{\pi^2}\{3 - (-1)^{[\frac{d}{2}]}\} \sqrt{d^3} \Sigma\left(\frac{d}{m}\right)\frac{1}{m^2}$$

为与 $2d$ 互素的整数 m 求和. 数 $d \equiv 5 \pmod 8$ 有

$$\frac{32}{\pi^2}\sqrt{d^3}\Sigma\left(\frac{d}{m}\right)\frac{1}{m^3}$$

① Comptes Rendus Paris,39,1854,593-595.

② Comptes Rendus Paris,98,1884,663-664.

③ Mém. présentés à I'Acad. Sc. Inst. France,(2),29,1884,No. 2. Gesamm. Abh. ,Ⅰ,1911,118-119,133-134.

种表示为 5 个奇平方数和的正常表示法.

P. S. Nasimoff① 证明了 $n=2^a m$（m 为奇数）分解成 8 个平方数和的分解法数为

$$\frac{16}{7}(8^{a+1}-15)\zeta_3(m)$$

其中 $\zeta_3(m)$ 为 m 的因子的立方和. 他确定了任意整数分解成 12 个平方数的分解法数.

E. Cesàro② 注意到 n 分解成 v 个平方数的分解法数为

$$N_1-N_2-N_3+N_4-N_5+N_6+\cdots$$

其中 N_p 为系统方程

$$x_1x_2\cdots x_v=p$$
$$x_1y_1+\cdots+x_vy_v=n$$

的正整数解数. n 分解成 2 个和 4 个平方数的分解法数加上 n 分解成 3 个平方数的分解法数的和为

$$M_1-M_3+M_5-M_7+\cdots$$

其中 M_p 是方程

$$xy=p$$
$$x\xi+y\eta=n$$

的正整数解数.

H. J. S. Smith③ 证明了对于表示成 5 个平方数和的表示法数的公式，这已于 1867 年被他阐述了，并从那推断出了 Eisenstein④ 的一些公式. 1882 年 5 月被巴黎科学院科技最高奖提出的是整数表示成 5 个平方数和的表示法理论（引证 Eisenstein 的一些结论）. 显然，委员会没有成员提出 Smith 的较早期文章认识的奖品这一主题；后来也没有再建议全额奖品授予 Smith 和 Minkowski⑤. 然后是 Königsberg 大学的一个 18 岁的学生的委员会的报告⑥中提到.

Ch. Berdellé⑦ 证明了 8 的任意倍数是 8 个奇平方数的一个和. 从

---

① Application of Elliptic Functions to Number Theory, Moscow, 1885. French résumé in Annales sc. de I'école norm. supér., (3), 5, 1888, 36-37.

② Giornale di Mat., 23, 1885, 175.

③ Mém. Savans Etr. Paris Ac. Sc., (2), 29, 1887, No. 1; Coll. Math. Papers, 2, 1894, 623-680; cf. p. 677.

④ Jour. für Math., 35, 1847, 368.

⑤ Mém. présentés à I'Acad. Sc. Inst. France, (2), 29, 1884, No. 2. Gesamm. Abh., I, 1991, 118-119, 133-134.

⑥ Smith's Coll. Math. Papers, 1, 1894, lxvii-lxxii.

⑦ Bull. Soc. Math. de France, 17, 1888-1889, 102, 205. Cf. Catalan.

$$n=a^2+b^2+c^2+d^2$$

$$8a^2=4a^2-4a+4a^2+4a$$

得到 $8+8n$ 是

$$2a+1,2a-1,2b+1,2b-1,2c+1,2c-1,2d+1,2d-1$$

的平方和.若整数 a,b,c,d 为 0 的 k,则 8 个平方数的 $2k$ 为单位元.

J. W. L. Glaisher[①] 注意到,若 $\sigma(n)$ 是 n 的因子和,则 n 表示成 5 个平方数的表示法数为

$$10\{\sigma(n)+2\sigma(n-4)+2\sigma(n-16)+\cdots\} \quad 若\ n\equiv 1(\mathrm{mod}\ 8)$$

但若 $n\equiv 3(\mathrm{mod}\ 5)$,则是那个表示法数的 2 倍.

L. Gegenbauer[②] 证明了一个奇数 n 表示为 8 个平方数和的表示法数为 $16M$,其中 M 是所有的 3 倍均选自 $1,\cdots\cdots,n$ 的各种最大公约数因子数.M 也是 n 的每个因子的因子数与那些 3 倍数的乘积的和,这些 3 倍的元素不超过余因子且形成一个与它互素的系统.有关于 8 个平方数和的更进一步的 3 个定理,关于 12 个平方数和的更进一步的 5 个定理和分别关于 6 和 10 个平方数和的更进一步的 2 个定理.一个奇数 n 表示成 3 个平方数和与一个平方数 2 倍的所有(或正常)表示法数为 $2\left\{4-\left(\frac{2}{n}\right)\right\}\mu$,其中符号是 Jacobi 的且 μ 是 n 的各种最大公约数的所有(或正常)表示 $x^2-2y^2,y\geqslant 0,2x>3y$ 数,这些数不大于 n.对于 5 个平方数的和与一个平方数的 2 倍有类似的定理.

G. B. Mathews[③] 注意到方程

$$x_1^2+\cdots+x_k^2=n$$

的解集数等于展式

$$\theta^k=(1+2q+2q^4+2q^9+\cdots)^k$$

$$\theta\equiv\frac{1+q}{1-q}\cdot\frac{1-q^2}{1+q^2}\cdot\frac{1+q^3}{1-q^3}\cdots$$

中 q^n 的系数 c_n.由对数微分法,有

$$\frac{1}{\theta}\frac{d\theta}{dq}=-\sum_{n=1}^{\infty}\psi(n)q^{n-1}$$

$$\psi(n)\equiv 2\sum(-1)^{\frac{n}{\mu}}\frac{n}{\mu}$$

对 n 的所有奇因子 μ 求和.当[④] $n=2^a m$ 时,$\psi(n)=2^{a+1}\sigma(m)$.由 $\theta^k=1+c_1q+$

① Messenger Math., 21, 1891-1892, 129-130.

② Sitzungsber. Akad. Wiss. Wien(Math.), 103, Ⅱ a, 1894, 122-125.

③ Proc. London Math., Soc., 27, 1895-1896, 55-60.

④ Messenger Math., 21, 1891-1892, 129-130.

$c_2q^2+\cdots$ 的对数积分和比较系数，我们得到 c_n 的线性方程，从中有

$$c_n=\frac{(-1)^{\frac{n(n-1)}{2}}}{n!}\begin{vmatrix} k\psi(n) & k\psi(n-1) & \cdots & k\psi(2) & k\psi(1) \\ k\psi(n-1) & k\psi(n-2) & \cdots & k\psi(1) & n-1 \\ k\psi(n-2) & k\psi(n-3) & \cdots & n-2 & 0 \\ \cdots & \cdots & \cdots & \cdots & \cdots \\ k\psi(1) & 1 & \cdots & 0 & 0 \end{vmatrix}$$

P. Bachmann① 给出了 Smith② 和 Minkowski③ 对于 5 个平方数和，和 Eisenstein④ 对于 5,6,7,8 个平方数和工作的一个详述.

E. Lemoine 指出且由 L. Ripert⑤ 证明了每个整数等于 p 个特定不同平方数的和，其中 $p=0,1,2$ 或 4.

H. Delannoy⑥ 证明了每个大于 4 的偶平方数和每个大于 1 的 4 次幂是大于 0 的 5 个平方数的和，且 $a(a+2)$ 是大于 0 的 4 或 5 个平方数的和.

R. E. Moritz⑦ 考虑了表示一些数为一些平方数和与差的商.

O. Meissner⑧ 考虑了表示代数域上的一些数为 n 个平方数的和. 特别地，这个域上的数被 $\mathrm{i}\sqrt{z}$ 所定义，它们等于 5 个平方数的和，其中的 4 个为有理数.

J. W. L. Glaisher⑨ 在 $4m$ 表示成 4 个奇平方数和的每组中，分别应用前 2 个和 3 个平方数的根(取 $4n+1$ 型的)的积的和 $P(m)$ 和 $Q(m)$，并证明了 m 为奇数时下面的定理成立. 在 m 表示成 6 个平方数(其中的 3 个为奇，3 个为偶)和的所有表示法中奇数根的和为 $\pm 120P(m)$，符号的"+"或"−"取决于 $m\equiv 7$ 或 $3\pmod 8$. 若 $\alpha^2+\cdots+\zeta^2$ 为 $2m$ 分解成 6 个奇平方数的一个分解，其中 $\alpha,\cdots,\zeta$ 取 $4n+1$ 型，且若 s 是 $\alpha,\cdots,\zeta$ 一次取两个得到的 15 个积的和，则 $\sum s=-120Q(m)$，对 $2m$ 表示成 6 个奇平方数的所有表示法作和. 对于 $8N$ 分解成 8 个奇平方数的分解，其中 N 是偶数，相应的和 $\sum s$ 为0. $8m$ 表示成 8 个奇平方数

① Arith. der Quad. Formen, 1898, 608-622, 652-668.

② Proc. Roy. Soc. London, 16, 1867, 207; Coll. Math. Papers, 1, 1894, 521.
Mém. Savans Etr. Paris Ac. Sc., (2), 29, 1887, No. 1; Coll. Math. Papers, 2, 1894, 623-680; cf. p. 677.

③ Mém. présentés à l'Acad. Sc. Inst. France, (2), 29, 1884, No. 2. Gesamm. Abh., I, 1911, 118-119, 133-134.

④ Jour. für Math., 35, 1847, 135; Math. Abh., Berlin, 1847, 195.
Jour. für Math., 35, 1847, 368.
Jour. für Math., 39, 1850, 180-182.

⑤ Nouv. Ann. Math., (3), 17, 1898, 195-196; 19, 1900, 335-336.

⑥ L'intermédiaire des math., 7, 1900, 392; 9, 1902, 237, 245.

⑦ Univ. Nebraska Studies, 3, 1903, 355. Cf. Moritz of Ch. Ⅵ.

⑧ Archiv Math. Phys., (3), 5, 1903, , 175-176; 7, 1904, 266-268.

⑨ Quar. Jour. Math., 36, 1905, 349-354.

的合成数等于 m 的因子的立方和.

K. Petr① 应用 ζ 函数证明了两个至今未被证明的定理,它们是关于每个数表示成 12 或 10 个平方数和的表示法的,由 Liouville 阐述.

E. Jacobsthal② 证明了每个素数 $p=4n+1$ 是 δ 个平方数的一个和

$$p=\Sigma\left\{\frac{1}{\delta}\phi_n(g^\rho)\right\}^2$$

$$\phi_n(a)\equiv\sum_{m=1}^{p-1}\left(\frac{m}{p}\right)\left(\frac{m^n+a}{p}\right)$$

其中 δ 为 n 和 $p-1$ 的最大公约数,g 是 p 的原根,而 ρ 取遍剩余模 δ 的完备集.

J. W. L. Glaisher③ 求得了 n 表示为 t 个平方数和的表示法数 $R^{(t)}(n)$,其中每个偶整数 $t\leqslant 18$. 最简结果为

$$R^{(6)}(n)=4\{4E'_2(n)-E_2(n)\}$$

$$R^{(8)}(n)=(-1)^{n-1}16\zeta_3(n)$$

$$R^{(10)}(n)=\frac{4}{5}\{E_4(n)+16E'_4(n)+8\chi_4(n)\}$$

$$R^{(12)}(2n)=-8\xi_5(2n)$$

其中的前两个应归于 Eisenstein④ 的 n 为奇数的情形和 H. J. S. Smith⑤ 的 n 为任意数的情形. 这里 $E_r(n)$(或 $E'_r(n)$ 为 n 的因子,它或它的共轭都是 $4k+1$ 型的)的 r 次幂的和超出 n 的因子,它或它的共轭都是 $4k+3$ 型的 r 次幂和的超出量;还有

$$\zeta_r(n)=\Sigma(-1)^{d-1}d^r$$

$$\xi_r(n)=\Sigma(-1)^{d+d'}d^r\quad(dd'=n)$$

而 $4\chi_4(n)$ 为具有 n 作为范数的所有复数的 4 次幂的和. 此外,在这一章中,Glaisher⑥ 应用椭圆模函数求出了范数 n 的所有本原复数的 r 次幂的和且求出了 $R^{(14)}(n)$.

W. Sierpinski⑦ 注意到 n 表示成 r 个平方数和的表示法数为

$$\frac{(2r)^n}{n!}\left\{a_0(n)+\frac{1}{r}a_1(n)+\frac{1}{r^2}a_2(n)+\cdots\right\}$$

---

① Casopis, Prag, 34, 1905, 224-229. Petr.

② Anwendungen... quadratischen Reste, Diss. Berlin, 1906, 20. Cf. Jacobsthal, Ch. Ⅵ.

③ Quar. Jour. Math., 38, 1907, 1-62, 178-236, 289-351; summary in Proc. London Math. Soc., (2), 5, 1907, 479-490.

④ Jour. für Math., 35, 1847, 135; Math. Abh., Berlin, 1847, 195.

⑤ Fundamenta Nova Func. Ellip., 1829, p. 188; Werke, 1, 1881, 239. Cf. H. J. S. Smith, Coll. Math. Papers, 1, 1894, 306-311. Cf. Jacobi of Ch. Ⅲ.

⑥ Qurar. Jour. Math., 39, 1908, 266-300.

⑦ Wiadomosci Mat., Warsaw, 11, 1907, 225-231.

其中 $a_i(n)$ 为具有有理系数的 $2i$ 阶多项式.

G. Humbert① 导出了公式

$$4\eta_1^6\theta_1^4+\eta_1^2\theta_1^8=4\sum_{m=0}^{\infty}\frac{(2m+1)^4q^{m+\frac{1}{2}}}{(1+q^{2m+1})} \tag{2}$$

其中,$\eta_1=H_1(0)$,$\theta_1=\Theta_1(0)$,变量 q 是椭圆函数 Jacobi 记号中的.

令 $G_{p,q}(a)$ 为 a 分解成 $p+q$ 个平方数的分解法数,这个平方数中前 p 个是奇的,后 q 个是偶的.通过替换 q 为 $-q$,使(2)中的两项的和公式中的 $q^{N+\frac{1}{2}}$ 的系数相等,我们得到

$$4G_{6,4}(4N+2)+G_{2,8}(4N+2)=4(-1)^N\Sigma(-1)^m(2m+1)^4$$

$$5G_{10,0}(4N+2)-6G_{6,4}(4N+2)+G_{2,8}(4N+2)=4\Sigma(-1)^m(2m+1)^4$$

Θe 求和展开 $4N+2$ 的奇因子 $2m+1$.若 N 为奇数,$N=2M+1$,则 $G_{10,0}(4N+2)$ 显然为 0.前述的方程给出

$$G_{6,4}(8M+6)=G_{2,8}(8M+6)=\frac{4}{5}\Sigma(-1)^{m+1}(2m+1)^4$$

$8M+6$ 分解成 10 个平方数的分解法总数显然为

$$\frac{10\cdot 9\cdot 8\cdot 7}{1\cdot 2\cdot 3\cdot 4}G_{6,4}+\frac{10\cdot 9}{1\cdot 2}G_{2,8}$$

且这个数等于 $204\sum(d_3^4-d_1^4)$,其中 d_3 取遍 $8M+6$ 的 $4h+3$ 型因子,d_1 取遍其 $4h+1$ 型因子.

在(2)中,用 $2\eta_1(q^2)\theta_1(q^2)$ 替换 $\eta_1^2(q)$,$\theta_1^2(q^2)+\eta_1^2(q^2)$ 替换 $\theta_1^2(q)$.然后把 q^2 换成 q,我们得到

$$\eta_1^9\theta_1+38\eta_1^5\theta_1^5+\eta_1\theta_1^9+20\eta_1^7\theta_1^3+20\eta_1^3\theta_1^7=2\Sigma\frac{(2m+1)^4q^{\frac{2m+1}{4}}}{(1+q^{\frac{2m+1}{2}})}$$

使 $q^{N+\frac{3}{4}}$ 的系数与 $q^{N+\frac{1}{4}}$ 的系数相等,我们得到

$$10G_{7,3}(4N+3)+10G_{3,7}(4N+3)=\Sigma(-1)^{m+1}(2m+1)^4$$

$$G_{1,9}(4N+1)+G_{9,1}(4N+1)+38G_{5,5}(4N+1)=2\Sigma(-1)^m(2m+1)^4$$

其中 $2m+1$ 分别取遍 $4N+3$ 和 $4N+1$ 型奇因子.第 1 个公式给出了 $4N+3$ 分解成 10 个平方的值 $122(d_3^4-d_1^4)$ 的总数 $120(G_{7,3}+G_{3,7})$,归于 Eisenstein②.

对于 12 个平方数,它表明

$$\eta_1^{10}\theta_1^2+14\eta_1^6\theta_1^6+\eta_1^2\theta_1^{10}=4\sum_{m=0}^{\infty}\frac{(2m+1)^5q^{m+\frac{1}{2}}}{1-q^{2m+1}}$$

---

① Comptes Rendus Paris,144,1907,874-878.

② Jour. für Math.,35,1847,135;Math. Abh.,Berlin,1847,195.

因此,$4N+2$ 分解成 12 个平方数的分解总数为 $66(G_{10,2}+14G_{6,6}+G_{2,10})$ 等于 $264\Sigma d^5$,d 取遍 $4N+2$ 的因子.变换 q 为 q^2,我们发现

$$G_{8,4}(8M)=G_{4,8}(8M)$$

$$G_{8,4}(8M+4)+G_{4,8}(8M+4)=16\Sigma(2m+1)^5$$

为 $8M+4$ 的 $2m+1$ 型因子作和.然后由

$$\eta_1^8\theta_1^4+\eta_1^4\theta_1^8=\frac{16\Sigma m^5q^m}{1-q^{2m}}$$

给出 $G_{8,4}(8M)+G_{4,8}(8M)=16\Sigma m^5$,$m$ 是使 $\frac{2M}{m}$ 为奇数的数,应用这些和一个更复杂的关系,人们可以得到 $4N$ 分解成 12 个平方数的分解法的总数

$$G_{12,0}+G_{0,12}+495(G_{8,4}+G_{4,8})$$

并且这个证明了 Liouville 的①定理.

K. Petr② 应用具有特征(1,1),(1,0),(0,1),(0,0)的 ζ 函数和在 Jacobi 新理论基础中的公式证明了 2^am 表示成 10 个平方数的表示法数的 Liouville③ 公式.又,Liouville④ 应用 $\gamma^0(u)$ 的 4 个导数的关于 12 个平方数的结果.

E. Dubouis⑤ 记 S_n 为 n 个平方数的和,每个大于 0.当 $k>45$ 时,奇数 $k-1$ 或 $k-4$ 是一个 S_4,由此 k 是一个 S_5.不是 S_5 的仅有的数被阐述为

$$A=0,1,2,3,4,6,7,9,10,12,15,18,23$$

每个不等于 $A+1$ 的数是一个 S_6.不为 S_6 的数被阐述为

$$B=1,2,3,4,5,7,8,10,11,13,16,19$$

仅有的不为 S_{6+n} 的数为 $B+n$ 和前 n 个整数.

*J. V. Uspenskij⑥ 讨论了数表示成平方数和的表示法.

B. Boulyguine⑦ 使用记号

$$\phi_k(x,y)=\frac{1}{2}\{(x+y\mathrm{i})^{4k}+(x-y\mathrm{i})^{4k}\}=x^{4k}-\binom{4k}{2}x^{4k-2}y^2+\cdots$$

$$\sum_p^k(n)=\Sigma\phi_k(x_1,x_2)$$

为方程 $x_1^2+\cdots+x_p^2=n$ 的所有 $N_p(n)$ 个整数解(正的、负的或 0).记 $\sigma_k(m)$ 为 m 的因子的 k 次幂的和,且记

① Jour. für Math.,35,1847,135;Math. Abh.,Berlin,(2),9,1864,296-298.

② Archiv Math. Phys.,(3),11,1907,83-85. Petr.

③ Comptes Rendus Paris,60,1865,1257;Jour. de Math.,(2),11,1866,1-8.

④ Ibid.,(2),9,1864,296-298.

⑤ L'intermédiaire des math.,18,1911,55-56.

⑥ Math. Soc. Kharkov,(2),14,1913,31-64.

⑦ Jour. für Math.,35,1847,135;Math. Abh.,Berlin,158,1914,328-330.

$$\rho_k(m)=\Sigma(-1)^{\frac{\frac{m}{d}-1}{2}}d^k$$

为 m 的 $4h+1$ 型因子的 k 次幂和与 m 的 $4h+3$ 型 k 次幂因子和的差. 通过应用椭圆函数,表明,若 $n=2^a m$,其中 m 是奇的,则

$$N_{8r+2}(n)=a_r\{2^{4r+4ra}+(-1)^{\frac{m-1}{2}}\}\rho_{4r}(m)+$$

$$a_r^{(1)}\sum_{8r-6}^{1}(n)+a_r^{(2)}\sum_{8r-14}^{2}(n)+\cdots+a_r^{(r)}\sum_{2}^{r}(n)$$

存在一个 $N_{8r+6}(n)$ 的类似表达式. 也有

$$N_{8r+8}(n)=d_r(-1)^n\frac{2^{4r+3(1+a)}-2^{4r+4}+1}{2^{4r+3}-1}\zeta_{4r+3}(m)+$$

$$d_r^{(1)}\sum_{8r}^{1}(n)+d_r^{(2)}\sum_{8r-8}^{2}(n)+\cdots+d_r^{(r)}\sum_{8}^{r}(n)$$

$N_{8r+4}(n)$ 的一个类似表达式. 这里 a_r 和 d_r 是不依赖于 n 的有理数. 它指出这产生对于分解成2,4,,6,8,10或12个平方数的数的已知公式且显然有14或16个平方数的新公式.

Boulyguine[①] 阐述了对于他的[②] $\sum(n)$ 的递归公式

$$A_rN_r(n)=F_r(n)+A_{r1}\sum_{r-8}^{1}(n)+A_{r2}\sum_{r-16}^{2}(n)+A_{r3}\sum_{r-24}^{3}(n)+\cdots$$

其中 $r=2,3,\cdots,A_r,A_{r1},\cdots$ 不依赖于 n,而 $F_r(n)$ 为 r 为奇数,$r=4k+2$,$r=4k+4$ 这 3 种情形中的不同指定函数.

S. Ramanujan[③] 研究了使

$$\sum_{n=0}^{\infty}\psi(n)x^n=\prod_{i=1}^{r}f^{a_i}(x^{c_i})$$

$$f(x)\equiv x^{\frac{1}{24}}(1-x)(1-x^2)(1-x^3)\cdots$$

成立的函数 $\psi(n)$. ψ 的特殊情形为第八章中的 Glaisher[④] 函数 $\chi(n)$,$P(n)$,$\chi_4(n)$,$\Theta(n)$,$\Omega(n)$. 他谈及了 n 表示成 s 个平方数和的表示法数,其中 $s=10$,16,….

L. J. Mordell[⑤] 证明了 Ramanujan[⑥] 的各种经验结果遵从于椭圆模函数的那些表达式.

---

① Jour. für Math. ,35,1847,135;Math. Abh. ,Berlin,161,1915,28-30.

② Comptes Rendus Paris,158,1914,328-330.

③ Trans. Cambr. Phil. Soc. ,22,1916,173-179.

④ Sphinx-Oedipe,1907-1907,129. Case $a=1$,Dostor.

⑤ Proc. Cambr. Phil. Soc. ,19,1917,117-124.

⑥ Trans. Cambr. Phil. Soc. ,22,1916,173-179.

R. Goormagheigh[①]证明了具有不小于3的指数的一个偶(奇)整数的每个方幂等于5(6)个大于0的平方数的和.若$n>1$为奇数且$a>0$,则n^{4a+1}等于5个大于0的平方数的和.

Mordell[②]应用模函数理论找到了作为$2r$个平方数和的表示法数.

G. H. Hardy[③]从椭圆函数理论推断出作为5或7个平方数和的表示法数.这项研究由S. Ramanujan[④]继续,产生$n(n<8)$个平方数和的表示法问题的一个完全解,并产生对于任意n的渐近公式.

E. T. Bell[⑤]应用椭圆函数级数证明了Liouville的[⑥]公式并指出他们仅是类似结果的一个无穷大的前面的情形,这些类似结果可以应用级数的比第1次幂和第2次幂或更大的方幂找到.

2 平方数间的关系

日本的Aida Ammei[⑦]证明了在1 807和1 817之间

$$x_1=-a_1^2+a_2^2+a_3^2+\cdots+a_n^2$$

$$x_r=2a_1a_r,r=2,\cdots,n$$

$$y=a_1^2+\cdots+a_n^2$$

满足$x_1^2+\cdots+x_n^2=y^2$.这一结果被Euler所知(第二十二章).Ajima Chokuyen[⑧]在注有1791年的一篇手稿中已经求解了具有整数的方程$x_1^2+\cdots+x_5^2=y^2$.

它被J. R. Young[⑨]所证明,他还证明了恒等式

$$(x_1^2+\cdots+x_n^2)(y_1^2+\cdots+y_n^2)=(x_1y_1+\cdots+x_ny_n)^2+\Sigma(x_iy_j-x_jy_i)^2$$

$$i,j=1,\cdots,n;i<j$$

之后A. Cauchy[⑩]给出了另外的证法.

---

① L'intermédiaire des math.,23,1916,152-153.

② Quar. Jour. Math.,48,1917,93-104.

③ Proc. Nat. Acad. Sc.,4,1918,189-193. Proc. London Math. Soc.,Records of Meeting,March,14,1918.

④ Trans. Cambr. Phil. Soc.,22,1918,259-276.

⑤ Bull. Amer. Math. Soc.,26,1919,19-25.

⑥ Ibid.,(2),6,1861,233-238. Proof by Bell.

⑦ Y. Mikami,Abh. Gesch. Math. Wiss.,30,1912,247. Based on C. Hitomi's article in Jour. Phys. School of Tokyo. 15,1906,359-362.

⑧ Jour. Phys. School of Tokyo,22,1913,51.

⑨ Trans. Roy. Irish. Acad.,21,Ⅱ,1848,333.

⑩ Cours d'analyse de l'école polyt.,1,1821,455-457.

Aida 的结论也被 D. S. Hart, A. Martin①, E. Catalan②, A. Martin③ 和 G. Bisconcini④(应用 n — 空间中的几何处理) 证实. 通过用 $\sqrt{\alpha_i}$ 乘以 $a_i, i=2,\cdots,n$, 我们得到

$$(a^2+\Sigma\alpha_i a_i^2)^2=(-a^2+\Sigma\alpha_i a_i^2)+\Sigma\alpha_i(2aa_i)^2$$

被 G. Candido⑤ 所记录的一个公式.

M. Moureaux⑥ 记录了 Aida 公式的连续应用,给出

$$(a_1^2+\cdots+a_n^2)^{2p}=b_1^2+\cdots+b_n^2$$

J. Cunliffe⑦ 记录了我们能找到一个数使得它表示成有理平方数的和且此和为一个平方数,因为 $n+k^2=\square, k=\frac{4r^2-n}{4r}$. 因此,若 $n=1+4+9+16$,取 $r=3$,由此 $k=\frac{1}{2}$,且我们有 5 个平方数它们的和是一个平方数.

L. Calzolari⑧ 通过设 $x_i=k+a_i, y=k+\sum a_i$ 发现了方程

$$x_1^2+\cdots+x_n^2=y^2$$

的特殊解. 在每个 a_i 中新方程是线性的.

E. Lucas⑨ 注意到连续平方数的和 x 可能是一个平方数,当 $x=2,11,23,24$ 时,但在 $1<x\leqslant 24$ 之间不会再有值;n 个连续奇平方数的和是不等于 $\square$ 的,若 $1<n<16$.

H. S. Monck⑩ 记录道,若 $a=b+c$,则

$$t^2=(a^2+b^2)^2=(2ab)^2+(2bc+c^2)^2$$

因此若

$$a^2=c_1^2+\cdots+c_n^2$$

$$t^2=4b^2c_1^2+\cdots+4b^2c_n^2+(2bc+c^2)^2$$

是 $n+1$ 个平方数的一个和. 又⑪

$$\Sigma\alpha_i^2=\{2s+(n+1)a\}^2$$

---

① Math. Quest. Educ. Times, 20, 1874, 83; 63, 1895, 49, 112.

② Bull. Acad. Roy. Sc. Belgique, (3), 27, 1894, 10-15.

③ Proc. Edinburgh Math. Soc., 14, 1896, 113-115; Math. Mag., 2, 1898, 209.

④ Periodico di Mat., 22, 1907, 28.

⑤ Suppl. al Periodico di Mat., 19, 1916, 97-100. Case $\alpha_r=r$ by Aida of Ch. XIII.

⑥ Comptes Rendus Paris, 118, 1894, 700-701.

⑦ The Gentleman's Math. Companion, London, 3, No. 14, 1811, 281-282.

⑧ Giornale di Mat., 7, 1869, 313. Cf. Ch. XIII.

⑨ Recherches sur l'analyse indéterminée, Moulins, 1873, 91. Extract from Bull. Soc. d'Emulation Dépt. de l'Allier, Sc. Bell. Lettres, 12, 1873, 530.

⑩ Math. Quest. Educ. Times, 20, 1874, 83-84.

⑪ Ibid., 30, 1879, 37-38.

$$s=\Sigma c_i$$
$$\alpha_i=2s+2a-(n-1)c_i$$

F. P. Ruffini① 讨论了方程

$$i_1^2+\cdots+i_r^2=u$$
$$i_1+\cdots+i_r=v$$

的正整数解,其中 $i_r\leqslant i_{r-1}\leqslant\cdots\leqslant i_1$. 令 x_1 为值为 1 的 i_m 数,x_2 为值为 2 的 $i_m(m=1,\cdots,r)$ 数. 设 $s=r-x_1-x_2$,则

$$x_1+4x_2+\Sigma i^2=u$$
$$x_1+2x_2+\Sigma i=v, 3\leqslant i_s\leqslant i_{s-1}\cdots\leqslant i_1$$

求解 x_1 和 x_2,且要求值不小于 0. 由

$$i_s^2-2i_s\geqq V\equiv u-2v-\Sigma i^2+2\Sigma i$$

其中总和遍布 i 的 $s-1$ 个值. 因此

$$i_s\geqslant 1+\sqrt{1+V}$$

条件 $1+V\geqslant 0$ 被进行了类似的探讨,首先求解 i_{s-1}. 当 $u=n^2-1, v=3(n-1)$ 时,方程的初始对是一个 Cremona 变换中的条件. 当 $u=n^2-2, v=3n+2p-4$ 时,它们是 R. De Paolis, Mem, Accad Lincei, 1877 ~ 1878 的变换中的条件.

J. W. L. Glaisher② 表示了 $\frac{n(n-1)}{2}$ 个平方数的和 $\sum(a_i-a_j)^2$ 为

$$\sum_{i=1}^{v}\{(a_1+a_2c_i+a_3c_{2i}+\cdots+a_nc_{(n-1)i})^2+(a_2s_i+\cdots+a_ns_{(n-1)i})^2\}$$

其中,依据 n 是奇或是偶取 $v=\frac{n-1}{2}$ 还是 $\frac{n}{2}-1$,且

$$c_m=\cos\frac{2m\pi}{n}$$
$$s_m=\sin\frac{2m\pi}{n}$$

G. Dostor③ 描述了 $2n+1$ 个连续整数使得它们中的前 $n+1$ 个的平方和等于其中的后 n 个的平方和,并证明了这些数中的第 1 个是 $n(2n+1)$ 或 $-n$.

A. Martin④ 证明了当 $n=3,4,5$ 时,n 个连续平方数的和不是一个平方数. 当 $n=3$ 或 5 时,称 x^2 为中间平方数;这一问题换算为 $3x^2+2=\square$ 或 $5(x^2+2)=\square$ 这一事实是不可能的.

---

① Mem. Accad. Sc. Istituto Bologna, 9, 1878, 199-215. Simpler than his paper, *ibid.*, 8, 1877.

② Messenger Math., 8, 1878-1879, p. 48.

③ Archiv Math. Phys., 64, 1879, 350-352. Cf. Zeitschr. Math. Naturw. Unterricht, 12, 1881, 269; E. Collignon, Assoc. franç. av. sc., 25, Ⅱ, 1896, 17; Cesàro of Ch. Ⅰ.

④ Math. Visitor, 1, 1880, 156. Cf. Lucas.

G. Dostor[①] 注意到，若 $a_1+\cdots+a_n=\frac{np}{2}$，则有

$$a_1^2+\cdots+a_n^2=\sum_{i=1}^{n}(p-a_i)^2$$

$$a_1^2+\cdots+a_{n-1}^2=p^2+\sum_{i=1}^{n-1}(p-a_i)^2$$

后者由设 $a_n=0$ 得到，因此[②] n 或 $n-1$ 个平方数的一个和被表示为 n 个平方数的一个和. 还有

$$(\Sigma a_i^2+\Sigma a_i a_j)^2=(\Sigma a_i)^2\Sigma a_i^2+(\Sigma a_i a_j)^2$$

D. S. Hart[③] 发现和为平方数的平方数从 $1^2+2^2+\cdots+n^2$ 中减去 $(s+m)^2-s^2$，通过试验，表示其差为平方数的和. 然后从 n 个平方数中删除它.

J. A. Gray[④] 注意到我们可以以一些平方数的和 S 开始，选取 S 的一个因子 a 且设

$$S+x^2=(x+a)^2$$

由此 $2x=\frac{S}{a}-a$.

Hart[⑤] 考虑了 $2n-1$ 个连续数的平方数 S，这些连续数中的中间一个为 x，对于 n 的不大于 181 的特殊值，有 S 为一个平方数.

E. Catalan[⑥] 证明了存在一个数等于 p 个平方数的一个和且有它的平方等于 $2p$ 个平方数的一个和，通过应用恒等式

$$(x^{2n}+x^{2n-2}y^2+\cdots+y^{2n})^2=(x^{2n})^2+(x^{2n-1}y)^2+\cdots+(y^{2n})^2+[xy(x^{2n-2}+x^{2n-4}y^2+\cdots+y^{2n-2})]^2$$

Catalan[⑦] 证明了后者的结果且给出了一个较长的恒等式提供方程

$$u^2=x_1^2+\cdots+x_5^2$$

的部分解. 若一个奇数 N 为一个 $\boxed{2}$ 且若 n 为 N 的相等或相异素因子数，则 N^2 为 k 个不为 0 的平方数的和，$k=2,3,\cdots,n+1$.

R. W. D. Christie[⑧] 记录了 4 或更多个平方数的等价和.

A. Martin[⑨] 注意到

---

① Archiv Math. Phys.，67，1882，265-268.

② For $n=3$，E. Catalan，Nouv. Corresp. Math.，4，1878，3.

③ Math. Magazine，1，1882-1884，8-9.

④ Ibid.，76.

⑤ Ibid.，119-122；*errata corrected by Martin*，2，1892，94.

⑥ Mathesis，3，1883，199.

⑦ Atti Accad. Pont. Nuovi Lincei，37，1883-1884，53.

⑧ Math. Quest. Educ. Times，49，1888，159-173；French transl.，Sphinx-Oedipe，7，1912，177-187.

⑨ Bull. Phil. Soc. Wash.，10，1888，107(Smithsonian Miscel. Coll.，33，1888).

$$2^2+3^2+6^2=7^2$$

$$1^2+2^2+4^2+6^2+8^2=11^2$$

$$1^2+2^2+\cdots+50^2-206^2=1+2^2+22^2=5^2+8^2+20^2$$

他[①]指出人们能找到50个平方数的几个集合,它们的和为231^2,有

$$1^2+2^2+\cdots+24^2=70^2$$

和一些类似的结果. Cf. Lucas[②].

F. Tano 寻找方程

$$x_1^2+\cdots+x_k^2-y_1^2-\cdots-y_{k+1}^2=a$$

的解的一个无穷大的方法在第十二章中被给出,其中k是$\frac{3^n-1}{2}$型的.

A. Martin[③] 应用 Aida[④] 和 Gray[⑤] 的方法发现了和为平方数的许多平方数的集合,并通过寻找表示S_n-b^2为小于或等于n^2的不同平方数的和,其中b^2位于n^2和$S_n=1^2+\cdots+n^2$之间.他注意到n个连续平方数的和不是一个平方数,当$2<n<11$时,并给出了$n=11,23,24,26,\cdots$的解.(Cf. Lucas[⑥]).他给出了方程

$$S_n-x^2=\square$$

$$S_n+1=\square$$

$$S_n-S_m-x^2=\square$$

的解,并将$n<400$的S_n值制成了表.

E. Catalan[⑦] 注意到,若$N\pm1$为素数且$N\neq2$,则$2N^2+2$是2,3,4和5个平方数的和.

E. Fauquembergue[⑧] 和其他人记录了恒等式

$$(a_1^2+\cdots+a_n^2)^2=(a_1^2+\cdots+a_i^2-a_{i+1}^2-\cdots-a_n^2)^2+\sum_{r=1}^{i}\sum_{s=i+1}^{n}(2a_ra_s)^2$$

$$(a_1^2+\cdots+a_5^2)^2=(a_1^2+a_2^2+a_3^2-a_4^2-a_5^2)^2+4(a_1a_4\pm a_3a_5)^2+$$

---

① Ibid., 11, 1892, 580-581.

② Recherches sur l'analyse in déterminée, Moulins, 1873, 91. Extract form Bull. Soc. d'Emulation Dépt. de l'Allier, Sc. Bell. Lettres, 12, 1873, 530.

③ Math. Mag., 2, 1891-1893, 69-76, 89-96, 137-140.

④ Y. Mikami, Abh. Gesch. Math. Wiss., 30, 1912, 247. Based on C. Hitomi's article in Jour. Phys. School of Tokyo, 15, 1906, 359-362.

⑤ Ibid., 76.

⑥ Recherches sur l'analyse in déterminée, Moulins, 1873, 91. Extract from Bull. Soc. d'Emulation Dépt. de l'Allier, Sc. Bell. Lettres, 12, 1873, 530.

⑦ Mathesis, (2), 3, 1893, 235.

⑧ Mathesis, (2)4, 1894, 277; 6, 1896, 101.

$$4(a_1a_5 \mp a_3a_4)^2 + 4a_2^2a_5^2 + 4a_2^2a_4^2$$

P. H. Philbrick① 注意到我们可以找和为平方数的 n 个平方数应用 Aida 的②方法或通过以 $n-1$ 个平方数的和 S 开始使得 S 是两个因子 a 和 b(都是奇的或都是偶的)的一个积,并应用

$$ab + \left(\frac{a-b}{2}\right)^2 = \left(\frac{a+b}{2}\right)^2$$

R. J. Adcock③ 注意到,若 $s = x + y + z + v$,则有

$$x^2s^2 + y^2s^2 + z^2s^2 + v^2s^2 + (xy + xz + xv + yz + yv + zv)^2 = (\sum x^2 + \sum xy)^2$$

几位作者④发现了代数级数中平方和为一个平方数的 9 个整数.

A. Martin⑤ 注意到,在代数级数中,若 $9x^2 + 60y^2 = \square$,则 9 个数

$$x-4y, x-3y, \cdots, x+4y$$

的平方和是一个平方数. 取 $y = 3z, x^2 + 60z^2 = (x + \frac{zp}{q})^2$;因此 $\frac{x}{z}$ 被理性地发现.

各位作者⑥做出了 $n = 2,3,4,5,9$ 时的 $\sum_{i=1}^{n} x_i$ 和 $\sum x_i^2$ 个平方数.

A. Boutin⑦ 注意到值 $n = 4, 9, \cdots, 50$ 使得代数级数中 n 个整数的平方和是一个平方数.

A. Martin⑧ 通过设 $c_n = a + b_m$ 求解了 $b_1^2 + \cdots + b_m^2 = c_1^2 + \cdots + c_n^2$,并理性地发现了 b_m.

T. Meyer⑨ 给出了 $a^2 + b^2 + \cdots + n^2 + x^2 = z^2$ 的一些解.

G. La Marca⑩ 证明了若 $a_1, \cdots, a_n$ 使得 $a_1 : a_2 = 3 : 4; a_i : a_{i+1} = 3 : 5$ $(i = 2, \cdots, n-1)$,则 $\sum a_i^2 = \square$. 因为,由

$$a_1 = 3q_1$$

$$a_2 = 4q_1$$

---

① Amer. Math. Monthly, 1, 1894, 256-258.

② Y. Mikami, Abh. Gesch. Math. Wiss., 30, 1912, 247. Based on C. Hitomi's article in Jour. Phys. School of Tokyo, 15, 1906, 359-362.

③ Ibid., 2, 1895, 285.

④ Amer. Math. Monthly, 2, 1895, 129-130, 163.

⑤ Math. Quest. Educ. Times, 63, 1895, 111-112.

⑥ L'intermédiaire des math., 1, 1897, 42-44.

⑦ Ibid., 5, 1898, 75.

⑧ Math. Magazine, 2, 1898, 212-213.

⑨ Zeitschr. Math. Naturw. Unterricht, 36, 1905, 337-340.

⑩ Il Boll. Mat. Giornale Sc. Didat. (ed., Conti), 5, 1906, 152-155.

$$a_2=3q_2$$
$$a_3=5q_2$$

我们有

$$a_1^2+a_2^2=(5q_1)^2$$
$$5q_1:a_3=3:4$$
$$(5q_1)^2+a_3^2=(5z)^2$$
$$\vdots$$

其中 $z=\frac{5q_2}{4}$ 被错误地阐述为 q_2.

Ed. Collignon① 注意到 $x=2ak(k+1)$ 是方程

$$x^2+(x-a)^2+\cdots+(x-ka)^2=(x+a)^2+\cdots+(x+ka)^2$$

的一个解.

E. N. Barisien② 注意到 p 个连续平方数的一个和对于 $p<20$ 来说不是一个平方数,除 $p=2,11$ 外,没有探讨 $p=13$ 的情形. 首先,令 $p=2n+1$,并记中间的平方数为 x^2,最小平方数为$(x-n)^2$. 这些平方数的和为

$$(2n+1)\left\{x^2+\frac{n(n+1)}{3}\right\}$$

它对于 $n\leqslant 4, n=7,8,9$ 来说不是一个平方数. 因为当 $n=5$ 时,$11(x^2+10)$ 将是一个平方数,由此 $x=11h+1$. 那么 $x^2+10=11m^2, h=2l, l\equiv 0$ 或 $1(\bmod 3)$. 8 个解的一个表包括

$$(x,h,m)=(23,2,7),(43,4,13),(461,42,139),(859,78,259)$$

当 $p=2n$ 时,令$(x+n)^2$ 为它的最大平方数. 它们的和是

$$N=2nx(x+1)+\frac{n(2n^2+1)}{3}$$

当 $n=1$ 时,$N=2x^2+2x+1=4T+1$,其中 T 是一个三角形数. 因此 $T=6,210,7\ 158,\cdots$ 给出

$$3^2+4^2=5^2$$
$$20^2+21^2=29^2$$
$$119^2+120^2=169^2$$

$1<n\leqslant 9$ 的情形是不可能的. Cf. Lucas③.

---

① Sphinx-Oedipe, 1906-1907, 129. Case $a=1$, Dostor.

② Sphinx-Oedipe, 1907-1908, 121-126. Cf. Martin.

③ Recherches sur l'analyse indéterminée, Moulins, 1873, 91. Extract from Bull. Soc. d'Emulation Dépt. de l'Allier, Sc. Bell. Lettres, 12, 1873, 530.

E. N. Barisien[1] 给出了恒等式

$$(a^2+b^2+c^2)^3=[a(b^2+c^2-a^2)]^2+[b(b^2+a^2-3c^2)]^2+[c(a^2+c^2-3b^2)]^2+(2a^2b)^2+(2a^2c)^2+(4abc)^2$$

并通过乘以 $2x^2$ 得到[2] 266^2 分解成 9 个平方数的 10 个分解法,226 分解成 3 个平方数的 5 个分解.

E. Barbette[3] 应用 Martin[4] 的方法来寻找和为一个平方数的平方数.他给出了和是一个平方数的连续平方数的许多集合.(Cf. Lucas[5]).

E. Miot[6] 指出,若 $2^k<m\leqslant 2^{k+1}$,则 m 个平方数的一个和的平方是 2^k+1 个平方数和.

E. N. Barisien[7] 注意到 $x^6,4x^2y^4,4xy^5,2y^6$ 和 $2xy(2x^4+5x^2y^2+2y^4)$ 的平方和等于

$$(x^6+8x^4y^2+8x^2y^4+2y^6)^2$$

并给出和是一个平方数的 n 个平方数.

---

① Bull. de math. élém. ,15,1909-1910,181.

② Mathesis,10,1910,185.

③ Les sommes de p-ièmes puissances distinctes égales à une p-ième puissance,Liège,1910,77-104.

④ Math. Mag. ,2,1891-1893,69-76,89-96,137-140.

⑤ Recherches sur l'analyse in déterminée,Moulins,1873,91. Extract from Bull. Soc. d'Emulation Dépt. de l'Allier,Sc. Bell. Lettres,12,1873,530.

⑥ L'intermédiaire des math. ,19,1912,195.

⑦ Sphinx-Oedipe,8,1913,142.

第十章 含有 n 个未知数的二次同余式的解数

对于 $n \leqslant 4$ 的情形，有第八章关于 Libri，Schönemann，Frattini，Lipschitz，Dickson，Tengbergen 和 L. Aubry 的文章中报告被给出，并且对许多文章来说仅证明了解的存在性. 也见于这段历史的第 Ⅰ 卷第八章的 Hermite，Lebesgue 和 Pepin.

V. A. Lebesgue① 记录道 $F = \sum a_i x_i^2 \equiv 0 \pmod p$，其中 p 是一个素数 $2h+1$，可以应用变量与常量的乘法简化为一种形式

$$y_1^2 + \cdots + y_f^2 \equiv n(z_1^2 + \cdots + z_i^2) \pmod p \tag{1}$$

其中，若 $p = 4q-1$，则 $n=1$；若 $p=4q+1$，则 n 是一个二次非剩余. 令 N_k^0, N_k, N'_k 记为方程

$$y_1^2 + \cdots + y_k^2 \equiv a \pmod p$$

的解集数，依据 $a \equiv 0$，有 a 是 p 的一个二次剩余还是一个二次非剩余. 在他的②一般定理的观点中，(1) 的解集数为

$$N_f^0 N_i^0 + h(N_f N_i + N'_f N'_i)$$

$$N_f^0 N_i^0 + h(N_f N'_i + N'_f N_i)$$

依据 $n=1$ 还有 n 为 p 的一个二次非剩余. 又，若 P_0 是 $F \equiv 0$ 的解数，$F - ax^2 \equiv 0$ 的解数，则 $F \equiv a$ 的解数为 $\frac{\pi - P_0}{p-1}$.

证明了，若 k 是奇数，则

① Jour. de Math.，2，1837，266-275.

② Vol. I，pp. 224-225 of this History.

$$N_k^0 = p^{k-1}$$
$$N_k = p^{k-1} + t$$
$$N'_k = p^{k-1} - t$$
$$t = (-1)^{\frac{(p-1)(k-1)}{4}} p^{\frac{k-1}{2}}$$

而，若 k 是偶数，则

$$N_k^0 = p^{k-1} + (p-1)l$$
$$N_k = N'_k = p^{k-1} - l$$
$$l = (-1)^{\frac{\frac{p-1}{2k}}{2}} p^{\frac{k}{2}-1}$$

Lebesgue[1] 给出了后者结果的一个简单证法且也发现了与 p 互素的解集数.

C. Jordan[2] 应用从 $n=l$ 和 $n=m$ 到 $n=l+m$ 的归纳法证明了，若 $a_1\cdots$，$a_{2n}\not\equiv 0$，则方程

$$a_1x_1^2 + \cdots + a_{2n}x_{2n}^2 \equiv k \pmod p$$

有 $p^{2n-1} - p^{n-1}V$ 个解集，若 $k\not\equiv 0 \pmod p$；有 $p^{2n-1} + (p^n - p^{n-1})V$ 个解集，若 $k\equiv 0$，其中 p 为奇素数

$$v = \frac{(-1)^n a_1 \cdots a_{2n}}{p}$$
$$v' = \frac{(-1)^n a_1 \cdots a_{2n+1} k}{p}$$

是 Legendre 符号. 还有，$a_1x_1^2 + \cdots + a_{2n+1}x_{2n+1}^2 \equiv k \pmod p$ 有 $p^{2n} + p^n V'$ 个解集. 作为一个推论，在

$$\left(\frac{1}{p}\right), \left(\frac{2}{p}\right), \cdots, \left(\frac{p-1}{p}\right)$$

中有 $\frac{p-1}{2}$ 个记号的变量.

V. A. Lebesgue[3] 给出了 Jordan 的公式的两个证法，没有应用归纳法. 第 1 个证法应用他的[4]简化的同余结果. 第 2 种证法基于他的[5]对 Libri 的方法的扩充.

① Jour. de Math.，12，1847，467-471.

② Comptes Rendus Paris，62，1866，687-90；Traité des substitutions，1870，156-161(with a misprint of sign in the theorem on p. 610).

③ Comptes Rendus Paris，62，1866，868-872.

④ Jour. de Math.，2，1837，266-275.

⑤ Vol. I，pp. 224-225 of this History.

H. J. S. Smith[①] 证明了若 p 是一个奇素数且 m 为任意整数，则

$$xz - y^2 \equiv m(\bmod p)$$

有 $p\left\{p+\left(-\frac{m}{p}\right)\right\}$ 个解. 每个同余式

$$xz - y^2 \equiv 1,3,5,7(\bmod 8)$$

有 48 个解，其中 x 和 y 均为偶数. 若 p 是任意素数且 $i>0, i'\geqslant 0$，则

$$xz - y^2 \equiv mp^i(\bmod p^{i+i'})$$

有 $p^{2i+2i'}\left(1-\frac{1}{p^2}\right)$ 个解，其中 x,z 均不能被 p 整除.

C. Jordan[②] 证明了

$$x_1y_1+\cdots+x_ny_n \equiv 0(\bmod 2)$$

有 $2^{2n-1}+2^{n-1}$ 个解集，而

$$x_1+y_1+x_1y_1+\cdots+x_ny_n \equiv 0$$

有 $2^{2n-1}-2^{n-1}$ 个解集.

Jordan[③] 确定了 $f\equiv c(\bmod M)$ 的解集数，其中 f 是 $x_1,\cdots,x_m$ 的齐次二次函数. 这个解集数等于积为 M 的素数方幂的模的解数的积. 考虑

$$f = P^{\alpha}(a_1x_1^2+\cdots+a_mx_m^2+b_{12}x_1x_2+\cdots)\equiv c(\bmod P^{\lambda})$$

其中至少 $a_1,\cdots,a_m,b_{12},\cdots$ 中的一个系数不被素数 P 整除. 首先，令 $P>2$. 通过一个线性变换，我们可以移动不是平方数的项 $x_1x_2,\cdots$. 问题化简为

$$A_1x_1^2+\cdots+A_px_p^2+P^{\beta}(B_1y_1^2+\cdots+B_qy_q^2)+\cdots\equiv d(\bmod P^{\mu})$$

解集数(其中 $x_1,\cdots,x_p$ 不都被 P 整除)为 P^rU，其中 $r=(\mu-1)(n-1)+n-p, n=p+q+\cdots$，且 U 是

$$A_1x_1^2+\cdots+A_px_p^2\equiv d(\bmod P)$$

的解集数，上面[④]已给出. 为了得到 $x_1,\cdots,x_p$ 能被 P 整除的解，我们能移动 P 的方幂且产生前述的情形.

当 $P=2$ 时，我们能线性地变换 f 为

$$2^{\alpha}\sum\alpha+2^{\beta}\sum\beta+\cdots$$

其中每个 $\sum\rho$ 是下列 4 种类型中的一个

$$S_p = x_1y+\cdots+x_py_p$$

$$S_p+Az^2$$

① Trans. Phil. Soc. London, 157, 1867, 286-7, § 18; Coll. Math. Papers, Ⅰ, 492-494.

② Traité des substitutions, 1870, 198.

③ Jour. de Math., (2), 17, 1872, 368-402. Comptes Rendus Paris, 74, 1872, 1093.

④ Comptes Rendus Paris, 62, 1866, 687-690; Traité des substitutions, 1870, 156-161 (with a misprint of sign in the theorem on p. 610).

$$S_p + Az^2 + A_1 z^2$$
$$S_p + u^2 + uv + v^2$$
其中 A 和 A_1 为奇整数，$A \leqslant 7$，且 p 可能为 0. 通过依次对这 4 种情况探讨，解数被找到了.

T. Pepin① 证明了约旦的②结果，通过用未知数小于 2 的同余式表示数中的项的解数.

H. Minkowshi③ 发现了
$$f = \sum_{i,k=1}^{n} a_{ik} x_i x_k \equiv m \pmod N$$
的解集数 $f\{m;N\}$. 若
$$f(h;N) = \sum_{m=1}^{N} f\{m;N\} \rho^{mh}$$
$$\rho = e^{\frac{2\pi i}{N}}$$
则
$$f\{m;N\} = \frac{1}{N} \sum_{h=1}^{N} f(h;N) \rho^{-hm}$$

因此问题仍然是找到 $f(m;N)$，它的确定依赖于 $\sum \rho^{mf}$，其中 $x_1, \cdots, x_n$ 取遍剩余模 N 的一个完备集. 问题简化为素数模方幂的情形. 文章太复杂不能承认一个简要的报告.

L. Gegenbauer④ 考虑了 $f = a_1 x_1^2 + \cdots + a_n x_n^2$，其中 a_r 是奇素数 p 的二次剩余. 令 $\sigma'_n(r)$ 为 $f \equiv 0 \pmod p$ 的解集数，$\sigma_n(r)$ 是其中无 $x \equiv 0$ 的那些解集数. 令 s' 和 s 为使 $f \equiv 1$（对于它我们可以应用乘法来化简 $f_1 \equiv b \neq 0$）的相应的数. 当 $r > 0$ 时，有
$$\sigma'_n(r) = \sigma'_{n-1}(r-1) + (p-1) s'_{n-1}(r-1)$$
$$\sigma'_n(0) = \sigma'_n(n)$$
$$\sigma_n(r) = (p-1) s_{n-1}(r-1)$$
$$\sigma_n(0) = \sigma_n(n)$$
用 $s'_n(r), s_n(r)$ 的更复杂的递归公式，并通过 $\sigma'_n(r) = 1, \sigma_1(r) = 0, s_1(r) =$

① Nouv. Ann. Math.,(2),10,1871,227-234.

② Comptes Rendus Paris,62,1866,687-690;Traité des substitutions,1870,156-161(with a misprint of sign in the theorem on p. 610).

③ Mém. présentés à l'Acad. Sc. Inst. France, (2),29,1884,No. 2,Arts. 7,8,9;Acta Math.,7,1885,201-258,espec.,pp. 210-237. Gesamm. Abh.,1,1911,3,157.

④ Sitzungsber. Akad. Wiss. Wien(Math.),99,Ⅱa,1890,795-799.

$s'_1(r)=1+(2r-1)(-\frac{1}{p})$ 确定 s,且 σ 如 Jordan[1] 所述.

K. Zsigmondy[2] 证明了 Lebesgue[3] 的最终结果.

P. Bachmann[4] 给出了这一主题的一个阐述.

L. E. Dickson[5] 给出了 Jordan 的[6]工作到任意有限域的一个推广且给出了一些规范形的推导.

R. Le Vavasseur[7] 讨论了 $f\equiv u(\bmod p)$,其中 p 是素数且

$$f=ax^2+bxy+a'y^2+cx+c'y+d$$
$$\Delta=4aa'd+bcc'-ac'^2-a'c^2-db^2$$
$$\delta=4aa'-b^2$$

若 δ 是 p 的一个二次非剩余,则 $f\equiv\frac{\Delta}{\delta}$ 有且只有一个解;当 $u\not\equiv\frac{\Delta}{\delta}$ 时,$f\equiv u$ 有 $p+1$ 个解.若 δ 是 p 的一个二次剩余,则 $f\equiv\frac{\Delta}{\delta}$ 有 $2p-1$ 个解,$f\equiv u\not\equiv\frac{\Delta}{\delta}$ 有 $p-1$ 个解.若 $\delta=0$,则 $f\equiv u$ 有 p 个解.

J. Klotz[8] 发现了任意代数域上一般二次同余的解集数.

---

① Comptes Rendus Paris,62,1866,687-690;Traité des substitutions,1870,156-161(with a misprint of sign in the theorem on p. 610).

② Monatshefte Math. Phys.,8,1897,38.

③ Jour. de Math.,2,1837,266-275.

④ Arith. der Quadrat. Formen,1,1898,478-515.

⑤ Linear Groups,1901,46-49,158,197-199,205-206;Madison Colloquium Lectures,Amer. Math. Soc.,1914. Cf. J. E. McAtee,Amer. Jour. Math.,41,1919,225-242,on Jordan.

⑥ Comptes Rendus Paris,62,1866,687-690;Traité des substitutions,1870,156-161(with a misprint of sign in the theorem on p. 610).

⑦ Mém. Acad. Sc. Toulouse,(10),3,1903,44-48.

⑧ Vierteljahrsschrift d. naturf. Gesell. Zürich,58,1913,239-268.

第十一章 18篇文章中的 Liouville 级数

J. Liouville 阐明了但没有证明 18 篇文章中的一个级数的许多结果,根据某些公式按照数的理论生成这里有用的存在.

令 m 为奇整数,α 为一个大于或等于 1 的整数. 设

$$2^{\alpha}m = m' + m''$$
$$m = d\delta$$
$$m' = d'\delta'$$
$$m'' = d''\delta''$$

其中 m' 和 m'' 为奇的正整数. 令 $f(x)=f(-x)$ 为一个偶的单值函数. 他[①]指出

$$\sum\{\sum_{d',d''}[f(d'-d'')-f(d'+d'')]\}$$
$$=2^{\alpha-1}\sum_{d}d\{f(0)-f(2^{\alpha}d)\} \tag{1}$$

其中 d,d',d'' 分别取遍 m,m',m'' 的所有因子,且第一个总会遍布和为 $2^{\alpha}m$ 的所有正奇整数对,取 $f(x)=x^{2\mu}$,我们得到

$$\begin{aligned}&2^{2\alpha\mu+\alpha-2}\zeta_{2\mu+1}(m)\\&=2\mu\Sigma\zeta_1(m')\zeta_{2\mu-1}(m'')+\\&\quad\frac{2\mu(2\mu-1)(2\mu-2)}{1\cdot2\cdot3}\Sigma\zeta_3(m')\zeta_{2\mu-3}(m'')+\cdots+\\&\quad 2\mu\Sigma\zeta_{2\mu-1}(m')\zeta_1(m'')\end{aligned}$$

① Jour. de Math.,(2),3,1858,143-152,193-200. First and second articles.

其中系数为二项式公式中偶数列中的数,且 $\zeta_\mu(m)$ 记为 m 的因子的 μ 次幂的和.当 $\mu=1$ 和 $\mu=2$ 时,我们有

$$2^{3\alpha-3}\zeta_3(m)=\Sigma\zeta_1(m')\zeta_1(m'')$$

$$2^{5\alpha-5}\zeta_5(m)=\Sigma\zeta_1(m')\zeta_3(m'')$$

第一个式子给出 $4\cdot 2^\alpha m$ 表示成 8 个奇平方数和分解数;第二个式子给出了 $8\cdot 2^\alpha m$ 表示成 $s+2\sigma$ 的分解数,其中 s 是使 $\frac{s}{8}$ 为奇数的 8 个奇平方数的一个和,而 σ 是 4 个奇平方数的一个和.

当 $f(x)=\cos xt$ 时,(a) 给出

$$\Sigma(\Sigma\sin d't\cdot\Sigma\sin d''t)=2^{\alpha-1}\Sigma d\ \sin^2(2^{\alpha-1}dt)$$

取 $\alpha=1,t=\frac{\pi}{2}$,或通过设 $f(x)=(-1)^{\frac{x}{2}}$,我们得到

$$\Sigma(\Sigma(-1)^{\frac{d'-1}{2}}\cdot\Sigma(-1)^{\frac{d''-1}{2}}=\Sigma d=\zeta_1(m)$$

这生成第八章的 Jacobi 的定理,即 $4m$ 表示成 4 个奇平方数的和有 $\zeta_1(m)$ 种表示法.

对于一个函数 $f(x,y)$,当改变 x 或 y 的符号时它是不变的,Liouville 指出

$$\sum\{\sum_{d',d''}[f(d'-d'',\delta'+\delta'')-f(\delta'+\delta'',d'-d'')]\}$$
$$=2^{\alpha-1}\sum_d d\{f(0,2^\alpha d)-f(2^\alpha d,0)\}=\sigma \tag{2}$$

$$\sum\{\sum_{d',d''}[f(d'-d'',\delta'+\delta'')-f(d'+d'',\delta'-\delta'')]\}=\sigma \tag{3}$$

设

$$f(x,y)=\cos xt\cdot\cos yz$$

$$\psi(m)=\sum_d\sin dt\cdot\cos\delta z$$

$$\omega(m)=\sum_d\cos dt\cdot\sin\delta z\quad(d\delta=m)$$

则(3) 生成结论

$$\Sigma\psi(m')\psi(m'')-\Sigma\omega(m')\omega(m'')=2^{\alpha-1}\Sigma d\{\sin^2 2^{\alpha-1}dt-\sin^2 2^{\alpha-1}dz\}$$

我们现在包括 $\alpha=0$ 的情形并设

$$2^\alpha m=2^{\alpha'}m'+2^{\alpha''}m''\quad(\alpha'\geqq 0,\alpha''\geqq 0,m',m''\text{ 奇的})$$

令 $m=d\delta$,等等,像前面的一样. Liouville① 阐明了公式

$$\sum\{\sum_{d',d''}[f(2^{\alpha'}d'-2^{\alpha''}d'')-f(2^{\alpha'}d'+2^{\alpha''}d'')]\}$$

① Jour. de Math., (2), 3, 1858, 201-208, 241-250. Third and fourth articles.

$$= \sum_{d} (\delta - 2^{\alpha} d)\{f(2^{\alpha} d - f(0)\} \tag{4}$$

其中 d, d', d'' 分别取遍 m, m', m'' 的所有因子，且第 1 个总和遍布和为 $2^{\alpha} m$ 的所有偶或奇整数对 $2^{\alpha'} m', 2^{\alpha''} m''$. 考虑 $\alpha = 0$ 的情形，则 α' 或 α'' 为 0；但，通过在 (4) 的第 1 项前引进因子 2，我们可以限定注意力于 $m = m' + 2^{\alpha''} m''$ 的情形. 因为 $\Sigma\delta = \Sigma d$，我们得到

$$2 \sum \{ \sum_{d', d''} [f(d' - 2^{\alpha''} d'') - f(d' + 2^{\alpha''} d'')]\} = \sum_{d} (\delta - d) f(d) \tag{5}$$

(11) 的一种情形. 例如，若 $f(x) = x^2$，则

$$\Sigma\{2^{\alpha''} \zeta_1(m') \zeta_1(m'')\} = \frac{1}{8}\{\zeta_3(m) - m\zeta_1(m)\}$$

对于(4) 中 $f(x) = x^2$ 或 x^4 的情形，我们得到

$$\Sigma\{2^{\alpha' + \alpha''} \zeta_1(m') \zeta_1(m'')\} = 2^{3\alpha - 2} \zeta_3(m) - 2^{2\alpha - 2} m \zeta_1(m)$$

$$\Sigma\{2^{3\alpha' + \alpha''} \zeta_3(m') \zeta_1(m'')\} = 2^{5\alpha - 4} \zeta_5(m) - 2^{4\alpha - 4} m \zeta_3(m)$$

又应用记法 $m = m' + 2^{\alpha''} m''$，Liouville 指出了下列两种情形

$$f(0)\zeta_1(m) = \sum_{d} \{f(0) + 2f(2) + 2f(4) + \cdots + 2f(d-1)\} + 2\sum\{\sum_{d', d''} [f(d' - d'') - f(d' + d'')]\} \tag{6}$$

$$\sum \{ \sum_{d', d''} [F(d' - d'' + 1) - F(d' - d'' - 1) - F(d' + d'' + 1) + F(d' + d'' - 1)]\} = F(1)\zeta_1(m) - \sum_{d} F(d) \tag{7}$$

其中 F 是一个奇函数：$F(-x) = -F(x)$. 对于 $f(x) = (-1)^{\frac{x}{2}}$，(6) 给出

$$\frac{1}{4}\{\zeta_1(m) - \rho(m)\} = \Sigma\rho(m')\rho(m'')$$

$$\rho(m) \equiv \Sigma(-1)^{\frac{d-1}{2}}$$

第 1 个表达式因此是 $2m$ 分解成

$$y^2 + z^2 + 2^{\alpha}(u^2 + v^2) \tag{8}$$

的分解法数，其中 y, z, u, v 为奇的正整数且 $\alpha > 0$；它也是 m 分解成(8) 的形式的分解数，其中 y 和 z 为正奇数，且 u, v 为任意偶整数. 当 $f(x) = x^2$ 时，我们从 (6) 推断出

$$\frac{1}{24}\{\zeta_3(m) - \zeta_1(m)\} = \Sigma\zeta_1(m')\zeta_1(m'')$$

它给出了 $4m$ 分解成 $s + 2^{\alpha}\sigma$ 的分解数，其中 s 和 σ 均是 4 个奇平方数的和.

对于任意整数 $m > 1$，令 $m = m' + m''$. Liouville 指出了(14) 的下列情形

$$\sum \{ \sum_{d', d''} [f(d' - d'') - f(d' + d'')]\}$$

$$= f(0)\{\zeta_1(m) - \zeta(m)\} - \sum f(d)\{2\zeta(\delta) + d - 2\delta - 1\} -$$

$$2\sum{}'\{f(2)+f(3)+\cdots+f(d-1)\} \tag{9}$$

其中 $\zeta(m)$ 为 m 的因子数且最终和中的撇号记作表示一个项 $f(k)$，当 k 是 d 的一个因子时被压缩. 当 $f(x)=x^2$ 且 m 是一个素数时，(H) 给出

$$\Sigma\zeta_1(m')\zeta_1(m'')=\frac{1}{12}(m^2-1)(5m-6) \tag{10}$$

这个结果可以被用来证明 Bouniakowsky 定理，即 $16k+7$ 形式的任意素数 m 能以奇数种方式分解为 $2x^2+p^{4l+1}y^2$，其中 p 是不整除 y 的一个素数 $4\lambda+1$.

Liouville① 指出若通过改变 x 和 y 的符号 $f(x,y)$ 是不变的，则

$$2\sum\{\sum_{d',d''}[f(d'-2^{\alpha''}d'',\delta'+\delta'')-f(d'+2^{\alpha''}d'',\delta'-\delta'')]\}$$
$$=\sum_d\{f(d,0)+2f(d,2)+2f(d,4)+\cdots+2f(d,\delta-1)-df(d,0)\} \tag{11}$$

其中第 1 个总和遍布 m 的所有分解 $m'+2^{\alpha''}m''$. 若 $f(x,y)$ 简化为仅含 x 的一个函数 $f(x)$，则(11) 变成(5). 若它简化为 $f(y)$，则(11) 变成(6). 为了从(6) 变化到(7)，取

$$f(x)=F(x+1)-F(x-1)$$

在(11) 中取 f 为 $(-1)^{\frac{y}{2}}f(x)$，其中 $f(x)$ 是偶函数，则

$$f(x)=F(x+1)-F(x-1)$$

在(11) 中取 f 为 $(-1)^{\frac{y}{2}}f(x)$，此时 $f(x)$ 是一个偶函数，则

$$2\Sigma\{\Sigma(-1)^{\frac{\delta'-1}{2}}(-1)^{\frac{\delta''-1}{2}}[f(d'-2^{\alpha''}d'')+f(d'+2^{\alpha''}d'')]\}$$
$$=\Sigma df(d)-\Sigma(-1)^{\frac{\delta-1}{2}}f(d) \tag{12}$$

对于 $2^{\alpha}m=2^{\alpha'}m'+2^{\alpha''}m''$

$$\Sigma\{\Sigma[f(2^{\alpha'}d'-2^{\alpha''}d'',\delta'+\delta'')-f(2^{\alpha'}d'+2^{\alpha''}d'',\delta'-\delta'')]\}$$
$$=\Sigma d\{f(0,2d)+2f(0,4d)+4f(0,8d)+\cdots+2^{\alpha-1}f(0,2^{\alpha}d)\}+$$
$$\Sigma\{f(2^{\alpha}d,0)+2f(2^{\alpha}d,2)+2f(2^{\alpha}d,4)+\cdots+$$
$$2f(2^{\alpha}d,\delta-1)\}-2^{\alpha}\Sigma df(2^{\alpha}d,0) \tag{13}$$

它对于 $f(x,y)=f(x)$ 简化为(4). 公式(9) 是下面公式

$$\sum_{m'+m''=m}\{\sum[f(d'-d'',\delta'+\delta'')-f(d'+d'',\delta'-\delta'')]\}$$
$$=\sum(d-1)\{f(0,d)-f(d,0)\}+2\sum{}'\{f(\delta,2)+\cdots+$$
$$f(\delta,d-1)\}-2\sum{}'\{f(2,\delta)+\cdots+f(d-1,\delta)\} \tag{14}$$

的特殊情形，其中 $f(\delta,y)$ 的表达式将被表示，若 y 是 d 的一个因子，且若 x 整除

① Jour. de Math., (2), 3, 1858, 273-288. Fifth article.

d,则 $f(x,\delta)$ 的表达式将被废止.设

$$\Delta(x,y)=f(x,y)-f(y,x)$$

则

$$\Sigma\{\Sigma\Delta(d'-d'',\delta'+\delta'')\}=\Sigma(d-1)\Delta(0,d)+2\Sigma'(\Delta(\delta,2)+\cdots+\Delta(\delta,d-1)\} \quad (15)$$

其中 $\Delta(\delta,y)$ 将被从最终和中的表达式所表示,若 y 整除 d.对于使 $\Delta(x,y)=-\Delta(y,x)$ 的任意函数 Δ 来说,最后的公式是有效的.

Liouville① 在他的第 6 篇文章中,使用了两个联立分解

$$2m=m'+m''$$

$$m=m_1+2^{\alpha_2}m_2,m_1,m_2>0\text{ 是奇数}$$

设 $m_i=d_i\delta_i$,等等.令 $F(x)$ 满足

$$F(0)=0$$

$$F(-x)=-F(x)$$

他指出

$$\Sigma\{\Sigma\Sigma(-1)^{\frac{d'-1}{2}}[F(d'+d'')+F(d'-d'')]\}=\Sigma F(2d)+4\Sigma\Sigma\rho(m_2)F(2d_1) \quad (16)$$

其中 d,d_1,d',d'' 取遍 m,m_1,m',m'' 的因子,且第 1 个总和遍布和为 $2m$ 的 m' 和 m''.

当 $F(x)=x$ 时,有

$$\Sigma\zeta_1(m')\rho(m'')=\zeta_1(m)+4\Sigma\zeta_1(m_1)\rho(m_2)$$

使得 $8m$ 分解成 $s+2\sigma$ 有 $\zeta_1(m)+4B$ 种分解,其中 s 是 4 个奇的正数的平方和且 σ 是 2 个这样平方数的和,而 B 是 $4m$ 分解成 $s+2^{\alpha}\sigma$ 的分解数.

对于一个类似的函数 $F(x)$,另一个公式被指出

$$8\Sigma\{\Sigma\Sigma\Sigma[F(d'+d''+d''')+F(d'-d''-d''')-F(d'+d''-d''')-F(d'-d''+d''')]\}=\Sigma(d^2-1)F(d)-24\Sigma\Sigma\zeta_1(m_2)F(d_1) \quad (17)$$

其中两项涉及

$$m=m'+m''+m'''$$

$$m=m_1+2^{\alpha_2}m_2$$

的各自分解模式.

对于 $F(x)=x^3$,产生公式

$$192\Sigma\zeta_1(m')\zeta_1(m'')\zeta_1(m''')+24\Sigma\zeta_3(m_1)\zeta_1(m_2)=\zeta_5(m)-\zeta_3(m)$$

因此,若(4) 是 $4m$ 分解成 12 个奇平方数的和的分解数,且(9) 是 $8m$ 分解

① Jour. de Math.,(2),3,1858,325-336. Sixth article.

成 $s+2^{\alpha}\sigma$ 的分解数，其中 s 是使 $\frac{s}{8}$ 为奇数的 8 个奇平方的和，σ 是 4 个奇平方数的和，则

$$8G+H=\frac{1}{24}\{\zeta_5(m)-\zeta_3(m)\}$$

从(17) 和(5) 中导出，$f(x)=xF(x)$

$$4\Sigma(\Sigma\Sigma 2^{\alpha_2}d_2[F(d_1+2^{\alpha_2}d_2)+F(d_1-2^{\alpha_2}d_2)]\}$$
$$=\Sigma(d^2-1)F(d)+8\Sigma\Sigma(2^{\alpha_2}-3)\zeta_1(m_2)F(d_1) \tag{18}$$
$$4\Sigma\{\Sigma\Sigma d_1[F(d_1-2^{\alpha_2}d_2)-F(d_1+2^{\alpha_2}d_2)]\}=$$
$$\Sigma(2m-1-d^2)F(d)+8\Sigma\Sigma(2^{\alpha_2}-3)\zeta_1(m_2)F(d_1) \tag{19}$$

每个涉及分解 $m=m_1+2^{\alpha_2}m_2$，$m_i=d_i\delta_i$ 的单独模式.

Liouville① 评论道：若我们用 x^p 乘以(1) 中的项，其中 $p=2^{\alpha}m$，且将 $p=2,4,6,\cdots$ 作和，我们得到

$$\sum_{s',s''}^{1,3,5,\cdots}\frac{\{f(s'-s'')-f(s'+s'')\}x^{s'+s''}}{(1-x^{2s'})(1-x^{2s''})}=\sum_{s=1}^{\infty}\frac{s\{f(0)-f(2s)\}x^{2s}}{1-x^{4s}} \tag{20}$$

它包括椭圆函数理论的各种公式. 他指出容易证明(20) 并推断出(1)，并且他已在法国学院的演讲中给出了(1) 的一个直接的，初始的证法，基于第八章的 Dirichlet，这个方法适用于(2)，并对其他公式来说有稍微地变化.

对于任意整数 m，令

$$\begin{cases}m=m'^2+m''\\ m''=2^{\alpha''}d''\delta''>0\quad(d'',\delta''\text{ 奇的且大于 }0)\end{cases} \tag{21}$$

而 m' 可能是负的. 那么对于 $F(-x)=-F(x)$，$F(0)=0$

$$\Sigma\Sigma(-1)^{m''-1}F(2^{\alpha''}d''+m')=\begin{cases}\sqrt{m}F(\sqrt{m})\text{，若 }m=\text{平方数}\\ 0\text{，若 }m\neq\text{平方数}\end{cases} \tag{22}$$

对情形 $F(x)=x$ 的讨论表明，若我们取

$$\sigma=\zeta_1(m)-2\zeta_1(m-1)+2\zeta_1(m-4)-$$
$$2\zeta_1(m-9)+2\zeta_1(m-16)-\cdots$$

继续直到 ζ_1 的论证是正的，则对于 m 为偶数，有

$$\Sigma 2^{\alpha}d=\zeta_1(m)-\zeta_1\left(\frac{m}{2}\right)$$

$$\sigma-\zeta_1\left(\frac{m}{2}\right)-2\zeta_1\left(\frac{m-4}{2}\right)=\begin{cases}-m & \text{若 }m=\text{平方数}\\ 0 & \text{若 }m\neq\text{平方数}\end{cases}$$

而对于 m 为奇数，有

① Jour. de Math.，(2)，4，1859，1-8，72-80. Seventh and eighth articles.

$$\sigma+2\zeta_1\left(\frac{m-1}{2}\right)+2\zeta_1\left(\frac{m-9}{2}\right)=\begin{cases}m & 若\ m=平方数\\ 0 & 若\ m\neq 平方数\end{cases}$$

应用 m 的同样分解和一个函数使

$$\mathscr{F}(x,-y)=\mathscr{F}(x,y)$$

$$\mathscr{F}(-x,y)=-\mathscr{F}(x,y)$$

$$\mathscr{F}(0,y)=0$$

Liouville 在他的第 8 篇文章中指出

$$\sum\sum(-1)^{m''-1}\mathscr{F}(2^{\alpha''}d''+m',\delta''-2m')=0\ 或$$

$$\mathscr{F}(\sqrt{m},1)+\mathscr{F}(\sqrt{m},3)+\cdots+\mathscr{F}(\sqrt{m},2\sqrt{m}-1)\tag{23}$$

依据 m 是否为平方数. 作为一种特殊情形,有

$$\rho(m)-2\rho(m-4)+2\rho(m-16)-\cdots=0\ 或(-1)^{\frac{v-1}{2}}v$$

$$v=\sqrt{m}$$

对于 $\mathscr{F}(x,y)$ 仅为 x 的一个函数,(23) 简化为(22).

设

$$\mathscr{F}(x,y)=(-1)^{\frac{y}{2}}F(x,y)$$

使得 F 关于 x 和 y 是一个奇函数. (23) 给出

$$\sum\sum(-1)^{\frac{\delta''-1}{2}}F(2^{\alpha''}d''+m',\delta''-2m')=0\ 或$$

$$\begin{aligned}&(-1)^{m+1}\{F(\sqrt{m},1)-F(\sqrt{m},3)+\\&F(\sqrt{m},5)-\cdots\pm F(\sqrt{m},2\sqrt{m}-1)\}\end{aligned}\tag{24}$$

依据 m 是否为一个平方数.

Liouville① 指出,对于一个函数 $f(x)=f(-x)$,有

$$\sum(-1)^{m''-1}\delta''f(2^{\alpha''}d''+m')-\sum\zeta_1(m_2)f(m_1)$$

$$=\begin{cases}mf(\sqrt{m}) & 若\ m=平方数\\ 0 & 若\ m\neq 平方数\end{cases}\tag{25}$$

其中总和分别涉及(21) 的分解和 $m=m_1^2+2m_2$,对于

$$m=8v+5$$

$$f(x)=x\sin\frac{x\pi}{2}$$

他导出关系式

$$\rho(m-4)-4\rho(m-16)+9\rho(m-36)-\cdots$$

$$=\zeta_1\left(\frac{m-1}{4}\right)-3\zeta_1\left(\frac{m-9}{4}\right)+5\zeta_1\left(\frac{m-25}{4}\right)-\cdots$$

---

① Jour. de Math., (2), 4, 1859, 111-120, 195-204. Ninth and tenth articles.

它遵从于,若我们以所有可能的公式生成分解

$$m=4s^2+s_1^2+s_2^2$$

$$m=n^2+4(n_1^2+\cdots+n_4^2), s>0, n \text{ 奇的且大于 } 0$$

$$\Sigma(-1)^{\frac{n-1}{2}}n=2\Sigma(-1)^{s-1}s^2$$

若我们使用

$$m=r^2+r_1^2+\cdots+r_4^2$$

代替分解式的第 2 个类型,则

$$4\Sigma(-1)^{\frac{r-1}{2}}r=\sum(-1)^{s-1}s^2$$

其中 $r, r_1, \cdots, r_4$ 为正奇数.

对于同样的两种分解类型和函数 $f(x,y)$,关于 x 和 y 是偶的,Liouville 在他的第 10 篇文章中指出

$$\Sigma\Sigma(-1)^{m''-1}\delta'' f(2^{\alpha''}d''+m', \delta''-2m')-\Sigma\Sigma(2d_2-\delta_2)f(m_1, 2d_2+\delta_2)=0 \text{ 或}$$

$$f(\sqrt{m}, 2\sqrt{m}-1)+3f(\sqrt{m}, 2\sqrt{m}-3)+\cdots+(2\sqrt{m}-1)f(\sqrt{m}, 1) \tag{26}$$

依据 m 是否为平方数. 若 $f(x,y)$ 仅是 x 的一个函数,这个化简为(28).

对于同样的分解和一个函数 $\mathscr{F}(x,y,z,t)$,关于 x,y,z 为偶,关于 t 为奇,指出

$$\Sigma\Sigma(-1)^{m''-1}\mathscr{F}(2^{\alpha''}d''+m', \delta''-2m', 2^{\alpha''}d''+m'-\delta'', \delta'')-$$
$$\Sigma\Sigma\mathscr{F}(m_1, 2d_2+\delta_2, 2d_2-m_1-\delta_2, 2d_2-2m_1-\delta_2)=0$$

或

$$\sum_j \mathscr{F}(\sqrt{m}, 2\sqrt{m}-j, j-\sqrt{m}, j), j=1,3,5,\cdots,2\sqrt{m}-1 \tag{27}$$

依据 m 是否为平方数. 若 $\mathscr{F}=tf(x,y)$,则(27) 变成(26). 其他值得注意的情形是

$$\mathscr{F}=tf(z) \text{ 和 } \mathscr{F}=F(t)$$

Liouville① 在他的第 11 篇文章中指出,若 f 是偶函数,则

$$\Sigma\Sigma(-1)^{\frac{\delta''-1}{2}}f(\delta''-2m')=f(1)\rho(2m-1)+f(3)\rho(2m-9)+\cdots \tag{28}$$

总和遍布整数 m' 和 m'' 的所有因子,其中

$$m=2m'^2+m''$$

$$m''=d''\delta'', m'' \text{ 为奇数且大于 } 0 \tag{29}$$

(28) 的第 2 项等于 $\sum f(i)$,总和遍布所有分解

$$2m=i^2+i_1^2+p^2, i, i_1 \text{ 为奇数且大于 } 0, p \text{ 为偶数} \tag{30}$$

---

① Jour. de Math., (2), 4, 1859, 281-304. Eleventh article.

当 $f(x)=(-1)^{\frac{x-1}{2}}x$ 时,(28) 的第 1 项为

$$\sum(-1)^{m'}\zeta_1(m-2m'^2)=\frac{1}{8}E$$

其中 E 是在

$$m=2m'^2+m_1^2+\cdots+m_4^2, m', m_j \text{ 任意整数}$$

中 m' 为偶数的情形超出 m 为奇数的情形的超出量,因为 $8\zeta_1(m)$ 是 m 为奇数时表示成 4 个平方数和的表示法数.

令 $\mathfrak{A}_1$ 为方程

$$m=2m'^2+m_1^2+\cdots+m_6^2$$

的解集数,其中 m' 是奇数,$\mathfrak{A}_2$ 是 m' 是偶数时方程的解集数. 则对于(28) 的 $f(x)=x^2$ 的情形产生的结论的一个讨论,涉及(30)

$$\frac{1}{12}\mathfrak{A}_2-\frac{1}{20}\mathfrak{A}_1=\Sigma i^2-\Sigma p^2 \quad \text{若 } m\equiv 1(\bmod 4)$$

$$\frac{1}{12}\mathfrak{A}_1-\frac{1}{20}\mathfrak{A}_2=\Sigma i^2-\Sigma p^2 \quad \text{若 } m\equiv 3(\bmod 4)$$

若 M 是(30) 的解数,则

$$2mM=2\sum i^2+\sum p^2$$

令 $f(x,y)$ 为关于 x 和 y 的偶函数. 则

$$\Sigma\Sigma(-1)^{\frac{\delta''-1}{2}}f(\delta''-2m',2d''+4m')=\Sigma\Sigma(-1)^{\frac{\delta_2-1}{2}}f(m_1,d_2+\delta_2) \quad (31)$$

其中左边的总和与(29) 有关,右边的总和与

$$2m=m_1^2+m_2$$

$$m_2=d_2\delta_2, m_1, m_2, d_2>0, \text{奇数}$$

有关. 若 f 简化为 $f(x)$,(31) 变成(28). 又

$$4\Sigma\Sigma(-1)^{m'+\frac{\delta''-1}{2}}f(2^{\alpha''}d''+m')-\Sigma\Sigma(-1)^{s}f(s')$$

$$=2(-1)^{m-1}f(\sqrt{m}) \text{ 或 } 0$$

依据 m 是否为平方数,其中 m 是任意整数且

$$m=m'^2+m''$$

$$m''=2^{\alpha''}d''\delta''$$

$$m=s^2+s'^2+s''^2$$

m'',d'',δ'' 是正数且后两个是奇的.

对于情形 $m=8v+7$,$f(x)=x^2$ 的讨论表明 $\frac{N_1}{N_2}=\frac{17}{20}$,其中 N_1 是 m 表示成 7 个平方数的表示法数,其中的第 1 个平方数是奇数,并且 N_2 是其中第 1 个平方数是偶数的表示法数,包括 0.

对于奇数 m 和任意偶函数 $f(x)$,有

$$\Sigma\Sigma(-1)^{m'+\frac{\delta''-1}{2}}f\left(m'+\frac{d''-\delta''}{4}\right)\equiv\begin{cases}(-1)^{\frac{\sqrt{m}-1}{2}}\sqrt{m}f(0) & \text{若 } m=\text{平方数}\\ 0 & \text{若 } m\neq\text{平方数}\end{cases}\tag{32}$$

$$m=4m'^2+d''\delta'',d'',\delta''\text{ 奇且大于 }0$$

当 $m=4v+1$ 时,这个公式对于任意函数 $f(x)$ 均成立.

Liouville① 指出对于关于 x,y 和 z 为奇函数的 $F(x,y,z)$,有

$$\Sigma\Sigma F(2^{\alpha''}d''+m',\delta''-2m',2^{\alpha''+1}d''+2m'-\delta'')=0\text{ 或 }\Sigma F(\sqrt{m},j,j)\tag{33}$$

依据 m 是否为平方数,其中 $j=1,3,5,\cdots,2\sqrt{m}-1$

$$m=m'^2+2^{\alpha''}d''\delta'',d'',\delta''\text{ 奇且大于 }0$$

这对于 $F=(-1)^{\frac{1-z}{2}}F(x,y)$ 的形变成(24). 下面,依据 m 是否为平方数,有

$$\Sigma\Sigma F(d''+m',\delta''-2m',2d''+2m'-\delta'')=0$$

或

$$\sum_{s=1}^{2\sqrt{m}-1}F(\sqrt{m},s,s)-\sum_{t=1}^{\sqrt{m}-1}F(t,2\sqrt{m},2t)\tag{34}$$

左侧的总和涉及

$$m=m'^2+d''\delta'',d''>0,\delta''>0$$

对于正奇数 m,d'',δ'',有

$$\Sigma\Sigma F(d''+2m',\delta''-2m',2m'+d''-\delta'')=0,m=m'^2+d''\delta''\tag{35}$$

Liouville② 指出对于一个函数 $F(x,y,z)$ 关于 x,y,z 为奇,有

$$\Sigma F(\delta_3-2m_2,d_3+2m_2-m_1,d_3+2m_2+m_1)=0\tag{36}$$

总和遍布一个给定数 $m\equiv 3(\mathrm{mod}\ 4)$ 的所有分解

$$m=m_1^2+4m_2^2+2d_3\delta_3,m_1,d_3,\delta_3\text{ 奇},d_3>0,\delta_3>0$$

取

$$F(x,y,z)=\mathscr{F}\left(x,\frac{z+y}{2}\right)-\mathscr{F}\left(x,\frac{z-y}{2}\right)$$

$\mathscr{F}(x,u)$ 关于 x 为奇,关于 u 为偶. 则(36) 变成

$$\Sigma\mathscr{F}(\delta_3-2m_2,d_3+2m_2)=\Sigma\mathscr{F}(\delta_3-2m_2,m_1)\tag{37}$$

用同样的记号,Liouville 在他的第 14 篇文章指出

$$\Sigma F(\delta_3-2m_2,d_3+2m_2-m_1,\delta_3+m_1)=0\tag{38}$$

并且若只改变 x 的符号,或只改变 y 的符号,或同时改变 z 和 t 的符号 $\mathscr{F}(x,y,z,t)$,则有

① Jour. de Math.,(2),5,1860,1-8. Twelfth article.

② Jour. de Math.,(2),9,1864,249-256,281-8,321-336(13th-15th articles).

$$\Sigma \mathscr{F}(\delta_3 - 2m_2, d_3 + 2m_2 - m_1, d_3 + 2m_2 + m_1, \delta_3 + m_1) = 0 \qquad (39)$$

当 $\mathscr{F}$ 不依赖于 t 或 z 时,(39) 分别变成(36) 或(38).

在第 15 篇文章中,给出了(39) 的下列推论

$$\Sigma \mathscr{F}(2^{\alpha_3}\delta_3 - 2m_2, d_3 + 2m_2 - m_1, d_3 + 2m_2 + m_1, 2^{\alpha_3}\delta_3 + m_1)$$

$$= \sum_{\alpha,\beta} \sum_{s=0}^{\frac{1}{2}(\alpha-3)} \mathscr{F}\left(\frac{\alpha-\beta}{2}, \alpha - 2s - 1, \beta + 2s + 1, \frac{\alpha+\beta}{2}\right)$$

$$\alpha^2 + \beta^2 = 2m$$

其中 $\alpha > 1$ 且 β 符号的选取使得 $\frac{1}{2}(\alpha+\beta)$ 为奇,而第 1 项中的总和应用分解

$$m = m_1^2 + 4m_2^2 + 2^{\alpha_3+1} d_3\delta_3, m_1, d_3, \delta_3 \text{ 为奇数 } d_3 > 0, \delta_3 > 0$$

m 为一个大于 1 的给定奇整数.

Liouville① 指出,若 $\mathscr{F}(x, y, z, t)$ 随着 x 或 y 或 z 和 t 改变符号,则

$$\Sigma \mathscr{F}(\delta_3 - 2m_2, d_3 + m_2 - m_1, d_3 + m_2 + m_1, \delta_3 + 2m_1)$$

$$= \sum_{a,b} \sum_{s=0}^{a-1} \mathscr{F}(2a - 2s - 1, a - b, a + b, 2b + 2s + 1)$$

$$a^2 + b^2 = m, a > 0$$

其中左侧的和涉及分解(任意给定数 m 的)

$$m = m_1^2 + m_2^2 + d_3\delta_3, d_3 > 0, \delta_3 > 0, \delta_3 \text{ 为奇数}$$

Liouvill② 指出若 $\psi(x, y)$ 关于 x 是对称的偶函数,则

$$\Sigma(-1)^{\frac{\delta'-1}{2}+\frac{d''-1}{2}} \psi(d' - d'', \delta' + \delta'')$$

$$= \Sigma(-1)^{\frac{\delta-1}{2}} \psi(0, 2d) + 4\Sigma(-1)^{\frac{\delta_1-1}{2}+\frac{\delta_2-1}{2}} \psi(2d_1, 2^{\alpha_2+1} d_2)$$

其中总和涉及分解

$$2m = d'\delta' + d''\delta''$$

$$m = d\delta$$

$$m = d_1\delta_1 + d_2\delta_2$$

其中 m 为奇数.

在第 18 篇文章中,Liouville 应用一个函数 $\mathscr{F}(x, y)$,关于 x 为奇且关于 y 为偶,并指出

$$\Sigma(-1)^{\frac{d''-1}{2}} \{\mathscr{F}(d' + d'', \delta' - \delta'') + \mathscr{F}(d' - d'', \delta' + \delta'')\}$$

$$= \Sigma \mathscr{F}(2d, 0) + 4\Sigma(-1)^{\frac{\delta_2-1}{2}} \mathscr{F}(2d_1, 2^{\alpha_2+1} d_2)$$

---

① Jour. de Math., (2), 9, 1864, 389-400. Sixteenth article.

② Jour. de Math., (2), 10, 1865, 135-144, 169-176 (17th and 18th articles).

对于 $\mathscr{F}(x,y)=x$，后者给出

$$\sum\zeta_1(m')\rho(m'')=\zeta_1(m)+4\sum\zeta_1(m_1)\rho(m_2)$$

总和涉及 $2m=m'+m''$，$m=m_1+2^{\alpha_2}m_2$，其中 m',m'',m_1,m_2 均为正奇数.

G. L. Dirichlet[①] 证明了 Liouville[②] 的(1)，当 $\alpha=1$ 时. G. Humbert[③] 应用无穷级数给出了一个证法. G. B. Mathews[④] 给出了一个证法.

J. Liouville[⑤] 阐述了他的[⑥]公式(23) 和

$$\sum\sum(-1)^m(2^\alpha d+m'-\delta)f(2^\alpha d+m',2m'-\delta)=\sum\sum(2^\alpha d-\delta)f(m',2^\alpha d+\delta)$$

其中关于 m,α,d,δ 的双重特点降低.

Liouville[⑦] 考虑了对于 $m=1,2,3,\cdots$ 有确切值的两个任意函数 $f(m)$ 和 $F(m)$，并设

$$X_\mu(m)=\sum d^\mu f(d)$$

$$Z_\mu(m)=\sum d^\mu F(d)$$

其中每个和遍布 m 的所有因子. 对于任意实或复数 μ,ν，有

$$\sum d^{\mu-\nu}X_\nu(d)Z_\mu(\delta)=\sum d^{\mu-\nu}Z_\nu(d)X_\mu(\delta),\delta=\frac{m}{d}$$

若我们取 $f(m)$ 和 $F(m)$ 为 m 的方幂，我们得到关于 k 的因子的 μ 次幂的和 $\sigma_\mu(k)$ 的一个公式并在这段历史的第 Ⅰ 卷的第 10 章中给出. 从上面的公式我们容易给出

$$\sum x_\nu(d)z_\mu(\delta)=\sum z_\nu(d)x_\mu(\delta)$$

$$x_\mu(m)=\sum\delta^\mu f(d)$$

$$z_\mu(m)=\sum\delta^\mu F(d)$$

V. A. Lebesgue[⑧] 注意到对任意整数 m，有

$$\sum\zeta_1(m')\zeta_1(m'')=\frac{1}{12}\{5\zeta_3(m)-(6m-1)\zeta_1(m)\}$$

它简化 m 为素数的情形为 Liouville[⑨] 的最终公式(10).

Liouville[⑩] 给出了像他的一些文章中级数公式一样类型的公式.

---

① Bull. des Sc. Math. ,(2),33, Ⅰ ,1909,58-60;letter to Liouville,Aug. 27,1858.

② Jour. de Math. ,(2),3,1858,143-152,193-200. First and second articles.

③ Ibid. ,(2),34, Ⅰ ,1910,29-31.

④ Proc. London Math. Soc. ,25,1893-1894,85-92.

⑤ Bull. des Sc. Math. ,(2),33, Ⅰ ,1909,61-64;letter to Dirichlet,Oet. 21,1858.

⑥ Jour. de Math. ,(2),4,1859,1-8,72-80. Seventh and eighth articles.

⑦ Jour. de Math. ,(2),3,1858,63-68.

⑧ Jour. de Math. ,(2),7,1862,256.

⑨ Jour. de Math. ,(2),3,1858,201-208,241-250. Third and fourth articles.

⑩ Ibid. ,41-48. To be considered under class number in Vol. Ⅲ.

Liouville[①] 注意到,对于任意整数 m,有

$$m\zeta_1(m)+2\sum_{m_1=1}^{[\sqrt{m}]}(m-5m_1^2)\zeta_1(m-m_1^2)=0 \text{ 或 } \frac{m(4m-1)}{3}$$

依据 m 是否为一个平方数,这遵从于具有 $F(x,y,z)=xyz$ 的 Liouville[②] 的(34).

H. J. S. Smith[③] 给出了(1) 的一个证法和

$$\Sigma f(d'+2m')=\Sigma f\{\frac{1}{2}(d_1+\delta_1)\}$$

总和分别遍布

$$m=2m'^2+d'\delta'$$
$$2m=m_1^2+d_1\delta_1$$

的所有解,其中 $d',\delta',d_1,\delta_1,m,m_1$ 均为正奇数,而 $f(x)$ 是一个奇函数.

C. M. Piuma[④] 证明了(13),(16),(18),(23) 和(27).

E. Fergola[⑤] 指出并且由 G. Torelli[⑥] 证明一个定理涉及 Liouville 的第 17 篇文章中的一个. 令 a_n 记作 2 整除 n 的最高次幂与 n 的奇因子和的乘积. 则有

$$a_n-2a_{n-1}+2a_{n-4}-2a_{n-9}+2a_{n-16}-2a_{n-25}+\cdots=(-1)^{n-1}n \text{ 或 } 0$$

依据 n 是否为平方数.

S. J. Baskakov[⑦] 证明了在 Liouville 的前 12 篇文章中的公式.

T. Pepin[⑧] 证明了在 Liouville 的前 5 篇文章中的所有公式,(14) 和它的特殊情形(9),(15) 除外.

N. V. Bougaief[⑨] 证明了文章中 Liouville 级数的一些定理,通过展示,若 $F(x)$ 是一个偶函数,则一个恒等式

$$\sum_{m=0}^{\infty}A_m\cos mx=\sum_{n=0}^{\infty}B_n\cos nx$$

暗含着 $SA_mF(m)=SB_nF(n)$,并且证明了一个类似的定理涉及正弦函数和一个奇函数 $F_1(n)$.

Pepin[⑩] 证明了 Liouville 的前 5 篇和后两篇文章中的所有定理,和第 6 篇文

---

① Jour. de Math. ,(2),7,1862,375-376.

② Jour. de Math. ,(2),5,1860,1-8. Twelfth article.

③ Report British Assoc. for 1865,art. 136;Coll. Math. Papers, I ,346.

④ Giornale di Mat. ,4,1866,1-14,65-75,193-201.

⑤ Giornale di Mat. ,10,1872,54.

⑥ Ibid. ,16,1878,166-167.

⑦ Math. Soc. Moscow,10, I ,1882-1883,313.

⑧ Atti Accad. Pont. Nuovi Lincei,38,1884-1885,146-162.

⑨ Math. Soc. Moscow,12,1885,1-21.

⑩ Jour. de Math. ,(4),1888,83-127.

章中的(16).

E. Meissner① 证明了 Liouville 文章 7 ~ 16 中的所有定理.因此,本质上,只有第 6 篇文章中的(18) 和(19) 仍没被证明.(Piuma② 证明了(18).)

P. Bachmann③ 选择 Liouville 的一些级数公式给出了一个详述.

A. Deltour④ 证明了(1):若 m 是奇的,$4m$(或 $8m$) 分解成 4(或 8) 个奇平方数和的分解数等于 m 的因子和(或立方和).

P. S. Nasimoff⑤ 证明了 Liouville⑥ 的公式(1) 和(3). Liouville⑦ 的(5), Liouville⑧ 的(6), Liouville⑨ 的一个相关结果.

---

① Zürich Vierteljahr Naturf. Ces., 52, 1907, 156-216(Diss., Zürich).

② Giornale di Mat., 4, 1866, 1-14, 65-75, 193-201.

③ Niedere Zahlentheorie, 2, 1910, 365-433.

④ Nouv. Ann. Math., (4), 11, 1911, 123-129.

⑤ Application of Elliptic Functions to Number Theory, Moscow, 1885. French résumé in Annales sc. de l'école norm. supér., (3), 5, 1888, 147-164.

⑥ Jour. de Math., (2), 3, 1858, 143-152, 193-200, First and second articles.

⑦ Jour. de Math., (2), 3, 1858, 201-208, 241-250. Third and fourth articles.

⑧ Jour. de Math., (2), 3, 1858, 325-336. Sixth article.

⑨ ibid., 41-48. To be considered under class number in Vol. Ⅲ.

Pell 方程，ax^2+bx+c 生成一个平方数

第十二章

非常重要的方程 $x^2-Dy^2=1$，它已经以 Pell 的名字命名很久了，由于起源于 Euler 的一个混乱时期，它应该被命名为 Fermat 方程.

早在公元前 400 年，在印度和希腊出现了 $\frac{a}{b}$ 逼近于 $\sqrt{2}$ 使得 $a^2-2b^2=1$，且对于其他的平方根也如此，连续近似值的导出有效地提供了一个求解 Pell 方程的方法. 例如，Baudhâyana，最古老的作品的印度作者，Sulva-sutras 给出 $\frac{17}{12}$ 和 $\frac{577}{408}$ 逼近于 $\sqrt{2}$. 注意到

$$\frac{17}{12}+\frac{-1}{2\cdot 17\cdot 12}=\frac{577}{408}$$

$$17^2-2\cdot 12^2=1$$

$$577^2-2\cdot 408^2=1$$

Proclus[①] 注意到 Pythagoreans 给出了下面的作图（图 1），在具有对角线 BE 的正方形的边 AB 的延长线上取 $BC=AB$，$CD=BE$，则

$$AD^2+CD^2=2AB^2+2BD^2$$

但 $CD^2=BE^2=2AB^2$. 因此

$$AD^2=2BD^2=FD^2$$

① In Platonis rem publicam commentarii, ed., G. Kroll, 2, 1901, 24-29; excurs Ⅱ (by F. Hultsch), 393-400.

$$FD = AD = 2AB + EB$$

又 $BD = AB + EB$. 记 $s_1, s_2, \cdots$ 为边 $AB, BD, \cdots$, 记 $d_1, d_2, \cdots$ 为对角线 BE, $FD, \cdots$, 则

$$s_{n+1} = s_n + d_n$$
$$d_{n+1} = 2s_n + d_n$$

现在令 $s_1 = 1$ 且用整数逼近 $\delta_1 = 1$ 替换 $d_1 = \sqrt{2}$, 应用递归公式替换 d_n 为 δ_n. 我们得到

$$s_2 = s_1 + \delta_1 = 2$$
$$\delta_2 = 2s_1 + \delta_1 = 3$$
$$s_3 = s_2 + \delta_2 = 5$$
$$\delta_3 = 2s_2 + \delta_2 = 7$$
$$\vdots$$

则 δ_n, s_n 给出方程 $\delta^2 - 2s^2 = (-1)^n$ 的一个解.

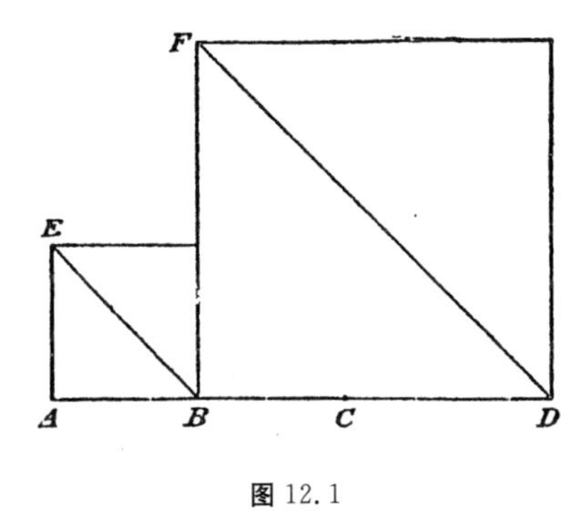

图 12.1

士麦那[①]的 Theon(大约公元 130 年) 称 s_n 和 δ_n 为边和对角线数且给出上述的递归公式但没有给出几何解释.

Archimedes(公元前 3 世纪) 给出了 $\frac{265}{153}$ 和 $\frac{1\ 351}{780}$ 逼近于 $\sqrt{3}$, 它能解释为与 $x^2 - 3y^2 = -2, x^2 - 3y^2 = 1$ 有关.

亚历山大市的 Heron 应用了 $a + \frac{r}{2a}$ 逼近于 $\sqrt{a^2 + r}$.

对于逼近于平方根和 Pell 方程,比早期希腊人和印度人的知识间的领先关

① Platonici... expositio, 1544, 67. Theon Smyrnaeus, ed., E. Hiller, Leipzig, 1878, 43; French transl., by J. Dupuis, Paris, 1893, 71-75.

系更详细的叙述见 H. Konen① 和 E. E. Whitford②.

Archimedes 的群牛问题的历史现在将被详细的讨论.

在 1773 年,Gotthold Ephraim Lessing③ 公布了在 24 篇诗篇中的一个希腊警句,从 Wolfenbüttel 图书馆的一篇手稿中,指出一个问题声称是由 Archimedes④ 提出的,在给 Eratosthenes 的一封信中,对于亚历山大的数学还有一个评注给出了一个错误回答,一个较长的数学讨论由 Chr. Leiste 给出. 问题是找到白色、黑(或蓝)色、花斑(或有斑点)的和黄(或红)色公牛数 W,X,Y,Z,以及相应颜色的母牛数 w,x,y,z,当

$$W=(\frac{1}{2}+\frac{1}{3})X+Z \tag{1}$$

$$X=(\frac{1}{4}+\frac{1}{5})Y+Z \tag{2}$$

$$Y=(\frac{1}{6}+\frac{1}{7})W+Z \tag{3}$$

$$w=(\frac{1}{3}+\frac{1}{4})(X+x) \tag{4}$$

$$x=(\frac{1}{4}+\frac{1}{5})(Y+y) \tag{5}$$

$$y=(\frac{1}{5}+\frac{1}{6})(Z+z) \tag{6}$$

$$z=(\frac{1}{6}+\frac{1}{7})(W+w) \tag{7}$$

$$W+X=\square \tag{8}$$

$$Y+Z=\triangle \tag{9}$$

最后的记法是它们的一个平方数和一个三角数.

---

① Geschichte der Gleichung $t^2-Du^2=1$, Leipzig, 1901, 2-17. Reviews by Wertheim, Bibl. Math., (3), 3, 1902, 248-251; and Tannery, Bull. des Sc. Math., 27, Ⅱ, 1903, 47.

② The Pell Equation, Columbia Univ. Diss., New York, 1912, 3-22. The following related papers are not mentioned in the pages just cited: E. S. Unger, Kurzer Abriss der Gesch. Z. von Pythagoras bis Diophant, Progr., Erfurt, 1843; C. Henry, Bull. des Sc. Math. Astr., (2), 3, 1, 1879, 515-520; H. Weissenborn, Die irrationalen Quadratwurzeln bei Archimedes und Heron, Berlin, 1884, Zeitschr. Math. Phys., Hist-Lit. Abt., 28, 1883, 81; E. Makler, *ibid.*, 29, 1884, 41-43; W. Schoenborn, 30, 1885, 81-90; C. Demme, 31, 1886, 1-27; K. Hunrath, 33, 1888, 1-11; V. V. Bobynin, 41, 1896, 193-211; M. Curtze, 42, 1897, 113, 145; F. Hultsch, Göttingen Nachr., 1893, 367; G. Wertheim, Abh. Gesch. Math., Ⅷ, 146-160 (in Zeitschr. Math. Phys., 42, 1897); Zeitschr. Math. Naturw. Unterricht, 30, 1899, 253; T. L. Heath, Euclid's Elements, 1, 1908, 398-401.

③ Zur Geschichte der Literatur, Braunschweig, 2, 1773, No. 13, 421-446. Lessing, Sämmtliche Schriften, Leipzig, 22, 1802, 221; 9, 1855, 285-302; 12, 1897, 100-115; Opera, XIV, 232.

④ Archimedes opera, ed., J. L. Heiberg, 2, 1881, 450-455; new ed., 2, 1913, 528-534.

Leiste 发现了(1)(2)(3) 的一般解

$$Y=1\ 580\ m, Z=891\ m, W=2\ 226\ m, X=1\ 602\ m \qquad (10)$$

那么,由(4) 得 $m=2p, x=12\alpha$. 由(5) 得 $\alpha=3\beta, y=20(4\beta-158p)$. 由(6) 得 $p=5q, z=30r, y=11(297q+\gamma)$,由此

$$11\gamma=80\beta-19\ 067q$$

则(7) 给出

$$30\gamma=(1\ 505q+\beta)\ \frac{13}{2}$$

$$q=2\gamma$$

$$\beta=2\delta$$

对于结论中的 γ 和更早期的 γ,我们得到含 δ, r 的一个线性方程,由此

$$r=4\ 657u$$

$$\delta=1\ 359\ 235u$$

通过置换,我们得到 $m=93\ 140u$,由此

$$W=207\ 329\ 640u, w=144\ 127\ 200u$$

$$X=149\ 210\ 280u, x=97\ 864\ 920u$$

$$Y=147\ 161\ 200u, y=70\ 316\ 400u$$

$$Z=82\ 987\ 740u, z=108\ 784\ 260u \qquad (10')$$

当 $u=4$ 时,我们得到评注中的数,但它们既不满足(8) 也不满足(9),因为 $W+X$ 或 $8(Y+Z)+1$ 都不是平方数.

回到(10′),我们注意到数值因子的最大公因子为20,由此 $u=\frac{v}{20}$,其中 v 是整数,那么

$$W+X=4\cdot 957\cdot 4\ 657v$$

$$v=957\cdot 4\ 657n^2$$

因为 $W+X$ 是一个平方数,则 $Y+Z=\frac{t^2+t}{2}$ 给出

$$(2t+1)^2=8(Y+Z)+1=an^2+1$$

$$a=410\ 286\ 423\ 278\ 424$$

因为 a 是正的但不是一个平方数,它可能选择一个整数 n,使得由 Euler[①] 有 $an^2+1=\square$. 若结论中的平方数是偶数,我们能推出一个数使 an^2+1 是一个

① Algebra, St. Petersburg, 2, 1770, Ch. 7, §§96-111; French transl., Lyon, 2, 1774, pp. 116-134; Opera Omnia, (1), I, 379-387.

奇平方数.

J. J. I. Hoffmann① 指出这个问题应归于一个很久以后的计算者.

J. Struve② 给出了一个很长篇幅的讨论,但它没有超过 Leiste.

Gottfried Hermann③ 做出了一个解释,它不对于(8) 和(9) 但对于 $W+X=a$ 生成一个正方形,它的边是 $a^2(a-b)$ 型的,$Y+Z=\Delta$,$W+X+Y+Z=\Delta_1$. 由此,若我们取(10) 中的数,我们必须使

$$3\ 828m=\{a^2(a-b)\}^2$$

$$2\ 471m=\frac{c(c+1)}{2}$$

$$6\ 299m=\frac{d(d+1)}{2}$$

他指出 K. B. Mollweide 的权威 C. F. Gauss 在较早的解释之下已经完全解决了这个问题,但还没有公布这个解.

J. Fr. Wurm④ 在 Hermann 的文章的一个评论中,替换条件(8),$W+X$ 应该是两个近似相等因子的积. 没有回到这个条件,他转到(9)

$$Y+Z=2\ 471m=2\ 471\cdot 151t=\Delta$$

最小的 t 是 990,Δ 的边则为 27 180. 他也考虑了 t 的更高的值,但没有给出(1) ～ (9) 的最终答案.

G. H. F. Nesselmann⑤ 认为警句的最后部分的生成条件(8) 和(9) 是一个随后的条件,部分因为他相信三角形数在 Archimede 时期没被使用(一个观点已被 G. S. Klügel⑥ 所表达).

O. Terquem⑦ 指出 Hermann 添加的第 10 个条件与较早的条件相比没有可比性.

---

① Ueber die Arith. der Griechen, Mainz, 1817, Introd., p. xvi(transl. of Delambre).

② Altes griechisches Epigramm, mathematischen Inhalts, von Lessing erst einmal zum Drucke befördert, jetzt neu abgedruckt und mathematisch und kritisch behandelt von Dr. J. Struve und Dr. K. L. Struve, Vater und Sohn. Altona, 1821, 47 pp.

③ Ad memoriam Kregelio-Sternbachianam in and. jur. die 17 Julii 1828: De Archimedis Problemate Bovino, Universitäts programm, Leipzig, 1828. Reprinted in Godofredi Hermanni, Opvscvla, Lipsiae, 4, 1831, iii － v, 228-238.

④ Jahrbücher für Philologie u. Paedagogik (ed., J. C. Jahn), 14, 1830, 194-202.

⑤ Die Algebra der Griechen, Berlin, 1842, 488. On p. 485, his $g=57\cdots$ should be $54\cdots$.

⑥ Math. Wörterbuch, 1, 1803, 184. Cf. M. Cantor, Geschichte Math., ed. 2, I, 297; ed. 3, I, 312.

⑦ Nouv. Ann. Math. 14, 1855, Bull. Bibl., 113-124, 130-1. He at first attributed incorrectly Hermann's paper to F. E. Theime.

A. J. H. Vincent① 认为关于母牛的条件是假的. 由前 3 个条件,我们有(10),则 $Y+Z=2\ 471m$ 将等于一个 Δ 且这是 $m=99\cdot 122\ 314$ 的情形,Δ 的边为 244 628,则 $4\sqrt{W+X}$ 近似地等于 861 182,它非常接近正方形斯塔德中 Sicily 的区域,依据把条件换为(8) 的 Vincent 的解释.

C. F. Meyer② 重复了 Lessing 的并由 Leiste 讨论的文章,仅添加了应用 Kausler 的简便方法,尝试使 an^2+1 为一个平方数,他已运用$\sqrt{a}$ 对于第 240 个商展成连分数,没有发现周期.

A. Amthor③ 指出 Wurm 的问题(1) ~ (7),(9) 被在 Leiste 的值 $W,\cdots,z$ 取 $u=\frac{v}{20}$,$v=117\ 423$ 所满足,这样就有

$$Y+Z=1\ 643\ 921\times\frac{1\ 643\ 922}{2}$$

$$W+X=1\ 485\ 583\times 1\ 409\ 076$$

对于主要问题(1) ~ (9),也通过取 Leiste 的 $v=f\cdot 4\ 657n^2$,$f=3\times 11\times 29=957$,他满足(8),则在(9) 中,即

$$Y+Z=\frac{q(q+1)}{2}$$

设

$$t=2q+1$$

$$u=2\times 4\ 657n$$

我们得到 Pell 方程

$$t^2-Du^2=1$$

$$D=2\times 7\times f\times 353=4\ 729\ 494$$

他发现对于$\sqrt{D}$ 的连分数有一个 91 项的周期并得到

$$T=109\ 931\ 986\ 732\ 829\ 734\ 979\ 866\ 232\ 821\ 433\ 543\ 901\ 088\ 049$$

$$U=50\ 549\ 485\ 234\ 315\ 033\ 074\ 477\ 519\ 735\ 540\ 408\ 986\ 340$$

作为最小解.

它仍然导出最小解 t,u,其中 u 能被 $2\times 4\ 657$ 整除,因此 n 应该是整数. 通过证明和应用关于 $t_k+u_k\sqrt{D}=(T+U\sqrt{D})^k$ 的一般引理,他发现,当 $k=2\ 329$ 时,t_k,u_k 是想要的一对数. 他证实 W 有 206 545 位.

---

① Nouv. Ann. Math. ,14,1855,Bull. Bibl. ,165-173;15,1856,Bull. Bibl. ,39-42(restored Greek text and French transl.).

② Ein diophantisches Problem,Progr. ,Potsdam,1867,14 pp.

③ Zeitschrift Math. Phys. ,25,1880,Hist. -Lit. Abt. ,153-171.

B. Krnmbiegel[1] 对这一问题做了一个历史学的和文献学的讨论并推断到，警句本身可能是随后的 Archimedes，这一问题本身应归于他. 这依据于 J. L. Heiberg[2]，P. Tannery[3]，F. Hultsch[4]，T. L. Heath[5] 以及 S. Günther[6] 的观点.

A. H. Bell[7] 发现了一个“完全解”，基于 Leiste 的 $an^2+1=\square$，涉及 Amthor[8] 的 206 545 位的一些数.

G. Loria[9]，M. Merriman[10] 和 R，C. Archibald[11] 给出了群牛问题的一些解释.

Diophantus（约公元 250 年）在求解他的 Arithmetica 问题中常常涉及特殊的 Pell 方程. 他使

$$y^2+1,y^2+12,y^2-1,y^2+1,9y^2+9$$

等于一个平方数 z^2，通过分别取

$$z=y-4,y-4,y-2,y-2,3y-4$$

他避开了初始方程

$$52x^2+12=\square$$

$$266x^2-10=\square$$

因为 52 和 266 不是平方数（虽然 $x=1$ 是每个的解），并且，重新开始，生成 $y^2+12=\square,77^2z^2-160=\square$，他通过使它们分别等于 $(y+3)^2$ 和 $(77z-2)^2$ 求解上述方程. 他探讨了

$$2x^2+4=\square=(2x-2)^2$$

---

① Zeitschrift Math. Phys.，25，1880，Hist.-Lit. Abt.，121-136.

② Questiones Archimedeae，Diss. Hauniae，1879，25-27；Philologus，43，1884，486.

③ Mém. soc. sc. phys. nat. Bordeaux，(2)，3，1880，370；Bull. des Sc. Math. et Astr.，(2)，5，Ⅰ，1881，25-30；Bibl. Math.，3，1902，174. Reprinted in Tannery's Mémoires scientifiques，1，1912，103-105，118-123.

④ Archimedes，in Pauly-Wissowa's Real-Encyclopädie，Ⅱ，1896，534，1110.

⑤ Diophantus，ed. 2，1900，11-12，122，279；Archimedes，1897，319；Archimedes' Werke，1914，471-477.

⑥ Die quadr. Irrationalitäten，etc.，Zeitschrift Math. Phys.，Abh. Gesch. Math.，27，1882，92. This and K. Hunrath's Ueber das Ausziehen der Quadratwurzel bei Griechen und Indern，1883，were reviewed in La Revue Scientifique，1884，Ⅰ，81-83，499-502.

⑦ Math. Magazine，Washington，2，1895，163-164；Amer. Math. Monthly，2，1895，140-141(1，1894，240).

⑧ Zeitschrift Math. Phys.，25，1880，Hist.-Lit. Abt.，153-171.

⑨ Le scienze esatte nell'antica Grecia，ed. 2，1914，932-939.

⑩ The Popular Science Monthly，67，1905，660-665.

⑪ Amer. Math. Monthly，25，1918，411-414.

和

$$7m^2+81=\square=(8m+9)^2$$

他还讨论了

$$26x^2+1=\square=(5x+1)^2$$

和

$$30x^2+1=\square=(5x+1)^2$$

至今,解决的问题都是 $ax^2+b=\square$ 型的,其中或者 a 或者 b 为平方数.他指出引理:给定和为一个平方数的两个数,我们能发现平方数 s 的一个无穷大,使得当用这些给定数中的一个乘以平方数 s 并且把得到的积加到另一个上,结果是一个平方数.因此,给定数 3 和 6,令 $s=(x+1)^2$,则将有

$$3(x+1)^2+6=3x^2+6x+9=\square$$

表示 $(3-3x^2)$,由此 $x=4$,并且另一些解的一个无穷大能被发现.在 Diophantus,Ⅵ,13 中,将这一引理应用于 $12x^2+24=\square$ 得到解 $x=1,5$.在 Diophantus,Ⅵ,15 中,$15x^2-36=\square$ 据说是不可能的,因为 15 不是两个平方数的和.在 Diophantus,Ⅵ,16 中,他还做出了重要声明:给出 $Ax^2-B=y^2$ 的一个解,我们能发现第 2 个解,因此,给出 $3\cdot 5^2-11=8^2$,令 $x=5+z$,由此

$$3(5+z)^2-11=3z^2+30z+8^2$$

将给出 $z=62$ 时 $8-2z$ 的平方.在 Diophantus,Ⅵ,12 中,他做了更特殊的评论即 $6x^2+3=\square$ 有解的一个无穷大,因为它有一个解 $x=1$.

Diophantus 仅在下列情形中求解了 $Ax^2+Bx+C=y^2$:

(a) 若 A 是一个平方数 a^2,设 $y=ax+m$,由此发现 x 是有理数;

(b) 若 $C=c^2$,设 $y=mx+c$;

(c) $18+3x-x^2$ 将是一个平方数,表示 m^2x^2,其中 $(m^2+1)18+\left(\frac{3}{2}\right)^2=\square$,则乘以 4,有 $72m^2+81=\square$,表示 $(8m+9)^2$,由此

$$m=18$$

$$18+3x-325x^2=0$$

$$x=\frac{6}{25}$$

总之,像 Nesselmann① 所评论的,方程 $Ax^2+Bx+C=m^2x^2$ 的根是有理的相应条件是 $\frac{1}{4}B^2-AC+Cm^2=\square$,并且在(b)中,若 $\frac{1}{4}B^2-AC$ 是一个平方

① Die Algebra der Griechen, Berlin, 1842, 488. On p. 485, his $g=57\cdots$ should be $54\cdots$.

数这个条件能被满足.

而 H. Hankel① 相信 Diophantus 被印度原始资料所影响了,M. Cantor② 采取相反的观点只是整数解除外. P. Tannery③ 极度相信希腊人影响了印度人也影了整数解问题,甚至循环解法(下面解释了)只是求解 $t^2-Du^2=1$ 的希腊方法的一个变形,因为从一个近似导出 $\sqrt{D}$ 的较接近的近似的希腊方法中很容易转到印度的方法.

E. B. Crowell④ 对比了 Diophantus 和 Brahmagupta⑤ 的工作,和 Brouncker⑥ 的第一个解与 Bháskara⑦ 的第一个解.

Brahmagupta⑧(生于公元 598 年)给出了一个规定来找到 x 使 Cx^2+1 为平方数. 假定任意"最小根"L 并加到 CL^2 这样的一个"附加的"数 A 使得和为一个平方数 G^2,称 G 为"最小根"(L 和 G 为满足 $Cx^2+A=y^2$ 的值 x,y). 写 L,G,A 两次. 通过交叉相乘,我们得到一个最小根 $LG+GL$. 而 $CLL+GG$ 是一个最大根,对于附加的 AA,用 A 除这些新根,我们得到根对于附加的单位元. 至于详细说明,见 Bháskara⑨ 的文章.

例如,令 $C=92$. 取 $L=1,A=8$,由此 $G=10$. 则

$$2LG=20$$

$$92L^2+G^2=192$$

是对于附加的 64 的最小和最大根. 用 8 除以它们,我们得到 $\frac{5}{2}$ 和 24 对于附加的单位元作为根. 由最后一对与本身组成,我们给出另外的两个根 120 和 1 151.

通过用对于附加的 A 的根合成对于附加的单位元的根,我们得到对于附加的 A 的根. 例如,从

$$3\cdot 30^2+900=60^2$$

---

① Zur Geschichte der Math. in Alterthum und Mittelalter,1874,204.

② Vorles. über Geschichte Math.,1,1880,533;ed. 2,556;ed. 3,596.

③ Mém. Soc. Sc. Phys. Nat. Bordeaux,(2),4,1882,325.

④ M. Elphinstone's History of India,ed. 9,1905,142,Note 16(ed.,Crowell).

⑤ Brahme-sphut'a-sidd'hánta,Ch. 18(algebra),§§65-66. Algebra,with arith. ad mensuration, from the Sanscrit of Brahmagupta and Bháskara,transl. by H. T. Colebrooke,1817,p. 363. Cf. Simon.

⑥ Commercium epistolicum de Wallis,Oxford,1658,767;bound with Wallis' Algebra,Oxford,1685;Wallis' Opera,Oxford,2,1693. French transl. in Oeuvres de Fermat,Ⅲ,417-418;letter Ⅸ,Wallis to Digby,Oct. 7,1657.

⑦ Víja-gan'ita(algebra),Ch. 3,§§75-99,"Affected square."Colebrooke,170-184.

⑧ Brahme-sphut'a-sidd'hánta,Ch. 18(algebra),§§65-66. Algebra,with arith. ad mensuration, from the Sanscrit of Brahmagupta and Bháskara,transl. by H. T. Colebrooke,1817,p. 363. Cf. Simon.

⑨ Víja-gan'ita(algebra),Ch. 3,§§75-99,"Affected square."Colebrooke,170-184.

$$3 \cdot 1^2 + 1 = 2^2$$

我们得到最小根

$$30 \cdot 2 + 1 \cdot 60 = 120$$

和最大根

$$3 \cdot 30 \cdot 1 + 60 \cdot 2 = 210$$

对于 $3 \cdot 120^2 + 900 = 210^2$.

我们可以从对于附加的 ± 4 的根中推断出附加的单位元的根. 若 $CL^2 + 4 = G^2$,则

$$\frac{L(G^2 - 1)}{2} \text{和} \frac{G(G^2 - 3)}{2}$$

为附加单位元的相应最小根和最大根. 若 $CL^2 - 4 = G^2$,且我们设

$$p = \frac{(G^2 + 1)(G^2 + 3)}{2}$$

则 pLG 和 $(p-1)(G^2+2)$ 是对于附加的单位元的相应最小和最大根.

若系数 C 是一个平方数,用任意假定数 b 除以附加值. 对商加上 b 且从它中减去 b 且被 2 除. 第 1 个结果是一个最大根,第 2 个被 C 的平方根除得到相应的最小根.

若系数被一个平方数 t^2 除,把得到的商作为一个新系数且找到根. 最大根仍不变.

当 $C=3, A=-800$ 时,移除因子 20^2. 对于新的附加的 -2,我们得到根 1 和 -1. 用 20 乘以它们得到想要的根.

Alkarkhi①(约 1010 年) 通过设 $y = x + 1$ 求解了方程 $x^2 + 5 = y^2$,设 $y = x - 1$ 求解了方程 $x^2 - 10 = y^2$. 为了求解方程

$$77^2 x^2 - 160 = w^2$$

设 $w = 77x - 2$. 为了求解方程

$$x^2 + 4x = y^2$$

设 $y = 2x$. 为了求解方程

$$4x^2 + 16x + 9 = y^2$$

设 $y = 2x - n$,其中 $n^2 > 9$,表示 $n = 5$. 作为方程 $\pm(ax - b) - x^2 = \square$ 的有理解的条件,他发现 $\frac{1}{4}a^2 \mp b$ 一定是两个平方数的和. 最终对于 $v = \frac{\alpha + \beta}{2}, w =$

① Extrait du Fakhrî, Traité d'algèbre par Ben Alhacan Alkarkhî(Arab MS.), French transl. by F. Woepcke, Paris, 1853, 84, 120.

$\frac{\alpha-\beta}{2}$ 有

$$v^2-w^2=\alpha\beta$$

Alkarkhi[①] 应用近似值$\frac{a+r}{2a+1}$于$\sqrt{a^2+r}$.

对于$r>a$的情况 Ibn Albannâ[②](生于约 1255 年)应用了相同的近似值,但对于$r\leqslant a$应用了$a+\frac{r}{2a}$. 后者被亚历山大的 Heron 使用也被 Elia Misrachi(1455—1526) 在他的算术中使用.

Bháskara Achárya[③](生于 1114 年) 通过试验一个集合给出了推断$Cx^2+1=y^2$新解集的一个方法. 取不为零的任意数并称它为"最小根"L(对于可加的A). 应用正或负的可加的变量A意味着从CL^2中加上或减去一个数使和或差为完全平方数,它的根被称为"最大根"G. 因此,若$C=8,L=1,A=1$,则有$G=3$.

合成函数. 从这些根L,G和同样的或根l,g的一个新的集合,我们通过交叉乘法和加法得到一个新的最小根$\lambda=Lg+lG$,而$\gamma=GLl+Gg$为相应的新的最大根. 两个可加的量的乘积给出一个新的可加加量. 因此,对于前者的例子,取$l=1,g=3,A=1$,则$\lambda=6,\gamma=17$. 接下来,从$L=1,G=3$和$\lambda=6,\gamma=17$中,我们得到新根 35,99 无限地应用合成函数.

或者我们可以取$Lg-lG$和$CLl-Gg$作为新根.

对于可加单位元的第 2 种方法取最小根为$\frac{2a}{a^2-C}$,其中a是任意的,并找到了最大根. 因此,当$C=8$时,取$a=3$,最小根为 6 且最大根为$8\cdot 6^2+1$的平方根 17.

轮换法. 取最小根、最大根和附加部分作为被除数、附加部分和因子,通过应用分解发现乘数. 若这个乘数平方的超出量超过给定系数C,能被初始附加除,我们一个新的附加. 相应于乘数的系数并从其中所发现的将是新的最小根,从而也许能够推断出最大根. 运算可能是重复的. 我们发现对于附加量具有 4,2 或 1 的整根,并且由合成函数从附加的 4 和 2 推断出可加单位元的根.

例如,为了使$67x^2+1$为一个平方数取 1 作为最小根,-3作为附加量,由此 8 为最大根. 其中被除数为 1,因子为-3,附加量为 8. 通过分解,一个乘数为

---

① Kâfî fîl Hisâb, German transl. by A. Hochheim, Ⅱ, 14.

② Le Talkhys, p. 23. French transl. by A. Marre, Atti Accad. Pont. Nuovi Lincei, 17, 1864, 311.

③ Vija-gan'ita(algebra), Ch. 3, §§75-99, "Affected square." Colebrooke, 170-184.

7 且系数为-5,一个新的最小根.新的附加量为 $6=\frac{7^2-67}{-3}$.由 $67(-5)^2+6=41^2$,得 41 是新的最大根.下面以被除数 5、因子 6、附加数 41 开始,得到乘数 5 和系数 11 为最小根.新的附加量 $-7=\frac{5^2-67}{6}$ 和最大根 90.接下来,以被除数 11、因子-7、附加量 90,用因子的倍数简化最后一项,我们得到磨损的附加量 6、乘数是 2,加上负的因子,我们得到新乘数 9 和系数 27,给出一个最小根.新的附加量为$\frac{9^2-67}{-7}=-2$,且最大根是 221.用它自身合成根的集合,我们得到 $L=11\ 934$,$G=97\ 684$,$A=4$.用 4 的平方根去除这些根.对于可加的 1,我们得到 $l=5\ 967$,$g=48\ 842$.

当单位元是负的,若系数 C 不是两平方数的和.在相反的情形中,我们可以把两个最小根取作两组平方数的根的倒数.因此,若 $C=13=2^2+3^2$,最小根$\frac{1}{2}$给出最大根$\frac{3}{2}$.加倍且应用轮换法,我们有被除数 1、因子-2、可加的 3.我们推断出乘数 3 和系数-3,最小根.新的附加为 4 且最大根不是 11.重复运算,我们得到 $L=5$,$G=18$,$A=-1$.

当 C 是一个平方数 α^2 且附加为 A 时,最小和最大根为(对任意的 b)

$$\frac{1}{2\alpha}\left(\frac{A}{b}-b\right),\frac{1}{2}\left(\frac{A}{b}+b\right)$$

Bháskara 用完全平方的方法求解了各种问题.对于 $6y^2+2y=c^2$,$(6y+1)^2=6c^2+1$,当 $c=2$ 或 20 时,$y=\frac{2}{3}$ 或 8.为了找到两个平方数,使它们和的平方与它们和的立方的和等于它们立方和的 2 倍,取 $y-c$ 和 $y+c$,由此

$$(2y)^2+(2y)^3=2(2y^3+6yc^2)$$

$$(2y+1)^2=12c^2+1$$

$$c=2,28$$

$$y=3,48$$

用 y^2 除以 $5y^4-100y^2=c^2$.为了使差为一个平方数,平方和为一个立方数的两个数,取 c 和 $c-n^2$,它们的平方和 $2c^2-2cn^2+n^4=n^6$(一个限制),由此 $(2c-n^2)^2=n^4(2n^2-1)$,且 $2n^2-1$ 是一个平方数,取 y^2+z^3 和 $y+z$ 均为平方数,探讨第一个条件,把 z^3 作为附加量,z 作为任意数 b,我们得到 $y=\frac{z^2-z}{2}$,那么第二个条件变成

$$\frac{1}{2}(z^2+z)=p^2$$

或

$$(2z+1)^2=8p^2+1$$

当 $p=6$ 或 35 时,它是平方数.两个数的平方和与它们的积的和等于一个平方数,用它们平方根加上单位元到它们和的积,所得的和应该是一个平方数.我们发现,当取数 $\frac{5}{3}c$ 和 c 时,第一个条件被满足;当 $c=6$ 或 180 时,那么第二个条件

$$\left(\frac{8}{3}c\right)\left(\frac{7}{3}c\right)+1=\square$$

成立.

E. Strachey① 把 Bháskara 的 1634 年的 Persian 手稿翻译成了英语.为了求解 $Ax^2+B=y^2$,取任意平方数 f^2 且找到一个数 β,使 $Af^2+\beta$ 为平方数,记作 g^2.那么 $x'=2fg$,$y'=Af^2+g^2$ 满足 $Ax'^2+\beta'=y'^2(\beta'=\beta^2)$,并且

$$x''=x'g\pm y'f$$
$$y''=y'g\pm Ax'f$$

满足

$$Ax''^2+\beta''=y''^2$$
$$\beta''=\beta'\beta$$

若 $\beta''=Bp^2$,从 x'',y'' 中移除因子 p,我们得到目标方程的一个解(若 $\beta''=\frac{B}{p^2}$,乘以 p).另外,我们像前面一样进行.例如,考虑 $8x^2+1=y^2$.取 $f=1$,则

$$8f^2+1=3^2$$

因此,我们取 $\beta=1$,则

$$x'=2\cdot 1\cdot 3=6$$
$$y'=8\cdot 1^2+3^2=17$$
$$8\cdot 6^2+1=17^2$$

一个新解集由

$$x''=6\cdot 3+17\cdot 1=35$$
$$y''=17\cdot 3+8\cdot 6\cdot 1=99$$

给出.

对于轮换法(循环计算),像前面一样取互素的数 f 和 g,使 $Af^2+\beta=g^2$.那么应用一个较早的法则(为了求解一个线性 Diophantus 方程) 取整数 X,Y,

---

① Bija Ganita, or the algebra of the Hindus, London, 1813, Introduction, pp. 36-53.

使得

$$\frac{fX+g}{\beta}=Y$$

取整数 m,使 $(m\beta+X)^2$ 和 A 在数值上尽可能小,那么 $(m\beta+X)^2-A$ 能被 β 整除,称其商为 β'. 设 $x'=mf+Y$. 那么 $Ax'^2+\beta'$ 是一个平方数,记为 y'^2. 除非 $\beta'=Bp^2$ 或 $\frac{B}{p^2}$,像前面一样进行. 例如,令 $A=67, B=1$. 取 $f=1, \beta=-3$,则

$$g=8, X=1, Y=-3, m=-2$$

$$(m\beta+X)^2-A=7^2-67=-18=\beta\beta'$$

$$\beta'=6, x'=-5, y'=41$$

接下来取 $\beta''=-7$,然后取 $\beta'''=-2$. $x^2-61y^2=1$ 的解被 Whitford① 所引述,并且比 Colebrooke 的翻译更清晰.

El-Hassar 得到了 $\sqrt{a^2+r}$,当 $a=2, r=1$ 时,近似值 $a+\rho=\frac{9}{4}$,其中 $\rho=\frac{r}{2a}$,且

$$a+\rho-\frac{\rho^2}{2(a+\rho)}=\frac{161}{72}$$

(记(9,4)和(161,72)为方程 $x^2-5y^2=1$ 的解.)

在1484年,Nicolas Chuquet② 得到了当 $n\leqslant 14$ 时的连续近似值 $\sqrt{n}$. 他从注意到 $\sqrt{6}$ 位于2和3开始. 它们的算术意义是 $2\frac{1}{2}$,它的平方 $6\frac{1}{4}$ 比6超出 $\frac{1}{4}$. 在级数

$$\frac{1}{2}, \frac{1}{3}, \frac{1}{4}, \frac{1}{5}, \cdots$$

中,取下一个较小项 $\frac{1}{3}$. 我们有 $2\frac{1}{3}$,它的平方比6小. 那么,我们有近似值超过

---

① The Pell Equation, Columbia Univ. Diss., New York, 1912, 3-22. The following related papers are not mentioned in the pages just cited: e. S. Unger, Kurzer Abriss der Gesch. Z. von Pythagoras bis Diophant, Progr., Erfurt, 1843; C. Henry, Bull. des Sc. Math. Astr., (2), 3, 1, 1879, 515-520; H. Weissenborn, Die irrationalen Quadratwurzeln bei Archimedes und Heron, Berlin, 1884, 41-43; W. Schoenborn, 30, 1885, 81-90; C. Demme, 31, 1886, 1-27; K. Hunrath, 33, 1888, 1-11; V. V. Bobynin, 41, 1896, 193-211; M. Curtse, 42, 1897, 113, 145; F. Hultsch, Göttingen Nachr., 1893, 367; G. Wertheim, Abh. Gesch. Math., VIII, 146-160 (in Zeitschr. Math. Phys., 42, 1897); Zeitschr. Math. Naturw. Unterricht, 30, 1899, 253; T. L. Heath, Euchid's Elements, 1, 1908, 398-401.

② Le triparty en la science des nombres, Bull. Bibl. Storia Sc. Mat., 13, 1880, 697-9. Discussed by S. Günther, Zeitschrift für das Realschulwesen, 2, 1877, 430; L. Rodet, Bull. Soc. Math. de France, 7, 1879, 162; P. Tannery, Bibliotheca Math., (2), 1, 1887, 17.

其根且比它少 1. 加上$\frac{1}{2}$和$\frac{1}{3}$的分子和分母，我们得到新的近似值 $2\frac{2}{5}$，它的平方小于 6. 类似于 $2\frac{1}{2}$ 和 $2\frac{2}{5}$，我们得到 $2\frac{3}{7}$. 用这种方法，他得到近似值 $2+r$，其中

$$r=\frac{1}{2},\frac{1}{3},\frac{2}{5},\frac{3}{7},\frac{4}{9},\frac{5}{11},\frac{9}{20},\frac{13}{29},\frac{22}{49},\frac{31}{69},\frac{40}{89},\frac{49}{109},\frac{89}{198}$$

(当 $r=0,\frac{1}{2},\frac{4}{9},\frac{9}{20},\frac{40}{89},\frac{89}{198}$ 时，$2+r$ 给出对于$\sqrt{6}$ 的连分数的连续收敛.) 为了从两个连续收敛$\frac{p_0}{q_0},\frac{p_1}{q_1}$推断出第 3 个收敛$\frac{p_2}{q_2}$，其中

$$p_2=p_0+zp_1$$

$$q_2=q_0+zq_1$$

这里 Chuquet 的处理过程也产生了中间分数，由替换 z 为较小数而得到. J. Chuquet① 给出了下列问题的答案，但没有详细的解. 找到一个平方数，使得加上 7(或 4) 得到一个平方数，答案是 9(或$\frac{9}{4}$). 找到和为 13 的 3 个平方数，答案是 $11\frac{1}{9},1\frac{7}{9},\frac{1}{9}$. 找到和为 20 的 3 个立方数，答案是 $15\frac{5}{8},3\frac{3}{8},1$.

Jordanus Nemorarius② 注意到 $x(x+1)$ 即不是平方数也不是立方数(若 x 是一个不为 $0,-1$ 的整数；当 $x=\frac{1}{3}$ 时，它等于$\left(\frac{2}{3}\right)^2$).

Estienne de la Roche③ 重复了 Chuquet 的手稿中关于近似值的上述方法.

Juan de Ortega 在他的算术的后来的版本中给出相应于方程 $x^2-Dy^2=1$ 的第一组解

$$\sqrt{128}=11\frac{16}{51}$$

$$\sqrt{297}=17\frac{659}{2\,820}$$

$$\sqrt{300}=17\frac{25}{78}$$

$$\sqrt{375}=19\frac{285}{781}$$

---

① Le triparty..., Appendix; Bull. Bibl. Storia Sc. Mat., 14, 1881, 455.

② Elementa Arith. decem libris, demonstr. Jacobi Fabvi Stapulensis, Paris, 1514, Ⅵ, 26.

③ Larismetique, 1520.

$$\sqrt{135}=11\frac{13}{21}$$

$$\vdots$$

和相应的第二组解

$$\sqrt{80}=8\frac{17}{18}$$

$$\sqrt{75}=8\frac{103}{156}$$

$$\sqrt{756}=27\frac{109}{220}$$

$$\sqrt{231}=15\frac{151}{760}$$

J. Buteo① 给出了$\sqrt{66}$的几个近似值,它是$x^2-66y^2=1$的解,最后一个是$\frac{x}{y}$,$x=8\ 449$,$y=1\ 040$. 他也应用了 Chuquet 的方法.

P. A. Cataldi② 应用 El-Hassar③ 使用过的两个公式和连分数的绝对近似值给出了$\sqrt{44}$的近似值.

Nicolas Rhabdas④ 应用了 El-Hassar 的第一个近似值. 它后来被 Luca Paciuolo,Cardan 和 Tartaglia 所应用.

Fermat⑤ 在1657年2月宣布:若D是一个不为平方数的任意数,则存在方程$x^2-Dy^2=1$的整数解的一个无穷大. 例如,$2^2-3\cdot1^2=1$,$7^2-3\cdot4^2=1$. 他寻找了方程$61y^2+1=\square$和$109y^2+1=\square$的最小解和求方程$Dy^2+1=\square$的解的一般规则.

尽管 Fermat 在他的 *Second défi* 的引言中,已明确规定在整数域上的解,这个介绍在 Lord Brouncker 的副本中被 K. Digby 的秘书略去了⑥. 这解释了

① Ioan. Buteonis Logistica,quae et arith...,Lyons,1559,76.

② Trattato del Modo Brevissimo di trouare la Radice quadra delli numeri,Bologna,1613,12.

③ H. Suter,Bibliotheca. Math.,(3),2,1901,37. Also simultaneously by Alkalcâdî,French transl. in Atti Accad. Pont. Nuovi Lincei,12,1858-9,402-404.

④ P. Tannery,Notice sur les deux arithmétiques de N. Rhabdas,Paris,1886,40,68.

⑤ Oeuvres,Ⅱ,333-335,letter to Frenicle and "Second défi aux mathématiciens"[Wallis and Brouncker];French transl. of latter,Ⅲ,312-313.

⑥ G. Wertheim,Abhandl. Geschjchte Math.,9,1899,563.

为什么 W. Brouncker 和 John Wallis[①] 首先仅给出 $nx^2+1=y^2$ 的有理解

$$x=\frac{4ps}{s^2-4p^2n}$$

$$y=\frac{s^2+4p^2n}{s^2-4p^2n}$$

其中 $p=1,s=2r$，给出 Brouncker 的解 $x=\frac{2r}{r^2-n}$. 后者已被 Bháskara[②]（第二种方法）给出并由 René Francois de Sluse[③]（1622－1685）通过设 $nx^2+1=(1-rx)^2$ 得到.

Fermat[④] 不满足在分数域中的这些显然的解.

W. Brouncker[⑤] 给出了，当 $n=2,3,5,6$ 和它们与平方数的积时，整数解的一个无穷大. 当 $n=2$ 时

$$x=2\times 5\frac{1}{1}\times 5\frac{5}{6}\times 5\frac{29}{35}\times\cdots$$

每一个分子等于相应的分母减去其前一项的分母，同时每个分母等于紧接着它的前一项的分子减去一个假分数（公式给出 $\frac{1}{2}x=1,6,35,204,1189,\cdots$，具有递推公式 $t_{n+1}=6t_n-t_{n-1}$）.

Wallis[⑥] 记录道：若 $x=f$ 是一个解，使得 $nf^2+1=l^2$，则 $x=2fl$ 是一个第二个解：$n(2fl)^2+1=(2l^2-1)^2$，因此，用这种方法人们可以得到解的一个无穷大，但不能得到所有解. 他声明能通过 Brouncker 的法则设 $r=\frac{\alpha}{e}$ 得到所有解，由此 $x=\frac{2\alpha e}{\alpha^2-ne^2}$，并取整数 α,e 使得 α^2-ne^2 整除 $2\alpha e$.

Wallis[⑦] 给出了一些结果的大量解释，他暗示这些结果本质上归于 Brouncker. 他给出了一个假设法来求解 $na^2+1=\square$. 当 $n=7$ 时，取平方数 3^2 仅大于 7，那么 $7=3^2-2,7\cdot 2^2=6^2-8,7\cdot 3^2=9^2-18$，由此我们得到一个数 18，它是根 9 的 2 倍，因此 $7\cdot 3^2=(9-1)^2-1$. 总之，应用平方数 c^2 仅大于 n 且比

---

① Commercium epistolicum de Wallis, Oxford, 1658, 767; bound with Wallis' Algebra, Oxford, 1685; Wallis' Opera, Oxford, 2, 1693. French transl. in Oeuvres de Fermat, Ⅲ, 417-8; letter Ⅸ, Wallis to Digby, Oct. 7, 1657.

② Víja-gan'ita(algebra), Ch. 3, §§ 75-99, "Affected square." Colebrooke, 170-184.

③ MS. 10247, f. 286 verso, du fonds latin, Bibliothèque Nat. de Paris.

④ Oeuvres, Ⅱ, 342, 377; letters to Digby, June 6, 1657, April 7, 1658.

⑤ Commercium, 775, letter ⅩⅣ, Nov. 1, 1657; Oeuvres de Fermat, Ⅲ, 423.

⑥ Letters ⅩⅥ, ⅩⅧ to Digby, Dec. 1, and Dec. 26, 1657; Oeuvres de Fermat, Ⅲ, 434-5; 480-489.

⑦ Commercium, 789, letter ⅩⅦ to Brouncker, Dec. 17, 1657; Oeuvres de Fermat, Ⅲ, 457-480.

n 多 b. 令 $na^2=(ca)^2-ba^2$，其中 $a=1,2,3,\cdots$，直到我们达到 a 的一个值 α 使 $ba^2\geqslant 2ca$，然后用 $(ca-1)+1$ 替换 ca. 对于每个 $a\geqslant\alpha$，我们因此有 na^2 的两个值. 显然，我们能进一步地作出从 $ca-1$ 到 $ca-2,\cdots$ 的缩小. 这表明我们最终得到一个方程，其中被减数是单位元因此是一个解. Devices 被建议缩略这个冗长的运算.

给出一个解，$nr^2+1=s^2$，设 $t=2s$，那么 $nx^2+1=\square$ 的连续解中的 x 的值为 $r,rt,r(t^2-1),r(t^3-2t),\cdots$，而若 $r\alpha,r\beta$ 为任意两个连续项，则下一项是 $r(t\beta-\alpha)$.

Wallis① 在一个例子中解释了找到一个基础解的 Brouncker 的方法. 选取的例子是 $13a^2+1=\square$. 因为 13 介于平方数 9 和 16 之间，设 $13a^2+1=(3a+b)^2$，由此

$$4a^2+1=6ab+b^2$$
$$2b>a>b$$

因此，设 $a=b+c$，由此 $2bc+4c^2+1=3b^2, 2c>b>c$. 设

$$b=c+d$$
$$c=d+e$$
$$d=e+f$$

则

$$e^2+1=6ef+4f^2$$
$$7f>e>6f$$

其中 $h>i$. 取② $h=2i$，我们看到最后的方程变成 $11i^2+1=12i^2$ 且当 $i=1$ 时成立，由此 $h=2,\cdots,a=180$. 人们注意到，因为 $b,c,d,\cdots$ 为递减的整数，我们最终得到一项使它整除其前一项，就像在 Euclid 的过程中寻找最大公约数，一个过程完全类似于现在这个. 若我们已提出例子 $13a^2+9=\square$，我们将得到 $11i^2+9=12i^2$，由此 $i=3$，且对于能替换 1 或 9 的任意平方数类似. 但，若 k 不是一个平方数，则 $13a^2+k=\square$ 不总是可解的，但当其可解时用上述的方法能找到这个解.

① Commercium, 804, letter XIX to Brouncker, Jan. 30, 1658; Oeuvres de Fermat, Ⅲ, 490-503. Cf. Wallis, Algebra, 1693, Ch. 98.

② To proceed as would later writers, set $h=i+j$, whence $-4i^2+2ij+3j^2=1$; then $i=j+k$, whence $j^2-6jk-4k^2=1$, with unity as coefficient of a square term, so that $j=1, k=0$ is an evident solution.

正如H. J. S. Smith①所记录的，Brouncker的方法与Euler②给出的方法一致且将$\frac{T}{U}$展成连分数中整系数的连续性确实存在，其中$T=649$，$U=180$是$T^2-13U^2=1$的基础解. 但③Brouncker没能证明出他的方法将总是生成$T^2-DU^2=1$的一个解.

Frenicle④引入了方程$x^2-Dy^2=1$的解的他的表⑤，其中D是不大于150的非平方数，且假设Wallis将它扩展到200或至少对于$D=151$能求解它，不必讨论$D=313$这可能超出他的能力. 作为加应，Brouncker⑥宣布在1或2个小时之内他已用他的方法发现$313a^2-1=b^2$，其中$a=7\ 170\ 685$，$b=126\ 862\ 368$，由此$x=2ab$为想要的解.

Wallis⑦给出了最后一个解和

$$151(140\ 634\ 693)^2+1=(1\ 728\ 148\ 040)^2$$

Fermat⑧是最初满足由Brouncker和Wallis给出的方程$an^2+1=\square$的解的. 后来，Fermat⑨声称当a为非平方数的任意数时通过降低$an^2+1=\square$的解n的一个无穷大的存在性的方法，他已经证出了它，他承认Frenicle和Wallis已给出了各种特殊解，尽管不是一个证法和一般构造.

在给Digby的一封匿名信中，由Frenicle⑩给出或者由他激发，信中指出Wallis⑪坚持认为他能容易地证明$an^2+1=\square$的整数解的一个无穷大的存在性且暗示到证明方法显然地包含在信中，但我们的分析家没有那里证法的踪迹.

---

① British Assoc. Report，1861，313；Coll. Math. Papers，Ⅰ，193. Cf. Konen，p. 39；Whitford，pp. 52-56；Wertheim.

② Comm. Acad. Petrop.，6，1732-1733，175；Comm. Arith. Coll.，1，1849，4；Op. Om.，(1)，Ⅱ，6. Novi Comm. Acad. Petrop.，11，1765(1759)，28；Comm. Arith. Coll.，Ⅰ，316-336；Op. Om.，(1)，Ⅲ，73. Algebra，St. Petersburg，2，1770，Ch. 7，§§96-111；French transl.，Lyon，2，1774，pp. 116-134；Opera Omnia，(1)，Ⅰ，379-387.

③ Also noted Sept. 6，1658，by Chr. Huygens，Oeuvres complètes，Ⅱ，1889，211.

④ Commercium，821，letter ⅩⅩⅥ to Digby，sent by the latter to Wallis Feb. 20，1658；Oeuvres de Fermat，Ⅲ，530-533.

⑤ Solutio duorum problematum...，1657(lost work).

⑥ Commercium，823，letter ⅩⅩⅦ to Digby，March 23，1658；Oeuvres de Fermat，Ⅲ，536-537.

⑦ Letters ⅩⅩⅨ to Brouncker，March 29，1658；Oeuvres de Fermat，Ⅲ，542.

⑧ Letters from Fermat，June，1658，and Frenicle to Digby，Oeuvres，Ⅲ，314，577；Ⅱ，402(Latin).

⑨ Oeuvres，Ⅱ，433，letter to Carcavi，Aug. 1659.

⑩ Oeuvres de Fermat，Ⅲ，604-605(French transl.，607-608).

⑪ Letters ⅩⅥ，ⅩⅧ to Digby，Dec. 1，and Dec. 26，1657；Oeuvres de Fermat，Ⅲ，434-435；480-489.

N. Malebranche[①](1638—1715),在宣布他在 Commercium Epist 中没有看到 Fermat 和 Wallis 关于 $Ax^2+1=\square$ 的工作,评论到当 $A=a^2\pm ka$,$k=1$,2 或 $\frac{1}{2}$(没详细给出)或当 A 与某一平方数 t^2 的差整除 $2t$ 时,我们能找到一个解.若 $A=33$ 或 39,$t=6$,$A-t^2=\pm 3$,$2t$ 的一个因子.我们有

$$39x^2+1=(6x+1)^2, x=4$$

$$33x^2+1=(6x-1)^2, x=4$$

他通过一个假设过程探讨了新形式 $A=13,19,21$.对于 13,用平方数 1,4,9,… 乘以它直到我们得到一个乘积使它与该平方数的差整除这个平方数的根的 2 倍,因为

$$13\cdot 25-1=18^2$$

设 $325x^2+1=(18x+1)^2$,由此 $x=36$.又 $19\cdot 9-13^2=2$,由此 $171x^2+1=(13x+1)^2$,$x=13$.他注意到,若 $Ax^2+1=y^2$,则 $A(2xy)^2+1=\square$,因此我们从一个解中得到解的一个无穷大,但不是所有的.A. Marre[②] 指出最后的结果抄袭于 Claude Jaquemet 写的一封信,他给出了第二个解 $X=2xy$,$Y=2Ax^2+1$.

Wallis[③] 尝试了证明 $t^2-Du^2=1$ 总是有正整数解,但使用了一个错误的引理(Lagrange[④] 和 Gauss[⑤]):令 m 为整数仅大于 $\sqrt{D}$,由此 $m-\sqrt{D}<1$,并设 $p=m-\sqrt{D}$,$r=\frac{1}{2\sqrt{D}}$,则能找到两个整数 z 和 a 使

$$\frac{z}{a}<p<\frac{\sqrt{z^2+4pr}+z}{2a}$$

但当 z 和 a 增加时,不等式中分子分母的差接近于 0,故它们的比接近于 p.

对于 $x^2-Dy^2=1$ 的 Pell 方程的名字源于 L. Euler[⑥] 的错误的观点,即 John

---

① C. Henry, Bull. Bibl. Storia Sc. Mat. Fis., 12, 1879, 696-698.

② Bull. Bibl. Storia Sc. Mat. Fis., 12, 1879, 893. Attributed incorrectly to Marquis de l'Hôpital in Comptes Rendus Paris, 88, 1879, 76-77, 223.

③ Algebra, Oxford, 1685, Ch. 99; Opera, 2, 1693, 427-8. Reproduced by Konen, 43-46.

④ Miscellanea Taurinensia, 4, 1766-1769, 41; Oeuvres, 1, 1867, 671-731.

Additions to Euler's Algebra, Lyon, 2, 1774, pp. 464-516, 561-635; Oeuvres de Lagrange, Ⅶ, 57-89, 118-164; Euler's Opera Omnia, (1), Ⅰ, 548-573, 598-637.

⑤ Disquisitiones Arithmeticae, 1801, arts. 162, 198-202; Werke, 1, 1863, 129, 187; German transl. by Maser, 1889, 120, 177-87. Cf. Dirichlet.

⑥ Letter to Goldbach, Aug. 10, 1730, Correspondance Math. et Physique (ed., P. H. Fuss), St. Petersburg, 1, 1843, 37. Also, Euler. Cf. Euler of Ch. XⅢ. Cf. P. Tannery, Bull. des Sc. Math., (2), 27, Ⅰ, 47-49.

Pell 是 Wallis 著作解释中解的唯一方法的作者，而 Wallis 仅给出了 Brouncker 的方法. 像 Hankel① 所宣布的一样，Pell 也没有在更广泛的可读性作品中，即在他给 Brancker 的② J. H. Rahn 的代数的英语翻译中探讨这个方程. 在试验了这个翻译的 3 个副本之后，G. Eneström③ 宣布没有涉及这个方程的内容. 然而，$x=12y^2-z^2$ 被在 Rahn's④Algebra 探讨了.

Euler⑤ 注意到，若对于 $z=p$，az^2+bz+c 是一个平方数 l^2，则对于

$$z=\frac{1}{2a}(-b+bR)+pR+\lambda l$$

$$R\equiv\sqrt{1+a\lambda^2}$$

它是一个平方数，因此，问题是使 $1+a\lambda^2$ 为一个平方数.

Euler⑥ 又注意到，若 $f\equiv ax^2+bx+c$ 对于 $x=n$ 为一个平方数 m^2，则当 $x=qn+pm+\frac{bq-b}{2a}$ 时它是 $m'=apn+\frac{pb}{2}$ 的平方，其中 $q^2=ap^2+1$. 在后者的表达式中，对于 x 我们用 n 替换 x，用 m 替换 m' 且得到

$$x'=2q^2n+2pqm+\frac{b}{a}(q^2-1)-n$$

这使得 $f=\square$. 若 A,B 是数列 $n,x,x',\cdots$ 的连续项，则下一项为

$$2qB-A+\frac{b(q-1)}{a}$$

在 $f=ax^2+1$ 的情形中，由此 $b=0,c=1$，数列变成 $0,p,2pq,4pq^2-p,\cdots,A,B,2qB-A,\cdots$. 因此，若 $ap^2+1=q^2$ 的一个解已知，则我们得到解 $p'=2pq$ 的一个无穷大，……. Euler 注意到了使 $ap^2+1=q^2$ 的一个解能立刻被给出的数 a 的特殊形式，即，(a,p,q)

$$e^2-1,1,e;e^2+1,2e,2e^2+1$$

---

① Zur Geschichte der Math. in Alterthum und Mittelalter, 1874, 204.

② An introduction to algebra, translated out of the High Dutch into English by T. Brancker. Much altered and augmented by D. P. London, 1668. On Rahn's algebra of 1659, see Bibliotheca Math., (3), 3, 1902, 125.

③ Bibliotheca Math., (3), 3, 1902, 204; cf. G. Wertheim, 2, 1901, 360-361.

④ An introduction to algebra, translated out of the High Dutch into English by T. Brancker. Much altered and augmented by D. P. London, 1668. On Rahn's algebra of 1659, see Bibliotheca Math., (3), 3, 1902, 125.

⑤ Letter to Goldbach, Aug. 10, 1730, Correspondance Math. et Physique (ed., P. H. Fuss), St. Petersburg, 1, 1843, 37. Also, Euler. Cf. Euler of Ch. XIII. Cf. P. Tannery, Bull. des Sc. Math., (2), 27, I, 47-49.

⑥ Comm. Acad. Petrop., 6, 1732-1733, 175; Comm. Arith. Coll., 1, 1849, 4; Op. Om., (1), II, 6.

$$\alpha^2 e^{2b} \pm 2\alpha e^{b-1}, e, \alpha e^{b+1} \pm 1$$

$$(\alpha e^b + \beta e^\mu)^2 + 2\alpha e^{b-1} + 2\beta e^{\mu-1}, e, \alpha e^{b+1} + \beta e^{\mu+1} + 1$$

$$\frac{1}{4}\alpha^2 k^2 e^{2b} \pm \alpha e^{b-1}, ke, \frac{1}{2}\alpha k^2 e^{b+1} \pm 1$$

若 a 不是上述形式之一，则应用 Wallis 解释的方法，它在这阐明 $31p^2+1=q^2$. Euler 给出一个表表明，对于每个 $a \leqslant 68$ 不为平方数，最小正整数 p 和相应的 q 满足 $ap^2+1=q^2$. 从 $\sqrt{a}=\frac{\sqrt{q^2-1}}{p}$ 中，Euler 注意到，若 q 充分大，则 $\frac{q}{p}$ 接近于 $\sqrt{a}$. 令 p 为上述数列 $0,p,2pq,\cdots$ 的第 i 项，Q 为数列 $1,q,2q^2-1,\cdots$ 的第 i 项，使得 $aP^2+1=Q^2$，则 $\frac{Q}{P}$ 的连续值越来越接近于 $\sqrt{a}$.

Euler① 注意到，$ax^2+1=\square$ 的最小整数解 x 当 $a=61$ 时为 226 153 980，当 $a=109$ 时为 15 140 424 455 100，并宣布他能大量缩减必需应用 Pell 的方法. 若 $x^2-ey^2=N$ 有解 a,b，它也有解

$$x=a+pz$$

$$y=b+qz$$

$$z=\frac{2ebq-2ap}{p^2-eq^2}$$

应用 $p^2-eq^2=1$ 的整数解的存在性，其中 e 不是平方数，我们能确定 $x^2-ey^2=N$ 的整数解的一个无穷大，这是因为

$$N=(a^2-eb^2)(p^2-eq^2)=(ap\pm ebq)^2-e(bp\pm aq)^2 \tag{11}$$

这一公式的构成被 Brahmagupta② 所知③.

R. Simpson④ 注意到，若我们被给出的 a 和分数 $\frac{b}{c}$ 使得 $\frac{b^2\mp 1}{c^2}=a$，分数的数列，收敛于 $\sqrt{a}$

$$\frac{b}{c}, \frac{d}{e}=\frac{b^2+acc}{2bc}, \frac{f}{g}=\frac{bd+ace}{cd+be}, \frac{h}{k}=\frac{bf+acg}{cf+bg}, \cdots$$

是使任意分数（像 $\frac{h}{k}$）的分子等于这些分子的积加上 $\frac{b}{ac}$ 的那些分母加上前一个

① Corresp. Math. Phys. (ed., Fuss), 1, 1843, 616-617, 629-631; letters to Goldbach, Aug. 4, 1753, Aug. 23, 1755.

② Brahme-sphut'a-sidd'hánta, Ch. 18(algebra), §§65-66. Algebra, with arith. ad mensuration, from the Sanscrit of Brahmagupta and Bháskara, transl. by H. T. Colebrooke, 1817, p. 363. Cf. Simon.

③ Cf. M. Chasles, Jour. de Math., 2, 1837, 37-50. Repvinted, Sphinx-Oedipe, 5, 1910, 65-75.

④ Phil. Trans. London, 48, Ⅰ, 1753, 370-377; abr. ed., 10, 1809, 430-434.

分数(则为$\frac{f}{g}$),而分母(则为k)等于这些分子的积加上$\frac{c}{b}$的分母加上前一个分数$\frac{f}{g}$. 由(11)有,在数列中的每个分数$\frac{N}{D}$有性质$N^2-1=aD^2$若$b^2-1=ac^2$;但若$b^2+1=ac^2$这一性质仅对于交替分数成立,而$N^2+1=aD^2$对于余下的分数成立. 他引入了"难懂的文章",在这篇文章中A. Girard[①]给出了$\sqrt{2}$的近似值$\frac{577}{408}$和$\frac{1\ 393}{985}$,还给出了$\sqrt{10}$的一个近似值. Jean Plana[②]给出了理由来说明Girard有效地缩减了$\sqrt{A}$为一个连分数.

$44\ 000x^2+1=\square$的一个解[③]为$x=40\ 482\ 981\ 221\ 781$.

Euler[④]公布了他的公式(11),并探讨了$ax^2+bx+c=y^2$,给出了解$x=n$,$y=m$. 设

$$x=n+\mu z$$
$$y=m+\nu z$$

则

$$(\nu^2-a\mu^2)z=2a\mu n-2\nu m+b\mu$$

若a是正的非平方数,我们能使$\nu^2-a\mu^2=1$并得到整数解,然后第3个假设,等等. 若一般假设为(x_i,y_i),我们有

$$x_{i+2}=2(\nu^2+a\mu^2)x_{i+1}-x_i+2b\mu^2$$
$$y_{i+2}=2(\nu^2+a\mu^2)y_{i+1}-y_i$$

但我们可以得到解不具备$\nu^2-\alpha\mu^2=1$,设

$$p=\frac{\nu^2+a\mu^2}{\nu^2-a\mu^2}$$
$$q=\frac{2\mu\nu}{\nu^2-a\mu^2}$$

我们得到Euler[⑤]早期文章中的第一个公式. Euler证明了,若一个奇素数,不整除α,是$b^2-\alpha a^2$型的,则它分别是线性型$4\alpha n+r^2$,$4\alpha n+r^2-\alpha$之一,其中

---

① Les Oeuvres math. de Simon Stevin de Bruges... par A. Girard, Leyde, 1634, Ⅰ, 170.

② Réflexions nouvelles sur deux mémoires de Lagrange..., Turin, 1859, 24 pp; Memorie R. Accad. Torino, (2), 20, 1863, 87-108.

③ Ladies' Diary, 1759, pp. 39-41, Quest. 443. The Diarian Repository, or Math. Register... by a Society of Mathematicians, London, 1774, 677-679. C. Hutton's Diarian Miscellany, 3, 1775, 81-83. T. Leybourn's Math. Quest. proposed in Ladies' Diary, 2, 1817, 162-164.

④ Novi Comm. Acad. Petrop., 9, 1762-1763(1759), 3; Comm. Arith. Coll., Ⅰ, 297-315; Op. Om., (1), Ⅱ, 576.

⑤ Comm. Acad. Petrop., 6, 1732-1733, 175; Comm. Arith. Coll., 1, 1849, 4; Op. Om., (1), Ⅱ, 6.

r 取遍小于 α 的奇和偶数且与 α 互素.相反地,他推测若 A 是一个素数或这些线性型的素数的积,则有 $A=x^2-\alpha y^2$ 在整数域上是可解的(不总为真,Lagrange①).

Euler② 又重复了他的最初公式并添加到,若 P,Q,R 是 3 个连续解集上的 y 的值,$R=2qQ-P$,而解的一般集合说是(在修正符号后)

$$x=\frac{r+s}{4a}-\frac{b}{2a}$$

$$y=\frac{r-s}{4\sqrt{a}}$$

$$r,s\equiv(2an+b\pm 2m\sqrt{a})(q\pm p\sqrt{a})^{\mu}$$

其中 μ 是整数.用来找到 $x^2=ly^2+1$ 的整数解的被 Wallis 宣布的方法,其中 l 是正的非平方数,能通过 $\sqrt{l}$ 的连分数被更便利地提出.若 $x=p,y=q$ 是一个解,它说明 $\frac{p}{q}>\sqrt{l}$ 且 $\frac{p}{q}$ 给出一个与 $\sqrt{l}$ 如此接近的值以至于不使用较大数一个更加接近的值不能被找到.在将 $\sqrt{z}$ 展成连分数之后,其中 $z=13,61,67$,他取了一个一般的 z 并设

$$\sqrt{z}=v+\frac{1}{a}+\frac{1}{b}+\frac{1}{c}+\cdots$$

其中 v 是小于 $\sqrt{z}$ 的最大整数,且 $a,b,c,\cdots$ 被发现如下所述.在 $\sqrt{z}=v+\frac{1}{x}$,$x=\frac{1}{\sqrt{z}-v}=\frac{\sqrt{z}+v}{\alpha}$ 中,$\alpha=z-v^2$.因此,令 a 为不大于 $\frac{\sqrt{z}+v}{\alpha}$ 的最大整数.在 $x=a+\frac{1}{y}$ 中

$$y=\frac{1}{x-a}=\frac{\alpha}{\sqrt{z}+v-a\alpha}=\frac{\alpha(\sqrt{z}-v+a\alpha)}{z-(v-a\alpha)^2}=\frac{\sqrt{z}+B}{\beta}$$

其中 $B=a\alpha-v,\beta=1+2av-a^2\alpha$.因此,令 b 为不大于 $\frac{\sqrt{z}+B}{\beta}$ 的最大整数.取 $y=\frac{b+1}{t}$,且前者类似,我们得到 Euler 的结果:

Ⅰ. $A=v,\alpha=z-A^2=z-v^2,a\leqslant\frac{v+A}{\alpha}$;

① Mém. Acad. Berlin,24,année 1768,1770,236;Oeuvres,Ⅱ,662-726. For simplification,see Lagrange.

② Novi Comm. Acad. Petrop. ,11,1765(1759),28;Comm. Arith. Coll. ,Ⅰ,316-336;Op. Om. ,(1),Ⅲ,73.

$$\text{Ⅱ}.\ B=\alpha a-A,\beta=\frac{z-B^2}{\alpha}=1+a(A-B),b\leqslant\frac{v+B}{\beta};$$

$$\text{Ⅲ}.\ C=\beta b-B,\gamma=\frac{z-C^2}{\beta}=\alpha+b(B-C),c\leqslant\frac{v+C}{\gamma};$$

$$\text{Ⅳ}.\ D=\gamma c-C,\delta=\frac{z-D^2}{\gamma}=\beta+c(C-D),d\leqslant\frac{v+D}{\delta};\cdots.$$

在最后一栏中仅当分数为整数时取"=".由此断定 $A,B,C,\cdots\leqslant v$,且系数 $a,b,c,\cdots\leqslant 2v$. Euler在许多例子中观察到当达到值 $2v$ 时,$a,b,c,\cdots$ 的值重复,但没有给有给出指数 $2v$ 存在性(由 lagrange① 证出)的证法.对于每个不为平方数的 $z\leqslant 120$,他给出了 $v,a,b,c,\cdots$(至少达到一个周期)的值,且给出了在它们的形式下 $1,\alpha,\beta,\gamma,\cdots$ 的值.对于数的特定型,这些值也被给出,即,$z=n^2+k,k=1,2,n,2n-1,2n$ 且 $z=4n^2+4,9n^2+3,9n^2+6$.

收敛于$\sqrt{z}$ 的渐近分数 $v,\frac{va+1}{a},\cdots$ 被下面的规律所发现

$$v,a,b,c,\cdots m,n,\cdots$$

$$\frac{1}{0},\frac{v}{1},\frac{av+1}{a},\frac{(ab+1)v+b}{ab+1},\cdots$$

$$\frac{M}{P},\frac{N}{Q},\frac{nN+M}{nQ+P},\cdots$$

这些渐近分数由下面的符号表示法给出

$$\frac{1}{0},\frac{(v)}{1},\frac{(v,a)}{(a)},\frac{(v,a,b)}{(a,b)},\frac{(v,a,b,c)}{(a,b,c)},\cdots$$

其中

$$(v)=v,(v,a)=v(a)+1,(v,a,b)=v(a,b)+b$$

$$(v,a,b,c)=v(a,b,c)+(b,c),\cdots$$

他指出

$$\begin{aligned}(v,a,b,c,d,e)&=v(a,b,c,d,e)+(b,c,d,e)\\&=(v,a)(b,c,d,e)+v(c,d,e)\\&=(v,a,b)(c,d,e)+(v,a)(d,e)\\&=(v,a,b,c)(d,e)+(v,a,b)(e)\end{aligned}$$

且证明了

$$(v)^2-z\cdot 1^2=-\alpha$$

$$(v,a)^2-z(a)^2=\beta$$

---

① Miscellanea Taurinensia,4,1766-1769,41;Oeuvres,1,1867,671-731.

$$(v,a,b)^2 - z(a,b)^2 = -\gamma$$
$$(v,a,b,c)^2 - z(a,b,c)^2 = \delta$$
$$(v,a,b,c,d)^2 - z(a,b,c,d)^2 = -\varepsilon$$

因此,例如,$x^2 - zy^2 = -\gamma$ 有解 $x=(v,a,b)$,$y=(a,b)$. $\beta,\gamma,\delta,\cdots$ 均不等于 ± 1 除非相应的指数为 $2v$. 因此,若任意循环包含指数 $2v$ 且若 $\frac{x}{y}$ 为由这个周期定义的收敛子,我们有 $x^2 - zy^2 = -1$ 或 $+1$ 依据循环中的指数的奇偶性. 在第 1 种情形中,$\xi = 2x^2+1$,$\eta = 2xy$ 给出 $\xi^2 - z\eta^2 = +1$ 的一个解;或者我们可以取两个连续周期且应于第 2 种情形. 他应用这一理论于周期的 8 种特殊类型,例如,$v,a,b,b,a,2v,a,\cdots$. 他认为我们仅需使用一半的周期. 因此,对于刚刚引入的周期,我们应用指数的一半周期 v,a,b 和渐近分数 $\frac{1}{0},\frac{v}{1},\frac{B}{\beta},\frac{C}{\gamma}$. 则,当

$$x=(v,a,b,b,a)=(a,b)(v,a,b)+(a)(v,a)=\gamma C+\beta B$$
$$y=(a,b,b,a)=(a,b)(a,b)+(a)(a)=\gamma^2+\beta^2$$

时,$x^2 - zy^2 = -1$. 但若 z 有指数 $v,a,b,c,b,a,2v$,在周期中有偶数个项,我们使用一半周期 v,a,b,c 和额外的渐近分数 $\frac{D}{\delta}$ 且找到当

$$x=(a,b)(v,a,b,c)+(a)(v,a,b)=\gamma D+\beta C$$
$$y=(a,b)(a,b,c)+(a)(a,b)=\gamma\delta+\beta\gamma$$

时,$x^2 - zy^2 = +1$. 由于等价公式是由 Tenner① 重述的,它们通常归于他而不是 Euler. 这些公式被 Muir② 和 Konen③ 以一般形式阐述了.

最后,他把 $p^2 - lq^2 = 1$ 的最小解制成了表,其中每个小于 100 的 l 不为平方数,且 $l=103,109,113,157,367$(错误表,对于 $l=33,83,85$,Cunningham④).

J. L. Lagrange⑤ 给出了,若 a 是任意整数且非平方数,则 $x^2 - ay^2 = 1$ 有整数解,其中 $y \neq 0$ 的第一个证法. 他注意到 Wallis⑥ 在尝试一个证法中犯了循环

① Einige Bemerkungen über die Gleichung $ax^2 \pm 1 = y^2$,Progr. ,Merseburg,1841.

② The Expression of a Quadratic Surd as a Continued Fraction,Glascow,1874,32 pp. Cf. R. E. Moritz,Ueber Continuanten und gewisse ihrer Anwendungen im Zahlentheoretischen Gebiete,Diss. Strassburg,Göttingen,1902.

③ Geschichte der Gleichung $t^2 - Du^2 = 1$,Leipzig,1901,2-17. Reviews by Wertheim,Bibl. Math. ,(3),3,1902,248-251;and Tannery,Bull. des Sc. Math. ,27,Ⅱ,1903,47.

④ Mess. Math. ,46,1916,49-69.

⑤ Miscellanea Taurinensia,4,1766-9,41;Oeuvres,1,1867,671-731.

⑥ Algebra,Oxford,1685,Ch. 99;Opera,2,1693,427-428. Reproduced by Konen,43-46.

论证的错误，而 Wallis[①] 解释的求解的方法是试验性的且未成功表示. Lagrange 以连分数

$$\sqrt{a}=q+\frac{1}{q'}+\frac{1}{q''}+\cdots$$

和它的连续渐近分数$\frac{m}{n},\frac{M}{N},\frac{m'}{n'},\frac{M'}{N'},\cdots$开始. 取$(x,y)=(M,N),(M',N'),\cdots$，我们也得到$x^2-ay^2$的小于$\frac{2M}{N}$的正值. 因此,这些值的一个无穷大是完全相同的. 令$(x,y),(x',y'),(x'',y''),\cdots$为使$x^2-ay^2$有相同值$R$的整数对的一个无穷大. 首先,令$R,a$互素. 通过$a$的乘法和消元法

$$R^2=(xx'\pm ayy')^2-a(xy'\pm yx')^2 \tag{A}$$

$$R(y'^2-y^2)=x^2y'^2-y^2x'^2 \tag{B}$$

若R是一个素数，则由(B)得$xy'\pm yx'=qR$，此时，由(A)得$xx'\pm ayy'=pR$,其中q和p为整数. 因此,由(A)得

$$p^2-aq^2=1$$

下面,令$R=AB$,其中A和B均为素数. 由(B)得,或者$xy'+yx',xy'-yx'$中的一个能被AB整除,或者它们中的一个能被A整除另一个能被B整除. 在第一种情形中,我们有同样的结果只要R是素数. 在第二种情形中

$$xy'\pm yx'=qB$$

其中q是一个不被A整除的整数. 那么(A)给出$xx'\pm ayy'=pB$,因此

$$p^2-aq^2=A^2 \tag{C}$$

对于我们的集的第三个方程$x''^2-ay''^2=R$证明类似,结合$x^2-ay^2=R$,我们得到

$$p_1^2-aq_1^2=A^2$$

像讨论第一对一样讨论这个方程和(C). 对于这种情形，一个类似的论述被给出,其中R是几个素数的积或一个任意数.

其次,令$R=\theta T,a=\theta b$不互素. 为了讨论两种类似情况中的第一种,令θ为不被平方数整除的数. 那么$x=\theta u$和$T=\theta u^2-by^2$. 因此$T^2=(\theta u^2+by^2)^2-a(2uy)^2$. 因为$T^2$与$a$互素,我们可以使用这个方程代替之前的方程$x^2-ay^2=R$. 因此,方程$x^2-ay^2=1$的解是存在的且我们有找到它们的方法.

若$p^2-aq^2=1$,则对于

$$x+y\sqrt{a}=E=(p+q\sqrt{a})^m$$

---

① Commercium, 804, letter XIX to Brouncker, Jan. 30, 1658; Oeuvres de Fermat, Ⅲ, 490-503. Cf. Wallis, Algebra, 1693, Ch. 98.

$$x-y\sqrt{a}=F=(p-q\sqrt{a})^m$$

和

$$x=\frac{1}{2}(E+F), y=\frac{1}{2\sqrt{a}}(E-F) \tag{12}$$

$x^2-ay^2=1$ 能被表示成具有 p,q,a 的多项式. 若 p,q 为最小正解，则(12)能给出所有解，其中 m 是一个整数. 出现在集$(M,N),(M',N'),\cdots$ 的所有解都由收敛$\frac{M}{N},\frac{M'}{N'},\cdots\sqrt{a}$ 给出，且每个都大于$\sqrt{a}$. 若 m 为素数，且 x,y 由(12)给出，则 $x-p$ 和 $y-qa^{\frac{m-1}{2}}$ 均能被 m 整作. 因此，若 r 是 $a^{\frac{m-1}{2}}$ 模 m 的余数(0 或 ± 1)，且 p',q' 由(12)给出用 $m-r$ 替换 m，则 $p'^2-aq'^2=1$，且 q' 能被 m 整除，且或者 $p'-p$ 或 $p'-1$ 能被 m 整除依据 $r=0$ 或 $r\neq 0$. 同样，当将(12)中的 m 替换为 $M=n(m-r)(m'-r')\cdots$，其中 $m,m',\cdots$ 为奇素数且 r' 为 $a^{\frac{m'-1}{2}}$ 模 m' 的余数，等等. n 为任意正整数，$x^2-ay^2=1$ 且 y 能被 $N=mm'\cdots$ 整除，且依据 M 的奇偶性或者 $x-p$ 或者 $x-1$ 能被 N 整除. 在给出一些数值例子说明前述结果之后，Lagrange 指出，若 a 为两个平方数的一个和，则不存在同时具有 $x^2-ay^2,ay_1^2-x_1^2$ 这两种形式的数，但对于相反的情形(Cf. Legendre①)并不确定，若

$$x^2-ay^2=R$$
$$x_1^2-ay_1^2=-R$$

且 R 是素数，我们能求解 $p^2-aq^2=-1$，并推得 x^2-ay^2 型的每个数也是 $ay_1^2-x_1^2$ 型的. 通过乘方 $t^2-au^2=1$，我们得到方程 $x^2-ay^2=1$ 的解(12). 因此 $p\pm q\sqrt{a}$ 必为一个量 $r\pm s\sqrt{a}$ 的平方，由此

$$p=r^2+as^2$$
$$q=2rs$$

因此 $t^2-au^2=-1$ 是不成立的，除非 p,q 是上述形式的，且若它们是上述形式的，则产生的 t,u 为最小解.

Lagrange② 给出了在整数域上未解 $a+bt^2=u^2$ 的一个直接方法. 除去 t 和 u 的公因子，它满足

$$A=p^2-Bq^2 \tag{13}$$

---

① Mém. Acad. Sc. Paris, 1785, 549-551; Théorie des nombres, 1798, 65-67; ed. 3, 1, 1830, 64-71; Maser, Ⅰ, 65-72.

② Mém. Acad. Berlin, 23, année 1767, 1769, 242; Oeuvres, 2, 1868, 406-495. German transl. by E. Netto, Ostwald's Klassiker, No. 146, Leipzig, 1904.

其中 p,q 互素.若 B 为负,我们可以假定 $|A|>-B$,因为否则 $pq=0$.若 B 为正,我们这里假定 $A^2>B$,探讨后者的相反情形.选取整数 p_1,q_1 使得 $pq_1-qp_1=\pm 1$,并且 $A_1\equiv p_1^2-Bq_1^2$ 乘(13).因此 $AA_1=\alpha^2-B$,其中 $\alpha=pp_1-Bqq_1$.因为 α^2-B 能被 A 整除,$(\mu A\pm\alpha)^2-B$ 能被 A 整除,且 $\mu A\pm\alpha$ 能通过 μ 的选取在数值上小于 $\frac{|A|}{2}$.因此,若 α^2-B 对于没有 $\alpha<\frac{|A|}{2}$ 的值能被 A 整除,则(13) 不可解.若这样的 α 存在,问题化简为方程

$$A_1=p_1^2-Bq_1^2$$

$$|A_1|<|A| \tag{14}$$

的解.若后者的解能被找到,我们能从 $pp_1-Bqq_1=\alpha,pq_1-qp_1=\pm 1$ 推断出(13) 的解

$$p=\frac{\alpha p_1\mp Bq_1}{A_1}$$

$$q=\frac{\alpha q_1\mp p_1}{A_1}$$

若在(14) 中,$B<0$ 或若 $B>0,A_1^2>B$,我们像前面那样继续进行且将(14) 简化为

$$A_2=p_2^2-Bq_2^2$$

$$\alpha_1<\frac{1}{2}|A_1|$$

$$|A_2|<|A_1|$$

的解.$B>0,A_1^2<B$ 的情形在后者的探讨中.因此,除非这样一个次要情形出现在某一阶段,我们将最终得到,若 B 为负($B=-b$),一项 A_n 使 $|A_n|=b$ 或 $|A_n|<b$.若 $|A_n|=b$,我们有 $b=p_n^2+bq_n^2$,此时 $q_n=0$ 或 1 且(13) 是可解的.若 $|A_n|<b$,则 $q_n=0$.但若 B 为正,我们得到一项 $\alpha_n=e$,其中 $e<\sqrt{B}$,且 $A_nA_{n+1}=e^2-B$.因此

$$A_n=\pm E$$

$$A_{n+1}=\mp D$$

其中 D,E 均为正且 $DE=B-e^2$.还有

$$\mp D=\rho^2-B\sigma^2$$

$$\pm E=r^2-Bs^2$$

其中一个的解含在另一个中.因为 $DE<B$,方程之一具有下面的类型.

次要形式是 $\pm E=r^2-Bs^2$,其中 $E<\sqrt{B},B>0$.我们首先寻找一个整数 $\varepsilon,\sqrt{B}>\varepsilon>\sqrt{B}-E$,使得 $B-\varepsilon^2$ 能被 E 整除.若没有这样的 ε 存在,则方程在

整数域上是不成立的. 在相反的情形中,取一个特殊的 ε,用方程

$$EE_1=B-\varepsilon^2, E_1E_2=B-\varepsilon_1^2, E_2E_3=B-\varepsilon_2^2,\cdots$$

$$\varepsilon_1=\lambda_1E_1-\varepsilon, \varepsilon_2=\lambda_2E_2-\varepsilon_1, \varepsilon_3=\lambda_3E_3-\varepsilon_2,\cdots$$

$$\frac{\sqrt{B}+\varepsilon}{E_1}>\lambda_1>\frac{\sqrt{B}+\varepsilon}{E_1}-1, \frac{\sqrt{B}+\varepsilon_1}{E_2}>\lambda_2>\frac{\sqrt{B}+\varepsilon_1}{E_2}-1,\cdots$$

确定唯一的整数 E_i,ε_i,λ_i,其中不等式的作用是确保 λ_i 将是使 $0<\varepsilon_i<\sqrt{B}$ 的可能整数. 烦琐的证出了,若提出的方程是可解的,则我们将最终得到一个最小正整数 μ 使得项 E_μ 与 E 相同且使 $E_{\mu+1}=E_1$,由此 $E_{\mu+v}=E_v$,还有 $E_m=\pm 1$ 对于一个特定 m,$0\leqslant m\leqslant\mu$,则 ε_{m-1} 等于最大整数 $\beta<\sqrt{B}$. 为了简洁,设

$$f_j=\frac{(\varepsilon+\sqrt{B})(\varepsilon_1+\sqrt{B})(\varepsilon_2+\sqrt{B})\cdots(\varepsilon_{j-1}+\sqrt{B})}{E_1E_2\cdots E_{j-1}}$$

$$f_m=R+S\sqrt{B}$$

$$f_\mu=X+Y\sqrt{B}$$

因为 $E_m=\pm 1$,$f_m\overline{f}_m$ 给出 $R^2-BS^2=\pm E$,且一般解由

$$r+s\sqrt{B}=(R+S\sqrt{B})(X+Y\sqrt{B})^n$$

给出. 事实上,对 f_m 中的因子作积,它表明

$$R=\beta l_{m-1}+l_{m-2}$$

$$S=l_{m-1}$$

其中 $l_i(i=1,2,\cdots)$ 源于下列关系

$$l=1, l_1=\lambda_1 l, l_2=\lambda_2 l_1+l$$

$$l_3=\lambda_3 l_2+l_1, l_4=\lambda_4 l_3+l_2, l_5=\lambda_5 l_4+l_3,\cdots$$

当 $m=0$ 时,此时有 $R=1$,$S=0$;当 $m=1$ 时,此时有 $R=\varepsilon=\beta$,$S=1$,这时此种记法是错误的.

对多种数值方程(13),给出了应用. 对于 Pell 方程,我们有 $E=1$,由此 $\beta=\varepsilon$,$m=0$,$R=1$,$S=0$

$$X=\beta l_{\mu-1}+l_{\mu-2}$$

$$Y=l_{\mu-1}$$

$$r+s\sqrt{B}=(X+Y\sqrt{B})^n$$

其中 n 为使 $n\mu$ 依据 $r^2-Bs^2=+1$ 或 -1 为偶或奇的一个正整数. 对于前者,若 μ 为偶,n 是任意的,但若 μ 为奇,n 必为偶. 因此若 B 是一个任意非平方数的正数,则 $r^2-Bs^2=\pm 1$ 有正整数解. Lagrange 记录道从方程 $ax^2+bx+c=y^2$ 的

一个给定解推出其整数解的一个无穷大的 Euler 的[①]方法不总是生成所有的整数解除非参数的分数值被应用或者除非在 $y^2 - Bx^2 = A$ 中，A 是素数.

Lagrange[②] 应用连分数研究了代数方程的近似根且证明了具有有理系数的任意二次方程的实根能被展成循环连分数，反之也成立.

Lagrange[③] 首先通过应用任意次数 n 的方程的方法导出关于解

$$\pm E = r^2 - Bs^2$$

他的方法对于 $t^2 - \Delta u^2 = A$，其中 Δ 是正的非平方数，如下. 首先，考虑使 u, A 互素的解. 然后我们能确定整数 θ 和 y 使 $t = \theta u - Ay, \theta < \frac{1}{2}A$. 对于 t 的这个值，最初的方程被 A 除后变为

$$E_1 u^2 - 2\theta uy + Ay^2 = 1$$

其中$\frac{\theta^2 - \Delta}{A} = E_1$ 是整数. 依次应用使 $\theta^2 \equiv \Delta(\bmod A)$ 的每个值且通过展成一个连分数或者展成相应二次型

$$E_1 - 2\theta Y + AY^2 = 0$$

的根来求解这个新方程. 其次，对于具有 $u = ru', A = r^2 A'$，此时 $t = rt', u'$ 和 A' 为互素的根，我们不得不像前面一样探讨 $t'^2 - \Delta u'^2 = A'$.

同样的方法应用于 $Bt^2 + Ctu + Du^2 = A, C^2 > 4BD$. 由同样的代换，我们有

$$E_1 u^2 - Quy + ABy^2 = 1$$

其中 $E_1 = \frac{B\theta^2 + C\theta + D}{A}, Q = 2B\theta + C$.

他注意到 Euler[④] 给出的一个推测是错的，因为 $101 = x^2 - 79y^2$ 没有整数解，尽管 $101 = -4 \cdot 4 \cdot 79 + 38^2 - 79$.

他应用了他前一章中的方法推出 $101 = t^2 - 13u^2$ 的解 $u = 34, t = 123$，可能在他的观点中的选择与 Euler 下一个提及的相当.

Euler[⑤] 宣布他发现了在应用 Lagrange 的方法求解(13) 中 $101 = p^2 - 13q^2$ 情形中的问题. 应用此方法我们寻求一个整数 $\alpha < \frac{101}{2}$ 使得 $\alpha^2 - 13$ 能被 101 整

---

① Comm. Acad. Petrop. ,6,1732-1733,175;Comm. Arith. Coll. ,1,1849,4;Op. Om. ,(1),Ⅱ,6.

② Mém. Acad. Berlin,23,année 1767,1769;24,année 1768,1770;Oeuvres,Ⅱ,560-652(especially 603-15). Traité de la résolution des équations numériques,1798;ed. 2,1808,Ch. Ⅵ;Oeuvres,Ⅷ,41-50,73-131.

③ Mém. Acad. Berlin,24,année 1768,1770,236;Oeuvres,Ⅱ,662-726. For simplification,see Lagrange.

④ Novi Comm. Acad. Petrop. ,9,1762-3(1759),3;Comm. Arith. Coll. ,Ⅰ,297-315;Op. Om. ,(1),Ⅱ,576.

⑤ Letter to Lagrange,Jan. ,1770;Euler's Opera postuma,1,1862,571-3;Lagrange's Oeuvres,ⅩⅣ,214-218. See Lagrange,end.

除. 当 $\alpha=35$ 时,这是正确的. 那么(14) 变成 $A_1=12=p_1^2-13q_1^2$. 因为 12 能被平方数 4 整除,设商 $3=t^2-13u^2$,则 $t=4,u=1$,此时 $p_1=8,q_1=2$. 由 Lagrange 方法,有

$$p=\frac{\alpha p_1\mp Bq_1}{A_1}=\frac{35\times 8\mp 13\times 2}{12}$$

$$q=\frac{\alpha q_1\mp p_1}{A_1}=\frac{35\times 2\mp 8}{12}$$

由于这些不是整数,人们应该推断出这个问题是不可能的. 然而,$p=123$,$q=34$ 为解,这一事实使得 Euler 相信 Lagrange 的方法是不充分的. 他注意到解 123,34 由 $p_1=47,q_1=13$ 给出

$$p=123=\frac{35\times 47-13\times 13}{12}$$

$$q=34=\frac{35\times 13-47}{12}$$

但哪一理由使我们假设 $p_1=47,q_1=13$?

为了测试 $A=p^2\pm Bq^2$ 是否为真,Euler 对 A 为素数的情形给出了下面的规则,但他未给出其证法. 从 A 中减去 $4B$ 的任意倍数,若 $A-4nB$ 是 ab^2 型的,其中 a 是素数或单位元,且若 $a=p^2\pm Bq^2$ 是可解的,则提出的方程是可解的. 因此,$101=p^2-13q^2$ 是可解的,因为 $101-4\cdot 13=7^2$ 和 $1=p^2-13q^2$ 是可解的.

Lagrange 的回复还没有被保存,但确信 $101=p^2-13q^2$ 的 Lagrange 处理法的正确性的 Euler①,尽管,那时仍是盲目的,Euler 承认他没有遵从所有推论的真实意义,也没有遵从采用的所有书信的重要性.

Euler 指出 $ar^2-4=s^2$ 暗含着 $ax^2+1=y^2$,当

$$x=\frac{1}{2}p^2(q^2-1)$$

$$y=\frac{1}{2}q(q^2-3)$$

$$p=rs$$

$$q=s^2+2$$

时成立. 因此,若 $a=61$,我们可以取 $r=5,s=39$ 并推断出他的表中的最大数 x,y.

① Opera postuma, Ⅰ, 574; letter, March, 1770, to Lagrange, Oeuvres, ⅩⅣ, 219.

E. Waring① 引入了 Brouncker 和 Euler 的结论.

Euler② 探讨了,本质上和 Brouncker③ 的一样,$an^2+1=y^2$,其中 a 为正的非平方数. 因此,当 $a=5$ 时,$y>2n$ 且 Euler 设 $y=2n+p$,由此 $n^2=4np+p^2-1$,$n=2p+\sqrt{5p^2-1}$. 其根数超过 $2p$,由此 $n>4p$. 令 $n=4p+q$,由此 $p^2=4pq+q^2+1$,$p=2q+\sqrt{5q^2+1}$. 现在有初始根数,我们可以令 $q=0$ 并得到 $p=1$,$n=4$,$y=9$. 当 $a=e^2\pm 2$ 或 $e^2\pm 1$ 时,我们能给出确切解 n,y

$$(e^2\pm 2)e^2+1\equiv(e^2\pm 1)^2$$

$$(e^2\pm 1)(2e)^2+1\equiv(2e^2\pm 1)^2$$

他重复了④他的 $an^2+1=m^2$ 的最小正整数解的表⑤,$a<100$.

Euler⑥ 像 Diophantus 一样探讨了 $f=a+bx+cx^2=\square$,其中 a 或 c 为平方数,也通过使 f 等于 lk 的平方探讨了 f 为两个线性函数的积的情形,x 的 l,m 也探讨了 $f=l^2+mn$ 的情形. 在第 5 章中,Euler 记录了从不等于有理平方数的特定形式,例如 $3x^2+2$,$3t^2+(3n+2)u^2$,$5t^2+(5n\pm 2)u^2$. 在第六章中,他记录道,给出了 $af^2+bf+c=g^2$,我们能找到 $ax^2+bx+c=y^2$ 的新解. 减去并分解每个新元素,因此我们可以设

$$p(x-f)=q(y-g)$$

$$q(ax+af+b)=p(y+g)$$

用 p 乘以第 1 个式子,用 q 乘以第 2 个式子,然后使两式相减,则

$$x=ng-mf-\frac{b(m+1)}{2a}$$

$$y=mg-naf-\frac{1}{2}bn$$

$$m=\frac{aq^2+p^2}{aq^2-p^2}$$

$$n=\frac{2pq}{aq^2-p^2}$$

---

① Meditationes Algebraicae, 1770, 180-199; ed., 3, 1782, 308-337.

② Algebra, St. Petersburg, 2, 1770, Ch. 7, §§96-111; French transl., Lyon, 2, 1774, pp. 116-134; Opera Omnia, (1), Ⅰ, 379-387.

③ Commercium, 804, letter ⅩⅨ to Brouncker, Jan. 30, 1658; Oeuvres de Fermat, e, 490-503. Cf. Wallis, Algebra, 1693, Ch. 98.

④ Also in Nova Acta Acad. Petrop., 10, ad annum 1792, 1797(1777), 27; Comm. Arith., Ⅱ, 185.

⑤ Nouvi Comm. Acad. Petrop., 11, 1765(1759), 28; Comm. Arith. Coll., Ⅰ, 316-336; Op. Om., (1), Ⅲ, 73.

⑥ Algebra, Ⅱ, Chs. 4-6, §§38-95; French transl., 2, 1774, pp. 50-115; Opera Omnia, (1), Ⅰ, 349-378.

为了得到整数解取 $p^2=aq^2+1$ 并改变 g 的符号. 这样

$$x=2gpq+f(aq^2+p^2)+bq^2$$
$$y=g(aq^2+p^2)+2afpq+bpq$$
$$p^2-aq^2=1$$

与 $ax^2+c=y^2$ 的方法类似,但更简洁的令 $x=qg+pf$,$y=pg+aqf$,且源于另一种方法,比 Euler① 给出的更早.

Euler② 求解了 a 取特殊型时 $ax^2+1=y^2$. 令 $p^2=b^2+c^2$,确定 g,f 使得 $bg-cf=\pm1$ 并取 $q=bf+cg$,$a=f^2+g^2$,则

$$ap^2-1=q^2$$
$$x=2pq$$
$$y=2q^2+1$$

下面,若 $ap^2\mp2=q^2$,$q^2\pm2$ 的因子 p^2 必为 $b^2\pm2c^2$ 型的,由此取 $a=f^2\pm2g^2$,$cf-bg=1$ 或 -1,$q=bf\pm2cg$. 若 $ap^2\pm4=q^2$,$q^2\mp4$ 的因子 p^2 必定是 $b^2\mp c^2$ 型的,由此取 $a=f^2\mp g^2$,$cf-bg=2$ 或 -2,$q=bf\mp cg$.

Lagrange③ 简化了他的④方法适用于任意阶方程. 在整数域上求解 $F\equiv Cy^2-2nyz+Bz^2=1$ 的两个方法中,一个是使得 F 为一个最小值,另一个在于应用变换用 $L\xi^2-2N\xi\psi+M\psi^2=1$ 替换 $F=1$,其中 $2|N|$ 既不超过 $|L|$ 又不超过 $|M|$,而 N^2-LM 与 $n^2-CB=A$ 的行列式相等. 用 M 乘以它,我们得到 $v^2-A\xi^2=M$,其中 $v=M\psi-N\xi$. 若 $A=-a$,其中 $a>0$,证明了 $\xi=0$,$M=1$. 若 $A>0$,$\frac{v}{\xi}$ 是关于 $\sqrt{A}$ 的连分数的一个收敛子. Euler 的⑤例子,$101=x^2-13y^2$ 现在被翻译成 $z^2-13\omega^2=-1$,这被应用关于 $\sqrt{13}$ 的连分数所求解.

Euler⑥ 从方程 $\alpha^2-\lambda\beta^2=4$ 的一个解中推出它的解的一个无穷大.

Petri Paoli⑦ 探讨了 $a+c^2x^2=y^2$. 因为 a 是两个平方数的差,依次令 $y=$

---

① Corresp. Math. Phys. (ed. ,Fuss),1,1843,616-617,629-631;letters to Goldbach,Aug. 4,1753,Aug. 23,1755.

② Opusc. Anal. ,1,1783(1773),310;Comm. Arith. Coll. ,Ⅱ,35-43.

③ Additions to Euler's Algebra,Lyon,2,1774,pp. 464-516,561-635;Oeuvres de Lagrange,Ⅶ,57-89,118-164;Euler's Opera Omnia,(1),Ⅰ,548-573,598-637.

④ Mém. Acad. Berlin,24,année 1768,1770,236;Oeuvres,Ⅱ,662-726. For simplification,see Lagrange.

⑤ Letter to Lagrange,Jan. ,1770;Euler's Opera postuma,1,1862,571-573;Lagrange's Oeuvres,ⅩⅣ214-218. See Lagrange,end.

⑥ Letter to Legendre,May 27,1832;Werke,Ⅰ,458;Jour. für Math. ,80,1875,276;Ann. de l'Ecole Normale Sup. ,6,1869,176-177;Bull. Sc. Math. Astr. ,9,1875,139. Cf. Koenig.

⑦ Opuscula analytica,Liburni,1780,122.

$cx+1, cx+2, \cdots$,则 $a=2cx+1, 4cx+4, 6cx+9, \cdots$. 当 a 是奇数时,使用第1项,第3项,…,使得 x 为选自 $\frac{a-1}{2c}, \frac{a-9}{6c}, \cdots$ 的一个整数. 当 a 为偶数时类似. 若 a 是正的,集合中的项减少且存在试验的一个有限数. a 为负数的情形能被归纳为前述的情形.

A. M. Legendre① 通过应用关于 $x^2-By^2=A$ 的 Lagrange 的②方法得到了二阶方程可解性的重要条件,其中 A 和 B 为无平方因子的整数且 $A>B>0$. 应用那种方法

$$\alpha^2-B=AA'k^2, \alpha'^2-B=A'A''k'^2, \cdots$$

$$\alpha \leqslant \frac{A}{2}, \alpha'=\mu A' \pm \alpha \leqslant \frac{A'}{2}, \cdots \tag{15}$$

其中 $A', \cdots$ 无平方因子,且 $A^{(n)}<B$,使得提出的方程取决于

$$x^2-By^2=A', x^2-By^2=A'', \cdots, x^2-By^2=A^{(n)} \tag{16}$$

Legendre 证出了,若对于 $x^2-By^2=A$ 且第一个变换的方程(16) 存在整数 $\alpha, \alpha', \beta, \beta'$ 使得

$$\alpha^2 \equiv B(\bmod A)$$

$$\alpha'^2 \equiv B(\bmod A')$$

$$\beta^2 \equiv A$$

$$\beta'^2 \equiv A'(\bmod B)$$

类似的,条件对于第二个变换的方程(16) 成立. 因为 $\alpha''^2 \equiv B(\bmod A'')$,由(15) 有,它仍然仅需证明使 $\beta''^2 \equiv A''(\bmod B)$ 的一个整数 β'' 的存在性. 若 θ 是 B 的一个素因子,我们寻求使 $\lambda^2 \equiv A''(\bmod \theta)$ 的一个整数 λ. 首先,令 θ 整除 A'. 则由(15),θ 整除 α. 因为 k' 同 B 一样没有因子,它没有平方因子,且因此与 θ 互素,我们能找到整数 n, p 使得 $k\beta=nk'-p\theta$. 由此

$$A''k'^2=\frac{\alpha'^2-B}{A'}=\frac{(\mu A' \pm \alpha)^2-B}{A'}=\mu^2A' \pm 2\mu\alpha+Ak^2 \equiv Ak^2(\bmod \theta)$$

$$0 \equiv k^2(\beta^2-A) \equiv k^2\beta^2-A''k'^2 \equiv (n^2-A'')k'^2$$

$$n^2 \equiv A''(\bmod \theta)$$

其次,令 θ 不是 A' 的因子并由此不是 β' 的因子. 我们可以令 $\alpha'=n\beta'k'-$

---

① Mém. Acad. Sc. Paris, 1785, 507-513. Cf. Legendre, Théorie des nombres, 1798, 43-50; ed. 2, 1808, 35-41; ed. 3, 1, 1830, 41-48; German transl. by Maser, I, 41-49. In his texts, Legendre introduced the factor z^2 in the right members of(16).

② Mém. Acad. Berlin, 23, année 1767, 1769, 242; Oeuvres, 2, 1868, 406-495. German transl. by E. Netto, Ostwald's Klassiker, No. 146, Leipzig, 1904.

$p\theta$,则

$$0 \equiv A''k'^2(\beta'^2 - A') \equiv A''\beta'^2k'^2 - \alpha'^2 \equiv \beta'^2k'^2(A'' - n^2) \pmod{\theta}$$

前述的结果生成定理:若 A 和 B 为彼此的二次剩余,且若,在第一个变换方程 $x^2 - By^2 = A'$ 中,A' 为 B 的二次剩余,则方程 $x^2 - By^2 = A$ 在整数域上是可解的.

我们很容易推断出更优美的定理:若每个正数 a,b,c 没有平方因子且若不存在有公因子的两个数,若存在整数 λ,μ,v 使

$$\frac{a\lambda^2 + b}{c}, \frac{c\mu^2 - b}{a}, \frac{cv^2 - a}{b}$$

均为整数,则 $ax^2 + by^2 = cz^2$ 有整数解均不为 0. 若这 3 个条件不都满足无整数解. 应用 $(cz)^2 - bcy^2 = acx^2$ 于早期的定理,我们有条件 $\alpha^2 \equiv bc \pmod{ac}$, $\beta^2 \equiv ac \pmod{bc}$, $\beta'^2 \equiv A' \pmod{bc}$. 设 $\alpha = c\mu, \beta = cv$,则前两个给出 $c\mu^2 \equiv b \pmod{a}$, $cv^2 \equiv a \pmod{b}$. 由(15),$c\mu^2 - b \equiv aA'k^2$,而 ak^2 与 bc 互素. 由此第 3 个条件变成 $ak^2\beta'^2 \equiv c\mu^2 - b \pmod{bc}$. 若 $a\lambda^2 + b \equiv 0 \pmod{c}$ 是可解的,这将成立. 因为,对于 β' 模 b 它是可解的,因为 $cv^2k^2\beta'^2 \equiv c\mu^2 \pmod{b}$ 对 β' 来说是可解的.

Legendre① 证明了 $x^2 - ay^2 = -1$ 具有整数解,若 a 是一个素数 $4n+1$. Lagrange② 已宣布他不确定它的逆命题,若 a 是两个平方数的和,每个数 $x^2 - ay^2$ 也是 $ay_1^2 - x_1^2$ 型的. Legendre 指出:若 a 是素数这是正确的,但当 $a = 2 \cdot 17$, $5 \cdot 41$, $13 \cdot 17$ 时它是错误的. 若 a 是 $8n+3$ 型素数,则 $ax^2 - y^2 = 2$ 是可解的. 若 a 是一个 $8n-1$ 型素数,则 $y^2 - ax^2 = 2$ 是可解的. Legendre 分别讨论了前述三个定理中的每一个,首先,给出了一个初步的讨论对所有的情形来说是可应用的. 尽管他取 A 为素数,它足够(Dirichlet③) 假设 A 是正的且没有平方因子. 令 p,q 为 $p^2 - Aq^2 = 1$ 的最小正整数解. $p-1$ 和 $p+1$ 的最大公约数为 $f=1$ 或 2. 因此

$$p + 1 = fMg^2$$
$$p - 1 = fNh^2$$

其中 $MN = A$, $fgh = q$. 通过减法,$2 = fMg^2 - fNh^2$. 我们必须取 M,N 为 A 的因子(包括单位元) 的多种因数对. 令 A 为素数,$2 = 2g^2 - 2Ah^2$ 的情形被排除,因

① Mém. Acad. Sc. Paris, 1785, 549-551; Théorie des nombres, 1798, 65-67; ed. 3, 1, 1830, 64-71; Maser, Ⅰ, 65-72.

② Miscellanea Taurinensia, 4, 1766-9, 41; Oeuvres, 1, 1867, 671-731.

③ Letter to Legendre, May 27, 1832; Werke, Ⅰ, 458; Jour. für Math., 80, 1875, 276; Ann. de l'Ecole Normale Sup., 6, 1869, 176-7; Bull. Sc. Math. Astr., 9, 1875, 139. Cf. Koenig.

为$h < q, g < p$. 令A为一个$4n+1$型素数，那么在$2=Ag^2-h^2$和$2=g^2-Ah^2$中，g和h不都是偶数(因为右侧项将是4的倍数)，且由此均为奇数，此时$g^2 \equiv h^2 \equiv 1 \pmod 8$，且右侧项将是4的倍数. 因此，仅有的可能性是$2 \equiv 2Ag^2-2h^2$的情形，使得$h^2-Ag^2=-1$是可解的. 除了对于$8n+3, 8n-1$素型的两个定理外，上面引入的，Legendre证出了

$$Mx^2-Ny^2=\pm 1$$

中的一个是可解的，若M和N均为$4n+3$型素数. 令一个正整数A不为平方数，总是能把它分解成两个因子M, N，使得当恰当的选取正负号后$Mx^2-Ny^2=\pm 1, Mx^2-Ny^2=\pm 2$中的一个是可解的. 当$x^2-Ay^2=-1$是可解的，$A$是两个平方数的和. Cf. Arndt①. 在表中给出了$m^2-an^2=-1$的最小正解，当它是可解的，也给出了相反情形中$m^2-an^2=+1$的最小正解，其中$2 \leqslant a \leqslant 1\ 003$，$a$不为平方数，但对于列出的有解方程没有注明.

J. Tessanek②考虑了$(a^2+b)n^2+1=\square$，例如$(an+p)^2$. 设$n=p+q$，则p满足一个二次剩余. 记$b-a=h, 2a+1-b=g$，则

$$gp=hg+\sqrt{(a^2+b)q^2+g}$$

用$q+r$替换p且在r在项中求解q. 由此

$$g'q=h'r+\sqrt{(a^2+b)r^2-g'}$$

其中

$$h'=g-h=3a-2b+1$$

$$g'=\frac{a^2+b-(g-h)^2}{g}=2h-g+b=4b-4a-1$$

用$r+s$替换q并在s的项中求解r. 由此

$$g''r=h''s+\sqrt{(a^2+b)s^2+g''}$$

其中

$$h''=g'-h'=6b-7a-2$$

$$g''=\frac{a^2+b-(g'-h')^2}{g'}=2h'-g'+g=12a-9b+4$$

用$s+t$替换r，则

$$g'''s=h'''t+\sqrt{(a^2+b)t^2-g'''}$$

$$h'''=g''-h''$$

---

① Disquistiiones nonnullae de fractionibus continuis, Diss. Sundiae, 1845, 32 pp. Extract in Jour. für Math., 31, 1846, 343-358.

② Abh. Böhmischen Gesell. Wiss., Prag, 2, 1786, 160-171.

$$g''' = \frac{a^2 + b - (g'' - h'')^2}{g''}$$

依据Pell① 的方法,最后得到一个方程,其中根数下的数 g 为 $+1$. 为了找到对于各种 a 的 n 的值,设 $g=1$ 或 $g''=1,\cdots$,由此 $b=2a$;或 $3b=4a+1, s=0, r=q=1, p=2, n=3;\cdots$. 在 $1, g, g'', g^{(\mathrm{iv})},\cdots$ 中的项除 a, b 外为 $1,1,4,25,\cdots$, $1,1,2,5,13,34,\cdots$ 的平方,它的二阶差给出同样的级数. 因此,关系比例为 $u_{n+1}=3u_n-u_{n-1}$,按照 $1-3z+z^2=0$ 的根一般项是可表示的. 同样地,对于 b, a 的系数.

John Leslie② 用分解 a^2-y^2 探讨了 $x^2+y^2+bxy=a^2$,求解了

$$Ax^2+Bx+C=y^2$$

若 A,C 或 B^2-4AC 是一个平方数,且从其一个解中引出方程 $ax^2+b=y^2$ 的第 2 个解.

P. Paoli③ 记录道,若 $t=h$, $u=k$ 给出 $At^2+B=u^2$ 的一个有理解集,那么所有解被

$$t=\frac{hr^2-2kr+Ah}{r^2-A}$$

$$u=k+r(t-h)$$

给出.

P. Cossali④ 讨论了 Euler 的和 Lagrange 的方法来求解(13).

C. F. Gauss⑤ 展示了如何找到 $t^2-Du^2=m^2$ 的所有解,给出了两个线性置换,它将行列式 D 的任意简化了的形式 $AX^2+2BXY+CY^2$ 转变成相同的二次型.

---

① Letter to Goldbach, Aug. 10, 1730, Correspondance Math. et Physique(ed., P. H. Fuss), St. Petersburg, 1, 1843, 37. Also, Euler. Cf. Euler of Ch. ⅩⅢ. Cf. P. Tannery, Bull. des Sc. Math., (2), 27, Ⅰ, 47-49.

An introduction to algebra, translated out of the High Dutch into English by T. Brancker. Much altered and augmented by D. P. London, 1668. On Rahn's algebra of 1659, see Bibliotheca Math., (3), 3, 1902, 125.

Bibliotheca Math., (3), 3, 1902, 204; cf. G. Wertheim, 2, 1901, 360-361.

② Trans. Roy, Soc. Edinburgh, 2, 1790, 193-209. Reprinted in the Math. Repository(ed., Leybourn), London, 1, 1799, 364; 2, 1801, 17; Encyal. Britannica. Cf. Berkhan.

③ Elementi d'algebra, Pisa, 1, 1794, 165-166.

④ Origine, trasporto in Italia... Algebra, Parma, 1, 1797, 146-155.

⑤ Disquisitiones Arithmeticae, 1801, arts. 162, 198-202; Werke, 1, 1863, 129, 187; German transl. by Maser, 1889, 120, 177-87. Cf. Dirichlet.

J. C. L. Hellwig① 给出了二次 Pell 方程和其他方程的一个阐述.

R. Adrain② 重新给出了来自于 Euler 的更简单的证明.

F. Pezzi③ 使用了连分数

$$x=a+\frac{1}{a_1}+\frac{1}{a_2}+\cdots+\frac{1}{a_{n-1}}+\frac{1}{x_n}=\frac{x_nM_n+M_{n-1}}{x_nN_n+N_{n-1}}$$

其中$\frac{M_n}{N_n}$是收敛的由除$\frac{1}{x_n}$导出. $x=\sqrt{A}$, $x_1=\frac{1}{\sqrt{A}-a}$, $\cdots$,则 $x_n=\frac{\sqrt{A}+b_n}{c_n}$,其中

$$b_n=(-1)^n\{ANN_{n-1}-M_nM_{n-1}\}$$
$$c_n=(-1)^n\{M_n^2-AN_n^2\}$$

通过替换 $x_n=\frac{a_{n+1}}{x_{n+1}}$ 中的 x_n 和相应的 x_{n+1} 的值还有等值有理量和无理量,并替换 n 为 $n-1$,我们得到

$$b_n=a_{n-1}c_{n-1}-b_{n-1}$$
$$c_{n-1}c_n=A-b_n^2$$
$$x_n=\frac{c_{n-1}}{\sqrt{A}-b_n}$$

因为 $a_i(i=1,\cdots,n)$ 不超过 $2a$,项中的特定值 n 之后 a_i 将重复出现,那么 $M_n^2=AN_n^2+(-1)^n$. 因此 $x^2-Ay^2=1$ 以无穷种方式可解,同样 $x^2-Ay^2=-1$ 当且仅当周期长 n 为奇数. 考虑 $M_m^2=AN_m^2+(-1)^m$ 的任意解. 若 N_m 是偶的,则 M_m 是奇的且 m 为偶. 若 A 为偶且 N_m 为奇,则 M_m 为奇且$(-1)^n=(-1)^m$. 若 A 和 N_m 为奇,则 N_m 为偶且$(-1)^n=(-1)^{m+1}$.

C. Kramp④ 探讨了周期连分数并应用于 $Ay^2+1=\square$. 在 $11y^2+49=x^2$ 中的错误被在第二个注记中更正.

P. Tédenat 指出,若 $y^2-Ax^2=B$ 在整数域可解,它的解归纳为方程 $y_{t+2}-2my_{t+1}+y_t=0$ 在有限差中的积分,积分为 $y=\frac{r+s}{2}$, $x=\frac{r-s}{2\sqrt{A}}$,其中

$$r=(Y+X\sqrt{A})(m+n\sqrt{A})^{z-1}$$
$$s=(Y-X\sqrt{A})(m-n\sqrt{A})^{z-1}$$

Y,X 为方程 $Y^2-AX^2=B$ 的最小积分解,且 m,n 为 $m^2-An^2=1$ 的积分解. 这

① Anfangsgründe der Unbest. Analytik, Braunschweig, 1803, 80-184.

② The Math. Correspondent, New York, 1, 1804, 212-222(first American math. periodical).

③ Memorie di Mat. e di Fisica Soc. Ital. Sc., Modena, 13, 1807, Ⅰ, 342-365.

④ Annales de Math. (ed., Gergonne), 1, 1810-11, 261-285, 319-320, 351-352.

是 Euler 的[①]变换观点中的结果.

P. Barlow[②] 给出了方程 $x^2-Ny^2=1$ 的 15 个定理和当 $N\leqslant 102$ 时它的基础解. 他[③]给出了 $x^2-Ny^2=\pm A$ 或 z^2 的解的一般公式.

C. F. Degen[④] 在他的介绍中,通过将$\sqrt{a}$ 展成一个连分数的方式给出了 $y^2=ax^2+1$ 的一个描述,并对于特定的 a 值,例如 $a=p^2\pm 1,p^2\pm 2$,应用一个技巧给出它的解. 他的表 Ⅰ 给出,当 $a\leqslant 1\ 000$ 且不为平方数,$y^2=ax^2+1$ 的解和连分数对于$\sqrt{a}$(勘误表,Cunningham). 例如,在下列条目中

209[$=a$]	14	2	5	3	(2)
	1	13	5	8	(11)
	3 220[$=x$]				
	46 551[$=y$]				

第一行给出连分数

$$\sqrt{209}=14+\frac{1}{2}+\frac{1}{5}+\frac{1}{3}+\frac{1}{2}+\frac{1}{3}+\frac{1}{5}+\frac{1}{2}+\frac{1}{28}+\frac{1}{2}+\cdots$$

第二行展示了出现在此过程中的辅助数 1,13,5,8,11,8,5,13,1. 因此

$$R=\sqrt{209}=14+\frac{1}{\alpha}$$

$$\alpha=\frac{1}{R-14}=\frac{R+14}{13}=2+\frac{1}{\beta}$$

$$\beta=\frac{13}{R-12}=\frac{R+12}{5}=5+\frac{1}{\gamma},\cdots$$

表 Ⅱ 给出方程 $y^2=ax^2-1$ 的解,当可解时(略去了当 a 为 t^2+1 型时,当 $y=t$ 时 $x=1$ 是一个解). 说它是可解的仅当 a 的那些值($\neq 2,5$) 在表 Ⅰ 中相应于具有偶数个项的一个周期. 对于 Degen 表的扩展见 Bickmore[⑤] 和 Whitford 所给出的.

---

① Novi Comm. Acad. Petrop. ,11,1765(1759),28;Comm. Arith. Coll. , Ⅰ ,316-336;Op. Om. ,(1),Ⅲ,73.

② Theory of numbers,London,1811,294. In $x^2-56\ 587y^2=1$,the figure 7 is omitted;cf. A. Martin,Bull. Phil. Soc. Washington,11,1888,592,and Martin.

③ New Mathematical Tables,London,1814,266.

④ Canon Pellianus sive tabula simplicissimam aequationis celebratissimae $y^2=ax^2+1$ solutionem pro singulis numeri dati valoribus ab 1 ueque ad 1000 in numeris rationalibus iisdemque integris exhibens. Havniae[Copenhagen],1817.

⑤ Report British Assoc. for 1893,73-120;Cayley's Coll. Math. Papers,13,1897,430-467. Errata by Cunningham.

P. N. C. Egen① 给出了 $A<1\ 000$ 的121个值使得 $x^2-Ay^2=-1$ 是可解的.

J. L. Wezel② 证明了对于 $\sqrt{A}$ 的连分数来说,若 S 为一个完全商 $\frac{\sqrt{A}+r}{S}$ 的分母,且若 $\frac{p}{q}$ 是一个收敛子,则 $p^2-Aq^2=\pm S$. 由周期性,我们最终得到 $S=1$. 因此 $x^2-Ay^2=\pm 1$ 是可解的对于"+"号来说,且对于"-"号来说仅当周期长为奇数时是可解的. 又 $x^2-Ay^2=\pm C$ 是可解的,若在 $\sqrt{A}$ 的连分数中出现分母 C 的一个完全商.

在这章中,关于四次剩余的内容将在关于 G. L. Dirichlet 的报告中被给出,那里他讨论了 $t^2\pm qu^2=ps^2$, p, q 为素数且 $p\equiv 1 \pmod 4$,并涉及 H. R. Götting 于1861年的小册子.

J. Baines③ 发现了 n 的值使

$$25\cdot\frac{1^4+2^4+\cdots+n^4}{1^2+2^2+\cdots+n^2}\equiv 15n^2+15n-5=\square$$

设 $n=m+1$,若 $m=\frac{5s(9s\mp 2r)}{D}$,则 $15m^2+45m+25=\left(\frac{mr}{s}\pm 5\right)^2$,其中 $D=r^2-15s^2$. 就像 Euler 的结果,若 $(s,r)=(1,4),(8,31),(63,244),(496,1\ 924),\cdots$, $D=1$,由此 $n=6,86,401,5\ 361,\cdots$.

F. T. Poselger④ 通过连分数探讨了 $rx^2+1=\square$.

C. G. J. Jacobi⑤ 指出 $x^2-ay^2=1$ 的解能被表示成具有 $\frac{2m\pi}{a}$ 的正弦和余弦项,并指出他有一个概括对于 a 为几个因子积的情形. 若 $a=bc$,我们能以一个无穷大法找到使4个因子 $u\pm v\sqrt{b}\pm w\sqrt{c}\pm x\sqrt{bc}$ 积为单位元的4个整数 u, v, w, x,其中的符号的2个或4个为正号. 涉及的结果能容易地给出三种形式 $y^2-bz^2=1$, $y_1^2-cz_1^2=1$, $y_2^2-az_2^2=1$. 因此,解 $y,\cdots,z_2$ 取决于 u, v, w, x. 后者能被表示成三角函数.

---

① Handbuch der allgemeinen Arith., Berlin, 1819-1820; ed. 2, Ⅰ, 1833, 457; Ⅱ, 1834, 467; ed. 3, Ⅰ, 1846, 456; Ⅱ, 1849, 468. Cf. Seeling.

② Annales Acad. Leodiensis, Liège, 1821-1822, 24-30.

③ The Gentleman's Diary, or Math. Repository, London, 1831, 38, Quest. 1268.

④ Abh. Akad. Wiss. Berlin(Math.), 1832, 1.

⑤ Letter to Legendre, May 27, 1832; Werke, Ⅰ, 458; Jour. für Math., 80, 1875, 276; Ann. de l'Ecole Normale Sup., 6, 1869, 176-177; Bull. Sc. Math. Astr., 9, 1875, 139. Cf. Koenig.

T. L. Pistor① 给出了被一些例子所阐明，Gauss 和 Legendre 来简化含 x，y 的一般二次方程 $v^2-Dy^2=N$ 的方法的一个解释. 它的解(若 $D>0$ 应用连分数，若 $D=-d$ 应用试验) 使用 $y=0,\pm1,\pm2,\cdots,\sqrt{\frac{N}{d}}$. 他还给出了 Pell 方程 $x^2-Dy^2=1,D=2,\cdots,200$ 的最小解的一个表.

G. L. Dirichlet② 重新宣布了 Legendre 的③结果，若 p,q 为 $p^2-Aq^2=1$ 的最小正整数解，则 $2=fMg^2-fNh^2$，其中 $f=1$ 或 2，且 $MN=A$ 是 A 的一个分解. Dirichlet 证明了后面的方程至多一个，除 $1=g^2-Ah^2$ 外，是可解的. 此外对于素数 $A=4n+1,8n+3,8n-1$ 的 Legendre 定理，Dirichlet 证明了，当 $A=2a$ 时，其中 a 为素数，当 $a=8n+7$ 时 $2t^2-au^2=+1$ 可解，当 $a=8n+3$ 时 $2t^2-au^2=-1$ 可解，当 $a=8n+5$ 时 $t^2-2au^2=-1$. 这个方法排除产生 $a=8n+1$ 时无结果. 但也应用二次逆序律，他证明了若 a 是一个素数 $16n+9$ 使得 $2^{\frac{a-1}{4}}\equiv-1 \pmod a$，则 $t^2-2au^2=-1$ 是可解的，尽管条件不是必要的. 若 a 和 b 都是 $4n+3$ 型素数，则 $at^2-bu^2=\left(\frac{a}{b}\right)$ 可解④. 若 a 和 b 都是 $4n+1$ 型素数且 $\left(\frac{a}{b}\right)=-1$，则 $t^2-abu^2=-1$ 可解；但若 $\left(\frac{a}{b}\right)=1$，且⑤ $\left(\frac{a}{b}\right)_4=-1$，$\left(\frac{b}{a}\right)_4=-1$，则 $t^2-abu^2=-1$ 是可解的，尽管条件不是必要的. 他给出了 $t^2-abcu^2=-1$ 求解的条件，其中 a,b,c 为 $4n+1$ 型素数. 最终，Dirichlet 排除了 p,q 给出方程 $p^2-Aq^2=1$ 的最小解这一初始假设.

---

① Über die Auflösung der unbest. Gl. 2. Grades in ganzen Zahlen, Progr., Hamm, 1833.

② Abh. Akad. Wiss. Berlin, 1834, 649-664; Werke, Ⅰ, 219-236.

③ Mém. Acad. Sc. Paris, 1785, 549-551; Théorie des nombres, 1798, 65-67; ed. 3, 1, 1830, 64-71; Mader, Ⅰ, 65-72.

④ Legendre's symbol $\left(\frac{a}{b}\right)$ denotes $+1$ or -1 according as $x^2\equiv a \pmod b$ is solvable or not. Let c be a prime $4n+1$, and k an integer not divisible by c for which $\left(\frac{k}{c}\right)=+1$, viz., $k^{\frac{(c-1)}{2}}\equiv+1 \pmod c$. According as $k^{\frac{(c-1)}{4}}\equiv+1$ or $-1 \pmod c$, Dirichlet wrote $\left(\frac{k}{c}\right)_4=+1$ or -1, respectively.

⑤ Legendre's symbol $\left(\frac{a}{b}\right)$ denotes $+1$ or -1 according as $x^2\equiv a \pmod b$ is solvable or not. Let c be a prime $4n+1$, and k an integer not divisible by c for which $\left(\frac{k}{c}\right)=+1$, viz., $k^{\frac{(c-1)}{2}}\equiv+1 \pmod c$. According as $k^{\frac{(c-1)}{4}}\equiv+1$ or $-1 \pmod c$, Dirichlet wrote $\left(\frac{k}{c}\right)_4=+1$ or -1, respectively.

M. A. Stern① 发展了连分数理论且在最终的章节应用于$x^2-Ay^2=D$,尤其是$D=\pm 1,\pm 2$的情形.他将A的42种情形制成了表,像m^2n^2+2m和$(6n\pm 1)^2+(8n\pm 2)^2$,使得存在确切的小数给出关于$\sqrt{A}$的连分数的部分分母,由此立刻能找到$x^2-Ay^2=\pm 1$的最小解.

B. Peirce 和 T. Strong② 通过设$376x+57=x'$求解了$376x^2+114x+34=y^2$并应用二元二次形理论探讨了$376y^2-x'^2=9\ 535$.

C. Gill 指出了解$(1\ 364\ 557)^2-369(71\ 036)^2=25$且指出在$t^2-940\ 751u^2=1$的最小解中,$u$为55位,$t$为58位.

C. G. J. Jacobi③ 指出,若p是$4n+1$型素数,且$x^2-py^2=-4$,则

$$\sqrt{p}(x+y\sqrt{p})=2^{\frac{p+1}{2}}\prod\sin^2\frac{a\pi}{p}$$

其中a取遍p的0和$\frac{p}{2}$间的二次剩余.若q是$8n+3$型素数,且$x^2-qy^2=-2$,则

$$x+y\sqrt{q}=\sqrt{2}\prod\sin\left(\frac{a\pi}{q}+\frac{\pi}{4}\right)$$

若q和q'为$4n+3$型素数,且q和q'的一个二次剩余,则

$$2^{\frac{q-1}{2}\cdot\frac{q'-1}{2}}\prod\sin\left(\frac{a\pi}{q}+\frac{a'\pi}{q'}\right)=\sqrt{q}x+\sqrt{q'}y$$

其中$qx^2-q'y^2=4$.取立方$\frac{1}{2}(\sqrt{q}x+\sqrt{q'}y)$,我们得到$qu^2-q'v^2=1$的解.

G. L. Dirichlet④ 应用三角函数求解了$t^2-pu^2=1$且评论到这一方法不是很好地适用于数值计算.令$a_1,\cdots,a_s$为奇素数p的$s=\frac{p-1}{2}$个二次剩余,且令$b_1,\cdots,b_s$为二次非剩余.记$\mathrm{i}=\sqrt{-1}$.在

$$Y+Z\sqrt{\pm p}=2\prod_{j=1}^{s}(x-\mathrm{e}^{\frac{2\pi a_j\mathrm{i}}{p}})$$

$$Y-Z\sqrt{\pm p}=2\prod_{j=1}^{s}(x-\mathrm{e}^{\frac{2\pi b_j\mathrm{i}}{p}})$$

中,其中的上方或下方符号依据$p=4\mu+1$或$4\mu+3$而取值,Y和Z是系数为整

① Jour. für Math., 10, 1833, 1-22, 154-166, 241-274, 364-376; 11, 1834, 33-66, 142-168, 277-306, 311-350.

② Math. Miscellany, 1, 1836, 362-5; French transl., Sphinx-Oedipe, 8, 1913, 117-119.

③ Monatsber. Akad. Wiss. Berlin, 1837, 127; Jour. für Math., 30, 1845, 166; Werke, VI, 263-264; Opuscula Mathematica, 1, 1846, 324-5. Proof by Genocchi.

④ Jour. für Math., 17, 1837, 286-290; Werke, I, 343-350. Reproduced by P. Bachmann, Die Lehre... Kreistheilung, 1872, 294-299.

数的含 x 的多项数. 由乘法,我们得

$$Y^2 \mp pZ^2 = 4X$$

$$X = \frac{x^p - 1}{x - 1}$$

令 $p = 4\mu + 1$. 当 $x = 1$ 时,令 Y, Z 变成整数 g, h,则 $g^2 - ph^2 = 4p$. 因此 $g = pk^2, h^2 - pk^2 = -4$. 仍然求 g 和 h 的值. 因为 $a_1, \cdots, a_s$ 被 p 除时在某种顺序上有相同的余数,例如 $1^2, 2^2, \cdots, s^2$,我们有

$$g + h\sqrt{p} = 2\prod_{j=1}^{s}(1 - e^{\frac{2\pi j^2 i}{p}}) = 2^{\frac{p+1}{2}}\prod_{j=1}^{s}\sin\frac{j^2\pi}{p} \equiv \alpha$$

因为

$$1 - e^{\frac{2\pi j^2 i}{p}} = -2i\sin\frac{j^2\pi}{p} \cdot e^{\frac{\pi j^2 i}{p}}$$

$$1 + 2^2 + \cdots + s^2 = \frac{p(p^2 - 1)}{24} \equiv (-1)^{\frac{p-1}{4}} \pmod 2$$

在三角积 α 的项中,我们显然有

$$h = \frac{\alpha}{2} - \frac{2}{\alpha}$$

$$k = -\frac{1}{\sqrt{p}}\left(\frac{\alpha}{2} + \frac{2}{\alpha}\right)$$

为了从 $h^2 - pk^2 = -4$ 的这些解中转到 $t^2 - pu^2 = 1$ 的解,首先,令 $p = 8v + 1$,然后,令 h 和 k 均为偶数,使得

$$\left(\frac{h}{2}\right)^2 - p\left(\frac{k}{2}\right)^2 = -1$$

$$t + u\sqrt{p} = \left(\frac{h}{2} + \frac{k}{2}\sqrt{p}\right)^2$$

当 $p = 8v + 5$ 时,它指出 h 和 k 均为奇的,此时解 t, u 是容易推出的. 但 R. Dedekind① 注意到 h 和 k 均能为偶数,就 $p = 37, 101, \cdots$ 而论. 最终,若 $p = 4\mu + 3$,它表明,当 $x = \mathrm{i}$ 时,Y 和 Z 变成 $g(1 \pm \mathrm{i})$ 和 $h(1 \mp \mathrm{i})$,其中 g 和 h 为实整数,且依据 $p \equiv 7$ 或 $3 \pmod 8$ 来取式中上面或下面的符号. 显然 X 变成 i. 因此,$Y^2 + pZ^2 = 4X$ 等价于 $g^2 - ph^2 = \pm 2$. 从这个可解方程,我们通过设 $(g + h\sqrt{p})^2 = 2t + 2u\sqrt{p}$ 来讨论 $t^2 - pu^2 = 1$. 在三角函数项中,对于 g 和 h 的表达式能像前面一样通过应用 $x = \mathrm{i}$ 被找到,但没被给出.

① Dirichlet's Werke, Ⅱ, 418.

Dirichlet① 注意到 $k=\frac{g}{p}$ 是确定的,h 的符号的确定有许多困难.他指出 h 与

$$\log\left|\frac{k\sqrt{p}+h}{k\sqrt{p}-h}\right|=-\sqrt{p}\sum\left(\frac{n}{p}\right)\frac{1}{n}$$

有同样的符号,其中 n 取遍不能被素数 p 整除的正整数,且符号 $\left(\frac{n}{p}\right)$ 是 Legendre 型的.

C. d'Andrea② 通过应用连分数证明了 $x^2-Du^2=1$ 是可解的.

Dirichlet③ 注意到,若 $P>1$ 是一个整数不必是一个素数,则

$$\frac{1}{2}(Y+Z\sqrt{P})=\prod(x-\mathrm{e}^{\frac{2b\pi\mathrm{i}}{P}})$$

其中 b 取遍小于 P 的整数且与 P 互素,使得 $\left(\frac{b}{P}\right)=-1$,$Y$,$Z$ 为含有 x 的整系数多项式.当 $x=1$ 时,令 Y 和 Z 变成整数 Y_1,Z_2.因此,若 $\varepsilon=1$ 或 $\sqrt{P}$ 依据 P 的素因子数大于或等于 1,则

$$(T+U\sqrt{P})^h=\left(\frac{Y_1+Z_1\sqrt{P}}{2\varepsilon}\right)^{\mathrm{e}}$$

$$\mathrm{e}\equiv 4-2\left(\frac{2}{P}\right)$$

其中 h 是行列式 P 的二元二次型的类数,T,U 给出 $t^2-Pu^2=1$ 的最小正解.例如,若 $P=17$,则

$$Y=2x^8+x^7+5x^6+7x^5+4x^4+7x^3+5x^2+x+2$$

$$Z=x^7+x^6+x^5+2x^4+x^3+x^2+x$$

$Y_1=34$,$Z_1=8$,$e=2$,$T=33$,$U=8$,由此 $h=1$.

G. W. Tenner④ 给出了一个把 $\sqrt{a}$ 转换为连分数的简便方法.令 α^2 为小于 a 的最大平方数,则由 $a=113=10^2+13$ 开始

---

① Jour. für Math.,18,1838,270;Werke,Ⅰ,371-372.

② Trattato elementare di aritmetica e d'algebra,Ⅱ,1840,671,Naples.

③ Jour. für Math.,21,1840,153-155;Werke,Ⅰ,493-496.

④ Einige Bemerkungen über die Gleichung $ax^2\pm 1=y^2$,Progr.,Merseburg,1841.

Ⅰ	Ⅱ	Ⅲ		Ⅳ	Ⅴ	Ⅵ
10	×	10	=	113	−	13
1,	7,	3,		9,	104,	8
1,	5,	5,		25,	88,	11
1,	4,	6,		36,	77,	7
2,	2,	8,		64,	49,	7

用13除10+10在第2行第Ⅰ列中记商1，在第Ⅱ列中记余数7.从$\alpha=10$中减去7并在Ⅲ中记余数3，在第Ⅳ列中记它的平方9.在Ⅴ中，记差$a-9=104$.用13除104（在前面行中的Ⅵ下）并在Ⅵ中记商8.类似地，为了形成第3行用8（Ⅵ中的）除$\alpha+3$（Ⅲ的3）并记在1中的商1和在Ⅱ中的余数5；从中减去α并记在Ⅲ中的余数5，在Ⅳ中的它的平方，在Ⅴ中的$a-25=88$，在Ⅵ中的它用8（Ⅵ的）除得的商11.继续，直到我们在Ⅵ和Ⅱ找到一个数等于它上面的数.那么Ⅰ列给出分母（商）和在连分数中的完全商Ⅵ；若重复数（在我们的例子中为7）在Ⅵ中出现，则Ⅰ中的最后一个数2为项①数为偶数的对称周期的前半部分的最后一项；但若重复数出现在Ⅱ中，则Ⅰ中的最后一个数为项数为奇数的对称周期的中间项.若$y^2-ax^2=-1$是可解的，令$\frac{L}{l},\frac{M}{m}$为$\sqrt{a}$的最后两个收敛子，第2个相应于最后一个商在前半周期中；这表明$x=l^2+m^2$，$y=Ll+Mm$.例如，若$a=113$，$\alpha=10$，半个周期为10，1，1，1，2，收敛子为$\frac{10}{1},\frac{11}{1},\frac{21}{2},\frac{32}{3},\frac{85}{8}$，由此

$$x=3^2+8^2=73$$
$$y=3\cdot 32+8\cdot 85$$

但若对$\sqrt{a}-\alpha$应用1，1，1，2和收敛子$\frac{1}{1},\frac{1}{2},\frac{2}{3},\frac{5}{8}$，我们有同样的$x$，然而$y=\alpha(l^2+m^2)+l\lambda+m\mu$.若存在商$\alpha,\cdots,2\alpha$的一个奇数，令$\frac{K}{k},\frac{L}{l},\frac{M}{m}$为$\sqrt{a}$的后3个收敛子，第3个对应于中间的系数，这表明

$$x=(k+m)l$$
$$y=(K+M)l\pm 1=(k+m)L\mp 1$$

（等价于Euler的$y=lM+kL$，因为$kL-Kl=\pm 1$.）Tenner继续了Degen的表从1 001到1 020.

① Not that $\sqrt{113}=10+\frac{1}{1}+\frac{1}{1}+\frac{1}{1}+\frac{1}{2}+\frac{1}{2}+\frac{1}{1}+\frac{1}{1}+\frac{1}{1}+\frac{1}{20}+t, t=\sqrt{113}-10$.

Dirichlet[①] 证明了,若 D 为一个复整数非平方数,则 $t^2-Du^2=1$ 在复整数域是可解的,并推断出了所有解. 它无需更改,适用[②]于实数. 证法依据引理:若 a 为一个已知复无理数,我们能找到复整数对 $x,y(y\neq 0)$ 的一个无穷大,使

$$N(x-ay)<\frac{4}{N(y)}$$

其中 $N(k+bi)=k^2+b^2$,k,b 为实数,$r+s$ 的模数不超过 r 和 s 的模的和

$$\sqrt{N(x+ay)}\leqslant\sqrt{N(x-ay)}+\sqrt{N(2ay)}$$

因为 $N(y)\geqslant 1$,由引理得

$$\sqrt{N(x^2-a^2y^2)}<4\sqrt{N(a)}+\frac{4}{N(y)}<4\sqrt{N(a)}+4$$

因此,对于复整数对的一个无穷大来说 $N(x^2-a^2y^2)$ 仍少于一个确定的极限. 下面,取 $a=\sqrt{D}$. 因此,对于无限对 x,y,x^2-Dy^2 取同样的值 $l\neq 0$,并因此通过 l 的倍数,对于使 x_1,y_1 不同的一个无穷大 x^2-Dy^2 有

$$x^2-Dy^2=x_1^2-Dy_1^2=l$$

$$x\equiv x_1$$

$$y\equiv y_1 \pmod l$$

由乘法得

$$(xx_1-Dyy_1)-D(xy_1-yx_1)^2=l^2$$

因为 xy_1-yx_1 能被 l 整除,xx_1-Dyy_1 也能被 l 整除. 因此 $t^2-Du^2=1$ 在复整数 $t,u(u\neq 0)$ 中是可解的. 所有的解表明是在没重复

$$t+u\sqrt{D}=\pm(T+U\sqrt{D})^n\quad(n=0,\pm 1,\pm 2,\cdots)$$

的情况下给出的,其中 T,U 为一个基础解,即使 $N(T+U\sqrt{D})$ 为所有 $N(t+u\sqrt{D})>1$ 中的最小者. 若 D 为正实数,t,u 或均为实数或均为虚数. 因此,若此基础解为实的,则所有解为实的. 但若它是虚的,则只有 n 的偶数值给出实数解. 因为纯虚数解给出 $t^2-Du^2=-1$ 的实解,则依据后面的方程是否有实数解来确定基础解是虚的还是实的,并且在前面的情形中最小正解为 $\frac{T}{i},\frac{U}{i}$.

Du Hays[③] 推出,当 $b=0$ 时,Euler 的[④]递推公式在 $ax^2+c=\square$ 的解的连续集合之间,且给出了第 n 个集合.

---

① Jour. für Math., 24, 1842, 328; Werke, Ⅰ, 578-588.

② Abb. Akad. Wiss. Berlin, 1854, 113; Jour. de math., (2), 2, 1857, 370; Werke, Ⅱ, 155, 176. Cf. Dedekind.

③ Jour. de Math., 7, 1842, 325-330.

④ Comm. Acad. Petrop., 6, 1732-1733, 175; Comm. Arith. Coll., 1, 1849, 4; Op. Om., (1), Ⅱ, 6.

Chabert① 通过使它等于 $n(y-\beta)(y-\beta')$ 和设 $\frac{(y-\beta)n}{f}=(y-\beta')f$,探讨了 $ny^2+py+q=\square$. 若 β,β' 为无理数,应用一个无理数 f. 然而,我们总是能得到有理数 x,y,过程比 Legendre 的容易得多.

G. Eisenstein② 提出了找到一个准则来确定一个优先级,若 $p^2-Dq^2=4$ 在奇整数域可解,给出 D 是一个正整数 $8n+5$,即若行列式 D 的二次型的不正确的本原类数等于行列式 D 的正确本原类数或等于后者数目的 3 倍.

F. Arndt③ 扩展了 Legendre④ 对于 $p^2-Aq^2=1$ 的工作,他只探讨了其中 A 是素数或两个素数的积的情形. 令 p,q 为最小正数解. 首先,令 A 为奇数. 令 θ_1 为 $p-1,q$ 的 $p+1,q$ 和 θ_2 的最大公约数,则

$$p+1=\frac{1}{2}\theta_1^2\rho_1$$

$$p-1=\frac{1}{2}\theta_2^2\rho_2$$

$$\theta_1\theta_2=2q$$

$$\rho_1\rho_2=A$$

$$1=\left(\frac{1}{2}\theta_1\right)^2\rho_1-\left(\frac{1}{2}\theta_2^2\right)\rho_2 \quad (p\text{ 为奇数})$$

$$p+1=\theta_1^2\sigma_1$$

$$p-1=\theta_2^2\sigma_2$$

$$\theta_1\theta_2=q$$

$$\sigma_1\sigma_2=A$$

$$2=\theta_1^2\sigma_1-\theta_2^2\sigma_2 \quad (p\text{ 为偶数})$$

若 $A=4m+1$,只有关系式的第一个体系成立且若 $\frac{1}{2}\theta_1$ 是奇的 $\rho_1\equiv 1 \pmod 4$ 且 $\rho_2\equiv 1 \pmod 4$,然而若 $\frac{1}{2}\theta_1$ 是偶的,则 $\rho_1\equiv 3 \pmod 4$ 且 $\rho_2\equiv 3 \pmod 4$,若 $A=4m+3$,或者体系可能成立;若第 1 个成立,$\rho_1\equiv 1 \pmod 4$,$\rho_2\equiv 3 \pmod 4$. 若 A 为一个素数 $4m+1$ 的奇次幂,则 $\rho_1=A,\rho_2=1$ 且

① Nouv. Ann. Math. ,3,1844,250-253.

② Jour. für Math. ,27,1844,86.

③ Disquisitiones nonnullae de fractionibus continuis,Diss. Sundiae,1845,32 pp. Extract in Jour. für Math. ,31,1846,343-358.

④ Mém. Acad. Sc. Paris,1785,549-551;Théorie des nombres,1798,65-67;ed. 3,1,1830,64-71;Maser,Ⅰ,65-72.

$$-1=\left(\frac{1}{2}\theta_2\right)^2-\left(\frac{1}{2}\theta_1\right)^2A$$

此时,-1 为 A 的一个二次剩余,且在$\sqrt{A}$ 的连分数的周期中项数k 为奇数. 令 $\frac{\sqrt{A}+I_n}{B_n}$ 为任意完全商,则若 k 等于奇数 $A=B_s^2+I_s^2$,$s=\frac{k+1}{2}$. 若对于 $A=4m+1$,在周期中的项数 k 为偶数,中间完全商的分母为奇数. 若 $A=2^n$,其中 n 是奇数且大于 3,可证出

$$p=2p_0^2-1$$
$$q=p_0q_0$$
$$p_0^2-2^{n-2}q_0^2=1$$

若 p_0,q_0 为后者的最小解,则 p,q 给出 $p^2-2^nq^2=1$ 的最小解. 因为当 $A=8$ 时 $p_0=3$,$q_0=1$,我们能一步一步地找到解. 最终能探讨出 $A=2^nA'$ 的情形,A' 为奇数.

当 A 有平方因子时,F. Arndt① 简化了 $x^2-Ay^2=\pm1$ 的解.

J. F. Koenig② 指出 Jacobi 已经对他评论到,若

$$A=a+b\sqrt{f}+c\sqrt{g}+d\sqrt{f}\sqrt{g}$$
$$B=a-b\sqrt{f}-c\sqrt{g}+d\sqrt{f}\sqrt{g}$$

且由变换$\sqrt{g}$ 的符号从 A,B 中推断出 C,D,则 $AB\cdot CD$,$AC\cdot BD$,$AD\cdot BC$ 分别等于

$$m^2-fgn^2$$
$$m'^2-fn'^2$$
$$m''^2-gn''^2 \qquad (\alpha)$$

其中

$$\pm m=a^2-fb^2-gc^2+fgd^2$$
$$\pm n=2(ad-bd)$$
$$\pm m'=a^2+fb^2-gc^2-fgd^2$$
$$\pm n'=2(ab-gcd)$$
$$\pm m''=a^2-fb^2+gc^2-fgd^2$$
$$\pm n''=2(ac-fbd) \qquad (\beta)$$

给出 m,…,n'' 的值使(α) 中的表达式为单位元,Jacobi 想要(β) 的解 a,…,d.

---

① Archiv Math. Phys.,12,1849,239-243.

② Zerlegung der Gleichung $x^2-fgy^2=\pm1$ in Factoren,Progr.,Königsberg,1849,23 pp. Extract in Archiv Math. Phys.,33,1859,1-13. G. Jacobi.

Koenig 应用

$$z=a^2+fb^2+gc^2+fgd^2$$

并注意到 $a^2,\cdots,d^2$ 为 z 的线性函数,通过计算,有

$$z=mm'm''\pm fgnn'n''$$

他给出对于 $f=2,3,5,6,7,g\leqslant 20$ 的 a,b,c,d 的一个表,当 $f,g<100$, $f\cdot g<1\ 000$ 时,$a,\cdots,d$ 给出 $x^2-fgy^2=-1$.

J. B. Luce①,为了求解 $x^2-ny^2=z$,令 $n=a^2\pm b,\sqrt{n}=a\pm j$,由此

$$\sqrt{n}=a\pm\frac{1}{m}\pm\frac{1}{2a}\pm\frac{1}{m}\pm\cdots\quad(m=\frac{2a}{b})$$

在生成的连续收敛中,取分子和分母为 x,y 的值. 若 $m=\frac{2a}{b}$ 为整数,则当 $p=am+1,q=m$ 时 $p^2-nq^2=1$. 若其不为整数,则寻找一个平方数,使得它与 n 的积生成$\frac{2a}{b}$ 的一个整数值. 他给出这样的平方倍数的一个表,其中 $n\leqslant 158$.

F. Arndt② 是通过研究关于 $x^2-Dy^2=\pm 4,D>0$ 的二元二次型而产生的. 若 $D\equiv 0(\bmod 4)$,它的根为 $x=2t,y=u$,其中

$$t^2-\frac{1}{4}Du^2=\pm 1$$

若 $D\equiv 2$ 或 $3(\bmod 4)$ 或 $D\equiv 1(\bmod 8)$,它的根为 $x=2t,y=2u$,其中 $t^2-Du^2=\pm 1$. 对于余下的情形 $D\equiv 5(\bmod 8)$,他将 D 的小于 1 005 的那些值的最小解制成表使方程 $x^2-Dy^2=\pm 4$ 有互素的解,方程 $x^2-Dy^2=-4$ 的解若其可解(这样的 D 被标记为 D③). 若 x,y 给出后者的最小正解,则 $X=x^2+2,Y=xy$ 给出方程 $X^2-DY^2=+4$ 的最小正解,若最后一个在互素数域中是可解的,则它的最小解能容易地从 $x^2-Dy^2=1$ 中推断出来.

C. Hermite④ 证明了若 D 是正数,则 $x^2-Dy^2=1$ 有整数解的一个无穷大,且所有的都有

$$x+y\sqrt{D}=(a+b\sqrt{D})^i\quad(i=0,\pm 1,\pm 2,\cdots)$$

其中 a,b 为使 $a+b\sqrt{D}$ 为最小的解.

---

① Amer. Jour. Sc. Arts(ed. ,Silliman),(2),8,1849,55-60.

② Archiv Math. Phys. ,15,1850,467-478.

③ Not that $\sqrt{113}=10+\frac{1}{1}+\frac{1}{1}+\frac{1}{1}+\frac{1}{2}+\frac{1}{2}+\frac{1}{1}+\frac{1}{1}+\frac{1}{1}+\frac{1}{20}+t,t=\sqrt{113}-10$.

④ Jour. für Math. ,41,1851,209-211; Oeuvres, Ⅰ,185-187.

A. Genocchi① 应用 $Y^2 \mp pZ^2 = 4X$ 证明了 Jacobi② 宣布的结果. 当 $x = \mathrm{i} = \sqrt{-1}$ 时,令 $Y = y + y_1\mathrm{i}, Z = z + z_1\mathrm{i}$. 依据素数 p 为 $8k + 3$ 型的还是 $8k + 7$ 型的,我们有

$$y^2 - pz^2 = \mp 2$$

$$y \mp z\sqrt{p} = \pm(-1)^k K\sqrt{2}$$

$$K = \pm 2^{\frac{p+1}{2}} \prod \sin\left(\frac{\pi}{4} - \frac{r\pi}{p}\right)$$

其中,乘积拓广到 p 的 $\frac{p-1}{2}$ 个二次剩余.

P. L. Tchebychef③ 证明了若 α, β 给出 $x^2 - Dy^2 = 1$ 的最小正整数解,且若 $x^2 - Dy^2 = \pm N$ 是可解的,一个解有

$$0 \leqslant x \leqslant \sqrt{\frac{(\alpha \pm 1)N}{2}}$$

$$0 \leqslant y \leqslant \sqrt{\frac{(\alpha \mp 1)N}{2D}}$$

若 a, b 和 a_1, b_1 为包含在 $x^2 - Dy^2 = \pm N$ 的这些极限之内的解 x, y,则 $(ab_1 + a_1b)(ab_1 - a_1b)$ 是 N 的一个倍数,而它们的因子不是. 因此,若 $x^2 - Dy^2 = \pm N$ 在这些极限中有 2 个不同的解集,则 N 是合成的.

A. Göpel④ 证明了,通过应用连分数,若 A 是一个 $4A' + 3$ 型素数或这样一个素数的 2 倍,则 $x^2 - Ay^2 = \pm 2$ 是可解的,符号的"+"或"−"取决于 A(或 $\frac{1}{2}A$) $\equiv 7$ 或 3(mod 8),涉及的关于使 $x^2 - Ay^2 = 2$ 为可解的 A 的值的定理在第 Ⅲ 卷的二元二次型中被给出.

G. L. Dirichlet⑤ 注意到若 $f = ax^2 + 2bxy + cy^2$ 对于它的行列式 $D = b^2 - ac$ 来说有一个数不为平方数,且若 σ 是 $a, 2b, c$ 的最大公约数

$$x = \lambda x' + \mu y'$$

$$y = \nu x' + \rho y'$$

---

① Mém. Couronnés Acad. Sc. Belgique, 25, 1851-3, Ⅸ, Ⅹ.

② Monatsber. Akad. Wiss. Berlin, 1837, 127; Jour. für Math., 30, 1845, 166; Werke, Ⅵ, 263-4; Opuscula Mathematica, 1, 1846, 324-5. Proof by Genocchi.

③ Jour. de Math., 16, 1851, 257-265; Oeuvres, Ⅰ, 73-80; Sphinx-Oedipe, 10, 1915, 4, 18.

④ Jour. für Math., 45, 1853, 1-14. Summary, *ibid.*, 35, 1847, 313-318; Jour. de Math., 15, 1850, 357-362. Cf. Smith, § 123, p. 783; Coll. Math. Papers, Ⅰ, 284-288.

⑤ Abh. Akad. Wiss. Berlin, 1854, 111-4; French transl., Jour. de Math., (2), 2, 1857, 370-373; Werke, Ⅱ, 155-158, 175-178. Zahlentheorie, § 62, § 83, 1863; ed. 2, 1871; ed. 3, 1879; ed. 4, 1894. Cf. H. Minkowski, Geometrie der Zahlen, 1, 1896, 164-170.

$$\lambda\rho-\mu\nu=1$$

是具有单位元行列式的整系数的一个变型，它将 f 变为它自身，则

$$\lambda=\frac{t-bu}{\sigma}$$

$$\mu=-\frac{cu}{\sigma}$$

$$\nu=\frac{au}{\sigma}$$

$$\rho=\frac{t+bu}{\sigma}$$

其中 t,u 为 $t^2-Du^2=\sigma^2$ 的整数解，相反，若 t,u 为整数解，$\lambda,\cdots,\rho$ 是确定使 f 变成它自身的变换的整数. 对于一个更难的情形，其中 D 是正数，f 是一个缩略形式，从由 f 决定的缩略形式的周期中得到 $t^2-Du^2=\sigma^2$ 的所有解. 这一理论，它将由第 Ⅲ 卷中的二元二次型给出，对于 $a+2bw+cw^2=0$ 来说，与连分数有紧密切关系.

Dirichlet① 重新宣布了若 T,U 为 $t^2-Du^2=1$ 的最小正解，其中 D 为正数且非平方数，则所有正解由

$$t_n+u_n\sqrt{D}=(T+U\sqrt{D})^n\quad(n=1,2,\cdots)$$

给出这一事实. u_n 的值的一个无穷大能被任意正整数 S 整除. 他证明了，若 N 是使 u_n 能被 S 整除的最小的 n，则余下的那些 n 的值是 N 的连续倍数. 若 $D'=DS^2$ 且 T',U' 给出 $t^2-D'u^2=1$ 的最小正解，则 N 由方程

$$T'+U'\sqrt{D'}=(T+U\sqrt{D})^N$$

决定. 对于 S 的任意素因子 p，令 υ 为使 u_υ 能被 p 整除的最小指数且令 p^δ 为 p 整除 u_υ 的最高指数. 若 e 为任意，p 除 $u_{\upsilon e}$ 的最高次幂的指数为 $\delta+\varepsilon$，其中 ε 是 p 整除 e 的最高次幂的指数. 令 υ_i,δ_i 为 $S=\prod p_i^{\alpha_i}$ 的一般素因子 p_i 的相应值且 N 为 $\upsilon_i p_i^{\alpha_i-\delta_i}(i=1,2,\cdots)$ 的最小公倍数. 当 $\alpha_1,\alpha_2,\cdots$ 无限增大时，$\frac{S}{N}$ 接近于一个极限. 对于二次型的应用将在那一话题下给出.

C. A. W. Berkhan② 阐述了 $ax^2+1=y^2$ 的理论和当 $a\leqslant160$ 时的解的一个表.

---

① Monatsber. Akad. Wiss. Berlin, 1855, 493-5; Jour. de Math., (2), 1, 1856, 76-9; Jour. für Math., 53, 1857, 127-9; Werke, Ⅱ, 183-194.

② Lehrbuch der Unbestimmten Analytik, Halle, 2, 1856, 121-193.

M. A. Stern① 应用关于连分数的新定理缩减了形成 $x^2-Ay^2=1$ 的最小解的拓展表的工作. 给出了对于一个数的周期，我们能找到平方根有已知周期的连分数的一个无穷大. 他给出一个表展示这一方法，其中对于小于 1 000 的 163 个数的平方根的连分数能被 2 的情形推出.

A. Cayley② 给出，当 $D<1\ 000, D\equiv 5(\bmod 8)$ 时，一个表展示 $x^2-Dy^2=-4$ 的最小奇数解，当它可解时，若它不可解而 $x^2-Dy^2=+4$ 可解时，他给出的这个表展示 $x^2-Dy^2=+4$ 的最小奇数解. 计算方法是使用 Degen③ 的表给出的；若在条目的第 2 行中对于 D 来说数字 4 不出现，则方程 $x^2-Dy^2=4$ 无解；若 4 出现的位置是偶数列，则方程 $x^2-Dy^2=4$ 和 $x^2-Dy^2=-4$ 是可解的；若 4 出现的位置是奇数列，则只有 $x^2-Dy^2=4$ 是可解的. 还有，最小解能通过在上面的 4 之前的数停止使用商（在条目的第 1 行）的级数被发现并计算由这些级数确定的连分数. 从 $\tau^2-Dv^2=-4$ 的最小解，我们得到 $x^2-Dy^2=+4$ 的最小解 $x=\tau^2+2, y=\tau v$ 和 $X^2-Dy^2=-1$ 的最小解 $X=\frac{\tau^3+3\tau}{2}, Y=\frac{(\tau^2+1)v}{2}$. 从 $T^2-DU^2=4$ 的最小解，我们得到 $x^2-Dy^2=1$ 的最小解 $x=\frac{T^3-3T}{2}, y=\frac{(T^2-1)U}{2}$.

G. C. Gerono④ 证明了，由 Lagrange⑤，若 n 是正的非平方数，则 $x^2-ny^2=1$ 有整数解的一个无穷大. 若 x,y 为正整数解，则 $\frac{x}{y}$ 是 $\sqrt{n}$ 的连分数的偶数列的一个收敛子列且相应于周期中的一个的最终不完备商的下一个.

H. J. S. Smith⑥ 指出涉及 $t^2-Du^2=1$ 或 4 的主要定理是由 Euler⑦ 的注释

---

① Jour. für Math. ,53,1857,1-102.

② Jour. für Math. ,53,1857,369-371;Coll. Math. Papers,Ⅳ,40. Reprinted,Sphinx-Oedipe,5,1910, 51-3. Errata,Cunningham,p. 59. Extension by Whitford.

③ Canon Pellianus sive tabula simplicissimam aequationis celebratissimae $y^2=ax^2+1$ solutionem pro singulis numeri dati valoribus ab 1 ueque ad 1000 in numeris rationalibus iisdemque integris exhibens. Havniae[Copenhagen],1817.

④ Nouv. Ann. Math. ,18,1859,122-125,153-158.

⑤ Additions to Euler's Algebra,Lyon,2,1774,pp. 464-516,561-635;Oeuvres de Lagrange,Ⅶ, 57-80,118-164;Euler's Opera Omnia,(1),Ⅰ,548-573,598-637.

⑥ Report British Assoc. ,1861,§§96,97,pp. 313-9;Coll. Math. Papers,Ⅰ,195-202.

⑦ Novi Comm. Acad. Petrop. ,11,1765(1759),28;Comm. Arith. Coll. ,Ⅰ,316-336;Op. Om. ,(1),Ⅲ,73.

$(q_1,\cdots,q_n)$ 得到的.他注意到,像 Lagrange [1]和 Gauss[2] 所发现的,被 Euler[3] 所使用的方法是不完备的,因为他总是假设一个初始解是已知的且仅从它推出属于相同集合的那些解,然而也许存在属于不同集合的解,且最终他没有给出区分他的公式中 x,y 的整数和连分数值.

L. Kronecker[4] 注意到若 T,U 为 $T^2-PU^2=1$ 的最小解,则 $\log(T+U\sqrt{P})$ 能被表示成特殊的 theta 函数或 elliptic 函数的项,和行列式 P 的二元二次型的种数.他推断出了 T,U 的近似值.同样,对于 $t^2-17u^2=-1$ 的最小解,$4+\sqrt{17}$ 有两个近似值

$$\frac{2}{9}e^{\left(\frac{5}{18}\right)\pi\sqrt{17}},\frac{1}{\sqrt{5}}e^{\left(\frac{1}{10}\right)\pi\sqrt{85}}$$

R. Dedekind[5] 应用 Dirichlet[6] 对于复整数的方法证明了 $t^2-Du^2=1$ 的整数解 $t,u(u\neq 0)$ 的存在性,但应用下面的描述代替了他的引理:存在无穷多对整数 x,y 使得 x^2-Dy^2 在数值上小于 $1+2\sqrt{D}$.

C. Richaud[7] 指出 $x^2-Ny^2=-1$ 对于 N 的多种类型值是可解的:若 $A,\cdots,L$ 为 $8n+5$ 型的素数,且 $N=2A^\alpha,2A^{2\alpha+1}B^{2\beta+1}$ 或 $2A^{2\alpha}B^{2\beta}\cdots L^{2\lambda}$.若 $B,\cdots,L$ 为 $8n+1$ 型素数,不包括 t^2-2Au^2 的线性因子,且 $N=2A^{2m+1}a^\alpha$,$2A^{2m+1}a^{2\alpha+1}b^{2\beta+1}$ 或 $2A^{2m+1}a^{2\alpha}\cdots l^{2\lambda}$.若 $A,\cdots,L$ 为不包括 t^2-wu^2 的线性因子的素数,其中 w 是 $4n+1$ 型素数,且 $N=w^mA^{2\alpha+1},w^{2m+1}A^\alpha,w^{2m+1}A^{2\alpha+1}B^{2\beta+1}$,$w^{2m+1}A^{2\alpha}\cdots L^{2\lambda}$.还有对于 N 的又 8 个这样的集.他证明了这些结果和一些类似的结果通过应用 $\sqrt{N}$ 的连分数和二次剩余的互反律.

---

① Mém. Acad. Berlin,23,année 1767,1769,242;Oeuvres,2,1868,406-495. German transl. by E. Netto,Ostwald's Klassiker,No. 146,Leipzig,1904.

② Disquisitiones Arithmeticae,1801,arts. 162,198-202;Werke,1,1863,129,187;German transl. by Maser,1889,120,177-187. Cf. Dirichlet.

③ Comm. Acad. Petrop. ,6,1732-3,175;Comm. Arith. Coll. ,1,1849,4;Op. Om. ,(1),Ⅱ,6.

Novi Comm. Acad. Petrop. ,9,1762-3(1759),3;Comm. Arith. Coll. ,Ⅰ,297-315;Op. Om. , (1),Ⅱ,576.

Algebra,Ⅱ,Chs. 4-6,§§38-95;French transl. ,2,1774,pp. 50-115;Opera Omnia, (1),Ⅰ,349-378.

④ Monatsber. Akad. Wiss. Berlin,1863,44;French transl. in Annales sc. de l'école normale sup. ,3,1866,302-308. Cf. Smith,Report British Assoc. ,1865,§138,p. 372;Coll. Math. ,Papers,Ⅰ,354-358.

⑤ Dirichlet's Zahlentheorie,§§141-142,1863;ed. 2,1871;ed. 3,1879;ed. 4,1894.

⑥ Abh. Akad. Wiss. Berlin,1854,113;Jour. de math. ,(2),2,1857,370;Werke,Ⅱ,155,176. Cf. Dedekind.

⑦ Jour. de Math. ,(2),9,1864,384-388.

Richaud① 给出了满足 $x^2-Ay^2=1$ 对于 $A=a^2\pm d$(d 为 $2a$ 的一个大于 1 的因子）和使 $(9a+3)^2\pm 9,(9a+6)^2\pm 9,(25a+5)^2-25$ 的 A 的许多值的 x，y 的最小整数值. 对于 $x^2-Ay^2=-1$ 也是一样的.

M. A. Stern② 证明了，若 $d_n(0<d_n<\sqrt{A})$ 为一个完全商的分母 $x^2-Ay^2=d_n$ 有且仅有一个整数解. 这个完全商属于对于$\sqrt{A}$ 的“负的”循环还分数

$$[a,a_1,a_2,\cdots]=a-\frac{1}{a_1}-\frac{1}{a_2}-\cdots$$

的部分分母 a_{n+1}，且 x,y 为收敛的$[a,a_1,\cdots,a_n]$ 的分子和分母. 第一个 d_n 是生成 $x^2-Ay^2=1$ 的最小整数解的单位元，这个 d_n 为属于第 1 个周期的最终项的分母. 他发现了 $d_m=2$ 这一条件. 最终有一个表给出 $N<100$ 时半个周期的部分分母和对于$\sqrt{N}$ 的负连分数的完全商. Lagrange③ 已通过一个例子说明 Pell 方程不能应用连分数的方法求解，其中部分分母的符号选取具有任意性.

J. Frischauf④ 记录道 Gauss⑤ 应用来自行列式 D 的一个缩减的二次型得到方程 $t^2-Du^2=\sigma^2$ 的最小解 T,U. 它表明 T,U 为所应用的特殊缩减型的独立者.

N. de Khanikof⑥ 用一个表，这个表显示了以 01,04,…,96 结尾的一个平方数的根的最后两位，来寻求 $A+Bt^2=u^2$ 的可能整数解的结束点.

P. Seeling⑦ 探讨了一些连分数的型，这些连分数的平方根有具有给定项数 g 的周期，详细探讨了 $g=2,\cdots,7$ 的情形，并将对于$\sqrt{A}$，$2\leqslant A\leqslant 602$ 的连分数的周期制成表. 他注意到 Egen⑧ 从他的 n^2+1 型的所有数在表中省去了，尽管它们属于那. Egen 指出 $x^2-Ay^2=-1$ 是可解的仅当关于$\sqrt{A}$ 的连分数的周期为商的一个奇数. Seeling 指出在互素整数 x,y 中它是可解的仅当$A=4m+1$ 或$A=4m+2$. 因此，若对于$\sqrt{A}$ 的周期有商的一个奇数 g，则 $A=4m+1$ 或 $4m+2$，当 $g=1,3,5,7$ 时这被证明了.

---

① Atti Accad. Pont. Nuovi Lincei, 19, 1866, 177-182.

② Abhand. Gesell. Wiss. Göttingen(Math.), 12, 1866, 48 pp.

③ Additions to Euler's Algebra, Lyon, 2, 1774, pp. 464-516, 561-635; Oeuvres de Lagrange, Ⅶ, 57-89, 118-164; Euler's Opera Omnia, (1), Ⅰ, 548-573, 598-637.

④ Sitzungsber. Akad. Wiss. Wien(Math.), 55, Ⅱ, 1867, 121.

⑤ Disquisitiones Arithmeticae, 1801, arts. 162, 198-202; Werke, 1, 1863, 129, 187; German transl. by Maser, 1889, 120, 177-87. Cf. Dirichlet.

⑥ Comptes Rendus Paris, 69, 1869, 185-188.

⑦ Archiv Math. Phys., 49, 1869, 4-44.

⑧ Handbuch der allgemeinen Arith., Berlin, 1819-20; ed. 2, Ⅰ, 1833, 457; Ⅱ, 1834, 467; ed. 3, Ⅰ, 1846, 456; Ⅱ, 1849, 468. Cf. Seeling.

L. Öttinger 给出一些表展示 $x^2-Ay^2=\pm b$ 的几个解，其中 $A=2,\cdots,20$；$b=1,\cdots,10,3^k,5^k,7^k(k=1,2,3,4)$. 若我们应用连分数已找到 $p^2-Aq^2=\pm b$ 的最小解并知道 $t^2-Au^2=1$ 或 -1 的一个解，则 $x^2-Ay^2=\pm b$ 的另一个解由 $\alpha=pb+Aqu, y=pu\pm qt$ 给出.

A. Meyer① 应用三元型证出了若 D 是一个正整数，2 的最高次幂 2^σ 整除 D，$\sigma\leqslant 4$，最大奇平方数 S^2 整除 D，且 $D=2^\sigma S^2D_1$，则存在整数 ξ,η 与 $2D$ 互素，使得对于所有素数 p 和 q 满足

$$p\equiv\xi, q\equiv\eta \pmod{8SD_1}$$

方程 $t^2-pqDu^2=1$ 有一个基本解 T,U 使得 $T+1$ 或 $T-1$ 均不被 pq 整除.

L. Lorenz② 找到了方程 $m^2+en^2=N$ 的整数解数，其中 $e=1,2,3,4$ 或 -1，且 N 为已知正整数，通过变换级数

$$\sum_{m,n=-\infty}^{+\infty} q^{m^2+en^2} \quad (q<1)$$

为另一种形式的级数并找到后者的项 q^N. 对于 $e=1$ 时详见第 6 章 Lorenz③ 所给出的.

P. Seeling④ 记录道，若 A 为正的非平方数，且对于$\sqrt{A}$ 的连分数有对称周期 $n;a,b,\cdots,b,a,2n$，方程 $x^2-Ay^2=\pm 1$ 的解 x,y 由属于商 $2n$ 的收敛的分子和分母给出. 若循环中的商数为偶数符号为“+”；然而若其为奇数，则 2，4，6，…，循环后的符号为“+”，1，3，5，…，循环后的符号为“−”. 若 $x^2-Ay^2=-1$ 且循环中的商数为奇数，则 $A=4m+1$ 或 $4m+2$ 且 A 无因子 $4m+3$；若 A 为素数 $4m+1$，则在对于$\sqrt{A}$ 的循环中项数为奇数；若 A 为两个或更多素数 $4m+1$ 的积或这个积的 2 倍，则没有一般法则被找到. 最后，他将 $A<7\ 000$ 的所有数制成表，其中$\sqrt{A}$ 的循环有奇数个项，使得 $x^2-Ay^2=-1$ 是可解的.

A. B. Evans 和 A. Martin⑤ 找到了 $rx^2+1=\square$ 的最小解，其中 $r=940\ 751$，且记录道 $rx^2+38=\square$ 没有整数解.

Moret-Blanc⑥ 注意到，若 $x=h, y=k$ 为 $2x^2-1=y^2$ 的一个解，则 $x=hu+kv, y=2hv+ku$ 给出第 2 个解，就 $u=3, v=2$ 而言，有 $u^2-2v^2=1$.

---

① Diss., Zürich, 1871; Vierteljahrsschrift Naturf. Gesell. Zürich, 32, 1887, 363-382. Cf. Got.

② Tidsskrift for Math., (3), 1, 1871, 97. Cf. * J. Petersen, *idid.*, p. 76.

③ Anfangseründe der Unbest. Analytik, Braunschweig, 1803, 80-184.

④ Archiv Math. Phys., 52, 1871, 40-49.

⑤ Math. Quest. Educ. Times, 16, 1871, 34-36.

⑥ Nouv. Ann. Math., (2), 11, 1872, 173-177.

F. Didon 指出且由 C. Moreau 证明出，若 $D=(4n+2)^2+1$，而 n 为正整数，则 $t^2-Du^2=4$ 在奇整数域中无解，且最小正解为

$$t=16(2n+1)^2+2$$
$$u=8(2n+1)$$

O. Schlömilch[1] 讨论了关于 $\sqrt{\frac{\alpha^2}{4\pm\beta}}$ 的连分数.

L. Matthiessen 记录道，若 $x=f, y=g$ 给出 $ax^2-y^2=1$ 的最小解，则

$$a\left\{a^n f^{2n+1}+\binom{2n+1}{2}a^{n-1}f^{2n-1}g^2+\binom{2n+1}{4}a^{n-2}f^{2n-3}g^4+\cdots\right\}^2-$$
$$(af^2-g^2)^{2n+1}=\left\{\sum_{j=0}^{n}\binom{2n+1}{2j+1}a^{n-j}f^{2n-2j}g^{2j+1}\right\}^2$$

给出其所有解. 若 $x=f, y=g$ 给出 $ax^2-y^2=-1$ 的最小解，则前述式子和一个类似公式给出其所有解.

D. S. Hart[2] 指出若方程 $p^2-Nq^2=\pm1$ 的基本解集 p_0, q_0 已被找到，依次找到所有进一步解集的最简方法是应用关系式

$$p=2p_0r+r'$$
$$q=2p_0s\mp s'$$

其中 r, s 为 p, q 的最后发现值是 r', s' 为紧接着之前的值.

B. Minnigerode[3] 改进了 Dirichlet[4] 提出的理论，通过应用缩减型的不同定义和连分数

$$w=a_0-\frac{1}{a_1}-\frac{1}{a_2}-\cdots-\frac{1}{a_{\upsilon-1}}-\frac{1}{w_\upsilon}$$

这一连分数具有负商(见第 Ⅲ 卷中关于二元二次型的章节).

W. Schmidt[5] 指出 $t^2-Du^2=\pm4$ 的所有正解，通过展成行列式 D 的一个特定缩减二元二次型的根的一个连分数.

T. Muir[6] 探讨了展成任意正整数或分数的平方根的一个连分数. 特别地，

---

① Zeitschrift Math. Phys. ,17,1872,70-71.

② Math. Quest. Educ. Times,20,1874,64.

③ Göttingen Nachrichten,1873,619-652. Cf. A. Hurwitz.

④ Abh. Akad. Wiss. Berlin,1854,111-114;French transl. ,Jour. de Math. ,(2),2,1857,370-373;Werke,Ⅱ,155-158,175-178. Zahlentheorie,§62,§83,1863;ed. 2,1871;ed. 3,1879;ed. 4,1894. Cf. H. Minkowski,Geometrie der Zahlen,1,1896,164-170.

⑤ Zeitschrift Math. Phys. ,19,1874,92-94.

⑥ The Expression of a Quadratic Surd as a Continued Fraction,Glascow,1874,32 pp. Cf. R. E. Moritz,Ueber Continuanten und gewisse ihrer Anwendungen im Zahlentheoretischen Gebiete,Diss. Strassburg,Göttingen,1902.

他在一般型中得到 Euler① 的结果，称为 Euler 的$(a,\cdots,l)$一个觭夹行列式$K(a,\cdots,l)$.

D. S. Hart 和 W. J. C. Miller② 通过使用 $p^2-103n^2=1$ 证明了$103(3x-2)^2+1=\square$ 没有整数解 x 和$\frac{22\ 421}{3}$为其最小正解.

M. Collins 和 A. M. Nash 证明了 $x^2+D^m=(N^2+D)y^2$ 在有理数域是可解的，若 $m=2n+1$ 通过取

$$x+Ny=kD(y+D^n)$$

$$x-Ny=\frac{y-D^n}{k}$$

许多人应用关于$\sqrt{953}$的连分数求解了 $x^2-953y^2=\pm 1$.

S. Tebay 记录道，若 p,q 为 $x^2-ny^2=1$ 的最小解，则

$$x=\frac{1}{2}(\eta^r+\eta^{-r})$$

$$y=\frac{1}{2}n^{-\frac{1}{2}}(\eta^r-\eta^{-r})$$

$$\eta=p+qn^{\frac{1}{2}}$$

令 $na^2\pm k=m^2$. 为了求解 $nt^2\pm k=\square$，设 $t=a+r$，若

$$\tau=\frac{2y(nay-mx)}{x^2-ny^2}$$

则

$$m^2+2nar+nr^2=\square=(m+\frac{rx}{y})^2$$

S. Bills 通过取 $A=953$ 阐述了一个“新的，特殊的”方法来求解 $x^2-Ay^2=\pm 1$，则 $S=30$ 是仅小于 A 的平方数的根. 从 $0,1,S$ 作为初始三元组到 M,N,P 作为任意三元组，用

$$M_1=NP-M$$

$$N_1=\frac{A-M_1^2}{N}$$

$$P_1=\left[\frac{S+M_1}{N_1}\right]$$

记下一个三元组，其中$[k]$为小于或等于 k 的最大整数. 当我们达到具有

① Novi Comm. Acad. Petrop., 11, 1765(1759), 28; Comm. Arith. Coll., Ⅰ, 316-336; Op. Om., (1), Ⅲ, 73.

② Math. Quest. Educ. Times, 20, 1874, 66-7; 28, 1878, 65-66.

$P=2S$ 的一个三元组时，便得到一个解. 应用是用来求解 $nt^2 \pm k=\square$ 的.

几位作者[①]证明了，若 r 是使 $Ar^2-1=\square$ 成立的最小整数且 $AR^2+1=\square$，则 R 是 r 的一个倍数.

D. S. Hart 指出 560 为使 $953z^2+87z+1=\square$ 的最小的 z.

A. Martin[②] 记录道 $x=1\ 284\ 863\ 351$ 给出 $x^2-5\ 658y^2=1$ 的最小解，然而 Barlow[③] 错误地给出一个 48 位数（Barlow 求解了 $x^2-56\ 587y^2=1$，疏忽的 7 是一个印刷错误）.

H. J. S. Smith[④] 证明了若 T,U 为 $T^2-DU^2=(-1)^i$ 的最小整数解，则 $T+U\sqrt{D}$ 等于 $\sqrt{D}$ 作为一个连分数的展式中一个循环中 i 个完全商的积. 还有关于完全商的不同循环数的定理.

D. S. Hart[⑤] 给出了求解 $x^2-Ay^2=1$ 的一个“新”方法. 令 $A=r^2\pm m$，则 $(x+ry)(x-ry)=1\pm my^2$. 设 $x-ry=1$，则

$$y=\pm\frac{2r}{m}$$

$$x=1\pm\frac{2r^2}{m}$$

但解均不在一般整数域. 他和 A. Martin 发现了 $94x^2+57x+34=\square$ 的正整数解.

A. Kunerth[⑥] 要求了 p 的有理值使 $x=\frac{N}{D}$ 为整数，N 和 D 为具有整系数的 p 的已知二次函数. 用 q 的一个适合的线性函数替换 p，我们有[⑦]

$$x_1\equiv ax-A=\frac{dq+f}{q^2-g}$$

$$(f-dq)x_1+d_2=\frac{S}{q^2-g}$$

其中 $S=f^2-gd^2$，已知 d,f 的任意公因子可以从第二个方程的每项中被移除.

---

① Math. Quest. Educ. Times, 23, 1875, 109-110; 24, 1876, 109-111.

② The Analyst, Des Moines, 2, 1875, 140-2; Math. Quest. Educ. Times, 26, 1876, 87; Math. Magazine, 2, 1890, 59.

③ Theory of numbers, London, 1811, 294. In $x^2-56587y^2=1$, the figure 7 is omitted; cf. A. Martin, Bull. Phil. Soc. Washington, 11, 1888, 592, and Martin.

④ Proc. London Math. Soc., 7, 1875-6, 199-208; Collectanea Mathematica, Milan, 1881, 117; Coll. Math. Papers, 2, 1894, 148.

⑤ Math. Quest. Educ. Times, 28, 1878, 29-30.

⑥ Sitzungsber. Akad. Wiss. Wien (Math.), 75, Ⅱ, 1877, 7-58.

⑦ There are tive errors of signs on pp. 15-16. In the examples the signs are correct.

记$\frac{v}{w}$为有理数q且对v^2-gw^2来说依次等于S的每个正或负因子.因此,对于负的g,存在试验的一个有限数.为了应用于具有已知解x_1,y_1的$y^2=ax^2+bx+C$,在$y^2=a(x^2-x_1^2)+b(x-x_1)+y_1^2$中设$y=p(x-x_1)+y_1$.我们有

$$x-x_1=\frac{-2y_1p+2ax_1+b}{p^2-a}$$

$b=0$的情形被用了较长篇幅的探讨.这一方法被应用于Pell方程$y^2=ax^2+1$,其中$y=px+1$,$x=\frac{-2p}{p^2-a}$.他重复了Tenner法则①.

A. Martin②记录道,在$x^2-9\ 817y^2=1$的最小解中,x有97位.

D. S. Hart记录道对于$y=m^2+n^2$的$(r^2+s^2)y^2-1=\square$,若

$$ms=rn\pm\sqrt{(r^2+s^2)n^2\pm s}$$

其中r,s中的一个为奇数且另一个为偶数,而n由试验被发现.

Martin③找到了$x^2-9\ 781y^2=1$的最小解.

S. Roberts④记录道若$t^2-Du^2=-1$在整数域可解,其中$D=2^{\mu}\alpha^a\beta^b\cdots$,$\mu=0$或1且$\alpha,\beta,\cdots$为奇数,则$t^2-D'u^2=-1$是可解的,其中$D'=2^{\mu}\alpha^{a+2p}\beta^{b+2q}\cdots$.因为任意素数$4n+1$为一个$D$,它的任意奇次幂为一个$D'$.若$D=s^2d$,对于$t^2-Du^2=-1$的可解性来说$t^2-du^2=-1$的可解性是必要但不充分条件.

Roberts证明了,若t,u为$t^2-Au^2=1$的最小解,则存在数值t_1,u_1,比t,u小,使得$Mt_1^2-Nu_1^2=\pm1$,$MN=A$或$Mt_1^2-Nu_1^2=\pm2$,$MN=A$,除非$M=1$.若这些方程的第1个是可解的且$M<N$,则M为关于$\sqrt{A}$的连分数的循环的中间分母.但若第2个成立,第1个不成立,则$2M$为其中间分母.

H. Brocard⑤给出了一个关于Pell方程的参考文献和历史记录.

K. E. Hoffmann⑥回忆了Lagrange证明了x_0,y_0为$x^2-Ay^2=1$的一个解,若$\frac{x_0}{y_0}$为相应于关于$\sqrt{A}$的连分数的第1个或前两个循环的收敛.其他解遵从于

① Einige Bemerkungen über die Gleichung $ax^2\pm1=y^2$, Progr., Merseburg, 1841.

② The Analyst, Des Moines, 4, 1877, 154-155.

③ Math. Visitor, 1, 1878, 26-27.

④ Proc. London Math. Soc., 9, 1877-8, 194.

⑤ Nouv. Corresp. Math., 4, 1878, 161-9, 193-200, 228-232, 337-343.

⑥ Archiv Math. Phys., 64, 1879, 1-8.

$$x_n + y_n \sqrt{A} = (x_0 + y_0 \sqrt{A})^n$$

然而它通常仅指出$\frac{x_n}{y_n}$为后面的完全循环的一个收敛，这里的一个直接证法由应用一个循环连分数的"相近型"给出.

A. Kunerth① 给出了一个"特殊的"方法来求解

$$y^2 = ax^2 + bx + c \tag{17}$$

若已知一个有理解，我们可以变换(17)为

$$y^2 = (\alpha x + \beta)^2 + (\gamma x + \delta)(\varepsilon x + \zeta) \tag{18}$$

因此，每个这样的变换生成x的2个值$-\frac{\delta}{\gamma}$和$-\frac{\zeta}{\varepsilon}$给出有理解. 若$x = \frac{m}{n}$，$y = \frac{r}{n}$是(17)的一个解，取$\gamma = n, \delta = -m$，则$r = m\alpha + n\beta$，从这里我们可以确定$\alpha, \beta$，则$\varepsilon, \zeta$可以从(18)中找到. 以不具有一个已知解继续，从(17)中减去$(\alpha x + \beta)^2$且应用条件差为两个线性函数

$$(b - 2\alpha\beta)^2 - 4(a - \alpha^2)(c - \beta^2) = \Delta^2 \tag{19}$$

的一个积. 设$D = b^2 - 4ac$，$\beta = \frac{K + b\alpha}{2a}$，则$K^2 = a\Delta^2 + D(\alpha^2 - a)$. 因此，我们不得不给$\Delta$和$\alpha$赋值使得后者的和为一个平方数.

应用这个方法于同余式$y^2 \equiv c \pmod b$，其中b为素数，我们有(17)中$a = 0$的情形. 那么，若

$$\alpha = \frac{-bw(v + \beta w)}{v^2 - cw^2}$$

$$\frac{v}{w} = p$$

则当$\Delta = b + 2p\alpha$时(19)成立. 若$\pm b$是c的一个二次剩余，则第一个分母可能等于$\pm b$. 因此$\alpha = \mp w_0(v_0 + \beta w_0)$.

Kunerth② 继续了同样的课题. 令α_1, β_1为$r = m\alpha + n\beta$的一个解，则$\alpha = \alpha_1 - np$，$\beta = \beta_1 + mp$. 用这些替换(18)，其中$\gamma = n, \delta = -m$. 经几次缩减，我们得到

$$-\varepsilon x - \zeta = (np^2 - 2\alpha_1 p - \varepsilon)x - (mp^2 + 2\beta_1 p + \zeta)$$

则(17)有一个整数解当且仅当能选取p使得x的值使前者弱化成一个整数.

---

① Sitzungsber. Akad. Wiss. Wien(Math.), 78, Ⅱ, 1878, 327-337.

② Sitzungsber. Akad. Wiss. Wien(Math.), 82, Ⅱ, 1880, 342-375.

A. B. Evans 和其他人[①]证明了，若$\frac{p_n}{q_n}$为关于$\sqrt{A}$的连分数的第一个循环中的最后同余，且r是小于或等于$\sqrt{A}$的最大整数，则$p_n=rq_n-q_{n-1}$. 因此，我们能从$x^2-Ay^2=1$的一个解中的y导出x.

J. de Virieu[②]应用最终位数来说明在

$$24x^2+1=y^2$$

中xy能被5整除.

E. Lionnet 指出且 M. Rocchetti 和 F. Pisani 容易地证明了(20)或$2x^2+1=3y^2$的3个连续的解集满足$x_{n+1}=10x_n-x_{n-1}$，$y_{n+1}=10y_n-y_{n-1}$，其中分别有$(x_1,y_1)=(0,1)$或$(1,1)$，$(x_2,y_2)=(1,5)$或$(11,9)$. 对于第2个方程的解$3x^2+2$是$360n+5$型的且同时等于3个连续平方数的和和2个连续平方数的和. 当$x^2+1=2y^2$，$x_n=6x_{n-1}-x_{n-2}$，$y_n=6y_{n-1}-y_{n-2}$时，$(x_1,y_1)=(1,1)$，$(x_2,y_2)=(7,5)$.

S. Réalis[③]应用了$x^2-ky^2=(\alpha^2-k\beta^2)(A^2-kB^2)^2$，其中

$$x=\alpha A^2-2k\beta AB+k\alpha B^2$$
$$y=-\beta A^2+2\alpha AB-k\beta B^2$$

从方程$x^2-ky^2=h$的已知解α,β和方程$A^2-kB^2=1$的一个解导出方程$x^2-ky^2=h$的一个新解.

H. Poincaré[④]记录道，若m为奇数，且a,b给出方程$a^2-mb^2=1$的最小整数解，c,d，给出方程$c^2-md^2=4$的最小奇整数解，则

$$\left(\frac{c+d\sqrt{m}}{2}\right)^3=a+b\sqrt{m}$$

Several[⑤]容易地证明

$$x_{n+p}=2x_px_n-x_{n-p}$$
$$y_{n+p}=2x_py_n-y_{n-p}$$

若x_n,y_n是$x^2-Ny^2=1(x_0=1,y_0=0)$的第n个正整数解集.

W. P. Durfee[⑥]指出，若$x_0,y_0;x_1,y_1;\cdots$为$ax^2-y^2=-1$的整数解，按大小分布，则

---

① Math. Quest. Educ. Times, 30, 1879, 49.

② Nouv. Ann. Math., (2), 17, 1878, 476.

③ Nouv. Corresp. Math., 6, 1880, 306-312, 342-350.

④ Comptes Rendus Paris, 91, 1880, 846.

⑤ Math. Quest. Educ. Times, 34, 1880, 114.

⑥ Johns Hopkins University Circular, 1, 1882, 178.

$$x_n y_{n+t} - x_{n+t} y_n = -x_t$$

$$a x_n x_{n+t} - y_n y_{n+t} = -y_t$$

S. Gönther① 记录道 $2x^2 - 1 = y^2$ 的解显然被 Plato 所知. 它的完全解暗含了 $2x^2 + 1 = y^2$ 的解，且相反. 为了求解 $(a^2 + b^2)x^2 - 1 = y^2$，寻找 $\xi^2 - (a^2 + b^2)\eta^2 = a^2\xi$ 的整数解且试验 $2(a^2 + b^2)\eta^2 \pm 2b\xi\eta$ 是否整除 $a^2\xi$. 若是，则我们有初始方程的一个解.

E. de Jonquières② 找到了对于数 A 的特殊型的$\sqrt{A}$ 的连分数的循环，且探讨了分子不同于单位元的循环连分数.

D. S. Hart③ 指出了一个过程，比 Euler 的和 Lagrange 的简单，想要找到 $ax^2 + bx + c = \square$ 的整数解就是减掉这样一个平方数$(lx + m^2)$使得差分解成具有整系数的两个线性函数，则 $L^2 + MN = \square = (L - \frac{Mr}{s})^2$ 给出 x，等于它的分母相对于单位元.

E. Catalan④ 讨论了 $Ax^2 = y^2 + 1$. 其中 A 是 $a^2 + b^2$ 型的. 若 p, q 给出最小解，则 x 能被 p 整除. 设 $x = pz$，则

$$(q^2 + 1)z^2 = y^2 + 1$$

因此考虑$(a^2 + 1)x^2 = y^2 + 1$. 对于它的解

$$x_n = 2(2a^2 + 1)x_{n-1} - x_{n-2}, n \geqslant 3$$

这表明若 $n \geqslant 3$，x_n 等于 3 个平方数的和，若 $b > 1$ 在初始方程中，则 x_n 为 4 个平方数的和. 每个整数 $y > 1$，使得$(a^2 + 1)x^2 = y^2 - 1$ 是 3 个平方数的和.

S. Roberts⑤ 证明了 $q^2 - Dr^2 = 1$ 将是可解的通过应用唯一的最接近的整数极限或唯一的上极限作为属于关于$\sqrt{D}$ 的连分数的部分商，代替应用通常的唯一下极限. 但他承认他的结果均归于 Stem⑥ 和 Minnigerode⑦.

G. de Longchamps⑧ 给出了 Pell 方程的参考数目.

J. Perott⑨ 证明了存在一个正整数 λ 使得，在

---

① Blätter für Bayer. Gymnasialschulwesen, 18, 1882, 19-24.

② Comptes Rendus Paris, 96, 1883, 568, 694, 832, 1020, 1129, 1210, 1297, 1351, 1420, 1490, 1571, 1721.

③ Math. Magazine, 1, 1882-1884, 40-41.

④ Assoc. franç. av. sc., 12, 1883, 101; Atti Accad. Pont. Nuovi Lincei, 37, 1883-4, 84-95.

⑤ Proc. London Math. Soc., 15, 1883-4, 247-268.

⑥ Abhand. Gesell. Wiss. Göttingen(Math.), 12, 1866, 48 pp.

⑦ Göttingen Nachrichten, 1873, 619-652. Cf. A. Hurwitz.

⑧ Jour. de math. élém., 1884, 15(1885, 171, on continued fractions).

⑨ Jour. für Math., 96, 1884, 335-337.

$$t_\lambda + u_\lambda \sqrt{d} = (t_1 + u_1 \sqrt{d})^\lambda$$

中,u_λ 能被一个已知奇素数整除,其中 t_1, u_1 给出 $t^2 - du^2 = 1$ 的最小正解. 他探讨了 Poincaré① 的评论.

M. Weill② 记录道 $x^2 - Ay^2 = N^2$ 有解 $x = Au^2 + t^2, y = 2tu$,若 t, u 给出方程 $t^2 - Au^2 = N$ 的一个解. 取 $N = 1$,考虑 $a, a_1, a_2, \cdots, a_k = 2a_{k-1}^2 - 1$,从 $a^2 - Au^2 = 1$ 得到的,$y_1 = 2au, a_1 = Au^2 + a^2 = 2a^2 - 1, \cdots$. 他给出了 a_k 的一个确切表示且用 $\cos m\phi$ 的公式记录了在含 $\sin\phi$ 和 $\cos\phi$ 的项中的关系.

H. Van Aubel③ 证明了 Brocard④ 的声明

$$x_{m+1} = 2px_m - x_{m-1}$$

$$y_{m+1} = 2py_m - y_{m-1}$$

给出 $x^2 - Ay^2 = 1$ 的三个连续解集间的关系,其中 p, q 给出最小解. 还有定理给出同余式的项中 p 和 q 找到接近关于$\sqrt{A}$ 的连分数的循环的中间. 若循环有奇数个项,则 A 是两个互素平方数的和,但反之不成立. 他探讨了 A, b 的值使 $x^2 - Ay^2 = 1$ 的解 $x = by + 1, y = \frac{2b}{A - b^2}$ 为整数. 他记录了整数解能从两个分数解集中导出的情形.

许多人⑤求解了找到对角线数$\frac{x(x-3)}{2}$为平方数的多边形的问题,通过探求$(2v-1)^2 - 8u^2 = 1$.

H. Richaud⑥ 发现了 $N = 1\ 549$ 时 $x^2 - Ny^2 = -1$ 的最小解. 他记录了对 Legendre⑦ 表中 $N = 823$ 和 809 的修正.

J. Vivante⑧ 探讨了 $Dx^3 - 3 = y^2$.

E. Lucas⑨ 给出了关于$\sqrt{n}$ 的连分数的循环,其中 n 为一个二次函数.

许多人⑩求解了 $x^2 - 19y^2 = 81$.

---

① Comptes Rendus Paris, 91, 1880, 846.

② Nouv. Ann. Math., (3), 4, 1885, 189-193.

③ Assoc. franç. av. sc., 14, Ⅱ, 1885, 135-151.

④ Nouv. Corresp. Math., 4, 1878, 161-9, 193-200, 228-232, 337-343.

⑤ Mathesis, 6, 1886, 162.

⑥ Jour. de Math. Elém., (3), 1, 1887, 181-183. Cf. Whitford, p. 97.

⑦ Mém. Acad. Sc. Paris, 1785, 549-551; Théorie des nombres, 1798, 65067; ed. 3, 1, 1830, 64-71; Maser, Ⅰ, 65-72.

⑧ Zeitschr. Math. Phys., 32, 1887, 287-300.

⑨ Jour. de math. spéciales, 1887, 1.

⑩ Math. Quest. Educ. Times, 48, 1888, 48.

J. Perott① 评论了关于 $t^2-Du^2=-1$ 的各种文章并证明了，若 q 为一个 $16n+9$ 型素数，则 $t^2-2qu^2=-1$ 可解当且仅当 $2^{\frac{q-1}{4}}\equiv -1 \pmod{q}$. 然而若 q 是$16n+1$ 型素数，则条件 $2^{\frac{q-1}{4}}\equiv 1 \pmod{q}$ 是必要的但不充分的. 若 q 是 $8n+5$ 型素数，则 $t^2-2q^2u^2=-1$ 是可解的. 但若 q 是 $8n+1$ 型素数，那么一个必要条件为，在分解$q=c^2+2d^2$ 中，d 能被 8 整除. 若 q 是 $16m+9$ 型的这个条件是充分的，但若 $q=16m+1$ 它是不充分的.

F. Tano② 证明了若 $A=a_1a_2\cdots a_n$，则 $x^2-Ay^2=-1$ 是可解的，其中 n 是奇数且$a_1,\cdots,a_n\equiv 1 \pmod 4$ 是互异素数，若至多Legendre的符号$\frac{a_i}{a_j}$ 中的一个是$+1$，其中 $i<j$. 他给出关于 $A=2a_1\cdots a_n$ 情形的定理.

J. Knirr③ 详细地给出了 Indian④ 循环的方法来求解 $z^2-cx^2=1$，将其简化. 这个方法据说是比应用连分数简单得多. 他将 $c\leqslant 152$ 的最小解制成了表.

A. Hurwitz⑤ 应用 $x_0=\frac{a_0-1}{x_1}, x_1=\frac{a_2-1}{x_2},\cdots$，将任意实数 x_0 展成一个连分数，其中 a_n 的选取使得 x_n-a_n 位于$\frac{-1}{2}$ 和$\frac{+1}{2}$ 之间. Minnigerode⑥ 已指出展式是循环的，若 x_0 是具有整系数的一个二次方程的根. $x^2-Dy^2=-1$ 的可解性的充分必要条件为

$$\sqrt{D}=(a_0;a_1,a_2,\cdots,a_r,-a_1,-a_2,\cdots,-a_r;a_1,a_2,\cdots)$$

G. Chrystal⑦ 给出了 $x^2-Cy^2=\pm H$ 的一个阐述方便于英语读者.

F. Tano⑧ 通过将$\sqrt{a^2\pm 4}$ 展成一个连分数，当 a 为任意奇整数时，证明了 $x^2-(a^2+4)y^2=-1$ 在整数域可解，而 $x^2-(a^2-4)y^2=-1$ 是不可能的除非 $a=3$. 若 a 是任意奇整数且 k 是两个平方数的和，则 $x^2-kz^2=\pm a$ 有无穷多对整数解. 为了证明方程

$$x^2+y^2+z^2=u^2+v^2+w^2+N$$

有无穷多对整数解，其中 N 是任意整数，我们把下列两个方程相加

$$x-(a^2+4)y^2=a$$

① Jour. für Math. ,102,1888,185-223.

② Jour. für Math. ,105,1889,160-9.

③ Die Auflösung der Gleichung $z^2-cx^2=1$,18. Jahresberich Oherrealschule,1889,34 pp.

④ Víja-gan'ita(algebra),Ch. 3, §§75—99"Affected square. "Colebrooke,170-184.

⑤ Acta Math. ,12,1889,367-405.

⑥ Göttingen Nachrichten,1873,619-652. Cf. A. Hurwitz.

⑦ Algebra,2,1889,450-60;ed. 2,2,1900,478-486.

⑧ Bull. des Sc. Math. ,(2),14,Ⅰ,1890,215-218.

$$x_1^2-(a^2-4)y_1^2=-(2a-5)$$

若 N 是奇数;但若 N 是偶数,我们首先把第 2 项变为 $-a,4$. 通过依次用 $u_i^2-a^2v_i^2+4v_i^2=1(i=1,2,\cdots)$ 乘以 $x^2-a^2y^2-4y^2=\pm a$,我们发现存在

$$\sum_{r=1}^{k}x_r^2-\sum_{r=1}^{k+1}y_r^2=\pm a\quad (k=\frac{3^n-1}{2})$$

的解的一个无穷大.

G. Frattini① 注意到,若 x_0,y_0 为 $x^2-(a^2+1)y^2=-N$ 的基本解,即具有 $0<y_0\leqslant N$ 的一个解,则它的所有解由

$$x+y\sqrt{a^2+1}=(\pm x_0+y_0\sqrt{a^2+1})(a+\sqrt{a^2+1})^n$$

给出,其中 n 取遍值 $0,2,4,\cdots$. 然而 $x^2-(a^2+1)y^2=+N$ 的所有解由同样的公式给出 n 取遍正奇整数.

Frattini 证明了,若 $K,H(H<\sqrt{N})$ 型成 $x^2-(a^2-1)y^2=N$ 的一个解,在正整数域中的每个解由

$$x+y\sqrt{a^2-1}=(K+H\sqrt{a^2-1})(a+\sqrt{a^2-1})^m\quad (m=0,1,2,\cdots)$$

给出. 令 $\alpha^2-D\beta^2=1,\beta\neq 0$. 用 β^2 乘 $x^2-Dy^2=N$,我们得到

$$(\beta x)^2-(\alpha^2-1)y^2=N\beta^2$$

它的解由前述公式中的一个推出,即

$$x+y\sqrt{D}=(K+H\sqrt{D})(\alpha+\beta\sqrt{D})^m\quad (m=0,1,2,\cdots)$$

当将 N 变成 $-N$ 时,若我们用 $\pm K$ 替换 K 同样的公式成立,其中,在最后的公式中,$H\leqslant\sqrt{\frac{N(\alpha+1)}{2D}}$. Tchebychef② 的第 1 个结果是一个推论.

Frattini③ 缩减方程 $x^2-Dy^2=N$ 的解为方程 $x^2-Dy^2=N\rho^\lambda$ 中的一个的解,其中 $\rho=2m+1-n>0,m^2$ 为小于 $D=m^2+n$ 的最大平方数. 令 x,y 为给定方程的一个解使得 $y\geqslant\sqrt{\frac{N}{\rho}}$,则 $x\leqslant(m+1)y$. 令 $x=(m+1)y-h$,由此 $h\geqslant 0$,则我们的方程变成 y 的一个二次剩余,根 y 的根数必为一个整数 k. 因此

$$y=\frac{h(m+1)\pm k}{\rho}$$

$$k^2-Dh^2=N\rho$$

① Periodico di Mat. ,6,1891,85-90.

② Jour. de Math. ,16,1851,257-265;Oeuvres,Ⅰ,73-80;Sphinx-Oedipe,10,1915,4,18.

③ Periodico di Mat. ,7,1892,7-15.

k 前的符号必为"+".因此,若 $y \geqslant \sqrt{\frac{N}{\rho}}$,且若 k,h 给出 $x^2-Dy^2=N\rho$ 的正整数解,$x^2-Dy^2=N$ 的正整数解由

$$x+y\sqrt{D}=f(k+h\sqrt{D})$$

$$f=\frac{m+1+\sqrt{D}}{\rho}$$

给出.应用这一结论于新方程,我们推断,若 $h \geqslant \sqrt{N}$,目的方程的正整数解由

$$x+y\sqrt{D}=f^2(k'+h'\sqrt{D})$$

给出,k',h' 是方程 $x^2-Dy^2=N\rho^2$ 的正整数解.f 的倒数是 $m+1-\sqrt{D}<1$.由此,我们最终得到一个具有解 $y>\sqrt{\frac{N\rho^\lambda}{\rho}}$ 的方程 $x^2-Dy^2=N\rho^\lambda$,且因此得到目的方程的一个解.

Frattini① 应用类似方程 $x^2-Dy^2=N(-n)^\lambda(\lambda=1,2,\cdots)$ 来求解 $x^2-Dy^2=N$,且应用这两个方法于 $x^2-Dy^2=-N$.他推断出了 Tchebychef② 的定理.

Frattini③ 按几何级数地增补了并解释了 Tchebychef 的定理.从 Frattini,我们导出结论:若在 $x^2-Dy^2=1$ 的连续正整数解中 $0,q_1,q_2,\cdots$ 为 y 的值,级数 $0,q_1\sqrt{N},q_2\sqrt{N},\cdots$ 以解数的方式使 $x^2-Dy^2=N$ 的正整数解分开,其中 y 大于或等于级数中的任意数且小于后面的,是常数.几何解释是 $x^2-Dy^2=1$ 的连续解的矢量分正 x 轴和斜线 $\frac{1}{\sqrt{D}}$ 之间的角为连续角每个包括一个具有满足 $x^2-Dy^2=N$ 的整数坐标点的相等数.若 $1,p_1,p_2,\cdots$ 为 x 的值,级数 0,$\sqrt{\frac{N(p_1+1)}{2D}},\sqrt{\frac{N(p_2+1)}{2D}},\cdots$ 像前面一样区分 $x^2-Dy^2=-N$ 的解.为了解释,应用 y 轴代替 x 轴.

C. A. Roberts④ 给出了关于$\sqrt{p}$ 的连分数的仅有的分母,其中 p 是一个素数 $4n+1\leqslant 10\ 501$(这给出仅相应于 Degen⑤ 表中的每个条目的第 1 行,且不是

① Ibid.,49-54,88-92,119-22.

② Jour. de Math.,16,1851,257-265;Oeuvres,Ⅰ,73-80;Sphinx-Oedipe,10,1915,4,18.

③ Atti Reale Accad. Lincei,Rendiconti,(5),1,1892,Sem. 1,51-7;Sem. 2,85-91.

④ Math. Magazine,2,1892,105-120.

⑤ Canon Pellianus sive tabula simplicissimam aequationis celebratissimae $y^2=ax^2+1$ solutionem pro singulis numeri dati valoribus ab 1 ueque ad 1000 in numeris rationalibus iisdemque integris exhibens. Havniae[Copenhagen],1817.

$x^2 - py^2 = \pm 1$ 的最小解). 对于表的介绍由 A. Martin 给出.

E. Lemoine① 证明了 $x^2 + 1 = 2y^2$ 的所有正解由 $x_n = N_{2n-1} + N_{2n}$, $y_n = N_{2n}$ 给出,其中 $N_{n-1}a + N_n b$ 是级数 $u_1 = a, u_2 = b, \cdots, u_n = 2u_{n-1} + u_{n-2}$ 中的第 n 项,因此

$$N_{2n-1} = 2^{2n-3} + \binom{2n-4}{1} 2^{2n-5} + \binom{2n-4}{2} 2^{2n-7} + \cdots + \binom{2n-4}{2n-1} 2$$

$$N_{2n} = 2^{2n-2} + \binom{2n-3}{1} 2^{2n-4} + \binom{2n-3}{2} 2^{2n-6} + \cdots + \binom{2n-3}{2n-2} 2^2 + 1$$

若 x, y 是 $x^2 + 1 = 2y^2$ 的一个解,则 $x + 2y, x + y$ 是 $x^2 - 1 = 2y^2$ 的一个解且若方程被互换同样成立.

G. B. Mathews② 应用 $t^2 - Du^2 = \sigma^2$ 的基本解(T, U),和对称方程的注释,把

$$\phi = \cosh^{-1}(\frac{T}{\sigma}) = \sinh^{-1}(\frac{U\sqrt{D}}{\sigma})$$

则一般解为

$$T_n = \sigma \cosh n\phi$$

$$U_n = (\frac{\sigma}{\sqrt{D}}) \sinh n\phi$$

K. Schwering③ 以 Jacobi 的椭圆函数 $x = u\sin am$ 开始,该函数与

$$u = \int_0^x \frac{dx}{\sqrt{1 - x^4}}$$

相反,且一个“奇”整复数 $\eta = a + bi$,其中 a 是奇数 b 是偶数,使 $q = a^2 + b^2$ 是奇数,则

$$\eta u \sin am = \pm \frac{x^q + a_1 x^{q-4} + a_2 x^{q-8} + \cdots + a_v x}{1 + a_1 x^4 + a_2 a^8 + \cdots + a_v x^{q-1}} = \frac{x\phi(x^4)}{\chi(x^4)}$$

$$v \equiv \frac{q-1}{4}$$

若 η 为一个 $4k + 3 + (4k' + 2)i$ 型复素数,则 $\phi(x^4)$,它取决于用 η 将双纽线分割的划分,可分解成

$$\phi(x^4) = Y^2 - \eta Z^2$$

令 g 为素数 q 的一个原根,使得 $g^v \equiv i(\bmod \eta)$. 取 $x = 1$,我们得到 $t^2 -$

---

① Jornal de Sc. Math e AStr. (ed. ,Teixeira), 11, 1892, 68-76, 115.

② Theory of Numbers, 1892, 93.

③ Jour. für Math. , 110, 1892, 63-4(112, 1893, 37-38).

$\eta u^2=2\mathrm{i}(-1)^{\mathrm{ind}(1+\mathrm{i})}$ 的奇复整数解 t,u. 通过平方 $t+\sqrt{\eta}u$ 我们得到 $T^2-\eta U^2=1$ 的复整数解.

H. Weber[①] 应用模方程(具有 u,v 的 24 位的代数方程),此方程在两个椭圆函数 $u=f(w),v=f(23w)$ 之间成立,来推断恒等式 $X^2M-Y^2N=1$

$$2X=(B-1)(B-4)(B^2-4N+2)$$

$$M=B^3-5B^2+8B-5$$

$$2Y=(B-3)(B^3-6B^2+10B-6)$$

$$N=B^3-5B^2+4B-1$$

由平方 $X\sqrt{M}+Y\sqrt{N}$,我们得到 $x+y\sqrt{D}$,其中 $x^2-Dy^2=1,D=MN$.

C. E. Bickmore[②] 计算了(一个委员会,其中 A. Cayley 是主席) 一个表,拓展了 Degen[③] 的并指出,对于 $1\ 001\leqslant a\leqslant 1\ 500$,$y^2=ax^2-1$ 的最小解当 a 不是 t^2+1 型时(在相反的情形中,$y=t,x=1$ 给出一个解),且当后者不可解时,$y^2=ax^2+1$ 的最小解. 从前者的一个解中我们得到 $y_1^2=ax_1^2+1$ 的一组解 $y_1=2y^2+1,x_1=2xy$.

A. Hurwitz[④] 证明了 $u^2-Dv^2=m$ 的正互素解,其中 $|m|<2\sqrt{D}$,由近似于 $\sqrt{D}$ 的分数 $\frac{u}{v}$ 给出,其中 $\frac{u}{v}$ 和 $\frac{r}{s}$ 是形成一对近似于 x 的分数对若 x 位于它们之间且若 $su-rv=1$.

A. H. Bell[⑤] 通过设

$$x=-1+\frac{Nym}{n}$$

找到 $x^2=Ny^2+1$ 的一个特解,由此 $y=\frac{2mn}{m^2N-n^2}$ 且提出当分母是单位元的问题. 他探讨了 $N=94$ 和 $x^2-61y^2=-1$ 的情形.

Emma Bortolotti[⑥] 记录了具有判别式 A 且有含有 x 的系数多项式的一个二次方程的一个根能被分解成一个循环连分数(这个连分数的元素是含 x 的线

① Math. Annalen, 43, 1893, 185-196.

② Report British Assoc. for 1893, 1894, 73-120; Cayley's Coll. Math. Papers, 13, 1897, 430-467. Errata by Cunningham.

③ Canon Pellianus sive tabula simplicissimam aequationis celebratissimae $y^2=ax^2+1$ solutionem pro singulis numeri dati valoribus ab 1 ueque ad 1000 in numeris rationalibus iisdemque integris exhibens. Havniae[Copenhagen], 1817.

④ Math. Annalen, 44, 1894, 425-427.

⑤ Amer. Math. Monthly, 1, 1894, 53-54, 92-94, 169, 239-240.

⑥ Rendiconti Circolo Mat. Palermo, 9, 1895, 136-149.

性函数）当且仅当 $Au^2-v^2=1$ 在含 x 的多项式 u,v 是可解的. 若 A 是含 x 的奇数位的，后者的方程显然是不可能的.

A. Meyer① 指出，若 $t^2-Du^2=1$ 有一个基本解 T,U，其中 U 与 D 的一个因子 D_1 互素，则它有解（其中 u 对于任意给定数来说同余于模 D_1）.

G. Speckmann② 应用恒等式

$$(na^2\pm m^2)-\left(\frac{n^2a^2\pm 2nm}{x^2}\right)(ax)^2=m^2$$

于 $m=1$，并称 Pell 方程的结论解是有规律的，若 $x=1$ 且无规律若 x^2 是 $n^2a^2\pm 2nm$ 的一个大于 1 的因子. 为了求解 $x^2-Dy^2=M(M\neq$ 平方数)，他寻找了一个平方数 η^2 使得 $M+\eta^2$ 是一个平方数 ξ^2. 若 $D=1+2k\xi+k^2\eta^2$，则一个解是 $x=\xi+k\eta^2, y=\eta$.

G. Frattini③ 讨论了方程 $x^2-Ay^2=1$ 的解，其中 A 是一个含 u 的多项式，尤其当 A 是 2 或 4 位时.

Ch. de la Vallée Poussin④ 指出了应用除第一个系数外其他的系数都是负整数的连分数的优势.

G. Speckmann⑤ 指出 $t^2-Du^2=1$ 的基本解 T,U 为 $T=x+2,U=1$，若 $D=x^2+4x+3$；$T=2x+3,U=2$，若 $D=x^2+3x+2,\cdots$. 他记录了像

$$(na^3+m)^3-(n^3a^6+3mn^2a^3+3m^2n)a^3=m^3$$

这样的恒等式.

A. Palmström⑥ 给出了 $(a+2)x^2-(a-2)y^2=4$ 的解间的许多递归公式和关系. 若 x_1,y_1 为 $x^2-Ay^2=-1$ 的最小正解，则

$$(4x_1^2+4)\left(\frac{y}{y_1}\right)^2-4x_1^2\left(\frac{x}{x_1}\right)^2=4$$

使 $\frac{y}{y_1},\frac{x}{x_1}$ 和上面的 x,y 具有一样的性质，我们看到，通过取 $a=4x_1^2-2$，奇数列的解与方程 $x^2-Ay^2=-1$ 的解有相同的性质.

C. Störmer⑦ 阐述了已知的结果，若 a,b 为 $x^2-Ay^2=-1$ 的最小正解，其他解由

① Jour. für Math., 114, 1895, 240.

② Ueber unbest. Gleichungen, Leipzig and Dresden, 1895.

③ Giornale di Mat., 33, 1895, 371-378; 34, 1896, 98-109.

④ Annales Soc. Sc. Bruxelles, 19, 1895, 111.

⑤ Archiv Math. Phys., (2), 13, 1895, 327-333; 14, 1896, 443-445.

⑥ Bergens Museums Aarbog for 1896, Bergen, 1897, No. 14, 11 pp. (French).

⑦ Nyt Tidsskrift for Math., 7, B, 1896, 49.

$$x_{2n+1}+y_{2n+1}\sqrt{A}=(a+b\sqrt{A})^{2n+1}$$

给出，$x^2-Ay^2=+1$ 的解由 $x_{2n}+y_{2n}\sqrt{A}=(a+b\sqrt{A})^{2n}$ 给出. 他证明了

$$\alpha-\beta=2\tan^{-1}\frac{a}{x_{2n}}$$

$$\alpha+\beta=2\tan^{-1}\frac{b}{y_{2n}}$$

$$\alpha=\tan^{-1}\frac{1}{x_{2n-1}}$$

$$\beta=\tan^{-1}\frac{1}{x_{2n+1}}$$

Störmer① 记录了若 $x^2-Dy^2=\pm1(D>0)$ 有正整数解且 y_1 是最小的 y，或者没有解 y 使得 y 的每个素因子也整除 D，或者仅有一个这样的解，即 y_1.

A. Thue② 证明了在 $x^2-Dy^2=m$ 中最小正数 $y\leqslant v\sqrt{m}$，其中 v 是使 $u^2-Dv^2=1$ 的一个正数，提供了 D 不是平方数且 $u>1$.

A. Boutin③ 将关于$\sqrt{n}$ 的连分数的循环制成了表，$n\leqslant200$，当 n 是一个参数的 30 个特殊二次函数中之一. 他给出了 $y^2-(m^2-1)x^2=1$ 的完全解，详述了 $m=2$ 的情形.

H. Brocard 给出了决定 $x^2-2y^2=\pm1$ 的问题的参考文献.

E. de. Jonquières④ 应用二元二次型证明了$(a^2-4)x^2-4y^2=\pm1$ 是不可解的若 $a\neq3$，$(a^2-1)x^2-4y^2=\pm1$ 是不可解的（当为 -1 时错误），$(a+1)x^2-ay^2=1(a>0)$ 有最小解 $x=4a+1,y=4a+3$，$(ma^2\pm1)x^2-my^2=\pm1$ 有最小解 $x=4ma^2\pm1,y=4ma^3\pm3a$，并给出$(ma^2\pm4)x^2-my^2=\pm1(a,m$ 为奇数）的解的长表达式. 应用的方法类似于 Gauss 的方法，但有变动（由 Legendre 所激发）他从略去了邻近缩减型（它们有中间项 0）的循环. 他应用了 Gauss 的对于$(ma^2+4)x^2-my^2=1$ 的缩减法. 他给出 D 的值使 $t^2-Du^2=-1$ 在整数域可解：$D=a^2(n^2+1)$，$D=4n^2+4n+5$，其中 a 是具有 $0,1,2n$ 作为初始项且 $2n,1$ 作为关系比例的循环级数的奇数列的任意项的一个因子. 它不可解，若 $D=a^2(n^2+1)$，n 是 a 的一个倍数.

---

① Videnskabs-Selskabets Skrifter, Christiania, 1897, No. 2, 48 pp. Cf. Störmer.

② Archiv for Math. og Naturvidenskab, 19, 1897, No. 4.

③ Mathesis, (2), 7, 1897, 8-13.

④ comptes Rendus Paris, 126, 1898, 863-871, 991-997 (correction, 132, 1901, 750, and l'intermédiaire des math., 8, 1901, 108).

De Jonquières[①] 记录了 $t^2-Du^2=-1$ 或 $-m^2$ 的一个解能将一个二次型 (A,B,C) 转换成 (a,b,c) 或它的逆 $(-a,b,-c)$ 的两个类似变换中找到.

R. W. D. Christie[②] 找到了 $x^2-103y^2=1$ 的最小解.

G. Ricalde[③] 指出若 $x=1,x_1,x_2,\cdots;y=0,y_1,y_2,\cdots$ 是 $x^2-Ay^2=1$(A 不是平方数) 的整数解,$2(x_{2n}+1)$ 是一个平方数 t^2 和 y_{2n} 是 t 的一个倍数) 若 $2(x_{2n+1}-1)$ 对 n 的一个值来说是一个平方数,则对每个 n 来说它是一个平方数 k^2,且 y_{2n+1} 是 k 的一个倍数,且有一个 $u^2-Av^2=-1$ 的解. A. Palmström 记录了第 1 个声明遵从于

$$x_{2n}+y_{2n}\sqrt{A}\equiv(x_1+y_1\sqrt{A})^{2n}=(x_n+y_n\sqrt{A})^2$$

$$x_{2n}=x_n^2+Ay_n^2=2x_n^2-1$$

$$y_{2n}=2x_ny_n$$

就第 2 个声明而言,Palmström 证明了 $\frac{x_{2n+1}\mp1}{x_1\mp1}$ 为平方数,由此 $2(x_{2n+1}-1)$ 对每个 n 来说是一个平方数,若对一个 n 个来说是一个平方数,若 u_1,v_1 是 $u^2-Av^2=-1$ 的最小解

$$\begin{aligned}x_{2n+1}+y_{2n+1}\sqrt{A}&=(u_1+v_1\sqrt{A})^{4n+2}\\&=(u_{n+1}+v_{n+1}\sqrt{A})^2\\&=2u_{n+1}^2+1+2u_{n+1}v_{n+1}\sqrt{A}\end{aligned}$$

使得 $2(x_{2n+1}-1)$ 是一个平方数. 但后者将是正确的当

$$u^2-Av^2=-1$$

是不可能时.

A. Goulard 证明了,若 m 是奇数,$2(x_{mp}-1)$ 是一个平方数当且仅当 $2(x_p-1)$ 是一个平方数. 若 p 是偶数,后者不是一个平方数,而若 p 是奇数,它是一个平方数当且仅当 $u^2-Av^2=-1$ 是可解的.

A. Cunningham 和 R. W. D. Christie[④] 每个都注意到 $X^2-pY^2=1$ 在变换 $X=x^2\pm1,Y=xy$ 下变成 $x^2-py^2=\mp2$. 那么,若 p 是素数,依据上或下符号它是 $8n+3$ 或 $8n-1$ 型的成立. 通过取 x,y 的值,我们得到目标方程的解.

C. de Polignac 证明了若 t_1,u_1 为 $t^2-Du^2=1$ 的最小正解,其中 D 是正的非平方数 t_n,u_n 是任意其他解,存在一个线性代换 $x_1=\frac{Q_1x+S_1}{P_1x+R_1}$ 它的第 n 次幂

---

① Comptes Rendus Paris,127,1898,596-601,694-700. Slightly different from Gauss.

② Math. Quest. Educ. Times,70,1899,51.

③ L'intermédiaire des math.,6,1899,75.

④ Math. Quest. Educ. Times,73,1900,115-117.

$x_n=\dfrac{Q_n x+S_n}{P_n x+R_n}$ 给出 $t_n=Q_n, u_n=\dfrac{P_n}{u_1}$.

G. Ricalde① 给出求解 $x^2-Ay^2=1$ 的恒等式

$$(k^2 n\pm 1)^2-n(k^2 n\pm 2)k^2=1$$

$$(8n+25)^2-(4n^2+25n+39)4^2=1$$

$$\{8[n^3+(n+1)^3]^2+1\}^2-[(2n+1)^2+4]\cdot$$
$$\{4[n^3+(n+1)^3][n^2+(n+1)^2]\}^2=1$$

就像 Euler② 所推出的那些. 他和其他人对 $x^2-ay^2=\pm 1$ 的 3 个连续解间的线性关系做出了一些次要的评论.

A. Boutin③ 记录了,若 A 是 m 的一个适当选取的二次函数,$x^2-Ay^2=\pm 1$ 是完全可解的应用含 m 的多项式的一个无穷大,它满足二阶特定微分方程. 因此对于

$$y^2-(m^2+1)x^2=1$$

$$y^2-(m^2+1)x^2=-1$$

有循环级数

$$x_0=0, x_1=1, \cdots, x_n=2mx_{n-1}+x_{n-2}$$

$$y_0=1, y_1=m, \cdots, y_n=2my_{n-1}+y_{n-2}$$

对于偶下标求解第 1 个方程,对于奇下标求解第 2 个方程. 作为 m 的函数,x_n 和 y_n 满足微分方程

$$(m^2+1)\frac{\mathrm{d}^2 x_n}{\mathrm{d}m^2}+3m\frac{\mathrm{d}x_n}{\mathrm{d}m}-(n^2-1)x_n=0$$

$$(m^2+1)\frac{\mathrm{d}^2 y_n}{\mathrm{d}m^2}+m\frac{\mathrm{d}y_n}{\mathrm{d}m}-n^2 y_n=0$$

对 $A=25m^2-14m+2$ 和 $x^2-Ay^2=1, A=m^2-1, m\alpha^2+2, m(m\alpha^2+1)$ 做出了类似的评论.

J. Romero 指出 $(ny^2\pm x)^2-(n^2y^2\pm 2nx+A)y^2=\pm 1$,若

$$x^2-Ay^2=\pm 1$$

A. S. Werebrusow 指出在 $x^2-Ay^2=\pm 1$ 中,A 可能有 $a^2m^2+2bm+c$ 型若 $b^2-a^2c=\pm 1$.

A. Holm④ 应用了 D_n 的第 $n+1$ 个因子当 $\sqrt{C}$ 变成周期长是 c 的一个连分

---

① L'intermédiaire des math., 8, 1901, 256. The third identity lacked the first exponent 2.

② Comm. Acad. Petrop., 6, 1732-1733, 175; Comm. Arith. Coll., 1, 1849, 4; Op. Om., (1), Ⅱ, 6.

③ L'intermédiaire des math., 9, 1902, 60-62.

④ Proc. Edinburgh Math. Soc., 21, 1902-3, 163-180.

数时. 令 p_c, q_c 为 $x^2-Cy^2=1$ 的基本解. 从 $x^2-Cy^2=(-1)^n D_n$ 的一个解 p_n, q_n 中我们应用

$$x-y\sqrt{C}=\pm(p_n-q_n\sqrt{C})(p_c-q_n\sqrt{C})^n$$

得到所有解,其中,若 c 是偶数,n 取遍所有整数,正、负或 0;而若 c 是奇数,m 仅取遍偶整数.

H. Weber① 从二次式 $\frac{1}{2}(t+u\sqrt{D})$ 的射影的观点探讨了 $t^2-Du^2=\pm 4$,其中 t 和 u 均是整数.

$x^2-Dy^2=-1$ 是可解的的充分或必要条件已被记录了②.

E. B. Escott 询问且 A. S. Werebrusow 回复了使 $\frac{[a,b,\cdots,a]}{[b,c,\cdots,b]}$ 是整数的 a, b,… 的值是什么.

P. F. Teilhet 指出并由其他几个人证明了若 β 是 $\gamma^2-3\beta^2=1$ 的一个根且 $\beta\neq 0$,则 $6\beta^2+1$ 不是一个平方数. 因此 $n(n+1)(n+2)=3A^2$ 是不可能的.

P. von Schaewen③ 在下列情形中(其中 $D=B^2-4AC$)使 $f\equiv Ax^2+Bx+C$ 为平方数:

(i) $A=n^2A_1, D=m^2D_1, A_1+D_1=\square=q^2$,因此

$$f=\frac{m^2}{4n^2}+A\left(x+\frac{B+mq}{2A}\right)\left(x+\frac{B-mq}{2A}\right)$$

是 Euler 型 P^2+QR.

(ii) $C+D=\square$.

(iii) $-AD=\square$.

(iv) $-CD=\square$.

(v) $A(1-D), C(1-D), D(1-A), D(1-C)$ 中的一个是平方数,由 $D=m^2D_1, A(1-D_1)=\square=q^2$,… 的归纳,那么有

$$f=\left(\frac{mq}{2A}\right)^2+A\left(x+\frac{B+m}{2A}\right)\left(x+\frac{B-m}{2A}\right)$$

R. W. D. Christie④ 指出,若 $ad-bc=\pm 1, a^2+b^2=P, x^2+1=Py$ 被

$$x=nP+Q$$

---

① Archiv Math. Phys., (3), 4, 1903, 201; Algebra, Ⅰ, 1895, 395-400; ed. 2, 1898, 438-443.

② L'intermédiaire des math., 10, 1903, 102, 224; 11, 1904, 156-158, 242; 12, 1905, 53-56, 249-250; 13, 1906, 243-247 (Werebrusow's results are erroneous).

③ Zeitschr. Math. Naturw. Unterricht, 34, 1903, 325-34. Progr. Gym. Glogau, 1906.

④ Math. Quest. Educ. Times, (2), 6, 1904, 98-101.

$$y = n^2 P + 2nQ + c^2 + d^2$$
$$\pm Q \equiv ac + bd$$

满足.问题是现在选取 a,b,c,d 使 $y=\square$.他和其他人在没有应用连分数的情况下求解了 $x^2 - 149y^2 = 1$.他和 E. B. Esoott 给出了恒等式

$$\{k(4n^2a^2 \mp 4na + 4n^2 + 1) + (2na \mp a + 2n)\}^2 + 1$$
$$= \{(2na \mp 1)^2 + (2n)^2\}\{(2kn + 1)^2 + (2kna \mp k + a)^2\}^2$$

Christie① 指出,若 $\frac{p_n}{q_n}$ 是与 $\sqrt{D}$ 同余的同余式,其中 D 是一个素数 $4m+1$,则 $q_{2n+1} = q_n^2 + q_{n+1}^2$.

G. Frattini② 用一个正整数 D 和正有理数 E,F,定义了 $E+F\sqrt{D}$ 的指数为这样的因子分解成它所能分解形式的最大数.若已知 $x^2 - Dy^2 = 1$ 的一组解为 α,β,则 $x^2 - Dy^2 = N$ 的所有解由

$$x + y\sqrt{D} = (\alpha + \beta\sqrt{D})^k (x' \pm y'\sqrt{D})$$

给出,其中特解 x',y' 的上标不超过其 Pell 方程解的上标的一半.但我们可以像已知一样注意到指数不超过给定极限(仅取决于试验数的限定)的解.

Frattini 将前述结果展成代数情形,其中 D,N,x,y 是含有参数 a 的多项式.最后,他证明了,若 D 是一个正整数或含有 a 的偶数位的多项式,$x^2 - Dy^2 = 1$ 是可解的当且仅当 $\sqrt{D}$ 能展成一个简单循环连分数使得

$$\sqrt{D} = (a_1, a_2, \cdots, a_n, c + \sqrt{D})$$

其中 $a_i(i=1,2,\cdots,n)$ 和 c 均是整数若 D 是整数,否则是含 a 的多项式.

A. Cunningham③ 给出了两个方程 $\tau^2 - Dv^2 = \pm 1, D < 100$ 的最小解,从 Degen 的④表中,但由 Legendre⑤ 证明出,对于 $D \leqslant 20$ 更进一步(倍数)的解,还有 $\tau^2 - Dv^2 = \pm 2, \pm 8, \pm 16$,当 $D < 500$ 时的最小奇解,和对于 $D < 1\,000$ 有 $D = \pm 4$(从 Degen 的表的数据中计算出来).他记录了 Bickmore⑥ 表中的 3 个

---

① Educ. Times, 57, 1904, 41.

② Periodico di Mat., 19, 1904, 1-15.

③ Qusadratic Partitions, 1904, 260-266.

④ Canon Pellianus sive tabula simplicissimam aequationis celebratissimae $y^2 = ax^2 + 1$ solutionem pro singulis numeri dati valoribus ab 1 ueque ad 1000 in numeris rationalibus iisdemque integris exhibens. Havniae[Copenhagen], 1817.

⑤ Mém. Acad. Sc. Paris, 1785, 549-551; Théorie des nombres, 1798, 65-67; ed. 3, 1, 1830, 64-71; Maser, Ⅰ, 65-72.

⑥ Report British Assoc. for 1893, 1894, 73-120; Cayley's Coll. Math. Papers, 13, 1897, 430-467. Errata by Cunningham.

错误.

Cunningham 和 Christie[①] 指出了怎样找出在 $X_n^2 - P_nY^2 = -1$ 中有同样 Y 的整数 X_n 的一个无穷大. 他们和 A. H. Bell[②] 求解了 $x^2 - 19y^2 = -3$ 没有使用一般同余式.

Cunningham 应用 $y^2 - Dx^2 = -1$ 的已知解来分解 $y^2 + 1$ 型的数.

A. Aubry[③] 给出 Pell 方程的一个历史和简述.

J. Schröder[④] 指出,若 $\frac{P_\alpha}{Q_\alpha}(\alpha = 1, 2, \cdots)$ 为同余式对于 $1 + \frac{1}{k} + \frac{1}{k} + \cdots$ 来说

$$(\sqrt{k} - 1)^\alpha = (-1)^{\alpha-1}(\sqrt{k}Q_\alpha - P_\alpha)$$

仅当 $k = 2$ 时成立. P. Epstein 记录了对于 $k = 2$ 时的结果是方程 $x^2 - Dy^2 = \pm 1$ 的一般解和它的最小解之间已知关系的一种情形. 它也是下面定理的一种情况. 若 $D = a^2 + b$,且 b 是 $2a$ 的一个因子,而 $\frac{Z_k}{N_k}$ 同余于 $\sqrt{D}$,则

$$(\sqrt{D} - a)^k = (-1)^{k-1}b^{[\frac{k}{2}]}(N_k\sqrt{D} - Z_k)$$

几位作者[⑤]讨论了使 $x^2 - (y^2 - 1)p^2 = 1$ 可解的 p.

A. H. Holmes[⑥] 认为 41 是使

$$7x^2 - 111 = y^2$$

的最小素数 y.

A. Holm[⑦] 指出,若 p, q 给出 $x^2 - Cy^2 = \pm D$ 的一个特解,且 r, s 是 $x^2 - Cy^2 = 1$ 中的一个,前者的所有正解由

$$x - y\sqrt{C} = \pm(p - q\sqrt{C})(r - s\sqrt{C})^n \quad (n = 0, \pm 1, \pm 2, \cdots)$$

给出.

R. W. D. Christie 表示,若我们设 $x = \cos\theta, y = \sin\theta$,则

$$X_2 = \cos 2\theta = 2x^2 - 1$$

$$X_3 = \cos 3\theta = 4\cos^3\theta - 3\cos\theta = 4x^3 - 3x, \cdots$$

$$Y_2 = \sin 2\theta = 2xy$$

$$Y_3 = \sin 3\theta = (4\cos^2\theta - 1)\sin\theta = 4x^2y - y, \cdots$$

---

① Math. Quest. Educ. Times, (2), 7, 1905, 79-80.

② Math. Quest. Educ. Times, (2), 8, 1905, 28-30, 58.

③ Mathesis, (3), 5, 1905, 233.

④ Archiv Math. Phys., (3), 9, 1905, 206-207.

⑤ L'intermédiaire des math., 13, 1906, 93, 229-230; 14, 1907, 136.

⑥ Amer. Math. Monthly, 13, 1906, 191(148-149 for erroneous solution).

⑦ Math. Quest. Educ. Times, (2), 10, 1906, 29.

它给出 $X_n^2 - PY_n^2 = 1$ 连续解集若 $X_1 = x, Y_1 = y$ 是第 1 个集合. 对于任意 n 这被证实了.

Christie 证明了,若 p_n, q_n 为 $p_n^2 - 2q_n^2 = \pm 1$ 的任意同余

$$2\tan\frac{-q_n}{q_{n+1}} \pm \tan^{-1}\frac{1}{p_{2n+1}} = \frac{\pi}{4} = 2\tan^{-1}\frac{p_n}{p_{n+1}} \pm \tan^{-1}\frac{1}{p_{2n+1}}$$

Christie 认为 $X^2 - pY^2 = 1$ 的连续解由

$$X_{n+1} = 2xX_n - X_{n-1}$$

$$Y_{n+1} = 2xY_n - Y_{n-1}$$

给出,初始解为 $1,0;x,y$. 从 $x^2 - 601y^2 = -1$ 的一个解能找到 $X^2 - 601Y^2 = 1$ 的一个解.

A. Auric[①] 展成一个连分数为判别式 Δ 的任意二次方程的根,它是分解 $t \pm 2$ 的一个问题,其中 t, u 给出 $t^2 - \Delta u^2 = 4$ 的最小解.

B. Niewenglowski 记录道 $x^2 - ay^2 = -1$ 是可解的当且仅当 $x^2 - ay^2 = +1$ 的最小正整数解是 $x = 1 + 2u^2, y = 2uv$ 型的. 后者代表了一个双曲线;若 P 和 P_1 为它上面具有整数坐标的点,过点 P 平行于点 P_1 的切线的直线交双曲线于一个新的点,此点具有整数坐标.

A. Cunningham[②] 给出 $\tau^2 - Dv^2 = \pm 1$ 的解除以一个素数的可除性试验.

Pell 方程的基本解的存在性是 Dirichlet 定理在代数域上关于单位元的一个推论. 对于二次域的情形,参考文献可以由 J. Sommer[③] 的文章给出.

E. A. Majol[④] 给出了 Δ 的 8 个解 75,78,321,…,使得在方程 $x^2 - \Delta y^2 = 1$ 的基本解中存在 Δ 和 y 的一个公共素因子 $4m + 3$.

A. Boutin[⑤] 给出了 $\sqrt{A}$ 对于 A 的许多形式的连分数的循环,a 的主要二次函数,且对于这样的 A 的各种型列举了 $x^2 - Ay^2 = \pm 1$ 的最小解. 他列举了 N 的值,$0 < N < 1\,023$,使 $x^2 - Ny^2 = -1$ 是可解的,使它成立的一个充分和必要条件是在 $\sqrt{N}$ 的分解中不完全商的循环中项的个数为奇数.

C. Störmer[⑥] 给出了他的[⑦]定理的一个简单证法且应用它来求解下列问

---

① Bull. Soc. Math. de France, 35, 1907, 121-125.

② Report British Assoc. for 1907, 462-3. Cf. Cunningham.

③ Vorlesungen über Zahlentheorie, 1907, 98-107, 113, 338-345, 355-358; French transl. of revised text by A. Lévy, 1911, 103-113, 119, 351-357, 370-373.

④ L'intermédiaire des math., 15, 1908, 142-143.

⑤ Assoc. franç. av. sc., 37, 1908, 18-26.

⑥ Nyt Tidsskrift for Mat., 19, B, 1908, 1-7; Fortschritte der Math., 39, 1908, 246.

⑦ Videnskabs-Selskabets Skrifter, Christiania, 1897, No. 2, 48 pp. Cf. Störmer.

题:已知素数 $p_1,\cdots,p_n$ 找到了全体正整数 N 使 $N(N+h)$ 不能被除 $p_1,\cdots,p_n$ 外的其他素数整除,其中 $h=1$ 或 2. 由定理,若 $a=1$ 或 4,出现在方程 $x^2-D_iy^2=1(i=1,\cdots,v)$ 的基本解中的 $x^2-1=ap_1^{z_1}\cdots p_n^{z_n}$ 的所有正整数解均是 $ap_1^{\varepsilon_1}\cdots p_n^{\varepsilon_n}$ 的值,其中 $\varepsilon_1,\cdots,\varepsilon_n$ 分别取自值 1,2.

G. Fontené[1] 证明了,若 a,b 给出 $x^2-ky^2=1$ 的最小正解,则所有解由 $x+y\sqrt{k}=(a+b\sqrt{k})^n$ 给出,这一证法本质上是经典证法,但遵从于 Mlle. J. Borry 的证法.

A. Chatelet 证明了,由解的经典方法的一个基本解应用连分数,若 k 不是一个平方数,$x^2-ky^2=1$ 总是可解的.

R. W. D. Christie[2] 表示单位元的第 5 个根的项中 $x^2-5y^2=\pm 4$ 的解. 他和其他人从一个整数解

$$\left(\frac{x}{z}\right)^2-p\left(\frac{py-y+2}{(p+1)z}\right)^2=1$$

$$z=\frac{2py-p+1}{p+1}$$

中得到 $x^2-py^2=1$ 的分数解的一对无穷大.

E. B. Escott 和 A. Cunningham 将 u_{84} 分解成 $t_n^2-2u_n^2=(-1)^n$.

Christie 和 Cunningham 证明了,若 $p_n^2-2q_n^2=\pm 1$

$$(p_np_{n+1})^2+(2q_nq_{n+1})^2=q_{2n+1}^2$$

$$p_np_{n+1}-2q_nq_{n+1}=\pm 1$$

Cunningham 应用了他的[3]方法将 v_{66} 分解成 $\tau_n^2-2v_n^2=1$,并进一步给出了 Pell 方程的解的因式分解的例子.

Cunningham 记录了 $x^2-3y^2=-2$ 和 $z^2-3w^2=1$ 的解的关系,与 $\frac{a^6+27b^6}{a^2+3b^2}$ 有关.

G. Frattini[4] 证明了若 D 和 N 为含 a 的多项式,且 D 是偶数位的,若 $x^2-Dy^2=1$ 有一个已知解在含 a 的多项式中,则 $x^2-Dy^2=N$ 的所有解能从其一个解中找到.

G. Fontené[5] 指出,若 a,b 给出 $x^2-ky^2=1$ 的最小正解

---

① Bull. math. élémentaires, 14, 1908-9, 209-212.

② Math. Quest. Educ. Times, (2), 13, 1908, 35-36.

③ Report British Assoc. for 1907, 462-463. Cf. Cunningham.

④ Atti del Ⅳ congresso internaz. dei mat., 2, 1909, 178-182. Cf. Frattini.

⑤ Bull. math. élémentaires, 15, 1909-10, 65.

$$x_n = 2ax_{n-1} - x_{n-2}$$

$$y_n = 2ay_{n-1} - y_{n-2}$$

A. Lévy 给出了 Fontené① 所证出的结论的另一证法.

A. Gérardin② 记录了,若 $t_n^2 - du_n^2 = 1$

$$u_{2n} = 2u_n t_n = t_1 u_{2n-1} + u_1 t_{2n-1}$$

$$t_n = 2t_1 t_{n-1} - t_{n-2}$$

$$\frac{u_{n-1}}{u_1} \cdot \frac{u_{n+1}}{u_1} = \left(\frac{u_n}{u_1}\right)^2 - 1$$

$$t_n = t_1 t_{n-1} + du_1 u_{n-1}$$

$$u_n = t_1 u_{n-1} + u_1 t_{n-1}$$

$$t_{2n} = t_n^2 + du_n^2$$

$$t_{n-1} t_{n+1} = t_n^2 + du_1^2$$

每个$\frac{u_k}{u_1}$是一个合成整数. 当 $f_n^2 - dg_n^2 = -1$ 时

$$f_n = (4f_0^2 + 2)f_{n-1} - f_{n-2} = (2f_0^2 + 1)f_{n-1} + 2df_0 g_0 g_{n-1}$$

$$g_n = (2f_0^2 + 1)g_{n-1} + 2f_0 g_0 f_{n-1}$$

G. Ascoli③ 给出了 $ax^2 + bx + c = y^2$ 的一个本质论述.

F. Ferrari 引入了已知的结论生成一个实用方法来找到在可解性情形中 $x^2 - Dy^2 = \pm 1$ 的所有整数解.

W. Kluge④ 证明了

$$x_n^2 - 2kx_n y_n - y_n^2 = (-1)^n \rho$$

的整数解的关系 $y_{n+1} = x_n, x_{n+1} = 2kx_n + x_{n-1}$ 成立. 应用于 $t_n^2 - Du_n^2 = (-1)^n$,当 $D = k^2 + 1$ 时,作替换 $t_n = ku_n + v_n$,则 u_n, v_n 满足具有 $\rho = -1$ 时的初始方程. 因此 $u_{n+1} = 2ku_n + u_{n-1}, t_{n+1} = 2kt_n + t_{n-1}$.

A. Cunningham⑤ 讨论了

$$(ab \pm 1)^2 - (a \pm b)^2 \equiv 0 (\bmod (24D)^2)$$

其中 a, b 是 $2D_n + 1$ 型的且 $Dx^2 \pm y^2 = ab$.

H. B. Mathieu 问是否 $(m^2 - 1)x^2 + 1 = y^2$ 有解没有被

---

① Bull. math. élémentaires, 14, 1908-9, 209-212.

② Sphinx-Oedipe, 5, 1910, 17-29.

③ Suppl. al Periodico di Mat., 14, 1910-11, 33-38.

④ Verhandlungen der Versammlung deutscher Philologen und Schulmäanner, Leipsic, 51, 1911, 135-7. Unterrichtsblätter Math. Naturwiss., Berlin, 19, 1913, 9-11.

⑤ L'intermédiaire des math., 18, 1911, 166-167.

$$x_1=0, x_2=1, \cdots, x_{n+1}=2mx_n-x_{n-1}, \cdots$$
$$y_{n+1}=2my_n-y_{n-1}$$

给出.

E. Dubouis 指出在 Fontené[①] 的观点中不存在其他的,Legendre 的阐述是不充分的. 通过应用 Gauss 的方法能找到[②]所有解.

R. Fueter[③] 记录了 Dirichlet[④] 所给充分性,但条件 $x^2-my^2=-4$ 可解的对于不是平方数的特定正整数 m 是不必要的. 当 $m\equiv 1 \pmod 8$,x,y 为偶数且问题简化为 $x^2-my^2=-1$,它可解的一个必要不充分条件是在这个域用 $\sqrt{-m}$ 规定在每个类中种数为偶数

A. Cunningham[⑤] 写出了 $\tau'^2-2v'^2=-1$,$\tau^2-2v^2=1$ 的第 x 个解 τ'_x,v'_x 和 τ_x,v_x,并记录了 E. Lucas 证明了每个素数 p 整除某个 v_x,其中当 $p=8w\pm 1$ 时 $x=\frac{p-1}{n}$,当 $p=8w\pm 3$ 时 $x=\frac{p+1}{n}$,且 $n=2m$. 它这里证明了,若 $n=4m$,$8m$,$16m$ 或 $32m$,则 $p=8w+1=a^2+b^2=c^2+2d^2$,其中 $b=4\beta$,$d=2\delta$,且 n 的因子数 2 被给出. 若 $n=6m$ 或者 $p=8w\pm 1=3w'+1$,$p=G^2+6H^2$,或者 $p=8w\pm 3=3w'-1$,$p=2G^2+3H^2$.

St. Bohniček[⑥] 证明了若在域 R 中 π 是一个半准素的素数由单位元的第 4 个根所定义且若 π 的范数 $\equiv$ (mod 8),$\xi^2-\pi\eta^2=2$,$\xi_1^2-\pi\eta_1^2=1$ 有解

$$\xi=\frac{T^2-T_1^2}{(1-i)TT_1}$$
$$\eta=\frac{T^2+T_1^2}{(1-i)TT_1\sqrt{\pi}}$$
$$\xi_1=\frac{T^4+T_1^4}{2\sqrt{\pi}}$$
$$\eta_1=\frac{T^4-T_1^4}{2\pi}$$

这使得在 **R** 上 ξ,η 均为奇数,ξ_1 和 η_1 为整数,$T=\prod S_2$,$T_1=\prod S_{2s+1}$,其中 S_r 是 Jacobi 的 theta 函数项中定义的双组函数. 但 $\xi^2-\pi\eta^2=i$ 或 $2i$ 在整数

① Bull. math. élémentaires,14,1908-9,209-212.

② L'intermédiaire des math. ,19,1912,72.

③ Jahresber. d. Deutschen Math. -Vereinigung,20,1911,45-46.

④ Abh. Akad. Wiss. Berlin,1834,649-664;Werke,Ⅰ,219-236.

⑤ British Assoc. Report for 1912,412-413.

⑥ Sitzungsber. Akad. Wiss. Wien. (Math.),121,Ⅱa,1912,701-707.

域中是不可解的，其中 ξ,η 为奇数在第 2 种情形中. 若 π 是半准素的，$\xi^2-\pi\eta^2=4$，$\xi_1^2-\pi\eta_1^2=4i$ 在 **R** 上有奇数解 ξ,η 仅当 $\pi\equiv 1(\bmod \lambda^4)$，$\pi\not\equiv 1(\bmod \lambda^5)$，其中 $\lambda=1+i$. 对于 $\xi^2-\pi\eta^2=1,2,i$ 或 $2i$ 有类似的定理，此时 π 的范数是不恒等于 1(mod 8)的. 应用于 $x^2-py^2=\pm 1,-2,\pm 4$，其中 p 是一个有理的奇素数，也用于分因函数.

E. E. Whitford① 给出了 Pell 方程的一段拓展的历史和 Degen② 与 Bickmore③ 的拓展表应用举例，当 $1\ 500<A\leqslant 1\ 700$ 时，列出 $x^2-Ay^2=-1$ 的最小解，当其可解时，还有 $x^2-Ay^2=+1$ 的那些. 他记录了对于 1 501 到 2 000 之间的 110 个合成数 $A=a^2+b^2$ 中的 38 个前者是可解的. 最后他将 $\sqrt{A}$ 的连分数的循环和辅助数制成了表(与 Degen 表中的两两行相对应).

R. Remak④ 修改了 Dedekind⑤ 对于 $x^2-Dy^2=1$ 的解的存在性的证法并得到了关于

$$x<(g+1)^{2g^3+1}$$
$$y\leqslant (g+1)^{2g^3}$$
$$g\equiv[\sqrt{4D}]$$

的最小正解的上极限.

已知的求解 $y^2-2z^2=-1$ 的方法已被记起⑥.

Th. Got⑦ 简化了 A. Meyer⑧ 的证法.

M. Simon⑨ 记录了 Brahmagupta 的第 1 个法则，指出他知道怎样求解所有

---

① The Pell Equation, Columbia Univ. Diss., New York, 1912, 3-22. The following related papers are not mentioned in the pages just cited: e. S. Unger, Kurzer Abriss der Gesch. Z. von Pythagoras bis Diophant, Progr., Erfurt, 1843; C. Henry, Bull. des Sc. Math. Astr., (2), 3, 1, 1879, 515-20; H. Weissenborn, Die irrationalen Quadratwurzeln bei Archimedes und Heron, Berlin, 1884, 41-3; W. Schoenborn, 30, 1885, 81-90; C. Demme, 31, 1886, 1-27; K. Hunrath, 33, 1888, 1-11; V. V. Bobynin, 41, 1896, 193-211; M. Curtse, 42, 1897, 113, 145; F. Hultsch, Göttingen Nachr., 1893, 367; G. Wertheim, Abh. Gesch. Math., Ⅷ, 146-160(in Zeitschr. Math. Phys., 42, 1897); Zeitschr. Math. Naturw. Unterricht, 30, 1899, 253; T. L. Heath, Euchid's Elements, 1, 1908, 398-401.

② Canon Pellianus sive tabula simplicissimam aequationis celebratissimae $y^2=ax^2+1$ solutionem pro singulis numeri dati valoribus ab 1 ueque ad 1000 in numeris rationalibus iisdemque integris exhibens. Havniae[Copenhagen], 1817.

③ Report British Assoc. for 1893, 73-120; Cayley's Coll. Math. Papers, 13, 1897, 430-467. Errata by Cunningham.

④ Jour. für Math., 143, 1913, 250-254. Cf. Kronecker, Perron.

⑤ Dirichlet's Zahlentheorie, §§141-142, 1863; ed. 2, 1871; ed. 3, 1879; ed. 4, 1894.

⑥ L'intermédiaire des math., 20, 1913, 254-256.

⑦ Annales Fac. Sc. Toulouse, (3), 5, 1913, 94-98.

⑧ Diss., Zürich, 1871; Vierteljahrsschrift Naturf. Gesell. Zürich, 32, 1887, 363-382. Cf. Got.

⑨ Archiv Math. Phys., (3), 20, 1913, 280-281.

的方程

$$4(\lambda^2 \mp 2)x^2 + 1 = y^2 \qquad (a)$$

$$(\lambda^2 \pm 2)x^2 + 1 = y^2 \qquad (b)$$

恒等式$(\lambda^2 \pm 2)\lambda^2 = (\lambda^2 \pm 1)^2 - 1$给出(b)的解

$$x = \lambda$$

$$y = \lambda^2 \pm 1$$

和(a)的解

$$x = \frac{\lambda}{2}$$

$$y = \lambda^2 \mp 1$$

但若λ是奇数,且(a)的一组解α,β被找到,它变成$\frac{(\beta^2 - 1)x^2}{\alpha^2} + 1 = y^2$,若$x = 2\alpha\beta$它被满足,此时解为

$$x = \lambda(\lambda^2 \mp 1)$$

$$y = 2(\lambda^2 \mp 1)^2 - 1$$

G. Métrod[①]记录了在$u^2 - 2v^2 = 1$中,$v \neq 2^\alpha$,$\alpha > 1$且$v \neq (2a)^e$.在$u^2 - 3v^2 = 1$中,$v = 2^t$仅当$t = 0,2$;v不是一个奇素数的方幂,且$v \neq (2a)^t$,其中a是一个奇素数.在$u^2 - pv^2 = 1$中,其中p是一个奇素数,$v = 2^t$或a^t的情形被记录了,其中$a \neq p$是一个奇素数.

E. E. Whitford[②]扩展了Cayley的[③]表从$D = 1\ 000$到$D = 1\ 997$,但给出了当$x^2 - Dy^2 = -4$和$x^2 - Dy^2 = +4$可解时它们的解.他还找出由$\sqrt{D}$定义的域的基本单位元ε的应用(最小单位大于1),$x^2 - Dy^2 = 1$最小正解不取决于ε,当方程$x^2 - Dy^2 = -1,4$或-4中的一个可解时.

O. Perron[④]应用连分数得到极限

$$x < 2(b+1)^4\left(\frac{2}{3}b + 1\right)^l$$

$$y < 2(b+1)^3\left(\frac{2}{3}b + 1\right)^l$$

$$l \equiv 2b(b+1) - 4$$

---

① Sphinx-Oedipe,8,1913,137-138.

② Annals of Math.,15,1913-1914,157-160.

③ Jour. für Math.,53,1857,369-371;Coll. Math. Papers,Ⅳ,40. Reprinted,Sphinx-Oedipe,5,1910,51-3. Errata,Cunningham, p. 59. Extension by Whitford.

④ Jour. für Math.,144,1914,71-73.

$$b \equiv [\sqrt{D}]$$

关于 $x^2 - Dy^2 = 1$ 的最小正解. Remark① 已给出了更大的极限.

T. Ono② 指出,若 $x^2 - 5y^2 = 4$

$$\frac{x - y\sqrt{5}}{2} = \frac{1}{x} + \frac{1}{xx_1} + \frac{1}{xx_1x_2} + \cdots$$

$$x_1 = x^2 - 2$$

$$x_2 = x_1^2 - 2$$

$$\vdots$$

涉及这个方程和 $x^2 - Dy^2 = p^2$ 的连续解和的无穷级数已被探讨.

V. G. Tariste 记录了使 $mx^2 + nx + p = y^2$ 的连续的 x 或 y 间的关系.

A. S. Werebrusow③ 指出对于 $x^2 - Ny^2 = -1$ 的可解性所涉及 $N = a_i^2 + b_i^2$ 的错误条件.

Thekla Schmitz④ 证明了,对于 $x^2 - Dy^2 = 1, x + y\sqrt{D} < 2e^{4D}$ 的最小正解,其中 e 是自然对数的底.

A. Cunningham⑤ 描述并记录了关于 Pell 方程的各种表:Euler⑥, Legendre⑦,Degen⑧,Cayley⑨ 和 Bickmore⑩ 的勘误表.

Kiveliovitchi⑪ 给出了求解 $6x^2 + 1 = y^2$ 的一个本质方法. 我们可以取 $x = 2u, y = 5u - v, 2v = w$,那么 $x = 5w + 2r, y = 12w + 5r, r^2 = 6w^2 + 1$. 因此,若 $(x_1 = 0, y_1 = 1), \cdots, (x_i, y_i) \cdots$ 是按递增数量级排布列的解,$x_{i+1} = 5x_i + 2y_i$, $y_{i+1} = 12x_i + 5y_i$. 同样的方法应用于 $ax^2 + 1 = y^2$,若 $a = 4h + 2, 4a + 1 = \square$.

---

① Jour. für Math. ,143,1913,250-254. Cf. Kronecker,Perron.

② L'intermédiaire des math. ,20,1913,224.

③ L'intermédiaire des math. ,22,1915,202-203;23,1916,56 for admission of errors.

④ Archiv Math. Phys. ,(3),24,1916,87-89. Cf. Perron.

⑤ Mess. Math. ,46,1916,49-69.

⑥ Novi Comm. Acad. Petrop. ,11,1765(1759),28;Comm. Arith. Coll. ,Ⅰ,316-336;Op. Om. ,(1),Ⅲ,73.

⑦ Mém. Acad. Sc. Paris,1785,549-551;Théorie des nombres,1798,65-67;ed. 3,1,1830,64-71; Maser,Ⅰ,65-72.

⑧ Canon Pellianus sive tabula simplicissimam aequationis celebratissimae $y^2 = ax^2 + 1$ solutionem pro singulis numeri dati valoribus ab 1 ueque ad 1000 in numeris rationalibus iisdemque integris exhibens. Havniae[Copenhagen],1817.

⑨ Nouv. Ann. Math. 14,1855,Bull. Bibl. ,113-124,130-1. Her at first attributed incorrectly Hermann's paper to F. E. Theime.

⑩ Report British Assoc. for 1893,73-120;Cayley's Coll. Math. Papers,13,1897,430-467. Errata by Cunningham.

⑪ Soc. Math. de France,Comptes Rendus Séances. 1916,30-31.

A. Gérardin① 应用 Hart 对于 $Ay^2-1=\square$,$A=r^2+s^2$ 的评论. 为了类似地探讨 $x^2-Ay^2=2$,设 $A=a^2-2b^2$,$\pm y=\alpha^2-2\beta^2$,并求解系统方程

$$(b\alpha-a\beta)^2-A\beta^2=\pm b$$

$$(2b\beta-a\alpha)^2-A\alpha^2=\pm 2b$$

由此,若 $A=151=13^2-2\cdot 3^2$,我们得到 $\beta=7$,$\alpha=59$,$y=3\ 383$,它生成 $x^2-151y^2=1$ 的 Legendre 的解. 当 $x^2-Ay^2=-4$,设 $A=a^2+b^2$,$y=z^2+t^2$ 并求解系统

$$(bz-at)^2-At^2=\pm 2b$$

$$(bt+az)^2-Az^2=\mp 2b$$

由此,若 $A=3^2+10^2$,我们得到最小解 $t=3$,$z=4$,Legendre② 表中的关于 $A=397$ 的一个错误被记录. 他在手稿中公布了一个扩展. 对于 Whitford③ 表中的 3 000.

M. Cassin④ 给出了 $x^2=3y^2+1$ 的连续解间的关系.

几位作者给出了 $z^2-Dx^2=\pm 1$ 或 c 和 $ux^2-vy^2=w$ 的连续解间的关系.

J. Schur⑤ 得到了比 Remak⑥,Perron⑦ 和 Schmitz⑧ 更接近的极限.

---

① Sphinx-Oedipe,12,June 15,1917,1-3;l'enseignement math.,19,1917,316-318;l'intermédiaire des math.,24,1917,57-58.

② Mém. Acad. Sc. Paris,1785,549-551;Théorie des nombres,1798,65-67;ed. 3,1,1830,64-71;Maser,Ⅰ,65-72.

③ Annals of Math.,15,1913-1914,157-160.

④ L'intermédiaire des math.,25,1918,28,93.

⑤ Göttingen Nachrichten,1918,30-36.

⑥ Jour. für Math.,143,1913,250-254. Cf. Kronecker,Perron.

⑦ Jour. für Math.,144,1914,71-73.

⑧ Archiv Math. Phys.,(3),24,1916,87-89. Cf. Perron.

第十三章 更进阶的单个二次方程

1 对某一变量成线性的方程

Brahmagupta[①](生于公元598年)求解了不定方程 $axy = bx + cy + d$. 令 e 为任意数并设 $q = \frac{ad + bc}{e}$. 将 e 与 q 的较大者加上 b 与 c 的较小者,再将 e 与 q 的较小者加上 b 与 c 的较大者,两个得数都除以 a,我们便能得到 x 与 y 的值(x 的值取决于加过 c 的那个数,反之亦然). 因此,若 $xy = 3x + 4y + 90$,取 $e = 17$(对于整数解问题,取整数使 q 也为整数),于是 $q = 6$,$y = \frac{17 + 3}{1}$,$x = \frac{6 + 4}{1}$. 另一种方法是给其中一个未知数赋上一个特殊值.

Bháskara[②](生于公元1114年)给出了 $a = 1$ 时的一个类似的法则,把 e 与 q 以两种顺序(对应)加到 b 与 c 上(或从 b 与 c 上以两种顺序(对应)减去 e 与 q),并给出了该法则的几何证明以及代数证明. 因此,对于不定方程 $xy = 4x + 3y + 2$,取 $e = 1$,于是 $q = 14$. 将到4与3按两种顺序(对应)加到1与14上,我们得

① Brahme-sphut'a-sidd'hánta, Ch. 18(Algebra), §§61-64. Algebra, with arith. and mensuration, from the Sanscrit of Brahmagupta and Bháskara, transl. by Colebrooke, 1817, pp. 361-362.

② Víja-gańita, §§212-214; Colebrooke, pp. 270-272.

到(17,5)=(3+14,4+1)和(4,18)=(3+1,4+14)以作为(x,y)的两组值(当然(−11,3)=(3−14,4−1)与(2,−10)=(3−1,4−14)也是两组值). 取$e=2$,我们得到(5,11)=(3+2,4+7)和(10,6)=(3+7,4+2).

译者注 原文写为 Bháscara.

L. Euler[①] 指出$4mn-m-n$绝不会是一个平方(整)数,这是因为不定方程

$$a^2+1=(4n-1)(4m-1)$$

是无(正整数)解的(二平方和定理);同理,若m形如$4n^2q-n$,则$4pmn-m-n$不会是平方(整)数.

L. Euler[②] 证明形如$4mn-m-n$或$8mn-3m-3n$的(整)数不能成为平方数,还证明了许多这样的命题.

L. Euler[③] 未给出证明而是陈述道$4mnz-m-n=\square$是无(正整数)解的. 这是源于mx^2+y^2的约数都是形如$4mz+1$的这一事实,所以$d=4mz-1$不是约数,于是$dn\neq m+y^2$. 他[④]类似地处理了$m=1$的情形,并证明了$4mn-m-n^a\neq\square$.

P. Bédos[⑤] 在他对$4mn-m-1\neq\square$的证明中犯了错误(实际上$4mn-m-1=\square$的确无正整数解).

几位作者[⑥]证明$4mn-m-n$绝不会是一个平方(整)数或三角形数.

S. Günther[⑦] 解决了不定方程$y^2-ax^2=bz$,而用的是连分数

$$K=\frac{a}{2u}-\frac{a}{2u}-\frac{a}{2u}-\cdots=\cfrac{a}{2u-\cfrac{a}{2u-\cfrac{a}{2u-\cdots}}}$$

令Q_i为连分数K第i次渐近分数的分母,则

$$Q_{2n}=(2uQ_{n-1}-aQ_{n-2})^2-aQ_{n-1}^2,\ 2uQ_{n-1}-aQ_{n-2}=Q_n$$

因此,一组解为$y=Q_n$,$x=Q_{n-1}$,$bz=Q_{2n}$,最后一个用来确定u和n

$$Q_{2n}=\binom{2n+1}{1}u^{2n}+\binom{2n+1}{3}u^{2n-2}(u^2-a)+\cdots+\binom{2n+1}{2n+1}(u^2-a)^n\equiv 0\pmod b$$

---

① Corresp. Math. Phys., (ed., Fuss), 1, 1843, 191, 202(180, 259, 260); letters to Goldbach, Jan. 19, and Feb., 1743.

② Comm. Acad. Petrop., 14, 1744-1746, 151; Comm. Arith., Ⅰ, 48-49; Op. Om., (1), Ⅱ, 220.

③ Opera postuma, 1, 1862, 220(about 1778).

④ Corresp. Math. Phys., (ed., Fuss), 1, 1843, 114-117; letter to Goldbach, Mar. 6, 1742.

⑤ Nouv. Ann. Math., 11, 1852, 278(Euler's correct proof, p. 279).

⑥ Math. Quest. Educ. Times, 70, 1899, 73.

⑦ Jour. de Math., (3), 2, 1876, 331-340.

若 b 是奇数,设 $k=(2p-1)b$;若 $\rho<k$,则 $\binom{k}{\rho}$ 可被 b 整除,且我们可以取 $2n=k-1$. 若 b 是偶数(且当 $b=2^{2m}(2c+1)$ 时),将 x 与 y 除以 2 的 m 次幂.

P. Mansion[①] 给出上述表达式 $Q_n^2-aQ_{n-1}^2=Q_{2n}$ 的一个简短证明.

S. Réalis[②] 指出,若$(x,y,z)=(\alpha,\beta,\gamma)$ 是不定方程 $ax^2+bxy+cy^2=hz$ 的一组解,则另一组解可由 $x=(h+a-c)\alpha+(b+2c)\beta, y=(2a+b)\alpha+(h-a+c)\beta$ 来给出,这是因为

$$ax^2+bxy+cy^2\equiv h(P\alpha^2+Q\alpha\beta+R\beta^2)+(a+b+c)^2(a\alpha^2+b\alpha\beta+c\beta^2)$$

$$P=ah+2a(a+b-c)+b^2, Q=bh+2(ab+4ac+bc)$$

$$R=ch+2c(b+c-a)+b^2$$

对于 $c=1$,如果我们将初始方程对 y 进行求解,若 u 满足 $u^2-Dx^2=4hz$,$D=b^2-4a$,解式中的根式会为有理数,而不定方程 $u^2-Dx^2=4hz$ 得到了处理,并且当 $D>0$ 时的情形可按 S. Günther 的方法处理.

A. H. Holmes[③] 证明了 $96x-96y+21=\square$ 是无整数解的.

关于不定方程 $ax^2+bx+c=Ky$ 参见 Desmarest 的文章.

2　$x^2-y^2=g$ 的解

Diophantus,Ⅱ,11,取 $g=60$,$x=y+3$,加数 3 满足不大于$\sqrt{60}$,因此 $y=\frac{17}{2}$.

Leonardo Pisano[④] 取一个平方数 $a^2<g$ 并设$(x+a)^2=x^2+g$,其确定出 x. 他又给出一个方法. 令 g 为奇数,$g=2n+1$. 由于 $1+3+\cdots+(2n+1)=n^2$,我们可以取 $y=n$,于是 $n^2+g=(n+1)^2$. 他分别处理了 $g=2k$,$g=4k$ 的情形.

R. Descartes[⑤] 指出 $6^2-3^2=3^3$,$118^2-10^2=24^3$. 若 $x=a^2-1$,则 $(ax)^2-x^2=x^3$.

J. L. Lagrange[⑥] 根据他关于二元二次型 f 一般理论得出(错误)的结论

---

① Jour. de Math.,(3),2,1876,341.

② Nouv. Corresp. Math.,6,1880,348-350.

③ Amer. Math. Monthly,18,1911,70.

④ La Practica Geometriae,1220. Scritti di L. Pisano,Rome,2,1862,216-218.

⑤ Oeuvres,X,302,posthumous MS. Cf. papers 23-26 of Ch. XX.

⑥ Nouv. mém. Acad. Sc. Berlin,année 1773;Oeuvres,Ⅲ,714.

是:每个整数都是形如 $y^2 - z^2$ 的.对于奇素数的二倍,此命题①是不对的,只有当 f 的判别式不是平方时,Lagrange 的论证才是不容置疑的.

S. Canterzani② 处理了 $x^2 + A = \square$,通过判断 A 是否是相继平方差之和.首先,令 A 为偶数.$2f$ 个相继差 $2h+1, 2h+3, \cdots$ 之和为 $4fh + 4f^2$,并因此有,若 A 不是 4 的倍数,则 $4fh + 4f^2 \neq A$.对于 $A = 4B$,若 $h = \frac{B}{f} - f$,相继差之和等于 A;对于 $x = h$ 则 $x^2 + A = (h + 2f)^2$.接着设 $A = 2B + 1$,$2f + 1$ 个相继差 $2h+1, 2h+3, \cdots$ 之和为 $(2f+1)(2h+2f+1)$,我们可以通过选取 h 使得和等于 A,因此 $x^2 - A = h^2$ 在下述条件下成立

$$x = \frac{B + f + 1}{2f + 1} + f$$

T. Clowes③ 指出,若 $x = ab$ 则 $x + 1$ 与 $x - 1$ 的平方差等于由 $a + b$ 与 $a - b$ 构成的平方差.

L. Poinsot④ 陈述,每一个不是奇数二倍(且大于一)的整数 N 都能被表示为两个平方数之差,并且(当 N 无奇数因子时)有着 n 种方法表示,方法数 n 与将 N 表示为由两个奇数因子之积或是两个偶数因子之积的方法数一样(这里的或是取决于 N 有无偶数因子).若满足条件的整数 N 有 k 个不同(且全为一次的)奇数因子,则 $n = 2^{k-1}$.

译者注 本书英文版原文忽略了命题成立时 N 的条件,已补充,否则命题不成立.并且将条件补充之后,两个奇数互素的条件以及无大于二公因子的条件都不需要了.

P. Volpicelli⑤ 取 $g = 2^{\mu} h_1^{\alpha} \cdots h_k^{\tau}$,其中不同角标的 h 是互异素数.正如所知,将 g 分解为两个因子的方法数为

$$\nu = \begin{cases} \frac{1}{2}(\mu + 1)(\alpha + 1) \cdots (\tau + 1) \\ \frac{1}{2}[(\mu + 1)(\alpha + 1) \cdots (\tau + 1) + 1] \end{cases}$$

根据指数 $\mu, \alpha, \cdots, \tau$ 之中至少有一个是奇数,则取第一行,根据指数全为偶数,则取第二行.因此,在相应的情况下(上述两种情形),分解成两个互异偶数因子的方法数,即不定方程 $x^2 - y^2 = g$ 的正整数解的数目(在 $\mu > 1$ 条件下方法

① L'intermédiaire des math., 18, 1911, 33.

② Memorie dell'Istituto Nazionale Italiano, Classe di Fis. e Mat., Bologna, 2, Ⅱ, 1810, 445-476.

③ The Ladies'and Gentlemen's Diary (ed., M. Nash), New York, 3, 1822, 53-54.

④ Comptes Rendus Paris, 28, 1849, 582.

⑤ Atti Accad. Pont. Nuovi Lincei, 6, 1852-1853, 91-103; Annali di Sc. Mat. e Fis., 6, 1855, 120-128; Comptes Rendus Paris, 40, 1855, 1150; Nouv. Ann. Math., 14, 1855, 314.

数才与解数相等)为

$$\nu_1=\begin{cases}\frac{1}{2}(\mu-1)(\alpha+1)\cdots(\tau+1)\\ \frac{1}{2}[(\mu-1)(\alpha+1)\cdots(\tau+1)-1]\end{cases}$$

若 $\mu\geqslant 1$,正整数解数公式 ν_1 正确.若 $\mu=0$,分解方法数为 0,且正整数解数公式相应地改成

$$\nu_2=\begin{cases}\frac{1}{2}(\alpha+1)\cdots(\tau+1)\\ \frac{1}{2}[(\alpha+1)\cdots(\tau+1)-1]\end{cases}$$

R. P. L. Claude① 指出任意一个不等于一的奇数是两个平方数之差,这是由于 ab 是 $\frac{a\pm b}{2}$ 的平方差,而奇数的二倍不会是每个整数是两个平方和的差的次数,等于它的 n 个质因数的不同组合 $2,3,\cdots,n$.

G. C. Gerono 仅陈述了已知结果.

L. Lorenz② 从恒等式

$$\sum_{(m,n)\in\{(m,n)\in Z^2\mid m^2-n^2>0\}} q^{m^2-n^2}=2\sum_{m=1}^{+\infty}\sum_{n=1}^{+\infty}[q^{4mn}+q^{(2m-1)(2n-1)}]$$

得出结论,根据 N 为奇数,不定方程 $m^2-n^2=N$ 的整数解数为 N 因子数的二倍;根据 N 可被 4 整除,不定方程 $m^2-n^2=N$ 的整数解数为 $\frac{N}{4}$ 因子数的二倍;若 $\frac{N}{2}$ 为奇数则无整数解.

译者注 本书英文版将恒等式求和的上下标写错了.

G. H. Hopkins③ 指出,不定方程 $x^2-y^2=(2a_1\cdots a_n)^2$,其中 $a_1,\cdots,a_n$ 都是素数,(x,y) 有 $\frac{3^n-1}{2}$ 组正整数解.

译者注 本书英文版将"有 $\frac{3^n-1}{2}$ 组正整数解"写成"有 $\frac{3^n-1}{2}$ 组整数解".

A. Sýkora④ 重复了 Claude 的第一条评论.

---

① Nouv. Ann. Math.,(2),2,1863,88-90.

② Tidsskrift for Math.,(3),1,1871,113-114.

③ Math. Quest. Educ. Times,16,1872,46-47.

④ Archiv Math. Phys.,61,1877,446-447.

L. P. da Motta Pegado①,A. Z. Candido,T. H. Miller②,G. Bisconcini③ 和 H. E. Hansen④ 陈述了已知的结果.

H. Rifoctitlee⑤ 指出每一个(正)整数 N 都是两个平方差数作商而得.(可以将整数分为两类)根据 $N\equiv 2(\bmod 4)$,则 $N=2(a^2-b^2)$;根据 $N\equiv 2(\bmod 4)$,则 $N=a^2-b^2$;从而,分别对这两类利用本书第十二章 L. Euler 的公式,其中公式里 $e=1$,便可得到 Rifoctitlee 的结论.

W. Sierpinski⑥ 证明,将一个正整数 n 表为两整数平方差的方法数 $\tau(n)$ 为正整数 n 奇数因子数与偶数因子数差值的二倍.还有

$$\phi(x)\equiv\sum_{n>0}^{[x]}\tau(n)=2\left[\sqrt{x}\right]-2\left[\frac{x-1}{2}\right]\left[\frac{x+1}{2}\right]+4\sum_{n>0}^{[(x-1)/2]}[x+n^2]$$

其中,$[t]$ 为不大于 t 的最大整数.若 $\theta(n)$ 为正整数 n 的因子数,则

$$\phi(x)=2\sum_{k>0}^{[x]}\theta(k)-2\sum_{k>0}^{[x/2]}\theta(2k)+2\sum_{k>0}^{[x/4]}\theta(k)$$

$$\lim_{m\to\infty}\frac{1}{m}\sum_{k=1}^{m}\{\tau(k)-\theta(k)\}=0$$

S. Guzel 证明了

$$\frac{1}{n}\left|\sum_{k=1}^{n}\{\tau(k)-\theta(k)\}\right|<\frac{4}{\sqrt{n}}$$

A. L. Bartelds⑦ 讨论了不定方程 $x^2-y^2=g$.

对于不定方程 $x^2-y^2=g$ 的解,参看本书第十二章 Störmer 和本章 Gill 的文章.

3　$ax^2+bxy+cy^2=dz^2$ 的解

Diophantus,Ⅳ,10,求出两个数,其立方之和与数之和成平方比.取 s 与 $2-s$ 为这两个数,我们一定要 $4-6s+3s^2=\square$,(平方数)也就是$(2-4s)^2$,于是 $s=\frac{10}{13}$.

① Jornal de Sc. Math. e Ast. ,1,1878,150-155,171-172.

② Proc. Edinburgh Math. Soc. ,9,1890-1891,23-25.

③ Periodico di Mat. ,23,1908,21.

④ L'enseignement math. ,18,1916,48-55.

⑤ L'intermédiaire des math. ,11,1904,25-26. Proof,8,1901,238-240,by continued fractions.

⑥ Wiadomosci Matematyczne,Warsaw,11,1907,Suppl. ,89-110.

⑦ Wiskundig Tijdschrift,13,1916-1917,207-209.

Diophantus,Ⅳ,11,12,求不定方程 $x^3 \pm y^3 = x \pm y$,取 $x = rz, y = sz$,则 $\frac{r^3 \pm s^3}{r+s}$ 为一个平方数.对于按上方的符号取时(如同第四卷的第10题),他求出 $r=5, s=8, z=\frac{1}{7}$.对于按下方的符号取时,取$r=s+1$,为的是有 $3s^2+3s+1=\square$,(平方数)也就是$(1-2s)^2$,于是 $s=7, z=\frac{1}{13}$.

在这三个问题中,Diophantus 没有利用$\frac{x^3 \pm y^3}{x \pm y} = x^2 \mp xy + y^2$ 这一事实.但在第五卷的第11题中,他使得 x^2+x+1 为$(x-2)^2$,其中 $x=\frac{3}{5}$,于是有 $3^2+3 \cdot 5+5^2=\square$.

C. G. Bachet 在他的评论中也类似地解决了几道不定方程,$f=p^2$ 以及 $f=3p^2$,其中 $f=x^2 \pm xy+y^2$. Fermat(在《费马文集》(Oeuvres)第三卷第249页)评论道,我们可以求解不定方程 $f=a$,其中 a 表示一平方数与一个或多个素数的乘积,而这些素数形如 $3n+1$ 或是 3.

L. Euler 证明,若在 $t=k$ 时,不定方程 $fx^2+gxy+hy^2=tz^2$ 是可解的,那么在 $t=kl$ 时,该不定方程也是可解的,其中 $l=p^2+gpq+fhq^2$.我们只需要把给定的方程乘以 l,并指出 $fx^2+gxy+hy^2$ 与 l 的乘积有着同样的形式

$$(p^2+gpq+fhq^2)(fx^2+gxy+hy^2)=fX^2+gXY+hY^2$$
$$X=px-hqy, Y=fqx+gqy+py$$

C. Gill 通过设 $x+y=b\cot\frac{A}{2}$ 来求解不定方程 $x^2-y^2=bc$,接下来

$$x^2+axy+by^2=z^2$$

满足于

$$z+x=y\cot\frac{A}{2}, z-x=(ax+by)\tan\frac{A}{2}$$

消去 z.所得方程给出$\frac{x}{y}$,于是

$$y=t \cdot \left(\sin A+a\sin^2\frac{A}{2}\right), x=t \cdot \left(\cos^2\frac{A}{2}-b\sin^2\frac{A}{2}\right)$$

取 $t=m^2+n^2, \sin A=\frac{2mn}{t}$,则

$$x=m^2-bn^2, y=2mn+an^2, z=m^2+amn+bn^2$$

G. L. Dirichlet① 证明,对于不定方程 $Az^2+2Bzy+Cy^2=x^2$,若等式左边

---

① Zahlentheorie, § 155, § 158, 1863; ed. 2, 1871; ed. 3, 1879; ed. 4, 1894.

主亏格行列式 D 的一种形式,并有 x 与 $2D$ 互素,则不定方程在整数中可解.

J. Neuberg[①] 指出,若 x,y,z 满足如下条件,不定方程 $x^2-xy+y^2=z^2$ 成立

$$x=2pq-q^2, y=p^2-q^2, z=p^2-pq+q^2$$

T. Pepin[②] 给出特殊的方法来获得不定方程 $ax^2+2bxy+cy^2=z^2$ 的一个特解. 给定一组解 $x=\alpha,y=\beta,z=\gamma$,为了求出全部解,在下述两式中消去 $D=b^2-ac$

$$az^2=(ax+by)^2-Dy^2, a\gamma^2=(a\alpha+b\beta)^2-D\beta^2$$

并将 $\frac{p}{q}$ 写为等于 $\frac{\beta z-\gamma y}{\beta x-\alpha y}$ 的既约分式. 因此

$$q(\beta z-\gamma y)=p(\beta x-\alpha y), p(\beta z+\gamma y)=q(\alpha\beta x+a\alpha y+2b\beta y)$$

反过来,这些式子暗含着最初的二次方程. 因此 $\mu x,\mu y,\mu z$ 分别等于 p,q 形成的二次型函数. 这表明 μ 是 $2D\beta^2$ 的一个因子.

A. Desboves[③] 通过专门研究他的公式而指出,我们求出不定方程 $X^2+bY^2+dXY=Z^2$ 在整数域上的完全解是

$$X=q^2-bp^2, Y=dp^2+2pq, Z=q^2+bp^2+dpq$$

其中"±"可以插入到第二式中(如 $dp^2\pm2pq$). 对于 $d=0$ 的情形,平常的方法是将 Z^2-X^2 因式分解并得到

$$X=\alpha q^2-\beta p^2, Y=2pq, Z=\alpha q^2+\beta p^2 \quad (b=\alpha\beta)$$

对于 b 的每一对因子,最后这几个方程可给出所有解. 用 A. M. Legandre[④] 等人并不准确的话来说,通解所包含的特解公式和把 b 分解成两个互素因子的方法一样多. 对于在 $c=m^2+n^2$(从 Legendre 的一个定理来看,这是唯一可解的情况,即 c 不能表示为两整数平方和时,不定方程没有非零整数解)情形下的不定方程 $X^2+Y^2=cZ^2$,其整数中的完全解为

$$X=(cq^2-p^2)m, Y=p^2n-2cpq+cnq^2, Z=p^2-2npq+cq^2$$

其由本章公式(6) 取 $x=m,y=n,z=1$ 而得出. 如下不定方程

$$aX^2+bY^2+dXY=cZ^2 \quad (c=a+b+d)$$

可由本章公式(6) 取 $x=y=z=1$ 而求出,为

$$X=-bp^2+aq^2, Y=(b+d)p^2+aq^2-2cpq, Z=-bp^2-aq^2+(d+2b)pq$$

通过改变参数的记号($p\rightarrow -cp$),它变为

---

① Nouv. Corresp. Math., 1, 1874-1875, 197-198. Cf. papers 112a, 124, 125 of Ch. V, and 72 of Ch. Ⅳ. Cf. J. Bertrand, Traité élém. d'algèbre, 1851, 222-224.

② Atti Accad. Pont. Nuovi Lincei, 32, 1878-1879, 89-97.

③ Nouv. Ann. Math., (2), 18, 1879, 269; proofs, (3), 5, 1886, 226-233.

④ Théorie des nombres, ed. 2, 1808, 29.

$$X=q^2-bcp^2, Y=(q+cp)^2-acp^2, Z=(q+bp)^2+b(a+d)p^2+dpq$$

J. Neuberg 与 G. B. Mathews 证明了①不定方程 $x^2+xy+y^2=z^2$ 有理通解 $x=p^2-q^2, y=2pq+q^2, z=p^2+pq+q^2$. A. Cunningham 由

$$\left(\frac{1}{2}x+y\right)^2+3\left(\frac{1}{2}x\right)^2=z^2$$

推导出

$$\frac{1}{2}x+y=t^2-3u^2, \frac{1}{2}x=2tu$$

Ch. J. de la Vallée Poussin② 证明了不定方程 $ax^2+2bxy+cy^2=mz^2$ 有整数解的一个充分必要条件,其中 m 与 $2(b^2-ac)$ 互素,并且 $a,2b,c$ 的最大公约数为 1,则充要条件为 m 可以表示成 $ax^2+2bxy+cy^2$ 行列式的一个形式并且与 $ax^2+2bxy+cy^2$ 有相同的亏格.

E. Sós③ 求出如下不定方程的完全解

$$x^2+bxy+y^2=z^2 \text{ 或 } y(bx+y)=z^2-x^2$$

而通过设 $y=\lambda(z-x), \lambda(bx+y)=z+x$. 消去 y,我们得到

$$z=lx, l=\frac{\lambda^2-\lambda b+1}{\lambda^2-1}=\frac{p}{q}$$

其中 $\frac{p}{q}$ 为最简分数. 因此

$$x=\mu q, z=\mu p, y=\lambda\mu(p-q)$$

同样的方法可以应用于求 $ax^2+bxy+cy^2=z^2$,其中 a 或 c 为平方数.

A. Gérardin④ 求出了不定方程 $aX^2+bXY+cY^2=hZ^2$ 的一组通解. 他先给定一组解 $(X^*, Y^*, Z^*)=(\alpha,\beta,\gamma)$,再通过设 $X=\alpha+mx, Y=\beta+my, Z=\gamma$ 而得到的. 那么 m 可被有理地确定出来并且

$$X=cy(\alpha y-2\beta x)-(a\alpha+b\beta)x^2$$
$$Y=ax(\beta x-2\alpha y)-(b\alpha+c\beta)y^2$$
$$Z=(ax^2+bxy+cy^2)\gamma$$

A. Gérardin⑤ 假设 $ah^2+bh+c=m^2$,替换 h 为 $h+x$,替换 m 为 $m+fx$,有理地求出 x,并因此得出了不定方程 $ay^2+byz+cz^2=v^2$ 的解

$$y=hf^2+ah+b-2mf, \quad z=f^2-a, \quad v=mf^2-(2ah+b)f+ma$$

---

① Math. Quest. Educ. Times, 46, 1887, 97. See papers 36, 171. Cf. papers 68, 69 of Ch. Ⅳ.

② Mém. couronnés et autres mém. acad. Belgique, 53, 1895-1896, No. 3, 43-54.

③ Zeitschrift Math. Naturw. Unterricht, 37, 1906, 186-190.

④ Bull. Soc. Philomathique, (10), 3, 1911, 218.

⑤ Sphinx-Oedipe, 1907-1908, 177-179.

A. Aubry① 把方程 $2d^2x^2 \mp 2dx + 1 - d^2 = y^2$ 对 d 进行求解，并利用一个 Pell 方程使根式有理. L. Valroff② 作如下替换

$$x = \frac{R \pm S}{2Y}, y = \frac{X}{S}$$

并指出若满足如下条件，替换所得方程关于 d 有实根（且是有理根）

$$S^2\left(\frac{R \pm S}{2Y}\right)^2 + (X^2 - S^2)\left[2\left(\frac{R \pm S}{2Y}\right)^2 - 1\right] = \square = \left[\frac{R(R \pm S) - 2Y^2}{2Y}\right]^2$$

该等式是由 $2(X^2 + Y^2) = R^2 + S^2$ 而产生的.

4 $ax^2 + by^2 = c$ 的解

Euler③ 指出

$$(a\alpha p^2 + b\beta q^2)(abr^2 + \alpha\beta s^2) = \alpha b(apr \pm \beta qs)^2 + a\beta(\alpha ps \mp bqr)^2$$

译者注 请注意区分 a 与 α.

他指出，若 $m^2 = abn^2 + 1$，对于满足下式的 x, y，那么都有 $ax^2 - by^2 = af^2 - bg^2$，及

$$x\sqrt{a} + y\sqrt{b} = (f\sqrt{a} + g\sqrt{b})(m + n\sqrt{ab})^\lambda$$

C. F. Kausler④ 处理了不定方程 $m'x^2 + n'y^2 = N$ 的解，其中 $N = 4A + 1$，$m' = 4m + 1$，$n' = 4n + 2$. 从而 $x = 2X + 1$，$y = 2Y$，于是

$$(4m+1)X(X+1) + 2(2n+1)Y^2 = A - m = 2B$$

令 $B > 4m + 1$ 并设 $B = (4m+1)D + E$，则

$$\frac{X(X+1)}{2} = D - z, z \equiv \frac{(2n+1)Y^2 - E}{4m+1} \tag{1}$$

由于 $(2n+1)t - E = (4m+1)z$ 有解

$$t = pE + \mu(4m+1), z = qE + \mu(2n+1)$$

那么问题就变为是否有 t 使得 $t = \square = Y^2$. 如果有，我们就用普洛尼克数 $X(X+1)$ 表格测试(1) 的第一式，而该表格印于《新学报》(*Nova Acta*) 第十四卷第 253 页. 他对 $m' = 4m - 1$，$n' = 4n + 1$ 的情况也作了类似的处理.

译者注 Nova Acta 全称为 Nova acta Academiae scientiarum imperialis petropolitanae(《彼得堡皇家科学院新学报》).

---

① L'intermédiaire des math.,20,1913,144.

② Sphinx-Oedipe,7,1912,74-76.

③ Opera postuma,1,1862,490(about 1769).

④ Nova Acta Acad. Petrop.,15,ad annos 1799-1802,164-169.

C. F. Gauss[①] 用排除的方法求解不定方程 $mx^2+ny^2=A$.

F. Arndt[②] 指出，若 f,g 为给定互素的整数，则可以不使用连分数求出不定方程 $fp^2-hq^2=\pm k(k=1$ 或 $k=2)$ 的最小解. 所要用到的是 $x^2-fhy^2=1$ 的最小解，而这些最小解以表格的形式列于 Legendre 的《数论》(*Théorie des nombres*) 的附表十. 我们仅需要取 $x=\mp 1+\frac{2fp^2}{k}, y=\frac{2pq}{k}$. 他(Arndt) 还给出了不定方程 $\rho\theta^2-\rho'\theta'^2=l(l=1$ 或 $l=2)$ 最小解的列表，其中 $3\leqslant\rho\rho'\leqslant 1\ 003$.

译者注 其实，附表十里给出的不是 $x^2-fhy^2=1$ 的最小解，而是 $x^2-Ay^2=\pm 1$ 的最小解. 当 $f=9,h=26,k=1$ 时，有 $(p,q)=(17,10)$，则

$$\begin{cases} x_1=-1+\frac{2fp^2}{k}=5\ 201 \\ x_2=1+\frac{2fp^2}{k}=5\ 203 \\ y=\frac{2pq}{k}=340 \end{cases}$$

发现 $(x_1,y)=(5\ 201,340)$ 满足 $x_1^2-fhy^2=1$.

S. Réalis[③] 用一个公式解决了不定方程 $(n+4)x^2-ny^2=4$，该公式比通常采用 Pell 方程法给出的公式更为简单. 若 $(x_0,y_0)=(\alpha,\beta)$ 给出一组解，则

$$x=\frac{1}{2}[(n+2)\alpha+n\beta], y=\frac{1}{2}[(n+4)\alpha+(n+2)\beta]$$

给出另一组解. 我们因此得到无穷多组解 $(1,1),(1+n,3+n),\cdots$，据其称，这族解给出了所有解. 将 x 替换为 $2u+1$，y 替换为 $2v+1$，我们得到 $(n+4)(u^2+u)=n(v^2+v)$. 因此，上述的工作解决了如下问题：求出无穷多对三角形数，使得其比为 $n:(n+4)$.

D. Hilbert[④] 指出提出的 Diophantus 方程在有理数中不可解的证明往往是通过证明与素数或素数幂模对应的同余是不可能的. 对于二元二次不定方程的情况，相反地，每个素数幂模同余的可解性意味着方程的可解性. 例如，已知的三元二次 Diophantus 方程的可解性准则导出如下结果：若 m,n 为任意整数，对于每一个素数 p 以及正整数 e，当同余方程 $mx^2+ny^2\equiv 1(\mathrm{mod}\ p^e)$ 在整数 x,y 中可解，则不定方程 $mx^2+ny^2=1$ 对于有理数 x,y 是可解的. 对于更高次的方程，该命题没有直接的推广，因为

$$y^2+7(x^2+1)(x^2-2)^2(x^2+2)^2=0$$

---

① Disquisitiones Arith. , art. 323; Werke, Ⅰ, 1863, 391; German transl. by Maser, 377-383.

② Archiv Math. Phys. , 12, 1849, 211-276.

③ Nouv. Ann. Math. , (3), 2, 1883, 535-542.

④ Gōttingen Nachrichten(Math.), 1897, 52-54.

是不可约的，没有有理数解，而无论哪个素数 p 或正整数 e 相应的同余方程模 p^e 是可解的. 再者，对每一个素数 p 和正整数 e，t^4+13t^2+81 是一个不可约函数，而模 p^e 后其变为了可约函数.

几位作者[①]利用不定方程 $2u^2-3z^2=-1$ 给出了不定方程 $\frac{x(x+1)}{2}=\frac{y(y+1)}{3}$ 的所有解.

关于不定方程 $Mx^2-Ny^2=\pm 1$ 或 $Mx^2-Ny^2=4$，参见本书第十二章的 Legendre，Jacobi，Weber，Palmström，de Jonquières 所给出的.

关于不定方程 $x^2+qy^2=m$，参见本书第二十三章 Cornacchia 所给出的.

关于不定方程 $ax^2+cy^2=n$，参见 Euler，Nasimoff 的文章.

5 $ax^2+bxy+cy^2=k$ 的解

Euler[②] 指出，对于不等于 0 的整数 x,y，若 $B^2-AC\leqslant 0$，求 $Ax^2+2Bxy+Cy^2$ 的(绝对值)最小值并不困难，因此这里将 B^2-AC 视为正(整)数，且不是平方数. 那么前面提出的形式可以化简为 mx^2-ny^2(简化式)，其中均为正整数且比值不是平方数. 若 $m=1$，用 Pell 方程定理能给出简化式的最小值等于1，若 $n=1$，能给出简化式的最小值等于 -1.

译者注　此处的最小值为绝对值最小. Euler 利用 $x=t+Bu$，$y=Au$ 将 $Ax^2-Bxy+y^2$ 化简为 $At^2-A(B^2-AC)u^2$(注意符号与该书有所区别). 给出了三篇文章，分别来自于《彼得堡皇家科学院新汇刊》(*Novi Commentarii Academiae Scientiarum Imperialis Petropolitanae*)，《算术论文合集》(*Commentationes Arithmeticae Collectae*)，《Euler 遗作》(*Opera postuma*)，其中《新汇刊》将“$y=Au$”误印为“$y=Av$”.

对于 $x=a$，$y=b$，若有 $mx^2-ny^2=k$，则该不定方程有无穷多组解. 正是因为，若有 $p^2-mnq^2=1$(由于 $mn\neq\square$，Pell 方程有无穷多组解)，则

$$mx^2-ny^2=(ma^2-nb^2)(p^2-mnq^2)^\lambda$$

若满足下述条件，则上式成立

$$x\sqrt{m}\pm y\sqrt{n}=(a\sqrt{m}\pm b\sqrt{n})(p\pm q\sqrt{mn})^\lambda$$

① L'intermédiaire des math.，22，1915，239，255-260.

② Novi Comm. Acad. Petrop.，18，1773，218；Comm. Arith. Ⅰ，570；Opera Omnia，(1)，Ⅲ，310. On the incompleteness of Euler's methods，see Smith of Ch. ⅩⅡ.

展开后对比系数，以便于我们得到用 a,b,p,q 的有理函数表示的 x,y.

使 mx^2-ny^2 为(绝对值)最小值的问题相当于求无理分式$\sqrt{\frac{n}{m}}$"最佳"近似有理分数$\frac{x}{y}$的问题. 将无理分数展成一个周期连分式，持续展开直到得到最大中间商数，并取其渐近分数. 因此，对于 $7x^2-13y^2$，无理分数$\frac{\sqrt{91}}{7}$的连分数有中间商数 $1,\dot{2},1,3,9,3,1,2,\dot{2}$(带着周期标记). 由于 $1+\cfrac{1}{2+\cfrac{1}{1+\cfrac{1}{3}}}=\frac{15}{11}$，$x=15,y=11$，给出 $7x^2-13y^2$ 的绝对最小值为 2.

译者注 无理数集在实数集中是稠密的，所以没有最佳近似有理分数.

给定(《算术论文合集》第 577 页) 下述不定方程的一组解 $x=a,y=b$

$$f\equiv Ax^2-2Bxy+Cy^2=c \quad (k\equiv B^2-AC>0,k\neq\square)$$

来求一族无穷组解，过程中利用了如下不定方程的解

$$\phi\equiv p^2-2Bpq+ACq^2=1$$

而该方程相当于 Pell 问题 $p=Bp+\sqrt{kq^2+1}\Rightarrow kq^2+1=\square$. 此时 Af 有因子 $Ax-By\pm y\sqrt{k}$，而 ϕ 有因子 $p-Bp\pm q\sqrt{k}$. 因此，我们利用

$$Ax-By+y\sqrt{k}=(Aa-Bb\pm b\sqrt{k})(p-Bq\pm q\sqrt{k})^n \tag{1}$$

可以是四种符号组合中的任何一种. 为了求出 f 取(绝对值) 最小值时的整数 x,y，将$\frac{B\pm\sqrt{k}}{A}$展开为连分数并进行以上操作.

G. L. Dirichlet① 除了无限解集(1) 外，还可能存在更多类似的解集. 给定任意正数 σ，我们可以求出解集的一组且仅有一组解 x,y 使得

$$\sigma<Ax+(\sqrt{k}-B)y\leqslant\sigma(t+q\sqrt{k})$$

其中 t,q 为不定方程 $t^2-kq^2=1$ 的任意正(整) 数解. 这些不等式的所有解都可以通过有限次的尝试来找到. 因此，我们找到了定义出各类解集(1) 的初始解 a,b.

Legendre② 讨论了下述不定方程的整数解

$$Ly^2+Myz+Nz^2=\pm H \tag{2}$$

经过预变换后，我们可以假定 z 互素于 y 且 z 互素于 H. 区分出代数方程 Lt^2+

---

① Bericht Akad. Wiss. Berlin, 1841, 280; Werke, I, 628-629.

② Théorie des nombres, 1798, 99-122(77-98); ed. 2, 1808, 88-110(68-87); ed. 3, 1830, I, 104-129(81-103); transl. by Maser, I, 105-131(81-105).

$Mt+N=0$ 为两虚根、两实根、两相等根的情形. 首先,令 $4LN-M^2=B>0$. 设 $x=2Ly+Mz$,则 $x^2+Bz^2=C=4LH$. 接连地给 z 赋予值 $0,1,\cdots,\left[\sqrt{\frac{C}{B}}\right]$ 并观察 $C-Bz^2$ 的值是否等于平方数 x^2,进而得数 x 是否使得 $Mz\mp x$ 为 $2L$ 的倍数. 第二步,令 $4LN-M^2=-B$,B 为非平方正(整)数. 若 $H<\frac{1}{2}\sqrt{B}$,将代数方程 $Lt^2+Mt+N=0$ 的一个根展成连分数,若所展连分数的完全商 $\frac{\frac{1}{2}\sqrt{B}+I}{D}$ 其中之一有 $D=H$,则方程(2) 至少有一个是可解的. 但是若 $H>\frac{1}{2}\sqrt{B}$,我们可以设 $y=nz+Hu$,$n\leqslant\frac{1}{2}H$. 从而对于一些介于 $-\frac{1}{2}H$ 与 $\frac{1}{2}H$ 之间的 n 值,若 Ln^2+Mn+N 不是 H 的(整数) 倍数 fH,那么不定方程(2) 无整数解;而若这样的一个倍数被找到,那么问题可以化简为 $fz^2+gzu+hu^2=\pm1$,其中 $g=2nL+M$,$h=LH$. 参见本书第十二章 Lagrange 所给出的.

E. F. A. Minding① 指出,若 $A\equiv b^2-ac$ 为非平方正(整) 数,且若 $H<\frac{3}{2}\sqrt{A}$,我们能确定出不定方程 $ax^2+2bxy+cy^2=\pm H$ 是否在整数中可解,用的是将代数方程 $av^2+2bv+c=0$ 的一个根展成连分数,连分数中允许有负数项.

H. Scheffler② 处理了 $ax^2-2bxy-cy^2=k$. 我们可以取 x,y 互素. 令 $D=b^2+ac$ 为非平方正(整) 数. 设 $a=Q_0,b=P_0,c=Q_{-1}$. 将方程 $a\left(\frac{x}{y}\right)^2-2b\left(\frac{x}{y}\right)-c=0$ 的根 $\frac{x}{y}=K=\frac{\sqrt{D}+P_0}{Q_0}$ 展成连分数并令连分数的(不完全) 商分别为 $a_0,a_1,\cdots$. 设

$$P_n=a_{n-1}Q_{n-1}-P_{n-1},Q_n=\frac{D-P_n{}^2}{Q_{n-1}}$$

取 $Q'_0=k$ 并寻求所有的整数 P'_0,其数值不大于 $\frac{k}{2}$,使 $D-P'^2_0$ 可被 k 整除. 对于每一个存在的 P'_0,将 $K'=\frac{\sqrt{D}-P'_0}{k}$ 展成连分数. 若我们不能指定一个公共周期使得两展式的 $P_r=P'_s$,$Q_r=Q'_s$($r+s$ 为偶数) 则原不定方程无(整数) 解. 是在整数中可解,利用这样的周期或者周期的重复,他得出一个求解所有互素(整

① Jour. für Math. ,7,1831,140-142.

② Jour. für Math. ,45,1853,349-369.

数）解 x,y 的过程.

C. L. A. Kunze[①] 处理了 $x^3 \pm y^3 = x \pm y$（所产生）的四种形式.

J. J. Nejedli[②] 在如下不定方程中假定 $D = b^2 + ac > 0$

$$ax^2 = 2bxy + cy^2 + k$$

设 $x = a_0 y + y_1$，除了 k 的符号有所不同外，我们得到一个类似的问题

$$Q_1 y^2 = 2P_1 yy_1 + ay_1^2 - k, P_1 = aa_0 - b, Q_1 = c - aa_0^2 - 2a_0 b \qquad (3)$$

取 a_0 为不大于 $\frac{b + \sqrt{D}}{a} = r$ 的最大整数，并重复过程(3)，我们便能解决给定的方程. 这个过程等价于将 r 展成连分数.

译者注 在原文献中，将取 a_0 为不大于 $\frac{b+w}{a}$ 的最大整数，其中 $w = \left[\sqrt{b^2 + ac}\right]$.

S. Réalis[③] 指出恒等式 $f(x,y) = f(\alpha,\beta) f^2(A,B)$，其中

$$f(x,y) = ax^2 + bxy + cy^2$$

$$x = (a\alpha + b\beta)A^2 + 2c\beta AB - c\alpha B^2, y = -a\beta A^2 + 2a\alpha AB + (b\alpha + c\beta)B^2$$

给定不定方程 $f(\alpha,\beta) = h$ 的一组解，若我们能找到（并非总能找到）$f(A,B) = \pm 1$ 的一组解，则我们可以得到另一组解 $f(x,y) = h$. 特别地，由不定方程 $f(\alpha,\beta) = \pm 1$ 和 $f(A,B) = \pm 1$ 的解出发，我们可以得到不定方程 $f(x,y) = \pm 1$ 的一组新解.

J. J. Sylvester[④] 证明了若 $A = 2f^2 + g^2$ 是素数且 f 为奇数，则不定方程 $fy^2 + 2gxy - 2fx^2 = \pm 1$ 在整数中是可解的. 由于不定方程 $u^2 - Av^2 = 1$ 是可解的，设 $u + 1 = \sigma p^2, u - 1 = A\sigma q^2$（不是对所有的 u 都存在这样的设法），其中 p，q 是互素的，则

$$p^2 - Aq^2 = \frac{2}{\sigma} = \mp 1 \text{ 或 } \pm 2$$

由 A 一定形如 $8n+3$，则符号按处于下方的符号取. 若 $p^2 - Aq^2 = 1, v = 2pq$，我们用 p,q 来替换 u,v，再用 p_1,q_1 替换 p,q，并做相同的操作，有 $p^2 - Aq^2 = 1$ 或 -2. 最终，我们取得 $\pi^2 - A\phi^2 = -2$，其中 π 与 φ 都是奇数. 由于已知 $\pi^2 + 2$ 的每一个素因子都有 $r^2 + 2s^2$ 的形式，那么 $\pi \pm \sqrt{-2} = (g + f\sqrt{-2}) \cdot (y + x\sqrt{-2})^2$. 由 $\sqrt{-2}$ 的系数，可得

---

① Ueber einige Aufg. Dioph. Analysis, Weimar, 1862.

② Ein Beitrag zur Auflösung unbest. quad. Gl., Progr. Laibach, 1874.

③ Nouv. Corresp. Math., 6, 1880, 342-350.

④ Math. Quest. Educ. Times, 34, 1881, 21-22.

$$\pm 1 = f(y^2 - 2x^2) + 2gxy$$

S. Robert 使用了简化的二次型和 A. Göpel 的结果.

E. Cesàro[1] 指出如下不定方程

$$Ax^2 + Bxy + Cy^2 = n \quad (A > 0, C > 0)$$

平均有$\frac{\pi}{2\delta} - \frac{B}{\delta^2}$组正整数解,其中 $\delta^2 = 4AC - B^2$. 若记正整数解数为 $\psi(n)$,即

$$\frac{\psi(1) + \psi(2) + \cdots + \psi(n)}{n} \approx \frac{\pi}{2\delta} - \frac{B}{\delta^2}.$$

S. Réalis[2] 指出,若 α,β 是不定方程 $x^2 + nxy - ny^2 = 1$ 的一组解,则 $x = (n+1)\alpha - n\beta, y = (n+2)\alpha - (n+1)\beta$ 也是一组解. 由一组显然的解 $(x,y) = (1, 0)$ 出发,我们可以得到 $(n+1, n+2)$. 利用 $y = n+2$,并求解初始的不定方程,我们得到 $x = n+1$,以及新的值 $x = -n^2 - 3n - 1$. 将公式应用于新值,我们得到第四组解,依此类推. 给出了这一系列解的第 a 组解 (x_a, y_a),以及递推公式.

S. Réalis 指出,如果 α,β 是不定方程 $mx^2 - (m+n\pm 1)xy + ny^2 = h$ 的一组解,那么方程还有如下解

$$x = (m-n)\alpha - (m-n\pm 1)\beta, y = (m-n\mp 1)\alpha - (m-n)\beta \tag{4}$$

从这组解(4)出发,我们再次得到 α,β. 显然(4)也适用于由给定方程所导出的方程,导出方程是把 m 和 n 增加相同的数量来得到的. 同样也适用如下不定方程

$$(2m\mp 1)x^2 - 2(m+n)xy + (2n\mp 1)y^2 = h$$

对于不定方程 $x^2 - (n+2)xy + ny^2 = 1(a)$,一组解 $(1,0)$ 给出另一组解 $(n-1, n)$. 对于 $y = n$,我们有 $x = n-1$ 以及 $x = n^2 + n + 1$,并因此找到了一族无穷组解. 通过改变常数项的符号来处理上一个方程,也处理了下述方程

$$x^2 - 2(n+1)xy + (2n-1)y^2 = 1 \text{ 或 } -2$$

当 $A-2$ 被 $A-B-1$ 整除时,还给出了不定方程 $x^2 - Axy + By^2 = h$ 整数解的递推公式.

P. S. Nasimoff[3] 对椭圆函数的 Jacobi 级数作了一个阐述,并应用到不定方程 $ax^2 + bxy + cy^2 = n$ 的解数. 尤其是 $x^2 + 16y^2 = n, 4x^2 + 4xy + 3y^2 = n, ax^2 + cy^2 = n(a,c$ 为奇数).

F. J. Studnička[4] 指出,对于如下连分数的第 k 个渐近分数

① Mém. Soc. R. Sc. de Liège, (2), 10, 1883, No. 6, 197-199.

② Nouv. Ann. Math., (3), 2, 1883, 494-497.

③ Application of elliptic functions to the theory of numbers, Moscow, 1885, Ch. 1. French résumé in Annales sc. de l'école normale supér., (3), 5, 1888, 23-31.

④ Prag Sitzungsber. (Math. Nat.), 1888, 92-95.

$$\frac{1}{a}+\frac{1}{a}+\frac{1}{a}+\cdots$$

若 p_k 为分子，q_k 为分母，则

$$q_n=p_{n+1}=a^n+\binom{n-1}{1}a^{n-2}+\binom{n-2}{2}a^{n-4}+\cdots$$

$$(-1)^n=p_{n-1}q_n-p_nq_{n-1}=q_{n-2}q_n-q_{n-1}^2$$

利用 $q_n=aq_{n-1}+q_{n-2}$，我们得到

$$aq_{n-2}q_{n-1}+q_{n-2}{}^2-q_{n-1}{}^2=(-1)^n$$

并因此得到不定方程 $axy+x^2-y^2=\pm 1$ 的（整数）解. 参考本书第十二章 Kluge 所给出的.

Ferval[①] 对下述每一个不定方程，都给出了无穷组解

$$(2a^2-2a-1)x^2-4(a^2-1)xy+(2a^2+2a-1)y^2=1$$

$$(a^2-a-1)x^2-(2a^2-3)xy+(a^2+a+1)y^2=1$$

A. Hurwitz[②] 称 $\frac{r}{s}$ 与 $\frac{u}{v}$ 为一对近似分数，若 $us-rv=1$，则它们近似于介于它们之间的数. 如果 $0<m<2\sqrt{D}$ 且 A，C 若至少有一个为正数，以及 $D=B^2-AC>0$，不定方程 $Au^2+2Buv+Cv^2=m$ 的每一对整数解都能使得 $\frac{u}{v}$ 是代数方程 $Ax^2+2Bx+C=0$ 根的近似分数. 若 A，C 都是负数，我们可以依靠假定 $v^2>\frac{-A}{2\sqrt{D}-m}$ 来得到同样的结果.

H. Scheffler[③] 作相继加和以得到 $p,2^2p,3^2p,\cdots$ 进而得到一张值为 $pn^2+p_1n_1^2$ 的列表. 其目的是求解不定方程 $ax^2+bxy+cy^2=q$.

R. W. D. Christie[④] 用连分数求解了不定方程 $x^2+xy-y^2=\pm 1$.

Cunningham 与 Christie 求出了不定方程 $y^2-avy-av^2=1$ 的（整数）解.

A. Lévy[⑤] 回顾了一个定理的特例，该定理是关于代数域单位的 Dirichlet 定理. 也就是，若 (a,b) 是不等于 $(1,0)$ 且满足不定方程 $x^2+xy-ky^2=1$ 的最小正（整）数解，其中 $x^2+xy-ky^2=1$ 为正整数，那么每一组解都能由下述表达式给出

---

① Jour. de math. spéc.，1889，94，141.

② Math. Annalen，44，1894，425-427.

③ Vermischte Math. Schriften，Part Ⅱ，Die Quadratische Zerfällung der Zahlen durch Differenzreihen，Braunschweig，1897，28-59.

④ Math. Quest. Educ. Times，73，1900，71.

⑤ Bull. de math. élém.，15，1909-1910，113-115. Cf. J. Sommer，Vorlesungen über Zahlentheorie，1907，100-107；French transl. by Lévy，1911，103-113.

$$u+v\omega=(a+b\omega)^n,\omega^2-\omega-k=0$$

几位作者①求解了不定方程 $x^2+xy+y^2=1$.

C. Ruggeri② 利用级数与递推公式 $z_{n+1}=z_n+z_{n-1}$ 来求解不定方程

$$ax^2-bxy+cy^2=k$$

其中

$$b^2-4ac=5m^2$$

6 $Ax^2+2Bxy^2+Cy^2+2Dx+2Ey+F=0$ 的解

Euler③ 指出,若不定方程 $Ax^2+2Bxy^2+Cy^2+2Dx+2Ey+F=0$ 有一组解 $x=a,y=b$,且若 $\Delta=B^2-AC>0$,这样有 $p^2=\Delta\cdot q^2+1$ 是可解的,原方程的第二组解为

$$x=a(p+Bq)+bCq+Eq+(p-1)(BE-CD)/\Delta$$
$$y=b(p-Bq)-aAq-Dq+(p-1)(BD-AE)/\Delta$$

Lagrange④ 演示了如何求下述不定方程的有理数解与整数解

$$\alpha x^2+\beta y^2+\gamma y^2+\delta x+\varepsilon y+\zeta=0 \tag{1}$$

对上式进行代数地求解,以得到用 y 来表示的 x,我们得到

$$2\alpha x+\beta y+\delta=\pm t,t^2=By^2+2fy+g$$

其中 $B=\beta^2-4\alpha\gamma,f=\beta\delta-2\alpha\varepsilon,g=\delta^2-4\alpha\zeta$. 设 $A=f^2-Bg$,则

$$By+f=\pm u,u^2=A+Bt^2$$

$$y=\frac{\pm u-f}{B},x=\frac{\pm t-\delta}{2\alpha}-\frac{(\pm u-f)\beta}{2\alpha B}$$

因此不定方程(1) 的有理数解可由不定方程 $u^2=A+Bt^2$ 的有理数解得出. 据 Lagrange 的讨论,后者依赖于不定方程 $Ar^2=p^2-Bq^2$ 的整数解.

为了得出不定方程(1) 的整数解,不仅 u 与 t 必须是整数,而且 $\pm u-f$ 必须是 B 的倍数 mB,还必须要 $\pm t-\delta-\beta m$ 为 2α 的倍数,若 B 为负数,$u^2-Bt^2=A$ 存在且仅存在有限组整数解,这些解能够通过尝试来求出. 当 B 为正时,有限

---

① Amer. Math. Monthly,15,1908,44.

② Periodico di Mat. ,25,1910,266-276.

③ Novi Comm. Acad. Petrop. ,11,1765(1759),28;Comm. Arith. , Ⅰ ,317;Op. Om. ,(1),Ⅲ,76.

④ Mém. Acad. Berlin,23,anneé 1767,1769,272;Oeuvres,Ⅱ377-381,509-522. Cf. his simplifications in his additions to Euler's Algebra,2,1774,554,595-607;Oeuvres de Lagrange,Ⅶ,113,140-147;Euler's Opera Omnia,(1),Ⅰ,593,615-622. Cf. Smith.

组整数解的结论是不成立的，以后这将被假定. 我们可以设 $u=\sigma p$，$u=\sigma q$，其中 p,q 是互素的. 不定方程 $p^2-Bq^2=\frac{A}{\sigma^2}$ 的(整数)解靠下式给出

$$p+q\sqrt{B}=(a+b\sqrt{B})J, J\equiv(X+Y\sqrt{B})^n=\xi+\psi\sqrt{B}$$

于是

$$p=a\xi+Bb\psi, q=a\psi+b\xi$$
$$2\xi=(X+Y\sqrt{B})^n+(X-Y\sqrt{B})^n$$
$$2\sqrt{B}\psi=(X+Y\sqrt{B})^n-(X-Y\sqrt{B})^n$$

这里 (a,b)，(X,Y) 为满足不定方程 $X^2-BY^2=\pm1$ 的整数. 我们只考虑情形 $X^2-BY^2=1$，与其相对的情形是很容易化简的. 目前的问题变为，给指数 n 选取一个正整数值使得 x,y 的得数也是整数，也就是，使得 $\pm\sigma p-f$ 为 B 的倍数，且使得 $\pm\sigma q-\delta-\frac{(\pm\sigma p-f)\beta}{B}$ 为 2α 的倍数. 这两个问题是下述方程一般可除性问题的特例

$$F+Gp+Hq\equiv F+P(X+Y\sqrt{B})^n+Q(X-Y\sqrt{B})^n \tag{2}$$

上式模数为 $R=r^m r_1{}^{m_1}\cdots$，其中 $r,r_1,\cdots$ 为互异的素数. 若 B 可被 r 整除，取 $\rho=2r$；若 $B^{(r-1)/2}\pm1$ 可被 r 整除，取 $\rho=r\pm1$；若 $r=2$，取 $\rho=r$. 这些情况下都很容易表明 $(X\pm Y\sqrt{B})^\rho-1$ 被整除，则对于 $e=r^{m-1}\rho$ 有 $(X\pm Y\sqrt{B})^e-1$ 被 r^m 整除. 因此，若 $n=ke+N$，式(2) 被 r^m 整除当且仅当 r^m 整除一个函数，该函数是通过将式(2) 中的 n 替换为 N 而得出的，以便于我们仅需要测试小于 e 的 n. 类似地，我们仅需要对小于 $r_1^{m_1-1}\rho_1$ 的 n 测试式(2) 被 $r_1{}^{m_1}$ 除的整除性. 假设在相应的情形中，分别在 $n=N$，$n=N_1$ 等情况下测试成功. 那么，确定出 n，使其被 $r^{m-1}\rho$ 除时余数为 N，被 $r_1^{m_1-1}\rho_1$ 除时余数为 N_1，依此类推. 我们还能看出又有一个表达式 $F_1+G_1p+H_1q$ 必须被某个数 R_1 整除. n 的条件与刚才所述条件相似. 因此，当方程(2) 是可解时，该方法可得到方程(2) 的所有(无穷多组) 整数解.

Lagrange① 将方程 (1) 两端同乘 4α 并设

$$u=2\alpha x+\beta y+\delta, a=\beta^2-4\alpha\gamma, b=\beta\delta-2\alpha\varepsilon, c=\delta^2-4\alpha\zeta$$

我们得到 $u^2=ay^2+2by+c$. 将所得式两边同乘 a 并写出 $t=ay+b$，$R=b^2-ac$. 因此 $t^2-au^2=R$. 假定它有一组已知解 $t=P$，$u=Q$. 那么不定方程(1) 有如下解

$$y=\frac{P-b}{a}, x=\frac{Q-\delta}{2\alpha}-\frac{\beta y}{2\alpha} \tag{3}$$

---

① Miscellanea Taurinensia, 4, 1766-1769; Oeuvres, Ⅰ, 725-731.

由于我们可以改变 P,Q 的符号，我们得到四组解. 若 $R=A^m B^n\cdots$，其中(在 P,Q 均为正数的情况下) $A,B,\cdots$ 都是只能以一种方式表为 P^2-aQ^2 的整数，那么便可知道，当 $\pi=(m+1)(n+1)\cdots$ 为偶数时，R 有 $\frac{1}{2}\pi$ 种方法表为 P^2-aQ^2；当 π 为奇数时，R 有 $\frac{\pi+1}{2}$ 种方法表为 P^2-aQ^2. 如果 a 为负(整)数，则 $t^2-au^2=R$ 仅存在有限数目的整数解，由于 $t^2-au^2=1(a<0)$ 是无正整数解的，如此便使因子 $A,B,\cdots$ 数目有限. 但是若 a 为正(整)数，令 p,q 为不定方程 $p^2-aq^2=1$ 的最小(正整数)解，那么每一个解由下述表达式给定

$$p'=\frac{r^m+s^m}{2},q'=\frac{r^m-s^m}{2\sqrt{a}}\quad(r=p+q\sqrt{a},s=p-q\sqrt{a})$$

其中 $m=1,2,3,\cdots$. 如果

$$P_1=Pp'\pm aQq',Q_1=Pq'\pm Qp' \tag{4}$$

则

$$R=(P^2-aQ^2)(p'^2-aq'^2)=P_1^2-aQ_1^2$$

如果我们用与一类因子相对应的各种数对作为 P,Q，其中因子为 R 中形如 t^2-au^2 且大于 1 的因子，并取 $m=1,2,3,\cdots$，我们就能通过(4)得到了不定方程 $P_1{}^2-aQ_1{}^2=R$ 的全部有理数解. 回到式(3)，Lagrange 证明，如果式(3)中 x,y 的值使其对应于 $m=0$ 的情况时是整数，则存在着无穷多个 m(只依赖于 α 和 a 的指定数的倍数)使得解 x,y 为整数.

Euler① 给出两种方法去求解下述不定方程的一般有理数解

$$f(x,y)\equiv Ax^2+2Bxy+Cy^2+2Dx+2Ey+F=0$$

给定一组解 $x=a,y=b$. 在 $f(x,y)-f(a,b)=0$ 中，设

$$2(xy-ab)=(x-a)(y+b)+(x+a)(y-b),\frac{x-a}{y-b}=\frac{p}{q}$$

我们得到

$$(x+a)(Ap+Bq)+(y+b)(Bp+Cq)+2Dp+2Eq=0$$

用前一对方程的第二个来消去 y，我们得到

$$\omega x=-at-2b(Bp^2+Cpq)-2Dp^2-2Epq$$

$$\omega y=bt-2a(Bq^2+Apq)-2Dpq-2Eq^2$$

$$\omega=Ap^2+2Bpq+Cq^2,\quad t=Ap^2-Cq^2$$

从而，当 p,q 为有理时，得到所提出方程的最一般的有理数解. 整数解可以由某些 p,q 的值得出，这些 p,q 使得 $\omega=\pm1$ 或 $\omega=\pm2$.

---

① Novi Comm. Acad. Petrop.,18,1773,185;Comm. Arith.,Ⅰ,549-555;Op. Om.,(1),Ⅲ,297.

对于第二种方法，设

$$k=B^2-AC, N=\frac{BD-AE}{k}, P=Ax+By+D, Q=y+N$$

则

$$Af(x,y)\equiv(P+Q\sqrt{k})(P-Q\sqrt{k})-\delta, \delta\equiv D^2-AF-N^2k$$

在 $x=a$ 且 $y=b$ 时，令 G 为 P 的值并令 H 为 Q 的值，则

$$(P+Q\sqrt{k})(P-Q\sqrt{k})=(G+H\sqrt{k})(G-H\sqrt{k})$$

令左边的第一个因子与右边的第二个因子相等，剩下的因子同理. 进而

$$y=-b-2N, x=a+\frac{2B(b+N)}{A}$$

或者，使用 Pell 方程 $s^2-kr^2=1$，如果 k 为非平方正（整）数，则有无穷多组解，并设

$$P+Q\sqrt{k}=(G+H\sqrt{k})(s+r\sqrt{k})^n$$

通过将无$\sqrt{k}$ 的项对应相等，我们得到 x,y 的有理表达式.

译者注 本书英文版写为如果k既不是负数也不是平方数，则有无穷多组解. 其默认 0 为平方数.

Euler① 处理了如下不定方程的整数解

$$\alpha x^2+\beta x+\gamma=\zeta y^2+\eta y+\theta \tag{5}$$

其中给定一组解 $x=a, y=b$. 将 $z^2=2sz-1$ 的根记为

$$p=s+\sqrt{s^2-1}, q=s-\sqrt{s^2-1}$$

作替换

$$x=\frac{f}{\sqrt{\alpha}}p^n+\frac{g}{\sqrt{\alpha}}q^n-\frac{\beta}{2\alpha}, y=\frac{f}{\sqrt{\zeta}}p^n-\frac{g}{\sqrt{\zeta}}q^n-\frac{\eta}{2\zeta} \tag{6}$$

由于 $pq=1$，方程(5) 的两端对应等于如下两式

$$f^2p^{2n}+g^2q^{2n}+2fg+\gamma-\frac{\beta^2}{4\alpha}, f^2p^{2n}+g^2q^{2n}-2fg+\theta-\frac{\eta^2}{4\zeta}$$

这两式在如下条件下相等

$$4fg=\frac{\beta^2}{4\alpha}-\frac{\eta^2}{4\alpha}+\theta-\gamma \tag{7}$$

对于 $n=0$，令 $x=a, y=b$，则(6) 给出

$$f+g=\frac{2\alpha a+\beta}{2\sqrt{\alpha}}, f-g=\frac{2\zeta b+\eta}{2\sqrt{\zeta}} \tag{8}$$

由于(5) 对 $x=a, y=b$成立，$(f+g)^2-(f-g)^2$ 的得数可以化简为(7). 因此，

---

① Mém. Acad. Sc. St. Petersb., 4, 1811(1778), 3; Comm. Arith., Ⅱ, 263.

假使在 p,q 表达式中的 s 使得导出的 x,y 有理,由(8) 得来的 f,g 值便导出了不定方程(5) 的解(6),其中.对于 $n=1$,基于(8),x,y 的表达式变为

$$x=as+\frac{\beta(s-1)}{2\alpha}+b\zeta r+\frac{\eta r}{2},y=bs+\frac{\eta(s-1)}{2\zeta}+a\alpha r+\frac{\beta r}{2},r=\sqrt{\frac{s^2-1}{\zeta a}}$$

那么 $s^2=a\zeta r^2+1$,若 $a\zeta$ 为非平方正整数,该不定方程为一个可解 Pell 方程.因此,如果解决了此 Pell 方程,我们设 $p=s+r\sqrt{a\zeta}$,$q=s-r\sqrt{a\zeta}$ 并按(8) 定义 f,g,那么对于任意正整数 n,替换(6) 都能给出一组解,其能被证明是有理的如下所述.命 x',y' 为解(6) 将 n 改为 $n+1$ 时得出的值;命 x'',y'' 为解(6) 将 n 改 $n+2$ 时得出的值,则

$$x''=2sx'-x+\frac{\beta}{\alpha}(s-1),y''=2sy'-y+\frac{\eta}{\zeta}(s-1)$$

由于 $n=0$ 和 $n=1$ 给出的那些值都是有理数,那么由任意整数给出的那些值也会是有理数.Euler 陈述,若仅利用 n 的偶数值,我们能得出 x 和 y 的整数值.Cayley 给出了一个对于多个变量的推广.

Legendre① 把 $ay^2+byz+cz^2+dy+fz+g=0$ 约简为

$$ay_1^2+by_1z_1+cz_1^2=\Delta D,D=b^2-4ac>0,-\Delta=af^2-bdf+cd^2+gD \tag{9}$$

其通过设 $y=\frac{y_1+\alpha}{D},z=\frac{z_1+\beta}{D},\alpha=2cd-fb,\beta=2af-bd$ 来得到的.若(9) 有一组(整数) 解,那么它有无穷多组解,这些解由下述表达式给出

$$y_1=\gamma F+\delta G,y_1=\varepsilon F+\zeta G,F+G\sqrt{D}=(\phi+\psi\sqrt{D})^n \tag{10}$$

其中 ϕ,ψ 给出了不定方程 $\phi^2-D\psi^2=1$ 的最小(正整数) 解.n 为何值可使得 y,z 都为整数还是一个问题.由于

$$F\equiv\phi^n,G\equiv n\phi^{n-1}\psi,\phi^2\equiv1(\mathrm{mod}\ D)$$

我们可以看出得 y,z 的表达式都为整数当且仅当

$$(\alpha+\gamma)\phi+2\delta\psi m\equiv(\beta+\varepsilon)\phi+2\zeta\psi m\equiv0(\mathrm{mod}\ D)\quad(n=2m)$$

$$\gamma\phi+\alpha+n\delta\psi\equiv\varepsilon\phi+\beta+n\zeta\psi\equiv0(\mathrm{mod}\ D)\quad(n=2m+1)$$

(在两种情况中) 不论发生哪种情况,n 的结果值都形如 $V+Dk$(而该结论被 Dujardin② 否定),其中 k 是任意的,使得存在无穷多个 n 值.仍有问题以待解决:若 F 和 G 被(10) 的第三式确定且有 $\phi^2-D\psi^2=1$,求出所有 n 的值使得 $\lambda F+\mu G+\nu$ 可以被一个素数整除而不被 $D\psi$ 整除.对于该问题,Lagrange 的方法已经给出.

Dujardin 赞同上一篇论文中的陈述直到关于 n 值形如 $V+Dk$ 的错误陈述.

---

① Théorie des nombres,1798,451-457;ed. 3,1830,Ⅱ,105-112,No. 439.

② Comptes Rendus Paris,119,1894,843,934. Reprinted,Sphinx-Oedipe,4,1909,45-47.

但量δ,ζ可被D整除，当且仅当未知数的系数是互素的，才满足标注的条件$n=2m$和$n=2m+1$. 因此，若n为偶数，$\alpha+\gamma,\beta+\varepsilon$必须被$D$整除；若$n$为奇数，$\gamma\phi+\alpha,\varepsilon\phi+\beta$必须被$D$整除；那么所有$m$值都满足所引用的条件. 因此，正确的结论中$n$是根据公差为2(而不是$D$)的等差数列而变化的. 后一个结果也遵循不定方程(9)三个相继解之间的递推法则，不定方程(9)还能推出如下法则. 给定(9)的两组相继解$y'_i,z'_i(i=1,2)$，那么如果两组数$y'_i+\alpha,z'_i+\beta(i=1,2)$中没有一组可以被$D$整除，则原不定方程无整数解；但两者中有一组可以被$D$整除，则与其奇偶性相同的每一组数都对应着提出的原方程的一组解.

C. F. Gauss[①] 处理了如下不定方程的整数解

$$ax^2+2bxy+cy^2+2dy+2ey+f=0 \tag{11}$$

设

$$\Delta=\begin{vmatrix} a & b & d \\ b & c & e \\ d & e & f \end{vmatrix},\alpha=b^2-ac,\beta=be-cd,\gamma=bd-ae$$

通过替换$p=\alpha x+\beta,q=\alpha y+\gamma$，我们得到$ap^2+2bpq+cq^2=\alpha\Delta$. 二元二次型理论导出了以二次型$(a,b,c)$表$\alpha\Delta$的所有表示. 从得到的$x,y$的值集合中，丢弃那些不是整数的值.

为了求出不定方程(11)的有理数解，设$x=\frac{t}{v},y=\frac{u}{v}$，并求所得到的方程的整数解，所得方程仍是Gauss考虑过的形式.

J. L. Wezel[②] 通过一个线性替换将$ax^2+cxy+dx+ey+C=0$约简为$x_1y_1=k$，并对单变量可有理求解的方程进行了处理. 对于$ax^2+by^2+2cxy+C=0$，我们对x进行求解并发现如果$B\equiv c^2-ab$不是正(整)数或为平方数则没有任何麻烦. 而在有麻烦的情况下，可以用连分数处理它. 展开代数方程$az^2+2cz+b=0$的根$r=\frac{\sqrt{B}-c}{a}$. 令$Q=\frac{\sqrt{B}+\pi}{C}$为带有分母C的完全商，并令$\frac{p_0}{q_0},\frac{p}{q}$为两个紧接于$Q$之前的渐近分数，则

$$z=\frac{pQ+p_0}{qQ+q_0}=r,(ap+cq)^2=q^2B+aC(pq_0-p_0q),ap^2+2cpq+bq^2=\pm C$$

译者注　记Q为$k+1$阶完全商，$\frac{p_0}{q_0}$为$k-1$阶渐近分数，$\frac{p}{q}$为k阶渐近

① Disquisitiones Arithmeticae, 1801, arts. 216-221; Werke, I, 1863, 215. German transl. by H. Maser, 1889, pp. 205-211.

② Annales Acad. Leodiensis, Liège, 1821-1822, 1-48.

分数.如果 r 的连分数展开可记为

$$r=[a_0;a_1,a_2,a_3,\cdots]=a_0+\cfrac{1}{a_1+\cfrac{1}{a_2+\cfrac{1}{a_3+\cfrac{1}{\ddots}}}}$$

那么有

$$Q=\xi_{k+1}=[a_{k+1};a_{k+2},a_{k+3},a_{k+4},\cdots]$$

$$\frac{p_0}{q_0}=\frac{\lambda_{k-1}}{\mu_{k-1}}=[a_0;a_1,a_2,a_3,\cdots,a_{k-1}]$$

$$\frac{p}{q}=\frac{\lambda_k}{\mu_k}=[a_0;a_1,a_2,a_3,\cdots,a_{k-1},a_k]$$

渐近分数与完全商的一般关系为

$$r=\frac{\lambda_k\xi_{k+1}+\lambda_{k-1}}{\lambda_k\xi_{k+1}+\lambda_{k-1}}$$

这是由于$\sqrt{B}$ 是无理数.对于 $ax^2+by^2+cxy+dx+ey+C=0$,我们设

$$x=\frac{x'+2bd-ce}{D},y=\frac{y'+2ae-cd}{D}$$

其中 $D=c^2-4ab$,并得到形如下式且刚刚处理过的一个不定方程

$$ax'^2+by'^2+cx'y'+(ae^2-cde+bd^2)D+CD^2=0$$

E. Desmarest① 用代换 $X=\frac{x}{a}$ 将 $aX^2+bX+c=Ky$ 的求解化简为求 a 的某个倍数 x,其中 x 满足一个类型为 $f_x\equiv x^2+qx+r=Py$ 的不定方程.为了求出上述后一类方程的一个特解,他将使用两个辅助的双条目表,这是一种基于如下两函数的复杂方法

$${}_0P_{2N-2}=f_nN^2-f'_nN+1,{}_0P_{2N-1}=f_nN^2+f'_nN+1$$

也基于如下事实,上述两式与 f_n 的对应乘积也形如 f_x,其中左式所乘结果中 $x=f_nN-n-q$,而右式所乘结果中 $x=f_nN+n$.

译者注 其中 $f_n\equiv n^2+qn+r,f'_n\equiv 2n+q$.

其中一个辅助表的表头为 $f_n,{}_0P_1,{}_0P_2,\cdots$ 而在表格主体中录入相继的 K 值以及余数 ρ,这些 K 值在根数 R 中,例如,当 $N=2K+1$ 时,K 与 ρ 利用下述表达式来定义

$${}_0P_{2N}=f_n\cdot(N+1)^2-f'_n\cdot(N+1)+1=R^2+\rho$$

$$R=(2K+2)n+qK+q-1$$

① Théorie des nombres. Traité de l'analyse indéterminée du second degré à deux inconnues..., Paris,1852,4-126.

$$\rho = A\ (K+1)^2, A = 4r - q^2$$

还指出了几个相对复杂的方法，所使用的是最接近给定 P 的平方数 R^2，平方数 R^2 使我们能够在表身中找到一个条目，该条目将产生待求的 n 值，使得该条目的列向表头将是 y 的值(或者是 y 的已知倍数). 对于所有素数 $P < 1\ 000$，他处理了例题 $X^2 + 31X + 241 = PY$；但是他也知道例题方程可以通过变换 $X = x - 15$ 转化为 $x^2 + x + 1 = Py$，变换后的方程被证明是可解的当且仅当素数 P 为 3 或 $3q + 1$ 型整数.

为了求解不定方程 $F + 2dX + 2eY + f = 0$，其中 $F \equiv aX^2 + 2bXY + cY^2$，$\Delta = b^2 - ac \neq 0$，该方程通常能被转化为 $F = M$，转化后的方程通常由二元二次型理论来处理. 若 $\Delta = 0$，它将转化为 $u^2 + r = Py$ 指出，这就是刚刚最先处理的类型. 在每种情况下，都会讨论哪些解为整数.

H. J. S. Smith① 指出 L. Euler 的方法是不完备的，其原因被注明在本书第十二章. 他运用 α, β, γ 的最大公因数 δ 以及新的变量 $X = \frac{p}{\delta}, Y = \frac{q}{\delta}$ 修改了 Gauss 的方法. 从而 $aX^2 + 2bXY + cY^2 = \alpha'\Delta'$，其中 $\alpha' = \frac{\alpha}{\delta}, \Delta = \frac{\Delta'}{\delta}$. 那么如果 X_n, Y_n 是以二次型(a, b, c) 表$\alpha'\Delta'$ 的任意一种表示，则我们可以把整数解和分数解 x, y 分开，其中(通过 Lagrange 的方法)将满足同余方程 $X_n - \frac{\beta}{\delta} \equiv 0 \pmod{\alpha'}$，$Y_n - \frac{\gamma}{\delta} \equiv 0 \pmod{\alpha'}$ 的那些 X_n, Y_n 值与不满足的分开，并得到有限个能表示所有整数解的公式.

G. Wertheim② 像 Lagrange 一样处理不定方程(1)，并把它化简为 $ax^2 + 2bxy + cy^2 = M$，进而应用二元二次型的理论.

C. de Comberousse③ 在 $\gamma = 0$ 的情况下处理了不定方程(1)，于是 $y = \frac{Q}{L}$，其中 Q 为 x 的二次函数，且 L 为 x 的线性函数. 进而 L 必须整除某个常数 N，因此可设 $L = d$，其中 d 为 N 的任意一个因子.

Rautenberg④ 把对二元二次不定方程的求解简化为对 $Bx^2 + Cx + D = \square$ 的求解，并给出其他已知的结果.

---

① British Assoc. Report, 1861, 313; Coll. Math. Papers, 1, 1894, 200-202.

② Elemente der Zahlentheorie, 1887, 226-236, 369-374.

③ Algèbre supérieure, 1, 1887, 185-191.

④ Ueber dioph. Gl. 2 Gr., Progr. K. Gymn., Marienburg, 1887.

R. Marcolongo①, G. B. Mathews②, P. Bachmann③, E. Cahen④都处理过不定方程(6).

Focke⑤针对我们的问题给出了二次型的通常用法.

E. de Jonquières⑥通过详细的例子表明了, Lagrange(连分数)法与Gauss(约化型周期)法求解二次不定方程的差别并没有它们看起来的差别大. 这是由于它们使用相同的辅助量,并且依赖于几乎相同的思想历程.

G. Bisconcini⑦指出 $x=y=2$ 是不定方程 $xy=x+y$ 唯一的正整数解,以及 $x=0,1,y=0,1$(两两搭配共四组)是不定方程 $x^2+y^2=x+y$ 仅有的整数解.

J. Westlund⑧证明了不定方程 $x^2+y^2=\frac{2x-1}{3}$ 在整数中无解.

C. Ciamberlini⑨证明,若 a 为正整数时,不定方程 $(x+y)(x+y+1)+2y=2a$ 仅有一组正整数解.

T. Pepin⑩使用了 Gauss 的方法.

U. Fornari⑪处理了 $(x-1)(x-2)+y(2x+y-1)=2m$.

W. A. Wijthoff⑫解决了 $(x+y+1)^2=9xy$.

M. Rignaux⑬陈述了不定方程(16)满足 $ac<b^2$ 的一个完全解,依靠递推级数得来的.

7 $ax^2+by^2+cz^2=0$(除 $x^2+y^2=2z^2$ 之外)

对于不定方程 $x^2+y^2=2z^2$,此处不包括,参看等差数列中的平方数(本书第十四章).

---

① Giornale di Mat., 25, 1887, 161; 26, 1888, 65.

② Theory of Numbers, 1892, 257-261.

③ Arith. der Quad. Formen, 1898, 224-231.

④ Élém. de la théorie des nombres, 1900, 286-299.

⑤ Über die Auflösung d. dioph. Gleich. mit Hilfe der Zahlentheorie, Progr. Magdeburg, 1895.

⑥ Comptes Rendus Paris, 127, 1898, 694-700.

⑦ Periodico di Mat., 22, 1907, 121-122.

⑧ Amer. Math. Monthly, 14, 1907, 61.

⑨ Suppl. al Periodico di Mat., 11, 1908, 104-105.

⑩ Mem. Pont. Accad. Nuovi Lincei, 29, 1911, 319-327.

⑪ Il Pitagora, 19, 1913, 57-60.

⑫ Wiskundige Opgaven, 11, 1912-1914, 192-195.

⑬ L'intermédiaire des math., 26, 1919, 9.

Diophantus,Ⅱ,20,提出求三个平方数使得

$$(y^2-x^2):(z^2-y^2)=a:b \tag{1}$$

其中 $a:b$ 为一个给定的比例.他取 $\frac{a}{b}=\frac{1}{3}$,$y=x+1$,于是

$$z^2=x^2+8x+4$$

取 $z=x+3$,于是 $x=\frac{5}{2}$. 在第四卷的第45题,他取 $\frac{a}{b}=3$,$x^2=4$,$y=t+2$,于是若 $t=\frac{21}{11}$,则有 $\frac{9}{4}z^2=3t^2+12t+9=(3-5t)^2$.

Alkarkhi①(11世纪初)通过取 $y=z+1$ 与 $x=z+2$ 求解了不定方程 $x^2-y^2=2(y^2-z^2)$,于是 $z=\frac{1}{2}$.

Leonardo Pisano② 首先处理了几种特殊情形下的不定方程(1).对于 $b=a+1$ 情形,取 $x=2a-1$,$y=2a+1$,$z=2a+3$,则 $y^2-x^2=8a$,$z^2-y^2=8b$. 一般地,若使得下述条件成立的整数 h,k,n 可以被求得

$$\sum_{i=1}^{a}(h+i)=ka,\sum_{j=1}^{n}(h+a+j)=kb$$

则对于如下的解,有 $y^2-x^2=8ka$,$z^2-y^2=8kb$ 成立.

$$x=2h+1,y=2h+2a+1,z=2h+2a+2n+1$$

上述求和式的条件为

$$h+1+h+a=2k,(h+a)n+\frac{n(n+1)}{2}=kb$$

或

$$k=h+\frac{a+1}{2}=\frac{n(n+a)}{2(b-n)}$$

(为了保证 h,k,n 为整数)这些分数必须等于整数,就像 Leonardo 使用的值 $a=11$,$b=43$,$n=16$,$k=8$,$h=2$ 一样. A. Genocchi③ 评论说,Leonardo 的方法本质上是把一个数列 $h+1,h+2,\cdots,h+m+n$ 分成前后两部分,使得前 m 项之和等于 ka,后 n 项之和等于 kb,于是

$$2k=\frac{mn(m+n)}{bm-an},2h+1=\frac{2amn+an^2-bm^2}{bm-an}$$

由于 a,b 是互素的,我们可以有无穷多种方法使 $bm-an=1$,则

---

① Extrait du Fakhrí,French transl. by F. Woepcke,1853,116.

② Tre Scritti,103-112. Scritti,2,1862,275-279(Opuscoli). Cf. Ch. XVI.

③ Annali di Sc. Mat. e Fis.,6,1855,351-352(misprint of sign before bm^2 in the fraction for $2h+1$).

$$x=2h+1,y=2(h+m)+1,z=2(h+m+n)+1$$

F. Woepcke① 对 Leonardo 的方法作了类似的解释，并想知道为什么 Leonardo 更喜欢这种巧妙的方法而不是更自然的方法 $x=y+m,z=y-n$，并从而求出用 a,b,m,n 的有理函数表示的 x,y,z. 最后，这种方法和其他简单方法也被 C. L. A. Kunze② 所使用.

对于 Leonardo 方法的不同表述，以及问题与一致型等价性的证明，参看本书第十六章 Genocchi 所给的.

Matsunago③ 在 18 世纪上半叶指出不定方程 $rx^2+y^2=z^2$ 有解 $x=2mn$，$y=rm^2-n^2,z=rm^2+n^2$. 若 $k-l=t^2$，则不定方程 $kx^2-ly^2=z^2$ 有解 $y=\alpha+t\beta,z=l\beta-\alpha t$，其中假定 $x^2=\alpha^2+l\beta^2$，而该式属于前面的类型. 此外，对于如下的解，有不定方程 $(k^2+l^2)x^2-y^2=z^2$ 成立

$$x=c,y=ka\pm lb,z=la\mp kb,a^2+b^2=c^2$$

J. L. Lagrange④ 处理了如下不定方程的整数解

$$Ar^2=p^2-Bq^2 \tag{2}$$

利用 Diophantus 的方法，$A=\square$ 或 $B=\square$ 的情形很容易被处理掉. 在不定方程(2)中，令 p,q,r 为整数，p,q 互素，而 A 与 B 既不是平方数也不被平方数整除，且(可以假设成) $|A|>|B|$. 原方程有解的一个必要条件为存在一个整数 α 使得 α^2-B 被 A 整除. 该条件可以被如下过程表明，将不定方程(2)两边乘上 $p_1^2-Bq_1^2$，利用如下恒等式

$$(p^2-Bq^2)(p_1^2-Bq_1^2)=(pp_1-Bqq_1)^2-B(pq_1\pm qp_1)^2 \tag{3}$$

并取 $pq_1-qp_1=\pm1$，于是 $Ar^2(p_1^2-Bq_1^2)=\alpha^2-B$. 我们还可以取 $|\alpha|<\frac{|A|}{2}$，这是由于 $(\mu A\pm\alpha)^2-B$ 也被 A 整除. 当一个整数 α 存在使得 $AA_1=\alpha^2-B$ 成立时，设 $\alpha_1=\mu_1A_1\pm\alpha$，选取整数 μ_1 和符号，使得 $|\mu_1|<\frac{|A_1|}{2}$，则 α_1^2-B 可被 A_1 整除，命商为 A_2. 像这样我们就得到了一系列递减的整数 $|A|,|A_1|$，$|A_2|,\cdots$，因此得到 $|A_n|\leqslant|B|$. 当 A_n 为 a^2C 型整数时停止即可，其中 C 无平方因子且 $|C|\leqslant|B|$. 将下述方程对应相乘

$$AA_1=\alpha^2-B,\cdots,A_{n-1}A_n=\alpha_{n-1}^2-B$$

并利用恒等式(3). 因此 $AA_1^2\cdots A_{n-1}^2A_n=P^2-BQ^2$. 再将得式两边对应乘上不定方程(2). 我们得到 $Cq_1^2=p_1^2-Br_1^2$，其中 $q_1=AA_1\cdots A_{n-1}ar$. 因此

① Jour. de Math., 20, 1855, 59.

② Ueber einige Aufg. Dioph. Analysis, Weimar, 1862, 14-15.

③ Y. Mikami, Abh. Gesch. Math. Wiss., 30, 1912, 231-232.

④ Mém. Acad. Berlin, 23, année 1767, 1769, 385-406; Oeuvres, Ⅱ, 384-399.

$$Br_1^2=p_1^2-Cq_1^2 \tag{4}$$

反过来,若不定方程(4)可解,则不定方程(2)可解.像处理不定方程(2)一样处理(4),我们得到 $Cr_2^2=p_2^2-Dq_2^2$,依此类推.由于数 $|A|,|B|,|C|,\cdots$ 形成一组递减数列,最终我们能得到的项为 ± 1. 若它为 -1,我们继续便可得到 $+1$. 所得的不定方程 $Vz^2=x^2-y^2$ 很容易在整数中求解.令 M 为 V 与 $x+y$ 的最大公约数并设 $V=MN,x+y=M\rho$,则 $z^2=\rho\sigma,x-y=N\sigma$,其中 σ 为整数.若 l 为 ρ 与 σ 的最大公约数,我们有 $\rho=lm^2,\sigma=ln^2$,因此

$$z=lmn,x=\frac{l(Mm^2+Nn^2)}{2},y=\frac{l(Mm^2-Nn^2)}{2}$$

我们可以设 $l=2$,这是由于将 x,y,z 乘以 $\frac{2}{l}$.

L. Euler[①] 陈述,若不定方程 $\alpha x^2+\beta y^2=\gamma z^2$ 的一组解由 $\alpha f^2+\beta g^2=\gamma h^2$ 给出,那么它的通解由下式给出

$$x\sqrt{\alpha}\pm y\sqrt{-\beta}=(f\sqrt{\alpha}\pm g\sqrt{-\beta})(p\sqrt{\alpha n}\pm q\sqrt{-\beta n})^2$$

通过取 $n=1$ 得到的解不是通解.此外,通过取 $x=fp+\beta gq,y=gp-\alpha fq$,我们得到 $\alpha x^2+\beta y^2=\gamma h^2R$, 其中 $R=p^2+\alpha\beta q^2$,对于 $p=r^2-\alpha\beta s^2,q=2rs$ 的情形,R 是 $r^2+\alpha\beta s^2$ 的平方数. 再者,若我们将初始不定方程两端乘上 h^2,将 $\alpha f^2+\beta g^2=\gamma h^2$ 两端乘上 z^2,并将两个乘后的方程对应相减,我们得到

$$\frac{\alpha(hx+fz)}{gz-hy}=\frac{\beta(gz+hy)}{hx-fz}$$

设上式每个分式等于 $\frac{p}{q}$,左右两边各解出 z,使两个 z 值相等;我们得到 $\frac{y}{x}$. 为了得出另一组解,设 $F=\alpha\beta q^2-p^2,G=2pq,H=\alpha\beta q^2+p^2$,于是 $H^2=F^2+\alpha\beta G^2$. 将得式两端对应乘上 $\gamma h^2=\alpha f^2+\beta g^2$. 新得式等号右端的乘积可以导出如下解

$$z=hH,x=fF+\beta gG,y=gF-\alpha fG$$

不定方程 $fx^2+gy^2=hz^2$ 有(整数)解的一个必要条件为 $-fg$ 是 h 的二次剩余.

Euler[②] 利用如下等式使 ax^2+cy^2 为一个平方数

$$x\sqrt{a}+y\sqrt{-c}=(p\sqrt{a}+q\sqrt{-c})^2$$

Euler[③] 考虑如下不定方程的有理解

---

① Opera postuma,1,1862,205-211(about 1769-1771).

② Algebra,St. Petersburg,2,1770,§§181-187;Lyon,2,1774,pp. 219-226;Opera Omnia,(1),Ⅰ,425-429. Cf. Euler and Lagrange of Ch. ⅩⅩ.

③ Opusc. anal.,Ⅰ,1783(1772),211;Comm. Arith.,Ⅰ,556-569.

$$fx^2+gy^2=hz^2 \tag{5}$$

对于固定 f,g 的情形,若不定方程(5)在 $h=h_1,h=h_2,h=h_3$ 时都可解,则当 $h=h_1h_2h_3$ 时也可解.他陈述了一个优美的经验定理,若不定方程(5)在 $h=h_1$ 时可解,则当 $h=h_1\pm 4nfg$ 时也可解,其中假定了 $h_1\pm 4nfg$ 为素数①.

译者注 如果 $h_1\pm 4nfg$ 为合数,当 $h=h_1\pm 4nfg$ 时不定方程(5)不一定可解.

不定方程 $3x^2+7y^2=19z^2$ 有解(2,1,1),而 $19+4\cdot 2\cdot 3\cdot 7=187=11\cdot 17$,不定方程 $3x^2+7y^2=187z^2$ 有整数解(2,5,1);而 $19+4\cdot 12\cdot 3\cdot 7=1\ 027=13\cdot 79$,但是不定方程 $3x^2+7y^2=1\ 027z^2$ 无整数解.

若不定方程(5)可解,$-fg$ 则是模 h 的二次剩余.由于 x,y 可以取成互素整数,我们可以确定 p,q 使得 $py-qx=1$,则

$$(fx^2+gy^2)(fp^2+gq^2)=t^2+fg \quad (t=fpx+gqy)$$

被 h 整除.

译者注 利用 Euler 指出的恒等式,有

$$(fx^2+gy^2)(fp^2+gq^2)=(fpx+gqy)^2+fg\,(py-qx)^2$$

若不定方程(5)可解,当 h_1 是满足某条件且小于 h 的整数,则不定方程 $fx^2+gy^2=h_1z^2$ 也是可解的.其中条件如下,对于一些小于 $\frac{h}{2}$ 的整数 t,$k\equiv t^2+fg$ 被 h 整除,命商为 h_1,则

$$f\,(tx\pm gy)^2+g\,(ty\mp fx)^2=(t^2+fg)(fx^2+gy^2)=k\cdot hz^2=h_1h\cdot hz^2$$

使得 $fX^2+gY^2=h_1Z^2$ 可解.但是这并不表明只有 $h_1<h$ 的情形.若一系列递减值 $h,h_1,h_2,\cdots$ 最终包含 f 或 g,我们能确定出 x,y.

Legendre② 解释了 Lagrange 解决式(2)的方法,并通过使用第十二章中 Lagrange 在其他地方使用的法则进行了修正.目前的方法基本上是基于 Lagrange③.我们可以取 A 和 B 为正的,否则

$$x^2-Ay^2=-Bz^2 \text{ 或 } x^2+Ay^2=Bz^2\,(A>0,B>0)$$

在第二式中记 $Bz=z'$,$AB=A'$,故 $z'^2-A'y^2=Bx^2$.第二式是通过两项的变换

① A. M. Legendre, Mém. Acad. Sc. Paris, 1785, 523, stated that this theorem is true, but omitted the proof (not easy) as it was necessary to separate cases. He stated the generalization: If $fx^2\pm gy^2=hz^2$ is solvable then $fx^2\pm gy^2=cz^2$ is solvable if $c=h+fgn$ is a prime and if n is such that the two members of the quadratic equation are congruent modulo 8.

② Théorie des nombres, 1798, 36-41; ed. 2, 1808, 28-32; ed. 3, 1830, I, 33-39. (Maser, I, 36-39.) For his remark on $x^2+by^2=z^2$ see Legendre.

③ Addition V to Euler's Algebra, 2, 1774, 538-555; Euler's Opera Omnia, (1), Ⅰ, 586-594; Oeuvres de Lagrange, Ⅶ, 102-114.

从第一式中得到的.因此,考虑 $x^2-By^2=Az^2$,$A>B>0$,其中 y 与 A 和 x 互素,而 A 和 B 没有平方因子.设 $x=\alpha y-Ay'$,则

$$\left(\frac{\alpha^2-B}{A}\right)y^2-2\alpha yy'+Ay'^2=z^2$$

第一个系数必须为整数,比如 $A'k^2$,其中 A' 没有平方因子.通过将 α 替换为 A 的一个倍数,我们可以在 $-\frac{A}{2}$ 和 $\frac{A}{2}$ 之间取 α 的值.将得到的方程乘以 $A'k^2$,并设 $kz=z'$,$A'k^2y-\alpha y'=x'$;我们得到 $x'^2-By'^2=A'z'^2$,$A'<A$.如果 $A'>B$,我们重复这个过程.最后得到了一个系数为 1 的相似的方程,因此很容易求解.虽然这种方法不是求解所提出的方程的最简单的方法,但它是一种非常清楚的方法.

C. F. Gauss[①] 利用三元二次型证明了 Legendre 的定理:如果 a,b,c 中任意两个没有公因子,且它们既不为零也不可被一个平方数整除,则 $ax^2+by^2+cz^2=0$ 的整数解不全为零,当且仅当 $-bc$,$-ac$,$-ab$ 分别是 a,b,c 的二次剩余,且 a,b,c 不全为同一符号.如果 a,b,c 是任意整数,令 $\alpha^2,\beta^2,\gamma^2$ 分别是整除 bc,ac,ab 的最大平方数,并设 $\alpha a=\beta\gamma A$,$\beta b=\alpha\gamma B$,$\gamma c=\alpha\beta C$,则前一个方程可解,当且仅当 $AX^2+BY^2+CZ^2=0$ 可解,对于后一个方程,由于 A,B,C 是两两互素的,且无平方因子,故符合上述定理.因为 $\frac{bc}{\alpha^2}=BC$ 是一个没有平方因子的整数,所以 B,C 互素且没有平方因子.

E. F. A. Minding[②] 考虑了 $x^2=Ay^2+Bz^2$,其中 A,B 没有平方因子.令 f 为 $A=af$ 与 $B=bf$ 的最大公约数.该方程是可解的,当且仅当 $A,B,-ab$ 分别是 B,A,f 的二次剩余.

A. Genocchi[③] 利用第十二章中 Lagrange 和 Paoli 的方法解决方程 $az^2+bx^2=(a+b)y^2$,它等价于式(1).

G. L. Dirichlet[④] 解决了 $ax^2+by^2+cz^2=0$,其中 a,b,c 两两互素.如果 u,v,w 是给定的互素的解,那么,我们可以推导出所有解.因为 au,bv,cw 互素,且 au 也是偶数,我们可以找到整数 l(偶数),m 和 n,使得 $aul+bvm+cwn=1$.设 $al^2+bm^2+cn^2=h$,则 $u'=2l-hu$,$v'=2m-hv$,$w'=2n-hw$ 是解,且分别模 2 同余于 u,v,w.因此,在

$$2u''=vw'-wv',2v''=wu'-uw',2w''=uv'-vu'$$

---

① Disquisitiones Arith., arts. 294-298; Werke, I, 1863, 349. German transl. by Maser, pp. 335-343.

② Anfangsgründe der Hoheren Arith., 1832: 84.

③ Annali di Sc. Mat. e Fis., 6, 1855, 186-194, 348.

④ Zahlentheorie, §§156-157, 1863; ed. 2, 1871; ed. 3, 1879; ed. 4, 1894.

中,u'',v'',w'' 是整数.如果 x,y,z 是任意整数,则

$$t=au'x+bv'y+cw'z, t'=aux+bvy+cwz, t''=u''x+v''y+w''z \quad (6)$$

是整数,且 $t\equiv t'\pmod 2$.结果表明,相反地,如果 t,t',t'' 是任意整数,满足 $t-t'$ 是偶数

$$2x=ut+u't'-2bcu''t'', 2y=vt+v't'-2cav''t'', 2z=wt+w't'-2abw''t'' \quad (6')$$

因此,x,y,z 是整数.将后一方程分别乘以 ax,by,cz 并相加,利用式(6),我们得到

$$ax^2+by^2+cz^2=tt'-abct''^2$$

因此,如果 x,y,z 是初始方程的解,那么,由式(6)给出的 t,t',t'' 是整数,满足 $t\equiv t'\pmod 2$,$tt'=abct''^2$.相反地,如果 t,t',t'' 是满足后两个条件的整数,那么,由式(6′)给出的 x,y,z 的值是整数解.进一步,利用上述关系,他证明了扩展后的 Legendre 定理:如果 a,b,c 中任意两个没有公因子且非零,在互素整数中,当且仅当 $-bc,-ca,-ab$ 分别是 a,b,c 的二次剩余,且后者不是同一符号时,$ax^2+by^2+cz^2=0$ 是可解的;此外,如果 $-bc\equiv A^2\pmod a$,$-ca\equiv B^2\pmod b$,$-ab\equiv c^2\pmod c$,则存在互素解满足

$$Az\equiv by\pmod a, Bx\equiv Cz\pmod b, Cy\equiv ax\pmod c$$

J. Plana① 表明 $x^2-79y^2=101z^2$ 的所有整数解由下式给出

$$x=\alpha\cdot 927p^2+\frac{1}{\alpha}\cdot 4\ 572q^2+3\ 126pq$$

$$y=\alpha\cdot 74p^2+\frac{1}{\alpha}\cdot 414q^2+462pq$$

$$z=\alpha\cdot 65p^2-\frac{1}{\alpha}\cdot 270q^2+30pq$$

其中 $\alpha=2$ 或 1,p,q 是任意整数.

G. Cantor② 考虑了 $F=0$ 的整数解,其中 F 是任意三元二次型.关于 x,y 的方程 $F(\phi,\psi,\chi)\equiv 0$ 的一个形式解为 (ϕ,ψ,χ),其中 ϕ,ψ,χ 是关于 x,y 的二元二次型.特别地,令 F 为

$$[aa'a'']\equiv aX^2+a'Y^2+a''Z^2$$

设 ϕ 的三个系数的最大公因数与 ψ,χ 的系数的最大公因数两两互素,则形式解 (ϕ,ψ,χ) 是本原的,且我们可以找出满足关于 x,y 的同余式

$$w\psi\equiv a''\chi, w\chi\equiv -a'\psi\pmod a$$

$$w'\chi\equiv a\phi, w'\phi\equiv -a''\chi\pmod{a'}$$

① Memorie R. Accad. Torino, (2), 20, 1863, 107, footnote.

② De Aequat. secundi Gradus indet, Diss. Berlin, 1867.

$$w''\phi \equiv a'\psi, w''\psi \equiv -a\phi \pmod{a''}$$

的整数 w. 由第一行的两个同余式,有

$$(w^2 + a'a'')\psi\chi \equiv 0 \pmod{a}$$

如果 a 为奇数,或者当 a 为偶数时,如果 ψ,χ 是真本原的,那么 $w^2 + a'a'' \equiv 0$. 如果

$$w^2 + a'a'' \equiv 0 \pmod{a}, w'^2 + aa'' \equiv 0 \pmod{a'}, w''^2 + aa' \equiv 0 \pmod{a''}$$

那么解 (ϕ,ψ,χ) 是属于组合 $\{w,w',w''\}$ 的. 根的可能集合的个数为 $2^{\omega+\eta}$,其中 ω 是准素型 $[aa'a'']$ 的行列式 $D = -aa'a''$ 的不同奇素因子的个数,而 $\eta = 0,1$ 或 2,根据 $\frac{D}{4}$ 不是整数,奇数或偶数而定. 因此,如果 $-a'a''$, $-a''a$, $-aa'$ 分别是 a, a', a'' 的二次剩余,则存在 $[aa'a''] = 0$ 的一个本原解 (ϕ,ψ,χ) 属于 $2^{\omega+\eta}$ 个组合 $\{w,w',w''\}$ 中任意选择的一个,且 $[aa'a''] = 0$ 正好有 $\sigma \cdot 2^{\omega+\eta}$ 组本原解,其中当 $D \equiv 0 \pmod{4}$ 时 $\sigma = 2$,在其他情形,$\sigma = 4$.

L. Calzolari① 解决了

$$u^2 = Ax^2 + By^2 \tag{7}$$

通过令

$$u = Yx + Xy \tag{8}$$

所得的关于 x,y 的二次方程的判别式是一个平方数,因此

$$AX^2 + BY^2 - AB = U^2 \tag{9}$$

利用式(7) 消去后者和式(8) 之间的 X,我们得到

$$U^2y^2 = (uY - Ax)^2$$

$$Ax = Yu \pm Uy, By = Xu \mp Ux \tag{10}$$

因此,从式(9) 的一组解中,我们得到式(7) 的一组解,即由式(8) 和

$$\frac{x}{y} = \frac{XY \pm U}{A - Y^2} \tag{11}$$

给出,反之成立. 以几何形式表示,式(7) 是顶点位于原点的锥,式(8) 是通过顶点的平面. 交点是两条直线,其在 xy - 平面上的投影由式(11) 给出. 如果 X_0, Y_0, U_0 是式(9) 的一个特解,且 u_0, x_0, y_0 是由式(8) 和式(10) 给出的值,则通解为

$$X = X_0 - x_0t, Y = Y_0 + y_0t, U = U_0 - u_0t$$

Calzolari② 陈述了一个定理,它不仅像 Legendre 一样决定

$$u^2 = Ax^2 \pm By^2 \quad (A,B \text{ 没有平方因子})$$

---

① Giornale di Mat., 7, 1869, 177-192.

② Giornale di Mat., 8, 1870, 28-34.

的整数解的可能性或不可能性,而且不借助于 Lagrange 的过程确定了通解.我们可以设

$$A=a_1^2+a_2^2+\cdots+a_m^2,B=b_1^2+b_2^2+\cdots+b_n^2 \quad (m\leqslant 4,n\leqslant 4)$$

设 $x_i=ax,y_i=b_iy$,则

$$u^2=\sum_{i=1}^{m}x_i^2\pm\sum_{i=1}^{n}y_i^2 \tag{13}$$

令 $p_1,p_2,\cdots,p_m,q_1,q_2,\cdots,q_n$ 是任意整数.我们可以设

$$x_i=u-p\mp q+p_i,y_i=u-p\mp q+q_i,p=\sum p_i,q=\sum q_i$$

则式(13) 变成 $u-\sum x_i\mp\sum y_i+K=0$,其中

$$Ku=(p\pm q)(\sum x_i\pm\sum y_i)-\sum p_ix_i\mp\sum q_iy_i$$

前者给出 x_i,y_i 的值,则

$$u=p\pm q+k,(m\pm n-1)k=K$$

$$x_i=p_i+k,y_i=q_i+k,u=p\pm q+k \tag{14}$$

将式(14) 中的这些值代入 K 的两个表达式.因此

$$(p\pm q)^2-\sum p_i^2\mp\sum q_i^2=(m\pm n-1)k^2 \tag{15}$$

对于 $k=0$,满足(15) 的值 p_i,q_i 由(14) 给出满足(13) 的 x_i,y_i.令 $a=\sum a_i,b=\sum b_i$.那么,对于 $k=0,xa=\sum x_i=\sum p_i=p,by=q,u=ax\pm by$.将 u 代入(12),我们得到 $\frac{x}{y}$ 的一个二次方程.因此式(12) 是可解的,当且仅当 $c\equiv Ab^2\pm Ba^2\mp AB=\square$,且通解是

$$x=ab\pm c,y=a^2-A,u=Ab\pm ac$$

其中 a,b 的符号是不确定的.

S. Réalis① 陈述说,如果 A,B,C 互素,且没有平方因子,并且如果 α,β,γ 给出 $Ax^2+By^2+Cz^2=0$ 的一个解,那么通解是

$$x=\alpha(-Aa^2+Bb^2+Cc^2)-2a(B\beta b+C\gamma c)$$

$$y=\beta(Aa^2-Bb^2+Cc^2)-2b(A\alpha a+C\gamma c)$$

$$z=\gamma(Aa^2+Bb^2-Cc^2)-2c(A\alpha a+B\beta b)$$

其中 a,b,c 是任意的.

当 P 的每个素因子都具有 $8m+1$ 形式时,S. Roberts② 讨论了 $x^2-2Py^2=-z^2$ 或 $\pm 2z^2$ 的解.如果 P 具有如下形式之一

① Nouv. Corresp. Math.,4,1878,369-371.

② Proc. London Math. Soc.,11,1879-1880,83-87.

$$(8\alpha\pm 1)^2+16(2\beta+1)^2,(8k\pm 3)^2+8(2l+1)^2$$
$$(8k-1)^2-8(2l)^2,(8k-3)^2-8(2l+1)^2$$

那么方程

$$2Py^2=(8u\pm 3)^2+(8v\pm 3)^2$$
$$2Py^2=16u^2+2(8v\pm 3)^2$$
$$2Py^2=4u^2-2(8v\pm 1)^2$$

是可解的.此外,如果 P 是上述其中一种形式的素数,或它的奇数次幂,那么 $x^2-2Py^2=2$ 是可解的.还有三个类似的三重方程可以得出类似的结论.

T. Pepin① 证明了 Gauss 引用的 Legendre 准则.

G. Heppel② 通过令 $b=d-2f$ 论述了 $d^2=2a^2+b^2$,其中 $d=f+\frac{a^2}{2f}$.因此 a 是偶数,且 $a=2q$.故将 $2q^2$ 表示为乘积 fh,并取 $d=h+f,b=h-f,a=2q$.

F. Goldscheider③ 根据一个解表示了 $ax^2+by^2+cz^2=0$ 的通解,它满足 Dirichlet 的最后的同余式.如果 k,k',k'' 是给定的整数,它们的最大公因数与 s 互素,他证明了存在这样一个解,满足 $kx+k'y+k''z$ 与给定的奇整数 s 互素.

G. de Longchamps④ 把 $x^2=y^2+pz^2$ 写成如下形式

$$\frac{x+y}{pz}=\frac{z}{x-y}=t$$

因此 t 一定整除 z.设 $z=2\lambda t$,故

$$x=\lambda(pt^2+1),y=\lambda(pt^2-1)$$

其中 λ,t 是任意的.对于 $nx^2=y^2+(n-1)z^2$,见 de Longchamps.

P. Bachmann⑤ 对我们的课题做了清楚的说明.

R. P. Paranjpye⑥ 证明了 $x^2-z^2=2y^2$ 的所有整数解是

$$x=k(\lambda^2+2\mu^2),y=\pm 2k\lambda\mu,z=\pm k(\lambda^2-2\mu^2)$$

其中 λ,μ 互素.因为 y 是偶数,所以

$$x\mp z=2k\lambda^2,x\pm z=4k\mu^2$$

A. S. Werebrusow⑦ 指出,如果 $\alpha^2-D\beta^2=ma^2$,则 $X^2-DY^2=mZ^2$ 的第二组解由下式给出

---

① Atti Accad. Pont. Nuovi Lincei,32,1878-1879,88.

② Math. Quest. Educ. Times,38,1883,56.

③ Das Reziprozitätsgesetz der achten Potenzreste,Progr. ,Berlin,1889,8.

④ EI Progreso Mat. ,1894(4):46;Jour. de math. élém. ,18,1894,5.

⑤ Arith,der Quad. Formen,1898,198-224,231.

⑥ Math. Quest. Educ. Times,75,1901,119. Cf. papers 109,116 of Ch. XVI.

⑦ Mem. Sc. Univ, Moscow,23;l'intermédiaire des math. ,9,1902,187.

$$X+Y\sqrt{D}=(\alpha+\beta\sqrt{D})\left(x+\frac{b+\sqrt{D}}{a}y\right)^2, D=b^2-ac$$

为了解 $x^2+y^2=Az^2$,A. Cunningham① 利用了 $Y^2-AZ^2=x^2$ 的已知解

$$Y=(t^2+Au^2)d, Z=\frac{2tu}{d}, x=\frac{t^2-Au^2}{d}$$

其中 $d=1$ 或 2,以及 $\tau^2-Av^2=-1$ 的解. 因此

$$(Y^2-AZ^2)(\tau^2-Av^2)=-x^2$$

其中 $y=\tau Y\mp AvZ, z=\tau Z\mp vY$ 给出通解. A. Holm 注意到 $A=a^2+b^2$,其中

$$\frac{x+bz}{az+y}=\frac{az-y}{x-bz}=\frac{m}{n}$$

它决定了 $x:y:z$.

P. F. Teilhet② 说明了 $x^2+y^2=(m^2+n^2)z^2$ 蕴含

$$z=K(A^2+B^2), x=mK(A^2-B^2)\pm 2nKAB, y=nK(A^2-B^2)\mp 2mKAB$$

F. Ferrari③ 注意到 Teilhet 给出的解,其中 $K=1$.

A. Gérardin④ 指出 $x^2+2y^2=\square$ 的通解为

$$x=2l^2-m^2-n^2+2m(3n-4l), y=4l^2+2n^2-2m^2-2l(3n-m)$$

Gérardin⑤ 指出如下等式

$$[(p-q)b^2-qy^2+2bqy]^2+pq[2b(y-b)]^2=[(p+q)b^2+qy^2-2bqy]^2$$

$$(m^2+n^2)(mnx^2-2z^2)^2+2mn[mnx^2+2z^2-2xz(m+n)]^2$$
$$=[(m+n)(mnx^2+2z^2)-4mnxz]^2$$

另一个类似于最后一个,其他几个类似于 $x^2+8y^2=z^2$.

A. Thue⑥ 讨论了 $Ax^2+By^2=Cz^2$ 的可能性,其中 x,y,z 两两互素,且 $z\geqslant y\geqslant x>0$. 我们可以确定没有公因子的整数 p,q,r,使得 $px+qy=rz$,满足 $p^2, q^2, r^2<3z$. 因此

$$(Bp^2+Aq^2)x^2-2Bprxz+(Br^2-Cq^2)z^2=0$$

$$(Bp^2+Aq^2)y^2-2Aqryz+(Ar^2-Cp^2)z^2=0$$

故

$$ax=Cq^2-Br^2, by=Cp^2-Ar^2, cz=Bp^2+Aq^2$$

$$az+2Bpr=cx, bz+2Aqr=cy$$

---

① Math. Quest. Educ. Times,(2),9,1906,69-70.

② L'intermédiaire des math.,12,1905,81.

③ Suppl,al Periodico di Mat.,12,1908-1909,34-35.

④ Assoc. franc.,1908,17. To make $m=0$ replace l by $l+2m$,n by $n+3m$.

⑤ Sphinx-Oedipe,1907-1908,109-110.

⑥ Skrifter Videnskapsselskapet,Kristian,1,1911,No. 4,p. 18.

其中 a,b,c 是整数，令 U 是 $|A|,|B|,|C|$ 中最大的. 通过后五个方程

$$|c|<6U,\ |a|<12U,\ |b|<12U$$

但是 $a,b,-c$ 满足初始的线性和二次方程. 因此，后者的可能性可以通过有限次试验来决定.

L. Aubry① 证明了如果 $pA^2=B^2+rC^2$，其中 B,C 与 A 互素，对于 $X\leqslant 2\sqrt{\frac{r}{3}}, r>0$，且 $X\leqslant\sqrt{-r}, r<0$，那么 $pX^2=Y^2+rZ^2$；如果 B,C 与 p 互素，那么 $Y\equiv Ba, Z\equiv Ca \pmod p$.

几个作者②解出了 $13x^2+17y^2=230z^2$.

C. Alasia③ 通过几种经典方法求解了 $x^2-79y^2=101z^2$.

G. Bonfantini④ 指出 $x^2+y^2=mz^2$ 有整数解的明显的充分条件是 m 是两个平方数之和. 为了证明这个条件是必要的，考虑整数 k_i,p_i,q_i，使得

$$k_1=1+p_1^2, 1+p_2^2=k_2k_1, p_2=q_1k_1+p_1, 1+p_3^2=k_3k_2, p_3=q_2k_2+p_2,\cdots$$

由归纳法，$k_m=\phi_m^2+(\psi_m+p_1\phi_m)^2$，其中

$$\phi_1=1, \phi_2=\phi_1q_1,\cdots,\phi_i=\phi_{i-1}q_{i-1}+\phi_{i-2}$$

$$\psi_1=0, \psi_2=1,\cdots,\psi_i=\psi_{i-1}q_{i-1}+\psi_{i-2}\quad (i=3,\cdots,m)$$

根据 a,b,λ,λ' 有理地找出 δ，M. Weill⑤ 得到 $x^2+y^2=(a^2+b^2)z^2$ 的解

$$x=a+\lambda\delta, y=b+\lambda'\delta, z=1+\delta$$

同样地，$ax^2+by^2=(a+b)z^2$ 的解具有形式

$$x=1+\lambda\delta, y=1+\lambda'\delta, z=1+\delta$$

当 $a+b$ 或 ab 是平方数时，这两种解中的一种可以简化为 $ax^2+by^2=z^2$ 的解.

E. Cahen 注意到 Weill 公式并没有给出所有的解，它演示了如何找出 $x^2+y^2=5z^2$ 的所有解.

E. Turrière⑥ 指出，如果 a,b,c 是一个三角形的三边，其两条中线互相垂直，那么 $a^2+b^2=5c^2$，其解可用两个参数有理地表示.

A. Desboves 给出了 $x^2+y^2=(m^2+n^2)z^2$ 的所有解.

R. Hoppe 在第五章解出了 $p^2-3q^2=\tau^2$；Euler 在第二十二章解出了 $\alpha^2+3\beta^2=\square$.

---

① Sphinx-Oedipe, 8, 1913, 150 (error) in his 7, 1912, 81-82.

② Wiskundige Opgaven, 11, 1912-1914, 281-286.

③ Giornale di Mat., 53, 1915, 292-302.

④ Suppl. al Periodico di Mat., 18, 1915, 81-86. For $m=2$, *ibid.*, 17, 1914, 84-85.

⑤ Nouv. Ann. Math., (4), 16, 1916, 351-355.

⑥ L'enseignement math., 18, 1916, 89-90.

8 具有三个或三个以上未知变量的进一步的单二次方程

Bháskara[①](出生于 1114 年)发现了四个不同的数字,它们的和等于它们的平方和. 取数 $y,2y,3y,4y$,则 $10y=30y^2$, $y=\frac{1}{3}$.

C. F. Gauss[②] 考虑了

$$f\equiv ax^2+a_1x_1^2+a_2x_2^2+2bx_1x_2+2b_1xx_2+2b_2xx_1=0 \qquad (1)$$

的整数解. 如果 $a=0$,我们可以用 x_1, x_2 有理地确定 x;为得到整数解,将这三个 x 值乘以 x 的分母. 接下来,令 $a\neq 0$. 我们推导出如下等价的方程.

$$L^2-A_2x_1^2+2Bx_1x_2-A_1x_2^2=0, L=ax+b_2x_1+b_1x_2$$

$$A_2=b_2^2-aa_1, B=ab-b_1b_2, A_1=b_1^2-aa_2$$

若 $A_2=0$, $B\neq 0$,则可以给出 x_2, L 的任意值,并有理地确定 x, x_1. 若 $A_2=B=0$,则或者 A_1 不是一个平方数,且 $x_2=L=0$,或者 $A_1=k^2$ 且 $L=\pm kx_2$. 最后,令 $a_2\neq 0$, $A_2\neq 0$,则

$$A_2L^2-(A_2x_1-Bx_2)^2+Dax_2^2=0$$

其中 D 是 f 的行列式,$Da=B^2-A_1A_2$. 若 $D=0$,则我们有线性因子. 若 $D\neq 0$,则可解性的准则由 Gauss 给出.

给定 $f=0$ 的一个解 α,α_1,α_2,我们可以将 f 变换成一个类似形式,其中 $a=0$(如上所述). 事实上,确定整数 $\beta,\cdots,\gamma_2$,使得

$$\alpha(\beta_1\gamma_2-\beta_2\gamma_1)+\alpha_1(\beta_2\gamma-\beta\gamma_2)+\alpha_2(\beta\gamma_1-\beta_1\gamma)=1$$

则所需的变换就是

$$x=\alpha y+\beta y_1+\gamma y_2, x_1=\alpha_1y+\beta_1y_1+\gamma_1y_2, x_2=\alpha_2y+\beta_2y_1+\gamma_2y_2$$

在 1807 年之后,Aida Ammei[③] 注意到 $x_1^2+2x_2^2+\cdots+nx_n^2=y^2$ 有解

$$x_1=-a_1^2+\sum_{r=2}^{n}ra_r^2, x_r=2a_1a_r, y=\sum_{j=1}^{n}ja_j^2$$

并且 $x_1^2+3x_2^2+6x_3^2+\cdots+\frac{1}{2}n(n+1)x_n^2=y^2$ 有解

$$x_1=-a_1^2+\sum_{r=2}^{n}\frac{r(r+1)}{2}a_r^2, x_r=2a_1a_r, y=\sum_{r=1}^{n}\frac{r(r+1)}{2}a_r^2$$

---

① Víja-gańita, § 119; Colebrooke, p. 200.

② Disq. Arith., 1801, art. 299; Werke, Ⅰ, 1863, 358; German transl., Maser, 344-346.

③ Y. Mikami, Abh. Gesch. Math, Wiss., 30, 1912, 248. See papers 59, 66 of Ch. Ⅸ.

G. Libri① 注意到，如果 $a'x^2+b'y^2+c'z^2=0$ 是可解的，则 $ax^2+by^2+cz^2+d=0$ 可解，其中 a',b',c' 是 a,b,c,d 中的任意三个. 例如，如果

$$an^2+br^2+cm_2=0$$

我们得到一个解 $x=np+q, y=rp+s, z=mp+t$，其中 p 是根据未定元 q,s,t 有理地找到的. 如果 an^2,br^2,cm^2 两两互素，并且 a,b,c 中没有一个能被 4 整除，我们可以给关于 p 的分数的分母赋值 ± 1，从而得到整数解 x,y,z.

每个整数都可以用 $F\equiv x^2+41u^2-113z^2$ 的形式表示，因为 $F=0$ 是可解的. 对于 $23x^2+y^2-13z^2$ 与 $ax^2+5z^2-2y^2$，情形似类，其中 a 是满足

$$a\equiv 3,13,27,37 \pmod{40}$$

的素数.

A. Cauchy② 论述了次数为 N 的齐次方程 $F(x,y,z)=0$，具有给定的一组整数解 a,b,c. 令 x,y,z 是另一组整数解. u,v,w 的比值由

$$au+bv+cw=0, xu+yv+zw=0$$

确定，则

$$F(wx,wy,-ux-vy)=0, F(wa,wb,-ua-vb)=0$$

令 $\frac{y}{x}=p, \frac{b}{a}=P$. 故

$$F_1\equiv F(w,wp,-u-vp)=0_2, F_2\equiv F(w,wP,-u-vP)=0$$

令 ϕ,χ,ψ 为关于 x,y,z 的偏导数，则

$$x\phi+y\chi+z\psi=NF(x,y,z), a\phi(a,b,c)+b\chi+z\psi=0$$

因此 $au+bv+cw=0$ 满足于

$$u=\phi(a,b,c)+br-cn, v=\chi+cm-ar, w=\psi+an-bm \qquad (2)$$

其中 m,n,r 为任意整数. 对于一个有理数 $p(p\neq P)$，如果选择后者使 $F_1=F_2$，我们可以得到 $F=0$ 的一个新解

$$x:y:z=w:wp:(-u-vp)$$

将这个一般方法应用于

$$F(x,y,z)=Ax^2+By^2+Cz^2+Dyz+Ezx+Fxy$$

注意条件 $F_1=F_2$ 现在给出 $p=P$ 或者

$$p=-P+\frac{[(Ev+Du)w-Fw^2-2Cuv]}{\alpha}, \alpha=Bw^2-Dvw+Cv^3$$

将 P 替换为其值 $\frac{b}{a}$，且利用 $au+bv+cw=0, F(a,b,c)=0$. 因此 $\frac{y}{x}=p=\frac{\alpha\beta}{b\alpha}$，其中

---

① Memoria sopra la teoria dei numeri, Firenze, 1820, 10-14.

② Exercices de mathématiques, Paris, 1826; Oeuvres, (2), Ⅵ, 286.

$$\beta = Cu^2 - Ewu + Aw^2, \gamma = Av^2 - Fuv + Bu^2$$

那么,$F(x,y,z)=0$ 的所有解由 $\frac{ax}{\alpha}=\frac{by}{\beta}=\frac{cz}{\gamma}$ 给出,其中 α,β,γ 已被定义,u,v,w 由(2)给出.特别地,$x=\frac{\alpha}{a},y=\frac{\beta}{b},z=\frac{\gamma}{c}$ 是解.

为了在 $N=3$ 时应用这种方法,我们从 F_1-F_2 中去掉因子 $p-P$,且有一个 p 的二次方程,如果存在新的有理解,那么该二次方程的判别式是一个完全平方数.为了避免对这个二次方程的讨论,Cauchy[287](在第二十一章)给出了一个与上述无关的方法.

G. Poletti① 论述了具有三个未知数的次数为 2 的一般方程.首先,对于有理数解,用另处两个 v,w 来解未知数 u.因为根式 Z 是有理的,v,w 的一个二次函数是一个平方 Z^2.关于 v 解出后者;一个新的根式 Y 是有理的,由此

$$\alpha w^2 + 2\beta w + \gamma + rZ^2 = Y^2$$

关于 w 解出它,我们发现根式 X 是有理的:

$$X^2 = AY^2 + BZ^2 + C \tag{F}$$

因此,初始方程的有理解等价于(F)的有理解,其中 A,B,C 是给定的整数.这显然等价于

$$x^2 = Ay^2 + Bz^2 + Ct^2 \tag{G}$$

的互素整数解.设 $\pi=x^2-Ay^2$,记 ϕ 为 x,y 的最大公约数;x 为 z,t 的最大公约数.π 与 $\phi^2\psi^2$ 的商 π_1 是一个整数.因此问题归结为

$$x_1^2 - Ay_1^2 = \pi_1 x^2, Bz_1^2 + Ct_1^2 = \pi_1\phi^2 \tag{H}$$

其中 $x_1=\frac{x}{\phi}$ 与 $y_1=\frac{y}{\phi}$ 互素,z_1,t_1 的情形类似.由 $x_1^2-Ay_1^2$ 的因子的二次形式的 Legendre 理论出发,我们得到 π_1 作为两个参数 y',z' 的二次函数,ψ 作为 y'_1,z'_1 的二次函数;然后通过二次形式的组合,我们得到 x_1,y_1 作为四个参数 y',z',y'_1,z'_1 的函数.为了得到因子 π_1 的线性形式 $4A\xi+b_i$,可利用 Legendre 的文稿.由(H_2),它们必须整除 $\rho^2+BC\sigma^2$,它的因子具有一定的线性形式 $4BC\xi_1+\beta_i$.将后者中的每一个分别等于 $4A\xi+b_i$,并解出整数 ξ,ξ_1.对于每一个这样的一组解,我们可以通过 Legendre 定理来判断(H_2)是否在整数中是可解的.关于(F)在整数中的解有一个类似的讨论.

A. Cayley② 论述了 Euler 方程(5)的推广,即

$$\phi(x,y) \equiv \alpha x^2 + \beta x + \gamma - \xi y^2 - \eta y - \theta = \phi(a,b) \tag{3}$$

① Memorie Accad. Sc. Torino,31,1827,409-449. Cf. Atti della Società Ital. delle Scienze residente in Modena, Vol. 19.

② Nouv. Ann. Math.,16,1857,161-165;Coll. Math. Papers,Ⅲ,205-208.

这是

$$(abcfgh)(x'y'z')^2=(abcfgh)(xyz)^2 \tag{4}$$

的一个特殊情况，其中第二式表示

$$ax^2+by^2+cz^2+2fyz+2gxz+2hxy$$

假设后者具有一个线性自守（变换为自身），它可以使 $z'=z$. 对于 $z'=z=1,h=0$，式(4)变成式(3). 我们可以用Hermite的方法得出(4)的一个解：设 $x'=2\xi-x,y'=2\eta-y,z'=2\xi-z$，有

$$ax+hy+gz=a\xi+h\eta+g\xi-qC\eta+qF\xi,C=ab-h^2$$

$$hx+by+fz=h\xi+b\eta+f\xi+qC\xi-qG\xi,F=gh-af$$

$$gx+fy+cz=g\xi+f\eta+c\zeta-qF\xi+qG\eta,G=fh-bg$$

其中 q 是任意的. 将这些式子乘以 ξ,η,ζ 并求和. 因此

$$(abcfgh)(\xi\eta\zeta)(xyz)=(abcfgh)(\xi\eta\zeta)^2$$

因此我们得到(4). 利用乘数 C,F,G，我们得到 $z=\xi$. 然后由前两个方程轻而易举地给出

$$(1+q^2C)x'=(1+2qh-q^2C)x+2qby+2(qf+q^2G)$$

$$(1+q^2C)y'=(1-2qh-q^2C)y-2qax+2(-qg+q^2F)$$

它满足(4)与 $z'=z=1$ 等价. 取 $h=0$，我们得到的值使 $ax^2+2gx+c+by^2+2fy$ 类似地等于 x',y' 的函数. 传递到与Euler公式完全等价的公式，设

$$\frac{1-q^2ab}{1+q^2ab}=S=\sqrt{1-abr^2}$$

H. J. S. Smith① 给出了(1)在整数中可解的准则，无论系数是实数还是复数 $p+qi$. 只需考虑 f 的系数 $a,\cdots,b_2$ 没有公因子的情形，而 f 是一个行列式不为零的不定形式. 令 Ω 为 f 的行列式 $\Omega^2\Delta$ 的九个二行子式的最大公约数. ΩF 为 f 的反变式 $(b^2-a_1a_2)x^2+\cdots$. 令 $\overline{\Omega},\overline{\Delta},\overline{\Omega\Delta}$ 分别是 $\Omega,\Delta,\Omega\Delta$ 与其中所包含的最大平方数的商. 设 ω 是整除 $\overline{\Omega}$，但不整除 $\overline{\Delta}$ 的任意奇素数；δ 是整除 $\overline{\Delta}$，但不整除 $\overline{\Omega}$ 的任意奇素数；θ 是整除 $\overline{\Omega},\overline{\Delta}$ 的任意奇素数. 因此，在不等于零的整数中，$f=0$ 是可解的当且仅当

$$\left(\frac{\overline{\Omega}}{\delta}\right)=\left(\frac{F}{\delta}\right),\left(\frac{\overline{\Delta}}{\omega}\right)=\left(\frac{f}{\omega}\right),\left(\frac{-\overline{\Omega\Delta}}{\theta}\right)=\left(\frac{f}{\theta}\right)\left(\frac{F}{\theta}\right)$$

其中，左边项中的符号是Legendre符号，右边项中的符号是 f 的一般特征标. 这个定理是 $ax^2+a_1x_1^2+a_2x_2^2=0$ 可解性判据的推广.

A. Meyer② 证明了奇数行列式形式的前一定理.

---

① Proc. Roy. Soc. London, 13, 1864, 110-111; Coll. Math. Papers, 1, 1894, 410-411.

② Jour. für Math., 98, 1885, 177-179.

P. Bachmann① 证明了,如果 F 是一个三元二次型,则 $p^2-F(q,q',q'')=2^h\delta$ 的所有解(其中 p 可被 δ 整除)是由一个确定的规则从任意一个解与

$$t^2-F(u,u',u'')=1$$

的所有解中得到的.左边的项在乘法下重复.

S. Réalis② 声明 $x^2+ny^2=u^2+nv^2$ 的所有整数解都由

$$x=\alpha^2+n\beta^2-n\gamma^2, y=(\gamma-\alpha)^2+n(\gamma-\beta)^2-\gamma^2$$

$$u=\alpha^2+n(\alpha-\gamma)^2-n(\alpha-\beta)^2, v=\beta^2+n(\beta-\gamma)^2-(\alpha-\beta)^2$$

得到.

E. Cesàro③ 找到了下述方程的各种不同的解集

$$v^2-v(x+y+z)+xy+yz+zx=2w^2$$

由 Réalis 陈述,Rochetti④ 证明了

$$2(xy+yz+zx)-(x^2+y^2+z^2)=4n^2$$

有一个无穷大的解集.为了解 z,我们令

$$xy-n^2=\square$$

因此 n^2+c^2 可被表示为 2 个因子的乘积形式.或者,我们选取 p,q,r,s,使得

$$n=pr\pm qs$$

那么,我们将得到 4 个解

$$x=p^2+q^2, y=r^2+s^2, z=(p+s)^2+(q\pm r)^2$$

A. Desboves⑤ 给出了一般的含有 n 个变元 $x,y,\cdots$ 的齐次二次方程的全部整数解.把 $mx,my,\cdots$ 看作与 $x,y,\cdots$ 同解.首先,令

$$n=3$$

对于

$$aX^2+bY^2+cZ^2+dXY+eXZ+fYZ=0 \tag{5}$$

令

$$X=\rho x, Y=\rho y+p, Z=\rho z+q$$

那么式(5) 给出了 ρ 的由 p,q,x,y,z 表示的有理函数,则

$$\begin{cases}X=-(bp^2+cq^2+fpq)x\\Y=(dx+by+fz)p^2-cyq^2+(ex+2cz)pq\\Z=-bzp^2+(ex+fy+cz)q^2+(dx+2by)pq\end{cases} \tag{6}$$

这是式(5) 的通解,只要我们找到了 p,q,使得满足式(6) 变成任何指定解的条

① Jour. für Math., 71, 1870, 299-303.

② Nouv. Ann. Math., (2), 18, 1879, 508.

③ Nouv. Corresp. Math., 6, 1880, 273.

④ Mathesia. (1), 1, 1881, 165.

⑤ Nouv. Ann. Math., (3), 3, 1884, 225-239.

件. Gauss 方法的一个适当的修改导致了式(6). 式(6) 的特殊情况已在上文中指出.

对任意 n,令

$$X=\rho x+r, Y=\rho y+p,\cdots$$
$$F(X,Y,\cdots)=0$$

我们能得到 ρ,则

$$X=Mr-Nx, Y=Mp-Ny, Z=Mq-Nz,\cdots$$
$$N=F(r,p,q,\cdots), M=x\frac{\partial F}{\partial r}+y\frac{\partial F}{\partial p}+\cdots$$

此结果并不比 $r=0$ 的情况更一般.

A. Meyer[1] 给出了下述方程可解的准则

$$ax^2+by^2+cz^2+du^2=0 \tag{7}$$

其中,a,b,c,d 为非零整数,且无平方因子,从而使得其中任意三个都无公因子. 用(a,b) 表示 a 与 b 的正的最大公因数,并令

$$a=(a,b)(a,c)(a,d)\alpha, b=(b,a)(b,c)(b,d)\beta$$
$$c=(c,a)(c,b)(c,d)\gamma, d=(d,a)(d,b)(d,c)\delta$$

那么方程(7) 有不全为 0 的整数解的必要条件是:

(Ⅰ)a,b,c,d 符号不都相同;

(Ⅱ)$-(a,c)(a,d)(b,c)(b,d)\gamma\delta$ 为(a,b) 的一个二次剩余,并有 5 个相似的条件,通过排列这些字母得到.

此外,式(7) 可解当且仅当条件(Ⅰ)和(Ⅱ)成立,并且要么 $abcd=2,3,5,6,7 \pmod 8$;要么 $abcd=1$ 且 $a+b+c+d=0 \pmod 8$;要么 $abcd=4 \pmod 8$,如果 a 和 b 是偶数,c 和 d 为奇数,则 $\frac{1}{4}abcd=3,5,7 \pmod 8$,或 $\frac{1}{4}abcd=1 \pmod 8$,和

$$\frac{a}{2}+\frac{b}{2}+c+d=\frac{(cd)^2-1}{2} \pmod 8$$

他给出 $f=0$ 有整数解的充要条件,其中 f 为任意的四次二次型. 最后

$$ax^2+by^2+cz^2+du^2+ev^2=0$$

有不全为 0 的整数解,如果系数是奇数且不是所有符号相同.

H. Minkowski[2] 用二次型行列式的素因子定义了一个不变量 D,并证明了在 5 个或 5 个以上的变量中,每一个不定二次型都能合理地表示零,如果 D 不能被素数的平方整除,则四分之一的变量能合理地表示零;如果 $D=1$,则三

① Vierteljahrsschrift Naturforsch. Gesell. Zürich, 29, 1884, 209-222.

② Jour. für Math., 106, 1890, 14. Gesamm. Abhandl., I, 227.

分之一的变量能合理地表示零；如果 $D=-1$，则二分之一的变量能合理的表示零.

G. de Longchamps① 通过选取整数 $x,\alpha_1,\cdots,\alpha_n$ 来解

$$x^2\sum\lambda i=\sum\lambda_i y_i^2$$

其中

$$\sum\lambda_i\alpha_i^2=2x\sum\lambda_i\alpha_i$$

（例如，取 $\alpha_1,\alpha_2,\cdots,\alpha_{n-2}$ 任意偶整数，取 α_{n-1} 使得 $\sum_{i=1}^{n-1}\lambda_i\alpha_i-2$ 可被 λ_n 整除，α_n 为商），则可以从

$$x-y_i=\alpha_i$$

中找到 $y_1,y_2,\cdots,y_n$，应用于

$$nx^2=y^2+(n-1)z^2$$

和

$$x^2-xy+y^2=z^2$$

后者对 x 的判别式为 $y^2-4(y^2-z^2)$，它必须是一个平方 k^2；其中一个解是

$$z=7,y=5,k=11,x=8$$

P. Bachmann② 证明了 Meyer 的定理.

A. Meyer③ 讨论了

$$p^2-\Omega F(q,q',q'')=\varepsilon$$

的解. 关于这里和下文，请参阅关于二次型的章节.

G. Humbert④ 处理了

$$x^2-4yz-4tu=A$$

的整数解.

匿名者⑤说，$x^2+y^2-z^2=2u^2$ 有下述解

$$x=2ak(c^2-ak),y=c^2(c^2-4ab)$$

$$z=\{c^2-2a(a+b)y^2-2a^2(a^2-2b^2)$$

$$u=2ac(c^2-ak),k=a+2b$$

或者我们可以比较 $y^2-z^2=h^2,x^2+h^2=2u^2$，其中已知 $h^2=a^2-b^2=2m^2-l^2$ 的解，因此，我们可从一个解中找到无穷多个解.

① El Progreso Mat.，4，1894，40-47；Jour. de math. élém.，18，1894，5.

② Arith. der Quad. Formen，1898，259-266，553.

③ Jour. für Math.，116，1896，321.

④ Jour. de Math.，(5)，9，1903，43.

⑤ Sphinx-Oedipe，1907-1908，30，95-96.

A. Gérardin 指出

$$x^2 + hy^2 = z^2 + ht^2$$

有解

$$\begin{cases} x = m^2 + n^2 + hp^2 - 2m(n + hp) \\ y = n^2 + hp^2 - m^2 \\ z = m^2 + n^2 - hp^2 + 2n(hp - m) \\ t = m^2 + hp^2 - n^2 + 2p(n - m) \end{cases}$$

或

$$\begin{cases} x = n^2 + hp^2 - hm^2 \\ y = n^2 + hp^2 + hm^2 - 2m(n + hp) \\ z = n^2 - hp^2 + hm^2 + 2hn(p - m) \\ t = hp^2 + hm^2 - n^2 + 2p(n - hm) \end{cases}$$

F. Ferrari① 指出求

$$x_0^2 + A_1 x_1^2 + \cdots + A_n x_n^2 = x_{n+1}^2$$

的解可变为解

$$\sum x_i^2 = x_{k+1}^2$$

O. Degel② 指出，如果 x, y, z, s 为齐次坐标，则曲面

$$x^2 + my^2 + nz^2 + 2ayz + 2bxy + 2cxz = s^2$$

可用 $\xi_1 = \rho x - \delta, \xi_2 = \rho y, \xi_3 = \rho z, \xi_4 = \rho s - \sigma$ 表示在一个平面上.

取 $\xi_4 = 0$ 为平面，并在初始方程中设定 $\rho s = \sigma$. 我们可以很自然地得到 σ. 所以 $\rho x, \cdots, \rho s$ 可表示为 ξ_1, ξ_2, ξ_3 的齐次二次函数. 用同样的方法，他处理了方程

$$x^2 + y^2 + z^2 - 2yz - 2zx - 2xy = s^2$$

并得到

$$\rho x = (u + 2)(u + v), \rho y = uv, \rho z = 2u, \rho s = 2v - u^2$$

其他的作者(pp. 164-166) 也给出了解.

A. Gérardin③ 从

$$(1 + ma)^2 + (1 + mb)^2 - (mc)^2 = 2$$

中得出了 m，其中

$$(c^2 + 2ab + a^2 - b^2)^2 + (c^2 + 2ab + b^2 - a^2)^2 - \{2c(a + b)y^2 = 2(a^2 + b^2 - c^2)^2$$

他注意到下述方程的同一性

$$(g^2 - f^2)^2 + (g^2 - 2fg)^2 + (f^2 - 2fg)^2 = 2(f^2 - fg + g^2)^2$$

---

① Suppl. al Periodico di Mat., 11, 1908, 129-131.

② L'intermédiaire des math., 15, 1908, 151-152.

③ Sphinx-Oedipe, 6, 1911, 74-75.

对于

$$f=p^2+2pq-3q^2,g=4pq,k=p^2+3q^2$$

也有

$$f^2-fg+g^2=k^2$$

Gérardin① 给出了下述情况的解

$$x^2+2(by+cz)x+my^2+2ayz+nz^2=\square$$

O. Degel 证明了方程

$$11x^2=y^2-3z^2-w^2+2u^2+2s^2+10t^2$$

的所有解都由

$$\rho x=A+2aB,\rho y=A+2bB,\rho z=A+2cB$$

$$\rho w=A+2dB,\rho u=A+2eB,\rho s=A+2fB,\rho t=A$$

给出,其中 $a,b,\cdots,f$ 互不相同且不为 0,并且

$$A=11a^2-b^2+3c^2+d^2-2e^2-2f^2$$

$$B=-11a+b-3c-d+2e+2f$$

V. G. Tariste 指出,如果 $\alpha_1,\alpha_2,\cdots,\alpha_n$ 为方程

$$m_1x_1^2+m_2x_2^2+\cdots+m_nx_n^2=0$$

的一个整数解集,那么该方程的所有解都能由下式给出

$$x_k=M\{-\alpha_k\sum_{i=1}^{n}m_i\alpha'^2_i+2\alpha'_k\sum_{i=1}^{n}m_i\alpha_i\alpha'_i\}$$

其中 α' 为任意的有理数,M 使得 x 为整数. Gérardin 指出,此结果是通过取

$$x_i=\alpha_i+m\alpha'_i\quad(i=1,2,\cdots,k)$$

给出的.

L. Aubry 讨论了方程

$$x_1y_1+x_2y_2+\cdots+x_ny_n=0$$

的整数解.

W. Mantel 讨论了

$$xy+xz+yz=N$$

对于 $x^2+y^2=2a^2+2b^2$,可参看第五章.

关于 $\sum(x_i^2+x_i)=g$,可参看第七章. 关于 $\sum x_i^2-\sum y_i^2=g$,可参看第七章. 关于 $x^2+3y^2=u^2+3v^2$,可参看第二十二章.

① L'intermédiaire des math.,18,1911,202-203.

算术或几何序列中的平方数

第十四章

1 算术级数中的三次方，$x^2+z^2=2y^2$

此题目与第十六章中同余数有着密切的联系.它可以用三角形数来表示.

第三章中，Diophantus 在 A.P. 中用了 3 个特殊的平方数（参看第十五章）.

13 世纪 Jordanus Nemorarius① 找到了

$$r=b^2-\frac{c^2}{2},v=b^2+bc+\frac{c^2}{2},q=b^2+2bc+\frac{c^2}{2}$$

使得

$$v^2-r^2=q^2-v^2=2b^3c+3b^2c^2+bc^3$$

这里 b 为任意整数，c 为任意偶整数.在他的符号中，令

$$a=b+c,d=a+b,h=ac,k=bc,e=ad,f=bd$$

从而

$$e=h+k+f$$

并且解为

$$v=\frac{h+f}{2},r=f-v,q=e-v$$

---

① Elementa Arithmetica decem libris, demostrationibus Jacobi Fabri Stapulensis, Paris, 1496, 1514, Book 6, Theorem 12.

Regiomontanus[①] 或 Johann Müller(1436—1476) 在书信中指出问题：在 A. P. 中找到3个平方数，使得这些整根的和为214；在 A. P. 中找3个平方数，使得其中最小的大于 20 000；在调和级数中找到 3 个平方数.

F. Vieta[②] 用 A^2,$(A+B)^2$ 和$(D-A)^2$ 作为平方数，则有

$$(D-A)^2=A^2+4AB+2B^2,A=\frac{D^2-2B^2}{4B+2D}$$

从而我们可将 D^2-2B^2,D^2+2B^2+2BD,D^2+2B^2+4BD 作为这三个正方形的边.

1636 年 9 月，Fermat[③] 向 St. Croix 提出，他在 A. P. 上找到了三个正方形，其共同点是一个正方形.

Fermat[④] 知道了一条规则，对于在 A. P. 中找三个平方数. 显然，这些数为

$$r^2-2s^2,r^2+2rs+2s^2,r^2+4rs+2s^2$$

用 $p-q$ 代替 r，用 q 代替 s，我们得到了 Frenicle 集合 $p^2-2pq-q^2$,p^2+q^2,$p^2+2pq-q^2$. 为了推导后者，Frenicle[⑤] 指出，$a-b$,c,$a+b$ 的平方数都在 A. P.. 如果 $a^2+b^2=c^2$，则得到

$$a=p^2-q^2,b=2pq,c=p^2+q^2$$

L. Euler[⑥] 用 $1+x^2=2y^4$ 的解 $y=1$ 推导出解 $y=13$. 可参看第二十章的 Cf. Cunningham. 在 A. P. 中，找三个整数，使得任意两个之和为一个平方数，Amicus[⑦] 用 $2a^2b^2\pm(a^4-b^4)$,a^4+b^4 作为这两数. 它们的平方在 A. P. 中，并且两者的和为平方数，如果 $2a^2+2b^2=\square$，已知对 a,$b=2mn\pm(m^2-n^2)$ 时成立. A. Cunningham 和 F. Philips[⑧] 也讨论过同样的问题. A. E. Jones[⑨] 从任意三个数开始

$$x=-m^2+2mn+n^2,y=m^2+n^2,z=m^2+2mn-n^2$$

它们的平方在 A. P. 中，用 m 替换 x^2，n 替换 z^2 所得到的值称为 P,Q,R. 那么 P,Q,R 就是我们所需的数，即

---

① C. T. de Murr, Memorabilia Bibl. publ. Norimbergensium, Pars I, 1786, 145, 159, 201. Cf. M. Cantor, Geschichte der Math., Ⅱ, 1892, 241, 263.

② Zetetica, 1591, V, 2; Opera Math., 1646, 76. Same by J. Prestet, Elemens des Math., ou Principes..., Paris, 1675, 326.

③ Oeuvres, Ⅱ, 65, Ⅲ, 287.

④ Oeuvres, Ⅱ, 234; letter from Frenicle to Fermat, Sept. 6, 1641 (tables by Frenicle, p. 237).

⑤ Triangles rectangles en nombres, prop. Ⅺ. Full reference in Ch. Ⅳ.

⑥ Algebra, 2, 1770, Ch. 9, Art. 140; French transl., 2, 1774, p. 167; Opera Omnia, (1), I, 402.

⑦ Ladies' Diary, 1795, 38, Quest. 974; Leybourn's Math. Quest. from L. D., 3, 1837, 297.

⑧ Math. Quest. Educ. Times, 24, 1913, 107.

⑨ Math. Quest. and Solutions, 5, 1918, 62-63.

$$P+Q=2z^2(x^2+z^2)=4z^2y^2$$
$$P+R=4x^2z^2$$
$$Q+R=2x^2(x^2+z^2)=4x^2y^2$$

C. Campbell① 也处理了类似的问题，找到了三个数 x,y,z，其中任意两个的差为一个平方数，并且它们的平方数在 A. P. 中. 设

$$x-y=m^2, x-z=n^2, y-z=p^2$$

则有

$$n^2-p^2=m^2$$

取

$$n+p=ms, n-p=\frac{m}{s}$$

由 $x^2+z^2=2y^2$ 给出 x，我们可依据 m,n 得到 y 和 z.

J. Cunliffe② 讨论了在 A. P. 中找出三个平方数，使得每一个数和它的根的和都是一个平方数.

J. Wright③ 在调和序列中找到了 3 个平方数 x^2,y^2,z^2，每一个都超过它的根一平方. 如果 $a,b=2rs\pm(r^2-s^2),c=r^2+s^2,a^2+b^2=2c^2$，并且 $x=\frac{n^2}{d},y=\frac{bn^2}{cd},z=\frac{bn^2}{ad}$ 的平方在调和序列中. 对 $d=m(2n-m)$，有 $x^2-x=\square$. 同时，如果 $b^2n^2-bcd=\square=(bn-pm)^2$，那么有 $y^2-y=\square$，当 $m=\frac{2bn(c-p)}{(bc-p^2)}$ 时成立. 从而可知若 $(bc-p^2)^2-4ap(b-p)(c-p)=\square=(bc+2ap-p^2)^2$，则有 $z^2-z=\square$，从而可求出

$$p=\frac{2bc}{b+c-a}$$

J. Ivory 在 A. P. 中发现了三个平方数的和相同的两个集合 $\{a^2,b^2,c^2\}$ 和 $\{a_1^2,b_1^2,c_1^2\}$. 条件是 $a^2+c^2=2b^2=2b_1^2=a_1^2+c_1^2$ 或者 $4b^2=\sum(a\pm c)^2=\sum(a\pm c_1)^2$. 因此，我们需要找到一个平方数，它是两个平方以两种方式的和. 最小的数字由

$$25^2=7^2+24^2=15^2+20^2$$

得到.

---

① The Gentleman's Diary, or Math. Repository, London, No. 65, 1805, 40-41, Quest. 873.

② Math. Repository (ed., Leybourn), London, 3, 1804, 97-106, Prob. 7.

③ New Series of Math. Repository(ed., T. Leybourn), 1, 1806, Ⅰ, 99.

为了找到和为117且它们的平方在A. P.中的三个数,S. Jones[①]用$x,5x,7x$表示此三个数,则可知$x=9$. S. Ryley取$2mn\pm(m^2-n^2),m^2+n^2$为这三个数,则对于$m=3$有$(n+2m)^2=117+3m^2=\square$;所得到的数字9,45,63被认为是给出的唯一的正数解.

R. Adrain[②]利用了平方数

$$u^2-y=(u-p)^2,u^2,u^2+y=(u+q)^2$$

其中

$$2pu-y=p^2,y-2qu=q^2$$

从而我们求得

$$u=\frac{p^2+q^2}{2(p-q)}$$

这就产生了Frenicle的答案.

J. Surtees[③]指出$(a-n)^2,a^2+n^2,(a+n)^2$都在A. P.里,并且当$a=r^2-1,n=2r$时,$a^2+n^2=\square$.

J. R. Young[④]在A. P.中找到了三个平方数,它们的根增加2就得出平方数,且它们中的第一个和第三个的和也是一个平方数.在Frenicle的集合中取$q=1$,我们可得到

$$p^2+2p-1,p^2+1,p^2-2p-1$$

因此条件为$p^2+3=\square,2p^2+2=\square$.

设$p=m+1$,令第二个等于$(nm+2)^2$,其中

$$m=\frac{4(1-n)}{n^2-2}$$

那么

$$\frac{(p^2+3)(n^2-2)^2}{4}=n^4-2n^3+2n^2-4n+4=\left(n^2-n+\frac{1}{2}\right)^2$$

如果$n=\frac{5}{4}$,由此$p=\frac{23}{7}$.

在A. P.中找三个平方数,使得任何根加一都是一个平方数,H. Clay[⑤]取这样的三个数x^2,a^2x^2,b^2x^2.设$x+1=(r+1)^2$.从而由$ax+1=(sr+1)^2$计算出r.若s为一个平方数,则$bx+1=\square$,这就是$s=\frac{2pq-4b}{q^2-1}$时的情况.最后,

---

① The Gentleman's Math. Companion,London,2,No. 9,1806,15-17.

② The Math. Correspondent,New York,2,1807,14.

③ Ladies' Diary,1811,39,Quest. 1217;Leybourn's Math. Quest. L. D. 4,1817,139.

④ Algebra,1816;Amer. ed.,1832,333-334(329-331).

⑤ The Gentleman's Math. Companion,London,5,No. 25,1822,151-154.

我们选取 a,b,使得 $1,a^2,b^2$ 都在 A. P. 中. A. B. Evans[①] 取 $a=5,b=7$,进行了类似的处理. S. Bills 运用 $a,b=2pq\pm(p^2-q^2),c=p^2+q^2$,且它们的平方数都在 A. P. 中,取$\frac{ax}{y^2},\frac{bx}{y^2},\frac{cx}{y^2}$ 作为所需三个平方数的根,则由

$$ax+y^2=(r+y)^2,bx+y^2=(s+y)^2$$

可确定 x,y. 从而可知若 r 中的一个四次方为平方数,则 $cx+y^2=\square$,这就是 $r=\frac{s(a+b-c)}{2b}$ 的情况. W. J. Miller 得出了数 x,y,z. 并令

$$x+1=m^2,y+1=n^2,z+1=p^2,m+n=r(n+p),m-n=s(n-p)$$

其中

$$\frac{m}{r-s+2rs}=\frac{n}{r+s}=\frac{p}{2-r+s}\equiv\frac{1}{k}$$

那么可通过由 $x^2+z^2=2y^2$ 化简为 $k^2=f(r,s)$ 而解决. D. T. Griffiths 取这三个数为 x^2-1,y^2-1,z^2-1,它们的平方数都在 A. P. 中,如果

$$x^2+y^2-2=a(y^2+z^2-2),y^2-z^2=a(x^2-y^2)$$

取 $a=\frac{1}{2}$(当平方数为 $1,5^2,7^2$ 时的值),消除 z,我们可得到

$$5x^2-y^2=4$$

这对于 $x=5,y=11$ 时成立,因此 $z=13$.

在 A. P. 中找到三个平方数,使得每减少一个根就是一个平方数,Smyth[②] 取 $a^2x^2,b^2x^2,c^2x^2,p=\frac{1}{a}$ 等. 那么 $x^2-px,\cdots$ 都是用常规方法做成的平方数. "Epsilon" 利用数$\frac{1}{X},\frac{a}{X},\frac{b}{X}$",这里 $X=2x-x^2,1,a^2,b^2$ 在 A. P. 中. 现在$\frac{1}{X^2}-\frac{1}{X}=\square$,同样,若 $t=\frac{(k+l)^2}{4kl}$,则 $t^2-t=\square$. 这表明结果

$$\frac{1}{X}=\frac{\{4ab-(ab-a-b)^2\}^2}{8ab(ab+b-a)(ab+a-b)(a+b-ab)}$$

那么$\frac{a}{X}$ 和$\frac{b}{X}$ 为后一种形式.

为了在调和数列中找到三个平方数,使得它们的根的和为一个给定的四次幂 d^4,"Epsilon"[③] 取 $a,c=2mn\pm(m^2-n^2),b=m^2+n^2$. 则 $\frac{h}{a},\frac{h}{b},\frac{h}{c}$ 的平方都在调和数列中,让它们的和等于 d^4,我们可求出 h.

---

① Math. Quest. Educ. Times,16,1872,27-28.

② The Gentleman's Math. Companion,London,5,No. 26,1823,214-218.

③ The Gentleman's Math. Companion,London,5,No. 28,1825,365-366.

A. Guibert[①] 指出了 A. P. 中的三个平方数的公差为 24 的倍数以及类似的定理. $a^2+c^2=2b^2$ 的正的素整数的通解是

$$a=\pm(p^2-q^2-2pq),b=p^2+q^2,c=p^2-q^2+2pq$$

这里 p,q 互素且有一个为偶数. 扩展 A. P. ,他证明了若 $q=1,2p=n-2$ 或 $q=2,p=n-2$ 时,第 n 项为一个平方数.

Civis[②] 证明了在 A. P. 中的三个有理平方数的公差不会是 17. 如果这样,则有

$$4ab(a^2-b^2)=17q^2$$

令 $a=r^2,b=s^2,r^2-s^2=8v^2$,因此 $r=2v^2+1,s=2v^2-1$. 令 $u=\frac{q}{8rsv}$,则有

$$17u^2-1=4v^4$$

这对于方程 $17u^2-1=z^2$ 的已知解中关于 z 的前述情况是不可能的. A. Martin[③] 指出:定理对于整数来说是显而易见的,由于 4 的倍数不能等于 17.

在 A. P. 中寻找三个平方数,使得它们中的每一个都能用一个平方数来表示它的根,运用 Frenid 数(l,m,n),取 lx,mx,nx 作为所需要的平方数的根,则有

$$l^2x^2-lx=\square$$

它们已在第十八章中解决了.

D. Andre[④] 指出:如果三个平方数都在 A. P. 中,则

$$2y^2=x^2+z^2,y^2=\left(\frac{x+z}{2}\right)^2+\left(\frac{x-z}{2}\right)^2\equiv a^2+c^2$$

$$x=a+c,z=a-c$$

G. R. Perkins[⑤] 处理了问题 1:在 A. P. 中找到了三个平方数,使得每一个减它的根或加它的根为一个平方数. 取 $\xi\pm\frac{1}{2},\eta\pm\frac{1}{2},\zeta\pm\frac{1}{2}$ 的平方,其中 $4\xi=x+x^{-1},4\eta=y+y^{-1},4\zeta=z+z^{-1}$,则根据问题是 1 或 2,可知其符号为"+"或"-",因此每一个平方数 $\pm$ 它的根都为一个平方数. 若

$$\eta+\xi\pm1=m,\eta-\xi=n,\zeta+\eta\pm1=\frac{m(p+1)}{p}$$

$$\zeta-\eta=\frac{np}{p+1}$$

① Nouv. Ann. Math. ,(2),1,1862,213-219.

② The Lady's and Gentleman's Diary,London,1866,56-57,Quest. 2041.

③ Math. Quest. Educ. Times,52,1890,87.

④ Nouv. Ann. Math. ,(2),10,1871,295-297.

⑤ The Analyst,1,1874,101-105.

则这些平方数都在 A. P. 中，从而可求出 ξ,η,ζ 和 $n=\frac{2m(p+1)}{N}$，其中 $N=2p(2p+1)$. 所需的数为 $\xi\pm\frac{1}{2}=\frac{m}{a},\frac{m}{b},\frac{m}{c}$ 的平方，其中

$$(2p^2-1)a=(2p^2+2+1)b=(2p^2+4p+1)c=N$$

通过利用 $4\xi=x+x^{-1}$，使得 x,y,z 是有理的. 对于 $t=a,b,c$，这要求 $m^2\mp tm$ 为一个平方数. 现在若

$$m=\frac{k^2}{\pm(2k-a)}$$

则有

$$m^2\mp am=(m\mp k)^2$$

从而当 $k^2-b(2k-a)=\square$ 时，$m^2\mp bm=m$. 对于 $(k-l)^2$，这里 k 为 l 的有理函数. 于是当 $l=\frac{a+b-c}{2}$ 时，有 $k^2-c(2k-a)=\square$. 对于问题 1，$p>2$；若 $p=3$，则 $\frac{m}{a},\frac{m}{b},\frac{m}{c}$ 为 14 个数字的商(参看第十八章). D. Kirkwood① 给出了答案中的这些数字的三次幂，他以 $x^2,25x^2,49x^2$ 开始. 对于问题 2，$p=1$ 的使用引起了对第十八章 Williams 的忧虑.

A. Cunningham② 研究了 A. P. 中的三个平方数小于 10 000 的集合，且最大值与最小值的比值越大越好(或越小越好).

W. A. Whitworth 指出：若三个平方数设有公因数在 A. P. 中，则中间的一个为 1,25 或 49(mod 120)，并且其余每一个都为 1 或 49(mod 240).

J. Neuberg③ 和 J. Déprez④ 研究了"automédian"三角形，即它们的中位数与边 a,b,c 成比例. 当 $a>b>c$ 时，条件为 $a^2+c^2=2b^2$.

G. Bisconcini⑤ 指出：若 A 为 A. P. 中三个平方数 x_i^2 的公差，则有

$$x_2^2-x_1^2=A,x_3^2-x_1^2=2A$$

由后者可知，$x_1,x_3=\frac{2A\mp\lambda^2}{2\lambda}$，从而有

$$\lambda=2a_2,A=2a_1a_2,x_1=a_1-a_2,x_3=a_1+a_2$$

由第一个条件知

$$x_2^2=a_1^2+a_2^2$$

---

① Stoddard and Henkle, University Algebra, N. Y., 1861:494.

② Math. Quest. Educ. Times, 71, 1899, 56.

③ Mathesis, 9, 1889, 261-264; (3), 1, 1901, 280.

④ Mathesis, (3), 3, 1903, 196-200, 226-230, 245-248.

⑤ Periodico di Mat., 24, 1909, 157-170.

它表明 $a_1=r^2-s^2$,$a_2=2rs$,这里

$$A=4rs(r^2-s^2)$$

他称之为 Fibonacci 数.

C. Botto 注意到 Bisconcini 的解决方案并不完整.为了得到 $x^2+y^2=2z^2$ 的所有相对互素的解,注意到 x 和 y 为奇数,设

$$p=\frac{x+y}{2},q=\frac{x-y}{2}$$

从而有

$$p^2+q^2=z^2$$

由于 p,q 互素,则 $p,q=u^2-v^2,2uv$ 且 $z=u^2+v^2$.同样地,用 $2pq=z^2$ 替代 $x^2-y^2=2z^2$,因此 $p,q=a^2,2b^2,z=2ab$.

G. Métrod① 指出,$u^2-2v^2=-x^2$ 有解

$$u=u_n(a^2+2b^2)+4v_nab$$

$$v=2u_nab+v_n(a^2+2b^2)$$

$$u_n^2-2v_n^2=-1$$

E. Turrière② 指出,一个"automédian"三角形的边为

$$a=\lambda(1+2t-t^2),b=\lambda(1+t^2),c=\lambda(1-2t-t^2)$$

A. Gérardin③ 指出:对于一个三角形的三边 31,41,49,其三边和为一个平方数 121.J. Rose 给出,利用 Turrière 的公式,通过选取 λ,$a+b+c=\lambda(3-t^2)$ 可变为一个平方数.

R. Goormaghtigh 将最后一个问题限制在了互素的整数值的边上,它们是 $\alpha^2-\beta^2\pm2\alpha\beta,\alpha^2+\beta^2$ 的绝对值.如果 $\alpha^2+\beta^2+4\alpha\beta=u^2$,那么周长为一个平方数,这里

$$\alpha+2\beta=\upsilon,\upsilon^2=3\beta^2+u^2$$

因此

$$\beta=pq,\gamma=\frac{3p^2+q^2}{2}$$

2 关于 $x^2+3^2-2y^2$ 的论文

A. Boutin,Jour. de math. élém.,(4),4[19],1895,12[Vieta].

---

① Sphinx-Oedipe,8,1913,130-131.

② L'enseignement math.,18,1916,87-88.

③ L'intermédiaire des math.,23,1916,173.

Plakhowo, *ibid.*, (5), 21, 1897, 95[Frenicle].

H. S. Vandiver, Amer. Math, Monthly, 9, 1902, 79-80; others, 7, 1900, 82-83, 112-113.

A. Gérardin, Sphinx-Oedipe, 1906-1907, 95, 161-162[Vieta, bibliography].

F. Ferrari, Suppl. al Periodico di Mat., 11, 1908, 77-78[Frenicle].

A. Gérardin, Assoc. franc., 1908:15-17[bibliography].

A. Tafelmscher. I'intermédiaire des math., 15, 1908, 102, 259.

Welsch, *ibid.*, 16, 1909, 19, 156[no novelty in authors cited].

A. Martin, Amer. Math. Monthly, 25, 1918, 124.

E. Bahier, Recherche... Triangles Rectangles en Nombres Entiers, 1916, 212-217.

3 算术序列中的四个平方数

1640年，Fermat[①]将这个问题提给了 Frenicle May，并声明(第十五章)这是不可能的.第二十二章中 Euler，P. Barlow[②]及 M. Collins[③]证明了此问题是不可能的.

B. Bronwin 和 J. Furnass[④]取了互素的平方数 x^2, y^2, z^2, w^2. 通过

$$y^2 - x^2 = z^2 - y^2 = w^2 - z^2$$

我们必有下式成立

$$y + x = 2ab, y - x = 2cd, z + y = 2ac$$

$$z - y = 2bd, w + z = 2bc, w - z = 2ad$$

通过 y 的2个值及 z，我们有

$$(a + d)b = (a - d)c, (c + d)a = b(c - d)$$

但这4个数 $a \pm d, c \pm d$ 的最大公因数为1或2.因此有

$$a + d = \delta c, a - d = \delta b, c + d = \varepsilon b, c - d = \varepsilon a$$

$$\delta = 1 \text{ 或 } 2, \varepsilon = 1 \text{ 或 } 2$$

---

① Oeuvres, Ⅱ, 195.

② Theory of Numbers, 1811, 257.

③ Tract on the possible and impossible cases of quadratic duplicate equalities..., Dublin, 1858, 16. Abstract in British Assoc. Reports for 1855, 1856, Trans. of Sections, 4. The Ladies' and Gentleman's Diary, London, 1857, 92-96.

④ The Gentleman's Diary, or Math. Repository, London, No. 73, 1813, 42-43.

这些与声明是不一致的,因为 a 与 d 互素.

A. Genochhi[①] 证明了在 A. P. 中的四个平方数是不存在的,以及下面的推广($p=2$ 的情况). 如果 p 是素数 $8m\pm 3$,使得 $p+1$ 和 $p-1$ 允许有非素数的除数 $4m+1$,且 x 和 y 是互素的,则四个表达式 $x\mp(p+1)y$ 和 $x\mp(p-1)y$ 不都是平方数.

一些作者[②]未能找到解决方案.

L. Aubry[③] 通过下降法证明了四个平方数在 A. P. 中是不可能的.

E. Turrière[④] 给出了一个证明.

4 算术序列中只有一个平方数

A. Guibert[⑤] 指出:若 A^2,B^2,C,D^2(除了 C 是平方数外)都在 A. P. 中,则它们都是两个奇数的素整数序列中平方数的乘积. 由条件

$$A^2+C=2B^2, B^2+D^2=2C$$

可消去 C,则得到

$$D^2=3B^2-2A^2$$

已知的求解方法给出

$$A=2p^2-2pq-q^2, b=2p^2+q^2, d=2p^2+4pq-q^2$$

A. Cunningham[⑥] 在 A. P. 中找到了五个整数,四个为平方数. 若 v^2,w^2,X,y^2,z^2 都在 A. P. 中,则有

$$v^2+3z^2=(2y)^2, 3v^2+z^2=(2w)^2$$

这要求这五个数是相等的. 接下来,令第 4 个数为平方数,前 3 个数分别为 v^2,w^2,x^2. 众所周知,$v,x=t^2-u^2\mp 2tu, w=t^2+u^2$. 由于这些平方数的公差为 $\delta=4tu(t^2-u^2)$,则第 5 个数为 $w^2+3\delta=z^2$. 这就得到了一个从最小解连续导出的一组无穷解 t,u,z. 从解 $7^2,13^2,17^2,409,23^2$ 中,可推导出两个更大整数的解.

---

① Comptes Rendus Paris,78,1874,433-435.

② Amer. Math. Monthly,5,1898,180.

③ Sphinx-Oedipe,1911(6):1-2.

④ L'enseignement math.,1917(19):240-241.

⑤ Nouv. Ann. Math.,(2),1,1862,249-252. Cf. Pocklington of Ch.

⑥ Math. Quest. Educ. Times,(2),9,1906,107-108.

5　几何序列中的平方数

Baha-Eddin①(1547—1622)作为问题6包括在了7个至今仍未解决的问题之中:在G. P.中找到3个平方数,使它们的和为一个平方数. Nesselmann指出:由于

$$x^2+x^2y^2+x^2y^4=\square$$

无合理的解(参看第二十二章中的Adrain,Anderson,Genocchi,Pocklington的结论),则此问题是不可能的.

在G. P.中找出三个平方数,并在A. P.中找出三个数,使得对应项的三个和为平方数,W. Saint② 取 a^2,a^2x^2,a^2x^4 作为G. P.中的三个平方数,取 $2a+1,ax^2+a+1,2ax^2+1$ 作为A. P.中的三个数. 从而使 $a^2x^2+ax^2+a+1=\square=\left(ax+\frac{x}{2}\right)^2$ 成立,因此 $a=\frac{1}{4}x^2-1$. 其他人取了 $x^2,4x^2,16x^2$ 和 $1,4x+1,8x+1$ 或 $2ax+a^2,8ax+4a^2,14ax+7a^2$.

W. Wright③ 在G. P.中找到了三个平方数 x^2,a^2x^2,a^4x^2,每一个加上其根都为一个平方数,则有

$$x^2+x=\square,x^2+\frac{x}{a}=\square,x^2+\frac{x}{a^2}=\square$$

通常情况下都能满足(可参看第十八章).

为了在G. P.中找到三个平方数,使每一个减去它的根都为一个平方数,J. Anderson取 x^2,xy,y^2 作为根,$x^2-1=(p-x)^2,y^2-1=(q-y)^2$,可给出 x,y. 从而 $x^2y^2-xy=\square$ 导出了 p 的四次方,这是可正常求解的. Isaac Newton(*l. c.*)取 $\left\{\frac{r^2}{2r-1}\right\}^2,r^2,(2r-1)^2$ 作为这三个数. 这三个条件中的第一个条件已被完全满足了. 取 $r^2-r=n^2r^2$,因此 $r=\frac{r}{1-n^2}$. 从而可知若 $2n^2+2=\square$,则有

$$(2r-1)^2-(2r-1)=\square$$

令 $n=m+1$. 由 $2n^2+2=(sm+2)^2$ 可确定 m.

---

① Essenz der Rechenkunst von Mohammed Beha-eddin ben Albossain aus Amul, arabisch u. deutrtsch von G. H. F. Nesselmann, Berlin, 1843, p. 56. French transl. by A. Marre, Nouv. Ann. Math., 5, 1846, 313.

② The Diary Companion, Suppl. to Ladies' Diary, London, 1806: 36-37.

③ The Gentleman's Math. Companion, 5, No., 24, 1821, 41-44.

S. Ward① 在 G. P. 中找到了三个平方数 x^2,$4x^2$,$16x^2$,若满足它们中的任何一个以其根增加,则其和为一个平方数. 取 $x^2+x=p^2x^2$. 剩下的两个条件变为

$$2p^2+2=\square,p^2+3=\square$$

其中 $p=\frac{23}{7}$.

① J. R. Young's Algebra,Amer. ed. ,1832,341.

两个或多个线性函数构成平方数

第十五章

Diophantus，Ⅱ，12，通过用合适的方式将两个线性函数的差分分解成两个因子，求出了$x+2=\square$，$x+3=\square$（“双重等式”的另一个例子）. 这里他取了 4 和$\frac{1}{4}$，取两个因子之差的$\frac{1}{2}$ 的平方，并且使它等于更小的表达式，即$\frac{225}{64}=x+2$. 或者将因子和的一半的平方等于更大的表达式. 为了不使用双重方程来求解，取$x=y^2-2$，使$x+3=y^2+1$为平方，也就是使它等于$(y-4)^2$，也就是$y=\frac{15}{8}$.

Diophantus，Ⅱ，13 涉及$9-x=\square$，$21-x=\square$；而 Diophantus，Ⅱ，14 涉及$x-n=\square$，$x-m=\square$.

Diophantus，Ⅲ，5，6 要求三个数字的和是一个平方数，任何两个数的平方的和都超过第三个数，因此，三个平方数的和是一个平方数，比如 4，9，36.

Diophantus，Ⅲ，7，8 需要三个数字，它们的和以及其中一对的和都是平方数. 设三者的和为$(x+1)^2$，第一个数和第二个数的和为x^2，第二个数和第三个数的和是$(x-1)^2$. 如果$x=20$，那么第一个数和第三个数的和是$6x+1$，且等于 121.

Diophantus，Ⅲ，9 与等差数列中的三个数有关，这三个数中的一对的和是平方数. 因为x^2，$(x+1)^2$，$(x-8)^2$在 A. P. 中，如果$x=\frac{31}{10}$，我们求三个数字，它们的和是刚刚找到的数字 961，1 681，2 401.

Diophantus, Ⅲ, 10 涉及三个数字，其中任意一对的和加到一个给定的数字 a 上得到一个平方，而这三个的和加到 a 上得到一个平方，对于 $a=3$，前两项的和是 x^2+4x+1，后两项的和是 x^2+6x+6，三项的和是 $x^2+8x+13$. 这些数为 $2x+7, x^2+2x-6, 4x+12$. 第一个，第三个，a 的和 $6x+22$ 是 100 的平方，如果 $x=13$. 在 Diophantus, Ⅲ, 11 中，a 是负的.

Diophantus, Ⅲ, 18 和 Ⅳ, 35 注意到他的方法得不到 $ax+b$ 和 $cx+d$ 的平方，如果 $a:c$ 不是两个平方的比值[1].

Diophantus, Ⅳ, 14，得到 $x+1, y+1, x+y+1, x-y+1$ 的平方.

Diophantus, Ⅳ, 22，在 G. P. 中找到了三个数字，任何两个的差是一个平方. 在 Diophantus, Ⅴ. 1 的(2)中，他发现 G. P. 中有 3 个数字，每一个减(加)同一个给定数都是一个平方数.

Diophantus, Ⅳ, 45，用减法得到了 $8x+4$ 和 $6x+4$ 的平方.

Diophantus, Ⅴ, 12, 14，把一个单位分成 2 个或 3 个部分，这样，如果给每个部分加上相同的给定数，总和就是平方数(参见第六章和第七章).

Brahmagupta[2](生于公元 598 年) 通过取 $x=\frac{8(a+b)}{(a-b)^2}$ 使得 $ax+1$ 和 $bx+1$ 都是平方，即$\frac{3a+b}{a-b}$ 和$\frac{a+3b}{a-b}$.

他通过取

$$x=\frac{2a^2}{b^4}(a^2+b^2), y=\frac{2a^2}{b^4}(a^2-b^2)$$

使得 $x+y, x-y, xy+1$ 都是平方数，因此

$$x+y=\left(\frac{2a^2}{b^2}\right)^2, x-y=\left(\frac{2a}{b}\right)^2, xy+1=\frac{(2a^4-b^4)^2}{b^8}$$

他通过取

$$x=\left\{\frac{1}{2}\left(\frac{a-b}{\mathrm{e}}+\mathrm{e}\right)\right\}^2-a$$

使得 $x+a$ 和 $x+b$ 都是平方数，因此

$$x+b=\left\{\frac{1}{2}\left(\frac{a-b}{\mathrm{e}}-\mathrm{e}\right)\right\}^2$$

为了使 $ax+b$ 是一个平方数，令它等于一个任意假定的平方数，并解出 x 的方程.

---

① Cf. G. H. F. Nesselmann, Algebra der Griechen, 1842, 335-340. Cf. 86 of Ch. XIX.

② Brahme-sphut'a-aidd'hánta, Ch. 18(Algebra), § § 78-79. Algebra, with arith, and mensuration, from the Sanscrit of Brahmagupta and Bháscara, transl. by Coebrooke, 1817: 368-369.

Bháscara①(生于公元 1114 年) 通过将第一个平方数等于$(3n+1)^2$ 得到了 $3y+1$ 和 $5y+1$ 的平方,对于 $n=2$ 或 18,其中 $5y+1=15n^2+10n+1=\square$.

Alkarkhi②(11 世纪初) 通过在 $y^2+5=z^2$ 中设 $z=y+\frac{2}{3}$ 解出了 $x+10=y^2, x+15=z^2$. 通过取 $z+y=4, -y=\frac{1}{2}$ 得到了 $x+3=y^2, x+5=z^2$.

G. Gosselin③ 在 A. P. 中找到了三个数字$\left(\frac{13}{9},\frac{133}{9},\frac{253}{9}\right)$,当增加 4 时变成平方数. 三个数$\left(\frac{1}{9},\frac{15}{9},\frac{48}{9}\right)$,其和为平方数,第一个为平方数,另一个和两个之中的任意一个的和为平方数. 四个数(25,16,12,11),其和为平方数,而第一个数除以第二个数的余数,第二个数除以第三个数的余数,第三个数除以第四个数的余数均为平方数.

Rafael Bombelli④ 需要三个数,其中任意两个数加 6,三个数加 6 的和是平方和. 他给出 $38\frac{4}{5}, 55\frac{1}{6}, 14\frac{49}{100}$. 他发现一个数字加上 4 和加上 6 等于两个平方数.

F. Vieta⑤ 概括了 Diophantus, Ⅲ, 10(11) 的方法,如果存在数 x, y, z,令

$$x+y=(A+B)^2-a, y+z=(A+D)^2-a, x+y+z=(A+G)^2-a$$

那么

$$x=2AG+G^2-2AD-D^2, z=2AG+G^2-2AB-B^2$$

$$x+z+a=4AG+2G^2-2AB-B^2-2AD-D^2=\square$$

也就是 F^2,通过取一个有理数 A.

C. G. Bachet⑥ 关于 $ax+b=\square, ax+c=\square$ 的处理方法是找到两个差等于 $b-c$ 的有理平方和. 为了解出 $8x+4=\square, 6x+4=\square$,取平方等于 4 的 2 的 4 倍,左边数 $2x$ 和 $2x$ 的 $\frac{1}{4}$ 的差. 那么 $\frac{1}{2}\left(\frac{1}{2}x+4\right)$ 的平方等于 $8x+4$, $\frac{1}{2}\left(\frac{1}{2}x-4\right)$ 的平方等于 $6x+4$. 无论哪种情况,$x=112$. 接下来让常数项是不同的平方数,如在 $10x+9=\square, 5x+4=\square$ 中. 取两个数(5 和 1),它们的和是较

---

① Vija-gan'its, § 197; Colebrooks, p. 259.

② Extrait du Fakhrî, French transl. by F. Woepcke, Paris, 1853, 86, 101.

③ De Arte magna, seu de occulta parts numerorum, Paris, 1577, 74-75.

④ L'algebra opera, Bologna, 1579, 496.

⑤ Zetetica, 1591, V, 4[5], Francisci Vietae opera mathematica, ed. Francisci à Schooten, Lugd. Bat., 1646: 77.

⑥ Diophanti Alexandrini Arith., 1621: 435-439. Comment on Diop., Ⅵ, 24(p. 177 above).

大平方根 3 的两倍，而它们的差是较小平方根 2 的两倍. 取其中一个数 1 和 5 作为两个因数之一，其乘积得到给定函数的差值 $5x+5$. 从 $x+1$ 到 5，我们得到

$$\left(\frac{x+6}{2}\right)^2=10x+9,\left(\frac{x-4}{2}\right)^2=5x+4,x=28$$

但是由因子 $5x+5$，1 得到 $\left\{\frac{1}{2}(5x+6)\right\}^2>10x+9$. 接下来，对于 $65-6x=\square$，$65-24x=\square$，将第一个乘以 4，我们有第一个类型的问题. 对于 $16-x=\square$，$16-5x=\square$，求两个差为 x 的四倍的平方数. 取 $4-N$ 为较大的正方形的边. 那么当 $N=\frac{4}{11}$ 时，$(4-N)^2-4\{16-(4-N)^2\}=16-40N+5N^2$ 是较小的平方数，即 $(4-7N)^2$. 因此平方数分别是 $\left(\frac{40}{11}\right)^2$ 和 $\left(\frac{16}{11}\right)^2$，其差值的 $\frac{1}{4}$ 给出 $x=\frac{336}{121}$. (Bachet 在这里用同样的字母 x 和 N，把 $4-6N$ 错误地写成 $4-7N$).

Fermat① 在 Diophantus，Ⅲ，10 和 Diophantus，Ⅴ，30 中评论，要求 4 个数，使得任意一对的和加上一个给定的数 a，得到一个平方，令 $a=15$，这三个平方数 9，$\frac{1}{100}$，$\frac{529}{225}$ 就是使得任意一对的和加上 15 得到一个平方数的数(正如 Diophantus，Ⅴ，30 中所发现的，他把 9 作为一个平方数，解出 $x^2+24=\square$，$y^2+24=\square$，$x^2+y^2+15=\square$). 以 4 个数为例

$$x^2-15,6x+9,\frac{1}{3}x+\frac{1}{100},\frac{46}{15}x+\frac{529}{225}$$

(后三个数的形式为 $2nx+n^3$). 则其中三个条件完全满足. 剩下的三个条件是

$$\frac{31}{5}x+\left(\frac{49}{10}\right)^2=\square,\frac{136}{15}x+\left(\frac{77}{15}\right)^2=\square,\frac{49}{15}x+\left(\frac{25}{6}\right)^2=\square$$

一个"三重方程"，其中每个常数项都是平方数. 为了处理②这样的问题，$x+4=\square$，$2x+4=\square$，$5x+4=\square$，用一个表达式代替 x，比如 x^2+4x，如果加上 4，那么就得到一个平方数，然后只剩下解"双重方程"$2x^2+8x+4=\square$，$5x^2+20x+4=\square$，由一个解 $x=c$，我们可以推导出第二个解，用 $x+c$ 代替 x. Fermat③ 后来详细解释了这种方法. 说明该方法对于

$$ax+1=\square,bx+1=\square,(a+b)x+1=\square \tag{1}$$

是不成立的.

---

① Oeuvres，Ⅰ，292：326-327；French transl，Ⅲ，242：263-264.

② Oeuvres，Ⅰ，334-335；Ⅲ，269-270. Comment on Diophantus，Ⅵ，24. For further examples，Fermat of Ch. ⅩⅠⅩ.

③ J. de Billy，Inventum Novum，Toulouse，1670，Part Ⅱ，§§1-28；German transl. by P. von Schaewen，Berlin，1910；Oeuvres de Fermat，Ⅲ，360-374(p. 329 for $2x+12=\square$，$2x+5=\square$).

因此,如果 $a=2,b=3$,我们用 $2x^2+2x$ 代替 x,使之完全满足第一个条件;然后另外两个变成 $6x^2+6x+1=\square$,$10x^2+10x+1=\square$,其中一个解是 $x=-1$;但是这使得未知的 $2x^2+2x$ 为零(von Schaewen①).虽然该方法对于 $a=5,b=16,x=3$ 无效.对于 $a=1,b=2$,无解.因此4个平方数(第一个被认为是一个整体)不能在A. P.中.

M. Petrus② 发现了三个平方数 A^2,B^2,C^2,使得任意两个的差是一个平方数,任意两个边的差是一个平方数.他首先给出了一个求四个数 p,s,t,q 的过程,使得 p^2+s^2,t^2+q^2 和 $pstq$ 是平方数,而 $\frac{p}{s}>\frac{t}{q}$,解分别为112,15,35,12和364,27,84,13.由前者,他得到了第一个问题的答案

$$A=26\ 633\ 678,B=29\ 316\ 722,C=40\ 606\ 322$$

一般地,我们有答案③

$$\frac{B}{2}=(pt-sq)^2+(pq-st)^2,\frac{C}{2},\frac{A}{2}=(pt+sq)^2\pm(pq+st)^2$$

由于

$$C+A=4(pt+sq)^2,C-A=4(pq+st)^2,B+A=4(pt-sq)^2$$
$$B-A=4(pq-st)^2,C-B=16ptsq,C+B=4(p^2+s^2)(t^2+q^2)$$

Renaldini④(1615—1698)处理了Petrus⑤的初始问题,二重等式和三重等式.

J. Prestet⑥ 处理了Diophantus,Ⅲ,7的问题.设第一项和第三项的和为 x^2,第一项和第二项的和为 y^2,所有三项的和为 z^2.那么数字为 $x^2+y^2-z^2$,z^2-x^2,z^2-y^2.最后两项的和不容易得出一个平方数.由于 $2=\frac{1}{25}+\frac{49}{25}$,设 $x=\frac{z}{5}$.那么最后两个的和是 $\frac{49z^2}{25}-y^2=\left(a-\frac{7z}{5}\right)^2$,如果 $z=\frac{5(a^2+y^2)}{14}$.但是这样得到的数字比Diophantus和Vieta的数字要大.

对于Diophantus,Ⅲ,9,他用 $z,z+d,z+2d$ 和 $2z+d=y^2$,$2z+3d=x^2$ 得到 z 和 d.为了避免小数,将这些数字乘以4.所以数字是 $3y^2-x^2,y^2+x^2$,$-y^2+3x^2$.剩下的就是让第一项和第三项的和 $2y^2+2x^2$ 是一个平方数.将2

---

① Bibliotheca Math.,(3),9,1908-1909,289-300.

② Arithmeticae Rationalis Mengoli Petri,Bononiae,1674,1st Pref. Cf. Euler.

③ Reconstructed from the author's inadequate notes on Petrus.

④ Caroli Renaldinii Mathematum Analyticae Artis Pars Tertia,1684;reviewed in Acta Eruditorum,1685:178.

⑤ Arithmeticae Rationalis Mengoli Petri,Bononiae,1674,1st Pref. Cf. Euler.

⑥ Elemens des Math. ou Principes Generaux...,Paris,1675,325.

表示成两个平方数的和,较小的那一个在$\frac{1}{2}$和1之间,根据Diophantus,Ⅱ,10,较小的数是$\frac{c^2-2c-1}{c^2+1}$.通过试算,9是第一个整数c,得到分数$\left(\frac{31}{41}\right)>\frac{3}{4}$.因此$2(31^2+49^2)=82^2$.因此$x^2=2\ 401$,$y^2=961$.他也给出了一个不那么特别的解.他用类似的方法处理Diophantus,Ⅲ,10.

J. Ozanam[①]发现了两个数,当每一个数加上一个平方数(即单位数)时得到一个平方数,并且它们的和以及它们的差加上另一个平方数($t^2=x^2+2x+1$)也得到平方数.所需的数分别为$168t^2$和$120t^2$.

由于$168+120+1=17^2$,$168-120+1=7^2$,最后的情形被满足.为了得到$168t^2+1$和$120t^2+1$的平方数,我们有一个双重复式,满足$x=-\frac{1\ 648\ 825\ 564}{1\ 242\ 622\ 079}$.

G. W. Leibniz[②]讨论的问题是找到三个数,其中每一对数的和以及差都是平方数.

M. Rolle[③]找到了四个数,其中任意两个数的差是平方数,前三个数中的任意两个数的和是平方数

$$A=y^{20}+21y^{16}z^4-6y^{12}z^8-6y^8z^{12}+21y^4z^{16}+z^{20}$$

$$B=10y^2z^{18}-24y^6z^{14}+60y^{10}z^{10}-24y^{14}z^6+10y^{18}z^2$$

$$C=6y^2z^{18}+24y^6z^{14}-92y^{10}z^{10}+24y^{14}z^6+6y^{18}z^2$$

$$D=A+B+C$$

对于$y=1$,$z=2$,得$A=2\ 399\ 057$,$B=2\ 288\ 168$,$C=1\ 873\ 432$,$D=6\ 560\ 657$.

T. F. de Lagny[④]用新方法解决了$4x+6=y^2$,$9x+13=z^2$.消去x,我们得到$\frac{9y^2}{4}-\frac{1}{2}=z^2$.因此$9y^2-2=\square$,也就是$3y-a$的平方.因此,用$a$表示$y$.

P. Halcke[⑤]将6分成两部分,每一部分增加6都得到一个平方数,使得$6+x$和$12-x$都是平方数.

Malézieux[⑥]提出了Fermat[⑦]的第一个问题.这是求两个平方数的三个相

---

① Letter, Oct., 13, 1676, to de Billy, Bull. Bibl. Storia Sc. Mat. e Fis., 12, 1879, 517.

② MS. dated Apr. 1, 1676, in Bibliothek Hannover. D. Mahnke, Bibliotheca Math., (3), 13, 1912-1913, 39. Cf. Euler.

③ Journal des Savans, Aug. 31, 1682; Sphinx-Oedipe, 1906-1907, 61-62. Cf. Coccoz, Rignaux.

④ Nouv. Elemens d'Arith. et d'Algebre, Paris, 1697, 451-455.

⑤ Deliciae Math., oder Math. Sinnen-Confect, Hamburg, 1719, 235.

⑥ Eléments de Geométrie de M. le Duc de Bourgogne, par de Malézieux, 1722; Sphinx-Oedipe, 1906-1907, 4-5, 45.

⑦ Oeuvres, Ⅰ, 292, 326-327; French transl., Ⅲ, 242, 263-264.

等的和的问题.

在这个问题中,除了 C. Bumpkin① 提供了一个答案 1 873 432,2 399 057,2 288 168 外,三个数中的任意两个的和以及差都是平方的,没有任何评论.

J. Landen② 将其视为数

$$x=\frac{1}{2}(f^4g^4+g^4+f^4+1);y,z=\frac{1}{2}(f^4g^4-g^4-f^4+1)\pm 2f^2g^2$$

那么 $x\pm y,x\pm z,y-z$ 是平方数. 接下来使

$$E=f^4g^4-g^4-f^4+1=y+z$$

是平方数. 设 $g=f+r$. 那么 $E=\square$,如果

$$1+\frac{(f+r)^4-f^4}{f^4-1}=\left\{1+\frac{2f^3r}{f^4-1}+\frac{(f^6-3f^2)r^2}{(f^4-1)^2}\right\}^2$$

这给出 r,因此 $g=\frac{f(f^8+6f^4-3)}{1+6f^4-3f^8}$. $f=2$ 的情形给出了 Bumpkin③ 的答案. 或者,我们也可以取数字 $f^2g^2+1,f^2+g^2,2fg$,其中 $x\pm z,y\pm z$ 是平方数. 对于 g 的前一个值,验证 $f^2g^2\pm(g^2+f^2)+1$ 是平方数,它们的积 E 是一个平方数. 或者我们取 $E=(f^4-1)\cdot(g^4-1)$ 是一个平方数,它等于 $(f^4-1)^2(g^2+1)^2$,其中 $g=\frac{f^2}{\sqrt{2-f^4}}$. 设 $f=1-d$,那么 $2-f^4$ 成为 d 中的四次幂,对于 $d=\frac{12}{13}$,其是 $1+2d-5d^2$ 的平方. C. Wildbore的解与Landen的解相同,即 $f=\frac{a}{b},g=\frac{x}{y}$. C. Hutton 取数字 $4x,4+x^2,1+4x^2$,那么 $5x^2+5$ 和 $3x^2-3$ 是平方数. 对于 $x=2$,乘积 $15x^4-15$ 是一个平方数;对于 $x=z-2$,乘积 $15x^4-15$ 成为 z 中的一个四次幂,用通常的方法 z 是一个平方数. 他得到了 Bumpkin④ 的回答. T. Leybourn⑤ 取 $x+y=u^2,x+z=v^2,y+z=w^2$. 它仍然使 u^2-v^2,v^2-w^2,u^2-w^2 是平方数,众所周知⑥(第十九章的 Lowry),如果

$$u=(m^2+n^2)(r^2+s^2),v=2mn(r^3-s^2)+2rs(m^2-n^2),w=2mn(r^2+s^2)$$

$$m=r^4+6r^2s^2+s^4,n=4rs(r^2-s^2)$$

P. Cheluccii⑦ 处理 Diophantus,Ⅲ,7 的问题. 从 $x+y+z=r^2,x+y=s^2$,

---

① Ladies' Diary,1750,p. 21,Quest. 311. Cf. Euler.

② C. Hutton's Diarian Miscellany,extracted from Ladies' Diary,3,1775,398-401,Appendix. Leybourn's Math. Quest. proposed in Ladies' Diary,2,1817,19-22. Cf. Euler.

③ Ladies' Diary,1750,p. 21,Quest. 311. Cf. Euler.

④ Ibid.

⑤ Math. Quest. proposed in Ladies' Diary,2,1817,19-22.

⑥ New Series of Math. Repository(ed.,T. Leybourn),3,1814,I,163,Quest. 310.

⑦ Institutiones analyticae,Viennae,1761:135.

$x+z=t^2$,$y+z=v^2$,有 $x=t^2-r^2+s^2$,$y=r^2-t^2$,$z=r^2-s^2$,$2r^2-t^2-s^2=v^2$.设 $t=r-m$,$s=r-n$,那么

$$r=\frac{v^2+m^2+n^2}{2m+2n}$$

L. Euler[①] 处理了这个问题,使得 $x+a$,$x+b$,$x+c$ 都是平方数.设 $x=z^2-a$,$z=\frac{p}{q}$,$b-a=m$,$c-a=n$,则 p^2+mq^2 和 p^2+nq^2 都是平方数[②].如果 $m=-n=f^2$ 或 $2f^2$,并且 $m=1$,$n=2$,那么这是不可能的.当 $m=2$,$n=6$ 时,n 个解答被发现.他使得$x+a$,$x+b$ 是平方数,$a+x$,$a-x$ 也是如此.

Euler[③] 对这个问题进行了处理,使 $x\pm y$,$x\pm z$,$y\pm z$ 都是平方数.设 $y=x-p^2$,$z=x-q^2$ 和 $p^2+r^2=q^2$,其中 $y-z=r^2$,$y+z=2x-p^2-q^2$.令最后一个和等于 t^2,其中 $2x=t^2+p^2+q^2$.还需令 $x+y=t^2+q^2$,$x+z=t^2+p^2$ 都是平方数.为了满足 $p^2+r^2=q^2$,取 $p=a^2-b^2$,$r=2ab$,$q=a^2+b^2$.为了使 t^2+q^2 和 t^2+p^2 都是平方数,即 $t^2+a^4+b^4\pm 2a^2b^2=\square$,则满足 $t^2+a^4+b^4=c^2+d^2$,$2a^2b^2=2cd$,满足如果 $a=fh$,$b=gk$,$c=f^2g^2$,$d=h^2k^2$,且

$$t^2=(f^4-k^4)(g^4-h^4) \tag{2}$$

通过 m^4-n^4 的值表($m\leqslant 15$,$n\leqslant 9$,$n<m$),他发现式(2) 的解 $520^2=(3^4-2^4)(9^4-7^4)$,$975^2=(3^4-2^4)(11^4-2^4)$,因此

$$x=434\ 657,y=420\ 968,z=150\ 568$$

$$x=2\ 843\ 458,y=2\ 040\ 642,z=1\ 761\ 858$$

J. L. Lagrange[④] 通过消去 x 处理了 $a+bx=t^2$,$c+dx=u^2$;因此

$$(dt)^2=dbu^2+(ad-bc)d$$

通常第二个数是平方数,使得

$$ax+by=t^2,cx+dy=u^2,hx+ky=s^2$$

消去 x 和 y,取 $z=\frac{u}{t}$,使得

$$\frac{ak-bh}{ad-cb}z^2-\frac{ck-dh}{ad-cb}=\square$$

在"找到任意两个数的和以及差是平方数的三个数字的问题的存储库解

① Algebra,St. Petersburg,2,1770,§223;French transl.,Lyon,2,1774:281-285. Opera omnia,(1),I,454-456. Cf. Haentsschel of Ch. ⅩⅫ and paper 82 below.

② Euler's further discussion will be given under concordant forms,Ch. ⅩⅥ.

③ Algebra,2,1770,§235;2,1774,pp. 314-319. Opera Omnia,(1),I,470-473. Same problem in papers 12,14,17,18,22,23,24,30,33,34,57,74,85,89. See papers 40-45 of Ch. ⅩⅨ.

④ Addition Ⅵ,arts. 62-63,to Euler's Algebra,2,1774:557-561. Euler's Opera Omnia,(1),I,595-597. Oeuvres de Lagrange,Ⅶ,115-117.

法”中①，$1 \pm 5x - 2x^2 \mp 2x^3 + 5x^4 \pm x^5$ 作为第一个数和第二个数的和以及差的平方根，而 $1 \pm 3x + 6x^2 \mp 6x^3 - 3x^4 \mp x^5$ 作为第一个数和第三个数的和以及差的平方根. 因此这三个数是确定的. 这里 x 是任意一个平方数，取 $x=9$，我们得到数字 4 387 539 232，等等，每个数字都是十位数.

C. Hutton②，如果 $y=4x^2-4x$，那么 $y+1=\square$. 则 $\frac{1}{2}y+1=(2ax-1)^2$ 给出 x.

Euler③ 解决了这个问题，使得 $z-a^2v,\cdots,z-d^2v$ 都是平方数，其中 $a^2,\cdots,d^2$ 是 4 个给定的平方数，通过研究四边形的角 p,q,r,s 的正弦值是 $ax,\cdots,dx$，其中，$a,\cdots,d$ 是给定的数. 设 $A,\cdots,D$ 是它们的余弦值. 因为 $\sin(p+q)+\sin(r+s)=0$，等等. 我们得到 $aB+bA+cD+dC=0$，并通过交换 b,c 和 B,C 或者 b,d 和 B,D 得到两个相似关系式. 因此我们得到 $A,\cdots,D$ 的比为 $a,\cdots,d$ 的三次函数 $\alpha,\cdots,\delta$. 因此 $A=\alpha y,\cdots,D=\delta y$. 那么 $a^2x^2+\alpha^2y^2=1, b^2x^2+\beta^2y^2=1$，我们发现 $x^2=\frac{v}{z}, y^2=\frac{1}{z}$. 其中

$$v=(a+b+c+d)(a+b-c-d)(b-a+c-d)(a+c-b-d)$$
$$z=4(bc-ad)(ac-bd)(ab-cd)$$

因此

$$\sin p=a\sqrt{\frac{v}{z}}, \cos p=\frac{\alpha}{\sqrt{z}}, z-a^2v=\alpha^2$$

Euler④ 需要 3 个数 x,y,z，使得任意两个的和以及差都是平方数. 设 $x>y>z$，设

$$x=p^2+q^2=r^2+s^2, y=2pq, z=2rs \tag{3}$$

那么 $x\pm y=(p\pm q)^2, x\pm z=(r\pm s)^2$. 也有 $p^2+q^2=r^2+s^2$，如果

$$p=ac+bd, q=ad-bc, r=ad+bc, s=ac-bd \tag{4}$$

因此 $x=(a^2+b^2)(c^2+d^2)$. 它还使得

$$y+z=4cd(a^2-b^2), y-z=4ab(d^2-c^2)$$

是平方数. 如果

$$cd(d^2-c^2)=n^2ab(a^2-b^2)$$

那么它们的积是平方数. 取 $d=a$. 那么 $a^2=\frac{n^2b^3-c^3}{n^2b-c}$. 取 $a=b\pm c$，并且取 b 等

---

① The Diarian Repository, or Math. Register... by a Society of Mathematicians, London, 1774, 522-523. Cf. Euler.

② Miscellanea, Math., London, 1775: 110.

③ Mém. Acad. Sc. St. Petersb., 5, anno 1812, 1815(1780), 73; Comm. Arith., Ⅱ, 380-385.

④ Ibid., 6, 1813-1814(1780) 54; Comm. Arith., Ⅱ, 392-395. Cf. Euler.

于$\frac{b}{c}$的分子.因此

$$b=2\mp n^2, c=2n^2\mp 1, a=n^2\pm 1$$

令 $y-z$ 为一个平方数.由于 $d=a$

$$ab(d^2-c^2)=3n^2(n^2\pm 1)(2\mp n^2)^2$$

选择较小的符号.如果 $n=\frac{f^2+3g^2}{3g^2-f^2}$,那么 $3(n^2-1)$ 是$\frac{(n+1)f}{g}$的平方.

将 a,b,c 的结果乘以$(3g^2-f^2)^2$,我们得到

$$a=d=4f^2g^2$$

$$b,c=f^4\mp 2f^2g^2+9g^4$$

$$p=8f^2g^2(f^4+9g^4)$$

$$q=-(f^4-9g^4)^2$$

$$r=f^8+30f^4g^4+81g^8$$

$$s=16f^4g^4$$

对于 $f=g=1$,我们得 $p=q=5,r=7,s=1$,其中 $x=y=50,z=14$.由一个解 x,y,z,我们得到第二个解

$$X=\frac{y^2+z^2-x^2}{2}, Y=\frac{x^2+z^2-y^2}{2}, Z=\frac{x^2+y^2-z^2}{2} \tag{5}$$

在"加法"中,Euler 处理了这个问题,找到了三个平方数 x^2,y^2,z^2,它们的差是平方数.运用式(3)和式(4),我们有

$$x^2-y^2=(p^2-q^2)^2, x^2-z^2=(r^2-s^2)^2, y^2-z^2=4(p^2q^2-r^2s^2)$$

最后一个是平方数,如果 $abcd(a^2-b^2)(d^2-c^2)=\square$.如果

$$a=d=n^2\pm 1, b=2n^2\mp 1, c=n^2\mp 2$$

那么这是满足的.通过式(5),由一个解,我们得到第二个解.

E. Waring① 注意到,为了找到三个数,其任意两个数的和以及差为平方数,如果我们用 Landen 的符号或 $a^2x^2+b^2y^2, 2abxy, a^2y^2+b^2x^2$ 的符号中的任意一个,那么都满足 4 个条件,但没有给出讨论.他回忆起 Rolle② 的值 A,B,C.

Euler③ 处理的问题是在一个空间数列中找到四个正数,使任意两个数的和为平方数:$A+B^2=p^2, A+C=q^2, A+D=B+C=r^2, B+D=s^2, C+D=t^2$,因此所有的都可以用 p,q,r 表示,满足两个条件

---

① Meditationes Algebraicae, ed. 3, 1782: 328.

② Journal des Savans, Aug. 31, 1682; Sphinx-Dedipe, 1906-1907, 61-62. Cf. Coccoz, Rignaux.

③ Posthumous paper, 1781, Comm. Arith., Ⅱ, 617-625; Opera postuma, 1, 1862, 119-127. Reprinted, Sphinx- Oedipe, 1909(4): 33-42.

$$2r^2=p^2+t^2=q^2+s^2$$

因此 $r=\boxed{2}=x^2+y^2$. 我们得 $2r^2=\boxed{2}$,并且满足 $2r^2=p^2+t^2$,取

$$p=\pm(x^2-y^2)-2xy, t=\pm(x^2-y^2)+2xy$$

第一项是正的. 因此 $p<t$. 类似地,通过取

$$q=\pm(x_1^2-y_1^2)-2x_1y_1, s=\pm(x_1^2-y_1^2)-2x_1y_1 \quad (q<s)$$

满足 $2r^2=q^2+s^2$. 那么 $x^2+y^2=x_1^2+y_1^2$ 成立,通过取

$$x=fz+1, x_1=fz-1, y=z-f, y_1=z+f$$

通过从我们的数中去除一个平方因子,可以在不失一般性的情况下做到这一点. 如果 $p^2+q^2>r^2$,那么 A,B,C,D 都是正数,由 f 和 z 表示的条件由 Euler 详细处理. 对于 $z=4, f=\frac{7}{2}$,我们去掉因子 $\frac{1}{2}$,取 $x=30, x_1=26, y=1, y_1=15, p=839, q=329, r=901$,用 4 乘以结果 $A,\cdots,D$,我们得到积分解

722,432 242,2 814 962,3 246 482

J. Leslie[①] 使得 $z+1=\square, v+1=\square, z+v+1=$ 给定的 $\square$,通过设置 $z=x^2-1, v=y^2-1$ 得到.

P. Cossali[②] 使得 $F=hx+n^2, F+fx$ 是平方数,通过取 $F=(y+n)^2$,有

$$F+fx=(y+n)^2+\frac{f}{n}(y^2+2yn)=(py-n)^2$$

因此找到 y. 接下来,如果 $\frac{ad-bc}{a-c}$ 是平方数 r^2, $ax+b$ 和 $cx+d$ 也是平方数. 设 $cx+d=(y+r)^2$,对于结果 x 有

$$ax+b=\frac{a}{c}(y^2+2ry)+r^2=(py-r)^2$$

如果 $\frac{bc-ad}{c}$ 是平方数 q^2,设 $cx+d=y^2$. 那么 $ax+b=\frac{y^2a}{c}+q^2$ 能被表示为 $q-ky$ 的平方. 为了得到 $H+x=\square, H-x=\square$,根据 L. Pisano,我们只需把 $2H$ 表示为两个平方数的和.

为了找出几何级数中任意两个数的差为平方数的三个数,R. Nicholson[③] 取 nx, n^2x, n^3x 作为这三个数. 由于它们的差值之比是 $1:n+1:n$,取 $n=v^2$, $v^2+1=\square=(v+s)^2$,对于结果 $v, n-1$ 是一个平方数,取 x 作为一个平方数,我们得到答案. J. Cunliffe 取 na^4, na^2b^2, nb^4 作为这三个数,其中 $n=a^2-b^2$,如果 $b=r^2-s^2, a=2rs$,那么满足单一条件 $a^2+b^2=\square$.

---

① Trans. Roy. Soc. Edinb., 2, 1790, 193, Prob. Ⅳ.

② Origine, Trasporto in Italia... Algebra, 1, 1791: 105-107.

③ The Gentleman's Diary, or Math. Repository, 1798, No, 58; Davis'ed., 3, 1814: 290.

为了找出几何级数中和是一个平方数的三个数，一些人①取 x^2, nx^2, n^2x^2，$1+n+n^2=\square=(ne-1)^2$.

为了找出②任意两数之差为平方数的三个数，取 $x-y=16v^2, x-z=25v^2, y-z=9v^2$，其中 v 和 z 为任意数，或取 $5x^2, x^2, b^2+x^2$，其中 $4x^2-b^2=(2x-n)^2$ 给出 x，或者取 $(x+1)^2, 2x+1, 4x$，其中 $2x-1=\square$.

J. Cunliffe③ 使得 $x-y$ 等，$x+y-z$ 等为平方数. 取

$$x+y-z=a^2, x+z-y=b^2, y+z-x=c^2$$

等于 $x-y=\frac{1}{2}(b^2-c^2)$ 到 e^2，$x-z=\frac{1}{2}(a^2-c^2)$ 到 d^2. 那么

$$y-z=\frac{1}{2}(a^2-b^2)=d^2-e^2$$

必须是一个平方数. 其中 $d=2rs(m^2+n^2), e=2rs(2mn)$. 设

$$(a+b)r=2s(d+e), (a-b)s=r(d-e)$$

给出

$$a=(m^2+n^2)(r^2+2s^2)-2mn(r^2-2s^2)$$
$$b=2mn(r^2+2s^2)-(m^2+n^2)(r^2-2s^2)$$

取 $c=2mn(r^2+2s^2)-(m^2-n^2)(r^2-2s^2)$. 那么 $c^2=b^2-2e^2$ 给出

$$n:m=12r^2s^2-r^4-4s^4:8s^4-2r^4$$

Cunliffe④ 处理了最后的问题和第 8 题：将 n 分成 4 部分，任何两部分的差是一个平方. 同样的第 9 题：找出四个数，它们的和以及两个数的和是平方数.

如 Lagrange⑤ 所做的那样，R. Adrain⑥ 作出了两个或三个线性函数的有理平方.

有一些人⑦发现有两个数，如果每个数加上一个单位，加上它们的和以及差，那么它们的和是平方数. 数字 $x^2\pm 2x$ 回答了前两种情形. 那么 $4x+1=\square=p^2, 2x^2+1=\square$，取 $p=r+1$. 如果 $r=-8$，那么 $16(2x^2+1)=(r^2+4)^2$，其中数字是 120，168.

S. Johnson⑧ 发现了整数 x, y, z, v，使得它们的和以及任意两个数的和是平方数，并且 $2(v+x+y)=\square$. 设 $x+y+z+v=a^2, x+z=b^2, y+z=c^2$，

---

① The Gentleman's Math. Companion, London, 1, No. 2, 1799, 18.

② Ibid., 21.

③ The Gentleman's Diary, or Math. Repository, London, No. 61, 1801, 43, Quest, 806.

④ The Math. Repository (ed., Leybourn), London, 3, 1804: 97-106.

⑤ Addition Ⅵ, arts. 62-63, to Euler's Algebra, 2, 1774, 557-581. Euler's Opera Omnia, (1), Ⅰ, 595-597. Oeuvres de lagrange, Ⅶ, 115-117.

⑥ The Math. Correspondent, New York, 1, 1804, 237-241; 2, 1807, 7-11.

⑦ Ladies' Diary, 1804, pp. 38-39, Quest. 1111; Leybourn's Math. Quest. L. D., 4, 1817, 23.

⑧ The Gentleman's Math. Companion, London, 2, No. 8, 1805, 46-48.

$x+y=d^2$. 因此 $2z=b^2+c^2-d^2$. 那么 $v+x=a^2-y-z=a^2-c^2$, $v+y=a^2-b^2$, $v+z=a^2-d^2$ 一定是平方数. 设 $a^2-c^2=e^2$, $a^2-d^2=f^2$, $c=rp-f$, $e=sp+d$. 那么 $c^2+e^2=d^2+f^2$ 给出了 $p=\frac{2rf-2sd}{r^2+s^2}$. 为了得到整数, 取 $f=(n^2-m^2)(r^2+s^2)$, $d=2mn(r^2+s^2)$. 那么

$$e=(r^2-s^2)\cdot 2mn+(n^2-m^2)\cdot 2rs$$
$$c=(r^2-s^2)(n^2-m^2)-2nm\cdot 2rs$$

由 $a^2=d^2+f^2$, 得 $a=(n^2+m^2)(r^2+s^2)$. 因此 $a^2-b^2=\square$, 如果 $b=(n^2+m^2)\cdot 2rs$. 最后

$$\begin{aligned}2(v+x+y)&=2a^2+d^2-b^2-c^2\\&=n^4(r^2+s^2)^2+\cdots\\&=\left\{n^2(r^2+s^2)-nm\left(\frac{4r^3s-4rs^3}{r^2+s^2}\right)+m^2(r^2+s^2)\right\}^2\end{aligned}$$

如果 $n:m=2rs(r^2+s^2)^2:s^6-r^2s^4+s^2r^4-r^6$.

Jonson① 用同样的方法求出了 x,y,z,v, 它们的和是平方数, 任意两个数的差是平方数. J. Cunliffe 取 $v-x=c^2$, $v-y=b^2$, $v-z=a^2$, $v+x+y+z=n$, 它仍需要使 $x-y=b^2-c^2$, $x-z=a^2-c^2$, $y-z=a^2-b^2$ 是平方数. 因此我们需要 3 个平方数 a^2,b^2,c^2, 任意两个数的差是平方数. 如果 $a^2=485\ 809$, $b^2=451\ 584$, $c^2=462\ 400$, 那么这是成立的.

为了找出 A. P. 中 3 个数中的任意两个数的平方的和都超过剩余的数的问题②, 简化为 $x^2+z^2=2y^2$(第十四章).

J. Cunliffe③ 发现了两个有理数(x^2+n, y^2+n), 使得每一个和以及差的平方都超过给定的数 n. 条件 $x^2+y^2+n=\square=(x+v)^2$ 给出了用 y,v,n 表示 x, 然后 $x^2-y^2-n=\square=\frac{(n-v^2-y^2)^2}{4v^2}$, 如果 $n^2-2nv^2=\square=(rv-n)^2$, 那么它确定了 v.

C. F. Kausler④ 将问题中给定的 a 分为 n 份, 使任意 $n-1$ 份的和成为平方数.(在第八章中 Diophantus. V. 17 对此问题的解为 $n=4$.)Kausler 对 n 的处理与他在第一个问题中 $n=5$ 的情形相似. 然后, 通过相加, 5 个平方数 $s_1^2,\cdots,s_5^2$ 的和等于 $4a$. 首先找到的是 $P^2\approx\frac{4a}{5}$, 有

---

① The Gentleman's Math. Companion, London, 2, No. 8, 1805, 46-48.

② New Series of Math. Repository(ed., Leybourn), 1, 1806, I, 7-10.

③ Ibid., 2, 1809, I, 9-11.

④ Mém. Acad. Sc. St. Pétersbourg, 1, 1809, 271-282.

$$P^2=\frac{4a}{5}+\frac{1}{25z^2},20az^2+1=\square=(1-mz)^2,z=\frac{2m}{m^2-20a}$$

因为每个数都是五个平方和中的一个,所以

$$4a=g_1^2+\cdots+g_5^2,p=\frac{M}{N}=g_i+\frac{\alpha_i}{N},s_i=g_i+\alpha_i x$$

因此,$\alpha_i=M-g_iN$. 所以$\sum s_i^2=4a$,我们得到$x=-\frac{2\sum g_i\alpha_i}{\sum \alpha_i^2}$. 如果$a=21$,那么最接近$20a$的平方根是$m=21$,因此,$z=2,M=41,N=10$. 因为$4a=1+9+25+49,1=\frac{9+16}{25},g_1,\cdots,g_5$为$\frac{3}{5},\frac{4}{5},3,5,7;\alpha_1,\cdots,\alpha_5$为$35,33,11,-9,-29$;$x=\frac{1\ 676}{16\ 785}$.

为了按照几何级数找到x,vx,v^2x三个数[①],使每个数加上给定的数n都等于一个平方数. 由$x+n=c^2,vx+n=(d+c)^2$得出x,v的值. 把v^2x+n的值代入$c^2-n=r^2$,得

$$d^4+4d^3c+2d^2(2c^2+r^2)+4r^2dc+r^2c^2=\square=(d^2-2rd-rc)^2$$

给出d,所需的数字分别为$r^2,\frac{1}{4}r^2-n,\frac{\left(\frac{1}{4}r^2-n\right)^2}{r^2}$,这里$r=\frac{n-s^2}{2s}$使$r^2+n=\square=c^2$.

有人[②]发现了四个整数,他们的平方和等于a^2,其中任何三个数的和大于第四个数,这就是b^2,c^2,d^2,e^2,如果我们取$c=p-a,d=q-a$,就合理地决定了a. 所以$b^2+c^2+d^2+e^2=2a^2$.

求(v^2-n,w^2-n)差是平方数的两个数[③],并且这两个数都加上相同的一个数n,他们的和还是平方数. 我们必须使v^2-w^2和v^2+w^2-n为平方数,因此一个四次函数就是一个平方.

J. Winward[④]发现了N个整数,他们的和是m^2,并且任意$N-1$个数的和是平方数. 取$(2m-n)n,(2m-2n)(2n),(2m-3n)(3n),\cdots,\{2m-(N-1)n\}(N-1)n$为前$N-1$个数,并且$m^2$减去它们的和就是$N$,这时$m^2$大于第$j$个数$(m-jn)^2$. 在数量$(m-jn)^2,m^2>j(j<n)$,$m^2$的余量超过第$N$个数等于$(nr)^2$,我们得出$m^2$可用$n,r$来表示.

---

① The Gentleman's Math. Companion,London,2,No. 13,1810,264-265.

② The Gentleman's Diary,or Math. Repository,London,No. 71,1811,35,Quest. 963. For 3 numbers,Gentleman's Math. Companion,5,No. 29,1826,362-364.

③ New Series of Math. Repository (ed.,Leybourn),3,1814,Ⅰ,105-108.

④ The Gentleman's Math. Companion,London,5,No. 25,1822,141-142.

有人①用已知的方法解出了 $z+a^2=\square$, $\frac{z}{n}+a^2=\square$.

为了找出②差为平方数的四个整数,使 $x=zlmn$, $y=l(m^2-n^2)$. 那么,这五个数的差 u, $u+x^2$, $u+x^2+y^2$, $u+(l^2m^2+n^2)^2$ 是平方数. 进一步研究 $(l^2m^2+n^2)^2-l^2(m^2+n^2)^2=\square$,取 $l=2$,那么 $3(4m^2-n^4)=\square$. 在 $m=n=1$ 的情况下,我们通过第二十二章的 Euler③ 法得出新解 $m=37$, $n=23$.

W. Wright④ 发现 v^2-1, x^2-1, y^2-1 这三个数的和是平方数,每个数加1也是平方数,并且后者的平方根的和也是平方数. 取 $v^2+x^2+y^2-3=(v+p)^2$, $v+x+y=q^2$.

找出三个数,第一个数和第二个数的和是平方数,第一个数和第三个数的差是平方数,它们的平方根的和是平方数,且等于这三个数的和. F. N. Benedict⑤ 取这三个数为 $a^2x^2-x^2$, x^2, $(b^2+a^2-1)x^2$. 那么,当 $c=2a^2+b^2-1$ 时, $ax+bx=cx^2$,得出 x. 最后 $c=\square=(b-m)^2$,确定 b 的值.

有人⑥在等差级数中发现了 x^2-1, y^2-1, z^2-1 三个数,它们的和是平方数,并且每个数加1都是平方数. 用已知解 $x,z=\pm(m^2-n^2)+2mn$; $x^2+z^2=2y^2$, $y=m^2+n^2$. 为了使 $x^2+y^2+z^2-3=3(m^2+n^2)^2-3=\square$,取 $n=1$,求解 $3m^2+6=\square$.

W. Wright⑦ 找出三个数 x,y,z. 这三个数中任意两个数的差的二倍是平方数,并且任意两个数的和与第三个数的差的二倍也是平方数. 首先,解 $n(a^2-b^2)=p^2$, $n(c^2-b^2)=q^2$. 因为 $p^2-q^2=n(a^2-c^2)$,取 $a+c=\frac{(p+q)t}{vn}$, $a-c=\frac{(p-q)v}{t}$,得 a,c. 如果 $p=2tvn(d^2+e^2)$, $q=2tvn\times 2de$,那么 $p^2-q^2=\square$. 为了方便起见,设 $r=t^2+nv^2$, $s=t^2-nv^2$,那么 $a=r(d^2+e^2)+2des$, $c=s(d^2+e^2)+2der$. 若 $d=\frac{2rse}{4t^2v^2n-s^2}$,则 $n(c^2+b^2)=q^2$ 或 $c^2-\frac{q^2}{n}=\square$,满足 d 的四次方. 在 $n=\frac{1}{2}$ 的情况下,得出了初始问题的解. 设 $2(x+y-z)=a^2$, $2(y+z-x)=b^2$, $2(x+z-y)=c^2$,得出 x,y,z. 那么初始的三种情况要求

---

① Ladies' Diary, 1823, 35-36, Quest. 1390.

② The Gentleman's Math. Companion, London, 5, No. 26, 1823, 202-204.

③ Algebra, St. Petersburg, 2, 1770, Arts. 138-139; French transl., 2, 1774, pp. 162-167; Opera Omnia, (1), I, 400-402.

④ The Gentlerman's Math. Companion, London, 5, No., 1825(28): 369-371.

⑤ The Math. Diary, New York, 1, 1825: 27.

⑥ The Gentleman's Math. Companion, London, 5, No., 29, 1826, 361-362.

⑦ Ibid., 5, No., 30, 1827, 574-575.

$\frac{1}{2}(c^2-b^2)$,…为平方数.

J. R. Yong[①] 对待 Diophantus《算术》,Ⅲ,7,9 中的一些问题有点像 prestet[②]. 为了使 $x\pm y,x\pm z,y\pm z$ 都为平方数,取 $x+y=u^2,x+z=v^2,y+z=w^2$. 如果 $u=ac+bd,v=ad+bc,w^2=4abcd$,那么 $x-y=v^2-w^2$,$x-z=u^2-w^2$ 是平方数. 那么 $y-z=(a^2-b^2)(c^2-d^2)$,因为 $a=9,b=4,c=81,d=49$,我们得出了 Euler[③] 的第一个答案,相信给出最小的可能的数,或者通过取 $a=m^2+n^2,b=2mn$ 可以使 $a^2-b^2=\square$,此种方法同样适用于 c^2-d^2. J. R. Yong 对待 Diophantus,Ⅳ,14 的其他方法基于 $u^2=(a^2+b^2)(c^2+d^2)$,$v=ac\pm bd,w=ad\pm bc$.

在 $A-B$ 可分解为 pq 的情况下,F. T. Poselger[④] 处理问题 $A=\square,B=\square$(查阅 Diophantus,Ⅱ,12). 可设 $A,B=\left[\frac{y^2p\pm q}{2y}\right]^2$,因为 $(y^2p+q)^2-(y^2p-q)^2=4y^2pq$.

S. Ryley[⑤] 发现了三个数,这三个数的和,任意两个数的和,任意两个数的差加上 1 都是平方数. 取 $x+y=a^2,x+z=b^2,y+z=1$. 剩下的条件减少到

$$2a^2+2b^2+2=n^2,a^2-b^2+1=r^2$$

取 $r=2m$,如果 $n=\frac{r(m^2+2)}{2m}$,那么 $4b^2=n^2-2r^2=(n-rm)^2$. 若 $m^2+12=\square=(s-m)^2$,则 $4a^2=n^2+2r^2-4=\square$. 有人用这三个数

$$2x^2+2y^2-\frac{1}{2},2x^2-2y^2+\frac{1}{2},2y^2-2x^2+\frac{1}{2}$$

满足以上五种条件. 为满足 $4x^2-4y^2+1=v^2$,取 $x+y=v+1,4(x-y)=v-1$. 通过 v,得出结果 $x,y,16\left(2x^2+2y^2+\frac{1}{2}\right)=17v^2+30v+25=(av-5)^2$.

Fr. Buchner[⑥] 通过设

$$p+q=m,p-q=\frac{2}{m}$$

解出了 $\quad x+1=p^2,x-1=q^2$

求解 $\quad x+a=p^2,x-b=q^2$

---

① Algebra, 1816. American edition by S. Ward, 1832, 324-326, 335-336.

② Elemens des Math. ou Principes Generaux..., Paris, 1675, 325.

③ Algebra, 2, 1770, § 235; 2, 1774, pp. 314-319. Opera Omnia, (1), I, 470-473. Same problem in papers 12, 14, 17, 18, 22, 23, 24, 30, 33, 34, 57, 74, 85, 89. See papers 40-45 of Ch. XIX.

④ Abh. Akad. Wiss. Berlin(Math.), 1832, 1.

⑤ Ladies' Diary, 1836, 34-35, Quest. 1586.

⑥ Beitrag zur Auflöe, Unbest. Aufg. 2 Gr., Progr. Elbing, 1838.

也用了同样的方法.

T. Baker① 发现了四个数,p^2-s,q^2-s,r^2-s,s,这四个数中的任意两个数的和是一个平方数,任意两个数的差加上 r^2 是一个平方数(这是可以找到的),四个数的和减去 r^2 也是一个平方数.设 $2s=r^2-t$.我们只需让 $p^2+t,q^2+t,r^2+t,A=p^2-q^2+r^2,B=p^2+q^2-r^2+t$ 为平方数,使前三个数分别等于 $p+\frac{t}{x},q+\frac{t}{y},r+\frac{t}{z}$ 求出 p,q,r.如果

$$v=\frac{x(y-z)}{x^2-yz}+\frac{(x^2+yz)^3}{2x(y+z)(x^4+y^2z^2)}$$

那么 $A=\{p-v(q+r)\}^2$ 确定 $t,B=\square$ 成立.

S. Jones② 发现了四个正整数 $x,y,z,y+z-x$.这四个数的和的一半是一个平方数,任意两个数的和是平方数,任意两个数的差加上一个给定的平方数 e^2 是一个平方数,四个数的和减去 e^2 还是一个平方数.取

$$x+y=a^2,x+z=b^2,y+z=c^2,2y+z-x=d^2,y+2z-x=e^2$$

因此

$$a^2+e^2=b^2+d^2=2c^2$$

如果

$$a,e=\frac{\{2pv\mp(p^2-v^2)\}c}{p^2+y^2},b,d=\frac{\{2p\pm(p^2-1)\}c}{p^2+1}$$

那么这是满足的.如果 $b^2-c^2+e^2=\square$,那么进一步的条件都满足,如

$$f=m^2p^4+4n^2p^2v+2m^2p^2v^2-4n^2pv^3+m^2=\square$$

$$m=p^2+2p-1$$

$$n=p^2+1$$

如果

$$v=\frac{2m^2p}{n^2}$$

那么 f 是 $mp^2-\frac{2n^2pv}{m}+mv^2$ 的平方.

T. Baker③ 发现了五个整数

$$p^2-t,q^2-t,r^2-t,s^2-t,t$$

任意两个数的和是一个平方数.设 $2t=p^2+q^2-m^2$.我们只需使

$$r^2+m^2-q^2,r^2+m^2-p^2,s^2+m^2-q^2,s^2+m^2-p^2$$

---

① The Gentleman's Diary, or Mtah. Repository, London, 1838, 88-89, Quest. 1360.

② The Gentleman's Diary, or Math. Repository, London, 86-88.

③ The Gentleman's Diary, or Math. Repository. London, 1839, 33-35, Quest. 1385.

$$A=r^2+s^2+m^2-p^2-q^2$$

是平方数.那么

$$r+x(m-q),r+z(m-p),s+y(m-q),s+w(m-p)$$

的平方依次等于前四个数.由此产生的关系式$\frac{r}{m},\frac{s}{m},\frac{p}{m},\frac{q}{m}$依次由$x,y,z,w$表示,通过特殊的假设,满足条件$A=\square$.

C. Gill① 利用三角函数发现了五个数,每三个数的和都是一个平方数.

为了求出几何级数中的三个整数,使每个数加上 1 都是一个平方数,Judge Scott② 取$x^2-1,2x(x^2-1),4x^2(x^2-1)$.取$2x+2=p\pm 1,x^2-x=p\mp 1$,只能满足$2x(x^2-1)+1=\square=p^2$.A. Martin 利用$x,xy,xy^2$,并且取$y=a^2x+2a$.如果$x=\frac{4a-4}{a}$和$x+1=b^2$能判定$a$,那么$xy+1=\square,xy^2+1=(1+2a^2x)^2$.(D. S. Hart)用$x,xy,xy^2$取$x=m^2+2m$.

A. Emnerich③ 为了解$4x+5=u^2,5x+4=v^2$,消去了x得到$u=3\alpha,v=3\beta,5\alpha^2-4\beta^2=1$,每个解由

$$2\beta\pm\alpha\sqrt{5}=(2\pm\sqrt{5})^{2n+1}$$

给出.

为了求出等差级数中的三个整数④,使每两个数的和为一个平方数.求出两个数⑤,使这两个数的和或差加上 1 的结果都是个平方数.

A. Martin⑥ 找到了三个数,任意两个数的和是一个平方数,并且三个数的平方之和也是一个平方数.设$x+y=p^2,\cdots$,如果$p=2st(u^2+v^2)$,$q=2uv(s^2-t^2),r=(s^2-t^2)(u^2-v^2),w=(s^2+t^2)(u^2+v^2)$,那么满足条件$p^2+q^2+r^2=w^2$.

有些人⑦利用

$$y^2-pz^2=a^2-pa^2=(am\pm pan)^2-p(am\pm an)^2,m^2-pn^2=1$$

解出了

$$a^2+x=y^2,a^2+\frac{x}{p}=z^2$$

H. Brocard⑧ 论证了几何级数中的三个数,每个数加上 1 都是一个平方

---

① Application of the angular anal. to indeter. prob. degree 2,N. Y. ,1848,p. 60.

② Math. Quest. Educ. Times,14,1871:95-96.

③ Mathesis,10,1890:174-175.

④ Amer. Math. Monthly,1,1894,96,136,169.

⑤ Ibid. ,280,325.

⑥ Math. Quest. Educ. Times,61,1894:115-116.

⑦ Math. Quest. Educ. Times,65,1896:115.

⑧ Nouv. Ann. Math. ,(3),15,1896,288-290.

数.

P. W. Flood① 发现了三个数,前两个数是平方数,三个数的和和任意两个数的和都是平方数.取 $16x^2,9x^2,y^2-10xy$. 消去 x^2,仍满足 $9x^2-10xy+y^2=\square,16x^2-10xy+y^2=\square$.

R. W. D. Chistie② 解出了

$$x+1=a^2,y+1=b^2,x+y+1=c^2,x-y+1=d^2$$

取

$$e=g^2-h^2,f=2gh,a=g^2+h^2$$

如果 $g=\frac{1}{2}(h\pm r)$,那么

$$a^2=e^2+f^2,b^2=2ef+1=\square=(1+2gh)^2$$

这时 $r^2=5h^2+4$ 通过连分数求解.

Coccoz③ 指出 2 399 057,2 288 168 和 1 873 432 这三个数中的任意两个数的和或差都是平方数,并且根据 20 阶函数(Roll④) 给出了一般解.

求出三个整数⑤,任意两个数的差是一个平方数.四个整数也是同样的⑥,使⑦

$$x+y+z,x+y,y+z,z+x$$

都是平方数.

有些人⑧解出了 $3x+1=\square,7x+1=\square$.

A. Cunningham⑨,发现了整数 $x,\cdots,x_r$,如果一个给定的数 N 加上这些数的和 s 或者任何 $r-1$ 的和,结果都是平方数.由

$$s+N=\sigma^2,s-x_i+N=\sigma_i^2$$

我们得到了

$$x_i=\sigma^2-\sigma_i^2\quad(i=1,\cdots,r)$$

那么最初的条件写成

$$(r-1)\sigma^2+N-\sigma_5^2-\cdots-\sigma_r^2=\sigma_1^2+\cdots+\sigma_4^2$$

我们可以给 $\sigma,\sigma_5,\cdots,\sigma_r$ 赋值,使左边的数为正数,因此,有四个平方和.

---

① Math. Quest. Educ. Times,68,1898:53.

② Math. Quest. Educ. Time,69,1898,38.

③ L'illustration,July 20,1901. Cf. Gérardin,Euler.

④ Journal des Savans,Aug. 31,1682;Sphinx-Oedipe,1906-1907,61-62. Cf. Coccoz,Rignaux.

⑤ Amer. Math. Monthly,9,1902,113,230.

⑥ Ibid.,10,1903:206-207.

⑦ Ibid.,141-143.

⑧ Math. Quest. Educ. Times,8,1905:79-80.

⑨ Ibid.,(2),9,1906,30-31.

A. Gérardin① 处理了这个问题,找出一个数 N,把这个数分成四部分,使任意两部分的和为一个平方数. 我们只需要用一个数 N,它是两个平方和的三种形式. 或者我们使用公式 $N=(a^2+b^2)(m^2+p^2)$ 作为两个平方数的和,取 $m=f^2-g^2$, $n=2fg$,从而

$$N=[a(f^2-g^2)\pm 2bfg]^2+[b(f^2-g^2)\mp 2afg]^2$$
$$=[a(f^2+g^2)]^2+[b(f^2+g^2)]^2$$

P. Von Schaewen② 表明三重等式(1) 利用 Fermat 法或其他已知的方法是不可解的,并且证明了有一个解 $x\neq 0$,当且仅当 $a^2(z^2-1)^2+4b^2z^2=\square$,除 $z=0$, $z=1$ 外,还有一个解. 对于 de Billy 的例子 $a=2$, $b=3$,条件是 $(z^2-1)^2+9z^2=\square$,除 $z=0$, $z=1$ 外,无有理解,根据 Euler 在第二十二章中的证明. 因此三重等式只有一个解 $x=0$.

E. Haentzschel③ 处理了以下问题,给定 e_1, e_2, e_3,求有理数 s,使 $s-e_1$, $s-e_2$, $s-e_3$ 为有理平方数. 它们的积 $\frac{v^2}{4}$ 一定是一个平方数,当 s 是 Weierstrass 函数 $\wp(u)$ 和 $v=\wp'(u)$ 时,满足关系式

$$v^2=4(s-e_1)(s-e_2)(s-e_3)$$

因此,问题是找出 $\wp(u)$ 的有理值,使 $\wp'(u)$ 是有理的. 利用关系式 $\wp(2u)$ 和 $\wp(u)$ 求解,并证明了与 Euler 有理数 e_1, e_2, e_3 相等(参考第五章的 Haentzschel④). 这里 $e_1=-8$; e_2, $e_3=4\pm 3\sqrt{-3}$ 被视为长度.

H. C. Pocklington⑤ 指出了等差级数的第 1,2,5,10 项不都是平方数,除非第一项是 0 或所有项都相等.

E. Haentzschel, A. Korsect 和 P. Von Schaeven⑥ 处理了此问题,在算术级数中找到了三个数,这三个数中的任意两个数的和是平方数(Diophantus, Ⅲ, 9).

A. Gérardin⑦ 注意到了 Euler 关系式(2) 的进一步的例子

$$13\,920^2=(7^4-3^4)(17^4-1),\quad 62\,985^2=(14^4-5^4)(18^4-1)$$
$$3\,567^2=(5^4-4^4)(21^4-20^4),\quad 2\,040^2=(2^4-1)(23^4-7^4)$$
$$7\,800^2=(9^4-7^4)(11^4-2^4),\quad 230\,880^2=(17^4-9^4)(29^4-11^4)$$

---

① Sphinx-Oedipe, 1907-1908, 10-12.

② Bibliotheca. Math., (3), 9, 1908-1909, 289-300.

③ Jahresbericht d. Deutschen Math.-Vereinigung, 22, 1913: 278-284.

④ Sitzungsber. Berlin Math. Gesell., 12, 1913, 101-108. Continued, 17, 1918, 37-39.

⑤ Proc. Cambridge Phil. Soc., 17, 1914: 117.

⑥ Jahresber. d. Deutschen Math.-Vereinigung, 24, 1915, 467-471; 25, 1916, 138-139, 139-145, 351-359.

⑦ L'intermédiaire des math., 22, 1915: 230-231(50-51).

他和 A. Cunningham① 指出了

$$P(x+y)+Qx=\square, P(x+y)+Qy=\square$$

的解.

E. Turriére② 从 $ax+a'=\square$ 和 $bx+b'=\square$ 中的一个得出了第二个解.

H. R. Katnick③ 指出,如果 n 是偶数,那么 $z\pm n$ 可以是平方数.

M. Rignaux④ 给出了 Kolle 的因式解,并给出了

$$A=\prod(81p^8\pm 36p^6q^2+38p^4q^4\pm 4p^2q^6+q^8)$$

$$B=16p^2q^2(9p^4+q^4)(81p^8-2p^4q^4+q^8)$$

$$C=32p^4q^4(27p^4+q^4)(3p^4+q^4)$$

用任意给定的解表示两个新的解.

关于线性函数构成平方数的问题参看 Genocchi⑤.

① L'intermédiaire des math. ,75,233-235.

② L'enseignement math. ,18,1916:423-424.

③ Amer. Math. Monthly,24,1917:339-340.

④ L'intermédiaire des math. ,25,1918:129.

⑤ Comptes Rendus Paris,78,1874,433-435.

第十六章 由一个或两个未知数的二次函数构成平方数

1 同余数 k，$x^2 \pm k = \square$ 都是可解的

Diophantus，Ⅲ，22 得出了$(x_1 + x_2 + x_3 + x_4)^2 \pm x_2 = \square$ 的解（见第六章），在 Diophantus，Ⅴ，9 中得出了 $x_i^2 \pm (x_1 + x_2 + x_3) = \square$ 的解. 在每一个例子中，他都以这样一个事实出发，如直角三角形三边 a, b, h（h 为斜边），这样 $h^2 \pm 2ab$ 是平方数.

公元 972 年前的一份佚名的阿拉伯语手稿①中包含这样一个问题——同余数：给定一个整数 k，找出一个平方数 x^2，使 $x^2 \pm k$ 也为平方数，解这个问题最有效的方法是运用这个定理：如果 $x^2 + y^2 = z^2$，那么 $z^2 \pm 2xy = (x \pm y)^2$.（如果 x, y 是直角三角形的直角边，那么 $2xy$ 就是同余数）. 这就说明，如果三角形是本原三角形，且 $x^2 \pm k$ 是平方数，那么此平方数的最后一位是 1 或 9，但不是 5（奇数的平方以 1，5，9 结尾）. 例如，利用原直角三角形的两边为 3，4，我们得到

$$2xy = 24, 5^2 + 24 = 7^2, 5^2 - 24 = 1^2$$

① Imperial Library of Paris. French transl. by F. Woepcke, Atti Accad. Pont. Nuovi Lincei, 14, 1860-1861, 250-259 (Recherches sur plusieurs ouv. Leonardo Pise, 1st part. Ⅲ). Some of the results in the MS. were cited by Woepcke, Annali di Mat., 1860(3): 206.

表 1 给出奇数表达式 3,…,19 以各种方式作为两个相互素数 a,b 的和. $2ab,a^2\pm b^2,k=2(2ab)(a^2-b^2)$ 是三角形的三边. 最后 u,v,z 三边,z 对应斜边 $z^2+k=u^2,z^2-k=v^2$,表 1 中有 34 个 k. Woepcke 指出如果删减表 1 中的平方因子,我们得到 30 个“本原同余数”,如表 16.1 所示:

表 16.1

5	34	210	429	2 730
6	65	221	546	3 570
14	70	231	1 155	4 290
15	110	286	1 254	5 610
21	154	330	1 785	7 854
30	190	390	1 995	10 374

Woepcke 说没有迹象表明阿拉伯人在 Aboal Wafâ(940—998) 翻译《算术》之前知道 Diophantus. 但是,他们从印度人那里推导出了同余数问题,因为印度人很早就知道 Diophantus 的不定分析.

Monhammed Ben Alhocain① 在 10 世纪的一篇文章中说,有理直角三角形理论的主要目标是找到一个平方数,当它增加或减少为一个特定数 k 为平方数时. 他从几何学角度证明了 Diophantus 的结果. 如果 $x^2+y^2=z^2$,那么 $z^2\pm 2xy=(x\pm y)^2$,所以 z^2 就是所要求的平方数.

再从两个任意的数 a,b 开始,取

$$k=\frac{ab(a+b)}{a-b}$$

那么

$$\left[\frac{a^2+b^2}{2(a-b)}\right]^2\pm k=\left(\frac{a+b}{2}\pm\frac{ab}{a-b}\right)^2$$

或者我们作一个直角三角形,使两直角边为 $a^2-b^2,2ab$,取两边的乘积为 k.

Alkarkhi②(11 世纪初) 为了使 $\xi+\xi^2$ 和 $\xi-\xi^2$ 成直角,首先要解出方程组

$$y+x^2=\square,y-x^2=\square$$

令 $y=2x+1$,因此 $y+x^2=\square$. 如果 $x=2$,那么 $y-x^2=2x+1-x^2$ 将是$1-x$ 的平方数. 那么 $x^2=4,y=5,\xi=\frac{4}{5}$(如果$\frac{\xi^2}{\xi}=\frac{x^2}{y}$),满足初始方程组,这说明在解 $x^2+mx=\square,x^2-nx=\square$ 时这种方法是可用的. 虽然,这个问题不直接属于 现在这个主题,由于 Leonardo 使用过同样的方法,所以在这里插入了这个

① French tranal. by F. Woepcke, Atti Accad. Pont. Nuovi Lincei, 14, 1860-1861, 350-353.

② Extrait du Fakhri, French transl. by F. Woepcke, Paris, 1853, (28), p. 85; same in (27), pp. 111-112.

问题.

Leonardo Pisano[①] 约 1220 年提出了一个问题，由 Palermo 的 Johnn Panormitanus 提出. 求一个平方数，当增加或减少 5 时，他说答案就是 $3+\frac{1}{4}+\frac{1}{6}\left[=\frac{41}{12}\right]$ 的平方，因为，它的平方增加 5 得到 $4\frac{1}{12}$ 的平方，减少 5 得到 $2+\frac{1}{3}+\frac{1}{4}\left[=\frac{31}{12}\right]$ 的平方. 他说他把这个问题写在了一本名为《平方数》(*Liber quadratorum*) 的书中. 这个问题[②]写于 1225 年，开始只提及了这个特殊问题，后来开始研究一般问题. 求一个数[③]，从同一个平方数上加一个平方数再减去一个平方数得出一个平方数，或指出等价的 x_1^2,x_2^2,x_3^2 三个平方数和 y(相合数)，使

$$x_2^2-y=x_1^2,x_2^2+y=x_3^2$$

因为任何平方数都是连续奇数 1,…,3,… 的和. 一开始，y 等于这些连续奇数 x_2^2 的和不等于 x_1^2 的和，同样等于连续奇数 x_3^2 的和不等于 x_2^2 的和. 他提出，确定 y 使连续奇数的积是 $x_2^2-x_1^2$，应与组成数字 $x_3^2-x_2^2$ 的给定比例 $\frac{a}{b}$ 相符

$$\frac{a}{b}<\frac{a+b}{a-b} \tag{1}$$

为了把 Leonardo 分开的两种情况[④]放在一起处理，当 $a+b$ 是偶数时，用 s 和 t 来替代 a 和 b，但，当 $a+b$ 是奇数时，s 和 t 替代 $2a$ 和 $2b$. 设

$$\begin{gathered} m=s(a-b),n=t(a-b),u=np \\ p=s(a+b),q=t(a+b),v=mq \end{gathered} \tag{2}$$

都是偶数.

从 $m<9$，由式(1) 得

$$s(a-b)<l(a+b)$$

现在 $v=mq$ 是 m 个连续奇数的和

① At the beginning of his Opuscoli, published by B. Boncompagni in Tre Scritti Inediti di L. Pisano, Rome, 1854, 2, and in Scritti di L. Pisano, Rome, 1862(2): 227.

② Tre Scritti, 55, seq. Scritti, Ⅱ, 253-283. B. Boncompagni, Comptes Rendus Paris, 40, 1855, 779, and R. B. McClenon, Amer. Math. Monthly, 1919(26): 1-8, gave a summary of the topics treated in the liber quadratorum. Cf. O. Terquem, Annali di Sc. Mat. Fis., 1856(7): 140-147; Nouv. Ann. Math., 1856(15), Bull. Bibl. Hist., 63-71. Xylander wrongly said that Leonardo borrowed from Diophantus(cf. Labri, Ⅱ, 41).

③ Invenire numerum, Tre Scritti, p. 83; Scritti, Ⅱ, 265.

④ A. Genocchi, Note analitiche sopra Tre scritti..., Annali di Sciense Mat. e. Fis., 1855(6): 275-278. Cf. Leonardo of Ch. XⅢ.

$$q-(m-1),\cdots,q-3,q-1,q+1,q+3,\cdots,q+(m-1) \quad (3)$$

同样地，$u=np$ 是 n 个连续奇数与 p 等距为 2 的和. 因此，v 和 u 和中的项数比例为

$$m:n=s:t=a:b$$

有$\frac{q-m}{2}$个奇数小于 $q-m$，它们的和

$$z_1=\frac{(q-m)^2}{4}$$

奇数和

$$z_2=\frac{(q+m)^2}{4}$$

小于 $q+m$. 在 $q-m$ 和 $q+m$ 之间有 m 个连续奇数，根据式(3)，因此它们的和等于 v. 但

$$m+n=(s+t)(a-b)=(a+b)(s-t)=p-q$$

$$q+m=p-n$$

因此，在 $p-n$ 和 $p+n$ 之间的 n 个奇数的和等于 u，且这 n 个奇数在 $q+m$ 之后. 最后，奇数和 $z_2=\frac{(p+n)^2}{4}$ 小于 $p+n$. 因此，当 z_1,z_2,z_3 都是平方数时

$$z_1+v=z_2,z_2+u=z_3$$

进一步得

$$v=mq=st(a-b)(a+b)=np=u$$

因此，所提出的问题是通过取①

$$y=v=u,x_1^2=z_1,x_2^2=z_2,x_3^2=z_3$$

得到解.

接下来，如果不等式(1)逆转，我们只需将式(2)中的 m 与 q 互换，仅可得 $q+m=p-n,v=u$. 既然后者也成立，那么，前面所讨论的情况也成立. $a:b=(a+b):(a-b)$，在整数②中是不可能的.

Leonardo③给出了几个数的例子，由于 $a=5,b=3$，那么 $y=240,x_1=7,x_2=17,x_3=23$. 由于 $a=3$ 或 $2,b=1$，那么，$y=24,x_1=1,x_2=5,x_3=7$.

由于 $a=5,b=2$，那么，$y=840,x_1=1,x_2=29,x_3=41$.

因为 $a=7,b=5$，那么，$y=840,x_1=23,x_2=37,x_3=47$.

---

① B. Boncompagni, Annali di Sc. Mat. e Fis., 1855(6):135, quoted Leonardo's solution to be $y=4ab(a^2-b^2),x_2=a^2+b^2,x_1,x_3=2ab\pm(b^2-a^2)$. But this corresponds only to the case $s=2a$, $t=2b$.

② Tre Scritti, 96; Scritti, II, 271. Genocchi, pp. 292-293.

③ Tre Scritti, 88-92; Scritti, II, 268-270. Genocchi, pp. 278-279.

注意[①] 24 是 3 个平方数 x_i^2 为整数的最小同余数. 但是对于分数,我们可以找到更小的,如后文所示.

因为,Leonardo[②] 证明了,如果 a,b 互素,$a+b$ 是偶数,那么 $ab(a+b)(a-b)$ 可以被 24 除尽. 注意,一个相似的证明也成立,如果 a 和 b 不是相互素数,他还证明了,如果 a 和 b 一个是奇数,一个是偶数,$2a \cdot 2b(a+b)(a-b)$ 能被 24 除尽. 因此他声明[③]任意同余数是 24 的倍数[④]. 24 与任意平方数 h^2 的积[⑤]是同余数,对应的平方数是 24 与 η^2 的积. 我们还通过乘 24,乘 $1^2+2^2+3^2+\cdots$ 或 $1^2+3^2+5^2+\cdots$ 或 $h^2+(2h)^2+(3h)^2+\cdots$ 的和得到同余数.

例如

$$24(1^2+3^2+5^2)=840$$

求一个同余数[⑥],它的五分之一是一个平方数,取 $a=5$,并确定 b,因此 b,$a+b$,$a-b$ 是平方数,分别是 g^2,h^2,k^2,那么 $5=g^2+k^2$. 若 $g=1,k=2$,则 $a+b=5+1$ 不是平方数,或者当 $g=2,k=1$ 时,$4ab(a^2-b^2)=720$ 是一个期望同余数. 回到前面的问题,使 $x^2\pm 5$ 都为平方数,利用刚发现的值 $a=5,b=4$. 我们得到 $s=10,t=8$,并且由式(2),得 $m=10,q=72$,因此,$z^2=\left(\frac{82}{2}\right)^2$,$x_2=41$. 因为$720=5\cdot 12^2$,我们按 1 : 12 的比例减少这个数,并得到 $x=\frac{41}{12}$ 的解.

Leonardo[⑦] 断言,没有一个平方数是同余数. 这个命题具有特殊的历史意义,因为这意味着有理直角三角形的面积不是平方数,并且两个四次方数(biquadrates)的差不是平方数. Leonardo 在没有证明的情况下陈述了一个引理[⑧],如果一个同余数是一个平方数,那么存在整数 a,b 那么 $a:b=a+b:a-b$(之前证明不可能).

Leonardo[⑨] 注意到很多数都不同余,但如果任意同余数的商是平方数那么这个数是同余数. 如果一个数等于 $a,b,a+b,a-b$ 其中的一个,并且其余三个都是平方数,那么这个数同余. 例如,16,9,16+9 是平方数,那么 16−9=7 是同余数. 使 $x^2\pm x$ 都为平方数,设 k 为同余数,并且 $g^2-k=f^2,g^2+k=h^2$,那么

---

① Tre Scritti,90-93;Scritti,Ⅱ,269-270. Genocchi,pp. 280-281.

② Si duo numeri,Tre Scritti,80;Scritti,Ⅱ,264.

③ Tre Scritti,82;Scritti,Ⅱ,265.

④ Tre Scritti,92;Scritti,Ⅱ,270. Genocchi,pp. 273-274.

⑤ Quotiens enim 24,Tre Scritti,93;Scritti,Ⅱ,270. Genocchi,pp. 283,p. 254.

⑥ Volo invenire,Tre Scritti,95;Scritti,Ⅱ,271. Genocchi,pp. 288.

⑦ Tre Scritti,98;Scritti,Ⅱ,272. Cf. Ch. XXⅡ.

⑧ For a proof,with a historical discussion,see Genocchi,pp. 293-310(pp. 131-132). Cf. F. Woepcke,Jour. de Math.,1855(20):56;extract in Comptes Rendus Paris,1855(40):781.

⑨ Tre Scritti,98;Scritti,Ⅱ,272. Genocchi,pp. 310-313,345-346.

我们得到解 $x=\frac{g^2}{k}$,因为

$$\left(\frac{g^2}{k}\right)^2-\frac{g^2}{k}=\left(\frac{fg}{k}\right)^2,\left(\frac{g^2}{k}\right)^2+\frac{g^2}{k}=\left(\frac{gh}{k}\right)^2$$

使 $X^2\pm mX$ 都为平方数,我们设 $X=mx$,并导出前面的问题,其中 $X=\frac{mg^2}{k}$. Leonardo 用 $k=24,g=5$ 来思考这个例子. 参考 Alkarkhi 和第十八章内容.

Luca Paciuolo① 再现了部分 Leonardo 的《平方根》(*Liber Quadratolum*),他给出了前 5 个同余数 24,120,336,720, 1 320, 它们对应的平方数("congruo")② 为 $5^2,13^2,25^2,41^2,61^2$. 从 n 和 $n+1$,他推导出同余数

$$2n(n+1)\{2(n+n+1)\}$$

对应的平方数是 $\{n^2+(n+1)^2\}^2$. 他为 $b=5,7,13$ 做了 $x^2\pm b$ 的分数平方. 并解了 $x^2+10=\square,x^2-11=\square$. 他还给出了 52 个同余数,其中只有 14③ 个是本原的,后者都在阿拉伯人 MS 的表中(即,前 6 个和 65,70,154,210,231,330,390,546). 阿拉伯人有排除 a,b 值的优势,而不是相对素数.

B. Boncompagni④ 和 G. Libri⑤ 详细指出了 Paciuolo 的工作依赖于 Leonardo 的工作.

F. Ghaligai⑥ 从 Leonardo 那得来(ILibri,Ⅲ,145I)$5^2+24=7^2,5^2-24=1$,得出 24 是最小同余数. 他还找出 $1+3$ 的整数的和得 8,乘以 $3-1$ 得 16,乘以 1×3 得 48,48 的倍数 96 是内余数. 事实上

$$1+3^2=10,10^2-96=2^2,10^2+96=14^2$$

F. Feliciano⑦ 给出了与 Paciuolo 同样的同余数和作法. 他给出 $x^2=6\frac{1}{4}$ 是 $x^2\pm 6=\square$ 的解.

P. Forcadel de Beziers⑧ 用直角三角形的一条小于斜边 h 的边,使 $h=5$,

---

① Luce de Burgo, Summa de arithmetica geometria, Venice, 1494; ed. 2, Toscolano, 1523, ff. 14-18.

② Thus interchanging Leonardo's two terms. Cf. Bibl. Math., (3), 3, 1902, 144. Also noted by Boncompagni.

③ F. Woepcke, Annali di Mat., 1860(3): 206; Atti Accad. Pont. Nuovi Lincei, 14, 1860-1861, 259.

④ Annali di Sc. Mat. e Fis., 1855(6): 135-154.

⑤ Hist. Sc. Math. en Italie, ed. 2, Halle, 1865, Ⅱ, 39; Ⅲ, 137-140, 265-271.

⑥ Summa de Arithmetica, Florence, 1521, f. 60; Practica d'arithmeticsa, Florence, 1552, 1548, f. 61, left.

⑦ Libro di Arithmetica & Geometria Speculatiua & praticale: Francesco Feliciano... Intitulato Scala Grimaldelli, Venice, 1526, etc., Verona, 1563, etc., ff. 3-5(unnumbered pages 7, 8).

⑧ L'arithmeticqve, I, 1556, Paris, ff. 8, 9.

13,25,41,61.他们的平方数是同余数,相应的两条是乘积的倍数 24,120,336,720,1 320 的同余数.他给出①当 $n=1,2,3,4,5$ 时,$(4n^2+1)^2$ 是同余数,同样 $8n(4n^2-1)$ 为同余数.

N. Tartaglia② 引用了 Leonardo 的两种方法构成同余数.一种为利用两个连续数,另一种是利用 $(a^2+b^2)^2 \pm 4ab(a^2-b^2)=\square$.

G. Gosselin③ 对待这个问题,给出 100 的平方找出同余数.把 20 的 2 倍分成 $2L$ 和 $20-2L$ 两部分,它们的积等于 20 的另外两部分差,L 和 $20+L$ 的积.因此,$L=4$ 并且 $8\times 12=4\times 24$ 是所求的同余数 96.反之,给定一个同余数,求平方数.Luca,Pisano,Tartoglia,Cardan 和 Forcadedelus 在研究这个问题时花费了大量精力,发现这个问题很难.然而,他们并没有成功,并且这个问题至今尚未解决.现在我们来阐述一下这个难题.给定同余数 96,求平方数 Q,使 $96+Q$ 是所求平方数.因此,$192+Q$ 和 96 的和必定是平方数.因此,两个平方数的差等于 $96=4\times 24=6\times 16=8\times 12$.但是,由于 $100\neq 192+Q$ 时 $\frac{1}{2}(8+12)=10$,被排除,同时,$\frac{1}{2}(4+24)=14,14^2=192+Q$,得 $Q=4$,最后得出答案 $96+Q=100$.

Beha-Eddin④(1547—1622) 列出了未解决的 t 个问题中的两个,使 x^2+10,x^2-10 为平方数.Nesselmann 指出是不可能的.

第二十二章 Fermat 证明了两个四次幂与一个二次幂是不同的.因此没有同余数是二次的.

L. Euler⑤ 指出(正如 Leonardo 所得):当 $p=41,q=12$ 时 $p^2\pm 5q^2$ 都是二次的;$p=337,q=120$ 时 $p^2\pm 7q^2$ 都是二次的.他使得当 $a=6,14,15,30$ 时 $p^2\pm aq^2$ 也都是二次的.方法是他用于同余数的方法.

P. Cossali⑥ 试图改进 Leonardo 的求积法,但迷失了方向.Genocchi,Woepcke 和 Boncompagni 发现了一个不足(不利)的报告.

① The related right triangle has the sides $4n,4n^2-1,4n^2+1$.

② La Seconda Parte del General Trattato di numeri et misure,Venice,1556,ff. 143-146.

③ The final factor,given as $a+b$,was corrected by the translator,G. Gosselin,1578,91.

④ Essenz der Rechenkunst von Mohammed Beha-eddin ben Alhossain aus Amul,arabisch u. deutsch von G. H. F. Nesselmann,Berlin,1843,p. 55. French transl. by Aristide Marre:Khelasat al Hisab,al Essence du Calcu de Beha-eddin Mohammed ben al-Hosa in alAamouli,Nouv. Ann. Math.,1846(5):313;ed. 2,corrected and with new notes,Rome,1864.

⑤ Algebra,2,1770,§226,French transl.,Lyon,2,1774,p. 291;Opera. Omnia,(1),I,459.

⑥ Origine,trasporto in Italia,primi progressi in essa dell'algebra,1,1797,115-172. Cf. G. Libri,Histoire des Sc. Math. en Italie,ed. 2,Ⅲ,1865,139,140,265.

A. Genocchi① 表示 Cossali 相信 Leonardo 的方法用在 $x^2 \pm a$ 太特殊. 虽然它是间接的，但它是普遍的，当问题被解决时，它是成功的. 实际上，它用 Euler 公式经过复杂的计算获得. Cossali 进行了很多页的计算，而 Cossali 恰巧避开了，没有发现通解.

F. Woepcke② 指出在 Cossali 的文献第 126 页的第 29 行中的同余数只有 12 个是原始的，包括所有的，但除去 Luca Paciuolo 所指出的 65 和 154.

B. Boncompagni③ 不同意 Cossali 在 Leonardo 的方法的第 132 页中的解释. 后者认为 h 将会是一个同余数，如果它与给定的同余数 h_1 的商是一个平方数 q^2. 根据 Cossali 的解释，q 是有理数当且仅当 $(h_1+2)(2h_1+2)(3h_1+4)$ 是有理平方数，同时一个更合理的解释指向 q 是一个有理数.

L. Pisanus④ 认为 n^2+B 和 n^2 都是有理平方数，因为

$$\{d^2+(d+1)^2\}\{(d+1)^2+(d+2)^2\} \pm 4(d+1)^2$$

是 $2d^2+4d+3, 2d^2+4d+1 (d=2)$ 的平方，我们得到 $B \cdot 25 \pm 36 = \square$. 把 $a=ct^2, b=s^2$ 代入 $(a^2+b^2)^2 \pm 4ab(a^2-b^2)=(a^2 \pm 2ab-b^2)^2$，我们得到

$$(c^2l^4+s^4)^2 \pm 4cl^2s^2(cl^2+s^2)(ct^2-s^2)=\square$$

其中 $c=13, t^2=25, s^2=36$. 但是 $(13 \cdot 25)^2-36$ 是之前两个平方的乘积，因此 $\frac{(c^2t^4+s^4)^2}{4t^2s^2(c^2t^4-s^4)}$ 是 n^2 的平方.

J. Hartley⑤ 取 $x^2+13=(x+y)^2, x^2-13=(x-yz)^2$，由两个 x 的有理值，有 $y^2=\frac{13(z-1)}{z(z+1)}$. 若 $r^2+s^2=13, 2rs=\square$ 时 $z=\frac{r^2+s^2}{2rs}$，后者是一个二次方. 取 $r=-3-gt, s=2-t$，由 $r^2+s^2=13$ 得 $t=\frac{4-6g}{g^2+1}$. 取 $g=2$，因此 $r=\frac{1}{5}$，$s=\frac{18}{5}, 2rs=\square$. 所以 $x=\frac{106\ 921}{D}, x^2+13=\left(\frac{127\ 729}{D}\right)^2, x^2-13=\left(\frac{80\ 929}{D}\right)^2$，$D=19\ 380$.

P. Barlow⑥ 用下降法证明了 1 和 2 不是同余数.

---

① Comptes Rendus Paris, 40, 1855, 775-778.

② Atti Accad. Pont. Nuovi Lincei, 14, 1860-1861, 259.

③ Annali di Sc. Mat. e Fis., 1855(6): 149-151.

④ Ladies' Diary, 1803, p. 41, Quest. 1099; and Prize Prob. 1118, 1804: 44-46; Leybourn's Math. Quest. L. D., 1817(4): 10-11, 31-33. The Prize problem stated that there are rational squares x^2, y^2 such that $x^2 \pm 13$ are squares, and $13y^2$ is the area of a right triangle whose sides are integers; 13 is a sum of two squares, double the product of whose roots is a square, and if the latter square be added to and subtracted from 13 the results are squares.

⑤ The Diary Companion, Supplement to the Ladies' Diary, London, 1803, 45.

⑥ Theory of Numbers, London, 1811, 109, 114.

J. Cunliffe① 指出,给定一个 n,当 $n+v^2$ 和 $n-v^2$ 都是有理平方数时 v 是一个有理数,当 x^2+n 和 x^2-n 是有理平方数时,我们可以推导出 x 是一个有理数.后者取$(a+b)^2$ 和$(a-b)^2$,有 $x^2=a^2+b^2$,$n=2ab$.为了满足前者,取 $a=\frac{p^2-q^2}{2r}$,$b=\frac{pq}{r}$,则$(p^2-q^2)pq=nr^2$.取 $p=n$,$q=v^2$,则 $n^2-v^4=\square$,如果 $n\pm v^2$ 是二次方的.$n=13$ 的情况,用两种方法把 13 表示为两个有理二次方之和.

Umbra② 注意到 $x^2+n=a^2$,$x^2-n=b^2$ 可以被解决,如果

$$n=\frac{c^2+d^2}{s^2},c^2-d^2=\square$$

如果 $a,b=\frac{2pq\pm p^2\mp q^2}{r}$,$x=\frac{p^2+q^2}{r}$,那么 $2x^3=a^2+b^2$,因此 $n=\frac{1}{2}(a^2-b^2)=\frac{4pa(p^2-q^2)}{r^2}$.当 $p=c^2$,$q=d^2$ 时,有

$$r^2=4c^2d^2s^2(c^2-d^2)$$

因为 $c^2-d^2=\square$,因此 r 是有理的.类似地,如果 $n=\frac{c^2-d^2}{s^2}$,$c^2+d^2=\square$,有 $x^2+n^2=\square$,或如果 n 是两个二次方之和,那么两者之差是一个二次方.

A. Genochi③ 注意到使 $x^2\pm hq^2$ 都是二次方的问题等价于方程 $x^4-h^2q^4=\square$.间接地,但是很困难,Lagrange 利用 Fermat 的方法(Diophantus,Ⅵ,26),Genocchi 将 $h=5$ 的例子处理得足够远,使 Leonardo 得到了特解.$x^2\pm h=\square$ 的直接解可以得到 $4mn(m^2-n^2)=hg^2$ 或是一个给定面积的有理直角三角形.Iacuna 在 Diophantus,Ⅵ,6-11 中(Ⅴ,8 推出一个新解)没有对后者进行明显的处理.Euler 的方法和 Leonardo 的一样.

Genocchi 证明整数 y 具有 $4mn(m^2-n^2)$ 的有限种形式.$x^2\pm y=\square$ 的 x 的两个解,每一个 x 是两个二次方和,对应不同的 y 值.由 $x^2+k=\square$ 的解很容易得到其他的解.

Genocchi④ 证明了 r^4+4s^4,$2r^4+2s^4$,r^4-s^4 是同余数;当整数 r,s 中有一个是奇数,另一个是偶数时 $r^4+6r^2s^2+s^2$ 和$\pm(r^4-6r^2s^2+s^4)$也是同余数.质数 $8m+3$ 不是同余数.

Genocchi⑤ 证明了素数 $8k+5$ 的 2 倍不是一个同余数.

---

① T. Leybourn's Math. Quest. from Ladies' Diary,1817(3):368-371.

② The Gentleman's Math. Companion,London,4,No. 21,1818(2):750.

③ Amnali di Sc. Mat. e Fis.,1855(6):129-134,291-392.

④ Ibid.,313-317. Cf. Genocchi.

⑤ Il Cimento,Rivista di Sc. Let ed Arti,Torino,1855(6):677-679. Genocchi,p. 299 for the number 10.

Matthew Collins① 证明了小于 20 的同余数只有 5,6,7,13,14,15;如果素数 $a=4n+3$ 不是同余数,那么 $m<\frac{a}{2}$,m^2-2 不被 a 整除(例子:$a=11,19,43$).取 $x^2\pm5y^2=\square$,我们加和减可以得到 $2x^2=s^2+w^2$,$10y^2=z^2-w^2$.令 $z=z'+w'$,$w=z'-w'$,其中 z',w' 互素,因此

$$z'^2+w'^2=x^2$$

由此 $z'=m^2-n^2$,$w^2=2mn$,$x=m^2+n^2$,$z'w=\frac{5y^2}{2}$,以及 $y=2y'$,$mn(m^2-n^2)=5y'^2$.如果 n 被 5 整除,$n=5q^2$,$m=p^2$,$m+n=r^2$,$m-n=s^2$,可以得出一组像一开始一样的方程,所以这种情况排除.如果 $m=5p^2$,我们有 $n=q^2$,$m\pm n=r^2,s^2$,因此 $5p^2+q^2=r^2$,$5p^2-q^2=s^2$.由于后者满足 $p=1,q=2$,因此 $m=5,n=4$,可以得到解(Leonardo 的结果)$x=41,y=12,z=49,w=31$.总之可以给出下面方程的一组解

$$ax^2+by^2=nz^2,abx^2-y^2=\pm nw^2$$

所以 $X=\frac{n(z^4+w^4)}{2}$,$Y=2xyzw$,使得

$$4(X^2\pm abY^2)=n^2(t\pm v)^2,t=z^4-w^4,v=2z^2w^2$$

由此给出 $X^2+abY^2=\square$,$X^2-abY^2=\square$ 的解,若 $a=5,b=n=1$,我们有 $5x^2\pm y^2=\square$,当 $x=1,y=2$ 时满足条件,因此 $X=41,Y=12$ 满足 $X^2+5Y^2=\square$.

F. Woepcke② 发现 12 个同余数与 $2xy$ 有关,其中 $x^2+y^2=z^2$,也就是 zx,zy,x^2-y^2,z^2+x^2,z^2+y^2,$4xy(z^2-y^2)$

$$\left(\frac{z\pm x}{2}\right)^2+(z\mp x)^2,\pm2z^2\mp(x+y\mp2z)^2,(x-y\pm2z)^2-2z^2$$

实际上,$x=a^2-b^2$,$y=2ab$.在 $2xy$ 中,用 z 替代 a,用 x 替代 b,并舍去平方因子 $4(z^2-x^2)=4y^2$,我们可以得到 $xz=a^4-b^4$.但是,如果我们用 y 替代 b,会得到 yz.在 a^4-b^4 中,令 $a=x,b=y$,舍去平方因子 $x^2+y^2=s^2$,可以得到 x^2-y^2.后者的乘积乘以同余数的 2 倍也是一个同余数.他计算了阿拉伯手稿中每一个直角三角形的全部 12 个函数.

Woepcke③ 通过 Boncompagnt 的建议解决了这个问题:给定一个同余数 k,找出一个同余数 K 使得乘积 kK 也是一个同余数.如果 k 是由 a,b 组成,$2a^2-$

---

① A Tract on the possible and impossible cases of quadratic duplicate equalities...,Dublin,1858,60 pp. Abstr. in Bristish Assoc. Reports for 1855,1856,Ⅱ,2-5;and in The Lady's and Gentleman's Diary,London,1857:92-96.

② Annali di Mat.,1860(3):206-215. Same in Atti Accad. Pont. Nuovi Lincei,14,1860-1861.

③ Annali di Mat.,1861(4):247-255.

$b^2=c^2$,那么

$$ab(a^2-b^2)\cdot ac(a^2-c^2)=bc\cdot a^2(b^2c^2-a^4)$$

如果 k 是由两个数的比值 r 组成,其中

$$r^4-2r^2-8r+9=w^2$$

K 是由两个数的比值

$$\rho=\frac{-(r-1)^2\pm w}{2(r-1)}$$

组成,则 kK 是一个由比值 $\sigma=\frac{-r^2+3\pm w}{2}$ 构成的同余数.因此

$$\left(r-\frac{1}{r}\right)\left(\rho-\frac{1}{\rho}\right)=\sigma-\frac{1}{\sigma},\frac{p}{q}-\frac{q}{p}=\frac{1}{4p^2q^2}\cdot 4pq(p^2-q^2)$$

如果取

$$9r^4-20r^3-2r^2+20r+9=w^2$$

$$\rho=\frac{r^2-4r-1\pm w}{2(r-1)(2r+1)},\sigma=\frac{2(2r+1)}{-3r^2+2r+3\pm w}$$

结果会保持不变.如果 kK 是一个同余数且等价于 $\frac{4\alpha\beta(\alpha^2-\beta^2)p^2}{q^2}$,我们可以设

$$k=2\lambda(2\alpha\beta),K'=\lambda(\alpha^2-\beta^2),K'\equiv\frac{K\lambda^2q^2}{p^2}$$

因此,若 K 和 K' 也是同余数,那么 k 是直角三角形直角边的2倍,并且第二条直角边是一个同余数.

若 $kK=K_1$ 是三个同余数间的关系,最后的公式表明 $\sigma=2\lambda\beta$ 和 $\sigma_1=2\lambda\alpha$ 是如下方程的解

$$\sigma^4+\phi\sigma^2=\psi^2,\sigma_1^6-\phi\sigma_1^2=\psi^2$$

其中 $\phi=4\lambda K'$,$\psi=\lambda k$.相反地,若方程中的一个可以被解出,kK' 和 kK 是同余数.

找出同余数 K,K_1 使得 $kK=K_1$,其中 k 是给定的同余数,将前面的十二种类型依次代入 K_1,每一种类型乘上一个有理平方数.给 K_1 以形式 $\frac{4\alpha\beta(\alpha^2-\beta^2)p^2}{q^2}$,等价于后者 kK.因此

$$\frac{k}{4\alpha\beta}(\alpha^2-\beta^2)=\frac{q^2k^2}{16p^2\alpha^2\beta^2}\cdot K,2\left(\frac{k}{4\alpha\beta}\cdot 2\alpha\beta\right)=k$$

直角三角形的直角边 $\alpha^2-\beta^2$ 是同余数,另一条直角边 $2\alpha\beta$ 是 $\frac{k}{2}$.但是 K 的解是 $kK=K_1$.

G. Le Secq. Destournelles① 证明了在整数中以下方程是不可能的

$$x^2+y^2=z^2, x^2-y^2=u^2$$

将方程相加可以得到

$$x^2=\left(\frac{z+u}{2}\right)^2+\left(\frac{z-u}{2}\right)^2$$

右边的项被假定为相对素数.因此

$$\frac{z+u}{2}=\alpha\beta, \frac{z-u}{2}=\frac{\alpha^2-\beta^2}{2}$$

反之亦然,其中 α,β 是奇相对素数,取代任意一个为 $2y^2=z^2-u^2$,有

$$y^2=\alpha\beta(\alpha^2-\beta^2), \alpha=m^2, \beta=n^2, m^4-n^4=\square$$

由此,$m^2\pm n^2=2k^2,2l^2$,因此

$$k^2+l^2=m^2, k^2-l^2=n^2$$

这与 $k<x,l<y$ 时的初始方程类似.

A. Genocchi② 规定 $x^2\pm h$ 并不都是有理二次方数,当 h 是素数 $8m+3$ 或两个素数的乘积,或素数 $8m+5$ 的 2 倍,或两个素数乘积的 2 倍.

E. Lucas③ 认为 a 是一个同余数当且仅当 $x^4-a^2y^4=z^2$,若 xy 不被 f 整除,则 $a\equiv 0,\pm 1 \pmod 5$.一个同余数不可能以 2,3,7,8 结尾,当 y 不被 f 整除时.在等差数列中找出 3 个平方数,其公差是 a 和一个平方数的乘积,得到了同余数.方程

$$x^2-5y^2=u^2, x^2+5y^2=v^2$$

Leonardo,Paciuolo,Euler,Collins 和 Genocchi 已经研究过了,但是并没有完全解决.我们可以假设 x,y,u,v 互素,因此 x,v 是奇数,y 是偶数.由于第一个方程,我们设

$$x-u=10r^2, x+u=2s^2, y=2rs \quad (r,s\text{ 互素})$$

由第二个方程(4),$(5r^2+3s^2)-8s^4=v^2$.因此

$$5r^2+3s^2\pm v=2p^4, 5r^2+3s^2\mp v=4q^4, s=pq$$

加上前两个,得

$$(p^2-q^2)(p^2-2q^2)=5r^2$$

因为左边的因数是互素的,根据模 5 后的余数,仅有的两种情况是 $p^2-q^2=\pm 5g^2$,$p^2-2q^2=\pm h^2$.根据上面的正负号,明显解得 $p=3,q=2,g=h=1$,可以推导出 Leonardo 的关于(4) 的解 $x=41,y=12,u=31,v=49$.根据下面的正负号,我们得到像(4) 一样的方程组 $q^2-5g^2=p^2,q^2+5g^2=h^2$,因此由一个解

---

① Congrès Sc. de France,Rodez,40,I,1874,167-182;Jornal de Math. e Ast.,1881(3).

② Comptes Rendus Paris,1874(78):433-435. Reprinted,Sphinx-Oedipe,1909(4):161-163.

③ Bull. Bibl. Storia Sc. Mat.,1877(10):170-193.

我们可以得到第二个

$$X=u^2x^2+5v^2y^2, U=u^2x^2-5v^2y^2, V=u^4-2x^4, Y=2xyuv$$

只是形式不同于 Genocchi 的公式. Lucas 解决了 Woepcke 的方程,导出

$$9a^4-20a^3b-2a^2b^2+20ab^3+9b^4=c^2$$

可以写成 $d^2+44a^2b^2=9c^2$,其中 $d=9a^2-10ab-9b^2$,因此

$$3c\pm d=2p^2, 3c\mp d=22q^2, ab=pq$$

设 $b=mq, p=ma$. 由 $p^2-11q^2=\pm d$,如果 $13a^2q^2\pm(a^4+11q^4)=z^2$,那么我们可以得到一个有有理根的 m 的一个二次方程. 根据上面的正负号,有

$$(2a^2+13q^2)^2-4z^2=125q^4$$

如果我们把 r^4 和 $125s^4$ 代入左边的因子,得到

$$(r^2-13s^2)^2-4a^2=44s^4$$

称左边的因子为 $\pm 2u^4$, $\mp 22v^4$,相加得到

$$13u^2v^2\pm(u^4+11y^4)=r^2$$

像一开始的四次方程一样,但是带有一个更小的未知值. 一个相似的结果在剩下的容许的情况下已经证明过了. 方程组① $x^2\pm 6y^2=\square$ 已经用下一章所给出的泛化方法处理过了. 由 Leonardo 的解 $z=5, y=2$ 推出 $1\ 201^2\pm 6\cdot 140^2=1\ 249^2, 1\ 151^2$.

Lucas② 指出:若存在如下方程的互素解

$$x^2-Ay^2=u^2, x^2+Ay^2=v^2$$

则 A 的形式为 $\lambda\mu=(\lambda^2-\mu^2)$. 相加得

$$\left(\frac{u+v}{2}\right)^2+\left(\frac{u-v}{2}\right)^2=x^2, \frac{u+v}{2}=\lambda^2-\mu^2, \frac{u-v}{2}=2\lambda\mu, x=\lambda^2+\mu^2$$

其中 λ 和 μ 互素,并且有一个为偶数. 因此

$$u,v=\lambda^2-\mu^2\pm 2\lambda\mu, y=2, A=\lambda\mu(\lambda^2-\mu^2)$$

他接下来示范了如何由一个解得到另一个解,并给出同余数 A 分解出的质因子. 若 α,β 是两个乘积为 A 的整数,第二个方程给出

$$v+x=2\alpha e^2, v-x=2\beta f^2, y=2ef$$

用它们替代第一个方程中的 v 和 x,得到左边的两个因子等于 $\pm 2\beta_1^2g^4$, $\pm 4\beta_2^2h^4$,其中 $\beta_1\beta_2=\beta, gh=f$. 根据上面的符号,相加我们得到

$$(\beta_1g^2+\beta_2h^2)(\beta_1g^2+2\beta_2h^2)=\alpha e^2$$

两个因子等于 α_1p^2 和 α_2q^2,其中 $\alpha_1\alpha_2=\alpha, pq=e$,代入 $\alpha_1=\alpha_2=\beta_1=1$,得到一个方程组. 因此由一个解 x,y,u,v 得出另一个解

---

① Also in Nouv. Ann. Math. ,(2),15,1876,466-470.

② Nouv. Ann. Math. ,(2),17,1878,446.

$$X = u^2x^3 - Av^2y^2, Y = 2xyuv, V = u^2x^2 + Av^2y^2, U = u^4 - 2x^4$$

根据下面的符号，我们得到一组复杂的公式，并由此得到一个新的解．当 $A=6$ 时公式给出所有的解，并给出 Beha-Eddin 的问题 $x^2 \pm (x+2) = \square$ 的解．结合 Lucas 的结果和 Fermat 的结果，以及 Genocchi 和 Lucas 的推断得出 $xy(x^2-y^2)=Az^2$ 没有有理解，当 $A=1,2,p,2q$ 时，其中 p 和 q 是形式如 $8n+3$ 和 $8n+5$ 的素数．

S. Günther① 通过设

$$x-y=m(z-x), x+y=\frac{1}{m}(z+x)$$

来处理 $x^2+a=y^2, x^2-a=z^2$，用 x 和 m 来决定 y 和 z．取代所提出方程中的一个，我们得到一个用 m 表示 x 的方程

$$x^2=\frac{a(m^2+1)^2}{4m-4m^3}$$

设 $m=ap^2$．若 $1-a^2p^4=\square$，则 x 是有理数．因此我们在 $1-a^2\xi^2=\eta^2$ 的有理解中寻找 ξ 的平方值．如果存在，a 是一个同余数，其他的则不是．我们可以进一步地讨论方程的通解，因为 a 的性质决定了 Pell 方程的四次根是否存在．

S. Roberts② 证明了这个著名的结果：若 $x^2 \pm py^2$ 是二次方的，则 $\pm Py^2$ 的形式如 $tab(a^2-b^2)$，其中 $t=4$ 或 1 取决于 a,b 是不同的还是相等的．他指出 P 的值是素数或是素数的 2 倍是通过 Leonardo 法则得出的，他构成了二次方 a，b，$a \pm b$，并进一步分析了 Genocchi 的结果．P 的不可容许值是素数 $8k+3$ 或素数 $8k+5$ 的 2 倍．他证明了所有的素数 P 都排除了，以至于 $x^2-2Py^2=-1$ 没有解．

A. Desboves③ 以一个同余数 $\lambda\mu(\lambda^2-\mu^2)$ 开始，把 λ 换成 x^2，μ 换成 y^2，被因子 x^2y^2 吸收到 $X^2 \mp aY^2=\square$ 的项 Y^2 中，得到同余数 x^2-y^4．因为 $a^4+d^4=b^4+c^4$ 是可解的，因此

$$(a^4-b^4)(d^4-b^4)=(ad)^4-(bc)^4$$

我们可以找到无穷多的数，它们是两个四次方的差，它们的乘积是这个差，因此我们可以找到无穷多的 Boncompagni 的问题的解，找到两个同余数，它们的积是同余数．

A. Genocchi④ 证明了下列数不是同余数：一个素数 $8k+3$ 或两个素数的乘积；素数 $8k+5$ 的 2 倍或两个素数乘积的 2 倍．

---

① Prag Sitzungsberichte，1878，289-294.

② Proc. Lond. Math. Soc.，11，1879-1880，35-44.

③ Assoc. franç.，1880(9)：242.

④ Memorie di Mat. e Fis. Soc. Ital. Sc.，1882(3)：4，No. 3.

Genocchi[①] 陈述了他的结果，一个平方数和一个素数 $8m+3$ 的乘积，或一个素数 $8m+5$ 的 2 倍，或两个素数 $8m+3$ 的乘积，或两个素数 $8m+5$ 的乘积的 2 倍，都不是同余数.

G. Heppel[②] 发现通过 $l=k+c$ 可以使得 $101^2+a=(101+k)^2$，$101^2-a=(101-l)^2$，由此 $2k^2=202c-2kc-c^2$. 因为 c 是 $2k^2$ 的一个因子，但不是 k，$c=1$. 因此 $k=18$，$a=3\ 960$.

M. Jenkins[③] 发现了一个整数 a 使得 $(m^2+n^2)^2\pm a=(h\pm t)^2$. 因此 $a=2ht$，$(m^2+n^2)^2=h^2+l^2$. 后者的一个解是 $h=m^2-n^2$，$t=2mn$.

G. B. Mathews[④] 讨论了 $x^2\pm a=\square$，由 $x^2+a=(x+m)^2$，我们得到 x. 因此 $x^2-a=\dfrac{N}{4m^2}$，其中 $N=a^2-6am^2+m^4$. 设 $N=\left(\dfrac{a-m^2k}{l}\right)^2$，因此 $m^2=fa$，$f=\dfrac{2l(k-3l)}{k^2-l^2}$. 代入 $a=fb^2$，其中 b 是任意的. 因此发现了 $m=fb$ 和 x.

R. Aiyar[⑤] 指出，若 $A^2\pm 4B$ 是二次的，A 和 B 在形式 $A=\lambda(m^2+n^2)$，$B=\lambda^2 mn(m^2-n^2)$ 中只有一种表达方式，其中 m，n 是互素的，并且其中一个是偶数.

A. Cunningham 和 R. W. D. Christie[⑥] 解出 $x^2-y^2=y^2-w^2=cz^2$，其中 c 是给定的，由于 $c=65$，应用 $x^2-2y^2=-w^2$.（因此 $y^2-cz^2=w^2$，$y^2+cz^2=x^2$.）

G. Bisconcini[⑦] 确定了数 $A=4rs(r^2-s^2)$ 是三个素数的幂的乘积. 如果 2，3 是 A 仅有的素数因子，那么 $A=24$.

R. D. Carmichael[⑧] 证明了方程 $q^2+n^2=m^2$，$m^2+n^2=p^2$ 没有正解（因此 $m^2+n^2=p^2$，$m^2-n^2=q^2$).

H. B. Mathieu[⑨] 问 $x^2+A=u^2$，$x^2-A=v^2$ 是否可以用恒等式

$$\{(a\pm b)^2+b^2\}^2\pm 4ab(a\pm b)(a\pm 2b)=(a^2+2b^2\pm 4ab)^2$$

完全解出来.

L. Aubry[⑩] 给出了 $2x^2=u^2+v^2$ 的所有解，通过

① Nouv. Ann. Math.,(3),2,1883,309-310.

② Math. Quest. Educ. Times,1884(40):119.

③ Ibid.,1884(41):65-66.

④ Ibid.,107-108.

⑤ Math. Quest. Educ. Times,1896(65):100.

⑥ Math. Quest. Educ. Times,(2),13,1908,77-79.

⑦ Periodico di Mat.,1909(24):157-170.

⑧ Amer. Math. Monthly,1913(20):213-216.

⑨ L'intermédiaire des math.,1913(20):2.

⑩ Ibid.,211-212. Practically same by Welsch,212-213.

$$u,v=l(r^2\pm 2rs-s^2),x=l(r^2+s^2),A=4l^2rs(r^2-s^2)$$

当 $l=1,r=a+b,s=b$ 时，给出上面的恒等式，由

$$\{(a\pm b)^2+b^2\}^2\mp 4ab(a\pm b)(a\pm 2b)=(a^2-2b^2)^2$$

可以给出所有的互素解.

G. Métrod① 处理了 $x^2+y=u^2,x^2-y=v^2$. 因为 $u_1=a^2-b^2,\cdots$ 有

$$u_1^2+v_1^2=x^2$$

因此 $(u_1+v_1)^2+(u_1-v_1)^2=2x^2,u,v=a^2-b^2\pm 2ab,y=4ab(a^2-b^2)$.

J. Maurin 和 A. Cunningham② 指出由 $x^2-ny^2=z^2,x^2+ny^2=t^2$ 的一个解，我们得到第二个解 $X=x^4+n^2y^4,Y=2xyzt$.

A. Gérardin③ 列出了小于1 000的 h，且当 $x<3\ 722$ 时满足 $x^2\pm hy^2=\square$. 他给出了解

$$x=16f^8+24f^4g^4+g^8,y=4fg(4f^4-g^4),h=4f^4+g^4$$

$$x=f^8+6f^4g^4+g^8,y=2fg(f^4-g^4),h=2f^4+2g^4$$

L. Bastien④ 列出了25个小于100的 h，满足 $x^2\pm hy^2$ 不是平方数，并且规定了(Genocchi 的结果除外)下面这些不可能的事：h 是素数 $16m+9$ 的2倍；h 是一个素数 $8m+1=g^2+k^2$；$g+k$ 是 h 的二次非剩余(关于17,73,89,97).

T. Ono⑤ 指出 $x^2\pm 5y^2$ 是二次的，当 $x=41,y=12$ 时，$x=3\ 344\ 161,y=1\ 494\ 696$.

G. Candido⑥ 指出，由方程 $x^2\pm uy^2=\square$ 的两组解 (x_i,y_i)，我们可以得到如下 Euler 恒等式的第三组解

$$(x_1x_2\pm uy_1y_2)^2+u(x_1y_2\mp uy_1x_2)^2=(x_1^2+uy_1^2)(x_2^2+uy_2^2)$$

E. Turrière⑦ 提出，若 x,y,z 是点 M 在四次空间曲线 $x^2+a=y^2,x^2+b=z^2$ 上的有理数坐标，M 的密切平面是

$$(b-a)x^2X-by^2Y+az^2Z=ab(b-a)$$

并在一个新的点 M 处与曲线相交，这个点的坐标是有理数，很容易找到. 因此，如果我们采用 Leonardo 的解 $x=\frac{41}{12},y=\frac{49}{12},z=\frac{31}{12}$，当 $a=5,b=-5$ 时，我们接连地得到无穷个有理解. 也可以设 $x+y=u,y-x=\frac{a}{u}$，并将其横坐标与类

① Sphinx-Oedipe, 1913(8): 130-131.

② L'intermédiaire des math., 21, 1914, 20-21, 176-178.

③ Ibid., 1915(22): 52-53.

④ Ibid., 231-232.

⑤ Ibid., 117.

⑥ Ibid., 1916(23): 111-112.

⑦ L'enseignement math., 1915(17): 315-324.

似点 $x=\frac{v^2-b}{2v}$，$y=\frac{v^2+b}{2v}$ 在 $z^2-x^2=b$ 的横坐标相对应，求得条件 $uv(u-v)=av-bu$. 在有理点 (u,v) 处的切线在一个新的有理点处与切面相交. 最后，$x^2+a=y^2$，$x^2-a=z^2$ 有解 $y_1 z=x(\cos\theta\pm\sin\theta)$，$x^2=\frac{a}{\sin 2\theta}$；因此 $\tan\frac{\theta}{2}$ 的有理值给出了 $\sin 2\theta$ 是有理数的平方，若 $a=1$ 或 2 则没有.

2 和谐形式：x^2+my^2，x^2+ny^2 都是平方数相关问题

Diophantus，Ⅱ，15 要求 x，m，n 满足 x^2+m 和 x^2+n 是平方数，给出和 $m+n$. 他取 $m=4x+4$，$n=6x+9$，$m+n=20$，由此 $x=\frac{7}{10}$. 在 Diophantus，Ⅱ，16 中，$(x+2)^2-m$，$(x+2)^2-n$ 都是平方数，当 $m=4x+4$，$n=2x+3$ 时，$m+n=20$，$x=\frac{13}{6}$. 相同的问题在 Diophantus，Ⅲ，23，24 又出现了.

Diophantus，Ⅱ，17 要求 x，m，n 使得 x^2+m 和 x^2+n 都是平方数，给出比值 $\frac{m}{n}$. 他取 $x=3$，$\frac{m}{n}=3$，$n=(y+3)^2-9$. 条件是 $3^2+3[(y+3)^2-9]=3y^2+18y+9=\square$，假设 $(2y-3)^2$ 中的 $y=30$.

与 Diophantus 不同的是 10 世纪的 Certain Arab 将 x^2+k 和 x^2-k 都设为平方数.

Rafael Bombelli① 把 40 分成两部分(30 和 10)，如果每一部分都从相同的平方数$\left(30\frac{1}{4}\right)$中减去，那么余数就是平方数.

L. Euler② 处理了这个问题，与 Diophantus，Ⅱ，17 中的相同：若 a，b 是给定的整数，找出 z，p，q，r，s 使得

$$p^2+azq=r^2,\ p^2+bzq^2=s^2 \tag{1}$$

排除 z，我们得到 $p^2=\frac{br^2-as^2}{b-a}$. 因为后者当 $r=s$ 时是一个平方数，设 $r=s+(b-a)t$. 因此 $p^2=s^2+2bst+b(b-a)t^2$. 设 $p=s+\frac{tx}{y}$，结果 $\frac{t}{s}$ 的分子为 t. 因此

① L'Algebra Opera，Bologna，1579，461.

② Algebra，St. Petersburg，2，1770，§§225-230；French transl.，Lyon，2，1774，pp. 286-302；Opera omnia，(1)，I，456-464. Cf. Euler of Ch. XV.

$$t=2xy-2by^2, s=b(b-a)y^2-x^2, p=(x-by)^2-aby^2$$

$$r=(b-a)(2xy-by^2)-x^2, q^2z=4xy[(b-a)y-x](by-x)$$

如果我们设 $x=v+by$，就会得到简化，因此

$$p=v^2-aby^2, q^2z=4vy(v+ay)(v+by)$$

v,y 为任意值，选择 d 作为最终表达式的最大平方数．我们证明 p^2+q^2 和 p^2+3q^2 不都是平方数．

Euler① 称，x^2+my^2 与 x^2+ny^2 为一致形式的情况是它们可以通过选择非零的整数 x,y 同时为完全平方数；否则称为不和谐形式．他将问题视为：考虑整数 m，寻找使得两个形式是一致的所有的整数 n．设 $m=\mu\upsilon$，其中一个因子可以为 1．如果 $x=\pm(\mu p^2-\upsilon q^2)$，$y=2pq$，那么 $x^2+my^2=(\mu p^2+\upsilon q^2)^2$．为了使 $x^2+ny^2=w^2$，我们必须选择 $n=\frac{w^2-x^2}{4p^2q^2}$，其中 x 具有先前值．那么两个因子 $w\pm x$ 必须为偶数．设 $p^2q^2=r^2s^2$，其中 $2r^2$ 可以整除 $w+x$，$2s^2$ 可以整除 $w-x$，其商分别为 f 和 g，那么 $n=fg$．因此，我们考虑 x,r,s 为已知，然后寻找 f,g 使得 $fr^2-gs^2=x$．后者通过 $f=hs^2\pm\sigma x$，$g=hr^2\pm\rho x$ 被满足，其中$\frac{\rho}{\sigma}$ 是后者连续分数的收敛先前$\frac{r^2}{s^2}$．一个表给出了当 $r^2\leqq 12^2$，$s^2\leqq r^2$ 时 ρ,σ 的值．对于 $m=1$，Euler 发现这些 n 值在数值上都小于 100，这是由小的数 r,s 得到的结论．我们知道 $x^2\pm y^2$ 是不和谐形式，x^2+y^2，x^2+2y^2 也是．已经证明了 x^2+y^2，x^2+3y^2 是不和谐的；同时 $x^2+y^2=z^2$，$x^2+4y^2=v^2$ 也不可能．因此 $z^2-y^2=x^2$，$z^2+3y^2=v^2$ 与 $v^2-4y^2=x^2$，$v^2-3y^2=z^2$ 是不和谐的．但是 x^2+y^2，x^2+7y^2 在 $x=3$ 和 $y=4$ 时是完全平方数．$x^2\pm y^2$ 和 $x^2\pm 4y^2$ 不能同时为完全平方数，同时 $x^2\pm y^2$ 和 $x^2\mp 3y^2$ 也是．

Euler② 得出满足 $x^2+my^2=\square$，并且注意到，$x^2+ny^2=(\mu p^2-\upsilon q^2+2Mp^2q^2)^2$，如果 $n=M^2p^2q^2+M(\mu p^2-\upsilon q^2)$，其中 M 是任意的．如果 $M=N+\frac{\upsilon}{p^2}$，那么 $n=(Np^2+\upsilon)(Nq^2+\mu)$．

Euler③ 注意到，当 $x=\zeta(ap^2-bq^2)$，$y=2\zeta pq$ 时，x^2+aby^2 是完全平方数；当 $x=\eta(cr^2-ds^2)$，$y=2\eta rs$ 时，$x^2+cdy^2=\square$，因此，设

$$\zeta pq=\eta rs=\zeta\eta fghk, p=\eta fg, q=hk, r=\zeta fh, s=gk$$

由 x 的值，有

① Mém. Acad. Sc. St. Petersb. ,8,1817-1818(1780),3;Comm. Arith. ,Ⅱ,406.

② Opera postuma,1,1862,253(about 1769).

③ Ibid. ,256(about 1782).

$$\frac{g^2}{h^2}=\frac{\zeta}{\eta}\cdot\frac{\zeta\eta cf^2+bk^2}{\zeta\eta af^2+dk^2}$$

设 $\theta=\zeta\eta$，因此必须有 $\theta(\theta cf^2+bk^2)(\theta af^2+dk^2)=\square$，但是这个条件并没有被讨论.

Euler① 之前讨论过更特殊的问题，寻找所有的整数 N 使得 A^2+B^2 和 A^2+NB^2 同时是完全平方数，对于 $AB\neq 0$ 的条件. 取 $A=x^2-y^2$，$B=2xy$，那么有

$$A^2+B^2=(x^2+y^2)^2, A^2+NB^2=(x^2-y^2)^2+4Nx^2y^2=z^2$$

后面的式子给出 N 的一个表述，即如果 $z=x^2+2ax^2y^2\pm y^2$，那么 z 是一个整数. 根据上下符号的选择，我们得到

$$N=(\alpha x^2+1)(\alpha y^2+1) \text{ 或} (\alpha x^2-1)(\alpha y^2+1)+1$$

为了研究有理的 α，使得当 x，y 为整数时 N 也为整数，设 $\alpha=\frac{a}{(q^2s^2)}$，$x=pq$，$y=rs$，其中 a 是整数，p 等可能为 1. 那么如果 $a=s=1$，我们有

$$N=\frac{(p^2+1)(r^2+q^2)}{q^2}$$

如果 $p=7$，$q=5$，那么 q^2 整除 p^2+1 且 $N=2r^2+50$. 如果 $a=-1$，$s=1$，那么

$$N=\frac{(p^2-1)(r^2-q^2)}{q^2}$$

且如果 $p=3$，$q=2$，q^2 整除 p^2-1 等. 已经给出了一个有关于 N 数值上小于 100 的列表，其中小于或等于 50 且大于 0 的数为 7，10，11，17，20，22，23，24，27，30，31，34，41，42，45，49，50. 但是问题在于，并没有在省略的数 N 上被证明不可能.

Euler② 使 $a^2x^2+b^2y^2$ 与 $a^2y^2+b^2x^2$ 同时成为了完全平方数，通过取

$$\frac{ax}{by}=\frac{p^2-q^2}{2pq}, \frac{ay}{bx}=\frac{r^2-s^2}{2rs}$$

将两个式子相除，我们得到了 $\frac{x^2}{y^2}$. 因此它满足了使得商 $pq(p^2-q^2)$ 除以 $rs(r^2-s^2)$ 是一个完全平方数，这是一个一直在讨论但是并没有被完全解决的问题③. 最初的三个特殊方法是取 $s=q$，$r=p+q$，之后我们想要使 $\frac{p-q}{p+2q}=\square$，只要我

① Nova Acta Acad. Petrop., 11, 1793(1777), 78; Comm. Arith., Ⅱ, 190-197.

② Mém. Acad. Sc. St. Pétersbourg, 11, 1830(1780), 12; Comm. Arith., Ⅱ, 425-437.

③ Euler, seq., and Euler of Ch. Ⅳ, Petrus and Euler of Ch. ⅩⅤ, Euler of Ch. ⅩⅦ, Euler of Ch. ⅩⅫ.

们取

$$p = u^2 + 2t^2, q = u^2 - t^2$$

即可,得到的结果为

$$a = 3tu, b = 2(u^2 - t^2), x = t(2u^2 + t^2), y = u(u^2 + 2t^2)$$

为了得到一般解,不失一般性的情况下我们可以取 $s = q$,因为这只是一个作商的问题. 那么有

$$n \equiv \frac{p(p^2 - q^2)}{r(r^2 - q^2)} = \square, q^2 = \frac{p^3 - nr^3}{p - nr}$$

设 $p = rv$,那么有

$$\frac{v^3 - n}{v - n} = \square = (v - z)^2$$

如果

$$(n + 2z)v^2 - z(2n + z)v + n(z^2 - 1) = 0$$

从给出的解 z, v 我们可以得到第二个解

$$v' = \frac{z(z + 2n)}{2z + n} - v, z' = 2v' - z$$

因此解 $v = 0, z = 1$,所给出的第二个解为

$$v' = \frac{1 + 2n}{2 + n}, z' = \frac{3n}{2 + n}$$

将 n 替换为 $\frac{t^2}{u^2}$,我们得到了上面的特殊解. 研究了第三个解 v'', z'',并且同样也从 $v = 0, z = -1$;$z = 0, v = \pm 1$;和 $v = \infty$ 入手. 此外,还讨论了一般条件 $n = 4$ 与 $n = \frac{1}{4}$. 结论是,找到 $a, \cdots, d$ 使得

$$a^2b^2 + c^2d^2, a^2c^2 + b^2d^2, a^2d^2 + b^2c^2$$

全部是完全平方数. 对于 $f = t^2 - 3u^2, g = 2tu$,我们有

$$f^2 + 3g^2 = h^2, h = t^2 + 3u^2$$

那么有一个解为 $a = 2g, b = 2h, c = f + g, d = f - g$,且 3 个四次方数是 $f^2 + 7g^2$ 与 $2(f^2 \mp fg + 2g^2)$ 的平方.

C,F. Degen① 考虑了 $x^2 + my^2 = p^2, x^2 + ny^2 = q^2$. 我们可以设

$$p = \alpha(mt + nu), q = \alpha(nt + mu)$$

为了避免分数,设 $\alpha = 2$;那么有 $y^2 = 4(m + n)(t^2 - u^2)$. 设 $m + n = fg, t^2 - u^2 = 4fgz^2$. 因此 $t = fz^2 + g, u = fz^2 - g, y = 4fgz$. 并且我们得到了我们的"基础解"

---

① Mém. présentés acad. sc. St. Pétersbourg par divers savans, 1, 1831(1823), 29-38.

$$\frac{x^2}{4g^2}+4mn=(f^2z^2-fg)^2$$

令 k^2 是最大的整除 $mn=k^2L$ 的完全平方数,且设

$$x=4gk\xi,\pm A=\frac{f^2z^2-fg}{2k}$$

那么有 $\xi^2+L=A^2$. 现在 $fg\pm 2kA$ 必须是一个完全平方数 f^2z^2,设为 B^2,那么 $y=4gB$. 因此,为了展示最简单的解,设[①] $m+n=fg=k^2L$,且设 ϕ 是L 的任何一个因子使得 $\xi^2+L=A^2$,通过

$$2\xi=\frac{L}{\phi}-\phi,2A=\frac{L}{\phi}+\phi$$

设 $B=kC$,那么 $fg\pm 2kA=B^2$ 变成

$$L\pm\frac{1}{k}\left(\frac{L}{\phi}+\phi\right)=C^2$$

如果后者可以被解出,由于 $x:y=\xi:C$,我们有 $x=\frac{\frac{L}{\phi}-\phi}{2}$,$y=C$. 我们证明了如果

$$(m+1)(n+1)=\square=P^2$$

成立,那么 x^2+my^2 和 x^2+ny^2 是一致的形式,由于当 $x=mn-1,y=2P$ 时,他们分别等于$(mn+2m+1)^2$ 与$(mn+2n+1)^2$;同时如果 $m+n=2Q^2$ 被满足,也是一致形式,由于当 $x=m-n,y=4Q$ 时,其为$(3m+n)^2$ 与$(3n+m)^2$.

M. Collins 证明了 $x^2+y^2=\square,x^2+ay^2=\square$ 在 $1<a<20$ 时是不可能的,除了 $a=7,10,11,17$ 之外;以及 $x^2-y^2=\square,x^2-ay^2=\square$ 在 $1<a<13$ 时除了 $a=7,11$ 也是不可能的. 如果我们知道

$$x^2+ay^2=nz^2,y^2+bx^2=nw^2$$

的解,那么 $X=x^2w^2-y^2z^2$ 和 $Y=2xyzw$ 是

$$X^2+Y^2=\square,X^2+abY^2=\square$$

的解.

C. H. Brooks 和 S. Watson[②] 发现,x^2+y^2 与 x^2+Ay^2 可以同时为完全平方数,在 $A\leqq 100$ 的情况下,仅当 A 为如下 41 个正整数时成立:1,7,10,11,17,20,22,23,24,27,30,31,34,41,42,45,49,50,52,57,58,59,60,61,68,71,72,74,76,77,79,82,85,86,90,92,93,94,97,99,100. 设$\frac{x}{y}=v,v^2+1=(v+$

① But the author had previously set $mn=k^2L$.

② The Lady's and Gentleman's Diary, London, 1857, 61-63, Quest. 1911.

$n)^2$，$v^2+A=(v-pn)^2$. v 的两个有理值给出了 $n^2=\frac{A+p}{p^2+p}$，其中 A 是整数，p 是任何正或负的整数或者分数.

S. Bills① 给出了一个包含 Collins 给出的所有定理的定理. 方程 $x^2+Ay^2=\square$，$x^2+By^2=\square$，引用为(F)，是自然被满足的，如果

$$x=mp^2-\frac{A}{m}q^2=nr^2-\frac{B}{n}s^2,y=2pq=2rs$$

在后者的观点中，取 $p=fg$，$q=hk$，$r=fh$，$s=gk$. 如果

$$mg^2-nh=Nk^2,m^{-1}Ah^2-n^{-1}Bg^2=Nf^2 \qquad (F_1)$$

或者如果

$$mf^2+n^{-1}Bk^2=Nh^2,nf^2+m^{-1}Ak^2=Ng^2 \qquad (F_2)$$

那么前者自然被满足. 因此(F)的解可以由(F_1)或(F_2)的解推导得来. 赋予 m，n，N，A，B 合适的值，我们可以不断地从(F_1)和(F_2)中推导所有的 Collins 的公式.

A. Genocchi② 描述道：x^2+h 与 x^2+k 不能同时为完全平方数，如果：(i)$h=1$，k 是质数或者质数 $8m\pm3$ 的平方，假如 $k-1$ 的奇质数因子都具有 $4n+3$ 的形式；(ii)$h=2$，k 是具有 $8m+3$ 形式的质数或者 $8m+5$ 形式的质数的 2 倍，假如 $k-2$ 的奇质数因子都具有 $8n+7$ 的形式；(iii)h 是具有 $8m\pm3$ 形式的质数，k 是具有 $8m+7$ 形式的质数，假如所有 $h-k$ 的奇质数因子具有 $4n+3$ 的形式或者是 k 的二次非剩余数；(iv)h 是具有 $8m+3$ 形式的质数，$k=h^2$，假如所有 $h-1$ 的奇质数因子具有 $4n+3$ 的形式；(v)h 是一个质数，$k=hp$，其中 h 和 p 是具有形式为 $8m+3$ 和 $8m+7$ 的两个质数，假如 $p-1$ 的质因子除了 2 和 h 均具有 $4n+3$ 的形式或是 h 的二次非剩余数.

A. Genocchi③ 运用了 Diophantus 方法：设 $r=mx+p$，$s=nx-p$，那么 $bzq^2=\frac{(r^2-p^2)b}{a}$，使得第二个方程(1)变为

$$[(mx+p)^2-p^2]\frac{b}{a}=(nx-p)^2-p^2,x=\frac{2p(an+bm)}{an^2-bm^2}$$

p 在 Diophantus，Ⅱ，17 的问题中给出. 在 Euler 的问题中，p 是未知的；先前的方程中的第一个用 m，n，x 决定了 p；之后 $azq^2=\frac{amnx^2(m+n)}{an+bm}$. 通过令 $n=bl$，$x=2(m+al)$，将 p，l，m 变为 $-p$，y，v，我们得到了 Euler 推导的方程.

① The Lady's and Gentleman's Diary，1861，82-84.

② Comptes Rendus Paris，78，1874，433-435.

③ Memorie di Mat. e Fis. Soc. Italiana Sc.，(3)，4，1882，No. 3.

Genocchi 注意到，现在这个问题等价于解 $y^2-x^2:z^2-y^2=a:b$，这个问题之前由 Leonardo Pisano 完全解决.(1) 给出了 $r^2-p^2:s^2-p^2=a:b$，如果我们令 $r^2-p^2=azq^2$，那么情况将会相反. Genocchi 证明了 $x^2+a=\square$，$x^2+b=\square$ 是不成立的，在有理数里，如果当 $a=1$，b 的形式为 $8k\pm3$ 且 $b-1$ 不为 $4t+1$(如 $b=3,5,13,19,29,37,43$) 形式的除数的质数时；当 $a=2$ 且 b 是形式为 $8k+3$ 的质数且 $b-2$ 的每一个除数都具有 $8l+7$ 形式(如 $b=163,331,449$)；$a=2$，$b=2A$，A 是形式为 $8k+5$ 的质数且 $A-1$ 没有形式不为 $8t+7$ 的奇质数除数(如 $A=5,29,197,317$)；当 $a=A$，$b=AB$，其中 A，B 一个的形式为 $8k+7$，另一个是形式为 $8k+3$ 的质数，使得当 $A=8k+7$ 时，A 是 B 的二次剩余，$B-1$ 没有不是 A 的二次剩余的形式为 $4t+1$ 的奇质数除数，且在 $A=8k+3$ 的情况下，如果 A 的一个二次剩余 $\dfrac{B-1}{2}$ 可以被 A 整除(如 $A=3$，$B=7$；$A=7$，$B=3$ 或 19；$A=11$，$B=23$)；a 是一个形式为 $8k+3$ 的质数，且每一个 $a-1$ 的奇质数除数具有形式 $b=a^2$；$a=1$，$b=\pm8$ 或者质数 $8k\pm3$ 或者质数 $8k\pm3$ 的平方，在第三种情况下 $b-1$ 没有形式为 $4t+1$ 的质因子.

接下来的三篇引用文章与系统 $t^2+u^2=2v^2$，$t^2+2u^2=3w^2$ 有关.

E. Lucas① 考虑了等价的系统 $2v^3-u^2=t^2$，$2v^2+u^2=3w^2$ 并且展示了如何从其中得到了新解.

G. C. Gerono② 不失一般性地取 $t=1$，由于 u 是奇数，$u=2k+1$，第一个条件给出了 $v^2=k^2+(k+1)^2$. 他同时证明了 $v=m^2+(m+1)^2$. 运用(未被证明的) de Jonquiere 的定理，我们得到 $v=5$(排除) 或者 1.

T. Pepin③ 注意到，Lucas 没有考虑所有可能的情况，省略掉的情况会给出新的解. 通过使用一些稍有不同的方法，我们通过一个公式的集合就可以得到所有解. 我们可以限制互质解 t，u 并且取 v 和 w 为正. 通过第一个方程

$$v^2=\left(\frac{t+u}{2}\right)^2+\left(\frac{t-u}{2}\right)^2,\frac{t+u}{2}=a^2-4b^2,\frac{t-u}{2}=4ab,v=a^2+4b^2$$

对于 a，b 为互质的，a 是奇数. 根据第二个给定条件

$$t+u\sqrt{-2}=(1+\sqrt{-2})(c+d\sqrt{-2})^2,w=c^2+2d^2$$

比较 t 和 u 的值，我们得到等价的方程

$$a^2+4ab-4b^2=c^2+2cd-2d^2,4ab=3cd$$

因此

① Nouv. Ann. Math., (2), 16, 1877, 409-416.

② Nouv. Ann. Math., (2), 17, 1878, 381-383.

③ Atti Accad. Pont. Nuovi Lincei, 32, 1878-1879, 281-292.

$$a=\alpha\lambda, b=3\beta\mu, c=\alpha\beta, d=4\lambda\mu$$

将这些值代入之前两个方程的差,我们得到二次式

$$\frac{\mu}{\alpha}=\frac{\beta\lambda\pm\sqrt{(3\beta^2-4\lambda^2)(2\lambda^2-3\beta^2)}}{2(9\beta^2-8\lambda^2)}$$

由于解必须是有理的

$$3\beta^2-4\lambda^2=\pm\gamma^2, 2\lambda^2-3\beta^2=\pm\delta^2$$

取上面的符号对于模 3 是舍弃的.因此

$$2\lambda^2=\gamma^2+\delta^2, 3\beta^2=\gamma^2+2\delta^2$$

和给出的方程组是相似的.因此 v,w,t,u 的解给出了第二个解

$$v_1=\alpha^2v^2+36\mu^2w^2, w_1=\alpha^2w^2+32\mu^2v^2, t_1, u_1=(\alpha v\mp 6\mu w)^2-72\mu^2w^2$$

其中 $\mu:\alpha=vw\pm tu:2(9w^2-8v^2)$.首先考虑 $v=w=t=u=1$,我们得到 $\frac{\mu}{\alpha}=0$ 或 1,第二个式子给出 $v_1=37, w_1=33, t_1=47, u_1=23$ 等.可以证明,我们可以通过这个方法得到所有的解.

为了寻找[1]两个和为完全平方数,差是完全平方数的 10 倍的完全平方数,取 $x,y=2pq\pm(p^2-q^2)$.因此如果 $p=5m, q=4m$,那么

$$x^2+y^2=2(p^2+q^2)^2, x^2-y^2=8pq(p^2-q^2)=10(12m^2)^2$$

J. H. Drummond 与 W. F. King[2] 证明 $2x^2-y^2=\square, 2y^2-x^2=\square$ 说明 $x^2=y^2$.

A. Gerardin[3] 发现 x^2+ny^2 和 nx^2+y^2 是完全平方数,如果 $n=(\alpha^2+\beta^2)^2-1$ 或者 $n=7, x=3, y=1$ 或者 $n=17, x=8, y=1$.

一些作者[4]给出了上述问题的解.

R. Goormaghtigh[5] 将 Sx^2+Py^2 与 Sy^2+Px^2 同时写成了完全平方数.

L. Aubry[6] 证明了 $2y^2+u^2$ 与 $3y^2+u^2$ 不能同时为完全平方数.

3 x^2+y 与 $x+y^2$ 同时为完全平方数

Diophantus, Ⅱ, 21 中取 $y=2x+1$,那么 $x^2+y=\square$.设

---

① Math. Quest. Educ. Times, 63, 1895, 64.

② Amer. Math. Monthly, 6, 1899, 47-48, 151-155.

③ L'intermédiaire des math., 22, 1915, 128.

④ Ibid., 23, 1916, 63-64, 205-207.

⑤ Ibid., 184-185.

⑥ Ibid., 26, 1919, 84-85. For $u=1$, Rignaux.

$$x+y^2\equiv 4x^2+5x+1$$

是 $2x-2$ 的平方. 那么 $x=\frac{3}{13}$.

Alkarkhi①(11世纪初)在重复了这个解之后,又取 $x=3z,y=4z$,并添加了条件 $x^2+y^2=\square$.

Rafael Bombelli② 设 $y=4(x+1)$,并且设 $x+y^2\equiv 16x^2+33x+16$ 是 $4x-6$ 的平方,解出 $x=\frac{20}{81}$.

W. Emerson③ 也考虑了这个问题.

L. Euler④ 设 $x^2+y=(p-x)^2, y^2+x=(q-y)^2_1$

$$x=\frac{2qp^2-q^2}{4pq-1}, y=\frac{2pq^2-p^2}{4pq-1}$$

从而,Euler 最开始从 $x^2+y=p^2$ 将 y 代入 y^2+x,得到 $(p^2-x^2)^2+x=\square$. 在这里他说明了这个问题难以被解决.

R. Adrain⑤ 注意到,Euler 的最后一个条件在我们取 $x=4p^2x^2$ 时将会被满足. 又一次地,对于 $p+x=v$,如果 $x=8v^3x, v=\frac{1}{2}$,它将变成

$$v^2(v-2x)^2+x=v^4-4v^3x+4v^2x^2+x=(v^2+2vx)^2$$

等价的问题 $x^2-y=\square, y^2-x=\square$ 被 Euler 所解决⑥.

J. W. West⑦ 注意到,Euler 的条件在 $p^2-x^2=y, x=2y+1$ 时将自然被满足. 因而通过消去 y 的方法可以解出 x 的二次式.

C. A. Laisant⑧ 在回顾 Euler 的有理数解时标注了系统显然不能在正整数范围内成立,由于

$$y=(z-x)x+(z-x)z, x=(t-y)y+(t-y)l, z>x, t>y$$

由第一个方程有 $y>x$,而第二个方程给出 $x>y$. 对于负的解有相同的讨论.

A. Auric⑨ 注意到,Euler 的解并不是一般解,由于他的问题等价于齐次方程 $x^2+uy=z^2, ux+y^2=t^2$ 的整数解,这个方程对于任意给定的值 z,t,u 可以解出 x,y(通过因子 z^2-t^2).

---

① Extrait du Fakhrl, French transl. by F. Woepcke, Paris, 1853, 88-89.

② L'algebra opera, Bologna, 1579, 467.

③ A Treatise of Algebra, London, 1764, 1808, p. 239.

④ Algebra, 2, 1770, art. 239; French transl., Lyon, 2, 174, 335-336. Opera Omnia, (1), I, 482.

⑤ The Math. Correspondent, New York, 2, 1807, 11-13.

⑥ The Ladies' and Gentlemen's Diary (ed., M. Nash), N. Y., 2, 1821, 45.

⑦ Math. Quest. Educ. Times, 67, 1897, 64.

⑧ Nouv. Ann. Math., (4), 15, 1915, 106-108.

⑨ Ibid., 280-281.

L. Aubry[①] 与 G. Quijano[②] 证明了整数解的不可能性.

4 x^2+y^2-1 与 x^2-y^2-1 同时为完全平方数

Bháscara[③](出生于 1114 年) 给出了 $x^2\pm y^2+1$ 同时为完全平方数的 x,y 的值

$$y=\frac{8a^2-1}{2a},x=\frac{y^2}{2}+1;x=\frac{1}{2a}+a,y=1;x=8a^4+1,y=8a^3$$

Bháscara[④] 根据一位更早的作者的结论,考虑了这个问题和一个相近的问题$x^2\pm y^2+1$. 为了寻找两个和与差分别加 1 是完全平方数的完全平方数,对于 $k=1$ 或者 37,我们设想要的完全平方数为($y^2=$)$4k^2$ 且($x^2=$)$5k^2-1$,后者为完全平方数. 对于减 1 的情况,我们设为 $4k^2$ 与 $5k^2+1$,当 $k=4$ 或者 72 时,后者为完全平方数.

由于已经选择了系数 4,另一个系数(5) 是将要被决定的,目的是当 4 被加上或减去时,我们可以得到一个完全平方数. 因此 2×4 是两个完全平方数的差. 取 2 是他们的根的差,我们从 $5=4+1^2=3^2-4$ 得到根是 1 和 3. 相似地,取第一个系数为 36,我们必须使两个完全平方数的差是 72. 取 6 是他们的根的差,我们得到第二个系数是 45;如果我们取 4,那么我们将得到 85.

J. Cunliffe[⑤] 从第二个条件 $n=\frac{2d}{2r^2-1}$ 中取 $c=d+n,y=rn$ 解出了 $x^2=\frac{1}{2}(c^2+d^2)+1,y^2=\frac{1}{2}(c^2-d^2)$. 取 $d=s(2r^2-1),x=ts+1$. 如果$(4r^4+1-t^2)s=2t$,那么第一个条件将会被满足. 对于 $t=2r^2$,我们得到了 Bháscara 的最后结果.

E. Clere[⑥] 考虑了相同一对完全平方数 $x^2+y^2-1=z^2,x^2-y^2-1=u^2$. 通过作减法,$2y^2=z^2-u^2$. 令 $y=pq$ 并且设 $z+u=2q^2,z-u=p^2$(因而限制在整数解中). 将 z,u 的结果值代入提到的一个方程,我们得到 $4x^2=4+$

---

① L'intermédiaire des math., 22, 1915, 67, simpler on p. 226.

② Ibid., 23, 1916, 87-88.

③ Lílávatí(arith.), §§59-61. Algebra, with arith. and mensuration, from the Sanscrit of Brahmagupta and Bháskara, transl. by Colebrooke, London, 1817, p. 27. Lilawati or a treatise on arith. and geom. by Bhascara Acharya, transl. by John Taylor, Bombay, 1816, 35.

④ Vija-gańita(algebra), §194; Colebrooke, pp. 257-259.

⑤ New Series Math. Repository(ed., T. Leybourn), 2, 1809, I, 199.

⑥ Nouv. Ann. Math., 9, 1850, 116-118.

$4q^4+p^4$，当 $p=q^2$ 时，这个数是完全平方数. 因此我们得到了特殊解

$$x=1+\frac{q^4}{2}, y=q^3, z=q^2+\frac{q^4}{2}, u=q-\frac{q^4}{2}$$

A. Genocchi① 证明了所有的有理数解由下式给出

$$y=\frac{2gpq}{l}, x=\frac{l+r}{l}, l\equiv\frac{g^2(p^4+4q^4)}{2r}-\frac{r}{2}$$

其中 p,q 是互质的整数，q 是奇数，r 是一个 $g^2(p^4+4q^4)$ 的整除数，且 $r\equiv g \pmod 2$. 我们可以给 g,p,q,r 赋予任何有理值，并且不失一般性地将 r 替换成 gr_1. 于是 $y=\frac{4pqr}{d}, x=\frac{p^4+4q^4+r^2}{d}$，其中 $d=p^4+4q^4-r^2$. 如果我们令 $r=2q^2, p=1$，我们得到 $y=8q^3, x=8q^4+1$；如果我们设 $r=p^2-2q^2, p=-\frac{1}{2}$，那么我们同样会得到 Bháscara 的第一个集合.

R. Pepin② 发现：所有的有理数解由如下式子给出

$$dx=m^2p+n^2q, dy=4mnst, dz=2mn(s^2+2t^2), du=2mn(v^2-2t^2)$$

其中 $d=m^2p-n^2q$, m,n 与 s,t 分别是互质的. 此外 $s^4+4t^4=pq$. 为了获得整数解，取 $p=1, d=\pm1, m+\sqrt{5}n=(2+\sqrt{5})^k$. 很多作者③都给出了解.

J. H. Drummond④ 令 $x=2n^2, y=2n$，从而有

$$x^2+y^2+1=(m+1)^2, x^2-y^2+1=(m-1)^2_1 m=2n^2$$

E. B. Escott⑤ 提出了问题：除了 $x=13, y=11$ 外，是否存在当 $xy\neq0$, $x\neq y$ 时，有其他的解使得 x^2+y^2-1, x^2-y^2+1 为完全平方数；换言之，$4mn(m^2-n^2)+1=\square(mn\neq0, m\neq n)$ 是否有除了 $m=3, n=2$ 以外的解. 一些回复⑥称方程存在无穷多个解.

R. P. Paranjpye⑦ 给出了 Bháscara 的第三个解. 假设在 $2y^2=z^2-t^2$ 中，y,z,t 的公因子是完全平方数. 由于两个完全平方数的差可以被 8 整除，我们可以设 $z+t=4\xi^2, z-t=2\eta^2, y=2\xi\eta$. 因此有

$$x^2=1-y^2+z^2=4\xi^4+\eta^4+1$$

且设 $\xi=2p^2, \eta=2p$，因而有 $\eta^4=4\xi^2$.

---

① Nouv. Ann. Math., 10, 1851, 80-85.

② Nouv. Ann. Math., (2), 14, 1875, 63.

③ Math. Visitor, 2, 1887, 66-70.

④ Amer. Math. Monthly, 9, 1902, 232.

⑤ L'intermédiaire des math., 12, 1905, 76.

⑥ Ibid., 207-211; 13, 1906, 25. Cf. Zerr of Ch. XIX.

⑦ Jour. Indian Math. Club, Madras, 1, 1909, 188-189.

5 $x^2+2fxy+hy^2, x^2+2gxy+ky^2$ 同为完全平方数

Beha-Eddin 列出了从前使 $x^2\pm(x+2)$ 同时为完全平方数的最后七个有待解决的问题. 他的翻译 Nesselmann 讨论了这个问题.

A. Marre① 发现唯一的解为 $x=-\frac{17}{16}$,并且得出结论,这个问题对正整数是无解的.

A. Genocchi② 将这两个完全平方数记为 $(p+q)^2$ 与 $(p-q)^2$,其中满足 $x^2=p^2+q^2, x+2=2pq$. 通过消去 x,我们得到

$$(4p^2-1)q^2-8pq-(p^2-4)=0$$

通过将第一个或第三个系数设为 0,我们得到 $x=-2,-\frac{17}{16},\frac{34}{15}$.

E. Lucas③ 完全解出了相关的齐次方程 $x^2+xy+2y^2=u^2, x^2-xy-2y^2=v^2$,其中 x,y,u,v 可能被设为互质的. 此外,从

$$\frac{1}{2}(u+v)=r^2-s^2, \frac{1}{2}(u-v)=2rs, x=r^2+v^2$$

中我们发现, $\frac{u\pm v}{2}$ 的平方的和是 x^2. 将 u,v,x 的结果值带入到先前得到的方程的差中,且通过 $y=\frac{1}{4}(-x\pm t)$,我们可以得到 $2y^2+xy=4rs(r^2-s^2)$,其中

$$(r^2+s^2)^2+32rs(r^2-s^2)=t^2 \tag{1}$$

因此 $r^2+16rs-s^2\pm t$ 的乘积为 $252r^2s^2$;注意到因数 $\pm14(3p)^2, \pm2q^2$ 并且进行加减. 因此

$$r^2+16rs-s^2=\pm(63p^2+q^2), rs=pq$$

对于上面的符号,(1) 的一个解给出了两个新的解

$$R=m(r^2+s^2), S=nt, T=63n^2(r^2+s^2)-m^2t^2$$

$$n=4rs(r^2-s^2), m\equiv t(r^2+s^2)\pm(r^4+s^4-6r^2s^2)$$

因而我们提出的这一对数具有解

$$x=r^2+s^2, 4y=-r^2-s^2\pm t, u,v=r^2-s^2\mp 2rs$$

对于下面的符号,问题将退化为之前讨论的情形.

---

① Nouv. Ann. Math., 5, 1846, 323.

② Annali di Sc. Mat. e Fis., 6, 1855, 132, 303-304.

③ Nouv. Ann. Math., (2), 15, 1876, 359-365. Same in Bull. Bibl. Storia Sc. Mat., 10, 1877, 186-191.

A. Gérardin① 用到了 $u^2+v^2=2x^2$ 的已知解

$$u=2m^2-l^2, v=2m^2+l^2-4lm, x=2m^2+l^2-2lm$$

还需要使 $8u^2-7x^2\equiv(x+4y)^2$ 成为完全平方数

$$4m^4+l^4-88l^2m^2+56lm^2+28l^2m=\square=(2m^2-14ml-l^2)^2$$

那么 $x=34, y=15, u=46, v=14$,Genocchi 说道,我们同时还有 $y=-32$.

L. Euler② 解决了 $x^2+2fxy+hy^2=P^2, x^2+2gxy+ky^2=Q^2$ 的问题.相减并且设 $P-Q=(f-g)y$,且

$$P+Q=2x+\frac{y(h-k)}{f-g}$$

进行平方相加,我们得到 $2P^2+2Q^2$;通过加上之前提到的方程并且列等式,我们可以得到

$$x:y=(f-g)^4-2(h+k)(f-g)^2+(h-k)^2:4(f-g)(f^2-g^2-h+k)$$

M. Fuss③ 得到了 $f_1\equiv x^2+2axy+y^2$ 和 $f_2\equiv x^2+2bxy+y^2$ 同时为完全平方数的情况,记作 p^2 与 q^2.于是有 $p^2-q^2=2(a-b)xy$.因此

$$x=4(a+b), y=(a-b)^2-4$$

是一个特殊解,由于

$$f_1=[(a-b)(3a+b)-4]^2, f_2=[(a-b)(3b+a)-4]^2$$

为了找到 n 使得 $x^2\pm 2nxy+y^2$ 为完全平方数,记为 $(p\pm q)^2$,我们有

$$x^2+y^2=p^2+q^2, nxy=pq$$

设 $p=\alpha xy, q=\frac{n}{\alpha}$.于是

$$n^2=\alpha^2(x^2+y^2)-\alpha^4x^2y^2$$

A. S. Werebrusow④ 将系统

$$\alpha x^2+2\alpha' xy+\alpha'' y^2=u^2, \beta x^2+2\beta' xy+\beta'' y^2=v^2$$

简化为

$$au^4+2bu^2v^2+cv^4=z^2, a=\beta'^2-\beta\beta'', b=\alpha\beta''+\alpha''\beta-2\alpha'\beta', c=\alpha'^2-\alpha\alpha''$$

G. B. Mathieu⑤ 给出了 $x^2+y^2=\square, x^2+xy+y^2=\square$ 的解为 $x=15$, $y=-8$;$x=1\ 768, y=2\ 415$,L. Aubry⑥ 给出了一般的讨论.

Adrain,Genocchi 等人在第二十二章证明了 $x^2\pm xy+y^2$ 不能同时为完全

---

① Sphinx-Oedipe,1906-1907,162;Assoc. franç.,1908,17.

② Opera postuma,I,1862,254(about 1777). Nova Acta Acad. Petrop.,13,1795-1796(1778),45;Comm. Arith.,Ⅱ,292.

③ Mém. Acad. Sc. St. Pétersbourg,9,1824(1820),151-160.

④ Math. Soc. Moscow,26,1098,497-543;Fortschritte,39,1908,259.

⑤ L'intermédiaire des math.,17,1910,219.

⑥ Ibid.,283-285.

平方数.

6 一个未知数的两个函数是完全平方数

C. G. Bachet① 通过将两个方程的差值 N 写成 $\frac{1}{4}$ 与 $4N$ 的方式考虑了两个等式

$$4N^2+3N-1=\square, 4N^2+4N-1=\square$$

其中 $4N$ 是 $\sqrt{4N^2}$ 的 2 倍,且将 $\frac{1}{2}\left(4N\mp\frac{1}{4}\right)$ 等于公式左侧,从这两种情况的任意一种中得到 $\frac{7}{2}N=\frac{65}{64}$. 如果第二个方程变为 $4N^2-N-1=\square$,那么则用因子 1 和 $4N$.

对于 $N^2-12=\square$, $\frac{13}{2}N-12=\square$,我们用两个方程差值的因数 N 和 $N-\frac{13}{2}$,因此他们的和同样应该包含 $\sqrt{N^2}$.

对于 $4N^2-N-4=\square$, $4N^2+15N=\square$,利用他们的差的除数 4 与 $4N+1$.

对于 $N^2-6\ 144N+1\ 048\ 576=\square$, $N+64=\square$,首先对后者乘以 16 384.

Fermat② 考虑两个和多个等式.

J. L. Lagrange③ 简单地考虑了系统

$$a+bx+cx^2=\square, \alpha+\beta x+\gamma x^2=\square \tag{1}$$

如果 $a+bf+cf^2=g^2$,那么第一个的一般解为

$$x=\frac{fm^2-2gm+b+cf}{m^2-c}$$

那么第二个二次型与 $(m^2-c)^2$ 的乘积是 m 的四次函数. 现在并没有已知的方法使得后面的式子是完全平方数. 如果 $a=\alpha=0$,设 $x=\frac{1}{y}$,我们将会得到一个简单的问题

$$by+C=\square, \beta y+\gamma=\square$$

---

① Diophanti Alexandrini Arith., 1621, 439-440. Comment on Diop. Ⅵ, 24(p. 177 above).

② Oeuvres, Ⅲ, 329-376, French transl. of J. de Billy's Inventum Novum. See de Billy of Ch. Ⅳ; Fermat and Ozanam of Ch. ⅩⅤ; Fermat of Ch. ⅩⅪ; Fermat of Ch. ⅩⅫ.

③ Additions to Euler's Algebra, 2, 1774, 557-559. Euler's Opera Omnia, (1), I, 596; Oeuvres de Lagrange, Ⅶ, 115-117. Extracts by Cossali, 108-113.

R. Adrain① 通过设 $x=r+y$ 且考虑到 $ar^2+b=e^2$ 研究了 $ax^2+b=\square$，$cx^2+d=\square$ 问题.那么

$$ax^2+b=e^2+2ary+ay^2=(zy-e)^2$$

决定了 y 和 z 的有理关系.对于这样的 y 值，第二个条件变成了 $Q=\square$，其中 Q 是 z 的四次函数.但是并没有给出解.之后考虑(1)的 c 和 γ 都是完全平方数的情况；通过乘以完全平方数，我们可以设 x^2 前的系数都是相等的，并且像如下的例子一样操作.对于

$$x^2-x+7=A^2, x^2-7x+1=B^2$$

我们有 $6x+6=A^2-B^2$，取 $2x+2=A+B$，$3=A-B$.将 $x+\frac{5}{2}$ 代入第一个方程中的 A，我们得到 $x=\frac{1}{8}$.

一些人②通过插入 $x=\frac{1-a^2}{8}$ 于第二个方程，解出了 $1-8=\square$，$x-4x^2+4=\square$ 问题.两个解为 $x=\frac{19\ 740}{177\ 241}, \frac{72\ 165}{578\ 888}$.

W. Welmin③ 使用了积分

$$\lambda=\int_0^x \frac{\mathrm{d}x}{\sqrt{(ax^2+b)(cx^2+d)}} \tag{2}$$

的反演得到的椭圆函数 $\phi(\lambda)$.如果选择的 λ 使得 $\phi(\lambda)$，$[a\phi^2(\lambda)+b]^{\frac{1}{2}}$ 和 $[c\phi^2(\lambda)+d]^{\frac{1}{2}}$ 取得了有理数值，那么方程对 $ax^2+b=\square$，$cx^2+d=\square$ 的有理解将会是

$$x_1=\phi(\lambda), x_2=\phi(2\lambda), x_3=\phi(\lambda+2\lambda), \cdots$$

为了说明存在无穷多个解，有必要说明积分(2)在 x 到 ∞ 上有无理商.

M. Rignaux④ 证明只有当 $y=0$ 时 $2y^2+1$ 与 $3y^2+1$ 才能同时为完全平方数.

7 其他同时为完全平方数的二次方程对

Diophantus，Ⅱ，31，将 $xy\pm(x+y)$ 同时变为了完全平方数.由于 $2^2+3^2\pm2\cdot2\cdot3$ 是完全平方数，取

① The Math. Correspondent, New York, 1, 1804, 238-240.

② Math. Miscellany, Flushing, N. Y., 1, 1836, 67-72.

③ Annales Univ. Warsaw, 1913, 1-17(in Russian).

④ L'intermédiaire des math., 25, 1918, 94-95.

$$xy=(2^2+3^2)x^2, x+y=2\cdot 2\cdot 3x^2$$

则有

$$y=13x, 14x=12x^2$$

Paul Halcke① 给出了问题的三种解法.

L. Aubry, Welsch 和 E. Fauquembergue② 证明了问题对整数不成立.

Diophantus, Ⅱ, 26 发现了两个数($12x^2$ 与 $7x^2$),使得他们和的平方($16x^2$)减去任意一个数都会给出完全平方数,因而有 $19x^2=4x$.

这个问题同样被 J. H. Rahn 与 J. Pell③ 考虑过,后者考虑了三个数的相关问题(Diophantus, Ⅲ, 3).

Bháscara④ 将 $7y^2+8z^2$ 与 $7y^2-8z^2+1$ 同时写为了完全平方数. 通过"受影响平方"的方法将 $8z^2$ 视为相加量而 $2z$ 视为最小根,因而我们得到 $7(2z)^2+8z^2=(6z)^2$. 对于 $y=2z$,第二个表达式变成 $20z^2+1$,因而在 $z=2$ 与 36 时是完全平方数.

W. Emerson⑤ 将 $xy+x$ 和 $xy+y$ 同时写为了完全平方数.

Fr. Buchner⑥ 通过取 $y=p^2x+1$ 将 $xy-x$ 和 $xy-y$ 同时写为了完全平方数. 因而有当 $x=\frac{m^2+1}{2mp-p^2+1}$ 时, $xy-y=(px-m)^2$.

S. Tebay⑦ 将 $x^2+cxy+y^2\pm a$ 同时写为了完全平方数. 令 $x^2+cxy+y^2+a=(y+p)^2$,因而决定了 y. 那么如果 $x^4+\cdots=(x^2-cpx+q)^2$,则有 $x^2+cxy+y^2-a=\square$,因而决定了 x.

一些人⑧证明了 $P+Q=R^2, P^3+Q^3=S^2$ 说明了 P^3+Q^3 是两个完全平方数的和

$$P^3+Q^3=R^2\left[\frac{1}{4}(S+P-Q)^2+\frac{1}{4}(S-P+Q)^2\right]$$

同时 PQ 可以被 12 整除,为了找到⑨所有的整数解 P, Q,设 $Q=\frac{Pq}{p}$. 那么 $P+Q=R^2$ 给出了 P 的值,而如果 $p^2+q^2=p^2s^2$,那么 $P^2+Q^2=s^2P^2$,因此如

---

① Deliciae Mathematicae, oder Math. Sinnen-Confect, Hamburg, 1719, 245-246.

② L'intermédiaire des math., 18, 1911, 71-72, 285-286; 20, 1913, 249.

③ Rahn's Algebra, Zurich, 1659, 110. An Introduction to Algebra, transl. by T. Brancker... augmented by D. P[ell], London, 1668, 100.

④ Vija-gaṅita, § 187; Colebrooke, p. 252.

⑤ A Treatise of Algebra, London, 1764, 1808, p. 379.

⑥ Beitrag zur Aufl. unbest. Aufg. 2 Gr., Progr. Elbing, 1838.

⑦ Math. Quest. Educ. Times, 44, 1886, 62-63.

⑧ Ibid., 54, 1891, 38.

⑨ Ibid., 60, 1894, 128. Cf. Teilhet of Ch. ⅩⅪ.

果 $p=m^2-n^2$,那么 $q=2mn$.

A. C. L. Wilkinson① 将 $2y^2-z^2$ 与 $2z^2-y^2+1$ 同时写为了完全平方数,记为 x^2 与 u^2. 设 $x=a+b$, $z=a-b$,那么 $x^2+z^2=2y^2$ 给出了 $a^2+b^2=y^2$; $a, y=k(m^2\mp n^2)$; $b=2kmn$. 取 $m=9$, $n=7$,那么 $u^2=193(2k)^2+1$. 通过$\sqrt{193}$的连分数

$$u=6\ 224\ 323\ 426\ 849, k=224\ 018\ 302\ 020$$

A. Gérardin 与 R. Goormaghtigh② 考虑了

$$(y-x)^2+x=A^2, (y-x)^2-y=B^2$$

问题. 相加并且设 $t=x-y$,那么就会变成 $2t^2+t=A^2+B^2$,是一个简单的问题.

① Jour. Indian Math. Club, 2, 1910, 193.

② L'intermédiaire des math., 22, 1915, 193; 24, 1917, 84-85.

两个二次方程系统

第十七章

1 两个二元二次方程

Beha-Eddin①(1547—1622) 包含了以前遗留下的未解决的使 $x^2+y=10, y^2+x=5$ 成立的 7 个问题. Nesselmann 注意到方程没有有理解. Marre 注意到它导致了方程 $x^4-20x^2+x+95=0$ 没有有理解.

Cataldi② 要求 x, y 使得 x^2+y^2 与 $\frac{xy}{(x-y)^2}$ 具有给定值,并且分别讨论了给定值为 20 和 1 的情况.

Fermat③ 把这个问题考虑为去寻找有多少种方式使得一个给定的数 m 是两个乘积为完全平方的数的差. 如果 $m=2^k p^a q^b$,其中 p 和 q 是奇质数,这样的方式有 $2ab+a+b$ 种. 如果存在第三个奇质数 r,其幂次为 c,那么就有

$$4abc+2ab+2ac+2bc+a+b+c$$

种方式,依此类推.

---

① Essenz der Rechenkunst von Mohammed Beha-eddin ben Alhossain aus Amul, arabisch u. deutsch von G. H. F. Nesselmann, Berlin, 1843, p. 55. French transl. by A. Marre, Nouv. Ann. Math., 5, 1846, 313. Cf. Genocchi, Annali di Sc. Mat. e Fis., 6, 1855, 297.

② Nuova Algebra Proportionale, Bologna, 1619, 51 pp. (chiefly on cubes and cube roots, pp. 42-43).

③ Oeuvres, Ⅱ, 216; letter from Fermat to Mersenne, Dec. 25, 1640.

如果①$x^2+y=y^2+x$,$x^2+y^2=\square$,那么$x=y$或者$x=1-y$.对于后者,方程$x^2+y^2=(ry-1)^2$给出了y.

A. Martin②通过令$x=az$,$y=bz$,$z=\frac{a+b}{a^2+b^2}$找到了方程$x+y=x^2+y^2=\square$的有理解,其中$a^2+b^2=\square$,最后一个方程以一般的方式被满足. M. Brierley③取$y=rx$,并且找到了$x=\frac{r+1}{r^2+1}$.从$r^2+1=\square$可以得到$r=\frac{3}{4}$.

J. Hammond④为了将两个未知质数x,y的乘积N分为两部分,每一个部分都大于1,使得$PQ\equiv-1 \pmod N$,对于每一个$m(1<m\leqslant 15)$,所有的方程$P+Q=N$,$PQ+1=mN$从$P=m+n$,$Q=m+n_1$,$N=2m+n+n_1$,$nn_1=m^2-1$得到的解n,n_1,P,Q,N,x,y都被制成了表格.

2 Heron 与 Planude 的问题;一般化

Alexandria 的 Heron⑤(公元前1世纪)考虑了两个问题:

(Ⅰ)寻找两个矩形使得第一个的面积是第二个的三倍(并且第二个的周长是第一个的三倍).他陈述到第一个矩形的边长是$3^3\cdot 2=54$与$54-1=53$;而第二个的边长是$3(53+54)-3=318$与3;其面积分别为2 862与954(半周长分别为107与321).

(Ⅱ)寻找两个周长相等的矩形,使得第二个矩形的面积是第一个的四倍.第一个矩形的两边之和取为$4^3-1=63$,且一边长为$4-1=3$,因此另一边为$63-3=60$.对于第二个矩形,一边长为$4^2-1=15$,另一边长为$63-15=48$,面积为180与720.

Alexandria 的 Pappus⑥(公元3世纪末)讨论了更简单的(确定的)问题:考虑一个平行四边形,找到另一个平行四边形,其边长和第一个的边长有给定的比值,且面积比也有另一个给定的值.

---

① The Gentleman's Math. Companion, London, 4, No. 20, 1817, 643-644.

② Math. Quest. Educ. Times, 62, 1895, 70.

③ Ibid., 67, 1897, 72.

④ Math. Quest. and Solutions, 1, 1916, 18-19.

⑤ Liber Geeponicus(ed., F. Hultsch), 218-219. H. Schöne, Heronis Opera, Ⅲ, Leipzig, 1903.

⑥ Sammlung, Buch Ⅲ, Pappus ausgabe(ed., Hultsch), Berlin, 1875, 1877, 1878, 126. Cf. M. Cantor, Geschichte Math., ed. 3, 1, 1907, 454.

Maximus Planude[①](约1260—1310)讨论了一个问题,寻找两个周长相等的矩形,其面积比为 $b:1$. 其结论是用文字叙述的;用代数的语言描述为,一个矩形的边长为 $b-1$ 与 b^3-b,而另一个矩形的边长为 b^2-1 与 b^3-b^2.

G. Valla[②] 应用了 $b=3,4$ 时的上述最后一个规则.

M. Cantor[③] 记录了一般的(但是见 Zeuthen[④])Planude问题的解,如下:第一个矩形的边长为 a 与 $b(b+1)a$,第二个矩形的边长为 $(b+1)a$ 与 b^2a.

P. Tannery[⑤] 讨论了 Heron 的两个问题的推广

$$a(x+y)=u+v,xy=buv \tag{1}$$

并且陈述了通过令 $a=pq,a^2b-1=rs,\beta b=mn$ 得到的一般解

$$u=\alpha\beta q,v=a(x+y)-u,x=abu+\alpha^2q^2ur,y=abu+\beta ms$$

对于 $a=b$ 的情况,Heron 给出了

$$x=2a^3,y=2a^3-1,u=a,v=2a(2a^2-1)$$

对于 $a=1$ 的情况

$$x=b^2-1,y=b^2(b-1),u=b-1,v=b(b^2-1) \tag{2}$$

Ad. Steen[⑥] 讨论了 Planude 问题的有理解.

H. G. Zeuthen[⑦] 记录道,为了获得在 $a=b$ 的情况下方程(1) 的 Heron 的解,假设 $u=a$,其中第一个方程中的 v 是 a 的倍数 za. 因此 $x+y=1+z,xy=a^3z$. 消去 z,我们得到

$$(x-a^3)(y-a^3)=a^3(a^3-1)$$

当 $x-a^3=a^3-1,y-a^3=a^3$ 时成立. 接下来,对于 $a=1$,尝试 $v=bx,y=b^2u$. 那么第一个方程(1) 给出了 $(b-1)x=(b^2-1)u$,它被方程(2) 所满足. 如果我们把方程(2) 中的公因子 $b-1$ 替换成 a,我们得到了 Cantor 的解,但并不是一般解. 如果我们用 $\frac{v}{x}=m$,而不是之前用到的 $\frac{v}{x}=b$,那么通过方程(1_2) 我们得到 $y=mbu$,并且找到了当 $a=b$ 时方程(1) 的通解为

$$\frac{x}{mb-1}=\frac{y}{mb(m-1)}=\frac{u}{m-1}=\frac{v}{m(mb-1)}$$

---

① Computation(Rechenbuch, Livre de Calcul). Greek text by C. I. Gerhardt, Halle, 1865, pp. 46, 47. German transl. (inadequate) by H. Waeschke, Halle, 1878. M. Cantor, Geschichte Math., ed. 3, 1, 1907, 513.

② De Expetendis et fugiendis rebus opus, Aldus, 1501, Liber Ⅳ(= Arithmeticae, Ⅲ), Cap. 13.

③ Die Römischen Agrimensoren, 1875, 62-63, 194-195.

④ Bibliotheca Math., (3), 8, 1907-1908, 118-120, 127-129.

⑤ L'Arith. des Grecs dans Héron d'Alexandrie, Mém. soc. sc. phys. et nat. Bordeaux, (2), 4, 1882, 92.

⑥ Tidsskrift for Math., (5), Ⅱ, 139-147.

⑦ Bibliotheca Math., (3), 8, 1907-1908, 118-120, 127-129.

G. Lemaire[①] 与 E. B. Escott[②] 给出了 Planude 问题的解

$$c, \frac{cb^2}{1+b}; \frac{c}{1+b}, cb.$$

当 $c=b^2-1$ 时，它会变成方程(2). Escott 给出了问题，寻找两个边长相等，面积相等，而体积比为给定比值 q 的两个特解

$$x+y+z=a+b+c, xy+yz+zx=ab+bc+ca, xyz=qabc$$

见第二十一章的文献[③④⑤].

U. Bini[⑥] 给出了最后一个问题的两个整数解，以及 Planude 问题的解的 9 个集合，其中每一个集合包含一个参数. 他有理化了对于 $a=1$ 情况下满足方程(1) 的根为 x,y 的二次方程的判别式.

3 系统 $x=2y^2-1, x^2=2z^2-1$

Fermat[⑦] 说明 $x=7$ 是除了显然的解 $x=\pm 1$ 以外的唯一整数解. 这段历史查阅《数论史研究. 第 1 卷》.

E. Lucas[⑧] 写下了 $x=2y^2-w^2, w=\pm 1$. 那么就有 $x^2=(2y^2+w^2)^2-2(2yw)^2$. 将后者用 $-1=1^2-2\cdot 1^2$ 去乘，那么 $x^2=2r^2-s^2$，其中 $r=2y^2+w^2-2yw, s=2y^2+w^2-4yw$. 从提出的第二个条件来看，令 $s=\pm 1$，由 $x^2=2r^2-s^2$，我们得到

$$r^2=\left(\frac{x+1}{2}\right)^2+\left(\frac{x-1}{2}\right)^2$$

同时因为 $w=\pm 1$，所以 $r=(y\pm 1)^2+y^2$. 因此 r 和 r^2 是连续整数的平方和，且 $r=5, x=7$.

T. Pepin[⑨] 通过消去 x 得到了 $2y^2(y^2-1)=z^2-1$. 对于 y 是奇数的情况，

---

① L'intermédiaire des math., 14, 1907, 287.

② Ibid., 15, 1908, 11-13.

③ L'intermédiaire des math., 16, 1909, 41-43, 112, Cf. Desboves; also Sphinx-Oedipe, 8, 1913, 140, and Ch. XXIV.

④ Messenger Math., 39, 1909-1910, 86-87.

⑤ Ibid., and Amer. Math. Monthly, 16, 1909, 107-114.

⑥ Ibid., 15, 1908, 14-18.

⑦ Oeuvres, Ⅱ, 434, 441; letters to Carcavi, Aug., 1659, Sept., 1659. Cf. C. Henry, Bull. Bibl. Storia Sc. Mat. e Fis., 12, 1879, 700; 17, 1884, 342, 879, letter from Carcavi to Huygens, Sept. 13, 1659 (extract from letter from Fermat).

⑧ Nouv. Ann. Math., (2), 18, 1879, 75-76. His u, x, y are replaced by x, y, w.

⑨ Atti Accad. Pont. Nuovi Lincei, 36, 1882-1883, 23-33.

$y=\alpha\beta, z\pm1=2\alpha^2h, z\mp1=8\beta^2k$,因而有 $\alpha^2\beta^2-1=8hk, \pm1=\alpha^2h-4\beta^2k$,因此可以得到$(\alpha^2\pm4k)(\beta^2\mp h)=4hk$. 那么有 $\alpha^2\pm4k=mh, \beta^2\mp h=4nk$,其中 m, n 是使得 $mn=1$ 的整数. 如果 $m=n=+1$,那么下面的符号不成立,而上面的符号给出 $2h=\beta^2+\alpha^2, 8k=\beta^2-\alpha^2$,而 $\alpha^2\beta^2-1=8hk$ 变成$\alpha^4-2\gamma^2=1, \gamma=\frac{\alpha^2-\beta^2}{2}$. $m=n=-1$ 的情况给出了相同的关系. 这个 Pell 方程没有除了 $\alpha=\pm1, \gamma=0$ 以外的整数解. 接下来如果 y 是偶数, $y=2u$,那么
$z^2=(2u)^4+(4u^2-1)^2, z=f_1^2+4g^2, \pm(4u^2-1)=f^2-4g^2, \pm4u^2=4fg$
其中 f,g 是互质的整数;上面的符号通过使用模 4 可以被排除. 限制在正整数,我们有

$$u=\alpha\beta, f=\alpha^2, g=\beta^2$$

因此

$$(\alpha^2+2\beta^2)^2=1+2(2\beta^2)^2$$

这个讨论作为 Pell 方程得到了条件 $m^4-2n^4=\pm1$. 上面的符号不成立,因为它要求 $1+c^4=d^2$. 对于下面的符号 $m^2=n^2=1$,正如在他的下一篇文章①中所述的.

A. Genocchi② 通过消除 x 的方法考虑了 $z^2=y^4+(y^2-1)^2$. 当 y 为奇数时

$$y^2-1=\frac{f^2-g^2}{2}, y^2=fg$$

其中 f,g 为互质的奇数. 那么可以得到 $f=m^2, g=n^2$,且 $2(m^4+1)=(m^2+n^2)^2$,根据已知的关于 $2r^4+2s^4=\square$ 的定理有 $m^2=n^2=1, x=1$. 对于 y 是偶数, $y^2-1=f^2-g^2, y^2=2fg$,其中 f,g 是互质的,且 f 是偶数. 那么 $f=2\alpha^2, g=\beta^2$,且 $p^2=1+8\alpha^4$,其中 $p=2\alpha^2+\beta^2$. 因此 $p\pm1=2m^4, p\mp1=4n^4$. 那么 $m^4\mp1=2n^4$,除非 $m^2=1$,否则无解,在有解的情况下 $x=-1$ 或 7.

Genocchi③ 引用了他在第十六章中的文章④,其中他证明了 $2r^4+2s^4\neq\square$,由此 $\rho^4+\sigma^4\neq2\square$,继而得到 Pepin⑤ 的条件 $m^4+1=2(n^2)^2$ 要求 $m^2=1$.

S. Realis⑥ 给出了一个和 Genocchi 的讨论⑦非常相似的讨论.

---

① Atti Accad. Pont. Nuovi Lincei, p. 35.

② Nouv. Ann. Math., (3), 2, 1883, 306-310.

③ Bull. Bibl. Storia Sc. Mat., 16, 1883, 211-212.

④ Annali di Sc. Mat. e Fis., 6, 1855, 129-134, 291-292.

⑤ Atti Accad. Pont. Nuovi Lincei, 36, 1882-1883, 23-33.

⑥ Ibid., p. 213. Reproduced, Sphinx-Oedipe, 4, 1909, 175-176.

⑦ Nouv. Ann. Math., (3), 2, 1883, 306-310.

E. Turriere① 考虑了系统 $x=2y^2-1,x^2=2z^2-1$.

4 一个数和它的平方都是两个连续的完全平方数的和

E. de Jonquières② 给出了在 y 仅是质数时成立的证明,他说明了只有当 $y=5$ 时 y 和 y^2 同时是两个连续完全平方数的和.但是像一个数及其平方可以同时表示为 $x^2+t(x+1)^2$ 的形式,可以得到 $t=1,2,4,5,7$ 或 9 这样的情况证明了他的结果③是错误的.查阅 Lucas④ 和第十六章的文献⑤⑥.

T. Pepin⑦ 将问题简化到一个他没有完全解决的特定的四次型.如果 $y=P^2+P_1^2$,所有将 y^2 分解到两个互质的完全平方数的和具有 $y^2=(P^2-P_1^2)^2+(2PP_1)^2$ 的形式.取 $2PP_1$ 和 $\pm(P^2-P_1^2)$ 是连续的整数,de Jonquières 假设 P 和 P_1 必须是连续的.虽然这个条件在 y 是质数的次幂或者是它的二倍时是必要的,但它一般来讲不是必要的.

E. Catalan⑧ 提出问题:数 $2x$ 是否可以写成两个连续奇数的平方和,且 $(2x)^2$ 是两个连续偶数的平方和,且引用了 $2x=10$ 的情况.G. C. Gerono⑨ 证明了 $2x=10$ 是等价系统 $x=4y^2+1,x^2=z^2+(z+1)^2$ 的唯一解.

E. Lionnet⑩ 陈述了 1 和 5 是仅有的两个连续整数的平方和的数,且他们的乘积也是这样的平方和的;1 和 5 是仅有的质数 x,y,每一个都是两个连续整数的平方和,且使得 x^2 和 y^2 也是这样的平方和.同样的,1 和 13 以及他们的四次幂都是连续整数的平方和.参看 Lionnet⑪.

---

① L'enseignement math.,19,1917,243-244.

② Nouv. Ann. Math.,(2),17,1878,219-220,241-247,289-310;(2),18,1879,464-465. Cf. Meyl of Ch. Ⅳ.

③ Ibid.,(2),17,1878,419-424,433-446. Cf. Assoc. franç. av. sc.,7,1878,40-49.

④ Nouv. Ann. Math.,(2),18,1879,75-76. His u,x,y are replaced by x,y,w.

⑤ Nouv. Ann. Math.,(2),17,1878,381-383.

⑥ Atti Accad. Pont. Nuovi Lincei,32,1878-1879,281-292.

⑦ Atti Accad. Pont. Nuovi Lincei,32,1878-1879,295-298.

⑧ Nouv. Ann. Math.,(2),17,1878,518.

⑨ Ibid.,521.

⑩ Nouv. Ann. Math.,(2),20,1881,514.

⑪ Nouv. Ann. Math.,(2),19,1880,472-473. Repeated in Zeitschr. Math. Naturw. Unterricht, 12,1881,268.

5　其他两个方程的系统

Bháskara① 给出了系统 $x^2+y^2+xy=z^2,(x+y)z+1=\square$ 的解. 包含平方和的两方程系统,见第六章的文献②③和第七章的文献④.

"Umbra"⑤ 发现它们与它们的平方和做和或做差给出了完全平方数的数 $ax,bx,cx,\cdots$. 令 $S=a+b+c+\cdots$. 选择 $a,b,\cdots$,使得其平方和是一个完全平方数,记作 q^2(通过设 $q=a+m$ 和寻找 a). 因此 $q^2x^2\pm sx$ 应该是完全平方数. 取 $t=\frac{s}{q^2}$,那么 $x^2\pm tx$ 应该是完全平方数. 通过 $x^2+tx=(k-x)^2$ 决定 x. 之后如果 $k^2-2kt-t^2=\square=(n-k)^2$,那么 $x^2-tx=\square$,这样就可以决定 k.

R. F. Muirhead⑥ 为了寻找方程对 $x^2-px+q=0,x^2-qx+p=0$,其根是大于或等于 0 的整数,找到了所有 $\alpha+\beta=\alpha'\beta',\alpha'+\beta'=\alpha\beta$ 的大于或等于 0 的整数解. 令 $r=(\alpha-1)(\beta-1),r'=(\alpha'-1)(\beta'-1)$,由此 $r+r'=2$. 可以看到 $\alpha\neq 0$. 因此只有 $r=0,r'=2,\alpha'=2,\beta'=3,\alpha=1,\beta=5$,或者 $r=2,r'=0$,或者 $r=r'=1,\alpha=\alpha'=\beta=\beta'=2$. 他同时解出了方程对 $\beta\pm\alpha=\alpha'\beta',\beta'-\alpha'=\alpha\beta$.

A. Cunningham⑦ 通过乘以 $2\cdot 10^3$ 且令 $a_j=10^3N_j+r$ 的方式,解出了方程 $S_1=S_2=S_3$,其中 $S_i=500(N_i^2-N_{i+1}^2)+r(N_i-N_{i+1})$. 因此 $a_1^2-a_2^2=a_2^2-a_3^2=a_3^2-a_4^2$. 但是如果四个整数的平方是等差数列,那么已知结果告诉我们它们相等.

M. Rignaux⑧ 给出了两个系统

$$xy+zt=\square,xz-yt=\square;xy+zt=xz-yt=u^4$$

的整数解.

A. Boutin⑨ 证明了 $x^2-2y^2=1,y^2-3z^2=1$,说明 $y^2=4$.

---

① Víja-gan'ita (algebra), Ch. 3, §§75-99, "Affected square." Colebrooke, 170-184.

② Zeitschrift Math. Naturw. Unterricht, 13, 1882, 94-98, 102.

③ L'intermédiaire des math., 19, 1912, 151.

④ Jour. Indian Math. Club, 2, 1910, 202.

⑤ The Gentleman's Math. Companion, London, 4, No. 20, 1817, 673-675.

⑥ Math. Quest. Educ. Times, 70, 1899, 84-86.

⑦ Ibid., (2), 10, 1906, 29.

⑧ L'intermédiaire des math., 25, 1918, 113-115.

⑨ Ibid., 26, 1919, 123.

三个或更多一元或二元二次函数同时为完全平方数

第十八章

1 $a^2x^2+dx, b^2x^2+ex, \cdots$ 同时为完全平方数

J. Cunliffe① 取 $v^2+mv=(d-v)^2$，由此 $v=\frac{d^2}{2d+m}$. 如果 $d^2+2dn+mn=(q-d)^2$，那么 $v^2+nv=\square$. 这给出了 d. 如果

$$(q^2-mn)^2+4p(q+n)(q^2-mn)+4mp(q+n)^2$$
$$=\square=(q^2-2pq-mn)^2$$

那么 $v^2+pv=\square$，由此 $q=\frac{p-m-n}{2}$.

W. Wright② 令由 $d^2+2dn+mn=(q-d)^2$ 和 $d^2+2dp+mp=(t-d)^2$ 所给出的两个 d 值的分子和分母相等，因而有 $q^2-mn=t^2-pm, n+q=p+t$. 通过相除，$q+t=-m$. 因此 $q=\frac{p-m-n}{2}$.

---

① The Math. Repository(ed. ,Leybourn),London,3,1804,97. The Gentleman's Math. Companion,London,3,No. 14,1811,300-302. Same in Math. Quest. Educ. Times,14,1871,54,24,1876,28.

② The Gentleman's Math. Companion,5,No. 24,1821,59-60;5,No,26,1823,214.

当 $k=a,b,c$ 时,A. B. Evans① 将 k^2x^2-kx 写为了完全平方数. 从 $a^2x^2-ax=(a-m)^2x^2$ 我们得到 x. 如果 $a^2b^2c^2-abc^2d=y^2, a^2b^2c^2-ab^2cd=z^2, d=2am-m^2$,那么可以得到 $b^2x^2-bx=\square, c^2x^2-cx=\square$. 相减并且令

$$bc(2a-m)=y+z, m(ab-ac)=y-z$$

用 $a^2b^2c^2-abc^2d=y^2$ 替换 y,我们得到

$$m=\frac{4abc(ab-bc+ac)}{4ab^2c-(ab+bc-ac)^2}$$

J. Matteson② 通过取 $2d+m=A+B, n-p=A-B$,解出了方程

$$d^2+2dn+mn=A^2, d^2+2dp+mp=B^2$$

将得到的 A 的值带入初始的第一个方程,我们得到了有理的 d. 一个相同的 d 值也可以通过使用 B 得到. 他陈述了如果 m,n,p 是 2 016,3 000,3 696,4 056 当中的任意三个数(或者是 13 个特定的 6 或 7 位数中的任意三个),那么当 $v=65^2$ 时,六个表达式 $v^2\pm mv, v^2\pm nv, v^2\pm pv$ 同时为完全平方式.

D. S. Hart③ 找到了三个完全平方数,使得他们每一个与其开根号的数相加是完全平方数. 设 ax, bx, cx 是根. 取 $a^2x^2+ax=m^2x^2$. 对于得到的结果 x 的值,如果 $a^2b^2-a^3b+abm^2$ 与 $a^2c^2-a^3c+acm^2$ 是完全平方数,那么 b^2x^2+bx 与 c^2x^2+cx 也是完全平方数. 由于当 $m=a$ 时就是这种情况,令 $m=a+n$. 将得到的表达式分别乘以 c^2 和 b^2,那么有

$$abc^2n^2+2a^2bc^2n+a^2b^2c^2=\square=A^2, ab^2cn^2+2a^2b^2cn+a^2b^2c^2=B^2$$

考虑作差的因数,我们令

$$a(c-b)n=A-B$$

$$2abc+bcn=A+B$$

将得到的 A 值带入含有 A^2 的方程. 我们发现

$$n=\frac{4abc(ab+ac-bc)}{(ac+bc-ab)^2-4abc^2}$$

$$x=\frac{[(ac+bc-ab)^2-4abc^2]^2}{8abc(ac+bc-ab)(ac+ab-bc)(ac-ab-bc)}$$

如果我们取

$$a=2rs-r^2+s^2, b=r^2+s^2, c=2rs+r^2-s^2$$

那么最开始的完全平方数将会是一个等差数列,由此如果 $r=2, s=1$,那么可以

① Math. Quest. Educ. Times, 14, 1871: 55-56.

② The Analyst, Des Moines, 2, 1875, 46-49.

③ Ibid., 3, 1876, 81-83.

得到 $a=1,b=5,c=7$. 则 $x=\frac{151\ 321}{7\ 863\ 240}$,这个结果由 J. D. Williams[①] 从完全平方数 $x^2,25x^2,49x^2$ 出发得到. 对于 $r=4,s=3$,我们得到 $a=17,b=25,c=31$, $x=-X$,其中 $X=\frac{(864\ 571)^2}{11\ 011\ 044\ 931\ 800}$,且因此有一个 $a^2X^2-aX=\square,\cdots$, $c^2X^2-cX=\square$ 的解(Perkins[②]).

Hart[③] 解出了当 $k=a',b',\cdots$ 时的方程 $k^2x^2+kx=\square$. 除以 k^2,并且令 $a=\frac{1}{a'},\cdots$,那么 $x^2+ax,x^2+bx,\cdots$ 是完全平方数. 令 $x=z^2$,那么 z^2+a, $z^2+b,\cdots$ 是完全平方数. 假设 z^2 是两个完全平方数的和,并且按要求:$z^2=m^2+n^2=p^2+q^2=\cdots$,且令 $a=2mn,b=2pq,\cdots$,那么

$$z^2+a=(m+n)^2,z^2+b=(p+q)^2,\cdots$$

J. Matteson[④] 给出了放大的 Hart[⑤⑥] 的解.

G. B. M. Zerr[⑦] 解出了系统

$$x^2+y^2=z^2+w^2=\square,x^2-w^2=z^2-y^2=\square$$

以及系统

$$(m^2+n^2)^2x^2\pm(m^2+n^2)x=\square$$

$$(m^2-n^2)^2x^2\pm(m^2-n^2)x=\square$$

$$4m^2n^2x^2\pm 2mnx=\square$$

P. von Schaewen[⑧] 将 $4x^2-2x,4x^2+3x,4x^2+5x$ 同时写为了完全平方数. 令 $x=\frac{1}{4x_1}$,我们将使 $1-2x_1,1+3x_1,1+5x_1$ 同时为完全平方数(第十五章中的 von Schaewen[⑨]).

对于三个完全平方数加上或减去他们开根号的数依然为完全平方数的问

---

① Algebra,Boston,1840,413.

② The Analyst,1,1874,101-105.

③ Math. Quest. Educ. Times,39,1883,47-49.

④ Collection of Diophantine Problems with Solutions(ed. ,A. Martin),Washington,D. C. , 1888,pp. 10-20.

⑤ The Analyst,Des Monines,3,1876,81-83.

⑥ Math. Quest. Educ. Times,39,1883,47-49.

⑦ Amer. Math. Monthly,15,1908,17-18. Erroneous solution in J. D. Williams' Algebra, 1832,419.

⑧ Archiv Math. Phys. ,(3),17,1911,249-250.

⑨ Miscellanea Math. ,London,1775,110.

题,见第十四章的文献[①~⑦]. 对于两个完全平方数的问题,见第十六章的文献[⑧⑨];第十七章的文献[⑩].

2 三个二元线性与二次函数同时为完全平方数

第十五章的Brahmegupta[⑪]将$x+y$,$x-y$与$xy+1$同时写为完全平方数.

为了寻找两个数,他们的乘积是一个完全平方数,且乘积加上他们其中的任意一个也是完全平方数,J. Hampson[⑫]取b^2a与a作为想要寻找的数. 同时也有待保证$b^2+1=\square=(b-c)^2$,这个方程给出了b的值. R. Mallock取两个相互垂直的线段AC与CD;令CB是$\triangle ACD$的高. 那么AB和DB则表示要求的数.

T. Thompson[⑬]将给出的完全平方数a^2分为两部分$\frac{r^2-2rs^2}{4rs+1}$,$\frac{s^2+2r^2s}{4rs+1}$,使得每一部分加上另一部分的平方是一个完全平方数. 取$s=r+1$. 那么如果$2r+1=a^{-1}$,那么分数和为a^2,由此$r=\frac{1-a}{2a}$.

J. Whitley[⑭]取$x^2+y=(x+v)^2$,$y^2+x=(y+z)^2$,这里用v,z给出x,y(Euler[⑮]). 取$v=1-z$,那么$x+y=a^2$给出了$z=\frac{a-1}{2a}$.

---

① Math. Repository led. ,Leybourn,London,3,1804,97-106,Prob. 7.

② New Series of Math. Repository (ed. ,T. Leybourn),1,1806, Ⅰ,99.

③ Nouv. Ann. Math. ,(2),1,1862,213-219.

④ Math. Quest. Educ. Times,14,1871,54. A Collection of Diophantine Problems by J. Matteson,pub. by A. Martin,Washington,D. C. ,1888, § 10,pp. 14-16.

⑤ The Gentleman's Math. Companion,5,No. 24,1821,41-44.

⑥ The Gentleman's Math. Companion,5,No. 27,1824,274-277.

⑦ J. R. Young's Algebra,Amer. ed. ,1832,341.

⑧ Extrait du Fakhri,French trench transl. by F. Woepcke,Paris,1853, (28),p. 85;same in (27),pp. 111-112.

⑨ Tre Scritti,98;Scritti,Ⅱ,272.

⑩ The Gentleman's Math. Companion,London,4,No. 20,1817,673-675.

⑪ Brahme-Sphut'a-sidd' hánta,Ch. 18(Algebra), § § 78-79. Algebra,with arith. and mensuration,from the Sanscrit of Brahmagupta and Bháskara,transl. by Colebrooke,1817,pp. 368-369.

⑫ Ladies Diary,1763,p. 34,Quest. 491;Leybourn's Math. Quest. L. D. ,2,1817,209.

⑬ The Gentleman's Diary,or Math. Repository,No. 55,1795. A. Davis'ed. ,London,3,1814, 229-230.

⑭ Ibid. ,No. 68,1808,36-37,Quest. 917.

⑮ Algebra,2,1770,art. 239;French transl. ,lyon,2,1774,335-336. Opera Omnia,(1), Ⅰ,482.

J. Cunliffe① 找到了两个数,使得他们的和加上或减去他们的差或者他们的平方差是完全平方数.他取 x 与 $1-x$ 作为待求的数.由于差值只会是 $1-2x$.那么 $2-2x$ 与 $2x$ 将会是完全平方数.取 $2x=4n^2$,$n=s-\frac{1}{2}$,那么

$$2-2x=1+4s-4s^2=\square=(2rs-1)^2$$

给出了 s 的值.

W. Wright 与 Winward② 取 x 与 y 作为最后一个问题的待求数.那么 $2x$,$2y$,$x+y\pm(x^2-y^2)$ 应该是完全平方数.令 $x+y=p$,$x-y=q$.那么 $p\pm q$ 与 $p\pm pq$ 应该是完全平方数.取 $p+pq=n^2$,那么若 $1-q^2=\square=(1-rq)^2$,则 $p-pq=\square$,由此有 $q=\frac{2r}{r^2+1}$.令 $n=\frac{m(r+1)}{r^2+1}$,那么若 $(r^2+1)(m^2\pm 2r)=\square$,则有 $p\pm q=\square$.现在若 $r=\frac{v^2-1}{2v}$,则有 $r^2+1=\square$.取 $v=2$,由此 $r=\frac{3}{4}$.取 $m=\frac{p}{2}$,那么若 $P^2\pm 6=\square$,则有 $m^2\pm 2r=\square$.令 $P^2+6=(3R-P)^2$,则给出了 P.令 $R=t+2$,那么若 $4+\cdots+9t^4=\square=(2+36t+3t^2)^2$,则有 $P^2-6=\square$,由此 $t=\frac{47}{6}$.B. Gompertz 取 $x+y=pk^2$,$1+x-y=\frac{1}{p}$,并且通过很长的讨论得到了之前得到的数值解.

“Jesuiticus③”加入了其他的条件 $x+y=\square$.因此

$$x+y=r^2,2x=p^2,2y=q^2,1+x-y=m^2,1-x+y=n^2$$

由此 $p^2+q^2=2r^2$,$m^2+n^2=2$.取 $p=m$,$q=n$,由此 $r=1$.那么若 $m,n=\frac{u^2-v^2\pm 2uv}{u^2+v^2}$,则有 $m^2+n^2=2$.

一些工作者④非常容易地寻找到了两个正的有理数,解决了每一个与它们的平方和 s 比他们的乘积大出一个完全平方数的问题,以及将 s 替换成 $\sqrt{s}$ 的问题.

3 四个二元二次函数同时为完全平方数

L. Euler⑤ 将 $AB\pm A$,$AB\pm B$ 同时写为完全平方数.令 $A=\frac{x}{z}$,$B=\frac{y}{z}$,那

① Ladies' Diary,1810,p. 40,Quest. 1203;Leybourn's M. Quest. L. D.,4,1817,122-124.

② The Gentleman's Math. Companion,London,3,No. 16,1813,421-424.

③ Ladies' Diary,1839,41-42,Quest. 1638.

④ Math. Quest. Educ. Times,5,1866,60-61.

⑤ Novi Comm. Acad. Petrop.,19,1774,112;Comm. Arith.,Ⅱ,53-63;Op. Om.,(1),Ⅲ,338.

么 $xy \pm xz, xy \pm yz$ 将是完全平方数. 由于 $a^2+b^2 \pm 2ab = \square$,令

$$xy = a^2+b^2 = c^2+d^2, xz = 2cd, yz = 2ab$$

那么有

$$z^2 = \frac{4abcd}{a^2+b^2}, \frac{x}{z} = \frac{2cd}{z^2} = \frac{a^2+b^2}{2ab}, \frac{y}{z} = \frac{c^2+d^2}{2cd}$$

选择满足 $a^2+b^2=c^2+d^2$ 以及使 z^2 的表达式是完全平方的数 $a,\cdots,d$ 的问题由 Euler 所考虑. 他通过令(为与上面一致)$A = \frac{a^2+b^2}{2ab}, B = \frac{c^2+d^2}{2cd}$,开始考虑问题. 那么

$$A \pm 1 = \frac{(a \pm b)^2}{2ab}, B \pm 1 = \frac{(c \pm d)^2}{2cd}$$

因此条件变为

$$\frac{c^2+d^2}{4abcd} = \square, \frac{a^2+b^2}{4abcd} = \square$$

通过令

$$a = p^2 - q^2, b = 2pq; c = r^2 - s^2, d = 2rs$$

使分子写为 r^2+s^2 和 p^2+q^2 的完全平方. 为了使共同的分子是完全平方数,我们有条件 $pq(p^2-q^2) \div rs(r^2-s^2) = \square$,如果我们有两个有理的直角三角形,他们面积的比是完全平方数,上述条件将会被满足(参看 Euler[①]). 对于 $p=3\alpha$, $q=2\beta-\alpha, r=3\beta, s=2\alpha-\beta$ 以及 7 个相似的集合,上述比值为$\frac{\alpha}{\beta}$. $\alpha=9, \beta=4$ 的情况给出 $p=27, q=-1, r=12, s=14$. 通过 $xy(x^2-y^2)$ 的值的表格,我们得到对于 $x=5, y=2; x=6, y=1; x=8, y=7$ 的等面积为$2 \cdot 3 \cdot 5 \cdot 7$ 的直角三角形;以及在

$$r = p = m^2 + mn + n^2, q = m^2 - n^2, s = n^2 + 2mn$$

情况下的两个等面积的直角三角形.

Euler[②] 将四个表达式 $AB \pm A \pm B$ 同时写为了完全平方数. 令 $A = \frac{x}{z}, B =$

---

① Mém. Acad. Sc. St. Pétersbourg, 11, 1830(1780), 12; Comm Arith., Ⅱ, 425-437.

② Novi Comm. Acad. Petrop., 15, 1770, 29; Mém., 11, 1830(1780), 31; Comm. Arith., Ⅰ, 414; Ⅱ, 438. The simpler solution here reproduced is given in the second of these two papers, and is practically the same as that in Euler's posthumous paper, Comm. Arith., Ⅱ, 586-587; Opera postuma, 1, 1862, 137-139. In two letters to Lagrange(Oeuvres, ⅩⅣ, 214, 219), Jan. and March, 1770, Euler(Opera postuma, 1, 1862, 573-574) gave discussions occurring in the first and third of these papers. On the related problem to find p, q, r, s such that $\lambda pqrs(p^4-s^4)(q^4-r^4) = \square$, see Euler, Opera postuma, Ⅰ, 487-490(about 1766). The second letter is quoted in l'intermédiaire des math., 21, 1914, 129-131, and in Sphinx-Oedipe, 7, 1912, 57-58. First paper in Opera Omnia, (1), Ⅲ, 148.

$\frac{y}{z}$. 那么 $xy \pm z(x+y)$ 与 $xy \pm z(x-y)$ 应该是完全平方数. 这将是这样的情况

$$xy = a^2 + b = c^2 + d^2, z(x+y) = 2ab, z(x-y) = 2cd$$

由此

$$x = \frac{ab+cd}{z}, y = \frac{ab-cd}{z}, z^2 = \frac{a^2b^2 - c^2d^2}{a^2+b^2}$$

由于 xy 应该是两种方式的两个完全平方数的和,令

$$a = pr + qs, b = ps - qr, c = pr - qs, d = ps + qr$$

那么

$$x = \frac{2rs(p^2-q^2)}{z}, y = \frac{2pq(r^2-s^2)}{z}, z^2 = \frac{4pqrs(p^2-q^2)(r^2-s^2)}{(p^2+q^2)(r^2+s^2)}$$

当且仅当 $pq(p^4-q^4) \cdot rs(r^4-s^4) = \square$ 时,最后的表达式是完全平方数. 通过特殊的假设,Euler 得到了值

$$p = (\alpha+\beta)(\alpha+2\beta), q = \beta(3\beta-\alpha), r = 4\beta(\alpha+2\beta), s = \alpha^2 + 4\alpha\beta - \beta^2$$

那么

$$p^2+q^2 = (\alpha^2+\beta^2)v, r^2+s^2 = (p+q)v, v \equiv \alpha^2 + 6\alpha\beta + 13\beta^2$$

$$r+s = (\alpha+\beta)(\alpha+7\beta), r-s = (3\beta+\alpha)(3\beta-\alpha), p-q = s$$

这个条件因此变为$(\alpha+3\beta)(\alpha+7\beta)(\alpha^2+\beta^2) = \square$,这个问题通过用通常的方法被考虑过. 从 $\alpha = 2, \beta = 1$ 与 $\alpha = -17, \beta = 7$,我们得到解

$$A, B = \frac{13 \cdot 29^2}{8 \cdot 9^2}, \frac{5 \cdot 29^2}{32 \cdot 11^2}, \frac{13^2 \cdot 53^2}{3 \cdot 4 \cdot 7 \cdot 59^2}, \frac{37 \cdot 13^2 \cdot 53^2}{3 \cdot 7 \cdot 4^2 \cdot 5^2 \cdot 19^2}$$

Euler① 将 $x+y \pm x^2, x+y \pm y^2$ 同时写为了完全平方数. 将 x, y 替换成$\frac{x}{z}$,$\frac{y}{z}$. 则$(x+y)z \pm x^2, (x+y)z \pm y^2$ 应是完全平方数. 如果

$$x^2 = 2AB, y^2 = 2CD, (x+y)z = A^2 + B^2 = C^2 + D^2$$

那么是这种情况. 如果

$$A = ac + bd, B = ad - bc, C = ad + bc, D = ac - bd$$

那么最后的等式是成立的. 前面两个条件在

$$x = Af, y = Cg, 2B = Af^2, 2D = Cg^2$$

时成立. 对于后面的

$$\frac{a}{b} = \frac{2c + df^2}{2d - cf^2}, \frac{a}{b} = \frac{2d + cg^2}{2c - dg^2}$$

① Mém. Acad. Sc. St. Pétersbourg, 11, 1830(1780), 46; Comm. Arith., Ⅱ, 447.

这等价于

$$\frac{d}{c}=\frac{2(f^2-g^2)\pm\sqrt{R}}{4+f^2g^2},R\equiv(4+f^4)(4+g^4)$$

因此如果我们有 $R=\square$,那么问题会被解决.令 $g=1$.如果对于 $f=1$(此时 $x=y$)有 $R=\square$,我们取 $f=1+t$.那么若 $t=\frac{60}{11}$,则 R 是 $5+2t+\frac{13t^2}{5}$ 的平方.约去 x,y 的公因子 13,我们有

$$x=4\cdot 11\cdot 71,y=4\cdot 37\cdot 61,z=\frac{5\cdot 37^2\cdot 61^2}{2\cdot 49\cdot 31}$$

带有三个或三个以上未知数的二次方程组

第十九章

1 $x^2+y^2, x^2+z^2, y^2+z^2$ 的所有平方数

Paul Halcke[①] 得出解 $x=44, y=240, z=117$.

N. Saunderson[②] 通过将 z^2 表示为两个因子 aw 和 $\frac{z^2}{aw}$ 的乘积并将它们一半的差作为 x 来满足 $x^2+z^2=\square$. 对于 $y^2+z^2=\square$ 也一样. 取 $a^2+b^2=c^2$, 那么

$$x=\pm\frac{1}{2}\left(aw-\frac{z^2}{aw}\right), y=\pm\frac{1}{2}\left(bw-\frac{z^2}{bw}\right)$$

$$x^2+y^2=\frac{1}{4}c^2w^2-z^2+\frac{c^2z^4}{4a^2b^2w^2}$$

使最后两项的和等于零, 因此 $w=\frac{cz}{2ab}$. 为了得到整数, 设 $z=4abc$. 然后 $x=a(4b^2-c^2), y=b(4a^2-c^2)$. 由于 $a=3, b=4$, 可得 $x=117, y=44, z=240$.

L. Euler[③] 取

$$\frac{x}{z}=\frac{p^2-1}{2p}, \frac{y}{z}=\frac{q^2-1}{2q}$$

---

① Deliciae Mathematicae, Oder Math. Sinnen-Confect, Hamburg, 1719, 265.

② The Elements of Algebra, 1740(2): 429-431.

③ Algebra, 2, 1770, art. 238; French transl., 2, 1774, pp. 327-335. Opera Omnia, (1), I, 477-482, Cf. Fuss and Schwering of Ch. V.

为最后两个和的平方. 那么如果

$$q^2(p^2-1)^2+p^2(q^2-1)^2=\square$$

第一个和将会是一个平方数. 首先,设 $q-1=p+1$. 一定有

$$2p^4+8p^3+6p^2-4p+4=\square$$

因为 4 是一个平方数,如果 $p=-24$,这个条件在通常情况下是可以被满足的. 下一步,由 $q-1=2(p+1)$ 得出了这个解 $p=\frac{48}{31}$,且对 $p=\frac{2}{13}$ 来说,$q-1=\frac{4(p-1)}{3}$.

关于

$$q+1=\frac{(p+1)(t+1)}{p+t}$$

$(p+1)^2$ 和 $(p-1)^2$ 可能被取消,且这个条件变成

$$t^2p^4+2t(t^2+1)p^3+2t^2p^2+(t^2+1)^2p^2+(t^2-1)^2p^2+2t(t^2+1)p+t^2=\square$$

指明了 $tp^2+(t^2+1)p-t$ 的平方. 因此,$p=-\frac{4t}{t^2+1}$,其中 t 是任意的. 如果 $x=a,y=b,z=c$ 是我们这个问题的一个解,$x=ab,y=bc,z=ac$ 就是另一个解.

Euler① 提出平方 $S-A^2,S-B^2$,其中 $S=A^2+B^2+\cdots$. 因此 S 可以通过多种方式表示为$\boxed{2}$,最常见的一种方式是

$$S=B^2+\left[\frac{(f^2-1)x+2fy}{f^2+1}\right]^2,B=\frac{2fx-(f^2-1)y}{f^2+1}$$

如果 $S=x^2+y^2$ 是一种方法的话. 对于三个数 $A=x,B,C$,通过用$\frac{f+1}{f-1}$替换 f,将 B 派生的函数取为 C,也就是

$$C=\frac{(f^2-1)x-2fy}{f^2+1}$$

那么 $x^2+B^2+C^2=S=x^2+y^2$ 给出$\frac{x}{y}=\frac{8f(f^2-1)}{(f^2+1)^2}$. 取 y 等于分母,然后将所有数乘以 f^2+1. 因此

$$A=8f(f^4-1),B=(1-f^2)(f^4-14f^2+1),C=2f(3f^4-10f^2+3)$$

对于 $f=2$,可得 24 011 744. E. B. Escott② 也给出了最后的解.

Euler③ 设 $x^2=4mnpq,y=mp-nq,z=np-mq$. 那么

---

① Novi Comm. Acad. Petrop., 17, 1772, 24; Comm. Arith., I, 467; Op. Omnia, (1), Ⅲ, 201.

② L'intermédiaire des math., 1901(8): 103-104.

③ Posth. paper, Comm. Arith., 1849(2): 650; Opera postuma, 1862(1): 103-104.

$$x^2+y^2=(mp+nq)^2, x^2+z^2=(np+mq)^2$$

对于 $y=2(m^2-n^2)rs, z=(m^2-n^2)(r^2-s^2)$,可得

$y^2+z^2=(m^2-n^2)^2(r^2+s^2)^2, p=2mrs-n(r^2-s^2), q=2nrs-m(r^2-s^2)\ \frac{x^2}{4}$

的结果表达式是 r 的一个四次函数,如果 $r=4mn, s=m^2+n^2$,r 就是 $mnr^2-(m^2+n^2)rs+mns^2$ 的平方.那么

$$x=2mn(3m^2-n^2)(3n^2-m^2), y=8mn(m^4-n^4)$$

$$z=(m^2-n^2)(m^2-4mn+n^2)(m^2+4mn+n^2)$$

除符号外,当 $f=\frac{m}{n}$ 时,该结果等于 n^6 与 Euler 值的乘积.最简单的解来自 $m=2, n=1$:$x=44, y=240, z=117$,由此 x^2+y^2 等是 244,125,267 的平方.

从三个平方根的总和中减去两个直角三角形的面积,其中三个平方数的任意两个之和为一个平方数.余数是一个平方数,如果减少三角形的边,则余数为算术级数中的平方.L. Blakeley① 取 $44x, 117x, 240x$ 作为所需平方的根,44^2,117^2,240^2 乘以 2 的和是平方数;同样设 $3y, 4y, 5y$ 为直角三角形的边,那么它的面积是 $6y^2$.那么 $401x-6y^2=\square=a^2, a^2-3y=b^2, a^2-4y=c^2, a^2-5y=d^2$.设 $y=r^2-2dr$.那么

$$c^2=(d-r)^2, b^2=d^2-4dr+2r^2, a^2=d^2-10dr+5r^2$$

如果 $d=\frac{r}{6}$,那么最后两个的乘积是一个平方数.因此在 A. P. 中 $d^2=\frac{r^2}{36}, c^2=\frac{25r^2}{36}, b^2=\frac{49r^2}{36}$.

P. Barlow② 指出如果这个平方的根是 $\frac{575z}{48}, \frac{485z}{44}$ 和 z,那么这个问题的第一部分可以被满足(来自 J. Bonnycastle 的《代数》,p. 148).接下来,我们需要一个平方数,该平方数如果随着直角三角形的每一边的减少所减少,则余数是 A. P. 中的三个平方数,而三角形的边均位于 A. P. 中,因此与 3,4,5 成比例.设这些平方为 $(a^2+2ab-b^2)^2, (a^2+b^2)^2, (b^2+2ab-a^2)^2$,带有公差 $\delta=4ab(a^2-b^2)$,因此设 $3\delta, 4\delta, 5\delta$ 为边.那么

$$(b^2+2ab-a^2)^2+5\delta=\square=(b^2-4ab-a^2)^2$$

如果 $8a^3b-8b^3a=12a^2b^2$,也就是 $(2a-2b)(a+b)=3ab$,如果 $a=2b$,则该式成立.

① Ladies' Diary,1805,p. 43,Quest. I131;Leybourn's Math. Quest. L. D.,1817(4):45-46.

② The Diary Companion,Supplement to Ladies' Diary,London,1805,45-46.

J. Cunliffe[①] 设 $x^2+y^2=(x+y-a)^2$，$x^2+z^2=(x+z-b)^2$. 从得到的两个 x 的值可得

$$z=\frac{(a^2-d^2)y-ad(a-d)}{2dy+a^2-2da},d=a-b$$

那么若 $4d^2y^4+4d(a^2-2ad)y^3+\cdots+a^2d^2(a-d)^2=\square$，则有 $y^2+z^2=\square$. 设它是 $2dy^2+(a^2-2ad)y-ad(a-d)$ 的平方，那么

$$y=\frac{2ad(2ad-d^2)}{(a+d)^2(a-d)+4ad^2}=\frac{2a(a-b)(a^2-b^2)}{4a^3+b^3-4a^2b}$$

“计算器”[②] 第一次解决了 $x^2+y^2=a^2$，$x^2+z^2=b^2$. 设 $b=rv-a$，$z=y-sv$；那么 $a^2-y^2=b^2-z^2$ 给出了 $v=\frac{2ra-2sy}{r^2-s^2}$，由此 b，z 都是未知的. 为了满足 $x^2+y^2=a^2$，取

$$a=(r^2-s^2)(m^2+n^2),y=(r^2-s^2)(2mn),x=(r^2-s^2)(m^2-n^2)$$

那么

$$z=(r^2+s^2)\cdot 2mn-2rs(m^2+n^2)$$

然后 y^2+z^2 就变成了 m 的 $\frac{1}{4}$，即等于 $m^2-\frac{mn(r^2+s^2)}{rs}-n_1^2$ 的平方，所以 $m:n=4rs:r^2+s_2^2$. 设 $n=r^2+s^2$，我们可得

$$x=(s^2-r^2)(r^4-14r^2s^2+s^4),y=8rs(r^4-s^4),z=2rs(3r^2-s^2)(r^2-3s^2)$$

等于 s^6 和 $f=\frac{r}{s}$ 的 Euler 值的乘积.

S. Ward[③] 设 $x^2+y^2=a^2$，$x^2+z^2=(m+n)^2$，$y^2+z^2=(m-n)^2$. 那么

$$4x^2=2a^2+8mn,4y^2=2a^2-8mn,4z^2=4m^2+4n^2-2a^2$$

设 $2a^2=m^2+16n^2$，那么前两个表达式是平方数，第三个变成 $3m^2-12n^2=\square$，设 $m=np$，$3p^2-12=f^2(p-2)^2$. 因此

$$p=\frac{2(f^2+3)}{f^2-3},(f^2-3)^2\frac{a^2}{n^2}=10f^4-36f^2+90$$

设 $f=1+q$，如果 $q=-\frac{16}{3}$，这个四次方程是 $8-2q+\frac{5}{4}q^2$ 的平方. 那么 $x=240$，$y=44$，$z=117$，这似乎是最少的数字.

---

① New Series Math. Repository(ed.,Leybourn),London,1,1806,Ⅱ,39. Also in Math. Ropository,1804(3):5.

② The Gentleman's Math. Companion,London,4,No. 1816(19):626-627. Same with altered lettering,S. Bills,The Mathematician,London,1850(3):200-201.

③ J. R. Young's Algebra,Amer. ed.,1832,338-339.

W. Lenhart① 设 $x=\frac{p^2-1}{2p}, y=\frac{2q}{q^2-1}, z=1$. 如果

$$(p^2-1)^2(q^2-1)^2+16p^2q^2=\square=[(p^2-1)(q^2-1)+8]^2$$

那么

$$x^2+y^2=\square$$

假如 $p^2+q^2=5=1+4$,同样

$$(s^2+1)p=s^2+4s-1,(s^2+1)q=2(s^2-s-1)$$

$s\neq 1$ 或 3. 所以 $s=2, p=\frac{11}{5}, q=\frac{2}{5}$.

C. Gill② 通过设置

$$b=a\cos A+z\sin a, y=z\cos A-a\sin A$$

得到了 Euler 给出的结果,并且 c,x 是 B 的类比函数. 所以 $a^2+z^2=b^2+y^2=c^2+x^2$.

设 $A+B=90°$,如果 $z=2a\sin 2A$,那么 $x^2+y^2=a^2$. 取 $\cot\frac{1}{2}A=\frac{r}{s}, a=(r^2+s^2)^3$.

C. L. A. Kunze③ 设 $x=2mn, y=m^2-n^2, z=\frac{m^2a}{b}-\frac{n^2b}{a}$. 那么

$$x^2+y^2=(m^2+n^2)^2, x^2+z^2=\left(\frac{a}{b}m^2+\frac{b}{a}n^2\right)^2$$

假设 a,b 是一个斜边为 h 的有理直角三角形的两个边,且设 $n=\frac{mh}{2b}$. 那么 $y^2+z^2=\frac{h^2n^4}{a^2}$. 将结果 x,y,z 乘以$\frac{4ab^2}{m^2}$,可得

$$x=4abh, y=a(4b^2-h^2), z=b(4a^2-h^2)$$

通过代入

$$x=2mn, y=mn^2-m, z=nm^2-n$$

获得最后的解. 那么前两个条件可以被满足,如果 $m^2+n^2=4$,那么

$$y^2+z^2=m^2n^2(m^2+n^2-4)+m^2+n^2=\square$$

取 $m=\frac{2a}{h}, n=\frac{2b}{h}, a^2+b^2=h^2$,且用$\frac{h^2}{2}$ 乘 x,y,z. 我们得到了前面的解.

---

① Math. Miscellany,1839(2):132. Reproduced in Math. Magazine,1898(2):215-216;Sphinx-Oedipe,1913(8):84.

② Application of Angular Analysis...,N. Y.,1848;Reproduced in Math. Quest. Educ. Times,1872(17):82-83.

③ Ueber einige Aufg. Dioph. analysis,Weimar,1862,pp. 7-9.

Judge Scott[①] 取 $x^2+y^2=(y-m)^2$，$x^2+z^2=(z-n)^2$，决定了 y,z 的值.取 $\frac{m}{s}=\frac{p^2-q^2}{p^2+q^2}$，$\frac{n}{s}=\frac{2pq}{p^2+q^2}$，所以 $m^2+n^2=s^2$. 那么如果 $s^2x^4-4m^2n^2x^2+m^2n^2s^2=\square=s^2x^4$，$y^2+z^2=\square$，所以 $x=\frac{s}{2}$. 取 $s=16pq(p^4-q^4)$. 我们得到了 Euler 的答案. 后者也是由 A. Martin 获得的，他通过取 $u=a(r^2-s^2)$，$y=b(r^2-s^2)$，$w=a(r^2+z^2)-2brs$，$z=b(r^2+s^2)-2ars$ 满足了 $u^2-y^2=w^2-z^2$. 如果 $a=p^2+q^2$，$b=2pq$，那么 $u^2-y^2=\square=x^3$. 仍然存在条件 $y^2+z^2=\square$. 除以 $4r^2s^2$，取 $m=\frac{r^2+s^2}{rs}$. p 中的四分之一是一个平方数，称为 $(p^2-mpq-q^2)^2$，所以 $\frac{p}{q}=\frac{4}{m}$.

C. Chabanel[②] 对一个相似的 Diophantus 问题使用了这种策略：

设

$$\gamma=\alpha^2-\beta^2, \delta=2\alpha\beta, \gamma_1=\gamma\delta, \delta_1=\gamma^2, z^2=8\alpha\beta\gamma^2$$

$$x=\frac{\gamma}{t}-\gamma_1 t, t=\frac{\delta}{t}-\delta_1 t$$

那么

$$x^2+z^2=\left(\frac{\gamma}{t}+\gamma_1 t\right)^2, y^2+z^2=\left(\frac{\delta}{l}+\delta_1 t\right)^2$$

因为

$$4\gamma\gamma_1=4\delta\delta_1=z^2$$

$$x^2+y^2=\frac{\gamma^2+\delta^2}{t^2}+(\gamma_1^2+\delta_1^2)t^2-z^2$$

是一个 $t=\frac{z}{\alpha^4-\beta^4}$ 的平方，因为 $\gamma^2+\delta^2=(\alpha^2+\beta^2)^2$ 且

$$\gamma_1^2+\delta_1^2=(\alpha^4-\beta^4)^2$$

将最初的 x,y,z 乘以 $2(\alpha^2+\beta^2)\sqrt{2\alpha\beta}$，可得

$$X^2+Y^2=p^2, Y^2+Z^2=q^2, Z^2+X^2=r^2$$

因为

$$X, q=(\alpha^2-\beta^2)[(\alpha^2+\beta^2)^2\mp 16\alpha^2\beta^2], Z=8\alpha\beta(\alpha^4-\beta^4)$$

$$Y, r=2\alpha\beta[(\alpha^2+\beta^2)^2\mp 4(\alpha^2-\beta^2)^2], p=(\alpha^2+\beta^2)^2$$

其中给出了上符号(upper sighs)X,Y. 因为 $\alpha=2$，$\beta=1$，我们得出了 Halcke 的结论.

---

① Math. Quest. Educ. Times, 1872(17): 82-83. Cf. Martin.

② Nouv. Ann. Math., (2), 13, 1874, 289-292.

J. Neuberg[①] 通过特殊值 $w=\frac{2}{pq}$, $p^2+q^2=4$,满足了 Euler 的条件 $p^2+q^2-4+\frac{1}{p^2}+\frac{1}{q^2}=w^2$. 如果

$$p=\frac{4rs}{r^2+s^2}, q=\frac{2(r^2-s^2)}{r^2+s^2}$$

后者成立. 因此 $x^2+y^2=\xi^2, y^2+z^2=\xi^2, z^2+x^2=\eta^2$ 满足

$$x=8rs(r^1-s^4), \xi=(r^2+s^2)^3; y, \xi^2=(r^2-s^2)^2[(r^2+s^2)^2 \mp 16r^2s^2]$$

$$z, \eta=2rs[(r^2+s^2)^2 \mp 4(r^2-z^2)^2]$$

C. Leudesdorf[②] 通过使用三角函数解决了等价组 $2(u^2+v^2-w^2)=x^2$, $2(u^2+w^2-v^2)=y^2$, $2(v^2+w^2-u^2)=z^2$. G. Heppel 重复了 Neuberg 的解.

J. Matteson[③] 通过 Euler 的方法得到了 Euler 的结果.

A. Martin[④] 通过用 x 消掉四次方的前两个项(给定 $x=\frac{2mn}{s}$)而不是后两个项来改变 Scott 的方法.

K. Schwering[⑤] 和 Neuberg 一样用 λ, μ 代替 p, q. 要将结果与椭圆函数联系起来,设 $R(p)=p^4+1+p^2\rho, \rho=q^2+\frac{1}{q^2}-4$

$$u=\int_0^p \frac{\mathrm{d}p}{\sqrt{R(p)}}, p=\psi(u)$$

那么 p 是一个著名的椭圆函数. 通过加性定理

$$\psi(u+v)=\frac{\psi(u)\psi'(v)+\psi(v)\psi'(u)}{1-\psi^2(u)\psi^2(v)}$$

那么,如果 $\psi(u)$ 和 $\psi'(u)$ 是有理的, $\psi(2u), \psi(3u), \cdots, \psi'(2u), \cdots$ 也是有理的. 因此,一个解 p, q 产生了无数个解.

很多人[⑥]给出了解.

F. Ferrari[⑦] 给出了一个无限解.

R. F. Davis[⑧] 给出了诺伊贝格解.

---

① Nouv. Corresp. Math., 1, 1874-1875, 199-202.

② Math. Quest. Educ. Times, 1881(34): 95-96.

③ Collection of Diophantine Problems..., ed., Martin, Washington, D. C., 1888, 21.

④ Math. Magazine, 1898(2): 214-215.

⑤ Geom. Aufgaben mit rationalen Lösungen, Progr., Düren, 1898, 9.

⑥ Amer. Math. Monthly, 1899(6): 123-125; Math. Quest. Educ. Times, 68, 1898, 104; (2), 11, 1907, 26-27.

⑦ Suppl. al Periodico di Mat., 14, 1910-1911, 138-140.

⑧ Math. Quests., and Solutions, 2, 1916, 24-25; Math. Mag., 1898(2), 215.

A. Martin[①] 给出了 Euler 结果的另一个推导.

H. Olson[②] 证明了,如果 $x^2+y^2=u^2,x^2+z^2=v^2,y^2+z^2=w^2$,乘积 $xyzuvw$ 可以被 $3^4\cdot 4^4\cdot 5^2$ 整除.

M. Rignaux[③] 声明 $x^2+y^2=\square$ 等的所有解通过

$$x=2mnpq,y=mn(p^2-q^2),z=pq(m^2-n^2),y^2+z^2=\square$$

给出,并且指出了四个解,还涉及了最后条件的参数.

前面的问题显然等同于找到一个直角的平行六面体,其边和对角线都是有理的.如果我们添加一个条件,即固定的对角线也应是有理的,则我们将遇到一个问题,即 H. Brocard[④] 试图通过终端数字来证明这是不可能的. P. Tannery[⑤] 指出,该证明证据不足,因为它假设所讨论的数字是成对的相对素数.

V. M. Spunar[⑥] 指出最后一个问题是不可能的.

A. Mukhopâdhyây[⑦] 对这种不可能进行了证明(如果边是相对素整数). $x^2+y^2=\square$ 的解被认为是 $x=2k,y=k^2-1$. 类似地,$y=2l,z=l^2-1,z=2m$, $x=m^2-1$. 那么

$$x^2+y^2+z^2=x^2+(l^2+1)^2=\square$$

需要 $x=2n,l^2+1=n^2-1$,然而 $n^2-l^2=2$ 没有整数解.

M. Rignaux[⑧] 指出这个问题很难,且还没有被解决. 他满足了三个条件,但是没满足第四个.

A. Transon[⑨] 错误地指出,一个有六条积分边的四面体的多面角中不可能有一个三直角的部分,并指出人们可以用无数种方法找到一个四面体 $OABC$,其三边的整数值交于点 O 和四个面的区域内,且交于 O 的三个面角是直角. C. Chabanel 和 C. Moreau[⑩] 给出了答案

$$OA=4xyz,OB=2y(x^2+y^2-z^2),OC=2x(x^2+y^2-z^2)$$

$$\text{面积 } ABC=2xy(x^2+y^2-z^2)(x^2+y^2+z^2)$$

---

① Amer. Math. Monthly,1918(25):305-306.

② Amer. Math. Monthly,1918(25):304-305.

③ L'intermédiaire des math.,1918(25):127.

④ L'intermédiaire des math.,1895(2):174-175.

⑤ Ibid.,1896(3):227.

⑥ Amer. Math. Monthly,1917(24):393.

⑦ Math. Quest. Educ. Times,1884(41):60.

⑧ L'intermédiaire des math.,1919(26):55-57.

⑨ Nouv. Ann. Math.,(2),13,1874,64;correction,200.

⑩ Ibid.,340-343.

2 4个平方和的3次方是平方数

L. Euler[①] 将他的方法应用于 $A=x,B,C$ 和随后的 D，但导致出现难以处理的情况，所以他放弃了该方法．接下来，取 $A=y,B$ 和 $C,D=\frac{2px-(p^2-1)y}{p^2+1}$．那么

$$B^2+C^2=x^2+y^2-2gxy, g=\frac{4f(f^2-1)}{(f^2+1)^2}$$

因为 $S=x^2+y^2$，条件 $S=y^2+B^2+C^2+D^2$ 给出了 $y^2+D^2-2gxy=0$．插入 D 的值，可得

$$4p^2x^2=2g(p^2+1)^2xy-(p^2-1)^2y^2-(p^2+1)^2y^2+4p(p^2-1)xy$$

$$\frac{4p^2x}{y}=g(p^2+1)^2+2p(p^2-1)\pm(p^2+1)R$$

$$R^2=g^2(p^2+1)^2+4gp(p^2-1)-4p^2$$

取 $R=gp^2+2p+g$．那么 $p=-g,\frac{4gx}{y}=2(g^4+1)$ 或 4.

使用后者的值 4，并且去掉公因数 x，可得

$$A=g,B=\frac{2f-g(f^2-1)}{f^2+1},C=\frac{f^2-1-2fg}{f^2+1},D=-g,g=\frac{4f(f^2-1)}{(f^2+1)^2}$$

利用前一个值，取 $y=2g,g=\frac{m}{n}$，用 $A,\cdots,D$ 乘以 $(f^2+1)n^4$，可得

$$A=2mn^3(f^2+1),B=2f(m^4+n^4)-2mn^3(f^2-1)$$

$$C=(f^2-1)(m^4+n^4)-4fmn^3,D=2m^3n(f^2+1)$$

在他的第二个方法中，Euler 用 v^2,x^2,y^2,z^2 表示平方数．设 $a^2+\alpha^2=A^2$ 的两个数是 a,α．设

$$v^2+y^2+z^2=\left(\frac{Av+\alpha x}{a}\right)^2,x^2+y^2+z^2=\left(\frac{Ax+\alpha v}{a}\right)^2$$

$$y^2+v^2+x^2=\left(\frac{Ay-az}{\alpha}\right)^2,z^2+v^2+x^2=\left(\frac{Az-ay}{\alpha}\right)^2$$

前两个导致一个单一的条件，后两个也导致一个单一的条件

$$a^2(y^2+z^2)=\alpha^2(v^2+x^2)+2\alpha Avx,\alpha^2(v^2+x^2)=a^2(y^2+z^2)-2aAyz$$

通过把这两个等式相加，可得 $z=\frac{\alpha vx}{ay}$，两个中的前一个变成

① Novi Comm. Acad. Petrop., 1772(17): 24; Comm. Arith., I, 467-472; Opers. Omnia, (1), Ⅲ, 203. Second method reproduced by Martin, Math. Mag., 1898(2): 217-218.

$$\alpha^2 x^2(v^2-y^2)=2\alpha Avxy^2+\alpha^2v^2y^2-\alpha^2y^4$$

$$\frac{\alpha x}{y}=\frac{Avy\pm\sqrt{R}}{v^2-y^2},R=\alpha^2v^4+\alpha^2y^4$$

为使$\sqrt{R}$是有理的，设$v=y(1+s)$，$\sqrt{R}=y^2\left(A+\frac{2\alpha^2 s}{A}+\alpha s^2\right)$. 两个解的结果一个是复杂的，另一个是（通过$\frac{x}{y}=1$给出）

$$v=a(A^2-2\alpha^2),x=y=2\alpha aA,z=\alpha(A^2-2\alpha^2)$$

要获得一个简单的解决方案，其中的数字是不同的，取两个数字b,β，使$b^2+\beta^2=B^2$，并设$\alpha v^2=\beta M$，$ay^2=bM$，所以$\sqrt{R}=BM$. 但是$\frac{a\beta}{\alpha b}$必须是$\frac{v}{y}$的平方，把它取作$\frac{m^2}{n^2}$. 因此

$$\frac{v}{y}=\frac{m}{n},\frac{x}{y}=\frac{Abm\pm aBn}{a\beta n-\alpha bn},\frac{z}{y}=\frac{\alpha m}{an}\cdot\frac{x}{y}$$

取$a=21$，$\alpha=20$，$b=35$，$\beta=12$，可得$A=29$，$B=37$，$m=3$，$n=5$. 由于下符号$\frac{x}{y}=\frac{3}{8}$，所以$v=168$，$x=105$，$y=280$，$z=60$. 最后，他指出了解

$$v=4fg(f+g)(3f-g)k,y=4fg(f-g)(3f+g)k,x=lk,z=2fgl$$

$$k=3f^2+g^2,l=(f^2-g^2)(9f^2-g^2)$$

M. S. O'Riordan①提出了基于Euler的第一个解的想法，设$S=A^2+B^2+C^2+D^2$，$S-A^2=\alpha^2,\cdots,S-D^2=\delta^2$. 为了得到一个数$S$，该数是四种方法中两个平方的和，使用

$$T=(a^2+b^2)(c^2+d^2)=E^2+F^2,E=ac\pm bd,F=ad\mp bc$$

$$S=T(e^2+f^2)=(eE+kfF)^2+(fF-keF)^2,k^2=1$$

如果

$$A=eE_+-fF_+,B=eF_--fE_-,C=eE_--fF_-,D=eE_++fF_+$$

$$\alpha=eF_++fE_+,\beta=eE_-+fF_-,\gamma=eF_-+fE_-,\delta=eF_+-fE_+$$

所以$S=A^2+\alpha^2=B^2+\beta^2=C^2+\gamma^2=D^2+\delta^2$. 它仍然满足条件$S=\sum A^2$或我们更倾向于$A^2+D^2=\gamma^2-B^2$，也就是

$$(A+D)^2+(A-D)^2=2(\gamma+B)(\gamma-B),(eE_+)^2+(fF_+)^2=2efE_-F_-$$

被f^2除，且值为fw. 因此

$$w^2(ac+bd)^2+(ad-bc)^2=2w(ac-bd)(ad+bc)$$

---

① The Gentleman's Math. Companion, London, 2, No. 12, 1809, 185-187; Math. Repository (ed., Leybourn), New Series, 6, Ⅱ, 1835, 1-4. Reproduced in Math. Magazine, 1898(2): 218-219.

如果判别式

$$(ac-bd)^2(ad+bc)^2-(ac+bd)^2(ad-bc)^2=4abcd(a^2-b^2)(c^2-d^2)$$

是一个平方数,平方根 w 是有理的.取 $a=mb$,$c=nd$,$mn=r(n-1)$.应有

$$r(n+1)(rn+n-r)(rn-n-r)=\square$$

取 $n=2r$,那么 $2r^2-3=\square$ 与 $r=\frac{3s^2}{2s^2-1}$ 相同.对于 $s=1$,可得 Euler 的解 168,105,280,60.移除限制 $n=2r$,设 $(nr+n-r)k=(nr-n-r)l$.那么 $n(n+1)(n-1)e=\square$,$e=\frac{l+k}{l-k}$.取 $n=e+x$,那么答案是 $a=l+k$,$b=l-k$,$c=(l^2+k^2)^2$,$d=4lk(l^2-k^2)$.

B. Gompertz① 使用了 x^2,y^2,z^2,w^2

$$x=\frac{y^2+z^2-p^2}{2p},w=\frac{y^2+z^2-q^2}{2q}$$

那么 $x^2+y^2+z^2$ 和 $w^2+y^2+z^2$ 是平方数.如果

$$f_j=(y^2+z^2)(p^2+q^2)+(p^2+q^2-4j^2)p^2q^2=\square$$

对于 $j=y$ 和 $j=z$,$x^2+w^2+z^2$ 和 $x^2+w^2+y^2$ 也是平方数.取 $p=\frac{q^2-r^2}{2r}$,$y=\frac{q^2+r^2}{4r}$,那么

$$p^2+q^2=4y^2$$

且 $f_y=\square$.设 $z=ty$,$\frac{pq}{y^2}=b$.那么 $f_z=\square$,若 $(1+t^2)^2+b^2(1-t^2)=\square$,$t=1+v$.

如果 $A=2-\frac{b^2}{2}$,$v=\pm\frac{b^2}{4}-1$,这个条件变为 $v^4+\cdots=\square=(2+Av\pm v^2)^2$ 仍然成立.对于 $q=2$,$r=1$,可得 Scott 的解.

C. Gill② 处理了求任意一个平方数的 $n-1$ 次幂的 n 次方和的问题.他③在其他地方给出了 $n=5$ 的解,并指出他的公式给出的最小数太大了,以至于不鼓励人们去尝试计算它们.对于 $n=3$ 的情况,可以见 Gill 之前给出的结论.如果 z^2,y^2,x^2,w^2 是所需的平方,它们的和应该等于

$$a^2+z^2=b^2+y^2=c^2+x^2=d^2+w^2$$

取

$$b=a\cos A+z\sin A,y=a\sin A-z\cos A$$

① The Gentleman's Math. Companion,2,No. 1809(12):182-184. Reproduced(essentially) by A. Martin,Math. Mag.,1898(2):216.

② Application of the angular analysis...,New York,1848,69-76.

③ The Lady's and Gentleman's Diary,London,1850,53-55,Quest. 1797.

且 $c,x;d,w$ 是角 B,C 的相应函数.仍然只需满足 $y^2+x^2+w^2=a^2$,即

$$a^2(\sum\sin^2A-1)-az\sum\sin 2A+z^2\sum\cos^2A=0$$

这个判别式必须是一个平方数,因此

$$k^2=2\sum\cos 2A+2\sum\cos(A-B)$$

取 $C=A+B-90°$,那么 $k^2=\sin 2A\cdot\sin 2B$.取 $\sin 2A=\tan\frac{B}{2}$.那么 $k=\frac{\sin 4A}{1+\sin 2A}$.通过 $\cot\frac{A}{2}=2$ 得出解

$$z=186\ 120,\ y=23\ 838,\ x=102\ 120,\ w=32\ 571$$

Bills 也给出了 280,105,60,168 和 1 120,3 465,1 980,672.

Judge Scott[1] 找到了 639 604,3 456 000,3 750 000,832 797.

S. Tebay[2] 给出了解 $x^2,\cdots,u^2$,其中

$$x=(s^2-1)(s^2-9)(s^2+3),y=4s(s-1)(s+3)(s^2+3)$$
$$z=4s(s+1)(s-3)(s^2+3),u=2s(s^2-1)(s^2-9)$$

A. Martin[3] 通过 Tebay 的方法给出了一个完全解.

3 差为平方数的三个平方数

在第十五章 Euler 的指导下,引用了关于 $x\pm y,x\pm z,y\pm z$ 全平方的相关问题的文献.

L. Euler[4] 通过取

$$\frac{x}{z}=\frac{p^2+1}{p^2-1},\frac{y}{z}=\frac{q^2+1}{q^2-1}$$

得出 x^2,y^2,z^2 平方的差值,因此 x^2-z^2 和 y^2-z^2 都是平方数.同样如果

$$P=(p^2q^2-1)(q^2-p^2)=\square$$

则 $x^2-y^2=\square$.如果

$$pq=\frac{a^2+b^2}{2ab},\frac{q}{p}=\frac{c^2+d^2}{2cd}$$

那么它的每一个因数都是一个平方数.后者的乘积必须是一个平方数 q^2.取

$$a,b=f\pm g;c,d=h\pm k$$

---

① Math. Quest. Educ. Times,1872(16):108.

② Ibid.,1898(68):103-104.

③ Ibid.,1913(24):81-82.

④ Algebra,2,1770,§§236-237;2,1774,pp. 320-327;Opera Omnia,(1),Ⅰ,473-477.

那么一定有$(f^4-g^4)(h^4-k^4)=\square$(与第十五章的 Euler 做比较).

J. Cunliffe① 处理了这个问题.

"计算器"② 取

$$x=(r^2+s^2)(m^2+n^2),y=(r^2+s^2)(m^2-n^2),z=4rsmn-(r^2-s^2)(m^2-n^2)$$

那么 x^2-y^2 和 x^2-z^2 是 $2mn(r^2+s^2)$ 和 $2rs(m^2-n^2)+2mn(r^2-s^2)$ 的平方数.

对于 $q=\frac{r^2-s^2}{rs}$,有

$$\frac{y^2-z^2}{4r^2s^2}=m^4+2qm^3n-6m^2n^2-2qmn^3+n^4=(m^2-qmn+n^2)^2$$

如果$\frac{m}{n}=\frac{q^2+8}{4q}$.或者我们可以使用

$$\frac{z^2-y^2}{(z+y)^2}=\frac{z-y}{z+y}=\frac{A}{B},A=r^2n^2-r^2m^2+2rsmn,B=s^2m^2-s^2n^2+2rsmn$$

取 $B=(tn-sm)^2$ 得到 m.如果 $r=\frac{4ts^2}{t^2-3s^2}$,那么 $A=r^2n^2$.他③后来用了相同的 x,但是取 $z=2mn(r^2+s^2)$,$a=(r^2+s^2)(m^2-n^2)$,因此 $x^2-z^2=a^2$.设 $b=a-rv$,$y=z+sv$;那么 $a^2+z^2=b^2+y^2$ 依据 a,r,s,z 给出了 v.最后,$y^2-z^2=\square$ 如果 m 中的一个四次方程是 $m^2-\frac{mn(r^2-s^2)}{rs+n^2}$ 的平方,那么

$$m:n=r^4+6r^2s^2+s^4:4rs(r^2-s^2)$$

J. Cunliffe④ 通过相同的方法得到了计算器的第一个结果.

S. Ward⑤ 讨论了 Euler 最后的条件.设 $f=f'g$,$h=h'k$

$$(f'^4-1)(h'^4-1)=(f'^4-1)^2(h'^2-1)^2$$

可以消减为$\frac{f'^4}{h'^2}=f'^4-2$.如果 $f'^2=\frac{r^2+2s^2}{2rs}$,后者是一个平方数,并且如果 $r=t^2-2$,$s=2t$,$r^2+2s^2=\square$.如果 $l(l^2-2)=\square$,f'^2 的值是一个平方数.取 $t=2$,可得$\frac{x}{z}=-\frac{41}{9}$,$\frac{y}{z}=\frac{185}{153}$.或者我们通过设置 $q=mp$ 来处理 $P=\square$,并且通过一般的四次曲线来处理$(m^2p^4-1)(m^2-1)=\square$,我们知道 $p=1$ 是一个解.

---

① The Math. Repository(ed., Leybourn), London, 1804(3):5-10.

② The Gentleman's Math. Companion, London, 3, No. 14, 1811, 334-336.

③ The Gentleman's Math. Companion, London, 4, No. 1816(19):628-631.

④ Ibid., 5, No. 26, 1823, 262-264.

⑤ J. R. Young's Algebra, Amer. ed., 1832, 339-341.

W. Lenhart[1] 取三个平方数的根为

$$\frac{x^2+y^2}{x^2-y^2},\frac{v^2+w^2}{v^2-w^2},1$$

第一个或第二个的平方超过一个平方的单位. 因此,剩下的只是使它们的平方数之差成为平方数,即$(vx+wy)(vx-wy)(vy+wx)(vy-wx)=\square$. 取$v=ty+x,w=tx-y$,因此$vy+wx=l(vx-wy)$. 那么如果

$$x^2-y^2+2txy=\square,y^2-x^2+\frac{2xy}{t}=\square$$

$t(vx+wy)(vy-wx)=\square$ 依然成立. 如果$x=\frac{2y}{t}$,第二个条件可以被满足. 那么第一个变成$4+3t^2=\square=(2-pt)^2$,所以可得t和$x=p^2-3,y=2p,v=(p^2+1)^2+8,w=2(p^2-3)p$. 或者我们可以取$x^2-y^2+2txy=(x-py)^2$,因此$x=p^2+1,y=2(p+t)$. 如果

$$-t^2x^2+4t^2x=-4rt^2,4ptx=r^2-4ptr$$

那么$t^2\left(y^2-x^2+\frac{2xy}{t}\right)=(ty-r)^2$. 那么

$$r=\frac{x^2-4x}{4},t=\frac{r^2}{4p(r+x)}=\frac{r^2}{px^2}=\frac{(p^2-3)^2}{16p}$$

将x和y的值除以$d=\frac{p^2+1}{8p}$,将v和w的值除以$\frac{d}{2}$,我们有

$$x=8p,y=p^2+9,w=8p(p^2-9),v=p^4+2p^2+81=\prod(p^2\pm 4p+9)$$

4 三个平方数,任意两个之和小于其中一个平方数的三分之一

L. Euler[2] 给出了解

$$y^2+z^2-x^2=p^2,x^2+z^2-y^2=q^2,x^2+y^2-z^2=r^2 \tag{1}$$

的四个方法.

(i) 设$s=x^2+y^2+z^2$. 因为$s=p^2+2x^2$,s必须是以a^2+2b^2的形式存在的,因此s必须至少有该形式的三个素因数. 取

$$m=ac\pm 2bd,n=bc\mp ad,u=mf\pm 2ng,v=nf\mp mg$$

---

① Math. Miscellany,1839(2):129-132;French transl.,Sphinx-Oedipe,1913(8):83-84.

② Posth. paper,Comm. Arith.,Ⅱ,603-616;Opera postuma,1,1862,105-118. French transl. in Sphinx-Oedipe,1906-1907,163-183.

那么

$$m^2+2n^2=(a^2+2b^2)(c^2+2d^2),(m^2+2n^2)(f^2+2g^2)=u^2+2v^2$$

取 $u^2+2v^2=s$. 通过使用符号的四种组合,我们得到了 u,v 值的四个集合.由于我们只需要三个集合,因此省略了两个下符号给出的值. 集合

$$p,q=f(ac+2bd)\pm 2g(bc-ad),r=f(ac-2bd)+2g(bc+ad)$$
$$x,y=f(bc-ad)\mp g(ac+2bd),z=f(bc+ad)-g(ac-2bd) \quad (2)$$

其中上符号给出了 p 和 x. 计算 $x^2+y^2+z^2$ 并且与 s 早期的表达式 u^2+2v^2 相比较,可得

$$Ff^2+Gg^2+2Cfg=0,F=(b^2-a^2)c^2+(a^2-4b^2)d^2-2abcd$$
$$G=(a^2-4b^2)c^2+4(b^2-a^2)d^2+4abcd,C=-(bc+ad)(ac-2bd) \quad (3)$$

取 $F=0$,我们得到 $c:d=(2b-a):(b-a)$ 或 $(-a-2b):(b+a)$,并且 $f:g=-G:2C$. 相同的解也来自 $G=0$.

(ii) 通过(3),$f:g=-(C\pm V):F$,其中

$$V^2=C^2-FG=(a^2-2b^2)^2Q$$

$$Q=c^4+8mc^3d-4c^2d^2-16mcd^3+4d^4,m=\frac{ab}{a^2-2b^2}$$

设 Q 是 $c^2-4mcd+2d^2$ 的平方数. 那么 $c:d=2m^2+1:2m$.

(iii) 利用通过(2) 给出的 p,q,x,y,但是取

$$r=f(\alpha c-2\beta d)+2g(\beta c+\alpha d),z=f(\beta c+\alpha d)-g(\alpha c-2\beta d)$$

由于 α,β 满足 $\alpha^2+2\beta^2=a^2+2b^2$. 因此在(3) 中我们得到了 F,G,C 的新的值. 对于 $F=0$,可得

$$c:d=(-\alpha-2b):(\beta+a) \text{ 或 } (-\alpha+2b):(\beta-a)$$

他推导出了这个问题的简单解(如下):以任意两个整数 m 和 n 开始,且 m 是奇数,并且设

$$s=m^2+2n^2,t=m^2-2n^2,u=2mn$$

或取 s,t,u,且 $s^2=t^2+2u^2$;我们得到了解

$$x=s(s+u)\rho-2t^2\sigma,y=s(s+u)\rho+2t^2\sigma,z=st\rho+2t\sigma^2$$
$$p=st\rho+4t(s+u)\sigma,q=st\rho+4t(s-u)\sigma,r=s\sigma\rho-4t^2\sigma$$

其中 $\rho=3s+4u,\sigma=s+2u$.

(iv) 如果 $z=mn(A-B),y+x=2m^2A$

$$y-x=2n^2B,p=mn(A+B),q=mn(a^2-2ab-b^2)$$

前两个方程(1) 可以被满足,其中 $A=a(a+b)$,且 $B=b(a-b)$. 第三个方程(1) 变成

$$2m^4A^2+2n^4B^2-m^2n^2(A-B)^2=r^2$$

设 $m=f+g,n=f-g,r=(A+B)f^2+4(A-B)fg-(A+B)g^2$,那么

$$f:g=B^2-A^2:2AB$$

A. M. Legendre① 指出,如果

$$x=r^2+s^2, y=r^2+rs-s^2, z=r^2-rs-s^2$$

那么最后两个条件显然是会被满足的.第一个条件变成 $r^4-4r^2s^2+s^4=\square$.设 $r=s(2+\phi)$ 且将 ϕ 的四次函数变为 $1+8\phi+\alpha\phi^2$ 的平方.$\alpha=1$ 时 $\phi=-\frac{23}{4}$,$r=15$,$s=4$,所以 $x=241$,$y=269$,$z=149$,这很明显是最后的解.

J. Cunliffe② 指出(1) 给出 $x^2=\frac{1}{2}(q^2+r^2)$ 等,因此

$$r^2=2x^2-q^2=2y^2-p^2$$

所以,如果我们设 $x=y+\rho v$,$q=p+\sigma v$,可得 $v=\frac{2\sigma p-4\rho y}{2\rho^2-\sigma^2}$.为了满足 $2y^2-p^2=r^2$,设

$y=D(m^2+n^2)$,$p=D(n^2-m^2+2mn)$,$r=D(m^2-n^2+2mn)$,$D=2\rho^2-\sigma^2$

结果$\frac{1}{2}(p^2+q^2)$的值将会与

$$z=m^2A-\frac{2mn}{A}(4\rho^4+4\rho^3\sigma+2\rho\sigma^3+\sigma^4)-n^2(2\rho^2-2\rho\sigma+\sigma^2)$$

的平方相等,如果

$$m:n=(4\rho^2\sigma^2+4\rho^3\sigma+2\rho\sigma^3):(4\rho^4+4\rho^3\sigma+2\rho\sigma^3+2\rho^2\sigma^2+\sigma^4)$$

这里 $A=2\rho^2+2\rho\sigma+\sigma^2$.取 $\rho=\sigma=1$,作为他的最后的答案,他得出了 $x=149$,$y=269$,$z=241$.

D. S. Hart③ 指出(1) 与 $2r^2+2q^2=\square$,$2r^2+2p^2=\square$,$2q^2+2p^2=\square$ 是相等的.如果 $r=p^2-2\sigma^2$,$q=\rho^2+4\rho\sigma+2\sigma^2$,那么,第一个条件可以被满足.设 $p=l+r$,$a=\rho^2+2\rho\sigma+2\sigma^2$.那么这个问题的后两个条件变成 $2l^2+4rl+4r^2=\square$,$2l^2+4rl+4a^2=\square$.将后者等同于$(2a-lt)^2$,依据 t,r,a 可得 l.那么前者变成了 l 中的一个齐式.S. Bills 通过取

$$q=\frac{P^2-Q^2+2PQ}{P^2-Q^2-2PQ}\cdot r, p=\frac{R^2-S^2+2RS}{R^2-S^2-2RS}\cdot r$$

满足了 Hart 条件的前两个,第三个条件导致了一个齐次式.

---

① Théorie des nombres,1798,461-462;ed. 2,1808,434;ed. 3,1830,Ⅱ,127;German transl. by Maser,2,1893,124.

② The Gentleman's Diary,London,No. 62,1802,41-42,Quest. 823. Math. Repository(ed.,Leybourn),3,1804,97.

③ Math. Quest. Educ. Times,20,1874,84-86.

G. B. M. Zerr① 取 x^2z^2, y^2z^2 和 z^2 作为平方,并且设

$$x^2+y^2-1=(t+u)^2, x^2-y^2+1=(t-u)^2 \quad (A)$$

因为 $x^2=t^2+u^2$,取 $t=n(p^2-q^2)$, $u=2npq$,所以 $x=n(p^2+q^2)$,取 $y=2mn-1$.如果

$$n=\frac{m}{z}, z=m^2-pq(p^2-q^2)$$

那么第一个条件(A)可以被满足.如果 $m=p^2-q^2$, $p^4+q^4-4p^2q^2=(p^2-2rq^2)^2$,条件

$$(y^2-x^2+1)z^2=2m^4+2p^2q^2(p^2-q^2)^2-m^2(p^2+q^2)^2=\square$$

也可以被满足,因此

$$p^2=\frac{1}{4}q^2\ \frac{4r^2-1}{r-1}$$

其中 $r=13$, $p=\frac{15q}{4}$,且这些数字与 Legendre 的成比例.

5 由三个或三个以上的平方组成的三个或三个以上的线性函数的进一步的集合

Leonardo Pisano② 为了让 x^2+y^2, $x^2+y^2+z^2$, $x^2+y^2+z^2+w^2$, … 成为完全平方数,取第一个平方 x^2 为 9,那么第二个 y_1^2 是 9 之前的所有奇数 1,3,5,7 的总和 16,因此 $9+16=\square=25$.作为第三个平方,取小于 25 的所有奇数的和 144,因此 $144+25=\square=169$.作为第四个平方取 $1+3+\cdots+167=7\ 056$,因此 $7\ 056+169=\square=7\ 225$.作为第五个平方数取

$$1+3+\cdots+7\ 223=13\ 046\ 444$$

Leonardo 指出,因为 85 的平方是 7 225,不是一个素数,我们可以得到第五个平方的许多值.除了上面已经给出的,我们可以取所有小于或等于 $\frac{7\ 225}{5}-5-1$ 的奇数的和,可得平方 720^2,或者取所有 $\leqq\frac{7\ 225}{25}-25-1$ 的奇数的和,可得 132^2. A. Genocchi③ 指出第四个解被遗漏了,即,所有 $\leqq\frac{7\ 225}{17}-17-1$ 的奇数的和 204.

---

① Amer. Math. Monthly, 10, 1903, 207-208. Cf. papers 114-115 Ch. XVI.

② Scritti, Ⅱ, 254, note on margin; 279. Tre Scritti, 57, 112.

③ Annali di Sc. Mat. e Fis., 1855(6): 355-356.

F. Feliciano[①] 只给出 9,16,144.

N. Tartaglia[②] 通过 Leonardo 的方法获得了 25,144,7 056.

J. de Billy[③] 找到了平方 $9,\frac{1}{100},\left(\frac{23}{15}\right)^2$,它们中任意两个的和加上 15 的结果都是一个平方数.

L. Euler 指出不可能找到四个平方数,满足从三个的总和中减去余下的那个平方,差仍是一个平方.

H. Faure[④] 通过使用 $2x^2+2y^2+2xy=z^2$ 是不可能在整数中存在的这个引理证明了最后的定理.

Euler[⑤] 指出了解的五个集合,比如

$$p^2+q^2=2z^2,p^2+r^2=2y^2,q^2+r^2=2x^2$$

的 $p=89,q=191,r=329$.

使 $x^2+y^2+2z^2,x^2+z^2+2y^2,y^2+z^2+2x^2$ 为完全平方数,A. M. Legendre[⑥] 得出 $y=x+2p,z=x+2q$. 那么对于 $(2f-p-2q)x=p^2+2q^2-f^2$,有 $x^2+y^2+2z^2=4(x+f)^2$. 使该式与 $x^2+z^2+2y^2=\square$ 的值相等,导致了

$$x=7p^2-30pq+7q^2,y=23p^2-14pq+7q^2,z=7p^2-14pq+23q^2$$

将这些替换为 $y^2+z^2+2x^2$ 且设 $\frac{p}{q}=1+\theta$. 那么

$$1+2\theta+2\theta^2+\theta^3+\frac{169}{256}\theta^4=\square$$

特解 $\theta=208$ 给出 $x=18\ 719,y=63\ 609,z=18\ 929$.

T. Pepin[⑦] 指出 $\theta=-1$ 和 -2(所以 $x=y=7,z=23;x=y=z=1$.) 并且应用他的第一个公式(第二十二章),$x_1=0,x_2=-1,x_3=-2$,找到 $\theta=-\frac{8}{15}$,因此 $x:y:z=77:77:253$.

C. Gill 和 W. Wright 使 $x^2+y^2+z^2+v^2,x^2+y^2-z^2+v^2,x^2-y^2$ 成为平方. 为了满足第二个和第三个条件,取 $2vx=y^2-z^2$,假设 $2v=y+z,x=y-$

---

① Libro di Arith... Scala Grimaldelli, Venice, 1526, f. 5.

② La Seconda Parte Gen. Trattato Numeri et Misure, Venice, 1556, f. 142 left.

③ Diophantvs Geometria, Paris, 1660, 117-118.

④ Nouv. Ann. Math., 1857(16): 342-344.

⑤ Opera postuma, Ⅰ, 1862, 259-560(about 1782).

⑥ Théorie des nombres, 1798, 460-461; ed. 2, 1808, 433-434; ed. 3, 1830, Ⅱ 125; German transl. by Maser, Ⅱ, 122. J. Cunliffe, New Series of Math. Repository(ed., T. Leyhourn), 1, 1806, 1, 189-191, used the same method with $2p-2q,-2p$ replaced by m,n, and obtained an equivalent result.

⑦ Atti Accad. Pont. Nuovi Lincei, 30. 1876-1877, 219-220.

z.如果 $y^2+10yz+z^2=\square=(y-p)^2$,给出 y,第四个条件也成立.去除分母,我们有

$$y=2p^2-2z^2,v=9z^2+2pz+p^2,x=2p^2-4pz-22z^2$$

那么第一个条件得出了 p 的四次方程,让它与$(3p^2-2pz+d)^2$ 相等,可得 $d=-\frac{23z^2}{3}$.

要找到四个完全平方数,其总和的2倍也是一个完全平方数,它们中的任何三个的和与第四个的差的2倍也是一个完全平方数,他们取$(x+y)^2$,$(x-y)^2$,v^2,z^2.如要$v+x=4x$,$v-z=y$,那么这两个条件也被满足了,解也就随之出现了.

方程组 $2x^2+2y^2-3z^2=\square$,和方程组 $x^2+2(y^2-z^2)=\square$,本书没有进行特别说明.

为了找到三个数字,以使每个数字的平方加上这个数字的乘积,再加上其余两个数字的和或差得出一个完全平方数,很多人使用了数字 a^2,b^2,c^2.那么这个条件可以归纳为

$$a^2+b^2+c^2=\square,a^2+c^2-b^2=\square,a^2+b^2-c^2=\square$$

为了满足前两个条件,取 $b^2=2ac$.令第三个条件与$(cn-a)^2$ 相等.取 $n=-\frac{3}{4}$.

A. Gérardin① 处理了方程组 $N=Ph^2-k^2(P=n+1,n+2,\cdots,n+\alpha)$.

E. Fauquembergue② 做出了四个函数 $x^2\pm hy^2,u^2\pm hy^2$ 的平方.

H. Holden③ 说明

$$A=\alpha x^2+\beta y^2+\gamma z^2,B=\alpha y^2+\beta z^2-\gamma x^2,C=\alpha z^2+\beta x^2-\gamma y^2$$

通常,只要可以类似地求解辅助方程 $\beta\gamma p^2+\gamma\alpha q^2=\alpha\beta\gamma^2$,就可以通过 x,y,z 的值将它们变成平方,而 x,y,z 则是参数k 的有理函数.如果k 的有理函数 p_1,q_1,r_1 满足了后者,一个线性关系 $p_1x+q_1y+r_1z=0$ 意味着 $A=\square$.相似地,如果 m 的有理函数 p_1,q_2,r_2 满足这个辅助方程,那么 $r_2x+p_2y+q_2z=0$ 意味着 $B=\square$.解这两个线性方程,我们得到了作为 m 和k 的二次函数的 x,y,z.因为这些值,C成为了m 的一个二次函数,m 的第一个和最后一个系数是k 的函数的平方,所以 C 可能成为一个平方数.因为 $\alpha=\beta=2$,$\gamma=1$,我们有一个带有理中位数的有理三角形的问题.Euler 的方程(1)用这个方法,或者相似的方法处理.他用这个方法使 $px^2+q^2y^2-pz^2$,$py^2+q^2z^2-pw^2$,$pz^2+q^2w^2-px^2$,

① L'intermédiaire des math.,1916(23):88-93. He gave 139 examples.

② Ibid.,1917(24):38-39.

③ Messenger of Math.,1918(48):77-87,166-179.

$pw^2+q^2x^2-py^2$ 成为完全平方数.

关于 $2x^2+2y^2-z^2=\square$ 等,我们可以看一下第五章带有理中位数的三角形.

6 x 和 y,x 和 z,y 和 z 的二次形式构成平方数

J. Cunliffe① 找到了有理数 x,y,z 使得

$$x^2-xy+y^2,x^2-xz+z^2,y^2-yz+z^2 \tag{4}$$

成为了平方数,通过使第一个和第二个与 $4a-x$,和 $4b-x$ 的平方相等,所以

$$x=\frac{16a^2-y^2}{8a-y}=\frac{16b^2-z^2}{8b-z}$$

分母相等,因此 $y=5a-3b,z=5b-3a$. 那么

$$y^2-yz+z^2=(7a-nb)^2$$

如果 $a:b=(n^2-49):(14n-94)$. J. Whitley 将前两个函数(4)等价于 $x-ny$ 和 $x-mz$ 的平方;因此取

$$x=(n^2-1)(m^2-1),y=(m^2-1)(2n-1),z=(n^2-1)(2m-1)$$

设 $p=2n-1,q=n^2-1,v=n^2-n+1$,那么 $v^2=p^2-pq+q^2$. 令

$$y^2-yz+z^2=p^2m^4-2pqm^3+(4q^2+pq-2p^2)m^2+(2pq-4q^2)m+v^2$$

与 pm^2-qm+v 的平方相等,我们可得 m 是有理数. 找到有理数使得②

$$x^2+xy+y^2,x^2+xz+z^2,y^2+yz+z^2 \tag{5}$$

是平方数,使上面的第一个和第二个与 $x+y-m$ 和 $x+z-n$ 的平方相等. 我们可以依据 y 得到 x 和 z. 第三个条件推出了 y 的一个四次方程,像往常一样是平方数.

Lowry③ 令

$$\alpha\equiv x^2+axy+by^2,\beta\equiv x^2+a_1xz+b_1z^2,\gamma=y^2+a_2yz+b_2z^2$$

设 $r=n(\alpha_1n+2m),s=m^2-b_1n^2,\rho=u(au+2v),\sigma=v^2-bu^2$. 取 $\frac{y}{x}=\frac{\rho}{\sigma}$,$\frac{z}{x}=\frac{r}{s}$. 那么 $\frac{\alpha\sigma^2}{x^2}=(v^2+\alpha uv+bu^2)^2$. 同样地,$\beta=\square$.

由于 $\frac{z}{y}=\frac{r\sigma}{s\rho}$,如果

---

① The Gentleman's Math. Companion, London, 3, No. 14, 1811, 310-311.

② Ibid., 4, No. 21, 1818, 757-760; J. Cunliffe, Leybourn's Math. Repository, New Ser., 2, 1809, I, 93-95. Cf. Ch. V.

③ New Series of Math. Repository (ed., T. Leybourn), 3, 1814, I, 153-164.

$$s^2\rho^2+a_2rs\rho\sigma+b_2r^2\sigma^2=\square \tag{6}$$

或者 $b_2r^2v^4+\cdots+ku^4=\square, k\equiv b_2r^2-aa_2brs+a^2s^2$，则 $\gamma=\square$. 这个四次方程被用一种特殊的方式变成完全平方数，这个特殊方式是对于 $k=\square$ 的 m 和 n 的特殊值. 对于$\frac{b_1}{b}=\square=d^2$，通过取 $u=dn, v=m$ 使 $\sigma=s$. 那么(1)就变成了 $\rho^2+a_2r\rho+b_2r^2=\square=\left(\rho-\frac{re}{t}\right)^2$，如果 $2et+a_2t^2=\frac{r}{n}, e^2-b_2t^2=\frac{\rho}{n}$，那么 $\rho^2+a_2r\rho+b_2r^2=\square=\left(\rho-\frac{re}{t}\right)^2$ 在 m 和 n 中就是线性的.

对于这种情况，一个匿名作者[①]给出了一个简洁的解 $b=b_1=b_2=1$. 取 $x=nR, y=m^2-n^2, z=nS$，其中 $R=an\pm 2m, S=a_2n+2m$. 那么

$$\alpha=(m^2\pm amn+n^2)^2, \gamma=(m^2+a_2mn+n^2)^2, \beta=n^2(R^2+a_1RS+S^2)$$

且 $\beta=n^2(p^2+a_1pq+q^2)^2$，若 $R=p^2-q^2, S=a_1q^2+2pq$. 比较这两个 R 的表达式，再比较两个 S 的表达式，我们得到了作为分数的 m 和 n，其公分母是 $2(a_2\mp a)$，由于 x,y,z 在 m 和 n 中是齐次的，所以其公分母可以被省略. 对于 $a=a_2$，使用下标记.

J. Whitley 和 W. Rutherford[②] 使 $p^2x^2+xy+y^2$ 和 $p^2z^2+xz+x^2$ 与 $px+y-a$ 和 $pz+x-b$ 的平方相等，并根据 z 找到了 x 和 y. 如果 z 中的一个四次方程是一个平方数，那么 $p^2y^2+yz+z^2=\square$.

W. Lenhart[③] 取(5)中的 $x=abc, y=bdf, z=cfn$. 通过 Lagrange 的加法，如果

$$p^2-q^2=ac, p_1^2-q_1^2=ab, p_2^2-q_2^2=bd$$
$$2pq+q^2=df, 2p_1q_1+q_1^2=fn, 2p_2q_2+q_2^2=cn$$

要解第一列中的方程，设 $p+q=a, p-q=c, 2p+q=\frac{d}{r}, q=rf$. 从 $2p$ 的两个值和 q 的两个值，我们取 $c=a-2rf, d=r(2a-rf)$. 相似地，通过第二列中的方程，$b=a-2sf, n=s(2a-sf)$. 通过第三列中的两个，$2p_2=d+b=tc-\frac{n}{t}$，$2q_2=d-b=\frac{2n}{t}$. 消除 t，得到 $(3d+b)(d-b)=4nc$. 插入 c,d,b,n 的之前的值，可得

---

① New Series of the Math. Repository(ed., T. Leybourn), 3, 1814, Ⅰ, 151-153. Slightly modified solution by A. Martin, The Analyst, Den Moines, 1878(5): 124-125.

② Ladies' Diary, 1834, 37-38, Quest, 1560.

③ Math. Miscellany, Flushing, N. Y., 1836(1): 299-301.

$$[(6r+1)a-(2s+3r^2)f][(2r-1)a+(2s-r^2)f]=8s(a-2rf)\left(a-\frac{1}{2}sf\right)$$

如果 $2s+3r^2=\frac{1}{2}s(6r+1)$，最后一个因数也会出现在左边.那么

$$a=12r^3(5-r)+5r^2, f=12r^2+(3-2r)-2r-1$$

接下来对于(4)，让 A^2 和 B^2 的最后两个方程相等.如果 $A+B=2(x+y-z)$，$A-B=\frac{1}{2}(x-y)$，最后两个方程的差相等.将 B 的结果值插入到 $y^2-yz+z^2=B^2$ 中，所以 $z=\frac{3x^2+10xy+3y^2}{8(x+y)}$.最后，如果 $x=p^2-q^2$，$y=2pq-q^2$，那么 $x^2-xy+y^2=\square$.

T. Strong 使 $x+y-a$，$x+z-b$，$y+z-c$ 的平方和 $(x+y)^2-Axy$，$(x+z)^2-Bxz$，$(y+z)^2-Dyz$ 相等.通过前两个条件 x 取 y 和 z，那么第三个条件关于 x 的两个二次函数相等.我们可以使常数项和 x^2 的系数相等，得到 x 是有理的.

N. Vernon 让第一个和第二个函数(5)与 $\frac{r^2-xy}{2r}$ 和 $\frac{s^2-xz}{2s}$ 的平方相等.那么 $x+y=\frac{r^2+xy}{2r}$，其根据 z 给出了 x，y.然后，第三个函数在 z 中变成了四次的，和之前一样是一个平方数.

D. S. Hart[①] 指出如果 $x=m^2-n^2$，$y=2mn+n^2$，那么 $x^2+xy+y^2=\square$.如果 $z=x\frac{2pq+q^2}{p^2-q^2}$，那么 $x^2+xz+z^2=\square$.取 $m=2$，$n=1$，$p=r+\frac{1}{2}q$.如果 $r=\frac{7q}{4}$，$p=\frac{9q}{4}$，那么 $y^2+yz+z^2=\square$.所以答案是 195，325，264.

A. Martin 和 A. B. Evans[②] 取 $x^2+axy+y^2=(mx-y)^2$ 可得 $\frac{x}{y}$.那么 x^2+xz+z^2 和 $y^2+ayz+z^2$ 通过已知的方法可以变为平方数.

一些作者[③]把函数(5)变成了平方数.R. F. Davis[④] 指出了解 7，8，－15 和 435，4 669，1 656.

N. G. S. Aiyar[⑤] 用几何、代数和三角学的方法解出了 $x^2+xy+y^2=c^2$ 等，并没有关注有理值.

---

① Math. Quest. Educ. Times，1874(20)：59-60.

② Ibid.，1874(21)：45-46.

③ The Math. Visitor，1880(1)：105-106，129-130；Amer. Math. Monthly，1894(1)：208 for (4).

④ Math. Quest. Educ. Times，1907(11)：25.

⑤ Jour. of Indian Math. Club，1910(2)：24-25.

A. Gérardin[1] 假设 $\alpha^2+\alpha\beta+\beta^2=A^2$ 的解是已知的，并通过设 $B=x+u$ 或 $B=\alpha-\frac{xp}{q}$ 或 $x=t-\alpha-\beta$ 来求

$$x^2+\alpha x+\alpha^2=B^2, x^2+\beta x+\beta^2=C^2$$

的解，得到了 t 的一个四次函数，其可以用三种方法变成平方. 通过六次函数发现了一个正整数的解.

E. Turrière[2] 假设方程组

$$Ax^2+Bxy+Cy^2=\square, Dy^2+Eyz+Fz^2=\square, Gz^2+Hzx+Ix^2=\square$$

每个都有一组有理解，比如第一个是 x_0, y_0. 用 $y-y_0=Z(x-x_0)$ 来解第一个方程，其中 Z 是一个参数，根据 Z 可得 x 和 y 是有理的. 相似地，在 $X=\frac{z-z_1}{y-y_1}$ 中的 $\frac{z}{y}$ 是有理的，$Y=\frac{x-x_2}{y-y_2}$ 中的 $\frac{x}{z}$ 也是有理的. 在 X, Y, Z 中，$\frac{y}{x}, \frac{z}{y}, \frac{x}{z}$ 的值成为单位元的条件是六次幂. 这样一来，问题就简化为在某六次曲面上寻找有理点.

M. Rignaux[3] 用第一个方程的解 $x=x_0, y=y_0$ 去处理最后一个方程，其中 x_0, y_0 是两个参数 m, n 的二次函数；同样地，依据参数 p, q 可得第三个方程的解 $x=x_1, z=z_1$. 所以 $x=x_0x_1, y=y_0x_1, z=z_0x_1$. 已知的第二个方程成为了 m, n 中的四次方程，并且在已知的特殊例子中是可解的.

7 $xy+a, xz+a, yz+a$ 为完全平方数

Diophantus, Ⅲ, 12, 13 和 Ⅳ, 20 要求输入三个数字，使得给定数字 a 乘以任意两个数字的乘积应为平方数. $a=12$ 时，他找到了 $2, 2, \frac{1}{8}$；$a=-10$ 时，结果是复杂的分数；$a=1$ 时，为 $x, x+2, 4x+4$. 在 Ⅴ, 27 中，数字本身就可以成为平方数.

F. Vieta[4] 推广了 Diophantus, Ⅲ, 12 的方法. 设 A 是第二个数. 那么第一个是 $\frac{B^2-a}{A}$，且第三个是 $\frac{D^2-a}{A}$. 所以一定有

---

① Nouv. Anu. Math., (4), 16, 1916, 62-74.

② Ibid., (4), 18, 1918, 43-49. For such a system, see Ch. V, p. 223.

③ L'intermédiaire des math., 1918(25): 132-133.

④ Zetetica, 1591, V, 7[8], Francisci Vietae Opera mathematica, ed. Francisci à Schooten, Lugd. Bat., 1646, 78.

$$\frac{B^2-a}{A}\cdot\frac{D^2-a}{A}+a=\square$$

我们可以用无数种方法来求解 $B^2-a=F^2$,$D^2-a=G^2$. 那么 $F^2G^2+aA^2$ 可以是一个平方数,比如 $(FG-HA)^2$. 所以 $A=\frac{2HFG}{H^2-a}$.

C. G. Bachet[①] 怀疑 Diophantus 有一个通解,使用这个标准:从两个平方的每一个中减去给定的数字,然后将余数除以这两个平方根的差;那么商和根的差是三个数字,给出了一个解. 对于 $a=6$,取 $N+3$ 和 $2N+3$ 作为平方根,那么 $N, N+6+\frac{3}{N}$ 和 $4N+12+\frac{3}{N}$ 给出了一个解.

De Sluse[②] 取一个任意平方 b^2,并设 $d=b^2-a$,$xy=x^2+2xb+d$,因此 $xy+a=(x+b)^2$. 相似地,我们可以设 $z=\frac{xc^2}{e^2}+\frac{2bc}{e}+\frac{d}{x}$,所以 $xz+a=\left(\frac{xc}{e}+b\right)^2$. 设 $yz+a$ 是 $\frac{cx+cb}{e}+b+\frac{d}{x}$ 的平方. 因此

$$\frac{2b^2c}{e}+\frac{dc^2}{e^2}=\frac{b^2c^2}{e^2}+\frac{2dc}{e}$$

当 b^2 被 $d+a$ 替换时,这个式子减少为 $2=\frac{c}{e}$,所以所需数字为 $x, x+2b+\frac{d}{x}$, $4x+4b+\frac{d}{x}$. 对于一个负数,$a=-A$,记作 $x, y=x+\frac{A}{x}, z=\frac{xb^2}{c^2}+\frac{A}{x}$. 那么 $xy-A=x^2$, $xz-A=\frac{x^2b^2}{c^2}$, $yz-A=\left(\frac{xb}{c}+\frac{A}{x}\right)^2$,如果 $\frac{b}{c}=2$.

N. Saunderson[③](从幼年开始失明)给出了解

$$x=\frac{r^2-a}{r-s}, y=\frac{s^2-a}{r-s}, z=r-s, 2x+2y-(r-s)$$

其中 r 和 s 超过了 $\sqrt{a}$ 且 $r>s$. 对于 $a=1$,一个解是

$$x, y=\alpha^2x+2\alpha, z=\beta^2x+2\beta, \alpha-\beta=\pm 1$$

V. Ricatti 处理了这个问题.

L. Euler[④] 设 $xy+a=p^2$,$z=x+y\pm 2p$,因此 $xz+a=(x\pm p)^2$,$yz+a=(y\pm p)^2$. 对于 $a=12$,$p=4$,那么 $x=y=2$,$z=12$. 对于 $a=12$,$p=5$,有 $x=1$,

---

① Diophanti Alex.,1621,149,215.

② Renati Francisci Slusii,Mesolabum,accessit pars altera de analysi et miscellanea,Leodii Eburonum,1668,177-178.

③ The Elements of Algebra,1740(2):390-395.

④ Algebra,2,1770,art. 232(end of art. 233);2,1774,p. 305(pp. 310-311);Opera Omnia,(1),I,465(468).

$y=13, z=4$ 或 24. 他指出了 $a=1$ 时的通解为

$$x=\frac{p^2-1}{z}, y=\frac{q^2-1}{z}, z=\frac{(p^2-1)(q^2-1)-r^2}{2r}$$

Euler① 处理了 $AB-1=p^2, AC-1=q^2, BC-1=r^2$. 所以

$$A^2B^2C^2=l(r^2+1), l=(p^2+1)(q^2+1)=m^2+n^2, m=pq\pm 1, n=p\mp q$$

$$A^2B^2C^2=(mr+n)^2+(nr-m)^2$$

设 $-ABC=mr+n+t(nr-m)$. 那么,对于 $d=n(t^2-1)+2mt$

$$dr=m(t^2-1)-2nt, d^2(r^2+1)=(m^2+n^2)(t^2+1)^2$$

$$dABC=(m^2+n^2)(t^2+1)$$

$$A=\frac{d}{t^2+1}, dB=(p^2+1)(t^2+1), dC=(q^2+1)(t^2+1)$$

为了获得整数解,设 $B=\frac{p^2+1}{A}, C=\frac{q^2+1}{A}$. 如果 $A=n=p-q$,那么

$$BC-1=\frac{m^2+n^2-A^2}{A^2}$$

是一个平方数,所以 $B=A+C+2q$. 仍然需要使 q^2+1 被 A 整除,这要求 $A=$ [2]. 如果 $A=5, q=5u\pm 2$,那么 $C=5u^2\pm 4u+1, B=5u^2+14u+10$ 或者 $B=5u^2+6u+2$. 在可获得整数解的其他方法中,取 $AB=1+p^2$, $(AC-1)(BC-1)=(mC+1)^2$,所以 $C=\frac{A+B+2m}{Q}$,其中 $Q=AB-m^2$. 那么

$$AC-1=\frac{(A+m)^2}{Q}, BC-1=\frac{(B+m)^2}{Q}$$

所以可得 $Q=n^2$,由此 $m^2+n^2=p^2+1$. 取 $m=ap+\alpha, n=\alpha p-a$,其中 $a^2+\alpha^2=1$;例如 $a=\frac{f^2-g^2}{f^2+g^2}, \alpha=\frac{2fg}{f^2+g^2}$. 所以

$$C=\frac{A+B\pm 2(ap+\alpha)}{(\alpha p-a)^2}$$

因为 $f=1, g=0, C=A+B\pm 2p$. 对于 $f=2p, g=1, C=(A+B)f_1^2\pm 2pf_1(f_1+2)$,有 $f_1=4p^2+1$. 接下来,我们取 $f=f_1, g=2p$. 通过这个方法,Euler 得到了 $C=(A+B)M^2\pm 2pMN$,其中通过关系 $4p^2+2, -1$ 的比例反复出现的级数,$(M,N)=(1,1),(4p^2+1,4p^2+3),\cdots$ 是已知的;他给出了通项公式.

J. Leslie② 通过因式分解把 $xy+1, xz+1, yz+1$ 变成了平方数.

---

① Posth. paper, Comm. Arith., Ⅱ, 577-579; Opera postuma, 1862(1): 129-131.

② Trans. Roy. Soc. Edinb., 2, 1790, 209, Prob. Ⅻ.

P. Cossali① 因为 Saunderson 给出了结果.

Fr. Buchner② 处理了 $xy+1=p^2, xz+1=q^2, yz+1=r^2$. 所以

$$x=\frac{p+1}{m}=\frac{q+1}{n}, y=m(p-1)=l(r-1), z=n(q-1)=\frac{r+1}{l}$$

因此 p,q,r 以及 x,y,z 都是 m,n,l 的函数.

A. B. Evans③ 为了使 $xy-1$ 等成为平方数,取 $x=a^2+b^2, y=c^2+d^2, z=e^2+f^2, E=bc-ad, F=be-af, G=de-cf$. 那么 $xy-E^2, xz-F^2, yz-G^2$ 都是平方数. 取 $e=a+c, f=b+d$,那么 $F=E, G=-E$. 只需要使 $E=\pm 1$.

E. Bahier④ 指出了解 $a-1, a, 4a-1$,并给出 Sluse 关于 $x=1$ 的值和 Saunderson 的第二个 z 的值.

8 和上一个有关的问题

Diophantus, Ⅲ, 17, 18 处理了这个问题(显然简化到最后一个了):找到三个数字,使得任何两个数相加或相减的结果与这两个数之和的乘积得出一个平方数⑤.

取 y 和 $4y+3$ 作为其中的两个数,每增加一个单位,其比率是 $\frac{1}{4}$ 的平方. 从

$$y(4y+3)+y+4y+3=\square=(2y-3)^2$$

可得 $y=\frac{3}{10}$. 对于数字 $\frac{3}{10}, \frac{42}{10}, x$,这个条件是

$$\frac{13}{10}x+\frac{3}{10}=\square, \frac{26}{5}x+\frac{21}{5}=\square$$

通过一般方法(第十五章),$x=\frac{7}{10}$.

N. Saunderson⑥ 找到了三个数 a,b,c,它们中任意两个乘积之和乘以它们

---

① Origine, Trasporto in Italia... Algebra, 1797(1): 102.

② Beitrag zur Auflös. unbest. Aufg. 2 Gr., Prog. Elbing, 1838, p. 9.

③ Math. Quest. Educ. Times, 14, 1871, 75-76; 29, 1878, 90-91.

④ 85Recherche Méthodique et Propriétés des Triangles Rectangles en Nombres Entiers, Paris, 1916, 198-199.

⑤ In Diophautus Ⅳ, 38, 40, the results are to be given numbers, instead of squares. His condition that each number must be l less thun a square is not necessary, as noted by Stevin, Les Oeuvres math. de Simon Stevin... par A. Girard, 1625, 589; 1634, 148. Thus if the numbers are 14, 23, 39, an answer is 4, 2, 7.

⑥ The Elements of Algebra, 2, 1740, 399-405; French transl., Sphinx-Oedipe, 1908-1909, 3-9.

的总和的 t 倍便是一个平方数.因为 $(a+t)(b+t)=n^2+t^2$,所以 n^2+t^2 可以被表示为两个因子的乘积,比如 $n+r, n-s$,每一个都大于 t.那么 $c=a+b+t\pm 2n$,并且

$$a=\frac{r^2+t^2}{r-s}-t, b=\frac{s^2+t^2}{r-s}-t, c=r-s-t, 2a+2b+2t-(r-s-t)$$

当 $t=1$ 时,取 $r-s=1$,从而 $a=r^2, b=s^2, c=0$ 或 $2a+2b+2$.

同样的数可以使任意两个数的乘积与第三个的 t 倍相加是一个平方数(Diophantus,Ⅲ,14).

P. Cossali 指出如果 $x^3, z^2, 2[x^2+z^2+(z-x)^2]$ 中任意两个数的乘积与这两个数之和的 $(z-x)^2$ 倍相加可得一个平方数.把这三个数的每一个都加上 $2(z-x)^2$,我们得到了三个数,它们中的任意两个的乘积被这两个数之和或第三个数减去之后可得一个平方数.

Diophantus①,Ⅴ,3,需要这样三个数,即它们中的任意一个或任意两个的乘积被一个已知数 a 加或减,得到的是一个平方数.他在他的 *Porisms* 中引证,如果 $x+a=m^2, y+a=n^2, xy+a=\square$,那么 m 和 n 是相邻数②.所以,如果 $a=5$,我们取 $x=(z+3)^2-5, y=(z+4)^2-5$ 作为所需数中的两个,$2(x+y)-1=4z^2+28z+29$ 作为第三个.我们将使

$$4z^2+28z+34=\square$$

比如 $(2z-6)^2$.所以 $z=\frac{1}{26}$.

对于 Ⅴ,4,Diophantus 取 $a=6, x=z^2+6$ 和 $y=(z+1)^2+6$ 作为前两个数,$2(x+y)-1$ 作为第三个数.如果 $z=\frac{17}{28}$,后者小于 6 是

$$4z^2+4z+19=(2z-6)^2$$

Diophantus 的方法说明如果 $x=m^2-a, y=(m+1)^2-a, z=(2m+1)^2-4a$,那么 $xy+a, xz+a, yz+a, x+a, y+a$ 是完全平方数.为了使 $z+a=\square$,假设 $(2m-r)^2$,我们有 $m=\frac{r^2+3a-1}{4(1+r)}$.

Fermat(Oeuvres,Ⅲ,250)对 $a=1$ 的情况给出了一个解.在

$$y=\frac{169}{5\ 184}x+\frac{13}{36}, z=\frac{7\ 225}{5\ 184}x+\frac{85}{36}$$

中,由单位增加的常数项给出平方;更进一步,$xy+1, xz+1, yz+1$ 是平方数.

① The Elements of Algebra,1740(2):399-405;French transl.,Sphinx-Oedipe,1907-1909,3-9.

② But this is ineorrect;$m-n=\pm 1$ is a suffieient but not necessary condition for $xy+a=\square$. In fact, by eliminating x, y, we get $m^2n^2-a(m^2+n^2-I)+a^2=\square$. While this is satiafied if $m^2+n^2-1=2mn$, whence $m=n\pm 1$, it can be satisfied as usual by setting $m=n\pm 1+\mu$.

由于常数项是平方数，这个"三倍方程"$x+1=\square$，$y+1=\square$，$z+1=\square$ 的解很容易得出.

9 四个或五个数里面的任意两个数与单位(元)平方的乘积

Diophantus，Ⅳ，21，需要四个数字，使得任意两个的积与单位(元)相加是一个平方数. 他取 x，$x+2$，$4x+4$ 作为前三个数字，取 $(3x+1)^2-1$ 作为第一个和第四个的乘积，所以第四个是 $9x+6$. 第二个和第四个的乘积与单位(元)相加是 $9x^2+24x+13$；设它与 $(3x-4)^2$ 相等，因此 $x=\frac{1}{16}$. 剩下的条件也被满足了.

Refael Bombelli① 处理了这四个数的问题.

Fermat② 取 1，3，8 作为前三个数. 根据第四个数的条件，x 是 $x+1=\square$，$3x+1=\square$，$8x+1=\square$. 他解"三倍方程"的方法给出了 $x=120$.

L. Euler③ 给出了解 $a,b,c=a+b+2l,d=4l(l+a)(l+b)$，其中 $ab+1=l^2$，并指出案例 3，8，1，120 和 3，8，21，2 080. 通过寻找 z 使得 $1+ax,\cdots,1+dz$ 成为完全平方数，他把这个问题扩展到了五个数. 通过 $P=1+pz+qz^2+rz^3+sz^4$，指出了这四个和的乘积，其中 $p=a+b+c+d,\cdots,s=abcd$. 设 P 是 $1+\frac{1}{2}pz+gz^2$ 的平方数，其中 $g=\frac{q}{2}-\frac{p^2}{8}$. 所以

$$r+sz=pg+g^2z,z=\frac{r-pg}{g^2-s}$$

为了简洁，设 $a+b+l=f$，$\frac{d}{4}=k$，那么

$$k=fl^2+lab,c=f+l,p=2f+4k$$

$$q=(a+b+c)d+(a+b)c+ab=8fk+f^2-1,s=4abk(f+l)$$

由于 $k=f(ab+1)+lab$，$4k^2=4kf+4kab(f+l)$. 所以

$$1+q+s=(2k+f)^2=\frac{1}{4}p^2,q=-\frac{1}{2}(1+s)$$

---

① L'algebra opera，Bologna，1579，p. 543.

② Oeuvres，Ⅲ，251.

③ Opusc. anal.，1783(1)：329；Comm. Arith.，Ⅱ，45. Results stated in a letter to Lagrange，Sept. 24，1773(Oeuvres，XIV，235-240)；Euler's Opera postuma，Ⅰ，1862，584-585.

z 的分母 g^2-s 是$\frac{s-1}{2}$ 的平方. 所以

$$z=\frac{4r+2p(1+s)}{(s-1)^2}$$

且 p 是一个平方数. Euler 说明了每一个因数 $1+az$ 等都是一个平方数. 取 $a=1,b=3$,我们有 $l=2,c=8,d=120,p=132,q=1\ 475,r=4\ 224,s=2\ 880,z=\frac{777\ 480}{2\ 879^2}$,并且这十个表达式 $ab+1,\cdots,dz+1$ 是

$$2,3,11,5,19,31,\frac{3\ 011}{2\ 879},\frac{3\ 250}{2\ 879},\frac{3\ 809}{2\ 879},\frac{10\ 079}{2\ 879}$$

的平方. 为了得到更小的(分数的) 数,设 $a=\frac{1}{2},b=\frac{5}{2}$. 那么

$$c=6,d=48,z=\frac{44\ 880}{128\ 881}$$

A. M. Legendre① 验证了 Euler 前面的断言,即通过 a,b,c,d 是

$$\xi^4-p\xi^3+q\xi^2-r\xi+s=0$$

的根来说明 $1+az$ 等是平方数. 并展示了当 $r\xi$ 被来自前面方程的值所替代时,$(s-1)^2(\xi z+1)$ 变成了$(2\xi^2-p\xi-s-1)^2$.

C. O. Boije af Gennäs② 给出了解

$$r,s(rs+2),(s+1)(rs+r+2),4(rs+1)(rs+r+1)(rs^2+rs+2s+1)$$

对于 $r=1,s=2$,可得 1,3,15,528.

J. Knirr③ 取了四个数

$$n,a^2n+2a,b^2n+2b,p^2n+2p$$

第二个与第三个的乘积与单位(元) 相加,得

$$[abn+(a+b)]^2+[1+4ab-(a+b)^2]$$

如果最后的部分是零,那上面的式子是一个平方,所以 $b=a\pm1$. 第二个和第四个的乘积,与单位(元) 相加,如果

$$p(q^2-a^2n^2-2an)=2a^2n+4a-2q$$

那么其结果是 $1+pq$ 的平方. 如果 $q=an+1$,那么 p 的系数是单位数. G. H. F. Nesselmann④ 取 $b=a+1,p=a+2$.

C. C. Cross⑤ 根据 Boije 的理论用 $m,n-1$ 替代 r,s 给出了集合. 他和其他

---

① Théorie des nombres, ed. 3,2,1830,142-144;Maser's transl.,1893(2):138.

② Nouv. Ann. Math.,(2),19,1880,278-279;E. Lucas, Théorie des nombres,1891,129.

③ Die Auflösung dcr Gleichung $z^2-cx^2=1$,18. Jahresbericht Oberrealschule,1889,31.

④ Zeitschr. Math. Phys.,Hist.-lit. Abt.,1892(37):167.

⑤ Amer. Math. Monthly,1898(5):301-302.

人没有找到这样的五个数.他[1]后来取第五个数,让第五个数与第一个 m 相等,唯一的新条件是 $m^2+1=\square$, $m=\frac{k^2-1}{2k}$.

M. A. Gruber[2] 指出一个 Euler 的五个数的特殊案例.

A. Gérardin[3] 通过循环级数得到了特殊解.

Fermat[4] 为了找到四个数,处理了这个问题,这四个数中的任意两个的乘积与它们的和相加是一个平方数.他利用三个平方数使任意两个数的乘积与它们的和相加是一个平方数.说明了这样的三个平方数的集合有一个无穷,他引用了 4, $\frac{3\ 504\ 384}{d}$, $\frac{2\ 019\ 241}{d}$, 其中 $d=203\ 401$. 然而,他确实使用了 Diophantus, Ⅴ, 5 的平方 $\frac{25}{9}$, $\frac{64}{9}$, $\frac{196}{9}$,其具有附加特性,即任意两个数的乘积与第三个相加是一个平方数.取这三个平方数作为我们的三个数,且 x 是第四个,我们可以满足

$$\frac{34}{9}x+\frac{25}{9}=\square,\frac{73}{9}x+\frac{64}{9}=\square,\frac{205}{9}x+\frac{196}{9}=\square$$

这个带常数项平方的"三倍方程"就可以被解出来了. T. L. Heath[5] 发现 x 是两个 21 位数字的比值.

L. Euler[6] 对于后一个问题有更普遍的解法.设 A,B,C,D 表示这些数与单位(元)相加,那么 $AB-1,\cdots,CD-1$ 会成为平方数.取 $AB=p^2+1$,则

$$C=\frac{A+B+2(ap+\alpha)}{(\alpha p-a)^2},D=\frac{A+B+2(bp+\beta)}{(\beta p-b)^2},a^2+\alpha^2=b^2+\beta^2=1$$

那么其中的五个条件可以被满足.仍然有 $CD-1=\square$. 用 $A+B$ 的值 $\frac{A^2+p^2+1}{A}$ 替代 $A+B$,我们看到这个条件变成了 $A^4+2A^3k+\cdots+(p^2+1)^2=\square$,其中 $k=(a+b)p+\alpha+\beta$. 如果

$$A[k^2-4(p^2+1)-4(ap+\alpha)(bp+\beta)+(\alpha p-a)^2(\beta p-b)^2]=4k(p^2+1)$$

这个四次方程是 A^2+Ak-p^2-1 的平方.这个解当然不是一般解.例如,如果 $\alpha=\beta=0$, $a=1$,那么之前的 A 是零,所以我们可以得到如下的解.在这个例子中,我们有 $C=A+B+2p$, $D=A+B-2p$. 那么

---

① Ibid., 1899(6): 85-87.

② Ibid., 122-123.

③ L'intermédiaire des math., 23, 1916, 14-15.

④ Oeuvres, Ⅲ, 242-243. A special case of our main problem since $xy+x+y=(x+1)(y+1)-1$.

⑤ Diophantus of Alexandria, ed. 2, 1910, p. 163.

⑥ Posth. paper, Comm. Arith., Ⅱ, 579-582; Opera postuma, 1862(1): 131-134.

$$CD-1=(A+B)^2-4p^2-1=\square=q^2,(A-B)^2=q^2-3=\square=(q-r)^2$$

所以 $q=\frac{r^2+3}{2r}$,而且 $A+B=2p+s$ 若 $p=\frac{q^2+1-s^2}{4s}$. 设 $r=2,s=\frac{15}{4}$,那么 $q=\frac{7}{4},p=-\frac{2}{3},A=C=\frac{13}{12},B=\frac{4}{3},D=\frac{15}{4}$. 对于 $r=2,s=\frac{7}{2}$,可得

$$A=\frac{289}{224},B=\frac{233}{224},C=\frac{65}{56},D=\frac{7}{2}$$

对于 $b=-a,\beta=-\alpha$,Euler 得到了 $C,D=\frac{\alpha(A+B)\pm(4a+2)}{4\alpha}$ 并指出所有的解都是分式的. 他引用了解 $A=D=1,B=2,C=5$,并提出疑问:是否存在其他的整数解.

10 四个数中任意两个数的乘积与 n 相加是一个平方数

C. G. Bachet[①] 提出了这个问题,并取 $n=3$. 从 $(N+2)^2$ 和 $(N+6)^2$ 中减去 3,余数除以平方根的差 4,可得

$$a=\frac{1}{4}N^2+N+\frac{1}{4},b=\frac{1}{4}N^2+3N+\frac{33}{4}$$

作为第三个数,他取

$$c=2(a+b)-4=N^2+8N+13$$

因此通过一个普遍标准,$ab+3,ac+3,bc+3$ 是平方数. 取第四个数为 $d=4$,那么 $ad+3$ 和 $bd+3$ 是平方数. 最后若 $N=\frac{5}{8}$,则

$$cd+3=(2N-10)^2$$

他也给出了解的第二个方法.

Fermat[②] 指出,很容易从 Diophantus, V, 3 中推断出解决方案. 由于有三个数字取后一个问题的解 x_1,x_2,x_3. 第四个数取 $x+1$,然后我们有一个"三倍方程"$x_ix+x_i+n=\square$,该方程的常数项 x_i+n 是平方数,解这个方程很容易.

P. Iacobo de Billy[③] 取 $n=4$,R 作为第一个数,当 R 是一个因数时,$R+2$, $2R+2$, $3R+2$ 可以作为可获得的平方根. 所以剩下的三个数是 $R+4,4R+8,9R+12$. 若 $R=\frac{1}{8}$,则 $(R+4)(9R+12)+4$ 是 $3R-8$ 的平方. 另外两个条件被

① Dioph. Alex., 1621, 150.

② Oeuvres, Ⅲ, 254.

③ Diophantvs Geometria, Paris, 1660, 100.

认为是可满足的.

N. Saunderson 取任意数 $a>\sqrt{n}$,从任意更大的平方数 b^2 中减去 $4a^2-3n$,并称 d 为 $4a+2b$ 除以余数得到的商.那么通过

$$d, e=\frac{a^2-n}{d}, f=d+e+2a, g=3e+f+2a$$

可以得到一个答案.而且对于 $n=3$,取 $a=2, b=3$.所以 $d=\frac{1}{7}, e=7, f=\frac{78}{7}$, $g=\frac{253}{7}$.

L. Euler[①] 称这些数为 A, B, C, D.设 $AB=p^2-n$,令 $AC+n$ 和 $BC+n$ 的乘积与 $(Cx+n)^2$ 相等,所以

$$C=\frac{n(A+B-2x)}{x^2-AB}, AC+n=\frac{n(A-x)^2}{x^2-AB}$$

因为 $\frac{x^2-AB}{n}$ 是 y^2 的平方,因此

$$C=\frac{A+B-2x}{y^2}, x^2-ny^2=p^2-n$$

相似地

$$D=\frac{A+B-2v}{z^2}, v^2-nz^2=p^2-n$$

在 $CD+n=\square$ 中,用 $\frac{A^2+p^2-n}{A}$ 替换 $A+B$,所以

$$A^4-2A^3(x+v)+2A^2(p^2-n)+A^2ny^2z^2+$$
$$4A^2xv-2A(p^2-n)(x+v)+(p^2-n)^2$$

是一个平方数.通过选择一个有理的 A,上式可以变成 $A^2-A(x+v)-(p^2-n)$ 的平方.为了简化这个公式,Euler 取 $v=-x, z=y$.那么这个条件变成

$$(A^2-p^2+n)^2+nA^2y^2(y^2-4)=\square$$

如果 $y=2$,那么这个条件可以被满足.它只需要满足 $p^2=x^2-3n$.设 $p=x-l$,那么 $x=\frac{t^2+3n}{2t}, p=\frac{3n-t^2}{2t}$.为了得到齐次性,设 $x, p=\frac{3nu^2\pm t^2}{2tu}$.所以

$$AB=\frac{(nu^2-t^2)(9nu^2-t^2)}{4t^2u^2}$$

$$A=\frac{f(nu^2-t^2)}{2gtu}, B=\frac{g(9nu^2-t^2)}{2ftu}, C, D=\frac{n(f\pm 3g)^2u^2-(f\mp g)^2t^2}{8fgtu}$$

为了找到四个数,使得任意两个数的乘积与这四个数的和相加是一个平方

---

① Comm. Arith., Ⅱ, 582-585(pouth. paper); Opera postuma, 1862(1): 134-137; Algebra, 2. 1770, arts, 233-234; 2, 1774, pp. 306-314; Opera Omnia, (1), I, 465-469.

数,我们只能取 $mA,\cdots,mD$,其中 $m=\frac{A+B+C+D}{n}$,同时 $A,\cdots,D$ 是之前的解给出的数. Euler 给出两个整数解:15,175,310,475 和 36,96,264,504. 因为 n 可能是负的,我们可以得到四个数,其中任意两个数的乘积与这四个数之和相加是一个平方数. 整数解为 8,24,44,80.

E. Bahier 使用了 Saunderson 的数,取他的 z 的两个值作为这四个数中的两个. 只剩下条件 $(r+s)^2-3a=\square$,将 $3a$ 表示为这两个平方数的差,这个条件就可以被满足了.

11 其他成对数的乘积与线性函数相加成为平方数

J. Collins① 使六个函数 $xy\pm v,xz\pm v,yz\pm v$ 成为平方数,其中 $v=x+y+z$. 取

$$xy\pm v=(t\pm s)^2,xz\pm v=(r\pm q)^2,yz\pm v=(p\pm n)^2$$

且

$$\frac{1}{2}v=ts=rq=pn \tag{1}$$

那么

$$xy=t^2+s^2,xz=r^2+q^2,yz=p^2+n^2$$

取 $t=(a^2-b^2)g$

$$s=2abg,r=(a^2-c^2)g,q=2acg,p=(d^2-a^2)g,n=2adg$$

那么

$$x=\frac{g(a^2+b^2)(a^2+c^2)}{a^2+d^2},y=\frac{g(a^2+d^2)(a^2+b^2)}{a^2+c^2},z=\frac{g(a^2+c^2)(a^2+d^2)}{a^2+b^2}$$

为了满足(1),取 $a=f^2+fh+h^2,b=f^2-h^2,c=2fh+h^2,d=f^2+2fh$.

J. Cunliffe② 通过取 $y-x=2n,z=n^2$ 使 $xy+z$ 等成为平方数. 那么 $xy+z=(x+n)^2$,其中 $xz+y$ 和 $yz+x$ 是 x 的线性函数,且可能与平方数相等. S. Jones 取 $y=x-1,z=x-4$. "J. B." 取 $y=t^2x-v^2,z=v^2x$,因此 $xy+z=t^2x^2$. 那么 $xz+y=(vx-r)^2$ 给出了 x. 从 $yz+x=\square$ 中,我们可得 r 中的四次方程,可像平常一样解开.

W. Wright③ 取 $xy-a=p^2,yz-b=q^2$,并使 p^2+a 和 q^2+b 成为平方数.

---

① The Gentleman's Math. Companion,London,2,No. 10,1807,66-67.

② The Gentleman's Math. Companion,London,3,No. 1814(17):463-466.

③ Ibid.,467-468.

如果$\frac{\square}{y^2}-c=\square$,那么$xz-c=\square$,这个条件很容易被满足.

Cunliffe[①] 取$xy+z=A^2$,$xz+y=B^2$,而且$(y+z)(x+1)=A^2+B^2$.因此设$y+z=a^2+b^2$,$x+1=c^2+d^2$,$A=ac+bd$,$B=ad-bc$.同样地,$(y-z)(x-1)=A^2-B^2$.所以取$y-z=A-B$,$x-1=A+B$.通过x的两个值,可根据a,c,d得到b.为了得到b的整数值,可使分母$c-d$与单位(元)相等.

D. S. Hart[②] 通过取$x=n^2$,$y=(n+1)^2$,$z=4(n^2+n+1)$使$xy+z$等和$xy+x+y$等成为完全平方数.

E. N. Barisien[③] 处理了这个方程组

$$xz-y=t^2,(z+a)x-y=u^2,(z+b)x-y=v^2$$

从另外两个里面减去第一个.从而

$$ax=u^2-t^2,bx=v^2-t^2,av^2-bu^2=(a-b)t^2$$

设$v=h+h$,$u=t+l$.去掉分母$2ha-2lb$,我们有

$$t=bl^2-ah^2,u=bl^2+ah^2-2alh,v=ah^2+bl^2-2blh$$

$$x=4lh(h-l)(bl-ah)$$

那么y,z可以从$Az-y=B$里面找到.设$B=Ap+r$,$z=q+p$,那么$y=Aq-r$.(取$g=-\frac{ah}{l}$,$f=-\frac{lI^2}{a}$)那么

$$x=4f^2g(a+g)(b+g),u=f(g^2+2ag+ab),v=f(g^2+2bg+ab)$$

$$t=f(g^2-ab),z=g,y=f^2[3g^4+4g^3(a+b)+6abg^2-a^2b^2]$$

他[④]在其他地方只陈述了后一种解决方案.

"V. G. Tariste"[⑤] 处理了最后一个问题的案例$a=1$,$b=2$.那么$v^2+t^2=2u^2$,其通解是$u=\lambda(A^2+B^2)$,$v,t=\lambda(A^2-B^2\pm 2AB)$.

许多作者[⑥]使$xy+z$,$yz+x$,$xz+y$成为完全平方数(Diophantus,Ⅲ,14).

E. Bahier令$xy-v$,$xz-v$,$yz-v$成为平方数,其中两个之和等于第三个.

---

① Ibid.,5,No. 27,1824,349-353.

② Math. Quest. Educ. Times,28,1878,67-68.

③ Sphinx-Oedipe,1907-1908,180-181.

④ Mathesis,(3),9,1909,154-155.

⑤ L'intermédiaire des math.,1912(19):38-39.

⑥ Zeitschr. Math. Phrs.,Hist.-lit. Abt.,37,1892,138;Math. Quest. Educ. Time,25,1914.

12 二次项为乘积的和的进一步方程式

Bháscara[①](出生于1114年)处理了这个问题,使 $w+2,x+2,y+2,z+2$ 是A. P.中的数字的平方,而 $wx+18,xy+18,yz+18$ 都是平方数,这样当七个平方根的和加11时,它们之和就是 13^2. 因为 $\frac{18}{2}$ 是3的平方,第一个四次方程的根是 $y,y+3,y+6,y+9$. 那么 $wx+18$ 等的根可以是 $y^2+3y-2,y^2+9y+16,y^2+15y+52$. 这些根的和加11等于 $3y^2+31y+95=13^2,y=2$.

Diophantus,Ⅳ,16,解开了 $z(x+y)=a,y(x+z)=b,x(y+z)=c$,其中 $a=35,b=32,c=27$,通过假设 $x=\frac{15}{z},y=\frac{20}{z}$,所以 $z=5$.

通过消除Diophantus方程,Rillier des Ourmes[②]获得了 $2xz=a+c-b$ 等. 从 $yz=m,xz=n,xy=p$ 到 $y=\sqrt{\frac{pm}{n}}$,等等. 对于 $a=24,b=45,c=49$,可得 $m=10,n=14,p=35$,所以 $x=7,y=5,z=2$. 他还列出了三个给定数字中最小的两个,互补因子对24和25,从而给出了一个解

$$24=1\cdot 24=2\cdot 12=3\cdot 8=4\cdot 6,45=1\cdot 45=3\cdot 15=5\cdot 9$$

从每个列表中选择一对具有公共和的因数,分别为 $2\cdot 12,5\cdot 9$,并通过试用选择一对中的一个作为一个未知数,将余因数作为其他两个未知数的总和.

找到 n 个数字,给出每一个数字与其他数字之和的乘积,列出 n 个已知数字的最小 $n-1$ 个的余因数对,并挑出这些对,从每个列表中选择一对,它们具有相同的总和(未知数的总和). 每一对最小的余因数是未知数的最小的 $n-1$ 个的其中一个,并且它们的和从总和中减去可得最大的未知数. 对于 $n=5$,用 $180=4\cdot 45,294=7\cdot 42,418=11\cdot 38,444=12\cdot 37$;未知数是4,7,11,12

$$15=49-(4+7+11+12)$$

S. Jones[③]取 $x(y+z)=a^2x^2,y(x+z)=b^2,z=ax+b$,其给出 x,y,z. 那么如果 $a^2+2a-1=\square=(a-n)^2$ 和 $a^2-2a+3=\square$,有 $z(x+y)=\square$. 后者变成了关于 n 的一个四次函数,如果 $n=-\frac{2}{3}$,那么该四次函数是一个平方数.

---

① Víja-gańita, §§143-144. Algebra with arith...from Sanskrit...of Bháscara,transl. by Colebrooke,1817,218-219.

② Mém. de Mathématique et de Physique,Paris,1768(5):479-484.

③ The Gentleman's Math. Companion,London,3,No. 1812(15):348-349.

L. Euler[①] 发展了一种方法以使各种函数同时等于平方数. 这个方法将会用来解释他自己的问题:给出一个整数 n,找到整数 x,y,z 使 $xy+n,xz+n$,$yz+n,xy+xz+yz+n$ 是完全平方数. 对于

$$f\equiv x^2+y^2+z^2-2xy-2xz-2yz-4n=0$$

的解的任意集合和任意函数 P,P^2-f 都是一个平方数. 取 $P=x+y-z$,我们发现 $4(xy+n)$ 是一个平方数. 取 $P=x-y+z$,我们发现 $4(xz+n)$ 是一个平方数,相似地,$yz+n$ 也是一个平方数. 取 $P=x+y+z$,我们发现 $4(xy+xz+yz+n)$ 是一个平方数. 现在如果 $z=x+y+2v$,$f=0$,其中 $v^2=xy+n$. 为了满足后者,取任意满足 v 的整数,并取 x 和 y 作为任意整数对,它们的乘积是 $n-v^2$. 所以

$$xy+n=v^2,xz+n=(x+v)^2,yz+n=(y+v)^2$$

$$xy+xz+yz+n=(x+y+v)^2$$

右边部分分别对应 P 的 $\frac{P^2}{4}$ 的简化值.

为了解决一个有意思的相关问题,取

$$f=x^2+y^2+z^2-2xy-2yz-2xz-2a(x+y+z)-b=0$$

且 $P=x+y\pm z\pm a$ 是字母的四个组合. 所以

$$4(xy+xz+yz)+4a(x+y+z)+a^2+b,4(xy+xz+yz)+a^2+b$$

$$F=4xy+4a(x+y)+a^2+b,4xy+4az+a^2+b$$

并且这个表达式通过对最后两个式子的变量的重新排列的过程,得到完全平方数. 由于 $f=0$,如果 $z=x+y+a\pm v$,可以通过提供 x 和 y 得到 $F=v^2$. 后者的情况是如果 $x+a$ 和 $y+a$ 是两个乘积为 $\frac{v^2-b+3a^2}{4}$ 的数. 尤其是,如果 $a=1,b=-1$,我们可以知道怎么找到三个数 x,y,z 使得

$$xy+z,xz+y,yz+x,xy+x+y,xz+x+z,yz+y+z$$

$$\sigma=xy+xz+yz,\sigma+x+y+z$$

是完全平方数. 最简单的解是 $x=1,y=4,z=12$. 其中的解本身也是平方数,即

$$\frac{9}{64},\frac{25}{64},\frac{49}{16},\frac{25}{9},\frac{64}{9},\frac{196}{9}$$

Euler[②] 找到了数字 $p,q,r,\cdots$ 使得每一个数与剩余数之和的乘积是一个平方数. 因此,如果 S 是它们的和,$p(S-p),q(S-q),\cdots$ 也会是平方数. 取 $p(S-p)=f^2p^2$,等,所以我们期望的数字是

---

① Novi Comm. Acad. Petrop., 6, 1756-1757, 85-114; Comm. Arith., I, 245-259; Opera Omnia, (1), Ⅱ, 399-427. French transl., Sphinx-Oedipe, 1913(8): 97-109.

② Novi Comm. Acad. Petrop., 1772(17)24; Comm. Arith., I, 459-466; Op. Om., (1), Ⅲ, 188.

$$\frac{S}{1+f^2},\frac{S}{1+g^2},\cdots,\left(\frac{1}{1+f^2}+\frac{1}{1+g^2}+\cdots=1\right)$$

取 $f=\frac{a}{\alpha}$. 对于这三个数,设它们为

$$\frac{a^2}{a^2+\alpha^2},\frac{(ab-\alpha\beta)^2}{d},\frac{(a\beta-\alpha b)^2}{d},d=(a^2+\alpha^2)(b^2+\beta^2)$$

上面后两个式子之和是 $1-\frac{4a\alpha b\beta}{d}$. 如果 $a^2(b^2+\beta^2)=4a\alpha b\beta$,三者的总和就是单位(元),在此 $a:\alpha=4b\beta:(b^2+\beta^2)$. 取 $a=4b\beta$,并用 d 乘以初始数,可得解

$$16b^2\beta^2(b^2+\beta^2),\beta^2(3b^2-\beta^2)^2,b^2(3\beta^2-b^2)^2$$

如果是四个数,Euler 给出了解(1,2,2,5),(1,10,34,125),(5,9,26,90),(5,32,61,512),而且这些解涉及了两个参数. 如果是五个数字,他给出了 2,40,45,58,145.

Euler① 给出了一个特殊的方法来处理最后的问题. 给定任意数,比如 $S=130$,该数可以通过很多方法变成两个部分的和,这两部分的乘积是一个平方数,也就是

$p=$	2,	5,	13,	26,	32,	40,	49,	65,
$S-p=$	128,	125,	117,	104,	98,	90,	81,	65.

选定的 p 值,如果它们的和是 130,那么答案是 2,5,26,32,65 和 2,13,26,40,49.

Euler② 取 a,b,c,d 使 $ab-cd,ac-bd,bc-ad$ 都是平方数. 使用前两个表达式 x^2,y^2,并求解 b,c. 取 $2x=a+d+v,2y=a+d-v$. 所以

$$b,c=\frac{(a+d)^2\pm 2(a-d)v+v^2}{4(a-d)},bc-ad=\left[\frac{a^2-6ad+d^2-v^2}{4(a-d)}\right]^2$$

对于 $v=d=8,a=24$,可得 $b=21,c=13$.

S. Tebay③ 找到了四个正整数 $a_1,\cdots,a_4$ 使 $a_1a_2+a_3a_4,a_1a_3+a_2a_4,a_1a_4+a_2a_3,\sum a_ia_j$ 都是平方数.

A. Gérardin④ 通过很多方法使 $xy+zt$ 和 $xz-yt$ 成为平方数.

① Opera postuma,1862(1):260(about 1769).

② Mém. Acad. Sc. St. Petersb.,5,anno 1812,1815(1780),73(§21);Comm. Arith.,Ⅱ,385-391.

③ Math. Quest. Educ. Times,1890(52):117.

④ L'intermédiaire des math.,1919(26):17-18.

13 平方数与线性函数相加成为平方数

设 $\sigma=x_1+x_2+x_3$. Diophantus, Ⅱ, 35, Bombelli① 使 $i=1,2,3$ 时的 $x_i^2+\sigma$ 是一个平方数. Diophantus, Ⅱ, 36, 使每一个 $x_i^2-\sigma$ 是一个平方数. Diophantus, Ⅴ, 9, 使每一个 $x_i^2\pm\sigma$ 是一个平方数. Diophantus, Ⅲ, 1, 通过取 $x_1=x, x_2=2x, \sigma=5x^2, 5=\left(\frac{2}{5}\right)^2+\left(\frac{11}{5}\right)^2, x_3=\frac{2x}{5}$ 使每一个 $\sigma-x_\sigma^2$ 是一个平方数, 所以 $x=\frac{17}{25}$. J. Whitley② 取

$$x_1=x, x_2=nx, x_3=mx, \sigma-x_1^2=a^2x^2$$

并给出 x. 如果 $\frac{1}{2}n^2=a=m$, 那么 $1+a^2-n^2$ 和 $1+a^2-m^2$ 是平方数.

Diophantus, Ⅳ, 17, 通过取 $x_2=4x, x_1=x-1, 16x^2+x_3=(4x+1)^2$, 使 $x_1+x_2+x_3, x_1^2+x_2, x_2^2+x_3, x_3^2+x_1$ 是完全平方数, 因此 $x_3=8x+1$. 那么

$$x_1^2+x_2=(x+1)^2, x_1+x_2+x_3=13x=\square=169y^2$$

$$x_3^2+x_1=13^2\cdot 8^2y^4+13\cdot 17y^2=\square=(13\cdot 8y+1)^2$$

因此 $y=\frac{55}{52}, x=13y^2$.

Fermat③ 建议通过设 $x_1=x, x_2=2x+1, x_3=4x+3$, 可得一个更加简洁的解, 所以

$$x_1+x_2+x_3=7x+4=\square, x_3^2+x_1=16x^2+25x+9=\square$$

一个带平方的"二重方程"作为常数项. 他指出将在含四个或更多的未知数中解决类似的问题.

J. Anderson④ 取 $x_1^2+x_2=(p-x_1)^2, x_2^2+x_3=(q-x_2)^2, x_3^2+x_1=(r-x_3)^3$, 给出 x_1, x_2, x_3. 在 $\sum x_1$ 中, r^2 的系数等于零, 因此 $q=\frac{1}{4}$. 其他作者基本上给出了 Diophantus 的解决方案.

S. Ward⑤ 取 $x_2=1-2x_1, (1-2x_1)^2+x_3=A^2, 1-x_1+x_3=B^2$. 那么 $A^2-B^2=4x_1^2-3x_1$. 取 $A+B=2x_1, A-B=2x_1-\frac{3}{2}$, 所以 $B=\frac{3}{4}, x_1=$

---

① L'algebra opera di R. Bombelli, Bologna, 1579, 485.

② Ladies' Diary, 1807, 37, Q. 1155; Leybourn's Math. Quest. L. D., 1817(4): 72-73.

③ Oeuvres, Ⅰ, 301; French transl., Ⅲ, 249.

④ The Gentleman's Math. Companion, London, 5, No. 26, 1823, 204-207.

⑤ J. R. Young's Algebra, Amer. ed., 1832, 337-338.

$x_3+\frac{7}{16}$.所以 $16(x_3^2+x_1)=\left(4x_3-\frac{p}{q}\right)^2$ 决定了 x_3.

Diophantus,Ⅱ,34,使 x^2-y,y^2-z,z^2-x 成为平方数.在Ⅳ,18中,这些数与 $x+y+z$ 也被视为了平方数.

T. Strong① 使 x^2-y,x^2-z,y^2-x,y^2-z 成为完全平方数.取

$$x^2-y=(x-ay)^2,x^2-z=(x-bz)^2,y^2-x=(y-cx)^2$$

因此 x,y,z 是 a,b,c 的有理函数.使 y^2-z 和 $\left(\frac{e-1}{b}\right)^2$ 的结果表达式相等.依据 e,a,c 我们得到的有理对 $a=1,c=e=2$,可得 $x=\frac{5}{4},y=\frac{3}{2},z=\frac{14}{9}$.

Ricatti② 找到了三个数,使得每一个数的平方加上剩余两个的和是平方数.他使用了数 $x,2x,1$.

R. Adrain③ 取

$$x^2+y+z=(m-x)^2,y^2+x+z=(n-y)^2,z^2+x+y=(r-z)^2$$

并解出了三个线性方程组,其解为 x,y,z.

为了使 $s+x^2,s+y^2,s+z^2$ 成为平方数,其中 $s=x+y+z$,"A. B. L."④使它们与 $(x+v)^2,(y+t)^2,(z+k)^2$ 相等,并用代数方法求解得出线性方程."Epsilon"取 $y+z=\frac{1}{4}$.那么

$$x+\frac{1}{4}+\left(\frac{1}{4}-y\right)^2=\left(\frac{1}{4}-y+p\right)^2$$

求出 x,如果 $\frac{1}{2}p=q^2+2pq-2qy$,那么 $x+\frac{1}{4}+y^2=\square$,求出了 W. Wright 取 $(v-1)r,(x-1)r$ 和 $(y-1)r$ 作为这三个数字,且 r^2 作为它们的和,因此 $r=v+x+y-3$.这个条件变成了 $v^2-2v+2=\square=(p-v)^2$ 等,其决定了 v,x,y.

H. J. Anderson⑤ 找到了 n 个数字,它们的总和 s 通过一个平方超过了其中每个数的平方.通过取 $x'=a'y-b'x,y'=a'x+b'y,x''=a''y-b''x,y''=a''x+b''y,\cdots$,来以 n 种方式将 $s=x^2+y^2$ 表示为 $x'^2+y'^2,x''^2+y''^2,\cdots$ 的两个平方之和(Euler,Algebra,Ⅱ,§219),其中

$$a'=\frac{2mn}{m^2+n^2},b'=\frac{m^2-n^2}{m^2+n^2},a''=\frac{2pq}{p^2+q^2},b''=\frac{p^2-q^2}{p^2+q^2},\cdots$$

---

① Amer. Jour. Sc. and Arts(ed.,Silliman),1818(1):426-427.

② Institutions analyticae a Vincentio Riccato,Bononiae,1765(1):64.

③ The Math. Correspondent,New York,1807(2):13-14.

④ The Gentleman's Math. Companion,London,5,No. 1822(25):125-130.

⑤ Math. Diary,New York,1825(1):151-154.

取 $x, x', x'', \cdots$ 作为所需的数字,它们的和 s 的形式是 $Ax+By$. 如果 $4By-4y^2+A^2=\square$,所以 $s=x^2+y^2$. 当 $n=4$ 时,C. Farquhar 使用了数字 w, wx, wy, wz. 设 $\sigma=1+x+y+z$,那么 $w\sigma-w^2=\square=x^2w^2$ 给出了 σ. 那么取

$$2x=y^2, x^2+1-z^2=[1+p(x-z)]^2$$

其决定了 z.

J. R. Young① 找到了三个平方 x_i^2 和一个数 a 使得 $x_i^2 \pm a$ 是完全平方数. 取 $x_i^2=m_i^2+n_i^2, a=2m_in_i, m_i=r_i^2-s_i^2, n_i=2r_is_i$,因此 $x_i=r_i^2+s_i^2$. 还需要使 a 的值 $4r_is_i(r_i^2-s_i^2)$ 相等. 取 $r_1=r_2=r_3=r$,因此 $s_i(r^2-s_i^2)$ 是相等的. 如果 $r^2=s_1^2+s_1s_2+s_2^2$,那么 $i=1$ 和 $i=2$ 的值相等. 所以 $4r^2-3s_2^2$ 是一个平方数. 因此取 $r=f^2+3g^2, s_2=4fg$. 因为 $f=2, g=1, s_1=-5$ 或 $-3, r=7, s_2=8$. 我们可以取上式作为 s_2 的第二个值 -3,所以 $a=3\ 360, x_1=74, x_2=113, x_3=58$.

A. B. Evans② 找到了 n 个数字 a_i 使推得 $a_i^2+a_{i+1}=\square(i=1,\cdots,n-1)$, $a_n^2+a_1=\square$. 如果 $a_r=m^2+2ma_{r-1}(r=2,\cdots,n)$,那么除了最后一个条件外其他条件都被满足了. 因此

$$a_n=A+2^{n-1}m^{n-1}a_1, A=m^2+2m^2+2^2m^4+\cdots+2^{n-2}m^n$$

那么 $a_n^2+a_1=(2^{n-1}m^{n-1}a_1+p)^2$ 给出了 a_1. D. S. Hart 取 $m=1$.

14 三个数中每个数的平方加上剩余数乘积之和是一个平方数

L. Euler③ 得到了 $x^2+yz=p^2, y^2+xz=q^2, z^2+xy=\square$ 的解. 那么 $p^2-q^2=(x-y)(x+y-z)$. 设 $p-q=x-y, p+q=x+y-z$,所以

$$p=x-\frac{1}{2}z$$

那么 $x^2+yz=p^2$ 给出了 $z=4(x+y)$. 第三个条件变成了

$$16(x+y)^2+xy=\square$$

指明④ $(4x+4y+s)^2$,那么 $(x-8s)(y-8s)=65s^2$. 所以设 $x-8s=\frac{5ts}{u}$,

---

① Algebra, 1816. S. Ward's Amer. ed., 1832, 346-347. A like discussion for two squares had been given by J. Cunliffe, New Series of Math. Repository (ed., T. Leybourn), 1, 1806, I, 221-222.

② Math. Quest. Educ. Times, 1874(20): 86-88.

③ Opera postuma, 1, 1862, 258-259 (about 1782).

④ J. Cunliffe, New Series of Math. Repository (ed., T. Leybourn), 2, 1809, I, 172-173, chose it equal to $(4ry-4x)^2$ to obtain x rationally in terms of y, r. We may give any desired value to $x+y+z$.

$y-8s=\frac{13us}{t}$，且避免分数取 $s=tu$. 从而 $x=8tu+5t^2$，$y=8tu+13u^2$. 他声明如果我们通过取 $x=\frac{yz-s^2}{2s}$ 开始，那么可以找到相同的解，结果数字可以是 $s(8t+s)$，$t(t-8s)$，$4(s^2+t^2)$.

为了给出另一种方法，设 $x=a^2+2b$，$y=b^2+2a$，$z=ab(ab-4)$. 前两个条件就被满足了，第三个条件变为

$$a^4b^4-(8a^3-2)b^3+17a^2b^2+4ab+2a^3=\square$$

我们在这里不讨论. 但是他还提出了解 $x,y,z=33,185,608$ 和 $297,377,320$. Nesselmann 用 $a=-\frac{1}{p}$ 处理了这个四次方程.

J. Lynn① 取 $1,x-1,4x$ 作为数字，那么条件中的两个可以被满足，第三个是 $(4x)^2+x-1=\square=(4x\pm a)^2$，说明它决定了 x.

S. Ward② 取 $x=mz$，$y=nz$，$m+n=\frac{1}{4}$，那么前两个表达式是平方数. 如果 $1+\frac{1}{4}n-n^2=\square$，那么第三个是一个平方数，假设 $(1-cn)^2$ 其给出了 n.

J. H. Drummond③ 取 w^2,mw^2,nw^2 作为所需数字. 那么 $1+mn$，m^2+n，$m+n^2$ 可以成为平方数. 取 $n=\frac{1}{4}-m$，剩下的就是使 $1+mn=\square$，例如 $(1-pm)^2$，得到 m.

W. Wright④ 使 $\alpha=x^2+4yz$，$\beta=y^2+4zx$，$\gamma=z^2+4xy$ 和 $x+y+z$ 成为平方数. 取 $x=y+z$，那么 β 和 γ 是平方数. 取

$$\sum x=2y+2z=4u^2$$

如果 $z=\frac{2u^2(m+1)}{m^2+1}$，那么 $\frac{1}{4}\alpha=u^4+2u^2z-z^2=(mz-u^2)^2$. S. Jones 取 $\beta=(2z-y)^2$，并找到 $2(n^2-an)k$，$2(a+n)k$，$2k^2$，其中 $k=a^2+n^2$.

W. Wallace⑤ 通过取 $\alpha=(2y+z)^2$，$\beta=(2z+y)^2$ 使 $\alpha\equiv xy+z^2$，$\beta\equiv xz+y^2$，$\gamma=yz+x^2$ 和 $\alpha^{\frac{1}{2}}+\beta^{\frac{1}{2}}+\gamma^{\frac{1}{2}}$ 成为平方数. 如果 $yz=\prod[r\pm4(y+z)]$，那么 $\gamma=r^2$. 使因子 $\frac{ym}{n}$ 和 $\frac{zn}{m}$ 相等，可得 y,z，那么 x 作为 m,n,r 的有理函数. 省

① C. Hutton's Miscellanea Mathematica, London, 1775, 236-237.

② J. R. Young's Algebra, Amer. ed., 1832, 336.

③ Amer. Math. Monthly, 1902(9), 232. Misprint of m^2x^3 for mx^2.

④ The Gentleman's Math. Companion, London, 3, No. 15, 1812, 346-347.

⑤ New Series of Math. Repository (ed., T. Lsybourn), 3, 1814, Ⅰ, 21-23.

略共同分母,我们有 $x=4(m^2+n^2)r, y=(8mn+n^2)r, z=(m^2-8mn)r$.那么 α,β,γ 等于 $(m^2+8mn+2n^2)r,(2m^2-8mn+n^2)r,(4m^2+mn-4n^2)r$ 的平方.如果 r 等于第一个因数或等于它被任何平方除的商,这些平方的和 $(7m^2+mn-n^2)$ 是一个平方.

15 各种二次方程组

Diophantus,Ⅲ,2,使 $s^2+x_i(i=1,2,3)$ 成为有理平方数,其中 $s=x_1+x_2+x_3$. Diophantus,Ⅲ,3 中 $s^2-x_i(i=1,2,3)$ 被做成了平方数. T. Brancker① 处理了后面的问题. A. Gérardin② 给出了最后两个问题的许多整数解.

Diophantus,Ⅲ,4 使 $x_i-s^2(i=1,2,3)$ 成为有理平方数.

为了找到 $x_1,x_2,\cdots$,使

$$s^2+x_i=p_i^2, s^2-x_i=q_i^2$$

其中 $s=\sum x_i$,"Comes"③ 指出因为 p_i^2,s^2,q_i^2 在等差级数中是平方数,我们可以使用未知值

$$p_i=\frac{s(m_i^2-n_i^2+2m_in_i)}{m_i^2+n_i^2}, q_i=\frac{s(n_i^2-m_i^2+2m_in_i}{m_i^2+n_i^2}$$

那么通过 $s=\sum x_i$ 求得了 s.

A. Gérardin 和 R. Goormaghtigh④ 令 $s^2-x_i^3(i=1,2,3)$ 成为平方数;还有 $s^2-(s-x_i),s^2-(s-x_i)(i=1,2,3,4)$ 也成为平方数,其中 $s=x_1+\cdots+x_4$. 后者⑤使 $s^2+x_i(i=1,2,\cdots,n)$ 和 $s^2-(s-x_i)$ 成为平方数,其中 $s=x_1+\cdots+x_n$.

Leonardo Pisano⑥ 解决了 $x_1^2+x_1+\cdots+x_n=y_1^2, y_1^2+x_2^2=y_2^2, y_2^2+x_3^2=y_3^2,\cdots,y_{n-1}^2+x_n^2=y_n^2$ 的情况.

---

① An Introduction to Algebra, transl. out of the High-Dutch by T. Brancker, much altered and sugmented by D. P[ell]. London, 1668, 102-104.

② I'intermédiaire des math., 1915(22): 197-198.

③ The Gentleman's Math. Companion, London, 4, No. 1818(21): 752-757.

④ L'intermédiaire des math., 1915(22): 220-221, 244; 1916(23): 136-141, 155-157, 209-211; 1917(24): 13-14.

⑤ Nouv. Ann. Math., (4), 16, 1916, 401-426.

⑥ Scritti di L. Pisano, 1862(2), 279-283. Cf. F. Woepcke, Jour. de Math., 1855(20): 61-62. A. Genocchi, Annali Sc. Mat. Fis., 1855(6): 193-205, 357-359.

J. Cunliffe① 令 $\sigma+x(i=1,2,3)$ 成为平方数,其中 $\sigma=x_1^2+x_2^2+x_3^2$.

S. Ryley② 令 $\alpha=x^2+yz+y^2,\beta=x^2+yz+z^2,\gamma=y^2+yz+z^2$ 成为平方数.取 $\alpha=a^2,\beta=b^2$,那么 $y^2-z^2=a^2-b^2$.因此取 $(a+b)r=(y+z)s,(a-b)s=(y-z)r$,根据 y,z 给出了 a,b.如果

$$y=2rs(m^2+2mn),z=2rs(n^2-m^2)$$

那么 $\gamma=\square$.那么 a^2-yz-y^2 就成为了 r,s,m,n 的一个4次函数,如果 $m:n=(s^2+r^2):(2s^2-2r^2)$,它会与

$$x=n^2(r^2-s^2)+\frac{nm(2r^4-4s^2r^2-2s^4)}{r^2-s^2}-2s^2m^2$$

的平方相等.

为了使 $\alpha=x^2+y^2+s,\beta=x^2+z^2+s,\gamma=y^2+z^2+s$ 成为平方数,其中 $s=xy+xz+yz$,S. Ryley③ 取 $y=1,z=3$.那么

$$\alpha=\square,\beta=x^2+4x+12=(x+n)^2$$

如果 $x=\frac{12-n^2}{2n-4}$,且 $\gamma(2n-4)^2=(4-14n)^2,n=-16$,那么

$$x:y:z=61:9:27$$

J. Cunliffe 取 $x=3z,y=n-z$.那么 $\gamma=(n+z)^2$.通过选择 n,使 $\beta=\alpha^2$.如果 $a=\frac{19z}{3}$,那么 $16z^2\alpha=a^4-10a^2z^2+153z^4=\square$.或取 $\alpha=(rn-3z)^2,z=r^2-1$,从而 $n=2(3r+1)$.如果 $r=\frac{5}{3}$,那么 $\beta=\square$,所以

$$x:y:z=4:32:12$$

"Limenus"取 $\alpha=a^2,\beta=b^2,\gamma=c^2$.那么 $x^2+c^2=y^2+b^2=z^2+a^2$.从而取一个数 $(m^2+m_1^2)(n^2+n_1^2)(q^2+q_1^2)$,该数通过三种方式可以成为两个平方数的和,所以

$$x=mn_1q+mnq_1-m_1nq+m_1nq_1$$

而 y(或 z)是相似的表达式,仅第二(或第一)项为负.设 $v=\frac{m}{m_1},r=\frac{n}{n_1},s=\frac{q}{q_1}$.那么 $(x+y+z)^2+x^2=a^2+b^2$ 变成 $fv^3-4(r+s)v=f+4rs+4$,其中 $f=(r^2-1)(s^2-1)$.而且 $fv-2rs-2s$ 的平方是已知的;让上式的根与 $f+2rs+2+C$ 相等,并取 $C=-2$ 来消去 s^4,s^3 中的项.所以 $2rs=-1,v=\frac{2r^2-3r-1}{2r^2+r-1}$.取 $a=-n_1,a_1=2n,m=2n^2-3nn_1-n_1^2$.那么

---

① Math. Repsaitory(ed., Leybourn), London, 1804(3): 97-106.

② The Gentleman's Math. Companion, London, I, No. 8, 1805, 42-44.

③ The Gentleman's Math. Companion, London, 2, No. 9, 1806, 31-35.

$$x=4n^4+n_1^4-n^2n_1^2, y=4n^4-4n^3n_1+n^2n_1^3-4nn_1^3-n_1^4$$
$$z=-4n^4+8n^3n_1+n^2n_1^2+2nn_1^3+n_1^4$$
能找到的最小正数是19,13,2.

为了使 $\xi^2+\eta^2+\zeta^2+2\xi\eta-2\xi\zeta+2\eta\zeta$ 等成为平方数,W. Wright[①] 提出了 $\xi=x+y,\eta=x+z,\zeta=y+z$,并指出问题被简化为前一个问题,他取 $y=px$,$z=3x$,求出 p 使得 $p^2+4p+12=(p-r)^2$;最后,如果 $r=16$ 的话,$4p+13=\square$. 其他人让第一个函数 $(\xi+\eta+\zeta)^2-4\xi\zeta$ 与 $(\xi+\eta)^2$ 相等,从而 $\zeta=2\xi-2\eta$ 与 $\left(2\xi-\frac{\zeta}{2}\right)^2$ 相等,从而 $\xi=\eta+\frac{\zeta}{2}$. 然后计算其他两个初始函数因数的差值.

J. Cunliffe[②] 通过令 $x=rv,y=sv,z=tv$,使
$$x^2+y^2+a(x+y), x^2+z^2+b(x+z), y^2+z^2+c(y+z)$$
成为平方数,其中 $r^2+s^2=e^2,r^2+t^2=f^2,s^2+t^2=g^2$. 取 $m=\frac{a(r+s)}{e^2}$,$n=\frac{b(r+l)}{f^2}$,$p=\frac{c(s+t)}{g^2}$. 然后,将初始函数的商乘以 e^2,f^2,g^2 得 v^2+mv,v^2+nv,v^2+pv 也是平方数.

D. S. Hart[③] 令相同的原始函数与 $x+y,x+z,y+z$ 的平方相等. 那么 $a(x+y)=2xy$ 等决定了根据 a,b,c 而得来的 x,y,z 的有理性.

W. Wright[④] 指出 $sx-yz=m^2,sy-xz=n^2,sz-xy=r^2,s=x+y+z$,导致了本章开头的这个问题
$$(x+y)^2=m^2+n^2, (x+z)^2=m^2+r^2, (y+z)^2=n^2+r^2$$

S. Jones[⑤] 令 $\alpha=sx+yz,\beta=sz+yx,\gamma=sy+zx$ 成为平方数,其中 $s=x+y+z$,通过取 $y=a-x,\alpha=b^2,\gamma=c^2$,所以 $x=\frac{a^2+b^2-c^2}{2a}$,且 $\beta=\square$.

J. R. Young[⑥] 找到了四个数,它们的和是一个平方数,并且如果单位(元)与乘积相加其结果是一个平方数,该乘积是它们之和与它们中任意一个数的乘积. 设这些数是 $x\pm1,x\pm y$. 它足以使 $4x,4x^2\pm4xy+1$ 成为平方数. 取 $x=4$ 并设 $65-16y=m^2,65+16y=n^2$. 那么 $m^2+n^2=130$,如果 $m=3,n=11$,那么该式成立.

---

① Ibid.,5,No,1826(29):502-506.

② Ibid.,3,No. 1811(14):300-302. Same by J. Matteson, The Analyst, Des Moines, 1875(2):46-49.

③ Math. Quest. Educ. Times, 1872(17):37.

④ The Gentleman's Math. Companion, London, 3, No. 1814(7):462-464.

⑤ Ibid.,3,No. 1815(18):317-318.

⑥ Algebra, 1816, Amer. ed. by S. Ward, 1832, 331.

W. Wright 和其他人找到了四个数[①] v,x,y,z,它们的和是一个平方数 n^2 且 $vn^2+1=\square$ 等,让 $vn^2+1,xn^2+1,yn^2+1,zn^2+1$ 与 $1+s,1+r,1+q,1+p$ 的平方相等.按照加法运算,如果 $r^2+q^2+p^2+2r+2q+2p=1$,那么 $s^2+2s+1=n^4$.后者在取 $q=m-1,p=lm-1$ 后求出 r.许多解答者使用了数字 $x\pm 1,x\pm y$.

为了使 $x^2+y^2+S,x^2+z^2+S,y^2+z^2+S$ 成为平方数,其中

$$S=2xy+2xz+2yz$$

W. Wright[②] 指出了函数因数是 $a(b+c),b(a+c),c(a+b)$,其中 $a=x+y,b=x+z,c=y+z$.取 $b=na,c=ma,n(m+1)=n^2\xi^2,m(n+1)=(n\xi-p)^2$.我们可得 m 和 n,那么 $m+n=\frac{N}{D}$,其中 N 和 D 是 ξ 中的二次方程.取 $N=(p\xi+q)^2$ 可得 ξ.那么 $D=\square$ 变成了 q 中的四次方程.C. Holt 指出如果这些数字是 $5n-m,m-4n,4n$,那么一个条件可以被满足.Baines 写下 $s=x+y+z$,因此,就 $\frac{s+z}{m},\frac{s+y}{n},\frac{s+x}{r}$ 而言,s^2-z^2,s^2-y^2,s^2-x^2 均是平方数.可得 x,y,z.为了满足 $\sum x=s$,取 $r=3,n=-\frac{37}{36},m=\frac{25}{21}$.

要找到三个数字,使得其中任意两个数字的总和的 2 倍减去第三个数字,它们的平方中的任意两个之和的 2 倍减去第三个数的平方也是一个平方数,而后三个平方具有相同的属性,W. Wright[③] 使用数字 $x,y,x+y$.那么除了第一个条件,其他条件都被满足了.取 $x+y=a^2,4x+y=(2a-p)^2$.对于结果 $x,a,4y+x=\square$,如果 $p^4+54p^2y+9y^2=\square=(3y-v)^2$,可以求出 y.

为了使[④] $2(v+x+y+z)=\square=4a^2,\alpha=2(x+y+z)^2-2v^2=\square$ 等,指出 $\alpha=4a^2(x+y+z-v)$.因此取 $x+y+z-v=4b^2$ 等,通过取 $a=e+r$ 并找到 e,条件 $a^2=b^2+c^2+d^2+e^2$ 可以被满足.

许多人[⑤]讨论这个问题,为了使 $a+b,b+c,b-c,a+2b+c+d$ 和 $a^2+bc+bd+cd$ 成为平方数,$(a+b)(b-c)=b+c$ 和 $b^2-c^2=1$.

J. Matteson[⑥] 找到四个平方数使得这些平方数的十五个线性函数或二次函数是平方数,或它们的根是平方数.

---

① The Gentleman's Math. Companion, London, 5, No. 1823(26): 240-242.

② Ibid., 5, No, 1826(29): 500-502.

③ Ibid. 5, No. 1827(30): 575-576.

④ Ibid., 558.

⑤ Math. Miscellany, Flushing, N. Y., 1836(1): 154-155.

⑥ Math. Quest. Educ. Times, 1873(18): 35-37. Same in his Collection of Diophantine Problems with Solutions(ed., A. Martin), Washington, D. C., 1838, 22-24.

A. Martin 与 H. W. Draughon[1] 找到了三个整数，使得其中任意两个数之和的平方减去第三个数的平方之差也是一个平方数.

A. Gérardin[2] 处理了 $x^2-(y-z)^2=a, y^2-(x-z)^2=b, z^2-(x-y)^2=c$. 设

$$y=z+y, x=z+u+w, z=w+h$$

那么

$$x=z+u+w, z=w+h$$

其中 $r=h+2r, s=r+2u$.

16 有理数正交代换

L. Euler[3] 说他对这个问题有一个通解，即找到一个以平方排列的16个整数，以使每行或每一列或每一个对角线中的数字的平方和都相等，而在任意两行或两列中相应数字的乘积之和为零. 给出的例子如下：

68	−29	41	−37
−17	31	79	32
59	28	−23	61
−11	−77	8	49

Euler[4] 在 $n=3,4,5$ 个变量时处理正交换问题. 例如，线性替换保留不变的变量平方和. 他用三角函数表示系数. 对于 $n=3$ 的情况，他给出了有理解

$$\begin{matrix} p^2+q^2-r^2-s^2 & 2qr+2ps & 2qs-2pr \\ 2qr-2ps & p^2-q^2+r^2-s^2 & 2pq+2rs \\ 2qs+2pr & 2rs-2pq & p^2-q^2-r^2+s^2 \end{matrix}$$

每一项都被 $p^2+q^2+r^2+s^2$ 除. 对 $n=4$ 的情况，他给出了两个相似的有理解，其中的第二个为

$$\begin{matrix} ap+bq+cr+ds & ar-bs-cp+dq & -as-br+cq+bp & aq-bp+cs-dr \\ -aq+bp+cs-dr & as+br+cq+dp & ar-bs+cp-dq & ap+bq-cr-ds \\ ar+bs-cp-dq & -ap+bq-cr+ds & aq+bp+cs+dr & as-br-cq+dp \\ -as+br-cq+dp & -aq-bp+cs+dr & -ap+bq+cr-ds & ar+bs+cp+dq \end{matrix}$$

---

① Amer. Math. Monthly, 1894(1): 361-362.

② Sphinx-Oedipe, 1913(8): 30-31.

③ Opera postuma, 1862(1): 576-577, letter to Lagrange, Mar. 1770(20). Quoted by Legendre, Théorie des nombres, 1830(2): 144; Maser's German transl, Ⅱ, 140.

④ Novi Comm. Acad. Petrop., 1770(15): 75; Comm. Arith., Ⅰ, 427-443.

其中任意两行或列中相应数字的乘积的和是0,而任意行或列中数的平方和是

$$\sigma=(a^2+b^2+c^2+d^2)(p^2+q^2+r^2+s^2)$$

对他之前提出的问题,我们还要求任一对角线上的数字平方和为 σ,也就是

$$(ac+bd)(pr+qs)=0,(ab+cd)(pq+rs)+(ad+bc)(ps+qr)=0$$

他给出了两个特殊的例子,其中的一个是他上面的解.

G. R. Perkins 使用的是他的平方的第一排数字

$$\begin{array}{cccc}
pp'+qq'+rr'+ss' & pr'+qs'-rp'-sq' & ps'-qr'+rq'-sp' & pq'-qp'-rs'+sr' \\
-pq'+qp'-rs'+sr' & -ps'+qr'+rq'-sp' & pr'+qs'+rp'+sq' & pp'+qq'-rr'-ss' \\
-pr'+qs'+rp'-sq' & pp'-qq'+rr'-ss' & -pq'-qp'+rs'+sr' & ps'+qr'+rq'+sp' \\
ps'+qr'-rq'-sp' & -pq'-qp'-rs'-sr' & -pp'+qq'+rr'-ss' & pr'-qs'+rp'-sq'
\end{array}$$

这些数字的平方和等于 $(p^2+q^2+r^2+s^2)(p'^2+\cdots)$. 通过以相反的顺序编写第一行的函数,并更改前两项中的 r,s 的符号和更改后两项中的 p,q 的符号,我们在第二行中获得了项. 我们从第一行中获得第三行,再从第二行中获得第四行,方法是将每个项向右或向左移动一个位置而不越过中间的垂直列,并根据向右或向左移动的项更改 g,s 或 p,r 的符号. 我们给出了各种可能的正方形中的两个. 在 Euler 要求的条件中,除与两条对角线有关的条件外,其他条件都已经满足了. 取 $s=0$,后一种条件变为

$$p'r'=q's',p(p'q'-r's')=r(p's'-q'r')$$

通过进一步特殊化,他得到了解

$$\begin{array}{cccc}
42+2q & -11+4q & 24-q & 2-8q \\
-18+8q & -16+q & 24+4q & 38+2q \\
11+4q & 42-2q & -2-8q & 24+q \\
16+q & -18-8q & -38+2q & 21-4q
\end{array}$$

C. Avery① 像 Perkins 一样讲了下去,但没有说明选择符号的整个过程,得到解

$$\begin{array}{cccc}
48+4q & -44+3q & 51-2q & -7-6q \\
-47+6q & 21+2q & 64+3q & 12+4q \\
44+3q & 48-4q & 7-6q & 51+2q \\
-21+2q & -47+6q & -12+4q & 64-3q
\end{array}$$

$q=5$ 的情况得到了 Euler 的答案.

① Math. Miscellany, New York, 1839(2): 102-105.

V. A. Lebesgue① 给出了三角形式的三个变量的正交替换. 他②引用 Euler 的 16 题解结论.

L. Bastien③ 取四个整数 $\alpha,\beta,\gamma,\delta$ 使得$\frac{\alpha\beta}{\gamma\delta}$是$\frac{r}{s}$的平方,其中 r,s 是相对素整数. 有

$$x=r(\delta^2-\gamma^2),y=s(\alpha\gamma-\beta\delta),t=r(\alpha\gamma-\beta\delta),u=s(\beta^2-\alpha^2)$$

那么 Euler 问题的一个解是

$$\begin{array}{rrrr}
\alpha x+\beta y & -\beta x+\alpha y-2\delta t & 2\alpha y+\gamma u+\delta t & \gamma t-\delta u \\
-2\beta y-\gamma t-\delta u & \gamma u-\delta t & \beta x+\alpha y & -\alpha x+\beta y-2\gamma t \\
\beta x+\alpha y+2\delta t & \alpha x-\beta y & \gamma t+\delta u & 2\alpha y+\gamma u-\delta t \\
-\gamma u-\delta t & -2\beta y+\gamma t-\delta u & \alpha x+\beta y+2\gamma t & \beta x-\alpha y
\end{array}$$

在任意行、列或对角线中的数字的平方和是$(\alpha^2+\beta^2)(x^2+y^2)+(\gamma^2+\delta^2)(t^2+u^2)$.

Fuss 令 $pq+pr+qr=s^2$ 使 p^2+s^2,q^2+s^2,r^2+s^2 成为平方数.

① Nouv. Ann. Math., 1850(9):46-51.

② Ibid., 1856(15):403-407.

③ Sphinx-Oedipe, 1912(7):12.

二次型生成的 N 次幂

第二十章

1 二元二次型产生一个立方

在 Diophantus，Ⅵ，19 中，Diophantus 为了找到一个直角三角形，使这个直角三角形面积 x 和斜边 h 的和是一个平方，周长是一个立方，他取 2 和 x 作为直角边，且取 $h+x=25$，他注意到当平方 25 增长 2 时，它变为 3 的立方，则 $h^2=x^2+2^2$ 给出 $x=\frac{621}{50}$.

第十二章的 Jordanus 注意到 $x(x+1)$ 永远不可能是一个立方.

C. G. Bachet① 注意到，从 $5^2+2=3^3$ 中，我们能找到其他的有理数 x 使 x^2+2 是一个立方数. 令 $x=5-N$，为使 $27-10N+N^2$ 是 $3-z$ 的立方，列出它的立方的第二项 $-27z=-10N$，由此，$z=\frac{10N}{27}$. 现在我们找 N，在 Diophantus，Ⅵ，20 中，我们有 $17=2^3+3^2$，寻求一个立方，使其增长 17 后是一个平方；取 $N-2$ 和 $3+t$ 分别作为立方的一边和平方的一边，使展开式中的第二项 $12N$ 和 $6t$ 相等，由此得出 $N=10$，$t=20$.

---

① Diophanti Alex. Arith.，1621，423-425.

Fermat① 指出,他可以给出使 25 是比一个立方少 2 的唯一一个整平方数的严格证明.

Fermat② 在其他地方说明了 25 的结果,且指出事实上 4 和 121 是当增长 4 时,能使得到结果为立方的仅有的平方整数.

L. Euler③ 证明了 $x^3+1=\square$ 没有除 $x=2$ 以外的(正)有理数解. 为了阐明它,对于 $(a,b)=1$, $a^3b+b^4=\square$ 仅当 $a=2$, $b=1$ 时成立,令 $a+b=c$,条件变为 $bcg=\square$, $g\equiv c^2-3bc+3b^2$. 首先,令 $3\nmid c$,则 $(b,c,g)=1$,因此,每个都是平方数. 令 $g=\left(\frac{bm}{n}-c\right)^2$,且对 $\frac{b}{c}$ 解此式. 如果 $3\nmid m$, $c=\pm(m^2-3n^2)$, $b=\pm(2mn-3n^2)$,对于下面的符号,c 不是一个平方数,因此 $c=m^2-3n^2=\square=\left(m-\frac{np}{q}\right)^2$, $\frac{m}{n}=\frac{(p^2+3q^2)}{(2pq)}$,则 $\frac{b}{n^2}=\frac{G}{(pq)}$, $G=p^2-3pq+3q^2$,因此 $pqG=\square$,所以可以应用下降法. 下面,对于 $m=3k$, $b:c=(n^2-2kn):(n^2-3k^2)$,像前面一样

$$c=n^2-3k^2=(n-\frac{kp}{q})^2,\frac{b}{n^2}=\frac{(p^2+3q^2-4pq)}{(3q^2+p^2)}$$

因此,$(3q^2+p^2)(p-q)(p-3q)=\square$. 令 $p-q=t$, $p-3q=u$,则

$$tu(3t^2-3tu+u^2)=\square$$

且应用下降法,最后令 $c=3d$,则

$$bd(b^2-3bd+3d^2)=\square$$

是以 d,b 代替前面 b,c 的初始形式. 因为 b 与 3 互素,应用下降法,有人用了一个类似的方法证明阐述了 $x^3-1\neq\square$.

Euler④ 对 $x^3+1=\square$ 应用他在第二十二章中的方法,以得到一个立方或一个四次方或一个平方,发现了除 0,-1,2 外无其他解. 参考第二十一章的 Euler⑤.

为了使 ax^2+cy^2 是一个立方,Euler 假设

$$x\sqrt{a}+y\sqrt{-c}=(p\sqrt{a}+q\sqrt{-c})^3$$

---

① Oeuvres,I,333-334;French transl. ,III,269.

② Oeuvres,II,345,434,letters to Digby,Aug. ,1657,and to Carcavi,Aug. ,1659. E. Brassinne, Précis des Oeuvres math. de P. Fermat et de I'Arith. de Diophante,Mém. Acad. Sc. Toulouse, (4),3, 1853,122,164.

③ Comm. Acad. Petrop. ,10,1738,145;Comm. Arith. Coll. ,I,33-34; Opera Omnia, (1),II, 56-58. Proof republished by E. Waring,Medit. Algebr. ,ed. 3,1782,374-375.

④ Algebra,2,1770,Ch. 8,Art. 121;French transl. ,2,1774,pp. 135-152;Opera Omnia, (1),I, 392. Mém. Acad. Sc. St. Pétersbourg,11,1830(1780),69;Comm. Arith. Coll,II,478.

⑤ Algebra. II,Ch. 12,Arts. 187-196. Opera Omnia,(1),I,429-434.

由此 $x=ap^3-3cpq^2$，$y=3ap^2q-cq^3$. 对于 Fermat 的情况 x^2+2，我们有 $a=1$，$c=2$，$y=\pm1$. 由此 $q(3p^2-2q^2)=\pm1$，q 整除单位元. 取 $q=1$，我们有 $3p^2-2=\pm1$，由此 $p^2=1$，$x^2=25$. 一个想要的证明由 Fermat 的结果给出，即 4 和 121 是增长 4 时产生的一个三次方的仅有的整平方数. 但是对于 $2x^2-5$，该方法无解. 然而，解 $x=4$ 存在，上面的证明是错误的.

A. M. Legendre① 像 Euler② 所做的一样，处理了 Fermat 的问题.

V. A. Lebesgue③ 证明了 $x^2-7=y^3$ 是不可能的. 如果 y 是偶数，则 x 是奇数且 $x^2=8n+1\neq(2v)^3+7$；然而，如果 y 是奇数，$x^2+1=(y+2)Q$ 是不可能的，因为 $Q=(y-1)^2+3$ 的素因子的形式是 $4n+3$.

L. Öttinger④ 注意到 $x^2-y^2=\mp z^3$ 有一般解

$$\{4m^3\pm3mr(2m\pm r)\}^2-\{(m\pm r)(4m^2\pm2mr+r^2)\}^2$$
$$=\mp(2mr\pm r^2)^3$$

T. Pepin⑤ 评论了 Euler 的证明，注意到：对于 x 和 y，可能存在公式的集合，这些集合不同于 Euler 假设中所化简的集合. 他证明了 Fermat 的断言，对于 $c=1,2,3,4,7$，n 是 1 或一个奇素数，如果 $c=7$，且 z 是奇数的情况，他研究了 $x^2+cn^{2\alpha}=z^3$ 的解，他证明了下面的式子不是立方：$x^2+1(x>0)$；x^2+3；$4x^2+7$；x^2+9；x^2+n^2，如果 $n=108l+k(k=23,35,59,71,95)$，或 $n=83,263,407$ 或 n 是一个素数 $12l+7$ 且 $7<n<1\ 350$；x^2+2n^2 如果 n 是一个素数 $24l+5$ 或 $24l+7$；x^2+3n^2 如果 n 是一个素数 $6l+5$ 或它的平方；x^2+5，且 $x^2+19^2=z^3$，仅对 $x=\pm46$ 成立. $x^2+7^2=z^3$ 仅对 $x=\pm524$ 成立. $x^2+11^2=z^3$ 仅对 $x^2=4$ 成立.

H. Brocard⑥ 和其他人给出了 $x^3+17=y^2$ 的各种解.

G. C. Gerono⑦ 利用 $(x+2)\{(x-1)^2+3\}=y^2+5^2$ 和两个平方和因子证明了在整数中 $x^3=y^2+17$ 是不可能的.

E. de Jonquières 证明了，如果 $a=c^3-4$，$|c|\equiv1,3,7\pmod 8$，或 $a=c^3-4^t$ $|c|\equiv3,5,7\pmod 8$，$t>1$，或 $a=c^3-1$，$c=2(2d+1)$，因此如果 $a=-3,-5,7,-9,11,-17,23,-43,61$；且如果 $x\neq0$，对 $a=4,6,14,16$，以上诸情况，在整数中，$x^3+a=y^2$ 是不可能的.

---

① Théorie des nombres, ed. 3, II, 1830, Art. 336, p. 12.

② Nouv. corresp. Math., 3, 1877, 25, 49; 4, 1878, 50. Cf. Escott, Brocard.

③ Nouv. Ann. Math., (2), 8, 1869, 452-456, 559.

④ Archiv Math. Phys., 49, 1869, 211.

⑤ Jour. de Math., (3), 1, 1875, 318-319, 345-358. Details in Pepin.

⑥ Nouv. corresp. Math., 3, 1877, 25, 49; 4, 1878, 50. Cf. Escott, Brocard.

⑦ Nouv. Ann. Math., (2), 16, 1877, 325-326.

F. Proth① 指出,并由 E. Lucas 证明了 $x^2+3=y^3$ 是不可能的,因为 $y=r^2+3s^2$,然而 $x^2-3=y^3$ 成立仅当 $x=2,y=1$ 时.

T. Pepin② 应用 de Jonquières 的方法以获得推广:如果 a 有形式 $c^3-4^{\alpha}b^2$,则 $x^3+a=y^2$ 是不可能的,其中 b 和 c 是奇数,然而 b 没有 $4l+3$ 形式的因子,且如果 $\alpha=1,c\equiv 1,3,7 \pmod 8$,如果 $\alpha>1,c\equiv 3,5,7 \pmod 8$. 如果 $a=8(2d+1)^3-b^2$,且 b 与 3 互素,b 没有两个(相等或互异)形如 $4l+3$ 的因子,例如,$a=-17$ 或 47. 如果 $a=8c^3-2b^2$,其中 $c=4k+1$,b 是一个奇数且没有相等或互异形如 $8l+5$ 或 $8l+7$ 式的素因子,例如,$a=6,-10,118,-58$. 如果 $a=8c^3+2b^2$,$c=4k+3$ 和 b 是奇数,b 没有 $8l+3$ 或 $8l+5$ 形式的素因子. 并且在其他诸类的情况中,均有 $x^3+a=y^2$ 不成立.

E. Catalan③ 注意到 $x^2+3y^2=z^3$ 的一些解,但并非全部的解

$$x=\frac{1}{2}(\alpha+\beta)(\alpha-2\beta)(\beta-2\alpha)$$

$$y=\frac{3}{2}\alpha\beta(\alpha-\beta)$$

$$z=\alpha^2-\alpha\beta+\beta^2$$

如果 $k=b^2(8b-3a^2),b^2(b-3a^2),b(3a^2+b)^2,4a^2(a^2+1)$,S. Réalis④ 给出了 $x^3+k=y^2$ 的解的恒等式. 还给出了一个由 Euler 方法得到的解 $\alpha^3+k=\beta^2$,另一个解满足恒等式

$$\left(\frac{9\alpha^4-8\alpha\beta^2}{4\beta^2}\right)^3+\beta^2-\alpha^3=\left(\frac{27\alpha^6-36\alpha^3\beta^2+8\beta^4}{8\beta^3}\right)^2$$

Réalis 指出,如果 $z^2-3\alpha z-\alpha^3+\beta^2=0$ 有整数解,那么

$$x^3+\{(\alpha+1)^3-(\beta+1)^2\}z=y^2$$

有整数解 $x=\alpha-z,y=\beta-z$. 例如,如果 $\alpha=a^2,\beta=\pm a^3$;$\alpha=2,\beta=\pm 1$;$\alpha=32$,$\beta=\pm 64$. 如果

$$8\beta-3\alpha^2-6\alpha+1=\square$$

$x^3-\alpha^3+\beta^2=y^2$ 有除了 $x=\alpha,y=\beta$ 以外的整数解.

T. Pepin⑤ 证明了有一个且仅有一个,在增加 2,13,47,49,74,121,146,191,193,301,506,589,767,769,866 或 868 之后可变成一个奇立方数的平方数. 没有大于 0 的平方数在增加 1,3,5,27,50,171 或 475 之后变为一个奇立方数. $x^2+11=y^3$ 仅有解 $x=4,58$;$x^2+19=y^3$ 仅有解 $y=7$. 如果 a 是素数 11,

---

① Nouv. Corresp. Math., 4, 1878, 121, 224.

② Annales Soc. Sc. Bruxelles, 6, 1881-1882, 86-100.

③ Mém. Soc. Sc. Liège, (2), 10, 1883, No. 1, p. 10.

④ Nouv. Ann. Math., (3), 2, 1883, 289-297.

⑤ Mem. Pont. Accad. Nuovi Lincei, 8, 1892, 41-72; Extract, Sphinx-Oedipe, 1908-1909, 188-189. Cf. Pepin.

17,29,37,47,83,96,107,181,197,233,359,421,569,757,827 中的一个，那么存在一个单平方数当增加 $11a^2$ 时，这个单平方数变为奇立方数. 如果 $a<1\ 000$ 且 a 是线性形式 $38l+3,38l+13,38l+15,38l+21,38l+27,38l+29,38l+31,38l+33,38l+37$ 中的一个，且 $a\neq 29,89,173,281,331,569,953$，那么没有一个平方数在增长 $19a^2$ 之后变为奇立方数，相似的定理成立.

Pepin① 给出了 $x^2+g=z^3$ 上的十六条特殊的定理，仅证明了 x 是偶数，z 是奇数下的假设.

Pepin 证明了如果 $n=5,6,10,12,14,\cdots,98$，那么 $x^2+n\neq z^3$；如果 $n=7,15,39,47,55,63,71,79$，那么 $4x^2+n\neq z^3$ 仅对 $x^2=81$ 证明了 $x^2+44=z^3$，且给出了 $x^2+11y^2=z^3$ 上的几条定理(所有证明中 z 是奇数，Pepin).

E. Fauquembergue② 对于如果 $x\neq -1$ 则 $x^3+2\neq y^2$ 给出了一个不充分证明.

C. Störmer③ 利用下面等式解出了 $x^2-y^2=z^3$

$$\{x(x^2+3y^2)\}^2-\{y(y^2+3x^2)\}^2=(x^2-y^2)^3$$

A. Goulard 仅对 $x^2=9$ 证明了 $x^2-1=z^3$，因为 $x^2-1=8w^3$ 除了当 $w=0$ 或 1 时此式无解. T. Pepin 把问题化简成 $u^3+x^3=2y^3$ 仅对 $u=x$ 时成立.

E. de Jonquière 处理了 $x^2-a^2=y^2$. 对于 $a=3$，E. B. Escott 注意到解 $y=-2,0,3,6,40$，且指出小于数 1 155 下没有其他解.

考虑 Fermat 的断言：25 是唯一一个增长 2 后是立方数的平方数. H. Delannoy 评论到 Euler 的证明是不完整的，因为如果将其应用到 $x^2+47=z^3$，它产生了 $x=500$，但这不是解 $x=13$. P. Tannery 作答：像 Legendre 一样给出的证明依赖于事实，x^2+2 的每个因子有形式 p^2+2q^2，然而不是 x^2+47 的每个因子都有形式 p^2+47q^2. I. Ivanoff 利用以下事实解释了差分. 在依赖 $\sqrt{-2}$ 的复整数域 $R(\sqrt{-2})$ 中，理想的引入是多余的，但是对 $R(\sqrt{-47})$ 却不然. E. Landau 利用以下事实增补了 Ivanoff 的评论. 判定 Euler 的结论，第二个条件是必要的，Euler 的结论是 $(x+\sqrt{-2})(x-\sqrt{-2})=t^3$，意味着 $x\pm\sqrt{-2}$ 在 $R(\sqrt{-2})$ 中是立方，即在 $R(\sqrt{-2})$ 中，± 1 是单位元(整除单位元的复整数). 从理想引入的剩余中，我们仅可得出结论：如果两个互素复整数的积是一个立方，因式中的每两个是由单位元得的三次方积. 对于 $R(\sqrt{2})$，理想的引入是非必要的，但是 $(x+\sqrt{2})(x-\sqrt{2})=t^3$ 并不意味着 $x\pm\sqrt{2}$ 是整数 $\alpha+\beta\sqrt{2}$ 的立方. 参

① Comptes Rendus Paris, 119, 1894, 397; corrections, 120, 1895, 494[Pepin].

② Mathesis, (2), 6, 1896, 191. Criticized by L. Aubry, l'interméd. des math., 18, 1911, 204.

③ L'intermédiaire des math., 2, 1895, 309.

考第二十一章 Euler 的结论.

A. Boutin 指出对于 $x=1,2,4,22$,有 $x^3-7y^2=1$,但是没有小于 196 的其他值使上式成立.其他作者指出 y 中任意一个新解至少有 1 400 位.

E. Fauquembergue 注意到 $px^2+mxy+qy^2=z^3$ 成立,当

$$x=p(f^3-3pqfg^2-mpqg^3)$$
$$y=p^2g\{3f^2+3mfg+(m^2-pq)g^2\}$$
$$z=p(f^2+mfg+pqg^2)$$

T. Pepin① 指出:在他的论文中有关不可解方程 $x^2+cy^2=z^3$ 的所有定理均受 z 是奇数的限制.如果 $c=8l$ 或 $8l+7$,这个限制是必要的.因为在这两种情况中,若 x,y 不是偶数,z 可能是偶数.方程的解受不同公式的影响,依据 $c=47$ 时 z 是偶数还是奇数,z 是奇数时,所有的素数解是

$$z=f^2+47g^2,x=f(f^2-141g^2),y=g(3f^2-47g^2)$$

其中 f 和 g 互素且其中之一是偶数.u 是奇数,$x+47y^2=(2u)^3$ 的所有解是

$$x=13f^3+60f^2g-168fg^2-144g^3$$
$$y=f^3-12f^2g-24fg^2+16g^3,u=3f^2+2fg+16g^2$$

当 $z=4u,8u,16u,\cdots$ 时,有相似的展开式.$c=35,c=499$ 的情况已经被处理过.

Pepin② 注意到 $2x^3=3y^2-1$ 有解 $x=61,y=389$,但是左边不决定解的无限问题.两个方法中的一个建立在如下定理上,定理是 $2x^3=3y^2-z^2$ 的所有互素解都由下式给出

$$x=f^2-3g^2,y=fA+3gB \text{ 或 } 3fA-15gB$$
$$z=fA+9gB \text{ 或 } -5fA+27gB$$

其中 $A=f^2+9g^2,B=f^2+g^2$.它找出 f,g 使得 $z=\pm 1$.

G. de Longchamps③ 指出 $px^2+qy^2=z^3$ 一直有整数解(事实上,一个解是 $x=\alpha t,y=\beta t,z=t\equiv p\alpha^2+q\beta^2$).

对于 $x^3-y^2=a$ 是可能的 a 的已知值和有一个单解的值,H. Brocard 将它们列了出来.

E. B. Escott,A. Cunningham 和 R. F. Davis④ 处理了 $x^2-17=y^3$.

A. S. Werebrusow⑤ 以项 $\alpha=-2p,\beta=-p^2+3cq^2$ 表示了 $x^2+cy^2=z^3$ 的

① Ann. Soc. Sc. Bruxelles,27,Ⅱ,1902-1903,121-170. Extract in Sphinx-Oedipe,5,1910,10-13(of numéro spécial),42-46.

② Nouv. Ann. Math.,(4),3,1903,422-428.

③ L'intermédiaire des math.,9,1902,115.

④ Math. Quest. Educ. Times,(2),8,1905,53-54. Cf. Cunningham.

⑤ L'intermédiaire des math.,10,1903,152. Cf. E. B. Escott,11,1904,101-102.

Euler 解.

许多人利用恒等式完整地解出了 $x^2+3y^2=4z^3$.

U. Bini 给出了含两个参数的 $x^2+3y^2=z^3$ 的一个解.

一个匿名作者①注意到 $17y^2-1=2x^3$ 在 $1<y\leqslant 55$ 上无解.

A. Cunningham② 给出了一个试验性的方法以解 $x^3=y^2+a$. 选择一个模 m,优选 10^3 或 10^4,且对 x^3-a 是 m 的一个二次剩余找出 $x<m$ 的值. 利用各种 m,我们最终得到 x 的可能线性形式. 它被用到 $a=-17$,$a=-127$ 两种情形上.

许多人③求解 $x^2+x\pm 1=y^3$.

Welsch 把二元二次形式的理论应用到判定 Legendre 决定上(利用$\sqrt{-3}$来确定 $x^2+3y^2=z^3$ 的所有解).

E. B. Escott④ 注意到,如果 $y^3=2x^2-1$ 是可解的,那么 $y=24n^2-1$ 或 $2n^2-1$.

L. Aubry⑤ 证明了 $x^2+1+2^{2k}=y^3$ 是不可能的. 如果 x 是奇数,x^2+2^{2k} 是两个互素二次方数的和,使 y^3-1 的因子恒等于 1(mod 4). 因此 $y-1\equiv 1$,它给出了 $y^2+y+1\equiv 3 \pmod 4$,如果 $x=2^n z$,其中 z 是奇数,有

$$2^{2n}\{(2^{k-n})^2+z^2\}=(y-1)(y^2+y+1)$$

因为 y^2+y+1 是奇的,它的素因子有形式 $4t+1$. 因此 $2^{2n}\mid y-1$,且 $4\mid y-1$,以及 $y^2+y+1\equiv 3 \pmod 4$.

L. Aubry 和 E. Fauquembergue⑥ 证明了 $2x^2-1=y^3$ 除了 $x=0,y=-1$;$x=\pm 1,y=1$;$x=\pm 78,y=23$ 之外没有解.

A. Gérardin⑦ 为了使 $G\equiv x^2+xy+y^2$ 是一个立方,假设

$$(1+mx)^2+(1+mx)(my)+(my)^2=(1+mf)^3$$

$$f^3m^2+(3f^2-G)m=-3f+2x+y$$

且取 $-3f+2x+y=0$,则 f 和 m 以项 x,y 表出. 为了使结果对称,令 $y=\frac{q}{3}$,$x=p+\frac{q}{3}$,因此

---

① Sphinx-Oedipe,1906-1907,79.

② Math. Quest. Educ. Times,(2),14,1908,106-108.

③ L'intermédiaire des math.,15,1908,244;16,1909,201;17,1910,126;23,1916,4.

④ Amer. Math. Monthly,16,1909,96.

⑤ Sphinx-Oedipe,6,1911,26-27;stated by F. Proth,Nouv. Corresp. Math.,4,1878,64,223.

⑥ Sphinx-Oedipe,6,1911,103-104;8,1913,170-171(122-123 for E. B. Escott's proof that a solution $y>23$ has more than 256 digits).

⑦ Assoc. franç. av. sc.,40,1911,10-12.

$$X^2+XY+Y^2=Z^3$$

对于

$$X=q^3+3pq^2-p^3$$
$$Y=-3pq(p+q)$$
$$Z=p^2+pq+q^2$$

结果在其他方面被 A. Desboves[1] 得到.

Gérardin[2] 处理了 $aX^2+bXY+cY^2=hZ^3$，给出了一个解 α,β,γ. 在取代 $X=\alpha+mx, Y=\beta+my, Z=\gamma+mf$ 之后，选择 f 使 m 的第一个幂的系数与之相等，因此 m 被有理确定.

L. Aubry[3] 证明了 25 是当增长 2 后为一个立方的唯一一个平方数. 他[4]证明了，对于 $a=4A^2+B^3$，如果 $B\equiv 1 \pmod 4$ 且 A 不被整除 B 的素数 $4n-1$ 的平方整除，或 $3\nmid A$；如果 $3\nmid B$ 或 $3^3\nmid A$；如果 $3\mid B$，这些情况均使 $x^2+a=y^3$ 不成立，那么对 $a=17$，它也不成立.

E. Landau 采用 Thue 的结果：$\alpha^3+3\alpha^2\beta+6\alpha\beta^2+2\beta^3=1$ 仅有有限个解（第二十三章）和 Landau 上面的讨论，证明了 $x^3+2=y^2$ 仅有有限个解.

H. Brocard 给出了 $x^2-y^3=17$ 的解的八个集合.

L. J. Mordell[5] 用初等方法、理想论、二元三次形式的算术理论研究了 $y^2-k=x^3$. 特别的，对于他所相信的有无穷多个解，他列出了 -100 到 100 之间的 k 值.

A. Gérardin[6] 在已知结果 $x^3-k=z^2$ 上作和，他注意到解 $2^3-4=2^2, 5^3-4=11^2$ 与 Jonquières 的断言仅有一个解存在相反. 给出一个解 x_0, z_0，Gérardin 推出第二个解

$$x=\left\{\frac{3x_0^2}{(2z_0)}\right\}^2-2x_0$$

令 $x_0=2p$，其中 p 是一个素数，则 $z_0=p^j, 2p^j, 6p^j (j=0,1,2)$. 这个结果对给出方程的 k 的 12 个整数值是可解的. 对 $k=(2p-1)^2(9p^2-2p+1)$，解包含 $x=2p, 2p-1, 2-4p, 4p^2-2p, (12p^2-6p+1)^2-4p+1$.

L. Bastien 对 $q^3-k^2=n$ 是可能的情况列出了 $n\leqslant 100$ 的值 3,5,6,9,10,12,14,16,17,…,99. 对有单解的情况列出值 $n=1,2,8,13,29,\cdots,81$，对有多

---

① Nouv. Ann. Math.,(2),18,1879,269,formula(8) with $a=b=1$.

② Bull. Soc. Philomathique,(10),3,1911,222-225.

③ Sphinx-Oedipe,7,1912,84.

④ L'intermédiaire des math.,19,1912,231-233.

⑤ Proc. London Math. Soc.,(2),13,1914,60-80.

⑥ Sphinx-Oedipe,8,1913,145-149.

于 1 个解的情况列出了值.

Crussol 注意到当 $x^3+k=y^2$ 有 7,9,34,41 个解的情况. A. Gérardin 注意到当它有 21 个解的情况.

A. Gérardin① 证明了 $x^2+3y^2=z^3$ 的所有解由下式给出

$$(\alpha^3-9\alpha\beta^2)^2+3(3\alpha^2\beta-3\beta^3)^2=(\alpha^2+3\beta^2)^3$$

T. Hayashi② 对于 $y\neq 0$ 证明了 $y^2+1\neq z^3$;对 $y^2\neq 0,1,9$ 证明了 $y^2-1\neq z^3$.

A. Cunningham③ 证明了,如果 p 是素数,$x^3-p^2=2\times 10^6$ 有单解 $x=129$,$p=383$.

L. J. Mordell④ 注意到没有方程 $x^2+a=y^3$ 有无穷多个整数解.

对于 $2x^2+2x+13=y^3$,参看第一章,对于 $27b^2+1=4c^3$,参看第二十一章⑤.

2 二元二次形式产生的 n 次幂

J. L. Lagrange⑥ 注意到,利用 f 的因子 $x+\alpha y,x+\beta y$,且取 $X+\alpha y$ 为 $(x+\alpha y)^m$ 的展开式,可将 $f=x^2+axy+by^2$ 的 m 次幂展成相同形式 $F=X^2+aXY+bY^2$. X,Y 的结果值使 F 为一个 m 次幂.

L. Euler⑦ 注意到,如果 $N=a^2+nb^2$,N^λ 有形式 x^2+ny^2,且对 $N^\lambda=x^2+ny^2$ 要求至少 $x\neq 0$ 或至少 $y\neq 0$. 令

$$(a+b\sqrt{-n})^\lambda=A+B\sqrt{-n},a=\sqrt{N}\cos\phi$$

$$b\sqrt{n}=\sqrt{N}\sin\phi$$

$$a+b\sqrt{-n}=\sqrt{N}(\cos\phi+i\sin\phi),A=N^{\frac{\lambda}{2}}\cos\lambda\phi$$

$$B=\frac{N^{\frac{\lambda}{2}}\sin\lambda\phi}{\sqrt{n}}$$

---

① L'intermédiaire des math., 21, 1914, 129.

② Nouv. Ann. Math., (4), 16, 1916, 150-155.

③ Math. Quest. and Solutions(3), 3, 1917, 74.

④ London Math. Soc. Records of Proceedings, Nov. 14, 1918.

⑤ Addition Ⅸ to Euler's Algebra, Lyon, 2, 1774, 636-644; Euler's Operra Omnia, (1), 1, 1911, 638-643; Oeuvres de Lagrange, Ⅶ, 164-170. Fof $f=x^2-By^2$, Lagrange Mém. Acad. Sc. Berlin, 23, année 1767; Oeuvres, Ⅱ, 522-524.

⑥ Opera postuma, Ⅰ, 1862, 571-573, letter to Lagrange, Jan., 1770; Oeuvres de Lagrange, ⅩⅣ, 216.

⑦ Nova Acta Acad. Petrop., 9, 1791(1777), 3; Comm. Arith., Ⅱ, 174-182.

因此，B 是满足 λ 的有理值近似等于$\frac{\pi k}{\phi}$的最小值不为 0，其中 k 是一个整数.

Euler[①] 使 x^2+7 是双二次式. 对于 $x=\frac{7p^2-q^2}{2pq}$，它是$\frac{q^2+7p^2}{2pq}$的平方. 为使后者是一个二次方，取 $q=pz$，由此我们使$2z(7+z^2)=\square$. 因为一个明显解是 $z=1$，令 $z=1+y$，我们得到 $16+20y+6y^2+2y^3$，对 $y=\frac{1}{8}$，它是 $4+\frac{5y}{2}$ 的平方.

A. M. Legendre[②] 处理了 $Ly^2+Myz+Nz^2=bP$，其中 P 是几个变量的幂积，特别的，x^k.

G. L. Dirichlet[③] 回忆：如果 l 是奇素数，且 $l\nmid a$，如果 $\delta^2-a\varepsilon^2=l$，可知：对于由 $d+e\sqrt{a}=(\delta+\varepsilon\sqrt{a})^n$ 给出的 d,e，有 $d^2-ae^2=l^n$ 成立. 可证 d,e 互素，且若 $d_1^2-ae_1^2=kl^n$，其中 d_1,e_1 互素，k 是奇数，且与 al 互素，我们可找到 $t^2-au^2=k$ 的解，使得

$$(d\pm e\sqrt{a})(t\pm u\sqrt{a})=d_1+e_1\sqrt{a}$$

可适当地选择符号，应用被用来表明：如果 P,Q 互素，使 P^2-5Q^2 为一个五次幂，且为奇数不被 5 整除的最一般方法是令

$$P+Q\sqrt{5}=(M\pm N\sqrt{5})^5(t\pm u\sqrt{5})$$

$$t^2-5u^2=1$$

其中 M,N 互素. 有一个为偶数，且 $5\nmid M$. 如果 P,Q 互素，均为奇数，$5\mid Q$，使 $P^2-5Q^2=4z^5$ 成立的最一般的方法是令

$$P+Q\sqrt{5}=\frac{(\phi+\psi\sqrt{5})^5}{16}$$

其中 ϕ,ψ 互素，均为奇数，且 ϕ 与 5 互素.

p 为素数，以 x^2+ny^2 表示 p^k 或 $4p^k$ 的 Cauchy 的论文在二元二次型下被考虑. 第十二章中 Luce 讨论了 $x^2-ny^2=z^i$.

F. Landry[④] 从下式中得到了一类新的连分数

$$A=a^2+r,\sqrt{A}=a+\frac{r}{\sqrt{A}+a}=a+\frac{r}{2a}+\frac{r}{2a}+\cdots$$

---

① Algebra, St. Petersburg, 2, 1770, § 160; French transl., Lyon, 2, 1774, pp. 191-193; Opera Omnia, (1), I, 413.

② Théorie des nombres, 1798, 435-440; ed. 2, 1808, 374-379; ed. 3, 1830, II, 43-49; German transl. by Maser, II, 43-50.

③ Jour. für Math., 3, 1828, 354; Werke, I, 21.

④ Cinquième mémoire sur la théorie des nombres, Paris, July, 1856.

如果$\frac{m}{n}$是一个u阶收敛,那么$m^2-An^2=(-1)^u r^u$.因此为了解$x^2-Ay^2=z^m$,对$A=a^2-z$取z为任意整数.

V. A. Lebesgue① 回忆事实:如果a是一个奇素数,A是一个奇整数,整除t^2+a,但不被a整除.对无穷多个值μ,有$A^\mu=x^2+ay^2$成立.当x,y互素时.如果A是a的一个二次非剩余,或若当$\mu=2\upsilon$,y是奇数时,$A=4n+3$,$a=4k+1$,则最小的μ是偶数,则$A^\upsilon-x=p^2$,$A^\upsilon+x=aq^2$,其中p^2和aq^2互素.因此$2A^\upsilon=p^2+aq^2$,且υ是最小值.

L. Öttinger② 把$x^2-y^2=z^n$,对$n=2,3,4$的解列表,并给出等式

$$\{(4m^2\pm 2mr+r^2)^2-8m^4\}^2-\{4m(m\pm r)(2m^2\pm 2mr+r^2)\}^2=(2mr\pm r^2)^4$$

T. Pepin③ 证明了,如果c是正的,且有一单类行列式$-c(c=1,2,3,4,7)$的正奇二次型,解$x^2+cy^2=z^m$,其中x,y是互素整数,z是奇的,最一般的方法是令

$$(p+q\sqrt{-c})^m=P+Q\sqrt{-c},x=\pm P,y=\pm Q,z=p^2+cq^2$$

其中z是奇数,p,q是任意互素整数.因此,对$c=1$或2,我们可论证Euler的方法.令n是一个正整数,使行列式$-n$的所有二次型分布在不同的属中,每个属都由一个类组成,则$x^2+ny^2=z^{2m+1}$的所有解互素,z为奇数,可从下式得到

$$\pm x\pm y\sqrt{-n}=(p+q\sqrt{-n})^{2m+1} \tag{1}$$

其中,p,q互素.但是对于$x^2+ny^2=z^{2m}$,z为奇数,我们用带指数m的(1),且采用$p^2+nq^2=z^2$的完全解

$$z=\frac{af^2+bg^2}{k},p=\frac{af^2-bg^2}{k},q=\frac{2fg}{k}\quad(k=1,2)$$

其中,a,b取所有能把n分解成两个互素因式的因子,除了当$k=2,n=8t$时,两个因式将有2作为它们的最大公约数.对于$ax^2+cy^2=z^m$,$a>1$,$c>1$,当ac是满足行列式$-ac$的二次型类的个数等于属数之一时,如果m是偶数,在整数不等于0时没有解.然而,如果m是奇数,我们从下式中得到所有z为奇的互素解

$$\pm\sqrt{a}x\pm\sqrt{-c}y=(\sqrt{a}p+\sqrt{-c}q)^m,z=ap^2+cq^2$$

其中p,q互素,因此$2x^2+3$和$2+3y^2$不是立方的.

Pepin证明了:如果$a=32(2d+1)^5-5b^2$,其中b与10互素,且无素因子$20l+11$,则x^5+a不是一个平方.如果$d=0,b=1,3$,则$a=27,-13$.

---

① Jour. de Math.,(2),6,1861,239-240.

② Archiv Math. Phys.,49,1869,211-222.

③ Jour. de Math.,(3),1,1875,325. Results for $m=3$ cited under Pepin.

M. d'Ocagne[1] 在正整数中利用下式解出 $x^2-ky^2=z^n$

$$\phi(\alpha,\beta,n)=\sum_{i=0}^{[(n-1)/2]}\binom{n-i-1}{i}\alpha^{n-2i-1}\beta^{i}$$

包含任意正整数 a 的一个解是

$$x=a\phi(2a,k-a^2,n)+(k-a^2)\phi(2a,k-a^2,n-1)$$

$$y=\phi(2a,k-a^2,n)$$

对于 n 为偶数，$z=\pm(k-a^2)$；对于 n 为奇数，$z=-(k-a^2)$，$a>\sqrt{k}$.

对于 $ax^2+cy^2=z^n$，M. Weill[2] 重复了 Euler 方法.

T. Pepin[3] 证明了，如果行列式 $-c$ 的二次型类的个数与 n 互素，$x^2+cy^2=z^n$ 的所有互素整数解由下式给出

$$\pm x\pm y\sqrt{-c}=(p+q\sqrt{-c})^n,z=p^2+cq^2$$

对于 $n=3$，可解性依赖于是否一个二次型的乘法是给出了一个主类.

H. S. Vandiver[4] 找到了 $x^2+bxy+cy^2=z^n$ 的无穷多个，但不是全部的解.

G. Candido[5] 采用了 Lucas 的函数 U_n 及

$$V_n=(p+\sqrt{p^2-q})^n+(p-\sqrt{p^2-q})^n$$

$$(\frac{1}{2}V_n)^2-(p^2-q)U_n^2=q^n$$

把 q 变成 p^2-q. 因此 $x^2-qy^2=z^n$ 有解 $x=\frac{1}{2}V_n,y=U_n,z=p^2-q$.

A. Cunningham[6] 注意到，如果 $n>3$，$x^n<2\times10^8$，$y^2+y+1=x^n$ 是不可能的. R. W. D. Christie 指出 x 必有形式 a^2+a+1，且推断 $n\neq4,5$，$n\neq3$ 除非 $a=2$.

Cunningham 注意到，$q<1\ 600\ 000$ 时，$\frac{1}{2}(q^2+1)=p^4$ 的唯一解是 $q=239$，$p=13$. Christie 利用特殊假设得到了此解. 与第六章的 Störmer 对比；与第十四章的 Euler 对比，与第二十二章的 Euler 和 Pepin 对比.

U. Bini[7] 指出，第二十三章（与 Lagrange 比较）的 Desboves 方法并未引出. 对任意整数 n，$x^2+axy+by^2=z^n$ 的解形式的确定.

A. S. Werebrusow 通过取

---

① Comptes Rendus Paris, 99, 1884, 1112.

② Nouv. Ann. Math., (3), 4, 1885, 189.

③ Mem. Accad. Pont. Nuovi Lincei, 8, 1892, 41-72.

④ Amer. Math. Monthly, 9, 1902, 112.

⑤ Giornale di Mat., 43, 1905, 93-96. Cf. Candido.

⑥ Math. quest. Educ. Times, (2), 8, 1905, 69-70.

⑦ L'intermédiaire des math., 14, 1907, 246.

$$AX^2+2BXY+CY^2=(ax^2+2bxy+cy^2)^n$$

给出了 x,y 中 n 次多项式 X,Y.

E. B. Escott① 注意到 $X^2-DY^2=4z^n$ 的解由

$$(\alpha^n+\beta^n)^2-D\left\{\frac{\alpha^n-\beta^n}{\sqrt{D}}\right\}^2=4(x^2-Dy^2)^n$$

$$\alpha,\beta=x\pm y\sqrt{D}$$

给出,但不是所有解都是如此得到的.

O. Degel通过以$\frac{x_i}{x_4}(i=1,2,3)$代替 X,Y,Z,处理了从最后一个中得到的齐次方程. 令 $x_2=0$,截面 C 位于锥 $x_1^2x_4^{n-2}-4x_3^n=0$ 上,其中每个面 $x_3=\mu x_4$ 插入两条线 $x_1=\pm 2\sqrt{\mu^n}x_4$. 如果 n 是奇的,取 μ,我们得到 C 上的一般点 P 的有理坐标是一个平方. 例如,令 $n=2m$,结合 $P=(2\mu^m,0,\mu,1)$ 和$(p,1,0,0)$ 的线上的一般点是$(2\mu^m+\delta p,\delta,\mu,1)=(x)$,如果 $\delta=\frac{4p\mu^m}{D-p^2}$,它在表面上,且给出了有理解 x_i. 相同的问题被其他人②处理过.

F. Ferrari③ 使 $f\equiv x^2+axy+by^2$ 是一个 n 次幂. 令 $f=(x+\alpha y)(x+\beta y)$. 一个充分条件是 $x+\alpha y=(r+\alpha s)^n$. 在 α 中取 $\alpha^2-a\alpha+b=0$,后者将变成一条线. 因此在 r,s,a,b 上,我们得到 x,y 的多项式.

G. Candido 利用 Lucas 的方法使 u_k,v_k 满足

$$\left(\frac{1}{2}v_k\right)^2-\left(\frac{p^2}{4}-q\right)u_k^2=q^k$$

对于 $p=2\lambda+a\mu,q=\lambda^2+a\mu\lambda+b\mu^2,x^2+axy+by^2=z^k$ 的无穷多个解由 $2x=v_k-a\mu u_k,y=\mu u_k,z=q$ 给出. 对于 $a=0$ 或 $b=0$ 在 $k=2,3,4$ 的情况公式已被给出.

F. Ferrari,像 Lagrange 做过的一样,应用$(a_1+ia_2\sqrt{\alpha})^n$ 的展开式以找到使 $A_{k_1}^2+\alpha A_{k_2}^2=(a_1^2+\alpha a_2^2)^k$ 的 A.

E. Swift④ 证明了 n 边形对角线的个数$\frac{n(n-3)}{2}$ 不是四次幂.

由二十六章的 Thue,$x^2-h^2=ky^n(n>2)$ 仅有有限个解. 关于 $1+y^2\neq x^n$,参看第六章的 Lebesgue,关于 $1+2y^2=3^k$,参看二十三章的 Fauquembergue. 关于 $1\pm 4x^n=\square$,参看二十六章.

① L'intermédiaire des math. ,15,1908,153.

② L'intermédiaire des math. ,18,1911,35.

③ Periodico di Mat. ,25,1909-1910,59-66. Cf. Lagrange.

④ Amer. Math. Monthly,23,1916,261-262.

3 用 $a_1x_1^2+\cdots+a_nx_n^2$ 制造一个立方或高阶

S. Réalis① 注意到 $u_1^2u_2=\alpha(u_1x_2-vx_1)^2+\beta(u_1y_2+vy_1)^2+\gamma(u_1z_2-vz_1)^2$，当

$$u_i=\alpha x_i^2+\beta y_i^2+\gamma z_i^2$$
$$v=2(\alpha x_1x_2+\beta y_1y_2+\gamma z_1z_2)$$

J. Neuberg② 在前面的结果中取 $x_2=x_1, y_2=y_1, z_2=-z_1$，以得到

$$\alpha x^2+\beta y^2+\gamma z^2=(\alpha x_1^2+\beta y_1^2+\gamma z_1^2)^3$$
$$\frac{x}{x_1}=\frac{y}{y_1}=\alpha x_1^2+\beta y_1^2-3\gamma z_1^2$$
$$\frac{z}{z_1}=3\alpha x_1^2+3\beta y_1^2-\gamma z_1^2$$

E. N. Barisien③ 注意到任意六次幂是两个二次方的和减去第三个二次方

$$n^6\equiv\{(n+2)(n^2-2n-2)\}^2+\{4n(n+1)\}^2-\{2(n+1)(n+2)\}^2$$

一个恒等式表明，任意偶整数的四次立方是一个$\boxed{3}$，更小的是一个$\boxed{4}$.

G. de Longchamps④ 注意到 $\alpha x^2+\beta y^2+\gamma z^2+\delta t^2=u^3$，对于

$$\frac{x}{f}=\frac{y}{g}=\alpha f^2+\beta g^2-3\gamma i^2-3\delta k^2$$
$$\frac{z}{i}=\frac{t}{k}=3\alpha f^2+3\beta g^2-\gamma i^2-\delta k^2$$
$$u=\alpha f^2+\beta g^2+\gamma i^2-\delta k^2$$

当 $\delta=t=0$ 的情况给出了 Neuberg 的结果.

一个匿名的作者注意到 $x^2+y^2-z^2=u^5$ 的解 $x=3, y=12, z=11, u=2$.

J. Rose 注意到解 $x=4v^2, y=4v^3, z=4v^2(v-1), u=2v$ 和一个带 $y=z+1$ 的解. Mehmed－Nadir 给出了解

$$x=b(a^2+b^2)(a^2-b^2)$$
$$z,y=\frac{1}{2}\{(a^2\pm 1)(a^2+b^2)^2\pm 4b^4\}$$
$$u=a^2+b^2$$

且注意到带 $Y=a(a^2+b^2)^2, Z=2ab^2(a^2+b^2)$ 的 x, u 满足 $x^2+Y^2+Z^2=u^5$.

---

① Nouv. Corresp. Math., 4, 1878, 325.

② Mathesis, 1, 1881, 74.

③ Le matematiche pure ed applicate, 2, 1902, 35-36.

④ L'intermédiaire des math., 10, 1903, 111-112.

V. G. Tariste 指出 $x^2+y^2-z^2=u^5$ 的所有解集由类似于 $u=4a,x=2b$, $u^5-x^2=4\alpha\beta;y,z=\alpha\pm\beta$ 这样的七个公式集给出.

F. L. Griffin 和 G. B, M. Zerr① 讨论了 $x_1^2+\cdots+x_n^2=y^4$.

W. H. L. Janssen van Raay② 解出了 $x^3=x^2+y^2+z^2$.

G. Candido③ 通过展开 $\prod(\alpha_j^2+\beta_j^2)$ 找到了 $\sum x_i^2=y^p$ 的一个解.

R. D. Carmichael④ 给出了 $x^2+ay^2+bz^2=w^4$ 的含四个参数的解.

① Amer. Math. Monthly, 17, 1910, 147-148.

② Wiskundige Opgaven, 12, 1915, 209-211.

③ Periodico di Mat., 30, 1915, 45-47.

④ Diophantus Analysis, New York, 1915, 46.

三次方程

第二十一章

1 $x^3+y^3=z^3$ 的不可能性

依据 Ben Alhocain,Arab Alkhodjandi① 的一个不完美证明.

Arab Beha-Eddin②(1547—1622) 列出了从早前开始一直未解决的把一个三次方分解成两个三次方的问题.

Fermat③ 认为把一个三次方分解成两个三次方是不可能的.

Fermat 指出问题:找到两个立方数,它们的和是一个立方数,Fermat④ 坚持这个问题是不可能的.

Frenicle⑤ 提出等价问题:找到 r 个中心六边形,带有连续边,它们的和是一个立方.由一个 n 边中心六边形,他打算令数

① F. Woepcke,Atti Accad. Pont. Nuovi Lincei,14,1860-1861,301.

② Essenz der Rechenkunst von Mohammed Beha-eddin ben Alhossain aus Amul,arabisch u. deutsch von G. H. F. Nesselmann,Berlin,1843,p. 55. French transl. by A. Marre,Nouv. Ann. Math. ,5,1846,313,Prob. 4;ed. 2,Rome,1864. Cf. A. Genocchi,Annali di Sc. Mat. e Fis. ,6,1855,301,304.

③ Observation 2 on Diophantus(quoted in full in ch. ⅩⅩⅥ on Fermat's last theorem). Oeuvres de Fermat,Ⅰ,291;Ⅲ,241. The problem was sent(1637?)by Fermat to Mersenne to be proposed to St. Croix;cf. P. Tannery,Bull. des sc. math. ,(2),7,1883,8,121-123.

④ Oeuvres,Ⅱ,376,433,letter to Digby,Apr. 7,1658,to Carcavi,Aug. 1659.

⑤ Solutio duorum problematum... 1657[lost];Oeuvres de Fermat,Ⅲ,605,608.

$$H_n = 1 + 6 + 2 \times 6 + 3 \times 6 + \cdots + (n-1)6 = n^3 - (n-1)^3$$

因此，$H_n, H_{n-1}, \cdots, H_{n-r+1}$ 的和是一个立方 z^3，当且仅当

$$n^3 = (n-r)^3 + z^3$$

J. Kersey① 指出 J. Wallis 证明了没有有理立方等于两个有理立方的和，但未给出参考文献.

Euler② 在 1753 年指出他已经证明了的问题是不可能的.

Euler③ 认为下面的证明在某一点上不完备. 我们能假设 x 和 y 互素，且均为奇数，令 $x+y=2p, x-y=2q$，则我们欲证 $2p(p^2+3q^2)$ 不是一个立方. 假设它是一个立方. 首先，令 p 不被 3 整除，则 $\frac{p}{4}$ 和 p^2+3q^2 是互素整数，所以它们均是一个立方. 因为 p^2+3q^2 是一个立方，他未严格证明便指出它是想要形式的个数 t^2+3u^2 的立方，且指出 $p+q\sqrt{-3}$ 是 $t+u\sqrt{-3}$ 的立方.

因此 $p=t(t^2-9u^2), q=3u(t^2-u^2)$，而且 $\frac{p}{4}$ 也将是一个立方. 同样的事实是 $2t, t+3u, t-3u$ 的积 $2p$. 其中 $2t, t+3u, t-3u$ 是互素的，因为 p 是素数所以 t 不被 3 整除. 所以，最后两个 f^3 和 g^3 是立方，由此 $2t=f^3+g^3$. 因此，我们有两个立方 f^3, g^3 小于 x^3, y^3. 它们的和是一个立方 $2t$. 一个相似的下降法被用于情况 $p=3r$ 中，当互素数 $\frac{9r}{4}$ 和 $3r^2+q^2$ 的积是一个立方的时候，像前面一样，$r=3u(t^2-u^2)$. 因为

$$\frac{8}{27} \times \frac{9r}{4} = \frac{2r}{3} = 2u(t+u)(t-u)$$

是一个立方，并且是三个互素因子的积，每个因子都是一个立方，$t+u=f^3$，$t-u=g^3$，使 f^3-g^3 是一个立方 $2u$.

Euler④ 注意到，如果 $p^3+q^3+r^3=0$ 是可能的，$x=p^2q, y=q^2r, z=r^2p$ 满足 $\frac{x}{y}+\frac{y}{z}+\frac{z}{x}=0$ 或 $x^2z+y^2z+z^2y=0$. 为了证明后者是不可能的，他指出 yx 被 z 整除，但在注释中只给出一个仅可能的结论是 $\frac{y}{z}$ 的不可约分式的分母是

① The Elements of Algebra, London, Book Ⅲ, 1674, 73.

② Corresp. Math. Phys. (ed., Fuss), 1, 1843, 618. Also stated in Novi Comm. Acad. Petrop., 8, 1760-1761, 105; Comm, Arith. coll., Ⅰ, 287, 296; Opera Omnia, (1), Ⅱ, 557, 574.

③ Algebra, 2, 1770, Ch. 15, art. 243, pp. 509-16; French transl., 2, 1774, pp. 343-351; Opera Omnia, (1), Ⅰ, 484-489. Reproduced by A. M. Legendre, Théorie des nombres, 1798, 407-408; ed. 3, 1830, Ⅱ, 7; transl. by Maser, Ⅱ, 9.

④ L. Euler's Opera postuma, Ⅰ, 1862, 230-231(about 1767).

xy 的一个因子，对于 $v=\frac{xy}{z}$，我们得到 $\frac{x}{y}+\frac{v}{x}+\frac{y}{v}=0$，$v<x$. 继续，在更小整数上我们得到解.

L. Euler 注意到对 $A=\frac{p^2}{(qr)}$，$B=\frac{q^2}{(pr)}$，$p^3+q^3=r^3$ 意味着 $AB(A+B)=1$. 令 $A=\alpha B$，则 $B^3\alpha(\alpha+1)=1$. 由此 $\alpha(\alpha+1)$ 不是一个立方.

N. Fuss 注意到 $a^3=b^3+c^3$ 意味着 $a^6-4b^3c^3=(b^3-c^3)^2$. 相反，$\alpha^6-4d^3=\square$ 意味着 $\alpha^3=p^2+pq^3$（因为 A^2-dB^2 的平方根具有形式 p^2-dq^2）. 由此 $p=r^3$，$p+q^3$ 是立方的.

如图 21.1，J. Glenie① 在线 BC 上构造一个以 BC 为底边的 $\triangle ABC$ 使 $AB^3+AC^3=BC^3$. 通过 BC 的中点 G 画一条垂直于 BC 的垂线 GH，取

$$GH=BC\,\frac{3\sqrt{5}}{2\sqrt{31}},GF=BC\,\frac{\sqrt{5\times 31}}{24}$$

画出圆 HBC，令此圆切平行于 BC 的线 FA 于点 A. 他不加证明的指出 $\triangle ABC$ 是要求的三角形.

为了使 $AB^3+AC^3=2BC^3$ 或 $3BC^3$，取

$$GH=BC\sqrt{\frac{15}{11}},GF=BC\cdot\frac{4}{9}\sqrt{\frac{11}{15}}$$

或

$$GH=\frac{3}{2}BC,GF=\frac{1}{2}BC$$

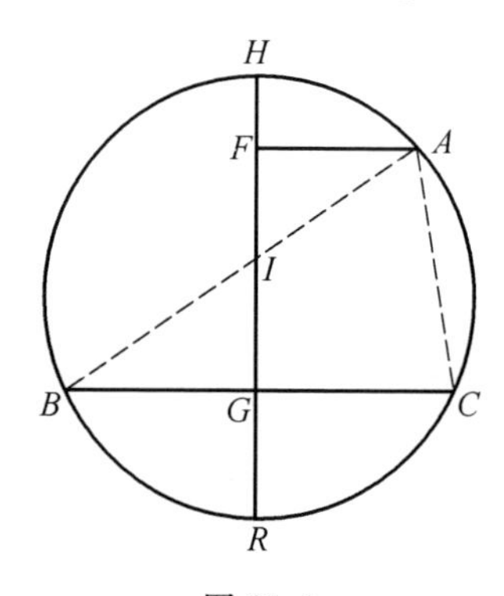

图 21.1

他处理了立方的差分上对应的三个问题.

① The Antecedental Calculus...and the Constructions of Some Problems, London, 1793, 16 pp., p. 13.

A. G. Kästner[1] 利用三角函数和对数表进行了检验.

I. K. Hagner 令 $a=BC, b=GH, c=GF$,则

$$GR=\frac{a^2}{4b}, FA^2=FR\cdot HF=(b-c)\frac{(a^2+4bc)}{4b}$$

有 GA^2,我们看到 BA 和 AC 是

$$\frac{1}{2}\sqrt{4bc+a^2}\pm\frac{1}{2}a\sqrt{\frac{b-c}{b}}$$

$$BA^3+AC^3=\left\{\frac{(4b^2-3a^2)c+4a^2b}{4b}\right\}\sqrt{4bc+a^2}$$

列出等于 a^3 的方程,且写出 $4bc+a^2=(a+2f)^2$,它给出 $c=\frac{(a+f)f}{b}$,我们得到

$$b^2=\frac{3a^2(a+f)(a+2f)}{4\{2a^2+(a+f)(a+2f)\}}$$

利用 BA 的展开式,我们必有 $b>c$,由此 $f<a(0.29\cdots)$. 值 $f=\frac{a}{4}$ 给出了 Glenie 的解. 取 $f=\left(k-\frac{3}{2}\right)a$,我们看得到对 b^2 的展开式是 $\frac{\left\{\frac{3-6k+5k^2}{2}\right\}a}{(4k^2-6k+6)}$ 的平方,如果 $k=\frac{24}{23}$,由此 $b=\pm\frac{5a}{38}$. 如果在 Euler 方程 $2p(p^2+3q^2)=z^3$ 中,我们令 $2p=rz$,取 q,由此

$$x,y=\frac{rz}{2}\pm\frac{z\sqrt{4-r^3}}{2\sqrt{3}r}$$

可以看到为什么利用二阶曲线可解三次方程. 对于 $r=\frac{3}{2}$,我们得到 Glenie 的情况.

C. F. Hauber 证明了 Glenie 的结论,且解出

$$x^3+y^3=\frac{p}{q}a^3, x+y=\frac{m}{n}a$$

对于 x,y,并未给出关于合理的讨论.

J. W. Becker 给出了一个比 Glenie 的方法更简单的方法,像他一样避开了无理数. 取半径 $IR=152$ 的圆,$RG=124$,$RF=279$,画出到 IR 的垂线,FA 和 BC,切圆于要求的三角形顶点 A,B,C. 对于问题 2,取 $IR=639$,$RG=198$,$RF=550$,对于问题 3 取 $IR=5$,$RG=1$,$RF=4$. 一般而言,令边的立方和等于底边 a 的立方的 e 倍. 用 as 表示边的和,ad 表示差,因此

---

[1] Archiv der reinen u. angewandten Math. (ed., Hindenburg), 1, 1795, 352-356, 481-487.

$$a^3\left(\frac{1}{2}s+\frac{1}{2}d\right)^3+a^3\left(\frac{1}{2}s-\frac{1}{2}d\right)^3=a^3e$$

$$d=\sqrt{\frac{4e-s^3}{3s}}$$

他问道，如果能选择 s 使 d 为有理数. 如果 $e=1$ 指出它是不可能的，对于 $e=2$，取 $s=2$，由此 $d=0$，且三角形是等边的. 未给出一般讨论.

C. F. Kausler① 给出了一个复合的且不确定的变量以表明 $x^3\pm y^3$ 不是一个立方. 他的第一个定理是 $x-y$ 和 x^2+xy+y^2 不全是立方；这个证明依赖于关于 p^2+3q^2 是一个立方的 Euler 引理.

C. F. Gauss② 利用下降法证明了 $x^3+y^3+z^3=0$ 在整数上是不可能的，应用了单位元的虚立方根.

P. Barlow③ 给出了一个错误的证明.

A. M. Legendre④ 证明了 x,y,z 中的偶数不被 3 整除，则由下降法有 $x^3+y^3=(2^m3^nu)^3$ 是不可能的，其中 u 不被 2 或 3 整除.

Schopis⑤ 试图给出 $(x+y)^3-x^3$ 为立方的证明.

在整数上的不可能性的证明. 如果方程成立，则 y^3Q 为立方，$Q=z^3$，其中

$$Q=\frac{3x^2}{y^2}+\frac{3x}{y}+1$$

我们解得

$$y=\frac{3x\pm x\sqrt{12z^3-3}}{2(z^3-1)}$$

因此 $12z^3-3=w^2$，w^2+3 除以 12 的商必为一个整数，由此 $w=6n+3$，且

$$z^3=3n^2+3n+1$$

他指出仅当 $n=0$ 或 -1 时，第二项是一个立方. 由此 $z=1$，且 y 的分母将为 0.

L. Calzolari⑥ 试图证明方程是不可能的.

---

① Nova Acta Acad. Petrop., 13, ad annos 1795-1796(1802), 245-254.

② Werke, Ⅱ, 1863, 387-390, posthumous MS. Quoted, Nouv. Corresp. Math., 4, 1878, 136.

③ Theory of Numbers, London, 1811, 132-140.

④ Mém. Acad. Roy. Sc. de l'Institut de France, 6, année 1823, 41, § 49(= Suppl. 2 to Théorie des nombres, ed. 2, 1808). Théorie des nombres, ed. 3, 1830, art. 653, pp. 357-360; German transl. by Maser, Ⅱ, 348.

⑤ Einige Sätze aus der unbestim. Analytik, Progr. Gumbinnen, 1825. Repeated in Zeitschr. Math. Naturw. Unterricht, 23, 1892, 269-270.

⑥ Tentativo per dimostrare il teorema di Fermat..., Ferrara, 1855; Extract by D. Gambioli, Periodico di Mat., 16, 1901, 155-158.

L. Kronecker① 注意到:定理 $r^3+s^3=1$ 在 $rs\neq 0$ 下没有有理解等价于事实 $4a^3+27b^2=-1$ 除了 $a=-1,b=\pm\frac{1}{3}$ 之外没有有理解. 后者是立方 $x^3+ax+b=0$ 具有有理系数和判别单位的唯一值.

G. Lamé② 注意到,如果 x,y 互素,x^3+y^3 是两个互素因子 δ,q 的积,其中 δ 是 $D=x+y$ 或 $3D$ 依赖于 D 是否被 3 整除,且 q 有形式 A^2+3B^2. 如果两个三次方的和是一个三次方,我们转换单偶立方,且得到 $x^3+y^3=(2z)^3$,由此,δ 和 q 必为立方. 这表明(与 Euler 对比)

$$q=(a^2+3b^2)^3=A^2+3B^2, A=a(a^2-9b^2)$$

$$B=3b(b^2-a^2)$$

在

$$A^2+3B^2=\frac{(A+B)^3+(A-B)^3}{(A+B)+(A-B)}$$

$$=\frac{(3B+A)^3+(3B-A)^3}{18B}$$

中,$\delta=2A$ 或 $18B$ 依据 $x+y$ 是否能被 3 整除. 但 a 和 $3b$ 互素,且不都是奇数. 因此 δ 是一个立方,仅当 $a=4k^3,a-3b=i^3,a+3b=j^3$;或 $b=4k^3,b-a=i^3,b+a=j^3$,在各自的情况中. 在每个情况中 $j^3+i^3=(2k)^3$,且 i,j,k 小于 x,y,z. 他注意到数值结果,如

$$(7^3+2^3)(8^3-7^3)=39^3$$

$$(43^3-36^3)(54^3-5^3)=(12^3+1)^3=(10^3+9^3)^3$$

P. G. Tait③ 注意到 $x^3+y^3=z^3$ 意味着

$$(x^3+z^3)^3y^3+(x^3-y^3)^3z^3=(z^3+y^3)^3x^3$$

这易于导出前面方程整数解可能性的证明. 每个三次方是两个均被 9 整除的二次方的差分,因为

$$x^3=\left[\frac{x(x+1)}{2}\right]^2-\left[\frac{x(x-1)}{2}\right]^2$$

T. Pepin④ 证明了 $x^3+y^3=z^3$ 的可能性.

S. Günther⑤ 表明出现在 $x^3+y^3=a^3$ 和 $x+y=z$ 中的解 x,y 中的二次方根如何能被"绝对不可约"三次方根替换.

---

① Jour. für Math., 56, 1859, 188; Werke, Ⅰ, 121.

② Comptes Rendus Paris, 61, 1865, 921-924, 961-965. Extract in Sphinx-Oedipe, 4, 1909, 43-44.

③ Proc. Roy. Soc. Edinburgh, 7, 1869-1870, 144(in full).

④ Jour. de Math., (2), 15, 1870, 225-226.

⑤ Sitzungsber. Böhm. Ges. Wiss., Prag, 1878, 112-119.

J. J. Sylvester① 给出了不可能性的一个证明.

R. Perrin② 表明 $a^3+b^3+c^3=0$ 的整数解的一个(假设的)集合如何引出了整数解的一个新集合.

Schuhmacher③ 指出了 Euler 论断中的错误,这个论断是 $p+q\sqrt{-3}$ 必为 $t+u\sqrt{-3}$ 的立方,因为它可能是 $\alpha^\lambda(t+\alpha u)^3$,其中 $\alpha^3=1$,他主张 Euler 的两种情况中的第一个可以被忽略掉.

J. Sommer④ 证明了 Kummer 的结果(第二十六章)$x^3+y^3=z^3$ 在单位立方根定义的整数域上不可解.

H. Krey⑤ 利用二次型理论给出了不可能性的证明,令 $f(x,y)=x^2-xy+y^2$,则 $2f$ 是行列式 -3 的错误本原形式和类数 1 的错误本原形式. 我们能以 f 正确的代替正奇数,不被 3 整除,它的所有素因子 p 有像二次剩余一样的 -3. 如果(u,v) 是 m 的一个表示,且(u',v') 是 m' 的表示,则

$$(uu'+vv'-uv',uu'+vv'-vu')$$

是 mm' 的一个表示. 取 $u'=v,v'=u$,我们得到 $m^2=f(2uv-u^2,2uv-v^2)$. 首先,如果 3 整除 $x+y$. $x+y$ 与 $f=(x+y)^2-3xy$ 互素,那么它和 f 均为立方. 由上面,有

$$m^3=f(u^3-u^2v+uv^2,v^3-uv^2+u^2v)$$

当它取 f 一样的数时,自变量的和 u^3+v^3 是一个立方(对应于 $x+y$). 因此,应用下降法,$x+y$ 是 3 的倍数的情况下,可以通过类似的方法下降.

P. Bachmann⑥ 用 Euler 和 Legendre 详述了证明.

R. Fueter⑦ 证明了如果利用虚二次域 $k(\sqrt{m})$ 中不为 0 的数,其中 $m<0$, $m\equiv 2 \pmod 3$). $\xi^3+\eta^3+\zeta^3=0$ 是可解的,则类数 k 被 3 整除. 在实域 $k(\sqrt{-3m})$ 中它可解当且仅当它在 $k(\sqrt{m})$ 中可解. 特别的,Kummer的结果:在 $k\sqrt{-3}$ 中它不可解是它在有理数中不可解的结果. 为给出直接证明,令 $\alpha^3+\beta^3=z^3$,$\alpha,\beta=\frac{1}{2}(x\pm y\sqrt{-3})$,其中 x,y,z 是从 0 直接开始的整数,且令 $\alpha^3,\beta^3=\frac{1}{2}(X\pm Y\sqrt{-3})$,$z^3=X$,则

① Amer. Jour. Math.,2,1879,393;Coll. Math. Papers,3,1909,350.

② Bull. Math. Soc. France,13,1884-1885,194-197. Reprinted,Sphinx-Oedipe,4,1909,187-189.

③ Zeitschrift Math. Naturw. Unterricht,25,1894,350.

④ Vorlesungen über Zahlentheorie,1907,184-187.

⑤ Math. Naturwiss. Blätter,6,1909,179-180.

⑥ Niedere Zahlentheorie,2,1910,454-458.

⑦ Sitzungsber. Akad. Wiss. Heidelberg(Math.),4,A,1913,No. 25.

$$\left(\frac{X+Y}{2}\right)^3+\left(\frac{X-Y}{2}\right)^3=\left(z\cdot\frac{x^2+3y^2}{4}\right)^3$$

如果 m,n 是与 3 互素的整数. 由 m^3+27n^3 的三次方根定义的域有它的类数为 3 的倍数,且 $\sum\xi^3=0$ 是可解的.

W. Burnside① 在二次域上讨论了 $x^3+y^3+z^3=0$ 的解.

R. D. Carmichael② 给出了导致由 Euler 指出的事实证明的一系列引理,这些事实是 $p^2+3q^2=s^3$. ($(p,q)=1$,s 是奇的) 意味着 s 有形式 t^2+3u^2,等等.

Holden 给出了更进一步的证明,Korneck,Stockhaus 和第二十六章的 Rychlik 亦给出了进一步证明.

2　两个三次方的两个相等和

Diophantus,Ⅴ,19 中提到定理:在不确定问题中(希腊),两个三次方的差一直是两个三次方的和.

P. Bungus③ 注出当一个平方通常是两个平方之和时,一个立方是三个立方的和,如 $6^3=3^3+4^3+5^3$.

F. Vieta④ 求两个立方,它们的和等于两个给出三次方($B>D$) 的差 B^3-D^3,称 $B-A$ 为第一个要求的三次方边,$\frac{B^2A}{D^2}-D$ 为第二条边. 因此 $(B^3+D^3)A=3D^3B$,且

$$x^3+y^3=B^3-D^3,x=\frac{B(B^3-2D^3)}{B^3+D^3}\tag{1}$$

$$y=\frac{D(2B^3-D^3)}{B^3+D^3}$$

对(2) 用同样的边,对(3) 用边 $A-D$,$\frac{D^2A}{B^2}-B$,他得到

$$x^3-y^3=B^3+D^3,x=\frac{B(B^3+2D^3)}{B^3-D^3},y=\frac{D(2B^3+D^3)}{B^3-D^3}\tag{2}$$

$$x^3-y^3=B^3-D^3,x=\frac{D(2B^3-D^3)}{B^3+D^3},y=\frac{B(2D^3-B^3)}{B^3+D^3}\tag{3}$$

---

① Proc. London Math. Soc.,(2),14,1914,1.

② Diophantine Analysis,1915,67-70.

③ Numerorum Mysteria,1591,1618,463;Pars Altera,65.

④ Zetetica,1591,Ⅳ,18-20;Opera Mathematica,ed. by Frans van Schooten,Lugd. Batav.,1646,74-75. A wrong sign in (2) is corrected on p. 554.

在 Diophantus,Ⅳ,2 中(为解 $x-y=g, x^3-y^3=h$),C. G. Bachet[①] 在他的评论中,给出了 Vieta 的结果(1) ~ (3),他能把两个给出立方的差表示成两个正的立方的和,仅当给出立方中较大者超出较小者 2 倍的时候.

A. Girard[②] 注意到,如果在(1) 中 $D^3 > \frac{1}{2}B^3$,我们首先反复应用(3),直至我们得到两个立方,较小者小于较大者的一半,则应用(1).

Fermat[③] 注意到,在 $B^3 < 2D^3$ 的情况下,被 Bachet 排除,我们能使 $B^3 - D^3$ 为两个正三次方的和. 例如,取 $B=5, D=4$,由 Vieta 的公式(3),我们得到

$$5^3 - 4^3 = \left(\frac{248}{63}\right)^3 - \left(\frac{5}{63}\right)^3$$

在新得的三次方中,第一个超出第二个 2 倍. 因此,他们的差是由(1) 得到的两个立方的和. 因此 $5^3 - 4^3$ 是两个正立方的和,这无疑会使 Bachet 大吃一惊,进一步,如果我们连续采用三个公式,且无限重复计算,我们得到满足相同条件的三次方的无限多个数对. 从两个三次方中,它们的和等于给出立方的差. 我们能用(2) 找到两个新的立方,它们的差等于两个立方的和,因此等于两个原始立方的差;从这两个立方的新差中,我们转到两个立方的和,且依此无限类推. Bachet 认为(3) 中所利用的条件 $B^3 < 2D^3$ 不是必要的. 给出三次方 8 和 1,我们能找到两个有同样差的新的三次方. Bachet 无疑指出这是不可能的. 然而,我发现了[④]

$$\left(\frac{1\,265}{183}\right)^3 - \left(\frac{1\,256}{183}\right)^3 = 8 - 1$$

进一步,在此过程之后,我解决了问题(为 Bachet 所不知的):为了把两个立方的和分成两个新的立方,且以无限种方法. 因此,为了找到两个和为 $8+1$ 的三次方,我首先利用(2) 找出两个立方 $\frac{8\,000}{343}$ 和 $\frac{4\,913}{343}$,它们的差是 $8+1$. 小项的 2 倍超过大项. 应用了(1),我们得到解. 如果我们想要第 2 个解,我们需要应用(2),等等.

对于 Brouncker,Wallis 和 Frenicle,Fermat[⑤] 拟定了一个新问题:给出两个立方的一个复合数,为了把它分成两个其他立方. 如果 Brouncker 将 $8+1$ 分成两个有理立方,那么他会很满意.

---

① Diophanti Alex. Arith.,1621,179-182,324.

② L'arith. de Simon Stevin... annotations par A. Girard,Leide,1625,635;les Oeuvres Math. de Simon Stevin de Bruges par A. Girard,1634,159.

③ Oeuvres,Ⅰ,297-299;French transl.,Ⅲ,246-248.

④ By (1),$8-1=\left(\frac{4}{3}\right)^3+\left(\frac{5}{3}\right)^3$. Then apply (2) for $B=\frac{5}{3}, D=\frac{4}{3}$.

⑤ Oeuvres,Ⅱ,344,376;letters from Fermat to Digby,Aug. 15,1657;Apr. 7,1658.

未指出他的方法,Frenicle① 给出了解

$$9^3+10^3=1^3+12^3, 9^3+15^3=2^3+16^3$$
$$15^3+33^3=2^3+34^3, 16^3+33^3=9^3+34^3$$
$$19^3+24^3=10^3+27^3$$

J. Wallis② 给出了 22 个附加解

$$27^3+30^3=3^3+36^3, \left(4\frac{1}{2}\right)^3+\left(7\frac{1}{2}\right)^3=1^3+8^3, \cdots$$

"如果这些不被满足,我将提供他想要的一切;这如此容易以致我可以在 1 小时内提供 100 个 …"第二十六章中包含了 Frenicle 的应用. 他指出 Wallis 的所有解是通过对已知解做简单乘除法而得到的. "因此,你不必惊讶,他在一小时内如此容易地提供 100 个这样的组合;有什么比乘、除较小数更简单的呢? 并且,这将易于表成除法,而不用下降法,除非他希望掩饰更多的人工解". Frenicle 所增加的将易于给出必要的新解. Wallis 指出 Frenicle 已为同样的错误感到内疚.

Wallis 关于把 9 展成两个正立方之和这个 Fermat 问题时就不再那么幸运了③;他把 9 展成$\frac{20}{7}$ 和$\frac{17}{7}$ 的立方之差,并说道:把 9 展成两个立方之和的方法会在两个和是 9 倍的立方的表中找到! Vieta 和 Bachet 发现把 B^3+D^3 展成两个立方之差并无困难. 但并未攻克更困难的问题 $x^3+y^2=b^3+D^3$.

J. Prestet④ 处理了问题以找到两个三次方,它们的和等于两个给出三次方的差(甚至较小的一个超出较大者的一半). 应用(3) 中的第一个,则有(1). 为了找到两个立方,它们的差是两个给出立方的和 B^3+D^3,解(2),则 $z^3+v^3=x^3-y^3$,且有 $t^3-f^3=z^3+v^3$. 为了找到两个立方,它们的差是 B^3-D^3,解(1) 则$z^3-v^3=x^3+y^3$.

L. Euler⑤ 注意到下式的整数解存在

$$A^3+B^3+C^3=D^3 \tag{4}$$

Euler⑥ 导出了 Vieta 的公式(2),且注意到它不能给出所有解. 对 $B=4$, $D=3$,我们有 $37y=465$, $37x=472$,然而存在更简单的解 $x=6$, $y=5$. 为了处理

① Commercium Epistolicum de Wallis, letter X, Brouncker to Wallis Oct. 13, 1657; French transl. in Oeuvres de Fermat, Ⅲ, 419-420.

② Commercium, letter ⅩⅥ, Wallis to Digby, Nov., 1657. Oeuvres de Fermat, Ⅲ, 436.

③ Cf. Frenicle, letter to Digby, Oeuvres de Fermat, Ⅲ, 605, 609.

④ Nouveaux elemens des math., Paris, 2, 1689, 260-261.

⑤ Corresp. Math. Phys. (ed., Fuss), 1, 1843, 618, Aug. 4, 1753.

⑥ Novi Comm. Acad. Petrop., 6, 1756-1757, 155; Comm. Arith., Ⅰ, 193; Op. Om., (1), Ⅱ, 428. Reproduced without reference by E. Waring, Meditationes Algebr., ed. 3, 1782, 325.

(4),他令

$$A=p+q,B=p-q,C=r-s,D=r+s \tag{5}$$

因此

$$p(p^2+3q^2)=s(s^2+3r^2) \tag{6}$$

取

$$p=ax+3by,q=bx-ay,s=3cy-dx$$
$$r=dy+cx$$

我们有

$$p^2+3q^2=\beta(x^2+3y^2)$$
$$s^2+3r^2=\gamma(x^2+3y^2)$$
$$\beta=a^2+3b^2,\gamma=d^2+3c^2$$

因此,我们的方程变为 $\beta(ax+3by)=\gamma(3cy-dx)$,由此

$$x=-3nb\beta+3nc\gamma$$
$$y=n\alpha\beta+nd\gamma$$

写出 $\lambda,\mu=3ac\pm 3bc\mp ad+3bd$,我们得到

$$A=n\lambda\gamma-n\beta^2,B=n\mu\gamma+n\beta^2$$
$$C=n\gamma^2-n\lambda\beta,D=n\gamma^2+n\mu\beta$$

Euler 并未将其缩写成 β,γ,λ,μ;但是,他们的介绍①使我们能指出他解下的恒等式.在

$$A^3+B^3+C^3-D^3=n^3(\gamma^3-\beta^3)\{\lambda^3+\mu^3-3\beta\gamma(\lambda+\mu)\}$$
$$=n^3(\gamma^3-\beta^3)(\lambda+\mu)(\lambda^2-\lambda\mu+\mu^2-3\beta\gamma)$$

之中,它是消失的最后因式,以如下恒等式来看

$$\beta\gamma\equiv(3bc-ad)^2+3(ac+bd)^2=\left(\frac{\lambda-\mu}{2}\right)^2+3\left(\frac{\lambda+\mu}{6}\right)^2$$

它是从下式转化而来

$$(a+b\sqrt{-3})(d+c\sqrt{-3})=ad-3bc+(ac+bd)\sqrt{-3}$$

Euler 注意到我们有相似的解 $l\pi=\lambda\rho$,其中 $\pi=mp^2+nq^2,\rho=mr^2+ns^2$,而 l,λ 是 p,q,r,s 的任意线性函数,令

$$p=nfx+gy,q=mfy-gx$$
$$r=nhx+ky,s=mhy-kx$$

则

$$\pi=(g^2+mnf^2)(nx^2+my^2)$$
$$\rho=(k^2+mnh^2)(nx^2+my^2)$$

---

① L. E. Dickson, Amer. Math. Monthly, 18, 1911, 110-111.

因此$\frac{x}{y}$是有理的.

Euler① 为不失一般性令

$$A=(m-n)p+q^2, B=(m+n)p-q^2$$

$$C=p^2-(m+n)q, D=p^2+(m-n)q$$

而处理了(4),则$(A+B)(A^2-AB+B^2)=(D-C)(D^2+DC+C^2)$在除以$2m(p^3-q^3)$之后,变成$m^2+3n^2=3pq$. 因此$m=3k$,其中$pq=n^2+3k^2$. 但他已在论文中证明了$n^2+3k^2$的每个因子,其中$n,k$互素,有所要求的形式. 因此

$$p=a^2+3b^2, q=c^2+3d^2, m=3(bc\pm ad)$$

其中n是$ac\mp 3bd$,或$-(ac\mp 3bd)$.

Euler② 推导了 Vieta 的公式(2),且注意到在(6)中第二个因式有形如t^2+3u^2的公共因子. 从

$$\begin{aligned} p^2+3q^2&=(f^2+3g^2)(t^2+3u^2)\\ s^2+3r^2&=(h^2+3k^2)(t^2+3u^2)\end{aligned} \tag{7}$$

中他得出结论

$$p=ft+3gu, q=gt-fu, s=ht+3ku, r=kt-hu \tag{8}$$

把p,s的值和(7)代入式(6),消去公因子t^2+3u^2,我们得到有理数$\frac{t}{u}$. 为了避免分数,取u等于分母,因此

$$u=f(f^2+3g^2)-h(h^2+3k^2), t=3k(h^2+3k^2)-3g(f^2+3g^2) \tag{9}$$

对任意f,g,h,k,公式(5)(8)(9)给出了(4)的一般解. 特殊情况是

$$7^3+14^3+17^3=20^3, 11^3+15^3+27^3=29^3$$

$$1^3+6^3+8^3=9^3, 3^3+4^3+5^3=6^3$$

W. Emerson③ 重复了 Vieta 的讨论,且找出三个立方,处理了使它们的和是两个立方和一个平方之和的问题. 参考第二十三章的 Hill 的结论.

J. P. Grüson④ 给出了(1).

S. Jones⑤ 推导了(1)和(2).

---

① Novi Comm. Acad. Petrop., 8, annees 1760-1761, 1763, 105; Comm. Arith., Ⅰ, 287; Opera Omnia, (1), Ⅱ, 556.

② Algebra, 2, 1770, arts. 245, 248; French transl., 2, 1774, pp. 351, 360. Opera Omnia, (1), Ⅰ, 490-497.

③ A Treatise of Algebra, London, 1764, 1808, 382-389.

④ Enthüllte Zaubereyen und Geheimnisse der Arth., Berlin, 1796, 125-128, and Zusatz at end of Theil Ⅰ.

⑤ The Gentleman's Diary, or Math. Repository, London, No. 90, 1830, 38-39.

J. R. Young[①] 像 Euler 一样推导了从(4) 到(6). 令 $p=m^2, s=n^2$,则式(6)变为

$$3n^6+9r^2n^2-3m^6=9m^2q^2=(c-3rn)^2$$

如果

$$r=\frac{c^2-3n^6+3m^6}{6cn}$$

取 $m=1, n=2, c=3d$,化简公分母 $4d$,因此

$$(d^2+16d-21)^3+(16d-d^2+21)^3+(2d^2-4d+42)^3$$
$$=(2d^2+4d+42)^3$$

他取[②] $A=m-1, B=n^2-p, c=n^2+p, d=m+1$.

当 $9m^2=9n^2p^2+3(n^6-1)=(q-3np)^2$ 时,他解出了(4),因此

$$np, m=\frac{q^2\mp 3(n^6-1)}{6q}$$

用 $6nq$ 乘以 A, B, C, D 的结果值,我们得到

$$A, D=n\{q^2\mp 6q+3(n^6-1)\}$$
$$B, C=\mp q^2+6n^3q\pm 3(n^6-1)$$

F. T. Poselger[③] 处理了把两个立方的和或差转化成两个正立方的差或和的问题.

J. P. M. Binet[④] 表示了下式的 Euler 解

$$x^3+y^3=z^3+u^3 \tag{10}$$

在显式形式中

$$x=\rho^2-\sigma\rho', y=\sigma'\rho'-\rho^2, z=\rho\sigma'-\rho'^2$$
$$u=\rho'^2-\rho\sigma, \rho=f^2+3g^2, \rho'=f'^2+3g'^2$$
$$\sigma, \sigma'=ff'+3gg'\pm(3fg'-3f'g)$$

他指出,不失一般性,我们可能令 $f^1=1, g'=0$,因此以如下形式表出(10)的一般解

$$x=k^2-l, y=-k^2+m, z=km-1, u=-kl+1 \tag{11}$$

其中 $k=a^2+3b^2, l=a-3b, m=a+3b$. 我们取 $\alpha=\frac{m}{3}, \beta=-\frac{l}{3}$ 作为 a, b 中的新参数,得

$$x=3\beta+9t^2, y=3\alpha-9t^2$$
$$z=9\alpha t-1, u=9\beta t+1$$

---

① Algebra 1816. S Ward's edition, 1832, 351-352. Reproduced, Math. Mag., 2, 1895, 154-155.

② Reproduced, Math. Mag., 2, 1898, 254.

③ Akad. Wiss. Berlin Math. Abhandl., 1832, 27-31.

④ Comptes Rendus Paris, 12, 1841, 248-250. Reprinted, Sphinx-Oedipe, 4, 1909, 29-30.

其中 $t=\frac{k}{3}=\alpha^2+\beta^2-\alpha\beta$，$\alpha=\beta=1$ 时给出 $3^3+4^3+5^3=6^3$.

V. Bouniakowsky① 处理了(4).

C. Richaud② 注意到，在 $(x+1)^3-x^3=y^3+z^3$ 中，$y+z$ 有形式 t^2+3u^2，由此 $2x=-1$，$2y=s+v$，$2z=s-v$，由此

$$t^2-sv^2=\frac{s^3-1}{3}$$

从最后方程的一个解中，我们得到第二个解

$$t'=\frac{(s+1)t+2sv}{s-1},v'=\frac{2t+(s+1)v}{s-1}$$

因此，在(4) 的解 $a,b=d-1,c,d$ 中，以 $d-1,c,a$ 代替 x,y,z，分别用 $2d-1$，$c+a$，$c-a$ 代替 t,s,v，我们得到另一个解

$$A=\frac{a(a+c)-c-2d+1}{a+c-1},B=\frac{(a+c)(c+d-a-1)+d}{a+c-1}=D-1$$

$$C=\frac{c(a+c)-a+2d-1}{a+c-1},D=\frac{(a+c)(c+d-a)+d-1}{a+c-1}$$

因为 $A=\frac{1}{2}(s-v')$，$C=\frac{1}{2}(s+v')$，$D=\frac{1}{2}(t'+1)$. 因此解 3，5，4；6 导出了 1，8，6；9 和 -8，50，29；53.

H. Grassmann③ 把(10) 化简为

$$\frac{1}{3}(a^3-b^3)=bd^2-ac^2$$

通过令 $x=a+c$，$y=a-c$，$z=b-d$，$u=b+d$，且指出 $\frac{a}{b}$ 为一平方，由此 $a=m\alpha^2$，$b=m\beta^2$，及

$$\frac{1}{3}m^2(\alpha^6-\beta^6)=(\beta d+\alpha c)(\beta d-\alpha c)$$

给出 α,β,m 的任意整数值，且把左边项表成一个积 pq，我们从 $\beta d\pm\alpha c=p,q$ 中得到 d,c.

C. Hermite④ 从三次曲面的一般性质中得到 Binet 的(10) 的解(11). 令 ω 为单位虚立方根. 线 $x=\omega$，$y=\omega^2z$ 和 $x=\omega^2$，$y=\omega z$ 位于 $u=1$ 的表面(10) 上. 这些生成元中的每一个位于线

① Memoirs Imper. Acad. Sc., St. Petersburg, 6, 1865, 142 (In Russian).

② Atti Accad. Pont. Nuovi Lincei, 19, 1865-6, 183-186.

③ Archiv Math. Phys., 49, 1869, 49; Werke, 2, pt. Ⅰ, 1904, 242-243. Error indicated by * A. Hurwitz, Jahresber. d. Deutschen Math.-Vereinigung, 27, 1918, 55-56.

④ Nouv. Ann. Math., (2), 11, 1872, 5-8; Oeuvres, Ⅲ, 115-117.

$$x=az+b, y=pz+q$$

上.如果

$$\frac{\omega-b}{a}=\frac{q}{\omega^2-p}, \frac{\omega^2-b}{a}=\frac{q}{\omega-p}$$

由此 $p=b, q=\frac{1+b+b^2}{a}$,交集中点的 z 坐标分别是

$$z_1=\frac{\omega-b}{a}, z_2=\frac{\omega^2-b}{a}$$

$(az+b)^3+(pz+q)^3=z^3+1$ 的第三个根是

$$z=\frac{(1+b+b^2)^2-a^3(1-b)}{a(1-a^3-b^3)}$$

则 x 和 y 在 a,b 中也是有理的.为了得到更简单的公式,用 $\frac{1}{a}$ 替换 a,用 $\frac{b}{a}$ 替换 b,则

$$sx=r(a+2b)-1, sy=r^2-a-2b, sz=r^2-a+b \tag{12}$$

其中 $r=a^2+ab+b^2, s=a^3-b^3-1$.转到齐次方程(10),以 $2b$ 替换 b,$a-b$ 替换 a,我们得到以 $z,-y,x,-u$ 替换 x,y,z,u 的(11).

许多文章①把 $8+27$ 和 $1+8$ 表成两个新的有理立方的和.

G. Korneck② 指出所有整数解由在下式中取正或负整数 m,t,f 而得到

$$x=6m^3tf+t(t\pm m)r+3t(t\mp m)f^2$$
$$y=6m^3tf-t(t\pm m)r-3t(t\mp m)f^2$$
$$z=-6t^3mf+m(m\pm t)r+3m(m\mp t)f^2$$
$$u=6t^3mf+m(m\pm t)r+3m(m\mp t)f^2$$

其中 $r=m^4+m^2t^2+t^4$.

E. Catalan③ 注意到(4)由下式等价的满足

$$A=(2x-1)(2x^3-6x^2-1)$$
$$B=(x+1)(5x^3-9x^2+3x-1)$$
$$C=3x(x+1)(x^2-x+1)$$
$$D=3x(2x-1)(x^2-x+1)$$

S. Réalis④ 提出了一个问题,该问题由 P. Sondat⑤ 解出.如果 $\alpha,\beta,\gamma,\delta$ 是 $x^3+y^3+u^3+v^3=0$ 的解集中的一个,另一个集合是

① Math. Quest. Educ. Times,16,1872,95-96;17,1872,84.

② Auflösung $x^3+y^3+z^3=u^3$ in ganzen Z.,Progr. Kempen,1873.

③ Nouv. Corresp. Math.,4,1878,352-354,371-373. Cf. Catalan.

④ Nouv. Ann. Math.,(2),17,1878,526;Nouv. Corresp. Math.,4,1878,350.

⑤ Nouv. Ann. Math.,(2),18,1879,378.

$$u=\alpha A-B, v=\beta A-B, x=\gamma A+B$$
$$y=\delta A+B, A=\alpha+\beta+\gamma+\delta$$
$$B=\alpha^2+\beta^2-\gamma^2-\delta^2$$

由已知集合相似的产生了新集合,新集合是公因子的一部分.

对 n 为奇素数,G. Brunel① 处理了方程

$$x_1^n+x_2^n=\begin{vmatrix} y_1 & y_2 & \cdots & y_{n-1} & 0 \\ 0 & y_1 & \cdots & y_{n-2} & y_{n-1} \\ \vdots & \vdots & & \vdots & \vdots \\ y_2 & y_3 & \cdots & 0 & y_1 \end{vmatrix}$$
$$\equiv f(y_1,\cdots,y_{n-1}) \tag{13}$$

如果 $n=3$ 时行列式是 $y_1^3+y_2^3$,如果 $n=2$ 时,行列式是 y_1^2. 像 Hermite 那样进行,在 n 维空间中考虑一般线(13) 的交集

$$y_i=a_ix_1+b_ix_2 \quad (i=1,\cdots,n-1)$$

这表明(13) 上的任意点坐标被有理表成 $n-1$ 个参数 $a_1,\cdots,a_{n-1}$ 的函数.

$$x_1=1-B, x_2=A-1$$
$$y_i=a_i(1-B)+(a_{n-1}-a_{i-1})(1-A)(i=1,\cdots,n-1)$$

其中

$$a_0=0, b_1=-a_{n-1}, b_i=a_{i-1}-a_{n-1}(i=2,\cdots,n-1)$$
$$A=f(a_1,\cdots,a_{n-1}), B=f(b_1,\cdots,b_{n-1})$$

V. Schlegel② 处理了 $a_1^3+a_2^3+a_3^3=a_4^3$ 通过令下式成立

$$a_1+a_2=m^2(a_4-a_3)$$
$$m^2a_1a_2+a_4a_3=p^2-q^2$$
$$a_4+a_3+m(a_1-a_2)=n(p-q)$$
$$a_4+a_3-m(a_1-a_2)=\frac{p+q}{n}$$

对于 $a_1+a_2=x, a_1-a_2=y, a_4+a_3=u, a_4-a_3=v$,它们变为

$$x=m^2v, m^2(x^2-y^2)+u^2-v^2=4(p^2-q^2)$$
$$u+my=n(p-q), u-my=\frac{p+q}{n}$$

最后两个给出了 u,y;四个中的第二个变为

$$\frac{3(p+q)}{mx+v}=\frac{mx+v}{p-q}$$

① Mém. Soc. Sc. Phys. et Nat. de Bordeaux, (3), 2, 1886, 129-141.

② El Progreso Mat., 4, 1894, 169-171.

对 r 构造每项的方程. 因此,在 p,q,r,m 的项中,我们得到 x 和 v. 通过 $x=m^2v$,有

$$r^2=\frac{3(p+q)(m^3+1)}{(p-q)(m^3-1)}$$

对于任意的 m,我们选择 $p\pm q$ 以得到有理的 r,则 a_i 是有理的.

A. Martin① 给出了 $B=r,D=-s$ 和 $B=p,D=q$ 时(1) 的 Vieta 推导.

C. Moreau② 给出了小于 100 000 的 10 个数,它们均以两种不同方式表成两个正立方之和.

A. S. Werebrusow 给出了公式

$$(M\psi\mp\omega\phi^2)^3+(-N\psi\pm\omega\phi^2)^3$$
$$=(M\phi\mp\omega\psi^2)^3+(-N\phi\pm\omega\psi^2)^3$$

其中 $M^2+MN+N^2=3\omega^2\phi\psi,\omega^3=1$.

K. Schwering③ 指出(10) 的一般解是

$$x=m\alpha-n^2,y=-m\beta+n^2,z=n\alpha-m^2,u=-n\beta+m^2 \tag{14}$$

其中

$$\alpha^2+\alpha\beta+\beta^2=3mn \tag{15}$$

为了得到 Binet 的解,令 $m=1,n=a^2+3b^2,\alpha,\beta=a\mp 3b$. 由(14),有

$$x^3+y^3-z^3-u^3=(m^3-n^3)(\alpha-\beta)(\alpha^2+\alpha\beta+\beta^2-3mn)$$

H. Kühne④ 用 $3pr$ 代换 α,$3qr$ 代换 β,p^2+pq+q^2 代替 m,$3r^2$ 代换 n 以这三个独立参数项表示了前面的解,由此等价的满足(15),因此

$$x=3spr-9r^4,y=-3sqr+9r^4$$
$$z=9pr^3-s^2,u=-9qr^3+s^2$$

其中 $s\equiv p^2+pq+q^2$,等价满足(10). 以任意 p,q,r 导出(15) 的解 α,β,m,n,但反过来,以公因子乘以它们,我们可使 $\frac{n}{3}$ 为一平方,必要的 r^2,则 $p=\frac{\alpha}{(3r)},q=\frac{\beta}{(3r)}$.

令 $u=1$,D. Mirimanoff⑤ 以如下形式写出(10)

$$(x-1)(x-\omega)(x-\omega^2)+y^3=z^3$$

令 $y=u(x-\omega)+v(x-\omega^2),z=u\omega^2(x-\omega)+v\omega(x-\omega^2)$, 用

① Math. Magazine,2,1895,153-154;Amer. Math. Monthly,9,1902,79.

② L'intermédiaire des math.,5,1898,66[253;4,1897,286].

③ Archiv Math. Phys.,(3),2,1902,280-284.

④ Archiv Math. Phys.,(3),4,1903,180. Cf. Fujiwara.

⑤ Nouv. Ann. Math.,(4),3,1903,17-21.

$(x-\omega)(x-\omega^2)$ 去除,我们得到

$$Dx=1+3(\omega^2-1)uv^2+3(\omega-1)u^2v$$

$$D=1+3(1-\omega)uv^2+3(1-\omega^2)u^2v$$

因此我们通过给出所有 u,v 的值得到所有解(除了 $x=\omega,\omega^2$). 当且仅当$u+v$, $\omega^2u+\omega v$, $\omega u+\omega^2v$ 是实的,即若 u 和 v 共轭时有实数解. 对这三个和写出 b,a, $-a-b$,我们得到 Hermite 的解(12).

A. Holm① 利用正切法得到了(2). 令 $x=X+B$, $y=Y-D$,取 $Y=\frac{XB^2}{D^2}$,则 $X=0$ 或 $\frac{3BD^3}{(B^3-D^3)}$. 后者给出了(2).

H. Kühne② 讨论了使 n 个变量在 $n-1$ 个参数中是有理显式的 Diophantus 方程. 他的关于(10) 的解是此方法的例子.

P. F. Teilhet③ 讨论了 Werebrusow 的解为非一般解且指出 $4(x-u)=3(z-y)$ 下(10) 的所有解由下面两个式子得到

$$\left(\frac{21m^2+n^2\pm 2mn}{2}\right)^3+\left(\frac{21m^2-n^2\mp 16mn}{4}\right)^3$$

或等价于方程

$$\left(\frac{3m^2+7n^2\pm 2mn}{2}\right)^3+\left(\frac{3m^2-7n^2\mp 16mn}{4}\right)^3$$

其中,m,n 同偶或同奇.

A. Gérardin④ 从下式中得到(2)

$$\frac{x-B}{y+D}=\frac{y^2-Dy+D^2}{x^2+Bx+B^2}=m$$

其中 $x=B+mh$, $y=h-D$. 且满足 h 的二次常数项等于 0,因此 $m=\frac{D^2}{B^2}$, $h=\frac{3B^3D}{(B^3-D^3)}$,与(1) 类似.

H. Holden⑤ 得到了下式的所有整数解 a,b,c,d

$$a(a^2+pb^2)=c(c^2+pd^2)$$

其中 p 的值是使a,c 不具有 l^2+pm^2 形式的 a 与 c 的公因子. 事实上,如果存在一个行列式 $-p$ 的二次型的单真本原类,且当有非真本原类时,整除 l^2+pm^2

---

① Proc. Edinburgh Math. Soc. ,22,1903-1904,43.

② Math. Naturwiss. Blätter,1,1904,16-20,29-33,45-58. Cf. Kühne,Ch. XXIII.

③ L'intermédiaire des math. ,11,1904,31.

④ Sphinx-Oedipe,1906-1907,90-93,(52);l'intermédiaire des math. ,16,1909,85.

⑤ Messenger Math. ,36,1906-1907,189-192.

的 2 的最高幂有偶指数. 对于 $p=1, \pm 2, 3, -5, -13, -29, -53, -61$, 条件成立. 对 $p=3$, 我们有等价方程

$$(a+b)^3+(a-b)^3=(c+d)^3+(c-d)^3$$

且(10) 有完全解. 他证明了 $a=b$ 时初始方程没有整数解, 因此 $x^3=y^3+z^3$ 不成立.

J. Jandasek① 给出了恒等式

$$(3u^3+3u^2v+2uv^2+v^3)^3 \equiv (3u^2v+2uv^2+v^3)^3+(uv^2)^3+(3u^3+3u^2v+2uv^2)^3$$

K. Petr 注意到 $x^3+y^3+z^3=u^3$ 的 Euler 解可写成如下形式

$$x:y:u:-z=A^2E+2BC-BD:-A^2E+BC+BD:B^2E+2AC-AD:-B^2E+AC+AD$$

其中 C,D 是任意的, 且 $ABE^2=C^2-CD+D^2$, 因此它与 Binet 的解本质不同.

Binet 的解被称作②非一般的.

取 $A=rx_1+\lambda, B=rx_2+\mu, C=rx_3-\mu, D=rx_0+\lambda$, R. Norrie③ 处理了(4). 因此, $\alpha r^3+3\beta r^2+3\gamma r=0$, 其中 $\alpha=x_0^3-x_1^3-x_2^3-x_3^3, \beta=\lambda x_0^2-\lambda x_1^2-\mu x_2^2+\mu x_3^2$, $\gamma=\lambda^2x_0-\lambda^2x_1-\mu^2x_2-\mu^2x_3$. 通过选择 x_0, 我们可使 $\gamma=0$, 则对 $r=\frac{-3\beta}{\alpha}$, $\alpha r^3+3\beta r^2=0$. 在 $x_1, x_2, x_3, \lambda, \mu$ 的项中, A, B, C, D 的结果值是高次的, 且比 Euler 和 Binet 的完全解更复杂.

M. Fujiwara④ 指出 Schwering 和 Kühne 提出的公式, 可以用 Enler 和 Binet 的公式(11) 简单化简得到.

A. Gérardin⑤ 给出了恒等式

$$\begin{aligned}(g^4\pm 9f^3g)^3+(3f^2)^6 &\equiv (9f^4\pm 3fg^3)^3+(g^2)^6(7\alpha^2-16\alpha\beta-3\beta^2)^3+(14\alpha^2+4\alpha\beta+6\beta^2)^3\\ &=(14\alpha^2-4\alpha\beta+6\beta^2)^3+(7\alpha^2+16\alpha\beta-3\beta^2)^3\end{aligned}$$

前一个与后一个相类似.

G. Osborn⑥ 给出了 Young 的恒等式且

$$(x^2-7xy+63y^2)^3+(8x^2-20xy-42y^2)^3+$$

---

① Casopis, Prag, 39, 1910, 94-95.

② L'intermédiaire des math., 18, 1911, 265-256; 19, 1912, 116.

③ University of St. Andrews 500th Anniversary, Mem. Vol., Edinburgh, 1911, 50-51.

④ The Tôhoku Math. Jour., 1, 1911, 77-78; Archiv Math. Phys., (3), 19, 1912, 369.

⑤ L'intermédiaire des math., 19, 1912, 7. Cf. pp. 116-118 for references. He gave the first in Assoc. franç. av. sc., 40, 1911, 12.

⑥ Math. Gazette, 7, 1913-1914, 361.

$$(6x^2+20xy-56y^2)^3=(9x^2-7xy+7y^2)^3$$

J. W. Nicholson[1] 用 $m^3=n^3+p^3+r^3$ 的一个解,找到了

$$(my-bx)^3=(ny-bx)^3+(py-ax)^3+(ry+ax)^3$$

如果 $x:y=m^2b-n^2b-p^2a+r^2a:mb^2-nb^2-pa^2-ra^2$.

J. E. A. Steggall[2] 为了解 $x^3-u^3=y^3-v^2$,取 $x-u=p,x+u=q,y-v=s,y+v=r$,则(6) 意味着 $p^2+3q^2=\mu s,s^2+3r^2=\mu p$,由此

$$(3qr)^2=(\mu s-p^2)(\mu p-s^2)=(ps-\mu k)^2$$

$$\mu=\frac{p^3+s^3-2kps}{ps-k^2},3q^2=\frac{(s^2-kp)^2}{ps-k^2}$$

因为 $ps-k^2=3t^2$,我们取 $p+q=\dfrac{s^2+p(3t-k)}{3t},\cdots$,由此

$$x=\frac{L^2+p^3(3t-k)}{6tp^2},y=\frac{p^4+pL(3t-k)}{6tp^2}$$

$$u=\frac{L^2-p^3(3t+k)}{6tp^2},v=\frac{p^4-pL(3t+k)}{6tp^2}$$

其中 $L=k^2+3t^2$,上式是一般有理解的.

R. D. Carmichael[3] 得到下式包含 4 个参数的有理解

$$x^3+y^3+z^3-3xyz=u^3+v^3+w^3-3uvw$$

他是采用左边项的因子 $x+y+z$ 而得到的.取 $z=w=0$,他化简了 Euler 和 Binet 的公式(11).他证明了它以给出一般解.

T. Hayashi[4] 注意到 C. Shiraishi 在他 1826 年的书中出版了 $x^3+y^3+z^3=u^3$ 的解[5]

$$u=y+1,z=3a^2,x=6a^2\pm 3a+1$$

$$y=9a^3+6a^2+3a \text{ 或 } 9a^3-6a^2+3a-1$$

用 $\dfrac{\alpha}{\beta}$ 替换 a,以得到齐次式,我们得到

$$x=6\alpha^2\beta+3\alpha\beta^2+\beta^3$$

$$y=9\alpha^3+6\alpha^2\beta+3\alpha\beta^2$$

$$z=3\alpha^2\beta,u=y+\beta^3$$

和想要的形式

---

① Amer. Math. Monthly,22,1915,224-225.

② Proc. Edinburgh Math. Soc.,34,1915-1916,11-17.

③ Diophantine Analysis,New York,1915,63-65.

④ Tôhoku Math. Jour.,10,1916,15-27(in Japanese).

⑤ For a briefer account,see D. E. Smith and Y. Mikami,A History of Japanese Mathematics,Chicago,1914,233-235.

$$x=6\alpha^2\beta-3\alpha\beta^2+\beta^3$$
$$u=9\alpha^3-6\alpha^2\beta+3\alpha\beta^2$$
$$z=3\alpha\beta^2, y=u-\beta^3$$

进一步,S. Baba Mathematics 给出了(10)的解

$$x=(a^6-4)a, y=6a^3+a^6-4$$
$$z=a^6-6a^3-4, u=(a^6+8)a$$

S. Kaneko 在 *Mathematics* 中给出了 Frenicle 的第一个解. Kawakita 在 *Algebraic Solutions* 中结合了 Baba 的手稿,令下式成立来解(10)

$$x=a+b, y=a-b, z=bc, u=d-bc$$
$$2a^3+6ab^2-d^3+3bcd^2-3b^2c^2d=0$$

取 $a=\frac{c^2d}{2}$,则 $12bc=d(4-c^6)$,取 $c^3=\alpha, \alpha^2-4=\beta$,且用 $\frac{12c}{d}$ 乘 x, y, z, u 的结果值,我们得到

$$x=6\alpha-\beta, y=6\alpha+\beta, z=-\beta c$$
$$u=12c+\beta c(\alpha=c^3, \beta=\alpha^2-4)$$

M. Weill① 注意到如果 x_i, y_i, z_i, u_i 给出了(10)的两个解,我们能找到有理的 δ,使 $x_1+\delta x_2, \cdots, u_1+\delta u_2$ 是一个解. 给出一个解,我们得到一个新解 $x_1+\rho t, y_1+\lambda t, z_1+\mu t, u_1+\upsilon t$,如果 $At^2+3Bt+3C=0$,其中

$$A=\rho^3+\lambda^3-\mu^3-\upsilon^3$$
$$B=\rho^2x_1+\lambda^2y_1-\mu^2z_1-\upsilon^2u_1$$
$$C=\rho x_1^2+\lambda y_1^2-\mu z_1^2-\upsilon u_1^2$$

我们可以选择 $\lambda, \cdots, \rho$ 以使 $C=0$ 或 $A=0$ 来得到有理的 t.

对于三个连续立方,它的和是一个立方.

3 两个立方的三个相等的和

Fermat 的方法已由上面给出.

W. Lenhart② 找到四个整数,其中任意两个的和是一个立方. 如果 x, m^3-x, n^3-x, r^3-x 中的三个被取作整数. 剩余的条件要求 $m^3+n^3-2x, m^3+r^3-2x, n^3+r^3-2x$ 是立方,即为 s^3, a^3, b^3. 消掉 x,我们有

$$r^3+s^3=a^3+n^3=b^3+m^3 \tag{1}$$

---

① Nouv. Ann. Math., (4), 17, 1917, 41-46.

② Math. Miscellany, New York, 1, 1836, 155-156.

通过他的数表表示成两个立方的和

$$46\ 969=\left(\frac{95}{7}\right)^3+\left(\frac{248}{7}\right)^3=\left(\frac{149}{12}\right)^3+\left(\frac{427}{12}\right)^3=\left(\frac{341\ 899}{30\ 291}\right)^3+\left(\frac{1\ 081\ 640}{30\ 291}\right)^3$$

不用公分母,我们得到解初始问题的整数(24 位数字中的一个和 24 位数字中的三个).

另外,A. B. Evans① 得到了最终结果. 由 Euler 对 $f=7,g=k=14,h=16$,有

$$1\ 043^3+2\ 989^3=1\ 140^3+2\ 976^3=7^3\times 3^3\times 2^6\times 13\times 3\ 613$$

现在 $13\times 3\ 613=41^3-28^3$ 能被以通常方法表成两个立方的和. 最后的答案包含 22 和 24 位数的个数.

J. Matteson② 用 Evans 的方法得到了 Lenhart 的结果.

H. Brocard③ 注意到数 $20\ 012\frac{1}{2},-15\ 916\frac{1}{2},19\ 291\frac{1}{2},-20\ 020\frac{1}{2}$ 中任意两数之和是一个立方. E. B. Escott 注意到 6 044,7 780,−1 948,−6 052 也具有这个性质.

E. Fauquembergue 给出了(1) 含 5 个参数的非正确解.

A. S. Werebrusow④ 给出了解

$$[(M+N)\psi\pm\omega\phi^2]^3+[-(M+N)\phi\mp\omega\psi^2]^3=(-M\psi\pm\omega\phi^2)^3+(M\phi\mp\omega\psi^2)^3=(-N\psi\pm\omega\phi^2)^3+(N\phi\mp\omega\psi^2)^3$$

其中 $M^2+MN+N^2=3\omega^2\phi\psi,\omega^3=1$. 他⑤注意到

$$x^3+y^3=x_1^3+y_1^3=x_2^3+y_2^3 \tag{2}$$

成立,对于

$$x_2=\frac{x_1^2y-x^2y_1}{xy-x_1y_1},y_2=\frac{xy_1^2-x_1y^2}{xy-x_1y_1}$$

① Math. Quest. Educ. Times, 15, 1871, 91-92. His factor 2^3 should be 2^6.

② Collection Dioph. Problems, pub. by A. Martin, Washington, D. C., 1888, 1-4.

③ L'intermédiaire des math., 8, 1901, 183-184.

④ L'intermédiaire des math., 9, 1902, 164; 11, 1904, 288; Matem. Sborn. (Math. Soc. Moscow), 25, 1905, 417-437.

⑤ L'intermédiaire des math., 12, 1905, 268; 25, 1918, 139, for numerical examples in which x_2 and y_2 are integers.

值由替换后者的 x_1，y_1 得出. 他[①]用这个结果以得到(2) 的一般解.

Fauquembergue[②] 依据下面等式注解了最后的公式

$$(y_1^3-y^3)(x_1^2y-x^2y_1)^3+(x^3-x_1^3)(y_1^2x-y^2x_1)^3$$
$$=(x^3y_1^3-y^3x_1^3)(xy-x_1y_1)^3$$

归功于 A. Desboves[③]，令取 $x^3+y^3=x_1^3+y_1^3$，且用 $(xy-x_1y_1)^3$ 的积除以结果，令 $x^3-x_1^3=y_1^3-y^3$.

A. Gérardin[④] 指出(2) 的整数大于 1 的最小解可能是 $x=560$，$y=70$，$x_1=552$，$y_1=198$，$x_2=525$，$y_2=315$.

Fauquembergue[⑤] 注意到如果 Cauchy 的公式被用于 $x^3+y^3=19z^3$，它有解 $x=3$，$y=-2$，$z=1$，我们得到

$$19=\left(\frac{8}{3}\right)^3+\left(\frac{1}{3}\right)^3=\left(\frac{5}{2}\right)^3+\left(\frac{3}{2}\right)^3$$
$$=\left(\frac{92}{35}\right)^3+\left(\frac{33}{35}\right)^3$$
$$=\left(\frac{27\ 323}{10\ 386}\right)^3+\left(\frac{9\ 613}{10\ 386}\right)^3=\cdots$$

所以 $19\times 363\ 510^3$ 是两个正整立方以不同方式的和.

4　$2(x^3+z^3)=y^3+t^3$ 的解

R. Amsler[⑥] 注意到解 $x=u_{n+1}$，$z=v_n$，$y=u_n+u_{n+1}$，$t=v_n+v_{n+1}$，其中 u_n 和 v_n 是下式展开式的第 n 个系数

$$(1-3x-3x^2-x^3)^{-1},(1+3x+3x^2-x^3)^{-1}$$

A. Gérardin[⑦] 注意到等式

$$(a^3+3b^3)^3+(a^3-3b^3)^3=2\{(a^3)^3+(3ab^2)^3\}$$
$$(\alpha^2+4\alpha\beta-\beta^2)^3+(\beta^2+4\alpha\beta-\alpha^2)^3$$
$$=2\{(\alpha+\beta)^6-(\alpha-\beta)^6\}$$

---

① Matem. Sborn. (Math. Soc. Moscow), 27, 1909, 146-169.

② L'intermédiaire des math., 14, 1907, 69.

③ Nouv. Ann. Math., (2), 18, 1879, 407. Special case of Desboves.

④ L'intermédiaire des math., 15, 1908, 182; Sphinx-Oedipe, 1906-1907, 80, 128.

⑤ Sphinx-Oedipe, 1906-1907, 125.

⑥ Nouv. Ann. Math., (4), 7, 1907, 335. Proof by L. Chanzy, (4), 16, 1916, 282-285; same in Sphinx-Oedipe, 9, 1914, 93-94.

⑦ Sphinx-Oedipe, 1910, 179.

Gérardin 给出了几个解,如

$$x=2a(a^3-c^3)$$
$$y=c(c^3-4a^3)$$
$$z=b(2a^3+c^3)$$
$$t=d(2a^3+c^3),2(a^3+b^3)=c^3+d^3$$

5 五个或更多个立方之间的关系

为了把一个给出的立方 k^3 变成 $n(n>2)$ 个正立方,J. Whitley① 取 $a,k-v,\frac{vk^2}{a^2}-a,dv,ev,\cdots$ 作为所求立方的根,则

$$v=\frac{3ka^3(k^3-a^3)}{k^6+a^6(d^3+e^3+\cdots-1)}$$

S. Ryley 取 $a,v-a,k-\frac{a^2v}{k^2},dv,ev,\cdots$ 作为根,则

$$3k^3a(k^3-a^3)=v\{k^6(1+d^3+e^3+\cdots)-a^6\}$$

F. Elefanti② 注意到

$$9^3=1+6^3+8^3,13^3=1+5^3+7^3+12^3$$
$$16^3=4^3+6^3+7^3+9^3+14^3$$

且 28^3 是 9 个立方的和,也是 11 个立方的和,等等.对于第二个关系,参看第八章. Y. Hirano③ 注意到

$$(a^3+36c^3)^3+(36c^3\pm b^3)^3+(a^3+b^3)^3+(\pm 6abc)^3$$
$$=(36c^3)^3+(a^3)^3+(b^3)^3+(a^3\pm b^3+36c^3)^3$$

A. Martin④ 注意到通过选择 $\frac{m}{q},rm,q-rm,sm,p_1q,\cdots,p_{n-3}q$ 的立方和将等于 $sm+\frac{qr^2}{s^2}$ 的立方,且

$$1^3+2^3+4^3+12^3+24^3=25^3$$
$$1^3+2^3+52^3+216^3=217^3$$

S. Réalis⑤ 注意到 $z_1^3+\cdots+z_4^3=z^3$,如果

① Ladies' Diary,1832,41-2,Quest. 1536.

② Quar. Jour. Math. ,4,1861,339.

③ Easy Solution of Math. Problems,1863. Cf. Hayashi,Tôhoku Math. Jour. ,10,1916,18.

④ Math. Quest. Educ. Times,21,1874,104.

⑤ Nouv. Corresp. Math. ,4,1878,350-352.

$$z_1, z_3 = \pm 3\alpha\beta(\alpha - \beta) + \gamma^3$$
$$z_2, z_4 = \pm 3\alpha\beta(\alpha - 3\beta) \pm 6\beta^3 - \gamma^3$$

这不是一般解,因为$\sum z_i = 0$.

E. Catalan 注意到 $x^3 = 6(x-1)^2 + (x-2)^3 + 2$,给出

$$x^3(x^3-2)^3 + (2-x)^3(x^3+1)^3 + (2x^3-1)^3 - (x^3+1)^3$$
$$= 6(x-1)^2(x^3+1)^3$$

取 $x = \frac{7}{4}$ 或 $x = 1 + 6(\frac{a}{b})^3$,我们得到 $X^3 + Y^3 + Z^3 = S^3 + T^3$ 的正整数解.如果以 $27(x^6 - x^3 + 1)^3 x^9$ 去乘每一项,用 x 代换 x^3 以合并第三和第四项,我们得到

$$(2x-1)^3(2x^3-6x^2-1)^3 + (5x^3-9x^2+3x-1)^3(x+1)^3 +$$
$$27x^3(x^2-x+1)^3(x+1)^3 \equiv 27x^3(2x-1)^3(x^2-x+1)^3$$

D. S. Hart① 发现了这样的立方,取 $1^3 + \cdots + n^3 = S$ 且以试验的方法寻找到一个立方和 $S - (s+m)^3 + s^3$,那么它的和是一个立方.

S. Tebay② 注意到,如果 $x = aa_1, y = aa_2, z = aa_3, 2u^3 = n$,及

$$x^3 + y^3 + z^3 = 2u^3 \tag{1}$$

变为 $a^{-3} = n^{-1}\Sigma a_1^3$.首先,解 $a_1^3 + a_2^3 = nr^3 + s^3$,令

$$2u^3r^3 + s^3 = (ur+t)^3 + (ur-t)^3 = 2u^3r^3 + 6urt^2$$

由此 $s^3 = 6urt^2$,取 $t = 3n^3, r = 4u^2m^3$.由此 $s = 6umn^2$.因此解是 $a_1, a_2 = 4u^3m^3 \pm 3n^3$.下一步,对 $a_3 = p - s$,我们的初始方程变为

$$a^{-3} = r^3 + \frac{p^3}{n} - \frac{3p^2s}{n} + \frac{3ps^2}{n}$$
$$= (r + \frac{ps^2}{nr^2})^3$$

其中 $p = \frac{3nr^3s}{nr^3 - s^3}$.

使和为一个立方的五个立方的集合已经被注意到③.

A. Martin④ 注意到,如果 $p = \frac{\frac{1}{6}s^3}{r^2 - q^2}$, $p+q, p-q, r-p, s$ 的立方和是 $r+p$ 的立方;如果 $y^3 = 24abc$, $a+b-c, a+c-b, b+c-a$ 的立方和是 $a+b+c$

① Math. Quest. Educ. Times, 23, 1875, 82-83; Math. Magazine, 1, 1882-1884, 173-176.

② Math. Quest. Educ. Times, 38, 1883, 101-102.

③ Amer. Math. Monthly, 2, 1895, 329-331.

④ Math. Magazine, 2, 1895, 156-160.

的立方；由此取 $a=3p^3$，$b=3q^3$，$c=r^3$ 或取 $y=2a$，$c=\frac{a^2}{3b}$；$pa+nt$，$qa-nt$，$ra-nt$，nt 的立方和的形式是 sa^3+R，且如果 $s\equiv p^3+q^3+r^3$，它是一个立方，如果 $R=0$，它是一个立方. 这决定了 t. 下面给出 Whitley 的结果.

最后，给出 $p_1^3+\cdots+p_n^3$ 是一个立方，为了找到 $n+1$ 个立方，它们的和为一个立方. 如果 n 是奇的，取 x，p_1-x，p_2-x，p_3+x，p_4-x，p_5+x，$\cdots$，p_n+x 作为要求立方的根，其中

$$x=\frac{p_1^2+p_2^2-p_3^2+p_4^2-\cdots-p_n^2}{p_1+\cdots+p_n}$$

如果 n 是偶的，取 x，p_1+x，p_2-x，p_3+x，p_4-x，$\cdots$，$p_{n-1}+x$，p_n-x 作为根，且 $(t+x)^3$ 作为它们立方的和，其中

$$x=\frac{t^2-p_1^2+p_2^2-p_3^2+p_4^2-\cdots+p_n^2}{p_1+\cdots+p_n-t}$$

Martin 找到了这样的立方，通过在 n^3 和 $S=1^3+\cdots+n^3$ 之间选择 b^3，且通过试验寻找把 $S-b^3$ 表示成单个立方小于或等于 n^3 的立方和. 使它们的和是一个立方 b^3. 且寻找把 p^3-q^3 表示成不等于 q^3 的直接立方和. 对 $n\leqslant 342$ 他把 S 的值列出了.

R. W. D. Christie① 给出了像 $4^3=1+1+2^3+3^3+3^3$ 这样一个立方等于 5 个立方和的 14 种情况.

Ed. Collignon② 注意到下式没有正整数解

$$x^p+(x-1)^p+\cdots+(x-k)^p=(x+1)^p+\cdots+(x+k)^p\quad(p=3\text{ 或 }4)$$

A. Gérardin 给出了三个立方和的数值例子.

A. S. Werebrusow③ 注意到(1) 成立，如果

$$x=u+v,y=u-v,u=a^2m^3$$
$$v=bn^3,z=-6mn^2,ab=6$$

从两个解集中导出第三个解集.

A. Gérardin④ 给出了两个更复杂的类似类型的恒等式

$$(6\alpha\beta)^3+(9\alpha^2+\beta^2-\alpha\beta)^3+(9\alpha^2-\beta^2+\alpha\beta)^3$$
$$=(9\alpha^2-\beta^2-\alpha\beta)^3+(9\alpha^2+\beta^2+\alpha\beta)^3$$

Gérardin⑤ 讨论了 $a^3+b^3+hc^3=(a+b)^3+hd^3$. 对于 $a=pm$，$c=d+m$，

---

① Math. Quest. Educ. Times，(2)，4，1903，71.

② Sphinx-Oedipe，1906-1907，129-133.

③ Math. Soc. Moscow，26，1908，622-624.

④ Assoc. franç.，38，1909，143-145.

⑤ Sphinx-Oedipe，5，1910，178.

它变成

$$hm^2+3(dh-bp^2)m+3(hd^2-pb^2)=0$$

为了使常数项为零,令 $h=b^2$,$p=d^2$,则对于 $b=x^3$,有

$$(3d^6-3d^3x^3)^3+(x^6)^3+(3d^4x^2-2dx^5)^3$$
$$=(3d^6-3d^3x^3+x^6)^3+(dx^5)^3$$

通过消去 m 的系数,他得到

$$(3p)^3+(p^2+3)^3+p(p^2+3)(p+3)^3$$
$$=(p^2+3p+3)^3+p(p^2+3)p^3$$

重复操作有

$$(x^2-6y^2)^3+(6x^2-17xy)^3+(8x^2-36xy+54y^2)^3$$
$$=(9x^2-36xy+48y^2)^3+(36y^2-17xy)^3$$

E. Barbette① 采用 Martin 的第一个方法,以表明

$$3^3+4^3+5^3=6^3$$
$$1+6^3+8^3=9^3=1+3^3+4^3+5^3+8^3$$
$$3^3+4^3+5^3+8^3+10^3=12^3=6^3+8^3+10^3$$
$$1+5^3+6^3+7^3+8^3+10^3=13^3=5^3+7^3+9^3+10^3$$
$$2^3+3^3+5^3+7^3+8^3+9^3+10^3=14^3$$

是单个立方小于或等于 10^3 的和为一个立方仅有集合.

R. Norrie 将找到和为一个立方的 n 个立方和,通过取

$$(rx_1+\lambda)^3+(rx_2-\lambda)^3+(rx_3+\mu)^3+(rx_4-\mu)^3+\cdots+$$
$$(rx_{n-1}+\rho)^3+(rx_n-\rho)^3=(rx_0)^3$$
$$(rx_1+\lambda)^3+(rx_2+\mu)^3+(rx_3-\mu)^3+\cdots+$$
$$(rx_{n-1}+\rho)^3+(rx_n-\rho)^3=(rx_0+\lambda)^3$$

根据 n 是偶数或奇数.

A. Gérardin② 注意到,如果 $t=x+2f$,$q=3fx-1$,则 $x-1,x,x+1,2f-1,2f,2f+1$ 的立方和有形式 $3t(t^2-2q)$.

R. D. Carmichael③ 注意到(1) 有特殊解

$$x=\rho^3\pm 6\sigma^3,y=\rho^3\mp 6\sigma^3$$
$$z=-6\rho\sigma^2,u=\rho^3$$

且得到了包含五个参数的 $x^3+y^3+z^3+u^3=3t^3$ 的一个解集. x^3+2y^3+

① Les sommes de p-ièmes puissances distinctes égales à une p-ième puissance, Liège, 1910, 105-132.

② L'intermédiaire des math., 19, 1912, 136.

③ Amer. Math. Monthly, 20, 1913, 304-306.

$3z^3=t^3$ 的一个特殊解是 $x,t=2n^3\mp m^3, y=m^3, z=2mn^2$.

一个立方的 2 倍可能是五个立方之和①.

A. Gérardin 从一个给出解中得到了 $x^3+y^3+z^3=hv^3$ 的一个解. 且化简了下式的解

$$A+B+C=X+Y+Z$$
$$A^3+B^3+C^3=X^3+Y^3+Z^3$$

M. Weill② 从 $x^3=y^3+z^3+t^3+u^3$ 的两个给出解中得到了第三个解 $x=x_1+\lambda(x_2-x_1)$,对 $ax^3+by^3+cz^3+dt^3=0$ 也同样.

通过令 $x=2a, y=4b+1, z=4c-1, 2b-2c+1=f, b+c=g$,E. Fauquembergue③ 处理了 $x^3+y^3+z^3=4u^3$,则如果 $a=6, f=1, g=9, u=15$, $2a^3+3f^2g+4g^3=u^3$ 被满足,给出了 $12^3+17^3+19^3=4\times 15^3$. 这与 E. Turrière④ 的声明矛盾. 他的声明是如果 $n\equiv 4$ 或 $5 \pmod 9$,$x^3+y^3+z^3=nt^3$ 是不可能的.

A. S. Werebrusow⑤ 给出了四个立方的两个相等和.

6 三个立方的和是一个平方

V. Bouniakowsky⑥ 用 $\int x(x+b)\mathrm{d}x$ 得到一个恒等式

$$(x+b)^2(2x-b)+b^3\equiv x^2(2x+3b)$$

令 $2x-b=(x+b)\lambda^3, 2x+3b=\mu^2$,则

$$X^3+Y^3=Z^2$$
$$X=\frac{3\lambda}{8-\lambda^3}$$
$$Y=\frac{2-\lambda^3}{8-\lambda^3}$$
$$Z=\frac{\lambda^3+1}{8-\lambda^3}$$

乘以 $(8-\lambda^3)^3$,则

---

① L'intermédiaire des math. ,21,1914,144,188-190;22,1915,60.

② Nouv. Ann. Math. ,(4),17,1917,46,51-53.

③ L'intermédiaire des ,math. 24. 1917,40.

④ L'enseignement math. ,18,1916,421.

⑤ L'intermédiaire des math. ,25,1918,75-76.

⑥ Bull. Ac. Sc. St. Pétersbourg,Phys. Math. ,11,1853,72.

$$(3\lambda)^3+(2-\lambda^3)^3+(\lambda^3+1)^3=[3(\lambda^3+1)]^2$$

E. Catalan① 利用超环面，得到恒等式

$$(a^4+2ab^3)^3+(b^4+2a^3b)^3+(3a^2b^2)^3$$
$$=(a^6+7a^3b^3+b^6)^2$$

给出了 $x^3+y^3+z^3=u^2$ 的无穷多个但非全部解（即此表达式可以得到无穷多个解，但仍有解是此式无法表达的）.

E. Lucas② 从 Cauchy 的公式中推导出 Catalan 恒等式的一般式

$$A(Aa^4+2Bab^3)^3+B(Bb^4+2Aa^3b)^3+A^2B^2(3a^2b^2)^3$$
$$=(A^2a^6+7ABa^3b^3+B^2b^6)^2$$

A. Desboves③ 给出了最后一个恒等式的一个新的证明.

A. S. Werebrusow④ 从一个解 a,b,c,d 中得到了第二个解

$$(a+\alpha x)^3+(b-\alpha x)^3+(c+x)^3=(d+\delta x)^2$$
$$2d\delta=3(a^2-b^2)\alpha+3c^2$$
$$x=\delta^2-3(a+b)\alpha^2-3c$$

我们可从解 $(n^2)^3=(n^3)^2$ 开始.

A. Gérardin⑤ 给出了恒等式

$$(9x^4+8u^3x)^3+(4u^4)^3+(4u^3x)^3=(8u^6+36u^3x^3+27x^6)^2$$
$$\{a^4-8ab^3(c^3+d^3)\}^3+(ct)^3+(dt)^3$$
$$=\{a^6+20a^3b^3(c^3+d^3)-8b^6(c^3+d^3)^2\}^2$$

其中 $t=4a^3b+4b^4(c^3+d^3)$.

Gérardin⑥ 把 $x^3+y^3+z^3=u^2$ 的解制成了表.

7 二元三次型产生一个立方

如果 $D=d^3$，Fermat⑦ 解 $Ax^3+Bx^2+Cx+D=z^3$，令

$$z=d+\frac{Cx}{3d^2}$$

---

① Bull. Acad. Roy. de Belgique, (2), 22, 1866, 29; Mélanges Math., 1868, 58; Nouv. Corresp. Math., 1, 1874-1875, 153, foot-note.

② Bull. Bibl. Storia Sc. Mat. Fis., 10, 1877, 176.

③ Nouv. Ann. Math., (2), 18, 1879, 409.

④ L'intermédiaire des math., 15, 1908, 136-137.

⑤ Sphinx-Oedipe, 8, 1913, 29.

⑥ L'intermédiaire des math., 23, 1916, 9-10.

⑦ J. de Billy's Inventum novum, Ⅲ, §§27-30, Oeuvres de Fermat, Ⅲ, 386-388.

或者如果 $A=a^3$，令 $z=ax+\frac{B}{3a^2}$. 然而如果 $D=d^3$ 且 $A=a^3$. 有三种方式解方程. 因此，对于 $x^3+2x^2+4x+1=z^3$，$z=x+1$ 给出了 $x=1$. $z=x+\frac{2}{3}$ 给出了 $x=-\frac{19}{72}$. $z=1+\frac{4}{3}x$ 给出了 $x=-\frac{90}{37}$. 且像上面一样每个原解提供了新解. $1+3x+3x^2+4x^3=z^3$ 或 $x^3-3x^2\pm 3x\pm 1=z^3$ 没有有理解 $x\neq 0$，对于

$$x^3+2x^2+3x+1=z^3$$

$z=1+x$ 给出了 $x=0$，当 $z=x+\frac{2}{3}$ 给出了仅有的原解时（Von Schaewen 注意到附加原解 $x=-1$，$x=-\frac{1}{2}$）.

L. Euler[①] 重述了必要的 Fermat 方法后，处理了特殊解 $x=h$，$z=k$ 是已知的新情况. 取 $x=h+y$，我们得到常数项是三次方的三次曲线. 因为，对 $x=2$ 或 $x=11$，有 $4+x^2=z^3$，我们可能应用最后的方法，或令 $x=\frac{2(x+2y)}{1-y}$ 且得到 $\frac{8+8y^2}{1-y}=w^3$ 或令 $x=\frac{2+11y}{1\pm y}$.

L. Euler[②] 证明如果 p 是一个素数，$py^3\pm p^2x^3=z^3$ 不可能成立. 对 $z=pA$，从而 $p^2A^3\mp px^3=y^3$，则 $y=pB$，从而 $p^2B^3=pA^3\mp x^3$，则 $x=pC$，等等，且 x，y，z 被 p 的无限大的幂整除.

W. L. Krafft 使得 x^3+ny^3 为 $p^3+nq^3+n^2r^3$，通过令

$$x+y\sqrt[3]{n}=(p+q\sqrt[3]{n}+r^3\sqrt{n^2})^3$$

以决定 x，y. 获得条件 $p^2r+pq^2+nqr^2=0$，由此

$$p=\frac{1}{2r}\{-q^2+\sqrt{q^4-4nqr^3}\}$$

为了使根是有理的，令 $q=s^2$，$s^6-4nr^3=t^2$，由此取 $s^3+t=2f^3$，$s^3-t=2ng^3$，则 $s^3=f^3+ng^3$. 和初始方程很相似，但数量更小.

P. Paoli[③] 令 $y=bx+m$，处理了 $a+b^3x^3=y^3$，解了 x 中的二次方程，且使根是有理的，因此，$12am-3m^4$ 是一个平方，他用试验的方式完成了 $m<\sqrt[3]{4a}$ 的值. 一个相似的方法被用于 $a+bx+c^3x^3=y^3$.

---

① Algebra, St. Petersburg, 2, 1770, Ch. 10, §§147-161; French transl., Lyon, 2, 1774, pp. 177-195; Opera Omnia, (1), I, 406-414.

② Opera postuma, I, 1862, 217 (about 1775).

③ Opuscula analytica, Liburni, 1780, 128-130.

D. M. Sensenig① 很新颖地处理了当 a 或 d 是一个立方时，$ax^3+bx^2+cx+d=y^3$.

A. Desboves② 述及：如果 $T=cZ^3$ 且 $F=cZ^2$，其中 T 和 F 分别是 X 和 Y 中三次、四次的二元形式是使 $T=0$ 和 $F=0$ 在整数上可解的. 令 x,y 中的四次函数，z 中的八次系数下，在 $T=cZ^3$ 的情况和 $F=cZ^2$ 的情况中. 通过用公式分别给出 X,Y,Z 作为 x,y,z 的三次函数. 已知相同次数方程的一个解 (x,y,z) 的方程中的一个可以确定一个解 (X,Y,Z).

E. Landau，A. Boutin，P. Tannery 和 A. S. Werebrusow③ 考虑了 $x^3+3x^2y+6xy^2+2y^3=1$ 或 z^3.

P. Von Schaewen④ 处理了 $Ax^3+Bx^2y+Cxy^2+Dy^3=z^3$. 如果 $A=a^3$，$B=0$，我们有

$$(z-ax)(z^2+axz+a^2x^2)=y^2(Cx+Dy)$$

如果 $m(z-ax)=ny$，$n(z^2+\cdots)=m(Cx+Dy)y$，上式被满足，消去 z，我们得到

$$\frac{x}{y}=\frac{1}{6a^2mn}\{Cm^2-3an^2\pm E^{\frac{1}{2}}\}$$

$$E=C^2m^4+12a^2Dm^3n-6aCm^2n^2-3a^2n^4$$

我们能一直使 E 为一个平方，如果 $A=a^3$，$B\neq 0$，我们用 x_1 替换 $ax+\frac{By}{3a^2}$，用 $3a^2y_1$ 替换 y，导出了第一种情况. 最后，如果 D 和 A 均不是一个立方，但 $x=p,y=q,z=r$ 是一个已知解，令 $qx=py+s$，以得到一个立方，其中 y^3 的系数是 r^3. 对于 Fermat 的例子，$x^3+2x^2y+3xy^2+y^3=z^3$，令 $X=x+y$，$x=Y$，则

$$X^3-XY^2+Y^3=z^3$$

$$E=m^4+12m^3n+6m^2n^2-3n^4$$

许多解被找到：$(x,y,z)=(1,-1,1)$，$(3,-7,-1)$，$(1,-2,1)$，$(6,-13,5)$，…，然而 Fermat 的方法给出了原始解 $x=19$，$y=-45$.

J. von S_z. Nagy 注意到二十三章的一个原理，使我们利用双有理变换

$$x=pm^2-3an^2\pm rm,\ y=6a^2mn$$

$$z=a(pm^2+3an^2\pm rm)$$

---

① The Analyst，Des Moines，3，1876，104.

② Comptes Rendus Paris，90，1880，1069. Cf. Desboves of Ch. XXII.

③ L'intermédiaire des math.，8，1901，147，309；9，1902，111，283；10，1903，108；13，1906，196-197.

④ Jahresbericht d. Deutschen Math.-Vereinigung，18，1909，7-14.

把 Von Schaewen 处理过的不带双点的三次曲线 $f \equiv a^3x^3 + pxy^2 + qy^3 - z^3 = 0$ 变成二次曲线 $p^2m^4 + 12a^2qm^3n - 6apm^2n^2 - 3a^2n^4 - r^2m^2 = 0$，且相反地利用

$$m = y^2, n = y(z - ax)$$

$$\pm r = 3a(z - ax)^2 + 6a^2(z - ax)x - py^2$$

最后变为 $f = 0$. 为了通过非齐次型，利用 $\frac{x}{y}, \frac{z}{y}, \frac{n}{m}, \frac{r}{m}$.

E. Haentzschel，从

$$y^3 = a_0x^3 + 3a_1x^2 + 3a_2x + a_3 \equiv f(x)$$

的一个给出解 $x = h, y = k$ 开始，通过应用变换

$$x = \frac{ht - a_1h^2 - 2a_2h - a_3}{\tau}$$

$$\tau \equiv t + a_0h^2 + 2a_1h + a_2$$

以得到第二个解. 给出了

$$y^3 = \frac{\{t^3 + 3C_2(h)t + C_3(h)\}f(h)}{\tau^3}$$

其中，C_2 和 C_3 是 $f(x)$ 的二次和三次协变量，且选择 t 以使 $3C_2(h)t + C_3(h) = 0$. 我们可开始于恒等式

$$4C_2^3(x) + C_3^2(x) = Df^2(x)$$

其中 D 是 f 的判别式，令 $v = -\frac{C_3}{f}, v^2 = 4s^3 + D$，则

$$f(x) = \left(\sqrt{-\frac{C_2(x)}{s}}\right)^3$$

给出满足 $v^2 = 4s^3 + D$ 的一对值 v, s，我们可对椭圆函数 $\wp(u)$ 利用附加定理找到一对新的. 对三次方程[①] $v = -\frac{C_3}{f}$ 有有理根 x 而言仅有一个值是有用的. 对 $19y^3 = x^3 + z^3$ 最终处理和阐明了它的最简情况 $D = \square$.

L. Holzer 处理[②]了 $(x + y)(x^2 + y^2) = 4Cz^3$. J. de Billy[③] 处理了 $(x + y) \cdot (x^2 + y^2) = z^3$.

二十三章使一个线性的和一个二次因子的乘积为一个立方.

① Treated by Haentzschel, Sitzungsber. Berlin Math. Gesell., 10, 1910, 20.

② Monatshefte Math. Phys., 26, 1915, 289.

③ Diophanti Redivivi, Lvgdvni, 1670, Pars Posterior.

8　二元三次型为一个平方

J. de Billy[①] 处理了许多 $f=\square$ 的问题，其中 f 是一个带有数值系数的单或多个变量的三次式或四次式.

Fermat[②] 处理了 $20x^3+5x^2+40x+16=z^2$. 对 $z=4+5x, x=1$，为了推出第二个解，令 $x=1+y$，则

$$20y^3+65y^2+110y+81=\left(9+\frac{55y}{9}\right)^2$$

其中 $y=\frac{-112}{81}$.

从后者中，我们得到第三个解.

L. Euler 令 $F=(f+px)^2$，其中 $2fp=b$，使 $F\equiv f^2+bx+cx^2+dx^3=\square$. 由此 $x=\frac{p^2-c}{d}$，或令 $F=(f+px+qx^2)^2$ 且选择 p 和 q 消去 x 和 x^2 项，由此

$$p=\frac{b}{2f}$$

$$q=\frac{c-p^2}{2f}$$

$$x=\frac{d-2pq}{q^2}$$

但是这样的事经常发生，这两种方法都不能导出 x 的不等于 $\pm f$ 的值，例如对于 f^2+dx^3，我们依靠试验. 对于 $3+x^3=\square$，令 $x=1+y$ 以得到 $4+\cdots+y^3$. 但对于 $1+x^3$，$x=2+y$ 给出了 $9+12y+6y^2+y^3$ 且两种方法都不能导出 x 中除 $0,2,-1$ 以外的值. 事实上，仅当 $x=0,2,-1$ 时，$1+x^3=\square$.

第二十二章 Euler 把他的方法用于三次方，使四次变为平方.

W. L. Krafft[③] 给出了 $ma^3+n=b^2$，令 $x=a+y, z=b+\frac{3ma^2y}{2b}\equiv z_1$ 或 $z=z_1+py^2$，且在后面的情况要求消去 y^2 项，以得到 $mx^3+n=z^2$. A. J. Lexell 处理了 $n=k^2$ 的情况. 他令 $x=ay$，由此 $(b^2-k^2)y^3=z^2-k^2$，且取 $(b\pm k)y^2=z\pm k, (b\mp k)y=z\mp k$.

---

① J. de Billy's Inventum novum...，Oeuvres de Fermat，Ⅲ，385.

② Algebra，St. Petersburg，2，1770，Ch. 8，§§112-127；French transl.，Lyon，2，1774，pp. 135-152；Opera Omnia，(1)，1，1911，388-396. Reproduced，Sphinx-Oedipe，1908-9，49-57.

③ Euler's Opera postuma，1，1862，211-212(about 1770).

L. Euler 注意到对于 $z=\frac{11}{9}$ 时，$1+z-z^3=\square$.

Krafft 对互素整数 x,y，使 x^3+ny^3 是一个平方，他令

$$x+y\alpha^\gamma\sqrt[3]{n}=(p+\alpha^\gamma q\sqrt[3]{n}+\alpha^{2\gamma}r\sqrt[3]{n^2})^2\quad(\gamma=0,1,2;\alpha^3=1)$$

因此，如果 $p=2a^2,r=-b^2,q=2ab$，则 $x=p^2+2nqr,y=2pq+nr^2,0=2pr+q^2$ 成立. 三个因式的积是 $p^3+nq^3+n^2r^3-3npqr$ 的平方.

J. L. Lagrange① 证明了 $r^3-As^3=q^2$ 对于

$$r=4t(t^3-Au^3),s=-u(8t^3+Au^3),q=8t^6+20At^3u^3-A^2u^6\qquad(1)$$

成立.

他取单位元的三次根 a，且令

$$p=t+ua\sqrt[3]{A}+xa^2\sqrt[3]{A^2}$$

$$p^2=T+Ua\sqrt[3]{A}+Xa^2\sqrt[3]{A^2}$$

则

$$T=t^2+2Aux,U=Ax^2+2tu,X=u^2+2tx$$

给出三次函数的因式 $r-as\sqrt[3]{A}$ 将有 p^2 的形式，如果 $r=T,s=-U,X=0$. 用 $x=-\frac{u^2}{2t}$ 代换 $X=0$ 前面的两个条件，我们得到

$$r=t^2-\frac{Au^3}{t},s=-\frac{Au^4}{4t^2}-2tu$$

在展开 p 的积 $P=t^3+Au^3-3Atux+A^2x^3$ 中，a 取 3 个值，我们插入 x 在上面的值，得到 q. 为了避开分式，用 $4t^2$ 乘 r 和 s，用 $8t^3$ 乘 q.

Euler② 注意到可以构造这个 P 以使之等于任意幂.

Lagrange③ 从 $a^3=1$ 到 $\alpha^3-a\alpha^2+b\alpha-c=0$ 推广了这个方法，其根为 α_1，α_2，α_3，则

$$F(x,y,z)\equiv\prod_{i=1}^{3}(x+\alpha_iy+\alpha_i^2z)=x^3+ax^2y+(a^2-2b)x^2z+bxy^2+(ab-3c)xyz+(b^2-2ac)xz^2+cy^3+acy^2z+bcyz^2+c^2z^3$$

使 $F(x_1,y_1,z_1)$，其中 $F(X,Y,Z)$ 与它的积是

$$X+\alpha Y+\alpha^2Z=(x+\alpha y+\alpha^2z)(x_1+\alpha y_1+\alpha^2z_1)$$

特别地，$F(x,y,z)$ 的平方是 $F(X,Y,Z)$，其中

① Mém. Acad. R. Sc., Berlin, 23, année 1767, 1769; Oeuvres, Ⅱ, 532.

② Opera postuma, 1, 1862, 571-3; letter to Lagrange, Jan., 1770, Oeuvres, XⅣ, 216.

③ Addition Ⅸ to Euler's Algebra, 2, 1774, 644-649[misprint of sign in Ⅹ, § 92]. Oeuvres de Lagrange, Ⅶ, 170-179. Euler's Opera Omnia, (1), Ⅰ, 643-650.

$$X=x^2+2cyz+acz^2$$
$$Y=2xy-2byz+(c-ab)z^2$$
$$Z=2xz+y^2+2ayz+(a^2-b)z^2$$

在 y,z 中选择有理的 x，使 $Z=0$. 因此

$$X^3+aX^2Y+bXY^2+cY^3=V^2$$

有含参数 y,z，且 $V=F(x,y,z)$ 的解. 相同的方法导出 $F(X,Y,Z)=V^m$ 的解.

取 $y=(u-a)z$，$2x=(b-u^2)z$，A. M. Legendre① 使 $Z=0$，则用 $\frac{u}{v}$ 代换 u. 我们看到 X,Y,V 成比例，对于

$$X=u^4-2bu^2v^2+8cuv^3+(b^2-4ac)v^4$$
$$Y=-4v(u^3-au^2v+buv^2-cv^3)$$
$$V=u^6-2au^5v+5bu^4v^2-20cu^3v^3-5(b^2-4ac)u^2v^4-$$
$$(8a^2c-2ab^2-4bc)uv^5-(b^3-4abc+8c^2)v^6$$

A. Desboves② 用 $\frac{v}{2}$ 代替 v，对于 $a=b=0$，他给出了这个结果.

他③用 a^2c^3 去乘，把 $ax^3+by^3=cz^2$ 推导到 Lagrange 的情况.

H. Brocard④ 注意到 $x^3+(2a+1)(x-1)=y^2$ 有特殊解

$$x=(a+1)^2+2(a+1)-1$$
$$y=(a+1)^3+3(a+1)^2-1$$

R. F. Davis⑤ 使 $8x^3-8x+16$ 为 px^2+x-4 的平方，如果 $8p^3-8p+16=\square$，他得到一个带 x 的有理根的四次方. 因此，像 $p=0,\pm 1,2$ 这样的解导出了新解 x.

G. de Rocquigny⑥ 规划了解 $x^3-x\pm 1=y^2$. H. Brocard 注意到对上面的符号，它有解 $x=0,1,3,5$. E. B. Escotv 注意到，对于下面的符号，利用模 3 表明它是不可能的.

L. C. Walker⑦ 重复了 Lagrange⑧ 的工作，把它应用于 $x^3+ay^3=z^2$.

$x^3-66y^3=\square$ 的最小正整数解有 $x=25$.

---

① Théorie des nombres, ed. 3, Ⅱ, 1830, § 465, p. 139. German transl. by Maser, 2, 1893, 133.

② Comptes Rendus Paris, 87, 1878, 161.

③ Nouv. Ann. Math., (2), 18, 1879, 398.

④ Nouv. Corresp. Math., 3, 1877, 23-24.

⑤ Proc. Edinb. Math. Soc., 13, 1894-1895, 179-180.

⑥ L'intermédiaire des math., 9, 1902, 203.

⑦ Amer. Math. Monthly, 10, 1903, 49-50.

⑧ Math. Quest. Educ. Times. (2), 14, 1908, 29.

L. Aubry① 找到了在 $x^3+x^2+2x+1=\square$ 可能解的限制条件.

A. Gérardin② 假设 x_0, y_0, z_0 是下式的已知解

$$ax^3+bx^2y+cxy^2+dy^3=z^2$$

且取 $x=x_0+mf, y=y_0+mg, z=z_0+mh$. 这导致了一个二次方程 $Am^2+Bm+C=0$. 他代换下式以得到它

$$A=0, B=0, C=0, B^2-4AC=\square$$

L. J. Mordell③ 写出了的三次方以形式

$$g^2=4h^3-g_2ha^2-g_3a^3 \tag{2}$$

合冲在点 a 处结合.

$$h=b^2-ac, g_2=ae-4bd+3c^2$$

$$g_3=ace+2bcd-ad^2-b^2e-c^3$$

且 $g=a^2d-b^3+3bh$, 有四次方

$$f=ax^4+4bx^3y+6cx^2y^2+4dxy^3+ey^4$$

在 a 是奇数, 且与 h 互素情况给出了(2)的奇数解. 我们能找到整数 $a, \cdots, e$ 使 f 中 g_2 和 g_3 为不变量, 且 b 与 a 互素, 相反地, 每个这样的四次方程产生了(2)的一个解, 其中 a 是偶数, 与 h 互素. 由此以找到下式的所有解(y 是奇数与 x 互素)

$$z^2=4x^3-g_2xy^2-g_3y^3 \tag{3}$$

取一个有不变量 g_2, g_3 的二元四次方中一类代表 f, 对 f 应用单位行列式的合适线性置换 $\begin{pmatrix} pr \\ qs \end{pmatrix}$ 以得到 a' 为奇数且与 b' 互素的四次式 f', 则 $x=h', y=a'$, 即 $y=f(p,q), x=H(p,q)$, H 是 f 的黑塞行列式. 因此(3)的完全解——x, y 为互素整数, 在参数 p, q 中, 有有限对四次型给出. 特别的, 五个这样的四次方对给出了 $z^2=x^3+y^3$ 的所有解, 其中 y 是奇数, 与 x 互素.

R. F. Davis④ 注意到, 如果 $x=p$ 是 $ax^3+bx+c^2=\square$ 的一个解. 两个进一步的解是 $(apx-b)^2=4ac^2(x+p)$ 的有理根.

E. Fauquembergue⑤ 证明了 $x^2=(y+1)(y^2+4)$ 没有除 $(x,y)=(2,0)$ 和 $(10,4)$ 以外的整数解, 因为 $p^2q^2-1=p^4-q^4$ 暗含了 $p=q=1$.

A. Gérardin 提到特殊的三次方产生二次方. 他和 L. Aubry 给出了满足 $2x^3+x^2+1=\square$ 的一个特殊解.

---

① L'intermédiaire des math., 18, 1911, 276-277.

② Sphinx-Oedipe, 8, 1913, 161.

③ Quar. Jour. Math., 45, 1913-1914, 170-186.

④ Math. Quest. Educ. Times, (2), 24, 1913, 67-68.

⑤ L'intermédiaire des math., 21, 1914, 81-83.

E. Haentzchel① 利用 Weierstrass 的积函数以研究

$$\prod_{i=1}^{3}(h_i^2x+1)=\square, h_1=h_2+h_3$$

其中 h_2 和 h_3 是有理数或共轭复数，他处理了 Euler 的问题 $x^3+1=\square$.

对于 $f=\square$，其中 f 是一个确定三次方，参看第五章、第十五章和第二十二章.

9 两个有理立方之和：$x^3+y^3=Az^3$

Fermat 指出一个过程以从一个解中得到无限多个解.

J. Prestet② 采用了 Fermat 的过程以得到解

$$X=x(2y^3+x^3)$$
$$Y=-y(2x^3+y^3)$$
$$Z=z(x^3-y^3)$$

J. L. Lagrange 简化了此问题，利用他的多项式理论，重复相乘，以得到 $tu^2+t^2v=Auv^2$ 的解. 令 $u=ft, v=fgt$，且用 f^2gt^3 去除，我们得到

$$h\equiv\frac{1}{f}+\frac{1}{g}=Afg$$

令 $l=\frac{1}{f}-\frac{1}{g}$，则 $h(h^2-l^2)=4A$. 令 $l=kh$，则 $\frac{4A}{(1-k^2)}$ 是 h^3，所以使 $2A^2(1-k^2)$ 是 $\frac{2A}{h}$ 的三次方. 但他没有完成讨论.

L. Euler③ 证明了如果 $A=2$，那么 $y=x$.

L. Euler④ 证明了 $x^3+y^3=4z^3$ 的不可能性和该问题等价于 $1+2x^3=\square$ 在有理数 $x\neq 0$ 下的可能性. 为了讨论 $x^3+y^3=nz^3$，令 $x=a+b, y=a-b, z=2v$，则 $a(a^2+3b^2)=4nv^3$. 取

$$a=p(p^2-9q^2)$$
$$b=3q(p^2-q^2)$$
$$v=r(p^2+3q^2)$$

则 $a^3+3b^2=(p^2+3q^2)^3, a=4nr^3$. 因此，取 $p=\alpha f^3, p+3q=2\beta g^3, p-3q=2\gamma^2h^3, \alpha\beta\gamma=n, fgh=r$. 代换 p, q 的最终值使 $p=\alpha f^3$，我们得到 $\alpha f^3=$

① Sitzungsber. Berlin Math. Gesell., 16, 1917, 85-92.

② Nouveaux elemens des Math., Paris, 2, 1689, 260-261. Cf. Lucas, Amer. Jour. Math., 2.

③ Algebra, 2, 1770, Art. 247; French transl., 2, 1774, pp. 355-360; Opera Omnia, (1), Ⅰ, 491.

④ Opera postuma, 1, 1862, 243-244(about 1782).

$\beta g^3+\gamma h^3$. 如果后者可解，所讨论的方程可解. 他注意到 $16^2-3\cdot 23^2=(1-3\times 2^2)^3$，从而 $16+23\sqrt{3}\neq(1+2\sqrt{3})^3$. 一般而言，$x^2-ny^2=(p^2-nq^2)^3$ 意味着

$$x\pm y\sqrt{n}=(f\pm g\sqrt{n})(p\pm q\sqrt{n})^3$$
$$f^2-ng^2=1$$

但与第一个因子的省略无关.

A. M. Legendre① 证明了，对于 $A=2$，每个整数解集有 $x=\pm y$，而对于 $A=2^m$，$m>1$，$x=-y$，显示出对于 $A\equiv\pm 3$ 或 $\pm 4 \pmod 9$，z 必被 3 整除. 他指出对于 $A=3,5,6$，方程是不可能的. 从而对于 $A=6$，它有解② $x=37$，$y=17$，$z=21$.

Wm. Lenhart③ 给出了展开 2 581 个小于 100 000 的整数作为两个整有理数的三次方之和的 11 页表格. 应用于表格中的公式化简自

$$x^3+y^3=(x+y)Q$$
$$Q=x^2-xy+y^2$$

首先，令 $x+y=a^3$，$x>y$，其中 a 是偶数. 对于 $j=1,2,3,\cdots$，取 $x=s+j$，$y=s-j$，$2s=a^3$，则

$$\left(\frac{s+j}{a}\right)^3+\left(\frac{s-j}{a}\right)^3=s^2+3j^2 \tag{A}$$

$3j^2$ 的逐次值由它们的差分计算，a 为奇数，取 $x=s+j$，$y=s-(j-1)$；新的右边项是 s^2+s+3j^2-3j+1. 相似的，对 $x+y=a'a^3$ 或 $9a'a^3$. 下面令 $Q=m^3$，则

$$x+y=\left(\frac{x}{m}\right)^3+\left(\frac{y}{m}\right)^3$$

由此

$$\left(\frac{nx+y}{m}\right)^3+\left(\frac{(n+1)x-ny}{m}\right)^3=(n^2+n+1)\{(2n+1)x-(n-1)y\}$$

有三个相似的公式，$Q=m^3$ 的 Euler 解（第二十章）被引证. 最后，令 $Q=m'm^3$，则

$$\left(\frac{am^3+a'x}{m}\right)^3+\left(\frac{am^3+a'y}{m}\right)^3=\{2am^3+a'(x+y)\}F$$
$$F=a^2m^3+aa'(x+y)+a'^2m'$$

---

① Théorie des nombres, Paris, 1798, 409; Mém. Acad. R. Sc. de l'Institut de France, 6, année 1823, 1827, § 51, p. 47(= pp. 29-31 of Suppl. 2 to ed. 2, 1808, of Théorie des nombres). This Supplément is reproduced in Sphinx-Oedipe, 4, 1909, 97-128; errata, 5, 1910, 112. Théorie des nombres, ed. 3, 2, 1830, 9.

② G. Lamé, Comptes Rendus Paris, 61, 1865, 924.

③ Math. Miscellany, Flushing, N. Y., 1, 1836, 114-128, Suppl. 1-16(tables).

它来自于整除4个相似的公式，它们的右边项有因子 F，在后继部分中，它注意到

$$\left(\frac{s'x+r'm^3}{m}\right)^3+\left(\frac{s'y-r'm^3}{m}\right)^3=s'(x+y)\{3r'^2m^3+3s'r'(x-y)+s'^2m'\}$$

当 $Q=m'm^3$. 如果 $x+y=a^3$ 也成立，我们可以简化这个公式.

为了应用到(A)，用 a^3 除以每项且令 $\frac{s^2+3j^2}{m^3}=m'$，因此

$$\left(\frac{s'(s+j)+r'm^3}{am}\right)^3+\left(\frac{s(s-j)-r'm^3}{am}\right)^3=s'(3r'^2m^3+6r's'j+s'^2m')$$

G. L. Dirichlet① 证明了 $x^3\pm y^3=4z^3$ 的不可能性. 因此 $x^3\pm y^3=2^nz^3$ 是不可能的. 对 $n=0,1$ 的情况 Euler 已证明.

J. P, Kulik② 将两个立方的差分(和) 到 12 097(到 18 907) 的奇数列了表，且给出了立方.

J. J. Sylvester③ 指出对 $A=2,3$ 没有解. 他④提出了问题：如果 p 和 q 是形如 $18l+5$ 和 $18l+11$ 这样的互素数，把 $p,q^2,2p,4q,4p^2,2q^2$ 分解成两个有理立方的和是不可能的.

C. A. Laisant 证明了如果 $k=3,4$ 或 5，$a^3-b^3=10^{n_1}+\cdots+10^{n_k}$ 是不可能的.

Moret-Blanc 指出如果 $h=1,2$ 或 8，$a^3-b^3=h\cdot 10^n$ 是不可能的.

T. Pepin⑤ 证明了，如果 p,q 是形如 $18l+5$ 和 $18l+11$ 这样的互素数，当 $A=p,p^2,q,q^2,2p,2q^2,4p^2,4q,9p,9q,9p^2,9q^2,5p^2,5q,25p,25q^2$ 时，方程是不可能的. 如果两个数的和或差是一个立方数，它们的积可代数表示成两个立方数的和. 因此一个三角数的二倍是两个有理立方的和. 因为一个有形如 A^2+3B^2 形式的素数 $6m+1$，是两个有理立方的和，如果三个数 $2A,3B\pm A$ 中的一个是一个立方，或若 $2B$ 或 $A\pm B$ 是一个立方的三倍.

Pepin⑥ 证明了数 $a+b\sqrt{-3}$ 的 Euler 和 Legendre 应用是合理的，因此表明对 $A=14,21,38,39,57,76,196$ 方程是不可能的. 且指出对 31,93,95,190 它也是不可能的.

E. Lucas⑦ 注意到一个解 x,y,z 产生了解

---

① Werke, Ⅱ, Anhang, 352-353.

② Tafeln der Quadrat-und Kubik-Zahlen aller Zahlen bis Hundert Tausend..., Leipzig, 1848.

③ Annali di Sc. Mat. e Fis., 7, 1856, 398; Math. Papers, Ⅱ, 63.

④ Nouv. Ann. Math., (2), 6, 1867, p. 96.

⑤ Jour. de Math., (2), 15, 1870, 217-236; Extract, Sphinx-Oedipe, 4, 1909, 27-28.

⑥ Jour. de Math., (3), 1, 1875, 363-372.

⑦ Bull. Bibl. Storia Sc. Mat., 10, 1877, 174-176. Nouv. Corresp. Math., 2, 1876, 222.

$$X = x^9 - y^9 + 3x^3y^3(2x^3 + y^3)$$
$$Y = y^9 - x^9 + 3x^3y^3(2y^3 + x^3)$$
$$Z = 3xyz(x^6 + x^3y^3 + y^6) \tag{1}$$

对于 $A=9$，我们得到 919，-271，438，且一般而言所有解带偶数 z（不是由 Prestet，Euler，Legendre 给出的），对于 $A=7$，我们得到① 73，-17，38，且所有解中 z 是偶的. 这个解比 Fermat 的 1 265，-1 256，183 要简单.

S. Réalis② 注意到，从 $x^3+y^3=9z^3$ 的解 1，2，1 中，Prestet 的公式给出了解 17，-20，-7，从新公式

$$X = 2x^2 - 4xy + 9yz - 9z^2$$
$$Y = 2y^2 - xy + 9xz - 18z^2$$
$$Z = 2x^2 - 4xz - yz + z^2$$

中，给出了 3×919，-3×271，3×438，因此，此解由 Lucas 给出的. 对于 $A=7$，Réalis 给出了类似的第二组公式.

Lucas 注意到它的整数解存在，当且仅当 A 具有形式 $\frac{ab(a+b)}{c^3}$，其中 a,b,c 是整数. 如果 x,y,z 是整数，$a=x^3$，$b=y^3$ 给出了 $ab(a+b)=A(xyz)^3$. 由等式

$$[x^3 - y^3 + 6x^2y + 3xy^2]^3 + [y^3 - x^3 + 6y^2x + 3yx^2]^3$$
$$= xy(x+y)\cdot 3^3(x^2+xy+y^2)^3 \tag{2}$$

得出其逆是真的. 对于 $x=1$，$y=2$，我们得到 $17^3+37^3=6\cdot 21^3$，与 Legendre 的结果相反.

Lucas 证明了 Sylvester 的定理：对于 $A=p,2p,4q,q^2,4p^2,2q^2$，其中 p,q 是形如 $18l+5$，$18l+11$ 式的互素数，方程是不可能的. 把此结果与 Lucas 的结果相结合，我们看到，如果 $A=p,2p,4q,q^2,4p^2,2q^2,1,2,3,4,18,36$ 在有理数中（除去 0 和恒等值），$xy(x+y)=Az^3$ 是不可能的.

A. Desboves③ 是通过重复乘法得到的 Lagrange 的多项式理论，导出 Lucas 的恒等式(2).

J. J. Sylvester④ 证明了 pq，p^2q^2，pp_1^2，qq_1^2 不是两个有理立方的和，如果 p，p_1 是形如 $18l+5$ 的素数，q，q_1 是形如 $18l+11$ 的素数. p,q,p^2,q^2 的乘以 9 的积和 $2p,4q,4p^2,2q^2$ 的乘以 9 的积给出了所有已知不能表示成两个有理三次方的和与差的类型. 他声明定理：如果 ρ,ψ,ϕ 是分别形如 $18n+1$，$+7$，$+13$ 的素

---

① Stated by Lucas, Nouv. Ann. Math., (2), 15, 1876, 83.

② Nouv. Ann. Math., (2), 17, 1878, 454-457.

③ Comptes Rendus Paris, 87, 1878, 159.

④ Comptes Rendus Paris, 90, 1880, 289, 1105 (correction); Amer. Jour. Math., 2, 1879, 280, 389-393. Coll. Math. Papers, 3, 1909, 430, 437; 312, 347-349.

数,而每个都不可化成 f^2+27g^2. 因此没有立方余数 2,则数 $2\rho,4\rho,2\rho^2,4\rho^2,2\psi,4\psi^2,4\phi,2\phi^2$ 中的任何一个均不是两个有理立方的和. 如果 v 是有形式 $6n+1$ 的素数,且没有立方余数 3,则 $3v$ 和 $3v^2$ 均不能表示成两个立方数之和. 由上面所有结果,我们知道,任意小于或等于 100 的数(可能除了 66) 均不能表示成两个有理立方之和. 上面定理的证明依赖于 x^3-3x+1 的因子的线性形式. 他指出了一个经验定理:每个素数 $18n\pm1$ 或它的三倍可表达成 $x^3-3xy^2\pm y^3$ 的形式①.

A. Desboves② 给出了 Lucas 的恒等式(2) 的两个证明,且注意到用 x^3 替换掉 x,y^3 替换掉 y,便产生了 Lucas 的恒等式(1). 他指出,如果 $A=xy(x+y)$,x^3+y^3,$2x^6+6y^2$,$x(y^3-x)$ 或 $x^3-y^3-3xy(x+2y)$,且若 $A=6,7,9,12,15,17,19,20,22,26,28,30,37$,则 $x^3+y^3=Az^3$ 有整数解.

E. Catalan③ 注意到在恒等式(2) 的条件下,$xy(x+y)=z^3$ 是不可能的,$r^3+s^3=t^3$ 亦不可能. Lucas 的论文暗含了这个结果.

E. Lucas④ 确定的证明了并指出了 Sylvester 和 Pepin 的前面定理的其他形式,且注释到:如果 $x^3-3xy^2+y^3=3Az^3$ 有解,则⑤

$$[2x^3-3x^2y-3xy^2+2y^3]^3+[x^3+3x^2y-6xy^2+y^3]^3$$
$$=A[3z(x^2-xy+y^2)]^3$$

结果中 A 的因子有形式:$18n\pm1$. 在第三篇论文中,他注意到(A 是素数 $18n+13$,A 是素数 $18n+7$ 的平方,等等);$x^3+y^3=Az^3$ 可以用正切和余切法完全解出,引用了 Sylvester 的剩余理论.

T. Pepin⑥ 证明了 $2\rho,4\rho,2\psi,\cdots$ 情形下的 Sylvester 定理,且注意到:前三个被 Pepin 用方法 $2\times7,2\times19,4\times19$ 情况所包含. 他证明了 Sylvester 所指出的 $pq,\cdots,2q^2$ 这 16 种类型的结果和定理:如果

$$\rho=(9m+4)^2+3(9n\pm4)^2$$
$$\psi=(9m+2)^2+3(9m\pm2)^2$$
$$\phi=(9m+1)^2+3(9n\pm1)^2$$

---

① A. M. Sawin, Annals of Math., 1, 1884-1885, 58-63, noted that x and y are relatively prime integers if and only if n is an integer.

② Nouv. Ann. Math., (2), 18, 1879, 400, 491; (3), 5, 1886, 577.

③ Nouv. corresp. Math., 5, 1879, 91.

④ Bull. soc. Math. France, 8, 1879-1880, 173-182; Comptes Rendus Paris, 90, 1880, 855-857; Nouv. Ann. Math., (2), 19, 1880, 206-211. Related results from these papers are quotedc under Lucas of Ch. XXV.

⑤ Sylvester, Comptes Rendus Paris, 90, 1880, 347 (Coll. Math. Papers, Ⅲ, 432), had stated that there exist solutions in functions of degree 9.

⑥ Atti Accad. Pont. Nuovi Lincei, 34, 1880-1881, 73-131.

$$\zeta = m^2 + 27(3n \pm 1)^2$$

均是素数,下列数

$$18(\rho, \psi, \zeta, \phi^2, \psi^2, \zeta^2)$$
$$36(\rho, \phi, \zeta, \rho^2, \psi^2, \zeta^2)$$

中任意一个都不是两个有理立方的和.

C. Henry① 证明了任意每个 $A = f^{12} - 9g^{12}$ 型的数和它的 2 倍均可展开成两个立方和

$$2A = \left[\frac{Af^6 + 3g^6 B}{f^2 C}\right]^3 + \left[\frac{Af^6 - 3g^6 B}{f^2 C}\right]^3$$

当 $B = f^{12} - g^{12}, C = f^{12} + 3g^{12}$ 时.

H. Delannoy② 用下降法证明了 $x^3 + y^3 = 4z^3$ 是不可能的.

已处理③了问题 $x^3 + y^3 = 20^3 \times 105\ 489$.

T. R. Bendz④ 错误地引证了 Lucas 的(2),由此他的批评亦是无效的.

K. Schwering⑤ 使方程为形式

$$1 + \left(-\frac{z}{x}\sqrt[3]{A}\right)^3 = \left(\frac{-y}{x}\right)^3$$

且通过处理下式找到了无限多个解

$$1 + x^3 - (mx + n)^3 \equiv (1 - m^3)(x - \alpha)(x - \beta)(x - \gamma)$$

对 $x^3 + y^3 = z^2$ 用他的方法得到 $\alpha = \beta$ 的函数 $(\gamma^3 + 1)^{\frac{1}{3}}$ 和 γ.

A. S. Werebrusow⑥ 讨论了把 A 表示成两有理立方和的形式的个数,在另一处,他⑦取

$$x + y = A_0 z_0^3$$
$$x^2 - xy + y^2 = A_1 z_1^3$$
$$A = A_0 A_1, z = z_0 z_1$$

其中 A_1 有形式 $(s, t) \equiv s^2 + st + t^2$,且 $z_1 = (a, b)$,则

$$z_1^3 = (M, N), M = a^3 + 3a^2 b - b^3$$
$$N = -a^3 + 3ab^2 + b^3, A_1 z_1^3 = (s, t)(M, N)$$
$$x = (s + t)M + sN, y = tM + (s + t)N$$

---

① Nouv. Ann. Math., (2), 20, 1881, 418-420. The right member of his formula (3) is A, in error for $2A$.

② Jour. math. élémentaires, (5), 1(année 21), 1897, 58-59.

③ Amer. Math. Monthly, 5, 1898, 181.

④ Öfver diophantiska ekvationen $x^n + y^n = z^n$, Diss., Upsala, 1901, 15-18.

⑤ Archiv Math. Phys., (3), 2, 1902, 285.

⑥ Matem. Sborn. (Math. Soc. Moscow), 23, 1902, 761-763.

⑦ L'intermédiaire des math., 9, 1902, 300-303.

通过转换 s 和 t 或 M 和 N 才得到更小的公式. $z_1=1, A_1=1,3$ 或 7 时已给出了进一步的处理.

A. Cunningham① 讨论了 $x^3-y^3=17z^3$，得到了 $z=7$ 时的整数解. 从 $x^3+y^3=17z^3$ 的解 $x=18, y=-1, z=7$ 中，Prestet 的公式导出了比 Lucas 的(1)中所给出的小的正整数解.

由 Desboves，R. W. D. Christie 注意到了结果.

Christie 注意到，如果 $p=a^3-6ab^2-3a^2b-b^3$，$X^3-pY^3=1$ 有解

$$x=\frac{a^3-3ab^2-b^3}{3ab(a+b)}$$

$$y=\frac{a^2+ab+b^2}{3ab(a+b)}$$

因此 $X=\frac{1}{x}, Y=-\frac{y}{x}$.

A. Cunningham 处理了 $x^3+y^3=Cz^3$. x,y 互素，令

$$x+y=X, x^2-xy+y^2=Y, z=\zeta Z$$

X,Y 的最大公约数是 1 或 3，令 C 与 3 互素，则 $XY=C\zeta^3Z^3$

$$X=C\zeta^3, Y=Z^3$$

或

$$\zeta=3\zeta', X=9C\zeta'^3, Y=3Z^3$$

因为 Z^3 是 Y 的因子，且与 3 互素，$Z=A^2+3B^2$. 因此 $Z^3=A_1^2+3B_1^2$. 但对 y 是偶数，$Y=(x-\frac{1}{2}y)^2+3(\frac{1}{2}y)^2$. 由此，若 $Y=Z^3$，则 $x-\frac{1}{2}y=\pm A_1$，$\frac{1}{2}y=\pm B_1$. 若 $Y=3Z^3$，则 $x-\frac{1}{2}y=\pm 3B_1$，$\frac{1}{2}y=\pm A_1$. 对 y 是奇数，有

$$Y=\left(\frac{x+y}{2}\right)^2+3\left(\frac{x-y}{2}\right)^2$$

对 $C\equiv 0 \pmod 3$ 的情况亦如此处理.

T. Hayashi② 从 $x^3+y^3=3z^3$ 有理解的不可能性中得出结论 $\frac{4\alpha(\alpha+\beta)(\alpha+2\beta)}{6}$ 不是一个立方.

R. D. Carmichael③ 注意到如果 $A=2^m$，我们可取 x,y,z 是奇数且证明变量中的一个必为 0，除了 $m=1$ 时出现的不重要解 $x=y=z$.

---

① Math. Quest. Educ. Times,(2),2,1902,38[48],73.

② Nouv. Ann. Math.,(4),10,1910,83-86.

③ Diophantine Analysis,1915,70-72.

如果 p 是素数恒等于 2 或 5(mod 9),J. G. van. der Corput① 应用二次型证明了 $x^3 \pm y^3 = p^m z^3$ 的不可能性.

B. Delaunay② 指出,如果 ρ 是一个非立方的整数,$\rho x^3 + y^3 = 1$ 没有整数解.如果 $r = \sqrt[3]{\rho}$ 所定义的基本单位元 u 没有形式 $Br + C$,但是如果该形式成立,它有单解 $x = B, y = C$. 这里的 u 是 Dirichlet 的 $ar^2 + br + c$,其中 a,b,c 是非符号整数,它带有正、负指数的幂给出了所有单位元 $\alpha r^2 + \beta r + \gamma$,其中 α,β,γ 是整数.

M. Weill③ 用恒等式

$$\sum \{u^3 - 9uv^2 \pm (3v^3 - 3u^2 v)\}^3$$
$$= 2(u^3 - 9uv^2)(u^2 + 3v^2)^3$$

以阐明:如果 $x^3 + y^3 = Az^3$ 的一个解已知,第二个解是

$$X = \beta^3 + 6\alpha\beta^2 + 3\alpha^2\beta - \alpha^3$$
$$Y = \alpha^3 + 6\alpha^2\beta + 3\alpha\beta^2 - \beta^3$$
$$Z = 3xyz(\alpha^2 + \alpha\beta + \beta^2)$$

其中 $\alpha = x^3, \beta = y^3$,当 $A = 3c^2 + 3c + 1$ 时,可得到解.

W. S. Baer④ 证明了 n 可被分解成 $n = \phi(u) + \phi(v)$,其中 $\phi(x) = \alpha x^3 + \gamma x$,$u, v, \alpha, \gamma$ 是整数,且 $u > \xi, v > \xi$,当且仅当 n 是两个整数的积:$n = kl$,其中 $k > 2\xi, l = \alpha l' + \gamma, l' < k^2 - 3k\xi + 3\xi^2$,$l'$ 是整数,且 $4l' - k^2$ 是一个平方的三倍,则 u 和 v 互素当且仅当 k 和 l' 的最大公约数是 1 或 3,后者的情况中,l' 不被 3^2 整除. 定理可被延拓成三次方程 $\Phi = AX^3 + BX^2 + CX + D$,其中 $A, B, C, \cdots, D$ 是整数,且 B 被 $3A$ 整除,因为 $X = x - \frac{B}{3A}$ 可以把 $6(\Phi - \delta)$ 变成 ϕ. 特别的,令 $\alpha = 1, \gamma = 0, \xi = 0$,则 n 可表示成两个正立方的和当且仅当 n 是使 $l < k^2$ 和 $4l - k^2$ 是一个平方的 3 倍成立的正整数 k 和 l 的积. 这些三次方将互素,当且仅当 k 和 l 的最大公约数 1 或 3 时,后者情形下 l 不被 3^2 整除.

如果 h 是一个正整数,p 是素数或单位元,$u^3 + v^3 = hp^\nu$ 仅有有限个互素正解,且剩下的解可被化简. 但 u, v 互素时,$u^3 + v^3 = w^3$ 有无限个正解.

L. Varchon⑤ 证明了 $x^3 - y^3 = 2^a 5^b$ 是不可能的,在整数不为 0 的情况下,Moret -Blanc 的结果是一个推论.

M. Rignaux⑥ 从一般资料中得到了(1)(2) 和类似的恒等式.

---

① Nieuw Archief voor Wiskunde,(2),11,1915,64-68.

② Comptes Rendus Paris,162,1916,150-151.

③ Nouv. Ann. Math.,(4),17,1917,54-59.

④ Tôhoku Math. Jour.,12,1917,181-189.

⑤ Nouv. Ann. Math.,(4),18,1918,356-358.

⑥ L'intermédiaire des math.,25,1918,140-142.

10 两个立方的和或差是一个平方

L. Euler① 注意到 $x^3+y^3=\square$ 对 $x=\frac{pz}{r}, y=\frac{qz}{r}, z=\frac{r^3}{(p^3+q^3)}$. 为了得到整数，令 $r=n(p^3+q^3)$，则

$$x=n^2p(p^3+q^3)$$
$$y=n^2q(p^3+q^3)$$

当 p,q 是整数时，为了得到互素整数 x,y，我们必须采用 n 的分数值. 为了得到它，Euler 给出了第二种方法. 因式 $x+y$ 和 x^2-xy+y^2 有最大公约数 1 或 3. 在第一种情况，他令第二个因式等于 p^2-pq+q^2 的平方，且指出 $\pm x=p^2-2pq$，$\pm y=p^2-q^2$. 因为

$$x+y=3p^2-(p+q)^2\neq\square$$

所以上面的等号被排除. 对于下面的符号，如果 $p=2mn, q=3m^2-2mn+n^2$，及

$$x=4mn(3m^2-3mn+n^2)$$
$$y=(m-n)(3m-n)(3m^2+n^2)$$

则 $x+y=(p+q)^2-3p^2=\square$.

第二种情况下，$x^2-xy+y^2=3(p^2-pq+q^2)^2, \frac{(x+y)}{3}=\square$. 第三种情况引出了等价结果，考虑情况

$$x=2p^2-2pq-q^2$$
$$y=p^2-4pq+q^2$$
$$\frac{(x+y)}{3}=p^2-2pq=\square$$

如果 $p=2m^2, q=m^2-n^2$，最后的条件被满足，由此

$$x=3m^4+6m^2n^2-n^4$$
$$y=-3m^4+6m^2n^2+n^4$$

Euler② 注意到例子 $1+2^3=3^2, 8^3-7^3=13^2, 37^3+11^3=228^2, 65^3+56^3=671^2, 71^3-23^3=588^2, 74^3-47^3=549^2$.

许多人③考虑了 $x^3, (x+1)^3$，并利用立方表找到了 7^3 和 8^3 的差是一个平

---

① Novi Comm. Acad. Petrop., 6, ad annos 1756-1757, 1761, 181; Comm. Arith. Coll., 1, 1849, 207; Opera Omnir, (1), Ⅱ, 454.

② Opera postuma, 1, 1862, 241.

③ Ladies' Diary, 1812, 35, Quest. 1227; Leybourn's M. Quest. L. D., 4, 1817, 149.

方,并发现了 $7^3,14^3$ 给出了最小解.

C. H. Fuchs① 讨论了 $x^3+y^3=az^2$. 令 x,y,z 没有公因子,a 没有平方因子,如果 x 或 y 是偶数,令 $x+y=p,x-y=p$,则 $p(p^2+3q^2)=4az^2$. 如果 p 不是 3 的倍数有

$$p=\alpha t^2,p^2+3q^2=4\beta u^2,\alpha\beta=a$$

因为 β 是 p^2+3q^2 的因子,所以它具有这种形式. 因此 $4\beta=\mu^2+3\upsilon^2$,且 $u=\xi^2+3\eta^2$. 利用$\sqrt{-3}$,他得到

$$p=\mu(\xi^2-3\eta^2)-6\upsilon\xi\eta$$
$$q=\nu(\xi^2-3\eta^2)+2\mu\xi\eta \tag{1}$$

$p=3P$ 的情况与之相似. 对于 xy 是奇数,令 $2p=x+y,2q=x-y$. 三个情况中有一个情况是 $p=2p',a$ 是奇数,则 $p=2\alpha t^2,p^2+3q^2=\beta u^2$ 他再次得到(1).

R. Hoppe② 令 $pq=z^2,p=x+y,q=(x+y)(x-2y)+3y^2$,其中 p 和 q 有最大公因子 1 或 3,在互素整数中他得到了 $x^3+y^3=z^2$ 的一般解. 在第一种情况下,所有解由

$$\theta^2x=a(a^3-8b^3)$$
$$\theta^2y=4b(a^3+b^3)$$
$$\theta^3z=a^6+20a^3b^3-8b^6$$

给出. 其中 a 是奇数,且 $\theta=3$ 或 1 依照 3 是否是 $a+b$ 的因子. 第二,如果 p,q 有因子 3,解是

$$\eta^2x=a^4+6a^2b^2-3b^4$$
$$\eta^2y=3b^4+6a^2b^2-a^4$$
$$\eta^3z=6ab(a^4+3b^4)$$

其中 a 不被 3 整除,然而 $\eta=2$ 或 1 依据 a,b 均是奇数或不全是奇数.

C. Richaud③ 对 x 解 $(x+1)^3-x^3=y^2$ 确定基本有理数. 因此 $(2y)^2-1=3r^2$,由此 $x=0,y=1;x=7,y=13;x=104,y=181;\cdots$. 相同的解由 Moret-Blanc④ 给出,他还给出仅当 $x=0,1$ 时,$x^3+(x+1)^3=y^2$.

W. J. Greenfield⑤ 给出了 $x^3-y^3=\square$ 的数值解.

---

① De Formula $x^3+y^3=az^2$, Diss. Vratislaviae, 1847, 33 pp.

② Zeitschrift Math. Phys., 4, 1859, 304-305.

③ Atti Ac. Pont. Nuovi Lincei, 19, 1865-1866, 185.

④ Nouv. Ann. Math., (3), 1, 1882, 364; cf. (2), 20, 1881, 515; l'intermédiaire des math., 9, 1902, 329; 10, 1903, 133.

⑤ Math. Quest. Educ. Times, 23, 1875, 85-86.

M. Weill[①] 注意到$(-3\alpha^2)^3+(\alpha^3+4)^3=(1+\alpha^3)(\alpha^3-8)^2$.

P. F. Teilhet[②] 给出了解 65,56,671;5 985,5 896,647 569.

E. Fauquembergue 用 $p=n,q=m$ 复制了 Euler 公式. 用 $\beta-\alpha$ 代换 p, $-\alpha$ 代换 q,我们得到 $x^3+y^3=z^2$ 上的 Axel Thue 的公式,他注意到,如果 z 不被 3 整除,则 $x^2-xy+y^2=B^2$. 因此,对互素的 p 和 q, $px=q(B+x-y)$, $qy=p(B-x+y)$. 因为第二个因子的积是 xy. 估计 B,我们得到

$$\frac{x}{y}=\frac{(q^2-2pq)}{(p^2-2pq)}$$

分子、分母有公因子的情况下它是 3,且 $p-2q=3p_1$;令 $q_1=q+2p_1$,我们得到

$$x:y=q_1^2-2p_1q_2:p_1^2-2p_1q_1$$

因此在每种情况中,我们可令

$$x=\pm(q^2-2pq)$$
$$y=\pm(p^2-2pq)$$
$$B=\mp(p^2-pq+q^2)$$

现在 $x+y$ 必为一个平方 A^2. 因此$(q-2p)^2-3p^2=\pm A^2$. 以排除下面的符号. 从 $2pq=(p-q)^2-A^2$ 中,我们得到

$$2p\alpha=\beta(p-q+A), q\beta=\alpha(p-q-A)$$
$$\frac{p}{q}=\frac{\beta^2+2\alpha\beta}{2\alpha\beta-2\alpha^2}$$

其中 α,β 互素. 分子与分母的任意公因子整除 6. 如果是 3,我们像上面一样化简成一个分数. 如果是 2,则 β 和 p, y 是偶数;但我们可能假设如果 x 和 y 中一个是偶数,那么 x 是偶数. 因此,在每种情况中我们可令

$$p=\pm(\beta^2+2\alpha\beta)$$
$$q=\pm(2\alpha\beta-2\alpha^2)$$
$$x=4\alpha(\alpha^3-\beta^3)$$
$$y=\beta(\beta^3+8\alpha^3)$$

如果 z 不被 3 整除, $X^6+Y^3=z^2$ 无整数解. 如果前面的 x 或 y 是一个平方,分别有 $\alpha=k^2$, $\alpha^3-\beta^3=h^2$ 或 $\beta=k_1^2$, $\beta^3+8\alpha^3=h_1^2$,在每种情况中, $X_1^6+Y_1^3=z_1^2$ 均有更小的整数.

用 $\sqrt[3]{A}$ 乘以 x 和 α,用 $\sqrt[3]{B}$ 乘以 y 和 β,我们看到 $Ax^3+By^3=z^2$ 有整数解

$$x=4\alpha(A\alpha^3-B\beta^3)$$
$$y=\beta(B\beta^3+8A\alpha^3)$$
$$z=B^2\beta^6-20AB\alpha^3\beta^3-8A^2\alpha^6$$

---

① Nouv. Ann. Math.,(3),4,1885,184. Cf. Gérardin.

② L'intermédiaire des math.,3,1896,246.

Alauda[①] 注意到，如果 $x=3n, y=2n, z=n$，则 $nx^2=y^3+z^3$，由 E. Fauquembergue 给出

$$ab\{6(a^2+3b^2)\}^2 \equiv (6ab+a^2-3b^2)^3+(6ab-a^2+3b^2)^3$$

K. Schwering[②] 利用 Abel 的定理和确定 Diophantus 方程得到了无限多个解. 此法由第二十二章中 Jacobi 首次指出. 令

$$x^3+1-(mx+n)^2 \equiv (x-\alpha_1)(x-\alpha_2)(x-\alpha_3)$$

分别比较 x^2 和 x 的系数

$$\frac{-m}{2n}=\frac{\alpha_1+\alpha_2+\alpha_3}{\alpha_1\alpha_2+\alpha_1\alpha_3+\alpha_2\alpha_3}$$

对 $i=1,2$，替代 $m\alpha_i+n=(\alpha_i^3+1)^{\frac{1}{2}}$ 中的 m,n 值. 因此

$$\alpha_3=\frac{\alpha_1^2\alpha_2^2-4(\alpha_1+\alpha_2)}{\alpha_1\alpha_2(\alpha_1+\alpha_2)+2+2\sqrt{(\alpha_1^3+1)(\alpha_2^3+1)}}$$

因此，我们得到 $m\alpha_3+n$ 和 $(\alpha_3^3+1)^{\frac{1}{2}}$. 取 $\alpha_1=\alpha_2=\alpha$，则

$$\alpha_3=\frac{\alpha^4-8\alpha}{4\alpha^3+4}$$

$$-\sqrt{\alpha_3^3+1}=\frac{\alpha^6+20\alpha^3-8}{8(\alpha^3+1)\sqrt{\alpha^3+1}}$$

估计 α_3，我们得到直接解

$$(\alpha^3-8)^3\alpha^3+64(\alpha^3+1)^3=(\alpha^6+20\alpha^3-8)^2$$

这里对应的 Abel 定理是 $\sum \frac{d\alpha_i}{\sqrt[3]{(\alpha_i^3+1)^2}}=0$.

A. S. Werebrusow[③] 给出了 Euler 的最终解.

F. de Helguero[④] 解决了 $(x-y)t=z^2$，其中，$t=x^2+xy+y^2$. 令 $d=3$ 或 1，依照 t 是否被 3 整除，则 $x-y=d\alpha^2$，$t=d\beta^2$. 因此 $d\beta^2$ 是 x^2+xy+y^2 三种表示中的一个. 使 $d(x-y)=\square$，依照 $d=3$ 或 1，它化简成 $u^2-v^2=w^2$ 或 $u^2-3v^2=1$.

F. Pegorier[⑤] 讨论了 $(x+1)^3-x^3=\square$.

A. Gérardin[⑥] 注意到 $\alpha^3+\beta^3=\gamma^2$ 的一个解包含第二种，因为

$$(\alpha^3+4\beta^3)^3-(3\alpha^2\beta)^3 \equiv (\alpha^3+\beta^3)(\alpha^3-8\beta^3)^2$$

---

① L'intermédiaire des math. ,5,1898,75-76.

② Archiv Math. Phys. ,(3),2,1902,285-288.

③ L'intermédiaire des math. ,11,1904,153.

④ Giornale di Mat. ,47,1909,362-364.

⑤ Bull. de math. élém. ,14,1908-1909,51-52.

⑥ L'intermédiaire des math. ,18,1911,201-207. Cf. Weill.

W. H. L. Janssen van Raay[1] 讨论了 $x^3+y^3=z^2$ 的解.

由于 Cashmore[2] 给出了一个解.

参看 Bouniakowsky,Mordell 和 Baer 和二十六章的 Catalan 和 Tafelmacher.

11 算术级数上的算数立方和是一个立方

L. Euler[3] 找到了三个连续数 $x-1,x,x+1$,使它们的立方和 $3x^3+6x$ 是一个立方.因为 $x=4$ 给出了一个解,令 $x=4+y$,则 $6^3+150y+36y^2+3y^3$ 是一个数的立方,称为 $6+fy$.如果 y 的系数满足 $108f=150$,则 $1\,871y=-7\,452$,$x=\frac{32}{1\,871}$.或者,我们可取 $3x^3+6x=27x^3z^3$,由此 $x^2(18z^3-2)=4$,且 $18z^3-2$ 是一个平方.因为这是 $z=1$ 的情况,令 $z=1+v$.如果 $v=-\frac{15}{32}$,v 中的立方是 $4+\frac{27v}{4}$ 的平方.

J. R. Young[4] 求得 $a-\frac{a}{x},a,a+\frac{a}{x}$ 的立方和是一个立方.因此,像 Euler 方法中一样,$3+\frac{6}{x^2}$ 是一个立方.为了使 $x^2=2n^3$.取 $x=2nq$,由此 $n=2q^2$,则 $3n^3+3=24q^6+3$ 是一个立方,如果 $q=1$,此式成立.

C. Pagliani[5] 找到了 1 000 个连续数,使它们的立方和是一个立方.$x+1,\cdots,x+m$ 的立方和是 $s=\frac{m(y+1)(y^2+2y+m^2)}{8}$,其中 $y=2x+m$.令 $m=8n^3$,则 s 是 $n(y+4n^2)$ 的立方,当 $y=0$ 或

$$3(4n^2-1)y=2(32n^6-24n^4+1)$$

对 $2n$,写出 v,我们看到它等价于

$$(x+1)^3+(x+2)^3+\cdots+(x+v^3)^3=\{vx+\frac{1}{2}v^3(v+1)\}^3$$

如果 $6x=(v^2-1)^2-3(v^3+1)$,则 x 是整数,如果 v 不被 3 整除 $v=2,4,10$ 的情况给出

$$3^3+4^3+5^3=6^3,6^3+7^3+\cdots+69^3=180^3$$

---

① Wiskundige Opgaven,12,1915,67-71(Dutch).

② L'intermédiaire des math.,23,1916,224.

③ Algebra,2,1770,art. 249;French transl.,2,1774,p. 365. Opera Omnia,(1),Ⅰ,497-498.

④ Algebra,1816;Amer. ed.,1832,332.

⑤ Annales de math.(ed.,Gergonne),20,1829-1830,382-384.

$$1\ 134^3+\cdots+2\ 133^3=16\ 830^3 \tag{1}$$

W. Lenhart① 处理了 m 个连续数的立方和是一个立方的问题. 首先,令 $m=2n$, $s+1,\cdots,s+n,s,s-1,\cdots,s-n+1$ 的立方和是 $\sigma=(2s+1)(ns^2+ns+n^3)$. 令 $n=4n_1^3$,且 $(2n_1)^3$ 整除 σ,我们有

$$s^3+\frac{3}{2}s^2+\frac{1}{2}s(32n_1^6+1)+8n_1^6=(s+2n_1^2)^3$$

如果 $3s=8n_1^4-4n_1^2-1$. 为了使 s 是一个大于 1 的整数,取 n_1 与 3 互素. 对 $n_1=1$, 8 个三次方的根是 $2,1,3,0,4,-1,5,-2$. 引出了(1_1). 对于 $n_1=2$ 或 5 我们得到$(1_2)(1_3)$. 并且我们可通过在 n 的项中选择 s,令 σ 等于 $n+\frac{s(2n^2+1)}{3n}$ 的三次方. 第二,令 $m=2n+1$,则

$$\sum=\sigma+(s-n)^3=ms^3+\frac{1}{4}sm(m^2-1)$$

因为 Σ 是 $s=\frac{1}{2}$ 时的一个立方,令 $s=\frac{1}{2}+t$,取 $m=m_1^3$,则

$$\begin{aligned}\frac{\Sigma}{m_1^3}&=\frac{1}{8}m_1^6+\frac{1}{4}(m_1^6+2)t+\frac{3}{2}t^2+t^3\\&=(\frac{1}{2}m_1^2+t)^3\end{aligned}$$

如果 $t=\frac{m_1^4-2m_1^2-2}{6}$,由此 $s=\frac{m_1^2-1}{6}$. 而且令 $\Sigma=p^3m^3s^3$,则对 $p=1+r$ 有

$$\frac{1}{4s^2}=\frac{p^3m^2-1}{m^2-1}=\left\{1+\frac{3m^2r}{2(m^2-1)}\right\}^2$$

如果 $r=\frac{3}{4}\frac{4-m^2}{m^2-1}$,由此 $s=\frac{4(m^2-1)^2}{18m^2+9-(m^2-1)}$.

V. A. Lebesgue② 指出,如果 x 和 r 是正整数

$$\begin{aligned}&x^3+(x+v)^3+(x+2r)^3+\cdots+[x+(n-1)r]^3\\&=(x+nr)^3\end{aligned} \tag{2}$$

是不可能的,除非 $n=3$, $x=3r$. 如果我们写出

$$s=2x+(n-1)r,\sigma=s^2+(n^2-1)r^2 \tag{3}$$

对于式(2) 的左边项,我们得到展开式$\frac{ns\sigma}{8}$. 我们考虑使后者一个立方这样的困难问题. 并且注意到对 $n=2$,利用 Euler 定理得出这个问题是不可能的.

---

① Math. Miscellany, New York, 2, 1839, 127-132; French transl., Sphinx-Oedipe, 8, 1913.

② Annali di Mat., (1), 5, 1862, 328.

A. Genocchi 处理了最后的问题$\frac{ns\sigma}{8}=y^3$. 令 $s=rt$,$2y=rz$,则 $nt(t^2+n^2-1)=z^3$. 使用 Fermat 的方法,令 $t=1+u$,$z=n+pu$,且在 u 中等于第一个次数的项,因此

$$p=\frac{n^2+2}{3n},u=\frac{3n(1-p^2)}{p^3-n} \tag{4}$$

$n=3$,$r=107$;$n=4$,$r=1$;$n=5$,$r=13$ 的情况,分别给出了

$$149^3+256^3+363^3=408^3,11^3+12^3+13^3+14^3=20^3 \tag{5}$$

$$230^3+243^3+256^3+269^3+282^3=440^3 \tag{6}$$

B. Boncompagni① 对解提出了同样的问题(2) 和

$$x^3+(x+r)^3+\cdots+[x+(n-1)r]^3=v^3 \tag{7}$$

V. Bouniakowsky② 注意到(7) 的特殊解 $r_0=2$,$x_0=-n+2$,$v_0=n$ 和这个解引出的第 2 个解

$$r=r_0=2,x=x_0+u,v=v_0+pu$$

其中 p 和 u 由(4) 给出,因此得出(5),等等. 从后者开始,我们得到新解. 对于 $n=3$,$\frac{ns\sigma}{8}$ 是 v_1v_2 的立方,如果

$$3(x+r)=v_1^3,(x+r)^2+2r^2=v_2^3$$

第二个方程的一般解已知为

$$x+r=\pm(p^3-6pq^2)$$

$$r=\pm(3p^2q-2q^3)$$

$$v_2=p^2+2q^2$$

取上边的符号,我们利用第一个条件得到 $p=3p'$,$v_1=3w$,$3p'^3-2p'q^2=w^3$. 从显然解 $p'=q=w=1$ 中,我们得到 $p=v_1=3$,$q=1$,…. 在(2) 中,他令 $r=\lambda x$,注意到对 λ,当 $n<8$ 除掉 $n=3$ 时,有理三次方没有有理根,且指出(1_1) 只在正立方中是唯一解.

A. Genocchi③ 处理了(7),即使 $ns\sigma$ 是一个立方. 令

$$m=n^2-1,s=n^2s'^3,s+r\sqrt{-m}=(p+q\sqrt{-m})^3$$

则

$$r=q(3p^2-mq^2),n^2s'^3=p(p^2-3mq^2)$$

令

① Nouv. Ann. Math.,(2),3,1864,176;Zeitschr. Math. Phys.,9,1864,284.

② Bull. Acad. Sc. St. Pétersbourg,8,1865,163-170.

③ Annali di Mat.,7,1865,151-158;Atti Accad. Pont. Nuovi Lincei,19,1865-1866,43-50.

$$np=8v'^3, p+q\sqrt{3m}=\left(s''+\frac{1}{3}r''\sqrt{3m}\right)^3$$

从 p,q 的结果有理展开中，我们得到

$$ns''[s''^2+(n^2-1)r''^2]=8v'^3$$

它有和初始方程 $ns\sigma=8v^3$ 同样的形式. 因此由解 r'',s'',v'，引出了第二个解 $r,s,v,\cdots$. 但不是所有解都如此得到. 更多的方便的公式由 $r=g+z, 2v=h+pz$ 得到，其中 $r=g, 2v=h$ 是一个解集.

L. Matthiessen① 注意到(7) 的特殊解

$$n=2p+3, x=-2p-1, r=2, v=2p+3$$
$$n=2p+4, x=-p-1, r=1, v=p+2$$

且 $351\ 120^3$ 是满足 $k=3,4,5,6,7,8$ 的 k 个正立方的和.

A. B. Evans② 注意到第一个 n^3 个整数的立方和是一个立方，仅当 $n=1$ 时，因为 $\frac{n^3+1}{2}$ 不是一个立方如果 $n>1$($x^3\pm y^3=2z^3$ 由 Euler 给出).

D. S. Hart 取 $2n-1$ 个连续整数，x 是其中一个. 它们的立方和是 $(2n-1)x^3+(2n^3-3n^2+n)x$. 对于 $2n-1=p^3$，如果 $s=x^3+\frac{1}{4}(p^6-1)x$ 是一个立方，则这个和是一个立方. 取 $x=\frac{1}{2}+y, 8s=(2y+p^2)^3$，我们得到 y 和 $x=\frac{(p^2-1)^2}{6}$. 对 $2n$ 个立方，增加项 $(x+n)^3$. 现在答案是 $x=\frac{(p^2-1)^2-3}{6}$.

A. Martin 注意到 $x,x+1,\cdots,x+n^3-1$ 的立方和是一个立方，如果 $x=\frac{n^4-3n^3-2n^2+4}{6}$.

Hart③ 用试验法把 $1^3+\cdots+n^3$ 和 $(S+m)^3-S^3$ 的差表示成一个立方和.

S. Réalis④ 指出 $z_1^3+\cdots+z_n^3=(5n+3)z^3$ 在算术连续上有一个含 $z_1,\cdots,z_n$ 的解，且 $z=1, n\neq 2$ 时，有解.

A. Martin⑤ 证明了如果 $n>1, 1^3+2^3+\cdots+n^3$ 是一个立方，因为 $\frac{n(n+1)}{2}\neq p^3, (2n+1)^2=8p^3+1$ 有形式 $x^3+1=\square$，仅当 $x=0,-1,2$ 时，此式成立(Euler). 他列出了 20,25 和 64 个连续三次方，它们的和是一个三次方

① Zeitschr. Math. Phys., 13, 1868, 348-350.

② Math. Quest. Educ. Times, 14, 1871, 32-33.

③ Math. Quest. Educ. Times, 23, 1875, 82-83.

④ Nouv. Corresp. Math., 6, 1880, 525-526.

⑤ Math. Magazine, 2, 1895, 159.

的集合，除了已知情况.

E. B. Escott[①] 证明，对 $2 \leqslant n \leqslant 5$，有

$$k^n + (k+1)^n + \cdots + (k+m)^n = (k+m+1)^n$$

仅有整数解(1_1) 和

$$3^2 + 4^2 = 5^2, (-2)^3 + (-1)^3 + 0^3 + 1^3 + \cdots + 5^3 = 6^3$$

L. Matthiessen[②] 注意到，如果 x, v 的分数值在(7) 中都成立，我们令 $r=1$. 写出 $u = 2x + n - 2, v = pu + \frac{n}{2}$. (7) 的一般形式变为 u 上的二次方程

$$(n - 8p^3)u^2 + 3n(1 - 4p^2)u + n^3 + 2n - 6n^2 p = 0$$

第一或第三个系数为 0 时，可得到显然解. 在第二种情况，整数 x 仅可在 $n=2, n=4$ 时能找到.

F. Hromádko 注意到 $x=3$ 是 $x^3 + (x+1)^3 + (x+2)^3 = (x+3)^3$ 的唯一正整数解(Lebesgue).

E. Grigorief[③] 得到特殊解

$$15^3 + 52^3 + 89^3 + \cdots + 348^3 = 495^3$$

$$76^3 + 477^3 + 878^3 + \cdots + 2883^3 = 3016^3$$

$$435^3 + 506^3 + 577^3 + 648^3 + 719^3 + 790^3 = 1155^3$$

L. N. Machaut 处理了(2)，令 $\frac{x}{r} = u$，且得到 u 上的仅当 $n=3$ 时带有实正根($u=3$) 的一个立方，引出了(1_1).

J. N. Vischers[④] 证明了当 $n=3$ 时，Lebesgue 的第一个结果.

L. Aubry[⑤] 证明了 3，4，5 是立方和还是立方的仅有三个正整数.

12　算术级数中一个平方的立方和

为了找到 A. P. 上五个整数的立方和是一个平方(或平方和是一个立方). J. Stevenson[⑥] 用 $nx - 2x, nx - x, nx, nx + x, nx + 2x$ 找出它们的立方和 $5n^3x^3 + 30nx^3$，选择 x 使其等于 m^2x^2(或选择 x 使其平方和为 $5n^2x^2 + 10x^2 =$

---

① L'intermédiaire des math.，5，1898，254-256；7，1900，141.

② Zeitsch. Math. Naturw. Unterricht，33，1902，372-375.

③ L'intermédiaire des math.，9，1902，319.

④ Wiskundig Tijdschrift，5，1908，65.

⑤ Sphinx-Oedipe，6，1911，142-143.

⑥ The Gentleman's Diary，or Math. Repository，London，1814，36-37，Quest. 1010.

m^3x^3). 许多人同时利用 $x^2,2x^2,3x^2,4x^2,5x^2$ 解出了它们的立方和是$(15x^3)^2$，平方和是 $55x^4=a^3x^3$，如果 $x=\frac{a^3}{55}$，取 $a=55$.

许多人①利用 Euler 的 $2n^2-1=\square$ 的解 $n=1,5,29,\cdots$ 使第一个 n 为奇整数平方的立方和为 $n^2(2n^2-1)$.

A. Genocchi 讨论了下式的有理解

$$x^3+(x+r)^3+(x+2r)^3+\cdots+(x+nr-r)^3=y^2 \tag{1}$$

Lebesgue 的(3) 的观点中问题是 $ns\sigma=8y^2$. 令 $2y=nst$，对于 s 解 $\sigma=2nst^2$. 我们看到 $n^2t^4-(n^2-1)r^2=\square=(nt^2-rp)^2$，因此

$$dr=2npt^2, ds=2n(n^2-1)t^2$$

或

$$2np^2t^2$$

其中 $d=n^2-1+p^2$. 因此一般解包含有理参数 p,t.

E. Catalan② 指出，如果 $r=1$，(1) 的整数解是

$$n=kb^2\gamma$$

$$x=\frac{(a^2-kb^2)\gamma+1}{2}$$

$$y=\frac{abu\gamma}{2}$$

$$(a^4+k^2b^4)\gamma^2-\frac{2}{k}u^2=1$$

其中 $k=1$ 或 2，而 a,b 是互素整数. 例如，如果 $a=5,b=1$，我们可取 $\gamma=313,u=7850$(替换 Legendre 的 *Théorie des nombres* 中表 X 的 1 850)，由此 $n=626,x=3\ 600$.

Catalan③ 在处理 $r=1$ 时，(1) 的整数解中，写出了 $\alpha=2ns,\beta=\sigma$，其中 s,σ，由 $r=1$ 时 Lebesgue 的(3) 给出，则问题是使 $\alpha\beta$ 的平方 $16y^2$ 是一个整数. 因为 sn 是偶数，则 y 是整数. 但是，他分成的两种情况缺乏一般性，且他的解不完整. 他的④后面的讨论引出了下面的结果：取任意两个素整数 p,q；一个偶数，且利用数 θ 把$\frac{pq}{2}$ 表示成一个平方 u'^2 不含平方因子的积，则若

① Ladies'Diary，1832，36，Quest. 1529.

② Bull. Acad. Roy. de Belgique，(2)，22，1866，339-340.

③ Atti Accad. Pont. Nuovi Lincei，20，1866-1867，1-4；Nouv. Ann. Math.，(2)，6，1867，63-67；Mélanges Math.，1868，99-103.

④ Atti Accad. Pont. Nuovi Lincei，20，1866-1867，77；Nouv. Ann. Math.，(2)，6，1867，276-278；Mélanges Math.，1868，248-251.

$$(p^2+q^2)\gamma^2-4\theta v^2=1$$

有整数解 γ,v,我们有

$$2x=(q-p)\gamma+1$$
$$2(x+n-1)=(q+p)\gamma-1$$
$$y=(u'v\theta\gamma)^2$$

M. Cantor① 报道了 Catalan 的关于前面方程 $\alpha\beta=16y^2$ 的讨论,其中 α 和 β 是被 4 整除的整数,$\beta\pm\alpha+1$ 是平方. 且得到了两个解集,其中 p,q 是互素整数;一个是奇平方,另一个或者是偶平方的一半或者是偶平方. 在第一种情况下,$(p^2+q^2)\gamma^2-u^2=1$ 产生了整数 γ,u,则

$$y^2=2pq\left(\frac{\gamma u}{4}\right)^2$$

在第二种情况下,如果 $(p^2+q^2)\gamma^2-2w^2=1$ 有整数解 γ,w,则 $y^2=pq\left(\frac{\gamma w}{2}\right)^2$. 在每种情况中 $n=p\gamma$ 及

$$2x=(q-p)\gamma+1$$

对于 $r=1$,C. Richaud② 处理了(1),即 $l^2-k^2=y^2$,其中 $2k=x(x-1)$,$2l=(x+n)(x+n-1)$. 确定的,但不是对所有情况,解引自于 $l=a^2+b^2$;k,$y=2ab,a^2-b^2$,消去 x,y,我们得到一个二次方程. 对于 $k=2ab$,它变为

$$m^2-(4t^4+1)n^2=-1$$
$$m=2(a+b),nt=a-b$$

无限解为 $m=2t^2,n=1;m=32t^6+6t^2,n=16t^4+1;\cdots$. 注意到 $x,x+1,\cdots,x+n-1$ 的和是一个平方 $(a-b)^2$. 对于一般的 r,Lebesgue 的(3)使(1)变为 $ns\sigma=8y^2$. 对于③$\frac{ns}{2}=\alpha b^2,\frac{\sigma}{4}=\alpha a^2,y=\alpha ab$,他消去 s 且详细讨论了结果方程,对于 $\alpha=1$ 的情况,$x,x+r,\cdots,x+(n-1)r$ 的和是 b^2. $\alpha=1,r=2$ 是最有趣的情况,对 $b=nt$,消去使其变为 $a^2-(t^4+1)n^2=-1$. 它有无数多个解 $(a,n)=(t^2,1),(4t^6+3t^2,4t^4+1),\cdots$. 取 $t=1$,我们有 $x=1$ 和下面的结果:n 个连续奇数 $1,3,\cdots$ 的和一直是一个平方 n^2,相同 n 个奇数的立方和是 an 的平方,当 $a^2-2n^2=-1$ 时. 例如,$(a,n)=(1,1),(7,5),(41,29),(239,169)$.

E. Lucas④ 指出五个连续整数的立方和是一个平方,仅当中间的数是 2,3,

① Zeitschr. Math. Phys., 12, 1867, 170-172.

② Atti Accad. Pont. Nuovi Lincei, 20, 1866-1867, 91-110.

③ In the alternative case $\frac{ns}{4}=\alpha b^2,\frac{\sigma}{2}=\alpha a^2,y=\alpha ab$, not treated, there are two misprints for 4.

④ Recherches sur l'analyse indéterminée, Moulins, 1873, 92. Extract from Bull. Soc. d'Emulation du Département de l'Allier, 12, 1873, 532.

98 或 120 时，两个连续立方和是一个平方的仅对立方 1 和 8 成立.

G. R. Perkins① 对(1) 的解与 Genocchi 的概念不同.

E. Lucas② 问什么时候七个连续三次方的和是一个平方.

许多人③找到了最初 n 个奇整数的立方和是一个平方差 $2n^2-1=\square$，$n=1$，5，29，….

M. A. Gruber④ 试图表明 n 个连续整数的立方和是一个平方，仅对 $1^3+2^3+\cdots+n^3=(1+\cdots+n)^2$ 成立.

A. Cunningham⑤ 要求的逐次奇数立方和等于一个平方. 逐次奇数立方 1，3^3，…，$(2r-1)^3$ 的和 S_r 是 $r^2(2r^2-1)$ 且差 $r=5$，它是一个平方，及

$$(2\rho+1)^3+\cdots+(2r-1)^3=S_r-S_\rho=(r^2-\rho^2)(2r^2+2\rho^2-1)$$

是一个平方 z^2，如果，令 $x=2r^2$，$y=2\rho^2$，则

$$(2x-1)^2-(2y-1)^2=2(2z)^2$$

利用特殊假设找到了解.

W. A. Whitworth 把$\sqrt{2}$ 展成一个连分数，取一个收敛的$\frac{N}{D}$，D 为奇，且得到

$$1^3+3^3+\cdots+(2D-1)^3=N^2D^2$$

Cunningham 要求逐次立方和

$$S_{m,n}=(n+1)^3+(n+2)^3+\cdots+m^3$$

利用 q 使其等于一个平方的积，因为

$$S_{m,0}=1^3+2^3+\cdots+m^3=T_m^2$$

$$T_m=\frac{1}{2}m(m+1)$$

$$S_{m,n}=S_{m,0}-S_{n,0}$$

我们令 $T_m=\xi T_n$，且看到$\frac{S_{m,n}}{q}$ 是一个平方，如果$\frac{\xi^2-1}{q}$ 是一个平方. 对于每个这样的 ξ，我们利用三角数表找出合适的数对 m,n，以试验 $T_m=\xi T_n$. 对 $q=2,\cdots,11$ 找到了解.

M. A. Gruber⑥ 注意到 $n=1$ 和 $n=5$ 是下面式子成立的仅有情况

$$1^3+3^3+5^3+\cdots+(2n-1)^3=\square$$

$$(2n-1)^3=\square$$

① The Analyst, Des Moines, 1, 1874, 40.

② Nouv. Corresp. Math., 2, 1876, 95.

③ Math. Quest. Educ. Times, 53, 1890, 55. Cf. Brocard of Ch. XXIII.

④ Amer. Math. Monthly, 2, 1895, 197-198.

⑤ Math. Quest. Educ. Times, 72, 1900, 45-46(error); 73, 1900, 132-133.

⑥ Amer. Math. Monthly, 7, 1900, 176.

L. Matthiessen① 以三种方式讨论了(1). 一个方法是用 z^3 乘带有右边数 v^3 的对应方程(7),其中 $v^3z^3=y^2$. 因此,对于 $11^3+12^3+13^3+14^3=20^3$,取 $z=5$,由此 $y=1\ 000$.

H. Brocard,E. A. Majol 和 F. Ferrari② 讨论了三个逐次立方的和等于两个平方之和.

L. Aubry③ 处理了 $(y-k)^3+y^3+(y+k)^3\equiv 3y(y^2+2k^2)=u^2$. 首先,令 $y=2a^2$,$y^2+2k^2=6b^2$,$u=6ab$,则 $2a^4=3b^2-k^2$,如果下式成立,则它被满足

$$a=q^2-3p^2$$

$$b=q^4+4pq^3+18p^2q^2+12p^3q+9p^4$$

$$k=q^4+12pq^3+18p^2q^2+36p^3q+9p^4$$

第二步,令 $y=6a^2$,$y^2+2k^2=2b^2$,$u=6ab$,则 $18a^4=b^2-k^2$,它成立如果

$$a=2pq$$

$$b=rp^4+sq^4$$

$$k=rp^4-sq^4$$

$(r,s)=(72,1)$ 或 $(9,8)$. 对于 $p=q=1$,第二个集合给出

$$23^3+24^3+25^3=204^2$$

它出现在 Lucas 的手稿中,我们令 $y=3a^2$ 或 a^2.

13　齐次三次方程 $F(x,y,z)=0$

A. Cauchy④ 从一个给出解 a,b,c 中导出另一个解. 令 $\phi(x,y,z),\chi,\psi$ 为 $F(x,y,z)$ 分别对 x,y,z 求一次偏导数,则 $F=0$,其中

$$x:y:z=as-t\alpha:bs-t\beta:cs-t\gamma \tag{1}$$

如果 $u=\phi(a,b,c)$,$v=\chi(a,b,c)$,$w=\psi(a,b,c)$,参数 α,β,γ 满足 $u\alpha+v\beta+w\gamma=0$,当

$$s=F(\alpha,\beta,\gamma)$$

$$t=a\phi(\alpha,\beta,\gamma)+b\chi(\alpha,\beta.\gamma)+c\psi(\alpha,\beta,\gamma)$$

我们可能取 $\alpha,\beta,\gamma=0,w,-v;-w,0,u;$ 或 $v,-u,0$. 在每种情况中,项(1)是非常简单的. 他表明我们可能取这样一个简单值,以得到下面的解

---

① Zeitschr. Math. Naturw. Unterricht,37,1906,190-193.

② L'intermédiaire des math.,15,1908,41-43.

③ Sphinx-Oedipe,8,1913,28-29. Cf. Lucas of Ch. ⅩⅩⅢ.

④ Exercices de mathématiques,Paris,1826,233-260;Oeuvres de Cauchy,(2),6,1887,302. For a less effective method,see Cauchy of Ch. ⅩⅢ.

$$\frac{a^2 x}{F(0, w, -v)} = \frac{b^2 y}{F(-w, 0, u)} = \frac{c^2 z}{F(v, -u, 0)} \tag{2}$$

它们变成

$$\frac{x}{a(Bb^3 - Cc^3)} = \frac{y}{b(Cc^3 - Aa^3)} = \frac{z}{c(Aa^3 - Bb^3)} \tag{3}$$

对于情况

$$F \equiv Ax^3 + By^3 + Cz^3 + Kxyz = 0 \tag{4}$$

如果 a, b, c 和 $a'b'c'$ 是 $F=0$ 上给出的两个解集，其中 F 是任意三元三次方形式，Cauchy 得到了第三个集合，通过令

$$F(as - ta', bs - tb', cs - tc') = 0$$

且得到 $stL = 0$，其中 L 是 s, t 的一个线性函数，对于

$$s = a\phi(a'b', c') + b\chi(a', b', c') + c\psi(a', b', c')$$

$$t = a'\phi(a, b, c) + b'\chi(a, b, c) + c'\psi(a, b, c)$$

它为 0，则 $F=0$ 的结果的三个解集是

$$x : y : z = as - ta' : bs - tb' : cs - tc' \tag{5}$$

利用(3)，对 $A = B = 1, C = -a^3 - b^3, K = 0, c = 1$，我们看到

$$x = a(a^3 + 2b^3)$$

$$y = -b(b^3 + 2a^3)$$

$$z = a^3 - b^3$$

满足 $x^3 + y^3 = (a^3 + b^3)z^3$.

对于 Cauchy 的结果的一般解释，参看 Lucas.

A. M. Legendre① 从 $x^3 + ay^3 = bz^3$ 的一个解中得到第二个解

$$X = x(x^3 + 2ay^3)$$

$$Y = -y(2x^3 + ay^3)$$

$$Z = z(x^3 - ay^3)$$

给出 X, Y, Z；x, y, z 的确定依赖于一个二次方程.

J. J. Sylvester② 指出(4) 能转变成

$$A'u^3 + B'v^3 + C'w^3 + Kuvw \quad (A'B'C' = ABC)$$

其中 uvw 是 z 的一个因子，证明：(i)A, B, C 的两个系数的比例一个立方；(ii)"确定"$27ABC + K^3$ 有非正素数因子 $6l+1$；(iii) 如果 2^m 和 2^n 分别是整除 ABC 和 K 的 2 的最高次幂. 因此，或者 m 有形式 $3k \pm 1$ 或者 m 大于 $3n$. 如果 α，β, γ 给出了(4) 中的一个解，若我们令

① Théorie des nombres, ed. 3, 2, 1830, 113-117; Maser's transl., 2, 1893, 110-114.

② London, Edinburgh, Dublin Phil. Mag., 31, 1847, 189-191, 293-296 for corrected theorems; Coll. Math. Papers, 1, 1904, 107-113.

$$F=A\alpha^3, G=B\beta^3, H=C\gamma^3$$
$$x=F^2G+G^2H+H^2F-3FGH$$
$$y=FG^2+GH^2+HF^2-3FGH$$
$$z=\alpha\beta\gamma(F^2+G^2+H^2-FG-FH-GH \tag{6}$$

则 $x^3+y^3+ABCz^3+Kxyz=0$,对于 $A=B=1$ 的情况,C 是一个素数,且正数 $27C+K^3$ 不被素数 $6k+1$ 整除,他[1]给出了一个从初始解 $P=(e,g,i)$ 中得到(4) 的整数解的方法. 这个方法应用到变换(6) 的 P 个重复,且依赖于上面的 P,把一个系统 l,m,n 变换成系统

$$\lambda=3gm(gl-em)+3Cin(il-en)+K(gil^2-e^2lm)$$
$$\mu=3Cin(im-gl)+3el(em-gl)+K(eim^2-g^2lm)$$
$$\upsilon=3el(en-il)+3gm(gn-im)+K(egn^2-i^2lm)$$

或者互换 e 和 g 以得到该系统.

Sylvester[2] 指出 $F\equiv x^3+y^3+z^3+6xyz=0$ 在整数上是不可解的;同样的,当 $27n^2-8n+4$ 是一个素数时,$2F=27nxyz$;当 $27n^2-36n+16$ 是一个素数时,$4F=27nxyz$. 令 $M^3-27A=\Delta^3\Delta_1$. 其中 Δ_1 没有三次方因子. 如果 Δ_1 是偶数,且不包含形如 f^2+3g^2 形式的因子,若 A 是一个素数,除非当 $-\frac{M}{A}$ 是一个整数平方时,$x^3+y^3+Az^3=Mxyz$ 没有整数解,同样如果 A 有形式 $p^{3w\pm1}$,其中 p 是一个素数. 此外,没有假设 Δ_1 是偶数,当 $A=2^{3w\pm1}$ 时,证明了它没有因子 f^2+3g^2. 或者 $\frac{A}{2}$ 是一个素数 $qi\pm4$,$\frac{M}{9}$ 是一个整数;或者 $\frac{A}{4}$ 是一个素数 $qi\pm2$,$\frac{M}{18}$ 是一个整数;或者 A 是一个素数,且 A,B 分别有形式 $qn\pm2, qn\pm6$,或 $qn\pm4, qn\pm3$,或 $qn\pm3, qn$.

E. Lucas[3] 在立方(4) 上指出 Cauchy 的结果如下:(i) 如果 a,b,c 是整数解集之一,另一个集合 x,y,z 给出

$$\frac{x}{a}+\frac{y}{b}+\frac{z}{c}=0$$
$$Aa^2x+Bb^2y+Cc^2z=0$$

(ii) 如果 a,b,c 和 a',b',c' 是两个互异解集,则

$$\begin{vmatrix} x & y & z \\ a & b & c \\ a' & b' & c' \end{vmatrix}=0$$

---

① Phil. Mag., 31, 1847, 467-471; Coll. Math. Papers, Ⅰ, 114-118.

② Annali di Sc. Mat. e Fis., 7, 1856, 398-400; Math. Papers, Ⅱ, 63-64.

③ Bull. Bibl. Storia Sc. Mat., 10, 1877, 175; Amer. Jour. Math., 2, 1879, 178.

$$Aaa'x+Bbb'y+Ccc'z=0$$

给出了第三个集合.但(i) 和(ii) 不能生成所有解. Lucas① 已经指出,作为练习这些结果与 Cauchy 无关. Moret-Blanc 证实了它们,A. Gérardin② 重新指出了它们.

Lucas③ 指出了任意齐次三次方程 $F(x,y,z)=0$ 的一般化.

1°. 点 m_1 的正切的有理坐标 x_1,y_1,z_1 在 $F=0$ 上,在有理点 m 上与三次方程相切,即

$$F=0$$

$$x\frac{\partial F}{\partial x_1}+y\frac{\partial F}{\partial y_1}+z\frac{\partial F}{\partial z_1}=0$$

确定了有理的 x,y,z. m 与 m_1 不同,除非正切与渐近线平行,或直穿过一个拐点.

2°. 割线 m_1m_2 穿过三次方上的两个有理点,切三次方于一个有理点(一般 m_1,m_2 互异).

3°. 圆锥截面穿过一个三次方上的五个有理点切该三次方于第六个有理点.

S. Réalis④ 从解 α,β,γ 中得到 $x^3+2y^3+3z^3=6xyz$ 的第二个解(α,β,γ 中的平方).

Réalis 注意到

$$x^3+y^3+z^3=3xyz$$

的除了 $x=y=z$ 的所有整数解由

$$x=(a-b)^3+(a-c)^3$$
$$y=(b-c)^3+(b-a)^3$$
$$z=(c-a)^3+(c-b)^3$$

给出.

如果 α,β,γ 是

$$Ax^3+By^3+Cz^3=(A+B+C)xyz$$

的一个解集,另一个解集由

$$x=(A+B+C)(\alpha^2-\beta\gamma)+3(B\beta^2+C\gamma^2)-3\alpha(B\beta+C\gamma)$$

给出,且循环变换字母的三倍数得到 y,z 的值.给出 $x^3+y^3+z^3=x^2y+y^2z+z^2x$ 的所有解.

---

① Nouv. Ann. Math.,(2),14,1875,526.

② Sphinx-Oedipe,5,1910,90.

③ Nouv. Ann. Math.,(2),17,1878,507-509;Amer. Jour. Math.,2,1879,180.

④ Nouv. Corresp. Math.,4,1878,346-352.

A. Desboves① 证明了如果 x,y,z 是 $Ax^3+By^3+Cz^3=0$ 的解集之一，第二个解集由下式给出

$$X=x(Ax^3+2By^3)$$
$$Y=-y(2Ax^3+By^3)$$
$$Z=z(Ax^3-By^3)$$

对于 $A=1$ 这个结果归功于 Legendre.

J. J. Sylvester② 把三次曲线上的点 P 的切线与三次方上 P 的切线称作交集. 对于 $A=B=C=1$，他证明了(3) 给出了在点(a,b,c) 上到(4) 的切线，且证明了三次方上与(a,b,c) 和(a',b',c') 共线的点有坐标

$$bca'^2-b'c'a^2$$
$$cab'^2-c'a'b^2$$
$$abc'^2-a'b'c^2 \tag{7}$$

对于(4)，A. Desboves③ 注意到 Cauchy 的公式(5) 变为

$$x=3Bbb'(ab'-ba')+3Ccc'(ac'-ca')-K(a^2b'c'-a'^2bc)$$

对 y,z，有相似的展开式. 因为 a,b,c 和 a',b',c' 满足(4)，我们能把 A,B 表示成 C,K 的线性函数. 用 B 的结果值代换成 $x,\cdots$. 我们得到(7). 这个结果等于 Cauchy 的(5)，但它比 Cauchy 的(5) 更简单，这个结果也被 Sylvester 发现，他的未证明的出版声名中把它限制到 $A=B=C=1$ 的情况，对 $K=0$ 但 A,B,C 任意的情况由 Desboves 和 P. Sondat 给出. 从事实中看到(7) 满足 $Ax^3+By^3+Cz^3=0$，我们有等式

$$(b^3c'^3-b'^3c^3)(a^2b'c'-a'^2bc)^3+(c^3a'^3-c'^3a^3)(b^2a'c'-b'^2ac)^3+$$
$$(a^3b'^3-a'^3b^3(c^2a'b'-c'^2ab)^3\equiv 0$$

这引出了方程系统的解(与 Bini 比较)

$$x^3+y^3+z^3=x_1^3+y_1^3+z_1^3$$
$$xyz=x_1y_1z_1$$

或

$$x+y+z=x_1+y_1+z_1$$

Desboves 证实了(2) 和(5) 的 Cauchy 证明，也给出了(2) 的直接证明，且表明 a^2 整除 $F(0,w,-v),\cdots$，一个事实看起来似乎被 Cauchy 忽略. 因此，我们可取 $x=\dfrac{F(0,w,-v)}{a^2},\cdots$，得到关于 x,y,z 的四次多项式. 作为新的结果，他证明了如果 $F=0$ 的一个解被给出，我们能把它的完整解化简成一个四次方程的完

① Nouv. Ann. Math.,(2),18,1879,404. Same by R. Norrie.

② Amer. Jour. Math.,3,1880,61-66;Coll. Papers,3,1909,354-357.

③ Nouv. Ann. Math.,(2),20,1881,173-175;(3),5,1886,563-565.

整解. 他寻找一个 F,使后者为 $A\xi^4+B\eta^4=C\zeta^2$,其中 $C=A+B$,它是至今唯一的完全解出的四次方. 结果 F 是

$$AC(x+y)z^2+2Cy^2z-(x-y)(x^2+y^2)$$

他得到了 $f(x,y)+cz^3=0$ 的解,有特殊类型的系数,给出三次方程 $f(x,y)=0$ 的解 m,n.

A. Holm[①] 注意到在有理点上到一个三次方不是到拐点的正切,切三次方曲线于一个新的有理点. 在有理渐近线的情况中,该线与它平行,且穿过一个有理点与另一个有理点相切.

A. S. Werebrusow[②] 从一个解中得到了 $K=0$ 时(4)的解.

B. Levi[③] 考虑了带有理系数的三次方程,这些系数对应于单位元的三次曲线 C(双有理变换成一个直线). 利用一个椭圆的参数确定 C 上的点. C 上的有理点的结构意味着所有有理点集是由一个或更多有理点推断出的,这些点是点算子,这些算子是所找到的给出点的切点和所找到的 C 上的集合中,结合两个点的割点的第三个交集的算子,这样有理点的一个有限结构中,有点个数的定理. 存在三次方程

$$xz^2-y(y-x)(y-kx)=0$$

的一个讨论,使任意带有理点的三次方程可以被双有理转换.

A. Thue[④] 考虑了 $Ax^3+By^3=Cz^3$,其中 x,y,z 互素,且 $z\geqslant y\geqslant x>0$. 我们可以找到没有公因子的整数 p,q,r,且数值小于 $\sqrt{3z}$,使 $px+qy=rz$. 因此

$$ax=Cq^3-Br^3$$
$$by=Ar^3-Cp^3$$
$$cz=Aq^3-Bp^3$$

其中 a,b,c 是整数. 因此 $Aax+Bby=Ccz$. 由这和前面的线性关系我们可得到 x,y,z 的比率. 他进一步介绍了数,且有目的地推断了许多关系,以得到关于 $a,b,c,\cdots$ 的极限.

L. Chanzy[⑤] 把 Lucas 的三个方法用于方程

$$y^3+px^2+qx+ry+s=0$$

点 (x_1,y_1) 上的正切交于带坐标

① Proc. Edinburgh Math. Soc., 22, 1903-1904, 40.

② Matem. Sborn. (Math. Soc. Moscow), 27, 1909, 211-227.

③ Atti Ⅳ Congresso Internaz. Mat., Roma, 2, 1909, 173-177. Supplement to his four papers, Atti R. Accad. Sc. Torino, 41, 1906, 739-764; 43, 1908, 99-120, 413-434, 672-681.

④ Skrifter Videnskapsselsk. Kristiania (Math.), 1, 1911, No. 4, pp. 19-21; 2, 1911, No. 15, 7 pp. The related No. 20 is considered under Thue of Ch. XXⅢ.

⑤ Sphinx-Oedipe, 8, 1913, 166-167.

$$-p\left(\frac{3y_1^2+r}{2px_1+q}\right)^2-2y_1$$

的点上的立方上.

结合已知点(x_1,y_1),(x_2,y_2)的线在坐标

$$y_3=-p\left(\frac{x_2-x_1}{y_2-y_1}\right)^2-y_1-y_2$$

的点上交于三次方程. x_3 满足$(x_3-x_1)(y_2-y_1)=(y_3-y_1)(x_2-x_1)$.

L. J. Mordell① 考虑了一个三元立方方程 $F(x,y,z)$. 给出了一个解集,我们能找到一个线性单位置换,可将 $F=0$ 转换成 $S_1\xi^2+2S_2\xi+S_3=0$,其中 S_j 是 η,ζ 的 j 次函数. 它的判别式 $f=S_2^2-S_1S_3$ 是一个二元二次方程,它的变量是 F 的变量 S 和 T 的数值倍数. 如果 $S_1=b\eta+c\zeta$,对 $\eta=c,\zeta=-b$,f 是一个平方. 因此(二十二章的 Mordell) 如果我们找到

$$t^2=4s^3+108Ss-27T$$

的所有有理解,我们能推断出 $F=0$ 的所有有理解. 这个方法在细节上应用到正规三次方 $x^3+y^3+z^3+6mxyz=0$.

W. H. L. Janssen van Raay② 在整数中,利用化简为 $a^3+b^3+c^3=3abc$ 来解

$$\frac{y}{z}+\frac{z}{x}+\frac{x}{y}=3$$

A. Hurwitz③ 证明了如果 A,B,C 是非零的,且两两互素,当它们中的任何一个都不被一个素数平方整除,且他们中的一个最多是 ± 1 的时候,带整系数的曲线(4) 既没有整数点也没有无限多个有理点. 下面,如果 $A=B=1,C\neq\pm 1$,且 C 不被一个素数平方整除,曲线有一个、二个或无限多个有理点. 最后,如果 $A=B=1,K\neq 1,-3,-5$,曲线有三个或无限多个有理点. 存在一个不含双点(单位 1) 的三次曲线的讨论,它的方程的系数属于代数域. 一个有理点是这样一个点. 它的坐标是到域上的三个数的比例项. 利用一个椭圆参数,可找到有理点的有限个数的全体集合,使任意两个(互异或恒等) 相交线在集合中的一个点上交于该曲线. 带有一个精确点或四个精确有理点的最一般三次曲线已被确定.

M. Weill④ 从 $Ax^3+By^3+Cz^3=0$ 的一个解 a,b,c 开始,写出 $x=a+\lambda\delta$,$y=b+\lambda'\delta$,$z=c+\delta$,且等同于 0,3δ 的系数 $A\lambda a^2+B\lambda'b^2+Cc^2$,因此找出有理

① Quar. Jour. Math., 45, 1913-1914, 181-186.

② Wiskundige Opgaven, 12, 1915, 206-208.

③ Vierteljarhschrift d. Naturfor. gesell. Zürich, 62, 1917, 207-229.

④ Nouv. Ann. Math., (4), 17, 1917, 47-51.

的δ,得到第二个解(3)归功于Cauchy.给出解的两个集合a,b,c和a',b',c',他写出$x=a+\delta a',\cdots$,找到有理的δ,Desboves得到Cauchy的(5)的特殊情况.

14 三元三次方形式确定一个常数

J. L. Lagrange确定了三次方形式$F(x,y,z)$.它的积由$F(X,Y,Z)$表示.与第二十五章Libri的比较.

G. L. Dirichlet① 采用了带有积分系数和没有有理根的三次方程的根α,β,γ.令$F(x,y,z)$表示$x+\alpha y+\alpha^2 z$的积通过β,γ的与它相似的函数.首先,令单根α是实数.如果T,U,V构成$F(T,U,V)=1$的一个基本解,且X,Y,Z构成$F(x,y,z)=m$的一个解.后者的一个无限解集由下式的展开式给出

$$x+\alpha y+\alpha^2 z=(X+\alpha Y+\alpha^2 Z)(T+\alpha U+\alpha^2 V)^n$$

任意集合的一个解可经有限次试验找到.但若三个根都是实的,表明存在两个基本解,它们可用乘运算和幂运算找到.

G. Eisenstein② 证明了,如果p是一个素数,$3m+1$,$27(x^{p-1}+\cdots+x+1)$能以如下形式表示

$$\Phi=u^3+pp_1y^3+pp_2z^3-3puyz$$

其中$y=v+w\rho$,$z=v+w\rho^2$,且u,v,w是关于x的带实系数的多项式.然而$\rho^2+\rho+1=0$,且p_1,p_2是p的基本复合素因式.两个Φ形的积还是一个Φ型.当$\Phi=1$有除$u=1,y=z=0$以外的整数解时,可从一个解中推导出无限多个解,像Pell方程一样.

C. Souillart③ 和E. Mathieu证明了两个形式

$$C\equiv x^3+y^3+z^3-3xyz=-\begin{vmatrix} x & y & z \\ y & z & x \\ z & x & y \end{vmatrix}$$

的积还是这个形式,并找出对n阶循环行列式这个定理也成立.在C上,J. Petersen④ 已经证明了.

E. Meissel⑤ 写出了满足$x^3+Ay^3+A^2z^3-3Axyz$的(x,y,z),其中A是

---

① Bericht Akad. Wiss. Berlin, 1841, 280-285; Werke, Ⅰ, 625-632.

② Jour. für Math., 28, 1844, 289-303.

③ Nouv. Ann. Math., 17, 1858, 192-194; 19, 1860, 320-322. Cf. Math. Quest. Educ. Times, 63, 1895, 35-36.

④ Tidsskrift for Math., 1872, 57.

⑤ Beitrag zur Pell'scher Gleichung höherer Grade, Progr., Kiel, 1891.

正的，不是一个立方. 令 $\theta^3=1$ 且 x,y,z 是 $(x,y,z)=1$ 的整数解. 令

$$(x+\theta y\rho+\theta^2 z\rho^2)(a+\theta b\rho+\theta^2 c\rho^2)=1$$

$$\rho=\sqrt[3]{A}$$

利用满足 θ 三个值的积，我们得到 $(x,y,z)(a,b,c)=1$. 利用满足上面方程的三个方程

$$a=x^2-Ayz$$

$$b=Az^2-xy$$

$$c=y^2-xz$$

它给出了 $(x,y,z)=1$ 的第二个解. 第 n 个解满足 $(x+\theta y\rho+\theta^2 z\rho^2)^n$. 对每个 $A<82$，已找到 $(x,y,z)=1$ 的解.

G. B. Mathews① 证明如果整数 m 能被表示成

$$F(x,y,z)=x^3+ny^3+n^2z^3-3nxyz$$

它能以无数种方法表示. $F(x,y,z)=1$ 有整数解，所有解可利用

$$\xi_k+\eta_k t+\zeta_k t^2=(\xi+\eta t+\zeta t^2)^k$$

$$t=\sqrt[3]{n}$$

从一个基本解 ξ,η,ζ 中导出.

H. W. Lloyd Tanner 写出了满足 $x+y\theta+z\theta^2$ 的范数的 $\phi(x,y,z)$. 其中 $\theta^3+3k\theta-b=0$，且若 $\phi(u,v,w)=1$，称 $u+v\theta+w\theta^2$ 为一个单位元. 他得到了单位元到 ϕ 的正常自同构之间的一个对应，即 ϕ 到它本身的线性变换，且错误的研究并结合了自同构.

H. S. Vandiver② 注意到 n 阶循环行列式是 n 个线性因式

$$a_1+\omega^k a_2+\omega^{2k}a_3+\cdots+\omega^{n-k}a_n(k=0,1,\cdots,n-1)$$

的积. 其中 ω 是单位元的第 n 个基本根. 两个 n 阶循环行列式的积还是这样的循环行列式. 这应用到证明

$$x^3+ay^3+a^2z^3-3axyz=v^n$$

对每对整数 n,a 有无限多个整数解.

R. D. Carmichael③ 证明每个不为 3 的素数都能且仅能被以一种方式表示成 $f=x^3+y^3+z^3-3xyz$，其中 x,y,z 均大于或等于 0. 所有正整数均能被表示成带 x,y,z，且均大于或等于 0 的 f. 只能被 3 整除但不能被 9 整除的整数是唯一的例外. 一个素数 $6n+1$ 能且唯一能被表示成至少含一个负变量的 f.

---

① Proc. London Math. Soc., 21, 1891, 280-287. On $F=0$, see Maillet of Ch. XXIII.

② Amer. Math. Monthly, 9, 1902, 96-98.

③ Bull. Amer. Math. Soc., 22, 1915, 111-117. Cf. Carmichael.

A. Cunningham① 考虑前面形如 f 的素数. 取 $y=x+\beta$, $z=x+\gamma$, 则 $f=AB$, $A=3x+\beta+\gamma$, $B=\beta^2-\beta\gamma+\gamma^2$. 如果 $B=1$, 则 $\beta=\gamma=\pm 1$, $f=3x\pm 2$. 因为任意素数 $p>3$, 有最后那个形式, 我们可得到正整数 x, y 使 f 表示 p. 下面, 令 $A=1$; 如果 B 是素数, 它有形式 $6w+1=k^2+3l^2$.

E. Turrière② 注意到: 当 $x=n$, $y=\frac{n+1}{3}$, $z=\frac{n-1}{3}$ 时, 上面形式 f 代表有理数 n. 如果 $n\equiv 1 \pmod 3$, 当 $x=y=\frac{(n-1)}{3}$, $z=\frac{(n+2)}{3}$ 时, 它表示 n.

15　各种三次单 Diophantus 方程

Bháscara③ 注意到, 如果 $100y^3=30y^2$, y, $2y$, $3y$, $4y$ 的立方和等于他们的平方和, 由此 $y=\frac{3}{10}$.

T. Robinson④ 在算术数列中找到了两个立方 x^3, v^3x^3 和一个平方 m^2x^2, 因为 $2v^3x^3=x^3+m^2x^2$ 确定了有理的 x.

A. J. Lexell⑤ 注意到, 如果一个三次方有有理根, 它的判别式是一个平方.

J. L. Lagrange⑥ 采用正切法以由解 p, q 的一个集合确定三次方程 $f(x,y)=0$ 的新解. 令 $x=p+t$, $y=q+u$, 且取

$$t\frac{\partial A}{\partial p}+u\frac{\partial A}{\partial q}=0$$

$$A\equiv f(p,q)$$

对 u, 把结果展式代换成 $f(p+t,q+u)=0$, 我们可以删去 t^2, 且因此表示 t 和 u, 作为 A 的偏导数的有理函数.

为了把 1^2+2^3 表示成另一个平方和立方的和, J. Cunliffe⑦ 取 $9=v^2+(2-x)^3$, $v=21x^2-6x-1$, 由此 $x=\frac{253}{441}$. J. Whitley 取 $9=x^3+(3-nx)^2$, 由此 $2x+n^2=\sqrt{24n+n^4}$, 其中, 如果 $n=1+q$ 和 $25+10pq+(p^2-10)q^2-$

---

① Math. Quest. and Solutions, 1, 1916, 14-15.

② L'enseignement math., 18, 1916, 417-420.

③ Vija-gańita, § 119. Algebra... from Sanscrit of Brahmagupta and Bháskara, transl. by Colebrooke, 1817, 200.

④ The Gentleman's Diary, or Math. Repository, London, No. 25, 1765; Davis'ed., 2, 1814, 98.

⑤ Euler's Opera postuma, 1, 1862, 504-506(about 1770).

⑥ Nouv. mém. acad. Berlin, année 1777, 1779, 153; Oeuvres, Ⅳ, 396.

⑦ The Gentleman's Math. Companion, London, 2, No. 13, 1810, 220-221.

$2pq^3+q^4=(5+pq-q^2)^2$，则 $2x+n^2=\sqrt{24n+n^4}=5+pq-q^2$. 如果 $10p=28, q=-\frac{51}{60}$，则 $25+10pq+(p^2-10)q^2-2pq^3+q^4=(5+pq-q^2)^2$ 成立，由此 $x=\frac{15}{16}$.

W. Lenhart[①] 讨论了 $\sum(x_i^3+x_i)=\sum(y_i^3+y_i)$，其中 $i=1,\cdots,n$，对 x_i，$y_i(i=3,\cdots,n)$ 赋任意值，则找到数（在他的两个立方和的表中）$t=x_1^3+x_2^3$，$t'=y_1^3+y_2^3$，使

$$y_1+y_2-x_1-x_2+\zeta=t-t'$$

其中 ζ 依赖于 $x_i,y_i,i\geqslant 3$ 的选值，对 $n=2$，他发现 $x_1=5,x_2=6,y_1=7,y_2=1$. 对 $n>2$ 他取 $t=t'$，且找到

$$(12,5,1;11,8,2),(14,13,11,8;17,12,5,3)$$
$$(21,14,10,4,1;20,17,5,3,2)$$

B. Peirce 取 $x_i=a_ix+b_i, y_i=a_ix+b_{n-i+1}$ 且找到条件给出

$$x=\frac{\sum a_i(b_{n-i+1}^2-b_i^2)}{\sum a_i^2(b_i-b_{n-i+1})}$$

R. Hoppe[②] 考虑了 $x^3+y^3=x-y$ 的有理解. 令 $y=\frac{x(1-u)}{1+u}$，则如果 $\frac{u}{1+3u^2}=\square$，那么 x 和 y 在 u 中是有理的，如果 u 是一个解

$$w=\frac{u}{1+3u^2}\left\{\frac{2(1+3u^2)}{1-3u^2}\right\}^2$$

是第二个解，…，则可找到第 n 个这样的解.

C. Hermite[③] 注意到

$$x^2y+y^2z+z^2u+u^2x=0 \tag{1}$$

的解 $x=a(ab-c^2), y=a^3-b^2c, z=b(c^2-ab), u=a^2c-b^3$.

J. Joffroy[④] 指出 $a^2-b^3=7\cdot 10^n$ 是不可能的. A. Morel 给出了一个错误的扩展：$a^2-b^3\neq 10^{n_1}+\cdots+10^n$.

S. Réalis[⑤] 给出了 $\alpha,\beta.\gamma$ 的三次立方函数 x,y,z,w，其中

$$x^3+y^3+z^3\equiv(\alpha^3+\beta^3+\gamma^3)w^2$$

---

① Math. Miscellany, New York, 2, 1839, 96-97; Extract, Sphinx-Oedipe, 8, 1913, 93-94.

② Zeitschr. Math. Phys., 4, 1859, 359-361.

③ Nouv. Ann. Math., (2), 6, 1867, 95.

④ Nouv. Ann. Math., (2), 10, 1871, 95-96, 288.

⑤ Nouv. Corresp. Math., 4, 1878, 346-352.

Réalis① 得到了(1) 的解

$$x=3(\alpha^2-\alpha\beta+\beta^2)$$
$$y=-\alpha^2+3\alpha\beta-5\beta^2$$
$$z=-3\alpha^2+9\alpha\beta-9\beta^2$$
$$u=\alpha^2-\alpha\beta+3\beta^2$$

和三次和四次公式.

T. Pepin② 注意到:仅当一个任意整数满足

$$m^3+6m^2+11m=3(n+1)(n+2)$$

时,一个 m 次表面与一个给出表面的任意点有共同点,且证明了 1,5,20 是小于 675 的仅有 m 的整数值. E. de Jonquières③ 用 n 上的二次方程的判别式表明或者 $m=5t$,则 $m<300$ 时,$m=5$,$n=9$ 或 $m=20$;$n=58$;或者 $m=25k+1$,若 $m<1\ 000$ 时,则 $m=1$,$n=1$.

Réalis④ 注意到任意平方的 2 倍,和任意大于 2 的偶数的平方的 3 倍一样,等于两个平方和超出两个立方和的剩余量.

M. Weill⑤ 注意到(1) 有解 $x=pA$,$y=hp^3-1$,$z=px$,$u=-hpy$,其中 $A=ph^2+1$;且 $x=HA^2$,$y=-AB$,$z=H^2A$,$u=hHB$,其中 $H=h^3-p$,$B=p^3h+3ph^2-h^5+1$. 最后一个解建立在等式 $A^3-hH^3=(1+h^5)B$ 上.

H. S. Vandiver 和 W. F. King⑥ 证明了 $x^2y+xz^2=y^2z$ 的不可能性.

G. Bisconcini⑦ 注意到 $x^3-y^3=(x+y)^2$ 有整数单解 $x=1$,$y=0$;$x^3+y^3=x^2+y^2$ 仅有解 $x=1$,$y=0$ 或 1;$(x-y)^3=xy$ 或 x^2+y^2 有任意解.

文献⑧表明三次方程在适当的地方有整数根.

A. Cunningham 注意到解 $x^3+y^3=z^2+u^2$ 的一个方法是令 $x+y$ 和 x^2-xy+y^2 均是两个平方的和.

A. Gérardin⑨ 指出 $\sum x^3=\sum y^2$,他令

$$(1+mx)^3+(my)^3+(mz)^3-(m\alpha)^2-(m\beta)^2=\left(1+\frac{3}{2}xm+gm^2\right)^2$$

且等于 m^2 的系数,使可以有理的找到 m. 令一个方法是令 $g=0$.

① Nouv. Ann. Math., (2), 18, 1879, 301-304.

② Jour. de Math., (3), 7, 1881, 71-108.

③ Atti Accad. Pont. Nuovi Lincei, 37, 1883-1884, 183-188.

④ Nouv. Ann. Math., (3), 2, 1883, 295-296.

⑤ Nouv. Ann. Math., (3), 4, 1885, 184-188.

⑥ Amer. Math. Monthly, 9, 1902, 293-294; 10, 1903, 22. Cf. Euler; also Hurwitz of Ch. XXVI.

⑦ Periodico di Mat., 22, 1907, 125-129.

⑧ L'intermédiaire des math., 15, 1908, 47-48, 152, 239; 16, 1909, 208.

⑨ Bull. Soc. Philomathique, (10), 3, 1911, 226-233. Cf. paper 285 above.

R. Norrie 注意到. 从 $X_1, \cdots, X_n$ 上的齐次三次方程的不全为 0 的解集 $a_1, \cdots, a_n$ 中,我们能在一般的推演集合中代换 $X_i = rx_i + a_i (i=1, \cdots, n)$. 因此,导出 $\alpha r^3 + \beta r^2 + \gamma r = 0$. 因为 γ 是线性的,我们能在 $x_1, \cdots, x_{n-1}$ 的项中,选择一个称为 x_n,使 $\gamma = 0$,则取 $r = -\frac{\beta}{\alpha}$. 方法被应用到 $bx(x^2 - b^2) = u^2 + 2v^2$ 上和

$$\mu_1 V_1^3 + \cdots + \mu_n V_n^3 + xy(x-y) = \lambda z^3$$

上,这个方法亦可参看 Lagrange 和 Cauchy 与 Lucas 的相关方法.

A. Cunningham 和 E. B. Escott① 使 $xy(x+y) + l$ 是一个立方,其中 $l = x - y$ 或 $2x + 2y$,且 $xy \pm 2(x+y)$ 亦是一个立方.

Welsch 注意到 1,2,3 是唯一三个和与积相等的一组正整数. 对于 n 个整数,参看二十三章.

$$\sum x_i^2 - \sum y_i^2 = \sum u_i^3$$

的一个解是 $x_i, y_i = \frac{1}{2}(u_i^2 \pm u_i)$. 这个解和其他解可在 $u^3 = x^2 - y^2$ 的分解式中找到.

L. Aubry② 注意到

$$xyz - (x^2 + y^2 + z^2)w + 4w^3 = 0$$

的含两个参数的解. $b = 7, 61, 2\ 281, 99\ 905$ 时的特殊解由

$$b^2 x + by + z = (x + y + z)^3$$

给出.

L. Aubry③ 令 $x + y = 2u, x - y = 2v, z = pu$,处理了 $x^3 + x + y^3 + y = z^3 + z$,由此 $2(u^2 + 3v^2 + 1) = p(p^2 u^2 + 1)$. 它以 u, v 的 Pell 方程的形式被解出了.

E. B. Escott 令 $y = x + d, z = x + b, x = k(b - d)$,处理了前面的问题,且找到的解的八个集合. 下面,对于

$$x^3 + x + y^3 + y + z^3 + z = a^3 + a$$

令 $y = x + d, z = e - x, a = x + b, d = b + ke$. 满足 x 的结果方程的判别式必为一个平方 $9s^2$. 因此,$k = 3n - 1$. 对于 $n = 0$,有

$$2x = e - b, 2y = b - e, 2z = 2a = b + e$$

对于 $n = 1$,我们得到解(其中 ρ 是一个有理参数)

$$4x = 2e - R - \rho$$

---

① L'intermédiaire des math. ,19,1912,164-165,273.

② L'intermédiaire des math. ,20,1913,95.

③ Sphinx-Oedipe,8,1913,46-47. Cf. Lenhart.

$$8y=-16e-R+\rho$$
$$4z=2e+R+\rho$$
$$8a=16e-R+\rho$$
$$R\equiv(21e^2+4)/\rho$$

他给出了每个方程 $x^3\pm xy+y^3=z^2$ 和 $x^3\pm x^2y^2+y^3=z^2$ 的解. L. Aubry 令 $\frac{1}{2}(x\pm y)=v,u$ 把 $x^3-xy+y^3=z^2$ 化简为 Pell 方程.

A. Gérardin 注意到,如果 $a^3-b^3=f^2-g^2$,则

$$(1+ma)^3-(mb)^3=(1+mf)^2-(mg)^2$$

变为 m 的平方方程. 令三个系数中的一个等于 0. 我们找到 $x^3-y^3=F^2-G^2$ 的新解. 与 Cunliffe 和第二十章的 Réalis 对比.

P. Bachmann① 在正整数中解 $k^3-(p_1^2+p_2^2+p_3^2)k=2p_1p_2p_3$. 我们假设 $p_i=h_ik_i(i=1,2,3)$,$k=fk_1k_2k_3$,其中 $f=1$ 或 2. 用 fk_3^2 乘以给出方程,我们得到

$$(f2k_1^2k_3^2-h_2^2)(f^2k_2^2k_3^2-h_1^2)$$
$$=(fh_3k_3^2+h_1h_2)^2$$

左边的两个因式分别等于 ns_1^2 和 ns_2^2,利用 $x^2-h^2=ns^2$ 的解.

Cashmore② 错误的指出,当取

$$x,y=2(a^2+b^2\pm 2eh\pm 2fg)$$
$$u=4(a^3-ab^2+2beg+6bfh)$$
$$v=4(b^3-a^2b+2aeg+6afh)$$

时,$x^3+y^3=u^2+v^2$.

R. Goormaghtigh 解出了 $x^3+2x+y^3=\square$.

T. Hayashi③ 证明在非零整数中 $x^2y+y^2z+z^3=0$ 是不可能的.

E. Maillet④ 讨论了 $y^3-y=c^3(x^3-x)$,其中 c 是有理的. 对 c 的每个值仅有有限个整数解.

在二项系数

$$\binom{u+1}{3}+\binom{v+1}{3}=\binom{w+1}{3}$$
$$u^3-u+v^3-v=w^3-w$$

① Archiv Math. Phys. ,(3),24,1915,89-90.

② L'intermédiaire des math. ,23,1916,224.

③ Nouv. Ann. Math. ,(4),16,1916,161-165.

④ Nouv. Ann. Math. ,(4),18,1918,289-292.

中,满足方程的解①已找到.

前 n 个奇立方的和能②被表示成七个不为零的平方数的和. 记录了 $x^3+y^3+z^3=k(x+y+z)$ 的特殊解.

16 含两个未知数的三次方程系统

Diophantus, Ⅳ, 29, 30, 令 $xy\pm(x+y)$ 为一个三次方. 取 $y=x^2-x$, 则满足满足下边符号的条件, 且下边符号要求 $x^3-2x^2=$ 立方 $=\left(\frac{1}{2}x\right)^3$, 由此 $x=\frac{16}{7}$.

Bombelli③ 处理了相同的问题.

Bháscara④ 注意到, $4y^2$ 和 $5y^2$ 的和与差均是平方, 它们的积 $20y^4$ 是一个立方, 如果 $y=50$, 那么是 $(10y)^3$. y^2 和 $2y^2$ 的立方和是 $9y^6$(一个平方), 它们的平方和是 $5y^4$, 在 $y=25$ 时是一个立方 $(5y)^3$. 第十二章中 Bháscara 给出了 $x-y=\square$, $x^2+y^2=z^3$ 的解, 和 $y^2+z^3=\square$, $y+z=\square$ 的解.

L. Euler⑤ 讨论了 $x+y=\square$ 和 $x^2+y^2=p^3$. 因此取 $p=a^2+b^2$, $x=a(a^2-3b^2)$, $y=b(3a^2-b^2)$, 则 $x+y=(a-b)Q$, $Q=a^2+4ab+b^2$. 令 $a-b=c^2$, 如果 $\frac{b}{c^2}=\frac{2g(g-f)}{3f^2-2g^2}$, 则 $Q=6b^2+6bc^2+c^4=\left(c^2+\frac{3bf}{g}\right)^2$. 如果 $b=2g(g-f)$, $c^2=3f^2-2g^2$, 则 x 和 y 是正的. 如果 $f=11$, $g=1$, $c=19$, 则满足后者, 若 $f=-3$, $g=1$, $c=5$, 亦满足后者, 由此 $b=8$, $a=33$, $x=29\ 601$, $y=25\ 624$. 对三个数, 我们给出仅有结果

$$35+9+5=7^2$$
$$35^2+9^2+5^2=11^3$$
$$67+9+5=9^2$$
$$67^2+9^2+5^2=19^3$$

(但最后一个的和为 $5\times 919\neq 19^3$).

① Zeitschrift Math. Naturw. Unterricht, 50, 1919, 95-96.

② L'intermédiaire des math., 26, 1919, 77-78, 109-110.

③ L'algebra opera di Rafael Bombelli, Bologna, 1579, 553.

④ Víga-gańita, §§ 121-122. Colebrooke, 201-202.

⑤ Opera postuma, 1, 1862, 255-256(about 1782).

W. Spicer① 为了找到两个平方，它们的和是一个平方，差是一个立方，取 $a=\frac{1}{2}x^2+\frac{1}{2}x^3$，$b=\frac{1}{2}x^2-\frac{1}{2}x^3$. 作为含和 x^2 和差 x^3 的两个平方. 选择平方

$$c=\frac{4n^2}{(1+n^2)^2},d=\frac{(1-n^2)^2}{(1+n^2)^2}$$

和为 1，令 $a=cx^2$，$b=dx^2$，每个均给出了 x.

J. Leslie② 利用除法使 $x+y$ 和 x^3+y^3 为平方.

W. Cole③ 取 $x-y=a^2$，$x+y=m^2a^2$，使 $x-y$，x^2-y^2，x^3-y^3 均为平方，如果 $3m^4+1=\square$，由此 $x^3-y^3=\square$. 如果 $m=2$ 也成立. J. Young 取初始值 $m=2$.

J. Saul④ 取 $x+y=s^2$，$x^2+y^2=v^2$ 和 x^3+y^3 为一个平方. 从前面两个方程中消去 y 得 $s^4-2s^2x+2x^2=v^2$. 令 $v=s^2-rx$，则 $x=\frac{s^2(2-2r)}{2-r^2}$. 如果 $r^4-6r^3+14r^2-12r+4=\square$，为 $(r^2-3r+\frac{5}{2})^2$，则 $x^2-xy+y^2=\square$，由此 $r=\frac{3}{4}$.

为了把一个给出的平方 a^2 分成两部分，使这两部分的平方差和立方差均是平方. 一个匿名的解题者称两部分的差为 b^2. 由此它们的平方差是 $(ab)^2$. 它们的立方差除以 b^2 得到的商是一个平方，由此 $3a^4+b^4=\square$. 令 $a=bx$，$x=2-z$，则 $3x^4+1=49+\cdots+3z^4$，可以选择 z，使它是 $7-\frac{48z}{7}+12\times\frac{51z^2}{49}$ 的平方.

J. Whitley⑤ 找到了两个正分数，使每一个加上另一个的平方是一个平方，而它们的平方差或立方差也是一个平方. 令分数是 $\frac{(1\pm 4v^2)}{8}$，它的和和差是平方. 如果 $3+16v^4=\square=a^2$，它们的立方差是一个平方. 令 $v=\frac{1}{2}-z$，$\frac{1}{2}a=1-z+2z^2$. 因此 $z=\frac{1}{4}=v$. B. Gompertz 取 $x=az$ 和 $y=tz$ 作为分数，其中 $a=\frac{(1+t^2)}{2}$，则 $x^2-y^2=\square$. 取 $x+y^2=p^2z^2$，$y+x^2=q^2z^2$. 如果 $as(q-a)=t(p-t)$，$q+a=s(p+t)$，我们得到 z 的两个相等的值. 这些给出了 p 和 q，则 $x^3-y^3=(rz)^2$. 给出了 z，如果 $cs(a^2s-t^2)(a-st)=\square$，其中 $c=\frac{1}{a^3-t^3}$，那么

① Ladies' Diary, 1766, 33-34, Quest. 536; C. Hutton's Diarian Miscellany, 3, 1775, 220; Leybourn's M. Quest. L. D., 2, 1817, 251.

② Trans. Roy. Soc. Edinburgh, 2, 1790, 211.

③ Ladies' Diary, 1787, 31-36, Quest. 853; Leybourn's M. Quest. L. D., 3, 1817, 155-156.

④ The Gentleman's Diary, or Math. Repository, No. 55, 1795; Davis'ed., 3, 1814, 235.

⑤ The Gentleman's Math. Companion, London, 2, No. 12, 1809, 169-171.

等于 z 的较小值. 取 $t=3, s=1$. 由此 $x=\frac{5}{32}, y=\frac{3}{32}$.

S. Jones 通过选择 x, y 确定了 $x+y=a^2, x^2+y^2=\square=(bx-y)^2$. 如果 $b^4-2b^3+2b^2+2b+1=\square=(b^2-b+\frac{1}{2})^2$, 则 $x^3+y^3=\square$, 由此 $b=-\frac{1}{4}$. W. Wright 取 $a=1$. 与前面相似, 从

$$(1-y)^2+y^2=\square=(1-my)^2$$

中找到 y. 如果 $m^4-6m^3+14m^2-12m+4=\square=(m^2-3m-2)^2$, 则 $1-3y+3y^2=\square$, 由此 $m=\frac{8}{3}, y=\frac{15}{23}$.

Lowry① 从 x^2+y^2 和 x^2-xy+y^2 中估计了 $x=a^2-y$, 且结果展式与 $a^2-\frac{yr}{s}$ 和 $a^2-\frac{ye}{sw}$ 的平方相等; 如果 $w=1, 4r=3s, e=\frac{5s}{4}$, 则条件成立. J. Cunliffe 取 $x=R^2-S^2, y=2RS, x^2-xy+y^2=(R^2-RS+S^2)^2$, 由此 $R=4S$, 则要求的数是 $\frac{a^2x}{(x+y)}, \frac{a^2y}{(x+y)}$.

为了找到两个整数, 它们的平方差是一个立方, 它们的立方差是一个平方, J. R. Ambler② 取 x^3+2 和 x^3-2 作为数, 它们的平方差是 $(2x)^3$. 如果 $3x^6+4=\square=(2x^3-2)^2, x=2$, 那么立方差是一个平方. J. Davey 应用数 x, y, 且令 $x^2-y^2=z^3, x+y=n^2z$, 在项 z 中给出了 x, y, 如果 $3n^8+z^2=\square=(rn^4-z)^2$, 则 $x^3-y^3=\square$, 这给出了 z.

W. Snip③ 取 $x=(m^2-n^2)v, y=2mnv$, 确定了 x^2+y^2 和 x^3+y^3 的平方, 则 $x^3+y^3=a^2b^2v^2$ 有理的确定了 v.

J. Anderson 令 $x\pm yi=(p\pm qi)^3$, 确定了 $x+y$ 是一个平方, 及 $x-y$, x^2+y^2 是一个立方. 如果 $p=3q$, 则 $x-y=p^3-3p^2q-3pq^2+q^3=(q-p)^3$. 如果 $q=11$, 由此 $x=18q^3, y=26q^3, x+y=\square$. Ashcroft 用到了数 $\frac{(x^4\pm x^3)}{2}$, 它们的和是 x^4, 差是 x^3. 它们的平方和是 $\frac{4x^8+4x^6}{8}$, 如果 $4x^2+4=5^3, x=\frac{11}{2}$, 它是一个立方.

S. Ward④ 取 $y=x+Y, Y=8r^3, x=Yz$, 则 $\frac{(x^2+y^2)}{Y^2}$ 等于 $2z^2+2z+1$. 如

---

① New Series of Math. Repository(ed., T. Leybourn), 3, 1814, I, 169-172.

② Ladies' Diary, 1816, 38-39, Quest. 1291; Leybourn's M. Quest. L. D., 4, 1817, 221-223.

③ The Gentleman's Math. Companion, London, 4, No. 20, 1817, 659-660.

④ Young's Algebra, Amer. ed., 1832, 342-343.

果 $z=\frac{9}{4}$,它是 $1+\frac{2z}{3}$ 的立方. 如果 $r=11$,则 $x+y=44r^3=\square$.

许多人①找到了两个整数,它们的和是一个平方,差是一个立方. 如果每个数是原数的 2 倍,则新的和是一个立方,差是一个平方. 取 $x+y=4a^6$,$x-y=8b^6$.

为了使 $x-y$,x^2-y^2,x^3-y^3 是有理平方,J. Whitley② 应用数 $x=2z^2+2v^2$,$y=2z^2-2v^2$,则将有

$$x^2+xy+y^2=4(3z^4+v^4)=\square$$

如果 $z=v$ 或 $z=2v$ 成立,H. Godfray 取 $x=m^2+n^2$,$y=2mn$,若 $n=-\frac{4m}{7}$,则 $x^2+xy+y^2=\left(m^2+mn+\frac{5n^2}{2}\right)^2$.

许多人③解决了 $x+y=\square$,$x^2+y^2=\square$,$x^2+y^3=x^3+y^2$.

许多人④找到了两个差它们的平方差是一个立方,立方差是一个平方.

H. W. Curjel⑤ 找到了两个数 x,y,它们的和与差均是平方,平方和是一个立方,立方和是一个平方. 利用第一个和最后一个条件,$x^2-xy+y^2=\square$,如果 $x=z(2mn-n^2)$,$y=z(m^2-n^2)$,则它成立. 如果 $m=9$,$n=4$,$z=\square$,则 $y\pm x$ 是平方,由此 $x=56z$,$y=65z$,则 $x^2+y^2=7\ 361z^2$. 因此取 $z=7\ 361^4$.

P. F. Teilhet⑥ 指出,和与平方和是平方的所有数对是 $(A^2-B^2)M^2N$ 和 $2ABM^2N$,其中 A 和 B 互素,是不全为偶数,$N\equiv A^2-B^2+2AB$,且 M^2N 是一个整数. 他要求当他们的立方和是一个平方时,如 345,184.

A. S. Werebrusow⑦ 找到了最后一个方程的无限多个解. Teilhet 给出了问题的更一般的处理.

A. Gérardin⑧ 处理了系统 $x^3+hy^3=a^3+hb^3$,$x+hy=a+hb$,且找到许多解,例如

$$x,a=(9m^2-1)\alpha^2\mp 18m\alpha\beta-3\beta^2$$
$$y,b=(9m^2-1)\alpha^2\pm 6\alpha\beta+3\beta^2$$
$$h=3m$$

---

① Ladies' Diary,1821,32-35,Quest. 1362.

② The Lady's and Gentleman's Diary,London,1849,49-50,Quest. 1779.

③ Math. Visitor,1,1880,100-101,126.

④ Amer. Math. Monthly,1,1894,95-96,325.

⑤ Math. Quest. Educ. Times,62,1895,51-52.

⑥ L'intermédiaire des math.,10,1903,124. Cf. papers 139-140 of Ch. XVI.

⑦ L'intermédiaire des math.,10,1903,319-320.

⑧ Sphinx-Oedipe,5,1910,1-12.

在 l'intermédiaire des mathématiciens 中讨论了问题

$$P(x+y)+Qx=z^3, P(x+y)+Qy=w^3$$

$$(y-x)^2+x=z^p, (y-x)^2-y=w^p, p\geqslant 3$$

$$(x+y)^3+x=a^2, (x+y)^3+y=b^3$$

$$x^3-hy^3=\square, x^3+hy^3=\square$$

$$x^3+y^3=a^3-b^3, x^3-y^3=c^3+d^3$$

17 含三个未知数的三次方程组

在 Diophantus, Ⅳ, 6 中发现了 x^2+z^2 是一个平方,且对 $y=\frac{16}{7}, x=3y, z=4y, y^3+z^2$ 是一个立方. 在 Diophantus, Ⅳ, 7, 8 中他找到了 x^2+z^2 是一个立方,对 $x=5, y=5, z=10$ 和对 $x=40, y=20, z=80, y^3+z^2$ 是一个平方.

J. de Billy 提出问题. 为了找到三个数使数中的任意一个减掉它们的乘积,任意两个的差减去它们的积,第二个与第一个或第三个的积减掉它们的乘积,或第二个的平方减掉它们的积,其结果一直是一个平方. 他表示相信 $\frac{3}{8}, 1, \frac{5}{8}$ 是唯一解.

Fermat① 重复了这个问题,并归纳为它的 2 倍等于

$$A^2-A+1=\square, A^2-3A+1=\square$$

有无穷个解. 增加 de Billy 的解 $A=\frac{3}{8}$, Fermat 给出了 $A=\frac{10\ 416}{51\ 865}$.

Malézieux② 提出了问题以在 A. P 中找到了三个有理解,通过把它们中任意两个的平方差或三个数的三个差的和加到它们的积上,以得到一个平方.

E. Fauquembergue③ 给出了解 $\frac{1}{31}, \frac{25}{589}, \frac{1}{19}$.

J. Ozanam④ 求出 G. P. 中的三个数,使得把每个数的平方加到积上得到一个平方,且使如果这些分数平方归纳成 G. P 中分子的平方根是三个立方中的两个的和的最简形式.

---

① Oeuvres, Ⅱ, 437, letter to de Billy, Aug. 26, 1659.

② Unedited letter to de Billy, Sept. 6, 1675. Cf. P. Tannery, l'intermédiaire des math., 3, 1896, 37. Éléments de Geométrie de M. le Duc de Bourgogne, par de Malézieux, 1722.

③ L'intermédiaire des math., 6, 1899, 115-116.

④ Unedited letter to de Billy, June 25, 1676. Cf. P. Tannery, l'intermédiaire des math., 3, 1896, 57; C. Henry, Bull. Bibl. Storia Sc. Mat. e Fis., 12, 1879, 517.

J. Hob① 解决了第一部分,并声称全部问题是不可能的.

E. Fauquembergue② 称作数$\frac{x}{y}$,x,xy,则

$$x^3+x^2y^2,x^3+x^2,x^3+\frac{x^2}{y^2} \tag{1}$$

除以因子 x^2 后是平方,且利用 Fermat 的方法后积 $(x+y^2)(x+1)\left(x+\frac{1}{y^2}\right)$ 是一个平方.令 $y=\frac{\alpha}{\beta}$,我们得到 $x=\frac{N}{4\alpha^4\beta^4}$,其中

$$N=(\alpha^2+\alpha\beta+\beta^2)(\alpha^2+\alpha\beta-\beta^2)(\alpha^2-\alpha\beta+\beta^2)(-\alpha^2+\alpha\beta+\beta^2)$$

则(1) 是下式的平方

$$\frac{N(\alpha^4+\alpha^2\beta^2-\beta^4)}{8\alpha^6\beta^6}$$

$$\frac{N(\alpha^4-\alpha^2\beta^2+\beta^4)}{8\alpha^6\beta^6}$$

$$\frac{N(-\alpha^4+\alpha^2\beta^2+\beta^4)}{8\alpha^6\beta^6}$$

这些分式称作算术不可约的.两个分子的和是 $2N\alpha^4$,$2N\alpha^2\beta^2$,$2N\beta^4$,它们在 G. P. 中.但不能确定是所要求的立方.

L. Euler③ 要求得三个有理数,它们的和、积和每两个的积再作和都是平方数.用 nx,ny,nz 表示这些数,则

$$xyz(x+y+z)=\square=v^2(x+y+z)^2$$

$$z=\frac{v^2(x+y)}{xy-v^2}$$

则 $n^3xyz=\square$,其中 $n=m^2xy(x+y)(xy-v^2)$.利用两个数积的和有

$$xy+\frac{v^2(x+y)^2}{xy-v^2}=\square$$

令 $xy-v^2=u^2$,$x=tv$,则前面的条件变为

$$v^4(t^2+1)^2+u^2v^2(3t^2+2)+u^4(t^2+1)$$

$$=\square=[v^2(t^2+1)+su^2]^2$$

$$\frac{v^2}{u^2}=\frac{t^2+1-s^2}{2s(t^2+1)-3t^2-2}$$

令 $s=t-r$,用 t^2+1-s^2 乘以分子和分母,因此

$$4rt^4-2(3r^2+3r-1)t^3+(2r^3+3r^2+2r-3)t^2-$$
$$2(3r-1)(r+1)t+2(r-1)(r+1)^2=Q^2$$

① L'intermédiaire des math.,4,1897,253.

② L'intermédiaire des math.,5,1898,86-87.

③ Novi Comm. Acad. Petrop.,8,1760-1761,64;Comm. Arith.,Ⅰ,239;Op. Om.,(1),Ⅱ,519.

$$\frac{v}{u}=\frac{2rt-r^2+1}{Q}$$

$$x=tv, y=\frac{u^2+v^2}{tv}, z=\frac{v^2(x+y)}{u^2}$$

t 的有理值从 $r=1,\frac{3}{2},3,9$ 中找到. 最简的数来源于 $r=\frac{3}{2},t=\frac{60}{19}$, 它们是 $\frac{705\ 600}{d},\frac{196}{4\ 157},\frac{361}{557}$, 其中 $d=2\ 315\ 449$. 对应的整数解是 $705\ 600d,109\ 172d,1\ 500\ 677d$. Euler[1] 坚信这些数给出了最小的整数.

E. Fauquembergue[2] 应用最简单的方法得到

$$4a^2b^4(a^2+b^2),(a^4-b^4)^2,4a^4b^2(a^2+b^2)$$

它们的积是一个平方,和是 $(a^2+b^2)^4$, 两个数积的和是 $4a^2b^2(a^2+b^2)^2\cdot(a^4+b^4)^2$. 对于 $a=2,b=1$, 我们得到 80,225,320.

为了找到[3]三个整数,它们的和当两个数的和均是立方,取

$$x+y+z=(b+n)^3, x+y=b^3, x+z=c^3$$

则

$$y+z=2(b+n)^3-b^3-c^3=(b+2n)^3$$

若

$$b=-\frac{c^3+6n^3}{6n^2}$$

J. Cunliffe[4] 注意到 $x+y-z=a^3,x+z-y=b^3,y+z-x=c^3$ 意味着 $x+y+z=a^3+b^3+c^3$, 许多作者使它为一个立方.

许多人[5]发现 A. P 中的三个平方,用 $v(2pq\pm q^2\mp p^2),v(p^2+q^2)$ 表示根,得它们的平方根的和是一个立方,它们的和 vk 等同于 s^3k^3, 其中 $k=p^2+4pq+q^2$.

J. Anderson[6] 使 $xyz+1,xy+1,xz+1$ 和 $yz+1$ 中的后两个等于 $(pz-1)^2$ 和 $(qz-1)^2$ 的方法确定了这四个数均是平方. 由此 $x=p^2z-2p,y=q^2z-2q$. 则如果 $z=4+\frac{2(p+q)}{pq}$ 和 $p=q+1$, 那么前两个分别是 $1+2pqz$ 和 $pqz-p-q$ 的平方.

---

① Corresp. Math. Phys. (ed., Fuss), 1, 1843, 631, Aug. 23, 1755.

② L'intermédiaire des math., 6, 1899, 95-96.

③ New Series of Math. Repository (ed., T. Leybourn), 2, 1809, I, 31-33.

④ The Gentleman's Math. Companion, London, 3, No, 14, 1811, 282-283.

⑤ New Series of Math. Repository (ed., T. Leybourn), 3, 1814, I, 111-115.

⑥ The Gentleman's Math. Companion, London, 5, No. 26, 1823, 238-239.

为了找到三个数，它们的和是一个立方，任意两个的和是一个平方，J. Foster[①] 取 $x+y=m^2a^2$，$x+z=m^2b^2$，$y+z=m^2c^2$，$x+y+z=d^3m^3$，由此 $m=\frac{a^2+b^2+c^2}{2d^3}$. 许多解用到数 $2(x^2+y^2-z^2)$，$2(x^2+z^2-y^2)$，$3(z^2+y^2-x^2)$，它们中两个数的和是平方. 为了满足 $2(x^2+y^2+z^2)=8p^6$，取 $y^2=4p^6-n^2=(cn-2p^3)^2$，这确定了 n，且取 $z=\frac{2mn}{m^2+1}$，由此 $n^2-z^2=\square=x^2$.

W. Lenhart[②] 发现了 1 982 015，2 759 617 和 44 286 264 的和，与它们中任意两个的和均是立方，它们是 366^3 超出下式中立方的剩余

$$168^3+359^3+361^3=2\times 366^3$$

S. Bills[③] 从下式中得到了同样的结果

$$x^3+(z+1)^3+(z-1)^3=2(z+v)^3$$

$$z^2+\frac{v^2-1}{v}z=\frac{x^3-2v^3}{6v}$$

根 z 包含了 $6vx^3-3v^4-18v^2+9=6v(x+2a)(x-a)^2$ 的平方根. 对于 x 的结果值，如果

$$v^4+6v^2+16a^3v-3=\square=(v^2+3)^2$$

则 $6v(x+2a)=\square$，由此 $v=\frac{3}{4a^3}$. 取 $a=\frac{1}{2}$. 几个作者[④]解决了同样的问题.

为了找到算术连续中的三个整数，它们的公差是一个立方，任意两个少于第三个的和是一个平方且结果平方根的和是一个平方. S. Bills[⑤] 取 x^2-y^3，x^2，x^2+y^3，为了使 $x^2\pm 2y^3$ 为平方，取 $x=uy$，由此 $u^2\pm 2y$ 可知为平方，如果 $u=t(p^2+q^2)$，$y=2pqt^2(p^2-q^2)$，这使 $2t(p^2+4pq+q^2)pq\cdot(p^2-q^2)$ 是一个平方，即 $2pq(p^2+4pq+q^2)(p^2-q^2)r$，由此找到 t. 其他人在 A.P 中用数 $x^2\mp xy+y^2$，x^2+y^2，且取 $x=2mn$，$y=m^2-n^2$，则 $m^2+4mn+n^2=\square$，说成 $(m+pn)^2$，给出了 $\frac{m}{n}$，取 $p=\frac{3}{2}$. 如果 $n=300$，则 xy 是一个立方.

J. Matteson[⑥] 把最后的条件替换成下面的条件，解决了最后的问题替换条件：平方根之和是一个八次幂，平方是七次，五次，四次幂，且要求的数的算术意义是一个平方.

---

① Ladies' Diary, 1826, 35-36, Quest. 1434.

② Math. Miscellany, New York, 1, 1836, 123.

③ Math. Quest. Educ. Times, 12, 1869, 80.

④ Math. Visitor, 2, 1887, 84-88.

⑤ Math. Quest. Educ. Times, 12, 1869, 91-92.

⑥ Collection of Diophantine Problems, Washington(ed., Martin), 1888, pp. 5-7.

为了找到三个正整数,它们的和、平方和、立方和均是平方. A. B. Evans①取 ax, ay, az,其中 $a=x+y+z$,且令 $a(x^3+y^3+z^3)=a^2(x-y+z)^2$. 由此 $y^2+y(x+z)-3xz=0$. 如果 $x^2+14xz+z^2=\square=\left(\frac{zm}{n}-x\right)^2$,则 y 中的根数是有理的. 如果 $x=m^2-n^2, z=2mn+14n^2$,上式成立. 对 $\sum x^2$ 的展开中,令 $m=p-8n$,且等于 $p^2-16pn-83n^2$ 的平方. 因此 $\frac{p}{n}=\frac{1\,332}{83}$,则 $ax=412\ 095\ 790\ 665,\cdots$. 几个解题者用到了 $15mx, 15my, 8m(x+y)$,它们的和整除它们的立方和. 如果 $m=\frac{d^2}{23(x+y)}$,则一个线性和两个二次函数将是一个平方.

D. S. Hart 把一个单位成分三个正的部分,分别取之为 $\frac{x}{s}, \frac{y}{s}, \frac{z}{s}$,它们的平方和与立方和均是平方数,其中 $s=x+y+z$. 如果 $s=\square$, $\sum x^2=\square$, $\sum x^3=\square$,则前面问题满足条件. 他发现了三个数,它们的和、平方和均是立方,立方和是平方. 令 ax^3, bx^3, cx^3 是这样的数,如果 $x=\sum a^3$,它们的立方和等于 $(x^5)^2$. 为了使 $\sum a$ 和 $\sum a^2$ 是立方,它们的积等 $(a+b-c)^3$. 如果 $b^4+2b^3c-9b^2c^2+6bc^3-7c^4=\square$,则满足 a 的结果二次方的根是有理的. 令 $b=2c+d$,如果 $d=\frac{35c}{9}$ 或 $\frac{116c}{315}$.

为了找到三个整数,它们的和、积、和平方和均是平方. S. Tebay 用数 xy, $x(x+y), y(x+y)$,而 A. B. Evans 用 xa^2, ya^2, xya^2,且 $x=y+1$.

D. S. Hart② 发现了三个数 ax, bx, cx,如果它们的立方和加上或让它们的每个的平方减去它们,那么这个和与剩余的部分均是平方. 令 $d=a^3+b^3+c^3$,则 $a^2x^2+dx^3=\square=e^2x^2, a^2x^2-dx^3=\square=f^2x^2$ 给出了 $x=\frac{e^2-a^2}{d}=\frac{a^2-f^2}{d}$. 相似的, $b^2x^2\pm dx^3=g^2x^2, h^2x^2$ 给出了 $x=\frac{g^2-b^2}{d}=\frac{b^2-h^2}{d}$,而 $c^2x^2\pm dx^3=k^2x^2, l^2x^2$ 给出了

$$x=\frac{k^2-c^2}{d}=\frac{c^2-l^2}{d}$$

利用 x 的分子, $e^2=2a^2-f^2, g^2=2b^2-h^2, k^2=2c^2-l^2$. 如果 $a=P^2+Q^2$, $f=2PQ-P^2+Q^2$,则满足第一个. 像在 Diophantus, V, 8 中一样,取三个相等

① Math Quest. Educ. Times, 17, 1872, 30-31.

② Math. Visitor 2, 1882, 17-18.

区域的三角形，斜边为 $49+9,49+25,49+64$. 对于 $P=7,Q=3$，我们得到 $a=58,f=2$. 相似的，$P=7,Q=5$ 给出了 $b=74,h=46$；$P=8,Q=7$ 给出了 $c=113,l=97$. 因此，我们得到 ax，….

在美国数学月刊中解决了问题：三个数，它们的立方和是一个平方，且平方和是一个立方(1,1894,363). 三个整数，其中任意两个的和是一个立方. 三个整数，它们的和是一个立方，且任意小于第三个数的两数之和是一个立方(2,1985,86－87). 三个正整数，其中两个数的和是一个平方，这个平方是第一个数，它与它们三个数的立方和作积，得到的这个积是一个平方[1]. 四个正整数，每个小于他们的和的立方的二倍，是一个立方. 三个正整数，它们的和、平方和、立方和均是平方或均是立方.

R. F. Davis 和其他人[2]令 $X^3+Y^2+Z^2,Y^3+X^2+Z^2,Z^3+X^2+Y^2$ 均是平方. 取 $X=2(1-y),Y=2(1+y),Z=2(1-y^2)$，则前两个式子等于 $2(2\mp y+y^2)$. 如果 $y=\pm\frac{4}{3}$，则第三个是一个平方.

A. Martin[3] 解决了 $A^2+B^2+C^2=\square,A^3+B^3+C^3=D^3$. 像后者中的解一样，他采用了 a 的积，a 的值由 Young 给出. 取 $n^2+2=(n-r)^2$，则 $\sum A^2=\square$ 变成 q 的二次方. 通常发现，它的解是 q 的一个非常长的展开式. 取 $r=3$，由此 $n=\frac{7}{6}$，则 $q=\frac{\alpha}{\beta}$，其中 $\alpha=81\ 420\ 385,\beta=11\ 290\ 752$. 取 $a=6\beta^2$，则 A,B,C 是 17 位整数

$$A=11\ 868\ 013\ 975\ 030\ 087$$

$$B=16\ 269\ 106\ 368\ 215\ 226$$

$$C=88\ 837\ 226\ 814\ 909\ 894$$

M. Rignaux[4] 注意到含有三个参数 m,n,g 的最后问题的解，使 $m^2+2n^2=\square$；在他的数值例子中，A,C 是负的，而 A,B,C 仅含六或七位数.

P. Tannery 和 H. Brocard[5] 注意到 3,4,5 用乘法产生了

$$54+72+90=6^3$$

$$54^3+72^3+90^3=108^3$$

E. B. Escott 给出了含公因子的数

---

① Also, Math. Quest. Educ. Times, 24, 1913, 63-64.

② Math. Quest. Educ. Times, 64, 1896, 26.

③ Math. Magazine, 2, 1898, 254-255.

④ L'intermédiaire des math., 24, 1917, 79-80. He corrected a misprint in a citation of Martin's solution, correctly quoted in 7, 1900, 162.

⑤ L'intermédiaire des math., 6, 1899, 190.

$$3+4-6=1^3$$
$$3^3+4^3-6^3=-5^3$$
$$36+37-46=3^3$$
$$36^3+37^3-46^3=-3^3$$

H. Brocard 给出了 $9+15-16=2^3$, $9^3+15^3-16^3=2^3$ 和 $24+2-18=2^3$, $24^3+2^3-18^3=20^3$.

A. Gérardin[①] 注意到,如果 $x+y+z$, $\sum x^2$ 和 $\sum x^3$ 均是立方,x,y,z 在几何上与算术上均不是级数.他和其他人[②]注意到 $x+y+z=c^2$, $x^2+y^2+z^2=b^3$ 的整数解的特殊集合,也注意到使 s^3-x-y, s^3-y-z, s^3-x-z 均是平方或立方的特殊值,其中 $s=x+y+z$. s^3-x, s^3-y, s^3-z 均是平方,$xyz+x^2$, $xyz+y^2$, $xyz+z^2$ 均是平方. s^2-x-y, s^2-y-z, s^2-x-z 均是立方.

18 找到 n 个数,它们和的立方是递增加(或递减的),它们中的任意一个给出了一个立方

Diophantus, V, 18(19) 中要求三个数 x_i 使得如果 s 表示它们的和,那么 $s^3+x_i(s^3-x_i)$ 是立方.令 $x_i=(a_i^3-1)s^3[x_i=(1-a_i^3)s^3]$,因为 $\sum x_i=s$,我们有$(\sum a_i^3-3)s^2=1(=-1)$,对于第一个问题,$\sum a_i^3-3=\square$,取 $a_1=m+1$, $a_2=2-m$, $a_3=2$,则

$$\sum a_i^3-3=9m^2-9m+14=(3m-4)^2$$

如果 $m=\frac{2}{15}$,因此 $s=\frac{5}{18}$.对于第二个问题,$3-\sum a_i^3=\square$, $a_i^3<1$, Diophantus 取平方为 $2\frac{1}{4}$,由此 $\sum a_i^3=\frac{3}{4}=\frac{162}{216}$.因此,我们不得不把 162 表示成三个立方的和.现在 $162=125+64-27$.利用"Porisms"中的定理,两个立方差一直是两个立方和.因此有三个立方,且 $2\frac{1}{4}s^2=1$,由此 $s=\frac{2}{3}$.我们得到数 x_i,与 Bachet 比较.

Diophantus, V, 20 中要求和 s 的三个数 x_i,使 x_i-s^3 是立方.令 $x_i=(a_i^3+$

---

① Sphinx-Oedipe, 9, 1914, 38-39.

② L'intermédiaire des math., 22, 1915, 172; 23, 1916, 93.

$1)s^3$，则 $\sum a_i^3+3$ 是一个平方 $\frac{1}{s^2}$. 令 $a_1=m,a_2=3-m,a_3=1$，则 $9m^2-27m+31=\square=(3m-7)^2$，由此 $m=\frac{6}{5},s=\frac{5}{17}$.

C. G. Bachet[1] 相信 Diophantus 偶然发现了平方 $2\frac{1}{4}$，其中 3 大于可表示的三个立方的和，这三个立方小于 1，且指出如果 $2\frac{1}{4}$ 被 $2\frac{7}{9}$ 代替，他不能解决问题. 他完成了 Diophantus 所省略的计算. $64-37$ 是 $\frac{40}{91}$ 和 $\frac{303}{91}$ 的立方和. 因此，$\frac{162}{216}$ 是 $\frac{125}{216},\frac{20^3}{(91^3\times 27)},\frac{101^3}{(91^3\times 8)}$ 的立方和. 用单位元减去它们，是用 $s^3=\left(\frac{2}{3}\right)^3$ 乘以余下的部分. 我们得到答案 $\frac{91}{27^2}$，…，Bachet 表示成具有公分母的分式. 但有公因子 27 在所有项中分母化简为 $549\ 353\ 259=91^3\times 27^2$.

A. Girard 注意到我们能采用 Bachet 的值 $2\frac{7}{9}$. 因为 $3-2\frac{7}{9}=\frac{162}{9^3}$ 是三个立方的和. 或者，我们可以采用 $2\frac{14}{25}$，它是 3 超出 $\frac{216}{1\ 000},\frac{216}{1\ 000}$ 和 $\frac{8}{1\ 000}$ 的立方和 $\frac{440}{1\ 000}$ 的部分. 在 Diophantus，V，19 中的最终解是 $\frac{49}{256},\frac{49}{256},\frac{62}{256}$（因为 $s^3-x_1=\left(\frac{3}{8}\right)^3,s^3-x_3=\left(\frac{1}{8}\right)^3$）.

Fermat[2] 承认了 Diophantus 偶然导出了 $2\frac{1}{4}$，并重申重新发现他的方法并不难. "取 $x-1$，2 到 3 之间的所要求的平方的一边，则 $3-(x-1)^2$ 是三个立方和. 取立方中的两个的那边作为 x 的线性函数，使得如果用 $2+2x-x^2$ 减去它们的立方和，结果仅含连续次数 x 中的两项. 这可以无限种方式完成. 取 $1-\frac{x}{3}$ 和 $1+x$ 作为立方中的两个的那边，则结果是

$$\frac{-13}{3}x^2-\frac{26}{27}x^3$$

估计到 $-c^3x^3$，我们有 $x=\frac{117}{27c^3-26}$，我们将选择 c 以使 $1-\frac{x}{3}>0$. 因为

① Diophanti Alex. Arith.，1621，324.

② Oeuvres，Ⅲ，258-259.

第三个立方是负的，我们用①到 Porism 的方法，这里 Bachet 再次陷入困境；他重申，他可以把两个给出立方的差表示成两个立方和，仅当给出立方远超出较小者的 2 倍时.

Ludolph van Ceulen②(1540—1610) 在他在荷兰的最后的工作是提出了 100 个问题，第 68 题和 69 题是找出三个和四个数，使得如果它们和的立方减去它们中每一个，剩余的均是立方. 对于三个数，在他的信中说，他的解由 van Schooten 公布. 他的继承者在莱顿大学学习 van Ceulen 的方法后，N. Huberti 得到了四个数的解，被 van Schooten 引用：$\frac{867\ 160}{C}$，$\frac{787\ 400}{C}$，$\frac{13\ 527\ 640}{D}$，$\frac{14\ 087\ 528}{D}$ ($C=4\ 657\ 463, D=125\ 751\ 501$). $\frac{12\ 172\ 736}{k}$，$\frac{11\ 296\ 152}{k}$，$\frac{9\ 112\ 168}{k}$，$\frac{4\ 724\ 776}{k}$ ($k=64\ 481\ 201$).

更进一步的答案满足三个数

$$\frac{15\ 817\ 815\ 000}{G}, \frac{9\ 568\ 152\ 000}{G}, \frac{8\ 925\ 120\ 000}{G} \quad (G=86\ 526\ 834\ 967)$$

Frans van Schooten③首先找到了三个立方，用 4^3 减去它们，剩余的和是一个平方. 令立方根是 $N-1, 4-N, 2$. 从 64 中减掉它们的立方，我们得到 $65-3N+3N^2-N^3, 48N-12N^2+N^3$ 和 56，等于他们的和

$$121+45N-9N^2$$

到 $(11+N)^2$，由此 $N=\frac{23}{10}$. 因此上式的剩余等于

$$a=\frac{61\ 803}{1\ 000}, b=\frac{59\ 087}{1\ 000}, 56$$

现在令三个要求的数是 $an^3, bn^3, 56n^3$，他们的和是 $4n$，由此 $n=\frac{20}{133}$. 因此答案是

---

① To secure Diophantus' value $(x-1)^2=2\frac{1}{4}$, we must take $x=\frac{5}{2}$ or $-\frac{1}{2}$, whence $27c^3=\frac{364}{5}$ or -8×26, so that c is irrational. Hence Fermat's process is not general, although it leads to a solution by setting $c=\frac{5}{3}$, whence $x=\frac{13}{11}$, and the sides of the cubes are $\frac{20}{33}, \frac{72}{33}, -\frac{65}{33}$, as noted by Heath, "Diophantus," ed. 2, 214.

② Van den Circkel, 1596, 1615. Latin transl. by W. Snellius, 1619. Cf. Bull. Bibl. Storia Sc. Mat. e Fis., 1, 1868, 141-156.

③ Exercitationvm Math., 1657, Liber V, Sect. 13, 434-436. Reproduced by C. Hutton, The Diarian Miscellany, London, 1, 1775, 138-139.

$$\frac{494\ 424}{D},\frac{472\ 696}{D},\frac{448\ 000}{D}\quad (D=2\ 352\ 637)$$

他们的和是$\frac{80}{133}$,三个数缩减了它们的立方,给出了$\frac{26}{133},\frac{34}{133},\frac{40}{133}$的立方作为剩余.

J. H. Rahn 和 J. Pell① 处理了 Diophantus,Ⅴ,18,19,20. Pell 的解,除了用$(11+mN)^2$代换$(11+N)^2$之外与 van Schooten 的解有所不同,且在 *Wallis's Algebra* 中给出含 van Schooten 的答案的解.

对于 Diophantus,Ⅴ,19,J. Kersey② 采用$a_1=\frac{53}{144},a_2=\frac{27}{144},a_3=\frac{16}{144}$,由此$3-\sum a_i^3=\left(\frac{247}{144}\right)^2,s=\frac{144}{247}$. 因此,想求的数是 2 837 107,2 966 301,2 981 888 与 10 569 223 的比率. 或者,我们可以取$a_1=\frac{103}{(9\times 23)},a_2=\frac{12}{(9\times 23)},a_3=\frac{1}{9}$,由此$s=\frac{9\times 23}{1\ 053}$,给出了$x_1=\frac{7\ 777\ 016}{43\ 243\ 551},\cdots$. 或者$a_1=\frac{41}{64},a_2=\frac{39}{64},a_3=\frac{3}{63},s=\frac{8\times 16}{185},x_1=\frac{1\ 545\ 784}{6\ 331\ 625}$,或者$a_1=\frac{67}{88},a_2=\frac{87}{88},a_3=\frac{22}{88},s=\frac{176}{221},x_1=\frac{3\ 045\ 672}{10\ 793\ 861}$. 对于四个数,取$\alpha_1,\cdots,\alpha_4$是 4 684,4 836,3 485,3 315 与 1 360 的比,则$\sum(64-\alpha_i^3)=t^2,t=\frac{16\ 027}{1\ 360}$. 想要的数是$x_i=(16-\alpha_i^3)s^3,s=\sum x_i=\frac{1}{t}$. 他在 Diaphantus③,Ⅴ,18 中的解与 Diophantus 的一样.

van Schooten 未带细节的答案,在 *Ladie Diaru* 中给出. J. Hampson④ 在 Diophantus,Ⅴ,19 中给出了不含细节的更小的答案. $\frac{13\ 851}{D},\frac{19\ 467}{D},\frac{18\ 954}{D}$,其中$D=85\ 184$. 他同样指出了 Diophantus,Ⅴ,18 的两个答案:23 625,1 538,18 577 到 157 464 的比率;18 954,4 184,271 到 132 651 的比率.

J. Landen⑤ 在 Diophantus,Ⅴ,20 中取zy,zx,zv作为数,且p^2z作为它们的和,且zs,zr,zq作为立方根,找出答案$\frac{341}{D},\frac{854}{D},\frac{250}{D}$,其中$D=4913$,没给出

---

① Rahn's Algebra,Zurich,1659. An Introduction to Algebra,transl. out of the High-Dutch by T. Brancker,much altered and augmented by D. P[ell],London,1668,105-131. Cf. Wallis' Algebra, Ch. 59.

② The Elements of Algebra,London,Book Ⅲ,1674,111-114,104-105.

③ The Elements of Algebra,London,Book Ⅲ,1674,101.

④ Ladies' Diary,1747,27,Quest. 275.

⑤ Ladies' Diary,1749,26,Quest. 304;C. Hutton's Diarian Miscellany,2,1775,270;Leybourn's Math. Quest. proposed in Ladies' Diary,2,1817,7-9.

细节.

Bachet 完成了 Diophantus 提出的"Repository solution"①. 导出了 $\frac{162\ 707\ 336}{d}$，$\frac{134\ 953\ 209}{d}$，$\frac{68\ 574\ 961}{d}$，其中 $d=549\ 353\ 259$. 也注意到 37 是 $\frac{18}{7}$ 和 $\frac{19}{7}$ 的立方和，由此 $s=\frac{2}{3}$，且一个新的答案是 $\frac{68\ 256}{k}$，$\frac{67\ 229}{k}$，$\frac{31\ 213}{k}$，其中 $k=250\ 047$.

对 Diophantus，V，18，J. Bennett② 取 nx 作一个数，且 s 作为三个数之和. 令 $s^3+nx=(s+x)^3$，由此 $x=\frac{1}{2}\sqrt{4n-3s^2}-\frac{3s}{2}$. 取 $\frac{n}{s^2}=21,31,57$，我们得到 $nx=63s^3,124s^3,342s^3$，如果它们的和是 s，即如果 $s=\frac{1}{23}$，那么它们是要求的数. J. Ryley③ 用到数 $x,y,a-x-y$，则 $a^3+x=a^3s^3$，$a^3+y=a^3n^3$ 给出了 x,y，令 $a^3+a-x-y=m^3a^3$，则 $a^2f=1$，$f=m^3+n^3+s^3-3$. 取 $n=2-r$，$s=1+r$，$f=(2vm-3r)^2$，其中在 m,v 的项中给出了 r.

T. Leybourn④ 注意到取 $(a^3-u^6)v^3$，$(b^3-u^6)v^3$，$(c^3-u^6)v^3$ 作为数，如果 u^2v 是它们的和，那么它们满足 Diophantus，V，18. 后者要求 $F=a^3+b^3+c^3-3u^6=\square$. 取 $a=p+q$，$b=r-p$，$c=s$，则 $F=3(q+r)p^2+3(q^2-r^2)p+q^3+r^3+s^3-3u^6$. 取 $3(q+r)=n^2$，则 $F=(m-np)^2$ 确定了 p. 利用试验，他发现如果 $a=4$，$b=5$，$c=7$，$u=1$，则 $F=(23)^2$. 对于 Diophantus，V，20，他取 $(a^3+u^6)v^3,\cdots,(c^3+u^6)v^3$ 作为数，且 u^2v 作为他们的和，则

$$G=a^3+b^3+c^3+3u^6=\square$$

通过试验，如果 $a=5$，$b=8$，$c=9$，$u=1$，则 $G=37^2$. 令 $b=3q^2-a$，我们看到 G 变为 a 中的二次方，且 $G=(m-3qa)^2$ 确定了 a.

M. Noble⑤ 给出了 Diophantus，V，19 上的一个注记. 引用上面论文中的问题. 他注意到一个解会导致无穷. 如果 $3-\sum a_i^3=a^2$，则 $3-\sum(a_i+g_ix)^3=(a+fx)^2$，提供了

$$-3Ax-3Bx^2-Cx^3=2afx+f^2x^2$$

$$A=\sum a_i^2g_i,B=\sum a_ig_i^2,C=\sum g_i^3$$

---

① The Diarian Repository; or, Math. Register... Collection of Math. Quest. from Ladies' Diary, by a Society of Mathematicians, London, 1774, 81-82.

② Ladies' Diary, 1805, 43-44, Quest. 1132; Leybourn's M. Quest. L. D., 4, 1817, 46-47.

③ The Diary Companion, Supplement to Ladies' Diary, London, 1805, 46-47.

④ Leybourn's Math. Quest. proposed in Ladies' Diary, 1, 1817, 405-407.

⑤ Leybourn's Math. Quest. proposed in Ladies' Diary, 1, 1817, 52-62.

我们可以取 $3A+2af=0,x=\frac{-f^2-3B}{C}$. 他也给出了下面的解. 令 x,y,z 是要求的数,s 是它们的和,则 $x=s^3-a^3,y=s^3-b^3,z=s^3-c^3$,因此

$$s=3s^3-a^3-b^3-c^3 \tag{1}$$

取 $s=u^2v,a=(p+q)v,b=(u^2-q)v,c=(u^2-p)v$,则(1) 要求

$$u^2=v^2F$$

$$F=Eu^2+3(u^4-p^2)q-3(p+u^2)q^2=\square$$

$$E=u^4+3pu^2-3p^2$$

令 $E=\left(u^2+\frac{pm}{n}\right)^2$. 我们得到 p,且因此

$$E=(ku^2)^2$$

$$k=\frac{3n^2+3mn-m^2}{3n^2+m^2}$$

等于 F 到 $u^3k+\frac{qr}{e}$ 的平方,我们得到 q,则显然

$$v=\frac{eu}{eku^3+rq}$$

$$x=\{u^6-(p+q)^3\}v^3,\cdots,z=\{u^6-(u^2-p)^3\}v^3$$

Wm. Lenhart① 找到了 n 个数 x_i,使得如果每一个被加到他们和 s 的立方,那么和将变成一个立方 α_i^3. 因此 $s+ns^3=\sum\alpha_i^3$. 取 $s=\frac{1}{r}$,则 $r^2+n=\sum(r\alpha_i)^3$. 但是在另一篇论文中,第二十五章的 Lenhart 他表明如何把一个数(这里是 r^2+n) 表示成立方和,并且为了找到 n 个数 x_i,使如果每一个减去他们和 s 的立方,剩余的是一个立方 β_i^3,我们有 $ns^3-s=\sum\beta_i^3$. 取 $s=\frac{r}{t}$,则 $r(nr^2-t^2)=\sum(t\beta_i)^3$. 如果 $r=t$,问题是找出 n 个立方,每一个小于 1,它们的和是 $n-1$. 这在论文的注中讨论. 这里令 $t>r$,t 与 r 互素. 下面的过程被用到. 从 nr^2 中轮流减去与 r 互素的平方增长的级数项,且从第一个小于 nr^2 的平方项开始,到大于 r^2 的平方项结束;用 r 乘以每个剩余,找到一个积分解成立方 $(t\beta_i)^3$. 对于 $n=4$,取 $r=12,t=19$;$2\ 580=a+b,a=1\ 241=9^3+8^3,b=1\ 339=2^3+11^3$. 应用两个立方和的表格,他发现 $n=3$ 的几个答案和 $n=5$ 的一个答案.

S. Bills② 为了找到 $x_i=(1-a_i^3)s^3,s=\sum x_i$,将解 $n-a_1^3-\cdots-a_n^3=k^2$,对 k,取任意值 $a_4,\cdots,a_n$,且应用定理,任意数是三个有理平方的和. 相似的,为

① Math. Miscellany,New York,1,1836,263-267.

② Math. Quest. Educ. Times,22,1875,71

了找到 $x_i=(a_i^3-1)s^3$，我们有 $\sum a_i^3-n=\frac{1}{s^2}$；令 $K=\frac{1}{s}$，指定任意值到$a_3,\cdots,a_n$ 且解 $a_1^3+a_2^3+d=K^2$，其中 $d=a_3^3+\cdots+a_n^3-n$. 令

$$a_1=\frac{3}{2}+v, a_2=\frac{3}{2}-v$$

则 $K^2-9v^2=\frac{27}{4}+d=fg$. 取 $K+3v=f, K-3v=g$，我们得到 K 和 v.

A. B. Evans① 发现了三个正整数，它们的和是单位元，使每个正单位元是一个立方. 取 $a_i^3x^3-1$，则 $x^3\sum a_i^3=4$. 令 $p=s+a_3, 4r^3=a_1^3+a_2^3-s^3$. 估计 a_i^3，我们得到

$$\frac{1}{x^3}=\frac{1}{4}(p^3-3p^2s+3ps^2+4r^3)$$
$$=\left(r+\frac{ps^2}{4r^2}\right)^3$$

如果

$$p=\frac{12r^3s}{4r^3-s^3}$$

则

$$x=\frac{(4r^3-s^3)}{(4r^4+2rs^3)}$$

对于 $r=9, s=5$，如果 $a_1=\frac{1\ 404}{133}, a_2=\frac{1\ 637}{133}$，则条件 $a_1^3+a_2^3=3\ 041$ 被满足.

D. S. Hart 找到了 $N(N\leqslant 5)$ 个数使得如果它们的和 s 的立方减去每一个得到的剩余都是一个立方. 对于三个数 x,y,z，令 $s^3-x=m^3, s^3-y=n^3, s^3-z=p^3$，则 $m^3+n^3+p^3=3s^3-s$，当

$$m=\frac{1}{28}, n=\frac{2}{28}, p=\frac{15}{28}, s=\frac{9}{14}$$
$$x=\frac{17}{64}, y=\frac{13}{49}, z=\frac{351}{3\ 136}$$

成立. 这些给出了含有最小数的答案. 对于 $N=4, m^3+n^3+p^3+q^3=4s^3-s$，如果 $s=\frac{5}{9}, m=\frac{3}{27}, n=\frac{5}{27}, p=\frac{6}{27}, q=\frac{13}{27}$，则上式被满足；要求的数是 3 348，3 250，3 159，1 178 到 27^3 的比率. 对于 $N=5$，取 $s=\frac{1}{2}$，且 $m,\cdots,r$ 将是 1，3，4，5，8 到 18 的比率.

---

① Math. Quest. Educ. Times, 25, 1876, 31. Cf. Strong and Lenhart of Ch. XXV.

R. Davis① 分单位元为三个部分,使每一部分是一个立方. 他和 D. S. Hart 处理了Diophantus, Ⅴ ,20.

为了使 a^3-x_i 是一个立方,其中 $a=\sum x_i$,因此 na^3-a 是 n 个立方和, S. Tebay② 把 $n-a^{-2}$ 展成 n 个立方的和. 它们的根是 $m-s,m-t,s+t-m$. 令 $H-n+m^3$ 为负的剩余立方和,则 $a^{-2}=H+3st(2m-s-t)$. 最后的积等于 $9r^2s^2t^2$,因此确定 t,则

$$a^{-2}(3r^2s+1)^2=9r^2(s^2-2ms+\frac{1}{2}Hr^2)^2$$

$$24r^2(3mr^2+1)s=9Hr^6-4$$

因此 s 和 t 可在 r,m,H 的项中找到. 他把 2 表示成三个有理立方的和. 但如果 $s=1$,则 $3s^3-s=2$. 因此,像 Hart 一样,我们有三个数,它们的和是单位元,且使每个单位增加量是一个立方. 他用 Hart 的方法试验了 11 个由三个立方组成的和,但没有找到和 Hart 一样的那么小的数. 他的最小的答案是 $\frac{13}{49}$,$\frac{17}{64}$,$\frac{351}{(49\cdot 64)}$,和是 $\frac{9}{14}$.

A. Holm③ 以 Diophantus 公式

$$3-\left(\frac{5}{6}\right)^3-\left(\frac{2}{3}\right)^3-\left(\frac{-1}{2}\right)^3=\left(\frac{3}{2}\right)^2$$

开始处理了 Diophantus, Ⅴ ,19.

为了找到 $3-\sum a_i^3=\square$ 的正解,取 $a_1=\frac{5}{6}$,$a_2=\frac{2}{3}-x$,$a_3=-\frac{1}{2}+x$,则

$$\frac{9}{4}+\frac{7}{12}x-\frac{1}{2}x^2=\square=(-\frac{3}{2}+rx)^2$$

当

$$x=\frac{36r+7}{12r^2+6}$$

为了使三次方为正,取 $\frac{1}{2}<x<\frac{2}{3}$. 在这种情况中,如果 $r=\frac{11}{2}$,由此 $x=\frac{5}{9}$. 因此 351,832,833 到 3 136 的比率回答了 Diophantus 的问题.

---

① Math. Visitor, 1, 1880, 107.

② Math. Quest. Educ. Times, 38, 1883, 80-81.

③ Math. Quest. Educ. Times, (2), 9, 1906, 98.

19　含四个或更多未知数的三次方程组

Alkarkhi[1] 令 $x=2y,z=my,t=ny$，解出了 $x^2-y^3=z^2,x^2+y^3=t^2$. 由此 $y=4-m^2=n^2-4,m^2+n^2=8$；取 $m^2=\frac{4}{25},n^2=\frac{196}{25}$. 他处理了各种相似的问题.

J. Ozanam[2] 要求四个数，使前三个数的积和四个数中任意两个的积的和是一个平方.

W. Wright[3] 找到四个数，任意三个数的积加上单位元是一个平方. 用 $xyz+1=(pz+1)^2$ 减去 z 的值得到 $vyz+1$ 和 $vxz+1$，当

$$F=p^2-2vyp+vxy^2=(p-q)^2$$

则结果是平方，上式确定了 p，且 $G=p^2-2vxp+vx^2y=\square$. 后者是 q 的二次方程，它等于 $q^2-2vxq+2v^2xy-vxy^2+2vx^2y-2v^2x^2$ 的平方，因此，确定了 q，则 $vxy+1=n^2$ 确定了 x. J. Baines 取 $wxy+1=a^2,wxz+1=b^2,wyz+1=c^2$，在 z 的项中确定了 w,x,y. 取 $(b^2-1)(c^2-1)=1=z$，如果 $a=\frac{7}{3}$，那么 $xyz+1=(a^2-1)^2+1=(\frac{41}{9})^2$.

J. Anderson 发现了 n 个数，它们的和是一个平方，使每个数的平方超出它们和的立方一个平方数. 令这些数是 s^2x_i，其中 $\sum x_i=1$，则将有 $x_i^2-s^2=\square=(sp_i-x_i)^2$，由此 $x_i=\frac{s(p_i^2+1)}{(2p_i)}$. W. Watson 用了和是 s^2 的数 x_is^3，则 $x_i^2-1=\square=(x_i-m_i)^2$ 给出了 x_i，上面的条件给出了 s.

许多人[4]发现了算术过程上的四个数 $x,x+y,x+2y,x+3y$，它们的平方和 s 是一个平方，且极值的积和平均值的积之和是一个立方. 取 $y=vx$，则如果 $4+12v+14v^2=(rv-2)^2$，那么 $s=\square$，它给出了 v. 取 $r=4$，则 $v=14,p=478x^2$，如果 $x=478$，那么它是一个立方.

S. Ward[5] 找到四个数 a,b,c,x 使任意三个的积加上单位元将是一个平方.

---

① Extrait du Fakhrî, French transl. by F. Woepcke, Paris, 1853, 134.

② Letter to de Billy, May 9, 1676; Bull. Bibl. Storia Sc. Mat., 12, 1879, 517.

③ The Gentleman's Math. Companion, London, 5, No. 24, 1821, 47-48.

④ The Math. Diary, New York, 1, 1825, 55-56.

⑤ Amer. edition of J. R. Young's Algebra, 1832, 343-345.

令 $m=ab,n=ac,p=bc$，且令 $mx+1=(1-rx)^2$，由此 $x=\frac{(2r+m)}{r^2}$，则将有

$$r^2(nx+1)=r^2+2rn+mn=A^2$$
$$r^2(px+1)=r^2+2rp+mp=B^2$$

因此 $A^2-B^2=(2r+m)(n-p)$. 取 $A+B=2r+m, A-B=n-p$，这给出了 A. 因此 $r^2+2rn+mn=A^2$ 给出了

$$r=\frac{a^2bc-\frac{1}{4}(ab+ac-bc)^2}{ab-ac-bc}$$

取 a,b,c 的满足 $abc+1=\square$ 的值. 我们得到一个答案. 例如，$a=\frac{1}{2},b=2,c=3$ 给出了 Young 的答案 $x=\frac{16\ 016}{25}$.

在四个整数上，任意两个的和是一个立方.

A. Genocchi① 注意到较早的算术已知 $x=3,y=4,z=5,s=6$ 满足 $xy=2s$，$x^2+y^2=z^2,x^3+y^3+z^3=s^3$，且证明了这是唯一整数解. 如果第三个条件由 $x^3+y^3+z^3=s^nt$ 替换，其中 $n>1$，且 t 是未知整数，他证明了或者有 $b=1,a=3,n=2,m=1,t=3$，或者有 $m=3,t=1$，或者有 $b=1,a=2,n=3,m=t=1$，或者有 $b=1,a=2,n=2,m=2,t=3$，或者有 $m=1,t=6$.

P. W. Flood② 注意到六个立方

$$\left(\frac{1}{4}\right)^3,\left(\frac{1}{3}\right)^3,\left(\frac{5}{12}\right)^3,\left(\frac{1}{6}\right)^3,\left(\frac{53}{168}\right)^3,\left(\frac{75}{168}\right)^3$$

前三个的和是 $\frac{1}{8}$，且后三个的和是 $\frac{1}{8}$，这六个数使其中任意一个加上余下五个的和的平方后我们得到一个平方.

U. Bini③ 考虑了含 $\sum x^2=\sum u^2$ 或 $\sum x^3=\sum u^3$ 的 $xyz=uvw$，且 $\sum x=\sum u,\sum x^3=\sum u^3$. 第二对等于 $\sum x=\sum x',xyz=x'y'z'$.

L. E. Dickson④ 表明如何得到最后一对方程的所有整数解集，以及

$$xyz=x'y'z'$$
$$xy+xz+yz=x'y'+x'z'+y'z'$$

---

① Atti Accad. Pont. Nuovi Lincei, 19, 1865-1866, 49; Annali di Mat., 7, 1865, 157; French transl., Jour. de Math., (2), 11, 1866, 185-187.

② Math. Quest. Educ. Times, 70, 1899, 52.

③ L'intermédiaire des math., 16, 1909, 41-43, 112. Cf. desboves; also Sphinx-Oedipe, 8, 1913, 140, and Ch. XXIV.

④ Messenger Math., 39, 1909-1910, 86-87.

表示条件:两个矩形平行六面体有整数边、相等体积和相等表面积.

A. Gérardin① 注意到如果 $x=65$, $y=488$, $z=481$, $t=7$, 那么 d^3-x^2, d^3-y^2, d^3-z^2, d^3-t^2 均为平方,其中 $d=x+y-z-t$.

Gérardin② 给出包含解

$$\frac{x}{p^2}=\frac{t}{pq}=p^3+2q^3$$

$$\frac{y}{pq}=\frac{u}{q^2}=-q^3-2p^3$$

$$\frac{z}{q^2}=\frac{v}{p^2}=p^3-q^3$$

的 $x^3+y^3+z^3=t^3+u^3+v^3$, $xyz=tuv$ 的解集.

同样的一对方程和 $\sum x=\sum t$ 有解

$$\frac{x}{p}=\frac{t}{q}=pq-r^2$$

$$\frac{y}{q}=\frac{u}{r}=qr-p^2$$

$$\frac{z}{r}=\frac{v}{p}=pr-q^2$$

---

① L'intermédiaire des math., 23, 1916, 76.

② Nouv. Ann. Math., (4), 15, 1915, 564-566.

四次方程

第二十二章

1　两个双二次方程的和与差不会是平方；一个直角三角形的面积不会是一个平方数

Leonado Pisano① 认识到一个事实：一对儿同余数不是平方数(即 x^2+y^2 和 x^2-y^2 不会都是平方数)，而后者是直角三角形的面积，但他给出的证明并不完整. 四个世纪后，Fermat② 指出并证明了 Leonardo 所暗示的结果：有有理边的直角三角形的面积不等于有理边的平方. 这种情况是记载于 Diophantus，Ⅵ 的最后部分的第 12 个 Bachet 问题：为了找到给出面积 A 的直角三角形. Bachet 给出了必要充分条件：对于确定的 K，$(2A)^2+K^4=\square$. 这个条件意味着 $\frac{2A}{K}$ 和 K 是面积为 A 的直角三角形的两条边；相反，如果 K 和 H 是面积为 A 的直角三角形的两边，那么它们与 K^2 和 $2A$ 成比例，因此，他们是直角三角形的边. 他引

① Tre Scritti，1854，98；Scritti，2，1862，272. See Leonardo of Ch. ⅩⅥ

② Fermat's marginal notes in his copy of Bachet's edition of Diophantus' Arithmetica；Oeuvres de Fermat，Paris，1，1891，340；3，1896，271.

用了 F. Vieta, Zetetica, 1591, Ⅳ, 16 给出的两个条件，在第一个条件中，一些量增长四次幂，会使面积为四次幂，并对这些条件的必要性表示怀疑.

Fermat 的证明特别有趣，他在细节上用无限下降法加以说明. 它提出只有译文的细节的瞬间证明归他. Fermat 叙述的译文如下：

如果直角三角形的面积是一个平方数，那么将会有一个四次方，它的差分是一个平方数，因此存在两个平方数它们的和与差均是平方数. 因此会有一个平方数等于一个平方数与一个平方数的 2 倍之和，使两个组成平方的和是一个平方. 但是如果一个平方数是一个平方数与一个平方数的 2 倍的和，那么它的根也是一个平方数与一个平方数的 2 倍的和，这容易证明. 它使此根是一个直角三角形的两边之和，平方数中的一个是底边，另一个平方数的 2 倍是高. 因此直角三角形将由和与差均为平方数的两个平方数构成. 但是[①]，这两个平方数均能被表示成两个更小数的平方，且它们的和与差被认为均是平方数. 类似的，我们将有更小更小的整数满足这样的条件. 但是这是不可能的，因为没有无限小的正整数比 1 小. 对于全部示例，边缘太窄了.

以下是 Fermat 叙述的证明[②]：

如果两个边有公因子，那么面积将有一个可被除的平方因子. 因为若我们假设边 x, y, z 是互素的，我们可用 Diophantus 法则，令 $x=2mn$，$y=m^2-n^2$，其中 m, n 为互素整数且不同时为奇. 则 $mn(m^2-n^2)$ 将是一个平方数，由此 $m=a^2$，$n=b^2$，$a^4-b^4=\square$，其中 a 和 b 互素，一个是偶数，另一个是奇数. a^2+b^2 和 a^2-b^2 互素. 因此 $a^2+b^2=\xi^2$，$a^2-b^2=\eta^2$，ξ 和 η 是奇整数. 且 $\xi^2=\eta^2+2b^2$. 令

$$e=\frac{(\xi+\eta)}{2}, f=\frac{(\xi-\eta)}{2}$$

① As translated by Heath, Diophantus of Alex., ed. 2, 1910, 293-295. Tannery (Oeuvres de Fermat, Ⅲ, 272) gave the incorrect reading: But the sum of these two squares can be shown to be smaller than that of the first two of which it was assumed that the sum and difference are squares.

② Cf. H. G. Zeuthen, Geschichte der Math. in ⅩⅥ and ⅩⅦ Jahrhundert, 1903, 163. In the elaboration of Fermat's proof by A. M. Legendre, Théorie des nombres, 1798, 401-404; ed. 2, 1808, 340-343, use is made of the theory of quadratic forms to show that $\xi=r^2+2s^2$; while P. Bachmann, Niedere Zahlentheorie, 2, 1910, 451-454, employed the uniqueness of factorization of the integral algebraic numbers $a+b\sqrt{-2}$. Both completed the final step in the proof by comparing the areas of the initial and new triangles. H. Dutordoir, Annales de la Société Sc. de Bruxelles, 17, 1892-1893, Ⅰ, 49, announced in eight lines that he could fill in an elementary manner the gaps left in this proof by Fermat. For the elaboration used in the text, see L. E. Dickson, Bull. Amer. Math. Soc., (2), 17, 1911, 531-532.

则 e 和 f 是整数，且 $ef=\frac{b^2}{2}$. e，f 的公因子必将整除 ξ，η，b^2 和 a^2，因此 e 和 f 互素. 我们可取 e 为奇数，(若满足 η 的符号，则变换过来.) 则 $e=r^2$；$f=2s^2$，$2rs=b$，其中 r 和 s 是整数. 因此 $\xi=e+f=r^2+2s^2$，$\eta=r^2-2s^2$. 同样地，$a^2=b^2+\eta^2=r^4+4s^4$. 直角三角形两直角边为 r^2 和 $2s^2$，面积为 r^2s^2. 因此(在 Diophantus 的情况下)，两个平方 $m_1=a_1^2$，$n_1=b_1^2$ 有边为 $2m_1n_1$ 和 $m_1^2\pm n_1^2$. 因此 $2m_1n_1=2s^2$，$m_1^2-n_1^2=r^2$. 由 $m_1n_1=s^2$，我们得到 $a_1b_2=s$，$b=2rs$ 的一个因子. 因此[1] a_1 和 b_1 均比 b 小，也比 a 小.

Fermat[2] 在 Diophantus，Ⅱ，8，Ⅴ，32 中观察到两个四次方的和不是一个四次方或一个平方.

Fermat 曾于 1636 年 9 月对 Sainte-Croix 提到，他找到了一个面积为平方数的直角三角形(Oeuvres，Ⅱ，65；Ⅲ，287)；1640 年 5 月(？)对 Frenicle 提到(Oeuvres，Ⅱ，195)；1658 年 4 月 7 日对 Wallis 提到(Oeuvres，Ⅱ，376). Fermat 在于 1654 年 9 月 25 日写给 Pascal 的一封信中说明这个问题是不可能的(Oeuvres，Ⅱ，313). J. Wallis 在 1658 年 6 月 30 日的尝试性的[3]证明(Oeuvres de Fermat，Ⅲ，599)只不过是对直角三角形的 Diophantus 法则的证明. Fermat 在于 1659 年 8 月写给 Garcavi 的一封信(Oeuvres，Ⅱ，431-436，see436)中提到了他传达给 Carcavi 和 Frenide 的关于否定定理的"descente indéfinin"的证明，并在同一封信中引用了正在讨论的定理.

Frenicle de Bessy[4](1765 年)给出了一个证明，证明的原理引用自 Fermat 的信中的观点. 对原始直角三角形给出了证明. 用 $2mn$，$m^2\pm n^2$ 表示边. 如果面积是一个平方数，奇数边 m^2-n^2 是一个平方数 l^2，偶数边 $2mn$ 是一个平方数的 2 倍. 因此我们有第二个原始三角形，它的斜边是 m，奇数边 l，偶数边 n. 因为 mn 是一个平方数，m 与 n 互素，则 m 和 n 均是平方数. 用 $2ef$，$e^2\pm f^2$ 表示第二个直角三角形的边. 其中 e 和 f 互素，因为 $n=2ef$ 是一个平方数，e，f 中的一个数是奇平方数，另一个是一个平方数的 2 倍. 令 $e=r^2$，$f=2s^2$. 同样地，$e^2+f^2=m$ 是一个平方数 a^2. 因此 a，e，f 是第三个初始三角形的三边，它的面积是平方

---

① Or, by $a_1^2+b_1^2\leqslant a_1^4+b_1^4=a$.

② Oeuvres，Ⅰ，291，327；Ⅲ，241，264.

③ Criticized by Frenicle, Oeuvres de Fermat，Ⅲ，606，609.

④ Traité des Triangles Rectangles en Nombres, Paris, 1676, 101-106; Mém. Acad. Sc. Paris, 5, 1666-1699; éd. Paris, 5, 1729, 174; Recuil de plusieurs traitez de mathématique de l'Acad. Roy. Sc. Paris, 1676.

数 r^2s^2. 它的每条边小于第二个三角形的对应边

$$a < a^2 = m, f < 2ef = n, e < (e+f)(e-f) = l$$

第二个三角形的对应边小于第一个三角形的对应边

$$m < m^2 + n^2, n < 2mn, l < l^2 = m^2 - n^2$$

因此,从第一个面积为平方数的三角形那里我们推导出另一个面积为平方数的三角形(第三个①),它的边比上一个小.

G. Wertheim② 轻微改良了最后一个证明.

Frenicle 以相似的形式证明了没有每一个边均是平方数的直角三角形,因此,直角三角形的面积不会是一个平方的 2 倍. 他得出结论:没有平方数是两个四次幂的和. 并且 $x^4 - 4z^4 = y^2$ 在整数域上是不可能的.

Fermat 曾于 1636 年 9 月对 St. Croix 提到,他找到了两个四次幂,它们的和是一个四次幂(Oeuvres,Ⅱ,65;Ⅲ,287),并于 1640 年 5 月(?)对 Frenicle 提到(Ⅱ,195).

在 1678 年 12 月 29 日的一份手稿中,G. W. Leibniz③ 证明了整数边长的原直角三角形的面积不会是一个平方数. 边长是 $x^2 \pm y^2$, $2xy$,其中一个是偶数. 那么若 $x^2 - y^2$ 和 xy 均是平方数,则 x 和 y 均是平方数;且 $x+y$ 和 $x-y$ 亦是平方数(因为公因子 2 将使 $x^2 - y^2$ 是偶数,与上面矛盾). 但 $y, x-y, x, x+y$ 不全是平方数. 如果如此成立,那么最后三个数在算术过程上,给出了平方数,它们的公差是一个平方. 这是荒谬的. 进一步,如果 $x^2 - y^2 = xy$,那么 $(y+x)y = \square$, $(x-y)x = \square$,且每四个因子中将有一个是平方数,正确性有待讨论. 他注意到许多推论. 从用 x 和 1 构造三角形来看,$(x-1)x(x+1)$ 不是一个平方数. 两个四次幂的差不是一个平方数. 如果 $v^4 - w^4 = \square$,那么 v^2 和 w^2 构成的三角形的面积是一个平方. 且由 $(x^2 - y^2)xy \neq \square$ 有

$$\frac{x}{y} - \frac{y}{x} \neq \square$$

J. Ozanam④ 指出 $x^4 \pm y^4 \neq z^4$. 对于 $a^4 - b^4$ 是直角三角形的面积,该直角三角形的边是 $2a^2b^2$, $a^4 - b^4$, $a^4 + b^4$ 与 ab 的比率,且该面积不是一个平方数. Messieurs de I'Acad Roy. Sc. 和 R. P. de Billy 证明了这件事.

---

① Identical with Fermat's second triangle.

② Zeitschrift Math. Phys., 44, 1899, Hist. Lit. Abt., 4-7.

③ Math. Schriften(ed., C. I. Gerhardt), 7, 1863, 120-125. In a fragment, dated July, 1679, Leibniz merely stated that the problem is impossible; see L. Couturat, Opuscules et fragments inéditis de Leibniz, Paris, 1903, 578.

④ Journal des Sçavans, 1680, p. 85.

L. Euler① 证明了若 $ab \neq 0$，则 $a^4 + b^4 \neq \square$. 若 $(a^2)^2 + (b^2)^2 = \square$，其中 a，b 互素，则 $a^2 = p^2 - q^2$，$b^2 = 2pq$，其中 p 和 q 互素，一个为偶数另一个为奇数. 由于 $p^2 - q^2 = \square$，p 是奇数，因此 q 是偶数. 由于 $p(2q) = b^2$，则 p 和 $2q$ 是平方数. 由于 $p^2 = a^2 + q^2$，我们得到 $p = m^2 + n^2$，$q = 2mn$，m 和 n 互素. 因为 $2q = \square$，则 $mn = \square$，且 $m = x^2$，$n = y^2$. 因此 $x^4 + y^4$ 是平方数 p，且 x，y 小于 a，b. 由一个相似的证明知，除非 $b = 0$ 或 $b = a$，否则 $a^4 - b^4 \neq \square$.

E. Waring② 和 A. M. Legendre③ 重新逐字证明了 Euler 证明过的那些定理.

C. F. Kausler④ 用引理 $x^2 \pm y^2$ 不全为平方数处理了 $x^4 + y^4 = z^4$. $x = 2PQ$，$y = P^2 - Q^2$（由 $x^2 + y^2 = \square$，有 x，y 互素）等同于 x，y 分别等于 $p^2 + q^2$，$p^2 - q^2$ 或分别等于 $\frac{(p^2 + q^2)}{2}$，$\frac{(p^2 - q^2)}{2}$，任一种情况均有 p，q 互素，且在后面情况中为奇数，我们得到了一个矛盾. 现在 $x^4 = z^4 - y^4$ 要求 $z^2 + y^2$，$z^2 - y^2 = m^4 n^4$，1 或 $m^3 n^4$，m，…（19 种情况），其中 7 种情况可由引理得到，在其他情况中令 $z^2 + y^2 > z^2 - y^2$ 或 $(z^2 - y^2)^3 > z^2 + y^2$. 最后，如果 $z^2 + y^2 = m^3$，$z^2 - y^2 = mn^4$，那么 $2z^2 = m(m^2 + n^4)$，从而 $m = 2$ 可简单得出. 因此（主要因素）m 是 z 的一个因子，且是 y 的因子.

P. Barlow⑤ 注意到，如果直角三角形 (x, y, z) 的面积 $\frac{xy}{2}$ 是一个平方数 w^2，那么 $z^2 \pm 4w^2 = (x \pm y)^2$，由此它通过下降法被证明 $x^2 + y^2$ 和 $x^2 - y^2$ 均非平方数. 且 $x^4 + y^4 \neq \square$.

J. Horner⑥ 注意到，如果 $\frac{x}{y} \pm \frac{y}{x} = \square$，其中 x，y 互素，那么 $x = m^2$，$y = n^2$，$m^4 \pm n^4 = \square$，与已知结果相反.

Schopis⑦ 证明了 $x^4 + y^4 = z^2$ 是不可能的，他用到了 $x^4 - y^4 = 2z^2$ 的不可成立性. 下面，$x^4 + y^4 = 2z^2$ 是不可能的，同时 $x^4 - y^4 = z^2$ 是不可能的.

---

① Comm. Acad. Petrop., 10, 1747(1738), 125-134; Comm. Arith., Ⅰ, 24-34; Opera omnis, (1), Ⅱ, 38. Same proofs in Euler's Algebra, 2, Ch. 13, arts. 202-208, St. Petersburg, 1770, p. 418; French transl., Lyon, 2, 1774, pp. 242-254; Opera omnia, (1), 1, 1911, 437; Sphinx-Oedipe, 1908-1909, 59-64.

② Meditationes Algebraicae, Cambridge, ed. 3, 1782, 371-372.

③ Théorie des nombres, Paris, 1798, 404; ed. 2, 1808, 343; ed. 3, 1830, Ⅱ, 5; German transl. by Maser, 2, 1893, 5.

④ Nova Acta Acad. Petrop., 13, ad annos 1795-1796(1827), Mem., 237-244.

⑤ Theory of Numbers, 1811, 121(cf. 144).

⑥ The Gentleman's Diary, or the Math. Repository, London, No. 80, 1820, 37.

⑦ Einige Sätze aus der unbestimmten Analytik, Progr. Gumbinnen, 1825.

A. M. Legendre① 指出了上面的②证明:一个直角三角形的面积不可能是一个平方数,如果 $a \neq b, b \neq 0$,那么 $a^4 - b^4 \neq \square$.(但在那个证明中,已知 a 和 b 不同时为奇数,A. Genocchi③ 给出了批评.)

J. A. Grunert④ 重新证明了 Euler 的证明 $a^4 + b^4 \neq c^2$.

O. Terquem⑤ 用相减的方法证明了 $x^4 \pm y^4 = z^2$ 是不可能的.

J. Bertrand⑥ 证明了 $x^4 + y^4 \neq z^2$,Euler 已经对此做了工作.

P. Volpicelli⑦ 证明了没有同余的平方数. 例如,如果 $pq(p^2 - q^2) = a^2$,那么 $h^2 \equiv (p^3q + pq^3)^2 = a^4 + 4p^4q^4$,$(a^4 - 4p^4q^4)^2 = h^4 - (2apq)^4$,因此,两个四次幂的差不是一个平方数.

V. A. Lebesgue⑧ 证明了 $x^4 + y^4 = z^2$ 的不可能性. 他用处理 $(2^\alpha p)^4 + y^4 = z^2$ 的方法来证明上述结论,其中 p, y, z 均为奇数,y, z 互素. $(2^\alpha p)^4$ 的因子 $z \pm y^2$ 没有除了 2 的公因子. 因此

$$z \pm y^2 = 2t^4$$
$$z \mp y^2 = 2^{4\alpha-1}u^4$$
$$p = tu$$
$$\pm y^2 = t^4 - 2^{4\alpha-2}u^4$$

下面的符号不成立. 由此 $t^4 - y^2 = 2^{4\alpha-2}u^4$. 因此

$$t^2 \pm y = 2v^4$$
$$t^2 \mp y = 2^{4\alpha-3}z^4$$
$$vz = u$$

---

① Théorie des nombres, ed. 3, 2, 1830, § 325, p. 4, Cor. (Maser, Ⅱ, p. 4).

② Cf. H. G. Zeuthen, Geschichte der Math. in ⅩⅥ and ⅩⅦ Jahrhundert, 1903, 163. In the elaboration of Fermat's proof by A. M. Legendre, Théorie des nombres, 1798, 401-404; ed. 2, 1808, 340-343, use is made of the theory of quadratic forms to show that $\xi = r^2 + 2s^2$; while P. Bachmann, Niedere Zahlentheorie, 2, 1910, 451-454, employed the uniqueness of factorization of the integral algebraic numbers $a + b\sqrt{-2}$. Both completed the final step in the proof by comparing the areas of the initial and new triangles. H. Dutordoir, Annales de la Société Sc. de Bruxelles, 17, 1892-1893, Ⅰ, 49, announced in eight lines that he could fill in an elementary manner the gaps left in this proof by Fermat. For the elaboration used in the text, see L. E. Dickson, Bull. Amer. Math. Soc., (2), 17, 1911, 531-532.

③ Annali di Sc. Mat. e Fis., 6, 1855, 316, foot-note. His like criticism of the proof by Terquem is not valid.

④ Klügel's Math. Wörterbuch, 5, 1831, 1143.

⑤ Nouv. Ann. Math., 5, 1846, 71-74.

⑥ Traité élém. d'algèbre, 1851, 224-227.

⑦ Atti Accad. Pont. Nuovi Lincei, 6, 1852-1853, 89-90.

⑧ Exercices d'analyse numér., 1859, 83-84; Introd. à la théorie des nombres, 1862, 71-73.

$$t^2=v^4+(2^{\alpha-1}z)^4$$

T. Pepin[①] 证明了整数不为零时 $x^4-y^4=z^2$ 的不可能性.

W. L,A. Tafelmacher[②] 证明了 $x^4+y^4=z^4$ 的不可能性.

D. Gambioli[③] 证明了整数不为 0 时 $x^4-y^4=z^2$ 是不可能的.

T. R. Bendz[④] 利用 $x^4+4y^4=z^2$ 证明了一个直角三角形的面积不可能为一个平方数.

L. Kronecker[⑤] 强化了 Euler[⑥] 的证明.

G. B. M. Zerr[⑦] 采用非证明性的假设以试图证明没有直角三角形的面积是一个平方数.

A. Bang[⑧] 注意到 $x^4-z^4=y^4$ 的互素解意味着

$$x^2+z^2=2y_1^4$$

$$x\pm z=2y_2^4$$

$$x\mp z=2^2y_3^4$$

$$y=2y_1y_2y_3$$

因此 $y_1^4-y_2^8=4y_3^8$,使得

$$y_1^2+y_2^4=2u_1^8$$

$$y_1\pm y_2^2=2u_2^8$$

$$y_1\mp y_2^2=2^8u_3^8$$

$$y_3=2u_1u_2u_3$$

因此 $u_1^8-u_2^{16}=2^{14}u_3^{16}$,使得

$$u_1^4+u_2^8=2v_1^{16}$$

$$u_1^2+u_2^4=2v_2^{16}$$

$$u_1\pm u_2^2=2v_3^{16}$$

---

① Atti Accad. Pont. Nuovi Lincei,36,1882-1883,35-36.

② Anales de la Universidad de Chile,84,1893,307-320.

③ Periodico di Mat. ,16,1901,149-150.

④ Öfver diophantiska ekvationen $x^n+y^n=z^n$. Diss. Udsala,1901,5-9.

⑤ Vorlesungen über Zahlentheorie,1,1901,35-38.

⑥ Comm. Acad. Petrop. ,10,1747(1738),125-134;Comm. Arith. ,Ⅰ,24-34;Opera omnis,(1),Ⅱ,38. Same proofs in Euler's Algebra,2,Ch. 13,arts. 202-208,St. Petersburg,1770,p. 418;French transl. ,Lyon,2,1774,pp. 242-254;Opera omnia,(1),1,1911,437;Sphinx-Oedipe,1908-1909,59-64.

⑦ Amer. Math. Monthly,9,1902,202.

⑧ Nyt Tidsskrift for Matematik,16,B,1905,35-36.

$$u_1 \mp u_2^2 = 2^{11} v_4^{16}$$

并且 $u_3 = v_1 v_2 v_3 v_4$. 由第三个和第四个公式得

$$u_1^2 + u_2^4 = 2v_3^{32} + 2^{21} v_4^{32}$$

则由第二个公式得

$$(v_2^4)^4 - (v_3^8)^8 = (2^5 v_4^8)^4$$

像前面的方程一样，但 $v_2^4 < \sqrt{x}$. Rychlik① 给出了一个证明.

J. Sommer② 复制了 Euler③ 关于 $x^4 + y^4 = z^2$ 在整数中的不可能性的证明和 Hilbert④ 关于它在复整数 $a + bi$ 中的不可能性的证明(第二十六章).

A. Bottari⑤ 利用 $x^2 + y^2 = z^2$ 的非必要复杂解集证明了 $x^4 + y^4 = z^2$ 是不可能的.

F. Nutzhorn⑥ 给出一个 $x^4 + y^4 = z^4$ 的不可能的复杂的证明.

R. D. Carmichael⑦ 给出了一个新的证明：当整数均不为零时，方程 $m^4 - 4n^4 = \pm t^2$ 中的任一个都不成立. 因此当整数均不为零时，系统 $p^2 - 2q^2 = km^2$, $p^2 + 2q^2 = \pm kn^2$ 是不成立的. 因此直角三角形的面积不会是一个平方数的 2 倍. 因此在整数不为零时，$m^4 + n^4 = \alpha^2$ 不成立.

2　$2x^4 - y^4 = \square$ 的解；斜边与直角边的和均是平方数的直角三角形；$x^2 + y^2 = B^4$, $x + y = A^2$, 并且 $x^4 - 2y^4 = \square$, $z^4 + 8w^4 = \square$

Fermat⑧ 在 1643 年 5 月 31 日向 St. Martin 和 Frenicle 提出了问题：找到

① Casopis, Prag, 39, 1910, 65-86, 185-195, 305-317(Bohemian), 6, 1891-1892, 73.

② Vorlesungen über Zahlentheorie, 1907, 176-193. French transl. by A. Lévy, 1911, 184-199.

③ Comm. Acad. Petrop., 10, 1747(1738), 125-134; Comm. Arith., Ⅰ, 24-34; Opera omnis, (1), Ⅱ, 38. Same proofs in Euler's Algebra, 2, Ch. 13, arts. 202-208, St. Petersburg, 1770, p. 418; French transl., Lyon, 2, 1774, pp. 242-254; Opera omnia, (1), 1, 1911, 437; Sphinx-Oedipe, 1908-1909, 59-64.

④ Jahresber. d. Deutschen Math. Vereinig., 18, 1909, 1-3.

⑤ Periodico di Mat., 23, 1908, 109.

⑥ Nyt Tidsskrift for Mat., 23, B, 1912, 33-38.

⑦ Amer. Math. Monthly, 20, 1913, 213-221.

⑧ Oeuvres, Ⅱ, 259-263.

一个有理直角三角形,它的斜边与它的直角边的和均是平方.Fermat①确认最小的这样的直角三角形的有理边是②

$$4\ 687\ 298\ 610\ 289, 4\ 565\ 486\ 027\ 761, 1\ 061\ 652\ 293\ 520 \tag{1}$$

Fermat③的方法符合直角三角形 $x+1, x$ 的形式;它的边是 $2x^2+2x+1$, $2x+1, 2x^2+2x$.第一条直角边是平方数,后两条边的和 $2x^2+4x+1$ 也是平方数.由 Diophantus 的通常的方法,我们得到 $x=-\frac{12}{7}$.因此三角形由 $-\frac{5}{7}$ 和 $-\frac{12}{7}$ 构成.用5,12替换,我们得到④(169,-119,120).当得到一个负结果的时候,按照Fermat的步骤重复计算,由 $x+5$,12构造三角形.它的边是 $(x+5)^2\pm 12^2$ 和 $24(x+5)$.因此 $x^2+10x+169$ 和 $x^2+34x+1$ 是平方数,即 a^2 和 $\frac{b^2}{169}$.因此 $b^2-a^2=168x^2+5\ 736x$.取

$$b-a=14x$$

$$b+a=12x+\frac{2\ 868}{7}$$

我们得到 $a=-x+\frac{1\ 434}{7}$.与前面的 a^2 进行对比,我们得到

$$x=\frac{1\ 343\cdot 1\ 525}{7\cdot 2\ 938}=\frac{2\ 048\ 075}{20\ 566}$$

$x+5$ 和12的比率等于2 150 905和246 792的比率.它们构成的三角形为式(1).他注意到:该问题等价于寻找两个数,使它们的和是一个平方数,平方和是一个四次幂.

Fermat⑤注意到:在直角三角形(156,1 517,1 525)中,两边的差的平方比第三边平方的2倍多一个平方数.他补充说,这个三角形的作用是找到一个直角三角形,它的斜边是一个平方,且第三边不同于另两边的平方,他并未给出详细过程.

① Oeuvres, Ⅰ, 336; Ⅲ, 270, observation on Bachet's comment on Diophantus Ⅵ, 24, Also, Oeuvres, Ⅱ, 261(259, 263), letter to Mersenne, Aug. 1, 1643.

② Cited by Frenicle, Mém. acad. Sc., 5, 1666-1699; éd. Paris, 1729, 56-71. Since his numerical search was fruitless, he doubtless learned of Fermat's solution from Mersenne.

③ Inventum Novum, Ⅰ 25, 45; Ⅲ, 32; Oeuvres, Ⅲ, 340, 353, 388.

④ Whence the hypotenuse and leg difference of (169, 119, 120) are squares.

⑤ Oeuvres, Ⅱ, 265-266, letter to Carcavi, 1644.

Frenicle[①] 给出了最后一个问题的详细过程. 由实验分析得到三角形，由 $b=156$ 和 $a=1\ 517$ 构成，边为

$$2ab=473\ 304$$

$$a^2-b^2=2\ 276\ 953$$

$$a^2+b^2=2\ 325\ 625=1\ 525^2$$

第三边不同于另两边 1 343 和 1 361 的平方. A. Genocchi[②] 给这些结果添加了注释：$2x^4-y^4=\square$ 有解 $x=1\ 525$，$y=1\ 343$(Lagrange[③]，Euler[④](第三本自传)，Lebesgue[⑤]).

E. Torricelli[⑥] 提出了一个问题：找出一个直角三角形，它的斜边，直角边的和，斜边同较大边的和均是平方数. E. Lucas[⑦] 指出：这个问题由 Fermat 提出，且它的解依赖于 $x^4-2y^4=z^2$. 事实上，Fermat[⑧] 对 Torricelli 提出了该问题. E. Turriére[⑨] 已尝试追溯它的来源. 参看 M. Cipolla[⑩].

J. Ozanam[⑪] 处理了 Fermat[⑫] 问题，他采用了与 Euler[⑬] 一样的方法. 若直角边是 x,y，则 $x+y$ 将是一个平方，x^2+y^2 将是一个四次方. 在这种形式下，Leibniz 提出了问题. Euler 取 $x=p^2-q^2$，$y=2pq$，使 x^2+y^2 是一个平方 $(p^2+q^2)^2$. 当 $p=r^2-s^2$，$q=2rs$ 时，p^2+q^2 是一个平方，由此

$$x^2+y^2=(r^2+s^2)^4$$

使得

$$x+y\equiv r^4+4r^3s-6r^2s^2-4rs^3+s^4$$

---

① Methode pour trouver la solution des problèmes par les exclusions, Ouvrages de math., Paris, 1693; Mém. Acad. R. Sc. Paris, 5, 1666-1699[1676]; éd. 1729, 81-85.

② Atti R. Accad. Sc. Torino, 11, 1876, 811-829.

③ Nouv. Mém. Acad. Sc. Berlin, année 1777[1779], 140; Oeuvres, 4, 1869, 377-398.

④ Mém. Acad. Sc. St. Pétersbourg, 9, 1819-1820, 3; 10, 1821-1822, 3; 11, 1830, 1; Comm. Arith., Ⅱ, 397, 403, 421.

⑤ Jour. de Math., 18, 1853, 73-86. Reprinted, Sphinx-Oedipe, 6, 1911, 133-138.

⑥ G. Loria, l'intermédiaire des math., 24, 1917, 97-98. Cf. 25, 1918, 83.

⑦ Bull. Bibl. Storia Sc. Mat. Fis., 10, 1877, 289.

⑧ Letter from Mersenne to Torricelli, Dec. 25, 1643, Bull. Bibl. Storia Sc. Mat. Fis., 8, 1875, 411; Oeuvres de Fermat, 4, 1912, 82-83(cf. p. 88).

⑨ L'enseignement math., 20, 1919, 245-268.

⑩ Atti Accad. Gioenia sc. nat. Catania, (5), 11, 1919, No. 11.

⑪ Nouv. elemens algebre, Amsterdam, 2, 1749, 480-481.

⑫ Oeuvres, Ⅱ, 259-263.

⑬ Algebra, 2, 1770, art. 240, pp. 503-505; French transl., 2, 1774, p. 336; Opera Omnia, (1), Ⅰ, 483-484.

是一个平方. 如果 $r=\frac{3s}{2}$,那么上式是 $r^2-2rs+s^2$ 的平方. 取 $r=3,s=2$,我们对 x 得到一个负值 -119. 令 $r=\frac{3s}{2}+t$,我得到

$$16(x+y)=s^4+37\cdot 8s^3t+51\cdot 8s^2t^2+160st^3+16t^4$$

如果 $\frac{s}{t}=\frac{84}{1\ 343}$,则上式是 $s^2+148st-4t^2$ 的平方. 取 $s=84$ 我们得到 $r=1\ 469$,x,y 与式(1)中相同.

Euler① 注意到:对于 $y^2=2pq,x^2=p^2+2q^2,x^4-2y^4=(p^2-2q^2)^2$. 如果 $\pm p=r^2-2s^2,q=2rs$,那么后者成立. 则 $2pq=y^2=\pm 4rs(r^2-2s^2)$. 令 $r=t^2$,$s=u^2$. 对于上面的符号,$t^2-2u^2=\square$,t 和 u 均小于 x,y. 因此取下面的符号. 因此 $2u^4-t^4=\square$ 的一个解产生了 $x^4-2y^4=\square$ 的一个解. 对于 $t=u=1$,我们得到 $x=3,y=2$. 则对于 $t=3,u=2$,我们得到 $x=113,y=84$. 并且 $u=13,t=1$ 给出了 $x=57\ 123,y=6\ 214$. 最终,Lebesgue②(结尾)注意到这个解并不完整.

Euler③ 取 $x=z^4-6z^2+1,y=4z^3-4z$,处理了 $x+y=\square,x^2+y^2=(z^2+1)^4$. 则 $x+y$ 是两个因子 $z^2+(2\pm 2\sqrt{2})z-1$ 的积,他令其等于 $(z+p\pm q\sqrt{2})^2$. 由有理和无理部分,我们得到

$$z=\frac{pq}{1-q}$$

$$p=\frac{q\pm\sqrt{2q^4-1}}{1+q}$$

因此 $q=13$ 给出了 $p=18$ 或 $-\frac{113}{7}$,$q=-13$ 给出了 $p=21$ 或 $\frac{113}{6}$.

Euler④ 令 $v=2x^4+y^4$,把式(2)化简为式(7),由此 $z^4+8(xy)^4=v^2$. 相反,令 $q^4+8p^4=r^2$,则 $8p^4=(r+q^2)(r-q^2)$,使得 q 和 r 是奇数. 首先,令 $r+q^2=2\alpha,r-q^2=4\beta$,其中 α 是奇数. 则 $p^4=\alpha\beta$,且 α,β 互素,由此 $\alpha=s^4,\beta=t^4$,$p=st$. 应用减法,且消去 $2,q^2=s^4-2t^4$. 下一步,令 $r-q^2=2\alpha,r+q^2=4\beta$,其中 α 是奇数. 像前面一样,我们得到 $q^2=2t^4-s^4$. 然而仅在第二种情况我们得到式(2),可以化简,因为对于

$$x=f^3+2fg^2-gh$$

① Algebra,Ⅱ,art. 211;French transl.,pp. 260-263;Opera Omnia,(1),Ⅰ,444-445.

② Jour. de Math.,18,1853,73-86. Reprinted,Sphinx-Oedipe,6,1911,133-138.

③ Opera postuma,1,1862,491(about 1774).

④ Opera postuma,1,1862,221-222(about 1780).

$$y=f^3-4fg^2+gh$$

$$z=f^6+f^4g^2-6f^3gh+24f^2g^4-8g^6$$

$f^4+8g^4=h^2$ 意味着 $2x^4-y^4=z^2$. Lebesgue① 引用此解给出了 x 中的 f^2g 与 fg^2.

Euler② 注意到 $x+y=B^2$,$x^2+y^2=A^4$ 意味着 $(x-y)^2=2A^4-B^4$. 如果 $A^2=\xi^2+\eta^2$,$B^2=(\xi+\eta)^2-2\eta^2$,那么后者是 $\eta^2+2\xi\eta-\xi^2$ 的平方. 取 $\eta=2abcd$,我们有:若 $\xi=a^2b^2-c^2d^2$,则 $A=a^2b^2+c^2d^2$;若 $\xi+\eta=a^2c^2+2b^2d^2$,则 $B=a^2c^2-2b^2d^2$. $\xi+\eta$ 的两个值相等,如果

$$\frac{a}{d}=\frac{bc\pm r}{c^2-b^2} \text{ 或 } \frac{d}{a}=\frac{bc\mp r}{2b^2+c^2}$$

$$r^2=2b^4-c^4$$

成立. 因此,如果 $2b^4-c^4$ 是有理平方,那么 $2A^4-B^4$ 也是一个有理平方. 取 $b=c=1$,我们有 $a=3$,$d=2$,$\xi=5$,$\eta=12$,$A=13$,$B=1$,$2\cdot 13^4-1=239^2$;因为 $B<A$,x,y 均为正. 取 $b=13$,$c=1$,我们有 $r=239$,$\frac{a}{d}=\frac{-3}{2}$ 或 $\frac{113}{84}$. 对于 $a=3$,$d=-2$,则 $\xi=1\ 517$,$\eta=-156$,$A=1\ 525$,$B=-1\ 343$,这些数③没有生成正的 x,y. 对于 $a=113$,$d=84$,则 $A=2\ 165\ 017$,$B=-2\ 372\ 159$,我们得到了非常大的解.(事实上,在 Fermat 式的(1)中,因为 $x-y=\eta^2+2\xi\eta-\xi^2$,$x+y=B^2$,我们有 $x=2\xi\eta$,$y=\xi^2-\eta^2$. 因此 x,y 是由 ξ,η 构成的直角三角形的两边. 此处 $\xi=2\ 150\ 905$,$\eta=246\ 792$,同 Fermat 的解一样.)

J. L. Lagrange④ 最终讨论了 Fermat⑤ 的问题. 从 $p+q=y^2$,$p^2+q^2=x^4$ 中得到,之后令 $z=p-q$

$$2x^4-y^4=z^2 \tag{2}$$

这个问题化简为式(2)的解,因为我们有

$$p=\frac{1}{2}(y^2+z)$$

$$q=\frac{1}{2}(y^2-z) \tag{3}$$

---

① Jour. de Math., 18, 1853, 73-86. Reprinted, Sphinx-Oedipe, 6, 1911, 133-138.

② Opusc. anal., 1, 1783(1773), 329; Comm. Arith., Ⅱ, 47.

③ The method of Euler, Algebra, 2, art. 140, to make $2x^4-1$ a square does not give all solutions since $\frac{1\ 525}{1\ 343}$ is omitted (remarked by Lebesgue). E. Fauquembergue, l'intermédiaire des math., 5, 1898, 94, claimed to prove that $x=1$, $x=13$ are the only integral solutions.

④ Nouv. Mém. Acad. Sc. Berlin, année 1777[1779], 140; Oeuvres, 4, 1869, 377-398.

⑤ Oeuvres, Ⅱ, 259-263.

确切说 Lagrange 在推导式(2) 的时候并不熟悉 Euler 的 1773 年的论文，他得到了四个解集 $A=x, B=y$；并且，在他引用 Euler 时，他省略了集 1 525，1 343. 对 $2x^4-y^4=\square$，给出任意整数 x,y，Lagrange 给出了一个方法以得到更小的解；逆推前面的过程，从 $x=y=1$ 开始，他得出结论：所有较大的解对儿都可以在一定的量级下找到. 然而 Euler 的简单步骤出现了，并以他的方式给出了所有解. 他并未证明这种情况.

我们可以假设 x,y 互素，一个简单的观点是 x,y,z 均是奇数，由式(2) 有

$$(z+y^2)^2=(2x^2)^2-(z-y^2)^2=(2x^2+z-y^2)(2x^2-z+y^2)$$

用 $2mp, 2mq$ 标记这些偶数，其中 p,q 互素. 则 pq 必为平方. 因此用 p^2,q^2 代换 p,q，有

$$2x^2+z-y^2=2mp^2$$

$$2x^2-z+y^2=2mq^2$$

$$z+y^2=2mpq$$

用前两个估计 z，再利用第三个，我们得到

$$x^2-y^2=mp(p-q)$$

$$x^2+y^2=mq(p+q)$$

由于 m 是 $2x^2$ 和 $2y^2$ 的一个因子，因此 $m=1$ 或 2. 如果 $m=2$，令 $p+q=q'$，$q-p=p'$. 无论 $m=1$ 或 2，我们得到的方程形式如下

$$x^2-y^2=p(p-q), x^2+y^2=q(p+q) \tag{4}$$

因此 p 是奇数. 令 $\frac{(x+y)}{p}=\frac{2m}{n}$. 其中 n 是奇数，且与 m 互素. 则 $x+y=2ms$，$p=ns$，其中 s 是一个整数. 由式(4_1)，$x-y=2nt$，$p-q=4mt$，其中 t 是整数，且与 s 互素，因此

$$x=ms+nt, y=ms-nt, p=ns, q=ns-4mt \tag{5}$$

则 $\frac{s^2-8t^2}{n^2}$ 与式(4_2) 的积给出了

$$s^4+8t^4=u^2$$

$$u\equiv 3st+\frac{m}{n}(s^2-8t^2)$$

因为 m 和 n 互素，因此我们有

$$m=\frac{(u-3st)}{l}, n=\frac{(s^2-8t^2)}{l} \quad (l\text{ 是整数}) \tag{6}$$

如果 $m=0$，那么 $\frac{s}{t}=\pm 1$，$n^2=1$，$x^2=y^2=1$. 因此若式(2) 有互素解集 x,y，且它们的数值不全为 1，则由式(5) 知，x,y 中较大的大于

$$s^4+8t^4=u^2 \tag{7}$$

的对应解 s,t，且 s,t 互素，且它们的绝对值不全为1. 反过来，用互素解 s,t，由式(6) 和式(5)，我们得到了式(2) 的互素解 x,y.

令 s,t 为式(7) 的互素解，则 s 是奇数，且

$$u+s^2=2\mu\omega, u-s^2=2\mu\rho, 8t^4=4\mu^2\omega\rho$$

其中 ω 和 ρ 互素. 因此 μ 整除 t^2. 且 $s^2=\mu(\omega-\rho)$. 因此 $\mu=1,\omega=2q^4,\rho=r^4$ 或 $\omega=q^4,\rho=2r^4$，由此

$$u=2q^4+r^4, s^2=2q^4-r^4$$

或者

$$u=q^4+2r^4, s^2=q^4-2r^4$$

相反，如果 $2q^4-r^4=s^2$ 或 $q^4-2r^4=s^2$，且令 $t=qr$，那么我们有式(7) 的解 s，t. 如果 s,t 互异，且值不等于1，那么 q 和 r 同样成立，从而 s,t 大于 q,r 中较大的一个. 这些方程中的前两个有形式(2).

应用到第二个上，$q^4-2r^4=s^2$，有一个类似于前面的讨论，Lagrange 得到

$$s=8n^4-p^4, q^2=8n^4+p^4$$

或者

$$s=n^4-8p^4, q^2=n^4+8p^4$$

如果我们调换 n 和 p，且变换 s 的符号，那么后者变为前者. 因此 $q^4-2r^4=s^2$ 的解可化简成 $q^2=n^4+8p^4$ 的解，也可化简成方程(7) 的解，如若令 $r=2pn, s=n^4-8p^4$. 进一步，q 和 r 大于 n 和 p.

这个方法不仅给出了式(2) 的解，也导出了式(1) 的解和 $q^4-2r^4=\square$ 的解. 从式(7) 的解 $s=t=1, u=\pm 3$ 开始，我们推导出 $q^4-2r^4=k^2$ 的解 $r=2st=2, q=u=\pm 3, k=7$. 并且由式(5) 和式(6) 导出式(2) 的解：$m=0, n=-1, l=7, x=y=z=1$，或者 $m=-6, n=-7, l=1, x=13, y=1, z=239$. 对于 $r=2, q=3, s=7$，我们推出(7) 的解 $s=7, t=qr=6, u=113$. 从 13，1，239 中，我们得到式(7) 的解 $s=239, t=13, u=57\ 123$. 从最后的集合中的一个开始，我们得到式(2) 和 $q^4-2r^4=\square$ 的新的解集. 在这种情况下，在这个量纲下，式(2) 的解集是 $(x,y,z)=(1,1,1),(13,1,239),(1\ 525,1\ 343,2\ 750\ 257),(2\ 165\ 017, 2\ 372\ 159,1\ 560\ 590\ 745\ 759),\cdots$ 对应集合(3) 是 $p,q=1,0;120,-119; 2\ 276\ 953,-473\ 304$；以及式(1) 中的后两个数. 因此，Lagrange 证明了 Fermat 的断言：即式(1) 给出了最小直角三角形的边，该直角三角形的斜边和直角边的和均为平方数. 但 Lagrange 仅仅抄写了 Fermat 的声明，没有给出一

个数值实例，像 Lagrange 给出的 z 的值 15…9 一样是错的(Genocchi[①]). 正确的值是式(1) 的后两个数的差 350…1.

Euler[②] 去世后，1780 年出版的他的三篇论文是关于 Fermat[③] 问题的. 在第一篇论文中，我们找到了他[④]的讨论的一个小修正，取 $s=2, r=3+v$，我们得到

$$x+y=1+148v+102v^2+20v^3+v^4=(1+74v-v^2)^2$$

如果 $v=\frac{1\ 343}{42}$. 因此 $p=1\ 385\cdot 1\ 553, q=168\cdot 1\ 469$，产生了 Fermat 的解式(1).

Euler 在第一篇论文中，采用了他[⑤]的概念，且得到了 $x+y=A^2-2B^2$，其中 $A=r^2+2rs-s^2, B=2rs$. 取 $A=t^2+2u^2, B=2tu$，我们有 $A^2-2B^2=(t^2-2u^2)^2$. 记一个含分数的解可能被整数解替换掉，他取 $s=1$，由此 $r=tu$. 使 A 的两个表达式相等，我们得到

$$t^2u^2+2tu-1=t^2+2u^2$$

对于 $u=1, t=\frac{3}{2}$. 后者导出了第 2 个值 $u=-13$，转换后有 $t=-\frac{113}{84}$. 则 $u=\frac{301\ 993}{1\ 343}$，等等. Euler 指出：易于看到 u, t 的相邻值对儿给出了有理解的所有集合. 对于四次方程根的和，从公式中，我们看到

$$u'+u=\frac{2t}{2-t^2}$$

$$t'+t=\frac{2u'}{1-u'^2}$$

如果 u, t, u', t' 是级数的连续项.

在第三篇论文中，Euler 令 $2A^4-B^4=\square$ 中 $\frac{A}{B}=\frac{(1+x)}{(1-x)}$. 因此

$$1+12x+6x^2+12x^3+x^4\equiv(1+6x+x^2)^2-32x^2=\square$$

---

① Atti R. Accad. Sc. Torino, 11, 1876, 811-829.

② Mém. Acad. Sc. St. Pétersbourg, 9, 1819-1820, 3; 10, 1821-1822, 3; 11, 1830, 1; Comm. arith., Ⅱ, 397, 403, 421.

③ Oeuvres, Ⅱ, 259-263.

④ Algebra, 2, 1770, art. 240, pp. 503-505; French transl., 2, 1774, p. 336; Opera Omnia, (1), Ⅰ, 483-484.

⑤ Algebra, 2, 1770, art. 240, pp. 503-505; French transl., 2, 1774, p. 336; Opera Omnia, (1), Ⅰ, 483-484.

与他[①]的一般方法一致，他令 $1+6x+x^2=\lambda(p^2+8q^2)$，$x=\lambda pq$. 参看 Euler[②].

V. A. Lebesgue[③] 给出了一个比 Lagrange 的方法（他显然没有看过他的文章）简单的方法，以从式(2) 的已知解中得到一个更小的解集. 因为 $p^2+q^2=x^4$，我们可令 $p=2mn$，$q=m^2-n^2$，$x^2=m^2+n^2$，其中，n 是偶数，因为 $p+q$ 是一个平方数 y^2. 由第三个关系，$m=r^2-s^2$，$n=2rs$，$x=r^2+s^2$，整数 r,s 之一是偶数，另一个是奇数. 我们假设，如果必要，变换 $8r^2s^2$ 的因式 $r^2+2rs-s^2\pm y$ 的符号（考虑到 $p+q=y^2$），带有上面符号的能被 2 整除，但不能被 4 整除. 因此，对 r 是奇数，我们可令

$$r^2+2rs-s^2+y=2\frac{t}{u}r^2$$

$$r^2+2rs-s^2-y=4\frac{u}{t}s^2$$

其中 u,t 是奇数，且互素. 用 $\frac{1}{2}ut$ 乘以该和，我们得到

$$r^2(t^2-ut)-2rsut+s^2(2u^2+ut)=0 \tag{8}$$

对于 s 是奇数，右边项可通过转换 r,s 得到，新的和可通过用 $-\frac{s}{r}$ 替换式式(8) 中的 $\frac{r}{s}$，用 $-t$ 替换式(8) 中的 t 得到. 由式(8) 有

$$\frac{r}{s}(t^2-ut)=ut\pm\sqrt{ut(2u^2-t^2)}$$

因为 ut 和 $2u^2-t^2$ 互素，每一个都是一个平方数或一个平方数的负数. 但 t 和 u 是奇数，且 t^2-2u^2 具有形式 $8k-1$，且不是一个平方数. 因此，取 u 和 t 为正，我们令 $u=f^2$，$t=g^2$，$2f^4-g^4=h^2$. 则

$$\frac{r}{s}=\frac{f}{g}\frac{A}{B},A=2f^2+g^2,B=fg\mp h$$

如果 x,y 没有公共平方因子，r,s 互素，且 $\sigma r=fA$，$\sigma s=gB$，其中 σ 与 f 和 g 互素，那么 $y=\frac{r^2t}{u}-\frac{2s^2u}{t}$，且

$$\sigma^2y=g^2A^2-2f^2B^2$$

$$\sigma^2x^2=f^2A^2+g^2B^2$$

$$\sigma^4z=C^2-2(f^2A^2-g^2B^2)^2$$

---

① Mém. Acad. Sc. St. Petersb. ,11,1830[1780],1;Comm. Arith. ,Ⅱ,418.

② Mém. Acad. Sc. St. Petersb. ,11,1830[1780],1;Comm. Arith. ,Ⅱ,418.

③ Jour. de Math. ,18,1853,73-86. Reprinted,Sphinx-Oedipe,6,1911,133-138.

其中 $C=f^2A^2+2fgAB-g^2B^2=g^2A^2+2f^2B^2$. 现在 f 整除 r,g 整除 s,其中 r 和 s 均小于$\sqrt{x}$. 因此,当 $x^2\neq 1$ 时,式(2)的每个解集均引出一个更小的解集. 对于 $f=B$,第一种情况,$g=1,h=\pm 239$,我们得到 $A=3\cdot 113,B=-2\cdot 113$ 或 $B=3\cdot 84,\sigma=113,r=39,s=-2,x=1\ 525,y=-1\ 343$,第二种情况,$\sigma=3$,$r=13\cdot 113,s=84,x=2\ 165\ 017,y=-2\ 372\ 159$.

Lebesgue 注意到仅当 $m=4n\pm 3$ 时 $x^4\pm 2^my^4=z^2$ 有整数解,且可能依赖于式(2),同样,仅当 $m=4n+1$ 时 $2^mx^4-y^4=z^2$ 有整数解. 但 $x^4\pm y^4=2^mz^2$ 不可能有整数解. 除了 $x^4\pm 8y^4=z^2$ 和 $8x^4-y^4=z^2$ 的情况,Euler 在《代数 2》的第 13 章中处理了一些情况,他①处理的 $x^4-2y^4=z^2$ 的解并不完整.

E. Lucas② 在 $u^2+v^2=y^4$ 完全解的基础上给出了 $x^4-2y^4=\pm z^2$ 和 $x^4+8y^4=z^2$ 的一个完全解. 他③得到了关于 Fermat④ 问题的一般结果.

T. Pepin⑤ 用他⑥最后的方法,处理了 $2x^4-1=\square$. 他⑦评论道:Lebesgue⑧ 仅指出并未证明他的公式在一个给出极限下可导出式(2)的所有解. Pepin 用一个更简单的方法得到了同样的解,并证明了完全解. 如果 x,y,z 每两个互素,那么

$$x=p^2+q^2,\pm z\pm y^2\mathrm{i}=(1+\mathrm{i})(p+q\mathrm{i})^4$$

其中,p,q 互素,q 可取偶数. 则

$$\pm y^2=(p^2-q^2+2pq)^2-8p^2q^2,\pm z=p^4-\cdots$$

通过取模 8 包含下面的符号. 则

$$\pm(p^2-q^2+2pq)\pm y=2r^2$$

$$\pm(p^2-q^2+2pq)\mp y=4s^2$$

$$rs=pq$$

r,s 互素. 由最后项,$p=\lambda\mu,q=hk,r=\lambda h,s=\mu k$,其中,$\lambda,\mu,h,k$ 每两个互素,只有 k 为偶数. 从 $p^2-q^2+2pq=r^2+2s^2$(取模 4 时含下面的符号),

---

① Algebra,Ⅱ,art. 211;French transl.,pp. 260-263;Opera Omnia,(1),Ⅰ,444-445.

② Recherches sur l'analyse indéterminée,Moulins,1873,25-32. Extract from Bull. Société d'Émulation Dept. de l'Allier,12,1873,467-472. Same in Bull. Bibl. Storia Sc. Mat. Fis.,10,1877,239-245.

③ Bull. Bibl. Storia Sc. Mat. Fis.,10,1877,289.

④ Atti R. Accad. Sc. Torino,11,1876,811-829.

⑤ Atti Accad. Pont. Nuovi Lincei,30,1876-1877,220-222.

⑥ Atti Accad. Pont. Nuovi Lincei,30,1876-1877,211-237.

⑦ Ibid.,36,1882-1883,37-40.

⑧ Jour. de Math.,18,1853,73-86. Reprinted,Sphinx-Oedipe,6,1911,133-138.

$k^2(2\mu^2+h^2)-2\lambda\mu hk+\lambda^2(h^2-\mu^2)=0$ 中,有

$$\frac{k}{\lambda}=\frac{\mu h\pm\sqrt{2\mu^4-h^4}}{2\mu^2+h^2}$$

$$\frac{h}{\mu}=\frac{\lambda k\pm\sqrt{\lambda^4-2k^4}}{\lambda^2+k^2}$$

因此,当 $\lambda^4-2k^2=\square$ 时,μ,h 构成了式(2)的一个解.如果 $x>1$,上式不成立,由此 $q\neq 0$.因此,除了 $x=y=z=1$,任意解均可导出一个解 $x'=\mu,y'=h,z'=\sqrt{2\mu^4-h^4}$,在更小的数中,由

$$x=\lambda^2\mu^2+h^2k^2$$

$$\pm y=\lambda^2h^2-2\mu^2k^2$$

$$\pm z=y^2-8\lambda hk(\lambda^2\mu^2-h^2k^2)$$

给出,其中 $2\mu^4-h^4=t^2,\frac{k}{\lambda}=\frac{(\mu h\pm t)}{(2\mu^2+h^2)}$.从它们的分子与分母中消去公因子.因此我们能计算从 $x=y=z=1$ 开始的式(2)的连续解集.

S. Réalis① 注意到,如果 $\alpha^4-2\beta^4=\gamma^2$,那么 $x^4-2y^2=z^2$ 对于

$$x=3(339\alpha^3+392\beta^3)+8\alpha\beta(216\alpha+211\beta)+7\gamma(113\alpha+96\beta)$$

$$y=4(147\alpha^3-226\beta^3)-27\alpha\beta(5\alpha+64\beta)+7\gamma(108\alpha+113\beta)$$

成立.对于 $\alpha=\gamma=1,\beta=0$,有 $x:y:z=113:84:7\ 967$.对于 $\alpha=3,\beta=2,\gamma=7$,有

$$x=57\ 123,y=6\ 214,z=3\ 262\ 580\ 153$$

A. Gérardin② 处理了最后的问题,假设第 2 个解 $A^4-2B^4=C^2$ 已知,令

$$(\alpha+Au)^4-2(\beta+Bu)^4=(\gamma-Su+Cu^2)^2$$

则

$$\{4(A^3\alpha-2B^3\beta)+2CS\}u^2+\{6(A^2\alpha^2-2B^2\beta^2)-S^2-2\gamma C\}u+4A\alpha^3-8B\beta^3+2\gamma S=0$$

若令 u^2 的系数等于 0,我们得到 S 和 u.取 $A=3,B=-2,C=-7$,我们得到了 Réalis 的解.从 $3^4-2\cdot 2^4=7^2$ 开始,令

$$(3+mx)^4-2(2+my)^4=\{7+\frac{2}{7}(27x-16y)m+gm^2)\}^2$$

---

① Nouv. Corresp. Math.,6,1880,478-479.

② Sphinx-Oedipe,6,1911,87-88.

并且消去 m^2 的系数;我们得到用项 x,y 表示的 g 和 m,因此得到16次幂解.修正最后的方法,我们得到 Réalis 的解.

A. Cunningham① 注意到,式(2)的解由 Lebesgue② 和 Lucas③ 完全指出,并表明 $x^2-2y^4=-1$ 仅有整数解(1,1)和(239,13).但式(2)的 Euler④ 的解仅生成一半的解.

L. C. Walker⑤ 引用了 Fermat 的最后两个整数式(1).它们的和是一个平方数,且平方和是一个四次幂.

3 ax^4+by^4 确定一个平方数或一个平方数的倍数

$x^4\pm y^4,2x^4-y^4,x^4-2y^4,x^4+8y^4$ 已在上面处理过了.对于 $x^4-h^2y^4$,参看第十六章同余数.

G. W. Leibniz⑥ 在1678年之前处理了找到使 $x+\frac{a}{x}=y^2$ 成立的整数 x,其中 a 是一个给出的整数,y 是有理数这一问题.令 $a=bc,x=bz$,其中 c 和 z 互素.令 $y=\frac{v}{w}$,最低项的分数.则 $bz^2+c=\frac{zv^2}{w^2}$,所以 z 被 w^2 整除.类似地,因为 $c\frac{w^2}{z}$ 是形如 v^2-bzw^2 的整数,所以 w^2 被 z 整除.因此 $z=w^2,bw^4+c=v^2$.因为 c 是 $v\pm w^2\sqrt{b}$ 的积,它大于每个因子,因此大于它们的差,由此 $c^2>4bw^4$.解 $x+\frac{a}{x}=y^2$ 的试验过程是把 a 展开成两个整数的积 bc 的过程,选择一个整数 w,使得 $4bw^4<c^2$,且值 $x=bw^2$(或者等价的参见 bw^4+c 是一个平方数).

---

① Math. Quest. Educ. Times,(2),14,1908,76-78.

② Jour. de Math.,18,1853,73-86. Reprinted, Sphinx-Oedipe,6,1911,133-138.

③ Recherches sur l'analyse indéterminée, Moulins,1873,25-32. Extract from Bull. Société d'Émulation Dept. de l'Allier,12,1873,467-472. Same in Bull. Bibl. Storia Sc. Mat. Fis.,10,1877,239-245.

④ The method of Euler, Algebra,2,art. 140, to make $2x^4-1$ a square does not give all solutions since $\frac{1\,525}{1\,343}$ is omitted (remarked by Lebesgue). E. Fauquembergue, l'intermédiaire des math.,5,1898,94, claimed to prove that $x=1,x=13$ are the only integral solutions.

⑤ Amer. Math. Monthly,11,1904,39.

⑥ Math. Schriften(ed.,C. I. Gerhardt),7,1863,114-119.

L. Euler[1] 证明了:如果 $a \neq b$ 意味着 $x^4 \mp y^4$ 不是一个平方成立,那么 $2a^4 \pm 2b^4$ 不是一个平方.同时,对于 $4x^4 \pm y^4, x^4 - 4y^4, \pm(4x^4 - 2y^4)$,(参看 Frenicle[2],Bendz[3],Carmichael[4].)他证明了 $ma^4 \pm m^3b^4$ 与它的2倍均不是一个平方数.且[5]若 $b \neq 0$,则 $a^4 + 2b^4 \neq \square$.

Euler[6] 处理了 $a + ex^4 = \square$,假设已知一个解 $a + eh^4 = k^2$,令 $x = h + y$,如果 $y = \frac{4hk^2(2a - k^2)}{(3k^4 - 4a^2)}$ 成立,则

$$a + ex^4 = k^2 + 4eh^3y + 6eh^2y^2 + 4ehy^3 + ey^4$$

将是 $k + \frac{2eh^3y}{k} + \frac{eh^2(k^2 + 2a)y^2}{k^3}$ 的平方.利用 $x = \frac{h(1 + y)}{(1 - y)}$ 进行代换,$a + ex^4$ 变为一个4次方,它有常数项和 y^4 的系数,因此,它可确定一个平方数.

J. L. Lagrange[7] 证明了:如果 $s^4 + at^4 = u^2$,那么 $x^4 + ay^4 = z^2$ 的第二个解集由

$$x = s^4 - at^4, y = 2stu, z = u^4 + 4as^4t^4$$

给出.为了推演这个结果,Lagrange 做出了他认为是非必要的假设.假设 $z = m^2 + an^2$.则如果 $y^2 = 2mn, x^2 = m^2 - an^2$ 成立,那么给出方程被满足.如果 $m = p^2 + aq^2, n = 2pq, x = p^2 - aq^2$,那么 $y^2 = 2mn, x^2 = m^2 - an^2$ 成立.如果 $p = s^2$, $q = t^2, p^2 + aq^2 = u^2$,那么 y^2 的展式是一个平方.对于第二个解,一个相似的推演可得出第三个解,依此类推.但不是所有的集合都可以以此方法得到.他评论道:对这样的方程最简单和最一般的方法可能是:用他的附录Ⅸ到 Euler 代数中的因子(Lagrange[8]).

A. E. Kramer[9] 处理了 $px^4 - y^4 = z^2$,其中 p 是一个奇素数,且 x, y 互素.

---

① Comm. Acad. Petrop.,10,1747(1738),125;Comm. Arith.,Ⅰ,28;Opera Omnia,(1),Ⅱ,47. Algebra,St. Petersburg,2,1770,arts. 209-210;French transl.,Lyon,2,1774,254-263. Opera Omnia,(1),1,442-443.

② Identical with Fermat's second triangle.

③ Öfver diophantiska ekvationen $x^n + y^n = z^n$. Diss. Upsala,1901,5-9.

④ Amer. Math. Monthly,20,1913,213-221.

⑤ The proof in his Algebra is the shorter. The latter was reproduced by A. M. Legendre, Théorie des nombres,1798,p. 405;Maser,Ⅱ,7;E. Waring,Medit. Algebr.,ed. 3,1782,373-374.

⑥ Algebra,St. Petersburg,2,1770,Arts. 138-139;French transl.,2,1774,pp. 162-167;Opera Omnia,(1),Ⅰ,400-402.

⑦ Nouv. Mém. Acad. Sc. Berlin,année 1777,1779,151;Oeuvres,Ⅳ,395. Reproduced by E. Waring,Meditationes Algebraicae,ed. 3,1782,371.

⑧ Jour. für Math.,144,1914,275-283.

⑨ De quibusdam aequationibus indeter. quarti gradus,Diss.,Berlin,1839.

令 $p=n^2+m^2$,则

$$(y^2+mx^2)(y^2-mx^2)=(nx^2+z)(nx^2-z)$$

他取 $m=r^2$. 首先,令 y,r 中的一个为奇数,另一个为偶数,使 x 是偶数,令 $y^2+r^2x^2=ab$,$nx^2+z=ac$,其中 b,c 互素. 则长方程给出了 $y^2-r^2x^2=dc$,$nx^2-z=db$. 则 a,b,c,d 是奇数,且 a,d 互素. 因为 $\alpha\equiv na-r^2d$,$\beta\equiv r^2a+nd$ 没有除了可能的 p 之外的公因子,而 $b\alpha=c\beta$,我们有 $\alpha=sc$,$\beta=sb$,其中 $s=\pm 1$ 或 $\pm p$. 令 e 是 d 和 $y+rx$ 的最大公约数,h 是 $\frac{\alpha}{s}$ 和 $y-rx$ 的最大公约数. 因为 $y^2-r^2x^2=\frac{d\alpha}{s}$,我们得到 $y+rx=ef$,$y-rx=gh$,$d=eg$,$\frac{\alpha}{s}=fh$,其中 f,g 互素,e,h 也互素. 用上面的四个方程替换 y,rx,d,a 的值,在 $y^2+r^2x^2=\frac{a\beta}{s}$ 中,我们得到

$$2\left\{\frac{\frac{e}{h}(n^2f^2-2\frac{p}{s}r^2g^2)-(p+r^4)fg}{2nr}\right\}^2=sf^4+\frac{p}{s}g^4$$

在同类项中,用 A 表示量. 确保 s 不为负. 依照 s 是单位元或素数 p. 我们得到 $2A^2=f^4+pg^4$ 或 g^4+pf^4,相反地,后面方程的任意解引出了前面方程当 $p=n^2+r^4$ 时的一个解. 因为 f,g,A 确定了 x,y,z.

下面令 y,r 均为偶数或均为奇数. 上面情况中唯一需要修正的是:2 整除 $y^2\pm r^2x^2$,$nx^2\pm z$,$y\pm rx$,且 $\frac{d}{2}=eg$. 结果是 $B^2=sf^4+4g^4\frac{p}{s}$,其中

$$nrB\equiv\frac{e}{h}(n^2f^2-4\frac{p}{s}r^2g^2)-(p+r^4)fg$$

对于 $s=1$,我们有 $B^2=f^4+4pg^4$,它暗含了

$$\frac{B\mp f^2}{2}=pb^4,\frac{B\pm f^2}{2}=c^4,g=bc$$

因此初始方程被推导成一个类似的方程 $pb^4-c^4=\pm d^2$,其中 c 和 b 互素. 因此,考虑 $c^4-pb^4=d^2$. 首先令 c 和 d 中一个为偶数,另一个为奇数. 则 $c^2\pm d=pe^4$,$c^2\mp d=h^4$,$b=eh$,由此 $h^4+pe^4=2c^2$. 下面令 c 与 d 均为奇数或均为偶数. 则 $\frac{c^2\pm d}{2}=4pv^4$ 或 pv^4,$\frac{c^2\mp d}{2}=u^4$ 或 $4u^4$. 因此 $c^2=u^4+4pv^4$ 或 $4u^4+pv^4$,将它乘以 4 便可推导成前面的形式.

O. Terquem① 证明了,如果 $y \neq 0$,那么 $x^4+2y^4, x^4 \pm 4y^4$ 和 x^4-8y^4 均不是平方数,且 $z \pm \frac{1}{z}$ 亦不是一个平方数.

J. Bertrand② 处理了 $ax^4+by^4=\square$ 类型的方程.

C. G. Sucksdorff③ 在 x,y,z 是正奇数,且互素的情况下,处理了 $2^m x^4 \pm 2^n y^4 = 2^p z^2$. 并处理了 $n=p=0, m=4\mu+0,1,2,3$ 时满足该方程的 8 种情况,$m=p=0, n=4\mu+0,1,2,3$ 时方程取负号的四种情况. 也处理了 $m=n=0, p=2\mu+0,1$ 时方程的四种情况. 首先 $2^{4\mu}x^4+y^4=z^2$. 因子 $z \pm 2^{2\mu}x^2$ 必为 α^4, β^4,其中 $\alpha\beta=y$. 通过代换 α 和 β,有 $2^{2\mu+1}x^2=\alpha^4-\beta^4$. 因此

$$\alpha+\beta=2u^2, \alpha-\beta=2v^2, \alpha^2+\beta^2=2t^2$$

消去 α,β,我们得到 $u^4+v^4=t^2$. 用一个相似的方法处理 $2^{4\mu+1}x^4+y^4=z^2$,由此有

$$z \pm y^2=2\alpha^4, z \mp y^2=2^4\beta^4, \pm y^2=\alpha^4-8\beta^4$$

(因为两个奇数和的平方不被 8 整除,所以包含了下面的符号). 因此 $8\beta^4=\alpha^4-y^2, \alpha^2 \pm y=2\gamma^4, \alpha^2 \mp y=4\delta^4$,由此 $\alpha^2=\gamma^4+2\delta^4$. 对于

$$2^{4\mu+1}x^4-y^4=z^2$$

参考文献中有 Euler④ 对 $a+ex^4=\square$ 的处理方法,其中 $-y^4$ 被取做 a;各种各样的解产生. $2^{4\mu+2}x^4+y^4=z^2$ 的不可能性同第一个方程一样. 下面,$x^4-2^{4\mu+1}y^4=z^2$ 暗含了

$$x^2 \pm z=2\alpha^4$$

$$x^2 \mp z=2^4\beta^4$$

由此,$x^2=\alpha^4+8\beta^4, x \pm \alpha^2=2\gamma^4, x \mp \alpha^2=4\delta^4, \pm \alpha^2=\gamma^4-2\delta^4$. 对于上面的符号. 我们有一个相似方法的方程. 对于下面的符号,当 $\alpha=\gamma=\delta=1$ 时有解. $x^4-2^{4\mu+t}y^4=z^2(t=0$ 或 $2)$ 的不可能性由 $x^2 \pm z=2\alpha^4, x^2 \mp z=2^{3+t}\beta^4$, $x^2=\alpha^4+2^{2+t}\beta^4$ 确定. $x^4+y^4=2^{2\mu+1}z^2, x \neq y$ 的不可能性由 $(x^4-y^4)^2=2^{4\mu+2}z^4-4x^4y^4$ 确定.

---

① Nouv. Ann. Math.,5,1846,75-78.

② Traité élém. d'algèbre,Paris,1850,244.

③ Disquistio au et quatenus aequatio $2^m x^4 \pm 2^n y^4 = 2^p z^2$ solutione gaudeat in integris.... Helsingfors,1851,16 pp.

④ Algebra,St. Petersburg,2,1770,Arts. 138-139;French transl.,2,1774,pp. 162-167;Opera Omnia,(1),I,400-402.

Lebesgue① 在被引用的最后论文中，讨论了方程，与 Schopis② 中的 $x^4 + y^4 \neq 2z^2$ 比较.

E. Lucas③ 列出并处理了可解方程

$$ax^4 + by^4 = cz^2 \tag{1}$$

其中 2 和 3 是整除 a,b，或 c 的唯一素数，即 $(a,b,c) = (1,-1,24),(1,-2,\pm 1)(1,2,3),(1,3,1),(1,-6,1),(1,8,1),(1,9,1),(1,-12,1),(1,18,1),(1,24,1),(1,\pm 36,1),(1,-54,1),(1,-72,1),(1,216,1),(3,-1,2),(3,-2,1),(4,-1,3),(4,-3,1),(9,-1,8),(9,-8,1),(27,-2,1)$.

T. Pepin④ 指出：如果 p 是一个形如 $a^2 + 9b^2$ 的素数，那么 $px^4 - 36y^4 = z^2$ 没有有理解，且以新数替换 36 得到的许多方程也满足上述论述，通常由 p 的 2 次形式所决定(是否有有理解).

Lucas 指出且 Moret-Blanc⑤ 证明了 $x = 1, y = 0$，且 $x = 3, y = 2$ 是 $x^4 - 5y^4 = 1$ 的仅存的大于或等于 0 整数解.

Lucas⑥ 证明了 $4v^4 - u^4 = 3w^4$ 和 $9v^4 - u^4 = 8w^4$ 其中之一意味着

$$u^4 = v^4 = w^4$$

Pepin⑦ 注意到 $Au^2 = Bx^4 + Cy^4$ 存在互素整数解的必要条件是 AB, AC 和 $-BC$ 分别是 C,B,A 的二次剩余，且 $-BC^3$ 是 A 的一个 4 次剩余. 他证明了 $u^2 = 3y^4 - 2x^4$ 可以通过

$$x = \lambda^2\mu^2 - 3f^2g^2$$

$$y = \lambda^2 f^2 + 2\mu^2 g^2$$

$$u = x^2 - 12\lambda\mu fg(\lambda^2 f^2 - 2\mu^2 g^2)$$

被完全求解，其中 λ, μ, f, g 是使

$$g : \lambda = f\mu \pm \sqrt{3f^4 - 2\mu^4} : 3f^2 + 2\mu^2$$

成立的互素整数.

同样的分析给出了 $x^4 - 6y^4 = z^2$ 和 $x^4 + 24y^4 = z^2$ 的全部解. 他处理了其

① Jour. de Math., 18, 1853, 73-86. Reprinted, Sphinx-Oedipe, 6, 1911, 133-138.

② Einige Sätze aus der unbestimmten Analytik, Progr. Gumbinnen, 1825.

③ Recherches sur l'analyse indéterminée, Moulins, 1873; extract from Bull. Soc. d'Emulation du Département de l'Allier, 12, 1873, 441-532. Bull. Bibl. Storia Sc. Mat. Fis. 10, 1877, 239-258.

④ Comptes Rendus Paris, 78, 1874, 144-148; 88, 1879, 1255; 91, 1880, 100 (reprinted, Sphinx-Odeipe, 5, 1910, 56-57); 94, 1882, 122-124.

⑤ Nouv. Ann. Math., (2), 14, 1875, 526; 20, 1881, 203-205.

⑥ Nouv. Ann. Math., (2), 16, 1877, 415.

⑦ Atti Accad. Pont. Nuovi Lincei, 31, 1877-1878, 397-427.

他稀有情况，在 $x^4+28y^4=z^2$ 和 $x^4-350y^4=z^2$ 的辅助下，$x^4+7y^4=8u^2$ 和 $7x^4-2y^4=5u^2$ 的解也找到了.

A. Desboves① 采用等式

$$(y^2+2yx-x^2)^4+(2x+y)x^2y(2y+2x)^4$$
$$=(x^4+y^4+10x^2y^2+4xy^3+12x^3y)^2 \tag{2}$$

且用 x 替换 x^2，y 替换 y^4，以得到他想要的表达式，如果 a 具有形式 $(2x+y)x^2y$ 或 $2x^2+y^4$，那么上式表示为

$$x^4+ay^4=z^2 \tag{3}$$

有整数解. 在式(2) 中把 x 替换成 $x+y$，进行其他简单变换，他② 证明了如果 $a=-x^2(x^2+y^2)$，$\pm y^2-x^4$，$-x(x+1)$，$y(y\pm 2x^2)$，$x^2(2x+y^4)$，y^4-2x^2，那么式(3) 有整数解，如果 $a=-2xy(x^2-y^2)(x^4+y^4-6x^2y^2)$，且 $z=\square$，那么式(3) 亦有整数解. 在其他恒等式中，若 $a=-8(x^8+y^8)$，$-x(x^2+4)$，$-x^8-4$，则上述结论亦成立. 如果式(1) 有解 x,y,z，那么把 Fermat 方法恰当的应用于该式，可得到新的解③

$$X=x(4a^2x^8-3c^2z^4),Y=y(4b^2y^8-3c^2z^4),Z=z[4c^4z^8-3(ax^4-by^4)^4] \tag{4}$$

当 $a=c=1$ 时，此解是 Lagrange 解的不同类型. Lucas④ 的例子情况与 Lagrange 的不同，式(4) 没有给出所有解，我们有 $(a+b)c$ 是一个平方数，称为 v^2，采用分式值，我们令 $y=1$. 则 $ac(x^4-1)+v^2=c^2z^2$. 令 $x=\dfrac{t+1}{t-1}$，我们得到一个应用 Fermat 方法的方程. 如果 x,y,z 是式(1) 的一个解，那么⑤

$$x_1=2ax^4-cz^2$$
$$y_1=2xyz$$
$$z_1=c^2z^4+4ax^4(cz^2-ax^4)$$

是 $x^4+abc^2y^4=z^2$ 的一个解. 对 $ac=u$，$(a+b)c=v^2$，后者变为 $x^4+u(v^2-u)y^4=z^2$. 因此若 $a=c=1$，$b=u(v^2-u)$，则式(1) 是可解的，同样可表

---

① Comptes Rendus Paris, 87, 1878, 159-161. Reproduced, with pp. 321-332, 522, 598, in Sphinx-Oedipe, 4, 1909, 163-168.

② Comptes Rendus Paris, 87, 1878, 321-322.

③ Ibid., 522; correction, 599. Reproduced in Desboves' Questions d'algèbre, ed. 4, 1892. Cf. Desboves.

④ Recherches sur l'analyse indéterminée, Moulins, 1873; extract from Bull. Soc. d'Emulation du Département de l'Allier, 12, 1873, 441-532. Bull. Bibl. Storia Sc. Mat. Fis. 10, 1877, 239-258.

⑤ Comptes Rendus Paris, 598.

示为恒等式

$$(2u-v^2)^4+u(v^2-u)(2v)^4=(v^4-4u^2+4uv^2)^2 \tag{5}$$

E. Lucas[①] 从 $\lambda x^4+\mu y^4=(\lambda+\mu)z^2$ 的一个解中得到了另两个解

$$X=4\mu\rho n^2x^2y^2z^2-m^2v^2$$

$$Y=4\lambda\rho m^2x^2y^2z^2-n^2v^2$$

$$Z=(4\mu\rho n^2x^2y^2z^2+m^2v^2+4\mu mnxyzv)^2+$$
$$16\lambda\mu m^2n^2x^2y^2z^2v^2$$

其中 $\rho=\lambda+\mu, v=\lambda x^4-\mu y^4, m=\pm 4\lambda\mu x^4y^4\pm\rho^2z^4-2\rho xyzv, n=v^2-4\lambda\rho x^2y^2z^2$. 如果 $x=y=z=\pm 1$,前面的方程被满足,我们得到新的解. 因此 $3x^4-2y^4=z^2$ 有解

$$33,13,1\ 871,28\ 577,8\ 843,1\ 410\ 140\ 689$$

如果式(1)有解(x_0,y_0,z_0),它将会写成形式

$$\lambda\left(\frac{x}{x_0}\right)^4+\mu\left(\frac{y}{y_0}\right)^4=(\lambda+\mu)\left(\frac{z}{z_0}\right)^2$$

$$\lambda=ax_0^4,\mu=by_0^4,\lambda+\mu=cz_0^2$$

他指出:上面的公式可解出形如式(1)的二十个方程,其中 a,b,c 仅含有素因子 2 和 3(对于 $4x^4-3y^4=z^2$ 是错误的,Desboves[②]).

Desboves[③] 用 $v-x$ 替换 y,用 u 替换 x^2,把式(5)化简成式(2). 他注意到,在进一步的情况 $a=x(y^2-x),-xy^2(x+y),-x(x+y^2),-x^2y^2(x^2-y^2)^2$ 中,式(3)是可解的. 他再次给出了式(4). 并注意到式(1)有解

$$X=3ax^4-by^4,Y=4ax^3y,Z=ax^4+by^4$$

如果 $c=81a^3x^6-14a^2bx^4y^4+ab^2y^8$,并给出了式(3)的 Lagrange 解的简单推导. 对于 $ax^4+by^4=cz^4$ 参考 Desboves[④].

$x^4+y^4=17z^2$ 的解是 1,2,1 和 13,2,41,从公式(4)中不能得到这两组解 x,y,z.

T. Pepin[⑤] 给出了 $7x^4-5y^4=2z^2$ 的全部整数解. 则[⑥] $X=z,Y=xy,Z=$

---

① Nouv. Ann. Math. ,(2),18,1879,67-74. In Lucas' expression for Z the coefficient 4 of the final term should be 16. If we adopt his change of signs in m, we must alter a sign in his Z.

② Ibid. ,1602-1603.

③ Nouv. Ann. Math. ,(2),18,1879,434.

④ Nouv. Ann. Math. ,440-444.

⑤ Jour. de Math. ,(3),5,1879,405-424.

⑥ Ibid. ,(5),1,1895,351-358.

$\frac{7x^4+5y^4}{2}$ 给出了 $X^4+35Y^4=Z^2$ 的全部解，其中 Y 是奇数，而当 Y 是偶数时，解可由减法得到.

S. Réalis① 注意到 $x^4-3y^4=13z^2$ 有解

$$x=76\alpha^3+96\alpha^2\beta+135\alpha\beta^2+156\beta^3+13\gamma(19\alpha+12\beta)$$
$$y=52\alpha^3+28\alpha^2\beta-96\alpha\beta^2-57\beta^3+13\gamma(16\alpha+19\beta)$$

如果 $\alpha^4-3\beta^4=13\gamma^2$，并寻求 z 的值.

Pepin② 注意到 Euler③ 确立四次方 $V=P^2+QR$ 的方法中，它是一个平方，不仅 $R=0$ 或 $Q=0$ 或 $S=0$ 或 $T=0$ 时的有理根得出了 $V=\square$ 的有限解，且对其他更多的根也许也是如此. 当 $11x^4-7y^4=z^2$ 时，后者成立，由此 $V=11-7\xi^4=P^2+QR$，$P=2\xi$，$Q=11+7\xi^2$，$R=1-\xi^2$. 通过将四个公式的集合相减两个不可约的解 1，1，2 和 2，1，13 得到了完全解，它们之间均是有限解. 这些解用 Euler 和 Fermat 的方法无法找到，则可得到它的全部解. 为了得到 $x^4+20y^4=z^2$ 和 $5n^4-m^4=4t^2$ 的全部解，可采用相减法. 对于 $c=a+b$，通过特殊假设，可从式(1) 的一个解集 x,y,z 中得到④新的解

$$X=\lambda^2x^2-bc\mu^2y^2$$
$$Y=\lambda^2y^2-ac\mu^2x^2$$
$$Z=Y^2-4a\lambda\mu xy(\lambda^2x^2+bc\mu^2y^2)$$

其中 $\mu:\lambda=xy\pm z:ax^2-bz^2$.

Pepin⑤ 利用下降法得到了 $13x^4-11y^4=2z^2$ 和 $8x^4-3y^4=5z^2$ 的全部解，而用 Euler 法确立的 $40\xi^4-15=\square$ 并未给出所有解.

A. Desboves⑥ 证明了：如果 (x,y,z) 和 (x',y',z') 均是式(1) 的解，则可由

$$x'X=x^2\lambda^2-bcy^2\mu^2$$
$$y'Y=y^2\lambda^2-acx^2\mu^2$$
$$x'^4z'^2Z=[(x^2\lambda^2+bcy^2\mu^2)z'+2bxyy'^2\lambda\mu]^2+4abx^2y^2x'^4\lambda^2\mu^2 \tag{6}$$

给出一个新的解，其中 $\lambda=ax^2x'^2-by^2y'^2$，$\mu=xyz'+zx'y'$. 对于 $a+b=c$，我们可令

① Nouv. Corresp. Math.，6，1880，479.

② Atti Accad. Pont. Nuovi Lincei，36，1882-1883，49-67.

③ Mém. Acad. Sc. St. Petersb.，11，1830[1780]，69；Comm. Arith. Ⅱ，474. Cf. Pepin.

④ Atti Accad. Pont. Nuovi Lincei，67-70. Cf. Lucas.

⑤ Ibid.，38，1884-1885，20-42.

⑥ Comptes Rendus Paris，104，1887，846-847.

$$x'=y'=z'=1$$

并且化简他的[①]和 Pepin[②] 的公式. 对于 $a=c=1,x'=z'=1,y'=0$,我们得到 Lagrange 的公式. 他宣布:式(1) 的全部解都已经被证实了是由许多和系统(6) 一样的系统给出的,式(1) 有初始解(x',y',z'). 对于 $8x^4-3y^4=5z^2$,将 Pepin 的 10 个系统化简成两个带有$(x',y,'z')=(1,1,1),(2,1,5)$ 的系统(6). 对于[③]情况$c=a+b$,令式(6) 中 $x=y=z=1$,且弃用前面的;我们得到

$$X=a(a-b)x^3-b(3a+b)xy^2-2bcyz$$

然而,当替换 X 中的a,b,x,y 时,使其可导出 Y. 他给出了同次的另一个公式的集合. 通过找到关系

$$EX^2x^2+GY^2y^2-2LXYxy-H(X^2y^2+Y^2x^2)=0$$

使$\frac{Y}{X}$ 是 y,x 的一个函数,这个函数仅含有理的$(ax^4+by^4)^{\frac{1}{2}}$,他得到了二次公式

$$X=-(a-b)^2x^2+4bcy^2$$

$$Y=[2c^2-(a-b)^2]xy+2c(a-b)z$$

$$Z=4b(a-b)xy[4acx^2+(a-b)^2y^2]+$$

$$[2c^2-(a-b)^2][(a-b)^2x^2+4bcy^2]z$$

且指出了一个相似的讨论可能使

$$ax^4+by^4+dx^2y^2=cz^2$$

$$c=a+b+d$$

Desboves[④] 注意到:当(x',y',z') 由$(x'_i,y'_i,z'_i),i=1,2,3$,连续代换时,如果式(6) 可将式(1) 完全解出,那么若当一个解能由其他两个解连续计算确定时,一个解不能得到该解,则这些解中的任一个均被称为原根.

Desboves[⑤] 指出:当 a 和b 是连续素数 $8n+7$ 和 $8n+5$,或 $8n+5$ 和 $8n+3$ 时,我们可用一个单公式系统找到 $ax^4-by^4=2z^2$ 的全部解.

对于 $k=2\alpha$ 和 $4\alpha+3$,T. Pepin[⑥] 处理了 $x^4+2^k\cdot 7y^4=z^2$. 他[⑦]给出了

$$5x^4-3y^4=2z^2$$

---

① Comptes Rendus Paris,88,1879,638-640,762(correction). Cf. Desboves of Ch. XXI.

② Atti Accad. Pont. Nuovi Lincei,67-70. Cf. Lucas.

③ Comptes Rendus Paris,104,1887,p. 1832.

④ Ibid. ,1602-1603.

⑤ Assoc. franç. av. sc. ,16,1887,Ⅰ,175(in full).

⑥ Mem. Acc. Pont. Nuovi Lincei,4,1888,227.

⑦ Ibid. ,9,Ⅰ,1893,247-284.

$$5x^4 - 2y^4 = 3z^2$$
$$3x^4 + 5y^4 = 8z^2$$
$$8x^4 - 5y^4 = 3z^2$$

讨论的一个细节.

E. B. Escott① 注意到:在 $x^4 + y^4 = az^2$ 中,如果我们令 $x = \frac{zk}{l}$,我们得到一个关于 z^2 的二次方,如果 $(al)^4 - (2a)^2(ky)^4 = (aml^2)^2$ 成立,那么这个二次方程是有理的,则使问题简化为一对儿方程 $p^2 \pm 2aq^2 = \square$(第十六章).

Axel Thue② 证明了 $x^4 - 2^m y^4 = 1$ 没有整数解.

Escott③ 注意到 $4A^4 + 1 = B^2 C$ 的左边项有因子 $2A^2 \pm 2A + 1$,由此 $(2A \pm 1)^2 + 1 \equiv 0 \pmod{B^2}$,因此他解出了式 $4A^4 + 1 = B^2 C$.

A. Gérardin④ 注意到如果 (α, β, γ) 和 (A, B, C) 是式(1)的两个解,$x = \alpha + Au$,$y = \beta + Bu$,$z = \gamma + Su + Cu^2$ 给出了一个新的解,这个新解由 u 满足的二次方程给出.选择 S,使 u^2 的系数等于0,我们得到有理的 u.他讨论了 Réalis⑤ 的结果.

A. Gunningham⑥ 列出了 $a^4 + b^4 = mc^2 < 10^7$,$1 + y^4 = mc^2$,$y < 1\,000$ 的所有情况.

E. Fauquembergue⑦ 证明了 Lucas⑧ 的结果,即 3,1,2 是 $x^4 - y^4 = 5z^4$ 的唯一解集.

W. Mantel⑨ 用减法证明了 $x^4 + 2^n y^4 \neq z^2$,除非 $n \equiv 3 \pmod 4$.

H. C. Pocklington⑩ 用减法证明了

$$x^4 - py^4 = z^2, x^4 - p^2 y^4 = z^2$$
$$x^4 - y^4 = pz^2, x^4 + 2y^4 = z^2$$

是不可能的.其中 p 是素数 $8m + 3$,并指出了

---

① L'intermédiaire des math.,7,1900,199(reply to 3,1896,130).

② Archiv for Math. og Naturvidenskab,25,1903,No. 3.

③ L'intermédiaire des math.,12,195,155-156.

④ Bull. Soc. Philomathique,(10),3,1911,234-236;Sphinx-Oedipe,6,1911,101-102.

⑤ Nouv. Corresp. Math.,6,1880,479.

⑥ L'intermédiaire des math.,18,1911,45-46.

⑦ L'intermédiaire des math.,19,1912,281-283.

⑧ Recherches sur l'analyse indéterminée,Moulins,1873;extract from Bull. Soc. d'Emulstion du Département de l'Allier,12,1873,441-532. Bull. Bibl. Storia Sc. Mat. Fis. 10,1877,239-258.

⑨ Wiskundige Opgaven,11,1912-1914,491-495.

⑩ Proc. Cambridge Phil. Soc.,17,1914,110.

$$2x^4 - y^4 = \pm z^2$$

的解. R. D. Carmichael① 讨论了 $x^4 + my^4 = nz^2$. 如果这有一个解,那么存在一个整数 p,使得 $np^2 = s^4 + mt^4$. 因此我们得到了方程

$$x^4 + my^4 = (s^4 + mt^4)z^2 \tag{7}$$

令 $z = p^2 + mq^2$,得到了一个不同于 $x = s, y = t, z = 1$ 的特殊解. 如果

$$x^2 = s^2(p^2 - mq^2) + 2mt^2pq$$

$$y^2 = t^2(p^2 - mq^2) - 2s^2pq$$

则式(7) 成立. 上面两个方程的解由 Fermat 方法

$$x = sp - 2s(s^8 - m^2t^8)$$

$$y = tp + 2t(s^8 - m^2t^8)$$

$$z = p^2 + 16ms^4t^4(s^4 - mt^4)^2$$

$$p = (s^4 + mt^4)^2 + 4ms^4t^4$$

求出.

用有限相减法,他证明了没有满足 $x^4 - 4y^4 = \pm z^2$ 的非零整数解集. 因此没有有理直角三角形的面积是一个平方的2倍;这意味着 $x^4 + y^4 = z^2$ 没有非零整数解.

A. Gérardin② 说明可以用三种方法得到 $ax^4 + by^4 = cz^2$ 的全部解,并给出了一个解.

A. Auric③ 用方程 $ax^4 + by^4 = cd^2z^2$ 和 $mx^2 + ny^2 = cdz$ 消去 z,且消去一个平方判别式,来解出 $ax^4 + by^4 = cd^2z^2$.

M. Rignaux④ 得到了 $x^4 - y^4 = az^2$ 的无数解,且给出了一个解. E. Haentzschel⑤ 讨论了式(1).

4 $ax^4 + by^4 + dx^2y^2$ 确定一个平方数

L. Euler⑥ 注意到:使 $F \equiv x^4 + kx^2y^2 + y^4$ 是一个平方缺乏一般性. 假设 F

① Diophantus Analysis,1915,77-79.

② L'intermédiaire des math.,22,1915,149-161.

③ Ibid.,23,1916,7-8.

④ Ibid.,24,1917,14.

⑤ Sitzungsber. Berlin Math. Gesell.,16,1917,9-16.

⑥ Nova Acta Acad. Petrop.,10,ad annum 1791,1797(1777),27;Comm. arith.,Ⅱ,183.

是 $x^2+y^2\frac{p}{q}$ 或 $x^2+xy\frac{p}{q}\pm y^2$ 的平方. 由一个确定的方法，他导出了 $k=fx^2+2\sqrt{1+fy^2}$ 的情况，其中 F 是 $y^2+x^2\sqrt{1+fy^2}$ 的平方. 对于 $1<f<100$，他给出了具有有理根数的最小解 y. 对于 $k<100$ 的正数值的一半和 30 个小于 100 的负数值，表格给出了对于 F 是一个平方数的 $x:y$ 的值.

Euler① 重新研究了 $x^4+mx^2y^2+y^4=z^2$ 的解. 利用满足 $z=ax^2y^2-(x^2\pm y^2)$ 的有理数 a，可将 m 的分数表成整数形式. 则 $m\pm 2=(ax^2\mp 2)(ay^2-2)$. 我们可令 $x=pq,y=rs,a=\frac{b}{p^2r^2}$，其中 p,q 互素，r,s 互素. 则

$$m\pm 2=\frac{(bq^2\mp 2r^2)(bs^2-2p^2)}{p^2r^2}$$

令 $bs^2-2p^2=cr^2,bs^2+cr^2=2n,bc=\lambda$. 则 $n^2-p^4=\lambda y^2$，其中 y^2 是整除 n^2-p^4 的最大的平方数. 则 $m=\frac{(\lambda q^2\mp 2n)}{p^2}$. 相反地，对于 p,n,q 的符号，整除 n^2-p^4 的最大的平方数 y^2 是 m 取正值时前面方程的解. 事实上

$$x^4=q^4(n^2-\lambda y^2)$$

$$mx^2y^2=q^2y^2(\lambda q^2\mp 2n)$$

$$z^2=(y^2\mp q^2n)^2$$

Euler 给出了轻微改变概念后的解的表格. 在结论中，对于 $m=\lambda\zeta^2\pm\alpha$ 的情况，他给出了一个更优雅的方法，其中 $\alpha^2-4=\lambda\beta^2$. 则 $x=\beta,y=2\zeta,z=\beta^2\pm 2\alpha\zeta^2$ 是解. 从 Pell 方程的两个解集 α,β，和 2,0 开始，他得出了解

$$A=g^n+h^n,B=\frac{(g^n-h^n)}{\sqrt{\lambda}}$$

$$g\equiv\frac{\alpha+\beta\sqrt{\lambda}}{2},h\equiv\frac{\alpha-\beta\sqrt{\lambda}}{2}$$

因为 $gh=1,A^2-\lambda B^2=4$. 因此对 $m=\lambda f^2\pm A$（f 任意），我们得到四次方程的解 $x=B,y=2f$.

Euler② 证明了如果 m 和 n 是互素的，且 m 是偶数，n 是奇数（除了 $m=0$，$n=1$），或者 m 和 n 均是奇数（除了 $m=n=1$），那么 $m^4+14m^2n^2+n^4$ 不是一个平方. 方程化简成形如 $\alpha^2+3\beta^2=\square$ 的一个方程. 令 $x=m^2-n^2,y=2mn$，我

① Mém. Acad. Sc. St. Petersb.，7，années 1815-1816，1820(1782)，p. 10；Comm. Arith.，Ⅱ，492. For misprints and errata see Cunningham.

② Mém. Acad. Sc. St. Pétersbourg，8，années 1817-1818(1780)，3；Comm. Arith.，Ⅱ，411-413. Same results by V. A. Lebesgue，Nouv. Ann. Math.，(2)，2，1863，68-77.

们看到 x 为奇数,y 为偶数,且不为 0 时,x^2+y^2 和 x^2+4y^2 不全为平方数.另一个推论是 $p(p+q)(p+2q)(p+3q)\neq\square$,所以四个四次方不是算术上的连续数.另一个推论是:如果 $p^2\neq q^2\neq 0$,那么 $p^4-p^2q^2+q^4\neq\square$,当 p,q 为奇数时,令 $p=m+n,q=m-n$,当 p,q 一个为偶数一个为奇数时,$p+q=m,p-q=n$,则这个推论可推导出来.

Euler① 在别处指出:如果 $x^2\neq 1$ 或 0,那么 $x^4-x^2+1\neq\square$. Appendix 说明了 p^2-q^2 和 p^2+3q^2 不全是平方数.

C. F Kausler② 在 Euler③ 的 4 次方 F 中写出了 $z=\frac{x}{y}$. 现在的问题是令 $z^4+kz^2+1=\square$,或更一般的令 $f^2+bZ+eZ^2=P^2,Z=z^2$. 因此 $Z(b+eZ)=P^2-f^2$. 恰当选择有理数 A,我们可令

$$b+eZ=A(P+f),Z=\frac{P-f}{A}$$

消去 P,我们得到 $Z=\frac{2fA-b}{e-A^2}$. 在这种情况中,$e=f=1,b=k$,由此 $Z=\frac{k-2A}{A^2-1}$ 是一个平方数 z^2. 因此 $k-2A=mp^2,A^2-1=mq^2$. 在后一个 Pell 方程的所有解中,选择满足第一个方程的解(他提供的"解"是不完美的). 消去 m,且令 $2A=\alpha,\frac{p}{q}=2n$,我们得到 $k=\alpha+(\alpha^2-4)n^2$,Euler④ 在他的第一篇论文的最后处理了这种情况. Kausler 在某种程度上处理了这个问题,选择 α,n 的有理值,使 k 是一个整数.

N. Fuss⑤ 要求整数 m,使得 $x^4+mx^2y^2+y^4=z^2$. 令

$$m-2=\alpha\beta,m+2=\gamma\delta$$

则 $z^2-(x^2+y^2)^2=\alpha\beta x^2y^2,z^2-(x^2-y^2)^2=\gamma\delta x^2y^2$. 对于 $x=pq,y=rs$,我们有

$$z+x^2+y^2=\alpha q^2s^2,z-x^2-y^2=\beta p^2r^2$$

$$z+x^2-y^2=\gamma p^2s^2,z-x^2+y^2=\delta q^2r^2$$

消去 z,并用它们的值替换 x,y,我们得到了 $\alpha,\beta,\gamma,\delta$ 之间的三个线性方程,给出了

---

① Algebra,2,1770,art. 142;2,1774,p. 169;Opera Omnia,(1),Ⅰ,403.

② Nova Acta Acad. Petrop.,13,ad annos 1795-1796,Mém.,pp. 205-236.

③ Nova Acta Acad. Petrop.,10,ad annum 1791,1797(1777),27;Comm. arith.,Ⅱ,183.

④ Mém. Acad. Sc. St. Petersb.,7,années 1815-1816,1820(1782),p. 10;Comm. Arith.,Ⅱ,492. For misprints and errata see Cunningham.

⑤ Mém. Acad. Sc. St. Pétersbourg,9,1824(1820),159.

$$\gamma=\frac{\alpha q^2-2r^2}{p^2}$$

$$\delta=\frac{\alpha s^2-2p^2}{r^2}$$

$$\beta=\frac{\alpha q^2 s^2-2p^2q^2-2r^2s^2}{p^2r^2}$$

最后一个可以用 $\gamma\delta=\alpha\beta+4$ 替换. 如果 $p=r=1$,那么 $\gamma\delta=(\alpha q^2-2)(\alpha s^2-2)$,且 α,q,s 可能给出任意值;当 m 取小于100的值时,我们得到2,8,12,16,17,22,23,26,31,…,94.

R. Adrain① 用下降法证明了 $x^4+x^2y^2+y^4\neq\square$. 他和T. Strong也注意到了 $(x^2+y^2)^2-x^2y^2=a^2$ 要求 $a^2+x^2y^2=\square$,且 $a^2-3x^2y^2=\square=(x^2-y^2)^2$,从而 a^2+q^2 和 a^2-3q^2 不会是平方数(Euler的《代数》第二英文译本,Ⅱ,481). H. J. Anderson② 注意到我们可取正的 x 和 y,且令它们互素,如果 x 和 y 均是奇数,那么 $x^4+x^2y^2+y^4=8n+3\neq\square$. 因此我们可取 x 为偶数,y 为奇数,因此 $(x^2+y^2)^2-x^2y^2$ 是一个奇平方数,由此 $x^2+y^2=p^2+q^2$,$xy=2pq$. 由Euler的《代数》一书中的一个观点,我们得出结论 r^2-s^2 和 r^2-4s^2 是奇平方数,其中 s 是偶数,r,s 是 x,y 的因子,相似的,t^2-u^2 和 t^2-4u^2 是奇平方数,其中 u 是偶数,t,u 是 r,s 的因子. 最终我们将得到奇平方数 v^2-w^2 和 v^2-4w^2,其中 $\frac{1}{2}w$ 不再有因子,因此该问题是不可能的.

A. M. Legendre③ 仅找到了 $m^4-4m^2n^2+n^4=p^2$ 的两个解,即 $(m,n,p)=(15,4,191),(442,161,364\ 807)$,包含 $(2,1,1)$ 的完全解由 E. Lucas④ 给出.

V. A. Lebesgue⑤ 注意到:如果 $x^4+ax^2y^2+by^4=z^2$ 有解 $x=r,y=s,z=p$,它也将有解

$$x=r^4-bs^4$$

$$y=2prs$$

$$z=p^4-(a^2-4b)r^4s^4$$

① The Math. Diary, New York, 1, 1825, 147-150. Cf. Genocchi and Pocklington; also Beha-Eddin of Ch. XIV and Kausler of Ch. XXVI.

② Ibid., 150-151.

③ Théorie des nombres, ed. 3, 2, 1830, 127; Maser, Ⅱ, 124. See Legendre of Ch. XIX.

④ Recherches sur l'analyse indéterminée, Moulins sur Allier, 1873, p. 67. Bull. Bibl. Storia Sc. Mat. Fis., 10, 1877, 291-292.

⑤ Jour. de Math., 18, 1853, 84; Nouv. Ann. Math., (2), 11, 1872, 83-86.

A. Desboves[①]评论道:Lagrange[②]对 $a=0$ 的结果的推广是没有意义的,因为它来自于用(如下 $d=0$)

$$(u^2-bv^2)+d(u^2-bv^2)(2uv+dv^2)+b(2uv+dv^2)^2$$
$$=(u^2+duv+bv^2)^2$$

替换初始恒等式所得到.这个替换式是 Lagrange 在 Euler 代数中增加的 Ⅸ 上给出的.

A. Genocchi[③]用下降法证明了 $x^4+x^2y^2+y^4\neq\square$.

T. Pepin[④]处理了 $x^4+8x^2+1=\square$.

E. Lucas[⑤]从

$$x^4-2(a+2f^2)x^2y^2+(a^2+b^2)y^4=z^2$$

的一个给出解(x,y,z)中导出了两个解(X,Y,Z).简言之,令

$$\triangle=4f^4+4af^2-b^2$$
$$n=z^2+4f^2x^2y^2$$
$$m=-bxyz\pm f[x^4-(a^2+b^2)y^4]$$
$$\alpha=\frac{\triangle n^2x^2y^2+m^2z^2}{f}$$
$$\beta=4m^2x^2y^2-n^2z^2$$
$$\gamma=4m^2x^2y^2+n^2z^2$$

则

$$X=16amnxyz\beta+b(16m^2x^2y^2z^2-\beta^2)^2$$
$$Y=2\gamma\alpha$$
$$Z=\triangle\gamma^4-4\alpha^4$$

A. Desboves[⑥]注意到如果 x,y,z 满足 $ax^4+by^4+dx^2y^2=cz^2$,则

$$X=ax^4-by^4$$
$$Y=2xyz$$
$$Z=c^2z^4+(4ab-d^2)x^4y^4$$

---

① Comptes Rendus Paris,87,1878,925.

② Nouv. Mém. Acad. Sc. Berlin,année 1777,1779,151;Oeuvres,Ⅳ,395. Reproduced by E. Waring,Meditationes Algebraicae,ed. 3,1782,371.

③ Annali di Sc. Mat. e Fis.,6,1855,302. Cf. Adrain.

④ Atti Accad. Pont. Nuovi Lincei,30,1876-1877,222-224. Cf. Euler,Algebra 2,Ch. 9,Art. 144.

⑤ Nouv. Ann. Math.,(2),18,1879,73.

⑥ Ibid.,(2),18,1879,384;for $a=c=1$,p. 437. Verification,(2),19,1880,461-462.

满足 $X^4+abc^2Y^4+cdX^2Y^2=Z^2$，然而[①]

$$X=x(4bcy^4z^2-q^2)$$
$$Y=y(4acx^4z^2-q^2)$$
$$Z=z\{4fx^4y^4q^2-(c^2z^4-fx^4y^4)^2\}$$

满足初始方程，如若 $q=ax^4-by^4$，$f=d^2-4ab$(Desboves[②]).

T. Pepin[③] 处理了 $ax^4+2bx^2y^2+cy^4=n^2$，满足它的一个必要条件是用二次形式(a,b,c) 表示 n^2. 如果已知一个这样的表达式，那么它们将全由含两个参数的二次函数表示. 但是，回到二次方程，我们将再次把确立一个二次方问题转化为求一个平方数.

Moret-Blanc[④] 用 Euler 方法找到了 $x^4-5x^2y^2+5y^4=\square$ 和 $\frac{(x^5+y^5)}{(x+y)}=\square$ 的解.

S. Réalis[⑤] 仅对 $y=0,2$ 证明了 $2y^4-2y^2+1=\square$.

E. Fauquembergue[⑥] 给出了 $(x^2+y^2)(2x^2-y^2)=2z^2$ 的一般解. A. Gérardin[⑦] 给出了 $x,y,z=3f,4f,5f^2$ 和 $\frac{h}{2},\frac{2h}{3},\frac{5h^2}{36}$.

$x^4+4x^2+1=y^2$ 在有理数上不成立[⑧]. 参看 Pietrocola[⑨].

T. Pepin[⑩] 仅对 y 是偶数的情况利用下降法处理了 $x^4-8x^2y^2+8y^4=z^2$；则 $x=X^8-8Y^8$，$y=2XYZ$，$z=Z^4-32X^4Y^4$. 对于 y 是奇数，方程化简为一对方程：$pq=rs$，$p^2-4q^2+4pq+8s^2-r^2=0$，应用下降法. $y<10^{10}$ 时仅存在 6 个解集 x,y,z，且均不为 0.

C. Pietrocola[⑪] 讨论了等价方程

$$x^4+4hx^2y^2+(2h-1)^2y^4=z^2$$
$$(x^2+2hy^2+z)(x^2+2hy^2-z)=(4h-1)y^4$$

---

① Nouv. Ann. Math.，(2)，18，1879，440；implied，Comptes Rendus Paris，87，1878，522.

② Comptes Rendus Paris，104，1887，p. 1832.

③ Atti Accad. Pont. Nuovi Lincei，32，1878-1879，79-128.

④ Nouv. Am. Math.，(2)，20，1881，150-155.

⑤ Bull. Bibl. Storia Sc. Mat. Fis.，16，1883，213；reproduced，Sphinx-Oedipe，4，1909，175-176. See papers 19-25 of Ch. XVII.

⑥ L'intermédiaire des math.，4，1897，70.

⑦ Ibid.，16，1909，175.

⑧ Ibid.，1897，20，83，203，229；1898，89，128；1900，87-90；1903，158；1905，109.

⑨ Giornale di mat.，36，1898，77-80.

⑩ Mem. Accad. Pont. Nuovi Lincei，14，1898，71-85.

⑪ Giornale di mat.，36，1898，77-80.

他从一个解中得到了另一个解,并证明了当 $h=1$ 时,方程是不成立的. 最后的结果在之前被 P. Tannery① 作为一个问题提出过.

A. S. Werebrusow② 列举了许多在 -100 到 $+100$ 之间使 $x^4+mx^2y^2+y^4=z^2$ 不成立的 m 值,且指出,若 m 为正,或 $m=8k+3$ 为负且 $m+2$ 和 $m-2$ 为素数,则上式也不成立.

A. Gérardin③ 注意到:当 $m=99$ 时,上面的论点失败了.

Gleizes 和 H. B. Mathieu④ 给出了方程可解时的 m 的特殊展开式.

A. Cunningham⑤ 注意到:当 $m=60,99,-72,-96$ 时,方程是可解的,且与 Werebrusow⑥ 相反,当 $m=91,-90$ 时,方程是可解的,与 Euler⑦ 相反;且修正了 Euler 的论文的错误.

L. Aubry⑧ 指出:当 $m\equiv 1,5$ 或 $7 \pmod 8$ 这些正数时,Werebrusow⑨ 的定理成立;m 取负数,当 $m=-(8k+5)$ 时,该定理也成立,但当 $m=8k+3$ 时,定理不成立. Aubry 处理了 $x^4+bx^2y^2+cy^4=dz^2$,给出了

$$d=p^4+bp^2q^2+cq^4$$

其中令 $x^2=p^2u-cq^2v, y^2=q^2u+(bq^2+p^2)v$,且化简了初始方程,由此由一个解导出了两个解.

H. C. Pocklington⑩ 证明了若 $x\neq y$,则 $x^4-x^2y^2+y^4, x^4+14x^2y^2+y^4$ 均不是平方数. 如果 N 不具有形式 $8n\pm 3$,且不被形如 $4n+1$ 的素数整除,同时,$N\mp 4$ 是一个奇素数(包括统一)的奇次幂,那么 $(x^2+y^2)^2\mp Nx^2y^2=z^2$ 在整数上不成立. 对于 $N=1$ 和上面的符号,我们看到 $x^4+x^2y^2+y^4=z^2$ 不可能成立,且 $x^4-14x^2y^2+y^4=z^2$ 不可能成立. 当 $n<100$ 时,有一份使得 $x^4\pm nx^2y^2+y^4=z^2$ 不成立的 n 值的清单. 给出了

$$x^4-4x^2y^2+y^4=z^2$$

---

① L'intermédiaire des math. ,1897,20,30,203.

② Ibid. ,15,1908,52,282(corrections);Mat. Sbornik,Moscow,26,1908,599-617.

③ L'intermédiaire des math. ,16,1909,154.

④ Ibid. ,15,1908,159.

⑤ Ibid. ,17,1910,201.

⑥ Ibid. ,15,1908,52,282(corrections);Mat. Sbornik,Moscow,26,1908,599-617.

⑦ Mém. Acad. Sc. St. Petersb. ,7,années 1815-1816,1820(1782),p. 10;Comm. Arith. ,Ⅱ, 492. For misprints and errata see Cunningham.

⑧ L'intermédiaire des math. ,18,1911,203.

⑨ Ibid. ,15,1908,52,282(corrections);Mat. Sbornik,Moscow,26,1908,599-617.

⑩ Proc. Cambridge Phil. Soc. ,17,1914,111-118.

的完全解.

Lebesgue[1][2]Genocchi[3][4] 和 Pepin[5],以及 Desboves[6] 注意到了 $ax^4+dx^2y^2+by^4=\square$ 是不可能的情况. Pepin[7] 和 Haentzschel[8] 证明了上式可解的情况.

5 四次函数确立一个平方数

Fermat[9] 找到了满足

$$f(x)\equiv a+bx+cx^2+dx^3+ex^4 \tag{1}$$

的 x 的有理值.式(1)等于一个有理数的平方,其中 $a,\cdots,e$ 是整数. a 或 e 是一个整数的平方的情况十分简单.对于 $a=\alpha^2$, $f(x)$ 的前三项是相等的,且等于

$$\alpha+\frac{b}{2\alpha}x+\frac{1}{2\alpha}\left(c-\frac{b^2}{4\alpha^2}\right)x^2$$

的平方的前三项.对比因式项 x^3,我们得到

$$x=\frac{8\alpha^2[b(4\alpha^2c-b^2)-8\alpha^4d]}{64\alpha^6e-(4\alpha^2c-b^2)^2}$$

因此从一个特殊解 $f(\xi)=\alpha^2$ 我们可以得到新的解.因为 $f(\xi+x)=\alpha^2+bx+\cdots+ex^4$ 在最后的情况下不成立.

L. Euler[10] 和 A. M. Legendre[11] 相似地处理了同样特殊的情况.

T. F. de Lagny[12] 在 $x=\frac{23}{5}$ 时将 $x^4-10x^3+26x^2-7x+9$ 作为 x^2-5x+3 的平方.

---

① Jour. de Math. ,5,1840,276-279,348-349(removal of obscurity in proof of lemma).

② Jour de Math. ,8,1843,49-70.

③ Annali di Mat. ,6,1864,287-288.

④ Comptes Rendus Paris,78,1874,435. Proof,82,1876,910-913.

⑤ Comptes Rendus Paris,82,1876,676-679.

⑥ Nouv. Corresp. Math. ,6,1880,32. Cf. Sphinx-Oedipe,8,1913,27.

⑦ Atti Accad. Pont. Nuovi Lincei,32,1878-1879,292-298.

⑧ Sitzungsber. Berlin Math. Gesell. ,14,1915,23-31.

⑨ Diophanti Alexandrini Arith. Libri Sex... Doctrinae Analyticae Inventum Novum;Collectum à J. de Billy ex varijs Epistolis quas ad eum... misit P. de Fermat,p. 30. French transl. ,Oeuvres de Fermat,3,1896,377-388(the term x^4 is omitted on p. 388, § 31).

⑩ Algebra,2,1770,Ch. 9,Nos. 128-137;French transl. ,Lyon,2,1774,pp. 153-162. Opera Omnia,(1),1,1911,396-400. Sphinx-Oedipe,1908-1909,67-78.

⑪ Théorie des nombres,1798,458-459;ed. 3,2,1830,123;Maser,Ⅱ,120.

⑫ Nouv. Elemens d'Arith. et d'Alg. ,Paris,1697,496.

L. Euler① 在一篇过世后才发表的论文中处理了方程

$$a^2x^4+2abx^3y+cx^2y^2+2bdxy^3+d^2y^4=\square$$

令 $c-b^2-2ad=mn$,则

$$(ax^2+bxy+dy^2)^2+mnx^2y^2=z^2 \tag{2}$$

是成立的,如果

$$ax^2+bxy+dy^2=\lambda(mp^2-nq^2)$$

$$xy=2\lambda pq$$

$$z=\lambda(mp^2+nq^2)$$

认可分数解,我们可令 $y=1$. 则

$$4\lambda^2ap^2q^2+2b\lambda pq+d=\lambda(mp^2-nq^2)$$

对于一个固定的λ,令 p 和q 为给出解,令 p' 是以p 为未知数的一次方程的第二个根,由此

$$p'=-p-\frac{2bq}{4\lambda aq^2-m}$$

如果

$$q'=-q-\frac{2bp'}{4\lambda ap'^2+n}$$

那么 p',q' 是对应的值. 再由 p',q',我们得到 p'',q'',等等. $p,q,p',q',p'',\cdots$ 的任意两个连续项,产生了含 $y=1$ 的一个解. 把前面过程的顺序逆过来,我们得到一个序列:$q,p,q_1,p_1,q_2,\cdots$,任意两个连续项产生一个解.

为了得到解的一个初始对儿,令 $y=1$,且令四次方是 ax^2+bx-d 或 ax^2-bx-d 的平方;则

$$x=\frac{4bd}{b^2-2ad-c}$$

或者

$$x=\frac{b^2-2ad-c}{4ab}$$

为了处理 $\alpha C^4\pm\beta=\square$,其中 $\alpha\pm\beta$ 是一个平方数 a^2,令 $C=\frac{1+x}{1-x}$. 则

$$a^2x^4+4(\alpha\mp\beta)x^3+6a^2x^2+4(\alpha\mp\beta)x+a^2=\square$$

即上面的类型. Euler 细致地处理了情况

$$2A^4-B^4=\square,3A^4+B^4=\square,\frac{3}{2}A^4-\frac{1}{2}B^4=\square$$

① Mém. Acad. Sc. St. Petersb. ,11,1830[1780],1;Comm. Arith. ,Ⅱ,418.

Euler① 处理了 $V\equiv A+Bx+Cx^2+Dx^3+Ex^4=\square$. 如果 V 可给出形式 P^2+QR，其中

$$P=a+bx+cx^2$$

$$Q=d+ex+fx^2$$

$$R=g+hx+ix^2$$

那么 $V=(P+Qy)^2$，其中 $2Py+Qy^2-R=0$. 其中后者也是 x 的二次方程，即 $Sx^2+Tx+U=0$. 从初始解 x,y 中，我们得到② $x'=-x-\frac{T}{S}$；则从 x' 中我们得到 $y'=-y-\frac{2P'}{Q'}$，等等. 像在前面的文章中一样，因此，我们得到了 $V=\square$ 的两个系列的解.

对于 $E=0,x=a$，如果 $V=f^2$，我们可取

$$P=f$$

$$Q=x-a$$

$$R=B+C(x+a)+D(x^2+ax+a^2)$$

对于一个一般的 V，当 $x=a$ 时，令 $V=f^2$. 当 x 被 $a+t$ 代换时，令 V 变为 $f^2+\alpha t+\beta t^2+\gamma t^3+\delta t^4$. 则当

$$P=f+\frac{\alpha t}{2f}$$

$$Q=t^2$$

$$R=\beta-\frac{\alpha^2}{4f^2}+\gamma t+\delta t^2$$

时，$V=P^2+QR$.

Euler③ 给出了满足

$$a^2+2abx+(b^2+d^2-f^2)x^2+2dex^3+e^2x^4=z^2$$

的 x 的 10 个值，包含

$$x=\frac{-d\pm f}{e}$$

---

① Mém. Acad. Sc. St. Petersb., 11, 1830[1780], 69; Comm. Arith., Ⅱ, 474. Cf. Pepin.

② This method of solving any equation quadratic in x and in y was given by Euler also in Mém. Acad. Sc. St. Petersb., 11, 1830, 59; Comm. Arith., Ⅱ, 467. For applications to rational quadrilaterals, see Kummer, and Schwering of Ch. Ⅴ. Cf. papers 55, 143, 148, 155; also Pepin of Ch. Ⅳ, Güntsche of Ch. Ⅴ. On the relation of elliptic functions to an equation quadratic in x and in y, see G. Frobenius, Jour. für Math., 106, 1890, 125-188.

③ Opera postuma, 1, 1862, 266(about 1782).

$$z=a+bx$$

$$x=\frac{-a}{b\pm f}$$

$$z=x(ex+d)$$

G. Libri① 处理了所有当系数为正(因为我们可以用 x_1+h 代替 x)时的方程 $a^2x^4+bx^3+cx^2+dx+e=z^2$. 乘以 $4a^2$,且令

$$2az=2a^2x^2+bx+v$$

因此

$$(4a^2v+b^2-4a^2c)x^2+(2bv-4a^2d)x+v^2-4a^2e=0 \tag{3}$$

在式(3)中,找到数 L,使 v 取不超过 L 的数时式(3)的每个系数均为正数;因此,$v=0,1,\cdots,L-1$. 如果 $v=-t$,其中 $0<t<x$,令 s 为使 $4a^2(t+c)>b^2$ 成立的最小的 t. 且在式(3)中,用 $s+w$ 代换 $-v$,我们得到形如 $Ax^2+Bx+4a^2e=(s+w)^2$ 的方程,所有系数为正,然而 $x^2>t^2=(s+w)^2$;因此,唯一的情况是试图令 $v=-1,\cdots,-(s-1)$. 最后,如果 $v=-u,0<u>x$,令 r 是 x 除以 u 得到的小于 x 的余数,n 是商. 令

$$4a^2z^2=[2a^2x^2+(b-n)x-r]^2$$

由 $z^2>a^2x^4$,我们有 $b>n$,且仅需 $n=1,\cdots,b-1$.

C. G. J. Jacobi② 指出:Euler③④ 的分析是为了找到有限个 x 的有理值,给出了一个,使四次方程 $f(x)$ 是一个平方,且它与超越方程

$$\prod(y)=n\prod(x),\prod(x)\equiv\int_0^x\frac{dx}{\sqrt{f(x)}} \tag{4}$$

的 Euler⑤(早期)解相同. 对于式(4)中的后一个,Euler 用到了 n 个方程 $f(p,q)=0,f(q,r)=0,f(r,s)=0,\cdots$ 的一个链,其中

$$f(p,q)=\alpha+2\beta(p+q)+\gamma(p^2+q^2)+2\delta pq+\\2\varepsilon pq(p+q)+\zeta p^2q^2$$

① Jour. für Math. ,9,1832,282.

② Jour. für Math. ,13,1834,353-355;Werke,Ⅱ,51-55.

③ Mém. Acad. Sc. St. Petersb. ,11,1830[1780],69;Comm. Arith. ,Ⅱ,474. Cf. Pepin.

④ This method of solving any equation quadratic in x and in y was given by Euler also in Mém. Acad. Sc. St. Petersb. ,11,1830,59;Comm. Arith. ,Ⅱ,467. For applications to rational quadrilaterals,see Kummer, and Schwering of Ch. Ⅴ. Cf. papers 55,143,148,155;also Pepin of Ch. Ⅳ,Güntsche of Ch. Ⅴ. On the relation of elliptic functions to an equation quadratic in x and in y,see G. Frobenius, Jour. für Math. ,106,1890,125-188.

⑤ Institutiones Calculi Integralis,1,1763,Ch. 6,Prob. 83,§642.

对于 p 和 q 是对称的，反之，在 Diophantus 问题中，Euler 的权威方程 $Qy^2+2Py-R=Sx^2+Tx+U=0$ 在 x,y 上却不是对称的. 像 L. Schlesinger① 所指出的那样，他讨论了 Jacobi 上面的评论. 后者已被 T. Pepin② 讨论过了. Jacobi 观察过：椭圆积分(4)的乘法的分析给出了有限个令 $\sqrt{f(y)}$ 为有理数的有理数 y. 如果有理数 x 使 $\sqrt{f(x)}$ 是有理数，由 Abel 积分理论刻画结论③：如果 $f(x)$ 是 5 次幂或 6 次幂，且如果 x 的有理值使 $\sqrt{f(x)}$ 是有理数，那么存在无限个具有形式 $a+b\sqrt{c}$ 的 x，其中 a,b,c 是有理数，$\sqrt{f(x)}=a'+b'\sqrt{c}$，$a',b'$ 是有理数；$f(x)$ 的 $2n+1$ 或 $2n+2$ 次展开式和这些 x 满足一个带有理系数的 n 次方程. J. Ptaszycki④ 评论道：最后的定理采用多项式使之满足有理函数的表达式，这个多项式发展成这个函数的平方根的逆分数. J. von, Sz. Nagy⑤ 考虑了 Jacobi 定理的推广.

1865 年，在罗马学术会议(Accad. Nuovi Lincei of Rome)上作为一个议题提出了使一个四次方成为一个有理平方的问题.

L. Calzolari⑥ 以形式

$$4ew^2=a'+2b'v+c'v^2+Q^2$$
$$Q\equiv 2ev^2+dv+k$$
$$a'=4ae-k^2$$
$$b'=2be-dk$$
$$c'=4ce-4ek-d^2$$

写出了 $a+bv+cv^2+dv^3+ev^4=w^2$. 令 $Q=\frac{y}{x}$，$2w=\frac{z}{x}$，$c'v+b'=\frac{u}{x}$. 则

$$u^2=Ax^2+By^2+Cz^2$$
$$A=b'^2-a'c', B=-c', C=c'e$$

通过选择 k，可给出形式 $A_1(u^2-x^2)=B_1(y^2-z^2)$. 解 u,x,y,z 是显然的. 在二次方程中，用 $Q=\frac{y}{x}$，$c'v+b'=\frac{u}{x}$ 之间消去 v 得到的 u,x,y 来替换它们. 例如，如果 $v^4-2=w^2$，那么 $w^2=(v^2+k^2)-2kv^2-k^2-2$. 令 $v^2+k=\frac{u}{x}$，$v=\frac{y}{x}$，

---

① Jahresber. d. Deutschen Math.-Vereinig., 17, 1908, 63(with history of $f(x)=\square$).

② Atti Accad. Pont. Nuovi Lincei, 30, 1876-1877, 224-237.

③ Cf. Jacobi, Jour. für Math., 32, 1846, 220; Werke, Ⅱ, 135; Schwering of Ch. ⅩⅪ.

④ Jahresber. d. Deutschen Math.-Vereinig., 18, 1909, 1-3.

⑤ Jahresber. d. Deutschen Math.-Vereinig., 4-7. Cf. Nagy of Ch. ⅩⅩⅢ.

⑥ Giornale di Mat., 7, 1869, 317-350.

$w=\frac{z}{x}$. 则对于 $k=-4$

$$u^2=(k^2+2)x^2+2ky^2+z^2$$
$$u^2-z^2=2(9x^2-4y^2)$$

它有解

$$u,z=\frac{1}{2}(\alpha\gamma\pm\beta\delta);12x,8y=2\beta\gamma\pm\alpha\delta$$

用 $ux=kx^2+y^2$ 替换它(通过消除 v 获得). 因此

$$L\alpha^2+M\alpha\beta+N\beta^2=0$$

系数中含 γ,δ 的平方. 取 $L=0$,我们得到 $\alpha,\beta,\gamma,\delta$ 的 4 个解集;然而,$N=0$ 亦有四个解集.

S. Bills① 在 $x=-1$ 时,记 $f=4$,令 $f=Q^2,Q=x^2+2x+k$,以使 $f\equiv x^4+4x^3+8x^2+7x+6=\square$,其中选择 k 使得当 $x=-1$ 时,$Q=\pm 2$.

T. Pepin② 采用 Euler③ 的概念,即式(1),且

$$\theta(x)=f+gx+hx^2$$
$$F(z)=f(z)-\theta^2(z)=a-f^2+\cdots+(e-h^2)z^4$$

Pepin 取 x_1,x_2,x_3 任意,但不相等,用

$$\theta(x_i)=\varepsilon_i\sqrt{f(x_i)},\varepsilon_i^2=1,x=\frac{2gh-d}{e-h^2}-x_1-x_2-x_3\quad(i=1,2,3)\quad(5)$$

来确定 f,g,h,x. 则 x_1,x_2,x_3,x 是 $F(z)=0$ 的根. 因此如果 x_1,x_2,x_3 是 $f(x)=\square$ 的三个解,那么 f,g,h 是有理数,且 x 是一个新的解. 下面,令 $x_3=x_1$;则 $F'(x_1)=0$,且对 $i=3$,式(5) 由 $i=1$ 时的式(5) 的导数代替. 最终,对 $x_1=x_2=x_3$,我们用 $i=1$ 时的式(5) 和它的第一个和第二个导数代替,且也从第一个得到了另一个解. 则前面的情况给出了第三个解和式(5) 的第四个解.

Pepin④ 注意到:如果一个四次方程 $f(x)$ 能用一个有理函数替换 x,转化成一个平方数,则 $F\equiv y^2-f(x)=0$ 是一个单行曲线,且因此有三个二重点,因此 F 关于 x 和 y 的偏导数消失了,表明 f 有一个重根. 则问题变成使一个二次方因子为一个平方数. 问题变为使两个任意二次型的积构成一个平方数,用一个同余式处理这个平方数. 给出条件,对于变量的一个有理值,使倒数的平方不再是

① Math. Quest. Educ. Times,22,1875,91-92.

② Att Accad. Pont. Nuovi Lincei,30,1876-1877,211-237.

③ Algebra,2,1770,Ch. 9,Nos. 128-137;French transl.,Lyon,2,1774,pp. 153-162. Opera Omnia,(1),1,1911,396-400. Sphinx-Oedipe,1908-1909,67-78.

④ Atti Accad. Pont. Nouvi Lincei,32,1878-1879,166-202.

一个有理平方数.

A. Desboves① 注意到,如果 x,y,z 是

$$aX^4+bY^4+dX^2Y^2+fX^3Y+gXY^3=cZ^2$$

的一个解集,可以找到公式给出 4 个一般解集.在

$$ax^4\left(\frac{X}{x}\right)^4+by^4\left(\frac{Y}{y}\right)^4+\cdots=cz^2\left(\frac{Z}{z}\right)^2$$

中,考虑 $ax^4\cdots$ 作为系数;因此我们有第一型的方程 $a+\cdots+g=c$(对于 $d=f=g=0$,Lucas② 给出了一个巧妙的办法).以 c 整除该方程后,令 $X=\frac{\rho+x}{\rho+1}$,我们得到了以 ρ 为未知量的方程,对 ρ 应用 Fermat 的方法.两个解集的显式公式非常长(通过改变 z 的符号,各自提供两个集合).

F. Romero③ 证明了 $x^4+x^3+x^2+x-1=y^2$ 没有正整数解.当 y 是奇数时,方程变为

$$x(x+1)(x^2+1)=2\{m^2+(m+1)^2\}$$

因此 $x=4n+2$,并且 $4n+3$ 将整除两个有理素整数的平方和.

E. Lucas④ 讨论了 $f(x)=y^2$,其中 $f(x)$ 是含有理系数的二次方程.令 $y\phi(x)=F(x)$,其中 $\phi=x^p+a_1x^{p-1}+\cdots$,$a$ 为有理数,F 是 $p+2$ 次的.则 $F^2=f\phi^2$ 是一个 $2p+4$ 次方程,除 x 外有 $2p+3$ 个未知数.如果我们已知 $y^2=f(x)$ 的 $2p+3$ 个有理解集 x_i,y_i,在 y 同号时其中没有两个不同,且在 $y\phi=F$ 中确定系数,使 $2p+3$ 个集合满足它,这些系数将是有理数.那么 $F^2=f\phi^2$ 将提供一个新的有理数 x,它将导出 $y^2=f(x)$ 的新解集.我们可以取 2 个或更多个这样相等的 x_i;如果 $x_2=x_1$,我们用 $\pm\sqrt{f(x_1)}=\frac{F(x_1)}{\phi(x_1)}$ 的导数代替

$$f^2(x_2)=f(x_2)\phi^2(x_2)$$

取所有 x_i 相等,我们看到 $f(x)=y^2$ 的一个解导出了一个有限解序列(Pepin⑤).如果 $f(x)$ 有一个有理根 α,那么我们可取

$$F=(x-\alpha)\phi_{p+1}(x)$$

如果 f 有一个有理二次因子 $q(x)$,那么我们可取 $F=q\psi_p$,并把上面的方法用在

① Comptes Rendus Paris,88,1879,638-640,762(correction). Cf. Desboves of Ch. XXI.

② Nouv. Ann. Math.,(2),18,1879,67-74. In Lucas' expression for Z the coefficient 4 of the final term should be 16. If we adopt his change of signs in m, we must alter a sign in his Z.

③ Nouv. Ann. Math.,(2),18,1879,328.

④ Nouv. Corresp. Math.,5,1879,183-186.

⑤ Atti Accad. Pont. Nouvi Lincei,32,1878-1879,166-202.

$2p+1$ 个解集上.

L. J. Mordell① 假设 $f=z^2$ 有一个解,其中 f 是含不变量 g_2,g_3 的一个二元二次方程.则我们可以把 f 转化成一个含系数 z^2 的二次方程.相同变量的交(Mordell②)是 $g^2=4h^3-g_2hz^4-g_3z^6$.因此 $\frac{g}{z^3}$,$\frac{h}{z^2}$ 给出了

$$t^2=4s^3-g_2s-g_3$$

的有理解.后者的所有有理解的知识导出了 $f=z^2$ 的所有有理解.

E. Haentzschel③ 处理了 $y^2=f(x)=a_0x^4+\cdots+a_4$.首先,令 $f(x)=0$,有一个有理根 r,并且应用代换

$$x=r+\frac{1}{4}f'(r)/(s-t),t\equiv\frac{f''(r)}{24}$$

我们得到 Weierstrass 的一般形式

$$v^2=4s^3-g_2s-g_3=4(s-e_1)(s-e_2)(s-e_3) \tag{6}$$

其中 g_2,g_3 是 f 的不变量;且 $y=\pm\frac{1}{4}f'(r)v/(s-t)^2$.Euler④ 在讨论了一个问题:找到一个 s,使得当 $i=1,2,3$ 时,$s-e_i$ 均是平方数(它们的积给出了 $\frac{v^2}{4}$).但是却显然限制了 e_i 是有理数的情况.Haentzschel表明如何从式(6)的三个原解中利用 Weierstrass $\wp$－函数找到 4 个有限解集.

去掉有理根 r 的假设,但假设 $f=y^2$ 的一个解是 x_0,y_0,他用一个确定的线性分式变换,给出了一个四次方程,该四次方程的首项系数是一个平方数.

G. Humbert⑤ 指出:前面提到的从一个或更多个初始解推导 $ax^4+\cdots+e=z^2$ 的有理解的所有方法实际上是等价的,他给出了一般化的方法和解析形式.

关于 $x^4\pm x^3y+x^2y^2\pm xy^3+y^4=\square$ 参看《数论史研究.第 1 卷》的第二章.关于 $xy(x^2-y^2)=Az^2$ 参看本书第十六章同余数.

关于其他特殊二次方确定平方数参看本书第一章,第四章,第五章和十四章到第二十章.

---

① Quar. Jour. Math. ,45,1913-1914,178-181.

② The Tôhoku Math. Jour. ,1,1912,143-145.

③ Jour. für Math. ,144,1914,275-283.

④ Algebra,St. Petersburg,2,1770,§223;French transl. ,Lyon,2,1774,pp. 281-285. Opera omnia,(1),Ⅰ,454-456. Cf. Haentzschel of Ch. ⅩⅫ and paper 82 below.

⑤ L'intermédiaire des math. ,25,1918,18-20.

6 $A^4+B^4=C^4+D^4$

L. Euler① 取 $A=p+q,D=p-q,C=r+s,B=r-s$,并给出了

$$pq(p^2+q^2)=rs(r^2+s^2) \tag{1}$$

令 $p=ax,q=by,r=kx,s=y$. 则

$$\frac{y^2}{x^2}=\frac{(k^3-a^3b)}{(ab^3-k)}$$

如果 $k=ab,x=1$,那么 $y=\pm a,C=\pm A,B=\mp D$. 因此令 $k=ab(1+z)$,则

$$\frac{y^2}{x^2}=\frac{a^2Q}{(b^2-1-z)^2}$$

其中

$$Q=(b^2-1)^2+(b^2-1)(3b^2-1)z+3b^2(b^2-2)z^2+$$
$$b^2(b^2-4)z^3-b^2z^4$$

令 Q 为 $b^2-1+fz+gz^2$ 的平方,选择 f,g,使 z,z^2 中的项相等. 因此

$$f=\frac{3b^2-1}{2}$$

$$g=\frac{3b^4-18b^2-1}{8(b^2-1)}$$

$$z=\frac{b^2(b^2-4)-2fg}{b^2+g^2}$$

则 $x:y=b^2-1-z:a(b^2-1+fz+gz^2)$. 例如,Euler 取 $b=2,b=3$,并找到解

$$A=2\ 219\ 449,B=-555\ 617$$

$$C=1\ 584\ 749,D=2\ 061\ 283$$

在他的另一篇论文中用

$$A=12\ 231,B=2\ 903,C=10\ 381,D=10\ 203$$

更改了一个错误②.

---

① Novi Comm. Acad. Petrop.,17,1772,64;Comm. Arith.,Ⅰ,473;Op. Om.,(1),Ⅲ,211.

② This error was also noted in l'intermédiaire des math.,2,1895,6,394;7,1900,86;Mathesis,1889,241-242.

Euler① 通过令

$$(a^2+b^2)p=(c^2-d^2)q$$
$$(a^2-b^2)q=(c^2+d^2)p$$

处理了 $a^4-b^4=c^4-d^4$. 第一个式子乘以 p,第二个式子乘以 q,相加,再相减. 他令 $q^2-p^2=s^2$. 则

$$b^2s^2=a^2(p^2+q^2)-2c^2pq$$
$$2d^2pq=a^2s^2-b^2(p^2+q^2) \tag{2}$$

在式(2) 的第一个式子中,取 $bs=a(q-p)+2p(a-c)x$,由此

$$a:c=2px^2+q:2px^2+2(q-p)x-q$$

取 a 和 c 等于这些展开式,用 $\frac{s^2}{2pq}$ 乘以式(2) 的第二个式子,我们找到

$$d^2s^2=q^2(q-p)^2-4q(q-p)(q^2+p^2)x+2(q^2-p^2)^2x^2+$$
$$2(q^2-6pq+p^2)(p^2+q^2)x^2+8p(q-p)(p^2+q^2)x^3+$$
$$4p^2(q-p)^2x^4$$

因为第一个和最后一个系数均是平方数,所以它确立了一个平方. 对于 $p=3$, $q=5$, 我们有 $s=4$,且

$$d^2=\frac{25}{4}-85x-206x^2+102x^3+9x^4 \tag{3}$$

如果我们寻找使 d^2 的三项与 $\frac{5}{2}-17x+\alpha x^2$ 或 $\alpha+17x+3x^2$ 的平方中的那些项相等,我们找到 $c^4=a^4$. 但

$$\alpha^2+2\alpha\beta x+\gamma x^2+2\delta\varepsilon x^3+\varepsilon^2x^4=z^2$$
$$\beta^2+\delta^2-\gamma=\square=\zeta^2$$

其中 $z=\alpha+\beta x$, $x=-\frac{(\delta\pm\zeta)}{\varepsilon}$,或者 $z=x(\varepsilon x+\delta)$, $x=-\frac{\alpha}{(\beta\pm\zeta)}$. 因此对于特殊形式(3),我们得到 $x=-15,\frac{11}{3},\frac{1}{18}$ 或 $\frac{5}{22}$,每一个都导出了相同值

$$a=542, b=359, c=514, d=103$$

的置换.

① Mém. Acad. Sc. St. Petersb., 11, 1830(1780), 49; Comm. Arith., Ⅱ, 450. Euler wrote c^2+d^2 in his second equation and c^2-d^2 in his third. His further formulas require that d^2 be replaced by $-d^2$, which would invalidate the conclusions. In the present report, d^2 has been replaced by $-d^2$ at the outset, so that the remaining developments become correct as they stood.

Euler① 处理了式(1) 的一般式

$$pq(mp^2+nq^2)=rs(mr^2+ns^2)$$

令 $q=ra, s=pb$. 则 $p^2 : r^2 = na^3 - mb : nb^3 - ma$. 令

$$a=b(1+z), \alpha=\frac{nb^2}{nb^2-m}, \beta=\alpha-1$$

则

$$p^2 : r^2 = C : 1-\beta z$$

$$C \equiv 1+3\alpha z+3\alpha z^2+\alpha z^3$$

我们可对二次方程用一般方法使 $C(1-\beta z)=\square$. 但通过利用 $\frac{C}{1-\beta z}=(1+dz)^2$, 我们能得到更简单的解，即

$$3\alpha-2d+\beta+(3\alpha+2\beta d-d^2)z+(\alpha+\beta d^2)z^2=0$$

取 $2d=3\alpha+\beta$, 我们得到 $z=-\frac{3}{4\alpha+4\beta d^2}, \frac{p}{r}=1+dz$.

对于 $m=n=1, b=3$, 我们得到 $\alpha=\frac{9}{8}, \beta=\frac{1}{8}, d=\frac{7}{4}, z=-\frac{96}{193}, \frac{p}{r}=\frac{25}{193}$, 且得到式(1) 的解 $p=25, r=193, q=291, s=75$. 由此

$$158^4+59^4=133^4+134^4 \tag{4}$$

对于 $m=n=1, b=\frac{f}{g}$, 我们得到 $\alpha=\frac{f^2}{(f^2-g^2)}$. 在结果分式中，对 $\frac{p}{r}$, 取分子与 g 的积，我们得到式(1) 的解

$$\begin{aligned} p&=g(f^2+g^2)(-f^4+18f^2g^2-g^4)\\ r&=2g(4f^6+f^4g^2+10f^2g^4+g^6)\\ q&=2f(f^6+10f^4g^2+f^2g^4+4g^6)\\ s&=f(f^2+g^2)(-f^4+18f^2g^2-g^4)\end{aligned} \tag{5}$$

$f=2, g=1$ 的情况给出了 $p=275, q=928, r=626, s=550$, 由此

$$2\ 379^4+27^4=729^4+577^4$$

从式(1) 的一个解集中，我们得到了第二个集合

$$p'=p+q+r+s, q'=p+q-r-s$$

$$r'=p-q+r-s, s'=p-q-r+s$$

① Nova Acta Acad. Petrop., 13, ad annos 1795-1796, 1802(1778), 45; Comm. Arith., Ⅱ, 281. To conform with the notations of Euler's first paper, the intrchange of a with p, b with q, c with r, d with s has been made. Also, Opera postuma, 1, 1862, 246-249(about 1777).

A. Desboves[①] 注意到 $1\ 203^4+76^4=1\ 176^4+653^4$.

Desboves[②] 在式(1) 中写出了 $\frac{s}{q}=m$，且得到了 $p^3+pq^2-m^3q^2r-mr^3=0$. 把 m 看作参数，从解 $p=m,q=r=1$ 中，我们由 Cauchy 公式导出新解

$$p=2m(m^6+10m^4+m^2+4)$$
$$q=(m^2+1)(-m^4+18m^2-1)$$
$$r=2(4m^6+m^4+10m^2+1)$$

用 $\frac{f}{g}$ 替换 m. 得出的结果并不是一个新解，因为 Desboves[③] 已经提出过，但[④]它是 Euler 的式(5). 对于 $f=1,g=3$，我们得到了式(4). 对于 $f=1,g=2$，我们得到了 Desboves[⑤] 数.

A. Cunningham[⑥] 讨论了问题的解，证明了 $x^4+y^4=\xi^4+4\eta^4$ 的不可能性.

R. Norrie[⑦] 从式(1) 的显然解开始，取 $p=\rho x_1-s,r=\rho x_2-q$；因此

$$(qx_1^3-sx_2^3)\rho^3+3qs(x_2^2-x_1^2)\rho^2+\{(q^2+3s^2)qx_1-(3q^2+s^2)sx_2\}\rho=0$$

在通过选择 $\frac{x_2}{x_1}$ 使 ρ 的系数为零之后，我们仅取 $-\rho$ 等于 ρ^2 的系数与 ρ^3 的系数的比例. 相减后，我们得到 Euler 的(5). 同样的方法也应用于

$$\lambda(\rho x_1+a)^4+\mu(\rho x_2+b)^4=\lambda(\rho x_1+c)^4+\mu(\rho x_2+d)^4$$
$$\lambda a^4+\mu b^4=\lambda c^4+\mu d^4$$

A. S. Werebrusow[⑧] 给出了 $239^4+7^4=227^4+157^4$ 和 Euler 的解式(4).

T. Hayashi[⑨] 把问题分解为 $3u^4+v^4=w^2$ 的解. 我们能从一个解中得到一系列解(Desboves[⑩]).

---

① Nouv. Corresp. Math., 5, 1879, 279.

② Assoc. franç., 9, 1880, 239-242.

③ Nouv. Corresp. Math., 6, 1880, 32.

④ Noted by E. Fauquembergue, Mathesis, 9, 1889, 241-242; reproduced in Sphinx-Oedipe, 5, 1910, 93-94.

⑤ Nouv. Corresp. Math., 5, 1879, 279.

⑥ Messenger Math., 38, 1908-1909, 83-89.

⑦ University of St. Andrews 500th Anniversary Mem. Vol., Edinburgh, 1911, 60-61.

⑧ L'intermédiaire des math., 20, 1913, 197; 19, 1912, 205.

⑨ The Tôhoku Math. Jour., 1, 1912, 143-145.

⑩ Comptes Rendus Paris, 87, 1878, 159-161. Reproduced, with pp. 321-322, 522, 598, in Sphinx-Oedipe, 4, 1909, 163-168.

F. Ferrari① 以八种方法将$(4^2+5^2)(7^2+8^2)(4^2+15^2)(13^2+20^2)$展开为两个平方的和,指出在两种情形中平方数是四次幂,给出了 Euler 的式(4).

E. Fauquembergue② 给出了恒等式

$$(2\alpha^2-15\alpha\beta-4\beta^2)^4+(4\alpha^2+15\alpha\beta-2\beta^2)^4$$
$$=(4\alpha^2+9\alpha\beta+4\beta^2)^4+s^2$$
$$s=4\alpha^4+132\alpha^3\beta+17\alpha^2\beta^2+132\alpha\beta^3+4\beta^4$$

然而,由 Fermat 的方法我们可以用无数种方法使得 $s=\square$,例如 $\alpha=8,\beta=25$.

A. S. Werebrusow③ 给出了 $292^4+193^4=256^4+257^4$.

J. E. A. Steggall④,通过令

$$\lambda x=1+ab,\lambda y=1+ac$$
$$\lambda u=a^{n-1}+b,\lambda v=a^{n-1}+c$$

处理了 $x^n-u^n=y^n-v^n$. 在 x,y,u,v 的项中确定 a,b,c,λ. 他仅讨论了 $n=4$ 的情况,由此

$$4a(1+a^4)+6(b+c)a^2=(b+c)(b^2+c^2)$$

如果 $b+c=2a(1+t)$,那么它被满足,且

$$4\{(1+a^4)(1+t)+a^2(1+t)^2(2-2t-t^2)\}=(1+t)^2(b-c)^2$$

一个特殊值使左边项是一个平方,这个特殊值是

$$t=\frac{8(1+a^2)^2(1-18a^2+a^4)}{(1+14a^2+a^4)^2+64a^2(1+a^2)^2}$$

由此我们得到了 Euler 假设解中的一个. 最小的整数解集据说是式(4).

M. Rignaux⑤ 使用代换

$$p=P+Q+R+S,q=P+Q-R-S$$
$$r=P-Q+R-S,s=P-Q-R+S$$

消去了式(1) 中的不变量(Euler⑥) 他得到了式(1) 的变量解.

---

① Periodico di Mat., 28, 1913, 78.

② L'intermédiaire des math., 21, 1914, 17(18-19, bibliography).

③ Ibid., 18.

④ Proc. Edinburgh Math. Soc., 34, 1915-1916, 15-17.

⑤ L'intermédiaire des math., 25, 1918, 27-28.

⑥ Nova Acta Acad. Petrop., 13, ad annos 1795-1796, 1802(1778), 45; Comm. Arith., Ⅱ, 281. To conform with the notations of Euler's first paper, the intrchange of a with p, b with q, c with r, d with s has been made. Also, Opera postuma, 1, 1862, 246-249(about 1777).

A. Gérardin① 注意到式(1) 有解

$$p=a^7+a^5-2a^3+a,q=3a^2$$

$$r=a^6-2a^4+a^2+1,s=3a^5$$

它比 Euler 解式(5) 简单.

7 $A^4+hB^4=C^4+hD^4$

E. Grigorief② 注意到

$$19^4+5\cdot 281^4=417^4+5\cdot 117^4$$

$$74^4+5\cdot 101^4=147^4+5\cdot 63^4$$

后者是错的. 当 $h=2$ 时,他③找到了无数个解. 最小解有 11 位($u=33,v=13$),用特殊假设使条件 $3u^4-2v^4=w^2$ 成立.

A. S. Werebrusow④ 给出了 $139^4+2\cdot 34^4=61^4+2\cdot 116^4$.

A. Gérardin⑤,通过令 $a-c=m,d-b=x,a+c=p(d+b)$,处理了 $a^4+hb^4=c^4+hd^4$;因此

$$2(2mp^3-hx)b^2+2x(2mp^3-hx)b+(mp^3x^2-hx^3-2c^2pm-2cm^2p)=0$$

令 b^2 的系数为零. 则 b 的系数为零,我们得到项 p,c,x 中的有理的 m 和 h. 在 $p=cx$ 和 $c=x=1$ 这种特殊情况下,结果恒等式是简单的. 他利用 $x^4+mx^2y^2+y^4=a^2$ 和其他各种四次方给出了系统形式的解.

Gérardin⑥ 对 h 的 26 个数值,给出了 $a^4+hb^4=c^4+hd^4$ 的解,且给出解

$$a=2p^2,c=2p$$

$$b,d=p\mp 1$$

$$h=2p^3(p^2-1)$$

---

① L'intermédiaire des math. ,24,1917,51.

② L'intermédiaire des math. ,9,1902,322;10,1903,245.

③ Ibid. ,14,1907,184-186.

④ Ibid. ,17,1910,127.

⑤ Sphinx-Oedipe,6,1911,6-7,11-13. Cf. Norrie.

⑥ Sphinx-Oedipe,8,1913,13.

8 三个四次幂之和不会是一个四次幂

L. Euler[①][②] 指出本定理不容置疑，尽管还未被证明. 并且他[③]指出："对许多几何学家而言，这个定理($x^n+y^n\neq z^n,n>2$)已被公认. 就像不存在两个立方，它们的和或差是一个立方一样，确定的是：三个四次幂之和为一个四次幂是不可能的，但如果和为一个四次幂，那么至少需要四个四次幂，尽管现今无人能表示这样的 4 个四次方. 同样的方式，把四个五次幂的和表示成一个五次幂也是不可能的，更高阶的情况类似."

Euler[④] 注意到，$abc(a+b+c)=1$ 有有理解 $4,\frac{1}{3},\frac{1}{6}$，$abcd(a+b+c+d)=1$ 有解 $\frac{4}{3},\frac{3}{2},\frac{-1}{3},\frac{-3}{2}$. 因此，我们不能用 $a=\frac{p^3}{qrs},b=\frac{q^3}{prs},c=\frac{r^3}{pqs}$ 推断 $p^4+q^4+r^4=s^4$ 的不可能性，也不能用 $a=\frac{p^4}{qrst},\cdots,d=\frac{s^4}{pqrt}$ 推断 $p^5+q^5+r^5+s^5=t^5$ 的不可能性.

A. Desboves[⑤] 把他的疑问表示成了定理，并证明了 $p^4\pm6p^2q^2-7q^4=\square$ 的不可能性，他将此证明与研究

$$X^4+Y^4-Z^4=2T^2$$

相联系，上式有解

$$X=x^2\mp y^2,Y=x^2\pm y^2$$
$$Z=2xy,T=x^4-y^4$$

L. Aubry[⑥] 证明了小于或等于1 040的整数的四次幂不会是三个四次幂的和.

---

① Novi Comm. Acad. Petrop.,17,1772,64;Comm. Arith.,Ⅰ,473;Op. Om.,(1),Ⅲ,211.

② Mém. Acad. Sc. St. Petersb.,11,1830(1780),49;Comm. Arith.,Ⅱ,450. Euler wrote c^2+d^2 in his second equation and c^2-d^2 in his third. His further formulas require that d^2 be replaced by $-d^2$, which would invalidate the conclusions. In the present report, d^2 has been replaced by $-d^2$ at the outset, so that the remaining developments become correct as they stood.

③ Nova Acta Acad. Petrop.,13,ad annos 1795-1796,1802(1778),45;Comm. Arith.,Ⅱ,281. To conform with the notations of Euler's first paper, the intrchange of a with p, b with q, c with r, d with s has been made. Also, Opera postuma,1,1862,246-249(about 1777).

④ Opera postuma,1,1862,235-237(about 1769). Cf. Euler.

⑤ Nouv. Corresp. Math.,6,1880,32. Cf. Sphinx-Oedipe,8,1913,27.

⑥ Sphinx-Oedipe,7,1912,45-46. Stated, l'interméd. des math.,19,1912,48.

A. S. Werebrusow① 表明:在 Euler 恒等式

$$(a^2+b^2+c^2+d^2)^2=(a^2+b^2-c^2-d^2)^2+(2ac+2bd)^2+(2ad-2bc)^2$$

中,令每项都是一个四次幂,并且不能找到解.

9 四个或更多个四次幂的和是一个四次幂

L. Euler② 评论说,令 4 个四次幂的和是一个四次幂看起来是可能的,但是他没有找到例子,然而他给出了五个四次幂的和是一个四次幂.他③说他试图找到四个这样的四次幂.

Euler④ 给出了找寻四个四次幂的和是一个四次幂这个"困难"问题的全面讨论.显然

$$A^4+B^4+C^4+D^4=E^4$$

其中

$$A^2=\frac{p^2+q^2+r^2-s^2}{n}, B^2=\frac{2ps}{n}$$

$$C^2=\frac{2qs}{n}, D^2=\frac{2rs}{n}, E^2=\frac{p^2+q^2+r^2+s^2}{n}$$

这五个函数确立了一个平方数.如果

$$\frac{p^2+q^2+r^2}{n}=a^2+b^2, \frac{s^2}{n}=2ab \tag{1}$$

那么,第一个和最后一个式子成立.如果 $2n=\alpha\beta, a=\alpha f^2, b=\beta g^2$,那么 $s^2=2abn=\square$,则 $s=\alpha\beta fg$.接下来

$$\frac{2ps}{n}=4pfg=4x^2$$

$$\frac{2qs}{n}=4qfg=4y^2$$

---

① L'intermédiaire des math. 21,1914,161.

② Corresp. Math. Phys. (ed., Fuss), 1, 1843, 618(623), Aug. 4, 1753. See preceding topic.

③ Mém. Acad. Sc. St. Petersb., 11, 1830(1780), 49; Comm. Arith., Ⅱ, 450. Euler wrote c^2+d^2 in his second equation and c^2-d^2 in his third. His further formulas require that d^2 be replaced by $-d^2$, which would invalidate the conclusions. In the present report, d^2 has been replaced by $-d^2$ at the outset, so that the remaining developments become correct as they stood.

④ Opera postuma, 1, 1862, 216-217(about 1772).

$$\frac{2rs}{n}=4rfg=4z^2$$

如果 $p=\frac{x^2}{fg},q=\frac{y^2}{fg},r=\frac{z^2}{fg}$. 把这些值代入式(1)中的第一个式子,我们得到

$$x^4+y^4+z^4=\frac{1}{2}ab(a^2+b^2)$$

但是没有给出最后条件的讨论.

D. S. Hart① 采用了 n 个连续四次幂 $1^4,\cdots,n^4$ 的和

$$\sigma=\frac{1}{5}n^5+\frac{1}{2}n^4+\frac{1}{3}n^3-\frac{1}{30}n$$

并且

$$(s+m)^4=s^4+\sigma+t-\sigma$$
$$t\equiv(s+m)^4-s^4$$

因此如果 $\sigma-t$ 是四次幂,那么 $(s+m)^4$ 能被展开成四次幂的和. 显然 $n>8$. 对于 $n=9,s=14,m=1,\sigma-t=3\ 124=1^4+2^4+3^4+5^4+7^4$,产生了

$$4^4+6^4+8^4+9^4+14^4=15^4 \tag{2}$$

对于 $n=20,s=30,m=4,34^4$ 是 1,3,4,5,9,10,11,12,14,15,16,17,18,19,30 的四次幂的和.

A. Martin② 给出了式(2).

A. Martin③ 从恒等式

$$(1+4m^4)^4=1^4+(2m)^4+96(m^2)^4+(4m^3)^4+(4m^4)^4$$

开始. 但 $96=3^4+2^4-1^4$. 因此,新的右边项有六个正四次幂和项 $-(m^2)^4$. 对于 $m=2$,后者消去了 $(2m)^4$,我们得到了

$$1^4+8^4+12^4+32^4+64^4=65^4$$

D. S. Hart 就这个结果与他沟通过. 对于 $m=3$

$$325^4=A+108^4+324^4$$

其中

$$\begin{aligned}A&=1+6^4+18^4+27^4-9^4\\&=28^4+10^4+8^4+7^4\\&=26^4+20^4+10^4+8^4+3^4\end{aligned}$$

所以我们得到了六个或七个四次幂的和是一个四次方. 用 2^4 和 5^4 分别乘以式

① Math. Quest. Educ. Times,14,1871,86-87.

② Math. Quest. Educ. Times,20,1873,55. L'intermédiaire des math.,1,1894,26.

③ Math. Magazine,2,1896,173-184.

(2)，消去 30^4，我们看到 75^4 是 8，12，16，18，20，28，40，45，70 的四次幂的和. 最后，他对 $n \leqslant 285$ 时的 $S = 1^4 + \cdots + n^4$ 的值进行列表，用于通过试验的方法寻求把 $S - b^4$ 表示成互异四次幂之和，这些四次幂小于或等于 n^4. 在 Martin[①] 中有例子.

E. Fauquembergue[②] 给出了恒等式

$$(4x^4 + y^4)^4 = (4x^4 - y^4)^4 + (4x^3y)^4 + (4x^3y)^4 + (2xy^3)^4 + (2xy^3)^4$$

当 $x = y = 1$ 时，变成 $5^4 = 3^4 + 4^4 + 4^4 + 2^4 + 2^4$.

C. B. Haldeman[③] 注意到：$a^4 + b^4 + (a+b)^4 \equiv 2(a^2 + ab + b^2)^2$（Proth[④]）. 因此，加上 $d^4 + e^4$，如果 $a^2 + ab + b^2 = de$，$d^2 + e^2 = \square$，那么和就变为一个四次幂. 为了使 $d^2 + e^2 = \square$，取 $e = \frac{d^4 - 4z^4}{4dz^2}$；则前面的条件给出

$$a = \frac{-bz \pm t}{2z}$$

$$t = \sqrt{d^4 - 4z^4 - 3b^2z^2}$$

取 $t = d^2 - z^2$，由此 $d^2 = \frac{1}{2}(3b^2 + 5z^2)$. 因为 $b = z$ 使 d 为有理数，令 $b = y + z$，取 $d = 2z + \frac{sy}{t}$，由此我们找到了 y 和 b，d. 或者我们取 $d = 2$，$z = 1$，由此 $t = \sqrt{12 - 3b^2}$；令 $b = v + 1$，$t = \frac{sv}{t} + 3$，由此我们得到 v 和

$$\sum (2s^2 \pm 12st - 6t^2)^4 + \sum (4s^2 \mp 12t^2)^4 + (3s^2 + 9t^2)^4 = (5s^2 + 15t^2)^4 \tag{3}$$

最终，取 $d = 9$，$e = 4$，$a^2 + ab + b^2 = 4 \cdot 37$，当 $2(4 \cdot 37)^2 + 9^4 + 4^4 = 15^4$ 时. 当 $b = 6$ 时给出了 a 的一个有理值，令 $b = 6 + r$. 则通过在 s，t 中，选择有理的 r 有

$$(2a + b)^2 = 592 - 3b^2 = -3r^2 - 36r + 484 = \left(\frac{rs}{t} + 22\right)^2$$

因此 $8s^2 + 40st - 24t^2$，$6s^2 - 44st - 18t^2$，$14s^2 - 4st - 42t^2$，$9s^2 + 27t^2$，$4s^2 + 12t^2$

---

① Nouv. Mém. Acad. Sc. Berlin, année 1777, 1779, 151; Oeuvres, Ⅳ, 395. Reproduced by E. Waring, Meditationes Algebraicae, ed. 3, 1782, 371.

② L'intermédiaire des math., 5, 1898, 33.

③ Math. Magazine, 2, 1904, 288-296. The editor Martin noted (p. 349 and in his 1900 paper below) that this MS. had been long in the editor's hands.

④ Nouv. Corresp. Math., 4, 1878, 179-181.

的四次幂之和等于$(15s^2+45t^2)^4$. 对于$s=1,t=0$,我们得到式(2),这个解被看作是最小整数解.

对6个四次幂,把恒等式[①](1)的每一项加上e^4+f^4,取$3(3a^2+t^2)^2=ef$. 使$e^2+f^2=\square$,称为$\frac{1\ 201(3a^2+t^2)}{140}$的平方,由此$e=\frac{7(3a^2+t^2)}{20}$. 或者我们可取六个数中的三个之和为

$$Q_{a,b}=(2a)^4+(a+b)^4+(a-b)^4=2(3a^2+b^2)^2 \tag{4}$$

其他的数是6,12,13的四次幂或26,27,42的四次幂. 这6个数的和是15^4或45^4.

对7个四次幂,取$Q_{a,b}+d^4+e^4+(2g)^4+g^4=(3g)^4$,$3a^2+b^2=de$,由此$d^2+e^2=8g^2$,如果$e=+7d$,$g=\frac{-5d}{2}$,那么上式成立. 取$d=y+a$,$b=\frac{ry}{t}+2a$. 则$y=\frac{2a(7t^2-2rt)}{r^2-7t^2}$,并且我们有一个答案. 或者用$Q_{a,b}+Q_{d,e}+3^4=5^4$,如果$3a^2+b^2=4$,$3d^2+e^2=16$,那么上式被满足;取$b=2-\frac{as}{t}$,$e=4-\frac{dv}{z}$,我们得到$s,t$中的项$a,b$和$v,z$中的项$d,e$. 下面如果$3a^2+b^2=4=3d^2+e^2$,那么(和前面的情况一样)$Q_{a,b}+Q_{d,e}+2^4+1^4=3^4$.

当$n=9,10,11,12$时,为了找到n个四次幂的和等于一个四次幂,用一个恰当的四次幂乘以式(3),再用前面的结果中的一个消去一个四次幂. 最终给出

$$2^4+6^4+8^4+2^4+7^4+12^4=13^4,\ 2+6=8$$

我们可找到a,b,使得$2^4+6^4+8^4=a^4+b^4+(a+b)^4=2(a^2+ab+b^2)^2$. 因此$a^2+ab+b^2=2^2+2\cdot 6+6^2=52$,$a=\frac{1}{2}(-b-\sqrt{208-3b^2})$,令$b=y+6$,有

$$208-3b^2=-3y^2-36y+100=\left(10+\frac{sy}{t}\right)^2$$

由此,我们得到y,b,a. 取$s=2,t=1$. 则$7y=-76$,$7b=-34$,$7a=58$,并且

$$\left(\frac{58}{7}\right)^4+\left(\frac{34}{7}\right)^4+\left(\frac{24}{7}\right)^4+2^4+7^4+12^4=13^4$$

A. Martin[②]采用的主要方法与Haldeman的方法类似,他的手稿一直在他

---

① Math. Magazine,2,1904,285-286.

② Deux. Congrès Internat. Math.,1900,Paris,1902,239-248. Reproduced with additions in Math. Mag.,2,1910,324-352.

的手里,但找到了许多和是四次幂的新四次幂的集合.对于五个四次幂,取

$$Q_{a,b}+y^4+\left(\frac{y^2-e^2}{2e}\right)^4=\left(\frac{y^2+e^2}{2e}\right)^4$$

化简成 $2e(3a^2+b^2)=y(y^2-e^2)$.首先取 $y=2e$;则

$$b^2=3e^2-3a^2=\left\{\frac{s}{t}(e-a)\right\}^2$$

如果 $a=\frac{s^2-3t^2}{s^2+3t^2}\cdot e$,若 $e=2(s^2+3t^2)$ 可得 Haldeman 的式(3).对 $y=3e$,我们得到一个与最后一个相等的结果.下一个可解的情况是 $y=8e$,给出了

$$(12s^2+120st-36t^2)^4+(36s^2+24st-108t^2)^4+(16s^2+48t^2)^4+$$
$$(24s^2-96st-72t^2)^4+(63s^2+189t^2)^4=(65s^2+195t^2)^4$$

对于 $y=13e$,我们得到了一个相似的公式,下面令

$$Q_{x,y}+w^4+z^4=s^4$$
$$3x^2+y^2=wz$$

第一个变成了 $w^2+z^2=s^2$,由此,取 $z=2pq,w=p^2-q^2,s=p^2+q^2$.在 $p=2$,$q=1$ 的情况导出了式(3).省略寻找它的讨论是徒然的,令 $p=r+2q,x=t+2q^2$.则

$$y^2=wz-3x^2=2qr^3+12q^2r^2-3t^2+A$$
$$A=22q^3r-12q^2t$$

取 $A=0$,由此 $t=\frac{11qr}{6}$.令 $y=\frac{qrm}{n}$.我们得到 m,n 项中的 q,由此

$$(88n^2\alpha+2\,304n^4)^4+\sum\{(44n^2\pm24mn)\alpha+1\,152n^4\}^4+$$
$$(48n^2\beta)^4+(\beta^2-576n^4)^4=(\beta^2+576n^4)^4$$
$$\alpha=12m^2-23n^2,\beta=12m^2+25n^2$$

相反地,在会议论文中,他取 $t=-4q$,并且找到了特殊解 $2^4+13^4+32^4+34^4+84^4=85^4$.对于 n 个四次幂,$n=6,7,8,11$,他取

$$Q_{a,b}+2^4+7^4+12^4=13^4$$
$$Q_{a,b}+2^4+4^4+5^4+8^4=9^4$$
$$Q_{a,b}+Q_{c,d}+5^4+6^4=9^4$$
$$Q_{a,b}+Q_{c,d}+Q_{e,f}+7^4+14^4=21^4$$

并且通过组合找到了其他集合.

E. Barbette① 用 Martin② 最后的方法来表明：式(2) 是小于或等于 14^4 的不相等四次幂中，唯一一个和是四次幂的，且

$$4^5+5^5+6^5+7^5+9^5+11^5=12^5$$

是小于或等于 11^5 中唯一一个互异五次幂的和是一个五次幂的一组数.

R. Norrie③ 找到了(在 Euler④ 猜测的证实中)

$$353^4=30^4+120^4+272^4+315^4 \tag{5}$$

由一系列的特殊假设，导出了这个单一结果. 下面

$$(u^2+v^2)^4=(u^2-v^2)^4+(2uv)^4+(x+y)^4+(x-y)^4+(2y)^4$$

提供了(参看式(4))

$$2uv(u^2-v^2)=x^2+3y^2$$

为了解出后者，令 $u=rx_1+2, v=1, x=rx_2+3, y=rx_3+1$. 因此

$$2x_1^3r^3+(12x_1^2-x_2^2-3x_3^2)r^2+(22x_1-6x_2-6x_3)r=0$$

r 的系数等于 0. 则方程给出了 r. 对于 6 个四次幂采用

$$(X^4+Y^4)^4\equiv(X^4-Y^4)^4+(2XY^3)^4+8X^4Y^4(X^8-Y^8)$$

$$X^8-Y^8\equiv 2(2xy)^4(x^8+16y^8)(X^4+Y^4)$$

$$X=x^4+4y^4, Y=x^4-4y^4$$

由后者得

$$X^{2^{r+3}}-Y^{2^{r+3}}=2(2xy)^4(x^8+16y^8)(X^4+Y^4)(X^8+Y^8)\cdots(X^{2^{r+2}}+Y^{2^{r+2}})$$

第 2 项是 2^{r+2} 个四次幂和的 2 倍. 因此 $(X^{2^{r+2}}+Y^{2^{r+2}})^4$ 等于 $2^{r+2}+2$ 个四次幂和. 回顾 6 个四次幂和情况，取 $x=u^3, y=2v^3$，由此 x^8+16y^8 等于当 $b=u^2, c=2v^2$ 时

$$b^{12}+c^{12}$$

$$\equiv\frac{\{b^3(b^4-3c^4)\}^4+\{c^3(c^3-3b^4)\}^4+\{2bc(b^4-c^4)\}^4(b^4+c^4)}{(b^4+c^4)^4}$$

的值. 因此我们得到一个四次幂可以表示成 6 个，8 个，或 10 个四次幂的和. 两个此类四次幂的和有因子 u^8+16v^8，像以前一样，可被 4 个有理四次幂的和替换. 以这种方法，我们可以赋值一个四次幂，它是任意大于 4 的偶数个四次幂之和.

---

① Les sommes de p-ièmes puissances distinctes égales à une p-ième puissance, Liège, 1910, 133-146.

② Math. Magazine, 2, 1896, 173-184.

③ University of St. Andrews 500th Anniversary Memorial Vol., Edinburgh, 1911, 89.

④ Gorresp. Math. Phys. (ed., Fuss), 1, 1843, 618(623), Aug. 4, 1753, See preceding topic.

对于 7 个四次幂,取

$$(t+1)^4\equiv(t-1)^4+8t+8t^3$$

中的 $t=\frac{x^4+y^4+z^4}{8}$,且令 $x=p^2-q^2,y=2pq+q^2,z=2pq+p^2$.我们得到四次幂之间的一个关系.系数为 2,我们代换 Grerardin① 的式(3)给出的有理四次幂.又

$$\{(x^2+3y^2)^2+4z^4\}^4\equiv\{(x^2+3y^2)^2-4z^4\}^4+$$
$$(2z)^4\{(x^2+3y^2)\}^4+(2z^2)^4\}\{T+(wy)^4\}$$

其中 $T=(x+y)^4+(x-y)^4$.但对于任意 $r\geqslant 2$,我们可以把 T(出现两次中的一次)表示成 r 个四次幂的和,因此得到一个表示成 $r+5$ 个四次幂之和的四次幂.事实上

$$\{bc^3(\tau+2\sum)\}^4+(2c^4\sum-b^4\tau)^4\equiv\{bc^3(\tau-2\sum)\}^4+(2c^4\sum+b^4\tau)^4+$$
$$(2bc\tau)^4\sum$$

其中 $\tau=c^8-b^8,\sum=x_1^4+x_2^4+\cdots+x_n^4$.

10 相等的四次幂之和

A. Martin② 列出了 1,2,9,和 3,7,8;1,9,10,和 5,6,11;1,11,12 和 4,9,13;1,5,8,10 以及 3,11 这些相等的四次幂之和的各种数的集合.

C. B. Haldeman③ 注意到:如果 $3a^2+b^2=3d^2+e^2$,那么三个四次幂的 $Q_{a,b}$ 和 $Q_{d,e}$ 的和相等.取 $e=b-v$,我们得到 a,d,v 项中的有理数 b,e,并且看到

$$(4av)^4+(3a^2-3d^2-2av-v^2)^4+(3a^2-3d^2+2av-v^2)^4$$

替换 a 和 d 后是不变的.对于 $a=1,d=v=2$,我们得到

$$8^4+9^4+17^4=3^4+13^4+16^4$$

接下来,令

$$Q_{a,b}+d^4=\left(\frac{d^2+s^2}{2s}\right)^4+\left(\frac{d^2-s^2}{2s}\right)^4$$

① Assoc. franç.,39,1910,Ⅰ,44-55. Same in Sphinx-Oedipe,5,1910,180-186;6,1911,3-6;8,1913,119.

② Math. Magazine,2,1896,183.

③ Ibid.,2,1904,286-288. For the notation Q,see Haldeman(4).

由此 $b^2=\frac{N^2}{4s^2}$，$N^2=d^4-s^4-12a^2s^2$. 取

$$N=d^2-\frac{2p^2s^2}{(3q^2)}, d=v+\frac{3aq}{p}$$

我们得到有理数 a 和 d. 或者取 $N=d^2-s^2$，由此 $d^2=6a^2+s^2$. 令 $a=2s+y$，并且像通常一样解它. 又如果 $3a^2+b^2=7$，$3d^2+e^2=3$，那么

$$Q_{a,b}+1^4=Q_{d,e}+3^4$$

取 $a=1+x$，$d=\frac{1}{2}+y$，并且像通常一样可解. 最后，为了找到四个四次幂的和使之等于三个四次幂的和，他采用了恒等式①(1)，且左边项与 $Q_{m,n}$ 相等. 如果

$$m=\left(\frac{z^2-3r^2}{z^2+3r^2}\right)f$$

$$n=\left(\frac{6rz}{z^2+3r^2}\right)f$$

$$f=3a^2+t^2$$

成立，那么满足最终的条件 $3(3a^2+t^2)^2=3m^2+n^2$.

A. Cunningham② 注意到

$$X^4+Y^4+x^4+z^4=X_1^4+x_1^4+y_1^4+z_1^4$$

可由

$$X^4+Y^4=X_1^4+Y_1^4$$

$$x^4+Y_1^4+z^4=x_1^4+y_1^4+z_1^4$$

的每个解组合成. 又

$$x^4+y^4+2u_1^4=x_1^4+y_1^4+2u^4$$

可由

$$x^4+y^4+z^4=2u^4$$

$$x_1^4+y_1^4+z_1^4=2u_1^4$$

的解组合而成(被 Cunningham③ 解决了). 其中 $u=A^2+3B^2$，$u_1=A_1^2+3B_1^2$，$AB=A_1B_1$，由此 $z=z_1$.

A. S. Werebrusow④ 给出了 $x^4+y^4+z^4=3u^4$ 在互素整数中不可能性的错误证明.

① Math. Magazine, 2, 1904, 285-286.

② Messenger Math., 38, 1908-1909, 103-104.

③ Messenger Math., 38, 1908-1909, 101, 103.

④ L'intermédiaire des math., 15, 1908, 281. Cf. 16, 1909, 55, 208; 17, 1910, 279.

F. Ferrari① 注意到恒等式

$$(a^2+2ac-2bc-b^2)^4+(b^2-2ba-2ac-c^2)^4$$
$$+(c^2+2ab+2bc-a^2)^4$$
$$=2(a^2+b^2+c^2-ab+ac+bc)^4$$

然而 U. Bini 给出了恒等式

$$[a(d+c)-b(c-3d)]^4+[2(bc-ad)]^4+$$
$$[a(d-c)-b(c-3d)]^4$$
$$=[a(d-c)\pm b(c+3d)]^4+[2(bc+ad)]^4+$$
$$[a(d+c)+b(c-3d)]^4$$

取正数的情况. A. Gérardin 指出符号必为减号,并给出了其他的这样的恒等式. Welsch 给出了另一个修正符号的方法:保留正号,但把前面的最后一项变为$-b(c+3d)$.

A. Cunnigham② 发现可以以几种方法用 $x^4+y^4\equiv 2u^2-z^4$,$u=x^2+xy+y^2$,$z=x+y$将数表示成$x^4+y^4+z^4$ 的形式,并且以几种方法将这个u表示成 A^2+3B^2 的形式.

E. Miot③ 指出(Ferrari④ 恒等式的 $b=c$ 的情形)

$$(4pq)^4+(3p^2+2pq-q^2)^4+(3p^2-2pq-q^2)^4=2(3p^2+q^2)^4 \quad (1)$$

并且注意到三个二次幂之和等于三个四次幂之和与三个八次幂之和的情况. Welsch⑤ 指出 Miot 的解是错的,并且注意到

$$2a^2=(x^2-y^2)^2+(x^2-z^2)^2+(y^2-z^2)$$
$$=(u^4-v^4)^2+(u^4-w^4)^2+(v^4-w^4)^2$$

也暗含了

$$2a^4=\sum(x^2-y^2)^4=\sum(u^4-v^4)^4$$

A. Gérardin⑥ 注意到两组三个三次方之和相等的情形,并且给出了找出

$$x^4+y^4=z^4+u^4+v^4 \quad (2)$$

① L'intermédiaire des math. ,16,1909,83.

② Math. Quest. Educ. Times, (2),14,1908,83-84. Same in Mess. Math. ,38,1908-1909,101-102.

③ L'intermédiaire des math. ,17,1910,214.

④ L'intermédiaire des math. ,16,1909,83.

⑤ L'intermédiaire des math. ,18,1911,64.

⑥ Assoc. franç. ,39,1910, Ⅰ,44-55. Same in Sphinx-Oedipe,5,1910,180-186;6,1911,3-6;8,1913,119.

的特殊解的四种方法，第四种方法导出了解

$$x=128p^9+pq^8$$
$$y,z=64p^8q\mp 12p^4q^5-q^9$$
$$u=3pq^8,v=128p^9-2pq^8$$

（当 $h=1,l=q$ 时，p 由 $2p$ 代换，则下面的表达式可表出它.）他给出了16个恒等式，它们的变量变化源自

$$(p^9-4ph^2l^8)^4+(6ph^2l^8)^4+h(p^8l+3hp^4l^5-4h^2l^9)^4$$
$$=(p^9+2ph^2l^8)^4+h(p^8l-3hp^4l^5-4h^2l^9)^4$$

总而言之，他给出了

$$(p^2-q^2)^4+(2pq+q^2)^4+(2pq+p^2)^4=2(p^2+pq+q^2)^4 \quad (3)$$

A. Martin① 给出了式(1)和式(3).

E. Miot② 注意到式(2)的解 37,17;35,26,3.

R. Norrie③ 给出了几种求解

$$x^4+y^4+z^4=u^4+v^4+w^4 \quad (4)$$

的方法. 首先，取 $x=rx_1+a,y=rx_2+b,z=rx_3+c,u=rx_1-a,v=rx_2+c,w=rx_3+b$. 我们得到 r 的一个三次方程，它的常数项是零. 如果 $x_3=x_2+\frac{2x_1a^3}{(b^3-c^3)}$，那么 r 的系数是零. 则 $-r$ 是 r^2 的系数和 r^3 的系数的比率. 第二步，他注意到

$$\{x_2y_2^3(x_1^4+2y_1^4)\}^4+\{x_1y_1^3(x_2^4-2y_2^4)\}^4+\{2x_1y_1^3x_2^3y_2\}^4$$

恒等于交换下标1,2得到的和. 用 x_1,y_1,x_2,y_2 的倒数替换 x_1,y_1,x_2,y_2，并且用 $(x_1y_1x_2y_2)^4$ 乘以每个根，我们得到了一个新的整数函数，把它加到前者上. 因此

$$\{x_2y_2^3(x_1^4+2y_1^4)\}^4+\{x_1y_1^3(x_2^4-2y_2^4)\}^4+$$
$$\{x_2^3y_2(y_1^4+2x_1^4)\}^4+\{x_1^3y_1(y_2^4-2x_2^4)\}^4$$

即使交换下标1,2也不改变. 用交换下标的恒等式乘以

$$(x_1^4+2y_1^4)^4-(x_1^4-2y_1^4)^4-(2x_1^3y_1)^4\equiv 4(2x_1y_1^3)^4$$

我们得到两组五个四次幂之和相等. 如果 $3y^2+x^2=3v^2+u^2$，那么第三种方法实际上是 Haldeman④ 的评论：$Q_{y,x}=Q_{v,u}$. $3y^2+x^2=3v^2+u^2$ 的一般解是

---

① Math. Magazine, 2, 1910, 351.

② L'intermédiaire des math., 18, 1911, 27-28.

③ University of St. Andrews 500th Anniversary, Edinburgh, 1911, 62-75.

④ Math. Magazine, 2, 1896, 183.

$$x,u=\frac{\{(3\lambda^2\pm 1)v+(3\lambda^2\mp 1)y\}}{2\lambda}$$

其中λ是任意的. 并且当x被$\frac{3x-5y}{7}$替换, y被$\frac{5x+8y}{7}$替换时, $x^4+y^4+(x+y)^4$是不变的. 变换y的符号, 并用前面的式子减去新的恒等式, 我们得到

$$(7x+7y)^4+(3x+5y)^4+(8x-3y)^4+(5x-8y)^4$$
$$=(7x-7y)^4+(3x-5y)^4+(8x+3y)^4+(5x+8y)^4$$

最终在$\tau=\mu^2c^8-\lambda^2b^8$中, 给出了恒等式

$$\lambda\{bc^3(\lambda\mu\tau+2\mu^3\nu x^4)\}^4+\mu(2\mu^3\nu c^4x^4-\lambda^2b^4\tau)^4$$
$$=\lambda\{bc^3(\lambda\mu\tau-2\mu^3\nu x^4)\}^4+\mu(2\mu^3\nu c^4x^4+\lambda^2b^4\tau)^4+\nu(2\lambda\mu bc\tau x)^4$$

如果用$\sum_{i=1}^{i=r}\nu_ix_i^4-\sum_{i=1}^{i=s}\kappa_iy_i^4$替换$\nu x^4$, 我们得到

$$\sum_{i=1}^{r+2}\lambda_iu_i^4=\sum_{i=1}^{s+2}\mu_iv_i^4\quad(\lambda_1=\mu_1,\lambda_2=\mu_2)$$

的一个解. 在后面, Norrie 令$s=r,\kappa_i=\nu_i$, 得出$\lambda_i=\mu_i$.

A. Gérardin① 注意到恒等式

$$(x^4-2y^4)^4+(2x^3y)^4+(3xy^3)^4$$
$$=(x^4+2y^4)^4+(2xy^3)^4+(xy^3)^4$$

E. N. Barisien② 注意到恒等式(1).

Gérardin③ 引用了他的④含有两个参数, 且$x=z+u$的式(2)的解, 并注意到式(3)比 Ferrari⑤ 的公式更简单. 取$a+c=p,b+c=-q$时该式成立.

"V. G. Tariste"⑥ 注意到式(3)是通过令 Bini⑦ 的公式中的六个四次幂中的一个等于零导出的.

O. Birck⑧ 指出式(3), 即

$$x=-y=p^2+pq+q^2$$
$$z=p^2-q^2$$

---

① Bull. Soc. Philomathique, (10), 3, 1911, 236.

② Nouv. Ann. Math., (4), 1911, 280-282.

③ L'intermédiaire des math., 18, 1911, 200-201, 287-288.

④ Assoc. franç., 39, 1910, Ⅰ, 44-55. Same in Sphinx-Oedipe, 5, 1910, 180-186; 6, 1911, 3-6; 8, 1913, 119.

⑤ L'intermédiaire des math., 16, 1909, 83.

⑥ L'intermédiaire des math., 19, 1912, 183-184.

⑦ L'intermédiaire des math., 16, 1909, 83.

⑧ Ibid., 255.

$$u=q^2+2pq$$
$$v=-p^2-2pq$$

给出了含有式(2) 或 $x^2+y^2=z^2+u^2+v^2$ 的 $x+y=z+u+v=0$ 的最一般的解. 他注意到

$$7^4+28^4=3^4+20^4+26^4$$
$$51^4+76^4=5^4+42^4+78^4$$

A. S, Werebrusow① 给出了 3 个四次幂之和相等的组,这些四次幂含有许多参数,且用特殊化法导出了 Gérardin② 的公式. 他③给出了 $37^4+38^4=26^4+42^4+25^4$ 和 8 个这样的集合.

E. Fauquembergue④ 给出了等式

$$[2(\alpha^2-\beta^2)]^4+[\beta(4\alpha-5\beta)]^4+(2\alpha^2-5\alpha\beta+2\beta^2)^4$$
$$=(2\alpha^2-4\alpha\beta+3\beta^2)^4+v^2$$

其中 $v=4\alpha^4-4\alpha^2\beta+13\alpha^2\beta^2-36\alpha\beta^3+24\beta^4$,并且找到了 5 个集合使得 $v=\square$,给出了式(2) 的所有初始解. A. Tafelmacher⑤ 从用 $\beta+\gamma$ 代换 α 得到恒等式的完整的研究中得出了同样的结论.

L. Bastien⑥ 指出了当 $n\geqslant 2,m\geqslant 3$ 时,$x_1^4+\cdots+x_n^4=y_1^4+\cdots+y_m^4$ 的一个解

$$x_1=\rho^3(\nu^4\rho^4\sigma-8\tau\mu^4)$$
$$x_2=\nu^3(\rho^8\sigma+8\tau\mu^4)$$
$$x_i=8\nu\rho^2\mu^3\tau\alpha_i\quad(i=3,\cdots,n)$$
$$y_1=\rho^3(\nu^4\rho^4\sigma+8\tau\mu^4)$$
$$y_2=\nu^3(\rho^8\sigma-8\tau\mu^4)$$
$$y_i=8\nu\rho^2\mu^3\tau\beta_i\quad(i=3,\cdots,n)$$
$$\tau=\nu^8-\rho^8$$
$$\sigma=\beta_3^4+\cdots+\beta_m^4-\alpha_3^4-\cdots-\alpha_n^4$$

R. D. Carmichael⑦ 注意到,$x^4+y^4+4z^4=t^4$ 有特殊解 $x,t=\rho^4\mp 2\sigma^4,y=$

① L'intermédiaire des math., 20, 1913, 105-106.

② L'intermédiaire des math., 16, 1909, 83.

③ Ibid., 58; error in fourth set, p. 301.

④ Ibid., 245.

⑤ Ibid., 21, 1914, 59-62.

⑥ Sphinx-Oedipe, 8, 1913, 154-155.

⑦ Amer. Math. Monthly, 20, 1913, 306-307.

$2\rho^3\sigma, z=2\rho\sigma^3$. 如果 $a=2$，或 8，那么对于 $x^4+ay^4+az^4=t^4$ 和 $x^4+y^4+az^4=at^4$，给出了两个含参数的解. 并且

$$(k^2-2k)^4+(2k-1)^4+(k^2-1)^4=2(k^2-k+1)^4$$

是当 $p=k, q=-1$ 时的式(3). 由 Cunningham①，$x^4+y^4-4z^4\neq t^4$.

A. S. Werebrusow② 列出了当每项小于或等于 50 时，式(4) 的所有解.

E. Miot③ 给出了式(4) 的一个含参数解；对于 4 个或 5 个四次方的两个相等的和也是这样.

Werebrusow④ 注意到，对于

$$a=pv+(s+3t)U$$
$$b=(3s^2t+18st^2+18t^3)v+3tU$$
$$c=(p+18t^3)v+(s+3t)U$$
$$x=3tV$$

有

$$(a+x)^4+(b+x)^4+(c-x)^4=(a-x)^4+(b-x)^4+(c+x)^4$$

其中

$$p=s^3+9s^2t+18st^2$$
$$s^3+12s^2t+3bst^2+3bt^3=P^2+Q^2$$
$$(P^2+Q^2)v^2=U^2+V^2$$

11 既含四次幂，又含平方项的关系

Diophantus, Ⅴ, 32 中令 $v=x^2-k$ 处理了 $x^4+y^4+z^4=v^2$. 则 $x^2=\frac{k^2-y^4-z^4}{2k}$. 取 $k=y^2+z^2$，则 $x^2=\frac{y^2z^2}{y^2+z^2}$. 因此 y^2+z^2 等于一个平方数 w^2，对于 $y=3, z=4$，我们得到 $k=25, x=\frac{12}{5}$. 因此 Diophantus 方法导出了恒等式 (Fauquembergue⑤)

$$(yz)^4+(yw)^4+(zw)^4\equiv(w^4-y^2z^2)^2$$

---

① Messenger Math., 38, 1908-1909, 83-89.

② L'intermédiaire des math., 21, 1914, 153-155.

③ Ibid., 155-156.

④ Ibid., 23, 1916, 223. Math. Sbornik.

⑤ L'intermédiaire des math., 1, 1894, 167(6, 1899, 186).

$$w^2=y^2+z^2$$

取 $y=ab, z=bc, w=ac$，我们得到(Norrie[1])

$$a^4+b^4+c^4\equiv(a^2-b^2+c^2)^2$$

$$a^2b^2+b^2c^2=a^2c^2$$

E. Waring[2] 重新构建了 Diophantus 的消去 k 的观点.

F. Proth[3] 回忆道，形如 $6x+1$ 的素数 N 都可表示成 $N=a^2+b^2+ab$. 因此 $2N=a^2+b^2+(a+b)^2$. 由乘法，$2N^2=a^4+b^4+(a+b)^4$，由此

$$2(a^2+ab+b^2)^2\equiv a^4+b^4(a+b)^4$$

这说明：如果 N 有形式 $6x+1$，无论它是否为素数，$2N^2$ 均是 3 个四次幂之和(不准确，Kempner[4]). 如果将 N 以两种方法表示成 a^2+b^2+ab，像

$$91=5^2+6^2+5\cdot 6=1+9^2+1\cdot 9$$

一样，我们得到一个数，它可以用两种方法表示成 3 个四次幂之和.

$$2\cdot 91^2=5^4+6^4+11^4=1^4+9^4+10^4$$

S. Réalis[5] 注意到，$z_1^4+z_2^4+z_3^4=3z^2$，若

$$z_1=5s+2\alpha\beta(2\alpha^2+5\beta^2)+9\alpha^2\beta^2$$

$$z_2=5s+2\alpha\beta(5\alpha^2+2\beta^2)+9\alpha^2\beta^2$$

$$z_3=5s+16\alpha\beta(\alpha^2+\beta^2)+27\alpha^2\beta^2$$

$$z=t\{25t^3+72\alpha^2\beta^2(\alpha+\beta)^2\}$$

成立，其中 $s=\alpha^4+\beta^4, t=\alpha^2+\alpha\beta+\beta^2$.

G. Dostor[6] 给出了恒等式

$$\begin{aligned}&(a+b+c-d)^4+(a+b-c+d)^4+\\&(a-b+c+d)^4+(-a+b+c+d)^4\\=&4(a^2+b^2+c^2+d^2)^2+16[(ab-cd)^2+\\&(ac-bd)^2+(ad-bc)^2]\end{aligned}$$

S. Réalis[7] 注意到，$v^4+x^4+y^4=2z^2$ 成立，若

$$x=2\,057\alpha^3-2\,541\alpha^2\beta+2\,787\alpha\beta^2-391\beta^3$$

---

① Sphinx-Oedipe, 8, 1913, 154-155.

② Meditationes Algebraicae, 1770, 194; ed. 3, 1782, 325.

③ Nouv. Corresp. Math., 4, 1878, 179-181.

④ Oeuvres, Ⅱ, 265-266, letter to Carcavi, 1644.

⑤ Nouv. Corresp. Math., 350.

⑥ Archiv Math. Phys., 60, 1877, 445.

⑦ Nouv. Corresp. Math., 6, 1880, 238-239. Misquoted, C. A. Laisant, Algèbre, 1895, 221-222.

$$y=391\alpha^3-2\ 787\alpha^2\beta+2\ 541\alpha\beta^2-2\ 057\beta^3$$
$$v=(2\alpha+2\beta)(391\alpha^2-730\alpha\beta+391\beta^2)$$

成立，对 $\alpha=1,\beta=0$ 或 1，又有

$$46^4+121^4+23^4=2\cdot 10\ 467^2$$
$$26^4+239^4+239^4=2\cdot 57\ 123^2$$

用一个长公式可以从一个给出解中导出第二个解，由此

$$1^4+3^4+10^4=2\cdot 71^2$$
$$7^4+7^4+12^4=2\cdot 113^2$$
$$1^4+1^4+2^4=2\cdot 3^2$$

A. Martin① 给出了 9 个四次幂，$720^4,\cdots,3\ 120^4$，它们的和是一个平方数.

Martin②，假设 $x,x-ay,x-by,x-cy$ 的四次幂之和是一个平方数，他得到了 $\frac{x}{y}=\frac{\alpha}{\beta}$，其中，$\alpha$ 和 β 是 a,b,c 上的多项式，并且取 $x=\alpha,y=\beta$. 用同样的方法，他③找到了 $199^4+271^4+343^4+559^4=344\ 162^2$.

Martin 和 R. J. Adcock④ 重复了 Diophantus 的解，并指出了 Diophantus 的结果 $12^4+15^4+20^4=481^2$ 给出了整数上的最小解.

E. Fauquembergue⑤ 注意到，如果 $\alpha^2+\beta^2=\gamma^2$，那么

$$(\alpha\beta)^4+(\beta\gamma)^4+(\gamma\alpha)^4$$
$$=(\alpha^4+\alpha^2\beta^2+\beta^4)^2(2\alpha^2\beta\gamma^3)^4+(2\alpha\beta^2\gamma^3)^4+[(\alpha^2-\beta^2)\gamma^4]^4+[2\alpha\beta(\alpha^4+\gamma^4)]^4$$
$$=[\gamma^2-4\alpha^2\beta^2(\alpha^4+\beta^4)^2]^2$$

A. Martin⑥ 也给出了这两个公式. 为了找到 n 个四次幂，它们的和是一个平方数，后者的根为 $x,x-ay,x-by,x-cy,p_1y,\cdots,p_{n-4}y$. 则称

$$4x^4-4(a+b+c)x^3y+6(\sum a^2)x^2y^2-$$
$$4(\sum a^3)xy^3+(\sum a^4+\sum p_1^4)y^4=\square$$

为 $2x^2-\sum a\cdot xy+\frac{1}{4}\{6\sum a^2-(\sum a)^2\}y^2$ 的平方. 因此确定了 $\frac{x}{y}$.

① Annals of Math., 5, 1889-1890, 112-113.

② Ibid., 6, 1891-1892, 73.

③ Amer. Math. Monthly, 1, 1894, 401-402.

④ Ibid., 279-280.

⑤ L'intermédiaire des math., 1, 1894, 167(6, 1899, 186).

⑥ Math. Magazine, 2, 1898, 210-211.

E. B. Escott[①] 注意到

$$(m^2+mn+n^2)^4-(mn)^4-(mn+n^2)^4$$
$$=[m(m+n)(m^2+mn+2n^2)]^2$$

E. Fauquembergue[②] 给出了恒等式,它包含

$$(a^4+2b^4)^4=(a^4-2b^4)^4+(2a^3b)^4+(8a^2b^6)^2$$
$$=(2a^2b^2)^4+(2a^3b)^4+(a^8-4a^4b^4-4b^8)^2$$

C. B. Haldeman[③] 找到了 4 个四次幂,它们的和是一个平方数

$$(2a)^4+(a+b)^4+(a-b)^4+d^4=2(3a^2+b^2)^2+d^4=s^2$$

取 $s=d^2+v, 3a^2+b^2=vg$. 则 v,b^2,s 可由 d,g,a 的项有理确定. 取 $g=2,a=\frac{3}{7}$. 则 $b^2=\frac{4d^2}{7}-\frac{27}{49}$. 因为 b 是有理数,对于 $d=1$,取 $d=y+1$,令 b 等于 $\frac{ry}{t}+\frac{1}{7}$,因此确定 y. 则

$$b=-\frac{7r^2-56rt+4t^2}{7k}$$
$$d=\frac{7r^2-2rt+4t^2}{k}$$
$$k=7r^2-4t^2$$

对于 $r=1,t=0$,我们得到 $2^4+4^4+6^4+7^4=63^2$. 下面,令初始四次幂之和等于 $2s^2$. 如果

$$s=\frac{d^4+2v^2}{4v}$$
$$3a^2+b^2=\frac{d^4-2v^2}{4v}$$

那么显然满足条件. 取 $d^2=2v, 3a^2+b^2=(t+b)^2$. 因此 b,d,v 可在 a,t 的项中被找到,由此

$$(4at)^4+(3a^2+2at-t^2)^4+(3a^2-2at-t^2)^4+(6a^2+2t^2)^4$$
$$=2\{3(3a^2+t^2)^2\}^2 \qquad (1)$$

对于 $a=1,t=2$,我们得到 $3^4+5^4+8^4+14^4=2\cdot 147^2$.

A. Cunningham[④] 为了解 $x^4+y^4+z^4=2u^{2n}$,取 u 为形如 $\alpha^2+3\beta^2$ 的任意数,由此,u^{2n} 有形式 A^2+3B^2,和解 $x=B-A, y=B+A, z=2B$.

---

① L'intermédiaire des math., 6, 1899, 51.

② Ibid., 7, 1900, 412.

③ Math. Magazine, 2, 1904, 285-286.

④ Messenger Math., 38, 1908-1909, 101, 103.

A. Gérardin[①] 注意到,如果

$$m^2(x^4+y^4+z^4)+4mx^3+2x^2=0$$

那么$(1+mx)^4+(my)^4+(mz)^4=(1+2mx)^2$ 成立. 它的判别式将是一个平方,称为$(2Sx^2)$,由此 $x^4-y^4-z^4=2S^2$. 令 $S=zU$,$y^2+kz^2=x^2$. 则 $ky^2+\frac{1}{2}(k^2-1)z^2=U^2$. 因此,问题化简成一个"双问题",即令两个二元四次方程为平方的问题.

E. N. Barisien[②] 注意到恒等式

$$\begin{aligned}&(2x^2+a^2)^4+(2x^2-a^2)^4+(4ax)^4\\=&(4x^4+12a^2x^2+a^4)^2+(4x^4-12a^2x^2+a^4)^2\end{aligned}$$

Mehmed-Nadir[③] 给出了

$$\frac{1}{2}(x^4+y^4+z^4)=u^2+v^2+w^2=\rho^2$$

的两个特殊解集.

A. Cunningham 和 E. Miot[④] 通过利用恒等式

$$x^4+y^4+(x+y)^4=2(x^2+xy+y^2)^2$$

得到了解.

A. Gérardin[⑤] 通过利用恒等式

$$(pa+qb)^2+(qa)^2+(2pb)^2=(pa-qb)^2+(qa+2bp)^2$$

解出了 $X^4+Y^4+Z^4=A^2+B^2$. 令 $q=af^2$,$p=2bg^2$. 仍需求解 $ab(f^2+2g^2)=X^2$. 对于 $a=b=1$,我们取$f=m^2-2n^2$,$X=m^2+2n^2$,$g=2mn$. 他注意到

$$(\alpha^2+\beta^2)^4-(\alpha^2-\beta^2)^4-(2\alpha\beta)^4\equiv2\{2\alpha\beta(\alpha^2-\beta^2)\}^2$$

R. Norrie[⑥] 从一个解 $a_1^4+\cdots+a_n^4=a^2$ 中得到了

$$X_1^4+\cdots+X_n^4=X^2$$

的第二个解,他令 $X_i=rx_i+a_i$,$X=r^2y+rx+a$,并选择 y 和 x 使 r 和 r^2 的系数为零. 为了得到当 $n>4$ 时的一个显然解,在$(t^2+z^4)^2\equiv t^4+(z^2)^4+2t^2z^4$ 中取 $t=x^2+xy+y^2$,由此 $2t^2=x^4+y^4+(x+y)^4$. 但 x^4+y^4 可被表成 r 个四

① Bull. Soc. Philomathique, (10), 3, 1911, 239-240.

② Nouv. Ann. Math., (4), 11, 1911, 280-282.

③ L'intermédiaire des math., 18, 1911, 217.

④ Ibid., 19, 1912, 70-71.

⑤ Sphinx-Oedipe, 6, 1911, 21-22.

⑥ University of St. Andrews 500th Anniversary Memorial Vol., Edinburgh, 1911, 89.

次幂 P_i 之和，若 $r>2$(Norrie①). 因此

$$\{(x^2+xy+y^2)^2+z^4\}^2$$
$$=(x^2+xy+y^2)^4+(z^2)^4+\{z(x+y)\}^4+\sum_{i=1}^{r}(zP_i)^4$$

E. N. Barisien② 以形式

$$a^4+b^4+(a+b)^4$$
$$\equiv(a^2+ab+b^2)^2+a^2b^2+a^2(a+b)^2+b^2(a+b)^2$$

写出了 Proth③ 的恒等式.

R. D. Carmichael④ 展示了 $x^4+ay^4+bz^4=\square$ 的一个解能导出另一个解.

E. N. Barisien⑤ 注意到 $N=(a^2+b^2)(c^2+d^2)(a^2c^2+b^2d^2)$ 等于

$$\{ab(c^2\mp d^2)\}^2+\{cd(a^2\pm b^2)\}^2+(a^2c^2+b^2d^2)^2$$

令 N' 由替换 N 中的 c 和 d 得到. 则 NN' 是用 4 种方法取得的 9 个平方数的和，其中 2 种方法是 9 个平方数中的 2 个是四次幂.

12 各种单次方程

C. Wolf⑥ 处理了 $x^2y^2+x^2+y^2=\square$. 首先，令 $x^2y^2+x^2=\square$，即 $y^2+1=v^2=(t-y)^2$，由此 $y=\frac{t^2-1}{2t}$. 因为 $x^2y^2+x^2=x^2v^2$，它仍需使 $x^2v^2+y^2=\square$，即 $(z-vx)^2$. 因此我们得到 x.

L. Euler⑦ 令 $p=a+b+2c,q=a+b,r=a-b$，以使 $P=(p^2-q^2)(q^2-r^2)$ 为 1 个四次幂，由此 $P=16abc(a+b+c)$. 因此，考虑

$$xyz(x+y+z)=s^4$$

取 $s^4=(x+y+z)^2p^2$. 因此

$$Dz=(x+y)p^2,D(x+y+z)=xy(x+y)$$
$$Ds^2=xyp(x+y),D=xy-p^2$$

① Annali di Sc. Mat. e Fis., 6, 1855, 302, Cf. Adrain.

② Mathesis, (4), 4, 1914, 13.

③ Nouv. Corresp. Math., 4, 1878, 179-181.

④ Diophantus Analysis, 1915, 44.

⑤ Nouv. Ann. Math., (4), 16, 1916, 390-391.

⑥ Elementa Matheseos Universae, Halae, 1, 1742, 380.

⑦ Opera postuma, 1, 1862, 239(about 1769). Extract in Bull. Soc. Philomathique, (10), 3, 1911, 240-243. Cf. Euler, Gérardin, Kommerell.

令 $x=nq^2, y=nr^2, nqr-p=k(q^2+r^2)$，消去 p. 因此

$$\frac{s^2}{n^2q^2r^2}=\frac{n[-nqr+k(q^2+r^2)]}{k[-2nqr+k(q^2+r^2)]}\equiv F$$

对于 $n=2k, F=\frac{2(q-r)^2}{q^2+r^2-4qr}$. 像 Euler 消去因子 2 一样，不能使分母是一个平方数. 下面令 $n=k$. 则 $F=\frac{q^2+r^2-qr}{(q-r)^2}$. 令分子等于 $q+\frac{rf}{g}$ 的平方. 因此 $q:r=g^2-f^2:g^2+2fg$. 或者我们可以通过取 $p=\frac{2xy}{x+y}$ 开始，由此 $s^2=\frac{2xy(x+y)^2}{(x-y)^2}$. 取 $x=2q^2, q=r^2$，使得 $2xy=\square$.

Euler① 通过令

$$p^2+1=x^2-y^2, q^2+1=2xy, p=x-z$$

处理了 $(p^2+1)^2+(q^2+1)^2=\square$. 因此 $2zx=z^2+y^2+1$. 取 $y=2z$. 则 $q^2=10z^2+1$, $(z,q)=\left(\frac{2}{3},\frac{7}{3}\right),\left(\frac{2}{9},\frac{11}{9}\right)$, $(6,19)$ 满足此式.

Euler② 处理了 $Ll=\square$，其中 $L=A+Bz+Cz^2, l=a+bz+cz^2$. 取 $Ll=p^2l^2$，则 $L=p^2l$. 若已知一个解，则它可解.

J. L. Lagrange③ 处理了更一般的问题来求解

$$F(x,y)\equiv f(x)+s(x)y+cy^2=0$$

其中 f 是四次函数. s 是二次函数. 如果 $F(p,q)=0$，令 $x=p+t, y=q+tz$. 在除以 t 之后，我们得到 $B+Cz+tQ=0$，其中，Q 是 t 和 z 上的二次幂，B 和 C 是常数. 从这个三次方程的解 $t=0, z=-\frac{B}{C}$ 中，我们由正弦方法得到了一个二次方程.

Euler④ 将

$$V_{\pm}=x^4+y^4+z^4+v^4-2x^2y^2-2x^2z^2-2y^2z^2\pm 2(x^2v^2+y^2v^2+z^2v^2)=0$$

的解视为两个独立的问题，则

$$x^2y^2\mp z^2v^2=\frac{1}{4}(x^2+y^2-z^2\pm v^2)^2$$

---

① Opera postuma, 1, 1862, 215-216(about 1774).

② Ibid., 218-219(about 1777).

③ Nouv. Mém. Acad. Sc. Berlin, année 1777, 1779; Oeuvres, Ⅳ, 397.

④ Acta Acad. Petrop., 2, Ⅱ, 1781(1778), 85; Comm. Arith., Ⅱ, 366; Op. Om., (1), Ⅲ, 429.

$$x^2z^2 \mp y^2v^2 = \frac{1}{4}(x^2+z^2-y^2 \pm v^2)^2$$

若

$$\frac{xy}{zv} = \frac{p^2 \pm r^2}{2pr}, \frac{xz}{yv} = \frac{q^2 \pm s^2}{2qs} \tag{1}$$

成立，则上边的项为二次方，由此

$$\begin{aligned} \frac{x^2+y^2-z^2 \pm v^2}{2} &= \frac{zv(p^2 \mp r^2)}{2pr} \\ \frac{x^2+z^2-y^2 \pm v^2}{2} &= \frac{yv(q^2 \mp s^2)}{2qs} \end{aligned} \tag{2}$$

通过乘法和除法，从式(1)中我们得到了$\frac{x^2}{v^2}$和$\frac{y^2}{z^2}$. 因此，我们有满足$x=at, v=bt, y=cu, z=du$的值a, b, c, d. 则式(2)给出了

$$(a^2 \pm b^2)t^2 + (c^2-d^2)u^2 = 2mbdtu$$

$$(a^2 \pm b^2)t^2 - (c^2-d^2)u^2 = 2nbctu$$

$$m = \frac{p^2 \mp r^2}{2pr}$$

$$n = \frac{q^2 \mp s^2}{2qs}$$

通过相减，我们得到了$\frac{t}{u}$. 因此，我们取

$$t = c^2-d^2, u = b(md-nc)$$

且得到了x, y, v, z. 改变n的符号，我们得到第二个解集. 仅当式(1)右边项的积是一个有理平方数时，我们可得到有理结果. 对于上面的符号，取$p=2fg, r=f^2-g^2, q=2hk, s=h^2-k^2$，则条件是

$$fg(f^2-g^2)hk(h^2-k^2) = \square$$

对于

$$h=g, k=f-g$$

$$f=2m^2-n^2, g=m^2+n^2$$

它是$3mnfg(f-g)$的平方. 可参见Euler①.

Euler②采用前面的$V_+ \equiv F$以找到$x^2, \cdots, v^2$使得

$$\alpha \equiv x^2y^2 - z^2v^2$$

---

① Mém. Acad. Sc. St. Pétersbourg, 11, 1830(1780), 12; Comm. Arith., Ⅱ, 425-437.

② Opera postuma, 1, 1862, 257-258(about 1782). For sums, instead of differences, see Euler of Ch. XVI.

$$\beta \equiv z^2x^2 - y^2v^2$$
$$\gamma \equiv y^2z^2 - x^2v^2$$

均为平方.我们有

$$F + 4\alpha = (x^2 + y^2 - z^2 + v^2)^2$$
$$F + 4\beta = (x^2 + z^2 - y^2 + v^2)^2$$
$$F + 4\gamma = (y^2 + z^2 - x^2 + v^2)^2$$

因此我们找到了 $F=0$ 的解.在后者中,解关于 x^2 的方程,我们得到

$$x^2 = y^2 + z^2 - v^2 + 2T$$
$$T^2 = y^2(z^2 - v^2) - z^2v^2$$

现在对于 $z=5, v=3$,有 $z^2 - v^2 = \square$,由此,如果

$$y = \frac{(225 + t^2)}{(8t)}$$

那么 $T^2 = 16y^2 - 225 = (4y - t)^2$.取 $t=5$,我们得 $y=\frac{25}{4}, T=20, x=\frac{39}{4}$.未知数乘以 4,我们得到解 $x=39, y=25, z=20, v=12$.或者我们解 $F=0$ 中的 v^2,得到

$$v^2 = 2S - x^2 - y^2 - z^2$$
$$S^2 = x^2y^2 + x^2z^2 + y^2z^2$$

令 $S = xy + tz$.则

$$z = \frac{2txy}{k}$$
$$s = \frac{xy(x^2 + y^2 + t^2)}{k}$$
$$k = x^2 + y^2 - t^2$$

则 v^2 是一个六次复杂函数,且无人处理过它.称由 $t=\frac{185}{153}$ 中得到的解为结果.对于 $t=\frac{13}{3}, x=5, y=4$,我们得到上面的解 $x=39$,等等.

C. F. Kausler① 处理了问题以找到满足 $N \equiv (x^2 - 1)(y^2 - 1)$ 是整数的所有有理数 x, y.令 $y=\frac{p}{q}$,其中 p 和 q 是互素整数.满足 x^2 的结果函数的分子和分母分别是 $(N-1)q^2 + p^2 = mP^2$ 和 $p^2 - q^2 = mQ^2$.对于 $m=1$,后者给出了

$$p = \frac{(A^2 + B^2)}{d}$$

① Nova Acta Acad. Petrop., 15, ad annos 1799-1802, 1806, 116-145.

$$q=\frac{(A^2-B^2)}{d}$$

其中 A 和 B 互素，当 $d=1$ 时有一个为偶数，当 $d=2$ 时两个都为奇数，若 $P\pm 2AB$ 被 $(A^2-B^2)^2$ 整除，则第一个条件给出了 N 是满足 $d=1$ 的整数. 对于 $m>1$，$p+q=mQ$，m 或 Q^2，后两个结果（只要数字小于 100）只产生了与上面的 N 相同的值. 对于 $p+q=mQ$，则 $p-q=Q$，且舍去 p 和 q 中的公因子 $\frac{Q}{2}$，我们有 $p=m+1$，$q=m-1$，m 是偶数，$N=\frac{m(P^2-4)}{(m-1)^2}$. 则 $P\mp 2=R(m-1)^2$，由此

$$N=mR[(m-1)^2R\pm 4]$$

G. Eisenstein① 考虑了一个系数是变量的二元三次方程. 在 4 个变量中，它的判别式 D 是一个四次幂. 给出了 D 为常数的一个解，我们可利用由行列式单位的线性变换得到的三次方系数的公式来找到无限多个解.

V. A. Lebesgue② 注意到，式

$$a^2t^4+b^2u^4+c^2v^4-2bcu^2v^2-2acv^2t^2-2abt^2u^2=s^2$$

通过

$$t=x(by^2-cz^2)$$
$$u=y(cz^2-ax^2)$$
$$v=z(ax^2-by^2)$$

恒成立，其中 s 是二项式的积，且

$$t=x(cy^2-bz^2)$$
$$u=y(az^2-cx^2)$$
$$v=z(bx^2-ay^2)$$

一些学者③找到了两个数，它们的和等于它们的四次幂的差. 令这些数为 $(n\pm 1)x$. 若 $n=\pm 1$，则 $x=(4n^2+4)^{-\frac{1}{3}}$ 是有理数. 因此令 $n=m+1$. 若 $p=\frac{2}{3}$，$m=\frac{9}{2}$，则 $x=N^{-\frac{1}{3}}$，$N=(pm+2)^3$.

E. Lucas④ 指出两个连续立方的差不会是一个四次幂. Moret-Blanc⑤ 注意

---

① Jour für Math.，27，1844，76.

② Comptes Rendus Paris，59，1864，1069.

③ Math. Quest. Educ. Times，2，1865，77；cf. (2)，4，1903，68-69.

④ Recherches sur l'analyse indéterminée，1873，92；extract in Mathesis，8，1888，21.

⑤ Nouv. Ann. Math. (2)，16，1877，415.

到 $3x^2+3x+1\neq z^4$,因为 $4z^4-1\neq 3t^2$.

D. S. Hart① 找到了满足

$$4x^4+4ax^3+4bx+ab=0$$

的有理数 a,b,x.取 $(2x^2+ax)^2=(ax-b)^2$.我们得到有理数 x 和 a,b 上的一个条件,可解出 a.取 $b=-\frac{m^2}{2}$,因此 a 是有理数.

A. Desboves② 给出了恒等式,这个恒等式产生了 c 取确定值时 $ax^3+by^3=cv^4$ 的无限个解.他③注意到,$aX^4+bY^4\equiv cZ^3$,对于

$$X=x(3ax^4-5by^4)$$
$$Y=y(5ax^4-3by^4)$$
$$Z=ax^4+by^4$$
$$c=81a^2x^8-158abx^4y^4+81b^2y^8$$

并且给出了长公式,当 c 由一个确定的 20 次形式替换时,这个公式生成了 $aX^4+bY^4=cZ^4$ 的解.进一步,当 c 是形式

$$xy(x^3+4y^2),x^8+4y^8$$
$$2xy(x^2-y^2)(x^4+y^4-6x^2y^2)$$

中的一个时,$X^4-Y^4=cZ^4$ 是可解的.

S. Réalis④ 给出了各种四次方程,但它不含有理根,例如

$$x^4-2\alpha^2x^2+4\alpha\beta x+\alpha^4+\beta^2=0,\beta\neq 0,\beta\neq\pm 4\alpha^2$$
$$(x^2+2\alpha x+2\beta^2)^2+2\beta^2x^2=5(\alpha x^3+\beta^2x^2+2\alpha\beta^2x-\beta\gamma^3)$$
$$\beta\not\equiv 0 \pmod 5$$

一些学者⑤求解了 $x^3+y^3=(x-y)^4$.令 $x+y=u,x-y=z$.则

$$4z^4-3uz^2=u^3$$
$$8z^2=u(3+r)$$
$$r^2=16u+9$$

令 $r^2=(8t\pm 3)^2$.因此有两种类型的解.

R. W. D. Christie⑥ 令 $12abc(a+b+c)$ 为一个平方数,但是,不是它所声称

---

① Math. Quest. Educ. Times, 24, 1876, 35-36.

② Nouv. Ann. Math., (2), 18, 1879, 408.

③ Ibid., 440-444.

④ Ibid., (3), 2, 1883, 370; 4, 1885, 376, 427-431; Mathesis, 7, 1887, 96; Jour. de math. spéc., 1888, 90 (and questions 66, 67). Reprinted, C. A. Laisant's Algèbre, 1895, 224-226.

⑤ Zeitschr. Math. Naturw. Unterricht, 20, 1889, 264-265.

⑥ Educ. Times, 49, 1896.

的四次幂. A. Gérardin① 注意到,对于$(a,b,c)=(1,2,6),(3,4,9)$等时,它是一个四次幂.

E. Grigorief② 注意到$11^4=12^3+17^3+20^3$. P. F. Teilhet③ 给出了$x=3,10,17,20,29,36,43,55,62$时$x^4=y_1^3+y_2^3+y_3^3$的情况. 他④注意到

$$7^4=12^3+12^2+23^2=8^3+40^2+17^2=5^3+40^2+26^2$$

$$8^4=14^3+34^2+14^2=12^3+48^2+8^2=\text{三个这样数的和}$$

K. Kommerell⑤ 给出了

$$xyz(x+y-z)=t^2$$

的正整数解. 其中

$$x=\frac{1}{2}T-\frac{1}{2}a(d^2y_1-e^2z_1)$$

$$y=ad^2y_1$$

$$z=ae^2z_1$$

$$t=adey_1z_1U$$

且y_1,z_1不含平方因子,d^2y_1与e^2z_1互素,且$T^2-4y_1z_1U^2=a^2(d^2y_1-e^2z_1)^2$.

A. Hurwitz⑥ 证明了$x^3y+y^3z+z^3x=0$不成立,因为

$$u^7+v^7+w^7=0$$

不成立.

F. L. Griffin 和 G. B. M. Zerr⑦ 确定n个平方和是一个四次幂.

A. Gérardin⑧ 注意到s_4被s_3整除,其中

$$s_n=(9f^4)^n+(9f^3+1)^n-(9f^4+3f)^n$$

对于$f=1$,商是$-4\ 175$. E. Fauquembergue 也注意到

$$5^4+3^4-6^4=59(5^3+3^3-6^3)$$

$$5^4+6^4-7^4=240(5^3+6^3-7^3)$$

A. Cunningham⑨ 以几种方法把数表示成$\frac{(x^6+y^6)}{(x^2+y^2)}$的形式.

---

① Bull. Soc. Philomathique,(10),3,1911,244.

② L'intermédiaire des math.,9,1902,319.

③ Ibid.,10,1903,170-171.

④ Ibid.,11,1904,18.

⑤ Math. Naturw. Mitteilungen,Stuttgart,(2),7,1905,74-78. Cf. Brehm,Euler;also papers 12,22 of Ch. Ⅴ.

⑥ Math. Annalen,65,1908,428-430. Generalization,Hurwitz,Ch. ⅩⅩⅥ.

⑦ Amer. Math. Monthly,17,1910,147-148.

⑧ Sphinx-Oedipe,1906-1907,159-160.

⑨ Mess. Math.,39,1909-1910,97-128;40,1910-1911,1-36.

A. Cunningham① 找到了

$$f(x,y)+f(x',y')=s(\xi,\eta)+s(\xi',\eta')$$

$$f(x,y)=\frac{x^5\mp y^5}{x\mp y}$$

$$s(\xi,\eta)=\frac{\xi^6+\eta^6}{\xi^2+\eta^2}$$

的解的确定形式,也找到了 $s(x,y)=s(x,z)$, $6xy=\square$, $y\neq z$ 的解的形式. 他② 给出了 $\pm N=x_1^4-2y_1^2=x_2^2-2y_2^4$, $N\equiv\pm 1 \pmod 8$ 的可解性的各种准则. 他讨论了 $q_1q_2q_3=\square$,其中 $q_r=x_r^4+y_r^4$. 他③证明了对于每个 $\frac{a}{k}$, $F(x,y)=F(x',y')$ 的无限个整数解的存在性,其中

$$F(x,y)=ax^4+4ax^3y+kx^2y^2+4axy^3+ay^4$$

如果 $\frac{k+10a}{k-6a}$ 是一个有理平方数,那么 $F(x,y)$ 是两个因式的积. 如果 $(2a\mp 2b+c)(12a-2c)$ 的任何一个都有形式 $-\alpha^2-\beta^2$,那么

$$\phi(x,y)\equiv ax^4+bx^3y+cx^2y^2+bxy^3+ay^4=\phi(x',y')$$

通常有整数解. 确定数同时被表示成形式

$$N_1=\frac{x_1^3-y_1^3}{x_1-y_1}$$

$$N_2=\frac{z_2^3+x_2^3}{z_2+x_2}$$

$$N_3=\frac{z_3^3+y_3^3}{z_3+y_3}$$

$$N_4=\frac{x_4^4+y_4^4+z_4^4}{x_4^2+y_4^2+z_4^2}$$

和 $\frac{N'_1}{3}$, $\frac{N'_2}{3}$, $\frac{N'_3}{3}$, $\frac{N'_4}{3}$,其中 $N'_1=\frac{x'^3_1-y'^3_1}{x'_1-y'_1}$,等等. 他④考虑将数表示成两种或四种形式 $\pm(x^4-2y^2)$, $\pm(x^2-2y^4)$. 他⑤利用上面的⑥ $s(\xi,\eta)$ 表明:对于无限个值的集合,四对二元四次函数相等.

他⑦解出了 $N_1+N_2=N_3+N_4$,其中 $N_r=\frac{x_r^5-y_r^5}{x_r-y_r}$.

---

① Math. Quest. Educ. Times,(2),16,1909,75.

② Math. Quest. Educ. Times,(2),16,1909,75.,(2),17,1910,66-67.

③ Ibid.,(2),19,1911,27-28.

④ Ibid.,(2),22,1912,40-41,107-109;23,1913,62-66.

⑤ Ibid.,(2),21,1912,89-90,103-104.

⑥ Math. Quest. Educ. Times,(2),16,1909,75.

⑦ Math. Quest. Educ. Times,(2),26,1914,60.

他[1]给出了求解 $x^3y-xy^3=a$ 的一个方法.

H. B. Mathieu[2] 注意到,每个是平方数的三角数均生成 $x^3+y^2=z^4$ 的解. 因此 $\triangle_{49}=35^2$ 给出了

$$\triangle_{49}^2-\triangle_{48}^2=49^3$$

$$49^3+1\ 176^2=35^4$$

L. Aubry 和 H. Brocard[3] 解出了 $y=4$ 时的 $2x^2y^2+1=x^2+y^2+z^2$. Aubry[4] 给出了

$$y_2^2y_3^2+y_3^2y_1^2+y_1^2y_2^2-y_1y_2y_3y_4=0$$

的含三个参数的解.

Brehm[5] 解出了 $xyz(x+y-z)=t^2$ 的整数解. 令 $tq=xyp$,其中 p 和 q 是互素整数. 则方程给出了 $s(x+y-z)=rp^2x$, $ys=rq^2z$,其中 r 和 s 是互素整数. 因此 x,y,t 以 t 的项来表示.

E. Swift[6] 证明了当 x 与 y 互素时, $x^4-y^4=z^3$ 不成立.

R. D. Carmichael[7] 注意到,如果 x_0,y_0,u_0,v_0 给出了 $x^4+ay^4=u^2+bv^2$ 的一个解,那么我们可导出另一个解(在执行这个操作之后)

$$x=x_0^4-ay_0^4+bv_0^4$$

$$y=2x_0y_0u_0$$

$$u=u_0^4+4x_0^4(ay_0^4-bv_0^2)$$

$$v=4x_0^2u_0^2v_0$$

F. L. Carmichael[8] 得到了解

$$x=u_2^2+bv_2^2-ab^2v_2^2-ab^3v_2^2$$

$$y=2bv_2\{m^2+2mn-(b+ab^2+ab^3)n^2\}$$

$$u=u_1^2-bv_1^2+ay_1^2-abw_1^2$$

$$v=2u_1v_1+2ay_1w_1$$

其中

$$u_1=u_2^2-bv_2^2-ab^2v_2^2-ab^3v_2^2$$

$$v_1=2u_2v_2$$

$$y_1=2b^2v_2^2$$

---

① Math. Quest. Educ. Times,(2),27,1915,74-75.

② L'intermédiaire des math.,19,1912,129.

③ L'intermédiaire des math.,19,1912,157-159,3(for special solutions).

④ Ibid.,20,1913,95.

⑤ Math. Naturw. Mitt.,(2),15,1913,20-21. Cf. Kommerell.

⑥ Amer. Math. Monthly,22,1915,70-71.

⑦ Diophantus Analysis,1915,46-48.

⑧ Amer. Math. Monthly,23,1916,321-329.

$$w_1 = 2bv_2^2$$
$$u_2 = m^2 + (b + ab^2 + ab^3)n^2$$
$$v_2 = 2mn + 2n^2$$

还有两个更简单的解,当$\frac{a}{b}=\square$,$a=0$ 或 $b=0$ 时,同样是解.

L. Bastien 和 L. Aubry[①] 找到了

$$x^2 = (y^2 - w)(z^2 + w)$$

的一般解.

一些学者[②]处理了 $x^4 - y^4 = a^3 + b^3$.

A. Gérardin[③] 讨论了 $x^2 + y^2 + z^2 = kxyz^2$.

A. Cunningham[④] 对已知的 b 和 c 给出了 $a^2 + b^2 = c^4 + 2d^2$.

L. Aubry[⑤] 解出了 $(x^2 - y^2)(x^2 + 2y^2) = x^2 - 2y^2$.

Gérardin[⑥] 解出了 $x^4 + 6x^2y^2 + y^4 = \alpha^4 + 6\alpha^2\beta^2 + \beta^4$. 关于 x, y 的四次方程可参看相关文献[⑦],关于 $pq(mp^2 + nq^2) = rs(mr^2 + ns^2)$ 可参看相关文献[⑧⑨⑩⑪].

13 找到 n 个数,它们的和是一个平方数,它们的平方和是一个四次幂

对于 $n=2$ 的情形参看前文.

---

① L'intermédiaire des math., 23, 1916, 36-38.

② Ibid., 123-124; 24, 1917, 66, 88, 133-134.

③ Ibid., 24, 1917, 32.

④ Ibid., 143-144.

⑤ Ibid., 26, 1919, 150-152.

⑥ Atti Accad. Pent. Nouvi Lincei, 32, 1876-1877, 211-237.

⑦ This method of solving any equation quadratic in x and in y was given by Euler also in Mém. Acad. Sc. St. Petersb., 11, 1830, 59; Comm. Arith., Ⅱ, 467. For applications to rational quadrilaterals, see Kummer, and Schwering of Ch. Ⅴ. Cf. papers 55, 143, 148, 155; also Pepin of Ch. Ⅳ, Güntsche of Ch. Ⅴ. On the relation of elliptic functions to an equation quadratic in x and in y, see G. Frobenius, Jour. für Math., 106, 1890, 125-188.

⑧ Nova Acta Acad. Petrop., 13, ad annos 1795-1796, 1802(1778), 45; Comm. Arith., Ⅱ, 281. To conform with the notations of Euler's first paper, the intrchange of a with p, b with q, c with r, d with s has been made. Also, Opera postuma, 1, 1862, 246-249(about 1777).

⑨ Assoc. franç., 9, 1880, 239-242.

⑩ University of St. Andrews 500th Anniversary Mem. Vol., Edinburgh, 1911, 60-61.

⑪ L'intermédiaire des math., 25, 1918, 27-28.

G. W. Leibniz[①] 考虑了 $n=3$ 的情形.

L. Euler[②] 要求 4 个正整数,它们的和与平方和均是四次幂.他取这些值为 $x=a^2+b^2+c^2-d^2$, $y=2ad$, $z=2bd$, $v=2cd$. 则 $\sum x^2=(\sum a^2)^2$. 令 $a=p^2+q^2+r^2-s^2$, $b=2ps$, $c=2qs$, $d=2rs$, 则 $\sum a^2=(\sum p^2)^2$. 它仍需要使 $\sum x=\square^2$. 取 $p=s-q+\frac{3}{2}r$. 则

$$\sqrt{\sum x}=2q^2-3qr-2qs+\frac{13}{4}r^2+5rs+2s^2$$

当 $q=r+t$,则上式将是 $\frac{3r}{2}-u$ 的平方,如果

$$(t+3s+3u)r=u^2-2t^2+2ts-2s^2$$

成立.对于 $q=r=2$, $s=9$, $p=10$,我们得到 $x=409$, $y=24$, $z=160$, $v=32$, $\sum x=5^4$, $\sum x^2=21^4$. Euler 用 5 个整数给出了问题的更简单的处理方式.

Euler[③](1780 年的第一篇论文)给出了 $n=3,4,5$ 时的问题,且得到了集合 8,49,64;320,400,961;16,48,104,193;32,32,88,137;16,16,32,72,89;64,152,409;17 424,108 864,580 993,最后两个集合也有四次方和.

J. Cunliffe[④] 取 $n=3$ 时 x^2, $2xy$, $2y^2$ 的值,它们的平方和是 $(x^2+2y^2)^2$. 如果 $y=2r+2$, $x=r^2-2$,那么它们的和是 $ry-x$ 的平方.如果 $v=\frac{28}{5}$,那么 $r=v-3$, $x^2+2y^2=(v^2-6v-9)^2$.

Walmond 和 Mason[⑤] 对于四次幂写出了 x^4. 当 $n=3$ 时,分别取 $r=\sqrt{4x-5}$, $2x-1$ 和 x^2-2,如果 $r-3=1$,那么它们的和是 $(x+1)^2$,由此 $x=\frac{21}{4}$. 对于 $n=4$,取 $r=\sqrt{6x-6}$, $x-2$, $x-1$, x^2-1,如果 $r-4=1$, $x=\frac{31}{6}$,那么它们的和为 $(x+1)^2$. 对于 $n=5$,取 $r=\sqrt{4x-12}$, $x+1$, $x-1$, $2x-1$, x^2-3,如果 $r-4=4$, $x=19$,那么它们的和等于 $(x+2)^2$.

---

① MS. in Bibliothek Hannover, about 1676. Cf. D. Mahnke, Bibliotheca Math., (3), 13, 1912-1913, 39. J. Wallis, Opera Math., 3, 1699, 618, quoted a letter from Leibniz to Oldenburg, Oct. 26, 1674, in which this problem is mentioned (Bull. Bibl. Storia Sc. Mat. e Fis., 12, 1879, 519).

② Opera postuma, 1, 1862, 255 (about 1782).

③ Mém. Acad. Sc. St. Pétersbourg, 9, 1819-1820, 3; 10, 1821-1822, 3; 11, 1830, 1; Comm. Arith., Ⅱ, 397, 403, 421.

④ New Series of Math. Repository ed., T. Leybourn, 3, 1814, Ⅰ, 79-80.

⑤ Ladies' Diary, 1827, 36-37, Quest. 1452. Reference was made to * Férussac, Bull. des Sc. Math., Ⅲ, 276.

S. Bills[①] 采用 Aida[②] 的恒等式

$$u_1^2+\cdots+u_n^2=(v_1^2+\cdots+v_n^2)^2$$

$$u_1=v_1^2+\cdots+v_{n-1}^2-v_n^2$$

$$u_i=2v_nv_{i-1}\quad(i=2,\cdots,n)$$

$$v_1^2+\cdots+v_n^2=(x_1^2+\cdots+x_n^2)^2$$

$$v_1=x_1^2+\cdots+x_{n-1}^2-x_n^2$$

$$v_i=2x_nx_{i-1}\quad(i=2,\cdots,n)$$

剩余的条件 $u_1+\cdots+u_n=\square$ 变为 x_n 上的四次幂，这个四次方程等于 $x_n^2+2x_{n-1}x_n+x_1^2+\cdots+x_{n-1}^2$ 的平方. 因此

$$x_n=r-\frac{3}{2}x_{n-1}$$

其中 $r=x_1+\cdots+x_{n-2}$.

A. B. Evans[③] 用到了数 $x,a_1y,\cdots,a_{n-1}y$，并写出了

$$m=a_2+\cdots+a_{n-1}$$

$$v=a_2^2+\cdots+a_{n-1}^2$$

取 $x=a^2-py$. 则 $x^2+(a_1^2+v)y^2=a^4$ 确定有理数 y. 因此

$$a^{-2}(a_1^2+v+p^2)^2[x+(a_1+m)y]=(a_1^2+pa_1+b)^2$$

$$b=pm+v-\frac{1}{2}p^2$$

确定了有理数 a_1.

如果 n 是奇数，D. S. Hart[④] 应用了数 $px^2-ax,px^2+ax,\cdots,Nx^2-Zx,Nx^2+Zx$ 和 Sx^2. 这些平方数之和等于 $\left(\frac{xm}{n}\right)^4$，我们得到 x^2. 推导了 $n=4,\cdots,n=7$ 的例子. 另外，当 $n=3$ 时，这个过程采用了数 $2mp,2rp,m^2+r^2-p^2$. 如果 $m=\frac{(p^2-2rp)}{r}$；那么它们的和是 $m-r+p$ 的平方. 若

$$r^2(m^2+r^2+p^2)=p^4+\cdots=(p^2-2rp+r^2)^2$$

则它们的平方和等于 $(m^2+r^2+p^2)^2$，且是一个四次幂，由此 $p=4r,m=8r$，且要求的数是 $64r^2,8r^2,49r^2$. A. Martin 采用了 $2a_is(i=1,\cdots,n-1),a_1^2+\cdots+$

① Math. Quest. Educ. Times, 18, 1873, 104-105.

② Y. Mikami, Abh. Gesch Math. Wiss., 30, 1912, 247. Based on C. Hitomi's article in Jour. Phys. School of Tokyo, 22, Ⅱ, 1848, 455-457.

③ Math. Quest. Educ. Times, 18, 1873, 104-105., 22, 1875, 69-71.

④ Ibid., 24, 1876, 55-57.

$a_{n-1}^2 - s^2$ 这 n 个数，并写出 $m = a_2 + \cdots + a_{n-1}$，则将有

$$2a_1 s + 2ms + a_1^2 + \cdots + a_{n-1}^2 - s^2 = A^2$$

$$a_1^2 + \cdots + a_{n-1}^2 + s^2 = B^2$$

取 $s = A - B, 2a_1 + 2m - 2s = A + B$. 则前面的方程中的任意一个给出了 a_1.

R. Goormaghtigh[①] 讨论了 $(x + y + z)^2 = x^2 + y^2 + z^2 = M^4$.

14 四次方程的各种系统

Diophantus，V，5 中找到了三个平方数，使任意两个数的积加上同样两个数的和或者加上剩余的那个数均可得到一个平方数(Fermat[②]).

J. Prestet[③] 找到了三个平方数，使任意两个数的积加上一个平方数 a^2 与两个数的和的积或 a^2 与剩余数的积均给出了平方数. 对于 $a=3$，他找到了 25，64，196.

Beha-Eddin[④] 在前面 7 个未解决的剩余问题中得出了结果：

问题 1：$x + y = 10, (x + x^{\frac{1}{2}})(y + y^{\frac{1}{2}})$ 为已给出的；

问题 5：$x + y = 10, \frac{x}{y} + \frac{y}{x} = x$.

Fermat[⑤] 注意到，如果 $x = \frac{13}{22}, y = -\frac{9}{22}$，那么 $x^4 - y^4$ 是一个立方，且 $x - y = 1$，然而令 $x = z + \frac{13}{22}, y = z - \frac{9}{22}$，可找出正解.

L. Euler[⑥] 要求三个数 x, y, z，使得 $k \equiv x^2y^2 + x^2 + y^2, x^2z^2 + x^2 + z^2, y^2z^2 + y^2 + z^2, x^2y^2 + z^2, x^2z^2 + y^2, y^2z^2 + x^2, s \equiv x^2y^2 + x^2z^2 + y^2z^2, s + x^2 + y^2 + z^2$ 均是平方数. 他取 $z^2 = x^2 + y^2 + 1 + 2\sqrt{k}$. 对于 $y = x + 1$，我们有 $k = w^2, z^2 = 4w$，其中 $w = x^2 + x + 1$. 现在，当 $x = \frac{t^2 - 1}{2t + 1}$ 时，$w = \square = (t -$

---

① L'intermédiaire des math.，25，1918，17-18.

② Oeuvres，Ⅲ，242-243. A special case of our main problem since $xy + x + y = (x + 1)(y + 1) - 1$.

③ Elemens des Math.，Paris，1675，331.

④ Essenz der Rechenkunst von Mohammed Beha-eddin ben Alhossain aus Amul，arabisch u. deutsch von G. H. F. Nesselmann，Berlin，1843，55-56. French transl. by A. Marre，Nouv. Ann. Math.，5，1846，313. Cf. A. Genocchi，Annali di Sc. Mat. e Fis.，6，1855，297.

⑤ Oeuvres，Ⅰ，300-301；French transl.，Ⅲ，248-249. Observation on Diophantus，Ⅳ，12.

⑥ Novi Comm. Acad. Petrop.，6，1756，85；Comm. Arith.，Ⅰ，258；Op. Om.，(1)，Ⅱ，426.

$x)^2$,则解是

$$x=\frac{t^2-1}{2t+1}$$

$$y=\frac{t^2+2t}{2t+1}$$

$$z=\frac{2t^2+2t+2}{2t+1}$$

Euler[①] 处理了三个问题:(i)AB 和 AC 是平方数;(ii)BC 是平方数;(iii)B 和 C 是平方数,其中

$$A=x^2+y^2$$

$$B=t^2x^2+u^2y^2$$

$$C=u^2x^2+t^2y^2$$

在这种情况中,x 和 y 互素,t 和 u 互素. 例如[②]问题(i),如果

$$t=xy(p^2-q^2)+2y^2pq$$

$$v=xy(p^2-q^2)-2x^2pq$$

那么 AB 是 $Axy(p^2+q^2)$ 的平方. 如果

$$4p^2q^2x^4-4pq(p^2-q^2)x^3y+(p^4-6p^2q^2+q^4)x^2y^2+$$
$$4pq(p^2-q^2)xy^3+4p^2q^2y^4=Q^2$$

那么能找出一个 C,使得 C 是 A 的因子,所以 $AC=\square$. 取 $Q=2pqx^2-(p^2-q^2)xy-2pqy^2+\alpha y^2$,我们有

$$\alpha(\alpha-4pq)y^2-2\alpha(p^2-q^2)xy+4pq(\alpha-pq)x^2=0$$

对于 $\alpha=4pq$. 我们得到解

$$x=2(p^2-q^2)$$

$$y=3pq$$

$$t=3(p^4+p^2q^2+q^4)$$

$$u=(p^2-q^2)^2$$

对于 $\alpha=pq$,我们得到一个类似的解. 对于 $\alpha=\mp 2p^2$,我们得到

$$x=p(p\pm 2q)$$

---

① Novi Comm. Acad. Petrop.,20,1775(1771),48;Comm. Arith.,Ⅰ,444;Op. Om.,(1),Ⅲ,405.

② F. van Schooten had proposed to find rational sides of a triangle given the base a, altitude b and ratio $m:n$ of the other sides (mz, nz). Thus $b=2mnxy$, $a=(m^2-n^2)(x^2+y^2)$, $z^2=(x^2+y^2)[(m\pm n)^2x^2+(m\mp n)^2y^2]$, falling under problem (i). The simplest solution is $x=3$, $y=5$, $m=28$, $n=17$, $a=33$, $b=28$.

$$t=p(2p\pm q)(p^2\pm 2pq+3q^2)$$

$$y=q(2p\pm q)$$

$$u=q(p\pm 2q)(q^2\pm 2pq+3p^2)$$

对于问题(ii),如果 $x=3,y=5,t=11,u=45$,或者如果

$$x=3n^4+6m^2n^2-m^4$$

$$y=3m^4+6m^2n^2-n^4$$

$$t=mx,u=ny$$

那么 BC 是一个平方数.

对于问题(iii),我们应用含 $m^2+n^2=\square$ 的最后一个解.

Euler① 求得 4 个数,这四个数的初等对称函数是平方数. 对于数 Mab,Mbc,Mcd,Mda,条件简化为

$$abcd=\square$$

$$bd(a^2+c^2)+ac(b+d)^2=\square$$

$$M=\frac{ab+bc+cd+da}{f^2}$$

如果 $\frac{b}{d}=2$ 或 3,那么不可能找到第二个条件,Euler 取 $\frac{b}{d}=\frac{p^2}{q^2}$. 则必须使 $p^2q^2(a^2+c^2)+ac(p^2+q^2)^2$ 为一个平方数,称 $pqa+\frac{cm}{n}$ 亦为一个平方数. 因此,找到了 $\frac{a}{c}$,我们构造了条件 ac,因此 $abcd$ 为一个平方数. 通过试验,Euler 找到了两个解② $a=64,b=9,d=4,c=49$ 或 289,$M=1\ 469$ 或 $4\ 589$;且另一个类型中的一个是 $a=16,b=5,c=5,d=4,f=3,M=21$. 他最后讨论了寻找 b,d 的问题,使得通过选择 a,c 来满足第二个初始条件.

Euler③ 处理了 $x^2+y^2+z^2=\square$,$x^2y^2+x^2z^2+y^2z^2=\square$,若 $x=p^2+q^2-r^2$,$y=2pr$,$z=2qr$,则满足第一个条件. 则第二个条件变为

$$(p^2+q^2)(p^2+q^2-r^2)^2+4p^2q^2r^2=\square \tag{1}$$

令 $n=\frac{p-r}{q}$,消去 r,则变为

$$(p^2+q^2)\{2np+(1-n^2)q\}^2+4p^2(p-nq)^2=\square=R^2$$

令 $R=(1-n^2)q^2+2npq+\alpha p^2$. 则消去 p^2q^2 项,若

① Novi Comm. Acad. Petrop., 17, 1772, 24; Comm. Arith., Ⅰ, 450; Op. Om., (1), Ⅲ, 172.

② Reproduced by A. Gérardin, l'intermédiaire des math., 16, 1909, 105-106.

③ Acta Acad. Petrop., 3, Ⅰ, 1782(1779), 30; Comm. Arith, Ⅱ, 457; Op. Om., (1), Ⅲ, 453.

$$2(1-n)^2\alpha=1+2n^2+n^4$$

成立.从 p^4 和 p^3q 的线性关系中我们得到

$$p:q=8n(1-n^2):(5-10n^2+n^4)$$

J. A. Euler① 处理了他父亲②的问题.用 $4q^2$ 乘以

$$(p^2-1)^2+4p^2\equiv(p^2+1)^2$$

并用 $(p^2+1)^2$ 乘以关于 q 的和上面一样的恒等式,两式相加.因此

$$(q^2-1)^2(p^2+1)^2+4q^2(p^2-1)^2+16p^2q^2$$
$$=(p^2+1)^2(q^2+1)^2$$

因此我们有三个平方,它们的和是一个平方.它们的两个乘积的和是 $4q^2$ 倍的

$$(q^2-1)^2(p^2+1)^4+16p^2q^2(p^2-1)^2$$

这将确定一个平方数.令 $A=(p^2+1)^2$, $B=4p(p^2-1)$.则 $(q^2-1)^2A^2+q^2B^2$ 是一个平方数,称为 $(Aq^2+v)^2$.则 $q^2=\dfrac{A^2-v^2}{d}$,其中 $d\equiv 2A^2-B^2+2Av$,取 $v^2=A^2-B^2$,则 d 是 $A+v$ 的平方.现在

$$A^2-B^2=(p^4-6p^2+1)^2$$

因此

$$q=\frac{B}{A+v}=\frac{4p(p^2-1)}{2p^4-4p^2+2}=\frac{2p}{p^2-1}$$

因此,在乘以 $(p^2-1)^2$ 之后,我们有解

$$x=(6p^2-p^4-1)(p^2+1)$$
$$y=4p(p^2-1)^2$$
$$z=8p^2(p^2-1)$$
$$\sum x^2=(p^2+1)^6$$
$$\sum x^2y^2=16p^2(p^2-1)^2[(p^2-1)^4+16p^4]^2$$

对于 $p=2$,我们得到了 35,72,96.下面,令 $x=am$, $y=bm$, $z=cn$,其中, $a^2+b^2=c^2$, $m=2pq$, $n=p^2-q^2$.则

$$\sum x^2=c^2(p^2+q^2)^2$$
$$\sum x^2y^2=m^2[4a^2b^2p^2q^2+c^4(p^2-q^2)^2]$$

如果 $p=a$, $q=b$,那么后者是 $m(a^4+b^4)$ 的平方.则

① Acta Acad. Petrop., pro anno 1779, Ⅰ, 1782, Mém., pp. 40-48.

② Acta Acad. Petrop., 3, Ⅰ, 1782(1779), 30; Comm. Arith, Ⅱ, 457; Op. Om., (1), Ⅲ, 453.

$$x=2a^2b, y=2ab^2, z=c(a^2-b^2) \quad (a^2+b^2=c^2)$$

是一个解.采用他父亲的概念,并假设 $p^2+q^2=c^2$,则可得到上式.则条件式(1)变为

$$c^2(c^2-r^2)^2+4p^2q^2r^2=\square$$

若 $r=\frac{cp}{q}$,则满足上式,因为左边项变为$\frac{c^2(p^4+q^4)^2}{q^4}$.

找到 4 个整数,使得它们的和是一个四次幂,且将任意两个数的和是一个平方数的问题①化简为找出一个四次幂 n^4,有三种方法可将其表示为两个平方数之和.取 n 为两数或更多素数 $4k+1$ 之积.

J. Cunliffe② 注意到,找出三个正整数,它们的和是一个平方数,且两数之和是四次幂,这个问题显然等价于找出三个四次幂的一半,它们的和是一个平方数,且任意两数之和大于剩余的那个数. $m+n+sv, m+rv, n+v(r+s)$ 的四次幂和的一半是 $A^2+2Bv+\cdots+\alpha^2v^4$,其中

$$A=m^2+mn+n^2$$

$$B=s(m+n)^3+m^3r+n^3(r+s)$$

$$\alpha=r^2+rs+s^2$$

令它等于 $A+\frac{vB}{A}\pm\alpha v^2$ 的平方,便可得到有理数 v.

一些学者③在立方和是四次幂的算术连续立方和中找到了 7 个数,令 $nx-3x, nx-2x, \cdots, nx+3x$ 是这些数,它们的立方 $7n^3x^3+84nx^3$ 的和等于 m^4x^4,我们得到 x.或用 $x, \cdots, 7x$ 表示这 7 个数,它们的立方和是 $784x^3$.

为了找到边,边的和,表面积的和均是有理平方的矩形平方四面体,一些学者④取 x^2, y^3, z^2 为相邻的边,且 $x^2+y^2+z^2=(x+y-z)^2$,由此 $z=\frac{xy}{x+y}$.若 $x^2+xy+y^2=\square=(rx-y)^2$,则

$$S\equiv 2x^2y^2+2x^2z^2+2y^2z^2=\square$$

它给出了$\frac{x}{y}$. C. Wilder 取 $S=4m^2y^2z^2$,(发表 $S=4m^2$)且 $x^2=\frac{myz(2-a^2)}{2a}$.如

---

① New Series of Math. Repository (ed., T. Leybourn), 1, 1806, Ⅰ, 59-61.

② Acta Acad Petrop., pro anno 1779, Ⅰ, 1782, Mém., pp. 40-48., 2, 1809, Ⅰ, 178-179. If we wave the condition that the numbers be positive, we may use the biquadrates $m^4, n^4, (m+n)^4$, half of whose sum is $(m^2+mn+n^2)^2$.

③ The Gentleman's Diary, or Math. Repository, London, No. 76, 1816, 39, Quest. 1043.

④ The Math. Diary, New York, 1, 1825, 125-127.

果

$$\left(\frac{2+a^2}{2a}\right)^2 m^2-1=\square=\left\{b-\left(\frac{2+a^2}{2a}\right)m\right\}^2$$

$$m=\frac{a(b^2+1)}{b(2+a^2)}$$

那么

$$\sum x^2=x^2+\frac{(2m^2-1)y^2z^2}{x^2}=\square$$

从 x^2 的假设展开式中消去 m，我们得到以 x,z,a,b 表示的 y. 它们是任意的.(这个解是错误的，因为它既不满足所提出的两个方程，也不只满足所采用的两个方程的组合.)

为了找到三个正整数，任意两个数的和是一个平方数，三个数的和的 2 倍是一个四次幂. R. Maffett 和 D. Robarts① 取 a^2,b^2,c^2 作为成对儿的和. 则 $a^2+b^2+c^2$ 为一个四次幂. 取 $a=3(p^2+r^2),b=4(p^2-r^2),c=8pr$. 则 $\sum a^2=(5p^2+5r^2)^2$，当 $p=2r$ 时，它等于 $(25r^2)^2$.

为了找到两个整数，它们的和，平方和，立方和均是平方数，且四次幂和是一个立方数，J. Whitley② 采用数 $x=2rs,y=r^2-s^2$，由此 $x^2-xy+y^2=\square$，如果 $r=4s$. 称 X,Y 分别为 x 与 $23=8+15$ 的积和 y 与 $23=8+15$ 的积. 则 $X=23\cdot 8s^2,Y=15\cdot 23s^2$ 满足前三个条件. 且 $X^4+Y^4=23^3ts^8$，其中 $t=23(8^4+15^4)$，如果 $s=t$，那么将是一个立方数. C. Gill 采用 $x=b\sin A,y=b\cos A$ 与和 a^2. 如果 $c=ab(1-\frac{1}{2}\sin A)$，$\cot\frac{1}{2}A=4$，那么

$$x^3+y^3=a^2b^2(1-\sin A\cos A)=c^2$$

由此 $x=\frac{8b}{17},y=\frac{15b}{17}$，由它们的和知 $b=\frac{17a^2}{23}$. 若 $a=23^2\cdot 54\ 721$，则满足第四个条件.

E. Lucas③ 证明了 $2v^2-u^2=w^4,2v^2+u^2=3z^2$ 暗含

$$u^2=v^2=w^2=z^2=1$$

E. Lionnet④ 要求一个数 N 和它的四次幂均是两个连续整数的平方和.

① Ladies' Diary, 1833, 35, Quest. 1542.

② The Lady's and Gentleman's Diary, London, 1854, 52-53, Quest. 1857.

③ Nouv. Ann. Math., (2), 16, 1877, 414.

④ Nouv. Ann. Math., (2), 19, 1880, 472-473. Repeated in Zeitschr. Math. Naturw. Unterricht, 12, 1881, 268.

J. Lissençon 写出了 $N=a^2+(a+1)^2$,由此

$$N^4=A^2+B^2$$
$$A=-4a^4-8a^3+4a+1$$
$$B=-8a^3-12a^2-4a$$

则 $1=A-B$ 给出了 $a(a+1)^2(a-2)=0$. 由 $a=2$ 给出的唯一答案是$N=13$,$13^4=119^2+120^2$.

L. Bastien① 通过消去 x 解出了系统 $y^2+z^2+t^2=2x^2$,$y^4+z^4+t^4=2x^4$,因此 $y^2+z^2-t^2=\pm 2yz$,$y\mp z=\pm t$. 令 $y=z+t$. 在第一个方程中替换 y 的值. 我们得到 $zt=(z+t+x)(z+t-x)$,因此令 $z=ab$,$t=cd$,$z+t+x=ac$,$z+t-x=bd$,$2b-c=hd$,$b-2c=ha$. 解现在是显然的.

A. Gérardin② 给出了 s^4-x,s^4-y,s^4-z 均是平方数或均是立方数的特殊情况,其中 $s=x+y+z$.

L. Aubry③ 证明了系统

$$g^4+9f^3g=\square$$
$$9f^4+3fg^3=\square$$

的不可能性.

Gérardin④ 解出了系统 $x^4+x^2y^2=a^2$,$y^4+x^2y^2=b^2$,$x+y=c^2$.

M. Rignaux⑤ 注意到 $a=\alpha x$,$b=\beta y$,由此系统化简为

$$x^2+y^2=\alpha^2=\beta^2$$
$$x+y=c^2$$

并且它显然可解.

E. Fauquembergue⑥ 讨论了系统 $x^4-hy^4=\square$,$x^4+by^4=\square$.

A. Gérardin⑦ 讨论了系统 $\sum P^4=\sum U^4$,$PQR=UVW$.

A. Cunningham⑧ 通过取任意奇整数 α,任意偶整数 β,且令 $X=\alpha^2+\beta^2$ 解

---

① Sphinx-Oedipe, 8, 1913, 173.

② L'intermédiaire des math., 23, 1916, 150, 169. R. Goormaghtigh and A. Colucci gave solutions, 24, 1917, 134-135.

③ Ibid., 23, 1916, 129-131.

④ Ibid., 122-123.

⑤ Ibid., 24, 1917, 65-66.

⑥ Ibid., 39.

⑦ Ibid., 100-101.

⑧ Math. Quest. and Sol., 4, 1917, 4-5.

出了 $X^4-Z=A^2,X^4+Z=B^2$.

Euler①② 令 $x^2y^2\mp z^2v^2,x^2z^2\mp y^2v^2,y^2z^2\mp x^2v^2$ 均是平方数. Petrus③ 令 $p^2+s^2,t^2+q^2,pstq$ 均是平方数. Woepcke④ 处理了 $\sigma^4+\phi\sigma^2=\sigma_1^4+\phi\sigma_1^2=\square$. Gérardin⑤ 利用其他的四次曲线处理了 $x^4+mx^2y^2+y^4=a^2$.

---

① Opera postuma,1,1862,257-258(about 1782). For sums,insted of differences,see Euler of Ch. ⅩⅥ.

② Mém. présentés acad. sc. St. Pétersbourg:par divers savans,1,1831(1823),29-38.

③ Arithmeticae Rationalis Mengoli Petri,Bononiae,1674,1st Pref. Cf Euler.

④ Annali di Mat. ,4,1861,247-255.

⑤ Sphinx-Oedipe,6,1911,6-7,11-13. Cf. Norrie.

n 次方程

第二十三章

1 二进制形式 $f=c$(常数)的解

J. L. Lagrange① 指出:在寻找

$$A=Bt^n+Ct^{n-1}u+\cdots+Ku^n$$

的整数解的过程中,我们可取与 A 互素的 u_s 进而找到满足 $t=u\theta-Ay$ 的整数 θ 和 y,其中 $A,\cdots,K$ 为给定的整数. 插入值 t,我们可知 $B\theta^n+C\theta^{n-1}+\cdots+K$ 一定可被 A 整除. 如果这样的 θ 存在,那么提出的方程除 A 后可化简为

$$F(u,y)\equiv Pu^n+Qu^{n-1}y+\cdots+Vy^n=1$$

其中 $P,\cdots,V$ 为给定的整数. 设 $\frac{u}{y}=x$,$F(x,1)=z$. 那么 $\frac{1}{y^n}=z$. 当 z 为 0 或者一个最小值时(当 $\frac{\mathrm{d}z}{\mathrm{d}x}=0$ 时),求解 $F=1$ 的问题化简为对 x 的实值 a 的检验. 对于这样的一个 a,Lagrange 对 a 和 2 个收敛级数运用了连分数,并且证明了当 $u=\pm l$,$y=\pm L$ 时,$\frac{u}{y}$ 一定等于这些收敛的 $\frac{l}{L}$ 中的一个. 当 $z=0$ 的一个根可导出无

① Mém. Acad. Berlin,24,année 1768,1770,236;Oeuvres,II,662,675. For $n=2$,Lagrange of Ch. XII.

限个解时，$\frac{\mathrm{d}z}{\mathrm{d}x}=0$ 的一个根只能产生一个有限数.

A. M. Legendre① 模仿了 Lagrange 的这一方法，发展 $F(x,1)=0$ 的每一个连分数实根以及每一个虚根的实数部分，并且形成了它们的各种收敛点 $\frac{p}{q}$. $F(p,q)$ 至少是 u,y 是整数时 $F(u,y)$ 的最小值. 当最小值为 ± 1 时，我们有 $F(u,y)=\pm 1$ 的一个解，从而有初始方程 $A=Bt^n+\cdots$ 的一个解.

H. Poincaré② 指出此问题可简化为一个数 N 通过某种形式的表示问题，这种形式使得系数与 $x^m+Ax^{m-1}y+\cdots$ 一致. 我们首先求解同余式 $\xi^m-A\xi^{m-1}+\cdots\equiv O(\bmod N)$，然后通过 Hermite 的方法判断 m 个变量中的两个分解形式在 m 元的线性变换下是否等价.

当 C_0 和 C_n 为正数，并且已知关于同余式 $\sum C_h x^{n-h}\equiv O(\bmod P)$ 的一个大于 $\frac{P}{2}$ 的解 x_0 时，G. Cornacchia③ 给出了求解

$$\sum_{h=0}^{n} C_h x^{n-h} y^h = P \tag{1}$$

的整数解的方法. 取 y_0 使得 $x_0 y_0\equiv\pm 1(\bmod P)$ 成立. 运用求 P 与 x_0 的最大公约数的过程，设 $x_1,x_2,\cdots,x_m=1$ 为剩余，P 与 y_0 相应的剩余设为 $y_1,\cdots,y_m=1$. 那么如果式(1) 有互素的整数解 a,b 使得 $2ab<P$ 成立，那么此解就是上述数对 x_i,y_{m+1-i} 或是用同样的方法从同余式的其他解中取出的数对中的一个. 这个过程是简单的，将它应用于 $x^2+qy^2=m$，并且同二元二次形式进行比较.

2 $f(x,y)=0$ 的无限解的条件

C. Runge④ 研究了整系数不可约多项式 $f(x,y)$(没有这样的多项式的乘积)，并通过 $f(x,y)=0$ 定义了代数函数 y. 对应于 x 的降幂的 y 的共轭展开系统是指，通过代换单一代数数，由一个单一展开得到的形式. 因此，通过 x 的共轭值以及 x 的分数幂的所有值，所有系数都能被合理的表示. 他证明了：如果 y 的展开的变量构成了不止一个共轭系统，那么通过 y 的有理值可得出，存在有

① Théorie des nombres, 1798, 169-180; ed. 3, 1830, I, 179; German transl., Maser, I, 179.

② Comptes Rendus Paris, 92, 1881, 777. Cf. Poincaré.

③ Giornale di Mat., 46, 1908, 33-90.

④ Jour. für Math., 100, 1887, 425-435.

限个 x 的整数值满足 $f(x,y)=0$. 他还证明了：当 x,y 均为无穷，并且根据这些变量中的一个变量的降幂的展开构成了一个单一的同余展开系统时，$f=0$ 有无数对整数解 x,y. 因此 $f(x,y)=0$ 有无数对整数解 x,y 的必要（但不充分）条件是：(i) 如果 m 的次数为 m，y 的次数为 n，那么 x^m 和 y^n 的系数分别是常数 a，b. (ii) 通过 $f(x,y)=0$ 定义的代数函数 y 变为无穷，因为 x 的阶为 $x^{m/n}$. 如果 $cx^{\rho}y^{\sigma}$ 是 f 的一项，那么 $n\rho+m\sigma\leqslant mn$. (iii) 满足

$$n\rho+m\sigma=mn$$

的项的和一定可以表示为

$$b\prod_{\beta}(y^{\lambda}-d_{\beta}x^{\mu})\quad(\beta=1,2,\cdots,\frac{n}{\lambda})$$

的形式，其中 $\prod(u-d_{\beta})$ 是 u 的不可约的函数的幂.

A. Boutin① 提出了：如果 $x_i,y_i(i=n-1,n-2)$ 是两个整数解集，那么

$$x_n=\alpha x_{n-1}+\beta x_{n-2},y_n=\alpha y_{n-1}+\beta y_{n-2}\tag{1}$$

也是方程的解. 他对满足这一条件的一类方程提出了疑问. E. Maillet② 研究了系数为有理数（或整数）的一个或两个递推序列 $x_{n+p}=(\alpha_1x_{n+p-1}+\cdots+\alpha_px_n)$ 的性质. 并证明了具有无数整数解（通过递推式(1) 的二阶公式给出）的方程 $F(x,y)=0$（其中 F 没有有理因式）是线性二次的

$$Ax^2+Bxy+Cy^2\pm H=0$$

或者

$$(tv'y-t'vx)^p-(vu'x-uv'y)^q(tu'-ut')^{p-q}=0$$

其中 p,q 为互素的整数. 如果我们考虑有理解，那么我们会得到类似的结果.

E. Maillet③ 证明了关于算术不可约方程

$$F(x,y)=\phi_n(x,y)+\phi_{n-1}(x,y)+\cdots+\phi_0=0\tag{2}$$

的一些定理. 其中 ϕ_j 为次数 j 的齐次多项式. (i) 设 $\phi_n(x,y)$ 算术可约；C_1 是 $\phi_n(1,C)=0$（次数为 λ）的一个实单根；$\psi_k(1,C)$ 是 ϕ_n 的一个不可约因式，并且它的次数为 $k(k<n)$，C_1 为它的根，则只有当 $\phi_i(1,C_1)(i=n-1,\cdots,n-k)$ 中的一个不为 0 时，$F=0$ 在渐近线有 C_1 作为角系数的无穷分支上才有无穷解. (ii) 如果此系数是 $\phi_n(1,C)=0$ 的单根，那么在 $F=0$ 的无穷分支上不存在具有无穷整数解的整系数不可约的方程 $F(x,y)=0$，使得渐近线的角系数是不为 0 的有理数. 如果 $F=0$ 的渐近线的实角系数全都是不为 0 的互不相同的有理数，那么 $F=0$ 仅有有限个整数解. 通过扩展 $k=2$ 的情形，他得到了一个复杂的第三定理；对 $F(x,y,z)=0$ 也得到了一个.

---

① L'intermédiaire des math., 1, 1894, 20-21.

② Mém. Acad. Sc. Toulouse, (9), 7, 1895, 182-213.

③ Comptes Rendus Paris, 128, 1899, 1383; Jour. de Math., (5), 6, 1900, 261-277.

A. Thue① 证明了:如果 $U(x,y)$ 是不可约整系数齐次多项式,c 是一个给定的常数,那么当 U 的次数大于 2 时,$U(p,q)=C$ 仅有有限个正整数解 p,q.

A. Thue② 考虑次数分别为 p,q,r 的整系数齐次整函数 $P(x,y)$,$Q(x,y)$,$R(x,y)$,其中 $P(x,y)$ 为不可约的. 如果 $p>q,p>2$,那么 $P=Q$ 没有无穷对整数解 x,y. 如果 $p>q>r,p<q+r$,那么不可能通过无穷对互素的整数 x,y 使 $P+Q+R=0$ 成立.

E. Maillet③ 补全了 Thue④ 的证明中的缺项,并给出了他的定理的一个如下推论. 设 ϕ_i 是次数为 i 的关于 x,y 的齐次多项式. $\phi_0,\cdots,\phi_s$ 的系数并不需要为有理数,设 $\phi_r(r>s)$ 的系数为整数,且包含 x^r 中的一项和 y^r 中的一项. 如果

$$\phi_r(x,y)-\phi_s(x,y)-\phi_{s-1}(x,y)-\cdots-\phi_0=0$$

不可约,那么当 s 大于某个使 $\phi_r=0$ 可约的数时,它有无穷整数解 x,y. 当 ϕ_r 不可约时,这个数在 $r=2r_1$ 时为 r_1-2;在 $r=2r_1+1$ 时为 r_1-1.

Maillet⑤ 对于寻找式(2) 这一类方程的整数解 x,y 的绝对值的上限给出了一个可以实践的方法,在满足关于 ϕ_n 的某些条件下,此方法揭示了式(2) 仅有有限个整数解.

3　曲面 $f(x,y,z)=0$ 上的有理点

D. Hilbert 和 A. Hurwitz⑥ 研究了可以使曲面 $f=0$ 的方格(或方量)为 0、次数为 n 的整系数齐次多项式 $f(x_1,x_2,x_3)$. 从 M. Noether⑦ 的结果来看,无论 $f=0$ 的方格是否为 0,我们都可以通过有理算子决定. 并且如果是这样,那么我们能通过有理算子找到 $n-1$ 个线性独立次数为 $n-2$ 的整系数的三元形式的 ϕ_i,使得对任意参数 λ_i,曲面 $f=0$ 被曲面

$$\lambda_1\phi_1+\cdots+\lambda_{n-1}\phi_{n-1}=0$$

在 $n-2$ 个随参数 λ_i 变化的点所截. 设

$$\Phi_i=\lambda_{i1}\phi_1+\cdots+\lambda_{in-1}\phi_{n-1}\quad(i=1,2,3)$$

其中 λ_{ij} 是任意参数. 通过

---

① Jour. für Math. ,135,1909,303-304. Cf. Maillet.

② Skrifter Videnskaps. Kristiania(Math.),1,1911,No. 3(German).

③ Nouv. Ann. Math. ,(4),16,1916,338-345.

④ Jour. für Math. ,135,1909,303-304. Cf. Maillet.

⑤ Ibid. ,(4),18,1918,281-292.

⑥ Acta Math. ,14,1890-1891,217-224.

⑦ Math. Annalen,23,1884,311-358.

$$y_1 : y_2 : y_3 = \Phi_1 : \Phi_3 : \Phi_3$$

变换 $f=0$. 此结果为 $g(y_1, y_2, y_3)=0$, 其中 g 不可约, 且次数为 $n-2$, $y_i(i=1, 2, 3)$ 的系数为整数. 现在给出参数 λ_{ij} 的整数值, 使得 g 仍然不可约. 因为我们的变换是双有理的, 所以 $f=0$ 上的每一个有理点对应于 $g=0$ 上的一个有理点, 并且反之亦然. 因此初始问题简化为方程 $g=0$ 和方格为 0, 但是次数降低了两个单位. 最后我们得到了一个次数为 1 或 2 的方程. 对于一个线性方程 $l(u_1, u_2, u_3)=0$, 很明显我们能找到 3 个参数为 $\frac{t_1}{t_2}$ 的齐次线性函数 w_i, 使得当 t_1, t_2 取遍所有整数值时, $u_1 : u_2 : u_3 = w_1 : w_2 : w_3$ 给出了 $l=0$ 的所有有理解. 通过运用我们所用的变换的逆, 我们可得到初始的 $f=0$, 以及解 $x_1 : x_2 : x_3 = \rho_1 : \rho_2 : \rho_3$, 其中 ρ_i 为关于 t_1, t_2 的, 且次数为 n. 我们唯一丢失的解(这些解为有限个, 并且可有理地找到)是那些对应于 $f=0$ 的广义有理点. 在这些点上, 我们的变换是双有理的. 接下来, 如果我们得到一个二次方程, 那么它可以被有理地变换为 $a_1u_1^2 + a_2u_2^2 + a_3u_3^2 = 0$, 其中 $a_i(i=1,2,3)$ 没有平方因数, 且两两互素. 如果 $-a_2a_3$, $-a_3a_1$, $-a_1a_2$ 分别是 a_1, a_2, a_3 的二次剩余, 那么上述方程有整数解, 当且仅当 $a_i(i=1,2,3)$ 不全同号(第十三章). 当这些条件被满足时, 此二次曲线有有理点, 并且可被双有理地变换为一条直线; 正如我们之前讨论过的那样.

M. Noether① 更早地证明了一个有理曲线可被双有理地变换为一条直线或二次曲线; 一条次数为 $2n$ 且具有一个 $(2n-1)$ 折叠点的曲线被认为是奇数次的曲线.

H. Poincaré② 证明了上述结果, 即有理系数的任一有理曲线等价于圆锥曲线或一条直线. 如果一条曲线可通过有理系数的双有理变换转换为另一条曲线, 那么这两条曲线被称为等价的. 有理系数方格为 1 的曲线 $f=0$(双桶曲线)等价于阶为 $p(p \geq 3)$ 的曲线, 当且仅当 $f=0$ 有一个有 p 个点的有理群, 例如, 使得坐标为有理数的初等对称函数的 p 个点的集合.

J. von Sz. Nagy③ 证明了有理系数的方格为 2 的任一曲线等价于二次曲线, 并且包含一个 2 个点的无穷大的有理群.

J. von Sz. Nagy④ 引用了一个熟知的事实, 即阶为 n, 方格 $p>1$ 的曲面 C_n^p 除了恒等变换外没有双有理自守, 且不多于 $84(p-1)$. 并推出了我们从一点至多可画出有限个有理点. 非超椭圆曲线和超椭圆曲线的双有理自守均得到了讨

① Math. Annalen, 3, 1871, 170.

② Jour. de Math., (5), 7, 1901, 161-233. For a special case, von Sz. Nagy of Ch. XXI.

③ Math. Naturw. Berichte aus Ungarn, 26, 1908(1913), 186(168-195).

④ Jahresbericht d. Deutschen Math.-Vereinigung, 21, 1912, 183-191.

论. 由一个有理点,我们不能通过曲线的双有理自守得到其他有理点. 这可从一个例子看出.

J. von Sz Nagy① 记 Q_n 为 n 和 $2p-2$ 的最大公约数,并证明了阶为 n,方格为 p 的曲面 C_m^p 包含了无数个由 hQ_n 个点构成的有理群,如果 h 是满足 $hQ_n > p-1$ 的整数;当 $m > p+1$ 时,它等价于 C_m^p,当且仅当它包含 m 个非奇异点构成的有理群. 特别地,如果 m 是 Q_n 的倍数,那么它们等价. 因此,如果 $m = 2p-2$,那么 $p > 2$,且曲面为非超椭圆的.

E. Maillet② 考虑了一个次数 $n > 2$,不可约,具有整系数,并且使得曲面 $f=0$ 是有理的(方格为 0)多项式. 如果至少存在 $n-3$ 个简单有理点,那么对于参数 t 的有理值和 $x=\frac{f_2(t)}{f_1(t)}, y=\frac{f_3(t)}{f_1(t)}$ 有无穷多个简单有理点,其中 f_i 的次数 $n_i \leqslant n$(其中的一个次数为 n),系数为无公因数的整数. 当 f_1 是一个常数,或具有形式 $\alpha(Mt+N)^n$(α, M, N 为整数) 或 $\alpha(Mt^2+Nt+P)^{n/2}$ 时,曲面有无穷多个具有整数坐标的点. 其中 n 为偶数,且 N^2-4MP 为正的非平方数,而 α, M, N, P 为整数. 对于某些方格大于 0 的等式 $f(x,y)=0$ 和有理曲面,还有一些扩展.

对于方格为 1 的三次曲面,见 Levi③ 和 Hurwitz④.

4 由线性函数构造的方程

G. L. Dirchlet⑤ 给出了一个定理:如果方程

$$s^n + as^{n-1} + \cdots + gs + h = 0 \tag{1}$$

的系数为整数,且没有有理因数,并且满足它的根 $\alpha, \beta, \cdots, \omega$ 中至少有一个为实数,我们设

$$\phi(\alpha) = x + \alpha y + \cdots + \alpha^{n-1} z$$

那么不定方程

$$F(x, y, \cdots, z) \equiv \phi(\alpha)\phi(\beta)\cdots\phi(\omega) = 1 \tag{2}$$

有无穷多个整数解. 此定理被他认为是非常简单而重要的. Lagrange 在乘法下重复了这一工作,也考虑了对函数的应用. 如果这样的函数取定一个值,假设拥

① Math. Annalen, 73, 1913, 230-240, 600.

② Comptes Rendus Paris, 168, 1919, 217-220; Jour. Ecole Polyt., (2), 20, 1919, 115-156.

③ Matem. Sborn. (Math. Soc. Moscow), 27, 1909, 211-227.

④ Vierteljarhschriftd. Naturfor. Gesell. Zürich, 62, 1917, 207-229.

⑤ Comptes Rendus Paris, 10, 1840, 285-288; Werke, I, 619-623.

有原点的函数的代数方程没有有理因式,但至少有一个实根.那么此函数对于由 $x,\cdots,z$ 的值构成的无穷集合取相同的值.

G. Libri① 指出强加在式(1)上的条件,即存在一个实根,且没有有理因式是不需要的,只要 $h=\pm 1$ 就足够了.

J. Liouville② 证明了 Libri 定理有误.因为,如果式(1)为 $S^2+1=0$,那么式(2)就是 $(x+y\mathrm{i})(x-y\mathrm{i})=x^2+y^2=1$,且它只有有限个整数解.

Dirichlet③ 指出:假设 $n>2$,如果式(1)仅有虚根,那么此定理仍然为真.此问题即为代数域的单位.

P. Bachmann④ 研究了 $N=1$ 的解,其中 N 是由次数为 n 的方程的根所确定的广义代数数的范数.

H. Poincare⑤ 指出:对于通过任一方程(1),由式(2)定义的 F,寻找整数 β_i 使得 $F(\beta_1,\cdots,\beta_n)$ 等于任一给定整数 N 的问题简化为构造范数 N 的复标准问题.在后者的解中,考虑同余式 $s^n+as^{n-1}+\cdots\equiv 0(\bmod \mu)$,$\mu$ 为 N 的任一因数.

E. Meissel⑥ 研究了扩展至 $\theta^5=1$ 的根的乘积

$$V=(x,y,z,u,v)=\prod(x+\theta y\rho+\theta^2 z\rho^2+\theta^3 u\rho^3+\theta^4 v\rho^4),\rho=\sqrt[5]{A}$$

通过 $V=1$ 的互反解可得 $\frac{1}{V}=(a,b,c,d,e)=1$,其中

$$5a=\frac{\partial V}{\partial x},5Ae=\frac{\partial V}{\partial y},5Ad=\frac{\partial V}{\partial z},5Ac=\frac{\partial V}{\partial u},5Ab=\frac{\partial V}{\partial v}$$

当 $2\leqslant A\leqslant 7$ 时,他给出了伴随互反解的两个原根 $V_1=1,V_2=1$.他指出:两个原根点存在,并可导出解 $V_1^m V_2^n$.他猜想:如果 p 是一个素数,那么次数为 p 的相应的 Pell 方程有 $\frac{1}{2}(p-1)$ 个原根.

A. Thue⑦ 考虑次数为 $n-1$ 的齐次多项式 $F(x_1,\cdots,x_n)$ 满足 $F=0$ 可表示为给定形式

$$P_1P_2\cdots P_{n-1}=Q_1Q_2\cdots Q_{n-1} \tag{3}$$

其中 P_i,Q_i 为 $x_1,\cdots,x_n$ 的整系数线性函数.设

$$a_1P_1=a_2Q_1,a_2P_2=a_3Q_2,\cdots,a_{n-1}P_{n-1}=a_1Q_{n-1} \tag{4}$$

---

① Comptes Rendus Paris,10,1840,311-314,383.

② Ibid.,381-382. Bull. des Sc. Math.,(2),32,I,1908,48-55.

③ Bericht Akad. Wiss. Berlin,1842,95;1846,103-107;Werke,I,638-644.

④ De unitatum complexarum theoria.,Diss.,Berlin,1864.

⑤ Comptes Rendus Paris,92,1881,777-779;Bull. Soc. Math. France,13,1885,162-194.

⑥ Beitrag zur Pell'schen Gleichung höherer Grade,Progr.,Kiel,1891.

⑦ Det Kgl. Norske Videnskabers Selskabs Skrifter,1896,No. 7(German).

其中 $a_i(i=1,\cdots,n-1)$ 为无公因数的整数. 如果式(4)是独立的,那么就给出了 $x_i=k\Delta_i(i=1,\cdots,n)$,其中 Δ_i 为关于 $a_1,\cdots,a_{n-1}$ 的次数为 $n-1$ 的齐次多项式. 最后,我们选择 k 使 $x_i(i=1,\cdots,n)$ 为整数.

如果 $F=0$ 可用式(3)的形式给出,那么 $P_i=0,Q_j=0(i,j=1,\cdots,n-1)$ 的每一个整数解集显然都是 $F=0$ 的解. 反之,如果 $P_i=Q_j=0$ 的某些整数解满足 $F=0$,那么 $F=0$ 可用式(3)的形式给出. 事实上,如果 $x_1,\cdots,x_n$ 的线性函数的乘积 $U=P_1\cdots P_n,V=Q_1\cdots Q_q$ 的次数为 m 的多项式 $F(x_1,\cdots,x_n)$ 总能同时消失,使得不是所有值都满足任意两项为 0 就可使第三项为 0,那么 $F\equiv AU+BV$,其中 A 和 B 是关于 $x_1,\cdots,x_n$ 的多项式.

A. Palmström[1] 扩展了之前的方法,把它应用于方程

$$\begin{vmatrix} P_{11} & P_{12} & \cdots & P_{1,n-1} \\ P_{21} & P_{22} & \cdots & P_{2,n-1} \\ \cdots & \cdots & \cdots & \cdots \\ P_{n-1,1} & P_{n-1,2} & \cdots & P_{n-1,n-1} \end{vmatrix}=0 \tag{5}$$

其中元素 $P_{ij}(i,j=1,\cdots,n-1)$ 是 $x_1,\cdots,x_n$ 的线性齐次函数. 对于满足式(5)的所有整数 x 的集合,存在 $n-1$ 个互素的整数 $a_1,\cdots,a_{n-1}$ 满足

$$a_1P_{i1}+a_2P_{i2}+\cdots+a_{n-1}P_{i,n-1}=0\quad(i=1,\cdots,n-1) \tag{6}$$

且反之亦然. 从而可知 $\frac{x_i}{x_n}=\frac{\Delta_i}{\Delta_n}$,以至于我们可设 $x_j=k\Delta_j(j=1,\cdots,n)$,并选择 k 使得所有的 $x_i(i=1,\cdots,n)$ 为整数. 这里,$a_i(i=1,\cdots,n-1)$ 可取使 $\Delta_1,\cdots,\Delta_n$ 不全为 0 的任意值. 当 $\Delta_i(i=1,\cdots,n)$ 全为 0 时,只有方程(6)中的 p 是独立的,我们可将 $x_i(i=1,\cdots,n)$ 中的任意 $n-p-1$ 个赋值,并通过 p 个线性方程确定其余的 x_i 的值. 他[2]给出了一个详细的例子.

G. Métrod[3] 发现了可以将一个给定的数分解为 n 个因数之积(包括 1)的方法数.

5　n 个连续整数的乘积 P_n 不是方幂

Chr. Goldbach[4] 认为 P_3 不是平方数,因为当 $m=1$ 或 2 时,它的根是 m 的

---

① Skrifter Udgivne af Videnskabsselskabet, Christiania, 1900(1899), Math.-Naturw. Kl., No. 7(German).

② Ibid., L'intermédiaire des math., 5, 1898, 81-83.

③ L'intermédiaire des math., 26, 1919, 153-154. Cf. Minetola of Ch. Ⅲ, and Cesàro of Ch. Ⅸ; also Index to Vol. Ⅰ(under "Number," including $n=x^ay^b$).

④ Corresp. Math. Phys. (ed., Fuss), 2, 1843, 10, letter to D. Bernoulli, July 23, 1724.

倍数，并且是$(m+1)(m+2)$的因数.

J. Liouville① 利用Bertrand的假设（第1卷，第十八章）证明了：如果$m,\cdots,m+n-1$中至少有一个为素数或$n>m-5$，那么$m(m+1)\cdots(m+n-1)$不是平方数或更高次幂. 后一结论同样被E. Mathieu② 所证明，他对$m\leqslant 100$时的任意n验证了此定理. 特别地，$m!$不是方幂，此事实由W. E. Heal③ 用同样的方法证明了.

Mlle. A. D. ④证明了P_3不是方幂.

通过设$(m+1)(m+4)=2p$，因为$(m+2)(m+3)=2(p+1)$，而$p(p+1)\neq\square$，G. C. Gerono⑤ 证明了$P_4\neq\square$. “P. A. G. ”⑥ 利用

$$m(m+1)(m+2)(m+3)+1=\{m(m+3)+1\}^2$$

给出了一个证明.

Gerono⑦ 证明了P_5，P_6或P_7均不是平方数.

V. A. Lebesgue⑧ 证明了P_5既不是平方数，也不是立方数.

A. Guibert⑨ 证明了：如果$8\leqslant n\leqslant 17$，那么$P_n\neq\square$. 而P_6，P_9或等差数列中任意3个整数的乘积均不是立方数.

A. B. Evans⑩ 和 G. W. Hill⑪ 证明了$P_6\neq\square$.

D. André⑫ 证明了：如果$n>1$，那么$P_n\neq y^n$或$y^n\pm 1$.

A. B. Evans⑬ 证明了P_5，P_6或P_7均不是平方数.

H. Bourget⑭ 证明了$P_5\neq\square$.

R. Bricard⑮ 通过Pell方程证明了$P_8\neq\square$.

通过对4个数中有一个可被3整除，和4个数中有2个（必然为第1个和第4个）可被3整除这两种情况的研究，以及对第2种情况中4个数模9的剩余的

---

① Jour. de Math. ,(2),2,1857,277. Cf. Moreau.

② Nouv. Ann. Matb. ,17,1858,235-236.

③ Math. Magazine,1,1882-1884,208-209.

④ Nouv. Ann. Math. ,16,1857,288-290. Proposed by Faure,p. 183.

⑤ Nouv. Ann. Math. ,16,1857,393-394.

⑥ Ibid. ,17,1858,98.

⑦ Ibid. ,19,1860,38-42.

⑧ Ibid. ,112-115,135-136.

⑨ Ibid. ,213[400];(2),1,1862,102-109.

⑩ The Lady's and Gentleman's Diary,London,1870,88-89,Quest. 2106.

⑪ The Analyst,Des Moines,Iowa,1,1874,28-29.

⑫ Nouv. Ann. Math. ,(2),10,1871,207-208.

⑬ Math. Quest. Educ. Times,27,1877,30;44,1886,65-69.

⑭ Jour. de math. élém. ,1881,66.

⑮ L'intermédiaire des math. ,17,1910,139-140.

检验,L. Aury[①] 证明了 P_4 不是立方数.

T. Hayashi[②] 证明 P_2 或 P_4 不是平方数或立方数,并且 $P_3 \neq x^n, n \geqslant 2$. 还证明了 $y(y+1)(2y+1) \neq x^n, n \geqslant 2$.

S. Narumi[③] 证明了:如果 $n \leqslant 202$,那么 $x(x+1)\cdots(x+n) = \square \neq 0$ 是不可能的.

T. Hayashi[④] 证明了 $P_5 \neq \square$.

6　连续整数之积的进一步性质

J. Liouville[⑤] 证明了:如果 p 是大于 5 的素数,那么

$$(p-1)! \ +1 \neq p^m, \left\{\left(\frac{p-1}{2}\right)! \ \right\}^2 +1 \neq p^m$$

Berton[⑥] 验证了 $P \equiv a(a+h)(a+2h)(a+3h) \neq p^4$,因为

$$P = (a^2+3ah+h^2)^2 - h^4, p^4 + h^4 \neq \square$$

所以边长在等差数列中的内接四边形的面积$\sqrt{P}$ 不是平方数.

C. Moreau[⑦] 重复了 Liouville[⑧] 中的第 1 个注解.

H. Brocard[⑨] 寻找可使 $1+x!$ 为素数的 x 值. 他[⑩]认为解只有 4,5,7.

E. Lucas[⑪] 指出:前 n 个素数之积 P 不具有形式 $a^p + b^p$,其中 a 和 b 为正整数,且 $p>1, p>2$.

E. Lionnet[⑫] 指出:连续奇数的积 $1 \cdot 3 \cdot 5 \cdots$ 是平方数或更高次幂. Moret-Blanc[⑬] 通过 Bertrand 的假设证明了这一结论.

---

① Sphinx-Oedipe,8,1913,136.

② Nouv. Ann. Math. ,(4),16,1916,155-158.

③ Tôhoku Math. Jour. ,11,1917,128-142.

④ Nouv. Ann. Math. ,(4),18,1918,18-21.

⑤ Jour. de Math. ,(2),1,1856,351.

⑥ Nouv. Ann. Math. ,18,1859,191.

⑦ Nouv. Ann,Math. ,(2),11,1872,172.

⑧ Jour. de Math. ,(2),2,1857,277. Cf. Moreau.

⑨ Nouv. Corresp. Math. ,2,1876,287;Nouv. Ann. Math. ,(3),4,1885,391.

⑩ Mathesis,7,1887,280.

⑪ Nouv. Corresp. Math. ,4,1878,123;Théorie des nombres,1891,351,Ex. 4. Proof by P. Bachmann,Niedere Zahlentheorie,I,1902,44-46.

⑫ Nouv. Ann. Math. ,(2),20,1881,515.

⑬ Ibid. ,(3),1,1882,362. Invalid objection by G. C. Gerono,p. 520.

Moret-Blanc① 解出了 $y(y+1)(y+2)=x(x+1)$,这一方程由 Lionnet 提出. 对此方程乘 4 加 1 后,我们得到 $4y^3+12y^2+8y+1=\square$,即 $(my-1)^2$. 关于 y 的二次判别式是有理的. 因此 $m=2n$, $n^4-6n^2-4n+1=\square$,当 $n=3$ 时成立. 所以解为 $1\cdot 2\cdot 3=2\cdot 3$, $5\cdot 6\cdot 7=14\cdot 15$. G. C. Gerono 指出:由于 $2x+1=2ny-1$,初始方程变为 $y^2-(n^2-3)y+n+2=0$,并证明了当 $n=3$ 时的情况.

E. Lionnet 提出了这样一个问题:寻找 N,使得 N 和 $\frac{N}{2}$ 均为 2 个连续整数的乘积,$\frac{N}{2}$ 的较小的一个因数为 2 个连续整数的乘积 $x(x+1)$. Moret-Blanc② 解决了这一问题. 因此

$$2(x^2+x)(x^2+x+1)=y^2+y, 8x^4+16x^3+16x^2+8x+1=(2y+1)^2$$

Euler 由 $x=1$ 推导新解的过程只是将我们引向了 $x=0$ 或分数值.

E. Lemoine③ 提出了这样一个问题:3 个连续数(除了 2,3,4 之外)的乘积是否具有形式 px^3,其中 p 是素数? H. Brocard 指出:取 $y=p$ 时,此问题可简化为 $y^3-y=px^3$,并可推出 $x=2$, $y=3$. 他的几条回复立即可表明 2,3,4 是仅有的解.

E. B. Escott④ 证明了 $x(x+4)(x+6)\neq\square$.

G. de Rocquigny⑤ 提出了解

$$x(x+1)\cdots(x+5)=y(y+1)(y+2)$$

除显然的解 $x=0,-1,\cdots,-5$ 以外,E. B. Escott⑥ 给出了解 $x=1$ 或 -6, $y=8$. P. F. Teilhet⑦ 通过将左边的数变为 $(z-4)z(z+2)$(因为 $z=(x+1)(x+4)$),证明了除上述的那些解之外再没有其他解.

P. F. Teilhet⑧ 指出:如果 m 是一个素数,那么 $n(n+1)(n+2)=mA^2$ 是不可能的. 并且对于 $m=3$ 和几个其他的素数给出了证明.

A. Gérardin⑨ 指出:如果 $1+x!=y^2$ 有除 $x=4,5,6$; $y=5,11,71$ 以外的解,那么 y 至少有 20 位数.

---

① Nouv. Ann. Math.,(2),20,1881,431-432. Same, Zeitschr. Math. Naturw. Unterricht, 13, 1882, 451.

② Nouv. Ann. Math.,(2),20,1881,375.

③ L'intermédiaire des math.,2,1895,15.

④ Ibid.,7,1900,211-213.

⑤ Ibid.,9,1902,203.

⑥ Ibid.,10,1903,132.

⑦ Ibid.,12,1905,116-118.

⑧ L'intermédiaire des math.,11,1904,68,182-184.

⑨ Nouv. Ann. Math.,(4),6,1906,223.

7 n 次幂的和，一个 n 次方幂

Euler 认为没有 4 个五次幂的和为 1 个五次幂.

E. Collin① 指出：如果 $N=1+n+n^2+\cdots+n^{k-1}$ 可被一个素数 p 整除，那么 $p\equiv 1(\bmod k)$，因为 $n^k=(n-1)N+1$. 因此，设这个 N 为素数. 那么，若 A 是任意不被 N 整除的整数，则 A^q 模 N 与 n 的幂同余，其中 $q=\frac{N-1}{k}$，因为 A^q 是 $x^k\equiv 1(\bmod N)$ 的解，并且它的根是 n 的幂. 所以，如果 $a_1^q+\cdots+a_n^q=A^q$，而 $a_1,\cdots,a_n$ 不能被素数 N 整除，那么两个 a_i^q 的差可被 N 整除. 例如，如果 $n=2,k=3$，那么 $N=7,q=2$. 因为如果 2 个平方数（每一个都与 7 互素）的和是平方数，那么它们的差可被 7 整除. 又设 $N=1+5+5^2=31$，那么 $q=10$，并且如果 5 个 10 次幂（不能被 31 整除）的和是 1 个 10 次幂，那么 2 个方幂的差可被 31 整除. 他验证了除 $k=2$，或 $k=3,n=2$ 以外的所有 $q>n$ 时的情况. 猜想每一个都是 e 次幂的 n 个数的和不是 e 次幂，如果 $n<e$.

F. Paulett② 声明：如果 $n>2$，那么没有 n 次幂是 n 次幂的和.

O. Schier③ 在讨论 $x^n+y^n+z^n=u^n$ 时犯了错. 首先，设 n 是奇素数，那么 $x+y+z=u+nd$. 从给定的方程中减去 n 次幂，新得到的左边的数有因数 $y+z$，而它可被新得到的右边的数的因数 n 整除. 这承认了对于一个大于 3 的素数，所给定的方程是不可能成立的，进而对任意大于 3 的 n 亦不成立. 仅当 $n=3$ 和 $n=2$ 时，可找到解集.

A. Martin④ 通过试探性的方法给出了

$$4^5+5^5+6^5+7^5+9^5+11^5=12^5$$

$$5^5+10^5+11^5+16^5+19^5+29^5=30^5$$

$$\sum_{k=1}^{100}k^3-1^3-6^3-11^3-21^3-43^3=294^3$$

$$1^3+3^3+4^3+5^3+8^3=9^3$$

$$\sum_{k=1}^{100}k^4-1^4-2^4-3^4-4^4-8^4-10^4-14^4-24^4-42^4-72^4=212^4$$

Barbette 指出：第 1 个结果与小于或等于 12^5 的五次幂有关.

① Mém. Acad. Sc. St. Pétersbourg, 8, années 1817 et 1818, 1822, 242-246.

② Comptes Rendus Paris, 12, 1841, 120, 211.

③ Sitzungsber. Akad. Wiss. Wien(Math.), 82, II, 1881, 883-892.

④ Bull. Phil. Soc. Wash., 10, 1887, 107; in Smithsonian. Miscel. Coll., 33, 1888.

Martin[①] 试探性地将 $1^n+2^n+\cdots+x^n-b^n$ 表示为小于或等于 x^n 的互不相同的 n 次幂的和. 对于 $n=5,x=11,b=12$,我们给出他[②]的第 1 个结果.

Martin 和 G. B. Zerr[③] 将刚才引用的公式中的 $4,5,\cdots,12$ 乘以 42^4,并得到了 6 个数,它们的和是一个五次幂 42^5,并且五次幂的和是一个五次幂.

Martin[④] 将他的[⑤]第 1 个公式乘以 2^5,并用 12^5 的值代替新的第 3 项 12^5,从而得到了一个对于 24^5 的公式. 对于 50^5 有一个更长的类似的公式. 并且还有

$$1^6+2^6+4^6+5^6+6^6+7^6+9^6+12^6+$$
$$13^6+15^6+16^6+18^6+20^6+21^6+22^6+23^6=28^6$$

Martin[⑥] 发现了和为五次幂的所有五次幂的集合.

G. de Rocquigny[⑦] 提出了 $(x-r)^m+x^m+(x+r)^m=y^m$ 的解. H. Brocard[⑧] 给出了 $x=4,r=1,y=6(m=3)$,而 E. B. Escott[⑨] 给出了 $x=1,r=2,y=3$,当 m 为任意奇数时. 参见 Gelin[⑩] 和 Escott[⑪],以及 Bottari[⑫].

A. Martin[⑬] 找到了和为六次幂的六次幂,通过将 p^6-q^6 表示为不等于 q^6 的互不相同的六次幂的和的方法,或是将 $S-b^6$ 表示为小于或等于 n^6 的六次幂的和的方法,其中 $S=1^6+\cdots+n^6$. 这 2 种方法的每一种都使他找到了他的[⑭]例子以及

$$1,1,2,5,9,11,12,13,15,18,21,22,23,24$$

的六次幂的和是 29^6(错误的) 和

$$1,2,2,4,5,6,8,9,10,12,14,15,18,19,27,33,49$$

的六次幂的和是 50^6(每一个都带有重复的项). 通过结合上述的结论,他找到了由 29,31(7 个),32,46,47 构成的 11 个新集合. 当 $n\leqslant 228$ 时,他将 n^6 和

---

① Math. Quest. Educ. Times, 50, 1889, 74-5.

② Bull. Phil. Soc. Wash., 10, 1887, 107; in Smithsonian. Miscel. Coll., 33, 1888.

③ Math. Quest. Educ. Times, 55, 1891, 118.

④ Quar. Jour. Math. 26, 1893, 225-7.

⑤ Bull. Phil. Soc. Wash., 10, 1887, 107; in Smithsonian. Miscel. Coll., 33, 1888.

⑥ Math. Papers Internat. Congress of 1893 at Chicago, 1896, 168-174. Republished, Math. Mag., 2, 1898, 201-208, with the following corrections: In Ex. 18, p. 173, insert 16^5; on p. 169, fourth line up, delete one 3^5; on p. 174, delete the final equation. In Part Ⅲ (combining earlier sets) he added a new set on n fifth powers for $n=17,21,24,26,28,36,42,48,52,63,67,72$ and three sets for $n=33$.

⑦ L'intermédiaire des math., 9, 1902, 203.

⑧ Ibid., 10, 1903, 131-133.

⑨ Math. Mag., 2, 1904, 265-271.

⑩ Nouv. correp. Math., 388-390(extract from Les Mondes, July 14, 1877).

⑪ L'intermédiaire des math., 5, 1898, 254-256; 7, 1900, 141.

⑫ Ibid., 34, 1903, 258.

⑬ Math. Mag., 2, 1904, 265-271.

⑭ Quar. Jour. Math., 26, 1893, 225-227.

$1^6+\cdots+n^6$ 的值列成了数表.

C. Bianca① 指出:$s=a_1^p+\cdots+a_{n+1}^p$ 是 p 次幂,如果

$$a_1:a_2:\cdots:a_{n+1}=b^n:b^{n-1}c:b^{n-2}cd:b^{n-3}cd^2:\cdots:bcd^{n-2}:cd^{n-1}$$

其中 $b^p+c^p=d^p$. 因为,如果 $a_1=kb^n,\cdots$,那么有 $s=(kd^n)^p$.

A. Martin② 宣布了 n 次幂的和等于 n 次幂.

* N. Agronomof③ 证明了 $x_1^{2m+1}+\cdots+x_k^{2m+1}=0$ 有整数解,如果 $k=4^n+1$ 且 $n\geqslant m$. 他证明了恒等式

$$\sum\nolimits_1-\sum\nolimits_2+\cdots+(-1)^{2m+1}\sum\nolimits_{2m+2}=0$$

其中 $\sum_j(j=1,\cdots,2m+2)$ 记为在 $2m+2$ 个参数中一次取 j 个的所有和的 $(2m+1)$ 次幂的和. A. Filippov④ 用法语对这篇论文给出了解释,并给出了 $m=2$ 时的一些细节.

8 n 次幂的两个相等的和

A. Desboves⑤ 指出:$u^5+v^5=s^5+w^5$ 有复数解

$$u,v=2xy\pm(x^2-2y^2)$$

$$s,w=2xy\pm(x^2+2y^2)\sqrt{-1}$$

J. W. Nicholson⑥ 重提了结论:如果 $s=a_1+\cdots+a_m$,那么

$$s^n=\sum(s-a_1)^n-\sum(s-a_1-a_2)^n+\cdots-$$

$$(-1)^m\sum(a_1+a_2)^n+(-1)^m\sum a_1^n$$

因此当 $n=2$ 或 1 时(Euler⑦)有

$$11^n=9^n+8^n+5^n-6^n-3^n-2^n$$

等等.

几位学者⑧确定了符号,使得

---

① Il Pitagora, Palermo, 13, 1906-1907, 65-66.

② Proc. Fifth Intern. Congress of Math., 1912, I, 431-437.

③ Izv. Fis. Mat. Obs. Kazan (Bull. Soc. Phys. Math. Kasan), 1914, 1915.

④ Tôhoku Math. Jour., 15, 1919, 135-140.

⑤ Assoc. franç., 9, 1880, 242-244.

⑥ Amer. Math. Monthly, 9, 1902, 187, 211.

⑦ Corresp. Math. Phys. (ed., Fuss), 549, letter to Goldbach, Sept. 4, 1751. Special case by Nicholson of Ch. XXIII.

⑧ Math. Quest. Educat. Times, (2), 13, 1908, 110-111.

$$1^n \pm 2^n \pm 3^n \pm \cdots \pm (2^{n+1})^n = 1^n \pm 3^n \pm 5^n \pm \cdots \pm (2^{n+2}-1)^n$$

A. de Farkas① 证明了可以找到 2 个不同的集合 x_i 和 y_i 使得对任意 a 和 q 有

$$(x_1+a)^n+(x_2+aq)^n+(x_3+aq^2)^n+\cdots=(y_1+a)^n+(y_2+aq)^n+\cdots$$

N. de Farkas② 证明了方程

$$x_1^\rho+\cdots+x_h^\rho=y_1^\rho+\cdots+y_g^\rho, h\geqslant 2^{\rho-3}, g\geqslant 2^{\rho-3}, \rho>4$$

的整数解的存在性. 但是,正如 Filippov③ 显示的那样,当 $\rho=5, h=g=4$ 时,此方法只能得出平凡解 $x_1=-x_3, x_2=-x_4, y_1=-y_3, y_2=-y_4$.

C. B. Haldeman④ 给出了 $s_3=s_4$ 和 $s_8=s_n$ 的有理解,其中 s_n 记为 n 个五次幂的和.

关于 $x^n+v^n=y^n+u^n$,可参见 Steggall⑤.

9 关于与幂类似的和的各种各样的结果

J. Hill⑥ 指出 $\frac{x^2}{2}, \frac{2x^2}{3}, \frac{5x^2}{6}$ 的立方和是一个六次幂 x^6. 参见 Emerson⑦.

L. Euler⑧ 指出没有 3 个 4 次式的和可被 5 和 29 同时整除,但被其中之一例外. 参见 Gegenbauer⑨.

R. Elliott⑩ 指出:如果 $F=\frac{1}{3}(2n^2+2n-1)=\square$,并且取 $n=x+1$,那么 $1^5+\cdots+n^5=\square$. 则 $9F=6x^2+18x+9=\square=(ax-3)^2$ 确定 x. 这个匿名的提出者对于 n 解出了 $F=\alpha^2$;此根式一定是有理数 $3c$. 取 $\alpha=p+q, c=p-q$,则 $p^2-10pq+q^2=1$,因为 $24q^2+1=\square$,它的解是人们熟知的.

G. Libri⑪ 将 $x_1^a+\cdots+x_k^a+1\equiv 0 \pmod p$ 的解集的个数表示为一个三角

① L'intermédiaire des math., 20, 1913, 79-80.

② Tôhoku Math. Jour., 10, 1916, 211.

③ Tôhoku Math. Jour., 15, 1919, 135-140.

④ Amer. Math. Monthly, 25, 1918, 399-402.

⑤ Proc. Edinburgh Math. Soc., 34, 1915-1916, 15-17.

⑥ Ladies' Diary, 1737, Quest. 192; Leybourn's Math. Quest. L. D., 1, 1817, 254-255. Cf. Math. Quest. Educ. Times, 66, 1897, 120.

⑦ A Treatise of Algebra, London, 1764, 1808, 382-384.

⑧ Opera postuma, I, 1862, 186 (between 1775 and 1779).

⑨ Sitzungsber. Akad. Wiss. Wien (Math.), 95, II, 1887, 842.

⑩ Ladies' Diary, 1796, 40-41, Quest. 992; Leybourn's M. Quest. L. D., 3, 1317, 296-297.

⑪ Mém. divers savants acad. sc. de l'Institut de France (math.), 5, 1838, 61-63.

和,其中 p 是形如 $an+1$ 的素数(Libri[①]).

V. Bouniakowsky[②] 通过设 $a=10\lambda^2$,由 $\int\{(x+a)^2-(x-a)^4\}dx$ 得到了恒等式

$$(10\lambda^2+x)^5+(10\lambda^2-x)^5+8(10\lambda^2)^5=(10^3\lambda^5+10\lambda x^2)^2$$

E. Lucas[③] 指出:前 n 个(奇)整数的立方的和永远不会是一个三次幂,五次幂或八次幂(三、四或五次幂).三个连续整数的三次幂的和永远不会是二次幂,三次幂或五次幂,除了 $1^3+2^3+3^3=6^2$,$3^3+4^3+5^3=6^3$(由 Aubry[④] 更正).前 n 个四次式的和永远不会是二次幂,三次幂或五次幂.前 n 个五次幂的和永远不会是三次幂,四次幂或五次幂.

E. Lucas[⑤] 提出问题:n 取何值时,前 n 个奇数的五次幂的和是平方数?此问题可简化为

$$x^4-5x^2y^2+7y^4=3z^2$$

此方程的完全解由 L. Auby[⑥] 给出.

Lucas[⑦] 提出问题:n 取何值时,$1,\cdots,n$ 的五次幂或七次幂的和是平方数. H. Brocard[⑧] 指出五次幂的和是 $\frac{1}{4}n^2(n+1)^2t$,其中 $t=\frac{2n^2+2n-1}{3}$. 为使 $t=y^2$,我们有

$$(2n+1)^2=6y^2+3$$

由于 $y=10m\pm1$,上式最终一定以 9 作为最后一位数.他给出了一组特解 $y=n=1$;$y=11$,$n=13$. 参见 Moret-Blanc[⑨],Fortey[⑩].

H. Brocarrd[⑪] 指出:当 $n=1,5,29,169,985,\cdots$ 时,前 n 个奇数的立方和

---

① Mémorie sur la théorie des nombres, Mém. divers Savants Acad. Sc. del'Institut de France(Math. Phys.), 5, 1838(presented 1825), 1-75.

② Bull. Acad. Sc. St. Pétersbourg(Phys.-Math.), 11, 1853, 65-74. Extract in Sphinx-Oedipe, 5, 1910, 14-16.

③ Recherches sur l'analyse indéterminée, Moulins, 1873, 91-92. Extract from Bull. Soc. d'Emulation du Département de l'Allier, 12, 1873, 531-532.

④ Sphinx-Oedipe, 8, 1913, 28-29. Cf. Lucas of Ch. XXIII.

⑤ Nouv. Corresp. Math., 2, 1876, 95.

⑥ L'intermédiaire des math., 18, 1911, 60-62. Cf. 16, 1909, 283.

⑦ Nouv. Corresp. Math., 3, 1877, 119-120. Cf. 4, 1878, 167.

⑧ Nouv. Corresp. Math., 3, 1877, 119-120. Cf. 4, 1878, 167.

⑨ Nouv. Ann. Math., (2), 20, 1881, 212.

⑩ Math. Quest. Educ. Times, 48, 1888, 30-31.

⑪ Nouv. Corresp. Math., 3, 1877, 166-167.

$n^2(2n^2-1)$ 是平方数. 至于 Lucas① 的定理:前 n 个奇数的平方和不是平方数、立方数或五次幂. 他指出这是显然的,因为 $s=\frac{(2n-1)(2n)(2n+1)}{6}$. Lucas 指出此证明还需要得到进一步发展;如果 p 是一个连续数的乘积,那么若 3 个数中的第 1 个数是奇数,且除 $\frac{2\cdot 3\cdot 4}{6}=2^2$, $\frac{48\cdot 49\cdot 50}{6}=140^2$ 以外是偶数,则 $\frac{p}{6}$ 不是平方数.

Abbé Gelin② 证明了 $(x-1)^{2n}+x^{2n}+(x+1)^{2n}=y^{2n}$ 是不可能的,以及 9 或 12 个连续整数的偶次幂的和不是方幂(Lucas 给出了 9). 此证明利用了 $\sum(N)$ 的多种性质,通过增加 N 的位数,然后增加和的位数等,直到和有一位数字.

E. Lucas 提出,H. Brocard,Radicke 和 E. Cesàro③ 证明了

$$\frac{1^5-3^5+5^5-\cdots-(4x-1)^5}{1-3+5-\cdots-(4x-1)}$$

总是平方数,但不是四次幂.

Moret-Blanc④ 发现这些(Lucas⑤)x 满足

$$1^5+\cdots+x^5=\left\{\frac{x(x+1)}{2}\right\}^2\left\{\frac{(2x+1)^2-3}{6}\right\}=\square$$

因此 $\frac{3u^2-1}{2}=v^2$ 或 $(3u-2v)^2-6(v-u)^2=1$,它们的解由 $\sqrt{6}$ 的连续分数中奇数阶的同余式给出.

E. Catalan⑥ 指出:如果 p 是一个奇素数,j 是小于或等于 $p-1$ 的奇整数,那么 j 个与 p 互素的整数的 $\frac{1}{2}(p-1)$ 次幂的和不能被 p 整除.

A. Berger⑦ 证明了:如果 $s,m,n,g_1,\cdots,g_s$ 是正整数,$\psi(n)$ 是 $g_1x_1^m+\cdots+g_sx_s^m=n$ 的正整数解的个数,那么

$$\lim_{n=\infty}\frac{\psi(1)+\cdots+\psi(n)}{n^{8/m}}=(g_1\cdots g_s)^{-1/m}\frac{\Gamma(1+1/m)^8}{\Gamma(1+s/m)}$$

---

① Recherches sur l'analyse indéterminée, Moulins, 1873, 91-92. Extract from Bull. Soc. d'Emulation du Département de l'Allier, 12, 1873, 531-532.

② Nouv. Corresp. Math., 388-390(extract from Les Mondes, July 14, 1877).

③ Ibid., 5, 1879, 112, 213-215; 6, 1880, 467.

④ Nouv. Ann. Math., (2), 20, 1881, 212.

⑤ Nouv. Corresp. Math., 3, 1877, 119-120. Cf. 4, 1878, 167.

⑥ Mém. Soc. R. Sc. de Liège, (2), 13, 1880, 291. Cf. Gegenbauer.

⑦ Öfversigt K. Vetenskaps-Akad. Förhand., Stockholm, 43, 1886, 355-366.

L. Gegenbauer① 证明了 Catalan② 定理的推论. 如果 λ 是 2,3,4 中的一个数,素数 $p \equiv 1 \pmod{\lambda}$,$r$ 是小于 $p^{1/t}$ 且与 λ 互素的整数,其中 t 是小于或等于 $\frac{\lambda+1}{2}$ 的最大整数,那么 r 个与 p 互素的整数的 $\frac{p-1}{\lambda}$ 次幂的和不能被 p 整除.

H. Fortey③ 通过 $3y^2-2x^2=1$ 发现了当 $n=1,13,133,1\ 321,\cdots$ 时,$1^5+\cdots+n^5=\square$.

E. Lemoine④ 指出:如果 $A=a_1^n+\cdots+a_p^n$,其中 $a_1^n,a_2^n,a_3^n,\cdots$ 分别是小于或等于 $A,A-a_1^n,A-a_1^n-a_2^n,\cdots$ 的最大的 n 次幂,那么 A 可被分解为最大的 n 次幂. 同样地,考虑 $A=\alpha_1^n-\alpha_2^n+\alpha_3^n-\cdots+\alpha_p^n$,其中 α_1 是大于或等于 $\sqrt[n]{A}$ 的最小的整数,且 k_1 为 α_1^n-A 的剩余,α_2 是大于或等于 $\sqrt[n]{R_1}$ 的最小的正整数,且 R_2 为剩余,α_3 是大于或等于 $\sqrt[n]{R_2}$ 的最小的正整数,…….同时定义 γ_p 为所需的 p 次幂的最小数. 那么,$n=2$, $\gamma_1=1,\gamma_2=3,\gamma_3=6=3^2-2^2+1^2,\gamma_{p+1}=\frac{1}{4}\gamma_p^2+1$. 当 $n=3$ 时,他⑤给出了最后的方幂 a_p^3 的可能的形式.

L. Aubry⑥ 证明了 $-1^3+3^3-5^3+\cdots+(4n-1)^3$ 不可能是平方数、立方数或四次幂.

Welsch 与 E. Miot⑦ 指出:$a^n+(a+1)^n+\cdots+(a+k)^n$ 有形式 l^2-m^2,因此它是最小的为 $2m+1$ 的连续奇数的和.

C. Bisman⑧ 指出:n^2+4 个数的同类偶次幂的和可被表示为 n^2+5 个平方数的代数和,其中只有一个数可取负值.

T. Suzuki⑨ 指出:如果 $a_i(i=1,\cdots,n)$ 中的两个是素数 p 的原根,那么

$$a_1^{x_1}+\cdots+a_n^{x_n}\equiv 0 \pmod{p}$$

至少存在 $(p-2)(p-1)^{n-2}$ 个解. 如果 a_1 是原根,且对于 $i=2,\cdots,n$,不是所有的 a_i 都满足 $a_i\equiv 1 \pmod{p}$,那么也存在解.

---

① Sitzungsber. Akad. Wiss. Wien(Math.),95,II,1887,838-842.

② Mém. Soc. R. Sc. de Liège,(2),13,1880,291. Cf. Gegenbauer.

③ Math. Quest. Educ. Times,48,1888,30-31.

④ Assoc. franç.,25,1896,II,73-77. For $n=2$, see papers 20,21 of Ch. IX.

⑤ L'intermédiaire des math.,1,1894,232.

⑥ Sphinx-Oedipe,6,1911,38-39. E. Lucas, Nouv. Corresp. Math.,5,1879,112, had asked for solutions.

⑦ L'intermédiaire des math.,20,1913,47-48.

⑧ Mathesis,(4),3,1913,257-259.

⑨ Tôhoku Math. Jour.,5. 1914,48-53. Cf. papers 265-266 of Ch. XXVI.

10 $x^y = y^x$ 的有理解

L. Euler① 设 $y = tx$，并化简为 $x^{t-1} = t$. 它的图像由 $y = x$，渐近趋于 x 和 y 的正半轴的一个分支以及无穷多个分离的点构成. 其中有理解为 $(x, y) = (2, 4), \left(\frac{3^2}{2^2}, \frac{3^3}{2^3}\right), \left(\frac{4^3}{3^3}, \frac{4^4}{3^4}\right)$.

D. Bernoulli② 指出：当 $x \neq y$ 时，整数解仅有 2,4；但是还有有理解的无穷大.

J. Van Hengel③ 指出：如果 r 和 n 均是大于或等于 3 的正整数，那么 $r^{r+n} > (r+n)^r$. 因此，如果 $a^b = b^a$，那么当 $a = 1$ 或 2 时，此式仍然成立. 如果 $a = 2$，$b > 4$，那么由 $b = 2 + n$，我们可运用上述结论.

C. Herbst④ 指出：2,4 给出了仅有的整数解.

A. Flechsenhaar⑤ 和 R. Schimmack⑥ 讨论了有理解的问题.

A. M. Nesbitt⑦ 和 E. J. Moulton⑧ 讨论了 $x^y = y^x$ 的图像.

A. Tanturri⑨ 证明了 2,4 给出了仅有的整数解.

11 分式 $\frac{x+1}{x}$ 的积等于这样一个分式

Fermat⑩ 提出了这样一个问题：可以找到多少种方式将 $\frac{n+1}{n}$ 表示为 k 个此分式的乘积，$n = 8, k = 10$ 的情况被与他同一时代的所有数学家所探

① Introduction in analysin infin., lib. 2, cap. 21, § 519; French transl. by J. B. Labey, 2, 1797 and 1835, 297.

② Corresp. Math. Phys. (ed., Fuss), 2, 1843, 262; letter to Goldbach, June 29, 1728.

③ Beweis des Satzes, das unter allen reellen positiven ganzen Zahlen nur das Zahlen Paar 4 und 2 für a und b der Gleichung $a^a = b^b$ genügt, Progr. Emmerich, 1888.

④ Unterrichtsbl. für Math., 15, 1909, 62-63.

⑤ Ibid., 17, 1911, 70-73.

⑥ Ibid., 18, 1912, 34-35.

⑦ Math. Quest. Educ. Times, (2), 23, 1913, 77-78.

⑧ Amer. Math. Monthly, 23, 1916, 233.

⑨ Periodico di Mat., 30, 1915, 186-187.

⑩ Oeuvres, I, 397. Quoted by Tannery, L'intermédiaire des math., 9, 1902, 170-171.

讨. Tannery 指出$\frac{9}{8}$的分解式中因式间相差最小和最大的值分别为

$$\frac{90}{89}\cdot\frac{89}{88}\cdot\frac{88}{87}\cdot\frac{87}{86}\cdot\frac{86}{85}\cdot\frac{85}{84}\cdot\frac{84}{83}\cdot\frac{83}{82}\cdot\frac{82}{81}\cdot\frac{81}{80}$$

$$\frac{9+1}{9}\cdot\frac{9^2+1}{9^2}\cdot\frac{9^4+1}{9^4}\cdots\frac{9^{256}+1}{9^{256}}\cdot\frac{9^{512}}{9^{512}-1}$$

V. Bouniakowksy[①] 指出:一个小于1的不可约分式$\frac{a}{b}$被表示为$\frac{x}{x+1}$形式的分式的乘积的方式有无穷多种. 我们经常可以找到比式子

$$\frac{a}{b}=\frac{a}{a+1}\cdot\frac{a+1}{a+2}\cdots\frac{b-1}{b}$$

中的 $b-a$ 个分式还少的分式. 设

$$\frac{a}{b}=\frac{p}{q}\cdot\frac{u}{u+1},$$

由此

$$u=\frac{aq}{bp-aq}$$

考虑当 $bp=aq=1$ 时,设 $p=\alpha,q=\beta$ 为最小解. 那么有

$$\frac{a}{b}=\frac{\alpha}{\beta}\cdot\frac{\alpha\beta}{\alpha\beta+1}$$

类似地处理$\frac{\alpha}{\beta}$,还给出了许多数值例子.

A. Padoa[②] 指出下列式子等价

$$\frac{n+1}{n}=\frac{x+1}{x}\cdot\frac{y+1}{y}$$

$$(x-n)(y-n)=n(n+1)$$

因此,如果给定 n,那么我们可通过寻找乘积为 $n(n+1)$ 的所有正整数对,并且将 n 加到每一个因数中,来得到所有的 x,y 对.

J. E. A. Steggall[③] 找到了

$$\frac{x+1}{x}\cdot\frac{y+1}{y}=\frac{z+1}{z}\qquad(1)$$

的正整数解,通过指出 xy 必定可被 $x+y+1=a$ 整除,进而 $x(x+1)$ 可被 a 整除. 所以,对于任意整数 x,确定 $x(x+1)$ 的一个因数 $a>x+1$;那么 $y=a-x-1$,而 $z=x-b$,其中 $b=\frac{x(x+1)}{a}$. T. W. Chaundy 化简了 $(x-z)(y-$

---

① Mém. Acad. Sc. St. Pétersbourg(Sc. Math. Phys.),(6),3,1844,1-16.

② L'intermédiaire des math.,10,1903,30-31.

③ Math. Quest. Educ. Times,(2),20,1911,50-51.

$z)=z(z+1)$，并设 $z=pq$，$x-z=p_1q$，其中 p 与 p_1 互素，因此 $y-z=pq_1$，$p_1q_1=pq+1$.

G. Ascoli 和 P. Niewenglowski[①] 给出了式(1) 的解.

A. M. Legendre[②] 给出了下式直到 $w=1\ 229$ 的值.

$$\frac{2}{3}\cdot\frac{4}{5}\cdot\frac{6}{7}\cdot\frac{10}{11}\cdots\frac{w-1}{w}$$

12 光学方程 $\frac{1}{x}+\frac{1}{y}=\frac{1}{a}$ 及其推广

一位匿名作者[③]指出：如果边分别为 x,y,z 的 3 个正多边形关于一点填满空间，那么 $\frac{1}{x}+\frac{1}{y}+\frac{1}{z}=\frac{1}{2}$. 如果存在边分别为 x,y,z,z 的 4 个正多边形关于一点填满空间，那么 $\frac{1}{x}+\frac{1}{y}+\frac{2}{z}=1$. 还可以对五边形或六边形给出解的个数.

D. André[④] 化简了 $x-a=d$，$y-a=e$，其中 $de=a^2$，不包括 a^2 的一对因子 $d=e=-a$. Züge[⑤] 给出了 $x=a+p^2$，$y=a+q^2$，其中 $pq=a$. F. Schilling[⑥] 指出 Züge 的解是完全的，并给出了 André 对光学方程的几何解释.

A. Thorin[⑦] 提出问题：$\frac{1}{a}=\frac{1}{a_1}+\frac{1}{a_2}$ 除

$$a=mn,a_1=m(n+1),a_2=mn(n+1)$$

以外是否还有整数解？

A. Palmström，J. Sadier 和 C. Moreau[⑧] 分别给出了解

$$a=\lambda mn,a_1=\lambda m(m+n),a_2=\lambda n(m+n)$$

并指出

$$\frac{1}{a}=\frac{1}{a_1}+\cdots+\frac{1}{a_n} \tag{1}$$

有特解

① Supplem. al Periodico di Mat.，14，1911，101-104，116-117.

② Théorie des nombres，ed. 2，1808；ed. 3，1830. Table IX.

③ Ladies' Diary，1785，40-41，Quest. 829；Leybourn's M. Quest. L. D.，2，1817，132-133.

④ Nouv. Ann. Math.，(2)，10，1871，298.

⑤ Zeitschrift Math. Naturw. Unterricht，26，1895，15-16.

⑥ Ibid.，491-493.

⑦ L'intermédiaire des math.，2，1895，p. 3.

⑧ Ibid.，299-302.

$$a=\lambda\alpha_1\cdots\alpha_n, a_1=\lambda s\alpha_1, \cdots, a_n=\lambda s\alpha_n, s\equiv\sum_{i=1}^{n}\frac{\alpha_1\cdots\alpha_n}{\alpha_i}$$

Dujardin① 指出：如果 $n=2$，那么所有的解可由

$$a_2=a+\lambda, a_1=a+\frac{a^2}{\lambda}\quad(\lambda\text{ 是 }a^2\text{ 的一个因子})$$

给出，而式(1) 还可以写成 $Aa_n=a(Ba_n+c)$，其中 $A=a_1\cdots a_{n-1}$，且 B,C 为 $a_1,\cdots,a_{n-1}$（且 $C=A$）的整数函数. 那么 $Ba=A-\frac{AC}{\lambda}$，其中 $\lambda=Ba_n+C$. 因此，给出 $a_1,\cdots,a_{n-1}$ 的任一的值，并选择 AC 的除数 λ. 取乘积为 $A-\frac{AC}{\lambda}$ 的两个整数 B 和 a. 如果 $\lambda-C$ 可被 B 整除，那么我们可以得到一个解.

M. Lagoutinsky② 指出：如果 $n=3$，那么式(1) 的完全解可由一个带有 13 个参数的方程给出.

大约 7 世纪，V. V. Bobynin③ 在 Akhmim (Achmim) 的纸草书中讨论了形如 $\sum\frac{1}{x_i}$ 的分式的表达式.

A. Palmström④ 将

$$\frac{1}{x_1}=\frac{1}{x_2}+\cdots+\frac{1}{x_n}$$

作为一种更广泛的类型⑤的一个例子进行了探讨，并且它也可以写成

$$\begin{vmatrix}-x_2 & x_3 & 0 & 0 & \cdots & 0\\ -x_2 & 0 & x_4 & 0 & \cdots & 0\\ -x_2 & 0 & 0 & x_5 & \cdots & 0\\ \cdots & \cdots & \cdots & \cdots & \cdots & \cdots\\ -x_2 & 0 & 0 & 0 & \cdots & x_n\\ x_1-x_2 & x_1 & x_1 & x_1 & \cdots & x_1\end{vmatrix}=0$$

的形式.

---

① L'intermédiaire des math., 3, 1896, 14.

② Ibid., 4, 1897, 175.

③ Abh. Geschichte Math., IX, 1-13* (Suppl. Zeitsch. Math. Phys., 44, 1899).

④ Skrifter Udgivne af Videnskabsselskabet, Christiania, 1900(1899), Math.-Naturw. Kl., No. 7(German). L'intermédiaire des math., 5, 1898, 81-83.

⑤ Skrifter Udgivne af Videnskabsselskabet, Christiania, 1900(1899), Math-Naturw. Kl., No. 7(German).

对于整数解 x_i，存在互素的整数 a_i 满足

$$-a_1x_2+a_ix_{i+1}=0\quad(i=2,\cdots,n-1)$$
$$a_1(x_1-x_2)+a_2x_1+\cdots+a_{n-1}x_1=0$$

并且反之也成立.因此

$$x_1=ka_1\cdots a_{n-1},x_j=ka_1\cdots a_{n-1}\frac{a_1+\cdots+a_{n-1}}{a_{j-1}}$$

其中 k 的选择要保证 x_i 为整数.

M. Lagoutinsky[1]研究了式(1)的 $a,a_1,\cdots$ 无公因数的情形，称它们的最小公倍数为 A，并设 $\frac{A}{a}=k,\frac{A}{a_i}=k_i$，因此 $k=\sum k_i$，因此我们取 $k_1,\cdots,k_n$ 为任意无公因数的整数，寻找这些 k_i 的最小公倍数，且 $k=\sum k_i$. 那么解为 $a=\frac{A}{k},a_i=\frac{A}{k_i}$.

Züge[2] 通过乘 a 得到了 $axy+bx+cy+d=0$ 的解.因此 $ax+c=P,ay+b=Q$，其中 $bc-ad=PQ$. 对于整数解，选择因数 P,Q 使得 $P\equiv c$，$Q\equiv b(\bmod a)$. 对于特解 $xy=a(x+y)$，André[3] 给出了结果.

P. Whitworth[4] 指出 $N^2=(x-N)(y-N)$ 的每一个因数均是 $\frac{1}{x}+\frac{1}{y}=\frac{1}{N}$ 的解.

当 $\frac{1}{x}+\frac{1}{y}=\frac{2}{m},2x-m=p,2y-m=q,pq=m^2$ 时，P. Zühlke[5] 给出：如果 m 是奇数，那么解 x,y 是整数.

E. Sós[6] 指出：$\frac{1}{x}=\frac{1}{x_1}+\frac{1}{x_2}$ 的通解为

$$x=ky_1y_2,x_1=ky_1(y_1+y_2),x_2=ky_2(y_1+y_2)$$

其中 y_1,y_2 为互素整数.如果 $k=1$，并且设 $x=p_1^{a_1}\cdots p_\gamma^{a_\gamma}$，其中 $p_1,\cdots,p_\gamma$ 为不同的素数，那么称这样的一个解为不可约的.对于给定的一个 x，我们可以找到 $2^{\gamma-1}$ 个本质不同的不可约解属于 x，并且 x_2,x_1 与 x_1,x_2 的情况一样，共有

① L'intermédiaire des math.,7,1900,198.
② Archiv Math. Phys.,(2),17,1900,329-332.
③ Nouv. Ann. Math.,(2),10,1871,298.
④ Math. Quest. Educ. Times,75,1901,85.
⑤ Archiv Math. Phys.,(3),8,1905,88.
⑥ Zeitschrift Math. Naturw. Unterricht,36,1905,97.

$$\frac{1}{2}\left\{\prod_{k=1}^{v}(1+2a_k)+1\right\}$$

个本质不同的解属于 x. 为了得到

$$\frac{1}{x}=\frac{1}{x_1}+\cdots+\frac{1}{x_n} \tag{2}$$

的完全解,引入了 2^n-1 个参数 y_i.

Sós[①] 指出:如果 $a_i(i=1,\cdots,n)$ 是给定的整数,那么

$$\frac{a}{z}=\frac{a_1}{z_1}+\cdots+\frac{a_n}{z_n} \tag{3}$$

有(不唯一的)解 $z=ax,z_i=a_ix_i$,如果式(2)成立.式(3)的完全的互素的正整数解已经得出.方法与 $n=2$ 时的情况类似.设 $z_1=ZZ_1,z_2=ZZ_2$,其中 Z_1,Z_2 互素,那么

$$z=fZ,f=\frac{aZ_1Z_2}{a_1Z_2+a_2Z_1}$$

设 $f=\frac{p}{q}$,其中 p,q 互素.因此 Z 是 q 的倍数 z^1q,且 $z=z^1p,z_1=z^1qZ_1,z_2=z^1qZ_2$.

A. Flechsenhaar[②] 和 Schulte 讨论了 $\frac{1}{a}+\frac{1}{b}=\frac{1}{c}$. E. Sós 探讨了式(2). W. Hofmann[③] 讨论了

$$\frac{1}{a}+\frac{1}{b}=\frac{1}{c},\frac{1}{a}-\frac{1}{b}=\frac{1}{b}-\frac{1}{c}$$

的整数解.

G. Lemaire[④] 将 $\frac{9}{10}$ 的给定的分解式 $\sum\frac{1}{f}$ 转换成了其他形式.

R. Janculescu[⑤] 指出:仅当 x,y 的最大公约数是 $\frac{x}{d}+\frac{y}{d}$ 的倍数时,$\frac{1}{x}+\frac{1}{y}=\frac{1}{z}$ 中的 z 为整数.

D. Biddle[⑥] 解出了 $\frac{1}{a\pm b}+\frac{1}{c\pm a}=\frac{1}{a}$ 中的每一个方程.

---

① Zeitschrift Math. Naturw. Unterricht,37,1906,186-190.

② Unterrichtsblätter Math.,16,1910,41,41-42.

③ Ibid.,17,1911,14-15.

④ L'intermédiaire des math.,18,1911,214-216.

⑤ Mathesis,(4),3,1913,119-120.

⑥ Math. Quest. Educat. Times,(2),25,1914,61-63.

13　次数 $n>4$ 的各种单一方程

J. L. Lagrange① 指出：如果 a 是固定的 n 次单位根，那么

$$p\equiv t+ua\sqrt[n]{A}+xa^2\sqrt[n]{A^2}+\cdots+za^{n-1}\sqrt[n]{A^{n-1}}$$

类型的2个函数的乘积也是此类型的. 因此，如果我们用不同的 n 次单位根代换 a，并构造如同 p 那样的函数的乘积，那么我们可得到 $t,u,\cdots,z,A$ 的有理函数，使得 2 个 P 类型的函数的乘积为 P 类型的另一个函数. 我们可通过消去

$$\omega^n-A=0,t+u\omega+x\omega^2+\cdots+z\omega^{n-1}=l$$

之间的 ω 找到 P，那么 P 在消去式中与 l 无关. 例如，如果 $n=2$，那么 $P=t^2-Au^2$. 对此结论的一个应用是求解

$$r^n-As^n=q^m \tag{1}$$

我们寻求将每一个因式 $r-asA^{1/n}$ 表示为 m 次幂 p^m，其中 $a^n=1$，且 p 为如上所述的线性函数. 那么

$$p^m=T+Ua\sqrt[n]{A}+Xa^2\sqrt[n]{A^2}+\cdots+Za^{n-1}\sqrt[n]{A^{n-1}}$$

因此 $r=T,s=-U,X=0,\cdots,Z=0$. 从而式(1)可通过此方法被解出，如果 $X=0,\cdots,Z=0$ 是可解的. 尽管 n 个变量中仅有 $n-2$ 个方程，但是它们不总有有理数解. 对于 $n=3,m=2$ 时的细节，以及 Lagrange 在他的附录 IX 中将此方法扩展到 Euler 代数(其中 $a^n=1$ 被代换为任意 n 次方程)的相关内容，可见前文.

当 $p=a+bx+\cdots,q=a'+b'x+\cdots$ 为关于 x 的多项时，Lagrange② 研究了使 $y=\dfrac{p}{q}$ 成立的一类问题. 通过消去 x，我们可以得到 $0=A+Bp+Cq+Dp^2+\cdots$，用 qy 代换 p，我们可得 A 一定可被 q 整除. 因此，反过来我们对 q 取 A 的不同的因数，并求解 $q=a^1+b^1x+\cdots$ 的有理根 x. 当 q 为常数 a^1 时，一个专门的讨论是必要的. G. Libri③ 将同余式 $p\equiv 0,q\equiv 0\pmod q$ 之间的 x 消去，得到 $D\equiv 0\pmod q$，其中 D 为系数是 p,q 的函数. 接下来，反过来对 D 的每一

① Mém. Acad. R. Sc. Berlin, 23, année 1767, 1769; Oeuvres, II, 527-532. Exposition by A. Desboves, Nouv. Ann. Math., (2), 18, 1879, 265-279; applications, 398-410, 433-444, 481-499; also by R. D. Carmichael, Diophantine Analysis, New York, 1915, 35-63. Cf. Dirichlet; also Libri of Ch. XXV.

② Addition IV to Euler's Algebra, 2, 1774, 527-533. Oeuvres de Lagrange, VII, 95-98. Euler's Opera Omnia, (1), I, 579.

③ Jour. für Math., 9, 1832, 74-75.

个因数 d 寻整数解,然后求解 $y=\frac{p}{q}$. 他还建议用级数作为另外一种方法.

A. J. Lexell① 找到了使

$$\frac{\lambda(p^2+s^2)(q^2+r^2)}{pqrs(p^2-s^2)(q^2-r^2)}=\square$$

成立的 p,q,r,s.

L. Euler② 研究了 $v^2z^2r^2+\Delta x^2y^2s^2=\square$,其中

$$r=ax^2+2bxy+cy^2, s=av^2+2bvz+cz^2$$

为使 s 有因数 r,设

$$z=agx+(f+bg)y, v=(f-bg)x-cgy$$

那么 $\frac{s}{r}=f^2+(ac-b^2)g^2\equiv t$. 此方程变为

$$v^2z^2+\Delta tx^2y^2=\square$$

即为第二十二章中 Euler③ 式(2) 的类型. 当 $b=0$ 时,给出了更多的细节.

G. Libri④ 研究了 $a^nx^n+bx^{n-1}+\cdots+q=z^n$,其中所有的系数均为正. 设 $z=ax+e$,由此 $x^{n-1}(na^{n-1}e-b)+\cdots+(e^n-q)=0$. 寻找使得全部系数为正的最小的 e,以及使得全部系数为负的最大的 e. 在此限制下,对每一个 e 寻找正整数解 x. 如果给定方程中的系数不全为正,设 $x=A+y$,并且选择 A 使得导出方程的系数全部为正.

Libri⑤ 研究了当 $x<a, y<b, \cdots$ 时 $\phi(x,y,\cdots)=0$ 的非负整数解,其中 a, $b,\cdots$ 为给定的正整数,设

$$X=x(x-1)(x-2)\cdots(x-a+1), Y=y(y-1)\cdots(y-b+1),\cdots$$

令消掉 $\phi=0, X=0, Y=0,\cdots$ 之间的 $x,y,\cdots$ 的结果为 $F=0$. 如果满足条件方程 $F=0$,取方程关于一个变量(比如 $X_1(x)=0$) 如此进行,直到消去最后一个变量. 那么若 X_2 是 X_1 和 X 的最大公约数,则 x 所有可能的整数值均在$X_2=0$ 的根中;同样地,对其他变量,亦有类似的结论. 同样的方法被应用于同余式 $\phi\equiv 0 \pmod a$. 对于一个素数 p, $X\equiv x^p-x \pmod p$, $Y\equiv y^p-y \pmod p$. 因为

$$\frac{1}{m}\sum_{k=0}^{m-1}\left(\cos\frac{2k\pi}{m}+\mathrm{i}\sin\frac{2k\pi}{m}\right)^n=1 \text{ 或 } 0$$

---

① Euler's Opera postuma, 1, 1862, 487-490(about 1766).

② Mém. Acad. Sc. St. Petersb., 9, 1819[1780], 14; Comm. Arith., II, 414.

③ Mém. Acad. Sc. St. Petersb., 11, 1830[1780], 1; Comm, Arith., Ⅱ, 418.

④ Memoria sopra la teoria dei numeri, Firenze, 1820, 24 pp.

⑤ Mémorie sur la théorie des nombres, Mém. divers Savants Acad. Sc. de l'Institut de France (Math. Phys.), 5, 1838(presented 1825), 1-75.

根据 n 是否可被 m 整除，$\phi \equiv 0 \pmod{m}$ 的根的个数为

$$\frac{1}{m}\Bigg| \sum_{x,y,\cdots=0}^{m} \sum_{k=0}^{m-1} \cos \frac{2k\phi(x,y,\cdots)\pi}{m}$$

当对 $\phi \equiv x^2 + c$ 运用此方法时，这个方程可导出 Gauss 关于三角和的一些结果.

Libri① 指出了 $\phi(x,y,\cdots)=0$ 的正整数解的集合的个数，以及当 $x,y,\cdots$ 取 $1,\cdots,n-1$ 时，集合的个数分别约为

$$\sum_{x,y,\cdots=1}^{\infty} \mathrm{e}^{-10s\phi^2}, \sum_{x,y,\cdots=1}^{n} \mathrm{e}^{-10s\phi^2} \quad (s = x + y + \cdots)$$

为了运用前文中对线性同余式 $\phi = Ax - 1 \equiv 0 \pmod{p}$ 所用的方法，A 不能被 p 整除，我们用 $x^{p-1} - 1 \equiv 0$ 或 $(Ax)^{p-1} - 1$. 因为后者除 ϕ 是精确的，所以我们得到 $x = A^{p-2}$. 接下来，对于 $\phi = x^2 + qx + r \equiv 0$（mod $2p+1$ 为素数），我们用 $x^{2p} - 1$ 除以 ϕ 并要求所得余数可被 $2p+1$ 整除. 因此，对于两根 α,β（都不为 0）的条件为

$$\frac{\beta^{2p} - \alpha^{2p}}{\beta - \alpha} \equiv 0, \alpha\beta\left(\frac{\beta^{2p-1} - \alpha^{2p-1}}{\beta - \alpha}\right) + 1 \equiv 0 \pmod{2p+1}$$

运用对称函数后，上式可用 q 和 r 表示. 当 $x^2 - s \equiv 0 \pmod{2p+1}$ 时，满足第一个条件，第二个条件简化为 $s^p - 1 \equiv 0$. 当 $x^2 + x + 1 \equiv 0 \pmod{6p+1}$ 时，第一个条件等价于 $(-3)^{3p} \equiv 1$.

V. Bouniakowsky② 指出

$$x^m X^n + y^m Y^n = z^m Z^n$$

有无穷多个解，其中 m,n 互素. 确定 α,β 满足 $m\alpha - n\beta = 1$. 设 a,b 为任意数，且 $c = a + b$，那么上式的一组解为

$$x = a^\alpha, y = b^\alpha, z = c^\alpha, X = b^\beta c^\beta, Y = a^\beta c^\beta, Z = a^\beta b^\beta$$

其他整数解具有形式

$$\frac{a^{m\alpha}}{a^{n\beta}} + \frac{b^{m\alpha'}}{b^{n\beta'}} = \frac{c^{m\alpha''}}{c^{n\beta''}}$$

同样地，如果 $p,q,r,\cdots$ 无公因数，那么我们可通过 $\sum A_i a_i = 0, p\alpha \pm q\beta \pm \cdots = 1$，用 $a_i^{p\alpha \pm q\beta \pm \cdots}$ 代换 a_i，将负幂化为分母，然后去分母，解出方程

$$\sum_{i=1}^{n} A_i x_i^p y_i^q z_i^r \cdots = 0$$

G. C. Gerono③ 指出：如果 r 是内切于边为 a,b,c，面积为 Δ 的三角形的圆

① Mem. Acad. Sc. di Torino, 28, 1824, 272-279; Jour. für Math., 9, 1832, 59.

② Bull. Acad. Sc. St. Pétersbourg, 6, 1848, 200-202. Cf. Hurwitz of Ch. XXVI.

③ Nouv. Ann. Math., 17, 1858, 360.

的半径,且 $x=\frac{a}{r}, y=\frac{b}{r}, z=\frac{c}{r}$,那么有 Herson 关于 Δ 的公式,且 $\Delta=\frac{1}{2}pr$,其中 p 是周长,并且

$$(y+z-x)(x+z-y)(x+y-z)=4(x+y+z)$$

分别称 $2X, 2Y, 2Z$ 为因式.设 x, y, z 为正整数.那么 X, Y, Z 为正整数,且满足 $XYZ=X+Y+Z$.如果 X 是 X, Y, Z 中的最大数,那么 $XYZ<3X, YZ=2$ 或 1.我们可取 $Y=2, Z=1$,那么 $z=5, y=4, x=3$.

Howsel① 证明了:n 个不同的正整数的和等于它们的积,仅当这些正整数为 1,2,3 时.

J. Murent② 研究了

$$x_1+x_2+\cdots+x_n=x_1x_2\cdots x_n \quad (n>1)$$

的正整数解 $(a_1, \cdots, a_n)$,得到了一个解 $(n, 2, 1, \cdots, 1)$,并且至少两个 a_i 大于 1.如果 $n>2$,至少一个 a_i 为 1.那么 $2^i-i\leqslant n$;如果 $2^i-i=n$,那么 $a_1=\cdots=a_i=2$.如果 $n=5=2^3-3$,那么仅存在一个指标为 3 的解 $(2,2,2,1,1)$,而其余的解仅有指标为 2 的解 $(3,3,1,1,1)$ 和 $(5,2,1,1,1)$.

P. di San Robert③ 指出:只有当化简为 $X(x)+Y(y)=Z(z)$ 时,可通过计算尺解出方程 $F(x, y, z)=0$,当且仅当

$$\frac{\mathrm{d}^2\log R}{\mathrm{d}x\mathrm{d}y}=0$$

$$R\equiv\frac{\partial F}{\partial x}\div\frac{\partial F}{\partial y}$$

S. Réalis④ 指出

$$Q=\frac{(a^2+a)[(a+1)^{m-1}-a^{m-1}]}{m-1}$$

不是 m 次幂,并且在 a^m 与 $(a+1)^m$ 之间,而 mQ 不能被 $(a+1)^m-a^m$ 整除.

E. Lucas⑤ 指出:如果 k 是奇数,那么 $x^k+x+k=y^2$ 不可能成立.

S. Réalis⑥ 指出:如果 $xy\neq 0$,那么 $6xy(3x^4+y^4)\neq z^3$ 或 $4z^3$.通过剩余模 9 或 7 很容易验证

$$x^3+y^6=9z+7 \text{ 或 } 7z+5, \sum_{i=1}^{7}x_i^6=9x+8$$

---

① Nouv. Ann. Math.,(2),1,1862,67-69.

② Ibid.,(2),4,1865,116-120.

③ Atti della R. Accad. Sc. Torino,2,1866-1867,454-455.

④ Nouv. Ann. Math.,(2),12,1873,450-451.

⑤ Nouv. Corresp. Math.,4,1878,122,224.

⑥ Nouv. Ann. Math.,(2),17,1878,468.

是不可能成立的. M. Rochetti① 将

$$3(\alpha^3+\beta^3+\gamma^3)^2\{(\alpha+\beta)^3+(\beta+\gamma)^3+(\gamma+\alpha)^3\}$$

表示为3个立方的和.

A. Markoff② 给出了针对 $x^2+y^2+z^2=3xyz$ 的正整数解的复杂的公式.

E. Fawquembergue③ 仅当 $n=0,1,4$ 时,通过对 $3^{n+1}=1+2y^2$ 运用 $a+b\sqrt{-2}$ 的幂,证明了 $1+3+3^2+\cdots+3^n=y^2$.

G. Cordone④ 研究了完全在 x 中满足

$$P_0(x)U^n+P_1(x)U^{n-1}V+\cdots=R(x)$$

的在 x 中的多项式 U,V,其中 $P_i(x)$ 为 x 中的多项式.

E. Maillet⑤ 研究了递推级数 $u_0,u_1,\cdots$,其中每一项都为有理数,并且由 $f(x)=x^q+a_1x^{q-1}+\cdots+a_q=0$ 得出,并且满足递推关系式

$$u_{n+q}+a_1u_{n+q-1}+\cdots+a_qu_n=0 \tag{2}$$

其中 $a_1,\cdots,a_q$ 为有理数. 有理系数的代数方程不可约,当且仅当有理递推级数满足产生它们的方程,并且此级数满足相应的不可约的递推法则. 为了将这种方法运用于 Diophantus 方程,设

$$\Delta_q(n)=\begin{vmatrix} u_{n+q-1} & u_{n+q-2} & \cdots & u_n \\ u_{n+q} & u_{n+q-1} & \cdots & u_{n+1} \\ \cdots & \cdots & \cdots & \cdots \\ u_{n+2q-2} & u_{n+2q-1} & \cdots & u_{n+q-1} \end{vmatrix}$$

通过式(2)变为 $F(u_n,u_{n+1},\cdots,u_{n+q-1})$,当 $u_{n+2q-2},\cdots,u_{n+q}$ 可用 $u_{n+q-1},\cdots,u_n$ 表示时. 熟知法则(2)可约,当且仅当 $\Delta_q(0)=0$. 因此 $F(u_0,\cdots,u_{q-1})=0$ 有解,当且仅当 $f(x)=0$ 可约. 如果 $u_0,\cdots,u_{q-1}$ 给出了一个有理解,那么当 n 为任意数时,同样的理论显示了 $u_n,\cdots,u_{n+q-1}$ 给出了一个有理解. 我们通过轮流取有理系数 $f(x)$ 的最大因数 $X(x)=x^t+\cdots+c_t$,例如,一个不能整除 $f(x)$ 其他因式的因式,并且构造以 $X(x)=0$ 为产生方程的所有有理递推级数以及前 t 项有理项 $u_0,u_1,\cdots,u_{t-1}$,可得到所有有理根. 在这样的递推级数中,给出了 $F=0$ 的所有有理解,那些给出了有限多个解的项,它们的母函数是 $f(x)$ 的有理系数因式 $\theta(x)$,且 $\theta(x)=0$ 仅有不同的单位根. 例如,设 $q=3,f(x)=x^3-r$,那么

$$F(u_0,u_1,u_2)=\gamma^2u_0^3+\gamma u_1^3+u_2^3-2\gamma u_0u_1u_2$$

设 r 为有理数 δ 的立方,那么 f 可约. 最大的因式为 $x-\delta$ 和 $x^2+\delta x+\delta^2$. 第一

① Nouv. Ann. Math., (2), 19, 1880, 459.

② Math. Annalen, 17, 1880, 396. Cf. Hurwitz.

③ Mathesis, (2), 4, 1894, 169-170.

④ Giornale di Mat., 33, 1895, 106, 218.

⑤ Assoc. franç. av. sc., 24, Ⅱ, 1895, 233-242.

个相当于解 $u_0, \delta u_0, \delta^2 u_0$，其中 u_0 为任意有理数. 第二个相当于解 $u_0, u_1, -\delta(u_1+\delta u_0)$，其中 u_0 和 u_1 为任意有理数. 如果 r 不是有理数的立方，那么 $F=0$ 不存在有理解. 设式(2) 对于 $u_0, u_1, \cdots$ 为不可约法则，且 $a_q=\pm 1$. 那么 $\Delta_q(0)=g\neq 0, F(u_n,\cdots,u_{n+q-1})=\pm g$，进而我们有后者的有理解. 当 a 均为整数时，对于整数解，有类似的结论.

D. Hilbert① 研究了 Diophantus 方程 $D=\pm 1$，其中

$$D=x_0^{2n-2}\prod(t_i-t_k)^2 \quad (i=1,\cdots,n;k=i+1,\cdots,n)$$

为 $x_0t^n+x_1t^{n-1}+\cdots+x_n=0$ 的判别式，其中系数不确定，且根为 $t_1,\cdots,t_n$. 通过利用 $x_1=0,\cdots,x_{n-2}=0$，可立即证出 $D=\pm 1$ 有有理解. 主要的定理为：对于 $n>3$，$D=\pm 1$ 无整数解；唯一以整数为系数，判别式为 ± 1 的方程是 $Q\equiv(ut+v)(u't+v')=0$，并且立方 $Q[(u+u')t+v+v']=0$，其中，u,u',v,v' 为满足 $uv'-u'v=\pm 1$ 的任意整数. 此结论的证明运用的定理②为：一个代数域的判别式总是不同于±1，以及一个引理(此处利用理想证明)：如果一个整系数方程在有理数域上不可约，那么它的判别式为整数，且此整数可被由一个方程的根所确定的数域的判别式所整除.

C. Störmer③ 指出：如果 A,B,M_i,N_j 为正整数，那么

$$AM_1^{x_1}\cdots M_m^{x_m}-BN_1^{y_1}\cdots N_n^{y_n}=\pm 1 \text{ 或 } \pm 2$$

的整数解 x_i,y_j 的集合的个数为有限个，并且这些可通过解有限个 Pell 方程来发现.

E. Fauquembergue④ 指出：$3x^2=4y^3-z^6$ 无解，其中 y,z 互素，因为 $(x+z^3)^3-(x-z^3)^3=(2yz)^3$ 给出了 $x=z^3,y=z^2$. 关于 $x^2=z^6-4y^3$，参见 Fuss⑤.

G. B. Mathens⑥ 指出：$xy(x+y)=z^n$ 没有解，如果 $n=3m$；而若 $n=3m\pm 1$，则通解为$(\lambda^n\xi,\lambda^n\eta,\lambda^3\zeta)$，其中$(\xi,\eta,\zeta)$ 为满足$\frac{x}{y}$ 等于给定分数，且 x,y 的最大公约数不被 n 次幂整除的唯一解.

A. Cunningham⑦ 解出了 $N_1N_3=N_2N_4$ 的整数解，其中 $N_r=x_r^4+4y_r^4$，并且

---

① Göttingen Nachrichten(Math.),1897,48-52. Cf. Eisenstein of Ch. XXII for $n=3$.

② Minkowski,Geometrie der Zahlen,1896,130.

③ Comptes Rendus Paris,127,1898,752.

④ L'intermédiaire des math.,5,1898,106-107.

⑤ L. Euler's Opera postuma,Ⅰ,1862,230-231(about 1767).

⑥ Math. Quest. Educ. Times,73,1900,37. For $z=1$,Euler of Ch. XXI.

⑦ Ibid.,75,1901,43;(2),1,1902,26-27,38-39.

$$\frac{N_1N_3N_5\cdots N_{2r+1}}{N_0N_2N_4\cdots N_{2r}}=\frac{N_a}{N_b}$$

他还解出了 $M_1M_3=M_2M_4$，其中 $M_r=\dfrac{x_r^6+3y^3y_r^6}{x_r^2+3y_r^2}$.

S. O. Šatunovsky① 讨论了

$$ax^{mn}+a_1x^{mn-1}+\cdots+a_{mn}=by^n, b=\pm\frac{a}{c^m}$$

的整数解.

P. F. Teilhet② 对 $m=1$，给出了递推级数，从而导出了 $x^{2m}-y^{2m}=x^my^m-1$ 的所有解（无穷多个），并且提出问题：当 $m>1$ 时，是否存在除了 $x=y=1$ 以外的解？

H. Kühne③ 指出：如果 n 个函数 $x_i=\phi_i(\xi_0,\cdots,\xi_{n-1})$ 构成的系统等价于 n 个函数 $\xi_i=f_i(x_0,\cdots,x_{n-1})$ 构成的系统，其中 ϕ_i 和 f_i 的系数属于同一数域，那么存在 x_i 与 ξ_i 之间的联系（Verknüpfung），并且这些联系具有群性质. 这一概念导出了一个使得所有未知量可以用 $n-1$ 个参数有理地表示出来的关于 n 个未知量的 Diophantus 方程的解法. 例如通过 Schwering④ 和 Kühne⑤ 求解 $x^3+y^3+z^3+u^3=0$ 的方法.

A. Cunningham⑥ 找到了

$$(x^3+y^3)(X^3+Y^3)=\xi^3+\eta^3 \tag{3}$$

的解，通过将 $n=\dfrac{x^3+y^3}{x+y}$ 表示为 t^2+3u^2，以以下三种方式之一：当 x 为偶数时，$\left(\frac{1}{2}x-y\right)^2+3\left(\frac{1}{2}x\right)^2$；当 y 为偶数时，$\left(x-\frac{1}{2}y\right)^2+3\left(\frac{1}{2}y\right)^2$；当 x,y 均为奇数时

$$\left(\frac{x+y}{2}\right)^2+3\left(\frac{x-y}{2}\right)^2$$

并且将 $N=\dfrac{X^3+Y^3}{X+Y}$ 表示为 T^2+3U^2 的形式，那么

$$nN=A^2+3B^2, A=tT\mp 3uU, B=tU\pm uT$$

但是以三种方式之一将 A^2+3B^2 表示为 $(\xi^3+\eta^3)(\xi+\eta)$. 因此式(3) 被化简为

① Zap. mat. otd. obsc., Odessa, 20, 1902, 1-21 (Russian).

② L'intermédiaire des math., 9, 1902, 318.

③ Math. Naturw. Biätter, 1, 1904, 16-20, 29-33, 45-58.

④ Archiv Math. Phys., (3), 2, 1902, 280-284.

⑤ Ibid., (3), 4, 1903, 180, Cf. Fujiwara.

⑥ Math. Quest. Educ. Times, (2), 5, 1904, 76. [Cf. 27, 1915, 17-18.]

$(x+y)(X+Y)=\xi+\eta$. R. W. D. Christie① 指出了特解

$$(1+n^3)\{(2n-1)^3+(n-2)^3\}=(n^2+2n-2)^3+(2n^2-2n-1)^3$$

他②指出 $10^3+30^2=(3^3+7^2)(3^2+4^2)$. Cunningham 指出:如果 $A=A_1^2, a=\alpha^2$, $A_1^3=\alpha^3c\mp bd, B=\alpha^3d\pm bc$,那么

$$A^3+B^2=(a^3+b^2)(c^2+d^2)$$

成立.

P. S. Frolov③ 发现了当 $x=1$ 时式(4) 的最小解.

A. Hurwitz④ 讨论了

$$x_1^2+\cdots+x_n^2=xx_1x_2\cdots x_n, n\geqslant 3 \tag{4}$$

的正整数解,其中 x 为整数. 如果 $\xi(x,x_1,\cdots,x_n)$ 是一个解,那么显然,当 $x'_1+x_1=xx_2\cdots x_n$ 时,$\xi'=(x,x'_1,x_2,\cdots,x_n)$ 也是一个解. 同样地,当 $x'_2+x_2=xx_1x_3\cdots x_n$ 时,$\xi''=(x,x_1,x'_2,x_3,\cdots,x_n)$ 也是一个解. 我们称这些解 $\xi',\xi'',\cdots,\xi^{(n)}$ 为 ξ 的"邻近". 对这些解中的每一个建立邻近,等等. 那么所有这些解均可说是由 ξ"得到"的. 如果它的 n 个邻近没有一个具有比 $x_1+\cdots+x_n$ 更小的和,那么称 ξ 为一个"基础"解. 可以证明:ξ 是一个基础解,当且仅当 $i=1,\cdots,n$ 时,$2x_i^2\leqslant xx_1\cdots x_n$;每一个解既是基础解,又可以由其他解得到;当 x 是一个大于 n 的给定的整数时,式(4) 没有正整数解;当 $x=n$ 时,所有的正整数解可由 $x_1=\cdots=x_n=1$(见 Markoff⑤ 的 $n=3$ 时的情况)得到. 如果 $n\geqslant 5, x, x_1,\cdots,x_n$ 构成了式(4) 的一个基础解,且 $x_1\geqslant x_2\geqslant\cdots\geqslant x_n$,那么 x_i 中后面的 $n-2-k$ 个的值为 1,其中 k 满足 $2^k\leqslant n<2^{k+1}$.

E. B. Escott⑥ 引用了有有理根的两个数值方程 $x^7+rx^5+sx^3+tx+k=0$. "Charbonier" 运用了根 $a,b,-a-b,c,d,e,-c-d-e$.

E. N. Barisien⑦ 指出:$x=f(n), y=\phi(n)$ 给出了通过消去 n 而得到的方程 $F(x,y)=0$ 的解(但不是全部解). 当 x,y,z 是关于 n,m 的函数时,有同样的结论. A. Cunningham⑧ 给出了最小解 3,4,5,以及

$$(x^4+y^4+z^4)=2(x^8+y^8+z^8)$$

的通解.

① Math. Quest. Educ. Times,(2),5,1904,100.

② Math. Quest. Educ. Times,(2),6,1904,115.

③ Vest. opyth. fiziki(Spacinski's Bote Math.), Odessa,1906, Nos. 419-420, pp. 243-255.

④ Archiv Math. Phys.,(3),11,1907,185-196. Cf. papers 173,186,194,195*a*.

⑤ Math. Annalen,17,1880,396. Cf. Hurwitz.

⑥ L'intermédiaire des math.,16,1909,242.

⑦ Sphinx-Oedipe,5,1910,76-77.

⑧ Math. Quest. Educ. Times,(2),15,1909,49;(2),18,1910,101-102.

E. B. Escott[1] 指出：如果 $X = x^2 + 1$，那么

$$(x^3 + x^2 + 2x + 1)(x^3 - x^2 + 2x - 1) = X^3 - X - 1$$

A. Thue[2] 考虑

$$Ax^n + By^n + Cz^n - xyzU(x, y, z) = 0$$

的两两互素的解，其中 U 是系数也是 A, B, C 的 $n-3$ 次齐次多项式. 设 n 为奇数，p, q, r 为不全为 0 的整数，使得 $px + qy + rz = 0$，则通过置换 x, y, z 和 p, q, r，得到两个类似的方程

$$(Ar^n - Cp^n)x^n + (Br^n - Cq^n)y^n = xyE_1$$

$$E_1 = r^n zU - \frac{C}{xy}\{(px)^n + (qy)^n + (rz)^n\}$$

那么

$$ax = Br^n - Cq^n, by = Cp^n - Ar^n, cz = Aq^n - Bp^n$$

因此 $Aax + Bby + Ccz = 0$，进而我们得到第 2 个线性关系，以及 $ay^{n-1} - bx^{n-1}$，和两个类似的方程. 设 u 为 x, y, z 三个数中最大的值；λ 为 p, q, r 中最大的值；l 为 A, B, C 中最大的值；m 为 U 的系数中最大的值，且 $\delta = \frac{1}{2}(n-2) \cdot (n-1)m + (2^{n-1}+1)l$. 他证明了下面的定理. 如果 $ABC \neq 0, n \geqslant 3$，并且存在 p, q, r 满足 $\lambda^{n-1} < \frac{u}{l\delta}$，那么 $a = b = c = 0$. 如果我们给定函数是 n 次不可约的，那么我们能确定一个关于 A, B, C 和 U 的系数的函数 $k \geqslant l\delta$，使得不存在满足 $\lambda^{n-1} < \frac{u}{k}$ 的 p, q, r. 如果

$$Ax^n + By^n + Cz^n = 0$$

有互素的解，并且 n 是大于 1 的奇数，那么根本不存在解 p, q, r，不存在 $px + qy + rz = 0$ 中的所有 0 满足 $\lambda^{n-1} < \frac{u}{(2^{n-1}+1)l^2}$.

G. Candido[3] 研究了以 $L = x + \alpha y$ 和 $\phi(x, y)$ 为因式的多项式 $f(x, y)$，其中 α 为有理数. 设 $x + \alpha y = z^n, \phi = A$. 那么 $f(x, y) = Az^n$ 有解

$$x = \frac{1}{2}v_n(p, q), y = \frac{1}{2}\mu u_n(p, q), z = \lambda + \alpha\mu$$

$$p \equiv 2\lambda + \alpha\mu, q \equiv \lambda^2 + \alpha\lambda\mu$$

其中 u_k, v_k 满足 $\left(\frac{1}{2}v_k\right)^2 - \left(\frac{1}{4}p^2 - q\right)u_k^2 = q^k$. 同样地，如果 f 有因式 $Q = x^2 +$

---

① Math. Quest. Educ. Times, (2), 17, 1910, 57.

② Skrifter Videnskapsselsk. Kristiania(Math.), 2, 1911, No. 20.

③ Periodico di Mat., 27, 1912, 265-273.

$\beta xy+\gamma z^2$，其中β,γ为有理数，那么f可取为z^n. 他为了解出$LQ=Az^3$所运用的每一种方法都很细致，特别是当$x^3+y^3=Az^3$时，问题的解即为Lucas①得到的那些解.

A. Cunningham②证明了：如果$4x^3-y^3=3x^2yz^2$在正整数中，那么有$x=y,z=1$. 他研究了$x^5+y^5=t^2+u^2$的一个充分必要条件是$x+y$和$N=\frac{x^5+y^5}{x+y}$为$\square$. 因为$N\equiv(x^2-3xy+y^2)^2+5xy(x-y)^2$，设$x=\xi^2$，$y=5\eta^2$，并使$x+y=\square$. 通过$2^kp=s^2+t^2$，以及将初始方程乘$q^5$，E. Miot③得出了$x^5+y^5=2^kpqr^2$，其中$p$是素数$n+1$. 通过设

$$x-1=an, y-1=bn, t-1=cn+dn^2, u-1=en+fn^2$$

L. Aubry得到了无穷多个解.

"V. G. Tariste"④指出：如果$x,y,z<10$

$$x^n+y^n+z^n+xyz=100x+10y+z$$

当且仅当$n=3$时成立，那么x,y,z为370，407或952的位数. A. H. Holmes⑤通过假设$yz=100$或$xz=10$，得到了当$n=1$或$n=2$时的特解.

A. Cunningham⑥指出：每一个素数$p=X^n-Y^n$(其中$n=12m+7$)都可以表示为$\frac{x^3\pm y^3}{x\pm y}$的形式. 见Cunningham⑦.

G. Frobenius⑧证明了$x^2+y^2+z^2=kxyz$，当且仅当$k=3$或$k=1$时有正整数解，而后一种情况可通过代换$x=3X,y=3Y,z=3Z$化简为前一种情况. 见Hurwitz⑨.

Cunningham⑩指出：如果$n>3$，那么$X^n-Y^n=x^2+xy+y^2$有一个正整数解的无穷数. 他指出了当x^3-y^3或x^7-y^7被表示成Q^2+1时的情形. 他用几种方式表示出了(26，1914，50)两个形式为x^2+x+1的数的乘积，以及(27，1915，102)三个因式形式为A^2+3B^2的乘积.

T. Kojima⑪证明了：如果整系数多变量的有理函数在变量取整数值时等

---

① Nouv. Ann. Math.，425-426. Cf. Candido of Ch. XXIII.

② Math. Quest. Educat. Times，(2)，22，1912，69-70.

③ Ibid.，119-120.

④ Ibid.，133.

⑤ Amer. Math. Monthly，18，1911，69-70.

⑥ L'intermédiaire des math.，20，1913，3. Proof by Aubry，p. 120；by Welsch，p. 184.

⑦ Math. Quest. Educ. Times，23，1913，31-32.

⑧ Sitzungsber. Akad. Wiss. Berlin，1913，458-487.

⑨ Archiv Math. Phys.，(3)，11，1907，185-196. Cf. papers 173，186，194，195a.

⑩ Math. Quest. Educ. Times，23，1913，31-32.

⑪ Tôhoku Math. Jour.，8，1915，24.

于 n 次幂,那么此函数就是 n 次幂函数.

H. Brocard① 指出:$x=y=1$ 是 $x^x+y^y=x+y$ 的唯一整数解,并且 $x^x+y^y=xy$ 没有正整数解.这些问题是由 G. W. Leibniz 提出的.

A. Cunningham② 给出了 $\prod(x_i^2+x_i+1)=z^3$ 的 n 个解.

E. Fauquembergue③ 指出:$(4x^4-1)(4x-1)=y^2$ 的整数解仅有 $x=0,1,2$; $\pm y=1,3,21$.

M. Rignaux④ 给出了恒等式

$$x^6+y^6=z^6+w^2$$

W. Mantel⑤ 证明了 $x^2+y^2+z^2=x^2y^2t^2$ 不可能有整数解;还证明了当 $n=2,6,9,11,12$ 时,$x_1^2+\cdots+x_n^2=x_1x_2\cdots x_n$ 没有正整数解.并且分别给出了 $n=3(3,3,3)$,$n=4(2,2,2,2)$;$n=5(1,1,3,3,4)$,$n=7,8,10$ 的最小解.由他指出,并且由 L. de Jong 证明了 $x^2+y^2+z^2=xyz$ 的解 x,y,z 的最大公约数为 3,并列出了 7 个解集.见 Hurwitz⑥.

G. Rados⑦ 证明了:如果一个 n 次整系数多项式 $F(x)$ 对每一个素数模可分解为 n 个线性的整系数因式,那么 $F(x)$ 能够代数地分解为 n 个线性的整系数因式.

A. Korselt⑧ 认为:如果 $f(x,y)$ 是次数 $d>1$ 的无重根的齐次函数,那么对任意参数,在互素整有理函数 x,y,z 中,$f(x,y)=z^n$ 有解,当且仅当 $d=2$,n 为任意数,或 $d=3$,$n=2$.

由"V. G. Tariste"提出,并由 R. Goormaghtigh⑨ 证明了 $x^y-y^x=x-y$ 仅有整数解 $x=y+1=1,2,3$.

M. Rignaux⑩ 通过二次型理论证明了式

$$a^2+b^2+c^2=Kabc$$

在 $c=1$ 时成立,当且仅当 $K=3$.见 Hurwitz⑪.

---

① L'intermédiaire des math.,22,1915,61-62;21,1914,101.

② L'intermédiaire des math.,23,1916,41-42.

③ Ibid.,24,1917,41-42.

④ Ibid.,25,1918,7. For $x^3+y^6=z^3+w^6$, see Gérardin of Ch. XXI.

⑤ Wiskundige Opgaven,12,1917,305-309.

⑥ Archiv Math. Phys.,(3),11,1907,185-196. Cf. papers 173,186,194,195a.

⑦ Math. és termés. értesitö(Hungarian Acad. of Sc.),35,1917,20-30.

⑧ Archiv Math. Phys.,27,1918,181-183.

⑨ L'intermédiaire des math.,25,1918,30,95.

⑩ Ibid.,131-132.

⑪ Archiv Math. Phys.,(3),11,1907,185-196. Cf. papers 173,186,194,195a.

F. Irwin① 给出了一个寻找

$$ax^r - bxy + y - c = 0$$

的整数解的方法.

对于$\frac{x^n - 1}{x - 1} = \square$,见 Landau,以及本丛书第 1 卷.

关于 $pr(p^2 - r^2) : qs(q^2 - s^2)$,见第四章和 Euler 的文章①~④.

对于 $k^2 + 4k \cdot \mu\gamma = \square$,其中 $k = (\mu^2 + 1)(v^2 + 1)$,见 Haentzschel⑥.

通过 Hilbert⑦ 可知,方程 $f = 0$ 可能没有有理数解,而 $f \equiv 0 \pmod{p^e}$ 当 p 为任意素数时均有解. Cauchy⑧ 从 $F(x, y, z) = 0$ 的一个解找到了其他的解. 对于$(f^4 - k^4)(g^4 - h^4) = \square$,见 Euler⑨ 和 Gérardin⑩,Ward⑪. 关于 $f(x) = \square$,见 Jacobi⑫ 等. Brunel⑬ 解出了 $x_1^n + x_2^n = F$,其中 F 为 n 阶循环行列式. Euler⑭ 指出了 $abcd(a + b + c + d) = 1$ 的有理数解.

14　次数 $n > 4$ 的方程的各种系统

C. Gill 和 T. Beverley⑮ 找到了满足以下条件的数:它们的和为 $4n$ 次幂;将它们每一个数的平方加到它们的和中,结果为一个平方数. 取 $px^{2n}, qx^{2n}, \cdots$ 为这些数,且 x^{4n} 为它们的和. 最后一个条件给出了 $p^2 + 1 = \square, q^2 + 1 = \square, r^2 + 1 = \square, \cdots$ 成立,如果

---

① Amer. Math. Monthly,26,1919,270-271.

① Mém. Acad. Sc. St. Pétersbourg,11,1830(1780),12;Comm. Arith.,Ⅱ,425-437.

② Math Annalen,73,1913,230-240,600.

③ Comptes Rendus Paris,10,1840,285-288;Werke,Ⅰ,619-623.

④ Acta Acad. Petrop.,2,Ⅱ,1781(1778),85;Comm. Arith.,Ⅱ,366;Op. Om.,(1),Ⅲ,429.

⑥ Sitzungsber. Berlin Math. Gesell.,14,1915,85-94.

⑦ Göttingen Nachrichten(Math.),1897,52-54.

⑧ Exercices de mathématiques,Paris,1826;Oeuvres,(2),Ⅵ,286.

⑨ Algebra,2,1770,§253;2,1774,pp. 314-319. Opera Omnia,(1),Ⅰ,470-473. Same problem in papers 12,14,17,18,22,23,24,30,33,34,57,74,85,89. See papers 40-45 of Ch. ⅩⅨ.

⑩ L'intermédiaire des math.,22,1915,230-231(50-51).

⑪ J. R. Young's Algebra,Amer. ed.,1832,339-341.

⑫ Cf. Jacobi,Jour. für Math.,32,1846,220;werke Ⅱ,135;Schwering of Ch. ⅩⅪ.

⑬ Mém. Soc. Sc. Phys. et Nat. de Bordeaux,(3),2,1886,129-141.

⑭ Opera postuma,1,1862,235-237(about 1769). Cf. Euler.

⑮ The Gentleman's Math. Companion,London,5,No. 28,1825,367-369.

$$p=\frac{y^2-x^{2n}}{2yx^n},q=\frac{ax^{2n}-y^2/a}{2yx^n},r=\frac{bx^{2n}-y^2/b}{2yx^n},\cdots$$

为使 $p+q+\cdots=x^{2n}$，取 $y=\frac{a+b+\cdots-1}{2x^n},\frac{1}{a}+\frac{1}{b}+\cdots=1$.

J. Liouville① 指出：如果 $f(x_1,\cdots,x_\mu)=0,\cdots,F(x_1,\cdots,x_\mu)=0$ 的正整数解集为有限个，并且在所有可能的方式中我们设 $x_i=d_i\delta_i$，并且当 $d_1\cdots d_\mu$ 为偶数(或奇数)个(相等的或不同的)素数时，记 $\eta=n\pm1$(或 $n-1$)，那么 $\sum\eta$ 为给定方程的解集的个数，方程中的 x_i 为平方数.

H. Delorme② 指出：如果 $a+1$ 和 c 能被3整除，而 b 不能(因为不可能模3)，那么系统 $x^{2m}=ay^{2n}+1,x^{2p+1}=by^{2q+1}+c$ 无解.

A. B. Evans③ 找到了4个整数($ax^5,\cdots,dx^5$)，它们的和是六次幂，并且其中任意3个的和是五次幂. 取 $a+b+c+d=x$，那么上述条件为 $x-a=p^5,\cdots,x-d=s^5$. 因此，如果

$$p=3m,q=3m+1,r=3m+2,s=3m+3$$

那么 $x=\frac{1}{3}(p^5+q^5+r^5+s^5)$ 是整数，并且 a,b,c,d 也为整数.

A. Desboves④ 称 a 为 m 阶同余数，如果系统

$$x^{2m}+ay^{2m}=u^2$$

$$x^{2m}-ay^{2m}=v^2$$

有整数解. 当 $m=2$ 时，通过16可找到此表达式中 a 的系数为

$$xy(x^2-y^2)\cdot\frac{x^4-6x^2y^2+y^4}{2}$$

取 $x=2,y=1$，后者变为 -21，阶为2的最小同余数是21. A. Géradin⑤ 认为：如果 $x^m\pm ay^m=\square$ 同时成立，那么称 a 为 m 阶的同余数似乎更符合逻辑.

L. Gegenbauer⑥ 考虑方程 $f_1(x_1,\cdots,x_\mu)=0,\cdots,f_r(x_1,\cdots,x_\mu)=0$ 构成的系统的正整数解 $x_1^0,\cdots,x_\mu^0$ 构成的一个集合，以及 x_λ^0 的任意因数 δ_λ^0，并称乘积 $\delta_1^0\cdots\delta_\mu^0$ 为属于集合 $x_1^6,\cdots,x_\mu^0$ 的一个因子积. 设 $\chi(x)$ 为一个函数，且对所有 x,y 满足 $\chi(xy)=\chi(x)\chi(y)$. 设 $X(n)=\sum\chi(d)$，其中 d 取遍所有 n 的因数. 那么

$$\sum X(x_1^0)\cdots X(x_\mu^0)=\sum\chi(\delta_1^0\cdots\delta_\mu^0)$$

---

① Jour. de Math.,(2),4,1859,271-272. Cf. Gegenbauer.

② Nouv. Ann. Math.,(2),1,1862,455-457.

③ Math. Quest. Edue. Times,25,1876,76.

④ Nouv. Ann. Math.,(2),18,1879,490.

⑤ L'intermédiaire des math.,22,1915,101.

⑥ Sitzungsber. Akad. Wiss. Wien(Math.),95,Ⅱ,1887,606-609.

其中等式左端的和式取遍所有由满足上述条件的解 $x_1^0,\cdots,x_\mu^0$ 构成的集合；等式右端的和式取遍所有属于这些解集的因子积. 如果当 x 分别是偶数或奇数个素数(相等或不同)的乘积时，我们相应的取 $\chi(x)=+1$ 或 -1. 并根据 n 是或不是平方数，记 $\sum\chi(d)=+1$ 或 0. 我们便可得到由 Liouville[①] 提出的定理. 通过将 $\chi(x)$ 取为由小于 x 且与 x 互素的 k 个整数构成的集合的个数 $\phi_k(x)$，或第1卷第十九章中的 $\mu(x)$，以及如果 $n>1$，那么有 $\sum\phi_k(d)=n^k$，$\sum\mu(d)=0$，我们可以得到其他的几种特殊情况.

几位学者[②]找到了两个整数，它们的和，差，以及平方差都是12次幂(平方，立方，四次方). 在其他文献中[③]加入了条件：这些幂的9个根的乘积应该是平方，立方和四次方.

G. B. M. Zerr[④] 找到了6个正整数 x_i，使得它们中的每一个减去 $\frac{5}{2}(x_1+\cdots+x_6)^5$ 之后，都成为五次幂.

几位学者[⑤]找到了等差数列中的3个数，它们的和是一个六次幂.

E. Swift[⑥] 证明了 $x=0$，$y=1\ 250a^6$ 是方程

$$x^2+y^2=\square,\frac{5}{4}(x^2+y^2)=z^3,xy=2x^3,2(x+y)+\frac{xy}{x+y}=\square$$

$$(x^4+y^4)(x^2+y^2)-(x^5+y^5)\sqrt{x^2+y^2}=\square$$

的唯一整数解.

A. Cunning[⑦] 通过恒等式

$$a^4+b^4+(a+b)^4=2(a^2+ab+b^2)^2$$

讨论了

$$x^{2n}+y^{2n}+z^{2n}=u^{4n}+v^{4n}+w^{4n}\quad(n=1,2)$$

运用 $u^2+v^2=w^2$ 的通解，并设 $x=u^2-v^2-uv$，$y=2uv$，$z=x+y$，那么

$$u^8+v^8+w^8=2C^2,C=u^4+u^2v^2+v^4,2C^2=x^4+y^4+z^4$$

$$u^4+v^4+w^4=2C=x^2+y^2+z^2$$

他[⑧]用 Y^2-qxZ^2 的形式表示出了两个特殊的6次曲线和两个8次曲线. 其中 Y，

---

① Jour. de Math.，(2)，4，1859，271-272. Cf. Gegenbauer.

② Amer. Math. Monthly，2，1895，128-129.

③ Math. Quest. Educ. Times，60，1894，37-38.

④ Amer. Math. Monthly，5，1898，114.

⑤ Ibid.，8，1901，48-49.

⑥ Ibid.，15，1908，110-111. Problem proposed by J. D. Williams in 1832.

⑦ Math. Quest. Educ. Times，(2)，14，1908，66-67(reprinted，Mess. Math.，38，1908-1909，102-103).

⑧ Ibid.，(2)，16，1909，105-106.

Z 是关于 x 的函数，并且 $q=17,13,19,2$.

A. Gérardin[①] 讨论了 $x^m+Ay^p=f^2, x^m-Ay^p=g^2$ 的解. 因此 $2x^m=f^2+g^2$，进而 x 是两个平方数的和.

Gérardin[②] 通过以任何顺序将 x,t 取为因式 $2y^n-1, 4y^{2n}+2y^n+1$ 或 $t=1$，或者对 $y=2, x=2^k-1$ 或 $2^{2k}+2^k+1$，研究了系统 $x^6-1=4yz, 8y^{3n}-1=xt$，其中 $n=k+1$.

E. N. Barisien[③] 指出：当 $r=9y^4, s=x^4+9xy^3, t=3x^3y+9y^4$ 时，有 $x^{12}=r^3+s^3-t^3=u^2-v^2-w^2$，其中 u,v,w 是 x,y 的 6 次函数.

A. Cunningham[④] 指出：如果 $N_m=x^m-y^m$，并且 m,n 均是形如 $4k\pm1$ 的素数，我们设 $N_m=t_m^2\mp nu_m^2, N_n=t_n^2\mp mu_n^2$ 同时成立. 他和 R. F. Davis[⑤] 证明了我们可将 $\frac{x^{14}+x^7+1}{x^2+x+1}$ 表示成 A^2+3B^2 和 C^2+7D^2 的形式.

Cunningham[⑥] 研究了 $N=\phi(x,y)=\phi(x',y)=\cdots$，其中

$$\phi(x,y)=x^\beta y^n\pm x^\alpha y^m$$

并且 x,y 为互素的整数.

A. Gérardin[⑦] 给出了系统

$$2(x^3+y^3)=z^3+u^3+v^3$$

$$2(x^2+y^2)^4=(v^2-z^2)^4+(v^2-u^2)^4+(u^2-z^2)^4$$

的解.

L. Aubry[⑧] 使 $P(x+y)+Qx$ 和 $P(x+y)+Qy$ 均为 n 次幂.

A. Gérardin[⑨] 指出了当 s^5-x, s^5-y, s^5-z 均是平方数时的情况，其中 $s=x+y+z$；$s^n-x,\cdots,s^n-t$ 全是立方数，其中 $s=x+y+z+t$，因为

$$x,z=\mp(27p^9+144p^3)-108p^6-63, y=216p^6+1, t=126 \quad (s=1)$$

他指出了 $Ps^n+Qx^m+Ry^m+\cdots, Ps^n+Qx^m+Rz^m+\cdots,\cdots$ 均是 p 次幂的情形，其中 $s=x+y+\cdots$.

Gérardin[⑩] 提出了问题：$s\pm x, s\pm y,\cdots,s\pm\alpha$ 均是 p 次幂，其中 $s=x+$

---

① Assoc. franc. av. sc., 37, 1908, 15-17.

② Sphinx-Oedipe, 6, 1911, 141-142.

③ L'intermédiaire des math., 19, 1912, 194. Cf. Gérardin of Ch. XXI.

④ Math. Quest. Educ. Times, (2), 23, 1913, 21-22.

⑤ Ibid., (2), 23, 1913, 86-88.

⑥ Mess. Math., 44, 1914-1915, 37-47.

⑦ L'intermédiaire des math., 21, 1914, 143-144; 24, 1917, 111-112.

⑧ Ibid., 23, 1916, 33-34. Cf. Sphinx-Oedipe, 10, 1915, 26-27.

⑨ L'intermédiaire des math., 23, 1916, 169-170.

⑩ Ibid., 207-208.

$y+\cdots$. 他自己给出了这一问题的通解.

R. Goormaghtigh① 给出了

$$x+y+z=s, s^2-x^2=A^p, s^2-y^2=B^p, s^2-z^2=C^p$$

的解,其中 p 是 2 或任意奇整数. 他②指出,对于小于 1 000 000 的 A,仅当

$$31=1+5+5^2=1+2+2^2+2^3+2^4,$$

$$8\ 191=1+2+\cdots+2^{12}=1+90+90^2$$

时,$A=1+x+\cdots+x^m=1+y+\cdots+y^n$ 成立. 另外,如果 x 或 y 是负数,那么显然是解.

Despujols③ 在恒等式

$$(a^2+b^2)(\phi_1^2+\phi_2^2)\pm h=\{(a\pm b)\phi_1+(b\mp a)\phi_2\}^2$$

$$h\equiv 2(a\phi_1+b\phi_2)(b\phi_1-a\phi_2)$$

中取 $\phi_1^2+\phi_2^2=(a^2+b^2)^{n-1}$,从而得到了一个 n 阶的同余数. 他指出:每一个 n 阶同余数都具有 $2\theta^2\lambda\mu$ 的形式,其中 $\theta^2(\lambda^2+\mu^2)=x^n$,反之亦然.

关于 $x_1^2x_2^2x_3^2\pm x_i^2=\square(i=1,2,3)$ 见前文.

15 本书中未涉及的论文

P. Lackerbauer, Lehrsätze und Aufgaben über Gleichheiten als Beitrag zur höheren unbestimmetn Analysis, Progr. Münnerstadt, 1834.

G. A. Longoni, Sui problemi di analisi indeterminata, Monza, 1840.

C. F. Meyer, Ein diophantische Problem, Progr. Potsdam, 1867.

Poeschko, Auflösungsmethode unbestimmter Cl., Progr. St. Pölten, 1869.

J. Slavik, Solution of indeter. equations (Czech), Progr. Königgrätz, 1877.

F. M. Costa Lobo, Résolution des équations indéterminées, Coimbra, 1885.

C. Alasia, Elementi della teoria generale delle equazioni...edelle equazioni indeterminante, Napoli, 1891.

A. Zinna, L'analisi diofantea, Trapani, 1900.

① L'intermédiaire des math., 24, 1917, 23-24.

② Ibid., 88(p. 153, correction).

③ Ibid., 26, 1919, 14-15.

H. Zuschlag, Diophantische Gleich., Berlin, 1908.

J. Edaljii, Note on indeterminate equations, Jour. Indian Math. Soc., 3, 1911, 115.

H. Verhagen, An equation in three unknowns, Nieuw Tijdschrift voor Wiskunde, 3, 1915-1916, 307-314.

同样幂的相等和的整数集

第二十四章

如果 $t=\frac{2}{3}(a+b+c)$，那么 a,b,c 和 $t-a,t-b,t-c$ 有相同的和以及相同的平方和.这两条性质可被表示为

$$a,b,c \overset{2}{=} t-a,t-b,t-c,t=\frac{2}{3}(a+b+c) \tag{1}$$

这些数构成的两个集合的分解将用符号 $\overset{n}{=}$ 表示，它们对 $k=1,2,\cdots,n$ 有相同的 k 次幂的和.

Chr. Goldbach① 指出

$$\alpha+\beta+\delta,\alpha+\gamma+\delta,\beta+\gamma+\delta,\delta \overset{2}{=}$$
$$\alpha+\delta,\beta+\delta,\gamma+\delta,\alpha+\beta+\gamma+\delta$$

L. Euler② 指出 $a,b,c,a+b+c \overset{2}{=} a+b,a+c,b+c$.这是 $\delta=0$ 时的 Goldbach 的结果.但是它揭示了后者，因为(Frolor③)每一个数都可以增加任意常数 δ.

如果④选择 N 满足 $N,N-a_1,\cdots,N-a_t$ 有相同的和 $n,n+a_1,\cdots,n+a_t$，那么之前的数的平方和等于之后的数.

E. Prouhet⑤ 指出：1，…，27 可被分成 3 个集合，其中的 2 个为

① Corresp. Math. Phys. (ed. ,Fuss),1,1843,526,letter to Euler,July 18,1750.

② Ibid. ,549,letter to Goldbach,Sept. 4,1751. Special case by Nicholson of Ch. XXIII.

③ Bull. Soc. Math. France,17,1888-1889,69-83;20,1892,69-84. The second was reprinted in Sphinx-Oedipe,4,1909,81-89.

④ New Series of Math. Repository (ed. ,T. Leybourn),3,1814,I,75-77.

⑤ Comptes Rendus Paris,33,1851,225.

$$1,6,8,12,14,16,20,22,27$$

和

$$2,4,9,10,15,17,21,23,25$$

满足任一集合中的数和以及平方和与另一集合中的数相同.一个推论:存在 n^m 个可被分为每一集合中有 n^{m-1} 项的 n 个集合,使得当 $k<m$ 时,这些项的 k 次幂的和与所有集合的相等.

F. Pollock[①] 指出

$$p,p+a,p+2a+3n\overset{2}{=}p-n,p+a+2n,p+2a+2n$$

与式(1)相等.

F. Proth[②] 指出

$$a^2+ab+b^2,c^2+cd+d^2,(a+c)^2+(a+c)(b+d)+(b+d)^2$$

与通过互换 b 和 c 后得到的数有相同的和与平方和.

E. Cesàro[③] 证明了:如果 $a,\cdots,k$ 为 $1,\cdots,9$ 的一个排列,并且

$$a,b,c,d\overset{2}{=}d,e,f,g\overset{2}{=}g,h,k,a$$

那么

$$a=2,b=4,c=9,d=5,e=1,f=6,g=8,h=3,k=7$$

值得注意的是,4 个数所构成的 3 个集合可以用作以 a,d,g 为顶点的三角形的三个边.

M. Frolov[④] 指出

$$\sum a^k=\sum b^k,\sum a_1^k=\sum b_1^k,k=1,\cdots,n$$

进而

$$\sum(a+h)^k=\sum(b+h)^k,\sum(a+a_1)^k=\sum(b+b_1)^k$$

当 $n=2$ 时,a 一定至少存在 3 项;当 $n=3$ 时,至少有 4 项.当 $n=3$ 时,最小项被错误[⑤]地写为 1,5,8,12 和 2,3,10,11.当 $n=3$ 时,当所有的 a 和 b 同为 $1,2,\cdots,2m$ 时,可得到许多例子.

J. W. Nicholson[⑥] 指出恒等式

---

① Phil. Trans. Roy. Soc. London, 151, 1861, 414.

② Nouv. Corresp. Math., 4, 1878, 377-378.

③ Ibid., 293-295. Question by F. Proth.

④ Bull. Soc. Math. France, 17, 1888-1889, 69-83; 20, 1892, 69-84. The second was reprinted in Sphinx-Oedipe, 4, 1909, 81-89.

⑤ On the proof-sheets Escott noted that $5,1,4,8\overset{2}{=}2,2,7,7$, has smaller terms. It is derived from $3,-1,2,6\overset{2}{=}0,0,5,5$ of Escott by increasing each term by 2.

⑥ Amer. Math. Monthly, 1, 1894, 187.

$$3a+3b,2a+4b,a,b\overset{3}{=}3a+4b,a+3b,2a+b$$

$$5a+10b,4a+11b,3a+5b,2a+8b,3a+3b,2a+6b,a,b\overset{5}{=}$$
$$5a+11b,4a+6b,3a+10b,3a+8b,a+5b,2a+3b,2a+b$$

上式左边比右边多一项.但是,对于 $n=1,\cdots,5$ 时,$a\pm 32,a\pm 24,a\pm 18,a\pm 10$,$a\pm 4$ 这 10 项的 n 次幂的和等于 $a\pm 30,a\pm 28,a\pm 16,a\pm 8,a\pm 6$ 这 10 项的 n 次幂的和.

A. Martin① 给出了式(1) 的特例

$$a,b,2a+2b\overset{2}{=}a+2b,2a+b$$

以及

$$p,q,2p+2q,3p+3q\overset{2}{=}3p+2q,2p+3q,p+q$$
$$a+b+c,a+b-c,a-b+c,-a+b+c\overset{2}{=}2a,2b,2c$$

R. W. D. Christie② 注意到,若 $t=e+f+g+h$

$$s+e,s+f,s+g,s+h,s-t\overset{2}{=}s-e,s-f,s-g,s-h,s+t$$

(因为我们可通过 s 化简每一项,我们可得到一个显然的恒等式)

A. Cunningham③ 指出:如果 $xy=bc$,那么 $x+y,b,c\overset{2}{=}x,y,b+c$.进而,如果 $a,b,c\overset{2}{=}x,y,z$,那么

$$a,b,c+kz,kc\overset{2}{=}x,y,z+kc,kz$$

同样地,n 个数构成的 2 个集合中的一个解产生了 $n+1$ 个数构成的 2 个集合中的一个解.J. H. Taylor 指出:如果

$$a_1+a_3+\cdots+a_{2r-1}=a_2+a_4+\cdots+a_{2r}$$

那么

$$a_1+1,a_2,a_3+1,a_4,\cdots,a_{2r}\overset{2}{=}a_1,a_2+1,a_3,a_4+1,\cdots,a_{2r}+1$$

如果 $b_1+\cdots+b_{2r}=2r(n-r)-r$,那么

$$b_1,\cdots,b_{2r},n\overset{2}{=}b_1+1,\cdots,b_{2r}+1,n-2r$$

H. M. Taylor 给出了式(1) 的推论

$$a_1,\cdots,a_n\overset{2}{=}t-a_1,\cdots,t-a_n,t=\frac{2}{n}(a_1+\cdots+a_n)$$

R. W. D. Christie 指出

$$ab+cd,bc,ad\overset{2}{=}bc+ad,ab,cd$$

并且

$$n-1,n-2,n+3,n-4,n+5,n+6,n-7\overset{2}{=}$$
$$n+1,n+2,n-3,n+4,n-5,n-6,n+7$$

---

① Math. Magazine,2,1898,212-213,220.

② Math. Quest. Educ. Times,(2),2,1902,40. His condition $s=a+b+c+d$ is unnecessary.

③ Ibid.,(2),4,1903,98-100.

A. Gérardin[①] 指出

$$x^3+y^3+z^3=(x+1)^3+(y-2)^3+(z+1)^3$$

等价于 $\Delta x+\Delta z=(y-1)^2$，其中 $\Delta x=\frac{x(x+1)}{2}$. 他依次取 $\Delta x=1,3,6,10,15,\cdots$，并且利用三角数表找到了所有小于或等于 100 的可能的 z. 他找到了 13 个解，如

$$1^3+15^3+12^3=2^3+10^3+16^3, 1+15+12=2+10+16$$

1,15,12 的平方和比 2,10,16 的平方和大 10. 在我们得到的 13 个解中考虑 2 个解满足上述提到的超出比率为一个平方数 m^2；将第一个解中的数乘以 m 再加上第二个解；用这种方法，我们可以得到

$$2,4,20,22,33\overset{3}{=}1,6,16,26,32$$

$$1,4,12,13,20\overset{3}{=}2,3,10,16,19$$

$$3,4,15,20,23,26\overset{3}{=}2,5,17,18,22,27$$

$$2,6,30,46,53,73\overset{3}{=}3,4,34,44,51,74$$

$$2,6,44,58,63,91\overset{3}{=}1,8,40,60,65,90$$

其余的可由加上这些中的 2 个得到，由 $x+y+z=x+2+y-4+z+2$，他得到

$$1,19,23,24,32,48\overset{3}{=}3,15,20,25,40,44$$

A. Gérardin[②] 指出

$$14,23,25,138\overset{2}{=}7,26,30,137$$

$$1,g+3,3g+2,4g+4\overset{3}{=}2,g+1,3g+4,4g+3$$

$$2,12,15,35,38,48\overset{5}{=}3,8,20,30,42,47$$

而 $x+h,y+p,z\overset{3}{=}x,y,z+h+p$ 是不可能的（最后一个结论是 Bastein[③] 中的一个显然的定理的一种情况）.

H. B. Mathieu[④] 指出

$$l,l-m-an,l+(a-1)m-n\overset{2}{=}l-m-n,l-an,l+(a-1)m$$

U. B. Escott[⑤] 展示了当 $n=3$ 时，如何找到

$$\sum_{i=1}^{n} x_i=\sum y_i,\quad \sum_{i=1}^{n} x_i^2=\sum y_i^2 \tag{2}$$

的全部的解. 设 $x_i=X_i+S$, $y_i=Y_i+S$，其中，$3S=x_1+x_2+x_3$. 但是，如果 $\sum x_i$

---

① Sphinx-Oedipe, 1906-1907, 120-124.

② Ibid., 1907-1908, 27, 94-95. Also, a case of (1).

③ Ibid., 171-172.

④ L'intermédiaire des math., 14, 1907, 201. All the solutions, ibid., 50, 200-203, by the other writers are special cases of (1).

⑤ Ibid., 15, 1908, 109-111.

不能被 3 整除,那么取

$$S=\sum x_i,3x_i=X_i+S,3y_i=Y_i+S$$

因此

$$\sum X_i=0=\sum Y_i$$

通过它们可将 $\sum X_1X_2=\sum Y_1Y_2$ 中的 X_3 和 Y_3 消掉,我们得到

$$X_1^2+X_1X_2+X_2^2=Y_1^2+Y_1Y_2+Y_2^2 \tag{3}$$

因此问题化简为如何解式(3). 为了找到所有的解,设 N 为除了 X_1,X_2,Y_1,Y_2 公共的平方因数以外,素因数的形式为 $6n+1$ 或 3 的任意数. 那么表示 N 的所有方法具有 x^2+xy+y^2 的形式.

A. Gérardin① 指出

$$1,m+3,2m-2,4m+2,5m-3,6m-1\overset{3}{=}$$
$$2,m-1,2m+3,4m-3,5m+1,6m-2$$
$$x,x+3,x+5,x+6,x+9,x+10,x+12,x+15\overset{5}{=}$$
$$x+1,x+2,x+4,x+7,x+8,x+11,x+13,x+14$$

G. Tarry 也得到了结果

$$c,a+3b,2a-b-c,4a+5b-3c,5a+b-4c,6a+4b-5c\overset{5}{=}$$
$$b+c,a-b,2a+4b-c,4a-3c,5a+5b-4c,6a+3b-5c$$

Gérardin② 指出 $b^2+ab-a^2,a^2+2ab-4b^2,4b^2$ 和 $4b^2$ 有相同的和以及与 $a^2+ab-b^2,4b^2+2ab-a^2,b^2$ 和 b^2 有相同的立方和.

G. Tarry③ 给出了

$b,a-3b+2c,2a+2b-5c,2a+4b-7c,3a-6b+c,3a-4b-c,4a-b-6c,4a+4b-11c,5a-9b,6a+5b-16c,8a-11b-4c,9a+3b-20c,10a-10b-9c,10a-5b-14c,11a-2b-19c,11a-21c,12a-10b-13c,12a-8b-15c,13a-3b-22c,14a-7b-20c\overset{9}{=}c,a+3b-4c,2a-5b+2c,2a-3b,3a+2b-7c,3a+4b-9c,4a-7b,4a-2b-5c,5a+5b-14c,6a-10b-c,8a+4b-19c,9a-11b-6c,10a-4b-15c,10a+b-20c,11a-10b-11c,11a-8b-13c,12a-3b-20c,12a-b-22c,13a-9b-16c,14a-6b-21c$

Welsch④ 指出式(2) 的通解为

$$x_{n-1}=\frac{1}{2}(a-X+\lambda),x_n=\frac{1}{2}(a-X-\lambda)$$

① Sphinx-Oedipe,1908-1909,96;errata,144.

② Ibid. ,4,1909,44.

③ Ibid. ,176.

④ L'intermédiaire des math. ,16,1909,89-90. For $n=3$,ibid. ,15,1908,280-281.

$$y_{n-1}=\frac{1}{2}(a-Y+\mu), y_n=\frac{1}{2}(a-Y-\mu)$$

且 $x_i, y_i(i=1,\cdots,n-2)$ 为任意数,其中

$$X=\sum_{i=1}^{n-2} x_i, Y=\sum_{i=1}^{n-2} y_i$$

$$\lambda^2-\mu^2=(2a-X-Y)(X-Y)-2\sum_{i=1}^{n-2} x_i^2+2\sum_{i=1}^{n-2} y_i^2$$

并且 λ,μ 的奇偶性与 $a-X, a-Y$ 的相同. E. B. Escott 指出他对 $n=3$ 时所做的工作①还可以继续.

H. B. Mathieu② 提出问题:通解是否为

$$2su-uv+st, st+tv, su-2uv+tv \stackrel{2}{=} st-uv, 2su-2uv+st+tv, su+tv$$

在回答③中引用了一些不具有此形式的数值解.

A. Gérardin④ 给出式(1) 的三种情况, $c=2a+2b=t$(Martin⑤), $4p^2-3mp, 3m^2+4mp-4p^2$ 有相同的和以及与 $6m^2-3mp, 2p^2+4mp-6m^2, 3m^2-2p^2$ 具有相同的立方和.

U. Bini⑥ 设式(2) 中的 $y_s=x_s+r_s$,由此 $\sum r_s=0$. 通过后者,可从二次方程中消去 r_m,然后就可视为关于 r_1 的二次方程. 接下来,设

$$x^n+y^n+z^n=u^n+v^n+w^n, n=1,2,4 \tag{4}$$

其中, x,y,z 不是 u,v,w 的排列. 那么 $x+y+z=0$ 与 $n=4$ 时所给定的方程可以相互推导. 用 $-x-y$ 代替 z, $-u-v$ 代替 w,我们得到

$$x^2+xy+y^2=u^2+uv+v^2$$

设 x_1, y_1, v_1 为一个解;通解为

$$x=P_1x_1+P_2x_2, y=P_1y_1+P_2y_2, u=P_1u_1+P_2u_2, v=P_1v_1+P_2v_2$$

$$P_1=u_2^2+u_2v_2+v_2^2-x_2^2-x_2y_2-y_2^2$$

$$P_2=2x_1x_2+2y_1y_2-2u_1u_2-2v_1v_2+x_1y_2+x_2y_1-u_1v_2-u_2v_1$$

其中 x_2, y_2, u_2, v_2 为任意数. 式(4) 的各种特解已经给出.

A. Gérardin⑦ 指出

$$(f-2g)^k+(4f-g)^k+(3g-5f)^k=(4f-3g)^k+(2g-5f)^k+(f+g)^k$$

---

① L'intermédiaire des math., 16, 1909, 89-90. For $n=3$, ibid., 15, 1908, 109-111.

② Ibid., 16, 1909, 219-220.

③ Ibid., 17, 1910, 72, 165.

④ Assoc. franç. av. sc., 38, 1909, 143-145.

⑤ Math. Magazine, 2, 1898, 212-213, 220.

⑥ Mathesis, (3), 9, 1909, 113-118; same method in Periodico di Mat., 25, 1910, 119-128.

⑦ Assoc. franç. av. sc., 39, I, 1910, 44; Sphinx-Oedipe, 5, 1910, 182.

$$k=1,2,4$$

他①给出了

$$2d+3x,4d+2x,d\overset{2}{=}d+2x,4d+3x,2d$$

Welsch② 指出:式(2) 的通解为

$$x_{n-2}=-\sum_{i=1}^{n-3}x_i+t+BD-AC,y_{n-2}=-\sum_{i=1}^{n-3}y_i+t+AB-CD$$

$$x_{n-1}=t+AB,x_n=t-CD,y_{n-1}=t+BD,y_n=t-AC$$

其中 $x_i,y_i(i=1,\cdots,n-3)$ 为任意数(当 $n>3$ 时此式错误,因为在 $\sum x_i^2=\sum y_i^2$ 中唯一与 x_i,y_i 无关的项被消掉了.)

E. N. Barisien③ 给出了涉及 1,…,32 的关系

$$\begin{aligned}&1,8,10,15,20,21,27,30\\\overset{2}{=}&4,5,11,14,17,24,26,31\\\overset{2}{=}&2,7,9,16,19,22,28,29\\\overset{2}{=}&3,6,12,13,18,23,25,32\end{aligned}$$

C. Bisman④ 给出了类似上式的 6 个关系,$\sum a^k=\sum b^k(k=1,\cdots,n)$ 对于小于或等于 9 的每一个 n 的数值例子,和三个类型为

$$a-b,a-2c,a+b+c,a+2b-c\overset{3}{=}a+2b,a+c,a-b-c,a+b-2c$$

的恒等式.

L. Aubrgy⑤ 通过设 $x_i=1+y_in,u_i=1+v_in$,研究了 $\sum x_i=\sum u_i$,$\sum x_i^3=\sum u_i^3(i=1,2,3)$,从而有 $\sum y_i=\sum v_i$.如果

$$n=\frac{3(\sum v_i^2-\sum y_i^2)}{\sum y_i^3-\sum v_i^3}$$

那么三次方程成立.

E. B. Escott⑥ 运用了他⑦的方法解决了最后定理.

A. de Farkas⑧ 指出:如果 $\sum x,\sum x^2,\sum x^3$ 和 $x_3+3x_4+\cdots+(m-1)x_m$

---

① Sphinx-Oedipe, 5, 1910, 177.

② L'intermédiaire des math., 18, 1911, 60 (for $n=3$), 205.

③ Mathesis, (4), 1, 1911, 69.

④ Ibid., 205-208, 264.

⑤ L'intermédiaire des math., 19, 1912, 156-157. E. Miot(p. 3) gave two numerical solutions.

⑥ Ibid., 263-264.

⑦ Ibid., 15, 1908, 109-111.

⑧ Ibid., 182. His remark on p. 131 is the case $n=2$ of Frolov's first result.

等于与其形式类似的 y 的各个和，那么 $x_1+a, x_2+a+d, \cdots, x_m+a+(m-1)d$ 的和与 $y_1+a, \cdots$ 的立方和相等(错误).

G. Tarry[①] 指出：前 $2^n(2a+1)$ 个整数可被分为 2 个集合，每个集合中的 $2^{n-1}(2a+1)$ 项的和在 $t=1,\cdots,n$ 时均为 t 次幂. 当 $a=1, n=3$ 时，第 1 个集合为

$$1,3,7,8,9,11,14,16,17,18,22,24$$

Tarry[②] 对任意 x 给出了式(1)，并指出

$$a,b,\cdots,h \overset{n}{=} p,q,\cdots,t$$

进而

$$a,\cdots,h,p+x,\cdots,\cdots,t+x \overset{n+1}{=} p,\cdots,t,a+x,\cdots,h+x$$

通过此引理，他得出

$$6a-3b-8c,5a-9c,4a-4b-3c,2a+2b-5c,a-2b+c,b \overset{5}{=}$$
$$6a-2b-9c,5a-4b-5c,4a+b-8c,2a-3b,a+2b-3c,c$$

H. B. Mathieu[③] 对 $n=3$ 给出了式(2) 的通解.

$$l \pm (ab+ac), l(1-bd)+qab \mp ac, l(cd+1) \mp ab-qac$$

L. Aubry 指出 $x+y+z \overset{3}{=} u+v+w$，进而 $xyz=uvw$.

O. Birck[④] 指出：如果 $x+y+z=0$，那么

$$(\mathrm{i}x-ky)^n+(\mathrm{i}y-kz)^n+(\mathrm{i}z-kx)^n=(\mathrm{i}y-kx)^n+(\mathrm{i}z-ky)^n+(\mathrm{i}x-kz)^n$$
$$n=0,1,2,4$$

"V. G. Tariste"[⑤] 指出

$$(23n+57l)^e+(40n-6l)^e+(17n-63l)^e$$
$$=(23n-57l)^e+(40n+6l)^e+(17n+63l)^e, e=2,4$$

进而，这类情况也被 E. B. Escott 和 A. Gérardin[⑥] 所给出.

E. Miot[⑦] 指出等差数列中的任意 $2^n(2a+1)$ 个数可以被分成 2 个集合. 如果 $a>0, n>1$，那么这 2 个集合对于 $t=1,\cdots,n$ 有相同的和；而如果 $a=0$，那么对于 $t=1,\cdots,n-1$ 有相同的和. 因此，如果我们将 Tarry[⑧] 中的例子代换为 $a+(x-1)r$，我们得到

---

① L'intermédiaire des math., 19, 1912, 156-157. E. Miot(p. 3)gave two numerical solutions., 200.

② L'intermédiaire des math., 19, 1912, 219-221. Cf. Tarry.

③ Ibid., 225.

④ Ibid., 19, 1912, 252-255. Cf. Birck of Ch. XXII.

⑤ Ibid., 129; cf. 201, 250.

⑥ Ibid., 21, 1914, 126-129.

⑦ Ibid., 20, 1913, 64-65. Generalization of Tarry.

⑧ Ibid., 200.

$$a,a+2r,a+6r,\cdots,a+23r \stackrel{3}{=} a+r,a+3r,\cdots,a+22r$$

Tarry① 指出:如果 k 是给定方程组中每一个方程的项数,而 x 可用 d 种方式表示为同属于一个方程的 2 个数的差,那么在他的引理中,方程组中的每一个方程的项数化简为 $2k-d=0$. 给定

$$1,5,10,16,27,28,38,39 \stackrel{6}{=} 2,3,13,14,25,31,36,40$$

取

$$x=11=16-5=27-16=38-27=39-28$$
$$=13-2=14-3=25-14=36-25$$

因此 $d=8$,而

$$1,5,10,24,28,42,47,51 \stackrel{7}{=} 2,3,12,21,31,40,49,50$$

E. Miot 指出

$$1+n,2+n,10+n,12+n,20+n,21+n \stackrel{5}{=}$$
$$n,5+n,6+n,16+n,17+n,22+n$$

O. Birck 取 $x+y+z=0$,并且

$$\xi=\mathrm{i}x-ky,\eta=\mathrm{i}y-kz,\zeta=\mathrm{i}z-kx$$
$$\pi=\mathrm{i}y-kx,\kappa=\mathrm{i}z-ky,\rho=\mathrm{i}x-kz$$

那么

$$n+\xi,n-\xi,n+\eta,n-\eta,n+\zeta,n-\zeta \stackrel{5}{=}$$
$$n+\pi,n-\pi,n+\kappa,n-\kappa,n+\rho,n-\rho$$

O. Birck② 指出

$$\xi^4+\eta^4+\zeta^4=\pi^4+\kappa^4+\rho^4,\xi+\eta+\zeta=\pi+\kappa+\rho,\eta-\xi=\kappa-\pi\neq 0$$

对于

$$\xi,\eta=\mathrm{i}-\frac{1}{2}(x\pm y);\kappa,\pi=\mathrm{i}+\frac{1}{2}(x\pm y);\zeta,\rho=k\pm x$$

满足条件 $k^3-\mathrm{i}^3+(k-\frac{1}{4}\mathrm{i})x^2-\frac{3}{4}\mathrm{i}y^2=0$. 他由后者的一个解$(i,k,x,y)$得到了 2 个或更多的新解.

A. Gérardin③ 指出

$$p(p+a+b),p^2+2p(a+b)+2ab$$
$$p(a+b)+2ab \stackrel{3}{=} ap,bp,p^2+p(a+2b)+2ab$$
$$p^2+p(2a+b)+2ab$$

① L'intermédiaire des math. ,68-70.

② Idib. ,20,1913,273-277.

③ Sphinx-Oedipe,8,1913,134;correction,157.

E. B. Escott① 指出：对于 $n=2,4$，式(4) 有解

$$x=m^2+mn+3n^2, y=2m^2-4mn-n^2, z=3m^2-2n^2$$

$$u=3m^2-mn+n^2, v=-m^2+4mn+2n^2, w=-2m^2+3n^2$$

其中 m,n 为奇数，并且给出了 2 个类似解. Gérorrdin 给出了一个得到解的过程.

Crussol② 在限制条件 $y+z=v+w$ 下，研究了以上的问题. 此方程可写为如下的形式

$$(x+pn)^k+(y+pm)^k+(z-pm)^k=(x-pn)^k+(y-pm)^k+(z+pm)^k$$

$$k=2,4$$

其中 m,n 互素. 因此

$$xn=m(z-y), 4p^2n^2(n^2-m^2)=3n^2(z+y)^2+(n^2-4m^2)(z-y)^2$$

设 $s=3\alpha^2-\beta^2(n^2-4m^2)$，那么解为

$$p=3\alpha^2+\beta^2(n^2-4m^2), z+y=ns+2\alpha\beta(n^2-4m^2), z-y=ns-6\alpha\beta n^2$$

Crussol③ 指出：系统

$$(x+a)^k+(x-a)^k+(y+b)^k+(y-b)^k$$

$$=(z+a)^k+(z-a)^k+(t+b)^k+(t-b)^k, k=2,4,6$$

等价于 $x^2+y^2=z^2+t^2$，并且

$$6(a^2-b^2)=y^2+t^2-x^2-z^2, 10(a^2+b^2)=y^2+t^2+x^2+z^2$$

设

$$x=\alpha q-\beta p, y=\alpha p+\beta q, z=\alpha q+\beta p, t=\alpha p-\beta q$$

因此

$$3(a^2-b^2)=(\alpha^2-\beta^2)(p^2-q^2), 5(a^2+b^2)=(\alpha^2+\beta^2)(p^2+q^2)$$

$$\alpha^2+\beta^2=5(\gamma^2+\delta^2), \alpha=2\delta+\gamma$$

$$\beta=2\gamma-\delta, a=\gamma p+\delta q, b=\gamma q-\delta p$$

$$3(\gamma^2-\delta^2)(p^2-q^2)=2\gamma\delta(2p+q)(p-2q)$$

这个关于 γ,δ 的二次函数的判别式一定是一个平方数. 对给定的 $p=\delta=3$，$q=2,\gamma=5$，三个特解中的第一个为

2,16,21,25;5,14,23,24

G. Tarry④ 再次发表了他的⑤结果，并指出

---

① Sphinx-Oedipe, 141-142. Cf. papers 206-207 of Ch. XXII.

② Ibid., 8, 1913, 134; correction, 175-176.

③ Ibid., 189.

④ Sphinx-Oedipe, numéro spécial, June, 1913, 18-23; l'enseignement math., 16, 1914, 18-27 (prepared for press by Aubry after Tarry's death).

⑤ L'intermédiaire des math., 19, 1912, 219-221. Cf. Tarry.

$$A_1,\cdots,A_k \overset{2n}{=} B_1,\cdots,B_k,A_i+A_{k-i}=2h=B_i+B_{k-i},i=1,\cdots,k$$

从而 $A_1,\cdots,A_k \overset{2n+1}{=} B_1,\cdots,B_k$，通过从给定的方程中的每一项中减 h. A. Aubry 推导出

$$A,B,C,-A,-B,-C \overset{5}{=} A',B',C',-A',-B',-C'$$

如果

$$A=ab+a\beta+b\alpha-3\alpha\beta,B=-ab+a\beta+\alpha b+3\alpha\beta,C=2a\beta+2\alpha b$$
$$A'=ab+a\beta-b\alpha+3\alpha\beta,B'=-ab+a\beta-\alpha b-3\alpha\beta,C'=2a\beta-2\alpha b$$

因为$\sum A^2=\sum A^{12},\sum A^4=\sum A^{14}$. 取 $a=1,\alpha=2,b=3,\beta=4$，并对每一项加上 32. 因此

$$1,12,21,43,52,63 \overset{5}{=} 3,7,28,36,57,61$$

Aubry 指出：如果 $A_1x+B_1y=xy$，那么

$$A_1+x,B_1+y \overset{2}{=} A_1,B_1$$

因此设

$$A_1=ab,B_1=cd,x=c\alpha,y=b\alpha,\alpha=a+d$$

进而如果 $A,B \overset{2}{=} \xi,\eta,\zeta$，那么 $A=ab+bd+cd,B=ab+ac+cd$，由此有

$$A^2-AB+B^2=(a^2+ad+d^2)(b^2+bc+c^2)$$

但是 a^2+ad+d^2 除了 3 以外只有 $6k+1$ 形式的素因数. 如果 A^2-AB+B^2 可被 3 整除，那么 $A+B=3h$，并且 $A,B \overset{2}{=} A-h,B-h,2h$. 因此有 $A,B \overset{2}{=} \xi,\eta,\zeta$ 可解当且仅当 A^2-AB+B^2 是 3 的倍数，或至少有 2 个素因数 $6k+1$.

Crussol① 解 $a,b,c \overset{3}{=} a_1,b_1,c_1,d_1$. 在对每一项加上一个适当的常数以后，我们有 $a+b+c+d=0$. 设

$$A=a+b=-c-d,A_1=a_1+b_1=-c_1-d_1$$
$$2B=a-b,2B_1=a_1-b_1,2C=c-d,2C_1=c_1-d_1$$

那么

$$A^2+(B+C)^2+(B-C)^2=A_1^2+(B_1+C_1)^2+(B_1-C_1)^2$$
$$A(B+C)(B-C)=A_1(B_1+C_1)(B_1-C_1)$$

后者的通解为

$$A=\lambda px,B+C=\mu qy,B-C=\upsilon rz,A_1=\mu rx,B_1+C_1=\upsilon py,B_1-C_1=\lambda qz$$

然后前面的条件成为 $ex^2=fy^2+gz^2$，其中

$$e=\mu^2r^2-\lambda^2p^2,f=\mu^2q^2-\upsilon^2p^2,g=\upsilon^2r^2-\lambda^2q^2$$

由显然的解 $(x,y,z)=(\upsilon,\lambda,\mu)$ 和 (q,r,p)，我们得到通解

$$x=\upsilon(\alpha^2f+\beta^2g),y=\lambda(\alpha^2f-\beta^2g)+2\mu\alpha\beta g$$

---

① Sphinx-Oedipe, 8, 1913, 156-157; special case $\lambda=\mu=\upsilon=1$, p. 134.

$$z=\mu(\alpha^2 f-\beta^2 g)-2\lambda\alpha\beta f$$

L. Bastien① 证明了当所的 x_i 没有构成所有 y_i 的排列时，$x_1,\cdots,x_n \stackrel{n}{=} y_1,\cdots,y_n$ 是不可能的. 因为，x_i 的初等对称函数等于 y_i 的初等对称函数，以致于 x_i 与 y_i 同样是 n 次方程的根.

E. N. Barisien② 指出 1,5,9,11,15,16 和 3,4,8,10,14,18 和 2,6,7,10,14,18 和 1,5,9,12,13,17 具有相同的和及平方和. 并且

$$3,4,8,11,15.16 \stackrel{3}{=} 2,6,7,12,13,17$$

A. Aubry③ 给出了 $\sum a=\sum \alpha, \sum a^2=\sum \alpha^2$ 的已知的和新得到的解，并证明了 $x,y \stackrel{3}{=} t,u,v$ 是不可能的.

N. Agronomof④ 注意到了当 $a+c+3=2b$ 时的式(1).

A. Gérardin⑤ 给出了 $\sum A=\sum X, \sum A^3=\sum X^3$ 的解

$$A=2p^2-9pq+6q^2, B=2pq, C=pq, X=-p^2+9pq-12q^2$$
$$Y=2p^2-10pq+12q^2, Z=p^2-5pq+6q^2$$

N. Agronomof⑥ 给出了

$$\sum_{i=1}^{4} x_i^k=\sum_{i=1}^{4} y_i^k, k=1,2,3$$

的 8 个参数解. 对于此系统的任一解，我们有

$$\sum_{i=1}^{4}(x_i+z)^k+\sum_{i=1}^{4} y_i^k=\sum_{i=1}^{4}(y_i+z)^k+\sum_{i=1}^{4} x_i^k, k=1,2,3,4$$

其中 z 为任意数. 与此类似，我们能够通过特殊化第一次引用的解来解出

$$\sum_{i=1}^{v} x_i^k=\sum_{i=1}^{v} y_i^k, v=2^{n-1}; k=1,\cdots,n$$

他得到了

$$\sum_{i=1}^{8} x_i^k=\sum_{i=1}^{4} y_i^k, k=1,2,3; s=1 \text{ 或 } 2 \text{ 或 } 3$$

的解.

A. Filippov⑦ 指出上文中提到的特殊化解是烦琐的，因为它们可化简为

---

① Sphinx-Oedipe, 8, 1913, 156-157; special case $\lambda=\mu=\upsilon=1$, 171-172.

② Mathesis, (4), 3, 1913, 69.

③ Annaes Sc. Acad. Polyt. do Porto, 9, 1914, 141-151.

④ Suppl. al Periodico di Mat., 19, 1915, 20.

⑤ Nouv. Ann. Math., (4), 15, 1915, 564, L'intermédiaire des math., 22, 1915, 130-132 (correction for $h=2$); 23, 1916, 107-110. Cf. papers 130, 302, 438-440, 442 of Ch. XXI.

⑥ Tôhoku Math. Jour., 10, 1916, 207-214.

⑦ Ibid., 15, 1919, 143.

$x_i = y_i$ 或 $y_i = 0$.

A. Gérardin[1] 指出 $\sum X = \sum a, \sum X^2 = \sum a^2$,如果 $a=3, b=2, c=1$,并且

$$x = \frac{u^2 + 2uv + 3v^2}{D}, y = \frac{3u^2 + 8uv + 6v^2}{D}$$

$$z = \frac{2u^2 + 8uv + 9v^2}{D}, D = u^2 + 3uv + 3v^2$$

R. Goormaghtigh[2] 通过假设

$$x = Pg + Qp, y = Ph + Qq, z = P(k + l + m - g - h) + Qr$$

$$a = Pk + Qp, b = Pl + Qq, c = Pm + Qr$$

解出了同样的系统. 然后通过消去提出的方程中的 z,得到的方程确定的 P, Q 如下

$$P = p(k-g) + g(l-h) + r(g+h-k-l)$$

$$Q = g^2 + h^2 + gh + kl + lm + mk - (g+h)(k+l+m)$$

1 对数理论中的等价问题

我们认为方程组 $\sum a_i^k = \sum b_i^k (k = 1, \cdots, n)$ 所构成的系统与系统 $\sum a_1 = \sum b_1, \sum a_1 a_2 = \sum b_1 b_2 \cdots, \sum a_1 a_2 \cdots a_n = \sum b_1 b_2 \cdots b_n$ 等价. 还认为方程有根 $a_1, a_2, \cdots$ 以及根 $b_1, b_2, \cdots$ 因此我们的问题等价于:找到 2 个次数相等的方程,每一个方程都以全体整数作为根,并且其中一个方程的前 n 个系数分别等于另一个方程的相应系数.

后一问题发生在对快速收敛级数的研究中可以使对数的计算变得简便. 例如,在我们熟悉的系数

$$\log \frac{m}{n} = 2M(k + \frac{1}{3}k^3 + \frac{1}{5}k^5 + \cdots), k = \frac{m-n}{m+n}$$

中取 $m = x^2, n = (x-1)(x+1)$. 然后通过 $k = \frac{1}{2x^2 - 1}$ 的级数,从 $2\log x - \log(x-1)$ 中减去 $\log(x+1)$. 总的来说,我希望 m 和 n 是关于 x 的多项式,它们的根是能够使 k 是分子为常数的分数的所有整数. 我们可以通过一个线性代换来移动多项式中的第 2 项.

---

① L'intermédiaire des math. ,24,1917,55(correction,p. 153).

② Ibid. ,25,1918,20-21.

J. B. J. Delambre①取 $m=x^3+px+q, n=x^3+px-q$，并假设 $m=0$ 有根 $a,b,a-b$；$n=0$ 有根 $-a,-b,a+b$，那么有 $p=-a^2-ab-b^2, q=a^2b+ab^2$. 对于 $a=b=1$，我们有公式 $m,n=x^3-3x\pm 2$，它由 Borda 得到.

J. E. T. Lavernède②对这样的多项式做了进一步的研究，主要研究次数为 3 和 4 时的情况，并注意到了以下各例

$$m=x^2(x+5)^2=x^4+10x^3+25x^2$$

$$n=(x-1)(x+2)(x+3)(x+6)=m-36$$

$$m=x^2(x-7)^2(x+7)^2$$

$$n=(x-3)(x+3)(x-5)(x+5)(x-8)(x+8)=m-14\ 400$$

$$m,n=(x\pm 2)(x\pm 4)(x\pm 10)(x\mp 7)(x\mp 9)$$

$$=x^5-125x^3+3\ 004x\pm 5\ 040$$

S. F. Lacroix③引用之前的结果，以及 Haros 得到的结论

$$m=x^2(x-5)(x+5), n=(x-3)(x+3)(x-4)(x+4)=m+144$$

对于我们研究的问题，John Muller④所做出的唯一贡献就是得到

$$\log(d+1)^2=\log d+\log(d+2)+\log\frac{d^2+2d+1}{d^2+2d}$$

$$\log(d+3)^2=\log(d+1)^2+\log(d+4)-\log d-\log q$$

$$q=\frac{d^3+6d^2+9d+4}{d^3+6d^2+9d}$$

后者被应用于当 $d=14$ 时，已知 log 15，log 18 和 log 14，求 log 17. 那么 $q=\frac{2\ 025}{2\ 023}$. 取 $a=2\ 024, x=1$，我们有 $q=\frac{a+x}{a-x}$，通过从 $\log\left(1+\frac{x}{a}\right)$ 的级数减去 $\log\left(1-\frac{x}{a}\right)$ 的级数而得到一个对数级数.（如果第 2 个公式中我们取 $d=x-2$，我们可以得到 Borda⑤的结果. 如果在第 1 个公式中我们取 $d=x-1$，我们可得到之前由 Delambre⑥给出的特例 $m=x^2, n=x^2-1$.）

---

① J. C. de Borda's Tables trigonométriques décimales ou Tables des logarithmes... revues, augmentées et publiées par Delambre, Paris, an IX (1800-1801). Introduction.

② Notice des travaux de l'Acad. du Gard, 1807, 179-192; Annales de Math. (ed., Gergonne), 1, 1810-1811, 18-51, 78-100. See Allman.

③ Traité du Calcul Diff... Int., ed. 2, I, 1810, 49-52.

④ Traité analytique des sections coniques, fluxions et fluentes..., Paris, 1760, 112. This topic does not occur in the earlier English edition, A Math. Treatise: containing a System of Conic Sections; with the Doctrine of Fluxions and Fluents..., London, 1736.

⑤ J. C. de Borda's Tables trigonométriques décimales ou Tables des logarithmes... revues, augmentées et publiées par Delambre, Paris, an IX (1800-1801). Introduction.

⑥ J. C. de Borda's Tables trigonométriques décimales ou Tables des logarithmes... revues, augmentées et publiées par Delambre, Paris, an IX (1800-1801). Introduction.

W. Allman[①] 给出了引用于 Delambre[②] 的结果和引用于 Lavernède 的前两个结果.

T. Knight[③] 以 $x\equiv(x+n)\dfrac{x}{x+n}$ 为基础,将分式中的 x 改为 $x+n'$,并且乘以一个能够使原分数值不变的分式

$$x\equiv(x+n)\frac{x+n'}{x+n+n'}\cdot\frac{x(x+n+n')}{(x+n)(x+n')}$$

在最后的分式中将 x 变为 $x+n''$,并通过合并新分式

$$\frac{x(x+n+n')(x+n+n'')(x+n'+n'')}{(x+n)(x+n')(x+n'')(x+n+n'+n'')}$$

恢复原方程. 分子展开式中的前3项与分母展开式中的前3项分别对应相同,并且如果 $n''=n+n'$,那么第4项也相同. 还讨论了当 $n=n'=n''=\cdots=-1$ 时的情况,并给出了一般的分式.

Secrétan[④] 指出

$$(x\mp1)(x\mp5)(x\pm7)(x\pm8)(x\mp9)=x^5-110x^3+2\ 629x\mp2\ 520$$

E. B. Escott[⑤] 指出:如果 $a_0=a'_0,\cdots,a_{r-1}=a'_{r-1},a_r\neq a'_r$,那么 $a_0x^n+a_1x^{n-1}+\cdots$ 与 $a'_0x^n+\cdots$ 定有相同的前 r 项. 他立即证出了(Ⅰ):如果 f 和 g 是关于 x 的两个多项式,并且有相同的前 r 项,那么 $f(x)\cdot g(x+d)$ 与 $g(x)\cdot f(x+d)$ 有相同的前 $r+1$ 项. 在 $f=x-a,g=x$ 的基础上,取 $d=-b$,我们看到 $(x-a)(x-b)$ 与 $x(x-a-b)$ 有相同的项. 像 f 和 g 那样取后一项,并且 $d=-c$,我们看到

$$(x-a)(x-b)(x-c)(x-a-b-c),x(x-a-b)(x-a-c)(x-b-c)$$

有3项相同,与之前类似,我们得到定理(Ⅱ):如果我们构造方程使它的根为 $a_1,\cdots,a_n$,分别取1,3,5,… 项的和. 再构造方程,使它的根为 $a_1,\cdots,a_n$,分别取2,4,6 项的和. 我们可得到两个次数为 2^{n-1} 的函数,并且它们的前 n 项相同. 对于有公因数的特殊的 $a_1,\cdots,a_n$,可能会移动. 因此,如果 $n=4$,并且取 $a_1,\cdots,a_4$ 为 $a,b,a+b,a+2b$,那么8个根中的4个是公共的,余下的为 $0,a+3b,2a+b,3a+4b$ 和 $a,b,2a+4b,3a+3b$. 如果在(Ⅰ)中,我们取 $g=P(x)\equiv x(x+d)\cdot(x+2d)\cdots[x+(n-1)d]$,并且 $f=P+c$,移动公因式 $\dfrac{P}{x}$,我们可得到次数 $n+$

---

① Trans. Roy. Irish Acad. ,6,1797,391-434.

② J. C. de Borda's Tables trigonométriques décimales ou Tables des logarithmes... revues, augmentées et publiées par Delambre, Paris, an IX (1800-1801). Introduction.

③ Phil. Trans. Roy. Soc. London, 1817, 217-233.

④ Comptes Rendus Paris, 44, 1857, 1276-1279.

⑤ Quar. Jour. Math. ,41,1910,141-167.

1,且前 $n+1$ 项相同的两个函数为 $(P+c)(x+nd)$ 和 $(x+nd)P+cx$. 另外,在(Ⅰ)中取 $g=P(x)\cdot P(x+a)$, $f=g+c$,并移动公因式 $\frac{g}{x(x+a)}$,我们可得

$$(x+nd)(x+a+nd)(g+c),(x+nd)(x+a+nd)g+cx(x+a)$$

第二十五章 Waring问题与相关的结果[①]

1 Waring问题

E. Waring[②]指出任意一个整数至多是9个正整数的立方的和,至多是19个正整数的4次方和等.任意一个适当形式的整数N都是有限项$t=ax^m+bx^n+cx^r+\cdots$的和,如果$t=3x^4+6x^3+24$,那么N是3的倍数.见Maillet[③].

J. A. Euler[④]指出:要将每一个正整数表示为正n次幂,至少需要$T=v+2^n-2$项,其中v是小于$\left(\frac{3}{2}\right)^n$的最大整数.对于$n=2,3,4,5,6,7,8,T=4,9,19,37,73,143,279$.

在C. G. J. Jacobi的建议下,A. R. Zornow[⑤]构造了一个数表,列出了小于或等于3 000的每一个数可写成正立方和的最小项数.得出立方和的项数除了23以外均小于或等于8.对于大于454的数,小于或等于7,对于大于2 183的数,小于或等于6.

---

① A. J. Kempner read critically the reports in this chapter and compared them with the original papers except for 2,6,38b,44a,54,60-62,64,69,72,which were not accessible to him. The statements concerning incorrect results in papers 6a,13 and 17 are made on his authority.

② Meditationes algebraicae,Cambridge,1770,204-205;ed. 3,1782,349-350.

③ Jour. de Math.,(5),2,1896,363-380;Bull. Soc. Math. France,23,1895,40-49. Cf. papers 68,72,73,117,181-182 of Ch. I.

④ L. Euler's Opera postuma,1,1862,203-204(about 1772).

⑤ Jour. für Math.,14,1835,276-280.

对 239(要求 9 个立方数)的第 2 段及最后的讨论是错误的. Z. Dase 将其更正了. 他将此数表扩展至12 000，并与 Jacobi[①] 对其进行了交流. 具有 7 个立方数的最大数是8 042；具有 8 个立方数的是 454，Jacobi 考虑了这样一个问题，即如何对于一个给定的数，找到所有的立方数，使所给定的数分解的立方和项数最小. 他对小于12 000 并且是 2 个立方数之和以及 3 个立方数之和的数列出了数表.

C. A. Bretschneider[②] 在 Jacobi 的建议下构造了一个数表，将所有小于或等于4 100 的数分解为 4 次方的和. 并且还给出了一个与之相应的对比数表，引出了等于给定项数的 4 次方和的最小数. 对于 79，159，239，319，399，379 和 559，需要用到 19 项 4 次方；对于其他的数，则至多需要 18 项. 由于4 096$=4^6$，他验证了 37 个 5 次幂和 73 个 6 次幂需要的. 他重复了 Euler[③] 的结论.

J. Liouville[④] 第一个证明了每一个正整数都是一个固定数 N_4 个 4 次方的和，事实上，至多是 53 个. 他第一个证明了，任意平方数与 6 的乘积都是 12 个 4 次方的和，并且有

$$6n^2=\sum_4 x^4+\sum_8\{\frac{1}{2}(x\pm y\pm z\pm t)\}^4, 2n=\sum x^2$$

但是除了具有形式 $6p+r, r=0,\cdots,5$ 的数，而 p 是 4 个平方数的和 $n_1^2+\cdots+n_4^2$. 通过之前的论述，$6p$ 是 48 个 4 次方的和. 因此，有 $N_4\leqslant 48+5$.

E. Lucas[⑤] 给出了恒等式

$$6(x_1^2+x_2^2+x_3^2+x_4^2)^2=\sum(x_i+x_j)^4+\sum(x_i-x_j)^4 \quad (1)$$
$$(i,j=1,\cdots,4; i<j)$$

通过

$$x_1=x+y, x_2=x-y, x_3=z+t, x_4=z-t$$

它成为了 Liouville[⑥] 的恒等式. Lucas 还给出了一个错误的恒等式

$$10(x_1^2+x_2^2+x_3^2+x_4^2)^3=\sum_{12}(x_1\pm x_2)^6$$

假设每一个整数是 9 个立方数的和，他错误地得出：每一整数至多是 26 个 6 次幂的和.

---

① Jour. für Math.，42，1851，41-69；Jacobi，Werke，VI，322-354，and 429-431 for corrections of the Journal article.

② Jour. für Math.，46，1853，1-28.

③ L. Euler's Opera postuma，1，1862，203-204(about 1772).

④ In his lectures at the Collège de France; printed in V. A. Lebesgue's Exercices d'Analyse Numérique，Paris，1859，112-115. Cf. E. Maillet，Bull. Soc. Math. France，23，1895，bottom of p. 45.

⑤ Nouv. Corresp. Math.，2，1876，101.

⑥ In his lectures at the Collège de France; printed in V. A. Lebesgue's Exercices d'Analyse Numérique，Paris，1859，112-115. Cf. E. Maillet，Bull. Soc. Math. France，23，1895，bottom of p. 45.

Lucas[①] 指出恒等式

$$24(x^2+y^2+z^2)^2=2(x+y+z)^4+2\sum_3(x+y-z)^4+\sum_3(2x)^4$$

$$10(x^2+y^2+z^2+u^2)^3=\sum_6(x+y)^6+\sum_6(x-y)^6+4\sum_4 x^6$$

其中第二个等式是错误的(Fleck[②]),因为等式左边的数比右边的数大

$$60(x^2y^2z^2+x^2y^2u^2+x^2z^2u^2+y^2z^2u^2)$$

S. Réalis[③] 通过运用结论:任意整数都是4个平方数的和,证明了47个4次方是充分的,其中之一是任意的(在某种限制下)并因此可以选择一个4次方.

E. Lucas[④] 通过如下办法对45进行了化简:设 $k=6p+r$. 如果 $p=8h+j(j=1,2,3,4,5,6)$,那么 p 是一个 $\boxed{3}$. 并且通过式(1),可得 k 是 $3\cdot 12+5$ 个4次方的和. 如果 $p=8h$ 或 $8h+4$,那么 $p-27$ 是一个 $\boxed{3}$;从而

$$k=6n_1^2+6n_2^2+6n_3^2+2\cdot 3^4+r$$

那么至多需要 $3\cdot 12+2+5$ 个4次方. 最后,如果 $p=8h+7$,那么 $p-14$ 是一个 $\boxed{3}$,从而

$$k=6n_1^2+6n_2^2+6n_3^2+3^4+3+r, N_4\leqslant 3\cdot 12+4+5$$

Lucas[⑤] 得到了更小的值 $N_4\leqslant 41$. 因为 $8h+j(j=1,2,3,4,5,6)$ 是一个 $\boxed{3}$,故 $48h+6j$ 是36个4次方的和. 通过从任意给定数中减去 $5,1^4,2^4,3^4$ 中至多5个4次方,我们可得到 $48h+t(t=6,12,18,30,36)$ 中的一个. 通过数表可知,我们的定理对小于或等于 $5\cdot 3^4$ 的数是真的.

E. Maillet[⑥] 证明了每一个正整数都是21个或更少的大于或等于0的立方数的和,这些数中至少有5个是0或1. 他运用恒等式

$$\sum_{j=1}^{3}[(\alpha+x_j)^3+(\alpha-x_j)^3]=6\alpha(\alpha^2+x_1^2+x_2^2+x_3^2)$$

推导出了:如果 $0\leqslant m\leqslant \alpha^2$,$m$ 是3个平方数的和,且 $m\neq 4^h(8n+7)$,那么 $6\alpha(\alpha^2+m)$ 是至多6个正立方数的和. 若 m' 满足同样的条件,那么 $6A=6\alpha(\alpha^2+m)+6\alpha(\alpha^{12}+m')$ 至多是12个立方数的和. 对于互素的奇数 α 和 α',以及满足 $\alpha<\alpha'<\frac{\alpha^2}{8}$,$8\alpha\alpha'\leqslant A'\leqslant \alpha^{13}$ 的 A',可得出存在正整数 m 和 m' 满足之前的条件并且有 $\alpha m+\alpha' m'=A'$.

① Jour. de math. élém. et spéc., 1, 1877, 126-127, Probs. 38, 39. Quoted by C. A. Laisant, Recueil de problémes de math., algèbre, 1895, 125.

② Ibid., 561-566. To. $N=192$ must be added the number of units.

③ Nouv. Corresp. Math., 4, 1878, 209-210.

④ Ibid., 323-325.

⑤ Nouv. Ann. Math., (2), 17, 1878, 536-537.

⑥ Assoc. franç. av. sc., 24, Ⅱ, 1895, 242-247.

因此,满足

$$6(\alpha^3+\alpha'^3)+48\alpha\alpha'\leqslant 6A\leqslant 6(\alpha^3+\alpha'^3)+6\alpha'^3,\alpha<\alpha'<\frac{\alpha^2}{8}$$

的任意的 6 的倍数至多是 12 个正立方数的和,其中 α,α' 为互素的奇数. 取 $\alpha=\gamma-2,\alpha'=\gamma$,我们可得出:如果 γ 大于一个有限的极限,并且 γ 是奇数,那么通过变化 γ 的重叠,可得出此区间. 因此每一个大于某一固定的有限极限的 6 的倍数至多是 12 个正立方数的和,由此 $N_3\leqslant 12+5$(至少有 5 个立方数是 0 或 1).

G. Oltramare[①] 证明了:任意正立方数是 9 个较小的非负立方数的和. 任意数 N 是 4 个平方数的和 $a^2+b^2+c^2+d^2$. 那么 $8x^3+6xN$ 是 $x\pm a,x\pm b,x\pm c,x\pm d$ 的立方和 s. 对于奇数 $N=2x+1$,我们有 $N^3=1^3+s$. 对于 $N_1=2^kN$,其中 N 为奇数,我们将最后一个公式乘以 2^{3k}.

G. B. Mathews[②] 认为:对于某些正整数 p,将所有充分大的整数表示为 $p+1$ 个 p 次幂的和是可能的. 根据 Kempner[③] 所得出的,当 p 是 6 或是 2 的任意次幂时,这个结论是非真的.

E. Maillet[④] 证明了:如果 $\phi(x)=ax^5+a_1x^4+\cdots+a_5$ 对于任意整数 $x\geqslant\mu$ 等于一个正整数,那么大于 $a,\cdots,a_5$ 的某一确定的函数的整数 n 是正整数 $\phi(x)$ 的极限数 N 和单位 1 的极限数的和,其中当 ϕ 是 2,3,4,5 次数时,N 分别至多是 6,12,96,192. 对于任意函数 $\phi(x)$,n 的表达式方法可增加至无限多种.

E. Lemoine[⑤] 指出每一个整数等于 $p+s$,其中 s 是一个立方数或不同立方数的和,而 p 是 $0\sim 6,8\sim 17,27\sim 33$ 这 24 个数中的一个.

L. Ripert[⑥] 证明了这一结论.

R. D. von Sterneck[⑦] 给出了一个数表,列出了表示小于或等于40 000 的所有数所需的立方数的个数. 从8 042 起,6 个立方数就足够了. 他错误地得出了(Fleck[⑧]):$3k^3$ 不是 3 个立方数的和,除非这 3 个立方数相等. 他错误地猜想(Kempner[⑨]):任意1 000 个连续数中总有 10 个是两个立方数的和.

---

① L'intermédiaire des math. ,2,1895,30.

② Messenger of Math. ,25,1895-1896,69.

③ Über das Waringsche Problem und einige Verallgemeinerungen. Diss. ,Göttingen,1912. Extract in Math. Annalen,72,1912,387.

④ Jour. de Math. , (5),2,1896,363-380;Bull. Soc. Math. France,23,1895,40-49. Cf. papers 68,72,73,117,181-182 of Ch. I.

⑤ Nouv. Ann. Math. ,(3),17,1898,196.

⑥ Ibid. ,(3),19,1900,335-336.

⑦ Sitzungsber. Akad. Wiss. Wien(Math.),112,IIa,1903,1627-1666.

⑧ Sitzungsber. Berlin Math. Gesell. ,5,1906,2-9.

⑨ Über das Waringsche Problem und einige Verallgemeinerungen. Diss. ,Göttingen,1912. Extract in Math. Annalen,72,1912,387.

G. Vacca① 在引用了 Euler 的结论后指出：$2^n \cdot v-1$ 是 $v-1$ 个数的和，每一个有 2^n 和 2^n-1 个 1.（因此，当 $n=2,7$ 时，它是 4,1,1,1 的和，但是不会是少于 4 个的平方数的和；当 $n=3,23$ 时，它是 8,8 和 7 个 1 的和，但是不会是少于 9 个正立方数的和；当 $n=4,79$ 时，它是 16,16,16,16 和 15 个 1 的和，但不会是少于 19 个 4 次方数的和.）

E. Maillet② 错误地得出了存在无限多个整数，满足不少于 128 个大于 0 的 8 次方的和.

A. Fleck③ 在证明中指出：通过 Lucas④ 可得到至多减去 3 个 4 次方数，是满足的，除非所给定的数是 $48m+t, t=10,11,26,27,42,43$. 对于 $t=10$，减掉 1^4+3^4；我们得到 $6N$，其中 $N=4(2m-3)$ 是一个 ③，除非 $2m-3\equiv 7 \pmod 8$，例如 $m=1+4\mu$. 后一情况下有

$$48m+10-5^4-3^4=6\cdot 4(8\mu-27)$$

是 36 个 4 次方数的和，因为 $4(8\mu-27)$ 是一个 ③. 对剩下的 t 做同样的处理，他推出了 $N_4\leqslant 39$. 他通过运用 Maillet⑤ 的结果和公式，$r^3\equiv r \pmod 6$，和

$$6N+r=6N+r^3-6k=r^3+6\mu=r^3+\sum_{12} x^3$$

得出了 $N_3\leqslant 13$.

E. Landau⑥ 证明了每一个确定的关于 x 的系数为有理数的 n 次整有理函数是 8 个系数为有理数的整有理函数的平方的和，并给出了相关问题的参考文献.

A. Fleck⑦ 证明了有理系数关于 x 的所有确定整有理函数的平方（立方）是一个有限的确定的，它不依赖于函数的次数和系数，有理系数的次数小于或等于 1 的整有理函数的 4 次幂（6 次幂）的最大数的和. 例如线性函数和常数.

Fleck⑧ 指出：对于 N_5，Maillet⑨ 的极限 192 可以容易地化为 36，但是这个新极限与通过数表得到的理想的极限 37，还是很远. 为了显示 N_6 是有限的，他运用恒等式

---

① L'intermédiaire des math., 11, 1904, 292-293.

② Annali di Mat., (3), 12, 1905, 173, note. Error admitted in L'intermédiaire des math., 20, 1913, 202.

③ Sitzungsber. Berlin Math. Gesell., 5, 1906, 2-9.

④ Nouv. Ann. Math., (2), 17, 1878, 536-537.

⑤ Assoc. franç. av. sc., 24, II, 1895, 242-247.

⑥ Math. Annalen, 62, 1906, 272-281.

⑦ Ibid., 64, 1907, 567-572.

⑧ Math. Annalen, 62, 1906, 561-566. To $N=192$ must be added the number of units.

⑨ Jour. de Math., (5), 2, 1896, 363-380; Bull. Soc. Math. France, 23, 1895, 40-49. Cf. papers 68, 72, 73, 117, 181-182 of Ch. I.

$$60(a^2+b^2+c^2+d^2)^3=\sum_4(a+b+c)^6+\sum_{12}(a+b-c)^6+$$
$$2\sum_6(a+b)^6+2\sum_6(a-b)^6+36\sum_4 a^6$$
因此 $60n^3$ 是184个6次幂的和.从而如果 m 是一整数,那么 $60m$ 至多是 $184N_3$ 个6次幂的和.因为任意整数可写为 $60m+r,r=0,1,\cdots,59$,所以我们有 $N_6\leqslant 184N_3+59$.

E. Landau① 把对 N_4 的极限下降至38.设式(1)中的 $x_4=x_3$,我们可得到:如果 n 可被表示为 $x_1^2+x_2^2+2x_3^2$(如果 n 是任一奇数 m,那么此式成立),那么 $6n^2$ 是11个4次幂的和.因此 $6m^2$ 和 $6\cdot 16m^2$ 是11个4次幂的和.与上面所述一样,$8k+j(j=1,2,3,5$ 或 $6)$ 是3个平方数的和,并且三个平方数中至少有一个是奇数.因此6乘以这样一个数是 $11+12+12$ 个4次幂的和.通过Fleck② 所用的分类讨论,我们得到 $N_4\leqslant 38$.除了数 $8n+t,t=11,27,43$ 以外,他还证明了37个4次幂是充分的.对于这些情况,A. Wieferich③ 显示出37是充分的.因此有 $N_4\leqslant 37$.

E. Maillet④ 对Waring的问题提出了下面一个推论:能否取到充分大的 h,使得

$$\sum_{j=1}^{k}x_j^{n_1}=N_1,\sum_{j=1}^{k}x_j^{n_2}=N_2,\cdots,\sum_{j=1}^{k}x_j^{n_a}=N_a$$

存在整数解,其中 $n_1,\cdots,n_a$ 有给定的值,且 $N_1,\cdots,N_a$ 取任意满足相应条件的值.当 $a=2,n_1=2,n_2=1,k=4$ 时,如果 N_1 是奇数,N_2 是奇数且

$$\sqrt{3N_1-2}-1<N_2<\sqrt{4N_1}$$

那么总存在一个解.

E. Maillet⑤ 对8次幂证明了Waring的定理,但没有对 N_3 给出显式极限.他用一种初等方法证明了存在无限多个数满足不是 n 或更少的 n 次幂的和.

A. Hurwitz⑥ 证明了每一个整数至多是

$$37(6\cdot 4+60\cdot 12+48+6\cdot 8)+5\ 039=36\ 119$$

个8次幂的和.这是因为有 $N_4\leqslant 37$ 和恒等式

$$5\ 040(a^2+b^2+c^2+d^2)^4\equiv 6\sum_4(2a)^8+60\sum_{12}(a\pm b)^8+$$

---

① Rendiconti Circolo Mat. Palermo,23,1907,91-96.

② Sitzungsber. Berlin Math. Gesell.,5,1906,2-9.

③ Math. Annalen,66,1909,106-108.

④ L'intermédiaire des math.,15,1908,196,and Maillet.

⑤ Bull. Soc. Math. de France,36,1908,69-77;Comptes Rendus Paris,145,1907,1399.

⑥ Bull. Soc. Math. de France,36,1908,69-77;Comptes Rendus Paris,561-566. To $N=192$ must be added the number of uints.

$$\sum_{48}(2a \pm b \pm c)^8 + 6\sum_{8}(a \pm b \pm c \pm d)^8$$

总的说来,如果存在恒等式(关于 a,b,c,d 的)

$$p(a^2+b^2+c^2+d^2)^n = \sum_{i=1}^{r} p_i(\alpha_i a + \beta_i b + \gamma_i c + \delta_i d)^{2n}$$

其中 $p_0,p_1,\cdots,p_i$ 为正整数且 $\alpha_1,\cdots,\delta_r$ 为整数,那么

$$N_{2n} \leqslant N_n(p_1+\cdots+p_r)+p-1$$

进而如果 N_n 是有限的,那么 N_{2n} 也是. 他通过运用 γ 函数证明了存在无限多个正整数满足不是 n 个或更少的 n 次幂的和.

J. Schur① 发现证明了 N_{10} 有限的恒等式

$$22\ 680(a^2+b^2+c^2+d^2)^5 = 9\sum_{4}(2a)^{10} + 180\sum_{12}(a \pm b)^{10} + \sum_{48}(2a \pm b \pm c)^{10} + 9\sum_{8}(a \pm b \pm c \pm d)^{10}$$

A. Wieferich② 证明了 $N_3 \leqslant 9$(除了一个被忽略的情况③产生的整数的极限集以外). 此证明是由显示任意正整数是3个3次幂的和并且 $k=6a^3+6am$ 构成的,其中 $0<A,m=x_1^2+x_2^2+x_3^2<A^2$. 因为通过 Maillet④,$k$ 是 l 个正3次幂的和.

E. Landau⑤ 证明了任意一个大于某个固定值的整数 z 至多是8个正的3次幂的和. 他证明了存在不被 z 整除的素数 p 使得 $8p^9 \leqslant z < 12p^9$,且 $p^2(p-1)$ 不被3整除. 因此 $\beta^3 \equiv z \pmod{p^3}$ 有正整数解 $\beta < p^3$. 在 $z=\beta^3+p^3M$ 中,设 $M=6p^6+M_1$,那么

$$7p^9 < p^3M < 12p^6,\ p^6 < M_1 < 6p^6$$

通过 Wieferich⑥ 的论文,我们能找到整数 γ,$0 \leqslant \gamma < 96$ 使得 $M_1-\gamma^3=6m$,其中 $m=x_1^2+x_2^2+x_3^2$. 对于充分大的 z,$m<p^6$,从而 $0 \leqslant x_i p^3$,并且

$$z=\beta^3+p^3(6p^6+M_1)=\beta^3+(p\gamma)^3+6p^3(p^6+x_1^2+x_2^2+x_3^2)$$

---

① Math. Annalen, 66, 1909, 105(in a paper published. by Landau.)

② Math. Annalen, 66, 1909, 95-101.

③ The case $v=4$ in $10648<(0.4)5^{2v-e}$. Attention was called to this gap in the proof by P. Bachmann, Niedere Zahlentheorie, 2, 1910, 344, who indicated in his Zusätze, pp. 477-478, a long method of treating the omitted case, but himself made certain errors. The latter were incorporated in the unsuccessful attempt by E. Lejneek(Math. Ann., 70, 1911, 454-456) to fill the gap. The gap in Wieferich's proof was filled by Kempner.

④ Assoc. franç. av. sc., 24, II, 1895, 242-247.

⑤ Math. Annalen, 66, 1909, 102-105; Landau, Handbuch der Lehre von der Verteilung der Primzahlen, 1, 1909, 555-559. Cf. Landau.

⑥ Math. Annalen, 66, 1909, 95-101.

$$z=\beta^3+(\mu\gamma)^3+\sum_{i=1}^{3}\{(p^3+x_i)^3+(p^3-x_i)^3\}$$

A. Wieferich① 证明了 $N_5\leqslant 59, N_7\leqslant 3\ 806$. 他给出了一个数表显示出表示 1,…,3 011 中的每一个数所需的 5 次幂的最小个数.

D. Hilbert② 证明了 Waring 的论断:每一个正整数 z 至多是 N_m 个正的 m 次幂的和,其中 N_m 是依赖于m 但不依赖于z 的不确定的有限数. 他通过运用一个 5 重整数,第一次证明了引理(由 Hurwitz③ 提出,但未能证明):对于每一个 m,存在一个关于 x 的恒等式

$$(x_1^2+\cdots+x_r^2)^m=\sum_h\rho_h(a_{1h}x_1+\cdots+a_{rh}x_r)^{2m}$$

其中 a_{ih} 是整数且ρ_h 是正有理数. 对于指数是 $2^k, k\geqslant 2$ 的幂,证明 Waring 的定理是简单的. 任意指数的情况可由以上情况通过基础的,但不冗长的讨论得到(不用计算).

F. Haudorff④ 通过指数形式的整数,证明了 Hilbert 的定理,这种方法更适合计算 a_i 和 ρ_i.

E. Stridsberg⑤ 简单地对 μ 次幂证明 Waring 的定理. 如果它被表示为:如果 B 是任意实数,每一个大于或等于 B 的正整数可被写为 $\sum\rho_\lambda P_\lambda^\mu$,其中 P_λ 均是大于或等于 0 的整数,且 ρ_λ 是依赖于 μ 的正有理数. 他指出:Hausdorff 对 Hilbert 的证明的优美的调整使得此证明可化简为对二次式系数的初等研究,用 h 的符号幂,设 $h^{2\mu}$ 表示 $\frac{(2\mu)!}{\mu!}$,对于所有的偶整数 $2\mu\geqslant 0$,和 $h^{2\mu+1}$ 对于所有的奇整数 $2\mu+1\geqslant 1$. Hausdorff 的一个定理将被简化. 如果 $f(x)$ 是满足对 x 取实数值时永远不为负的任意多项式,那么对实数 x 有 $f(x+h)>0$(见 Hurwitz③),因为

$$f(x+h)=\frac{1}{\frac{1}{2}\Gamma}\int_{-\infty}^{\infty}\mathrm{e}^{-\frac{\alpha^2}{4}}f(x+\alpha)\mathrm{d}\alpha$$

成立.(因为 $f(x+h)=h^v$ 成立). Hilbert 的引理被证明是通过

$$(h_1x_1+\cdots+h_rx_r)^m=h^m(x_1^2+\cdots+x_r^2)^{\frac{m}{2}}$$

由此得出 Hurwitz 的定理:如果 $n=m$ 时 Waring 的定理为真,那么 $n=2m$ 时此

---

① Math. Annalen, 67, 1909, 61-75.

② Göttingen Nachr., 1909, 17-36; Math. Ann., 67, 1909, 281-300.

③ Math. Annalen, 65, 1908, 424-427.

④ Math. Annalen, 67, 1909, 301-305. Cf. Hurwitz.

⑤ Arkiv för Mat., Astr., Fysik, 6, 1910-1911, No. 32, No. 39. French résumé in Math. Annalen, 72, 1912, 145-152.

定理也为真. 最后，他简化了 Hilbert 对 Waring 的定理证明的第二(初等)部分.

A. Boutin① 给出了恒等式

$$\sum_{8} \pm (x \pm y \pm z \pm u)^4 = 192xyzu, \sum_{2n} \pm (\pm x_1 \pm \cdots \pm x_n)^n = n!\ 2^n x_1 \cdots x_n$$

括号外面的符号是括号里 n 个符号的乘积.

P. Bachmann② 给出了一个解释.

A. Fleck③ 和 W. Wolff④ 证明了每一个关于 x 的有理系数的有限的二次函数是 5 个有理系数的有理整数函数的平方和.

E. Landau⑤ 给出了一个新的初等证明：所有大于某一极限且与 10 互素的数(或者与任意两个形如 $3m+2$ 的素数之积互素)至多是 8 个正的 3 次幂的和. 他在此避免了在他⑥之前的证明中所用的素数分布理论.

J. Kürschák⑦ 将 Liouville⑧ 的恒等式(1) 推广，给出了

$$\sum (a_0 \pm a_1 \pm \cdots \pm a_k)^4 = 2^k \binom{3k}{k} (a_0^2 + \cdots + a_{3k}^2)^2$$

其中等式左边取遍符号和 $3k+1$ 个变量 $a_0, \cdots, a_{3k}$ 中的 $k+1$ 个的所有可能的组合. 若 $m \geqslant 3$ 时，恒等式

$$\sum (a_0 \pm a_1 \pm \cdots \pm a_k)^{2m} = C(a_0^2 + \cdots + a_n^2)^m$$

不成立.

A. Gérardin⑨ 指出：$(x^3+9y^3)^3$ 是 $x^3, y^3, 6y^3, 8y^3, 3x^2y, 3xy^2, 6xy^2$ 的立方和. 他还指出：$(x^3+3y^3)^3$ 是 $x^3, 3y^3, 3xy^2, 2x^2y, x^2y$ 的立方和. L. Rouve 指出前者是 $x^3, 3x^2y, 9y^3, 3xy^2, 6xy^2$ 的立方和.

A. J. Kempner⑩ 考虑小于或等于 k 的正整数 $C(k,n)$ 和当 $k=\infty$ 时 $\frac{C(k,n)}{k}$

---

① L'intermédiaire des math., 17, 1910, 122-123, 236-237. See papers 66-68 below.

② Niedere Zahlentheorie, 2, 1910, 328-348.

③ Archiv Math. Phys., (3), 10, 1906, 23-38; (3), 16, 1910, 275-276.

④ Vierteljahrsschrift Naturf. Gesell. Zürich, 56, 1911, 110-124.

⑤ Archiv Math. Phys., (3), 18, 1911, 248-252.

⑥ Math. Annalen, 66, 1909, 102-105; Landau, Handbuch der Lehre von der Verteilung der Primzahlen, 1, 1909, 555-559. Cf. Landau.

⑦ Ibid., 242-243.

⑧ In his lectures at the Collège de France; printed in V. A. Lebesgue's Exercices d'Analyse Numérique, Paris, 1859, 112-115. Cf. E. Maillet, Bull. Soc. Math. France, 23, 1895, bottom of p. 45.

⑨ Sphinx-Oedipe, 6, 1911, 19, 95.

⑩ Über das Waringsche Problem und einige Verallgemeinerungen. Diss., Göttingen, 1912. Extract in Math. Annalen, 72, 1912, 387.

的上极限，其中 k 是 n 个或更少的 n 次幂的和. 他证明了 $S<\frac{1}{n!}$，而 Hurwitz[①] 和 Maillet[②] 仅证明出了 $S<1$. 此结果可得出存在无穷多个形如 $9l, 9l+1, \cdots, 9l+8$ 的正整数，满足每一个都不是少于 4 个正的 3 次幂的和. 存在无穷多个正整数满足每一个都不是少于 9 个 6 次幂的和，无穷多个正整数满足每一个都不是少于 2^{q+2} 个幂的和，当 $q>1$ 时，指数为 2^q. 他通过对于 $c=d$ 和 $d=0$ 时，运用恒等式

$$120(a^2+b^2+c^2+d^2)^3=\sum_8(a\pm b\pm c\pm d)^6+8\sum_{12}(a\pm b)^6+\sum_4(2a)^6$$

和当 $k=1,2$ 时，每一个数都有 $a^2+b^2+kc^2$ 的形式这一事实，将 N_6 的已知极限降至 970. 为了可以从已知的 N_6 和 N_7 的极限确定 N_{12} 和 N_{14} 的上极限，他在当 $n=6$ 和 7 时给出了恒等式，将 $l(a^2+b^2+c^2)^3$ 表示为 $2n$ 次幂的和，其中 l 是所选择的合适的整数.

R. Remak[③] 指出 Stridsberg[④] 只在一个地方用了整数并且仅在 $f(\alpha)=g^2(\alpha)$ 这一特殊情况中运用了他们所证明的结果. 对于这种情况，Remark 运用了一个事实，即：如果 $OV=1,2,\cdots,n$ 时，涉及第一个变量 V（可通过适当的选择）的部分的行列式是正的，那么 n 元二次型可被唯一确定. 通过这一结论，他给出了一个初等的证明. 因此 Waring 定理的证明可被化简为代数方法.

A. Hurwitz[⑤] 给出了一个关于以下定理的新的初等证明，即：如果实多项式

$$f(x)=c_0+c_1x+\cdots+c_{2n}x^{2n}$$

对任意实数 x 大于或等于 0 且不恒等于 0，那么

$$f(x)+\frac{1}{1!}f''(x)+\frac{1}{2!}f^{(4)}(x)+\cdots+\frac{1}{n!}f^{(2n)}(x)$$

对任意实数 x 是正的；对于 $f(x)+f'(x)+\cdots+f^{(2n)}(x)$ 亦有类似的结论. 这一定理在 Hausdorff[⑥]，Stvidsberg[⑦] 和 Remak[⑧] 中均被用到.

---

① Math. Annalen, 65, 1908, 424-427.

② Bull. Soc. Math. de France, 36, 1908, 69-77; Comptes Rendus Paris, 145, 1907, 1399.

③ Math. Annalen, 72, 1912, 153-156.

④ Arkiv för Mat., Astr., Fysik, 6, 1910-1911, No. 32, No. 39. French résumé in Math. Annalen, 72, 1912, 145-152.

⑤ Ibid., 73, 1912, 173-176. Cf. Orlando. For a generalization see G. Pólya, Jour. für Math., 145, 1915, 233.

⑥ Math. Annalen, 67, 1909, 301-305. Cf. Hurwitz.

⑦ Arkiv för Mat., Astr., Fysik, 6, 1910-1911, No. 32, No. 39. French résumé in Math. Annalen, 72, 1912, 145-152.

⑧ Math. Annalen, 72, 1912, 153-156.

L. Orlando① 简化了 Hurwitz② 的证明.

G. Frobenius③ 也给出了一个 Waring 定理的代数证明. 他的方法是变换 Stridsberg 的证明中使用积分的证明.

E. Schmidt④ 运用在 9 维空间中 Minkowshi 的凸点集给出了一个对 Hilbert 的第一引理的更加清楚的证明.

G. Lovia⑤ 指出:如果 Waring 对 N_4 的最小值 19 可以降低到 16(忽略的一些事实由 J. A. Euler 指出),那么我们可以希望对每一数是 n^2 个确定的 n 次幂的和,这一结论在证明中可以用到.

E. Landau⑥ 指出了同一杂志中关于立方和的错误.

W. S. Bear⑦ 证明了每一个小于或等于 $23 \cdot 10^{14}$ 的整数是 8 个或更少的正 3 次幂的和,同样地,对每一个大于 175 396 368 704 的奇数和 $\equiv 8 \pmod{16}$ 的每一个数也有类似的结论. 以下数是 7 或更少的正的 3 次幂的和:所有形如 2 744s 的数(s 为奇数),所有 16 或 27 的充分大的倍数,所有 $\sum 0,8,16,24,28,36,44,48,56,64 \pmod{72}$ 的充分大的数. 他将 N_6 的极限化简为 478,将 N_5 的极限化简为 58,并给出了 $N_4 \leqslant 37$ 的一个更简单的证明. 对于 $k=2\ 744$,通过初等方法可得出:每一个模 $2k$ 与 k 同余的数都是 7 个或更少的正立方的和;因此,如果 $G(x)$ 表示小于或等于 x 的正整数分解为 7 个或更少的正立方的个数,那么,对于所有充分大的 x,有

$$\frac{1}{2k} < \frac{C_7(x)}{x} \leqslant 1 \tag{2}$$

他使用的超越方法使他能够用$\frac{13}{72}$替换$\frac{1}{2k}$. 此后他⑧指出整数 ku 可分解为 7 个 3 次幂,并且它们 7 个对于大于依赖 g 的一个极限的每一个 u,大于任一指定数 g,其中 u 是正的奇数. 从而对 $k=4\ 096$ 时的最后结果因式(2) 给出了一个直接的初等证明.

---

① Atti della R. Accad. Lincei,Rendiconti,22,I,1913,213-215.

② Ibid.,73,1912,173-176. Cf. Orlando. For a generalization see G. Pólya,Jour. für Math.,145,1915,233.

③ Sitzungsber. Akad. Wiss. Berlin,1912,666-670.

④ Math. Annalen,74,1913,271-274.

⑤ L'enseignement math.,15,1913,20-21.

⑥ L'intermédiaire des math.,20,1913,177,179.

⑦ Beiträge zum Waringschen Problem,Diss.,Göttingen,1913,74 pp.

⑧ Math. Annslen,74,1913,511-514.

E. Stridsberg[①] 对 Hurwitz 的引理(Hilbert[②]) 给出了一个简明的初等证明,其中并没有用到整数(Remak[③],Frobenius[④]) 或 γ 函数. 这一证明被认为与他[⑤]之间的证明有本质上的不同.

G. H. Hardy 和 S. Ramanujan[⑥] 证明了 n 是正整数的 r 次幂的和的方式的种数的指数渐近趋于

$$(r+1)\left\{\frac{1}{r}\Gamma\left(\frac{1}{r}+1\right)\cdot\zeta\left(\frac{1}{r}+1\right)\right\}^{\frac{r}{r+1}}n^{\frac{1}{r+1}}$$

其中 ζ 表示 Riemann-ζ 函数,Γ 表示 Γ 函数.

Hardy 和 J. E. Littlewood[⑦] 利用分析函数的理论证明了:每一个大于某一只依赖于 k 的确定的数的正整数至多是 $k\cdot 2^{k-1}+1$ 个正的 k 次幂;例如,小于或等于 33 个 4 次方的和. 这种超越方法不仅得到了表示存在的证明,还对相应的数得到了渐近公式. 因此他们与作者进行交流,将结果改进为至多有 $(k-2)2^{k-1}+5$ 个正的 k 次幂是必要的;从而给出了 9 个 3 次幂,21 个 4 次幂,53 个 5 次幂,133 个 6 次幂,等等.

2 表示为非幂形式和的数

D. André[⑧] 证明了每一个偶整数都是不等于 0 的 3 次幂与 3 个平方数的和(因为所有的 $8n+3$ 都是 [3]). 总的来说,如果 s 是奇数,那么每一个大于 7^s 的偶整数是不为 0 的 s 次幂与 3 个均不为 0 的平方数的和.

G. de Rocquigny[⑨] 指出除了 1,2,3,4,5,7,8,10,11,18 以外的每一个整数都是 3 个立方数与 3 个平方数的和. 他[⑩]给出了许多定理,如:每一个大于 36 的整数都是 4 个均不为 0 的 4 次方与 4 个平方的和;每一个大于 14 的整数都是 4

---

① Arkiv för Mat. ,Astr. ,Fysik,11,1916-1917,No. 25,pp. 35-39. His second paper with the same title,ibid. ,13,1919,No. 25,deals at length (pp. 31-70) with definite and semidefinite polynomials in x and incidentally with their occurrence in the literature on Waring's problem.

② Göttingen Nachr. ,1909,17-36;Math. Ann. ,67,1909,281-300.

③ Math. Annalen,72,1912,153-156.

④ Sitzungsber. Akad. Wiss. Berlin,1912,666-670.

⑤ Arkiv för Mat. ,Astr. ,Fysik,6,1910-1911,No. 32,No. 39. French résumé in Math. Annalen,72,1912,145-152.

⑥ Proc. London Math. Soc. ,(2),16,1917,130.

⑦ Quar. Jour. Math. ,48,1919,272 seq.

⑧ Nouv. Ann. Math. ,(2), 10, 1871, 185-187.

⑨ Travaux Sc. de l'Univ. Rennes,3,1904,42.

⑩ L'intermédiaire des math. ,10,1903,109,212;11,1904,31,56,81,99,149,171,214.

个平方和 4 个不为 0 的立方的和.

P. F. Teilhet① 验证了:除了 23 以外,小于 600 的每一个整数均是 2 个平方数与 2 个正的立方数或 0 的和.

G. Lemaire② 指出:3,6,7,11,15,19,22,23 不是任意不同数的幂的和.

G. Rabinovitch③ 证明了每一个大于 23 的数都可以表示为 a^m+b^n,$a^m+b^n+c^p$,…,中的任一种形式,其中 $a,b,\cdots$ 是不同的,且 $m,n,p,\cdots$ 大于 1.

A. Gérardin④ 通过 André⑤ 证明了这个定理.

3 可写为 3 个有理 3 次幂之和的数

S. Ryley⑥ 通过取 $x=p+q$,$y=p-q$,$z=m-2p$,得出了 $a=x^3+y^3+z^3$ 的解.那么当 $p=\frac{av^2}{6}$ 时,如果 $m^3=2av\left(m-\frac{av^2}{6}\right)$,则

$$36p^2q^2=6ap-6pm^3+36p^2(m-p)^2$$

将等于 $av-av^2\left(m-\frac{av^2}{6}\right)$ 的平方.设 $m=dv$,那么 $v=\frac{6ad}{D}$,其中 $D=3d^3+a^2$.因此

$$x=\frac{(9d^6-30a^2d^3+a^4)D+72a^4d^3}{6adD^2},y=\frac{30a^2d^3-9d^6-a^4}{6adD}$$

$$z=\frac{6ad^2D-12a^3d^2}{D^2}$$

T. Strong⑦ 显示了如何将任意数 a 表示为 3 个或更多的 3 次幂的和.取 x,$p-x$,$m-p$,r,s,… 为 3 次幂的根,从而

$$(3p^2-6px)^2=9p^2(p-2m)^2+12ap-12p(m^3+r^3+s^3+\cdots)$$

上式的右边将为 $3p(p-2m)+2c$ 的平方,如果

① L'intermédiaire des math., 11, 1904, 16-17.

② Ibid., 19, 1912, 218.

③ Ibid., 20, 1913, 157.

④ Ibid., 22, 1915, 207.

⑤ Nouv. Ann. Math., (2), 10, 1871, 185-187.

⑥ Ladies' Diary, 1825, 35, Quest. 1420.

⑦ Amer. Jour. Arts, Sc. (ed., Silliman), 31, 1837, 156-158.

$$p=\frac{c^2}{3a},c(2m-p)=m^3+r^3+s^3+\cdots$$

设 $c=mn,r=mr',s=ms',\cdots$. 第二个条件可导出

$$m=\frac{6an}{3a^2+n^3+r'^3+s'^3+\cdots}$$

因此取 $n,r',s',\cdots$ 为任意有理值,我们得到 $x=m-\frac{c}{3p},m,p,r,s,\cdots$ 的有理值. 特别地,因为我们能将 4 表示为 3 个正的 3 次幂的和,所以我们能将单位分成 3 个正的部分,使得如果每一个部分加 1,那么和为一个 3 次幂.

W. Lenhart① 为了将 A 表示为 3 个 3 次幂的和,选择任意 3 次幂 r^3,并从 Ar^3 中减去一个 3 次幂 s^3,选择 s^3 使得差 t 在他可表示为 2 个正有理 3 次幂之和的数表中. 或者,设 $Ar^3+s^3=t=a^3+b^3$,那么若 $c=p-s$ 且

$$\frac{1}{x^3}=\frac{t+c^3}{A}=\frac{p^3-3p^2s+3ps^2}{A}+r^3=\left(r+\frac{ps^2}{r^2A}\right)^3,p=\frac{3r^3As}{r^3A-s^3}$$

则 A 是 ax,bx,cx 的立方和.

因此

$$ax=\frac{a(r^3A-s^3)}{rd},bx=\frac{b(r^3A-s^3)}{rd},cx=\frac{s(2r^3A+s^3)}{rd},d=r^3A+2s^3$$

作为一个应用,2 和 4 可表示为 3 个正有理数的 3 次幂的和. 同样的数表被试着用来将 $n+1$ 或 $n-1$ 表示为 n 个均大于 1 或均小于 1 的 3 次幂的和,例如:当 $n=4,5,6$ 时.

几位学者②将任意数 n 表示为 3 个有理 3 次幂的和. 设它们的根为 $\frac{1\pm z}{2x}$, $\frac{ax^2-1}{x}$. 如果

$$z^2=1-4ax^2+4a^2x^4-\frac{4}{3}a^3x^6+\frac{4}{3}nx^3$$

假设 $z=1-2ax^2+\frac{2}{3}nx^3$, 我们可得到

$$x=\frac{6an}{n^2+3a^3}$$

那么它们的立方和为 n. 假设 $z=1-2ax^2+\frac{2}{3}nx^3$,我们可得到 $x=\frac{6an}{n^2+3a^3}$.

① Math. Miscellany, Flushing, N. Y., 1, 1836, 122-128.

② Math. Quest. Educ. Times, 13, 1870, 63-64.

4　可写为 4 个正有理 3 次幂之和的数

G. Libri① 指出：如果 m,n,r 是 $ax^3+by^3+cz^3=0$ 的解，那么 $aX^3+bY^3+cZ^3=d$ 对任意 d 有解. 设 $X=mp+q,Y=np+s,Z=rp+t$. 如果我们取 $q=-\dfrac{bn^2s+cr^2t}{am^2}$，那么新方程缺乏 p^3 并且将缺乏 p^2，因此可根据 s,t 确定 p.

如果 A 是 24 的倍数，那么它是 4 个 3 次幂的和（不必是正的）

$$A=(q-p)^3+(-p-3q)^3+2(p+q)^3,q=\pm 1,p=q-\frac{A}{24q^2}$$

接下来设 $A=24x+b,0<b<24$. 如果 b 是 1,3,5,7,8,9,11,13,15,16,17,19,21,23 中之一，那么 b^3-b 是 24 的倍数 $24u$，由此 $A=b^3+s$，其中 $s=24(x-u)$ 是 4 个 3 次幂的和，并使得 A 是 5 个 3 次幂的和. 如果 b 不是以上各数之一，那么 $b\pm 1$ 是它们中之一. 因此每一个整数都是 6 个 3 次幂之和，其中它们或为 1 或为 0. 如果

$$f=x^3+y^3+z^3+u^3,F=A^3+B^3+C^3+D^3$$

那么我们有关于 r,s,t 的恒等式

$$fF\equiv(g-r-s-t)^3+(g+r)^3+(s-g)^3+(t-g)^3 \tag{1}$$

$$g=\frac{fF+(r+s+t)^3-r^3-s^3-t^3}{3\{(r+s+t)^2+r^2-s^2-t^2\}}$$

每一个整数是 17 个 4 次方的代数和，取正或负. 与上面所述的 3 次幂类似，证明如下

$$A=3\left(p+\frac{r}{2}\right)^4+\left(p-\frac{r}{2}\right)^4-(p+r)^4-3p^4,p=\frac{-4A+3r^4}{12r^3}$$

同样，如果 $p=-1-\dfrac{B}{480}$，那么

$$B=30(p+2)^4+2(p-2)^4-20(p+1)^4-12(p+3)^4$$

这两个二次型在乘法下是重复的.

Libri② 证明了：任一正有理数 m 等于 4 个正有理 3 次幂的和. 在恒等式

$$m\left(\frac{m+6q^3}{6q^2}\right)^3+\left(\frac{m-6q^3}{6q^2}\right)^3-\left(\frac{m}{6q^2}\right)^3-\left(\frac{m}{6q^2}\right)^3 \tag{2}$$

---

① Memoria sopra la teoria dei numeri, Firenze, 1820, 17-23.

② Jour. für Math., 9, 1832, 288-292; Mém. présentés pars divers Savants Acad. R. Sc. l'Institut de France (Math. Phys.), 5, 1838, 71-75. In Comptes Rendus Paris, 10, 1840, 313, Libri stated he had proved the theorem in his book, * Mémoires de Math. et de Phys., Florence, 1829, 152-168.

中，我们可将右边的式子化简为4个正的3次幂的和.在

$$a^{3}-b^{3}=a^{3}\left(\frac{a^{3}-2b^{3}}{a^{3}+b^{3}}\right)^{3}+b^{3}\left(\frac{2a^{3}-b^{3}}{a^{3}+b^{3}}\right)^{3} \tag{3}$$

中取 $a=\frac{m+6q^{3}}{6q^{2}}$，$b=\frac{m}{6q^{2}}$.那么在式(2)中第一项和第三项的和是2个正的3次幂的和 $\alpha^{3}+\beta^{3}$，如果 $(m+6q^{3})^{3}>2m^{3}$，其中

$$\alpha=\frac{m+6q^{3}}{6q^{2}}\cdot\frac{(m+6q^{3})^{3}-2m^{3}}{(m+6q^{3})^{3}+m^{3}}$$

现在对 $a=\alpha$，$b=\frac{m}{6q^{2}}$ 运用式(3).如果

$$(m+6q^{3})^{3}[(m+6q^{3})^{3}-2m^{3}]^{3}>2m^{3}[(m+6q^{3})^{3}+m^{3}]^{3}$$

那么 $\alpha^{3}-\left[\frac{m}{6q^{2}}\right]^{3}$ 是2个3次幂的和，其中每一项均为正.此处公式(1)是重复的.它指出 $3x^{4}+y^{4}-z^{4}-3u^{4}$ 代表所有有理数.

P. Tardy① 给出了

$$4ab=(a+b)^{2}-(a-b)^{2}$$

和

$$24abc=(a+b+c)^{3}-(a+b-c)^{3}-(a-b+c)^{3}+(a-b-c)^{3}$$

的 n 部分的推论.

此公式已被 C. F. Gauss② 给出.

E. Rebout③ 指出：在此公式中，如果 $a=3$，$b=4$，$c=6$，那么 $24abc$ 是一个3次幂.

V. A. Lebesgue④ 指出每一个正有理数都是4个正的有理3次幂的和

$$n=\left(\frac{n}{6m^{2}}\right)^{3}\{(2-a)^{3}+a^{3}(b-1)^{3}+b^{3}(c-1)^{3}+c^{3}\} \tag{4}$$

其中 m^{3} 是 $\frac{n}{6}$ 到 $\frac{n}{12}$ 中的任意有理3次幂，而

$$a=1+\frac{6m^{3}}{n}, b=2-\frac{3}{a^{3}+1}, c=2-\frac{3}{b^{3}+1}$$

---

① Annali di Sc. Mat. Fis.，2，1851，287；cf. Nouv. Ann. Math.，2，1843，454. Cf. Boutin.

② Werke，II，1863，387. Cf. H. Brocard，Nouv. Corresp. Math.，4，1878，136-138.

③ Nouv. Ann. Math.，(2)，16，1877，272-273.

④ Exercices d'analyse numérique，Paris，1859，147-151.

E. Lucas[①] 指出 Lebesgue[②] 并没有出现之前猜测的似乎是导致 Euler 得出公式(4)的内容,即将一个数表示为2个3次幂之和的问题.任意正有理数 N 可以无数种方式被表示为2个正有理3次幂的2个和的积或商.为了证明之前的结论(与 Euler 的定理相对应),运用恒等式

$$(6LM+L^2-3M^2)^3+(6LM-L^2+3M^2)^3=2^2 3^2 LM(L^2+3M^2)^2$$

$$(L+M)^3+(L-M)^3=2L(L^2+3M^2)$$

用它们的乘积(逐项的)除以$(L^2+3M^2)^3$.因此 $2^3 3^2 L^2 M$ 可被表示为2个3次幂的2个和的乘积.取 $L=Bb^3$,$M=2^{\lambda-3}3^{\mu-2}Aa^3$,我们可得到 $N=2^\lambda 3^\mu AB^2$ 的一个分解,并且还可以选择 $\frac{a^3}{b^3}$ 使得所有的3次幂均为正.作为推论,E. Fauquembergue[③] 证明了 3 重时结论以及 $4p^6+27q^6$ 的平方是2个3次幂的和,这一问题是 Lucas 提出的.

G. Oltramare[④] 指出每一个整数都是5个整数的3次幂的和.

R. Norrie[⑤] 给出了恒等式

$$x=\left(\frac{c^2(d+2x)}{2d}\right)^4-\left(\frac{c^2(d-2x)}{2d}\right)^4+\left(\frac{2c^4x-b^4d}{2bcd}\right)^4-\left(\frac{2c^4x+b^4d}{2bcd}\right)^4$$

$$d=c^8-b^8$$

他将5,17和41表示为5个整数3次幂的和,并不是全部都为正数.

A. Cunningham[⑥] 给出了其他的解.

① Nouv. Ann. Math., (2),19,1880,89-91;Bull. Soc. Math. France,8,1879-1880,180-182. No reference is made to Euler's writings. The author of this History has found no formula like (2) or (4) in Euler's papers or books. Nor did Libri or Lebesgue imply that such a formula is due to Euler. The fact that Lebesgue spoke of (3) as the transformation of Euler may have led Lucas to infer too hastily that also (2) is due to Euler.

② Exercices d'analyse numérique,Paris,1859,147-151.

③ Nouv. Ann. Math.,(2),19,1880,430.

④ L'intermédiaire des math.,1,1894,25. Cf. 165-166,244;2,1895,325.

⑤ University of St. Andrews 500th Anniversary Mem. Vol.,1911,68.

⑥ Math. Quest. Educ. Times,(2),4,1903,49.

Fermat 大定理，$ax^r + by^s = cz^t$，以及同余式 $x^n + y^n \equiv z^n \pmod p$*

第二十六章

对于当 $n=3,4$ 时 $x^n + y^n = z^n$ 不可能成立的证明可参见前文.

Leo Hebreus[1] 或 Lewi ben Gerson(1288—1344) 证明了：如果 $m > 2$，那么 $3^m \pm 1 \neq 2^n$. 他是通过显示 $3^m \pm 1$ 有素数因数来证明的. 这一问题是由 Philipp von Vitry 向他提出的，当时它的形式如下：2 和 3 的所有次幂相差大于 1，除了 1 和 2，2 和 3，3 和 4，8 和 9 这几对.

Fermat[2] 在 1637 年对 Diophantus，Ⅱ，8(解 $x^2 + y^2 = a^2$) 做出了评论，指出："将一个三次幂分解成两个三次幂，或者将一个四次幂分解成两个四次幂，或者总的说来将任意大于 2 的幂分解成两个同样指数的幂是不可能的；我已经发现了一个值得注意的证明，由于篇幅问题此处不包含这个证明."这个定理就是我们熟知的 Fermat 大定理.

---

* H. S. Vandiver read critically the proof-sheets of this chapter and believes that the reports are accurate. Both he and the author compared the reports with the original papers when a vailable.

① Cf. J. Carlebach, Diss. Heidelberg, Berlin, 1909, 62-64.

② Oeuvres, I, 291; French transl., III, 241. Diophanti Alexandrini Arith. libri sex, ed., S. Fermat, Tolosae, 1670, 61. Précis des Oeuvres math. de P. Fermat, par E. Brassinne, Mém. Acad. Sc. Toulouse, (4), 3, 1853, 53.

Claude Jaquemet[①](1651—1729) 被收藏在巴黎国家资料馆的手稿第一次指出 Nicolas Malebranche[②](1638—1715) 试图证明 Fermat 大定理. 我们假设 $a^z=x^z+y^z$ 中的 x,y 是互素的. x^z+y^z 除 $x+y$ 的商为

$$Q=x^{z-1}-yx^{z-2}+y^2x^{z-3}-\cdots\pm y^{z-1}$$

那么 $x+y$ 和 Q 除了 z 以外没有其他的公因式,因为由它整除

$$Q-(x^{z-1}+yx^{z-2})=-2yx^{z-2}+y^2x^{z-3}-\cdots\pm y^{z-1}$$

加上 $2yx^{z-2}+2y^2x^{z-3}$ 后,我们得到了 $3y^2x^{z-3}-\cdots$. 最后, 我们得到 zy^{z-1}. 但是 y 不能被 d 整除,因为 x,y 互素;所以 z 可以被 d 整除. 同样地,$x-y$ 和 $\frac{x^z-y^z}{x-y}$ 没有不是 z 的因数以外的公因数.

假设 a,x,y 是满足 $a^z=x^z+y^z$ 的互素的整数,其中 z 是奇数. 如同以上所证明的,所有幂中至多有一个可被 z 整除. 首先设 x^z 和 y^z 不能被 z 整除. 设 $x^z=p^zq^z,y^z=r^zs^z$,其中 r 和 s,p 和 q 是互素的. 那么 $a-pq=r^z,a-rs=p^z$. 因此 p^z-r^z 的因式 $p-r$ 整除 $pq-rs$. 用后者除以 $p-r$,我们得到余式 $pq-ps$ 或 $rq-rs$,但不为 0,并且"通过无穷次重复过程,我们并没有得到新的余式,进而 $p-r$ 并不是 $pq-rs$ 的因式." 如同 E. Lucas[③] 指出的那样,最后一个推论是错误的;取任意整数 k,并设 $p(q-s)=k(p-r)$,那么 $pq-rs=(p-r)(s+k)$. 第二种情况中的 a^z 和 x^z 不能被 z 整除,这种情况与之前的情况只是符号不同.

L. Euler[④] 关于 a^m+b^m 的因式的线性形式的定理被引用在本丛书第 1 卷的第二十六章中的 Euler 的文章.

Lagrange[⑤] 的对于 $r^n-As^n=q^m$ 的方法已在第二十三章中给出.

A. J. Lexell[⑥] 考虑了 $a^5+b^5=c^5$. 设 $x+y=a^5,x-y=b^5$. 那么

$$\frac{x^2-y^2}{4x^2}=\left(\frac{z}{x}\right)^5\equiv\frac{a^5b^5}{c^{10}},x^6-4xz^5=x^4y^2=\square$$

因为因式是互素的,所以 $x=p^2,x^5-4z^5=q^2$. 因此

$$p^{10}-q^2=4r^5s^5,p^5+q=2r^5,p^5-q=2s^5,p^5=r^5+s^5$$

N. Fuss I[⑦] 指出:如果 $1\pm4x^n=\square$ 可能是有理数,那么 $r^n+p^n+q^n$ 就可

---

① Cf. A. Marre, Bull. Bibl. Storia Sc. Mat. Fis., 12, 1879, 886-894.

② Cf. C. Henry, *ibid.*, 565-8.

③ Ibid., 568. Since he omitted the factor p before $q-s$, take k to be a multiple of p.

④ Comm. Arith., I, 50-6, 269; II, 533-5.

⑤ Zeitschr. Math. Naturw. Unterricht, 24, 1893, 272-273.

⑥ Euler's Opera postuma, 1, 1862, 231-241(about 1778).

⑦ Ibid., 241(about 1778). Cf. Euler.

能是整数.为了化简之前的整数,设 $x=\frac{pq}{r^2}$;那么有 $r^{2n}\pm 4p^nq^n=\square$,并且为 r^n+2v 的平方,其中 v 与 r 互素.那么 $\pm p^nq^n=v(r^n+v)$,由此 $v=p^n$,$r^n+v=q^n$.

L. Euler① 对 $a^n+b^n=c^n$ 乘 $4a^n$ 并加上 b^{2n}.因此

$$(2a^n+b^n)^2=4a^nc^n+b^{2n}=\square$$

Euler② 指出:当 $n>2$ 时,他试图证明 $x^n+y^n=z^n$ 是不可能的,但是没有成功.

C. F. Kausler③ 证明了:$x^6+y^6=z^6$ 不可能是整数.因为如果成立,那么设 $x=mn$,其中 m 是素数.40 种情况中,除了以下两种情况以外可被立即排除

$$z^4+z^2y^2+y^4=m^6n^6 \text{ or } mn^6,z^2-y^2=1 \text{ or } m^5$$

对于第 2 个变换,去掉 z^2.那么

$$3y^4+3y^2m^5+m^{10}=mn^6$$

且 m 是 $3y^4$ 的一个因式.如果 y 可被 m 整除,那么 z 可被 m 整除,并且 x,y,z 有公因式.当 $m=3$ 时,$z+y$,$z-y$ 是 3^5,1 或 3^4,3 或 3^3,3^2,其他情况立即排除.第一个变量被排除,是由于引理:不存在整数 y,z 满足

$$z^4+z^2y^2+y^4\equiv(z^2-y^2)^2+3z^2y^2=\square$$

Sophie Germain④(1776—1831)在她给 Gauss 的第 1 封信(1804 年 11 月 21 日)中指出:如果 $n=p-1$,那么她可以证明 $x^n+y^n=z^n$ 是不可能的,其中 p 是素数 $8k+7$.在她的⑤第 4 封信(1807 年 2 月 20 日)中,她指出:如果任意两个数的 n 次幂的和具有 h^2+nf^2 的形式,那么这两个数的和也具有以上形式.Gauss⑥ 在回复(1807 年 4 月 30 日)她时指出:这是错误的,并通过以下两个式子显示说明:$15^{11}+8^{11}=h^2+11f^2$,而

$$15+8\neq x^2+11y^2$$

① Euler's Opera postuma, 1, 1862, 242(about 1782).

② Euler's Opera postuma, 1, 1862, 587; letter to Lagrange, March 23, 1775. Corresp. Math. Phys. (ed., P. H. Fuss), 1, 1843, 618, 623, letters to Goldbach, Aug. 4, 1753, May 17, 1755. Novi Comm. Acad. Petrop., 8, 1760-1761, 105; Comm. Arith. Coll., I, 296.

③ Nova Acta Acad. Sc. Petrop., 15, 1806, ad annos 1799-1802, 146-155.

④ The first and third letters were published in Oeuvres philosophiques de S. Germain, Paris, 1879, 298. Cinq lettres de Sophie Germain à C. F. Gauss, publiées par B. Boncompagni, Berlin, 1880, 24 pp. Reproduced in Archiv Math. Phys., 65, 1880, Litt. Bericht 259, pp. 27-31; 66, 1881, Litt. Bericht 261, pp. 3-10. Reviewed, with Gauss, by S. Günther, Zeitschr. Math. Phys., 26, 1881, Hint.-Lit. Abt., pp. 19-26; Italian transl., Bull. Bibl. Storia Sc. Mat. e Fis., 15, 1882, 174-179.

⑤ Published by E. Schering, Abh. Gesell. Wiss. Göttingen, 22, 1877, 31-32.

⑥ Lettera inedita di C. F. Gauss a Sofia Germain, publicata da B. Boncompagni, Firenze, 1879. Reproduced in Archiv Math. Phys., 65, 1880, Litt. Bericht 257, pp. 5-9.

C. F. Gauss① 给出了一个证明 $a^5+b^5+c^5=0$ 是不可能的一个轮廓，并指出此方法对七次幂并不适用.

P. Barlow② 证明了：如果 n 是素数，且 $x^n-y^n=z^n$ 有成对的整数素数解，那么条件

$x-y=r^n$	$n^{n-1}r^n$	r^n	r^n
$x-z=s^n$	s^n	$n^{n-1}s^n$	s^n
$y+z=t^n$	t^n	t^n	$n^{n-1}t^n$

的 4 个集合中的一个必然成立. 因为 $\frac{x^n-y^n}{x-y}$ 不能被 $x-y$ 的不为 n 的因式整除，并且如果 $\frac{x^n-y^n}{x-y}$ 可被 n 整除，那么尚与 $x-y$ 和 n 互素. 因此 z^n 可被 $x-y$ 整除，并且如果 n 是 $x-y$ 的一个因式，那么 z^n 可被 $n(x-y)$ 整除，而商与 n 和 $x-y$ 互素. 在第一种情况中，$x-y=r^n$. 在第二种情况中，$n(x-y)=r^n=n^n r_1^n$，$x-y=n^{n-1}r_1^n$.

当 $n>2$ 涉及了错误(见 Smith③，Talbot④) 时，如果每一个分数的分母有不被其他分母整除的因数，那么最小项中的分数和不是整数.

N. H. Abel⑤ 指出：如果 n 是大于 2 的素数，那么当 $a,b,c,a+b,a+c,b-c,a^{1/m},b^{1/m},c^{1/m}$ 中的一个或更多的数是素数时，$a^n=b^n+c^n$ 在整数中不可能成立(见 Talbot⑥，de Jonquières⑦). 如果方程成立，那么 a,b,c 分别有因数 x，y,z，使得(见 Barlow⑧)

$$2a=x^n+y^n+z^n,2b=x^n+y^n-z^n,2c=x^n+z^n-y^n$$

$$2a=n^{n-1}x^n+y^n+z^n,2b=n^{n-1}x^n+y^n-z^n,2c=n^{n-1}x^n+z^n-y^n$$

$$2a=n^{n-1}(x^n+y^n)+z^n,2b=n^{n-1}(x^n+y^n)-z^n,2c=n^{n-1}(x^n-y^n)+z^n$$

或者通过置换 a,b 与 x,y 由第二个集合和改变 c,z 的符号得到的值；或者通过

---

① Werke, II, 1863, 390-391, posth. paper.

② Appendix to English transl. of Euler's Algebra. Proof "completed" by Barlow in Jour. Nat. Phil. Chem. and Arts (ed., Nicholson), 27, 1810, 193, and reproduced in Barlow's Theory of Numbers, London, 1811, 160-169.

③ Report British Assoc. for 1860, 148-152; Coll. Math. Papers, Ⅰ, 131-137.

④ Trans. Roy. Soc. Edinburgh, 23, 1864, 45-52.

⑤ Oeuvres, 1839, 264-265; nouv. éd., 2, 1881, 254-255; letter to Holmboe, Aug. 3, 1823.

⑥ Trans. Roy. Soc. Edinburgh, 21, 1857, 403-406.

⑦ Atti Accad. Pont. Nuovi Lincei, 37, 1883-1884, 146-149. Reprinted in Sphinx-Oedipe, 5, 1910, 29-32. Proof by S. Roberts, Math. Quest. Educ. Times, 47, 1887, 56-58; H. W. Curjel, 71, 1899, 100.

⑧ Appendix to English transl. of Euler's Algebra. Proof "completed" by Barlow in Jour. Nat. Phil. Chem. and Arts (ed., Nicholson), 27, 1810, 193, and reproduced in Barlow's Theory of Numbers, London, 1811, 160-169.

将 a 代换为 b，b 代换为 $-c$，c 代换为 a，x 代换为 y，y 代换为 $-z$ 和 z 代换为 x，由第三个集合得到的值. 因此 $2a$ 必定有所列的三种形式中的一种，其中 x，y 没有公因数. 最后，$2a \geqslant 9^n + 5^n + 4^n$；$a$，$b$，$c$ 中的最小项不会小于 $\frac{9^n - 5^n + 4^n}{2}$.

A. M. Legendre[①] 指出：法兰西科学院已经为 Fermat 大定理的证明提供了一笔奖金，但并没有给予这笔奖金. 他在素数 n 大于 2 时，考虑 $x^n + y^n + z^n = 0$ 和全不为 0 的互素整数 x，y，z. 他通过一个有争议的，但是由 Catalan[②] 补充完成的证明指出：$x + y + z$ 可被 n 整除，并且通过 $(x + y)(y + z)(z + x)$ 给出了它是 n 次幂的. 设

$$\phi(y,z) = y^{n-1} - y^{n-2}z + y^{n-3}z^2 - \cdots + z^{n-1}$$

是 $y^n + z^n$ 除 $y + z$ 的商. 那么根据 x 能或不能被 n 整除，$y + z$ 和 ϕ 有最大公约数 n 或是互素的.

首先，设 x 可被 n 整除，那么

$$\begin{gathered} y + z = \frac{1}{n}a^n, \phi(y,z) = n\alpha^n, x = -a\alpha \\ z + x = b^n, \phi(z,x) = \beta^n, y = -b\beta \\ x + y = c^n, \phi(x,y) = \gamma^n, z = -c\gamma \end{gathered} \tag{1}$$

其中 a 是可被 n 整除的整数，并且 α，β 或 γ 的每一个素因数都具有形式 $2kn + 1$. α 的每一个素因数都具有形式 $2tn^2 + 1$，并且假设 x 可被 n 整除，那么 x 可被 n^2 整除.

其次，设 x，y，z 均不可被 n 整除. 他给出了当 $n = 3,5,7,11$ 时可适用的方法，但是并不适用 $n = 13$，等等. 如果 n 是小于 100 的奇素数，那么

$$x^n + y^n + z^n = 0 \tag{2}$$

没有与 n 互素的整数解. Sophie Germain 引用了这个结论的证明. 这个证明被称为“非常巧妙且简洁的，并且具有绝对的普遍性”. 正如上面指出的，$y + z$ 与 $\phi(y,z)$ 互素，且它们的积等于 $(-x)^n$；因此，我们可以设

$$\begin{gathered} y + z = a^n, \phi(y,z) = \alpha^n, x = -a\alpha \\ z + x = b^n, \phi(z,x) = \beta^n, y = -b\beta \\ x + y = c^n, \phi(x,y) = \gamma^n, z = -c\gamma \end{gathered} \tag{3}$$

---

① Sur quelques objets d'analyse indéterminée et particulièrement sur le théorème de Fermat Mém. Acad. R. Sc. de l'Institut de France, 6, année 1823, Paris, 1827, 1-60. Same except as to paging, Théorie des nombres, ed. 2, 1808, second supplément, Sept., 1825 1-40 (reproduced in Sphinx-Oedipe, 4, 1909, 97-128; errata, 5, 1910, 112).

② Mélanges Math., ed. 1, 1868, No. 47, 196-202; Mém. Soc. Sc. Liège, (2), 12, 1885, 179-185, 403. (Cited in Bull. des sc. math. astr., (2), 6, I, 1882, 224.)

由此

$$2x=b^n+c^n-a^n,2y=a^n+c^n-b^n,2z=a^n+b^n-c^n \tag{4}$$

定理　如果存在奇素数 p 使得

$$\xi^n+\eta^n+\zeta^n\equiv 0(\bmod p) \tag{5}$$

没有不可被 p 整除的整数解 ξ,η,ζ 的集合,并且使得 n 并非是任意整数的 n 次幂模 p 的剩余,那么式(2)没有与 n 互素的整数解.

因为,如果 x,y,z 是满足式(2)的整数,那么它们满足同余式(5),从而它们中之一满足,就说 x 可被 p 整除.那么,通过式(4),有

$$b^n+c^n+(-a)^n\equiv 0(\bmod p)$$

因此 a,b 或 c 可被 p 整除.但是如果 b 可被 p 整除,那么通过式(3)可得出 $y=-b\beta$ 可被 p 整除,因此通过式(2)可得出 z 可被 p 整除,反之可得 x,y,z 无公因数.同样地,c 不可能被 p 整除.因此

$$a\equiv 0,x\equiv 0,z\equiv -y,\phi(x,y)\equiv y^{n-1},\phi(y,z)\equiv ny^{n-1}(\bmod p)$$

于是,通过式(3)可得 $r^n\equiv y^{n-1},\alpha^n\equiv ny^{n-1}$.所以有 $nr^n\equiv\alpha^n(\bmod p)$.通过最后的一个方程(3)可知 γ 与 p 互素.因此,我们能确定整数 γ_1 使得 $r\gamma_1\equiv 1(\bmod p)$.因此 $n\equiv(\alpha\gamma_1)^n(\bmod p)$,与假设矛盾.

如果 $n=7,p=29$,那么定理成立.因为七次幂模29的剩余是 $\pm 1,\pm 12$,它们中没有两个相差1,并且没有1个与7同余.同样地,对于小于100的奇素数,S. Germain 给出了满足定理的 p.

n 不是 n 次幂的剩余的条件是 p 具有 $mn+1$ 的形式,其中 m 显然是偶数.Legendre 证明了:m 一定与3互素,且如果 $p=mn+1$ 是一个素数,$m=2,4,8,10,14,16$(但是忽略当 $m=14,16$ 时,$n=3$ 的性质;见 Dickson①).他推出当 n 为小于197的奇素数时,式(1)没有与 n 互素的解.

他证明②了:$x^5+y^5+z^5=0$ 没有整数解,如果当 $n=7,11,13$ 或17时,式(2)的解存在,那么他们具有很多的位数.

Schopis③ 认为:如果 $x^5-y^5=w^5$,那么

$$x-y=u^5$$

并且

$$x^4+x^3y+\cdots+y^4=u^{20}+5u^{15}y+10u^{10}y^2+10u^5y^3+5y^4$$

是五次幂,即 $(w^4+z)^5$,其中 xyw 与5互素.

① Messenger of Math.,(2),38,1908,14-32.

② This proof was reproduced in Legendre's Théorie des nombres,ed. 3,II,1830,arts. 654-663,pp. 361-368;German transl. by H. Maser,1893,2,pp. 352-359. If z is the unknown divisible by 5,the proof for the case z even is like Dirichlet's,while that for z odd is by a special analysis.

③ Einige Sätze Unbest. Analytik,Progr. Gumbinnen,1825,12-15.

因此

$5yA=z(5u^{16}+10u^{12}z+10u^{8}z^{2}+5u^{4}z^{3}+z^{4})$，$A=u^{15}+2u^{10}y+2u^{5}y^{2}+y^{3}$ 从而 z 可被 5 整除，且第二个数可被 25 整除. 所以 A 可被 5 整除，这看起来是不可能的.

G. L. Dirichlet① 证明了不存在互素的整数 x,y 使得 $x^5\pm y^5=2^m5^nAz^5$，m 和 n 均为正整数，$n\neq 2$，以及 A 不能被 2,5 或素数 $10k+1$ 整除. 如果 $n=0$，$m\geqslant 0$，且 $2^mA\equiv 3,4,9,12,13,16,21$ 或 $22 \pmod{25}$，那么同样的在 A 的条件下，定理也成立. 如果 $n>2$，$n\neq 2$，且 A 不可被 2,5 或素数 $10k+1$ 整除，那么存在互素的整数 x,y，使得 $x^5\pm y^5=5^nAz^5$. 最后的结论显示 $x^5+y^5=z^5$ 是不可能有整数解的（因为其中的一个未知量，如 z，一定可被 5 整除）；z 为偶数和奇数时的两种情况的证明类似，然而 Legendre② 却用了两种方法.

A. M. Legendre③ 指出：至少对于指数 n 的情况，式(2) 的讨论可以是简便的，通过考虑三次方程，它的根为 x,y,z；对于整数根，判别式一定是一个完全平方. 他不能推出 $x+y+z$ 和 xyz 可被 n^2 整除，如他证明，其中一个未知量可被 n 整除.

V. Bouniakowsky④ 认为：如果 $x^m+y^m+z^m=0$，其中 m 是素数，x,y,z 是没有公因数的整数，并且选择 N 使得 $m=\phi(N)-1$（对于小于 31 的素数 m，除了 $m=13$），那么 $xyz(xy+xz+yz)$ 可被 N 整除. 但是，他运用了 Euler 定理 $x^{\phi(N)}\equiv 1 \pmod N$. 当 x 与 N 互素时，此定理才有效.

Dirichlet⑤ 逐步证明了 $n=14$ 时，式(2) 是不可能有整数解的，并且还证明了

$$t^{14}-u^{14}=2^m\cdot 7^{1+n}w^{14}$$

是不可能的.

G. Libri⑥ 对于素数 $n=3p+1$，考虑 $x^3+y^3+1\equiv 0 \pmod n$ 的小于 n 的正整数的解集的个数 N_2，对于 n 次单位根的三个周期的方程具有以下形式

---

① Jour. für Math., 3, 1828, 354-375; Werke I, 21-46. Read at the Paris Acad. Sc., July 11 and Nov. 14, 1825 and printed privately, Werke, I, 1-20.

② This proof was reproduced in Legendre's Théorie des nombres, ed. 3, II, 1830, arts. 654-663, pp. 361-368; German transl. by H. Maser, 1893, 2, pp. 352-359. If z is the unknown divisible by 5, the proof for the case z even is like Dirichlet's, while that for z odd is by a special analysis.

③ Théorie des nombres, ed. 3, II, 1830, art. 451, pp. 120-122; German transl., Maser, II, pp. 118-120.

④ Mém. Acad. Sc. St. Pétersbourg (Math.), (6), 1, 1831, 150-152.

⑤ Jour. für Math., 9, 1832, 390-393; Werke, I, 189-194. Reproduced by Gambioli, pp. 164-167.

⑥ Jour. für Math., 9, 1832, 270-275.

$$z^3+z^2-\frac{1}{3}(n-1)z-\frac{1}{27}[nN_2+3-(n+2)^2+9n]=0$$

通过将上式与已知的三次式进行对比,我们得出 $N_2=n\pm a-2$,其中

$$4n=a^2+27b^2$$

(PePin①).因为 a 包含 0 和 $r=(4n-27)^{1/2}$,我们有 $N_2\leqslant n-r-2$.所以 N_2 确实增加了 n,从一个确定的极限开始,$x^3+y^3+1\equiv 0(\bmod n)$ 在 x,y 均不可被 n 整除时总有解.我们可以找到 $x^3+y^3+u^3+1\equiv 0(\bmod n)$ 的小于 n 的正整数解的个数.

如果 n 是一素数 $8m+1$,从而有唯一形式的 $n=a^2+16b^2$,同样的证明方法显示 $x^4+y^4+1\equiv 0(\bmod n)$ 的解的个数为 $n\pm 6a-3$,这个数随着 n 的增加而增加.需要指出的是:能够证明(Pellet②③,Dickson④,Cornacchia⑤,Mantel⑥)素数 p 的极限可使得 $x^n+y^n+1\equiv 0(\bmod p)$ 的解的个数会一直增加.因此,试图通过显示一个未知量可被无穷多个素数整除来证明 $u^n+v^n=z^n$ 不成立是无效的.

E. E. Kunmer⑦ 考虑 $x^{2\lambda}+y^{2\lambda}=z^{2\lambda}$,其中 λ 是素数,x,y,z 两两互素.我可以取 y 为偶数.4 种可能的情形中的第 3 个是

$$z+y=u^{2\lambda},z-y=w^{2\lambda},z\pm x=2p^{2\lambda},z\mp x=2^{2\lambda_{\nu}-1}\lambda^{2\lambda_{\mu}-1}q^{2\lambda}$$

如果 $\lambda=8n+1$,或 $2\lambda+1$ 是素数,那么这种情况是唯一可能的.如果初始方程有整数解,那么 $r^{2\lambda}+s^{2\lambda}=2q^{2\lambda}$ 也有整数解.作为证明的辅助,文献⑧显示出:如果

$$\frac{a^n\pm b^n}{c\pm b}=(a\pm b)^{n-1}\mp n(a\pm b)^{n-3}ab+\frac{n(n-3)}{2}(a\pm b)^{n-5}a^2b^2\mp\cdots$$

且 $a\pm b$ 有公因数,那么它整除最后一项 $\pm n(ab)^{(n-1)/2}$,从而如果 a 与 b 互素,那么它整除 n.因为系数 $n,\frac{n(n-3)}{2},\cdots$ 可被 n 整除,那么可整除 $a^n\pm b^n$ 的 n 的最高次幂的指数比整除 $a\pm b$ 的 n 的最高次幂的指数大 1.

F. Paulet⑨ 试图证明 Fermat 大定理,但是在没有证明的情况下使 $\alpha cr=\beta s$ 中的 α,β 满足 $\alpha=\beta$,其中

---

① Comptes Rendus Paris,91,1880,366-368. Reprinted,Sphinx-Oedipe,4,1909,30-32.

② Bull. Soc. Math. de France,15,1886-1887,80-93.

③ Jour. für Math.,136,1909,272-292. For outline of proof,see Dickson,182-183.

④ Jour. für Math.,135,1909,181-188. Cf. Pellet,Hurwitz,Cornacchia,and Schur.

⑤ Giornale di mat.,47,1909,219-268. See Cornacchia and the references under Libri.

⑥ Wiskundige Opgaven,12,1916,213-214.

⑦ Jour. für Math.,17,1837,203-209.

⑧ Also in Nouv. Ann. Math.,7,1848,239,307-308.

⑨ Corresp. Math. (ed.,A. Quetelet),11,1839,307-313.

$$\alpha = bmx^2 - (p-q)a, \beta = ar + (p-q)c + s$$

在他的第 2 个证明中，他使相等的加和的相应的被加项相等.

G. Lamé① 证明了 $x^7 + y^7 + z^7 = 0$ 不可能有互素的整数解. 其中一个未知量，如 x，可被 7 整除(Legendre②). 它表明 $x + y + z = 7AP$，$P = \mu\nu\rho$，其中 μ, ν, ρ，7 是互素的整数，且满足

$$z + y = 7^6\mu^7 = a, z + x = \nu^7 = b, x + y = \rho^7 = c$$

他利用引理(Bouniakowsky③)

$$\frac{x+y+z}{\sqrt[7]{7(x+y)(z+x)(z+y)}} = A = \square$$

因此 A 必定是一个平方数 B^2. 那么

$$\sum a = 27B^2P, \sum a^2 + \sum ab = BD, abc = 7^6P^7$$

$$3\sum a^4 + 10\sum a^2b^2 = 2^4B^{14}$$

消去 a, b, c，我们得到一个方程，它的解依赖于无解方程

$$U^8 - 3 \cdot 7^4U^4V^4 + 2^4 7^5V^8 = W^4$$

这一证明的具体细节可参见 Lebesgue④ 和 Genocehi⑤.

A. Cauchy⑥ 在 Lamé 之前的一篇论文中指出：这个引理可在取 $n = 7$ 时通过以下推得出：$(x+y)^n - x^n - y^n$ 不仅可被 $nxy(x+y)$ 代数整除，而且还可以被 $q = x^2 + xy + y^2$ 代数整除(如果 $n > 3$)，以及如果 $n = 6k + 1$，那么可被 q^2 代数整除.

V. A. Lebesgue⑦ 通过以下引理简化了 Lamé⑧ 的证明：如果 a 是正整数，那么

$$p^2 = q^4 - 2^{2a}3 \cdot 7^4q^2r^2 + 2^{4a+4}7^7r^4$$

---

① Comptes Rendus Paris, 9, 1839, 45-46; Jour. de Math., 5, 1840, 195-211. Mém. présentés divers savants Acad. Sc. de l'Institut de France, 8, 1843, 421-437.

② Sur quelques objets d'analyse indéterminée et particulièrement sur le théorème de Fermat Mém. Acad. R. Sc. de l'Institut de France, 6, année 1823, Paris, 1827, 1-60. Same except as to paging, Théorie des nombres, ed. 2, 1808, second supplément, Sept., 1825 1-40 (reproduced in Sphinx-Oedipe, 4, 1909, 97-128; errata, 5, 1910, 112).

③ Math. Magazine, 2, 1890, 6.

④ Jour. de Math., 5, 1840, 276-279, 348-349(removal of obscurity in proof of lemma).

⑤ Annali di Mat., 6, 1864, 287-288.

⑥ Comptes Rendus Paris, 9, 1839, 359-363; Jour. de Math., 5, 1840, 211-215. Oeuvres de Cauchy, (1), IV, 499-504.

⑦ Jour. de Math., 5, 1840, 276-279, 348-349(removal of obscurity in proof of lemma).

⑧ Comptes Rendus Paris, 9, 1839, 45-46; Jour. de Math., 5, 1840, 195-211. Mém. présentés divers savants Acad. Sc. de l'Institut de France, 8, 1843, 421-437.

不可能有两两互素的奇整数解 $p,q,r,r \neq 0$.

Lebesgue① 证明了:如果 $X^n + Y^n = Z^n$ 没有整数解,那么 $x^{2n} + y^{2n} = z^2$ 无解.

J. Liouville② 指出:如果 $u^n + v^n = w^n$ 没有不为 0 的整数解,那么 $z^{2n} - y^{2n} = 2x^n$ 无解.

Cauchy③ 在 n 为小于或等于 13 的奇数时,将 $(x+y)^n - x^n - y^n$ 用 $x^2 + xy + y^2$ 和 $xy(x+y)$ 表示出来.

V. Bouniakowsky④ 在 $m=2,3,4,5,6,7$ 时证明了:如果 R 是有理数,且它的根式为无理数,那么

$$\sqrt[m]{A} + \sqrt[m]{B} = R$$

不可能成立. 当 $m=7$ 时,设 $C=(AB)^{1/7}$. 我们得到 $R^7 - A - B = 7RC(R^2 - C)^2$,它可得出 Lamé⑤(Cauchy⑥) 引理. 因为,设 $A=a^7, B=b^7, R=a+b, C=ab$,我们得到

$$(a+b)^7 - a^7 - b^7 = 7ab(a+b)(a^2+ab+b^2)^2$$

E. E. Kummer⑦ 认同 Dirichlet 在 1843 年的手稿中给出了 Fermat 大定理的完整的证明. Dirichlet 宣称:如果证明不仅显示了每一个数 $a_0 + a_1\alpha + \cdots + a_{\lambda-1}\alpha^{\lambda-1}$(其中 α 为 λ 次单位原根,且 $a_i (i=0,\cdots,\lambda-1)$ 为通常整数)总是这一形式的不可分解的数的乘积,而且还显示了(通过 Kummer)这是唯一可能的方式,(不幸的是显示的不是这种情况)那么这个证明就是正确的.

Frizon⑧ 给出了一个可对小于或等于 31 的所有素指数均适用的统一的方法.

---

① Jour. de Math. ,5,1840,184-185.

② Jour. de Math. ,5,1840,360.

③ Exercices d'analyse et de phys. math. ,2,1841,137-144;Oeuvres,(2),XII,157-166.

④ Mém. Acad. Sc. St. Pétersbourg(Math.), (6),2,1841,471-492. Extract in Bull. St. Péters. , VIII,1-2.

⑤ Comptes Rendus Paris,9,1839,45-46;Jour. de Math. ,5,1840,195-211. Mém. présentés divers savants Acad. Sc. de l'Institut de France,8,1843,421-437.

⑥ Comptes Rendus Paris,9,1839,359-363;Jour. de Math. ,5,1840,211-215. Oeuvres de Cauchy, (1),IV,499-504.

⑦ K. Hensel,Gedächtnisrede auf E. E. Kummer,Abh. Gesch. Math. Wiss. ,29,1910,22. [Cf. the less technical address by Hensel,E. E. Kummer und der grosse Fermatsche Satz,Marburger Akademische Reden,1910,No. 23.]

⑧ Comptes Rendus Paris,16,1843,501-502.

V. A. Lebesgue[①] 对 Dirichlet[②] 的结果作了如下补充：他证明了，若 A 没有素因数 $10m+1$，也没有五次幂的因数，那么 $x^5 \pm y^5 = AB^5u^5$，则如果 A 是 5 的倍数，或 $A \equiv \pm 2, \pm 3, \pm 4, \pm 6, \pm 8, \pm 9, \pm 11$ 或 $\pm 12 \pmod{25}$，那么 $x^5 \pm y^5 = AB^5u^5$ 没有整数解. 对于余下的部分 $A \equiv \pm 1, \pm 7 \pmod{25}$，同样的处理方法明显不再适用了. 如果 A 没有素因数 $10m+1$，那么方程 $x^{10} \pm y^{10} = Az^5$ 无解. 作为辅助性质，$a^2 = b^4 + 50b^2c^2 + 125c^4$ 是不可能的，而

$$a^2 = b^4 + 10b^2c^2 + 5c^4$$

如果 $c = 5 \cdot 2^i \cdot h^2$，那么上式可在 b 和 c 为奇数的情况时得到简化，进而得出这是不可能的.

E. Catalan[③] 表示他认为 $x^m - y^n = 1$ 仅在 $3^2 - 2^3 = 1$ 时成立.

S. M. Drach[④] 认为 $x^n + y^n = z^n$ 不可能有整数解，如果 $n = 2m+1 > 1$. 因为通过 Euler 代数可得

$$Y = c^m q^n + \sum A_i q^{n-2i} p^{2i} c^{m-i} a^i, Z = a^m p^n + \sum A_i p^{n-2i} q^{2i} a^{m-i} c^i$$

在 $A_i = \binom{n}{2i}$ 时满足 $aZ^2 - cY^2 = (ap^2 - cq^2)$. 取 $a = z, Z = z^m, c = y, Y = y^m$，那么

$$z^n - y^n = x^n = (zp^2 - yq^2)^n, x = zp^2 - yq^2$$

然后 $\frac{Z}{z^m}$ 和 $\frac{Y}{y^n}$ 给出了

$$1 = p^n\left[1 + \sum A_i\left(\frac{q^2 y}{p^2 z}\right)^i\right] = q^n\left[1 + \sum A_i\left(\frac{p^2 z}{q^2 y}\right)^i\right]$$

$$2z^{n/2}, 2y^{n/2} = (p\sqrt{z} + q\sqrt{y})^n \pm (p\sqrt{z} - q\sqrt{y})^n$$

根据由 $p\sqrt{z} \pm q\sqrt{y}$ 导出的值的和与差，可得

$$\frac{p\sqrt{z}}{q\sqrt{y}}\{(z^{n/2} + y^{n/2})^{1/n} - (z^{n/2} - y^{n/2})^{1/n}\} = \{() + ()\}$$

通过二项式定理，研究两数的差，我们得到关于 $\frac{y}{z}$ 的每个系数为负的级数，如果 $n > 1$. 接下来，$n = 2m$ 的情况最终得到了解决.

C. G. J. Jacobi[⑤] 针对满足 $1 + g^m \equiv g^{m'} \pmod{p}$ 的 m' 的值给出了一个数

---

① Jour. de Math.，8，1843，49-70.

② Jour. für Math.，3，1828，354-375；Werke I，21-46. Read at the Paris Acad. Sc.，July 11 and Nov. 14，1825 and printed privately，Werke，I，1-20. Cf. Lebesgue.

③ Jour. für Math.，27，1844，192. Nouv. Ann. Math.，1，1842，520；(2)，7，1868，240(repeatêd by E. Lionnet). For $n = 2$，Lebesgue of Ch. VI.

④ London，Edinburgh，Dublin Phil. Mag.，27，1845，286-289.

⑤ Jour. für Math.，30，1846，181-182；Werke，VI，272-274.

表,其中 p 是小于或等于 103 的素数,$0 \leqslant m \leqslant 102$,且 q 是 p 的原根.

O. Terquem① 证明了 Lebesgue② 的定理和 Liouville③ 的推论.

A. Vachette④ 指出:$x^m - y^n = (xy)^p$ 没有整数解. 因为 $p = mn$,设 $z = (xy)^n$,并取 $n = m$. 如果 z 是 xy 的幂,那么 $x^m - y^m = z^m$ 无解.

J. Mention⑤ 证明了公式(见 Kummer⑥)

$$a^n + b^n = (a+b)^n - nab(a+b)^{n-2} + \frac{n(n-3)}{2}a^2b^2(a+b)^{n-4} - \cdots \qquad (6)$$

V. A. Lebesgue⑦ 通过根为 a,b 的二次方程的 Waring 公式得到了式(6),再将它运用到根为 α,β,γ 的三次方程,我们得到$(\alpha+\beta+\gamma)^n$. 当 $n=7$ 时,后一结论可用来证明 $x^7 + y^7 = z^7$ 不可能成立,这一方法比指数 3 和 5 的方法更简单.

G. Lamé⑧ 称:已经证明了,如要 n 是奇数,那么 $x^n + y^n = z^n$ 在复整数

$$a_0 + a_1 r + \cdots + a_{n-1} r^{n-1} \qquad (7)$$

中不成立,其中 r 是虚部的 n 次单位根,且 $a_i(i=0,\cdots,n-1)$ 为整数.

J. Liouville⑨ 指出了 Lamé 的证明中缺的项,他并没有将这一复整数项以单一形式分解为复素数.

Lamé 认同所缺的项,并认为(基于分解的扩展数表) 它是失败的;他确认当 $n=5$ 时,整数的普通法则对复整数也成立. Lamé 指出 Fermat 方程对包括 $n=5,11,13$ 的指数级数是不可能成立的.

Lamé⑩ 在两个很长的研究报告中给出了他的论据.

O. Terquem⑪ 将他的⑫证明手稿展示给了 Lamé,并称它为"19 世纪数学界最伟大的发现".

E. E. Kummer⑬ 指出了 Lame⑭ 中的假设(即每一个复整数可唯一地分解为素数的积) 是错误的.

---

① Nouv. Ann. Math. ,5,1846,70-73.

② Jour. de Math. ,5,1840,184-185.

③ Jour. de Math. ,5,1840,360.

④ Nouv. Ann. Math. ,5,1846,68-70.

⑤ Nouv. Ann. Math. ,6,1847,399(proposed,2,1843,327;18,1859,172,249).

⑥ Jour. für Math. ,17,1837,203-209.

⑦ Nouv. Ann. Math. ,6,1847,427-431.

⑧ Comptes Rendus Paris,24,1847,310-315.

⑨ Comptes Rendus Paris,24,1847,315-316.

⑩ Jour. de Math. ,12,1847,137-171,172-184.

⑪ Nouv. Ann. Math. ,6,1847,132-134.

⑫ Comptes Rendus Paris,24,1847,310-315.

⑬ Comptes Rendus Paris,24,1847,899-900;Jour. de Math. ,12,1847,136.

⑭ Comptes Rendus Paris,24,1847,310-315.

L. Wantzel[①] 对复整数 $a+b\sqrt{-1}$ 证明了 Euclid 的最大公约数法成立(之前已被 C. F. Gauss[②] 证明过),并且指出:当 n 为任意数时,对复整数式(7) 有同样的结果成立. 因为式(7) 的范数(或模) 小于 1,当 $a_0,\cdots,a_{n-1}$ 均在 0,1 之间时(Cauchy[③] 指出这是错误的).

A. Cauchy[④] 表明 Wantzel[⑤] 中最后对 $n=7$ 时和素数 $n=4m+1\geqslant 17$ 时的论述是错误的. 他指出了由 Lamé 给出的 Fermat 大定理的证明的缺陷. 他定义了式(7) 的阶乘为:通过将 r 代换为其他 n 次单位原根由式(7) 得到的复数的乘积. 并且得到了此阶乘(范数) 的上限. 他[⑥]证明了:如果 A 和 B 是互素的,那么 $M_h=Ar^h+B$ 和 M_k 的公因数整除 M_0.

Cauchy[⑦] 想要证明一个错误的定理. 即式(7) 的一个复数除以另一个复数所得的余数的范数总比除数的范数小. 他推导出(错误地) 复整数(7) 的乘积可以被唯一地分解为复素数的乘积,并且对这些复整数,整数的其他整除性质也成立.

Cauchy[⑧] 在假设他之前的定理对一个给定的数 n 均成立的条件下给出了(错误地) 一些推论:尤其是有关 A^n+B^n 的因数 $A+r^iB$. 他提到要在以后讨论他之前文章证明中的问题.

Cauchy[⑨] 进一步研究上述问题,并在他的最后一篇论文的结尾承认他[⑩]的基本定理在 $n=23$ 时不成立,因此是错误的.

Cauchy[⑪] 得到的大部分结论都包含在 Kummer 的一般理论中. 在第 5 篇论文的 181 页,他指出:如果

$$1+2^{n-4}+3^{n-4}+\cdots+\left(\frac{n-1}{2}\right)^{n-4}$$

不被 n 整除(例如 Bernollian 数 $B_{(n-3)/2}$ 不能被 n 整除),或一个确定的数 w 与 n

---

① Comptes Rendus Paris,24,1847,430-434.

② Comm. Soc. Sc. Gotting. Recentiores,7,1832,§46;Werke,II,1863,117. German transl. by H. Maser,Gauss' Untersuchungen über höhere Arith.,1889,556.

③ Comptes Rendus Paris,24,1847,469-481;Oeuvres,(1),X,240-254.

④ ibid..

⑤ Comptes Rendus Paris,24,1847,430-434.

⑥ Comptes Rendus Paris 24,1847,347-348;Oeuvres,(1),X,224-226.

⑦ Comptes Rendus Paris 24,1847,516-528;Oeuvres,(1),X,254-268.

⑧ Comptes Rendus Paris 24,1847,578-584;Oeuvres,(1),X,268-275.

⑨ Comptes Rendus Paris 24,1847,633-636,661-666,996-999,1022-1030;Oeuvres,(1),X,276-285,296-308.

⑩ Comptes Rendus Paris 24,1847,516-528;Oeuvres,(1),X,254-268.

⑪ Comptes Rendus Paris 24,1847,25,1847,37,46,93,132,177,242,285;Oeuvres,(1),X,324-351,354-371.

互素,那么 $a^n+b^n+c^n=0$ 在不被奇素数 n 整除的互素的整数中是不可能成立的. 可参阅 Genocchi①,Kummer②.

E. E. Kummer③ 证明了:若实素数 λ 满足(i) 不等于由 λ 次虚数单位根 α 构成的理想复数的个数不能被 λ 整除;(ii) 每一个模 λ 与一个有理整数同余的复单位 $E(\alpha)$ 等于另一个复单位的 λ 次幂. 那么对于实素数 λ 的级数,$x^\lambda-y^\lambda=z^\lambda$ 是不可能的. 如果 $\lambda=3,5,7$,那么这两个条件满足,但对 $\lambda=37$ 可能不满足.

G. L. Dirichlet④ 指出 Kummer 的条件(i) 与一个理论有关. 这个理论近似于结论:对于 D 为二次剩余的一个数 m 不总能表示为 x^2-Dy^2,但可表示为几种二次式之一,并且对于由以 α 基础的复整数的范数所定义的 $\lambda-1$ 个变量构成的形式有类似的结论成立.

Kummer⑤ 证明了:对于由 λ 次单位虚根 α 所定义的范围内,理想的类数为两个整数的乘积 $H=h_1h_2$,其中

$$h_1=\frac{P}{(2\lambda)^{\mu-1}},h_2=\frac{D}{\Delta}$$

λ 为奇素数,$\mu=\frac{\lambda-1}{2}$,P,D,Δ 的定义如下:设 β 为 $\beta^{\lambda-1}=1$ 的原根,g 为 λ 的原根. 那么

$$P=\prod_{j=1}^{\mu}\phi(\beta^{2j-1}),\phi(\beta)=1+g_1\beta+g_2\beta^2+\cdots+g_{\lambda-2}\beta^{\lambda-2}$$

其中 g_i 为 g^i 模 λ 的最小正剩余. 进而

$$e(\alpha)=\sqrt{\frac{(1-\alpha^g)(1-\alpha^{-g})}{(1-\alpha)(1-\alpha^{-1})}}$$

为复数单位(1 的一个因数). 则如果 lx 表示 $\log x$ 的实部,那么

$$D=\begin{vmatrix} le(\alpha) & le(\alpha^g) & \cdots & le(\alpha^{g^{\mu-2}}) \\ le(\alpha^g) & le(\alpha^{g^2}) & \cdots & le(\alpha^{g^{\mu-1}}) \\ \cdots & \cdots & & \cdots \\ le(\alpha^{g^{\mu-2}}) & le(\alpha^{g^{\mu-1}}) & \cdots & le(\alpha^{g^{2\mu-4}}) \end{vmatrix}$$

设 $\varepsilon_1(\alpha),\cdots,\varepsilon_{\mu-1}(\alpha)$ 为单位,并满足它们的幂与 $\pm\alpha^m$ 的乘积可以给出全部单

① Annali di Sc. Mat. e Fis. ,3,1852,400-401. Summary in Jour. für Math. ,99,1886,316. This congruence is a special case of one proved by Cauchy,Mém. Acad. Sc. Paris,17,1840;265;Oeuvres,(1),III,p. 17.

② Letter to L. Kronecker,Jan. 2,1852,Kummer,p. 91.

③ Berichte Akad. Wiss. Berlin,1847,132-139.

④ Berichte Akad. Wiss. Berlin,1847,139-141;Werke,II,254-255.

⑤ Berichte Akad. Wiss. Berlin,1847,305-319. Same in Jour. für Math. ,40,1850,93-138;Jour. de Math. ,16,1851,454-498.

位.那么

$$\Delta=\begin{vmatrix} l\varepsilon_1(\alpha) & \cdots & l\varepsilon_{\mu-1}(\alpha) \\ \vdots & \vdots & \vdots \\ l\varepsilon_1(\alpha^{g^{\mu-2}}) & \cdots & l\varepsilon_{\mu-1}(\alpha^{g^{\mu-2}}) \end{vmatrix}$$

由此可得 h_1 可被 λ 整除,当且仅当 λ 整除前$\frac{\lambda-3}{2}$ 个 Bernoullian 数 $B_1=\frac{1}{6}$, $B_2=\frac{1}{30}$,$\cdots$ 中的一个的分母;而且如果 h_2 可被 λ 整除,那么 h_1 也可被 λ 整除,但是反之不成立.他证明了:如果 λ 不是 H 的一个因数,那么 Kummer① 的条件(ii)可被满足.因此,如果 λ 是奇素数并且不整除前$\frac{\lambda-3}{2}$个 Bernou Uian 数中的任何一个的分母,那么 $x^\lambda+y^\lambda=z^\lambda$ 不可能有整数解.

法国科学院②为 Fermat 大定理的证明设立了一个奖金为3 000 法郎的金奖.在几度推迟奖项的最后期限后,最终(C. R.,44,1857,158)此奖项颁发给了 Kummer,以表彰他对复数的研究,尽管他当初并未被列为候选人.

Kummer③ 利用素数理想证明了:如果 λ 是奇素数且不能整除前$\frac{\lambda-3}{2}$ 个 Bernoullian 数中任何一个的分母,那么 $u^\lambda+v^\lambda+w^\lambda=0$ 没有整数解,也没有复数解

$$a_0+a_1\alpha+a_2\alpha^2+\cdots+a_{\lambda-2}\alpha^{\lambda-2}$$

其中 α 是 λ 次单位虚根.因此对于小于 100 的 λ,除了 $\lambda=37,59,67$ 以外没有解. Hilbert④ 利用 Dedekind 的理想给出了现代形式的证明.

A. Genocchi⑤ 证明了:如果 n 是奇素数,那么

$$-2B_{(n-3)/2}\equiv 1+2^{n-4}+\cdots+\left(\frac{n-1}{2}\right)^{n-4} \pmod n$$

---

① Berichte Akad. Wiss. Berlin, 1847, 132-139.

② Comptes Rendus Paris, 29, 1849, 23; 30, 1850, 263-264; 35, 1852, 919-920. There were five competing memoirs for the prize proposed for 1850 and eleven for the postponed prize for 1853; but none were deemed worthy of the prize. Cf. Nouv. Ann. Math., 8, 1849, 362-363 and, for bibliography, 363-364; 9, 1850, 386-387.

③ Jour. für Math., 40, 1850, 130-138(93); Jour. de Math., 16, 1851, 488-498. Reproduced by Gambioli, pp. 169-176.

④ Jahresbericht d. Deutschen Math.-Vereinigung, 4, 1894-1895, 517-525. French transl., Annales Fac. Sc. Toulouse, [(3), 1, 1909;](3), 2, 1910, 448; (3), 3, 1911, for errata, table of contents, and notes by Th. Got on the literature concerning Fermat's last theorem.

⑤ Annali di Sc. Mat. e Fis., 3, 1852, 400-401. Summary in Jour. für Math., 99, 1886, 316. This congruence is a special case of one proved by Cauchy, Mém. Acad. Sc. Paris, 17, 1840; 265; Oeuvres, (1), III, p. 17.

值得注意的是与Cauchy①的结论联系后，上式表明$x^n+y^n+z^n=0$不可能有不被奇素数n整除的整数解，当n不是Bernoullian数$B_{(n-3)/2}$(即Kummer的条件中的最后一个Bernoullian数）的分母的因数时.

Kummer②指出对于$n=\frac{\lambda-3}{2}$(也包括小于$\frac{\lambda-3}{2}$的数)，他的假设B_n不能被λ整除，相当于Cauchy③的条件

$$1^{\lambda-4}+2^{\lambda-4}+\cdots+\left(\frac{\lambda-1}{2}\right)^{\lambda-4}\not\equiv 0(\bmod \lambda)$$

如果$B_{(\lambda-3)/2}$和$B_{(\lambda-5)/2}$不全被λ整除，那么$x^\lambda+y^\lambda=z^\lambda$的解$x,y,z$一定可被$\lambda$整除. Kummer④给出了证明.

H. Wronski⑤假设他⑥关于$z^n-Nv^n=Mu^n$的结果可推出$x^n+y^n=z^n$，$n>2$是不可能成立的.

F. Landry⑦证明了Legendre⑧的结论，即当$p=mn+1,m=10$或$14,n>3$时，$\frac{14^7\pm1}{14\pm1}$是素数.

Landry⑨运用了两个素数ϕ和$\theta=2t\phi+1$，以及属于模θ指数ϕ的整ε. 同余式$1+\varepsilon^x\pm\varepsilon^y\equiv 0(\bmod \theta)$可被简化为$1+\varepsilon\pm\varepsilon^x\equiv 0$，除非$x=\phi$或$x=0$. 因此$2\phi\equiv\pm1$. 通过运用替换$\varepsilon=\varepsilon_1^{-1},\varepsilon=\varepsilon_1^{1/x}$等，我们可将$1+\varepsilon+\varepsilon^z\equiv 0$化简为一个更简单的同余式，其中$z$可被

$$z,1-z,\frac{1}{z},\frac{z-1}{z},\frac{1}{1-z},\frac{z}{z-1}$$

模ϕ的整数剩余所代替. 除了$z=1$和2，以上6个表达式模ϕ同余. 除非ϕ具有

---

① Comptes Rendus Paris, 24, 1847, 25, 1847, 37, 46, 93, 132, 177, 242, 285; Oeuvres, (1), X, 324-351, 354-371.

② Letter to L. Kronecker, Jan. 2, 1852, Kummer, p. 91.

③ Comptes Rendus Paris, 24, 1847, 25, 1847, 37, 46, 93, 132, 177, 242, 285; Oeuvres, (1), X, 324-351, 354-371.

④ Abh. Akad. Wiss. Berlin(Math.), for 1857, 1858, 41-74. Extract in Monatsb. Akad. Wiss. Berlin, 1857, 275-282.

⑤ Véritable science nautique des marées, Paris, 1853, 23. Quoted in L'intermédiaire des math., 23, 1916, 231-234, and by Guimarães.

⑥ Réforme du savoir humain, 1847, 242. See p. 210 of Vol. 1 of this History.

⑦ Premier mémoire sur la théorie des nombres. Demonstration d'un principe de Legendre relatif au théorème de Fermat, Paris, Feb. 1853, 10 pp.

⑧ Sur quelques objets d'analyse indéterminée et particulièrement sur le théorème de Fermat Mém. Acad. R. Sc. de l'Institut de France, 6, année 1823, Paris, 1827, 1-60. Same except as to paging, Théorie des nombres, ed. 2, 1808, second supplément, Sept., 1825 1-40 (reproduced in Sphinx-Oedipe, 4, 1909, 97-128; errata, 5, 1910, 112).

⑨ Deuxième mémorie sur la théorie des nombres. Théorème de Fermat, Paris, July, 1853, 16 pp.

$6l+1$ 的形式,那么它们将化简为两个表达式,或两个 z 的特殊值.如果所有三个同余关系 $1+\varepsilon+\varepsilon^z\equiv 0$,$1-\varepsilon+\varepsilon^z\equiv 0$,$1-\varepsilon-\varepsilon^z\equiv 0$ 对以上 6 个表达式中的任意一个不成立,那么 $1+\varepsilon-\varepsilon^z\equiv 0$ 对全部 6 个表达式均不成立.

对于 Landry 的第 3 个注(关于原根)见本书的第 1 卷;对于他的第 5 个注(关于连续分数),见 Landry①.

如果 $2^\phi\equiv\pm 1\pmod{\theta}$,那么 Landry② 也得到了上述的例外.其中 θ 为一个素数 $2k\phi n+1$,n 为大于 2 的素数.对于 $\phi=5,7,11,13,17,19$ 时,他找到了所有 $2^\phi\mp 1$ 有因数 θ 的所有情况.例如,如果 $\phi=11$,那么仅当 $n=31$,$\theta=683$ 时.除了以上这些例外,$1+\varepsilon\pm\varepsilon^z\equiv 0$,对 $z=\phi$ 或 $z=0$ 在 $\phi\leqslant 19$ 时不成立;对 $z=2,\frac{1}{2}$,-1,或 $z=3,1-3,\frac{1}{3}$,等也不成立(除了一些 θ 的特殊值).

Landry③ 证明了:如果 θ 是一个素数 $2k\phi n+1(n>3)$,那么 $1+\varepsilon+\varepsilon^z\equiv 0\pmod{\theta}$ 对于 $\phi=5,7,11,13,17,19$ 都不可能成立,除了由 Landry④ 指出的那些对 $\phi=11,13,17$ 的例外,以及当 $\phi=19$;$\theta=761,n=5,k=4$;$\theta=647,n=17,k=1$;$\theta=419,n=11,k=1$ 时得到的新的例外.

H. E. Heine⑤ 考虑了 $P^m-DQ^m=1$,其中 P,Q,D 为关于 x 的多项式.

L. Calzolari⑥ 指出:任意给定的数 x,y,z 可被表示为 $x=v+w,y=u+w,z=u+v+w$ 的形式(因为我们可以取 $u=z-x,v=z-y,w=x+y-z$).设 $x=z-u,y=z-v$,那么

$$z^n-n(u+v)z^{n-1}+\binom{n}{2}(u^2+v^2)z^{n-2}-\cdots+(-1)^n(u^n+v^n)=0$$

因此 u^n+v^n 可被 z 整除.同样地,$\alpha=u^n+(v-u)^n$ 可被 x 整除,并且 $\beta=v^n+(u-v)^n$ 可被 y 整除.他的论断为:如果 n 为大于 3 的奇数,那么 Fermat 方程不可能成立.这是不可能成立的.通过 Cotes 的定理

$$u^n+v^n=(u+v)\prod\left(u^2-2uv\cos\frac{\lambda\pi}{n}+v^2\right)$$

---

① Cinquième mémoire sur la théorie des nombres, Paris, July, 1856.

② Quatrième mémorie sur la théorie des nombres. Théorème de Fermat, Paris, Feb. 1855, 27 pp.

③ Sixième mémorie sur la théorie des nombres. Théorème de Fermat, 3e livre, Paris, Nov. 1856, 24 pp.

④ Quatrième mémorie sur la théorie des nombres. Théorème de Fermat, Paris, Feb. 1855, 27 pp.

⑤ Jour. für Math., 48, 1854, 256-259.

⑥ Tentativo per dimostrare il teorema di Fermat... $x^n+y^n=z^n$, Ferrara, 1855. Extract by D. Gambioli, 158-161.

其中 $\lambda=1,3,5,\cdots,n-2$. 第 λ 个二次函数有因式

$$u+v\pm 2\sqrt{uv}\cos\frac{\lambda\pi}{2n}$$

但是 u^n+v^n 有因式 $z=u+v+w$,因此

$$w=2\sqrt{uv}\cos\frac{\lambda\pi}{2n}$$

同样地,因为 α 可被 $x=u(v-u)+w$ 整除,β 可被 $y=v+(u-v)+w$ 整除,所以

$$w=2\sqrt{u(v-u)}\cos\frac{\lambda'\pi}{2n},\quad w=2\sqrt{v(u-v)}\cos\frac{\lambda''\pi}{2n}$$

而且其中一个为实数,另一个为虚数. 他也指出:第一个 w 中的 u,v 是对称的,而第 3 个 w 则不是. 他也犯了一个错误,那就是假设一个奇数与一个偶数的乘积的一个偶因数一定整除后者.

J. A. Grunert① 证明了:如果 $n>1$,那么不存在正整数满足 $x^n+y^n=z^n$,除非 $x>n$,$y>n$. 设 $z=x+u$ 并应用二项式定理;因此 $y^n>nx^{n-1}u$.

L. Calzolari② 考虑了一个三角形,这个三角形的三边为 $x^n+y^n=z^n$(n 为大于 1 的奇数). 因此 $z^2=x^2-axy+y^2\equiv P_2$ 对于 a 的某个值成立. 我们可得多项式 $P_n\equiv x^n+y^n$ 可被 P_2 整除,多项式系数 P_{n-2} 可被 P_2 整除,等等. 最后得出对称系数 $P_1=x+y$ 等于 z,这是不可能的. 如果 $n=2m$,那么 $P_2^m\equiv P'_n$,$a=0$,$m=1$.

G. C. Gerono③ 考虑了满足 $a^x-b^y=1$ 的整数 x,y,其中 a,b 为素数. 如果 $a>2$,那么 $b=2$,$a=2^n+1$,并且当 $n>1$ 时,$x=1$,$y=n$;同样,当 $n=1$ 时,$x=2$,$y=3$. 如果 $a=2$,那么 $b=2^n-1$,$x=n$,$y=1$.

E. E. Kummer④ 证明了:对于 $x^\lambda+y^\lambda=z^\lambda$(其中 λ 为奇素数,xyz 与 λ 互素)的任意互素的整数解

$$B_{(\lambda-i)/2}P_i(x,y)\equiv 0(\bmod \lambda)\quad (i=3,5,\cdots,\lambda-2) \tag{8}$$

其中 B_j 为第 j 个 Bernoullian 数,且 $P_i(x,y)$ 为次数是 i 的齐次多项式并满足

$$\left(\frac{\mathrm{d}^i\log(x+\mathrm{e}^v y)}{\mathrm{d}v^i}\right)_{v=0}=\frac{P_i(x,y)}{(x+y)^i}$$

他证明了:对于满足以下三个条件的奇素数指数,Fermat 方程不可能有整数解,这三个条件为:

---

① Archiv Math. Phys. ,26,1856,119-120. Wrong reference by Lind,p. 54.

② Annali di SC. Mat. e Fis. ,8,1857,339-345.

③ Nouv. Ann. Math. ,16,1857,394-398.

④ Abh. Akad. Wiss. Berlin(Math.),for 1857,1858,41-74. Extract in Monatsb. Akad. Wiss. Berlin,1857,275-282.

（Ⅰ）类数 H 的因数 h_1 可被 λ 整除，但是不能被 λ^2 整除；

（Ⅱ）对于由 Kummer[①] 所定义的 $\mu, g, e(\alpha)$ 以及小于 $\frac{\lambda-1}{2}$ 且被 $B_v \equiv 0 \pmod{\lambda}$ 的整数 v 存在一个理想满足模单位

$$E_v(\alpha) = \prod_{k=0}^{\mu-1} e(\alpha^{g^k})^{g-2kv}$$

与 λ 次幂不同余，因此 H 的第 2 个因数 h_2 不能被 λ 整除；

（Ⅲ）Bernoullian 数 $B_{v\lambda}$ 不能被 λ^3 整除.

当 $\lambda=37,59,67$ 时，对于满足所有三个条件的小于 100 的值，他之前并未证明 Fermat 定理.（但是 Kummer 重复运用了之前[②]的涉及指数的同余式，F. Mertens[③] 指出，这个同余式在所有情况下不成立. H. S. Vandiver[④] 给出了一个注释和两个进一步的评论. 注释中指出这一错误也影响到了本篇文章. 首先，Kummer 依赖于他在 Jour. de Math.，16，1851，473 上的一篇文章. 在这篇文章中，他化简了 h_1 modulo λ，但是没有化简 modulo λ^n，$n>1$，而这是现在需要的. 其次，Kummer 运用了 $\Psi_r(\alpha)$ 的分解，这个分解仅当它包含一次数的理想. 尽管前文的定理满足这一限制，但是可将它运用在已被证明为一次数的理想 $\theta_r(\alpha)$. 当没取到所有的一次数时，Kummer[⑤] 给出了不同的分解式.

H. F. Talbot[⑥] 证明了：(i) 如果 n 是大于 1 的奇数，那么若 a 是素数，则 $a^n=b^n+c^n$ 没有整数解(Abel[⑦])；(ii) 如果 n 是大于 1 的整数，且 $a^n=b^n-c^n$ 在 a 为素数时不成立，那么 $b-c=1$. 对于(i) 有，$(b+c)^n>b^n+c^n=a^n$，$b+c>a$；$b<a$，$c<a$，$b+c<2a$. 因此 $b+c$ 不能被素数 a 整除，与所给的方程矛盾. 同样地，对于(ii) 有类似结论. 如果 a 是素数且 $m<n$，那么如果 n 是奇数则 $a^m=b^n+c^n$ 不可能成立. 而如果 $b-c>1$，那么 $a^n=b^n-c^n$ 可能成立.

K. Thomas[⑧] 试图证明 Fermat 大定理.

---

① Berichte Akad. Wiss. Berlin，1847，305-319. Same in Jour. für Math.，40，1850，93-138；Jour. de Math.，16，1851，454-498.

② Kummer，Jour. für Math.，44，1852，134(error，p. 133).

③ Sitzungsber. Akad. Wiss. Wien(Math.)，126，1917，Ⅱa，1337-1343.

④ Proc. National Acad. Sc.，April，1920.

⑤ Kummer，Jour. für Math.，44，1852，134(error，p. 133).

⑥ Trans. Roy. Soc. Edinburgh，21，1857，403-406.

⑦ Oeuvres，1839，264-265；nouv. éd.，2，1881，254-255；letter to Holmboe，Aug. 3，1823.

⑧ Das Pythagoräische Dreieck und die Ungerade Zahl，Berlin，1859，Ch. 10.

H. J. Smith[①] 给出了许多关于 Fermat 大定理的文献,并指出 Barlow[②] 的证明是错误的. 而 Kummer[③] 又对于正则素整重新给出了证明.

A. Vachette[④] 证明了式(6),并且给出了推论:如果 a,b 是整数,且 n 是大于 2 的素数. 那么 $(a+b)^n-a^n-b^n$ 可被 $nab(a+b)$ 整除,并且给出了几个关于系数的表达式. 设

$$A_k=\left(x+\frac{1}{x}\right)^k-x^k-\frac{1}{x^k},a=x+\frac{1}{x}$$

那么 A_{6n+7} 被证明为可被 $(a^2-1)^2$ 整除(Cauchy[⑤]). 通过对 n 的演绎和 Waring 的公式,可得出式(6) 的证明.

F. Paulet[⑥] 对 Fermat 大定理给出了一个错误的证明.

L. Calzolari[⑦] 想要在之前[⑧]的基础上给出一个证明.

P. G. Tait[⑨] 指出:如果 $x^m=y^m+z^m$,当 m 是奇素数时有整数解,那么 $x\equiv y\equiv 1,z\equiv 0(\bmod m)$.

H. F. Talbot[⑩] 指出:Barlow[⑪] 在他对 $n=3$ 时 $x^n-y^n=z^n$ 无解的证明中犯了相同的错误. 在他的证明中,他指出:如果 r,s,t 是两两互素的,那么

$$\frac{t^2}{sr}-\frac{s^2}{tr}-\frac{9r^2}{st}\neq 6$$

因为每一个分式都是次数最低的项,并且每一个分母都有一个与其他分母不同的因式. 因此这些分式的代数和不是整数(由于 Cor. 2,Art. 13 的错误). 相反,我们有

① Report British Assoc. for 1860,148-152;Coll. Math. Papers, Ⅰ,131-137.

② Appendix to English transl. of Euler's Algebra. Proof"completed" by Barlow in Jour. Nat. Phil. Chem. and Arts (ed.,Nicholson),27,1810,193,and reproduced in Barlow's Theory of Numbers, London,1811,160-169.

③ Jour. für Math.,40,1850,130-138(93);Jour. de Math.,16,1851,488-498. Reproduced by Gambioli,pp. 169-176.

④ Jour. für Math.,3,1828,354-375;Werke I,21-46. Read at the Paris Acad. Sc.,July 11 and Nov. 14,1825 and printed privately,Werke,I,1-20. Cf. Lebesgue.

⑤ Comptes Rendus Paris,9,1839,359-363;Jour. de Math.,5,1840,211-215. Oeuvres de Cauchy, (1),Ⅳ,499-504.

⑥ Cosmos,22,1863,385-389. Correction,p. 407,by R. Radau.

⑦ Annali di Mat.,6,1864,280-286.

⑧ Annali di Sc. Mat. e Fis.,8,1857,339-345.

⑨ Proc. Roy. Soc. Edinburgh,5,1863-1864,181.

⑩ Trans. Roy. Soc. Edinburgh,23,1864,45-52.

⑪ Appendix to English transl. of Euler's Algebra. Proof"completed" by Barlow in Jour. Nat. Phil. Chem. and Arts (ed.,Nicholson),27,1810,193,and reproduced in Barlow's Theory of Numbers, London,1811,160-169.

$$\frac{7}{2\times 3}+\frac{8}{3\times 5}+\frac{3}{2\times 5}=2$$

A. Genocchi① 对 $n=7$ 时 Lamé 的证明作了简化. 设 x,y,z 为 $v^3-pv^2+qv-pq+r=0$ 的根. 那么 $x^7+y^7+z^7=0$ 等价于

$$p^7-7r(p^4-p^2q+q^2)+7pr^2=0$$

除了当 $p=0$ 时的情况以外, 我们可以将 q 换为 p^2q, 将 r 换为 p^2r, 然后得到 $7r^2-7r(1-q+q^2)=-1$. 根 r 的表达式中的根式一定是有理的. 因此 $\frac{(1-q+q^2)^2}{4}-\frac{1}{7}$ 是一个平方数. 设 $2q-1=\frac{s}{t}$, 那么

$$7^2(s^4+6s^2t^2)-7t^4=(7u)^2$$

对后者的不可能的证明并未给出.

Gaudin② 试图证明结论: 如果 n 是奇素数, 那么 $(x+h)^n-x^n=z^n$ 有可能有有理根. 为了避免作者给出的复杂的公式, 我们取 $n=5$, 则

$$(x+1)^5-x^5=5x(x+1)\{x(x+1)+1\}+1$$

可表示为 $10t+1$ 的形式. 因为 z^5 具有此种形式, $z=10s+1$ 并且

$$z^5=5\cdot 10s\{10s[10s(10s\cdot\overline{2s+1}+2)+2]+1\}+1$$

据说不可能等于第一个表达式. 他的另外两个结论是烦琐的.

I. Todhunter③ 证明了 Cauehy④ 的定理以及结论: 如果 $q=x^2+xy+y^2$, $b=xy(x+y)$, 那么

$$\frac{(x+y)^{2m}+x^{2m}+y^{2m}}{2m}$$

$$=\frac{q^m}{m}+\sum\frac{(m-r-1)(m-r-2)\cdots(m-3r+1)}{(2r)!}q^{m-3r}b^{2r}$$

$$\frac{(x+y)^{2m+1}-x^{2m+1}-y^{2m+1}}{2m+1}$$

$$=q^{m-1}b+\sum\frac{(m-r-1)(m-r-2)\cdots(m-3r)}{(2r+1)!}q^{m-3r-1}b^{2r+1}$$

对 $r=1,2,\cdots$ 求和. 第一个公式在较早的时候就已经给出了⑤.

---

① Annali di Mat., 6, 1864, 287-288.

② Comptes Rendus Paris, 59, 1864, 1036-1038.

③ Theory of Equations, 1861, 173-176; ed. 2, 1867, 189; 1888, 185, 188-189.

④ Comptes Rendus Paris, 9, 1839, 359-363; Jour. de Math., 5, 1840, 211-215. Oeuvres de Cauchy, (1), IV, 499-504.

⑤ N. M. Ferrers and J. S. Jackson, Solutions of the Cambridge Senate-House Problems for 1848-1851, pp. 83-85.

Housel① 证明了 Gatalan② 的经验定理,即除了 8 和 9 以外的两个连续整数,不能准确表为幂(指数大于 1).

E. Catalan③ 指出在 Catalan④ 的前提下,给出了这些定理.

Catalan⑤ 设 $p=x+y+z$,$P=p^n-x^n-y^n-z^n$,并通过 $(x+y)(y+z)\cdot(z+x)$ 证明了 P 的系数 Q 为(对于大于 3 的奇数 n)

$$p^{n-3}+H_1p^{n-4}+H_2p^{n-5}+\cdots+H_{n-3}+y^{n-3}+$$
$$H_1(x^2,z^2)y^{n-5}+H_2(x^2,z^2)y^{n-7}+\cdots+H_{(n-3)/2}(x^2,z^2)+x^{n-3}+$$
$$H_1(y^2,z^2)x^{n-5}+H_2(y^2,z^2)x^{n-7}+\cdots+H_{(n-3)/2}(y^2,z^2)$$

其中

$$H_1=p$$
$$H_2=\sum x^2+\sum xy$$
$$H_3=\sum x^3+\sum x^2y+xyz$$
$$\vdots$$
$$H_q(x,z)=x^q+zx^{q-1}+z^2x^{q-2}+\cdots+z^q$$

如果 n 是一个素数,那么 P 和 Q 的系数是可被 n 整除的. 并且

$$Q-\frac{n(x^{n-1}-z^{n-1})}{x^2-z^2}\equiv n(y+z)(x+y)\phi$$

其中 ϕ 是关于 x,y,z 的整系数多项式.

G. C. Gerono⑥ 证明了:如果 x 或 y 是一个素数,那么 $x^m=y^n+1$ 仅当 $x=n=3$,$y=m=2$ 时有大于 1 的正整数解.

A. Genocchi⑦ 指出 $x^4+6x^2y^2-\frac{y^4}{7}=z^2$ 不可能有整数解. 因此当 x,y,z 是一个三次有理系数方程的根时,$x^7+y^7+z^7=0$ 不成立. 这是 Lamé⑧ 定理的一个推论.

① Catalan's Mélanges Math. ,Liège,ed. 1,1868,42-48,348-349.

② Jour. für Math. ,27,1844,192. Nouv. Ann. Math. ,1,1842,520; (2),7,1868,240(repeated by E. Lionnet). For $n=2$, Lebesgue of Ch. VI.

③ Catalan's Mélanges Math. ,Liège,ed. 1,1868,40-41;Revue de l'instruction publique en Belgique,17,1870,137;Nouv. Corresp. Math. ,3,1877,434. Proofs by Soons.

④ Mém. Soc. R. Sc. Liège,(2),12,1885,42-43(eaarlier in Catalan).

⑤ Mélanges Math. ,ed. 1,1868,No. 47,196-202;Mém. Soc. Sc. Liège, (2),12,1885,179-185,403. (Cited in Bull. des sc. math. astr. ,(2),6,I,1882,224.)

⑥ Nouv. Ann. Math. ,(2),9,1870,469-471;10,1871,204-206.

⑦ Comptes Rendus Paris,78,1874,435. Proof,82,1876,910-913.

⑧ Comptes Rendus Paris,9,1839,45-46;Jour. de Math. ,5,1840,195-211. Mém. présentés divers savants Acad. Sc. de l'Institut de France,8,1843,421-437.

E. Laporte[①] 演译了 Fermat 大定理,根据结论:大于两个的幂级数可表示为等差数列中各项的和大于额外的项.

Moret-Blanc[②] 证明了 $x^y=y^x+1$ 的唯一的正整数解为 $y=0$;$y=1,x=2$;$y=2,x=3$. A. J. F. Meyl[③] 指出:$(x+1)^y=x^{y+1}+1$ 的唯一正整数解为 $x=0$,$x=y=1$,$x=y=2$.

F. Lukas[④] 设 $y=x-a,z=x-b,a<b$;且满足 $y^n+z^n=x^n,n>2$. 那么

$$x^n-\binom{n}{1}(a+b)x^{n-1}+\binom{n}{2}(a^2+b^2)x^{n-2}-\cdots+(-1)^n(a^n+b^n)=0$$

设 $w_1,\cdots,w_n$ 为上式的根,且全为正数. 那么

$$\sum w_1=n(a+b),\frac{1}{n}\sum w_1^2=a^2+b^2+2nab=\text{整数}$$

如果 $n>2$,那么上式不可能成立. 这一错误的结论被引用在 Jahrbuch Fortschritte der Math.,7,1875,100.

T. Pepin[⑤] 证明了 $x^7+y^7+z^7=0$ 没有不能被 7 整除的整数解. 他是通过结论 $u^2=x^4+7^3y^4$ 在 $y\neq0$ 时没有整数解(下面会给出证明)而得出的. 他证明了第一个方程中若未知量中有一个可被 7 整除,那么此方程无解.

J. W. L. Glaisher[⑥] 用一个新的形式表达了 Cauchy[⑦] 的定理. 设 n 为奇数,且 $x=c-b,y=a-c$. 那么

$$(x+y)^n-x^n-y^n=(b-c)^n+(c-a)^n+(a-b)^n\equiv E_n$$

那么 E_n 可被 $E_3=3xy(x+y)$ 代数地整除. 如果 $n=6m\pm1$,那么 E_n 可被 $E_2=2(x^2+xy+y^2)$ 整除. 如果 $n=6m+1$,那么 E_n 可被 $E_4=\frac{1}{2}E_2^2$ 整除.

Glaisher[⑧] 在 n 为小于或等于 13 的奇数时,用 $\beta=x^2+xy+y^2$ 和 $\gamma=xy(x+y)$ 表示了 $(x+y)^n-x^n-y^n$. (Cachy[⑨] 在较早时就已经得出了这个结果.)

---

① Petit essai sur quelques méthodes probables de Fermat, Bordeaux, 1874. Reprinted in Sphinx-Oedipe, 4, 1909, 49-70.

② Nouv. Ann. Math., (2), 15, 1876, 44-46.

③ Ibid., 545-547.

④ Archiv Math. Phys., 58, 1876, 109-112.

⑤ Comptes Rendus Paris, 82, 1876, 676-679.

⑥ Quar. Jour. Math., 15, 1878, 365-366.

⑦ Comptes Rendus Paris, 9, 1839, 359-363; Jour. de Math., 5, 1840, 211-215. Oeuvres de Csuchy, (1), IV, 499-504.

⑧ Messenger Math., 8, 1878-1879, 47, 53.

⑨ Exercices d'analyse et de phys. math., 2, 1841, 137-144; Oeuvres, (2), XII, 157-166.

T. Muir①指出：$x,y,-x-y$ 均是 $w^3-\beta w+\gamma=0$ 的根. 因此根据 Waring 的公式，对于根的齐次幂的和有

$$\frac{(x+y)^{2m+1}-x^{2m+1}-y^{2m+1}}{2m+1}$$
$$=\beta^{m-1}\gamma+\frac{(m-2)(m-3)}{1\times2\times3}\beta^{m-4}\gamma^3+\frac{(m-3)\cdots(m-6)}{1\times2\times3\times4\times5}\beta^{m-7}\gamma^5+\cdots$$

他对 $(x+y)^{2m}+x^{2m}+y^{2m}$ 给出了一个类似的公式. 对于三个变量，设

$$\beta=\sum x^2+\sum xy,\gamma=\sum x^2y+2xyz,\delta=xyz(x+y+z)$$

那么 $x,y,z,-x-y-z$ 是 $w^4-\beta w^2+\gamma w-\delta=0$ 的根. 因此

$$(x+y+z)^{2m+1}-x^{2m+1}-y^{2m+1}-z^{2m+1}$$
$$=\sum(-1)^{r+s+t-1}\frac{(2m+1)\cdot(r+s+t-1)!}{r!\ s!}(-\beta)^r\gamma^s\delta^t$$

对于 $2r+3s+4t=2m+1$ 的所有非负整数解求和. 因为 $s>0$，所以这个和式有因式 $\gamma=\frac{1}{3}\{(x+y+z)^3-x^3-y^3-z^3\}$.

Glarisher②指出：Newton 的恒等式对于 $x_1^n+\cdots+x_m^n$，给出了一个递归公式. 并且将 Cauchy 定理推广至负指数. 另外对所有满足 r 个符号为负的 $\pm a_1\pm\cdots\pm a_n$ 的 p 次幂的和的以及它们的因式给出了递归公式.

A. Desboves③指出：$aX^m+bY^m=cZ^n$ 有整数解，当且仅当 c 具有 ax^m+by^m 的形式；我们能找到一个关于 a,b 的函数 c 以及足够多的参量使得整数解存在. 接下来，设 $n=m$. 那么我们可以找到 a,b,c 使得存在两个解集并且它们确定了 $a:b:c$. 存在有三个解集的这样的方程，当且仅当

$$P^m+Q^m+R^m=U^m+V^m+T^m,PQR=UVT$$

有不等于 0 的整数解. 如果

$$a=\frac{(x+y\mathrm{i})^{4m}-(x-y\mathrm{i})^{4m}}{2\mathrm{i}}$$

那么我们能通过 $X=x^2+y^2,Y=1$，解出 $X^{4m}-a^2Y^{4m}=Z^2$.

A. E. Pellet④对于一个素数 p 考虑同余式

$$At^m+Bu^n+C\equiv0\pmod p,ABC\not\equiv0\pmod p$$

设 d 为 m 和 $p-1$ 的最大公约数；d_1 为 n 和 $p-1$ 的最大公约数. 并设 $x\equiv t^m$. 那么 x 一定满足以下两个同余式

① Quar. Jour. Math., 16, 1879, 9-14.

② Quar. Jour. Math., 89-98.

③ Nouv. Ann. Math., (2), 18, 1879, 481-489.

④ Comptes Rendus Paris, 88, 1879, 417-418.

$$x(x^{(p-1)/d}-1)\equiv 0,(Ax+C)\left[\left(\frac{-Ax-C}{B}\right)^{(p-1)/d_1}-1\right]\equiv 0(\bmod p)$$

相反地,对应于有 μdd_1 个解集,后两个同余式有 μ 个公共根的 dd_1 个解集的同余式成立. 当 $m=n=2$ 时,这两个同余式至少有 1 个公共根. 因为第 2 个同余式不是 $x^{(p-1)/2}+1\equiv 0$,而是次数更高的. 因此 $At^2+Bu^2+C\equiv 0(\bmod p)$ 可解(Lagrange① 等).

R. Liouville② 指出:如果 $n>1$,且 X,Y,Z 是关于变量 t 的多项式,那么 $X^n+Y^n=Z^n$ 无解. 设 $\alpha=\frac{X}{Z}$,那么

$$U=\int\frac{\alpha^{n-1}\mathrm{d}\alpha}{\sqrt[n]{1-\alpha^n}}=\int_Y^Z\left(\frac{X}{Z}\right)^{n-1}\mathrm{d}\left(\frac{X}{Z}\right)$$

是关于 $\sqrt[n]{1-\alpha^n}=\frac{Y}{Z}$ 的多项式. 因为 $\frac{\mathrm{d}U}{\mathrm{d}t}$ 是第二个整式的变量,所以

$$Z^2\frac{\mathrm{d}}{\mathrm{d}t}\left(\frac{X}{Z}\right)=-Z^2\left(\frac{Y}{X}\right)^{n-1}\frac{\mathrm{d}}{\mathrm{d}t}\left(\frac{Y}{X}\right)$$

一定是多项式 A 与 Y 的乘积. 因此

$$A+\frac{Z^2Y^{n-2}}{X^{n-1}}\frac{\mathrm{d}}{\mathrm{d}t}\left(\frac{Y}{Z}\right)=0$$

那么 X^{n-1} 整除 $Z^2\mathrm{d}\left(\frac{Y}{Z}\right)$,设商为 B,并且 $P=\frac{Y}{Z}$,那么

$$\frac{\mathrm{d}P}{\mathrm{d}t}=\frac{B}{Z^2}X^{n-1},\frac{\mathrm{d}P}{\mathrm{d}t}\div(1-P^n)^{(n-1)/n}=BZ^{n-3}$$

但是在后一个等式中,对于 $P^n=1$ 的一个根,左边的式子是无限的;而对右边的式子是有限的. 在 E. Netto③ 中,指出这一论证是不充分的.

A. Korkine④ 调整了最后的证明. 设 Z 为关于 t 的多项式,并且次数 m 不少于 X 和 Y 的次数. 那么后者中的一个多项式次数为 m 称为 Y. 设 $m-\lambda(\lambda\geqslant 0)$ 为 X 的次数. 对 $\left(\frac{Y}{X}\right)^n+\left(\frac{Z}{X}\right)^n+1=0$ 求关于 t 的导数. 那么由于 Y,Z 无公因式则

$$\frac{XY'-YX'}{Z^{n-1}}=\frac{ZX'-XZ'}{Y^{n-1}}$$

是整函数,当分子的次数小于等于 $2m-\lambda-1$,且分母的次数是 $m(n-1)$ 时,我

---

① Nouv. Mém. Acad. Roy. Sc. de Berlin. année 1770, Berlin, 1772, 123-133; Oeuvres, 3, 1869, 189-201. Cf. G. Wertheim's Diophantus, pp. 324-330.

② Comptes Rendus Paris, 89, 1879, 1108-1110.

③ Jahrbuch Fortschritte Math., 11, 1879, 138.

④ Comptes Rendus Paris, 90, 1880, 303-304 (Math. Soc., Moscow, 10, 1882, 54-56).

们有

$$2m-\lambda-1-m(n-1)\geqslant 0,m(3-n)\geqslant \lambda+1,n<3$$

A. Lefébure① 将所有形如 $p=2k_n+1$ 素数分为两类. 第一类为 n 次幂模 p 的任意三个剩余的代数和不是 p 的倍数. 第二类为模 p 的任意三个剩余的代数和是 p 的倍数. 应当指出的是:第一类中的所有 p 是满足 $x^n+y^n=z^n$ 的一个整数的因数,进而每一个 p 要么是 x,y 或 z 的因数,要么在第二类中. 因此,如果第一类是无限的,那么 $x^n+y^n=z^n$ 不可能成立. 但是当第二类是无限的时,第一类不是有限的.(由 Pepin② 改正.)

T. Pepin③ 指出 Libri④ 很久之前就给出了一个类似 Lefébure⑤ 的证明. 为了证明 Libri 关于

$$x^3+y^3+1\equiv 0(\bmod p=3h+1)$$

的判断,Pepin 指出(通过 Gauss,Disq,Arith,art,338,关于单位根的三个周期的方程)这个同余式的正整数解集的个数是小于 p 的 $p+L-8$,其中 L 由 $L^2+27M^2=4p$ 以及 $L\equiv 1(\bmod 3)$ 确定. 因此 7 和 13 是仅有的 $3h+1$ 形式的素数中满足不整除三个立方和,也不整除它们中的任何一个.

O. Schier⑥ 指出:如果 n 是一个奇素数,那么为了证明 $x^n+y^n=z^n$ 不可能有互素的整数解,我们有 $x+y\equiv z(\bmod n)$. 通过二项式定理展开

$$(x+y)^n=(z+nk)^n$$

利用 z^n 消去 x^n+y^n,并除以因子 n,可得

$$xy(x^{n-2}+y^{n-2})+\frac{n-1}{2}x^2y^2(x^{n-4}+y^{n-4})+\cdots=z^{n-1}nk+\cdots+n^{n-1}k^n$$

因此同样可得左边的数必被 n 整除. 应当注意的是:这个整除性依赖于每一项中出现的因式 xy 和 $x+y$. 因此 n 整除 x 或 y. 因为如果 $x+y$ 和 z 可被 n 整除,那么设 $x=z+nk-y$ 为初始方程. 此结果仅在 y 是 n 的倍数时成立.

F. Fabre⑦ 提出,M. Dupuy 证明了:$(x+y)^n-x^n-y^n$ 被 x^2+xy+y^2 整除,如果 n 具有 $6a\pm 1$ 的形式.

如果⑧$(\sum a)^{2n+1}=\sum a^{2n+1}$ 在 $n=1$ 时成立,那么它对任意 n 均成立. 因为

---

① Comptes Rendus Paris,90,1880,1406-1407.

② Ibid.,91,1880,366-368. Reprinted,Sphinx-Oedipe,4,1909,30-32.

③ Ibid.,91,1880,366-368. Reprinted,Sphinx-Oedipe,4,1909,30-32.

④ Jour. für Math.,9,1832,270-275.

⑤ Comptes Rendus Paris,90,1880,1406-1407.

⑥ Nova Acta Acad. Sc. Petrop.,15,1806,ad annos 1799-1802,146-155.

⑦ Jour. de math. élémentaire de Longchamps et de Bourget,1880,No. 273,p. 528.

⑧ Math. Quest. Educ. Times,36,1881,105.

$$(a+b)(a+c)(b+c)=0$$

A. E. Pellet 提出,由 Moret-Blanc[①] 证明了:$At^3+Bu^2+C\equiv 0 \pmod 7$ 有解,如果 ABC 与 7 互素.

E. Cesàro[②] 证明了:如果 $\psi(n)$ 是 $Ax^{\alpha}+By^{\beta}=n$ 的正整数解集的个数,那么

$$\psi(1)+\cdots+\psi(n)=\frac{n^{1/\alpha+1/\beta}}{A^{1/\alpha}B^{1/\beta}}\int_0^1 \sqrt[\alpha]{1-x^{\beta}}\,\mathrm{d}x$$

其中 A,B 为正整数. $\psi(n)$ 与 $x^{\alpha}+y^{\beta}=n$ 的解集的个数的平均比为 $A^{-1/\alpha}B^{-1/\beta}$. 因此当 $\alpha=\beta=1$ 时,有平均值 $\psi(n)=\frac{n}{AB}$. 当 $\alpha=\beta=2$ 时,有平均值 $\phi(n)=\frac{\pi}{4\sqrt{AB}}$. 所有满足 $x^k+y^k=n$ 的正整数值 x 的 p 次幂的和的平均值是可求的.

C. M. Piuma[③] 指出:如果系数 A,B,C 中没有一个可被素数 $m=pq+1$ 整除,那么 $Ax^p+By^q+C\equiv 0 \pmod m$ 有整数解,当且仅当 $Az+Bz_1+C\equiv 0 \pmod m$ 有解. 并且 $z\equiv x^p,z_1=y^q$ 对 x,y 有解. 例如,如果

$$z(z^q-1)\equiv 0,z_1(z_1^p-1)\equiv 0 \pmod m$$

有解. 因此初始同余式有解当且仅当 $P\equiv 0 \pmod m$,其中 P 可由相应于后两个同余式的方程以及 $Az+Bz_1+C=0$ 求出,进而有 P 为 $(p+1)(q+1)$ 的线性因式的乘积.

当 $q=2$ 时,如果 $C+A$ 或 $C-A$ 可被 m 整除,或乘积 $-BC,-B(C+A)$, $-B(C-A)$ 中的任意一个是 m 的二次剩余,那么以上同余式有解. 特别地, $Ax^3+By^2+C\equiv 0 \pmod 7$ 可解,如果系数均不能被 7 整除. 参看 Pellet[④].

E. Catalan,P. Mansion 和 de Tilly[⑤] 对两份入选 1883 年 Belgian 学院奖的手稿,给出了相反的报告. 此奖是为了证明 Fermat 大定理而设立的.

E. de Jonquières[⑥] 证明了:当 $n>1,a^n+b^n=c^n$ 时,a,b 中的较大者是一个合数. 设 $c=a+k,b>a$. 那么通过二项式定理有 $b^n=(a+k)^n-a^n$ 可被 k 整除. 但是如果 $k\geqslant b,c^n\geqslant(a+b)^n>a^n+b^n$. 那么 b^n 可被整数 k 整除,其中 $l<k<b$. 类似地,如果 a 是一个小于 b 的素数,那么 $c-b=1$. 他[⑦]指出:如果 $a^n+b^n=c^n$ 且 a 或 b 是素数. 那么两者中较小者是一个素数,并且较大者是一个单位上与 c 不同的合数.

---

① Nouv. Ann. Math.,(3),1,1882,335,475-476.

② Mém. Soc. R. Sc. de Liège,(2),10,1883,No. 6,195-197,224.

③ Annali di Mat.,(2),11,1882-1883,237-245.

④ Nouv. Ann. Math.,(3),1,1882,335,475-476.

⑤ Bull. Acad. R. Belgique,(3),6,année 52,1883,814-819,820-823,823-832.

⑥ Atti Accad. Pont. Nuovi Lincei,37,1883-1884,146-149. Reprinted in Sphinx-Oedipe,5,1910,29-32. Proof by S. Roberts,Math. Quest. Educ. Times,47,1887,56-58;H. W. Curjel,71,1899,100.

⑦ Comptes Rendus Paris,98,1884,863-864. Extract in Oeuvres de Fermat,IV. 154-155.

G. Heppel① 证明了:如果 n 是一个大于 3 的素数,那么 $(x+y)^n-x^n-y^n$ 可被 $nxy(x+y)(x^2+xy+y^2)$ 整除,并且可得出商的一般项的系数.

P. A. MacMahon② 运用了 Pro. Lond. Math. Soc. 15, 1883-1884, p. 20 中的 Waring 公式证明了对 $2a+3b=n$ 的所有整数解求和的恒等式

$$S(x,y)+S(y,x)$$
$$=\sum(-1)^{b+1}\frac{(a+b-1)!\ (a+3b)}{a!\ b!}(x^2+xy+y^2)^a\{xy(x+y)\}^b$$

其中

$$S(x,y)=\frac{(x+2y)x^n+(-1)^{n+1}(x-y)(x+y)^n}{(x-y)(x+2y)(2x+y)}\{2y(x+y)-x^2\}$$

他对三个变量也给出了一个类似的恒等式.如果 $n=7$,那么此恒等式的右边就变为 $5xy(x+y)(x^2+xy+y^2)^2$(见 Cauchy③).

E. Catalan④ 指出:如果 p 是一个奇素数,那么

$$(x+y)^p-x^p-y^p\equiv pxy(x+y)P^2$$

仅当 $p=7$ 且 $P=x^2+xy+y^2$ 时成立.其中 P 整系数多项式.他⑤通过取 $x=y=1$,证明了此结果.因此 $2^{p-1}-1=pN^2$.其中 N 为整数.设 $t=\frac{p-1}{2}$.因为 2^t-1 与 2^t+1 是互素的,并且相差2,所以它们中的一个是平方数.第一个具有形式 $4n+3$ 的数不是平方数.因此 $2^t+1=M^2$.进而 2^t 的因式 $M+1$,$M-1$ 是 2 的幂,并且它们的差是 2.所以 $M-1=2$,从而 $p=7$,$N=3$ 或 $p=3$,$N=1$.

Catalan⑥ 给出了经验定理:(i) 除了 $x=0$ 或 1 以外,$(x+1)^x-x^x=1$ 无整数解.(ii) 除了当 $x=1$,$y=0$ 或 $x=3$,$y=2$ 以外,$x^y-y^x=1$ 无其他整数解.(iii) $x^{p-1}=P$ 仅当 $x=2$,$p=3$,$P=7$ 时成立,其中 p 和 P 是素数,(iv) 如果 P 是素数,那么 $x^n-1=P^2$ 无解.(v) 当 p 是素数时,仅当 $x=3$,$p=2$,$m=3$;$x=2$,$p=3$,$m=1$ 时 $x^2-1=p^m$ 成立.(vi) 除了当 $x=y=3$,$p=q=2$ 时以外,$x^p-q^y=1$ 不成立.其中 p,q 是素数.(vii) 除了当 $x=2$,$y=1$,$p=3$ 时以外,$x^3+y^3=p^2$ 不成立.其中 p 是素数.(viii) 除了当 $n=3$,$x=1$ 时以外,$x^n=\frac{(2^{n-2}-1)^n+1}{2^{n-2}}$ 不成立.见 Gegenbauer⑦.

---

① Math. Quest. Educ. Times, 40, 1884, 124.

② Messenger Math., 14, 1884-1885, 8-11.

③ Comptes Rendus Paris, 9, 1839, 359-363; Jour. de Math., 5, 1840, 211-215. Oeuvres de Cauchy, (1), IV, 499-504.

④ Nouv. Ann. Math., (3), 3, 1884, 351 (Jour. de math., spéc., 1883, 240).

⑤ Ibid., (3), 4, 1885, 520-524.

⑥ Mém. Soc. R. Sc. Liège, (2), 12, 1885, 42-43 (earlier in Catalan).

⑦ Sitzungsber. Akad. Wiss. Wien (Math.), 97, IIa, 1888, 271-276.

G. B. Mathews① 证明了:如果 x,y,z 均不是 p 的倍数,那么对于素数 p, $x^p+y^p=z^p$ 不成立. Gauss 对 $p=3$ 的注释引出了此方法. 因为 $z\equiv(x+y)(\bmod p)$,所以

$$D=(x+y)^p-x^p-y^p\equiv 0(\bmod p^2),D=pxy(x+y)\phi(x,y)$$

其等价同余式 $xyz\phi(x,y)\equiv 0(\bmod p)$ 被证明当 $p=3,5,11,17$ 时不成立,除非三个未知量中至少有一个可被 p 整除. 此方法遗留了当 $p=3n+1$ 时的情况,因为 ϕ 的因式 x^2+xy+y^2 有实根.

E. Catalan② 给出了16个关于 $a^n+b^n=c^n$ 的定理,其中 n 为大于3的素数. 如果 a 是一个素数,那么 $a\equiv 1(\bmod n)$;$a^n\equiv 1(\bmod nb)$;$c-a$ 的每一个素因数整除 $a-1$;$a+b$ 与 $c-a$ 互素;$2a-1$ 与 $2b+1$ 互素

$$nb^{n-1}\leqslant a^n\leqslant n(b+1)^{n-1}$$

a 比 b 大 n;a^n-1 可被 $nb(b+1)(b^2+b+1)$ 整除. 进而 $a+b,c-a,c-b$ 均不是素数. 如果 $a+b=c_1^n,c-a=b_1^n,c-b=a_1^n$,那么 c 可被 n 整除. Mathews③ 中的 ϕ 为

$$H_1x^{p-3}+H_2x^{p-4}y+\cdots+H_1y^{p-3},H_k=\frac{1}{p}\left[\binom{p-1}{k}\pm 1\right]$$

若 k 为偶数,则取正号.

Catalan④ 给出了同样的定理. 如果 $a^n+b^n=c^n$,$a+b$ 可被 n 整除,那么 $a+b$ 可被 n^{n-1} 整除,其中 a,b,c 两两互素;如果 $a+b$ 可被不等于 n 的素数 p 整除,那么 $a+b$ 可被 p^n 整除;如果 $a+b$ 可被大于 n^{n-1} 的 n 的方幂整除,那么 $a+b$ 可被 n^{2n-1} 整除;如果 $a+b$ 可被大于 p^n 的不等于 n 的素数 p 的方幂整除,那么它可被 p^{2n} 整除.

L. Gegenbauer⑤ 证明了:17,29 和 41 是具有形式 $p=4\mu+1$ 的素数中仅有的不整除三个与 p 互素的四次幂的和的素数(Euler⑥).

C. de Polignac⑦ 证明了:除非 $a=3,n=1$ 或 2,否则 $a^n-2^k=\pm 1$ 不成立.

---

① Messenger Math.,15,1885-1886,68-74.

② Bull. Acad. Roy. Sc. Belgique,(3),12,1886,498-500. Reproduced in Oeuvres de Fermat,IV. 156-157.

③ Messenger Math.,15,1885-1886,68-74.

④ Mém. Soc. R. Sc. Liège,(2),13,1886,387-397(=Mélanges Math.,2,1887,387-397). Proofs of some of these theorems by Lind,pp. 30-31,41-43,and by S. Roberts,Math. Quest. Educ. Times,47,1887,56-58.

⑤ Sitzungsber. Akad. Wiss. Wien(Math.),95,II,1887,842.

⑥ Tôhoku Math. Jour.,10,1916,211.

⑦ Math. Quest. Educ. Times,46,1887,109-110.

A. E. Pellet[①] 通过单位根定理中的不等式发现了 $x^q+y^q\equiv z^q \pmod p$ 有均不被 p 整除的解 x,y,z,其中系数 p 可写为 q_w+1,并且 w 大于一个确定的界限,并满足 $qw+1$ 为素数(Libri[②]).

P. Mansion[③] 研究了 $x^n+y^n=z^n$,其中 x,y,z 互素,$x<y<z$,n 为奇素数.通过 de Jonquières[④] 得到 y 是合数.并且还证明了此时的 z 是合数.x 是合数的证明是错误的,这一点他后来也承认了.

M. Martone[⑤] 做了证明 Fermat 大定理的尝试.

F. Borletti[⑥] 证明了:如果 n 是大于 2 的素数,那么若 z 为素数,则 $x^n+y^n=z^n$ 无正整数解,并且若未知量之一为素数,则 $x^{2n}-y^{2n}=z^{2n}$ 无整数解;如果 $n>1$,且 x,y 是互素的奇数,那么 $x^n\pm y^n=2^{an}$ 不成立.

E. Lucas[⑦] 证明了 Cauchy[⑧] 的结论.设

$$q=a^2+ab+b^2$$

$$r=ab(a+b)$$

$$S_n=(a+b)^n+(-a)^n+(-b)^n$$

那么 $S_{n=3}=qS_{n+1}+rS_n$.因此通过 Waring 公式可得,如果 $n=6m+1$,那么 S_n 可被 q^2r 整除;如果 $n=6m+2$,S_n 可被 q 整除,但不可能被 r 整除;如果 $n=6m+5$,那么 S_n 可被 qr 整除;如果 $n=6m$,那么 S_n 既不能被 q 整除,也不能被 r 整除.它的一个推论为:如果 p 是素数,那么若 n 是与 p 互素的奇数,则

$$(1+x+x^2+\cdots+x^{p-2})^n-1-x^n-x^{2n}-\cdots-x^{(p-2)n}$$

可被 $Q=1+x+\cdots+x^{p-1}$ 整除.如果 $n=2p+1$,那么上式可被 Q^2 整除.对于任意 p,设 $\phi(x)=0$ 为方程的 p 次单位原根,那么对于与 p 互素的奇数 n 有

$$\{\phi(x)-x^\lambda\}^n-\phi(x^n)$$

可被 n 整除.(明显地,应将项 $x^{\lambda n}$ 加入,并记 λ 为 $\phi(x)$ 的次数,$\phi(x)$ 为次数与 p 互素且小于 p 的整数.)

L. Gegenbauer[⑨] 证明了:如果 α 是一个整数且至少有一个大于 1 的奇因

---

① Bull. Soc. Math. de France,15,1886-1887,80-93.

② Jour. für Math. ,9,1832,270-275.

③ Bull. Acad. Roy. Sc. Belgique;(3),13,1887,16-17(correction,p. 225).

④ Atti Accad. Pont. Nuovi Lincei,37,1883-1884,146-149. Reprinted in Sphinx-Oedipe,5,1910,29-32. Proof by S. Roberts,Math. Quest. Educ. Times,47,1887,56-58;H. W. Curjel,71,1899,100.

⑤ Dimostrazione di un celebre teorema del Fermat,Catanzaro,1887,21 pp. Napoli,1888. Nota ad una dimostr...,Napoli,1888(attempt to complete the proof in the former paper).

⑥ Reale Ist. Lombardo,Rendiconti,(2),20,1887,222-224.

⑦ Assoc. franç. av. sc. ,1888,II,29-31;Théorie des nombres,1891,276.

⑧ Comptes Rendus Paris,9,1839,359-363;Jour. de Math. ,5,1840,211-215. Oeuvres de Csuchy,(1),IV,499-504.

⑨ Sitzungsber. Akad. Wiss. Wien(Math.),97,IIa,1888,271-276.

数,q 是一个素数,那么仅当 $q=2,n=a\alpha+1,x=y=2^{a}$,或 $\alpha=q=3,n=2+3a$,$x=2\cdot3^{a},y=3^{a}$ 时,$x^{\alpha}+y^{\alpha}=q^{n}$ 有正整数解.因此 3^2 是唯一可以用奇素数的幂表示两个互素整数的 α 次幂的和的数.Catalan[①] 中的第 7 个经验定理给出了一个特殊情形.可以证明:如果 q 是一个素数,那么仅当 $x=2,n=1,a+1$ 是一个素数,或 $x=3,a=1,q=2,n=3$ 时,$x^{a+1}+q^{n}=1$ 可解.因此除了 $2^{n}-1$ 以外的素数都不能用来表示方幂,而 3^2 是唯一用素数的幂表示的数.这些结论可推出 Catalan 的第 3,4,5,6 个经验定理.

A. Rieke[②] 在假设 p 是大于 3 的奇素数时,试图证明 $x^{p}+y^{p}=z^{p}$ 无解.他证明并使用了式(6).当 m 为无理数时,他从一个次数为 $t=\frac{p-1}{2}$ 的方程得到了一个没有意义的推论"对于 m 的任意值,m^{t} 有因式 p,且 m 有因式 $p^{1/t}$."

D. Varisco[③] 没能证明 Fermat 大定理.因为他推出了

$$\lambda_1-\sigma_1=2ud,\lambda_1 d_1-\sigma d=\eta,\sigma-\lambda=2ud_1,\sigma_1 d_1-\lambda d=\eta$$

存在唯一的解集 $\sigma_1=0,\cdots$.然而 4 个方程是线性相关的,并且有其他解集. O. Landsberg[④] 表示这个错误是不可修复的.

A. Rieke[⑤] 也试图证明 $x^{p}+y^{p}=z^{p}$ 无解.但是又一次在代数和算数的多样性上遇到了困难,即便是在 $p=3$ 时.

E. Lucas[⑥] 证明了 Cauchy[⑦] 定理以及 Legendre[⑧] 公式(1),(3),(4).其目的是显示:当 x,y,z 两两互素时,它们中没有一个可表示为一个素数或一个素数的幂(Markoff[⑨]).他由 Jaquemet[⑩] 证明了第一个结果.

---

① Mém. Soc. R. Sc. Liège,(2),12,1885,42-43(earlier in Catalan).

② Zeitschrift Math. Phys. ,34,1889,238-248. Errors noted by a "reader",37,1892,57,and Rothholz.

③ Giornale di Mat. ,27,1889,371-380.

④ Ibid. ,28,1890,52.

⑤ Zeitschr. Math. Phys. ,36,1891,249-254. Error indicated in 37,1892,57,64.

⑥ Théorie des nombres,1891. References in Introduction,p. xxix,where it is stated falsely that Kummer proved Fermat's theorem for all even exponents.

⑦ Comptes Rendus Paris,9,1839,359-363;Jour. de Math. ,5,1840,211-215. Oeuvres de Cauchy,(1),IV,499-504.

⑧ Sur quelques objets d'analyse indéterminée et particulièrement sur le théorème de Fermat Mém. Acad. R. Sc. de l'Institut de France,6,année 1823,Paris,1827,1-60. Same except as to paging, Théorie des nombres,ed. 2,1808,second supplément,Sept. ,1825 1-40 (reproduced in Sphinx-Oedipe, 4,1909,97-128;errata,5,1910,112).

⑨ L'intermédiaire des math. ,2,1895,23;repeated,8,1901,305-306.

⑩ Cf. A. Marre,Bull. Bibl. Storia Sc. Mat. Fis. ,12,1879,886-894.

D. Mirimanoff① 发现单位项的充分必要条件是此类数的第 2 个因数 (Kummer②) 可被 λ 整除. 他详细地给出了当 $\lambda=37$ 时的情况.

J. Rothholz③ 运用 Kummer④ 关于 $a^n \pm b^n$ 的因式的定理给出了结论:如果 n 是形如 $4k+3$ 的素数,或 x,y,z 中有一个是素数,且 n 是一个奇素数,那么 $x^{2n} \pm y^{2n}=z^{2n}$ 无整数解;如果 x,y 或 z 是一个素数的幂,且此素数模 n 与 1 不同余,而 n 是一个奇素数,那么 $x^n+y^n=z^n$ 无解;如果 n 和 p 是奇素数,那么 $x^n+y^n=(2p)^n$ 无解;如果 x,y 或 z 中之一的值为 $1,\cdots,202$ 中的数,那么 $x^n \pm y^n=z^n$ 无解. 关于此定理的历史在最后讨论. 在前面我们指出了由 Rieke⑤ 给出的证明中的两处错误.

W. L. A. Tafelmacher⑥ 证明了 Abel 的公式,以及由这些公式得出的同余推论. 在第二篇论文中,他证明了当 $n=3,5,11,17,23,29$ 时,Fermat 方程无解. 以及当 $n=7,13,19,31$ 且 $x+y-z\equiv 0 \pmod{n^4}$ 时 Fermat 方程无解.(但是此证明仅当 x,y,z 中没有一个可被 n 整除时成立,因为之前的论据并不是排除这些数中的一个可被 n 整除的充分条件).

H. Teege⑦ 通过设 $x+y=\frac{p}{q}$, $\frac{x}{y}=t, t+\frac{1}{t}=z$, $\left(\frac{q}{p}\right)^5=s$, 证明了 $x^5+y^5=1$ 无有理解. 从而

$$x^4-x^3y+\cdots+y^4=s(x+y)^4,(s-1)z^2+(4s+1)z+4s+1=0$$

由于 z 是有理数,故有 $(4s+1)^2-4(s-1)(4s+1)=m^2$. 设 $m=5\mu$,那么 $4s+1=5\mu^2$. 令 $\mu=\frac{b}{a}$,其中 a 和 b 互素,从而有

$$4q^5+p^5=\frac{5p^5b^2}{a^2}$$

因此 a^2 整除 $5p^2$. 通过研究 5 整除或不整除 a 的两种情况证明得出此方程无解.

H. W. Curjel⑧ 证明了:如果 $x^z-y^t=1$,且 x,y 是素数,那么 z 是一个素数,t 是 2 的幂,并且 x 或 y 等于 2.

---

① Jour. für Math., 109, 1892, 82-88.

② Berichte Akad. Wiss. Berlin, 1847, 305-319. Same in Jour. für Math., 40, 1850, 93-138; Jour. de Math., 16, 1851, 454-498.

③ Beiträge zum Fermatschen Lehrsatz. Diss. (Giessen), Berlin, 1892.

④ Jour. für Math., 17, 1837, 203-209.

⑤ Zeitschrift Math. Phys., 34, 1889, 238-248. Errors noted by a "reader", 37, 1892, 57, and Rothholz.

⑥ Anales de la. Universidad de Chile, Santiago, 82, 1892, 271-300, 415-437. Report from Lind, p. 50.

⑦ Zeitschr. Math. Naturw. Unterricht, 24, 1893, 272-273.

⑧ Math. Quest. Educ. Times, 58, 1893, 25(quest. by J. J. Sylvester).

通过运用单位立方根，一些学者已证明了已有的结论：如果 n 是奇数且不是 3 的倍数，那么 $(x+y)^n-x^n-y^n$ 可被 x^2+xy+y^2 整除.

S. Levänen① 讨论了当 x,y,z 无公因数，且 m 不可被 5 整除时，$x^5+y^5=2^m z^5$ 的解(基于 Legendre② 得出了 $x^5+y^5=z_1^5$ 无解)，通过 z^5，x^5+y^5 模 25 的剩余，我们看到 m 不在集合 $2,4,7,9,12,\cdots,2n+\left[\frac{n-1}{2}\right]$ 中. 当 z 可被 5 整除时，我们有 $z=5tr$，$x+y=2^m5^4t^5$. 通过与 Legendre 类似的方法，我们可以得出此方程无解.

D. Mirimanoff③ 通过理想证明了 $x^{37}+y^{37}+z^{37}=0$ 无整数解.

H. Dutordoir④ 写出了他的想法：如果 n 是除了 1 和 2 以外的有理数，那么 $a^n+b^n=c^n$ 无解. 事实上，当 $n=\frac{1}{2}$，且 a,b,c 中没有一个是平方数时，上式无解. 因为当 c 与 a 和 b 不同，且 $a,\cdots,d$ 四个数中没有一个是平方数时

$$\sqrt{a}+\sqrt{b}=\sqrt{c}+\sqrt{d}$$

无解. 而前者是后者的一种特例.

A. S. Bang⑤ 指出了对 Fermat 大定理特例的各种初始证明的错误.

G. Korneck⑥ 称运用以下引理证明了 Fermat 大定理：如果 n 和 k 是互素的(n 为奇数)，且 n 和 k 均不能被大于 1 的平方数整除，那么在 $nx^2+ky^2=z^n$ 的所有整数解中，x 可被 n 整除. E. Picard 和 H. Poincaré⑦ 指出了此引理中的错误. 他们给出了两个反例：$n=3,k=1,x=y=z=4$ 和 $n=5,k=3,x=1,y=3,z=2$. *Jahrbuch Fortschitte der Math.*，25，1893，296 中指出：Korneck 的论文的 §3 中几乎没有给出代数性质的结论.

Malvy⑧ 指出：如果 a 是 $p=2^n+1$ 的一个原根(p 为素数)，将 $a^{2\mu+1}+1\equiv a^h \pmod p$ 中的 μ 分别赋值 $1,2,\cdots,2^{n-1}$，那么我们能够得到 h 的偶数值与奇数值同样多. 如果我们将 $a^{4\mu+2}+1\equiv a^h$ 中的 μ 分别赋值 $1,\cdots,2^{n-2}$，我们能得到 h

---

① Öfversigt af Finska Vetenskaps-Soc. Förhandlingar, Helsingfors, 35, 1892-1893, 69-78.

② This proof was reproduced in Legendre's Théorie des nombres, ed. 3, II, 1830, arts. 654-663, pp. 361-368; German transl. by H. Maser, 1893, 2, pp. 352-359. If z is the unknown divisible by 5, the proof for the case z even is like Dirichlet's, while that for z odd is by a special analysis.

③ Jour. für Math., 111, 1893, 26-30.

④ Ann. Soc. Sc. Bruxelles, 17, I, 1893, 81. Cf. Maillet.

⑤ Nyt Tidsskrift for Math., 4, 1893, 105-107.

⑥ Archiv Math. Phys., (2), 13, 1894(1895); 1-9. He noted, pp. 263-267, that the Lemma fails for $n=3$, $k=1$, and so gave a separate proof of the impossibility of $x^3+y^3=z^3$.

⑦ Comptes Rendus Paris, 118, 1894, 841.

⑧ L'intermédiaire des math., 1, 1894, 152; 7, 1900, 193 (repeated).

的偶数值 α 和奇数值 β，而如果 $p=17,a=3$ 或 $p=257,a=5$，那么我们有 $\alpha=\beta$.

E. Wendt① 证明了：如果 n 和 $p=mn+1$ 是奇素数，那么

$$r^n+s^n+t^n\equiv 0 \pmod p$$

有唯一解，且 r,s 或 t 可被 p 整除的充分必要条件是 p，而不是

$$D_m=\begin{vmatrix} 1 & \binom{m}{1} & \binom{m}{2} & \cdots & \binom{m}{m-1} \\ \binom{m}{m-1} & 1 & \binom{m}{1} & \cdots & \binom{m}{m-2} \\ \vdots & \vdots & \vdots & \vdots & \vdots \\ \binom{m}{1} & \binom{m}{2} & \binom{m}{3} & \cdots & 1 \end{vmatrix}$$

的因式，从而可导出 $x^m=1,(x+1)^m=1$. 因为，如果我们将同余式乘以 w^n，其中 $wt\equiv 1$，我们可由 $x+1\equiv y \pmod p$ 得到一个同余式，其中 x 和 y 是 n 次幂，进而它们的 m 次幂与单位 1 同余.

他证明了当 $m=2,4,8,16$ 时 Legendre 的结论. 如果选择 $m=2^v n^k$ 使得 $mn+1$ 是一个不整除 D_m 的素数，其中 v 不能被素数 n 整除，那么 $a^n=b^n+c^n$ $(n>2)$ 没有与 n 互素的整数解. 如果 $mn+1$ 既不能整除 D_m，也不能整除 n^m-1，那么同样的结论成立.（此结论与 Sophie Germain 的结果仅在形式上不同.）

D. Hilbert② 将 Kummer③ 关于正则素指数的 Fermat 定理的证明做了简化，并且对 $\alpha^4+\beta^4=\gamma^2$ 在复整数 $a+b\mathrm{i}$ 中是不可能的给出了证明.

G. B. Mathews④ 指出：如果 p 是一个奇素数，且 x,y,z 是 $x^p+y^p+z^p=0$ 的解，那么可能存在无穷多种方式使得 $kp+1=q$ 是一个素数，且不是 x,y,z 或 y^p-z^p 等的因数，并且满足 k 不能被 3 整除. 那么由于 x^p,y^p,z^p 是 $t^k\equiv 1 \pmod q$ 的不同的根，所以它们的和可被 q 整除. 设 $r=\mathrm{e}^{2\pi\mathrm{i}/k}$，且 $P_k=\prod(r^\alpha+r^\beta+r^\gamma)$，其中乘积 P_k 大于 $x^k=1$ 的三元根 $r^\alpha,r^\beta,r^\gamma$. 那么 $P_k=\pm u_k^k$，其中 u_k 为正整数. 因此 $u_k\equiv 0 \pmod q$，当且仅当 $x^k\equiv 1 \pmod q$ 的三个根的和可被 q 整除. 因此如果可以证明对于一个给定的 p，存在无穷多个素数 $kp+1$ 满足 $\mu_k=$

① Jour. für Math., 113, 1894, 335-347.

② Jahresbericht d. Deutschen Math.-Vereinigung, 4, 1894-1895, 517-525. French transl., Annales Fac. Sc. Toulouse, [(3), 1, 1909;](3), 2, 1910, 448; (3), 3, 1911, for errata, table of contents, and notes by Th. Got on the literature concerning Fermat's last theorem.

③ Jour. für Math., 40, 1850, 130-138(93); Jour. de Math., 16, 1851, 488-498. Reproduced by Gambioli, pp. 169-176.

④ Messenger Math., 24, 1894-1895, 97-99. Reprinted, Oeuvres de Fermat, IV, 159-161.

$0(\bmod q)$ 不成立，那么 Fermat 定理可由 Libri① 得出.

E. de Jonquières② 指出：如果 $n>2$，那么将 c 和 b 表示成 p,q 的代数函数，从而使得 c^n-b^n 与 $(pq)^n$ 恒等是不可能的. 但是它指出这并不能得出方程没有整数解.

G. Speckmann③ 讨论了方程 $T^x-DU^x=m^x$.

V. Markoff④ 指出：对于 Abel⑤ 的定理：当 a,b 或 c 是素数时 $a^n=b^n+c^n$（n 是奇素数）无解. Lucas⑥ 的证明并不完整，因为没有讨论 $a=b+1$ 时的情况. 他提出疑问：$(x+1)^n=x^n+y^n$ 是否无解？

P. Worms de Romilly⑦ 指出：由 $a^p+b^p=c^p$，p 为大于 2 的素数，可得

$$c=x+y+z,b=x+z,a=x+y$$

$$x=\frac{1}{2}M(P+Q)p^{v+1}q^{u+1},y=P=p^{p(v+1)-1},z=Q=q^{p(u+1)}$$

$$Mp^{v+1}q^{u+1}=2^{\mu\theta}a^{\theta}-1,2^{\mu a}a^{a}=P+Q$$

其中 p 和 q 是互素的整数，且 $q>1,u,v,\theta,\mu,\alpha$ 为大于或等于 0 的整数.（因为 $c-b=y$ 是 p 的幂，所以由 Abel⑧ 的结论可知 Fermat 方程无解.）如果 m 是一个形如 $6k+1$ 的素数，那么 $(\alpha+1)^{m-1}\equiv 1$ 和 $\alpha^{m-1}\equiv 1(\bmod m^2)$ 不可能同时成立. 如果 m 是一个素数，那么整数 u 不能被 m 整除，且满足

$$(u^m+1)^m-u^{m^2}\equiv 1(\bmod m^2)$$

具有 $u=a_m-1$ 的形式.

P. F. Teilhet⑨ 通过取 $x=y^n+1$，找到了满足 $x^n-Ay^n=1$，或者当 n 为偶数时取 $x=y^n-1$. A. H. Brocard 在 $n=3,n=5$ 时找到了特解. T. Pepin 指出我们可以对 x^n-Ay^n 运用 Lagrange 的方法. 此方法纪录在为了找到关于 x,y 的齐次多项式中的最小值的 Euler 代数的复录中.

W. L. A. Tafelmacher⑩ 讨论了 $x^3+y^3=z^2$，并证明了 $x^6+y^6=z^6$ 无解.

H. Tarry⑪ 提出了一个双列表的机器设备用来求解不确定方程，特别是

---

① Jour. für Math.，9，1832，270-275.

② Comptes Rendus Paris，120，1895，1139-1143（minor error，1236）.

③ Ueber unbestimmte Gleichungen，1895.

④ L'intermédiaire des math.，2，1895，23；repeated，8，1901，305-306.

⑤ Oeuvres，1839，264-265；nouv. éd.，2，1881，254-255；letter to Holmboe，Aug. 3，1823.

⑥ Théorie des nombres，1891. References in Introduction，p. xxix，where it is stated falsely that Kummer proved Fermat's theorem for all even exponents.

⑦ L'intermédiaire des math.，2，1895，281-282；repeated，11，1904，185-186.

⑧ Oeuvres，1839，264-265；nouv. éd.，2，1881，254-255；letter to Holmboe，Aug. 3，1823.

⑨ L'intermédiaire des math.，3，1896，116.

⑩ Anales de la Universidad de Chile，97，1897，63-80.

⑪ Assoc. franç. av. sc.，26，1897，I，177（five lines）.

$x^m + y^m = z^n$.

F. Lucas① 运用 Cauchy② 定理证明了:如果 x, y 互素,且 m 是一个奇素数,那么当 $x+y$ 与 m 互素时,$x+y$ 与

$$Q = \frac{x^m + y^m}{x + y}$$

互素,但是当 $x+y$ 可被 m 整除时,$m(x+y)$ 与 $\frac{Q}{m}$ 互素. 由此他得出了 Legendre 的公式(1) 和公式(3).

Axel Thue③ 指出:如果 L, M, N 是关于 x 的函数,使得 $L^n - M^n = N^n$ 对于所有 x 的值均成立,其中 $n > 2$,那么 $aL = bM = cN$,其中 a, b, c 是常数. 如果 $A^n - B^n = C^n$,那么

$$(A^n + \alpha B^n)^3 - (\alpha A^n + B^n)^3 = (\alpha - 1)^3 (ABC)^n, \alpha^3 = 1$$

如果 $p^n - q^n = r^n$,那么 $x^3 - y^3 = z^3(pqr)$,其中

$$x = p^{3n} + 3p^{2n}q^n - 6p^n q^{2n} + q^{3n}$$
$$y = p^{3n} - 6p^{2n}q^n + 3p^n q^{2n} + q^{3n}$$
$$z = 3(p^{2n} - p^n q^n + q^{2n})$$

E. Maillet④ 考虑对于不被奇素数 λ 整除的整数 a, b, c, x, y, z 有方程

$$ax^{\lambda^t} + by^{\lambda^t} = cz^{\lambda^t}$$

方程有解的必要条件是同余式

$$a + b\eta^{\lambda^t} \equiv c(\alpha + \beta\eta)^{\lambda^t} \pmod{\lambda^{t+1}}$$

有解 η 使得 $0 < \eta < \lambda, \alpha + \beta\eta \not\equiv 0 \pmod{\lambda}$,其中 $\alpha c \equiv a, \beta c \equiv b \pmod{\lambda}$. 运用它可以得出 $x^\lambda + y^\lambda = z^\lambda$ 在 $\lambda = 197$ 时无解,因此大于 Legendre 的极限 $\lambda < 223$. 通过 Kummer 的方法,可以得出:如果 λ 是大于 3 的素数,那么

$$x^{\lambda^t} + y^{\lambda^t} + z^{\lambda^t} = 0$$

没有复整数解,并且由两个与 λ 互素的数构成一个 λ 次单位根,如果 λ^{t-1} 是 λ 的最高次幂,其中 λ 整除这些复整数类的个数,因此大于某一个确定的依赖于 λ 的极限. 他⑤随后提出了问题:最后的定理没有考虑限制条件 x, y, z 是与 λ 互素的数.

I. P. Gram⑥ 的论文没有做成报告.

---

① Bull. Soc. Math. France, 25, 1897, 33-35. Extract in Sphinx-Oedipe, 4, 1909, 190.

② Comptes Rendus Paris, 9, 1839, 359-363; Jour. de Math., 5, 1840, 211-215. Oeuvres de Cauchy, (1), IV, 499-504.

③ Archiv for Math. og Natur., Kristiania, 19, 1897, No. 4, pp. 9-15.

④ Assoc. franç. av. sc., 26, 1897, II, 156-168.

⑤ Congrès internat. des math., 1900, Paris, 1902, 426-427.

⑥ Förhandlingar Skandinaviska. Naturforskare, Götheborg, 1898, 182.

E. Maillet① 将 Kummer 的方法应用于 $x^\lambda+y^\lambda=cz^\lambda$，其中 λ 是正则素数. 如果 $c=\lambda$，那么方程无整数解. 当 $A=1$ 或 $r_1^{b_1}\cdots r_i^{b_i}$ 时，如果 $c=A\lambda^s, s=k\lambda+\beta\geqslant 1, \beta=0$ 或 1，那么实互素的整数中没有可被 λ 整除的，其中 $r_1,\cdots,r_i$ 是不等于 λ 的素数，属于指数 $f_1,\cdots,f_i$ 模 λ 使得

$$\frac{1}{f_1}+\cdots+\frac{1}{f_i}\leqslant\frac{\lambda-3}{\lambda-1}$$

特别地，如果 $A=r_1^{b_1}$，那么 $r_1\not\equiv 1(\bmod \lambda)$. 如果 $r^b\equiv -1+t\lambda(\bmod \lambda^2)$，那么满足 $c=r^b$ 的方程无整数解，其中 t 至少取值于 $1,\cdots,\lambda-1$ 中的一个；或者如果 $\lambda=5,7,17$，那么 $r^b\equiv 4(\bmod \lambda^2)$；或者如果 $\lambda=11$，那么 $r^b\equiv 5$ 或 $47(\bmod 11^2)$；或者如果 $\lambda=13$，那么 $r^b\equiv 17(\bmod 13^2)$. 最后，$x^7+y^7=cz^7$ 对于一个形如 $49k\pm3,\pm4,\pm5,6,-8,\pm9,\pm10,-15,\pm16,-22,\pm23$ 或 ±24 的素数 c，$x^7+y^7=cz^7$ 无实数解.

H. J. Woodall② 指出：如果 $y=x^m-1$（m 为偶数）或 $x=2, y=2^m-1$（m 为奇数），那么 x^m+y^m-1 可被 xy 整除.

T. R. Bendz③ 指出：$x^n+y^n=z^n$ 有整数解，当且仅当 $\alpha^2=4\beta^n+1$ 有有理解（Euler④），如下

$$\left(\frac{2y^n+x^n}{x^n}\right)^2=4\left(\frac{yz}{x^2}\right)^n+1$$

他证明了 Abel 公式，以及 $x+y\equiv z(\bmod 3)$，且

$$(x+y)^n-x^n-y^n\equiv 0(\bmod n^3)$$

当 x,y,z 中没有一个可被 n 整除.

F. Lindemann⑤ 试图证明 $x^n=y^n+z^n$ 无解，如果 n 是一个奇素数. 他随后认识到了计算中的错误，但是表示他的工作首次对 Abel⑥ 的结论给出了证明. 此结论为：如果 x,y,z 是不为 0 且互素的数

$$2x=p^n+q^n+r^n, 2y=p^n+q^n-r^n, 2z=p^n-q^n+r^n$$

并且 x,y,z 中没有一个可被 n 整除，而 z 可被 n 整除，那么

$$2x, 2y=p^n+q^n\pm n^{n-1}r^n, 2z=p^n-q^n+n^{n-1}r^n$$

如果 $x+y+z$ 可被 n^λ 整除，那么式(2)中有 $\alpha\equiv\beta\equiv r\equiv 1(\bmod n^{\lambda-1})$.

---

① Comptes Rendus Paris, 129, 1899, 198-199. Proofs in Acta Math., 24, 1901, 247-256.

② Math. Quest. Educ. Times, 73, 1900, 67.

③ Öfver diophantiska ekvationen $x^n+y^n=z^n$, Diss. Upsala, 1901, 34 pp.

④ Cf. A. Marre, Bull. Bibl. Storia Sc. Mat. Fis., 12, 1879, 886-894.

⑤ Sitzungsber. Akad. Wiss. München (Math.), 31, 1901, 185-202.

⑥ Oeuvres, 1839, 264-265; nouv. éd., 2, 1881, 254-255; letter to Holmboe, Aug. 3, 1823.

D. Gambioli① 证明了 de Jonquières② 的定理，以及结论：$x^n+y^n=z^n(n>1)$，z 是复数，如果 n 有奇因数，或 x 和 y 是复数；但是在他的证明中最小的未知量是复数. 他通过 Calzolari③，Dirichlet④，Kummer⑤ 和 Legendre⑥ 得出了他的论文的摘要，关于 Bernoullian 数和理想复数的参考文献的列表还有 $x^5+y^5=z^5$ 无解的简短证明. 在附录中，他引用了 Kummer⑦ 和 Liouville⑧ 关于 Lamé⑨ 和 Cauchy⑩⑪⑫ 的证明中的非充分性.

Soons⑬ 证明了 Catalan⑭ 定理.

P. Stäckel⑮ 证明了 Abel 定理，此定理在 Lindemann⑯ 中给出.

G. Candido⑰ 证明了 Catalan⑱ 的一个定理.

D. Gambioli⑲ 的论文没有做成报告.

P. Whitworth⑳ 指出：如果 $\sum\frac{1}{x}=0$，$\sum x=1$，那么 $\sum x^n=x^n+y^n+z^n$ 等于关于 xyz 的数列.

---

① Periodico di Mat., 16, 1901, 145-192.

② Atti Accad. Pont. Nuovi Lincei, 37, 1883-1884, 146-149. Reprinted in Sphinx-Oedipe, 5, 1910, 29-32. Proof by S. Roberts, Math. Quest. Educ. Times, 47, 1887, 56-58; H. W. Curjel, 71, 1899, 100.

③ Tentativo per dimostrare il teorema di Termat… $x^n+y^n=z^n$, Ferrara, 1855. Extract by D. Gambioll, 158-161.

④ Jour. für Math., 9, 1832, 390-393; Werke, I, 189-194. Reproduced by Gambioli, pp. 164-167.

⑤ Jour. für Math., 40, 1850, 130-138(93); Jour. de Math., 16, 1851, 488-498. Reproduced by Gambioli, pp. 169-176.

⑥ Sur quelques objets d'analyse indéterminée et particulièrement sur le théorème de Fermat Mém. Acad. R. Sc. de l'Institut de France, 6, année 1823, Paris, 1827, 1-60. Same except as to paging, Théorie des nombres, ed. 2, 1808, second supplément, Sept., 1825 1-40 (reproduced in Sphinx-Oedipe, 4, 1909, 97-128; errata, 5, 1910, 112).

⑦ Comptes Rendus Paris, 24, 1847, 899-900; Jour. de Math., 12, 1847, 136.

⑧ Comptes Rendus Paris, 24, 1847, 315-316.

⑨ Comptes Rendus Paris, 24, 1847, 310-315.

⑩ Comptes Rendus Paris, 24, 1847, 516-528; Oeuvres, (1), X, 254-268.

⑪ Comptes Rendus Paris, 24, 1847, 578-584; Oeuvres, (1), X, 268-275.

⑫ Comptes Rendus Paris, 24, 1847, 633-663, 661-666, 996-999, 1022-1030; Oeuvres, (1), X, 276-285, 296-308.

⑬ Mathesis, (3), 2, 1902, 109.

⑭ Catalan's Mélanges Math., Liège, ed. 1, 1868, 40-41; Revue de l'instruction publique en Belgique, 17, 1870, 137; Nouv. Corresp. Math., 3, 1877, 434. Proofs by Soons.

⑮ Acta Math., 27, 1903, 125-128.

⑯ Sitzungsber. Akad. Wiss. München (Math.), 31, 1901, 185-202.

⑰ La formula di Waring e sue notevoli applicazioni, Lecce, 1903, 20.

⑱ Nouv. Ann. Math., (3), 3, 1884, 351(Jour. de math., spéc., 1883, 240).

⑲ Il Pitagora, 10, 1903-1904, 11-13, 41-43.

⑳ Math. Quest. Educ. Times, (2), 4, 1903, 43.

P. V. Velmine①(W. P. Welmin) 证明了:如果 m,n,k 是大于 1 的整数,那么存在一元有理整函数 u,v,w 满足 $u^m+v^n=w^k$,仅当 $u^m\pm v^2=w^2,u^3+v^3=w^2,\pm u^4+v^3=w^2$(当解很简单时),且 $u^5+v^3=w^2$,复公式的解被证明是所有的解.(Korselt②)

D. Mirimanoff③ 研究了 $P(x)=(x+1)^l-x^l-1$,其中 l 是大于 3 的素数. 因为当 x 被 $-1-x$ 替换时,$P(x)=0$ 的一个根 α 表示根

$$\alpha,\frac{1}{\alpha},-1-\alpha,-\frac{1}{1+\alpha},-1-\frac{1}{\alpha},-\frac{\alpha}{1+\alpha} \tag{9}$$

所有这些根是不同的,除非 $\alpha=0$ 或 -1,或 $\alpha^2+\alpha+1=0$. 现在 P 有因式 $x(x+1)$ 和 x^2+x+1. 设

$$E(x)=\frac{P(x)}{lx(x+1)(x^2+x+1)^\varepsilon}$$

其中如果 $l\not\equiv 1 \pmod 3$,$\varepsilon=1$;如果 $l\equiv 1 \pmod 3$,$\varepsilon=2$. 那么 $E(x)=0$ 仅有不同的虚根,它们属于 6 个不同的集合. 因此 $E(x)=\prod e_j(x)$,其中 $e_j(x)$ 形如 $x^6+1+3(x^5+x)+t(x^4+x^2)+(2t-5)x^3$,其中 t 是实数. 如果 $E(x)$ 在有理数域中有不可约因数,那么因数是 $e_j(x)$ 的乘积.

A. S. Werebrusow④ 记 u^2+uv-v^2 为 (u,v). 那么 $x^5+y^5=Az^5$,即

$$(x+y)(x^2-xy+y^2,x^2-2xy+y^2)=Az^5$$

上式可分解为两个方程,第一个方程的第 2 个因数等于 $A_1z_1^5$,另一个方程为 $x+y=A_0z_0^5$,其中 $A_0A_1=A,z_0z_1=z$,且 z_1 是素数 $5n+1$ 的乘积. 用 $1=9^2-5\times 4^2$ 及它的幂乘 (u,v),我们可以推出:对任一幂,我们可以通过 (u,v) 得到一个素数的 6 种表达式,但是 5 只有 3 种. 如果 p 是素因数 $5n\pm 1$ 的个数,那么一个复数有 2^p 个表达式.

取 $z_1=(a,b)$. 我们通过利用

$$(a,b)(\sigma,\tau)=(a\sigma+b\tau,b\sigma+a\tau+b\tau)$$

得到 u,v 使得 $z_1^5=(u,v)$,那么

$$(x-y)^2=vs+(u+v)t,(x+y)^2=(4u-v)s+(v-3u)t \tag{10}$$

通过 (s,t),和的平方根的乘积得出了 Az_0^5,从而我们得到了 A 的一般式. 取 $x+y$ 为任意值,我们得到 $x-y$,从而通过式(10) 得到 s,t.

---

① Mat. Sbornik (Math. Soc. Moscow),24,1903-1904,633-661,in answer to problem proposed by V. P. Ermakov,20,1898,293-298. Cf. Jahrbuch Fortschritte Math.,29,1898,139;35,1904,217.

② Mat. Sbornik(Math. Soc. Moscow),89-93.

③ Nouv. Ann. Math.,(4),3,1903,385-397.

④ L'intermédiaire des math.,11,1904,95-96;Math. Soc. Moscow(Mat. Sbornik),25,1905,466-473(Russian). Cf. Jahrbuch Fortschritte Math.,36,1905,277-278.

Mirimanoff① 研究了

$$x^{\lambda}+y^{\lambda}+z^{\lambda}=0 \tag{11}$$

在整数解 x,y,z 中没有一个可被奇素数λ 整除的情形. 通过利用Kummer的同余式(8),他证明了:如果至少一个 Bernoullian数② $B_{v-1},B_{v-2},B_{v-3},B_{v-4}$ 不能被 λ 整除,那么式(11) 没有与 λ 互素的整数解,其中

$$v=\frac{\lambda-1}{2}$$

此结论对每一个小于 257 的 λ 均成立. 根据 Kummer 的项 $P_i(t)=P_i(1,t)$,他定义了多项式

$$\phi_i(t)=(1+t)^{\lambda-i}P_i(t)\equiv\sum_{k=1}^{\lambda-1}(-1)^{k-1}k^{i-1}t^k \quad (i=2,3,\cdots,\lambda-1) \tag{12}$$

模 λ. 因此 Kummer 的标准式(8) 与下面结论等价. 如果式(11) 有与 λ 互素的解,那么 6 个比值 $t=\frac{x}{y},\cdots,\frac{z}{x}$ 均满足同余式

$$\phi_{\lambda-1}(t)\equiv 0,B_{(\lambda-i)/2}\phi_i(t)\equiv 0(\bmod \lambda) \quad (i=3,5,\cdots,\lambda-2) \tag{13}$$

另一个不涉及 Bernoullian 数的标准是以上 6 个比值均满足同余式

$$\phi_{\lambda-1}(t)\equiv 0,\phi_{\lambda-i}(t)\phi_i(t)\equiv 0(\bmod \lambda) \quad (i=2,3,\cdots,v) \tag{14}$$

E. Maillet③ 通过 Kummer 的方法证明了 $x^a+y^a=az^a$ $(a>2)$ 没有不等于 0 的实整数解,如果 a 可被 4 整除;或者如果 a 是可被形如 $4n+3$ 的素数整除的偶数;或者如果 $2<a\leqslant 100,a\neq 37,59,67,74$;或者如果 a 没有大于 17 的素因数. 同样地,对于 $x^a+y^a=baz^a$,如果 a 可被 4 整除,且 b 不能被 4 整除;或者如果 a 具有形式 $4n+2$,且有素因数 $\lambda=4h+3$ 使得 b 不能被 $\lambda^{\lambda-1}$ 整除;或者如果$a=p^i,b<p,p$ 为与 Kummer 所运用的数相同的大于或等于 5 的素数;或者如果 $a=3^i,b=2$ 或 $4,i\geqslant 2$. 如果 $b=1$ 或 $2,a>2$ 或 $a>3$,那么第二个方程没有不等于 0 的整数解.

R. Sauer④ 证明了:如果 x 或 y 或 z 是一个素数的幂,那么 $x^n=y^n+z^n,n>2$ 不成立.

U. Bini⑤ 指出:如果 $x+y+z=0$,且 $k=2m+1$,那么 $s=x^k+y^k+z^k$ 可

① Jour. für Math. ,128,1905,45-68.

② If B_{v-1} or B_{v-2} is not dirisible by λ, the condusion was drawm by kummer.

③ Annali di mat. ,(3),12,1906,145-178. Abstracts in Comptes Rendus Paris,140,1905,1229; Mém. Acad. Sc. Inscr. Toulouse,(10),5,1905,132-133.

④ Eine polynomische Verallgemeinerung des Fermatschen Satzes,Diss. ,Giessen,1905.

⑤ Periodico di Mat. ,22,1906-1907,180-183.

被 xyz 整除. 如果 $\frac{1}{x}+\frac{1}{y}+\frac{1}{z}=0$,且 $k=3h+2$,那么 s 可被 $x+y+z$ 整除,如果 $n\geqslant 5$,那么 $x^n y^n+x^n z^n+y^n z^n$ 可被 $(xyz)^3$ 整除,证明①已经给出了第一个结论以及下面的结论:如果 $x+y+z=0$,那么 s 是 xyz 和 $xy+xz+yz$ 的函数.

G. Cornacchia②③ 研究了同余式 $x^n+y^n\equiv z^n \pmod p$.

P. A. MacMahon④ 指出:$x^n-ay^n=z$ 的整数解可以通过将 $a^{1/n}$ 转化为连续分数得到.

F. Lindemann⑤ 又一次⑥证明了 Abel 公式,随后讨论了三种情况,从而得出了 Fermat 方程无整数解. A. Fleck⑦ 指出了一系列错误. I. I. Iwanov⑧ 指出了同样在 Lindemann⑨ 的第一个结论中出现的错误,在(67) 中的模 n^6 应该为 n^5.

A. Bottari⑩ 证明了:如果 x,y,z 是等差数列中的正整数,且满足 $x^n+y^n=z^n$,那么有 $n=1$ 和 $x=\frac{y}{2}=\frac{z}{3}$ 或 $n=2$ 和 $\frac{x}{3}=\frac{y}{4}=\frac{z}{5}$. 如果 x,y,z,t 是等差数列中的正整数,且满足 $x^n+y^n+z^n=t^n$,那么有 $n=3$, $\frac{x}{3}=\frac{y}{4}=\frac{z}{5}=\frac{t}{6}$. (Cattaneo⑪).

Kummer 证明了:当 $n>2$ 时,$x^n+y^n=z^n$ 没有基于 n 次单位根的复整数解. J. Sommer⑫ 省略了其中 n 为正则素数的这一限制. 他对 $n=3$ 和 $n=4$ 给出了证明.

---

① Annali di mat. ,(3),12,1906,145-178. Abstracts in Comptes Rendus Paris,140,1905,1229; Mém. Acad. Sc. Inscr. Toulouse,(10),5,1905,132-133.

② If B_{v-1} or B_{v-2} is not divisible by λ, the conclusion was drawn by Kummer.

③ Sulla Congruenza $x^n+y^n=z^n \pmod p$, Tempio (Tortu),1907,18 pp.

④ Proc. London Math. Soc. , (2),5,1907,45-58. For $z=\pm 1$, G. Cornacchia,Rivista di fisica, mat. sc. nat. ,Pavia,8,II,1907,221-230.

⑤ Sitzungsber. Akad. Wiss. München (Math.),37,1907,287-352.

⑥ Sitzungsber. Akad. Wiss. München (Math.),31,1901,185-202.

⑦ Archiv Math. Phys. ,(3),15,1909,108-111.

⑧ Kagans Bote,1910,No. 507,69-70.

⑨ Sitzungsber. Akad. Wiss. München (Math.),31,1901,185-202.

⑩ Periodico di Mat. ,22,1907,156-168.

⑪ Periodico di Mat. ,23,1908,219-220.

⑫ Vorlesungen über Zahlentheorie,1907,184. Revised French ed. by A. Lévy,1911,192.

P. Cattaneo[①] 给出了一个 Bottari[②] 的结论的简短证明,但是包括错误的解 $n=1,x=\frac{y}{2}=\frac{z}{3}=\frac{t}{4}$.

A. S. Werebrusow[③] 没能证明 Fermat 大定理,他的错误由 L. E. Dickson 等人指出.

Werebrusow[④] 指出 $(x+y+z)^n-x^n-y^n-z^n$ 在 n 为奇数时有因式 $n(x+y)(x+z)(y+z)$. 而当 n 为奇素数时,此结论成立. 当 $n=9,x=y=z=1$ 时,此结论不成立.

L. E. Dickson[⑤] 指出:如果 α 是 Wendt[⑥] 的同余式

$$z^m\equiv 1,\quad (z+1)^m\equiv 1 \pmod p \tag{15}$$

的公共根,那么若 z^m-1 不能被 p 整除,则式(9) 中的数为不同的公共根. 它们是 z 的 6 次根,且满足当 z 被替换为 $\frac{1}{z}$ 或 $-1-z$ 时,保持不变. 这个 6 次式模 p 整除 z^m-1. 设 $x=z+\frac{1}{z},m=2\mu$. 此 6 次式成为

$$C(x)=x^3+3x^2+\beta x+2\beta-5$$

由 $z^\mu-\frac{1}{z^\mu}=0$,我们得到 $f(x^2)=0$,其中 $f(w)$ 的次数为 $\frac{1}{2}\mu-1$ 或 $\frac{\mu-1}{2}$,当 μ 为偶数或奇数时. 因此 $f(x^2)$ 一定可被

$$S(x)=C(x)C(-x)=x^6+(2\beta-9)x^4+(\beta^2-12\beta+30)x^2-(2\beta-5)^2$$

整除. 因此 $\mu\geqslant 7$. 对于 $\mu=7,f(x^2)=x^6-5x^4+6x^2+1$ 在 $p=2$ 时与 $S(x)$ 同余. 当 $\mu=8,f(x^2)=x^6-6x^4+10x^2-4$ 时,$p=17$. 反之 $n>1$. 当 $\mu=10,11$, 13 时的情况也类似,得到一个推论:如果 n 和 $p=mn+1$ 是奇素数,那么 m 与 3 互素,且 $m\leqslant 26$,同余式 $\xi^n+\eta^n+\zeta^n\equiv 0 \pmod p$ 无与 p 互素的整数解. 除了 $n=3,m=10,14,20,22,26;n=5,m=26;n=31,m=22$. 在 $m=28,32,40,56$,

① Periodico di Mat. ,23,1908,219-220.

② Periodico di Mat. ,22,1907,156-168.

③ L'intermédiaire des math. ,15,1908,79-81.

④ Ibid. ,p. 125. Case $n=3$,in l'éducation math. ,1889,p. 16.

⑤ Messenger of Math. ,(2),38,1908,14-32.

⑥ Jour. für Math. ,113,1894,335-347.

64 时做了一个对式(15)的直接检验. 通过 S. Germain[①] 的结论及定理,可以得出:对于每一个小于1 700 的奇素指数 n,Fermat 方程无与 n 互素的整数解.

Dickson[②] 通过扩大 m 的范围(包括小于 74 的全部值以及 76 和 128)证明了当 $n<7\ 000$ 时的最后定理.

Dickson[③] 分解了某些数 m^m-1,以便在最后的论文中运用.

Dickson[④] 讨论了下面的问题:对于一个给定的奇素数 n,找到奇素数 p 使得 $x^n+y^n+z^n\equiv 0(\bmod p)$ 没有与 p 互素的解. 我们可取 $p=mn+1$,其中 m 可被 3 整除,因为否则这些解显然成立. 一般结论被运用在当 $n=3,5,7$ 时的情形. 当 $n=3$ 时,p 可能值仅为 7 和 13(Pepin[⑤]). 当 $n=5$ 时,$p=11,41,71,101$(Legendre[⑥] 增至1 000). 当 $n=7$ 时,$p=29,71,113,491$.

Dickson[⑦] 通过单位根的 Jacobi 函数证明了:如果 e 和 p 是满足

$$p\geqslant(e-1)^2(e-2)^2+6e-2$$

的奇素数,那么 $x^6+y^6+z^6\equiv 0(\bmod p)$ 有与 p 互素的整数解 x,y,z. 需要特别指出的是 Libri[⑧] 由此建立了一个新的猜想. 另外,$x^4+y^4=z^4(\bmod p)$ 对每一个大于 17 的素数 $p=4f+1$,有与 p 互素的解.(与 41 不同[⑨]).

P. Wolfskehl[⑩] 遗留给 K. Gesellschaft der Wissenschaften zu Göttingen 十

① Sur quelques objets d'analyse indéterminée et particulièrement sur le théorème de Fermat Mém. Acad. R. Sc. de l'Institut de France, 6, année 1823, Paris, 1827, 1-60. Same except as to paging, Théorie des nombres, ed. 2, 1808, second supplément, Sept., 1825 1-40 (reproduced in Sphinx-Oedipe, 4, 1909, 97-128; errata, 5, 1910, 112).

② Quar. Jour. Math., 40, 1908, 27-45. The omitted value $n=6\ 857$ was later shown in MS. to be excluded.

③ Amer. Math. Monthly, 15, 1908, 217-222. See p. 370 of Vol. I of this History; also, A. Cunningham, Messenger of Math., 45, 1915, 49-75.

④ Jour. für Math., 135, 1909, 134-141.

⑤ Comptes Rendus Paris, 91, 1880, 366-368. Reprinted, Sphinx-Oedipe, 4, 1909, 30-32.

⑥ Sur quelques objets d'analyse indéterminée et particulièrement sur le théorème de Fermat Mém. Acad. R. Sc. de l'Institut de France, 6, année 1823, Paris, 1827, 1-60. Same except as to paging, Théorie des nombres, ed. 2, 1808, second supplément, Sept., 1825 1-40 (reproduced in Sphinx-Oedipe, 4, 1909, 97-128; errata, 5, 1910, 112).

⑦ Jour. für Math., 135, 1909, 181-188. Cf. Pellet, Hurwitz, Cornacchia, and Schur.

⑧ Jour. für Math., 9, 1832, 270-275.

⑨ On p. 188, line 11, it is stated that for f even and <14, $p=4f+1$ is a prime only when $f=4$, $p=17$, thus overlooking $f=10$, $p=41$. The fact that $x^4+y^4\equiv 1(\bmod 41)$ has no solutions each prime to 41 was communicated to the author by A. L. Dixon.

⑩ Göttingen Nachrichten, 1908, Geschäftliche Mitt., 103. Cf. Jahresbericht d. Deutschen Math.-Vereinigung, 17, 1908, Mitteilungen u. Nachrichten, 111-113. Fermat's Oeuvres, IV, 166. Math. Annalen, 66, 1909, 143.

万马克作为给出 Fermat 大定理完整证明的奖励. 值得注意的是,Wolfskehl①就是关于 11 次或 13 次单位根构成的复数类文章的作者.

Fermat 大定理的许多②错误的证明③此处并未提及,它们大多作为小册子发表. A. Fleck④,B. Lind⑤,J. Neuberg⑥ 和 D. Mirimanoff⑦ 指出了它们中的许多错误.

E. Schönbaum⑧ 给出了一个历史的介绍,并且对代数理论的基础做出了详细表述;对于正则素数,Fermat 大定理的简化形式中的 Kummer 的证明也被给出.

A. Turtschaninov⑨ 证明并简要归纳了 Abel⑩ 定理.

F. Ferrari⑪ 讨论了

$$x^n \pm y^n = z^{n+1}, x^{2n+1} \pm y^{2n+1} = z^{2n}$$

的无穷解.

A. Thue⑫ 指出:不存在(不是无限数)以上方程的整数解,当 $n > 2$,h 和 k 为给定的正整数时,有

$$x^n + (x+k)^n = y^n, x^2 - h^2 = ky^n$$

$$(x+h)^3 + x^3 = ky^n, (x+h)^4 - x^4 = ky^n$$

这些结果为此定理的推论:如果 $r > 2$,且 a,b,c 为正整数,$c \neq 0$,那么不存在 $bp^r - aq^r = c$ 的无限对正整数解 p,q.

---

① Jour. für Math.,99,1886,173-178.

② According to W. Lietzmann,Der Pythagoreische Lehrsatz,mit einem Ausblick auf das Fermatsche Problem,Leipzig,1912,63,more thatn a thousand false proofs were published during the first three years after the announcement of the large prize.

③ Titles in Jahrbuch Fortschritte Math.,39,1908,261-262;40,1909,258-261;41,1910,248-250;42,1911,237-239;43,1912,254,274-277;44,1913,248-250.

④ Archiv. Math. Phys.,(3),14,1909,284-286,370-373;15,1909,108-111;16,1910,105-109,372-375;17,1911,108-109,370-374;18,1911,105-109,204-206;25,1916-1917,267-268.

⑤ Abh. Geschichte Math. Wiss.,26,II,1910,23-65. Reviewed adversely by A. Fleck,Archiv Math. Phys.,(3),16,1910,107-109;18,1911,107-108.

⑥ Mathcsis,(3),8,1908,243.

⑦ Comptes Rendus Paris,157,1913,491;error of E. Fabry,156,1913,1814-6. L'enseignement math.,11,1909,126-129.

⑧ Casopis,Prag,37,1908,384-506(Bohemian).

⑨ Spaczinski Bote,1908,No. 454,194-200(Russian).

⑩ Oeuvres,1839,264-265;nouv. éd.,2,1881,254-255;letter to Holmboe,Aug. 3,1823.

⑪ Suppl. al Periodico di Mat.,11,1908,40-42.

⑫ Skrifter Videnskabs-Selskabet Christiania (Math.), 1908,No. 3,p. 33.

A. Hurwitz① 证明了:如果 m 和 n 是正整数且均不是偶数,那么 $x^m y^n + y^m z^n + z^m x^n = 0$ 有不等于 0 的整数解,当且仅当 $u^t + v^t + w^t = 0$ 有解,其中 $t = m^2 - mn + n^2$(Bouniakowsky②).

Hurwitz③ 之后引用了 Dickson④ 的证明,并给出了基本但很长的证明,如果 a,b,c 是不等于 0 的整数,且 e 是奇素数,那么

$$ax^e + by^e + cz^e \equiv 0 \pmod p$$

有 A 个解集,解集中的 x,y,z 不能被素数 p 整除,其中

$$\frac{A}{p-1} > p + 1 - (e-1)(e-2)\sqrt{p} - \eta e \quad (\eta = 0,1 \text{ 或 } 3)$$

因此 $A > 0$,当 p 大于一个依赖于 e 的极限.

A. Wieferich⑤ 证明了:如果 $x^p + y^p + z^p = 0$ 有与 p 互素的整数解,其中 p 是奇素数,那么 $2^{p-1} - 1$ 可被 p^2 整除. 他以 Kummer 的标准通过 Mirimanoff⑥ 从条件(13) 得到了新的标准. Mirimanoff⑦ 和 Frobenius⑧ 给出了一个较简短的证明.

P. Mulder⑨ 指出:如果 n 是奇素数,且 $a^n + b^n$ 可被 n 整除,那么 $a^n + b^n$ 可被 n^2 整除. 证明由 Kummer⑩ 给出.

Chr. Ries⑪ 指出:$a^{2n} + b^{2n} = c^{2n}(n > 1)$ 通过考虑 a^{2n} 的两个因数无整数解,它们的差是 $2b^n$,但是假设 $2b^n$ 的每一个素因数整除 b.

G. Cornacchia⑫ 运用了单位根定理研究了 $x^n + y^n \equiv 1 \pmod p$ 的解集的个数,其中 p 是一个形如 $nk+1$ 的素数. 如果 $p \neq 7,13$,那么当 $n=3$ 时存在解;如果 $p \neq 5,13,17,41$,那么当 $n=4$ 时存在解;如果 $p \neq 7,13,19,43,61,97,157,277$,那么当 $n=6$ 时存在解;如果 $p \neq 17,41,113$,那么当 $n=8$ 时存在解;如果 $p > (n-2)^2 n(n-1) + 2(n+3)$,那么当 n 为任意素数时均存在解. 如果

---

① Math. Annalen, 65, 1908, 428-430. Case $m=2, n=1$ by Euler and Vandiver.

② Bull. Acad. Sc. St. Pétersbourg, 6, 1848, 200-202.

③ Jour. für Math., 136, 1909, 272-292.

④ Ibid., 135, 1909, 181-188. Cf. Pellet, Hurwitz, Comacchia, and Schar.

⑤ Jour. für Math., 293-302. For outline of proof, see Dickson, 182-183.

⑥ Jour. für Math., 128, 1905, 45-68.

⑦ Le dernier théorème de Fermat, Paris, 1910, 19 pp.

⑧ Sitzungsber. Akad. Wiss. Berlin, 1909, 1222-1224. Reprinted in Jour. für Math., 137, 1910. 314-316.

⑨ Wiskundige Opgaven, Amsterdam, 10, 1909, 273-274.

⑩ Jour. für Math., 17, 1837, 203-209.

⑪ Math. Naturw. Blätter, 6, 1909, 61-63.

⑫ Giornale di mat., 47, 1909, 219-268. See Cornacchia and the references under Libri.

$p\neq 5,17,29,41$(Gegenbauer①),那么对于形如 $nk+1$ 的素数 p,$x^n+y^n+z^n\equiv 0\pmod p$ 在 $n=4$ 时有解;如果 $p\neq 13,61,97,157,277,31,223,7,67,79,139$,那么当 $n=6$ 时有解;如果 $p\neq 17,41,113,89,233,137,761$,那么当 $n=8$ 时有解.他证明了一个与 Dickson② 类似的定理,但是满足

$$p>(e-2)^2e(e-1)+2(e+3)$$

如果 $e>3$,那么上式大于 Dickson 的结果.

A. Flechsenhaar③ 对于一个大于 3 的素数考虑对于与 n 互素的 x,y,z 有

$$x^n+y^n-z^n\equiv 0\pmod{n^2}\tag{16}$$

我们可以设 $x<n,y<n,x+y=z$.反过来,对于式(16)乘 ρ_1^n 和 ρ_2^n,其中 $\rho_1x\equiv 1,P_2y\equiv 1\pmod n$.由式(16)的解推出

$$1+b^n-(b+1)^n\equiv 0,c^n+1-(c+1)^n\equiv 0\pmod{n^2}\tag{17}$$

其中 $b\equiv\rho_2x,c\equiv\rho_1y$,由此 $bc\equiv 1\pmod n$.在 b 被 $b-n$ 替换和 c 被 $c-n$ 替换后,这两个条件仍然成立.我们得到

$$1+(n-t-1)^n-(n-t)^n\equiv 0,t=b\text{ 或 }c$$

因为这些有式(17)的形式,值得指出的是 $(n-b-1)(n-c-1)\equiv 1$,由此 $b+c+1\equiv 0\pmod n$,对于式(17)的每一对解 b,c,我们有 $bc\equiv 1$,但由于错误的分析,证明并没有给出.

若 $b+c+1\equiv 0,bc\equiv 1,b\not\equiv c$,我们有 $n=6m+1$.对于小于或等于 307 的素数 n,解 b,c 存在且可列表.但是对于形如 $6m-1$ 的素数 n,式(16)无与 n 互素的解.

J. Németh④ 指出 $x^k+y^k=z^k,x^l+y^l=z^l$ 没有公共的正解集,如果 k,l 为不同的正整数.

J. Kleiber⑤ 指出:如果 n 是一个奇素数,那么 x,y,z 互素,且 y,z 不能被 n 整除,$x^n+y^n=z^n$ 推出

$$x+\varepsilon^iy=(p+\varepsilon^iq)^n\quad(i=0,1,\cdots,n-1;\varepsilon^n=1)$$

并给出了 $y=0$.但是他假设整数的分解法则对涉及 ε 的数成立,他并没有指出它的 n 次幂为 $x+\varepsilon y$,并且给出记号 $p+\varepsilon y$ 没有 p 和 q 的性质.

---

① Sitzungsber. Akad. Wiss. Wien(Math.),95,II,1887,842.

② Jour. für Math.,135,1909,181-188. Cf. Pellet,Hurwitz,Cornacchia,and Schur.

③ Zeitschr. Math. Naturw. Unterricht,40,1909,265-275.

④ Math. és Phys. Lapok,Budapest,18,1909,229-230(Hungarian).

⑤ Zeitwsch. Math. Naturw. Unterricht,40,1909,45-47.

Welsch[①] 重复了 Catalan[②] 的证明.

D. Mirimanoff[③] 考虑了 $F=x^l+y^l+z^l=0$ 与三次同余式的关系. 设 x,y,z 为 $t^3-s_1t^2+s_2t-s_3=0$ 的根. 因此 $F=\phi(s_1,s_2,s_3)$，其中 ϕ 是次数为 l 的整系数多项式. 我们有 $s_1\equiv 0(\bmod l)$. 设 x,y,z 与 l 互素. 通过 Legendre[④]，可得 s_1^l-F 可被 $l(x+y)(x+z)(y+z)=l(s_1s_2-s_3)$ 整除；将商记为 $P(s_1,s_2,s_3)$. 因为 $s_1s_2-s_3$ 与 l 互素，s_1^l 可被 l^l 整除，所以 $F=0$ 得到了 $P(0,s_2,s_3)\equiv 0(\bmod l)$. 因此如果 $F=0$ 有与 l 互素的解，那么满足 $P\equiv 0$ 的

$$t^3+s_2t-s_3\equiv 0(\bmod l)$$

有三个根. 当 $l=3$ 时，$P=1$，且 $F=0$ 没有与 $l=3$ 互素的整数解. 当 $l=5$ 时，$P=-s_2$；但是如果 $s_2\equiv 0$，那么三次同余式的判别式是 $-27s_3^2$. l 的一个二次非剩余使得它没有三个根. 同样的理论也适用于 $l=11$. 当 $l=17$ 时，判别式是一个剩余，且存在三个根或者没有根；Caillor 的第 4 个标准排除了第一种情况对于三次同余式. 因为当 $l=3m+1$ 时，此方法并不适用，所以我们现在有 $s_2\equiv 0$.

Mirimanoff[⑤] 运用 Euler 表达式将 $1-2^{p-2}+3^{p-2}-\cdots\pm y^{p-2}$ 表示为一个关于 y 的多项式，从而得到了 Wieferich 在试图证明他的结论 $2^{p-1}\equiv 1(\bmod p^2)$ 时所用的最后的同余式的一个简短的证明.

B. Lind[⑥] 证明了 $x^2+y^3=z^6$ 没有整数解. 如果 $x^n+y^n=z^n$ 无解，那么 $Z^{2n}-X^2=4Y^2$ 和 $s(2s+1)=t^{2n}$ 也没有解. 最后的方程可得出 $s=t_1^{2n}$，$2s+1=t_2^{2n}$，$t_1t_2=t$，由此 $t_2^{2n}-1=2(t_1^2)^n$，这是 Liouville[⑦] 方程的一种情况. Kempner[⑧] 中给出了一个简洁的证明.

J. Westlund[⑨] 指出：如果 n 是奇素数，那么

$$x^n+y^n=(x+y-y)^n+y^n=(x+y)^n-n(x+y)^{n-1}y+\cdots$$

---

① L'intermédiaire des math.，16，1909，14-15.

② Nouv. Ann. Math.，(3)，3，1884，351(Jour. de math.，spéc.，1883，240).

③ L'enseignement math.，11，1909，49-51.

④ Sur quelques objets d'analyse indéterminée et particulièrement sur le théorème de Fermat Mém. Acad. R. Sc. de l'Institut de France，6，année 1823，Paris，1827，1-60. Same except as to paging，Théorie des nombres，ed. 2，1808，second supplément，Sept.，1825 1-40 (reproduced in Sphinx-Oedipe，4，1909，97-128；errata，5，1910，112).

⑤ L'enseignement math.，11，1909，455-459. Summary by Dickson，p. 183.

⑥ Archiv Math. Phys.，(3)，15，1909，368-369.

⑦ Jour. de Math.，5，1840，360.

⑧ Archiv Math. Phys.，(3)，25，1916-1917，242-243.

⑨ Amer. Math. Monthly，16，1909，3-4.

如果它可被 n 整除,那么它也可被 n^2 整除.因此如果 z 与 n 互素,那么 $x^n+y^n=nz^n$ 无解.

R. D. Carmichael① 证明了:如果 p 和 q 是素数,那么 $p^m-q^n=1$,仅当 $m=1,q=2,p=2^n+1;m=q=2,n=p=3;n=1,p=2,q=2^m-1$ 时.

A. Fleck② 根据没有或有一个 $x^p+y^p+z^p=0$ 的不等于0的整数解可被奇素数 p 整除区分情况 A 和 B. 设 $s=x+y+z$. 那么:

(Ⅰ)$y+z=a^p,z+x=b^p,x+y=c^p,s=-abcp^3GM$;

(Ⅱ)$y+z=p^{2p-1}a^p,z+x=b^p,x+y=c^p,s=-abcp^2GM$,

他考虑了以下6个式子

$$y^2+yz+z^2=GJ, x^2-yz=GJ_1$$

$$z^2+zx+x^2=GK, y^2-zx=GK_1$$

$$x^2+xy+y^2=GL, z^2-xy=GL_1$$

并证明了:(i)s 除了 G 与这6个表达式中的一个的公因式外,没有其他因式;(ii)除了 G 的一个因式外,6个式中的任意2个没有公因式,进而 $J,\cdots,L_1$ 两两互素;(iii)$J,\cdots,L_1$ 为形如 $6\mu p+1$ 的素数的积;(iv)$x^{3p}\equiv y^{3p}\equiv z^{3p}(\bmod GJKLJ_1K_1L_1)$.

G. Frobenius③ 对 Wieferich④ 的结论给出了一个简单的证明. 他用 Kummer 的结论中的 Mirimanoff⑤ 公式得出

$$\sum_{r,s=0}^{\lambda-1}(-1)^{r-s}(r-s)^{\lambda-2}t^s$$

对于 $t\neq 0,\pm 1$ 与

$$c=\phi_{p-1}(1) \quad 和 \quad \frac{1+t}{1-t}c$$

模 λ 同余,由此 $c\equiv 0(\bmod \lambda)$,进而 $2^{\lambda-1}\equiv 1(\bmod \lambda^2)$.

---

① Amer. Math. Monthly, 16, 1909, 38-39. Special cases by G. B. M. Zeer, 15, 1908, 237.

② Sitzungsber. Berlin Math. Gesell., 8, 1909, 133-148, with Archiv Math. hys., 15, 1909.

③ Sitzungsber. Akad. Wiss. Berlin, 1909, 1222-1224. Reprinted in Jour. für Math., 137, 1910, 314-316.

④ Jour. für Math., 136, 1909, 293-302. For outline of proof, see Dickson, 182-183.

⑤ Jour. für Math., 128, 1905, 45-68.

A. Gérardin① 对这一课题给出了一个简短的历史简介以及其他的文献. 他猜想Fermat大定理可以通过2个n次幂($n>2$)的差或和总介于两个相继n次幂这一结论证明.

P. Bachmann② 通过基础方法得到了许多结果,这些方法主要由Abel③,Legendre④,Wendt⑤和Dickson⑥得出. 一个注是:所有小于100的素数是正则的;此结论在后面得到了更正.

H. Stockhaus⑦ 关于一般情况,对于指数3,5,7的已知方法给出了一个较长的陈述.

K. Rychlik⑧ 对指数3,4,5给出了一个证明.

* Ed. Barbette⑨ 证明了一些不等式.

F. Bernstein⑩ 证明了Fermat定理,并且他的假设比Kummer⑪的假设更宽松. 第二种情况(其中3个数中的一个可被素指数l整除)通过假设l^2次单位根的域$k(Z)$的类数可被l整除,但不被l^2整除这一结论而得到证明;并且假设$k(Z)$不包含属于指数l^2的类,而$k(\zeta+\zeta^{-1})$的类数与l互素,其中$s^l=1$. 第一种情况(三个与l互素的数)通过假设:(i) $k(\zeta)$的类数的第二个因数h_2可被l整除;(ii) 如果l^μ是能整除h_2的最高次幂,那么在$k(\zeta)$的l^μ次理想的"Teilklassenkörper"中是它自己的一个基本的理想,其中$k(\zeta)$的l次幂是基本

① Historique du dernier théorème de Fermat, Toulouse, 1910, 12 pp. Extract in Assoc. franç. av. sc., 39, I, 1910, 55-56. All of his references are found in the present chapter.

② Niedere Zahlentheorie, 2, 1910, 458-476.

③ Oeuvres, 1839, 264-265; nouv. éd., 2, 1881, 254-255; letter to Holmboe, Aug. 3, 1823.

④ Sur quelques objets d'analyse indéterminée et particulièrement sur le théorème de Fermat Mém. Acad. R. Sc. de l'Institut de France, 6, année 1823, Paris, 1827, 1-60. Same except as to paging, Théorie des nombres, ed. 2, 1808, second supplément, Sept., 1825 1-40 (reproduced in Sphinx-Oedipe, 4, 1909, 97-128; errata, 5, 1910, 112).

⑤ Jour. für Math., 113, 1894, 335-347.

⑥ Messenger of Math., (2), 38, 1908, 14-32.

⑦ Beitrag zum Beweis des Fermatschen Satzes, Leipzig, 1910, 90 pp.

* An ideal Q, prime to $L=(\zeta-1)$, is said to belong to the exponent n modulo L if Q^l is a principal ideal (κ) such that $\kappa\equiv\tau_1 (\bmod L^n)$, While there exists no unit η in the field $k(\zeta)$ such that $\eta\kappa=r_2 (\bmod L^{n+1})$, where r_1 and r_2 are rational numbers.

⑧ Casopis, Prag, 39, 1910, 65-86, 185-195, 305-317 (Bohemian).

⑨ Le dernier théorème de Fermat, Paris, 1910, 19 pp.

⑩ Göttingen Nachrichten, 1910, 482-488, 507-516.

⑪ Abh. Akad. Wiss. Berlin (Math.), for 1857, 1858, 41-74. Extract in Monatsb. Akad. Wiss. Berlin, 1857, 275-282.

理想.(见 Vandiver[①] 的结论.)

Ph. Furtwängler[②] 证明了:如果 $\alpha^l+\beta^l+\gamma^l=0$,其中 α,β,γ 是域 $k(\zeta)(\zeta^l=1)$ 中与 $L=(\zeta-1)$ 互素的数;如果 $\alpha\equiv a,\beta\equiv b,\gamma\equiv c(\bmod L)$,其中 a,b,c 为有理数;如果 $k(\zeta)$ 不包含属于指数 $zj+1$ 模 L 的理想,那么若 x,y 为 a,b,c 的任意两个,则

$$\left[\frac{\mathrm{d}^{2j+1}\log(x+\mathrm{e}^v y)}{\mathrm{d}v^{2j+1}}\right]_{v=0}\equiv 0(\bmod l)$$

通过 Mirimanoff[③],当 $j=1,2,3$ 或 4 时,此同余式不成立.因此如果 $k(\zeta)$ 不包含属于指数 3,5,7,11 的理想,那么 Fermat 方程在 $k(\zeta)$ 中没有与 l 互素的解.如果类数 H 至多可被 l^3 整除,那么同样的推论成立.

E. Hecke[④] 证明了:如果通过 l 次单位根来定义的域的类数 H 的第 1 个因式 h_1 可被 l 整除但不能被 l^2 整除,那么 $x^l+y^l+z^l=0$ 没有不能被奇素数 l 整除的解 x,y,z.

D. Mirimanoff[⑤] 利用他的结论[⑥]证明了:如果 $x^p+y^p+z^p=0$ 有与 p 互素的解,6 个比值 $\frac{x}{y},\cdots$ 中的每一个均是

$$\prod_{i=1}^{m-1}(t+\alpha_i)\sum_{i=1}^{m-1}\frac{R_i}{t+\alpha_i}\equiv 0(\bmod p),R_i=\frac{\phi_{p-1}(-\alpha_i)}{(1-\alpha_i)^{p-1}}$$

的根 t,其中 $\alpha_1,\cdots,\alpha_{m-1}$ 是 $z^m=1$ 的不等于 1 的根.对于 $m=2$ 或 3,6 个比值中至少有两个是不同余的,进而我们的同余式是次数小于 2 的恒等式;取 $t=-1$,并且运用

$$q(m)=\frac{m^{p-1}-1}{p}\equiv\sum_{i=1}^{m-1}\frac{R_i}{1-\alpha_i}(\bmod p)$$

我们得到 $q(m)\equiv 0$.除了 Wieferich 的 $q(2)\equiv 0$,我们有 $q(3)\equiv 0$.因此对于所有使得 $q(2)$ 或 $q(3)$ 不能被 p 整除的素指数,初始方程没有与 p 互素的整数解;特别地,对于所有具有形式 $2^a 3^b\pm 1$ 或 $\pm 2^a\pm 3^b$ 的素指数,此结论成立.

G. Frobenius[⑦] 证明了最后的两个结论,并且由式(8) 推导出了式(13),此

---

① Proc. National Acad. Sc. ,May,1920.

② Göttingen Nachrichten,1910,554-562.

③ Jour. für Math. ,128,1905,45-68.

④ Göttingen Nachrichten,1910,420-424.

⑤ Comptes Rendus Paris, 150, 1910, 204-206. Reproduced.

⑥ Jour. für Math. ,128,1905,45-68.

⑦ Sitzungsber. Akad. Wiss. Berlin,1909,1222-1224. Reprinted in Jour. für Math. ,137,1910, 314-316.

方法比 Mirimanoff[①] 中的方法更简单. 设 $b^{2n}=(-1)^{n-1}B_n, b^{2n+1}=0, b^1=-\frac{1}{2}$，是通过 $(b+1)^n-b^n=0(n>1)$ 给出的 Bernoullian 数. 设

$$F(x,y)=\sum_{r=0}^{p-1}\binom{y}{r}(x-1)^r$$

$$F(x,y)x^m=\sum_{r}\binom{y+m}{r}(x-1)^r+(x-1)^pG(x,y)$$

$$mxG_m(x)=G(x,mb)-G(0,mb)\frac{x_m-1}{x-1}$$

$$mF(x)=F(x,mb)-\{F(0,mb)-mpq\}(x-1)^{p-1}$$

那么

$$F(x)(x^m-1)+\sum_{n=1}^{p-1}\frac{1-x^n}{n}=(x-1)^pxG_m(x)$$

由此式可得到论文中的结果. Fermat 方程的与 p 互素的三个解中的 6 个比值满足次数为 2 的同余式 $G_m(x)\equiv 0(\bmod p)$. 因此，如果 $m=2$ 或 3，那么 G_m 可消掉. 但是有 $G_m(1)\equiv\frac{1-m^{p-1}}{p}$.

A. Fleck[②] 证明了 J_1,K_1,L_1 的素因数具有形式 $6vp^2+1$，此结论为他的[③]定理(iii) 的推论. 因此 $J,\cdots,L_1$ 均有 $6\mu p^2+1$ 的形式. 对于形如 $6\mu p+1$ 的任一素因式 j，有 $(ty)^{6\mu}\equiv(tz)^{6\mu}\equiv 1(\bmod j)$，其中情况 A 中 $t=1$，情况 B 中 $t=p$. 对于 k 或 L 的素因式也有同样的结论成立.

E. Dubouis[④] 为了纪念 Sophie Germain 而将 Sophien 定义为与素数 θ 互素的素数 n，对于 $x^n\equiv y^n+1(\bmod\theta)$ 没有与 θ 互素的整数解的必要条件是具有 $kn+1$ 的形式. 他指出 Pepin[⑤] 证明了 n 的 sophien 是有限数，而 Pepin 仅对 $n=3$ 证明了此结论. 如果 $a^k=1,(a+1)^k=1$ 的结式不能被 θ 整除，那么 θ 是 n 的 sophien(Wendt[⑥]).

B. Lind[⑦] 对没有利用复整数或理想处理 Fermat 大定理的各种论文给出

---

① Jour. für Math., 128, 1905, 45-68.

② Sitzungsber. Berlin Math. Gesell., 9, 1910, 50-53(with Archiv Math. Phys., 16, 1910).

③ Sitzungsber. Berlin Math. Gesell., 8, 1909, 133-148, with Archiv Math. phys., 15, 1909.

④ L'intermédiaire des math., 17, 1910, 103-104.

⑤ Comptes Rendus Paris, 91, 1880, 366-368. Reprinted, Sphinx-Oedipe, 4, 1909, 30-32.

⑥ Jour. für Math., 113, 1894, 335-347.

⑦ Abh. Geschichte Math. Wiss., 26, II, 1910, 23-65. Reviewed adversely by A. Fleck, Archiv Math. Phys., (3), 16, 1910, 107-109; 18, 1911, 107-108.

了一个论述,但是在他自己的注中的插值有误,Lind 得出的结果是新颖的,方程(19) ～ (26) 是正确的,但是早已得知,而方程(27) 并未得到证明. 如果 $x^n+y^n=z^n$ 对模 3 证明了 $x+y-z\equiv 0 \pmod 9$. 此处错误引起了他的不等式和他的方程(95)(106b). 他试图利用同余式证明 Fermat 大定理包含几处严重的错误,并且依赖式(27). 关于此有众多参考书目.

J. Joffroy① 指出:如果对于 $x<y<z$ 的整数有 $F=x^{37}+y^{37}-z^{37}=0$,那么 $x>P+1=1\ 919\ 191$. 当 $x^{37}-x=P_m$, $P=2\times3\times5\times7\times13\times19\times37$ 时,有

$$F+Pm_1=x+y-z, m_1>0$$

T. Hayashi② 证明了:如果 n 为奇素数,$x^n+y^n=nz^n$,或 $x^n+y^n=z^n$,且 z 可被 n 整除,那么 $b_0+b_1+\cdots+b_s\equiv 0 \pmod{n^2}$,其中 $s=\frac{n-1}{2}$,$b_0,\cdots,b_s$ 是多项式 Y 的系数,且 Y 满足恒等式

$$4\frac{\xi^n-1}{\xi-1}=Y^2-(-1)^s nZ^2$$

其中

$$Y=b_0\xi^s+b_1\xi^{s-1}+\cdots+b_s, Z=c_0\xi^{s-1}+\cdots+c_{s-1}$$

然而

$$\eta=b_0y^s-b_1y^{s-1}x+\cdots+(-1)^s b_s x^s$$

$$x\zeta=c_0xy^{s-1}-c_1x^2y^{s-2}+\cdots+(-1)^{s-1}c_{s-1}x^s$$

满足 $\eta^2-(-1)^s n(x\zeta)^2$ 仅有因数 2 以及形如 $r^2-(-1)^s nt^2$ 的数. 如果 $n=5$ 或 13,那么初始方程无解.

A. E. Pellet③ 考虑对于一个素数 $p=hn+1$,下式

$$g^{in}+g^{jn}+g^{kn}\equiv 0 \pmod p \quad (i,j,k=0,1,\cdots,h-1)$$

对 hN_3 有原根 g. 通过对 p 次单位根的 n 个周期运用此方程,可得 pN_3 有极限 $h^2\pm\sqrt{(p-h)^3}$,所以如果 $h>n\sqrt{n}$,那么此下极限是正的(错误④). 因此在这种情况中,$x^n+y^n+1\equiv 0 \pmod p$ 有与 p 互素的解. 参见 Libri⑤.

---

① Nouv. Ann. Math., (4), 11, 1911, 282-283. Reproduced, Oeuvres de Fermat, IV, 165-166.

② Jour. Indian Math. Soc., Madras, 3, 1911, 16-22; 111-114. Same in Science Reports of Tôhoku University, 1, 1913, 43-50, 51-54.

③ L'intermédiaire des math., 18, 1911, 81-82.

④ This deduction fails if $n=5$, $h=20$.

⑤ Jour. für Math., 9, 1832, 270-275.

D. Mirimanoff[①] 重复了他[②]论文，且运用他的第一个公式得到了关于 $q(5)$ 和 $q(7)$ 的结果. 他还证明了不仅在 t 是 6 个比值 $\tau=\frac{x}{y}$,… 中的一个时，而且还在 $t=-\tau$ 和 $t=-\tau^2$ 时，$\phi_{p-1}(t)$ 可被 p 整除. 最后，他证明了 Sylvester 对 $q(m)$ 的公式(本丛书第 1 卷第四章).

A. Thue[③] 证明了：如果 n 是一个大于 3 的素数，ε 是 n 次单位虚根，所有 B_i 均是小于或等于 k(大于 0) 的整数，且 B_i 不全为 0，那么

$$|B_0+B_1\varepsilon+\cdots+B_{n-2}\varepsilon^{n-2}|\geqslant\frac{\tan\pi/(2n)}{\{(2n-3)/K\}^{(n-3)/2}}$$

接下来，对于整数 R，设 $PQ=R^n$，其中

$$P=\sum_{i=0}^{n-2}A_i\varepsilon^i,Q=\sum B_i\varepsilon^i,\ |A_i|\leqslant S,\ |B_i|\leqslant T$$

那么对于一个适当选择的 k 和整数 f_i,g_i 满足

$$|f_i|<2\{k[(2n-3)T]^{1/n}+1\},\ |g_i|<2\{k[(2n-3)S]^{1/n}+1\}$$

那么我们有 $\frac{P}{R}=-\frac{B}{A}$，其中 $A=\sum f_i\varepsilon^i,B=\sum g_i\varepsilon^i$. 值得注意的是：对 Fermat 方程

$$a^n=c^n-b^n=\prod(c-\varepsilon^ib)$$

亦可做此运用. 如果对互素的整数有 $a^n+b^n=c^n$，那么我们能找到均大于 $\sqrt{3c}$ 的正整数 p,q,r 满足 $pa+qb=rc$. 因此

$$(ar)^n+(br)^n=(pa+qb)^n$$

所以 q^n-r^n 可被 a 整除.

Thue[④] 证明了：如果 $y^n=x^n+1,n>3$，那么

$$A^n+B^n=(c_0+c_1y+\cdots+c_{n-1}y^{n-1})^n$$

的最大的通解为

$$f^n+(fx)^n=(fy)^n$$

其中 A,B 和 c_i 为 x 的整函数，f 是 x 的任意整函数.

D. N. Ranucci 写了一本小册子，*Risoluzione dell' equazione*

$$x^n-Ay^n=\pm1$$

---

① Jour. für Math. ,139,1911,309-324.

② Comptes Rendus Paris, 150, 1910, 204-206. Reproduced.

③ Skrifter Videnskapsselskapet I Kristiania (Math.), 1,1911,No. 4.

④ Ibid. ,2,1911,No. 12,13 pp. For his paper,ibid. ,No. 20,see Ch. XXIII.

con una nuova dimostrazione dell' ultimo teorema di Fermat, *Roma*, 1911, 23 pp.

F. Mercier① 指出:如果 $n>1$,那么我们可以取 $x<y<z$,从而

$$x^n=z^n-y^n=(z-y)(z^{n-1}+yz^{n-2}+\cdots)>(z-y)ny^{n-1}>ny^{n-1}$$

$\frac{n}{x}<\left(\frac{x}{y}\right)^{n-1}<1$,$n<x$. 这个引理并没有帮助他证明 Fermat 大定理,反而导致他犯了一个错误,即由 $3^n+y^n=z^n$ 在 $n=2$ 时可解,可推出 n 为任意大于 1 的整数时均可解.

Ph. Furtwängler② 利用 Eisenstein 对 l(l 为素数)次幂剩余的互反法则证明了:如果 x_1,x_2,x_3 是 $x_1^l+x_2^l+x_3^l=0$ 的互素的解,且 x_i 与 l 互素,那么 x_i 的任意整因数 r 满足

$$r^{l-1}\equiv 1 \pmod{l^2} \tag{18}$$

由于 x_i 中的一个可被 2 整除,那么我们可得到 Wieferich 的结论. 接下来,如果 x_i+x_k 与 x_i-x_k 均与 l 互素,那么 $x_i\pm x_k$ 的因子 r 满足式(18). 因为 x_i 中的一个可被 3 整除(除非 3 个均模 3 同余),那么由上述两个定理可得到:若 x_i 均与 l 互素,则式(18) 在 $r=3$ 时成立. 此结论由 Mirimanoff 得出.

S. Bohniček③ 证明了:$2n$ 次单位根域的整数不满足指数为 $2^{n-1}(n>2)$ 的 Fermat 方程.

H. Berliner④ 研究了当 x,y,z 不能被大于 2 的素数 p 整除时,$x^p=y^p+z^p$ 的情况. 在 Abel 的方程 $2x=a^p+b^p+c^p,\cdots$ 中我们可以取 $a>b>c$. 那么 $a=b+c\pm 2^k ep$,其中 2^k 是整除 abc 的 2 的最高次幂,而 ep 是 3 的奇数倍. 对于所有 p,有 $a<3(b+c)$;对于大于或等于 5 的 p,有 $a<3b$;对于大于或等于 31 的 p,有 $a<3^{1/5}(b+c)$;对于大于或等于 37 的 p,有 $a<3^{2/a}b$. 如果 $p\geqslant 5$,那么 $b>3p$;如果 $p\geqslant 37$,那么 $b>6p+1$.

L. Carlini⑤ 证明了 $x^n+y^n=z^n(n>2)$ 对于 3 个关于变量 u,v 的二次式不成立. 因此对于 1 个或更多变量的多项式有类似的结论成立.

---

① Mém. Soc. Nat. Sc. Nat. et Math. de Cherbourg, 38, 1911-1912, 729-744. Cf. Grunert.

② Sitzungs. Akad. Wiss. Wien(Math.), 121, IIa, 1912, 589-592.

③ Ibid., 727-742.

④ Archiv Math. Phys., (3), 19, 1912, 60-63.

⑤ Periodico di Mat., 27, 1912, 83-88.

J. Plemelj① 证明了 $x^5+y^5+z^5=0$ 在 $R(\sqrt{5})$ 中不成立. 其方法比 Dirichlet② 的方法更简单.

B. Bernstein③ 给出了满足 $x^n+y^n=z^n$ 的数的一些性质. 但是随后被证明出在关于 x,y,z 的某些假定条件下不成立.

R. D. Carmichael④ 证明了:如果 $x^p+y^p+z^p=0$ 有不被奇素数 p 整除的整数解,那么存在正整数 $s<\frac{p-1}{2}$ 使得

$$(s+1)^{p^2}\equiv s^{p^2}+1(\bmod p^3)$$

我们可以将此条件替换为一个⑤更简单的条件

$$(s+1)^p\equiv s^p+1(\bmod p^3)$$

这一结论由 G. D. Birkhoff 得出. 对 $p=6n+1$,此条件不成立,因为同余式有解. 他⑥指出:$x^6\pm y^6\neq\square$.

N. Alliston⑦ 指出:如果 r,m 是互素的正整数解,那么 $x^r\pm y^r=z^m$ 有整数解. R. Norrie 解决了同样的问题.

R. Niewiadomski⑧ 研究了 $d_n=z^n-x^n-y^n$. 如果对于 n 为奇素数 $d_n=0$,那么 d_{2n+1} 可被 $(x+y)(z-x)(z-y)$ 整除. 他给出了 d_{n+1},d_n,d_{n-1} 与 d_n 在 $d_1=0\ (\bmod n^k)$ 和 $d_2=0$ 时的表达式之间的线性关系. G. Métrod 研究了后一种情况.

E. Landau⑨ 指出:设

$$x^{p-1}\equiv y^{p-1}\equiv 1(\bmod p^2),x+y=mp$$

其中 p 是大于 1 的奇素数且不整除 m,从而导致矛盾. 事实上

$$1\equiv x^{p-1}\equiv(mp-y)^{p-1}\equiv-(p-1)mpy^{p-2}+1(\bmod p^2)$$

要求 p 整除 $(p-1)^m y^{p-2}$,从而 m 类似.

---

① Monatshefte Math. Phys. ,23,1912,305-308.

② Jour. für Math. ,3,1828,354-375;Werke I,21-46. Read at the Paris Acad. Sc. ,July 11 and Nov. 14,1825 and printed privately,Werke,I,1-20. Cf. Lebesgue.

③ Math. Unterr. ,1912,No. 3,111-115;No. 4,150-151(Russian).

④ Bull. Amer. Math. Soc. ,19,1912-1913,233-236.

⑤ Sitzungsber. Berlin Math. Gesell. ,13,1914,101-104. See Vol. I,Ch. IV,of this History.

⑥ Bull. Amer. Math. Soc. ,20,1913,80.

⑦ Math. Quest. Educ. Times,new series,23,1913,17-18.

⑧ L'intermédiaire des math. ,20,1913,76,98-100.

⑨ Ibid. ,206.

E. Miot[①] 给出了 2^x-1,3^x-1 的最大公约数的一个错误的表达式.

H. Kapferer[②] 通过指出 $t^2=(z^2\pm y^2)^2-(yz)^2$ 证明了Fermat定理在指数为 6 和 10 的情况.

H. C. Pocklington[③] 指出 $x^{2n}+y^{2n}=z^2$ 对任意不满足 $x^n+y^n=z^n$ 的 n 也都不成立.因为如果前者有解,那么解满足 x 与 y 互素,且 y 为偶数.因此 $x^n=u^2-v^2$,$y^n=2uv$.从而 $u+v=\alpha^n$,$u-v=\beta^n$,且 u,v 等于 $2^{n-1}\gamma^n$,δ^n(以一定顺序).因此 $\alpha^n\pm\beta^n=(2\gamma)^n$.

J. E. Rowe[④] 证明了:如果 $x^n+y^n=z^n$,其中 x,y,n 为奇数,那么 $x+y$ 可被 2^n 整除.(显然,因为 x^n+y^n 被 $x+y$ 除的商由 n 项组成,且 n 为奇数.)从这个主要定理 Ⅱ′,我们通过改变 y 的符号得到了他的定理 Ⅰ′.

Ph. Maennchen[⑤] 对此定理的历史发展做了报告,其中一些证明了 2^n+1 仅当 $2^3+1=3^2$ 时是幂.

W. Meissner[⑥] 证明了:如果不存在整数 $v<p$ 使得

$$(v+1)^p-v^p\equiv 1\pmod{p^3},\ v^3\not\equiv 1\pmod{p}$$

(Carmichael[⑦]),那么在不能被奇素数 p 整除的整数中 $x^p+y^p=z^p$ 不成立;如果 $p=3^k2^m\pm1$ 或 $3^k\pm2^m$,结论成立;如果 p 是这 4 个表达式中的一个因式但 p^2 不是时,结论亦成立;如果 p^2 整除 4 个表达式中的一个,且 k 和 m 可被 p 整除时,结论亦成立.

几位学者[⑧]得出了同余式 $5^x+7^y+11^z\equiv 0\pmod{13}$ 可解.

T. Suzuki[⑨] 找到了 $5^x+8^y+11^z\equiv 0\pmod{13}$ 的 12 组解.

L. Aubry[⑩] 指出:如果 m 与 n 互素,那么 $x^m+y^m=z^n$ 有解 $x=A^ua$,$y=A^ub$,$z=A^v$,其中 $nv-mu=1$,$a^m+b^m=A$.当 $m=3$,$n=2$ 时,他给出了一个涉及两个变量的解.

---

① L'intermédiaire des math.,20,1913,112. Error noted pp. 183-184,228.

② L'intermédiaire des math.,20,1913,143-146.

③ Proc. Cambridge Phil. Soc.,17,1913,119-120.

④ Johns Hopkins University Circular,July,1913,No. 7,35-40;abstract in Bull. Amer. Math. Soc.,20,1913,68-69.

⑤ Zeitschr. Math. Naturw. Unterricht,45,1914,81-93.

⑥ Sitzungsber. Berlin Math. Gesell.,13,1914,101-104. See Vol. I,Ch. Ⅳ,of this History.

⑦ Bull. Amer. Math. Soc.,19,1912-1913,233-236.

⑧ Math. Quest. Educ. Times,new series,26,1914,101-103.

⑨ Tôhoku Math. Jour.,5,1914,48-53. Further report in Ch. XXⅢ.

⑩ L'intermédiaire des math.,21,1914,19-20.

A. Gérardin① 给出了 $x^3-y^2=z^n$ 在 $2\leqslant n\leqslant 8$ 时的整数解.

H. S. Vandiver② 对于 $\frac{r^{p-1}-1}{p}$ 写出了 $q(r)$,并证明了:如果

$$x^p+y^p+z^p=0$$

有不被素数 p 整除的整数,那么对于 6 个比值 $t=\frac{x}{y},\cdots,\frac{z}{y}$,和 $q(2)\equiv 0(\bmod p^3)$, $q(3)\equiv 0(\bmod p)$ 中的一个,或者其他的 $q(2)\equiv q(3)\equiv q(5)\equiv 0(\bmod p)$,并且如果 $p\equiv 2(\bmod 3)$, $q(7)\equiv 0(\bmod p)$,有

$$q(5)(t-1)(t+2)\left(t+\frac{1}{2}\right)\equiv 0(\bmod p)$$

均是成立的.

E. Swift③ 证明了:$x^6\pm y^6$ 均不是平方数.

H. S. Vandiver④ 证明了:如果 $x^p+y^p+z^p=0$ 有与 p 互素的整数解,那么 $q(5)\equiv 0(\bmod p)$,且 $1+\frac{1}{2}+\frac{1}{3}+\cdots+\frac{1}{\left[\frac{p}{5}\right]}\equiv 0(\bmod p)$.

G. Frobenius⑤ 证明了:如果 Fermat 方程有与素指数 p 互素的整数,那么 $q(m)$ 在 $m=11$ 和 $m=17$ 或 $p\equiv 5(\bmod 6)$ 或 $m=7,13,19$ 时均可被 p 整除. 此外

$$\sum_{l=1}^{m-1}\left\{\frac{(l/m+h)^{p-1}-h^{p-1}}{p-1}\right\}x^l$$

在 $m\leqslant 22$ 和 $m=24,26$ 时恒整除 p. 此处记号 h^λ 被替换为 Bernoullian 数 b_λ.

J. G. van der Corput⑥ 证明了:当 $A=1$ 或其他值时,$x^5+y^5=Az^5$ 无解.

R. Guimarāes⑦ 给出了一个书目,并讨论了 Fermat 大定理的历史. 其中包括 Wronski⑧ 的结果.

---

① Sphinx-Oedipe, 9, 1914, 136-139. For $7^3-10^2=3^5$, ibid., 6, 1911, 91.

② Trans. Amer. Math. Soc., 15, 1914, 202-204.

③ Amer. Math. Monthly, 21, 1914, 238-239; 23, 1916, 261.

④ Jour. für Math., 144, 1914, 314-318.

⑤ Sitzungsber. Akad. Wiss. Berlin, 1914, 653-681.

⑥ Nieuw Archief voor Wiskunde, 11, 1915, 68-75.

⑦ Revista de la Sociedad Mat. Española, 5, 1915, No. 42, pp. 33-45. There is a great number of confusing misprints. Both Crelle's Journal and Comptes Rendus Paris are cited as C. r., the second being once cited as Cr., Berlin!

⑧ Véritable science nautique des marées, Paris, 1853, 23. Quoted in l'intermédiaine des math., 23, 1916, 231-234, and by Guimarcies.

N. Alliston[①] 证明了:Fermat 定理在奇指数时可得出如果 $n>2$,那么 $b^{4n+2}+c^{4n+2}=\square$ 无解.

P. Montel[②] 证明了:如果 m,n,p 是满足 $\frac{1}{m}+\frac{1}{n}+\frac{1}{p}<1$ 的整数,那么找到 3 个关于一个变量的整函数使得 $x^m+y^n+z^p=0$ 是不可能的;特别地,如果 $m>3$,那么 $x^m+y^m+z^m\neq 0$.

P. Kokott[③] 证明了 $x^{11}+y^{11}+z^{11}=0$ 没有与 11 互素的整数解.

W. Mantel[④] 证明了:如果 $n>3$,且 p 为素数,那么 $x^n+y^n+z^n\equiv 0\pmod p$ 不可能有与 p 互素的整数解,除非 $p=\frac{6kn-n-3}{n-3}$.

E. T. Bell 提出,F. Irwin[⑤] 证明了结论:如果对于大于 2 的素数 r 和 $n>2$,x^n-y^n 是一个素数 $2^a r+1$,那么 $n=3,x=2,y=1$.

A. Gérardin[⑥] 证明了:如果 $n>1$,那么 $10^k+1=z^n$ 无解.

H. H. Mitchell[⑦] 研究了在 Galois 域中 $cx^\lambda+1=dy^\lambda$ 的解.

A. J. Kempner[⑧] 对结论 $a^{2n}-1=2b^n$ 仅有整数解 $a=\pm1,b=0$(Liouville[⑨],Lind[⑩])给出了简要证明.

A. Korselt[⑪] 证明了:如果每一个指数都大于 2,或一个指数是 2,其他的指数均大于 3,那么 $x^m+y^n+z^r=0$ 不可能有关于一个变量 t 的互素的整有理函数. 但是一个特例[⑫] $x^3+y^5+z^2=0$ 的情况还未得到解决. 在所有遗留的情况中,初始方程有解,参看 Velmine[⑬],Montel[⑭].

---

① Math. Quest. Educ. Times, new series, 29, 1916, 21.

② Annales sc. l'école norm. sup., (3), 33, 1916, 298-299.

③ Archiv Math. Phys., (3), 24, 1916, 90-91.

④ Wiskundige Opgaven, 12, 1916, 213-214.

⑤ Amer. Math. Monthly, 23, 1916, 394.

⑥ L'intermédiaire des math., 23, 1916, 214-215; Sphinx-Oedipe, 1917.

⑦ Trans. Amer. Math. Soc., 17, 1916, 164-177; Annals of Math., 18, 1917, 120-131.

⑧ Archiv Math. Phys., (3), 25, 1916-1917, 242-243.

⑨ Jour. de Math., 5, 1840, 360.

⑩ Archiv Math. Phys., (3), 15, 1909, 368-369.

⑪ Archiv Math. Phys., (3), 25, 89-93.

⑫ This equation is satisfied by the fundamental invariants of the icosaeder group, ibid., 27, 1918, 181-183.

⑬ Mat. Sbornik (Math. Soc. Moscow), 24, 1903-1904, 633-661, in answer to problem proposed by V. P. Ermakov, 20, 1898, 293-298. Cf. Jahrbuch Fortschritte Math., 29, 1898, 139; 35, 1904, 217.

⑭ Annales sc. l'école norm. sup., (3), 33, 1916, 298-299.

J. Schur[1] 对 Dickson[2] 的定理给出了一个简单的证明.

L. Aubry[3] 证明了:如果 $0 < a < 10, k > 1, n$ 为大于 1 的素数,那么 $a \cdot 10^k + 1 \neq z^n$.

E. Maillet[4] 研究了 $a^m + b^m = c^m$ 在 $m = \frac{n}{p}$ 时的情况,其中 n, p 为互素的正整数,且 $p > 1$. $a^m + b^m = c^m$ 有不等于 0 的整数解,当且仅当

$$a_2^m a_1^n + b_2^m b_1^n = c_2^m c_1^n$$

有不等于 0 的整数解,使得 a_1, b_1, c_1 与 p 互素,且两两互素,而 a_2, b_2, c_2 两两互素并满足除了 p 外没有其他素因子. 最后一个方程可以写为一个关于 $a_1^1, b_1^1, c_2^1, a_2^1, b_2^1, c_2^1$ 的更简单的形式,并满足两两互素,a_2^1, b_2^1 或 c_2^1 的任一素因子 λ 是 p 的因子,使得 $m \leqslant \frac{1}{\lambda - 1}$. 特别地,如果 $m > \frac{1}{\mu - 1}$,其中 μ 是 p 的最小素因子,指数为 m 的 Fermat 方程等价于指数为 n 的 Fermat 方程. 此情况亦即 $a_2, b_2, c_2, a_2^1, b_2^1, c_2^1$ 中的一个是 p 次幂和 p 至多有 2 个不同的素因子. 对于任意分数指数 a, b, c,两两互素的 $a^{m_1} + b^{m_2} = c^{m_3}$ 也有相应的结论成立.

关于 $q_u = \frac{u^{p-1} - 1}{p}$ 的报告参见本丛书第 1 卷第四章. 关于 $2^{p-1} \equiv 1 \pmod{p^2}$, $p = 1\ 093$,还有由 E. Haentzschel[5] 给出的论述以及 H. E. Hensen[6] 关于 q_u 的计算.

L. E. Dickson[7] 对 Fermat 大定理的历史以及代数定理的起源和性质做出了解释.

F. Pollaczek[8] 证明了:如果 $x^p + y^p + z^p = 0$ 有与 p 互素的整数解,并且对于所有素数 p 除了一个有限数有 $u \leqslant 31$,那么 q_u 可被 p 整除;并且 $x^2 + xy + y^2 \equiv 0 \pmod{p}$ 无解.

---

① Jahresber. d. Deutschen Math. -Vereinigung, 25, 1916, 114-117.

② Jour. für Math., 135, 1909, 181-188. Cf. Pellet, Hurwitz, Cornacchia, and Schur.

③ L'intermédiaire des math., 24, 1917, 16-17.

④ Bull. Soc. Math. France, 45, 1917, 26-36.

⑤ Jahresber. d. Deutschen Math. -Vereinigung, 25, 1916, 284.

⑥ L'enseignement math., 19, 1917, 295-301.

⑦ Annals of Math., (2), 18, 1917, 161-187.

⑧ Sitzungsber. Akad. Wiss. Wien(Math.)126, II*a*, 1917, 45-59.

W. Richter[①] 对于特例 $m=n=r$,证明了 Korselt[②] 的结果. 存在关于 t 的有理整函数 x,y,z 满足 $f\equiv x^n+y^n+z^n=0$,当且仅当曲面的方格 $\frac{1}{2}(n-1)\cdot(n-2)-d-r$ 为 0,其中 d 是重点和尖点的个数. 但是 $d=r=0$ 因为 $\frac{\partial f}{\partial x}=0$ 等,仅当 $x=y=z=0$ 成立. 因此 $n=1$ 或 2.

H. S. Vandiver[③] 在由 λ 次单位根定义的域中,对理想的类的个数的第一个因子 h_1(Kummer[④]) 模 λ^n 的剩余给出了一个表达式. 由于 Bemoulli 数,我们可得到必要充分条件 h_1 可被 λ 的任意给定的幂整除. 他[⑤]指出:如果 $x^p+y^p+z^p=0$ 对不能整除素数 p 的整数成立,那么对于 $p\not\equiv 1 \pmod{11}$ 有 $23^{p-1}\equiv 1 \pmod{p^2}$,并且对于 $s=\frac{tp+1}{2}$,$t=p-4,p-6,p-8,p-10$,Bernoulli 数 B_s 可被 p^2 整除.

A. Arwin[⑥] 给出了一个求解 $(x+1)^p-x^p\equiv 1 \pmod{p^2}$($p$ 为素数) 的方法.

Vandiver[⑦] 对于 $x^p+y^p=z^p$ 的与 p 互素的解得出了 Furtwängler[⑧] 定理和 Kummer[⑨] 的结论.

P. Bachmann[⑩] 给出了以下文章中的几乎所有完整的结论:Abel[⑪],

① Archiv Math. Phys. ,(3),26,1917,206-207.

② Archiv Math. Phys. (3),25,89-93.

③ Bull. Amer. Math. Soc. ,25,1919,458-461.

④ Berichte Akad. Wiss. Berlin,1847,305-319. Same in Jour. für Math. ,40,1850,93-138;Jour. de Math. ,16,1851,454-498.

⑤ Bull. Amer. Math. Soc. ,24,1918,472.

⑥ Acta Math. ,42,1919,173-190.

⑦ Annals of Math. ,21,1919,73-80.

⑧ Sitzungs. Akad. Wiss. Wien(Math.),121,IIa,1912,589-592.

⑨ Abh. Akad. Wiss. Berlin(Math.),for 1857,1858,41-74. Extract in Monatsb. Akad. Wiss. Berlin,1857,275-282.

⑩ Das Fermat Problem,Verein Wiss. Verleger,W. de Gruyter & Co. ,Berlin and Leipzig,1919, 160 pp.

⑪ Oeuvres,1839,264-265;nouv. éd. ,2,1881,254-255;letter to Holmboe,Aug. 3,1823.

Legendre[①], Dirichlet[②], Kummer[③], Wendt[④], Mirimanoff[⑤⑥], Dickson[⑦⑧⑨], Wieferich[⑩], Frobenius[⑪⑫] 和 Furtwängler[⑬].

Vandiver[⑭] 分别运用了 p^n 和 p^{n-1} 次单位根的域的类数的第一个因子 h_1 和 k, 以及由 J. Westlund[⑮] 给出的 $k_1=\frac{h_1}{k}$ 的值, 并证明了: k_1 可被 p 整除, 当且仅当前 $\frac{p-3}{2}$ 个 Bernoulli 数中至少有一个可被 p 整除, 在他的第二种情况中, Bernstein[⑯] 的第一个假设推出了 $p=l$ 是一个正则素数(使得他的结论没有推广为 Kummer[⑰]), 而在他的第一种情况中假设并不包括 Kummer[⑱] 中的那些情况. 可以得到 101, 103, 131, 149, 157 是 100 和 167 之间仅有的非正则素数.

The Encyclopédie des sc. math., I, 3, p. 473, 引用了结论 $q(2)\equiv 0$, $q(3)\equiv 0 \pmod p$, 但没有给出未知量与 p 互素.

---

① Sur quelques objets d'analyse indéterminée et particulièrement sur le théorème de Fermat Mém. Acad. R. Sc. de l'Institut de France, 6, année 1823, Paris, 1827, 1-60. Same except as to paging, Théorie des nombres, ed. 2, 1808, second supplément, Sept., 1825 1-40 (reproduced in Sphinx-Oedipe, 4, 1909, 97-128; errata, 5, 1910, 112).

② Jour. für Math., 3, 1828, 354-375; Werke I, 21-46. Read at the Paris Acad. Sc., July 11 and Nov. 14, 1825 and printed privately, Werke, I, 1-20. Cf. Lebesgue.

③ Berichte Akad. Wiss. Berlin, 1847, 305-319. Same in Jour. für Math., 40, 1850, 93-138; Jour. de Math., 16, 1851, 454-498.

④ Jour. für Math., 113, 1894, 335-347.

⑤ Jour. für Math., 128, 1905, 45-68.

⑥ Jour. für Math., 139, 1911, 309-324.

⑦ Messenger of Math., (2), 38, 1908, 14-32.

⑧ Quar. Jour. Math., 40, 1908, 27-45. The omitted value $n=6\ 857$ was later shown in MS. to be excluded.

⑨ Jour. für Math., 135, 1909, 134-141.

⑩ Jour. für., 293-302. For outline of proof, see Dickson, 182-183.

⑪ Sitzungsber. Akad. Wiss. Berlin, 1909, 1222-1224. Reprinted in Jour. für Math., 137, 1910, 314-316.

⑫ Sitzungsber. Akad. Wiss. Berlin, 1910, 200-208.

⑬ Sitzungs. Akad. Wiss. Wien(Math.), 121, IIa, 1912, 589-592.

⑭ Proc. National Acad. Sc., May, 1920.

⑮ Trans. Amer. Math. Soc., 4, 1903, 201-212.

⑯ Göttingen Nachrichten, 1910, 482-488, 507-516.

⑰ Berichte Akad. Wiss. Berlin, 1847, 305-319. Same in Jour. für Math., 40, 1850, 93-138; Jour. de Math., 16, 1851, 454-498.

⑱ Abh. Akad. Wiss. Berlin(Math.), for 1857, 1858, 41-74. Extract in Monatsb. Akad. Wiss. Berlin, 1857, 275-282.

关于 $u^3+v^3=hp^v$,其中 h 是一素数,参见 Baer①. Thue② 证明了 $x^6+y^6\neq z^6$,以及如果 z 不能被 3 整除,那么 $x^6+y^3\neq z^2$.

关于 Fermat 大定理的参考文献(包括现在可统计的全部)可在以下几个地方找到:

Nouv. Corresp. Math. ,5,1879,90;Zeitschrift Math.-naturw. Unterricht,23,1892,417-418;

Ball's Math. Recreations and Essays,1892,27-30;ed. 4,1905,37-40;

L'intermédiairedes math. ,2,1895,26,117-118,359,427;12,1905,11-12;13,1906,99;14,1907,258;15,1908,217;17,1910,34,278;18,1911,255.

---

① Tôhoku Math. Jour. ,12,1917,181-189.

② L'intermédiaire des math,5,1898,95;Det Kgl. Norske Videnskabers Selskabs Skrifter,1896,No. 7.

堆垒数论:从 Fermat 多边形数猜想到华罗庚的渐近 Waring 数猜想 —— 纪念杨武之先生诞辰 120 周年[①]

附录一

现代数论诞生了两次. 它的第一次诞生必定是在 1621 ~ 1636 年间的某一天,很可能靠近后一个年份. 1621 年,Bachet 出版了 Diophantus 的《算术》(*Arithmetica*) 的希腊文本和附有大量评注的拉丁文译本. Fermat 是在何时得到该书的复本,又是何时开始读这本书的,我们不得而知. 但我们从他的通信中得知,在 1636 年,他不仅已经仔细地阅读了它,而且提出了他本人对与该书相关的各类课题的想法.

…… 至于它重生的日子,我们则可以知道得一清二楚. 在 1729 年 12 月的头一天,Goldbach 询问 Euler 对 Fermat 关于所有形如 $2^{2^n}+1$ 的数都是素数这一断言的意见,Euler 在答复中表达了质疑;直到 1730 年 6 月 4 日之前,Euler 都没再说什么,然而在这一天,Euler 宣称他"只是一直在读 Fermat",并对 Fermat 关于每个正整数都是四个平方数的和(也是三个三角形数的和、五个五边形数的和,如此等等) 印象深刻. 从这一天起,Euler 再也没有忘记过这个学科 —— 广而言之 —— 数论;终于,Lagrange 也跟上来了,然后是 Legendre,再后是 Gauss,数论也随之而臻于完全成熟的境地.

A. Weil(1906—1998),《数论》

① 本附录作者林开亮任教于西北农林科技大学理学院,郑豪为北京交通大学理学院博士研究生.

1 Fermat的多边形数猜测

17 世纪的数学家 Fermat(1601—1665) 的名字之所以到今天能够家喻户晓,主要是因为著名的"Fermat 最后定理"(Fermat's Last Theorem) 历经 350 多年才被英国数学家 A. Wiles 证明. Fermat 也以其在坐标几何、概率论、微积分、变分法方面的先驱工作而闻名于世, 然而鲜为人知的是,Fermat 还有一个重要身份,即"现代数论之父"(见上面引用的 Weil 的话).

Fermat 最后定理原本是 Fermat 在 1637 年在阅读 Diophantus(被誉为"代数学之父") 的《算术》时所作的一个断言:当幂指数 $n > 2$ 时,方程 $x^n + y^n = z^n$ 只有平凡的正整数解(即 x,y 中必有一个等于 0). ①Fermat 声称他发现了一个绝妙的证明,但可惜书边缘的页面空白处不够写下整个证明,因而略去了. 据数学家、数学史家 Weil[54] 分析,Fermat 很可能后来意识到,他的证明方法("无穷递降法",infinite descent) 仅适用于 $n=3$ 与 $n=4$ 的情况(这在几何上对应于亏格为 1 的椭圆曲线).

如果 Fermat 有幸在今天复活,他一定想不到,后人探索 Fermat 最后定理之证明的道路竟是如此的曲折漫长. 不过,Fermat 生前最感兴趣的数论结果并不是 Fermat 最后定理,而是他于 1636 年发现的多边形数定理. Fermat 在 1636 年 9 月写给 Mersenne 的信中说:

> 我第一个发现了下述优美而完全一般的定理:每个正整数可以写成不超过 3 个三角形数之和;可以写成不超过 4 个平方数之和;可以写成不超过 5 个五边形数之和;如此等等以至无穷. 不论对六边形数,七边形数还是任意的多边形数,都有类似的结果. 我不能在此给出证明,它将依赖于正整数的诸多深奥的性质;我将计划就这个题目写一整本书,以介绍算术在这方面的惊人进展.

完全有理由推断,Weil 界定"现代数论第一次诞生是在 1621 ~ 1636 年间"(开篇的引语) 的后一个年份"1636 年",正是以 Fermat 提出多边形数猜测为依据的.

平方数、三角形数、五边形数以及更一般的多边形数的概念可追溯到 Pythagoras 学派. 我们不打算一一解释,仅满足于给出 s 边形数(其中 $s \geqslant 3$) 的

① 注意在 $n = 1$ 的情况下方程是平凡的,而 $n = 2$ 时就得到了 Pythagoras 三元数组,例如见[22].

一个公式定义：一个 s 边形数是一个形如

$$P_s(n)=(s-2)\frac{n^2-n}{2}+n \quad (n=0,1,2,\cdots)$$

的数. 按照这个定义，三边形数（三角形数）即形如 $\frac{n(n+1)}{2}$ 的数，四边形数（即平方数）即形如 n^2 的数，五边形数即形如 $\frac{n(3n-1)}{2}$ 的数. ①

于是，Fermat 的多边形数猜想可以表述为（这里 $\mathbf{N}$ 表示自然数集）：

Fermat **多边形数猜想**　设 s 是一个大于 2 的整数，则对任意的正整数 n，Diophantus 方程

$$\sum_{i=1}^{s} P_s(x_i)=n$$

对 $x_1,\cdots,x_s\in\mathbf{N}$ 有解.

1654 年，在写给友人 Pascal 的一封信中，Fermat 声称这个发现是他最重要的成果，然而 Fermat 的证明以及他所宣称要写的书，却从未被发现.

2　Fermat 的多边形数猜测的证明

2.1　Euler 与 Lagrange 对四平方和定理的贡献

Fermat 种种不带证明的数论命题忙坏了 Euler. Euler 被 Fermat 的许多断言所吸引，并成功证明了部分命题. 例如，对前面提到的 Fermat 最后定理，Euler 本人就证明了 $n=3$ 和 $n=4$ 的情况. 但最吸引 Euler 的，还是 Fermat 的多边形数定理中的第二条特款：每一个正整数可以写成四个平方数之和.

Euler 一度尝试证明这个结果，但直到 1748 年 5 月 4 日，他才迈出决定性的一步 —— 那一天他发现了下述著名的四平方和的乘积公式（见[54]，这里我们没有沿用 Euler 的记号）

---

① 关于（广义）五边形数（即 n 允许取负整数值），Euler 有一个著名的定理（其与数论有关的历史讨论可见 Weil 的文献[54]第三章 21 节，与 Pólya 的文献[45]第六章）

$$\prod_{n=1}^{\infty}(1-q^n)=\sum_{n=-\infty}^{+\infty}(-1)^n q^{\frac{n(3n-1)}{2}}$$

附带一提，南京大学数学系的孙智伟教授曾提出下述有趣的猜想：每个自然数都可以写成一个三角形数、一个平方数与一个五边形数之和. 他的个人主页（http://maths.nju.edu.cn/～zwsun/）中还有其他许多有趣的猜想.

$$(x_1^2+x_2^2+x_3^2+x_4^2)(y_1^2+y_2^2+y_3^2+y_4^2)=z_1^2+z_2^2+z_3^2+z_4^2$$

其中 z_1, z_2, z_3, z_4 为①

$$z_1=x_1y_1-x_2y_2-x_3y_3-x_4y_4$$
$$z_2=x_1y_2+x_2y_1+x_3y_4-x_4y_3$$
$$z_3=x_1y_3-x_2y_4+x_3y_1+x_4y_2$$
$$z_4=x_1y_4+x_2y_3-x_3y_2+x_4y_1$$

由此,根据算术基本定理(每个大于 1 的整数可以分解为素因子的乘积),只需要证明每个素数可以写成四个整数的平方和.然而 Euler 在此被困住了,他只能证明每个素数(进而每个正整数)可以写成四个有理数的平方和.1770 年,Lagrange 首先证明了这一点,从而给出了四平方和定理的第一个证明.1773 年,Euler 简化了 Lagrange 的证明,此即 Hardy 与 Wright 的经典教材[22](第 20 章)给出的第一个证明.

2.2 Gauss 的三角形数定理

Fermat 多边形数定理的第一条特款 —— 每一个自然数是三个三角形数,最早是由时年 19 岁的 Gauss 证明的.这件事对他意义非凡,因而被记载在他的《数学日记》中(作为全部 146 条日记中的第 10 条)

> 1796 年 7 月 10 日 EYREKA　num = △ + △ + △
>
> 这里 △ 代表三角形数,而"EYREKA"是 Archimedes 洗澡时发现浮力定律后冲到大街上的欢呼,即"有了!".num 即 number 的缩写,指代任意的正整数.因此整条日记是说,Gauss 发现了每个正整数都可以写成三个三角形数之和.②Gauss 的证明可见于他在 1801 年出版的划时代数论著作《数论研究》[18] 第 293 目(中译本第 257 页),他证明了下述等价的定理.

Gauss 定理　每一个满足 $n\equiv 3 \pmod 8$ 的正整数 n 都是三个奇数的平方和.

① 事实上,它们分别是四元数乘法公式 $(x_1+x_2\mathbf{i}+x_3\mathbf{j}+x_4\mathbf{k})(y_1+y_2\mathbf{i}+y_3\mathbf{j}+y_4\mathbf{k})=z_1+z_2\mathbf{i}+z_3\mathbf{j}+z_4\mathbf{k}$ 右边展开的各个系数.1817 年,Gauss 也许正是从 Euler 的这个等式预见到四元数,这比 Hamilton 要早出 26 年.

② 借助于 Dickson 所引进的平方数记号 □,我们可以仿照 Gauss,把四平方和定理记为

EYREKA.　num = □ + □ + □ + □

2.3 Cauchy,Legendre,Nathanson 对 Fermat 多边形数定理的贡献

直到 1815 年,Cauchy 才对一切 $s \geqslant 3$ 证明了 Fermat 的多边形数断言，因此,这个定理也被称为 Cauchy-Fermat 多边形数定理.我们再正式表述一遍：

定理 A(Cauchy-Fermat 多边形数定理)　设 s 是一个大于 2 的正整数,则每个自然数都可以写成不超过 s 个 s 边形数 $P_s(n)$ 之和.

Legendre 在 1830 年出版的第三版《数论随笔》① 中简化了 Cauchy 的原始证明([4] 的篇幅将近 50 页！)，并证明了这样的结果：

Legendre 定理　若 $s \geqslant 5$ 是奇数,则每一个大于或等于 $28(s-2)^3$ 的整数是 4 个 s 边形数的和;若 $s \geqslant 6$ 是偶数,则每一个大于或等于 $7(s-2)^3$ 的整数是 5 个 s 边形数的和,其中之一是 0 或 1.

Weil[54] 曾一度认为,不存在 Cauchy 多边形数定理的简短而容易的证明.然而,1987 年,就在 Weil 的书出版三年后,Nathanson 就给出了一个简短证明,见[40]. 除了借用 Pépin 与 Dickson 制作的数表,Nathanson 还利用了下述关键的 Cauchy 引理：

Cauchy **引理**　设 a 和 b 是两个正奇数,满足 $b^2 < 4a$,且 $3a < b^2 + 2b + 4$.则存在自然数 s,t,u,v 使得

$$\begin{cases} a = s^2 + t^2 + u^2 + v^2 \\ b = s + t + u + v \end{cases}$$

Cauchy 引理的证明用到了 Gauss 的三角形数定理. 因此,大致可以这么说:Fermat 的那一连串多边形数定理中第一个成立,就可以推出其余的都成立. Nathanson 在[41] 中细化了[40] 中的证明,并证明了上述 Legendre 定理.

3 Waring 问　题

Fermat 提出多边形数猜想过了一百多年后,1770 年,英国当时的领袖数学家 Waring 在其《代数沉思录》(*Meditationes Algebraicae*) 第二版中提出了一串猜测：

每个正整数可以写成 4 个平方数之和，可以写成 9 个立方数之和,可以写成 19 个四次方数之和,如此等等.

这就是所谓的 Waring 问题. 这里"如此等等" 并不像 Fermat 那里的"如此

① 据 Bell[2] 所说,还在上中学的 Riemann 在一周之内就把这本 800 多页的大部头著作读完,并能够准确回答与之相关的种种问题!

等等”那么显而易见. 比如,接下来的一句,每个正整数可以写成几个五次方数之和呢? 因为Waring没有交代清楚,所以我们暂且把Waring的猜测理解为一个定性的命题:对于每个给定的正整数 k,存在一个正整数进而存在一个最小的正整数 $g(k)$,使得每个自然数 n 都可以写成不超过 $g(k)$ 个 k 次方数之和.

根据Lagrange定理(以及7不能写成3个平方数之和的事实),我们知道 $g(2)=4$,这就是Waring的第一个断言. 因此,Waring问题可以看成是四平方和定理的一个推广.

1859年,法国数学家Liouville对Waring问题迈出了第一步. 他利用下述简单(但并不显然)的代数等式证明了 $g(4)$ 的存在性

$$\begin{aligned}&6(x^2+y^2+z^2+w^2)^2\\=&(x+y)^4+(x-y)^4+(z+w)^4+(z-w)^4+(x+z)^4+(x-z)^4+\\&(y+w)^4+(y-w)^4+(x+w)^4+(x-w)^4+(y+z)^4+(y-z)^4\end{aligned}$$

利用Lagrange的四平方和定理,Liouville很快推出 $g(4)\leqslant 53$(例如见[22]或[27]).

直到1895年,E. Maillet才证明 $g(3)\leqslant 21$,其证明依赖于下述等式(见[21])

$$\begin{aligned}&6x(x^2+y^2+z^2+w^2)\\=&(x+y)^3+(x-y)^3+(x+z)^3+(x-z)^3+(x+w)^3+(x-w)^3\end{aligned}$$

1909 ~ 1912年,Weiferich和Kempner终于确定出 $g(3)=9$.

1909年,Hilbert通过推广Liouville所用的代数恒等式,对一切正整数 k 证明了 $g(k)$ 的存在性,从而解决了Waring问题的定性部分. 他用多重积分的技术证明了下述结果,它原本是Hurwitz在1908年发表的论文[29]中提出的猜想①:

定理(Hilbert恒等式) 对任意的正整数 m 和 r,存在正有理数 a_j 与整数 b_{ij} 使得

$$(x_1^2+\cdots+x_r^2)^m=\sum_{j=1}^{M}a_j(b_{1j}x_1+\cdots+b_{rj}x_r)^{2m}$$

其中 $M=(2m+1)^r$.

然而,Hilbert的方法不能确定出 $g(k)$ 的值. 因为对Hilbert的代数方式的证明不满意,Littlewood在Ramanujan在数的分拆的工作基础上开创了圆

① 这个乍一看起来有点神秘的Hilbert恒等式,后来在等距嵌入、球面函数的求积等理论中得到了更深刻的理解与发展,而不再是一个孤立的辅助结果,见B. Reznick的报告The secret lives of polynomial identities(http://www.math.uiuc.edu/~reznick/eiu10413f.pdf)以及那里的参考文献. Reznick教授曾在回函中特别指出,Hilbert所给出的恒等式是非构造性的(a_j 与 b_{ij} 具体可以怎样取值并不清楚),人们一直在探索显式的Hilbert恒等式,但进展缓慢.

法，随后 Vinogradov 将它发扬光大，解析数论也由此一度繁荣. 沿着这个方向，Linnik 最终得到 Hilbert-Waring 定理的一个初等证明，其中一个重要的概念是俄国数学家 Schnirelmann 引入的密度(density). 可见华罗庚《数论导引》[27]、Nathanson 关于堆垒数论的研究生教材[42] 和 Ellison 在《美国数学月刊》上对 Waring 问题的精彩介绍[15].

4 关于 Waring 问题的小 Euler 猜想

Waring 问题的定性方面解决以后，剩下的问题就是确定 $g(k)$ 的值，从而完善 Waring 在 1770 年的论断. 事实上，Leonhard Euler 的长子 Johann Euler(1734—1800) 在 1772 年提出了以下猜想（又称为理想 Waring 猜想）：

小 Euler 猜想 Ⅰ　对一切正整数 k，有 $g(k)=2^k+\left[\left(\frac{3}{2}\right)^k\right]-2$. ①

考虑数 $m=2^k\left[\left(\frac{3}{2}\right)^k\right]-1$，容易看出 $g(k)\geqslant 2^k+\left[\left(\frac{3}{2}\right)^k\right]-2$. 因为 $m<3^k$，所以只有 2^k 和 1^k 可以用来表示这个数，而最精简的表示是 $m=\left(\left[\left(\frac{3}{2}\right)^k\right]-1\right)\cdot 2^k+(2^k-1)\cdot 1$，需要 $\left[\left(\frac{3}{2}\right)^k\right]-1$ 个 2^k 和 2^k-1 个 1^k，因此 $g(k)\geqslant 2^k+\left[\left(\frac{3}{2}\right)^k\right]-2$.

小 Euler 猜想 Ⅰ 的证明进展缓慢，不过迄今为止，这个问题原则上已经完全解决，主要贡献者如下②：

---

① 这里$[a]$表示不超过 a 的最大整数.

② 当 $k=1,2,3,4,5,6$ 时，表中给出的结果均与小 Euler 的猜想 $g(k)=2^k+\left[\left(\frac{3}{2}\right)^k\right]-2$ 吻合. 但尚不确定的是，是否对一切 k 都有 $g(k)=2^k+\left[\left(\frac{3}{2}\right)^k\right]-2$. 不过，根据 Dickson 与皮拉伊的结果，后者对某个给定的 k 成立的一个充分条件是

$$2^k\left\{\left(\frac{3}{2}\right)^k\right\}+\left[\left(\frac{3}{2}\right)^k\right]\leqslant 2^k$$

其中$\left\{\left(\frac{3}{2}\right)^k\right\}$与$\left[\left(\frac{3}{2}\right)^k\right]$分别表示$\left(\frac{3}{2}\right)^k$ 的小数部分与整数部分. 上述不等式等价于说，3^k 除以 2^k 的余数 $r\leqslant 2^k-\left[\left(\frac{3}{2}\right)^k\right]-2$. 目前所有检测过的 k 都满足这个不等式. Kurt Mahler 曾证明，不满足该不等式的 k 至多只有有限多个. 人们猜测这个不等式对一切 k 恒成立，从而小 Euler 的猜想对一切正整数成立. 此外，还有这样的结果[50]，如果著名的“abc 猜想”成立，那么上述小 Euler 猜想成立. 然而，日本数学家 Shinichi Mochizuki 近年来对“abc 猜想”给出的证明，尚未得到数学界的确认.

表 1　小 Euler 猜想 Ⅰ 进展一览表

k	$g(k)$	作者	年份
2	$g(2)=4$	Lagrange	1770
3	$g(3)=9$	Weiferich, Kempner	1909 ~ 1912
$\geqslant 7$	可确定	Dickson, Pillai, Rubugunday, Niven	1936 ~ 1944
6	$g(6)=73$	Pillai	1940
5	$g(5)=37$	陈景润	1964
4	$g(4)=19$	Balasubramanian, Deshouillers, Dress	1986

这些人物中特别要提到的有三位:L. E. Dickson,S. S. Pillai 和陈景润.

L. E. Dickson(1874—1954)是美国本土数学家,主攻代数与数论.从1927年起开始关注 Waring 问题,受到 Vinogradov 在 1934 年的解析结果的激励,L. E. Dickson 一鼓作气致力于解决理想 Waring 猜想,终于在 1936 年对这个问题取得近乎圆满的解决. L. E. Dickson 培养了许多数论学家,杨武之[①]就属于他首批数论方向的博士生. L. E. Dickson 还指导了 G. Pall(1929),R. D. James(1932),H. Chatland(1937) 和 I. M. Niven(1938) 等完成了与 Waring 问题相关的博士学位论文. L. E. Dickson 还完成了三卷大部头《数论史》(*History of the Theory of Numbers*,参考文献[10] 即其中一卷),搜集整理了相当丰富的史料.[②]

皮拉伊(1901—1950) 是自 Ramanujan 之后、第二个为印度赢得国际声誉的数学家. 他在同一时期也集中精力研究理想 Waring 猜想,并稍稍领先 Dickson 而取得了同样的结果. 但由于他的论文系列发表在流通有限的印度刊物上而不受关注,后来陷入与 Dickson 在优先权上的争论.不过,皮拉伊的突出贡献最终得到了认可. 1950 年,普林斯顿高等研究院邀请他访问一年. 然而不幸的是,在赴美途中飞机失事,皮拉伊英年早逝.

陈景润在 Goldbach 猜想方面取得了举世瞩目的成就,但在数论方面的其它贡献鲜被提及.事实上,陈景润对 Waring 问题也做出了突出贡献,他不仅证明了 $g(5)=37$,还证明了 $g(4)=27$,而且他的结果和方法激励了后继者最终得

---

① 杨武之,字克纯,英文名为 Ko-Chuen Yang. 杨武之 1928 年的博士论文考虑的是 Waring 问题的一个变体,也正是他将近代数论特别是 Waring 问题介绍到中国. 以华罗庚、陈景润为代表的中国数论学派在 Waring 问题方面贡献的源头,就是杨武之的这一工作,见文献[34] 中的介绍.

② 数学家 R. Guy 很小的时候得到了这部书,十分迷恋,后来在接受访谈时说(见 *Fascinating Mathematical People: Interviews and Memoirs*, Edited by Donald J. Albers & Gerald L. Alexanderson, Princeton University Press, 2011):"得到它(Dickson 的《数论史》) 比得到整套《莎士比亚全集》还要痛快!"

到 $g(4)=19$.①

5 小 Euler 与 Béguelin 关于多边形金字塔数的猜想

小 Euler 在 1772 年还提出了以下两个猜想(见[10,p. iv]).

小 Euler 猜想 Ⅱ 每个自然数可以写成不超过 12 个形如$\frac{n^2(n+1)^2}{4}$的数的和.

经过简单的代数变形后,小 Euler 的第三个猜想可以重新表述如下:

小 Euler 猜想 Ⅲ 设 d,s 是给定的正整数

$$f_{d,s}(n)=s\frac{(n-1)n(n+1)\cdots(n+d-2)}{d!}+\frac{n(n+1)\cdots(n+d-2)}{(d-1)!}$$

$$=s\cdot\binom{n+d-2}{d}+\binom{n+d-2}{d-1}\quad(n=0,1,2,\cdots)$$

若每个自然数都可以用 m 个形如 $f_{d,s}(n),n\in\mathbf{N}$ 的数求和表出,则有 $m\geqslant 2d+s-2$.

注意 $d=1$ 是平凡的,这里不考虑. 当 $d=2$ 时,$f_{2,s}(n)=s\frac{n(n-1)}{2}+n=P_s(n)$ 其实就是 $s+2$ 边形数. 当 $d=3$ 时,$f_{3,s}(n)=s\frac{(n+1)n(n-1)}{3!}+\frac{(n+1)n}{2}$,即三维空间的多边形金字塔数;一般地,$f_{d,s}(n)$ 是 $s+2$ 边形数 $f_{2,s}(n)$ 的 d 维推广.

另一方面,当 $s=1$ 时

$$f_{d,1}(n)=\binom{n+d-2}{d}+\binom{n+d-2}{d-1}=\binom{n+d-1}{d}\text{(杨辉三角的基本性质)}$$

---

① 英国数学家 J. H. Conway 在 1965 年也独立地得到了 $g(5)=37$. 对当时正准备靠这个结果作为学位论文申请博士学位的 Conway 来说,陈景润的捷足先登,无异于晴天霹雳. 因此他一度非常沮丧,不过最后还是挺过来了. 这个故事很励志,我们与读者分享一下 Conway 的人生感悟(见[7]):

> 在我二十好几的时候,曾一度非常沮丧,虽然我很快就在剑桥大学找到职位,但我觉得我所做的工作与我的职位还有差距. 之后我做出了一个又一个的发现,首先是"大群(big groups,即现在以他命名的 Conway groups)",这在职业数学家看来是我最好的工作. 紧接着,我发明了"生命游戏",又发现了超实数. 一段时间以后,好像我触摸的每一样东西都变成金子,而几年之前,我触摸的东西没有一样开花结果.

便得到了三角形数的 d 维推广,即所谓的 d 维单形数(三角形即 2 维单形).①

与 Euler 同时代的 Béguelin② 一度断言,小 Euler 猜想 Ⅲ 可以进一步加强为(见[10,p.14]):

Béguelin 猜想 对给定的正整数 d,s,存在自然数 m,使得每个自然数都可以用 m 个形如 $f_{d,s}(n)$ 的数求和表出,而且 m 的最小值为 $2d+s-2$.

注意,当 $d=2$ 时,这就是 Fermat 多边形数猜想的加强版本.为看出这一点,只要证明 $s-1$ 个 s 边形数(这里 $s\geqslant 3$) 无法表出所有的自然数.容易验证 $P_s(0)=0,P_s(1)=1,P_s(2)=s,P_s(3)=3s-3$,由此立即推出,自然数 $2s-1=2P_s(2)-1=P_s(2)+(s-1)P_s(1)$ 至少需要 s 个形如 $P_s(n)$ 的数求和得出.

Béguelin 一度以为他找到了 Fermat 多边形数猜想的一个漂亮推广.然而他很快就发现,自己过于乐观了.正如他本人后来指出的,对于 $f_{4,1}(n)=\binom{n+3}{4}$,其猜想所给出的 m 的最小值为 $2\times 4+1-2=7$,而事实上 64 至少用 $f_{4,1}(\mathbf{N})=\{1,5,15,35,70,\cdots\}$ 的 8 项求和才能表出.所以他在文章的结尾撤回了自己先前的大胆猜想.

然而,我们用计算机测试的一个意外发现是,Béguelin 猜想在 $d=3$ 时几乎是成立的(唯一的例外是 $s=3$),这可以视为 Fermat 多边形数猜想的三维推广:③

猜想 A(关于多边形金字塔数的 Béguelin-James 猜想) 设 s 为正整数,多项式 $\widetilde{P}_s(n)=f_{3,s}(n)=s\dfrac{(n+1)n(n-1)}{3}+\dfrac{(n+1)n}{2}$.当 $s\neq 3$ 时,每个自然数均可以写成 $s+4$ 个形如 $\widetilde{P}_s(n)$ 的数之和;而当 $s=3$ 时每个自然数可以写成 8 个形如 $\widetilde{P}_3(n)$ 的数之和.

这里提到的 James 即前文提到的 Dickson 的博士,他在 1934 年的文章[30]中独立地提出了上述猜想中的 $s\geqslant 4$ 的那部分内容(不过他误认为每个自然数均可以写成 7 个形如 $\widetilde{P}_3(n)$ 的数之和).

不难验证,猜想 A 中的 $s+4$ 与 8 都是最优的.注意 $\widetilde{P}_s(0)=0,\widetilde{P}_s(1)=1,\widetilde{P}_s(2)=s+3,\widetilde{P}_s(3)=4s+6,\widetilde{P}_s(4)=10s+10$,因此,$3s+8=2(s+3)+s+2$ 至少需要用到 2 个 $\widetilde{P}_s(2)$ 和 $s+2$ 个 $\widetilde{P}_s(1)$ 表出,从而至少需要 $s+4$ 个求和项.

---

① 在早期的文献中,figurate numbers 特指这种二项式系数(俗称组合数),而在中国被朱世杰称为垛积数.中国古代数学家在高次开方的算法中发现了二项式系数以及(整指数的)二项式定理,但第一个注意到二项式系数在种种垛堆数中之独特地位的,是朱世杰.

② Nicolas de Béguelin,1714 年生于瑞士,1789 年卒于柏林.Béguelin15 岁进入巴塞尔大学学习,学习法律和数学,其数学老师之一是 Bernoulli 家族的 Johann Bernoulli.

③ 我们对 $s\leqslant 50$ 的情况,在 $n\leqslant 10^5$ 内验证了这一猜想.

而当 $s=3$ 时,检测发现,$35=18+17$ 不能用 $\widetilde{P}_3(\mathbf{N})=\{0,1,6,18,40,\cdots\}$ 中的 7 个数求和表出.

特别地,当 $s=1$ 时,猜想 A 即著名的四面体数猜想,通常归功于英国数学家 Pollock. 而当 $s=2$ 时,猜想 A 给出下述正方形金字塔数猜想:①

正方形金字塔数猜想 对正方形金字塔数 $P(n)=\widetilde{P}_2(n)=\dfrac{n(n+1)(2n+1)}{6}$,有 $W_P=6$.

注意到,我们有下述可追溯到 Archimedes(与面积 $\int_0^1 x^2\mathrm{d}x$ 的计算密切相关)的结果

$$1^2+2^2+\cdots+n^2=\frac{n(n+1)(2n+1)}{6}$$

由此可以看出,$P(n)$ 确实是正方形数(即平方数)堆垒得到的金字塔数.

更一般地,从 $s+2$ 边形数 $f_{2,s}(n)$ 堆垒即可得到 $s+2$ 边形数金字塔 $f_{3,s}(n)$

$$\begin{aligned}\sum_{k=1}^{n} f_{2,s}(k) &= \sum_{k=1}^{2}\left(s\binom{k}{2}+k\right)\\ &= s\left(\sum_{k=1}^{n}\binom{k}{2}\right)+\sum_{k=1}^{n}k\\ &= s\binom{n+1}{3}+\binom{n+1}{2}=f_{3,s}(n)\end{aligned}$$

其中第三个等号用到了著名的朱世杰恒等式

$$\sum_{k=d}^{n}\binom{k}{d}=\binom{n+1}{d+1} \tag{1}$$

在 $d=2$ 的特殊情况. 而一般的朱世杰恒等式(1)表明,从 $f_{d,s}(n)$ 堆垒即得到 $f_{d+1,s}(n)$. 因此 $f_{d,s}(n)$ 可以视为 $s+2$ 边形数 $f_{2,s}(n)$ 的自然推广. 这里的关键点在于,朱世杰恒等式表明:d 维单形数堆垒即得到 $d+1$ 维单形数. 这从几何上看是显然的. 事实上,朱世杰(1249—1314)最早得到这个恒等式,就是从垛堆的背景(所谓"垛积术")而来. 对此,可见[35]的介绍,特别是其中所引的数学史家章用的解读.

① 计算机测试表明,5 个金字塔数不够,10^3 以内不能写成 5 个数之和的分别是 23,27,53,78,81,82,158,277,284,307,361,362,367,403,488,813,872,908. 值得注意的是,即使把范围放大到 10^8,也只能找到这几个例外,而没发现更大的. 我们因此猜测,除了这 18 个数,其他正整数都可以写成 5 个金字塔数之和. 这个猜想是我们整篇论文的出发点(对此要特别感谢大连交通大学莫利同学曾经向本文第一作者指出下述简单的几何事实:正方形金字塔不同于四面体——从而正方形金字塔数也不同于四面体数),我们独立地发现了猜想 A,B 并提出了猜想 C,D,E,F,G 等.

6 Waring 问题的一般化:Pollock 猜想

1782 年,《代数沉思录》第三版出版,Waring 在前述著名论断之后补充道:

对任意次数的多项式(除了某些必要的例外情形) 定义出的数可以提出类似的规律.

1850 年,英国数学家 Pollock① 提出了一批类似的堆垒猜想,并从中总结出了一个一般的猜想:

Pollock 猜想 设 $f(n)$ 是一个整数值多项式,满足 $f(\mathbf{N}^+)\subset\mathbf{N}^+$,且 $f(1)=1$,并约定 $f(0)=0$,则存在一个依赖于 f 的最小正整数 W_f,使得对任意的 $n\in\mathbf{N}$,有

$$\sum_{i=1}^{W_f} f(x_i)=n$$

对 $x_1,\cdots,x_{W_f}\in\mathbf{N}$ 有解.

一个熟知的事实是(一般归功于 Hilbert,但本质上这就是朱世杰－Newton差分公式的直接推论,其证明可见[36]或华罗庚的文章[28,p.18]):一个 k 次整数值多项式具有下述形式

$$f(x)=a_0+a_1\binom{x}{1}+\cdots+a_k\binom{x}{k}$$

其中 $a_0,a_1,\cdots,a_k$ 为整数. 根据定义,$\binom{x}{k}=\dfrac{x(x-1)\cdots(x-k+1)}{k!}$ 称为 k 次差分多项式.

Pollock 的上述猜想也许正是 Waring 的简短评论想要表达的确切含义,为此我们称 W_f 为 f 的 Waring 数. 特别是 Pollock 给出了诸多特殊的猜测,如表 2 所示(除了(1),(2),(5),(8),其余 6 个猜想目前都尚未解决②):

① Frederick Pollock(1783—1870),跟 Fermat 一样,其专职是法官,跟 Waring(1757 年) 一样,他(于 1806 年) 也曾获得英国剑桥大学数学学士学位考试(Mathematical Tripos) 的优等生第一名(Senior Wrangler).

② 对于表 2 中的(10),Dickson[12] 曾用初等的方法证明,$2n^4-n^2$ 的 Waring 数不超过 51.

表 2　Pollock 猜想

序号		$f(n)$	W_f
(1)		$(2n-1)^2$	10
(2)		$\binom{3n-1}{2}$	11
(3)	四面体数	$T(n)=\binom{n+2}{3}$	5
(4)	八面体数	$O(n)=\frac{n(2n^2+1)}{3}$	7
(5)	六面体数	$C(n)=n^3$	9
(6)	二十面体数	$I(n)=\frac{n(5n^2-5n+2)}{2}$	$\boxed{13}$
(7)	十二面体数	$D(n)=\frac{n(9n^2-9n+2)}{2}$	$\boxed{21}$
(8)		n^4	19
(9)		$\frac{n^2(n+1)^2}{4}$	$\boxed{11}$
(10)		$2n^4-n^2$	31

表 2 中的(6),(7),(9) 是错的,应该更正如下:①

二十面体数猜想(6*)　对 $I(n)=\frac{n(5n^2-5n+2)}{2}$, $\boxed{W_I=15}$.

十二面体数猜想(7*)　对 $D(n)=\frac{n(9n^2-9n+2)}{2}$, $\boxed{W_D=22}$.

小 Euler 猜想 Ⅱ(9*)　对 $E(n)=\frac{n^2(n+1)^2}{4}$, $\boxed{W_E=12}$.

表 2 中的(5) 和(8) 是 Waring 或小 Euler 猜想在 $k=3,4$ 时的特殊情况,现在我们知道它们是对的.

表 2 中的(1) 和(2) 也许已经被 Pollock 证明了,因为其推理是很简单的.我们以(2) 为例,说明如下.

因为 $f(n)=9\frac{n(n-1)}{2}+1$,根据 Gauss 三角形数定理,容易推出(注意到 m 可以写成 3 个三角形数之和),每一个形如 $9m+3$ 的数都可以写成 3 个形如 $f(n)$ 的数的和.从而 $9m+4,9m+5,\cdots,9m+11$ 分别可以写成 $4,5,\cdots,11$ 个形

① 表 2 中的(6),(7) 的更正是基于[33] 的结果.事实上计算机测试表明,对于(6),95 不能用 $I(\mathbf{N})=\{0,1,12,48,124,\cdots\}$ 中的 14 个数求和表出;对于(7),79 不能用 $D(\mathbf{N})=\{0,1,20,84,220,455,\cdots\}$ 中的 21 个求和表出.(9*) 事实上是小 Euler 的猜想,而且容易验证,71 不能用(9) 中的序列 0,1,9,36,100,… 中的 11 个数求和表出,因此其 Waring 数大于 11.

如 $f(n)$ 的数的和.这就推出了 $W_f \leqslant 11$.用计算机测试,容易看出 47 不能用 1,10,28,… 中的 10 个数求和表出,因此 $W_f \geqslant 11$.结论成立.

类似地,可以证明表 2 中的(1).只要回顾 Gauss 的三角形数定理的等价命题——每一个形如 $8m+3$ 的数都是三个奇数的平方之和,由此推出,对 $f(n)=(2n-1)^2$ 有 $W_f \leqslant 10$.计算机测试发现,42 不能用 1,9,25,47… 中的 9 个数求和表出(这一点很容易验证),从而有 $W_f=10$.

7 新的结果与猜想:Fermat,Pollock,Béguelin-James,Sugar 结果之变体

不难发现,Pollock 猜想的(1),(2) 可以推广.

设 s 是正整数,称中心对称的 s 边形数(Centered Polygonal Number)是一个形如

$$Q_s(n)=s\cdot\frac{n(n-1)}{2}+1\quad(n=0,1,2,\cdots)$$

的数.$Q_s(n)$ 可以视为 $P_s(n)$ 的一个变形.读者平常见到的五角星、跳棋棋盘则是另一种形状(星形)的多边形,即所谓的多角星形(Star Polygon 或 Polygram).不过可以证明,尽管多角星形的布阵形状不同于中心对称的多边形,但 s 角星形的公式与中心对称的 $2s$ 边形数的公式一致.①

特别地,$Q_8(n)=4n^2-4n+1=(2n-1)^2$ 就是 Pollock 猜想的(1) 中考虑的数,而 $Q_9(n)=9\cdot\frac{n(n-1)}{2}+1$ 就是 Pollock 猜想的(2) 中考虑的数.而(1),(2) 可以推广为下述一般定理,它可以视为 Cauchy-Fermat 多边形数定理的一个形式上的类比.

定理 B(中心对称的多边形数定理) 设 s 是正整数,则每个自然数可以写成不超过 $s+2$ 个中心对称的 s 边形数 $Q_s(n)$ 之和.

我们把这个定理的证明留给有兴趣的读者.②

1935 年,A. Sugar 在两篇文章[48] 中考虑了上述结果的一个堆垒版本(作为 James 的博士生,他受到猜想 A 的启发),得到了下述结果:

Sugar 定理 设多项式 $\widetilde{Q}_s(n)=s\cdot\frac{(n+1)n(n-1)}{6}+n$,则当 $s\geqslant 16$,$\widetilde{Q}_s(n)$

---

① 例如一般的跳棋有 121 目(很容易看出来,六个角都是 10 目,每个角往里翻,就剩下最中心一目是空着的),它恰好等于 $\widetilde{P}_{12}(5)=12\cdot 10+1$.

② 提示:容易确定 $5s+2$ 不能用 $s+1$ 个数求和表出.

的 Waring 数为 $s+3$.

基于计算机测试,我们提出完整的猜想,如下:

猜想 B　设多项式 $\widetilde{Q}_s(n)=s\cdot\dfrac{(n+1)n(n-1)}{6}+n$,则当 $s\geqslant 4$ 时,$\widetilde{Q}_s(n)$ 的 Waring 数为 $s+3$;而当 $s=1,2,3$ 时,$\widetilde{Q}_s(n)$ 的 Waring 数分别为 5,6,7.

除了 Sugar 对 $s\geqslant 16$ 的证明之外,Dickson[12] 曾证明,当 $s\leqslant 5$ 时,$\widetilde{Q}_s(n)$ 的 Waring 数不超过 9.①1952 年,英国数学家 Watson[52] 证明了 $\widetilde{Q}_1(n)=\dfrac{(n+1)n(n-1)}{6}+n=\dfrac{n(n^2+5)}{6}$ 的 Waring 数不超过 8. 注意到当 $s=4$ 时,$\widetilde{Q}_4(n)=\dfrac{n(2n^2+1)}{3}=O(n)$ 恰好是正八面体数,因此猜想 B 包含了八面体数猜想.

我们进一步提出猜想 A 与猜想 B 在四维空间的类比,如下:②

猜想 C　设多项式 $f_{4,s}(n)=s\cdot\dfrac{(n+2)(n+1)n(n-1)}{24}+\dfrac{(n+2)(n+1)n}{6}$,则当 $s\geqslant 7$ 时,$f_{4,s}(n)$ 的 Waring 数为 $s+6$, 而当 $s=1,2,3,4,5,6$ 时,其 Waring 数分别为 8,8,9,10,12,14.

注　Dickson[12] 曾用初等的方法③证明了

$$f_{4,2}(n)=\frac{(n+2)(n+1)n(n-1)}{12}+\frac{(n+2)(n+1)n}{6}=\frac{(n+1)^2(n+2)n}{12}=\frac{(n+1)^4-(n+1)^2}{12}$$

的 Waring 数不超过 36.

猜想 D　设多项式 $g_{4,s}(n)=s\cdot\dfrac{(n+2)(n+1)n(n-1)}{24}+\dfrac{(n+1)n}{2}$,则当 $s\geqslant 7$ 时,$g_{4,s}(n)$ 的 Waring 数为 $s+5$,而当 $s=1,2,3,4,5,6$ 时,其 Waring 数分别为 7,7,8,10,11,12.

特别地,在 $s=6$ 的情况,容易算出 $g_{4,6}(n)=\dfrac{n^2(n+1)^2}{4}=E(n)$,猜想 D 给出的结果与小 Euler 猜想 (9^*) 吻合.

猜想 A ~ D 引导我们提出以下两个更一般的猜想,其中猜想 E 表明,如果添加小心的假设,那么 Béguelin 的大胆猜想有望复活.

---

① $s=3$ 的情况归功于 Dickson 的女学生 Frances Baker 的博士论文.

② 关于这两个猜想,我们对 10^7 以内的数验证了 $s=1,2,\cdots,10$ 的情况.

③ 该方法基于第 3 节提到的 liouville 等式的一个推广.

猜想 E 设 $d\geqslant 3$,则当 $s\geqslant\frac{d(d-1)}{2}+1$ 时

$$f_{d,s}(n)=s\frac{(n+d-2)(n+d-3)\cdots(n-1)}{d!}+\frac{(n+d-2)(n+d-1)\cdots n}{(d-1)!}$$

的 Waring 数等于 $s+2d-2$.

猜想 F 设 $d\geqslant 3$,则当 $s\geqslant\frac{d(d-1)}{2}+1$ 时

$$g_{d,s}(n)=s\frac{(n+d-2)(n+d-3)\cdots(n-1)}{d!}+\frac{(n+d-3)\cdots n}{(d-2)!}$$

的 Waring 数等于 $s+2d-3$.

我们并没有用计算机验证猜想 E 和猜想 F,提出这两个猜想,凭的是我们摸索出的一条经验规律:在一定条件下,整数值多项式 f 的 Waring 数 W_f 如下给出

$$\boxed{W_f=f(2)+\left\lfloor\frac{f(3)}{f(2)}\right\rfloor-2}$$

其中$\lfloor x\rfloor$表示不超过 x 的最大整数.①

作为猜想 E 和猜想 F 的推广,我们提出以下更一般的猜想:

猜想 G 设 $d\geqslant 3, r=d,\cdots,2,1,0$,则当 $s\geqslant\frac{d(d-1)}{2}+1$ 时

$$h_{d,r,s}(n)=s\frac{(n+d-2)(n+d-3)\cdots(n-1)}{d!}+\frac{(n+d-r)\cdots n}{(d-r+1)!}$$

的 Waring 数等于 $s+2d-r$.

另一方面,我们也可以考虑中心对称的正多面体数.受篇幅所限,我们将这些结果汇集到下述猜想中:

猜想 H 设 s 为正整数

$$Q_s(n)=(2n-1)\left(s\cdot\frac{n(n-1)}{6}+1\right)$$

则当 $s\geqslant 8$ 时,Q_s 的 Waring 数为 $s+8$,而当 $s=1,2,3,4,5,6,7$ 时,Q_s 的 Waring 数分别为 5,8,7,9,10,11,13.

注 当 $s=2,4,6,10,30$ 时,分别得到中心对称的正四面体数、正八面体数、正六面体数、正二十面体数和正十二面体数.

---

① 只需要考虑

$$\left\lfloor\frac{f(3)}{f(2)}\right\rfloor f(2)-1=\left(\left\lfloor\frac{f(3)}{f(2)}\right\rfloor-1\right)\cdot f(2)+(f(2)-1)\cdot 1$$

的表示,即可得到 $W_f\geqslant f(2)+\left\lfloor\frac{f(3)}{f(2)}\right\rfloor-2$.

另一方面，作为 Sugar[49] 的完善，我们提出以下猜想：

猜想 I 设 s 是正整数

$$R_s(n)=s\binom{n}{3}+n \quad (n=0,1,\cdots)$$

则当 $s>15$ 时，其 Waring 数为 $W_S=\left\lceil\frac{s}{2}\right\rceil+3$，其中$\lceil x\rceil$为表示不小于 x 的最小整数；而当 $s=1,2,3,4,5,6,7,8,9,10,11,12,13,14$ 时，其 Waring 数分别为 $5,5,6,6,7,7,8,8,8,9,9,10,10,11$.

Sugar[49] 对 $s\geqslant 36$ 证明了这个猜想. 注意，此处的 Waring 数不满足上述经验规律，不过，仍然可以给出一个类似的解释如下. 由于 $R_s(n)$ 的前 5 项为 $0,1,2,s+3,4s+4$，考虑数

$$\left\lfloor\frac{f(4)}{f(3)}\right\rfloor f(3)-1$$

的表示，即可知，当 $s\geqslant 5$ 时，它至少需要$\left\lceil\frac{s}{2}\right\rceil+3$ 个求和项.

上述猜想可以进行进一步推广，如下：

猜想 J 设 d,s 是正整数

$$R_{d,s}(n)=s\binom{n}{d}+n \quad (n=0,1,\cdots)$$

则当 s 充分大时，其 Waring 数为 $W_{d,s}=\left\lceil\frac{s}{d-1}\right\rceil+d$.

类似的解释如下：$R_{d,s}(n)$ 的前 $d+2$ 项为 $0,1,2,\cdots,d-1,s+d,(d+1)\cdot(s+1)$，考虑数

$$\left\lfloor\frac{f(d+2)}{f(d+1)}\right\rfloor f(d+1)-1$$

的表示.

最后，受 Dickson[12] 的启发，我们提出下述猜想（注意，对参数 s 没有例外）：

猜想 K 设 $s=0,1,2,\cdots$

$$h_s(n)=s\cdot\left(\frac{n^4-n^2}{2}\right)+\frac{n^4+n^2}{2} \quad (n=0,1,\cdots)$$

则当 $s\geqslant 0$ 时，其 Waring 数为 $6s+13$.

注 Dickson[12] 证明了 $h_0(n)=\frac{n^4+n^2}{2}$ 不超过 38；以及当 $s=2,4$ 时，$h_s(n)$ 的 Waring 数不超过 50.

8 Mehler,Kamke,杨武之,Watson 对 Pollock 猜想的贡献

跟 Waring 问题一样,Pollock 猜想可以分为定性与定量两部分来讨论. 在这两方面都做出了先驱性工作的是 Mehler.

1896 年,Mehler[38] 证明了:当 $f(n)$ 为次数不超过 5 的整数值多项式时,Waring 数存在. 他的结果的一个简化版本如下:

定理 C 设首项系数为正的整数值多项式 f 的次数为 2,3,4,5 之一,满足 $f(\mathbf{N})\subset\mathbf{N}$,且 $f(\mathbf{N})$ 不包含在某个公差大于 1 的等差数列中,并且 $1\in f(\mathbf{N})$. 则可以确定出 $N_0=N_0(f)$,使得当 $n\geqslant N_0$ 时,n 可以分别写成 $f(\mathbf{N})$ 至多 6,12,96,192 个数之和.

Mehler 还证明了,对于特定的三次多项式 $T(n)=\binom{n+2}{3}=\frac{n(n+1)(n+2)}{6}$,每一个大于或等于 19 272 的整数都可以写成 12 个四面体数之和. 完全可以理解,在那个没有计算机的时代,Mehler 放弃了对 19 272 以下的数逐一验证(如果换作喜欢计算的 Euler,结局很可能不同).

对于 Waring 所预言的 Waring 数的存在性,其一般证明是由 Landau 的学生 E. Kamke 在 1921 年的博士学位论文《Hilbert-Waring 定理的推广》中给出的. 通过推广 Cauchy 引理,Kamke 证明了下述结果(见 [42,p. 371],定理 11.10):

定理 D 设 $f(x)$ 是一个首项系数为正的整数值多项式. 如果$\{0,1\}\subset f(\mathbf{N})$,那么存在正整数 m,使得对任意的自然数 n,Diophantus 方程

$$\sum_{i=1}^{m} f(x_i)=n$$

对自然数 $x_1,\cdots,x_m$ 可解.

如前所述,对给定的满足定理条件的 f,我们将使得结论成立的最小自然数 m 记为 W_f,并称之为 f 的 Waring 数.

根据前面的说明,多项式 $P_s(x)=(s-2)\cdot\frac{x(x-1)}{2}+x$(其中 $s\geqslant 3$) 的 Waring 数等于 s;而 $\widetilde{P}_s(x)=s\cdot\frac{x(x-1)}{2}+1$(其中 $s\geqslant 1$) 的 Waring 数等于 $s+2$.

正如 Hardy 与 Littlewood 用圆法重新证明了 Hilbert-Waring 定理;Winogradov,Landau,华罗庚用类似的方法重新证明了 Kamke 定理. Kamke

定理的一个直接推论是 Pollock 猜想的定性部分.

在定量的工作方面,问题是:对任意的满足 Kamke 定理条件的多项式 f 确定出了 W_f 的值. 这个问题尚无一般结论. 例如 Pollock 猜想的(3),(4),(6^*),(7^*),(9^*),(10),至今仍未解决.

下面我们介绍一下四面体数猜想(3) 与八面体数猜想(4) 的相关进展.

对于四面体数猜想(3),继 Mehler 的先驱工作之后,下一步突破由杨武之在 1928 年的博士学位论文[56] 中迈出,他证明了 $W_T \leqslant 9$. 20 多年后,Watson[52] 在 1952 年刷新了这一记录,证明了 $W_T \leqslant 8$. 这也是目前最好的结果.

从 1943 年起到 1968 年,H. E. Salzer 等接连发表多篇计算机测试报告,得到了这样的结果:凡小于 276 976 383 的正整数,除 17,27,…,343 867 等 241 个例外的数需表示为 5 个四面体数之和之外,其余的都不超过 4 个四面体数之和. 1994 年,杨振宁(杨武之的长子,1957 年诺贝尔物理学奖得主)与邓越凡[8] 用计算机测得,凡是小于 10^9 的正整数,除上述 241 个例外的数之外,其余的都是 4 个四面体数之和. 1997 年,邓越凡及其学生周忠强对 $4 \cdot 10^9$ 以内的数验证了上述结果. 这些结果支持了早期的猜想:一切大于 343 867 的数都可以写成 4 个四面体数之和.

对于八面体数猜想(4),1934 年,Dickson[12] 证明了 $W_O \leqslant 9$. 最近,Z. Brady[3] 证明了下述结果:每个大于 $e^{10\,000\,000}$ 的整数都可以写成 7 个八面体数之和(从而 $W_O \leqslant 7$). 这个结果在原则上将八面体数猜想归结为对有限范围内的数的逐一验证. 然而,这个界 $e^{10\,000\,000}$ 过大,计算机的有效检验目前尚未实现.

在八面体数猜想的计算机测试方面, S. D. Lerner 在 2005 年也提出了类似的猜想(见[9]):每个大于 309 的数都可以写成 6 个八面体数之和;每个大于 11 579 的数都可以写成 5 个八面体数之和;每个大于 65 285 683 的数都可以写成 4 个八面体数之和.

9 高维空间的正多面体数的堆垒问题:金铉广猜想

有各种类型的垛积数(figurate numbers)①,从而对每一类给定的垛积数,我们都有一个对应的数论问题:确定其 Waring 数. 从几何的观点来看,最引人注目的是高维空间的正多面体数的堆垒问题.

希腊人就知道了三维空间的 5 种多面体,因此也称之为 Plato 多面体

① 关于种种形状的垛积数,读者可参考 Deza[9].

(Platonic solid). 而 $d \geqslant 4$ 维空间的正多面体(称为 regular polytopes) 的理论直到 1850 年左右才被瑞士数学家 Ludwig Schläfli 创立. [①]Schläfli 证明了,在四维空间中,一共有 6 种多面体,分别是:四维单形(正四面体的类似,又称 5 — 胞腔)、超立方体(立方体的类似,又称 8 — 胞腔)、超正八面体(正八面体的类似,又称 16 — 胞腔)、24 — 胞腔(可以视为介于超立方体与超正八面体之间的中间形体)、120 — 胞腔(正十二面体的类似) 和 600 — 胞腔(正二十面体的类似). 而在 $d \geqslant 5$ 维空间,仅有三类正多面体,分别是:d 维单形、d 维超立方体、d 维超正八面体[②],它们分别是三维空间中正四面体、正六面体和正八面体的高维推广,其面数分别为 $d+1, 2d, 2^d$.

对于每一类正多面体,都有一个对应的多面体数. 例如,正如我们前面提到的,d 维单形数 $\alpha_d(n)$ 的公式(本质上是组合数) 为

$$\alpha_d(n) = \frac{n(n+1)\cdots(n+d-1)}{d!} = \binom{n+d-1}{d}$$

d 维超立方体数其实是方幂数 n^d. 而 d 维超正八面体数 $\beta_d(n)$ 的公式则是(见[33]):

$$\begin{aligned}\beta_d(n) &= \sum_{k=0}^{d-1}(-1)^k\binom{d-1}{k}2^{d-k-1}\binom{n+d-k-1}{d-k} \\ &= \sum_{k=0}^{d-1}\binom{d-1}{k}\binom{n+d-k-1}{d}\end{aligned}$$

对于每一类正多面体数,自然就有一个对应的 Waring 数. 例如,小 Euler 猜想 Ⅰ 正是猜出了 d 维超立方体数 n^d 的 Waring 数 $g(d)$ 的显式公式.

2002 年,韩国数学家金铉广考虑了用高维空间的正多面体数来堆垒的问题,但他似乎不了解 Pollock 的早期工作. 通过计算机测试,他对维数不超过 7 的空间的(共 20 种) 正多面体数 $f(n)$,猜测出了对应的 W_f 的值. 除了之前提到的 Pollock 猜想的(3),(4),(5),(6*),(7*) 以及与小 Euler 猜想 Ⅰ 重合的结果 $g(3)=9, g(4)=19, g(5)=37, g(6)=73, g(7)=143$ 之外,金铉广的其他猜想汇集在下述表 3,表 4 和表 5 中.

---

① 在 Schläfli 的工作发表近 30 年后,美国数学家 W. I. Stringham 重新发现了这一结果(见其论文 *Regular Figures in N-dimensional Space*, *American Journal of Mathematics* Vol 3 (1880), 1-14. 在 1881 — 1990 年间,先后有其他 8 位数学家重新得到这一结果. 见 H. S. M. Coxeter, *Regular Polytopes*(3rd ed.). New York: Dover Publications. 1973.

② hyperoctahedron,也称为交叉多面体(cross polytope),或 orthoplex,或 cocube. 这些几何体的图示模型可见网页 http://www.ics.uci.edu/~eppstein/junkyard/polytope.html.

表 3　四维空间正多面体数的金铉广猜想

序号	正多面体数名称	$f(n)$	W_f
(1′)	四维单形数	$\frac{n(n+1)(n+2)(n+3)}{4!}$	8
(2′)	超正八面体数	$\frac{1}{3}n^2(n^2+2)$	11
(3′)	24－胞腔数	$n^2(3n^2-4n+2)$	28
(4′)	120－胞腔数	$\frac{1}{2}n(261n^3-504n^2+283n-38)$	606
(5′)	600－胞腔数	$\frac{1}{6}n(145n^3-280n^2+179n-38)$	125

注：对于(2′)，Dickson[12] 证明了$\frac{1}{3}n^2(n^2+2)$的 Waring 数不超过 51.

表 4　$d\geqslant 5$ 维单形数的金铉广猜想

序号	d	$\alpha_d(n)$	Waring 数 $\alpha(d)$
(6′)	5	$\binom{n+4}{5}$	10
(7′)	6	$\binom{n+5}{6}$	13
(8′)	7	$\binom{n+6}{7}$	15

表 5　$d\geqslant 5$ 维超正八面体数的金铉广猜想

序号	d	$\beta_d(n)$	Waring 数 $\beta(d)$
(9′)	5	$\frac{1}{15}n(2n^4+10n^2+3)$	14
(10′)	6	$\frac{1}{45}n(2n^4+20n^2+23)$	19
(11′)	7	$\frac{1}{315}n(4n^6+70n^4+196n^2+45)$	21

笔者根据(对 10^8 以内的数测试 $d=8,9$，对 10^7 以内的数测试 $d=10,11$)测试，猜测有

$$\alpha(8)=15,\alpha(9)=19,\alpha(10)=25,\alpha(11)=27$$

这些结果都支持了小 Euler 猜想 Ⅲ 中的结论(在 $s=1$ 的特殊情形)：

关于 $\alpha(d)$ 的小 Euler 猜想　对任意的正整数 d，有 $\alpha(d)\geqslant 2d-1$.

陈景润[6] 早在 1959 年就证明了，当 $d\geqslant 12$ 时，有

$$d\ln d-d\leqslant\alpha(d)\leqslant 5(d\ln d+12)$$

根据左边的不等式(陈景润指出，华罗庚同时也得到了这一方向的不等式)，不

难看出，当 $d \geqslant 20$ 时(注意 $20 < e^3 < 21$ 以及 $\ln(d+1) - \ln d < \frac{1}{d}$)，有

$$d\ln d - d > d\ln(d+1) - 1 - d \geqslant (\ln 21 - 1) \cdot d - 1 > 2d - 1$$

因此，要验证上述小 Euler 猜想是否成立，只需验证 $d=12,13,\cdots,19$ 的情况. 通过计算机测试，我们发现

$$\alpha(12) \geqslant 13, \alpha(13) \geqslant 30, \boxed{\alpha(14) \geqslant 26}, \alpha(15) \geqslant 34$$

$$\alpha(16) \geqslant 42, \alpha(17) \geqslant 43, \alpha(18) \geqslant 42, \alpha(19) \geqslant 44$$

因此上述关于 $\alpha(d)$ 的小 Euler 猜想对一切正整数 $d \neq 14$ 成立. 而我们的计算机测试表明，10^8 以内的自然数都可以用不超过 26 个形如 $\alpha_{14}(n)$ 的数求和表出，因此猜测 $\alpha(14)=26$ 是合乎情理的，如此一来 $\alpha(14)=26<27=2\cdot 14-1$. 小 Euler 猜想恰好有一个例外.

对于超正八面体数，笔者通过测试，进一步猜测：$\beta(8)=25$，$\beta(9)=31$，$\beta(10)=33$.

但已知的猜测仍然不足以(例如在数据库 OEIS 中搜索①)猜出 d 维单形数 $\alpha(d)$ 与 d 维超正八面体数的 Waring 数 $\beta(d)$ 的一般公式. 哪怕仅仅以纯代数的眼光来看，$\alpha(d)$ 的确定都是非常有意义的.

同样我们也可以考虑 $d \geqslant 4$ 维空间的金铉广猜想的中心对称版本. 此处从略.

10　渐近 Waring 问题的华罗庚猜想

Hardy 和 Littlewood 还提出了寻求 $G(k)$ 的问题，这里 $G(k)$ 是最小的自然数 m，使得一切充分大的自然数(换言之，只要它大于某个固定的数)都可以写成不超过 m 个 k 次幂之和. 例如，容易看出(因为每个被 8 除余 7 的数都不能写成 3 个平方数之和)，$G(2)=4$. 除此以外，我们目前关于 $G(k)$ 已知的仅有的确切值就是 Davenport 在 1939 年所确定的 $G(4)=16$. ②

对于任意的 k，人们对 $G(k)$ 的值也提出了猜想，但结果有点复杂，有兴趣的读者可以参考川田浩一的文章[32]. 不过很值得了解的是 Hurwitz[29] 和 Mehler 于 1908 年各自独立证明的下述结果：

---

① OEIS 的全称是 On-Line Encyclopedia of Integer Sequences(整数序列在线百科)，由美国数学家 N. J. A. Sloane 于 1964 年创立，已搜集了 26 万多条整数序列，已成为实验数学家特别是组合学家必不可少的工具箱. 其网址是：http://oeis.org/.

② Kampfner 于 1912 年指出 $G(4) \geqslant 16$，因为形如 $31\cdot 16^m$ 的数至少需要用 16 个四次幂求和表出.

定理 E　对一切 $k \geqslant 2$ 有 $G(k) \geqslant k+1$.

一个简洁巧妙的证明可见 Hardy 与 Wright 的文章[22] 的第 21 章第 6 节定理 394. 很容易看出,这个定理及其证明可以推广到任意的首项系数为正的 $k \geqslant 2$ 次整数值多项式.

我们再略提一下关于 $G(3)$ 的已知结果. 1943 年,Linik 证明了 $G(3) \leqslant 7$;而最近,Samir Siksek[47] 证明了,①除以下 17 个数

15,22,23,50,114,167,175,186,212,231,238,239,303,364,420,428,454

之外,每个正整数都可以写成 7 个立方数的和. 这是 Jacobi 在 1851 年的一个猜想.

然而至今都没能确定是否有 $G(3)=4$. 不过甚至有人猜测,只要 $n>$ 7 373 170 279 850,n 就可以写成 4 个立方数之和.

正如我们可以对一般的整数值多项式 f 考虑 Waring 数 W_f,也可以考虑其渐近 Waring 数 G_f,这个问题称为渐近 Waring 问题(Asymptotic Waring problem). 下述归功于 Kamke 定理(见[42,p. 370],定理 11.9)确保了渐近 Waring 数的存在性:

定理 F　设 $f(x)$ 是首项系数为正的整数值多项式,$f(\mathbf{N})$ 中所有数仅有平凡的公因子,则存在正整数 m,使得一切充分大的自然数都可以写为不超过 m 个 $f(\mathbf{N})$ 中的数的和.

对给定的满足定理条件的 f,我们将使得结论成立的最小自然数 m 记为 G_f,并称为 f 的渐近 Waring 数.

根据 Hardy[21] 的看法,渐近 Waring 数比 Waring 数更根本. 这是因为他与 Littlewood 重新证明了 Hilbert-Waring 定理,正是基于这样的思路:$G(k)$ 的存在性蕴含 $g(k)$ 的存在性. Hardy 这样说[21,p. 18]:

> 我说过,对我而言,$G(k)$ 比 $g(k)$ 更为根本,很容易看出缘由. 假定我们知道(毫无疑问这是对的②)这一事实:只有 23 与 239 这两个数需要用 9 个立方数求和才能表出③(而其余的数都可以表示为不超过 8 个立方数之和). 这是一个非常奇妙的事实,是每个真正的算学家都会感兴趣的,因为对每个算学家来说都应是这样的 —— 正如

① 他的工作基于 Linik,Watson,McCurley,N. D. Elkies 等许多数学家的成果. 据他说,其证明中的计算机验证部分用到了 59 个处理器,分批运行了 18 000 个小时(= 750 天)! 以至于他不禁要问:计算机辅助得到的结果究竟能否靠得住(Can we trust the computation)?

② 这是 Jacobi 于 1851 年提出的诸多猜想之一,而证明则是由 Dickson 于 1939 年得到的(见[14]),而此前 Landau 于 1909 年证明了,一切充分大的正整数可以写成不超过 8 个立方数的和.

③ $23=8+8+1+1+1+1+1+1+1$,$239=64+64+27+27+27+1+1+1$.

Ramanujan 先生曾经说过的,而且在他的情形则是绝对真理——“每个正整数都是他的亲密朋友.”然而,如果要把它伪装成高等算术中的一个比较深刻的结果则是荒谬的:它只不过是一个有趣的算术巧合.真正有深刻趣味的数是 Landau 的 8,而不是韦伊费列治和坎普纳的 9.

1920 ~ 1927 年间,Hardy 与 Littlewood 合作发表了八篇以“Partitio Numerorum①”为主题的系列论文,得到了许多深刻的结果.例如,他们于 1922 年发表的第四篇论文对 $G(k)$ 给出了第一个上界估计:当 $k \geqslant 3$ 时,有 $G(k) \leqslant (k-2)2^{k-1}+5$. 1934 年起,Winogradov 发表了多篇论文,改进了 Hardy 与 Littlewood 的上界估计,但其估计(形如 $G(k) < 6k\ln k + (4+\ln 216)k$)不够简洁优美.直到 1938 年,华罗庚[23] 才得到比 Hardy 与 Littlewood 的估计更优美而有效的估计:当 $k \geqslant 2$ 时,有 $G(k) \leqslant 2^k+1$. 王元在为华罗庚所写的传记[51,pp. 91-92] 中描述了这一工作引起的反响:

> 1938 年初,华罗庚向他在英国的青年伙伴宣称他已将 Hardy 与 Littlewood 的结果改进了.这样一来,当 k 较小时,Waring 问题的最好结果就是华罗庚的了;而当 k 较大时,则是 Winogradov 的结果最好.华罗庚的文章只有四页,大家疑心重重:Hardy 与 Littlewood 的工作,又是经过 Landau、特别是 Winogradov 这些高手简化过的,难道就这样被华罗庚轻而易举地改进了? T. Estermann 表示不相信,他仔细地阅读了华罗庚的手稿.是对的! Estermann 很高兴,还帮助华罗庚对文章做了一点小修改.……
>
> 华罗庚的证明基于后人所谓的“华氏不等式”②,它已成为一个基本的数学工具,这只是它的一个应用.……Linik 证明了华氏不等式的一个变体,并结合 Shnirel'man 的密度方法,给出了 Hilbert-Waring 定理的一个初等证明.这个证明作为“珍珠”之一被 A. Y. Khinchin 写进了《数论的三颗明珠》一书.……Davenport 与 R. C. Vaughan 各自的专著皆以华氏不等式及其应用作为开篇.

对于一般的整数值多项式 f,目前我们对渐近 Waring 数 G_f(以及 Waring

① 拉丁文,源自 Euler《无穷小分析引论》(*Introductio in Analysin Infinitorum*)第 16 章的标题,即“论数的拆分”.

② 见维基百科 Hua's inequality 或 Hua's lemma.

数 W_f）的了解极有限，对此做出了早期贡献的是Dickson学派和华罗庚.如我们前面所介绍的,Dickson学派主要关注理想Waring问题以及低次多项式的Waring问题.接下来我们介绍华罗庚的贡献.

据统计，从1934年到1940年，华罗庚七年间一共发表了20多篇关于Waring问题的论文.经我们粗略分析,华罗庚的相关工作大致分为两个方面：一是将前人(Hardy-Littlewood,Winogradov)关于经典Waring问题(仅考虑多项式 x^k)的渐近Waring数结果推广到一般的整数值多项式;二是将Waring问题与Goldbach猜想相结合,开创了所谓的“堆垒素数论”(其成果总结在名著《堆垒素数论》中,正是这本书后来启发了陈景润钻研数论).这里我们仅关注第一方面,一个重要的成果是华罗庚在1940年的论文[24][25]中得到的,他对任意的 $k\geqslant 3$ 次整数值多项式的渐近Waring数给出了一个类似的上界估计：

定理G　设 $f(x)$ 是一个首项系数为正的 $k\geqslant 3$ 次整数值多项式,并且具有形式

$$f(x)=a_k\binom{x}{k}+\cdots+a_1\binom{x}{1}$$

其中整系数 $a_k,\cdots,a_1$ 的最大公因子为1,则：

(Ⅰ)当 $k\geqslant 4$ 时,f 的渐近Waring数满足 $G_f\leqslant(k-1)2^{k+1}$；

(Ⅱ)当 $k=3$ 时,$G_f\leqslant 8$.

特别值得一提的是,华罗庚在[24]中还得到了下述漂亮的结果：

定理H(华罗庚多项式的渐近Waring数)　设 k 为正整数,多项式

$$H_k(x)=\sum_{i=1}^{k}(-1)^{k-i}2^{i-1}\binom{x}{i}=2^{k-1}\binom{x}{k}-2^{k-2}\binom{x}{k-1}+\cdots+(-1)^{k-1}\binom{x}{1}$$

的渐近Waring数记为 G_k,则当 $k\geqslant 4$ 时,有

$$G_k=\begin{cases}2^k-1, & \text{若 } k \text{ 为奇数}\\ 2^k, & \text{若 } k \text{ 为偶数}\end{cases}$$

我们称定理中的多项式 $H_k(x)$ 为华罗庚多项式.①这个定理遗留下一个明显的问题:当 $k=1,2,3$ 时,华罗庚多项式 $H_k(x)$ 的渐近Waring数 G_k 是多少?容易看出,$H_1(x)=\binom{x}{1}=x$,因此 $G_1=1$,而 $H_2(x)=2\binom{x}{2}-\binom{x}{1}=x^2-2x=(x-1)^2+1$,容易看出 $G_2=4$.唯一非平凡的是 $H_3(x)=4\binom{x}{3}-2\binom{x}{2}+\binom{x}{1}$ 的渐近Waring数 G_3,华罗庚给出了下界 $G_3\geqslant 7$.不过,现在根据Brady[3]的定理

---

① $H_k(x)$ 是华罗庚的原始记号,可以想见,他对这个发现比较满意,所以多项式以H(同时也是他的姓的英文Hua的首字母)标记.他是如何想到这个多项式的,我们无从得知.

2,可知 $H_3(x)=4\frac{x^3-x}{6}-6\frac{x^2-x}{2}+x$ 的 Waring 数 $G_3\leqslant 7$,从而 $G_3=7$. 换言之,华罗庚的上述定理事实上对一切正整数 k 成立.

此外,华罗庚在[24] 中还略为保守地提出了下述猜想(相当于说,在使得渐近 Waring 数存在的 $k\geqslant 3$ 次多项式中,华罗庚多项式 H_k 的渐近 Waring 数是最大的):

华罗庚猜想 设 $f(x)$ 是一个首项系数为正的 $k\geqslant 3$ 次整数值多项式,$f(\mathbf{N})$ 中所有数的最大公因子为 1,则 f 的渐近 Waring 数 G_f 满足

$$G_f\leqslant G_k=\begin{cases}2^k-1, & \text{若 } k \text{ 为奇数}\\ 2^k, & \text{若 } k \text{ 为偶数}\end{cases}$$

1938 年,华罗庚[23] 用圆法证明了对任意的 $k\geqslant 3$ 次多项式 f 有 $G_f\leqslant 2^k+1$. 当 $k=2,3$ 时,对应的结果此前分别由 Dickson 学派的珀尔[43] 和 James[30][31] 得到.

注意到,华罗庚猜想中所给出的上界比 Mehler 定理(见第 8 节)给出的上界要小得多. 自华罗庚提出其猜想半个多世纪以后,1996 — 1998 年,余红兵在两篇短文[58][59] 中证明了该猜想对 $k\geqslant 4$ 成立.(事实上,由[59][60] 可知,对于四次以上的整数值多项式 f,若华罗庚猜想取得等号,则 f 本质上必须为华罗庚多项式.)于是华罗庚猜想只剩下 $k=3$ 的情况悬而未决. 华罗庚本人对三次多项式 f 证明了 $G_f\leqslant 8$. 最近 Brady[3] 证明了,一大类三次多项式 f 都满足华罗庚猜想 $G_f\leqslant 7$.

11 总结与评论

据 Weil[54] 分析,现代数论的创始人 Fermat 曾一度关注两类问题:一类是 Diophantus 问题,一类是平方和问题. 前者的代表是 Fermat 方程 $x^n+y^n=z^n$,并最终引出了Fermat 最后定理以及在其中处于核心地位的 Taniyama-Shimura-Weil 猜想. 对此,当代大数学家 Mikhael Gromov 曾评论道[1]:

我关心的不是 Fermat 最后定理,而是这个奇妙的问题 ——Taniyama-Shimura-Weil 猜想,它是 Langlands 纲领的一个特殊情形. 这不是随随便便哪个人都能提出来的问题;这是一个基于对结构的理解的一个非常深刻的问题.

而Fermat最后定理，就像 $2^{\sqrt{2}}$ 的超越性(尽管这是Hilbert提出的问题①)，看起来就是愚蠢的问题. 你应该承认这一点.

Fermat所关心的第二类问题即平方和问题，它沿着两个方向发展至今：

1. Euler，Legendre，Gauss，Jacobi，Ramanujan引导的方向，求将自然数 n 表达成 s 个平方数的和的所有可能方法数的表达式；这个问题在2000年左右取得了重大进展，可以说数学家在理论上已经完全解决了该问题，见[37]或曾衡发教授与Krattenthaler合写的精彩综述[5].

2. Waring，小Euler，Pollock，Mailer，Hardy，Littlewood，Dickson，华罗庚开启的方向，对任意的整数值多项式 f，求出其Waring数 W_f 与渐近Waring数 G_f；虽然数学家在这方面取得了一定成就，但总体而言，还有很大的空白. 计算机编程能够帮助我们提出猜测，但离真正的证明可能还很远. 例如，我们还没有得到一个确定多项式的Waring数的一般性定理(参见Dickson的[10]的第一章中与第73条注记相关的内容)，甚至对于多边形数 $P_s(n)$，我们都不知道其渐近Waring数，参见[19]，[20]和[41].

致谢 作者在论文准备过程中，曾与下述数学家与学者通讯并获得帮助，特表感谢：新加坡国立大学数学系曾衡发教授、纽约州立大学石溪分校数学系邓越凡教授、纽约城市大学数学系Melvyn B. Nathanson教授、伊利诺大学香槟分校数学系Bruce Reznick教授、罗格斯大学数学系Henryk Iwaniec教授、麻省理工学院数学系Zarathustra Brady教授、日本岩手大学数学系Koichi Kawada教授、香港城市大学电子工程系陈关荣教授、苏州大学数学系余红兵教授、上海交通大学数学系李红泽教授、华东理工大学数学系张明尧教授、中科院数学所严加安教授和李文林教授、首都师范大学数学系李克正教授、天津大学物理系刘云朋教授、内蒙古工业大学数学系崔继峰教授、美国劳伦斯伯克利国家实验室邵美悦博士、日本京都大学数学系吴帆博士、以色列数学高等研究中心许权博士、大连交通大学莫利同学.

后记 (2018年4月4日)本附录最初刊登于《数学文化》2016年第2期，经山东大学刘建亚教授和浙江大学蔡天新教授联合推荐发表. 该文发表后，曾得到王元院士的充分肯定，他曾在接受张英伯教授等的访谈[61]中特别提到这篇文章. 如元老指出的，本文介绍了中国数学家在Waring问题方面的贡献，尤其是杨武之、华罗庚的贡献.

杨武之是将近代代数和数论引入中国的第一人，2016年恰逢杨武之先生120周年诞辰，因此我们在标题下特别标记"纪念杨武之先生诞辰120周年"以

---

① 这是Hilbert第七问题. C. L. Siegel首先证明了 $2^{\sqrt{2}}$ 的超越性. 一般性的问题由Aleksandr Gelfond和Theodor Schneider于1934年各自独立解决. 见维基百科条目"Gelfond-Schneider定理".

示敬意.

华罗庚在杨武之的指导下研究数论和代数,以对堆垒数论的研究步入国际数学舞台,出版的第一部学术著作即《堆垒素数论》;他的矩阵功底也为他开创多复变函数论打下扎实的基础,以至于他在分析方面的贡献远远盖过了数论和代数.但从历史的眼光看,华罗庚的数学研究是从堆垒数论起步的.

在查阅文献时,我们注意到Dickson学派取得的丰富而斑杂的成果.因此,当哈尔滨工业大学出版社刘培杰副社长提议将我们的文章收入到刘培杰数学工作室编辑的丛书时,我们立即想到,一个最佳选择就是Dickson的《数论史研究.第2卷》.拙文[①]能够作为附录补充到Dickson的《数论史研究.第2卷》,我们觉得非常荣耀.感谢刘培杰副社长慧眼识珠,我们也借机修订了原文,并补充了少许内容.

在这里,笔者忍不住还想对杨武之的老师Dickson多说几句,希望有助于读者了解这位前辈.

Dickson在1896年取得博士学位,是芝加哥大学培养的第一个数学博士,其导师是美国近代数学之父E. H. Moore. Dickson[②]一生一共指导了67位博士,其中最有成就的是代数学家A. A. Albert,他与杨武之均在1928年获得博士学位.从1927年开始,Dickson的研究兴趣从代数转向堆垒数论,从而杨武之的硕士和博士论文分别是关于代数和数论的.

Dickson精力充沛,著作等身,其数学论文集一共六卷.在许多方面,他尤其对数学史感兴趣,令我们联想到后来的数学家兼数学史家Waerden[③]和Dieudonné[④].除了三卷《数论史研究》,Dickson还著有《线性群》《代数及其算术》《初级方程式论》和《代数方程式论》(此二书中译本均收入本丛书)《近世代数理论》(后来重印时更名为《代数理论》,*Algebraic Theories*)等十多本著作.其中《近世代数理论》通过杨武之传到当时还是西南联大本科生的杨振宁那

---

① 事实上,我们非常好奇的是,Dickson晚年为什么没有将堆垒数论的新进展补充进来?无论如何,理想Waring定理的证明,是他本人对数论的一项杰出贡献.同时,也提请读者注意,在Dickson的三卷《数论史》中,没有谈到著名的二次互反律!不过对此可以找到解释,见[17].

② Mol门下一共有31位博士生,其中最杰出的三位是Dickson,O. Veblen和G. D. Birkhoff,分别成为芝加哥大学、普林斯顿大学、哈佛大学的数学领袖人物.

③ B. L. Van der Waerden(1903—1996),荷兰数学家和数学史家,以两卷本《代数学》(有中译本)闻名,在科学史方面著有《代数史研究》(*A History of Algebra*)《科学的觉醒》(*Science Awakening*)《量子力学的源头》(*Sources of Quantum Mechanics*)等.

④ J. Dieudonné(1906—1992),法国布尔巴基学派的"笔杆子",著有九卷本《分析原理》,其中第一卷的英文版本《现代分析基础》有中译本,在数学史方面著有《泛函分析史》(有中译本)《1900—1960期间的代数拓扑与微分拓扑之历史》(*A History of Algebraic and Differential Topology* 1900—1960)《纯粹数学全景》(*A Panorama of Pure Mathematics*)等.

里，对他乃至对20世纪的物理学都产生了深远的影响，且看杨振宁先生在他回忆父亲的文章[57]中是如何说的：

1941年秋，为了写学士毕业论文，我去找吴大猷教授.他给了我一本《现代物理评论》(*Reviews of Modern Physics*)，叫我去研究其中一篇文章，看看有什么心得.这篇文章讨论的是分子光谱学与群论的关系.我把这篇文章拿回家给父亲看.他虽不是念物理专业的，却很了解群论.他给了我Dickson所写的一本书，叫作《近代代数理论》(*Modern Algebraic Theories*).*Dickson*是我父亲在芝加哥大学的老师.这本书写得非常合我的口味.因为它很精简，没有废话，在20页之间就把群论中"表示理论"非常美妙地完全讲清楚了.我学到了群论的美妙及其在物理中应用的深入，对我后来的工作有决定性的影响.这个领域叫作对称原理……

Dickson对线性群、有限域与Chevalley定理、不变量、代数、数论诸多领域都有杰出的贡献，尤其以在代数方面的贡献著称.20世纪的大数学H. Weyl在1935年为德国数学家E. Noether写的纪念文章[55]中就旁及这一点：

她一直生活在代数在德国繁荣昌盛的时代，而她本人对这种繁荣作出了极大贡献.然而，不必把她的方法视为不二法门.除了E. Artin和H. Hasse——他们与她在某些方面很相近——以外，还有德国的I. Schur，美国的Dickson和J. Wedderburn，就其深度与重要性而言，他们的成就肯定都不逊于Noether.由于可以谅解的原因，她的追随者或许还没能充分认识到这个事实.

对Dickson工作的更多介绍，可见网页http://celebratio.org/(这个网页提供了近代许多大数学家的论文全集电子版）中关于Dickson的内容.

本文的写作由两位作者共同完成，前者梳理历史脉络并提出需要用计算机测试的结果，后者编程实现、整理数据，我们的合作愉快而圆满.限于篇幅，我们并未在此发表研究过程中得到的全部猜想.根据笔者的了解，华罗庚与Dickson学派在堆垒数论方面的工作，还可挖掘出许多值得进一步探究的问题，因此期待本文能够起到抛砖引玉的作用.

参考资料

[1] N. Alon, J. Bourgain, A. Connes, M. Gromov, V. Milman: Visions in Mathematics: GAFA 2000 Special Volume, Part Ⅱ, Modern Birkhäuser Classics, 2010.

[2] E. T. Bell, Men of Mathematics, New York, Simon and Schuster, 1937. 中译本：《数学精英》(在2004年上海科技教育出版社的再版中更名为《数学

大师》),徐源,译,商务印书馆,1991.

[3]Z. Brady,Sums of seven octahedral numbers,Journal of the London Mathematical Society,2016,93(1):244-272.

[4]A. Cauchy,Démonstration du théorème général de Fermat sur les nomhres polygones,Mém. Sci. Math. Phys. Inst. France(1)14(1813-15),177-220 = Oeuvres(2),vol. 6,320-353.

[5]H. H. Chan and C. Krattenthaler,Recent progress in the study of representations of integers as sums of squares,Bull. London Math. Soc. 37(2005),818-826.

[6] 陈景润. Waring 问题中 $g(\varphi)$ 的估值,《数学学报》,第 9 卷第 3 期(1959),264-270.

[7]M. Cook. Mathematicians:An outview of the inner World,Princeton University Press,2009. 有中译本《当代大数学家画传》,林开亮等,译. 上海世纪出版集团,2015.

[8]Y. Deng and C. N. Yang,Waring's problem for pyramidal numbers,Science in China(Series A),37(3),(March 1994),377-383.

[9]E. Deza,M. M. Deza,Figurate Numbers,First Edition,World Scientific,2012.

[10] L. E. Dickson. History of the Theory of Numbers,Vol. 2:Diophantine Analysis. New York:Dover,2005[1920]. 有中译本,即本书.

[11]L. E. Dickson. Waring's problem for cubic functions,Trans. Amer. Math. Soc. 36(1934),1-12.

[12]L. E. Dickson. A new method for Waring theorems with polynomial summands,Trans. Am. Math. Soc. 36(1934),731-748.

[13]L. E. Dickson. A new method for Waring theorems with polynomial summands Ⅱ,Trans. Am. Math. Soc. 39(1936),205-208.

[14]L. E. Dickson. All integers except 23 and 29 are sums of eight cube,Bull. Amer. Math. Soc. ,45(1939),588-591.

[15]W. J. Ellison. Waring's problem. American Mathematical Monthly,volume 78(1971),10-36.

[16]D. D. Fenster. Why Dickson left quadratic reciprocity out of his History of the theory of numbers,Amer. Math. Monthly,106(7)(1999),618-627.

[17]D. D. Fenster,J. Gray,Leonard Eugene Dickson(1874—1954):an American legacy in mathematics,Mathematical Intelligencer,21(4)(1999),54-59. 有中译本,Leonard Eugene Dickson(1874—1954):美国数学的一笔遗产,余敏安,译.《数学译本》,2000(4).

[18]C. F. Gauss. Disquisitiones Arithmeticae, Yale Univ. Press. New Haven, Conn., and London, 1966. 中译本《算术探索》,潘承彪,张明尧,译. 哈尔滨工业大学出版社,2012.
[19]R. K. Guy. Every number is expressible as the sum of how many polygonal numbers? Amer Math Monthly 101(1994),169-172.
[20]R. K. Guy. Unsolved problems in number theory, Springer-Verlag, New York, 1994. 有中译本,《数论中未解决的问题》,张明尧,译. 科学出版社,2003.
[21]G. H. Hardy. Some Famous Problems of the Theory of Numbers and in particular Waring's Problem: An Inaugural Lecture delivered before the University of Oxford, Oxford: Clarendon Press, 1920.
[22]G. H. Hardy and E. M. Wright. An Introduction to the Theory of Numbers. Oxford University Press, Oxford, 5th edition, 1979. 有中译本《数论导引》,张明尧,张凡,译. 人民邮电出版社,2008.
[23]L. K. Hua. On Waring's problem. Quart. J. Math. Oxford Ser. 9(1938), 199-202. 有中译本,关于 Waring 问题,收入《华罗庚文集:数论卷 Ⅲ》,王元,潘承彪,贾朝华,编译. 科学出版社,2010.
[24]L. K. Hua. On a generalized Waring problem. Ⅱ. J. Chinese Math. Soc. 2(1940),175-191. 有中译文,关于一个推广的 Waring 问题 Ⅱ,收入《华罗庚文集:数论卷 Ⅲ》.
[25]L. K. Hua. On a Waring's problem with cubic polynomial Summands. J. Indian Math. Soc. 4. (1940),127-135. 有中译文,关于三次多项式的 Waring 问题,收入《华罗庚文集:数论卷 Ⅲ》.
[26] 华罗庚.《堆垒素数论》,科学出版社,1953. 收入《华罗庚文集:数论卷 Ⅰ》,王元审校,科学出版社,2010.
[27] 华罗庚.《数论导引》,科学出版社,1957. 收入《华罗庚文集:数论卷 Ⅱ》,科学出版社,2010.
[28] 华罗庚.《从杨辉三角谈起》,人民教育出版社,1979. 收入《华罗庚科普著作选集》,上海教育出版社,1984.
[29]A. Hurwitz, über die Darstellung der ganzen Zahlen als Summen von n- ten Potenzen ganzer Zahlen, Mathematische Annalen, 65(1908), 424-427.
[30]R. D. James. The representation of integers as sums of values of cubic polynomials. American Journal of Mathematics, 56(1934),303-315.
[31]R. D. James. The representation of integers as sums of values of cubic polynomials. Ⅱ. American Journal of Mathematics, 59(1937),393-398.
[32] 川田浩一. 研究 Waring 问题的方法进展,日本数学会,《数学》,57(1),

(2005年1月),pp. 21-49. 有英译文,Koichi Kawada. On development of techniques in research on Waring's problem. [American Mathematical Society,Sugaku Expositions,22(1),(2009),pp. 57-89]

[33]H. K. Kim. On regular polytope numbers,Proc. of AMS. 131(2002):65-75.

[34]林开亮,张爱仙. 杨武之的九金字塔数定理,《数学传播》,2014,38(4),42-52.

[35]林开亮. 微积分之前奏(或变奏):高阶等差数列的求和,《数学传播》,2017(1):61-79.

[36]林开亮. 从微积分的观点看高阶等差数列的求和.《高等数学研究》2017(1):34-37.

[37]林开亮,陈见柯. 平方和问题简史,《中国数学会通讯》2017(1):13-16.

[38]Ed. Maillet. Quelques extensions du théorème de Fermat sur les nombres polygones,Journal de Mathématiques Pures et Appliquées,5e série,tome 2(1896):363-380.

[39]W. Narkiewicz. Rational Number Theory in the 20th Century:From PNT to FLT,Springer,2011.

[40]M. B. Nathanson,A short proof of Cauchy's polygonal number theorem,Proceedings of the American Mathematical Society,Vol. 99,No. 1(Jan. ,1987),22-24. 中译本,Cauchy多边形数定理的一个简短证明,雷艳萍,译,《数学通报》,2013年第2期.

[41]M. B. Nathanson. Sums of polygonal numbers,in:Analytic number theory and Diophantine problems(Stillwater,OK,1984),Progr. Math. ,Vol. 70,Birhäuser Boston,Boston,1987,305-316.

[42]M. B. Nathanson,Elementary Methods in Number Theory,GTM 195,Springer-Verlag,New York,2000.

[43]G. Pall. Large Positive Integers are Sums of Four or Five Values of a Quadratic Function,Amer. J. Math. 54(1932),No. 1,66-78.

[44]F. Pollock. On the extension of the principle of Fermat's theorem on the polygonal numbers to the higher order of series whose ultimate differences are constant. With a new theorem proposed,applicable to all the orders. In Proc. Roy Soc. London,volume 5,1843-1850,922-924.

[45]G. Pólya. Mathematics and Plausible Reasoning,(Vol. 1 Induction and Analogy in Mathematics),Princeton University Press,1954. 中译本《数学与猜想. 第一卷:数学中的归纳和类比》,李心灿,王日爽,李志尧,译,北京,科学出版社,2001.

[46]B. Reznick. The secret lives of polynomial identities,http: // www.

math. uiuc. edu/ ~ reznick/eiu10413f. pdf

[47]S. Siksek. Every integer greater than 454 is the sum of at most seven positive cubes, Algebra & Number Theory, 10(2016), No. 10, 2093-2119.

[48]A. Sugar. A cubic analogue of the Cauchy-Fermat theorem, Amer. J. Math. 58(1936), 783-790.

[49]A. Sugar. Ideal Waring theorem for the polynomial $\frac{m(x^3-x)}{6}-\frac{m(x^2-x)}{2}+x$, Amer. J. Math. 59(1937), 43-49.

[50]M. Waldschmidt. Perfect Powers: Pillai's works and their developments, https: // arxiv. org/pdf/0908. 4031. pdf.

[51] 王元.《华罗庚》(修订版),江西教育出版社,1999.

[52]G. L. Watson. Sums of eight values of a cubic polynomial, J. London Math. Soc. , 27(1952), 217-220.

[53]A. Weil. Two lectures on number theory, past and present, Enseign. Math, 20(1974), 87-110. 也收入 A. Weil 的论文集,编号为[1974a]. 有中译文,数论今昔两讲,王启明,译. 分两期刊载于《数学译林》试刊(1981)83-90,第 3 卷(1984):72-78.

[54]A. Weil, Number Theory: An Approach through History from Hammurahi to Legendre, Birkhäuser, Boston, Mass. , 1983. 中译本《数论:从汉穆拉比到勒让德的历史导引》,胥鸣伟,译. 高等教育出版社,2010.

[55]H. Weyl. Emmy Noether, Scripta Mathematica, 3(1935)(3):201-220. 有中译文,埃米·诺特,胡作玄,译. 收入《数学史译文集续集》,上海科学技术出版社,1985.

[56]K. C. Yang. Various generalization of Waring's problem. Dissertation, Chicago University, 1928.

[57] 杨振宁. 父亲和我,收入《曙光集》,北京,三联书店,2008.

[58]H. B. Yu. On Waring's problem with polynomial summands, Acta Arith. 76(1996), 131-144.

[59]H. B. Yu. On Waring's problem with polynomial summands Ⅱ, Acta Arith. 86(1998), 245-254.

[60]H. B. Yu. On Waring's problem with polynomial summands Ⅱ: Addendum, Acta Arith. 98(2)(2001), 147-150.

[61] 张英伯. 元老一席谈.《数学文化》,2017(1):26-35.

平方和问题简史[①]

附录二

数论中一个重要的课题是平方和问题，它有很长的历史．这里做一下简要介绍．

A. Weil在其数论史著作[8]中提出，法国数学家Fermat为现代数论之父．关于平方和，Fermat有两项杰出工作．第一，他在1640年指出：形如$4k+1$的素数p都可以写成2个整数的平方和，并进一步给出了任意一个自然数n表示整数平方和的方法数目；第二，他在1636年断言：每个正整数都可以写成4个平方数的和．[②]

Fermat的工作吸引了Euler，对于Fermat关于2个整数的平方和的命题，Euler用了七年时间才给出证明．对于与二平方和命题几乎平行的四平方和的断言，Euler也投入了大量精力，一个关键性的突破，是他在1748年发现了著名的四平方和的乘积公式（一个特例是归功于Diophantus的平方和的乘积公式）

$$(x_1^2+x_2^2+x_3^2+x_4^2)(y_1^2+y_2^2+y_3^2+y_4^2)=z_1^2+z_2^2+z_3^2+z_4^2$$

---

① 作者简介：林开亮，西北农林科技大学理学院．陈见柯，中国传媒大学理学院．

② 事实上，Fermat提出的是一连串的命题：每个正整数都是三个三角形数的和、四个平方数的和，五个五边形数的和，如此等等．Gauss 1796年证明了第一个命题，而一般性的题过程1813年被Cauchy所证明．关于这个命题的高维类比，至今仍未证明，见林开亮，郑豪的论文，从Fermat多边形数猜想到华罗庚的渐近Waring数猜想，数学文化，2016，7(2)：61-83．

其中 z_1, z_2, z_3, z_4 为①

$$z_1 = x_1y_1 - x_2y_2 - x_3y_3 - x_4y_4$$
$$z_2 = x_1y_2 + x_2y_1 + x_3y_4 - x_4y_3$$
$$z_3 = x_1y_3 - x_2y_4 + x_3y_1 + x_4y_2$$
$$z_4 = x_1y_4 + x_2y_3 - x_3y_2 + x_4y_1$$

遗憾的是,Euler 没有完成证明,而把临门一脚——证明每一个素数都可以写成四个整数的平方和——留给了后起之秀 Lagrange. 1770 年,在 Euler 工作的基础上,Lagrange 证明了 Fermat 所猜测的四平方和定理:对任意的正整数 n,Diophantus 方程

$$x_1^2 + x_2^2 + x_3^2 + x_4^2 = n$$

都有整数解.

仿照 Fermat,Euler 提出了这样的问题:对任意给定的 n,求出该方程的非负整解 $(x_1, x_2, x_3, x_4) \in \mathbf{N}^4$ 的个数关于 n 的一个公式. Euler 尝试用母函数的办法,但由于他只考虑正整数解,所以得到的母函数

$$1 + q + q^4 + q^9 + q^{16} + \cdots = \sum_{n=0}^{\infty} q^{n^2} = f(q)$$

丧失了对称性,最终徒劳无功. Euler 也曾建议,用母函数的方法考察 Fermat 关于多边形数断言的证明,他认为这是“最自然的证明方式”. 然而,他也没有成功. 可喜的是,Andrews[1] 后来“复活”了 Euler 的想法,用母函数的方法重新证明了 Gauss 的三角形数定理.

1829 年,另一位在计算方面可与 Euler 相媲美的数学家 Jacobi 通过考虑上述 Diophantus 方程的整数解 $(x_1, x_2, x_3, x_4) \in \mathbf{Z}_4$ 而修正了 Euler 的思路,得到了满意的解答. Jacobi 将 Euler 的母函数 $f(q)$ 对称化从而得到了著名的 θ 函数

$$\theta(q) = 2f(q) - 1 = \sum_{n=-\infty}^{+\infty} q^{n^2}$$

利用 θ 函数,Jacobi 求得了将任意给定的正整数 n 分别表示为 2,4,6,8 个平方数的表达数目的公式. 例如,Jacobi 算出

$$\theta^4(q) = \left(\sum_{n=-\infty}^{\infty} q^{n^2}\right)^4 = 1 + 8\sum_{4\nmid d} \frac{dq^d}{1-q^d} \quad (|q| < 1)$$

由此立即可以读出不定方程

---

① 注意到,它们分别是四元数乘积 $(x_1 + x_2\mathbf{i} + x_3\mathbf{j} + x_4\mathbf{k})(y_1 + y_2\mathbf{i} + y_3\mathbf{j} + y_4\mathbf{k}) = z_1 + z_2\mathbf{i} + z_3\mathbf{j} + z_4\mathbf{k}$ 的各个系数. 1817 年,Gauss 正是从 Euler 的这个等式(比 Hamilton 更早地)预见到四元数. 如果在四平方和乘积公式中令 $x_3 = x_4 = y_3 = y_4 = 0$,我们就得到 Diophantus 的平方和乘积公式,而这只是复数乘积公式的坐标展开表达. 类似地,根据八元数的乘积公式,可以得一个八平方和的乘积公式. 著名的 Hurwitz 定理断言,不存在其他类型的平方和乘积公式了.

$$x_1^2+x_2^2+x_3^2+x_4^2=n$$

的整数解$(x_1,x_2,x_3,x_4)\in\mathbf{Z}^4$的个数$r_4(n)$的通式

$$r_4(n)=8\sum_{m>0,4\nmid m|n}m$$

这就引出了一个一般问题(平方和问题):设$r_s(n)$表示 Diophantus 方程

$$x_1^2+\cdots+x_s^2=n$$

的整数解$(x_1,x_2,\cdots,x_s)\in\mathbf{Z}^s$的个数,求$r_s(n)$的显式表达式.

在Jacobi之比,Legendre(1798年)与Gauss(1801年)分别求得了$r_2(n)$的公式(此处从略).Jacobi 的贡献在于将椭圆函数引入到这个数论问题中,这后来成为了求解这类问题的标准方法.对于$r_s(n)$的求解,历史上许多大数学家都有贡献,继 Legendre,Gauss 和 Jacobi 之后,很多大数学家作出了重要贡献,列表说明如下[4](表1):

表 1

s	name	Year
2	Legendre,Gauss	1798,1801
3	Dirichlet	1840
2,4,6,8	Jacobi	1829
5,7	Eisenstein,H. J. Smith,Minkowski	1847,1867,1884
10,12	Liouville	1864
14,16,18	Glaisher	1907
20,22,24	Ramanujan	1918
other integers in[9,32]	G. A. Lomadze	1948—1954

其中特别传奇的两个人物是 Minkowski 与 Ramanujan.

年仅18岁的Minkowski比他的前辈Eisenstein和H. J. Smith更深入地解决了$s=5,7$的情况,可见[7].而自学成才的 Ramanujan 则独立发现了 Jacobi 的θ函数,他的故事可见其传记《知无涯者》[5].

继他们之后,对更一般的二次型的算术理论作出了巨大贡献的,还有 Siegel 与 Shimura.但对平方和问题,即$r_s(n)$的求解,直到2000年左右,才取得重大进展.

首先是在 1996 年,Stephen Milne 有了突破性的进展,他对$s=4k^2$,$4k(k+1)$给出了$r_s(n)$的公式.Milne 的工作受到了 V. G. Kac 和 Minoru Wakimoto 1994 年在研究李代数时提出的猜想的启发.

继此重要突破之后,D. Zagier、刘治国、曾衡发及其合作者蔡国成,C. Krattenthaler,K. Ono 等做了相关的工作.特别值得一提的有两笔.

2003年,曾衡发与蔡国成对一切偶数$s\geqslant 8$成功猜测出$r_s(n)$的公式.之后,杨一帆,Shinji Fukuhara,Koji Tasaka 以及德国数学家 K. Kilger 等人给出

了三个独立的证明.

2013年,刘治国首先给出了一个一般方法对任意的正整数 n 计算 $r_s(n)$,其中 s 是任意的正整数.这个方法原则上将 $r_s(n)$ 的计算归结为计算某些基本的超几何级数的特殊值,不过后一个问题目前还是很难解决.

平方和问题一度在历史上占有重要地位,例如它占据着 Dickson 的《数论史研究》[3] 第2卷的四章篇幅.完全可以理解,当Milne在1997年取得如此大的成就时,美国的《科学新闻》(*Science News*)[6] 对此作了激动人心的报道.对平方和问题进行了更详细的介绍,见曾衡发与 Krattenthaler 合写的精彩综述[2].

致谢 作者在论文准备过程中,曾与下述数学家与学者通讯并获得帮助,特表感谢:新加坡国立大学数学系曾衡发教授,台湾国立交通大学应用数学系杨一帆教授,以及华东师范大学数学系刘治国教授.

参考资料

[1] G. E. Andrews. EYREKA! $num = \Delta + \Delta + \Delta$, *J*. Number Theory 23(1986), 285-293.

[2] H. H. Chan and C. Krattenthaler, Recent progress in the study of representations of integers as sums of squares, Bull. London Math. Soc. 37(2005), 818-826.

[3] L. E. Dickson. History of the Theory of Numbers, Vol. 2: Diophantine analysis. New York: Dover, 2005.

[4] 华罗庚.《数论导引》,科学出版社,1957.

[5] R. Kanigel. The Man Who Knew Infinity: a Life of the Genius Ramanujan. New York: Charles Scribner's Sons, 1991. 中译本《知无涯者》,胡乐士,齐民友,译,上海科技教育出版社,2008.

[6] Ivars Peterson. Surprisingly Square: Mathematicians take a fresh look at expressing numbers as the sums of square, Science News, June 16, 2001; Vol. 159, No. 24, p. 382-383.

[7] C. Reid, Hilbert. Copernicus, New York, 1996. 中译本《希尔伯特:数学世界的亚历山大》,李文林,袁向东,译.上海科学技术出版社,2006.

[8] A. Weil. Number Theory: An Approach through History from Hammurahi to Legendre, Birkhäuser, Boston, Mass, 1983. 中译本《数论:从汉穆拉比过程 Legendre 的历史导引》,胥鸣伟,译.高等教育出版社,2010.

◎编辑手记

每一个数学分支都有那么一两部圣经级别的巨著，如高斯的《算术研究》，格罗登迪克的《代数几何原理》，在其他科学领域同样如此. 2018 年 3 月 14 日，英国著名物理学家剑桥大学应用数学和理论物理系（Department of Applied Mathematics and Theoretical Physics）教授史蒂芬·威廉·霍金（Stephen William Hawking）去世，大众对其了解都是从那本世界级畅销书《时间简史》中得到的. 但据霍金的同事，剑桥大学应用数学和理论物理系主任约翰·巴罗（John Barrow）（他与霍金的博士导师丹尼斯·夏玛（Dennis Sciama）同为英国著名天体物理学家）说：霍金写过的唯一一本技术性的书是他与乔治·埃利斯（George Ellis）在 1973 年合作出版的《时空的大尺度结构》（*The Large Scale Structure of Space-Time*），这是一本非常著名的书，也是非常著名的《剑桥数学物理学专著》（*Cambridge Monographs on Mathematical Physics*）丛书的第一本. 这本书的内容非常难，技术性非常强，巴罗称此书几乎算是这个研究领域的"圣经".

正是因为如此，每当那些有某种疯狂念头的人给你写信说他发现了宇宙结构的本质，你就可以对他说，先去读懂这本书再说，这是在这个领域进行研究的起点.

本书也是这样一部近似于数论圣经般的史诗级巨著，过去和现在都在世界各国享有很高的声望，但直到现在中国并没有人将其译成中文出版.

笔者最早知晓有这部巨著的存在，是在 20 世纪 80 年代，那时哈尔滨的数论研究出现了一个小高潮，领袖人物就是笔者所在的哈尔滨工业大学数学系的曹珍富教授，他以哈工大计算机系的一名本科生身份在武汉大学的《数学杂志》上发表有关丢番图方程的论文而跨界成功，成为当时国内最年轻的副教授. 在他的身边聚集了一批对数论有兴趣的年轻人，笔者当年也混迹其中，虽没能修成正果，但对曹教授多次提及的这部巨著却一直没能忘记. 后来随着时间的推移，这个小群体消失了，曹教授也回到了南方高校工作，先到上海交通大学，后又被引进到华东师范大学，研究方向也从数论转向了更加有实用价值的密码学与保密通信的领域，笔者也从清贫的教师岗位转换到了商业味道更重的出版领域. 人是出版人了，但还是有颗数论的心. 所以一旦条件许可，将这部巨著引进到中国便提上了日程.

数论是数学中最古老、最纯粹的一个重要数学分支，素有"数学王子"之称的 19 世纪德国数学大师高斯(Gauss，1777—1855)就曾说过：数学是科学的女王，数论是数学的女王. 数论的一个主要任务，就是研究整数(尤其是正整数)的性质(包括代数方程的整数解). 由于在研究这些整数的过程中，人们往往要用到别的数学分支的知识与技巧，这样就诞生出了解析数论、代数数论、组合数论、概率数论、几何数论甚至计算数论等分支学科.

由于整数的性质复杂深刻，难以琢磨，因此数论长期以来一直被认为是一门优美漂亮、纯之又纯的数学学科. 本书作者美国芝加哥大学著名数学家迪克森(L. E. Dickson，1874—1954)曾说过：感谢神使得数论没有被任何应用所玷污. 20 世纪世界级数学大师、剑桥大学的哈代也曾说过：数论是一门与现实、与战争无缘的纯数学学科. 哈代本人也因主要从事数论的研究而被尊称为"纯之又纯的纯粹数学家".

为了方便读者阅读，这里摘录了两篇文章，一篇是介绍作者迪克森的，另一篇是介绍其在中国的传人杨武之的. 第一篇是摘自《自然辩证法通讯》，2007 年，第 1 期，两位原作者分别为柳笛(1981—)，华东师范大学数学系博士研究生，主要从事数学史与数学教育研究. 汪晓勤(1966—)，华东师范大学数学系教授，主要从事数学史与数学教育研究.

> 与今天相比，19 世纪末 20 世纪初的美国数学在世界上的地位相对较低，本土的数学家为数并不多，迪克森是其中最引人注目者之一. 他在芝加哥大学带动研究，使得该地成为 20 世纪上半叶美国的数学重镇之一，而他的数学成就使美国在代数学领域异军突起，领先于世界，迪克森因此成为美国数学的先驱者之一. 美国的数学正是在像迪克森这样的世界级数学家们的努力下，逐步成为世界数学的超级强国. 迪克森这个名字对很多中国人来说可能并不熟悉，在一些世界著名数学家中文传记里不见收录，但提到著名物理学家杨振宁的父亲杨武之，一定无人不知，无人不晓. 杨武之曾跟随这位美国一流的数学家

研究数论,并在其指导下于1928年完成题为《华林问题的各种推广》的博士论文.①让我们更深入地去了解这位数学名家的生平和学术工作.

迪克森的父亲坎贝尔·迪克森(Campbell Dickson,1836—1911)是一位商人、地产投资者和银行家.②1858年,受到美国政府西部开发政策的鼓舞,年仅22岁的坎贝尔离开了纽约,只身前往西部地区拓荒.经过苦心经营,他终于成为德克萨斯州的一个农场主,并在那里度过了三年平静而闲适的乡村时光.

在政治上,坎贝尔是一个坚定的联邦主义者,反对因南方蓄奴问题引发的任何将美国进行地域性分割的政治主张.因此,当1861年美国内战爆发时,坎贝尔毅然离开他位于南方的农场,北上投奔联邦军.坎贝尔骁勇善战,在残酷的内战中,他转战各地并参加多次重大战役.直到在1863年葛底斯堡战役中受伤,他才终于离开前线,为疗伤而重回故里.

在事业上,坎贝尔是一个勤于开拓的人.退伍回家后不久,一则在宾夕法尼亚州发现石油的消息重新唤起了他的创业热情.他计划在宾州开采石油积累资本,用采油的利润在密苏里州开垦荒地,重新建设一个牧场.正当坎贝尔在采油事业上小有收获,准备卖掉油田的股份为密苏里的牧场筹集资金时,联邦政府宣布,将为联邦军退伍老兵无偿提供一块土地.于是,坎贝尔便将建设密苏里牧场的计划搁在一边,通过申请从政府获得了一块在爱荷华州的印地彭德斯地产,并在那里养殖良种绵羊.

坎贝尔的妻子露西(Lucy Dickson,1847—1896)和坎贝尔一样,原来也和家人一起住在纽约的牧场里.在17岁生日前夕,她便以优异的成绩考入纽约州立师范学校.次年7月毕业,并于秋季开始在纽约斯林纳任教.1866年秋天,坎贝尔偶然看到邻居的妹妹露西的照片,并对美丽的露西一见钟情,他恳求他的邻居邀请露西来爱荷华州游玩,以便为双方见面创造机会.露西接受了邀请,并计划在第二年夏天再去爱荷华州.然而,坎贝尔不堪日夜思念之苦,没等到夏天来临,便于1867年3月前往纽约与露西会面,双方就此开始交往.同年秋天,双方结为百年之好.

---

① 张奠宙,王善平.陈省身传.天津:南开大学出版社,2004:39.

② D. D. Fenster. Leonard Eugene Dickson (1874—1954): an American legacy in mathematics. Mathematical Intelligencer,1999,21(4):54-59.

1878 年冬天，在小麦投资方面的失败使坎贝尔蒙受了巨大的经济损失，他原先经营多年的资产损失殆尽. 于是，坎贝尔将四个孩子留给露西照看，孤身一人重返他位于德克萨斯州的老农场. 在途经德克萨斯州的克莱本时，坎贝尔拜访了旧日邻居，也就是露西的亲戚. 在克莱本，坎贝尔发现，这个地区的金属器具市场供应极其匮乏，以至于初来乍到的他几乎成为该地区唯一的金属器具所有者. 敏锐的坎贝尔抓住这个机会，在克莱本设立公司经营金属器具和家具，该公司后来在克莱本地区成功地经营了长达半个世纪之久. 在商业领域取得成功后，坎贝尔还积极投身于克莱本的公共基础设施建设，他为克莱本带来了铁路、公路、自来水、污水处理系统、电和可以供汽车行驶的街道. 在担任第一国家银行行长时，他还成功运用其在地方议会中的威望，使议会通过议案为克莱本第一所公立学校修建了校舍. 1879 年秋天，露西和她的四个孩子也来到克莱本，迪克森记忆中的童年就是从这时候开始的.

19 世纪 80 年代，迪克森的母亲露西在生下第二个女儿弗朗西斯之后，健康状况每况愈下. 在 1896 年春天，也就是在迪克森取得博士学位之前，露西去世了. 坎贝尔于 1911 年 6 月也与世长辞.

身为父亲，坎贝尔在为人处事方面为迪克森家族的后代树立了榜样. 他以自己的经历和成就教导自己的子女，一个公民对家庭、国家和社会应尽什么样的责任以及如何去承担这些责任. 在面对重重困难时，一个意志坚强、高瞻远瞩的人应该采取什么样的行动. 露西则通过日常生活中的细微小事，时时告诫子女们，要用高度谨慎和细致的态度待人接物. 父母的言传身教，对迪克森的成长产生了深远的影响.

迪克森于 1874 年 1 月 22 日生于美国爱荷华州的印地彭德斯，是坎贝尔和露西的第三个孩子.①在迪克森童年的时候，父亲携全家迁往德克萨斯州. 在公立学校上完小学、中学之后，年轻的迪克森进入德克萨斯大学，师从数学家、数学史家和非欧几何的支持者哈斯特德(G. B. Halsted，1853—1922)，并在学术上深受后者的熏陶. 1893 年，他作为班里的优秀生获得学士学位并留校任教，一年多后获得硕士学位. 在此之后，对数学研究的浓厚兴趣使迪克森立志成为第一代在美国本土攻读博士学位的数学家. 为此，他向历史悠久的哈佛大学和刚成立不久的芝加哥大学提出申请攻读数学博士学位. 两所大学在审阅

---

① J. H. Parshall. Leonard Eugene Dickson. American National Biography (Vol. 6), Oxford: Oxford University Press, 1999, 578-579.

了迪克森的申请材料后，同时向其发出邀请. 经过细致周密的考虑，迪克森最终选择了当时数学研究实力最强的芝加哥大学.

1894年秋天，迪克森进入芝加哥大学学习，在第一任数学系主任、著名数学家摩尔(E. H. Moore，1862—1932)的指导下，于1896年获得博士学位. 他的博士论文是《素数个字母幂的置换的解析表示及关于线性群的一个讨论》，这是对法国数学家约当(M. C. Jordan，1838—1922年)研究工作的一个重要总结和拓展，同时也为他的第一部专著《线性群及伽罗瓦域理论》打下基础.

这里，有必要提一下芝加哥大学数学系的三位数学家：摩尔、波尔泽(O. Bolza，1857—1942)和马斯克(H. Maschke，1853—1908). 正是他们三人，携手将芝加哥大学数学系建成美国一流数学人才的摇篮. 孜孜不倦、踏踏实实、筚路蓝缕，导师们的优秀品质与迪克森的心灵产生了强烈的共鸣，刻苦求学中的他仿佛看到了自己父亲的身影. 在求学的道路上，每当遇到艰难险阻，导师们都会给他巨大的鼓舞. 三位数学家中，最值得一提的是摩尔教授，他是耶鲁大学的毕业生，他和那一代的许多美国数学家一样，游学过德国，深受当时数学界中心哥廷根大学的世界级数学家F. 克莱因(F. Klein，1849—1925)的影响. 他在群论、不变量、域和数论等众多研究领域中均取得佳绩，也正是他，鼓励年轻的迪克森从事代数方面的研究，在迪克森学术研究的起步阶段提供了巨大的帮助和支持.

在获得博士学位之后，迪克森与同时代许多有抱负的数学家一样，决定到国外做博士后研究. 1896年到1897年间，他先到德国莱比锡，当时杰出的数学家李(M. S. Lie，1842—1899)正在进行一个关于变换群论的演讲，之后到法国巴黎师从约当.①回国后，他在加利福尼亚大学担任数学讲师. 1899年，他离开了西海岸来到德克萨斯大学担任助理教授. 此时，距他取得博士学位已经三年时间了，这段时间里，迪克森在代数领域开展持续的研究，共发表了30余篇论文. 在此期间，他还试图将研究领域向线性群和伽罗瓦域拓展. 然而，书刊文献的匮乏，使孤独无援的他在研究道路上举步维艰. 1899年11月，他在给摩尔教授的一封信中表达了自己坚持不懈的决心，同时，多少也流露出自己当时的窘境：

---

① K. H. Parshall. Defining a mathematical research school：the case of algebra at the University of Chicago，1892-1945. Historia Mathematica，2004，31：263-278.

“我正试图查找魏曼的论文,如果您那里有斯德哥尔摩的期刊,能将临时的预印本给我好吗? 无论如何,我都很想借阅. 我的工作始终有增无减! 但是我不会放弃——即使它需要花费 2 年多时间——但这本书还是值得出版的.”①

摩尔教授和他的同事们为自己得意门生高水平的数学研究而深感骄傲. 在他们的努力下,迪克森终于在 20 世纪初重返芝加哥大学任教. 这一次,尽管校方一开始时只给他一个助理教授的职位,但对于一个准备在高等学府从事学术研究的人而言,还有什么能比丰富的资料、浓厚的氛围和杰出的导师更能吸引踌躇满志的迪克森呢?

在 1902 年,迪克森与苏珊结婚,育有子女二人. 拥有幸福美满家庭的他,从此在事业上踏上了坦途. 从 1900 年开始,除了担任加利福尼亚大学客座教授的三年(1914,1918 和 1922 年),迪克森在芝加哥大学共度过了近 40 年的学术生涯. 他于 1900～1907 年任助理教授,1907～1910年任副教授,1910～1939 年任正教授. 1928 年迪克森当选为摩尔杰出教授,1939 年成为荣誉教授.

授课和研究之余,迪克森还兼任其他一些社会职务. 1902～1908 年连任《美国数学月刊》的主编,1910～1916 年连任《美国数学会学报》主编. 此外,他还分别于 1910 年、1917～1918 年任美国数学会副主席和主席一职.

在漫长的学术生涯中,迪克森笔耕不辍,撰写了大量优秀的学术论文和著作,这些论著奠定了他作为杰出代数学家的历史地位. 他早期发表的关于有限群理论的论文,堪称有限单群理论的经典之作,使得当时的美国在这一领域处于世界领先地位. 在 1903 年,他在代数理论领域的研究也同样取得十分重要的成果,最著名的有可除代数和循环代数.

在其经典著作《代数及其算法》中,迪克森充分展示了他在代数和数论方面的才华. 这本专著出版后广为流传,并被译成德文,对德国数学家爱米・诺特(E. Noether,1882—1935)、哈塞(H. Hasse,1898—1979)和布劳尔(R. Brauer,1901—1977)的学术思想的形成起了重要的作用. 1932 年,这三位数学家与迪克森的学生阿尔伯特(A. A. Albert,1905—1972)一起攻克了这一领域的重要难题,即在有理数域上

---

① K. H. Parshall. A study in group theory: Leonard Eugene Dickson's linear groups. The Mathematical Intelligencer,1991,13(1):7-11.

有限维可除代数的分类.此书的德文版于1928年荣获美国数学会的Cole奖.此后,迪克森开始对华林(E. Waring,1736—1798)问题进行更深入的研究.

迪克森一生获得过很多荣誉.1913年,他当选美国国家科学院院士,美国哲学会会员、美国科学艺术学会会员,他同时也是伦敦数学会、法国科学院、捷克数学物理联合会的外籍会员.1924年,美国科学促进会为表彰他在代数算法上的杰出贡献而专门为他颁发一笔奖金.迪克森分别于1936年和1941年获得哈佛大学、普林斯顿大学授予的名誉理学博士学位.

1939年退休后,迪克森不再从事数学研究,携妻回到了故乡德克萨斯州.1954年1月17日,在德克萨斯州的瓦克与世长辞,享年80岁.①

迪克森为后人留下两个疑问:第一,为什么他在退休后竟会将自己所有的文稿付之一炬?第二,为什么他退休回故乡后,除了讲授几次暑期学校课程外,从此便彻底告别数学研究?我们可以从迪克森家族来寻找原因.1937年,也就是迪克森退休前两年,他的妹妹弗兰西斯记述父亲坎贝尔和母亲露西的传记就出版了.迪克森与家人一直保持着很密切的联系,他曾为传记提供有关历史材料.这表明,迪克森是了解妹妹的这个计划的.事实上,书中关于露西的生平有一半以上的内容是信件和日记,同时关于坎贝尔的生平有四分之一以上是他的信件,并且大多数都是私人信件,其中有不少属于个人隐私.虽然迪克森闻名遐迩,但他并不愿意将自己的私人生活公之于众.可能是出于保护个人隐私的需要,迪克森烧毁了所有的文稿.

对于第二个问题,也许可以这样解释:迪克森看到很多世界级的数学家在到达退休年龄后,实际上并不能再做出什么创造性成果.晚年数学家精力和创造力衰退的事实,以及年迈的父亲在墨西哥开矿投资失败付出昂贵代价的经历,每每提醒着他:与其去做力不从心的事,倒不如将更多机会留给年轻人.1939年春天,他的学生完成了所谓理想华林问题的证明.在这种情况下,直觉告诉他:自己需要退出数学研究的大舞台,他的确这样做了.

作为美国第一代本土数学家,迪克森在数学研究领域取得很高的国际声望,他在群论方面的研究成果形成了美国的学术研究传统,影

---

① R. S. Calinger. Leonard Eugene Dickson. Dictionary of Scientific Biography (Vol. 4),New York: Scribner & Sons,1970-1990,82-83.

响深远.

迪克森是一位精力充沛、意志坚强、才智过人、笔耕不辍的数学家.从1891到1906年15年间,他至少发表了74篇报告和67篇论文.这使得他成为当时美国数学界最活跃、最多产的学者.他一生出版的18本专著和大约300多篇论文涵盖了同时代数学研究的各个领域.①

迪克森最主要的贡献是有限线性群.在他最初的43篇论文中,有36篇都属这方面的研究成果,这些论文也是他第一本著作《线性群及伽罗瓦域理论》的主要内容.然而,这本书的出版还发生了一段小插曲.迪克森原本计划于1900年夏将他的手稿送往美国的出版社出版,他把自己的计划告诉了导师摩尔,摩尔建议他不要只把目光停留在美国的出版社,并提议写信给F.克莱因请求帮助,希望这位德国大数学家能够将书稿推荐给一家德国出版社.迪克森听从摩尔教授的建议,于1900年4月7日致信F.克莱因,他在信中写道:

> "尊敬的先生:
>
> 恕我冒昧把即将出版的《线性群及伽罗瓦域理论》一书的样稿寄给您.如果您能对本书提出宝贵意见,我将无比荣幸.本书今夏可能在美国出版,但在吾师摩尔的提示下,我想到,如果有您的支持,杜布涅(Herr Teubner)也许会把它列入丛书出版.如果是这样,那么我将谢绝美国出版社的约请,而在今夏去欧洲聆听您对该书的指正.期待您的回音,并请原谅我的打扰.……"②

读完迪克森的书稿后,F.克莱因这样评价道:

> "本书详细讨论了线性同余群,或者更一般地说,是伽罗瓦域上的线性群,是对伽罗瓦、贝蒂(E. Betti,1823—1892)、马太(C. L. Mathieu,1783—1875)、约当以及当代很多研究者所做工作的总结.对伽罗瓦域理论进行基本、详尽无遗地

① A. A. Albert. Leonard Eugene Dickson 1874-1954. Bulletin of American Mathematical Society,1955,61:331-346.

② K. H. Parshall. A study in group theory:Leonard Eugene Dickson's linear groups. The Mathematical Intelligencer,1991,13(1):7-11.

> 阐述是很有必要的.在讨论线性群时,作者不仅找出了已发表论文的结论之间的关系,而且还成功地引入简写符号.准确地说,m 阶线性群是由二次不变量定义的.书中介绍 6 阶线性群的结构时,短短几页篇幅就推导出高于 6 阶的群的情况,并且没有任何繁难的计算."

1901 年,《线性群及伽罗瓦域理论》终于由德国莱比锡的杜布涅出版社出版,我们有理由相信,F.克莱因的支持在其中确实起了很大的作用.随着该书问世,迪克森在线性群、伽罗瓦域、有限单群等领域的研究方法逐渐深入人心,备受赞誉.

迪克森的竞争对手、英国数学家伯恩赛德(W. Burnside,1852—1927)也赞同迪克森将线性群的势作为研究代数的方法.正如迪克森在前言中所写的那样:

> "1870 年,约当关于置换群及其应用的杰作的出版,对于有限群理论有很多重要的补充.诺特、韦伯(H. M. Weber,1842—1913)、伯恩赛德的著作论述了现今的抽象置换群理论."

1897 年,伯恩赛德的《有限阶群论》出版了,比迪克森《线性群及伽罗瓦域理论》早问世 4 年.伯恩赛德的著作还存在不少不足之处,迪克森在他的著作中对这些不足之处作了补充.伯恩赛德在书的前言中写道:

> "可能读者会有疑问,为什么书中大量篇幅讲置换群,然而对特殊的表示方式(如有限群的变换)甚至只字未提.针对这个问题,我的回答是以我们现有的知识状况,只有充分了解置换群的性质才能得出有关纯理论的很多结论,而通过思考有限群的线性变换是很难得到这些结果的."

从《有限阶群论》1911 年第二版来看,迪克森在线性群和弗罗比尼斯(G. Frobenius,1849—1917)在群的表示和性质方面所做的重要工作为伯恩赛德的研究提供了巨大帮助.虽然书中并未提及迪克森,但伯恩赛德承认:

"由于(迪克森)这本书的出版，有限阶群论取得相当大的进展. 尤其是有限置换群论在几个作者的笔下已经成为很多重要的研究课题. 我原先在前言上所说的忽略那部分内容的原因也不再成立."

可见，《线性群及伽罗瓦域理论》对于有限线性群理论的研究具有深远的意义. 尤为可贵的是，它的出版标志着美国数学新气象的到来，更标志着20世纪美国在有限单群理论上领先于世界的时代的到来.

除了在线性群领域做出突出贡献外，迪克森在其他数学研究领域也成绩斐然. 他早期的论文中就已经涉及代数几何方面的问题，这些研究很自然地将他引到代数不变量和有限域同余不变量的研究领域中. 在有限域的同余不变量方面，他发表了基础性的论文《同余不变量的一般定理》和其他许多论文，并用大量的篇幅对一些特例进行详细的说明. 在1914年出版的《代数不变量》一书中，迪克森阐述了他的关于代数不变量的经典理论. 同年，他还出版了《线性代数》一书，这些著作的出版使他跨入多产数学家的行列.

迪克森还在有限可除代数方面写了很多论文，如《除法唯一可能的线性代数》《关于线性代数》《除法唯一可能的交换线性代数》，等等. 在《三维代数与三元三次型》论文中提出三维代数和三元三次型定理是相联系的. 在1937年发表了名为《关于非结合代数》的论文，其中涉及大量有关二阶代数的研究成果.

1939年，迪克森出版《近代数论初步》. 布林克曼(Brinkmann)评价此书道：

"本书前四章对数论的初等话题作了简短而令人满意的介绍，其中包括二元二次型. 这部分内容对初学者来说很容易，而且有许多适合于他们的问题. 余下的200页是高等的内容，大多可'附'以文字. 全书的证明都是'初等'的(除附录外)，总体来说，要比同类文献更简单. 有好几章讨论二次型，其中之一包含了三平方数定理的推广……"①

他关于代数算法的工作首次出现在《四元数的算术知识》一文中，

---

① J. J. O'Connor & E. F. Robertson. Leonard Eugene Dickson. http://tumbull. mcs. st-and. ac. uk/~history/Biographies/ Dickson. html.

他大部分关于算法的工作后来收入《代数及其算法》一书中. 作为一个涉猎广泛的数学家,迪克森对矩阵论也抱有浓厚的兴趣,他的《近代代数理论》一书便是最好的证明. 此外,迪克森还从李群的角度来看微分方程问题,他还在几何方面发表了大量的学术论文.

德国著名数学家高斯曾说过:数学是科学的女王,数论是数学的女王. 迪克森对这一论断也同样坚信不疑. 他一直都希望能在数论方面做出自己的贡献. 早在 1903 年,摩尔就评价他是"全美数学界最强的研究者之一";1910 年,美国科学界进行美国科学巨人第二届选举,迪克森跻身前七位美国数学家之列. 1911 年,当迪克森开始从事数论研究时,37 岁的他已经处于荣誉和地位的巅峰. 然而,面对极其艰深的数论,迪克森并未停下前进的脚步. 没有哪一件事能比迪克森投身数论史研究更能折射出他的顽强意志了,这种顽强意志后来甚至被人说成是"迪克森式的意志"!

迪克森的论文《费马定理的一般形式》讨论了有限域上费马定理的一般形式. 他对完全数的存在性也很感兴趣,同时写了一些与之有关的盈数的论文. 关于费马大定理,他也写了许多论文,如《费马大定理与代数理论的本质和起源》《费马大定理》《猜想 $x^n+y^n+z^n=0 \pmod p$》,等等. 在 1926～1930 年间,他将大部分精力放在二次型的算术理论上,尤其是二次型的一般形式. 1927 年,迪克森开始对堆垒数论产生浓厚兴趣,在学术生涯的后期,他发表了很多这方面的论文.

1910 年 2 月,他在研究不变量理论的同时,向卡耐基研究所所长伍德沃德(R. S. Woodward, 1849—1924)提出更加深入地研究数论的想法. 同年 10 月,在得到数学家莱默(D. N. Lehmer, 1867—1938)的支持后,他又一次给伍德沃德写信,信中写道:

> "年初的时候,我写信向您提到关于数论史研究的问题,希望搜集从古希腊开始的所有数论资料. 您在 2 月 13 日的回信中写道'这项工作需要全面、彻底地展开,并且将是旷日持久、耗费精力的'.
>
> 现在我向您汇报这项重要工作的最新进展,几个月前我已经完成了文献收集的前期工作——第一手文献资料、现存的百科全书和相关记载.
>
> 除了 8 小时教学工作以及不定期编辑工作外,我每周花费 40～45 小时,全身心投入这项工作. 那些了解该研究计划的人,都对它的作用给予高度评价——但他们显然并不看好

这份劳动.起初,我没有把握好我的研究方向,发表了4篇论文来填补该领域的某些空白——但现在我牢牢坚守一个明确的目标……"①

迪克森所参考的文献资料大部分来自《伦敦科学论文目录皇家学会索引》第一卷(1908)及《国际科学文献目录》年鉴(英)、《数学进展年鉴》(德)、《数学出版物半年刊》(法)、波根多夫(Poggendorff)的《数学小词典》(德)、克鲁格尔(Klugel,1739—1812)的《数学词典》(德)、沃尔菲奥(Wolffiog)的《数学书目》(德)、《数理科学文献与历史公报》(意)、《数学文献》(瑞典)、康托主编的数学史论文系列(德)、各类历史书和百科全书(包括《数学百科全书》(法)).迪克森先后去了芝加哥大学图书馆、加利福尼亚大学图书馆、芝加哥克雷拉(John Crerar)图书馆、剑桥大学图书馆、剑桥大学三一学院等处直接查阅旧书刊.他还充分利用了纽约普林普顿(G. A. Plimpton,1855—1936)个人所藏的珍本和手稿.1912年,迪克森相继到英国博物馆、肯新顿(Kensington)博物馆、皇家学会、剑桥哲学会、法国国家图书馆、巴黎大学、圣Genevieve、法兰西学院、哥廷根大学、柏林皇家图书馆等处广泛查阅相关文献.他从各家图书馆借阅了许多书籍,还从著名数学史家阿奇巴尔德(R. C. Archibald,1875—1955)那里借阅了《女士日记》以及其他日记.②

为了确保第4卷的出版,他继续工作到1923年,很遗憾的是,由于某些原因第4卷未能出版.

耗时多年、卷帙浩繁的三大卷《数论史研究》包括可除性与素数性质、丢番图分析、二次型与高次型.在第2卷中,迪克森对不定分析做了系统的研究,为该领域提供了独特的、透彻的视角.迪克森称:"因为有太多不定分析方面的论文仅仅给出特殊解,人们希望将来该课题的研究者在得出关于所攻问题的一般定理(如果不是完整的解)之后才发表论文.唯其如此,该领域才能与其他强劲的数学分支一样保持应有的地位."③他还用自己数学生涯的最后15年时间来建立不定分析

---

① D. D. Fenster. Leonard Eugene Dickson (1874—1954): an American legacy in mathematics. Mathematical Intelligencer,1999,21(4):54-59.

② L. E. Dickson. History of the theory of numbers. New York: Chelsea Publishing Company, 1952.

③ D. D. Fenster. Why Dickson left quadratic reciprocity out of his History of the theory of numbers. American Mathematical Monthly,1999,106 (7):618-627.

的一般形式.该书层次清晰、思想明确、风格朴实而严谨,不含任何多余解释,简洁明了地摘录出从数学发展之初直到20世纪20年代所有数论思想.莱默称之像"写一部历史所需的参考文献目录一般".①他的学生阿尔伯特则评价道:"一个普通人要用一生的时间才能完成这三卷书!"②.由于某些原因,迪克森没有提及二次互反定律,也就是第4卷的内容.

也许有人会问,为什么迪克森在他的巅峰时期,会投入13年时间去从事数论史的研究呢?对于这个问题,可能存在三个原因:第一,他想系统地了解前人在这个问题上做出的研究和贡献;第二,因为欧洲人曾经写过数论史的书,而他想写一本美国人自己的书;最后一个原因,正如他在《数论史研究》前言中所写的那样:

> "我深信,每个人都应该在他一生中的某个时候做一些除了自我满足外绝不可能有任何回报的严肃而有用的工作."③

虽然他认为此项工作"绝不可能有任何回报",但是,正是这种无私奉献的精神使得迪克森的历史研究获得很高的赞誉,《数论史研究》一直是最具权威性的百科全书,"崇高而有价值".正如他自己所说的那样,本书"翔实地记载了整个数论文化",全书的每一个章节无不展示出他的研究的彻底性和深邃的历史眼光.让我们来看第1卷第一章第一个话题"完全数、盈数和亏数".迪克森搜罗了从公元前3世纪古希腊欧几里得(Euclid)开始直到20世纪热拉尔丁(A. Gerardin)两千两百余年间的一百八十多种文献,涉及的人物(包括迪克森本人)近一百七十个之多!以下是其中的片段:

> 公元10世纪下半叶,萨克森的修女罗茨维特(Hrotsvitha)提到完全数6,28,496,8 128.
>
> 伊本·艾斯拉(A. Ibn Ezra,1167)在为《摩西五经》作注

① J. J. O'Connor & E. F. Robertson. Leonard Eugene Dickson. http://tumbull. mcs. st-and. ac. uk/~history/Biographies/ Dickson. html.

② A. A. Albert. Leonard Eugene Dickson 1874-1954. Bulletin of American Mathematical Society, 1955,61:331-346.

③ J. J. O'Connor & E. F. Robertson. Leonard Eugene Dickson. http://tumbull. mcs. st-and. ac. uk/~history/Biographies/ Dickson. html.

解时，提到10的任意相继两个幂之间存在唯一一个完全数.

12世纪末，安金(R. J. B. J. Ankin)在《治愈心灵》一书所列出的教育计划中提到了完全数的研究.

尼莫拉利厄斯(Jordanus Nemorarius)指出，每一个完全数或盈数的倍数为盈数，一个完全数的每一个约数都是亏数.他试图证明"所有盈数均为偶数"这一错误命题.

斐波那契(Fibonacci)在《算经》(1202)中引用到了完全数

$$\frac{1}{2}\cdot 2^2(2^2-1)=6$$

$$\frac{1}{2}\cdot 2^3(2^3-1)=28$$

$$\frac{1}{2}\cdot 2^5(2^5-1)=496$$

其中不包含$\frac{1}{2}\cdot 2^4(2^4-1)$，因为$2^4-1$不是素数，他说依次算下去可求得无限多个完全数.

写于1456年和1461年的慕尼黑手稿给出了已知的前四个完全数，还正确地说第五个完全数为33 550 336.

丘凯(N. Chuquet)定义了完全数、亏数和盈数，并提到了欧几里得法则的证明，还错误地指出：完全数的个位数交替为6和8.①

在长达1 500多页的篇幅中，迪克森始终保持着这种简洁严谨的写作风格.事实上，他的历史研究工作堪与他的数学研究工作相媲美.美国著名数论家卡迈查尔(R. D. Carmichael，1879—1967)在读完第2卷、第3卷之后，在《美国数学月刊》上发表评论称：

"对于像数论这样庞大而具有如此悠久历史的学科，要给出全部文献的完整叙述乃是一项浩大的工程.本书极其成功地完成了这项工程，当你面对它时，必将肃然起敬.今后，这部历史对所有数论研究者来说都将是不可或缺的……在

① L. E. Dickson. History of the theory of numbers. New York：Chelsea Publishing Company，1952.

整个科学史领域,它是无与伦比的.”①

《数论史研究》出版后,在当时众多数学史书籍中脱颖而出,对数论的传播和发展起了巨大的推动作用.今天,它已成为数学史经典之作,被公认为数学史上的一座里程碑.特别地,正如迪克森所希望的那样,很多业余数学爱好者得益于该书的浅显易懂.著名数学家莱默在看完第1卷后指出:

> “该领域的专业人士最需要通过这部著作来提高效率,避免在业已解决的问题上浪费时间,同时也对人们尚未能做出分析的难题给予提示.”

《数论史研究》影响了一大批优秀的数学家和数学史家.

从1900年开始,迪克森除了数论史的研究,还坚持不懈地在不变量理论和代数理论方面进行研究,相继出版了7部著作,发表50多篇论文.

迪克森也是一位“多产”的博士生导师,他将自己导师摩尔所开创的优良的教学传统发扬光大,为下一代数学家的培养做出了卓越的贡献.从表1可见,在20世纪40年代之前,全美共有229位女性获得博士学位,其中芝加哥大学就培养了46位,占全美国女博士的20%,而仅迪克森一人就指导了18位女博士(差不多占他学生总数的27%),占20世纪美国数学家中不小的一部分.这18位女博士占芝加哥大学女博士总数的40%,占20世纪40年代前全美国女博士总数的8%.②迪克森的贡献对芝加哥大学女性在数学上进一步深造的良好氛围的形成起了重要的作用.迪克森门下的女博士生一致认为迪克森所在的芝加哥大学数学系在全美各个接受女生申请的高校中是最令人向往的地方.女数学家爱丽思·莎弗尔(Alice Schafer,1915—2009)认为,“雪球”效应可能是带给迪克森大量女学生的一个重要原因③;但我们应该看到,其中更重要的原因是迪克森杰出的数学成就以及他的严谨

---

① D. D. Fenster. Why Dickson left quadratic reciprocity out of his History of the theory of numbers. American Mathematical Monthly,1999,106 (7):618-627.

② J. Green & J. LaDuke. Women in the American Mathematical Community:The Pre-1940 Ph. D.'s. The Mathematical Intelligencer,1987,9(1):11-23.

③ D. D. Fenster. Role modeling in mathematics: the case of Leonard Eugene Dickson (1874-1954). Historia Mathematica,1997,24(1):7-24.

踏实、坚韧不拔、无私奉献、嘉惠后学的高尚品质和人格魅力.

表1 20世纪40年代之前全美国女博士人数

学校	1880年代	1890年代	1900年代	1910年代	1920年代	1930年代	总数
芝加哥大学	0	0	1	8	13	24	46
康奈尔大学	0	3	1	3	6	8	21
Bryn Mawr 大学	0	2	2	2	5	8	19
Catholic 大学	0	0	0	1	1	13	15
耶鲁大学	0	3	5	1	1	3	13
霍普金斯大学	0	0	0	5	5	2	12
伊利诺伊大学	0	0	0	3	1	8	12
拉德克利夫大学	0	0	0	1	2	6	9
哥伦比亚大学	1	0	3	2	1	1	8
其他美国学校	0	2	6	9	17	41	74
总计	1	10	18	35	52	114	229

让我们看迪克森的几位优秀的女性博士生.桑德森(M. L. Sanderson,1889—1914)是迪克森1913年的女博士生,同时也是他第一个女学生.她在1913年完成了关于模的不变量的博士论文,这也是在迪克森1907年尝试用不变量理论探索数论的启发下完成的.桑德森的主要成就已被誉为“经典之作”.1913年秋,桑德森到美国威斯康星大学任讲师,一年后不幸因患肺结核去世.迪克森称她为“最有天赋的学生”.

哈兹雷特(O. Hazlett,1890—1974)是迪克森1915年的女博士生.她主要从事两方面的研究:满足结合律的线性代数和模的不变量理论.她在哈佛大学作博士后研究,先后在Bryn Mawr大学和Mount Holyoke大学任教,后来为寻求更好的学术氛围而到伊利诺伊大学任教.1924年,在多伦多召开的国际数学家大会上,哈兹雷特将迪克森的有理代数解法推广到任意域上的代数(迪克森在此次大会上给出了同样的结论).“学生的成就乃是老师的奖杯”,想必迪克森为自己能培养出这样优秀的竞争对手而感到无比欣慰.哈兹雷特与迪克森一样在数学研究上受到很高的评价.她撰写的论文数量超过1940年前任何一位女数学家.她担任《美国数学会学报》合作主编长达12年,数度组织过美国数学会会议.在1903年到1943年间,哈兹雷特与另外两位杰出的女数学家斯考特(C. Scott,1858—1931)和韦勒(A. J. P. Wheeler,1883—1966)一起,在男性所主导的学术星空发出耀眼的光芒.

罗格斯顿(M. Logsdon,1881—1967)是迪克森1921年的女博士生,在其研究后期对代数几何产生了兴趣,并取得了卓越的成就.她在芝加哥大学任教长达25年之久.在普通人看来,她是一位特立独行的学者,她喜欢在极少有女性供职的重要研究机构工作.最典型的是,她在芝加哥大学通常教本科课程.在指导4个博士生学习时,她自己仍旧保持高水平的研究.

瑞斯(M. Rees,1902—1997)是迪克森1931年的女博士生,也是很有个性的学生.除了在学术上具备良好素养外,她还为争取联邦政府对数学研究划拨更多基金做出了重要贡献.她同时认识到计算机对科学发展的重要性,提出了许多有关数学教学改革的重要主张.

除了哈兹雷特、罗格斯顿、瑞斯外,迪克森还指导过其他15名女学生,她们也分别活跃在各自的数学舞台上,成为美国数学界的栋梁之材.

凡是听过迪克森讲课的学生,在半个多世纪之后,仍然保留着对他的深刻印象,当年的课堂仿佛历历在目.迪克森不是那种用陈旧、生搬硬套的教学方式授课的教师.他准备好简明扼要的讲稿,以严谨的治学态度讲授给学生.为鼓励学生尽可能施展自己的才华,他经常布置一些任务,要么让学生分析这些材料,要么完全由他自己做报告.但他从不袒护学生的缺点,而是尖锐地予以指出.事实上,学生是这样评价迪克森的:

> "出于对学生的殷切期望,他的言语表现得生硬直率.他在自己努力工作的同时,也希望学生能努力工作."①

对迪克森的评价,反映出他是一位良师益友,在学生追求理想的道路上,他总是提供无私的帮助.尽管他的方式略显生硬了些,但对于下一代数学家来说,在更多时候,有机会跟随迪克森学习无疑是人生中珍贵而难忘的经历.他的学生杜伦(W. Duren)认为,迪克森身上焕发着不同于常人的人格魅力.杜伦说:

① D. D. Fenster. Role modeling in mathematics: the case of Leonard Eugene Dickson (1874-1954). Historia Mathematica,1997,24(1):7-24.

“从传统的意义上说，迪克森不太像个老师．我认为他的学生更多的是把他作为数学家来效仿，而不是受教于他．他往往把学生带到该领域的前沿，因为他所研究的课题在当时总是最新的．正如芝加哥大学研究生胡斯顿(A. Huston)所说，‘迪克森想要你和他一样．就是当你年轻的时候，力争达到最前沿，这就是一切．’”①

迪克森的人生目标是成为最杰出的数学家，在这一领域的前沿贡献出他全部的学术生命，在教学过程中，他也时常要求他的学生树立这样的信念．迪克森对学生要求很严格，如果他发现他的学生在能力上有可能无法完成学习目标的，迪克森会立刻对他的博士生实施一个特别措施：他会布置一个比博士论文题目小的预备问题，如果学生在三个月内解出，他就同意指导这个学生；如果无法按时完成，学生就不得不找其他导师．迪克森很显然通过布置为期三个月的测试题，来检测这个学生能否踏上通往“研究前沿”的征程．如此严格的要求非但没有吓退向他提出攻读博士申请的学生，相反，迪克森通过这种方式表现出的对科学的严谨态度吸引了更多优秀的学生投奔他的门下，其中就包括本文开头提到的杨振宁的父亲杨武之．迪克森共培养了67位博士生．

迪克森是一位多产的数学家，他在数学园地里辛勤耕耘、硕果累累；他也是一位著名的数学史家，他以一名数学家渊博的学识和深邃的洞察力，撰写了经典的历史篇章；他还是一位杰出的导师，他以独特的人格魅力、高尚的意志品质、严谨的治学态度和严格的选拔要求吸引、培养了众多的博士生，其中不乏知名的数学家．无疑，迪克森深深影响并有力推动了美国数学发展的进程．他勤学不怠、坚韧不拔、笔耕不辍、诲人不倦，就像灯塔一样激励着他的学生和学界的同仁．他的杰出数学成就，以及他那为人、为学、为师的丰富经历，都为后人留下了弥足珍贵的精神财富．

第二篇文献是介绍杨武之先生的．他是中国近代数学的领袖级人物和推动者，数学圈外的人对其知之甚少．但他有一个大名鼎鼎的儿子——杨振宁．中国

① D. D. Fenster. Role modeling in mathematics: the case of Leonard Eugene Dickson (1874-1954). Historia Mathematica, 1997, 24(1): 7-24.

有句古话叫“四十之前看父敬子,四十之后看子敬父”. 杨振宁先生以三个数字名扬中华 1,82,28. 第一个数字 1 是表示他是华人中第一位获得诺贝尔奖的科学家(当然是和李政道一起),后两个数字过于市井不表.

杨振宁先生在理论物理上的成功源于他在数学上的高深造诣. 他的学二代(有人从“官二代”“富二代”中类比出的一个词)身份是至关重要的,无独有偶.

霍金也曾多次提起,自己的数学能力一度是他探索宇宙奥秘的短板,但在少年时代,牛津大学理工科出身的父亲曾指导他数学,这让他对数学和其他理科知识的认知远远高于同龄人.

至于杨振宁先生的数学素养我们也借两位重量级的人物的话来评价:

> “杨振宁对数学的美妙的品位照耀着他所有的工作. 它使他的不是那么重要的工作成为精致的艺术品,使他的深奥的推测成为杰作. 这使得他对于自然神秘的结构比别人看得更深远一些.”(物理学家戴森评)
>
> “杨振宁是一位极具数学头脑的人,然而由于早年的学历,他对实验细节非常有兴趣. 他喜欢和实验学家们交谈,对于优美的实验极为欣赏.”(实验物理学家萨奥斯评)

第二篇文献选自《杨武之——中国当代杰出的数学教育家》,原作者是山西大学科学技术哲学研究中心的张莉博士.

> 中国古代数学史的研究成果颇丰,但中国近现代数学史相比而言有些落后. 笔者认为可以先选几个点,然后连成线. 杨武之就是一个较好的进行中国现代数学史研究的切入点.
>
> 杨武之,原名克纯,字武之,是家中长子. 生于 1896 年 4 月 14 日,卒于 1973 年 5 月 12 日. 父亲是清末秀才. 他育有四子一女,长子就是著名的物理学家、诺贝尔奖获得者杨振宁,其余四人也各有成就.
>
> 杨武之父亲杨邦盛(1862—1908),是清末秀才,常年在外,母亲患病多年卧床. 家庭环境使杨武之从小养成自强、勤奋、关心他人的好品德. 1914 年在安徽省立第二中学毕业. 第二年考入北京高等师范学校,1918 年成为《数理杂志》的编辑. 杨武之 1919 年毕业于北京高师数理部(今北京师范大学). 1923 年公费留学美国,师从美国著名的代数数论专家迪克森学习,专攻数论方面的堆垒问题. 1928 年获芝加哥大学博士学位. 成为我国在代数与数论领域方面的第一个博士学位获得者,旋即回国,先受聘于厦门大学数学系教授,并代理数学系主任.

1929年受聘于清华大学数学系教授，并担任研究生导师．杨武之在清华大学工作一直到1948年，期间担任系主任或代理系主任长达12年，为清华大学数学系的发展做出了卓越的贡献，并培养了一大批在国际国内影响深远的数学家和优秀人才．1949年后受聘于同济大学、复旦大学等高校数学系教授，1973年病逝．杨武之在中国近现代数学史上有着重要地位．他是中国近现代数学开拓者之一．“数论的研究，也是中国近代数学最早开拓的数学研究领域之一．杨武之首先将近代数论引入中国”(《中国大百科全书》(数学)“数论”条目最后一段)，他是“中国数论这门学科的创始人”①．迪克森在当时美国名声很高，领导一个很大的学派．杨武之主要从事“华林问题”的研究，共发表过三篇论文，他证明了任何正整数都可以表示成9个棱锥数之和，这比当时最好的结果——每个充分大的正整数都可表示成12个棱锥数之和进了一大步．这个纪录，杨武之保持了20多年，这在当时中国的数学界是一个比较大的成就．

但是，杨武之跟随的迪克森学派正走下坡路，随着解析数论的兴起而衰落．杨振宁认为“所以我父亲的研究工作以后未能有大的发展．”②1934年杨武之利用“清华大学教授休假”一年的机会到德国柏林大学进修，力图改变研究方向，但未成功．

相比其在数学上的成就，杨武之作为数学教育的耕耘者则取得了更大的成就，不仅培养了杨振宁这样的诺贝尔奖获得者，还发现与培养了华罗庚、陈省身、许宝騄等在中国乃至世界数学史上有重要影响的数学家，还培养了不少中国在近代数学各分支的创始人和多位中科院院士(后文论述)．正是由于杨武之的推动和辛勤培育，使中国的近现代数学与世界的差距在某些领域有所减小．

杨武之为人正直、纯朴，有很高的道德情操，对于委屈总能忍受，让时间证明他自己无愧于时代，无愧于国家．1919年5月4日，北京学生联络各校在天安门前举行集会和游行示威，提出“外争主权、内除国贼”的宣言口号．杨武之的同学匡日休当晚亲手放火，即著名的“火烧赵家楼”．“五四运动”开始后杨武之受到深刻的爱国主义教育，当时流行的一首歌伴随了他一生，歌词是：“中国男儿，中国男儿，要将只手撑天空，长江大河，亚洲之东，巍巍昆仑……古今多少奇丈夫，碎首黄

---

① 王元．杨武之先生与中国数论，清华大学应用数学系编．杨武之先生纪念文集．北京：清华大学出版社，1997：117．

② 张奠宙．杨振宁教授谈中国现代科学史研究．科学，1991(2)：85．

尘,燕然勒功,至今热血犹殷红."他以后将这首歌教给他的子女,教育下一代,随时准备报效祖国.他说:"我教书一生,清白一世,除脑力体力欠佳,不能多做研究外,我一生无愧于祖先,无愧于后代……我也无愧于社会,无愧于中国人民."①有两件典型事例可以反映杨武之宽大的胸怀和高尚的人格.

一件事是杨武之于1929年到1948年一直在清华大学工作,并担任多年的数学系主任或代理系主任,为清华数学系的发展倾注了一生中最宝贵的时光.1949年,杨武之病体初愈,从昆明飞抵上海,准备回清华工作,却突然被清华大学拒聘.杨振宁认为可能是一偶然事件引起.

"那是1948年底,人民解放军已包围北京城,蒋介石派一架飞机,专接北大、清华校长胡适、梅贻琦等.那时碰巧我父亲遇到梅校长,梅校长说机上尚有一空位,问愿不愿随机走,那时父亲孑身一人在北京(母亲、弟妹等均在昆明),即应允搭机去了南京.以后他转民航机去昆明,并接家眷先回上海待命回北京."②

杨武之可能因这件事遭清华校方拒聘,虽然对他打击很大,但他说:"我虽然不能回清华,但我继续在同济大学和复旦大学教书.……我总认为我的教学方法不比苏联差."③表现了一个中国知识分子的宽大胸怀和高尚情操.

另一件事,是在1964年,此时,杨振宁已加入美国籍.是年12月,杨武之夫妇到香港与杨振宁相见,美国驻香港总领事不止一次打电话给杨振宁,说如果双亲要赴美国,可以马上办理手续.杨武之很坚定地告诉儿子要回上海,并于1965年初返回上海.表明了他深厚的爱国情怀和忠于祖国的高尚人格.

杨武之有四子一女,按杨家各房议定的家谱"家、邦、克、振"排行,这一辈的孩子该为"振"字辈:杨振宁,杨振平,杨振汉,杨振玉,杨振复.他们都深受父亲的影响,各自成为学有成就的著名学者或企业家.他们对杨武之有深深的敬佩和怀念之情.杨振玉女士在纪念杨武之诞辰一百〇一周年纪念会上回忆道:"父亲成长与工作的年代正是中国社会动荡变革的时代,他经历腐败的清朝、辛亥革命、军阀混战、抗日战争和解放战争的年代.尽管客观环境骤变,父亲对祖国、对事业、对

① 徐胜蓝,孟东明.杨振宁传.上海:复旦大学出版社,1997:268-269.

② 张奠宙.杨振宁教授谈中国现代科学史研究.科学,1991(2):86.

③ 徐胜蓝,孟东明.杨振宁传.上海:复旦大学出版社,1997:268-269.

亲友的态度却是始终一致的……我相信他的品格将影响着人们，因为像父亲一辈的知识分子、教授、科学家的价值标准是有着永恒的意义的”.

杨武之对中国数学史的贡献，不仅在于他自身是中国第一个数论方面的博士和重要的学术成就，更在于他作为数学教育家培养出来的优秀人才，同时也体现在这些优秀人才对中国数学和对中国科学所做的贡献上，杨振宁就是其中杰出的一位.

杨振宁作为物理学家因和李政道一起提出弱相互作用下宇称不守恒而获诺贝尔奖，给世人印象他似乎只有物理学方面的贡献，而无数学上的贡献. 其实不然，杨振宁对当代数学的发展也有重大的贡献，特别是他提出的杨—米尔斯（Yang-Mills）理论和杨—巴克斯特（Yang-Baxter）方程在 20 世纪 80 年代后成为现代数学研究的热门. “先后进入当代数学发展的主流，引起文献爆炸，形成了少见的全球研究热潮.”①

杨振宁 1954 年提出非交换规范场论，他在做研究生时，试图把规范不变性推广到有同位旋作用的情况，但不成功. 1954 年受米尔斯启发，在公式一端加上一个 2×2 的矩阵，从而克服了困难，“杨—米尔斯方程”就诞生了. 此方程最早出于两个人合写的论文《同位旋守恒和同位旋规范不变性》（*Conservation of Isotopic Spin and Isotopic Gauge Invariance*），发表于 1954 年的美国《物理评论》第 96 卷第 1 期.②杨振宁提出的规范场理论与现代微分几何有密切的关系. 规范场理论与作为微分几何重要基础的纤维丛理论有着密切的联系，规范场理论也因此成为 20 世纪 80 年代数学界研究的主流之一，杨振宁提出这个数学方程对当代数学的作用可用如下一段话说明：

> “杨—米尔斯方程的自对偶解具有像柯西—黎曼方程的解那样的基本重要性，它对代数、几何拓扑、分析都将是重要的……在任何情况下，杨—米尔斯理论都是现代理论物理学和核心数学的所有子学科间紧密联系的漂亮的原则. 杨—米尔斯理论乃是吸引未来越来越多数学家的一门年轻的学科.”③

---

① 张奠宙. 中国现代数学史略. 南宁：广西教育出版社，1993：233.

② 张奠宙. 中国现代数学史略. 南宁：广西教育出版社，1993：235.

③ 张奠宙. 中国现代数学史略. 南宁：广西教育出版社，1993：244.

杨振宁对现代数学的第二个贡献是提出杨—巴克斯特方程.这个方程最初来源于杨振宁在20世纪60年代的统计力学工作.他得出如下方程

$$A(u)B(u+v)A(v)=B(v)A(u+v)B(u)$$

在20世纪70年代,巴克斯特得出同样的方程,称为“杨—巴克斯特方程”.这个方程提出了非常基本的数学结构,可以衍生出其他许多数学分支.

1990年的世界数学家大会,菲尔兹奖授予4位数学家:德林菲尔德(DrinFeld)、琼斯(V. Jones)、森重文(S. Mori) 、威滕(E. Witten).这其中德林菲尔德、琼斯、威滕三人的工作都与研究“杨—巴克斯特方程”有关,可见,杨振宁提出的数学理论对数学发展的重大影响.

杨振宁对现代数学的贡献,与其父亲杨武之有着密切关系.杨振宁小时候数学能力就很强,有很好的数学天赋.杨武之的书架上有许多英文和德文的数学书籍,杨振宁经常翻看,看不懂时,杨武之总是说“慢慢来,不要着急”,并解释一两个基本概念.杨振宁稍大一些后,杨武之又介绍了近代数学的精神.1941年,杨振宁写学士论文,杨武之指导杨振宁看了迪克森写的一本小书《近代代数理论》,使杨振宁了解到群论的美妙之处,对杨振宁后来的工作有决定性影响.1947年杨振宁在美国发的第一篇文章和博士论文都与群论有密切关系,甚至让其获得诺贝尔奖的宇称不守恒理论也与群论有关.①

杨武之不仅给予杨振宁数学才能的天赋和良好数学基础教育,更给杨振宁中国传统思想文化,特别是儒家文化的熏陶和爱国主义的培养.在杨振宁小时候,杨武之并不是急于对其传授数理化,而是学习中国传统文化,如诗词、《孟子》等.杨武之在20世纪50年代去日内瓦与杨振宁团聚时,总是向他们讲解中国的许多新鲜事物,还给他们提了两句诗“每饭勿忘亲爱永,有生应感国恩宏”.②

杨振宁虽然后加入美国籍,可一直念念不忘自己是个中国人.晚年回国定居清华更多的原因恐怕还是儒家文化的感召力所致.杨振宁说:“我的身体里循环着的是父亲的血液,是中华文化的血液.”③

现在人们对西南联大已比较陌生,许多人只知道云南师范大学的

① 杨振宁.忆海拾珍.2003(9):17.

② 杨振宁.父亲和我.纵横,1998(9):28.

③ 杨振宁.父亲和我.纵横,1998(9):29.

前身是西南联大，而对于西南联大却知之甚少. 杨武之在西南联大的史实也是我们研究的重要内容. 1937 年，日本全面侵华，当时国民党教育部决定将清华大学、北京大学和天津的南开大学三校合并，迁往长沙组成临时大学，年底再次迁移昆明. 1938 年，教师、学生分成两批，分别前往昆明，形成了特殊年代下著名的西南联合大学，西南联合大学于 1946 年解散. 杨武之在西南联大工作了八年.

国立西南联合大学是由清华大学、北京大学和南开大学三校合并组成，无论在科学史还是教育史上都有重要的价值和地位. 从 1938 年底，日机开始越来越频繁地轰炸昆明. 1940 年，一颗炸弹落在杨武之家的院子里爆炸，幸亏人及时躲进了防空洞，才保住了性命. 华罗庚也在 1941 年的轰炸中险些被活埋，家也被炸毁，后住进闻一多家，华罗庚写道"挂布分屋共容膝，岂止两家共坎坷，布东考古布西算，专业不同心同仇". ①

尽管在这样恶劣的环境下，杨武之怀着忧国忧民的历史责任感，严谨的治学态度，活泼的教学方法，培养了很多日后享誉中外的数学人才. 杨武之在 1937 年长沙临时大学成立时江泽涵未到之前，代理数学系主任之职. 1939 年，江泽涵辞去了西南联大数学系职务后，杨武之正式担任西南联大数学系主任职务. 杨武之除中间因病辞职一年外，一直担任西南联大数学系主任的职务. 1943 年，西南联大再次聘请杨武之，"兹经二八一次常务委员会决议：聘请杨武之先生为本大学理学院数学系主任暨师范学院数学系主任"②.

除了数学系主任外，杨武之还担任其他行政职务. 1938 年他担任联大校务委员会委员和联大招考委员会委员，1939 年担任学生入学资格审查委员会委员，1942 年担任抗战期中清华教授评议员等. 不过教学工作是他最主要的事，他一直担任着高等代数、微积分、数论、初等微积分、方程式论等教学工作. 杨振玉后来回忆说："父亲为联大数学系的教学和各种系务操劳，年过四十已是头发斑白. "③

杨武之为了教好书，自己不断学习. 西南联大图书馆的图书他亲手借阅过很多. 在现存云南师范大学图书馆的藏书中，其中杨武之曾经签名借阅过的有：1. W. F. Osgood 著：*Introduction to the calculus*（《微积分入门》）；

---

① 中国民主同盟中央委员会宣传部. 华罗庚诗文选. 中国文史出版社，1986.

② 北京大学、清华大学、南开大学、云南师范大学. 国立西南联合大学史料(四). 昆明：云南教育出版社，1998:43.

③ 徐胜蓝，孟东明. 杨振宁传. 上海：复旦大学出版社，1997:284.

2. W. F. Osgood 著：*Advanced calculus*(《高等微积分》)；3. J. W. Gibbs 著：*Vector analysis：a text-book for the use of students of mathematics and physics*(《向量分析》，一本适合于学习数学和物理的学生用书)；4. V. Snyder and C. H. Sisam著：*Analytic Geometry of Space*，1—2(《空间解析几何》第1—2册)；5. G. A. Osborne 著：*Differential and Integral calculus*(《微积分》)；6. A. M. Harding and G. W. Mullins 著：*Analytic Geometry*(《解析几何》)；7. M. M. Roberts and J. T. Colpitts 著：*Analytic Geometry*(《解析几何》)，等等. 这些书现藏于云南师范大学图书馆. ①

西南联大当时经费奇缺，研究条件极差，图书馆的图书也非常有限，1941年杨武之为了改善联大数学系的研究条件，提高教学质量，向校长提出图书改善计划，其主要内容为："(一)作算学研究全赖书籍和期刊，后者尤为重要，一日不可缺少. 而吾校现存之算学期刊，概皆至1920年为止，且有若干种重要者则全套沦陷于北平，于研究极感不便.(去年曾因参考之需由浙大抄录若干篇，既耗金钱，又费时日.)拟仅先将美英两国之著名算学期刊约八种，至少自1930年起，补充至现在. 若能补至与现有者相衔接则更善.(二)算学研究部现有研究员三人，由华罗庚、陈省身两先生分任指导. 华罗庚、陈省身两位多年来于研究工作极勤，又复担任教课与指导研究，每有搜集材料长篇抄录、论文校对等事殊需人帮助. 拟请添一研究助教(教员待遇)以利进行. 是否有当，敬俟均裁."②总之，杨武之在西南联大对教育事业的奉献，对近代中国教育事业的发展起了重要作用.

华罗庚是自学成才的大数学家，在解析数论、代数学、多复变函数论、数值分析等领域做出了许多重大贡献，提出了很多以他名字命名的定理与方法. 他的被发现与成长有多方面的因素，但杨武之无疑起了重要作用. 华罗庚的三次破格提升都与杨武之分不开.

杨武之十分爱惜人才，也善于发现人才. 华罗庚只有初中学历，但勤奋好学，尽量通过论文来反映自己的数学才能. 1929年12月，《科学》第14卷第7期发表了他的论文《sturm氏定理之研究》，1930年12月《科学》第15卷第2期又发表了他的另一篇论文《苏家驹之代数的五次方程解法不能成立之理由》. 这两篇论文尤其第二篇文章引起了杨武之的注意. 打听之后，华罗庚是清华教员唐培经的同乡，而且是自学成才，杨武之惜才之心油然而生，他极力向系主任熊庆来推荐，清华决定破格请华罗庚来清华工作. 这是华罗庚的第一次破格提升.

---

① 杨德华，沈乾芳. 杨武之与西南联大. 云南民族大学学报(哲社版)，2006(1)：128.

② 云南师范大学校史编写组. 云南师范大学校史稿(1938～1949年). 昆明：云南教育出版社，1988：549.

华罗庚1931年到清华后，工作勤奋，学习刻苦，三年后就开始发表论文．最初发表论文情况如表2：

表 **2**

时间	发表论文总数	论文内容		
		数论	代数	分析
1934	8	5	2	1
1935	7	5	2	0
1936	6	4	0	2

（材料来源：余郁《杨武之与华罗庚》）

从表2中可以看出，最初几年发表的论文中数论占了$\frac{2}{3}$，而且是沿着迪克森和杨武之的工作进行，包括对"华林问题"的研究．可见杨武之对华罗庚早期学术发展有重要影响．

1932年杨武之代理清华数学系主任，同意郑桐荪教授的提议，将华罗庚从行政系列助理提升为教学系列的助教，这是在杨武之帮助下华罗庚得到的第二次破格提升．1936年夏，又在杨武之等人的支持下，华罗庚得到中华文化教育基金会的资助，到英国剑桥大学留学．因他无力交足费用，不能成为正式注册的研究生，最终两年留学生活结束后未能拿到任何学位．但是这两年华罗庚学术成就突飞猛进，发表了大量高水平的学术论文．

1938年秋天，华罗庚学成回国，回到当时的西南联大．如何聘用他，又成为争论的焦点．杨武之亲力亲为，大力推荐．他拿出华罗庚已发表的几十篇论文，得到理学院院长吴有训的支持，然后以数学系主任的身份在教授聘任委员会上大力争取，说明情况，最后全体通过华罗庚为教授．这是华罗庚在杨武之的帮助下人生中第三次大幅度的破格．而就在这一年的夏天，华罗庚的夫人吴筱元带着子女和亲属6人逃难到昆明．杨武之虽从未见过，但马上帮助找房子、买家具，安顿全家，为华罗庚解决了后顾之忧．

正是在杨武之的发现、培养、支持和赞助下，华罗庚才从一个自学成才的农村青年很快跃升到世界级的著名数学家．杨武之的爱才、惜才、荐才的精神可见一斑．华罗庚对杨武之也是无限感激．1934年，杨武之至德国柏林大学进修一年，华罗庚给杨武之信中深情写道："古人云生我者父母,知我者鲍叔,我之鲍叔乃杨师也."①

1957 年,华罗庚的名著《数论导引》出版之后,他赠送杨武之一本,并在书本扉页恭敬地写道:"武之吾师,罗庚敬赠."1964 年,华罗庚特地到上海拜见杨武之,并宴请他.

陈省身是现代微分几何的奠基人,是世界一流的大数学家.1944 年他用内蕴方法证明了广义高斯—博内(Gauss-Bonnet)公式,继而发表了陈示性类的理论,对微分几何的发展做出了重大贡献,并对近代物理理论产生了重要影响.杨武之是陈省身的老师,二人交往甚厚."四年内同杨先生(杨武之)有多次谈话,天南地北,得益甚大"②.

陈省身评价杨武之时说道:"武之先生为人正直,深受同事和同学的爱戴.他显然是一个数学家的榜样."③

陈省身 1926 年进入南开大学,1930 年考取清华大学数学系研究生,同时录取的还有吴大任,但吴大任家庭生活困难,为缓解困境,他申请暂缓一年入学.由于只有陈省身一人,不便开班,清华算学系(后改称数学系)把陈省身聘为助教.陈省身教两个班的"高级算学",内容是解析几何.虽然大部分学生都比他大(时年陈省身 19 岁),但师生相处融洽.

陈省身的导师是孙光远,但他也听杨武之的课.1934 年上半年,孙光远调到南京的中央大学,系主任熊庆来到法国进修,杨武之就代理数学系主任.杨武之协助陈省身办妥了毕业和学位授予等手续.陈省身成了我国自己培养出来的第一位数学专业研究生.杨武之在与陈省身的师生交往中发现他是个难得的人才,就以代理系主任的身份为陈省身争取到清华公费留学两年的机会.但是按当时规定,清华公费留学是要去美国的,而陈省身希望去德国跟随 W.布拉希克(W.Blaschke,1885—1962)学习.杨武之支持他的想法,便亲自帮助他办理改派和出国手续.陈省身回忆这段经历时充满深情地说:"我去德国的想法得到杨先生的积极支持,我第一次出国没有经验,在申请改派和办理出国手续中,杨先生帮了很多忙,他是我那时在学校最可靠的朋友.去德国汉堡读博士的决策,对我后来的学术发展影响很大,是一个明智的选择."④

杨武之对陈省身不仅在学业上有很大帮助,还促成了陈省身与郑士宁(郑桐荪教授的女儿)的婚姻,使他们组成幸福的家庭.陈省身认为幸福

---

① 徐胜蓝,孟东明.杨振宁传.上海:复旦大学出版社,1997:13.

② 陈省身.怀念杨武之先生,回忆清华的生活.清华大学应用数学系编.杨武之先生纪念文集.北京:清华大学出版社,1997:99.

③ 清华大学应用数学系编.杨武之先生纪念文集.北京:清华大学出版社,1997:101.

④ 清华大学应用数学系编.杨武之先生纪念文集.北京:清华大学出版社,1997:179.

的家庭"成为我在数学研究中取得成就的重要保障."①杨武之与陈省身虽然是师生,分属两代人,但却有非常好的友谊.1962年,杨武之和夫人到日内瓦看望杨振宁,陈省身专程从美国到日内瓦去看望恩师.杨武之对陈省身取得的成就非常高兴,由衷赞誉,并为其题诗一首:

冲破乌烟阔壮游,果然捷足占鳌头.
昔贤今圣还多让,独步遥登百丈楼.
汉堡巴黎访大师,艺林学海植深基.
蒲城身手传高奇,畴史新添一健儿.②

杨武之作为一个数学家,在数论方面尤其是"华林问题"上取得重要成就.同时作为一个杰出的数学教育家,则发现并培养出了一大批优秀的数学家.除了前已叙及的杨振宁、华罗庚、陈省身等人外,还发现与培养了许宝騄、闵嗣鹤、柯召、段学复、庄圻泰、施祥林、徐贤修、钟开莱、徐利治、陈国才、万哲先等数学家,其中很多成了中科院院士,在各自的领域里做出了重要的贡献.本文择其一二论述.

闵嗣鹤(1913—1973),在解析数论和黎曼函数上有突出贡献,他原是杨武之在北京师范大学做兼职教授时教过的学生.闵嗣鹤对当时数论发展的一个新方向:解析数论很感兴趣,并写出这方面的论文.杨武之敏锐地发现他是个很有潜力的人才.1937年,杨武之接替熊庆来担任清华大学算学系主任,将闵嗣鹤从北师大附中调到清华当助教.并安排他跟学成回国的陈省身学习几何,跟华罗庚学习解析数论.闵嗣鹤进步很快,不久就写出了几篇重要的论文,杨武之鼓励他报考公费留学.1945年,闵嗣鹤考取公费留学,到英国牛津大学学习解析数论.1948年取得博士学位后回清华任教,取得很大成绩.

柯召是我国数论和组合论方面的著名数学家.他的成长成才与杨武之也有密切的关系.杨武之1928年至1929年在厦门大学任教时,柯召是他教过的学生,发现柯召很有数学潜能,大有发展前途,就推荐他于1931年转学到清华.他受到杨武之的教导对数论产生浓厚兴趣.杨武之因材施教,根据柯召的兴趣和自身素质建议他到英国留学.1935年柯召考取中英庚款赴英留学,到曼彻斯特大学跟随莫德尔(Mordell)学习数论.柯召拜见莫德尔时,以杨武之教过的一些数论书籍和指导的毕业论文答服莫德尔

① 清华大学应用数学系编.杨武之先生纪念文集.北京:清华大学出版社,1997:230.

② 陈省身.我与杨家两代的姻缘.张奠宙,王善平主编.陈省身文集.上海:华东师范大学出版社,2002:79.

的提问,莫德尔很满意,当即决定接受他作博士生,并亲自带柯召办理入学手续.两个月后,柯召完成一篇论文,莫德尔教授即说可获得博士学位,但要等两年期满,才能授予.柯召的迅速成长与杨武之的辛勤培育是分不开的.柯召在《忆武之师》的纪念文章中写道:"凡此种种,与武之师的培育密不可分."①

段学复是中国科学院资深院士,著名的数学家和数学教育家,他也是杨武之的学生.段学复 1932 年在北京师范大学附中毕业,同年考入清华大学.当时他的身体比较瘦弱,希望一年级少学点课程,必修的物理放在二年级再学.杨武之根据他的实际情况,重新给他安排了教学计划.杨武之因材施教,有一次布置了二十道高次方程的题目,段学复只做了十道,认为已经掌握,没做其他十道.杨武之也允许他过了.段学复回忆杨武之时深情地说:"杨先生讲课非常仔细而清晰,每堂讲新内容前先要复述已讲过的有关内容.讲课中不时提问,虽然所提问题不难,但要求答者概念十分清楚,促使我们听课时不能走神."②

万哲先出生于山东淄川,1948 年毕业于清华大学数学系.20 世纪 50 年代和 20 世纪 80 年代初解决了典型群的结构和自同构方面一系列难题.1958 年对解决运输问题的图上作业法给出理论证明并进行了推广应用.20 世纪 60 年代中和 20 世纪 90 年代初运用华罗庚开创的中国典型群学派的矩阵方法研究有限域上典型群的几何学,获得了系统的重要成果,并利用它构造了一些结合方案,PBIB 设计和认证码,并研究了有限域上型表型问题,典型群的子空间轨道生成的格等.20 世纪 90 年代运用代数方法研究卷积码,澄清了一系列疑问.1991 年当选为中国科学院院士(学部委员).

杨武之对万哲先启发很大,1943~1944 年万哲先在昆明联大附中读中学六年级.为了加强教学,聘请了好几位著名的专家,包括西南联大数学系主任杨武之教授.万哲先回忆,杨武之上课很生动,第一次课关于数的起源和发展的开场白用了很长时间,接着自然地把讲课从数轴引到解析几何.万哲先回忆杨老师讲课的一个突出的特点是不断提问,启发思维.1948 年秋,杨武之从昆明来到清华大学任教,万哲先当时是初等数论课的助教,和选课同学一起听他的课.1953 年,万哲先从北京出差去上海,专程看望杨武之.万哲先回忆道"他还鼓励我,努力做研究,要像开矿那

---

① 清华大学应用数学系编.杨武之先生纪念文集.北京:清华大学出版社,1997:110.

② 丁石孙,袁向东,张祖贵."几度沧桑两鬓斑,桃李天下慰心田"——段学复教授访谈录.数学的实践与认识,1994(4):59.

样，不断拓展，要越开越深，越开越大."①

除此之外，杨武之还发现与培养了一大批的优秀数学家，为中国当代数学的发展做出了重要贡献．杨武之因其在数论和"华林问题"的贡献，尤其是在培育杰出的数学家方面的贡献，而在中国和世界近现代数学史上有着重要地位.

本书的出版毫无功利目标，完全是一颗爱数学、爱数论的心所致的冲动.
奥登写过一首诗：

我们如何指望群星为我们燃烧？
带着那我们不能回报的激情？
如果爱不能相等？
让我成为那爱得更多的一个.

刘培杰
2021年8月10日
于哈工大

① 万哲先．怀念杨武之老师．数学通报，1998(10)：47.